Encyclopedia of Coordination Compounds

錯体化合物事典

錯体化学会 [編集]

大川尚士・海崎純男・齋藤太郎・佐々木陽一
中村　晃・宗像　惠・山内　脩・脇田久伸 ［編集委員］

増田秀樹 ……………………………… ［編集幹事］

朝倉書店

刊行によせて

　ソクラテス哲学の「無知の知」こそが知の原点であろう．我々は森羅万象についてほとんど何も理解していない．新たな知を得れば，さらに未知の世界は広がる．しかし，科学は先人から継承された揺るぎない客観的知識を礎とし，さらに知識を積み上げながら進歩を続ける．化学は物質（もの）の科学として普遍的であるが，今後さらなる地平を拓くべく，主体的に関連分野と連携，統合し，数理科学も取り入れてビッグサイエンス化を目指さねばなるまい．自然の統一原理に基づく科学は一つである．

　魅力溢れる錯体化学が近代科学の始めからあったわけではない．1893年のアルフレッド・ウェルナー（Alfred Werner）の配位説に始まり，無機化合物の構造論を中心とした無機化学の一分野として発展する．そして20世紀半ばのサンドイッチ型構造の新化合物，フェロセンの発見を契機として，金属配位理論の範疇を超えた化学が生まれた．さらに多様な新規化合物の反応性や機能の探索を通して有機金属化学の花が咲き，従来の化学合成法の刷新をもたらす結果となった．一方，産業界はこれらの「現代錬金術」ともいえる触媒化学機能を縦横に駆使して，高分子合成を含め石炭，石油化学工業に大発展をもたらし，国を支える産業基盤を築いた．この流れの中で我が国の化学が果たした役割はまことに大きい．

　今日，錯体化学はさらなる深化，高度化を続ける．EL材料，超伝導材料，太陽電池などの先端的材料の機能発現，ヘムタンパク質のはたらきや光合成の化学活性の根源も金属錯体の特性にあることが解明された．かのジェームス・D・ワトソン（James Dewey Watson）の "Life is simply a matter of chemistry" の言葉のように，生命現象の解読においても化学の力量には期待がかかり，生物無機化学・錯体化学の役割は大きい．今日，金属を含む分子や分子集合体の化学は，全科学分野にわたり重要な位置を占め，さらに我々の身の回りの世界へも広く展開されている．

　錯体化学は科学であれ，その応用であれ，ここ数十年，加速度的に発展を遂げてきた．将来もこの潮流はとまらず，さまざまな研究成果が生み出され，知識の蓄積は続く．この『錯体化合物事典』は現時点における確固たる基盤をつくるべく，我が国の錯体化学会の識者たちにより企画，製作された．厳選された約1000種の錯体化合物一つひとつについて，第一線で活躍中の研究者たちがその背景，調製法，機能や化学的意義を紹介する．事典内容は参考書としてきわめて有用で，まことに時宜を得たことと慶祝にたえない．

　しかし「一番大切なものは目に見えない」（サン・テグジュペリ，『星の王子さま』より）．科学の営みは時代と共にある．本書を利用する方々は事項の検索にとどまらず，そこに潜む先人の研究の背景に思いを寄せ，基本概念や戦略を読み解いてほしい．さらに世代，分野など異なる視点から，当時の研究者自身が気付かない，隠れた本質を見いだし，新たな機能，意義を再発見すれば，本書に新たな息吹を与えることになるであろう．

2019年8月

野依良治

ま え が き

　元号が平成から令和に変わる2019年は，メンデレーエフの周期表から150周年の国際周期表年（International Year of the Periodic Table of Chemical Elements, IYPT2019）です．周期表には，2016年に命名されたニホニウムを含めて現在118種の元素が並べられていますが，そのうち非金属元素は22種しかなく，残りはすべて金属元素です．その金属元素の原子が配位子と呼ばれるイオンや分子と結合してつくられる物質が金属錯体です．したがって金属錯体の種類は無限といっても過言ではありません．

　1893年に，ウェルナー（Alfred Werner）の配位説によって金属錯体における金属と配位子の結合がはじめて解き明かされて以来，錯体化学はサイエンスにおける重要な研究分野となりました．1951年にフェロセンが合成され，1953年にオレフィン重合のZiegler-Natta触媒が開発されて有機金属錯体のブレークスルーが起こり，さらに錯体化学が大きく発展してきました．ただし，この研究の流れよりもずっと前から，生物は光合成や酸素の運搬や反応，窒素固定反応などに金属錯体の特異な反応や物性を活用しており，人々は生理活性をもつ亜鉛錯体などを薬に用い，鉄錯体である紺青などの鮮やかな色の顔料などを生活に利用してきました．そして，錯体化学の発展によって，金属錯体の分子構造，電子構造，化学的性質，物理的性質などが解き明かされ，生体における金属錯体の役割が紐解かれるとともに，新しい金属錯体がつくられて，触媒，医薬，色素，発光材料，電子材料，磁性材料，ナノテクノロジーなどさまざまな科学技術に応用されています．

　このように，錯体化学の重要性はますます高まっていますが，多くの金属錯体を網羅した国内の本は，1997年に発刊された中原勝儼・著『無機化合物・錯体辞典』（講談社）以来，20年以上も出版されていませんでした．そこで，錯体化学会では総力を結集して，さまざまな学問分野の初学者から専門家まで利用していただける金属錯体の事典の編纂を進め，ここに『錯体化合物事典』が完成いたしました．この事典では，多くの金属錯体の中から重要な約1000個を厳選したのち，それらを無機金属錯体，有機金属錯体，クラスター錯体，溶液中で特異な機能を示す錯体，生物無機化学機能を有する錯体，高分子錯体，超分子錯体などに分類し，名称・調製法・構造・性質・機能・関連物質などについて記載し，参考文献を付しています．ここには金属錯体の面白さや魅力が溢れています．多くの方がこの事典を活用して，金属錯体への理解や知識を深めるとともにさまざまな分野への金属錯体の応用に役立てていただき，その結果として，本事典が我が国の先端科学技術の発展に貢献できることを願っています．

　最後になりますが，本事典は，錯体化学のそれぞれの分野を今日まで育ててこられた先駆的な8名の編集委員の先生方をはじめとする，270名にも及ぶ先生方の作業によって，はじめて完成に至りました．これらの方々にはあらためて厚く感謝の意を表す次第です．また，編集に協力された朝倉書店編集部の方々に深く感謝いたします．

2019年8月

錯体化学会会長　西原　寛

編集委員

大川　尚士	九州大学名誉教授
海崎　純男	大阪大学名誉教授
齋藤　太郎	東京大学名誉教授
佐々木　陽一	北海道大学名誉教授
中村　　晃	大阪大学名誉教授
宗像　　惠	近畿大学名誉教授
山内　　脩	名古屋大学名誉教授
脇田　久伸	福岡大学名誉教授

編集幹事

増田　秀樹	名古屋工業大学名誉教授

分野担当編集者（五十音順）

會澤　宣一	富山大学		今野　　巧	大阪大学
浅野　素子	群馬大学		坂本　政臣	山形大学名誉教授
阿部　正明	兵庫県立大学		桜井　　弘	京都薬科大学名誉教授
石井　洋一	中央大学		塩谷　光彦	東京大学
石田　　斉	北里大学		鈴木　晋一郎	大阪大学名誉教授
石原　浩二	早稲田大学		鈴木　孝義	岡山大学
伊東　　忍	大阪大学		鈴木　正樹	金沢大学名誉教授
大塩　寛紀	筑波大学名誉教授		立屋敷　哲	女子栄養大学名誉教授
大須賀　篤弘	京都大学		田中　正人	東京工業大学名誉教授
太田　和親	信州大学名誉教授		田端　正明	佐賀大学
小坂田　耕太郎	東京工業大学		千原　貞次	前埼玉大学
小谷　　明	金沢大学名誉教授		柘植　清志	富山大学
加藤　昌子	北海道大学		坪村　太郎	成蹊大学
加藤　礼三	理化学研究所		時井　　直	佐賀大学名誉教授
上口　　賢	理化学研究所		飛田　博実	東北大学
川口　博之	東京工業大学		西原　　寛	東京大学
川田　　知	福岡大学		野宮　健司	神奈川大学名誉教授
川本　達也	神奈川大学		長谷川　美貴	青山学院大学
北川　　進	京都大学特別教授		半田　　真	島根大学
君塚　信夫	九州大学		福住　俊一	名城大学
黒田　孝義	近畿大学		舩橋　靖博	大阪大学
鯉川　雅之	佐賀大学		前川　雅彦	近畿大学
小島　憲道	豊田理化学研究所		真島　和志	大阪大学
小宮　三四郎	首都大学東京		増田　秀樹	名古屋工業大学名誉教授
近藤　　満	静岡大学		御厨　正博	関西学院大学

| 溝部 裕司 | 元東京大学 | 山下 正廣 | 東北大学 |
| 矢野 重信 | 奈良女子大学名誉教授 | | |

執筆者一覧（五十音順）

會澤 宣一	富山大学	上野 圭司	元群馬大学
青木 伸	東京理科大学	植村 一広	岐阜大学
穐田 宗隆	東京工業大学	植村 卓史	東京大学
秋津 貴城	東京理科大学	馬越 啓介	長崎大学
秋根 茂久	金沢大学	浦 康之	奈良女子大学
秋葉 光雄	前浅井ゲルマニウム研究所(株)	榎本 真哉	東京理科大学
芥川 智行	東北大学	大石 理貴	東京工業大学
浅尾 直樹	信州大学	大川原 徹	北九州工業高等専門学校
浅野 素子	群馬大学	大神田 淳子	信州大学
阿部 正明	兵庫県立大学	大木 靖弘	名古屋大学
阿部 百合子	元奈良女子大学	大久保 貴志	近畿大学
荒谷 直樹	奈良先端科学技術大学院大学	大迫 隆男	前分子科学研究所
有井 秀和	宮崎大学	大塩 寛紀	筑波大学名誉教授
有竹 良数	前東京理科大学	大須賀 篤弘	京都大学
飯田 雅康	奈良女子大学名誉教授	太田 和親	信州大学名誉教授
井頭 麻子	明治学院大学	大津 英揮	富山大学
五十嵐 智志	新潟大学	大野 修	茨城大学
池上 崇久	島根大学	岡崎 雅明	弘前大学
池田 泰久	東京工業大学名誉教授	岡澤 厚	東京大学
石井 あゆみ	桐蔭横浜大学	岡村 高明	大阪大学
石井 和之	東京大学	小川 崇彦	Dalhousie University
石井 洋一	中央大学	小江 誠司	九州大学
石川 立太	福岡大学	小坂田 耕太郎	東京工業大学
石田 斉	北里大学	小澤 智宏	名古屋工業大学
石田 洋平	北海道大学	尾関 智二	日本大学
石谷 治	東京工業大学	小谷 明	金沢大学名誉教授
板崎 真澄	大阪市立大学	小野寺 玄	長崎大学
伊東 忍	大阪大学	折田 明浩	岡山理科大学
伊藤 肇	北海道大学	海崎 純男	大阪大学名誉教授
稲富 敦	前九州大学	梶田 裕二	愛知工業大学
稲辺 保	元北海道大学	柏原 和夫	前名古屋大学
稲毛 正彦	愛知教育大学	梶原 孝志	奈良女子大学
猪股 智彦	名古屋工業大学	加藤 明良	大分大学
今岡 享稔	東京工業大学	加藤 知香	静岡大学

加藤　昌子	北海道大学
加藤　礼三	理化学研究所
門田　健太郎	京都大学
上口　　賢	理化学研究所
川田　　知	福岡大学
河内　　敦	法政大学
河野　慎一郎	名古屋大学
川本　達也	神奈川大学
菅野　秀明	静岡大学
菊地　和也	大阪大学
北川　　進	京都大学特別教授
喜多　雅一	岡山大学
北村　雅人	名古屋大学
君塚　信夫	九州大学
國信　洋一郎	九州大学
國安　　均	大阪大学
久保　和也	兵庫県立大学
栗原　正人	山形大学
黒岩　敬太	崇城大学
黒田　孝義	近畿大学
桑田　繁樹	東京工業大学
鯉川　雅之	佐賀大学
小池　隆司	東京工業大学
小泉　武昭	東京工業大学
小島　憲道	豊田理化学研究所
小島　正明	岡山大学名誉教授
小寺　政人	同志社大学
小林　昭子	東京大学名誉教授
小林　厚志	北海道大学
小林　速男	分子科学研究所名誉教授
小宮　三四郎	首都大学東京
米田　誠治	鈴鹿医療科学大学
近藤　輝幸	京都大学
近藤　　満	静岡大学
今野　　巧	大阪大学
齊藤　尚平	京都大学
斎藤　雅一	埼玉大学
坂井　善隆	前神奈川大学
坂本　政臣	山形大学名誉教授
桜井　　弘	京都薬科大学名誉教授
佐々木　陽一	北海道大学名誉教授
佐治　英郎	京都大学
定金　正洋	広島大学
佐竹　彰治	東京理科大学
佐藤　久子	愛媛大学
塩塚　理仁	名古屋工業大学
塩谷　光彦	東京大学
實川　浩一郎	大阪大学
篠田　哲史	大阪市立大学
島崎　優一	茨城大学
島　　隆則	理化学研究所
島田　　茂	産業技術総合研究所
清水　正毅	京都工芸繊維大学
庄司　　淳	北海道大学
白上　　努	宮崎大学
末永　勇作	近畿大学
杉浦　幸雄	京都大学名誉教授
杉原　多公通	新潟薬科大学
杉本　秀樹	大阪大学
杉森　　保	富山大学
須崎　裕司	前東京工業大学
鈴木　晋一郎	大阪大学名誉教授
鈴木　孝義	岡山大学
鈴木　達也	前京都大学
鈴木　教之	上智大学
鈴木　正樹	金沢大学名誉教授
砂月　幸成	岡山大学
清野　秀岳	秋田大学
鷹尾　康一朗	東京工業大学
高木　慎介	首都大学東京
高木　秀夫	名古屋大学
高谷　　光	京都大学
多喜　正泰	名古屋大学
武内　　亮	青山学院大学
竹澤　悠典	東京大学
竹田　浩之	大阪市立大学

田島 裕之	兵庫県立大学	
舘 祥光	大阪市立大学	
巽 和行	名古屋大学名誉教授	
田中 健	東京工業大学	
田中 健太郎	名古屋大学	
棚瀬 知明	奈良女子大学	
田邊 真	東京工業大学	
谷 文都	九州大学	
田原 圭志朗	兵庫県立大学	
玉置 悠祐	東京工業大学	
民秋 均	立命館大学	
田村 雅史	東京理科大学	
力石 紀子	神奈川大学	
千原 貞次	前埼玉大学	
張 浩徹	中央大学	
塚原 敬一	奈良女子大学名誉教授	
佃 俊明	山梨大学	
柘植 清志	富山大学	
坪内 彰	東京農工大学	
坪村 太郎	成蹊大学	
時井 直	佐賀大学名誉教授	
内藤 俊雄	愛媛大学	
長尾 宏隆	上智大学	
中沢 浩	大阪市立大学	
中島 清彦	前愛知教育大学	
長島 佐代子	埼玉大学	
中村 晃	大阪大学名誉教授	
中村 暢文	東京農工大学	
中村 正治	京都大学	
成毛 治朗	東京工業大学	
西浦 正芳	理化学研究所	
西岡 孝訓	大阪市立大学	
西田 雄三	山形大学	
西林 仁昭	東京大学	
西原 寛	東京大学	
西原 康師	岡山大学	
西藪 隆平	首都大学東京	
二瓶 雅之	筑波大学	

野宮 健司	神奈川大学名誉教授	
野村 琴広	首都大学東京	
橋本 久子	東北大学	
長谷川 美貴	青山学院大学	
長谷川 靖哉	北海道大学	
畠山 琢次	関西学院大学	
濱口 智彦	福岡大学	
林 宜仁	金沢大学	
速水 真也	熊本大学	
半田 真	島根大学	
引地 史郎	神奈川大学	
樋口 恒彦	名古屋市立大学	
樋口 昌芳	物質・材料研究機構	
久枝 良雄	九州大学	
人見 穣	同志社大学	
平野 康次	大阪大学	
平野 雅文	東京農工大学	
廣津 昌和	神奈川大学	
福住 俊一	名城大学	
福田 貴光	大阪大学	
福元 博基	茨城大学	
藤井 浩	奈良女子大学	
藤澤 清史	茨城大学	
藤沢 潤一	群馬大学	
藤原 哲晶	京都大学	
藤村 卓也	島根大学	
舩橋 靖博	大阪大学	
冬広 明	大阪大学	
前川 雅彦	近畿大学	
前田 大輔	日産化学（株）	
前田 大光	立命館大学	
正岡 重行	大阪大学	
増田 秀樹	名古屋工業大学名誉教授	
松木囿 裕之	前近畿大学	
松倉 武文	元浜理薬品工業(株)	
松永 諭	前神奈川大学	
松原 康郎	神奈川大学	
松本 健司	高知大学	

松本 崇弘	九州大学
三浦 隆智	前東京理科大学
三方 裕司	奈良女子大学
御厨 正博	関西学院大学
水田 勉	広島大学
水谷 義	同志社大学
満身 稔	岡山理科大学
三宅 弘之	大阪市立大学
宮下 芳太郎	神戸市立工業高等専門学校
宮本 量	弘前大学
武藤 雄一郎	東京理科大学
宗像 惠	近畿大学名誉教授
村岡 貴子	群馬大学
持田 邦夫	学習院大学名誉教授
本山 幸弘	豊田工業大学
森本 樹	東京工科大学
矢ヶ崎 篤	関西学院大学
八木 政行	新潟大学

柳生 剛義	名古屋工業大学
安井 孝志	名古屋工業大学
矢野 重信	奈良女子大学名誉教授
矢野 卓真	名古屋工業大学
八尋 秀典	愛媛大学
山岸 晧彦	東邦大学
山口 修平	愛媛大学
山口 素夫	首都大学東京名誉教授
山口 佳隆	横浜国立大学
山崎 敦央	前東京理科大学
山瀬 利博	東京工業大学名誉教授
山田 泰教	佐賀大学
山田 泰之	名古屋大学
山元 公寿	東京工業大学
山本 浩史	分子科学研究所
湯川 靖彦	新潟大学
吉村 崇	大阪大学
吉村 正宏	愛知学院大学

ns
凡　　例

1. 分　　類

(1) 金属錯体をその性質や機能などで下記のように分類し，各頁の右上部【　】内に記した．

　　【無】無機金属錯体
　　【有】有機金属錯体
　　【磁】磁気機能を有する錯体（磁気化学的性質）
　　【電】電子移動錯体（酸化還元にかかわる錯体）
　　【光】光化学機能を有する錯体（発光，蛍光，光応答機能など）
　　【導】電気伝導性錯体
　　【触】触媒機能を有する錯体
　　【生】生物無機化学機能を有する錯体
　　【ク】クラスター錯体
　　【超】超分子錯体
　　【集】集積型錯体
　　【溶】溶液中で特異な機能を示す錯体
　　【晶】液晶性錯体
　　【高】高分子錯体

(2) 執筆者が特に主張したい表記で記載した．複数ある場合は，重要と思われる順に左から右へ並べた．

2. 項　目　名

(1) 各錯体についての紹介頁の左上部には金属原子とその数，配位原子とその数を記載した．金属と配位原子がπ結合性の結合を形成しているような，ハプト型などの結合を形成する場合，それらはすべて結合していると考え，例えば，η^5-C_5などの結合はC_5とした．また，金属イオンをLnやMで表している場合は，前者はランタノイド全般を，後者は複数の金属イオンが同様の構造を形成する場合を意味している．表記では，便宜上，代表として紹介されている錯体における金属イオンを記載している．同様に，ハロゲンをXで記載しているが，やはり代表的な元素を記載している．

(2) 金属原子については，その錯体における主要金属原子を順に並べた．

(3) 同じく，配位原子の順は周期律順に従って，H, C, N, O, P, S, X（F, Cl, Br, I），As, Seなどの順とした．

3. 見　出　し

次のように統一した．

　　【名称】錯体化合物の名称を記載した．本来，2005年のIUPAC無機化合物命名法勧告に準拠すべきであるが，項目の中には，平衡状態にある化合物，ペプチド中に取り込まれた錯体（推定構造），超分子化合物で中に何が入っているか不明な化合物，溶液中であるために単に推定構造の化合物しか書けないなどがある．そのため，IUPAC命名法で書かれている場合もあるが，わかりやすい英語の通称名，錯基と配位子の略称名とを用いた記載法，化学式でも記載した．

　　【背景】なぜこの錯体を取り上げたかについて，そのバックグラウンドなどを記載した．

【調製法】 錯体の合成法を簡単に記載した．詳細は参考文献を検索されたい．

【性質・構造・機能・意義】 対象とする錯体の特徴として，特に紹介したい性質・構造・機能・意義などを記載した．

【関連錯体の紹介およびトピックス】 対象とする錯体に関連して，特に紹介すべき錯体についてトピックスとともに記載した．

【参考文献】 対象とする錯体および関連する事項について詳細に述べられている文献を引用した．著者名は，多数の著者がいる場合は，第一著者名のみを掲載した．

4．配　　　列

(1) その錯体における主要金属原子をアルファベット順にソートし配列した．

(2) 主要金属原子が同じ場合は，金属原子につく数字の昇順に配列した．

(3) 主要金属原子および数字が同じ場合は，次に表記される配位原子の周期律順（H, C, N, O, P, S, X（F, Cl, Br, I），As, Se など）に配列した．

5．目次・索引

(1) 目次は，上記1の分類別目次と上記2の主要元素別目次の2種類を作成した．複数の分類に帰属される場合は，複数箇所に掲載した．分類ごとに金属元素と配位元素の数の小さいものから大きいものへの順番で並べた．

(2) 主要元素別目次については，複数の主要元素が含まれる場合は，各々の元素にも配置し，その元素を太字で表記した．Si, Ge, As, Sb などの半金属についても，金属的性質あるいは非金属的性質にかかわらず掲載した．

(3) 索引は，用語索引（日本語，アルファベット）とし，それぞれ五十音順およびアルファベット順に並べ，そのページを示した．

分 類 別 目 次

【無機金属錯体 無】

AgN_2O_2 ·········· 2

AgN_3 ·········· 3

AgN_4
bis(2,2′-bipyridine)silver(II)nitrate: [Ag(bpy)](NO_3)_2 ·········· 4

AgN_4
1,4,8,11-tetraazacyclotetradecane-silver(II) perchlorate: [Ag(cyclam)](ClO_4)_2 ·········· 5

$Al_{13}O_{40}$ ·········· 21

$AuNP$ ·········· 29

AuS_2 ·········· 33

$[CaCuSi4O_{10}]_n$ ·········· 42

$CeW_{17}O_{61}P_2$ ·········· 47

$CoC_2N_2O_2$ ·········· 51

CoN_2O_4 ·········· 60

CoN_3S_3
d-tartaric acid・L-tris(2-aminoethanesulfenato)cobalt(III)・water (1/1/1): L-[Co|S(O)CH_2CH_2NH_2|_3]・H_2O ·········· 66

CoN_3S_3
fac-Δ-and Λ-tris(R-cysteinato-N,S)cobaltate(III): M_3[Co(R-cys-N,S)_3] (M=Li$^+$, Na$^+$, K$^+$, Rb$^+$, Cs$^+$, 1/2Ca^{2+}, 1/2Sr^{2+},1/2Ba^{2+}) ·········· 67

CoN_3S_3
fac(S)-tris(2-aminoethanethiolato-κ²N,S)cobalt(III): fac(S)-[Co(aet)_3] ·········· 68

CoN_3S_3
potassium Δ-fac(S)-tris(L-cysteinato-κ²N,S)cobaltate(III) (Δ-fac(S)-K_3[Co(L-cys-N,S)_3]) ·········· 69

CoN_5O ·········· 80

CoN_5S
(2-aminoethanethiolato-κ²N,S)bis(ethane-1,2-diamine-κ²N²)cobalt(III) nitrate: [Co(aet)(en)_2](NO_3)_2 ·········· 81

CoN_5S
(L-cysteinato-κ²N,S)bis(ethane-1,2-diamine-κ²N²)cobalt(III) perchlotate: [Co(L-cys-N,S)(en)_2]ClO_4 ·········· 82

CoN_5S (or O) ·········· 83

CoN_6 ·········· 88

CrO_6
tris(2,2′-bipyridine 1,1′-dioxide-κO,κO′)chromium(III) triperchlorate: [Cr(bpdo)_3](ClO_4)_3 ·········· 107

CrO_6
tris(2,4-pentanedionato-κO,κO′)chromium(III); tris(acetylacetonato)chromium(III): [Cr(acac)_3] ·········· 108

$Cr_4C_{20}O_4$ ·········· 118

CuN_2P_2 ·········· 135

CuN_3OX/CuN_3S ·········· 144

CuN_4
bis[2,9-dimethyl-1,10-phenanthroline]copper(II) perchlorate: [Cu(dmp)_2](ClO_4)_2 ·········· 152

CuN_4
bis-[3-(2-pyridyl)-5,6-diphenyl-1,2,4-triazine]copper(I) tetrafluoroborate: [Cu(pdt)_2]BF_4 ·········· 154

CuN_5 ·········· 167

$Cu_2N_2O_4, CuN_2O_2$ ·········· 182

Cu_2N_{10} ·········· 218

$Er_4Cd_2N_8Se_{10}$ ·········· 261

EuN_6Cl_2 ·········· 265

EuO_8 ·········· 266

FeN_2P_4 ·········· 287

FeN_3P_3 ·········· 289

FeO_4 ·········· 327

$HfW_{22}O_{78}$ ·········· 397

$IrNb_3W_{15}C_4O_{62}$ ·········· 409

$LaSi_2W_{22}O_{78}$ ·········· 417

$LaW_{10}O_{36}$ ·········· 418

$LaW_{34}O_{122}P_4$ ·········· 419

$Ln_8E_{18}L_8$ (Ln=Ce,Pr,Nd,Sm,Gd,Tb,Dy,Ho,Er ; E=S,Se; L=py,THF) ·········· 434

MN_6 (M=Ru,Os,Ir,Re,Rh,Fe) ·········· 442

$Mo_2N_4Cl_4$ ·········· 508

$Mo_2P_4Cl_4$ ·········· 512

Mo_8O_{26} ·········· 517

$Mo_{72}V_{30}O_{336}$ ·········· 518

$Na_{14}Mo_{154}O_{532}$ ·········· 519

Nb_2LiO_{12} ·········· 523

NiN_2O_2 (CuN_2O_2/PdN_2O_2) ·········· 536

NiN_2P_2 ·········· 537

NiN_2S_2 ·········· 538

NiN_4 ·········· 541

NiN_6 ·········· 552

NiS_4 ·········· 554

$NiCo_2N_8S_4$ ·········· 565

Ni_2S_8 ·········· 574

Ni_3O_{12} ·········· 576

PdN_4 ·········· 591

$Pd_2N_6Cl_2$ ·········· 611

$Pd_3N_3O_3S_3$ ·········· 613

Pd_3O_{12} ·········· 614

PtC_2P_2 ·········· 621

$Pt_2P_4Se_2$ ·········· 646

$[Pt_2N_4Cl_4]_n$ ·········· 651

$[Pt_2N_6O_2]_n$ ·········· 652

$ReN_2O_2S_2$ ·········· 663

Re_4O_{16} ·········· 667

RhN_3S_3
2-aminoethanethiolato-κ²N,S-2,2′-bis(2-aminoethylthiomethyl)biphenyl-κ⁴N,S,S′,N′-rhodium(+3) chlor-

分類別目次 13

ide: $[Rh(L)(aet)]Cl_2$ ············· *675*

RhN_3S_3
hydrogen $\Delta\text{-}fac(S)$-tris(L-cysteinato-κ^2N,S)rhodate(III)($\Delta\text{-}fac(S)$-H_3[Rh(L-cys-N,S)$_3$]) ············ *676*

RhN_4Cl_2 ······························ *677*

RhP_3Cl_3 ······························ *681*

RuH_2P_4 ······························ *700*

RuN_6
Δ-bis(2,2'-bipyridine)dipyridineruthenium(II)(+)-O,O'-dibenzoyl-D-tartrate: Δ-[Ru(bpy)$_2$(py)$_2$][(+)-O,O'-dibenzoyl-D-tartrate] ········ *721*

RuN_6
Δ-[(9S,19S)-10H,20H-9,19-Methano[1,5]diazocino[2,3-f:6,7-f']di[1,10]phenanthroline-$\kappa N^4,\kappa N^5$]bis(1,10-phenanthroline-$\kappa N^1,\kappa N^{10}$)ruthenium(II) hexafluorophosphate: Δ-S-[Ru(phen)$_2$(TBphen$_2$)](PF$_6$)$_2$ ········ *723*

RuP_2S_4 ······························ *730*

$RuW_{11}SiCO_{39}$ ····················· *732*

$RuW_{17}C_6O_{62}P_2$ ················· *733*

$Ru_2P_4S_2Cl_4$ ························ *739*

$Ru_4P_4S_6$ ····························· *746*

SiN_6 ·································· *762*

$TiLiN_3O_3$ ···························· *795*

$TiPd_2H_2O_6P_8$ ······················ *797*

$Ti_2N_4O_6$ ····························· *798*

Ti_2O_7 ································ *799*

Ti_4O_{16} ······························ *801*

$Ti_6W_{18}O_{77}$ ························ *802*

UN_2O_5 ································ *805*

UN_3O_4 ································ *806*

UO_6 ··································· *808*

UO_8
bis(nitrato-κ^2O,O')bis(1-cyclohexyl pyrrolidine-2-one-κO)dioxidouranium(VI): UO$_2$(NO$_3$)$_2$(NCP)$_2$ ··············· *809*

UO_8
bis(nitrato-κ^2O,O')bis(1-iso-butyl-pyrrolidine-2-one-κO)dioxidouranium(VI): UO$_2$(NO$_3$)$_2$(NiBP)$_2$ ········· *810*

UO_8
bis(nitrato-κ^2O,O')bis(1-n-propyl pyrrolidine-2-one-κO)dioxidouranium(VI): UO$_2$(NO$_3$)$_2$(NProP)$_2$ ··· *811*

UO_8
1,3-dimethylimidazolium bis(nitrato-O,O)bis(nitrato-O)dioxouranate(VI): [C$_1$mim]$_2$[UO$_2$(NO$_3$)$_4$] ····· *812*

UO_8
[oxta(dimethyl sulfoxide)uranium(IV)] perchlorate: [U(dmso)$_8$](ClO$_4$)$_4$·0.75CH$_3$NO$_2$ ······················· *813*

UO_8
tetrapotassium dicarbonatodioxoperoxouranium(VI)2.5-hydrate(K$_4$[UO$_2$(CO$_3$)$_2$(O$_2$)]·2.5H$_2$O) ··········· *814*

UO_{12} ································· *815*

$U_2C_{26}O_3$ ····························· *816*

$U_8N_{16}C_{80}$ ··························· *817*

$V_5C_{25}O_6$ ····························· *832*

$V_{12}NO_{32}$ ····························· *833*

$V_{14}O_{42}P$ ····························· *834*

$W_2N_2O_8$ ······························· *840*

W_4CO_{12} ······························· *841*

W_4CO_{14} ······························· *842*

$W_{17}O_{61}C_6P_2S_2Si_2$ ················· *846*

$W_{60}Ti_{16}O_{260}P_8$ ····················· *847*

ZnN_2O_2 ································ *862*

ZnN_4 ··································· *870*

Zn_4O_{13} ································ *896*

ZrN_4O_4 ································· *919*

ZrN_4S_2 ································· *920*

$Zr_3W_{31}O_{131}$ ·························· *921*

【有機金属錯体 有】

$Ag_3C_nP_6$ (n = 1,2) ················· *8*

[$Ag_4C_4N_3O_6$]$_n$ ······················· *19*

AuCP
methyl(triphenylphosphine)gold: MeAu(PPh$_3$) ··························· *24*

AuCP
methyltriphenylphosphinegold(I): [Au(CH$_3$)(PPh$_3$)] ······················· *25*

AuCS ···································· *26*

AuNP ···································· *30*

AuPCl ··································· *31*

AuSX (X = Cl,Br,I) ·················· *32*

$Au_2C_2P_2$ ······························· *35*

$Au_2C_4N_4$ ······························· *36*

BaC_{10} ·································· *40*

CdN_4 ·································· *43*

$CoHC_4$ ································ *48*

$CoHNP_3$ ······························ *49*

$CoCN_5$ ································ *50*

CoC_7 ·································· *53*

CoC_9 ·································· *54*

$CoN_{3(4)}P$ ····························· *65*

CoN_4 ·································· *71*

CoN_4I_2 ································ *79*

Co_2C_8 ································· *89*

$Co_2C_{10}I_4$ ······························ *90*

Co_3C_{10} ································ *93*

$Co_4C_{13}Si_2$ ···························· *96*

$CuGeHn_4$ ···························· *177*

Cu_2N_8 ································· *213*

$Cu_3C_nP_6$ (n = 1,2) ················· *226*

$Cu_3N_6O_3$ ······························ *229*

$Cu_6H_6P_6$ ······························· *238*

$FeHC_6Si_2$ ····························· *272*

FeC_2N_2 ································ *273*

FeC_5P_5 ································· *277*

FeC_7 ··································· *278*

FeC_7Si ································ *279*

FeC_8 ··································· *280*

FeN_2OBr ······························ *282*

FeAlC$_{10}$ ·················· *334*	W,Mo; X = Cl,H; n = 0,1,2,) ·················· *437*	Mo$_2$N$_7$ ·················· *509*
FeGaC$_5$ ·················· *338*	M(dien)X (M = Fe,Zr,Rh,Co,Mg, V,Cr,Mn,Pd; X = CO,Cp,Cl) ··· *444*	NbC$_9$ ·················· *520*
Fe$_2$C$_{12}$Si ·················· *341*		NbC$_{10}$Cl$_2$ ·················· *521*
Fe$_2$C$_{14}$ ·················· *342*	M$_2$C$_{10}$Cl$_4$ (M = Rh,Ir) ·················· *445*	NiCP$_2$Cl ·················· *528*
Fe$_2$N$_6$P$_2$ ·················· *355*	M$_x$C$_y$ (M = V,Cr,Mn,Fe,Co,Ni ; x = 1,2; y = 4,6,8,10) ·················· *446*	NiC$_2$N$_2$ ·················· *529*
Fe$_2$N$_8$O ·················· *356*		NiC$_2$P$_2$ ·················· *530*
Fe$_2$GaC$_9$P$_2$ ·················· *367*	[MC$_4$X$_2$]$_n$ (M = Cu,Ag; X = Cl, Br) ·················· *447*	NiC$_4$ bis (1,5-cyclooctadiene) nickel (0): Ni(cod)$_2$ ·················· *531*
Fe$_4$C$_{24}$ bis (μ$_4$-η^2,η^2-acetylene-1,2-diyl) - tetrakis (η^5-cyclopentadienyl-iron): [Cp$_4$Fe$_4$(HCCH)$_2$] ·················· *369*	MgC$_2$O$_2$ ·················· *449*	
	MnHC$_7$Si ·················· *451*	NiC$_4$ Tetracarbonylnickel(0): Ni(CO)$_4$ ··· *532*
	MnC$_5$Br ·················· *452*	
	MnC$_6$ acetylpentacarbonylmanganese (I): [Mn(COMe)(CO)$_5$] ·················· *453*	NiC$_8$ ·················· *533*
Fe$_4$C$_{24}$ tetrakis ((μ$_3$-carbonyl) - (η^5-cyclo-pentadienyl)-iron): [Cp$_4$Fe$_4$(μ$_3$-CO)$_4$] ·················· *370*		NiP$_2$Cl$_2$ ·················· *553*
		NiP$_4$ tetrakis (triphenyl phosphite) nickel (0): Ni[P(OPh)$_3$]$_4$ ·················· *561*
	MnC$_6$ pentacarbonyl(methyl)manganese(I): [MnMe(CO)$_5$] ·················· *454*	
GaRuC$_6$N$_2$Cl ·················· *388*		NiP$_4$ tetrakis (triphenylphosphine) nickel (0): Ni(PPh$_3$)$_4$ ·················· *562*
GaWH$_3$C$_5$N ·················· *389*		
GdN$_5$O$_2$ ·················· *392*	MnC$_8$ ·················· *455*	
GeC$_5$ ·················· *394*	MnC$_9$ ·················· *456*	Ni$_2$C$_6$Br$_2$ ·················· *566*
GeN$_4$O$_2$ ·················· *395*	MoBH$_4$C$_4$ ·················· *480*	Os$_3$C$_{10}$S ·················· *581*
IrHCP$_3$ ·················· *401*	MoCNO$_2$ ·················· *481*	PbC$_{15}$ ·················· *582*
IrC$_2$P$_2$ ·················· *404*	MoCN$_3$ ·················· *482*	PdCN$_2$Cl ·················· *583*
IrC$_4$NP ·················· *407*	MoC$_2$N$_2$P$_2$ ·················· *483*	PdCN$_2$I ·················· *586*
Ir$_2$C$_4$N$_4$ ·················· *410*	MoC$_6$ ·················· *484*	PdO$_2$I$_2$ ·················· *587*
Ir$_2$C$_8$Cl$_2$ ·················· *411*	MoC$_7$Ge ·················· *485*	PdC$_2$N$_2$ ·················· *588*
Ir$_2$C$_{10}$S$_2$Cl$_2$ ·················· *412*	MoC$_7$Sb$_3$ ·················· *486*	PdC$_2$P$_2$ ·················· *589*
Ir$_3$RuC$_{15}$N$_3$S$_4$ ·················· *413*	MoC$_8$ ·················· *487*	PdC$_8$ ·················· *590*
[Ir$_6$C$_{12}$N$_6$O$_6$I]$_n$ ·················· *414*	MoC$_{12}$ ·················· *488*	PdP$_2$ ·················· *596*
LiC$_5$O$_4$ ·················· *420*	MoN$_2$P$_4$ ·················· *489*	PdP$_4$ tetrakis(triphenylphosphine)palladi-um: Pd(PPh$_3$)$_4$ ·················· *600*
Li$_2$C$_2$N$_4$ ·················· *421*	MoRh$_2$C$_{12}$S$_4$ ·················· *502*	
Li$_4$C$_4$O$_4$ ·················· *422*	Mo$_2$C$_2$N$_6$P$_4$ ·················· *503*	
[LiC$_3$O]$_n$ ·················· *423*	Mo$_2$C$_4$N$_4$ ·················· *504*	PdP$_4$ tetrakis(triphenylphosphine)palladi-um(0): [Pd(PPh$_3$)$_4$] ·················· *601*
LnH$_2$C$_{20}$ (Ln = La,Y,Ce,Nd,Sm, Lu) ·················· *424*	Mo$_2$C$_{16}$ hexacarbonylbis(η^5-cyclopentadien-yl)dimolybdenum(I): [CpMo(CO)$_3$]$_2$ ·················· *505*	
		PdCl$_2$L$_2$ (L = N,P) ·················· *603*
LnC$_{12}$ (Ln = La,Nd,Sm,Lu) ···· *425*		Pd$_2$C$_3$N$_5$ ·················· *605*
Lu$_4$C$_{20}$N$_4$ ·················· *435*		Pd$_2$C$_6$Cl$_2$ ·················· *606*
MC$_{6n}$ (M = Cr,V,Nb,Mo,W,Fe, Ru,Os,Co,Rh,Ir,Ni) ·················· *436*	Mo$_2$C$_{16}$ tetracarbonylbis(η^5-cyclopentadien-yl)(μ-η^2: η^2-alkyne)dimolybdenum (I):[{Mo(η^5-C$_5$H$_5$)(CO)$_2$}$_2$(μ-η^2: η^2-alkyne)] ·················· *506*	PdC$_{12}$ ·················· *607*
		Pd$_2$C$_{12}$ ·················· *608*
MC$_{10}$X$_n$ (M = V,Cr,Mn,Fe,Co, Ni,Ru,Os,Ti,Re,Zr,Hf,Nb,Ta,		Pd$_2$N$_4$ ·················· *609*

分類別目次 15

Pd_2P_6 ⋯⋯⋯⋯⋯⋯⋯⋯ 612	Rh_4C_{12} ⋯⋯⋯⋯⋯⋯⋯⋯ 691	$TaC_2N_3Cl_2$ ⋯⋯⋯⋯⋯⋯ 772
$Pd_4Si_3P_6$ ⋯⋯⋯⋯⋯⋯⋯ 615	$Rh_4C_{24}S_4$ ⋯⋯⋯⋯⋯⋯⋯ 692	TaC_3N_2P ⋯⋯⋯⋯⋯⋯⋯ 773
$PtHC_2N_3$ ⋯⋯⋯⋯⋯⋯⋯⋯ 616	$RuHCP_3Cl$ ⋯⋯⋯⋯⋯⋯⋯ 697	TaC_4 ⋯⋯⋯⋯⋯⋯⋯⋯⋯ 774
$PtCN_2I$ ⋯⋯⋯⋯⋯⋯⋯⋯⋯ 618	$RuCN_4$ ⋯⋯⋯⋯⋯⋯⋯⋯⋯ 702	TaC_5 ⋯⋯⋯⋯⋯⋯⋯⋯⋯ 775
PtC_2P_2 (cyclohexyne) bis (triphenylphosphine) platinum(0): [Pt(η²-C₆H₈)(PPh₃)₂] ⋯⋯⋯⋯⋯⋯⋯⋯⋯ 620	RuC_5N_3 ⋯⋯⋯⋯⋯⋯⋯⋯ 708	TaC_5Cl_4 ⋯⋯⋯⋯⋯⋯⋯⋯ 776
	RuC_5P_2Cl ⋯⋯⋯⋯⋯⋯⋯ 709	TaC_6 ⋯⋯⋯⋯⋯⋯⋯⋯⋯ 777
	RuC_7Si ⋯⋯⋯⋯⋯⋯⋯⋯ 711	TaC_9 ⋯⋯⋯⋯⋯⋯⋯⋯⋯ 778
	RuC_8Cl_2 ⋯⋯⋯⋯⋯⋯⋯⋯ 712	TaC_9Cl_2 ⋯⋯⋯⋯⋯⋯⋯⋯ 779
PtC_2P_2 diphenylacetylenebis (triphenylphosphine) platinum(0): [Pt(L)(PPh₃)₂] (L=Ph-C≡C-Ph) ⋯⋯⋯⋯⋯ 622	RuC_9Cl ⋯⋯⋯⋯⋯⋯⋯⋯ 713	TaC_{12} ⋯⋯⋯⋯⋯⋯⋯⋯ 780
	RuC_{10} bis(cyclopentadienyl)ruthenium: ruthenocene(Cp₂Ru) ⋯⋯⋯⋯⋯⋯ 714	$TiB_3C_2N_2O$ ⋯⋯⋯⋯⋯⋯ 789
		TiC_2NP_2 ⋯⋯⋯⋯⋯⋯⋯ 790
PtC_2P_2 ethylelenebis (triphenylphosphine) platinum(0): [Pt(C₂H₄)(PPh₃)₂] ⋯⋯⋯ 623		TiC_5NCl_2 ⋯⋯⋯⋯⋯⋯⋯ 791
	RuC_{10} (η⁴-1,5-cyclooctadiene)(η⁶-1,3,5-cyclooctatriene)ruthenium[Ru(η⁴-1,5-cod)(η⁶-1,3,5-cot)] ⋯⋯⋯⋯ 715	TiC_5Cl_3 ⋯⋯⋯⋯⋯⋯⋯⋯ 792
		$TiC_{10}PS$ ⋯⋯⋯⋯⋯⋯⋯ 793
PtC_2Cl_3 ⋯⋯⋯⋯⋯⋯⋯⋯ 624		$TiC_{10}Cl_2$ ⋯⋯⋯⋯⋯⋯⋯ 794
PtC_6 ⋯⋯⋯⋯⋯⋯⋯⋯⋯ 626		$TiN_2O_2Cl_2$ ⋯⋯⋯⋯⋯⋯⋯ 796
PtP_2Si_2 ⋯⋯⋯⋯⋯⋯⋯⋯ 638	RuC_{10} (η⁴-1,5-cyclooctadiene)(η⁶-naphthalene)ruthenium: [Ru(naphthalene)(cod)] ⋯⋯⋯⋯⋯⋯⋯ 716	$Ti_3C_{15}O_3Cl_3$ ⋯⋯⋯⋯⋯⋯ 800
PtP_4 tetrakis (triphenylphosphine) platinum(0): [Pt(PPh₃)₄] ⋯⋯⋯⋯⋯ 641		UN_6O_2 ⋯⋯⋯⋯⋯⋯⋯⋯ 807
		VC_3O ⋯⋯⋯⋯⋯⋯⋯⋯⋯ 818
		VC_5X_3 (X = Cl,Br) ⋯⋯⋯ 819
	$RuN_2P_2Cl_2$ ⋯⋯⋯⋯⋯⋯⋯ 718	VC_6 ⋯⋯⋯⋯⋯⋯⋯⋯⋯ 820
PtP_4 tetrakis (triphenylphosphine) platinum(0): [Pt(PPh₃)₄] ⋯⋯⋯⋯⋯ 642	RuO_4P_2 ⋯⋯⋯⋯⋯⋯⋯⋯ 728	VC_{10} ⋯⋯⋯⋯⋯⋯⋯⋯⋯ 821
	$RuZrC_{18}$ ⋯⋯⋯⋯⋯⋯⋯⋯ 731	$VC_{10}X$ (X = Cl,Br,I) ⋯⋯ 822
	$RuW_{17}C_6O_{62}P_2$ ⋯⋯⋯⋯⋯⋯ 733	$VNCl_3$ ⋯⋯⋯⋯⋯⋯⋯⋯⋯ 823
Pt_2C_{12} ⋯⋯⋯⋯⋯⋯⋯⋯ 645	$Ru_2C_{12}Cl_4$ ⋯⋯⋯⋯⋯⋯⋯ 735	$V_3C_{15}Cl_6$ ⋯⋯⋯⋯⋯⋯⋯⋯ 831
ReH_7P_2 ⋯⋯⋯⋯⋯⋯⋯⋯ 657	$Ru_2RhC_{15}NS_4$ ⋯⋯⋯⋯⋯⋯ 740	WHC_7Si ⋯⋯⋯⋯⋯⋯⋯⋯ 836
$ReCO_3$ ⋯⋯⋯⋯⋯⋯⋯⋯⋯ 658	Ru_3C_{12} ⋯⋯⋯⋯⋯⋯⋯⋯⋯ 741	WC_7Si_2 ⋯⋯⋯⋯⋯⋯⋯⋯ 837
ReC_6NP ⋯⋯⋯⋯⋯⋯⋯⋯ 661	Ru_3C_{15} ⋯⋯⋯⋯⋯⋯⋯⋯⋯ 742	WN_4Sb ⋯⋯⋯⋯⋯⋯⋯⋯ 838
$Re_2C_6O_2Br_2$ ⋯⋯⋯⋯⋯⋯⋯ 664	Ru_3C_{17} ⋯⋯⋯⋯⋯⋯⋯⋯⋯ 743	YC_2NOP_2 ⋯⋯⋯⋯⋯⋯⋯ 848
$RhHCP_3$ ⋯⋯⋯⋯⋯⋯⋯⋯ 669	$Ru_4C_{20}Cl_4$ ⋯⋯⋯⋯⋯⋯⋯ 745	YC_2N_3O ⋯⋯⋯⋯⋯⋯⋯⋯ 849
$RhHP_4$ ⋯⋯⋯⋯⋯⋯⋯⋯⋯ 670	$Ru_6Pt_3H_4C_{21}$ ⋯⋯⋯⋯⋯⋯ 747	YC_2N_4 ⋯⋯⋯⋯⋯⋯⋯⋯ 850
$RhCP_2Cl$ ⋯⋯⋯⋯⋯⋯⋯⋯ 671	ScC_3O_2 ⋯⋯⋯⋯⋯⋯⋯⋯ 756	YC_6NO ⋯⋯⋯⋯⋯⋯⋯⋯ 851
RhC_4O_2 ⋯⋯⋯⋯⋯⋯⋯⋯ 672	ScC_7O ⋯⋯⋯⋯⋯⋯⋯⋯⋯ 757	$Y_2C_{12}N_2O_2$ ⋯⋯⋯⋯⋯⋯⋯ 852
RhC_8 ⋯⋯⋯⋯⋯⋯⋯⋯⋯ 674	SiC_{10} ⋯⋯⋯⋯⋯⋯⋯⋯⋯ 760	$Y_2C_{12}P_2$ ⋯⋯⋯⋯⋯⋯⋯⋯ 853
RhP_3Cl ⋯⋯⋯⋯⋯⋯⋯⋯⋯ 680	$SmC_{10}O$ ⋯⋯⋯⋯⋯⋯⋯⋯ 763	$Y_4H_8C_{20}O$ ⋯⋯⋯⋯⋯⋯⋯ 854
$Rh_2C_4Cl_2$ ⋯⋯⋯⋯⋯⋯⋯⋯ 683	$SmC_{10}O_2$ ⋯⋯⋯⋯⋯⋯⋯⋯ 764	$ZnCO$ ⋯⋯⋯⋯⋯⋯⋯⋯⋯ 856
$Rh_2C_8O_2$ ⋯⋯⋯⋯⋯⋯⋯⋯ 684	SnC_{10} ⋯⋯⋯⋯⋯⋯⋯⋯⋯ 765	ZnC_2 ⋯⋯⋯⋯⋯⋯⋯⋯⋯ 857
$Rh_2C_8Cl_2$ ⋯⋯⋯⋯⋯⋯⋯⋯ 685	SiN_4Cl_2 ⋯⋯⋯⋯⋯⋯⋯⋯ 767	ZnC_2N_2 ⋯⋯⋯⋯⋯⋯⋯⋯ 858
Rh_2C_{14} ⋯⋯⋯⋯⋯⋯⋯⋯⋯ 686	$Sn_2C_4O_4$ ⋯⋯⋯⋯⋯⋯⋯⋯ 768	ZnC_3 ⋯⋯⋯⋯⋯⋯⋯⋯⋯ 859
$Rh_2C_{15}S_2$ ⋯⋯⋯⋯⋯⋯⋯⋯ 687	$Sn_4C_8O_2Cl_4$ ⋯⋯⋯⋯⋯⋯⋯ 769	
Rh_2O_8 ⋯⋯⋯⋯⋯⋯⋯⋯⋯ 688	TaH_3C_{10} ⋯⋯⋯⋯⋯⋯⋯⋯ 771	
$Rh_3C_{15}S_6$ ⋯⋯⋯⋯⋯⋯⋯⋯ 690		

ZnC_6 ·········· 860
Zn_2C_2 ·········· 887
Zn_2C_{10} ·········· 888
Zn_2N_4XY (X=OH⁻,Y=Cl⁻) ·········· 889
$ZrHC_{10}Cl$ ·········· 907
ZrC_3NI_2 ·········· 908
$ZrC_{10}Cl_2$
  bis(1-neomenthylindenyl)zirconium dichloride: [(NMI)$_2$ZrCl$_2$] ·········· 909
$ZrC_{10}Cl_2$
  dichlorobis(η^5-cyclopentadienyl)zirconium, (Cp$_2$ZrCl$_2$) ·········· 910
$ZrC_{10}Cl_2$
  dichloroisopropylidene(η^5-cyclopentadienyl)(fluorenyl)zirconium: $C_{21}H_{18}Cl_2Zr$ ·········· 911
$ZrC_{10}Cl_2$
  rac-dichloro[1,2-ethanediylbis(η^5-tetrahydroindenyl)]zirconium: (EBTHI)ZrCl$_2$, $C_{20}H_{24}Cl_2Zr$ ·········· 912
$ZrC_{10}Bi_2$ ·········· 913
ZrC_{12}
  1,1-bis(η^5-cyclopentadienyl)-2,5-bis($tert$-butyl)-1-zirconacyclopenta-2,3,4-triene: $C_{22}H_{28}Zr$ ·········· 914
ZrC_{12}
  1,1-bis(η^5-cyclopentadienyl)-1-zircona-cyclopent-3-yne: $C_{14}H_{14}Zr$ ·········· 915
ZrC_{12}
  di-n-butylbis(η^5-cyclopentadienyl)zirconium: Cp$_2$Zr(n-Bu)$_2$, $C_{18}H_{28}Zr$ ·········· 916
$ZrC_{12}X$ (X=N,O) ·········· 917
ZrC_{14} ·········· 918

【磁気機能を有する錯体（磁気化学的性質）磁】

[AgN_4]$_n$ ·········· 13
$AuCNS_2$ ·········· 23
CoN_2O_4
  bis(3,5-dialkoxypyridine-κN)(3,6-di-$tert$-butylbenzene-1,2-diolato-κ^2O^1,O^2)(3,6-di-$tert$-butyl-2-oxidophenoxyl-κ^2O^1,O^2)cobalt(III): [Co^{II}(CnOpy)$_2$(3,6-DTBQ)$_2$] (n=9,12,17) ·········· 56
CoN_2O_4
  [Co^{III}(phen)(3,5-DBSQ)$_2$](phen=1,10-phenanthroline,3,5-DBSQ=3,5-di-$tert$-butyl-1,2-benzosemiquinonate) ·········· 57
CoN_2O_4
  [Co^{II}(py$_2$X)(3,6-DBSQ)$_2$](3,6-DBSQ=3,6-di-tert-butyl-1,2-benzosemiquinonate, py$_2$O=bis(2-pyridyl)ether,X=O,S,Se,Te) ·········· 58
CoN_6
  [M(C16-terpy)$_2$](BF$_4$)$_2$ (M=Co, Fe)C16-terpy=4′-hexadecyloxy-2,2′:6,2″-terpyridine ·········· 86
CoN_6
  tetrakis|4-[diazo(phenyl)methyl]pyridine-κN|bis(thiocyanato-κN)cobalt(II): [Co^{II}(NCS)$_2$(D1Py)$_4$] ·········· 87
Co_3O_{13} ·········· 95
[CoN_2O_4]$_n$ ·········· 97
[CoO_6]$_n$ ·········· 99
[CoS_6]$_n$ ·········· 100
[$CoCrLiN_6O_{12}$]$_n$ ·········· 101
[$Co_2WC_8N_{10}O_2$]$_n$ ·········· 102
[Co_8O_{15}]$_n$ ·········· 103
$CrFe_2N_6S_6$ ·········· 109
$CrNi_3N_{12}O_6S_6$ ·········· 110
$CrCuN_4O_7$ ·········· 111
$CrCuN_6O_3$ ·········· 112
$CrCu_2N_4O_6$ ·········· 113
$Cr_2N_8O_2$ ·········· 114
$Cr_2N_{10}O$ ·········· 115
Cr_2O_{10} ·········· 116
$Cr_2ZnN_{12}O_6$ ·········· 117
[$CrMn_{1-x}Fe_xC_6N_6$]$_n$ ·········· 120
[$CrMnC_6N_5O$]$_n$ ·········· 121
[$CrMnO_{12}$]$_n$
  [BEDT-TTF]$_3$[MnCr(ox)$_3$](**1**), [BETS]$_x$[MnCr(ox)$_3$](x~3)(**2**) (ox=oxalato(C$_2$O$_4$), BEDT-TTF=bis(ethylenedithio)tetrathiafulvalene, BETS=bis(ethylenedithio)tetraselenafulvalene ·········· 122
[$CrMnO_{12}$]$_n$
  N-2-Butyl-N-methyl-N,N-dipropylammonium tris[μ-(ethanedioato-κ^2O^1,O^2:$\kappa^2O^{1'},O^{2'}$)][chromium(III)manganese(II)]ate: N(CH$_3$)(n-C$_3$H$_7$)$_2$(s-C$_4$H$_9$)[Mn^{II}Cr^{III}(ox)$_3$] ·········· 123
[$CrMnO_{12}$]$_n$
  (SP)[MnCr(ox)$_3$](ox=oxalato(C$_2$O$_4$), SP=Spiro[2H-indole-2,2′-[2H]pyrano[3,2-b]pyridinium],1,3-dihydro-1,3,3,5′,6′-pentamethyl] ·········· 124
[$CrMn_3C_6N_{12}O_6$]$_n$ ·········· 125
CuN_4
  2,3,7,8,12,13,17,18-octaethyl porphyrinato copper(II): [Cu(OEP)] ·········· 155
CuN_4
  5,10,15,20-tetraphenylporphyrinato copper(II): [Cu(TPP)] ·········· 159
CuS_4 ·········· 171
$CuVN_2O_5$ ·········· 172
$CuCoN_5O_3$ ·········· 174
$CuGdN_2O_{10}$ ·········· 178
$Cu_2N_2O_2S_2Cl_2$ ·········· 179
$Cu_2N_2O_2Cl_2$ ·········· 180
$Cu_2N_2O_4$ ·········· 181
$Cu_2N_2O_5$ ·········· 183
$Cu_2N_4O_2$
  di-μ-hydroxo-bis(2,2′-bipyridine)dicopper(II) sulfate: [Cu$_2$(OH)$_2$(bpy)$_2$]SO$_4$·5H$_2$O (bpy=2,2′-bipyridine) ·········· 185
$Cu_2N_4O_2$
  bis-μ-|N-(2-aminoethyl)-3-aminopropanolato|dicopper(II) perchlorate: [Cu$_2$(aeap)$_2$](ClO$_4$)$_2$ (Haeap=N-(2-aminoethyl)3 aminopropanol) ·········· 186

分類別目次 17

$Cu_2N_4O_2$
 di-μ-hydroxo-bis｛2-(2-dimethylaminoethyl)pyridine｝dicopper(II) perchlorate: $[Cu_2(OH)_2(dmaep)_2](ClO_4)_2$ (dmaep=2-(2-dimethylaminoethyl)pyridine) ··· *187*

$Cu_2N_4O_2$
 bis(isothiocyanato)-bis-μ-｛N,N-di(n-propyl)aminoethanolato｝dicopper(II): $[Cu_2(pr-L)_2(NCS)_2]$ (HprL=N,N-di(n-propyl)aminoethanol) ················ *189*

$Cu_2N_4O_2$
 μ-bis(3-glycylamido-1-propanolato)dicopper(II): $[Cu_2(glyapr)_2]$: H_2glyapr=N-glycyl-3-aminopropanol ················ *190*

$Cu_2N_4O_2Cl_2$ ················ *191*

$Cu_2N_4O_4$
 $(PPh_4)_4[Cu_2(1,5-naba)_2]$: $H_4(1,5-naba)$=naphthalene-1,5-bis(oxamic acid) ················ *193*

$Cu_2N_4O_4$
 $[Cu_2(L)(H_2O)_2]F_2$: $H_2L^{3,3}$=25,26-dihydroxy-11,23-dimethyl-3,7,15,19-tetraazatricyclo$[24·1^{9,13}·1^{1,21}]$tetracosa-1(25),2,7,9,11,13(26),14,19,21,23-decaene ······ *194*

$Cu_2N_4O_5$
 μ-Acetato-O,O-di-μ-acetato-O,O'-bis(2,2'-bipyridine)dicopper(II) perchlorate: $[Cu_2(CH_3COO)_3(bpy)_2]ClO_4$ ················ *195*

$Cu_2N_4O_5$
 μ-hydroxo-di-μ-formato-bis(2,2'-bipyridine)dicopper(II) tetrafluoroborate: $[Cu_2(OH)(HCOO)_2(bpy)_2]BF_4$ ················ *196*

$Cu_2N_4O_6$
 di-μ-acetatodiaquabis(1,10-phenanthroline)dicopper(II) nitrate: $[Cu_2(CH_3COO)_2(H_2O)_2(phen)_2](NO_3)_2$ ················ *197*

$Cu_2N_4O_6$
 bis-μ-｛di(4-methoxyphenyl)phosphinato｝-bis(5,5'-dimethyl-2,2'-dipyridine)-dimethanol-dicopper(II) tetrafluoroborate: $[Cu_2(bmpp)_2(dmbpy)_2(CH_3OH)_2](BF_4)_2$ ················ *198*

$Cu_2N_4O_6$ ················ *199*

$Cu_2N_6O_4$ ················ *208*
Cu_2N_8 ················ *213*
Cu_2N_8O ················ *214*
$Cu_2N_8O_2$ ················ *215*
Cu_2N_{10} ················ *220*
Cu_2N_{12} ················ *221*
$Cu_2GdN_4O_9$ ················ *223*
$Cu_2Tb_2N_4O_{16}$ ················ *224*
$Cu_3N_6O_3$ ················ *229*
$Cu_4N_8O_4S_8$ ················ *235*
$Cu_4Ln_2N_8O_8$ (Ln=La,Pr,Gd) ··· *237*
$[CuN]_n$ ················ *241*

$[CuN_4]_n$
 bis(2,5-diiodo-2,5-cyclohexadiene-1,4-diylidenebiscyanamide)copper salt: $Cu(DI-DCNQI)_2$ (DI-DCNQI=2,5-diiodo-N,N'-dicyano-1,4-benzoquinone diimine) ················ *247*

$[CuN_4]_n$
 bis(N,N'-dicyano-2,5-dimethyl-2,5-cyclohexadiene-1,4-diylidenebiscyanamide)copper salt: $Cu(DMe-DCNQI)_2$ (DMe-DCNQI=2,5-dimethyl-N,N'-dicyano-1,4-benzoquinonediimine) ················ *248*

$[CuN_4]_n$
 catena-((μ$_4$-tetracyanoquinodimethane radical)copper(I)): $[Cu(TCNQ)]_n$ ··· *250*

$[CuO_4]_n$ ················ *252*
$[CuCl_6]_n$ ················ *255*
$[Cu_2NS_4X]_n$ (X=solven) ······ *256*
$[Cu_2N_2O_8]_n$ ················ *258*
$[Cu_4N_3Br_4]_n$ ················ *260*
FeC_2N_4 ················ *274*
FeC_5N ················ *276*

FeN_4O_2
 bis｛N-(2-pyridylmethyl)acetylacetoiminato｝iron(III) hexafluorophosphate: $[Fe(acpa)_2]PF_6$ ················ *293*

FeN_4O_2
 $[Fe(pap)_2]ClO_4$: Hpap=bis｛N-(2-hydroxyphenyl)-2-pyridylaldimine ················ *294*

FeN_4O_2
 bis｛N-(8-quinolyl)salicylaldiminato｝iron(III) selenocyanate: $[Fe(qsal)_2]$NCSe ················ *295*

FeN_4O_2
 N,N'-ethylenebis(acetylacetoniminato)di(3,4-dimethylpyridine)iron(III) tetraphenylborate: $[Fe(acen)(dmpy)_2]BPh_4$ ················ *298*

FeN_6
 bis｛2,6-di(2-pyrazolyl)pyridine｝iron(II) tetrafluoroborate: $[Fe(dpp)_2](BF_4)_2$ ················ *316*

FeN_6
 bis(isothiocyanato)bis(1,10-phenanthroline)iron(II): $[Fe(phen)_2(NCS)_2]$ ················ *319*

FeN_6
 N,N,N',N'-tetrakis(2-pyridylmethyl)ethylenediamineiron(II) perchlorate: $[Fe(tpen)](ClO_4)_2$ ············ *320*

FeN_6
 tris(2-picolylamine)iron(II) chloride: $[Fe(pia)_3]Cl_2$ ················ *322*

$FeNi_3N_4O_2S_{12}$ ················ *337*
$FeNdC_6NO_7$ ················ *339*
Fe_2C_{20} ················ *344*
$Fe_2N_4O_7$ ················ *346*
$Fe_2N_6O_5$ ················ *350*
Fe_2N_8O ················ *356*
Fe_2N_{10} ················ *362*

Fe_2N_{12}
 4-amino-3,5-bis[N-2-(pyridylmethyl)aminomethyl]-1,2,4-triazole]diiron(II) tetrafluoroborate dimethyl formamide: $[Fe_2(PMAT)_2](BF_4)_4$·DMF ················ *363*

Fe_2N_{12}
 bis((μ$_2$-3,5-bis(2-pyridyl)pyrazolyl)-(4-phenylpyridyl)(borane cyanide-N)iron(II)): $[｛Fe(BH_3NC)(4-phpy)｝_2(μ-bpypz)_2]$ ················ *364*

Fe_2N_{12}
 tetrakis(isothiocyanato)-μ-(2,2'-bipyridine)-bis(2,2'-bithiazole)diiron(II): $[Fe_2(NCS)_4(bpym)(bt)_2]$ ··· *365*

$Fe_4C_4N_{20}$ ················ *368*

$[Fe(CN)]_n$ ·················· *374*

$[FeN_6]_n$
catena-poly|iron(II)-tris-μ-[3,5-dialkoxy-N-(1,2,4-triazole-4-yl-κN^1: κN^2)benzamide]|:[Fe^{II}(C$_m$trz)]$_n$ (m=8,12,16) ·················· *376*

$[FeN_6]_n$
tetrakis|μ-[1,4-bis(pyridine-4-yl) butadiyn-κN:κN']|bis(thiocyanido-κN)iron(III)―methanol(1/0.5): [Fe^{II}(bpb)$_2$(NCS)$_2$]·0.5CH$_3$OH ··· *377*

$[FeCoC_6N_6]_n$ ·················· *378*

$[FeM_2C_4N_{10}O_2]_n$ (M = Ag,Au)
·················· *379*

$[FeNiC_4N_6]_n$ ·················· *380*

$[Fe_2N_6]_n$ ·················· *381*

$[Fe_2N_{12}]_n$ ·················· *382*

$[Fe_2O_6S_6]_n$
(n-C$_n$H$_{2n+1}$)$_4$N[Fe^{II}Fe^{III}(dto)$_3$](n=3〜6)(dto=dithiooxalato=C$_2$O$_2$S$_2$)
·················· *383*

$[Fe_2O_6S_6]_n$
(SP)[Fe^{II}Fe^{III}(dto)$_3$](dto=dithiooxalato=C$_2$O$_2$S$_2$,SP=Spiro[2H-indole-2,2′-[2H]pyrano[3,2-b]pyridinium], 1,3-dihydro-1,3,3,5′,6′-pentamethyl) ·················· *384*

$[Fe_6C_{12}N_{20}O_2]_n$ ·················· *385*

GdN$_5$O$_2$ ·················· *392*

K$_{0.2}$FeCo$_{1.4}$C$_6$N$_6$ ·················· *415*

$[MN_6]_n$ (M = Fe(II),Co(II),Ru(II))
·················· *448*

MnN$_6$ ·················· *463*

MnFeN$_6$O$_5$ ·················· *464*

MnCuN$_6$O$_2$Cl ·················· *465*

MnCuN$_6$O$_3$ ·················· *466*

Mn$_2$N$_4$O$_6$
[Mn$_2$(L^{3,3})(CH$_3$COO)$_2$]:H$_2$L^{3,3}=25,26-dihydroxy-11,23-dimethyl-3,7,15,19-tetraazatricyclo[24·1^{9,13}·1^{1,21}]tetracosa-1(25),2,7,9,11, 13(26),14,19,21,23-decaene ·················· *467*

Mn$_2$N$_4$O$_6$
di-μ-acetato-bis|3-(salicylidene)amino-1-propanolato|dimanganese(III):

[Mn$_2$(spa)$_2$(CH$_3$COO)$_2$](H$_2$spa= 3-(salicylidene)amino-1-propanol)
·················· *468*

Mn$_2$N$_6$O$_5$ ·················· *469*

Mn$_2$N$_8$O$_4$ ·················· *471*

Mn$_2$Ni$_2$N$_4$O$_{10}$Cl$_2$ ·················· *472*

Mn$_3$N$_{16}$ ·················· *473*

Mn$_4$N$_3$O$_9$Cl$_4$ ·················· *474*

$[MnO_6]_n$ ·················· *476*

$[MnFeC_6N_6]_n$ ·················· *477*

$[Mn_4N_6O_{12}]_n$ ·················· *478*

$[Mn_4Pt_6N_{12}O_6S_{24}]_n$ ·················· *479*

NiS$_4$
bis(4,5-trimethylenetetrathia fulvalene-4′,5′-dithiolato)nickel bis[2-(5,6-dihydro-4H-cyclopenta[d][1,3]dithiol-2-ylidene)-1,3-dithiole-4,5-dithiolato]nickelate: Ni(S$_6$C$_9$H$_6$)$_2$(S$_6$C$_9$H$_6$=tmdt) ·················· *555*

NiS$_4$
α-EDT-TTF[Ni(dmit)$_2$]:Ni(dmit)$_2$=bis(1,3-dithiole-2-thione,4,5-dithiolato)nickel; EDT-TTF=2-(1,3-dithiol-2-ylidene)-5,6-dihydro-1,3-dithiolo[4,5-b][1,4]dithiin=ethylenedithioterathiafulvalene ·················· *556*

NiS$_4$
α-Et$_2$Me$_2$N[Ni(dmit)$_2$]$_2$:Ni(dmit)$_2$=bis(1,3-dithiole-2-thione,4,5-dithiolato)nickel ·················· *557*

NiS$_4$
lithium[bis(1,3-dithiole-2-thione-4,5-dithiolato)nickel]$_2$ 1,4,7,10,13-pentaoxa-cyclopenta decane hydrate solvate:Li([15]corwn-5)[Ni(dmit)$_2$]$_2$·H$_2$O ·················· *558*

NiS$_4$
N-methyl-3,5-diiodopyridinium di[bis(1,3-dithiole-2-thione-4,5-dithiolato)nickelate]:α-(Me-3,5-DIP) [Ni(dmit)$_2$]$_2$ ·················· *559*

NiS$_4$
photomagnetic conductor Nickel(III) complex: X[Ni(dmit)$_2$]$_2$ (X:ビピリジン誘導体カチオン) ·················· *560*

NiS$_4$
tri[bis(5,6-dihydro-1,4-dithiin-2,

3-dithiolato)nickel]bis(dibromoaurate): [Ni(dddt)$_2$]$_3$(AuBr$_2$)$_2$ (dddt=5,6-dihydro-1,4-dithiin-2,3-dithiolate) ·················· *563*

NiS$_4$
TTF[Ni(dmit)$_2$]$_2$:Ni(dmit)$_2$=bis(1,3-dithiole-2-thione-4,5-dithiolato)nickel(TTF=2-(1,3-dithiol-2-ylidene)-1,3-dithiole=terathiafulvalene) ·················· *564*

Ni$_2$N$_2$O$_8$ ·················· *567*

Ni$_2$N$_6$O$_4$ ·················· *571*

Ni$_2$LnN$_2$O$_{16}$ (Ln = Lanthanides)
·················· *575*

$[Ni_4S_{16}I_2]_n$ ·················· *579*

PdS$_4$
diethyldimethylstibonium di[bis(1,3-dithiole-2-thione-4,5-dithiolato) paradium]:Et$_2$Me$_3$Sb[Pd(dmit)$_2$]$_2$ (dmit=dimercapto-iso-trithione)
·················· *597*

PdS$_4$
ethyltrimethylphosphonium di[bis(1,3-dithiole-2-thione-4,5-dithiolato) paradium]:EtMe$_3$P[Pd(dmit)$_2$]$_2$ (dmit=dimercapto-iso-trithione)
·················· *598*

PdS$_4$
ethyltrimethylstibonium di[bis(1,3-dithiole-2-thione-4,5-dithiolato)paradium]:EtMe$_3$Sb[Pd(dmit)$_2$]$_2$ (dmit=dimercapto-iso-trithione) ·················· *599*

PdS$_4$
β-tetramethylammonium di[bis(1,3-dithiole-2-thione-4,5-dithiolato) paradium]:β-Me$_4$N[Pd(dmit)$_2$]$_2$ (dmit=dimercapto-iso-trithione)
·················· *602*

PtC$_4$ ·················· *625*

PtO$_4$ ·················· *637*

PtS$_4$ ·················· *643*

$[Pt_2S_8I]_n$
catena-poly[[tetrakis(μ-dithio-pentanato-κS:κS')diplatinum(Pt-Pt)]-μ-iodo]:[Pt$_2$(n-BuCS$_2$)$_4$I]$_n$ ·················· *653*

$[Pt_2S_8I]_n$
catena-poly[[tetrakis(μ-dithio-prop-

分類別目次 19

anato-κS:κS') diplatinum (Pt-Pt)]-μ-iodo]:[Pt$_2$(EtCS$_2$)$_4$I]$_n$ ········ 654

[Pt$_2$S$_8$I]$_n$
catena-poly [[tetrakis (μ-dithioacetato-κS:κS') diplatinum (Pt-Pt)]-μ-iodo]:[Pt$_2$(MeCS$_2$)$_4$I]$_n$ ········ 655

[Pt$_4$S$_{16}$]$_n$ ········ 656
[Rh$_2$C$_4$O$_4$]$_n$ ········ 693
[Rh$_2$N$_8$]$_n$ ········ 694
[Rh$_3$C$_6$O$_6$]$_n$ ········ 695
RuNCl$_5$ ········ 717
Ru$_2$O$_9$Cl ········ 738

[RuO$_8$Cl]$_n$ ········ 748
[Ru$_2$N$_2$O$_8$]$_n$ ········ 749
[Ru$_2$N$_4$O$_4$Cl]$_n$ ········ 750
[Ru$_2$O$_8$Cl]$_n$
catena-poly[μ-tetrakis(n-butyrato) diruthenium(II,III)-μ-chloro]:[Ru$_2$(O$_2$CC$_3$H$_7$)$_4$Cl]$_n$ ········ 751

[Ru$_2$O$_8$Cl]$_n$
diruthenium(II,III)chloride terephtalate:[Ru$_2$(OOCC$_4$H$_6$COO)$_2$Cl]$_n$ ··· 752

[Ru$_2$O$_8$Cl]$_n$
[Ru$_2$(B$_2$OC$_m$)$_4$Cl]$_n$: B$_2$OC$_m$ ········ 753

[Ru$_2$O$_8$Cl]$_n$
[Ru$_2$(O$_2$CC$_6$H$_5$)$_4$Cl]$_n$ ········ 754

VN$_4$O
2,3,7,8,12,13,17,18-octaethylporphyrinato oxovanadium(IV):[V(IV)O(OEP)] ········ 827

VN$_4$O
5,10,15,20-tetraphenylporphyrinato oxovanadium(IV):[V(IV)OTPP] ··· 828

Zn$_2$N$_8$ ········ 891

【電子移動錯体（酸化還元にかかわる錯体）電】

AuCNS$_2$ ········ 23
CoCN$_5$ ········ 50
CoN$_2$O$_2$ ········ 55
CoN$_2$O$_4$ ········ 56
CoN$_4$
heptamethylcobyrinate perchlorate:[Cob(III)7C$_1$ester]ClO$_4$ ········ 71
CoN$_4$
(tetraphenylporphinato) cobalt(II):[Co^{II}(TPP)] ········ 72
CoN$_4$Cl ········ 78
CoN$_4$I$_2$ ········ 79
CoN$_5$Cl ········ 84
[CoS$_6$]$_n$ ········ 100
CuN$_3$OX/CuN$_3$S ········ 144
CuCoN$_5$O$_3$ ········ 174
Cu$_2$N$_2$O$_4$ ········ 181
Fe$_2$C$_{20}$ ········ 344
Fe$_2$N$_4$O$_7$ ········ 346

Fe$_2$N$_8$O ········ 358
[Fe$_2$O$_6$S$_6$]$_n$ ········ 383
[GdC$_x$]$_n$ ········ 393
[MN$_6$]$_n$ (M = Fe(II), Co(II), Ru(II)) ········ 448
Mn$_2$N$_6$O$_5$ ········ 469
MoN$_4$OCl ········ 491
MoN$_5$ ········ 493
MoRh$_2$C$_{12}$S$_4$ ········ 502
Mo$_2$C$_{16}$ ········ 505
NiN$_4$
2,7,12,17-tetra-n-propylpor-phycenato nickel(II):[Ni^{II}(TPrPc)] ···· 545
NiN$_4$
2,7,12,17-tetra-$tert$-butyl-3,6:13,16-dibenzoporphycenato nickel(II):[Ni^{II}(TBDBzPc)] ········ 547
PdN$_4$
phthalocyanine-29,31-diidopalladium(II), phthalocyaninatopalladium(II):[Pd(pc)] ········ 593

PdN$_4$
(piperazine-2,3-dione dioxime-κ$^2 N$, N')(1-)(piperazine-2,3-dione dioxime-κ$^2 N,N'$) palladium(II)(2,2'-(cyclohexa-2,5-diene-1,4-diylidene)dimalononitrile radical anion):[Pd^{II}(Hedag)(H$_2$edag)] (TCNQ) ········ 594

PdN$_4$
2,7,12,17-(tetraphenylporphycenato) Palladium(II)([Pd^{II}TPPo]) ····· 595

PtN$_4$ ········ 636
Re$_2$C$_6$N$_6$ ········ 662
Rh$_3$C$_{15}$S$_6$ ········ 690
RuCN$_5$ ········ 705
RuC$_{10}$ ········ 714
RuN$_5$S ········ 720
Ru$_2$N$_{12}$ ········ 737
Ru$_3$N$_3$O$_{13}$ ········ 744
SbN$_4$O$_2$ ········ 755
SiN$_4$Cl$_2$ ········ 767
ZnN$_5$ ········ 883

【光化学機能を有する錯体（発光，蛍光，光応答機能など）光】

AgP$_4$ ········ 6
Ag$_3$C$_n$P$_6$ (n = 1,2) ········ 8
[AgN$_4$]$_n$ ········ 13
[Ag$_2$N$_2$O$_4$S$_2$]$_n$ ········ 18
AuCP ········ 25

AuC$_2$ ········ 27
AuCl$_2$ ········ 28
AuIr$_2$C$_2$P$_4$Cl$_2$As$_2$ ········ 34
Au$_2$C$_2$P$_2$ ········ 35
Au$_2$C$_4$N$_4$ ········ 36

Au$_2$P$_4$ ········ 37
Au$_3$C$_3$N$_3$ ········ 38
Au$_{12}$P$_{12}$S$_4$ ········ 39
CaN$_2$O$_6$ ········ 41
CdN$_4$ ········ 43

CoN_2O_4 ································ 57	Cu_3N_6 ································ 227	$Ir_2C_4N_4$ ································ 410
CoN_6 ································ 87	$Cu_3N_6O_3$ ································ 229	$K_{0.2}FeCo_{1.4}C_6N_6$ ··············· 415
$[CoN_2O_4]_n$ ································ 97	$Cu_4N_4I_4$ ································ 234	$LaSi_2W_{22}O_{78}$ ······················· 417
$[Co_2WC_8N_{10}O_2]_n$ ············ 102	$Cu_6O_6S_6$ ································ 239	$LaW_{10}O_{36}$ ···························· 418
$[Co_8O_{15}]_n$ ································ 103	$[CuCl_6]_n$ ································ 255	$LaW_{34}O_{122}P_4$ ······················· 419
CrN_4OCl ································ 104	$Er_4Cd_2N_8Se_{10}$ ···················· 261	LnN_3OX_n ································ 426
CrN_6	EuN_2O_6	LnN_3O_6 (Ln = La〜Lu) ····· 427
tris(2,2′-bipyridine-N,N') chromium(III)perchlorate: $[Cr(bpy)_3](ClO_4)_3$ ································ 105	tris(1,3-diphenyl-1,3-propanediono)(monophenanthroline)europium(III): $[Eu(DBM)_3(Phen)]$ ··············· 262	LnN_3O_7 ································ 428
		LnN_6O_3 (Ln = Eu,Tb) ········· 429
CrN_6	EuN_3O_6	LnO_6 (Ln = Y,Eu) ················· 431
tris(1,10-phenanthroline-N,N')chromium(III) perchlorate: $[Cr(phen)_3](ClO_4)_3$ ························ 106	tris(thenoyltrifluoroacetonate)(dipyrazolyltriazine)europium(III)$[Eu(tta)_3(L)]$ ································ 263	Ln_2O_{13} (Ln = Eu,Gd,Tb) ········ 432
		Ln_2O_{13} (Ln = Eu,Tb,Nd,Y) ····· 433
	EuN_4O_5 ································ 264	MN_6 (M = Ru,Os,Ir,Re,Rh,Fe) ································ 442
CrO_6	EuO_8	
tris(2,2′-bipyridine 1,1′-dioxide-$\kappa O,\kappa O'$)chromium(III) triperchlorate: $[Cr(bpdo)_3](ClO_4)_3$ ··············· 107	tris(hexafluoroacetylacetonato)europium(III)bis(triphenylphospine oxide): $[Eu(hfa)_3(TPPO)_2]$ ············ 267	$[MN_6]_n$ (M = Fe(II),Co(II),Ru(II)) ································ 448
		MgN_4 ································ 450
CrO_6	EuO_8	$[MnFeC_6N_6]_n$ ······················· 477
tris(2,4-pentanedionato-$\kappa O,\kappa O'$)chromium(III); tris(acetylacetonato)chromium(III): $[Cr(acac)_3]$ ·············· 108	tris(6,6,7,7,8,8,8-heptafluoro-2,2-dimethyloctane-3,5-dionato)europium(III): $Eu(fod)_3(1a)$ および関連錯体. ································ 268	$[Mn_4N_6O_{12}]_n$ ·························· 478
		MoN_4OCl ································ 491
		MoN_4O_2 ································ 492
$[CrMn_{1-x}Fe_xC_6N_6]_n$ ············ 120	$Eu_2N_4O_{12}$ ································ 269	Mo_6Cl_{14} ································ 515
$[CrMnO_{12}]_n$ ······················· 124	Eu_2O_{12} ································ 270	NbN_4O ································ 522
CuH_2P_2 ································ 128	$Eu_3N_{21}O_6$ ································ 271	NdN_4O_4 ································ 526
CuN_2P_2 ································ 136	FeO_6 ································ 330	NdN_6O_3 ································ 527
CuN_4	Fe_2N_8O ································ 356	NiC_2P_2 ································ 530
[bis(2,9-dimethyl-1,10-phenanthroline)copper(+1)] tetrafluoroborate: $[Cu(dmp)_2]BF_4$ ················· 153	$[Fe_2N_{12}]_n$ ································ 382	NiN_4
	$[Fe_2O_6S_6]_n$ ································ 384	(5,10,15,20-tetraphenylporphyrinato)nickel(II): $[Ni(TPP)]$ ········· 546
CuN_4	GaN_4Cl (AlN_4Cl,InN_4Cl) ······ 386	NiN_4
2,3,7,8,12,13,17,18-octaethyl porphyrinato copper(II): $[Cu(OEP)]$ ··· 155	GdN_5O_2 ································ 392	2,7,12,17-tetra-$tert$-butyl-3,6: 13,16-dibenzoporphycenato nickel(II): $[Ni^{II}(TBDBzPc)]$ ················· 547
CuN_4	GeN_4O_2 ································ 395	
phthalocyaninatocopper(II): $[Cu(pc)]$ ································ 157	HgS_2 ································ 399	NiS_4 ································ 560
	$IrC_2N_2O_2$ ································ 402	PdN_4
CuN_4	IrC_2N_3O ································ 403	phthalocyanine-29, 31-diiodopalladium(II), phthalocyaninatopalladium(II): $[Pd(pc)]$ ························ 593
5,10,15,20-tetraphenylporphyrinato copper(II): $[Cu(TPP)]$ ··············· 159	IrC_3N_3	
CuS_4 ································ 171	fac-tris[1-phenylisoquinolinato-C^2-N]iridium(III): fac-$[Ir(piq)_3]$ ····· 405	PdN_4
$Cu_2N_2P_2X_2$ (X = Br,Cl,I) ········ 184	IrC_3N_3	2,7,12,17-(tetraphenylporphycenato)Palladium(II) $([Pd^{II}TPPo])$ ····· 595
$Cu_2N_4P_4$ ································ 200	tris[(2-phenylpyridinato)-C^2-N]-iridium(III): $[Ir(ppy)_3]$ ············ 406	
Cu_2N_8 ································ 213		
$Cu_3C_nP_6$ ($n = 1,2$) ················· 226		

PdP_4 ································ *601*

$Pd_2C_3N_5$ ·························· *605*

Pd_2C_{12} ····························· *608*

Pd_2N_4 ······························ *609*

Pd_2P_6 ······························ *612*

Pd_3O_{12} ····························· *614*

$PtCN_2Cl$ ···························· *617*

$PtCN_3$ ······························· *619*

PtC_2P_2
　diphenylacetylenebis (triphenylphosphine) platinum (0): $[Pt(L)(PPh_3)_2]$ (L=Ph−C≡C−Ph) ············ *622*

PtC_2P_2
　ethylelenebis (triphenylphosphine) platinum (0): $[Pt(C_2H_4)(PPh_3)_2]$ ······ *623*

PtN_2S_2 ······························ *629*

PtN_4
　(2,3,7,8,12,13,17,18-octaethyl-porphyrin-21,23-diido)-platinum (II): [Pt(OEP)] ························ *635*

PtN_4
　phthalocyanine-29, 31-diidoplatinum (II), phthalocyaninatoplatinum (II): [Pt(pc)] ······················· *636*

PtP_4
　bis{2,2′-bis(diphenylphosphino)-1,1′-binaphthyl}-platinum(0): $[Pt(binap)_2]$ ································ *639*

PtP_4
　bis(2,2′-bis(diphenylphosphino)-1,1′-binaphthyl) platinum(0): $[Pt(binap)_2]$ ································ *640*

PtP_4
　tetrakis (triphenylphosphine) platinum (0): $[Pt(PPh_3)_4]$ ················ *641*

$PtTlC_4$ ······························· *644*

Pt_2P_8 ································ *647*

$Pt_2Ag_4N_{16}$ ·························· *648*

ReC_3N_2Cl ·························· *659*

$Re_4C_{12}N_8Cl_4$ ······················ *666*

$[ReC_2N_2P_2]_n$ ($n=2$〜10) ····· *668*

$[Rh_4C_{16}Cl]_n$ ························· *696*

$RuHN_5$ ······························· *698*

$RuCN_4$ ······························· *702*

$RuCN_4X$ ···························· *704*

$RuCN_5$
　(carbonyl)(acetonitrile)-2,7,12,17-tetra-*n*-propylporphycenato ruthenium (II): $[Ru^{II}(TPrPc)(CO)(CH_3CN)]$ ································ *705*

$RuCN_5$
　[ruthenium (II) carbonyl pyridyl 2, 9, 16, 23-tetra-*tert*-butylphthalocyanine: [RuPc(CO)(Py)] ············ *706*

RuC_{10} ································ *714*

RuN_6
　[tris(2,2′-bipyridine)ruthenium(II)] dichloride: $[Ru(bpy)_3]Cl_2$ ········· *724*

RuN_6
　[tris(1,10-phenanthroline)ruthenium-(II)]chloride: $[Ru(phen)_3]Cl_2$ ····· *725*

RuO_6 ································· *729*

$RuReC_2N_8P_2$ ························ *734*

SbN_4O_2 ······························ *755*

SiN_4O_2 ······························ *761*

$Ta_6O_4Cl_2X_{12}$ (X=Cl,Br) ········ *781*

TbN_4O_5 ······························ *782*

TbN_4X_n (X$^-$=OTf$^-$,Cl$^-$,NO3$^-$, OAc$^-$) ····························· *783*

$Tb_2N_2O_{14}$ ···························· *784*

$Tb_2N_4O_{10}$ ···························· *785*

Tb_2O_{16} ······························ *786*

$TmN_4O_{3,4}$ ·························· *804*

UN_6O_2 ······························ *807*

VN_4O
　2, 3, 7, 8, 12, 13, 17, 18-octaethylporphyrinato oxovanadium(IV): [V(IV)O(OEP)] ······················· *827*

VN_4O
　5, 10, 15, 20-tetraphenylporphyrinato oxovanadium(IV): [V(IV)OTPP] ·· *828*

W_6Cl_{14} ······························· *843*

ZnN_2O_2
　bis[2-(2-benzothiazolyl)phenolato]-zinc(II): $[Zn(btz)_2]$ ··············· *861*

ZnN_2O_2
　bis(*N*-*R*-1-phenylethyl-3,5-dichloro salicydenaminato)zinc(II) ········ *862*

ZnN_2S_2
　bis (benzenethiolato) phenanthroline zinc(II): $[Zn(C_6H_5S)_2(phen)]$ ···· *864*

ZnN_4
　phthalocyaninatozinc(II): Zn(pc) ··· *872*

ZnN_4
　5, 10, 15, 20-tetraphenyl-21H, 23H-porphyrinato(2−)-κN^{21},κN^{22},κN^{23}, κN^{24}-zinc(2+): [Zn(tpp)] ········ *875*

ZnN_4O_2 ······························ *877*

ZnN_5 ································· *883*

ZnN_6 ································· *884*

ZnN_xO_y ······························ *885*

Zn_2N_4XY (X=OH$^-$,Y=Cl$^-$) ··· *889*

Zn_2N_8 ································ *891*

Zn_4O_{13} ······························ *896*

Zn_8N_{40} ······························ *898*

$Zn_{12}N_{48}$ ······························ *899*

$Zn_{1024}N_{4096}$ ···························· *900*

$[ZnN_5]_n$ ······························ *904*

【電気伝導性錯体 導】

$[AgN_4]_n$
　[Ag(DCNQI)$_2$](DCNQI=2,5-dimethyl-*N*,*N*′-dicyanoquinonediimine) ································ *11*

$[AgN_4]_n$
　photoreactive silver(I)complex: Ag(R$_1$,R$_2$-DCNQI)$_2$ (R$_1$,R$_2$=CH$_3$,Cl, Br,I,etc) ························· *13*

$[CrMnO_{12}]_n$ ························ *122*

CuN_4 ································ *156*

CuS_4 ································· *171*

$[CuN]_n$ ······························· *241*

[CuN$_4$]$_n$
  bis(2,5-diiodo-2,5-cyclohexadiene-1,4-diylidenebiscyanamide) copper salt: Cu(DI-DCNQI)$_2$ (DI-DCNQI=2,5-diiodo-N,N'-dicyano-1,4-benzoquinone diimine) ········· 247

[CuN$_4$]$_n$
  bis(N,N'-dicyano-2,5-dimethyl-2,5-cyclohexadiene-1,4-diylidenebiscyanamide) copper salt: Cu(DMe-DCNQI)$_2$ (DMe-DCNQI=2,5-dimethyl-N,N'-dicyano-1,4-benzoquinonediimine) ················ 248

[CuN$_4$]$_n$
  catena-((μ_4-tetracyanoquinodimethane radical)copper(I)): [Cu(TCNQ)]$_n$ ··········· 250

[CuS$_2$Cl]$_n$ ············· 253
[CuS$_2$I]$_n$ ············· 254
[Cu$_2$NS$_4$X]$_n$ (X = solven) ······ 256
FeC$_2$N$_4$ ············· 274
FeC$_5$N ············· 276
FeNi$_3$N$_4$O$_2$S$_{12}$ ············· 337
[Mn$_4$Pt$_6$N$_{12}$O$_6$S$_{24}$]$_n$ ············· 479

NiN$_4$
  (phthalocyaninato)nickel(II) iodide: [Ni(pc)]I(NiC$_{32}$H$_{16}$N$_8$I) ········· 543

NiN$_4$
  (tetrabenzoporphyrinato)nickel(II) iodide: [Ni(tbp)]I(NiC$_{36}$H$_{20}$N$_4$I) ··· 544

NiS$_4$
  bis(4,5-trimethylenetetrathia fulvalene-4′,5′-dithiolato) nickel bis[2-(5,6-dihydro-4H-cyclopenta[d][1,3]dithiol-2-ylidene)-1,3-dithiole-4,5-dithiolato nickelate: Ni(S$_6$C$_9$H$_6$)$_2$(S$_6$C$_9$H$_6$=tmdt) ········· 555

NiS$_4$
  α-EDT-TTF[Ni(dmit)$_2$] : Ni(dmit)$_2$=bis(1,3-dithiole-2-thione-4,5-dithiolato) nickel; EDT-TTF=2-(1,3-dithiol-2-ylidene)-5,6-dihydro-1,3-dithiolo[4,5-b][1,4]dithiin=ethylenedithioterathiafulvalene ···· 556

NiS$_4$
  α-Et$_2$Me$_2$N[Ni(dmit)$_2$]$_2$: Ni(dmit)$_2$=Bis(1,3-dithiole-2-thione-4,5-dithiolato)nickel ················ 557

NiS$_4$
  lithium[bis(1,3-dithiole-2-thione-4,5-dithiolato)nickel]$_2$ 1,4,7,10,13-pentaoxa-cyclopenta decane hydrate solvate:Li([15]corwn-5)[Ni(dmit)$_2$]$_2$·H$_2$O ················ 558

NiS$_4$
  N-methyl-3,5-diiodopyridinium di[bis(1,3-dithiole-2-thione-4,5-dithiolato)nickelate: α-(Me-3,5-DIP)[Ni(dmit)$_2$]$_2$ ················ 559

NiS$_4$
  photomagnetic conductor Nickel(III) complex: X[Ni(dmit)$_2$]$_2$ (X：ビピリジン誘導体カチオン) ········· 560

NiS$_4$
  tri[bis(5,6-dihydro-1,4-dithiin-2,3-dithiolato)nickel bis(dibromoaurate): [Ni(dddt)$_2$]$_3$(AuBr$_2$)$_2$ (dddt=5,6-dihydro-1,4-dithiin-2,3-dithiolate) ··· 563

NiS$_4$
  TTF[Ni(dmit)$_2$]$_2$: Ni(dmit)$_2$=bis(1,3-dithiole-2-thione-4,5-dithiolato) nickel (TTF=2-(1,3-dithiol-2-ylidene)-1,3-dithiole=terathiafulvalene) ················ 564

[Ni$_4$S$_{16}$I$_2$]$_n$ ············· 579
PdN$_4$ ············· 594

PdS$_4$
  diethyldimethylstibonium di[bis(1,3-dithiole-2-thione-4,5-dithiolato) paradium]: Et$_2$Me$_3$Sb[Pd(dmit)$_2$]$_2$ (dmit=dimercapto-iso-trithione) ················ 597

PdS$_4$
  ethyltrimethylphosphonium di[bis(1,3-dithiole-2-thione-4,5-dithiolato) paradium]: EtMe$_3$P[Pd(dmit)$_2$]$_2$ (dmit=dimercapto-iso-trithione) ················ 598

PdS$_4$
  ethyltrimethylstibonium di[bis(1,3-dithiole-2-thione-4,5-dithiolato)paradium]: EtMe$_3$Sb[Pd(dmit)$_2$]$_2$ (dmit=dimercapto-iso-trithione) ················ 599

PdS$_4$
  β-tetramethylammonium di[bis(1,3-dithiole-2-thione-4,5-dithiolato) paradium]: β-Me$_4$N[Pd(dmit)$_2$]$_2$ (dmit=dimercapto-iso-trithione) ················ 602

PtC$_4$ ············· 625
PtO$_4$ ············· 637
PtS$_4$ ············· 643

[Pt$_2$S$_8$I]$_n$
  catena-poly[[tetrakis(μ-dithio-pentanato-κS:$\kappa S'$) diplatinum(Pt-Pt)]-μ-iodo]: [Pt$_2$(n-BuCS$_2$)$_4$I]$_n$ ······ 653

[Pt$_2$S$_8$I]$_n$
  catena-poly[[tetrakis(μ-dithio-propanato-κS:$\kappa S'$) diplatinum(Pt-Pt)]-μ-iodo]: [Pt$_2$(EtCS$_2$)$_4$I]$_n$ ······ 654

[Pt$_2$S$_8$I]$_n$
  catena-poly[[tetrakis(μ-dithioacetato-κS:$\kappa S'$) diplatinum(Pt-Pt)]-μ-iodo]: [Pt$_2$(MeCS$_2$)$_4$I]$_n$ ······ 655

[Pt$_4$S$_{16}$]$_n$ ············· 656
[Rh$_2$N$_8$]$_n$ ············· 694
[Rh$_3$C$_6$O$_6$]$_n$ ············· 695
RuNCl$_5$ ············· 717
[Ru$_2$N$_2$O$_8$]$_n$ ············· 749
[SnI$_6$]$_n$ ············· 770

【触媒機能を有する錯体 触】

CoHC$_4$ ············· 48
CoHNP$_3$ ············· 49
CoCN$_5$ ············· 50

CoC$_7$ ············· 53

CoN$_4$
  5,15-bis[2,6-bis((S)-(+)-2,2-dimethyl cyclopropanecarboxamide) phenyl]-10,20-bis[3,5-di(tert-butyl)phenyl]porphyrinatocobalt(II) ··· 70

CoN_4
   heptamethylcobyrinate perchlorate: [Cob(III)7C_1ester]ClO_4 ······ *71*

CoN_4Cl ······ *78*

CoN_4I_2 ······ *79*

CoN_5Cl ······ *84*

Co_2C_8 ······ *89*

CrO_6 ······ *108*

CuN_2O_2 ······ *132*

CuN_2X_2
   DNA-based catalyst with a covalently attached Cu(II) complex ···· *138*

CuN_2X_2
   DNA-based catalyst with supramolecularly anchored Cu(II) complexes ······ *139*

CuN_3O ······ *142*

$Cu_2N_4P_4$ ······ *200*

FeN_2P_2 ······ *286*

FeN_4S ······ *302*

Fe_2N_8O ······ *358*

Fe_2N_9 ······ *361*

$IrHCP_3$ ······ *401*

IrC_4NP ······ *407*

IrC_6Cl_2 ······ *408*

LnH_2C_{20} (Ln = La,Y,Ce,Nd,Sm,Lu) ······ *424*

LnC_{12} (Ln = La,Nd,Sm,Lu) ······ *425*

$Lu_4C_{20}N_4$ ······ *435*

$M_2C_{10}Cl_4$ (M = Rh,Ir) ······ *445*

MnC_5Br ······ *452*

MnN_2O_2 ······ *457*

MnN_2O_4 ······ *458*

$MoCNO_2$ ······ *481*

MoN_4OCl ······ *491*

MoN_5 ······ *493*

$Mo_2C_2N_6P_4$ ······ *503*

$Mo_2N_8P_4$ ······ *511*

$Nb_6O_4Cl_2X_{12}$ (X = Cl,Br) ······ *524*

NiN_4 ······ *545*

NiS_4 ······ *554*

NiP_4
   tetrakis(triphenyl phosphite)nickel(0): Ni[P(OPh)_3]_4 ······ *561*

NiP_4
   tetrakis(triphenylphosphine)nickel(0): Ni(PPh_3)_4 ······ *562*

PdO_2I_2 ······ *587*

PdP_2 ······ *596*

PdP_4 ······ *600*

$PdCl_2L_2$ (L = N,P) ······ *603*

$Pd_2C_6Cl_2$ ······ *606*

PdC_{12} ······ *607*

PtC_6 ······ *626*

PtP_4 ······ *642*

Pt_2C_{12} ······ *645*

$Re_2C_6N_6$ ······ *662*

$Re_2C_6O_2Br_2$ ······ *664*

$[ReC_2N_2P_2]_n$ (n = 2~10) ······ *668*

$RhHCP_3$ ······ *669*

$RhCP_2Cl$ ······ *671*

RhC_4P_2 ······ *673*

RhP_3Cl ······ *680*

$Rh_2C_8Cl_2$ ······ *685*

$Rh_2C_{15}S_2$ ······ *687*

Rh_2O_8 ······ *688*

Rh_4C_{12} ······ *691*

$[Rh_4C_{16}Cl]_n$ ······ *696*

$RuHN_5$ ······ *698*

$RuH_2N_2P_2$ ······ *699*

$RuCN_5$ ······ *705*

$RuC_2PCl_2/RuCP_2Cl_2$ ······ *707*

RuC_5N_3 ······ *708*

RuC_5P_2Cl ······ *709*

RuC_6N_2Cl ······ *710*

RuC_8Cl_2 ······ *712*

RuC_9Cl ······ *713*

$RuN_2P_2Cl_2$ ······ *718*

RuO_4P_2
   [(S)-2,2'-bis(diphenylphosphino)-1,1'-binaphthyl]ruthenium(II) dipivalate: Ru(t-C_4H_9COO)_2[(S)-binap] ······ *727*

RuO_4P_2
   diacetato-κO^2-[(R)-2,2'-bis(diphenylphosphino)-1,1'-binaphthyl-κP^2]ruthenium: [Ru(OCOCH_3)_2{(R)-binap}] ······ *728*

$RuW_{17}C_6O_{62}P_2$ ······ *733*

$RuReC_2N_8P_2$ ······ *734*

Ru_3C_{12} ······ *741*

Ru_3C_{17} ······ *743*

$Ru_4P_4S_6$ ······ *746*

$Ru_6Pt_3H_4C_{21}$ ······ *747*

SbN_4O_2 ······ *755*

ScC_3O_2 ······ *756*

ScC_7O ······ *757*

ScN_3SiS_n (S = solvent) ······ *758*

$SmC_{10}O$ ······ *763*

$SmC_{10}O_2$ ······ *764*

$Sn_2C_4O_4$ ······ *768*

$Sn_4C_8O_2Cl_4$ ······ *769*

$Ta_6O_4Cl_2X_{12}$ (X = Cl,Br) ······ *781*

$TiB_3C_2N_2O$ ······ *789*

TiC_5NCl_2 ······ *791*

TiC_5Cl_3 ······ *792*

$TiC_{10}Cl_2$ ······ *794*

$TiN_2O_2Cl_2$ ······ *796*

$Ti_2N_4O_6$ ······ *798*

Ti_2O_7 ······ *799*

Ti_4O_{16} ······ *801*

$W_{60}Ti_{16}O_{260}P_8$ ······ *847*

YC_2NOP_2 ······ *848*

YC_2N_4 ······ *850*

YC_6NO ······ *851*

$Y_2C_{12}N_2O_2$ ······ *852*

$Y_2C_{12}P_2$ ······ *853*

$Y_4H_8C_{20}O$ ······ *854*

$ZnCO$ ······ *856*

$ZrC_{10}Cl_2$
   bis(1-neomenthylindenyl)zirconium dichloride: [(NMI)_2ZrCl_2] ······ *909*

$ZrC_{10}Cl_2$
dichlorobis(η^5-cyclopentadienyl)zirconium, (Cp_2ZrCl_2) ………… 910

$ZrC_{10}Cl_2$
dichloroisopropylidene(η^5-cyclopentadienyl)(fluorenyl)zirconium: C_{21}

$H_{18}Cl_2Zr$ ………………… 911

$ZrC_{10}Cl_2$
rac-dichloro[1,2-ethanediylbis(η^5-tetrahydroindenyl)]zirconium: (EBTHI)ZrCl$_2$, $C_{20}H_{24}Cl_2Zr$ ………………… 912

ZrC_{12} ………………………… 916
ZrN_4S_2 ……………………… 920

【生物無機化学機能を有する錯体 生】

AgN_2 ……………………………… 1
CaN_2O_6 ………………………… 41
CdN_4 ……………………………… 43
CdN_4X …………………………… 44
CdS_4 ……………………………… 45
CeN_8 ……………………………… 46
$CoCN_5$ …………………………… 50
$CoC_2N_2S_2$ …………………… 52
CoN_2O_2 ………………………… 55
CoN_2S_2 ………………………… 61
CoN_2S_3 ………………………… 62
$CoN_{3(4)}P$ ……………………… 65

CoN_4
heptamethylcobyrinate perchlorate: [Cob(III)7C$_1$ester]ClO$_4$ ……… 71

CoN_4
(tetraphenylporphinato)cobalt(II): [Co^{II}(TPP)] ………………… 72

CoN_4O_3 ………………………… 75
CoN_4O_3/CoN_4O_3 …………… 76

CoN_4Cl
chloro(N-methyl-5, 10, 15, 20-tetraphenylporphyrinato)cobalt(III): [CoCl(mtpp)] ………………… 77

CoN_4Cl
chloro-porphycenatocobalt(III): [Co^{III}Cl(Pc)] ……………………… 78

CoN_4I_2 ………………………… 79
CoN_5Cl ………………………… 84
$Co_2N_8O_4$ ……………………… 91
$Co_2N_9O_2$ ……………………… 92
CuC_2N_3 ……………………… 129

CuN_2O_2
(1,3-bis(2,6-diisopropylphenyl)-β-diketiminato)(η^2-peroxo)copper(III): [Cu^{III}(tBu$_2$L$^{(Pr2)}$)(O$_2{}^{2-}$)] …… 130

CuN_2O_2
Cu(II)-mediated artificial base pair in DNA duplex: Dipic-Cu^{II}-Py … 133

CuN_2O_3 ……………………… 134
CuN_2S_2 ……………………… 137

CuN_2X_2
DNA-based catalyst with a covalently attached Cu(II) complex ……… 138

CuN_2X_2
DNA-based catalyst with supramolecularly anchored Cu(II) complexes ……………………………… 139

CuN_3C_2 ……………………… 140

CuN_3O
(1-methyl-1-phenylethyl-hydroperoxidato-κO^2)[tris(3,5-bis(1-methylethyl)pyrazol-1-yl-κN^2)]hydroborato(1−)]copper, ([Cu(OOCm){HB(3,5-i-Pr$_2$pz)$_3$}]) ……………… 141

CuN_3O
monomeric hydroperoxo copper(II) complex: [Cu(terpy)(OOH)]$^+$ (Terpy=2,2′:6′,2″-terpyridine) ………… 142

CuN_3OCl ……………………… 143

CuN_3O_2
[acetato-κO^1-bis(2-pyridylmethyl-κN)-2-aminoethyl-β-D-glucopyranoside-κO^1-copper(+2)]nitrate: [Cu(GlcOenDPA)(CH$_3$COO)]NO$_3$ … 145

CuN_3O_2
(aqua)(2,2′-bipyridine)(3-(2,4,5-trihydroxyphenyl)-DL-alanine)copper(II) tetrafluoroborate: [Cu(DL-topa)(bpy)(H$_2$O)]BF$_4$ …………… 146

CuN_3O_2
histamine-L-phenylalaninato-copper(II) perchlorate: [Cu(hista)(L-Phe)ClO$_4$] ……………………………… 147

CuN_3O_2
(2-(N,N-bis(2-pyridylmethyl)amino)ethyl-2,3,4,6-tetra-O-acetyl-β-D-glucopyranoside)nitrato copper(II) nitrate: [CuL(NO$_3$)]NO$_3$ (L=2-(N,N-bis(2-pyridylmethyl)amino)ethyl 2,3,4,6-tetra-O-acetyl-β-D-glucopyranoside) ………………… 148

CuN_3O_2
(superoxido-κO:$\kappa O'$)[tris[3-(1,1-di-methylethyl)-5-(1-methylethyl)pyrazol-1-yl-κN^2]hydroborato(1−)]copper(II): ([Cu(η^2-O$_2$){HB(3-t-Bu-i-Prpz)$_3$}]) ……………… 149

CuN_3O_3
(2-amino-4-oxo-6-pteridinecarboxylato)aqua(2,2′-bipyridine)copper(II) trihydrate: [Cu(bpy)(PC)(H$_2$O)]·3H$_2$O ……………………………… 150

CuN_3O_3
nitrito(O,O′)perchlorato{bis(6-methyl-2-pyridylmethyl)amine}copper(II); (Cu^{II}(Me$_2$bpa)(NO$_2$)-(ClO$_4$)) …… 151

CuN_4
2,3,7,8,12,13,17,18-octaethyl porphyrinato copper(II): [Cu(OEP)] … 155

CuN_4
5,10,15,20-tetraphenylporphyrinato copper(II): [Cu(TPP)] ………… 159

CuN_4O
[hydroperoxide-κO^1-N-[6-(2-pyridylmethyl-κN)[6-(2,2-dimethylpropaneamido)pyridine-2-yl-κN]methyl}aminomethyl-κN)pyridine-2-yl-κN]-2,2-dimethylpropaneamidecopper(+3)]perchlorate：[Cu(H$_2$bppa)(OOH)]ClO$_4$(CuC$_{28}$H$_{37}$N$_6$O$_4$) …… 161

CuN_4O
monomeric end-on superoxide copper(II) complex: [Cu(TMG$_3$tren)O$_2$]SbF$_6$ ……………………… 162

分類別目次　25

CuN$_4$O
monomeric hydroperoxo copper(II) complex: [Cu(L1)(OOH)](ClO$_4$) (L1＝(N-|2-[(2-bis(2-pyridylmethyl)aminoethyl)methylamino]ethyl|-2,2-dimethylpropionamide) ·············· *163*

CuN$_4$O
(1,10-phenanthroline)(L-tyrosylglycinato)copper(II): [Cu(phen)(L-TyrGly)]$^+$ ····················· *164*

CuN$_4$X$_2$ ······························ *165*

CuN$_5$ ······································ *166*

CuO$_4$
Cu(II)-mediated artificial base pair in DNA duplex: H-Cu^{II}-H ········ *168*

CuO$_4$
Cu(II)-mediated artificial base pair in glycol nucleic acid (GNA) duplex ·· *169*

CuFeN$_8$O$_2$ ······························ *173*

CuZnN$_{10}$
μ-4,5-bis|di(2-pyridylmethyl)aminomethyl|imidazolatodi(acetonitrile)copper(II),zinc(II)tris(perchlorate); ([CuZn(bdpi)(CH$_3$CN)$_2$](ClO$_4$)$_3$) ······································ *175*

CuZnN$_{10}$
1,4,12,15,18,26,31,39-octaazapenta-cyclo[13.13.13.1^{6,10}.1^{20,24}.1^{33,37}]-tetratetracotane-6,8,10,20,22,24,33,35,37-nonane-μ-imidazolatocopper,zinc tris-(perchlorate); ([(Cu(im)Zn)L](ClO$_4$)$_3$) ············· *176*

Cu$_2$N$_4$O$_2$ ··································· *188*

Cu$_2$N$_4$O$_4$ ··································· *192*

Cu$_2$N$_6$O$_2$
|1,2-bis[6-bis(6-methyl-2-pyridyl)-methyl-2-pyridyl]ethane|(μ-η^2:η^2-peroxodicopper(II))X ([Cu$_2$(6-Me-hexpy)(O$_2$)]X$_2$, X＝ClO$_4$, PF$_6$, OTf) ······················· *202*

Cu$_2$N$_6$O$_2$
(上段) bis(μ-oxide)dicopper(III) complex: [Cu$_2$(R$_3$TACH)$_2$(μ-O)$_2$](SbF$_6$)$_2$ (R＝Et, iBu, Bn) (下段) μ-η^2:η^2-peroxidedicopper(II)complex: [Cu$_2$(R$_3$TACH)$_2$(μ-O)$_2$](SbF$_6$)$_2$ (R＝iPr) R$_3$TACH: N, N', N''-tri-R-cis, cis-1,3,5-triaminocyclohexane (R＝Et, iPr, iBu, Bn) ······ *203*

Cu$_2$N$_6$O$_2$
bis[tris(1-methyl-2-phenyl-1H-imidazol-4-yl)methyl]amine](μ-hydroxo)(μ-hydro-peroxo)dicopper(II)ion: ([Cu$_2$(L1)$_2$(OOH)(OH)]$^{2+}$ ···································· *204*

Cu$_2$N$_6$O$_2$
[μ-(peroxido-κO:κO')]bis[tris[3,5-bis-(1-methylethyl)pyrazol-1-yl-κN^2]hydroborato(1-)]dicopper(II):([|Cu(HB(3,5-i-Pr$_2$pz)$_3$)|$_2$(μ-O$_2$)]) ···························· *205*

Cu$_2$N$_6$O$_2$
(μ-η^2:η^2-Peroxo)bis(1,4,7-triisopropyl-1,4,7-triazacyclononane)dicopper(II,II) ([Cu$_2$(L^{iPr3})$_2$(O$_2$)]$^{2+}$: 錯体 **1**), bis(μ-oxo)bis(1,4,7-triisopropyl-1,4,7-triazacyclononane)dicopper(III,III) ([Cu$_2$(L^{iPr3})$_2$(O)$_2$]$^{2+}$: 錯体 **2**) および bis(μ-oxo)bis(1,4,7-tribenzyl-1,4,7-triazacyclononane)-dicopper(III,III) ([Cu$_2$(L^{Bn3})$_2$(O)$_2$]$^{2+}$: 錯体 **3**) ················ *206*

Cu$_2$N$_6$O$_2$
sodium μ-(imidazol-1-yl-N,N')-bis[(glycylglycinato-N,N',O)cuprate(II)]hexahydrate; Na[Cu$^{II}_2$(glyglyO)$_2$(im)]·6H$_2$O ············ *207*

Cu$_2$N$_6$S$_2$
(μ-η^2:η^2-disulfido)di(N,N-bis|2-[(4-dimethylamino)pyridin-2-yl]ethyl|methylamine)dicopper(II)di[tetra(pentafluorophenyl)borate]: [Cu$_2$(μ-S$_2$)(MePY2)$_2$][B(C$_6$F$_5$)$_4$]$_2$ ····· *209*

Cu$_2$N$_6$S$_2$
(μ-η^2:η^2-disulfido)dicopper(II)complex: [Cu$_2$(R$_3$TACH)S$_2$](X)$_2$ (R,X)＝(Et, CF$_3$SO$_3$), (iBu, SbF$_6$), (Bn, SbF$_6$) ···················· *210*

Cu$_2$N$_6$Se$_2$ ·································· *211*

Cu$_2$N$_7$O$_2$ ··································· *212*

Cu$_2$N$_8$O$_2$ ··································· *216*

Cu$_2$N$_8$S$_2$ ···································· *217*

Cu$_2$N$_{10}$ ······································ *219*

Cu$_2$O$_{10}$ ······································ *222*

Cu$_2$HgN$_2$O$_8$ ································ *225*

Cu$_3$N$_6$O$_2$ ··································· *228*

Cu$_3$N$_6$S$_2$ ··································· *230*

Cu$_4$N$_4$O$_8$ ··································· *233*

Cu$_4$N$_{12}$O$_4$ ·································· *236*

Cu$^{II}_6$Cu$^I_8$N$_{12}$S$_{12}$Cl ·························· *240*

[CuO$_4$]$_n$ ···································· *252*

FeC$_3$NS$_2$ ···································· *275*

FeNS$_4$ ······································· *281*

FeN$_2$O$_4$ ····································· *284*

FeN$_2$P$_2$ ····································· *286*

FeN$_3$O$_2$/FeN$_4$OX ························ *288*

FeN$_4$O ······································ *290*

FeN$_4$OCl ···································· *291*

FeN$_4$O$_2$
(acetato-κO)[hydro[2-(5-phenyl-1H-pyrazol-3-yl-κN^2)phenolato-κO]-bis(3,5-diphenylpyrazol-1-yl-κN^2)](1-)][3,5-diphenylpyrazol-1-yl-κN^2)]iron(III) ([Fe(Tp^{Ph2*})(OAc)(3,5-Ph$_2$pzH)]) ····················· *292*

FeN$_4$O$_2$
((2R,2'R)-1,1'-bis|(6-methylpyridin-2-yl)methyl|-2,2'-bipyrrolidine)bis(trifluoromethanesulfonato)iron(II): α-[Fe^{II}((R,R)-6-Me$_2$-PDP)(OTf)$_2$](錯体 **1**) ············· *296*

FeN$_4$O$_2$
3,5-di-tert-butylcatecholato(tris(pyridine-2-ylmethyl)amine))iron(III) ([Fe^{III}(TPA)(DBC)]BPh$_4$: 錯体 **1**) ······································· *297*

FeN$_4$O$_2$
hydroxo|tris(6-neopentylamino-pyridin-2-ylmethyl)amine|iron(III)perchlorate: [Fe^{III}-(OH)(PhCO$_2$)(tnpa)]ClO$_4$ ································· *299*

FeN$_4$O$_2$
monomeric η^1-azido iron(III) complex: [Fe(H$_2$bpga)(OCH$_3$)(N$_3$)](H$_2$BPGA＝(bis(6-pivalamido-2-pyridylmethyl)(carboxymethyl)amine) ································· *300*

FeN$_4$S
(methyl N-acetyl-L-leucyl-L-cystein-yl-κS-L-prolyl-L-alanyl-L-phenylalanyl-L-leucyl-L-leucyl-L-leucyl-L-

leucyl-L-alanyl-L-leucyl-L-phenylalan-yl-L-leucinato〕[2,3,7,8,12,13,17,18-oc-taethyl-21H,23H-porphinato(2−)-κN^{21},κN^{22},κN^{23},κN^{24}〕Iron(Ⅲ): [Fe^{III}(OEP)(Ac-LcPAF-LLLLL-ALFL-OMe)] ················· *301*

FeN$_4$S
swan-resting form porphyrin: SR 錯体 ························ *302*

FeN$_4$S
3-(1,4,8,11-tetraazacyclotetradecan-1-yl)propane-1-thiolatoiron(Ⅱ): [Fe^{II}(cyclam-PrS)]$^+$ ············· *303*

FeN$_4$X (X = O or S) ············· *304*

FeN$_4$Cl ······················· *305*

FeN$_5$ ························ *306*

FeN$_5$O
bleomycin-iron(Ⅱ) complex and bleo-mycin-cobalt(Ⅱ) complex ········ *307*

FeN$_5$O
dioxygen [mono-1-methyl-imidazole-meso-tetra($\alpha,\alpha,\alpha,\alpha$-o-pivalamido-phenyl) porphyrin] iron(Ⅱ): Fe($\alpha,\alpha,\alpha,\alpha$-TpivPP)(1-MeIm)O$_2$ ········· *308*

FeN$_5$O
N-(2-(1H-imidazol-4-yl)ethyl)-2-((2-aminoethylamino)methyl)-5-bromopyrimidine-4-carboxami-datoiron(Ⅱ) and iron(Ⅲ) ions: [Fe^{II}(PMA)]$^+$(錯体 **1**), [Fe^{III}(PMA)]$^{2+}$(錯体 **2**) ····················· *309*

FeN$_5$O
tetrakis-N,N,N',N'(2-pyridylmeth-yl)ethylenediamine iron(Ⅱ) sulfate; (Fe^{II}tpen)(SO$_4$) ············· *310*

FeN$_5$O
methoxo [2,6-bis(methoxydipyridin-2-yl-methyl)pyridine]iron(Ⅲ): [Fe^{III}(PY5)(OMe)](OTf)$_2$: (錯体 **1**) ····· *311*

FeN$_5$O
oxo [1,1-di(pyridin-2-yl)-N,N-bis-(pyridin-2-ylmethyl)methanamine] iron(Ⅳ): [Fe^{IV}(O)-(N4Py)]$^{2+}$(錯体 **1**), oxo [N^1-benzyl-N^1,N^2,N^2-tris-(pyridin-2-ylmethyl)ethane-1,2-diamine] iron(Ⅳ): ([Fe^{IV}(O)(Bn-tpen)]$^{2+}$(錯体 **2**) ················ *312*

FeN$_5$O
oxo(1,4,8,11-tetramethyl-1,4,8,11-tetraazacyclotetradecane)(acetoni-trile)iron(Ⅳ)trifluoromethanesulfo-nate: [Fe^{IV}(O)(TMC)(NCCH$_3$)](OTf)$_2$ ····················· *313*

FeN$_5$O
oxo(1,4,8-trimethyl-11-(pyridin-2-yl-methyl)-1,4,8,11-tetraazacy-clotetradecane)iron(Ⅳ): [Fe^{IV}(O)(TMC-py)]$^{2+}$(錯体 **1**); oxo(1,4,8,11-tetra-methyl-1,4,8,11-tetraaza-cyclotetradecane)bis(acetonitrile)iron(Ⅳ): ([Fe^{IV}(O)(TMC)(NCCH$_3$)]$^{2+}$(錯体 **2**) ····················· *314*

FeN$_6$
((2S,2'S)-1,1'-bis(pyridin-2-yl-methyl)-2,2'-bipyrrolidine) di(ace-tonitrile)iron(Ⅲ) hexafluoroantimo-nate: α-[Fe^{II}(S,S-PDP)(NCCH$_3$)$_2$](SbF$_6$)$_2$(錯体 **1**) ············· *317*

FeN$_6$
tris(pyridin-2-ylmethyl)amine iron(Ⅱ): [Fe^{II}(TPA)(CH$_3$CN)](OTf)$_2$(錯体 **1**); tris((6-methylpyridin-2-yl)methyl)amine iron(Ⅱ): [Fe^{II}(6-Me$_3$-TPA)(CH$_3$CN)](OTf)$_2$(錯体 **2**) ······················· *323*

FeN$_6$O$_6$ ···················· *324*

FeN$_8$O$_2$ ···················· *325*

FeO$_6$
[Fe(deferriferrichrome)] ··········· *328*

FeO$_6$
enterobactin-ferrate(+3)[Fe(ent)]$^{3-}$ ························ *329*

FeO$_6$
tris[2-{(N-acetyl-N-hydroxy)gly-cylamino} ethyl] amine-iron(Ⅲ) complex: [Fe(tage)] ··········· *331*

FeO$_6$
tris[2-{(N-acetyl-N-hydroxy)glycy-lamino} propyl]amine-iron(Ⅲ) com-plex hydrochloride salt([Fe(Htagp)] Cl) ······················· *332*

FeO$_6$
tris[2-[3-[3-[5-(2,2'-bipyridyl) methanamido]-N-hydroxypropana-mido]propanamido]ethylamine iron(Ⅲ) (1-Fe complex) and tris[2-[2-[3-[3-[5-(2,2'-bipyridyl)methana-mido]-N-hydroxyamido]propanami-do]-2(S)-methylethanamido]ethyl] amine iron(Ⅲ) (2-Fe complex) ···· *333*

FeS$_4$ ······················· *335*

FeNiHN$_2$P$_3$S$_2$ ················ *336*

Fe$_2$C$_{10}$N$_2$ ···················· *340*

Fe$_2$C$_{16}$ ······················· *343*

Fe$_2$N$_2$O$_9$ ···················· *345*

Fe$_2$N$_4$O$_7$ ···················· *346*

Fe$_2$N$_6$O$_3$ ···················· *347*

Fe$_2$N$_6$O$_3$Cl$_2$ ·················· *348*

Fe$_2$N$_6$O$_4$ ···················· *349*

Fe$_2$N$_6$O$_5$
μ-oxo-di-μ-acetato-bis｛hydrotris(1-pyrazolyl)borato｝diiron(Ⅲ): [Fe$_2$O(CH$_3$COO)$_2$(HBpz$_3$)$_2$] ····· *350*

Fe$_2$N$_6$O$_5$
bis(μ-acetato-O,O') bis (1,4,7-trimeth-yl-1,4,7-triazacyclononane) (μ-oxo) diir-on (Ⅲ,Ⅲ) hexafluorophosphate: [Fe$_2$O(O$_2$CCH$_3$)$_2$(Me$_3$TACN)$_2$](PF$_6$)$_2$ ··· *351*

Fe$_2$N$_6$O$_5$
(2,6-bis{bis(6-pivalamide-2-pyri-dylmethyl)aminomethyl}-4-amino-phenolato)bis(μ-benzoato) diiron(Ⅱ) triflate: [Fe$_2$(tppap)(PhCOO)$_2$] CF$_3$SO$_3$ ···················· *352*

Fe$_2$N$_6$O$_5$
｛1,2-bis[6-bis(2-pyridyl)methyl-2-pyridyl]ethane}(μ-acetato-μ-oxo-μ-peroxo-diiron(Ⅲ))X: [Fe$_2$(hexpy)(μ-O)(μ-O$_2$)(μ-OAc)]X(錯体 **1**) ···························· *353*

Fe$_2$N$_6$O$_7$ ···················· *354*

Fe$_2$N$_6$P$_2$ ···················· *355*

Fe$_2$N$_8$O
μ-oxo-bis｛3,6,6,9,9-hexameth-yl-2,5,7,10-tetraoxo-3,5,6,7,9,10-hexahydro-2H-benzo[e][1,4,7,10] tetraazacyclotridecine-1,4,8,11-tet-raidoiron(Ⅳ)｝: (PPh$_4$)$_2$｛(PPh$_4$)$_2$ [Fe$^{IV}_2$(TAML)$_2$(O)] ············· *357*

Fe$_2$N$_8$O
μ-oxodiiron(Ⅲ)-3,6,13,16-Tetra-bromo-2,7,12,17-tetra-n-propylpor-phycenate: [Fe^{III}(Br$_4$TPrPc)]$_2$O ··· *358*

$Fe_2N_8O_3$

　｜1,2-bis［2-［di(2-pyridylmethyl)-aminomethyl］-6-pyridyl］ethane｜(μ-oxo-diaquadiiron(III))(ClO_4)$_4$: ［Fe_2(6-hpa)(μ-O)(OH_2)$_2$］(ClO_4)$_4$(錯体 1) ··················· 359

$Fe_2N_8O_3$

　(μ-oxo) bis｜tris(2-pyridylmethyl)amine｜(μ-L-valine)diiron(III) perchlorate: ［Fe_2(μ-O)(μ-L-valine)(tpa)$_2$］(ClO_4)$_4$ ············ 360

Fe_2S_6 ···························· 366

Fe_4S_8 ···························· 371

$Fe_5N_{24}O$ ························ 372

Fe_8S_{12} ·························· 373

GaO_6 ···························· 387

GdN_3O_6 ························ 390

GdN_4O_5 ························ 391

GdN_5O_2 ························ 392

GeN_4O_2 ························ 395

$[GeCO_3]_n$ ······················· 396

HgN_2 ···························· 398

HgS_2 ···························· 400

$Ir_3RuC_{15}N_3S_4$ ···················· 413

MgN_4 ···························· 450

MnN_2O_4 ························ 458

MnN_4O

　(benzoato)(3,5-diisopropylpyrazol)-［hydrotris(3,5-diisopropyl-1-pyrazolyl)borato］manganese(II); ［Mn^{II}-(Obz)(ipz)(hpb)］ ··········· 459

MnN_4O

　(octakis(p-$tert$-butylphenyl)corrolazinato)-oxo-manganese(V): ［(TBP$_8$Cz)Mn^V(O)］ ················ 460

MnN_4Cl ·························· 461

MnN_5Cl ·························· 462

$Mn_2N_4O_6$ ························ 467

Mn_2N_8 ···························· 470

Mn_4O_{16} ·························· 475

MoN_3OS_2 ························ 490

$MoOS_4$

　bis(tetraethylammonium)bis(1,2-dicarbomethoxy-1,2-ethylenedithiolato)oxomolybdate(IV): (Et_4N)$_2$［MoO｜$S_2C_2(CO_2Me)_2$｜$_2$］ ············ 494

$MoOS_4$

　bis［tetra(n-propyl)ammonium］bis(1,2-dicarbamoyl)-1,2-ethylenedithiolato)oxomolybdate(IV): (n-Pr_4N)$_2$［MoO｜$S_2C_2(CONH_2)_2$｜$_2$］ ········ 495

$MoOS_4$

　N,N,N-triethylethanaminium ［［dimethyl 1,1′-(1,2-cyclohexanediyldicarbonyl)bis［L-cysteinyl-L-prolyl-L-leucyl-L-cysteinato］］(4−)-$S,S′,S″,S‴$］oxomolybdate(1−): (NEt$_4$)［Mo^VO(S,S,S,S-pep)］(NEt$_4$)［Mo^VO(Z-cys-Pro-Leu-cys-OMc)$_2$］(isomer $\mathbf{a,b}$) ························ 496

$MoOS_4$

　phenolato bis(dithiolene)-molybdenum(IV): (Et_4N)［Mo(OR)-(dithiolene)$_2$］ ···················· 497

MoO_2S_3 ·························· 498

MoO_2S_4 ·························· 499

MoO_2S_4 ·························· 500

$Mo_2C_2N_6P_4$ ······················ 503

$Mo_2N_2O_8$ ························ 507

$Mo_2N_8O_2$ ························ 510

$Mo_2N_8P_4$ ························ 511

NiN_2O_2 ·························· 535

NiN_2S_2 ·························· 539

NiN_3O_2 ·························· 540

NiN_4

　Ni(II)-mediated artificial base pair in peptide nucleic acid (PNA) duplex ································ 542

NiN_4

　2,7,12,17-tetra-n-propylpor-phycenato nickel(II): ［Ni^{II}(TPrPc)］ ····· 545

NiN_4O_2

　bis［1-(3-aminopropylamino)-1,6-dideoxy-L-mannose］nickel(II) dibromide dehydrate methanol solvate: ［Ni(L-Rha-tn)$_2$］Br_2·$2H_2O$·CH_3OH ································ 548

NiN_4O_2

　(ethylenediamine)｜N-(2-aminoethyl)-D-fructopyranosylamine｜nickel(II)·dichloride·methanol solvate: ［Ni(en)(D-Fru-en)］Cl_2·CH_3OH ······ 549

NiN_6

　bis［1-［(2-aminoethyl)amino］-2-aminoethyl-1,2-dideoxy-D-glucose］nickel(II)·dichlohydrate: ［Ni(D-GlcN-en)$_2$］Cl_2·H_2O ·············· 550

NiN_6

　Ni(II)-mediated interstrand DNA duplex linkage ···················· 551

$Ni_2N_4O_7$ ·························· 568

$Ni_2N_6O_2$ ·························· 569

$Ni_2N_6O_4$ ·························· 570

$Ni_2N_8O_4$ ·························· 572

$Ni_2N_8S_2$ ·························· 573

$OsCN_4O$ ·························· 580

$PdCN_2Cl$

　3-［N-2-pyridylmethyl-N-2-hydroxy-3,5-di(tert-butyl)benzylamino］ethylindolyl palladium(II) chloride: ［Pd(tbu-iepp-C)Cl］ ······························ 584

$PdCN_2Cl$

　3-(2-pyridylmethylamino)ethylindolyl palladium(II) chloride: ［Pd(L-H_{-1})Cl］ ·························· 585

PdN_4

　Pd(II)-mediated DNA base pair ··· 592

PdN_4

　2,7,12,17-(tetraphenylporphycenato)Palladium(II)([Pd^{II}TPPo]) ····· 595

$Pd_2C_2N_4O_2$ ······················ 604

$Pd_2N_4O_4$ ·························· 610

PtN_2O_2

　cis-diammine(1,1-cyclobutanedicarboxylato)platinum(II): ［cis-[Pt(CBDCA)(NH$_3$)$_2$],carboplatin,CBDCA］ ····· 627

PtN_2O_2

　(1R,2R-diaminocyclohexane)oxalatoplatinum(II); [Pt(oxalato)(1R,2R-dach)], oxaliplatin, l-OHP) ········ 628

PtN_2Cl_2

　cis-diamminedichloridoplatinum(II): (cis-[PtCl$_2$(NH$_3$)$_2$],cisplatin,CDDP) ································ 631

PtN_2Cl_2

　dichloro(2,3-diamino-2,3-dideoxy-D-glucose)platinum(II) hydrate: ［PtCl$_2$(D-

GlcNN)]·H$_2$O ··············· 632

PtN$_3$O ························ 633

PtN$_3$S ························ 634

Pt$_3$N$_{10}$Cl$_2$ ···················· 649

ReC$_3$N$_2$Br ····················· 660

RhN$_6$
 Δ-[Rh(bpy)$_2$(chrsi)]$^{3+}$ (bpy=2, 2′-bipyridine, chrsi=5,6-chrysenequinone diimine) ············ 678

RhN$_6$
 [Rh(phi)$_2$(bpy′-Asp-Pro-Asp-Glu-Leu-Glu-His-Ala-Ala-Lys-His-Glu-Ala-Ala-Ala-Lys-CONH$_2$)](phi=phenanthrenequinone diimine) ············ 679

Rh$_2$C$_2$N$_8$ ························ 682

Rh$_2$O$_{10}$ ························ 689

RuCN$_4$
 carbonyl[5,10,15,20-tetraphenyl-21H,23H-porphynato(2−)-κN^{21}, κN^{22}, κN^{23}, κN^{24}]ruthenium(2+): [Ru(CO)(TPP)](TPP=5,10,15,20-tetraphenyl-21H,23H-porphine) ··· 701

RuCN$_4$
 (5,10,15,20-tetrakis(2,4,6-trimethylphenyl)porphyrinato)(carbonyl)ruthenium(II) carbonyl meso-tetramesityl-porphyrinatoruthenium(II): [Ru(TMP)(CO)] ················ 702

RuCN$_4$O ························ 703

RuN$_5$O ························· 719

RuN$_6$
 [ruthenium(II)(alloxazinato)|tris(2-pyridylmethyl)amine|]perchlorate: [Ru^{II}(Hallo)(TPA)]ClO$_4$ ···· 722

RuN$_6$
 tris(phenanthroline)ruthenium(II): [Ru(phen)$_3$]$^{2+}$ ··············· 726

Ru$_2$N$_6$O$_5$ ······················· 736

ScN$_4$Cl ························· 759

SnN$_4$O$_2$ ························ 766

TcN$_2$OS$_2$ ······················· 787

TcN$_4$O ·························· 788

VN$_2$OS$_2$ ························ 824

VN$_2$O$_4$ ·························· 826

VN$_4$O
 2,3,7,8,12,13,17,18-octaethylporphyrinato oxovanadium(IV): [V(IV)O(OEP)] ················ 827

VN$_4$O
 5,10,15,20-tetraphenylporphyrinato oxovanadium(IV): [V(IV)OTPP] ·· 828

VO$_5$
 bis(allixinato)oxidovanadium(IV): [VO(alx)$_2$](allixin=3-hydroxy-5-methoxy-6-methyl-2-pentyl-4-pyrone) ······················ 829

VO$_5$
 bis(maltolato)oxidovanadium(IV): [VO(ma)$_2$](maltol=3-hydroxy-2-methyl-4-pyrone) ··············· 830

WOS$_6$ ··························· 839

ZnN$_2$O$_2$ ························ 863

ZnN$_3$O ·························· 865

ZnN$_3$O ·························· 866

ZnN$_4$
 5,15-bis(3′-(prop-1″-en-3″-oxy)-propyl)-10-(1‴-methyl-1‴H-imidazol-2‴-yl)-20-phenyl-21H,23H-porphyrinato(2−)-κN^{21}, κN^{22}, κN^{23}, κN^{24}-zinc(2+): [Zn(ImPh)(allyl)$_2$P] ······················· 867

ZnN$_4$
 [cis-5,15-bis(8-quinolyl)-2,3,7,8,12,13,17,18-octaethylporphyrinato]zinc(II): Zn(BQP)(BQP=bisquinolylporphyrin) ················ 868

ZnN$_4$
 doubly bridged chiral zinc porphyrin: Chiral porphyrin. ············ 869

ZnN$_4$
 PEG-appended zinc porphyrin: [Zn(PEO porphyrin)] ·············· 871

ZnN$_4$
 (1,4,7,10-tetraazacyclododecane)zinc(II) nitrate: [ZnL(NO$_3$)](N-benzyl derivative) ············· 873

ZnN$_4$
 5,10,15,20-tetraphenyl-21H,23H-porphyrinato(2−)-κN^{21}, κN^{22}, κN^{23}, κN^{24}-zinc(2+): [Zn(tpp)] ········ 875

ZnN$_4$
 [trans-5,15-bis(2-hydroxyphenyl)-10-(2,6-bis(methoxycarbony)phenyl)-2,3,17,18-tetraethylporphynnato]zinc(II): Chiral porphyrin ···· 876

ZnN$_4$Cl
 chloro[N-|3-(1-methyl-4,4′-bipyridinio)propyl|-5,10,15,20-tetraphenylporphyrinato]zinc(II)hexafluorophosphate: [ZnCl(mvprtpp)](PF$_6$)$_2$ ··························· 878

ZnN$_4$Cl
 chloro(N-methyl-2,3,7,8,12,13,17,18-octaethylporphyrinato)zinc(II): [ZnCl(moep)] ··············· 879

ZnN$_4$Cl
 chloro(N-methyl-2,7,12,18-tetramethyl-3,8-divinyl-13,17-bis(methoxycarbonylethyl)porphyrinato)zinc(II): [ZnCl(mppdm)] ············· 880

ZnN$_4$Cl
 chloro(N-methyl-5,10,15,20-tetraphenylporphyrinato)zinc(II): [ZnCl(mtpp)] ····················· 881

ZnN$_4$Cl
 chloro(N-phenyl-5,10,15,20-tetraphenylporphyrinato)zinc(II): [ZnCl(phtpp)] ······················ 882

ZnN$_5$ ····························· 883

ZnN$_x$O$_y$ ························· 885

ZnO$_2$S$_2$ ·························· 886

Zn$_2$N$_4$XY (X=OH$^-$, Y=Cl$^-$) ··· 889

Zn$_2$N$_8$
 bis(zinc porphyrin): dimeric zinc porphyrin. ······················ 890

Zn$_2$N$_8$
 octadecapotassium 1,3-phenylenebis|10,15,20-tri[4-carboxylato-2,6-bis(10-carboxylatodecyloxy)phenyl]porphyrinato zinc(II): Gable Porphyrin ··························· 893

Zn$_2$N$_8$O$_3$ ······················· 894

Zn$_2$N$_8$Cl$_2$ ······················· 895

【クラスター錯体 ク】

- $Al_{13}O_{40}$ ················ 21
- $As_6V_{15}O_{43}$ ················ 22
- $Co_2C_{10}I_4$ ················ 90
- Co_3N_{14} ················ 94
- $Cr_4C_{20}O_4$ ················ 118
- $Cu_6O_6S_6$ ················ 239
- $[Cu_4N_3Br_4]_n$ ················ 260
- Fe_8S_{12} ················ 373
- $HfW_{22}O_{78}$ ················ 397
- $IrNb_3W_{15}C_4O_{62}$ ················ 409
- $KEu_6As_6W_{54}O_{210}$ ················ 416
- $M_2C_{10}Cl_4$ (M = Rh,Ir) ······ 445
- $Mo^V_{28}Mo^{VI}_{126}O_{532}$ ················ 501
- $MoRh_2C_{12}S_4$ ················ 502
- Mo_2C_{16}
  hexacarbonylbis(η⁵-cyclopentadien-
  yl)dimolybdenum(I): [CpMo(CO)₃]₂
  ················ 505
- Mo_2C_{16}
  tetracarbonylbis(η⁵-cyclopentadien-
  yl)(μ-η²: η²-alkyne)dimolybdenum
  (I): [Mo(η⁵-C₅H₅)(CO)₂]₂(μ-η²:
  η²-alkyne)] ················ 506
- $Mo_4P_4Cl_8$ ················ 513
- $Mo_6Cl_8X_6$ (X = F,Cl,Br,I) ······ 514
- Mo_6Cl_{14}
  octa(μ₃-chloro)hexa(chloro molyb-
  date(II) ion: [|Mo₆(μ₃-Cl)₈|Cl₆]²⁻
  ················ 515
- Mo_6Cl_{14}
  oxidanium octa-μ₃-chlorido-hexa-
  chlorido-*octahedro*-hexamolybdate
  (II): (H₃O)₂[(Mo₆Cl₈)Cl₆]·7H₂O
  ················ 516
- Mo_8O_{26} ················ 517
- $Nb_6O_4Cl_2X_{12}$ (X = Cl,Br) ······ 524
- Nb_6Cl_{18} ················ 525
- $Re_3O_3Cl_9$ ················ 665
- Rh_4C_{12} ················ 691
- $RuW_{17}C_6O_{62}P_2$ ················ 733
- Ru_2N_{12} ················ 737
- $Ru_3N_3O_{13}$ ················ 744
- $Ru_4C_{20}Cl_4$ ················ 745
- $Ta_6O_4Cl_2X_{12}$ (X = Cl,Br) ······ 781
- $Ti_6W_{18}O_{77}$ ················ 802
- $V_5C_{25}O_6$ ················ 832
- $V_{12}NO_{32}$ ················ 833
- $V_{14}O_{42}P$ ················ 834
- W_6Cl_{14}
  octa(μ₃-chloro)hexa(chloro)hexa-
  tungstate(II) ion: [|W₆(μ₃-Cl)₈|
  Cl₆]²⁻ ················ 843
- W_6Cl_{14}
  oxidanium octa-μ₃-chlorido-hexachlori-
  do-*octahedro*-hexatungstate(II): (H₃O)₂
  [(W₆Cl₈)Cl₆]·7H₂O ················ 844
- $W_{10}O_{32}$ ················ 845
- $W_{17}O_{61}C_6P_2S_2Si_2$ ················ 846
- $W_{60}Ti_{16}O_{260}P_8$ ················ 847
- $Zr_3W_{31}O_{131}$ ················ 921
- $Zr_6H_4P_4Cl_4$ ················ 922

【超分子錯体 超】

- Ag_2N_4 ················ 7
- $[AgOS_3]_n$ ················ 14
- $[Ag_2N_2O_4S_2]_n$ ················ 18
- $[Ag_4C_4O_8]_n$ ················ 20
- CoN_3S_3
  fac(S)-tris(2-aminoethanethiolato-
  κ²N,S)cobalt(III): *fac*(S)-[Co(aet)₃]
  ················ 68
- CoN_3S_3
  potassium Δ-*fac*(S)-tris(L-cysteina-
  to- κ²N,S)cobaltate(III) (Δ-*fac*(S)-
  K₃[Co(L-cys-N,S)₃]) ················ 69
- CoN_5S
  (2 aminoethanethiolato-κ²N, S) bis
  (ethane-1, 2-diamine-κ²N²) cobalt
  (III) nitrate: [Co(aet)(en)₂](NO₃)₂ ··· 81
- CoN_5S
  (L-cysteinato-κ²N, S) bis (ethane-1,
  2-diamine-κ²N²) cobalt (III) perchlo-
  tate: [Co(L-cys-N,S)(en)₂]ClO₄ ····· 82
- Co_3O_{13} ················ 95
- $[CoN_6]_n$ ················ 98
- $[CrMnO_{12}]_n$
  ([BEDT-TTF]₃[MnCr(ox)₃] (**1**),
  [BETS]ₓ[MnCr(ox)₃] (x∼3) (**2**)
  (ox=oxalato(C₂O₄), BEDT-TTF =
  bis (ethylenedithio) tetrathiafulva-
  lene), BETS=bis (ethylenedithio)
  tetraselenafulvalene) ················ 122
- $[CrMnO_{12}]_n$
  (SP)[MnCr(ox)₃] (ox=oxalato(C₂
  O₄), SP=Spiro [2H-indole-2, 2'-
  [2H]pyrano[3,2-b]pyridinium],1,3-
  dihydro-1,3,3,5',6'-pentamethyl) ··· 124
- CuN_2O_2 ················ 133
- CuN_2X_2 ················ 139
- CuO_4
  Cu(II)-mediated artificial base pair
  in DNA duplex: H−Cu^II−H ········ 168
- CuO_4
  Cu(II)-mediated artificial base pair
  in glycol nucleic acid (GNA) duplex
  ················ 169
- Cu_2N_6 ················ 201
- $Cu_2HgN_2O_8$ ················ 225
- Cu_3N_{12} ················ 231
- Cu_3O_{12} ················ 232
- $[CuN_2O_2]_n$ ················ 243
- $[CuO_4]_n$ ················ 252
- FeN_6 ················ 321
- FeN_xCl_{3x} ················ 326
- $[FeN_6]_n$ ················ 377
- $[FeNiC_4N_6]_n$ ················ 380
- $[Fe_2N_6]_n$ ················ 381
- $[Fe_2N_{12}]_n$ ················ 382

$[Fe_2O_6S_6]_n$
  $(n-C_nH_{2n+1})_4N[Fe^{II}Fe^{III}(dto)_3]$ ($n=3\sim6$) (dto=dithiooxalato=$C_2O_2S_2$)
  ·················· 383

$[Fe_2O_6S_6]_n$
  (SP)$[Fe^{II}Fe^{III}(dto)_3]$ (dto=dithiooxalato=$C_2O_2S_2$, SP=Spiro[2H-indole-2,2′-[2H]pyrano[3,2-b]pyridinium],1,3-dihydro-1,3,3,5′,6′-pentamethyl) ····· 384

$[GdC_x]_n$ ·························· 393
LnN_xO_y (Gd) ···················· 430
LnO_6 (Ln = Y,Eu) ················ 431
$Mn_4N_3O_9Cl_4$ ···················· 474
NiN_4 ······························· 542
NiN_6 ······························· 551
$Ni_4N_8O_8$
  salen-dibenzothiophene macrocycle:
  $[Ni_4(macrocycle)]$ ············ 577

$Ni_4N_8O_8$
  salphen-carbazole macrocycle: $[Ni_4(macrocycle)]$ ··············· 578

PdN_4
  Pd(II)-mediated DNA base pair ··· 592

PdN_4
  (piperazine-2,3-dione dioximate-$\kappa^2 N,N'$) (1−) (piperazine-2,3-dione dioxime-$\kappa^2 N,N'$) palladium (II) (2,2′-(cyclohexa-2,5-diene-1,4-diylidene)dimalononitrile radical anion): $[Pd^{II}(Hedag)(H_2edag)](TCNQ)$ ··· 594

$[PtN_4Cl]_n$ ························ 650
$Re_4C_{12}N_8Cl_4$ ·················· 666
RhN_3S_3 ···························· 676
$[VN_2O_3]_n$ ······················· 835

$W_{17}O_{61}C_6P_2S_2Si_2$ ············· 846
ZnN_4 ······························· 874
Zn_2N_8
  doubly linked corrole dimer zinc(II) complex ························· 891
Zn_2N_8
  ether-tethered face-to-face porphyrin dimer zinc(II) complex ······ 892
$Zn_8N_{24}O_{16}$ ······················ 897
Zn_8N_{40} ··························· 898
$Zn_{12}N_{48}$ ·························· 899
$Zn_{1024}N_{4096}$ ······················ 900
$[ZnN_4]_n$ ··························· 901
$[ZnN_5]_n$ ··························· 904

【集積型錯体 集】

AgN_4 ······························· 4
$Ag_4C_{16}O_8$ ·························· 9
$[AgN_2Br]_n$ ························ 10
$[AgSCl]_n$ ·························· 15
$[Ag_2C_8O_2]_n$ ······················ 16
$[Ag_2C_{10}O_2]_n$ ···················· 17
AuCS ································· 26
AuSX (X = Cl,Br,I) ··············· 32
$[CoCrLiN_6O_{12}]_n$ ················ 101
$[CrO_6]_n$ ·························· 119
$[CrMnC_6N_5O]_n$ ················· 121
$[CrMnO_{12}]_n$ ····················· 123
$[CrMn_3C_6N_{12}O_6]_n$ ············ 125
$[Cr_3O_{15}F]_n$ ······················ 126
$[Cr_3O_{15}F]_n$ ······················ 127
CuN_4 ······························· 158
$Cu_2HgN_2O_8$ ······················ 225
Cu_3N_{12} ··························· 231
$[CuNBr]_n$ ························· 242

$[CuN_2O_3]_n$ ······················ 244
$[CuN_2O_4]_n$ ······················ 245
$[CuN_2Br_2]_n$ ····················· 246
$[CuN_4]_n$ ·························· 249
$[CuN_4F_2]_n$ ······················ 251
$[CuO_4]_n$ ·························· 252
$[CuS_2Cl]_n$ ························ 253
$[CuS_2I]_n$ ·························· 254
$[Cu_2N_2O_4]_n$ ···················· 257
$[Cu_2O_8]_n$ ························ 259
$[FeN_6]_n$
  catena-poly[iron(II)-tris-μ-[3,5-dialkoxy-N-(1,2,4-triazole-4-yl-κN^1:κN^2)benzamide]]: $[Fe^{II}(C_m trz)]_n$ ($m=8,12,16$) ···················· 376

$[FeN_6]_n$
  tetrakis{μ-[1,4-bis(pyridine-4-yl)butadiyn-κN:$\kappa N'$]}bis(thiocyanido-κN) iron(III) — methanol (1/0.5): $[Fe^{II}(bpb)_2(NCS)_2]\cdot 0.5CH_3OH$ ··· 377

$[FeM_2C_4N_{10}O_2]_n$ (M = Ag,Au)
  ······································· 379
$[FeNiC_4N_6]_n$ ···················· 380
$PtN_2(O/S)_2$ ······················ 630
$[Ru_2N_2O_8]_n$ ···················· 749
$[TiO_6]_n$ ···························· 803
Zn_8N_{40} ··························· 898
$[ZnN_4]_n$
  $[Zn(IM)_2]_n$ (IM=imidazolate):=ZIF-4 (ZIF=zeolitic imidazolate framework)
  ······································· 902
$[ZnN_4]_n$
  $[Zn(MeIM)_2(DMF)(H_2O)_3]_n$ (MeIM=2-methylimidazolate):=ZIF-8 (ZIF=zeolitic imidazolate framework) ···· 903
$[ZnN_5]_n$ ··························· 904
$[ZnO_4]_n$ ·························· 905
$[Zn_2N_2O_8]_n$ ···················· 906
$[Zr_6O_{32}]_n$ ······················· 923

【溶液中で特異な機能を示す錯体 溶】

Ag_2N_8 ……… 7	CuN_2O_2 ……… 131	NiN_2O_2 ……… 534
$Al_{13}O_{40}$ ……… 21	$Cu_2N_2O_4, CuN_2O_2$ ……… 182	PtN_2S_2 ……… 629
CoN_2O_4 ……… 59	EuO_8 ……… 268	$[PtN_4Cl]_n$ ……… 650
CoN_3O_3 ……… 63	FeN_2O_2 ……… 283	$Rh_3C_{15}S_6$ ……… 690
CoN_3O_3 ……… 64	FeN_2O_5 ……… 285	RuN_5S ……… 720
CoN_4O_2 ……… 73	FeN_6 ……… 321	TbN_4X_n (X^- = OTf$^-$, Cl$^-$, NO3$^-$,
CoN_4O_2 ……… 74	$[Fe(CN)]_n$ ……… 374	OAc$^-$) ……… 783
CoN_6 ……… 85	$[FeC_3N_3]_n$ ……… 375	YbN_9 ……… 855
$[CoN_6]_n$ ……… 98	LnN_xO_y (Gd) ……… 430	Zn_2N_8 ……… 892
CrO_6 ……… 107	MnN_4O ……… 460	

【液晶性錯体 晶】

Ag_2N_4 ……… 7	dylmethylene) (3,4,5-alkoxyaniline)] iron(II): [Fe(3Cn-L)$_2$(NCS)$_2$] ……… 318	$Ni_4N_8O_8$ salen-dibenzothiophene macrocycle: [Ni$_4$(macrocycle)] ……… 577
CuN_4, LnN_8 (Ln = La…) ……… 160	LnO_6 (Ln = Y,Eu) ……… 431	$Ni_4N_8O_8$ salphen-Carbazole Macrocycle: [Ni$_4$(macrocycle)] ……… 578
CuO_4 ……… 170	MN_2O_2 (M = Ni,Cu,Pt,V(O)) ……… 438	$PtN_2(O/S)_2$ ……… 630
Cu_3O_{12} ……… 232	MN_2O_2 (M = Co,Ni,Cu,V(O)) ……… 440	VN_2O_3 ……… 825
FeN_6 bis(alkoxy-2,2′: 6′,2″-terpyridyl)cobalt(II) tetraphenylborate: [M(Cn-terpy)$_2$](BF$_4$)$_2$ ……… 315	MN_4 (M = Ni,Pd,Pt) ……… 441	ZnN_4 ……… 874
FeN_6 cis-bis(thiocyanato)bis[N-(2-pyri-	MS_4 (M = Ni,Pd,Pt) ……… 443	

【高分子錯体 高】

$[AgN_4]_n$ ……… 12	FeN_6 ……… 321	Br) ……… 447
$[Ag_4C_4N_3O_6]_n$ ……… 19	LnN_xO_y (Gd) ……… 430	$[PtN_4Cl]_n$ ……… 650
$[CoN_6]_n$ ……… 98	$[MC_4X_2]_n$ (M = Cu,Ag; X = Cl,	

主要元素別目次

【Ag：銀】

AgN$_2$ ··· 1

AgN$_2$O$_2$ ··· 2

AgN$_3$ ··· 3

AgN$_4$
  bis (2, 2′-bipyridine)-silver(II) nitrate:[Ag(bpy)](NO$_3$)$_2$ ··· 4

AgN$_4$
  1, 4, 8, 11-tetraazacyclotetradecane-silver(II) perchlorate: [Ag(cyclam)](ClO$_4$)$_2$ ··· 5

AgP$_4$ ··· 6

Ag$_2$N$_8$ ··· 7

Ag$_3$C$_n$P$_6$ (n = 1,2) ··· 8

Ag$_4$C$_{16}$O$_8$ ··· 9

[AgN$_2$Br]$_n$ ··· 10

[AgN$_4$]$_n$
  [Ag(DCNQI)$_2$] (DCNQI=2, 5-dimethyl-N,N'-dicyanoquinonediimine) ··· 11

[AgN$_4$]$_n$
  $catena$-(1,2,3,4-tetrakis(4-pyridyl)-cyclobutane silver(I) tetrafluoroborate acetonitrile solvate), ¦[Ag¦(4-py)cyb¦]BF$_4$·3MeCN¦$_n$ ··· 12

[AgN$_4$]$_n$
  photoreactive silver(I) complex: Ag(R$_1$,R$_2$-DCNQI)$_2$ (R$_1$,R$_2$=CH$_3$,Cl,Br,I,etc) ··· 13

[AgOS$_3$]$_n$ ··· 14

[AgSCl]$_n$ ··· 15

[Ag$_2$C$_8$O$_2$]$_n$ ··· 16

[Ag$_2$C$_{10}$O$_2$]$_n$ ··· 17

[Ag$_2$N$_2$O$_4$S$_2$]$_n$ ··· 18

[Ag$_4$C$_4$N$_3$O$_6$]$_n$ ··· 19

[Ag$_4$C$_4$O$_8$]$_n$ ··· 20

[**Fe**M$_2$C$_4$N$_{10}$O$_2$]$_n$ (M = Ag,**Au**) ··· 379

[MC$_4$X$_2$]$_n$ (M = **Cu**,Ag; X = Cl,Br) ··· 447

Pt$_2$Ag$_4$N$_{16}$ ··· 648

【Al：アルミニウム】

Al$_{13}$O$_{40}$ ··· 21

FeAlC$_{10}$ ··· 334

GaN$_4$Cl(AlN$_4$Cl,**In**N$_4$Cl) ··· 386

【As：ヒ素】

As$_6$**V**$_{15}$O$_{43}$ ··· 22

AuIr$_2$C$_2$P$_4$Cl$_2$As$_2$ ··· 34

KEu$_6$As$_6$**W**$_{54}$O$_{210}$ ··· 416

【Au：金】

AuCNS$_2$ ··· 23

AuCP
  methyl(triphenylphosphine)gold: MeAu(PPh$_3$) ··· 24

AuCP
  methyltriphenylphosphinegold(I): [Au(CH$_3$)(PPh$_3$)] ··· 25

AuCS ··· 26

AuC$_2$ ··· 27

AuCl$_2$ ··· 28

AuNP
  (2, 6-dimethylpyridine)(triphenylphosphine)-gold(I)perchlorate: [Au(PPh$_3$)(dmpy)]ClO$_4$ ··· 29

AuNP
  (triphenylphosphine)gold cation complex: [Au(PPh$_3$)]$^+$X$^-$ (X=OTf$^-$, NTf$_2^-$, BF$_4^-$, BAr$_4^-$, SbF$_6^-$, PF$_6^-$ など) ··· 30

AuPCl ··· 31

AuSX (X = Cl,Br,I) ··· 32

AuS$_2$ ··· 33

AuIr$_2$C$_2$P$_4$Cl$_2$**As**$_2$ ··· 34

Au$_2$C$_2$P$_2$ ··· 35

Au$_2$C$_4$N$_4$ ··· 36

Au$_2$P$_4$ ··· 37

Au$_3$C$_3$N$_3$ ··· 38

Au$_{12}$P$_{12}$S$_4$ ··· 39

[**Fe**M$_2$C$_4$N$_{10}$O$_2$]$_n$ (M = **Ag**,Au) ··· 379

【Ba：バリウム】

BaC$_{10}$ ··· 40

【Ca：カルシウム】

CaN$_2$O$_6$ ········· 41

[CaCuSi$_4$O$_{10}$]$_n$ ········· 42

【Cd：カドミウム】

CdN$_4$ ········· 43
CdN$_4$X ········· 44

CdS$_4$ ········· 45

Er$_4$Cd$_2$N$_8$Se$_{10}$ ········· 261

【Ce：セリウム】

CeN$_8$ ········· 46

CeW$_{17}$O$_{61}$P$_2$ ········· 47

【Co：コバルト】

CoHC$_4$ ········· 48
CoHNP$_3$ ········· 49
CoCN$_5$ ········· 50
CoC$_2$N$_2$O$_2$ ········· 51
CoC$_2$N$_2$S$_2$ ········· 52
CoC$_7$ ········· 53
CoC$_9$ ········· 54
CoN$_2$O$_2$ ········· 55
CoN$_2$O$_4$
   bis(3,5-dialkoxypyridine-κN)(3,6-di-*tert*-butylbenzene-1, 2-diolato-κ$^2O^1,O^2$)(3,6-di-*tert*-butyl-2-oxido-phenoxyl-κ$^2O^1,O^2$)cobalt(III): [Co^{II}(CnOpy)$_2$(3,6-DTBQ)$_2$] (n=9,12,17) ········· 56

CoN$_2$O$_4$
   [Co^{III}(phen)(3,5-DBSQ)$_2$](phen=1,10-phenanthroline,3,5-DBSQ=3,5-di-*tert*-butyl-1,2-benzosemiquinonate) ········· 57

CoN$_2$O$_4$
   [Co^{II}(py$_2$X)(3,6-DBSQ)$_2$](3,6-DBSQ=3,6-di-tert-butyl-1,2-benzosemiquinonate, py$_2$O=bis(2-pyridyl)ether,X=O,S,Se,Te) ········· 58

CoN$_2$O$_4$
   [[N,N'-1,2-ethanediylbis[N-(carboxymethyl)glycinato]]-N,N',O,O',$O^N,O^{N'}$]cobaltate(−),1,2-ethylenedinitrilotetraacetatocobaltate(+3), ethylenediaminetetraacetatocobaltate(+3): [Co(edta)]$^-$ ········· 59

CoN$_2$O$_4$
   (OC-6-1'3-A)-[(2S,2'S)-2,2'-[1,2-ethanediylbis[(S)-methylimino-κN]]bis[N-methylpropanamide-κO]]bis(methanol)-Cobalt(2+)]diperchlorate: Λ-[Co(meAA)(CH$_3$OH)$_2$](ClO$_4$)$_2$ ········· 60

CoN$_2$S$_2$ ········· 61
CoN$_2$S$_3$ ········· 62

CoN$_3$O$_3$
   fac-tris(L-alaninato-κN,κO)Co(+3): *fac*-[Co(L-ala)$_3$] ········· 63

CoN$_3$O$_3$
   fac-tris(β-alaninato-κN,κO)-cobalt(+3): *fac*-[Co(β-ala)$_3$] ········· 64

CoN$_{3(4)}$P ········· 65

CoN$_3$S$_3$
   d-tartaric acid·L-tris(2-aminoethanesulfenato)cobalt(III)·water(1/1/1): L-[Co|S(O)CH$_2$CH$_2$NH$_2$|$_3$]·H$_2$O ········· 66

CoN$_3$S$_3$
   fac-Δ-and Λ-tris(R-cysteinato-N,S) cobaltate(III): M$_3$[Co(R-cys-N,S)$_3$] (M=Li$^+$,Na$^+$,K$^+$,Rb$^+$,Cs$^+$,1/2Ca^{2+},1/2Sr^{2+},1/2Ba^{2+}) ········· 67

CoN$_3$S$_3$
   fac(S)-tris(2-aminoethanethiolato-κ$^2N,S$)cobalt(III): *fac*(S)-[Co(aet)$_3$] ········· 68

CoN$_3$S$_3$
   potassium Δ-*fac*(S)-tris(L-cysteinato- κ$^2N,S$)cobaltate(III) (Δ-*fac*(S)-K$_3$[Co(L-cys-N,S)$_3$]) ········· 69

CoN$_4$
   5,15-bis[2,6-bis((S)-(+)-2,2-dimethyl cyclopropanecarboxamide) phenyl]-10,20-bis[3,5-di(tert-butyl)phenyl]porphyrinatocobalt(II) ········· 70

CoN$_4$
   heptamethylcobyrinate perchlorate: [Cob(III)7C$_1$ester]ClO$_4$ ········· 71

CoN$_4$
   (tetraphenylporphinato) cobalt (II) ([Co^{II}(TPP)]) ········· 72

CoN$_4$O$_2$
   bis[2-(5-chloro-2-pyridylazo)-5-diethylaminophenolato]cobalt(III): [Co^{III}(5-Cl-PADAP)$_2$$^+$] ········· 73

CoN$_4$O$_2$
   bis(1,2-ethanediamine-κN^1,κN^2)(ethanedioato) cobalt(+3),*cis*-bis(ethylenediamine) oxalatocobalt(+3): [Co(ox)(en)$_2$]$^+$ ········· 74

CoN$_4$O$_3$ ········· 75
CoN$_4$O$_3$/CoN$_4$O$_3$ ········· 76

CoN$_4$Cl
   chloro(N-methyl-5,10,15,20-tetraphenylporphyrinato)cobalt(II): [CoCl(mtpp)] ········· 77

CoN$_4$Cl
   chloro-porphycenatocobalt (III): [Co^{III}Cl(Pc)] ········· 78

CoN$_4$I$_2$ ········· 79
CoN$_5$O ········· 80

CoN$_5$S
   (2-aminoethanethiolato-κ$^2N,S$) bis (ethane-1, 2-diamine-κ$^2N^2$) cobalt (III) nitrate: [Co(aet)(en)$_2$](NO$_3$)$_2$ ········· 81

CoN$_5$S
  (L-cysteinato-κ^{2}N,S)bis(ethane-1,2-diamine-κ^{2}N^2)cobalt(III) perchlorate: [Co(L-cys-N,S)(en)$_2$]ClO$_4$ ···· 82

CoN$_5$S (or O) ················· 83

CoN$_5$Cl ························ 84

CoN$_6$
  cis-bis(1,2-ethanediamine-κN,κN′)bis(nitrito-κN)cobalt(+3), cis-bis(ethylenediamine)dinitrocobalt(+3): cis-[Co(NO$_2$)$_2$(en)$_2$]$^+$ ···· 85

CoN$_6$
  [M(C16-terpy)$_2$](BF$_4$)$_2$ (M=Co,Fe)C16-terpy=4′-hexadecyloxy-2,2′:6,2″-terpyridine ·········· 86

CoN$_6$
  tetrakis｛4-[diazo(phenyl)methyl]pyridine-κN｝bis(thiocyanato-κN)cobalt(II): [Co^{II}(NCS)$_2$(D1Py)$_4$] ···· 87

CoN$_6$
  Λ-(+)$_{589}$-tris(ethylenediamine)cobalt(III) ion: Λ-(+)$_{589}$-[Co(en)]$^{3+}$ ··· 88

Co$_2$C$_8$ ························ 89

Co$_2$C$_{10}$I$_4$ ····················· 90

Co$_2$N$_8$O$_4$ ······················ 91

Co$_2$N$_9$O$_2$ ······················ 92

Co$_3$C$_{10}$ ······················· 93

Co$_3$N$_{14}$ ······················· 94

Co$_3$O$_{13}$ ······················· 95

Co$_4$C$_{13}$Si$_2$ ···················· 96

[CoN$_2$O$_4$]$_n$ ···················· 97

[CoN$_6$]$_n$ ······················· 98

[CoO$_6$]$_n$ ······················· 99

[CoS$_6$]$_n$ ······················ 100

[CoCrLiN$_6$O$_{12}$]$_n$ ··············· 101

[Co$_2$WC$_8$N$_{10}$O$_2$]$_n$ ············· 102

[Co$_8$O$_{15}$]$_n$ ···················· 103

CuCoN$_5$O$_3$ ···················· 174

[FeCoC$_6$N$_6$]$_n$ ·················· 378

K$_{0.2}$FeCo$_{1.4}$C$_6$N$_6$ ··············· 415

MC$_{6n}$ (M = **Cr,V,Nb,Mo,W,Fe,Ru,Os,Co,Rh,Ir,Ni**) ···· 436

MC$_{10}$X$_n$ (M = **V,Cr,Mn,Fe,Co,Ni, Ru, Os, Ti, Re, Zr, Hf, Nb, Ta, W, Mo**; X = Cl, H; n = 0, 1, 2,) ···················· 437

MN$_2$O$_2$ (M=Co,**Ni, Cu,**V(O)) ································ 440

M(dien)X$_n$ (M = **Fe,Zr,Rh,**Co,**Mg,V,Cr,Mn,Pd**;X = CO,Cp,Cl) ···················· 444

M$_x$C$_y$ (M = **V,Cr,Mn,Fe,**Co,**Ni**；x = 1,2；y = 4,6,8,10) ······ 446

[MN$_6$]$_n$ (M = **Fe**(II),Co(II), **Ru**(II)) ······················ 448

NiCo$_2$N$_8$S$_4$ ··················· 565

【Cr：クロム】

[CoCrLiN$_6$O$_{12}$]$_n$ ·············· 101

CrN$_4$OCl ······················ 104

CrN$_6$
  tris(2,2′-bipyridine-N,N′)chromium(III) perchlorate: [Cr(bpy)$_3$](ClO$_4$)$_3$ ···················· 105

CrN$_6$
  tris(1,10-phenanthroline-N,N′)chromium(III) perchlorate: [Cr(phen)$_3$](ClO$_4$)$_3$ ··············· 106

CrO$_6$
  tris(2,2′-bipyridine 1,1′-dioxide- κO,κO′)chromium(III) triperchlorate: [Cr(bpdo)$_3$](ClO$_4$)$_3$ ·········· 107

CrO$_6$
  tris(2,4-pentanedionato-κO,κO′)chromium(III); tris(acetylacetonato)chromium(III): [Cr(acac)$_3$] ········ 108

CrFe$_2$N$_6$S$_6$ ··················· 109

CrNi$_3$N$_{12}$O$_6$S$_6$ ················ 110

CrCuN$_4$O$_7$ ···················· 111

CrCuN$_6$O$_3$ ···················· 112

CrCu$_2$N$_4$O$_6$ ··················· 113

Cr$_2$N$_8$O$_2$ ······················ 114

Cr$_2$N$_{10}$O ······················ 115

Cr$_2$O$_{10}$ ······················· 116

Cr$_2$ZnN$_{12}$O$_6$ ··················· 117

Cr$_4$C$_{20}$O$_4$ ····················· 118

[CrO$_6$]$_n$ ······················ 119

[CrMn$_{1-x}$Fe$_x$C$_6$N$_6$]$_n$ ············ 120

[CrMnC$_6$N$_5$O]$_n$ ················ 121

[CrMnO$_{12}$]$_n$
  ([BEDT-TTF]$_3$[MnCr(ox)$_3$] (**1**), [BETS]$_x$[MnCr(ox)$_3$] (x〜3) (**2**) (ox=oxalato(C$_2$O$_4$), BEDT-TTF= bis(ethylenedithio)tetrathiafulvalene, BETS=bis(ethylenedithio)tetraselenafulvalene) ··············· 122

[CrMnO$_{12}$]$_n$
  N-2-Butyl-N-methyl-N, N-dipropylammonium tris[μ-(ethanedioato-κ^{2}O^1,O^2:κ^{2}O$^{1′}$,O$^{2′}$)]chromium(III)manganese(II)ate: N(CH$_3$)(n-C$_3$H$_7$)$_2$(s-C$_4$H$_9$)[Mn^{II}Cr^{III}(ox)$_3$] ···· 123

[CrMnO$_{12}$]$_n$
  (SP)[MnCr(ox)$_3$] (ox=oxalato(C$_2$O$_4$), SP=Spiro[2H-indole-2,2′-[2H]pyrano[3,2-b]pyridinium],1,3-dihydro-1,3,3,5′,6′-pentamethyl) ······ 124

[CrMn$_3$C$_6$N$_{12}$O$_6$]$_n$ ·············· 125

[Cr$_3$O$_{15}$F]$_n$
  [Cr$_3$F(H$_2$O)$_2$O[BDC]$_2$](H$_2$BDC=1,4-benzenedicarboxylic acid)MIL-101(MIL=materials of institute ravoisier) ···················· 126

[Cr$_3$O$_{15}$F]$_n$
  [Cr$_3$F(H$_2$O)$_3$O[BTC]$_2$](H$_3$BTC =benzene-1,3,5-tricarboxylic acid) MIL-100(MIL=Materials of Institute Lavoisier) ··················· 127

MC$_{6n}$ (M = Cr,**V,Nb,Mo,W,Fe, Ru,Os,Co,Rh, Ir,Ni**) ········ 436

MC$_{10}$X$_n$ (M = **V,**Cr,**Mn,Fe,Co, Ni, Ru, Os, Ti, Re, Zr, Hf, Nb, Ta,W,Mo**;X=Cl,H;n=0,1,2,) ······························ 437

M(dien)X_n (M = **Fe, Zr, Rh, Co, Mg, V**, Cr, **Mn, Pd**; X = CO, Cp, Cl) ·················· 444

M_xC_y (M = **V**, Cr, **Mn, Fe, Co, Ni**; $x = 1,2$; $y = 4,6,8,10$) ········· 446

【Cu：銅】

[**CaCuSi**$_4$**O**$_{10}$]$_n$ ················ 42

CrCu**N**$_4$**O**$_7$ ····················· 111

CrCu**N**$_6$**O**$_3$ ····················· 112

CrCu$_2$**N**$_4$**O**$_6$ ···················· 113

CuH$_2$P$_2$ ························ 128

CuC$_2$N$_3$ ························ 129

CuN$_2$O$_2$
(1,3-bis(2,6-diisopropylphenyl)-β-diketiminato)(η^2-peroxo)copper(III): [Cu^{III}(tBu$_2$L^{iPr2})(O$_2$$^{2-}$)] ··········· 130

CuN$_2$O$_2$
bis(2-(oxymethyl)pyridine)copper(II): [Cu(pyC)$_2$], (C$_{12}$H$_{12}$CuN$_2$O$_2$) ··················· 131

CuN$_2$O$_2$
(S,S)-bis(4-tert-butylcarbamoyl-2-oxazolinyl)methanido(N-phenylbenzohydroxamato)copper(II): [Cu(bpha){(S,S)-^{t}BuboxamH}] {(S,S)-^{t}BuboxamH$_2$ = (S,S)-bis(4-tert-butylcarbamoyl-2-oxazolinyl)methane, Hbpha = N-benzoyl-N-phenyl-hydroxyamine} ··············· 132

CuN$_2$O$_2$
Cu(II)-mediated artificial base pair in DNA duplex: Dipic-Cu^{II}-Py ···· 133

CuN$_2$O$_3$ ······················ 134

CuN$_2$P$_2$
bis[8-(diphenylphosphino)quinoline]copper(I) tetrafluoroborate: [Cu(Ph$_2$Pqn)$_2$]BF$_4$ ············ 135

CuN$_2$P$_2$
[(2,9-dimethyl-1,10-phenanthroline)(bis(diphenylphosphanophenyl)ether)copper(+1)]tetra-fluoroborate: [Cu(dmp)(DPEphos)](BF$_4$) ········ 136

CuN$_2$S$_2$ ······················ 137

CuN$_2$X$_2$
DNA-based catalyst with a covalently attached Cu(II) complex ········ 138

CuN$_2$X$_2$
DNA-based catalyst with supramolecularly anchored Cu(II) complexes ···························· 139

CuN$_3$C$_2$ ······················ 140

CuN$_3$O
(1-methyl-1-phenylethyl-hyperoxidato-κO^2)[tris{3,5-bis(1-methylethyl)pyrazol-1-yl-κN^2}hydroborato(1−)]copper: ([Cu(OOCm){HB(3,5-i-Pr$_2$pz)$_3$}]) ··········· 141

CuN$_3$O
monomeric hydroperoxo copper(II) complex: [Cu(terpy)(OOH)]$^+$ (Terpy = 2,2':6',2''-terpyridine) ·········· 142

CuN$_3$OCl ····················· 143

CuN$_3$OX/CuN$_3$S ·············· 144

CuN$_3$O$_2$
[acetato-κO^1-bis(2-pyridylmethyl)-κN)-2-aminoethyl-β-D-glucopyranoside-κO^1-copper(+2)]nitrate: [Cu(GlcOenDPA)(CH$_3$COO)]NO$_3$ ··· 145

CuN$_3$O$_2$
(aqua)(2,2'-bipyridine)(3-(2,4,5-trihydroxyphenyl)-DL-alanine)copper(II) tetrafluoroborate: [Cu(DL-topa)(bpy)(H$_2$O)]BF$_4$ ··········· 146

CuN$_3$O$_2$
histamine-L-phenylalaninato-copper(II)perchlorate: [Cu(hista)(L-Phe)ClO$_4$] ························ 147

CuN$_3$O$_2$
(2-(N,N-bis(2-pyridylmethyl)amino)ethyl-2,3,4,6-tetra-O-acetyl-β-D-glucopyranoside)nitrato copper(II)nitrate: [CuL(NO$_3$)]NO$_3$ (L=2-(N,N-bis(2-pyridylmethyl)amino)ethyl 2,3,4,6-tetra-O-acetyl-β-D-glucopyranoside) ··············· 148

CuN$_3$O$_2$
(superoxido-κO:κO')[tris{3-(1,1-di-methylethyl)-5-(1-methylethyl)pyrazol-1-yl-κN^2}hydroborato(1−)]copper(II): ([Cu(η^2-O$_2$){HB(3-t-Bu-i-Prpz)$_3$}]) ··············· 149

CuN$_3$O$_3$
(2-amino-4-oxo-6-pteridinecarboxylato)aqua(2,2'-bipyridine)copper(II)trihydrate: [Cu(bpy)(PC)(H$_2$O)]·3H$_2$O ························ 150

CuN$_3$O$_3$
nitrito(O,O')perchlorato{bis(6-methyl-2-pyridylmethyl)amine}copper(II); (Cu^{II}(Me$_2$bpa)(NO$_2$)-(ClO$_4$)) ···························· 151

CuN$_4$
bis[2,9-dimethyl-1,10-phenanthroline]copper(II) perchlorate: [Cu(dmp)$_2$](ClO$_4$)$_2$ ············ 152

CuN$_4$
[bis(2,9-dimethyl-1,10-phenanthroline)copper(+1)] tetrafluoroborate: [Cu(dmp)$_2$]BF$_4$ ············ 153

CuN$_4$
bis-[3-(2-pyridyl)-5,6-diphenyl-1,2,4-triazine]copper(I) tetrafluoroborate: [Cu(pdt)$_2$]BF$_4$ ············ 154

CuN$_4$
2,3,7,8,12,13,17,18-octaethyl porphyrinato copper(II): [Cu(OEP)] ··· 155

CuN$_4$
(phthalocyaninato)copper iodide: [Cu(pc)]I ························ 156

CuN$_4$
phthalocyaninatocopper(II) : [Cu(pc)] ···························· 157

CuN$_4$
tetrakis(3-cyano-6-methyl-2(1H)-pyridinone)copper(I)hexafluorophosphate: [Cu(Hcmp)$_4$](PF$_6$) (Hcmp = 3-cyano-6-methyl-2(1H)-pyridinone) ···················· 158

CuN$_4$
5,10,15,20-tetraphenylporphyrinato copper(II): [Cu(TPP)] ··········· 159

CuN$_4$, **Ln**N$_8$ (Ln=La, Ce, Eu, Gd, Tb, Yb, Lu) ····················· 160

CuN$_4$O

[hydroperoxide-κO^1-N-[6-(2-pyridyl methyl-κN][6-(2,2-dimethylpropaneamido)pyridine-2-yl-κN]methyl]aminomethyl-κN)pyridine-2-yl-κN]-2,2-dimethylpropaneamidecopper(+3)]perchlorate：[Cu(H$_2$bppa)(OOH)]ClO$_4$(CuC$_{28}$H$_{37}$N$_6$O$_4$) ···· 161

CuN$_4$O

monomeric end-on superoxide copper(II) complex：[Cu(TMG$_3$tren)O$_2$]SbF$_6$ ··············· 162

CuN$_4$O

monomeric hydroperoxo copper(II) complex：[Cu(L1)(OOH)](ClO$_4$)(L1=(N-[2-[(2-bis(2-pyridylmethyl)aminoethyl)methylamino]ethyl]-2,2-dimethylpropionamide) ·············· 163

CuN$_4$O

(1,10-phenanthroline)(L-tyrosylglycinato)copper(II)：[Cu(phen)(L-TyrGly)]$^+$ ················ 164

CuN$_4$X$_2$ ······················· 165

CuN$_5$ ··························· 166

CuN$_6$ ··························· 167

CuO$_4$

Cu(II)-mediated artificial base pair in DNA duplex: H-Cu^{II}-H ········ 168

CuO$_4$

Cu(II)-mediated artificial base pair in glycol nucleic acid (GNA) duplex ··························· 169

CuO$_4$

long chain-substituted bis(β-di-ketonato)copper(II)：β-diketone系金属錯体のディスコティック液晶．··························· 170

CuS$_4$ ··························· 171

CuVN$_2$O$_5$ ···················· 172

CuFeN$_8$O$_2$ ··················· 173

CuCoN$_5$O$_3$ ··················· 174

CuZnN$_{10}$

μ-4,5-bis[di(2-pyridylmethyl)aminomethyl]imidazolatodi(acetonitrile)copper(II),zinc(II) tris(perchlorate)：([CuZn(bdpi)(CH$_3$CN)$_2$](ClO$_4$)$_3$) ··························· 175

CuZnN$_{10}$

1,4,12,15,18,26,31,39-octaazapenta-cyclo[13.13.13.1^{6,10}.1^{20,24}.1^{33,37}]-tetratetracotane-6,8,10,20,22,24,33,35,37-nonane-μ-imidazolatocopper,zinc tris-(perchlorate)：[(Cu(im)Zn)L](ClO$_4$)$_3$ ··············· 176

CuGeHN$_4$ ··················· 177

CuGdN$_2$O$_{10}$ ················· 178

Cu$_2$N$_2$O$_2$S$_2$Cl$_2$ ··············· 179

Cu$_2$N$_2$O$_2$Cl$_2$ ················· 180

Cu$_2$N$_2$O$_4$ ····················· 181

Cu$_2$N$_2$O$_4$, CuN$_2$O$_2$ ·········· 182

Cu$_2$N$_2$O$_5$ ····················· 183

Cu$_2$N$_2$P$_2$X$_2$（X=Br,Cl,I）········ 184

Cu$_2$N$_4$O$_2$

di-μ-hydroxo-bis(2,2'-bipyridine)dicopper(II) sulfate：[Cu$_2$(OH)$_2$(bpy)$_2$]SO$_4$·5H$_2$O (bpy=2,2'-bipyridine) ····· 185

Cu$_2$N$_4$O$_2$

bis-μ-[N-(2-aminoethyl)-3-aminopropanolato]dicopper(II) perchlorate：[Cu$_2$(aeap)$_2$](ClO$_4$)$_2$ (Haeap=N-(2-aminoethyl)-3-aminopropanol) ···················· 186

Cu$_2$N$_4$O$_2$

di-μ-hydroxo-bis[2-(2-dimethylaminoethyl)pyridine]dicopper(II) perchlorate：[Cu$_2$(OH)$_2$(dmaep)](ClO$_4$)$_2$ (dmaep=2-(2-dimethylaminoethyl)pyridine) ····························· 187

Cu$_2$N$_4$O$_2$

(μ-η^2:η^2-peroxo)bis(1,4,7-triisopropyl-1,4,7-triazacyclononane)dicopper(II,II) ([Cu$_2$(L^{iPr3})$_2$(O$_2$)]$^{2+}$ (**1**), bis(μ-oxo)bis(1,4,7-tri-isopropyl-1,4,7-triazacyclononane)dicopper(III,III) ([Cu$_2$(L^{iPr3})$_2$(O)$_2$]$^{2+}$ (**2**) および 1,4,7-tribenzyl-1,4,7-triazacyclononane) dicopper(III,III) ([Cu$_2$(L^{Bn3})$_2$(O)$_2$]$^{2+}$ (**3**) ········ 188

Cu$_2$N$_4$O$_2$

bis(isothiocyanato)-bis-μ-[N,N-di(n-propyl)aminoethanolato]dicopper(II)：[Cu$_2$(pr-L)$_2$(NCS)$_2$] (Hpr-L=N,N-di(n-propyl)aminoethanol) ····························· 189

Cu$_2$N$_4$O$_2$

μ-bis(3-glycylamido-1-propanolato)dicopper(II)：[Cu$_2$(glyapr)$_2$]: H$_2$glyapr=N-glycyl-3-aminopropanol ····························· 190

Cu$_2$N$_4$O$_2$Cl$_2$ ················· 191

Cu$_2$N$_4$O$_4$ ····················· 192

Cu$_2$N$_4$O$_4$

(PPh$_4$)$_4$[Cu$_2$(1,5-naba)$_2$]: H$_4$(1,5-naba)=naphthalene-1,5-bis(oxamic acid) ····························· 193

Cu$_2$N$_4$O$_4$

[Cu$_2$(L)(H$_2$O)$_2$]F$_2$: H$_2$L^{3,3}=25,26-dihydroxy-11,23-dimethyl-3,7,15,19-tetraazatricyclo[24·1^{9,13}·1^{1,21}]tetracosa-1(25),2,7,9,11,13(26),14,19,21,23-decaene ········ 194

Cu$_2$N$_4$O$_5$

μ-acetato-O,O-di-μ-acetato-O,O'-bis(2,2'-bipyridine)dicopper(II) perchlorate：[Cu$_2$(CH$_3$COO)$_3$(bpy)$_2$]ClO$_4$ ···························· 195

Cu$_2$N$_4$O$_5$

μ-hydroxo-di-μ-formato-bis(2,2'-bipyridine)dicopper(II) tetrafluoroborate：[Cu$_2$(OH)(HCOO)$_2$(bpy)$_2$]BF$_4$ ······························· 196

Cu$_2$N$_4$O$_6$

di-μ-acetatodiaquabis(1,10-phenanthroline)dicopper(II) nitrate：[Cu$_2$(CH$_3$COO)$_2$(H$_2$O)$_2$(phen)](NO$_3$)$_2$ ····························· 197

Cu$_2$N$_4$O$_6$

bis-μ-[di(4-methoxyphenyl)phosphinato]-bis(5,5'-dimethyl-2,2'-dipyridine)-dimethanol-dicopper(II) tetrafluoroborate：[Cu$_2$(bmpp)$_2$(dmbpy)$_2$(CH$_3$OH)$_2$](BF$_4$)$_2$ ···················· 198

Cu$_2$N$_4$O$_6$

[Cu$_2$(ox)(H$_2$O)$_2$(tmen)$_2$](ClO$_4$)$_2$: tmen=N,N,N',N'-tetramethylethylenediamine ······················· 199

Cu$_2$N$_4$P$_4$ ····················· 200

Cu$_2$N$_6$ ························ 201

Cu$_2$N$_6$O$_2$

[1,2-bis[6-bis(6-methyl-2-pyridyl)-methyl-2-pyridyl]ethane](μ-η^2:η^2-peroxodicopper(II))X ([Cu$_2$(6-Me-hexpy)(O$_2$)]X$_2$, X=ClO$_4$, PF$_6$,OTf) ······················ 202

$Cu_2N_6O_2$
　bis(μ-oxide)dicopper(III) complex: [Cu_2(R_3TACH)$_2$(μ-O)$_2$](SbF$_6$)$_2$(R=Et,iBu, Bn)
　μ-η^2: η^2-Peroxidedicopper(II) complex: [Cu_2(R_3TACH)$_2$(μ-O)$_2$](SbF$_6$)$_2$(R=iPr) R_3TACH: N,N',N''-tri-R-cis,cis-1,3,5-triaminocyclohexane(R=Et,iPr,iBu,Bn) ················· 203

$Cu_2N_6O_2$
　bis[tris｛(1-methyl-2-phenyl-1H-imidazol-4-yl)methyl｝amine](μ-hydroxo)(μ-hydro-peroxo)dicopper(II)ion:([Cu_2(L1)$_2$(OOH)(OH)]$^{2+}$ ················· 204

$Cu_2N_6O_2$
　[μ-(peroxido-κO:$\kappa O'$)]bis[tris｛3,5-bis-(1-methylethyl)pyrazol-1-yl-κN^2｝hydroborato(1−)]dicopper(II):([｛|Cu(HB(3,5-i-Pr$_2$pz)$_3$)｜$_2$(μ-O$_2$)]) ················· 205

$Cu_2N_6O_2$
　(μ-η^2: η^2-Peroxo)bis(1,4,7-triisopropyl-1,4,7-triazacyclononane)dicopper(II,II)([Cu_2(L^{iPr3})$_2$(O$_2$)]$^{2+}$: 錯体 **1**), bis(μ-oxo)bis(1,4,7-tri-isopropyl-1,4,7-triazacyclononane)dicopper(III,III)([Cu_2(L^{iPr3})$_2$(O)$_2$]$^{2+}$: 錯体 **2**) および bis(μ-oxo)bis(1,4,7-tribenzyl-1,4,7-triazacyclononane)-dicopper(III,III)([Cu_2(L^{Bn3})$_2$(O)$_2$]$^{2+}$: 錯体 **3**) ················· 206

$Cu_2N_6O_2$
　sodium μ-(imidazol-1-yl-N,N')-bis[(glycylglycinato-N,N',O)cuprate(II)] hexahydrate; (Na[Cu$^{II}_2$-(glyglyO)$_2$(im)]·6H$_2$O) ················· 207

$Cu_2N_6O_4$ ················· 208

$Cu_2N_6S_2$
　(μ-η^2: η^2-disulfido)di(N,N-bis｛2-[(4-dimethylamino)pyridin-2-yl]ethyl｝methylamine)dicopper(II)di[tetra(pentafluorophenyl)borate]: [Cu_2(μ-S$_2$)(MePY2)$_2$][B(C$_6$F$_5$)$_4$]$_2$ ················· 209

$Cu_2N_6S_2$
　(μ-η^2: η^2-disulfido)dicopper(II) complex: [Cu_2(R_3TACH)S$_2$](X)$_2$ (R,X)=(Et,CF$_3$SO$_3$), (iBu,SbF$_6$), (Bn,SbF$_6$) ················· 210

$Cu_2N_6Se_2$ ················· 211

$Cu_2N_7O_2$ ················· 212

Cu_2N_8 ················· 213

Cu_2N_8O ················· 214

$Cu_2N_8O_2$
　di-μ-(4-methylpyrazolato)-diaquabis(1,10-phenanthroline)dicopper(II) nitrate: [Cu_2(4-Mepz)$_2$(H$_2$O)$_2$(phen)$_2$](NO$_3$)$_2$ ················· 215

$Cu_2N_8O_2$
　$trans$-(μ-1,2-peroxo)bis｛tris(pyridin-2-ylmethyl)amine｝dicopper(II,II): [Cu_2(TPA)$_2$(O$_2$)]$^{2+}$ ················· 216

$Cu_2N_8S_2$ ················· 217

Cu_2N_{10}
　(M)-bis-［μ-｛N,N'-bis[(1S)-1-(2-pyridyl)ethyl]-2,6-pyridinedicarboxamidato｝］dicopper(II): (M)-[Cu(S-PEPDA)]$_2$ (S-PEPDAH$_2$=N,N'-bis[(1S)-1-(2-pyridyl)ethyl]-2,6-pyridinedicarboxamide) ················· 218

Cu_2N_{10}
　1,4,7,13,16,19-hexaaza-10,22-dioxa-tetracosane μ-imidazolate dicopper(II) triperchlorate: [(Cu_2(Him)$_2$(im)⊂A)](ClO$_4$)$_3$ ················· 219

Cu_2N_{10}
　bis(isothiocyanato)｛3,7,10,11,14,18,21,22-octaazatricyclo[22.19.12.11,20]-docosa-1(23),2,7,9,12(24),13,18,20-octanenato｝dicopper(II) ················· 220

Cu_2N_{12} ················· 221

Cu_2O_{10} ················· 222

$Cu_2GdN_4O_9$ ················· 223

$Cu_2Tb_2N_4O_{16}$ ················· 224

$Cu_2HgN_2O_8$ ················· 225

$Cu_3C_nP_6$ (n=1,2) ················· 226

Cu_3N_6 ················· 227

$Cu_3N_6O_2$ ················· 228

$Cu_3N_6O_3$ ················· 229

$Cu_3N_6S_2$ ················· 230

Cu_3N_{12} ················· 231

Cu_3O_{12} ················· 232

$Cu_4N_4O_8$ ················· 233

$Cu_4N_4I_4$ ················· 234

$Cu_4N_8O_4S_8$ ················· 235

$CuN_{12}O_4$ ················· 236

$Cu_4Ln_2N_8O_8$ (**Ln = La,Pr,Gd**) ················· 237

$Cu_6H_6P_6$ ················· 238

$Cu_6O_6S_6$ ················· 239

$Cu^{II}_6Cu^I_8N_{12}S_{12}Cl$ ················· 240

[CuN]$_n$ ················· 241

[CuNBr]$_n$ ················· 242

[CuN$_2$O$_2$]$_n$ ················· 243

[CuN$_2$O$_3$]$_n$ ················· 244

[CuN$_2$O$_4$]$_n$ ················· 245

[CuN$_2$Br$_2$]$_n$ ················· 246

[CuN$_4$]$_n$
　bis(2,5-diiodo-2,5-cyclohexadiene-1,4-diylidenebiscyanamide)copper salt: Cu(DI-DCNQI)$_2$ (DI-DCNQI=2,5-diiodo-N,N'-dicyano-1,4-benzoquinone diimine) ················· 247

[CuN$_4$]$_n$
　bis(N,N'-dicyano-2,5-dimethyl-2,5-cyclohexadiene-1,4-diylidenebiscyanamide)copper salt: Cu(DMe-DCNQI)$_2$ (DMe-DCNQI=2,5-dimethyl-N,N'-dicyano-1,4-benzoquinonediimine) ················· 248

[CuN$_4$]$_n$
　catena(bis(adiponitrile)-copper(I) nitrate): [Cu(NC(CH$_2$)$_4$CN)$_2$](NO$_3$) ················· 249

[CuN$_4$]$_n$
　catena-((μ_4-tetracyanoquinodimethane radical)copper(I)): [Cu(TCNQ)]$_n$ ················· 250

[CuN$_4$F$_2$]$_n$ ················· 251

[CuO$_4$]$_n$ ················· 252

[CuS$_2$Cl]$_n$ ················· 253

[CuS$_2$I]$_n$ ················· 254

[CuCl$_6$]$_n$ ················· 255

[Cu$_2$NS$_4$X]$_n$ ················· 256

[Cu$_2$N$_2$O$_4$]$_n$ ················· 257

[Cu$_2$N$_2$O$_8$]$_n$ ················· 258

[Cu$_2$O$_8$]$_n$ ················· 259

[Cu$_4$N$_3$Br$_4$]$_n$ ················· 260

MN_2O_2 (M = **Ni**,Cu,**Pt**,V(O))
・・・・・・・・・・・・・・・・・・・・・・・・ 438
MN_2O_2 (M=**Co**,**Ni**,Cu,V(O)) ・・・ 440

$[MC_4X_2]_n$ (M = Cu,**Ag**; X = Cl, Br) ・・・・・・・・・・・・・・・・・・・ 447
MnCuN$_6$O$_2$Cl ・・・・・・・・・・・・・・・・ 465

MnCuN$_6$O$_3$ ・・・・・・・・・・・・・・・・・ 466
NiN$_2$O$_2$ (CuN$_2$O$_2$/**Pd**N$_2$O$_2$) ・・・・ 536

【Er：エルビウム】

Er$_4$**Cd**$_2$N$_8$Se$_{10}$ ・・・・・・・・・・・・・・・ 261

【Eu：ユウロピウム】

EuN$_2$O$_6$ ・・・・・・・・・・・・・・・・・・・・・・・ 262
EuN$_3$O$_6$ ・・・・・・・・・・・・・・・・・・・・・・・ 263
EuN$_4$O$_5$ ・・・・・・・・・・・・・・・・・・・・・・・ 264
EuN$_6$Cl$_2$ ・・・・・・・・・・・・・・・・・・・・・・・ 265
EuO$_8$
　cesium-tetrakis(heptafluorobutyryl-(+)-camphorato)lanthanide(III): Cs

[Eu((+)-hfbc)$_4$]・CH$_3$CN ・・・・・・・ 266
EuO$_8$
　tris(Hexafluoroacetyl acetonato)europium(III)bis(triphenylphospine oxide): [Eu(hfa)$_3$(TPPO)$_2$]. ・・・・・・・・ 267
EuO$_8$
　tris(6,6,7,7,8,8-heptafluoro-2,2-dimethyloctane-3,5-dionato) euro-

pium(III): Eu(fod)$_3$(1a)および関連錯体. ・・・・・・・・・・・・・・・・・・・・・ 268
Eu$_2$N$_4$O$_{12}$ ・・・・・・・・・・・・・・・・・・・・・ 269
Eu$_2$O$_{12}$ ・・・・・・・・・・・・・・・・・・・・・・・ 270
Eu$_3$N$_{21}$O$_6$ ・・・・・・・・・・・・・・・・・・・・・ 271
KEu$_6$**As**$_6$**W**$_{54}$O$_{210}$ ・・・・・・・・・・・・・・・ 416

【Fe：鉄】

CrFe$_2$N$_6$S$_6$ ・・・・・・・・・・・・・・・・・・・ 109
[**Cr****Mn**$_{1-x}$Fe$_x$C$_6$N$_6$]$_n$ ・・・・・・・・・ 120
CuFeN$_8$O$_2$ ・・・・・・・・・・・・・・・・・・・ 173
FeHC$_6$**Si**$_2$ ・・・・・・・・・・・・・・・・・・・・・ 272
FeC$_2$N$_2$ ・・・・・・・・・・・・・・・・・・・・・・・ 273
FeC$_2$N$_4$ ・・・・・・・・・・・・・・・・・・・・・・・ 274
FeC$_3$NS$_2$ ・・・・・・・・・・・・・・・・・・・・・・ 275
FeC$_5$N ・・・・・・・・・・・・・・・・・・・・・・・・ 276
FeC$_5$P$_5$ ・・・・・・・・・・・・・・・・・・・・・・・ 277
FeC$_7$ ・・・・・・・・・・・・・・・・・・・・・・・・・ 278
FeC$_7$**Si** ・・・・・・・・・・・・・・・・・・・・・・・ 279
FeC$_8$ ・・・・・・・・・・・・・・・・・・・・・・・・・ 280
FeNS$_4$ ・・・・・・・・・・・・・・・・・・・・・・・・ 281
FeN$_2$OBr ・・・・・・・・・・・・・・・・・・・・・・ 282
FeN$_2$O$_2$ ・・・・・・・・・・・・・・・・・・・・・・・ 283
FeN$_2$O$_4$ ・・・・・・・・・・・・・・・・・・・・・・・ 284
FeN$_2$O$_5$ ・・・・・・・・・・・・・・・・・・・・・・・ 285
FeN$_2$P$_2$ ・・・・・・・・・・・・・・・・・・・・・・・ 286
FeN$_2$P$_4$ ・・・・・・・・・・・・・・・・・・・・・・・ 287
FeN$_3$O$_2$/FeN$_4$OX ・・・・・・・・・・・・・・ 288
FeN$_3$P$_3$ ・・・・・・・・・・・・・・・・・・・・・・・ 289
FeN$_4$O ・・・・・・・・・・・・・・・・・・・・・・・・ 290

FeN$_4$OCl ・・・・・・・・・・・・・・・・・・・・・・ 291
FeN$_4$O$_2$
　(acetato-κO)[hydro[2-(5-phenyl-1H-pyrazol-3-yl-κN^2)phenolato-κO]-bis(3,5-diphenylpyrazol-1-yl-κN^2)(1−)][(3,5-diphenylpyrazol-1-yl-κN^2)iron(III)([Fe(Tp^{Ph2}*)(OAc)(3,5-Ph$_2$pzH)]) ・・・・・・・・・・・ 292
FeN$_4$O$_2$
　bis|$N-$(2-pyridylmethyl)acetylacetoiminato|iron(III) hexafluorophosphate: [Fe(acpa)$_2$]PF$_6$ ・・・・・・・ 293
FeN$_4$O$_2$
　[Fe(pap)$_2$]ClO$_4$: Hpap＝bis|$N-$(2-hydroxyphenyl)-2-pyridylaldimine
　・・・・・・・・・・・・・・・・・・・・・・・・・・・・ 294
FeN$_4$O$_2$
　bis|$N-$(8-quinolyl)salicylaldiminato|iron(III) selenocyanate: [Fe(qsal)$_2$]NCSe ・・・・・・・・・・・・・・・・・・・ 295
FeN$_4$O$_2$
　((2R,2′R)-1,1′-bis|(6-methylpyridin-2-yl)methyl|-2,2′-bipyrrolidine)bis(trifluoromethanesulfonato)iron(II): α-[Fe^{II}((R,R)-6-Me$_2$-PDP)(OTf)$_2$] ・・・・・・・・・・・・・・・・・ 296
Fe$_2$N$_4$O$_2$ ・・・・・・・・・・・・・・・・・・・・・・ 297

FeN$_4$O$_2$
　N,N'-Ethylenebis(acetylacetoniminato)di(3,4-dimethylpyridine)iron(III)tetraphenylborate: [Fe(acen)(dmpy)$_2$]BPh$_4$ ・・・・・・・・・・・・ 298
FeN$_4$O$_2$
　hydroxo|tris(6-neopentylamino-pyridin-2-ylmethyl)amine|iron(III)perchlorate: [Fe^{III}-(OH)(PhCO$_2$)(tnpa)]ClO$_4$ ・・・・・・・・・・・・・・・・・・・・・ 299
FeN$_4$O$_2$
　monomeric η^1-azido iron(III) complex: [Fe(H$_2$bpga)(OCH$_3$)(N$_3$)](H$_2$BPGA＝bis(6-pivalamido-2-pyridylmethyl)(carboxymethyl)amine)
　・・・・・・・・・・・・・・・・・・・・・・・・・・・・ 300
FeN$_4$S
　(methyl N-acetyl-L-leucyl-L-cystein-yl-κS-L-prolyl-L-alanyl-L-phenylalanyl-L-leucyl-L-leucyl-L-leucyl-L-leucyl-L-leucyl-L-alanyl-L-leucyl-L-phenylalanyl-L-leucinato)[2,3,7,8,12,13,17,18-octaethyl-21H,23H-porphinato(2−)-κN^{21},κN^{22},κN^{23},κN^{24}]Iron(III): [Fe^{III}(OEP)(Ac-LcPAF-LLLLL-ALFL-OMe)]
　・・・・・・・・・・・・・・・・・・・・・・・・・・・・ 301
FeN$_4$S
　swan-resting form porphyrin: SR錯

体 · 302

FeN$_4$S

3-(1,4,8,11-tetraazacyclotetradecan-1-yl)propane-1-thiolatoiron(II): [Fe^{II}(cyclam-PrS)]$^+$ · · · · · · · · · · 303

FeN$_4$X (X = O or S) · · · · · · · · · 304

FeN$_4$Cl · · · · · · · · · · · · · · · · · · · 305

FeN$_5$ · 306

FeN$_5$O

bleomycin-iron(II) complex and bleomycin-cobalt(II) complex · · · · · · · · 307

FeN$_5$O

dioxygen [mono-1-methyl-imidazole-*meso*-tetra($\alpha,\alpha,\alpha,\alpha$-*o*-pivalamidophenyl)porphyrin]iron(II): Fe($\alpha,\alpha,\alpha,\alpha$-TpivPP)(1-MeIm)O$_2$ · · · · · · · 308

FeN$_5$O

N-(2-(1*H*-imidazol-4-yl)ethyl)-2-((2-aminoethylamino)methyl)-5-bromopyrimidine-4-carboxamidatoiron(II) and iron(III) ions: [Fe^{II}(PMA)]$^+$(錯体 **1**), [Fe^{III}(PMA)]$^{2+}$(錯体 **2**) · · · · · · · · · · · · · · · · 309

FeN$_5$O

tetrakis-*N*,*N*,*N*′,*N*′(2-pyridylmethyl)ethylenediamine iron(II) sulfate; (Fe^{II}tpen(SO$_4$)) · · · · · · · · · · · 310

FeN$_5$O

methoxo[2,6-bis(methoxydipyridin-2-yl-methyl)pyridine] iron(III): [Fe^{III}(PY5)(OMe)](OTf)$_2$ · · · · · 311

FeN$_5$O

oxo[1,1-di(pyridin-2-yl)-*N*,*N*-bis-(pyridin-2-ylmethyl)methanamine]iron(IV): [Fe^{IV}(O)-(N4Py)]$^{2+}$ (錯体 **1**), oxo[*N*^{1}-benzyl-*N*^{1},*N*^{2},*N*^{2}-tris-(pyridin-2-ylmethyl)ethane-1,2-diamine]iron(IV):([Fe^{IV}(O)(Bn-tpen)]$^{2+}$(錯体 **2**) · · · · · · · 312

FeN$_5$O

oxo(1,4,8,11-tetramethyl-1,4,8,11-tetraazacyclotetradecane)(acetonitrile)iron(IV)trifluoromethanesulfonate: [Fe^{IV}(O)(TMC)(NCCH$_3$)](OTf)$_2$ · · · · · · · · · · · · 313

FeN$_5$O

oxo(1,4,8-trimethyl-11-(pyridin-2-yl-methyl)-1,4,8,11-tetraazacyclotetradecane)iron(IV): [Fe^{IV}(O)(TMC-py)]$^{2+}$(錯体 **1**); oxo(1,4,8,11-tetra-methyl-1,4,8,11-tetraazacyclotetradecane)bis(acetonitrile)iron(IV): ([Fe^{IV}(O)(TMC)(NCCH$_3$)]$^{2+}$(錯体 **2**) · · · · · · · · · · · · · · · 314

FeN$_6$

bis(alkoxy-2,2′:6′,2″-terpyridyl)cobalt(II) tetraphenylborate: [M(Cn-terpy)$_2$](BF$_4$)$_2$ · · · · · · · · · · 315

FeN$_6$

bis{2,6-di(2-pyrazolyl)pyridine}iron(II) tetrafluoroborate: [Fe(dpp)$_2$](BF$_4$)$_2$ · · · · · · · · · · · · · · · 316

FeN$_6$

((2*S*,2′*S*)-1,1′-bis(pyridin-2-yl-methyl)-2,2′-bipyrrolidine)di(acetonitrile)iron(III) hexafluoroantimonate: α-[Fe^{II}(*S*,*S*-PDP)(NCCH$_3$)$_2$](SbF$_6$)$_2$ · · · · · · · · · · · · · · · 317

FeN$_6$

cis-bis(thiocyanato)bis[*N*-(2-pyridylmethylene)(3,4,5-alkoxyaniline)]iron(II): [Fe(3Cn-L)$_2$(NCS)$_2$] · · · · 318

FeN$_6$

bis(isothiocyanato)bis(1,10-phenanthroline)iron(II): [Fe(phen)$_2$(NCS)$_2$] · · · · · · · · · · · · · · · · 319

FeN$_6$

N,*N*,*N*′,*N*′-tetrakis(2-pyridylmethyl)ethylenediamineiron(II) perchlorate: [Fe(tpen)]ClO$_4$)$_2$ · · · · · · · · · 320

FeN$_6$

tris(4-(2-hydroxyethyl)-1,2,4-triazole)iron(II) didodecyl-*N*-(sulfoacethyl)-L-glutamate: [Fe^{II}HOC$_2$Trz)$_3$](2C$_{12}$-L-Glu-C$_2$SO$_3$)$_2$ · · · · · 321

FeN$_6$

tris(2-picolylamine)iron(II) chloride: [Fe(pia)$_3$]Cl$_2$ · · · · · · · · · · · 322

FeN$_6$

tris(pyridin-2-ylmethyl)amine iron(II): [Fe^{II}(TPA)(CH$_3$CN)](OTf)$_2$ (錯体 **1**); tris((6-methylpyridin-2-yl)methyl)amine)iron(II): [Fe^{II}(6-Me$_3$-TPA)(CH$_3$CN)$_2$](OTf)$_2$ (錯体 **2**) · · · · · · · · · · · · · · · 323

FeN$_6$O$_6$ · · · · · · · · · · · · · · · · · · 324

FeN$_8$O$_2$ · · · · · · · · · · · · · · · · · · 325

FeN$_x$Cl$_{3x}$ · · · · · · · · · · · · · · · · 326

FeO$_4$ · 327

FeO$_6$

[Fe(deferriferrichrome)] · · · · · · · · 328

FeO$_6$

enterobactin-ferrate(+3)[Fe(ent)]$^{3-}$ · 329

FeO$_6$

potassium tris(oxalato)ferrate(+3) trihydrate: K$_3$[Fe(C$_2$O$_4$)$_3$]·3H$_2$O · · · 330

FeO$_6$

tris[2-{(*N*-acetyl-*N*-hydroxy)glycylamino}ethyl]amine-iron(III) complex: [Fe(tage)] · · · · · · · · · · · · · 331

FeO$_6$

tris[2-{(*N*-acetyl-*N*-hydroxy)glycylamino}propyl]amine-iron(III)complex hydrochloride salt([Fe(Htagp)]Cl) · · · · · · · · · · · · · · · · · · · 332

FeO$_6$

tris[2-[3-[3-[5-(2,2′-bipyridyl]methanamido]-*N*-hydroxypropanamido]propanamido]ethylamine iron(III)(1-Fe complex) and tris[2-[2-[3-[3-[5-(2,2′-bipyridyl)methanamido]-*N*-hydroxyamido]propanamido]-2(*S*)-methylethanamido]ethyl]amine iron(III)(2-Fe complex) · · · · · · · · · · · · · · · · · · · 333

FeAlC$_{10}$ · · · · · · · · · · · · · · · · · · 334

FeS$_4$ · 335

FeNiHN$_2$P$_3$S$_2$ · · · · · · · · · · · · · 336

FeNi$_3$N$_4$O$_2$S$_{12}$ · · · · · · · · · · · · 337

FeGaC$_5$ · · · · · · · · · · · · · · · · · · 338

FeNdC$_6$NO$_7$ · · · · · · · · · · · · · 339

Fe$_2$C$_{10}$N$_2$ · · · · · · · · · · · · · · · 340

Fe$_2$C$_{12}$Si · · · · · · · · · · · · · · · · 341

Fe$_2$C$_{14}$ · · · · · · · · · · · · · · · · · 342

Fe$_2$C$_{16}$ · · · · · · · · · · · · · · · · · 343

FeC$_{20}$ · · · · · · · · · · · · · · · · · · · 344

Fe$_2$N$_2$O$_9$ · · · · · · · · · · · · · · · 345

Fe$_2$N$_4$O$_7$ · · · · · · · · · · · · · · · 346

Fe$_2$N$_6$O$_3$ · · · · · · · · · · · · · · · 347

Fe$_2$N$_6$O$_3$Cl$_2$ · · · · · · · · · · · · 348

$Fe_2N_6O_4$ ·········· 349

$Fe_2N_6O_5$
μ-oxo-di-μ-acetato-bis{hydrotris(1-pyrazolyl)borato} diiron(III): [Fe_2O $(CH_3COO)_2(HBpz_3)_2$] ·········· 350

$Fe_2N_6O_5$
bis(μ-acetato-O,O')bis(1,4,7-trimethyl-1,4,7-triazacyclononane)(μ-oxo)diiron(III,III) hezafluoro phosphate: [Fe_2O $(O_2CCH_3)_2(Me_3TACN)_2$](PF_6)$_2$ ··· 351

$Fe_2N_6O_5$
(2,6-bis{bis(6-pivalamide-2-pyridylmethyl)aminomethyl}-4-aminophenolato)bis(μ-benzoato) diiron(II) triflate: [Fe_2(tppap)(PhCOO)$_2$] CF_3SO_3 ·········· 352

FeN_6O_5 ·········· 353

$Fe_2N_6O_7$ ·········· 354

$Fe_2N_6P_2$ ·········· 355

Fe_2N_8O
calix[4]pyrrole Schiff base macrocycle μ-oxo bis-iron(III)complex
·········· 356

Fe_2N_8O
μ-oxo-bis{3,3,6,6,9,9-hexamethyl-2,5,7,10-tetraoxo-3,5,6,7,9,10-hexahydro-2H-benzo[e][1,4,7,10] tetraazacyclotridecine-1,4,8,11-tetraidoiron(IV)}:(PPh$_4$)$_2${(PPh$_4$)$_2$ [Fe^{IV}_2(TAML)$_2$(O)]} ·········· 357

Fe_2N_8O
μ-oxodiiron(III)-3,6,13,16-Tetrabromo-2,7,12,17-tetra-n-propylporphycenate: [Fe^{III}(Br$_4$TPrPc)]$_2$O ··· 358

$Fe_2N_8O_3$
{1,2-bis[2-{di(2-pyridylmethyl)-aminomethyl}-6-pyridyl]ethane}(μ-oxo-diaquadiiron(III))(ClO$_4$)$_4$: [Fe_2 (6-hpa)(μ-O)(OH$_2$)$_2$](ClO$_4$)$_4$ ··· 359

$Fe_2N_8O_3$
(μ-oxo) bis{tris(2-pyridylmethyl) amine}(μ-L-valine)diiron(III) perchlorate: [Fe_2(μ-O)(μ-L-valine) (tpa)$_2$](ClO$_4$)$_4$ ·········· 360

Fe_2N_9 ·········· 361

Fe_2N_{10} ·········· 362

Fe_2N_{12}
4-amino-3,5-bis[N-2-(pyridylmethyl)aminomethyl]-1,2,4-triazole]diiron(II) tetrafluoroborate dimethyl formamide: [Fe_2(PMAT)$_2$](BF$_4$)$_4$· DMF ·········· 363

Fe_2N_{12}
bis{(μ$_2$-3,5-bis(2-pyridyl)pyrazolyl)-(4-phenylpyridyl)(borane cyanide-N)iron(II)}: [{Fe(BH$_3$NC)(4-phpy)}$_2$(μ-bpypz)$_2$] ·········· 364

Fe_2N_{12}
tetrakis(isothiocyanato)-μ-(2,2'-bipyrimidine)-bis(2,2'-bithiazole)diiron(II): [Fe_2(NCS)$_4$(bpym)(bt)$_2$] ··· 365

Fe_2S_6 ·········· 366

$Fe_2GaC_9P_2$ ·········· 367

$Fe_4C_4N_{20}$ ·········· 368

Fe_4C_{24}
bis(μ$_4$-η^2,η^2-acetylene-1,2-diyl)-tetrakis(η^5-cyclopentadienyl-iron): [Cp_4Fe_4(HCCH)$_2$] ·········· 369

Fe_4C_{24}
tetrakis((μ$_3$-carbonyl)-(η^5-cyclopentadienyl)-iron): [Cp_4Fe_4(μ$_3$-CO)$_4$] ·········· 370

Fe_4S_8 ·········· 371

$Fe_5N_{24}O$ ·········· 372

Fe_8S_{12} ·········· 373

[Fe(CN)]$_n$ ·········· 374

[FeC$_3$N$_3$]$_n$ ·········· 375

[FeN$_6$]$_n$
catena-poly{iron(II)-tris-μ-[3,5-dialkoxy-N-(1,2,4-triazole-4-yl-κN^1:κN^2)benzamide]}: [Fe^{II}(C$_m$trz)]$_n$ (m=8,12,16) ·········· 376

[FeN$_6$]$_n$
tetrakis{μ-[1,4-bis(pyridine-4-yl)butadiyn-κN:κN']}bis(thiocyanido-κN) iron(III) — methanol (1/0.5):

[Fe^{II}(bpb)$_2$(NCS)$_2$]·0.5CH$_3$OH ··· 377

[FeCoC$_6$N$_6$]$_n$ ·········· 378

[FeM$_2$C$_4$N$_{10}$O$_2$]$_n$ (M = **Ag,Au**)
·········· 379

[FeNiC$_4$N$_6$]$_n$ ·········· 380

[Fe$_2$N$_6$]$_n$ ·········· 381

[Fe$_2$N$_{12}$]$_n$ ·········· 382

[Fe$_2$O$_6$S$_6$]$_n$
(n-C$_n$H$_{2n+1}$)$_4$N[Fe^{II}Fe^{III}(dto)$_3$] (n= 3～6)(dto=dithiooxalato=C$_2$O$_2$S$_2$)
·········· 383

[Fe$_2$O$_6$S$_6$]$_n$
(SP)[Fe^{II}Fe^{III}(dto)$_3$] (dto=dithiooxalato= C$_2$O$_2$S$_2$, SP=Spiro[2H-indole-2,2'-[2H] pyrano[3,2-b]pyridinium],1,3-dihydro-1,3,3,5',6'-pentamethyl) ·········· 384

[Fe$_6$C$_{12}$N$_{20}$O$_2$]$_n$ ·········· 385

K$_{0.2}$FeCo$_{1.4}$C$_6$N$_6$ ·········· 415

MC$_{6n}$ (M = **Cr,V,Nb, Mo,W,Fe, Ru,Os,Co,Rh,Ir,Ni**) ·········· 436

MC$_{10}$X$_n$ (M = **V,Cr,Mn,Fe,Co, Ni, Ru, Os, Ti, Re, Zr, Hf, Nb, Ta, W, Mo**; X = Cl,H; n = 0,1, 2,) ·········· 437

MN$_6$ (M = **Ru,Os,Ir,Re,Rh,**Fe)
·········· 442

M(dien)X$_n$ (M = Fe,**Zr,Rh,Co, Mg,V,Cr,Mn,Pd**;X = CO,Cp, Cl) ·········· 444

M$_x$C$_y$ (M = **V,Cr,Mn,**Fe,**Co,Ni** ; x = 1,2 ; y = 4,6,8,10) ·········· 446

[MN$_6$]$_n$ (M = Fe(II),**Co**(II),**Ru** (II)) ·········· 448

MnFeN$_6$O$_5$ ·········· 464

[**Mn**FeC$_6$N$_6$]$_n$ ·········· 477

【Ga：ガリウム】

- FeGaC$_5$ ········· 338
- Fe$_2$GaC$_9$P$_2$ ········· 367
- GaN$_4$Cl（**Al**N$_4$Cl,**In**N$_4$Cl） ········· 386
- GaO$_6$ ········· 387
- Ga**Ru**C$_6$N$_2$Cl ········· 388
- Ga**W**H$_3$C$_5$N ········· 389

【Gd：ガドリニウム】

- **Cu**GdN$_2$O$_{10}$ ········· 178
- **Cu**$_2$GdN$_4$O$_9$ ········· 223
- **Cu**$_4$**Ln**$_2$N$_8$O$_8$（**Ln = La,Pr,Gd**）········· 237
- GdN$_3$O$_6$ ········· 390
- GdN$_4$O$_5$ ········· 391
- GdN$_5$O$_2$ ········· 392
- [GdC$_x$]$_n$ ········· 393

【Ge：ゲルマニウム】

- **Cu**GeHN$_4$ ········· 177
- GeC$_5$ ········· 394
- GeN$_4$O$_2$ ········· 395
- [GeCO$_3$]$_n$ ········· 396
- **Mo**C$_7$Ge ········· 485

【Hf：ハフニウム】

- Hf**W**$_{22}$O$_{78}$ ········· 397
- MC$_{10}$X$_n$（M = **V,Cr,Mn,Fe,Co, Ni, Ru, Os, Ti, Re, Zr, Hf, Nb, Ta, W, Mo**;X = Cl,H;n = 0, 1, 2,）········· 437

【Hg：水銀】

- **Cu**$_2$HgN$_2$O$_8$ ········· 225
- HgN$_2$ ········· 398
- HgS$_2$
  Hg（II）-rhodamine-based chemosensor complex：[Hg(C$_{26}$H$_{24}$N$_2$O$_2$S)$_2$]$^{2+}$ ········· 399
- HgS$_2$
  [methyl N-[N-[1-[N-[(1,1-dimethyl-ethoxy）carbonyl]-L-cysteinyl]-L-prolyl]-L-leucyl]-L-cysteinato（2−）] mercury（[（Boc-Cys-Pro-Leu-Cys-OMe）Hg]）········· 400

【In：インジウム】

- GaN$_4$Cl（**Al**N$_4$Cl,**In**N$_4$Cl）········· 386

【Ir：イリジウム】

- **Au**Ir$_2$C$_2$P$_4$Cl$_2$**As**$_2$ ········· 34
- IrHCP$_3$ ········· 401
- IrC$_2$N$_2$O$_2$ ········· 402
- IrC$_2$N$_3$O ········· 403
- IrC$_2$P$_2$ ········· 404
- IrC$_3$N$_3$
  fac-tris[1-phenylisoquinolinato-C^2-N]iridium-(III)：fac-[Ir(piq)$_3$] ········· 405
- IrC$_3$N$_3$
  tris[(2-phenylpyridinato)-C^2-N]-iridium(III)：[Ir(ppy)$_3$] ········· 406
- IrC$_4$NP ········· 407
- IrC$_6$Cl$_2$ ········· 408
- Ir**Nb**$_3$**W**$_{15}$C$_4$O$_{62}$ ········· 409
- Ir$_2$C$_4$N$_4$ ········· 410
- Ir$_2$C$_8$Cl$_2$ ········· 411
- Ir$_2$C$_{10}$S$_2$Cl$_2$ ········· 412
- Ir$_3$**Ru**C$_{15}$N$_3$S$_4$ ········· 413
- [Ir$_6$C$_{12}$N$_6$O$_6$I]$_n$ ········· 414
- MC$_{6n}$（M = **Cr,V,Nb,Mo,W,Fe,Ru,Os,Co, Rh,Ir,Ni**）········· 436
- MN$_6$（M = **Ru,Os,Ir,Re,Rh,Fe**）········· 442
- M$_2$C$_{10}$Cl$_4$（M = **Rh,Ir**）········· 445

【K：カリウム】

- K$_{0.2}$**Fe**Co$_{1.4}$C$_6$N$_6$ ········· 415
- K**Eu**$_6$**As**$_6$**W**$_{54}$O$_{210}$ ········· 416

【La：ランタン】

Cu$_4$**Ln**$_2$**N**$_8$**O**$_8$ (**Ln** = **La,Pr,Gd**)
　　　……………………… 237
LaSi$_2$W$_{22}$O$_{78}$ ……………… 417
LaW$_{10}$O$_{36}$ ………………………… 418
LaW$_{34}$O$_{122}$P$_4$ ………………… 419

【Li：リチウム】

[**CoCr**LiN$_6$O$_{12}$]$_n$ …………… 101
LiC$_5$O$_4$ ………………………… 420
Li$_2$C$_2$N$_4$ ……………………… 421
Li$_4$C$_4$O$_4$ ……………………… 422
[LiC$_3$O]$_n$ ……………………… 423
Nb$_2$LiO$_{12}$ …………………… 523
TiLiN$_3$O$_3$ ……………………… 795

【Ln：ランタノイド】

CuN$_4$,LnN$_8$ (Ln=La,Ce,Eu,Gd,
　Tb,Yb,Lu) ………………… 160
Cu$_4$**Ln**$_2$**N**$_8$**O**$_8$ (Ln = **La,Pr,Gd**)
　　　……………………… 237
LnH$_2$C$_{20}$ (Ln = La,Y,Ce,Nd,Sm,
　Lu) ………………………… 424
LnC$_{12}$ (Ln = La,Nd,Sm,Lu) …… 425
LnN$_3$OX$_n$ ……………………… 426
LnN$_3$O$_6$ (Ln = La〜Lu) ……… 427
LnN$_3$O$_7$ ……………………… 428
LnN$_6$O$_3$ (Ln = Eu,Tb) ……… 429
LnN$_x$O$_y$ (Gd) ………………… 430
LnO$_6$ (Ln = Y,Eu) …………… 431
Ln$_2$O$_{13}$ (Ln = Eu,Gd,Tb) …… 432
Ln$_2$O$_{13}$ (Ln = Eu,Tb,Nd,Y) …… 433
Ln$_8$E$_{18}$L$_8$ (Ln = Ce, Pr, Nd, Sm,
　Gd,Tb,Dy,Ho,Er ; E = S,Se; L
　= py,THF) …………………… 434
Ni$_2$LnN$_2$O$_{16}$ (Ln = Lanthanides)
　　　……………………… 575

【Lu：ルテチウム】

Lu$_4$C$_{20}$N$_4$ …………………… 435

【Mg：マグネシウム】

M(dien)X$_n$ (M = **Fe,Zr,Rh,Co,
　Mg,V,Cr,Mn,Pd**;X = CO,Cp,
　Cl) ………………………… 444
MgC$_2$O$_2$ ……………………… 449
MgN$_4$ ……………………………… 450

【Mn：マンガン】

MC$_{10}$X$_n$ (M = **V,Cr,Mn,Fe,Co,
　Ni, Ru, Os, Ti, Re, Zr, Hf, Nb,
　Ta,W,Mo**;X = Cl,H;n = 0, 1,
　2,) ………………………… 437
M(dien)X$_n$ (M = **Fe,Zr,Rh,Co,
　Mg,V,Cr**,Mn,**Pd**;X = CO,Cp,
　Cl) ………………………… 444
M$_x$C$_y$ (M = **V,Cr,Mn,Fe,Co,Ni** ;
　x = 1,2 ; y = 4,6,8,10) ……… 446
MnHC$_7$**Si** ……………………… 451
MnC$_5$Br ………………………… 452
MnC$_6$
　acetylpentacarbonylmanganese(I): [Mn
[**CrMn**$_{1-x}$**Fe**$_x$C$_6$N$_6$]$_n$ ……… 120
[**CrMn**C$_6$N$_5$O]$_n$ ……………… 121
[**CrMn**O$_{12}$]$_n$ ………………… 122
[**CrMn**O$_{12}$]$_n$
　N-2-butyl-N-methyl-N,N-dipropyl-
　ammonium tris[μ-(ethanedioato-
　κ$^2O^1,O^2$:κ$^2O^{1'},O^{2'}$)][chromium(III)
　manganese(II)]ate: N(CH$_3$)(n-C$_3$
　H$_7$)$_2$(s-C$_4$H$_9$)[Mn^{II}Cr^{III}(ox)$_3$] …… 123
[**CrMn**O$_{12}$]$_n$
　(SP)[MnCr(ox)$_3$](ox＝oxalato(C$_2$O$_4$),
　SP＝Spiro[2H-indole-2,2′-[2H]pyrano
　[3,2-b]pyridinium],1,3-dihydro-1,3,3,
　5′,6′-pentamethyl) ……………… 124
[**CrMn**$_3$C$_6$N$_{12}$O$_6$]$_n$ ……………… 125
　(COMe)(CO)$_5$] ………………… 453
MnC$_6$
　pentacarbonyl(methyl)manganese(I):
　[MnMe(CO)$_5$] ………………… 454
MnC$_8$ ……………………………… 455
MnC$_9$ ……………………………… 456
MnN$_2$O$_2$ ………………………… 457
MnN$_2$O$_4$ ………………………… 458
MnN$_4$O
　(benzoato)(3,5-diisopropylpyrazol)
　-[hydrotris(3,5-diisopropyl-1-pyr-
　azolyl)borato]manganese(II); (Mn^{II}
　-(Obz)(ipz)(hpb)) ……………… 459
MnN$_4$O
　(octakis(*p-tert*-butylphenyl)corrola-

zinato)-oxo-manganese(V)：[(TBP$_8$Cz)Mn^V(O)] ································ 460

MnN$_4$Cl ···································· 461

MnN$_5$Cl ···································· 462

MnN$_6$ ······································ 463

MnFeN$_6$O$_5$ ····························· 464

Mn**Cu**N$_6$O$_2$Cl ······················· 465

Mn**Cu**N$_6$O$_3$ ···························· 466

Mn$_2$N$_4$O$_6$
[Mn$_2$(L^{3,3})(CH$_3$COO)$_2$]：H$_2$L^{3,3}
=25,26-dihydroxy-11,23-dimethyl-3,7,15,19-tetraazatricyclo[24·1^{9,13}·1^{1,21}]tetracosa-1(25),2,7,9,11,13(26),14,19,21,23-decaene ········ 467

Mn$_2$N$_4$O$_6$
di-μ-acetato-bis｛3-(salicylidene) amino-1-propanolato｝dimanganese (III)：[Mn$_2$(spa)$_2$(CH$_3$COO)$_2$](H$_2$spa=3-(salicylidene)amino-1-propanol) ······································ 468

Mn$_2$N$_6$O$_5$ ·································· 469

Mn$_2$N$_8$ ······································ 470

Mn$_2$N$_8$O$_4$ ·································· 471

Mn$_2$**Ni**$_2$N$_4$O$_{10}$Cl$_2$ ····················· 472

Mn$_3$N$_{16}$ ····································· 473

Mn$_4$N$_3$O$_9$Cl$_4$ ································ 474

Mn$_4$O$_{16}$ ····································· 475

[MnO$_6$]$_n$ ·································· 476

[Mn**Fe**C$_6$N$_6$]$_n$ ························· 477

[Mn$_4$N$_6$O$_{12}$]$_n$ ························· 478

[Mn$_4$**Pt**$_6$N$_{12}$O$_6$S$_{24}$]$_n$ ················ 479

【Mo：モリブデン】

MC$_{6n}$ (M=**Cr, V, Nb,Mo,W,Fe, Ru,Os,Co,Rh, Ir,Ni**) ········ 436

MC$_{10}$X$_n$ (M=**V,Cr,Mn,Fe,Co, Ni, Ru, Os, Ti, Re, Zr, Hf, Nb, Ta, W,**Mo; X=Cl,H; n=0,1, 2,) ·· 437

MoBH$_4$C$_4$ ·································· 480

MoCNO$_2$ ···································· 481

MoCN$_3$ ······································ 482

MoC$_2$N$_2$P$_2$ ·································· 483

MoC$_6$ ·· 484

MoC$_7$**Ge** ····································· 485

MoC$_7$**Sb**$_2$ ···································· 486

MoC$_8$ ·· 487

MoC$_{12}$ ······································· 488

MoN$_2$P$_4$ ····································· 489

MoN$_3$OS$_2$ ··································· 490

MoN$_4$OCl ··································· 491

MoN$_4$O$_2$ ····································· 492

MoN$_5$ ·· 493

MoOS$_4$
bis(tetraethylammonium)bis(1,2-dicarbomethoxy-1,2-ethylenedithiolato)oxomolybdate(IV)：(Et$_4$N)$_2$[MoO｛S$_2$C$_2$(CO$_2$Me)$_2$｝$_2$] ················ 494

MoOS$_4$
bis［tetra(n-propyl)ammonium］bis (1,2-dicarbamoyl)-1,2-ethylenedithiolato)oxomolybdate(IV)：(n-Pr$_4$N)$_2$[MoO｛S$_2$C$_2$(CONH$_2$)$_2$｝$_2$] ······ 495

MoOS$_4$
N,N,N-triethylethanaminium ［［dimethyl 1,1′-(1,2-cyclohexanediyldicarbonyl) bis［L-cysteinyl-L-prolyl-L-leucyl-L-cysteinato］］(4−)-S, S′,S″,S‴］oxomolybdate(1−)：(NEt$_4$) [Mo^{V}O(S,S,S,S-pep)] (NEt$_4$)[Mo^{V}O (Z-cys-Pro-Leu-cys-OMe)$_2$] (isomer **a,b**) ···························· 496

MoOS$_4$
phenolato bis(dithiolene)-molybdenum (IV)：(Et$_4$N)[Mo(OR)-(dithiolene)$_2$] ·· 497

MoO$_2$S$_3$ ····································· 498

MoO$_2$S$_4$
bis(tetraetylammonium)bis(1,2-benzenedithiolato)dioxomolybdate(VI)： (NEt$_4$)$_2$[MoO$_2$(bdt)$_2$] ··············· 499

MoO$_2$S$_4$
oxo-silanolato bis (dithiolene) molybdenum(VI)：(Et$_4$N)[Mo(O)(OR) -(dithiolene)$_2$] ························ 500

Mo$^V_{28}$Mo$^{VI}_{126}$O$_{532}$ ······················· 501

Mo**Rh**$_2$C$_{12}$S$_4$ ······························· 502

Mo$_2$C$_2$N$_6$P$_4$ ································· 503

Mo$_2$C$_4$N$_4$ ···································· 504

Mo$_2$C$_{16}$
hexacarbonylbis(η^5-cyclopentadienyl)dimolybdenum(I)：[CpMo(CO)$_3$]$_2$ ·· 505

Mo$_2$C$_{16}$
tetracarbonylbis(η^5-cyclopentadienyl) (μ-η^2: η^2-alkyne)dimolybdenum (I)：［｛Mo(η^5-C$_5$H$_5$)(CO)$_2$｝$_2$(μ-η^2: η^2-alkyne)］ ··························· 506

Mo$_2$N$_2$O$_8$ ··································· 507

Mo$_2$N$_4$Cl$_4$ ··································· 508

Mo$_2$N$_7$ ······································· 509

Mo$_2$N$_8$O$_2$ ··································· 510

Mo$_2$N$_8$P$_4$ ··································· 511

Mo$_2$P$_4$Cl$_4$ ··································· 512

Mo$_4$P$_4$Cl$_8$ ··································· 513

Mo$_6$Cl$_8$X$_6$ (X=F,Cl,Br,I) ······· 514

Mo$_6$Cl$_{14}$ ····································· 515

Mo$_6$Cl$_{14}$ ····································· 516

Mo$_8$O$_{26}$ ····································· 517

Mo$_{72}$**V**$_{30}$O$_{336}$ ······························ 518

Na$_{14}$**Mo**$_{154}$O$_{532}$ ····························· 519

【Na：ナトリウム】

Na$_{14}$**Mo**$_{154}$O$_{532}$ ····························· 519

【Nb：ニオブ】

Ir**Nb**$_3$**W**$_{15}$C$_4$O$_{62}$ ·················· *409*

MC$_{6n}$ (M = **Cr**,**V**,Nb,**Mo**,**W**, **Fe**, **Ru**,**Os**, **Co**, **Rh**,**Ir**,Ni) ········· *436*

MC$_{10}$X$_n$ (M = **V**,**Cr**,**Mn**,**Fe**,**Co**, **Ni**, **Ru**, **Os**, **Ti**, **Re**, **Zr**, **Hf**, Nb,

Ta, **W**, **Mo**; X = Cl, H; n = 0, 1, 2,) ························· *437*

NbC$_9$ ····························· *520*

NbC$_{10}$Cl$_2$ ························ *521*

NbN$_4$O ···························· *522*

Nb$_2$LiO$_{12}$ ························ *523*

Nb$_6$O$_4$Cl$_2$X$_{12}$ (X = Cl,Br) ······· *524*

Nb$_6$Cl$_{18}$ ·························· *525*

【Nd：ネオジム】

NdN$_4$O$_4$ ·························· *526*

NdN$_6$O$_3$ ·························· *527*

【Ni：ニッケル】

CrNi$_3$N$_{12}$O$_6$S$_6$ ·················· *110*

FeNiHN$_2$P$_3$S$_2$ ···················· *336*

FeNi$_3$N$_4$O$_2$S$_{12}$ ···················· *337*

[**Fe**NiC$_4$N$_6$]$_n$ ······················ *380*

MC$_{6n}$ (M=**Cr**, **V**, Nb,**Mo**,**W**, **Fe**, **Ru**,**Os**,**Co**,**Rh**, **Ir**,Ni) ········· *436*

MC$_{10}$X$_n$ (M = **V**,**Cr**,**Mn**,**Fe**,**Co**, Ni, **Ru**, **Os**, **Ti**, **Re**, **Zr**, **Hf**, Nb, **Ta**, **W**, **Mo**; X = Cl, H; n = 0, 1, 2,) ························· *437*

MN$_2$O$_2$ (M = Ni,**Cu**,**Pt**,V(O)) ································ *438*

MN$_2$O$_2$ (M = **Co**,Ni, **Cu**,V(O)) ································ *440*

MN$_4$ (M = Ni,**Pd**,**Pt**) ············ *441*

MS$_4$ (M = Ni,**Pd**,**Pt**) ············ *443*

M$_x$C$_y$ (M = **V**,**Cr**,**Mn**,**Fe**,**Co**,Ni ; x = 1,2 ; y = 4,6,8,10) ········· *446*

Mn$_2$Ni$_2$N$_4$O$_{10}$Cl$_2$ ················ *472*

NiCP$_2$Cl ·························· *528*

NiC$_2$N$_2$ ··························· *529*

NiC$_2$P$_2$ ··························· *530*

NiC$_4$
  bis(1,5-cyclooctadiene) nickel(0): Ni(cod)$_2$ ······················ *531*

NiC$_4$
  tetracarbonylnickel(0): Ni(CO)$_4$ ··· *532*

NiC$_8$ ······························· *533*

NiN$_2$O$_2$
  [[1,1′-didodecyl 3,3′-[1,2-phenylenebis[(nitrilo-κN) methylidyne[2-(hydroxy-κO)-3,1-phenylene]carbonylimino]bis[2-[[[(3S)-2,3-dihydro-7-benzofuranyl]carbonyl]amino]benzoato]](2−)]nickel ········ *534*

NiN$_2$O$_2$
  {2,4-pentane-N,N'-bis(2,6-diisopropylphenyl)ketiminato[(η^2-superoxo)nickel(II): [Ni^{II}(η^2-O$_2$)(L)] ··· *535*

NiN$_2$O$_2$(**Cu**N$_2$O$_2$/**Pd**N$_2$O$_2$) ······ *536*

NiN$_2$P$_2$ ··························· *537*

NiN$_2$S$_2$
  (3,11-dithia-7,17-diazabicyclo[11.3.1]heptadeca-1(17),13,15-triene) nickel(II) tetrafluoroborate：[Ni(L)](BF$_4$)$_2$ ························· *538*

NiN$_2$S$_2$
  tetramethylammonium {N-{2-[benzyl(2-mercapto-2-methylpropyl)amino]ethyl}-2-mercapto-2-methylpropionamido-S,S',N,N'} niccolate; (Me$_4$N)(Ni^{II}−beaam)) ······························ *539*

NiN$_3$O$_2$ ··························· *540*

NiN$_4$
  (bis(dimethylglyoximato)nickel(II): [Ni(dmgH)$_2$]([Ni(C$_4$H$_6$N$_2$O$_2$H)$_2$]) ···························· *541*

NiN$_4$
  Ni(II)−mediated artificial base pair in peptide nucleic acid (PNA) duplex ·· *542*

NiN$_4$
  (phthalocyaninato) nickel(II) iodide:
  [Ni(pc)]I(NiC$_{32}$H$_{16}$N$_8$I) ·········· *543*

NiN$_4$
  (tetrabenzoporphyrinato) nickel(II) iodide: [Ni(tbp)]I(NiC$_{36}$H$_{20}$N$_4$I) ··· *544*

NiN$_4$
  2,7,12,17-tetra-n-propylpor-phycenato nickel(II): [Ni^{II}(TPrPc)]) ···· *545*

NiN$_4$
  (5,10,15,20-tetraphenylporphyrinato)nickel(II): [Ni(TPP)] ·········· *546*

NiN$_4$
  2,7,12,17-tetra-$tert$-butyl-3,6: 13,16-dibenzoporphycenato nickel(II): [Ni^{II}(TBDBzPc)] ··············· *547*

NiN$_4$O$_2$
  bis[1−(3-aminopropylamino)-1,6-dideoxy-L-mannose]nickel(II) dibromide dehydrate methanol solvate：[Ni(L-Rha-tn)$_2$]Br$_2$·H$_2$O·CH$_3$OH ··· *548*

NiN$_4$O$_2$
  (ethylenediamine) {N-(2-aminoethyl)-D-fructopyranosylamine} nickel(II)·dichloride·methanol solvate: [Ni(en)](D-Fru-en)]Cl$_2$·CH$_3$OH ······ *549*

NiN$_6$
  bis[1−[(2-aminoethyl)amino]-2-aminoethyl-1,2-dideoxy-D-glucose]nickel(II)·dichlohydrate: [Ni(D-GlcN-en)$_2$]Cl$_2$·H$_2$O ·························· *550*

NiN$_6$
  Ni(II)−mediated interstrand DNA duplex linkage ················ *551*

NiN$_6$
  tris(1,10-phenanthroline) nickel(II)

主要元素別目次 45

ion: $[Ni(phen)_3]^{2+}$ (phen＝1,10-phenanthroline) ･････････････････ 552

NiP_2Cl_2 ･････････････････････････････ 553

NiS_4
bis(1,1-dicyanoethylene-2,2-dithiolato) nickelate(II)：$([Ni(mnt)_2]^{2-}$ (mnt^{2-}＝maleonitrile dithiolate))･･･ 554

NiS_4
bis(4,5-trimethylenetetrathia fulvalene-4′,5′-dithiolato) nickel bis[2-(5,6-dihydro-4H-cyclopenta[d][1,3]dithiol-2-ylidene)-1,3-dithiole-4,5-dithiolato]$_n$ ickelate: $Ni(S_6C_9H_6)_2$ ($S_6C_9H_6$＝tmdt)･･････････ 555

NiS_4
α-EDT-TTF[Ni(dmit)$_2$]：Ni(dmit)$_2$＝bis(1,3-dithiole-2-thione-4,5-dithiolato) nickel；EDT-TTF＝2-(1,3-dithiol-2-ylidene)-5,6-dihydro-1,3-dithiolo[4,5-b][1,4]dithiin＝ethylenedithioterathiafulvalene ････ 556

NiS_4
α-Et$_2$Me$_2$N[Ni(dmit)$_2$]$_2$：Ni(dmit)$_2$＝bis(1,3-dithiole-2-thione-4,5-dithiolato)nickel ･････････････ 557

NiS_4
lithium[bis(1,3-dithiole-2-thione-4,5-dithiolato) nickel]$_2$ 1,4,7,10,13-pentaoxacyclopenta decane hydrate solvate: Li([15]corwn-5)[Ni(dmit)$_2$]$_2$・H$_2$O ･････ 558

NiS_4
N-methyl-3,5-diiodopyridinium di[bis(1,3-dithiole-2-thione-4,5-dithiolato)nickelate]：α-(Me-3,5-DIP)[Ni(dmit)$_2$]$_2$ ････････････････････････････ 559

NiS_4
photomagnetic conductor Nickel(III) complex: X[Ni(dmit)$_2$]$_2$ (X：ビピリジン誘導体カチオン)･････････ 560

NiP_4
tetrakis(triphenyl phosphite) nickel(0): Ni[P(OPh)$_3$]$_4$ ･････････････････ 561

NiP_4
tetrakis(triphenylphosphine) nickel(0): Ni(PPh$_3$)$_4$ ･･････････････････ 562

NiS_4
tri[bis(5,6-dihydro-1,4-dithiin-2,3-dithiolato) nickel bis(dibromoaurate): [Ni(dddt)$_2$]$_3$(AuBr$_2$)$_2$ (dddt＝5,6-dihydro-1,4-dithiin-2,3-dithiolate) ･･････････････････････････ 563

NiS_4
TTF[Ni(dmit)$_2$]$_2$：Ni(dmit)$_2$＝bis(1,3-dithiole-2-thione-4,5-dithiolato) nickel (TTF＝2-(1,3-dithiol-2-ylidene)-1,3-dithiole＝terathiafulvalene) ･･････････････････････････ 564

$NiCo_2N_8S_4$ ･････････････････････････ 565

$Ni_2C_6Br_2$ ･･････････････････････････ 566

$Ni_2N_2O_8$ ･･････････････････････････ 567

$Ni_2N_4O_7$ ･･････････････････････････ 568

$Ni_2N_6O_2$ ･･････････････････････････ 569

$Ni_2N_6O_4$
μ-acetato (N,N,N′,N′-tetrakis｛(6-methyl-2-pyridyl)methyl｝-1,3-diaminopropan-2-olato)(urea) nickel(II) bis(perchlorate)・urea；$[Ni^{II}_2(Me_4$-tpdp)$(\mu$-CH$_3$CO$_2$)-(urea)$](ClO_4)_2$・urea) ･････････････････････････ 570

$Ni_2N_6O_4$
[Ni$_2$(Me$_4$[12]aneN$_3$)$_2$(ph$_2$PO$_2$)$_2$](PF$_6$)$_2$ (ph$_2$POOH＝diphenylphosphinic acid)････････････････ 571

$Ni_2N_8O_4$ ･･････････････････････････ 572

$Ni_2N_8S_2$ ･･････････････････････････ 573

Ni_2S_8 ･･･････････････････････････････ 574

$Ni_2LnN_2O_{16}$ (**Ln** = Lanthanides) ･････････････････････････････ 575

Ni_3O_{12} ････････････････････････････ 576

$Ni_4N_8O_8$
salen-dibenzothiophene macrocycle: [Ni$_4$(macrocycle)]･･････････ 577

$Ni_4N_8O_8$
salphen-Carbazole Macrocycle: [Ni$_4$(macrocycle)] ･･･････････････ 578

$[Ni_4S_{16}I_2]_n$････････････････････････ 579

【Os：オスミウム】

MC_{6n} (M=**Cr, V, Nb, Mo, W, Fe, Ru, Os, Co, Rh, Ir, Ni**) ･･････････ 436

$MC_{10}X_n$ (M = **V, Cr, Mn, Fe, Co, Ni, Ru, Os, Ti, Re, Zr, Hf, Nb, Ta, W, Mo**; X = Cl, H; n = 0, 1, 2,) ････････････････････････････ 437

MN_6 (M=**Ru**, Os, **Ir, Re, Rh, Fe**) ････････････････････････････ 442

$OsCN_4O$ ･･････････････････････････ 580

$Os_3C_{10}S$ ･･････････････････････････ 581

【Pb：鉛】

PbC_{15} ････････････････････････････ 582

【Pd：パラジウム】

MN_4 (M = **Ni**,Pd,**Pt**) ･･･････････ 441

MS_4 (M = **Ni**,Pd,**Pt**) ･･･････････ 443

M(dien)X$_n$ (M = **Fe, Zr, Rh, Co, Mg, V, Cr, Mn**, Pd; X = CO, Cp, Cl) ･････････････････････････････ 444

NiN_2O_2 (**Cu**N$_2$O$_2$/PdN$_2$O$_2$) ･････ 536

PdCN$_2$Cl
(chloro)(methyl)(2,2′-bipyridine) palladium(II): PdClMe(bpy)･･････ 583

PdCN$_2$Cl
3-[N-2-pyridylmethyl-N-2-hydroxy-3,5-di(tert-butyl)benzylamino]ethylindolyl palladium(II)chloride: [Pd(tbu-iepp-C)

Cl] ················· 584

PdCN$_2$Cl
3-(2-pyridylmethylamino)ethylindolyl palladium(II)chloride: [Pd(L-H$_{-1}$)Cl] ················· 585

PdCN$_2$I ················· 586

PdO$_2$I$_2$ ················· 587

PdC$_2$N$_2$ ················· 588

PdC$_2$P$_2$ ················· 589

PdC$_8$ ················· 590

PdN$_4$
(N,N-diethylethylenediamine)(meso-1,2-diphenyl-1,2-ethanediamine) Palladium(II)ion(2+): [Pd(N,N-Et$_2$en)(meso-stien)]$^{2+}$ ················· 591

PdN$_4$
Pd(II)-mediated DNA base pair ··· 592

PdN$_4$
phthalocyanine-29,31-diidopalladium(II), phthalocyaninatopalladium(II): [Pd(pc)] ················· 593

PdN$_4$
(piperazine-2,3-dione dioximate-κ^2N,N')(1−)(piperazine-2,3-dione dioxime-κ^2N,N')palladium(II)(2,2'-(cyclohexa-2,5-diene-1,4-diyli-dene)dimalononitrile radical anion): [Pd^{II}(Hedag)(H$_2$edag)](TCNQ) ··· 594

PdN$_4$
2,7,12,17-(tetraphenylporphycenato)Palladium(II)([Pd^{II}TPPo]) ····· 595

PdP$_2$
bis(tricyclohexylphosphine)palladium(0): Pd(PCy$_3$)$_2$ ················· 596

PdS$_4$
diethyldimethylstibonium di[bis(1,3-dithiole-2-thione-4,5-dithiolato) paradium]: Et$_2$Me$_2$Sb[Pd(dmit)$_2$]$_2$ (dmit=dimercapto-iso-trithione)
················· 597

PdS$_4$
ethyltrimethylphosphonium di[bis(1,3-dithiole-2-thione-4, 5-dithiolato) paradium]: EtMe$_3$P[Pd(dmit)$_2$]$_2$ (dmit=dimercapto-iso-trithione) ········· 598

PdS$_4$
ethyltrimethylstibonium di[bis(1,3-dithiole-2-thione-4,5-dithiolato)paradium]: EtMe$_3$Sb[Pd(dmit)$_2$]$_2$ (dmit=dimercapto-iso-trithione) ················· 599

PdP$_4$
tetrakis(triphenylphosphine)palladium: Pd(PPh$_3$)$_4$ ················· 600

PdP$_4$
tetrakis(triphenylphosphine)palladium(0): [Pd(PPh$_3$)$_4$] ················· 601

PdS$_4$
β-tetramethylammonium di[bis(1,3-dithiole-2-thione-4,5-dithiolato) paradium]: β-Me$_4$N[Pd(dmit)$_2$]$_2$ (dmit=dimercapto-iso-trithione)
················· 602

PdCl$_2$L$_2$ (L=N,P) ················· 603

Pd$_2$C$_2$N$_4$O$_2$ ················· 604

Pd$_2$C$_3$N$_5$ ················· 605

Pd$_2$C$_6$Cl$_2$ ················· 606

PdC$_{12}$ ················· 607

Pd$_2$C$_{12}$ ················· 608

Pd$_2$N$_8$ ················· 609

Pd$_2$N$_4$O$_4$ ················· 610

Pd$_2$N$_6$Cl$_2$ ················· 611

Pd$_2$P$_6$ ················· 612

Pd$_3$N$_3$O$_3$S$_3$ ················· 613

Pd$_3$O$_{12}$ ················· 614

Pd$_4$Si$_3$P$_6$ ················· 615

TiPd$_2$H$_2$O$_6$P$_8$ ················· 797

【Pr：プラセオジム】

Cu$_4$Ln$_2$N$_8$O$_8$ (Ln=La,Pr,Gd) ··· 237

【Pt：白金】

MN$_2$O$_2$ (M=Ni,Cu,Pt,V(O)) ··· 438

MN$_4$ (M=Ni,Pd,Pt) ············ 441

MS$_4$ (M=Ni,Pd,Pt) ············ 443

[Mn$_4$Pt$_6$N$_{12}$O$_6$S$_{24}$]$_n$ ················· 479

PtHC$_2$N$_3$ ················· 616

PtCN$_2$Cl ················· 617

PtCN$_2$I ················· 618

PtCN$_3$ ················· 619

PtC$_2$P$_2$
(cyclohexyne)bis(triphenylphosphine)platinum(0): [Pt(η^2-C$_6$H$_8$)(PPh$_3$)$_2$]
················· 620

PtC$_2$P$_2$
[[[(4R,5R)-2,2-dimethyl-1,3-dioxo-lane-4,5-diyl]bis(methylene)]bis[diphenylphosphine-κP]][(1,9-η)-[5,6]fullerene-C60-Ih]platinum: [(η^2-C$_{60}$)Pt{(−)-DIOP}] ········· 621

PtC$_2$P$_2$
diphenylacetylenebis(triphenylphosphine)platinum(0): [Pt(L)(PPh$_3$)$_2$] (L=Ph-C≡C-Ph) ················· 622

PtC$_2$P$_2$
ethylelenebis(triphenylphosphine)platinum(0): [Pt(C$_2$H$_4$)(PPh$_3$)$_2$] ··· 623

PtC$_2$Cl$_3$
オレフィン錯体[M(olefin)(L)$_n$]: η^2-olefin-metal complexes ········ 624

PtC$_4$ ················· 625

PtC$_6$ ················· 626

PtN$_2$O$_2$
cis-diammine(1,1-cyclobutanedicarboxylato)platinum(II): (cis-[Pt(CBDCA)(NH$_3$)$_2$],carboplatin,CBDCA) ····· 627

PtN$_2$O$_2$
(1R,2R-diaminocyclohexane)oxalatoplatinum(II); [Pt(oxalato)(1R,2R-dach)], oxaliplatin, l-OHP) ········ 628

PtN$_2$S$_2$ ················· 629

PtN$_2$(O/S)$_2$ ················· 630

PtN$_2$Cl$_2$
  cis-diamminedichloridoplatinum(II): (*cis*-[PtCl$_2$(NH$_3$)$_2$], cisplatin, CDDP) 631

PtN$_2$Cl$_2$
  dichloro(2,3-diamino-2,3-dideoxy-D-glucose)platinum(II) hydrate: [PtCl$_2$(D-GlcNN)]·H$_2$O 632

PtN$_3$O 633

PtN$_3$S 634

PtN$_4$
  (2,3,7,8,12,13,17,18-octaethyl-porphyrin-21,23-diido)-platinum(II): [Pt(OEP)] 635

PtN$_4$
  phthalocyanine-29,31-diidoplatinum(II), phthalocyaninatoplatinum(II): [Pt(pc)] 636

PtO$_4$ 637

PtP$_2$**Si**$_2$ 638

PtP$_4$
  bis{2,2'-bis(diphenylphosphino)-1,1'-binaphthyl}-platinum(0): [Pt(binap)$_2$] 639

PtP$_4$
  bis(2,2'-bis(diphenylphosphino)-1,1'-binaphthyl)platinum(0): [Pt(binap)$_2$] 640

PtP$_4$
  tetrakis(triphenylphosphine)platinum(0): [Pt(PPh$_3$)$_4$] 641

PtP$_4$
  tetrakis(triphenylphosphine)platinum(0): [Pt(PPh$_3$)$_4$] 642

PtS$_4$ 643

Pt**Tl**Cl$_4$ 644

Pt$_2$C$_{12}$ 645

Pt$_2$P$_4$Se$_2$ 646

Pt$_2$P$_8$ 647

Pt$_2$**Ag**$_4$N$_{16}$ 648

Pt$_3$N$_{10}$Cl$_2$ 649

[PtN$_4$Cl]$_n$ 650

[Pt$_2$N$_4$Cl$_4$]$_n$ 651

[Pt$_2$N$_6$O$_2$]$_n$ 652

[Pt$_2$S$_8$I]$_n$
  catena-poly[[tetrakis(μ-dithio-pentanato-κS:$\kappa S'$)diplatinum(*Pt-Pt*)]-μ-iodo]: [Pt$_2$(*n*-BuCS$_2$)$_4$I]$_n$ 653

[Pt$_2$S$_8$I]$_n$
  catena-poly[[tetrakis(μ-dithio-propanato-κS:$\kappa S'$)diplatinum(*Pt-Pt*)]-μ-iodo]: [Pt$_2$(EtCS$_2$)$_4$I]$_n$ 654

[Pt$_2$S$_8$I]$_n$
  catena-poly[[tetrakis(μ-dithioacetato-κS:$\kappa S'$)diplatinum(*Pt-Pt*)]-μ-iodo]: [Pt$_2$(MeCS$_2$)$_4$I]$_n$ 655

[Pt$_4$S$_{16}$]$_n$ 656

Ru$_6$Pt$_3$H$_4$C$_{21}$ 747

MC$_{10}$X$_n$ (M = **V**, **Cr**, **Mn**, **Fe**, **Co**, **Ni**, **Ru**, **Os**, **Ti**, Re, **Zr**, **Hf**, **Nb**, **Ta**, **W**, **Mo**; X = Cl, H; n = 0, 1, 2,) 437

MN$_6$ (M = **Ru**, **Os**, **Ir**, Re, **Rh**, **Fe**) 442

ReH$_7$P$_2$ 657

【Re：レニウム】

ReCO$_3$ 658
ReC$_3$N$_2$Cl 659
ReC$_3$N$_2$Br 660
ReC$_6$NP 661
Re$_2$C$_6$N$_6$ 662
ReN$_2$O$_2$S$_2$ 663

Re$_2$C$_6$O$_2$Br$_2$ 664
Re$_3$O$_3$Cl$_9$ 665
Re$_4$C$_{12}$N$_8$Cl$_4$ 666
Re$_4$O$_{16}$ 667
[ReC$_2$N$_2$P$_2$]$_n$ ($n = 2\sim10$) 668
RuReC$_2$N$_8$P$_2$ 734

【Rh：ロジウム】

MC$_{6n}$ (M = **Cr**, **V**, **Nb**, **Mo**, **W**, **Fe**, **Ru**, **Os**, **Co**, Rh, **Ir**, **Ni**) 436

MN$_6$ (M=**Ru**, **Os**, **Ir**, **Re**, Rh, **Fe**) 442

M(dien)X$_n$ (M = **Fe**, **Zr**, Rh, **Co**, **Mg**, **V**, **Cr**, **Mn**, **Pd**; X = CO, Cp, Cl) 444

M$_2$C$_{10}$Cl$_4$ (M = Rh, **Ir**) 445

MoRh$_2$C$_{12}$S$_4$ 502

RhHCP$_3$ 669
RhHP$_4$ 670
RhCP$_2$Cl 671

RhC$_4$O$_2$
  acetylacetonatobis(ethylene)-rhodium(I): [Rh(acac)(C$_2$H$_4$)$_2$] 672

RhC$_4$P$_2$
  [(*R*)-2,2'-bis(diphenylphosphino)-1,1'-binaphthyl](2,5-norbornadiene)rhodium(I) perchlorate: [Rh((*R*)-binap)(nbd)]ClO$_4$ 673

RhC$_8$ 674

RhN$_3$S$_3$
  2-aminoethanethiolato-$\kappa^2 N$, S-2, 2'-bis(2-aminoethylthiomethyl)biphenyl-$\kappa^4 N, S, S', N'$-rhodium(+3) chloride: [Rh(L)(aet)]Cl$_2$ 675

RhN$_3$S$_3$
  hydrogen Δ-*fac*(*S*)-tris(L-cysteinato-$\kappa^2 N, S$)rhodate(III) (Δ-*fac*(*S*)-H$_3$[Rh(L-cys-*N*,*S*)$_3$]) 676

RhN$_4$Cl$_2$ 677

RhN$_6$
  Δ-[Rh(bpy)$_2$(chrysi)]$^{3+}$ (bpy=2, 2'-bipyridine, chrsi=5, 6-chrysenequinone diimine) 678

RhN$_6$
  [Rh(phi)$_2$(bpy'-Asp-Pro-Asp-Glu-Leu-Glu-His-Ala-Ala-Lys-His-Glu-Ala-

Ala-Ala-Lys-CONH$_2$)] (phi＝phenanthrenequinone diimine) ············ 679
RhP$_3$Cl ································· 680
RhP$_3$Cl$_3$ ································ 681
Rh$_2$C$_2$N$_8$ ································ 682
Rh$_2$C$_4$Cl$_2$ ······························· 683
Rh$_2$C$_8$O$_2$ ······························· 684

Rh$_2$C$_8$Cl$_2$······························· 685
Rh$_2$C$_{14}$····································· 686
Rh$_2$C$_{15}$S$_2$································ 687
Rh$_2$O$_8$····································· 688
Rh$_2$O$_{10}$···································· 689
Rh$_3$C$_{15}$S$_6$································ 690

Rh$_4$C$_{12}$···································· 691
Rh$_4$C$_{24}$S$_4$································ 692
[Rh$_2$C$_4$O$_4$]$_n$······························ 693
[Rh$_2$N$_8$]$_n$································· 694
[Rh$_3$C$_6$O$_6$]$_n$······························ 695
[Rh$_4$C$_{16}$Cl]$_n$····························· 696

【Ru：ルテニウム】

GaRuC$_6$N$_2$Cl ···························· 388
Ir$_3$RuC$_{15}$N$_3$S$_4$ ··························· 413
MC$_{6n}$ (M＝**Cr,V,Nb,Mo,W,Fe, Ru,Os,Co,Rh,Ir,Ni**) ··········· 436
MC$_{10}$X$_n$ (M＝**V,Cr,Mn,Fe,Co, Ni,** Ru, **Os, Ti, Re, Zr, Hf, Nb, Ta, W, Mo**;X＝Cl,H;n＝0,1, 2,) ······························ 437
MN$_6$ (M＝Ru,**Os,Ir,Re,Rh,Fe**) ································· 442
[MN$_6$]$_n$ (M＝**Fe**(II),**Co**(II),Ru (II)) ···························· 448
RuHCP$_3$Cl ·························· 697
RuHN$_5$ ································ 698
RuH$_2$N$_2$P$_2$ ···························· 699
RuH$_2$P$_4$ ······························· 700
RuCN$_4$
  carbonyl［5, 10, 15, 20-tetraphenyl-21H, 23H-porphynato（2－）-κN^{21}, κN^{22},κN^{23},κN^{24}］ruthenium（2+）：［Ru （CO）-（TPP）］（TPP＝5,10,15,20-tetraphenyl-21H,23H-porphine）··· 701
RuCN$_4$
  （5, 10, 15, 20-tetrakis（2, 4, 6-trimethylphenyl）porphyrinato）（carbonyl）ruthenium（II）carbonyl meso-tetramesityl-porphyrinatoruthenium（II）:［Ru（TMP）（CO）］················· 702
RuCN$_4$O ······························ 703
RuCN$_4$X································ 704
RuCN$_5$
  （carbonyl）（acetonitrile）-2,7,12,17-tetra-n-propylporphycenato ruthenium（II）

［Ru^{II}（TPrPc）（CO）（CH$_3$CN）］······ 705
RuCN$_5$
  ［ruthenium（II）carbonyl pyridyl 2,9, 16,23-tetra-tert-butylphthalocyanine：［RuPc（CO）（Py）］··············· 706
RuC$_2$PCl$_2$/RuCP$_2$Cl$_2$ ··············· 707
RuC$_5$N$_3$ ······························· 708
RuC$_5$P$_2$Cl ···························· 709
RuC$_6$N$_2$Cl ···························· 710
RuC$_7$Si ································· 711
RuC$_8$Cl$_2$ ······························· 712
RuC$_9$Cl ································· 713
RuC$_{10}$
  bis（cyclopentadienyl）ruthenium：ruthenocene（Cp$_2$Ru）················· 714
RuC$_{10}$
  （η^4-1,5-cyclooctadiene）（η^6-1,3,5-cyclooctatriene）ruthenium［Ru（η^4-1, 5-cod）（η^6-1,3,5-cot）］·············· 715
RuC$_{10}$
  （η^4-1,5-cyclooctadiene）（η^6-naphthalene）ruthenium：［Ru（naphthalene）（cod）］···················· 716
RuNCl$_5$ ······························· 717
RuN$_2$P$_2$Cl$_2$ ···························· 718
RuN$_5$O ································· 719
RuN$_5$S ································· 720
RuN$_6$
  Δ-bis（2,2'-bipyridine）dipyridineruthenium（II）（+）-O,O'-dibenzoyl-D-tartrate：Δ-［Ru（bpy）$_2$（py）$_2$］［（+）-O,O'-dibenzoyl-D-tartrate］········ 721
RuN$_6$
  ［ruthenium（II）（alloxazinato）｛tris（2-pyridylmethyl）amine｝］perchlorate：
  ［Ru^{II}（Hallo）（TPA）］ClO$_4$$^{1)}$······· 722
RuN$_6$
  Δ-［（9S, 19S）-10H, 20H-9, 19-Methano［1,5］diazocino［2, 3-f: 6, 7-f'］di［1, 10］phenanthroline-κN^4, κN^5］bis（1, 10-phenanthroline-κN^1, κN^{10}）ruthenium（II）hexafluorophosphate：Δ-S-［Ru（phen）$_2$（TBphen$_2$）］（PF$_6$）$_2$ ······························ 723
RuN$_6$
  [tris（2,2'-bipyridine）ruthenium（II）] dichloride：［Ru（bpy）$_3$］Cl$_2$ ······· 724
RuN$_6$
  [tris（1,10-phenanthroline）ruthenium-（II）］chloride：［Ru（phen）$_3$］Cl$_2$ ····· 725
RuN$_6$
  tris（phenanthroline）ruthenium（II）：[Ru（phen）$_3$］$^{2+}$······················ 726
RuO$_4$P$_2$
  ［（S）-2,2'-bis（diphenylphosphino）-1,1'-binaphthyl］ruthenium（II）dipivalate：Ru（t-C$_4$H$_9$COO）$_2$［（S）-binap］··································· 727
RuO$_4$P$_2$
  diacetato-κO^2-［（R）-2,2'-bis（diphenylphosphino）-1,1'-binaphthyl-κP^2］ruthenium：[Ru（OCOCH$_3$）$_2$｛（R）-binap｝］································ 728
RuO$_6$ ··································· 729
RuP$_2$S$_4$ ································· 730
Ru**Zr**C$_{18}$······························· 731
Ru**W**$_{11}$**Si**CO$_{39}$······························ 732
Ru**W**$_{17}$C$_6$O$_{62}$P$_2$··························· 733
Ru**Re**C$_2$N$_8$P$_2$ ···························· 734
Ru$_2$C$_{12}$Cl$_4$································ 735

$Ru_2N_6O_5$ ········· 736
Ru_2N_{12} ········· 737
Ru_2O_9Cl ········· 738
$Ru_2P_4S_2Cl_4$ ········· 739
$Ru_2\mathbf{Rh}C_{15}NS_4$ ········· 740
Ru_3C_{12} ········· 741
Ru_3C_{15} ········· 742
Ru_3C_{17} ········· 743
$Ru_3N_3O_{13}$ ········· 744

$Ru_4C_{20}Cl_4$ ········· 745
$Ru_4P_4S_6$ ········· 746
$Ru_6\mathbf{Pt}_3H_4C_{21}$ ········· 747
$[RuO_8Cl]_n$ ········· 748
$[Ru_2N_2O_8]_n$ ········· 749
$[Ru_2N_4O_4Cl]_n$ ········· 750
$[Ru_2O_8Cl]_n$
 catena-poly[μ-tetrakis(n- butyrato) diruthenium(II,III)-μ-chloro]:[Ru_2
$(O_2CC_3H_7)_4Cl]_n$ ········· 751
$[Ru_2O_8Cl]_n$
 diruthenium (II, III) chloride terephthalate:$[Ru_2(OOCC_4H_6COO)_2Cl]_n$
 ········· 752
$[Ru_2O_8Cl]_n$
 $[Ru_2(B_2OC_m)_4Cl]_n$: B_2O_m ········· 753
$[Ru_2O_8Cl]_n$
 $[Ru_2(O_2CC_6H_5)_4Cl]_n$ ········· 754

【Sb：アンチモン】

$\mathbf{Mo}C_7Sb_3$ ········· 486

SbN_4O_2 ········· 755

$\mathbf{W}N_4Sb$ ········· 838

【Sc：スカンジウム】

ScC_3O_2 ········· 756
ScC_7O ········· 757

$ScN_3\mathbf{Si}S_n$ (S = solvent) ········· 758

ScN_4Cl ········· 759

【Si：ケイ素】

$[\mathbf{CaCu}Si_4O_{10}]_n$ ········· 42
$\mathbf{Co}_4C_{13}Si_2$ ········· 96
$\mathbf{Fe}HC_6Si_2$ ········· 272
$\mathbf{Fe}C_7Si$ ········· 279
$\mathbf{Fe}_2C_{12}Si$ ········· 341
$\mathbf{La}Si_2\mathbf{W}_{22}O_{78}$ ········· 417

$\mathbf{Mn}HC_7Si$ ········· 451
$\mathbf{Pd}_4Si_3P_6$ ········· 615
$\mathbf{Pt}P_2Si_2$ ········· 638
$\mathbf{Ru}C_7Si$ ········· 711
$\mathbf{Ru}\mathbf{W}_{11}SiCO_{39}$ ········· 732
$\mathbf{Sc}N_3SiS_n$ (S = solvent) ········· 758

SiC_{10} ········· 760
SiN_4O_2 ········· 761
SiN_6 ········· 762
$\mathbf{W}HC_7Si$ ········· 836
$\mathbf{W}C_7Si_2$ ········· 837
$\mathbf{W}_{17}O_{61}C_6P_2S_2Si_2$ ········· 846

【Sm：サマリウム】

$SmC_{10}O$ ········· 763

$SmC_{10}O_2$ ········· 764

【Sn：スズ】

SnC_{10} ········· 765
SnN_4O_2 ········· 766

SnN_4Cl_2 ········· 767
$Sn_2C_4O_4$ ········· 768

$Sn_4C_8O_2Cl_4$ ········· 769
$[SnI_6]_n$ ········· 770

【Ta：タンタル】

$MC_{10}X_n$ (M = **V,Cr,Mn,Fe,Co, Ni, Ru, Os, Ti, Re, Zr, Hf, Nb, Ta, W, Mo**; X = Cl,H; n = 0,1, 2,) ········· 437
TaH_3C_{10} ········· 771

$TaC_2N_3Cl_2$ ········· 772
TaC_3N_2P ········· 773
TaC_4 ········· 774
TaC_5 ········· 775
TaC_5Cl_4 ········· 776

TaC_6 ········· 777
TaC_9 ········· 778
TaC_9Cl_2 ········· 779
TaC_{12} ········· 780
$Ta_6O_4Cl_2X_{12}$ (X = Cl,Br) ······· 781

【Tb：テルビウム】

$Cu_2Tb_2N_4O_{16}$ ··········· 224
TbN_4O_5 ················· 782
TbN_4X_n（$X^- = OTf^-, Cl^-, NO3^-$,
　　OAc^-）············ 783
$Tb_2N_2O_{14}$ ············· 784
$Tb_2N_4O_{10}$ ············· 785
Tb_2O_{16} ················ 786

【Tc：テクネチウム】

TcN_2OS_2 ················ 787
TcN_4O ·················· 788

【Ti：チタン】

$MC_{10}X_n$（$M = $**V**,**Cr**,**Mn**,**Fe**,**Co**,
　Ni,**Ru**,**Os**,Ti,**Re**,**Zr**,**Hf**,**Nb**,
　Ta,**W**,**Mo**;$X = Cl,H;n = 0,1,$
　2,）·················· 437
$TiB_3C_2N_2O$ ············· 789
TiC_2NP_2 ················ 790
TiC_5NCl_2 ··············· 791
TiC_5Cl_3 ················· 792
$TiC_{10}PS$ ················ 793
$TiC_{10}Cl_2$ ··············· 794
Ti**Li**N_3O_3 ·············· 795
$TiN_2O_2Cl_2$ ·············· 796
Ti**Pd**$_2H_2O_6P_8$ ········ 797
$Ti_2N_4O_6$ ················ 798
Ti_2O_7 ··················· 799
$Ti_3C_{15}O_3Cl_3$ ············ 800
Ti_4O_{16} ················· 801
$Ti_6W_{18}O_{77}$ ············· 802
$[TiO_6]_n$ ················· 803
W$_{60}Ti_{16}O_{260}P_8$ ············ 847

【Tl：タリウム】

PtTlC_4 ················ 644

【Tm：ツリウム】

$TmN_4O_{3,4}$ ·············· 804

【U：ウラン】

UN_2O_5 ·················· 805
UN_3O_4 ·················· 806
UN_6O_2 ·················· 807
UO_6 ···················· 808
UO_8
　bis(nitrato-$\kappa^2 O,O'$)bis(1-cyclohexyl
　pyrrolidine-2-one-κO) dioxouranium(VI): $UO_2(NO_3)_2(NCP)_2$ ····· 809
UO_8
　bis(nitrato-$\kappa^2 O,O'$)bis(1-iso-butyl- pyrrolidine-2-one-κO) dioxouranium(VI):
$UO_2(NO_3)_2(NiBP)_2$ ············ 810
UO_8
　bis(nitrato-$\kappa^2 O,O'$)bis(1-n-propyl
　pyrrolidine-2-one-κO) dioxouranium(VI): $UO_2(NO_3)_2(NProP)_2$ ··· 811
UO_8
　1,3-dimethylimidazolium bis(nitrato-O,O)bis(nitrato-O)dioxouranate(VI): $[C_1mim]_2[UO_2(NO_3)_4]$ ····· 812
UO_8
　[oxta(dimethyl sulfoxide)uranium(IV)]
　perchlorate: $[U(dmso)_8](ClO_4)_4 \cdot 0.75$
　CH_3NO_2 ················· 813
UO_8
　tetrapotassium dicarbonatodioxoperoxouranium(VI)2.5-hydrate($K_4[UO_2$
　$(CO_3)_2(O_2)] \cdot 2.5H_2O$）········ 814
UO_{12} ··················· 815
$U_2C_{26}O_3$ ················ 816
$U_8N_{16}C_{80}$ ··············· 817

【V：バナジウム】

As$_6V_{15}O_{43}$ ··············· 22
CuVN_2O_5 ··············· 172
MC_{6n}（$M = $**Cr**,V,**Nb**,**Mo**,**W**,**Fe**,
　Ru,**Os**,**Co**,**Rh**,**Ir**,**Ni**）········ 436
$MC_{10}X_n$（$M = $V,**Cr**,**Mn**,**Fe**,**Co**,
　Ni,**Ru**,**Os**,Ti,**Re**,**Zr**,**Hf**,**Nb**,
　Ta,**W**,**Mo**;$X = Cl,H;n = 0,1,2$）
　························ 437
MN_2O_2（M=**Ni**,**Cu**,**Pt**,V(O)）··· 438

MN_2O_2 (M = **Co,Ni,Cu**,V(O)) ················· 440

M(dien)X_n (M = **Fe,Zr,Rh,Co,Mg**,V,**Cr,Mn,Pd**;X = CO,Cp,Cl) ········· 444

M_xC_y (M = V,**Cr,Mn,Fe,Co,Ni**; x = 1,2; y = 4,6,8,10) ········· 446

$Mo_{72}V_{30}O_{336}$ ················· 518

VC_3O ················· 818

VC_5X_3 (X = Cl,Br) ················· 819

VC_6 ················· 820

VC_{10} ················· 821

$VC_{10}X$ (X = Cl,Br,I) ················· 822

$VNCl_3$ ················· 823

VN_2OS_2 ················· 824

VN_2O_3 ················· 825

VN_2O_4 ················· 826

VN_4O
2,3,7,8,12,13,17,18-octaethylporphyrinato oxovanadium(IV): [V(IV)O(OEP)] ················· 827

VN_4O
5,10,15,20-tetraphenylporphyrinato oxovanadium-(IV): [V(IV)OTPP] ················· 828

VO_5
bis(allixinato)oxidovanadium(IV):
[VO(alx)$_2$] (allixin=3-hydroxy-5-methoxy-6-methyl-2-pentyl-4-pyrone) ················· 829

VO_5
bis(maltolato)oxidovanadium(IV):
[VO(ma)$_2$] (maltol=3-hydroxy-2-methyl-4-pyrone) ················· 830

$V_3C_{15}Cl_6$ ················· 831

$V_5C_{25}O_6$ ················· 832

$V_{12}NO_{32}$ ················· 833

$V_{14}O_{42}P$ ················· 834

[VN_2O_3]$_n$ ················· 835

【W：タングステン】

Ni, Ru, Os, Ti, Re, Zr, Hf, Nb, Ta, W, **Mo**; X = Cl,H; n = 0,1,2,) ················· 437

$RuW_{11}SiCO_{39}$ ················· 732

$RuW_{17}C_6O_{62}P_2$ ················· 733

$Ti_6W_{18}O_{77}$ ················· 802

WHC_7Si ················· 836

WC_7Si_2 ················· 837

WN_4Sb ················· 838

WOS_6 ················· 839

$W_2N_2O_8$ ················· 840

W_4CO_{12} ················· 841

$CeW_{17}O_{61}P_2$ ················· 47

[$Co_2WC_8N_{10}O_2$]$_n$ ················· 102

$GaWH_3C_5N$ ················· 389

$HfW_{22}O_{78}$ ················· 397

$IrNb_3W_{15}C_4O_{62}$ ················· 409

$KEu_6As_4W_{54}O_{210}$ ················· 416

$LaSi_2W_{22}O_{78}$ ················· 417

$LaW_{10}O_{36}$ ················· 418

$LaW_{34}O_{122}P_4$ ················· 419

MC_{6n} (M = **Cr,V,Nb,Mo**,W,**Fe,Ru,Os,Co,Rh,Ir,Ni**) ················· 436

$MC_{10}X_n$ (M = V,**Cr,Mn,Fe,Co**,

W_4CO_{14} ················· 842

W_6Cl_{14}
octa(μ_3-chloro)hexa(chloro)hexatungstate(II) ion: [|$W_6(\mu_3$-Cl)$_8$|Cl$_6$]$^{2-}$ ················· 843

W_6Cl_{14}
oxidanium octa-μ_3-chlorido-hexachlorido-*octahedro*-hexatungstate(II): (H$_3$O)$_2$[(W$_6$Cl$_8$)Cl$_6$]·7H$_2$O ················· 844

$W_{10}O_{32}$ ················· 845

$W_{17}O_{61}C_6P_2S_2Si_2$ ················· 846

$W_{60}Ti_{16}O_{260}P_8$ ················· 847

$Zr_3W_{31}O_{131}$ ················· 921

【Y：イットリウム】

YC_2NOP_2 ················· 848

YC_2N_3O ················· 849

YC_2N_4 ················· 850

YC_6NO ················· 851

$Y_2C_{12}N_2O_2$ ················· 852

$Y_2C_{12}P_2$ ················· 853

$Y_4H_8C_{20}O$ ················· 854

【Yb：イッテルビウム】

YbN_9 ················· 855

【Zn：亜鉛】

$Cr_2ZnN_{12}O_6$ ················· 117

$CuZnN_{10}$
μ-4,5-bis|di(2-pyridylmethyl)aminomethyl|imidazolatodi(acetonitrile)copper(II), zinc(II)tris(perchlorate);
([CuZn(bdpi)(CH$_3$CN)$_2$](ClO$_4$)$_3$

·················· 175

CuZnN$_{10}$
1,4,12,15,18,26,31,39-octaazapenta-cyclo[13.13.13.1^{6,10}.1^{20,24}.1^{33,37}]-tetratetracotane-6,8,10,20,22,24, 33,35,37-nonane-μ-imidazolatocopper,zinc tris-(perchlorate); ([(Cu(im)Zn)L](ClO$_4$)$_3$) ·············· 176

ZnCO ·························· 856

ZnC$_2$ ·························· 857

ZnC$_2$N$_2$ ······················ 858

ZnC3 ··························· 859

ZnC$_6$ ·························· 860

ZnN$_2$O$_2$
bis[2-(2-benzothiazolyl)phenolato]-zinc(II): [Zn(btz)$_2$] ············ 861

ZnN$_2$O$_2$
bis(N-R-1-phenylethyl-3,5-dichloro salicydenaminato)zinc(II) ········ 862

ZnN$_2$O$_2$
complex of natural DNA duplexes with Zn(II)ions: M-DNA ········ 863

ZnN$_2$S$_2$ ······················ 864

ZnN$_3$O
catena-(S)-[μ-[N$^\alpha$-(3-aminopropionyl)-histidinato(2-)-N,N',O: N$^\tau$]-zinc(II); polaprezinc 製剤(Z-103), carnosine zinc (ZnC$_9$H$_{12}$N$_4$O$_3$) ···· 865

ZnN$_3$O
1,5,9-triazacyclododecane Zn(II)complex: [Zn-[12]aneN$_3$(OH)]$^+$ ······ 866

ZnN$_4$
5,15-bis(3'-(prop-1''-en-3''-oxy)-propyl)-10-(1'''-methyl-1'''H-imidazol-2'''-yl)-20-phenyl-21H,23H-porphyrinato(2-)-κN^{21}, κN^{22}, κN^{23}, κN^{24}-zinc(2+): [Zn(ImPh)(allyl)$_2$P] ························· 867

ZnN$_4$
[cis-5,15-bis(8-quinolyl)-2,3,7,8, 12,13,17,18-octaethylporphyrinato]zinc(II): Zn(BQP)(BQP=bisquinolylporphyrin) ·················· 868

ZnN$_4$
doubly bridged chiral zinc porphyrin: Chiral porphyrin. ········ 869

ZnN$_4$
[(5S,9S,14S,18S,23S,27S,32S,36S)-2,11,20,29,44,51,57,63-octakis(1,1-dimethylethyl)-5,9,14,18,23,27,32, 36-octahydro-5,36[1',2']: 9,14[1'', 2'']: 18,23[1''',2''']: 27,32[1'''',2'''']-tetrabenzeno-37H,39H-tetranaphtho [2,3-b: 2',3'-g: 2'',3''-l: 2''',3'''-q]porphinato(2-)-κN^{37}, κN^{38}, κN^{39}, κN^{40}]zinc(II) ·················· 870

ZnN$_4$
PEG-appended zinc porphyrin: [Zn(PEO porphyrin)] ·············· 871

ZnN$_4$
phthalocyaninatozinc(II): Zn(pc) ··· 872

ZnN$_4$
(1,4,7,10-tetraazacyclododecane)zinc(II) nitrate: [ZnL(NO$_3$)$_2$](N-benzyl derivative) ··················· 873

ZnN$_4$
[tetrakis(N-alkylimidazole)zinc(II)] nitrate: [Zn(N-alkyl-im)$_4$](NO$_3$)$_2$ ··················· 874

ZnN$_4$
5,10,15,20-tetraphenyl-21H,23H-porphyrinato(2-)-κN^{21}, κN^{22}, κN^{23}, κN^{24}-zinc(2+): [Zn(tpp)] ········ 875

ZnN$_4$
[trans-5,15-bis(2-hydroxyphenyl)-10-(2,6-bis(methoxycarbony)phenyl)-2,3,17,18-tetraethylporphynnato]zinc(II): Chiral porphyrin ····· 876

ZnN$_4$O$_2$ ······················ 877

ZnN$_4$Cl
chloro[N-[3-(1-methyl-4,4'-bipyridinio)propyl]-5,10,15,20-tetraphenylporphyrinato]zinc(II) hexafluorophosphate: [ZnCl(mvprtpp)](PF$_6$)$_2$ ·················· 878

ZnN$_4$Cl
chloro(N-methyl-2,3,7,8,12,13,17, 18-octaethylporphyrinato) zinc (II): [ZnCl(moep)] ··················· 879

ZnN$_4$Cl
chloro (N-methyl-2,7,12,18-tetramethyl-3,8-divinyl-13,17 bis (methoxycarbonylethyl)porphyrinato)zinc(II): [ZnCl(mppdm)] ··············· 880

ZnN$_4$Cl
chloro(N-methyl-5,10,15,20-tetraphenylporphyrinato)zinc(II): [ZnCl(mtpp)] ··················· 881

ZnN$_4$Cl
chloro(N-phenyl-5,10,15,20-tetraphenylporphyrinato)zinc(II): [ZnCl(phtpp)] ··················· 882

ZnN$_5$ ·························· 883

ZnN$_6$ ·························· 884

ZnN$_x$O$_y$ ······················ 885

ZnO$_2$S$_2$ ······················ 886

Zn$_2$C$_2$ ······················· 887

Zn$_2$C$_{10}$ ····················· 888

Zn$_2$N$_4$XY ····················· 889

Zn$_2$N$_8$
bis(zinc porphyrin): dimeric zinc porphyrin. ····················· 890

Zn$_2$N$_8$
doubly linked corrole dimer zinc(II) complex ······················ 891

Zn$_2$N$_8$
ether-tethered face-to-face porphyrin dimer zinc(II)complex ········· 892

Zn$_2$N$_8$
octadecapotassium 1,3-phenylenebis [10,15,20-tri [4-carboxylato-2, 6-bis(10-carboxylatodecyloxy)phenyl] porphyrinato zinc (II): Gable Porphyrin ····················· 893

Zn$_2$N$_8$O$_3$ ···················· 894

Zn$_2$N$_8$Cl$_2$ ···················· 895

Zn$_4$O$_{13}$ ····················· 896

Zn$_8$N$_{24}$O$_{16}$ ················· 897

Zn$_8$N$_{40}$ ····················· 898

Zn$_{12}$N$_{48}$ ····················· 899

Zn$_{1024}$N$_{4096}$ ················· 900

[ZnN$_4$]$_n$
bis(dipyrrilylphenylethynyl)benzenes: Zn^{II}-bridged polymers ············ 901

[ZnN$_4$]$_n$
[Zn(IM)$_2$]$_n$(IM=imidazolate): =ZIF-4 (ZIF=zeolitic imidazolate framework) ························· 902

$[ZnN_4]_n$
  $[Zn(MeIM)_2(DMF)(H_2O)_3]_n$ (MeIM=2-methylimidazolate): =ZIF-8 (ZIF= zeolitic imidazolate framework) ··· *903*

$[ZnN_5]_n$ ·············· *904*

$[ZnO_4]_n$ ·············· *905*

$[Zn_2N_2O_8]_n$ ·············· *906*

【Zr：ジルコニウム】

$MC_{10}X_n$ (M = **V, Cr, Mn, Fe, Co, Ni, Ru, Os, Ti, Re, Zr, Hf, Nb, Ta, W, Mo**; X = Cl, H; n = 0, 1, 2,) ·············· *437*

M(dien)X_n (M = **Fe, Zr, Rh, Co, Mg, V, Cr, Mn, Pd**; X = CO, Cp, Cl) ·············· *444*

$RuZrC_{18}$ ·············· *731*

$ZrHC_{10}Cl$ ·············· *907*

ZrC_3NI_2 ·············· *908*

$ZrC_{10}Cl_2$
  bis(1-neomenthylindenyl)zirconium dichloride: [(NMI)$_2$ZrCl$_2$] ······ *909*

$ZrC_{10}Cl_2$
  dichlorobis(η^5-cyclopentadienyl)zirconium, (Cp$_2$ZrCl$_2$) ·············· *910*

$ZrC_{10}Cl_2$
  dichloroisopropylidene(η^5-cyclopentadienyl)(fluorenyl)zirconium: $C_{21}H_{18}Cl_2Zr$ ·············· *911*

$ZrC_{10}Cl_2$
  rac-dichloro[1,2-ethanediylbis(η^5-tetrahydroindenyl)]zirconium: (EBTHI)ZrCl$_2$, $C_{20}H_{24}Cl_2Zr$ ·············· *912*

$ZrC_{10}Bi_2$ ·············· *913*

ZrC_{12}
  1,1-bis(η^5-cyclopentadienyl)-2,5-bis(*tert*-butyl)-1-zirconacyclopenta-2,3,4-triene: $C_{22}H_{28}Zr$ ······ *914*

ZrC_{12}
  1,1-bis(η^5-cyclopentadienyl)-1-zircona-cyclopent-3-yne: $C_{14}H_{14}Zr$ ·············· *915*

ZrC_{12}
  di-*n*-butylbis(η^5-cyclopentadienyl)zirconium: Cp$_2$Zr(*n*-Bu)$_2$, $C_{18}H_{28}Zr$ ·············· *916*

$ZrC_{12}X$ (X = N,O) ·············· *917*

ZrC_{14} ·············· *918*

ZrN_4O_4 ·············· *919*

ZrN_4S_2 ·············· *920*

$Zr_3\mathbf{W}_{31}O_{131}$ ·············· *921*

$Zr_6H_4P_4Cl_4$ ·············· *922*

$[Zr_6O_{32}]_n$ ·············· *923*

AgN₂

【名称】 Ag(I)-mediated cytosine–cytosine DNA base pair: C-Ag^I-C

【背景】 特定の金属イオン存在下で配位結合により対合する金属錯体型塩基対の合成研究が盛んになる中，天然のシトシン(C)塩基がAg(I)イオンと選択的に2：1錯体を形成することが見いだされた[1]．C-Ag^I-C塩基対は，チミン塩基が形成するT-Hg^{II}-T錯体とともに，DNA分子を用いた超分子化学・材料化学・ナノテクノロジー分野で広く用いられている[2]．

【調製法】 一般に，シトシン-シトシン(C-C)ミスマッチ塩基対を含むDNA二重鎖に対し，緩衝溶液中でAg(I)イオンを加えることで得られる．

【性質・構造・機能・意義】 本錯体は，シトシン(C)塩基のN3位がAg^{I}に配位した直線二配位型の構造であると考えられている．DNA二重鎖中でのC-Ag^I-C塩基対の形成は，二重鎖融解実験，^{1}H NMRを用いた滴定実験，および質量分析により示される[1]．例えば，DNA二重鎖d(5'-GAC GTC CTA CG-3')·d(3'-CTG CAC GAT GC-5')の融解温度は，C-Ag^I-C塩基対の形成により約5℃上昇する[3]．またDNA二重鎖中のC-Cミスマッチ対へのAg(I)イオンの結合定数は，等温滴定型カロリメトリー(ITC)により$K_a = 3×10^5 \sim 6×10^5$ M^{-1}と見積もられており[4]，T-Hg^{II}-T塩基対とほぼ同じである[5]．

DNA鎖d(5'-GGA CT(^{Br}C)GAC TCC-3')をAg(I)イオン存在下で結晶化すると，DNA二重鎖内にAg^{I}が一次元状に並んだ構造が得られる[6]．このとき二重鎖間ではC-Ag^I-C錯体に加え，G-Ag^I-G，G-Ag^I-CおよびT-Ag^I-T錯体が形成している．C-Ag^I-C塩基対はRNA二重鎖中でも形成し，その結晶構造が明らかになっている[7]．N3-Ag^{I}の距離は2.2〜2.3 Åであり，N-Ag^I-Nの角度は177〜180°と直線二配位構造を示す．アミノ基間の反発のため，シトシン配位子は互いに30°ほど傾いている．さらに，平行DNA二重鎖中でのC-Ag^I-C塩基対の形成も報告されている[8,9]．

Ag(I)イオンセンサー分子や[1]，Ag(I)イオンに応答するDNAナノマシンなど，DNAナノテクノロジー分野でよく用いられている金属錯体である．

【関連錯体の紹介およびトピックス】 DNA三重鎖構造中のHoogsteen塩基対C-H$^+$-GのプロトンがAg(I)イオンに置き換わったC-Ag^I-G錯体も報告されている[10]．Ag^{I}はCのN3位とGのN7位に結合していると考えられる．

蛍光性のピロロシトシン(^{pyr}C)は，DNA二重鎖中で^{pyr}C-Ag(I)-C錯体を形成する．錯体形成に伴って消光することから，プローブへの応用が期待される[11]．シトシンのカルボニル基とアミノ基の位置が逆になった5-メチルイソシトシン(m^{5}iC)は，シトシン塩基とヘテロな金属錯体型塩基対C-Ag^I-m^{5}iCを形成する．Ag(I)錯体形成によるDNAの融解温度の上昇は，C-Ag^I-C塩基対と比べて大きく，これはアミノ基-カルボニル基間の水素結合の寄与によると推察される[3]．4-チオチミン塩基(S)はDNA二重鎖中で，2個のAg(I)イオンを介したS-Ag$^I_2$-S塩基対を形成する[12]．一方のAg^{I}イオンはN3位に結合し，もう一つはチオカルボニル基を架橋していることが，X線結晶構造解析により明らかになっている[13]．他にも金属配位性の人工核酸塩基を用いた，種々の金属錯体型人工塩基対が報告されている[14]．

【竹澤悠典・塩谷光彦】

【参考文献】

1) A. Ono *et al.*, *Chem. Commun.*, **2008**, 4825.
2) Y. Tanaka *et al.*, *Chem. Commun.*, **2015**, *51*, 17343.
3) H. Urata *et al.*, *Chem. Commun.*, **2011**, *47*, 941.
4) H. Torigoe *et al.*, *Biochimie*, **2012**, *94*, 2431.
5) H. Torigoe *et al.*, *Chem. Eur. J.*, **2010**, *16*, 13218.
6) J. Kondo *et al.*, *Nat. Chem.*, **2017**, *9*, 956.
7) J. Kondo *et al.*, *Angew. Chem. Int. Ed.*, **2015**, *54*, 13323.
8) T. Ono *et al.*, *Chem. Commun.*, **2011**, *47*, 1542.
9) D. A. Megger *et al.*, *Nucleosides Nucleotides Nucleic Acids*, **2010**, *29*, 27.
10) T. Ihara *et al.*, *J. Am. Chem. Soc.*, **2009**, *131*, 3826.
11) K. S. Park *et al.*, *Chem. Commun.*, **2012**, *48*, 4549.
12) I. Okamoto *et al.*, *Chem. Commun.*, **2012**, *48*, 4347.
13) J. Kondo *et al.*, *Chem. Commun.*, **2017**, *53*, 11747.
14) Y. Takezawa *et al.*, *Chem. Lett.*, **2017**, *46*, 622.

AgN₂O₂

【名称】(1,1,1,5,5,5-hexafluoropentane-2,4-dionato)(tri-methylethylenediamine)-silver(I)：[Ag(hfac)(trimen)][1]

【背景】Cu(I)やAg(I)のβ-diketonate錯体は，その潜在的な広い応用性のために，幅広い分野において興味がもたれている．中でも，フルオロカーボンを置換基とするβ-diketonate配位子と多座アミンキレート配位子の組合せが，比較的強いAg-N，Ag-O結合を有するAg(I)-β-diketonate錯体を生成することを明らかにした例である．

【調製法】Ag₂O 2.24 g (9.6 mmol) をシュレンク管に入れ，THF 40.0 mLに懸濁させる．これを激しく撹拌しながら，1,1,1,5,5,5-hexafluoropentane-2,4-dione (Hhfac) 2.70 mL (19.2 mmol) を加え，30分間撹拌する．この間に黒色のAg₂Oが溶解し，少し不透明な溶液を生ずる．これをセライトとガラスウールを詰めたガラス製ろ過器でろ過し，透明な溶液を得る．溶媒を減圧除去すると白色固体が得られる．この白色固体をトルエン40 mLに溶解し，N,N,N'-trimethylethylenediamine (trimen) 2.3 mL (18.2 mmol) をゆっくり加える．発熱反応でガスの発生を伴いながら褐色溶液に変化する．さらに20分間撹拌した後，ヘキサン15.0 mLを加え，0℃で，12時間放置すると無色透明結晶として[Ag(hfac)(trimen)] (**1**) が得られる．収量：4.16 g (54.9%)．同様の方法で，[Ag(hfac)(pmdien)] (pmdien=N,N,N',N'',N''-penta-methyldiethylenetriamine) (**2**)，[Ag(hfac)(hmten)] (hmten=1,1,4,7,10,10-hexamethyltriethylenetetraamine) (**3**) も合成できる．

【性質・構造・機能・意義】(1) 錯体**2**および**3**の構造：錯体**2**は，Ag(I)イオンがhfacの2つのO原子とpmdienの3つのN原子によりキレート配位され，2つのO原子とpmdienの2つのN原子を底辺，pmdienの1つのN原子を頂点とする歪んだ四角錐構造をとっている．Ag-O距離は2.419(4)，2.376(4) Åであり，知られている他のAg(I)-hfac錯体の範囲にあるが，左右対称な長さではない．また3つのAg-N距離は2.412(5)〜2.455(5) Åの範囲にある．一方，錯体**3**は，Ag(I)イオンがhfacの2つのO原子とhmtenの4つのN原子によりキレート配位され，歪んだ八面体構造をとるが，disorderが激しく，意味ある議論はなされていない．錯体**1**のX線構造については，現在未報告である．

(2) 錯体**1**〜**3**の性質：すべての錯体**1**〜**3**は，一般的な有機溶媒に可溶である．また，光や空気に対して不安定であり，空気中，数日間でゆっくりと分解する．錯体**2**は34〜36℃の範囲で融解する．一方，錯体**1**は融解しないが，80℃以上で分解する．また錯体**3**は71〜75℃の範囲で融解する．錯体**2**および**3**は80〜110℃ (0.01 Torr) の条件下で，定量的に昇華し，錯体**1**は黒い残渣を残して分解する．

(3) 錯体**1**〜**3**の溶液内構造：錯体**1**〜**3**の¹H NMRスペクトルは，いずれも区別できるアミン配位子に対する2つのメチル基の¹H NMRシグナルと，錯体**1**および**2**では区別できる2つのメチレン鎖の¹H NMRシグナルを与える．さらにβ-diketonate配位子のCHに帰属される¹H NMRシグナルを5.58〜5.77 ppm (¹³C NMRでは，84.4〜86.4 ppm) に与える．錯体**1**では3.05 ppmに，trimenのNHに帰属される¹H NMRシグナルを与える．錯体**1**〜**3**の¹³C NMRスペクトルは，β-diketonate配位子に帰属される2組の四重線の¹³C NMRシグナルを与える．CF₃に起因する¹³C NMRシグナルは，117.1〜118.0 ppmの狭い範囲に，CO炭素による¹³C NMRシグナルは，175.0〜176.5 ppmの範囲に観測される．アミン配位子のメチレン炭素に対応する2つの¹³C NMRシグナルは，錯体**1**および**2**では49.8〜60.2 ppmの範囲に観測される．

【関連錯体の紹介およびトピックス】関連するCu(I)，Ag(I)のβ-diketonate錯体として，[Ag(hfac)(cod)] (**4**) (cod=1,5-cyclooctadiene) が知られている[2]．[Cu(hfac)(cod)]とともに，錯体**4**の構造は，2つのAg(I)イオンが2つのhfacに架橋された二核錯体[Ag(hfac)(cod)]₂である[3]．1,5-dimethyl-1,5-cyclooctadiene (Me₂cod) を用いた類似の[Cu(hfac)(Me₂cod)]，[Ag(hfac)(Me₂cod)]₂も報告されている[4]．

〔前川雅彦〕

【参考文献】
1) J. A. Darr *et al.*, *J. Chem. Soc., Dalton Trans.*, **1997**, 2869.
2) W. Partenheimer *et al.*, *Inorg. Synth.*, **1976**, *16*, 117.
3) A. Bailey *et al.*, *Polyhedron*, **1993**, *12*, 1785.
4) P. Doppelt *et al.*, *Inorg. Chem.*, **1996**, *35*, 1286.

AgN₃

Non (S, S) (R, S)

【名称】silver(+)bis(2-pyridylmethyl)pyridine-2,6-dicarboxylate, Silver(+)bis[(1S)-1-(2-pyridinyl)ethyl]pyridine-2,6-dicarboxylate, Silver(+)(1R)-1-(2-pyridinyl)ethyl(1S)-1-(2-pyridinyl)ethyl pyridine-2,6-dicarboxylate

【背景】ポダンドは非環状ポリエーテルを含む直鎖型多座配位子の総称で，一般に類似の骨格をもつクラウンエーテルなどの環状配位子に比べて金属イオンに対する錯形成能力は小さい．しかし，3つのピリジン配位部位と2つの不斉中心を含むキラルな人工ポダンド配位子では，銀(I)イオンを選択的，かつ高効率で抽出でき，立体化学制御が選択性向上に有用であることが明らかにされた[1]．

【調製法】non 型配位子：無水ジクロロメタンに2-ピリジンメタノールと2当量のN,N-ジメチル-4-アミノピリジンを溶解し，氷冷下，撹拌しながら0.5当量の2,6-ピリジンジカルボニルジクロリドのジクロロメタン溶液を滴下し，氷温で10分，さらに室温で30分撹拌する．その後，ジクロロメタンで薄めてから濃縮し，シリカゲルカラムで精製して得る．(S,S)型配位子：(S)-1-(2-ピリジル)エタノールを用いて non 型と同様の手法により得る．(R,S)型配位子：2,6-ピリジンジカルボニルジクロリドと2当量のトリエチルアミンを無水ジクロロメタンに溶解し，-78℃で(S)-1-(6-ブロモ-2-ピリジル)エタノールを加え，その後-30℃で30分撹拌し，(R)-1-(2-ピリジル)エタノールを加えてからさらに10分撹拌する．ジクロロメタンで希釈後，シリカゲルカラムで精製し，2-[(1S)-1-(6-bromo-2-pyridinyl)ethyl]6-[(1R)-1-(2-pyridinyl)ethyl]pyridine-2,6-dicarboxylate とする．これと水素化トリブチルスズをベンゼンに溶解し，トリエチルボランを加え，2時間撹拌後，飽和炭酸水素ナトリウム水溶液で反応を止めてからジクロロメタンで希釈後，シリカゲルカラムを用いて精製し(R,S)型配位子を得る．

【性質・構造・機能・意義】Ag^+イオンは通常2つの配位基が直線状に並んだ二配位構造を与えるが，このポダンド配位子は三座配位子としてはたらき，Ag^+イオンと安定な1：1錯体を形成することがモデル計算により明らかにされている．non 型ポダンド-Ag^+錯体と(S,S)ポダンド-Ag^+錯体は対称構造であるのに対し，(R,S)ポダンド-Ag^+錯体は非対称構造で，ポダンド上のキラリティーが錯体構造や安定性に影響をおよぼすことが示唆された．また，NMR滴定実験より，3つのピリジンがAg^+イオンに配位して1：1錯体を形成していることが示された．いずれのポダンドもAg^+，Pb^{2+}，Cu^{2+}，Ni^{2+}，Co^{2+}，Zn^{2+}を等量含む水溶液からAg^+イオンのみをジクロロメタン層へ抽出する．メチル基を導入していない non 型では沈殿が生じたが，(S,S)型は(R,S)型より約40倍もの大きな抽出定数を与えた．同様の骨格をもつより疎水的なポダンド配位子でも non 型と(R,S)型が同程度の抽出定数を与え，(S,S)型がそれらよりも大きな値を示した．わずか2つの置換基についてキラリティーの最適化を図るだけで金属イオンに対する認識機能が大きく向上することを示した希少な例であり，高度なレセプターの開発に新たな視点を与えるものである．

【関連錯体の紹介およびトピックス】ラサロシドA は10個の不斉中心をもつ鎖状天然イオノフォアであり，大きなバリウムイオン選択性($\log K=6.3$)を示すが，いくつかのキラリティーが反転した立体異性体では錯形成定数($\log K$)が3.9〜4.6へと減少する[2]．また，多座配位子への立体化学制御は，金属イオンに対する選択性のみならず，外部基質がさらに配位した三元錯体の形成にも大きな影響を及ぼす．例えば，三脚型トリス(2-ピリジルメチル)アミン(TPA)配位子からなるユウロピウム錯体およびテルビウム錯体はそれぞれNO_3^-イオンおよびCl^-イオン存在下にのみ発光するが，キラルな TPA ではいずれも選択性が大きく向上する[3]．また，キノリンとアミド配位基を含む三脚型配位子からなるユウロピウム錯体はNO_3^-とCl^-の双方に発光応答するが，メチル基を導入していくとCl^-イオン選択性が高まる[4]．このように，キラリティーを含む分子設計は，金属イオンとの選択的錯形成や外部基質のセンシングに対する優れた指針となる．

【三宅弘之】

【参考文献】
1) H. Tsukube *et al.*, *J. Org. Chem.*, **1998**, *63*, 3884.
2) W. C. Still *et al.*, *Tetrahedron Lett.*, **1987**, *28*, 2817.
3) H. Tsukube *et al.*, *Chem. Commun.*, **2002**, 1218.
4) Y. Kataoka *et al.*, *Dalton*, **2007**, 2784.

AgN$_4$

【名称】 bis(2,2'-bipyridine)silver(II)nitrate:[Ag(bpy)]-(NO$_3$)$_2$[1]

【背景】 Ag(II)錯体は強い酸化剤としてはたらくことができ，様々な有機化学反応における酸化剤として使用することができる．しかし，その多くは高い正電位[ΔE (Ag^{2+} → Ag$^+$) = +1.980 V]のため，不安定である．Ag(II)錯体の合成的アプローチとして，Ag(I)錯体のペルオキソ二硫酸あるいはオゾンによる化学的酸化，陽極酸化，Ag(I)大環状アミン錯体の不均化反応が知られている[2]．

【調製法】 2,2'-bipyridine(bpy) 1.79 g を溶かした温かい水/エタノール混合溶液 20 mL に，AgNO$_3$ 0.085 g を溶かした水溶液を加え，生成した[Ag^I(bpy)]NO$_3$を水/エタノール混合溶液から再結晶し，黄色針状結晶を得る．得られた[Ag^I(bpy)$_2$]NO$_3$を冷却したペルオキソ二硫酸カリウム飽和溶液の中に撹拌しながら加え，生成した濃赤褐色微結晶を冷硝酸で粉砕し，温水で抽出した後，冷却した濃赤褐色溶液に硝酸アンモニウムを加えると，暗赤褐色結晶として[Ag^{II}(bpy)$_2$](NO$_3$)$_2$ (**1**)が得られる[1]．X線構造解析され，組成は[Ag(bpy)$_2$(NO$_3$)]NO$_3$·H$_2$O (**2**)である[3]．他の合成法として電解結晶化法による[Ag(bpy)$_2$](ClO$_4$)$_2$ (**3**)の結晶化とそのX線構造も報告されている[4]．

【性質・構造・機能・意義】 (1)錯体 **2** および **3** の構造：2,2'-bpy 関連配位子でX線構造が明らかにされている Ag(II)錯体は，[Ag(4,4'-Me$_2$bpy)$_2$](NO$_3$)$_2$[5]を除いて，錯体 **2** および **3** のみである．錯体 **2** は，2 つの bpy の 4 つの N 原子が Ag(II)イオンに配位し，歪んだ平面四角形構造を形成し(bpy 平面-Ag-bpy 平面の二面角は 28°)，さらに上下から NO$_3^-$ の O 原子が弱く結合し，隣接する[Ag(bpy)$_2$]$^{2+}$ユニットに順次橋架けすることにより，一次元鎖状構造をとっている[3]．Ag(II)周りの結合パラメーターは，Ag-N=2.142〜2.179 Å，Ag-O=2.78 Å，∠N-Ag-N=76.95 Å，77.74°である．一方，類似の[Ag(4,4'-Me$_2$bpy)$_2$](NO$_3$)$_2$では，2 つの bpy の 4 つの N 原子が Ag(II)イオンに配位し，歪んだ平面四角形構造を形成し，さらに上下から 2 つの NO$_3^-$ の O 原子が弱く結合し，歪んだ正八面体構造を形成している[5]．錯体 **3** は，2 つの bpy の 4 つの N 原子が Ag(II)イオンに配位し，歪んだ平面四角形構造を形成し，さらに上下から 2 つの ClO$_4^-$ の O 原子が弱く相互作用(Ag-O=3.210, 3.208Å)している[4]．また，配位した bpy ユニットのピリジン環どうしが 3.596, 3.720 Å で重なっており，分子間に弱い π-π 相互作用が存在する．Ag(II)周りの結合パラメーターは，Ag-N=2.178〜2.195 Å，∠N-Ag-N=76.69, 76.97°，bpy 平面-Ag-bpy 平面の二面角は，27.3°と歪んでいる．これら Ag(II)-bpy 錯体の Ag-N 距離は，対応する Ag(I)-bpy 錯体[Ag(bpy)$_2$]ClO$_4$ の Ag-N 距離(2.241〜2.434Å)より短く，また bpy 平面-Ag-bpy 平面の二面角も[Ag(bpy)$_2$]ClO$_4$ の 37°に対し小さく，中心金属の酸化状態を反映していることが示される．

(2)錯体 **2** および **3** の磁性：知られている Ag(II)-bispyridine 錯体に対する磁気モーメントは，1.82 μB (Ag(II)ペルオキソ二硫酸塩錯体)から 2.29 μB (Ag(II)過塩素酸塩錯体)の範囲にある．錯体 **2** の磁気モーメントは 2.12 μB であり，その中間値にある．予期される d^9 系におけるスピンオンリー値(1.74 μB)より大きな磁気モーメント値は，強磁性的な分子間金属-金属相互作用の存在を示している．一方，架橋の NO$_3^-$ をもたない類似の Ag(II)錯体[Ag(4,4'-Me$_2$bpy)$_2$](NO$_3$)$_2$[5]の磁気モーメントは，1.81 μB である．錯体 **3** の磁気モーメントも 1.71 μB であり，d^9 系におけるスピンオンリー値に近い値を示し，分子間に金属-金属間相互作用がないことが示される[4]．

【関連錯体の紹介およびトピックス】 6 mol/L の硝酸に溶かした酸化銀(II)と bpy や phen を直接反応させることからも，錯体 **1** や類似の Ag(II)錯体[Ag(phen)$_2$](NO$_3$)$_2$ を合成することができ，Fe(II)錯体の還元剤として用いられる[6]．[Ag(phen)$_2$](NO$_3$)$_2$ の X線構造については，現在未報告である． 【前川雅彦】

【参考文献】
1) W. G. Thorpe *et al.*, *J. Inorg. Nucl. Chem.*, **1971**, *33*, 3958.
2) H. N. Po, *Coord. Chem. Rev.*, **1976**, *20*, 171.
3) J. L. Atwood *et al.*, *Cryst. Struct. Commun*, **1973**, *2*, 279.
4) S. Kandaiah *et al.*, *Polyhedron*, **2012**, *48*, 68.
5) S. Kandaiah *et al.*, *Z. Anorg. Allg. Chem.*, **2008**, *643*, 2483.
6) B. M. Gordon *et al.*, *J. Am. Chem. Soc.*, **1961**, *83*, 2061.

AgN₄

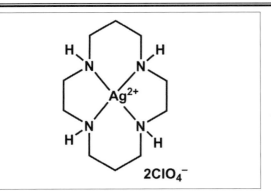

【名称】1,4,8,11-tetraazacyclotetradecane-silver(II) perchlorate: $[Ag(cyclam)](ClO_4)_2$[1,2]

【背景】数多くの遷移金属イオンと大環状配位子との金属錯体が報告されている. なかでも不安定な酸化状態である Ag(II) 錯体を合成する 1 つの方法は, 環状テトラアザ配位子を用いて Ag(I) の不均化反応によるものである. Ag(II)-環状テトラアザ錯体の合成, X 線構造, 性質を明らかにした例である.

【調製法】水 100 mL に $AgClO_4$ 2.1 g (10 mmol) を溶解した溶液に, 1,4,8,11-tetraazacyclotetradecane (cyclam) 1.0 g (5 mmol) を撹拌しながら加えると, 溶液がすばやく黄色に変化する. 1 時間撹拌した後, ろ過し, $HClO_4$ を加えて pH 2 に調整してロータリーエバポレーターで濃縮する. 橙色針状結晶を採取して THF で洗浄し, 乾燥する[1]. 収量: 1.4 g. さらに, この結晶を 1.0 mM 過塩素酸水溶液から, ゆっくり再結晶すると大量の橙色針状結晶 1 とともに, 少量の黄色ブロック状結晶 2 が得られる. さらにゆっくりと再結晶を続けると黄色ブロック状結晶の生成量が増加する[2].

【性質・構造・機能・意義】橙色針状結晶 1 は, disorder した 2 つの構造異性体から構成されている. 主要構造 (75%) はかご型構造 (Type 1) を, 少数構造 (25%) はより平面に近い構造 (Type 2) を形成しており, 後者の構造は, 黄色ブロック状結晶 2 の構造と本質的に同じである. いずれの結晶も Ag(II) イオンが, 平面四角形に配置された cyclam の 4 つの N 原子に取り囲まれており, 橙色針状結晶 1 では, Ag(II) イオンが cyclam の N_4 平面から下側に 0.24 Å ずれている. 一方, 黄色ブロック状結晶 2 では, Ag(II) イオンは cyclam の N_4 平面内にあり, 対アニオンである ClO_4^- の O 原子が, 上下から弱く配位した (Ag-O=2.788(2) Å), 歪んだ八面体構造をとっている.

10.0 mM 過塩素酸溶液中における橙色針状結晶 1 (Type 1) と黄色ブロック状結晶 2 (Type 2) の電子吸収スペクトルは明らかに異なり, 黄色ブロック状結晶 2 は室温暗所において, 少なくとも 3 ヶ月間は安定である. 一方, 橙色針状結晶 1 の電子吸収スペクトルは, 徐々に強度が減少し (最初の 24 時間で 5.5% 減少), 3 ヶ月後にはほとんど黄色ブロック状結晶 2 の電子吸収スペクトルと同じになる. これは Type 1 の錯体が, 溶液中において Type 2 の錯体に異性化していくことを示している. cyclam 誘導体として, *meso*-5,5,7,12,12,14hexamethyl-1,4,8,11-tetraazacyclotetradecane (*meso*-[14]ane) を用いた Ag(II) 錯体 [Ag(*meso*-[14]ane)](NO_3)_2 は, Type 2 の構造を有することが報告されており[3], 先の溶液中での挙動とともに, Type 2 の構造は Type 1 の構造より熱力学的に安定な構造であることが示される. しかしながら, この錯体の生成反応は, Ag(I) の不均化反応から進行することから[1], 反応に対して大きな空間を供給できるかご型構造 (Type 1) が Ag(II) 錯体の生成にとって優位であり, かご型構造が観測されるのは速度論支配によるものであると考察されている. 配位子 cyclam は, イオン半径の小さな第一遷移金属イオンとは Type 2 の構造の錯体を, Hg^{2+} のようなイオン半径の大きな遷移金属イオンとは Type 1 の構造の錯体を優先的に生成し, Ag^{2+} イオンはその中間にあるため, 2 つの構造が単離できたと考えられている. 最初に Type 1 の構造が速度論支配で生成し, Type 2 の構造は明らかに熱力学的に安定な構造異性体であることが示される[2].

錯体 1 の磁性および ESR スペクトル, Ag(III)-cyclam 錯体への酸化についても, あわせて報告されている[1].

【関連錯体の紹介およびトピックス】関連する環状テトラアザ配位子を有する Ag(II) 錯体として, $[Ag(tmc)](ClO_4)_2$[4], $[Ag(rac-[14]ane)](ClO_4)_2$[5], $[Ag(dtc)](NO_3)_2$[6,7] が知られている.

【前川雅彦】

【参考文献】

1) E. K. Barefield *et al.*, *Inorg. Chem.*, **1973**, *12*, 2829.
2) T. Ito *et al.*, *Chem. Lett.*, **1981**, 1101.
3) K. B. Mertes, *Inorg. Chem.*, **1978**, *17*, 49.
4) H. N. Po *et al.*, *Acta. Cryst.*, **1991**, *C47*, 2310.
5) H. N. Po *et al.*, *Acta. Cryst.*, **1993**, *C49*, 1914.
6) J. R. Moon *et al.*, *Inorg. Chim. Acta*, **2010**, *363*, 2682.
7) J. R. Moon *et al.*, *Bull. Korean Chem. Soc.*, **2011**, *32*, 325.

AgP₄

【名称】[bis(1,2-bis(diphenylphosphano)ethane)silver (I)] nitrate:[Ag(dppe)₂]NO₃

【背景】11族金属錯体のうち,銀(I)錯体の発光に関する報告例は,その発光がクラスター中心および配位子中心の励起状態に由来する多核錯体のものがほとんどであった.これは,銀(I)単核錯体の光に対する不安定性が一因であるが,キレート型ジホスフィンが配位した単核銀(I)錯体は,比較的安定な四配位構造を持つ単核錯体を形成する.そのため,標記[1]の錯体をはじめとした,単純な構造の銀(I)の発光についても詳細に調査されるようになってきている.

【調製法】1,2-bis(diphenylphosphino)ethane(dppe)をアセトンに溶解し,少量の水に溶かした硝酸銀(I)溶液を加え,撹拌後濃縮し,さらに水を加えることで白色固体として90%程度の収率で得られる.アセトン/水から再結晶することも可能である.

【性質・構造・機能・意義】Agに二分子のdppeがキレート配位した四配位錯体である.室温における³¹P NMRではδ4.4付近に¹⁰⁷Agおよび¹⁰⁹Agとのカップリングによる2つの鋭いダブレットシグナルを示す(J(¹⁰⁷Ag-³¹P)=231 Hz, J(¹⁰⁹Ag-³¹P)=266 Hz). ¹⁰⁹Ag NMRにおいてもδ1378(reference 4M AgNO₃ in D₂O)というシフト値が報告されている[2].また過剰量のdppeを加えたときのスペクトルがブロードニングを示すことから,比較的遅い交換が起きているものと考えられている.

結晶構造解析から銀周りは歪んだ四面体構造であることが示されている.Ag-P間距離は2.488〜2.527 Å,キレート角は83.75,84.51°であり,2つのAg-dppe配位平面はほぼ直交(88.7°)している.

吸収スペクトルはMeOH中で263 nm付近に吸収帯($\varepsilon=3.7\times10^4$ mol⁻¹dm³cm⁻¹)を示す.これはdppeの吸収帯との比較により,配位子内遷移と帰属されている.また300 nm付近に現れる肩吸収は,主に金属との結合により摂動を受けた配位子内遷移であり,これに銀から配位子へのMLCT性の寄与を含んだものと考えられている.CVは非可逆の酸化還元波を示す($E_{pa}=+0.64$ V, $E_{pc}=+0.45$ V vs. Fc⁺/Fc).

標記の錯体は,固体状態では室温紫外線照射下で発光を示さないが,低温(77 K)では410 nm付近に発光極大をもつ発光を示す.また,脱酸素下メタノール溶液では693 nmに発光極大をもつ橙色の発光を示す.単核の銀(I)錯体では,量子収率(Φ)は4.2%,発光寿命(τ)は12 μsと,比較的強い発光を示す.この発光は少量の酸素存在下で強く消光される.温度が低下すると,120 Kまでは長波長側(790 nmまで)への発光極大のシフトが観測されるが,その後90 Kまでは,逆に短波長側への大きなシフトが見られ,405 nm付近に発光極大をもつ非常に長寿命($\tau=11$ ms)の発光を示す.室温付近における長波長発光は,その大きなStokesシフトと分子軌道計算の結果から,四角形歪みを伴った銀(I)中心の三重項励起状態(³MC)からの発光と考えられている.一方,低温で見られる短波長側の発光は,³MLCT性の寄与を含んだ配位子内遷移(³IL)に帰属される励起状態からの発光と考えられている.低温における輻射失活速度が,四角形歪みを受ける速度に比べて大きいため,このような2段階の温度依存性が現れると結論づけられている.

【関連錯体の紹介およびトピックス】ジホスフィン間の-CH₂-基を増やしたdppp(1,3-bis(diphenylphosphino)propane)を用いた錯体が報告されているが,標記の錯体と異なり,室温,アルコール溶液中では,脱酸素下であっても発光が非常に弱いことが示されている.また,ジホスフィン間がフェニレン基で架橋されたdppbz(1,2-bis(diphenylphosphino)benzene)が配位した錯体は,標記の錯体とほぼ同じ発光挙動を示す.さらに,CH₂Cl₂溶液への紫外線照射により,dppbzが1電子酸化され青色を呈することが報告されている[3].この挙動は紫外線照射下のEPR測定結果の解析により明らかにされている.

【佃 俊明】

【参考文献】
1) K. Matsumoto et al., Inorg. Chem., **2010**, 49, 805.
2) P. J. Sadler et al., Inorg. Chem., **1995**, 24, 4278.
3) M. Osawa et al., Chem. Commun., **2008**, 6384.

Ag$_2$N$_8$

溶 超 晶

【名称】 [bis(*N*-dodecylethylenediamine)silver(I)]nitrate: [Ag$_2$(*N*-C$_{12}$-en)$_4$](NO$_3$)$_2$

【背景】 エチレンジアミンにアルキル鎖をつけて分子集合性をもたせた比較的簡単な構造の錯体であるが、その適度な親水性-疎水性バランス(HLB)により、アルキル鎖、対イオン、中心金属、溶媒の変化に応じて実に多様な超分子集合溶液・液体を形成する。すなわち、水溶液内正常ミセルから、水/有機混合溶媒中での逆ミセル、マイクロエマルション、サーモトロピック液晶(smectic A)、リオトロピック液晶、さらに、イオン液体を形成する。その溶液内集合挙動とそれに基づく銀ナノ粒子の効率よい形成などの特徴的な性質を示す[1-4]。いわゆるジェミニ型界面活性剤と似た会合挙動を示す。

【調製法】 配位子 *N*-alkyl-en の合成法は、アルキル鎖の長さによって若干異なるが、その結晶構造解析がなされている銀(I)のドデシル錯体硝酸塩について以下に記す。80℃まで加熱したエチレンジアミンに1/5モル量の*N*-ドデシル臭化物を徐々に加え、その後、4時間ほどさらに加熱と撹拌を続け一晩放置する。そこに44%の水酸化ナトリウム水溶液を加え、油層を取り出す。水酸化カリウムで乾燥したあと、減圧蒸留により目的のドデシルエチレンジアミン配位子を取り出す。錯体の合成は、できるだけ少量の水に溶かした硝酸銀に、2.5倍モル量の配位子を水とエタノールの2:3体積比混合溶媒に溶かしたものを加え、室温で一晩撹拌したあと、溶媒を蒸発させる。余分な配位子はベンゼンを加えて共沸させて取り除く。メタノールに溶解させたあとシクロヘキサンを加えて再結晶する。なお、アルキル鎖の長さによる親水性の違いにより錯体合成における適当な溶媒はかなり異なるので、元の文献を参照されたい[1-4]。

【性質・構造・機能・意義】 銀(I)の錯体が最もよく研究され、ヘキシルからヘキサデシルまでの誘導体が合成されている。ドデシルエチレンジアミン錯体はX線結晶解析が行われ、図に示したようにアルキル鎖どうしが相互作用しやすいようにエチレンジアミンが *cisoid* 型に配位した複核錯体になっている[3]。ただし、メタノール中では単核錯体が主成分になる。アルキル鎖の短い親水的な銀(I)錯体は水中で容易に加水分解する。亜鉛(II)やパラジウム(II)のヘキシルエチレンジアミン錯体も単離されており、これらは水によく溶け安定で、水溶液中で正常ミセルを形成する。

銀(I)錯体のうち最初に合成されたヘキサデシル誘導体は、少量の水の存在下、ヘプタン中で逆ミセルを形成し、それを還元することによって粒子径の揃った銀(0)ナノ粒子を得る[4]。また、ドデシル誘導体は59〜96℃の範囲で、オクチル誘導体は48〜67℃の範囲でサーモトロピック液晶を形成する。これらはイオン性であるためにイオン液晶であるとともにイオン液体(融点が100℃以下の塩)でもある。

特徴的なのは、2-エチルヘキシル誘導体の硝酸塩やオクチルそしてヘキシル誘導体の bis(trifluoromethane-sulfonyl)amide(=TFSA)塩が、室温イオン液体を形成することである。2-エチルヘキシルやヘキシル誘導体のガラス転移点はそれぞれ −78, −75℃ である。また、イオン液体は NaBH$_4$ 水溶液との反応により、粒子径の揃った銀(0)ナノ粒子を創成し、有機溶媒不要なグリーンで効率のよいナノ粒子合成法になる。

【関連錯体の紹介およびトピックス】 より構造が簡単なアルキルモノアミンを配位子とする銀(I)錯体も単離され、サーモトロピック液晶形成についての報告がある。この錯体も比較的融点が低く、室温近くでイオン液晶を形成する[5]。亜鉛(II)やパラジウム(II)のオクチル誘導体は水/(ベンゼンまたはクロロホルム)の混合溶媒中で広い濃度範囲でマイクロエマルションを形成する[6]。

【飯田雅康】

【参考文献】
1) M. Iida *et al.*, *Chem-Eur. J.*, **2008**, *14*, 5047.
2) M. Iida *et al.*, *J. Colloid Interf. Sci.*, **2011**, *356*, 630.
3) M. Iida *et al.*, *Eur. J. Inorg. Chem.*, **2004**, 3920.
4) A. Manna *et al.*, *Langmuir*, **2001**, *17*, 6000.
5) A. C. Albéniz *et al.*, *Eur. J. Inorg. Chem.*, **2000**, 133.
6) H. Er *et al.*, *Colloids Surf. A*, **2007**, *301*, 189.

$Ag_3C_nP_6$ ($n=1, 2$) 〔有光〕

(上) $n=1$
(右) $n=2$

【名称】[tris-μ_2-bis(diphenylphosphano)methane-$1\kappa P$:$2\kappa P'$;$2\kappa P$:$3\kappa P'$, $1\kappa P$:$3\kappa P'$-μ_3-phenylethynido-1:2:$3\kappa^3 C$-trisilver(+1)] tetrafluoroborate:[Ag$_3$(μ_2-dppm)$_3$(μ_3-C≡CPh)$_n$](BF$_4$)$_{(3-n)}$

【背景】11族金属錯体の発光については,銅(I)や金(I)の研究が先行し,銀(I)錯体は遅れをとっていた面がある。これは銀(I)錯体の比較的光分解しやすい性質に起因している。比較的強い発光を示す銀(I)-アセチリド錯体は,これまで脚光を浴びてこなかった銀(I)錯体の発光に関する研究が,現在盛んに行われるようになるきっかけを作った錯体といえよう。

【調製法】モノアセチリド($n=1$)は,THF 中[Ag(μ-dppm)$_2$(CH$_3$CN)$_2$]に,エチニルベンゼンと n-ブチルリチウムから調製した,リチウムフェニルアセチリド(Li$^+$PhC≡C$^-$)を当量加えることで得られる[1]。ジアセチリド錯体($n=2$)は[Ph(C≡C)Ag]$_n$を CH$_2$Cl$_2$中でdppm と混合することで得られる[2]。

【性質・構造・機能・意義】モノアセチリド錯体は3つの銀(I)イオンに対して1分子のアセチリドの炭素がμ_3-架橋により配位したものである。FAB-MS において m/z=1664(M$^+$) にピークをもつ。一方,ジアセチリド錯体は,3つの銀(I)イオンからなる平面の上下に,各アセチリドの炭素がμ_3-架橋している。ESI-MS では,m/z=1679.6(M+) にピークを示し,IR スペクトルでは1970, 1900 cm^{-1}に弱いながらも C≡C 伸縮振動に特徴的な吸収帯が観測されている。

ビスアセチリド錯体については結晶構造解析が行われている。Ag$_3$と2つのアセチリド炭素はほぼ三方両錐の頂点に位置しているが,Ag-C 結合距離(2.321(1) ~2.635(1) Å)の違いから,アセチリド炭素は,三方両錐の axial 位から少しずれていると考えられる。また,Ag…Ag 距離は 2.983(1), 2.866(2) Å である。これは,類似の Cu$_3$錯体と異なり,Ag-Ag 間にある程度の金属間相互作用が存在することを示唆している。表記のモノアセチリド錯体の構造解析は行われていないが,後述のフェニルエチニル基にニトロ基を導入した錯体の構造解析において,Ag$_3$の上部に1分子のアセチリドがμ_3-架橋配位した構造であることがわかっており,これに類似した構造であると考えられる。

ジアセチリド錯体の吸収スペクトルは,アセトニトリル中において 274 nm にアセチリドの π-π^*遷移に帰属される強い吸収帯が観測される。室温において,アセトニトリル溶液では 450 nm,固体状態では 555 nm に発光極大をもつ発光を示す。前者は dppm もしくは C≡CPh 部位の $^3(\pi$-$\pi^*)$ 状態からの発光と帰属されている。後者については EHMO 法による解析から,金属間相互作用によって生じる dσ^*(M…M) から C≡CPh 部位の π^*への MMLCT と考えられている。

モノアセチリド錯体は,固体状態で 430~490 nm 付近に振動構造を伴う発光を示す。また EtOH/MeOH glass 中 77 K においても同様の発光を示す。この発光はジアセチリド同様の配位子内遷移と考えられるが,様々な分子軌道計算結果から,金属内 d→s 遷移と PhC≡C→Ag$_3$への LMCT の混合であるとも指摘されている。

【関連錯体の紹介およびトピックス】表記錯体のフェニルエチニル配位子をヒドロキシプロパルギル配位子とした錯体や[3],フェニル部位に NO$_2$などの官能基を導入した錯体がモノアセチリド,ジアセチリドともに多数報告されており,構造や分光学的性質が比較されている。これらの置換基により,アセチリド部位の π^*軌道準位が変化するため,発光波長が様々に変化する。

前述したように,金属イオンが銅(I)の同構造錯体[Cu$_3$(μ_2-dppm)$_3$(μ_3-C≡CPh)$_n$](BF$_4$)$_{(3-n)}$ およびその誘導体は数多く報告されている。詳細は同錯体の項目を参照されたい(p. 226)。

【佃 俊明】

【参考文献】
1) V. W.-W. Yam *et al.*, *Organometallics*, **1997**, 16, 2032.
2) S. -M. Peng *et al.*, *Polyhedron*, **1996**, 15, 1853.
3) F. Mohr *et al.*, *Polyhedron*, **2006**, 25, 3066.

$Ag_4C_{16}O_8$

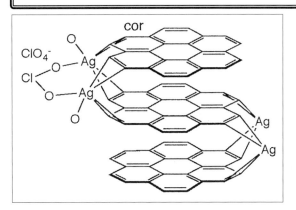

【名称】tetra-μ-perchrolido-κO: $\kappa O'$-bis-$\mu^2 \cdot \eta^2, \eta^2$-coronene)-$\mu^4$-($\eta^2, \eta^2, \eta^2, \eta^2$-coronene) tetra silver(I): [Ag_4(cor)$_3$(ClO$_4$)$_4$]

【背景】Ag(I)と芳香族化合物との配位様式は2つのタイプに分けられる. 1つは2つの芳香族化合物がAgを挟むように内側から配位し, W型サンドイッチ構造を与える (図1のA)[1]. この場合は配位部位と反対側の芳香族化合物の末端はお互いに離れている. もう1つはAgが芳香族化合物の外側から配位し, これにより配位部位と反対側の芳香族化合物の末端が接近するため, 芳香族化合物は外側に反っている場合が多い (図1のB). コロネン (cor)のAg(I)錯体[Ag_4(cor)$_3$(ClO$_4$)$_4$]はBの配位様式で3つのcor分子が, 縦方向に並んだトリプルデッカー構造をとり, 硬直なcor分子の平面が大きく反っているはじめての錯体である[2].

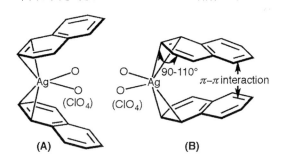

図1 Ag(I)と芳香族化合物との配位様式

【調製法】アルゴン雰囲気下, コロネン飽和のベンゼン溶液10 mLに過塩素酸銀 (AgClO$_4$·H$_2$O, 22.5 mg)を加える. この淡黄色溶液をh型ガラス管の一方に移す. これに拡散溶媒としてn-ヘキサンを静かに加え, 封管する. 7日間静置することでプリズム状結晶が得られる. なお, 過塩素酸塩化合物 (AgClO$_4$·H$_2$O, [Ag_4(cor)$_3$(ClO$_4$)$_4$])は爆発性なので取り扱いに注意が必要.

【性質・構造・機能・意義】[Ag_4(cor)$_3$(ClO$_4$)$_4$]では中央のcorには分子平面の上下からそれぞれ2個のAg(I)にπ配位し, さらにこのAg(I)に両端から2個のcorがπ配位し, ジグザグ型のトリプルデッカー構造をとっている. Ag−C結合距離は2.402(4)〜2.517(4) Åである. これらのAg(I)にはClO$_4$のOが架橋配位し, 一次元鎖ポリマーを形成している. 両端のcorは中央のcorと接近 (3.32 Å)するため外側に0.25 Å反っている (図2). 硬直なcorが分子平面が反るという犠牲を払ってAg(I)に配位している興味深い錯体である. なお, 中央のcorの分子平面は歪んでいない.

トリプルデッカーの両端のcorは配位部位と反対側では中央のcorとπ-π相互作用 (3.32 Å)が存在する. さらに一次鎖トリプルデッカーのcor間でもπ-π相互作用 (3.23〜3.50 Å)があり, corの積層構造が形成されている.

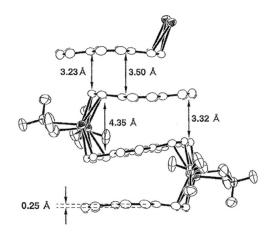

図2 [Ag_4(cor)$_3$(ClO$_4$)$_4$]のcor間のπ-π相互作用

【関連錯体の紹介およびトピックス】ベンゾ[ghi]ペリレン (bper)を用いて, ダブルデッカー錯体[Ag(bper)(ClO$_4$)]$_4$·C$_6$H$_5$Meが合成されている[3].

2個のbperがAg(I)にB型で配位し, さらにこのAg(I)にClO$_4$が配位した一次元鎖ポリマーである. bperの配位部位の反対側でbper間距離が最短で3.38 Åでπ-π相互作用 (最短3.38 Å)が存在する. このためbper分子は平面ではなく, 0.07 Åだけ外側に反っている. 一次元鎖のbper間は3.38〜3.55 Åでπ-π相互作用があり, 積層構造を形成している.

【宗像 惠】

【参考文献】
1) M. Munakata *et al.*, *Inorg. Chem.*, **1997**, *36*, 4903.
2) M. Munakata *et al.*, *J. Am. Chem. Soc.*, **1998**, *120*, 8610.
3) M. Munakata *et al.*, *J. Am. Chem. Soc.*, **1999**, *121*, 4968.

[AgN$_2$Br]$_n$

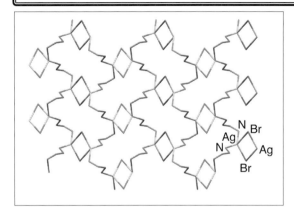

【名称】catena-[(μ_2-bromido)-(μ_2-ethylene-1,2-diamine)-silver(I)]: [Ag(μ_2-Br)(μ_2-en)]$_n$

【背景】ハロゲン化銅(I)錯体をベースとした金属錯体においてはCuXと配位子Lとの比により種々の組成の化合物が得られることが知られており，Lを架橋配位子とした場合には種々の組成の集積型ハロゲン化銅(I)錯体が得られる．このようなハロゲン化銅における知見が，銅(I)と類似性を示す銀(I)においても適用できるかを明らかにする必要があった[1]．

【調製法】臭化銀104 mg (0.55 mmol)とエチレンジアミン2.0 mL (29.9 mmol)をガラス容器中で室温・暗所下で3日間撹拌する．反応溶液から生じた無色の微結晶をろ別することにより[Ag(μ_2-Br)(μ_2-en)](**1**)が得られる(収率45％)．en配位子の割合が少ない化合物[Ag$_2$(μ_2-Br)$_2$(μ_2-en)](**2**)は，過剰の臭化銀208 mg (1.1 mmol)とエチレンジアミン33 μL (0.5 mmol)を3 mLのアセトニトリルとともにガラス容器に入れ，室温・暗所下で8日間撹拌することにより，**1**の副生成物としてではあるが，微結晶として得られる[1]．

【性質・構造・機能・意義】**1**の構造は菱形構造を有する[Ag$_2$(μ_2-Br)$_2$]の銀(I)イオンをenが架橋し二次元構造を形成している(上図)．銀(I)イオンは四面体型四配位構造であり2つのBr$^-$イオンおよび2つのenからの窒素原子が2つ配位している．架橋enにより4つの菱形構造が連結されており，その結果6つの銀イオン，4つのen，2つのBr$^-$イオンによる二十四員環のマクロサイクルを形成している．一方，**2**の構造はAgBrの一次元らせん構造が周辺のAg⋯Br接触(2.936 Å)により架橋された，三次元ネットワーク構造を形成し大

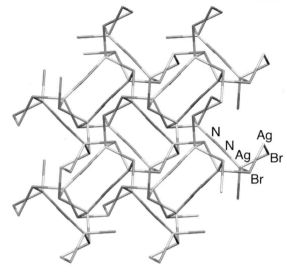

図1 化合物**2**におけるAgBrからなる三次元構造．チャネル構造内にそのen配位子が存在する．

きなチャネル構造を有している(図1)．en配位子はそのチャネル構造内に存在し，銀イオンを架橋している(図1)．溶液からはこの組成の化合物は純粋な化合物としては得られず，常に化合物**1**が主生成物として存在する．1：1組成の化合物**1**の熱重量測定を行うと，ゆるやかないくつかの重量減少が観測される．230℃で反応を止めると純粋なAgBrが得られる．115℃ではわずかに化合物**2**が生成するが，主生成物は配位子含有量の少ない未知の化合物である．

【関連錯体の紹介およびトピックス】ヨウ化銀(I)と2-エチルピラジン(eprz)からは，6^{3}網目構造を有するAgIの二次元シートの上下からeprzが単座配位した[Ag(μ_3-I)(eprz)]が得られる[2]．

また，硝酸銀(I)をenと反応させると，ほぼ直交する-Ag-en-Ag-の一次元鎖が，3.14 ÅのAg⋯Ag相互作用を介して三次元的に結合した構造を有する[Ag(en)](NO$_3$)を与える[3]．

【黒田孝義】

【参考文献】
1) C. Naether et al., Z. Naturforsch., B, **2004**, 59, 992.
2) A. Beck et al., Z. Naturforsch., B, **2006**, 61, 517.
3) J.-X. Dai et al., Z. Naturforsch., B, **2007**, 62, 1112.

[AgN$_4$]$_n$

【名称】〔Ag(DCNQI)$_2$〕(DCNQI＝2,5-dimethyl-*N*,*N*′-dicyanoquinonediimine)

【背景】機能性物質開発の中では，加工性，自己集積性，物質設計性，多様性といった点で分子性化合物が注目を受けている．このような化合物をエレクトロニクスに応用する場合に，有機分子を用いる利点として，結晶構造に由来する低次元的な伝導パスの形成が挙げられる．このような結晶の集積化が制御可能であれば，デバイス化への展望が開ける．無機物ではドーピングによる電子状態の調整が幅広く行われるが，有機物を用いる分子性化合物では無機物よりもソフトな方法が必要になる．そこで光化学固体反応を利用した伝導度調整可能な物質開発が行われ，光照射によって構造相転移が起き，それに伴う伝導度の制御が可能であることが示された[1]．

【調製法】配位子は，*p*-ベンゾキノンに対して四塩化チタンとビス(トリメチルシリル)カルボジイミドを反応させることで得られる．他にも，*p*-フェニレンジアミンからジシアノジアミン体を得て，酸化して得る方法がある[2]．目的の銀錯体は，DM 配位子をテトラフルオロホウ酸銀(I)の電解質を用いて，アセトニトリル溶液中で電気化学的に黒色針状結晶として得ることができる[3]．

【性質・構造・機能・意義】〔Ag(DM)$_2$〕は，光化学固体反応により，$α, β, γ, δ, ε$ 相の多様な構造をとることが知られているが，伝導度制御に利用できるのは，$α → β$ の相転移である．$β$ は化学的性質や構造，吸収スペクトルなど，伝導性以外の点ではほぼ $α$ と同様の性質を示す．合成後に得られた $α$ 相の室温での抵抗率($ρ$)測定を行いながら紫外光(UV)照射を行うと，熱効果により急激な $ρ$ の増加を示し，その後ゆっくりと $ρ$ は上がり続ける．75 分後にいったん UV 照射を切ると $ρ$ は低下して初期値より高い値で一定値をとるが，再度 UV 照射を行うと，速やかにもとの増加曲線に戻る．このことから，$ρ$ の増加は熱によるものと UV による効果が共存しているといえる．$α$ 相に部分的に光照射を行った結晶の $ρ$ の温度変化からは，$α$ 相の金属的挙動から長時間の光照射で生じる半導体的な状態が現れていることが知られており[2]，これは $β$ 相と名づけられた．この $β$ 相は，後述するように粉末 X 線の結果から光照射の時間に応じて $β1, β2$ の 2 つの相に分かれるが，この両者からなる $β$ 相の実際の組成は光照射の時間に依存して，連続的に変化させることができる．この $β$ 相の出現は，4 つある Ag-DM 配位が部分的に DM から Ag に電荷移動することで切断されるために現れるが，このとき Ag の遊離は生じないと考えられる．さらに $α$ 相に強い光を照射してできるアモルファス状の $γ$ 相は，絶縁体的挙動を示すことから，$α, β, γ$ 相を光照射の条件によって自在に変化させることで，1 つの結晶中における多様な伝導設計が可能になると考えられる．

$α$ 相において，構造的には＋0.5 の電荷をもつ DM 分子が $π$ 電子系による分子間相互作用で積層構造を形成し，不対電子がこのカラム内で伝導を担う．そして全ての＝N-CN 官能基で Ag と配位している．光照射による構造の変化は粉末 X 線解析により調べられた．その結果，40 時間以内の光照射では，$α$ 相と同じピーク位置を示すが高角側でピーク強度の増加あるいは減少が見られる一方で，さらに継続して光照射を行うと，60 時間程度でそれまでと異なるピークを示す新たな相が現れることが明らかとなった．前者を $β1$，後者を $β2$ 相と呼ぶ．

このように，光照射した任意の場所だけ照射時間に応じ伝導度を制御する手法は，光の微細制御と組み合わせて，可逆的に分子結晶の特定部位の電子状態を制御し，新たなデバイスの可能性をもたらす．

【関連錯体の紹介およびトピックス】金属として銅を用いたものが得られており，金属伝導と磁気秩序化の共存，$π$-d 軌道の混成による三次元的なバンド構造，重い電子系などの興味深い性質を示すことが知られている[4]．

【小島憲道・榎本真哉】

【参考文献】
1) T. Naito *et al.*, *Nanotechnology*, **2007**, *18*, 424008.
2) A. Aumüller *et al.*, *Liebigs Ann. Chem.*, **1986**, *1*, 142.
3) a) R. Kato *et al.*, *Synth. Metals*, **1988**, *27*, B263; b) T. Naito *et al.*, *Adv. Mater.*, **2004**, *16*, 1786.
4) a) H. Kobayashi *et al.*, *Solid. State. Commun.*, **1988**, *65*, 1351; b) R. Kato *et al.*, *J. Am. Chem. Soc.*, **1989**, *111*, 5224; c) H. Kobayashi *et al.*, *Phys. Rev. B*, **1993**, *47*, 3500.

[AgN$_4$]$_n$

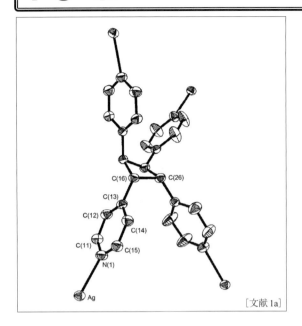

[文献1a]

【名称】 catena-(1,2,3,4-tetrakis(4-pyridyl)-cyclobutane silver(I) tetrafluoroborate acetonitrile solvate), {[Ag}(4-py)cyb}]BF$_4$·3MeCN}$_n$ (**1**)[1]

【背景】 Ag(I)イオンと4,4′-ビピリジル類縁配位子に代表される架橋配位子を組み合わせると,一般にAg(I)イオンと架橋配位子が交互に連結した直線鎖状構造のAg(I)配位高分子が生成し,近接した鎖状構造同士が,π-π相互作用とAg-Ag相互作用の両方を最大にするような配列をとる.これに対し,Ag(I)イオンと1,2-トランス-(4-ピリジル)エテン(bpe)を反応させると,in siteにおいて予期しない環化縮合反応が起こり,さらに結果生じた1,2,3,4-テトラキス(4-ピリジル)シクロブタン((4-py)cyb)とAg(I)イオンより,先例のない三次元構造を有するAg(I)配位高分子が自己集積化することを明らかにしたはじめての例である.

【調製法】 アセトニトリルに溶かしたAgBF$_4$溶液と,ジクロロメタンに溶かしたbpe溶液をモル比1:2で二層にし,太陽光を遮光せずに拡散させると,約1ヶ月後,{[Ag}(4-py)cyb}]BF$_4$·3MeCN}$_n$ (**1**) の無色ブロック状結晶が得られる.収量:63 mg(44%).

【性質・構造・機能・意義】 置換基を有するアルケン類の二量化反応は,通常UV光分解によって成し遂げられる.MeOHあるいはC$_6$H$_6$溶液中におけるbpeのUV光分解による二量化反応は,2つの異性体を与え,UV源がない場合,環化縮合反応は起こらない.また固体状態においてはbpeの二量化反応は起こらず,これは結晶構造内におけるbpeの配置に起因していると考えられている[2].

一方,AgBF$_4$とbpeをMeCN/CH$_2$Cl$_2$中において遮光せずに反応させると,bpeの[2+2]環化縮合反応がin situで起こり,単一種としての(4-py)cybが生成し,さらに(4-py)cybがAg(I)イオンを連結することより,三次元Ag(I)配位高分子{[Ag}(4-py)cyb}]BF$_4$·3MeCN}$_n$が得られる.この二量化反応は遮光下においては進行せず,前提条件としてAg-Ag相互作用とπ-π相互作用により近接したエテンを有するAg/bpeユニットの構造[1]が二量化反応の障壁を低くし,さらにbpeのAg(I)イオンへの配位が電子移動を可視領域へシフトさせているものと考察されている.

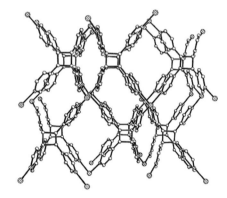

図1 チャネル構造を形成した錯体**1**のポリマー配列構造[1]

錯体**1**の構造は図1のように,各々のAg(I)イオンが(4-py)cybの4つのピリジル基により正四面体形につなげられて,チャネル構造を有する三次元Ag(I)配位高分子が生成し,その空孔内にBF$_4^-$アニオンとCH$_3$CNが取り込まれている.このチャネルは,Ag-py基-cyclobutane-py基-Ag鎖が螺旋構造を形成していることから興味深く,螺旋形チャネルをもった相互貫入のない構造は先例のないネットワーク構造として注目される.

【関連錯体の紹介およびトピックス】 光化学的な[2+2]環化縮合反応を含む関連Ag(I)配位高分子錯体が合成され,X線構造および性質が報告されている[3].

【前川雅彦】

【参考文献】

1) a) A. J. Blake *et al.*, *Chem. Commun.*, **1997**, 1675; b) A. J. Blake *et al.*, *Coord. Chem. Rev.*, **1999**, *183*, 117.
2) a) J. Vansant *et al.*, *J. Org. Chem.*, **1980**, *45*, 1565; b) M. Horner *et al.*, *Liebigs Ann. Chem.*, **1982**, 1183.
3) D. Liu *et al.*, *Cryst. Growth Des.*, **2009**, *9*, 4562.

[AgN$_4$]$_n$

光 導 磁

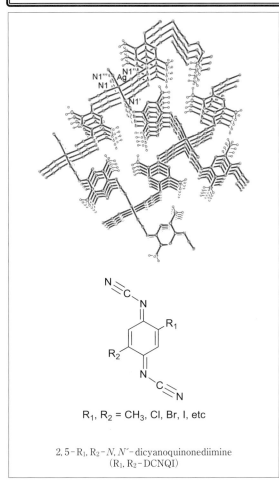

2,5-R$_1$,R$_2$-N,N'-dicyanoquinonediimine
(R$_1$,R$_2$-DCNQI)

【名称】photoreactive silver (I) complex: Ag (R$_1$, R$_2$-DCNQI)$_2$ (R$_1$,R$_2$=CH$_3$, Cl, Br, I, etc)

【背景】一連の金属–DCNQI錯体の中で銀錯体Ag(R$_1$, R$_2$-DCNQI)$_2$は,固体の状態で可視–紫外光を浴びると,Ag$^+$の感光性により光化学反応を起こす.その結果,光の当たった部分だけ,電気・磁気物性が定性的,不可逆的に変化する.光照射前は金属と同様の電気伝導性を示すが,光照射につれて半導体を経て,絶縁体へと変化していく.同時に,磁性も金属結晶に固有のPauli常磁性から,光照射につれて反磁性やCurie常磁性に変わっていく.つまりこの銀錯体に光を当てることは,現行の無機半導体技術における光微細加工とドーピング(電気伝導性の調整)を同時に施すことに相当し("光ドーピング"),空間分解能をもった,分子結晶の電荷移動錯体(単結晶)の伝導性と磁性の制御が可能になる.それを実証した最初の重要な錯体である[1].

【調製法】目的のDCNQIとAgNO$_3$またはAgBF$_4$をCH$_3$CNに溶かし,-30℃まで冷却した後,1cm程度に切った直径1mmの銀線を加え,2日間静置すると黒色針状晶が得られる[1].

【性質・構造・機能・意義】Ag^{I}にπ共役系分子末端のNCN基が歪んだ四面体構造に配位した錯体であり,有機配位子(R$_1$,R$_2$-DCNQI)は形式上0.5価のアニオンになる.その結果生じた不対電子は,配位子が積層して形成されたカラムに沿って金属的電気伝導を担う.この電気伝導の方向は,針状晶が伸びている方向と一致する.例えばR$_1$,R$_2$=CH$_3$の場合,針状晶の一部に紫外光(250〜450nm)を照射すると,配位子上の不対電子(伝導電子)の一部がAg^{I}に吸い取られ,電気伝導性が低下する.実際に結晶内で起こっていることは,もっと複雑な化学反応と構造変化であるが[2],いずれにせよ光照射の有無によって生じた界面に接合子構造が形成される.こうした処理を施した結晶では,整流作用が観測される[1].つまり,部分的な光照射のみによって,金属錯体の単結晶がダイオードという半導体デバイスの機能(整流作用)をもったことになる.

【関連錯体の紹介およびトピックス】置換基R$_1$,R$_2$としてハロゲン原子を持つ錯体は,紫外光照射に伴って一部の有機分子(配位子)が分解し,ハロゲン化銀(I)が生じる[3].この反応性をうまく利用することで,ダイオードやバリスターといった半導体デバイス機能を付与したり,1個の単結晶の中に定性的に異なる磁性を共存させたりすることが可能になった.いずれも他の方法や他の物質では,現在のところ不可能な機能の創出である.

この銀錯体の感光性を利用した,他の関連した新しい機能または物質の創製法として,各種有機デバイスの保護のための有機ガラス生成,銀ナノ粒子の合成などが報告されている[4].総説も出版されている[5].

【内藤俊雄】

【参考文献】
1) T. Naito *et al.*, *Adv. Mater.*, **2004**, *16*, 1786.
2) a) T. Naito *et al.*, *Nanotechnology*, **2007**, *18*, 424008; b) T. Miyamoto *et al.*, *Chem. Lett.*, **2007**, *36*, 1008; c) T. Miyamoto *et al.*, *J. Phys. Chem. C*, **2009**, *113*, 20476.
3) a) T. Naito *et al.*, *J. Solid State Chem.*, **2009**, *182*, 2733; b) T. Naito *et al.*, *Cryst. Growth & Design*, **2011**, *11*, 501.
4) T. Naito *et al.*, *Adv. Funct. Mater.*, **2007**, *17*, 1663.
5) T. Naito *et al.*, *Bull. Chem. Soc. Jpn.*, **2017**, *90*, 89.

[AgOS₃]ₙ

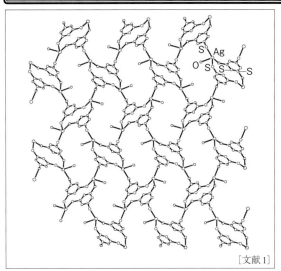

[文献1]

【名称】[1,3,5-tri(benzylsufanyl)benzene-κS-silver(+1) perchlorate]: [Ag₂(3bsb)₂(ClO₄)₂]

【背景】Ag(I)イオンと硫黄含有芳香族化合物からなる配位高分子はS原子の数や方向性によって，様々な骨格構造を形成できる．本配位高分子は，一連の合成研究から偶然発見されたクロミック現象を示すAg(I)配位高分子である[1]．3bsbのベンジル基は脱離しやすいことから，Ag(I)とS原子の配位結合の強さと二次元シート構造が有機ラジカルの安定性に効果を発揮したものと考えられる．

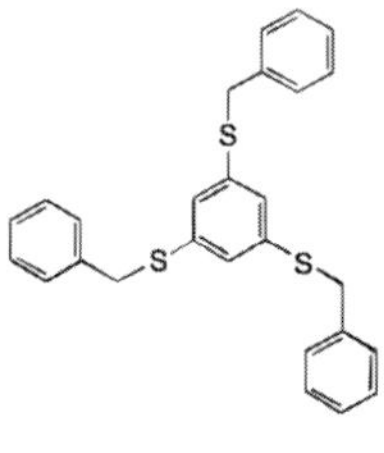

図1 1,3,5-*tris*(benzylsufanyl) benzene (3bsb)の化学構造

【調製法】配位子1,3,5-*tris*(benzylsufanyl)benzene(3bsb) (図1)は，1,3,5-trithiolbenzeneを出発原料にDMF中benzylchlorideを作用させることにより，得られる．トルエン/n-ペンタン溶液から再結晶し，黄色板状結晶として得られる．錯体は，AgClO₄と3bsbのアセトン溶液に拡散溶媒としてn-ペンタンを加え，2週間5℃で静置した結果，無色板状結晶[Ag₂(3bsb)₂(ClO₄)₂]が得られる．

【性質・構造・機能・意義】[Ag₂(3bsb)₂(ClO₄)₂]には結晶学的に2種の異なったAg(I)イオンが存在する．2つの配位子3bsbが中心のベンゼン環がface-to-faceで向き合い，2つのAg(I)イオンで架橋している．Ag(I)イオンには3bsbの3つのS原子と対アニオンであるClO₄⁻イオンのO原子が配位し，四配位構造を形成しており，全体として図1に示すように，二次元シート構造を構築していた．この錯体の特徴は，紫外線照射により，白色から赤色に変化し，さらに，加熱や暗所静置やアセトン蒸気にさらすと，もとの白色に戻ることである．着色の原因はラジカル起源と考えられる．ESRにより，有機ラジカルに対応したシグナルの増減を紫外線照射と加熱から得ている．類似の配位子に，ベンゼン環に複数の-SCH₂Phを有する有機配位子(1,2,4,5-*tetrakis*(benzylsufanyl)benzene, *hexakis*(benzylsufanyl)benzene)や-CH₂SPh基を複数有する有機配位子を合成している．これらの配位子とAgClO₄からなる配位高分子の単結晶X線構造解析がなされているが，いずれの場合にも，Agイオンと配位子が交互に連結した一次元の直鎖状配位高分子であり，先の[Ag₂(3bsb)₂(ClO₄)₂]で見られたような紫外線照射による変色現象は観察されていない．また，3bsb分子そのものにもクロミズム現象は観察されず，銀錯体を形成してはじめて，変色現象を示す興味深い錯体である．1,2,4,5-*tetra*(benzylsufanyl)benzene[2]はS. D. Coxらによって，紫外線照射による，変色現象が報告されているが，銀錯体の報告例はない．

【関連錯体の紹介およびトピックス】

octakis(phenylsufanyl)naphthalene(ophn)(図2)とAgNO₃からなるはしご型配位高分子も圧力による，可逆的な変色現象を示す[3]．側鎖にかさ高い置換基をもつophnは，中心のナフタレン骨格が歪み，平面性を失う．Ag(I)錯体には，この歪んだ状態でophnが組み込まれている．加圧による可逆的な変色現象のメカニズムは明らかではないが，ophnの歪んだ構造が原因ではないかと推定されている．

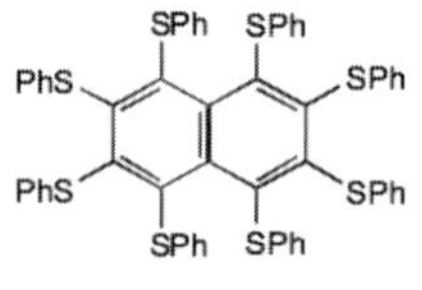

図2 *octakis*(phenylsufanyl) naphthalene(ophn)の化学構造

【末永勇作】

【参考文献】
1) Y. Suenaga *et al.*, *Inorg. Chem. Commun.*, **2003**, 6, 389.
2) S. D. Cox *et al.*, *J. Am. Chem. Soc.*, **1984**, 106, 7131.
3) 末永勇作ほか，第50回錯体化学討論会（立命館大学 要旨集43頁，IC-C12），2000．

$[AgSCl]_n$

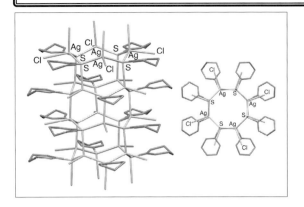

【名称】catena-(tetrakis(μ_3-2-mercapto-3,4,5,6-tetrahydropyrimidine)-tetrachlorotetrasilver(I)):$[Ag_4Cl_4(\mu_3\text{-}StpmH_2)_4]_n$($StpmH_2$=2-mercapto-3,4,5,6-tetrahydro pyrimidine)

【背景】銀(I)イオンと枝分かれのない直鎖チオレート配位子との反応では,銀(I)イオンが他の架橋硫黄原子から攻撃されやすいため高分子化合物が生成しやすいのに対して,置換チオレートなどのかさ高い配位子では凝集体を形成しやすいことが知られている[2].非常にかさ高い配位子である$StpmH_2$を用いた場合には,Ag_4S_4八員環骨格を有する銀(I)錯体が得られる.

【調製法】塩化銀(I)(0.143 g, 1 mmol)と2-メルカプト-3,4,5,6-テトラヒドロピリミジン($StpmH_2$, 0.234 g, 2 mmol)を 7 mLの DMSO 中で過剰の NEt_3 存在下で反応させ,暗所にて静置することにより Ag_4S_4 八員環骨格を有する無色の$[Ag_4Cl_4(\mu_3\text{-}StpmH_2)_4]$(**1**)が得られる(上図).

【性質・構造・機能・意義】この反応では,過剰の NEt_3 を加えても,チオアミドの脱プロトン化は起こっていない.同じ条件で,2-メルカプトニコチン酸(Hmna)を塩化銀(I)と反応させたときには,チオアミドの脱プロトン化が起こり$[Ag_6(\mu_3\text{-}Hmna)_4(\mu_3\text{-}mna)_2]^{2-}$の骨格を有する水溶性の六量体が形成されることが報告されている[3].化合物 **1** は八角形の Ag_4S_4 構造が積層したナノチューブ構造を有している.4つの銀(I)イオンは 4つの硫黄原子に架橋され八角形の Ag_4S_4 構造を形成している.それぞれの銀(I)イオンはもう 1つの八角形内の銀(I)イオンと硫黄原子により架橋されている.化合物 **1** における銀(I)イオンの配位構造は四面体型である.化合物 **1** は DMSO および DMF に可溶で空気中暗所で安定である.

【関連錯体の紹介およびトピックス】臭化銀(I)を DMSO 中で過剰の NEt_3 とともに $StpmH_2$ と反応させると,水に不溶の化合物$[Ag_6(\mu_2\text{-}Br)_6(\mu_2\text{-}StpmH_2)_4(\mu_3\text{-}StpmH_2)_2]$(**2**)(図1a)を与える[4].化合物 **2** の結晶構造は,Ag_2Br_2 菱形骨格と Ag_3S_3 六員環骨格が銀(I)イオンを介して交互に結合した一次元リボン状構造を形成している.一方,硝酸銀(I)を用いて同様の反応を行うと,化合物$[Ag_4(\mu_2\text{-}StpmH_2)_6](NO_3)_4$(**3**)(図1b)を与える[4].化合物 **3** では一次元の-Ag-S-Ag-構造を形成し,2 本の一次元鎖の銀(I)イオンが $StpmH_2$ の硫黄原子で架橋されたハシゴ型一次元鎖構造を形成している.**1** を含めたこれら 3 つの化合物の ^{109}Ag NMR を測定したところ,**1** では 852 ppm,**2** および **3** ではそれぞれ 753 ppm および 709 ppm にシグナルが観測された.**2**,**3** に比して **1** の低磁場シフトは Ag_4S_4 八員環骨格に起因する疑似芳香族性により説明されている.

a)

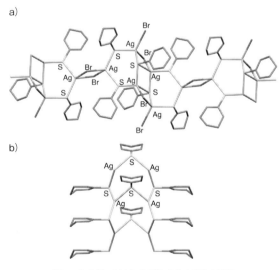

b)

図1 化合物 **2**(上)および化合物 **3**(下)の構造

【黒田孝義】

【参考文献】
1) S. Zartilas *et al., Eur. J. Inorg. Chem.*, **2007**, 1219.
2) A. Perez-Lourido *et al., J. Chem. Soc., Dalton Trans.*, **1996**, 2047.
3) P. C. Zachariadis *et al., Inorg. Chim. Acta*, **2003**, *343*, 361.
4) P. C. Zachariadis *et al., Eur. J. Inorg. Chem.*, **2004**, 1420.

$[Ag_2C_8O_2]_n$

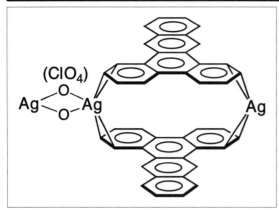

【名称】di-µ-perchlorido-κO: κO'-bis-µ-[(η^2, η^2)-1,2-benzotriphenylene]disilver(I): [Ag(btp)(ClO$_4$)]

【背景】ベンゼン環の2つ以上の原子を環の一部に含む環状化合物は一般にシクロファンと呼ばれる. [2,2]パラシクロファンはベンゼン環のパラ位をエチレン鎖で架橋したもので, 分子構造は1949年に決定された. [2,2]パラシクロファンでは異常に接近した位置関係に固定された2つのベンゼン環の分子内相互作用により, ベンゼン環が平面から歪んでいる[1]. 1,2-ベンゾトリフェニレン (btp) のAg(I)錯体 [Ag(btp)(ClO$_4$)] は2つの芳香環が配位したAg(I)イオンを環の一部に含む環状配位化合物 (メタロシクロファン) であり, 大変興味深い化合物である[2].

【調製法】アルゴン雰囲気下, 過塩素酸銀 (AgClO$_4$·H$_2$O, 6.7 mg) および btp (15.1 mg) を 1 mL の p-キシレンに溶解する. この溶液を 7 mmϕ のガラス管に入れ, その上部に n-ペンタンを界面ができるように入れて封管する. この封管を遮光して, 室温で1日静置することにより, [Ag(btp)(ClO$_4$)] の黄色柱状結晶が得られる. なお, 過塩素酸塩化合物 (AgClO$_4$·H$_2$O, [Ag(btp)(ClO$_4$)]) は爆発性なので取り扱いに十分注意すること.

【性質・構造・機能・意義】この錯体は 2 つの btp が 2 個の Ag(I) に π 配位することで環状のメタロシクロファン構造をとっている. この Ag はさらに 2 つの ClO$_4$ の O で架橋されており分子全体としては一次元鎖構造を形成している. 2 つのベンゼン環をつないだ [2,2] パラシクロファンではベンゼン環は外側に反っているが, この錯体で btp は内側に 0.35 Å 反っており, 分子中央部分で π 相互作用 (最短 3.64 Å) がある (図1). btp が配位した Ag は正四面体の結合角 (109.5°) をとろうとする. 一方, btp の π 軌道は分子平面の垂直方向に広がっており, この方向に Ag に結合しようとする. この両者の条件にできるだけ近づけるために, 硬直な btp 分子が内側に反っていると考えられる. それでも C–Ag–C 結合角は 132.3° と正四面体の結合角よりかなり大きく, 歪んだ四面体構造である.

また, Ag と結合している btp の π 軌道は分子平面に対して 102.5° であり, 90° より大きい. このように異常な結合角を有し, btp の平面が大きく反るという犠牲を払ってシクロファン構造が形成されている. 本メタロシクロファンの btp は一次元鎖間でも π–π 相互作用 (btp の両端で 3.48〜3.64 Å) があり (図1), これにより比較的高い伝導性 ($\sigma = 1.32\,\mathrm{S\,cm^{-1}}$) を示す.

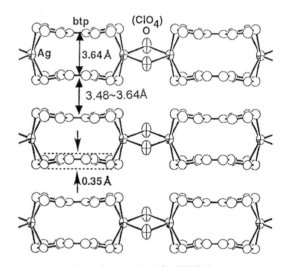

図1 [Ag(btp)(ClO$_4$)] の結晶構造

【関連錯体の紹介およびトピックス】btp の類縁化合物であるトリフェニレン (tph) を用いて, 同様なメタロシクロファン構造を有し, それが ClO$_4$ でつながった一次元鎖が積層した集積化合物 ([Ag(tph)(ClO$_4$)]) が合成されている[3]. この化合物の tph 分子の反り (0.29 Å) は btp より小さいため, 分子内 tph 間距離は最短 3.74 Å で, 本化合物は絶縁体である. 【宗像 惠】

【参考文献】
1) C. J. Brown *et al.*, *Nature*, **1949**, *164*, 915.
2) M. Munakata *et al.*, *Angew. Chem. Int. Ed. Engl.*, **2000**, *39*, 4555.
3) M. Munakata *et al.*, *Cord. Chem. Rev.*, **2000**, *198*, 171.

$[Ag_2C_{10}O_2]_n$

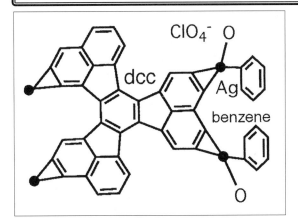

【名称】di-μ-perchrolido-κO:κO'-μ^4・($η^2,η^2,η^2,η^2$-deca-cyclene) bis-μ-($η^1,η^1$-benzene) disilver (I):[Ag_2(dcc)(benzene)$_2$(ClO$_4$)$_2$]

【背景】革命的な化合物といわれるフェロセン[Fe(C$_5$H$_5$)$_2$]がPausonら[1]によって合成されたのは1951年である. その後, 芳香族配位子で金属を挟んだいわゆるサンドイッチ化合物の合成研究がなされてきた[2]. 例えば, 大きく広がったπ電子系を有する環状配位子を用いて, 複数の金属を挟んだサンドイッチ化合物[3], またサンドイッチ構造が縦方向につながったマルチデッカー化合物[4]など多種多様なサンドイッチ化合物が合成されている. マルチデッカー化合物で最も高く積み上げたものは, カルボラン五員環と1,2,3,4,5-ペンタメチルシクロペンタジエン(Cp*)を用いて合成されたヘキサデッカーCo錯体[{Cp*Co^{III}(Et$_2$C$_2$B$_3$H$_2$Me)Co^{III}(Et$_2$C$_2$B$_3$H$_3$)}$_2$H$_2$Co^{IV}]である[5]. [Ag$_2$(dcc)(benzene)$_2$(ClO$_4$)$_2$]はAg(I)でdccを縦方向に積み上げたマルチデッカー錯体である[6].

【調製法】デカサイクレン(dcc)(18.2 mg)をベンゼン(8 mL)とニトロベンゼン(4 mL)の混合溶媒に温めながら溶解する. この溶液を室温まで冷却した後, AgClO$_4$・H$_2$O(42 mg)を加え, 20分間撹拌する. このろ液の一部をガラス管に移し, n-ヘキサンを混合しないように加え, 封管する. このガラス管を室温で4週間静置すると, 褐色針状結晶の[Ag$_2$(dcc)(benzene)$_2$(ClO$_4$)$_2$]が得られる. なお, 過塩素酸塩化合物(AgClO$_4$・H$_2$O, [Ag$_2$(dcc)(benzene)$_2$(ClO$_4$)$_2$])は爆発性なので取り扱いに十分注意すること.

【性質・構造・機能・意義】デカサイクレン(dcc)が分子平面の上下方向からそれぞれ2つのAg(I)にπ配位することで積み重なったマルチデッカー構造である. 隣接するdccはスタッガード配置であり, dccの3つのアセナフテン部位は同一平面にはなく少しねじれているが, アセナフテン部位での重なり(3.33〜3.61 Å)があり, π-π相互作用が存在する. このマルチデッカー錯体のAg(I)には, さらにベンゼンが架橋配位し, 二次元シートを形成している. 本錯体の模式図を図1に示すが, Agに配位しているClO$_4$は省略されている.

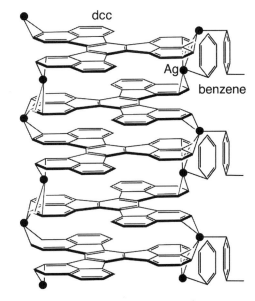

図1 [Ag$_2$(dcc)(benzene)$_2$(ClO$_4$)$_2$]の多層構造

【関連錯体の紹介およびトピックス】多層構造は7,12-dimethylbenz[a]anthracene(dmban)のAg錯体[Ag$_2$(dmban)$_2$(ClO$_4$)$_2$](p-xylene)においても得られている[7]. Agへのdmbanの配位によって一次元鎖が形成され, さらにこのAgがClO$_4$でつながった二次元構造となっている. dmban間にπ-π相互作用(最短距離3.25 Å)を有する積層構造を形成している. 【宗像 恵】

【参考文献】
1) T. J. Kealy *et al.*, *Nature*, **1951**, *168*, 1039.
2) M. Munakata *et al.*, *Cord. Chem. Rev.*, **2000**, *198*, 171.
3) T. J. Katz *et al.*, *J. Am. Chem. Soc.*, **1980**, *102*, 1058.
4) W. H. Lauher *et al.*, *J. Am. Chem. Soc.*, **1976**, *98*, 3219.
5) R. N. Grimes *et al.*, *J. Am. Chem. Soc.*, **1995**, *117*, 12227.
6) M. Munakata *et al.*, *J. Am. Chem. Soc.*, **1999**, *121*, 4968.
7) M. Munakata *et al.*, *Inorg. Chem.*, **2003**, *42*, 2553.

$[Ag_2N_2O_4S_2]_n$

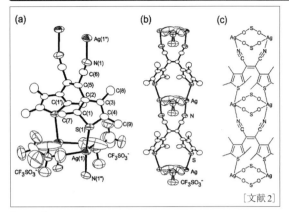

[文献2]

【名称】[*cis*-1,2-dicyano-κ*N*-1,2-bis(2,4,5-tri methyl-3-thienyl-κ*S*)ethane bis(silver(+1)trifluoro methane sulfite)]: $[Ag_2(cis\text{-}dbe)(CF_3SO_3)_2]$

【背景】光により可逆的に構造変換し、同時に色の変わるフォトクロミック化合物は、光記憶材料や光スイッチなど光デバイスとして、注目されている。入江ら[1]によって開発されたジアリルエテン誘導体は熱安定性があり、光耐久性の優れた化合物であるが、Ag(I)金属錯体としてその結晶構造とフォトクロミック現象を明らかにしたはじめての例である[2].

【調製法】$AgCF_3SO_3$を含むヘキサン/THF溶液にシス-1,2-ジシアノ-1,2-ビス(2,4,5-トリメチル-3-チエニル)エテン(*cis*-dbe)(図1)のヘキサン溶液を加える。溶液をろ過し、ろ液を暗所下、1ヶ月静置すると、黄色針状結晶が得られる。

図1 *cis*-dbeの化学構造

【性質・構造・機能・意義】*cis*-dbeを有機配位子に新規なAg(I)配位高分子を合成した。*cis*-dbeと$AgCF_3SO_3$, $AgCF_3CO_2$との反応により、それぞれ一次元鎖構造を有する$[Ag_2(cis\text{-}dbe)(CF_3SO_3)_2]$ (**1**), $[Ag_2(cis\text{-}dbe)(CF_3CO_2)_2]$ (**2**) が得られる。Ag(I)イオンには、*cis*-dbeの1つのS原子と1つのシアノ基のN原子が配位し、さらに、対アニオンのO原子が架橋配位したひずんだ四配位構造を形成。*cis*-dbeには4つAg(I)イオンが配位結合することで、一次元鎖を形成している。一方、*cis*-dbeと$C_nH_{2n+1}CO_2$との反応は、それぞれ、先例のない二次元シート構造$[Ag_2(cis\text{-}dbe)(C_nH_{2n+1}CO_2)_2]$ ($n=2$ (**3**), $n=3$ (**4**), $n=4$ (**5**))を与えた。化合物**1,2**と異なり、対アニオンのO原子はAg(I)イオンと*cis*-dbeからなる一次元鎖間を架橋することにより、二次元シート構造を形成している。450 nmの光照射により、これらの5つのAg(I)錯体は黄色からオレンジあるいは赤色に変化し、560 nmの光照射により、黄色に戻った(図2)。このことは、結晶状態において可逆的な環化/開環反応が生じていることを示している。この環化/開環反応応答性は、化合物間で異なり、$C(1)$-$C(1')$距離(化合物**1**: 3.58 Å, 化合物**2**: 3.51 Å, 化合物**3**: 3.45 Å, 化合物**4**: 3.48 Å, 化合物**5**: 3.47 Å)が短く、Ag-S間距離(化合物**1**: 2.52 Å, 化合物**2**: 2.92 Å, 化合物**3**: 2.83 Å, 化合物**4**: 2.79 Å, 化合物**5**: 2.86 Å)が長く、さらに、2つのチオフェン環が回転するための立体障害に対応していることが明らかとなった。このように異なる陰イオンは、異なる構造を与えるだけでなく、異なる光応答パターンを与えることを見いだし、結晶構造とフォトクロミック反応の相関関係を議論している。

【関連錯体の紹介およびトピックス】同じ*cis*-dbeを用いてMo(II), Rh(II)配位高分子が合成されている[3,4]。シアノ基のみあるいはS原子のみに配位し、一次元鎖状構造を形成している。また、チエニル基の5位にピリジン環を有する配位子とCu(II)やAg(I)錯体も合成され、そのフォトクロミズム現象を明らかにしている[5,6]。さらに、チエニル基の5位にカルボキシル基を有する配位子からCo(II), Cu(II), Zn(II)錯体の報告例もある[7,8].

【末永勇作】

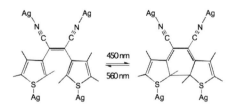

図2 化合物**1,2**の光照射による構造変化

【参考文献】
1) M. Irie *et al., Bull. Chem. Soc. Jpn.*, **1998**, *71*, 985.
2) H. Konaka *et al., Inorg. Chem.*, **2003**, *42*, 1928.
3) J. Han *et al., Inorg. Chim. Acta*, **2006**, *359*, 99.
4) J. Han *et al., Polyhedron*, **2006**, *25*, 2483.
5) M. Munakata *et al., Polyhedron*, **2006**, *25*, 3519.
6) M. Munakata *et al., Inorg. Chim. Acta*, **2006**, *359*, 4281.
7) M. Munakata *et al., Inorg. Chim. Acta*, **2007**, *360*, 2792.
8) J. Han *et al., Inorg. Chem.*, **2007**, *46*, 3313.

[Ag$_4$C$_4$N$_3$O$_6$]$_n$

高有 Ag

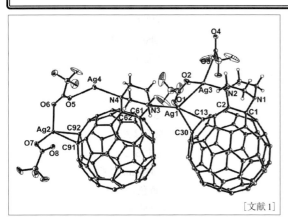

[文献1]

【名称】(a) catena-[bis(μ_3,η^2-1,9-(1,4-piperidino)-C$_{60}$ fullerene) bis(μ_3-trifluoromethanesulfonato) bis(μ_2-trifluoromethanesulfonato)tetrasilver(I) carbon disulfide solvate]: ¦[C$_{60}$(N(CH$_2$CH$_2$)$_2$N)][Ag(O$_2$CCF$_3$)]$_2$¦·CS$_2$ (**1**)[1)]; (b) bis(1,9-(1,4-piperidino)-C$_{60}$fullerene) nitrato silver(I) dichloromethane methanol solvate: [C$_{60}$(N(CH$_2$CH$_2$)$_2$N)]$_2$Ag(NO$_3$)·0.5CH$_3$OH·CH$_2$Cl$_2$ (**2**)[1)]; (c) catena-[(μ_2-η^2-1,9-(methyliminodimethylene)-C$_{60}$fullerene)nitrato silver (I)(μ_2-1,9-(methyliminodimethylene)-C$_{60}$fullerene)(μ_2-nitrato) silver(I) methanol solvate]: ¦[C$_{60}$(CH$_2$N(CH$_3$)CH$_2$)]Ag(NO$_3$)¦·0.25CH$_3$OH (**3**)[1)].

【背景】Ag(I)イオンはオレフィン類やアレン類と容易に結合することが知られているが,フラーレン類に直接結合した例は少ない.これまで気相における[Ag$_x$(C$_{60}$)]$^+$(X=1〜5)や[Ag(C$_{60}$)$_2$]$^+$などが分光化学的に調べられているが,X線結晶構造が明らかにされている例は,C$_{60}$¦Ag(NO$_3$)¦$_5$[2)]やAg(II)-ポルフィリン類とのC$_{60}$複合体などに限られている.化合物**1**〜**3**は,修飾フラーレン類がAg(I)イオンに配位した数少ないAg(I)配位高分子の研究例である.

【調製法】二硫化炭素に溶かしたC$_{60}$(N(CH$_2$CH$_2$)$_2$N)の飽和溶液と二硫化炭素に溶かしたAgCF$_3$COOの飽和溶液をガラス管内で混合し,約1週間静置すると¦[C$_{60}$(N(CH$_2$CH$_2$)$_2$N)][Ag(O$_2$CCF$_3$)]$_2$¦·CS$_2$ (**1**)の赤褐色板状結晶が得られる.収量:1.1 mg(61%).同様にジクロロメタンに溶かしたC$_{60}$(N(CH$_2$CH$_2$)$_2$N)の飽和溶液とメタノールに溶かしたAgNO$_3$の飽和溶液をガラス管内で二層にし,数週間静置すると[C$_{60}$(N(CH$_2$CH$_2$)$_2$N)]$_2$Ag(NO$_3$)·0.5CH$_3$OH·CH$_2$Cl$_2$ (**2**)の褐色板状結晶が得られる.また,トルエンに溶かしたC$_{60}$(CH$_2$N(CH$_3$)CH$_2$)の飽和溶液とメタノールに溶数週間静置すると¦[C$_{60}$(CH$_2$N(CH$_3$)CH$_2$)]Ag(NO$_3$)¦·0.25CH$_3$OH (**3**)の赤色板状結晶が得られる.収量:0.027 mg(20%).

【性質・構造・機能・意義】化合物**1**は4つの窒素原子と4つの架橋したトリフルオロ酢酸イオンが配位した4つのAg(I)イオンと,独立した2分子の修飾フラーレンC$_{60}$(N(CH$_2$CH$_2$)$_2$N)からなり,直線鎖状ポリマー構造を構成している.4つのAg(I)イオンのうち2つは異なるC$_{60}$(N(CH$_2$CH$_2$)$_2$N)の炭素原子にη^2-結合を形成し,また近接したAg…Ag接触(3.1657(7) Å)を有している.さらにこれらの鎖状構造がトリフルオロ酢酸イオンにより交差状に架橋され,複雑なネットワーク構造を形成している(構造図を参照).化合物**3**はAg(I)イオンが修飾フラーレンC$_{60}$(CH$_2$N(CH$_3$)CH$_2$)の1つの窒素原子と,1つの鎖状構造に対してはC$_{60}$(CH$_2$N(CH$_3$)CH$_2$)の炭素原子にη^1-構造で,また別の鎖状構造に対してはη^2-構造で炭素原子に配位しており,2つの似かよった鎖状構造を形成している.さらに各々のAg(I)イオンには2つの架橋したNO$_3^-$イオンの2つの酸素原子が配位している.一方,化合物**2**はAg(I)イオンに2つの修飾フラーレンC$_{60}$(N(CH$_2$CH$_2$)$_2$N)の窒素原子,2つのNO$_3^-$イオンが配位したビスフラーレン錯体である.

【関連錯体の紹介およびトピックス】C$_{60}$関連配位子を有するいくつかのAg(I)錯体[3-5)],およびC$_{60}$を包摂したAg(I)錯体[6,7)]が合成され,X線構造および性質が報告されている.

【前川雅彦】

【参考文献】
1) C. J. Chancellor *et al.*, *Inorg. Chem.*, **2009**, *48*, 1339.
2) M. M. Olmstead *et al.*, *Angew. Chem. Int. Ed.*, **1999**, *38*, 231.
3) J. Fan *et al.*, *Angew. Chem. Int. Ed.*, **2007**, *46*, 8013.
4) C.-H. Chen *et al.*, *Dalton Trans.*, **2015**, *44*, 18487.
5) A. Aghabali *et al.*, *J. Am. Chem. Soc.*, **2016**, *138*, 16459.
6) T. Ishii *et al.*, *Inorg. Chim. Acta*, **2001**, *317*, 81.
7) C. O. Ulloa *et al.*, *J. Phys. Chem.*, **2018**, *C122*, 25110.

$[Ag_4C_4O_8]_n$

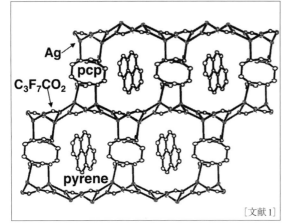

[文献1]

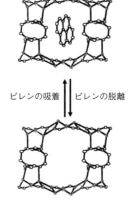

図1 細孔内のピレン分子の吸脱着挙動

【名称】{[2.2]paracyclophane-μ-di-η^1-η^2・tetra-silver(+1)tetra(heptafluorobutyrate)}・pyrene:$[Ag_4(pcp)(C_3F_7CO_2)_4]$・pyrene

【背景】ゼオライトやシクロデキストリンがその細孔の大きさに応じて小分子を包接できることから,包接挙動とともに,分離・精製の観点から注目をされている.金属イオンの配位数,配位構造と有機配位子の組合せから,結晶中に細孔を有する配位高分子が設計・合成されている.本Ag(I)配位高分子は,ピレン,フェナントロリン(phen),フルオレンを結晶中に包接し,そのゲスト分子の可逆的な吸脱着挙動を明らかにしたはじめてのAg(I)配位高分子の例である[1].

【調製法】配位子[2,2]パラシクロファン(pcp)とAgC$_3$F$_7$CO$_2$のメシチレン溶液にピレンを加え,撹拌する.この溶液に拡散溶媒としてテトラデカンを界面が乱れないようゆっくりと加えたあと,室温下,1週間静置すると,無色ブロック状結晶$[Ag_4(pcp)(C_3F_7CO_2)_4]$・pyreneが得られる.ピレンの代わりにフェナンスロリンを,また,フルオレンを使用すると,それぞれ$[Ag_4(pcp)(C_3F_7CO_2)_4]$・phen,$[Ag_4(pcp)(C_3F_7CO_2)_4]$・fluoreneが得られる.

【性質・構造・機能・意義】$[Ag_4(pcp)(C_3F_7CO_2)_4]$・pyreneには2種のAg(I)イオンが2つのカルボキシレートアニオンによって架橋され,八員環を形成し,これらの八員環がAg_2O_2を介してリボン状に結合している.3種の異なるC$_3$F$_7$CO$_2$から,それぞれのO原子とpcpのC原子が配位した四配位構造のAg(1)と3種の異なるC$_3$F$_7$CO$_2$から,それぞれのO原子とpcpのC=Cとη配位した四配位構造のAg(2)が存在する.図1に示すように,リボン状のAgC$_3$F$_7$CO$_2$鎖とpcp分子が結合し,細孔を有する2Dシート構造を形成している.細孔サイズは8.3×7.9Åあり,細孔内にはゲスト分子として,ピレンがpcpのベンゼン環とface-edgeのπ-π相互作用で取り込まれている.最近接間距離は2.70Åであった.$[Ag_4(pcp)(C_3F_7CO_2)_4]$・pyreneをベンゼン溶液中に浸漬すると,ピレン分子がベンゼン分子2分子に置換することが^{1}H NMR測定から明らかになった.別途合成した$[Ag_4(pcp)(C_3F_7CO_2)_4]$・2benzeneの粉末X線パターンと先に述べたゲスト分子交換で得られた結晶の粉末X線パターンが一致していることから,ゲスト分子の吸脱着が可能であることを示している.$[Ag_4(pcp)(C_3F_7CO_2)_4]$・2benzeneを150℃,15分間加熱し,ゲスト分子のベンゼンを除去した化合物をピレンのテトラデカン溶液に6日間浸漬したところ,ピレンに置換されていることを粉末X線回折から明らかにした(図1).他の2つの錯体$[Ag_4(pcp)(C_3F_7CO_2)_4]$・phenや$[Ag_4(pcp)(C_3F_7CO_2)_4]$・fluoreneについても,同様なゲスト分子を可逆的に吸脱着できる性質を示しており,このような,金属配位高分子の包接挙動は,細孔サイズを制御できることから注目されている.

【関連錯体の紹介およびトピックス】メシチレン溶液中でAgC$_3$F$_7$CO$_2$とpcpとの反応で,2Dシートの層間にメシチレン分子が包接した無色ブロック結晶が得られる[2].ゲスト分子は弱いCH-π相互作用によって,層間にインターカレーションしている.加熱により,ゲスト分子を除去した後,再度,メシチレン分子を取り込むことがわかった.

【末永勇作】

【参考文献】
1) T. Kuroda-Sowa et al., *Inorg. Chem.*, **2005**, *44*, 1686.
2) M. Munakata et al., *Inorg. Chem.*, **2004**, *43*, 633.
3) S. Q. Liu et al., *Inorg. Chim. Acta*, **2004**, *357*, 3621.

$Al_{13}O_{40}$

無 ク 溶

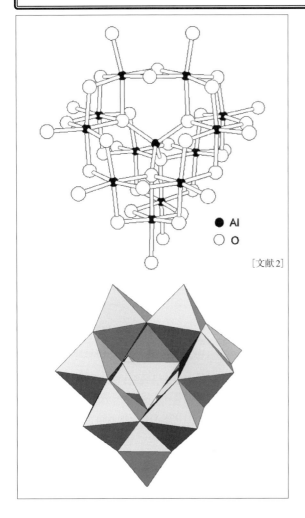

● Al
○ O

[文献2]

【名称】 ε-kiggin Al_{13} ion, ε-Al_{13} ($[Al_{13}O_4(OH)_{24}(H_2O)_{12}]^{7+}$), tetracosa-$\mu$-hydroxido-$\mu_{12}$-tetraoxidoaluminato-dodecakis(aquaaluminum)(7+).

【背景】 アルミニウムは溶液中で加水分解され,様々な陽イオン性分子性酸化物を生成する. $[Al_{13}O_4(OH)_{24}(H_2O)_{12}]^{7+}$ は単離され,構造が明らかにされた最初のアルミニウムの分子性酸化物である.この化合物の単離・構造決定により,加水分解を受けると,いかに複雑な構造を持った分子性酸化物が生成し得るか認識されるようになった.構造解析されたのは古く,1960 年のことであるが,最近,地質学者によって再発見され,アルミニウム鉱物のモデルとして使われるようになった[1]. Cl^- 塩,硫酸塩の他に $Na_3[Al_{13}O_4(OH)_{24}(H_2O)_{12}](SO_4)_5$, $Na[Al_{13}O_4(OH)_{24}(H_2O)_{12}](SeO_4)_4$, $[Al_{13}O_4(OH)_{24}(H_2O)_{12}][Al(OH)_6Mo_6O_{18}]_2(OH)$, $[Al_{13}O_4(OH)_{24}(H_2O)_{12}]_2[V_2W_4O_{19}]_3(OH)_2$, Na^+ のクラウンエーテル錯体を包接したカリックスアレンをアニオンにした塩などが知られる.

【調製法】 0.25 M の $AlCl_3$ 水溶液を 80～90℃ に加熱し,そこに NaOH 水溶液を,撹拌しても沈殿が消失しなくなるまで加える (約 2.5 当量).総加熱時間が 30 分に達したら懸濁液を希釈し,Na_2SO_4 水溶液を加える.$[Al^{3+}]=0.01 M$, $[SO_4^{2-}]=0.03 M$ 程度にすると 2 日から 2 週間程度で硫酸塩の無色の結晶が 50% 前後の収率で得られる[2]. $AlCl_3$ と $(NH_4)_2CO_3$ とのボールミル中での固相反応から $[Al_{13}O_4(OH)_{24}(H_2O)_{12}]^{7+}$ の Cl^- 塩が得られるという報告もある[3].

【性質・構造・機能・意義】 $[Al_{13}O_4(OH)_{24}(H_2O)_{12}]^{7+}$ イオンその物に色はなく,これまで得られている塩も,$[V_2W_4O_{19}]^{4-}$ 塩を除き,どれも無色の固体である.中心の四面体配位されたアルミニウムが ^{27}Al NMR において 62.5 ppm に鋭いピークを与えるので,ε-Al_{13} イオンの存在は容易に検出することができる.アルミニウムの濃度が 0.1 M 程度で pH 4～8 の溶液中では,ほとんどこのイオンのみが存在するとしている教科書もあるが,最近の ^{27}Al NMR の結果は,それとは合致しない.アルミニウム水溶液の平衡は遅く,炭酸イオンの存在によって大きく影響されるので,異なる論文の結果を比較する際には注意を要する.

12 個の AlO_6 八面体が稜共有して作るかごの中に AlO_4 四面体が取り込まれた構造をもつ.3 つの AlO_6 八面体が稜共有して三角形の Al_3O_{13} ユニットを作り,4 つのユニットがさらに稜共有で結合して外側の籠を作っている.この構造はよく知られた α-$[PMo_{12}O_{40}]^{3-}$ イオンの構造と密接な関係をもつ.中心の AlO_4 ユニットの Al-O 結合を軸にして 4 つの Al_3O_{13} ユニットのそれぞれを 60° 回転させると α-$[PMo_{12}O_{40}]^{3-}$ イオンの構造が得られる.

【関連錯体の紹介およびトピックス】 δ-Al_{13}. δ-Keggin 構造をもった異性体[4]. $[Al_{30}O_8(OH)_{56}(H_2O)_{26}]^{18+}$. 2 つの δ-Al_{13} イオンが 4 つの AlO_6 ユニットを介して結合した構造をもつ[4,5]. $Al_{13}Si_5O_{20}(OH)_{16}F_2Cl$ (zunyite). α-Keggin 構造の $[Al_{13}O_4(OH)_{24}(H_2O)_{12}]^{7+}$ イオンを構成ユニットとしてもつ鉱物[6]. 【矢ヶ崎 篤】

【参考文献】
1) B. L. Phillips *et al.*, *Nature*, **2000**, *404*, 379.
2) G. Johansson, *Arkiv Kemi*, **1963**, *20*, 321.
3) P. Billik *et al.*, *Inorg. Chem. Commun.*, **2008**, *11*, 1125.
4) J. Rowsell *et al.*, *J. Am. Chem. Soc.*, **2000**, *122*, 3777.
5) L. Allouche *et al.*, *Angew. Chem. Int. Ed.*, **2000**, *39*, 511.
6) L. Pauling, *Z. Kritallogr.*, **1933**, *84*, 442.

$As_6V_{15}O_{43}$

ク

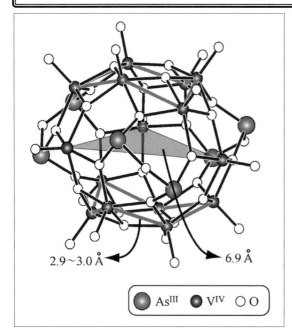

2.9〜3.0 Å　　6.9 Å

● As^{III}　● V^{IV}　○ O

【名称】heaxa-potasium tris-μ_6-(μ-oxo-di (oxoarsenato)(III)-$O,O',O''O'''$)[$crypto$-aqua-tetracosa-μ_3-oxo-pentadeca(oxovanadate)(6-)]: $K_6[V^{IV}_{15} As_6O_{42}(H_2O)]\cdot 8H_2O$

【背景】ほぼ正三角形状にスピンが配置されたとき生ずるスピンフラストレーションを示す分子磁石として最初に関心を集めたポリ酸である．V^{IV} が正三角形状に配置された本化合物の詳細な磁気特性が調べられDzyaloshinsky-Moriya 相互作用の実験的検証のモデル化合物となった．

【調製法】KVO_3, As_2O_3, KSCN, KOH を水に加え 85℃で撹拌，pH 8.6 の褐色水溶液とする．これにヒドラジン硫酸塩を少量ずつ加え 85℃で 2 分間撹拌し pH 6.8 の緑褐色水溶液とする．この水溶液を 20℃で 1〜2 日保ち pH 8.4 まで pH 値が上昇すると $K_6[V^{IV}_{15}As_6O_{42}(H_2O)]\cdot 8H_2O$ の大きな褐色結晶が得られる．

【性質・構造・機能・意義】アニオンの中心に水分子が占めた 15 個の V^{IV} 原子と 6 個の As^{III} 原子を含む $[V^{IV}_{15}As_6O_{42}(H_2O)]^{6-}$ の化学式を与える球体ポリ酸である．15 個の VO_5 正方錘の中心を占める $V^{IV}(S=1/2)$ 原子のうち 12 個は 2 つの六角形状に配置され，残りの 3 個はこれら V_6 六角平面にサンドイッチされた V_3 三角平面構造となっている．スピンフラストレーションは V_3 の三角平面で観測されスピン間の反強磁性相互作用の大きさ(J)は 2.5 K と V…V 隣接距離 6.9 Å の長さから予想される値より大きい．これは V_3 三角平面をサンドイッチする V_6 六角平面(V…V 隣接距離 2.9〜3.0 Å)の平面内での極めて大きな反強磁性相互作用($J=800$ K)に加えて V_6 六角平面と V_3 三角平面間(最近接 V…V 距離 3.0 および 3.7 Å)の大きな反強磁性相互作用($J=300$ および 150 K)による摂動が効いているものと推論された．V_3 三角スピンの磁化曲線は Dzyaloshinsky-Moriya 相互作用が原因とみなされるヒステリシスを示し，二重縮退した $S=1/2$ のうちの 1 つのスピン状態から $S=3/2$ 状態への量子トンネルが低温($T<0.4$ K)で認められるとした．しかしながら本化合物はすべての V 原子が V^{IV} であるためスピンハミルトニアンから解かれるスピン状態数は 2^{15} 個の大きな Hilbert 空間を含んだものとなるため実験事実との対応が厄介となり必ずしもモデルとしては適当ではなかった．

【関連錯体の紹介およびトピックス】分子中に V_3 三角スピンのみを含むより単純なモデル(2^3 個の Hilbert 空間を含むのみ)として $K_{11}H[(VO)_3(SbW_9O_{33})_2]\cdot 27H_2O$, $K_{12}[(VO)_3(BiW_9O_{33})_2]\cdot 29H_2O$ が合成された．V_3-三角スピン(V…V 隣接距離 5.4〜5.5 Å)の反強磁性相互作用($J=4.8$〜3.1 K)となり Dzyaloshinsky-Moriya 相互作用の実験的詳細が求められた．このモデルとしての成功をさらに発展させた例として Cu_3 三角スピン(Cu…Cu 隣接距離 4.7 Å)の $Na_{12}[\{Cu(H_2O)\}_3(AsW_9O_{33})_2]\cdot 32H_2O$ も報告され単結晶を用いた磁気特性の詳細(反強磁性相互作用は $J=4.0$〜4.5 K の間で異方性を示す)が求められた．

【山瀬利博】

【参考文献】
1) A. Müller *et al.*, *Angew. Chem. Int. Ed. Engl.*, **1988**, *27*, 1721.
2) I. Chiorescu *et al.*, *Phys. Rev. Lett.*, **2000**, *84*, 3454.
3) T. Yamase *et al.*, *Inorg. Chem.*, **2004**, *43*, 8150.
4) K. Y. Choi *et al.*, *Phys. Rev. Lett.*, **2006**, *96*, 107202.

AuCNS₂

電磁

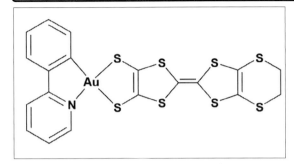

【名称】[(ppy)Au(C$_8$H$_4$S$_8$)]$_2$[PF$_6$]((ppy$^-$ = C-dehydro-2-phenylpyridine(−); C$_8$H$_4$S$_8$$^{2-}$ = 2-{(4,5-ethylenedithio)-1,3-dithiole-2-ylidene}-1,3-dithiole-4,5-dithiolate(2−))

【背景】金属-炭素結合を有する有機金属部分と,ジチオレン配位子をもつ非対称型金属錯体のカチオンラジカル塩で,0.8 GPa以上の加圧で金属伝導を示す.非対称型で,金属-炭素結合をもつ系としては,はじめて金属伝導を示した物質である[1].

【調製法】ジチオレン配位子の前駆体C$_8$H$_4$S$_8$-R$_2$(R=CH$_2$CH$_2$CN or COPh)を,金属ナトリウムを溶解したエタノール中に加え,ジアニオンC$_8$H$_4$S$_8$$^{2-}$を発生させる.この溶液と原料錯体[(ppy)AuCl$_2$]のDMF溶液を混合させることにより,中性錯体[(ppy)Au(C$_8$H$_4$S$_8$)]を得る.この中性錯体と支持電解質の(n-C$_4$H$_9$)$_4$NPF$_6$を溶解したベンゾニトリル溶液をAr下,30℃で10日間,0.1 μAの定電流で電解酸化することにより,[(ppy)Au(C$_8$H$_4$S$_8$)]$_2$[PF$_6$]を得る.

【性質・構造・機能・意義】ドナーとなる金属錯体部分の分子配列は,結晶学的に独立な2分子が二量体を形成し,その二量体が積層することによりカラムを形成する.積層様式は,head-to-head型である.対アニオンのPF$_6$$^-$は,ドナーから形成されるカラム間の空間を埋めるように存在する.そのカラム内およびカラム間には,ジチオレン配位子の硫黄原子どうしの相互作用(3.339~3.616 Å)が見られる.赤外反射スペクトル測定では,積層方向のみに,分子間の電荷移動吸収帯に起因するブロードな吸収帯が2000 cm^{-1}付近に見られ,非常に一次元性の強い伝導層が形成されていることがわかる.常圧下の結晶構造をもとにした強束縛近似によるバンド計算からも,この結晶が非常に強い一次元性を有することが示唆されている.

電子間の相互作用を考慮しない上述のバンド計算では,一次元的なフェルミ面が現れる.しかし,このラジカルカチオン塩の常圧下における電気抵抗の温度変化は,半導体的挙動(ρ_{rt}=2.6 Ω cm, E_a=0.03 eV)を示し,0.8 GPa以上の圧力下では,金属的挙動を示す.室温での磁化率の値は,5.1×10^{-4} cm^3 mol^{-1}であり,50K付近で反強磁性転移を示す.よって,この塩の基底状態は金属-絶縁体近傍に位置するモット絶縁体である.結晶学的に独立なドナー二分子の形式電荷は+0.5であり,各分子間に電荷の偏りは見られない.

この塩は,有機金属錯体をドナーとして構築された分子性導体でははじめて金属伝導を示す化合物である.この非対称型錯体の特徴は,配位子と金属イオンの組合せにより類似の分子構造を保持したまま分子の電子状態を変化させることができ,さらに物性を変化させることができることである.例えば,[(ppy)Au(C$_8$H$_4$S$_8$)]とほぼ同じ分子構造を有する[(bpy)Pt(C$_8$H$_4$S$_8$)](bpy=2,2′-ビピリジン)からなるカチオンラジカル塩は,常圧下,圧力下ともに絶縁体である[2].このように,配位子と金属イオンの組合せにより系統的な物性研究が可能となることも,一連の非対称型錯体の特長である.

【関連錯体の紹介およびトピックス】上述の白金錯体によるカチオンラジカル塩[(bpy)Pt(C$_8$H$_4$S$_8$)][BF$_4$]は,一連の非対称型錯体を用いた研究の基となった分子性導体である[2].ドナー分子[(ppy)Au(C$_8$H$_4$S$_8$)]を用いたカチオンラジカル塩[(ppy)Au(C$_8$H$_4$S$_8$)]$_4$[anion]$_2$[solvent](anion=AsF$_6$$^-$, TaF$_6$$^-$; solvent=PhCl, PhCN)も得ることができるが,いずれも絶縁体である[3].また,C$_8$H$_4$S$_8$$^{2-}$配位子の末端六員環の硫黄原子を酸素原子に置き換えた錯体からなる分子性導体[(ppy)Au(C$_8$H$_4$S$_6$O$_2$)]$_2$[BF$_4$]の結晶中におけるドナー配列は[(ppy)Au(C$_8$H$_4$S$_8$)]$_2$[PF$_6$]と同様であるが,ジチオレン配位子上の酸素-水素間に水素結合的相互作用が存在するため,[(ppy)Au(C$_8$H$_4$S$_8$)]$_2$[PF$_6$]とはドナー間の重なり積分が異なり,バンド絶縁体となる.このような非対称型金属錯体を用いた分子性導体の開発例は数多いが,一連の化合物は,結晶構造と物性の関連が明らかになっている,数少ない研究例である[4].

【久保和也】

【参考文献】
1) K. Kubo *et al.*, *Inorg. Chem.*, **2008**, *47*, 5495.
2) K. Kubo *et al.*, *Inorg. Chim. Acta*, **2002**, *336*, 120.
3) K. Kubo *et al.*, *Synth. Met.*, **2005**, *153*, 425.
4) K. Kubo *et al.*, *Topic on Organometalli. Chem.*, **2009**, *27*, 35.

AuCP

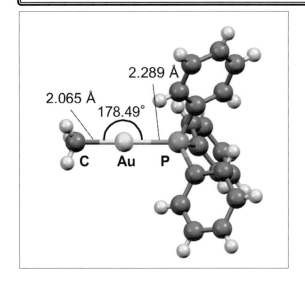

【名称】methyl(triphenylphosphine)gold: MeAu(PPh$_3$)

【背景】一般に金属-炭素結合は,極性があり活性であるが,1価の金錯体の場合,金原子の大きな電気陰性度を反映して,金原子と炭素原子は安定な共有結合を形成する.本錯体は他の金属メチル錯体に比べて安定で,空気中や水分存在下においても取り扱うことができる.初期の研究は構造化学的な興味からなされていたが,最近触媒前駆体としての利用が注目されている.

【調製法】乾燥エーテル中,ClAu(PPh$_3$)錯体と過剰のヨウ化メチルマグネシウムのエーテル溶液を0℃から−5℃で反応させ,水を加えて過剰な未反応のヨウ化メチルマグネシウムを加水分解した後,有機溶媒で抽出し,再結晶することにより標記錯体が白色結晶として得られる[1].

【性質・構造・機能・意義】アルキル金(I)錯体は極めて安定であるため,他の遷移金属において単離不可能な反応中間体のモデル化合物として興味がもたれた.近年金錯体触媒の急速な発展に伴い,クリーンな触媒前駆体として注目を浴びている.この錯体はプロトン酸に対して容易に反応し,メタンを放出して共役塩基と金(I)塩を形成する.この錯体を前駆体として,カチオン性金錯体や,金カチオン/光学活性有機アニオン複合触媒が合成されている.例えば後者の光学活性触媒は,分子内ヒドロアミノ化/不斉水素移動反応の触媒となる.例として 2-(2-Propynyl)aniline 誘導体から,光学活性 tetrahydroquinoline 誘導体への変換反応が報告されている[2].

【関連錯体の紹介およびトピックス】XAu(L)型錯体に様々な炭素求核剤を反応させることで,類似のアルキル-,アリール-,アルケニル金錯体が合成できる.安定な錯体を形成するため,β水素をもつアルキル錯体であっても他の遷移金属錯体のようにβ水素脱離を起こさない.フッ化物イオン存在下,シリルエノールエーテルやアリールボロン酸も反応して,対応する有機金(I)錯体を与える[3].

【伊藤 肇】

【参考文献】
1) A. Tamaki *et al.*, *J. Am. Chem. Soc.*, **1974**, *96*, 6140.
2) Z. Y. Han *et al*, *J. Am. Chem. Soc.*, **2009**, *131*, 9182.
3) a) M. Murakami *et al.*, *Bull. Chem. Soc. Jpn.*, **1988**, *61*, 3649 ; b) W. Y. Heng *et al.*, *Organometallics*, **2007**, *26*, 6760.

AuCP

光 有

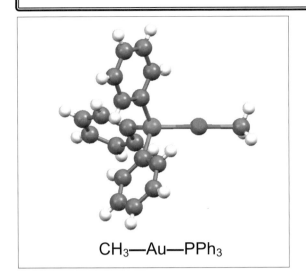

CH₃—Au—PPh₃

【名称】methyltriphenylphosphinegold（I）：[Au(CH$_3$)(PPh$_3$)]

【背景】[AuRL]型（R：有機炭素配位子，L：中性配位子）の金(I)錯体は多数の報告があるが，そのうちの大多数の場合Lは三級ホスフィンである．本錯体はそのうち代表的なものであり，特に反応性や，光化学関連の性質も興味深いことから多くの研究が行われている．

【調製法】テトラクロロ金(III)酸ナトリウムから，クロロトリフェニルホスフィン金(I)を合成し，それにマグネシウムとヨウ化メチルをエーテル中で反応させると得られる[1]．なお，Sigma-Aldrich から市販されている．

【性質・構造・機能・意義】湿気に不安定な白色固体．X線構造解析によれば，直線型二配位構造で，Au-C＝2.12 Å，Au-P＝2.28 Å，C-Au-P＝179°である[2]．

ハロゲン単体，アルキルハライドなどが酸化的に付加し，金(III)錯体を生成する．本錯体にヨウ化メチルを反応させると，ヨウ化メチルの酸化的付加に続き，不均化反応を経て，エタンが還元的に脱離し，ヨウ素とトリフェニルホスフィンの配位した金(I)錯体になることが知られている[3]．

$$[Au(CH_3)(PPh_3)] + CH_3I \rightarrow [AuI(CH_3)_2(PPh_3)]$$
$$\rightarrow \rightarrow [AuI(PPh_3)] + C_2H_6$$

また，アルキンの水和反応をはじめとする有機合成反応に触媒として用いられている[4]．

この錯体に紫外線照射下でテトラフルオロエチレンを反応させると[Au(PPh$_3$)(CF$_2$CF$_2$CH$_3$)]が，パーフルオロプロペンを反応させると[Au(PPh$_3$)(CF(CF$_3$)C(CH$_3$)F$_2$)]が生成することが確認された[5]．この反応の機構については，クロロホルム中で光分解を行うと[AuCl(PPh$_3$)]が生成することや，[Au(C$_4$H$_9$)(PBu$_3$)]の光分解反応の生成物分布からラジカル機構が提案されている．

【関連錯体の紹介およびトピックス】関連錯体の研究は広範囲にわたっているが，[Au(CH$_3$)(PMe$_3$)]の結合については詳しく研究がなされており，理論的な研究によれば，金の結合には相対論的な効果を取り入れると5d軌道の寄与が明確に示されることがわかっている[6]．

また，[AuRL]構造をもつ他の関連錯体としては，Rとしてはフェニル，ナフチル，ピレニル，シクロペンタジエニル，2,6-ビス(メシチル)フェニルなどが，Lとしてはトリフェニルホスフィンのほかに，トリシクロヘキシルホスフィン，トリイソプロピルホスフィンを有する錯体のX線構造解析がなされており，さらに二核錯体としてはμ-dppm-[Au$_2$(CH$_3$)$_2$(dppm)]が知られている．

【坪村太郎】

【参考文献】
1) A. Tamaki *et al., J. Organometal. Chem.*, **1973**, *61*, 441.
2) P. D. Gavens *et al., Acta Crystallogr., Sect. B*, **1977**, *33*, 137.
3) A. Tamaki *et al., J. Am. Chem. Soc.*, **1974**, *96*, 6140.
4) E. Mizushima *et al., Org. Synth.*, **2006**, *83*, 55.
5) C. M. Mitchell *et al., J. Chem. Soc., Dalton Trans.*, **1972**, 102.
6) R. L. DeKock *et al., J. Am. Chem. Soc.*, **1984**, 106, 3387.

AuCS

【名称】 pentafluorophenyl(tetrahydrothiophene)-gold(I), $[Au(C_6F_5)(SC_4H_8)]$[1,2]

【背景】 1980年代以降，C_6F_5あるいはSC_4H_8を含むAu錯体が数多く合成されている．C_6F_5基は他のアリル基に比べ，一般的に剛直で不活性な配位子として使用されている．一方，SC_4H_8は容易に他の配位子と置換可能な配位子であり，親錯体として有用なAu(I)-C_6F_5/SC_4H_8錯体，Au(II)-C_6F_5/SC_4H_8錯体，Au(III)-C_6F_5/SC_4H_8錯体の合成とX線構造を明らかにした例である．

【調製法】 窒素雰囲気下，−78℃でLiC_6F_5(15 mmol)のエーテル溶液60 mLに，$[AuCl(SC_4H_8)]$ 3.2 g (10 mmol)を懸濁させたエーテル溶液30 mLを加え，10分間撹拌する．反応混合物をゆっくりと−30℃まで昇温させ，さらに15分間撹拌する．その後，室温に戻し，30分間撹拌する．過剰のリチウム化合物を加水分解するため，水を1，2滴加える．脱水剤として無水硫酸マグネシウムを加えたのち，ろ過し，ろ液を約8 mLまで濃縮する．これにヘキサン20 mLを加え，生じた白色沈殿をろ別し，ヘキサンで洗浄すると，Au(I)錯体$[Au(C_6F_5)(SC_4H_8)]$(**1**)が得られる[1]．収量：4.43 g (98%)．さらに錯体**1**は，$[Tl(C_6F_5)_2Cl]$を用いて酸化すると，Au(III)錯体$[Au(C_6F_5)_3(SC_4H_8)]$(**3**)を合成できる[1]．

【性質・構造・機能・意義】 (1) 錯体**1**および**3**の構造[2]：錯体**1**は，単位格子中に非対称ユニットとしてパドル型にC_6F_5とSC_4H_8が直線二配位した2つの独立した単核Au(I)錯体を含んでいる．これらの単核Au(I)錯体は，a軸に沿って交互にAu(I)⋯Au(I)相互作用(Au(1)⋯Au(2)=3.306 Å, Au(2)⋯Au(2')=3.191 Å, Au(1')⋯Au(1'')=3.128 Å)を介して一次元無限鎖構造を形成している．一組の分子どうしは，交互に180°回転した位置に存在している．また，対称関係にある分子どうしは142.8，139.2°の大きな角度と，独立した分子は小さなねじれ角42.85°を有しており，このねじれは大きな立体障害とAu(I)⋯Au(I)相互作用によるものであると考察されている．Au-S距離は2.317(3), 2.320(3) Å, Au-C距離は2.014(9), 2.03(1) Åであり，類似のAu(I)錯体の範囲にある．一方，錯体**3**は中心のAu(III)イオンに平面四角形構造で1つのSC_4H_8と3つのC_6F_5が配位し，その合成法に応じてSC_4H_8配位子の方向が異なる2つの多形構造(**3a**, **3b**)が存在する[2]．代表例として錯体**3a**におけるAu-S距離は2.362(2) Å, Au-C距離は2.060(6), 2.075(6), 2.035(5) Åであり，2つの向かい合ったC_6F_5配位子の大きなトランス効果により，1つのAu-C距離がより大きくなっている．Au-S, Au-C距離は類似のAu(III)-C_6F_5/SC_4H_8錯体の範囲にある．

(2) Au(II)錯体$[Au_2(C_6F_5)_4(SC_4H_8)_2]$(**2**)およびAu(III)錯体$[Au(C_6F_5)_4][Au(C_6F_5)_2(SC_4H_8)_2]$(**4**)の合成と構造[2]：錯体**1**と2-benzyl-5-(5-bromothiophen-2-yl)-2H-tetrazoleを反応させると，$[Au_2]^{4+}$コアを有する珍しい二核Au(II)錯体$[Au_2(C_6F_5)_4(SC_4H_8)_2]$(**2**)が合成できる．また錯体**1**と錯体**3**を直接反応させることからも，錯体**2**を合成することができる．このとき，錯体**3**のligand-scramblingにより，$[Au(C_6F_5)_4][Au(C_6F_5)_2(SC_4H_8)_2]$(**4**)があわせて得られる．錯体**2**は，2つのAu(II)イオンにいずれも互いのAu(II)イオンと1つのSC_4H_8と2つのC_6F_5が配位し，平面四角形構造をとっている．S-Au-Au-S軸はほぼ直線であり，2つの直角に位置する|C_6F_5-Au-C_6F_5|部分は並行に並んでおり，2つのSC_4H_8はS-Au-Au-S軸に対して，93°ねじれて位置している．Au-Au距離は2.5679(7) Åであり，類似のAu(II)錯体の範囲にある．Au-C距離は2.110(2), 2.078(2) Åであり，既知のAu(II)-C距離より著しく長くなっている．一方，4つの$C_6F_5^-$が配位した錯体**4**のアニオン部分の$[Au(C_6F_5)_4]^-$は，平面四角形構造をしており，Au-C距離は2.050(6)〜2.065(6) Åの範囲にある．カチオン部分の$[Au(C_6F_5)_2(SC_4H_8)_2]^+$のAu(III)中心は，$trans$-$[AuR_2L_2]$ (L=neutral, R=anionic ligand)構造をもち，平面四角形型d^8錯体において配位子どうしが珍しい配置をとっている．

【関連錯体の紹介およびトピックス】 関連錯体である$[Au(C_6X_5)(SC_4H_8)]$ (X=F, Cl)とAgCF_3COOを反応させると，興味深いAu(I)⋯Au(I), Ag(I)⋯Ag(I)相互作用を有する混合金属配位高分子$[Au(C_6X_5)(SC_4H_8)(CF_3COO)]_n$を合成できることが報告されている[3]．

【前川雅彦】

【参考文献】
1) R. Uson *et al.*, *Inorg. Synth.*, **1989**, *26*, 85.
2) J. Coetzee *et al.*, *Angew. Chem. Int. Ed.*, **2007**, *46*, 2497.
3) E. J. Fernandez *et al.*, *Organometallics*, **2007**, *26*, 5931.

AuC$_2$ 光

$$K^+ [NC-Au-CN]^-$$

【名称】 potassium dicyanoaurate(I): K[AuCN$_2$]

【背景】 古くから知られる化合物であり，金抽出，半導体産業，医薬品の分野でも応用されているが，水溶液中でルミネセンスを発するなど金錯体としては珍しい性質から物理的な研究も多い．

【調製法】 金を王水に溶かし，中和したあと，過剰のアンモニアを加えることで，Au$_2$O$_3$·4NH$_3$ の沈殿が得られる．これにシアン化カリウムを反応させて溶液を濃縮すると目的物が析出する[1]．

【性質・構造・機能・意義】 無色の結晶で水に易溶，エタノールに微溶．酸とともに加熱すると分解してシアン化金(I)となる．空気，光に対して安定である．X線構造解析によれば結晶中で金原子は対称中心の位置にあり，C-Au-C 角は 180°，Au-C 距離は 2.12 Å，C-N 距離は 1.17 Å，Au-C-N 角は 176° であった[2]．

シアン化物イオンは金の精錬過程において古くから用いられてきた．鉱石に空気を吹き込みながらシアン化物イオンを作用させて，[Au(CN)$_2$]$^-$ として抽出し，亜鉛で還元析出させる．

水溶液中では 10^{-2} M 以上の濃度で 400～450 nm にホトルミネセンスを発し，高濃度になるとさらに長波長側の発光となる[3]．77 K のメタノール剛体溶媒中では 10^{-5} M 以上でルミネセンスを発する．これらのルミネセンスは，[Au(CN)$_2$]$^-$$_n$ なるエキシマーまたはエキサイプレックスから発することが確認されている．n は濃度，溶媒などによって様々であり，それによって発光波長も変化する．これらのオリゴマーは主として Au-Au 相互作用によって形成されるものであり，MP2 計算により，基底状態では Au-Au 距離は 2.96 Å であるが，励起状態では 2.66 Å となり σ 単結合形成に相当するということが示されていたが，さらに近年詳しい解析も報告されている[4]．オリゴマーによる発光は幅広であり，また非常にストークスシフトが大きいのも特徴である．

[AuX$_2$]$^-$ (X=Cl, Br) と同様に光酸化反応が生じる．塩化物イオン存在下で [Au^I(CN)$_2$]$^-$ の溶液に光照射を行うと [Au^{III}(CN)$_2$Cl$_2$]$^-$ が生成する．254 nm の光照射の場合，この反応の量子収率は約 10^{-4} と見積もられている[5]．

【関連錯体の紹介およびトピックス】 [Au(CN)$_2$]$^-$ アニオンをカウンターイオンとしてもつ塩は多数が知られており，本錯体のような単純な無機カチオンのほか，テトラブチルアンモニウムイオンや，ピロリジニウムイオンといった比較的単純な有機カチオン，多くの金錯体をはじめクラウンエーテルカリウムイオンや例えばビス(ビピリジン)白金(II)などの錯イオン，そしてビス(ビス(エチレンジチオ)テトラチアフルバレン)や，ビス(ビス(メチレンジチオ)テトラチアフルバレン)といった有機伝導体関連の研究において合成されたものも多数あり，X線構造解析が行われている[6]．

セシウム塩 Cs[Au(CN)$_2$] の結晶のルミネセンスは，やはり金-金相互作用と関係している．この結晶の磁場効果を含む分光学的測定の結果，三重項励起状態は 3 つの副準位からなっているとされ，詳細が検討されている[7]．

[Ag(CN)$_2$]$^-$ もほぼ同様の金属-金属相互作用と，発光の濃度依存性を示すが，金に比べると励起状態での結合力は弱いようである．

【坪村太郎】

【参考文献】
1) 日本化学会編，無機化合物の合成 (新実験化学講座 8 巻)，丸善，**1977**, P.1372.
2) A. Rosenzweig et al., Acta Crystallogr., **1959**, *12*, 709.
3) M. A. R.-Omary et al., J. Am. Chem. Soc., **2001**, *123*, 11237.
4) M. Iwamura et al., J. Am. Chem. Soc., **2013**, *135*, 538.
5) A. Vogler et al., Coord. Chem. Rev., **2001**, *219*, 489.
6) Cambridge Structural Database, ver. 5.32, **2010**.
7) J. H. Lacasce, Jr. et al., Chem. Phys., **1987**, *118*, 289.

AuCl₂ 光

$$[N(Et)_4]^+ [Cl-Au-Cl]^-$$

【名称】tetraethylammonium dichloroaurate(I): [N(CH₂-CH₃)₄][AuCl₂]

【背景】直線型 $[X-Au(I)-X]^-$ 陰イオンをもつ化合物は多数が知られている. 単に化合物の対イオンとして用いられる場合も多い. 光化学反応や, 金-金間相互作用の興味から分光学的な研究も行われている.

【調製法】塩化金(I)をエタノールに溶解し, 塩化テトラエチルアンモニウムを加え反応させ, ジエチルエーテルを加えて析出させる[1].

【性質・構造・機能・意義】無色針状結晶. X線構造解析によると結晶中では独立な錯イオンが2個あり, Au-Cl距離は2.27～2.29 Å, Cl-Au-Cl角は179.5°と175.9°であった[1].

水溶液中では, ハロゲン化物イオン過剰条件下でない限り以下のように不均化を起こす[2].

$$3[Au^IX_2]^- \rightarrow [Au^{III}X_4]^- + 2Au + 2X^-$$

他の有機金属金(I)錯体の出発原料としても利用されている. 例えば下記のようにメシチル錯体の合成

$$Et_4N[AuCl_2] + [Ag(Mes)]_4 \rightarrow Et_4N[Au(Mes)Cl] + AgCl$$

が報告されている(Mes=メシチル)[3].

分光学的な詳しい研究があり, $[AuCl_2]^-$ イオンの吸収スペクトルには246 nmに最低エネルギーの吸収帯があり, これは $5d \rightarrow 6s$ 遷移に帰属されている. これらの錯体の溶液中の吸収やMCDスペクトルが研究されており, $[AuBr_2]^-$ や $[AuI_2]^-$ の場合は $[AuCl_2]^-$ に見られた吸収帯に加えて, LMCT (ligand to metal charge transfer) に基づく吸収も観測される[4].

また, 本錯体のホトルミネセンスが77Kのエタノール剛体溶媒において687 nmに観測されており, 三重項 $d \rightarrow s$ 遷移とも帰属されているが, これは吸収エネルギーとの差が大きすぎるため, 希薄な溶液中においても $[AuCl_2^-]_n$ のオリゴマーが形成されていてそれに基づく吸収であるという考え方もなされている.

これは近年 $[Au(CN)_2]^-$ の溶液においてそのような事象が報告されていることから推定されている.

なお対応する $[AuBr_2]^-$ はクロロ錯体と同様に77Kでルミネセンスが660 nmに観測される.

これらの錯体は光化学的にも活性である[6]. $[AuCl_2]^-$ の溶液に光照射を行うと光置換反応は生じず, 光酸化反応が観測される. 例えば, ジクロロメタン中で紫外線照射を行うと, 光酸化が量子効率約0.1で進行し, $[AuCl_4]^-$ が得られる. また, 空気下塩化物イオンを添加したアセトニトリル中で光照射を行うと, 同様な光化学酸化反応

$$[AuCl_2]^- + 2Cl^- \xrightarrow{h\nu} [AuCl_4]^- + 2e^-$$

が進行するが, この場合の反応の量子効率は 10^{-5} のオーダーである. $[AuBr_2]^-$ の場合は光酸化の量子効率は少し高く 10^{-3} 程度である.

このように $d \rightarrow s$ 励起状態は, 強い光還元剤であり, 明らかに適当な電子受容体に電子を受け渡す傾向があることがわかる.

【関連錯体の紹介およびトピックス】$[AuCl_2]^-$ イオンは下記のような各種の陽イオンの対イオンとして結晶を形成している. 例えば有機伝導体関連では bis(bis-(ethylenedithio)-tetrathiafulvalenium) や bis(4,5-(methylenedithio)tetra-thiafulvalene) などがあり, またクラウンエーテルカリウムカチオンの (1,4,7,10,13,16-hexaoxo-cyclo-octadecane)-potassium, さらに bis(4-(dimethylamino)pyridine)-gold(I) や bis(4-methylpyridine)-gold(I) といった金(I)錯体自身がカチオンになる場合の塩も構造が解析されている. $[X-Au(I)-X]^-$ イオンは塩化物イオンのみならず, Br, Iについてもよく知られている.

なお $[AuI_2]^-$ は単体の金を I_3^-/I^- 溶液に反応させる方法でも生成することが報告されている. 【坪村太郎】

【参考文献】
1) G. Helgesson et al., Acta Chem. Scand. A, **1987**, 41, 556.
2) F. A. Cotton et al., "Advanced Inorganic Chemistry", 4th Ed., Wiley, **1999**.
3) R. Usón et al., J. Chem. Soc., Dalton Trans., **1989**, 2127.
4) A. Vogler et al., Coord. Chem. Rev., **2001**, 219-221, 489.
5) M. E. Koutek et al., Inorg. Chem., **1980**, 19, 648.
6) H. Kunkely et al., Inorg. Chem., **1992**, 31, 4539.

AuNP

無

【名称】 (2,6-dimethylpyridine)(triphenylphosphine)-gold(I)perchlorate: $[Au(PPh_3)(dmpy)]ClO_4$[1]

【背景】 数多くの窒素ドナー配位子を有する中性のAu(I)錯体は知られているが，N-複素環式配位子(L)を有するAu(I)-トリフェニルホスフィン錯体$[Au(PPh_3)(L)]^+$は，非常にまれである．トリアルキルホスフィンAu(I)ハロゲン化物とは対照的に，$[Au(PPh_3)(L)]^+$錯体の安定度定数は，一般にそれほど大きくなく，窒素配位子の構造と性質に依存する．いくつかの単座窒素配位子としてピリジン誘導体，および2つのピリジル基を含む関連配位子との$[Au(PPh_3)(L)]^+$錯体の合成法，X線構造，溶液内構造を明らかにした例である[1]．

【調製法】 アルゴン雰囲気下，0℃でクロロホルム3.0 mLに溶解したAu(I)錯体$[Au(PPh_3)Cl]$[2] 59.4 mg (0.12 mmol)に，アセトン1.0 mLに溶解したAgClO₄ 24.9 mg (0.12 mmol)を加え，生じたAgClの白色沈殿をろ別する．ろ液に2,6-dimethylpyridine 0.14 mL (0.12 mmol)を含むクロロホルム3 mL溶液を加えて室温で30分間撹拌する．この溶液をガラス管に封入し，5℃で静置することにより，無色透明結晶として，$[Au(PPh_3)(dmpy)]ClO_4$ (**1**)が得られる．収率：60％．類似の方法で，他のピリジン誘導体やquinoline, acridineなどの単座窒素配位子(L)，1,8-naphthyridine (napy)，2-(2-pyridyl)benzimidazole(pbzim)などの2つのピリジル基を含む関連キレート配位子との$[Au(PPh_3)(L)]^+$錯体，$[Au(PPh_3)(napy)]ClO_4$ (**2**)，$[Au(PPh_3)(pbzim)]ClO_4$ (**3**)が合成できる．

【性質・構造・機能・意義】 (1) $[Au(PPh_3)(L)]^+$錯体の合成手法：$[Au(PPh_3)Cl]$[2]とAgClO₄とのClの開裂反応により中間体として$[Au(PPh_3)(ClO_4)]$を合成した後(式1)，配位子Lを加えると，ClO₄との置換反応により目的とする一連のAu(I)-トリフェニルホスフィン錯体$[Au(PPh_3)(L)]ClO_4$を合成することができる(式2)．過塩素酸塩は爆発性があるため，取り扱いには最大限の注意が必要である．

$$[Au(PPh_3)Cl] + AgClO_4 \rightarrow [Au(PPh_3)(ClO_4)] + AgCl(\downarrow) \quad (式1)$$

$$[Au(PPh_3)(ClO_4)] + L \rightarrow [Au(PPh_3)(L)]ClO_4 \quad (式2)$$

(2) 錯体**1**〜**3**の構造：$[Au(PPh_3)(dmpy)]ClO_4$ (**1**)のカチオン部分は，Au(I)イオンにPPh₃とdmpyがほぼ一直線に配位している($\angle$P-Au-P=178.8(3)°)．Au-NおよびAu-P距離は，それぞれ2.091(13)，2.233(4) Åである．同様の方法で合成した$[Au(PPh_3)(napy)]ClO_4$ (**2**)，$[Au(PPh_3)(pbzim)]ClO_4$ (**3**)についても，napyおよびpbzimは二座キレート配位子としてはたらかず，単座窒素配位子としてはたらくことがあわせて報告されている．錯体**2**のAu-NおよびAu-P距離は，それぞれ2.093(13)，2.230(4) Åであり，錯体**3**のAu-N(imdazole)およびAu-P距離は，それぞれ2.075(4)，2.238(1) Åである．二配位Au(I)錯体**1**, **2**および**3**における$\angle$P-Au-Pは同じではなく，**3**[172.4(1)°]<**2**[174.3(4)°]<**1**[178.8(3)°]の順に直線から外れ，窒素配位子における立体的な効果と関連づけられている．

(3) 錯体**1**〜**3**の溶液内構造：錯体**1**は23，-90℃，$(CD)_3CO$中において，遊離のdmpyに比べいずれも低磁場側にシフトし，よく分裂した¹H NMRシグナルを与える．一方，錯体**2**および錯体**3**は23℃，$(CD)_3CO$中において，遊離のnapyあるいはpbzimに比べ，いずれも低磁場側にシフトし，よく分裂した¹H NMRシグナルを与えるが，-90℃においてnapyあるいはpbzimの¹H NMRシグナルが広幅化して観測される．このことは溶液内においてnapyあるいはpbzimの2つのN配位サイトに対し，$[Au(PPh_3)]^+$が速い速度で配位置換をしていることを示している．

【関連錯体の紹介およびトピックス】 窒素ドナー配位子が配位したカチオン性Au(I)錯体$[Au(PPh_3)(L)]^+$は少なく，関連錯体として一級，二級，三級アミン類が配位した$[Au(PPh_3)(L)]X$ (L=NH₂R, NHR₂, NR₃; X=BF₄, ClO₄, CF₃SO₃)[3,4]と，N-複素環式配位子としてquinuclidine(qncd)が配位した$[Au(PPh_3)(qncd)]BF_4$が知られている[5]．

〔前川雅彦〕

【参考文献】
1) M. Munakata *et al.*, *J. Chem. Soc., Dalton Trans.*, **1997**, 4257.
2) B. J. Gregory *et al.*, *J. Chem. Soc., B*, **1969**, 276.
3) K. Angermaier *et al.*, *J. Chem. Soc., Dalton Trans.*, **1995**, 559.
4) J. Vicente *et al.*, *J. Chem. Soc., Dalton Trans.*, **1995**, 1251.
5) A. Grohmann *et al.*, *Z. Naturforsch.*, **1992**, *47b*, 1255.

AuNP

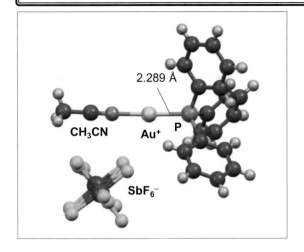

【名称】(triphenylphosphine) gold cation complex: [Au(PPh₃)]⁺X⁻(X=OTf⁻, NTf₂⁻, BF₄⁻, BAr₄⁻, SbF₆⁻, PF₆⁻など)

【背景】1価のカチオン性金ホスフィン錯体は，炭素-炭素二重結合あるいは三重結合と強い配位結合を形成してこれらを活性化し，様々な触媒反応を促進するために注目されている[1]．

【調製法】ClAu(PPh₃)錯体に対して，銀塩(AgX, X：TfO⁻, NTf₂⁻, BF₄⁻, SbF₆⁻, etc...,)を加え，生じる不溶性の AgCl 塩を取り除く．触媒反応に利用する場合は，単離せずに系中で発生させる場合もある．また，MeAu(PPh₃)錯体に対して，TfOH などを反応させる方法も知られている．

【性質・構造・機能・意義】金原子は相対論効果の影響を最も強く受けるため，最外殻の 6s 軌道のポテンシャルエネルギーレベルが低く，電気陰性度が金属中最大となる．金(I)錯体は二配位錯体であるため，これが何らかの反応性を示すためには，ハロゲン配位子を引き抜いて金カチオン錯体とし，基質が配位する反応サイトを形成させる必要がある．いったんカチオン錯体が生成すれば，比較的大きく広がった 6s 軌道が Lewis 酸性を主に担うため，金原子はソフトかつ強い Lewis 酸性を示す．ソフトな Lewis 塩基であるアルケン，アルキンはカチオン性金錯体に配位しやすいうえ，金の d 電子はアルケンなどの π* 軌道に逆供与する能力が低いため，これら炭素-炭素多重結合は求電子的に活性化される．この活性化は強力で，これを利用した金カチオン錯体による触媒反応が数多く開発されている[2]（図ではアセトニトリルが配位している）．

【関連錯体の紹介およびトピックス】触媒開発を目指した新錯体の合成研究が活発に行われており，PPh₃ の代わりに他の三級ホスフィンを含む錯体が数多く報告されている．配位子周辺部の立体障害が大きいボウル型配位子を用いた場合には特徴的な環化反応を促進する．ホスフィン配位子の代わりに NHC 配位子を用いた錯体も多用されている[3]．

〔伊藤 肇〕

【参考文献】
1) A. S. Hashmi *et al.*, *Chem. Rev.*, **2007**, *107*, 3180.
2) D. J. Gorin *et al.*, *Nature*, **2007**, *446*, 395.
3) A. Ochida *et al.*, *J. Am. Chem. Soc.*, **2006**, *128*, 16486.

AuPCl

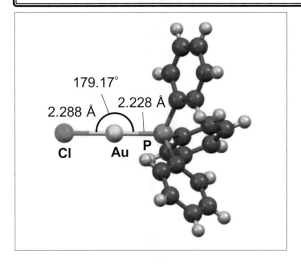

【名称】 chloro(triphenylphosphine)gold: ClAu(PPh$_3$)

【背景】 1価のハロゲン化金(AuX)は比較的不安定であるが，ホスフィン配位子との錯形成によって扱いやすい安定な錯体として単離できる．以前は，この種の錯体は構造化学的な興味から研究が進められてきたが，近年になって，金錯体による有用な触媒反応が多数報告されていることから，触媒前駆体としての重要性が大きくなっている．

【調製法】 塩化金(III)酸のアセトン溶液に過剰のトリフェニルホスフィンのアセトン溶液を加えると，3価の金イオンが1価に還元されると同時にトリフェニルホスフィンとの錯形成が進行し，標記錯体の白色沈殿が生じる．ろ過，乾燥により白色固体が得られる．この方法のほか，塩化金(I)ジメチルスルフィド錯体(ClAu(SMe$_2$))に対してトリフェニルホスフィンを加え，配位子交換に経て合成することも可能である．この方法を利用するとNHC配位子を含めた様々な配位子をもつ錯体が合成可能である[1]．

【性質・構造・機能・意義】 1価の金錯体は通常直線型二配位の錯体を形成するが，結晶構造解析によると本錯体も直線型錯体で，Au–Cl間距離は2.279Å，Au–P間距離が2.235Åである．近年金錯体を用いた触媒反応研究が急速に発展しているが，本錯体でもスズヒドリドの脱水素二量化に対する触媒活性が比較的早くから知られていたほか，トリフルオロメタンスルホニル塩などのカチオン錯体に変換することで，極めて多彩な触媒活性を示すことが見いだされている．本錯体はそれらの基本的な前駆体となる[2]．

【関連錯体の紹介およびトピックス】 他の遷移金属とは異なり，二座ホスフィンキレート錯体はほとんど例がないが，塩化金(I)ジメチルスルフィド錯体(ClAu(SMe$_2$))にXantphos配位子を反応させると[ClAu(xantphos)]が三配位キレート錯体として得られる．この錯体は二配位錯体には見られないアルコールの脱水素シリル化活性を有する[3]．

【伊藤 肇】

【参考文献】
1) C. A. MacAuliffe, *J. Chem. Soc., Dalton Trans.*, **1979**, 1730.
2) a) H. Ito *et al.*, *Tetrahedron Lett.*, **1999**, *40*, 7817；b) A. S. Hashmi *et al.*, *Chem. Rev.*, **2007**, *107*, 3180.
3) H. Ito *et al.*, *Organometallics*, **2009**, 4829.

AuSX (X = Cl, Br, I)

【名称】 chloro(tetrahydrothiophene)-gold(I):[Au(SC$_4$H$_8$)Cl][1,2]

【背景】 金属-金属鎖構造を有する一次元金属錯体が長年研究されている。代表例として平面四角形構造のPt(II)やPd(II)のテトラシアノ錯体が知られている。直線型Au(I)錯体もこのような金属-金属鎖を形成することが可能であるが,既知のAu(I)錯体の多くは,単核あるいは二核錯体である。SC$_4$H$_8$は,容易に他の配位子と置換可能な配位子である。親錯体として有用なAu(I)-SC$_4$H$_8$/X錯体(X=Cl, Br, I)の合成とX線構造を明らかにした例である。

【調製法】 水10 mLとエタノール50 mLの混合溶媒にH[AuCl$_4$]·4H$_2$O 6.18 g(15 mmol)を溶解し,撹拌しながらこの溶液にSC$_4$H$_8$ 2.8 mL(31.75 mmol)を滴下すると,黄色沈殿として[Au^{III}(SC$_4$H$_8$)Cl$_3$]を生じるが,引き続き滴下すると白色固体の[Au^I(SC$_4$H$_8$)Cl]に変化する。さらに反応混合物を室温で15分撹拌した後,白色沈殿をろ過し,10 mLのエタノールで2回洗浄し,乾燥すると[Au(SC$_4$H$_8$)Cl](**1**)が得られる[1]。収量4.57 g(95%)。乾燥状態の錯体**1**は,室温で非常にゆっくりと分解するが,0°Cでは長期間の保存が可能である。別の合成法からも系統的にAu(I)-SC$_4$H$_8$-X錯体[Au(SC$_4$H$_8$)X](X=Cl(**1**), Br(**2**), I(**3**))の合成とX線構造が報告されている[2,3]。

【性質・構造・機能・意義】 錯体**1**および**2**は,結晶中の非対称単位においてS-Au-Cl=176.5〜177.1°とS-Au-Br=178.3〜178.9°をもった同形の直線型Au(I)錯体である[2]。いずれもa軸に沿ってねじれ形配置で積み重なっており(ねじれ角は52〜55°),Au(I)原子の無限鎖配列が形成されている。錯体**1**のAu(1)-Au(2)距離およびAu(1)-Au(2)-Au(1')角は3.324 Å, 159.31°,錯体**2**のAu(1)-Au(2)距離およびAu(1)-Au(2)-Au(1')角は3.353 Å, 156.3°である。またAu-S距離は,いずれの錯体も2.26〜2.28 Åの範囲にあり,Au-S距離におけるClとBrのトランス効果の違いは無視できるほど小さい。Au-S-C角は104〜106°の範囲にあり,S原子周りの結合は正四面体形に近い。SC$_4$H$_8$分子の距離や角度は,気相におけるSC$_4$H$_8$分子のそれらとほぼ同じである。S-Au-X(X=Cl, Br)が鏡面に位置しており,SC$_4$H$_8$環に対して非現実的な配置をとっている。一方,錯体**3**[AuI$_2$][Au(SC$_4$H$_8$)$_2$]は非対称単位に2つのAu(I)原子を含んでおり,1つのAu(1)原子は2つのI$^-$イオンと,もう1つのAu(2)原子は2つのSC$_4$H$_8$と結合し,ほぼ直線上に配置されている[3]。2つのAu-I距離は等しく,2つのAu-S距離はわずかに異なる。Au(1)およびAu(2)原子は,2$_1$らせん軸を通してb軸に沿って交互に位置しており,∠Au(2)-Au(1)-Au(2')=161.3°,∠Au(1)-Au(2)-Au(1')=155.5°の角度をもった無限ジグザグ鎖を形成している。{Au(2'), Au(1), Au(2), I(1), I(2)}原子の平均平面と{Au(1), Au(2), Au(1'), S(1), S(2)}原子の平均平面がほぼ直角(88°)になるよう,AuI$_2$およびAuS$_2$単位が配置されている。Au鎖の隣接したAu原子間のAu(I)-Au(I)距離は交互に2.967, 2.980 Åと大きな違いはない。また金属AuのAu-Au距離(2.877 Å)より大きな伸長はない。この短いAu(I)-Au(I)距離は,かなり強い金属-金属結合の存在を示している。2つのSC$_4$H$_8$分子のS(1), S(2)原子周りの角度は,それぞれ93〜111, 96〜110°であり,S原子周りの結合は正四面体形に近い。SC$_4$H$_8$分子の距離や角度は,気相におけるSC$_4$H$_8$分子のそれらとほぼ同じである。SeC$_4$H$_8$を用いて,錯体**3**と同形の構造を有する関連錯体[Au(SeC$_4$H$_8$)I](**4**)も合成されている[2]。錯体**1**〜**4**の違いは,①錯体**1**および**2**は中性錯体から構成されるのに対し,錯体**3**および**4**は交互に並んだカチオンとアニオンから構成されていること,②錯体**3**および**4**のAu(I)-Au(I)距離が,錯体**1**および**2**のそれに比べ約0.3 Åより短くなっており,強いAu(I)-Au(I)結合を示していることである。

錯体**3**および**4**は,近接したAu(I)-Au(I)接触を有しているにもかかわらず,Au鎖方向の伝導度は極めて低く,1×10^{-8}および8.7×10^{-8} Ω^{-1}cm^{-1}である[2]。

【関連錯体の紹介およびトピックス】 Au(I)-Au(I)結合を含むAu(I)クラスターは数多く知られているが,関連する一次元Au(I)-Au(I)鎖構造を含むAu(I)錯体は少なく,X線構造が明らかにされているものとして{[Au(MeCN)$_2$]BF$_4$}$_n$がある[4]。

【前川雅彦】

【参考文献】
1) R. Uson *et al.*, *Inorg. Synth.*, **1989**, *26*, 85.
2) S. Ahrland *et al.*, *Mater. Chem. Phys.*, **1993**, *35*, 281.
3) S. Ahrland *et al.*, *Inorg. Chem.*, **1985**, *24*, 1330.
4) T. A. Engesser *et al.*, *Chem. Eur. J.*, **2016**, *22*, 15085.

AuS$_2$

【名称】ammonium bis(D-penicillaminato(1−)-κS)aurate(I): NH$_4$[Au(D-Hpen-S)$_2$]

【背景】チオラト金(I)1:1錯体は関節リウマチの薬として古くから使われているが,その薬理作用機構や構造に関する情報はあまり知られていない.[Au(D-Hpen-S)$_2$]$^-$は抗関節炎薬のモデル錯体として合成され,構造が決定された[1].

【調製法】メタノール/水(30:1)混合溶媒中でNa[AuCl$_4$]·2H$_2$Oと2,2′-チオジエタノールを混合し,生成した塩化ナトリウムをろ別した後,これを2.2当量のD-ペニシラミンを含むメタノール溶液に加える.この溶液を窒素雰囲気下で一晩撹拌した後,濃アンモニア水を加えて室温で放置すると,結晶性白色固体が析出する.これをろ別し,メタノール,ジクロロメタンで洗うと,NH$_4$[Au(D-Hpen-S)$_2$]が80%以上の高収率で得られる.

【性質・構造・機能・意義】白色結晶で,水に易溶である.NH$_4$[Au(D-Hpen-S)$_2$]は,2分子のD-ペニシラミンが硫黄単座で金(I)イオンに配位した単核構造を有する.金(I)イオンはほぼ直線型の配位環境にあり,S-Au-S角は178.47(7)°,C-S⋯S-Cねじれ角は29.3(2)°である.この錯体において,アミノ基はプロトン付加した-NH$_3^+$,カルボキシ基は脱プロトン化した-COO$^-$の両性イオンの状態で存在している.

この錯体は,チオラト基,アミノ基,カルボキシ基で金属イオンに配位する多座の錯体配位子として働き,この錯体から様々なキラル多核金属錯体が合成されている[2].

【関連錯体の紹介およびトピックス】水溶液中でNH$_4$[Au(D-Hpen-S)$_2$]とAgNO$_3$を1:1で反応させると,直ちに白色粉末として無電荷の硫黄架橋環状Au$^I_2$Ag$^I_2$四核錯体([Au$_2$Ag$_2$(D-Hpen)$_4$])が生成する.この四核錯体に塩化物イオン存在下で銅(II)イオンを反応させると,20核のAu$^I_6$Ag$^I_8$Cu$^{II}_6$超分子カチオンと21核のAu$^I_6$Ag$^I_9$Cu$^{II}_6$超分子アニオンからなる岩塩型金属超分子錯体が形成される[3].

空気中,酢酸ナトリウム緩衝溶液中でNH$_4$[Au(D-Hpen-S)$_2$]とCoCl$_2$·6H$_2$Oを反応させると,2種類の硫黄架橋Au^{I}Co^{III}多核錯体([Au$_3$|Co(D-pen-N,O,S)$_2$|$_3$],Na$_3$[Au$_3$|Co(D-pen-N,S)$_3$|$_2$])が形成される.これらは陽イオン交換カラム(SP-Sephadex C-25)により分離される[4].後者の錯体にM(CH$_3$COO)$_2$(M=Co, Zn)を反応させると,多孔性イオン結晶が生成する[5,6].

水溶液中でNH$_4$[Au(D-Hpen-S)$_2$]とNi(NO$_3$)$_2$·6H$_2$Oを反応させると,反応比やpHなどの反応条件に応じて,色の異なる4種類の硫黄架橋Au^{I}Ni^{II}多核錯体(K$_2$[Au$_2$|Ni(D-pen-N,S)$_2$|$_2$],K$_5$[Au$_3$|Ni(D-pen-N,S)$_3$|$_2$],[Ni(H$_2$O)$_6$][Au$_2$|Ni(D-pen-N,O,S)$_2$|$_2$],[Au$_3$|Ni(D-Hpen-O,S)$_3$|$_2$]NO$_3$)が得られる.これらの錯体どうしは,色に加えて磁性とキラリティーが異なっており,外部刺激により互いに構造変換可能である[7].

塩基性水溶液中でNH$_4$[Au(D-Hpen-S)$_2$]にK$_2$[PdCl$_4$]を反応させると,2種類の硫黄架橋Au$^I_2$Pd$^{II}_2$四核錯体(K$_2$[Au$_2$|Pd(D-pen-N,S)$_2$|$_2$])が形成される.これらはPd周りの配位環境($trans$とcis)が異なる幾何異性体であり,陰イオン交換カラム(QAE-Sephadex A-25)により分離される[8].

塩基性水溶液中でNH$_4$[Au(D-Hpen-S)$_2$]にK$_2$[PtCl$_4$]を反応させると,硫黄架橋Au$^I_2$Pt$^{II}_2$四核錯体K$_2$[Au$_2$|Pt(D-pen-N,S)$_2$|$_2$])の$trans$体とcis体が得られる.異性体の混合物にZn(NO$_3$)$_2$·6H$_2$Oを反応させると,$trans$体のみが反応してAu$^I_2$Pt$^{II}_2$Zn^{II}錯体ポリマーが生成する.その構造はpHに応じて制御可能であり,三次元多孔性構造または一次元らせん構造を与える[9].同様の分子構造をもつ[Pt(NH$_3$)$_2$(D-Hpen-S)$_2$]からも,様々な多核金属錯体が合成されている[10,11].

【井頭麻子・今野 巧】

【参考文献】

1) D. J. LeBlanc *et al.*, *Acta Cryst.*, **1997**, *C53*, 1763.
2) A. Igashira-Kamiyama *et al.*, *Dalton Trans.*, **2011**, *40*, 7249.
3) A. Toyota *et al.*, *Angew. Chem. Int. Ed.*, **2005**, *44*, 1088.
4) T. Konno *et al.*, *J. Chin. Chem. Soc.*, **2009**, *56*, 26.
5) S. Surinwong *et al.*, *Chem. Commun.*, **2016**, *52*, 12893.
6) S. Surinwong *et al.*, *Chem. Asian J.*, **2016**, *11*, 486.
7) M. Taguchi *et al.*, *Angew. Chem. Int. Ed.*, **2007**, *46*, 2422.
8) M. Taguchi *et al.*, *Chem. Lett.*, **2008**, *37*, 244.
9) T. Konno *et al.*, *Chem. Lett.*, **2009**, *38*, 526.
10) Y. Kurioka *et al.*, *Chem. Lett.*, **2015**, *44*, 1330.
11) N. Kuwamura *et al.*, *Chem. Commun.*, **2017**, *53*, 846.

$AuIr_2C_2P_4Cl_2As_2$

【名称】 [dicarbonyl-1κC,2κC-dichlorido-1κCl, 2κCl-bis-{μ₃-bis[(diphenylphophanyl)methyl]-1κP:2κP′-phenylarsine-3κAs} diiridiumgold(1+)] chloride: $[Ir_2AuCl_2(CO)_2(\mu\text{-dpma})_2]^+$

【背景】 架橋配位子による二核錯体や三核錯体の形成により，種々の金属-金属相互作用に関する研究が行われている．本錯体中の配位子dpmaは，ヘテロ三核錯体合成のために設計された配位子であり，有機リンと有機ヒ素の2種類の配位サイトをもつ．d^8イオンであるIr^Iとd^{10}イオンであるAu^Iをこの配位子を用いて配列した本錯体は金属三核ユニットに由来する吸収・発光を示す[1]．

【調製法】 dpmaは，$(Ph_2P)_2CHLi\cdot tmeda$と$PhAsCl_2$の反応で得られる．dpmaと[Ir(CO)₂Cl(p-toluidine)]の反応により，Pが配位原子の複核環状錯体$[Ir_2(CO)_2Cl_2(\mu\text{-dpma-}P,P')_2]$を合成する．得られた$[Ir_2(CO)_2Cl_2(\mu\text{-dpma})_2]$に[AuCl(CO)]を反応させると，$[Ir_2Au(CO)_2Cl_2(\mu\text{-dpma})_2]Cl$が生成する．

【性質・構造・機能・意義】 赤色結晶．ジクロロメタンに溶けて濃い赤色を示す．可視部の吸収極大波長は508 nm ($\varepsilon=3.2\times10^4\,M^{-1}cm^{-1}$)である．過剰の[AuCl(CO)]やジクロロメタン中のCl_2により，酸化体である$[Ir_2Au(CO)_2Cl_4(\mu\text{-dpma})_2]^+$に変換される．この反応は，暗所より光照射下で速やかに進行する．$[Ir_2Au(CO)_2Cl_2(\mu\text{-dpma})_2]^+$中のクロロ配位子は置換されやすく，ジクロロメタン溶液中，臭化ナトリウムもしくはヨウ化ナトリウムとの反応により，ブロモ配位子とヨード配位子をもつ錯体が得られる．

この錯体の構造は単結晶X線構造解析により決定されており，dpmaの両端のPがIrに，中央のAsがAuに配位した三核構造である．Ir^Iは$P_2C_1Cl_1$の平面四配位，Au^IはAs_2の直線二配位をとっている．平均結合長はIr-P: 2.32 Å, Ir-Cl: 2.36 Å, Ir-C: 1.80 Å, Au-As: 2.40 Åである．Ir⋯Au距離は，3.059(1) Åと3.012(1) Åであり，金属間には弱い相互作用があると考えられる．Ir⋯Au⋯Irは149°とやや折れ曲がった構造をとっている．

この錯体は，ジクロロメタン溶液中，25℃で606 nmに極大をもつブロードな発光を示す．励起スペクトルは吸収スペクトルと一致し，この発光は508 nmを極大とする吸収帯に由来したものと考えられる．定性的な分子軌道の考察により，この化合物のHOMOは2つのIr^IおよびAu^Iの$5d_{z^2}$軌道が相互作用した軌道，LUMOはIr^IおよびAu^I上の$6p_z$が相互作用した軌道であるとされている．これに基づき，508 nmに極大を持つ吸収帯はHOMO-LUMO遷移，すなわち，三核金属ユニット内の遷移であると帰属されている．同様の発光はブロモ錯体，ヨード錯体でも観測され，発光極大波長はそれぞれ，614 nmと624 nmである．吸収帯でも対応した長波長シフトがあり，ブロモ錯体，ヨード錯体の吸収極大波長は518 nmと536 nmである．これらの発光は，ストークスシフトが小さいことと，類似錯体の発光性との比較[2]から蛍光であると考えられている．単核のd^{10}やd^8錯体が発光する例は比較的よく知られているが，この化合物は，三核化により生成した軌道由来の発光を示す例である．

【関連錯体の紹介およびトピックス】 この錯体を酸化して得られる$[Ir_2Au(CO)_2Cl_4(\mu\text{-dpma})_2]^+$は，形式的には$Ir^{II}$-$Au^I$-$Ir^{II}$の酸化状態にあり，Ir-Au間に金属結合をもつ化合物である．対応するブロモ錯体，ヨード錯体も合成されているが，酸化体は発光性を示さない[1]．dpmaは有効なヘテロ三核化配位子であり[3]，Au^I-Ir^I-Au^I三核錯体$[Au_2Ir(CO)Cl(\mu\text{-dpma})_2]^{2+}$も合成されている．この錯体も可視部に強い吸収帯 ($\lambda_{max}=498\,nm$, $\varepsilon=3.14\times10^4\,M^{-1}cm^{-1}$) を示し，発光性であるが，555 nm付近と670 nm付近を極大とする蛍光とりん光と見られる発光を同時に示す[2]．この他にも，Ir-M-Ir三核錯体がM=Rh, Ir, Cu, Ag, Tl, Sn, Pb, Sbで，Rh-M-Rh三核錯体がM=Ir, Pd, Cu, Agで，Au-M-Au三核錯体がM=Rhで合成されている． 〔柘植清志〕

【参考文献】

1) A. L. Balch *et al.*, *J. Am. Chem. Soc.*, **1988**, *110*, 454.
2) A. L. Balch *et al.*, *J. Am. Chem. Soc.*, **1990**, *112*, 2010.
3) A. L. Balch *et al.*, *J. Am. Chem. Soc.*, **1985**, *107*, 5272.

Au₂C₂P₂

光 有

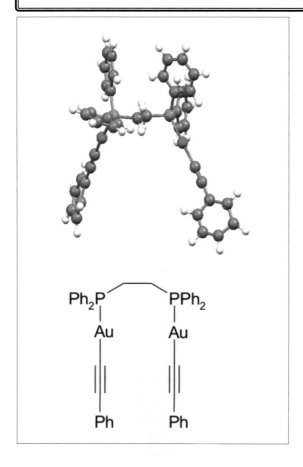

【名称】 bis (phenylalkynyl) (bis (diphenylphosphino)-ethane)gold(I): μ-dppe-[Au$_2$(C$_2$C$_6$H$_5$)$_2$(dppe)] (dppe=bis-(diphenylphosphino)ethane)

【背景】 本錯体は1960年代にはじめて合成がなされた[1]．金(I)錯体，とりわけアルキニル錯体[2]は，強いルミネセンスや金-金相互作用の観点から多くの研究が行われているが，この錯体はその研究の取りかかりとなったものの1つである．

【調製法】 ジクロロメタンに{Au(C≡CPh)}$_n$を加え，さらに過剰のdppeを加え室温で反応させ，溶液を濃縮すると得られる．

【性質・構造・機能・意義】 薄黄色結晶で空気中で安定．X線構造解析[3]によれば，結晶中で2分子が近い位置にあり，1つの分子のAu(1)原子ともう一方の分子のAu(2)原子が近接していて，その原子間距離は3.153 Åである．Au-P，Au-C，C≡C距離はそれぞれ，2.26，1.9～2.0，1.21 Å，P-Au-C角は172～177°であり，わずかに180°からずれている．

ジクロロメタン中で本錯体は250～300 nmに強い吸収を示す．この波長域の光を照射することで，室温および77Kにおいてルミネセンスが観測される[3]．室温での発光寿命は4 μs，発光量子効率は2%であり，420 nmに構造を伴った発光帯が表れる．なお固体においては発光極大は550 nmと大幅にレッドシフトし，しかも幅広い発光帯となり，これは金-金相互作用の増大に基づくとされている．

メチルビオロゲン存在下では，この錯体のルミネセンスは消光される．これは酸化的な電子移動が生じているためと説明されている．

【関連錯体の紹介およびトピックス】 本錯体と同様に[Au(PPh$_3$)(C≡CPh)]もルミネセンスなどの光物理的な性質を示す．励起状態の化学についてはこの錯体において詳しく検討されており，メチルビオロゲンによる酸化的消光の消光定数は$5 \times 10^8 \mathrm{M}^{-1}\mathrm{s}^{-1}$，励起後の過渡吸収スペクトルには，メチルビオロゲンカチオンラジカルの吸収が明確に認められ，電子移動消光であることが確認された．

dppe架橋を有する類似錯体としてはフェニルアルキニル配位子のフェニル基の代わりに，ピリジル基が結合したものや，ビピリジンが結合したものが報告されている．さらに2つのアルキニル基が有機鎖で結合されていて大環状メタラサイクルを形成している錯体も報告されている[4]．

dppe以外のジホスフィンを含む錯体としては，dppmのメチレン鎖をさらに延長したものや短縮したものが多数報告されているほか，フェニル基を含まないジホスフィンを架橋配位子としたもの，あるいはアルキニル基を架橋配位子としたものなど，多数が合成され，多くの報告において金-金相互作用と，分光学的な特性の相関が議論されている．

【坪村太郎】

【参考文献】
1) G. E. Coates et al., J. Chem. Soc., **1962**, 3220.
2) V. W.-W. Yam et al., Top Curr. Chem., **2007**, 281, 269.
3) D. Li et al., J. Chem. Soc., Dalton Trans., **1993**, 2929.
4) C. P. McArdle et al., Angew. Chem., Int. Ed., **1999**, 38, 3376.

Au₂C₄N₄

【名称】 *meso*-pentafluorophenyl substituted[28]hexa phyrin(1.1.1.1.1.1)bis-gold(III)complex

【背景】 環状π共役系の物性はその芳香族性に大きく依存する．通常Hückel則に基づき，4n個のπ電子からなる環状π共役系は反芳香族性を帯びる平面構造を避け，歪んだ非芳香族構造をとる．これに対し[28]ヘキサフィリン金(III)二核錯体は，金(III)イオンによってπ共役骨格がほぼ平面に固定されているため，平面構造を避けることができず結果的に強い反芳香族性を示す珍しい例である[1]．しかもこの28π電子錯体は，プロトンの出し入れを伴った酸化還元操作により，中性電荷を保ったまま平面芳香族26π電子状態との相互変換を行うことができる．これによりπ電子系化合物の芳香族性と化学的物性の顕著な相関関係が明らかになった．

【調製法】 [26]ヘキサフィリン(1.1.1.1.1.1)と10当量のテトラクロロ金酸ナトリウムをジクロロメタン/メタノール混合溶媒に溶かし，過剰の酢酸ナトリウム存在下，室温で3日間攪拌し，シリカゲルカラムクロマトグラフィーにより精製すると[26]ヘキサフィリン金(III)二核錯体を得る(収率14%)．これをジクロロメタン/メタノール混合溶媒中，水素化ホウ素ナトリウムによって還元することで等量的に[28]ヘキサフィリン金(III)二核錯体を得る．

【性質・構造・機能・意義】 錯体の吸収スペクトルは，CH_2Cl_2中，λ_{max}[nm](ε[$10^4 M^{-1} cm^{-1}$]): 349(3.2), 508(8.3), 539(8.6), 570(10.8), 640(1.8), 696(1.0)に観測される．錯体の構造は，2つのピロール窒素，2つのピロールβ炭素がそれぞれの金(III)イオンの周りに平面四配位を形成している．分子骨格は全体としてわずかに湾曲しているものの，π共役系拡張に充分な平面性を保っている．反芳香族ポルフィリノイドに特徴的なparatropic 環電流効果と近赤外波長領域に吸収帯のない可視吸収スペクトルを示し，狭いHOMO-LUMOギャップをもつ．これに対して[26]ヘキサフィリン金(III)二核錯体では芳香族ポルフィリノイドに特徴的なdiatropic 環電流とSoret帯・Q帯に対応する可視近赤外吸収スペクトルを示し，比較的広いHOMO-LUMOギャップを示す[2]．

【関連錯体の紹介およびトピックス】 合成段階で付随して得られるヘキサフィリン金(III)単核錯体に関しても同様に酸化還元による芳香族・反芳香族スイッチングが確認されており，環の内側に位置するピロールβ炭素は芳香族性の逆転に伴い^{1}H NMRにおいて22.32 ppmもの化学シフト変化を示す．また，ヘキサフィリンロジウム(I)二核錯体[4]や，環の中央においてビニレンで分子内架橋されたヘキサフィリンフリーベース[5]に関しても同様の芳香族変換が可能であり，反芳香族環拡張ポルフィリンのHOMO-LUMO遷移に対応する吸収は禁制であり，ほとんど観測できないことが報告されている[3,5b]．　　　　【齊藤尚平・大須賀篤弘】

【参考文献】
1) S. Mori *et al.*, *J. Am. Chem. Soc.*, **2005**, *127*, 8030.
2) S. Mori *et al.*, *J. Am. Chem. Soc.*, **2007**, *129*, 11344.
3) A. Muranaka *et al.*, *Chem. Eur. J.*, **2009**, *15*, 3744.
4) H. Rath *et al.*, *Chem. Commun.*, **2009**, 3762.
5) a) M. Suzuki *et al.*, *J. Am. Chem. Soc.*, **2007**, *129*, 464; b) M. -C. Yoon *et al.*, *J. Am. Chem. Soc.*, **2009**, *131*, 7360.

Au₂P₄

【名称】 bis[μ-methylenebis(diphenyl-phosphane)-1κP, 2κP]digold(I)bis(tetrafluoroborate): [Au$_2$(dppm)$_2$](BF$_4$)$_2$

【背景】 この金(I)複核錯イオンは，1970年代にSchmidbaurらが提唱した金-金属間相互作用の一種であるAu(I)-Au(I)相互作用(aurophilic attraction)を研究する対象物質として合成され，[Au$_2$(dppm)$_2$]Cl$_2$のX線構造解析の結果として報告された．そして1980年代には，アニオンが異なる様々な金(I)複核錯体[Au$_2$(dppm)$_2$]X$_2$の合成とX線構造解析の結果がFacklerらによって報告された．また，80年代には金(I)錯体以外の様々なd^{10}電子配置の金属(Ag(I), Cu(I), Pt(0), Pd(0), Ni(0))と様々なホスフィン配位子からなる金属錯体について研究が活発化し，これらの錯体の中にりん光発光するものが数多く観測され，光物性研究が注目されることになった．特に，M$_2$(dppm)$_3$(M=Pt(0), Pd(0))型複核錯体に関する研究では室温溶液中での強いりん光発光が観測され，金属-金属間相互作用と発光現象との関連性について多くの研究者が興味をもった．このような背景から，アニオンとしてテトラフルオロボレートや硝酸イオンなどを含む様々な金(I)複核錯体[Au$_2$(dppm)$_2$]X$_2$(X=BF$_4$, NO$_3$, BH$_3$CN)が合成され，その分子構造と発光性との関係について研究が行われることになった[1]．

【調製法】 (AuCl)$_2$(dppm)とdppmを混合することにより合成できる[Au$_2$(dppm)$_2$]Cl$_2$を出発物質として，AgX(X=BPh$_4$, BF$_4$, NO$_3$)とのアニオン交換反応によって[Au$_2$(dppm)$_2$]X$_2$(X=BPh$_4$, BF$_4$, NO$_3$)を得る．また，[Au$_2$(dppm)$_2$](BH$_3$CN)$_2$はAu(PPh$_3$)(NO$_3$), dppm, NaBH$_3$CNの混合溶液から合成する[2]．

【性質・構造・機能・意義】 複核錯体[Au$_2$(dppm)$_2$]X$_2$(X=Cl, BF$_4$, NO$_3$, BH$_3$CN)に関して，X線構造解析の結果から2つのAu$^+$と2つのdppm配位子内の4つのPと2つのメチレンのCによりイス型八員環構造を有することが判明している．これら複核錯体内のAu-Au間距離は3.0 Å以内にあり，van der Waals半径から考えられる3.4 Åより近接しており，Au(I)-Au(I)相互作用の存在を支持している．Au(I)イオンの配位構造は，基本的には2つのリン原子が配位した直線二配位である．しかし，BF$_4$塩以外では，Cl体で観測されたAu-Cl間距離(2.77 Å)を顕著な例として，NO$_3$体でのAu-O間距離(2.99 Å)やBH$_3$CN体でのAu-H間距離(2.96 Å)を配位結合として含むT型三配位構造との見方もある．Au(I)-Au(I)相互作用は，その結合エネルギーが強い水素結合や弱い共有結合に匹敵するとの報告例もあり，下記に述べる複核錯体と単核錯体との光物性に大きな違いを生じる要因と考えられている．

[Au$_2$(dppm)$_2$](BF$_4$)$_2$の室温アセトニトリル溶液中の電子スペクトルにおいて，Au(I)-Au(I)相互作用をもつ複核錯体では293 nm(ε=21000 M^{-1}cm^{-1})に強い吸収を示す．この吸収帯は，単核錯体では観測されないことから，Au(I)-Au(I)間の結合を考慮したHOMO dδ*から配位子のリン原子上のLUMO pσへの許容遷移と解釈できる．また，350 nm付近には基底一重項状態から励起三重項状態への電子遷移である弱いS-T吸収帯も観測されている．

[Au$_2$(dppm)$_2$](BF$_4$)$_2$の室温アセトニトリル溶液中の発光スペクトルでは，600 nm付近にりん光が観測された．この発光はAu(I)-Au(I)相互作用を考慮して^3[(dδ*)^1(pσ)^1]で表される^{3}MMLCT発光と帰属されている．特に，この発光は長い発光寿命(寿命21 μs)と高い発光量子収率(0.31)を有し，かなり大きなストークスシフトが特徴的である．また，溶液中のアニオン種による光物性への影響はかなり顕著な形で現れ，[Au$_2$(dppm)$_2$](ClO$_4$)$_2$のアセトニトリル溶液にLiClを加えた実験では吸収および発光スペクトルの大きな変化が報告されている[3]．

【関連錯体の紹介およびトピックス】 他のアニオンとしてBr$^-$やI$^-$のハロゲンイオンを用いた場合には，かなり歪んだ分子構造やボート型八員環構造であるなどの報告がある[4]．また，この複核錯体と様々な有機分子との消光反応に関する研究も報告されている[5]．

【塩塚理仁】

【参考文献】
1) K. Christpher *et al., Inorg. Chem.*, **1989**, *28*, 2145.
2) M. N. I. Khan *et al., Inorg. Chem.*, **1989**, *28*, 2150.
3) C. -M. Che *et al., J. C. S. Chem. Commun.*, **1989**, 885.
4) J. Shain *et al., Inorg. Chim. Acta*, **1987**, *131*, 157.
5) C. -M. Che *et al., J. C. S. Dalton Trans.*, **1990**, 3215.

$Au_3C_3N_3$

【名称】 *cyclo*-tris(μ-(*Z*)-methoxy(methyl-imino)metha-nido-1κ*C*,2κ*N*;1κ*N*,3κ*C*;2κ*C*,3κ*N*)trigold(I): [Au$^I_3$(CH$_3$-NCOCH$_3$)$_3$]

【背景】イソニトリル(RNC)とアルコール(R'OH)が反応して得られるRNCOR'型の配位子をもつ金(I)錯体は、金(I)有機金属錯体として、比較的早くから知られている化合物である[1]。この中でもR, R'=Meの化合物は長寿命のりん光やソルボルミネセンス[2]など特徴的な物性を示す.

【調製法】メタノール中で[AuCl(PPh$_3$)]とイソシアニドをNaOH共存下で反応させることにより白色の沈殿として得られる.

【性質・構造・機能・意義】無色の固体で、ジクロロメタンやクロロホルムに可溶であり、これらの溶媒から再結晶することができる。クロロホルムから得られた結晶の融点は112〜113℃。この三核錯体は安定であり、[Au$^I_{(3-n)}$(Au^{III}X$_2$)$_n$(CH$_3$NCOCH$_3$)$_3$] ($n=1$〜3)がハロゲンによる段階的な酸化によりX$_2$(X=Cl, Br, I)が合成されている.

単結晶構造解析により、この分子は三回対称軸を持つ平面分子であることが示されている。結合距離は、Au-C: 2.00(1) Å, Au-N: 2.03(1) Å, C=N: 1.29(2) Åである。C-Au-Nは180°であり、Au^{I}は直線型二配位である。分子内のAu-Au距離は3.308(2) Åであり、分子内で金-金相互作用があると考えられる。この化合物は多形を示し、六方晶系、三斜晶系、単斜晶系の結晶を生成する。上記の結合長は、六方晶系中の値であるが、3つの結晶中で分子の構造はほぼ同じである。結晶形の違いは分子配列に由来するものであり、最も主要に得られる六方晶系の結晶中では、分子が三回対称軸に垂直に重なり、|Au$_3$|単位が一次元鎖状に積み重なったカラム状構造をとる。分子間のAu-Au距離は3.346(1) Åである。これに対して、単斜晶系の結晶では、3分子ずつが積層した構造をとり、三斜晶系の結晶では、1分子がずれて積みあがった構造をとる[3]。単斜晶系、三斜晶系の結晶でも、分子間の金-金距離は近く、分子間金-金相互作用があると考えられる。ただし、金が一次元カラム状構造を作る六方晶系の結晶で金-金相互作用は最大と考えられる.

この化合物は、室温、クロロホルム中で、422 nmに極大をもつ発光を示す。一方、室温、固体状態(六方晶系結晶)では、446 nmに極大を示す振動構造を持つ発光帯と、552 nmに極大をもつブロードな発光帯を示す。これらの発光帯の寿命は、短波長側がおよそ1 msであるのに対し、長波長側は1〜30 sと非常に長寿命である。552 nmに極大をもつ発光は、固体状態でしか観測されないため、分子間の金-金相互作用に由来する発光と考えられている.

本化合物で特筆される性質として、溶媒添加による発光強度増加(ソルボルミネセンス)が挙げられる。近紫外励起をした六方晶系結晶に、クロロホルム、ジクロロメタン、トルエン、メタノール、ヘキサン、水などの溶媒を滴下すると、明瞭な発光強度の増加が観測される。強度増加は結晶の溶解度の高い溶媒で顕著である。この現象は、欠陥に蓄えられたエネルギーが、溶媒との接触に伴い効率よく放出されることにより発現すると考えられている。この現象は、六方晶系結晶でのみ観測され、この分子のカラム状配置が重要であるとされている[2,3].

【関連錯体の紹介およびトピックス】R, R'の異なる[Au$^I_3$(RNCOR')$_3$]が他のイソシアニドやアルコールを用いて合成されている[4]。分子構造は類似しているが、結晶中でカラム状の配列をとる化合物はこれまでに合成されていない。また、これらの化合物でソルボルミネセンスを示すものはなく、ソルボルミネセンス発現には、結晶中での分子配列が重要であると考えられている[5].

【柘植清志】

【参考文献】

1) G. Minghetti *et al., Angew. Chem. Int. Ed. Engl.*, **1972**, *11*, 429.
2) J. C. Vickery *et al., Angew. Chem. Int. Ed. Engl.*, **1997**, *36*, 1179.
3) R. L. White-Morris *et al., Inorg. Chem.*, **2005**, *44*, 5021.
4) G. Minghetti *et al., Inorg. Chem.*, **1974**, *13*, 1600.
5) A. L. Balch *et al., Inorg. Chem.*, **1999**, *38*, 3494.

$Au_{12}P_{12}S_4$

【名称】hexakis［μ-methylenebis（diphenyl-phosphane）］(tetra-μ$_3$-sulfido) dodecagold（I）tetrakis（hexafluorophosphate）：$[Au_{12}(\mu\text{-}dppm)_6(\mu_3\text{-}S)_4](PF_6)_4$

【背景】70年代の研究でAu(I),Ag(I),Cu(I)の多核金属錯体に興味がもたれ，その後これらの錯体の金属クラスターや集合体に関心が寄せられるようになった．その中でも90年代になり，金属-金属間相互作用と多様な発光挙動に注目が集まった．金属-金属間相互作用は特に多核金(I)錯体において顕著に現れ，Schmidbaurらはその相互作用をaurophilicityと名づけて，様々な金(I)錯体の合成と構造に関する研究を報告している．また，カルコゲン（S, Se, Te）が架橋配位した銀(I)および銅(I)錯体が研究されていたが，多核錯体の多くは不溶性で構造や光物性に関する詳細な研究は困難であった．しかし，dppm配位子を含むカルコゲニド金属錯体では多種多様な四核錯体 $[M_4(\mu\text{-}dppm)(\mu_4\text{-}E)]X_2$（M＝Cu, Ag; E＝S, Se, Te; X＝PF$_6$, OTf）の合成に成功し，その構造と光物性に関する研究が報告された．そこで，架橋構造を好むdppm配位子とスルフィド配位子を含む多核金(I)錯体の合成が試みられ，有機溶媒に可溶な十二核金(I)スルフィド錯体 $[Au_{12}(\mu\text{-}dppm)_6(\mu_3\text{-}S)_4](PF_6)_4$ が得られた．この錯体はその分子構造と液体および固体中での発光現象について研究され，それまでほとんど解明されていなかったカルコゲン金(I)錯体の物性研究として注目すべき結果を与えた[1]．

【調製法】$[Au_2(dppm)_2]Cl_2$ をエタノール/ピリジン混合溶液中に加え，溶液内にH$_2$Sガスをゆっくりと通気すると，懸濁溶液は透明な黄色に変化する．溶媒とピリジニウムクロリドを取り除き，メタノール中でNH$_4$PF$_6$とのメタセシス反応により目的物を高収率で得ることができる．

【性質・構造・機能・意義】X線構造解析の結果から4つのAu$_3$Sユニットに対して6つのdppm配位子内の2つのPがそれぞれ異なるAu$_3$SユニットのAuへ配位してそれぞれ架橋する形でbicyclic structureを形成している構造図のような特異な分子構造であることが判明した．それぞれの金(I)錯体の配位構造に関しては，基本的には直線二配位構造で，S-Au-P角が168.1(2)〜177.5(2)°の幅をもっている．特徴的な部分はAu$_3$Sユニット内のAu-S-Au角で，対称性の高い理想的な90°に対して80.1(2)〜107.3(2)°の幅をもっているが，全体としては4つのS原子からなる平面の中心に反転中心をもつ興味深い対称的な構造を有している．また，この十二核錯体のカチオン部分は，NMR測定の結果より溶液内でも結晶中と類似の構造を有することが推定された．

$[Au_{12}(\mu\text{-}dppm)_6(\mu_3\text{-}S)_4](PF_6)_4$の室温アセトニトリル溶液中の紫外可視吸収スペクトルでは266 nmに強い吸収帯と332 nmにショルダー状の吸収帯を示した．これまでの研究結果と照らし合わせて，先の吸収帯はdppm配位子内の電子遷移に帰属された．そして，332 nmの吸収帯は $[Au_2Cl_2(dppm)]$ や $[Au_2(dppm)_2]Cl_2$ では観測されないことからAu$_3$Sユニットを有する錯体に特有の電子遷移と帰属された．また，この錯体に室温で350 nmより長波長の光を照射すると，アセトニトリル溶液中では緑色（546 nm）の発光が，粉末固体中では赤橙色（648 nm）の発光が観測された．この発光帯は，マイクロ秒オーダーの長い発光寿命をもつことなどを考慮して，Au(I)-Au(I)相互作用による摂動を含む電子遷移 ^{3}LMMCT(S→Au⋯Au)発光と帰属されている．

【関連錯体の紹介およびトピックス】他の類似した多核錯体としてはbis(diphenylphosphino)-n-propylamine(PNP)配位子を用いた十核錯体 $[Au_{10}(\mu\text{-}PNP)_4(\mu_3\text{-}S)_4](PF_6)_2$ が報告されている[2]．また，これら多核スルフィド錯体や化学的なイオンセンサーとして機能する $[Au_2(\mu\text{-}dppm)(SPh)_2]$ を含めた光物性研究結果からaurophilicityと特異な発光特性について考察した興味深い論文もある[3]．

【塩塚理仁】

【参考文献】
1) V. W. -W. Yam et al., Angew. Chem. Int. Ed., **1999**, 38, 197.
2) V. W. -W. Yam et al., Angew. Chem. Int. Ed., **2000**, 39, 1683.
3) V. W. -W. Yam et al., Gold Bulletin, **2001**, 34, 20.

BaC₁₀

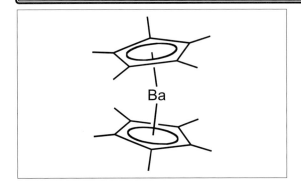

【名称】bis(pentamethylcyclopentadienyl)barium: decamethylbarocene, Cp*₂Ba (Cp* = Me₅C₅)

【背景】母体分子であるCp₂Mと比較して，Cp*基の導入により熱力学的および速度論的安定性が増大し，有機溶媒に対する溶解性も増大している．また，固体状態でCp₂Caがポリマー構造をとるのに対して，Cp*₂Caは単量体である．

【調製法】はじめにKCp*とBaI₂とをTHF中で反応させることで，Cp*₂Ba(THF)₂を合成する[1]．その後，含まれているTHFをトルエンと共沸させて除去する，または昇華する(190℃/10⁻⁶ Torr)ことでsolvent-freeのCp*₂Baを得る．昇華生成物をトルエンから再結晶すると無色の結晶が得られる[2]．

Cp*₂Ba(THF)₂の合成[1]：無水のBaI₂(4.69 g, 12.0 mmol)とCp*K(4.60 g, 26.4 mmol)をTHF(75 mL)中で一晩撹拌する．反応混合物をグラスフィルタでろ過し，不溶性の固体を取り除き，ろ液を濃縮し，得られた固体をトルエン(75 mL)に溶かし，再びろ過をする．ろ液を濃縮することでCp*₂Ba(THF)₂ (5.60 g, 84%)が得られる．

同様の手法により，Cp₂M(THF)₂およびCp*₂M(THF)₂ (M = Ca, Sr, Ba)が合成できる[1]．ただし，Cp*₂Ca(THF)₂からTHFを完全に除去することは困難なため，solvent-freeのCp*₂Caの合成にはCp*₂Ba(OEt₂)₂が用いられる．

【性質・構造・機能・意義】湿気，酸素，酸に対して不安定である．トルエンなどの芳香族炭化水素溶媒に可溶であり，昇華点190℃/10⁻⁶ Torrを有する．

2つのCp*環がBa原子に対してη⁵様式で配位したサンドイッチ構造をとっている(図1)．2つのCp*環の中心とBa原子とがなす角は130.9°であり，折れ曲がり(bent)構造をとっている．Ba-C結合の平均結合長は2.98(1) Åである．Cp*環は平面であり，Cp*環上のC-C平均結合長は1.42(2) Åとなっている．結晶中で隣接する分子のCp*環の1つもBa原子に接近しており，そのCp*環上のメチル基とBa原子との分子間最近接距離は3.35 Åである．

Cp*₂Ba(THF)₂のスペクトルデータは以下の通りである．

¹H NMR: δ(C₆D₆) = 1.35 (THF), 2.12 (s, Me₅C₅), 3.38 (THF).

¹³C NMR: δ(C₆D₆) = 11.2 (Me₅C₅), 25.5 (THF), 67.9 (THF), 112.8 (Me₅C₅).

【関連錯体の紹介およびトピックス】Cp*₂Caについても結晶構造が報告されている．Cp*₂Baと同様に折れ曲がったサンドイッチ構造をとっており，2つのCp*環の中心とCa原子とがなす角は147.7°，Ca-Cの平均結合長は2.64(1) Åである．Cp*環は平面であり，Cp*環上のC-C平均結合長は1.41(2) Åとなっている．

また，一連の2族類縁体Cp*₂M (M = Mg, Ca, Sr, Ba)の気相中での電子線回折による構造パラメータが報告されている[3,4]．それによると，気相中でもCp*₂Mは折れ曲がり構造をとっている．中心金属が高周期になるほど，2つのCp*環の中心と中心金属とがなす角αは小さくなる傾向がある(α(M) = 180°(Mg); 154°(Ca); 149°(Sr); 148°(Ba)).

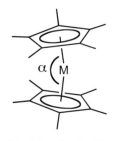

M = Mg, Ca, Sr, Ba

図1　2族元素メタロセン錯体の構造

【河内　敦】

【参考文献】
1) T. P. Hanusa et al., *Polyhedron*, **1988**, *7*, 725.
2) T. P. Hanusa et al., *Organometallics*, **1990**, *9*, 1128.
3) R. Blom et al., *Acta. Chem. Scand.*, **1987**, *A41*, 24.
4) R. Bolm et al., *J. Chem. Soc. Chem. Comm.*, **1987**, 768.

CaN$_2$O$_6$

光 生

【名称】1-[6-amino-2-(5-carboxy-2-oxazolyl)-5-benzofuranyloxy]-2-(2-amino-5-methylphenoxy)ethane-N,N,N',N'-tetraacetic acid: fura-2

【背景】生きた細胞や組織における分子の挙動を非侵襲的に解析可能なバイオイメージング技術は,生命科学のみならず医学,薬学分野など生命現象の解明において広範囲な分野で高い関心を集めている.近年の画像処理技術の飛躍的向上で,光学顕微鏡を用いて生きた細胞の中での生命現象を動的に捉えることが可能となりつつある.その端緒となったのが蛍光顕微鏡と1980年代にTsienらにより開発された蛍光プローブを用いた細胞内Ca^{2+}濃度測定技術の開発である.

Ca^{2+}は受精や細胞増殖をはじめとする広範な細胞機能の調節にかかわっているセカンドメッセンジャーであり,その生理的な機能の解明には細胞内Ca^{2+}濃度を測定し,様々な刺激に対する細胞応答と比較することが必要である.しかし,それ以前の細胞内分子の挙動追跡にはイオン感応性電極を用いて細胞内の電位を測定することで行われていたが,細胞の局所でしか測定できなかったうえ,Ca^{2+}のように極めて低濃度で存在するイオンでは応答が遅く不正確であったため,濃度測定はおろか濃度変動の追跡すら困難であった.その状況を打開すべく,Tsienらは新しい細胞内Ca^{2+}濃度測定を可能にする物質の開発に着手し,開発した蛍光プローブがfura-2である[1]).

【性質・構造・機能・意義】fura-2はCa^{2+}への選択性に優れた金属配位子であるEGTA(ethyleneglycol bis(β-aminoethylether)-N,N,N',N'-tetraacetic acid)を基本骨格とし,ベンゾフランの蛍光団構造を導入したCa^{2+}感受性蛍光プローブである.細胞への導入においては,Ca^{2+}キレーター部位であるカルボキシル基をアセトキシメチルエステル体(AM体)にし,電荷をなくすことで細胞膜透過性にし,細胞内のエステラーゼによってAM基が加水分解されることで再びCa^{2+}結合能を回復させるという方法で,細胞を傷つけることなく生きたまま導入することができる.

Tsienらが新規蛍光プローブを開発するに当たり考案したストラテジーは,「強い蛍光強度を保ったままCa^{2+}と結合することで波長がシフトする化合物」というものであり,合成に至った化合物がfura-2である.335 nm付近で励起した場合,Ca^{2+}濃度の上昇に伴い蛍光強度は増大するが,370〜380 nm付近で励起したときは逆に蛍光強度が減少する.適当な二波長を選択して励起し,そのときの蛍光強度の比をとることによって蛍光プローブの局在化,励起光強度のばらつき,細胞の大きさなどに依存せずにCa^{2+}濃度を定量的に測定することが可能となり,このプローブを元にレシオイメージングシステムが考案された.

Tsienらはまた Ca^{2+}選択的蛍光プローブとして fura-2類縁体を合成しており,その1つに当時開発された細胞内観察用共焦点顕微鏡に用いられたレーザー照射に適した可視光領域に励起波長をもつ Fluo-3 も報告された.

【関連錯体の紹介およびトピックス】fura-2の登場は,生物が生きた状態で特定の分子を時空間解析する,いわゆる「生体分子イメージング」という科学における新たな研究分野を開拓した.低い親和性で高濃度の細胞内Ca^{2+}濃度を検出,細胞内の小器官に特異的に局在させることができるなど,Ca^{2+}蛍光プローブはその用途によって適切なプローブを選択できるほどに発展しているが,fura-2はその機能性の高さから現在でもマニュアル的に細胞内Ca^{2+}濃度測定に用いられている.本論文の被引用回数が,2018年時点で2万回を超えていることからもいかにfura-2が優れた開発であったかは想像できる.つまり,本論文は細胞内分子イメージングの研究の有用性を広く知らしめる重要な起点となり,近年のケミカルバイオロジー研究の興隆によってその価値が再確認されるようになった.また,本研究の展開によって,細胞内イメージングの重要性が認識され,1992年以降の緑色蛍光タンパク質(GFP)[2])やその類縁タンパク質の応用[3])が始まった.GFPの生物応用によりTsienらは2008年のノーベル化学賞を受賞するに至っている.

【菊地和也】

【参考文献】
1) R. Y. Tsien *et al*., *J. Biol. Chem*., **1985**, *260*, 3440.
2) R. Heim *et al*., *Proc. Natl. Acad. Sci. USA*, **1994**, *91*, 12501.
3) A. Miyawaki *et al*., *Nature*, **1997**, *388*, 882.

$[CaCuSi_4O_{10}]_n$ 無

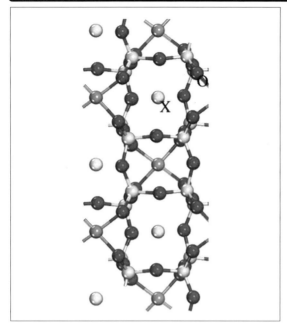

【名称】 calcium copper silicate: $CaCuSi_4O_{10}$

【背景】 エジプシャンブルーは古代エジプト(BC2500年頃)ではじめて合成され，その後ギリシャからローマにわたり，広く使用されていた耐候性に優れた青色顔料である．この合成法の記録は残っていないが，藍銅鉱やマラカイト(天然緑青)，砂・ガラス(ケイ酸)と炭酸カルシウムを焼成したと思われる．炭酸カルシウムの代わりに炭酸バリウムを使って合成したバリウム塩がチャイニーズ(ハーン)ブルー($BaCuSi_4O_{10}$)・チャイニーズ(ハーン)パープル($BaCuSi_2O_6$)で，エジプシャンブルーとはまったく独立に中国の西周時代(BC1200年頃)から漢時代(BC206〜AD220年頃)に作られた．その後の研究でチャイニーズパープルは純粋なものは濃青色だが，パープルに見える理由は合成過程で銅(II)が還元されて赤色の第一酸化銅(I)$Cu(I)_2O$(赤銅鉱)が生成するためであることがわかった．

【調製法】 塩基性炭酸銅($Cu_2(CO_3)(OH)_2$)と炭酸カルシウム($CaCO_3$)，酸化ケイ素(SiO_2)を，モル比(1：8：2)を出発物質として，溶剤として炭酸ナトリウム3モル％を加えよく混合後空気中，1000℃で24時間焼成する．バリウム塩とストロンチウム塩はそれぞれ対応する炭酸塩を用いて，合成できる[1]．

【性質・構造・機能・意義】 カルシウム銅(II)ケイ酸塩 $CaCuSi_4O_{10}$ は，配位平面上の4つのCu-O=1.928(3) Åと軸上の2つのCu-O=2.652 Åと2.375 ÅのJahn-Teller歪みで八面体六配位構造から配位平面の垂直軸方向に歪み，近似的に擬平面四配位構造をとっている．$CaCuSi_4O_{10}$ が青色なのは正方対称(D_{4h})配位子場d-d遷移吸収帯によるもので，630 nmのピークと560 nmの肩および800 nmにピークが見られ，それぞれ $d_{z^2}^2(d_{xz}^2 d_{yz}^2)d_{xy}^2 d_{x^2-y^2}^1$ $(^2B_{1g})$ → $d_{z^2}^2(d_{xz}^2 d_{yz}^1)d_{xy}^2 d_{x^2-y^2}^2$ (d_{xz} or d_{yz} → $d_{x^2-y^2}$) (^2E) と $d_{z^2}^2(d_{xz}^2 d_{yz}^2)d_{xy}^2 d_{x^2-y^2}^1$ $(^2B_{1g})$ → $d_{z^2}^2(d_{xz}^2 d_{yz}^2)d_{xy}^1 d_{x^2-y^2}^2$ (d_{xy} → $d_{x^2-y^2}$) $(^2B_{2g})$ および $d_{z^2}^2(d_{xz}^2 d_{yz}^2)d_{xy}^2 d_{x^2-y^2}^1$ $(^2B_{1g})$ → $d_{z^2}^1(d_{xz}^2 d_{yz}^2)d_{xy}^2 d_{x^2-y^2}^2$ (d_{z^2} → $d_{x^2-y^2}$) $(^2A_{1g})$ と帰属される．

エジプシャンブルーの発光スペクトルは630 nmのd-d吸収帯ピークへの励起によって近赤外部の916 nmに高量子収率(10.5％)で長寿命(107 μs)の強いd-d発光が観測される．この発光は時代や生産地の違いでもほとんど変わらず，発光特性の再現性がある[1]．

このコロイド分散した二次元ナノシートが開発されて，近赤外バイオメディカル発光体[2]，イメージング，テレコミュニケーション用の赤外発光やセキュリティー用インクなどへの応用が期待できる．また，可視光励起で赤外光発光のダウンコンバージョンによる太陽光発電の効率化にも有用となる可能性がある．さらに，層状酸化ケイ素の伝導帯を利用したアップコンバージョンも観測されている[3]．

【関連錯体の紹介およびトピックス】 チャイニーズ(ハーン)ブルー $BaCuSi_4O_{10}$ や後年合成した $SrCuSi_4O_{10}$(ストロンチウム塩)はエジプシャンブルーと構造は同形で，発光スペクトルが少し長波長側にシフトして，識別できる． 【海崎純男】

【参考文献】
1) J. Pozza *et al.*, *J. Cult. Herit.*, **2000**, *1*, 393.
2) D. Johnson-MacDaniel *et al.*, *J. Am. Chem. Soc.*, **2013**, *135*, 1677.
3) W. Chen *et al.*, *J. Phys. Chem. C*, **2015**, *119*, 20571.

CdN₄

生 有 光

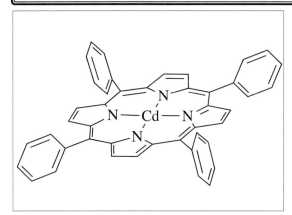

【名称】cadmium(II)5,10,15,20-tetrakis phenylporphyrinate＝meso-tetraphenyl-porphyrinatocadmium(II)：CdTPP

【背景】主に増感剤として利用されている金属ポルフィリン錯体の一種である．励起状態を利用した電子移動反応が多数報告されている．

【調製法】ポルフィリン環は，Lindsey法などにより，ベンズアルデヒドとピロールの縮合により得る．得られたポルフィリン環と，過剰量の酢酸カドミウムを脱水DMF中などで還流し，ジクロロメタン/メタノールなどによる再結晶やアルミナカラムで精製することにより，CdTPPが得られる[1]．また，近年では試薬会社からも購入可能である．

【性質・構造・機能・意義】有機溶媒中で橙色を呈し，クロロホルム中では，430 nm (Soret帯, $\log\varepsilon$＝5.62 $M^{-1}cm^{-1}$)，562 nm (Q帯, $\log\varepsilon$＝4.19 $M^{-1}cm^{-1}$)，602 nm (Q帯, $\log\varepsilon$＝3.93 $M^{-1}cm^{-1}$) にポルフィリン特有の強い吸収を示す[2]．^{1}H NMR(CDCl₃) では，8.84 ppmにβ-ピロールに由来する一重線を示し，8.23, 7.75 ppmにmeso位フェニル基に由来するピークを示す．FAB/MSでは，m/z＝725に，分子イオンピークが観察される．電気化学的性質においては，0.96 V, 0.76 V(DMF, $E_{1/2}$ vs. SCE)に酸化波が，−1.25, −1.70 Vに還元波が，いずれも可逆波として観察される[3]．励起一重項，三重項状態の励起寿命はそれぞれ65 ps, 260 μs である[4]．

【関連錯体の紹介およびトピックス】類縁体として，4-chlorophenyl[5]，4-methoxyphenyl[6]，4-pyridyl[7] 基などをmeso位置換基としてもつCdポルフィリンが報告されている．

石田洋平・高木慎介

【参考文献】
1) E. G. Azenha *et al.*, *Chem. Phys.*, **2002**, *280*, 177.
2) K. M. Kadish *et al.*, *Inorg. Chem.*, **1982**, *21*, 3623.
3) D. Lexa *et al.*, *Chim. Phys. Physicochim. Biol.*, **1979**, *100*, 159.
4) M. C. Derosa *et al.*, *Coord. Chem. Rev.*, **2002**, *233-234*, 351, and references therein.
5) W. S. Wun *et al.*, *Inorg. Chem. Commun.*, **2004**, *7*, 1233.
6) M. E. Milanesio *et al.*, *Photochem. Photobiol.*, **2001**, *74*, 14.
7) N. Zheng *et al.*, *Cryst. Growth Des.*, **2007**, *7*, 2576.

CdN₄X

【名称】 N-4-nitrobenzyl-5,10,15,20-tetrakis(4-sulfonatophenyl)porphyrinatocadminum(II) ion: $[\text{Cd(nbtpps)}]^{4-}$

【背景】 N-アルキルポルフィリンは生体内でのプロトポルフィリンIXへの鉄の挿入を触媒する酵素フェロケラターゼの活性を阻害することで知られており、酵素触媒反応の中間体として重要である。多くのN-アルキルポルフィリンが水には不溶であり、有機溶媒中での金属イオンの挿入反応機構、特に、活性金属種の同定が困難であった。一方、Cd(II)やHg(II)イオンがポルフィリンへの金属イオン挿入反応の触媒になることが知られている。本錯体はフェニル基をスルホン化することで水溶性にしたものであり、N-メチル誘導体とともにこれらの化合物の代表的なモデル化合物である。

【調製法】 配位子nbtppsは次の方法で合成する[1]。5,10,15,20-tetraphenylporphyrin(tpp)をジクロロメタン中で4-ニトロベンジルスルホニウムテトラフルオロホウ酸塩と反応させる。中性アルミナのカラムクロマトグラフィーで展開溶媒としてジクロロメタンを用いて分離・精製する。次に、これを水浴上、48時間濃硫酸で処理する。冷却後水を注意深く加えると目的物が沈殿する。Sephadex LH-20のカラムクロマトグラフィーで精製する。

Cd(II), Co(II), Cu(II), Hg(II), Mg(II), Ni(II), Pb(II), Pd(II)の塩を配位子の水溶液と混合することにより容易に錯体を得ることができる[1-3]。

【性質・構造・機能・意義】[3] 溶液は暗緑色で、444 nmにSoret帯をもち、π-π*遷移である。

水溶液中でのCd(II)と配位子との錯形成反応の平衡論的パラメーターは次の通りである: $\log K = \log\{[\text{CdP}^{3-}][\text{H}^+]/[\text{Cd}^{2+}][\text{HP}^{4-}]\} = -2.19 \pm 0.05$ (25℃), $\Delta H° = 21.0 \pm 0.7 \text{ kJ mol}^{-1}$, $\Delta S° = 29.1 \pm 2.5 \text{ J K}^{-1}\text{mol}^{-1}$。また、速度論的パラメーターは次の通りである: $k = (1.17 \pm 0.02) \times 10^5 \text{ dm}^3\text{mol}^{-1}\text{s}^{-1}$ (25℃), $\Delta H^{\ddagger} = 42.5 \pm 1.3 \text{ kJ mol}^{-1}$, $\Delta S^{\ddagger} = -5.3 \pm 4.2 \text{ J K}^{-1}\text{mol}^{-1}$。さらに、$[\text{CdP}]^{3-}$のH⁺との反応による金属イオンの解離の速度論的パラメーターは次の通りである: $k = (2.51 \pm 0.04) \times 10^7 \text{ dm}^3\text{mol}^{-1}\text{s}^{-1}$ (25℃), $\Delta H^{\ddagger} = 14.6 \pm 0.5 \text{ kJ mol}^{-1}$, $\Delta S^{\ddagger} = -54.3 \pm 1.7 \text{ J K}^{-1}\text{mol}^{-1}$。

【関連錯体の紹介およびトピックス】[3] 錯体は対応する非アルキル化ポルフィリン錯体よりも平面性が低いため、酸により容易に脱金属できる。また、塩基の存在下で脱アルキル化しやすい。

Zn(II)錯体の水溶液中のSoret帯は434 nmである。水溶液中でのZn(II)と配位子との錯形成反応の平衡論的パラメーターは次の通りである: $\log K = \log\{[\text{ZnP}^{3-}][\text{H}^+]/[\text{Zn}^{2+}][\text{HP}^{4-}]\} = 0.63 \pm 0.02$ (25℃), $\Delta H° = 31.8 \pm 0.8 \text{ kJ mol}^{-1}$, $\Delta S° = 116 \pm 3 \text{ J K}^{-1}\text{mol}^{-1}$。また、速度論的パラメーターは次の通りである: $k(\text{Zn}^{2+}) = (4.86 \pm 0.06) \times 10^2 \text{ dm}^3\text{mol}^{-1}\text{s}^{-1}$ (25℃), $\Delta H^{\ddagger} = 62.1 \pm 1.6 \text{ kJ mol}^{-1}$, $\Delta S^{\ddagger} = 14.8 \pm 5.3 \text{ J K}^{-1}\text{mol}^{-1}$; $k(\text{ZnOH}^+) = (6.39 \pm 0.14) \times 10^3 \text{ dm}^3\text{mol}^{-1}\text{s}^{-1}$ (25℃), $\Delta H^{\ddagger} = 22.8 \pm 0.9 \text{ kJ mol}^{-1}$, $\Delta S^{\ddagger} = -90.2 \pm 3.1 \text{ J K}^{-1}\text{mol}^{-1}$。さらに、$[\text{ZnP}]^{3-}$のH⁺との反応による金属イオンの解離の速度論的パラメーターは次の通りである: $k = (1.22 \pm 0.02) \times 10^2 \text{ dm}^3\text{mol}^{-1}\text{s}^{-1}$ (25℃), $\Delta H^{\ddagger} = 19.8 \pm 2.2 \text{ kJ mol}^{-1}$, $\Delta S^{\ddagger} = -139 \pm 18 \text{ J K}^{-1}\text{mol}^{-1}$。

【塚原敬一】

【参考文献】
1) M. Tabata *et al.*, *Analyst*, **1991**, *116*, 1185.
2) N. Nahar *et al.*, *Bull. Chem. Soc. Jpn.*, **1996**, *69*, 1587.
3) M. Tabata *et al.*, *Bull. Chem. Soc. Jpn.*, **1997**, *70*, 1353.

CdS₄

生

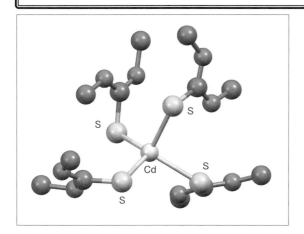

【名称】tetrakis(*N*,*N'*-dimethyl thiourea-*S'*)cadmium(II) nitrate: [Cd(dmtu)₄](NO₃)₂

【背景】^{113}Cd NMR は，タンパク質や酵素中の Zn^{2+}，Ca^{2+} サイトのイオンを Cd^{2+} で置換することによって調べるのによいプローブである．さらに CP/MAS を用いれば，結晶であるか粉末であるかにかかわらず，固体試料のタンパク質を調べるのによいツールになる．それに関連して，4個の硫黄が配位した CdS₄ 構造の錯体がいくつか合成されたが，これもその1つである[1]．

【調製法】*N*,*N'*-ジメチルチオ尿素と硝酸カドミウム(II)4水和物を水に温めながら溶かす．この溶液を室温で 6～8 日間かけて徐々に濃縮すると，良質の白色結晶が析出する[1]．

【性質・構造・機能・意義】4個の硫黄原子が配位した Cd^{2+} イオン周りの構造は，結合距離は Cd–S=2.496～2.56 Å，結合角は S–Cd–S=100.2～118.1° であり，大きく歪んだ四面体型の単核構造をとっている[1]．この歪みは，単純に押しつぶされた四面体の D_{2d} 対称ではなく，もっと不規則なものである．またチオウレアは，末端の炭素に至るまで，ほとんど平面の構造をとっている．固体試料に対する CP/MAS ^{113}Cd NMR の測定結果は，+240～+610 ppm に 9 本の信号が観測された（$Cd(H_2O)_6(ClO_4)_2$ を基準とした）[1]．なぜこれだけの数の信号が観測されたのか，明確な理由はわかっていない．

【関連錯体の紹介およびトピックス】*N*,*N'*-diethylthiourea を配位子としてカドミウム(II)の硫酸塩を用いると，同錯体の硫酸塩が得られるが，こちらは 4 個の硫黄に加えて硫酸イオンの 2 個の酸素も Cd^{2+} イオンに結合した CdS₄O₂ の配位構造をとっている[2]．これらの *N*,*N'*-ジアルキルチオウレアと，カドミウム塩として塩化物，臭化物，ヨウ化物やシアン化物を用いた場合にも，CdS₂X₂（X=Cl, Br, I または CN）の四面体型の配位構造をもつ錯体が得られている[3-5]．一方，*N*-アルキルチオウレアと塩化カドミウムからは，エチル基の場合には同様な四面体型の錯体が得られているが，メチル基の場合にはカドミウム(II)イオン周りが CdCl₃S₃ の六配位構造をしているポリマーを形成している[6]．

また，1,3-diazinane-2-thione(diaz)を配位子とする錯体 [Cd(diaz)₄]SO₄ も報告されているが，こちらでは硫酸イオンは Cd^{2+} イオンに結合しておらず，CdS₄ の四面体型の構造をとっている[3]．

【宮本　量】

【参考文献】
1) R. F. Rodesiler *et al.*, *Acta Crystallogr.*, **1983**, *C 39*, 1350.
2) M. Altaf *et al.*, *J. Struct. Chem.*, **2011**, *52*, 625.
3) M. R. Malik *et al.*, *J. Struct. Chem.*, **2010**, *51*, 976.
4) M. R. Malik *et al.*, *J. Struct. Chem.*, **2013**, *54*, 810.
5) S. Ahmad *et al.*, *J. Chem. Crystallogr.*, **2011**, *41*, 1099.
6) M. J. Moloto *et al.*, *Polyhedron*, **2003**, *22*, 595.
7) R. Mahmood *et al.*, *J. Struct. Chem.*, **2015**, *56*, 463.

CeN$_8$

【名称】 cerium(IV)bis[tetrakis(4-pyridyl)porphyrinate] double decker: Double decker porphyrin

【背景】 酵素に見られるアロステリックな機能を人工分子で発現させることが興味をもたれている．このためには，剛直な骨格と構造が変化できるようなフレキシブルな骨格を両方有するような分子設計が必要である．ダブルデッカーポルフィリンは，ポルフィリンの剛直性とCeの配位による2つのポルフィリンの相対的な回転が可能な分子であり，ポルフィリン上に分子認識基を導入することでアロステリックな分子認識を達成している．

【調製法】 5,10,15-20-テトラ(4-ピリジル)ポルフィリンをトリクロロベンゼンに溶解し，n-BuLiでLi塩とし，Ce(acac)$_3$・H$_2$Oを加えて，5時間還流させ，生成物をアルミナカラムによって精製し，セリウム(IV)ダブルデッカーポルフィリンを合成している．

【性質・構造・機能・意義】 このダブルデッカーポルフィリンは，ジカルボン酸(アミノ基をBOC基で保護したアスパラギン酸，1,2-シクロヘキサンジカルボン酸など)をピリジン部位で認識し，1分子のポルフィリンに対して4分子のジカルボン酸まで結合することが，Jobプロットから確認されている[1]．キラルゲストの認識挙動は，円二色性(CD)スペクトルがポルフィリンの吸収バンドに現れることから容易に検出することができる．ポルフィリンだけでは，光学不活性なのでCDを示さないが，光学活性なゲスト分子と結合することで，2枚のポルフィリン環がキラルな環境にねじれることによってCDが誘起されるためである．ジカルボン酸は，上下の2枚のポルフィリンのそれぞれのピリジンの窒素を架橋するように結合すると考えられている．ジカルボン酸を結合した割合をジカルボン酸の濃度に対してプロットすると，シグモイド型の曲線が得られ，最初のジカルボン酸は比較的結合しにくいが，ジカルボン酸が結合しだすと，親和性が増大するという挙動が見られている．この結合の吸着等温線を解析することでヒル係数が3.9～4.0の値が得られており，ダブルデッカーポルフィリンの4つの結合サイトが協同的にふるまうことが示されている．これは，ジカルボン酸が結合する前は2つのポルフィリン環は相対的に回転しており，ジカルボン酸がピリジンを架橋して結合することを妨害しているが，1個のジカルボン酸が結合するとその回転が阻害され，2個目のジカルボン酸が非常に結合しやすい(事前組織化された状態に移る)ためと考えられている．CH$_2$Cl$_2$中の電子吸収スペクトルは次の通りである．λ_{max}(log ε) 334.4(4.64), 392.8(5.22), 486.2(4.04), 538.9(3.90), 636.8(3.47), 720(3.17) nm.

【関連錯体の紹介およびトピックス】 5,10,15,20-テトラ(4-ジヒドロキシボリルフェニル)ポルフィリンの鉄錯体2分子を酸素で架橋したμ-oxo錯体が，糖に対して協同的な結合を示すことが見いだされている[2]．

【水谷 義】

【参考文献】
1) M. Takeuchi et al., Angew. Chem. Int. Ed. Engl., **1998**, 37, 2096.
2) M. Takeuchi et al., J. Am. Chem. Soc., **1996**, 118, 10658.

$CeW_{17}O_{61}P_2$

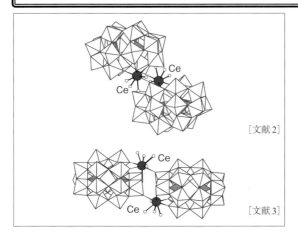

[文献2]

[文献3]

【名称】[ammonium salt of cerium (+3) substituted α1-Wells-Dawson type heptadecatungsto diphosphate: $(NH_4)_7[α1-P_2W_{17}O_{61}Ce(III)]$]および Ammonium salt of cerium (+3) substituted α2-Wells-Dawson type heptadecatungstodiphosphate: $(NH_4)_7[α2-P_2W_{17}O_{61}Ce(III)]$

【背景】単欠損ポリオキソメタレートとランタノイド金属を反応させると, 単欠損ポリオキソメタレートとランタノイドの比が1:1と1:2の錯体が形成することが知られていた. 1:2錯体の単離, 構造解析に比べ, 1:1錯体の単離, 構造解析は遅れていた. 2000年に単欠損Keggin型ポリオキソメタレートとランタノイドの1:1錯体の単離, 構造解析がはじめて報告され[1]), 続いて単欠損Dawson型ポリオキソメタレートとランタノイドの1:1錯体が合成, 構造解析された[2,3)]. 単欠損Dawson型リンタングステートはタングステンが欠損する位置によりα1型とα2型の2種類が存在する. α1型は鏡像体が存在し, 非常に興味深い化合物である.

【調製法】単欠損Dawson型ホスホタングステートのカリウム塩($α1-K_9LiP_2W_{17}O_{61}$または$α2-K_{10}P_2W_{17}O_{61}$)と硝酸セシウム(III)$(Ce(NO_3)_3)$を水中で混ぜることで目的化合物が得られる. セシウムをホスホタングステートに対して4倍のモル数加えることが重要である. 反応は速やかに進行する. α1型の合成はpHを4.75に調整した酢酸リチウム溶液中, 室温で行う. α2型の合成は蒸留水中, 80℃で行う. 混合後5分後に, 4M NH_4Cl溶液を加え, 室温または冷蔵庫で静置することで得られるオレンジ色の結晶を集める. 収率はタングステン基準で約50%(α1型)および約90%(α2型)である.

【性質・構造・機能・意義】オレンジ色の結晶として得られる. Dawson型ホスホタングステート構造の存在は, 特徴的なIR吸収に加えて, 重水溶液中での特徴的な^{183}W NMRスペクトルおよび^{31}P NMRスペクトルにより確認される. α1型では, 17個のすべてのタングステンが非等価なので17個のタングステンピークが確認できる. α2型は構造中に対称面をもつCs対称であるため, 9個のタングステンピークが確認される. 三価セシウムに酸素を解して結合するタングステンに帰属できるピークは他のピークに比べ三価セシウムのパラマグネティック効果により低磁場シフトしている.

この2つの錯体は結晶構造が得られており, 固体状態では両者ともセリウムにもう1つの分子の1つの酸素が配位した二量化物として存在することが明らかになっている. セリウムは9個の酸素により配位されてゆがんだmonocapped square antiprism配位構造をとっている. 9個の酸素のうち4つは欠損部の酸素であり, 1つは二量化している相手の分子のターミナル酸素であり, 残りの4つは水分子である.

固体状態では二量化しているが, 水溶液に溶かすと単量体との平衡状態にあることが, ^{31}P NMRおよび^{183}W NMRにより明らかとなっている. α2型ではさらにポリオキソメタレートとセリウムの1:2錯体までの平衡であると示唆されている.

α1型はエナンチオマーであり, L-アミノ酸と混合することによりジアステレオマーとなることが^{31}P NMRにより確認できる. さらに, α2型はmeso体であり, L-アミノ酸と混合することによりジアステレオマーとなることが^{183}W NMRにより確認できる. 両者ともアミノ酸がセリウムに配位すると示唆されている.

【関連錯体の紹介およびトピックス】単欠損ポリオキソメタレートとランタノイド金属の1:1錯体の構造解析が現在も盛んに行われている. ほぼすべての化合物が固体状態では二量化または高分子化している. 最近, これら1:1錯体が完全無機Lewis酸触媒触媒として活性を示すことも明らかとなっている[4]).

【定金正洋】

【参考文献】
1) M. Sadakane *et al.*, *Angew. Chem. Int. Ed.*, **2000**, *36*, 2914.
2) M. Sadakane *et al.*, *Inorg. Chem.*, **2001**, *40*, 2715.
3) M. Sadakane *et al.*, *J. Chem. Soc., Dalton Trans.*, **2002**, 63.
4) N. Dupre *et al.*, *Chem. Eur. J.*, **2010**, *16*, 7256.

CoHC$_4$

触 有

【名称】 hydrido(tetracarbonyl)cobalt(I): [CoH(CO)$_4$]

【背景】 1930年代に，複数の研究グループが本錯体の合成や性質を報告し，コバルト粉末と合成ガス（水素と一酸化炭素の混合気体）とから生成することが知られていた[1]．

【調製法】 アニオン性錯体[Co(CO)$_4$]$^-$をプロトン酸で処理する方法が一般的である．コバルト二核錯体[Co$_2$(CO)$_8$]をピリジンで処理すると不均化により[Co(py)$_6$]$^+$[Co(CO)$_4$]$^-$が生成する．さらに硫酸を加えるとヒドリド錯体[CoH(CO)$_4$]が得られる[2]．THF中，[Co$_2$(CO)$_8$]と無水LiOHとの反応によって生成したアニオン性錯体Li[Co(CO)$_4$]を塩化水素ガスに接触させることによっても得られる[3]．

【性質・構造・機能・意義】 錯体は淡黄色固体で，揮発性である．毒性化合物であるが，Ni(CO)$_4$と比べるとその毒性は低い．融点が-26℃であり，より高温では熱分解し，CO圧に応じてH$_2$，COなどのガスを放出する．単離した[CoH(CO)$_4$]はコバルト二核錯体[Co$_2$(CO)$_8$]とH$_2$へ熱分解するため，調製後，即座に使用することが望ましい．安定な前駆体である(シリル)コバルト錯体[Co(SiPh$_3$)(CO)$_4$]をスルホン酸でプロトン化することによって系中に生じた[CoH(CO)$_4$]をそのまま有機合成反応の触媒として用いることが可能である[4]．

電子線回折によって，ヒドリド配位子の位置を含めた分子構造が明らかにされている[5]．ヒドリド配位子は三方両錘構造のapical位に位置し，Co-H結合長は1.56Åである．ヒドリドのトランス位のカルボニル配位子のCo-C結合は1.76Åであり，他のCo-C結合（1.82Å）より短い．

錯体は水に溶解し，その水溶液は塩酸と同程度の強い酸性(pH＝1.65)を示す．カルボニル配位子のπ酸性が大きく，[Co(CO)$_4$]$^-$を安定化するために，錯体は酸性を示す．ヒドリド配位子の^{1}H NMRシグナルはTMS基準より高磁場側の-11.7 ppmに観測される．

高温（約100℃）でCO(50 atm)-H$_2$(50 atm)の混合気体存在下では，[Co(CO)$_4$]$_2$+H$_2$⇌2[CoH(CO)$_4$]の平衡が存在する．反応エンタルピーが6.6 kcal mol^{-1}で，反応エントロピー(14.6 cal mol^{-1}deg^{-1})であり，上記平衡における[CoH(CO)$_4$]の生成は吸熱過程である[6]．

コバルト触媒を用いるオレフィンと一酸化炭素からアルデヒドが生成するヒドロホルミル化に触媒中間体として直接関与している[7]．

【関連錯体の紹介およびトピックス】 ホスフィンを添加すると，一部のカルボニル配位子がホスフィン配位子へ置換された錯体が生成する．2つのPPh$_3$をもつ[CoH(CO)$_2$(PPh$_3$)$_2$]錯体は構造解析されており，三方両錘構造と四面体構造と2種類の分子構造が知られている[8]．

〔田邊　真〕

【参考文献】
1) B. Cornils *et al., Angew. Chem. Int., Ed. Engl.,* **1994**, *33*, 2144.
2) H. W. Sternberg *et al., Inorg. Synth.,* **1957**, *5*, 192.
3) G. Fachinetti *et al., Angew. Chem., Int. Ed. Engl.,* **1981**, *20*, 204.
4) C. M. Byrne *et al., Angew. Chem., Int. Ed.,* **2008**, *47*, 3979.
5) E. A. McNeill *et al., J. Am. Chem. Soc.,* **1977**, *99*, 6243.
6) N. H. Alemdaroğlu *et al., Monatsh. Chem.,* **1976**, *107*, 1043.
7) I. Wender *et al., J. Am. Chem. Soc.,* **1953**, *75*, 3041.
8) D. Zhao *et al., Inorg. Chem.,* **1994**, *33*, 5897.

CoHNP$_3$

【名称】 hydrido(dinitrogen)tris(triphenylphosphine)cobalt(I)：[CoH(N$_2$)(PPh$_3$)$_3$]

【背景】 窒素分子が遷移金属に配位した錯体は，ヒドラジンや酸アジドを窒素源とした合成が，1966年までに報告された[1]．山本らは，室温でコバルト塩と有機アルミニウム混合物の溶液に窒素ガスを通じることによって，分子状窒素配位子をもつコバルト錯体を合成し，1967年に報告した[2]．本錯体は，ほぼ同時期に別のグループからも報告されている[3]．

【調製法】 窒素気流下，PPh$_3$(26.5 g)と[Co(acac)$_3$](10.0 g)をエーテル(300 mL)に懸濁し，−50℃でAl^{i}Bu$_3$(30 mL)を徐々に滴下する．室温まで昇温してから生成した橙色の固体をろ取する．トルエンから再結晶可能であり，再結晶後の収率は69%である[4]．反応剤としてEt$_2$Al(OEt)を用いてもよいが，収率がやや低下する．

【性質・構造・機能・意義】 橙色固体．トルエンなどの一般的な有機溶媒に可溶であるが，水に不溶である．また，約80℃で熱分解し，窒素，水素ガスを放出する．大気中では分解するため，窒素雰囲気下で保存する．

錯体分子は三方両錐構造であり，equatorial位を3個のPPh$_3$配位子，axial位をヒドリド配位子とend-on配位の二窒素配位子が占める．錯体のCo−N距離 (1.807(23) Å)は一般的なCo−N単結合(1.95〜2.15 Å)より短く，配位窒素のN≡N距離(1.112(11) Å)は窒素分子のN≡N距離(1.098 Å)より長い[5]．これに伴い，IRスペクトルのN≡N伸縮振動(2088 cm^{-1})は窒素分子(2331 cm^{-1})に比べて低波数側に観測される．二窒素配位子はカルボニル配位子と等電子であり，錯体はCo−N≡N, Co=N$^+$=N$^-$の共鳴混成体と考えられる．金属から配位子への逆電子供与が大きい場合には後者の寄与が大きくなる．末端窒素原子は求電子的で，コバルトと結合する窒素原子は求核的な反応性を示す．

二窒素配位子は置換活性であり，アンモニア分子，水素分子との交換反応を行う．Co−H結合へCO$_2$，オレフィンの挿入反応が進行し，それぞれホルマト錯体，アルキル錯体を生成する．N$_2$OからN$_2$分子への還元反応，プロピレンの二量化，エチレンの水素化反応の触媒となるほか，エステル，エーテル類のC−O結合の活性化も引き起こす．

【関連錯体の紹介およびトピックス】 BuLi, Et$_2$Mgの添加により生成するコバルト(−I)錯体[Co(N$_2$)(PPh$_3$)$_3$]Li(THF)$_3$, [Co(N$_2$)(PPh$_3$)$_3$]$_2$Mg(THF)$_4$では，窒素配位子にこれらのアルカリ金属が作用し，N≡N結合が伸長し，分極が大きくなる．このアニオン性コバルト錯体に硫酸または塩酸を加えると配位子のプロトン化によるN−H結合形成反応が起こり，結果としてヒドラジンとアンモニアが生成する[6]．

【田邊 真】

【参考文献】
1) a) J. P. Collman *et al.*, *J. Am. Chem. Soc.*, **1966**, *88*, 3459; b) A. D. Allen *et al.*, *Chem. Commun.*, **1965**, 621.
2) A. Yamamoto *et al.*, *Chem. Commun.*, **1967**, 79.
3) a) A. Sacco *et al.*, *Chem. Commun.*, **1967**, 316; b) A. Misono *et al.*, *Bull. Chem. Soc. Jpn.*, **1967**, *40*, 700.
4) A. Yamamoto *et al.*, *J. Am. Chem. Soc.*, **1971**, *93*, 371.
5) B. R. Davis *et al.*, *Inorg. Chem.*, **1969**, *8*, 2719.
6) A. Yamamoto *et al.*, *Organometallics*, **1983**, *2*, 1429.

CoCN₅

【名称】 vitamin B₁₂(Cyanocobalamin)

【背景】 ビタミンB₁₂(シアノコバラミン)は，環状テトラピロールであるコリン環とヌクレオチドを配位子とするコバラミン(B₁₂)の1種であり，上方配位子としてシアニドを有する．1948年にウシの肝臓から抗悪性貧血因子として発見されて以来，その複雑な構造と生体内での重要な機能から幅広い分野で研究の対象となってきた．ビタミンB₁₂自体には生理活性はなく，生体内で上方配位子がメチル基やアデノシル基に変換され，それぞれ補酵素としてメチオニンの生合成と炭素骨格の組換えを伴う異性化反応を司る．これらのコバラミンは生体内でコバルト-炭素結合を有する唯一の補酵素である．

【性質・構造・機能・意義】 ビタミンB₁₂は「赤いビタミン」とも呼ばれるが，これは主にコリン環のπ-π*遷移に帰属される吸収に起因する．コバラミンのコリン環は酸化還元に預からないが，コバルト中心は+1から+3の酸化状態をとることができる．コバラミンの電子スペクトルにおいて，π-π*遷移由来の吸収帯は，コバルト中心の酸化状態やaxial位の配位状態によって顕著に影響を受ける．これはコリン環のπ共役系，コバルト中心，axial配位子の間の電子的相互作用を反映している．Co(III)種のコバラミンは，水溶液中で生理的条件のpHにおいて，ヌクレオチド部位のベンズイミダゾールが下方で配位した六配位状態をとるが(base-on form)，酸性条件ではプロトン化によりベンズイミダゾールが解離する(base-off form)．Co(III)種では補酵素との関連から，アルキル基を上方配位子するアルキル錯体が特に重要である．図1に示すようにアルキル錯体のコバルト-炭素結合は熱や光によってホモリティックに開裂する(アデノシルコバミンの結合解離エネルギー＝30 kcal/mol(base-on form))．また，コバルト-炭素結合は一電子還元によってCo(I)種と有機ラジカル種を生成する．

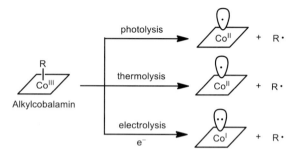

図1 コバルト-炭素結合の開裂

Co(II)種のコバラミンは，水溶液中で生理的条件のpHにおいて，ベンズイミダゾールが下方で配位した五配位状態をとる(base-on form)．典型的なd^7低スピン錯体のESRスペクトルを与え，コバルト核(核スピンI=7/2)との相互作用により8本の吸収線に超微細分裂する．不対電子はdz^2軌道を占有しているため，下方で窒素が配位した場合は各吸収線がさらに3本に超々微細分裂する．コリン環はモノアニオン性配位子であるため，低原子価種のCo(I)種を安定に生成できる($E_{1/2}(\text{Co}^{II}/\text{Co}^{I})$=−610(base-on form), −500(base-off form)mV vs. SHE)．Co(I)種のコバラミンは，dz^2軌道に対電子を有するため，高い求核性を有する(Pearsonのヨウ化メチルへの求核反応定数＝14.4)．Co(I)種は溶液中で様々なハロゲン化アルキルと反応し，脱ハロゲン化を伴いコバルト-炭素結合を有するアルキルコバラミンを形成する．

【関連錯体の紹介およびトピックス】 上記のコバラミンの性質と酵素反応との関連性が研究されている他，コバラミンの反応性がいくつかの有機ラジカル反応や有機電解反応に利用されている．

【久枝良雄・田原圭志朗】

【参考文献】

1) R. Scheffold *et al.*, *Pure & Appl. Chem.*, **1987**, *59*, 363.

$CoC_2N_2O_2$

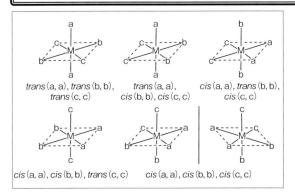

trans(a, a), trans(b, b), trans(c, c)
trans(a, a), cis(b, b), cis(c, c)
cis(a, a), trans(b, b), cis(c, c)
cis(a, a), cis(b, b), trans(c, c)
cis(a, a), cis(b, b), cis(c, c)

【名称】 cis, cis, cis-diamminediaquadicyanidocobalt(III) ion: cis, cis, cis-$[Co(CN)_2(H_2O)_2(NH_3)_2]^+$

【背景】 金属錯体のキラリティーに関する研究例は，トリス(二座キレート)型や cis-ビス(二座キレート)型錯体については多いが，キレートをまったく含まず単座配位子のみからなる光学活性錯体の例は非常に少ない．例えば，異なる3種の単座配位子(a, b, c)を2個ずつ含む$[Ma_2b_2c_2]$錯体には図に示すように5種類の幾何異性体が可能であるが，キラルなものは同種の配位子が全て隣り合った cis(a,a), cis(b,b), cis(c,c)-$[Ma_2b_2c_2]$のみである（以降，cis(a,a), cis(b,b), cis(c,c) を cis,cis,cis と略記する）．この種の錯体がどのような円二色性(CD)スペクトルを示すか興味がもたれていた．

【調製法】 緑色の$[Co(CO_3)_3]^{3-}$に KCN を作用させることにより赤色の cis-$[Co(CN)_2(CO_3)_2]^{3-}$を含んだ水溶液を得る．中和した後，NH_4ClO_4とアンモニア水を作用させ，その後，カラムクロマトグラフィー(Dowex 1-X8)により精製し，黄色の cis,cis-Na$[Co(CN)_2(CO_3)(NH_3)_2]\cdot 2H_2O$を得る．この錯体の光学分割は$(-)_{589}$-$[Co(ox)(en)_2]^+$とのジアステレオ異性塩の分別結晶によって行われた．難溶部は$(+)_{589}$-cis,cis-$[Co(CN)_2(CO_3)(NH_3)_2]^-$を含む．陽イオン交換樹脂($Na^+$形)を用いて Na 塩として単離した．黄色の$(+)_{589}$-cis,cis,cis-$[Co(CN)_2(H_2O)_2(NH_3)_2]^+$は，$(+)_{589}$-cis,cis-$[Co(CN)_2(CO_3)(NH_3)_2]^-$を 10% $HClO_4$で加水分解することにより得られる[1]．この反応溶液は他の錯体を含まないことがカラムクロマトグラフィーにより確認されているが，錯体は単離されていない．逆に，このジアクア錯体に過剰のNa_2CO_3を作用させるともとのカルボナト錯体が生成する[1]．

【性質・構造・機能・意義】$(+)_{589}$-cis,cis,cis-$[Co(CN)_2(H_2O)_2(NH_3)_2]^+$の CD スペクトル: $\Delta\varepsilon = -0.01\,M^{-1}cm^{-1}$ (538 nm), $\Delta\varepsilon = +0.17\,M^{-1}cm^{-1}$ (474 nm), $\Delta\varepsilon = -0.27\,M^{-1}cm^{-1}$ (407 nm), $\Delta\varepsilon = +0.08\,M^{-1}cm^{-1}$ (338 nm), $\Delta\varepsilon = -0.01\,M^{-1}cm^{-1}$ (295 nm)[2]．吸収スペクトル: $\varepsilon = 58.1\,M^{-1}cm^{-1}$ (469 nm), $\varepsilon = 79.4\,M^{-1}cm^{-1}$ (408 nm), $\varepsilon = 60.2\,M^{-1}cm^{-1}$ (328 nm)．この種の錯体の絶対配置は IUPAC の Δ, Λ の定義では表示できないので R, S で表示する．$(+)_{589}$-cis,cis,cis-$[Co(CN)_2(H_2O)_2(NH_3)_2]^+$の絶対配置は，X 線法により絶対配置が決定されている(S)-$(+)_{589}$-cis,cis-Na$[Co(CN)_2(mal)(NH_3)_2]^-$ (H_2mal = malonic acid)の CD スペクトルと比較することにより (R) と帰属された[2]．ジアクア錯体の第一吸収帯領域の CD 強度は mal 錯体や合成原料のカルボナト錯体に比べかなり小さい．

【関連錯体の紹介およびトピックス】関連錯体の例として次の2種類を紹介する．

① cis,cis,cis-$[Co(NO_2)_2(H_2O)_2(NH_3)_2]^+$: cis-K$[Co(CO_3)_2(NH_3)_2]\cdot H_2O$ と KNO_2 の反応により，cis,cis-K$[Co(NO_2)_2(CO_3)(NH_3)_2]\cdot 0.5H_2O$ を得る．その後，上述のシアニド錯体と同様の方法により$(+)_{589}$-cis,cis,cis-$[Co(NO_2)_2(H_2O)_2(NH_3)_2]^+$を得る．CD スペクトル: $\Delta\varepsilon = -0.12\,M^{-1}cm^{-1}$ (521 nm), $\Delta\varepsilon = +0.23\,M^{-1}cm^{-1}$ (450 nm), $\Delta\varepsilon = -0.21\,M^{-1}cm^{-1}$ (366 nm)．この異性体の絶対配置は X 線構造解析により絶対配置が決定されている(S)-$(+)_{589}$-cis,cis-Na$[Co(NO_2)_2(ox)(NH_3)_2]^-$の CD スペクトルと比較することにより (S) と帰属された[2]．ジアクア錯体の第一吸収帯領域の CD 強度はオキサラト錯体や合成原料のカルボナト錯体に比べかなり小さい．

② $[PtCl_2(NO_2)(py)(en)]^+$, $[PtCl_2(NO_3)(NH_3)(en)]^+$, $[PtCl_2(NO_3)(py)(en)]^+$: これらの白金(IV)錯体は光学分割され CD が測定されている[3]．錯体中に en キレートを含んではいるがその存在はキラリティーには関係していない．

【小島正明】

【参考文献】
1) Y. Enomoto *et al.*, *Chem. Lett.*, **1974**, 423.
2) T. Ito *et al.*, *Inorg. Chem.*, **1977**, 16, 108.
3) a) O. A. Andrianova *et al.*, *Russ. J. Inorg. Chem.*, **1970**, 15, 146; b) O. A. Andrianova *et al.*, *Izv. Akad. Nauh. SSSR, Ser. Khim.*, **1974**, 533; c) O. A. Andrianova *et al.*, *Zh. Neorg. Khim.*, **1971**, 1104.

$CoC_2N_2S_2$

生

$x = 0, 1, 2$
$R = t\text{Bu}$

【名称】 $x=0$: $PPh_4[Co(L:N_2S_2)(tBuNC)_2]$ (**1**), $x=1$: $Na[Co(L:N_2(SO)_2)(tBuNC)_2]$ (**2**), $x=2$: $Co(III)PPh_4-[Co(L:N_2(SO_2)_2)(tBuNC)_2]$ (**3**), L=N,N'-Bis((2- mercapto-2- methyl)-propioyl)-1,3-propaneamine

【背景】 ニトリルヒドラターゼ(NHase)はニトリルをアミドに水和する酵素であり,アクリルアミドの生産に使用されている.このNHaseの活性中心にはFe(III)イオンやCo(III)イオンを有しており,その配位構造は次の2つの特徴を有している.1つはCys由来のS原子がスルフェン酸(SO),スルフィン酸(SO_2)へ酸化され配位している点,もう1つは主鎖のアミドN原子で配位している点である.他の金属含有タンパク質には見られない特異な構造を有しているため,その反応機構は不明な点が多い.

錯体**1**~**3**で用いられている配位子の骨格はNHaseの活性中心の平面配位構造に類似しており,その特異な配位環境が中心金属へ与える影響は興味深い.**1**~**3**はS原子の酸化の条件を調整することにより,配位S原子をS, SO, SO_2と作り分けられたものである[1,2].

【調製法】 錯体(**2**)は前駆体である錯体 $Na[Co(L:N_2S_2)(tBuNC)_2]$ の溶液を -10℃以下まで冷却したあと,酸化剤として過酸化尿素を用いることによって得ることができる.錯体**3**は前駆体である錯体 $PPh_4[Co(L:N_2S_2)(tBuNC)_2]$ (**1**) の溶液を -10℃付近まで冷却したあと,酸化剤として過酸化水素を用いることによって得られる.

【性質・構造・機能・意義】 錯体**1**~**3**の構造はNHaseに見られる特異は平面配位環境を再現しており,S原子の酸化状態のみ異なる.キャラクタリゼーションおよびDFT計算から,S原子をSO, SO_2へと酸化させることによって,中心金属のLewis酸性度が大きく増加する.SOとSO_2の性質の違いは,SOのみ求核性を有していた.さらにアセトニトリルの水和反応を検討し,錯体**2**のみ水和能を有していることが明らかとなっている.これにはSOの求核性が大きく寄与していることが考えられる.また,アミド配位の役割を検討するため,種々の有機溶媒を用いて,錯体**1**の第二配位圏における溶媒分子との相互作用が中心金属に与える影響について検討を行っており,その結果,溶媒の求電子的パラメータであるアクセプター数が増加するに従って六配位構造が安定化されることが明らかとなっている.これは錯体分子のアミドC=O部位と溶媒との相互作用によって中心金属のLewis酸性度が増加していることを示している.

以上の結果から,NHase活性中心に見られる特異な配位環境は,Lewis酸性度の制御が示されている.また,第二配位圏における外部との相互作用をうまく利用することで,中心金属のLewis酸性度を制御できることを示している.それにより,本来,置換不活性なCo(III)錯体を置換活性に変えていると考えられた.

【関連錯体の紹介およびトピックス】 NHaseに関する錯体化学的な研究は現在でも活発に行われており,これまでに数多くのCo(III), Fe(III)モデル錯体の構造やその反応性について報告されている[3].ここでは,NHaseと基質であるニトリルの配位の配位について検討をしたCo(III)錯体の例として,Kovacsらのグループによって報告された例がある[4].彼らはN4S型配位子やN4O型配位子を用い,NHaseの反応機構において中間体と考えられているCo(III)-NCR, Co(III)-OH, Co(III)-iminol, Co(III)-amideの結晶構造を報告している.興味深いことに,Co(III)-iminol, Co(III)-amideはCo(III)-NCRに水やOH^-が反応して生成している.一方,Co(III)-OHはニトリルの水和が進行しなかった.この結果は,NHaseの反応機構を検討するうえで,非常に有用な報告である.

【矢野卓真】

【参考文献】
1) T. Yano *et al.*, *Eur. J. Inorg. Chem.*, **2006**, 3753.
2) T. Yano *et al.*, *Inorg. Chem.*, **2007**, *46*, 10345.
3) J. A. Kovacs, *Chem. Rev.*, **2004**, *104*, 825.
4) R. D. Swartz *et al.*, *J. Am. Chem. Soc.*, **2011**, *133*, 3954.

CoC₇

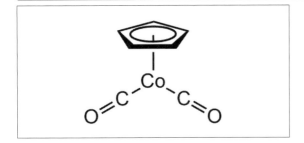

【名称】cyclopentadienyldicarbonylcobalt(I)：$(\eta^5\text{-}C_5H_5)Co(CO)_2$

【背景】シクロペンタジエニルアニオン（$C_5H_5^-$：しばしばCp^-と略記する）は芳香族性を示す化合物である．このアニオンが遷移金属に配位すると，シクロペンタジエニル配位子を構成する炭素と配位した金属がすべて等距離にあるη^5の状態にしばしば変化する．2つのシクロペンタジエニル配位子を有する錯体は，中心の金属が平面性をもつシクロペンタジエニル配位子に挟まれた構造をしており，この構造があたかもサンドイッチのように見えることからサンドイッチ型錯体（sandwich complex）と呼ばれている．最初に構造が確認された錯体がferrocene（$(C_5H_5)_2Fe$）であったことから，2つのシクロペンタジエニル配位子を有する錯体を一般にメタロセン（metallocene）と呼ぶ．1つのシクロペンタジエニル配位子しかもたない錯体は，サンドイッチの半分の構造，ハーフサンドイッチ型錯体（half sandwich complex）と呼ばれたり，ピアノの椅子に似ていることからピアノイス型錯体（piano stool complex）と呼ばれたりする．本錯体は後者の錯体の代表である．

【調製法】Octacarbonyldicobalt（$Co_2(CO)_8$）と2当量のシクロペンタジエンを混合し加熱することにより得られる[1]．また，無水塩化コバルト(II)とシクロペンタジエニルナトリウムから調製したcobaltocene（$(\eta^5\text{-}C_5H_5)_2Co$）を，200 atmの一酸化炭素雰囲気下で90〜150℃に加熱しても得られる[2]．

【性質・構造・機能・意義】光や熱，空気に対して不安定であり，mp −22℃, bp 139〜140℃/710 mmHgの暗赤色液体である．ほとんどの有機溶剤に溶け，窒素雰囲気下で保存できる．二硫化炭素溶液の赤外吸収スペクトルでは2030 cm^{-1}と1970 cm^{-1}にカルボニルの吸収があり，^1H NMRではδ 5.00 ppmにシクロペンタジエニル部の鋭いピークが観測される[3]．質量分析スペクトルから，シクロペンタジエニル配位子よりも一酸化炭素配位子の方が先に解離することがわかる[4]．

本錯体は，アルキンの環化二量化および三量化反応やジインとニトリルからの置換ピリジン合成反応を媒介する[5]．アルキン上にフェニル基やトリアルキルシリル基のような置換基がある場合には，2つの一酸化炭素配位子に代わりにシクロブタジエン誘導体が配位した錯体が安定にとれ，加圧下の一酸化炭素雰囲気下で反応を行うとシクロペンタジエノンが配位した錯体が生成する．アルキン上の置換基が水素やアルキル基の場合には，環化三量化反応が進行してベンゼン誘導体が生成し，さらにこの反応は触媒量の本錯体の共存下でも好収率で進行する．様々な遷移金属錯体がアルキンの環化三量化反応を触媒することが知られているが，天然有機化合物のような複雑な構造を有するベンゼン誘導体の構築時にはもっぱら本錯体が触媒として用いられている．これは，女性ホルモンの1つであるエストロン（estron）のラセミ合成に本反応が適用されたことが大きな要因であろう[6]．しかし，アルキンの1つをニトリルに替えた置換ピリジン合成反応は触媒的には進行しにくい．

【関連錯体の紹介およびトピックス】シクロペンタジエニル配位子はη^5の状態が安定であり，η^3やη^1への構造変化が進行しにくい．一方，類似構造であるインデニル配位子は五員環部の二重結合の1つがベンゼン環のものであり，そのためη^5の状態からη^3やη^1への構造変化が進行しやすい．このため，触媒活性などを比較すると，シクロペンタジエニル配位子を有する錯体よりもインデニル配位子を有する錯体の方が高い反応性を示す場合が多い．本錯体は，一酸化炭素の挿入を伴ったアルキンとアルケンからシクロペンテノンを生成するPauson-Khand反応の触媒としては機能しないが，インデニル配位子を有する1,5-cylooctadiene (indenyl)cobalt(I)はPauson-Khand反応の触媒として機能する[7]．

【杉原多公通】

【参考文献】
1) G. Wilkinson et al., *J. Inorg. Nucl. Chem.*, **1955**, *1*, 165.
2) R. B. King et al., *Inorg. Synth.*, **1963**, *7*, 112.
3) I. S. Butler et al., *J. Organomet. Chem.*, **1973**, *51*, 307.
4) R. E. Winter et al., *J. Organomet. Chem.*, **1965**, *4*, 190.
5) K. P. C. Vollhardt et al., *Acc. Chem. Res.*, **1977**, *10*, 1.
6) R. L. Funk et al., *J. Am. Chem. Soc.*, **1979**, *101*, 215.
7) B. Y. Lee et al., *J. Am. Chem. Soc.*, **1994**, *116*, 8793.

CoC₉

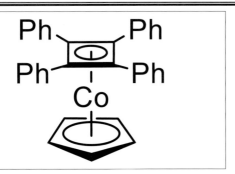

【名称】$(\eta^5\text{-cyclopentadienyl})(\eta^4\text{-tetraphenylcyclobutadiene})\text{cobalt(I)}$：$[\text{Co}(\eta^5\text{-C}_5\text{H}_5)(\eta^4\text{-C}_4\text{Ph}_4)]$

【背景】中村らは$[(\eta^5\text{-C}_5\text{H}_5)\text{Co}(\eta^4\text{-C}_8\text{H}_8)]$や$[(\eta^5\text{-C}_5\text{H}_5)\text{Co}(\eta^4\text{C}_8\text{H}_{12})]$を，ジフェニルアセチレン存在下で加熱すると，ジフェニルアセチレンの環化二量化と配位とが起こり，標記錯体が生成することを報告した[1]．シクロブタジエンは反芳香族であるが，これがコバルトにη^4型で配位した本錯体は熱的に安定である．

【調製法】コバルト錯体$[\text{Co}(\eta^5\text{-C}_5\text{H}_5)(\text{CO})_2]$と2倍モル量のジフェニルアセチレン$\text{PhC}\equiv\text{CPh}$をキシレンに溶解し，24時間加熱還流する．室温に放冷し，析出したヘキサフェニルベンゼンをろ別したのち，生成物をアルミナカラムで精製する．橙色のシクロブタジエン錯体が46％で，副生成物である赤色のシクロブタジエノン錯体$[\text{Co}(\eta^5\text{-C}_5\text{H}_5)(\eta^4\text{-COC}_4\text{Ph}_4)]$が収率10％で，それぞれ単離される[2]．超音波照射下では，175℃，10分で反応は完結し，シクロブタジエン錯体を50％の収率で得ることができる[3]．

クロロコバルト錯体$[\text{CoCl}(\text{PPh}_3)_3]$，2当量の$\text{PhC}\equiv\text{CPh}$，$\text{Na}[\text{C}_5\text{H}_5]$をトルエン中で混合し，5時間加熱還流することによっても得られる（収率83％）．この反応は，五員環構造をもつコバルタシクロペンタジエン$[\text{Co}(\eta^5\text{-C}_5\text{H}_5)(\eta^1,\eta^1\text{-C}_4\text{Ph}_4)(\text{PPh}_3)]$を中間体として経由する[4]．

【性質・構造・機能・意義】空気中の湿気や酸素に安定な黄色粉末であり，一般的な有機溶媒に溶解する．256℃で融解し，360℃で熱分解する．金属は，ほぼ平行なシクロペンタジエニル（C_5H_5）環とシクロブタジエン（C_4Ph_4）環に挟まれた，サンドイッチ構造の分子が形成されている[5]．C_4Ph_4配位子の4つの炭素–炭素結合距離（1.458(2)〜1.474(3) Å）はほぼ等しく，6π電子系であるC_5H_5環の5つのC–C結合（1.382(4)〜1.396(4) Å）よりも著しく長い．コバルトとC_4Ph_4環中心との距離（Co⋯$\text{C}_4\text{Ph}_{4\text{(centroid)}}$ = 1.692 Å）はCo⋯$\text{C}_5\text{H}_{5\text{(centroid)}}$距離（1.679 Å）よりわずかに長い．$\text{C}_4\text{Ph}_4$環のPh基とブタジエン環がなす二面角は31.6〜41.7°であり，Ph置換基との共役は認められない．室温では，塩化水素，ヨウ素，一酸化炭素，ホスフィンなどと反応しない．C_5H_5環の求電子置換反応により，各種の誘導体に変換できる．

【関連錯体の紹介およびトピックス】C_5H_5環に遷移金属が配位可能な官能基を導入し，その面不斉によりエナンチオ選択性を示す錯体配位子として利用できる[6]．ジアリールアルキンの種類により，高分子錯体やデンドリマー型錯体の形成も知られている．テトラメチルシクロブタジエン錯体$[\text{Co}(\eta^5\text{-C}_5\text{H}_5)(\eta^4\text{-C}_4\text{Me}_4)]$やシクロブタジエン錯体$[\text{Co}(\eta^5\text{-C}_5\text{H}_5)(\eta^4\text{-C}_4\text{H}_4)]$も報告されている[7]．

【田邊　真】

【参考文献】
1) A. Nakamura *et al.*, *Bull. Chem. Soc. Jpn.*, **1961**, *34*, 452.
2) M. D. Rausch *et al.*, *J. Org. Chem.*, **1970**, *35*, 3888.
3) E. M. Harcourt *et al.*, *Organometallics*, **2008**, *27*, 1653.
4) H. V. Nguyen *et al.*, *J. Organomet. Chem.*, **2008**, *693*, 3668.
5) M. D. Rausch *et al.*, *Inorg. Chem.*, **1979**, *18*, 2605.
6) R. G. Arrayás *et al.*, *Chem. Commun.*, **2004**, 1654.
7) a) R. Bruce *et al.*, *Can. J. Chem.*, **1967**, *45*, 2017; b) E. V. Mutseneck *et al.*, *Organometallics*, **2004**, *23*, 5944; c) M. Rosenblum *et al.*, *J. Am. Chem. Soc.*, **1968**, *90*, 1060.

CoN₂O₂

生 電

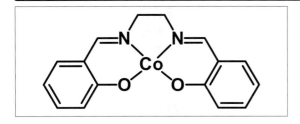

【名称】N,N′-bis(salicylidene)ethylenediaminato)cobalt-(II):[Co^{II}(salen)]

【背景】ビタミンB_{12}依存性酵素は，コバルト-炭素結合(Co-C結合)を有する補酵素B_{12}を活性中心に保持し，Co-C結合の形成および開裂により，メチル基転位反応や官能基転位反応などの触媒反応を司っている．この補酵素B_{12}は，コバルトイオンとテトラピロール系平面配位子のコリンからなる金属錯体であるため，平面四座シッフ塩基のサレンを配位子とするサレンコバルト錯体が，B_{12}モデル錯体として研究されてきた．

【調製法】適当な2価コバルトイオンとN,N′-ビス(サリチリデン)エチレンジアミン(サレン)との錯形成反応により得る．また，過塩素酸コバルト(II)を用い，ピリジン共存下で空気酸化することで，ピリジンが上下から軸配位した6配位のコバルト三価錯体[Co^{III}(salen)(py)$_2$]ClO$_4$が得られる[1]．

【性質・構造・機能・意義】サレンコバルト錯体は異なる2つの構造をとることが知られている．溶液状態では酸素分子に対して活性なモノマーIであり，ペルオキソ架橋ダイマーとの平衡状態にある(図1)．一方，固体状態では酸素分子に対して不活性なダイマーIIとなる[2]．

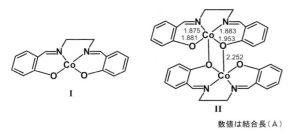

数値は結合長(Å)

図1 サレンコバルト錯体のモノマーおよびダイマーの構造

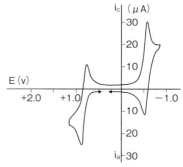

図2 [Co^{II}(salen)]のサイクリック・ボルタモグラム(TEAPジメチルアセトアミド溶液中，白金電極，0.05 V/s，電位 vs. BBCr$^+$/BBCr)(文献3を改変)

[Co^{II}(salen)]はジメチルアセトアミドやDMSOなどの種々の有機溶液中で電気化学的に酸化・還元され，[Co^{III}(salen)]$^+$，[Co^I(salen)]$^-$を与える($E_{1/2}$ = +0.900，−0.550 V vs. BBCr$^+$/BBCr in ジメチルアセトアミド)(図2)．この電気化学的に生成した[Co^I(salen)]$^-$種は求核性を有し，アルキルハライドに対して酸化的に付加し，Co-C結合を有するアルキル錯体となる．

【関連錯体の紹介およびトピックス】コバルト近傍のエチレン部位やフェニル基に置換基を導入することで，光学活性なコバルトサレン錯体が得られ，コバルト近傍に所望の反応空間を構築することができる．このような特徴を活かして，エナンチオ選択的エポキシ化反応やジアゾエステルを用いたエナンチオ選択的シクロプロパン化反応[4]などの不斉合成への応用が多数報告されている．

また，サレンコバルト錯体をメディエーターとして用い，電気化学的に生成させたCo(I)種の求核性を利用して，アルキルハライドの電気化学触媒的な脱ハロゲン化反応などにも応用されている[5]．

【阿部正明・田原圭志朗】

【参考文献】
1) D. F. Averill *et al.*, *Inorg. Chem.*, **1978**, *17*, 3389.
2) A. Kapturkiewicz *et al.*, *Acta Cryst.*, **1969**, *B25*, 1671.
3) S. Brückner *et al.*, *Inorg. Chem.*, **1978**, *17*, 3389.
4) T. Fukuda *et al.*, *Tetrahedron*, **1997**, *53*, 7201.
5) P. Vanalabhpatana, *J. Electrochem. Soc.*, **2005**, *152*, E337.

CoN$_2$O$_4$

磁電

【名称】 bis(3,5-dialkoxypyridine-κN)(3,6-di-*tert*-butyl-benzene-1,2-diolato-κ$^2O^1,O^2$)(3,6-di-*tert*-butyl-2-oxidophenoxyl-κ$^2O^1,O^2$)cobalt(III):[Co^{II}(CnOpy)$_2$(3,6-DTBQ)$_2$](n=9, 12, 17)

【背景】 分子性物質の状態変換には,スピンや電荷などの分子内自由度に帰する双安定性と,多分子系での配向や配列の自由度に基づく巨視的な相転移がある.この2つの異なる状態変換を同時に発現させる同期変換を示す分子として,これまでに長鎖アルコキシ基を有するコバルト-ジオキソレン錯体が研究されてきたが,原子価互変異性と部分的に同期した結晶-結晶相転移であった[1].さらなる柔軟な集合相の形成を促すため,補助配位子に長鎖アルキル置換ピリジンを用いた新規コバルト-ジオキソレン錯体が開発された.この錯体は,原子価互変異性と完全に同期した巨視的な相転移(例えば固体から液体への融解現象)を同時に示すはじめての例である[2].

【調製法】 ピリジン誘導体配位子は,3,5-ジクロロピリジンを原料として,水素化ナトリウムと長鎖アルキルアルコールを反応させることで調達できる.錯体の合成は窒素雰囲気下で行う.[Co(3,6-DTBSQ)$_3$][3]のトルエン懸濁液に,3,5-ジアルコキシピリジンのトルエン溶液を加える.暗緑色溶液を353Kで3時間撹拌させ,アセトニトリルを加えて室温で数日放置すると紫色結晶が得られ,トルエン/アセトニトリルで再結晶する.

【性質・構造・機能・意義】 結晶構造解析から,結晶学的に平均化した2つのジオキソレン配位子がトランス型に配位しており,コバルト原子が対称心となっている.配位結合長から,コバルトイオンは3価の低スピンであることがわかる.磁気測定と分光測定からも,室温付近では低スピンの3価コバルトと混合価数の配位子2つ(セミキノン型+カテコール型)を有することがわかっている.

アルキル鎖長n=9, 12, 17のすべての錯体で,結晶の融解による相転移に伴って,分子内で原子価互変異性を起こす.昇温過程について,n=9では380K付近で,n=12, 17では370K付近で,磁化率の急激な増加と,セミキノン-カテコール配位子間の電荷移動による吸収が消えることからわかる.この相転移に伴って,低スピンコバルト(III)(S=0)から高スピンコバルト(II)(S=3/2)に変わり,配位子はセミキノン型(S=0)+カテコール型(S=1/2)から両方ともにセミキノン型になる.示差走査熱量測定から,より精密な転移温度が見積もられ,n=9, 12, 17の錯体についてそれぞれ,377, 367, 365Kである.

融解後の降温過程では過冷却現象が起こり,熱的ヒステリシスを伴って磁化率の急激な減少と,価数間電解移動由来の吸収帯が再び現れるようになる.示差走査熱量測定の発熱ピークは,n=9, 12, 17について342, 334, 321Kに現れる.

原子価互変異性と同期した,結晶の融解現象および液体からの結晶化現象を見いだした系である.この現象を熱力学的に解析することで,エンタルピーとエントロピーの同期変換に対する寄与を明らかにしている.局所的な電子状態と巨視的な相転移が同期した双安定系の構築は,情報記憶や信号処理を行う高性能デバイスの新たな設計戦略となりうるため,今後のさらなる発展が望まれる.

【関連錯体の紹介およびトピックス】 本錯体のピリジン配位子の長鎖アルコキシ基を長鎖アルコキシカルボニル基に置き換えた錯体も合成されている[4].この錯体は,水素結合サイトになるカルボニル基を導入したことで,速度論的安定相と熱力学的安定相の結晶多形を示し,異なる温度で融解に同期した原子価互変異性を起こす.さらに,準安定多形は二重融解現象を示し,再結晶化過程ではエントロピー的に不利な逆原子価互変異性の発現も見られる.　　【小島憲道・岡澤　厚】

【参考文献】
1) D. Kiriya *et al.*, *Dalton Trans.*, **2006**, 1377.
2) D. Kiriya *et al.*, *J. Am. Chem. Soc.*, **2008**, 130, 5515.
3) C. W. Lange *et al.*, *Inorg. Chem.*, **1994**, 33, 1276.
4) D. Kiriya *et al.*, *Chem. Mater.*, **2009**, 21, 1980.

CoN_2O_4

磁 光

【名称】 $[Co^{III}(phen)(3,5\text{-DBSQ})_2]$ (phen＝1,10-phenanthroline, 3,5-DBSQ＝3,5-di-*tert*-butyl-1,2-benzosemiquinonate)

【背景】 分子性化合物の分野において，光を用いてその電子特性を基底状態と準安定状態の間で変化させられる物質の開発は非常に興味を集めており，プルシアンブルー類似体などで研究が発展しているが，状態間を任意に制御できる系はそれほど多くない．その中で，キノン類におけるセミキノン(SQ)-カテコール(Cat)状態の転移に連動して錯体における中心金属の原子価転移が起こるこの原子価互変異性により，金属イオンの磁性が変化することに加えて，長寿命の準安定状態を実現できる系が開発されている[1]．

【調製法】 $[Co_4(3,5\text{-DBSQ})_8]$をメチルシクロヘキサンに分散させ，100℃で溶解させる．この溶液に1,10-フェナントロリンをメチルシクロヘキサンに溶解させたものをゆっくりと滴下する．半分ほど加えた段階で暗緑色の微結晶が現れ始める．すべてのフェナントロリンを加え終わってから100℃のままで反応させ，放冷した後ろ過し，暗緑褐色の微結晶を得る．トルエンから蒸発法により再結晶して単結晶を得る．

【性質・構造・機能・意義】 磁化率測定から，300Kで$5.12\mu_B$の磁化を示した．室温では$[Co^{II}(phen)(3,5\text{-DBSQ})_2]\cdot C_6H_5CH_3$中のCoは$S=3/2$の高スピン状態であり，セミキノン上には2つの$S=1/2$ラジカルスピンが存在している．金属-ラジカル間の相互作用は反強磁性的であるが，その相互作用は弱いため，高温では励起状態として錯体全体で$S=1/2, 3/2, 5/2$のいずれの状態もとる．高温での磁化からは，この物質ではスピン軌道相互作用も寄与していることがわかる．30Kの低温では磁化は$1.72\mu_B$で，昇温過程において200Kまで一定である．その後240Kを中心として$[Co^{II}(phen)(3,5\text{-DBSQ})_2]$から$[Co^{III}(phen)(3,5\text{-DBSQ})(3,5\text{-DBCat})]$(3,5-DBCat＝3,5-di-tert-butylcatecholate)へと原子価互変異性を起こし，磁化の急激な増加が起こる．この転移は色の変化を伴い，室温での暗緑褐色から暗青色に変化する．低温のCo^{III}錯体は，600nm付近に配位子から金属へのLMCT遷移をもっており，この吸収帯を利用した光照射による電子状態の制御が期待される．5Kで532nmのレーザーによる光照射を行うと，磁化は$1.6\mu_B$から$3.0\mu_B$へと変化し，1時間以上その状態を保持した．これは光照射によって原子価互変異性が誘起されたことを示している．この励起状態から昇温過程を行うと，約50Kで光誘起されたCo^{II}成分は消失する．また，この光誘起原子価互変異性は繰り返し観測できる．配位部位であるC-O結合の伸縮振動は，配位子の電子状態に敏感であるため，準安定状態の電子状態を調べるために赤外(IR)吸収スペクトルが測定されている．室温では3,5-DBSQに相当する$1480cm^{-1}$にピークを示すが，240K近傍でこのピーク強度は減少し，3,5-DBCatに相当する新たなピークが$1290cm^{-1}$に現れ始める．18Kで光照射を行うと，この逆の挙動が観測でき，光照射により3,5-DBCatからCo^{III}への電荷移動が起きていることがわかり，磁性の挙動と整合性を示す．

構造解析からは，Coが1分子のフェナントロリンと2分子のセミキノンにより八面体配位されており，配位したキノンどうしの対称性はない．そのCo-O結合距離からは，295KではCo^{II}高スピン錯体であることがわかる．

【関連錯体の紹介およびトピックス】 原子価互変異性の観点から，電子状態と磁性の相関を中心として，$M(L_2)Q_2$やMQ_3(M：金属イオン，L_2：二座配位子，Q：二座キノン類)について多くの研究が行われている[2]．

【小島憲道・榎本真哉】

【参考文献】
1) a) O. Sato *et al.*, *Chem. Lett.*, **2001**, *30*, 874; b) D. M. Adams *et al.*, *J. Am. Chem. Soc.*, **1993**, *115*, 874.
2) a) C. G. Pierpont, *Coord. Chem. Rev.*, **2001**, *216-217*, 99; b) C. G. Pierpont, *Coord. Chem. Rev.*, **2001**, *219-221*, 415.

CoN_2O_4

【名称】$[Co^{II}(py_2X)(3,6\text{-DBSQ})_2]$(3,6-DBSQ=3,6-di-tert-butyl-1,2-benzosemiquinonate, py_2O=bis(2-pyridyl)ether, X=O, S, Se, Te)

【背景】分子性化合物の分野において,光を用いてその電子特性を基底状態と準安定状態の間で変化させられる物質の開発は非常に興味を集めている.特に特定の波長の光で可逆的な反応の起こる様々な系が既に知られており,このような特性は無機,あるいは有機金属による物性のスイッチとしての利用が期待される.その中で,キノン類の電荷移動によるセミキノン(SQ)-カテコール(Cat)状態間の転移が有機スイッチとして見いだされ,原子価互変異性に伴って,極めて大きな温度ヒステリシスを示すCoスピンクロスオーバー錯体が開発された[1].

【調製法】$Co_2(CO)_8$と2,2'-ビス(ピリジン)チオエーテルを不活性雰囲気下でトルエンに溶解して混ぜ合わせる.しばし撹拌した後,3,6-ジ-t-ブチル-1,2-ベンゾキノンをトルエンに溶解したものを加える.室温で数時間撹拌した後,溶媒留去により暗い緑色の微結晶が得られる.$[Co^{II}(py_2O)(3,6\text{-DBSQ})_2]$の暗い緑色の単結晶はトルエンから再結晶させることによって得られる.また,結晶学的性質の評価に適当な,暗い青色をした$[Co^{III}(py_2O)(3,6\text{-DBSQ})(3,6\text{-DBCat})]$(3,6-DBCat=3,6-di-tert-butylcatecholate)の単結晶はアセトンから再結晶を行うことで得られる.その他のpy_2X化合物も同様に合成する.

【性質・構造・機能・意義】X=S, Se, Teの場合,その原子半径と電気陰性度から,S, Seは同様の挙動を示し,Teは磁気転移温度の若干のシフトを生じると予想された.しかし,磁化率測定の結果からは,低温ではいずれもラジカルセミキノンの$S=1/2$を伴う$[Co^{III}(py_2X)(3,6\text{-DBSQ})(3,6\text{-DBCat})]$酸化還元異性体型をとり,高温ではラジカル配位子とCo上の常磁性成分$S=3/2$が交換相互作用を示す$[Co^{II}(py_2X)(3,6\text{-DBSQ})_2]$となり,その転移温度はX=S, Se, Teの場合に各々370, 290, 210 Kとなった.一方X=Oの場合,トルエンから再結晶して得られる$[Co^{II}(py_2O)(3,6\text{-DBSQ})_2]$の磁気モーメントは,20 Kに至るまで3.5~4.0 μ_Bの範囲にとどまり,20 K以下で分子間相互作用により急激な低下を見せる.よってこの試料の場合,低温で$[Co^{III}(py_2X)(3,6\text{-DBSQ})(3,6\text{-DBCat})]$への転移は抑制されている.一方,アセトンから再結晶した試料は,室温で$[Co^{III}(py_2O)(3,6\text{-DBSQ})(3,6\text{-DBCat})]$状態をとり,磁化率から330 K付近で転移を起こしCo^{II}異性体となり,4.3 μ_Bの磁気モーメントを示した.また,$Co^{III} \to Co^{II}$の転移が昇温過程で330 Kにおいて見られ,降温過程では100 Kにおいて$Co^{II} \to Co^{III}$の転移が現れ,極めて大きな磁気ヒステリシスを示す.さらに,光によるCatからCo^{III}への電荷移動を利用してCo^{II}異性体へと転移させることが,低温条件下でKBrペレットを用いて試みられ,レーザー照射では変化が観測できなかったものの,強い白色光源によってCo^{III}からCo^{II}への電荷移動に伴う600 nm付近の吸収の増大が観測された.

X=Oの構造において,トルエンから再結晶した錯体は,py_2O配位子が分子間で一次元的な積層構造をとり,平面型に強制される結果,Co^{II}の電荷分布が固定されてしまい,電荷移動が生じなくなる.一方でアセトンから再結晶した場合は,py_2O配位子の折れ曲がり構造により積層が妨げられ,構造変化を伴う中心金属の電荷分布が変化する余地があり,このことが磁化率に大きく寄与したと考えられる.温度ヒステリシスのサイクルを繰り返すと,昇温時の転移温度が低くなり可逆性が低下するが,これは繰り返しにより局所的な配位子の重なりが大きい構造へとシフトするためと考えられる.

【関連錯体の紹介およびトピックス】原子価互変異性の観点から,電子状態と磁性の相関を中心として,$M(L_2)Q_2$やMQ_3(M:金属イオン,L_2:二座配位子,Q:二座キノン類)について多くの研究が行われている[2].

【小島憲道・榎本真哉】

【参考文献】
1) O. S. Jung *et al.*, *Inorg. Chem.*, **1997**, *36*, 19.
2) a) C. G. Pierpont, *Coord. Chem. Rev.*, **2001**, *216*, 99; b) C. G. Pierpont, *Coord. Chem. Rev.*, **2001**, *219*, 415.

CoN_2O_4

【名称】 $[[N,N'-1,2$-ethanediylbis$[N-$(carboxy methyl) glycinato$]]$-$N,N',O,O',O^N,O^{N'}]$cobaltate$(-)$, 1,2-ethylenedinitrilotetraacetatocobaltate$(+3)$, ethylenediaminetetraacetatocobaltate$(+3)$: $[Co(edta)]^-$

【背景】 エチレンジアミン四酢酸イオン edta^{4-} は，六座配位子として Co(III) に配位し八面体型の錯体を与える．この錯体の光学活性体が，比較的容易に得られることから，光学活性な $[Co(edta)]^-$ は，不斉陽イオン錯体の分割剤として利用できる．この錯体は1価でサイズの大きな陰イオンであるので，これを対イオンとすると溶解度の低い塩となりやすく，ジアステレオ塩を形成させて光学分割するのに適している．

【調製法】 置換活性な Co(II) の状態で edta^{4-} を配位させ，H_2O_2 や PbO_2 などの酸化剤で $[Co(edta)]^-$ とする．例えば，炭酸コバルト(II)と当量の H_4edta を水溶液中で反応させ，CO_2 の発生が収まったのち，30% H_2O_2 で酸化する．生じる錯体溶液に，$BaCO_3$ を加えてバリウム塩として単離し，その後 M_2SO_4 と反応させて $M[Co(edta)]$ を得る．ほとんどの塩は水和物として得られる[1]．K 塩については，Ba 塩を経ない方法もある[2]．

【性質・構造・機能・意義】 $[Co(edta)]^-$ は，光学活性な cis-$[Co(NO_2)_2(en)_2]^+$（別記 p. 85 参照）を用いて分割されている．Δ-$(+)_{589}$-cis-$[Co(NO_2)_2(en)_2]Cl$ と 1.3 当量の $K[Co(edta)]$ を混ぜると Δ-$(+)_{589}$-cis-$[Co(NO_2)_2(en)_2]\Delta$-$[Co(edta)]$ が，難溶性塩として沈殿する．得られたジアステレオ塩を水中で KI と反応させて，$K[\Delta$-$[Co(edta)]]\cdot 2H_2O$ を得る[3,4]．$[Co(edta)]^-$ は，固体では紫色を示し，溶液は吸収極大を 537 nm ($\log \varepsilon = 2.54$) にもつ．Δ-$(-)_{589}$-体の円二色性(CD)スペクトルは，585 nm ($\Delta\varepsilon = -1.50$) に極大をもつ[5]．

より大きなスケールで分割するための方法として L-ヒスチジンを用いる方法もある．$Ba[Co(edta)]_2$ を H^+ 型の陽イオン交換カラムにとおして $H[Co(edta)]$ としたのち，0.5 当量の L-ヒスチジンを加えて，結晶化させると $H_2(L$-ヒスチジン$)[\Delta$-$(+)_{546}$-$[Co(edta)]]_2$ が沈殿する．得られた塩を溶解し，K^+ 型の陽イオン交換樹脂カラムにとおして，$K[\Delta$-$[Co(edta)]]\cdot 2H_2O$ を得る[6]．

様々な塩の X 線解析が行われている．比較的解析精度の高いデータでは，エチレンジアミンキレートの Co-N は 1.923(3) Å である．4 つの CH_2COO^- アームは，エチレンジアミンキレートと同一配位面にある equatorial アームと残りの軸方向の配位座を占める axial アームの 2 種に分けられる．前者のアームは，立体的歪みを受けるため，Co との結合距離は，Co-O_{eq} が 1.909(2) Å に対して，Co-O_{ax} は 1.891(2) Å となっており，equatorial アームの Co-O 結合がわずかに長い[7]．

光学活性な $[Co(edta)]^-$ を用いて陽イオン錯体である $[Co(ox)(en)_2]^+$ [8], $[Cr(ox)(en)_2]^+$ [9], $[Rh(ox)(en)_2]^+$ [10], trans(O)-$[Co(gly)_2(en)]^+$ [11], cis-$[Co(CO_3)(NH_3)_2(bpy)]^+$ [12] などが，ジアステレオ塩として光学分割されている．

【水田 勉】

【参考文献】

1) S. Kirschner, *Inorg. Synth.*, **1957**, *5*, 186.
2) F. P. Dwyer et al., *J. Phys. Chem.*, **1955**, *59*, 296.
3) F. P. Dwyer et al., *Inorg. Synth.*, **1960**, *6*, 192.
4) B. E. Douglas et al., *Inorg. Chem.*, **1973**, *12*, 1827.
5) B. E. Douglas et al., *Inorg. Chem.*, **1988**, *27*, 1265.
6) R. D. Gillard et al., *J. Chem. Soc., Dalton Trans.*, **1974**, 1635.
7) M. A. Porai-Koshits et al., *Zh. Neorg. Khim.*, **1996**, *41*, 1647.
8) F. P. Dwyer et al., *J. Am. Chem. Soc.*, **1961**, *83*, 1285.
9) D. J. Walkwitz et al., *Inorg. Chem.*, **1966**, *5*, 1082.
10) R. D. Gillard et al., *J. Chem. Soc., Dalton Trans.*, **1977**, 1241.
11) Y. Shimura et al., *Bull. Chem. Soc. Jpn.*, **1972**, *45*, 2491.
12) M. Shibata et al., *Bull. Chem. Soc. Jpn.*, **1981**, *54*, 1531.

CoN_2O_4

無

【名称】$(OC\text{-}6\text{-}1'3\text{-}A)\text{-}[(2S,2'S)\text{-}2,2'\text{-}[1,2\text{-}ethanediyl\text{-}bis[(S)\text{-}methylimino\text{-}\kappa N]]bis[N\text{-}methylpropanamide\text{-}\kappa O]]bis(methanol)\text{-}Cobalt(2+)]diperchlorate: $\varLambda$-$[Co(meAA)(CH_3OH)_2](ClO_4)_2$

【背景】(S)-アラニンから誘導した配位子 meAA と $Co(ClO_4)_2\cdot 6H_2O$ からなる錯体が $\varLambda$ 型構造を形成し、アキラルな NO_3^- アニオンを加えると瞬時に $\varDelta$ 型へらせん反転する「動的ヘリシティー反転システム」が構築された。meAA 配位子は単純な直鎖型四座配位子であり、様々な官能基を有するキラル反転スイッチング素子の開発が期待できる[1]。

【調製法】配位子 meAA は、(S)-アラニンを 1,2-ジブロモエタンを用いてエチレン架橋し、メチルエステル化、N-メチル化を施した後、メチルアミンを作用させて得る。錯体の合成は、室温条件下、メタノール中、meAA と $Co(ClO_4)_2\cdot 6H_2O$ を混合し、濃縮溶液から単結晶として得る。

【性質・構造・機能・意義】この錯体は結晶構造が得られており、Co(II)中心には2つのアミド酸素と2つの三級アミン窒素が配位して $\varLambda$ cis-α 型構造を形成することが確認されている。残りの2座には結晶溶媒であるメタノールが配位する。

$CD_3CN/CD_2Cl_2=1/9$ 溶媒中で、^1H NMR スペクトルより、ほぼ単一の錯体種が存在することが確認されており、溶液中であってもこの錯体は $\varLambda$ 型らせん構造を保持していると考えられる(d.e.>95%)。この錯体は、$CH_3CN/CH_2Cl_2=1/9$ 溶媒中で、530 nm 付近の d-d 遷移吸収帯に正のコットン効果を示す。

この錯体に Bu_4NNO_3 を加えると、530 nm 付近の円二色性(CD)スペクトルが正から負へ大きく逆転したので、置換活性な Co(II) 中心のヘリシティーが $\varLambda$ 型から $\varDelta$ 型へ反転したことが示唆される。このヘリシティー反転には2当量の NO_3^- アニオンが必要であることが滴定実験より明らかにされている。^tBu アミド基末端をもつ配位子と $Co(NO_3)_2\cdot 6H_2O$ とから調製した Co(II) 錯体の単結晶が得られ、1つの NO_3^- アニオンが Co(II) 中心へキレート配位を、さらにもう1つの NO_3^- アニオンが配位子のアミド水素と水素結合をして $\varDelta$cis-α 型構造を形成することが明らかにされている。NO_3^- アニオンのキレート挟み角(O–Co(II)–O; 60.8°)は小さいので、Co(II)中心へのキレート配位により $\varDelta$ 型構造が安定化し、アミド水素への水素結合により生じる立体反発のため $\varLambda$ 型が不安定化した結果、錯体ヘリシティーが反転したと考えられる。過剰の ClO_4^- や BF_4^- を加えても CD スペクトルは変化しなかったので、この錯体ヘリシティーの反転は、イオン強度の増加が原因ではない。本報で用いた直線型配位子では、六配位八面体型錯体の上下方向へ伸びたらせん構造を作り出すことが可能で、平面四配位型錯体を基本骨格としたらせん構造よりもらせんピッチははるかに長い。また、この Co(II) 錯体は、溶媒組成に依存したらせん反転「Solvato-diastereomerism」を示す[2]。本錯体は外部環境に瞬時に応答するらせん構造の動的スイッチングを示す錯体として興味深い。

【関連錯体の紹介およびトピックス】$\varLambda$-$[Zn(meAA)(CH_3OH)_2](ClO_4)_2$ を含む膜を用いた電極は NO_3^- アニオン選択性電極としてはたらく[3]。また、meAA の末端にアキラルペプチド鎖を縮合させた配位子からなる Co(II) 錯体では、NO_3^- アニオンによるペプチドらせんの反転制御ができる[4]。また、2,5-ジメトキシベンゼンを縮合させた配位子からなる Co(II) 錯体では、酸-塩基刺激による伸縮運動と、NO_3^- アニオンによるらせん反転が連続して起こり、2つの異なる外部刺激による2つの運動が可能な二重スイッチング錯体としてはたらく[5]。このように、置換活性なキラル金属錯体の配位立体化学を活用すると、外部刺激に応答した超分子レベルでの動的構造制御が可能となる。

【三宅弘之】

【参考文献】
1) H. Miyake *et al.*, *J. Am. Chem. Soc.*, **2004**, *126*, 6524.
2) H. Miyake *et al.*, *Chem. Comm.*, **2005**, 4291.
3) H. Miyake *et al.*, *Analytica Chimica Acta*, **2007**, *584*, 89.
4) H. Miyake *et al.*, *J. Am. Chem. Soc.*, **2008**, *130*, 792.
5) H. Miyake *et al.*, *Chem. Eur. J.*, **2008**, *14*, 5393.

CoN_2S_2

生

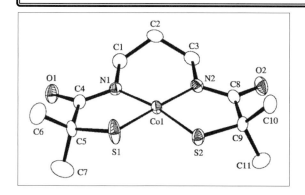

【名称】$PPh_4[Co^{III}(L)]$, L=N,N'-bis((2-mercapto-2-methyl)propioyl-1,3-propaneamine, $C_{35}H_{38}CoN_2O_2PS_2$

【背景】ニトリルヒドラターゼ(NHase)はニトリルをアミドに水和する酵素である.現在,アクリルアミドの生産の多くは,NHase を用いたバイオプロセスが用いられている.この NHase はユニークな構造は知られているが,詳細な反応機構はわかっていない.また Fe(III)型 NHase は一酸化窒素(NO)との高い親和性が報告されている[1].$[Co^{III}(L)]^-$ は NHase の活性中心の平面配位構造に類似しており,NHase の構造と反応機構の関係についての知見を得るための重要な化合物である[2].

【調製法】アルゴン雰囲気下,N,N-ジメチルホルムアミドに配位子 L を溶解し,脱プロトン剤として水素化ナトリウムを加え撹拌する.その後,$CoCl_2$ を加え,撹拌することにより,緑色を呈する溶液となる.これを大気下にて撹拌することで,Co(II) から Co(III) へ酸化する.この溶液に PPh_4Cl を加え,脱塩し,減圧濃縮する.得られた緑色固体をメタノール/水を用いて再結晶することにより,$PPh_4[Co^{III}(L)]$ を得ることができる[2].

【性質・構造・機能・意義】本錯体はクロロホルム,アセトン,メタノールなどの有機溶媒に可溶であり水に微溶である.有機溶媒中では 650 nm 付近に含硫四配位平面型構造に特徴的な吸収をもつ.CN^-,tBuNC の単座配位子を添加すると,650 nm 付近の吸収が減衰し,300 nm 付近の吸収が増大する.また,単結晶 X 線構造解析の結果から,脱プロトン化した 2 つの N 原子と 2 つのチオレート S 原子が配位した平面四配位型構造を有している.

本錯体の軸位には CN^- や tBuNC など逆供与性の配位子は配位するが,水分子を含むほとんどの配位子は配位しない.一般的に Co(III) 錯体は octahedral 構造を好むが,本錯体は電子供与性の高い脱プロトン化したアミド N 原子,チオレート S 原子が配位しているため,Co(III) イオンの Lewis 酸性度が大きく低下し平面四配位型構造を有していると示唆される.しかしながら,本錯体のアミド C=O と溶媒などが求電子的な相互作用をすることで,Co(III) イオンの Lewis 酸性度が増加しニトリルが配位する.NHase に見られる酸化 S 原子の中心金属に与える効果については Mascharak[3] らにより報告されているが,本錯体の結果はアミド N 原子の役割が示されたはじめての例である.また本錯体は NO とも高い親和性を示し,UV-vis スペクトルや IR スペクトルから高選択的に配位することが確認されている.前述のとおり,本錯体の軸位には多くの配位子は配位しない.この性質を利用して人間の呼気に含まれる NO を高選択的に検出するセンシング素子として活用する研究も進んでいる.これまでの NO センサーは NO が酸化されて発生する NO_2^- にも反応するため選択性に課題を有していたが,本錯体は NO_2^- や呼気に含まれる H_2O や CO,CO_2 とも反応しない.この性質を利用して,近年,本錯体の類縁体を電極上に集積し,10 ppb オーダーの NO の検出にも成功している[4].

【関連錯体の紹介およびトピックス】NHase の反応機構を解明するため,Schottard らは N_2S_2 型 Co(III) 錯体の配位 S 原子をスルフェン酸(S=O)へと酸化させることに成功し,その S=O が直接ニトリルを攻撃し,水和させることに成功している[5].また NO については,Mascharak らは N_5 型配位子を用いてニトロシル錯体を形成し,光による NO の脱離を制御することで,NO ドナーとしての活用を検討している[6].

【矢野卓真・小澤智宏】

【参考文献】

1) M. Odaka *et al.*, *J. Am. Chem. Soc.*, **1997**, *119*, 3785.
2) T. Yano *et al.*, *Eur. J. Inorg. Chem.*, **2006**, 3753.
3) L. A. Tyler *et al.*, *Inorg. Chem.*, **2003**, *42*, 5751.
4) T. Kitagawa *et al.*, *Chem. Lett.*, **2016**, *45*, 436.
5) L. Heinrich *et al.*, *Eur. J. Inorg. Chem.*, **2001**, 2203.
6) B. J. Heilman *et al.*, *J. Am. Chem. Soc.*, **2012**, *134*, 11573.

CoN_2S_3

生

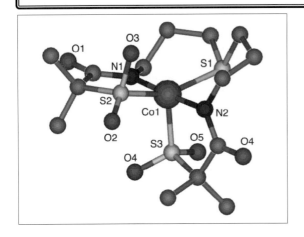

【名称】 $PPh_4[Co^{III}(L-O_4)]$, L=bis(N-(2-mercapto-2-methylpropionyl)aminopropyl)sulfide, $C_{38}H_{44}CoN_2O_2PS_3$

【背景】ニトリルヒドラターゼ(NHase)はニトリルをアミドに水和する酵素である．現在，アクリルアミドの生産の多くは，NHaseを用いたバイオプロセスが用いられている．また近年，このNHaseはニトリル以外にもtBuイソシアニド(tBuNC)を加水分解することが報告[1]されているが，その反応機構の詳細はわかっていない．$[Co^{III}(L-O_4)]^-$はNHaseの活性中心の配位構造に類似しており，$[Co^{III}(L-O_4)(tBuNC)]^-$は6座目に基質であるtBuNCが配位していることから，NHaseの反応機構に関する知見を得るための重要な化合物である[2,3]．

【調製法】アルゴン雰囲気下，N,N-ジメチルホルムアミドに配位子Lを溶解し，脱プロトン剤として水素化ナトリウムを加え撹拌する．その後，プルプレオ塩を加え，70℃で一晩撹拌する．これを大気下にて撹拌し，PPh_4Clを加え，脱塩し，減圧濃縮する．得られた緑色固体をアセトン/酢酸エチルを用いて再結晶することにより，$PPh_4[Co^{III}(L-O_4)]$を得ることができる[2]．この$PPh_4[Co^{III}(L-O_4)]$のアセトン溶液に大過剰のtBuNCを添加し，Et_2Oを用いて再結晶することにより，第6座にtBuNCが配位した$PPh_4[Co^{III}(L-O_4)(tBuNC)]$の単結晶を得ることができる[3]．

【性質・構造・機能・意義】本錯体はクロロホルム，アセトン，メタノールなどの有機溶媒や水に可溶である．有機溶媒中では340 nmと560 nm付近に吸収をもつ．H_2OやCN^-，tBuNCなどの単座配位子を添加すると，340 nm付近の吸収が増大し，560 nm付近の吸収が減衰する．また単結晶X線構造解析の結果から，やや歪んだ平面四配位型構造を有している．

本錯体は第6座に水分子が配位し，$[Co^{III}(L-O_4)(H_2O)]^-$錯体の形成が確認されている[2]．Mascharakらは本錯体と類似のN_3S_2型錯体$[Co(PyPS)(H_2O)]^-$を用いて，pH変化(pH 5.5～10.5)に伴うUV-visスペクトルの変化から変化の測定を行い，配位水のpKa＝8.3±0.03を報告している[4]．配位環境がNHaseに近い本錯体においても同様の測定を行ったところ，吸収スペクトルに変化はなかったことから，pH 5.5～10.5ではOH$^-$種が生成していないことが示唆される．この結果から，このN_2S_3型の配位環境は水の活性化には不適な環境であることがわかる．$PPh_4[Co^{III}(L-O_4)]$水溶液にtBuNCを添加することで，吸収スペクトルの変化から水分子とtBuNCの置換が確認される．一般的に八面体型構造を有するCo(III)錯体は置換不活性であるが，第6座のトランス位にチオレートS原子を配置することで第6座の置換が活性化され，常温においてtBuNCがすばやく置換することが可能になる．そこで，本錯体を用いてtBuNCの加水分解反応を行うと，40℃，pH 10.2の条件下でtBuNCの加水分解生成物である$tBuNH_2$とCOが検出された[3]．この結果から，NHaseの加水分解反応は第6座に配位した水分子が活性化されているのではなく，軸位に配位した基質が活性化されて反応が進行していることが示唆される．また，本錯体のチオレートS原子を酸化させていない$[Co^{III}(L)]^-$は加水分解反応を示さなかったことから，S原子の酸化はNHaseの反応性に大きく関与していることがわかる[3]．したがって，本錯体はNHaseの活性中心の構造・性質を非常によく再現した化合物といえる．

【関連錯体の紹介およびトピックス】NHaseの反応機構の解明に関する錯体化学的なアプローチは活発に行われており，これまで多くのCo(III)，Fe(III)モデル錯体の構造や反応性について報告されている[5]．それらの化合物の中にはアセトニトリルを水和するものが報告されているが，本錯体のようなイソシアニドを加水分解した例はなく，はじめての例である．

【矢野卓真・小澤智宏】

【参考文献】
1) K. Hashimoto *et al.*, *J. Biol. Chem.*, **2008**, *283*, 36617.
2) T. Ozawa *et al.*, *Chem. Lett.*, **2005**, *34*, 18.
3) T. Yano *et al.*, *Inorg. Chem.*, **2018**, *57*, 4277.
4) L. A. Tyler *et al.*, *Inorg. Chem.*, **2003**, *42*, 5751.
5) J. A. Kovacs, *Chem. Rev.*, **2004**, *104*, 825.

CoN_3O_3

【名称】fac-tris(L-alaninato-κN,κO)Co(+3): fac-[Co(L-ala)$_3$]

【背景】電気的に中性な錯体の光学分割は困難である.fac体のトリスアミノ酸Co(III)錯体は,3つのアミノ基からなる部分構造が,トリスジアミンCo(III)錯体と構造的類似性をもつので,トリスジアミンCo(III)錯体の光学分割に有効な光学活性陰イオンを用いたクロマトグラフィーによる光学分割が可能である.

【調製法】CoCl$_2$・6H$_2$Oに対して,3当量のアミノ酸を水溶液中で加え,PbO$_2$を用いてコバルトを酸化する.この方法は,[Co(CO$_3$)$_3$]$^{3-}$を出発錯体にする方法よりも,fac体の収率が高い.酸化によって得た混合物を陽イオン交換樹脂SP-Sephadex(H$^+$型またはNa$^+$型)を詰めたカラムにとおして,紫色のmer体と赤紫色のfac体とを分離する.α-アミノ酸とβ-アラニンの混合配位錯体は,両アミノ酸の1:1混合物を用い,同様にして合成する[1].

【性質・構造・機能・意義】fac-[Co(α-ala)$_n$(β-ala)$_{3-n}$]($n=2,1,0$)の混合物は,上記陽イオン交換樹脂または陰イオン交換樹脂QAE-Sephadexを用いると分離できる.D-あるいはL-アミノ酸を用いると,生じるfac体のトリスキレート錯体は,コバルト中心の$\Delta\Lambda$によりジアステレオ混合物となるので,ジアステレオマー同士をクロマトグラフィーで分離することもできる.分離には,この錯体が3つのアミノ基が八面体の1つの三角面を占める部分構造をもつことを利用する.このアミノ基と多重の水素結合が可能な陰イオンが強く相互作用するので分離に有効となる.

fac-[Co(L-ser)(β-ala)$_2$]の場合では,Na$^+$型の強酸性陽イオン交換樹脂カラムにΛ-fac-[Co(L-ser)(β-ala)$_2$]とΔ-fac-[Co(L-ser)(β-ala)$_2$]の混合物を入れ,Na$_2$SO$_4$を溶離剤とすると両者を分離できる.一方,Λ-とΔ-fac-[Co(gly)(β-ala)$_2$]のような一対のエナンチオマーの場合では,d-酒石酸イオン(d-tart^{2-})や吐酒石イオン([Sb$_2$(d-tart)$_2$]$^{2-}$)を使って光学分割が達成されている.分離の効率は,吐酒石イオンの方が優れていると報告されている[2].

これら,一連のクロマトグラフィーによる手法で分離されたα-alaとβ-alaの混合配位系列では,金属中心の$\Delta\Lambda$の不斉とd-d遷移の円二色性(CD)スペクトルの符号とが複雑な挙動を示す.すなわち,fac-[Co(α-ala)$_n$(β-ala)$_{3-n}$]のCDスペクトルが,nの値に応じて主成分の符号が逆転するという興味深い現象を示す.例えば,Δ-fac-[Co(L-ala)$_n$(β-ala)$_{3-n}$]の系列では,$n=0$のΔ-fac-[Co(β-ala)$_3$]は,510 nm付近に(+)の主成分をもつ.しかしながら,同じΔ体でも$n=1$では,やや短波長の500 nmにシフトした(+)の主成分に加えて570 nm付近に約1/3の強度の(-)成分をもち,$n=2$となると主成分が逆転し490 nmに(+)の小さな成分をもち550 nm付近に(-)の主成分となる.$n=3$では,もはや(+)の成分はほとんどなくなり,530 nm付近に(-)の主成分のみをもつ.同様の逆転現象は,Δ-fac-[Co(L-ser)$_n$(β-ala)$_{3-n}$]の系列でも確認されている.Λ-fac-[Co(L-ser)$_n$(β-ala)$_{3-n}$]の系列でも符号は逆となるが同様にnに依存して符号の逆転が見られている[2].

【水田 勉】

【参考文献】
1) H. Yoneda et al., J. Chromatogr., **1981**, 210, 477.
2) H. Yoneda et al., J. Chromatogr., **1979**, 175, 317.

CoN_3O_3

【名称】 fac-tris(β-alaninato-κN,κO)-cobalt(+3): fac-[Co(β-ala)$_3$]

【背景】 電気的に中性なトリスアミノ酸Co(III)錯体は，原理的に光学活性な対イオンとジアステレオ塩を形成できない．このため一般に光学分割は困難である．しかしながら本錯体は，光学活性トリスジアミンCo(III)錯体を分割剤としてクロマトグラフィーにより極めて高効率に光学分割できる特異な錯体である．

【調製法】 [Co(NH$_3$)$_6$]Cl$_3$の水溶液に3当量のβ-アラニンと水酸化カリウムを加え，6時間以上かけてアンモニア臭がしなくなるまで蒸気浴上で加熱すると，mer体とfac体の混合物が得られる．これをアルミナカラムにかけ，水で溶離するとまず紫色のmer体が溶離され，続いて赤色のfac体が溶離される[1]．

【性質・構造・機能・意義】 fac-[Co(β-ala)$_3$]は水溶液中で赤色を示し，370 nm(ε=27 M^{-1} cm^{-1})，530 nm(ε=68 M^{-1} cm^{-1})に吸収をもつ[2]．fac体の結晶構造は知られていない．一方，紫色のmer体は水溶液中で紫色を示し，374 nm(ε=71 M^{-1} cm^{-1})，500 nm(shoulder)，575 nm(ε=97 M^{-1} cm^{-1})にd-d遷移に帰属される吸収をもつ．mer体の結晶構造は報告されており，2水和物結晶では，Co-O=1.904～1.915 Å Co-N=1.929～1.963 Åである[3]．

fac-[Co(β-ala)$_3$]は，3つのアミノ基が正八面体の1つの三角面を占める部分構造をもち，この構造はトリスエチレンジアミンCo(III)錯体のC_3対称をもつ三角面の構造と類似している．この類似点により，トリスエチレンジアミンCo(III)錯体のクロマトグラフィーによる光学分割に有効なd-酒石酸イオン(d-tart^{2-})や吐酒石イオン([Sb$_2$(d-tart)$_2$]$^{2-}$)を使って，光学分割に成功しているが，分離効率はそれほど高くない．Δ体は，510 nm付近に主成分となる正の円二色性(CD)成分をもち，380 nmと590 nm付近に小さな負のCD成分をもつ[4-6]．

fac-[Co(β-ala)$_3$]には，3つのカルボキシル基が占める三角面もある．上述の光学活性トリスジアミン錯体は，3つのアミノ基からなる三角面をもつので両者の間で多重の水素結合を形成することで効果的な不斉識別化が可能と考えられる．実際に，trans-R,R-シクロヘキサンジアミン|(−)-chxn|をもつΔ型錯体のΔ-lel_3-[Co|(−)-chxn|$_3$]$^{3+}$ (lelは，五員環キレートのC-C結合が錯体のC_3対称軸と平行になる配座をとっていることを表す)を陽イオン交換樹脂SP-Sephadexに吸着させ，これをキラルカラムとして光学分割を試みると部分分割ではあるが分離が達成される．興味深いことに，類似のΔ型錯体ではあるがtrans-S,S体|(+)-chxn|をもつ錯体Δ-ob_3-[Co|(+)-chxn|$_3$]$^{3+}$ (obは，五員環キレートのC-C結合が錯体のC_3対称軸に対して傾いた配座をとっていることを表す)を用いて同様のキラルカラムを作成し，光学分割を試みると分離効率α=7という極めて高効率な不正識別が達成できる．Δ-ob_3-[Co|(+)-chxn|$_3$]$^{3+}$の水素結合に使われるアミノ水素は左巻きのらせんを巻くように配置している．一方，fac-[Co(β-ala)$_3$]の3つのカルボキシル基のローンペアも左右らせん状の配置をとるため，効率的に認識することができると考えられる[7]．

【水田 勉】

【参考文献】

1) V. N. Nikolic et al., Inorg. Chem., **1967**, 6, 2063.
2) Y. Yoshimura, Bull. Chem. Soc. Jpn., **2002**, 75, 741.
3) C. H. Ng et al., Polyhedron, **2005**, 24, 1503.
4) H. Yoneda et al., Inorg. Nucl. Chem. Lett., **1979**, 15, 195.
5) H. Yoneda et al., J. Chromatogr., **1979**, 175, 317.
6) H. Yoneda et al., J. Chromatogr., **1981**, 210, 477.
7) T. Mizuta et al., Chem. Lett., **1994**, 101.

CoN₃₍₄₎P

生 有

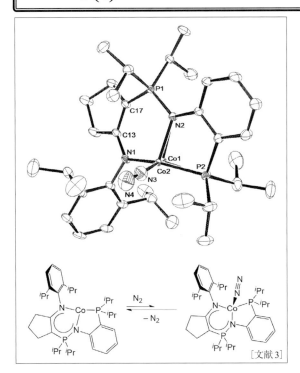

[文献3]

【名称】 |N-(2-diisopropylphosphinophenyl)-P,P-diisopropyl-P-(2-(2,6-diisopropylphenylamido)cyclopent-1-enyl)phosphoranimine| cobalt(I): Co(NpNP^{iPr})

【背景】 窒素分子活性化錯体の合成のために，β-ditetiminate(Nacnac)骨格を模倣した enamidophosphoranimine 配位子骨格が設計され[1]，より安定な低原子価錯体を生成するために，配位子 NpNP^{iPr} が設計・合成された[2]．この Co(I) 錯体は不活性な窒素ガスを高効率にアンモニアへ変換した成功例である[3]．

【調製法】 Co(NpNP^{iPr}) は，アルゴンガス中，ハロゲン錯体 Co(NpNP^{iPr})Cl と還元剤 KC₈ をジエチルエーテル中に加え，室温で1日撹拌したあと，沈殿物をろ去し，−35℃で静置させることでブロック状の単結晶として得られる．

【性質・構造・機能・意義】 Co(NpNP^{iPr}) は2つの不対電子をもち常磁性を示す($\mu_{eff} = 2.4 \pm 0.05\,\mu_B$ ($S=1$))．

窒素雰囲気下では，窒素分子の脱着平衡状態にあり，少量の窒素付加体 Co(NpNP^{iPr})N₂ が得られる．$\nu(N_2)$ は 2071 cm^{-1} ($\nu(^{15}N_2)$ は 2001 cm^{-1}) に観測され，フリーの窒素分子 (2359 cm^{-1}) よりも活性化されている．この現象は単結晶X線構造解析でも disorder として観測され，90:10 = Co(NpNP^{iPr}):Co(NpNP^{iPr})N₂ の比率で構造決定されている．Co(NpNP^{iPr}) は T 字型の平面三配位構造で，配位原子 N, N, P 以外の配位(溶媒，C−H などのアゴスティック相互作用)は観測されない．一方，Co(NpNP^{iPr})N₂ は配位子の N, N, P 原子から少し浮き上がった歪んだ四面体型構造を有している．N(3)−N(4)結合長は 1.12 Å である．アルゴン中の UV-vis スペクトルでは，Co(NpNP^{iPr}) の特徴的なピークが 500 nm に観測され，窒素雰囲気下 1 atm, 23℃ では，15%程度減衰する．窒素付加体の生成比は温度によって変化し，−80℃まで降温すると約90%まで上がる．

触媒的な窒素分子の還元反応は，過剰量の還元剤と過剰量のシリル化剤によって達成され，−40℃のとき，コバルトに対して215当量の NH₄Cl を生成する(図1)．窒素付加体の生成比と関連して触媒反応にも温度の依存性が見られる．

$$N_{2(g)} \xrightarrow[\substack{X^s\,Me_3SiCl \\ X^s\,KC_8 \\ THF \\ -40\text{ to }-60°C}]{Co(NpNP^{iPr})} N(SiMe_3)_3 \xrightarrow{X^s\,HCl} NH_4Cl \quad \sim 200\ equiv$$

図1 触媒的な窒素還元反応

【関連錯体の紹介およびトピックス】 同様の enamido-phosphorane imine 骨格に三級アミンを導入した三座配位子 NNpN^{DIPP} を有する Co(I) 錯体が報告されているが[4]，Co(NNpN)Cl と KC₈ を反応させることで T 字型錯体や窒素錯体ではなく，iminophosphorane が外れ，芳香環が η^6 型で配位した二脚型のピアノイス型構造の錯体が得られる．この錯体は 18 電子則を満たしており，非常に安定で窒素分子と反応しない．

関連の Co(I) 窒素錯体 Co(PNP)N₂, (PNP = N(CH₂CH₂P^{i}Pr₂)₂), および Co(^{Si}PNP)N₂, (^{Si}PNP = N(SiMe₂CH₂P^{t}Bu₂)₂), は Co(NpNP^{iPr})N₂ と同様に，窒素雰囲気下，ハロゲン錯体の還元反応によって得られる．Co(PNP)N₂ および Co(^{Si}PNP)N₂ はともに平面構造を有する反磁性錯体である．同反応をアルゴン雰囲気下で行うと Co(^{Si}PNP)Cl では T 字型錯体 Co(^{Si}PNP) が生成するが[5]，Co(PNP)Cl では配位子のキレート環が開環した [Co(PNP)]₂ が得られる[6]．

【鈴木達也】

【参考文献】

1) M. D. Fryzuk *et al.*, *Dalton Trans.*, **2016**, *45*, 14697.
2) T. Suzuki *et al.*, *Inorg. Chem.*, **2015**, *54*, 9271.
3) T. Suzuki *et al.*, *ACS. Catal.*, **2018**, *8*, 3011.
4) M. D. Fryzuk *et al.*, *Dalton Trans.*, **2017**, *46*, 6612.
5) K. G. Caulton *et al.*, *J. Am. Chem. Soc.*, **2006**, *128*, 1804.
6) J. Arnold *et al.*, *Inorg. Chem.*, **2013**, *52*, 11544.

CoN₃S₃

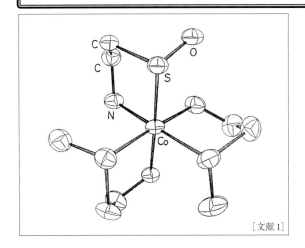

[文献1]

【名称】 d-tartaric acid・L-tris(2-aminoethanesulfenato) cobalt(III)・water (1/1/1): L-[Co{S(O)CH₂CH₂NH₂}₃]・H₂O

【背景】 分子性錯体を光学活性な分子との分子間化合物により, 光学分割できた最初の例である[1,2]. スルフェナト基は, 錯形成によって安定化する配位不斉硫黄となり, 立体化学的にも興味深い.

【調製法】 ヘキサアンミンコバルト(III)塩化物の水溶液に3倍量の2-アミノエタンチオールと3倍量の水酸化物(KOHまたはNaOHなど)を加えると青緑色の[Co(SCH₂CH₂NH₂)₃]が水に不溶な沈殿物として得られる. この錯体をろ別, 乾燥し, 水に懸濁させ, 氷冷しながら, 3倍量の3%過酸化水素水を加えると, 赤橙色の溶液が得られる. この溶液中には, [Co{S(O)CH₂CH₂NH₂}ₙ{S(O)₂CH₂CH₂NH₂}₃₋ₙ] (n=0,1,2,3)が含まれるので, d-酒石酸イオンを吸着させた陰イオン交換樹脂QAE-Sephadex A-25を用いて, 水を溶離剤としてとおすと, 最初に薄いオレンジのバンドI, オレンジ色のバンドが2つII,III (n=3), 黄橙色のバンドIV (n=2), 橙黄色のバンドV (n=1)が, 溶離してくる. このバンドIIIを低温で減圧濃縮し, 元素分析より[Co{S(O)CH₂CH₂NH₂}₃]・2.5H₂Oの組成の固体が得られる. これをエタノール/水2:1の混合液に溶かし, 等量のd-酒石酸を加えてかき混ぜると数分後に, 橙赤色の目的分子間化合物が析出してくる. 再結晶はエタノール/水2:1混合液から行う[1,2].

【性質・構造・機能・意義】 上記の溶離して得られる無電荷の錯体は, 吸着しているd-酒石酸イオンと相互作用し, それぞれ部分的に光学分割され, 先にδ体が溶離し, バンドの後半部はΛ体を含む. 吸収は錯体中の硫黄配位スルフェナト基{RS(O)}⁻と硫黄配位スルフィナト基{RS(O)₂}⁻の数によって, 配位子場は, スルフェナト基が多いほど低エネルギーに観測され, 360 nm付近の硫黄配位スルフェナト基由来の電荷移動吸収帯のモル吸光係数が大きくなる. 280 nm付近の硫黄配位スルフィナト基由来の電荷移動吸収帯はモル吸光係数が小さくなる.

この分子間化合物の結晶構造は, 酒石酸分子のカルボン酸, 水酸基のプロトンと配位スルフェナト基の酸素, ならびに結晶水の間の二次元の層を形成する水素結合ネットワークと, これらの二次元の層と層を錯体のアミノ基のプロトンと酒石酸の酸素原子が水素結合することにより結んでいる. 無電荷錯体自体は, fac(S)-Λ-(δ,δ,δ)-(R,R,R)の構造をとっている[1]. すなわち, 幾何異性はfacial, コバルト周りの不斉はΛ, キレート環はδ, 配位不斉硫黄はすべてR配置をとっている. 無電荷錯体に可能な256種の光学活性配置からただ1つの配置をd-酒石酸が分子間化合物形成によって選択していることを示している. また硫黄配位スルフェナト基の配位不斉硫黄の反転が, バンドIIに含まれているfac(S)-Λ-(R,R,S)配置が容易にfac(S)-Λ-(R,R,R)に反転するが, その逆が起こりにくいこともわかっており, 配位不斉硫黄の反転が立体的に制御されていることがわかる[2].

【関連錯体の紹介およびトピックス】 モノスルフェナト錯体として[Co{S(O)CH₂CH₂NH₂}(en)₂](SCN)₂が, 合成されている[3]. また, [Co(2-pyridinesulfenato-S,N)(en)₂](ClO₄)₂も単離されており, この錯体は, 光照射により, 連結異性化し, [Co(2-pyridinesulfenato-O,N)(en)₂](ClO₄)₂となる[4]. また2-aminoethanethiolの代わりに, L-cysteine methyl esterを用いて酸化すると, トリススルフェナト錯体, [Co(R-2-amino-2-(methoxycarbonyl)ethansurufenato-N,S)₃]がΔ-(S,S,S)のみが生成し, 高い立体選択性を示す[2]. [Rh(2-aminoethanesulfenato-N,S)₃]も同様にd-酒石酸により分子間化合物を作り光学分割できる.

【喜多雅一】

【参考文献】
1) M. Kita *et al.*, *Bull. Chem. Soc. Jpn.*, **1981**, *54*, 2995.
2) M. Kita *et al.*, *Bull. Chem. Soc. Jpn.*, **1982**, *55*, 2873.
3) I. K. Adzamli *et al.*, *Inorg. Chem.*, **1979**, *18*, 303.
4) M. Kita *et al.*, *Bull. Chem. Soc. Jpn.*, **1983**, *56*, 3272.

CoN₃S₃

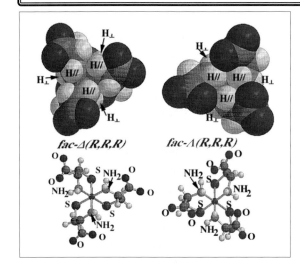

fac-Δ(R,R,R)　　　fac-Λ(R,R,R)

【名称】fac-Δ- and Λ-tris (R-cysteinato-N,S) cobaltate (III): $M_3[Co(R\text{-}cys\text{-}N,S)_3]$ ($M=Li^+, Na^+, K^+, Rb^+, Cs^+, 1/2Ca^{2+}, 1/2Sr^{2+}, 1/2Ba^{2+}$)

【背景】トリス(R-システイナト-N,S:R-cys-N,Sと略)コバルト(III)酸イオンを過酸化水素などにより完全に酸化したトリス(R-2-アミノ-3-スルフィノプロパノエイト-N,S:R-cysi-N,Sと略)コバルト(III)酸イオンは, fac(S)-Δ体のみを含み, 3⁻の電荷をもつ良好な光学分割剤と見なされ, その原因が原料錯体のトリスチオラト錯体における強いジアステレオ立体選択性によると考えられていた[1]. ところが, この光学純度に関して, Arnoldらが, 異議を唱えた[2]. この論争を解決するために, 標題の様々な対陽イオンを変えた原料錯体を合成し, その二次不斉転換現象を明らかにし, 論争に決着がつけられた[3].

【調製法】0.50 g (1.9 mmol)のヘキサアンミンコバルト(III)塩化物を溶かした20 mL水溶液に, 5倍量のR-システイン塩酸塩と15倍量のアルカリ(LiOH, NaOH, KOH, RbOH, CsOH) 50 mL水溶液を加え, 70℃でアンモニア臭がしなくなるまで撹拌しながら加熱する. この状態では3:2のΔ(R,R,R)とΛ(R,R,R)のジアステレオマー混合物であるが, これに20 mLのエタノールを加え, 20℃で12時間撹拌すると青緑色の針状結晶が得られる. これは二次不斉転換により, 100% Δ(R,R,R)である. また, 同様にアルカリとしてCa(OH)₂, Sr(OH)₂を用いても, Δ(R,R,R)が得られるが, 不純物として不溶な炭酸塩を含む. そこで, アルゴン気流中, Δ-Li₃[Co(R-cys-N,S)₃]に濃厚なCaCl₂, SrCl₂, BaCl₂水溶液を理論量加え, 直ちに沈殿させることにより, それぞれのΔ(R,R,R)塩が得られる. 一方, アルカリとして水酸化バリウムを用いた場合, 70℃で2時間撹拌すると, 二次不斉転換により, 純粋なΛ(R,R,R)ジアステレオ塩が緑色結晶として得られる. この緑色結晶を化学量論量の濃厚なLi₂SO₄, Na₂SO₄, K₂SO₄, Rb₂SO₄, Cs₂SO₄水溶液に加え, 生じた硫酸バリウムの沈殿を素早くろ過し, エタノールを加えることにより, 対応するΛ(R,R,R)ジアステレオ塩を得ることができる. こうして得たΛ-Li₃[Co(R-cys-N,S)₃]を水に溶かし, 直ちに濃厚なCaCl₂, SrCl₂水溶液を加えることにより, それぞれのΛ(R,R,R)ジアステレオ塩を得ることができる[3].

【性質・構造・機能・意義】可逆的なエピマー化が起こる条件下で, 対陽イオンを変えると, 二次不斉転換の結果, Δ(R,R,R)とΛ(R,R,R)の両方のジアステレオ塩がそれぞれ純粋な状態で単離できることが示された. 溶液中のエピマー化の熱力学的パラメーターと活性化パラメーターの測定より, 低温ではごくわずかΛ(R,R,R)体が安定であることがわかり, 40℃では両者のジアステレオマーはほぼ同じ安定性をもつ. 一方, 様々に陽イオンを変えたジアステレオ塩の溶解度を測定すると表1のような結果になり, バリウム塩でのみΛジアステレオ塩の溶解度がΔのそれを下回る. この結果より, 従来不斉炭素のコンフォメーションから, Δ体が安定といわれていた推測が誤っており, 溶液中では差はなく, 対イオンを変えたときのジアステレオ塩の溶解度の差に基づく二次不斉転換が, 不斉の偏りを生んでいたことが明らかにされた.

【喜多雅一】

表1　ジアステレオ塩の溶解度

対陽イオン	Λ体の溶解度 /10⁻³ M	Δ体の溶解度 /10⁻³ M	溶解度比 Λ/Δ
fac-M₃[Co(R-cys-N,S)₃] in H₂O-EtOH (1:3) at 20℃			
Li	4.8	2.7	1.8
Na	3.1	0.14	22
K	7.7	0.18	43
Rb	3.5	1.3	2.7
Cs	1.6	0.74	2.2
fac-M₁.₅[Co(R-cys-N,S)₃] in H₂O at 20℃			
Ca	>100	0.23	ca.430
Sr	>70	5.2	ca.13
Ba	1.1	9.7	0.11

【参考文献】
1) R. D. Gillard, *Polyhedron*, **1991**, *10*, 1453.
2) A. P. Arnold *et al.*, *Polyhedron*, **1991**, *10*, 2847.
3) M. Kita *et al.*, *J. Chem. Soc., Dalton Trans.*, **1999**, 1221.

CoN₃S₃

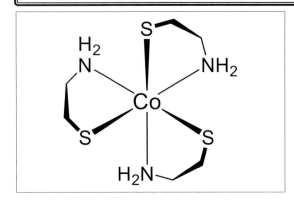

【名称】 *fac*(*S*)-tris(2-aminoethanethiolato-κ²*N*,*S*)cobalt(III)：*fac*(*S*)-[Co(aet)₃]

【背景】 段階的集積化による硫黄架橋多核錯体合成の出発物質として用いられている代表的なチオラト錯体である．

【調製法】[1] 紫色の K[Co(edta)]·2H₂O を含む水溶液に 2-アミノエタンチオール塩酸塩と水酸化ナトリウムを含む水溶液を加え，得られた茶色溶液を温めながら撹拌すると灰緑色の綿状固体が析出してくる．これをろ別し，多量の水で洗浄する．

【性質・構造・機能・意義】 水に難溶．酸には溶けるが，容易に分解する．八面体型のコバルト(III)イオンに *N*,*S*-二座キレート配位子が三分子配位した構造のため *mer*(*S*)型と *fac*(*S*)型の幾何異性体が可能であるが，*fac*(*S*)型が選択的に得られる．また，キレート環の絶対配置による鏡像異性体（Δ体とΛ体）が可能であるが，分子性錯体のため光学分割されていない．

3つのチオラト型硫黄原子のさらなる求核性のため，他の金属イオンと反応して硫黄架橋多核錯体を形成する[2]．多核構造は反応させる金属イオンの幾何構造に大きく依存し，六配位八面体型の場合は直線型三核錯体([M{Co(aet)₃}₂]$^{n+}$)，四配位四面体型の場合は中心に酸素原子をもつTケージ型八核錯体([M₄O{Co(aet)₃}₄]$^{n+}$)，二配位直線型の場合は三重らせん構造を含む五核錯体([M₃{Co(aet)₃}₂]$^{n+}$)が得られている．単核錯体がラセミ(Δ/Λ)体であるため，形成される多核錯体には種々のジアステレオ異性体が可能となるが，特定の異性体が選択的に形成する場合もある．例えば，2つの八面体型単核ユニットと1つの八面体型金属イオンからなる直線型三核錯体ではメソ(ΔΛ)体とラセミ(ΔΔ/ΛΛ)体がともに生成し，それらは分別結晶法あるいはカラムクロマトグラフ法により分離することができる．ただし，取り込まれる八面体型金属イオンが置換活性の場合は，溶解度の小さい異性体のみが結晶化する．一方，4つの八面体型単核ユニットと4つの四面体型金属イオンからなるTケージ型八核錯体では，自然分晶によりラセミ(ΔΔΔΔ/ΛΛΛΛ)混合物として得られる．また，2つの八面体型単核ユニットと3つの直線型金属イオンからなる五核錯体では，ラセミ(ΔΔ/ΛΛ)固溶体として析出する．これらのラセミ体は陽イオンであるため，酒石酸アンチモニルナトリウムなどの分割剤を用いて光学分割することができる．

前述の硫黄架橋多核錯体を含め，多くの場合は多核化において[Co(aet)₃]単核ユニットの幾何配置は *fac*(*S*)型を維持しているが，四配位平面型の金属イオンと反応させた場合には単核ユニットが *mer*(*S*)型に変化した三核錯体が得られている．この三核錯体には非架橋チオラト基が残っており，さらなる金属イオンとの反応により，3種の金属イオンを含む八核錯体も合成されている[3]．また，*fac*(*S*)-[Co(aet)₃]の安定性は低く，酸や酸化性の金属イオンと反応させると，金属イオンと配位子の再編成を伴い容易に同種三核錯体([Co{Co(aet)₃}₂]$^{3+}$)となる．以上のような単核ユニットの異性化や分解は，類似のロジウム(III)錯体やイリジウム(III)錯体では見られない．

有機配位子そのものがアキラルであっても，金属イオンに配位させることにより複数のキラル中心を生み出すことができる．

【関連錯体の紹介およびトピックス】 反磁性のコバルト(III)イオンの代わりに常磁性のクロム(III)イオンを有する *fac*(*S*)-[Cr(aet)₃]も合成され，これを用いた多核錯体の合成例も報告されている[4]．

【宮下芳太郎・今野 巧】

【参考文献】
1) D. H. Busch *et al.*, *Inorg. Chem.*, **1962**, *1*, 884.
2) T. Konno, *Bull. Chem. Soc. Jpn.*, **2004**, *77*, 627.
3) T. Konno *et al.*, *Angew. Chem., Int. Ed.*, **2000**, *39*, 4098.
4) K. Okamoto *et al.*, *Inorg. Chim. Acta*, **1997**, *260*, 17.

CoN$_3$S$_3$

超 無

【名称】 potassium $\mathit{\Delta}$-$fac(S)$-tris(L-cysteinato-$\kappa^2 N,S$)cobaltate(III) ($\mathit{\Delta}$-$fac(S)$-K$_3$[Co(L-cys-N,S)$_3$])

【背景】 キラルな多座配位子であるL-システインが，N,S-二座キレート配位子として金属イオンに三分子配位した八面体型錯体である．3つの硫黄原子で金属イオンに配位する3座のキラル錯体配位子としてはたらく．

【調製法】[1)] L-システイン塩酸塩と塩化コバルト(II)を含む水溶液に水酸化カリウム水溶液を加えた後，混合溶液に空気を通じて酸化する．反応溶液にエタノールを加えて放置すると，灰緑色の沈殿が生じる．これを水とエタノールから再結晶する．

【性質・構造・機能・意義】[2)] 水に可溶．水溶液中ではジアステレオ異性の関係にある$\mathit{\Delta}_{LLL}$体と$\mathit{\Lambda}_{LLL}$体が共存しているが，対イオンとしてK$^+$イオンを加えると溶解度の低い$\mathit{\Delta}_{LLL}$体が結晶化する．他のアルカリ金属イオンあるいはアルカリ土類金属イオンを加えても同様に$\mathit{\Delta}_{LLL}$体が結晶化するが，Ba^{2+}イオンを加えた場合のみ$\mathit{\Lambda}_{LLL}$体が結晶化する．

$\mathit{\Delta}$-$fac(S)$-K$_3$[Co(L-cys-N,S)$_3$]は，面上に位置した3つのチオラト型硫黄原子を有している．したがって，類似錯体である$fac(S)$-[Co(aet)$_3$]と同様，他の金属イオンと反応して硫黄架橋多核錯体を形成する．しかし，この錯体そのものが光学活性であるため，生成する多核錯体も必然的に光学活性となる点が異なる．$\mathit{\Delta}$-$fac(S)$-K$_3$[Co(L-cys-N,S)$_3$]とコバルトイオンを反応させると，直線型硫黄架橋三核錯体([Co{Co(L-cys-N,S)$_3$}$_2$]$^{3-}$)が得られる．この際，多核構造中の単核ユニットの絶対配置は，反応条件により大きく異なる．置換不活性なコバルト(III)錯体と反応させた場合には単核ユニットの絶対配置を維持した$\mathit{\Delta}_{LLL}\mathit{\Delta}_{LLL}$異性体が得られるが，置換活性なコバルト(II)イオンと反応させた場合には絶対配置が反転した$\mathit{\Lambda}_{LLL}\mathit{\Lambda}_{LLL}$異性体が得られる[3)]．$\mathit{\Lambda}_{LLL}\mathit{\Lambda}_{LLL}$異性体の単結晶X線構造解析において，分子内水素結合の存在が認められており，置換活性なコバルト(II)状態を経由して，熱力学的に安定なキラル構造に変換したと考えられる．また，三核錯体の還元を行うと，$\mathit{\Lambda}_{LLL}\mathit{\Lambda}_{LLL}$異性体は絶対配置を維持するのに対し，$\mathit{\Delta}_{LLL}\mathit{\Delta}_{LLL}$異性体は絶対配置が反転することが分光電気化学的に示されている[4)]．

直線型三核錯体以外の硫黄架橋多核錯体についても報告されている．例えば，銀イオンと反応させた場合には，三重らせん構造を含む五核錯体([Ag$_3${Co(L-cys-N,S)$_3$}$_2$]$^{3-}$)が形成され，両端の単核ユニットの絶対配置を維持した$\mathit{\Delta}_{LLL}\mathit{\Delta}_{LLL}$異性体として得られている[5)]．これらL-cysをもつ三核および五核錯陰イオンと対応するaetをもつ五核および三核錯陽イオンとの間に興味深いキラル選択性が観測されている[6,7)]．

キラル反転の発見を機に，種々の硫黄架橋多核錯体が合成されており，硫黄架橋多核錯体の合成化学，立体化学，反応化学が発展するきっかけになった錯体である．

【関連錯体の紹介およびトピックス】 D-ペニシラミンが配位した対応する錯体($\mathit{\Lambda}$-$fac(S)$-Na$_3$[Co(D-pen-N,S)$_3$])も合成されている[8)]．これにコバルト(II)イオンを反応させて得られる硫黄架橋三核錯体([Co{Co(D-pen-N,S)$_3$}$_2$]$^{3-}$)は，メソ($\mathit{\Delta}_{DDD}\mathit{\Lambda}_{DDD}$)体である．L-システイン錯体とは異なり，D-ペニシラミン錯体では架橋硫黄原子の隣接炭素上に2つのメチル基が存在している．これによる立体障害により，$\mathit{\Delta}_{DDD}\mathit{\Delta}_{DDD}$体は形成されない．

【宮下芳太郎・今野 巧】

【参考文献】
1) M. P. Schubert, *J. Am. Chem. Soc.*, **1933**, *55*, 3336.
2) M. Kita *et al.*, *J. Chem. Soc., Dalton Trans.*, **1999**, 1221.
3) T. Konno *et al.*, *Chem. Lett.*, **1985**, 1017.
4) Y. Miyashita *et al.*, *Bull. Chem. Soc. Jpn.*, **2003**, *76*, 1191.
5) T. Konno *et al.*, *Bull. Chem. Soc. Jpn.*, **1998**, *71*, 1049.
6) H. Q. Yuan *et al.*, *Chem. Lett.*, **2011**, *40*, 285.
7) P. Lee *et al.*, *Chem. Lett.*, **2016**, *45*, 740.
8) K. Okamoto *et al.*, *Bull. Chem. Soc. Jpn.*, **1992**, *65*, 794.

CoN₄ 触

【名称】5,15-bis[2,6-bis((S)-(+)-2,2-dimethyl cyclo-propanecarboxamide)phenyl]-10,20-bis[3,5-di(tert-butyl)-phenyl]porphyrinatocobalt(II)

【背景】これまで，ポルフィリン錯体は種々の有用な触媒として用いられてきた．一方，多くの光学活性ポルフィリン錯体も合成されてきたが，これらを用いた実用的な不斉合成触媒反応の開発にまで研究は進展していない．この主な理由として，光学活性ポルフィリン合成の困難さや，コスト面の問題が挙げられる．その後，ブロモポルフィリンを前駆体として，炭素-ヘテロ原子のクロスカップリング反応を利用することによって，アミン，アミド，アルコール，チオールなどを置換基として有する新規ポルフィリンが合成された．本錯体は，この合成法を5,15-ビス(2,6-ジブロモフェニル)ポルフィリンと光学活性アミドとの反応に適用して得られた光学活性Co(II)錯体であり，高いジアステレオおよびエナンチオ選択性を与える触媒反応を可能にした．また，本合成法により，温和な反応条件で多種多様な不斉置換基を有する光学活性ポルフィリン錯体が合成が可能となった[1]．

【調製法】ブロモポルフィリンである5,15-ビス(2,6-ジブロモフェニル)-10,20-ビス[3,5-ジ(tert-ブチル)フェニル]ポルフィリン(**1**)はLindseyの反応条件でMacDonald型[2+2]ポルフィリン合成により得られる[2]．光学活性ポルフィリン5,15-ビス[2,6-ビス((S)-(+)-2,2-ジメチルシクロプロパンカルボキサミド)フェニル]-10,20-ビス[3,5-ジ(tert-ブチル)フェニル]ポルフィリン(**2**)は**1**と光学活性アミドである(S)-(+)-2,2-ジメチルシクロプロパンカルボキサミドとを，Pd(OAc)₂，キサントホス，Cs₂CO₃存在下，THF中，100℃で48時間反応を行って得られる．Co(II)錯体は**2**と無水CoCl₂を2,6-ルチジン存在下，THF中，N₂雰囲気下で70℃，9時間反応させて得られる．

【性質・構造・機能・意義】本Co(II)錯体はポルフィリンに由来する吸収が414 nm($\log \varepsilon = 5.37$)，592 nm ($\log \varepsilon = 4.14$)，549 nm ($\log \varepsilon = 3.84$)に観測される．また，配位子**2**の光学活性アミド基の¹H NMRシグナルが大きく高磁場シフトしていることから，アミド置換基をもつ5,15位のmeso-フェニル基はポルフィリン平面に対して，ほぼ垂直に配向していることがわかる．本Co(II)錯体を触媒としてスチレンとジアゾ試薬N₂CHCOO-t-Buのシクロプロパン化反応を行うと，非常に高いジアステレオおよびエナンチオ選択性が得られる．生成する光学活性シクロプロパンはtrans-(1R,2R)，trans-(1S,2S)，cis-(1S,2R)，およびcis-(1R,2S)の立体異性体が可能であるが，本錯体を触媒として，添加剤に4-(ジメチルアミノ)ピリジンを用いて室温で反応を行うと，高いtrans選択性(>99%)を示し，(1R,2R)異性体が高い光学収率(95% ee)で生成する．反応温度を-20℃に下げると，さらに光学収率が98% eeに向上する．この高いジアステレオおよびエナンチオ選択性はポルフィリン環に垂直に配向するmeso-フェニル基上の4つの光学活性アミド置換基と10,20位の3,5-ジ(tert-ブチル)フェニル基により立体制御されていると考えられる．

【関連錯体の紹介およびトピックス】10,20位のmeso置換基4-n-ヘプチル基に換えると99%の高いcis選択性を示す．光学活性アミド置換基を(R)-(+)-2-メトキシプロピオナミドに換えるとcis異性体に選択性(63%)を示し(1S,2R)異性体が高い光学収率(96% ee)で生成する．また，光学活性アミド置換基を(S)-(-)-2-メトキシプロピオナミドに換えると，やはりcis選択性(62%)を示し(1R,2S)異性体が高い光学収率(95% ee)で生成する[1]．このように，10,20位の置換基と光学活性アミド置換基により，触媒反応の立体選択性が制御できる．

【會澤宣一】

【参考文献】
1) X. P. Zhang et al., *J. Am. Chem. Soc.*, **2004**, *126*, 14718.
2) J. S. Lindsey, *The Porphyrin Handbook*, K. M. Kadish et al., (ed.), Academic Press, **2000**, Vol. 1, pp.45-118.

CoN₄

生 有 触 電

[Structure of heptamethylcobyrinate perchlorate]

【名称】heptamethylcobyrinate perchlorate: [Cob(III)7C₁-ester]ClO₄

【背景】ビタミンB_{12}は，平面状テトラピロールであるコリン環を配位子とする金属錯体であり，生体内ではメチオニンの生合成や炭素骨格の組換えを伴う異性化反応を司る酵素の補酵素因子として機能する．ビタミンB_{12}依存性酵素の疎水的ミクロ環境を反映したモデルとして，天然のビタミンB_{12}の側鎖アミド基をすべて加水分解し，エステル化した錯体(疎水性ビタミンB_{12})が合成された[1]．

【調製法】ビタミンB_{12}(シアノコバラミン)をメタノールに溶解し，濃硫酸を加え，120時間還流する．反応溶液を炭酸ナトリウムで中和し，シアン化カリウムで振とうし，四塩化炭素で抽出することでCo(III)ジシアノ体を得る．過塩素酸で処理することでCo(III)アコシアノ体を，さらに水素化ホウ素ナトリウムで還元し，過塩素酸で処理することでCo(II)過塩素酸塩を得る．

【性質・構造・機能・意義】疎水性ビタミンB_{12}は，種々の有機溶媒に対して高い溶解性を示す．このため，本錯体はビタミンB_{12}依存性酵素の活性中心の疎水的ミクロ環境を反映した反応条件を適用できる．また，天然のビタミンB_{12}と比べ化学的安定性が高いため，有機合成反応の触媒としての応用することが可能である．

疎水性ビタミンB_{12}の電子スペクトルにおいて，主にコリン環のπ-π^*遷移に帰属される吸収帯が観測される(例えば，ジシアノ体のメタノール溶液は紫色であり，369 nm(ε=30200)，543 nm(ε=8600)，582 nm(ε=10500))．本錯体は天然のビタミンB_{12}の基本骨格を保持しており，中心コバルトは+1～+3の酸化状態

をとることが各種分光学的手法によって確認されている．コリン環はモノアニオン性配位子であるため，低原子価種のCo(I)種を安定に生成できる($E_{1/2}$(Co^{II}/Co^{I})=−0.6 V vs. Ag/AgCl)．このCo(I)種は超求核性を有し，求電子剤に対して高い反応性を示す．図1に示すように有機ハロゲン化物に対しては脱ハロゲン化を伴い，コバルト-炭素結合を有するアルキル錯体が生成する．このコバルト-炭素結合は熱や光によって容易にホモリシス開裂し，Co(II)種と有機ラジカル種が生成する．このようにコバルト-炭素結合はその生成過程では脱ハロゲン化反応が，開裂過程では有機ラジカル種の生成が進行する．このような反応特性を利用し，有機電解反応への応用が行われており，ビタミンB_{12}依存性酵素に特徴的な炭素骨格の組換えを伴う異性化反応，アシル基転位を伴う環拡大反応，環状ラクトンの合成などが達成されている[2]．

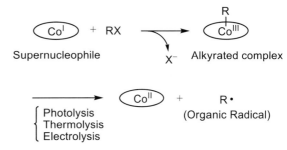

図1　コバルト-炭素結合の形成と開裂

【関連錯体の紹介およびトピックス】近年嫌気性細菌 *Dehalococoides ethenogenes* 中に見いだされた酵素(*Reductive dehalogenase*)は，コリノイド(ビタミンB_{12}類)を活性中心として含み，有機塩素化合物の脱塩素化反応を行っている．このような酵素反応を範とし，疎水性ビタミンB_{12}を用いた環境汚染物質DDTの脱塩素化反応が報告されている[3]．また，これらの錯体を利用した種々の人工酵素の報告例がある[4]．

【久枝良雄・田原圭志朗】

【参考文献】
1) Y. Murakami *et al.*, *Bull. Chem. Soc. Jpn.*, **1983**, *56*, 3642.
2) Y. Hisaeda *et al.*, *Coord. Chem. Rev.*, **2001**, *198*, 21.
3) H. Shimakoshi *et al.*, *Dalton Trans.*, **2004**, 878.
4) Y. Murakami *et al.*, *Chem. Rev.*, **1996**, *96*, 721.

CoN₄

名称 (tetraphenylporphinato)cobalt(II)：[Co^{II}(TPP)]

背景 生体内で触媒反応を行う金属酵素の1つに，コバルト(Co)を中心金属として，コバルト－炭素結合(Co-C結合)を形成，開裂させることによって触媒反応を行う補酵素B$_{12}$を含む酵素がある．この補酵素B$_{12}$のモデル錯体の1つとして，コバルトポルフィリン錯体が合成された[1]．

調製法 テトラフェニルポルフィリンと酢酸コバルト(II)を氷酢酸中に溶解させて1.5時間還流し，冷却後エーテルから再結晶することにより得る．

性質・構造・機能・意義 コバルト2価種の本錯体(d^7)は，ピリジンなどの配位子が軸配位した五配位錯体へと変化する($\log K_1$(pyridine) = 2.90)．一方，d$_z^2$の不安定化により六配位錯体は形成されにくく，電子求引基を導入したポルフィリンコバルト錯体についてのみ第2結合定数K_2が決定されている．コバルト三価種は塩化物イオンが軸配位した五配位錯体[Co^{III}(TPP)Cl]が単離されている．

結晶溶媒を含まない[Co^{II}(TPP)]の結晶構造で，ポルフィリン配位子はラッフル型のコンフォメーションを取り，N–Co–Nの角度は178.60(12)°，Co–N結合は1.949(2) Åとなっている[2]．[Co^{II}(TPP)]はDMFやDMSOなどの溶液中で電気化学的に還元され，[Co^{I}(TPP)]$^-$，[Co^{I}(TPP)]$^{2-}$を与える($E_{1/2}$ = ～ −0.85，～

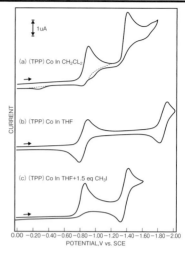

図1 [Co^{II}(TPP)]のサイクリック・ボルタモグラム(TBAP溶液中，0.10 V/s)(文献3を改変)

−1.80 V vs. SCE)(図1)．この電気化学的に生成した[Co^{I}(TPP)]$^-$種はほとんどの溶媒中で安定に存在する．

一方，系中にアルキルハライドやアリルハライドが存在すると，Co(I)種は求核的に付加し，脱ハロゲン化とともにアルキル錯体が生成する．このアルキル錯体は1電子還元され，コバルト－炭素結合が開裂する．このような電気化学的な反応が進行するため，不可逆な還元波が観察される．

$$(TPP)Co^{II} + e^- \rightleftharpoons [(TPP)Co^{I}]^-$$
$$[(TPP)Co^{I}]^- + CH_2Cl_2 \rightarrow (TPP)Co(CH_2Cl) + Cl^-$$
$$(TPP)Co(CH_2Cl) \underset{}{\overset{e^-}{\rightleftharpoons}} [(TPP)Co(CH_2Cl)]^- \xrightarrow{-CH_2Cl} $$
$$(TPP)Co^{II} \rightleftharpoons products$$

関連錯体の紹介およびトピックス 近年，コバルトポルフィリン錯体の電気化学を利用して，NO$_2^-$などの検出をターゲットとした電極修飾センサーが報告されている[4]．

【阿部正明・田原圭志朗】

参考文献

1) P. Rothemund *et al.*, *J. Am. Chem. Soc.*, **1948**, *70*, 1808.
2) B. F. O. Nascimento *et al.*, *J. Porphyrin Phthalocyanines*, **2007**, *11*, 77.
3) K. M. Kadish *et al.*, *Inorg. Chem.*, **1987**, *26*, 4161.
4) A. Gulino *et al.*, *Inorgnica Chimica Acta*, **2008**, *361*, 3877.

CoN_4O_2

【名称】bis[2-(5-chloro-2-pyridylazo)-5-diethylaminophenolato]cobalt(III):[Co^{III}(5-Cl-PADAP)$_2^+$]

【背景】1955年にChengらによって分析試薬として1-(2-pyridylazo)-2-naphthol(PAN)が最初に紹介されて以来[1]，遷移金属に対して鋭敏な変色を示す多くのヘテロ環アゾ化合物が開発され，キレート滴定の金属指示薬，金属の抽出比色試薬，逆相液体クロマトグラフィーにおける金属イオンのプレカラム誘導体化試薬などに広く用いられてきた．一般に，比色試薬は感度，選択性に優れることが求められるが，ヘテロ環アゾ化合物においても高感度化が図られ，その代表的な例が5-Cl-PADAPである．その金属錯体の1つである[Co^{III}(5-Cl-PADAP)$_2^+$]は水溶性の極めて安定な錯陽イオンであり(モル吸光係数：約85,000)，適当なアニオンとイオン会合し，有機溶媒に抽出される．陰イオン界面活性剤の高感度比色定量に応用されている[2]．

【調製法】2-アミノ-5-クロロピリジンにジエチルエーテル，当量の亜硝酸ブチル，ナトリウムアミドを加えて3時間還流することにより得られるジアゾニウム塩を当量の3-ジエチルアミノフェノールとともにエタノールに加え，40℃で24時間以上カップリング反応させた後，二酸化炭素で中和することにより赤色の溶液が得られる[3]．溶媒をクロロホルムに置換し，pH 7の緩衝液，pH 13の水酸化ナトリウム水溶液で順次振とうした後，水相を分取し，酢酸水溶液で中和して得られる沈殿をエタノール水溶液で再結晶することで5-Cl-PADAPが得られる．また，このコバルト錯体は塩化物として単離される[4]．

【性質・構造・機能・意義】[Co^{III}(5-Cl-PADAP)$_2^+$]の塩化物は黒紫色の粉末で，約210℃の融点をもつ．5-Cl-PADAPはピリジン窒素原子，アゾ窒素原子，ヒドロキシ基の酸素原子で配位するN,N,O-三座配位子としてはたらき，コバルトイオンと2分子で反応してオクタヘドラル構造を呈すると推察される[2]．アゾ基のp-位に，電子吸引基であるクロロ基と電子供与基であるジエチルアミノ基を有し，Charged Quinoid構造をとっているため，極めて高いモル吸光係数を与える．

なお，1,2-ジクロロエタン溶液中におけるサイクリックボルタンメトリーから見積もられた[Co^{III}(5-Cl-PADAP)$_2^+$]/[Co^{II}(5-Cl-PADAP)$_2$]の酸化還元電位は-0.49 V(参照電極：Ag/0.01 mol cm^{-3} Ag$^+$)であり，酸化体[Co^{III}(5-Cl-PADAP)$_2^+$]の安定性が示唆される[5]．また，[Co^{III}(5-Cl-PADAP)$_2^+$]は2.5 mol cm^{-3}塩酸中でも解離しないとの報告がある[4]．この高感度で不活性な点が，微量アニオンの比色定量において大きなアドバンテージとなる．

【関連錯体の紹介およびトピックス】5-Cl-PADAPと同様に高感度で，さらに選択性に優れるヘテロ環アゾ化合物も開発されている．アゾ基のo-位にヒドロキシ基を有さない4-(3,5-Dibromo-2-pyridylazo)-N,N-diethylaniline(3,5-DiBr-PAEA)，この化合物の水溶性を高めるために，エチル基の代わりにスルホプロピル基を導入した4-(3,5-Dibromo-2-pyridylazo)-N-ethyl-N-(3-sulfopropyl)aniline(3,5-DiBr-PAESA)は，ピリジン窒素原子およびアゾ窒素原子で配位するN,N-二座配位子としてはたらくため，金属イオンとの反応における選択性が高く，銅および銀の比色試薬として有用である．なお，形成される錯体は，5-Cl-PADAPと同様にCharged Quinoid構造をとるため，高いモル吸光係数を有する．ドデシル硫酸ナトリウムのような陰イオン界面活性剤の存在下では，錯体の極大吸収波長は長波長シフトし，モル吸光係数も増加する．Cu(I)錯体のモル吸光係数は約120,000，Ag(I)錯体のモル吸光係数は約80,000に達する．血清銅の高感度比色定量，定着廃液中の銀イオンの定量に応用されている[6]．

【安井孝志】

【参考文献】
1) K. L. Cheng et al., Anal. Chem., **1955**, 27, 782.
2) S. Taguchi et al., Bunseki Kagaku, **1981**, 30, 513.
3) K. Ohshita et al., Anal. Chim. Acta, **1982**, 140, 291.
4) S. Taguchi et al., Talanta, **1980**, 27, 289.
5) T. Yasui et al., Anal. Sci., **2008**, 24, 1575.
6) K. Ohshita et al., Anal. Chim. Acta, **1986**, 182, 157.

CoN_4O_2 溶

【名称】 bis(1,2-ethanediamine-κN^1, κN^2) (ethanedioato)cobalt(+3), cis-bis(ethylenediamine) oxalatocobalt(+3): $[Co(ox)(en)_2]^+$

【背景】 光学活性な陽イオン性金属錯体は，光学分割剤として有用である．特に容易に入手可能な d-酒石酸イオン(d-tart^{2-})やその誘導体の d-酒石酸アンチモンカリウム $K_2[Sb_2(d\text{-tart})_2]$ などによって簡便に光学分割できる cis-$[Co(NO_2)_2(en)_2]^+$ や $[Co(ox)(en)_2]^+$ は，代表例である．ここでは $[Co(ox)(en)_2]^+$ を取り上げる(cis-$[Co(NO_2)_2(en)_2]^+$ は，別記 p. 85 参照)．$[Co(ox)(en)_2]^+$ の光学分割は，当初は光学活性な $[Co(edta)]^-$ で行われていたが，Hd-tart$^-$ で光学分割できることが明らかとなり，分割剤としての有用性が高くなった[1,2]．

【調製法】 $CoCl_2$ とエチレンジアミンから 2 つのエチレンジアミンが配位した trans-$[CoCl_2(en)_2]Cl$ を合成し，次にこの錯体をシュウ酸と反応させて目的の $[Co(ox)(en)_2]Cl$ を得る[3]．

光学分割では，ラセミ体の $[Co(ox)(en)_2]Cl$ に対して d-酒石酸(H_2d-tart)と d-酒石酸銀(Ag_2d-tart)の 1：1 混合物を当量加え，AgCl を除去して $[Co(ox)(en)_2](Hd\text{-tart})$ の溶液を得る．この溶液から分別結晶により，難溶性塩の Λ-(+)$_{589}$-$[Co(ox)(en)_2](Hd\text{-tart})$ が得られる．これを再溶解し，NaI を加えて Λ-(+)$_{589}$-$[Co(ox)(en)_2]I$ を得る．一方，難溶性ジアステレオ塩を除いたろ液に NaBr を加えると，Δ-(+)$_{589}$-$[Co(ox)(en)_2]Br \cdot H_2O$ が得られる[1,2,4]．

【性質・構造・機能・意義】 $[Co(ox)(en)_2]^+$ は，固体では黄赤色を示し，溶液は吸収極大を 500 nm ($\log \varepsilon$ = 2.05) と 356 nm ($\log \varepsilon$ = 2.16) にもつ．Λ-(+)$_{589}$体の円二色性(CD)スペクトルは，520 nm ($\Delta \varepsilon$ = +2.65) に極大をもつ．様々な塩の結晶構造が明らかになっている．解析精度の高い結晶では，Co-O = 1.921(1), Co-N(trans-ox) = 1.937(1) Å, Co-N(cis-ox) = 1.951(1) Å である．Co-N の結合距離の違いは，en よりも配位力の弱い ox の trans 影響が小さいためである[5]．

光学活性な $[Co(ox)(en)_2]^+$ を用いて様々な 1 価の陰イオン錯体が，光学分割されている[6]．$[Co(CO_3)_2(en)]^-$ の光学分割では，Δ-(−)$_{589}$-$[Co(ox)(en)_2]I$ を酢酸銀と反応させて分割剤の酢酸塩溶液を得たのち，これに 2 倍当量の $K[Co(CO_3)_2(en)]$ を加えると Δ-(−)$_{589}$-$[Co(ox)(en)_2]\Lambda$-(−)$_{589}$-$[Co(CO_3)_2(en)]$ が，難溶性塩として沈殿する．この他に $[Co(CO_3)_2(phen)]^-$[7], cis-$[Co(CO_3)_2(NH_3)_2]^-$, cis-$[Co(CN)_2(CO_3)(NH_3)_2]^-$, $[Co(CN)_2(ox)(NH_3)_2]^-$, cis-$[Co(NO_2)_2(CO_3)(NH_3)_2]^-$, $[Co(CO_3)(ox)(tn)]^-$[8], などについて光学分割の報告がある．しかし，この中には室温ではラセミ化しやすい錯体もある(cis-$[Co(CO_3)_2(NH_3)_2]^-$ (半減期数分)，$[Co(CO_3)_2(phen)]^-$ (半減期数時間))．また，3 価の陰イオンでは，$[Cr(ox)_3]^{3+}$ が光学分割されている[9]．

edta 配位子およびそのキレート鎖を長くした様々な誘導体も光学活性酢酸塩 Δ-(−)$_{589}$-$[Co(ox)(en)_2]$(AcO) を用いて光学分割されている[2]．edta の酢酸鎖をプロピオン酸に順次置換した ed3ap(1 置換), eddadp(2 置換)[10], edtp(4 置換)や[11], eddadp のエチレン鎖も伸ばしてプロピレン鎖にした 1,3-pddadp などのコバルト(III)錯体の光学分割が報告されている[12]．また，$[Rh(1,3\text{-pddadp})]^-$ や $[Cr(edtp)]^-$ などのコバルト以外の金属についても報告がある[13,14]．

【水田 勉】

【参考文献】

1) B. E. Douglas *et al.*, *Inorg. Chem.*, **1973**, *12*, 1827.
2) W. T. Jordan *et al.*, *Inorg. Synth.*, **1978**, *18*, 96.
3) A. Werner *et al.*, *Z. Anorg. Chem.*, **1899**, *21*, 150.
4) H. Yoneda *et al.*, *Bull. Chem. Soc. Jpn.*, **1978**, *51*, 3251.
5) S. C. Secov *et al.*, *Chem. Mater.*, **2007**, *19*, 4906.
6) M. Shibata, *Inorg. Synth.*, **1985**, *23*, 61.
7) M. Shibata *et al.*, *Bull. Chem. Soc. Jpn.*, **1978**, *51*, 2741.
8) M. Shibata *et al.*, *Bull. Chem. Soc. Jpn.*, **1981**, *54*, 1531.
9) G. B. Kauffman *et al.*, *Inorg. Synth.*, **1989**, *25*, 139.
10) D. J. Radanovic *et al.*, *Bull. Chem. Soc. Jpn.*, **1998**, *71*, 1605.
11) B. E. Douglas *et al.*, *Inorg. Chem.*, **1988**, *27*, 1265.
12) D. J. Radanovic *et al.*, *Inorg. Chim. Acta*, **1992**, *196*, 161.
13) D. J. Radanovic *et al.*, *Inorg. Chim. Acta*, **1988**, *146*, 199.
14) D. J. Radanovic *et al.*, *Inorg. Chim. Acta*, **2002**, *328*, 218.

CoN_4O_3

生

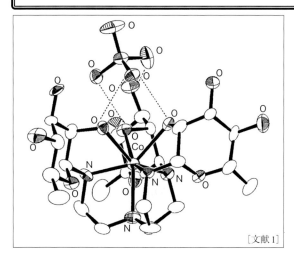

[文献1]

【名称】 |tris(*N*-(L-rhamnosyl)-2-aminoethyl)amine|cobalt(II)sulfate trihydrate methanol solvate: [Co{(L-Rha)$_3$-tren}]SO$_4$・3H$_2$O・CH$_3$OH

【背景】 酵素-基質間,抗原-抗体間などの生体系の分子認識やDNAなどの情報伝達において,水素結合,疎水性相互作用などの弱い相互作用が重要な役割を担っている.したがって,機能性錯体を設計するうえで,弱い相互作用を有する金属錯体の開発は重要である.一方,糖質はその分子内に水素結合可能な多数の水酸基を有することから,糖-糖間に水素結合を生じさせる.したがって,複数の糖分子を金属イオン上に集積させた配糖錯体においては糖-糖間の相互作用が発生し,分子識別能を発現する機能性金属錯体が期待される.先駆的な研究として分子状のアミンであるトリス2-(アミノエチル)アミン(tren)とマンノース型の糖であるL-ラムノース(L-Rha)との*N*-グリコシド(tris(*N*-(L-rhamnosyl)-2-aminoethyl)amine))を配位子とするCo(II)配糖錯体の合成,単離・同定・結晶構造解析がなされている[1].

【調製法】 L-Rhaとtrenをメタノールに溶解させ,約60℃で90〜100分間,溶液が黄色味を帯びるまで加熱還流する.反応液を放冷後,真空ラインにつなぎAr雰囲気にする.さらに,CoSO$_4$・7H$_2$Oのメタノール溶液も真空ラインにつなぎ脱酸素後Ar雰囲気にし,この溶液に先ほどの反応溶液を注射器にて注入後,約60℃で90〜100分間加熱還流する.反応液を濃縮後,Sephadex LH-20カラムにかけ,メタノールで展開する.溶離してくるピンク色のバンドを分取し,さらに数回カラム精製する.分取・濃縮後室温で放置することにより赤紫色の結晶を得る.

【性質・構造・機能・意義】 この錯体はメタノールなどの有機溶媒中では安定であるが,水溶液中では不安定である.溶液は赤紫色で,近赤外-可視・紫外部にかけて,$9.85×10^3$ cm^{-1} ($\varepsilon=3.8$ M^{-1} cm^{-1}),$19.72×10^3$ cm^{-1} ($\varepsilon=22.3$ M^{-1} cm^{-1})にCo(II)のd-d遷移吸収帯が観測され,六配位八面体位型錯体(あるいは七配位)に対応している.固体の透過スペクトルの吸収極大位置が,溶液中で測定した値とほぼ一致することから,固体状態においても溶存状態と同様な配位構造をとっていると考えられる.メタノール中での円二色性(CD)スペクトルには,$8.96×10^3$ cm^{-1} ($\Delta\varepsilon=-0.322$ M^{-1} cm^{-1}),$19.67×10^3$ cm^{-1} ($\Delta\varepsilon=-0.25$ M^{-1} cm^{-1})のd-d遷移に対して負のコットン効果が観測される.この錯体は結晶構造解析されており,錯イオンはtren1分子と3つのL-RhaがN-グリコシド連結した(L-Rha)$_3$tren配位子がCoに対して7座配位のmono face capped octahedral構造をとっている.糖環のキレートコンホメーションはいずれもλ-gaucheであり,金属周りの絶対配置はΔである.3つの糖部分は通常のβ-$^4C_1$イス型コンホメーションをとっている.特筆すべきは配糖錯イオンに対イオンの硫酸イオンが水素結合により取り込まれていることである.対イオンを取り込む配糖錯体が単離・解析されたのははじめてであり,次に述べるようにイオン識別能を有するインテリジェント金属錯体の最初の例である.

【関連錯体の紹介およびトピックス】 この錯体に関連して,対イオンとしてハロゲン化物イオンを用いると同様な錯体Λ-[Co((L-Rha)$_3$tren)]Br$_2$・2CH$_3$OHが得られ,その結晶構造解析がなされている.金属周りの絶対配置はΛ-λ_3である.d-d遷移に対してCDスペクトルには前記のΔ-[Co((L-Rha)$_3$tren)]SO$_4$錯体の場合と反対の正のコットン効果が観測される.溶存状態における対イオンの違いによるコットン効果の連続的相互反転現象に対する静電会合理論の解析により,溶液中で対イオンが,硫酸イオンの場合,固体状態と同様に錯イオンと対イオンが〜5Åに接近する.以上から,本錯イオンは基質に対して自身がダイナミックに形を変える酵素系におけるinduced fitモデルともみなされ,分子識別能を有する新機能性分子の開発の観点から極めて興味深い系(transition metal-based chiroptical switches)の先駆である[2].

【矢野重信】

【参考文献】
1) S. Yano *et al.*, *Inorg. Chem.*, **1997**, *36*, 4187.
2) J. W. Canary *et al.*, *Coord. Chem. Rev.*, **2010**, *254*, 2249.

CoN$_4$O$_3$/CoN$_4$O$_3$

生

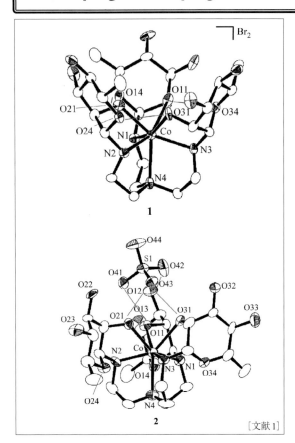

【名称】［｛tris(N-(6-deoxyl-L-mannosyl-κO^1)-2-aminoethyl-κN)-amine-κN｝cobalt(+2)］dibromide：［Co｛(L-Rha)$_3$tren｝］Br$_2$ (**1**)［｛tris(N-(6-deoxyl-L-mannosyl-κO^1)-2-aminoethyl-κN)-amine-κN｝cobalt(+2)］sulfate：［Co｛(L-Rha)$_3$tren｝］SO$_4$ (**2**)

【背景】糖質は天然に豊富に存在する不斉源として有用で，これまでに不斉触媒反応やキラル分子認識を目指して多くの錯体において配位子の一部に導入されている．錯体 **1, 2** は tris(2-aminoethyl)amine(tren)の末端アミノ基にアルドヘキソースの1つである 6-deoxyl-L-mannose (L-rhamnose)をN-グリコシド結合で導入した N$_4$O$_3$型七座配位子((L-Rha)$_3$tren)をもつ Co(II) 単核錯体であるが，C_3キラル構造をもつ糖質ユニットが対アニオンの SO$_4^{2-}$ と相互作用することにより金属周りの絶対配置が反転するという非常に珍しい挙動を示す[1]．

【調製法】L-rhamnose と tren (3：1)をメタノール中で混合し60℃で1時間加熱した後，1当量の CoBr$_2$・6H$_2$O あるいは CoSO$_4$・7H$_2$O を加え，さらに1時間加熱する．反応溶液を GPC (Sephadex LH-20) カラムにかけ赤紫色のバンドを分取し，濃縮後エタノールを加え錯体 **1**(40％)，**2**(37％)を得る．

【性質・構造・機能・意義】錯体 **1** は N$_4$O$_3$型(L-Rha)$_3$tren 配位子が Co(II) イオンにかご型配位した七配位構造をとる．L-Rha は β-N-グリコシドの N 原子と二位の水酸基の O 原子でキレート配位しており，3個の糖質は Co-N4軸周りに C_3 不斉構造をとる．配位した二位水酸基の水素と隣接する糖質の環内のエーテル酸素が水素結合することで，糖部分が閉じ，金属周りの絶対配置が Λ(ob_3) の構造となる．これに対し，錯体 **2** では同じ(L-Rha)$_3$tren 配位子による七配位構造であるが，対アニオンの SO$_4^{2-}$ が糖質の2位の水酸基と水素結合することで糖部分が開き，その結果，金属周りの絶対配置が反転した Δ(lel_3) 構造となっている．このような変化は可逆的に起こり，円偏光二色性(CD)スペクトルにおいて 9～9.5 kcm^{-1} のコットン効果の逆転現象により追跡することができる．このような手法で，錯体 **1** に Na$_2$SO$_4$ を加えることにより錯体 **2** が，また，錯体 **2** に BaBr$_2$ を加えることにより錯体 **1** が生成する．SO$_4^{2-}$ を取り込むことによりキラルな構造が大きく変化するこのような現象は，生体反応における誘起適合の面からも興味深く，生体関連化合物の分子認識などへの応用も期待される．

【関連錯体の紹介およびトピックス】同様の合成法により錯体 **1** の臭化物イオンを塩化物イオンに代えた［Co｛(L-Rha)$_3$-tren｝］Cl$_2$ や L-rhamonose を D-mannose に代えた［Co｛(D-Man)$_3$tren｝］X$_2$ (X＝Cl, Br, 1/2SO$_4$) が合成でき，L-Rha(6-deoxy-L-mannose) と鏡像的な D-Man の場合にも，SO$_4^{2-}$ 対イオン認識に伴って，金属周りの絶対配置が Δ(ob_3) から Λ(lel_3) に反転する[1]．糖質に D-glucose を用いた場合にはこのような現象は見られず，2個の糖質(D-Glc)と tren が結合した(D-Glc)$_2$-tren を配位子とする Co(II) 錯体が酸素分子を取り込み Co(III) ペルオキソ二核錯体が生成する[2]．また，(L-Rha or D-Man)$_3$tren と Mn(II) イオンとの反応からは，2つの［Mn^{II}｛(L-Rha or D-Man)$_3$tren｝］X$_2$ (X＝Cl, Br) の糖部分が Mn イオンを取り込んで架橋した Mn^{II}Mn^{III}Mn^{II} 三核錯体が得られる[3]．

【棚瀬知明】

【参考文献】
1) S. Yano *et al.*, *Inorg. Chem.*, **1997**, *36*, 4187.
2) T. Tanase *et al.*, *Inorg. Chem.*, **1999**, *38*, 3150.
3) T. Tanase *et al.*, *Inorg. Chem.*, **2000**, *39*, 692.

CoN₄Cl

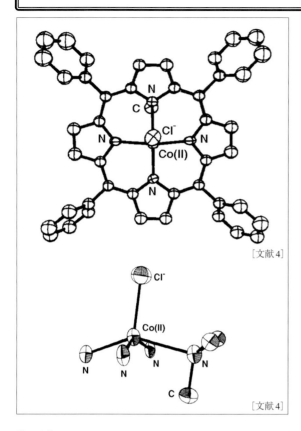

[文献4]

[文献4]

【名称】 chloro(*N*-methyl-5,10,15,20-tetraphenylporphyrinato)cobalt(II)：[CoCl(mtpp)]

【背景】 *N*-アルキルポルフィリンは生体内でのプロトポルフィリンIXへの鉄の挿入を触媒する酵素フェロケラターゼの活性を阻害することで知られており，酵素触媒反応の中間体として重要である．本錯体はこれらの化合物の基本的なCo(II)モデル化合物である．

【調製法】 配位子mtppは次の方法で合成する[1]．5,10,15,20-tetraphenylporphyrin(tpp)の希薄クロロホルム溶液に等量のフルオロスルホン酸メチルをゆっくり滴下する．その後室温で2〜3日間反応させる．反応物をクロロホルムに溶解し，1Mアンモニア水で中和後，水で2回洗浄する．塩基性アルミナのカラムクロマトグラフィーで展開溶媒としてクロロホルムを用いて分離・精製する．クロロホルム/エタノール(1:1)から再結晶する．ヨウ化メチルを用いる方法もあるが，収率は低い．

錯体の合成は次の方法で行う[2]．配位子のジクロロメタン溶液と5倍量のCoCl₂·6H₂Oのアセトニトリル溶液を混合し，少量の2,6-ジ-*t*-ブチルピリジンを加えた後に室温で反応させる．アセトニトリル/ジクロロメタンから再結晶する．

【性質・構造・機能・意義】 ジクロロメタン，アセトニトリル，メタノールなどに溶解する．溶液は暗緑色で，445 nm ($\varepsilon = 1.55 \times 10^5 \mathrm{M^{-1} cm^{-1}}$) にブロードなSoret帯を，575 nm ($\varepsilon = 9.55 \times 10^3 \mathrm{M^{-1} cm^{-1}}$)，624 nm ($\varepsilon = 1.32 \times 10^4 \mathrm{M^{-1} cm^{-1}}$)，661 nm ($\varepsilon = 8.51 \times 10^3 \mathrm{M^{-1} cm^{-1}}$) にQ帯をもち，いずれも π-π^* 遷移である[3]．

この錯体は結晶構造からCo(II)にCl⁻イオンが軸配位し，mtppの4つのピロールNが配位した四角錐構造をしているが，Znは3つのピロールN面から0.56 Å浮き上がっている．また，*N*-メチル化したピロール環はCo-Cl軸の反対方向に32°傾いている[4]．X線光電子スペクトルの測定によれば，398.4 eV (sp²N1s) と400.2 eV (sp³N1s) に2種類のピロールNが確認されている[5]．固体の有効磁気モーメントは $4.9 \pm 0.1 \mu_\mathrm{B}$ (150〜295 K) であり，非メチル化ポルフィリン錯体とは異なり高スピン型である[2]．CD₂Cl₂中の¹H NMRスペクトル (−80℃) では，*N*-CH₃プロトンは−110 ppmの高磁場側に観測される[6]．アセトニトリル溶液中のサイクリック・ボルタンメトリーでは，Co(III)/Co(II)に基づく酸化還元波が0.77 V (vs. Ag/AgCl) に，配位子に基づく2つの酸化波が1.30 Vと1.60 Vに得られている[2]．*N*,*N*-ジメチルホルムアミド中でのCo(II)と配位子との錯形成反応の速度論的パラメーターは次の通りである[7]：$k = 0.68 \pm 0.04 \mathrm{dm^3 mol^{-1} s^{-1}}$ (25℃)，$\Delta H^\ddagger = 85 \pm 5 \mathrm{kJ mol^{-1}}$，$\Delta S^\ddagger = 35 \pm 15 \mathrm{J K^{-1} mol^{-1}}$，$\Delta V^\ddagger = 8.0 \pm 0.3 \mathrm{cm^3 mol^{-1}}$．活性化体積が正の値をとることからCo(II)の配位溶媒の解離過程が律速段階であると結論されている．

【関連錯体の紹介およびトピックス】 錯体は対応する非メチル化ポルフィリン錯体よりも平面性が低いため，酸により容易に脱金属できる．また，塩基の存在下で脱メチル化しやすい．

【塚原敬一】

【参考文献】
1) D. K. Lavallee *et al.*, *Inorg. Chem.*, **1974**, *13*, 2004.
2) D. K. Lavallee *et al.*, *Inorg. Chem.*, **1976**, *15*, 2090.
3) D. K. Lavallee *et al.*, *Bioinorg. Chem.*, **1978**, *9*, 311.
4) O. P. Anderson *et al.*, *J. Am. Chem. Soc.*, **1976**, *98*, 4670.
5) D. K. Lavallee *et al.*, *Inorg. Chem.*, **1979**, *18*, 1776.
6) L. Latos-Grazynski, *Inorg. Chem.*, **1985**, *24*, 1104.
7) S. Funahashi *et al.*, *Inorg. Chem.*, **1984**, *23*, 2249.

CoN₄Cl

触 電 生

R_1: -CH₂CH₃, R_2: -CH₂CH₃
R_1: -CH₂CH₃, R_2: -CH₃
R_1: -CH₂CH₂CH₃, R_2: -H

【名称】 chloro-porphycenatocobalt(III): [Co^{III}Cl(Pc)]

【背景】 生体内で触媒反応を行う金属錯体の1つに,コバルト(Co)を中心金属として,コバルト-炭素結合(Co-C結合)を形成・開裂させることによって触媒反応を行う補酵素B₁₂を含む酵素がある.この補酵素B₁₂のモデル錯体は,多数報告されており,電子豊富なオレフィンとの間にπ錯体を経由してコバルト-炭素σ結合を形成することも知られている.このコバルトポルフィセン錯体は,そのモデル錯体の1つであり,錯体の物性評価を目的として,合成された錯体である.また,コバルトポルフィセン錯体は,基質であるビニルエーテル類とコバルト-炭素結合を形成後,光照射により酸素分子挿入反応が起こることを利用し,触媒的酸化反応が見いだされている[1].

【調製法】 ポルフィセン配位子とコバルト(II)アセチルアセトナートをフェノール中に溶解させて10～20分還流し,その後塩化メチレンを加えて,蒸留水,5%水酸化ナトリウム水溶液で洗浄後,有機相を抽出して乾固する.得られたCo(III)Pcをメタノールに懸濁させ,濃塩酸を加えて17時間撹拌する.その後,反応溶液を濃縮して塩化メチレンを加え,蒸留水で数回洗浄し,塩化メチレン/n-ヘキサンで再沈澱することで得る.

【性質・構造・機能・意義】 好気条件下において,この錯体は3価の酸化状態で安定に存在する.

コバルト特有のコバルト-炭素結合を有するアルキル錯体については,錯体に対して1当量のGrignard試薬を反応させることで収率よく得られる.このアルキル錯体は,光により容易にホモリティックに開裂し,そこに酸素分子が挿入することでコバルト(III)ポルフィセンアルキルペルオキソ錯体が得られることが明らかになっている.さらに,このO-O結合は熱分解によりホモリティックに開裂することで酸化生成物を与えることが報告されている.

この錯体が有する上記の特性を生かしたビニルエーテルの触媒的酸化反応が,報告されている.この触媒反応は,基質,n-ブタノール,トリエチルアミン,1,4-ジオキサン中,好気条件下において図1に示される機構で進行していると報告されている[1].この触媒活性は,相当するポルフィリン錯体よりも高く,耐久性もある.これは,ポルフィセン骨格がラジカル攻撃に対して高い耐久性を有すること,およびポルフィリン錯体よりも中心金属のLewis酸性が高くなったことにより,ビニルエーテル類との相互作用が強くなった結果であると報告されている.

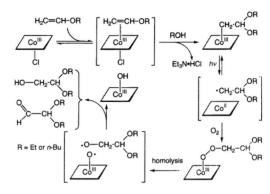

図1　コバルトポルフィセン錯体を触媒とした酸化反応機構

【関連錯体の紹介およびトピックス】 テトラピロール系コバルト錯体を用いた触媒反応や人工酵素の構築に関する研究が活発になされている[2].

【久枝良雄・前田大輔】

【参考文献】
1) T. Hayashi *et al.*, *Organometallics*, **2001**, *20*, 3074.
2) Y. Murakami *et al.*, *Chem. Rev.*, **1996**, *96*, 721.

CoN₄I₂

生 有 触 電

【名称】 diiodo(11-hydroxyimino-4,10-dimethyl-5,9-diazatrideca-4,9-dien-3-one oximato)cobalt(III)：[Co^III|(DO)(DOH)pn|I₂]

【背景】 ビタミン B_{12} は，環状テトラピロールであるコリン環とヌクレオチドを配位子とするコバルト錯体であり，生体内で酵素の補酵素因子として機能する．生物無機化学の観点から様々なビタミン B_{12} モデル錯体が合成され，その構造・性質・反応性が天然のビタミン B_{12} と比較されてきた．コリン環はポルフィリンに類似した平面性の四座配位子であるが，ポルフィリンとは異なりモノアニオン性である．このようなコリン環の特徴を反映させたイミン-オキシム型配位子が合成され，そのコバルト錯体が単純なビタミン B_{12} モデル錯体として研究されている．

【調製法】 塩化コバルト(II)6水和物，イミン-オキシム型配位子(DOH)₂pnおよびヨウ化カリウムを水/アセトン中で混合し，室温で3~4時間空気バブリングする．析出した緑褐色の固体を水，エタノール，エーテルで洗浄し，アセトンから抽出・再結晶することで目的化合物が得られる[1]．

【性質・構造・機能・意義】 上記の錯体の他に，異なるハロゲン化物イオンやアルキル置換基を有するイミン-オキシム型 B_{12} モデル錯体が合成されている．これらのビタミン B_{12} モデル錯体はビタミン B_{12} と同様にコバルト中心は+1から+3の酸化状態をとることができる．一酸化炭素共存下，水素化ホウ素ナトリウムにより還元することで Co(I) 種のカルボニル錯体 [Co^I|(DO)(DOH)pn|(CO)] を比較的安定に単離できる．この Co(I) カルボニル錯体にハロゲン化アルキルを加えると速やかなカルボニル配位子の脱離と酸化的付加により，コバルト-炭素結合を有するモノアルキル錯体 [Co^III|(DO)(DOH)pn|(R)(L)]⁺ が生成する．またアルキル源の等量数を制御することでジアルキル錯体 [Co^III|(DO)(DOH)pn|(R)₂] が生成する．これらのモノアルキル錯体・ジアルキル錯体は Co(III) 種と Grignard 試薬を反応させることでも得ることができる．イミン-オキシム型ビタミン B_{12} モデル錯体は，アルキル基の数の違いによってユニークな酸化還元挙動を示す．図1に示すようにモノアルキル錯体は電気化学的還元により Co(I) 種とジアルキル錯体に不均化し，ジアルキル錯体は電気化学的酸化によりコバルト-炭素結合が開裂し，モノアルキル錯体へフラグメンテーションする[2]．

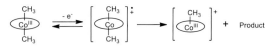

図1　アルキル錯体の酸化還元挙動

【関連錯体の紹介およびトピックス】 イミン-オキシム型に類似した単純なビタミン B_{12} モデル錯体として，2つのジメチルグリオキシメートを配位子に用いたコバロキシムが挙げられる．コバロキシムはイミン-オキシム型に比べて還元されにくく，平面配位子の負電荷が電気化学挙動やアルキル錯体の反応性などに大きく影響する．イミン-オキシム型アルキル錯体の電気化学特性を利用して，モノアルキルをカソード側で，ジアルキル錯体をアノード側で反応させるディエット型の電解反応が報告されている．この電解反応では，ジアルキル錯体のフラグメンテーションによってアルキル部位のエステル基が転位し，メチルマロニル CoA ムターゼが司る炭素骨格組替えのモデル反応が達成されている[3]．

【久枝良雄・田原圭志朗】

【参考文献】
1) R. Finke *et al., Inorg. Chem.,* **1981**, *20*, 687.
2) Y. Murakami *et al., Bull. Chem. Soc. Jpn.,* **1989**, *62*, 2219.
3) K. Tahara *et al., Chem. Lett.,* **2011**, *40*, 177.

CoN$_5$O

【名称】 tetraammine(*N*-methylglycinato)cobalt(III) ion: [Co(sar)(NH$_3$)$_4$]$^{2+}$ (Hsar=sarcosine=*N*-methylglycine=CH$_3$NHCH$_2$COOH)

【背景】 アミン NR^{1}R^{2}R^3 は，非共有電子対までを含めれば窒素周りは四面体配置（見かけの形は三角ピラミッド）であり窒素原子はキラルである．しかし，窒素周りの反転が速いため光学分割は不可能であることが古くから知られている．キラル窒素原子の光学分割を目指し，アンモニウム塩 [NHR^{1}R^{2}R^3]$^+$ の分割が試みられたが失敗に終わった．反転速度を遅くして，旋光計などの通常の手法によって旋光度やラセミ化速度を測定できるようにするためには二環式化合物として反転を困難にする（例：Tröger 塩）などの工夫が必要である．このように窒素原子の反転を妨げることは容易ではないことが認識されるようになった．一方，第二級アミン NHR^{1}R^2 が金属に配位（M-NHR^{1}R^2）した際，金属は窒素上の孤立電子対を受け取りアンモニウム塩におけるアルキル基の役割を演じることになるため，窒素の反転速度に興味がもたれる．配位により生じたキラル窒素原子が不斉源となるアミン-金属錯体の光学分割の可能性についてはすでに 1924 年に Meisenheimer らによって認識されていた[1]．彼らは [Co(sar)(en)$_2$]$^{2+}$ の 2 個のキラル中心（Co と N）の組合せによって生じる 4 種のジアステレオマーの内の 2 種を単離し，それらが変旋光（mutarotation）を示すことから，不斉窒素に基づく異性体の存在を主張した．しかし，この結果は，その後の研究により疑問がもたれた（関連錯体の紹介を参照）[2]．そのような状況の中で，1966 年に Halpern らはキラル中心が窒素原子のみである，より単純な系（[Co(sar)(NH$_3$)$_4$]$^{2+}$）の光学分割に成功した[2]．

【調製法】 [Co(sar)(NH$_3$)$_4$]$^{2+}$ のラセミ体は，0.001 M の HClO$_4$ 水溶液中で (+)$_{589}$-[Co(ox)$_2$(en)]$^-$ を分割剤として光学分割できる[2]．難溶性ジアステレオ異性塩を酸性条件下で NH$_4$NO$_3$ で処理することにより，(−)$_{589}$-[Co(sar)(NH$_3$)$_4$](NO$_3$)$_2$ が得られる．

【性質・構造・機能・意義】 光学活性体は酸性水溶液ではラセミ化に対してかなり安定であるが，pH 7 では半減期約 5 分でラセミ化する．この錯体の不斉窒素原子は 4 本の結合のうち 1 本が N-H である．このような場合，上述のように，通常の有機化合物ではラセミ化が速くて光学分割できないのが通例であるのとは顕著に異なる．また，この N-H は重水中で重水素化される．ラセミ化および重水素化の速度式は同じ形で表され，錯体濃度（[complex]）と OH$^-$ 濃度（[OH$^-$]）にそれぞれ一次，全体では二次反応である．$R=k$[complex][OH$^-$]．重水素化の速度定数（k_D）とラセミ化の速度定数（k_r）の比，k_D/k_r は約 4,000 であった．このことから，窒素原子周りの絶対配置は脱プロトン化した状態でも，ほとんどの時間，元のピラミッド型構造が保たれていることが明らかになった．

【関連錯体の紹介およびトピックス】 関連錯体を以下に紹介する．

① [Co(sar)(en)$_2$]$^{2+}$：この錯体には N の不斉（R, S）と錯体全体の不斉（Δ, Λ）の組合せによって 4 種のジアステレオマー（Δ(R), Δ(S), Λ(R), Λ(S)）が考えられる．藤田らはカラムクロマトグラフィーにより 4 異性体を単離した[3]．Δ(S) と Λ(R) は，Δ(R) と Λ(S) よりも安定であり（25℃における平衡比は約 6：1），異性化反応の研究からギブスエネルギー差は 4.26 kJ mol^{-1} と求められた．さらに，CD スペクトルにおいて配置効果と不斉 N による隣接効果の間に加成性が成立することが確かめられた．

② [Co(*N*-Meen)(NH$_3$)$_4$]$^{3+}$ [4] (*N*-Meen=*N*-methylethylenediamine=CH$_3$NHCH$_2$CH$_2$NH$_2$)：この錯体は 0.04 M HBr 中で (+)$_{589}$-[Co(ox)$_2$(en)]$^-$ を分割剤として光学分割された．k_D/k_r は約 10^5 であった． 【小島正明】

【参考文献】
1) J. Meisenheimer *et al.*, *Justus Liebigs Ann. Chem.*, **1924**, *438*, 217.
2) B. Halpern *et al.*, *J. Am. Chem. Soc.*, **1966**, *88*, 4630.
3) M. Fujita *et al.*, *Bull. Chem. Soc. Jpn.*, **1977**, *50*, 3209.
4) D. A. Buckingham *et al.*, *J. Am. Chem. Soc.*, **1967**, *89*, 825.

CoN$_5$S

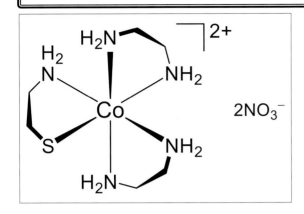

【名称】（2-aminoethancthiolato-$\kappa^2 N,S$) bis (ethane-1,2-diamine-$\kappa^2 N^2$) cobalt(III) nitrate: [Co(aet)(en)$_2$](NO$_3$)$_2$

【背景】硫黄単座で配位する錯体配位子として機能するモノチオラト型単核錯体である．トリスチオラト型およびビスチオラト型単核錯体と比較して，硫黄架橋多核錯体合成への利用は後発であるが，キラル超分子構造構築の基礎となった．

【調製法】[1,2] 脱気した硝酸コバルト(II)水溶液にエチレンジアミンを滴下すると橙色沈殿が生じる．この懸濁液に嫌気下でシスタミン二塩酸塩を含む水溶液を加えると，沈殿は溶けて茶色溶液となる．この溶液に飽和硝酸アンモニウム水溶液を加えて放置することにより，黒色結晶としてラセミ（Δ/Λ）体が得られる．酒石酸アンチモニルカリウムを用いた分別結晶法により，この錯体の光学活性な Λ 体が得られている．

【性質・構造・機能・意義】水に可溶．Co^{III}N$_5$S 発色団を有する八面体型単核錯体．Λ 体は 500 nm において正のCDバンドを示す[2,3]．

単核錯体（Δ/Λ-[Co(aet)(en)$_2$](NO$_3$)$_2$）と AgNO$_3$ を 2：1 の比で反応させると，2つの単核ユニットが直線型の銀(I)イオンで連結された硫黄架橋三核錯体（[Ag{Co(aet)(en)$_2$}$_2$](NO$_3$)$_3$）が得られる[4,5]．この錯体にはラセミ（$\Delta\Delta/\Lambda\Lambda$）体とメソ（$\Delta\Lambda$）体が可能であるが，ラセミ（$\Delta\Delta/\Lambda\Lambda$）体が選択的に結晶として単離される．この三核錯体にさらに AgNO$_3$ を反応させると，単核ユニットと銀(I)イオンを 1：1 の比で含む一次元無限鎖状錯体（↓[Ag{Co(aet)(en)$_2$}](NO$_3$)$_3$↓∞）が得られる[4,5]．このとき，硫黄原子は1つのコバルト(III)イオンと2つの銀(I)イオンに結合した μ_3 型となっている．無限鎖状錯体に単核錯体を反応させると三核錯体となり，相互変換も可能である．また，単核および三核錯体はラセミ化合物として結晶化するのに対し，無限鎖状錯体は自然分晶する．したがって，チオラト型単核錯体がキラル選択的に段階的集積化を起こしたと見なされる．なお，この錯体の Λ 体を出発物質として得られる光学活性な三核錯体および無限鎖状錯体の分光化学的評価もなされている[5]．

[Co(aet)(en)$_2$]$^{2+}$ のチオラト型硫黄原子は，他の金属イオンと反応するだけでなく，それ自身化学修飾される[2]．例えば，種々のアルキル化剤との反応によりチオエーテル単核錯体，H$_2$O$_2$ による酸化反応からスルフェナト単核錯体やスルフィナト単核錯体が生成する[2]．さらに，Np(VI) イオンによる酸化反応からはジスルフィド単核錯体が生成する[6]．

ディスクリートな系が中心であった硫黄架橋多核錯体の合成研究に一石を投じたという点において，重要な役割を果たしたキラル錯体であるといえる．

【関連錯体の紹介およびトピックス】同様の製法により Co^{III}N$_5$Se 発色団を有する含セレン単核錯体が合成，光学分割されている[2]．この錯体中のセレン原子を化学修飾した単核錯体[2]，および銀(I)イオンで連結した多核錯体も合成されている[5]．

【宮下芳太郎・今野 巧】

【参考文献】
1) D. L. Nosco *et al., Inorg. Synth.*, **1982**, *21*, 19.
2) T. Konno *et al., Bull. Chem. Soc. Jpn.*, **1984**, *57*, 3104.
3) K. Yamanari *et al., Bull. Chem. Soc. Jpn.*, **1977**, *50*, 2299.
4) T. Konno *et al., Chem. Lett.*, **2000**, 1258.
5) T. Konno *et al., Bull. Chem. Soc. Jpn.*, **2002**, *75*, 2185.
6) M. Woods *et al., Inorg. Chem.*, **1976**, *15*, 1678.

CoN₅S

【名称】（L-cysteinato-$\kappa^2 N,S$）bis（ethane-1,2-diamine-$\kappa^2 N^2$）cobalt(III) perchlotate: $[Co(L\text{-}cys\text{-}N,S)(en)_2]ClO_4$

【背景】キラルな錯体配位子としてはたらくモノ(L-シ ステイナト)単核錯体である. COO^-基の配向性が異 なる2つのジアステレオ(ΔL, ΛL)異性体が存在する.

【調製法】[1]) $CoCl_2\cdot 6H_2O$ を含む水溶液にL-シスチンと エチレンジアミンを含む水溶液を加え, 窒素雰囲気 下, 室温で撹拌する. 暗褐色の反応溶液に $NaClO_4\cdot H_2O$ を加え冷蔵庫中に放置すると, ΛL体の微結晶が生じ る. ΛL体をろ別したろ液に60%過塩素酸を加え冷蔵 庫中に放置するとプロトン化したΔL体の粗結晶 (HΔL)が析出する. これを1M塩酸と60%過塩素酸か ら再結晶する. この HΔL体の水溶液を Na_2CO_3 で中和 した後, $NaClO_4$ 水溶液を加えることにより, ΔL体が 得られる.

【性質・構造・機能・意義】[1]) 両異性体とも水に可溶 であるが, ΛL体は溶けにくい. 水溶液中では徐々に 異性化して平衡状態となる. 両異性体ともに $Co^{III}N_5S$ 発色団を有する八面体型単核錯体であり, 単結晶X線 解析により構造決定されている. S原子のトランス位 のCo-N距離は, トランス影響のため他のものよりも やや長い. Co-N距離を含め, ジアステレオ異性体間 の分子内結合距離はほとんど同じであるが, COO^- 基 の向きが大きく異なっている.

単核錯体と銀(I)イオンを1:1の比で反応させると, 硫黄架橋錯体ポリマーが生成する[2]). 単核錯体のポリ マー構造への集合様式は, そのジアステレオ異性に大 きく依存する. ΛL体では, 単核錯体の1つの硫黄原 子が2つの銀(I)イオンと結合して一次元のジグザグ鎖 を形成する. さらに, equatorial 方向を向いた COO^- 基が隣接する鎖中の銀(I)イオンに結合することにより, 二次元網目構造を形成する. 一方, ΔL体から形成され る一次元鎖では, 左巻きらせん構造が形成される. これは, COO^-基が axial 方向を向いているため, 銀(I) イオンが2つの単核ユニットからの2つの硫黄原子の 他に同じ鎖の単核ユニットからの COO^- 基にも配位 されるからである. さらに, プロトン化した HΔL体で は, 銀(I)イオンが酸素原子に配位されないために一次 元ジグザグ鎖を形成する. これらの構造は, らせん構 造に酸を, あるいは一次元ジグザグ鎖構造にアルカリ を作用させることにより, 相互変換が可能である.

銀(I)イオンの他にも, 金(I), 銅(I), 白金(II), カドミ ウム(II), 水銀(II)イオンなどを用いたキラル単核錯体 の集積化反応が行われており, 単核ユニットのジアス テレオ異性に基づいた多核構造や超分子構造の制御が 示されている[3,4]).

ジアステレオ異性に基づいた単核錯体の集合様式の 制御を明らかにした点において, 重要な役割を果たし たキラル錯体であるといえる.

【関連錯体の紹介およびトピックス】対応するモノ (D-ペニシラミナト)単核錯体も合成されている[1]). この単核錯体と塩化銀との1:1の反応において, ΔL体 あるいは ΛL体を用いると二核錯体が生成する. 一 方, ΔL体とΛL体の等量混合物を用いた場合には, 四 核錯体が生成する[5]).

【宮下芳太郎・今野 巧】

【参考文献】
1) H. C. Freeman *et al.*, *Inorg. Chem.*, **1978**, *17*, 3513.
2) T. Konno *et al.*, *Angew. Chem. Int. Ed.*, **2001**, *40*, 1765.
3) T. Aridomi *et al.*, *Chem. Eur. J.*, **2008**, *14*, 7752.
4) T. Aridomi *et al.*, *Inorg. Chem.*, **2008**, *47*, 10202.
5) S. Mitsunaga *et al.*, *Chem. Lett.*, **2007**, *36*, 790.

CoN₅S (or O)

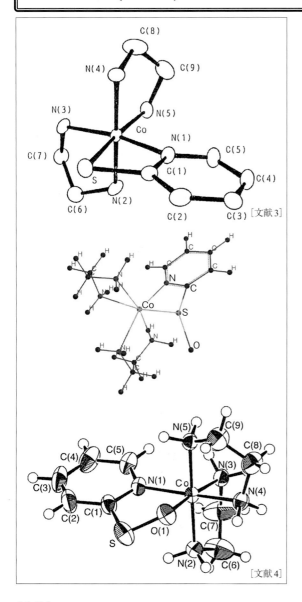
[文献3]
[文献4]

【名称】 2-pyridinethiolato-*N,S*- or 2-pyridinesulfenato-*N,S*-or 2-pyridinesulfenato-*N,O*-bis(ethylenediamine) cobalt(III) perchlorate: [Co(pyt-*N,S*, or pyse-*N,S*-or pyse-*N,O*)(en)₂](ClO₄)₂

【背景】 配位硫黄原子の酸化により, 通常不安定であるスルフェナト基が安定化することが見いだされていた[1]. しかし硫黄配位スルフェナト基が光照射により, 酸素配位のスルフェナト基に連結異性化することは知られていなかった[2].

【調製法】 過塩素酸コバルト(II)6水和物のエタノール溶液に2倍量のエチレンジアミンと0.5倍量のジ-2-ピリジルジスルフィドのエタノール溶液を加えて加熱すると茶色の沈殿物が得られる. これを熱水から再結晶するとチオラト錯体 [Co(2-pyt-*N,S*)(en)₂](ClO₄)₂ が得られる(収率80%)[3]. この [Co(2-pyt-*N,S*)(en)₂](ClO₄)₂ 5gを50cm³のジメチルスルフォキシドに溶かし, 氷で冷やしながら, 30% H₂O₂ 10gと60% HClO₄ 10gを加えると直ちに, オレンジ色の溶液になる. これに700cm³のジエチルエーテルと300cm³のエタノールを加えると, 数分以内にオレンジ色の結晶 [Co(2-pyse-*N,S*)(en)₂](ClO₄)₂ が析出してくる. このオレンジ色の硫黄配位スルフェナト錯体は, 太陽光または蛍光灯の光で緑色の酸素配位スルフェナト錯体 [Co(2-pyse-*N,O*)(en)₂](ClO₄)₂ に変化する[3,4].

【性質・構造・機能・意義】 コバルト(III)イオンに配位し, 五員環を形成する2-アミノエタンチオラトの酸化で得られる2-アミノエタンスルフェナトでは光反応性は見られないが, 金属イオンへの配位により四員環を形成する2-ピリジンチオラトでは, 酸化して得られる硫黄配位スルフェナトが光に対して極めて敏感で, 酸素配位スルフェナトに連結異性化し, 四員環から五員環にキレート環が拡張する. 本事例は硫黄配位スルフェナト基の酸素配位スルフェナトへの連結異性化の最初の例であり, 光反応生成物の安定性はひずみの少ない五員環の生成によってもたらされていると考えられる. 光反応生成物の構造は最初, 光電子分光の硫黄の化学シフトの変化から帰属され, 後に単結晶X線構造解析により確かめられた. 金属イオンに硫黄配位したスルフェナトが固体状態で光に対して極めて敏感であること, 光連結異性化により光電子分光の化学シフトの変化が大きく, 硫黄原子上の電子密度が大きな変化していることから, 硫黄原子上の反応性も大きく変化していることが示唆され, スルフェナトの反応性を光連結異性によりコントロールする手段となり得る点が, 意義深い.

【関連錯体の紹介およびトピックス】 配位スルフェナト基の立体化学はトリススルフェナト錯体 [Co(2-animo- ethanesulfenato-*N,S*)₃] において議論されている[1]. スルフェナト以外にもスルフィナト(RSO_2^-)やスルフォナト(RSO_3^-)においても O-配位の錯体が単離され, 結晶構造解析から, 結合の性質が議論されている[4].

【喜多雅一】

【参考文献】
1) M. Kita *et al., Bull. Chem. Soc. Jpn.*, **1982**, *55*, 2873.
2) V. H. Houlding *et al., Inorg. Chem.*, **1981**, *29*, 4279.
3) M. Kita *et al., Bull. Chem. Soc. Jpn.*, **1989**, *62*, 3081.
4) M. Murata *et al., Coord. Chem.Rev.*, **1998**, *174*, 109.

CoN₅Cl

【名称】 chloro(pyridine)bis(dimethyl glyoximato)cobalt(III)(cobaloxime)

【背景】 ビタミンB_{12}(コバラミン)は，環状テトラピロールであるコリン環とヌクレオチドを配位子とするコバルト錯体であり，細胞内に取り込まれた後，生体内で唯一のコバルト–炭素結合を有する補酵素に変換され，重要な生理作用を発現する．Schrauzer はビタミンB_{12}モデル錯体として，ジメチルグリオキシメートを配位子とするコバルト錯体を合成した．コバラミンと類似の反応性を示すことが「コバロキシム」と呼ばれる由縁である[1]．

【調製法】 塩化コバルト(II)，ジメチルグリオキシム，ピリジンをエタノールに溶解させ，空気酸化することで目的化合物が得られる．

【性質・構造・機能・意義】 コバロキシムはビタミンB_{12}と同様にコバルト中心は+1から+3の酸化状態をとることができる．青緑色のCo(I)種は空気に対して極めて敏感な化合物であり，塩基性溶液中で安定に存在できる．酸性条件ではCo(II)種となり水素を発生する．

ビタミンB_{12}と同様にコバロキシムのCo(I)種は種々のアルキル化剤と反応し，コバルト–炭素結合を有するアルキル錯体を生成する．最初のアルキルコバロキシムの構造決定は，Lenhertによってカルボキシメチル基をアルキル基とするピリジン錯体においてなされた[2]．

図1に示すアルキルコバロキシムは，配位子の高い平面性のため，アルキルコバラミンに比べコバルト–炭素結合が安定であるが，その熱安定性はアルキル基のかさ高さによって影響を受ける(α-, β-フェネチルコバロキシムの分解点はそれぞれ90℃，175℃)．アルキルコバロキシムは，アルキルコバラミンと同様に熱や光によってコバルト–炭素結合がホモリティックに開裂し，ラジカル種を生成する．当初コバルト–炭素結合を安定に形成する配位子の因子としてコリン環のπ共役系が注目されていたが，コバロキシムの意義は，4つの窒素原子によって平面性の配位子場を与えるというシンプルな戦略によって，アルキルコバラミンの構造・機能をシミュレーションできた点にある．

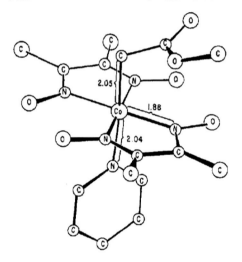

図1 アルキルコバロキシムのX線構造

【関連錯体の紹介およびトピックス】 近年，コバロキシムは水素発生触媒としても用いられている．電気化学的手法や光化学的手法によってコバロキシムがCo(I)種に還元され，プロトン源との反応によりCo(III)ヒドリド種が生成する．2分子的に水素を生成するホモリティック機構とプロトン化によって水素が生成するヘテロリティック機構が考えられるが，H. B. Grayらにより前者の方が熱力学的に有利であると提案されている[3]．

【久枝良雄・田原圭志朗】

【参考文献】
1) G. N. Schrauzer *et al., Acc. Chem. Res.*, **1968**, *1*, 97.
2) P. G. Lenhert, *Chem. Commun.*, **1967**, 980.
3) J. L. Dempsey *et al., Acc. Chem. Res.*, **2009**, *42*, 1995.

CoN₆

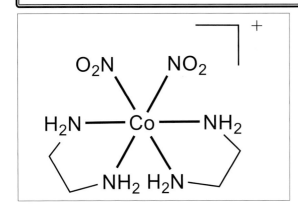

【名称】*cis*-bis(1,2-ethanediamine-κ*N*, κ*N*′)bis(nitrito-κ*N*)cobalt(+3), *cis*-bis(ethylenediamine)dinitrocobalt(+3): *cis*-[Co(NO$_2$)$_2$(en)$_2$]$^+$

【背景】陽イオン性不斉金属錯体は，天然に存在する*d*-酒石酸イオンやその誘導体の*d*-酒石酸アンチモンカリウムなどとジアステレオ塩を形成できるため効果的に光学分割できる．一方，陰イオン性の不斉金属錯体には，有効で安価な分割剤が天然にない．そこで，容易に光学活性体が得られ，かつ1価の陽イオンである*cis*-[Co(NO$_2$)$_2$(en)$_2$]$^+$を光学分割剤として用いる方法が開発された．

【調製法】2つのエチレンジアミンが配位した[Co(CO$_3$)(en)$_2$]$^+$を出発錯体とし，塩酸によって炭酸イオンを分解して*cis*-[Co(en)$_2$(H$_2$O)$_2$]$^{3+}$を選択的に得る．ここへ，酸性条件下で過剰量のNaNO$_2$を加えると，発生するNOが配位しているH$_2$Oに結合し，一旦NO$_2^-$-κO(Oで配位したONO$^-$配位子)を経たのち連結異性化によって，NO$_2^-$-κN(Nで配位したNO$_2^-$配位子)となる[1]．

ラセミ体の*cis*-[Co(NO$_2$)$_2$(en)$_2$]NO$_2$ 1当量に対して，市販の*d*-酒石酸アンチモンカリウム(別名：吐酒石K$_2$[Sb$_2$(*d*-tart)$_2$]・3H$_2$O)を0.5当量のみ加えると {Δ-(-)$_{589}$-*cis*-[Co(NO$_2$)$_2$(en)$_2$]}$_2$[Sb$_2$(*d*-tart)$_2$]が，難溶性ジアステレオ塩として沈殿する．この塩をろ別し，陰イオン交換を行って，Δ-(-)$_{589}$-*cis*-[Co(NO$_2$)$_2$(en)$_2$]X(X=Cl, Br, I)を得る．一方，Λ-(+)$_{589}$-*cis*-[Co(NO$_2$)$_2$(en)$_2$]X(X=Cl, Br, I)は，難溶性ジアステレオ塩を除いたろ液から得られる[2]．

【性質・構造・機能・意義】*cis*-[Co(NO$_2$)$_2$(en)$_2$]$^+$は，固体では黄褐色を示し，溶液は黄色で吸収極大を438 nm (log ε=2.23)にもつ．Δ-(-)$_{589}$-体の円二色性(CD)スペクトルは，461 nm (Δε=-1.66)と406 nm (Δε=+0.62)に極大をもつ[3]．様々な塩の結晶構造が明らかになっている．解析精度の高い結晶では，Co-N(NO$_2$)=1.912(3), Co-N(*trans*-NO$_2$-en)=1.970(3) Å, Co-N(*cis*-NO$_2$-en)=1.957(3) Åである．enのCo-Nの違いは，enよりも配位力の強いNO$_2^-$のtrans影響によるものである[4]．

光学活性な*cis*-[Co(NO$_2$)$_2$(en)$_2$]$^+$を用いて1価の陰イオン錯体である[Co(edta)]$^-$, [Co(ox)$_2$(en)]$^-$, [Co(mal)$_2$(en)]$^-$, [M(acac)$_2$(ox)]$^-$ (M=Co, Cr), *cis*-[Co(ox)(X)$_2$(en)]$^-$ (X$^-$=CN$^-$, NO$_2^-$), *cis*-[Co(NO$_2$)$_2$(CO$_3$)(en)]$^-$などが，ジアステレオ塩として光学分割されている[5,6]．

[Co(edta)]$^-$の光学分割では，Δ-(+)$_{589}$-*cis*-[Co(NO$_2$)$_2$(en)$_2$]Clと1.3当量のK[Co(edta)]を混ぜるとΔ-(+)$_{589}$-*cis*-[Co(NO$_2$)$_2$(en)$_2$]Δ-[Co(edta)]が，難溶性塩として沈殿する．得られたジアステレオ塩を水中でKIと反応させて，K{Δ-[Co(edta)]}・2H$_2$Oを得る[7]．

[Co(ox)$_2$(en)]$^-$の光学分割では，Ca[Co(ox)$_2$(en)]$_2$と{Δ-(+)$_{589}$-*cis*-[Co(NO$_2$)$_2$(en)$_2$]}$_2$oxを1:1の当量比で反応させ，生じたCa(ox)を除去した溶液から難溶性塩Δ-(+)$_{589}$-*cis*-[Co(NO$_2$)$_2$(en)$_2$]Δ-[Co(ox)$_2$(en)]が得られる．得られたジアステレオ塩を水中でNaIと反応させて，Na{Δ-[Co(ox)$_2$(en)]}・3.5H$_2$Oを得る[8]．

【水田 勉】

【参考文献】
1) C. E. Schaeffer *et al.*, *Inorg. Synth.*, **1973**, *14*, 63.
2) F. P. Dwyer *et al.*, *Inorg. Synth.*, **1960**, *6*, 195.
3) Y. Shimura *et al.*, *Bull. Chem. Soc. Jpn.*, **1976**, *49*, 3060.
4) M. R. Snow *et al.*, *Aust. J. Chem.*, **1988**, *41*, 1305.
5) F. P. Dwyer *et al.*, *J. Am. Chem. Soc.*, **1961**, *83*, 1285.
6) M. Shibata, *Inorg. Chem.*, **1977**, *16*, 108.
7) F. P. Dwyer *et al.*, *Inorg. Synth.*, **1960**, *6*, 192.
8) J. H. Worrell, *Inorg. Chem.*, **1971**, *10*, 870.

CoN_6

磁

【名称】[M(C16-terpy)$_2$](BF$_4$)$_2$(M＝Co, Fe)C16-terpy＝4′-hexadecyloxy-2,2′: 6,2″-terpyridine

【背景】近年,結晶-融解相転移に伴うスピンクロスオーバー挙動が観測されている.一方液晶は機能性物質として興味深いが,この液晶分子鎖の液晶相転移と連動したスピンクロスオーバー挙動を起こす物質が開発された[1].

【調製法】液晶配位子C16-terpyは以下の手順で得られる.2,6-bis(2-pyridyl)-4(1H)-pyridone, K$_2$CO$_3$, 1-bromohexadecane をDMF中で混合し,80℃で1日激しく撹拌した後,放冷,氷水に注いで紫色の沈殿物を得る.これをろ過し,熱アセトン,ヘキサンで洗浄後,クロロホルムに溶かして10% K$_2$CO$_3$水溶液で洗浄,有機層を硫酸マグネシウムで乾燥した後に溶媒の留去により白色固体を得る.次に錯体の合成は,M＝Coでは,C16-terpyをクロロホルム/メタノール混合溶液に溶かし,Co(BH$_4$)$_2$·6H$_2$Oのメタノール溶液に加え,適度な溶媒の留去で暗いオレンジ色の結晶を生じる.メタノールによる再結晶で[Co(C16-terpy)$_2$](BF$_4$)$_2$·methanol(**1**)を得る.M＝Feでは同様にFe源としてFeCl$_2$·4H$_2$OとNaBF$_4$を利用して合成する.アセトン/エタノール混合溶媒からの再結晶により,[Fe(C16-terpy)$_2$](BF$_4$)$_2$·acetone(**2**)を得た.

【性質・構造・機能・意義】1の磁化率の温度依存性(χT-T)は,通常のスピンクロスオーバー錯体のように,降温過程において400〜226Kにかけて徐々に減少し,217〜206Kにかけて急激な上昇を見せた.この挙動は錯体の低スピン(LS)から高スピン(HS)への転移に相当する.昇温過程では,5〜251Kの間χTが狭い範囲でのうねりを示し,260KでHSからLSへの転移に伴い急激に減少し,その後400Kまで徐々に増加した.この時の温度ヒステリシスの幅は43Kであり,温度サイクルによる再現性も確認された.一方,**2**においては,室温の^{57}Feメスバウアースペクトルから LSのFe^{II}が観測され,さらに300〜570Kでの磁化率測定から,室温以上でLSをとり続けていることが明らかとなった.

示差走査熱分析より,**1**については結晶相から371Kで液晶相に入り,3種類の液晶相を経て528Kで融解することが,**2**については448〜466Kにかけて3種の結晶相を経た後,液晶中間相を経過して556Kで融解し,その後分解することが明らかとなった.さらにこれらの液晶中間相は,偏光顕微鏡および粉末X線の温度依存性から各々の液晶状態が確認された.さらに,液晶中間相を経過した後の磁化率が測定された.**1**については,400〜272KでχTが徐々に下がり,266〜256Kで構造転移に伴う若干の増加を観測した.昇温過程においては5〜271KでχTが徐々に増加し,279K近傍で小さな低下を見せた後,282〜400Kで徐々に増加した.この温度サイクルを示した幅13Kの温度ヒステリシスは,連続的な温度サイクルを行っても残存した.ここで見られたχTのジャンプは,異方的常磁性成分をもつ微結晶の方向が揃ったためと解釈できる.磁性の結果は,分子配向が一度寄せ集められたかのように,**1**の分子配向が状態を維持していることを示している.また,**2**の液晶中間相経過後の室温における^{57}Feメスバウアースペクトルは LSのFe^{II}を示しており,中間相前後でのパラメータの変化はなかった.

1,**2**ともに結晶構造としては,金属に対して2分子のC16-terpyが八面体型配位し,terpyの4′位からアルキル鎖が棒状に伸びている.**2**についてはFe-N間距離が,LS錯体に典型的な値となった.

磁性と液晶相転移の結合というアプローチは,磁性液晶材料の開発というだけでなく,切り替え可能な機能性をもつ分子化合物の考案に広く展開できると考えられる.

【関連錯体の紹介およびトピックス】Co/Fe金属混晶系物質[2]や分岐アルキル鎖置換体[3,4],配位子基部が異なる物[5]など,液晶相と金属磁性が結合した系が知られている.

【小島憲道・榎本真哉】

【参考文献】
1) S. Hayami et al., Polyhedron, **2009**, 28, 2053.
2) S. Hayami et al., Inorg. Chem., **2010**, 49, 1428.
3) S. Hayami et al., J. Phys., **2010**, 200, 082008.
4) S. Hayami et al., Inorg. Chem., **2007**, 46, 7692.
5) S. Hayami et al., Polyhedron, **2007**, 26, 2375.

CoN₆

磁 光

【名称】 tetrakis{4-[diazo(phenyl)methyl]pyridine-κN} bis(thiocyanato-κN)cobalt(II): [Co^{II}(NCS)$_2$(D1Py)$_4$]

【背景】 ジアゾ化合物は光照射によって基底三重項カルベンを生じるため，このスピンを利用した磁性体の研究がなされている．遅い磁気緩和をもつ単分子磁石の性能向上を目指して，大きなスピン多重度をもつカルベンの2pスピンと，遷移金属イオンの3dスピンを組み合わせた新規ヘテロスピン系が合成された．これは，遷移金属イオンが1つしかない錯体でははじめての単分子磁石の例である[1]．

【調製法】 ジアゾ体配位子を含む錯体は，室温条件下で，Co(NCS)$_2$と4-(α-ジアゾベンジル)ピリジンをモル比1:4で含むエタノール溶液中から，赤色ブロック状結晶として得られる．カルベン体配位子をもつ錯体を定量的に得るには，ジアゾ体の結晶を直接光照射するのでは困難であるため，Co(NCS)$_2$と配位子1:4の2-メチルテトラヒドロフラン（MTHF）/エタノール（EtOH）混合溶液中で光照射することによって得る．この方法で生成したサンプルについて，種々の物性測定を行っている．

【性質・構造・機能・意義】 ジアゾ体の単結晶X線構造解析から，コバルト(II)イオンは2つのチオシアナト配位子と4つのピリジン環由来の窒素原子計6つが配位した八面体構造をしており，Co-N距離は2.106～2.200 Åとなっている．また，チオシアナト配位子はトランス型配置である．

Co(NCS)$_2$とジアゾ配位子1:4のMTHF/EtOH混合溶液（2mM）に対する紫外可視スペクトルは，610～625 nmと484 nmに2つのブロードな吸収が観測される．前者は，四面体構造コバルト(II)イオンのd-d遷移に帰属されるが，八面体構造コバルト(II)イオン由来の吸収は，ジアゾ部分のn-π*遷移（500 nm）に隠れてしまうため明確にはわからない．175 Kまで温度を下げていく過程で，四面体構造由来のピークは減少していき，最終的には480 nm付近のブロードピークのみが観測されるようになることから，凍結溶液中では八面体構造の錯体が形成されているとみなせる．

Co(NCS)$_2$とジアゾ配位子1:4のMTHF/EtOH混合溶液（10 mM/50 μL）に対して，SQUID装置内に光ファイバーによるジアゾ基の光分解反応を行い，生成したカルベン錯体について磁気測定をした．光照射前の交流磁化率の温度変化は，遅い磁気緩和に由来する周波数依存性は観測されなかったが，照射後では交流磁化率の実部χ'と虚部χ''に周波数依存性を示す．χ''には2つの極大をもつことから，2種類の磁気緩和速度の違う化合物が存在することを意味している．アレニウスプロットによる解析から，スピンの反転に伴う有効活性化エネルギーΔ/k_Bはそれぞれ89 K，50 Kと見積もられる．また，0.35 kOe/sの磁場掃引速度で磁化過程を測ると，約3.5 K以下の温度でヒステリシスループを描く曲線が得られる．

高スピン有機ラジカルと磁気異方性のある金属イオンとを組み合わせることで，ナノメートルサイズの磁石である新規単分子磁石を構築したことは，これからの磁性材料開発に新たな設計指針をもたらしたといえる．

【関連錯体の紹介およびトピックス】 ジジアゾ-ジピリジン化合物D2py$_2$(TBA)を架橋配位子とした，環状コバルト(II)二核錯体が合成されている[2]．この錯体は結晶状態においても光照射によってジアゾ部分の光分解反応が有効的に起こり，基底五重項（$S=2$）ジカルベンが生成する．光照射後のサンプルは単分子磁石特有の交流磁化率の周波数依存性が観測され，1.9 Kでは保磁力H_c=6 kOeのヒステリシスを伴う磁化曲線を描く．さらにサンプルを70Kでアニーリングすることで性能が向上し，Δ/k_B=69 K，磁化曲線では1.9 KでH_c=10 kOeとなる．

【小島憲道・岡澤 厚】

【参考文献】
1) S. Karasawa et al., J. Am. Chem. Soc., **2003**, 125, 13676.
2) D. Yoshihara et al., J. Am. Chem. Soc., **2008**, 130, 10460.

CoN$_6$

無

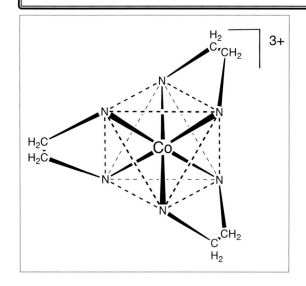

【名称】 Λ-(+)$_{589}$-tris(ethylenediamine)cobalt(III) ion: Λ-(+)$_{589}$-[Co(en)]$^{3+}$

【背景】 Wernerは1893年に配位説を発表し，それまで平面として考えられていた錯体の構造を立体的に論じることにより錯体研究に革命をもたらした．配位説の意義は，その他にも原子価論における配位数の導入や結合論における配位結合の認識に及ぶ．Wernerの配位説に関する研究は錯体の光学分割の成功においてその頂点に達した．6配位の錯体が八面体型構造をとるとき，ある種のものには光学異性体を生じることになる．1911年，cis-[CoCl(NH$_3$)(en)$_2$]$^{2+}$ および cis-[CoBr(NH$_3$)(en)$_2$]$^{2+}$ の光学分割に成功した．[Co(en)$_3$]$^{3+}$の光学分割は1912年に報告された．しかし長年，水溶液で(+)$_{589}$の旋光性を示すものがどちらの光学異性体のものであるかを決定することはできなかった．

【調製法】 [Co(en)]$^{3+}$の光学分割については，(R,R)-(+)$_{589}$酒石酸イオンとのジアステレオ異性塩の溶解度差を利用する方法およびSP-Sephadexを用いるカラムクロマトグラフィー（溶離剤：(R,R)-(+)$_{589}$-酒石酸ナトリウム）が実験化学講座第4版に紹介されている[1]．

【性質・構造・機能・意義】 (+)$_{589}$-[Co(en)]$^{3+}$の円二色性(CD)極値：490 nm ($\Delta\varepsilon$=+1.89), 429 nm ($\Delta\varepsilon$=-0.12), 350 nm ($\Delta\varepsilon$=+0.25)[2]．水溶液は加熱してもラセミ化しないが，活性炭が存在すると容易にラセミ化する．(+)$_{589}$-[Co(en)]$^{3+}$の絶対配置は Λ である．また，3個の五員環キレートの立体配座(conformation)はゴーシュ(gauche)型の δ であり錯体全体は $\Lambda(\delta\delta\delta)$ と表記される．この錯体は，絶対配置が決定された最初の遷移金属錯体である(1955年)[3]．1951年にBijvoetらによりX線の異常散乱を利用して酒石酸の絶対配置が決定されたが，この手法を齊藤らは光学活性な遷移金属錯体に適応することを考え，簡単かつ重要な錯体として[Co(en)]$^{3+}$ を選んだ．

実験には，(+)$_{589}$-[Co(en)]Cl$_3$・H$_2$Oの結晶を用いる予定であったが，実際には偶然得られた複塩2(+)$_{589}$-[Co(en)]Cl$_3$・NaCl・6H$_2$O が用いられた．齊藤によればNa$^+$ はガラス容器から溶け出したものであるという[4]．(+)$_{589}$-[Co(en)]$^{3+}$の絶対配置が決定されたことは，旋光性に関する理論を大いに発展させる契機となった．絶対配置決定の最も重要な意義は，錯体の示す立体特異性や立体選択性を分子の立場から，例えば立体障害として合理的に説明しうるようになったことであろう．

【関連錯体の紹介およびトピックス】 ① Λ-(+)$_{589}$-tris(trimethylenediamine)cobalt(III) ion, (Λ-(+)$_{589}$-[Co(tn)$_3$]$^{3+}$) 3-nitro-d-camphorとのジアステレオ異性塩の溶解度差を利用して光学分割できる．また，カラムクロマトグラフィーによる完全分割も報告されている．(+)$_{589}$-[Co(tn)$_3$]$^{3+}$の絶対配置は Λ であり，3個の六員tnキレート環はすべてイス型配座である：Λ(chair$_3$)[5]．CD強度は[Co(en)]$^{3+}$ に比べ著しく弱い．Λ-(+)$_{589}$-[Co(tn)$_3$]Br$_3$のCD極値：534 nm ($\Delta\varepsilon$=+0.079), 476 nm ($\Delta\varepsilon$=-0.147), 344 nm ($\Delta\varepsilon$=-0.010)[2]．イス型配座とねじれ舟型配座間のエネルギー差が小さいため溶液中では配座は固定せず，共存イオンなどの影響を受けやすい．

② Δ-(+)$_{589}$-tris(tetramethylenediamine)cobalt(III) ion, (Δ-(+)$_{589}$-[Co(tmd)$_3$]$^{3+}$) SP-Sephadexを充填剤とし，吐酒石を溶離剤とするカラムクロマトグラフィーにより光学分割された．(+)$_{589}$-[Co(tmd)$_3$]Br$_3$の絶対配置は Δ であり，3個の七員tmdキレート環はすべて λ 配座である：$\Delta(\lambda\lambda\lambda)$[6]．CD極値：543 nm ($\Delta\varepsilon$=-0.24), 488 nm ($\Delta\varepsilon$=+1.56), 365 nm ($\Delta\varepsilon$=-0.18)[2]．

〔小島正明〕

【参考文献】
1) 日本化学会編, 無機錯体・キレート錯体（第4版実験化学講座 17巻）, 丸善, **1991**, p. 96.
2) M. Kojima *et al., Bull. Chem. Soc. Jpn.*, **1977**, *50*, 2325.
3) Y. Saito *et al., Acta Crystallogr.*, **1955**, *8*, 729.
4) 日本化学会編, 化学の原典第II期1 錯体化学, 学会出版センター, **1983**, p. 133.
5) R. Nagao *et al., Acta Crystallogr.*, **1973**, *B29*, 2438.
6) S. Sato *et al., Acta Crystallogr.*, **1975**, *B31*, 1378.

Co_2C_8

有 触

【名称】octacarbonyldicobalt: $Co_2(CO)_8$

【背景】低原子価の遷移金属は，電子密度を低下させる一酸化炭素のような配位子を有するものが多い．一酸化炭素は二電子供与の配位子であり，コバルト原子は9個の価電子を有することから，偶数個のコバルトを有する一酸化炭素錯体が安定となる．Octacarbonyldicobaltは今から1世紀前にはじめて合成された[1]．

【調製法】オートクレーブに炭酸コバルト(II)，石油エーテル，200〜300気圧の一酸化炭素と水素の混合気体(1:1)を封入し，150〜160℃で3時間反応させると得られる[2]．炭酸コバルト(II)の代わりに酢酸コバルト(II)や水酸化コバルト(II)を用いることもできる[3]．

【性質・構造・機能・意義】51〜52℃で分解しながら融解する橙色結晶で，ほとんどの有機溶剤に溶ける．蒸気圧は15℃で0.07mmHgで，昇華精製に適している．熱に不安定で，一酸化炭素を放出してdodecacarbonyltetracobalt($Co_4(CO)_{12}$)に変化する．空気中で放置すると緩やかに酸化されて紫色の二価コバルトになる．

2つのコバルトは直接単結合で結合している．結晶では，2つのコバルトを橋渡しするように架橋構造をとる一酸化炭素配位子が2つ，各コバルトにそれぞれ配位した末端配位構造をとる一酸化炭素配位子が3つずつ，合計6つある構造を有する(上図)．しかし溶液中では，架橋した一酸化炭素配位子が各コバルトに分配されて2つのコバルトにそれぞれ4つの末端配位子を有する構造(下図)との平衡状態にある．コバルトに配位した一酸化炭素はその配位位置を常に変えているため^{13}C NMRでは−80℃でさえも δ 204ppm付近にブロード化したピークを1つ示すだけである[4]．

Octacarbonyldicobaltは有機溶剤中アルキンと反応し，(η^2, μ^2-alkyne)$Co_2(CO)_6$を生成する．この錯体はアルキンの保護基となるほか，Pauson-Khand反応と呼ばれる一酸化炭素の挿入を伴ったアルケンとの[2+2+1]型環化反応[5]やNicholas反応と呼ばれる錯体α位におけるS_N1反応の基質として用いられる[6]．

【関連錯体の紹介およびトピックス】水素とoctacarbonyldicobalt($Co_2(CO)_8$)を反応させると淡黄色結晶であるhydridotetracarbonylcobalt($HCo(CO)_4$)が生成する[7]．水酸化物イオンやアルカリ金属とoctacarbonyldicobaltとの反応後に酸性にしても同じ錯体が得られる[8]．このhydridotetracarbonylcobaltは，octacarbonyldicobalt触媒によるアルケンのヒドロホルミル化反応の触媒活性種である[9]．この錯体の^{1}H NMRはδ 10.7ppmにピークが観測され，赤外吸収スペクトルは2121と2062, 2043 cm^{-1}にカルボニルの吸収，さらに1934 cm^{-1}にCo-Hの伸縮が観測される[10]．錯体の共役塩基である[$Co(CO)_4$]$^-$が非常に安定なので，錯体自身は約1のpK_a値を示す．

不活性ガス雰囲気下でoctacarbonyldicobaltを50℃に加熱すると，dodecacarbonyltetracobalt($Co_4(CO)_{12}$)が生成する．一方，dodecacarbonyltetracobaltを加圧一酸化炭素雰囲気下で加熱すると，octacarbonyldicobaltが生成する[11]．Dodecacarbonyltetracobaltは，一酸化炭素配位子とコバルトからなる様々な錯体の中で最も熱的に安定な錯体である．この錯体は，10気圧以上の一酸化炭素雰囲気下において1-hepten-6-yne誘導体のPauson-Khand反応の触媒として用いられる[12]．反応条件下ではdodecacarbonyltetracobaltからoctacarbonyldicobaltが生成する平衡があり，反応系内で生成したoctacarbonyldicobaltが活性種だと考えられている．

【杉原多公通】

【参考文献】
1) L. Mond et al., J. Chem. Soc., **1910**, 798.
2) I. Wender et al., Inorg. Synth., **1957**, 5, 190.
3) S. Usami et al., Bull. Chem. Soc. Jpn., **1969**, 42, 2961.
4) J. Evans et al., J. Chem. Soc., Dalton Trans., **1978**, 626.
5) I. Khand et al., J. Chem. Soc., Perkin Trans., **1973**, 977.
6) R. Lockwood et al., Tetrahedron Lett., **1977**, 4163.
7) F. Ungvary, J. Organomet. Chem., **1972**, 36, 363.
8) J. E. Ellis, J. Organomet. Chem., **1975**, 86, 1.
9) a) O. Roelen, German Pat., **1938**, No. 849,548; b) D. S. Breslow et al., Chem. Ind. (London), **1960**, 467.
10) P. Wermer et al., J. Organomet. Chem., **1978**, 162, 189.
11) G. Bor et al., J. Organomet. Chem., **1978**, 154, 301.
12) C. Thiebes et al., Synlett, **1998**, 142.

Co$_2$C$_{10}$I$_4$

有 ク

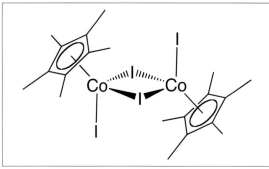

【名称】di-μ-iododiiodobis(η^5-1,2,3,4,5-pentamethylcyclopentadienyl)dicobalt(III)：[{Cp*CoI}$_2$(μ-I)$_2$]（Cp*＝η^5-C$_5$Me$_5$）

【背景】シクロペンタジエニルコバルトを構成要素とするクラスターは古くから研究され，コバルト原子間をカルボニルや炭化水素基，ヒドリド，ヒドロボレート，カルコゲニドなどが架橋した多様な骨格があり，本錯体はハロゲン架橋多核錯体の一例である．

【調製法】[Cp*Co(CO)$_2$]とヨウ素の反応で[Cp*CoI$_2$(CO)]を合成し，これをn-オクタンに懸濁させて窒素ガスを通じながら還流すると得られる[1]．

【性質・構造・機能・意義】空気中で安定な黒緑色の結晶性固体で反磁性である．極性溶媒中ではI$^-$イオンが解離して[{Cp*CoI}$_2$(μ-I)$_3$]$^+$が生成し，イソプロピルアルコール中KOHで処理すると[{Cp*CoI}$_2$(μ-I)(μ-H)]に変換される．種々のドナーLと反応して単核錯体に開裂し，[Cp*CoI$_2$(L)]，[Cp*CoI(L)$_2$]$^+$などを与える[2]．また，ヨード配位子の置換によってさらに多核のクラスターが合成されている[3]．

【関連錯体の紹介およびトピックス】ハロゲンの同族体があり，ブロモ体で結晶構造が解析されている[4]．無置換のシクロペンタジエニル類縁体[{(η^5-C$_5$H$_5$)CoI$_2$(μ-I)$_2$]も同様の経路で合成されるが，この錯体はTHF，MeOH，Me$_2$COなどの溶媒中で容易に不均化し[Cp$_2$Co]$^+$，Co^{2+}，I$_2$を生成する．この反応性はハロゲンがBrやClになるとより高くなり，これらの同族体は得られない．一方，CoI$_2$とLiCp*またはCo$_2$(CO)$_8$とCp*Iとの反応からはCo(II)の[{Cp*CoI}$_2$(μ-I)$_2$]が得られる．この錯体は常磁性で，熱および空気に対して不安定であり，I$_2$で処理すると標題化合物に変換される．このBrやClの同族体では熱的安定性が向上する．

清野秀岳

【参考文献】
1) S. A. Frith *et al., Inorg. Synth.*, **1990**, *28*, 273.
2) a) G. Fairhurst *et al., J. Chem. Soc., Dalton Trans.*, **1979**, 1524; b) U. Koelle *et al., Chem. Ber.*, **1984**, *117*, 743.
3) K. Takahata *et al., J. Organomet. Chem.*, **2007**, *692*, 208.
4) C. Stoll *et al., Z. Naturforsch. B*, **1999**, *54*, 583.

$Co_2N_8O_4$

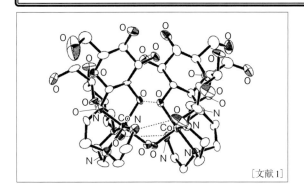

[文献1]

【名称】 μ-peroxobis[│bis(*N*-glucosyl-2-aminoethyl)(2-aminoethyl)amine│cobalt(III)]trichloride pentahydrate: [│Co((D-Glc)$_2$-tren)│$_2$(μ-O$_2$)]Cl$_3$·5H$_2$O

【背景】 糖分子間の水素結合は糖タンパク質における細胞間の接着や認識および抗原-抗体間相互作用機序を理解するうえで重要である.一方,糖質はその分子内に多数の水酸基を有することから,糖-糖間に水素結合を生じる.したがって,複数の糖分子を金属イオン上に集積させた配糖多核錯体においては糖-糖間の相互作用が期待される.この先導的な研究として,棚瀬らにより分子状のアミンであるトリス 2-(アミノエチル)アミン(tren)と二糖である D-グルコース(D-Glc)との *N*-グリコシド(bis(*N*-glucosyl-2-aminoethyl)(2-aminoethyl)amine))を配位子とする酸素架橋複核コバルト(III)配糖錯体の合成,単離・同定・結晶構造解析がなされた[1].

【調製法】 D-Glc と tren をメタノールに溶解させ,約 63℃で 80 分間,溶液が黄色味を帯びるまで加熱還流する.反応液を室温に放冷後,CoCl$_2$·6H$_2$O のメタノール溶液を加える.この混合溶液に酸素ガスを約 1 時間通気し,黄色から褐色になった溶液を室温で一昼夜放置する.この溶液を濃縮後,Sephadex LH-20 カラムにかけ,メタノールで展開する.溶離してくる褐色の主バンドを分取・濃縮後,エーテルを加え冷蔵庫に放置することで茶色の結晶が析出する.

【性質・構造・機能・意義】 この錯体は水溶液中で安定である.溶液は茶色で,電子吸収スペクトルにおいて 400 nm 付近に,酸素架橋二核 Co(III)錯体特有の架橋酸素から金属への強い電荷移動吸収($ε=3.5 \sim$)が観測される.赤外線吸収(IR)スペクトルにおいて $ν_{O-O}$ に基づくピークが 888 cm^{-1} に観測される.溶液および固体試料の Co K 吸収端付近の EXAFS 解析から,溶存状態においても固体と同様の配位構造の二核酸素架橋錯体であることが確認されている.^{1}H および ^{13}C NMR スペクトルの詳細な検討($^3J_{H-C-C-H}$ 値による糖環のコンホメーション解析,配位 N 原子上の部分的重水素化による ^{13}C NMR スペクトルにおける同位体分裂パターン認識による *N*-グリコシド結合の生成,ならびに糖分子間の水素結合の存在の証明)がなされている.CD スペクトルには,400 nm の電荷移動遷移に対して大きなコットン効果が観測され,光学活性な糖分子の配位が支持される.この錯体は結晶構造解析されており,2 つの Co(III)錯イオンはペルオキソ(O$_2^{2-}$)により架橋された二核構造をとっている.各コバルトイオンに *N*-グリコシド,(D-Glc)$_2$-tren の 4 つの窒素原子と糖の C(2)位上の酸素原子と架橋ペルオキソの一方の酸素原子が配位し *cis*-[CoN$_4$O$_2$]の六配位八面体錯体を形成している.2 つの糖部分がコバルトに配位しており,1 つの糖は C(2)位上の水酸基と *N*-グリコシドの窒素原子とでキレート配位し,他方は *N*-グリコシドの窒素原子のみで単座配位している.後者の *N*-グリコシドの単座配位は珍しく,*N*-グリコシド結合を不安定化すると考えられるが,その糖部分が二核錯体の他方の錯イオンの一級アミノ基と水素結合を形成し安定化されている.さらに(μ-O$_2$)-Co$_2$ 殻は糖-糖間の水素結合により補強されている.特に O$^-$···H-O 型の短距離(O(222)···O(212): 2.42 Å)の強い水素結合が見られる.このような,糖分子間の水素結合は糖タンパク質における相互作用の機序を理解するうえで重要な情報である.

【関連錯体の紹介およびトピックス】 この錯体に関連して,D-Glc のかわりに二糖であるマルトース(Mal)を用いても糖分子間に水素結合が見られる同様な錯体[│Co((D-Mal)$_2$-tren)│$_2$(μ-O$_2$)]Cl$_3$ が生成する.糖質としてグルコース型の糖(D-Glc, Mal)では大気中の酸素を取り込んだ酸素架橋の二核錯体が生成するが,マンノース型の糖(D-Man, L-Rha)の場合には,ダイナミックに金属周りの絶対構造を変換してイオン識別能を有するインテリジェント Co(II)錯体[Co-((L-Rha or D-Man)$_3$tren)]$^{2+}$ が生成する.このように糖質の選択により,生成する錯体の制御は,機能性錯体の設計にとって極めて有用な知見である[2].

【矢野重信】

【参考文献】
1) T. Tanase *et al., Inorg. Chem.*, **1999**, *38*, 3150.
2) S. Yano *et al, Inorg. Chem.*, **1997**, *36*, 4187.

$Co_2N_9O_2$

生

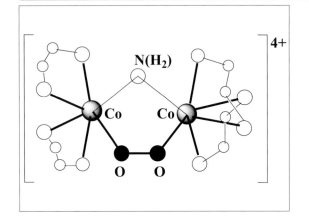

【名称】 μ-amido-μ-hyperoxo-bis[bis(ethylenediamine)-cobalt(III)] nitrate: $[(en)_2Co(\mu\text{-}NH_2,\mu\text{-}O_2)Co(en)_2](NO_3)_4$

【背景】 錯体化学の父といわれるWernerが合成した一連の光学活性錯体の中で，多核錯体としては，光学活性配位子を含まない四核錯体，$[Co\{(\mu\text{-}OH)_2Co(NH_3)_4\}_3]^{6+}$とともに，標題の錯体が知られている．この錯体は，Co(II)のアンモニア水溶液に酸素(O_2)を通じることによって生成する$Co^{III}\text{-}O_2^{(2-)}\text{-}Co^{III}$型のユニットを元にして合成される．その意味で，本錯体やその類似体は，酸素担体モデル錯体としても最も古くから知られているものである．酸素担体モデル錯体としては，その後，コバルト(II)シッフ塩基錯体に代表されるいくつかのCo(II)錯体が，可逆的に酸素(O_2)を$O_2^{(-)}$や$O_2^{(2-)}$に酸化し，それらが配位した単核または複核のCo(III)錯体を生ずることが知られるようになった．

本錯体は，架橋部分がヒペルオキソイオン$O_2^{(-)}$の錯体であるが，構造を維持したまま架橋部分が可逆的にペルオキソイオン$O_2^{(2-)}$になるので，マイルドな一電子酸化剤としても用いられる．

【調製法】 まず$[(NH_3)_5Co(\mu\text{-}O_2^{(2-)})Co(NH_3)_5]^{4+}$の塩より，ヒペルオキソ架橋錯体$[(NH_3)_4Co(\mu\text{-}NH_2,\mu\text{-}O_2^{(-)})Co(NH_3)_4](NO_3)_4$を合成する[1]．この錯体とethylenediamine(en)とを含む水溶液を，60℃で90分ほど保つと，NH_3がenに置換される．生成物は，ペルオキソイオン$O_2^{(2-)}$が架橋した錯体であるが，反応水溶液を酸性にすると，プロトンが付加した$HO_2^{(-)}$型架橋の赤色錯体の溶液となる．これを塩素またはCe(IV)で酸化すると，架橋部分が一電子酸化されて，標題のヒペルオキソ架橋錯体が得られる[2]．

【性質・構造・機能・意義】 緑色固体である．酸性水溶液中では安定であるが，塩基性水溶液中では$O_2^{(-)}$部分が還元されて，褐色の$(\mu\text{-}NH_2,O_2^{(2-)})$型の誘導体に変化する．この還元型は，酸性水溶液中でも酸化剤が存在しないと元の錯体には戻らず，架橋$O_2^{(2-)}$にプロトンが付加した赤色の$(\mu\text{-}NH_2,HO_2^{(-)})$型錯体に変化する．

本錯体は，$O_2^{(-)}$架橋上の不対電子に由来する常磁性を示す．水溶液中で694 nm($\varepsilon=420\,dm^3/(mol\,cm)$)に特徴的な吸収帯をもち，緑色の要因となっている．

本錯体には，2つのCo周りの不斉が互いに異なるメソ型と，同一であるラセミ型の幾何異性体が存在するが，メソ体には架橋部分の配位子どうしの反発があるため，ラセミ体のみが生成する．ラセミ体は，ブロモカンファースルホン酸などを光学分割剤として用いると，光学活性体に分割される．この光学活性錯体は立体選択的な一電子酸化剤として作用することも報告されている．比較的電荷が高いため，負電荷の還元剤との間にイオン対を形成しやすい．例えば還元剤として，$[Mo_2O_4(\mu\text{-}R\text{-}pdta)]^{2-}$($R$-pdta=$R$-1,2-propylenediaminetetraacetate(4-))を用いた場合には，速度論的解析から，イオン対とイオン対内での電子移動の立体選択性が分離して求められ，両者が逆の選択性をもつことが示されている[3]．

【関連錯体の紹介およびトピックス】 enの代わりに，光学活性配位子，R-propylenediamine(R-pn)を用いても，同型の錯体，$[(R\text{-}pn)_2Co(\mu\text{-}NH_2,\mu\text{-}O_2)Co(R\text{-}pn)_2]^{4+}$が得られるが，各Co周りの不斉構造が選択的に$\Delta$型になるため，生ずる複核錯体は$\Delta\Delta$型の光学活性体のみである[4]．さらに，芳香族ジアミンである1,10-phenanthroline(phen)や2,2′-bipyridine(bpy)が配位した錯体，$[(phen)_2Co(\mu\text{-}NH_2,\mu\text{-}O_2)Co(phen)_2]^{4+}$および$[(bpy)_2Co(\mu\text{-}NH_2,\mu\text{-}O_2)Co(bpy)_2]^{4+}$も合成され，光学活性体への光学分割もなされている[5]．

本錯体の$O_2^{(-)}$架橋は，NH_2架橋を保持したまま，様々な架橋に変換できる．例としては，OH^-，NO_2^-，SO_4^{2-}などを架橋とする錯体が，NH_2^-との二重架橋構造をもつ錯体として合成されている． 【佐々木陽一】

【参考文献】

1) A. Werner, *Ann.*, **1910**, *375*, 72.
2) 森正保, 無機錯体・キレート錯体(第4版実験化学講座17巻), 丸善, **1991**, p.424.
3) S. Kondo *et al.*, *Inorg. Chem.*, **1981**, *20*, 429.
4) Y. Sasaki *et al.*, *Bull. Chem. Soc. Jpn.*, **1969**, *42*, 146.
5) Y. Sasaki *et al.*, *Bull. Chem. Soc. Jpn.*, **1970**, *43*, 3462.

Co_3C_{10}

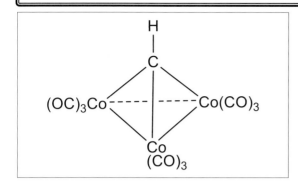

【名称】nonacarbonyl-(μ$_3$-methylidyne)-triangulo-tricobalt：[HCCo$_3$(CO)$_9$]

【背景】4つのコバルトが四面体の頂点の位置を占める[Co$_4$(CO)$_{12}$]のうち、1つのCo(CO)$_3$ユニットをアイソローバル(isolobal)なメチンCHユニットで置き換えることで、形式上導かれる。架橋メチンの炭素-水素結合の官能基化を利用して、数多くのCo$_3$C骨格をもつコバルト三核クラスターが合成されている。

【調製法】窒素気流下、[Co$_2$(CO)$_8$]とブロモホルムCHBr$_3$のテトラヒドロフラン溶液を50℃で約6時間加熱することで、一酸化炭素の発生を伴いながら、標題化合物を生成する[1]。反応溶液を10%塩酸に加え、生成物をペンタンにより抽出する。有機層を乾燥し濃縮後、残渣を昇華(50℃, 0.1 Torr)により精製することで、標題化合物が収率34%(コバルト基準)で得られる。この実験は、換気効率のよいドラフトで行う必要がある。

【性質・構造・機能・意義】空気に安定な結晶性の紫色固体。一般的な有機溶媒に可溶で、溶液中でも数時間なら安定。融点105〜107℃(dec.)。

^{1}H NMRスペクトル(CDCl$_3$)では、μ$_3$-CH配位子のシグナルは、δ 12.08に観測される。また、赤外吸収スペクトル(CCl$_4$溶液)では、C-Hの伸縮振動に帰属される吸収が2980(w)cm^{-1}に観測される。また、末端配位のCOの伸縮振動に帰属される吸収は、2105(m), 2060(vs), 2045(s), 2025(w)に観測される。これは、溶液中においても、すべてのカルボニル配位子が末端配位を保持していることを示している。

構造は、2005年になって単結晶X線構造解析により明らかとなった[2]。3つのコバルトおよび1つの炭素からなる四面体形の骨格構造をもつ。Co-Co結合距離は、2.4769(6), 2.4886(5), 2.4729(5) Åであり、類似のコバルト三核錯体で観測されるCo-Co単結合距離と似た値となっている。また、apical位の炭素とコバルトの結合距離は、1.892(2), 1.889(2), 1.894(2) Åであり、一般的なCo-C単結合距離よりも、やや短くなっており、Co-C結合間の不飽和結合性が示唆される。

標題クラスターは重要な出発原料として用いられ、Co$_3$C骨格を有する様々な化合物へと誘導される。ジアリール水銀、クロロアルキル水銀ハロゲン化物との反応により、apical位の炭素上にそれぞれアリール基、アルキル基が導入される[3]。例えば、Ph$_2$Hgとの反応では、μ$_3$-ベンジリデン配位子を有するクラスターが収率95%で得られる[1]。また、オレフィンあるいはジエンとも反応して、μ$_3$-メチリデン配位子のC-H結合が二重結合に付加した化合物が生成される[4]。

【関連錯体の紹介およびトピックス】化学式[RCCo$_3$(CO)$_9$]で表される遷移金属クラスターは、1958年にはじめて合成されて以来(R=メチル基)[5]、[Co$_2$(CO)$_8$]と対応するハロゲン化炭素との反応により数多く合成されている[6]。例えば、[Co$_2$(CO)$_8$]と四塩化炭素CCl$_4$との反応では、[ClCCo$_3$(CO)$_9$]が得られる。このクラスターでは、Friedel-Crafts型の求電子芳香族置換反応により、apical位の炭素上に、様々な置換基を導入することができる[7]。また、ケイ素類縁体[CH$_2$=CHSiCo$_3$(CO)$_9$]の合成例も報告されている[8]。

【岡崎雅明】

【参考文献】
1) D. Seyfelth *et al.*, *Inorg. Synth.*, **1980**, *20*, 224.
2) L. J. Farrugia *et al.*, *C. R. Chim.*, **2005**, *8*, 1566.
3) D. Seyferth *et al.*, *J. Organomet. Chem.*, **1974**, *65*, 99.
4) D. Seyferth *et al.*, *J. Organomet. Chem.*, **1973**, *49*, C41.
5) R. Markby *et al.*, *J. Am. Chem. Soc.*, **1958**, *80*, 6529.
6) D. Seyferth *et al.*, *J. Organomet. Chem.*, **1973**, *50*, 265.
7) R. Dolby *et al.*, *J. Chem. Soc., Dalton Trans.*, **1972**, 2046.
8) S. F. A. Kettle *et al.*, *Proc. Chem. Soc.*, **1962**, 82.

Co_3N_{14}

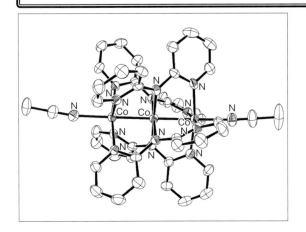

【名称】tetrakis {μ_3-di(2-pyridyl)-1κN: 3$\kappa N'$-amido-2κ} -diacetonitrile-1κN,3κN-tricobalt(2Co-Co)hexafluorophosphate: $[Co_3\{di(2-pyridylamide)\}_4(CH_3CN)_2](PF_6)_2$

【背景】di(2-pyridylamine)(dpa)を架橋配位子にもち,3つの金属イオンが直線型に配置した錯体は様々な金属イオンで合成されている. これらの錯体は,4つのdpaがヘリカルに配置するため,キラリティーをもつ.

【調製法】$[Co_3(dpa)_4Cl_2]\cdot CH_2Cl_2$と$AgPF_6$を1:2のモル比でアセトニトリルに加える. 懸濁液は時間とともに茶色溶液に変化し,白色のAgClが析出する. 反応溶液をろ過し,ろ液にジエチルエーテルを加えると本錯体はラセミ体の結晶とともに,少量のΔ体およびΛ体のそれぞれが分晶した結晶として得られる[1]).

【性質・構造・機能・意義】Co-Co結合距離は,Δ体で2.301(1)と2.299(1) Å (163 K),Λ体では2.300(1),2.298(1) Å (213 K)でほぼ同一である. 3つのコバルトのうち,末端の2つのコバルトにはアセトニトリルが軸配位子として結合しており,Co-N_{axial}平均距離は,Δ体で2.087 Å,Λ体で2.107 Åである. ラセミ体では,Co-Co距離は2.301(1)と2.304(1) Å,Co-N_{axial}距離は2.068(5)および2.090(5) Åで上記のエナンチオマーとよく似ている. 本錯体は,固体,溶液中ともに常磁性を示す. 重ジクロロメタン中の^{1}H NMRスペクトルでは,10.47,3.52,2.91および-2.86 ppmにdpaのシグナルが観測される. また,2.14 ppmに配位アセトニトリルのシグナルが観測されるため軸配位子のアセトニトリルの置換は遅いことが示唆されている. アセトニトリルガラス中,5 KでのESRスペクトルはg値2.31のシグナルが観測され,本錯体は,二重項基底状態をもつ. 紫外可視吸収スペクトルでは,4つの吸収帯が観測される. 312 nmの吸収帯は,π-π^*遷移,369 nmの吸収帯は電荷移動遷移,442および544 nmの吸収帯は,Co_3^{6+}内の遷移に帰属されている. 円二色性(CD)スペクトルでは,312 nm ($\Delta\varepsilon/\varepsilon=8.2\times10^{-4}$)のバンドは$\Lambda$体では$\Delta\varepsilon$が負に現れる. 一方,369 nm ($\Delta\varepsilon/\varepsilon=1.5\times10^{-3}$),442 nm ($\Delta\varepsilon/\varepsilon=8.25\times10^{-3}$),544 nm ($\Delta\varepsilon/\varepsilon=5.0\times10^{-3}$)のバンドは正に現れる. Δ体のスペクトルはΛ体と強度を含めて鏡像関係にある. したがって,2つのエナンチオマーは,溶液中での相互変換は起こらない. 本錯体は,アセトニトリル中で可逆な一電子酸化還元波が$+0.60$ V vs. Fc^+/Fcに観測される. また,不可逆な波が$+1.40$ Vに現れる. 磁化率は,50〜150 Kの範囲では,2.1 μ_Bで一定であり,ESRの結果と同様に二重項の基底状態に帰属できる. 50 K以下では,有効磁気モーメントは温度の低下とともに低下し,3つのコバルトイオン内での反強磁性相互作用している. 1.8〜160 Kでの有効磁気モーメントのCurie-Weissフィットから,J値は-0.3 K^{-1}と見積られる. 160〜350 Kの範囲では,温度の増加とともに有効磁気モーメントが増加し,スピンクロスオーバーの典型的な挙動を示している.

【関連錯体の紹介およびトピックス】3つの直線的に並んだ金属イオンに4つのdpaが架橋した構造をもつ錯体は,Cr, Rh, Ru, Niでも合成されているが,ほとんどの場合ラセミ体として得られる[2,3]). より長いポリピリジルアミドを架橋配位子とした直線状のM_5,M_7,M_9錯体も合成されている. これらもヘリカル状の分子であるが,得られているのは,ラセミ体のみである.

【吉村 崇】

【参考文献】
1) R. Clérac *et al., Inorg. Chem.*, **2000**, *39*, 3065.
2) J. F. Berry, In *Multiple Bonds Between Metal Atoms*, F. A. Cotton *et al.* eds., **2005**, Springer Science and Business Media Inc., New York, pp.669.
3) F. A. Cotton *et al., Eur. J. Inorg. Chem.*, **2006**, 4209.

Co3O13

【名称】$[Co^{II}_3(OH)_2(C_4O_4)_2]\cdot 3H_2O$

【背景】分子磁性体の構築において，伝導性や光物性など複数の物性現象が相互に作用し合う高次機能性の実現が挙げられる．中でも近年発達してきているのがナノ細孔性との相関であり，比較的長距離の構造を必要とするナノ空間構築と，基本的には近接相互作用である磁性との両立は困難を伴う．この観点から多様な次元性をもつナノ構造体が開発されており，ゲスト分子と骨格の相関が調べられているが，その中で骨格の磁性が溶媒の吸脱着によって可逆的に変化する錯体が構築された[1]．

【調製法】$Co(OH)_2$ と $H_2C_4O_4$ を水に溶解し，還流を行う．テフロン内筒をもつ容器に入れて封じ，200℃で数日置き，ウォーターバス中で25℃まで冷やす．赤褐色の結晶と，黄色い微結晶がわずかに生成するため，ろ過後洗浄，風乾し，顕微鏡を用いて分離する．

【性質・構造・機能・意義】磁化率測定は，合成直後の試料($A\cdot 3H_2O$)，400 Kで2時間ゲスト分子の脱離を行った試料(A)，Aに再度ゲスト分子を吸着させた試料($A\cdot 3H_2O(re)$)について行われた．10 K以上ではいずれも常磁性体であり，Curie定数は各々9.91，9.89，9.95 emu K mol^{-1} であり，八面体型配位の Co^{II} に由来するモーメントであることを示している．Weiss温度は各々0.2，2.7，0.0 Kであり，このことは最近接で強磁性相互作用が存在することを表し，特にAで相互作用が増幅されていることを示す．$A\cdot 3H_2O$ は8 Kで反強磁性転移を示し，さらに6 K以下でスピンが反平行から傾いた弱強磁性となる．磁化曲線からは，磁気ヒステリシスを伴わない臨界磁場1200 Oeのメタ磁性を示す．一方でAは8 Kで強磁性転移を起こし，AC磁化率からは転移点で実部，虚部共に転移に伴うピークを示す．2 Kにおける飽和磁化はおよそ $6\mu_B$ であった．AC磁化の周波数依存性がないことから，この転移がスピングラスなどではないことがわかる．さらに $A\cdot 3H_2O(re)$ の磁化率のふるまいは $A\cdot 3H_2O$ と同様であり，この転移が可逆的であることがわかる．このような強磁性的相互作用は，隣接するCo間のCo-O-Co結合角がほぼ直角になっていることから現れるが，同じCo原子に接続しているCo-O-C-C-O-Co結合が，交換相互作用の大きさを弱めていると考えられる．後述するゲスト分子の吸脱着による構造の変化を考慮すると，この分子における基本的な磁気構造はCoを含むリボン構造内の強磁性相互作用によって担われるが，リボン間の空隙にゲスト分子が吸着した場合，リボン間に生じる水素結合によりリボン間で弱い反強磁性相互作用がはたらき，全体としてメタ磁性を示すものと考えられる．

構造は $[Co^{II}_3(\mu_3\text{-}OH)_2]^{4+}$ がブルース石状のリボン構造をとり，それらのリボン間を μ_4-四角酸ジアニオンによって架橋されることで三次元骨格を形成している．このリボン状の錯体に囲まれるような形で一次元的なチャネル構造が構築されており，化学結合をもたないホスト分子(水分子)がこのチャネル構造を満たしている．この物質を20から100℃に加熱していくと2分子のゲスト分子が失われ，さらに分解温度に近い200℃まで温度を上げることで3つめのゲスト分子が脱離する．この温度範囲では，ゲスト分子の吸脱着は可逆的に行うことができる．このゲスト分子の離脱により，ナノ空間は広がるが，これは水分子の格子との水素結合が失われたことによるものと考えられる．また，ゲスト分子の脱離前後で晶系は変わらず，骨格を維持していることがわかる．

【関連錯体の紹介およびトピックス】ダイヤモンド型構造をもつ多孔性配位高分子 $[M_3(HCOO)_6]$ (M=Mn, Fe, Co, Ni) が合成されており，ナノ細孔性と長距離磁気秩序が共存することがわかっている．この化合物は広範なゲスト分子を吸脱着することができ，それにより磁性を制御することができる[2]．

【小島憲道・榎本真哉】

【参考文献】
1) M. Kurmoo et al., Chem. Commun., **2005**, 24, 3012.
2) Z. Wang et al., Polyhedron, **2007**, 26, 2207.

$Co_4C_{13}Si_2$

【名称】 bis(μ_4-methylsilyl)-(μ_2-carbonyl)-decacarbonyl-tetracobalt: [$Co_4(\mu_4$-SiMe$)_2(\mu$-CO)(CO$)_{10}$]

【背景】 低原子価のケイ素化学種が複数の金属を架橋した化学種は，含ケイ素化合物を基質として含む不均一系触媒反応における，中間体モデルとして捉えることができる．標題化合物は，1価のケイ素化学種であるシリリンが4つの遷移金属を架橋した極めて珍しい例であり，1993年にNicholsonらのグループによりはじめて合成された[1]．

【調製法】 当初は，Na$_2$[Fe(CO)$_4$]とSiMeH$_2$Clとの脱塩反応により得られる[Fe(SiMeH$_2$)$_2$(CO)$_4$]と[Co$_2$(CO)$_8$]との反応（室温，48時間）により収率37%で合成された．しかし，原料の[Fe(SiMeH$_2$)$_2$(CO)$_4$]が不安定であり，その単離が難しいため，ゲルマニウム類縁体の合成法を参考にして，汎用性のある次の合成法が開発された．グリースレスコックを備えたフラスコ内でSiMeH$_3$と[Co$_4$(CO)$_{12}$]をヘキサン中，49日間反応させることで，標題化合物を定量的に得ることができる．また，反応時に水素と一酸化炭素の発生が確認されている．この方法を用いることで，様々な置換基を有する類縁体を合成することができる．例えば，PhSiH$_3$と[Co$_4$(CO)$_{12}$]との反応（40℃，2ヶ月）では，収率86%で，[Co$_4(\mu_4$-SiPh$)_2(\mu$-CO)(CO$)_{10}$]が合成される[2]．良溶媒としてジクロロメタン，貧溶媒としてペンタンを用いた再結晶法により，暗赤色結晶が得られる．

【性質・構造・機能・意義】 赤外吸収スペクトル（塩化メチレン/ペンタン溶液）では，末端配位のCOの伸縮振動に帰属される吸収は，2058, 2048, 2038, 2020, 2009, 1993 cm^{-1}に観測され，架橋配位のCOについては1857 cm^{-1}に観測される．^{1}H NMRスペクトル（CDCl$_3$）では，シグナルは1本のみδ 2.73に観測され，ケイ素上のメチル基に帰属される．^{13}C{^{1}H} NMRスペクトル（CDCl$_3$）では，カルボニル配位子に帰属されるシグナルは，-50℃でも1本のみ観測される．このことは，溶液状態において，末端および架橋カルボニル配位子の交換を含む動的挙動があることを示している．^{29}Si{^{1}H} NMRのデータは報告されていない．

この錯体の構造は単結晶X線構造解析により明らかになっている．4つのコバルト原子はほぼ同一平面内に位置し，上下から2つのケイ素原子が4つのコバルト原子を架橋している．つまり，このクラスターはクロソ型のSi$_2$Co$_4$骨格からなる八面体型構造と捉えることが適切である．Co-Co間の結合距離は，2.55~2.69 Åであり，COが架橋したCo-Co間の結合距離が最も短くなっている．Co-Si結合距離は2.30~2.32 Åの範囲内にあり，ケイ素周りが4配位のクラスター[μ_4-Si{Co$_2$(CO)$_7$}$_2$]（2.288 Å(av.)）と比較してやや長くなっている[3]．

【関連錯体の紹介およびトピックス】 ケイ素を骨格原子として含む，クロソ型の六核錯体については，[Co$_4${μ_4-SiCo(CO)$_4$}$_2$(CO)$_{11}$]が同じくNicholsonらにより報告されている[4]．このクラスターでは，ケイ素上に有機基がないという意味で，裸のケイ素と表現されることもある．標題化合物のゲルマニウム類縁体[Co$_4(\mu_4$-GeMe$)_2(\mu$-CO)(CO$)_{10}$]は，GeMeH$_3$をゲルマニウム源として用いることで，[{Co$_2$(CO)$_7$}$_2$Ge]との反応により合成されている．

【岡崎雅明】

【参考文献】
1) S. G. Anema *et al., J. Organomet. Chem.,* **1993**, *444*, 211.
2) C. Evans *et al., J. Chem. Soc., Dalton Trans.,* **2002**, 4678.
3) K. M. Mackay *et al., Acta. Crystallogr., Sect. C: Cryst. Struct. Commun.,* **1987**, *43*, 633.
4) M. Van Tiel *et al., J. Organomet. Chem.,* **1987**, *326*, C101.
5) S. P. Foster *et al., J. Chem. Soc., Chem. Commun.,* **1982**, 1156.

$[CoN_2O_4]_n$

磁 光

【名称】$[Co^{III}(pyz)(3,6-DBSQ)_2]$, $Rh(CO)_2(3,6-DBSQ)$（pyz＝pyrazine, 3,6-DBSQ＝3,6-di-*tert*-butyl-1,2-benzosemiquinonate）

【背景】分子性化合物の分野において，光を用いてその電子特性を基底状態と準安定状態の間で変化させられる物質の開発は非常に興味深く，キノン類におけるセミキノン(SQ)-カテコール(Cat)状態の転移に連動して錯体における中心金属の価数転移が起こる．原子価互変異性を利用した様々な磁性の変化が知られているが，その構造転移について，固体におけるフォトメカニカルな挙動というのはそれほど理解が進んでいない．この背景の中で，カラム積層構造の金属中心の膨張，収縮に基づいた，屈曲型結晶の開発が行われた[1]．

【調製法】$Co_2(CO)_8$とピラジンをヘキサン中で反応させ，そこに3,6-ジ-*t*-ブチル-1,2-ベンゾキノンのヘキサン溶液を加える．不活性雰囲気下で撹拌後，ゆっくりと溶媒を蒸発させることによりヘキサンを結晶溶媒とする暗青色の$[Co^{III}(pyz)(3,6-DBSQ)(3,6-DBCat)]\cdot C_6H_{14}$（3,6-DBCat＝3,6-di-tert-butylcatecholate）が得られる．また，$[Co^{III}(pyz)(3,6-DBSQ)(3,6-DBCat)]$ポリマーの単結晶は，ヘキサン溶液から薄い板状結晶として得られる．

【性質・構造・機能・意義】一般に$[Co^{II}(N-N)(3,6-DBSQ)_2]$(N-N：Nドナー型二座配位子)と$[Co^{III}(N-N)(3,6-DBSQ)(3,6-DBCat)]$の間の原子価互変異性では，転移に伴って単位格子中でおよそ$100 Å^3$の体積変化を伴う．Co-キノン単量体をポリマー状に接続した錯体は，光照射によって金属イオン半径が直鎖状ポリマーの結合軸方向に増大する．$[Rh(CO)_2(3,6-DBSQ)]$と$[Co^{III}(pyz)(3,6-DBSQ)_2]$の構造を考慮すると，結晶は一次元的な構造をとり，さらに電荷分布が光照射によって変化することに伴う構造のひずみが存在する．磁化率測定から，350Kではほぼ完全に$[Co^{III}(pyz)(3,6-DBSQ)_2]$の状態で，$5.86\mu_B$の磁化をもつことがわかった．温度を下げると磁化は減少し，150Kで$2.32\mu_B$，5Kでセミキノンラジカルの$S=1/2$に対応する$1.71\mu_B$を示したことから，低温では$[Co^{III}(pyz)(3,6-DBSQ)(3,6-DBCat)]$状態となっている．光吸収スペクトルも磁化率の結果と矛盾しない．これに対し，光照射をすることでCo^{III}からCo^{II}になると，Co-Nの距離が$0.2Å$変化し，全体としてポリマーの長さに沿って増加することで，1mmあたり0.06mm増加する計算になる．結晶方位から，実際の試料では薄板状の表面においてこの変化が生じるが，この物質では光照射によって可逆的にひずみを生じることがわかった．この変化は，積層構造が異なるため，類似化合物である$[Rh(CO)_2(3,6-DBSQ)]$ほど大きくはない．

$[Co^{III}(pyz)(3,6-DBSQ)_2]$の構造からはCo金属中心に対してequatorial位に2分子のキノンが配位しており，axial位に隣接するCoを架橋する形でピラジンが配位することで一次元的な構造をとる．$[Rh(CO)_2(3,6-DBSQ)]$ではCOとキノンの配座がRhに対してほぼ平面四配位の状態をとり，キノンが互い違いに配向しながら隣接Rh間の直接的な相互作用により，Rh一次元鎖が形成される．

【関連錯体の紹介およびトピックス】原子価互変異性の観点から，電子状態と磁性の相関を中心として，$M(L_2)Q_2$やMQ_3(M：金属イオン，L_2：二座配位子，Q：二座キノン類)について多くの研究が行われている[2]．

【小島憲道・榎本真哉】

【参考文献】
1) O. S. Jung et al., *J. Am. Chem. Soc.*, **1994**, *116*, 2229.
2) a) C. G. Pierpont, *Coord. Chem. Rev.*, **2001**, *216-217*, 99; b) C. G. Pierpont, *Coord. Chem. Rev.*, **2001**, *219-221*, 415.
3) C. W. Lange et al., *J. Am. Chem. Soc.*, **1992**, *114*, 4220.

[CoN$_6$]$_n$

溶 超 高

【名称】(tris(4-(3-Dodecyloxy)propyl-1,2,4-triazole)cobalt(II)chloride([Co(C$_{12}$OC$_3$Trz)$_3$]Cl$_2$)·H$_2$O

【背景】1,2,4-トリアゾール誘導体を架橋子とする一次元遷移金属錯体は，固体状態における構造や物性が研究の対象とされてきた．本錯体は，有機溶媒中に安定に分散可能であり，はじめてのヒートセットゲル形成を示す温度応答性配位高分子であることが示された[1,2]．

【調製法】配位子 C$_{12}$OC$_3$Trz は，オルトギ酸トリメチル，ホルミルヒドラジド，C$_{12}$OC$_3$NH$_2$ の環化反応にて得る．錯体の合成は，メタノール中，CoCl$_2$·6H$_2$O と C$_{12}$OC$_3$Trz をモル比1：3で混合し，室温撹拌することで得られる．

【性質・構造・機能・意義】本錯体は，青色粉末として得られるが，これをクロロホルムに溶解すると，約0.01 wt%という低濃度で青色ゲルを与える．この青色は，Co^{II}イオンの配位構造が四面体(T_d)をとっていることを示す．このゲルの透過型電子顕微鏡，走査型電子顕微鏡においては，幅5〜30 nmのナノファイバーが確認された．一方温度に依存し錯体構造，溶液物性が変化し，25℃で形成されていた青色ゲルは，0℃でピンク色溶液（六配位構造 O_h）を形成する．この現象は，世界初のヒートセットオルガノゲル化合物と位置づけられる．Co^{II}錯体においては，O_h構造は，T_d構造に比べてよりエンタルピー的に安定であり，低温で好まれる．一方，より高温では，Co^{II}錯体は，エントロピー的に有利な T_d 配位構造をとる．T_d 錯体への配位構造変化は，アルキル鎖の配向化と関連づけられ，これが発達したナノファイバーの形成を誘起していると考えられている．

【黒岩敬太・君塚信夫】

【参考文献】
1) K. Kuroiwa *et al., J. Am. Chem. Soc.*, **2004**, *126*, 2016.
2) H. Nagatomi *et al., Chem. Lett.*, **2018**, *47*, 97.

$[CoO_6]_n$ 磁

【名称】 catena-poly ｛[bis（1,1,1,5,5,5-hexafluoro-2,4-dioxopentan-3-ido-$\kappa^2 O,O'$）cobalt（II）]-μ-[2-（4-butoxyphenyl）-4,4,5,5-tetramethyl-3-oxido-2-imidazolin-1-yloxyl-$\kappa^2 O,O'$]｝：$[Co^{II}(hfac)_2(BPNN)]_n$

【背景】 分子性磁性体の開発設計指針の1つに，有機ラジカル（πスピン）と金属イオン（dスピン）の両方を利用するヘテロスピン系が知られている．室温でも安定なニトロニルニトロキシド誘導体を架橋配位子として，磁気異方性の大きいコバルト（II）イオンを鎖状につなげれば磁性に興味がもてる．この物質は，単鎖磁石（超常磁性挙動を示す一次元磁性体）としてはじめて報告されたヘテロスピン系化合物とよく似た化合物であるが，低温で世界最大級の保磁力をもつ[1]．

【調製法】 配位子となる有機ラジカルの合成は，アルコキシ鎖をもつベンズアルデヒドとビスヒドロキシルアミン誘導体との脱水縮合反応により前駆体を合成し，これを過ヨウ素酸ナトリウムで酸化することで得られる．錯体の合成は，沸騰させた$Co(hfac)_2$のn-ヘプタン溶液とラジカル配位子のジクロロメタン溶液を合わせることで，青紫色針状結晶として得られる．

【性質・構造・機能・意義】 有機ラジカルとコバルト（II）イオンが交互に配列した，b軸方向に沿って鎖状構造をもっていることが，X線結晶構造解析から確かめられている．ラジカル配位子の酸素原子は，コバルト（II）イオン周りに対してcis型に配置されている．鎖内の最近接コバルト間距離は7.4659(4)と7.4301(4) Åであるが，鎖間の距離は10.3 Å以上となっている．らせんの周期は，2_1対称性である．

この物質は，10〜45 K付近の温度範囲で軟質磁石となり，10 K以下では非常に保磁力の大きい硬質磁石であることを反映して，以下に示すような磁気的挙動を見せる．モル当たりの静磁化率を測定すると，フェリ磁性的挙動を見せることから，鎖内のラジカル－コバルト（II）イオン間に反強磁性的相互作用がはたらいているフェリ磁性鎖であることがわかる．弱磁場での磁化の温度変化は，磁場冷却過程について80 K付近で増加が見られ，45 K以下では磁化の値はあまり変化せず停滞する．一方，残留磁化は昇温していくと45 Kで消失するのではなく，10 Kで急激に減少して消える．また，ゼロ磁場冷却過程は，最低温ではほぼゼロの磁化の値であるが，10 Kで増加し始める．単結晶を用いて，磁化の温度変化を測ることで異方軸も決定されている．鎖状構造に沿ったb軸方向が磁化容易軸であり，鎖垂直方向にはほとんど磁化されない．

交流磁化率の温度変化を測定すると，特徴的な周波数依存性が観測され，分配係数$\alpha=0.251$の単緩和過程であることが示唆される．アレニウス型の式から磁化反転の活性化障壁を求めると，$E_a/k_B=350(6)$ K，$\tau_0=6.8\times 10^{-13}$ sが見積もられる．この磁化緩和挙動は，残留磁化やゼロ磁場冷却過程で見られる緩和に一致する．さらに詳しく，45 K付近の交流磁化率を測ることで，ブロードなピークが見られ，このピーク温度は周波数に依存しない．さらに，外部磁場をかけると高温側にピークがシフトすることから，45 Kで強磁性秩序化が起こっていることが示される．

磁化曲線を測定すると，10 K以下で大きなヒステリシスループを描き，6 Kでは保磁力が$H_C=52$ kOeにも及ぶ．この値は，これまでに報告されている分子性磁性体の最大値（27.8 kOe，2 K）よりも大きい．

巨大な保磁力を有するこの物質の登場によって，一般的な市販の無機材料磁石であるネオジム磁石（19 kOe）やサマリウムコバルト磁石（44 kOe）よりも分子性磁性体が高い保磁力を示したことで，分子性材料の将来が期待できるといえる．

【関連錯体の紹介およびトピックス】 ベンゼン環のアルコキシ基を変えたものも知られている．o-体のアルキル鎖長が2〜5のもの，p-体のアルキル鎖長が4〜5のものが報告されており，どれもが10 K前後以下で50 kOe以上の保磁力をもつ性能を示す[2]．

【小島憲道・岡澤　厚】

【参考文献】
1) N. Ishii et al., J. Am. Chem. Soc., **2008**, 130, 24.
2) Y. Okamura et al., Bull. Chem. Soc. Jpn., **2010**, 83, 716.

$[CoS_6]_n$ 磁電

【名称】$(BDTA)_2[Co(mnt)_2]$ (BDTA = 1,3,2-benzodithiazolyl, mnt = maleonitriledithiolato)

【背景】分子性結晶における電子物性において、電子状態の不安定性や双安定性に由来する特異的な相転移は、興味深い物性現象として精力的に研究が行われている。構造転移に伴って分子間で電荷移動を起こす系は、その典型的な例であるが、特にテトラチアフルバレン-クロラニルのようなドナー-アクセプター型有機電荷移動錯体は、中性-イオン性転移といった物理的に興味深い様々な臨界現象を起こす[1]。そのような背景の中、分子構造、分子間パッキング、特異的な磁性の変化が同時に起こるような新たな電荷移動錯体が得られた[2]。

【調製法】$(BDTA)_2[Co(mnt)_2]$ は、BDTA・Cl と $[N(C_4H_9)_4]_2[Co(mnt)_2]$ を、メタノール:エタノール = 1:1 溶液中で反応させることによって得られる。ろ過後、ろ液を -23℃で一晩置くことにより、空気に対してかなり敏感なブロック状の結晶が成長する。

【性質・構造・機能・意義】磁化率からは、降温過程において、200~300 K では Curie の法則に従い、χT の値はほぼ一定値の $0.61\, emu\, K\, mol^{-1}$ をとることがわかった。しかしながら、さらに温度を冷やすと、χT の値は 180 K で $0.49\, emu\, K\, mol^{-1}$ まで急激に減少し、続いて Weiss 温度 -4.7 K の Curie-Weiss の法則に従う挙動を見せた。一方昇温過程では、温度ヒステリシスを示しながら 190 K で一次転移に伴う急激な χT 値の上昇を示した。

このような磁性の挙動は構造転移を示唆していると考えられることから、急激な磁化率の変化を生じる前後の 253 K と 100 K で構造解析が行われた。253 K における構造解析からは、単位格子中には $(BDTA)_2[Co(mnt)_2]$ の独立分子が 1.5 分子含まれていることがわかった。BDTA 分子は、分子間で短い S-N, N-N 間距離をもって向かい合う形で二量化し、この二量体と $[Co(mnt)_2]$ が交互に積層したカラム状構造をとっている。このカラム内では、Co の axial 位は上下の BDTA の S 原子によって占められ、その結合距離は、ほぼ面間距離と同じであった。BDTA 分子内の S-N 結合距離は、反結合性的性質を示す SOMO から電子が抜けることにより縮まるため、BDTA がもつ電荷量と強い相関があることが知られている。中性の BDTA の S-N 結合長は 1.646(2) Å であり、BDTA が完全にカチオン化している $BDTA^+ \cdot Cl^- \cdot SO_2$ では 1.598(2) Å である。BDTA・TCNQ (tetracyanoquinodimethane: TCNQ) では、IR 吸収スペクトルにより TCNQ の CN 伸縮から電荷移動度が求められているが[3]、その場合の S-N 結合長と電荷移動度の関係は、中性と+1価状態の直線上に位置することから、S-N 結合長と電荷移動度はほぼ直線的関係になると考えられる。$(BDTA)_2[Co(mnt)_2]$ 中の 2 種類の S-N 結合は 253 K において各々 1.598(2)、1.608(2) Å であり、電荷は +0.9 と見積もられることから、$BDTA^+$ と $[Co(mnt)_2]^{2-}$ のスピンは各々 $S=0, 1/2$ であり、分子式当たり 1 つの不対電子をもつ。一方 100 K では独立な 2 分子の BDTA が存在するが、アキシャル位の Co-S 距離は、互いに 0.9 Å 程度異なっており、さらに BDTA 内の S-N 結合距離は Co に近い分子で 1.623(3)、遠い分子で 1.605(3) Å で、後者は高温相の値とほぼ等しい。この S-N 距離から電荷移動度を見積もると、前者に対して約 +0.5、後者に対して約 +0.9 となり、不均化していることがわかった。このことは重なりの減少によって $[Co(mnt)_2]$ から BDTA への電荷移動が減少し、BDTA の配位能が増大することで部分的に逆供与を起こしたことによって引き起こされたと考えられる。

【関連錯体の紹介およびトピックス】多くの環状チアジルラジカル化合物が磁気的双安定性に由来する相転移を起こすことがわかっている[4]。

【小島憲道・榎本真哉】

【参考文献】
1) S. Horiuchi *et al., Science,* **2003**, *299*, 229.
2) Y. Umezono *et al., J. Am. Chem. Soc.,* **2006**, *128*, 1084.
3) J. S. Chappel *et al., J. Am. Chem. Soc.,* **1981**, *103*, 2442.
4) a) W. Fujita *et al., Science,* **1999**, *286*, 261; b) W. Fujita *et al., Phys. Rev. B,* **2002**, *65*, 064434; c) J. L. Brusso *et al., J. Am. Chem. Soc.,* **2004**, *126*, 8256; d) J. L. Brusso *et al., J. Am. Chem. Soc.,* **2004**, *126*, 14692.

$[CoCrLiN_6O_{12}]_n$ 磁 集

【名称】 tris(2,2′-bipyridine)cobalt(II) tris[μ-(ethanedioato-$κ^2O^1,O^2:κ^2O^{1'},O^{2'}$)][chromium(III)lithium(I)]ate: $[Co^{II}(bpy)_3][Li^ICr^{III}(ox)_3]$

【背景】 スピンクロスオーバー錯体は，配位子場の強さが高スピンと低スピン状態の中間に位置しており，光，温度，圧力などの外部刺激によりスピン転移を引き起こす錯体である．$[Co(bpy)_3]^{2+}$ 錯体は高スピン状態をとることが知られているが，化学圧力によって配位子場を変化させ，$[Co(bpy)_3]^{2+}$ をスピンクロスオーバー転移する錯体へと変化させた[1]．

【調製法】 $K_3[Cr(ox)_3]\cdot 3H_2O$ 水溶液に，等モルの $[Co(bpy)_3]^{2+}$ の塩化物または硫酸化物水溶液を加え，室温で撹拌する．さらに，等モルの硝酸リチウムまたは塩化リチウムを加えると，すぐに細かい結晶として得られる．単結晶は，$K_3[Cr(ox)_3]\cdot 3H_2O$ を含むテトラメトキシシランのゲルを試験管に入れ，そこに $[Co(bpy)_3]^{2+}$ とリチウム塩の水溶液を加えると，数日後に四面体型で 0.4 mm 辺のものが得られる[2]．

【性質・構造・機能・意義】 単結晶X線構造解析から，空間群は立方晶の $P2_13$ であることがわかっている．コバルト(II)イオンは，3つのビピリジン配位子由来の窒素原子6つが配位した八面体構造をしている．シュウ酸配位子は，クロム(III)とリチウム(I)イオンに交互架橋しており，1つの金属イオンに対してシュウ酸配位子3つからくる酸素原子6つが配位している．また，三次元のネットワークを構成しており，シュウ酸配位子骨格の金属イオンを変えることで，ビピリジン錯体が占めている空孔サイズを様々に変化させることができる．Co-N 結合距離は，300 K において平均 2.095 Å であるのに対し，10 K では平均 2.014 Å と短くなっている．この変化は，熱収縮によるものにしては大きすぎるため，コバルト錯体部位がスピンクロスオーバー挙動を示す結果であると考えられる．この錯体の磁化率（$[Cr(ox)_3]^{3-}$ 分を引いた値）は，10 K で $χT = 0.5$ cm^3 K mol^{-1} となり，温度を上げていくと S 字を描きながら $χT$ 値が増大していく．300 K では $χT = 2.55$ cm^3 K mol^{-1} となる．この挙動は，三次元ネットワークに取り込まれたコバルト(II)錯体が熱によるスピン転移を起こすことを示している．単結晶吸収スペクトルは，$[Cr(ox)_3]^{3-}$ 由来の吸収ピークが 12 K で 17500 cm^{-1} 付近（$^4A_2 \to {}^4T_2$; broad）と，14408 cm^{-1}（$^4A_2 \to {}^2E$; sharp）に観測される．また $[Co(bpy)_3]^{2+}$ 由来の吸収ピークが 14000 cm^{-1} と 18500 cm^{-1} に観測される．$[Co(bpy)_3]^{2+}$ の吸収ピークは，14000 cm^{-1} 付近を中心としてわずかに非対称的な吸収帯として観測される．このピークは，12 K で最も強度が強くなり，温度の上昇とともに弱くなり，300 K ではほとんどバックグラウンドに隠れてしまう．これは $[Co(bpy)_3]^{2+}$ の高スピンと低スピン状態の熱平衡に由来しており，低温で強いピークは低スピン状態の $^2E \to {}^2T_1^a$ と $^2E \to {}^2T_2$ の遷移である．また，弱いながら 18500 cm^{-1} 付近に $^2E \to {}^2T_1^b$ 遷移も観測される．

この錯体は，元々スピンクロスオーバー挙動を示さない錯体を，アルカリ金属イオンによって空孔サイズを制御できる三次元ネットワーク錯体に取り込ませ，化学圧力による配位子場の変化でスピンクロスオーバー現象を発現させることを狙ったものである．これにより，スピンクロスオーバー領域にない錯体の配位子場を変化させることが可能になり，今後のスピンクロスオーバー錯体の設計上で，非常に興味深い事例であるといえる．

【関連錯体の紹介およびトピックス】 この錯体中のリチウムイオン部位をナトリウムイオンに置き換えたものが合成されている．しかし，ナトリウム錯体は空孔サイズがリチウム錯体のものに比べ大きいため，$[Co(bpy)_3]^{2+}$ にかかる化学圧力が小さく，相対的に配位子場が弱く，高スピン状態のままである[2]．他にも，ビピリジンコバルト(II)錯体の遷移金属イオンを，鉄(II)，亜鉛(II)，ルテニウム(II)に変えた化合物や，シュウ酸ネットワーク中の2種類の金属イオンを2価の遷移金属イオンのみに置き換えても同構造の錯体が得られる[1,2]．

【小島憲道・岡澤　厚】

【参考文献】
1) R. Sieber *et al.*, *Chem. Eur. J.*, **2000**, *6*, 361.
2) S. Decurtins *et al.*, *J. Am. Chem. Soc.*, **1994**, *116*, 9521.

$[Co_2WC_8N_{10}O_2]_n$

磁 光

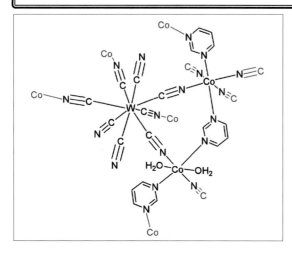

【名称】 $Co^{II}_3[W^V(CN)_8]_2(pyrimidine)_4(H_2O)_6$

【背景】 プルシアンブルー類似体は設計性，制御性の観点から魅力的な系であり，多様な研究が行われている．このような六配位錯体に対して，近年八配位錯体が注目を集めている．特に，$[M(CN)_8]^{n-}$（M＝Mo, Wなど）は周囲の化学的な環境に応じて，多様な配位環境を選択可能な構成単位として利用できる．さらには集積型金属錯体を構築した場合に，クラスターとしての0次元錯体から，一次元鎖状錯体，二次元格子状錯体，三次元構造錯体など，多岐にわたる．このような系で光磁気効果発現の試みも多く見られ，磁性化合物を構成する遷移金属の価数が光照射で変化する系が存在するが，このとき構造的な柔軟性が価数の変化に対して重要な役割を果たしている．このような観点から，価数の選択性や空間配置の多様性に対して利点のある，$[M(CN)_8]$ を構成要素とした錯体が開発され，その性質が調べられた[1]．

【調製法】 組成式 $Co^{II}_3[W^V(CN)_8]_2(pyrimidine)_4 \cdot 6H_2O$ の錯体は合成条件により，$[\{Co^{II}(pyrimidine)_2\}_2\{Co^{II}(H_2O)_2\}\{W^V(CN)_8\}_2] \cdot 4H_2O$ (**1**)，$[\{Co^{II}(pyrimidine)(H_2O)\}_2\{Co^{II}(H_2O)_2\}\{W^V(CN)_8\}_2](pyrimidine)_2 \cdot 4H_2O$ (**2**) の2種類の錯体を与える．**1** は $Cs^I_3[W^V(CN)_8] \cdot 2H_2O$ 水溶液を $CoCl_2 \cdot 6H_2O$ とピリミジンを含む水溶液に加え，生成した沈殿をろ過，風乾後に粉末結晶が得られる．また **1** を水中で長時間保持して得られた化合物をろ過，水洗後に風乾すると **2** が得られる．

【性質・構造・機能・意義】 磁化率からは降温過程において χT の値が208 Kで減少し，昇温過程では298 Kで増加する，幅が90 Kと非常に大きい温度ヒステリシス挙動が可逆的に観察された．このとき錯体の色は高温相（HT）では赤，低温相（LT）では青であった．150 Kでの赤外吸収（IR）スペクトルによるW-CN間の結合は，LTが W^{IV} であることを示唆し，磁化率の結果と併せて HT で $Co^{II}(S=3/2)$-NC-$W^V(S=1/2)$，LT で $Co^{III}(S=0)$-NC-$W^{IV}(S=0)$ となっており，温度変化によりこの状態間での電荷移動が起きたことがわかる．一方で **2** の χT は温度変化に対して急激な減少を示さず，低温で強磁性的相互作用を示しており，この系で電荷移動は起きない．また5 Kにおいて **1** のLTに840 nmの光照射を行うと，$T_C=40$ K の自発磁化が生じ，2 Kでの保磁力が12 kOeの磁気ヒステリシスが観測された．このときの飽和磁化からは，Co^{II}-W^V 間の強磁性的相互作用が示唆される．このようにして得られた強磁性状態は，3 Kでは長時間保持できるが，150 Kに温度上昇させると緩和する．さらにこの光誘起された状態に532 nmの光照射を行うと，χT の減少が起き，元の状態に戻り光誘起相転移は可逆的である．この結果はLTからHTへの光制御が可能であることを示している．

1 は微結晶として得られ，粉末X線測定と同形の混晶である $[\{Co^{II}/Cu^{II}(pyrimidine)_2\}_2\{Co^{II}/Cu^{II}(H_2O)_2\}\{W^V(CN)_8\}_2] \cdot 4H_2O$ ($Co:Cu^{II}=2:1$) のデータを基本としたRietveld解析により構造決定された．Coは2種類の環境をもち，Co1のequatorial位は $[W(CN)_8]$ の4つのシアノ窒素原子で架橋され，apical位にはピリミジン窒素が配位する一方，Co2では $[W(CN)_8]$ の2つのシアノ窒素原子，2つの水分子，2つのピリミジン窒素が配位する．$[W(CN)_8]$ 側から見ると，4つがCo1へ，1つがCo2へ，残り3つが自由端となっており，全体として格子状構造をとる．**2** は単結晶構造解析され，Co1は4つのシアノ窒素原子，各1つの水分子とピリミジン窒素が配位し，Co2は **1** と同様の配位環境を構築し，やはり格子状構造をとる．残りの分子はこれらの格子構造の中に取り込まれる．

【関連錯体の紹介およびトピックス】 $[M(CN)_8]$（M＝Mo, Wなど）を構成要素とする集積型金属錯体は0次元のクラスターから三次元骨格をもつものまで多くの化合物が知られている．これらの物質の構造・磁気的性質については総説を参照されたい[2]．

【小島憲道・榎本真哉】

【参考文献】
1) a) S. Ohkoshi *et al., Chem. Mater.*, **2008**, *20*, 3048; b) S. Ohkoshi *et al., J. Am. Chem. Soc.*, **2006**, *128*, 5320.
2) P. Przychodzeń *et al., Coord. Chem. Rev.*, **2006**, *250*, 2234.

[Co₈O₁₅]ₙ

磁 光

【名称】 3,3′-(perfluorocyclopentene-1,2-diyl)bis(2-methyl-6-benzo[b]thiophenylsulfonato)cobalt hydroxide: $(C_{23}H_{20}Co_8F_6S_4O_{20})_n$

【背景】 近年，分子性化合物の分野では，分子設計性の高い有機物や電子状態を含む構造設計性の高い無機物を組み合わせて，光磁性や各種外部刺激に対するクロミズム，輸送物性-磁性の結合など，高次機能性を発現する有機-無機複合物質の開発が進んでいる．中でも層状磁性体は，層間に挿入する分子の選択により多様な物性を発現するが，その1つとして金属層状水酸化物 (layered double hydroxide: LDH) が知られている．このような系に対し，層間への光異性化分子の挿入により，光異性化分子のπ電子系の広がりにより層間相互作用が制御される磁性体が開発された[1]．

【調製法】 光異性化分子であるジアリルエテン類の設計については総説に詳しい[2]．本物質は，2,2′-dimethyl-3,3′-(perfluoro-cyclopentene-1,2′-diyl)bis-(benzo-[b]thiophene)の6位にスルホ基を付加してナトリウム塩として得た後，$[Co_2(OH)_3(CH_3COO)]\cdot H_2O$ と5:1の割合で水溶液として混合，暗所下75℃で12時間反応させ，アニオン交換により目的物を得ることができる．このとき，紫外光(UV)照射せずに合成した場合にはπ電子が分子内で切断された開環型光異性化分子が主に挿入され(**1**)，UV照射下で合成した場合にはπ電子が分子内で非局在化する閉環型分子が主に挿入された塩が得られる(**2**)．

【性質・構造・機能・意義】 静磁化率測定より，2Kでの飽和磁化から，後に述べる八面体型配位のCo間は強磁性的に，八面体型-四面体型サイトのCo間は反強磁性的に相互作用がはたらいていると考えられる．またAC磁化率が測定されており，**1**, **2** は各々9, 20Kで強磁性転移に相当するピークを生じることが示されている．このとき，**2** に関しては10K近傍にショルダーを生じているが，これは不純物成分として**1**が混入しているためと考えられている．光異性化分子の開環/閉環反応は，後で述べるように層間距離をほとんど変化させないため，このような転移温度の変化は，単なる挿入分子の長さによるものではない．挿入分子として，炭素鎖長が等しく不飽和結合の数が異なる一連の炭化水素ジカルボン酸イオンを挿入した実験からは，不飽和結合が分子全体に広がっている物質で転移温度が上昇するという結果が得られており，このことと比較して本物質は，光異性化による分子の開環/閉環反応でπ電子系の非局在性が変化し，層間相互作用の大きさが切り替わったものと考えられる．また，**1** に対して313 nmの紫外光を照射すると，19 K付近にショルダーが生じるが，これは塩内部での光異性化分子が異性化したことにより，**2** の成分が増加したことによるものと考えられる．本物質に対応する擬二次元イジングスピンモデルにおいて，層間の相互作用が0から層内の相互作用に匹敵する値にまで増加する際に強磁性転移温度が2倍になるという結果が，モンテカルロ計算から得られており，π電子系の接続により層間相互作用が増加したことを支持している．

粉末X線の結果から，磁性層間距離は**1**, **2**について各々27.5, 28 Åとなり，光異性化分子の開環/閉環状態にかかわらずほぼ等しい．またこれまでに得られているCo-LDHに関する知見より，Coは酸素が八面体型に配位するサイトと四面体型のサイトがあり，本物質では層間距離や組成比から，各々のサイト比が7:1で構成されていると考えられる．

【関連錯体の紹介およびトピックス】 金属層状水酸化物の層間には様々なアニオンを挿入することができ，アニオンの大きさやπ電子の存在により異なった磁性を示す[3]．

【小島憲道・榎本真哉】

【参考文献】
1) a) H. Shimizu et al., Inorg. Chem., **2006**, 45, 10240; b) M. Okubo et al., Solid State Commun., **2005**, 134, 777.
2) M. Irie, Chem. Rev., **2000**, 100, 1685.
3) V. Laget et al., Coord. Chem. Rev., **1998**, 178-180, 1533.

CrN₄OCl

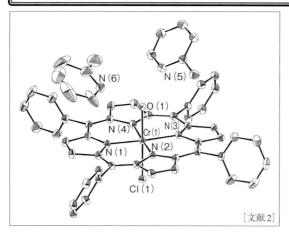

[文献2]

【名称】 aquachlorido(5,10,15,20-tetraphenylporphyrinato)chromium(III)2-methylpyridine adduct: [Cr(TPP)(Cl)(H₂O)](2-MePy)₂

【背景】 天然のヘムの生物学的機能が軸配位子により影響を受けるため,軸位の配位様式とポルフィリン錯体の電子構造や反応性の相関に興味がもたれている.クロム(III)錯体は[Cr(porphyrin)(X)(L)](X, Lはそれぞれ陰イオン性および無電荷の配位子)で表される様々な軸配位子をもつ一連の錯体を構成し,それらの分子構造や電子状態,光物理および光化学諸過程のダイナミクスの関連について広く研究がなされてきた.

【調製法】 [Cr(TPP)(Cl)(H₂O)]は次の方法で合成される.5, 10, 15, 20-テトラフェニルポルフィリンをDMFに溶解し,そこへ過剰量の塩化クロム(II)を加え,30分間加熱還流を行う.反応溶液に水とクロロホルムを加えて生成物を有機層に抽出する.得られた固体をクロロホルムに溶解し,アルミナカラムを通した後,少量の濃塩酸を加えて撹拌する.溶液を乾固した後,クロロホルム/ヘキサン混合溶媒を用いて再結晶を行う[1]).軸位の配位水分子はピリジン(Py)などの配位子により容易に置換され,[Cr(TPP)(Cl)(Py)]のような錯体を与える.

【性質・構造・機能・意義】 [Cr(TPP)(Cl)(H₂O)]のジクロロメタン溶液中ではポルフィリン錯体に特有の吸収が $\lambda_{max}/nm(\varepsilon/M^{-1}cm^{-1})$ = 396.8(4.64×10⁴), 448.8(2.66×10⁵), 562.4(1.22×10⁴), 601.6(1.02×10⁴) に観測される.

[Cr(TPP)(Cl)(H₂O)](2-MePy)₂の分子構造はX線構造解析により明らかにされた[2].2-MePyはメチル基の立体障害のためにCrに直接結合することができず,Crに結合した水分子との間に水素結合を形成している.この錯体は[Cr(TPP)(Cl)(H₂O)]と2-MePyの反応により生成するが,2-MePyの代わりにPyを反応させると,PyがCrに結合した[Cr(TPP)(Cl)(Py)]が生成する.

Cr(III)-TPP錯体の蛍光スペクトルは温度依存性を示す.エタノール中での蛍光量子収率は2.2×10⁻⁵(300 K),7.0×10⁻⁴(77 K)である[3].n-butanolと3-methylpentaneの3:7混合物を媒体とする低温での蛍光スペクトルでは,810 nm付近と850 nm付近にピークが観測され,その相対強度は温度によって大きく変化する[4].液体ヘリウム温度では850 nm付近のみの蛍光スペクトルとなるが,温度の上昇とともにこのピークが相対的に減少して,77 K以上では810 nm付近のピークが優位となる.これらの蛍光は,ポルフィリンの最低励起三重項のS=1スピンとCr(d³)のS=3/2スピンのカップリングにより生じる $^4T_1$, $^6T_1$ から基底状態の $^4S_0$ への遷移に帰属される.これらの励起状態はポリスチレンマトリックスにドープした[Cr(TPP)(Cl)(Py)]の励起状態の失活のダイナミクスにおいても観測された[5].

クロム(III)ポルフィリン錯体を光励起すると,励起状態での光化学反応を観測することができる[2].トルエンのような有機溶媒中での[Cr(TPP)(Cl)(L)]の軸配位子Lの光解離の量子収率は ϕ=0.94(L=H₂O), 0.65(L=Py)と比較的大きい(1-メチルイミダゾール 1-MeImの場合は ϕ=0).また,Lの光解離により生じる配位不飽和錯体[Cr(TPP)(Cl)]の反応性が調べられ,配位子の再結合反応の速度定数が決定された(約 $10^9 M^{-1}s^{-1}$, 298 K).

【関連錯体の紹介およびトピックス】 ポルフィリン錯体の軸位はポルフィリンにより置換活性化されている.その原因を明らかにするために,[Cr(TPP)(Cl)(L)](LはPyなどの配位子)における1-MeImによるLの置換反応が調べられ,その反応速度式に基づいて,反応機構が五配位中間体[Cr(TPP)(Cl)]を経由して反応が進行する解離機構であることが明らかにされた[6].この中間体は[Cr(TPP)(Cl)(L)]の光励起により生成する配位不飽和錯体と同一の錯体であると考えられる.

【稲毛正彦】

【参考文献】
1) D. A. Summerville *et al.*, *J. Am. Chem. Soc.*, **1977**, 99, 8195.
2) M. Inamo *et al.*, *Inorg. Chem.*, **2000**, 39, 4417.
3) A. Harriman, *J. Chem. Soc., Faraday Trans. 1*, **1982**, 78, 2727.
4) M. Gouterman *et al.*, *J. Chem. Phys.*, **1975**, 62, 2343.
5) M. Hoshino *et al.*, *J. Phys. Chem.*, **1996**, 100, 627.
6) P. O'Brien *et al.*, *Inorg. Chem.*, **1982**, 21, 2094.

CrN$_6$

光

【名称】 tris(2,2′-bipyridine-*N*,*N*′)chromium(III) perchlorate: [Cr(bpy)$_3$](ClO$_4$)$_3$

【背景】 古くからその光化学的性質が研究されている錯体である．MLCT最低励起状態を示すRuやOs錯体に対し，d–d最低励起状態^{2}Eからの長寿命(63 μs)のりん光を示すことからも興味を集め多くの研究例がある．

【調製法】 窒素雰囲気下，0.2 M過塩素酸クロム(III)の過塩素酸水溶液を電解し得られるクロム(II)水溶液10 mLをpH=2のbpyを含む懸濁水と混合する．得られた黒色懸濁液に酸素を1時間バブリングすると黒色固体は次第に黄色へと変化する．ろ別後，エタノール，水で洗浄した後，水から再結晶しH$_2$SO$_4$で乾燥させる[1]．

【性質・構造・機能・意義】 黄色結晶．塩酸性水溶液中，可視領域には402(log ε=2.97)，428(log ε=2.83)，458 nm(log ε=2.43)に，^{4}A$_2$→^{4}T$_2$の振動成分に帰属される3つの吸収極大を示す．また室温水溶液中で695と727 nmに発光極大を示し，それぞれ，^{2}T$_1$→^{4}A，^{2}E→^{4}A，に帰属されている．これらは同一の発光寿命をもつことから^{2}T$_1$と^{2}E励起状態は，室温で熱平衡状態にあると考えられる．中性または塩基性中の光照射により，bpyは水などと配位子置換することが知られている．電気化学的には[Cr(bpy)$_3$]$^{2+}$，[Cr(bpy)$_3$]$^+$，[Cr(bpy)$_3$]への還元に対応する3段階の一電子酸化還元波を示す[2]．

【関連錯体の紹介およびトピックス】 [Cr(phen)$_3$]$^{3+}$などの類似錯体の光化学的性質も研究されている[3]．

【加藤昌子・張　浩徹】

【参考文献】
1) B. R. Baker *et al., Inorg. Chem.*, **1965**, *4*, 848.
2) N. Serpone *et al., J. Am. Chem. Soc.*, **1979**, *101*, 2907.
3) M. A. Jamieson *et al., Coord. Chem. Rev.*, **1981**, *39*, 121.

CrN$_6$

光

【名称】 tris(1,10-phenanthroline-N,N')chromium(III)perchlorate: [Cr(phen)$_3$](ClO$_4$)$_3$

【背景】 [Cr(bpy)]$^{3+}$と同様に太陽エネルギー変換を指向した物質開発の興味から多くの光化学的研究が行われた錯体である.

【調製法】 窒素雰囲気下,Cr(II)Cl$_2$と数滴の70% HClO$_4$を含む水溶液をフェナントロリン(phen)のMeOH溶液に加える.得られた暗緑色混合物を15分攪拌し,大気中でCl$_2$ガスを40分間バブリングする.飽和過塩素酸ナトリウム水溶液を加えると黄色固体が得られる.ろ別後,数滴のHClを含む温水から再結晶する.収率53%[1].

【性質・構造・機能・意義】 黄色結晶で,塩酸性水溶液中,可視領域の405(log ε=2.94),435(log ε=2.78),454 nm(log ε=2.51)に^{4}A$_2$→^{4}T$_2$の振動成分に帰属される3つの吸収極大を示す.また,[Cr(bpy)$_3$]$^{3+}$と同様に,室温塩酸性水溶液中で699と727 nmに発光極大を示し,それぞれ,^{2}T$_1$→^{4}A,^{2}E→^{4}A,に帰属されている.これらは同一の発光寿命(〜300 μs)をもつことから^{2}T$_1$と^{2}E励起状態は,室温で熱平衡状態にあると考えられる.発光寿命は[Cr(bpy)$_3$]$^{3+}$(〜60 μs)より約5倍長い.中性または塩基性中の光照射により,phenは水等と配位子置換することが知られている.

【関連錯体の紹介およびトピックス】 [Cr(bpy)$_3$]$^{3+}$などの類似錯体の光化学的性質も研究されている[2,3].

【加藤昌子・張 浩徹】

【参考文献】
1) F. Bolletta *et al., Inorg. Chem.*, **1983**, *22*, 2502.
2) N. Serpone *et al., J. Am. Chem. Soc.*, **1979**, *101*, 2907.
3) M. A. Jamieson *et al., Coord. Chem. Rev.*, **1981**, *39*, 121.

CrO₆

無 光 溶

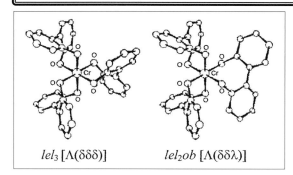

*lel*₃ [Λ(δδδ)]　　*lel*₂*ob* [Λ(δδλ)]

【名称】tris(2,2′-bipyridine 1,1′-dioxide-κ*O*,κ*O*′)chromium(III) triperchlorate: [Cr(bpdo)₃](ClO₄)₃

【背景】無電荷の化合物である 2,2′-ビピリジン 1,1′-ジオキシド（bpdo）は種々の金属と容易に錯形成し，スキュー構造の七員環キレートを形成する．七員環キレートを含む錯体は極めて少ないことから興味をもたれ，多くの bpdo 錯体が報告されている[1]．しかし，bpdo の配位力は水と同程度に弱く，ほとんどの錯体は溶液中で容易に配位子解離する．そのため，bpdo 錯体に関する知見は結晶状態での構造や IR スペクトル，磁性などが主である．このような bpdo 錯体のうち，[Cr(bpdo)₃]³⁺ は溶存状態での性質や立体化学について明らかにされた数少ない例の 1 つである．また，光学分割に成功した最初の bpdo 錯体である[2,3]．

【調製法】bpdo は，2,2′-ビピリジンの酢酸溶液に過酸化水素水を加えて加熱すると無色結晶として得られる[4]．ラセミの [Cr(bpdo)₃](ClO₄)₃ は，Cr(NO₃)₃·9H₂O と bpdo を含む水溶液を加熱後，反応溶液に NaClO₄ を加えると緑色結晶として得られる[5]．

光学活性な (−)₅₈₉-[Cr(bpdo)₃](ClO₄)₃ は，分割剤として (+)₅₈₉-Ag₃[Co(L-cysteinesulfinato(2−)-κ*N*,κ*S*)₃] を用いた水溶液中での分別結晶法によって生成する難溶性ジアステレオ異性塩から得られる[2]．

【性質・構造・機能・意義】トリス(bpdo)錯体には，キレートの配置 (Δ, Λ) と bpdo キレートのキラルなスキュー配座 (δ, λ) との組合せにより，4 種の配座ジアステレオ異性体，*lel*₃ [Δ(λλλ), Λ(δδδ)], *lel*₂*ob* [Δ(λλδ), Λ(δδλ)], *lelob*₂ [Δ(λδδ), Λ(δλλ)], *ob*₃ [Δ(δδδ), Λ(λλλ)] が考えられる．[Cr(bpdo)₃]³⁺ は，IR スペクトルの解析などから 1 種の異性体のみが生成すると予測されていた[1]．しかし，室温で [Cr(bpdo)₃](ClO₄)₃ の結晶を素早く溶解した水溶液の可視紫外吸収（UV-Vis）スペクトルは，等吸収点を伴うパターンが速やかに変化して平衡に達することが見いだされた[3]．この変化は一次反応速度則に従い，25℃での半減期は約 4 分である．この過程で錯体は加水分解しないことから，スペクトル変化は 2 種の異性体間での異性化によるものと考察された．この錯体は常磁性であり，NMR によって立体化学的な知見を得ることは極めて困難である．そこで，bpdo の 3,3′ 位にメチル基を導入し，立体障害によってキレート配座の変換が阻害された [Cr(3,3′-Me₂-bpdo)₃]³⁺ が合成され，SP-Sephadex 陽イオン交換カラムクロマトグラフィーで 3 種の異性体，*lel*₃, *lel*₂*ob*, *lelob*₂ が分離された[6]．これら異性体の UV-Vis スペクトルと bpdo 錯体のスペクトル変化との比較から，[Cr(bpdo)₃]³⁺ は，過塩素酸塩の結晶中では *lel*₂*ob* 構造が優勢であり，水溶液中では bpdo キレートの配座が変換して *lel*₃ 構造に異性化し，*lel*₃ 構造が優勢な平衡状態になると考察された[3]．一般にキレート配座は溶液中で瞬時に変換するか，特定の配座に固定されるかのいずれかであり，変換速度が明らかになった系は極めて稀である．

光学活性な [Cr(bpdo)₃](ClO₄)₃ の水溶液は，室温で円二色性（CD）スペクトルが二段階に変化する．溶解直後は等 CD 点を伴いパターンが速やかに変化し，その後は CD 強度のみが徐々に減少して最終的に活性を失う．はじめの速い過程では UV-Vis スペクトル変化を伴い，その後の遅い過程では UV-Vis スペクトルは変化しない．遅い過程での CD 強度の減少は一次反応速度則に従い，25℃での半減期は約 100 分である．これらの結果から，光学活性な [Cr(bpdo)₃]³⁺ は水溶液中で速やかに異性化 (*lel*₂*ob* ⇌ *lel*₃) し，徐々にラセミ化 (Λ ⇌ Δ) することが明らかになった[3]．

【関連錯体の紹介およびトピックス】関連する Co(III) 錯体 [Co(bpdo)₃]³⁺ は不安定で，速やかに Co(II) に還元される．しかし，配位力が強い NH₃ が共存すると安定な [Co(NH₃)₄(bpdo)]³⁺ が得られ，光学分割される．この光学活性錯体は，水溶液中で bpdo キレートのキラルな配座が変換 (δ ⇌ λ) し，速やかにラセミ化する（25℃での半減期は約 20 秒）[7]．

【菅野秀明】

【参考文献】
1) N. M. Karayannis *et al., Coord. Chem. Rev.*, **1976**, *20*, 37.
2) H. Kanno *et al., Bull. Chem. Soc. Jpn.*, **1979**, *52*, 761.
3) H. Kanno *et al., Bull. Chem. Soc. Jpn.*, **1987**, *60*, 589.
4) I. Murase, *Nippon Kagaku Zasshi*, **1956**, *77*, 682.
5) P. G. Simpson *et al., Inorg. Chem.*, **1963**, *2*, 282.
6) H. Kanno *et al., Bull. Chem. Soc. Jpn.*, **1979**, *52*, 1408.
7) H. Kanno *et al., Bull. Chem. Soc. Jpn.*, **1997**, *70*, 1085.

CrO₆

無光触

【名称】 tris(2,4-pentanedionato-$\kappa O,\kappa O'$)chromium(III); tris(acetylacetonato)chromium(III): [Cr(acac)₃]

【背景】 [Cr(acac)₃]は古くから知られる錯体の1つであり，その立体構造や物性は様々な測定方法で詳細に調べられている．この錯体は高温でも分解せず緑色蒸気となり，気相での性質も調べられている．[Cr(acac)₃]にはエナンチオマー(Δ, Λ)があり，光学分割が可能である．

【調製法】 CrCl₃·6H₂Oの水溶液に尿素とアセチルアセトン(Hacac)を加え加熱環流すると，赤紫色結晶が析出する．粗結晶の温ベンゼン溶液に石油エーテルを加えて再結晶すると，ラセミの[Cr(acac)₃]が赤紫色の板状結晶として得られる[1]．

【性質・構造・機能・意義】 近年，[Cr(acac)₃]は，エチレンなどのオレフィン類からアイソタクチックポリマーを合成する重合反応の効果的な触媒としても注目されている[2]．また，その光学活性錯体は，ピリミジン-5-カルバルデヒド類からキラルな5-ピリミジルアルカノール類を得る反応の触媒に用いられ，高いエナンチオ選択性を示すことが報告されている[3]．このような不斉合成におけるキラルな錯体触媒は，医薬品などの製造分野において非常に重要であり，完全分割された錯体を多量に得られる光学分割法の開発が望まれている．

一般に，錯イオンの光学分割には，キラルな対イオンとのジアステレオ異性塩の分別結晶法や，キラルな溶離剤を用いたイオン交換カラムクロマトグラフィーが用いられるが，[Cr(acac)₃]は無電荷であるため，それら分割法は利用できない．そこで，種々の方法による光学分割が試みられている．

[Cr(acac)₃]の光学分割法の1つに，固定相に対するエナンチオマーの吸脱着力の差を利用するカラムクロマトグラフィーがある．例えば，D-ラクトースを固定相とする方法[4]，$(+)_{589}$-K[Co(L-alaninato)₂(NO₂)₂]などの光学活性錯体の微粉末を固定相とする方法[5]，粘土鉱物であるモンモリロナイトのナトリウムイオンを，光学活性錯体 Λ-[Ru(1,10-phenanthrline)₃]²⁺でイオン交換した固定相を用いる方法[6]などがあるが，いずれも部分分割された少量の錯体しか得られない．

ラセミの[Cr(acac)₃]を有機溶媒に溶かし特定波長の円偏光を照射すると，エナンチオマーによって円偏光による光分解の度合いが異なるため，あるいは一方のエナンチオマーが過剰となる立体配置の変換が生じるために錯体は部分分割される[7]．

Drakeらは，完全分割された[Cr(acac)₃]を簡便に得る方法を見いだした[8]．ラセミ錯体と(2R, 3R)-ジベンゾイル酒石酸[(−)-DBTと略記]の無水物をベンゼン/シクロヘキサン混合溶液に溶解し，室温で2日間撹拌すると(−)-DBT-Δ-[Cr(acac)₃]が沈殿する．この結晶をクロロホルムに溶かし炭酸水素ナトリウム水溶液を加えると，Δ-[Cr(acac)₃]がクロロホルム層に抽出される．溶媒を除去して得られた結晶をクロロホルムから再結晶すると，光学的に純粋な Δ-[Cr(acac)₃]が得られる．水層に残った錯体をクロロホルムで抽出し，溶媒を除去して結晶を得，石油(沸点80～100℃)-ジクロロメタン混合溶液から徐々に再結晶すると，外形の異なる2種の結晶が得られる．それらは容易に手で選り分けることができ，多い方の結晶として光学的に純粋な Λ-[Cr(acac)₃]が得られる．この方法では，一度の操作で1g以上の光学活性錯体を得ることができる．このような簡便で効率的な光学分割方法の発見は，[Cr(acac)₃]のキラル錯体触媒としての応用の可能性を高めるものと思われる．

【関連錯体の紹介およびトピックス】 Drakeらの分割法では，Co(III)，Rh(III)，Ir(III)のトリス(acac)錯体でも完全分割された錯体を効率よく得ることができる[8]．

【菅野秀明】

【参考文献】
1) W. C. Fernelius *et al.*, *Inorg. Synth.*, **1957**, *5*, 130.
2) a) Y-W. Shin *et al.*, *J. Appl. Polym. Sci.*, **2004**, *92*, 2949; b) A. I. Vilms *et al.*, *Pet. Chem.*, **2014**, *54*, 128.
3) T. Kawasaki *et al.*, *Chem. Lett.*, **2007**, *36*, 30.
4) a) T. Moeller *et al.*, *J. Inorg. Nucl. Chem.*, **1958**, *5*, 245; b) R. C. Fay *et al.*, *J. Am. Chem. Soc.*, **1970**, *92*, 7056.
5) M. B. Celap *et al.*, *J. Chromatogr.*, **1980**, *198*, 172.
6) A. Yamagishi *et al.*, *J. Chromatogr.*, **1982**, *245*, 213.
7) a) K. L. Stevenson, *J. Am. Chem. Soc.*, **1972**, *94*, 6652; b) H. Yoneda *et al.*, *Chem. Lett.*, **1973**, 1343.
8) A. F. Drake *et al.*, *Polyhedron*, **1983**, *2*, 537.

$CrFe_2N_6S_6$

【磁】

L = [構造式]

$[LFeCrFeL]^{n+}$

【名称】bis[μ-[[2,2′,2′′-[(1,4,7-triazacyclo nonane-1,4,7-triyl-κ$^3N^1$, N^4, N^7)tris(methylene)]tris[5-(1,1-dimethylethyl)benzenethiolato-1:2κ^6S; 1:3κ^6S]]]]-chromiumdiiron($n+$):[Cr|Fe(L)|$_2$](PF$_6$)$_n$ ($n=1$〜3)(H$_3$L=1,4,7-tris(4-t-butyl-2-mercaptobenzyl)-1,4,7-triazacyclononane)

【背景】標記の構造をもつ硫黄架橋Fe^{II}Cr^{III}Fe^{II},Fe^{II}Cr^{III}Fe^{III}(Fe^{III}Cr^{III}Fe^{II})およびFe^{III}Cr^{III}Fe^{III}錯体の研究のなかで,Fe^{II}Cr^{III}Fe^{III}(Fe^{III}Cr^{III}Fe^{II})鉄混合原子化合物の磁性は二重交換相互作用機構で解釈された[1]。

【調製法】[LFeCrFeL](PF$_6$)(**1**):Cr^{II}SO$_4$·5H$_2$Oを[Fe^{III}L]のメタノール溶液に撹拌しながら加えたのち,7時間加熱還流する.冷却後NaPF$_6$を加えて4℃で一晩放置すると,緑色粉末として得られる.

[LFeCrFeL]-(PF$_6$)$_3$(**2**):Cr^{II}SO$_4$·5H$_2$Oを[Fe^{III}L]のメタノール溶液に撹拌しながら加え,5時間加熱還流する.室温で空気を1時間通気し,さらに酸化剤としてFcPF$_6$を加えて2時間加熱還流して得る.

[LFeCrFeL](PF$_6$)$_2$(**3**):[LFeCrFeL](PF$_6$)$_3$(**2**)のアセトニトリル溶液に,還元剤として[(Me$_3$tacn)Mo(CO)$_3$](Me$_3$tacn=1,4,7-trimethyl-1,4,7-triazacyclononane)を当量加え,1.5時間加熱還流して得る.

【性質・構造・機能・意義】[LFeCrFeL](PF$_6$)$_3$·acetone(**2′**)に対して単結晶X線構造解析が行われている.Fe-NおよびFe-Sの平均結合距離はそれぞれ2.055(10)および2.257(3) Åであり,鉄イオンはIII価で低スピン電子状態であることを示している.Cr-Sの平均距離は2.398(3) Åである.XANES,UV-vis,EPRスペクトルおよび磁化率の温度変化の測定結果から,Fe^{II}(ls)-Cr^{III}-Fe^{II}(ls)(ls=low-spin)(**1**),Fe$^{2.5}$-Cr^{III}-Fe$^{2.5}$(**3**),Fe^{III}(ls)-Cr^{III}-Fe^{III}(ls)(**2**)であることが示された.Fe^{II}(ls)-Cr^{III}-Fe^{II}(ls)(**1**)のFe$_2$Cr当たりの室温における有効磁気モーメントは3.81μ$_B$で,50〜300 Kで一定である.Fe^{III}(ls)-Cr^{III}-Fe^{III}(ls)(**2**)では鉄(III)-クロム(III)間に$J=-130$ cm^{-1},鉄(III)-鉄(III)間に$J=-50$ cm^{-1}の反強磁性的相互作用がはたらいている.Fe$^{2.5}$-Cr^{III}-Fe$^{2.5}$(**3**)の磁気モーメントは室温では4.11μ$_B$で,温度の低下とともに上昇して20 Kで最大値4.51μ$_B$となる.この磁気的挙動は,両端の鉄イオン原子価は非局在化されたクラスIIIの混合原子価状態にあり,クロムの不対電子と強磁性的にカップリングする二重交換機構で説明されている.

【関連錯体の紹介およびトピックス】チオフェノールをフェノールに置き換えた配位子から導かれるNi^{II}-Ni^{II}-Ni^{II}錯体では,両端のNi^{II}イオン間には,通常の反強磁性的相互作用が観測されている[2]. 【半田 真】

【参考文献】
1) T. Glaser *et al., J. Am. Chem. Soc.*, **1999**, *121*, 2193.
2) T. Beissel *et al., J. Am. Chem. Soc.*, **1996**, *118*, 12376.

CrNi$_3$N$_{12}$O$_6$S$_6$

【名称】 tris(dithiooxalato)chromium(III)-tri(5,5,7,12,12,14-hexamethyl-1,4,8,11-tetraazacyclotetradecanenickel(II) perchlorate：[｛Ni(hmtacn)｝$_3$Cr(dto)$_3$](ClO$_4$)$_3$ (hmtacn=5,7,7,12,14,14-hexamethyl-1,4,8,11-tetraazacyclotetradecane, dto^{2-}＝dithiooxalate)

【背景】 トリス(ジチオオキサラト)金属(III)錯イオン[M^{III}(dto)$_3$]$^{3-}$(M^{III}＝Cr, Fe, Co, Rh, Al) が dto 部分で Cu^I や Ag^I に橋架けして，四核錯体[M$^I_3$M^{III}(dto)$_3$]を生成することは古くから知られていた[1]．この論文では，[Cr^{III}(dto)$_3$]$^{3-}$ が 3 つの Ni^{II} に橋架けした四核錯体の合成と，dto^{2-} にかかわる結合異性現象および磁気的相互作用を扱っている[2]．

【調製法】 [Ni(hmtacn)](ClO$_4$)$_2$(488 mg, 0.9 mmol) を水/メタノール(4：6)20 cm^3 に溶かす．この溶液に KCa[Cr(dto)$_3$]・6H$_2$O(180 mg, 0.3 mmol) の水/メタノール(4：6)溶液 15 cm^3 を滴下させると赤褐色の微結晶として得られる．

【性質・構造・機能・意義】 dto^{2-} は S 原子で Cr^{III} イオンに，O 原子で Ni^{II} イオンに結合している (Cr-S＝2.39(1)〜2.40(1) Å，Ni-O＝2.14(1)〜2.16(1) Å)．Cr^{III}-Ni^{II} 間には，強磁性的相互作用(J＝＋5.9 cm^{-1})がはたらいている．これは，Cr^{III} の磁気軌道(t$_{2g}^3$)と Ni^{II} の磁気軌道(e$_g^2$)の厳密直交による．

【関連錯体の紹介およびトピックス】 [M′$_3$Cr(dto)$_3$] (M′^{I}＝Cu, Ag) では dto^{2-} の $O,O′$-donor で Cr^{III} イオンに，$S,S′$-donor で M′^{I} イオンに配位している[1]．[Cr(ox)$_3$]$^{3-}$ から導かれる[｛Ni(hmtacn)｝$_3$Cr(ox)$_3$](ClO$_4$)$_3$ では，Cr^{III}-Ni^{II} 間には J＝＋2.65 cm^{-1} の強磁性的相互作用がはたらいている[3]．

【半田 真】

参考文献
1) D. Coucouvanis *et al.*, *J. Am. Chem. Soc.*, **1973**, *95*, 5556.
2) M. Mitsumi *et al.*, *J. Chem. Soc. Dalton Trans.*, **1993**, 2991.
3) Y. Pei *et al.*, *Inorg. Chem.*, **1989**, *28*, 100.

CrCuN₄O₇

【名称】μ-[ethanedioato-O,O''': O',O'']][[[2,2'-[1,2-ethanediylbis(nitrilomethyliyne)]bis[phenolato]]-N,N',O,O'][4-[[2-(2-pyridinyl)ethyl]imino]-2-pentanonato-N,N',O]-1-copper(II)-2-chromium(III): [{Cr(salen)}(ox)Cu(acpy)] (H_2salen＝N,N'-disalicylideneethylenediamine, Hacpy＝N-acetylacetonylidene-N-(2-pyridylethyl)amine)

【背景】シュウ酸イオン橋架け $M^{II}Cr^{III}$ ネットワーク錯体 {NBu₄[MCr(ox)₃]}$_n$ (M^{II}＝Mn, Fe, Co, Ni, Cu,)は，分子性強磁性体として大いに注目された[1]．{NBu₄[CuCr(ox)₃]}$_n$ は，磁気転移温度が T_c＝7 K のフェロ磁性体である．これは，金属イオンまわりを O_h と近似すると，Cr^{III} と Cu^{II} の不対電子はそれぞれ $(t_{2g})^3$ と $(e_g)^1$ の配置となるので，磁気軌道が直交し，Cr^{III}-ox-Cu^{II} に強磁性的相互作用がはたらくことによると解釈された．このことを確認するための最小ユニットとして，標記の Cr^{III}-ox-Cu^{II} 二核錯体が合成された[2]．

【調製法】メタノール／水混合溶媒中で[Hpip][Cr(salen)(ox)](Hpip⁺＝piperidimium ion)と[Cu(acpy)(H_2O)]ClO₄(モル比 1：1)を室温で反応させ，生じた暗緑色の微結晶をジクロロメタンから再結晶をする．

【性質・構造・機能・意義】クロムと銅はシュウ酸イオンで橋架けされ，Cr-O(ox)距離は 1.997(7) および 2.065(9) Å，Cu-O(ox)は 2.059(7) および 2.378(9) Å，Cr⋯Cu は 5.482(3) Å である．クロム(III)には salen²⁻ が cis-β 配位し，これに ox²⁻ が配位して八面体構造をなしている．銅(II)には acpy⁻ と ox²⁻ が配位し，シュウ酸イオンの酸素を軸位にもつ四角錐構造である．Cr^{III}-Cu^{II} 間には J＝＋2.8 cm⁻¹ の強磁性的相互作用がはたらいている．

この結果は，{NBu₄[CuCr(ox)₃]}$_n$ がフェロ磁性体としての磁気的挙動を示すのは，磁気軌道の直交性により，近接の Cr^{III}-Cu^{II} 間にシュウ酸イオンを介して強磁性的相互作用がはたらくことによるとの解釈を支持する．

【関連錯体の紹介およびトピックス】{NBu₄[CuFe(ox)₃]}$_n$ は T_N＝21 K のフェリ磁性体である[3]．これは，Fe^{III} は $(t_{2g})^3(e_g)^2$ の電子配置であり，{NBu₄[CuCr(ox)₃]}$_n$ の場合のような磁気軌道の厳密な直交は起こらず，架橋シュウ酸イオン介しての磁気的相互作用が反強磁性的になるためである．また，{NBu₄[Fe^{II}Fe^{III}(ox)₃]}$_n$ は，T_N＝43 K と磁気転移温度が他の NBu₄[$M^{II}M^{III}$(ox)₃]$_n$ (M^{III}＝Cr, Fe, Mn)と比べて高い．{NBu₄[Fe^{II}Fe^{III}(ox)₃]}$_n$ は，クラス II の混合原子価錯体であり，スピンが Fe^{II}Fe^{III} ネットワークに非局在化するためと解釈されている[3,4]．

【半田 真】

【参考文献】
1) H. Tamaki *et al.*, *J. Am. Chem. Soc.*, **1992**, *114*, 6974.
2) M. Ohba *et al.*, *Inorg. Chem.*, **1993**, *32*, 5385.
3) H. Okawa *et al.*, *Chem. Lett.*, **2018**, *47*, 444.
4) H. Tamaki *et al.*, *Chem. Lett.*, **1992**, 1975.

CrCuN₆O₃

【名称】 (2,2′-bipyridine-2κN,N')(5,5,7,12,12,14-hexamethyl-1,4,8,11-tetraazacyclotetradecane-1κ$^4N^1,N^4,N^8,N^{11}$)di-μ-hydroxido-1:2κ^2O-methanol-2κO-chromium(III)-2-copper(II) perchlorate：[Cr(hmtacn)(μ-OH)₂Cu(bpy)(MeOH)](ClO₄)₃ (hmtacn＝5,7,7,12,14,14-hexamethyl-1,4,8,11-tetraazacyclotetradecane, bpy＝2,2′-bipyridine)

【背景】 d_σ軌道上の不対電子とd_π軌道上の不対電子は，軌道直交性の関係から強磁性的に作用することが，フェノキシド架橋ヘテロ二核錯体で確認されている．軌道直交性と強磁性的相互作用の関係は，基本的にはいろいろな架橋基について成り立つと考えられる．このような予測のもとに，ジヒドロキソ架橋クロム(III)-銅(II)ヘテロ二核錯体が合成され，磁気的性質が調べられた[1]．

【調製法】 Cu(ClO₄)₂·6H₂O と bpy をメタノール/アセトニトリルの混合溶媒中で混合した後，これに等モル量の[Cr(hmtacn)(OH)₂]ClO₄·2H₂O のメタノール溶液を加える．生じた紫色結晶をろ過で分離し，ろ液を冷蔵庫で放置すると，X線構造解析に適した単結晶が生じる．

【性質・構造・機能・意義】 クロム(III)周りは，原料の[Cr(hmtacn)(OH)₂]ClO₄·2H₂O と同様の歪んだ八面体構造をしている．銅(II)周りは四角錐型で，架橋ヒドロキソイオンの2つの酸素原子と bpy の2つの窒素原子で底面を形成し，メタノール酸素が軸位から弱く配位している．Cr…Cu距離は2.989(2) Å．容易に風解して[Cr(hmtacn)(OH)₂Cu(bpy)](ClO₄)₃となる．クロム(III)イオンと銅(II)イオンの間には，ヒドロキソ架橋を介して$J=+25$ cm^{-1}の強磁性的相互作用がはたらいている．これは，クロム(III)の磁気軌道と銅(II)の磁気軌道が直交することで理解できる． 【半田 真】

【参考文献】

1) Z. J. Zhong *et al., Inorg. Chem.*, **1991**, *30*, 436.

CrCu₂N₄O₆

【名称】di-μ-oxo-1: 2κ²O; 1: 3κ²O-dioxo-1κ²O-bis[4-[(2-pyridinylmethyl)imino]-2-pentanonato-2κ³N,N',O: 3κ³N,N',O]-1-chromium(VI)-2, 3-dicopper(II): [{Cu(acpa)}₂(μ-CrO₄)] (Hacpa=N-(2-pyridylmethyl)acetylacetonimine)

【背景】架橋配位子を介する常磁性金属イオン間の相互作用が反強磁性となる例は多いが、強磁性的となる例は比較的少ない。標記の錯体では、反磁性のクロム酸イオンを介して銅(II)イオン間に強磁性相互作用が観測された稀有な例である[1]。

【調製法】[Cu(acpa)]⁺のメタノール溶液にトリエチルアミンとK₂CrO₄を含む水溶液を加えて撹拌し、暗緑色の溶液を冷蔵庫に放置すると暗緑色板状結晶が得られる。

【性質・構造・機能・意義】銅(II)イオン間距離は6.443(1) Å、銅(II)イオンとクロム(VI)イオンの距離は3.3961(9) Åである。Cu-OおよびCr-Oの結合距離はそれぞれ1.919(4) Åおよび1.679(4) Åである。銅(II)イオン間の磁気的相互作用はJ=+7.3 cm⁻¹と強磁性的であり、Cu⋯Cu間距離(6.443(1) Å)を考えると予想外に強い。モリブデン酸イオンで架橋した三核錯体[{Cu(acpa)}₂(μ-MoO₄)]も同様の構造をしているが、銅(II)イオン間の磁気的相互作用は弱く、反強磁性的である(J=−2.6 cm⁻¹)。Mo(VI)の空の4d軌道はCr(VI)の3d軌道に比べて、エネルギー的に高く、Cu(3d)−Mo(4d)−Cu(3d)の磁気軌道の重なりは無視できるほど小さい。この場合、Cu⋯Cu間の双極子-双極子相互作用が支配的となり、反強磁性的相互作用が現れる。

【関連錯体の紹介およびトピックス】鉄(III)を[CrO₄]²⁻で橋架けした三核錯体[{Fe(Me₃tacn)}₂(μ-CrO₄)] (Me₃tacn=1, 4, 7-trimethyl-1, 4, 7-triazacyclononane)では、鉄(III)イオン間に反強磁性的相互作用がはたらいている(J=−7.5 cm⁻¹)[2]。

【半田 真】

【参考文献】
1) H. Oshio *et al., Inorg. Chem.*, **1996**, *35*, 4938.
2) P. Chaudhuri *et al., Inorg. Chem.*, **1988**, *27*, 1564.

$Cr_2N_8O_2$

磁

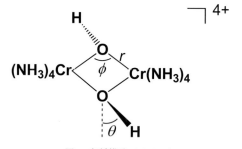

【名称】di-μ-hydroxo-octaamminedichromium(III) chloride: $[Cr_2(OH)_2(NH_3)_8]Cl_4$

【背景】Jørgensenによるロドクロム塩(acid rhode chromium)の発見以来，ヒドロキソ架橋の二核クロム錯体が次々と合成され，溶液中でモノヒドロキソ架橋からジヒドロキソ架橋に変換することや後者の方が安定であることも知られた．ジオール塩とも呼ばれるジヒドロキソ架橋二核クロム(III)錯体は数多くのものが合成されている．

【調製法】 cis-$[CrCl(NH_3)_4(H_2O)]SO_4$ とピリジンをジチオン酸ナトリウムの水溶液と反応させて，cis-$[Cr(OH)(NH_3)_4(H_2O)]S_2O_6$ を合成し，これを100℃で加熱すると $[(NH_3)_4Cr(OH)_2Cr(NH_3)_4]S_2O_6$ が得られる．この粗生成物を臭化アンモニウムの飽和溶液に加えて氷冷すると，臭化物が析出する．この臭化物を過塩素酸ナトリウム溶液に溶かし過塩素酸塩として取り出す．さらにこれを水に溶かして塩化アンモニウムと反応させて，塩化物を得る．

【性質・構造・機能・意義】赤色結晶．室温の磁気モーメントは，3.75μ_B と spin-only の値（3.87μ_B）よりもやや低く常磁性であるが，磁化率の温度依存性から見積もられた 2J 値は-2.73 cm^{-1} と弱い反強磁性的相互作用がはたらいている．X線結晶学より，結晶は単斜晶系であり，2個の正八面体状のクロムイオン（Cr-N 2.074(1)～2.089(2) Å，Cr-O 1.969(1), 1.980(1) Å）が2個のヒドロキソで架橋された二核錯体（Cr-Cr 距離 3.023(1) Å，Cr-O-Cr 角 99.92(3)°）であることが明らかにされている[1]．

【関連錯体の紹介およびトピックス】塩化物は，三斜晶系結晶も見つかっており，よく似た構造であるが，Cr-Cr 距離 3.041(1) Å，Cr-O-Cr 角 100.83(3)° など結合距離や角度が異なっている．磁化率の温度依存性より 2J 値は −1.43 cm^{-1} と見積もられている[2]．その他臭化物，ジチオン酸塩なども結晶構造と磁気的性質が調べられている．アンミンをエチレンジアミンのような二座キレート配位子で置換したビスヒドロキソ架橋二核クロム錯体も多く知られ，ジオール塩と呼ばれる．これらの一連のビスヒドロキソ架橋クロム(III)錯体については，構造と磁性の関係が調べられ，ヒドロキソ架橋二核銅(II)錯体とは対照的に J 値は，Cr-O-Cr 架橋角（ϕ）だけではなく，Cr-O 距離（r），架橋面と架橋OHベクトルの二面角（θ）とも関係があり，単純ではないことが知られている（図1）[3]．面共有型架橋のトリスヒドロキソ架橋二核錯体（トリオール塩）としては $[(NH_3)_3Cr(OH)_3Cr(NH_3)_3]X_3$ がある[4]．さらに関連錯体としてヒドロキソ架橋四核錯体 $[Cr_4(OH)_6(NH_3)_{12}]X_6$ が有名であり，これは1884年に Jørgensen により発見され，ロドソクロム塩(rhodosochromic salt)と呼ばれた．

【御厨正博】

図1 架橋構造パラメータ

【参考文献】
1) E. Pedersen et al., *Inorg. Chem.*, **1983**, *22*, 637.
2) E. Pedersen et al., *Inorg. Chem.*, **1984**, *23*, 2363.
3) J. Glerup et al., *Acta, Chem. Scand.*, **1983**, *A37*, 161.
4) P. Andersen et al., *Acta, Chem. Scand.*, **1987**, *A41*, 381.

$Cr_2N_{10}O$

【名称】μ-hydroxo-decaamminedichromium(III) chloride: $[Cr_2(OH)(NH_3)_{10}]Cl_5$

【背景】本錯体は，Jørgensenによってはじめて発見され，ロドクロム塩(acid rhodo chromium)と呼ばれた[1,2]．この錯体は，塩基性条件下で瞬時に青色の塩基性ロドクロム塩(basic rhodo chromium)に変化するが，水溶液中では数分後には塩基性エリトロクロム塩(basic erythro chromium)と呼ばれる赤色の錯体に変わる．これに酸を加えると赤色のエリトロクロム塩(acid erythro chromium)となる(下式)．

$[(NH_3)_5Cr(OH)Cr(NH_3)_5]^{5+}$ ⇌ (OH⁻/H⁺) $[(NH_3)_5CrOCr(NH_3)_5]^{4+}$
　　ロドクロム　　　　　　　　　　　塩基性ロドクロム
　　　　　　　　　　　　　　　　　　　↕ +H₂O / −NH₃
$[(NH_3)_5Cr(OH)Cr(NH_3)_4OH_2]^{5+}$ ⇌ (OH⁻/H⁺) $[(NH_3)_5Cr(OH)Cr(NH_3)_4OH]^{4+}$
　　エリトロクロム　　　　　　　　　塩基性エリトロクロム

【調製法】塩化クロム(III)を亜鉛，塩酸と反応させてクロム(II)水溶液を得る．これを氷冷しながら，塩化アンモニウムとアンモニア水を加えて反応させ，空気酸化すると赤色沈殿が析出する．沈殿をろ過し，塩酸から再結晶する．

【性質・構造・機能・意義】淡紅色針状結晶．水溶液は，赤色で，500 nm($\log \varepsilon = 2.0$)と370 nm($\log \varepsilon = 1.9$)に吸収極大をもつ．常磁性であるが，室温の磁気モーメントは$3.46\mu_B$とspin-onlyの値($3.87\mu_B$)よりもやや低い．磁化率の温度依存性から見積もられたJ値は$-16 cm^{-1}$と反強磁性的相互作用がはたらいていることを示している．X線結晶解析より，2個の正八面体状のクロムイオン(Cr–N 2.07(2)〜2.15(2) Å, Cr–O 1.94(2) Å)がヒドロキソで架橋された二核錯体であり，Cr–Cr距離とCr–O–Cr角がそれぞれ3.852(9) Å, 165.6(9)°である折れ線型であることが明らかにされている[3]．

【関連錯体の紹介およびトピックス】塩基性ロドクロム塩は，濃青色の結晶で，反磁性である(強い反強磁性的相互作用($J = -450 cm^{-1}$)が見いだされている)．X線結晶解析より直線型のオキソ架橋二核錯体(Cr–O–Cr角180°)であることが報告されている．エリトロクロム塩(塩化物)および塩基性エリトロクロム塩(ジチオン酸塩)は，結晶構造よりロドクロム塩に似た折れ線型の二核構造であることが知られ，2個の金属イオン間には反強磁性的相互作用($J = -21, -36 cm^{-1}$)がはたらいている．この系は早くから超交換相互作用の例として，Cr–O–Cr角と磁性との関係が注目されたが，長い間明瞭な相関関係は見いだされず，Cr–O結合距離や架橋面と架橋基がなす二面角他の構造因子も取り入れたいわゆる Glerup, Hodgson, Pederson (GHP) モデルによってようやく説明されることになった[4]．

【御厨正博】

【参考文献】
1) S. M. Jørgensen, *J. Prakt. Chem.*, **1882**, *25*, 321.
2) S. M. Jørgensen, *J. Prakt. Chem.*, **1882**, *25*, 398.
3) D. J. Hodgson *et al.*, *Inorg. Chem.*, **1973**, *12*, 2928.
4) J. Glerup *et al.*, *Acta Chem. Scand.*, **1983**, *A37*, 161.

Cr_2O_{10}

磁

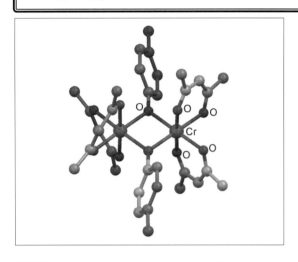

【名称】 di-μ-(4-methylphenolato)tetrakis(2,4-pentanedionato)dichromium(III): $[Cr_2(4-MephO)_2(acac)_4]$

【背景】 ヒドロキソ架橋やアルコキソ架橋二核クロム(III)錯体は多数知られているが,フェノール酸素が橋架けしたものは少ない.本錯体は数少ないビス-μ-フェノキソ二核クロム(III)錯体の1つで,構造に基づいた磁気的考察がなされている[1].

【調製法】 等モルの*trans*-$[Cr(acac)_2(H_2O)_2]Cl$,4-メチルフェノールおよびトリメチルアミンのエタノール溶液を一昼夜撹拌すると,溶液の色は赤から緑へ変化する.減圧濃縮して得られる緑色の油状混合物から,目的錯体をクロロホルム抽出する.粗生成物をアセトンから再結晶すると緑色結晶が得られる.

【性質・構造・機能・意義】 Cr(III)には2分子のアセチルアセトンが配位し,残る2つの配位座を橋架けフェノール酸素が占める.同一分子中では2つのCrは同じ配置($\Delta\Delta$ または $\Lambda\Lambda$)をとるが,結晶としてはラセミ体として存在する.Cr⋯Cr距離は3.087(1) Å,Cr-O-Cr角は102.24(9)°である.フェノール環はCr_2O_2平面に対して約60°傾き,C-O結合軸とCr_2O_2平面のなす角θは約5°である.

磁気的には反強磁性的相互作用($J=-19.0\ cm^{-1}$)がはたらいている.これは$[Cr(acac)_2(CH_3O)]_2$($-9.8\ cm^{-1}$)とくらべて強い.この違いを,θとJ値の相関を導くGlerup-Hodgson-Pedersenモデル[2]で論じている.

【関連錯体の紹介およびトピックス】 様々な置換基をもつフェノール誘導体について,同様の二核クロム(III)錯体が合成されている[3].

〔鯉川雅之〕

【参考文献】
1) S. Kaizaki *et al., Inorg. Chem.*, **1992**, *31*, 1315.
2) J. Glerup *et al., Acta Chem. Scand.*, **1983**, *37a*, 161.
3) a) H. R. Fischer *et al., Inorg. Chem.*, **1982**, *21*, 3063; b) D. J. Hodgson *et al., Inorg. Chem.*, **1977**, *16*, 1605.

$Cr_2ZnN_{12}O_6$

【名称】tris[μ-(dimethylglyoximato-κN: κO)]bis(1,4,7-trimethyl-1,4,7-triazacyclononane-κ^3 N^1,N^4,N^7)dichromium(III)-zinc(II) perchlorate: [Cr(Me$_3$tacn)$_2$Zn(dmg)$_3$](ClO$_4$)$_2$: Me$_3$tacn＝1,4,7-trimethyyl-1,4,7-triazacyclononane, H$_2$dmg＝dimethylglyoxime

【背景】ジメチルグリオキシム(H$_2$dmg)のビス型銅(II)錯体 Cu(Hdmg)$_2$ が，両端のプロトン解離した2つの酸素原子で別のCu(II)に橋架けして，三核銅(II)錯体を与えることが1990年に報告された[1]．この研究では，トリス型亜鉛(II)錯イオン[Zn^{II}(dmg)$_3$]$^{4-}$が両端で橋架けしたCr^{III}-Zn^{II}-Cr^{III}三核錯体を合成して，反磁性Zn^{II}を介したCr^{III}イオン間の磁気的相互作用が調べられた[2]．

【調製法】[Cr^{III}Br$_3$L]，H$_2$dmg，Zn(ClO$_4$)$_2$・6H$_2$Oを，2：3：1のモル比で混合し，トリエチルアミンを含むメタノール中で12〜15時間還流すると，澄んだ暗赤色溶液となる．熱いうちにろ過し，ろ液にNaClO$_4$を加えて2〜3日放置すると，赤茶色の結晶が得られる．

【性質・構造・機能・意義】∠Cr-Zn-Cr＝179.7(2)°のほぼ直線型三核構造をしている．三核内のCr…Zn距離3.570(3)Å，Cr…Cr距離7.140(4)Å．平均Zn-Nは2.149Å，Cr-Oは1.923Å，Cr-Nは，2.126Åである．反磁性Zn^{II}イオンを介して，Cr^{III}イオン間に反強磁性的相互作用(J＝−4.4 cm^{-1})がはたらいている．

【関連錯体の紹介およびトピックス】オキシムを配位子とするホモおよびヘテロ多核錯体が数多く合成されており，総説にまとめられている[3]．　　【半田　真】

【参考文献】
1) H. Ōkawa *et al.*, *J. Chem. Soc., Dalton Trans.*, **1990**, 469.
2) D. Burdinski *et al.*, *Inorg. Chem.*, **2001**, *40*, 1160.
3) P. Chadhuri, *Coord. Chem. Rew.*, **2003**, *243*, 143.

$Cr_4C_{20}O_4$

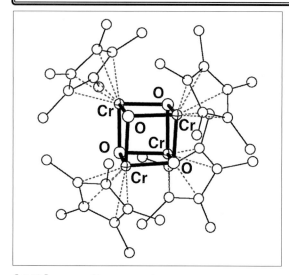

【名称】tetrakis((1,2,3,4,5-η)-1,2,3,4,5- pentamethyl-2,4-cyclopentadien-1-yl) tetra-μ_3-oxotetrachromium (+3): [$Cp^*_4Cr_4O_4$]

【背景】立方体型構造の有機金属酸化物クラスターは, メタロセンの酸化生成物の中からFischerらにより1960年に見いだされたが, 構造は不明であった[1]. M_4A_4型(A=O, S, Seなど)のキュバン骨格をもつクラスターがはじめて単離された例である.

【調製法】Cp^*_2Crのトルエン溶液を80℃でN_2Oと8日間反応させると赤色溶液が暗緑色に変化する. 冷却して生成した沈殿から$(Cp^*)_2$などの有機ポリマー残渣を取り除くためトルエンで洗い, さらにヘキサンで洗浄する. トルエン, ヘキサンより再結晶する. Cp基の場合の収率は低く, 生成は昇華による.

【性質・構造・機能・意義】メタロセンの酸化生成物はCp基の場合ポリマーを形成しやすく不安定で同定しにくいが, Cp^*基を用いることで可溶なオリゴマーを得やすくなる. 青緑色結晶で, 300℃で昇華する. Cp誘導体はヘキサンやトルエンに易溶で575 nm (ε=3150)に吸収をもつ. Cp^*誘導体の溶解度は悪く, 596 nm (ε=2250)に吸収をもつ. Cp^*とCp誘導体の吸収帯のシフトはCp環の置換基の差によるものでキュバン骨格に変化はないと考えられる. Cp^*誘導体はデカヒドロナフタレン, クロロホルム, 四塩化炭素に溶ける. 置換不活性なCr^{3+}であるにもかかわらず$(Cp_4Cr_4O_4)$は溶液・固体状態共に酸素や水に極めて不安定である. 酸素と反応すると直ちに茶色に変化しCp基が解離する. THFを用いて生成物を単離するとポリマー状の$Cr_2O_3(THF)_6$を与える. このクラスターは4個のCp$^-$陰イオンが$[Cr_4O_4]^{4+}$キュバン骨格に配位したイオン性錯体と見なすことができる.

Cp^*基の場合は酸素との反応は遅い. Cp^*_2Crと酸素の反応はキュバン構造ではなく$[Cp^*CrO(\mu-O)]_2$が生成するが, 生成速度の差からキュバン錯体を経由するわけではないようである. IRスペクトルは550 cm^{-1}にキュバン骨格に特有の振動を示し, Cp基の置換基を変えてもこの振動数は変わらない. FABマススペクトルはm/e 813に$[(M+H)^+]$のピークを与え, 一連の$Cp^*_nCr_4O_4^+$ (n=0~3)と$Cp^*_nCr_4O_3^+$ (n=0~3)のピークを伴って観察される. Cr_4O_4キュバン型構造はおよそT_d対称で, クロムはCp*基が配位し六配位八面体型の配位環境を有する. $(Cp_4Cr_4O_4)$はD_2対称に歪んでいる. シクロペンタジエニル基の置換基が異なると対称性は変化するが置換基の立体障害によるものではなくパッキングの影響によるものと考えられる. $(Cp^*_4Cr_4O_4)$のCr-Oは1.945(5) ÅでCr-O-Crは93.5(2)°, O-Cr-Oは86.4(2)°であり, わずかに90°からずれている. Cr-Cr間距離は2.834(2) Åで短く, 相互作用していると考えられる. CrとCp*中心の距離は1.932 Åである. ESRスペクトルはブロードな吸収を与える. 295Kでの磁気モーメントは3.61 μ_Bであり4.5Kで1.10 μ_Bとなり反強磁性相互作用を示す. 一連の化合物について分子軌道計算によりクラスター電子数と構造の検討が行われている[4]. 有機金属錯体を用いた触媒反応系では分解生成物としてオキソ架橋によるクラスター形成を経て様々な酸化物クラスターが形成される可能性がある. キュバン型構造は均一系および不均一系触媒の化学で最も基本的なクラスター骨格として重要である.

【関連錯体の紹介およびトピックス】多くの$Cp_nM_4A_4$ (M=Co, Fe; A=S, P)キュバン型骨格をもつクラスターがDahlらによって報告されている. 黒色の発火性固体である$(Cp^*_4V_4O_4)$は, $[Cp^*VCl_2O]$をNaで還元することによりTHF中で優先的に生成される. トルエンを用いるとアダマンタン型$[Cp^*_4V_4O_6]$のクラスターが単離される.

【林 宜仁】

【参考文献】
1) E. O. Fischer *et al.*, *Chem. Ber.*, **1960**, *93*, 2167.
2) F. Bottomley *et al.*, *J. Am. Chem. Soc.*, **1981**, *103*, 5581.
3) F. Bottomley *et al.*, *Organometallics*, **1991**, *10*, 906.
4) F. Bottomley *et al.*, *Inorg. Chem.*, **1982**, *21*, 4170.
5) F. Bottomley *et al.*, *Organometallics*, **1999**, *18*, 870.

$[CrO_6]_n$

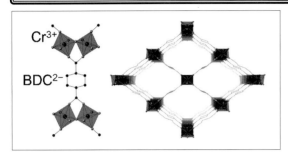

【名称】 $[Cr(OH)BDC]$ ($H_2BDC=1,4$-benzenedicarboxylic acid) MIL-53 (MIL=Materials of Institute Lavoisier)

【背景】 有機-金属構造体・多孔性配位高分子の多くは Zn^{2+} や Cu^{2+} などの2価の金属イオンを用い合成されてきた.一方で,多価の金属イオンからの多孔性構造の報告例は限られている.本化合物は, Cr^{3+} とジカルボン酸から構築されるはじめての多孔性三次元構造体である.

【調製法】 MIL-53は硝酸クロム9水和物, H_2BDC, フッ化水素酸 (HF), 水を $1:1:1:280$ の比で混合し, 493 K, 3日間の水熱合成により薄い紫色の結晶性粉末として得られる.合成を通してpH=1という強酸性条件化でMIL-53骨格は形成される[1].

【性質・構造・機能・意義】 上述のように,MIL-53は結晶性粉末として得られるため,Rietveld解析から結晶構造が同定されている. Cr^{3+} は正八面体六配位を示し, BDC^{2-} と OH^- が Cr^{3+} を架橋し,一次元細孔を有する三次元構造を形成する.

合成直後のMIL-53の一次元細孔には,出発物質であるH_2BDCがゲスト分子として取り込まれている. H_2BDC 分子は300°Cでの加熱処理により取り除くことができ (MIL-53ht), MIL-53htは $1500\,m^2\,g^{-1}$ 以上のLangmuir比表面積を示す.また,細孔中のOH基との水素結合を介して室温では水分子が取り込まれる (MIL-53lt). このような水分子の吸脱着に伴う一次元細孔の開閉現象は,温度可変粉末X線回折測定から可逆的であることが示されている(図1). 水分子を吸着することで,大きく(5.2 Å)一次元細孔が閉じる現象は,水素結合の形成と配位子間の π-π 相互作用に起因する.MIL-53ltはOH基が水分子と強い水素結合を形成しており,また,隣接する BDC^{2-} のベンゼン環による π-π 相互作用を示すためである.

MIL-53は V^{3+}, Al^{3+} といった様々な3価の金属イオンから構造同位体が報告されている[2,3]. 特に V^{3+} と H_2BDC から構築されるMIL-47はMIL-53とは異なる細孔環境を示す.MIL-47も同様に V^{3+} の正八面体六配位構造を示し, BDC^{2-} と OH^- により架橋されている.一方で,MIL-47は加熱により金属イオンが酸化され($V^{3+} \rightarrow V^{4+}$),それに伴い OH^- 基が O^{2-} 基へと変化する.このため,OHをもつMIL-53と比べMIL-47は疎水性の一次元細孔を形成する.

【門田健太郎・北川 進】

参考文献

1) C. Serre *et al.*, *J. Am. Chem. Soc.*, **2002**, *124*, 13519.
2) B. Karin *et al.*, *Angew. Chem. Int. Ed.*, **2002**, *41*, 281.
3) T. Loiseau *et al.*, *Chem. Eur. J.*, **2004**, *10*, 1373.

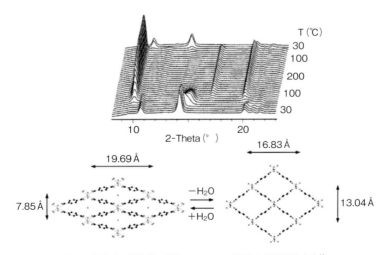

図1 水分子の吸脱着に伴うMIL-53の可逆的な細孔構造変化[1]

$[CrMn_{1-x}Fe_xC_6N_6]_n$ 磁光

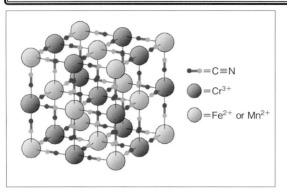

【名称】 $(Fe^{II}_xMn^{II}_{1-x})_{1.5}[Cr^{III}(CN)_6]\cdot zH_2O$

【背景】 磁性体の分野における目標の1つに，新たな機能性磁性体を開発するというものがある．中でもプルシアンブルー類似体は設計性，制御性の観点から大変魅力的な系であり，多様な研究が行われている．その中には光照射による磁性制御を目的として開発された物質があり，電荷移動を伴ってスピン状態が変化するものや，電子状態は変化せずに成分遷移金属間の相互作用が変化することで磁性を制御できる物質が開発されている．制御の中には磁気の極性を変化させるものがあり，通常は光照射による熱転移と外部磁場を組み合わせて実現するが，混晶による相互作用の組合せと光による磁化の変化を組み合わせることにより，外部磁場を必要としない光誘起磁極反転を実現する物質が開発された[1]．

【調製法】 $FeCl_2$と$MnCl_2$の水溶液を$K_3[Cr(CN)_6]$の濃い水溶液に加えると，淡褐色の微結晶粉末を生じる．48時間の透析後，ろ過することで化合物を得る．FeとMnの混合率xを変化させたサンプルは，合計モル数を一定にしたまま$x=0\sim1$で変化させ，同様に合成できる．組成xに関しては元素分析から決定された．

【性質・構造・機能・意義】 この物質の飽和磁化M_sは$x=1$(Feのみ)と0(Mnのみ)の場合に各々6.6，4.4μ_Bであるが，その中間領域では$0<x<0.4$ではxの増加に対し線形に減少し，$x=0.4$近傍で0となり，$x>0.4$では逆に線形に増加することが明らかとなった．これはFe-Cr間の強磁性サイトと，Mn-Cr間のフェリ磁性サイトとによる平行スピンと反平行スピンが部分的，あるいは完全に打ち消しあうことによって生じている．これは，この物質の磁性については分子場モデルによい近似が得られることを示唆している．また，Curie温度はxの増加に伴い67から21Kへと単調に減少している．この物質の磁化は，xに応じて多様な温度依存性を示すが，特に$x=0.40\sim0.42$で補償温度以下で負の磁化を示す．この挙動はMn^{II}による正の磁化を示す副格子と，Fe^{II}およびCr^{III}による負の磁化を示す副格子による分子場近似を基にして理解できる．さらに保磁力は$x=0.42$で最大の2200 Oeを示し，両端では$x=0$で0 Oe，$x=1$で200 Oeとなった．光誘起磁性について，$x=1$の場合には，5Kで360～450 nmの光照射を行うと，約10％の磁化の減少が見られた．このときFeの電子状態が変化していないことは^{57}Feメスバウアースペクトルから確認されており，この変化は光照射によるFe^{II}-Cr^{III}間の超交換相互作用の変化に帰属できる．一方で$x=0$の場合には光照射による磁性の変化は見られなかった．光照射による磁極反転には，補償温度19Kで負の磁化を示す，$x=0.40$を用いた．この混晶に16Kで360～450 nmの光照射を行うと磁化は増加し，それに伴い補償温度は減少していき，最終的に補償温度が消失して，測定温度領域全体で正の磁化を示す．これは光照射によりFe-Cr強磁性サイトが減少したためと解釈できる．さらにこの状態は80Kでのアニールで元の状態に戻るため，光と熱によって繰り返し誘起させることができる．

構造に関しては粉末X線解析から格子定数が組成xに対して連続的に変化していること，回折線の線幅がほぼ一定であることから，この化合物が原料物質の混合物ではなく，Mn^{II}とFe^{II}がランダムに配置する混晶となっていることが確認されている．

【関連錯体の紹介およびトピックス】 プルシアンブルー類似体$(Ni^{II}_xMn^{II}_{1-x})_{1.5}[Cr^{III}(CN)_6]\cdot 7.5H_2O$ $(0\le x\le 1)$は強磁性とフェリ磁性が共存する系であり，xを変化させることにより飽和磁化，保磁力，補償温度などの磁気的性質を制御することができる[2]．

【小島憲道・榎本真哉】

【参考文献】
1) S. Ohkoshi et al., *J. Am. Chem. Soc.*, **1999**, *121*, 10591.
2) S. Ohkoshi et al., *Phys. Rev. B.*, **1997**, *56*, 11642.

$[CrMnC_6N_5O]_n$

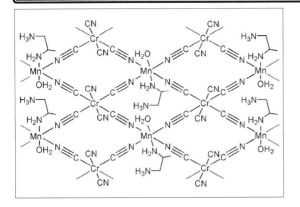

【名称】{aqua[(S)-2-aminopropanaminium-κN^2]manganese(II)}[μ-tetracyanido-κ^{4}C:κ^{4}N-dicyanido-κ^{2}C-chromate(III)]—water (1/1): [{Mn^{II}(S-pnH)(H_2O)}{Cr^{III}-(CN)_6}]·H_2O

【背景】ヘキサシアニド金属酸イオン[M(CN)_6]$^{n-}$を構成素子として，補助配位子を導入した別の金属錯体と組み合わせてシアニド架橋磁性体を合成する手法が知られている．この手法を用いて，補助配位子にキラリティーを導入することで，合理的なキラル磁性体の合成に成功した．この物質は，はじめての二次元キラルフェリ磁性体として報告された[1]．

【調製法】モル比1:1:1のK_3[Cr(CN)_6]，Mn(ClO_4)_2，(S)-1,2-ジアミノプロパン塩酸塩を，pH 6〜7に調整したメタノール/水混合溶媒を用いて，嫌気下反応させることで淡緑色針状結晶として得られる．

【性質・構造・機能・意義】結晶構造解析によって，斜方晶系でキラルな空間群$P2_12_12_1$に属し，二次元構造をとっていることが明らかになった．マンガン(II)とクロム(III)イオンがシアニドで架橋されることで，ab平面に二次元的に広がった網目状シート構造を形成している．

$\chi_{mol}T$ vs. Tのグラフでは，300 Kで5.01 cm^3 K mol^{-1}を示し，低温にしていくと85 Kで3.65 cm^3 K mol^{-1}の極小値をとり，さらに低温にすると$\chi_{mol}T$値が急激に増加するといったフェリ磁性的な挙動が見られる．解析の結果，マンガン(II)とクロム(III)イオン間は$J/k_B=-120$ K程度で反強磁性的に相互作用していることがわかる．弱磁場での磁化の温度変化を見ると，38 K以下で磁気的な長距離秩序を示す磁場冷却過程とゼロ磁場冷却過程の分岐が観測される．このことから，$T_C=38$ Kのフェリ磁性体であることがわかる．磁化曲線からは，飽和磁化が2 μ_Bであることからもフェリ磁性体といえる．また，5 Kで小さなヒステリシスループ（残留磁化1800 cm^3 Oe mol^{-1}，保磁力10 Oe）を描くことから，軟質磁石であるといえる．

KBrペレットによる磁気円二色性スペクトル測定では，T_C付近でスペクトルの増大が観測される．さらに，6 Kで磁気円二色性スペクトルの磁場変化を測定すると，ヒステリシスが観測される．

中性子線回折から，磁気空間群はキラルな$P2_12_1'2_1'$であることが決定されている．しかし，らせん磁気構造の繰返し周期については，相当する長周期反射は見つかっていないため格子の周期と比べて長大であることが示唆されている．

さらに交流磁気応答についても調べられている．T_C直下とさらに1〜2 K下の温度範囲で周波数依存を示す磁気異常が観測されている．また，T_C直下では非線形交流磁化率に巨大な応答が見られ，この応答はキラル磁気構造に由来するのではないかと検討されている．

今後さらに，この物質の磁気異方性と磁気構造が詳細に検討されることで，結晶構造から磁気構造へキラリティーがどのように転写されているかの解明につながると思われる．

【関連錯体の紹介およびトピックス】R-体のキラル配位子を用いて合成しても，同じ構造を有するエナンチオマーが得られ，円二色性スペクトル以外は同じ物性が観測される．一方で，ラセミ体の配位子を用いた場合は，二次元格子上のマンガン(II)とクロム(III)イオン上に鏡面が生じて中心対称性の空間群になり，T_C直下の交流磁気応答が消失することが確かめられている．また，クロム(III)イオンをマンガン(III)イオンに換えたキラル錯体[Mn(S or R-pnH)(H_2O)][Mn(CN)_6]·2H_2Oも赤褐色結晶として得られ，種々の物性が調べられている[2]．

このほかにも，補助配位子がアルキルジアミンの同構造の化合物がいくつか知られている．なかでも，[Mn(rac-pnH)(H_2O)][Cr(Cn)_6]·H_2Oは，マンガン(II)イオンに配位している水分子を除去することで単結晶-単結晶構造相転移を起こし，二次元から三次元構造へと変わることで磁気転移温度も向上する[3]．

【小島憲道・岡澤　厚】

【参考文献】
1) K. Inoue *et al.*, *Angew. Chem. Int. Ed.*, **2003**, *42*, 4810.
2) W. Kaneko *et al.*, *J. Am. Chem. Soc.*, **2007**, *129*, 248.
3) Y. Yoshida *et al.*, *Chem. Lett.*, **2008**, *37*, 586.

[CrMnO$_{12}$]$_n$

磁導超

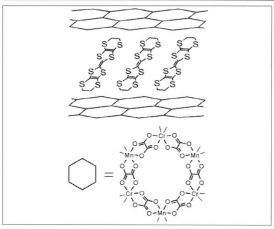

【名称】 [BEDT-TTF]$_3$[MnCr(ox)$_3$] (**1**), [BETS]$_x$[MnCr(ox)$_3$] ($x\sim3$) (**2**) (ox=oxalato(C$_2$O$_4$), BEDT-TTF=bis(ethylenedithio)tetrathiafulvalene), BETS=bis(ethylenedithio)-tetraselenafulvalene

【背景】 モジュール化された構成単位からの結晶性超分子の設計・構築は,機能性分子化合物の合理的なデザインを可能にする.1つの結晶中で複数の性質が共存すると,新たな物理現象の発見や新奇な応用につながる.その方法として個々の機能をもつ有機/無機結晶を副格子として取り入れたり,ポリマー化した磁性アニオン層にかさ高いカチオンを挿入する戦略が模索された.このような戦略を背景に,強磁性と金属伝導を示す新たな物質が開発された[1].

【調製法】 [Cr^{III}(ox)$_3$]$^{3-}$とMn^{II}をメタノール/ベンゾニトリル/ジクロロエタンの混合溶媒に溶解させ,(**1**)に対してBEDT-TTF,(**2**)に対してはBETSをその溶液に懸濁させてから定電流を通じて電解酸化することで,金属光沢のある褐色の単結晶が得られる.

【性質・構造・機能・意義】 **1**の磁性は転移点が5.5Kの強磁性体で,AC磁化率からはχ'は転移温度で鋭いピークを示し,χ''は転移点よりも低い温度でピークを示した.さらに,2Kでの磁化曲線は急速に飽和する挙動を見せ,7.1μ_Bに達した.これは構成される金属から予想される値より若干低いが,強磁性状態でもスピンが傾いた構造をもつことを反映している.このときの保磁力は5~10Oeと弱く,軟磁性体である.このような性質は,BEDT-TTFが挿入されてより長い層間距離が開いているにもかかわらず,[MnCr(ox)$_3$]$^-$を含む他の化合物の磁性と似ており,この物質の磁性が二次元層状構造内での秩序化によるものであることを示している.伝導性は室温で250S cm^{-1}とかなり高い値を示し,温度依存性は0.3Kに至るまで金属的挙動を示した.磁性層に垂直な磁場中での伝導度測定からは,10Kより下の温度で負の磁気抵抗効果が見られる一方,平行磁場では磁気抵抗効果は見られなかった.この結果は,低温で強磁性層に内部磁場が発生したことによるものであるが,磁性と伝導の副格子間は,相互作用の点からはほぼ独立である.これは鉄などの古典的強磁性金属とは異なる分子性化合物のもつ特徴である.一方,室温での**2**の磁性は二次元磁性層のみで解釈でき,50K以下で金属中心間の強磁性的相互作用によりχTが減少する.AC磁化率からは磁気秩序化の様子が確認でき,5.3K以下で強磁性体となっていることがわかる.また,2Kにおける磁化過程から,急速な飽和が現れ,5Tで7.69μ_Bの飽和磁化を示すが,**1**と同様にスピンの傾きによる飽和磁化の減少が現れる.さらに,伝導度は室温で1S cm^{-1}の比較的高い値を示し,150Kまで金属的挙動を示すが,**1**とは異なり150K以下では半導体的挙動を示す.この違いは,後述するドナー分子の積層様式において,β型の方がα型よりも隣接分子間の接触が大きく,良導体となる傾向があることで説明できる.

構造は,**1**についてはシュウ酸架橋複核錯体が構成するハニカム二次元層状構造の層間にBEDT-TTF$^+$が約45°傾いて二次元的にドナー分子層を形成する,β型のパッキングをとる.また,ドナー分子の結合長から推定されるドナーの酸化状態は+0.34であり,化学組成とよく一致する.このような層状構造モデルでは,層がずれることで層の重なり方に無秩序性が現れる.一方,**2**では複核錯体層間にBETS$^+$が挿入されている点では同様だが,ドナー分子の積層はα型パッキングとなり,物性の違いの大きな要因となる.組成から予想される+1/3の酸化状態は,BETSではまれな電荷状態であり,複核錯体層の配置や大きさに強制された状態である.

【関連錯体の紹介およびトピックス】 A[M^{II}M'^{III}(C$_2$O$_4$)$_3$](A=cation, M, M'=metal)のAとして常磁性有機金属カチオン,スピンクロスオーバー錯体,非線形光学効果をもつ有機色素などを用いた化合物が知られている[2].

【小島憲道・榎本真哉】

【参考文献】

1) a) E. Coronado *et al.*, *Nature*, **2000**, *408*, 447; b) A. Alberola *et al.*, *J. Am. Chem. Soc.*, **2003**, *125*, 10774.

2) a) E. Coronado *et al.*, *Chem. Eur. J.*, **2000**, *6*, 552; b) E. Coronado *et al.*, *Mol. Cryst. Liq. Cryst.*, **1999**, *334*, 679.

$[CrMnO_{12}]_n$

【名称】N-2-Butyl-N-methyl-N,N-dipropylammonium tris [μ-(ethanedioato-κ²O^1,O^2:κ²$O^{1'},O^{2'}$)][chromium(III)manganese(II)]ate: N(CH$_3$)(n-C$_3$H$_7$)$_2$(s-C$_4$H$_9$)[Mn^{II}Cr^{III}-(ox)$_3$]

【背景】この錯体は，分子性強磁性体で磁気不斉二色性（MChD）をはじめて示した物質である．特に，キラリティーと磁性が同じ中心金属イオン上で起こっていることが重要といえる．また，二次元のシュウ酸配位化合物が，キラルな対カチオンによってエナンチオ選択性をもって自己集積することを，単結晶データで示したはじめての例であるともいえる[1]．

【調製法】単結晶の作製は，ゲル法と拡散法によって行われているが，ここではゲル法を示す．まず，[(NH$_4$)$_3$Cr(ox)$_3$]・3H$_2$Oと[Mn(NO$_3$)$_2$]・6H$_2$Oの水/メタノール1:1溶液にSi(OCH$_3$)$_4$を加える．この溶液を試験管中で室温下2日間静置することでゲルが得られる．これに，[N(CH$_3$)(n-C$_3$H$_7$)$_2$((S or R)-s-C$_4$H$_9$)]Iのメタノール溶液を加えていくことで，数日後に結晶が得られる．

【性質・構造・機能・意義】S-体，R-体のカチオンについてそれぞれ性質・構造などを調べているが，ここではS-体について主に述べる．この錯体は，対カチオンの不斉効果によってキラルな空間群P6$_3$で結晶化する．ラセミ体の[Cr(ox)$_3$]原料から合成しているが，錯形成時にクロム(III)イオンはすべてΔ-型配座をとり，マンガン(II)イオンはΛ-型配座をとる．S-体とR-体の対カチオンから合成した錯体は，それぞれ正反対の自然円二色性を示す．

マンガン(II)-クロム(III)間の交換相互作用は，ワイス温度が9.3 Kの強磁性的であり，強磁性転移温度は7 Kである．2 Kでの磁化曲線において保磁力は小さいので，この錯体は軟質磁石である．

2つの鏡像異性体は，強磁性相で自然円二色性シグナルの一次微分形に似た正反対のMChDを示し，570から640 nmの波長領域が強度としては大きい．これはクロム(III)部分によるd-d遷移による．さらに，常磁性相から強磁性相へ転移するのをMChD変化から観測している．最大のMChDシグナル(615 nm)を探針として温度変化を測定すると，常磁性相での弱いシグナルが強磁性相へ転移することで17倍も強くなる．

さらに，単結晶状態でバルク第二高調波発生や低温での磁場誘起第二高調波発生も確認される[2]．この錯体の単結晶を用いて，磁化容易軸であるc軸方向に30 mTの外部磁場をかけ，第二高調波発生のシグナルの温度変化を調べると，12 K付近までは実験誤差の範囲で変化がないが，さらに2 Kまで温度を下げると40%増加することを発見している．

多重機能性材料開発の1つとして，MChDの研究が大変興味をもたれているが，これまでは磁気モーメントの小さい常磁性体や反強磁性体での観測しかなかった．これらと比較して磁化の大きい強磁性体では，大きなMChD効果が期待できる．この錯体によってはじめてキラル強磁性体でその大きなMChD効果が観測された．MChDをはじめとする磁気光学効果のさらなる進展が期待される．

【関連錯体の紹介およびトピックス】ハニカム層状構造を有する，シュウ酸配位子の二次元集積型遷移金属錯体は，層間に様々な対カチオン分子を入れることで，興味深い物性を出しているものが多く合成されている．キラリティーをもつカチオン分子を入れた例では，フェロセン誘導体のものが知られている[3]．この物質はコットン効果を示し，5.7 Kで強磁性転移する．

【小島憲道・岡澤　厚】

【参考文献】
1) C. Train et al., Nature Mater., **2008**, 7, 729.
2) C. Train et al., J. Am. Chem. Soc., **2009**, 131, 16838.
3) M. Gruselle et al., Chem. Eur. J., **2004**, 10, 4763.

$[CrMnO_{12}]_n$

磁 光 超

【名称】 $(SP)[MnCr(ox)_3]$ (ox=oxalato(C_2O_4), SP=Spiro[2H-indole-2,2'-[2H]pyrano[3,2-b]pyridinium],1,3-dihydro-1,3,3,5',6'-pentamethyl)

【背景】 近年フォトクロミック分子や分子磁性体の開発が各々盛んに行われているが,分子磁性を光異性化分子の分子形状変化によって制御することを目的としてこれらの組合せを模索することは,非常に注目すべき課題である.例えば,これまでに多くの磁性体を形成してきたシュウ酸(ox)架橋複核金属錯体[1]が,磁性層状構造に対して様々なカチオンを挿入できることを利用して,磁性以外の機能性を取り込めるであろうことが示唆される.このような物質に光異性化分子であるカチオン性スピロピラン(SP^+)を挿入することで,強磁性的性質を調整することが可能となる.さらには中心対称性をもたない分子の導入により,非線形光学効果も期待できるようになる.このような観点から,強磁性シュウ酸架橋錯体に対し,SP^+を挿入した物質が開発された[2].

【調製法】 $(SP)_3Cr(ox)_3\cdot 4H_2O$を,メタノール:水=25:1の溶液に溶かし,これに$MnCl_2\cdot 4H_2O$のメタノール溶液を滴下し,撹拌後,淡緑色の粉末が得られる.

【性質・構造・機能・意義】 $(SP)[MnCr(C_2O_4)_3]$は,KBrペレットの状態で,紫外光(UV)照射による光異性化を示すことが,紫外可視(UV-vis)吸収スペクトル測定から明らかとなった.前駆体である$(SP)_3Cr(ox)_3\cdot 4H_2O$も同様の光異性化を示すことから,主に$SP^+$に由来する変化だと考えられる.ただし,UV照射時間につれて吸収ピークが高エネルギー側にシフトすることから,SP^+の開環時には結晶中のイオン性の影響も現れている.この開環状態は熱的に安定であり,光異性化分子の分極と結晶のイオン性環境が安定化に寄与していると考えられている.また,550 nmの可視光照射で元の閉環状態へと戻る.光照射前の磁性は弱いMn^{II}-Cr^{III}間の強磁性的な相互作用があることを示しており,5.5 Kで強磁性秩序構造をとる.355 nmのUV照射後にはほとんど強磁性転移温度は変わらず,この物質の磁性が主に$[MnCr(C_2O_4)_3]$の面内相互作用によって担われていると考えると妥当な結果と言える.しかしながら,磁化曲線には光照射前後での違いが現れた.光照射前後で,いずれも強磁性体に特有の磁気ヒステリシスを示すが,その保磁力(H_{coer})と残留磁化(M_R)は,光照射前にはH_{coer}=40 Oe, M_R=0.3 μ_B(ボーア磁子)であったのに対し,光照射後はH_{coer}=290 Oe, M_R=2 μ_Bといずれも大きく増加した.ただしこの磁気的な変化は,SP^+の可逆的な光転移とは異なり,可視光の照射や暗所での熱緩和によっては元に戻らない.光照射前の小さなH_{coer}や低いM_Rはスピン源であるMn^{II}やCr^{III}の等方性に由来するものと考えられるが,両者の光照射後の大きな増加は光照射による結晶構造の欠陥生成に起因すると考えられ,この欠陥が磁壁の変位を妨げている.同様の磁気挙動を見せる(tetrabutylammonium)$[MnCr(C_2O_4)_3]$では光照射前後でこのような挙動が現れないこと,赤外スペクトルから結晶水は抜けていないことを考えると,この欠陥は確かにSP^+に由来するものであり,SP^+の光異性化が磁性層間に無秩序化を起こしたり,磁性層自身に小さく,局所的な欠陥を生じさせたと考えられる.

$(SP)_3Cr(ox)_3\cdot 4H_2O$の単結晶構造解析は行われていないが,粉末X線からはSP^+の閉環-開環による磁性層間距離の変化はほとんどなく,回折線の広がりや強度の減少は見られなかった.

【関連錯体の紹介およびトピックス】 高次機能性を目指してox架橋配位子を利用した複核錯体と有機伝導層を組み合わせた$[BEDT-TTF]_3[MnCr(C_2O_4)_3]$[3]や,oxの酸素を硫黄に置換し,特異な電荷移動と光異性化分子による複合物性を実現した$(SP)[Fe^{II}Fe^{III}(dto)_3]$[4]などが開発されている.

【小島憲道・榎本真哉】

【参考文献】
1) H. Tamaki *et al.*, *J. Am. Chem. Soc.*, **1992**, *114*, 6974.
2) S. Bénard *et al.*, *Chem. Mater.*, **2001**, *13*, 159.
3) E. Coronado *et al.*, *Nature*, **2000**, *408*, 447.
4) N. Kida *et al.*, *J. Am. Chem. Soc.*, **2009**, *131*, 212.

$[CrMn_3C_6N_{12}O_6]_n$

磁 集

【名称】 tris{μ-[L-3-aminoalaninato-$κ^2O^1,N^2:κ^2O^{1'},N^3$]manganese(II)}{μ-hexacyanido-$κ^6C:κ^6N$-chromate(III)}-water (1/3): {[Mn^{II}(L-NH_2ala)]$_3$[Cr^{III}(CN)$_6$]}・$3H_2O$

【背景】 キラリティーと磁性が関連する現象には，磁気不斉二色性などの磁気光学素子に有用なものが多い．シアニド架橋錯体を用いてキラル磁性体を構築する方法は，組み合わせる遷移金属錯体の補助配位子にキラリティーを導入することで多くの透明なキラル磁性体を生み出してきた．アミノ酸とその誘導体は基本的にキラルであることから補助配位子に用いれば，合成される化合物にキラリティーが誘起されやすくなるため，キラル磁性体の獲得に適している．そこで，アミノアラニンを用いて構造的に興味がもたれる錯体が合成された[1]．

【調製法】 アルゴン雰囲気下，塩化マンガン(II) 4水和物とアミノアラニン塩酸塩と水酸化カリウムの水溶液を，ヘキサシアニドクロム(III)酸カリウムの水/イソプロパノール混合溶液にゆっくり拡散させることで，数週間後に濃橙色六角柱結晶としてX線構造解析に適当な結晶が得られる．

【性質・構造・機能・意義】 X線結晶構造解析から，キラルな六方晶系の$P6_3$であることがわかっている．アミノアラニン配位子の2つあるアミノ部分と1つのカルボキシル基で，隣り合う2つのマンガン(II)イオンを同時に架橋している．このマンガン(II)イオン周りのキレート環が，五員環と六員環がc軸方向に沿って交互に並ぶことで左巻きのらせん鎖を形成している．さらにこれら3つの鎖がより集まることで，三重らせん構造をとっている．個々のらせん鎖内におけるMn⋯Mn間隔は5.923 Åであり，鎖間の最短Mn⋯Mn距離は6.517 Åである．興味深いことに，アミノ酸分子に通常見られるような明確な水素結合が，三重らせん構造中の鎖間には存在しない．個々の鎖間は最短距離でも3.20 Å以上離れているが，これはアミノ基の窒素原子とカルボキシル基の酸素原子間の距離で，これら2原子のvan der Waals半径和よりもわずかに長い．3本のらせん鎖がお互いに自己認識し，相補的に組み合わさるのにちょうどよい周期と硬直性をもつため，このような構造が水素結合なくして構築されたのかもしれない．また，三重らせんストランドの中心には，チャネルが形成されており，無秩序な水分子が存在する．さらに，[$Cr(CN)_6$]$^{3-}$イオンのすべてのシアニド部分が，らせん鎖中のマンガン(II)イオンに結合することで三次元ネットワークを形成している．このシアニド架橋によるCr⋯Mn間距離は5.490〜5.508 Åである．

磁気測定からは，フェリ磁性に典型的な$χ_{mol}T$の温度変化を示す．300 Kから140 Kまでの範囲はCurie-Weiss則に従う．ここから，Weiss温度$θ=-25$ Kが見積もられていることからも，近接のクロム(III)イオンとマンガン(II)イオン間にはシアニド架橋を通じて反強磁性的相互作用がはたらいていることがわかる．$χ_{mol}T$値の30 K付近における急激な増大から，三次元的な磁気秩序化が示唆される．弱磁場でのゼロ磁場冷却磁化過程と磁場冷却磁化過程から，35 K付近で長距離磁気秩序化することが確かめられている．2 Kでの磁化曲線は，磁場印加に伴う急峻な立ち上がり後の飽和が観測される．

多様な構造既知のキラル磁性体を系統的に評価していくことは，電気-磁気分極の相関の解明に繋がると考えられる．

【関連錯体の紹介およびトピックス】 ヘキサシアニド金属酸イオンを構成素子として配位箇所を空けた別の遷移金属イオン錯体との組合せによる化合物は，二次元ハニカムシートなどの多彩な超分子的構造のものが存在するが，キラルらせん鎖のものはあまり知られていない．補助配位子にアキラルな五配位アザオキサマクロサイクル化合物を使って，左巻きらせん鎖と右巻き二重らせんストランドがインターロックした複雑な三次元構造をもつシアニド架橋$Cr^{3+}-Co^{2+}$錯体が合成されている[2]．

【小島憲道・岡澤 厚】

【参考文献】
1) H. Imai *et al.*, *Angew. Chem. Int. Ed.*, **2004**, *43*, 5618.
2) Y.-Z. Zhang *et al.*, *Inorg. Chem.*, **2010**, *49*, 1271.

$[Cr_3O_{15}F]_n$

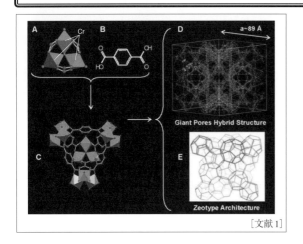

[文献1]

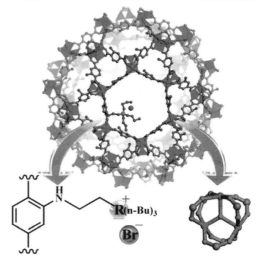

図1 Cr^{3+}の不飽和サイトをもつMIL-101骨格への触媒活性基の修飾[4]

【名称】$[Cr_3F(H_2O)_2O[BDC]_2]$(H_2BDC=1,4-benzene-dicarboxylic acid) MIL-101 (MIL=materials of institute ravoisier)

【背景】触媒,ガス分離・吸着の観点から,大きく均一な細孔径を有する多孔性材料の開発が求められてきた.有機-金属構造体・多孔性配位高分子では,一般に細孔径の増加は相互嵌入構造の形成を招き,目的の多孔性構造の実現が困難であった.このような背景のもと,Cr^{3+}とBDC^{2-}からなるMIL-101は,30Åを超える大きな細孔径と極めて高い比表面積を示す.

【調製法】MIL-101は硝酸クロム9水和物,H_2BDC,フッ化水素酸を用いて,220℃ 8時間の水熱合成から結晶性の緑色粉末として得られる[1].

【性質・構造・機能・意義】MIL-101の結晶構造は,MIL-100と同様に,結晶構造のシミュレーションとRietveld解析を併用することで同定されている.MIL-100と同様に,Cr^{3+}は正八面体六配位を示しており,3つの八面体が1つのO^{2-}を共有する無機クラスターを形成している.その無機クラスターをBDC^{2-}が架橋することで,超四面体型ユニットを形成している.熱重量分析測定と粉末X線回折測定から,MIL-101は275℃まで安定であり,ゲストの水分子が取り除かれた後も,多孔性構造を保持していることが示された.MIL-101において特筆すべき点は,非常に高い比表面積である(Brunauer Emmett Teller 比表面積:4100 m^2 g^{-1},Langumir 比表面積:5900 m^2 g^{-1}).MIL-101はマイクロ孔(〜8.6Å)とメソ孔(30〜34Å)を含む階層的な細孔を形成している.MIL-101はガス吸着材としてだけでなく,不均一触媒としても様々な化学反応に利用されている.これは,高い比表面積や安定性だけでなく,BDC^{2-}を多彩な置換基で修飾できることにある.これまで,F^-,Cl^-,Br^-,CH_3といった置換基を修飾したMIL-101が報告されている[2].これに加え,MIL-101はCr^{3+}の不飽和金属サイトを有するため,Lewis酸点としてCO_2固定触媒反応としても幅広く用いられている[3].上記の2点の特徴を組合せた例として,Cr^{3+}の不飽和サイトの近傍に助触媒基のN(n-Bu)$_3$BrをBDC^{2-}に修飾したものがある[4](図1).このように自在に細孔環境を設計・修飾できるMIL 101は多孔性固体触媒として大きな注目を集めている.

【門田健太郎・北川 進】

【参考文献】
1) G. Férey *et al.*, *Science*, **2005**, *309*, 2040.
2) A. Buragohain *et al.*, *J. Solid State Chem.*, **2016**, *238*, 195.
3) M. H. Beyzavi *et al.*, *Frontiers in Energy Research*, **2015**, *2*, 1.
4) D. Ma *et al.*, *J. Mater. Chem. A*, **2015**, *3*, 23136.

$[Cr_3O_{15}F]_n$

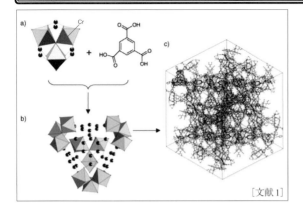

[文献1]

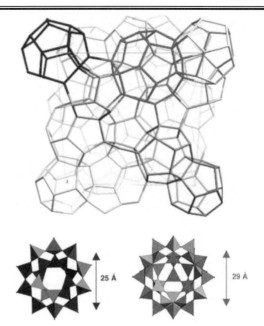

図1　MIL-100の結晶構造[1]

【名称】$[Cr_3F(H_2O)_3O[BTC]_2]$ (H_3BTC=benzene-1,3,5-tricarboxylic acid) MIL-100 (MIL=Materials of Institute Lavoisier)

【背景】固体化学において，高次構造の自在な設計は重要な役割を担う．有機-金属構造体・多孔性配位高分子においても，階層的な細孔をもつ構造体の合成・構造解析の発展が望まれてきたが，一般に単結晶が得られない化合物では構造解析が困難である．階層的細孔構造を有するMIL-100に対して，結晶構造シミュレーションとRietveld解析を併用するという新たな構造解析の可能性を提示している．

【調製法】MIL-100は，金属クロム，フッ化水素酸，H_3BTCを用いた水熱合成から得られる[1]．金属クロムが分散した5 mol L^{-1}のフッ化水素酸水溶液中に，H_3BTCとH$_2$Oを加え，反応溶液を220℃で96時間加熱することで，45％の収率(金属クロムあたり)で結晶性の緑色粉末として得られる．

【性質・構造・機能・意義】MIL-100は，380000 Å^{3}近い非常に大きな単位格子体積を示し，非常に複雑な結晶構造を示す(図1)．結晶構造のシミュレーションを駆使しモデルを組み立て，Rietveld解析により結晶構造を同定している．Cr^{3+}は正八面体六配位を示しており，上に示すように3つの八面体が1つのO^{2-}を共有する無機クラスターを形成している．その無機クラスターをBTC^{2-}が架橋することで，超四面体型ユニットを形成している．次に，ユニットのとりうる結合様式をシミュレーションから推定した後，Rietveld解析から最もよい一致をする構造を明らかにしている．

熱重量分析測定と粉末X線回折測定から，MIL-100は275℃まで安定であり，ゲストの水分子が取り除かれた後も，多孔性構造を保持していることが示された．78 Kにおける窒素ガス吸着測定から，MIL-100は非常に高いLangmuir比表面積(3100 m^2 g^{-1})を示すとともに，I型とIV型の吸着等温線を示した．これは，MIL-100がミクロ孔(〜6.5 Å)とメソ孔(25〜30 Å)の双方を含有する階層的な細孔を形成していることに起因する．

Fe^{3+}を用いたMIL-100の同型構造も報告されている[2]．MIL-100(Fe)では，フッ化水素酸や溶媒を用いない合成手法も報告されており，硝酸鉄9水和物とH$_3$BTCを固相混合，耐圧容器中で160℃ 4時間加熱することで結晶性のMIL-100(Fe)を合成することができる[3]．

【門田健太郎・北川　進】

【参考文献】
1) G. Férey *et al.*, *Angew. Chem. Int. Ed.*, **2004**, *116*, 6456.
2) P. Horcajada *et al.*, *Chem. Commun.*, **2007**, 2820.
3) L. Han *et al.*, *New. J. Chem.*, **2017**, *41*, 13504.

CuH₂P₂

【名称】（η_2-tetrahydroborato-H,H'）bis（triphenylphosphane）copper(+1)：[Cu(PPh$_3$)$_2$(BH$_4$)]

【背景】 BH$_4^-$イオンを含む銅(I)化合物は一般的に常温で不安定であるが，アリールホスフィンが配位したこの錯体は比較的安定であり，他のBH$_4^-$化合物同様に，有機官能基の還元剤として用いられる．また，その発光挙動や励起状態に関しても詳しく調べられており，それに基づいた光反応における光増感効果も研究されている．

【調製法】 過剰量のPPh$_3$をクロロホルムに溶かし，塩化銅(I)を加えて撹拌したあと，ろ過したろ液に水素化ホウ素ナトリウム/エタノール溶液を加え，反応後さらにエタノールを加えることにより，白色粉末として得られる[1]．クロロホルム/エタノールで再結晶可能である．

【性質・構造・機能・意義】 中心のCuにBH$_4^-$が2つのHで配位して四員環キレートを形成しており，さらにPPh$_3$が二分子配位した四配位錯体であると見なされる．Nujol法によるIRスペクトルにおいて2392 cm^{-1}，2350 cm^{-1}にB-H(terminal)伸縮振動に帰属される強い吸収帯が観測され，また1984 cm^{-1}，1924 cm^{-1}にB-H(coordinated)伸縮振動に帰属される吸収帯が現れることから，BH$_4^-$が二座配位であることが示唆される[2]．

錯体の四配位構造は結晶構造解析によっても明らかにされている[3]．分子内にはCu⋯Bを通る二回回転軸が存在し，全体の構造はゆがんだ四面体構造である．銅(I)イオンに配位した水素原子との結合距離は1.79(2) Åであり，銅(I)のイオン半径と水素原子のvan der Waals半径の和よりも短いことから，Cuと水素間に結合が存在すると考えられている．

シクロヘキサン溶液中の可視紫外吸収スペクトルはPPh$_3$とほぼ同じ257 nmに吸収極大波長をもつ($\varepsilon=1.7\times10^4$ mol^{-1}dm^{3}cm^{-1})ことから，この吸収帯はCu-Pのσ結合軌道からホスフィンのPh基上のπ^*軌道へのσ-π^*遷移と考えられている．またこの錯体は，室温においてベンゼン溶液中で480 nmに発光極大をもつ青緑色発光を示す($\Phi=3.4\times10^{-4}$)．さらに，凍結溶媒中では390 nmと490 nmに発光極大をもつデュアルルミネセンスが観測されている．

この錯体は，他のBH$_4$化合物と同様に還元剤としてはたらく．特に，酸塩化物のアルデヒドへの還元反応など，カルボニル化合物の選択的還元に用いられる．また，<300 nmの紫外光照射によって進行するノルボルナジエンのクワドリシクレンへの光異性化反応が，より低エネルギーである313 nmの紫外光照射によって促進される増感作用が観測されている[4]．その他，この錯体はフェナントレンキノンとアダクトを生成し，707 nm付近に外圏電荷移動(OSCT)に由来する吸収帯が出現することが知られている．これが，光還元における増感作用の一因と考えられている．

【関連錯体の紹介およびトピックス】 キレート型ジホスフィンを導入した[Cu(dppe)(BH$_4$)]や[Cu(dppp)(BH$_4$)]が類似錯体として合成されている[4,5]．これらはホスフィンのキレート効果により，溶液中でも極めて安定である．これらの錯体は[Cu(PPh$_3$)$_2$(BH$_4$)]とほぼ同様の構造および性質を有するが[Cu(dppp)(BH$_4$)]は，凍結溶媒中でデュアルルミネセンスを示さないなどの違いがある．

また，標記の錯体をエタノール中で過塩素酸と反応させることにより，terminalのH原子がさらに銅に配位した銅二核錯体[(PPh$_3$)$_2$Cu(μ-H$_2$BH$_2$)Cu(PPh$_3$)$_2$]$^+$が生成する[6]．中心金属を銀(I)に変えた[Ag(PPh$_3$)$_2$(BH$_4$)]の生成も報告されており，IRスペクトルより，同型構造が支持されている[7]．

【佃　俊明】

【参考文献】
1) S. J. Lippard et al., Inorg. Chem., **1968**, 7, 1051.
2) T. J. Marks et al., Chem. Rev., **1977**, 77, 263.
3) J. Moncol et al., Acta Cryst., **2005**, E61, m242.
4) C. Kutal et al., J. Am. Chem. Soc., **1979**, 101, 4228.
5) C. Kutal et al., J. Am. Chem. Soc. **1977**, 99, 6460.
6) F. Cariati et al., J. Inorg. Nucl. Chem., **1966**, 28, 2243.
7) K. W. Morse et al., Inorg. Chem., **1980**, 19, 587.

CuC_2N_3

[文献1]

【名称】 N-(3-indolylethyl)-N,N-bis(6-methyl-2-pyridylmethyl)amine copper(I) hexafluorophosphate: [Cu(Me$_2$-IEP)]PF$_6$)[1]

【背景】 チロシンやトリプトファンなど，側鎖基に芳香環を含むアミノ酸の銅(II)錯体において，銅(II)イオンを含む配位平面と芳香環とが接近するスタッキングなどの弱い相互作用がしばしば見られる．そのような相互作用は，生体内の金属含有酵素にも見られ，基質の固定や酵素内の電子伝達など，酵素反応において重要なはたらきをしていると考えられている．特にトリプトファン側鎖基であるインドールは，いくつかの金属酵素の活性中心近傍に存在することが知られている[2]．例えば，銅シャペロンとして考えられているタンパク質 CusF には，銅(I)イオンとトリプトファンインドール基との間の相互作用が見いだされ，銅(I)イオンの保護と考えられている[3]．

錯体[Cu(Me$_2$IEP)]PF$_6$ は，インドールを側鎖基として有する3N型配位子の単核銅(I)錯体であり，銅(I)イオンとインドール基の間に π 結合を有するはじめての錯体である．銅(I)イオンとインドールの結合距離や反応性から，比較的弱い結合であることが明らかとなっている．

【調製法】 配位子Me$_2$IEPはトリプタミン・塩酸塩に2当量の6-メチルピリジン-2-アルデヒドを加え，2当量のNaBH$_3$CNを加えることで生成する．錯体[Cu(Me$_2$IEP)]PF$_6$は配位子Me$_2$IEPとテトラキス(アセトニトリル)銅(I)ヘキサフルオロホスフェートをメタノール中，不活性ガス雰囲気下で反応させることで淡黄色結晶として得られる．

【性質・構造・機能・意義】 錯体[Cu(Me$_2$IEP)]PF$_6$のX線構造解析から，3つの窒素原子が配位している他，インドールの2位と3位の炭素と η^2 型配位をする歪んだ四面体型構造であることが示唆された．銅(I)イオンとインドール各炭素との結合距離は2.228(5)，2.270(5) Åと報告されており，他のCu(I)-η^2-アルケン錯体の結合距離に比べ長くなっている．一方，インドール2位と3位の炭素間距離は1.379(7) Åであり，金属イオンに配位していないインドール2位と3位の炭素間距離(1.365(9) Å)に比べ，大きな変化を伴わないことから，インドールの銅(I)イオンへの配位は比較的弱いことが明らかとなっている．実際，アセトニトリルやヨウ化物イオンなど，銅(I)イオンに親和性のある配位子の添加により，インドールと配位子との置換反応が進行することが知られている．この錯体の吸収スペクトルは，308 nm (ε = 18000 M^{-1}cm^{-1})に特徴的な吸収帯を有しており，銅イオンからインドールへの電荷移動吸収帯(MLCT)と帰属されている．酸化還元電位は0.01 V (vs. Fc/Fc$^+$)と，類似の銅(I)錯体に比べ高い酸化還元電位を有する．

【関連錯体の紹介およびトピックス】 インドールと三級アミンの間のメチレンの数を，2つから1つへと変えた配位子 Me$_2$IMP (N-(3-indolylmethyl)-N,N-bis(6-methyl-2-pyridylmethyl)amine) を用いても銅(I)錯体を合成することができるが，インドールと銅(I)イオンとの結合は認められず，インドールの代わりにアセトニトリルが配位した四面体型構造であることが報告されている．一方，これらの配位子を用いた銅(II)錯体におけるインドールの位置は銅(I)錯体のときと大きく異なり，Me$_2$IMP錯体においてはインドールと銅(II)イオンとの間に弱い相互作用が認められるが，Me$_2$IEP錯体ではそのような相互作用が認められない[4]．

一方，[Cu(Me$_2$IEP)]PF$_6$で観測された金属イオンと芳香環との弱い結合は，ベンゼン[5]やナフタレン[6]などでも見られ，d-π 相互作用と呼ばれている．本錯体に類似した配位子を用いた銅(I)-ベンゼンの結合距離は，2.17〜2.66 Åと，インドールのときと同様，比較的弱い結合であることが知られている．

〔島崎優一〕

【参考文献】

1) Y. Shimazaki *et al.*, *Angew. Chem. Int Ed.*, **1999**, *38*, 2401.
2) Y. Shimazaki *et al.*, *Coord. Chem. Rev.*, **2009**, *253*, 479.
3) Y. Xue *et al.*, *Nat. Chem. Biol.*, **2008**, *4*, 107.
4) Y. Shimazaki *et al.*, *Dalton Trans.*, **2009**, 7854.
5) a) T. Osako *et al.*, *Chem. Eur. J.*, **2004**, *10*, 237; b) T. Osako *et al.*, *Dalton Trans.*, **2005**, 3514; c) S. Itoh *et al*, *Dalton Trans.*, **2006**, 4531.
6) W. S. Striejewske *et al.*, *Chem. Commun.*, **1998**, 555.

CuN$_2$O$_2$

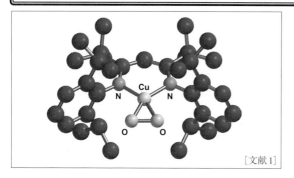

[文献1]

【名称】(1,3-bis(2,6-diisopropylphenyl)-β-diketiminato)-(η^2-peroxo)copper(III): [Cu^{III}(tBu$_2$L^{iPr2})(O$_2^{2-}$)]

【背景】特徴的なCu(III)-(O$_2^{2-}$)の電子構造をもった1:1 Cu/O$_2$付加体の構造が決定された.この1:1 Cu/O$_2$付加体は単離可能であり,この錯体を利用した多核銅錯体種の段階的な合成など,他の金属イオンを用いた錯体合成に応用可能な方法論を提供する[1]。

【調製法】配位子tBu$_2$L^{iPr2}は,ジクロロメタン中,2,6-ジイソプロピルアニリンとピバロイルクロリドとの反応により得られるN-(2,6-ジイソプロピルフェニル)-2,2-ジメチルプロピオンアミドをベンゼン中,五塩化リンとの反応により1-クロロ-1-(2,6-ジイソプロピルフェニルイミノ)-2,2-ジメチルプロパンに変換する.1-クロロ-1-(2,6-ジイソプロピルフェニルイミノ)-2,2-ジメチルプロパンをジエチルエーテル中でのメチルリチウムと反応で得た2-(2,6-ジイソプロピルフェニルイミノ)-3,3-ジメチルブタンにn-ブチルリチウムを加えて得られたスラリー状物質のヘキサン溶液に対し,先に得られた1-クロロ-1-(2,6-ジイソプロピルフェニルイミノ)-2,2-ジメチルプロパンのヘキサン溶液を69℃以下に保ちながら滴下して加え,滴下後1時間加熱する.生成物をジエチルエーテルで抽出し,脱水後濃縮して得られる生成物を加熱したヘキサンで結晶化して2成分としてイミン-エナミン型(主成分)とビス(イミン)型を得る.錯体の合成は,配位子3-(2,6-ジイソプロピルフェニルアミノ)-5-(2,6-ジイソプロピルフェニルイミノ)-2,2,6,6-テトラメチル-3-ヘプテンのTHF溶液を-78℃に冷却後等量のLDAと反応させ,室温に昇温したあと,10分間還流させて反応を終了させて配位子のリチウム塩を得る.不活性ガス雰囲気下で得られたリチウム塩と[Cu(MeCN)$_4$]CF$_3$SO$_3$をトルエン中で反応させ,生成物はペンタンで抽出後,セライトろ過し,濃縮後,ペンタン中-20℃で静置すると黄色固体が得られる.THF中,銅(I)-tBu$_2$L^{iPr2}錯体[Cu^I(tBu$_2$L^{iPr2})(MeCN)]とO$_2$との反応により得る.

【性質・構造・機能・意義】THF溶液中のUV-visスペクトルでは,638 nm(ε=200 M^{-1}cm^{-1}), 424 nm(ε=2000 M^{-1}cm^{-1})に特徴的な吸収帯を示す.共鳴ラマンスペクトルで,912 cm^{-1} (^{18}O$_2$), 937 cm^{-1} (^{16}O^{18}O) 961 cm^{-1} (^{16}O$_2$) ($\Delta\nu$=(^{16}O^{18}O, ^{18}O^{18}O)=24.49 cm^{-1})に銅(III)に配位したペルオキシイオンのν(O-O)に特徴的なラマンピークを与え,重原子効果による同位体シフト値も一致することから確認される.

この錯体は結晶構造から,配位子の窒素2個とペルオキソの酸素2個が平面四配位した構造である.銅(III)イオンに配位したペルオキソ種のO-O結合間距離は1.44(2) Åである.また,Cu-N結合距離は1.858(8) Å,Cu-O結合距離は1.852(8) Å,N-Cu-N結合角は102.1(5)°,O-Cu-O結合角は45.8(5)°である.密度汎関数法(DFT)による理論計算から求めた結合距離は,O-O結合間距離1.376 Åである.また,Cu-N結合距離は1.898 Å,Cu-O結合距離は1.908 Å,N-Cu-N結合角は102.6°,O-Cu-O結合角は42.3°であった.EPRスペクトルはサイレントである.

生体内や工業触媒系において酸素分子が銅により活性化される過程を検証するために,Cu(I)錯体とO$_2$との反応が積極的に研究されてきた.低温における単離やストップトフロー速度論などの測定手法を用いて新しい中間体を確認してきた.一般的には,初期の1:1付加体は過渡的なスペクトルの測定により推定または確認されている.そしてこの中間体は2つ目のCu(I)錯体と反応し,詳細にキャラクタリゼーションができるほど非常に安定なperoxo-あるいはbis(μ-oxo)dicopper種になる.1:1 Cu/O$_2$付加体の単離とキャラクタリゼーションを目的とした試みは,主として一般に2個目の銅イオンとの反応に対する低い障壁と大きなK_{eq}値によって阻害される.この錯体の他には単核の[|HB(^{tBu}pz$^{iPr}_3$)|Cu(η^2-O$_2$)]がX線結晶構造解析により構造決定されている.

【関連錯体の紹介およびトピックス】この錯体で用いているジケチミネート配位子R1L^{R2}はR1,R2を他のアルキル基で置き換えた配位子が合成されており,Cu(III)-O$_2^{2-}$が安定化され,X線結晶解析が成功した配位子はtBu$_2$L^{iPr2}である[2].

【舘 祥光】

【参考文献】
1) W. B. Tolman et al., J. Am. Chem. Soc., **2002**, 124, 10660.
2) a) W. B. Tolman et al., J. Am. Chem. Soc., **2002**, 124, 2108;
   b) A. G. Orpen et al., Eur. J. Inorg. Chem., **1998**, 1485.

CuN$_2$O$_2$

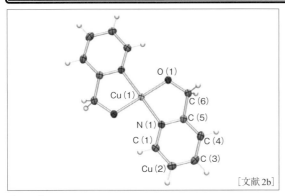

[文献2b]

【名称】 bis(2-(oxymethyl)pyridine)copper-(II):
[Cu(pyC)$_2$], (C$_{12}$H$_{12}$CuN$_2$O$_2$)

【背景】 本錯体は,シクロデキストリンのもつキラルな空孔に包接される性質をもつ.シクロデキストリンは,数分子のD-グルコースがグルコシド結合によって結合した,環状構造を有するオリゴ糖の一種である.一般的には,グルコースが6～8個結合したものが知られており,6個のものがα-シクロデキストリン,7個のものがβ-シクロデキストリン,8個のものがγ-シクロデキストリンと呼ばれている.シクロデキストリンは,分子の中心に存在する空洞を利用して様々な化合物を認識し包接が可能である.1903年にSchardingerが分離精製法を発見して以来,シクロデキストリンはゲスト包接による水可溶化,酵素モデル,不斉認識など,基礎から応用にわたる研究に幅広く活用されてきた.錯体化学の分野においても,包接現象を利用した研究は1980年代より様々な金属錯体を用いて精力的に研究がなされている.例えば,シクロデキストリンの水溶液にフェロセンを添加することにより,容易にそれらの包接化合物が得られることが見いだされている.β体やγ体ではフェロセンと1:1の包接化合物をつくるが,α-シクロデキストリンでは,2:1(フェロセンが1)の包接化合物となることが見いだされている.さらに1990年代に入り横井らが円二色性(CD)スペクトルと電子スピン共鳴を用いて本錯体とシクロデキストリンが新しい包接現象を見いだすことに成功した[1]).

【調製法】 配位子HpyCとCuCl$_2$·2H$_2$Oを pH9 の水溶液中で反応させることにより,4水和物の青色結晶として得られる.

【性質・構造・機能・意義】 [Cu(pyC)$_2$]は,2つの pyC$^-$が銅(II)イオンにキレート配位した平面四配位構造をもつ.水溶液中で本錯体は,単核錯体,二核錯体,オリゴマーの平衡状態にある.水溶液内平衡は,シクロデキストリン類の添加により劇的に変化する.α-シクロデキストリンを添加した場合,溶液中には単核錯体のみ存在することがESRにより確認された.この変化は,[Cu(pyC)$_2$]に対してα-シクロデキストリンを1当量加えるだけでほぼ完全に起きることから,2つの化合物間の強い相互作用の存在が示唆された.さらに,得られたESRパラメータ($g=2.227, |A_{\parallel}|=0.0212$ cm^{-1})と線形は,分散された単核錯体のそれと同様であること,α-シクロデキストリンの添加に伴い,本来円二色性を示さないアキラルな[Cu(pyC)$_2$]が d-d 吸収波長領域に強い円二色性を示したことから,[Cu(pyC)$_2$]はα-シクロデキストリンのもつキラルな空孔に包接され1:1の包接化合物を生成することが明らかとなった.一方,γ-シクロデキストリンを添加した場合,溶液中には二核錯体のみ存在することがESRにより確認された.そのスペクトル線形を解析した結果($g_{\parallel}=2.240$, $g_{\perp}=2.050, |A_{\parallel}|=0.0180$ cm$^{-1}, |A_{\perp}|=0.0020$ cm$^{-1}, r=4.1$ Å, $\xi=15°$),溶液内に銅-銅間距離4.1Åでスタックしたパラレルプレイナー型二核錯体が生成していることが明らかとなった.さらに,α-シクロデキストリンの場合と同様に,γ-シクロデキストリン添加に伴い,d-d吸収波長領域に強い円二色性を示したことから,[Cu(pyC)$_2$]は二核錯体として選択的にγ-シクロデキストリンのもつキラルな空孔に包接され1:2の包接化合物を生成することが明らかとなった.また,2つのシクロデキストリンの空孔サイズは,分子モデルの考察からそれぞれ単核錯体,二核錯体に一致することが示された.

以上のように横井らは,[Cu(pyC)$_2$]が水溶液中で集積構造を変化させ選択的にシクロデキストリンの持つキラルな空間に包接されることを示した.これは,金属錯体のスタッキングによる多核化をシクロデキストリンの分子認識能により制御した唯一の例となることから,今後の研究が待たれる.

【関連錯体の紹介およびトピックス】 先行研究としてフェロセンの他,シクロオクタ-1,5-ジエンやノルボルナジエンのロジウム,白金錯体,あるいはアレーンクロムトリカルボニル錯体,π-アリルパラジウム錯体などがある.[Cu(pyC)$_2$]·4H$_2$O の結晶構造が報告されている[2]).

【川田 知】

【参考文献】
1) M. Iwaizumi et al., J. Am. Chem. Soc., **1991**, *113*, 1530.
2) a) A. Harada et al., Organometallics, **1989**, *8*, 730; b) B. Antonioli et al., Polyhedron, **2007**, *26*, 673.

CuN₂O₂

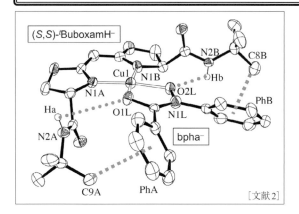

【名称】(S,S)-bis(4-*tert*-butylcarbamoyl-2-oxazolinyl)methanido(*N*-phenylbenzohydroxamato)copper(II)：[Cu(bpha)((S,S)-^{t}BuboxamH)]（(S,S)-^{t}BuboxamH$_2$＝(S,S)-bis(4-*tert*-butylcarbamoyl-2-oxazolinyl)methane，Hbpha＝*N*-benzoyl-*N*-phenyl-hydroxyamine)

【背景】光学活性ビスオキサゾリン配位子(以下 box と略)と各種遷移金属との錯体は優れた不斉触媒活性を示すことが報告されている[1]．これらの錯体の多くはオキサゾリン環上の置換基の立体的なかさ高さにより不斉誘導されており，基質との相互作用を利用した例はほとんどなかった．本錯体は box 配位子に基質との相互作用が可能なアミド基を導入した配位子である(S,S)-^{t}BuboxamH$_2$と，基質モデル配位子として Hbpha を用いた触媒反応の中間体モデルとなる Cu(II)錯体である[2]．

【調製法】室温下，(S,S)-^{t}BuboxamH$_2$, Hbpha, Cu(OTf)$_2$·6H$_2$O を等モル量混合した THF 溶液に，数滴のトリエチルアミンを含む CH$_2$Cl$_2$-Et$_2$O 混合溶媒を加え，ゆっくりと濃縮させることにより，橙色の板状結晶として得られる．

【性質・構造・機能・意義】本錯体はキラル配位子である(S,S)-^{t}BuboxamH$_2$の架橋メチレン水素が1つ解離した(S,S)-^{t}BuboxamH$^-$と，Hbpha のヒドロキシ基の水素が解離した bpha$^-$がそれぞれ配位した平面四角形構造を有する．2つのキレート環平面がなす角は7.5°である．Cu(II)と配位窒素(N1A, N1B)および配位酸素(O1L, O2L)との間の結合距離はいずれも1.92～1.93 Å でほぼ等しい．2つのキレート環の結合角はそれぞれ N(1A)-Cu-N(1B)＝93.3°, O(1L)-Cu-O(2L)＝83.0°である．(S,S)-^{t}BuboxamH$^-$のアミド窒素と bpha$^-$の酸素原子との間の距離は3.3 Å 程度であり，水素結合の形成が示唆される．また，(S,S)-^{t}BuboxamH$^-$のアミド置換基上の^{t}Bu 基の炭素と，bpha$^-$のフェニル基平面との距離は3.6～4.0 Å と近接しており，これらの間において CH-π相互作用の存在が示唆されている．

基質として benzylidene-2-acetylpyridine(BAP)と1,3-cyclohexadiene(CHD)を用い，THF 中室温にて5 mol% の Cu(II)-(S,S)-^{t}BuboxamH$_2$錯体(Cu：ligand＝1：2)を触媒とした Diels-Alder 反応を行うと，生成物として BAP と CHD の Diels-Alder 反応付加体である *endo*-(pyridin-2-yl)(3-phenylbicyclo[2,2,2]oct-5-ene-2-yl)methanone(BPCD)が HPLC 収率78％，不斉収率99％ ee 以上という極めて高い不斉および立体選択性で得られる[2]．上記基質を用いた反応は，Cu(II)非存在下はもちろんのこと，Cu(II)のみでは進行せず，配位子として一般的なアルキル置換基を有する box 配位子である ^{t}Bubox を用いた場合でも，痕跡量しか反応生成物は得られない．また，(S,S)-^{t}BuboxamH$_2$の^{t}Bu アミド置換基を^{i}Pr エステル置換基に変えた配位子(S,S)-^{t}PrboxesH$_2$を用いた反応においても，^{t}Bubox 同様，ほとんど反応は進行しない．さらに，(S,S)-^{t}BuboxamH$_2$を用いた系に2-propanol を添加すると反応がまったく進行しなかった．これらの結果から，Cu(II)-(S,S)-^{t}BuboxamH$_2$錯体を触媒とした BAP と CHD の Diels-Alder 反応において，図の結晶構造から推定されるような Cu(II)，(S,S)-^{t}BuboxamH$_2$, BAP からなる三元錯体が反応中間体として提案されている．BAP が配位子のアミド基と水素結合することにより活性化されるとともに，アミド置換基の^{t}Bu 基が BAP の *Re*-面を効果的に覆うことによって極めて高い不斉および立体選択性を発現したと考えられている．

【関連錯体の紹介およびトピックス】^{t}Buboxam 配位子に類似した，ピリジン環の2,6-位にアミド置換基を有するオキサゾリン環をもつ配位子((S,S)-^{t}Bu-pbxa)と，Pm(III)を除くすべてのランタノイド(Ln(III))との間で，(isomorphorous)の錯体を形成することが報告された[3]．これらの錯体では ^{t}Bupbxa 配位子はアミド酸素も配位した5座キレートとしてはたらき，Ln(III)は10配位となっている．

【松本健司・實川浩一郎】

【参考文献】

1) a) J. S. Johnson *et al., Acc. Chem. Res.*, **2000**, *33*, 325; b) H. A. McManus *et al., Chem. Rev.*, **2004**, *104*, 4151.
2) K. Matsumoto *et al., Tetrahedron Lett.*, **2005**, *46*, 5687.
3) K. Matsumoto *et al., Inorg. Chem.*, **2010**, *49*, 4717.

CuN$_2$O$_2$

【名称】 Cu(II)-mediated artificial base pair in DNA duplex: Dipic-Cu^{II}-Py

【背景】 天然型DNAの水素結合による核酸塩基対A-T, G-Cに代わるものとして，様々な分子間相互作用に着目した人工塩基対の合成研究が行われてきた．金属配位結合も核酸塩基対形成の駆動力になりうるとの作業仮説のもと，金属配位子を塩基部位にもつ人工ヌクレオシドが合成され，DNA鎖中での塩基対形成が検討された．本錯体は，DNA二重鎖中に導入された金属錯体型塩基対のはじめての報告例である[1]．

【調製法】 配位子であるピリジン-2,6-ジカルボン酸型ヌクレオシド(Dipic)およびピリジン型ヌクレオシド(Py)は，ともにリチオ化したピリジン誘導体と，2-デオキシ-D-リボースとのカップリングにより合成される．それぞれをDNA自動合成機の基質となるホスホロアミダイト体へと変換し，定法に従ってオリゴヌクレオチド鎖とする．相対する位置にこれらの人工ヌクレオシドを導入した相補的なDNA鎖に対し，1当量の硫酸銅を加えることで，金属錯体型塩基対Dipic-Cu^{II}-Pyが生成する[1]．

【性質・構造・機能・意義】 オリゴヌクレオチドd(5'-CAC ATT A**Dipic**T GTT GTA-3')およびd(3'-GTG TAA T**Py**A CAA CAT-5')が形成する二重鎖は，銅(II)イオンの添加により金属錯体型塩基対Dipic-Cu^{II}-Pyを形成し，著しい安定化を示す．EPRスペクトルは銅(II)イオンの平面四配位もしくは五配位正方錐構造を示しており，窒素原子由来の超微細構造からN$_2$O$_2$型の配位構造が確認されている[1]．天然核酸塩基に類似のサイズと平面構造を有する金属錯体が，DNA鎖中，穏和な条件で可逆的な結合を形成する「塩基対」として機能することを示した先駆的な事例である．

さらに，2ヶ所にDipic-Cu^{II}-Py塩基対を含む回文配列のDNA二重鎖d(5'-CGC G**Dipic**A T**Py**C GCG-3')$_2$・Cu$^{II}_2$は結晶が得られており，分解能1.5 Åでの金属錯体型塩基対の構造が明らかになっている[2]．銅(II)イオンと配位子との距離はCu-O間が2.3 Å，Cu-N間がいずれも1.9 Åであり，典型的なピリジン-銅(II)-ジカルボキシピリジン錯体と同様の平面型構造である．加えて，隣接するチミジンのデオキシリボース環の酸素(O4')，およびグアノシンのカルボニル酸素(O6)が，ともに3.1 Åの距離で銅(II)イオンに配位しており，Jahn-Teller効果により歪んだ八面体配位となっている．DNA鎖は全体として，左巻きのZ型構造をとっており，そのためにaxial位のO4'の配位が可能となっている．

DNA鎖中で形成する金属錯体型塩基対は，現在ではDNA鎖の安定化，構造スイッチングなどのDNAの高機能化，DNA鎖を骨格とした集積型金属の構築など，多方面への応用が図られている．

【関連錯体の紹介およびトピックス】 種々の遷移金属錯体を介した金属錯体型塩基対が報告されており，一種類の配位子型ヌクレオシドと金属イオンとが2：1錯体を形成する対称な塩基対と，本錯体のような非対称な塩基対とがある．ここでは後者に該当する錯体として，ピリジン型ヌクレオシド(Py)と[1+3]配位の塩基対を形成する三座配位子型ヌクレオシドを挙げる．

ピリジン-2,6-ジカルボキシアミド型ヌクレオシド(Dipam)は，銅(II)イオン存在下で塩基対Dipam-Cu^{II}-Pyを形成し，DNA二重鎖を安定化する[3]．S,N,S型三座配位子である2,6-ビス(エチルチオメチル)ピリジン型ヌクレオシド(SPy)は，DNA二重鎖中で銀(I)を介してSPy-Ag^{I}-Py塩基対を作る[4]．テルピリジンを配位部位としてもつ4-(2''-ビピリジル)ピリミジノン型ヌクレオシド(Pur$^{2,6-py}$)は，Pur$^{2,6-py}$-Ag^{I}-Py塩基対を形成する[5]．また，プリン-2,6-ジカルボン酸型ヌクレオシド(Pur^{DC})とPyとの組合せによるPur^{DC}-Cu^{II}-Py塩基対も報告されている[6]．

【竹澤悠典・塩谷光彦】

【参考文献】
1) E. Meggers et al., J. Am. Chem. Soc., **2000**, 122, 10714.
2) S. Atwell et al., J. Am. Chem. Soc., **2001**, 123, 12364.
3) N. Zimmermann et al., Bioorg. Chem., **2004**, 32, 13.
4) N. Zimmermann et al., J. Am. Chem. Soc., **2002** 124, 13684.
5) B. D. Heuberger et al., Org. Lett., **2008**, 10, 1091.
6) E.-K. Kim et al., ChemBioChem, **2013**, 14, 2403.

CuN₂O₃

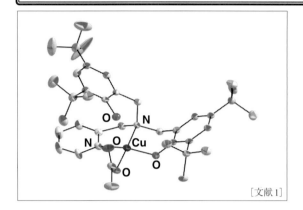

[文献1]

【名称】 *N*-(2-pyridylmethyl)-*N*-(2′-hydroxy-3′,5′-di-*tert*-butylbenzyl)-*N*-(2′-hydroxo-3′,5′-di-*tert*-butylbenzyl)amine copper(II) acetate:([Cu(HL)OAc])[1]

【背景】 ガラクトースオキシダーゼ(GO)は、単核銅イオンを含有し、ガラクトース6位の一級アルコールをアルデヒドに酸化する酵素である。本酵素の活性型は活性中心に2つあるチロシン由来のフェノールのうち、equatrial位のフェノラートが酸化された銅(II)-フェノキシルラジカルであり、銅(II)イオンが銅(I)イオンへ、フェノキシルラジカルがフェノールへ還元されることで、アルコールの二電子酸化が可能になっている。生成した銅(I)-フェノールは空気酸化により、再び銅(II)-フェノキシルラジカルとなり、酸素分子は過酸化水素に変換される[2]。

このモデル錯体の特徴は、2つのフェノールが異なる様式で銅イオンに配位しており、その構造がGOの活性中心と類似していることである。さらに、配位子と銅イオンとの反応において、酢酸銅(II)の対イオンである酢酸イオンを他に変化させることで、銅(II)-フェノキシルラジカルが不均化反応により生成することが報告されている。

【調製法】 配位子は、2当量の3,5-di(*tert*-butyl)salicylaldehyde と 1 当量の 2-pyridylmethylamine をメタノール溶液で混合し、酢酸を数滴加えた後、2当量のNaBH₃CNを加え攪拌することで、白色粉末として得られる。錯体[Cu(HL)OAc]は配位子H₂Lと酢酸銅(II)をジクロロメタン/メタノールの混合溶媒中で反応させることで褐色結晶として得られる。

【性質・構造・機能・意義】 錯体[Cu(HL)OAc]の結晶構造解析から、2つのフェノールが異なった配位様式であることが示唆されている。一方は equatrial 位にフェノラートとして銅イオンに配位しており、もう一方のフェノールは銅イオンの axial 位に脱プロトン化せず、弱く配位している。ジクロロメタン中、470 nm (ε=1300)にフェノラートから銅イオンへの電荷移動吸収帯が観測される。この錯体のサイクリックボルタモグラムは0.62 V(vs. Ag/AgCl)に不可逆な酸化波を観測した。一電子酸化剤である硝酸アンモニウムセリウム(IV)との反応においては、低温においても銅(II)-フェノキシルラジカルの生成が確認されず、直ちに配位子の分解が起こり、サリチルアルデヒドとフェノールを1つ含む二級アミンが生成する。

【関連錯体の紹介およびトピックス】 酢酸銅(II)の代わりに過塩素酸銅(II)を用いて配位子とアセトニトリル/ジクロロメタン中で反応させると、低温において溶液が緑色に変化し、同時に無色結晶が析出する。この溶液の紫外・可視吸収スペクトルは403 nmと654 nmに特徴的な吸収帯を示し、77 KにおいてESRは不活性である。403 nmの吸収帯は、フェノキシルラジカルのπ-π*遷移と帰属でき、ラジカル電子と銅(II)イオンの不対電子が反強磁性相互作用をしていると考えられる。一方、析出した無色結晶は銅(I)錯体、[Cu(CH₃CN)₄]ClO₄と帰属されることから、本配位子と過塩素酸銅との反応では不均化反応が進行し、銅(II)-フェノキシルラジカルと銅(I)錯体が生成する。

酢酸銅(II)の代わりに塩化銅(II)を用いて配位子と反応させると、過塩素酸銅(II)との反応において観測されたフェノキシルラジカルの生成は確認されなかったが、一方のフェノールがラジカルになることで、非対称なラジカルカップリング反応が起こり、ビフェニルエーテル骨格を有する化合物へと変化する(図1)と考えられている。

図1 配位子H₂Lと塩化銅(II)との反応[1]

以上のことから、銅イオンと本配位子との反応は、対イオンの塩基性に依存し、対イオンの塩基性が低い場合、自発的に銅(II)-フェノキシルラジカルが生成し、比較的安定化することが示唆されている。

【島崎優一】

参考文献

1) Y. Shimazaki *et al., Angew. Chem. Int. Ed.*, **2000**, *39*, 1666.
2) J. Stubbe *et al., Chem. Rev.*, **1998**, *98*, 705.

CuN_2P_2

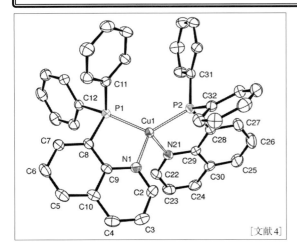

【名称】bis[8-(diphenylphosphino)quinoline] copper(I) tetrafluoroborate: $[Cu(Ph_2Pqn)_2]BF_4$

【背景】立体異性は無機化学分野において最も基本的な現象である[1,2]．A-B 型二座配位子の配位した金属錯体を考えると，八面体型錯体$[M(A-B)_3]$では可能な配置の幾何異性体と光学異性体が単離されている．一方，平面四配位錯体$[M(A-B)_2]$では，trans 配置と cis 配置の他には，配位子に不斉がない限り光学異性体は存在しない．しかし，四面体型方向に歪んだ平面四配位錯体あるいは平面四配位型構造方向に歪んだ四面体型錯体には，2つの異なる幾何構造のペアが存在することがわかる．平面四配位構造の錯体の例としては，Ni(II)あるいは Pd(II)のキノリルホスフィン(R_2Pqn, R_2=Ph_2, Me_2 or MePh)錯体がある[3]．これらの錯体では cis 位に配位したキノリン配位子のオルト位にある水素原子基間の反発による平面構造からの捻れが観測されている．しかし，四面体構造を基調とする金属錯体について，平面四配位構造への変形に起因する幾何異性体のペアが観測された例はなかった．d^{10}電子配置の四面体型 Cu(I)錯体は，低エネルギーの MLCT 帯があれば（一般的に濃く色づいているとき）二次の Jahn-Teller 効果により D_{2d} または D_{4h} 方向への変形が起こるため，非対称二座配位子が配位した Cu(I)錯体では，平面四配位錯体と同様の幾何異性体のペアが単離できる可能性があるが，そうでないときには立体障害がなければ構造変形はない．$[Cu(Ph_2Pqn)_2]PF_6$ 錯体は，四面体構造からの変形に基づく異性体の作り分けがなされた最初の例である．

【調製法】液体アンモニア中で，金属ナトリウムとジフェニルホスファンを反応後，8-クロロキノリンを滴下した後アンモニアを留去し，脱気した水を加えることにより配位子 Ph_2Pqn の粗生成物を得る．ジエチルエーテルから再結晶することにより，高純度の配位子を得ることができる．

Ph_2Pqn 配位子をエタノールに懸濁し，還流しながらエタノールに溶かした $Cu(BF_4)_2 \cdot nH_2O$ をゆっくり加える．冷却後反応液を濃縮し，生じた沈殿をエタノール/ヘキサンから再結晶する．

【性質・構造・機能・意義】生成物は syn-clinal あるいは anti-clinal 構造である．しかし，溶媒と濃度を変えて再結晶することにより，syn-clinal 型と anti-clinal 型（図1）の錯体を分離することができる．例えば，ニトロメタン/ジエチルエーテル中で蒸気拡散を行うと syn-clinal 型が橙色結晶として，溶媒をジクロロメタンに変えると anti-clinal 型が黄色結晶として，それぞれ優先的に結晶化するので，目視によって容易に分離することができる．また，アセトニトリルを溶媒として，錯体を高濃度にしてジエチルエーテルの蒸気拡散を行うと syn-clinal 型が，低濃度では anti-clinal 型が優先的に析出する傾向がある．

2つのキノリン環のなす二面角は，syn-clinal 型と anti-clinal 型でそれぞれ 63.31°と 105.2°である．

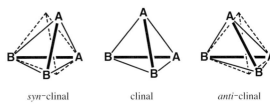

図1 syn-clinal 型および anti-clinal 型の模式図

【関連錯体の紹介およびトピックス】Cu(I)の 8-(ジメチルホスフィノ)キノリン(Me_2Pqn)錯体では，2つのキノリン環のなす二面角は 88.56°であり，四面体配置からのずれは非常に小さい．DFT 計算によれば，Ph_2Pqn ならびに Me_2Pqn 錯体における HOMO-LUMO ギャップは 10 eV 以上ある．そのため，Ph_2Pqn 錯体における四面体構造からの捻れは，二次の Jahn-Teller 効果ではなく，リン上の置換基間の立体障害によるものであると考えられる[4]．　　　　　【鈴木孝義・高木秀夫】

【参考文献】
1) J. R. Gispert, *Coordination Chemistry*, **2008**, Wiley-VCH.
2) W. Klyne et al., *Experientia*, **1960**, *16*, 521.
3) A. Hashimoto et al., *Eur. J. Inorg. Chem.*, **2010**, 39.
4) T. Suzuki et al., *Inorg. Chem.*, **2011**, *50*, 3981.

CuN$_2$P$_2$ 光

【名称】[(2,9-dimethyl-1,10-phenanthroline)(bis(diphenylphosphanophenyl)ether)copper(+1)]tetrafluoroborate:[Cu(dmp)(DPEphos)](BF$_4$)

【背景】銅(I)錯体のMLCT歪みを抑制し,励起状態からの発光効率を高めるうえで,かさ高いホスフィン配位子の導入が有用とされる.標記の錯体において,キレート型ジホスフィンを用いることによる発光効率の向上に成功したことから,銅(I)錯体を用いた有機EL素子(OLED)をはじめとしたりん光発光性デバイスの候補として,この型の混合配位型錯体が注目されるようになってきている.

【調製法】不活性ガス気流下,ジクロロメタン中でdmp·0.5H$_2$O(=2,9-dimethyl-1,10-phenanthroline hemihydrate)とDPEphos(=bis[2-(diphenylphosphino)phenyl]ether)および[Cu(CH$_3$CN)$_4$]BF$_4$を1:1:1で混合することにより得られる[1].

【性質・構造・機能・意義】中心の銅にジイミン配位子dmpとジホスフィンDPEphosがそれぞれ1分子ずつキレート配位した錯体である.^{1}H NMRでは,δ2.47ppmにdmp配位子のメチル基に帰属されるシングレットシグナルを示し,対称性の高い構造を示唆している.また^{31}P NMRではδ-11.9にシングレットシグナルを示す.これはDPEphosに比べて6.5ppm高磁場側にシフトしていることから,溶液中での銅への配位が裏づけられる.

X線構造解析においても,dmpのフェナントロリンN原子とDPEphosのホスフィンP原子がそれぞれ二座キレート配位した四面体型四配位構造であることが明らかとなっている.Cu-NおよびCu-P結合距離は,一般的な銅(I)錯体のものとほとんど同じである.Cu-O (DPEphos)間距離は3.151Åであり,相互作用はほとんどないと考えられている.また,P-Cu-P角は116.44°と理想四面体よりは少し大きくなっている.

標記の錯体は,ジクロロメタン中において391nmに極大をもつ吸収スペクトルを与える(ε=3.0×10^{3}mol^{-1}dm^{3}cm^{-1}).これは2,9位にメチル基をもたない[Cu(phen)(DPEphos)]とほぼ同じものである.また,配位性溶媒であるアセトニトリル中では若干の配位子の解離が見られるが,ジクロロメタン中ではほとんど見られず,溶液中での安定性を示唆している.

一方,標記の錯体はジクロロメタン中で565nm付近に発光極大をもつ発光スペクトルを示す.ほぼ同じ吸収極大波長をもつ[Cu(phen)(DPEphos)]の発光極大波長は700nmであり,非常にStokesシフトが小さいことが特徴として挙げられる.また,量子収率(Φ)は15%,発光寿命(τ)は14.3μsであり,[Cu(phen)(DPEphos)](Φ=0.2%,τ=190ns)に比べて,はるかに高効率,長寿命の発光を示す.低温では発光強度の減少が見られることから,この発光は[Cu(dmp)$_2$]と同様に,熱平衡にある^{1}MLCT状態からの遅延蛍光であると考えられている.

【関連錯体の紹介およびトピックス】励起状態の歪みを効率的に抑制することから,発光効率の向上を目的とした,2,9位にかさ高い置換基n-ブチル基を導入したフェナントロリンが配位した[Cu(dnbp)(DPEphos)]$^+$(dnbp=2,9-di-n-butyl-1,10-phenanthroline)が報告されており,実際に量子収率26%(τ=17.6μs)の発光を観測している[2].発光層にこの錯体をドープさせたPVKフィルムを用いた有機EL素子(OLED)が製作されており,1704cd/m^2(13V)の輝度を達成している[3].また,dmpの4,7位にフェニル基を導入したbathocuproine(=2,9-dimethyl-4,7-diphenyl-1,10-phenanthroline)が配位した錯体は,ジクロロメタン中で量子収率Φ=28%(τ=17.3μs)の高効率発光を示すことが報告されている[2].

【佃 俊明】

【参考文献】
1) D. R. McMillin *et al.*, *Inorg. Chem.*, **2002**, *41*, 3313.
2) N. Armaroli *et al.*, *Adv. Mater.*, **2006**, *18*, 1313.
3) L. Wang *et al.*, *Adv. Mater.*, **2004**, *16*, 432.

CuN₂S₂

生

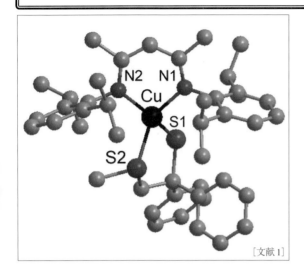

[文献1]

【名称】[[N,N'-(1,3-dimethyl-1,3-propane-diylidene)bis[2,6-bis(1-methylethyl)benzenaminato-κN]](1-)][α-[(methylthio-κS)methyl]-α-phenylbenzenemethanethiolato-κS]copper(II):([Cu(β-diketiminate)(SC(Ph)₂CH₂SCH₃)])

【背景】生体内で電子伝達反応を担うのは，電子伝達タンパク質であり，補酵素や補欠分子族の他に，金属を含む金属タンパク質が存在する．この電子伝達タンパク質の金属結合部位は，酸化還元変化に伴う構造変化が最小になるようにつくられており，鉄と銅が最も一般的に利用されている金属である．銅を含む電子伝達タンパク質の代表例は，酸化状態で濃い青色を示すことからブルー銅タンパク質と呼ばれているタンパク質群である．タンパク質のX線解析から，ヒスチジン由来の窒素2つとシステイン由来の硫黄を平面に，軸位にメチオニン由来の硫黄をもつ構造をとることがわかっている．ブルー銅タンパク質は，Cu(II)の状態で，600 nm付近($\varepsilon \sim 3000 \text{ M}^{-1}\text{cm}^{-1}$)にシステインのS⁻からCu(II)への強い電荷移動吸収帯を示し，その電子スピン共鳴スペクトルは，軸対称で，$A_\parallel$が$60 \times 10^{-4} \text{ cm}^{-1}$程度と異常に小さい超微細結合定数をもっている．また，低エネルギー側に非常に複雑な共鳴ラマン線を与え，酸化還元電位が通常のCu(II)錯体と比較して高いなどの性質をもつ．つまり，通常のCu(II)錯体ではあまり見られない特徴を示す．このため，この性質を再現するモデル錯体の合成が活発に進められたが非常に困難であった．その理由は，Cu(II)-S結合がホモリテックに開裂し，Cu(I)状態への還元とともにジスルフィドが生成するためである．そのため，構造が決定したCu(II)チオラート錯体は数が少なく，安定化配位子をうまく選択する必要がある．

【調製法】β-diketiminate配位子と塩化銅(II)との反応で得られるクロリド銅(II)錯体とチオールのナトリウム塩を反応させることにより濃い青色の錯体が得られる[1]．

【性質・構造・機能・意義】錯体の構造は，X線構造解析により決定されている．Cu-S1は2.242(1) Åと非常に短く，Cu-S2は2.403(1) Åである．この錯体は，これまでに構造が決定されている，N₂S(thiolate)S(thioether)型の配位子をもつCu(II)錯体としてははじめての例である．その紫外可視吸収スペクトルでは，430 nm ($\varepsilon = 1900 \text{ M}^{-1}\text{cm}^{-1}$)，538 nm ($\varepsilon = 2100 \text{ M}^{-1}\text{cm}^{-1}$)と691 nm ($\varepsilon = 2300 \text{ M}^{-1}\text{cm}^{-1}$)に，特徴的な吸収帯が存在する．電子スピン共鳴スペクトルでは，軸対称なスペクトル($g_\parallel = 2.15$，$g_\perp = 2.01$ ($A_\parallel = 98 \times 10^{-4} \text{ cm}^{-1}$))を与え，不対電子が$d_{x^2-y^2}$にあることがわかる．このように，タンパク質の構造をよく再現しているが，600 nm付近の強い吸収帯を示さず，電子スピン共鳴スペクトルにおける異常に小さい$A_\parallel$値も再現されていない．これら2つの特徴を唯一再現しているのは，北島・藤澤らによるチオラート錯体[Cu(SR){HB(3,5-i-Pr₂pz)₃}] (R=C₆F₅ and CPh₃, HB(3,5-i-Pr₂pz)₃=tris[3,5-bis(1-methylethyl)pyrazol-1-yl-κN²]hydroborato(1-))copper)である[2]．β-diketiminate配位子とヒドロトリス(ピラゾリル)ボラート配位子では，配位子自体の電子供与性がかなり異なり，それが錯体全体の電子状態に影響することが結論されている．

【関連錯体の紹介およびトピックス】銅を含む電子伝達体としては，シトクロムcオキシダーゼや亜酸化窒素還元酵素には，2核のCuAがある．そのモデル錯体の合成はTolmanらにより活発に行われた．また，2012年，Tolmanらによりモデル錯体の酸化還元電位に関する考察が報告された[3]．なお，唯一藤澤らにより，ブルー銅タンパク質モデル錯体の自己交換速度定数に関する結果が，K[Cu¹(SC₆F₅){HB(3,5-i-Pr₂pz)₃}]の構造とともに報告されている[4]．　　　【藤澤清史】

【参考文献】
1) P. L. Holland *et al.*, *J. Am. Chem. Soc.*, **2000**, *122*, 6331.
2) N. Kitajima *et al.*, *J. Am. Chem. Soc.*, **1992**, *114*, 9232.
3) W. B. Tolman *et al.*, *J. Biol. Inorg. Chem.*, **2012**, *17*, 285.
4) K. Fujisawa *et al.*, *Inorg. Chem. Commun.*, **2004**, *7*, 1188.

CuN$_2$X$_2$

生 | 触

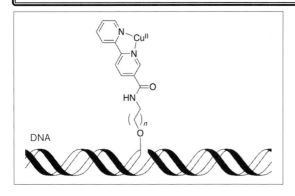

【名称】DNA-based catalyst with a covalently attached Cu(II) complex

【背景】DNAの二重らせん構造のつくるキラルな環境を利用した不斉触媒反応を実現するために，銅(II)-ビピリジン錯体を連結したDNA複合体が合成され，不斉Diels-Alder反応が検討された[1]．

【調製法】末端をアミノ基で修飾したオリゴヌクレオチドと，2,2′-ビピリジンのマレイミド誘導体とのカップリングにより，配位子を連結したDNAを合成する．他のDNA鎖との会合，銅(II)イオンの錯体形成を経て，複合体を得る[1]．

【性質・構造・機能・意義】複合体は，アザカルコンとシクロペンタジエンのDiels-Alder反応を触媒し，高いエナンチオ選択性（～93% ee）を示す[1]．DNA配列により選択性が異なり，触媒中心の不斉環境を塩基配列設計により精密に調整できることが示唆されている．本事例は，金属錯体を共有結合によりDNAに連結し，不斉触媒反応を行ったはじめての例である．核酸塩基間へのインターカレーションやグルーブへの結合により錯体-DNA複合体を合成する方法に比べて，触媒中心の位置を設計できる利点がある．

【関連錯体の紹介およびトピックス】DNA二重鎖に連結した有機イリジウム錯体による不斉アリル位アミノ化が報告されている[2]．また，DNA四重鎖構造に同様の銅(II)-ビピリジン錯体を連結し，Michael付加反応を行った例もある[3]．

【竹澤悠典・塩谷光彦】

【参考文献】
1) N. S. Oltra *et al.*, *Chem. Commun.*, **2008**, 6039.
2) P. Fournier *et al.*, *Angew. Chem. Int. Ed.*, **2009**, *48*, 4426.
3) S. Dey *et al.*, *Angew. Chem. Int. Ed.*, **2015**, *54*, 11279.

CuN_2X_2

生 超 触

【名称】DNA-based catalyst with supramolecularly anchored Cu(II) complexes

【背景】DNA分子の右巻き二重らせん構造を不斉反応場として利用するというコンセプトのもと，9-アミノアクリジンに銅錯体を結合させたインターカレーター型錯体が設計・合成され，DNAとの複合体による触媒的不斉Diels-Alder反応が検討された[1]．DNAと金属錯体との複合体を，不斉触媒反応へ応用したはじめての例である．

【調製法】配位子はリンカーとなるアルキルジアミンに，ピリジル配位子，アクリジン部位などの置換基を順次結合させることで得られる．錯体は，配位子と硝酸銅(II)を水溶液中で混合し，in situ で合成される．これをサケ精子由来もしくは仔ウシ胸腺由来DNAの溶液に加え，銅錯体-DNA複合体を得る[1]．

【性質・構造・機能・意義】銅錯体-DNA複合体は，水中でシクロペンタジエンとアザカルコンとのDiels-Alder反応を触媒する．主生成物である endo 体と，exo 体の混合物が得られるが，いずれも高いエナンチオ選択性（～90% ee）を示す．複合体の詳細な構造は明らかではないが，アクリジン部分が核酸塩基対間にインターカレートすることにより，触媒中心となる銅錯体部分がDNA二重鎖に近接した形で固定化され，不斉な触媒反応場を提供すると考えられている．DNA非存在下では反応生成物はラセミ体であり，またリンカーを長くするとエナンチオ選択性が下がることも，DNA近傍におけるキラルな環境が触媒反応の不斉選択性を誘起したことを示唆している[1]．

反応のエナンチオ選択性は，配位子側鎖の構造やリンカーの長さ，また基質の構造に依存することが明らかになっている．興味深いことに，配位子のデザインを変えるだけで，逆のエナンチオ選択性が得られている．

このようなDNAと錯体の複合体による触媒反応の開発は，水中での不斉反応の可能性を広げるものであり，グリーンケミストリーの観点からも大変意義深い．また，分液操作により容易に生成物を抽出でき，触媒を回収できる利点も大きい．実際に，同様の銅錯体-DNA複合体の再利用が可能であることが報告されている[2]．

【関連錯体の紹介およびトピックス】ビピリジンあるいはフェナントロリン骨格を有する各種銅錯体について，DNA存在下での不斉触媒反応が検討されており，アクリジンなどのインターカレーター部位がなくてもDNAとの相互作用により，触媒反応のエナンチオ選択性が誘起されることが示されている[2]．特に，4,4′-ジメチル-2,2′-ビピリジン(dmbpy)の銅錯体[Cu^{II}(dmbpy)](NO_3)$_2$とDNAとの複合体を用いた，Diels-Alder反応では，99%以上の endo 選択性および99%以上のエナンチオ選択性が達成されている[3]．

さらに，同様の錯体-DNA複合体を用いて，Micheal反応[4]，Friedel-Crafts反応[5]，フッ素化反応[6]，α,β-不飽和ケトンの水和反応[7] などが検討され，それぞれ高いエナンチオ選択性を示すことが報告されており，DNAのキラリティーを利用した不斉触媒反応の一般性を示している．

また，2-デオキシ-D-リボース由来の天然DNAの鏡像異性体である2-デオキシ-L-リボース由来のDNA二重鎖を用いると，エナンチオ選択性が逆転することも示されている[8]．

【竹澤悠典・塩谷光彦】

【参考文献】
1) G. Roelfes et al., Angew. Chem. Int. Ed., **2005**, 44, 3230.
2) A. J. Boersma et al., J. Am. Chem. Soc., **2008**, 130, 11783.
3) G. Roelfes et al., Chem. Commun., **2006**, 635.
4) D. Coquière et al., Angew. Chem. Int. Ed., **2007**, 46, 9308.
5) A. J. Boersma et al., Angew. Chem. Int. Ed., **2009**, 48, 3346.
6) N. Shibata et al., Synlett, **2007**, 1153.
7) A. J. Boersma et al., Nat. Chem., **2010**, 2, 991.
8) J. Wang et al., Angew. Chem. Int. Ed., **2013**, 52, 11546.

CuN₃C₂

N,*N*-bis[2-(2-pyridyl)ethyl]-2-phenylethylamine
(Py2Phe)

【名称】(*N*, *N*-bis[2-(2-pyridyl)ethyl]-2-phenylethylamine)copper(I) perchlorate: [Cu(Py2Phe)]ClO₄

【背景】遷移金属-芳香族間のd-π相互作用は，低分子金属錯体や金属酵素活性中心において見られ，比較的弱い結合ながらも金属錯体の構造，物性，反応性に大きく寄与することが知られている．これまでに，Cu(I)-芳香族間のd-π相互作用を有するCu(I)錯体の報告例はあるものの，その相互作用の強度や銅中心の物性や反応性に及ぼす詳細な効果については不明であった．Cu(I)-芳香族間におけるη^2型のd-π相互作用を有する本錯体を用いた一連の研究は，Cu(I)錯体の構造や物性および特に分子状酸素に対する反応性に及ぼすd-π相互作用の効果を定量的に評価したものである[1]．

【調製法】酢酸存在下，2-フェニルエチルアミンと2-ビニルピリジンをメタノール溶液中，7日間加熱還流することで配位子Py2Pheを得る．錯体[Cu(Py2Phe)]ClO₄は，アルゴン雰囲気下，Py2Pheと[Cu(CH₃CN)]ClO₄をジクロロメタン中で作用させることで得る．本錯体の単結晶は，ジクロロメタン溶液へのジエチルエーテルの蒸気拡散法により得る．

【性質・構造・機能・意義】本錯体の結晶単位格子は，非常に大きな平行六面体で，独立した40分子が存在する (monoclinic, $a=15.695(2)$ Å, $b=78.34(1)$ Å, $c=17.389(4)$ Å, $Z=40$)．本錯体は側鎖ベンゼン環とCu(I)イオンとの間にη^2型のd-π相互作用を有する歪んだ四面体構造をとっており，そのCu-C間の結合距離（平均値）は，2.336 Å (Cu-C1), 2.211 Å (Cu-C2), Cu-N間の結合距離は2.089 Å (Cu-N$_{Amine}$), 2.006 Å (Cu-N$_{Py}$)である．d-π相互作用に関与しているベンゼン環炭素 (C1, C2) は，Cu(I)イオンからの電子供与を受けており，それらベンゼン環炭素の^{13}C{^{1}H} NMRのピークは，配位子自体のものと比べ，それぞれ6.7, 5.6 ppm高磁場シフトしている．本錯体のジクロロメタン溶液中での紫外可視吸収スペクトルでは，290 nm ($\varepsilon=8820$ M^{-1}cm^{-1}) にd-π相互作用由来のCu(I)イオンからベンゼン環へのMLCTが観測される．この溶液にアセトニトリルを添加していくと，アセトニトリル分子のCu(I)イオンへの配位に伴い，そのMLCTが徐々に消失する．アセトニトリルのCu(I)イオンへの配位平衡定数 (K_{as}) は 6.4 ± 0.1 M^{-1} (-20℃), 配位平衡定数の温度依存性から得られる熱力学的パラメーターは，$\Delta H^0 = -12.4 \pm 1.6$ kJ mol^{-1}, $\Delta S^0 = -34 \pm 7$ J K^{-1} mol^{-1}である．本錯体の酸化還元電位は0.07 V (vs. Fc/Fc$^+$, CH₂Cl₂), 分子状酸素に対する二次反応速度定数は 0.28 ± 0.01 M^{-1}s^{-1} (CH₂Cl₂, -80℃) である．

【関連錯体の紹介およびトピックス】本錯体の側鎖ベンゼン環のパラ位(OMe, Me, Cl, NO₂)および側鎖ベンジル位(Me, Ph)に置換基を有するCu(I)錯体も同様に，η^2型のd-π相互作用を有している．これらの錯体についても，同様に検討を加えた結果，ジクロロメタン溶液中でのアセトニトリルの配位平衡定数 (K_{as}) の値が小さい，すなわち強いd-π相互作用を有するCu(I)錯体は，銅中心の酸化還元電位が高電位シフトし，分子状酸素との反応性が著しく低下することが判明している[1]．

【大迫隆男】

【参考文献】
1) T. Osako *et al.*, *Chem. Eur. J.*, **2004**, *10*, 237.

CuN₃O

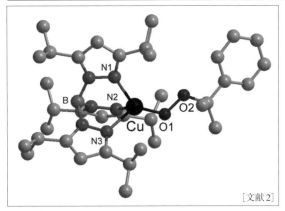

[文献2]

【名称】（1-methyl-1-phenylethyl-hydroperoxidato-κO^2）[tris[3,5-bis(1-methylethyl)pyrazol-1-yl-κN^2]hydroborato(1−)]copper(II)：([Cu(OOCm)|HB(3,5-i-Pr₂pz)₃|])

【背景】神経伝達物質の1つであるドーパミンのベンジル基の水酸化反応やペプチドホルモン末端グリシン残基のα-炭素の水酸化反応を担っている．ドーパミンβ-モノオキシゲナーゼやペプチジルグリシンα-アミド化モノオキシゲナーゼは，分子状の酸素を活性化する．これらの酵素の中には，銅イオンが2つ含まれている，それら2つの銅の間は約11Å離れており，直接的な相互作用はない．1つの銅は電子伝達としてはたらき，もう1つは分子状酸素活性化を行っている．酸素活性化に関与するCu(I)イオンに酸素が結合すると，酸素が一電子還元された単核スーパーオキソ銅(II)種が生成する．その後電子伝達に関与する銅から一電子移動がおき，プロトン化後生成するヒドロペルオキソ銅(II)種が活性酸素種であるといわれている．しかし，その詳細は明らかではない．そこで，ヒドロキソ銅(II)錯体と過酸化水素あるいはその等価体であるアルキルヒドロペルオキソとの反応により，単核ヒドロペルオキソ銅(II)錯体あるいは単核アルキルペルオキソ銅(II)錯体の合成が活発に行われた．類似錯体としての最初の構造決定例は，Karlinらによる二核-アシルペルオキソ銅(II)錯体（[Cu₂(XYL-O-)(m-Cl-C₆H₄C(O)OO)](ClO₄)₂）(XYL-O-：α, α'-bis|N,N-bis(2-pyridylethyl)amino|-2-olate)である[1]．

【調製法】架橋ビスヒドロキソ銅(II)錯体に4〜5当量の過剰量のクメンヒドロペルオキソを低温下で加え，低温で1時間反応させると濃い青色溶液が得られる．単結晶は，ペンタン/n-オクタン混合溶媒から低温下で得られる[Cu(OOCm)|HB(3,5-i-Pr₂pz)₃|]．同様な反応をt-ブチルヒドロペルオキソを用いて行うと，[Cu(OOtBu)|HB(3,5-i-Pr₂pz)₃|]が得られる[2]．

【性質・構造・機能・意義】紫外可視吸収スペクトルでは，348 nm($\varepsilon=4000 \mathrm{M^{-1}cm^{-1}}$)，569 nm($\varepsilon=3600 \mathrm{M^{-1}cm^{-1}}$)と811 nm($\varepsilon=400 \mathrm{M^{-1}cm^{-1}}$)に特徴的な吸収帯が見られる．電子スピン共鳴測定では，軸対称なスペクトル($g_{\parallel}=2.316$(|$A_{\parallel}$|=~$55\times10^{-4} \mathrm{cm^{-1}}$)，$g_{\perp}=2.097$)を与え，不対電子が$d_{x2-y2}$にあることがわかる．568.2 nm励起のレーザーを用いた77Kでの共鳴ラマンスペクトルでは，同位体酸素でラベルしたクメンヒドロペルオキソ銅(II)錯体と比べてシフトする6つのバンドが観測され，ν(O-O)，ν(O-C)，ν(C-C)，ν(Cu-O)，δ(C-C-C)，δ(O-C-C)の寄与があると帰属されている[3]．そのうち，ν(O-O)とν(Cu-O)伸縮振動で一番大きくシフトが見られたのは，844 cm⁻¹(ν(O-O))と652 cm⁻¹(ν(Cu-O))に観測され，同位体酸素¹⁸Oを用いると818 cm⁻¹と633 cm⁻¹に観測された．5配位のヒドロペルオキソ銅(II)錯体の構造は増田らにより決定されているが[4]，実際の酵素中で推測されている4配位のヒドロペルソ錯体の最初の合成例は，[Cu(κ^1-OOH)|HB(3-t-Bu-i-Prpz)₃|=tris[3-(1,1-di-methylethyl)-5-(1-methylethyl)pyrazol-1-yl-κN^2] hydroborato(1−)]である[3]．紫外可視吸収スペクトルの測定では，350 nm($\varepsilon=3990 \mathrm{M^{-1}cm^{-1}}$)と589 nm($\varepsilon=2170 \mathrm{M^{-1}cm^{-1}}$)に強い吸収帯が見られる．その錯体の共鳴ラマンスペクトルでは，843 cm⁻¹(ν(O-O))と624 cm⁻¹(ν(Cu-O))が，同位体酸素置換体では799 cm⁻¹と607 cm⁻¹にシフトして観測された[3]．

【関連錯体の紹介およびトピックス】これ以降，様々な配位子や様々な金属を用いてアルキルペルオキソ錯体やヒドロペルオキソ錯体が合成単離され，その反応性の議論が行われている[5-6]．

【藤澤清史】

参考文献

1) K. D. Karlin *et al.*, *J. Am. Chem. Soc.*, **1989**, *109*, 6889.
2) N. Kitajima *et al.*, *J. Am. Chem. Soc.*, **1993**, *115*, 7872.
3) E. I. Solomon *et al.*, *J. Am. Chem. Soc.*, **2000**, *122*, 10177.
4) H. Masuda *et al.*, *Angew. Chem. Int. Ed.*, **1998**, *37*, 798.
5) W. B. Tolman *et al.*, *Acc. Chem. Res.*, **2015**, *48*, 2126.
6) W. B. Tolman *et al.*, *Chem. Rev.*, **2017**, *117*, 2059.

CuN₃O 生触

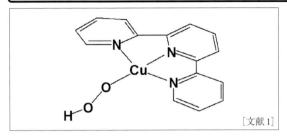

[文献1]

【名称】monomeric hydroperoxo copper(II)complex: [Cu(terpy)(OOH)]⁺ (Terpy=2,2′:6′,2″-terpyridine)

【背景】活性酸素種を有する銅ヒドロペルオキソ種は，ドーパミンβ-ヒドロキシラーゼ(DβH)における，推定される反応中間体の1つである．本錯体をゼオライト細孔中で合成することで，熱的に安定かつ反応活性な銅ヒドロペルオキソ種の形成に成功したはじめての例である[1]．

【調製法】Y型ゼオライト(Na-Y)の懸濁水溶液にCu(NO₃)₂·3H₂Oを添加し，Cu-Yを調製する．Cu-Yの懸濁CH₃OH溶液に配位子Terpyを添加し，還流条件下，20h撹拌した後，回収し，十分に洗浄し，[Cu(terpy)]²⁺@Yを得る[1]．[Cu(terpy)]²⁺@Yの懸濁CH₃CN溶液中にH₂O₂を添加し，室温で3時間撹拌し，固体の色が淡青色から黄緑色に変化した後，余分なH₂O₂を取り除くことで，[[Cu(terpy)]²⁺@Y]*が得られる[1]．

【性質・構造・機能・意義】[Cu(terpy)]²⁺@Yは，元素分析によりCu:Terpy=1:1であり，XRD測定によりゼオライト骨格が保持されており，Y型ゼオライトの(220)面と(311)面のXRDピーク強度の反転が認められ，ゼオライト細孔内に錯体が形成していることがわかる．吸収スペクトルより336nmに配位子由来のπ-π*遷移由来の吸収帯，680nmにCu²⁺のd-d遷移由来の吸収帯が観察され，ESRパラメーター($g_{//}$=2.24, $g_{\perp}$=2.05, $|A_{//}|$=171G)より，銅周りの配位構造が平面四角形型構造であることが示され，ゼオライト細孔中に[Cu(terpy)]²⁺錯体が形成されていることがわかる．

[Cu(terpy)]²⁺@Yを用いてH₂O₂を酸化剤としたチオアニソールの酸化反応では，スルホキシドが選択的に生成し，さらに酸化されたスルホンはほとんど観測されず，その触媒活性は均一系触媒である[Cu(terpy)(CH₃CN)](ClO₄)₂と同等である．また，[Cu(terpy)]²⁺@Yは少なくとも5回は触媒活性・スルホキシド選択性を維持したまま再利用が可能である．反応過程を明らかにするために，触媒・基質・酸化剤のモル量を変えて，チオアニソールの酸化反応を行うと，触媒と酸化剤は1次，基質は0次であり，反応速度式：$v=k_{total}$[Cu][H₂O₂]が得られ，触媒(Cu)と酸化剤(H₂O₂)との反応，つまり銅ヒドロペルオキソ種の生成が律速段階と考えられる[1]．

[Cu(terpy)]²⁺@YにH₂O₂を添加すると，触媒の色が淡青色から黄緑色へ変化する．吸収スペクトルより380nm付近にOOH⁻からCu²⁺へのLMCT吸収帯が観測され，銅ヒドロペルオキソ種の生成が示唆される．ESRパラメーター($g_{//}$=2.24, $g_{\perp}$=2.06, $|A_{//}|$=180G)より，H₂O₂の添加後も銅周りの配位構造が平面四角形型構造を維持している．したがって，[Cu(terpy)]²⁺@Y中に平面四角形型構造を有する単核銅(II)はヒドロペルオキソ種が形成しており，この活性種が室温でも安定に存在できることがわかる[1]．

H₂O₂を添加した後，遠心分離して回収した触媒([[Cu(terpy)]²⁺@Y]*)を用いて，チオアニソールの酸化反応を行うと，スルホキシドが選択的に生成し，触媒回転数は1で飽和する．これは，銅に対して等量の活性種のみが生成していることを示唆する．また，[[Cu(terpy)]²⁺@Y]*とベンゼン，2-フェネチルアミンとの反応も進行し，フェノールと2-アミノ-1-フェニルエタノールが銅に対して定量的に生成する．[[Cu(terpy)]²⁺@Y]*は反応活性な銅ヒドロペルオキソ種を安定に捉えたはじめての例である[1]．

【関連錯体の紹介およびトピックス】ゼオライト細孔中で遷移金属錯体を合成し，それらを用いた炭化水素類への酸化反応が検討されている[2-5]．[Fe(bpy)₃]²⁺@Na-Yを用いたH₂O₂を酸化剤としたシクロヘキセンの酸化反応では，2-シクロヘキセン-1-オールの選択率は90%以上であり[2]，O₂を酸化剤とした場合でも高いアルコール選択性を示す[3]．[Fe(bpy)₃]²⁺@Na-Yを用いたH₂O₂を酸化剤としたベンゼンの酸化反応では，フェノールを選択的に生成し，H₂OとCH₃CN溶媒の体積比が1:1のときに反応活性が飛躍的に向上する[4]．また，ゼオライト内のカチオンや鉄錯体を変えることでも反応活性の制御ができるため，非常に興味深い[5]．

【山口修平・八尋秀典】

【参考文献】
1) S. Yamaguchi et al., ACS Catal., **2018**, 8, 2645.
2) S. Yamaguchi et al., Chem. Lett., **2012**, 41, 713.
3) S. Yamaguchi et al., Catal. Today, **2015**, 242, 261.
4) S. Yamaguchi et al., Chem. Lett., **2015**, 44, 1287.
5) S. Yamaguchi et al., Catal. Today, **2018**, 303, 249.

CuN₃OCl

【名称】 2-{*N*-(1′-methyl-2′-imidazolylmethyl)-*N*-(6″-methyl-2″-pyridylmethyl)aminomethyl-4-methyl-6-methylthiophenolato copper(II) chloride: ([Cu(MeSL)Cl])[1]

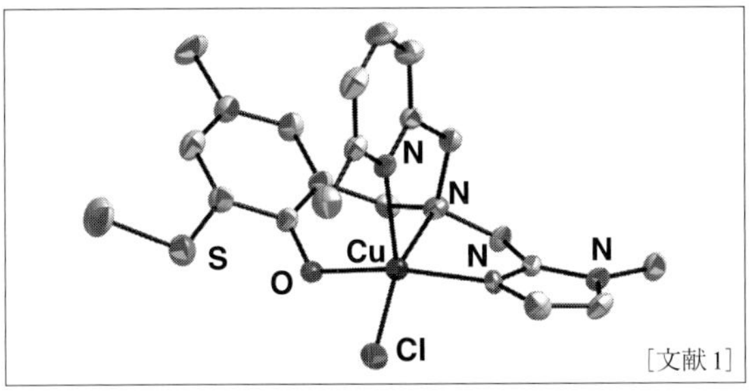

【背景】 ガラクトース6位の一級アルコールをアルデヒドに酸化する単核銅含有酵素 ガラクトースオキシダーゼ（GO）は，銅イオンに配位したフェノールをアルコール酸化反応の補因子として用いることで，二電子酸化を可能にしている．本酵素の活性型は，エカトリアル位のフェノラートが酸化された銅(II)-フェノキシルラジカル種であり，そのフェノキシルラジカルのオルト位にはシステインの硫黄が共有結合した，*o*-アルキルチオフェノキシルラジカルであることが明らかにされている[2]．

このモデル錯体の特徴は，フェノールのオルト位にアルキルチオ基を有する三脚型配位子としてははじめての単核錯体であり，オルトメチルチオフェノールと銅イオンの位置関係がGOの活性中心と類似していることである．

【調製法】 配位子は図1に示す多段階の反応により合成している．錯体[Cu(MeSL)Cl]は配位子 HMeSLと塩化銅(II)をメタノール中で混合し，トリエチルアミンを滴下することで褐色結晶として得られる．

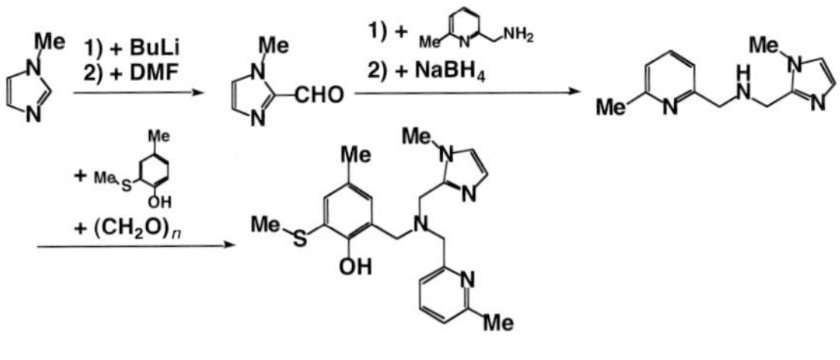

図1 配位子 HMeSLの合成スキーム[1]

【性質・構造・機能・意義】 錯体[Cu(MeSL)Cl]の結晶構造解析から，オルト位にメチルチオ基を導入したフェノールが銅(II)イオンのequatrial位に配位し，2-メチルピリジンがaxial位に位置することで，四角錐型構造であることが示唆されている．この四角錐型構造は溶液中でも維持されており，$d_{x^2-y^2}$基底のESRシグナルが観測される．アセトニトリル中，488 nm ($\varepsilon=1400$)にフェノラートから銅イオンへの電荷移動吸収帯が観測される．本錯体のサイクリックボルタモグラムは0.55 Vに不可逆な酸化波のみを観測する．一電子酸化剤である硝酸アンモニウムセリウム(IV)との反応においては，低温において，銅(II)-フェノキシルラジカルの生成は確認されているようだが，低温においても不安定なため，詳細な酸化体の同定は報告されていない．

【関連錯体の紹介およびトピックス】 メチルチオ基の代わりにメトキシ基を導入した配位子を用いた銅(II)錯体[Cu(MeOL)Cl]錯体と硝酸アンモニウムセリウム(IV)を反応させることで，比較的安定なフェノキシルラジカル錯体が生成する．この錯体はESR不活性であり，この錯体の紫外可視吸収スペクトルは478 nm ($\varepsilon=5000\,\mathrm{M^{-1}cm^{-1}}$)にメトキシフェノキシルラジカルに特徴的な π-π* 遷移に基づく吸収帯を示す．共鳴ラマンスペクトルでは，1488 cm⁻¹にフェノキシルラジカルのν_{7a}のC-O伸縮振動を約30%含むフェノキシルの骨格振動が観測される．この錯体の半減期は室温において288分と，オルト位にかさ高い*tert*-ブチル基を有するフェノキシルラジカル錯体に比べ，安定である．さらに，*o*-メトキシフェノールを有し，axial位の2-メチルピリジンを2,4-ジ(*tert*-ブチル)フェノールにした配位子と過塩素酸銅(II)をアセトニトリル中で反応させることにより不均化し，Cu(II)-フェノキシルラジカル錯体と Cu(I)錯体が生成する（図2）．

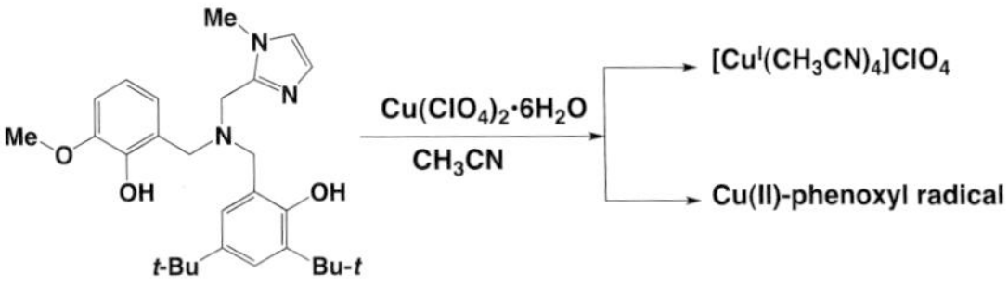

図2 不均化反応による Cu(II)-フェノキシルラジカル錯体の生成[1]

生成した Cu(II)-フェノキシルラジカル錯体は反磁性，または大きな交換相互作用定数を示す反強磁性種であり，紫外可視吸収スペクトルは 479 nm ($\varepsilon=4000\,\mathrm{M^{-1}cm^{-1}}$)にメトキシフェノキシルラジカル由来の吸収帯を観測する．この錯体は一級アルコールからアルデヒドへの酸化が可能であり，エタノール中，塩基存在下，錯体に対して最大1.5当量のアセトアルデヒドが生成することが報告されている．　　　　　【島崎優一】

【参考文献】

1) Y. Shimazaki *et al.*, *Inorg. Chim. Acta*, **2002**, *331*, 168.
2) J. Stubbe *et al.*, *Chem. Rev.*, **1998**, *98*, 705.

CuN₃OX/CuN₃S

【名称】［*N,N*-bis［(2-quinolinyl-κ*N*)methyl］-l-methioninato-κ*N,*κ*O*］-Copper(2＋)，および［*N,N*-bis［(2-quinolinyl-κ*N*)methyl］-l-methioninato-κ*N,*κ*S*］-Copper(1＋)

【背景】トリポード型配位子からなる遷移金属錯体では，3つの配位部位がプロペラ状に配置する．キラル配位子を用いた金属錯体ではプロペラの方向が一方向に偏るが[1]，本システムは，ハードな配位基とソフトな配位基をあわせもつ配位子を設計し，金属中心のレドックスを活用してプロペラらせんを反転させるはじめてのシステムである[2]．

【調製法】配位子は，DMF中，炭酸水素ナトリウム存在下，L-メチオニンメチルエステルを2当量の2-ブロモメチルキノリンでアルキル化し，その後THF中水酸化リチウムで加水分解して得る．Cu(II)錯体の合成は，室温条件下，メタノール中，配位子とCu(ClO₄)₂・6H₂Oを混合し，析出した青緑色固体をろ過して集めて得る．Cu(I)錯体の合成は，グローブボックス内で，配位子と［Cu(CH₃CN)₄］PF₆の混合物に蒸留してすぐのジクロロメタンを加え，得られた黄色溶液に無水ジエチルエーテルを加えて，析出する黄色固体を集めて得る[3]．

【性質・構造・機能・意義】この錯体自体の結晶構造は得られていないが，キノリン環の代わりにピリジン環を用いたCu(II)錯体では結晶構造が得られており，カルボキシラト架橋して一次元らせんポリマーを形成している[3]．一方，キノリン含有アラニン誘導体からなるCu(II)錯体の結晶は(*S*)体と(*R*)体が等量混じったラセミ体の時のみ得られ，その構造はカルボキシラトが架橋した環状四量体である[3]．いずれの錯体も極性溶媒中では単量体として存在することが伝導度測定により確かめられている[3,4]．結晶構造では，Cu(II)中心には2つのピリジン窒素，三級アミン窒素，カルボキシラト酸素原子が配位し，さらに近傍の錯体からのカルボキシラト酸素原子も配位して三方両錘型構造を形成する．2つ目のカルボキシラト酸素と三級アミン窒素原子が軸方向から配位している．いずれの錯体においても2つのキノリン環の遷移モーメントは(*S*)型配位子の時に反時計回りである．

Cu(II)錯体は溶液中キノリン吸収帯に長波長側から負，正のコットン効果をもつ円二色性(CD)スペクトルを与え，2つのキノリン環は結晶構造と同様反時計回りに配置されていることがわかる．これに対し，Cu(I)錯体はほぼミラーイメージのCDスペクトルを示し，キノリン環の配置は時計回りであることがわかる．Cu(II)イオンは比較的ハードなカルキシラートと，Cu(I)イオンはソフトなスルフィドと安定な錯体を形成するため，キレート部位周辺の不斉配向性が逆転し，2つのキノリン環のプロペラ方向が反転すると考えられる．アスコルビン酸とペルオキソ二硫酸アンモニウムを交互に加えることで銅中心のレドックスによるCDスペクトルの可逆的なスイッチングも達成される．

本報は，電気化学的な制御によるらせん反転を実現したはじめての例であり，超分子らせんの反転制御など広範な応用が期待され興味深い．

【関連錯体の紹介およびトピックス】メチオニンよりも炭素数の1つ少ない側鎖をもつ*S*-メチルシステインや還元型配位子メチオニノールからなる銅錯体もレドックスによるCD反転スイッチングが観測できる[5]．可視領域でのCDスイッチングへと発展させるために，ポルフィリン環を2つ含むキラルトリポード型配位子からなる銅錯体が報告されている[6]．Cu(II)錯体はSoret吸収帯に大きなCDシグナルを示すが，Cu(I)錯体はCDシグナルを示さないことからON/OFF型のスイッチングが達成されている．

このように，置換活性な金属錯体のレドックスを活用した超分子レベルでのプロペラらせんの反転制御が可能となってきた．

【三宅弘之】

【参考文献】
1) J. W. Canary *et al., Chem. Comm.*, **2010**, *46*, 5850.
2) J. W. Canary *et al., Science*, **2000**, *288*, 1404.
3) J. W. Canary *et al., Inorg. Chem.*, **2006**, *45*, 6056.
4) J. W. Canary *et al., Monatsh. Chem.*, **2005**, *136*, 461.
5) J. W. Canary *et al., Org. Lett.*, **2003**, *5*, 709.
6) J. W. Canary *et al., J. Am. Chem. Soc.*, **2007**, *129*, 1506.

CuN₃O₂

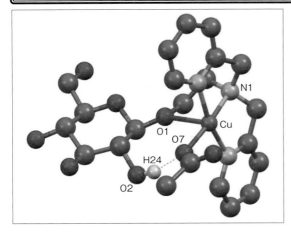

【名称】［acetato-κO^1-bis(2-pyridylmethyl- κN)-2-aminoethyl-β-D-glucopyranoside-κO^1-copper（+2）］nitrate:
[Cu(GlcOenDPA)(CH₃COO)]NO₃

【背景】光学活性な酸素原子を含む金属錯体の構造と性質を明らかにするために，糖分子を連結した銅錯体が設計・合成された．金属配位酸素原子上に生じる光学活性中心は，非共有電子対の反転により容易にラセミ化するため，これまでその存在が明確に議論されていなかったが，本錯体はそのような情報を得ることができたはじめての成功例である[1,2]．

【調製法】配位子 GlcOenDPA は，DPA(2, 2′-ジピコリルアミン）と 2-ブロモエチル 2,3,4,6-テトラ-O-アセチル-β-D-グルコピラノシドを DMF（ジメチルホルムアミド）中，炭酸カリウム存在下，室温で4日間反応させカラムクロマトグラフィーにより AcGlcOenDPA を分取した後，メタノール中，ナトリウムメトキシドにより室温で脱保護することによって得られる．次に，硝酸銅(II) 3水和物と配位子 GlcOenDPA をメタノール中室温で反応させ少量の酢酸を加えることにより錯体を得る．

【性質・構造・機能・意義】メタノール溶液および水溶液中で青色を呈し，それぞれ 641 nm($\varepsilon=91\ \mathrm{M^{-1}cm^{-1}}$)，649 nm($\varepsilon=85\ \mathrm{M^{-1}cm^{-1}}$) に銅(II) の d-d 遷移吸収帯が観測される．錯体溶液の ESI-MS スペクトルは，[[Cu(GlcOenDPA)]-H]⁺ に相当するピークを m/z 467.1097 に与え（$\mathrm{C_{20}H_{26}CuN_3O_6}$ の計算値：467.1112），銅と配位子 GlcOenDPA が安定に錯形成していることが示された．

この錯体の結晶構造（図）では，糖含有配位子 GlcOenDPA は DPA の窒素原子と糖のアノマー酸素原子を供与原子とする N_3O 型四座配位子として作用し，さらにアセタト配位子が単座配位することで，Cu(II) 中心はアノマー酸素原子(O1)を軸位とする五配位四角錐構造（$\tau=0.07$）をとる．糖の二位水酸基(O2H24) はアセタト配位子の金属配位酸素原子(O7)と分子内水素結合を形成し，錯体の構造を安定化している．

この錯体の構造において最も注目すべき点は，銅に配位したアノマー酸素原子(O1)が不斉酸素原子となっている点である．非対称エーテルの酸素原子に金属が配位すると，3つの異なるグループと非共有電子対の配置によって，酸素原子は不斉中心となる．しかしこの不斉中心は非常に不安定で，非共有電子対の反転を伴って相互変換するために，そのままでは単離が不可能と考えられてきた．この錯体では，糖の不斉環境と分子内水素結合による構造安定化によって不斉酸素原子の反転が抑制されており，結晶中において酸素原子は S 配置をとり，O1 と N1 を含む五員環キレートは δ コンフォーメーションをとった形で安定化されている．

さらに，メタノール溶液の CD スペクトルでは銅(II) の d-d 遷移吸収帯に負のコットン効果が観測され，溶液中においても，銅中心の周囲に不斉環境が存在していることが明らかとなった．この現象は，糖の不斉要素が不斉酸素原子を介して銅中心に伝達されている例として大変興味深い．

【関連錯体の紹介およびトピックス】糖含有配位子 GlcOenDPA の糖部位の水酸基をアセチル基で保護した配位子である AcGlcOenDPA をメタノール中で硝酸銅(II) 3水和物と反応させると，[Cu(AcGlcOenDPA)NO₃]NO₃ の青色結晶が得られる．この錯体も前述と類似の銅配位環境を有していることが X 線結晶構造解析より明らかとなったが，アノマー酸素原子が R 配置，O1 と N1 を含む五員環キレートは λ コンフォーメーション，さらにメタノール溶液中での CD スペクトルでは正のコットン効果が観測され，［Cu(GlcOenDPA)(CH₃COO)]NO₃ とは正反対の結果となった．このことは，これらの錯体において，結晶のみならず溶液中においても不斉酸素原子の立体配置が安定に保持されており，不斉酸素原子の絶対配置の反転は，糖水酸基の保護基の有無により，斥力である立体障害と引力である水素結合の切り替えにより誘導されていることを示している[1,2]．　【三方裕司・棚瀬知明】

【参考文献】
1) Y. Mikata *et al., Inorg. Chem.*, **2004**, 43, 4778.
2) Y. Mikata *et al., Inorg. Chem.*, **2006**, 45, 1543.

CuN₃O₂

生

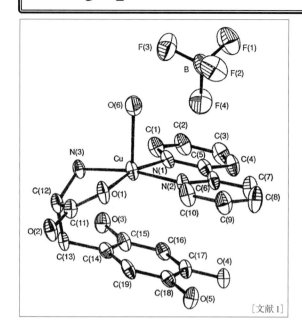

[文献1]

【名称】(aqua)(2,2′-bipyridine)(3-(2,4,5-trihydroxyphenyl)-DL-alanine)copper(II) tetrafluoroborate: [Cu(DL-topa)(bpy)(H$_2$O)]BF$_4$[1]

【背景】銅含有アミン酸化酵素(CuAO)は,様々な生物種に存在しており,一級アミンの酸化的脱アミノ化反応を触媒する.CuAOは,既知の多くの通常の銅錯体と似た物理化学的性質を示すタイプ2Cuイオンをもち,さらに,チロシンの翻訳後修飾によって生じるトリヒドロキシフェニルアラニン(topa)の酸化体であるトパキノン(tpq)を補酵素としてもつキノプロテインの一種である.Cuイオンは,酵素反応に加え,酵素中のチロシン残基がtpq残基に変換される際にも重要な役割を担っている[2].フリーのアミノ酸としてのtpqは,酸素存在下で容易に重合してメラニン様のポリマーを形成し,純粋な単核錯体として単離することが難しいことから,このモデル錯体は,還元型のトリヒドロキシフェニルアラニンをリガンドとして用いて合成された.

【調製法】Ar雰囲気下,既報の方法により合成した[Cu(bpy)(H$_2$O)$_2$](BF$_4$)$_2$を水に溶解し,その溶液にDL-topaの粉末を加えて完全に溶解するまで室温で撹拌する.溶液を濃縮し,4℃で静置すると結晶が析出する[1].

【性質・構造・機能・意義】溶液は青緑色で,601 nm ($\varepsilon=104$ M^{-1}cm^{-1})にCu(II)のd-d遷移吸収帯が現れ,300 ($\varepsilon=16700$ M^{-1}cm^{-1})と314 nm ($\varepsilon=14300$ M^{-1}cm^{-1})に配位子のビピリジンとtopaの芳香環のπ-π*遷移由来の吸収帯が重なって観測される.EPR(ESR)スペクトル($g_{//}=2.24$,$g_{\perp}=2.06$,$A_{//}=18.6$ mT)は四角錐型五配位構造のCu(II)錯体として典型的なものである[3].サイクリックボルタンメトリー測定により,Cu$^{2+/+}$の$E_{1/2}=-0.335$ V vs. Ag/AgClに準可逆な酸化還元対,$E_{pa}=0.398$ V,$E_{pc}=-0.002$ Vにキノン/ジオールに由来すると考えられる酸化および還元ピークがそれぞれ観測される.X線結晶構造解析により錯体構造が明らかになっており,四角錐型五配位構造で,axial位に水が配位し,Cu(II)と水分子のO原子間の距離が2.317(9) Åと長くなっている.3つの窒素原子と1つの酸素原子はほぼ平面上にあり,Cuイオンはその平面から軸配位子のO原子の方に0.17 Å浮いている.また,ビピリジンやフェナントロリンなどの芳香族ジイミンと芳香族側鎖をもつアミノ酸との三元錯体で観測される配位子の芳香族間のスタッキングがこの錯体でも見られる.この錯体は空気下でベンジルアミンの酸化的脱アミノ化反応によるベンズアルデヒドの生成を触媒する.この触媒反応の速度定数はフリーのtopaに比べて約14倍となり,錯形成による触媒能の向上が示されている.

【関連錯体の紹介およびトピックス】水酸基がtopaよりも1つ少ない4,5-dihydroxyphenylalanine(dopa)を配位子とするCu(II)錯体も合成され,構造も明らかにされている[3].CuAOの活性中心モデル錯体として,2,5-dihydroxy-N-(pyridine-2-ylmethyl)benzylideneamineを配位子とするCu(II)錯体[4]や2-hydroxy-5-methyl-1,4-benzoquinoneを配位子とするCu(II)錯体[5]が報告されている.また,反応中間体モデルとしては,N,O-donor Schiff base配位子を有するCu(I)錯体が,これまでに報告されている[6].

【中村暢文】

【参考文献】

1) N. Nakamura *et al.*, *J. Am. Chem. Soc.*, **1992**, *114*, 6550.
2) R. Matsuzaki *et al.*, *FEBS Lett.*, **1994**, *351*, 360.
3) S. Suzuki *et al.*, *Inorg. Chim. Acta*, **1998**, *283*, 260.
4) P. Y. Li *et al.*, *J. Chem. Soc. Dalton Trans.*, **2000**, 1559.
5) C. L. Foster *et al.*, *J. Chem. Soc. Dalton Trans.*, **2000**, 4563.
6) T. Sixt *et al.*, *Inorg. Chim. Acta*, **2000**, *300-302*, 762.

CuN_3O_2

生

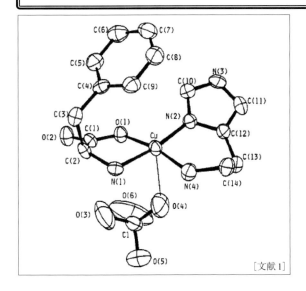

[文献 1]

【名称】histamine–L–phenylalaninato–copper(II) perchlorate: $[Cu(hista)(L-Phe)ClO_4]$[1]

【背景】酵素機能の優れた分子認識能，速い反応がアミノ酸官能基間の非共有結合性相互作用によることが1970年LipscombらによるカルボキシペプチダーゼAと基質グリシル・L-チロシン複合体のX線結晶構造解析[2]により明らかにされた．以来，ヒスチジン・イミダゾール基とフェニルアラニン(Phe)のベンゼン環などのアミノ酸芳香環との間の芳香環相互作用がしばしば話題となっていた．この銅錯体はイミダゾール-ベンゼンの面と面が向き合ったface-to-face型芳香環スタッキングをはじめて明らかにしたもので，以後，イミダゾール基が静電的相互作用のみならず，疎水性相互作用である芳香環スタッキングに関与することが常識となった．

【調製法】配位子ヒスタミン二塩酸塩の水溶液に2当量のNaOHを加えたものに，等量の硝酸銅水溶液を反応させる．これに等量のL-PheとNaOHを加えた水溶液を反応させ，$Cu(L-Phe)_2$の沈殿をろ過後，放置すると粉末が得られ，再結晶・ろ過すると青い結晶が得られる[1]．

【性質・構造・機能・意義】銅平面にhistaのイミダゾールとNH_2，PheのNH_2とCOOが配位したN3O配位で，NH_2に関してcisである(transよりcisの方が安定)．芳香環スタッキングの面間距離は3.5Åで，相互作用としては強く，銅の寄与が考えられる．L-Pheの代わりにL-チロシン(Tyr)を用いても同様な芳香環スタッキング構造がみられる．芳香環の重なりは端と端が重なり合っており，疎水性相互作用だけでなく，環の間に起こる電荷移動型相互作用が重要な寄与をしていることが示唆される．この発見から10年後，1999年に天然の銅酵素シダ類のプラストシアニンに同様の銅配位イミダゾール-ベンゼン(Phe)芳香環スタッキングが見いだされ[3]，芳香環スタッキングによって銅(II)が安定化されていることが明らかになった．イミダゾールだけではなく，錯体でよく用いられる2,2'-ビピリジン(bpy)や1,10-フェナントロリン(phen)のピリジン環でも，またインドール環をもつL-トリプトファン(Trp)でも同様なface-to-face芳香環スタッキングがみられる[4]．これらの錯体では，同時に，銅-芳香環相互作用3.1〜3.2Åもみられる．銅-芳香環相互作用部位とは反対側に水またはカウンターアニオンOが配位した五配位構造がみられることが多い．五配位にあわせて芳香環スタッキングをもつ銅錯体は，銅(II)d-d遷移のλ_{max}が長波長シフトを示す傾向が強い．ESR (77K)ではスーパーハイパーファイン構造が現れない特徴がある．芳香環の重なりには，例えばインドール環(HOMO)-銅配位bpy(LUMO)相互作用がみられ，HOMO-LUMO相互作用を有利に起こさせるために五配位をとるものと理解される．芳香環があるにもかかわらず水溶性は高い．

【関連錯体の紹介およびトピックス】芳香環スタッキングによる安定化は普通の芳香環-芳香環相互作用よりも大きく，シスプラチンが配位したDNAグアニンにHMGタンパク質Pheのベンゼン環がスタックすることで安定な会合体が形成される[5]．生体系の酸化還元金属酵素反応では金属近傍インドール環やフェノール環からも電子が移動して，ラジカルが形成される[6]ことがわかってきた．銅-芳香環相互作用や芳香環スタッキングはその一因として着目されている．

【小谷　明】

参考文献

1) O. Yamauchi et al., Inorg. Chem., **1989**, 28, 4066.
2) W. N. Lipscomb, Acc. Chem. Res., **1970**, 3, 81.
3) T. Kohzuma et al., J. Biol. Chem., **1999**, 274, 11817.
4) a) O. Yamauchi et al., Bull. Chem. Soc. Jpn. [Accounts], **2001**, 74, 1525; b) O. Yamauchi et al., J. Chem. Soc., Dalton Trans. [Dalton Perspective], **2002**, 3411.
5) S. Park et al., Biochemistry, **2012**, 51, 6728.
6) J. Stubbe et al., Chem. Rev., **1998**, 98, 705.

CuN$_3$O$_2$

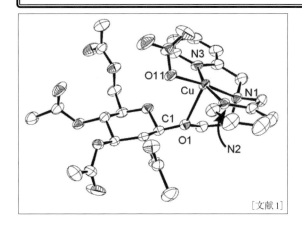

[文献1]

【名称】(2-(N,N-bis(2-pyridylmethyl)amino)ethyl-2,3,4,6-tetra-O-acetyl-β-D-glucopyranoside)nitrato copper(II) nitrate:[CuL(NO$_3$)]NO$_3$(L=2-(N,N-bis(2-pyridylmethyl)amino)ethyl 2,3,4,6-tetra-O-acetyl-β-D-glucopyranoside)

【背景】不斉金属触媒では金属中心の配位環境が最も重要である.金属に最も近い配位原子にキラリティーを導入させることにより立体選択性を大きく改善できることが報告されている.金属に配位することによりキラリティーを発生する原子としては,窒素原子,硫黄原子,リン原子が知られている.非対称なエーテルの酸素原子は2つの非共有電子対を有しており,一方が配位に関与することにより,光学活性な不斉原子になる可能性がある.三方らは,新しい不斉源の導入を目指すうえで,銅イオンに配位した不斉酸素原子を単離する戦略を打ち立て,糖分子に新たな配位サイトとして2,2'-ジピコリルアミン(DPA)を連結したエーテル酸素原子を含む新規配位子を用いて,安定な配位不斉酸素を有する金属錯体を得た[1].

【調製法】2-(N,N-bis(2-pyridylmethyl)amino)ethyl-2,3,4,6-tetra-O-acetyl-β-D-glucopyranoside (L) と Cu(NO$_3$)$_2$·3H$_2$O をメタノール中,室温で攪拌し,その反応液を冷蔵庫で一晩放置することにより青色の[Cu(L)(NO$_3$)]NO$_3$の結晶を得る.

【性質・構造・機能・意義】この錯体は水,メタノールなどの極性有機溶媒に溶ける.有機溶媒中で安定であるが,水溶液中でも安定である.メタノール中では青色を呈し,電子吸収スペクトルでは648 nmにモル吸光係数100程度のCu(II)のd-d遷移吸収が観測される.この吸収に対応してCDスペクトルにおいて負のコットン効果が観測され,後にX線結晶構造解析で述べるように,不斉なエーテル酸素原子の配位がメタノール中でも保持されている.また,153 KでのEPRスペクトルからも,$d_{x^2-y^2}$に不対電子が存在する四角錐構造であることが支持される.結晶中では,z配位子LはN, N, N, Oの四座配位子として機能している.すなわちDPA部分の3つの窒素原子がmer型に配位し,糖のアノマー酸素原子が銅に配位している.さらに単座の硝酸イオンとともに五配位四角錐型構造を形成している.配位酸素原子の絶対配置はRで,リンカーの,エチレンジアミン部分の五員環キレートのコンホメーションはλ-gaucheである.糖部分の六員環は,D-Glc単独と同様の$β$-$^4C_1$コンホメーションをとっている.銅(II)周りの結合距離は,銅-窒素原子間距離が1.970(2)〜2.042(3) Åおよび銅-酸素(硝酸イオン)は1.96(2) Åで,いずれも通常の値であるが,銅-酸素(エーテル酸素)はJahn-Teller効果によると思われる2.413(2) Åである.五配位錯体に関するAddisonらの定義による歪みの指標値τは0.18であり,銅中心は四角錐平面からアピカル配位子方向へ,僅かな歪みが見られている.EXAFS解析は,この錯体は溶存状態と個体状態でほぼ同様な配位構造をとっていることを示している.このことは,結晶中での配位エーテル酸素原子の絶対配置が保持されていることを支持している.本錯体はジピコリルアミンとD-グルコースから誘導された配位子のエーテル酸素が遷移金属イオン(同イオン)に配位することにより安定な不斉酸素が単離同定された最初の例である.CDスペクトルの測定から,この不斉酸素は溶存状態でも安定に存在することが判明し,生体中の金属イオンとも同様な不斉酸素の存在が推定され,金属酵素の反応作用機序を説明するうえで重要な知見と見なされる.

【関連錯体の紹介およびトピックス】この錯体に関連して,S-グリコシド連結DPA-Cu(II)錯体の合成・単離・結晶構造解析がなされ,チオエーテル硫黄原子が銅に配位し,キラリティーが生じることが示されている[2].これらは,糖質から誘導される配位酸素原子ならびに硫黄原子を不斉源とする,不斉合成用の金属錯体触媒設計の上で重要な知見と見なされる.

〔矢野重信〕

【参考文献】
1) Y. Mikata *et al., Inorg. Chem.*, **2004**, *43*, 4778.
2) Y. Sugai *et al., Dalton Trans.*, **2007**, 3705.

CuN_3O_2

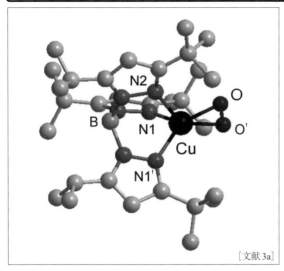

[文献3a]

【名称】 (superoxido-κO:κO')[tris[3-(1,1-di-methylethyl)-5-(1-methylethyl)pyrazol-1-yl-κN^2] hydroborato(1-)]copper(II): ([Cu(η^2-O$_2$){HB(3-t-Bu-i-Prpz)$_3$}])

【背景】 神経伝達物質の1つであるドーパミンのベンジル基の水酸化反応やペプチドホルモン末端のグリシン残基の$α$-炭素の水酸化反応を担っている。ドーパミン$β$-モノオキシゲナーゼやペプチジルグリシン$α$-アミド化モノオキシゲナーゼは，分子状の酸素を活性化することが知られている．これらの酵素は，活性中心に2つの銅イオンを含んでいるが，それら2つの銅の間は約11 Å離れており，直接的な相互作用はない．1つの銅は電子伝達部位としてはたらき，もう1つは分子状酸素活性化を行っている．Cu(I)イオンの状態に酸素が結合すると，酸素が一電子還元された単核銅(II)-スーパーオキソ種が生成すると予想されるが，その錯体の合成・単離例はなかった．酸化型ヘモシアニンのモデル錯体合成に用いた配位子の銅側に，さらにかさ高いt-ブチル基を導入した配位子を用いて，Cu(I)錯体を合成し酸素との反応を行うと，予想通り単核の酸素錯体が生成した．なお，最初の単核銅(II)酸素錯体の合成単離は，Thompsonによる[Cu{HB(3,5-Me$_2$pz)$_3$}(O$_2$)]であるが[1]，その後，北島らにより2核のペルオキソ銅(II)錯体であることが示された[2]．

【調製法】 配位子のカリウム塩とCuCl$_2$·2H$_2$Oとの反応で得られるクロリド銅(II)錯体と超酸化カリウムをN,N-ジメチルホルムアミド/塩化メチレン中で，低温下で反応させることによりCu(II)は徐々に還元され，Cu(I)-dmf付加体が得られる．得られたCu(I)錯体に酸素を低温で反応させることにより，赤褐色の酸素錯体が得られる[3]．

【性質・構造・機能・意義】 得られたCu(I)錯体は，約1当量の酸素を吸収し，赤褐色の酸素錯体が生成する．得られた錯体は，−40℃での核磁気共鳴スペクトルにより反磁性であることを示した．このことは固体状態のSQUID測定によっても確かめられている．赤外吸収スペクトルでは，1112 cm^{-1}にスーパーオキソに特徴的な$ν$(O-O)伸縮振動と帰属される吸収帯が存在されている．紫外可視吸収スペクトルでは，352 nm ($ε$=2330 M^{-1}cm^{-1})，510 nm ($ε$=230 M^{-1}cm^{-1})と660 nm ($ε$=90 M^{-1}cm^{-1})に，それぞれ特徴的な吸収帯が存在する．364 nm励起のレーザーを用いて共鳴ラマン測定を行うと，同位体酸素を用いてもシフトしない308 cm^{-1}の強いラマン線が観測された．これはこの錯体が溶液状態では二核架橋ペルオキソ銅(II)錯体が存在する(吸光度から約10%)ことを示している[3b]．そのため，この単核スーパーオキソ錯体の詳しい分光学的解析は，銅側にさらにかさ高いアダマンチル基を入れることにより合成した錯体を用いた．得られた錯体[Cu(η^2-O$_2$){HB(3-t-Bu-i-Prpz)$_3$}]の構造はX線解析により決定している[3a]．全体構造は，ホウ素，1つのピラゾール窒素，銅，酸素-酸素間の中点を通る面を鏡面とする単核構造であり，1つのピラゾール窒素(N2)を頂点とする四角錐構造をとっている．酸素は，Cu(II)イオンにside-on型で配位し，酸素-酸素間の距離は1.22(3) Åであった．

【関連錯体の紹介およびトピックス】 その後，end-on型のスーパーオキソ錯体[Cu(TMG$_3$tren)(η^1-O$_2$)]SbF$_6$ (TMG$_3$tren=tris(tetramethylguanidino)tren)の構造がSchindlerらによって報告された[4]．この錯体は，三重項状態であり，side-on型のスーパーオキソ錯体とは大きく異なる[5]．実際のタンパク質中で見られる中間体もend-on型といわれており，2つの錯体の反応性の違いは興味深い[6]．

【藤澤清史】

【参考文献】

1) J. S. Thompson, *J. Am. Chem. Soc.*, **1984**, *106*, 4057.
2) N. Kitajima, *J. Am. Chem. Soc.*, **1991**, *113*, 5664.
3) a) K. Fujisawa *et al.*, *J. Am. Chem. Soc.*, **1994**, *116*, 12079; b) E. I. Solomon *et al.*, *J. Am. Chem. Soc.*, **2003**, *125*, 466.
4) S. Schindler *et al.*, *Angew. Chem. Int. Ed.*, **2006**, *45*, 3867.
5) K. D. Karlin *et al.*, *Angew. Chem. Int. Ed.*, **2008**, *47*, 82.
6) K. D. Karlin *et al.*, *Isr. J. Chem.*, **2016**, *56*, 738.

CuN₃O₃

生

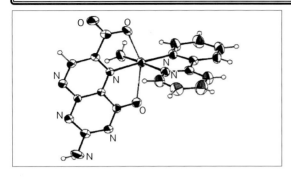

【名称】　(2-amino-4-oxo-6-pteridinecarboxylato) aqua (2,2′-bipyridine)copper(II) trihydrate: [Cu(bpy)(PC)(H₂O)]·3H₂O

【背景】　プテリン依存性の芳香族アミノ酸水酸化酵素に含まれる金属活性部位のモデル化合物である。これらの酵素は，補酵素ビオプテリンの還元体と酸素を用いて，フェニルアラニンやチロシン，トリプトファンの側鎖芳香環に水酸基を導入し，チロシン，ドーパ，5-ヒドロキシトリプトファンを生成する。いずれも神経伝達物質の生合成過程の初期段階である。微生物由来のフェニルアラニンヒドロキシラーゼ(PAH)は，当初，TypeII銅をもつと報告されたため，bpy を金属中心に結合する2つのヒスチジン残基の代わりとし，プテリン誘導体である PC を補酵素とみなして，金属タンパク質-補酵素会合体モデルとして本錯体は報告された[1]。

【調製法】　ビタミンB類の一種である葉酸を，酸性条件下で80℃の水に溶解し，そこで塩素酸ナトリウムを9時間かけて滴下したのち，30分加熱還流する。これで葉酸の p-アミノ安息香酸とグルタミン酸からなる部位が酸化的に切断され，配位子 PC は得られる。高純度の PC は，単離したナトリウム塩を中和して得る。錯体の合成は，熱水中で硝酸銅(II)3水和物と bpy を等量で混合して [Cu(bpy)](NO₃)₂ を合成し，続いて室温で1当量の PC を2当量の水酸化ナトリウムで中和した水溶液を加えると，[Cu(bpy)(PC)(H₂O)] が生成する。この pH を中性とし，生じた沈殿を熱水で再結晶する。他方，[Cu(bpy)](NO₃)₂ と葉酸を強塩基性条件下 (pH~11) で混合すると，空気酸化で同じ化合物が生成する。

【性質・構造・機能・意義】　pH 7の水溶液中で黄緑色を呈し，663 ($\varepsilon = 40$ M⁻¹cm⁻¹)，950 nm ($\varepsilon = 24$ M⁻¹cm⁻¹) に，歪んだ6配位型の Cu(II) 中心に特徴的な d-d 遷移を示し，π-π* 遷移が bpy 由来の300 nm 付近と，酸化型プテリン由来の 380 ($\varepsilon = 8200$ M⁻¹cm⁻¹)，299 nm ($\varepsilon = 24100$ M⁻¹cm⁻¹) に観測される。これを77Kで測定したEPRスペクトルは，軸対称性の高い $d_{x^2-y^2}$ 基底のシグナル ($g_\perp = 2.07$, $g_\parallel = 2.27$, $|A_\parallel| = 171$ G) を示す。いずれの分光学的性質も結晶構造と一致しており，その銅(II)中心の平面位に bpy がキレート配位し，プテリン環平面はそれに対して直交して，5位の窒素と脱プロトン化した4位のアミドカルボニル酸素がそれぞれ平面位と軸位に配位していることが明らかとなった。プテリンの配位様式は，銅含有 PAH の ESR スペクトルの結果を明確に支持するものであり，その点で優れた構造モデルである。さらに，pH変化を測定する電位差滴定法を用いた錯形成能の検討から，三元系の [Cu(bpy)(PC)(H₂O)] の安定度定数は $\log \beta_{1110} = 13.83(1)$ であり，その平面位の配位水がイミダゾール (im) と置換した四元系の [Cu(bpy)(PC)(im)] の場合は $\log \beta_{1111} = 17.57(1)$ であった[2]。

現在，銅含有 PAH は他の生物由来のものと同様に非ヘム鉄酵素であるとか，関連する酵素の結晶構造がプテリンと金属中心の結合形成に否定的である，といった議論がある。したがってこの化学モデルの結果の最も重要な意義は，金属錯体のかかわる反応の重要な中間体種が，基質などを含む高次の会合体＝多元系金属錯体として生成する可能性を定量的に示したことである。

【関連錯体の紹介およびトピックス】　還元型プテリンと Cu(II) 中心の錯形成や，一電子酸化還元反応によるトリヒドロプテリンラジカル生成の報告もある[3]。プテリン誘導体の第一遷移元素の金属錯体として，Mn(II)，Co(II)，Ni(II)，Zn(II) 錯体などの合成例がある他，2位をジメチルアミノ基にしたプテリンが，非ヘム鉄中心と同じ high spin 型の鉄(II)中心に配位した [Fe(NDMP)₂(CH₃OH)₂]·2CH₃OH (NDMP = 2-dimethylamino-4-pteridinone) の結晶構造も明らかとなっている[4]。プテリン誘導体の第二遷移元素の金属錯体として，Mo(IV) または Mo(VI) や，Ru(II) 錯体の合成例も知られている。いずれの遷移元素の金属錯体においても，プテリンは5位の窒素と4位のアミドカルボニル酸素で，五員環キレート配位する。

【舟橋靖博】

【参考文献】
1) a) T. Kohzuma *et al.*, *Inorg. Chem.*, **1988**, *27*, 3854; b) T. Kohzuma *et al.*, *J. Am. Chem. Soc.*, **1989**, *111*, 3431.
2) A. Odani *et al.*, *J. Am. Chem. Soc.*, **1992**, *114*, 6294.
3) a) Y. Funahashi *et al.*, *Chem. Lett.*, **1994**, 385; b) Y. Funahashi *et al.*, *Bull. Chem. Soc. Jpn.*, **1999**, *72*, 415.
4) Y. Funahashi *et al.*, *Inorg. Chem.*, **1997**, *36*, 3869.

CuN_3O_3

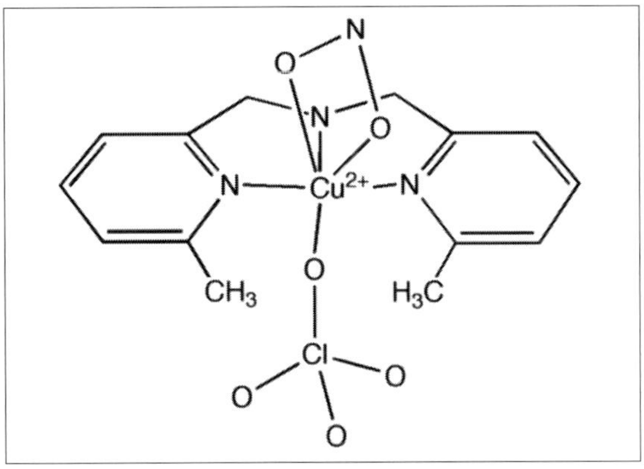

【名称】nitrito(O,O')perchlorato{bis(6-methyl-2-pyridyl-methyl)amine}copper(II); $(Cu^{II}(Me_2bpa)(NO_2)-(ClO_4))$[1]

【背景】微生物の嫌気呼吸である脱窒に関与する銅含有亜硝酸還元酵素(Cu-NIR)は,亜硝酸イオン(NO_2^-)を一酸化窒素(NO)に一電子還元する.一般的に,三量体を形成している酵素の活性部位は,タイプ1銅とタイプ2銅からなり,前者は電子供与体から電子を受け取る部位,後者はその電子をタイプ1銅から受け取り,基質を結合して還元する部位である[2].基質結合部位のタイプ2銅モデル錯体では,NO_2^-がCu(II)にO, O'原子でニトリト配位しているのに対して,Cu(I)モデル錯体ではNO_2^-がN原子でニトロ配位をしている[1].

【調製法】Me_2bpaは,CH_3OH中でヒドロキシルアミン塩酸塩に6-メチル-2-ピリジンカルボキシアルデヒドを反応させて生じる6-メチル-2-ピリジルメチルアミンに,さらに6-メチル-2-ピリジンカルボキシアルデヒドを$NaBH_4$存在下で反応させることにより合成される[3]. $Cu^{II}(Me_2bpa)(NO_2)(ClO_4)$は,$CH_3OH$中で等モルの$Me_2bpa$と$Cu(ClO_4)_2$を反応させて緑色結晶として得られる.また,Cu(I)錯体の$[Cu^I(Me_2bpa)-(NO_2)]_2 \cdot [(Ph_3P)_2N^+PF_6^-]$は,嫌気下,$CH_3COCH_3$中で等モルの$Me_2bpa$と$[Cu^I(CH_3CN)_4]PF_6$を反応させた生成物に,等モルの$[(Ph_3P)_2N]NO_2$を加えると,黄色結晶として得られる.

【性質・構造・機能・意義】$Cu^{II}(Me_2bpa)(NO_2)(ClO_4)$は,$CH_3COCH_3$中で378 ($\varepsilon=780$) と671 nm ($\varepsilon=200\,M^{-1}cm^{-1}$)に吸収帯を示し,前者は$NO_2^- \to Cu(II)$の配位子→金属電荷移動遷移(LMCT),後者はd-d遷移に帰属される.X線結晶構造解析によると,Cu(II)錯体中ではNO_2^-は2個のO原子でキレート配位しており,軸方向に結合しているO原子とCuの距離は2.47 Å,平面方向のO原子(これはMe_2bpaの3N原子の配位平面から19.6°変位している)とCuの距離は1.98 Åである.Cu(II)は歪んだ六配位構造である.これに対して,同じ配位子を含むCu(I)錯体中のCu(I)は四面体型四配位構造で,NO_2^-はCu(II)錯体の場合と異なりN原子でCu(I)に結合している(Cu-N, 2.087 Å).図1にその構造を示す.

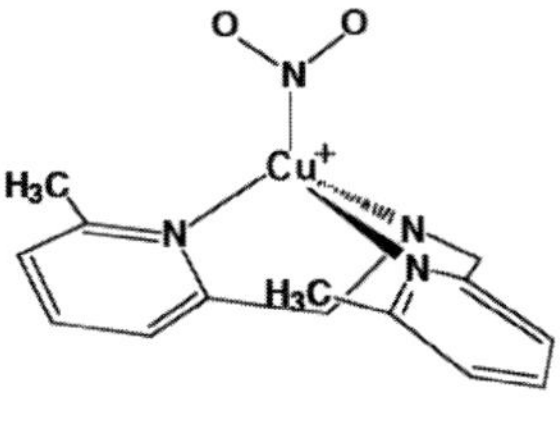

図1 $[Cu^I(Me_2bpa)(NO_2)]$錯体の構造

Cu(I)錯体はCH_2Cl_2溶媒中で255 ($\varepsilon=10000$), 320 nm (肩吸収帯, $\varepsilon=\sim 5000\,M^{-1}cm^{-1}$)に吸収帯を示すが,後者はCu(I)→$NO_2^-$の金属→配位子電荷移動遷移(MLCT)である.また,同溶媒中において,Ar雰囲気下でCu(I)錯体をCF_3COOHで処理すると,ほぼ定量的にNOを生成する.この反応の速度論的解析から,次の推定反応機構の律速段階は,Cu(I)にN原子で配位したNO_2^-の最初のプロトン化(亜硝酸の生成)であると考えられる[1].

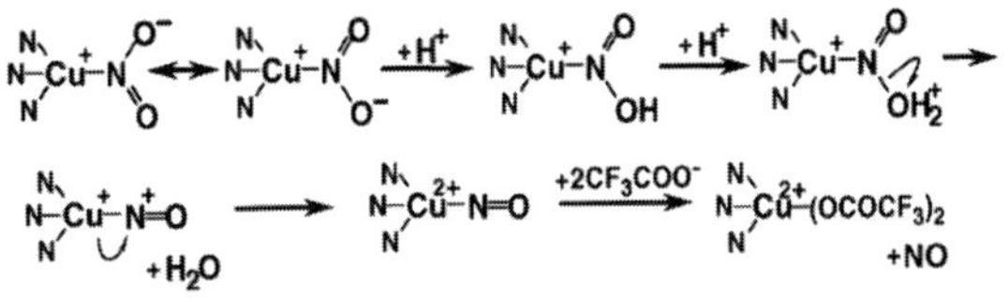

図2 H^+存在下におけるCu(I)錯体中のNO_2^-の還元反応機構

【関連錯体の紹介およびトピックス】本研究は,同じ配位子をもつCu(II)錯体とCu(I)錯体に,NO_2^-が結合したはじめての例である.一般にCu-NIRモデル錯体では,これまでに三脚型のCu(II)錯体やCu(I)錯体が数多く報告されている[4].これらのうちNO_2^-を結合した錯体では,ほとんどがCu(II)錯体ではニトリト配位,Cu(I)錯体ではニトロ配位である.基質を結合したCu(II)-NIRでは,X線結晶構造解析によりモデル錯体と同様,タイプ2銅(II)への基質のニトリト配位が明らかになっているが,反応中のCu(I)には,モデル錯体構造から,基質がニトロ配位となって反応が進行することが推定される[1,4].

【鈴木晋一郎】

【参考文献】
1) H. Yokoyama *et al.*, *Eur. J. Inorg. Chem.*, **2005**, 1435.
2) S. Suzuki *et al.*, *Acc. Chem. Res.*, **2000**, 33, 728.
3) H. Nagao *et al.*, *Inorg. Chem.*, **1996**, 35, 6809.
4) W.-J. Chuang *et al.*, *Inorg. Chem.*, **2010**, 49, 5377.

CuN$_4$

無

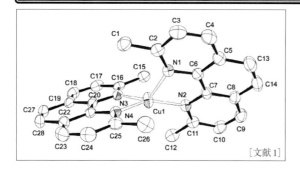

[文献1]

【名称】bis[2,9-dimethyl-1,10-phenanthroline]copper(II) perchlorate: [Cu(dmp)$_2$](ClO$_4$)$_2$

【背景】近年，銅一価と二価錯体の関与する電子移動反応が，協奏的に進行しないことが明らかになった．一般的には，銅一価と銅二価錯体で，それぞれ内圏構造変化の活性化障壁の大きさが異なるためにこのような現象が発現すると考えられていた．通常は三方両錐構造をとることの多い銅(II)-ポリピリジン錯体であるが，非配位性溶媒中で合成することにより，構造と性質がまったく異なる錯体を得ることができる[2]．対応する銅(I)錯体の構造はD_{2d}であるが，類似構造をもつこの錯体の反応性を検討することによって，銅錯体における非協奏的電子移動反応の本質が内圏活性化障壁の違いによるものではなく，反応の非断熱性に関係していることが明らかになった[1]．

【調製法】dmp (2,9-dimethyl-1,10-phenanthroline)のジクロロメタン溶液に[Cu(H$_2$O)$_6$](ClO$_4$)$_2$のエタノール溶液を加え，10分間撹拌することによって，黄緑色固体が析出する．これをろ別し，イソプロパノールおよびジエチルエーテルで洗浄後，真空乾燥して褐色固体を得る．これを無水ニトロメタンに溶解し，無水ジエチルエーテルを気相拡散することにより赤褐色の目的物単結晶を得ることができる．

【性質・構造・機能・意義】本赤褐色固体の吸収は22000, 18000, 13500, 9000 cm^{-1}付近に観測されるが，乾燥ニトロメタン中（赤色）では，それぞれ20235(311), 17521(336), 13822(165), 8846(110) cm^{-1}（括弧内はモル吸光係数/kg mol^{-1}cm^{-1}）に吸収極大が観測された．この錯体をアセトニトリルなどの配位性溶媒に溶かすと，13500ならびに10000 cm^{-1}付近に弱い吸収が現れるのみで，溶液の色は緑色である．単結晶を大気にさらすと瞬時に分解し緑色に変化するが，これは大気中の水分に関係する．無水ニトロメタン溶液中においても，微量の水分によって分解が起こり，[Cu(dmp)$_2$]$^+$イオンを生じる．生じた銅一価の量は，非配位性溶媒中の水分量とほぼ一致する．

銅イオン周りの配位構造はD_2であり，Cu-N結合長は1.989から2.019Åであり，フェナントロリン環のなす二面角は60.3°である．対イオンである過塩素酸イオンの酸素と銅の間の距離は約3Åであるが，Cu-O間に結合があるとは考えられていない．D_{2d}構造のd^9電子配置を有する銅(II)錯体の場合，B_1振動モードは低エネルギーにおいて活性ではないので，観測されたD_2構造はJahn-Teller効果に起因するものではない．したがって，観測された構造は，平面四配位構造におけるメチル置換基間の立体障害に起因するものである．

【関連錯体の紹介およびトピックス】類似の銅二価四配位錯体として [Cu(dmbp)$_2$](ClO$_4$)$_4$（図1）が報告されている(dmbp=6,6'-ジメチル-2,2'-ビピリジン)[2]．この錯体は溶媒中では[Cu(dmp)$_2$](ClO$_4$)$_2$よりも不安定であるため，吸収スペクトルの報告はない．単結晶では赤茶色であるが，粉末では青紫色であり，既に報告されているビピリジン錯体との違いは二面角の大きさの違いを反映していると考えられている(61.4～62.7°)．

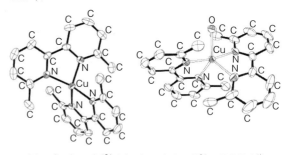

図1 [Cu(dmbp)$_2$]$^{2+}$と[Cu(dmbp)$_2$(H$_2$O)]$^{2+}$の結晶構造[1]

配位性溶媒を含む条件で合成あるいは精製すると，銅二価dmbp錯体は溶媒の配位した三方両錐構造の錯体（図1）として単離される．色は緑色で四配位錯体とは大きく異なる．構造の違いにかかわらず，電子移動反応における挙動は類似している．

【高木秀夫・鈴木孝義】

【参考文献】
1) S. Itoh et al., Dalton Trans., **2005**, 1066.
2) N. Koshino et al., Inorg. Chem., **1999**, 38, 3352.

CuN$_4$

光

【名称】[bis(2,9-dimethyl-1,10-phenanthroline)copper-(+1)] tetrafluoroborate: [Cu(dmp)$_2$]BF$_4$

【背景】2,9位に置換基をつけたフェナントロリン誘導体が配位した標記の銅(I)錯体は，無置換の錯体と異なり溶液中で発光を示す．これは置換基により励起状態における構造の歪みが抑制されるためと解釈されている．励起状態の挙動については，様々な高速分光法が開発されるに従い，そのダイナミクスに関する研究が今もなお盛んに行われている．

【調製法】一般的には不活性気流下で[Cu(CH$_3$CN)$_4$]-BF$_4$とdmp(=2,9-dimethyl-1,10-phenanthroline)をジクロロメタンなどの溶媒中1:1で混合し，反応溶液にエーテルを加えることにより赤橙色の固体として得られる[1]．硫酸銅(II)の還元によって得ることも可能である．

【性質・構造・機能・意義】2分子のdmpが2つのイミン窒素原子でそれぞれキレート配位した四面体型錯体である．空気下でも比較的安定に存在する．^{1}H NMRにおいては，CDCl$_3$中でδ 2.44に2,9位のメチル基に帰属されるシングレットシグナルを示す．FAB-MSではm/e＝497(M$^+$)にピークを示す．

X線構造解析により，詳細な分子構造が得られている．標記錯体(BF$_4$塩)における結晶溶媒を含まない結晶ではCu-N結合距離は1.997(1)～2.045(1) Åとなっている．フェナントロリン部位どうしの位置関係はカウンターイオンにより異なる．tosylate塩ではほぼD_{2d}対称となっているのに対し，PF$_6$塩ではD_2対称への平面歪み(flattening distortion)をもつ構造，BF$_4$塩では三方両錐形歪み(rocking distortion)をもつ構造となっている[2]．さらに，結晶溶媒の存在によっても分子構造に違いが見られる．

ジクロロメタン中では脱酸素下で763 nmを極大波長とする発光を示す．量子収率(Φ)は2.1×10^{-4}と見積もられている．温度の減少に伴って，発光極大波長は長波長側へシフトし発光強度は減少する．このことから，この発光は三重項励起状態との項間交差を伴う一重項励起状態からの遅延蛍光と考えられている[3]．配位性溶媒中，室温では発光を示さないが，低温(77 K) EtOH/MeOH=4:1グラス中では730 nmを極大波長とする発光を示す．

最低励起状態はCuのd軌道からフェナントロリンπ*へのMLCT状態であり，励起後D_2対称への平面歪みを生じることが知られている．これは銅原子の電子配置がd^{9}となることにより擬Jahn-Teller効果を受けるためと解釈されており，この歪みにより①励起状態のエネルギーが低下し，②中心銅原子への溶媒分子などの接近により5配位のエキサイプレックスを生じる可能性が高くなるため，非輻射失活速度の増大，ひいては発光量子収率の減少の原因となる．

時間分解分光法の発達により，この機構はさらに詳細に研究されている．fsオーダーの時間分解発光測定により，7.4 psでD_{2d}対称からD_2への歪みが起こることがわかっている[4]．

【関連錯体の紹介およびトピックス】発光効率向上の目的から，立体反発を強めて平面歪みを抑制するために，2,9位に様々なかさ高い置換基を導入したフェナントロリン誘導体を用いた[Cu(dmp)]$^+$型錯体が合成されている．いくつかの例として，n-ブチル基のような長鎖アルキル基や，bulkyなt-ブチル基やCF$_3$基を導入した錯体が報告されている．また2,9位とともに他の部位を置換したフェナントロリン誘導体を用いた類似錯体も合成されておりその発光特性が調べられている．詳しくは総説[5]を参照されたい．

一方で，フェナントロリン類似体をメチレン鎖で繋ぎ，コンホメーションを固定した配位子を用いることで，比較的高い量子収率(Φ=0.1)をもつ発光性錯体が合成されている[6]．

【佃 俊明】

Cu

【参考文献】
1) G. J. Meyer et al., Inorg. Chem., **1996**, 35, 6406.
2) P. Coppens et al., Inorg. Chem., **2003**, 42, 8794.
3) K. Nozaki et al., Inorg. Chem., **2003**, 42, 6366.
4) T. Tahara et al., J. Am. Chem. Soc., **2007**, 129, 5248.
5) N. D. McClenaghan et al., Coord. Chem. Rev., **2008**, 252, 2572.
6) R. P. Thummel et al., Inorg. Chem., **2001**, 40, 3413.

CuN₄

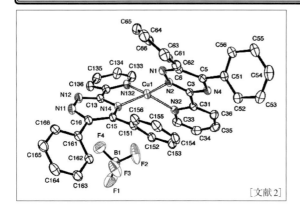

[文献2]

【名称】 bis-[3-(2-pyridyl)-5,6-diphenyl-1,2,4-triazine]-copper(I) tetrafluoroborate:[Cu(pdt)₂]BF₄

【背景】 pdtと類似の水溶性配位子のフェロジン(3-(2-pyridyl)-5,6-bis(4-phenylsulfonic acid)-1,2,4-triazine)は鉄(II)をはじめCo(II), Ru(III), Os(VIII), Au(III), Ag(I), Cu(I)の検出や定量だけでなく,高純度化学物質中の金属不純物の検出にも広く用いられている重要なキレート剤である.これらの金属錯体が関与する酸化還元反応に関する研究例は多いが[1],その錯体の多くについて,結晶構造は知られていない.一方,それら論文中では,金属周りの配位構造の変化についての議論ができず,反応の詳細に関する記述には誤りが多い.ここでは,銅(I)pdt錯体を合成し,結晶構造解析を行った結果を示すが,酸化還元に伴う明らかな配位構造変化が見られる.

【調製法】 pdtのメタノール/1,4-ジオキサン溶液(1:1)にCu(BF₄)₂·4H₂Oのメタノール溶液を加えると緑色の溶液になる.この溶液を減圧濃縮し,析出した緑色の粗結晶を得る.この粗生成物をアセトニトリル/メタノール(1:1)に溶かしてろ過したあと,溶媒をゆっくりと蒸発させて緑色の粒状結晶を得る.この錯体をアルゴン下で電解還元することによって銅(I)錯体を得ることができるが,アルゴン雰囲気下でpdtを溶かしたアセトニトリル溶液に[Cu(CH₃CN)₄]BF₄を溶かしたアセトニトリル溶液を加えたあと,還流することによっても良好な結晶を得ることができる.この場合には,溶液の色が暗褐色に変化してから減圧濃縮したあと,激しく撹拌しながら脱気したジエチルエーテルを滴下するとフラスコの壁面に黒色の油状生成物が析出するが,その油状生成物を吸引ろ過により取り除いたあと,ろ液を暗所で静置させておくことによって黒色の粒状結晶として析出する.

【性質・構造・機能・意義】 [Cu(pdt)₂]BF₄では,銅中心周りの4個の配位窒素原子はねじれた四面体状に配置されており,配位構造は対称性のないC_1構造である.2つのpdt配位子の配位形態は,互いに逆転しており,銅(II)錯体における配位形態とは異なっている.また,銅中心とそれぞれのtriazine窒素(N14, N2)およびpyridine窒素(N132, N32)がなす面の間の二面角は54.87°である.この二面角は一般的な銅(I)錯体のとるT_dおよびD_{2d}構造の二面角である90°よりかなり小さい.Cu–N結合長は1.995から2.056 Åである.この錯体の重アセトニトリル中の¹H NMRシグナル(400 MHz, 298 K, in ppm)は,8.90 (d, H6), 8.63 (br, H3), 8.25 (t, H4), 7.77 (br, H5), 7.49～7.15 (m, 10H, Ar–H)に観測される.銅(I)錯体の酸化還元電位は,アセトニトリル中においてフェロセンに対して−142 mVに観測されるが,単離された銅(II)錯体では−129 mVに観測される.

【関連錯体の紹介およびトピックス】 対応する銅(II)錯体は,N1, N2, C3, N4, C5およびC6によって定義されるトリアジン環平面について,二面角が2.87°傾いた平面四配位構造のaxial位に水分子が2個配位した六配位構造を有している(図1)[2].

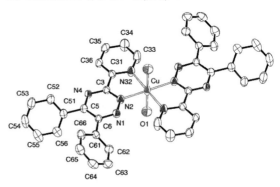

図1 [Cu(pdt)₂(H₂O)₂](BF₄)のカチオン部分の構造

Cu(II)–N結合長は,2.034ならびに2.045 Åであり,Cu(II)–O結合長は2.413 Åと長い.また銅(I)錯体とは異なり,2つのpdt配位子がともに2位の窒素原子で配位することによって,trans配置になっている(C_2群に属する対称性).

【高木秀夫・鈴木孝義】

【参考文献】
1) M. Körner *et al., Dalton Trans.*, **2003**, 2710.
2) A. Yamada *et al., Dalton Trans.*, **2015**, 13979.

CuN$_4$

【名称】 2,3,7,8,12,13,17,18-octaethyl porphyrinato copper(II): [Cu(OEP)]

【背景】 天然のプロトポルフィリンやエチオポルフィリンに性質が似ているが高い対称性のため合成しやすく，これらの代替合成化合物として使われる．安定な錯体である．銅ポルフィリンとしての背景はテトラフェニルポルフィン銅錯体(CuTPP)に準じるが，TPP錯体とポルフィリンπ電子系のHOMO軌道が異なる(OEP錯体はa$_{1u}$軌道，TPP錯体はa$_{2u}$軌道)[1,2]．TPP錯体より，吸収・発光波長が短波長に現れ，発光はやや強い．

【調製法】 配位子H$_2$OEPと酢酸銅(II)からテトラフェニルポルフィン銅(II)錯体(CuTPP)と同じ方法で合成できる．反応条件，反応の進行の確認，精製方法もテトラフェニルポルフィン銅(II)錯体に準じる．

【性質・構造・機能・意義】 赤色の固体で，トルエン，ジクロロメタン，クロロホルムに可溶，メタノール，アセトン，エタノール，ヘキサンに不溶．トルエン溶液中でピンク色を呈す．Q帯が562 nm(ε=30800 M^{-1}cm^{-1}, Q(0,0))，526 nm(ε=13500 M^{-1}cm^{-1}, Q(1,0))に，Soret(B)帯が400 nm(ε=352000 M^{-1}cm^{-1})に観測される[1]．また685 nm付近にS-T吸収帯(ε=95 M^{-1}cm^{-1})が観測される[1a]．室温でトルエン溶液中，690 nmに極大を持つ^{2}T$_1$状態(ポルフィリン三重項に起因)からの発光(寿命105 ns)が観測される[1]．77 Kでは寿命は80 μsである．

CuOEPの電子状態はテトラフェニルポルフィン銅錯体(CuTPP)と同様に，Cu(II)のd$_{x^2-y^2}$軌道に存在する不対電子がポルフィリンと相互作用するため反磁性のポルフィリン錯体とやや異なる．その相互作用の結果，ポルフィリン一重項状態がCuポルフィリン全体としてはsing-doubletになり，ポルフィリン三重項は全体としてtrip-doublet(^{2}T，二重項)とtrip-quartet(^{4}T，四重項)に分裂する．最低励起状態の^{2}T$_1$と^{4}T$_1$とのエネルギー差は，OEP錯体では300 cm^{-1}程度の値が低温および室温付近の実験から報告されている[1,3]．ただし，テトラフェニルポルフィン銅錯体ではHOMO軌道が異なるため，エネルギー差はやや異なると考えられる．

酸化還元電位はジクロロメタン中，TBAPを支持電解質としてOx(2) 1.25 V; Ox(1) 0.75 V; Red(1) −1.50 V; Red(2) −1.76 V vs. SCEである[4]．

Cu(II)イオンの不対電子に起因するESRスペクトルが観測される(p. 159の項目を参照されたい)．

また結晶構造において，ポルフィリン環はほぼ平面でCu-N間結合距離は2.00 Åである[5]．

【関連錯体の紹介およびトピックス】 ポルフィン環のピロールのβ位の置換基が異なる錯体が知られている．またβ位の置換基を持たずメソ位(5,10,15,20位)にフェニル基を導入したテトラフェニルポルフィリン銅(II)(CuTPP)錯体は非常によく研究されている．周辺置換基を持たないポルフィンを配位子とするCu(II)ポルフィン錯体(PCu)は，溶媒に対する溶解度が低いが，分光学的には高度な解析が可能なため詳しい研究がなされている．特に極低温において，^{2}T$_1$と^{4}T$_1$とエネルギー差(200～500)他，^{4}T$_1$状態に関するゼーマン実験などの報告がある[6]．

【浅野素子】

【参考文献】
1) a) M. Asano *et al.*, *J. Chem. Phys.*, **1988**, *89*, 6567; b) M. Asano *et al.*, *J. Photochem. Photobiol. A*, **1995**, *87*, 23.
2) R. L. Ake *et al.*, *Theoret. Chim. Acta*, **1969**, *15*, 20.
3) B. E. Smith *et al.*, *Chem. Phys. Lett.*, **1969**, *2*, 517.
4) A. M. Stolzenberg *et al.*, *Inorg. Chem.*, **1991**, *30*, 3205. 他，*The Porphyrin Handbook*, Academic Press, **2000**, 9巻を参照．
5) K. Pak *et al.*, *Acta Crystallogr., Sect. C*, **1991**, *47*, 431.
6) a) M. Noort *et al.*, *Spectrochim. Acta*, **1976**, *32*, 1371; b) W. G. van Dorp, *Chem. Phys. Lett.*, **1975**, *35*, 450; c) G. W. Canters, *The porphyrins*, Academic Press, **1978**, Vol III, Chap 12.

CuN$_4$

$$[\text{Cu(pc)}]^{+0.33} \quad (\text{I}_3^-)_{0.33}$$

【名称】 (phthalocyaninato)copper iodide: [Cu(pc)]I

【背景】 高伝導性の分子結晶は，主にp-π分子軌道の重なりを通して伝導性を示す有機分子金属と，中心金属のdz^2軌道を介して伝播する一次元鎖金属とに分類されるが，大環状金属化合物は，その大環状配位子のp-π軌道と中心金属イオンによる伝導の両方を示す．初期には(tetrabenzoporphyrinato)nickel(II) iodideがこのような性質をもつことが示された[1]．さらにCu(pc)Iにおいては部分酸化された有機配位子の電荷による一次元のフェルミの海に，Cu^{2+}の局在モーメントが組み込まれた，新たな分子性金属が開発された[2]．

【調製法】 Cu(pc)Iは，H型セル中でCu(pc)とI$_2$を1-クロロナフタレンと1-メチルナフタレンの混合溶液中，190℃において反応させることにより，青銅色で光沢のある結晶として得られる．

【性質・構造・機能・意義】 室温における偏光反射率測定において，偏光ベクトルが高伝導方向であるc軸に垂直な場合，Ni(pc)Iと同様にpc内のπ-π*遷移に相当する反射が得られる一方で，c軸平行成分の測定からはI$_3^-$のσ-σ*遷移が見られた．また，近赤外近傍で急激に反射率が増大することは，擬一次元的な金属伝導性を示唆している．伝導度は室温で10^3 S cm^{-1}程度であり，390～50Kの範囲で金属伝導性を示した．20K近傍で伝導度は最大値を示すが，これは本質的なものとは考えられておらず，このことは熱起電力からも示されている．熱起電力からは10～300Kの範囲で伝導を担うのがホールであることが示されているが，これは酸化されたサイトが配位子のπ電子系であることを示唆しており，この物質の高伝導性と整合性がある．また，熱起電力の温度依存性は10～300Kの測定範囲内で線形であり，このことはフェルミ面近傍の状態密度がほとんど変化していないことを示す．これは，伝導機構に変化がないことを表しているので，10K以下の伝導度の変化は外来要因だと結論された．8K以上では同様の挙動がマイクロ波伝導度測定に現れている一方で，8Kより低温では直流伝導度には見られない平坦な温度依存性が見られた．この異常は磁場中では消失する．室温での磁化率は1.38×10^{-3} emu mol^{-1}でありCu^{2+}の局在スピンよりやや大きい．この余剰の値は，フタロシアニン環の遍歴π電子によるPauli常磁性の寄与といえる．磁化率の温度依存性は，Cu^{2+}に由来するCurie-Weiss成分と配位子上の電荷に由来するPauli常磁性成分で記述でき，Weiss定数を考慮するとCu^{2+}上の局在スピンと配位子のπ電子による遍歴電子とのd-π結合が存在すると考えられた．ESR測定からは共鳴吸収が単一であり，またg値も孤立したCu^{2+}とπ遍歴電子から想定される値の中間となっていたことから，d-π結合の存在が確認された．

共鳴ラマンの測定の結果からは対称的なI$_3^-$による鎖状構造が見られることがわかり，部分酸化状態の[Cu(pc)]$^{+0.33}$[I$_3^-$]$_{0.33}$となっていることが示唆された．構造的にはCu(pc)とI$_3^-$のカラムは分離されており，配位子は積層方向垂直に平面構造をもっている．X線の異常に高い非等方性散乱因子やスポットの拡散は，各I$_3^-$は1つの鎖方向には秩序化されているが，他のI$_3^-$鎖とは秩序化されていないことを示している．

Cu(pc)Iは，フタロシアニン誘導体を基本骨格とする類似化合物とは異なり，一次元配列の局在スピンと遍歴電子が結合しており，かつ局在スピンどうしが相互作用を示すという点で特異な物質であり，これらの相互作用に由来する低温における新たな相転移が期待できる．

【関連錯体の紹介およびトピックス】 フタロシアニン誘導体を用いた多数の金属錯イオン化合物が得られており，含有金属や配位子の官能基，酸化状態などに応じて多様な物性を示すことが知られている．これら一群の物質については総説を参照されたい[3]．

【小島憲道・榎本真哉】

【参考文献】

1) J. Martinsen *et al., J. Am. Chem. Soc.*, **1982**, *104*, 83.
2) M. Y. Ogawa *et al., J. Am. Chem. Soc.*, **1987**, *109*, 1115.
3) T. Inabe *et al., Chem. Rev.*, **2004**, *104*, 5503.

CuN$_4$

光

【名称】 phthalocyaninatocopper(II)：[Cu(pc)]

【背景】 1927年，de Diesbachらが，o-ブロモベンゼンとシアン化銅(I)をピリジン中，200℃で反応させたところ，目的のo-シアノベンゼンではなく，23％の収率で安定な青色物質が得られた．これが，フタロシアニン環中心に銅(II)イオンが挿入されたCu(pc)であり[1]，現在でも青色の色素(pigment blue 15)として利用されている．ポルフィリン化合物と似た拡がったπ共役系をもっているが，環の$meso$位に窒素が導入されたことで，ポルフィリン化合物がπ共役系に基づく強い光吸収(Soret帯)を400 nm付近に示すのに対し，フタロシアニン化合物は700 nm付近に強い吸収(Q帯)を示す[2]．染料や顔料としてだけではなく，レーザープリンタの感光体，光記録媒体，有機EL素子，光線力学的療法(PDT)，光触媒や太陽電池の増感剤などへの応用が可能であり，機能性色素材料として近年注目されている．

【調製法】 フタロニトリルと塩化銅(II)のエタノール溶液に，1,8-ジアザビシクロ[5.4.0]ウンデセン-7(DBU)を加え，30時間還流すると65％の収率で得られる[3]．

【性質・構造・機能・意義】 フタロシアニンにはいくつかの多形が知られているが，β型が最も安定である．Cu(pc)の場合，pc平面は隣接分子のpc平面が3.34 Åの距離で互いに少しずれながらスタッキングし結晶のb軸に沿いカラム構造を形成している(pc平均平面の垂直軸とカラム軸(b軸)の傾斜角は45.8°)[4]．Cu-N$_{eq}$(pc)平均結合距離は1.934 Åであり，隣接Cu(pc)分子のメソ窒素が銅(II)イオンに3.282 Åで弱く軸配位している．α型は，β型に比べ不安定であるが，β型と同様の分子カラムを形成している(傾斜角は26.5°)．β型とα型の中間に7種類以上の準安定状態の結晶型が存在するが，ε型が顔料として工業的に利用されている．

Cu(pc)の結晶状態の吸収スペクトルは，500〜800 nmにブロードな吸収ピークを示す．これは，結晶状態においてCu(pc)分子間相互作用により，各分子の環境に違いが生じたからである．また，結晶型により吸収スペクトルは多少異なり，それが色素材料として用いた場合には色調の違いとして現れる．β型は緑味の青色，α型は赤味の青色，ε型はα型よりさらに赤味の強い青となる．水および有機溶剤に対する溶解度は，非常に小さい．しかし，DMFや1-クロロナフタレンのような高沸点溶媒には，わずかに溶解するが，一般に顔料として使用する場合にはどのような用途においても有機溶媒には不溶と見なしてよい．1-クロロナフタレン溶液中のCu(pc)の吸収スペクトルは，結晶状態のような分子間相互作用がなくなり，独立した分子の状態になるため，678 nmにQ帯の特徴的な鋭い吸収を示すようになる(λ_{max}：350, 510, 526, 567, 588, 611, 648, 678 nm)[2]．また，pc環周辺にかさ高い置換基を導入すると，クロロホルムのような低沸点溶媒中でも分子間の相互作用が弱くなり，Q帯は鋭いピークとなる[2]．銅(II)フタロシアニン錯体は，pc環の光励起一重項から三重項への項間交差が容易に起こり，1100 nm付近にりん光を示す[5]．

【関連錯体の紹介およびトピックス】 塩素吹込法やあらかじめ置換基に塩素を導入されたフタロニトリルを用いることで，塩素が導入された銅(II)フタロシアニンを合成することができる．塩素の置換数に応じて，色相は徐々に緑色になる．塩素が15, 16個置換したフタロシアニンは，緑色の色素材料(Pigment Green 7)として利用されている．この塩素を一部臭素に置き換え，黄色味を帯びた緑色素材料であるPigment Green 36(平均6個前後の臭素を含む)は，液晶テレビを含む液晶ディスプレイのカラーフィルタの緑の構成要素として使われている[6]．

【池上崇久・半田　真】

【参考文献】
1) H. de Diesbach et al., Helv. Chim. Acta, **1927**, 10, 886.
2) M. J. Stillman et al., in "Phthalocyanines- Properties and Applications," (C. C. Leznoff et al., ed.) VCH, **1989**, Vol. 1, p. 133.
3) H. Tomoda et al., Chem. Lett., **1980**, 1277.
4) C. J. Brown, J. Chem. Soc. A, **1968**, 2488.
5) P. S. Vincett et al., J. Chem. Phys., **1971**, 55, 4131.
6) 田中正夫ほか，フタロシアニン—基礎物性と機能材料への応用，ぶんしん出版，**1991**, p.25.

CuN₄

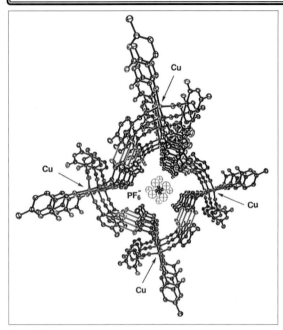

【名称】tetrakis(3-cyano-6-methyl-2(1H)-pyridinone)-copper(I) hexafluorophosphate: [Cu(Hcmp)₄](PF₆)[1]
(Hcmp=3-cyano-6-methyl-2(1H)-pyridinone)

【背景】pyridinone は相補的な水素結合形成により二量体化することが知られており,これを用いて有機物でもダイヤモンド型ネットワーク構造を形成できることが Wuest らによって報告されている[2]。これを集積型金属錯体に応用し,シアノ基を有する pyridinone 配位子 Hcmp を四面体型銅(I)イオンに配位させることで単核の[Cu(Hcmp)₄]⁺錯体を生成し,この結晶化の過程で pyridinone 部位の相補的な水素結合により連結されれば三次元ダイヤモンド型ネットワーク構造を形成できると考えられる。この化合物は水素結合により形成されたダイヤモンド型構造を有する最初の配位高分子錯体である。

【調製法】アルゴン雰囲気下,Hcmp(6.7 mg, 0.05 mmol)のアセトン(5 mL)溶液に[Cu(CH₃CN)₄]PF₆(16.4 mg, 0.05 mmol)を溶解させ撹拌する。得られた無色溶液をろ過後,ろ液をガラス管に移し,n-ペンタン(1 mL)を混合しないように加え,封管する。このガラス管を 25℃で 2 週間静置すると,[Cu(Hcmp)₄]PF₆(**1**)の無色立方体結晶が得られる。同様の方法で,対アニオンとしてそれぞれ ClO₄⁻, BF₄⁻, CF₃SO₃⁻ を有する錯体 **2, 3, 4** も合成されている。

【性質・構造・機能・意義】**1** の構造は四面体型四配位構造を有する[Cu(Hcmp)₄]⁺が Hcmp の π-π 相互作用(平均距離 3.30 Å)を介して一次元的に積層し,隣接する 4 つの一次元鎖間で Hcmp どうしによる相補的な水素結合が見られる。対アニオンの PF₆⁻ は 4 つの[Cu(Hcmp)₄]⁺で囲まれた空間に位置する。相補的な水素結合で連結された(Hcmp)₂ を 1 つの配位子と見なした場合,これはダイヤモンド型構造を形成する。1 つのダイヤモンド型構造のネットワークの間には他に 3 つの独立な別のネットワーク構造が存在し四重に相互貫入した構造を形成している。アニオンサイズを小さくすると,隣り合う Hcmp 間の水素結合の仕方が代わり,1 つの Hcmp が隣のカラムの 2 つの Hcmp と水素結合をするようになる(図1)。こうしてカラム間にできるチャネル構造の大きさを変えてアニオンサイズに柔軟に適応している。

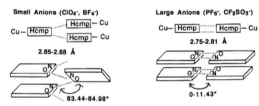

図1 Hcmp 間の水素結合

【関連錯体の紹介およびトピックス】この Hcmp 配位子の溶媒として MeOH を用いて合成を行うと,Hcmp は脱プロトン化されて cmp⁻ となり N, O で架橋した四核錯体をベースとした[Cu₅(cmp)₄]ClO₄ が合成される[3]。

【黒田孝義】

【参考文献】
1) M. Munakata *et al.*, *J. Am. Chem. Soc.*, **1996**, *118*, 3117.
2) M. Simard *et al.*, *J. Am. Chem. Soc.*, **1991**, *113*, 4696.
3) L. P. Wu *et al.*, *J. Chem. Soc., Dalton Trans.*, **1996**, 2031.

CuN$_4$

光磁生

【名称】5, 10, 15, 20-tetraphenylporphyrinato copper(II): [Cu(TPP)]

【背景】亜鉛ポルフィリンや鉄ポルフィリンの比較・モデルとして研究が古くからされている一方で，金属不対電子をもち常磁性のため，生体分子のプローブや磁気相互作用の対象としても古くから研究されている．室温でポルフィリンのりん光が観測される．分子構造の対称性が高く，また安定である．

【調製法】配位子 H$_2$TPP(市販品や合成品にはクロリンが混入していることが多いので，ジクロロジシアノパラベンゾキノンで酸化後，アルミナカラムクロマトグラフィによる精製をするのが望ましい[1])を，ジクロロメタンまたはクロロホルム(無水 K$_2$CO$_3$ で処理し酸性水分を取り除くとよい)に溶かし，穏やかに加熱・撹拌する．酢酸銅(II)の飽和メタノール溶液を加えて，35～40℃で加熱・撹拌することで，TPPCu を得る．反応の進行は，溶液の色の変化および薄層クロマトグラフィーによって確認できる．吸収スペクトル測定によって，原料のフリーベース体 H$_2$TPP の 645 nm 付近の吸収帯が完全に見られないことを確認する．アルミナカラムクロマトグラフィーにより，無機塩を取り除く．シリカゲルクロマトグラフィーによる精製後(フリーベース体の発光の消失を確認)，再結晶により精製する[2]．市販品もある．

【性質・構造・機能・意義】赤橙～赤紫色の固体で，トルエン，ジクロロメタン，クロロホルムに可溶．メタノール，アセトン，エタノール，ヘキサンに不溶．トルエンに溶かすと赤橙色を呈し，578 nm (ε=1800 M^{-1}cm^{-1}, Q(0,0))，538 nm (ε=19600 M^{-1}cm^{-1}, Q(1,0))に Q 帯と 417 nm (ε=426000 M^{-1}cm^{-1})に Soret (もしくは B)帯をもつ[2]．また近赤外部に弱い S-T 吸収帯が現れる[2a]．

室温でトルエン溶液中，ポルフィリンのりん光に起因するブロードな発光(寿命 30 ns)が近赤外領域(700～1000 nm)に観測される[2]．また，低温では発光極大がブルーシフトし(～740 nm)，多成分の減衰を示す(最も長寿命成分は ms 程度，最も短い成分が μs 程度である)．室温でポルフィリンのりん光が観測されるのは基底状態で Cu(II)イオンが d^9 電子配置で不対電子を dx^2-y^2 軌道に 1 つもち，この不対電子がポルフィリン π 電子と相互作用するためである[3]．電子状態は，ポルフィリンの一重項状態が Cu(II)ポルフィリン全体として sing-doublet (^{2}S)状態になり，またポルフィリン三重項は trip-doublet (^{2}T) と trip-quartet (^{4}T) 状態とに数百 cm^{-1} のエネルギー差で分裂している[2,3]．

Cu(II)イオンの不対電子スピンによる ESR スペクトルが，室温溶液およびトルエンなどの低温剛性溶媒中で観測される．ESR スペクトルには Cu 核とポルフィリンの N 核による hfs が現れ，やや複雑なスペクトルになる．77 K のトルエン中，g 値と超微細構造定数は $g_{//}$=2.192, $g_{\perp}$=2.049, $a_{//}$(^{63}Cu)=0.0205, $a_{\perp}$(^{63}Cu)=0.0021, $a_{//}$(N)=0.0014, $a_{\perp}$(N)=0.0017 cm^{-1}．同じく室温トルエン溶液中，g=2.097, a(^{63}Cu)=0.0085, a(N)=0.00155 cm^{-1}である[4]．

酸化還元電位はジクロロメタン中，TBAP を支持電解質として Ox(2) 1.25 V; Ox(1) 1.00 V; Red(1) −1.32 V; Red(2) −1.74 V vs. SCE である[5]．

結晶構造はいくつか報告されており[6]，ポルフィリン環はほぼ平面である．結晶中，フェニル基はポルフィリン平面と 68° の関係にある(直交の報告もある)．Cu と N との結合距離は 2.01 Å である．

【関連錯体の紹介およびトピックス】フェニル基に種々の置換基を導入したものや，その一部を選択的に置換したものなど各種知られている．ポルフィリン環のピロールの 8 つの β 位にエチル基を導入したオクタエチルポルフィリン(OEP)および無置換体もよく知られている．

【浅野素子・村岡貴子】

【参考文献】
1) G. H. Barnet et al., J. Chem. Soc. Perkin Trans.1, **1975**, 1401.
2) a) M. Asano et al., J. Chem. Phys., **1988**, 89, 6567; b) M. Asano et al., J. Photochem. Photobiol. A, **1995**, 87, 23.
3) R. L. Ake et al., Theoret. Chim. Acta, **1969**, 15, 20.
4) N. Toyama et al., Mol. Phys., **2003**, 101, 733.
5) K. M. Kadish, Bioinorg. Chem., **1977**, 7, 107. 他, The Porphyrin Handbook, Academic Press, **2000**, 9巻を参照.
6) L. Aparici et al., Acta Crystallogr., Sect. C, **2012**, 68, m24.

CuN₄, LnN₈ (Ln=La, Ce, Eu, Gd, Tb, Yb, Lu)

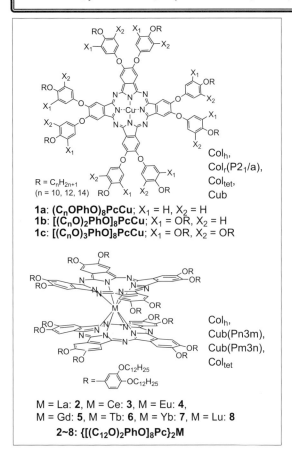

1a: (C$_n$OPhO)$_8$PcCu; X$_1$ = H, X$_2$ = H
1b: [(C$_n$O)$_2$PhO]$_8$PcCu; X$_1$ = OR, X$_2$ = H
1c: [(C$_n$O)$_3$PhO]$_8$PcCu; X$_1$ = OR, X$_2$ = OR

M = La: **2**, M = Ce: **3**, M = Eu: **4**,
M = Gd: **5**, M = Tb: **6**, M = Yb: **7**, M = Lu: **8**
2～8: {[(C$_{12}$O)$_2$PhO]$_8$Pc}$_2$M

【名称】octakis（3,4-dialkoxyphenoxy）-phthalocyanato copper(II), bis[octakis(3,4-dialkoxy phenoxy)phthalocyanato] rare metal(III)：フタロシアニン金属錯体のディスコティック液晶.

【背景】van der Pol らは1989年にフタロシアニン系ディスコティック液晶がガラス基板上で完璧ではないがホメオトロピック配向をすることを示した[1]．高伝導性を得るためには，2枚のITOガラス基板の間で，完璧なホメオトロピック配向することが望ましい．したがって，フタロシアニン系ディスコティック液晶を太陽電池や有機EL素子に応用する場合，薄膜がモノドメインで線欠陥などのない完璧なホメオトロピック配向を大面積に実現することが望まれる．ここで注意したいのは，ホメオトロピック配向をする可能性があるカラムナー液晶相は，ヘキサゴナルカラムナー(Col$_h$)相とテトラゴナルカラムナー(Col$_{tet}$)相だけであることである．材料開発する際これらの相のいずれかがただ1相，室温から約200℃くらいまでの間示し，かつ完璧なホメオトロピック配向するものが開発目標となる．太田らは2001年に，フタロシアニン系金属錯体液晶 **1b** が高温領域ではあるが，Col$_{tet}$ 相において，大面積に完璧なホメオトロピック配向をすることを見いだした[2]．その後，錯体 **2～8** を合成し検討したところ，これらすべての希土類金属サンドイッチ型錯体も Col$_{tet}$ 相を示し，これが完璧なホメオトロピック配向を示すことを見いだしている[3-5]．

【調製法】参考文献1)～5)を参照されたい．

【構造・性質・機能・意義】フタロシアニン系ディスコティック液晶の液晶相に対する側鎖の本数や中心金属の影響についてみてみると，Cu錯体 **1b**, **c**[2,6] と希土類金属La～Luサンドイッチ型錯体 **2～8** がキュービック(Cub)相を示すことが知られている[3-5]．Cu錯体 **1a** はフェノキシ基に長鎖が1本置換したものであるが，これはCub相を発現せずCol$_h$相のみを発現した[6]．2本の長鎖を置換したCu錯体 **1b** は室温から多様なカラムナー相を示し，クリアリングポイント(clearing point = c.p.：透明点)直前のわずかな温度範囲でCub(Pn$\bar{3}$m)相を示した[6]．一方3本の長鎖を置換したCu錯体 **1c** は，c.p.の前，約80℃もの幅広い温度範囲でCub(Pn$\bar{3}$m)相を示した[6]．このことから，中心コアに比べて長鎖の本数が少ないときにはカラムナー(Col)相が発現しやすく，長鎖の本数が多いときにはCub相が発現しやすいといえる．

一方，希土類金属La～Luサンドイッチ型 **2～8** は，大変興味深いことに，2つの異なるCub相をCol$_h$相とCol$_{tet}$相の間で示す[3-5]．低温側のCub$_1$相の対称性はPn$\bar{3}$mで，高温側のCub$_2$相の対称性はPm$\bar{3}$nであることがわかった[7]．またこれらのc.p.は，La→Ce→Eu→Gdの順で高くなり，Gd→Tb→Yb→Luの順で低くなっていく．これは明らかに金属錯体液晶で合成スピン量子数Sがc.p.に影響している．このように液晶相を形成する分子間力に，磁気的相互作用が関与していることが証明されたのは，これが最初の例である[7]．

【太田和親】

【参考文献】
1) J. F. van der Pol *et al.*, *Liq. Cryst.*, **1989**, *6*, 577.
2) K. Hatsusaka *et al.*, *J. Mater. Chem.*, **2001**, *11*, 423.
3) H. Mukai *et al.*, *J. Porphyrins Phthalocyanines*, **2007**, *11*, 846.
4) H. Mukai *et al.*, *J. Porphyrins Phthalocyanines*, **2009**, *13*, 70.
5) H. Mukai *et al.*, *J. Porphyrins Phthalocyanines*, **2009**, *13*, 927.
6) M. Ichihara *et al.*, *Liq. Cryst.*, **2007**, *34*, 555.
7) H. Mukai *et al.*, *J. Porphyrins Phthalocyanines*, **2010**, *14*, 188.

CuN_4O

生

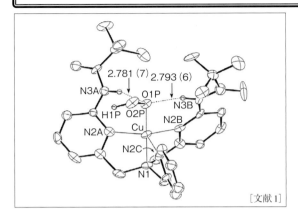
[文献1]

【名称】[hydroperoxide-$κO^1$-N-[6-(2-pyridyl methyl-$κN$ {6-(2,2-dimethylpropaneamido)pyridine-2-yl-$κN$}]methyl} aminomethyl-$κN$)pyridine-2-yl-$κN$]-2,2-dimethylpropaneamidecopper(+3)]perchlorate：[Cu(H_2bppa)(OOH)]ClO_4 ($CuC_{28}H_{37}N_6O_4$)

【背景】活性なヒドロペルオキソの銅錯体の構造と性質を明らかにするために，水素結合と疎水場を導入した錯体が設計・合成された．不安定であるがゆえに構造やスペクトル挙動が明らかでなかったこの錯体種の情報を得ることができたはじめての成功例である[1]．

【調製法】配位子H_2BPPAは，2-アミノメチルピリジンと2-ブロモメチル-6-ピバルアミドピリジンをジオキサン中に溶解し，これにKOH水溶液を加え室温で20時間反応した後，塩酸でpH7に中和する．その後ジオキサンを除去し，酢酸エチルで抽出する．錯体は，室温下，アセトニトリル中，銅(II)-BPPA-アセテート錯体[Cu(bppa)(AcO)]$^+$とH_2O_2との反応により得る．

【性質・構造・機能・意義】アセトニトリル溶液中で明緑色を呈し，830 nm ($ε$=250 $M^{-1}cm^{-1}$)，660 nm ($ε$=150 $M^{-1}cm^{-1}$) に銅(II)のd-d遷移吸収帯と380 nm付近にヒドロペルオキソイオンから銅(II)イオンへのLMCTが観測される．ヒドロペルオキソイオンの銅への配位は，$H_2^{16}O_2$および$H_2^{18}O_2$を用い共鳴ラマンスペクトルで，それぞれ856，810 cm^{-1}に，配位したペルオキソイオンの$ν$(O-O)に特徴的なラマンピークを与え，重原子効果による同位体シフト値（〜45 cm^{-1}）と一致することから確認される．錯体溶液の電子スプレー質量分析(ESI-MS)も，[Cu(H_2bppa)($^{16}O_2H$)]$^+$，[Cu(H_2bppa)($^{18}O_2H$)]$^+$，{[Cu(H_2bppa)($^{16}O_2H$)](ClO$_4$)$_2$}$^-$，{[Cu(H_2bppa)($^{18}O_2H$)](ClO$_4$)$_2$}$^-$に相当するピークをそれぞれm/z 584，588と784，788に与え，溶液中においても安定に存在することが確認された．

この錯体は結晶構造が得られており，三級アミン窒素-銅(II)イオン-ヒドロペルオキソを軸位とする三方両錐型構造である．銅(II)イオンに配位したヒドロペルオキソ種のO-O結合距離1.460(6)ÅとO-O-Hの原子価結合角101.8°は，遊離のH_2O_2のO-O(1.490Å)，O-O-H(96〜102°)とほぼ一致している．また，ヒドロペルオキソイオンの酸素原子は2つの側鎖アミドN-Hと水素結合している(O(1P)…N(3A)=2.78Å，O(1P)…N(3B)=2.79Å)．EPRスペクトル($g_{//}$=2.004，$g_⊥$=2.207，$A_⊥$=75G，$A_{//}$=109G) は典型的な三方両錐型構造のスペクトルを与え，溶液中においても固体と同様の構造を保持すると考えられる．ヒドロペルオキソ錯体は非常に不安定であるため，その分光学的・構造学的性質が明らかでなかったが，銅(II)-ヒドロペルオキソ種の合成とその安定化に成功したことにより，単核銅含有酵素の酸素捕捉・活性化機構の解明に大きな躍進となった．この成功のポイントは，疎水的な側鎖置換基によるヒドロペルオキソ種の保護と側鎖アミドN-Hプロトンとの水素結合による固定化である．

生体系には，末梢交感神経のノルアドレナリン作動性神経細胞や副腎髄質細胞に存在し，ドーパミンのベンジル位の$α$-炭素のヒドロキシ化を触媒するドーパミン$β$-モノオキシゲナーゼや，神経系に見られペプチドホルモンのC末端グリシンの$α$-炭素のヒドロキシ化を触媒するペプチジルグリシン$α$-ヒドロキシラーゼなどが知られている．本錯体は，これら触媒的酸化反応において提案されている反応活性種，単核銅(II)-ヒドロペルオキソ中間体の情報を与えるものである．

【関連錯体の紹介およびトピックス】この錯体は2つのピバルアミド基でヒドロペルオキソが安定化され，室温でも極めて安定である．他に類似の錯体として3つ(TPPA)および1つのピバルアミド基(MPPA)を有する銅錯体が合成されているが，非常に不安定である[2]．3つを有する[Cu(H_3tppa)(OH)]ClO_4が合成されており，H_2O_2とも反応するが，安定性は低く単離には至っていない．また，1つを有する[Cu(Hmppa)(OOH)]ClO_4も合成され，吸収スペクトルやESRで確認できるが，非常に不安定で分解速度は3つの中で一番速く単離は困難である．

【増田秀樹】

【参考文献】
1) H. Wada *et al.*, *Angew. Chem. Int. Ed. Engl.*, **1998**, *37*, 798.
2) M. Harata *et al.*, *Chem. Lett.*, **1995**, *24*, 61.
3) M. Harata *et al.*, *Bull. Chem. Soc. Jpn.*, **1998**, *71*, 1031.

CuN₄O

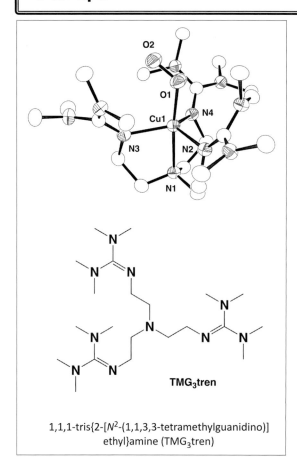

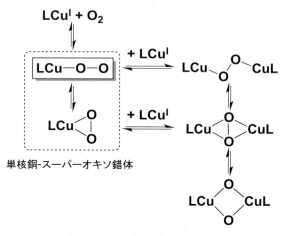

図1 複核銅-酸素錯体の生成過程

123.53(18)°であり，PHMのCu_BサイトにO_2がend-on付加した構造(O-O: 1.23 Å; Cu-O-O: 110°)をよく再現している[2]．O-O伸縮振動は，IRスペクトルでは1122 cm^{-1}に，共鳴ラマンスペクトルでは1117 cm^{-1}に観測され，UV-visスペクトルでは，447, 680, 780 nmに特徴的な吸収帯が観測される[3]．

本錯体はフェノールなどの外部基質に対して水素引抜反応を示し，特にTEMPO-Hと反応させた場合には，ヒドロペルオキソ種を形成した後，O-O結合の開裂を伴って配位子末端のメチル基を酸化する[4]．

【名称】monomeric end-on superoxide copper(II) complex: [Cu(TMG₃tren)O₂]SbF₆

【背景】活性酸素種を有する銅-スーパーオキソ錯体は，単核銅酸化酵素のpeptidylglycine α-hydroxylating monooxygenase (PHM) や dopamine β-monooxygenase (DβH)における酸化反応過程だけでなく，図1に示す複核銅-酸素錯体の生成過程にも含まれる．本錯体は，このスーパーオキソ錯体に関する知見を得るための重要なモデル錯体である[1]．

【調製法】[Cu(TMG₃tren)]SbF₆のCH₃CN溶液に少量のアセトンを加え，−55℃まで冷却した後，5分間乾燥酸素と反応させると反応溶液が緑色に変色する．反応溶液を−80℃で1週間静置させると緑色の結晶が得られる[1]．

【性質・構造・反応性】Cu^{II}にO_2がend-onで配位した単核スーパーオキソ錯体であり，Cu^{II}の配位構造は，O_2とtren骨格の三級アミンを軸位とした三方両錐構造である．O1-O2は1.280(3) Å, Cu1-O1-O2は

【関連錯体の紹介およびトピックス】振動スペクトルも含めて結晶構造を決定できた銅-スーパーオキソ錯体の報告は少なく，モデル錯体では，O_2がside-on配位した[Cu(O₂)(HB(3-tBu-5-iPrpz)₃)]と本錯体だけである[5]．二核錯体についても報告例はあるものの，その構造は明らかになっていない[6]．

他の関連した錯体として，かさ高いβ-diketiminate配位子を用いて，単核Cu^{III}-ペルオキソ錯体という興味深い錯体が報告されている[7]．

【梶田裕二】

【参考文献】

1) C. Würtele et al., Angew. Chem. Int. Ed., **2006**, 45, 3867.
2) S. T. Prigge et al., Science, **2004**, 304, 864.
3) M. Schatz et al., Angew. Chem. Int. Ed., **2004**, 43, 4360.
4) D. Maiti et al., Angew. Chem. Int. Ed., **2008**, 47, 82.
5) K. Fujisawa et al., J. Am. Chem. Soc., **1994**, 116, 12079.
6) a) M. Mahroof-Tahir et al., J. Am. Chem. Soc., **1992**, 114, 7599; b) M. Kodera et al., Chem. Lett., **1998**, 389.
7) N. W. Aboelella et al., J. Am. Chem. Soc., **2002**, 124, 10660.

CuN₄O

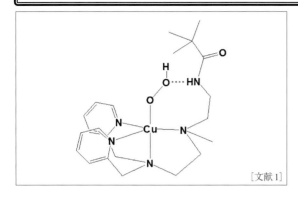

[文献1]

【名称】monomeric hydroperoxo copper(II)complex: $[Cu(L1)(OOH)](ClO_4)$ $L1=(N-\{2-[(2-bis(2-pyridylmethyl)aminoethyl)methylamino]ethyl\}-2,2-dimethylpropionamide)$

【背景】活性酸素種を有する銅ヒドロペルオキソ種は,ドーパミンβ-ヒドロキシラーゼ(DβH)における,推定される反応中間体の1つである.本錯体は水素結合により銅ヒドロペルオキソ種の熱的安定性の制御ができた例である[1]).

【調製法】$Cu(ClO_4)_2 \cdot 6H_2O$,配位子L1を当量,CH_3CN溶液中で30分撹拌し,いったん溶媒を除去し,CH_3CN中で再結晶することで$[Cu(L1)](ClO_4)_2$を合成する[1]).$[Cu(L1)](ClO_4)_2$と2当量のEt_3Nを含んだCH_3CNあるいはCH_3OH溶液に$-40°C$で10当量のH_2O_2を添加することで目的の銅ヒドロペルオキソ錯体が得られる[1]).

【性質・構造・機能・意義】$[Cu(L1)(OOH)]^+$錯体の吸収スペクトルは,CH_3CN溶媒中では 381 nm($\varepsilon=1000 M^{-1}cm^{-1}$)に$OOH^-$から$Cu^{2+}$へのLMCT,635 nm($\varepsilon=140 M^{-1}cm^{-1}$)と 770 nm($\varepsilon=130 M^{-1}cm^{-1}$)にd-d吸収帯,$CH_3OH$溶媒中では 369 nm($\varepsilon=1300 M^{-1}cm^{-1}$)にLMCT,653 nm($\varepsilon=145 M^{-1}cm^{-1}$)と 850 nm($\varepsilon=160 M^{-1}cm^{-1}$)にd-d吸収帯が観測される.銅周りの配位環境は,ESRスペクトルより,溶媒によらず,三方両錘型構造($g_\parallel=1.99$, $g_\perp=2.21$, $|A_\parallel|=82 G$, $|A_\perp|=114 G$ in CH_3CN; $g_\parallel=1.98$, $g_\perp=2.20$, $|A_\parallel|=71 G$, $|A_\perp|=103 G$ in CH_3CN)と帰属されている.CH_3OH溶液中,$-80°C$での共鳴ラマンスペクトルは,$H_2^{16}O_2$を用いると 853 cm^{-1}に,$H_2^{18}O_2$を用いると 807 cm^{-1}にO-O伸縮振動由来のピークが観測できる.CH_3CN溶液中,$-40°C$でESI MSスペクトルは,$[Cu(L1)(^{16}O_2H)]^+$(m/z=479)と帰属されるピークが観測される.

配位子L1の水素結合部位のみを取り除いた配位子 N,N-diethyl-N',N'-bis(2-pyridylmethyl)ethylene diamine(L2)を用いて合成した$[Cu(L2)(OOH)]^+$錯体の吸収スペクトルより,CH_3CN溶媒中では 372 nm($\varepsilon=1000 M^{-1}cm^{-1}$),$CH_3OH$溶媒中では 369 nm($\varepsilon=1100 M^{-1}cm^{-1}$)にLMCT($OOH^-\rightarrow Cu^{2+}$)が観測される.プロトン性溶媒である$CH_3OH$溶媒中では水素結合しにくいため,$[Cu(L1)(OOH)]^+$錯体と$[Cu(L2)(OOH)]^+$錯体のLMCTの極大吸収波長に大きな差はないが,$CH_3CN$溶媒中では 10 nmほどのシフトが見られ,水素結合の関与が示唆される.

各銅ヒドロペルオキソ錯体の分解過程を追跡すると,CH_3OH溶媒中では$[Cu(L1)(OOH)]^+$錯体($k_{obs}=3.5(2)\times 10^{-3} min^{-1}$)と$[Cu(L2)(OOH)]^+$錯体($k_{obs}=2.0(3)\times 10^{-3} min^{-1}$)の反応速度定数に大きな差はないが,$CH_3CN$溶媒中では$[Cu(L1)(OOH)]^+$錯体($k_{obs}=2.4(2)\times 10^{-2} min^{-1}$)の方が$[Cu(L2)(OOH)]^+$錯体($k_{obs}=7.6(6)\times 10^{-3} min^{-1}$)よりも大きな反応速度定数を示すことから,分子内水素結合が銅ヒドロペルオキソ錯体の熱的安定性を低下させ,反応性を向上させることが期待される.ピバルアミド基をピリジン6位に2つ導入したTPA系配位子を用いた$[Cu(bppa)(OOH)]^+$錯体は単結晶が得られており,ヒドロペルオキソイオンの銅イオンに近い側の酸素原子にピバルアミド基からの水素結合が形成されるため[2]),熱的安定性が非常に高いことが予測できる.一方,本系では,ヒドロペルオキソイオンの遠い側の酸素原子にピバルアミド基からの水素結合が形成するように分子設計されていることから,第二配位圏の水素結合の位置により銅ヒドロペルオキソ種の熱的安定性の制御ができることがわかる.

【関連錯体の紹介およびトピックス】第一配位圏における制御も行われている.銅イオン周りが三方両錘型構造であるTPA系配位子を用いた銅ヒドロペルオキソ錯体と比較すると[2-4]),平面四角形構造となる$[Cu(bpba)(OOH)]^+$錯体を用いることで熱的安定性は大幅に低下し,チオアニソールなどの外部基質に対する触媒的酸化反応が実現できる[5]).

【山口修平】

【参考文献】
1) S. Yamaguchi et al., *Inorg. Chem.*, **2003**, *42*, 6968.
2) A. Wada et al., *Angew. Chem. Int. Ed.*, **1998**, *37*, 798.
3) S. Yamaguchi et al., *Chem. Lett.*, **2004**, *33*, 1556.
4) S. Yamaguchi et al., *Bull. Chem. Soc. Jpn.*, **2005**, *78*, 116.
5) T. Fujii et al., *Chem. Commun.*, **2003**, 2700.

CuN₄O

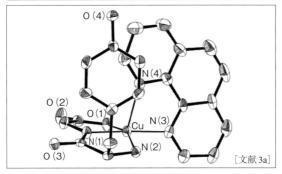

[文献 3a]

【名称】 (1,10-phenanthroline)(L-tyrosylglycinato)copper(II)：[Cu(phen)(L-TyrGly)]$^+$

【背景】 生体内での分子認識や金属タンパク質の機能に重要な役割を果たす芳香環スタッキング相互作用に関する情報を得るために，芳香族配位子をもつ混合配位子型低分子モデル錯体が合成された．本錯体は，低分子モデル錯体において分子内で配位子間にスタッキング相互作用を実現し，その構造情報を得ることができた代表例の1つである[1]．

【調製法】 硝酸銅(II) 3水和物と1,10-フェナントロリン(phen)を少量のメタノールを加えた水に溶かし，この溶液に2当量の水酸化ナトリウムで水に溶解させたL-チロシルグリシン(L-TyrGly)を撹拌しながら加える．得られた溶液を沈殿が生じない程度に減圧濃縮したのち室温で放置することで微細結晶を得，構造解析には水から再結晶して用いる．

【性質・構造・機能・意義】 この錯体は中性の水溶液中で620 nm付近にCu(II)のd-d遷移に基づく吸収極大を示す．pH 9前後ではこの吸収帯に加えて軸方向に配位子を有する五配位型Cu(II)に特徴的な850 nm付近の肩吸収が現れ，溶液中ではpHによって構造変化が起きると推定されている．

脱プロトン化したジペプチドは配位結合が強く平面三座配位をすることが知られているが，この錯体の結晶構造においても，L-TyrGlyのアミノ窒素，脱プロトン化したアミド窒素，カルボキシ酸素とphenの一方の窒素原子が配位平面を形成し，これに加えてphenの他方の窒素原子が軸位に配位した四角錐構造である．配位平面を形成する各原子とCu(II)の結合距離は，最も短いアミド窒素との間で1.9 Å程度，その他は2.0 Å程度で，軸配位しているphenの窒素との距離はCu-N(4)=2.224 Åである．N(1), N(2), O(1), N(3)で形成された配位平面に対するphen環の角度は79.2°で，チロシン残基のフェノール環を避けるように若干C末端側に傾いている．フェノール部分は配位平面にほぼ垂直に位置し，配位平面に対して縦に配位したphen環と3.60 Åの距離で分子内芳香環スタッキングを形成している．

このようにphen環の一方の窒素原子と銅イオンの軸配位結合は，配位平面に対してペプチドのフェノール部分と同じ方向で形成されている．ペプチドのフェノール部分との立体障害を考えればphenからの軸配位は反対方向からが有利と予想される．すなわち，この錯体の構造は分子内スタッキングがあることで，あえて大きい立体障害をもつ構造を選択しており，芳香環スタッキングが配位子の配向に積極的な影響を与えている重要な例である．

【関連錯体の紹介およびトピックス】 オシダからのプラストシアニンではフェニルアラニン残基のベンゼン環と銅に配位したヒスチジン残基のイミダゾールとのスタッキングが見いだされている[2]．モデル系でもphenとL-TyrあるいはL-トリプトファン(L-Trp)を用いて分子内芳香環スタッキングを形成させた例などがある[3]．[Cu(phen)(L-Tyr)(H$_2$O)]$^+$の配位構造は，phenの2つの窒素原子とL-Tyrのアミノ窒素，カルボキシ酸素で構成された配位平面に加えて水分子の酸素が軸位に配位した四角錐構造である．この錯体ではチロシン残基の芳香環がphen環に重なって分子内芳香環スタッキングを形成している．このためにアミノ酸配位子のα炭素が銅周辺の配位平面から大きく浮き上がっている．L-Tyrのフェノール環とphenの間の平均平面間距離は3.32 Åで，中心金属として銅をもつ同様のアミノ酸-芳香族ジイミン三元錯体の中では短い．このようなスタッキング構造では芳香環は中心金属イオンにも接近する(3.0〜3.3 Å)．

【杉森 保】

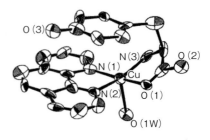

図1 [Cu(phen)(L-Tyr)(H$_2$O)]$^+$の構造[3a]

【参考文献】
1) T. Sugimori *et al.*, *Inorg. Chem.*, **1993**, *32*, 4951.
2) T. Kohzuma *et al.*, *J. Biol. Chem.*, **1999**, *274*, 11817.
3) a) T. Sugimori *et al.*, *Inorg. Chem.*, **1997**, *36*, 576; b) K. Aoki *et al.*, *J. Chem. Soc., Dalton Trans.*, **1987**, 2017.

CuN_4X_2

【名称】[Cu(bpod)$_2$](NO$_3$)$_2$ (bpod = 1,8-bis(pyridine-3-oxy)oct-4-ene-2,6-diyne)

【背景】DNA を切断する化学種として，正宗-Bergman 環化反応によりベンゼンビラジカルを生じるエンジイン化合物が探索されてきた．エンジイン部位を配位子に導入することにより，光照射により DNA 切断活性が誘起される本錯体が合成された[1]．

【調製法】bpod 配位子は薗頭カップリングを鍵反応として合成され，脱気したメタノール中での Cu(NO$_3$)$_2$·2.5H$_2$O との反応により，本錯体を得る[1]．

【性質・構造・機能・意義】錯体の紫外可視吸収スペクトルは，配位子の π-π* 遷移による 260〜280 nm の吸収帯に加え，MLCT に由来するブロードな吸収帯が 300 nm 以上の領域 (λ_{max} = 311 nm) に現れる．光照射 ($\geq$ 395 nm) による MLCT 励起をトリガーとして，エンジインの正宗-Bergman 環化反応が起こり，ベンゼンビラジカルを生じる[1]．このことは，水素原子供与体存在下で二置換ベンゼンが生成することから確かめられた．遷移金属錯体の MLCT 励起により，正宗-Bergman 環化反応を光制御する点で，興味深い錯体である．

本錯体は，他のエンジイン化合物と同様に，DNA の切断活性を有し，光誘起による DNA 切断としても意義深い事例である．

【関連錯体の紹介およびトピックス】Cu(I)錯体[Cu(bpod)$_2$](PF$_6$)も同様に光励起による正宗-Bergman 反応により，ラジカルを生じ DNA を切断する[1]．一方，亜鉛錯体[Zn(bpod)$_2$(CH$_3$COO)$_2$]は，300 nm 以上の波長領域に吸収帯をもたず，DNA 切断活性を示さない[2]．

【竹澤悠典・塩谷光彦】

【参考文献】
1) P. J. Benites *et al.*, *J. Am. Chem. Soc.*, **2000**, *122*, 7208.
2) P. J. Benites *et al.*, *J. Am. Chem. Soc.*, **2003**, *125*, 6434.

CuN₅

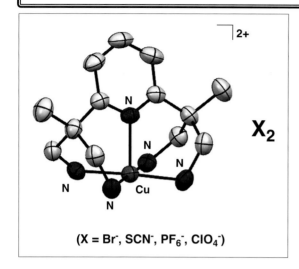

(X = Br⁻, SCN⁻, PF₆⁻, ClO₄⁻)

【名称】pentaamine copper(II) complex: $[(pyN_4)Cu]X_2$ (pyN_4: 2,6-$C_5H_3N[CMe(CH_2NH_2)_2]_2$)

【背景】多座配位子を用いた遷移金属錯体では，特に，二座，三座，四座などの配位子が数多く報告されているが，同一配位子内に配位原子を5つもつ五座配位子を有する金属錯体の報告は少ない．本錯体は，1つのピリジンと4つのアルキルアミン由来の窒素原子を有する配位子を用いた単核銅(II)錯体であり，大変貴重な例である．また，これまでに同様の配位子を用いてCo(III), Ni(II), Fe(II), Fe(III)錯体などが報告されている[1]．

【調製法】配位子である 2,6-$C_5H_3N[CMe(CH_2NH_2)_2]_2$ (pyN_4)の四臭化水素酸塩をメタノールに加え，ここにLiOMeのメタノール溶液を加える．この溶液を室温で15分ほど撹拌した後，$CuCl_2·2H_2O$を加え，一晩加熱還流を行う．紫色の結晶性粉末が析出するので，これをろ過し，得られた固体をメタノールで数回洗浄した後，減圧乾燥する．対アニオンとしてSCN⁻やPF₆⁻をもつ錯体は，メタノールまたはメタノール–水の混合溶媒，もしくはこれらの溶媒とジエチルエーテルの組合せによる再結晶中に，NH_4SCNやNH_4PF_6を共存させて合成する[2]．ClO₄⁻をもつ錯体は，pyN_4の四臭化水素酸塩を，4当量のLiOMeを用いて臭化水素フリーの状態とした後，$[Cu(DMF)_6](ClO_4)_2$を加えて加熱還流することによって得られる[2]．

【性質・構造・機能・意義】対アニオンとしてClO₄⁻をもつ錯体のみ，1つのClO₄⁻がCu(II)の軸位に配位することで八面体構造となる(ただし，結合しているClO₄⁻のO原子とCu(II)の結合距離は2.603 Å)が，それ以外の対アニオンをもつ錯体(X=Br⁻, SCN⁻, PF₆⁻)では，すべて四角錐構造となる．ただし，SCN⁻をもつ錯体では，1つのSCN⁻のS原子が，Cu(II)から2.991 Åの距離に位置するため，相互作用していると考えられる．ClO₄⁻が配位している錯体以外のτ値は，SCN⁻を対アニオンとしてもつ錯体以外ほぼ0であり，理想的な四角錐に近い構造をとる．ただし，SCN⁻をもつ錯体のτ値も0.07であり，歪みの小さい四角錐構造である．対アニオンがPF₆⁻やClO₄⁻の錯体は，大過剰のアセトンと反応すると，末端一級アミンがイソプロピリデンイミンに変換される．本錯体の末端アルキルアミンは修飾しやすく，多くの誘導体が合成されている[1d,2,3]．したがって，報告例の少ない五座配位子を用いた金属錯体の性質を系統的に研究するうえで，本錯体の意義は大きい．

【関連錯体の紹介およびトピックス】本錯体に関連した銅錯体として，配位子末端の4つの窒素原子上にメチル基を2つずつそれぞれ導入した配位子を用いてCu(I)錯体が合成されている[3]．この錯体は，酸素と反応することによって，ビス(μ-オキソ)二核銅(III)錯体を形成すると同時に，チロシナーゼ活性も示すことが報告された[3]．また，末端が一級アミンの配位子を用いたCo錯体の例として，特に，2000年の報告では，μ-η^1:η^1-パーオキソおよびスーパーオキソ錯体の結晶構造が決定された[1e]．

【梶田裕二】

【参考文献】
1) a) A. Grohmann et al., *Inorg. Chem.*, **1996**, 35, 7932; b) C. Dietz et al., *Eur. J. Inorg. Chem.*, **1998**, 1041; c) T. Poth et al., *Eur. J. Inorg. Chem.*, **1999**, 643; d) C. Dietz et al., *Eur. J. Inorg. Chem.*, **1999**, 2147; e) S. Schmidt et al., *Eur. J. Inorg. Chem.*, **2000**, 1657; f) J. P. López et al., *Chem. Eur. J.*, **2002**, 8, 5709; g) J. Pitarch et al., *Z. Anorg. Allg. Chem.*, **2003**, 629, 2449; h) J. P. López et al., *Inorg. Chem. Commun.*, **2004**, 7, 773; i) J. P. López et al., *Chem. Commun.*, **2006**, 1718; j) M. Schlangen et al., *J. Am. Chem. Soc.*, **2008**, 130, 4285; k) J. P. Boyd et al., *Helv. Chim. Acta*, **2008**, 91, 1430; l) I. Respondek et al., *Chem. Phys.*, **2008**, 347, 514; m) H. Kämpf et al., *Appl. Phys. A*, **2008**, 93, 303; n) M. P. Bubnov et al., *Z. Anorg. Allg. Chem.*, **2014**, 640, 2177.
2) C. Zimmermann et al., *Eur. J. Inorg. Chem.*, **2001**, 547.
3) A. Jozwiuk et al., *Eur. J. Inorg. Chem.*, **2012**, 3000.

CuN$_6$

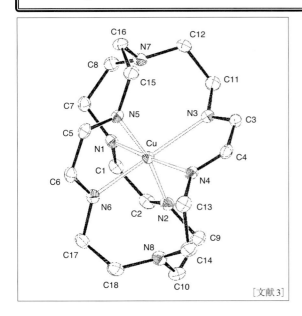

【名称】 [1,4,7,10,13,16,21,24-octaazabicyclo-[8,8,8]-hexacosa-4,6,13,15,21,23-hexaenecopper(II)]tetrafluoroborate: [Cu(imBT)](BF$_4$)$_2$

【背景】 imBT配位子は8座のクリプタンドであるが，Pb(II)，Cd(II)，Hg(II)，Ag(I)などの金属に選択的に配位することが知られている．この配位子が配位した混合原子価錯体(Cu(II)Cu(I)錯体)の結晶構造は報告されているが，Cu(I)二核錯体とCu(II)錯体はこれまでに報告されていなかった[1,2)]．

【調製法】 Cu(I)二核錯体は，[Cu(CH$_3$CN)$_4$](BF$_4$)を含むアセトニトリル溶液に，imBT配位子を含むクロロホルム溶液を加え，生じた緑色の溶液を減圧濃縮することによって得られる．混合原子価錯体は，二核錯体を電解酸化して得られるが，Cu(II)錯体はこの方法では得られない．[Cu(CH$_3$CN)$_4$](BF$_4$)$_2$を含むアセトニトリル/エタノール溶液に，imBT配位子を含むクロロホルム溶液を直接加え，生じた黄色の粗結晶を，アセトニトリル/ジエチルエーテルを用いて蒸気拡散法により再結晶を行う．

【性質・構造・機能・意義】 Cu(II)錯体は単核錯体であり，銅イオン周りは六配位八面体構造である．Cu-N結合長は平面の4個の窒素原子が2.064～2.088 Åであり，axialの2つの配位原子とはJahn-Teller効果により2.279および2.300 Åと結合長が長い．銅イオンに配位している窒素原子は，いずれもイミノ窒素原子であり，橋頭位の窒素原子は配位していない．この錯体は，693 nmにd-d遷移に由来する吸収帯を示す(ε=91 kg mol^{-1} cm^{-1})ほか，335 nmにLMCT吸収を示す(ε=2713)．この錯体はアセトニトリル中の電気化学的還元により分解し，単一の化学種になることはない．溶液中に銅(I)イオンの共存した条件で電解還元しても，対応するCu(I)二核錯体を生じることはない．

【関連錯体の紹介およびトピックス】 銅(I)-imBT錯体が二核錯体であることは元素分析などで判明しているが，この銅(I)二核imBT錯体の結晶構造は知られていない．二核銅(I)錯体の電解酸化によって得られる混合原子価錯体の構造は次に示すようなものである(図1)．銅とイミノ窒素間の結合長は1.963 Åであるのに対して，橋頭のアミン窒素と銅の結合長は2.081 Åと長い．銅と3つのイミノ窒素原子は，中心角119.37°で結合しており，2つの銅イオンは2個の橋頭窒素原子を結ぶ直線上に配置している．各銅イオンは，3つのイミノ窒素原子が作る平面より，わずかに橋頭の窒素原子から離れる方向にずれている．銅イオン間の距離は2.3636 Åと短く，ともに配位環境がまったく同じであることから，これら2つの銅イオン上の電荷は非局在化していることがわかる．

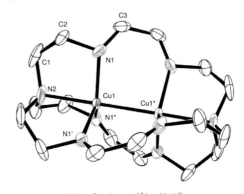

図1 [Cu(imBT)]$^{3+}$の構造[3)]

ニトロメタン中におけるCu(I)Cu(II)-imBT錯体の酸化還元電位はフェロセンに対して-39.5 mVであり，これは単離されたCu(I)Cu(I)-imBT錯体の酸化還元電位と一致している[3)]．　　　　【高木秀夫・鈴木孝義】

【参考文献】
1) C. Harding et al., J. Am. Chem. Soc., **1991**, 131, 9684.
2) P. H. Smith et al., J. Org. Chem., **1993**, 58, 7939.
3) H. D. Takagi et al., 未発表データ．

CuO₄

【名称】 Cu(II)-mediated artificial base pair in DNA duplex: H–Cu^{II}–H

【背景】 新たな結合様式をもつ人工核酸塩基対として，金属配位結合を介した金属錯体型塩基対が設計・合成された．平面構造と適切なサイズを有する錯体型塩基対は，DNA 二重鎖中に安定に導入することができ，DNA 構造の安定化，構造制御や，金属錯体集積のための構造モチーフとなる．

【調製法】 配位子であるヒドロキソピリドン型ヌクレオシド(H)は，フェノール性水酸基をベンジル基で保護した2-メチル-3-ヒドロキソ-4-ピリドンと，デオキシリボース骨格との Friedel-Crafts 反応により合成される．中性緩衝溶液中で，硫酸銅(II)を滴下することで，金属錯体型塩基対H–Cu^{II}–Hが定量的に生成する．また，ヒドロキソピリドン型ヌクレオシド(H)はホスホロアミダイト法を用いた固相合成によりDNAオリゴマー鎖に導入され，銅(II)イオンの添加によりDNA二重鎖中で塩基対H–Cu^{II}–Hが生成する[1]．

【性質・構造・機能・意義】 ヌクレオシドHと銅(II)イオンによる金属錯体型塩基対形成は，UV吸収スペクトルを用いた滴定実験により確認される．スペクトルは銅(II)イオンの添加に伴い，フリーの配位子に由来する282 nmの吸収が減少し，脱プロトン化したヒドロキシピリドンに帰属される303 nmの吸収帯が新たに現れる．銅(II)イオンとヒドロキシピリドン型ヌクレオシド(H)の比が2：1になるまで，等吸収点を通りながら直線的に変化することから，H–Cu^{II}–H塩基対の定量的な形成が示される．エレクトロスプレーイオン化質量分析スペクトル(ESI-MS, m/z=556.10, [M+Na]⁺)も塩基対形成を支持する．

H–H塩基対を導入したDNA二重鎖は，銅(II)イオンの添加によりH–Cu^{II}–H塩基対が誘起され，安定性が増す．中央に1ヶ所のH–H塩基対を含む15塩基対のDNA二重鎖 d(5'-CAC ATT A**H**T GTT GTA-3')・d(3'-GTG TAA T**H**A CAA CAT-5')が一本鎖に解離する温度(融解温度)は37.0℃であるが，銅(II)存在下ではH–Cu^{II}–H塩基対の形成により，50.1℃へと上昇する．これは，中央にA–T塩基対をもつ二重鎖の融解温度(44.2℃)よりも5.9℃高い．これは水素結合よりも強い金属配位結合の結合エネルギーを反映している．円二色性(CD)スペクトルは，右巻きらせん構造(B型)を示しており，本金属錯体型塩基対がDNA構造を乱すことなく，二重鎖中に導入されることが確認される．また，EPRスペクトルからもCu^{II}錯体が平面四配位構造をとり，天然塩基対間にスタックした金属錯体型塩基対構造が支持される．

さらに，複数の金属錯体塩基対H–Cu^{II}–Hを連続してオリゴヌクレオチド鎖に組み込むことが可能であり，人工オリゴヌクレオチド二重鎖 d(5'-GH$_n$C-3')₂(n=1〜5)中における，1〜5個の銅(II)イオンのナノ集積化が達成されている[2]．

金属錯体型塩基対は，金属イオンをトリガーとしたDNAのハイブリダイゼーション制御や安定化，DNA構造内への金属イオン集積などへと幅広く展開されており，H–Cu^{II}–H塩基対はその先駆けとなった事例である．

【関連錯体の紹介およびトピックス】 ヒドロキソピリドン型ヌクレオシドHは，鉄(III)イオンとも中性の3：1錯体を形成し，人工オリゴヌクレオチド三重鎖 d(5'-H$_n$-3')₃(n=2〜4)中に，デザインした数(n個)の鉄(III)イオンを定量的に集積できる[3]．

また，異なる金属選択性をもつ金属錯体型塩基対の創製を目的として，カルボニル基をチオカルボニル基に置き換えたヒドロキソピリジンチオン型ヌクレオシド(S)，および，水酸基をチオール基に置き換えたメルカプトピリドン型ヌクレオシド(M)が合成された．平面四配位構造をとる白金(II)，パラジウム(II)，ニッケル(II)などの比較的ソフトな金属種により，それぞれ金属錯体型塩基対S–Pt^{II}–SおよびM–Pd^{II}/Ni^{II}–Mを形成する[4]．

【竹澤悠典・塩谷光彦】

【参考文献】
1) K. Tanaka *et al., J. Am. Chem. Soc.*, **2002**, *124*, 12494.
2) K. Tanaka *et al., Science*, **2003**, *299*, 1212.
3) Y. Takezawa *et al., Angew. Chem. Int. Ed.*, **2009**, *48*, 1081.
4) Y. Takezawa *et al., J. Org. Chem.*, **2008**, *73*, 6092.

CuO₄

生 超

【名称】 Cu(II)-mediated artificial base pair in glycol nucleic acid (GNA) duplex

【背景】 錯体形成により対合する金属錯体型塩基対のDNAナノテクノロジーへの応用を目指し，DNA骨格を簡略化したグリコール核酸（GNA）へヒドロキシピリドン（H）-銅（II）塩基対が導入された[1,2]．

【調製法】 プロピレングリコール骨格にヒドロキシピリドン（H）を連結したモノマーを，ホスホロアミダイト体としてDNA合成機に導入することにより，配位子であるHを含むオリゴGNA鎖が合成される．相補的な塩基配列をもつ(S)-GNA二重鎖に，銅（II）イオンを加えることにより，GNA二重鎖中で金属錯体型塩基対H-Cu^{II}-Hが形成する．

【性質・構造・機能・意義】 中央にH塩基を有するGNA二重鎖(3′-AAT ATT AHT ATT TTA-2′)・(2′-TTA TAA THA TAA AAT-3′)が一本鎖に解離する温度は37.0℃であるが，2当量の銅（II）イオンを加えると，金属錯体型塩基対H-Cu^{II}-Hの形成により70.2℃に上昇する．この安定化は，DNA二重鎖中よりも大きい[2]．H-Cu^{II}-H塩基対を2ヶ所に含むGNA二重鎖(3′-CGH ATH CG-2′)₂・Cu^{II}₂の結晶構造によると，H-Cu^{II}-H塩基対は15°のプロペラねじれ角をもつものの，ほぼ完全な平面四配位構造となっている[1]．

金属錯体型GNAはモノマーの合成が容易で，DNAと同様にオリゴマーの長さ・配列の設計が可能なため，金属錯体集積の骨格として期待される．

【関連錯体の紹介およびトピックス】 GNAに導入された金属錯体型塩基対には，ほかに4-(2′-ピリジル)-プリン（P）を用いたP-Ni^{II}-P塩基対，P-Cu^{II}-H塩基対がある[2]．

【竹澤悠典・塩谷光彦】

【参考文献】
1) M. K. Schlegel et al., J. Am. Chem. Soc., **2008**, 130, 8158.
2) M. K. Schlegel et al., Org. Biomol. Chem., **2009**, 7, 476.

CuO₄

Entry No.	1	2	3
M	Cu	Cu	Cu
R	C_n	C_nO	C_nO
R'	H	H	C_nO
Mesophase	D_{L1}, D_{L2}	D_{L1}	Col_h

$C_n = C_nH_{2n+1}$
$C_nO = C_nH_{2n+1}O$

4 M = Cu; R = CH_3, C_2H_5, OCH_3, OC_2H_5, OC_3H_7
monotropic N_b

5 M = Cu
monotropic N

6 M = Cu; R = CH_3　　　Col_{ro}
　　M = Cu; R = C_2H_5, C_3H_7, C_4H_9　enantiotropic N

【名称】long chain-substituted bis(β-di-ketonato)copper(II)：β-diketone系金属錯体のディスコティック液晶．

【背景】Giroudらが，1981年に図のような4つのフェニル環を置換した錯体**1**($n=10$)を合成し，これが有機遷移金属錯体で最初のディスコティック液晶であると報告した[1]．しかしその液晶相の構造は不明のままであった．その後，太田らは錯体**1**($n=6\sim12$)の室温におけるsupercooled mesophaseのX線構造解析と混融試験から，この錯体群がまったく新しい液晶相であるdiscotic lamellar液晶相D_{L1}，D_{L2}相を示すことを見いだした[2]．

【調製法】参考文献1)および2)を参照されたい．

【構造・性質・機能・意義】錯体**1**($n=10$)のD_{L2}相はラメラ構造とカラム構造の両方を有した構造をしている．D_{L1}には，カラム構造はなく，D_{L2}にはカラム構造があることが特徴である．興味深いことに，1987年EastmanらがESRによる研究から，錯体**1**($n=8$)の液晶相(D_{L1}とD_{L2})は，一次元Heisenberg antiferromagnetismを示すが，錯体**2**($n=8$)の液晶相(D_{L1})はこれを示さないことを明らかにした[3]．これは，**1**($n=8$)の液晶相は一次元のカラム構造を有し，**2**($n=8$)の液晶相は一次元のカラム構造がないことを示している．

錯体**3**はhexagonal columnar(Col_h)相を示す．1987年に，錯体**3**($n=8$)がまったく新しい熱挙動であるdouble clearing挙動を示すことを見いだしている[4]．また，1987年Giroudらは錯体**3**($n=9$)がシクロヘキサン中で，ゲル化することを報告している[5]．

Chandrasekharらは，1987年錯体**4**がモノトロピック二軸性ネマチック(N_b)相を示すことを見いだした[6]．Muhlbergerらも，1989年，錯体**5**で，モノトロピックなネマチック相を見いだした[7]．太田らは，1991年，錯体**6**でR基がC_nH_{2n+1}($n=2\sim4$)のとき，β-diketone系Cu(II)錯体では最初のエナンチオトロピックなネマチック相を見いだした[8]．錯体**6**のR基がCH_3基のときは，極めて珍しいdimerのdiscotic rectangular ordered columnar(Col_{ro})相を示す[9]．このR基をCH_3基からC_2H_5基にするだけで，Col_{ro}相からエナンチオトロピックなネマチック相へ変えることが可能であり，R基の液晶相への影響が劇的であることがわかった[10]．

【太田和親】

【参考文献】

1) A. M. Giroud-Godquin et al., Mol. Cryst. Liq. Cryst., **1981**, 66, 467.
2) K. Ohta et al., Mol. Cryst. Liq. Cryst., **1986**, 140, 131.
3) M. P. Eastman et al., Liq. Cryst., **1987**, 2, 223.
4) K. Ohta et al., Mol. Cryst. Liq. Cryst., **1987**, 147, 61.
5) P. Terech et al., J. Physique, **1987**, 48, 663.
6) S. Chandrasekhar et al., Mol. Cryst. Liq. Cryst., **1987**, 151, 93.
7) B. Muhlberger et al., Liq. Cryst., **1989**, 5, 251.
8) K. Ohta et al., Mol. Cryst. Liq. Cryst., **1991**, 195, 123.
9) K. Ohta et al., Mol. Cryst. Liq. Cryst., **1991**, 195, 135.
10) K. Ohta et al., J. Mater. Chem., **1994**, 4, 61.

CuS₄

光 導 磁

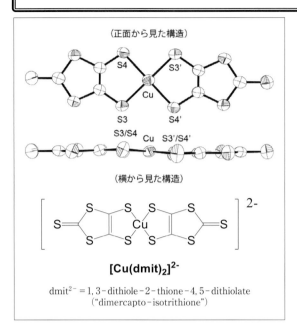

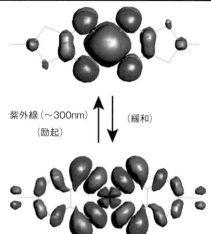

図1 紫外線照射による励起/緩和と電子の局在化/非局在化

【名称】bis(tetrabutylammonium) copper(II)-dmit complex: $[n\text{-}C_4H_9)_4N]_2[Cu(dmit)_2]$

【背景】銅(II)-dmit錯体(2価アニオン)は，対カチオンによって平面四配位から歪んだ四面体配位まで種々の配位構造をとる．配位子(dmit)のπ軌道とCuのd軌道とはよく混成しており，錯体分子全体に広がって不対電子が1個($S=1/2$)存在している．本錯体は，関連する一連の錯体の電子分布とそれに基づく電気・磁気特性を理解するための重要な錯体である[1]．

【調製法】二硫化炭素と塩化銅(II)から三段階で合成した$[(n\text{-}C_4H_9)_4N]_2[Cu(dmit)_2]$の飽和CH₃CN溶液を−30℃で一晩冷却すると，赤紫色結晶が得られる[1]．

【性質・構造・機能・意義】Cu^II も含め分子全体に共役系が広がった平面型錯体であり，Cu^II の配位構造は，4つのSがほぼ正方形型に四配位した構造である．Cuは対称心上にあり，Cu-Sは2.2838(9) Åおよび2.2934(8) Å，S3-Cu-S4は88.78(3)°および91.22(3)°である[1]．結晶中で各銅錯体はかさ高いカチオンによって互いに隔離されている．したがって結晶内を貫く電気伝導経路がないため，電気特性としては絶縁体である．また，固体(粉末)と溶液との紫外-可視-近赤外スペクトルの比較から，両相中で銅錯体の電子状態はほとんど変わらないと考えられる．にもかかわらず，2〜300 Kで反磁性を示すことは興味深い[2]．

本錯体は紫外線を吸収して配位子(dmit)と中心金属(Cu)間での電荷移動遷移を起こす．その際，適切な波長(4.2 eV ≈ 300 nm)を選べば，励起状態の軌道が銅原子上にほぼ集中(局在化)しているため，分子全体に広がっていた不対電子密度が銅とその周囲の4つの硫黄原子上に局在化する[2](図1)．これを利用すれば，例えば磁性体と伝導体(半導体)を光で可逆的に切り替えることが可能になる．

【関連錯体の紹介およびトピックス】単結晶で測定された電気・磁気特性も含めて，結晶構造を決定できた銅(II)-dmit錯体の報告は少なく，本錯体を含む数例だけである[1-4]．電荷移動錯体についても報告例はあるものの，その構造は明らかになっていない[4]．つまり，銅(II)-dmit錯体は対カチオンの選択や部分酸化など化学的手法によって意図した電子状態を実現することは難しいが，光励起を使うとそれが実現できる．

他の関連した錯体も含め，最近，銅(II)-dmitを用いて，分子上あるいは固体内のスピンや電荷密度分布を可逆的に光で制御する研究の総説が出版された[3]．

【内藤俊雄】

【参考文献】
1) H. Noma *et al.*, *Chem. Lett.*, **2014**, *43*, 1230.
2) H. Noma *et al.*, *Inorganics*, **2016**, *4*, 7.
3) a) T. Naito, *Bull. Chem. Soc. Jpn.*, **2017**, *90*, 89; b) T. Naito, *Chem. Lett.*, **2018**, *47*, 1441; c) T. Naito Ed., *Functional Materials: Advances and Applications in Energy Storage and Conversion*, **2019**, Pan Stanford Publishing Pte. Ltd., Singapore.
4) G.-e. Matsubayashi *et al.*, *J. Chem. Soc., Dalton Trans.*, **1988**, 967.

CuVN$_2$O$_5$

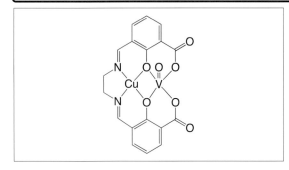

【名称】μ-[[3,3′-[1,2-ethanediylbis[(nitrilo-κN)methylidyne]]]bis[2-(hydroxy-κO)benzoato-κO]]-oxo-1-vanadium(IV)-2-copper(II)：[CuVO(fsaen)] (Hfsaen=N,N'-(2-hydroxy3-carboxybenzylidene)-1,2-diaminoethane)

【背景】銅(II)とオキソバナジウム(IV)からなる二核錯体の最初の例で，1978年に合成法を中心とした速報がほぼ同時に2つの研究グループから報告された[1,2]．架橋原子を介した磁気的相互作用は，2つの金属の磁気軌道が直交すれば強磁性的となることを実験的に立証し，錯体の磁気化学および分子磁性体の研究の発展にとって重要な先駆的役割を果たした錯体である．結晶構造の詳細は1982年に報告されている[3]．

【調製法】炭酸ナトリウムの存在下水溶液中で，3-ホルミルサリチル酸，エチレンジアミンおよび酢酸銅(II)を反応させて，単核銅(II)錯体[Cu(H$_2$fsaen)]・0.5H$_2$Oを得る[4]．これを水酸化リチウムのメタノール溶液に溶かし，これに塩化バナジウム(II)を加えると，二核錯体[CuVO(fsaen)]が暗青色の結晶として生成する．

【性質・構造・機能・意義】バナジウム(IV)イオンに基づくd-d吸収帯を13000，17000〜18000および23000 cm^{-1}に示す．17000〜18000 cm^{-1}の幅広い吸収帯には銅(II)イオンのd-d吸収帯が重なっている．V=Oの伸縮振動は，990 cm^{-1}に現れる．

Li$_2$[Cu(fsaen)]のメタノール溶液にVOSO$_4$・5H$_2$Oを加えた後，ろ過し，窒素雰囲気下で，ろ液を1〜2日放置すると，[CuVO(fsaen)(CH$_3$OH)]の単結晶が得られる．メタノール分子は，銅(II)イオンの軸位から弱く配位している(Cu-O$_{ax}$=2.304(8) Å)．銅(II)イオンとバナジウム(IV)イオンの距離は2.989(4) Åであり，2つのフェノール酸素により架橋されている．バナジウム(IV)イオンと軸位のオキソ酸素との結合距離は1.576(9) Åである．

銅(II)-バナジウム(IV)イオン間には，架橋酸素を介して強磁性的相互作用(J=+59 cm^{-1})がはたらいている．銅(II)イオンはd$_{x^2-y^2}$軌道に，オキソバナジウム(IV)イオンはd$_{xy}$軌道に，不対電子をそれぞれ1個有している．これら2つの磁気軌道が直交するために強磁性的となると理解される．相当する二核銅(II)錯体[Cu$_2$(fsaen)]では，2つの銅(II)磁気軌道は直交することはないので反強磁性的相互作用(J=−330 cm^{-1})が現れる．[CuVO(fsaen)]と[Cu$_2$(fsaen)]における磁気軌道の対称性を，図1に示してある．

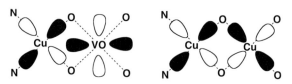

図1　Cu^{II}-V^{IV}OおよびCu^{II}-Cu^{II}における磁気軌道の対称性

d$_\sigma$軌道(d$_{x^2-y^2}$, d$_{z^2}$)とd$_\pi$軌道(d$_{xy}$, d$_{xz}$, d$_{yz}$)が対称性の違いから必然的に直交することを厳密直交(strict orthogonality)という．一方，磁気軌道の対称性は同じでも，両者の重なり積分がゼロになるときは直交する．これを，偶然直交(accidental orthogonality)という．

【関連錯体の紹介およびトピックス】二核形成配位子H$_4$fsaenは異なる配位サイト(N$_2$O$_4$とO$_4$のdonor set)を有しているので，これを利用して多様なヘテロ金属二核錯体が合成され，磁気的性質が研究されている．Cu^{II}-Mn^{II}(J=−22 cm^{-1})，Cu^{II}-Co^{II}(J=−35 cm^{-1})，およびCu^{II}-Ni^{II}(J=−75 cm^{-1})錯体では反強磁性相互作用がはたらいているが，[Cu$_2$(fsaen)](J=−330 cm^{-1})に比べるとかなり弱い．Cu^{II}-M^{II}では，d$_{x^2-y^2}$(Cu)-d$_{x^2-y^2}$(M)の反強磁性的寄与に加えてd$_{x^2-y^2}$(Cu)-d$_\pi$(M)の強磁性的寄与が存在するために，全体としての反強磁性的相互作用は弱くなる[1,5]．

【半田　真】

【参考文献】
1) N. Torihara et al., *Chem. Lett.*, **1978**, 1269.
2) O. Kahn et al., *J. Am. Chem. Soc.*, **1978**, *100*, 3931.
3) O. Kahn et al., *J. Am. Chem. Soc.*, **1982**, *104*, 2165.
4) M. Tanaka et al., *Bull. Chem. Soc. Jpn.*, **1976**, *49*, 2469.
5) Y. Journaux et al., *J. Am. Chem. Soc.*, **1983**, *105*, 7585.

$CuFeN_8O_2$

生

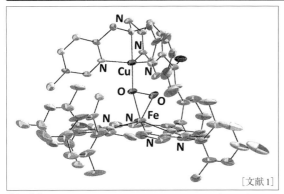

[文献1]

【名称】10, 15, 20-tris (2, 4, 6-trimethylphenyl) -5- (2'-bis ((5″-methyl-2″-pyridylmethyl) aminomethyl) pyridine-5'-carboxyamidophenyl) porphyrinatoiron (III) μ-peroxocopper (II) tetraphenylborate: $[(TMP)Fe(O_2)-(5MeTPA)Cu]BPh_4$[1]

【背景】ミトコンドリアの内膜に存在するシトクロム c オキシダーゼ(CcO)は, 呼吸鎖末端に位置し, 酸素を水に四電子還元し, 膜間のプロトン濃度勾配を形成させる酵素である. 酸素還元の活性中心は, 鉄イオンを含むヘム a_3 と銅イオンを含むCu_B部位からなる異核二核構造であることが, X線構造解析から明らかになった[2]. CcO の反応機構は酸素分子が二核部位に結合すると, 速やかにヘテロリティクに開裂し, 鉄(IV)オキソ種を生成する. その高原子価種に電子とプロトンが供給され, オキソ基は水へと変換される[3]. 本酵素は, 膜タンパク質であり, 酸素の四電子還元で生成するエネルギーを活用してプロトンの能動輸送を行う. その結果, 膜の内側(マトリックス)と外側(膜間部)との間にプロトンの濃度勾配が生じ, 高エネルギー化合物 ATP が生成される.

CcO は詳細な酸素付加体の構造や反応機構解明の観点から研究されてきた. 本錯体は酵素反応において不安定とされるペルオキソ中間体について, 銅-鉄異核錯体を用いた架橋ペルオキソ種の結晶化に成功した初めての錯体である.

【調製法】配位子である TMP-5MeTPA の合成は多段階であるため, 詳細は文献を参照されたい[4].

ペルオキソ架橋錯体 $[(TMP)Fe(O_2)(5MeTPA)Cu]BPh_4$ の合成は, 不活性ガス雰囲気下, $[(TMP)Fe^{II}(5MeTPA)]$ のアセトニトリル溶液に $[Cu(CH_3CN)_4]OTf$, $NaBPh_4$を加え, $-30°C$ に冷却し, そこに酸素ガスを30分間流し, 溶液を$-30°C$で5日静置することで結晶として得られる.

【性質・構造・機能・意義】酸素との反応前の二核錯体(I)錯体 $[Cu(R_3TACH)MeCN]SbF_6$ (R = Et, iBu, Bn) $[(TMP)Fe^{II}(5MeTPA)Cu]BPh_4$ は 428, 534 nm に吸収帯を示す. これに酸素を反応させると, これらの吸収帯は消失し, 新たに 420, 557, 612 nm に吸収帯を示す化学種へと変化する. この化学種は安定であり, 室温でも数日程度ではほとんど分解しない. この溶液を$-30°C$で数日放置することで結晶化に成功し, この錯体のマススペクトル, 元素分析などから酸素分子が結合した化学種であることが明らかとなっている. また, 共鳴ラマンスペクトルは 790 ($^{16}O_2$)/746 ($^{18}O_2$) cm^{-1} に O-O の伸縮振動が観測されることから結合した酸素は過酸化物イオンであることが示唆された. X線構造解析によると, 鉄イオンと銅イオンとの間に過酸化物イオンが架橋した構造であり, 酸素-酸素間距離が 1.460(6) Å と一般的なペルオキソ錯体と同様な結合距離である. 過酸化物イオンの配位様式は鉄イオンには η^2型, 銅イオンには η^1型と非対称である. 鉄イオンと銅イオンを架橋する酸素原子は, Fe-O-Cu の結合角が 171.1(3)°であることから, ほぼ銅と鉄を結ぶ直線上に位置し, この錯体の分解生成物である架橋オキソ錯体のオキソの位置と類似している[5]. 鉄イオンと過酸化物イオンとの距離は, 銅との結合がある酸素原子との距離は 2.031(4) Å であり, 他方の酸素原子との距離 1.890(6) Å より長く, 非対称である. また, 鉄イオンは過酸化物イオンと結合しているため, ポルフィリン平面から 0.60(1) Å 酸素原子寄りに離れた位置に存在している. 一方, 銅イオンと過酸化物イオンの結合距離 (1.915(5) Å), 結合角 (Cu-O-O 103.0(4)°) は報告されている $trans(\mu-1,2-peroxo)dicopper(II)$ 錯体と類似している[6].

本錯体の有効磁気モーメントは温度に依存せず $4.65\mu_B$ であり, Mössbauer スペクトルは典型的な高スピン型鉄(III)種 ($\Delta E_q = 1.17$ mm s^{-1}, $\delta = 0.56$ mm s^{-1}) を示すことから, 銅(II)イオンと高スピン鉄(III)イオンが反強磁性相互作用した常磁性種 ($S=2$) であることが示唆されている.

【島崎優一】

【参考文献】
1) T. Chishiro et al., *Angew. Chem. Int. Ed.*, **2003**, *42*, 2788.
2) a) T. Tsukihara et al., *Science*, **1995**, *269*, 1069; b) S. Iwata, *et al, Nature*, **1995**, *376*, 660.
3) a) T. Kitagawa, *J. Inorg. Biochem.*, **2000**, *82*, 9; b) T. Ogura et al., *Biochim. Biophys. Acta*, **2004**, *1655*, 290.
4) T. Sasaki et al., *Chem Lett.*, **1998**, 351.
5) T. Chishiro, et al., *Chem Commun.*, **2005**, 1079.
6) Z. Tyeklar, et al., *J. Am. Chem. Soc.*, **1993**, *115*, 2677.

CuCoN₅O₃

磁 電

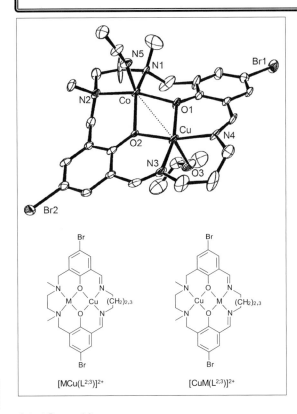

[MCu(L^{2;3})]^{2+}   [CuM(L^{2;3})]^{2+}

【名称】 $H_2L^{2,3}$ = 10,22-dibromo-24,25-dihydroxy-3,6-dimethy-3,6,14,18-tetraazatricyclo[18.3.1.1^{8,12}]pentacosa-1(24),8,10,12(25),13,18,20,22-octaen

【背景】二核化マクロ環配位子は，二核錯体構造を熱力学的に安定化させる「熱力学的マクロ環効果」を有することが広く知られている．図のマクロ環配位子では，ヘテロ二核錯体の配位位置異性体が単離同定され，マクロ環配位子において金属イオンの位置交換やスクランブルを抑える効果，すなわち「速度論的マクロ環効果」がはじめて確認された[1]．

【調製法】N,N'-ジメチル-N,N'-ビス(2-ヒドロキシ-3-ホルミル-5-ブロモベンジル)エチレンジアミンのCu(II)錯体を原料に1,3-ジアミノプロパンで環化させると，イミン窒素の配位サイトにCu(II)が結合した単核錯体[Cu(L$^{2;3}$)]が得られる．ついで$M^{II}Cl_2$ (M=Mn, Co, Ni, Cu, Zn)との反応でアミン窒素の配位サイトにM^{II}を結合させ，$AgClO_4$で処理すると[MCu(L$^{2;3}$)](ClO$_4$)$_2$(以下MCu)が得られる．一方，Pb(ClO$_4$)$_2$の存在のもとで環化させると[PbCu(L$^{2;3}$)](ClO$_4$)$_2$が生成し，これに$M^{II}SO_4$(M=Co, Ni, Cu, Zn)を反応させるとCu(II)がアミンサイトに移動し，イミンサイトにM^{II}が取り込まれた[CuM(L$^{2;3}$)](ClO$_4$)$_2$(以下CuM)が得られる．

【性質・構造・機能・意義】二核化マクロ環配位子の2つの配位サイトは，N配位原子の飽和・不飽和によってアミンサイトとイミンサイトに区別される．CoCu錯体の構造はX線結晶構造解析されており，Co(II)はアミンサイト，そしてCu(II)はイミンサイトにあることが確認されている．NiCuおよびZnCu錯体とこれに対応するCuNiおよびCuZn錯体については，構造解析によってそれぞれが配位位置異性体の関係にあることが確かめられている．

$(L^{2;2})^{2-}$錯体では，イミンサイトはsalen類似の性質を持ち，このサイトに結合する金属イオンの多くは低スピン型となるため，Ni(II)やCo(II)の場合は配位位置異性体間で磁気モーメントに大きな違いが現れる．また$(L^{2;3})^{2-}$の場合は両サイトとも高スピン型配置が優勢であるが，異種金属間にはたらく反強磁性的相互作用の強さに違いが現れ，CuM型の方が同種のMCu型に比べ相互作用が強い傾向がある．

CVではCu^{II}イオンの配位位置に応じて酸化還元電位に明確な差が現れる．Cu^{II}/Cu^{I}過程はCuイオンの構造変化を伴うため，柔軟な配位環境の方が還元されやすい．この電位はMCuでは-1.15V(Ag/Ag$^+$)，CuMでは-0.6V(Ag/Ag$^+$)であり，Cu^{II}がアミンサイトにあるときの方が還元されやすいことがわかる．

異性体間の変換が電気化学測定(CV)および電子スペクトルで調べられた．CoCu錯体のCVをCo^{I}Cu^{I}を生成する電位にわたって掃引を繰り返すと，波形は最終的にCuCoのCVになる．またNiCu錯体では，緑色のDMSO溶液を70℃で12時間保つと，CuNi錯体の橙色溶液へ変化する．これらは，速度論的マクロ環効果によって，金属交換が容易には起こらない証である．

【関連錯体の紹介およびトピックス】エチレンジアミンで環化させた配位子についても配位位置異性体MCu, CuMが得られている[2]．

【鯉川雅之】

【参考文献】
1) H. Ōkawa *et al., Inorg. Chem.*, **2002**, *41*, 582.
2) a) M. Yonemura *et al., Inorg. Chem.*, **1997**, *36*, 2711; b) M. Yonemura *et al., Inorg. Chim. Acta*, **1998**, *283*, 72; c) H. Ōkawa *et al., J. Chem. Soc., Dalton Trans.*, **2000**, 3624.

CuZnN₁₀

【名称】μ-4,5-bis|di(2-pyridylmethyl)aminomethyl| imidazolatodi(acetonitrile)copper(Ⅱ), zinc(Ⅱ)tris(perchlorate);([CuZn(bdpi)(CH₃CN)₂](ClO₄)₃)[1]

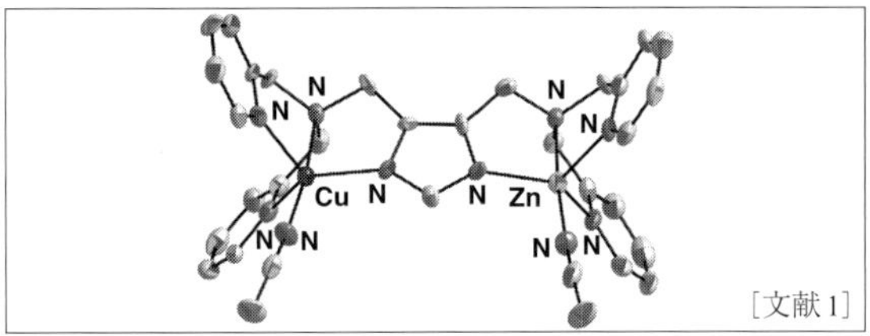

【背景】銅, 亜鉛スーパーオキソジスムターゼ(Cu, Zn-SOD)は, ヒスチジン由来のイミダゾールが脱プロトン化し, 銅イオンと亜鉛イオンが架橋した異核二核構造を有しており, 酸素との反応において生成する有毒な超酸化物イオンを速やかに過酸化水素と酸素分子に不均化する酵素である. 超酸化物イオンの不均化反応は銅イオン上で進行すると推定されており, 銅イオンが酸化還元することで, 不均化が進行すると提案されている[2].

このモデル錯体の特徴は, 架橋可能なイミダゾールが中心に位置する二核化キレート配位子を用いており, 異核二核錯体の合成が容易であるほか, 超酸化物イオンと容易に置換可能な部位を有することで, 高いSOD活性を示すことである.

【調製法】配位子は図1に示すように, ビス(2-ピリジルメチル)アミンと4,5-ジホルミルイミダゾールとのNaBH₃CNによる還元的アミノ化により合成される.

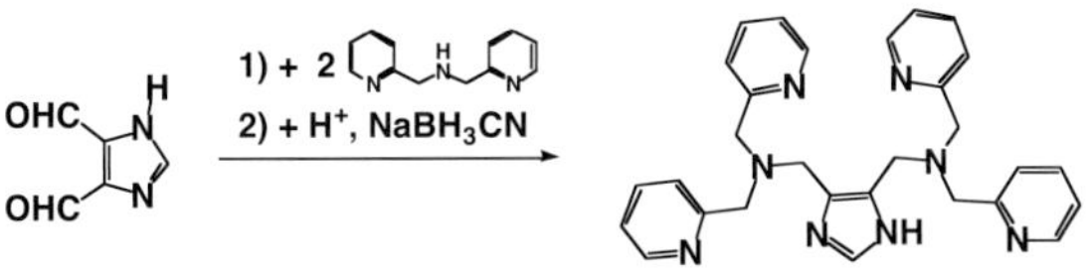

図1 配位子の合成スキーム[1]

錯体[CuZn(bdpi)(CH₃CN)₂](ClO₄)₃は配位子Hbdpi, 過塩素酸銅(Ⅱ)と過塩素酸亜鉛(Ⅱ)のメタノール溶液を混合し, トリエチルアミンを1当量滴下することで選択的に異核二核錯体[CuZn(bdpi)(CH₃CN)₂](ClO₄)₃が緑色結晶として得られる.

【性質・構造・機能・意義】錯体[CuZn(bdpi)(CH₃CN)₂](ClO₄)₃の結晶構造解析は, 架橋イミダゾレートの中心を通るC₂軸が存在する二核銅錯体[Cu₂(bdpi)(CH₃CN)₂](ClO₄)₃と同様な構造をしているが, 銅イオンと亜鉛イオンは区別されている. 銅イオン, 亜鉛イオンともに, 歪んだ三角両錐型構造であり, 三角形の1つの頂点に架橋イミダゾレートが配置されている. この錯体は溶液中において, 銅(Ⅱ)亜鉛(Ⅱ)異核錯体として存在していることがESI-MSから明らかにされており, ESRスペクトルは三角両錐型銅(Ⅱ)イオンに特徴的なシグナルを示すことから, 銅(Ⅱ)イオンの配位環境は変化しないことが示唆されている. 紫外可視吸収スペクトルは, 320 nm(ε=1500 M^{-1}cm^{-1}), 645 nm(sh, 60), 880 nm(220)に吸収帯を示し, 二核銅錯体の吸収帯と同じ吸収位置で, それらの吸収係数は半分になっている. 一方, 銅亜鉛錯体のサイクリックボルタモグラムは, 可逆な酸化還元波が−0.03 V vs. Ag/AgClに観測し, 単核銅(Ⅱ)錯体[Cu(Hbdpi)(CH₃CN)](ClO₄)₂と比べ, 0.19 V高電位側にシフトしている. これは, イミダゾレート架橋で連結された亜鉛イオンが銅イオン上の電子密度を低下させているからと結論づけられている. この銅亜鉛錯体は優れたSOD活性を示し, その活性は酸化型シトクロムcの還元反応を50%阻害するために必要な錯体溶液の濃度(IC₅₀)を求めることで評価されているが, そのIC₅₀は0.24 μMと, これまで知られていた銅亜鉛錯体に比べ高い活性を示す. この反応は銅イオンに超酸化物イオンが配位することで, 酸化還元が起こると考えられ, 反応中間体の1つと考えられる, ヒドロペルオキソ錯体の生成が, 共鳴ラマンスペクトルなどで確認されている[3].

【関連錯体の紹介およびトピックス】同様なイミダゾレート架橋型二核化配位子であるが, Hbdpiのピリジンの2位にメチル基を導入した配位子HMe₄bdpiを用いて, [CuZn(bdpi)(CH₃CN)₂](ClO₄)₃と同様な合成法を行っても, 銅(Ⅱ)亜鉛(Ⅱ)異核二核錯体は生成せず, 二核銅(Ⅱ)錯体と二核亜鉛(Ⅱ)錯体の混合物が得られる(図2).

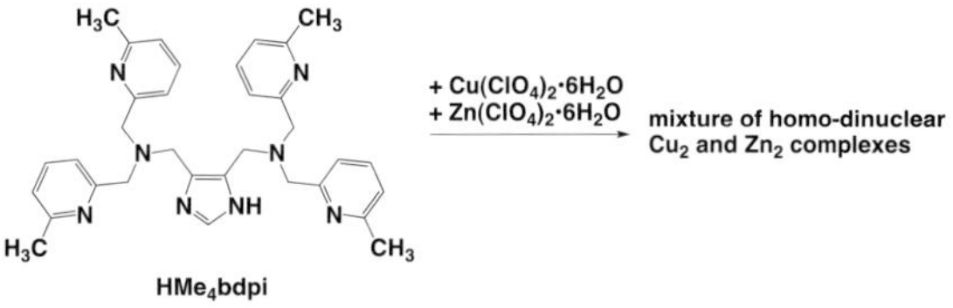

図2 配位子HMe₄bdpiと銅(Ⅱ)イオン亜鉛(Ⅱ)イオンの混合物(1:1)との反応[1]

この配位子を用いた二核銅錯体[Cu₂(Me₄bdpi)(H₂O)₂](ClO₄)₃の銅イオン周りの構造は四角錐型構造であり, SOD活性もIC₅₀=1.1 μMと, 銅亜鉛錯体と比べて大きく低下することが知られている. 【島崎優一】

【参考文献】
1) H. Ohtsu *et al., J. Am. Chem. Soc.*, **2000**, *122*, 5733.
2) J. M. McCord *et al., J. Biol. Chem.*, **1969**, *244*, 6049.
3) H. Ohtsu *et al., Inorg. Chem.*, **2001**, *40*, 3200.

CuZnN₁₀

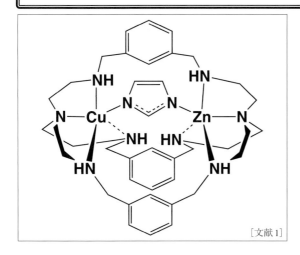

[文献1]

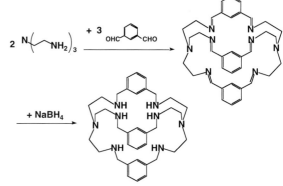

図1　環状シッフ塩基配位子の合成スキーム[1]

【名称】 1,4,12,15,18,26,31,39-octaazapenta-cyclo[13.13.13.1^{6,10}.1^{20,24}.1^{33,37}]-tetratetracotane-6,8,10,20,22,24,33,35, 37-nonane-μ-imidazolatocopper, zinc tris-(perchlorate);([Cu(im)Zn]L)(ClO$_4$)$_3$)[1]

【背景】 生体内において有毒な活性酸素種の1つである,超酸化物イオン(O_2^-)を速やかに不均化する酵素の1つである,銅,亜鉛スーパーオキソジスムターゼ(Cu, Zn-SOD)は,ヒスチジン由来のイミダゾールが,銅イオンと亜鉛イオンとを架橋している異核二核構造であることが知られている[2]. これまでに多くのSOD活性を有する錯体が報告されてきたが,生体内において,アルブミンは銅イオンに対して大きな親和性を有するため,著しいSOD活性の低下が報告されてきた[3].

このモデル錯体の特徴は,アルブミンによる阻害を抑えるため,比較的大きな錯形成定数を有すると考えられるマクロビサイクリック型二核化配位子を用いており,その中心にイミダゾールが銅イオンと亜鉛イオンを架橋した構造になるように設計されている.

【調製法】 配位子は3当量のm-フタルアルデヒドと2当量のトリス(2-アミノエチル)アミンとをアセトニトリル中で混合することで,環状のシッフ塩基化合物が得られ(図1),それを還元することで得られる.

錯体[Cu(im)Zn]L](ClO$_4$)$_3$は配位子L,過塩素酸亜鉛(II)をアセトニトリル中,モル比1:1で反応させ,[Zn(L)](ClO$_4$)$_2$を調製する. 次に過塩素酸銅(II)と亜鉛錯体を反応させ,銅(II),亜鉛(II)異核二核錯体[(CuZn)L](ClO$_4$)$_4$を調製する. その後,1当量のイミダゾール(Him)を加え,3時間攪拌後,メタノールを加えることで,青色の沈殿を生じる. 青色沈殿を再結晶することで,[Cu(im)Zn]L](ClO$_4$)$_3$が得られる.

【性質・構造・機能・意義】 [Cu(im)Zn]L](ClO$_4$)$_3$のX線結晶構造解析は,分子の中央に対称面が存在しており,銅イオンと亜鉛イオンの区別はされず,銅(II)イオンと亜鉛(II)イオンは幾何学的に同一であることが示されている. 銅(II)イオンおよび亜鉛(II)イオンの配位環境は三角両錐型構造であることが示唆され,ESRスペクトルがアキシアルなシグナルを観測することから,溶液中においても結晶構造と同様な配位環境であることが明らかとなっている. 水溶液中における錯体の安定性について,pH 11以上では,銅イオンと亜鉛イオンが容易に交換し,[Cu(im)Cu]L](ClO$_4$)$_3$ならびに,[Zn(im)Zn]L](ClO$_4$)$_3$が生成する. 一方,pH 4.5以下では徐々に錯体から銅イオンがはずれていくことが示されている. [Cu(im)Zn]L](ClO$_4$)$_3$のサイクリックボルタモグラムは,一電子過程の可逆な酸化還元波を-0.30 V vs. SCEに観測する. この錯体のSOD活性は,ニトロブルーテトラゾリウム(NBT)の還元反応を50%阻害するために必要な錯体溶液の濃度(IC$_{50}$)を求めることで評価されており,銅(II)亜鉛(II)錯体のIC$_{50}$は0.5 μMで,Cu, Zn-SOD(IC$_{50}$=0.04 μM)に比べ大きな値を示すが,アルブミン存在下においても,SOD活性は保持されることが確認されている.

【関連錯体の紹介およびトピックス】 マクロビサイクリック型二核化配位子を用いた二核銅(II)錯体は,イミダゾール架橋錯体の他に,水酸化物イオン架橋錯体,炭酸イオン架橋錯体が知られている. 【島崎優一】

【参考文献】
1) J. L. Pierre *et al*, *J. Am. Chem. Soc.*, **1995**, *117*, 1965.
2) W. Kaim *et al*., *Bioinorganic Chemistry: Inorganic Elements in the Chemistry of Life*; **1991**, John Wiley & Sons: New York.
3) A. Gartner *et al*., *Top. Curr. Chem.*, **1986**, *132*, 1.

CuGeHN$_4$

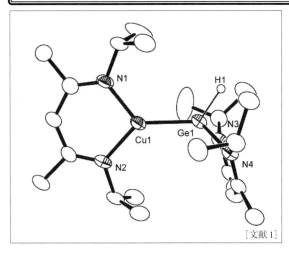

[文献1]

【名称】 [{(2-(isopropylamino)-4-(isopropylimino)-2-pentenate)hydrogermylene}(2-(isopropylamino)-4-(isopropylimino)-2-pentenate)copper(I)]：[Cu(^{i}Prnacnac)-{GeH(^{i}Prnacnac)}]

【背景】 N-ヘテロサイクリックカルベンは炭素の2価化学種であり，σ-ドナー性の高い配位子として利用されている．その高周期類縁体であるN-ヘテロサイクリックゲルミレンにおいてもその特性に多くの関心が寄せられ，同族元素の系統的な研究が進められている．本錯体は，ゲルマニウム(II)化学種の中でも報告例の少ないゲルマニウム(II)ヒドリド種を配位子とする銅(I)錯体である[1]．

【調製法】 トルエン中で，[Cu(^{i}Prnacnac)(MeCN)]と[Ge(^{i}Prnacnac)Cl]を混合し，トルエン/ヘキサン混合溶媒から再結晶することで，前駆錯体[Cu(^{i}Prnacnac)-{Ge(^{i}Prnacnac)Cl}]を黄色結晶として収率65%で得る．この錯体をトルエンに溶解し，−78℃で1.0 M KBHEt$_3$のTHF溶液と反応させ，−10℃までゆっくり昇温する．溶媒留去後，トルエンを加えて不用物をろ過し，ろ液を数mLまで濃縮する．得られた溶液を−30℃で静置することで，本錯体を橙色結晶として収率34%で得る．

【性質・構造・機能・意義】 本錯体は，酸素や水と速やかに反応し，分解する．トルエン溶液の紫外可視吸収スペクトルでは，355 nm (ε = 8400 M^{-1} cm^{-1}) にCu(I)からGe(II)へのMLCT吸収帯が観測される．重ベンゼン中での^{1}H NMRスペクトルでは，GeH由来のシグナルが7.51 ppmに観測され，金属フリーで立体的にかさ高い置換基をもつゲルマニウム(II)ヒドリド種[GeH(DIPnacnac)] (δ = 8.08 ppm)と同じ領域である[2]．結晶構造から，Cu-Ge距離は2.2980(8) Åであり，既報のCu-Geの単結合距離(2.33〜2.38 Å)と比べるとやや短いが[3]，2配位のゲルミレンと銅(I)錯体の結合距離と比べると長い[4]．Ge-H結合距離は1.46(6) Å，Cu-Ge-H結合角は125(2)°であり，単座ヒドリドとしてゲルマニウムに結合している．

ゲルマニウム(II)ヒドリド種の合成例はその反応性の高さゆえ少なく，立体的にかさ高い置換基による速度論的安定化を必要とする場合が多い．本錯体では銅やゲルマニウムに結合している^{i}Prnacnacは立体的なかさ高さはないが，銅とゲルマニウムが結合することで熱力学的に安定化され，ゲルマニウム(II)ヒドリド種の単離に成功している．

【関連錯体の紹介およびトピックス】 銅とゲルマニウム(II)化学種の錯体として，Tolmanらはややかさ高い2,6-ジイソプロピルフェニル基をもつβ-ジケチミネート配位子を利用して，[Cu(DIPnacnac){Ge(N(SiMe$_3$)$_2$)$_2$}]を合成している[4]．この錯体は酸素と反応してCu^{III}(μ-O)$_2$Ge^{IV}種を生成する．ピリジル-1-アザアリルやアミノトロポンイミネートをもつゲルマニウム(II)化学種が銅(I)に配位した錯体も報告されている[5,6]．

前期遷移金属ではM-Ge多重結合をもつ錯体が報告されており，Tobitaらはトリストリメチルシリルメチル基を用いてW=Ge結合をもつ[Cp*(CO)$_2$(H)W=Ge(H){C(SiMe$_3$)$_3$}]の合成に成功している．さらにこの錯体は2,4,6-トリメチルフェニルイソシアナート共存下で加熱すると，W≡Ge結合をもつ[Cp*(CO)$_2$W≡Ge{C(SiMe$_3$)$_3$}]を生じる[7]． 【有井秀和・持田邦夫】

【参考文献】
1) H. Arii *et al.*, *Organometallics*, **2009**, *28*, 4909.
2) H. W. Roesky *et al.*, *Angew. Chem. Int. Ed.*, **2006**, *45*, 2602.
3) a) L. N. Bochkarev *et al.*, *J. Organomet. Chem.*, **1997**, *547*, 65; b) L. N. Bochkarev *et al.*, *J. Organomet. Chem.*, **1998**, *560*, 21.
4) W. B. Tolman *et al.*, *Inorg. Chem.*, **2006**, *45*, 4191.
5) W.-P. Leung *et al.*, *Organometallics*, **2006**, *25*, 2851.
6) S. Nagendran *et al.*, *Inorg. Chem.*, **2014**, *53*, 600.
7) a) H. Tobita *et al.*, *Chem. Lett.*, **2009**, *38*, 1196; b) H. Tobita *et al.*, *Angew. Chem. Int. Ed.*, **2012**, *51*, 2930.

$CuGdN_2O_{10}$

磁

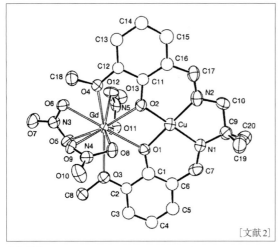

[文献2]

【名称】［$CuLGd(NO_3)_3$］・Me_2CO（$H_2L=N,N'$-bis-(3-methoxysalicylidene)diamino-2-methylpropane: Me_2CO＝acetone）

【背景】1985 年に Cu^{II} と Gd^{III} からなる 3d-4f 錯体が報告[1]されて以来，Cu_2Gd, Cu_4Gd, Cu_4Gd_2 あるいは $(Cu_3Gd_2)_n$ コア多核錯体の磁性が研究されてきたが，Cu-Gd 間の磁気的相互作用を厳密に論じるには，二核 CuGd 錯体の磁気的研究が望まれていた[2]．

【調製法】CuL のアセトン溶液に等モル量の $Gd(NO_3)_3\cdot 5H_2O$ を加えることによって目的の錯体が得られる．

【性質・構造・機能・意義】Gd と Cu は 2 個のフェノール性酸素によって架橋されており，4 つの GdO_2Cu 原子はほぼ同一平面内にある．Cu-Gd 間結合距離は 3.428(1) Å で，これまでに報告されているフェノール架橋型錯体の Cu-Gd 間距離とほぼ同じである．Gd の配位数は 10 で，2 個のフェノール性酸素，2 個のメトキシ酸素，硝酸イオン（二座）の酸素 6 個が結合している．このようなディスクリートな状態（単位格子中で独立な分子として存在）で二核錯体が得られたのは，配位子の立体効果と Gd 周りのかさ高い配位環境によって分子どうしの接近が妨げられるためである．

$\chi_M T$ は 300 K で 8.6 cm^3 K mol^{-1} であり，$Cu^{II}(S=1/2)$ と $Gd^{III}(S=7/2)$ が磁気的に独立にあるときのスピンオンリーの値 (8.25 cm^3 K mol^{-1}) に近い．温度の低下とともに $\chi_M T$ は増大し，10 K で最大値 10.2 cm^3 K mol^{-1} になる．この値は，$S_T=4((1/2)+(7/2))$ の計算値 (10.0 cm^3 K mol^{-1}) に近い．このことから，Cu と Gd の間には強磁性的相互作用がはたらいていることがわかる．10 K 以下では $\chi_M T$ は減少して 2 K では 9.0 cm^3 K mol^{-1} になる．この 10 K 以下での $\chi_M T$ の減少は磁化の飽和によることが，弱磁場下 (0.05 T) での磁気測定から確かめられている．

$\chi_M T$-T プロットのシミュレーションを，等方的なスピン交換のハミルトニアン ($H=-JS_{Cu}\cdot S_{Gd}$) を用いて誘導される以下の式により行った．

$$\chi_M T = \frac{4N\beta^2}{k} \frac{7g_3^2 + 15g_4^2 \exp(4J/kT)}{7 + 9\exp(4J/kT)}$$

ここで，g_4 は $S_T=4$ 状態の g 値 ($g_4=(7g_{Gd}+g_{Cu})/8$)，g_3 は $S_T=3$ 状態の g 値 ($g_3=(9g_{Gd}-g_{Cu})/8$) である．磁場 0.5 T の場合の最適値は，$g_{Cu}=2.11$, $g_{Gd}=2.01$, $J=7.0(1)$ cm^{-1} である．磁場が 0.05 T の場合では $g_{Cu}=2.07$, $g_{Gd}=2.00$, $J=6.8(1)$ cm^{-1} となる．このように，はじめて合成されたディスクリートな二核 CuGd 錯体によって，Cu^{II}-Gd^{III} 間の磁気的相互作用が強磁性的であることが実証された．

【関連錯体の紹介およびトピックス】その後，'discrete' 二核 CuGd 錯体がいくつか合成され，構造と磁気的性質が報告されている[3]．　　　【坂本政臣・栗原正人】

【参考文献】
1) A. Boncini *et al., J. Am. Chem. Soc.*, **1985**, 107, 8128.
2) J.-P. Costes *et al., Inorg. Chem.*, **1996**, 35, 2400.
3) a) I. Ramade *et al., Inorg. Chem.*, **1997**, 36, 930 ; b) M. Sasaki *et al., J. Chem. Soc., Dalton Trans.*, **2000**, 259.

$Cu_2N_2O_2S_2Cl_2$

【名称】dichloro-bis-μ-{5-(N,N-dimethylamino)-3-thiapentanolato}dicopper(II)：$[Cu_2(CH_3\text{-}nso)_2Cl_2]$（$HCH_3\text{-}nso$＝5-(N,N-dimethylamino)-3-thiapentanol）

【背景】1970年代，ヘモシアニンなどのTypeIII銅タンパク質は，反強磁性的に結合した二核銅が活性部位にあると予想され，硫黄配位の銅を唱える説があったことから，そのモデルとしてチオエーテル硫黄を供与原子とするアルコキシド架橋二核錯体が合成され，磁気的性質が調べられた[1]．

【調製法】N,N-ジメチル-2-クロロエチルアミン塩酸塩と2-メルカプトエタノールを反応させて2-{2-(ジメチルアミノ)エチルチオ}エタノールを合成する．これをエタノール中で塩化銅(II)と反応させると結晶が析出する．

【性質・構造・機能・意義】緑色結晶．1,2-ジクロロエタン溶液は緑色で，645 nm（$\varepsilon=108$）と415 nm（$\varepsilon=1610$）に吸収極大をもつ．室温の磁気モーメントは銅1つ当たり1.16μ_Bであり，spin-onlyの値（1.73μ_B）よりもかなり低く，強い反強磁性的相互作用がはたらいていると考えられるが，磁化率の温度依存性は二核の理論式Bleaney-Bowers式には従わない．X線結晶学より，アミノ窒素を軸位とした歪んだ正方錐型の銅イオンがアルコキソ酸素で架橋された二核錯体（Cu-Cu距離2.996(1) Å，Cu-O-Cu角101.6(1)°）であることが明らかにされている．

【関連錯体の紹介およびトピックス】$[Cu_2(R\text{-}nso)_2X_2]$と表されるこの系の錯体は，置換基Rや$X^-$を色々と変えることができるので，多くのアルコキソ架橋二核錯体が合成され，結晶構造と磁性の関係が調べられた．ヒドロキソ架橋二核銅錯体のようなきれいな直線的関係は見られないが，2J値とCu-O-Cu角の間に相関関係があることが見いだされた．また，磁化率の温度依存性が2核の理論式には従わないものは，低温と室温のX線結晶構造解析から，温度による銅の周りの構造変化が引き起こされていることが指摘されている[2]．関連錯体としては，キレート環の因数が1つ増えたもの，配位硫黄の位置が異なるもの，$[Cu_2(R\text{-}sno)_2X_2]$，チオエーテル硫黄2個を供与原子としたもの，$[Cu_2(R\text{-}sso)_2X_2]$など，数多くの硫黄供与原子含有アルコキソ架橋二核銅錯体が合成された[3]．これらの錯体は，対応する窒素供与原子含有アルコキソ架橋二核銅錯体の性質と比べて，反強磁性的相互作用が強くなること，近紫外部の二核特有吸収帯が低エネルギー側へシフトすること，酸化還元電位が高くなることが見いだされた．

【御厨正博】

【参考文献】
1) M. Mikuriya *et al., Bull. Chem. Soc. Jpn.*, **1982**, *55*, 1086.
2) M. Mikuriya *et al., Inorg. Chem.*, **1985**, *24*, 629.
3) M. Mikuriya, *Trends in Inorg. Chem.*, **1991**, *2*, 131.

$Cu_2N_2O_2Cl_2$

【名称】[Cu_2Cl_2(eha)]:H_2eha=N,N'-ethylene-bis(2-acetophenolimine)

【背景】Salenおよび類似シッフ塩基配位子の平面型金属錯体は，フェノール酸素で二座キレート配位することが1960年代に見いだされた．この性質を利用して，これまでに多様な多核金属錯体が合成されている．これはフェノキソ架橋二核銅(II)錯体の基本型の1つである[1]．

【調製法】Cu(eha)の飽和クロロホルム溶液に，等モル量の$CuCl_2 \cdot 2H_2O$のアルコール溶液を加える．溶液を水浴上で濃縮すると黒青色の結晶が生じる．

【性質・構造・機能・意義】Cu(eha)のCu1は平面構造，Cu2はフェノール酸素と塩化物イオンが配位した擬四面体構造である．O1-Cu2-O2のなす平面とCl1-Cu2-Cl2のなす平面の二面角は約60°．平均Cu1-O距離は1.884Åであるのに対して，Cu2-O距離は2.025Åとかなり長い．Cu⋯Cu距離は3.006Å，Cu1-O1-Cu2角は103.7(3)°，Cu1-O2-Cu2角は97.5(3)°である．

磁気的には反強磁性的相互作用($J=-236$ cm^{-1})を示す．これは，ビス-μ-フェノキソ二核銅(II)錯体に見られる反強磁性的相互作用(-300〜-450 cm^{-1})と比べると弱い．この理由は，Cu2が偽四面体であるために，フェノール酸素を介したCu1とCu2の磁気軌道の重なりが小さいためと考えられる．

【関連錯体の紹介およびトピックス】四座シッフ塩基Cu(II)錯体Cu(SB)を用いてCu(II)-Fe(III)，Cu(II)-Mn(II)などのヘテロ金属錯体が合成されている．またNi(SB)を用いてNi(II)-Fe(III)，Ni(II)-Mn(II)なども得られている．2分子のM′(SB)が1つの金属イオンに配位した三核錯体[M{M′(SB)$_2$}](ClO_4)$_2$(M=Cu, Ni, Co, Fe, Mn, Znなど；M′=Cu, Ni)も合成されている[2]．

【鯉川雅之】

【参考文献】
1) E. Sinn *et al., Inorg. Chem.*, **1974**, *13*, 2013.
2) a) E. Sinn *et al., Aust. J. Chem.*, **1972**, *25*, 45; b) E. Sinn *et al., J. Inorg. Nucl. Chem.*, **1968**, *30*, 1805.

$Cu_2N_2O_4$

電 磁

【名称】 $(PBu_4)_2[Cu_2(hpba)_2]$: PBu_4^+ = tetrabutylphosphonium ion; H_3hpba = N-(2-hydroxyphenyl)-2-hydroxybenzamide

【背景】 フェノール酸素を架橋基とする三座キレート配位子は, 二核金属錯体の研究に広く用いられている. 2-ヒドロキシ-N-(2-ヒドロキシフェニル)ベンズアミド(H_3hpba)はそのような配位子の1つであるとともに, PAC配位子(polyanionic chelating ligand)としての性質を備えているので, 二核錯体の高原子価状態を安定化させるであろうとの期待のもとに開発された[1].

【調製法】 配位子H_3hpbaは, アセチルサリチル酸クロリドとo-アミノフェノールを反応させ, アセチル基を切断して得られる. 錯体は窒素気流下で, $Cu(CH_3COO)_2 \cdot H_2O$とH_3hpbaを過剰の$K(t\text{-}BuO)$とともにメタノール中で撹拌し, 反応溶液に$(PBu_4)Br$を加えると目的物が単離される.

【性質・構造・機能・意義】 緑色結晶. 結晶構造解析の結果, 配位子$hpba^{3-}$が2-ヒドロキシフェニル部分のフェノール酸素で銅を架橋した対称中心をもつ平面性の高い二核構造であることが確認された. $Cu\cdots Cu$距離は3.035(2) Å, Cu-O-Cu角は102.6(5)°である.

室温の有効磁気モーメントは1.06 B.M.(per Cu). 液体窒素温度までの磁化率の温度依存性をBleaney-Bowers式で解析して, 磁気的パラメーターは, g=2.15, J=-224.4 cm^{-1}, $N\alpha$=60×10^{-6} $cm^3 mol^{-1}$が得られた. J値とCu-O-Cu角はMelníkらが提唱した相関によく合致する[2].

ジクロロメタン溶液中では, +0.38 V(vs. SCE)に$Cu_2^{II,II}/Cu_2^{II,III}$過程に帰属される擬可逆な一電子酸化波を示す. これはCu^{II}/Cu^{III}の酸化還元電位としては極めて低電位であり, $(hpba)^{3-}$から強い電子供与があることの証である. 定電位電解により$Cu_2(II,III)$種をバルク中で生成させて, その混合原子価状態を電子スペクトルおよびESRで調べた. 電解前の溶液は16.8$\times 10^3$ cm^{-1}(ε=389 $M^{-1}cm^{-1}$)および22$\times 10^3$ cm^{-1}(ε~500 $M^{-1}cm^{-1}$)に2つのd-d吸収帯, 30.6$\times 10^3$ cm^{-1}(ε=41700 $M^{-1}cm^{-1}$)にフェノール酸素から$Cu(II)$へのLMCT吸収帯を示すのに対して, 電解酸化後の溶液は12.2$\times 10^3$ cm^{-1}にε=3890 $M^{-1}cm^{-1}$の原子価間遷移を示す. また$(PBu_4)_2[Cu(hpba)]_2$はESRサイレントであるが, 電解酸化後には$Cu^{II}Cu^{III}$(S=1/2)のESRシグナルをg=2.10に示す. このシグナルは4本の超微細構造からなり, ESRのタイムスケール下では$Cu^{II}Cu^{III}$の不対電子は局在化している.

【関連錯体の紹介およびトピックス】 H_3hpbaの2-ヒドロキシフェニル部分に置換基を導入した配位子誘導体について, 二核銅錯体が合成されている. またM_2L_2型の二核錯体に加えて, ML_2型のMn, Co, Fe, Ni単核錯体が研究されている. $Mn(II)$イオンとの空気中での反応で, $K_2[Mn(hpba\text{-}R)_2]$(R=H, CH_3, Cl, NO_2)の組成をもつ$Mn(IV)$錯体が生成する. これらは非常に低いMn^{IV}/Mn^V電位を示す. 最も低い酸化還元電位(+0.09 V/SCE)を示す$K_2[Mn(hpba\text{-}CH_3)_2]$について, 化学的および電気化学的酸化で$K[Mn(hpba\text{-}CH_3)_2]$が単離されている[3]. $Co(III)$錯体$K_3[Co(hpba\text{-}Cl)_2]$も定電位電解や$I_2$により容易に高原子価$Co(IV)$錯体に酸化される[4].

【鯉川雅之】

【参考文献】

1) M. Koikawa *et al.*, *J. Chem. Soc., Dalton Trans.*, **1989**, 2089.
2) M. Melník, *Coord. Chem. Rev.*, **1982**, *42*, 259.
3) M. Koikawa *et al.*, *J. Chem. Soc., Dalton Trans.*, **1988**, 641.
4) M. Koikawa *et al.*, *J. Chem. Soc., Dalton Trans.*, **1989**, 1613.

$Cu_2N_2O_4$, CuN_2O_2

【名称】 [Cu(HL)$_2$]((S,S)-単核), [Cu$_2$(L)$_2$]((R,S)-複核) L=2-(3,5-dichloro-2-hydroxy benzylideneamino)-2'-hydroxy-1,1'-binaphthyl

【背景】 金属錯体を触媒とする不斉有機合成における立体選択性向上のため、ビナフチル基を導入した三座シッフ塩基配位子が設計・合成された。ジアステレオマー配位子のキラリティーが単核・複核錯体の選択的生成のスイッチとなり、キラル配位子からは単核錯体の均一な溶液が、ラセミ配位子からは複核錯体の沈殿が得られた、はじめての単離例である[1]。

【調製法】 配位子H$_2$Lは、3,5-ジクロロサリチルアルデヒドと光学活性体またはラセミ体の2-アミノ-2'-ヒドロキシ-1,1'-ビナフチルをCarreriaらの縮合反応により合成した。

次に、単核錯体の合成は、室温条件下、メタノール中、キラル配位子と酢酸銅(II)を2:1の比で2時間反応させ、得られた均一な溶液の溶媒を除去し、残渣をジクロロメタンとヘキサンから再結晶して得る。一方、複核錯体は、室温条件下、メタノール中、ラセミ配位子と酢酸銅(II)を1:1の比で2時間反応させ、析出する緑色沈殿をろ取し、少量のメタノールと水で洗い乾燥して得る。

【性質・構造・機能・意義】 単核錯体の質量分析スペクトルは、M$^+$に相当するピークをそれぞれ m/z 978に与えた。EPRスペクトル(g=2.053)は、室温条件下で単核銅(II)シッフ塩基錯体に典型的な常磁性のスペクトルを与える。

一方、複核錯体の質量分析スペクトルは、M$^+$に相当するピークをそれぞれ m/z 1040に与えた。EPRスペクトルは、室温条件下で観測されず、μ-オキソ架橋銅(II)イオンの不対電子間の反強磁性的相互作用を示唆する。

これらの錯体は結晶構造が得られており、単核錯体(2水和物)は対称要素をもたず、ビナフチル部位の水酸基がフリーである二座配位子が2つ配位した四配位歪四面体型構造である。2つのN-Cu-O平面間の二面角は約30°である。結晶水の1つの酸素原子は両側のフリーの水酸基と水素結合している(O···O=2.84Å, 2.89Å)。一方、複核錯体(四ジクロロメタン和物)ではCuOOCuユニットで中心対称性をもち、2つの銅(II)イオンは、水酸基が2つとも脱プロトン化した三座配位子とμ-架橋(ビナフチル部位)酸素原子で四配位歪四面体型構造である。両側のフェノレート酸素原子、アゾメチン窒素原子、銅(II)原子平面のなす角は約20°である。2つの銅(II)イオン間の距離は3.022(1)Åである。

ジアステレオマー配位子のキラリティーにより単核・複核錯体が選択的生成される例は、極めて珍しく興味深い。実際メタノール中でキラル配位子と酢酸銅(II)を1:1の比で反応させると、キラル複核錯体ではなく、やはりキラル単核錯体が得られる。錯体生成における立体選択性を調べるために、実際の結晶構造をもとに、実際の反応では得られないラセミ単核錯体やキラル複核錯体の立体構造を分子モデリングした。ラセミ単核錯体のモデル構造では、ビナフチル基の水素原子の中に、塩素原子やフェノレート酸素原子との距離が近づきすぎて立体的に混み合う可能性が示された。一方、キラル複核錯体のモデル構造では、NOCuOOCuONユニットの歪みが大きくなり、ビナフチル基の水素原子とフェノレート酸素原子間の水素結合や、配位原子からなる面どうしの二面角などに無理が生じて、不安定で構造が維持できない可能性が示された。

【関連錯体の紹介およびトピックス】 立体選択性的なアルドール反応やアルキンのエポキシ化などの不斉有機合成のために、BINAP、ビナフトール、キラルsalen誘導体配位子、ビナフチル基を導入した二座シッフ塩基配位子や、それらを有する金属錯体触媒が設計されてきた。Al(III)、Ti(IV)、Cr(III)、Mn(II)/Mn(III)、Fe(II)/Fe(III)、Co(II)/Co(III)、Ni(II)、Cu(II)、Zn(II)、Y(III)、Zr(IV)、Ru(II)、Pd(II)などの金属イオンを有するキラルシッフ塩基錯体が報告されている[2]。

【山崎敦央・秋津貴城】

【参考文献】
1) X.-G. Zhou et al., *Inorg. Chim. Acta*, **2002**, *331*, 194.
2) C.-M. Che et al., *Coord. Chem. Rev.*, **2003**, *97*, 242.

Cu$_2$N$_2$O$_5$

【名称】μ-acetato-(O,O')-μ-(4,10-dimethyl-5,9-diaza-2,4,9,11-tridecatetraene-2,7,12-triolato-O,N, μ-O',N',O''-dicopper(II)：[Cu$_2$(L)CH$_3$COO](H$_3$L＝2-hydroxy-1,3-bis(acetylacetonimino)propane)

【背景】内因性架橋基としてアルコールOHをもつ "end-off" 型二核化配位子は，いろいろな外因性架橋基を取り込み "異架橋二核錯体" を与える．本錯体はその一例である．西田ら[1]は異なる2つの架橋基の組み合わせが磁気交換に相補的あるいは反相補的にはたらくことを明らかにした．

【調製法】1,3-ジアミノプロパン-2-オールとアセチルアセトンをエタノール中1：2で反応させて配位子を合成する．これをメタノール/水中でトリエチルアミン存在下酢酸銅(II)と反応させると結晶が析出する．

【性質・構造・機能・意義】緑青色結晶．室温の磁気モーメントは，銅1個当たり 1.64 μ_B と spin-only の値（1.73 μ_B）よりもやや低く，磁化率の温度依存性から見積もられた 2J 値は，-165 cm^{-1} とアルコキシド架橋銅錯体としては比較的弱い反強磁性的相互作用がはたらいている．X線結晶学より，2個の銅をアルコキソ酸素と syn-syn 型配位の酢酸イオンが架橋した二核錯体であることが明らかにされている．Cu-Cu距離は，3.502(2) Å と長く，Cu-O-Cu 角は，133.3(3)°と大きい．

【関連錯体の紹介およびトピックス】外因性架橋基として安息香酸イオンをもつもの，外因性架橋基がないもの，配位子の置換基を代えたものやアセチルアセトンの代わりにサリチルアルデヒドを用いた二核形成配位子でも同様の二核銅錯体が合成されている．この系の錯体は，大きな Cu-O-Cu 角をもつものが多く，Hatfield らの架橋角と 2J 値との関係から，磁気的相互作用は，非常に強いと期待されるが，実際には $-2J$ 値が 600^{-1} cm^{-1} 以上の強い反強磁性的相互作用を示すものと本錯体のように比較的弱い反強磁性的相互作用を示すものとがある．西田らは，磁気軌道とアルコキシド架橋酸素および外因性架橋基の軌道との相互作用を考慮することによって，前者では軌道相補的効果が，後者では軌道反相補的効果がはたらくことを見いだした[1]．この考えは，Reed らのヘモシアニンモデルとしてのアルコキソ架橋二核銅錯体[2]の磁性解釈に影響を与えた．

【御厨正博】

参考文献

1) a) Y. Nishida *et al.*, *Chem. Lett.*, **1983**, 1815; b) Y. Nishida *et al.*, *Chem. Lett.*, **1985**, 631.
2) C. A. Reed *et al.*, *J. Am. Chem. Soc.*, **1984**, *106*, 4765.

$Cu_2N_2P_2X_2$ (X=Br, Cl, I)

【名称】di-μ-halogenido-bis[pyridine(triphenylphosphine)copper(I)]:[$Cu_2(\mu\text{-}X)_2(PPh_3)_2(py)_2$]

【背景】銅(I)イオンとハロゲニド配位子は親和性が高く，多様な構造の多核錯体，多核イオンが知られている．本化合物で見られる|$Cu_2(\mu\text{-}X)_2$|菱形骨格は，その基本的な構造の1つであり，これが連結された立方体状や椅子状の|Cu_4X_4|骨格や，一次元鎖状につながった梯子状構造などが知られている．銅(I)錯体は，ピリジンなどN-ヘテロ芳香環化合物を配位子とする際に，発光性を示す例があることが知られているが，|$Cu_2(\mu\text{-}X)_2$|菱形骨格にトリフェニルホスフィンとピリジンが配位した本化合物も室温・固体状態で強い発光性を示す．

【調製法】塩化物，臭化物，ヨウ化物錯体ともアセトニトリル中でハロゲン化銅(I)とトリフェニルホスフィン，ピリジンを1:1:1で反応させることにより得られる[1]．

【性質・構造・機能・意義】塩化物，臭化物，ヨウ化物錯体とも無色結晶性の固体．3つの化合物とも単結晶構造解析により構造が決定され，類似の構造であることが明らかにされている．どの化合物中でも，Cuは2つのハロゲノ配位子，ピリジン，トリフェニルホスフィンによる四面体型四配位である．この銅ユニットが2つのハロゲノ架橋により連結されて二核構造を形成する．分子全体としては，対称心をもつ構造である．Cu-N結合長は2.05～2.08 Å，Cu-P結合長は2.19～2.24 Åである．Cu-X結合長はX=Cl, Br, Iで，それぞれ2.41, 2.54, 2.69 Åである．銅(I)多核錯体ではCu…Cu距離が発光性に影響を与える例が多いが，これらの化合物のCu…Cu距離は2.92～2.98 Åとvan der Waals半径の和よりも大きく，銅-銅相互作用が発光性に与える影響は小さいと考えられる．

この化合物は単純な構造であるが，室温・固体状態で可視部に強い発光を示すことが知られている．発光極大は，X=Cl, Br, Iでそれぞれ444 nm, 487 nm, 518 nmであり，発光寿命は11 μs, 16 μs, 12～16 μsである．発光寿命から，これらの錯体の発光はりん光であると考えられ，主に銅(I)からピリジン配位子への電荷移動励起状態由来の発光であるとされている[2]．

【関連錯体の紹介およびトピックス】この錯体のpy配位子を4,4'-bpyなどの二座架橋配位子にすると，|Cu_2X_2|単位と架橋配位子が交互に結合し，銅(I)二核ユニットを基本とした配位高分子となる．このような配位高分子も強発光性を示し，[$Cu_2Br_2(PPh_3)_2(\mu\text{-}bpy)$]では室温で発光量子収率が20%以上とされている．また，py, bpy以外のN-ヘテロ芳香環配位子をもつ錯体の発光性についても研究が行われ，N-ヘテロ芳香環配位子を持つ場合には，いずれの錯体も室温・固体状態で^{3}MLCT励起状態からのりん光を示すことが報告されている．この結果，この骨格を持つ化合物では，N-ヘテロ芳香環配位子π*軌道の準位を調整することにより，青から赤まで発光色を制御できることも示されている[3]．

|Cu_2X_2|骨格をもつ化合物は，ホスフィンとN-ヘテロ芳香環配位子以外の組合せでも発光性を示すことが知られており，[$Cu_2X_2(py)_4$]，[$Cu_2I_2(Et_4en)_2$]は，どちらも，室温・固体状態で，510～520 nm付近に極大をもつ発光帯を示す．Et$_4$enを配位子とした化合物では，配位子上に低エネルギーのπ*軌道がなく，銅-銅距離も対応するブロモ錯体で2.61 Åと短いため，銅(I)-銅(I)相互作用に基づく発光であるとされている．

[$Cu_2X_2(py)_4$]でも，銅-銅距離が2.70 Åと短いため，発光には，銅からピリジンへの電荷移動遷移励起状態に加え，銅(I)-銅(I)相互作用も影響を与えているとされている[2]．

また，銀でも対応する骨格|Ag_2X_2|をもつ化合物に関して研究が進められている．

【柘植清志】

【参考文献】
1) L. M. Engelhardt *et al.*, *Aust. J. Chem.*, **1989**, *42*, 913.
2) P. C. Ford *et al.*, *Chem. Rev.*, **1999**, *99*, 3625.
3) H. Araki *et al.*, *Inorg. Chem.*, **2005**, *44*, 6857.

$Cu_2N_4O_2$

【名称】di-μ-hydroxo-bis(2,2′-bipyridine)dicopper(II) sulfate：[$Cu_2(OH)_2(bpy)_2$]SO_4・$5H_2O$（bpy＝2,2′-bipyridine）

【背景】ヒドロキソ架橋二核銅(II)錯体は，水溶液中の銅(II)イオンの溶存錯種としてのヒドロキソ銅(II)錯体の研究に端を発し，1960年代になって酢酸銅以外の二核構造をもつ磁性錯体の例として注目されるようになった．中でも本錯体は，強磁性的相互作用を示す錯体として脚光を浴び[1]，類似のジ-μ-ヒドロキソ架橋二核銅(II)錯体ともあわせて，構造と磁性に関する明瞭な相関関係を世界で最初に提供した化合物群である．硫酸イオンをほかのイオンに置換したものが数種類知られている．

【調製法】硫酸塩は，2,2′-ビピリジン銅(II)硫酸塩 Cu(bpy)SO_4の懸濁水溶液に水酸化ナトリウムを加えて加熱すると得られる．この硫酸塩を熱水に溶かし，ヨウ化カリウム，臭化カリウム，過塩素酸ナトリウム，硝酸バリウムなどの熱水溶液と反応させると，それぞれヨウ化物，臭化物，過塩素酸塩，硝酸塩が得られる[2]．

【性質・構造・機能・意義】ヨウ化物（緑色）を除くといずれも青色結晶．水溶液は620 nmにd-d遷移による可視光吸収帯を示す[2]．赤外吸収スペクトルでは架橋水酸基のOH伸縮振動と変角振動がそれぞれ3440 cm^{-1}と955 cm^{-1}に観測される[3]．単結晶X線解析からジ-μ-ヒドロキソ架橋の二核銅(II)錯体であることが明らかにされている．硫酸塩の場合，2個の銅はそれぞれ，水分子，硫酸イオンが軸位から緩く配位した歪んだ正方錐型配置をとっている[4]．銅-ヒドロキソ酸素-銅の結合角度が硫酸塩で97.0(2)°，過塩素酸塩で96.6(2)°，硝酸塩で95.6(1)°と90°に近いのが特徴である．室温での磁気モーメントは，銅1つ当たり1.89～2.18 μ_Bとspin-onlyの値（1.73 μ_B）よりも大きい．磁化率の温度依存性の解析から硫酸塩，過塩素酸塩，硝酸塩は，それぞれ$2J$＝＋49，＋93，＋172 cm^{-1}となり，2個の銅(II)イオン間には強磁性的相互作用がはたらいている．X-バンドのEPRスペクトルは，3000 G付近に鋭い共鳴シグナルを，そして5700 G辺りに幅広いシグナルを与えるが，前者は不純物として存在する単核の銅(II)種によるものと考えられ，後者はスピン三重項（S_T＝1）に起因するものである．

【関連錯体の紹介およびトピックス】2,2′-ビピリジン部分を1,10-フェナントロリン（phen）などの様々なキレート配位子に置換したジ-μ-ヒドロキソ架橋二核銅(II)錯体が数多く合成されている．関連する類似錯体の磁気的性質および結晶構造のデータからHatfieldらは，2個の銅(II)イオン間の磁気的相互作用の目安となる$2J$値（J＞0：強磁性的，J＜0：反強磁性的）とCu-O-Cu角の間に直線的相関関係があることを見いだした[5]．これは，Kramers，Anderson，Goodenough，Kanamoriと引き継がれてきた超交換相互作用の理論を実験的に裏づけるものであり，その後のHoffmanやKahn，Gatteschiらの分子軌道計算による磁気的相互作用の機構解明，さらには，山口ら[7]，Ruizら[8]の対称性破れの方法によるJ値理論計算へとつながる分子磁性体研究のきっかけとなった．硫酸塩については，4.2 Kで偏極中性子散乱実験が行われ，架橋ヒドロキソ酸素に約0.1電子のスピン密度が観測され，架橋ヒドロキソ酸素を介した磁気的超交換相互作用が実験的に示された[6]．

【御厨正博】

【参考文献】

1) a) A. T. Casey *et al., Chem. Commun.*, **1970**, 904; b) W. E. Hatfield *et al., Chem. Commun.*, **1970**, 1593.
2) C. M. Harris *et al., Aust. J. Chem.*, **1968**, *21*, 632.
3) J. R. Ferraro *et al., Inorg. Chem.*, **1964**, *4*, 1382.
4) B. F. Hoskins *et al., J. Chem. Soc., Dalton Trans.*, **1975**, 1267.
5) a) W. E. Hatfield *et al., Inorg. Nucl. Chem. Lett.*, **1973**, *9*, 423; b) W. E. Hatfield *et al., Inorg. Chem.*, **1976**, *15*, 2107.
6) B. N. Figgis, *J. Chem. Soc., Dalton Trans.*, **1983**, 703.
7) K. Yamaguchi *et al., Chem. Phys. Lett.*, **1988**, *143*, 371.
8) E. Ruiz *et al., J. Am. Chem. Soc.*, **1997**, *119*, 1297.

$Cu_2N_4O_2$

【名称】bis-μ-{N-(2-aminoethyl)-3-aminopropanolato} dicopper(II) perchlorate: [$Cu_2(aeap)_2$](ClO_4)$_2$ (Haeap＝N-(2-aminoethyl)-3-aminopropanol)

【背景】アルコキソ架橋銅(II)錯体は，二核構造をもつ磁性錯体の例として酢酸銅，ヒドロキシド架橋銅錯体に続いて1960年代頃から注目され始めた．木田らは，NNO型アルコール性キレート配位子の二核銅(II)錯体が近紫外部に特有の吸収帯を示すことに着目して，本錯体を含む二核錯体の構造と吸収特性の関係を調べた[1]．

【調製法】エチレンジアミンとトリメチレンクロロヒドリンを反応させて3-(2-アミノエチル)アミノプロパノールを合成する．これと水酸化カリウムをメタノールに入れ，過塩素酸銅(II)と反応させ，生じる副生成物である過塩素酸カリウムを取り除くと得られる．

【性質・構造・機能・意義】暗青紫色結晶．エタノール溶液は570 nmにd-d遷移による可視光吸収帯の他に358 nmにアルコキソ架橋二核銅(II)錯体に特有な電荷移動吸収帯を示す．室温の磁気モーメントは，銅1つ当たり0.65μ_Bとspin-onlyの値(1.73μ_B)よりもかなり低い．磁化率の温度依存性データの解析より$-2J$値として700 cm^{-1}が得られ，強い反強磁性的相互作用がはたらいている．

【関連錯体の紹介およびトピックス】類似のNNO型三座キレート配位子を用いて多くのアルコキソ架橋二核銅(II)錯体が合成され，いずれも2個の銅イオン間に強い反強磁性的相互作用がはたらき，近紫外部にアルコキソ架橋に特有の吸収帯が観測される．この吸収帯は光学活性類似体のCDスペクトルの解釈より架橋酸素のp_π軌道から銅のd軌道への電荷移動吸収によるものと帰属された．この系の錯体の中には特有の吸収帯を近紫外部ではなくて可視部に近い所に示すものがまれにあり謎とされたが，結晶構造から観測された二核構造の対称性の違いからその理由が解き明かされた[2]．また，*ab initio*分子軌道計算から構造と磁性の関係が検討され，アルコキソ架橋二核銅ではCu-O-Cu角が磁気的相互作用の重要な構造的因子であることが示された[3]．

【御厨正博】

【参考文献】
1) S. Kida *et al., Bull. Chem. Soc. Jpn.,* **1973**, *46*, 3728.
2) a) M. Handa *et al., Bull. Chem. Soc. Jpn.,* **1992**, *65*, 3241; b) M. Mikuriya, *Trends in Inorg. Chem.,* **1991**, *2*, 131.
3) M. Handa *et al., Bull. Chem. Soc. Jpn.,* **1988**, *61*, 3853.

$Cu_2N_4O_2$

【磁】

【名称】 di-μ-hydroxo-bis｛2-（2-dimethylaminoethyl）pyridine｝dicopper(II) perchlorate：$[Cu_2(OH)_2(dmaep)_2](ClO_4)_2$（dmaep＝2-(2-dimethylaminoethyl)pyridine）

【背景】 水溶液中の銅(II)イオンは水酸化物イオンが配位した錯種をたやすく形成することが古くより知られていたが，単離することはなかなかできなかった．一方，窒素ドナー配位子を共存させることによってヒドロキソが橋架けした二核銅(II)錯体は安定に単離できることがわかってきた．本錯体は，そのようなヒドロキソ架橋銅錯体の研究からUhligらによって合成され[1]，Hatfiled，Hodgsonらによって磁気的性質と結晶構造が詳しく調べられた[2]．

【調製法】 過塩素酸銅(II)6水和物を最少量のメタノール/エーテル溶液に溶かし，これに2-(2-ジメチルアミノエチル)ピリジンを加えると，青色沈殿が生じる．これは，$[Cu_2(OH)_2(dmaep)_2](ClO_4)_2$のα体とβ体の混合物であり，結晶化をメタノール/エーテル(7：3)で行うとα体がプリズム状結晶として得られ，無水エタノール/エーテル(7：3)で行うとβ体が針状結晶として得られる．

【性質・構造・機能・意義】 いずれも青色結晶．水溶液は606 nmにd-d遷移による可視光吸収帯のほかに361 nmに二核銅(II)錯体に特有の電荷移動吸収帯を示す．α体の磁気モーメントは，室温で銅1個当たり$1.76\mu_B$とspin-onlyの値($1.73\mu_B$)に近い．X線結晶学より，α体は三斜晶系結晶で2個の過塩素酸イオンがequatorial面の上下から2個の銅を緩く架橋した構造をもち，β体は単斜晶系結晶で過塩素酸イオンは架橋せず，代わりにそれぞれの銅へ緩く軸配位している．Cu-Cu距離とCu-O-Cu角はそれぞれ2.938(1) Å, 98.35(8)°, 2.935(1) Å, 100.4(1)°である．

【関連錯体の紹介およびトピックス】 関連するヒドロキソ架橋二核銅錯体では，磁気交換相互作用($2J$値)がCu-O-Cu角に依存しており，これらの間に直線関係が見いだされている．本錯体ではCu-O-Cu角の違いに対応して，$2J$値もα体が$-4.8\,cm^{-1}$，β体が$-201\,cm^{-1}$と大きく異なり，後者がCu-O-Cu角と$2J$値の直線関係に乗るのに対し，前者では直線関係から予測された値($-50\,cm^{-1}$)から大きく外れている．この原因として過塩素酸イオン架橋の影響が考えられているが[3]，Cu-O結合距離の違いも効いているようだ．

【御厨正博】

【参考文献】
1) E. Uhlig *et al., Z. Anorg. Allg. Chem.*, **1967**, *354*, 242.
2) D. J. Hodgson *et al., Inorg. Chem.*, **1974**, *13*, 147.
3) W. E. Hatfield *et al., Inorg. Chem.*, **1976**, *15*, 421.

$Cu_2N_4O_2$

生

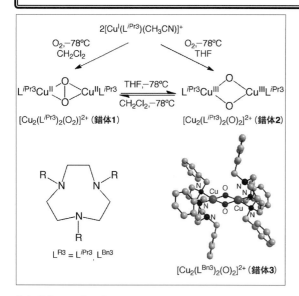

【名称】 (μ-η^2 : η^2-peroxo)bis(1,4,7-triisopropyl-1,4,7-triazacyclononane)dicopper(II,II) ($[Cu_2(L^{iPr3})_2(O_2)]^{2+}$ (**1**), bis(μ-oxo)bis(1,4,7-tri-isopropyl-1,4,7-triazacyclononane)dicopper(III,III) ($[Cu_2(L^{iPr3})_2(O)_2]^{2+}$ (**2**)および1,4,7-tribenzyl-1,4,7-triazacyclononane)dicopper(III,III) - ($[Cu_2(L^{Bn3})_2(O)_2]^{2+}$ (**3**)[1]

【背景】 錯体**1**~**3**は二核銅を含む酸素運搬タンパク質であるヘモシアニンや酸化酵素のモデルとして合成された。その合成過程でμ-η^2 : η^2-peroxo-Cu(II)$_2$錯体**1**の酸素-酸素結合が切れた bis(μ-oxo)Cu(III)$_2$錯体**2**がはじめて見いだされた。さらに錯体**1**と**2**は溶液中で平衡にあり、酸素-酸素結合の可逆的開裂と再生を可能にしたはじめての金属錯体である。しかし、生体系では現在のところ bis(μ-oxo)Cu(III)$_2$種は見いだされていない。

【調製法】 錯体**1**と**2**は、L^{iPr3}と$[Cu(CH_3CN)_4]^+$から合成された銅(I)錯体($[Cu(L^{iPr3})(MeCN)]^+$)のCH_2Cl_2溶液および THF 溶液に、それぞれ−78℃で酸素を通じて得られる。錯体**3**は、同様に$[Cu(L^{Bn3})(Me-CN)]^+$をCH_2Cl_2中で酸素分子と反応させて得られる。

【性質・構造・機能・意義】 N-ベンジル置換基をもつ錯体**3**が bis(μ-oxo)Cu(III)$_2$種であることは上のスキームに示した X 線結晶構造解析で確かめられている。錯体**3**の O···O 距離は 2.287(5) Å と長く、明らかに酸素-酸素結合が切れてオキソ基となっている。また、Cu···Cu 距離は 2.794(2) Å と μ-η^2 : η^2-peroxoCu(II)$_2$錯体の Cu···Cu 距離(~3.5Å)に比べて非常に短くなっている。μ-η^2 : η^2-peroxoCu(II)$_2$種と bis(μ-oxo)Cu(III)$_2$種の相対的安定性は、配位子の立体的かさ高さや溶媒などの様々な要因によって影響される。

μ-η^2 : η^2-peroxoCu(II)$_2$錯体**1**は、366 nm (ε=22500 M^{-1}cm^{-1})と 510 nm (ε=1300 M^{-1}cm^{-1})に 2 つの吸収をもち、それらはペルオキソ基の 2 つの π^*軌道から銅(II)イオンへの電荷移動遷移に帰属されている。一方、bis(μ-oxo)Cu(III)$_2$錯体**2**は 324 nm (ε=11000 M^{-1}cm^{-1})と 448 nm (ε=13000 M^{-1}cm^{-1})の 2 つの吸収をもち、これらはオキソ基から銅(III)イオンへの電荷移動遷移に帰属される。錯体**1**の共鳴ラマンスペクトルでは、O-O 伸縮振動が 722 cm^{-1}に観測されるが、錯体**2**と**3**ではCu_2O_2コアの振動が 600 cm^{-1}付近に観測される。

錯体**2**と**3**は配位子L^{R3}の1つを酸化し、それぞれN-脱アルキル化した配位子L^{iPr2}とアセトンおよびL^{Bn2}とベンズアルデヒドを生成する[2]。L^{Bn3}のベンジル位の水素を重水素化した配位子(L^{Bn3}-d_{21})の錯体($[Cu_2(L^{Bn3}$-$d_{21})_2(O)_2]^{2+}$)による酸化反応の速度論的重水素化効果などにより、酸化反応の律速段階はオキソ基による水素原子引抜反応と推定されている。

【関連錯体の紹介およびトピックス】 その他多くの bis(μ-oxo)Cu(III)$_2$錯体が、二座、三座および四座配位子で合成されている[3]。

【鈴木正樹】

【参考文献】

1) a) W. B. Tolman *et al., J. Am. Chem. Soc.*, **1994**, *116*, 9785; b) W. B. Tolman *et al., J. Am. Chem. Soc.*, **1995**, *117*, 8865; c) W. B. Tolman *et al., Science*, **1996**, *271*, 1397.
2) a) L. M. Mirica *et al., Chem. Rev.*, **2004**, *104*, 1013; b) W. B. Tolman *et al., Chem. Rev.*, **2004**, *104*, 1047.
3) W. B. Tolman *et al., J. Am. Chem. Soc.*, **1996**, *118*, 11575.

$Cu_2N_4O_2$

【磁】

【名称】bis(isothiocyanato)-bis-μ-｛N,N-di(n-propyl)aminoethanolato｝dicopper(II)：$[Cu_2(pr-L)_2(NCS)_2]$（Hpr-L＝N,N-di(n-propyl)aminoethanol）

【背景】アルコール基の配位能に関心が寄せられた経緯から，1955年Heinらは，2-ジアルキルアミノエタノールと銅(II)塩との反応から得られる化合物を単離し，これらをアルコキソ架橋二核錯体であると考えた．Uhligらは，これらの化合物の磁気モーメントを測り，その値が化合物によって広い範囲にわたることを見いだし，これらは，二核構造をとるものばかりではないと推定した．これをきっかけとして，Lehtonen，Haase，木田，Hodgsonらをはじめとする多くの化学者がこの系のアルコキソ架橋錯体の磁性と構造の関係を追究した[1]．

【調製法】酢酸銅(II)と2-ジプロピルアミノエタノールをメタノール中1：2で反応させ，これにチオシアン酸アンモニウムを加えると暗緑色の結晶が得られる．アセトンから再結晶する．

【性質・構造・機能・意義】暗緑色結晶．クロロホルム溶液は，653 nmにd-d遷移による可視光吸収帯の他に385 nmに二核銅(II)錯体に特有の電荷移動吸収帯を示す．磁気モーメントは，室温で銅1つ当たり$1.36\mu_B$とspin-onlyの値$(1.73\mu_B)$より低い．磁化率の温度依存性は，二核の理論式，Bleaney-Bowers式に従わない[1]．X線結晶学より，アルコキソ架橋二核(Cu-Cu距離2.956(2) Å, Cu-O-Cu角101.0(5)°)の銅イオンに隣の二核分子のチオシアナトの硫黄がアキシャル位から2.846(6) Åの距離で緩く配位して鎖状ポリマー構造をとることがわかっている[2]．

【関連錯体の紹介およびトピックス】$Cu_2(R-L)_2X_2$と表されるこの系の錯体は，2-ジアルキルアミノエタノールのアルキル置換基Rを色々と変えることができ，カウンターイオンX^-もNCS^-，NCO^-，Cl^-，Br^-に置換したものなど，数多くの類似錯体が合成されている．磁性も多彩で，強い反強磁性的相互作用を示す二核錯体の他，弱い反強磁性的相互作用や強磁性的相互作用を示すキュバン型四核錯体などが知られ，磁性と構造の関係を探るうえでの格好の題材となった．鎖状ポリマーとみなせるチオシアナト錯体も様々なものが合成され，二核の式に合わない磁性もいくつかのパターンがあり，単純ではないことがわかっている[3]．関連錯体としては，アミノ窒素の代わりにチオエーテル硫黄を配位原子とした2-(アルキルチオ)エタノールも類似のアルコキシド架橋二核や四核錯体を形成し，それに応じた磁性を示すことが明らかにされている[4]．

【御厨正博】

【参考文献】
1) Y. Nishida et al., *J. Inorg. Nucl. Chem.*, **1976**, *38*, 451.
2) M. Mikuriya et al., *Acta Crystallogr.*, **1977**, *B33*, 538.
3) M. Mikuriya et al., *Bull. Chem. Soc. Jpn.*, **1994**, *67*, 1348.
4) M. Mikuriya et al., *Inorg. Chim. Acta*, **1985**, *103*, 217.

Cu$_2$N$_4$O$_2$ 磁

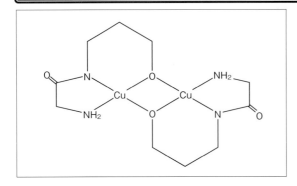

【名称】 μ-bis(3-glycylamido-1-propanolato)dicopper(II): [Cu$_2$(glyapr)$_2$]: H$_2$glyapr=N-glycyl-3-aminopropanol

【背景】 アルコール性水酸基は，銅(II)イオンと反応して脱プロトン化したアルコラトとして配位することは今日ではよく知られているが，1950 年代まではこれを否定する報告も多数あり，アルコール基の配位能は議論の的となっていた．尾嶋らは，アルコール性二核化配位子にアミド基を組み込み，二核銅(II)錯体の物性に及ぼすアミド窒素の配位効果を調べた[1]．

【調製法】 グリシンと 3-アミノ-1-プロパノールを還流煮沸することにより酸アミドとし，これを水中で水酸化銅(II)と反応させると得られる．

【性質・構造・機能・意義】 結晶水を含む場合は濃青色結晶だが，無水物は，赤紫色結晶．水溶液は，560 nm に d-d 遷移による可視光吸収帯のほかに 350 nm にアルコキソ架橋二核銅(II)錯体に特有な電荷移動吸収帯を示す．室温での磁気モーメントは，銅 1 つ当たり 0.35 μ_B と spin-only の値(1.73 μ_B)よりもかなり低く反磁性である．

【関連錯体の紹介およびトピックス】 グリシンの代わりにアラニン，ロイシン，α-アミノイソ酪酸などの各種アミノ酸を用いても同様のアルコキソ架橋二核銅(II)錯体が得られており，いずれも非常に強い反強磁性的相互作用を示す(−2J>800 cm^{-1})ことから，EPR 非検出銅タンパク質であるヘモシアニンなどのタイプ III 銅との関連性が期待された[2]．α-アミノイソ酪酸から誘導された錯体の X 線結晶解析から，分子全体が非常に平面性のよい構造(Cu-Cu 距離 3.002(1) Å と Cu-O-Cu 角 103.5(1)°)をとり，反強磁性的磁気交換相互作用に有利な二核構造であることが明らかにされている．

【御厨正博】

【参考文献】
1) H. Ojima et al., Z. Anorg. Allg. Chem., **1970**, *379*, 322.
2) M. Mikuriya et al., Inorg. Chim. Acta, **1983**, *75*, 1.

$Cu_2N_4O_2Cl_2$

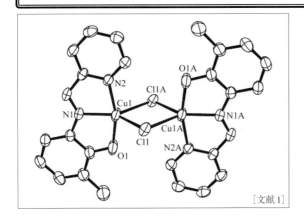

[文献1]

【名称】di-μ-chloro-bis{2-(2′-pyridylaldimine)-6-methylphenolato}dicopper(II)

【背景】これまで塩化物イオンで二重架橋された二核銅(II)錯体は多数報告されている．磁気的性質については，銅(II)イオン間で強磁性的相互作用を示すものと反強磁性的相互作用を示すものがあり，その相互作用の強さも幅広い（$J ≈ ±40 cm^{-1}$）ことから，錯体の分子構造と磁気的性質の相互関係が非常に興味深い．この錯体は，3座のシッフ塩基を配位子とし，塩化物イオンにより二重架橋された二核銅(II)錯体である[1]．銅(II)イオンの周りの配位環境は三方両錐型であり，報告例の非常に少ない[2]equatorial面を共有したクロロ二重架橋構造である．

【調製法】配位子Lは，pyridine-2-carbaldehydeと2-amino-6-methylphenolをエタノール中で混合して還流する．その後，さらにn-ヘキサンを加えて還流し，室温で放置して得られる．錯体は，配位子HLをジクロロメタン/メタノール（1：1）混合溶媒に溶解し，これに塩化銅(II)2水和物のメタノール溶液を加えて還流する．その後室温で放置し，濃赤色の結晶として得られる．

【性質・構造・機能・意義】この錯体はX線構造解析により結晶構造が明らかにされており，銅(II)イオン間が2つの塩化物イオンで二重架橋された分子内に対称中心をもつ二核錯体である．銅(II)イオン周りの配位環境は，歪んだ五配位三方両錐型（$τ=0.448$）である．axial位はO1およびN2，また，equatorial面はCl1，Cl1A，およびN1にそれぞれ占有されている．Cu-Cl-Cu角は89.23°であり，Cu-Cl間距離は2.444Åと2.430Åである．分子内のCu…Cu間距離は3.424Åである．

この錯体は2〜300Kの温度範囲で磁化率が測定され，銅(II)イオン間に弱い強磁性的相互作用の存在が示唆された．磁化率データの解析は$S=1/2$スピンの二核錯体に適用されるBleaney-Bowersの式を用いて行い，$J=0.76 cm^{-1}$，$g=2.06$が得られている．この他に報告されている三方両錐型のequatorial面で二重架橋した構造を有する錯体[3]においても，同様に弱い強磁性的相互作用が見いだされている．

【関連錯体の紹介およびトピックス】5配位のCu(μ-Cl)Cuコアをもつ錯体は，これまで数多く合成され，その構造と性質が報告されている．その中で，$J=42.94 cm^{-1}$の大きな強磁性的相互作用を示したものもある[2]．これは，一方のClが2つの四面体型の銅(II)のbesal面に結合し，もう一方のClが2つのaxial位に結合した珍しい錯体であり，報告例はこの1つのみである．これらの錯体の磁気的性質は，主にCu-Cl-Cu角，Cu-Cl間距離，およびターミナル配位子の性質等の銅(II)イオンの周りの配位構造に基づき説明されている[4]．

【時井　直】

【参考文献】
1) S.-L. Ma *et al., Eur J. Inorg. Chem.*, **2007**, 846.
2) a) I. Sótofte *et al., Acta chem. Scand. Ser. A*, **1981**, *A35*, 733; b) D. J. Hodgson *et al., Acta Chem. Scand. Ser. A*, **1982**, *A36*, 281; c) A. Tosik *et al., Inorg. Chim. Acta*, **1991**, *190*, 193.
3) M. Rodriguez *et al., Inorg. Chem.*, **1999**, *38*, 2328.
4) A. R.-Fortea *et al., Inorg. Chem.*, **2002**, *41*, 3769.

$Cu_2N_4O_4$

生

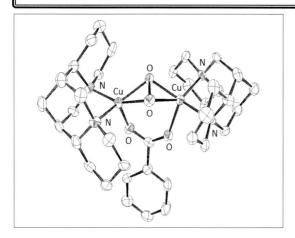

【名称】(μ-benzoate)bis(α-isosparteine)-μ-η^2: η^2-peroxo) dicopper(II)hexafluoroantimonate: [{$Cu^{II}(\alpha Sp)$}$_2$(μ-η^2:η^2-O_2)(μ-Bz)](SbF$_6$)

【背景】軟体動物や節足動物などの酸素運搬体として知られるヘモシアニン(Hc)や,菌類や動植物など幅広い生物種に存在してメラニン色素合成の第1段階でチロシンをドーパやドーパキノンに酸化するチロシナーゼ(TYR)は,酸素運搬または酸素による触媒的酸化反応において,二核銅(II)-μ-η^2: η^2-ペルオキソ種が反応活性種の1つとして提案されている.この二核銅(II)-μ-η^2: η^2-ペルオキソ錯体に対する基質や競合阻害剤である安息香酸イオンなどの外部配位子の結合様式は不安定であるがゆえにその配位構造やスペクトル挙動が不明で,その情報を得るために合成し,構造決定にはじめて成功した[1].

【調製法】配位子αSpは,(−)-スパルテインの希酢酸水溶液中に$Hg(CH_3COO)_2$を加えて70℃で3時間反応した後,水銀の成分を十分に除去してから氷浴で冷してNaBH$_4$を加える.その溶液をKOHで塩基性にしてジエチルエーテルで抽出し,結晶性固体を得る.錯体の合成は,銅(I)錯体[Cu^I(αSp)(CH$_3$CN)](SbF$_6$)を,安息香酸イオン(Bz$^-$)の共存下,−80℃のアセトン中で酸素と反応させることで得られる.

【性質・構造・機能・意義】溶液は濃青色で,745 nm ($\varepsilon = 1300$ M^{-1}cm^{-1}),372 nm ($\varepsilon = 19500$ M^{-1}cm^{-1})にペルオキソイオンから銅(II)イオンへのLMCTが観測される.ペルオキソイオンの銅への配位は,$^{16}O_2$および$^{18}O_2$を用いたときの共鳴ラマンスペクトルで,756 cm^{-1}および715 cm^{-1}に,配位したμ-ペルオキソイオンのν(O-O)に特徴的なラマンピークを与え,重原子効果による同位体シフト値($\sim$40 cm^{-1})も一致することからside-on型の二核銅(II)ペルオキソ錯体が形成していることが確認される.この二核銅(II)錯体は結晶構造が得られており,銅(II)イオン-架橋ベンゾエートを軸位とする歪んだ五配位構造である.銅(II)イオンの平面位に配位した架橋ペルオキソ種のCu-O結合距離1.873(11)〜1.977(11) ÅとO-O結合距離1.498(15) Åは,これまでに報告されたside-on型の二核銅(II)ペルオキソ錯体のCu-O(1.89〜1.95 Å)やO-O(1.41〜1.49 Å)結合距離とほぼ一致している.また,銅と酸素の結合により形成したCu$_2$O$_2$中心はそれまでに結晶構造が得られていた平面構造ではなく,O-O結合でヒンジ(hinge)型に強く折れ曲がったbutterfly型の構造である.そのため平面に近いCu$_2$O$_2$中心がもつCu$\cdots$Cu距離(3.48〜3.56 Å)と比べて本錯体の場合はCu$\cdots$Cu距離が3.27 Åと短く,そのhinge角は従来のEXAFSによる報告例($\sim$150°)[2]を越えてさらに折れ曲がった132°であった.それまでのCu$_2$O$_2$中心は510〜550 nm ($\varepsilon = 1000$ M^{-1}cm^{-1}),340〜380 nm ($\varepsilon = 18000$〜25000 M^{-1}cm^{-1})にペルオキソイオンから銅(II)イオンへのLMCTを示すが,本錯体はその可視光領域の吸収帯が極端に低エネルギーにあることが特徴であり,溶液中においても結晶中の特異な構造を保持していると考えられる.これまでside-on型の二核銅(II)μ-ペルオキソ錯体と二核銅(III)ビス(μ-オキソ)錯体は双安定性で平衡状態にあると考えられていたが,本系において軸配位するアニオン性配位子の添加によりペルオキソ種が著しく安定となり,その軸配位子の有無によりO-O結合の開裂と再結合を伴うμ-ペルオキソ種とビス(μ-オキソ)種の変換も制御できることもわかった.そのポイントは,立体化学的に規制した強固な骨格を有する二座型支持配位子を用いて電子供与と共有結合性の弱い歪んだ配位構造を実現し,外部配位子による摂動を受け入れることにある.

【関連錯体の紹介およびトピックス】TYRの基質のチロシンとその競合阻害剤としてはたらく安息香酸は,いずれもその二核銅活性中心に結合するため関連した配位様式を示すと考えられる.またその二核銅中心の基底状態がhinge角の減少により$S=0$から$S=1$となる可能性を理論化学者が示している[3].

【舩橋靖博】

【参考文献】
1) Y. Funahashi *et al., J. Am. Chem. Soc.,* **2008** 130, 16444.
2) K. D. Karlin *et al., J. Am. Chem. Soc.,* **1988** 110, 4263.
3) A. Poater *et al., Theor. Chem. Acc.,* **2013** 132, 1336.

$Cu_2N_4O_4$

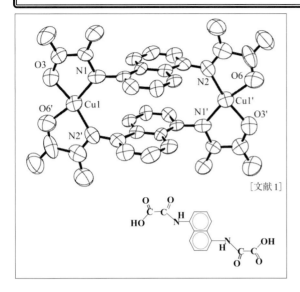

[文献1]

【名称】$(PPh_4)_4[Cu_2(1,5\text{-}naba)_2]$: $H_4(1,5\text{-}naba)$ = naphthalene-1,5-bis(oxamic acid)

【背景】金属イオン間での架橋基を介した強力な相互作用を示す複核錯体は分子磁性における主要なトピックである．特にπ-共役する芳香環架橋基を介したインターバレンス電子輸送は，混合原子価錯体において，金属イオン間距離が25Åも離れた場合でも生じている．しかしながら，同じようなロングレンジの磁気交換相互作用する二核錯体は知られていない．この錯体は長い金属イオン間距離をもつ二核錯体における磁気特性を研究するために合成された[1]．

【調製法】この錯体は，まずメタノール-水混合溶液中で，配位子$H_4(1,5\text{-}naba)$，水酸化リチウム1水和物，および硝酸銅(II)3水和物を混合し反応させることにより，前駆体である$Li_4[Cu(1,5\text{-}naba)]_2 \cdot 12H_2O$を合成する．次に，水溶液中で$Li_4[Cu(1,5\text{-}naba)]_2 \cdot 12H_2O$と硝酸銀を混合した後，テトラフェニルホスホニウム塩化物を加え，ろ過後，ろ液を濃縮することにより得られる．

【性質・構造・機能・意義】この錯体は結晶構造が明らかにされており，2つの銅(II)イオン間が2つの配位子1,5-nabaによって架橋された対称中心をもつ二核銅(II)錯体である．銅(II)イオン周りの配位環境は四配位平面型となっている．銅(II)イオンの配位サイトは1,5-nabaのカルボキシラト部の2つの酸素原子と，アミド部の2つの窒素原子によって占有されている．結合角N-Cu-Nは107.9(5)°であり，N-Cu-O(83.9(5)°，85.5(6)°)およびO-Cu-O(82.7(5)°)よりも大きくなっていた．これは2つのナフタレン架橋基間の影響による．2つのナフタレン環はほぼ平行で，2つの環の平均C-C距離は3.46Åで，π-π相互作用がはたらいていると思われる．2つの銅(II)イオンは1,5-nabaのナフタレン部のために遠く離れており，その距離は8.331(3)Åとなっていた．

この錯体に対する磁化率の温度依存性の測定結果，20K付近に磁化率の極大が観測され，4K付近で磁化率はゼロに近づいた．磁化率データを$S=1/2$スピンの二核錯体に適用されるBleaney-Bowers式によって解析した結果，決定されたベストフィットパラメーターは$J=-10.4\,cm^{-1}$，$g=2.10$である．この結果から，金属イオン間距離が大きく離れているにもかかわらず中程度の反強磁性的相互作用が存在していることが明らかにされている．これはナフタレンを通したπ-タイプの磁気的交換相互作用によるものであると考えられる．また，アントラセン誘導体を架橋配位子とする二核銅(II)錯体についても，この錯体同様の反強磁性的相互作用($J=-10.6\sim-11.5\,cm^{-1}$)を示すことが明らかにされている．

【関連錯体の紹介およびトピックス】この錯体のナフタレン部をα, α'およびβ, β'の位置で，芳香環を2～9個つないだOligoacene Spacerをもつ二核銅(II)錯体の磁性についてもDFT計算がされている．その結果，銅(II)イオン間距離が最大28.75Å離れた場合でも弱い強磁性的相互作用($J=+1.5\,cm^{-1}$)がはたらくことが推測されている．そのため，このような錯体は分子スピントロニクスの新たなフィールドとして，ナノスケールの電子デバイスになり得る可能性を秘めている[2]．

【時井 直】

【参考文献】
1) E. Pardo *et al.*, *J. Am. Chem. Soc.*, **2008**, *130*, 576.
2) a) R. H. M. Smith *et al.*, *Nature*, **2002**, *419*, 906; b) R. L. Carrol *et al.*, *Angew. Chem., Int. Ed.*, **2002**, *41*, 4378.

$Cu_2N_4O_4$

磁

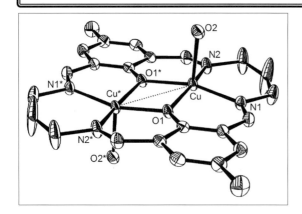

【名称】$[Cu_2(L)(H_2O)_2]F_2$: $H_2L^{3,3}$＝25,26-dihydroxy-11, 23-dimethyl-3,7,15,19-tetraazatricyclo$[24·1^{9,13}·1^{1,21}]$tetracosa-1(25),2,7,9,11,13(26),14,19,21,23-decaene

【背景】大環状二核化配位子錯体の鋳型合成がRobsonにより報告されて以来[1]，Robson型配位子は錯体化学の様々な研究に用いられてきた．これは二核銅(II)錯体の構造-磁性相関に関して検討したものである[2]．

【調製法】CuF_2の無水メタノール懸濁液に，2,6-ジホルミル-4-メチルフェノールの熱メタノール溶液を加える．これに1,3-ジアミノプロパンのメタノール溶液を加えて7時間還流する．緑色溶液をろ過し，室温で放置すると緑色結晶が生じる．

【性質・構造・機能・意義】対称中心をもつ二核構造であり，Cu-O-Cu角は103.65(10)°，Cu…Cu距離は3.1184(6) Åである．Cu周りは軸位に水分子をもつ四角錐型で，Cu-O(aq)距離は2.2027(8) Åである．

室温の有効磁気モーメントは0.51 B.M. 磁化率の温度変化から，交換積分値Jは-392 cm^{-1}と見積もられた．関連二核Cu(II)錯体のJ値は$-350 \sim -450$ cm^{-1}の範囲にありCu-O-Cu角との間によい相関が認められるが，ジヒドロキソ架橋やジアルコキソ架橋二核Cu(II)錯体に比べあまり変動しない．

【関連錯体の紹介およびトピックス】メチレン鎖長の異なる同族配位子，イミン部分を還元した配位子の二核銅(II)錯体が報告されている[3,4]．Ōkawaらは側鎖が異なる非対称型配位子の合成法を開発し，ヘテロ金属二核錯体の研究を発展させた[5,6]．

【鯉川雅之】

参考文献
1) R. Robson, *Aust. J. Chem.*, **1970**, *23*, 2225.
2) L. K. Thompson *et al.*, *Inorg. Chem.*, **1996**, *35*, 3117.
3) S. S. Tandon *et al.*, *Inorg. Chem.*, **1992**, *31*, 4635.
4) S. K. Mandal *et al.*, *Inorg. Chem.*, **1987**, *26*, 1391.
5) H. Ōkawa *et al.*, *J. Chem. Soc., Dalton Trans.*, **1993**, 253.
6) H. Ōkawa *et al.*, *Coord. Chem. Rev.*, **1998**, *174*, 51.

$Cu_2N_4O_5$

【名称】μ-Acetato-O,O-di-μ-acetato-O,O'-bis(2,2'-bipyridine)dicopper(II) perchlorate:[$Cu_2(CH_3COO)_3(bpy)_2$]ClO_4

【背景】カルボキシラト3つで架橋された銅(II)錯体は，それまでに知られていなかった．これは構造と磁性が明らかにされた，最初のカルボキシラト三重架橋銅(II)錯体である[1]．

【調製法】ビピリジン(bpy)のエタノール溶液にCu(CH_3COO)$_2$·H_2Oを撹拌しながら溶かして約15分撹拌する．これにNaClO$_4$のエタノール溶液を加えると直ちに青色の結晶が生じる．室温で一夜放置し，生成した結晶をろ取する．

【性質・構造・機能・意義】深青色結晶で，bpyをエンドキャップ配位子とするCu(II)を，1つの酢酸イオンは単原子架橋し，残りの2つの酢酸イオンは syn-syn 型架橋している．2つのCuの幾何構造は，四角錐(Cu1)と歪んだ三方両錐(Cu2)と異なる．Cu1…Cu2距離は3.392 Åで，四重架橋や二重架橋二核Cu(II)錯体のCu…Cuより長い．

磁気的には弱い強磁性的相互作用($J= +3.6$ cm^{-1})を示す．これは2つのCu幾何構造の違いが関係している．ジクロロメタンおよびアセトニトリル中の吸収スペクトルは，それぞれ686 nmおよび706 nmにd-d吸収帯を示す．ジクロロメタン中では2つの一電子還元波が観測されるのに対して，アセトニトリル中では溶媒の配位により2つのCu構造が均等化され，1つの$Cu^{II}Cu^{II}/Cu^{I}Cu^{I}$二電子還元波が観測される．

【関連錯体の紹介およびトピックス】カルボキシラト三重架橋銅(II)錯体には，この他にbis(μ-carboxylato-O)(μ-carboxylato-O,O')型[2]とtris(μ-carboxylato-O,O')型[3]が存在する．前者は弱い反強磁性，後者は二重架橋錯体と同程度の反強磁性的相互作用を示す．

【鯉川雅之】

【参考文献】
1) G. Christou et al., Inorg. Chem., **1990**, 29, 3657.
2) T. Tokii et al., Bull. Chem. Soc. Jpn., **1999**, 72, 1025.
3) A. Chalravarty et al., J. Chem. Soc., Dalton Trans., **1999**, 1623.

$Cu_2N_4O_5$

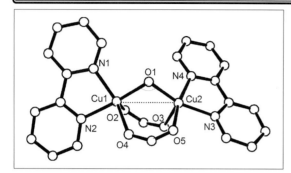

【名称】 μ-hydroxo-di-μ-formato-bis(2,2′-bipyridine)dicopper(II) tetrafluoroborate：[Cu_2(OH)(HCOO)$_2$(bpy)$_2$]BF$_4$

【背景】 μ-ヒドロキソ-ビス-μ-カルボキシラト二核構造の銅(II)錯体が初めて合成され，二核構造と磁性の関係が研究された[1]．

【調製法】 等モル量のギ酸とビピリジン(bpy)をメタノールに溶かし，トリエチルアミンでpHを6.40に調整する．これに2当量の45% Cu(BF$_4$)$_2$水溶液を加え，トリエチルアミンでpHを6.60にする．生じた沈殿をろ過で除き，一夜放置すると青緑色結晶が生成する．

【性質・構造・機能・意義】 青緑色結晶で，反射スペクトルは$10.2×10^3 cm^{-1}$(肩)および$14.45×10^3 cm^{-1}$に吸収帯を示す．2つのCuは非等価で，Cu1は四角錐，Cu2は三方両錐に近い．ヒドロキソ酸素はCu1のbasal位とCu2のaxial位を，1つのギ酸イオンはCu1のbasal位とCu2のequatorial位を，もうひとつのギ酸イオンはCu1のapical位とCu2のequatorial位を橋架けしている．Cu1-O1とCu2-O1はそれぞれ1.928(4)と1.927(4) Å，Cu1-(OH)-Cu2角は110.7(2)°，Cu1⋯Cu2距離は3.171(1) Åである．

有効磁気モーメントは室温における1.95 B.M.から，温度の低下とともに緩やかに上昇して81.8 Kで2.11 B.M.になる．この磁気的挙動はBleany-Bowers式で解析され，かなり強い強磁性的相互作用(J=+49.5 cm^{-1})が働いていることが示された．この錯体ではヒドロキソ架橋が主要な超交換経路として作用し，2つのCuの磁気軌道が直交するために強磁性的相互作用が起こると考えられる．

【関連錯体の紹介およびトピックス】 [Cu_2(μ-OH)(PhCOO)$_2$(tmen)$_2$]PF$_6$(tmen＝N,N,N',N'-tetramethylethylenediamine)の構造と磁性が報告されている[2]．

【鯉川雅之】

【参考文献】
1) T. Tokii et al., Chem. Lett., **1992**, 1091.
2) a) A. R. Chakravarty et al., Inorg. Chem., **1996**, 35, 7666; b) K. M. Kadish et al., Inorg. Chem., **1997**, 36, 2696.

$Cu_2N_4O_6$

【磁】

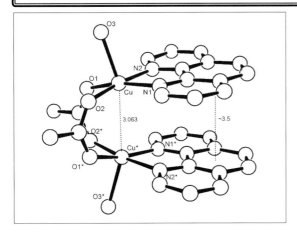

【名称】di-μ-acetatodiaquabis(1,10-phenanthroline)dicopper(II) nitrate: $[Cu_2(CH_3COO)_2(H_2O)_2(phen)_2](NO_3)_2$

【背景】カルボキシラト四重架橋二核銅(II)錯体$[Cu(RCOO)_2L]_2$ (L：単座配位子)はよく知られているが、二重架橋二核銅(II)錯体は知られていなかった．これはアセタト二重架橋二核銅(II)錯体の最初の例である[1]．

【調製法】酢酸とフェナントロリン(phen)を水溶液中1：1で混合し、NaOHでpH～5.0に調整する．これに等モル量の$Cu(NO_3)_2$水溶液を加え、pHを4.0に調整する．初期に生成する沈殿物をろ過で除き、ろ液を濃縮すると深青色の結晶が得られる．

【性質・構造・機能・意義】深青色結晶で、反射スペクトルは$11.5×10^3 cm^{-1}$に肩をもつ吸収を$15.48×10^3 cm^{-1}$に示す．結晶構造解析の結果、2つの酢酸イオンが syn-syn で橋架けした二核構造で、銅周りは2つのアセタトOとphenの2つのNを基底面として軸位に水分子が配位した四角錐型をなす．Cu…Cu距離は3.063(3) Å．2つのphenの π-π スタッキングが二核構造の安定化に寄与している．銅イオン間には反強磁性的相互作用($J=-43 cm^{-1}$)がはたらいている．これは、四重架橋錯体$[Cu(CH_3COO)_2(H_2O)]_2$ ($-148 cm^{-1}$)よりも弱い．

【関連錯体の紹介およびトピックス】ギ酸や2,2-ジメチルプロピオン酸を用いても類似構造の錯体が得られる．架橋カルボキシラトが$|J|$に及ぼす効果は、ギ酸＞2,2-ジメチルプロピオン酸＞酢酸の順となり、四重架橋錯体と同じ傾向を示す．またコハク酸やグルタル酸などのジカルボン酸を用いて、二重架橋二核部位を両端に有する四核Cu(II)錯体も合成されている[2]．

【鯉川雅之】

Cu

【参考文献】
1) T. Tokii et al., *Bull. Chem. Soc. Jpn.*, **1990**, *63*, 364.
2) T. Tokii et al., *Mol. Cryst. Liq. Cryst.*, **2002**, *376*, 359.

Cu$_2$N$_4$O$_6$

磁

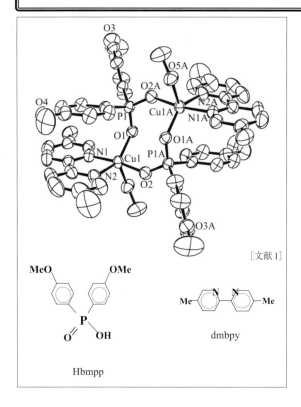

[文献1]

【名称】bis-µ-{di(4-methoxyphenyl)phosphinato}-bis(5,5′-dimethyl-2,2′-dipyridine)-dimethanol-dicopper(II) tetrafluoroborate：[Cu$_2$(bmpp)$_2$(dmbpy)$_2$(CH$_3$OH)$_2$](BF$_4$)$_2$

【背景】リン代謝系における遷移金属とリン酸やリン酸エステルとの反応は注目されているが，リン酸塩を用いた多核金属錯体に関する報告例は少なく，その錯体の分子構造と磁気的性質の相互関係は未解明であるといえる．この錯体は，リン酸イオン系で架橋した錯体の構造や磁気的性質を明らかにするため，架橋配位子として次亜リン酸の誘導体であるジフェニルホスフィン酸誘導体を用いて二核銅(II)錯体の合成に成功した例である[1]．

【調製法】45％テトラフルオロホウ酸銅(II)水溶液，ジフェニルホスフィン酸誘導体 Hbmpp，および dmbpy をメタノール中で混合し，トリエチルアミンを加えて数週間放置することで，青緑色の単結晶として得られる．

【性質・構造・機能・意義】この錯体はX線構造解析により結晶構造が明らかにされており，銅(II)イオン間がジフェニルホスフィナトで二重架橋された対称中心をもつ二核錯体である．銅(II)イオン周りの配位環境はかなり歪んだ五配位三方両錐型（$\tau=0.45$）であり，equatorial 面は dmbpy の窒素（N2），bmpp の酸素（O1）およびメタノールの酸素（O5）に占有され，axial 位は dmbpy の窒素（N1）および bmpp の酸素（O2）に占有されている．ホスフィナトの架橋モードを決定するため，[O1, P1, O2A 面/O2A, O1, Cu1 面]および[O1, P1, O2A 面/O2A, O1, Cu1A 面]の二面角 δ が求められた結果，Cu1 に対して $\delta=82.7°$，Cu1A に対して $\delta=158.5°$ が得られ，架橋モードは syn-anti 型に帰属されている．

また，この錯体は 2～300 K の温度範囲で磁化率測定が行われ，銅(II)イオン間に非常に弱い反強磁性的相互作用が観測された．$S=1/2$ スピンの二核錯体に適用される Bleany-Bowers 式を用いて磁化率の解析を行った結果，$J=-0.35\,\mathrm{cm}^{-1}$，$g=2.12$ が得られている．

【関連錯体の紹介およびトピックス】この錯体の他に，硝酸イオンによる架橋を含むホスフィナト二重架橋二核銅(II)錯体（[Cu$_2$(NO$_3$)(bmpp)$_2$(dmbpy)$_2$]NO$_3$·H$_2$O）も報告されており，$J=-9.6\,\mathrm{cm}^{-1}$ が得られている．J 値に大きな差があるが，この錯体では，ホスフィナトの架橋モードが syn-syn 型であることが大きな要因であると考えられる．このような架橋モードと磁気的性質の相互関係は，カルボキシラトと類似している．

また，ホスフィナトで架橋された二核金属錯体は，この他にオキソバナジウム(IV)，マンガン(II)およびニッケル(II)で合成され，いずれも金属イオン間で反強磁性的相互作用を示している[2]．反応性について研究した例もあり，その中でもホスフィナト三重架橋二核オキソバナジウム(IV)錯体は酸化触媒として，アルコールの酸素分子によるアルデヒドへの酸化反応に用いられ，高い反応収率が得られている[3]．　【時井　直】

【参考文献】
1) T. Tokii *et al.*, *Chem. Lett.*, **2004**, *33*, 1606.
2) a) T. Tokii *et al.*, *Mol. Cryst. Liq. Cryst.*, **2002**, *376*, 365; b) A. J. Tasiopoulos *et al.*, *Polyhedron*, **2003**, *22*, 133; c) M. D. Santana *et al.*, *Chem. Eur. J.*, **2004**, *10*, 1738.
3) T. Tokii *et al.*, *Inorg. Chem. Commun.*, **2003**, *6*, 374.

$Cu_2N_4O_6$

【名称】$[Cu_2(ox)(H_2O)_2(tmen)_2](ClO_4)_2$: tmen = N,N,N',N'-tetramethylethylenediamine

【背景】シュウ酸イオン $C_2O_4^{2-}$（オキサラト，ox^{2-}）で架橋した二核銅(II)錯体は，銅(II)イオン間距離が比較的離れているにもかかわらず，強い反強磁性的相互作用を示す場合がある．もちろん，弱い反強磁性的相互作用を示す場合もあり，また，逆に強磁性的相互作用を示す場合もある．このような磁気的相互作用の相違は銅(II)イオン周りの配位環境に大きく依存していることが示されている．このオキサラト架橋錯体[{Cu(tmen)(H_2O)}_2ox](ClO_4)_2 は，銅の磁気軌道と架橋したオキサラトの軌道の重なりが大きく，強い反強磁性的相互作用が観測された錯体である[1]．

【調製法】過塩素酸銅(II)の水溶液に，tmenの水溶液を加える．この混合溶液にシュウ酸リチウムの水溶液を加えてろ過し，ろ液をゆっくり濃縮することで得られる．

【性質・構造・機能・意義】この錯体は，銅(II)イオン間が ox^{2-} に架橋された対称中心をもつ二核の錯体である．銅(II)イオン周りの配位環境は五配位四角錐型であり，axial 位は水の酸素原子に占有され，equatorial 面は tmen の2つの窒素原子と ox^{2-} の2つの酸素原子に占有されている．2つの銅(II)イオンのequatorial 面と ox^{2-} はほぼ同一平面上に位置している．Cu⋯Cu間距離は 5.15 Å と離れている．ox^{2-} の C–C 結合距離は 1.54 Å で単結合を，C–O 平均結合距離は 1.24 Å で二重結合をそれぞれ示している．この錯体は銅(II)イオン間に強い反強磁性的相互作用（$J=-192.7\,cm^{-1}$）を示している．axial 位の水分子を 2-メチルイミダゾール（2-MeIm）で置換した $[\{Cu(tmen)(2\text{-}MeIm)\}_2ox](ClO_4)_2$ では，2-MeIm は銅(II)イオンの equatorial 面に配位しており，ox^{2-} の酸素原子の1つが axial 位に配位して銅(II)イオン周りの配位環境は同じく五配位四角錐型であるが，この錯体は弱い反強磁性的相互作用（$J=-6.9\,cm^{-1}$）を示している．このことから，銅(II)の磁気軌道と ox^{2-} の軌道との関係が磁気的性質に深くかかわっていることが示されている．

【関連錯体の紹介およびトピックス】ox^{2-} の4つの酸素原子が硫黄原子に置き換わった tox^{2-}（チオオキサラト）で架橋した錯体 $(AsPh_4)_2[\{Cu(C_3OS_4)\}_2tox]$ （$C_3OS_4^{2-}$ = 2-oxo-1,3-dithiole-4,5-dithiolate）[2] では，銅(II)の配位環境は平面構造からかなり歪んでおり（二面角 28.3°），磁気交換にとっては不利になると予想される．しかしながら，実際にはスピンは強く相互作用して，室温でもほぼ反磁性となる．このように ox^{2-} に比べ tox^{2-} が強い反強磁性的相互作用を示すのは，硫黄原子の 3s および 3p 軌道は酸素原子の 2s および 2p 軌道に比べて高いエネルギーにあるので，磁気軌道である銅(II)の d_{xy} 軌道と tox^{2-} の HOMO の重なりが有効になるためと考えられている．このような軌道のエネルギーの順序を考慮すると，相互作用の強さは $ox^{2-} < oxd^{2-}$（オキサミド）$< toxd^{2-}$（ジチオオキサミド）$< tox^{2-}$ であると予想された．実際に oxd^{2-} または $toxd^{2-}$ が架橋した二核銅(II)錯体が合成され，oxd錯体に比べ，toxd錯体が強い反強磁性的相互作用を示すことが明らかにされている[3]．

【時井 直】

【参考文献】
1) O. Kahn et al., *Inorg. Chem.*, **1984**, *23*, 3808.
2) R. Vicente et al., *Inorg. Chem.*, **1987**, *26*, 4004.
3) H. Ōkawa et al., *J. Chem. Soc., Dalton Trans.*, **1990**, 1383.

Cu$_2$N$_4$P$_4$

光触

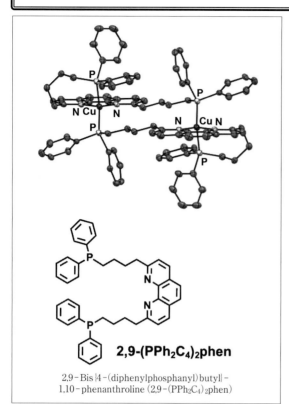

2,9-Bis[4-(diphenylphosphanyl)butyl]-1,10-phenanthroline (2,9-(PPh$_2$C$_4$)$_2$phen)

【名称】dimeric copper(I) phenanthroline phosphine complex: [Cu$_2$|2,9-(PPh$_2$C$_4$)$_2$phen|$_2$](PF$_6$)$_2$ (Cu$_2$C$_{88}$H$_{42}$N$_4$P$_4$)

【背景】強発光性を示すことで知られるヘテロレプティック型Cu(I)フェナントロリン錯体の一種で，CO$_2$還元光触媒反応における効率のよいレドックス光増感剤として用いられる．フェナントロリン(phen)配位子と，リン配位子とをアルキル鎖で連結したP^N^N^P型四座の2,9-(PPh$_2$C$_4$)$_2$phenを配位子とすることで溶液中での安定性が改善されている．

【調製法】2,9-(PPh$_2$C$_4$)$_2$phen配位子をCu^{I}イオンとともに有機溶媒中で室温撹拌することで得られる．

【性質・構造・機能・意義】一分子中に，2つのCu原子と2つの2,9-(PPh$_2$C$_4$)$_2$phen配位子が含まれる．各Cu中心に対して，1つの2,9-(PPh$_2$C$_4$)$_2$phenがP^N^Nの3座で配位し，残る1つのP原子が他方のCu中心に架橋配位した対称型の二核錯体を形成している．各Cuユニットは，一般的なヘテロレプティック型Cu^{I}錯体と同様の四面体型四配位構造を有する（単結晶中NCuN平面とPCuP平面のなす角は87.1°）．CD$_3$CN中室温において，これら2種のP配位子は熱的に交換している（k_{ex}=40 s^{-1}, $\Delta G^{\neq}$=15 kJ mol^{-1} (22℃)）．

黄色い粉末で，紫外可視吸収スペクトルでは，可視域にかかる330～450 nmに，Cu^{I}中心からphen配位子への電荷移動遷移に帰属される中程度の^{1}MLCT吸収帯（一重項 metal-to-ligand charge transfer，吸収極大380 nm，モル吸光係数5000 M^{-1}s^{-1}）を示す．

室温溶液中光励起により，特に非配位性有機溶媒中において，600 nm付近に極大をもった強い発光を示す（量子収率0.17，励起寿命11 μs）．最低励起状態は^{3}MLCT状態であるため，Cu中心が$d9$電子配置に近づくことから，励起状態ではJahn-Teller効果により平面四配位構造をとりやすい．多くのCu(I)錯体では，こうした構造変化により励起状態失活するが，本錯体では，phen配位子上2,9位への置換基導入に伴う立体障害により構造変化が抑制されるため長寿命励起状態が維持される．アセトニトリルといった配位性溶媒中では，励起状態のCu中心へ溶媒分子が配位することにより励起状態が消光されるため非配位性溶媒中に比べ発光強度は減少する（量子収率0.04，励起寿命4 μs）．発光の由来は，他のヘテロレプティック型Cu^{I}フェナントロリン錯体と同様，最低励起状態である^{3}MLCTから熱的に^{1}MLCT励起状態へと遷移してから起こる"遅延蛍光"に帰属される．

励起状態は，還元剤により還元的消光を受けるため，還元剤共存下での光照射により還元剤から電子を獲得し，Cu錯体一電子還元種を効率よく生成する．獲得した電子を，共存させた触媒分子種へと供給することで光触媒反応のレドックス光増感剤としてはたらく．このとき，一電子還元種は多座配位子により安定化されることで有利にはたらく．

フェナントロリン配位子の4,7位にフェニル基を導入した同型のCu^{I}錯体でも同様の性質を示すが，特に一電子還元種がさらに安定化されるため，光レドックス光増感剤としての効率が向上する．こうした理由から，光触媒反応では4,7位にフェニル基を導入したCu^{I}錯体が用いられる．

Cu^{I}錯体の一電子目の酸化還元電位$E_{1/2}$ (Cu^I-phen/Cu^I-phen$^{\cdot-}$)は約−2.0 V (vs. Ag/AgNO$_3$)であるため，同様のレドックス光増感剤として用いられる汎用のRu^{II}(bpy)$_3$(PF$_6$)$_2$ (bpy=2,2′-bipyridine)の$E_{1/2}$ (Ru^{II}-bpy/Ru^{II}-bpy$^{\cdot-}$)=−1.7 V (vs. Ag/AgNO$_3$)と比べて，一電子還元状態の電子供与能が高い． 【竹田浩之・石谷　治】

【参考文献】
1) O. Ishitani *et al.*, *J. Am. Chem. Soc.*, **2016**, *138*, 4354.
2) O. Ishitani *et al.*, *J. Am. Chem. Soc.*, **2018**, *140*, 17241.

Cu$_2$N$_6$

【名称】bis(6-([(1*S*)-*endo*]-(−)-Bornyloxy)-6″-methyl-2,2′:6′,2″-terpyridine)dicopper(I)hexafluorophosphate

【背景】キラルを配位子に導入し，ジアステレオ選択的に二重らせんをもつ錯体を得るために合成された．

【調製法】[Cu(CH$_3$CN)$_4$](PF$_6$)を脱気したアセトニトリルまたはメタノールに溶かし，等モルの配位子をアルゴン下で加える．5〜10分超音波にあて，セライトろ過すると赤橙色の溶液になる．溶液を濃縮しジエチルエーテルを拡散すると本錯体が得られる[1]．

【性質・構造・機能・意義】本錯体は，2つの配位子と2つのCu(I)からなる二重らせん構造である．らせんはM配置をとっている．配位子がR体の場合，錯体はP配置のらせんとなる．2つの配位子はhead-to-tail型構造をとっている．Cu…Cu距離は2.688Å，Cuとterpyridineの外側のpyridine環のCu-N距離は1.947(3)，1.940(3) Åであるが，真ん中のピリジン環のCu-N距離は2.431(2)および2.317(3) Åで長い．^{1}H NMRスペクトルでは，本錯体は2〜3時間は，錯体構造に変化はなく安定に存在している．

【関連錯体の紹介およびトピックス】Ag(I)錯体は，Ag(O$_2$CCH$_3$)と等モルの配位子との反応で得られる[1]．2つのAgは二配位構造をとっている（N-Ag-N *ca.* 172°；Ag-N 2.153〜2.165 Å）．Cu(I)二重らせん錯体は，アルケンの非対称シクロプロパン合成の触媒となることが報告されている[2]．

【吉村　崇】

【参考文献】
1) G. Baum *et al., J. Chem. Soc., Dalton Trans.*, **2000**, 945.
2) C.-T. Yeng *et al., Chem. Commun.*, **2007**, 5203.

Cu$_2$N$_6$O$_2$

生

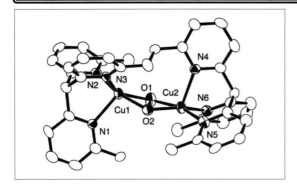

【名称】|1,2-bis[6-bis(6-methyl-2-pyridyl)-methyl-2-pyridyl]ethane|(μ-η^2:η^2-peroxodicopper(II))X ([Cu$_2$(6-Me-hexpy)(O$_2$)]X$_2$, X＝ClO$_4$, PF$_6$, OTf)

【背景】ヘモシアニン(Hc)は，軟体動物や節足動物の酸素運搬タンパク質で，活性中心に二核銅をもち，deoxyHc の Cu(I)$_2$ に酸素分子が結合し，oxyHc が生じる[1,2]．北島らはヒドロトリスピラゾリルボレート(HB(3,5-R$_2$pz)$_3$)配位子の μ-η^2:η^2-peroxo 二核銅(II)錯体を合成し，oxyHcの構造を明らかにした[3]．しかし，この錯体は酸素分子の可逆的結合機能をもたない．ここに記す 6-Me-hexpy 配位子の μ-η^2:η^2-peroxo 二核銅(II)錯体[Cu$_2$(6-Me-hexpy)(O$_2$)]X$_2$ は溶液中室温付近で安定であり，酸素分子の可逆的結合を再現した[4]．

【調製法】6-Me-hexpy は 1,2-di(2-bromo-6-pyridyl)ethane と di(6-methylpyridyl)methane から合成される．μ-η^2:η^2-peroxo 二核銅(II)錯体[Cu$_2$(6-Me-hexpy)(O$_2$)]X$_2$ は 6-Me-hexpy と [Cu(MeCN)$_4$]X から二核銅(I)錯体を合成し，次に CH$_2$Cl$_2$ 中で酸素と反応させて得られ，二核銅(II)錯体[Cu$_2$(6-Me-hexpy)(OH)$_2$]X$_2$ と H$_2$O$_2$ の反応からも得られる．

【性質・構造・機能・意義】6-Me-hexpy の μ-η^2:η^2-peroxo 二核銅(II)錯体は，CH$_2$Cl$_2$ 中，室温で安定であり，25℃での半減期は 25 時間である．溶液は紫色で，UV-vis スペクトルは，μ-η^2:η^2-peroxo 二核銅(II)錯体に特徴的な 360 nm (ε＝24700 M^{-1} cm^{-1}) と 532 nm (ε＝1530 M^{-1} cm^{-1}) の peroxo 酸素から Cu^{2+} への LMCT バンドを示す．共鳴ラマンスペクトルはアセトン中25℃で 760 cm^{-1} に特徴的な O-O 伸縮振動バンドを示す．本錯体は反磁性で，ESR は silent，^{1}H NMR は d$_6$-アセトン中で 3.18～8.27 ppm の範囲にすべてのシグナルが観測される．ESI MS スペクトル(CH$_2$Cl$_2$中)は，m/z 881 に |[Cu$_2$(6-Me-hexpy)(O$_2$)](PF$_6$)|$^+$ を主ピークとして示す．

本錯体の結晶構造は HB(3,5-R$_2$pz)$_3$ の μ-η^2:η^2-peroxo 二核銅(II)錯体の構造と類似している．しかし，本錯体は2つの三座部位を共有結合でつないだ 6-Me-hexpy 配位子をもつため，銅-銅間距離 3.477 Å は HB(3,5-R$_2$pz)$_3$ の錯体の 3.560 Å より短く，O-O 結合距離は 1.485 Å と後者の 1.412 Å より長い．銅の配位構造は，本錯体の τ 値が 0.29，0.11 であり，後者の 0.01 より大きく歪んだ四角錐構造である．

本錯体では，6-Me-hexpy 配位子が μ-η^2:η^2-peroxo の熱的安定性を高めるとともに，銅周りの配位構造に歪みを生じさせている．配位構造の歪みは oxyHc でも見られ，酸素分子の可逆的結合に有利にはたらく可能性がある．実際に本錯体は，酸素分子を可逆的に結合する．本錯体の MeCN/CH$_2$Cl$_2$ (0.001：3, v/v) 溶液を脱気した後に加熱すると酸素分子を放出して二核銅(I)錯体[Cu$_2$(6-Me-hexpy)(MeCN)$_2$]X$_2$ が生じ，これに酸素を吹き込むと μ-η^2:η^2-peroxo 錯体が再生される．この操作を3回繰り返しても分解は30%以下である．これは oxyHc モデルの μ-η^2:η^2-peroxo 錯体で酸素分子の可逆的結合を行った最初の例である．

【関連錯体の紹介およびトピックス】酸素分子の可逆的結合能の向上を目指し，銅の配位構造を歪ませるために 6-Me-hexpy 配位子の2つの bridgehead 部位をメチル化した Me-6-Me-hexpy 配位子が合成された[5]．これを用い，μ-η^2:η^2-peroxo 二核銅錯体が合成され，その結晶構造(図1)が決定された．配位子のメチル化により銅の配位構造にわずかではあるが明確な差異が生じ，Cu-O 結合が長くなった．この錯体では，μ-η^2:η^2-peroxo 錯体の生成およびその逆反応が加速され，酸素分子の可逆的結合が容易になった．これにより，Me-6-Me-hexpy の二核銅(I)錯体は，CH$_2$Cl$_2$ 中で O$_2$ と CO のガス交換だけで μ-η^2:η^2-peroxo 錯体と CO 錯体を完全に可逆的に生成する．

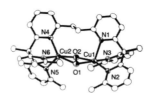

図1 Me-6-Me-hexpy 配位子の μ-η^2:η^2-peroxo 二核銅錯体の ORTEP 図

【小寺政人】

【参考文献】
1) K. A. Magnus *et al.*, *Chem. Rev.*, **1994**, *94*, 727.
2) E. I. Solomon *et al.*, *Chem. Rev.*, **1996**, *96*, 2239.
3) N. Kitajima *et al.*, *Chem. Rev.*, **1994**, *94*, 737.
4) M. Kodera *et al.*, *J. Am. Chem. Soc.*, **1999**, *121*, 11006.
5) M. Kodera *et al.*, *Angew. Chem. Int. Ed.*, **2004**, *43*, 334.

$Cu_2N_6O_2$

生

[構造式:
R = Et (-CH₂CH₃)
iBu (-CH₂CH(CH₃)₂)
Bn (-CH₂C₆H₅)

R = iPr (-CH(CH₃)₂)]

【名称】（上段）bis(μ-oxide)dicopper(III) complex: [$Cu_2(R_3TACH)_2(\mu$-O$)_2$](SbF$_6$)$_2$ (R=Et, iBu, Bn) （下段）μ-η^2:η^2-peroxidedicopper(II) complex: [$Cu_2(R_3TACH)_2(\mu$-O$)_2$](SbF$_6$)$_2$ (R=iPr) R$_3$TACH: N,N',N''-tri-R-cis,cis-1,3,5-triaminocyclohexane (R=Et, iPr, iBu, Bn)

【背景】二核銅錯体の酸素付加体であるペルオキソ錯体やビス(μ-オキソ)錯体については，二核銅タンパク質のヘモシアニン(Hc)やチロシナーゼ(Tyr)の活性中間体として，以前から盛んに研究されてきた．しかし，これらの酸素活性種は平衡混合物であるため，それぞれを明確に区別して議論することが困難であった．本錯体で用いられている配位子の骨格は，ビス(μ-オキソ)錯体を優先的に形成するものであるが，配位原子周辺の立体障害を制御することにより，2つの酸素付加体を立体障害のみで完全に作り分けることに成功した．また，外部基質との反応性においても，反応性の違いを明確に区別することに成功した[1,2]．

【調製法】不活性ガス雰囲気下，前駆体である単核銅(I)錯体[Cu(R$_3$TACH)MeCN]SbF$_6$ (R=Et, iBu, Bn, iPr)の溶液を-90℃付近まで冷却したあと，酸素をバブリングすることによって得ることができる．

【性質・構造・機能・意義】置換基にEt, iBu, Bn基を有するCu(I)錯体からはビス(μ-オキソ)二核銅(III)錯体が生成する．これらは308～320 nm (ε=15000～17000 M^{-1}cm^{-1})および408～413 nm (ε=18000～20000 M^{-1}cm^{-1})に特徴的な吸収バンドを示し，553～585 cm^{-1}にCu-O伸縮振動を示す[1]．一方，置換基にiPr基を有するCu(I)錯体からはμ-η^2:η^2-ペルオキソ二核銅(II)錯体が生成し，362 nm (ε=20000 M^{-1}cm^{-1})および526 nm (ε=1400 M^{-1}cm^{-1})に特徴的な吸収帯を示すとともに，757 cm^{-1}に架橋ペルオキソイオンに特徴的なO-O伸縮振動を示す．さらに，2つの銅(II)イオン間に強い反強磁性相互作用がはたらいているためESRスペクトルはサイレントである[2]．これらの2種類の酸素付加体を2,4-ジ-tert-ブチルフェノラートと反応させると，μ-η^2:η^2-ペルオキソ錯体からはo-キノンが得られるが，ビス(μ-オキソ)錯体から酸化生成物は得られない[1,2]．この反応性の差異は，アミンに隣接する置換基の立体障害によるものであり，置換基にiPr基を有するものでは，2つの金属どうしがビス(μ-オキソ)二核銅錯体を形成するのに必要な距離まで近づくことができず，ビス(μ-オキソ)錯体が形成できなくなっている．

【関連錯体の紹介およびトピックス】二核銅酸素錯体に関する研究は活発に行われており，これまでに数多くの銅-酸素活性種の構造や反応性について報告されている[3-5]．ここでは，チロシナーゼ活性の検討をした銅錯体の例として，Stackらのグループによって報告された例を紹介する．N,N'-di-tert-butylethylenediamineを配位子とした単核銅(I)錯体は酸素と反応してμ-η^2:η^2ペルオキソ銅(II)錯体を形成するが，これに外部基質である2,4-di-tert-butyllphenolateを反応させると，一方の銅(II)イオンの平面位に基質であるフェノラートが配位し，ビス(μ-オキソ)二核銅(III)錯体を形成した後，フェノラートへの酸素添加が進む．この報告はTyr活性における真の活性種を議論するうえで大変ユニークである[6]．

【梶田裕二】

【参考文献】
1) Y. Kajita et al., Inorg. Chem., **2007**, 46, 3322.
2) J. Matsumoto et al., Eur. J. Inorg. Chem., **2012**, 4149.
3) N. Kitajima et al., Chem. Rev., **1994**, 94, 737.
4) L. M. Mirica et al., Chem. Rev., **2004**, 104, 1013.
5) E. A. Lewis et al., Chem. Rev., **2004**, 104, 1047.
6) L. M. Mirica et al., Science, **2005**, 308, 1890.

$Cu_2N_6O_2$

生

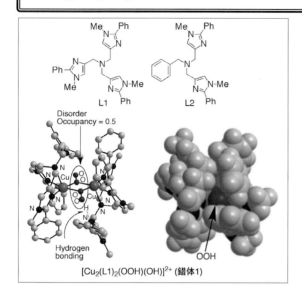

$[Cu_2(L1)_2(OOH)(OH)]^{2+}$（錯体1）

【名称】bis[tris{(1-methyl-2-phenyl-1H-imidazol-4-yl)methyl}amine](μ-hydroxo)(μ-hydroperoxo)dicopper(II) ion: $([Cu_2(L1)_2(OOH)(OH)]^{2+}$ (**1**)[1]

【背景】μ-1,1-OOH二核銅(II)錯体**1**は生体系に見られる様々な二核および多核銅酸化酵素の活性中心の分光学的特性や反応性を調べるためのモデル錯体で，{Cu_2(μ-1,1-OOH)(μ-OH)}構造が明らかとなったはじめての錯体である[1]．架橋OOH^-基を安定化する疎水性キャビティの効果や，その近傍にあるメチレンおよびフェニル基に対する架橋OOH^-基の酸化反応性が調べられている．その結果，配位子のメチレン基の水素引き抜き反応が見いだされている．

【調製法】錯体**1**は，$[Cu_2(OH)_2(L1)_2]^{2+}$（錯体**2**）の-40℃のアセトニトリル溶液と，40当量の過酸化水素との反応で得られる[1]．

【性質・構造・機能・意義】錯体**1**は，{Cu_2(μ-1,1-OOH)(μ-OH)}コアをもつが，X線結晶構造解析では，OOH基とOH基は50％の占有率で平均化しており，詳細な結合距離や角度は得られていない．しかし，構造的特徴は明瞭で，配位子L1はtripod型の四座配位子であるが，立体的にかさ高いフェニルイミダゾリル基により1つのアームは配位せず，三座配位子として作用している．その結果，配位していないイミダゾリル基の窒素は架橋OOH基およびOH基と水素結合して{Cu_2(μ-1,1-OOH)(μ-OH)}コアを囲む疎水性キャビティを作っている．一方，図に示した疎水性キャビティを作らない配位子L2でも架橋μ-1,1-OOH錯体$[Cu_2(L2)_2(OOH)(OH)]^{2+}$（錯体**3**）が得られるが，錯体**1**に比べて熱的に不安定である．錯体**1**は，356 nm

(ε=6300 M^{-1} cm^{-1})と$\sim$580 nm(ε=240 M^{-1} cm^{-1})に，それぞれOOH基からd軌道への電荷移動遷移（LMCT）とd-d遷移をもっている．また，868 cm^{-1}にペルオキソ基のO-O伸縮振動が観測されている．

錯体**1**のOH基と外部D_2Oおよび$H_2^{18}O$水とのH/Dおよび$^{16}O/^{18}O$交換で，OH基のH/D交換は錯体**2**のH/D交換と同様に速いが，$^{16}O/^{18}O$交換は錯体**2**の交換に比べて非常に遅く，錯体**1**の疎水的環境はOOH基の結合の安定化とともに，OH基の酸素の交換も遅くしている．これにより錯体**1**の{Cu_2(μ-1,1-OOH)(OH)}コアは，疎水性キャビティをもたない錯体**2**に比べて0℃で約100倍程度安定となっている．

これまでキシリルリンカーをもつμ-1,1-OOH二核銅(II)（$[Cu_2(L3)(\mu-1,1-OOH)]^{3+}$（錯体**4**, L3=1,5-bis[bis(2-pyridylethyl)amino]methyl)benzene））と推定されている錯体で，キシリル基の芳香環の水酸化反応が見いだされている[2]．ただしこの水酸化反応ではもう1分子の$[Cu_2(L3)]^{4+}$錯体の関与が示唆されている．一方，錯体**1**は右のスキームに示したようにOOH基の近傍に酸化反応のプローブとなるフェニル基とメチレン基の両方をもっており酸化反応性が調べられている．

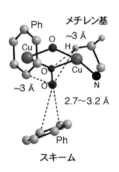

スキーム

一般に，アレーン類の水酸化は求電子的反応で，アルカン類の水素引き抜き反応はラジカル的反応と推定されている．錯体**1**の60℃での固体状態での自己分解反応では，上記OOH錯体**4**とは異なり配位子L1のメチレン基が約80％の収率で水酸化され，{$Cu(II)_2$(μ-1,1-OOH)}コアは多様な酸化反応性をもつことが見いだされている．ただし，アセトニトリル中，0℃での自己分解反応では，配位子の酸化はほとんど起こらないことが見いだされている．

【関連錯体の紹介およびトピックス】二核{$Cu(II)_2$(μ-1,1-OOH)}型錯体の分光学的性質が詳しく調べられている[3]．

【鈴木正樹】

【参考文献】
1) M. Suzuki *et al.*, *J. Am. Chem. Soc.*, **2005**, *127*, 5212.
2) a) K. D. Karlin *et al.*, *J. Am. Chem. Soc.*, **1988**, *110*, 5020; b) L. Casella *et al.*, *J. Am. Chem. Soc.*, **2003**, *125*, 4185.
3) E. I. Solomon *et al.*, *Inorg. Chem.*, **1998**, *37*, 4838.

$Cu_2N_6O_2$

生

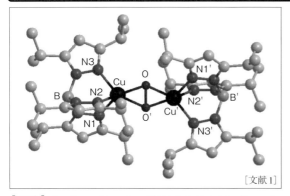

[文献1]

【名称】[μ-(peroxido-κO:κO')]bis[tris[3,5-bis-(1-methylethyl)pyrazol-1-yl-κN^2]hydroborato(1-)]dicopper(II):([{Cu(HB(3,5-i-Pr$_2$pz)$_3$)}$_2$(μ-O$_2$)])

【背景】生体内には，空気中の酸素分子を細胞内まで運ぶ酸素運搬体が存在する．その中にイカ，タコなどの軟体動物やカニ，エビ，カブトガニなどの節足動物には，酸素運搬体として血リンパ中に存在する，銅を含むヘモシアニン(Hc, hemocyanin)がある．ヘモシアニンはいくつかのサブユニットからなる巨大タンパク質で構成されている．1984年に節足動物の還元型ヘモシアニン(deoxy-Hc)のX線構造解析がなされ，2つのCu(I)イオンが3.7±0.3Å離れて存在し，それぞれ3つのヒスチジン残基由来のイミダゾール窒素が配位していることが知られていた．還元型ヘモシアニンに酸素を作用させると酸化されCu(II)状態になる．生成した酸化型ヘモシアニン(oxy-Hc)は，Cu(II)にもかかわらず反磁性を示すこと($-2J>600\,cm^{-1}$)，350 nmと550 nm付近に特徴的な吸収帯を示すことが明らかとなっていた．また，非対称標識同位体酸素 $^{16}O-^{18}O$ を用いた共鳴ラマンスペクトル測定により，酸素は二電子還元され銅に対し等価に結合していること，EXAFSの測定により銅と銅の間は約3.6Å離れていることが明らかとなっていた．この情報をもとに，様々な配位子を用いてCu(I)錯体を合成し，上記の性質を満足するペルオキソCu(II)錯体の合成が活発に行われた[1-4]．その中で天然のHcの構造情報を満足する結果が得られたのは北島らの本錯体であった[3]．

【調製法】配位子 HB(3,5-i-Pr$_2$pz)$_3$ のカリウム塩と塩化銅(I)(Cu^{I}Cl)をアセトン中で1時間反応させ，セライトろ過により脱塩後，-50℃で酸素分子と反応させることで得られる．冷却した塩化メチレン溶液から単結晶が得られる．同様の錯体の結晶は，架橋ビスヒドロキソ銅(II)錯体([{Cu(HB(3,5-i-Pr$_2$pz)$_3$)}(μ-OH)]$_2$)と過酸化水素とを-20℃以下で反応させることによっても得られる[1,3]．

【性質・構造・機能・意義】紫外可視吸収スペクトルで551 nm($\varepsilon=790\,M^{-1}cm^{-1}$)と349 nm($\varepsilon=21000\,M^{-1}cm^{-1}$)に特徴的な電荷移動吸収帯が見られる．-10℃での ^1H NMRスペクトルより，この温度で反磁性であった．514.5 nmを励起波長とする共鳴ラマンスペクトルにより，741 cm^{-1}($\nu(^{16}O-^{16}O)$)にラマンピークが得られ，同位体酸素を用いることにより，719 cm^{-1}($\nu(^{16}O-^{18}O)$)および 698 cm^{-1}($\nu(^{18}O-^{18}O)$)へとシフトした．これらのシフト幅は計算値とよく一致し，線幅の比較から酸素は2つの銅に対称的にペルオキソイオンとして架橋配位していることがわかった．錯体の構造は最終的にX線構造解析によって決定した．全体的な構造は，酸素-酸素($O-O'$)の中点を対称心とする二核構造であり，1つの銅に着目すると1つのピラゾール窒素(N2)を頂点とする四角錐構造である．酸素-酸素間の距離は1.412(12)Å，銅-銅間は3.560(3)Åである．得られた架橋ペルオキソ錯体は，酸化型ヘモシアニンの性質を全て満足していたことから，酸化型ヘモシアニンの酸素結合様式は，μ-η^2:η^2であると結論された[1-3]．

【関連錯体の紹介およびトピックス】世界ではじめての銅(II)-酸素錯体の構造決定例は，Karlinらによるトランス型架橋ペルオキソ錯体([{Cu(tpa)}$_2$(μ-O$_2$)](tpa: tris{(2-pyridyl)-methyl}amine)])が知られている[4]．しかし，その分光学的性質はヘモシアニンとは大きく異なる．このヘモシアニンと同様な酸素中間体を形成するタンパク質としては，他にチロシナーゼ，カテコールオキシダーゼなどが知られている．

【藤澤清史】

【参考文献】
1) N. Kitajima *et al., J. Am. Chem. Soc.*, **1992**, *114*, 1277.
2) E. I. Solomon *et al, J. Am. Chem. Soc.*, **1992**, *114*, 10421.
3) N. Kitajima *et al., J. Am. Chem. Soc.*, **1989**, *111*, 8975.
4) K. D. Karlin *et al., J. Am. Chem. Soc.*, **1988**, *110*, 3690.

$Cu_2N_6O_2$

生

【名称】($\mu\text{-}\eta^2:\eta^2\text{-peroxo}$)bis(1,4,7-triisopropyl-1,4,7-triazacyclononane)dicopper(II,II)([$Cu_2(L^{iPr3})_2(O_2)$]$^{2+}$: 錯体1), bis(μ-oxo)bis(1,4,7-tri-isopropyl-1,4,7-triazacyclononane)dicopper(III,III)([$Cu_2(L^{iPr3})_2(O)_2$]$^{2+}$: 錯体2)および bis(μ-oxo)bis(1,4,7-tribenzyl-1,4,7-triazacyclononane)dicopper(III,III)([$Cu_2(L^{Bn3})_2(O)_2$]$^{2+}$: 錯体3)[1,2]

【背景】錯体1〜3は二核銅を含む酸素運搬タンパク質であるヘモシアニンや酸化酵素のモデルとして合成された.その合成過程において,すでに知られていた $\mu\text{-}\eta^2:\eta^2\text{-peroxoCu(II)}_2$ 錯体1に加えて,ペルオキソ基がCu(II)中心により還元されて酸素-酸素結合が切れてオキソ基となり,その結果Cu(II)中心が3価に酸化された bis(μ-oxo)Cu(III)$_2$ 錯体2がはじめて見いだされている.さらに錯体1と2は溶液中で平衡にあり,酸素-酸素結合の可逆的開裂と再生を可能にしたはじめての金属錯体である.また,bis(μ-oxo)Cu(III)$_2$ 錯体は,配位子のC-H結合を活性化して酸化する能力があることが見いだされている.しかし,生体系では現在のところ bis(μ-oxo)Cu(III)$_2$ 種は見いだされていない.

【調製法】$\mu\text{-}\eta^2:\eta^2\text{-peroxoCu(II)}_2$ 錯体1と bis(μ-oxo)二核銅 bis(μ-oxo)Cu(III)$_2$ 錯体2は,L^{iPr3} と [Cu(CH$_3$CN)$_4$]$^+$ から合成された銅(I)錯体([Cu(L^{iPr3})(MeCN)]$^+$)の CH_2Cl_2 溶液およびTHF溶液に,それぞれ-78℃で酸素を通じて得られる.錯体3も同様に[Cu(L^{Bn3})(MeCN)]$^+$ の CH_2Cl_2 溶液と酸素との反応で得られる[1,2].これら bis(μ-oxo)Cu(III)錯体は低温でのみ安定で,後で述べるように室温では配位子を酸化して分解する.

【性質・構造・機能・意義】N-ベンジル置換基をもつ錯体3が bis(μ-oxo)Cu(III)$_2$ 種であることはX線結晶構造解析で確かめられている.錯体3のO⋯O距離は2.287(5) Åと長く,明らかに酸素-酸素結合が切れてオキソ基となって2つのCu(III)イオンを架橋している.また,Cu⋯Cu距離は2.794(2) Åと $\mu\text{-}\eta^2:\eta^2\text{-peroxoCu(II)}_2$ 錯体のCu⋯Cu距離(〜3.5 Å)に比べて非常に短くなっている.$\mu\text{-}\eta^2:\eta^2\text{-peroxoCu(II)}_2$ 種と bis(μ-oxo)Cu(III)$_2$ 種の相対的安定性は,配位子の立体的なかさ高さや溶媒などの様々な要因によって影響される[1,2].

$\mu\text{-}\eta^2:\eta^2\text{-peroxoCu(II)}_2$ 錯体1は,366 nm ($\varepsilon=22500$ M^{-1}cm^{-1})と510 nm ($\varepsilon=1300$ M^{-1}cm^{-1})に2つの強い吸収をもち,それらはペルオキソ基の2つのπ^*軌道から銅(II)イオンへの電荷移動遷移に帰属されている[1,2].一方,bis(μ-oxo)Cu(III)$_2$ 錯体2は 324 nm ($\varepsilon=11000$ M^{-1}cm^{-1})と448 nm ($\varepsilon=13000$ M^{-1}cm^{-1})に2つの吸収をもち,これらはオキソ基から銅(III)イオンへの電荷移動遷移(LMCT)に帰属されている.$\mu\text{-}\eta^2:\eta^2\text{-peroxoCu(II)}_2$ 錯体1のO-O伸縮振動は共鳴ラマンスペクトルで,722 cm^{-1}に観測される.一方,bis(μ-oxo)Cu(III)$_2$ 錯体2と3では Cu_2O_2 コアの振動が600 cm^{-1}付近に観測されている.

錯体2と3は配位子 L^{R3} の1つの窒素置換基(N-CH(CH$_3$)$_2$ およびN-CH$_2$Ph)のメチンおよびメチレン基の水素原子を引き抜いて酸化し,それぞれ N-脱アルキル化した配位子 L^{iPr2} とアセトンおよび L^{Bn2} とベンズアルデヒドを生成する[2].L^{Bn3} のベンジル位の水素を重水素化した配位子($L^{Bn3}\text{-}d_{21}$)の錯体([$Cu_2(L^{Bn3}\text{-}d_{21})_2(O)_2$]$^{2+}$)による酸化反応の速度論的重水素化効果(KIE)などにより酸化反応の律速段階は,オキソ基による水素原子引抜反応と推定されている.

【関連錯体の紹介およびトピックス】本研究に続いて,その他多くの bis(μ-oxo)Cu(III)$_2$ 錯体が,様々な立体化学をもつ二座,三座および四座配位子で合成されている[3].

【鈴木正樹】

【参考文献】
1) a) W. B. Tolman *et al.*, *J. Am. Chem. Soc.*, **1995**, *117*, 8865; b) W. B. Tolman *et al.*, *Science*, **1996**, *271*, 1397.
2) W. B. Tolman *et al.*, *J. Am. Chem. Soc.*, **1996**, *118*, 11575.
3) a) T. D. P. Stack *et al.*, *Chem. Rev.*, **2004**, *104*, 1013; b) W. B. Tolman *et al.*, *Chem. Rev.*, **2004**, *104*, 1047.

$Cu_2N_6O_2$

生

【名称】 sodium μ-(imidazol-1-yl-N,N')-bis[(glycylglycinato-N,N',O) cuprate(II)] hexahydrate; (Na[Cu^{II}_2-(glyglyO)$_2$(im)]·$6H_2O$)[1]

【背景】 O_2^- を O_2 と O_2^{2-} に不均化するスーパーオキソジスムターゼ（SOD）では，活性部位にMn, Fe あるいはNiを含むものは単核活性部位をもっているが，Cu(II) を含む SOD は Zn(II) も伴って複核活性部位を構成している．さらに，これら2つの金属イオンは，His残基のイミダゾールによって架橋されている．この Cu^{II}, Zn^{II}-SOD の複核金属活性部位は錯体化学的にも興味がもたれるため，種々のイミダゾール架橋錯体が合成されている．本錯体は，それらのうちでも1968年という比較的初期に合成されていたが[2]，そのX線結晶構造解析とイミダゾールを介したCu(II)–Cu(II)間相互作用の研究は，その後10年以上も経ってから報告された[1]．

【調製法】 $Cu(OH)_2$，グリシルグリシン（glygly），イミダゾール（im）のそれぞれを1 molずつ含む水溶液を，$Cu(OH)_2$が溶けなくなるまで加熱した後，溶液をろ過する．そのろ液に，少量の水に溶かした1 molのNaOHを加えると，細かい暗緑色のイミダゾール銅(II)錯体が生成する．その錯体をろ別した後，ろ液を濃縮してから冷却すると，目的の錯体が深青色の結晶として析出する[2]．

【性質・構造・機能・意義】 [Cu_2(glyglyO)$_2$(im)]$^-$錯体は，ほとんど平面構造で，架橋イミダゾール環の二回軸とほぼ一致した二回軸をもっている．2個のCuの周りには，グリシルグリシンの末端アミノN原子，脱プロトンしたアミドN原子，末端カルボキシレートO原子と架橋イミダゾールのN原子が平面4配位で結合し，2個のカルボキシレートの位置はシス型をとっている．なお，各々のCu錯体の軸方向には，上下に隣接した複核錯体分子のアミド結合のO原子が，上と下から1個ずつ3.186 Åと2.723 Åの距離で位置している．2個のCu原子の距離は5.800 Åであり，架橋イミダゾレート面と銅配位平面のなす二面角は，5.8°と10.4°である．また，スピン–スピン磁気的相互作用の大きさに関係するCu–N（イミダゾレート）–C（イミダゾレート）の角度（α）と2つのCu–N（イミダゾレート）ベクトル間の角度（θ）の値は，それぞれα=124°とθ=135°であり，CuとN（イミダゾレート）の距離は，1.891 Åと1.896 Åである．さらに，イミダゾレートの2個のN原子に挟まれたC原子とそれぞれのN原子の距離は，いずれも1.331 Åと等しいので，両者は等価なN原子である．この錯体のCu(II)–Cu(II)間の反強磁性的相互作用については，結合定数（coupling constant）が $J=-19\ cm^{-1}$ と求められている．

【関連錯体の紹介およびトピックス】 1968年の錯体合成の論文では，2つのCu(glygly)錯体を架橋しているのは，imとOHグループと推定されていたが，結晶構造解析の結果は図のようにimだけが架橋している．さらに，この錯体に類似のイミダゾレート架橋構造をもつ複核Cu(II)錯体 [Cu_2(tmdt)$_2$(μ-im)(ClO$_4$)$_2$]$^+$ （tmdt=N,N,N'',N''-tetramethyldiethylenetriamine）（Cu–Cu距離は5.935 Å）では $J=-25.8\ cm^{-1}$ であり[3]，Cu^{II}, Zn^{II}-SOD の活性部位構造と関連して興味がもたれる．すなわち，Cu^{II}, Zn^{II}-SOD の Zn(II) を Cu(II) イオンに置換した Cu^{II}, Cu^{II}-SOD では $J=-26\ cm^{-1}$ であり，これらのモデル錯体と類似した反強磁性的相互作用を示している[4]．なお，X線結晶構造解析によると，Cu^{II}, Cu^{II}-SOD のCu–Cu距離は6.14 Å（protein data bank code 1e9o），Cu^{II}, Zn^{II}-SOD のCu–Zn距離は6.1〜6.6 Åであり[5]，いずれのイミダゾール架橋複核Cu(II)錯体のCu–Cu距離よりも長い．

【鈴木晋一郎】

参考文献
1) K. Matsumoto et al., *J. Chem. Soc. Dalton*, **1981**, 2045.
2) R. Driver et al., *Aust. J. Chem.*, **1968**, *21*, 671.
3) C. O'Young et al., *J. Am. Chem. Soc.*, **1978**, *100*, 7291.
4) J. A. Fee et al., *Biochim. Biophys. Acta*, **1975**, *400*, 439.
5) M. A. Hough et al., *J. Mol. Biol.*, **1999**, *287*, 579.

$Cu_2N_6O_4$

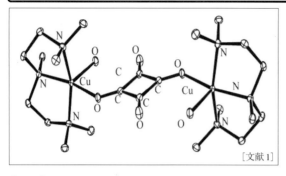

[文献1]

【名称】 μ–squarato–diaquabis(1,1,4,7,7-pentamethyl-1,4,7-triazaheptane)dicopper(II) perchlorate: $[Cu_2(squa)(H_2O)_2(Me_5dien)_2](ClO_4)_2$

【背景】 スクアリン酸(squaric acid=3,4-dihydroxy-3-cyclobutene-1,2-dione)イオンは金属イオン間を $\mu_{1,2}$, $\mu_{1,3}$, $\mu_{1,2,3}$, $\mu_{1,2,3,4}$ の4つの方法で架橋することが知られており,高い対称性や4つのC-O結合に局在化したπ電子があるという特徴をもつ.これまでの研究で,スクアラト架橋二核銅(II)錯体の磁気的性質は $\mu_{1,2}$ で $|J|=10.3\sim 26.4\,cm^{-1}$, $\mu_{1,3}$ で $|J|=0\sim 8.6\,cm^{-1}$ が得られている.この錯体は,さらにスクアラト架橋錯体の特性を明らかにするため,3座の配位子 Me_5dien を用いてスクアラト架橋二核銅(II)錯体を合成したものである[1].

【調製法】 配位子スクアラトのナトリウム塩 $Na_2C_4O_4$ は,水溶液中でスクアリン酸 $H_2C_4O_4$ と NaOH を反応させ,反応溶液をゆっくりと濃縮することで得られる.錯体は過塩素酸銅(II)6水和物と Me_5dien の水溶液に $Na_2C_4O_4$ の水溶液をゆっくり加え,加熱しながら反応させて室温で放置することで暗緑色針状結晶として得られる.結晶はエタノールとエーテルで洗い,空気中で乾燥する.

【性質・構造・機能・意義】 この錯体はX線構造解析により結晶構造が明らかにされており,銅(II)イオン間がスクアラトで架橋された対称中心をもつ二核錯体である.スクアラトはそれぞれの銅(II)イオンに対して trans ($\mu_{1,3}$) で架橋している.銅(II)イオン周りの配位環境は歪んだ五配位四角錐型 ($\tau=0.11$) であり,equatorial 面は Me_5dien の3つの窒素(N1, N2, N3)とスクアラトの酸素(O1)に占有され,apical 位は水の酸素(O3)に占有されている.equatorial 位の4つの原子とCu1との結合距離は $1.973(2)\sim 2.058(2)$ Å であり,apical 位の O3-Cu1 距離はそれらより長く,$2.210(2)$ Å である.Cu(II)イオンは equatorial 面から 0.330 Å 浮き上がっている.結合角 Cu1-O1-C1 は $135.0(2)°$ であり,Ni(II)錯体のそれに比べて大きい.分子内 Cu⋯Cu 距離は $7.907(2)$ Å で,最も短い二核分子間の Cu⋯Cu 距離は $8.104(2)$ Å である.スクアラトの配位していない酸素原子 O2A は apical 位の水分子と水素結合 ($O3\cdots O2A=2.650(3)$ Å) している.

この錯体は 2〜300 K の温度範囲で反強磁性的相互作用を示す.磁化率のデータ解析は Bleaney-Bowers 式を用いて行い,$J=-2.1\,cm^{-1}$, $g=2.19$ が得られている.これはこれまで得られているスクアラト $\mu_{1,3}$ 架橋二核銅(II)錯体の J 値 ($|J|=0\sim 8.6\,cm^{-1}$) の範囲内である.配位子 Me_5dien を di(2-pyridylmethyl)amine に置き換えた Cu(II)二核錯体では $\mu_{1,2}$-架橋が得られていて,$\mu_{1,3}$-架橋錯体より大きな反強磁性相互作用 ($J=-8.1\,cm^{-1}$) を示す.

【関連錯体の紹介およびトピックス】 スクアラト架橋二核銅(II)錯体は,銅(II)イオン間で反強磁性的相互作用を示すことが多いが,強磁性的相互作用を示した報告例もある ($J=+1.3\,cm^{-1}$)[2].これは銅(II)イオン周りの equatorial 面が,スクアラトの面に対してほぼ直角に位置していることから,磁気軌道の重なり程度が小さくなるためであると考えられている.また,$\mu_{1,1}$ のスクアラト架橋二核ニッケル(II)錯体も合成され $J\approx -2.0\,cm^{-1}$ が得られており,ニッケル(II)イオン間においても弱い反強磁性的相互作用が確認されている.この他にも多くのスクアラト架橋二核および多核金属錯体が報告されている[3].

【時井 直】

【参考文献】

1) J. S. Dickens *et al.*, *Inorg. Chim. Acta*, **2008**, *361*, 299.
2) D. Cangussu *et al.*, *Inorg. Chim. Acta*, **2005**, *358*, 2292.
3) a) I. Castro *et al.*, *J. Chem. Soc., Dalton Trans.*, **1997**, 811; b) B. D. Alleyne *et al.*, *J. Chem. Soc., Dalton Trans.*, **1998**, 3.

$Cu_2N_6S_2$

N,N-bis{2-[(4-dimethylamino)pyridin-2-yl]ethyl}methylamine

【名称】(μ-η^2:η^2-disulfido)di(*N,N*-bis{2-[(4-dimethylamino)pyridin-2-yl]ethyl}methylamine)dicopper(II)di[tetra(pentafluorophenyl)borate]：[$Cu_2(\mu$-$S_2)(MePY2)_2$][B(C_6F_5)$_4$]$_2$

【背景】銅-カルコゲン化合物は，材料化学や生物無機化学の分野において最近注目を集めている．中でも，亜酸化窒素還元酵素の活性中心から見いだされた硫黄原子で架橋された四核銅活性中心(Cu_Z)や一酸化炭素脱水素酵素の活性中心に存在する硫黄原子で架橋されたモリブデンと銅の二核錯体は，珍しい構造を有しており，それらの分光学的特性や反応性に興味がもたれている．本錯体はそのような銅-硫黄化合物の特性について研究するために合成されたside-on型のジスルフィド架橋基を有する二核銅(II)錯体である[1]．

【調製法】嫌気性条件下，1/8当量のS_8を[Cu^I(MePY2)]B(C_6F_5)$_4$のCH_2Cl_2溶液中で1日反応させた後，ペンタンを加えることにより黒褐色の固体が析出する．これを集め，CH_2Cl_2に溶かし不溶物をろ過して除く．この操作を5回繰り返して行うことにより，未反応の硫黄を完全に取り除くことができる．CH_2Cl_2/ペンタンから再結晶することにより，目的化合物の単結晶が得られる．

【性質・構造・機能・意義】side-on型に結合したジスルフィド基で架橋された2つの銅イオンと2つのMePY2三座配位子から構成された二核銅(II)錯体であり，各銅イオンは5配位の四角錐構造をとっている．S-S結合の距離は2.117(2) Åで，end-on型のジスルフィド錯体のものよりも若干長くなっている．λ_{max}＝315（ε＝13900 $M^{-1}cm^{-1}$），395（3700），460（1850），630（460）nmに硫黄から銅への電荷移動吸収が存在する．様々な基質との反応について系統的に検討され，イソニトリルとの反応ではイソチオシアネートが生成し，酸素との反応では，ジスルフィド基がペルオキソ基に置き換わって，side-on型のペルオキソ二核銅(II)錯体が生成する．一酸化炭素やトリフェニルフォスフィンとの反応でもジスルフィド基ははずれるが，この場合にはそれぞれの基質が配位した銅(I)錯体になる．また，四座配位子であるtpa(tris(pyridin-2-ylmethyl)amine)を加えると有機配位子の交換とともに，ジスルフィド基の配位構造も変化してend-on型のジスルフィド架橋をもつ二核銅(II)錯体に変換される．基本的には求電子性の性質をもち，end-on型のジスルフィド錯体が求核的性質を示すこととは対照的である[2]．

【関連錯体の紹介およびトピックス】同様のside-on型ジスルフィド二核銅(II)錯体が異なった種類の配位子を用いて合成されている[3]．また，銅(II)錯体とNa_2S_2との反応でも同様の錯体が得られることが示された[4]．

【伊東　忍】

【参考文献】
1) K. D. Karlin *et al.*, *Angew. Chem. Int. Ed.*, **2006**, *45*, 1138.
2) K. D. Karlin *et al.*, *J. Am. Chem. Soc.*, **2007**, *129*, 8882.
3) a) N. Kitajima *et al.*, *J. Chem. Soc. Chem. Commun.*, **1994**, 623; b) W. B. Tolman *et al.*, *Inorg. Chem.*, **2004**, *43*, 3335; c) S. Itoh *et al.*, *Chem. Lett.*, **2007**, *36*, 1306.
4) S. Itoh *et al.*, *Dalton Trans.*, **2008**, 6250.

$Cu_2N_6S_2$

【名称】(μ-η^2: η^2-disulfido)dicopper(II) complex: $[Cu_2(R_3TACH)S_2](X)_2$ (R, X) = (Et, CF_3SO_3), (iBu, SbF_6), (Bn, SbF_6)

【背景】硫黄を外部基質に添加する反応は有機合成の分野において重要な反応である.また,近年結晶構造が明らかになった亜酸化窒素還元酵素(N_2OR)の金属中心には,4つの銅イオンを架橋する硫黄原子が存在することが明らかになっている[1]).本錯体は,金属上で活性化された硫黄原子の反応性や,硫黄が架橋配位した複核銅錯体の反応性についての知見を得るための重要なモデルである[2]).

【調製法】すべての錯体は,嫌気条件下,前駆体である$[Cu(MeCN)(R_3TACH)](X)$のCH_2Cl_2溶液にS_8を加え,析出する沈殿をろ過して集めた後,トルエンとCH_2Cl_2を用いて再結晶することにより得ることができる[2]).

【性質・構造・機能・意義】2つのCu^{II}にS_2がside-onで架橋配位した二核錯体であり,置換基にEt基をもつもののみ,単位格子中に2つの構造を有している.Cu^{II}の配位構造は,すべて四角錐構造(τ値 = 0.00~0.19)である.それぞれの錯体におけるS-S結合距離は,置換基にEt基をもつものでは2.101(3)および2.116(2) Å,iBu基をもつものでは,2.093(6) Å,Bn基をもつものでは,2.1213(18) Åである.

これらの錯体のCH_2Cl_2溶液中のUV-visスペクトルは,すべて278~295 nmに特徴的な吸収バンドを示し,それらの吸収バンドはいずれも400から500 nmにかけて肩吸収をもつ.また,共鳴ラマンスペクトルでは,ν(S-S)に帰属される振動を,483~484 cm^{-1}に観測できる.

これらの錯体の溶液は,いずれも一酸化炭素(CO)と速やかに反応し,溶液の色はオレンジ色から無色へと変化する.この際,Cu^{II}がCu^{I}へと還元され,対応する$[Cu(CO)(R_3TACH)](X)$が生成することが各種測定より明らかになっている.また,COの代わりに2,6-ジメチルフェニルイソシアニドと反応させた場合にも,すべての錯体の溶液の色は直ちに無色へと変化し,Cu^{II}がCu^{I}へと還元された$[Cu(CNAr)(R_3TACH)](X)$が生成する.さらに,トリフェニルホスフィン(PPh_3)との反応では,架橋配位していた硫黄がトリフェニルホスフィンに添加され,S=PPh_3が生成することが明らかとなっている.

【関連錯体の紹介およびトピックス】ジスルフィドを架橋配位した窒素ドナー配位子をもつ銅錯体や,それらに関連した錯体については,数多く報告されている[3]).特に,興味深い反応性として,TACN(1,4,7-triazacyclononane)誘導体を用いた三核銅錯体($[L_3Cu_3S_2]X_2$ (L=1,4,7-trimethyltriazacyclononane, X=$CF_3SO_3^-$, SbF_6^-))のCH_2Cl_2溶液に大過剰のN_2Oを反応させると,N_2が生成するという報告がある[3]).この報告では,三核銅錯体の酸化状態がCu(II)Cu(I)$_2$の混合原子価錯体であるということだけでなく,N_2ORと同様の機能を発現させることに成功した例として,大変重要である.さらに,最近では,トリスルフィド架橋をもつ二核銅錯体も報告された[4]).

【梶田裕二】

【参考文献】
1) a) K. Brown *et al.*, *Nat. Struct. Mol. Biol.*, **2000**, *7*, 191; b) K. Brown *et al.*, *J. Biol. Chem.*, **2000**, *275*, 41133; c) T. Haltia *et al.*, *Biochem. J.*, **2003**, *369*, 77; d) A. Pomowski *et al.*, *Nature*, **2011**, *477*, 234.
2) Y. Kajita *et al.*, *Eur. J. Inorg. Chem.*, **2008**, 3977.
3) a) K. Fujisawa *et al.*, *J. Chem. Soc., Chem. Commun.*, **1994**, 623; b) M. E. Helton *et al.*, *J. Am. Chem. Soc.*, **2003**, *125*, 1160; c) E. C. Brown *et al.*, *Inorg. Chem.*, **2004**, *43*, 3335; d) J. T. York *et al.*, *Angew. Chem. Int. Ed.*, **2005**, *44*, 7745; e) E. C. Brown *et al.*, *J. Am. Chem. Soc.*, **2005**, *127*, 13752; f) M. E. Helton *et al.*, *Angew. Chem., Int. Ed.*, **2006**, *45*, 1138; g) Y. Lee *et al.*, *Chem. Commun.*, **2006**, 621; h) E. C. Brown *et al.*, *Inorg. Chem.*, **2007**, *46*, 486; i) D. Maiti *et al.*, *J Am. Chem. Soc.*, **2007**, 129, 8882; j) J. T. York *et al.*, *Inorg. Chem.*, **2007**, *46*, 8105; k) M. Inosako *et al.*, *Dalton Trans.*, **2008**, *44*, 6250; l) I. Bar-Nahum *et al.*, *J. Am. Chem. Soc.*, **2009**, *131*, 2812; m) R. Carrasco *et al.*, *Chem. Eur. J.*, **2009**, *15*, 536.
4) M. Wern *et al.*, *Eur. J. Inorg. Chem.*, **2016**, 3384.

$Cu_2N_6Se_2$

生

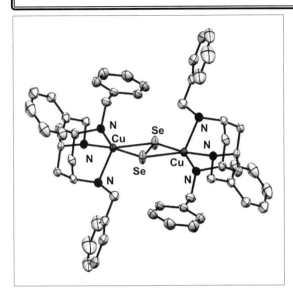

【名称】$(\mu-\eta^2:\eta^2\text{-diselenido})$dicopper(II) complex: $[Cu_2(Bn_3TACH)Se_2](SbF_6)_2$

【背景】セレン化合物は，銅や水銀などの金属毒性に対して防御機能を発現することが知られている[1]．そのため，セレン化合物は，生体内において銅などの金属イオンに対して選択的に結合すると考えられている[2-5]．しかし，生体内におけるセレン化合物と銅などの金属イオンとの結合についての詳細や，生体内へ取り込まれる際の反応機構の詳細はまったくわかっていない．本錯体は，ジセレニドをside-on型に架橋配位した二核銅錯体であり，セレン錯体に関する化学的知見を得るための重要な化合物である[6]．

【調製法】嫌気条件下，$[Cu(MeCN)(Bn_3TACH)]SbF_6$ の N,N-ジメチルアセトアミド溶液にセレンを加え，6時間室温でかき混ぜると，黒色の沈殿を生じる．この沈殿をろ過によって除き，ろ液を濃縮して得られる固体を，CH_2Cl_2 と Et_2O を用いて再結晶することにより，目的物質の結晶を得ることができる[1]．

【性質・構造・機能・意義】Cu^{II} に Se_2 が side-on で配位した二核ジセレニド錯体であり，それぞれの Cu^{II} の配位構造は四角錐構造である．Se-Se 結合距離は 2.3898(3) Å であり，単体のセレン(2.19(3) Å)よりも長く，Na_2Se_2(2.38(5) Å)と同程度の長さである．

本錯体の CH_2Cl_2 溶液の UV-vis スペクトルでは，375 nm ($\varepsilon = 16000\,M^{-1}\,cm^{-1}$) と 433 nm ($\varepsilon = 11000$) に大きな吸収バンドをもち，さらに，294 nm および 476 nm に肩吸収をもつ．これらの吸収バンドのうち，375 および 476 nm のバンドは π^*_σ から d_{x2-y2} への CT に，433 nm の吸収バンドは π^*_v から d_{x2-y2} への CT である．また，^{77}Se NMR スペクトルでは，1070.6 ppm に配位した Se のピークを観測できる．

本錯体のアセトン溶液に一酸化炭素(CO)を反応させると，速やかに反応が進行し，赤色の沈殿が生じると同時に溶液の色が茶褐色から無色へと変化する．このとき得られる化合物は，Cu^{II} が Cu^I へ還元され，さらに CO が配位した $[Cu(CO)(Bn_3TACH)]SbF_6$ である ($\nu(C=O) = 2076\,cm^{-1}$)．また，本錯体のアセトン溶液に，錯体に対して大過剰のアセトニトリルを加えると，赤色の沈殿を生じると同時に，溶液の色は赤褐色から薄黄色へ変化し，前駆体である $[Cu(MeCN)(Bn_3TACH)]SbF_6$ が得られる．アセトニトリルの代わりに，2,6-ジメチルフェニルイソシアニド(ArNC)を反応させると $[Cu(ArNC)(Bn_3TACH)]SbF_6$ が生成する ($\nu(N\equiv C) = 2127\,cm^{-1}$)．本錯体に4当量のトリフェニルホスフィン($PPh_3$)を反応させると，$Cu^{II}$ が Cu^I へ還元された $[Cu(PPh_3)(Bn_3TACH)]SbF_6$ が得られると同時に，トリフェニルホスフィンにセレンが添加された $Se=PPh_3$ も得られる．

【関連錯体の紹介およびトピックス】本錯体のようにジセレニド分子を架橋配位させた化合物については，数は少ないものの，Ni, Fe, Ir, La, Mo, Mn などの金属を用いたものがいくつか報告されている[7-11]．しかし，本錯体のようなジセレニド二核銅錯体の例はなく，本錯体がはじめてである．

【梶田裕二】

【参考文献】
1) C. Jacob et al., Angew. Chem. Int. Ed., **2003**, 42, 4742.
2) B. T. S. Bui et al., Biochemistry, **2006**, 45, 3824.
3) R. S. Oremland et al., App. Emviron. Microbiol., **2004**, 70, 52.
4) A. E. Torma et al., Can. J. Microbiol., **1972**, 18, 1780.
5) M. Lenz et al., Sci. Total Environ., **2009**, 407, 3620.
6) J. Matsumoto et al., Inorg Chem., **2012**, 51, 1236.
7) C. F. Campana et al., Inorg. Chem., **1979**, 18, 3060.
8) R. D. Adams et al., Inorg. Chem., **2003**, 42, 6175.
9) I. A. Cade et al., Organometallics, **2009**, 28, 6639.
10) J.-F. Chen et al., Chem. Commun., **2009**, 7212.
11) S. Yao et al., Angew. Chem. Int. Ed., **2009**, 48, 4551.

$Cu_2N_7O_2$

【名称】 [(μ-(η^1-N: η^2-O,O′)-nitrite)bis(1,4,7-triisopropyl-1,4,7-triazacyclononane copper)] bis(hexafluorophosphate); ([LCu^I,LCu^{II}(μ-NO$_2$)](PF$_6$)$_2$)[1]

【背景】 銅含有亜硝酸還元酵素(Cu-NIR)は, 微生物の嫌気呼吸である脱窒に関与する銅酵素で, 亜硝酸イオン(NO$_2^-$)を一酸化窒素(NO)に一電子還元する. 一般的に, 三量体を形成しているこの酵素の活性中心は, タイプ1銅(基質還元のための電子を, 外部の電子供与体から受け取る部位)とタイプ2銅(電子をタイプ1銅から受け取り, 基質を還元する部位)からなる[2]. このタイプ2銅モデル錯体としての混合原子価複核銅錯体では, 通常, NO$_2^-$がCu(I)イオンにはN原子で, Cu(II)イオンにはO,O′原子で架橋している.

【調製法】 [LCu^I, LCu^{II}(μ-NO$_2$)](PF$_6$)$_2$錯体と関連錯体の合成では[1], まず[LCu^I(NCCH$_3$)]PF$_6$を, THF溶媒中で等モルの配位子L(1,4,7-triisopropyl-1,4,7-triazacyclononane)と[Cu(CH$_3$CN)$_4$]PF$_6$を反応させて合成し, そのCH$_3$OH溶液に10当量のNaNO$_2$のCH$_3$OH溶液を加えると, 複核Cu(I)錯体である[LCu^I, LCu^I(μ-NO$_2$)]PF$_6$〔LCu(I), LCu(I)錯体〕の黄橙色結晶が生成する. この錯体では, 架橋しているNO$_2^-$が1個のCu(I)にはN原子で, もう1個のCu(I)には1個のO原子で配位している. さらに, この錯体のCH$_2$Cl$_2$溶液に, 等モルのフェリセニウムヘキサフロロホスフェイトを加えると, 溶液が橙色から深赤色に変化する. 30分間反応させてからC$_2$H$_5$OC$_2$H$_5$を加えると, 混合原子価複核銅錯体, [LCu^I, LCu^{II}(μ-NO$_2$)](PF$_6$)$_2$〔LCu(I), LCu(II)錯体〕が褐色沈殿として得られる. この錯体は上図のように, NO$_2^-$がCu(I)にはN原子で結合し, Cu(II)には2個のO原子でキレート結合(O,O′-配位)をしている. 次に, 先に生成したLCu(I), LCu(I)錯体のTHF溶液に, 1当量のPPh$_3$を含むTHF溶液を加えると, 溶液が橙色から明るい黄色に変化して白色沈殿を生じる. この沈殿をろ過した後, ろ液を乾固して黄色粉末を得る. これをCH$_2$Cl$_2$に溶かしてC$_2$H$_5$OC$_2$H$_5$で処理すると再度白色沈殿が生じるので, ろ別した後, ろ液を乾固する. 生じた黄色残量物を少量のTHFに溶かすと, ろ液からNO$_2^-$がN原子で単座配位した単核Cu(I)錯体, LCu(NO$_2$)〔LCu(I)錯体〕の黄色結晶が得られる.

【性質・構造・機能・意義】 CH$_2$Cl$_2$溶媒中でLCu(I), LCu(II)錯体は, 314(ε=3900), 356(sh, ε=3000), 444 (ε=2500), 668 nm(ε=320 M^{-1} cm^{-1})に吸収帯を示し, 444 nm はCu(I)→NO$_2^-$の電荷移動遷移(MLCT), 668 nm はd-d遷移に帰属される. したがって, Cu(II)によるESRスペクトル($g_\parallel$=2.24, $g_\perp$=2.07, $A_\parallel$=136×10^{-4} cm^{-1})も観測されている. 一方, LCu(I)錯体は308 nm(ε=3800 M^{-1} cm^{-1}), LCu(I), LCu(I)錯体は338(ε=3000), 380 nm(ε=2200 M^{-1} cm^{-1})に吸収帯(MLCT)を示す. これら3錯体において, Cu(I)部位はいずれも四面体構造であり, Cu(II)部位は歪んだ四角錐型五配位構造である. LCu(I),LCu(I)錯体とLCu(I),LCu(II)錯体でCu(I)とNO$_2^-$の距離を比較すると, 前者(1.899 Å)に比べて, 後者は1.780 Åと短くなっている. これは, 電子が満たされたCu(I)のd軌道と相互作用をしているNO$_2^-$のπ*軌道のエネルギーが, NO$_2^-$がO,O′-配位したCu(II)の電子吸引効果によって減少すると推定されている. その結果, Cu(I)→NO$_2^-$の逆供与結合が強められ, 結合が短くなると考えられる. なお, LCu(I)錯体のCu(I)とNO$_2^-$の距離は, 複核錯体より長く1.903 Åである. さらに, CH$_2$Cl$_2$溶媒中でLCu(I)錯体と酢酸を反応させると, 室温で定量的にNOが発生してLCu(O$_2$CCH$_3$)$_2$が生成する. また, 同じ溶媒中で[LCu^I, LCu^{II}(μ-NO$_2$)](O$_3$SCF$_3$)$_2$をMe$_3$SiO$_3$SCF$_3$と反応させても, 反応溶液が赤色から緑色に変化してNOが68%の収率で生成している.

【関連錯体の紹介およびトピックス】 この研究の後, CH$_2$Cl$_2$中のLCu(I)錯体と20当量のCF$_3$COOHとの反応の過渡吸収スペクトルの解析から, 350 nmと423 nmに吸収帯を示す反応中間体が, LCu(I)錯体中のNO$_2^-$のプロトン化によるLCu(I)(HNO$_2$)錯体と報告された[3]. 423 nmの吸収帯は, LCu(I)錯体の308 nmのMLCTがプロトン化によってレッドシフトしたものと帰属されている.

【鈴木晋一郎】

【参考文献】
1) J. A. Halfen et al., J. Am. Chem. Soc., **1996**, 118, 763.
2) S. Suzuki et al., Acc. Chem. Res., **2000**, 33, 728.
3) M. Kujime et al., Angew. Chem. Int. Ed., **2006**, 45, 1089.

Cu_2N_8

有 光 磁

【名称】 meso-pentafluorophenyl substituted[36]octa phyrin(1.1.1.1.1.1.1.1)bis-copper(II)complex

【背景】 8つのピロールから構成される環拡張ポルフィリンである[36]オクタフィリン(1.1.1.1.1.1.1.1)の銅(II)二核錯体は，溶液または固体状態で加熱することによりほぼ等量的に2つのポルフィリン銅(II)錯体へと分裂反応を起こす[1]．このように巨大環状π電子系が2つの環状π電子系へとねじ切れる反応は概念的に興味深く，注目を集めている[2]．

【調製法】 [36]オクタフィリン(1.1.1.1.1.1.1.1)のジクロロメタン溶液に，5当量の酢酸ナトリウム存在下，10当量の酢酸銅メタノール溶液を加え0℃で7時間撹拌し，分液操作の後にシリカゲルカラムクロマトグラフィーにより精製する(収率81％)．

【性質・構造・機能・意義】 錯体の吸収スペクトルは，CH_2Cl_2中，λ_{max}[nm](ε[$10^4 M^{-1} cm^{-1}$]): 314(1.7), 408(40), 535(1.8), 570(0.9)に観測される．8の字型にねじれた大環状の骨格を有し，環上に36π電子からなるπ共役系が広がっている．分子全体としてC_2対称構造であり，2つの銅(II)イオンはそれぞれ4つの窒素によって歪んだ四面体配位をとっている．このトルエン溶液を2時間還流すると，ほぼ等量的に銅(II)ポルフィリン2分子へと分裂反応を起こす．この現象は，オクタフィリン配位子に2つの銅(II)イオンが挿入されることで，オクタフィリンの8の字型構造がさらにきつくねじれてπ共役系の交差箇所が近づき，軌道相互作用が始まることに起因していると考えられる．この分裂反応は気体や水などの発生を伴わず固体状態でも進行し，吸収スペクトルの大幅な変化を引き起こすことから，色素記憶媒体としての応用が示唆されている．反応機構としては，ねじれ交差箇所におけるシクロブタン形成を経由するメタセシス機構が提唱されており，いったん分断された環状π共役系が開裂によって分裂反応の各パラメーターは実験的に$E_a=104 kJ mol^{-1}$, $\Delta H^{\ddagger}=101 kJ mol^{-1}$, $\Delta S^{\ddagger}=-25.0 J mol^{-1} K^{-1}$, $\Delta V^{\ddagger}=18 cm^3 mol^{-1}$と求められている[3]．

【関連錯体の紹介およびトピックス】 このような分裂反応は[36]オクタフィリン銅(II)コバルト(II)異核錯体においても進行が確認されているが，亜鉛(II)二核錯体や銅(II)単核錯体では観察されない．この特異性は，銅(II)イオンが平面四配位を好むことから銅二核錯体が特にきつくねじれた8の字構造であり，反応始状態のエネルギーが相対的に高いこと，そして反応開始点が最も近接していることが原因として挙げられている[3]．また，類似の反応として，ジオキソオクタフィリン(1.1.1.0.1.1.1.0)のニッケル(II)錯化を引き金としたスピロジコロールニッケル(II)二核錯体の生成[4]や，7つのピロールからなる[32]ヘプタフィリン(1.1.1.1.1.1.1)銅(II)単核錯体に対するホウ素(III)錯化を引き金としたポルフィリン銅錯体とサブポルフィリンホウ素(III)錯体の生成[5]が挙げられる．特に後者の例では，通常のボトムアップ合成法では得られないタイプのサブポルフィリンホウ素錯体，すなわちメゾペンタフルオロフェニル置換体やメゾトリフルオロメチル置換体を得ることができ，サブポルフィリン類の中でも興味深い光物性を発現する．このことは，上記のようなπ共役系の分裂反応が新規π電子系の合成にも有用であることを示している．ちなみに，6つのピロールからなるヘキサフィリン(1.1.1.1.1.1)に対してホウ素試薬を添加することでピロール3つからなるサブポルフィリンホウ素錯体2分子を得る試みについても報告があり，予想に反してヘキサフィリン(2.1.1.0.1.1)という骨格異性体へと大胆な転位反応が起こることが知られている[6]．

【齊藤尚平・大須賀篤弘】

【参考文献】

1) a) Y. Tanaka et al., J. Am. Chem. Soc., 2004, 126, 3046; b) S. Shimizu et al., Angew. Chem. Int. Ed., 2005, 44, 3726.
2) L. Latos-Grażyński, Angew. Chem. Int. Ed., 2004, 43, 5124.
3) Y. Tanaka et al., Chem. Eur. J., 2009, 15, 5674.
4) E. Vogel et al., Angew. Chem. Int. Ed., 2003, 42, 2857.
5) a) S. Saito et al., Angew. Chem. Int. Ed., 2007, 46, 5591; b) R. Sakamoto et al., Chem. Lett., 2010, 39, 439.
6) K. Moriya et al., Angew. Chem. Int. Ed., 2010, 49, 4297.

Cu₂N₈O 磁

【名称】 μ-hydroxo-tetrakis(2,2′-bipyridine)dicopper(II) perchlorate：[Cu$_2$(OH)(bpy)$_4$](ClO$_4$)$_3$ (bpy＝2,2′-bipyridine)

【背景】 多くのヒドロキソ架橋二核銅(II)錯体が合成され，磁気的性質と結晶構造の関係が 1970 年代から盛んに調べられた．これらは，大部分が 2 個のヒドロキソが 2 個の銅を架橋した二核錯体であるが，本錯体は，ヒドロキソ酸素 1 個のみで 2 個の銅を架橋した 2 つ目の例である．

【調製法】 硝酸銅(II)水溶液に 2,2′-ビピリジンを加え，さらにエタノールを加えて大部分の 2,2′-ビピリジンが溶けるまで撹拌し，ろ過する．ろ液にトリエチルアミンと過塩素酸ナトリウム水溶液を加えて得られる．

【性質・構造・機能・意義】 青色結晶．赤外吸収スペクトルでは 3560 cm^{-1} に架橋ヒドロキソの OH 伸縮振動が観測される．磁気モーメントは，286 K で銅 1 つ当たり 1.33 μ_B と spin-only の値 (1.73 μ_B) よりもかなり低い．磁化率の温度依存性から見積もられた 2J 値は，−322 cm^{-1} と比較的強い反強磁性的相互作用がはたらいていることを示している．X 線結晶解析より，2 つの銅はともに三方両錐型配位をとり，おのおのの銅に結合した 2 つの 2,2′-ビピリジンはそれぞれ equatorial 位と axial 位を占め，残る 1 つの equatorial 位でヒドロキソが橋架けしている．Cu-Cu 距離と Cu-O-Cu 角はそれぞれ 3.645(2) Å, 141.6(3)°である[1]．

【関連錯体の紹介およびトピックス】 関連する類似の μ-ヒドロキソ架橋二核銅(II)錯体としては，2,2′-ビピリジンの代わりに 1,10-フェナントロリン，トリス(2-アミノエチル)アミンを用いたものが合成されている[2]．

【御厨正博】

【参考文献】
1) D. N. Hendrickson et al., *J. Am. Chem. Soc.*, **1981**, *103*, 384.
2) D. N. Hendrickson et al., *Inorg. Chim. Acta*, **1978**, *28*, L121.

$Cu_2N_8O_2$

【磁】

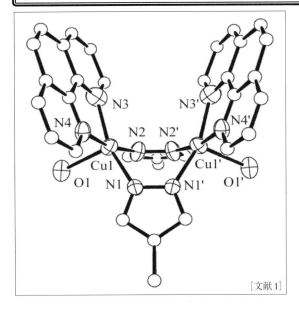

[文献1]

【名称】di-μ-(4-methylpyrazolato)-diaqua-bis(1,10-phenanthroline)dicopper(II) nitrate：[Cu_2(4-Mepz)$_2$(H_2O)$_2$(phen)$_2$](NO$_3$)$_2$

【背景】対称中心を有する二重架橋二核錯体は，分子構造と磁性の相関を理解するためのよいサンプルである．しかし，ピラゾールのような窒素二原子で架橋する配位子を含む錯体については，構造と磁性についての研究が不十分である．特に，ピラゾラト架橋を含む銅(II)錯体はこれまでに多く報告されているが，ピラゾラトのみで架橋された二核銅(II)錯体の報告例は少ない．この錯体は，ピラゾラトのみで架橋された二核銅(II)錯体の構造と磁性の相関を研究するために合成された[1]．

【調製法】1,10-フェナントロリン(phen)，硝酸銅(II)三水和物，および4-メチルピラゾール(4-Mepz)をメタノール/水混合溶液中で混合，撹拌する．ろ過後，ろ液をトリエチルアミンによってpH 6.4付近に調整し，室温で放置することにより濃緑色の結晶として得られる．

【性質・構造・機能・意義】この錯体はX線構造解析により結晶構造が明らかにされており，2つの銅(II)イオン間が2つのピラゾラトによって架橋された対称中心をもつ二核銅(II)錯体であった．銅(II)イオン周りの配位環境は歪んだ五配位四角錐型($\tau=0.14$)であった．その basal 面は配位子 phen の2つの窒素原子と，架橋した2つの 4-Mepz による2つの窒素原子によって構成されてる．apical 位は水分子が占有している．銅(II)イオン間の距離は 3.241 Å である．また，2つのピラゾラト架橋により形成された Cu_2N_4 からなる六員環は平面ではなく，船形配置になっており，[Cu1,N1,N2]面と[Cu1′,N2′,N1′]面との二面角 δ_{CuNN} は 87.1° である．

この錯体は，液体窒素温度から室温までの範囲で磁化率の温度依存性が測定されている．$S=1/2$ スピンの二核錯体に適用される Bleaney-Bowers 式に常磁性不純物の存在(ρ%)を考慮した式を用いて磁化率データの解析を行った結果，$J=-134\ cm^{-1}$, $g=2.25$, $\rho=0.9$% が得られている．ここで得られた J 値は他のピラゾラト二重架橋銅(II)錯体よりも比較的大きい．これは，銅(II)イオン周りの五配位四角錐型の歪が小さい($\tau=0.14$)ことと，架橋鎖 $CuN_{pz}N_{pz}Cu$ のなす面と当該ピラゾール環との二面角 $\delta_{pz-bend}$ が小さい(1.4°，6.8°)ため，銅(II)イオンの磁気軌道の重なりがよく，比較的強い反強磁性的相互作用が観測されたと考えられている．

【関連錯体の紹介およびトピックス】類似錯体として，ターミナル配位子の phen の代わりに 2,2′-ビピリジンやジ(2-ピリジル)アミンを用いた錯体，および架橋ピラゾラト配位子をピラゾール，4-クロロピラゾール，ならびに 4-ブロモピラゾールに代えた錯体が合成され，銅(II)イオン周りの配位環境が歪んだ五配位四角錐型のもと五配位三方両錐型のものが報告されている．apical 位の水分子の代わりに，塩化物イオンが配位した類似錯体[2]も報告されている． 【時井 直】

【参考文献】
1) T. Tokii *et al.*, *J. Chem. Soc., Dalton Trans.*, **1999**, 971.
2) E. Spodine *et al.*, *J. Chem. Soc., Dalton Trans.*, **1999**, 3029.

$Cu_2N_8O_2$

生

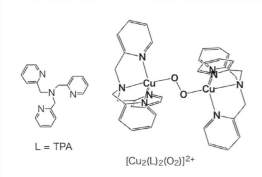

L = TPA

$[Cu_2(L)_2(O_2)]^{2+}$

$[CuL(RCN)]^+ + O_2 \rightleftharpoons [CuL(O_2)]^+ + RCN$

$[CuL(O_2)]^+ + [CuL(RCN)]^+ \rightleftharpoons [Cu_2(L)_2(O_2)]^{2+} + RCN$

【名称】*trans*-(μ-1,2-peroxo)bis[tris(pyridin-2-ylmethyl)amine]dicopper(II,II): $[Cu_2(TPA)_2(O_2)]^{2+}$ [1]

【背景】本錯体は，二核銅(II)ペルオキソ錯体で構造が明らかにされたはじめての例であり，二核銅を含む酸素運搬タンパク質である hemocyanin や様々な酸化酵素のモデルとして合成された[1]．しかし，oxy-hemocyanin や oxy-tyrosinase ではペルオキソ基は $\mu\text{-}\eta^2:\eta^2\text{-}$ 型で配位しており，現在のところ，本錯体のように $\mu\text{-}$ 1,2-peroxo 型の銅タンパク質や酵素は見いだされていないが，二核銅(II)ペルオキソ錯体の基本的構造や物性の理解に重要な錯体である．またペルオキソ種の前駆体である単核銅(II)-O_2^-(スーパーオキソ)錯体は，dopamine-β-monooxygenase などのモデルとしても興味深い．

【調製法】本錯体は，TPA と $[Cu(CH_3CN)_4]^+$ との反応で得られる無色の銅(I)錯体($[Cu(TPA)(CH_3CN)]^+$)をプロピオニトリル中，-80℃の低温下で酸素化してエーテルを加えると濃紫色の粉末として得られる[1]．

【性質・構造・機能・意義】三脚型配位子である tpa の銅(I)および(II)錯体は一般的に五配位の三方両錐型構造をとりやすい．2つの銅(I)錯体($[Cu(TPA)(CH_3CN)]^+$)は酸素分子に酸化されて CH_3CN を放出し，歪んだ三方両錐型構造の 1,2-ペルオキソ架橋をもつ二核銅(II)錯体($[Cu_2(TPA)_2(O_2)]^{2+}$)を生成する．ペルオキソ基は軸位にある銅(II)イオンの dz^2 軌道に π^* 軌道の電子対によりトランス型で配位している．O-O 結合距離は 1.432(6) Å でペルオキソ基となっている[1]．

本錯体は濃い紫色をしており，-85℃の EtCN 中で 524 nm($\varepsilon = 11300\ M^{-1}\ cm^{-1}$)と 615 nm($\varepsilon = 5800\ M^{-1}\ cm^{-1}$)に強い吸収をもっている[2]．これらは，それぞれペルオキソ基の2つの π^* 軌道から d^9 電子配置の銅(II)イオンの半充填 dz^2 軌道への電荷移動遷移に帰属されている．また銅(II)イオンの d-d 遷移が 1035 nm($\varepsilon = 180\ M^{-1}\ cm^{-1}$)に観測される．架橋ペルオキソ基に基づく振動が共鳴ラマンスペクトルで，$\nu(O\text{-}O) = 832\ cm^{-1}$ と $\nu(Cu\text{-}O) = 561\ cm^{-1}$ に観測されている．ちなみに，同じ二核銅(II)ペルオキソ錯体であるが，side-on 型で配位している($\mu\text{-}\eta^2:\eta^2$-peroxo)錯体の $\nu(O\text{-}O)$ は μ-1,2-peroxo 型錯体に比べ低波数側の 760~710 cm^{-1} 近傍に観測されている[3]．

二核ペルオキソ錯体は単核スーパーオキソ種($[Cu(TPA)(O_2)]^+$)を経て生成することが，-90℃の EtCN 中における $[Cu(TPA)(CH_3CN)]^+$ の酸素化反応のストップトフロー吸収スペクトル測定で確かめられている[4]．この $[Cu(TPA)(O_2)]^+$ は 410 および 747 nm に吸収をもっている．また，本錯体は-80℃のプロピオニトリル中で少し分解を伴うが可逆的に脱酸素化する．ただし，温度を上げると容易に分解する．さらに本錯体は銅(I)種を安定化する一酸化炭素と反応して脱酸素化し，銅(I)錯体($[Cu(TPA)(CO)]^+$)を生成する．ただし，この CO 結合も可逆的で室温で減圧にすることで除くことができる．本錯体の酸化反応性は低く Ph_3P との反応では，Ph_3P を酸化せず脱酸素化して $[Cu(TPA)(Ph_3P)]^+$ を生成する[1b]．また本錯体のペルオキソ基は求核的な反応性をもち，プロトンと反応して過酸化水素を放出し，二酸化炭素と反応して過炭酸イオンを生成する[5]．

【関連錯体の紹介およびトピックス】様々な三脚型四座配位子を用いて *trans*-(μ-1,2-peroxo)二核銅(II)錯体が合成されており，$\mu\text{-}\eta^2:\eta^2\text{-peroxo}Cu(II)_2$ 種や bis(μ-oxo)$Cu(III)_2$ 種との反応性などが比較検討されている[3,5,6]．

【鈴木正樹】

参考文献

1) a) K. D. Karlin *et al.*, *J. Am. Chem. Soc.*, **1988**, *110*, 3690; b) K. D. Karlin *et al.*, *J. Am. Chem. Soc.*, **1993**, *115*, 2677.
2) E. I. Solomon *et al.*, *J. Am. Chem. Soc.*, **1991**, *113*, 8671.
3) a) T. D. P. Stack *et al.*, *Chem. Rev.*, **2004**, *104*, 1013; b) W. B. Tolman *et al.*, *Chem. Rev.*, **2004**, *104*, 1047.
4) K. D. Karlin, *et al.*, *J. Am. Chem. Soc.*, **1993**, *115*, 9506.
5) K. D. Karlin *et al.*, *J. Am. Chem. Soc.*, **1991**, *113*, 5322.
6) a) Y. Kajita *et al.*, *Inorg. Chem.*, **2007**, *46*, 3322; b) J. Matsumoto *et al.*, *Eur. J. Inorg. Chem.*, **2012**, 4149.

$Cu_2N_8S_2$

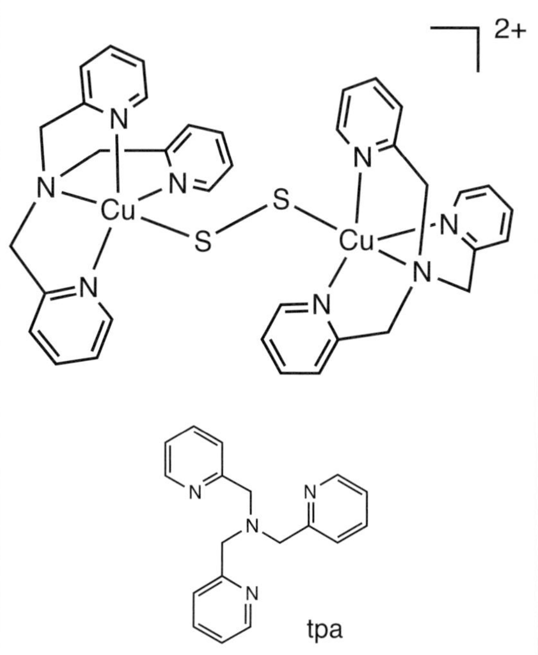

tris(pyridin-2-ylmethyl)amine
tpa

【名称】
(μ-1,2-disulfido) di (tris (pyridin-2-ylmethyl)-amine) dicopper (II) diperchlorate: $[Cu_2(\mu$-$S_2)(tpa)_2]$-$(ClO_4)_2$

【背景】
生体系には様々な形の銅-硫黄化合物が存在する.代表的な例としては,電子移動反応を司る各種ブルー銅タンパク質の単核や二核の銅-硫黄活性中心,亜酸化窒素還元酵素の硫黄原子で架橋された四核銅活性中心(Cu_Z)などがある.また,錯体化学の分野においても,様々な銅-硫黄錯体が合成され,それらの構造や機能について研究が活発に展開されてきた.本錯体はend-on型のジスルフィド架橋基を有する二核銅(II)錯体の最初の例である[1].

【調製法】
1/8当量のS_8を$[Cu(tpa)(MeCN)]ClO_4$のCH_3CN溶液に嫌気性条件下で加えた後,エーテルを滴下すると青色の固体が析出する.これを集め,アセトンから再結晶することにより,深青色の目的化合物が得られる[2].

【性質・構造・機能・意義】
end-on型に結合したジスルフィド基で架橋された2つの銅イオンと2つのtpa四座配位子から構成される二核銅(II)錯体であり,各銅イオンは5配位の三方両錐構造をとっている.S-S結合の距離は2.044(4) Åで,他のジスルフィド錯体のもの(2.00~2.07 Å)の範囲に入っている.λ_{max} = 575, 649, 857 nmに硫黄から銅への電荷移動吸収が存在する.共鳴ラマンスペクトルにおいて316 cm^{-1}と499 cm^{-1}にCu-SおよびS-Sの伸縮振動に起因するピークが存在し,^{34}Sの同位体を用いて合成した場合,312 cm^{-1}と490 cm^{-1}にシフトする.また,IRスペクトルでは,478 cm^{-1}にCu-Sの逆対称伸縮振動が観測される(^{34}Sを用いた場合には473 cm^{-1}にシフト)[2].また,様々な基質との反応についても系統的に検討され,類似のend-on型ペルオキソ二核銅(II)錯体と同様,求核的な反応性を示すことがわかっている[3].

【関連錯体の紹介およびトピックス】
異なった配位構造を有するside-on型のジスルフィド二核銅(II)錯体2も合成され,end-on型錯体1との比較(図1上段)により,ジスルフィド基の配位様式の違いに基づく分光学的特性などの違いについて詳細に考察が加えられている.さらに,対応するend-on型およびside-on型のペルオキソ銅(II)錯体(3と4,図1下段)との比較も行われている[2].

【伊東 忍】

L=tpa(錯体 **1**, **3**), L=HB(3,5-$Pr^i_2pz)_3$
(hydrotris(3,5-diisopropylpyradolyl)borate (錯体 **2**, **4**)

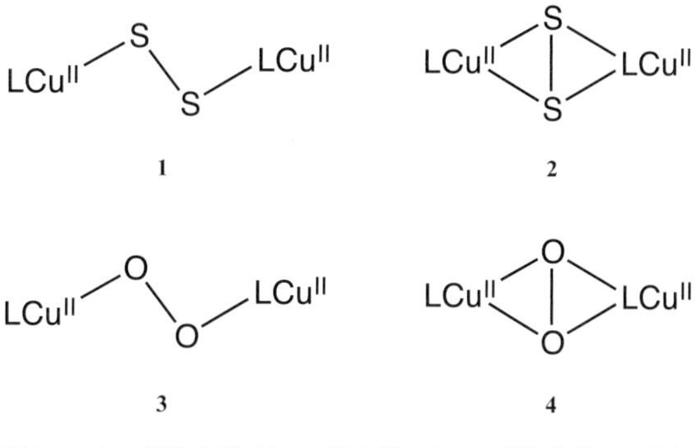

図1 end-on型およびside-on型のジスルフィドおよびペルオキソ架橋二核銅(II)錯体

【参考文献】
1) K. D. Karlin *et al., J. Am. Chem. Soc.*, **2003**, *125*, 1160.
2) E. I. Solomon *et al., J. Am. Chem. Soc.*, **2003**, *125*, 6394.
3) K. D. Karlin *et al., J. Am. Chem. Soc.*, **2007**, *129*, 8882.

Cu_2N_{10}

無

【名称】 (M)-bis(μ-[N,N'-bis[(1S)-1-(2-pyridyl)ethyl]-2,6-pyridinedicarboxamidato])dicopper(II): (M)-[Cu(S-PEPDA)]$_2$ (S-PEPDAH$_2$ = N,N'-bis[(1S)-1-(2-pyridyl)ethyl]-2,6-pyridinedicarboxamide)

【背景】 らせん構造によるキラリティーは生体分子にしばしば現れる．最近では，分子集合体や人工高分子にらせんキラリティーを導入した機能性分子の開発が進められている．本錯体では，直鎖状ポリピリジン配位子に不斉を導入することで，らせんキラリティーの制御を達成している．

【調製法】[1)] S-PEPDAH$_2$ の合成法．(S)-(2-pyridyl)ethylamine (1.0 g, 8.2 mmol) の乾燥テトラヒドロフラン溶液 (50 mL) に，2,6-pyridinecabonyl dichloride (0.68 g, 3.3 mmol) の乾燥テトラヒドロフラン溶液 (50 mL) を 0℃ で滴下する．混合物を2時間還流した後ろ過し，ろ液を濃縮乾固する．残留物をジクロロメタン (30 mL) に溶かし，水で洗った後，溶媒を留去すると目的物が白色固体として得られる．収率88％．R-PEPDAH$_2$ は (R)-(2-pyridyl)ethylamine を用いて同様の方法で合成される．

(M)-[Cu(S-PEPDA)]$_2$ の合成法．無水臭化銅(II) (58 mg, 0.26 mmol)，S-PEPDAH$_2$ (100 mg, 0.26 mmol) およびトリエチルアミン (1.0 mL) をメタノール (30 mL) 中，5時間還流した後，溶媒を留去する．生成物をシリカゲルカラムクロマトグラフィー（展開溶媒：メタノール）により精製すると，緑色粉末が得られる．ジクロロメタン/ヘキサンから再結晶する．収量75 mg (収率64％)．S-PEPDAH$_2$ の代わりに R-PEPDAH$_2$ を用いて合成すると (P)-[Cu(R-PEPDA)]$_2$ が得られる．

H字管を用いて無水臭化銅(II)のメタノール溶液と S-PEPDA 配位子のメタノール溶液を拡散させると，単核銅(II)錯体 H[CuBr$_2$(S-PEPDAH)] が暗緑色結晶として得られる．収率69％．

【性質・構造・機能・意義】 (M)-[Cu(S-PEPDA)]$_2$ は結晶構造解析がなされている[1)]．S-PEPDAH$_2$ 配位子は脱プロトン化して2価の陰イオンとして2つの銅(II)イオンに配位している．配位子の中央のピリジン窒素原子は2つの Cu^{II} を架橋しており，その Cu-N 距離は 2.24～2.71 Å である．分子内の2つの S-PEPDA 配位子は (M)-型の二重らせん構造を形成している．

この銅(II)錯体では，配位子の脱プロトン化とプロトン化により，二重らせん構造の形成と解離が制御される．例えば，らせん型二核錯体 (M)-[Cu(S-PEPDA)]$_2$ は4当量の HBr と反応して2分子の単核錯体 H[CuBr$_2$(S-PEPDAH)] へ変換される．逆に H[CuBr$_2$(S-PEPDAH)] をトリエチルアミンの存在下で加熱すると (M)-[Cu(S-PEPDA)]$_2$ へと変換される．また，二重らせん構造の形成は選択的であり，ラセミ体の PEPDAH$_2$ を CuBr$_2$ と反応させると (M)-[Cu(S-PEPDA)]$_2$ と (P)-[Cu(R-PEPDA)]$_2$ だけが定量的に生成する．

【関連錯体の紹介およびトピックス】 PEPDAH$_2$ と類似の配位子に N,N'-bis(2-pyridylmethyl)pyrazine-2,3-dicarboxamide (H$_2$L) がある[2)]．この配位子は6つの配位可能な窒素原子をもつ．H$_2$L を1当量の Cu(BF$_4$)$_2$・xH$_2$O とアセトニトリル中で反応させると，H$_2$L は3つの窒素原子で Cu^{II} に配位し，さらにアミド酸素原子を介して二量化して二核銅(II)錯体 [Cu(H$_2$L)(CH$_3$CN)]$_2$(BF$_4$)$_4$ が生成する．その錯体の溶液にトリエチルアミンを加えると，脱プロトン化により残りの窒素原子も配位してグリッド状の四核錯体 [Cu(HL)]$_4$(BF$_4$)$_4$ となる．

二重らせん構造をもつ二核銅錯体は，銅の酸化状態によっても制御される[3)]．2つのフェナントロリン誘導体をエチレン基で連結した配位子 1,2-bis(9-methyl-1,10-phenanthrolin-2-yl)ethane (Diphen) を酢酸銅(II) と反応させると，五配位構造をもつ単核銅(II)錯体 [Cu(Diphen)(H$_2$O)]$^{2+}$ が得られる．アルゴン雰囲気下，[Cu(Diphen)(H$_2$O)]$^{2+}$ のアセトニトリル溶液にアスコルビン酸のメタノール溶液を加えると，溶液は緑色から赤れんが色に変わり，二核銅(I)錯体 [Cu(Diphen)]$_2$$^{2+}$ が得られる．銅周りはひずんだ四面体型であり，2つの Diphen 配位子は二重らせん構造を形成する．

【廣津昌和】

【参考文献】
1) T. Yano et al., Chem. Commun., **2002**, 1396.
2) J. Hausmann et al., Chem. Commun., **2003**, 2992.
3) Y. Yao et al., Inorg. Chem., **1992**, 31, 3956.

Cu$_2$N$_{10}$

【名称】1,4,7,13,16,19-hexaaza-10,22-dioxa- tetracosane μ-imidazolate dicopper(II) triperchlorate: [(Cu$_2$(Him)$_2$(im)⊂A)](ClO$_4$)$_3$[1]

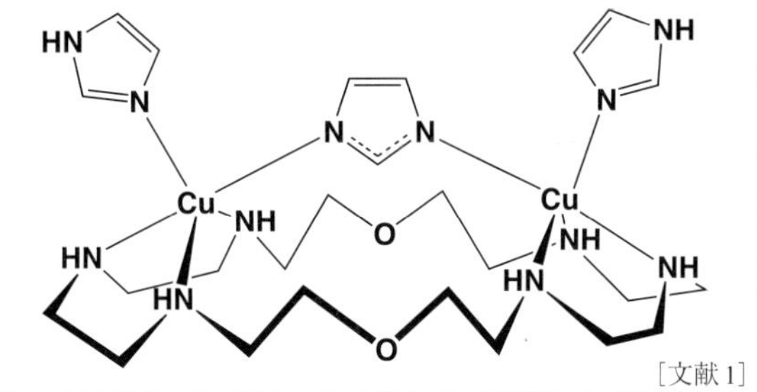

【背景】生体を構成する約20種類のアミノ酸のうち，ヒスチジンの側鎖基であるイミダゾールは，生体内において金属イオンの配位子として機能し，多くの金属含有酵素の機能化に重要なはたらきをしている．特に，架橋配位子としてのイミダゾールはCu,Zn-スーパーオキソジスムターゼ(Cu,Zn-SOD)[2]などに見られ，イミダゾールが架橋することによる金属錯体の機能化については多くの研究がなされてきた．修飾されていないイミダゾレートが架橋した二核銅(II)錯体は，一般にpHなどの条件により架橋配位子として存在できない場合が多く，特に酸性条件下ではイミダゾレートにプロトン化することによる，二核錯体の分解が報告されている．

この錯体の特徴は，大環状型配位子を用いることで，二核錯体の単核化を抑制できることであり，その中心にイミダゾレート配位子が銅イオンと亜鉛イオンを架橋できるように設計されている．

【調製法】配位子(A)の合成(図1)は，トシル基で保護されたジ(アミノエチル)エーテルを有する2種の化合物を用いて環化することで，ジアミドが生成する．アミドをジボランにより還元し，酸性条件下で脱トシル化を行うことで得られる．

錯体は2当量の硝酸銅(II)のメタノール溶液に配位子のメタノール溶液を1当量になるようにゆっくり加える．その後イミダゾレートのナトリウム塩と過剰量の過塩素酸ナトリウムを加えろ過した後，ろ液を静置することで得られる．

【性質・構造・機能・意義】[(Cu$_2$(Him)$_2$(im)⊂A)](ClO$_4$)$_3$のX線結晶構造解析から，脱プロトン化したイミダゾレートが銅イオンを架橋していることが明確にされており，さらに銅イオンの軸位にはイミダゾールが配位し，歪んだ四角錐型構造になっていることが

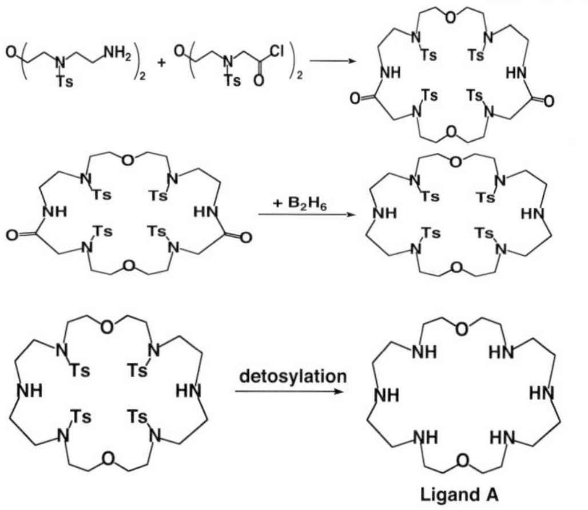

図1 配位子(A)の合成スキーム[1]

明らかとなっている．この分子はイミダゾール2位の炭素と4位と5位の炭素との結合の中間を通り，2つのエーテル酸素を含む面を対称面とする構造であることが示唆されている．2つのエーテル酸素は銅イオンと分子間相互作用をしていることが明らかとなっており，その距離は4.67Åと報告されている．分子の中央に対称面が存在していることが示唆されており，銅イオンと亜鉛イオンの区別はされず，銅イオン，亜鉛イオンと，配位子の幾何学的関係は同一であることが示されている．

【関連錯体の紹介およびトピックス】2つの金属イオンを架橋しているイミダゾレートは活性酸素種の1つである超酸化物イオンを不均化反応により水と過酸化水素にする酵素である銅・亜鉛スーパーオキソジスムターゼ(Cu,Zn-SOD)など，生体内にも見られるほか，様々な多核錯体が合成されている．一例として，6つの銅(II)イオンを6つのイミダゾレート配位子が架橋した環状型六核錯体が，過塩素酸イオンを介した分子間相互作用により，チューブ状化合物を生成することが知られている．この錯体は単核錯体から合成されるが，単核錯体の濃度によって異なる化合物が生成し，高濃度である場合には四面体の頂点に銅イオンが配置された四核錯体が合成される．また，チューブ型構造の形成は銅イオン周りの構造に依存することが報告されている[3]．

【島崎優一】

【参考文献】
1) P. K. Coughlin et al., J. Am. Chem. Soc., **1979**, 101, 265.
2) W. Kaim et al., Bioinorganic Chemistry: Inorganic Elements in the Chemistry of Life; **1991**, John Wiley & Sons: New York.
3) T. Higa et al., Inorg. Chim. Acta, **2007**, 360, 3304.

Cu$_2$N$_{10}$ 磁

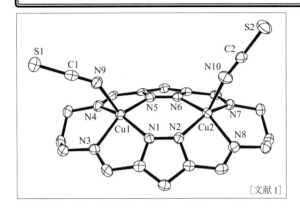

[文献1]

【名称】 bis(isothiocyanato)|3,7,10,11,14,18,21,22-octaazatricyclo[22.19,12.11,20]-docosa-1(23),2,7,9,12(24),13,18,20-octanenato|dicopper(II)

【背景】 ピラゾールは金属イオン間を架橋することにより、スピン-スピン交換相互作用の有効な経路となることからピラゾールを架橋基とする金属錯体の磁性に関する研究が続けられている。特にピラゾールは3,5の位置で他の配位子と連結することにより、多様な形状の配位子を形成する。この錯体はピラゾール誘導体から鋳型反応によって合成された希少な環状二核銅(II)錯体である[1]。

【調製法】 エタノール溶液中で、3,5-ジホルミルピラゾール、1,3-ジアミノプロパン、酢酸銅(II)1水和物、およびチオシアン酸ナトリウムを混合することにより、鋳型反応によって青色結晶として得られる。

【性質・構造・機能・意義】 この錯体はX線構造解析により結晶構造が明らかにされており、環状配位子Lが2つの銅(II)イオンを取り囲んだ二核銅(II)錯体である。銅(II)イオン周りの配位環境はいずれもわずかに歪んだ五配位四角錐型配置である(τ=0.015, 0.093)。それぞれの銅(II)イオンのbasal面は環状配位子Lによる4つの窒素原子により構成されており、apical位はチオシアナトが窒素原子によって単座で配位している。結合距離はイミン窒素原子の配位によるCu-N$_{imine}$が2.012(5)〜2.019(5)Å、ピラゾール部の窒素によるCu-N$_{pz}$が1.952(4)〜1.972(4)Å、apical位のNCS窒素原子によるCu-N$_{NCS}$が2.151(5), 2.085(5)Åである。銅(II)イオンはbasal面からapical N原子方向へ、それぞれ0.4610(23)Åおよび0.4891(23)Å浮き上がっている。2つの銅(II)イオンはピラゾラト二重架橋されており、Cu⋯Cu間距離は4.0043(15)Åである。この距離は、ピラゾラトの二重架橋銅(II)錯体に対して、これまで報告されたCu⋯Cu間距離(3.23〜4.55Å)と比べて、比較的長い部類に属する。

この錯体の磁化率温度依存性の測定結果をS=1/2の二核モデル式に常磁性の不純物の存在割合(ρ%)を補正した式によって解析した結果、J=−213 cm^{-1}, g=2.08, ρ=0.5%が得られている。これは銅(II)イオン間に強い反強磁性的相互作用が存在していることを示している。この錯体は配位子が環状に取り巻いていることで、Cu$_2$N$_8$からなるbasal面の平面性のため、得られたJ値は、これまでに報告されているピラゾラト二重架橋二核銅(II)錯体において観測されたJ値の最大領域にある。

【関連錯体の紹介およびトピックス】 この錯体と同様の操作を行い、1,3-ジアミノプロパンの代わりに2-(2-アミノエチル)ピリジンを用いて合成を行った場合、環状にならず、非環状のビス三座配位子を含む錯体が生成している。この錯体と同様、basal面の平面性がよいCu$_2$N$_8$骨格を有する二核銅(II)錯体も強い反強磁性的相互作用の存在(J=−214 cm^{-1})[2]が報告されている。また、これまでに鉄とトリアゾール誘導体を組み合わせることにより一次元鎖鉄(II)スピンクロスオーバー錯体[3]が得られている。

【時井　直】

【参考文献】
1) S. Brooker *et al.*, *J. Chem. Soc., Dalton Trans.*, **2007**, 467.
2) H. Ōkawa *et al.*, *J. Chem. Soc., Dalton Trans.*, **1990**, 195.
3) J. G. Haasnoot *et al.*, *Z. Naturforsch.*, **1997**, *32b*, 1421.

Cu$_2$N$_{12}$

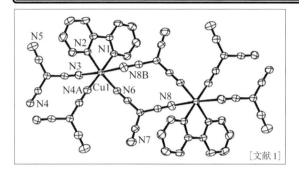

[文献1]

【名称】 [Cu(tcm)$_2$(bpy)]$_n$: tcm$^-$ =tricyanomethanide

【背景】 ジシアノアミド[dca, N(CN)$_2^-$]やトリシアノメタニド[tcm, C(CN)$_3^-$]は金属イオンとキレート配位子との組合せにより，ゼロ～三次元構造の錯体を構築することが知られている．この錯体はターミナル配位子として2,2′-ビピリジン(bpy)を用いることにより一次元鎖状構造の錯体として得られたものである[1]．

【調製法】 硝酸銅(II)3水和物と2,2′-ビピリジンの水溶液ならびにトリシアノメタン酸カリウムの水溶液をH型管を用いて，ゆっくり拡散させることで緑色結晶が得られる．

【性質・構造・機能・意義】 この錯体は結晶構造が明らかにされており，銅(II)イオン間が2本のtcmによって架橋され一次元鎖状構造を有している．銅(II)イオン周りの配位環境はz軸方向に大きく歪んだ六配位八面体型である．そのequatorial面はbpyによる2つの窒素原子と，2つの架橋tcmによる2つの窒素原子によって構成されている．axial位には架橋tcmの2つの窒素原子が占有している．この八面体構造の大きな歪みはaxial位のCu–N結合距離(2.466(1), 2.663(2) Å)がequatorial位のCu–N距離(1.982(2)～1.992(1) Å)よりもかなり長いことと，bpyによるN–Cu–N結合角(81.35(4)°)が90°よりかなり小さいことによる．equatorial位の4つのN原子はほぼ同一面内にあり，銅(II)イオンはaxial位のN3原子方向に0.075 Å浮き上がっている．銅(II)イオンにキレート配位したbpyは隣接する一次鎖中のbpyとπ-πスタッキング相互作用(3.44 Å)している．また，架橋tcmはいずれも$\mu_{1,5}$の形で銅(II)イオン間をaxial-equatorialで架橋しており，鎖中の架橋tcmどうしでπ-πスタッキング相互作用(3.18 Å)している．銅(II)イオン間距離は鎖内においては7.520(1) Åと7.758 Åであるのに対し，最隣接する鎖間においては鎖内の銅(II)イオン間距離よりもかなり短く5.852(1) Åである．

1.9～295 Kの温度領域における磁化率の測定結果，室温付近の$\chi_M T$値は0.414 cm^3 mol^{-1} Kで，温度低下とともに徐々に増加し，295 Kで0.448 cm^3 mol^{-1} Kと大きくなる．$S=1/2$の鎖状構造において，強磁性的相互作用を示す場合に用いられる式を用いて磁化率データの解析が行われ，パラメーター$J=0.11(1)$ cm^{-1}, $g=2.11$が得られている．これまでの報告から，tcmを架橋配位子とする銅(II)錯体は一般的に反強磁性的相互作用を示すことが知られている[2]．この錯体のように強磁性的にふるまう錯体はこれまでに1例報告されているのみである[3]．

【関連錯体の紹介およびトピックス】 この錯体の他に，同様の操作でターミナル配位子を変えて合成された3種のtcm架橋銅(II)錯体が報告されている[1]．いずれも架橋tcmが2つの銅(II)イオン間をaxial-equatorialで架橋しており，非常に弱い反強磁性的相互作用($J=-0.086\sim-1.21$ cm^{-1})が観測されている．

【時井 直】

【参考文献】
1) C. Yuste *et al.*, *J. Chem. Soc., Dalton Trans.*, **2008**, 1583.
2) M. Julve *et al.*, *Polyhedron*, **2008**, 27, 559.
3) J. Kožišek *et al.*, *J. Chem. Soc., Dalton Trans.*, **1991**, 1773.

Cu_2O_{10}

生

[文献1]

【名称】 [tetra(aspirinato)dicopper(II)]didimethyl sulfoxide: $[Cu_2(asp)_4(DMSO)_2]$

【背景】 近年，多くの疾患に活性酸素種(reactive oxygen species：ROS)が関与することが明らかにされている．生体系で酸素分子から最初に生成されるスーパーオキソアニオン(O_2^-)を消去する酵素スーパーオキソジスムターゼ(superpoxide dismutase：SOD)に代替できる化合物が医薬品として可能性を有しているため，注目を集めている．とりわけ，SODの活性中心には，組織により銅/亜鉛，鉄あるいはマンガンなどが含まれているため，SOD様作用をもつ金属錯体の開発が1970年代から研究されている．

SODの活性中心に存在する銅(II)と解熱・鎮痛および抗炎症作用をもつアスピリン(アセチルサリチル酸(asp))との錯体は，強いSOD様活性を示すと期待され，銅-アスピリン錯体($Cu_2(asp)_4$)が合成された．化学的に評価したスーパーオキソアニオン消去活性は，銅-サリチル酸($Cu(sal)_2$)や酢酸銅($Cu(ace)_2$)とほぼ同程度であったが，紫外線(UVA)を照射した動物の皮膚中に発生するROSに対する消去効果は$Cu_2(asp)_4$が最高の効果を示した[1]．

【調製法】 アスピリンを$KHCO_3$溶液に溶かし，硫酸銅(II)を銅(II)：asp：$KHCO_3$＝1：2：2の割合でゆっくり加え撹拌する．アクアマリン色の沈殿ができたあと，溶液のpHを6.1から4.8に下げると沈殿ができる．それをろ取し，精製水でよく洗い，真空デシケーター内で乾燥する．得られた固体をDMSOに溶かし，室温で約1ヶ月間放置すると結晶性錯体が得られる．

【性質・構造・機能・意義】 DMSOに溶かした$Cu_2(asp)_4(DMSO)_2$錯体は748 nmに吸収極大を示すが，$Cu(sal)_2$錯体では416 nmと784 nmに2本の吸収帯を与える．IRスペクトルのC=O伸縮振動は，アスピリンでは1692 cm^{-1}に，$Cu(sal)_2$錯体では1726 cm^{-1}に観測され，カルボニル酸素が銅(II)へ配位していることを示している．ESRスペクトルの形状とg値($g_∥$=2.36, $g_⊥$=2.07)とを，関連錯体のそれらと比較すると，本錯体はCuO_4配位構造をとっていると推定される．X線結晶構造解析からは，錯体は二核銅構造を形成し，4分子のアスピリンが2原子の銅と結合し，各銅はアスピリンの4個のカルボン酸の酸素に水平位で結合し，同時にDMSO分子の酸素と軸位で結合した半八面体構造をとっていることがわかる．カルボン酸酸素–銅，DMSO酸素–銅および銅–銅の結合距離はそれぞれ1.963，2.131および2.632 Åである．また，アスピリンのベンゼン環は，互いに平行に向き合っている．シトクロムc法から判断すると，$Cu_2(asp)_4(DMSO)_2$錯体のO_2^-消去活性はSODの約1/600である．ヒト表皮株化細胞HaCaTとヒト真皮線維芽細胞fibroblastに銅化合物を添加しUVBを照射すると，$Cu_2(asp)_4(DMSO)_2$と$Cu(sal)_2$は細胞生存率を上昇させる．そこで，UVA照射下のヘアレスマウスの皮膚中に発生するROSの銅化合物による消去効果が評価された．3日間連続経口投与した$Cu_2(asp)_4(DMSO)_2$は他の化合物よりも高い消去活性を示し，本錯体は皮膚のUVA傷害を抑制できる可能性を示している．銅錯体をラットに単回静脈投与してCu(II)をESRでモニタリングすると，Cu(II)の血液中での平均滞留時間(分)は，$Cu_2(asp)_4(DMSO)_2$ 19.9，$Cu(sal)_2$ 6.2，そして$Cu(ace)_2$ 3.1となり，$Cu_2(asp)_4(DMSO)_2$の紫外線障害抑制作用の有効性を示唆した．

【関連錯体の紹介およびトピックス】 $Cu_2(asp)_4(DMSO)_2$錯体の心血管障害への改善効果が調べられている．老化ラット(生後22ヶ月，体重460～580 g)はヤングアダルト(生後3ヶ月，体重200～250 g)と比較して左心室の収縮性および血管内皮に著しい障害が見られる．$Cu_2(asp)_4(DMSO)_2$錯体を毎日1回，3週間にわたり200 mg/kg体重の割合で経口投与すると，老化ラットの一酸化窒素合成酵素(nitric oxide synthase：NOS)濃度が低下するとともに心機能およびアセチルコリンによる血管拡張性が著しく改善されることが見いだされている[2]．

【桜井 弘】

【参考文献】
1) T. Fujimori et al., *J. Biol. Inorg. Chem.*, **2003**, 96, 305.
2) T. Radovis et al., *Rejuvenation Res.*, **2008**, 11, 945.

$Cu_2GdN_4O_9$

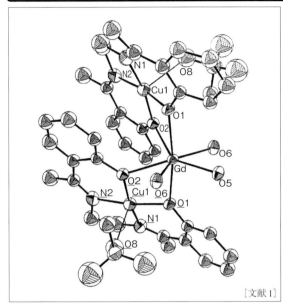

[文献1]

【名称】[(CuHAPen)$_2$Gd(H$_2$O)$_3$](ClO$_4$)$_3$・2CuHAPen, (CuHAPen=[N,N'-ethylenebis(o-hydroxyacetophenoneiminato)]copper(II))

【背景】d遷移金属イオンと希土類(4f)イオンとの間の磁気的相互作用が非常に弱いことはすでによく知られているとは言え,希土類オルソフェッライトなど磁気バブルデバイス材料の特性が希土類イオンやd遷移金属イオンによって大きく影響を受けることから,決して無視できるものではない.このようなことから,3d遷移金属イオンと希土類イオンとの間の磁気的相互作用を,金属イオン周りの幾何構造や電子構造に関連づけて系統的に調べることは非常に重要である.本錯体は,3d遷移金属イオンと希土類イオンとの間の磁気的相互作用を本格的に議論した最初の3d-4f元素系錯体である[1].

【調製法】CuHAPenは文献の方法により合成した[2]. 1 mmolのGd(ClO$_4$)$_3$・nH$_2$Oを約20 mLの無水アルコールに溶かす.また,3.5 mmolのCuHAPenを約200 mLのクロロホルムに溶かす.2つの溶液をそれぞれ温めてから混合する.ただちに沈殿が生成するが,そのまま室温で3~4時間撹拌を続けてからろ過し,クロロホルム-石油エーテルで洗浄後,真空乾燥する.ここで得られるものは,Gd(CuHAPen)$_3$(ClO$_4$)$_3$・2EtOHである.熱ニトロエタンに溶かし,室温でゆっくり濃縮すると[(CuHAPen)$_2$Gd(H$_2$O)$_3$](ClO$_4$)$_3$・2CuHAPenの結晶が得られる.

【性質・構造・機能・意義】この錯体は,三核錯カチオンの[(CuHAPen)$_2$Gd(H$_2$O)$_3$]$^{3+}$, 3個のClO$_4^-$, 2個のCuHAPenからなっている.Gd(III)には4個のフェノール性酸素と水分子の酸素3個が配位した七配位数である.この配位数7は,サイズの大きい希土類イオンの錯体では珍しい.[(CuHAPen)$_2$Gd(H$_2$O)$_3$]$^{3+}$のCu(II)とGd(III)は,HAPenの2個のフェノール性酸素で架橋され,Cu-Gd間結合距離は3.367(2) Å,Cu-Cu間距離は4.561(3) Åである.

292 Kでの磁気モーメントは8.66 μ_Bであり,1個のGd(III)と4個のCu(II)が独立に存在するときのスピンオンリー値(8.66μ_B)と一致する.温度の低下とともに磁気モーメントは増大し,1.2 Kで10.3 μ_Bになる.この結果はCu(II)とGd(III)との間に強磁性的相互作用がはたらいていることを示している.スピンハミルトニアン $H=J(S_1・S_2+S_2・S_3)+J'S_1・S_3$ を用いてχ_mT~Tプロットのfittingを行った.ここで,下付き数字の1, 2は2つのCu(II)イオン,下付き数字3はGd(III)イオンを表している.最小二乗fittingの結果,$g=1.992(4)$, $J=-5.32(5)$ cm^{-1}, $J'=4.2(3)$ cm^{-1}となり,Cu(II)とGd(III)には強磁性的相互作用がはたらいていることがわかった.

同様な錯体,[(CuSALen)$_2$Gd(H$_2$O)$_3$](ClO$_4$)$_3$・2CuSALen・0.5C$_2$H$_5$NO$_2$ (CuSALen=[N,N'-ethylenebis(salicylaldiminato)]copper(II))についてもCu(II)-Gd(III)間の相互作用は強磁性的であることがわかった[1].

【関連錯体の紹介およびトピックス】これらの錯体の構造と磁性が報告されてから,3d-4f元素系二核および多核錯体の磁気化学がさかんに展開されることになり,現在でも多数の報告がみられる[3].

【坂本政臣・栗原正人】

【参考文献】
1) A. Bencini *et al.*, *J. Am. Chem. Soc.*, **1985**, *107*, 8128.
2) S. J. Gruber *et al.*, *J. Inorg. Nucl. Chem.*, **1968**, *30*, 1805.
3) a) C. Aronica *et al.*, *Inorg. Chem.*, **2007**, *46*, 6108; b) T. Gao *et al.*, *Inorg. Chim. Acta*, **2008**, *361*, 2051; c) F. Z. C. Fellah *et al.*, *Inorg. Chem.*, **2008**, *47*, 6444.

$Cu_2Tb_2N_4O_{16}$

【名称】$[Cu^{II}LTb^{III}(hfac)_2]_2$, ($H_3L=1-$(2-hydroxybenzamido)-2-(2-hydroxy-3-methoxybenzylideneamino)-ethane, Hhfac＝hexafluoacetylacetone）

【背景】近年，単分子で磁石の性質を示す化合物が多数報告されているが，希土類イオンを含む単分子磁石は知られていなかった．d-f 元素系の単分子磁石はここで紹介するものが最初の例である[1]．

【調製法】H_3L の銅(II)錯体，$K[CuL]$，のメタノール溶液と $Tb(hfac)_3(H_2O)_2$ のメタノール溶液を 1：1 のモル比で混合すると，ほぼ定量的に得られる．

【性質・構造・機能・意義】Cu^{II} と Tb^{III} が交互に配列した環状の Cu_2Tb_2 四核構造で Cu-Tb 間結合距離は 3.411(2) Å である．最近接の $[Cu_2Tb_2]$ 四核錯体間の Cu-Cu, Cu-Tb, Tb-Tb 結合距離は，それぞれ 4.934(3)，5.600(3)，7.852(5) Å で，分子間の相互作用は無視できる．

$\chi_M T$ は 300 K で 26.42 cm^3 K mol^{-1} であり，温度の低下とともにゆっくりと増加して 10 K で最大の 38.97 cm^3 K mol^{-1} になった後，減少する．50〜300 K の範囲では，Curie-Weiss 則に従い，Curie 定数 $C=$ 25.42 cm^3 K mol^{-1}，Weiss 定数 $\theta=+14.3$ K である．これらの結果から，Cu^{II} と Tb^{III} との間の相互作用は強磁性的である．磁化の磁場依存測定の結果，5 T の磁場をかけると磁化は 17 $N\beta$ となる．この値は，2 個の Tb^{III} イオン（それぞれが 9 $N\beta$）と 2 個の Cu^{II} イオン（それぞれが 1 $N\beta$）から見積もられる値よりも小さいが，これは，$Tb^{III}(f^8)$ の $^7F_6$ 基底状態の縮重が結晶場によって解かれたためである．このように，$[Cu^{II}LTb^{III}(hfac)_2]_2$ は，大きな磁気モーメントと磁気異方性を示す．

交流磁化率の実数成分（χ'）と虚数成分（χ''）ともに周波数依存性を示し，χ'' のピークから求められる緩和時間（τ）のアレニウスプロットから，$\tau_0=2.7\times10^{-8}$ s，$\Delta/k_B=21$ K が見積もられ，単分子磁性体であることが示唆される．一方，反磁性の Ni^{II} と Tb^{III} とからなる錯体 $[Ni^{II}LTb^{III}(hfac)_2]_2$ の交流磁化率は χ'，χ'' ともに周波数依存を示さない．このことから，$[Cu^{II}LTb^{III}(hfac)_2]_2$ の単分子磁性体としてのふるまいは Cu^{II} と Tb^{III} との相互作用に基づいたものであることが確認される．

【関連錯体の紹介およびトピックス】$[Cu^{II}LDy^{III}(hfac)_2]_2$ も単分子磁石的挙動を示す．Tb^{III} のフタロシアニン二層型錯体，$[Pc_2Tb]^-TBA^+$，が単分子磁性体としての性質を示すことが報告されている[2]．

【坂本政臣・栗原正人】

【参考文献】
1) S. Osa et al., *J. Am. Chem. Soc.*, **2004**, *126*, 420.
2) N. Ishikawa et al., *J. Am. Chem. Soc.*, **2003**, *125*, 8694.

Cu₂HgN₂O₈

生 超 集

【名称】 DNA-templated assembly of Cu(II) and Hg(II) ions: d(5′-GHPHC-3′)$_2$·Cu$^{II}_2$·Hg^{II}

【背景】 複数の種類の金属錯体を望んだ順序で配列する方法の確立を目指し，水素結合の代わりに金属配位結合によって塩基対を形成する配位子型人工DNAをテンプレートとした，異種金属イオンの集積化が達成された．すなわち，銅(II)イオン存在下で金属錯体型塩基対を形成するヒドロキシピリドン型ヌクレオシド(H)および水銀(II)イオン選択的に塩基対を形成するピリジン型ヌクレオシド(P)を並べた人工DNAオリゴマーを用い，金属イオンを介した人工塩基対形成により，人工DNA二重らせん中に，配位子の配列に応じた，銅(II)イオンと水銀(II)イオンの一次元配列が構築された[1]．

【調製法】 まず金属配位子となる人工ヌクレオシド，ヒドロキシピリドン型ヌクレオシド(H)およびピリジン型ヌクレオシド(P)を，DNA自動合成機の反応基質となるホスホロアミダイト体として合成する．次に自動合成機を用いた固相合成により，鋳型配位子となるDNAオリゴマーを得る．金属錯体は，pH7の緩衝溶液中，DNA鎖に各種金属イオンを添加することにより，定量的に形成される[1]．

【性質・構造・機能・意義】 人工DNAオリゴマーd(5′-GHPHC-3′)に銅(II)イオンを添加すると，UV吸収スペクトルにおいて310 nm付近にH-Cu^{II}-H錯体の形成に由来する吸収が現れる．吸収は，銅(II)イオンを二重鎖に対して2当量加えるまで等吸収点を通りながら直線的に変化する．このことから，銅(II)イオンが2ヶ所のH部位に定量的に集積し，二核錯体d(5′-GHPHC-3′)$_2$·Cu$^{II}_2$が形成したことが確認される．さらに，水銀(II)イオンを添加すると，円二色性(CD)スペクトルにおいて，H-Cu^{II}-H塩基対に由来する302 nm付近の正のコットン効果が減少し，水銀(II)イオンを1当量加えるまで変化する．これは，中央のP部位に1当量の水銀(II)が結合しP-Hg^{II}-P塩基が形成したことに帰属され，DNA二重鎖d(5′-GHPHC-3′)$_2$中に，2個の銅(II)イオンと1個の水銀(II)イオンとが，銅(II)－水銀(II)－銅(II)という配列で，定量的かつ位置選択的に集積されたことを示している．さらに，エレクトロスプレー質量分析(ESI-MS)スペクトルも，d(5′-GHPHC-3′)$_2$·Cu$^{II}_2$·Hg^{II}に相当するシグナルを与え，異種三核錯体の形成を支持している．さらに，長いDNA鎖d(5′-GHHPHHC-3′)によっても，金属錯体型塩基対の形成による異種金属イオン集積d(5′-GHHPHHC-3′)$_2$·Cu$^{II}_4$·Hg^{II}が達成されている[1]．

本錯体における異種金属集積のポイントは，ヌクレオシドモノマーの配列を自在に設計して合成できるDNAを配位子骨格として利用したこと，そして，金属選択性が異なる2種類の金属配位子型ヌクレオシドを導入して金属結合部位を人工DNA鎖の塩基配列としてデザインしたことである．今までに，種々の金属イオンを介した錯体型塩基対が報告されているため，本錯体の合成戦略を適用することで，より多様な種類，配列での金属錯体の一次元集積が期待される．配位子の配列設計に基づいた機能性集積型金属錯体の精密合成や，分子デバイス構築へと展開できる錯体合成の方法論として興味深い．

【関連錯体の紹介およびトピックス】 銅(II)イオンとエチレンジアミンの添加によりサレン錯体型塩基対を形成するサリチルアルデヒド型ヌクレオシド(S)，および水銀(II)イオンを介して塩基対を形成するチミジン(T)を導入した人工DNA鎖によっても，同様に銅(II)イオンと水銀(II)イオンのヘテロ集積化が実現されている[1]．CDスペクトルに基づいた滴定実験，および質量分析スペクトルにより，人工DNA二重鎖d(5′-CGG CCT SSS STT TTS CGC GC-3′)·d(3′-GCC GGT SSS STT TTS GCG CG-5′)中に5個の銅(II)イオンと5個の水銀(II)イオンを配列した多核錯体の形成が確認された．

【竹澤悠典・塩谷光彦】

【参考文献】

1) K. Tanaka *et al.*, *Nat. Nanotech.*, **2006**, *1*, 190.

$Cu_3C_nP_6$ (n=1,2)

有光

(上) $n=1$
(右) $n=2$

【名称】 [tris-μ_2-bis(diphenylphosphano)methane-1κP:2$\kappa P'$;2κP:3$\kappa P'$, 1κP:3$\kappa P'$-μ_3-phenylethynido-1:2:3$\kappa^3 C$-tricopper(+1)]tetrafluoroborate: [$Cu_3(\mu_2$-dppm)$_3(\mu_3$-C≡CPh)$_n$](BF$_4$)$_{(3-n)}$

【背景】 当初,有機合成で用いられる有機銅(I)の活性種を明らかにする目的で,アセチリドが配位した標記の銅(I)錯体が合成され,比較的安定な錯体を生成することが示された.その後,比較的強い発光を示すことが明らかになったことにより,以後,次々と報告される発光性d^{10}-アセチリド金属錯体系の嚆矢となった錯体である.

【調製法】[1] モノアセチリド($n=1$)は,THF中[$Cu_2(\mu$-dppm)$_2$(CH$_3$CN)$_2$](BF$_4$)$_2$にエチニルベンゼンとn-ブチルリチウムから調製したリチウムフェニルアセチリド(Li$^+$PhC≡C$^-$)を加えることで得られる.ジアセチリド錯体($n=2$)も混合比を変えることで合成可能だが,KOH存在下でエチニルベンゼンと直接反応することで,さらに収率よく得ることができる.

【性質・構造・機能・意義】 モノアセチリド錯体は3つの銅(I)イオンに対して1分子のアセチリドが炭素μ_3-架橋により配位したものである.一方,ジアセチリド錯体は,3つの銅(I)イオンからなるCu$_3$平面の上下に,各アセチリドの炭素がμ_3-架橋している.CDCl$_3$中の^{31}P NMRはそれぞれ$\delta=-7.67$($n=1$),-4.39($n=2$)にシングレットシグナルを与えることから,溶液中では非常に対称性のよい構造をしていることが示唆される.また,ビスアセチリド錯体では,IRスペクトルにおいて2027 cm^{-1}にC≡C伸縮振動に特徴的な吸収帯が観測されている.

両錯体ともに結晶構造解析が行われている.モノアセチリド錯体では,Cu…Cu距離の1つが3.274 Åと,他の2つ(2.813 Å, 2.804 Å)より長くなっている.さらにアセチリド配位子はCu$_3$平面に対して直交しておらず,少し傾いた形で配位している.一方,ジアセチリド錯体では,Cu…Cu距離はすべてほぼ同じであり(2.570~2.615 Å),Cu$_3$と2つのアセチリド炭素が三方両錘の頂点に位置し,2つのアセチリド配位子はCu$_3$平面にほぼ直交している.

吸収スペクトルにおいて,モノアセチリド錯体はアセトニトリル中で260 nm, 330 nm付近にそれぞれdppm,アセチリド配位子の配位子内遷移に帰属される肩吸収が観測される.ジアセチリド錯体でも同様の吸収が観測されるが,少し短波長側へのシフトが見られる(255, 305 nm).

両錯体とも,固体およびアセトニトリル溶液中において発光を示し,吸収スペクトルと同様に,ジアセチリド錯体の方がより短波長側に発光極大が現れる($n=1$: 500 nm, $n=2$: 494 nm)[2].また,固体77 Kにおいては,長波長側(530 nm付近)にもう1つの発光極大が現れ,デュアルルミネセンスを示す.これらの発光は金属内d→s状態が混合したPhC≡C→Cu$_3$のLMCT励起状態からのものと帰属されている.

【関連錯体の紹介およびトピックス】 表記錯体のフェニルエチニル配位子をt-ブチルエチニル配位子とした錯体や,フェニル部位にNO$_2$などの官能基を導入した錯体がモノアセチリド,ジアセチリドともに多数報告されており,構造や分光学的性質が比較されている[2].これらの置換基により,アセチリド部位のπ^*軌道準位が変化するため,発光波長が様々に変化する.また,モノアセチリド錯体と比較して,ジアセチリド錯体の発光波長が短波長シフトする傾向があり,励起状態におけるπ^*軌道の寄与がここでも裏づけられている.

金属イオンが銀(I)の同構造錯体[Ag$_3(\mu_2$-dppm)$_3(\mu_3$-C≡CPh)$_n$](BF$_4$)$_{(3-n)}$も報告されている.詳細は同錯体の項目(p. 8)を参照されたい.その他,Cu(I)-Ag(I)混合型のクラスター化合物についても,現在でも精力的に研究が進められている[3].

〔佃 俊明〕

【参考文献】
1) J. Diez *et al., Organometallics,* **1993**, *12*, 2213.
2) V. W. -W. Yam *et al., J. Organomet. Chem.,* **1999**, 578 3.
3) Z. -N. Chen *et al., J. Mater. Chem. C,* **2017**, *5*, 8782.

Cu_3N_6 光

【名称】 cyclo-tris｛μ-3,5-bis（trifluoromethyl）-1H-pyrazolato-κN^1:κN^2｝tricopper(+1)：[Cu_3｛3,5-$(CF_3)_2$pz｝$_3$]

【背景】 様々な置換基を有するピラゾール誘導体から水素イオンが解離したピラゾレートは，銅(I)イオンと1：1の比の化合物を生成する．それらの構造は，ピラゾレートの置換基の有無や，置換基のかさ高さに依存しており，鎖状構造のポリマーや，環状四核錯体，環状三核錯体などが知られている．銅(I)錯体は，3位と5位にトリフルオロメチル基を有するピラゾレートが配位し，環状の三核構造を有し，関連錯体の中で光物理的性質が最も詳細に調べられた化合物である[1]．

【調製法】 酸化銅(I)と3,5-ビス（トリフルオロメチル）ピラゾールを，ベンゼン中50～60℃で48時間加熱撹拌することにより得る[2]．反応溶液に少量のアセトニトリルを加えると，収率の再現性がよくなる[3]．精製は，ヘキサンから再結晶，あるいは，真空中で昇華により行う．

【性質・構造・機能・意義】 ベンゼン，トルエン，テトラヒドロフラン，ヘキサン，ジクロロメタンなどの有機溶媒に可溶．固体状態では空気中で安定であるが，溶液中では徐々に分解し，濃青色の化学種が生じる．[Cu_3｛3,5-$(CF_3)_2$pz｝$_3$]は，九員環Cu_3N_6メタラサイクルを形成し，平面構造をとっている．分子内のCu…Cu距離は3.221, 3.232, 3.242 Åである．九員環Cu_3N_6メタラサイクルは結晶中で無限のジグザグ鎖を形成しているが，[Cu_3]ユニット間のCu…Cu距離は3.879および3.893 Åであり，本質的には[Cu_3]ユニット間にCu…Cu相互作用はないと考えられている．この錯体は，固体状態，室温でオレンジ色の強い発光を示す．温度を下げるに連れて発光スペクトルは低エネルギー側にシフトするが，77 Kでは665 nm付近の赤色の主発光ピークに加えて，590 nm付近に黄色発光のショルダーが現れるため，発光はオレンジ色に見える．110 Kより高い温度では，黄色のショルダーが消失するため，赤色の発光のみが観測される．発光の主ピークの寿命は，室温で52.6±0.8 μs, 77 Kで64.4±1.0 μsであり，77 Kで現れるショルダーの寿命は，104±2 μsである．興味深いことに，この錯体は，温度以外にも，溶媒や濃度，励起波長の違いにより，発光エネルギーが大きく変化する．例えば，この錯体のジクロロメタン溶液，トルエン溶液，およびアセトニトリル溶液を77 Kに冷却すると，それぞれオレンジ色，緑色，青色の発光を示す．また，ジクロロメタン溶液は，濃度の違いによる発光の変化が顕著に現れ，青色から赤色まで可視領域すべての色の発光が観測される．本化合物は，有機ELデバイスの発光材料としての応用が期待されている．

【関連錯体の紹介およびトピックス】 3位，5位のトリフルオロメチル基をメチル基やイソプロピル基に置換したピラゾレートを架橋配位子とする三核銅錯体も合成され，発光特性が調べられている[3]．また，3,5-ビス（トリフルオロメチル）ピラゾレートを架橋配位子とする三核銀錯体[Ag_3｛3,5-$(CF_3)_2$pz｝$_3$]および三核金錯体[Au_3｛3,5-$(CF_3)_2$pz｝$_3$]も合成され，性質が調べられている[4]．Cu_3錯体と同様に，Ag_3錯体とAu_3錯体でも，平面構造の九員環M_3N_6メタラサイクルがジグザグ鎖を形成している．Ag_3錯体では，[Ag_3]ユニット間のAg…Ag距離が3.204および3.968 Åと二量体を形成するのに対し，Au_3錯体では，[Au_3]ユニット間のAu…Au距離が3.885および3.956 Åと，[Au_3]ユニット間の相互作用がほとんど見られない．Ag_3錯体，Au_3錯体は，ともに温度に依存した発光スペクトルを示す．Ag_3錯体は，77 Kでは青色に発光するが，4 Kでは，発光は紫外領域にシフトする．一方，Au_3錯体は，室温でオレンジ色の発光を示すが，77 Kで緑色，4 Kでは紫外領域の発光を示す．さらに面白いことに，Ag_3錯体はπ酸性が高く，ベンゼンのような芳香族炭化水素とサンドイッチ型錯体を形成する[5]． 【馬越啓介】

【参考文献】
1) H. V. R. Dias *et al.*, *J. Am. Chem. Soc.*, **2003**, *125*, 12072.
2) H. V. R. Dias *et al.*, *J. Fluor. Chem.*, **2000**, *103*, 163.
3) H. V. R. Dias *et al.*, *J. Am. Chem. Soc.*, **2005**, *127*, 7489.
4) M. A. Omary *et al.*, *Inorg. Chem.*, **2005**, *44*, 8200.
5) H. V. R. Dias *et al.*, *Angew. Chem. Int. Ed.*, **2007**, *46*, 2192.

$Cu_3N_6O_2$

生

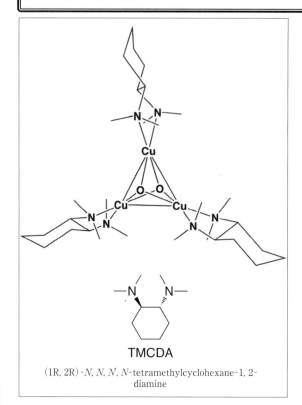

(1R, 2R)-N,N,N',N'-tetramethylcyclohexane-1,2-diamine

【名称】 mixed-valence bis(μ_3-oxo)tricopper(II, II, III) complex: [$Cu_3(\mu_3$-O$)_2$(TMCDA)$_3$](CF$_3$SO$_3$)$_3$·4CH$_2$Cl$_2$

【背景】 ラッカーゼやセルロプラスミンに代表されるマルチ銅酸化酵素は活性中心に銅の三核ユニットおよび単核銅サイトを含み, 酸素から水への四電子還元反応を触媒している. 本錯体は, 銅の三核錯体による酸素分子の四電子還元反応を達成し, その活性酸素中間体の結晶構造解明にはじめて成功したものである[1].

【調製法】 [Cu(TMCDA)(MeCN)]OTf の CH$_2$Cl$_2$ 溶液 (>10 mM) を -80℃ に冷却し, 系中に酸素を吹き込むと溶液は茶褐色に変化する. -80℃ に保ったままエーテル/CH$_2$Cl$_2$ から再結晶することで茶色の結晶が得られる.

【性質・構造・機能・意義】 酸素分子は3つの銅(I)イオンによって四電子還元されており, O–O結合が開裂した(O⋯O: 2.37 Å)状態で得られる. 各銅イオンは2つの μ_3-オキソ基で架橋され, さらに2つの窒素原子が配位した四配位平面構造を有している. 銅三核錯体中心は銅(II, II, III)の混合原子価状態であり, 電子は各銅イオンに局在化しているため三回対称ではない. 銅(III)イオンと酸素原子および窒素原子の距離はそれぞれ 1.84 Å と 1.95 Å であり, 銅(II)イオンとの結合距離(Cu–O, 2.00 Å; Cu–N, 2.03 Å)に比べて短くなっている.

-80℃ の CH$_2$Cl$_2$ 溶液中で 290 nm ($\varepsilon = 12500$ M^{-1}cm^{-1}) と 355 nm ($\varepsilon = 15000$ M^{-1}cm^{-1}) にオキソニウムから銅(III)イオンへのLMCTが, 480 nm ($\varepsilon = 1400$ M^{-1}cm^{-1}) と 620 nm ($\varepsilon = 800$ M^{-1}cm^{-1}) に d-d 遷移吸収がそれぞれ観測される. 磁気円二色性測定およびSQUID測定から, 2つの銅(II)イオン間には強磁性相互作用($S=1$)がはたらいていることが証明された. 一方, 銅(III)イオンは d^8 の低スピン状態である. なお, 本錯体に関する共鳴ラマンスペクトルは得られていない.

[$Cu_3(\mu_3$-O$)_2$(TMCDA)$_3$]$^{3+}$ は一電子酸化能力を有し, フェロセン類を酸化することができる. また, 2,4-di-*tert*-butylphenol と反応し, biphenol を与えることからプロトン受容体としても機能することがわかる.

【関連錯体の紹介およびトピックス】 この錯体の調製には前駆体である銅(I)錯体の濃度が 5 mM 以上である必要がある. 1 mM 以下の場合には bis(μ-oxo)二核銅(III)錯体 [$Cu_2(\mu$-O$)_2$]$^{2+}$ が得られてくる ($\lambda_{max} = 295, 392$ nm). また, 配位子アミノ基にメチル基以外のものを導入すると立体障害のため銅の三核化反応が進行せず [$Cu_2(\mu$-O$)_2$]$^{2+}$ が生成する.

同様の混合原子価三核銅錯体は, N,N-dimethyl-2-(2-pyridyl)ethylamine を配位子とする銅(I)錯体と酸素分子との反応によっても得られている. 分光学的測定から, 銅の三核化反応は [$Cu_2(\mu$-O$)_2$]$^{2+}$ が前駆帯として生成し, もう1分子の銅(I)錯体からの電子移動により進行することが明らかとなった[2].

【多喜正泰】

【参考文献】
1) a) T. D. P. Stack *et al., Science*, **1996**, *273*, 1848; b) E. I. Solomon *et al., J. Am. Chem. Soc.*, **1998**, *120*, 4982.
2) a) T. D. P. Stack *et al., Inorg. Chem.*, **2005**, *44*, 7345; b) S. Itoh *et al., J. Am. Chem. Soc.*, **2002**, *124*, 6367.

$Cu_3N_6O_3$

有 光 磁

【名称】 meso-(4-methoxycarbonylphenyl)substituted calix[3]dipyrrin tris-copper(II)complex

【背景】 環拡張ポルフィリンの銅錯体には，銅(II)-銅(II)間の磁性相互作用を示す複核錯体[1]，銅タンパク質の活性サイトに似た銅(II)三配位形式を有する錯体[2]，銅(I)と銅(II)の混合原子価錯体[3]，あるいは配位子分裂反応を引き起こす錯体[4]など，数多くの興味深い報告例がある．カリックス[3]ジピリン銅(II)三核錯体は，銅(II)イオンを正三角形に配置することによりスピンフラストレーション系を実現した環拡張ポルフィリンとして報告されている[1a]．

【調製法】 カリックス[3]ジピリンのクロロホルム溶液中に，過剰の酢酸銅水和物を加え50℃で攪拌し，溶液色が暗いオレンジから赤へと変化したところでシリカゲルカラムクロマトグラフィーにより精製する（収率100％）．

【性質・構造・機能・意義】 吸収スペクトルは，CH_2Cl_2中，λ_{max}[nm](ε[$10^4 M^{-1} cm^{-1}$]): 328(4.9), and 488(7.7)に観測される．錯体の構造は，それぞれジピリン部位の配位を受けた3つの銅(II)イオンが，酸素によって架橋されて正三角形に配置されている．

各銅(II)イオンは平面四配位をとっているが，分子全体としては緩やかなボウル型の骨格構造をしており，meso位のsp^3炭素に位置する3つのアリール置換基はボウル構造の凸面方向に突き出している．銅-酸素結合距離は1.90 Å，銅-銅間距離は3.45～3.48 Åである．ESR測定から平均のg値は2.097，磁化率測定から分子内の銅(II)-銅(II)間反強磁性相互作用の強さは$J = -44.1 cm^{-1}$，分子間相互作用の強さは$\theta k_B = 0.69 cm^{-1}$($\theta = -0.99 K$)と見積もられており，珍しいスピンフラストレーション系であることが確かめられている．

【関連錯体の紹介およびトピックス】 酸素や塩素で架橋された銅(II)二核錯体に関していくつか報告がなされており，その反強磁性相互作用は小さいもので$J = -8.3 cm^{-1}$，大きいもので$J = -87.6 cm^{-1}$となる[1b]．アニオン架橋を伴わない8の字型構造のオクタフィリン銅(II)核錯体では，分子内磁性相互作用はほとんど観測されない．また，単分子磁石としての応用が期待できる分子内強磁性相互作用を示す環拡張ポルフィリン金属錯体はいまだに報告されていない．

【齊藤尚平・大須賀篤弘】

【参考文献】

1) a) M. Inoue *et al., Angew. Chem. Int. Ed.*, **2007**, *46*, 2306; b) S. Shimizu *et al., J. Am. Chem. Soc.*, **2004**, *126*, 12280; c) S. J. Weghorn *et al., Inorg. Chem.*, **1996**, *35*, 1089; d) J. L. Sessler *et al., J. Chem. Soc., Dalton Trans.*, **2007**, 629.
2) S. Saito *et al., Angew. Chem. Int. Ed.*, **2009**, *48*, 8086.
3) M. Suzuki *et al., Angew. Chem. Int. Ed.*, **2007**, *46*, 5171.
4) a) Y. Tanaka *et al., J. Am. Chem. Soc.*, **2004**, *126*, 3046; b) S. Shimizu *et al., Angew. Chem. Int. Ed.*, **2005**, *44*, 3726; c) Y. Tanaka *et al., Chem. Eur. J.*, **2009**, *15*, 5674.

Cu₃N₆S₂

N,N,N′,N′-tetramethylethane-1,2-diamine

【名称】 di(μ₃-sulfido)tri(N,N,N′N′-tetramethyl-ethane-1,2-diamine)tricopper hexafluoroantimonate: [Cu₃(μ₃-S)₂(tmen)₃](SbF₆)₃

【背景】 亜酸化窒素還元酵素には硫黄原子で架橋された4核の銅活性中心(Cu$_Z$)が存在し，N₂Oの二電子還元によるN₂とH₂Oへの変換反応を司っている．本錯体はそのような多核銅-硫黄活性中心の分光学的特性や反応性に関する知見を得るために合成されたモデル錯体である[1]．

【調製法】 単体硫黄S₈を[Cu(tmen)(MeCN)]SbF₆のジクロロメタン溶液に加え，室温で5時間反応させると深緑色の固体が析出する．これを集め，エーテルとジクロロメタンで洗い，減圧下で乾燥させる[1]．

【性質・構造・機能・意義】 2つのμ₃-スルフィド基で架橋された3つの銅イオンと3つのtmen二座配位子から構成された混合原子価三核銅錯体である（形式的には2つのCu(II)イオンと1つのCu(III)イオンから構成されている）．各銅イオンは四配位平面構造をとっており，C_3対称軸を有している．すべてのCu-Sおよび Cu-Nの結合距離は同じであり（それぞれ，2.247Åおよび2.028Å），電子は3つの銅イオンに均等に非局在化している．λ_{max} = 605 nm (ε = 3000〜4000 M⁻¹cm⁻¹)に硫黄から銅への電荷移動吸収が存在する．共鳴ラマンスペクトルにおいて367 cm⁻¹と474 cm⁻¹にCu-Sの伸縮振動に起因するピークが存在する(ただし，これらの値は配位子がN,N,N′N′-tetramethylcyclohexanediamineのもの，³⁴Sの同位体を用いた場合，360 cm⁻¹と460 cm⁻¹にシフトする)．S=1の基底状態を有し(2.7μ_B)，ESRにおいてg=2.05に10本に分裂したピーク(A_{Cu}=42 G)が観測される．このことからも電子は3つの銅イオンに均等に非局在化していることが確かめられた．

【関連錯体の紹介およびトピックス】 同様の配位子を用いて合成された三核銅酸素錯体[Cu₃(μ₃-O)₂]³⁺では電子は各銅イオンに局在化して，Cu(II)Cu(II)Cu(III)コア構造を形成している[2]．

銅-硫黄錯体については，銅-酸素錯体との関連から，主に銅(I)錯体とS₈，および銅(II)錯体とNa₂S₂などの反応が検討され，図1に示したような二核錯体，四核錯体，六核錯体などの生成が報告されている．各錯体の生成は用いる配位子や反応条件によって制御されている[3]．

〔伊東 忍〕

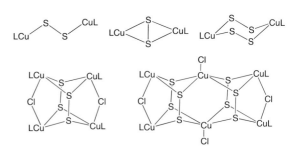

図1　多核銅イオウ錯体の例

【参考文献】
1) W. B. Tolman *et al.*, *J. Am. Chem. Soc.*, **2005**, *127*, 13752.
2) T. D. P. Stack *et al.*, *Science*, **1996**, *273*, 1848.
3) a) K. D. Karlin *et al.*, *J. Am. Chem. Soc.*, **2003**, *125*, 1160; b) W. B. Tolman *et al.*, *Inorg. Chem.*, **2004**, *43*, 3335; c) W. B. Tolman *et al.*, *Angew. Chem. Int. Ed.*, **2005**, *44*, 7745; d) K. D. Karlin *et al.*, *Angew. Chem. Int. Ed.*, **2006**, *45*, 1138; e) W. B. Tolman *et al.*, *Inorg. Chem.*, **2007**, *46*, 8105.

Cu₃N₁₂

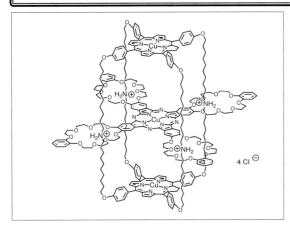

【名称】 trinuclar Cu^{2+} complex of a multiply-interlocked (porphyrin)₂/phthalocyanine assembly: $[Cu(II)Por/Cu(II)Pc/Cu(II)Por]^{4+} \cdot 4Cl^-$

【背景】 カテナンやロタキサンなどのインターロック型分子は結合の自由度が高く,熱や酸・塩基などの外部刺激に応答してダイナミックな分子構造変化を起こしやすいことから,分子機械などの外部刺激応答性分子の構築に利用できる.そのため,様々なトポロジーをもつインターロック型分子が合成されてきた.$[Cu(II)Por/Cu(II)Pc/Cu(II)Por]^{4+} \cdot 4Cl^-$ は,多数のカテナン構造をもつ多重インターロック型分子組織である[1].また,ポルフィリン類縁体金属錯体組織としても極めてユニークな構造をもつ.一般に,ポルフィリンやフタロシアニンなどのポルフィリノイド金属錯体は高い平面性故に face-to-face 型に自己集合してポリマーを与えやすい.このため,ポリマー状の集積体は数多く報告されているが,$[Cu(II)Por/Cu(II)Pc/Cu(II)Por]^{4+} \cdot 4Cl^-$ のように3分子のポルフィリン類縁体金属錯体からなるディスクリートな face-to-face 型分子組織はほとんど報告例がない.

【調製法】 金属イオンフリーの多重インターロック型ポルフィリン・フタロシアニン分子組織 $[H_2Por/H_2Pc/H_2Por]^{4+} \cdot 4Cl^-$ を $CHCl_3/EtOH$ 混合溶媒中,酢酸銅(II)と過熱還流して得られる.

【性質・構造・機能・意義】 ジアルキルアンモニウム鎖で4重に架橋されたポルフィリン face-to-face 型二量体に,4つの 24-crown-8 ユニットをもつフタロシアニンが4重にインターロックされた構造をもつ.ポルフィリノイド色素の集合構造として眺めると,2つの Cu^{2+} ポルフィリンが1つの Cu^{2+} フタロシアンをサンドイッチした構造を有する.このため,3つの Cu^{2+} ポルフィリノイド間の電子的相互作用に由来するユニークな物性を示す.$[Cu(II)Por/Cu(II)Pc/Cu(II)Por]^{4+}$ はまた,ポルフィリン-フタロシアニン間に分子認識に利用可能な2つのナノ空間をもつ.このナノ空間にはジアニオン性ポルフィリン $[TPPS_{(trans)}]^{2-}$ のような平面性ジアニオンが強く会合するが,$[Cu(II)Por/Cu(II)Pc/Cu(II)Por]^{4+}$ が $[TPPS_{(trans)}]^{2-}$ を取り込む過程では,いったんナノ空間の入り口がスライドドアの様に広がった後閉じる,というユニークな様式で分子包接が起こることが示唆されている(図1).この分子認識様式は,ホスト分子が基質にあわせてダイナミックに構造を変えるという点で,酵素の誘導適合型分子認識と共通性が高い.柔軟な構造をもつ多重インターロック型分子ならでは分子認識様式である.

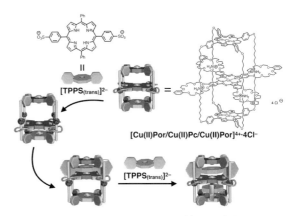

図1 $[Cu(II)Por/Cu(II)Pc/Cu(II)Por]^{4+}$ の分子包接挙動

【関連錯体の紹介およびトピックス】 ユニークなトポロジーをもつ分子は,金属錯体を利用して合成されることがある.その好例としては,Pentecost らによる Solomon link の合成[2]や,Dietrich-Buchecker らによる Trefoil Knot の合成[3],Zhang らによる 9_7^3 link の合成などが挙げられる. 【山田泰之・田中健太郎】

参考文献

1) Y. Yamada *et al., Angew. Chem. Int. Ed.,* **2017**, *56*, 14124.
2) C. D. Pentecost *et al., Angew. Chem. Int. Ed.,* **2007**, *46*, 218.
3) C. O. Dietrich-Buchecker *et al., J. Am. Chem. Soc.,* **1993**, *115*, 11237.
4) L. Zhang *et al., Nature Chem.,* **2018**, *10*, 1083.

Cu₃O₁₂

【名称】 (bis-β-diketonato)copper(II)-anthracene macrocycle: [Cu(β-diketonato)₂]₃

【背景】 配位子の角度方向や金属イオンの配位構造を巧みに設計することで，溶液中で孤立したナノ空間をもつ大環状化合物を自己組織化によって構築することができる．Fujitaらが4,4′-ビピリジンとエチレンジアミンPd(II)錯体を水中で混合するだけで，正方形型のシクロファンが自然に組み上がることを見いだして以来，金属錯形成を利用した自己組織的分子会合体構築が体系化されてきた[1]．Kawanoらは，このような自己組織化を利用して液晶性の大環状金属錯体を合成したことを報告した[2]．さらに，9,10-ジフェニルアントラセン構造をもつβ-ジケトナト型配位子を合成している．この配位子と2価の金属イオンとの自己組織化により大環状化合物を高収率で合成することで，サーモトロピックなカラムナー液晶を形成する大環状金属錯体を得ている．

【調製法】 トルエンを溶媒として，9,10-ジフェニルアントラセン構造をもつ配位子と等モルの酢酸銅と加熱撹拌することで大環状Cu三核錯体を得る．得られた化合物は，サイズ排除クロマトグラフィーにより精製する[2]．また，同様の合成法で大環状Pd三核錯体も得られる．

【性質・構造・機能・意義】 単離した大環状Cu三核錯体はサーモトロピックなカラムナー液晶相を発現し，81℃から226℃までレクタンギュラーカラムナー相を発現する．176℃における液晶相の粉末X線回折実験から，カラムナー組織のパッキング様式は，$a=53$ Å，$b=49$ Åのレクタンギュラー格子状に集積する．また，これらの大環状金属錯体の液晶相の発現温度領域は，周辺側鎖の分岐構造や側鎖の長さに大きく依存する．

9,10-ジフェニルアントラセン構造をもつ配位子の単結晶構造から，アントラセンは9,10位のジフェニル基に対して74～76°の2面角を形成する．これにより，平面四配位型Cu(II)イオンとβ-ジケトナト型配位子から構成される大環状Cu三核錯体の環に対して，アントラセンは垂直に近い配向をとる．この大環状金属錯体は広い共役構造で囲まれた5×8 Å^{2}の内部空孔をもつため，液晶中にナノチャネルを形成する(図1)．

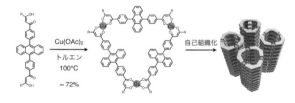

図1 大環状金属錯体の合成と自己組織化によるカラムナー液晶の構築

【関連錯体の紹介およびトピックス】 この9,10-ジフェニルアントラセン構造をもつβ-ジケトナト型配位子を等モルの酢酸パラジウム存在下，トルエン中100℃で加熱すると，大環状Pd三核錯体が定量的に生成する．重トルエン中での反応の経時変化を¹H NMR測定により追跡することで，オリゴマーなどの中間体混合物を経て114時間後に環状三核錯体に収束することが明らかとなっている． 【河野慎一郎・田中健太郎】

【参考文献】
1) M. Fujita *et al.*, *J. Am. Chem. Soc.*, **1990**, *112*, 5647.
2) S. Kawano *et al.*, *Chem. Lett.*, **2016**, *45*, 1105.
3) S. Kawano *et al.*, *Inorg. Chem.*, **2018**, *57*, 3913.

Cu₄N₄O₈

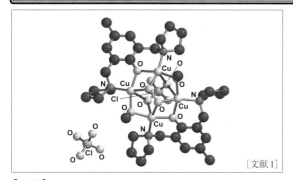

[文献1]

【名称】bis((4-methyl-2,6-bis(pyrrolidin-1-ylmethyl)-phenolato-$\kappa^2 O$)(μ_4-peroxido)(μ_4-perchlorato-$\kappa^2 O$)-di-(μ-methoxo)tetracopper(II) perchlorate ([Cu$_4$(bpmp)(O$_2$)-(μ-ClO$_4$): μ-MeO)$_2$](ClO$_4$))

【背景】銅中心による酸素活性化の研究の中で,非常にまれな peroxo-Cu$_4$ 錯体の構造と性質を明らかにした.これまでに結晶構造が確認された単核銅 side-on 型 η^2-superoxo 構造,二核銅 trans-1, 2-peroxo と μ-η^2:η^2-peroxo 錯体に加え,新たな Cu$_4$-peroxo 錯体を合成した[1].

【調製法】配位子 bpmp の合成は,p-クレゾールとピロリジンをエタノールに溶解し,ホルムアルデヒド溶液 (36 wt%) を加え,24 時間加熱しながら撹拌する.反応終了後,濃縮して得られた混合物を炭酸ナトリウム水溶液で洗浄する.さらにジエチルエーテルで抽出した後,乾燥,濃縮すると明るい黄色油状物質が得られる.錯体の合成は,室温条件下,メタノール中で [Cu(MeCN)$_4$](ClO$_4$) と配位子を反応させる.Et$_3$N と H$_2$O$_2$,または 3, 5-di-tert-butylcatechol/O$_2$ を加えたあと,2〜3 時間で暗緑色結晶が生成する.

【性質・構造・機能・意義】ジクロロメタン溶液中で,587 nm (ε=610 M^{-1} cm^{-1}) にペルオキソ–銅(II)の CT 遷移吸収帯が,384 nm にフェノレート配位子から銅(II) イオンへの LMCT が観測される.284 nm (ε=15900 M^{-1} cm^{-1}) に配位子の π–π^* 遷移吸収帯が観測される.ペルオキソイオンの銅への配位は,^{16}O$_2$ および ^{18}O$_2$ を用いたときの共鳴ラマンスペクトルで,878 cm^{-1},841 cm^{-1} に配位したペルオキソイオンの ν(O–O) に特徴的なラマンピークを与えた.錯体溶液の電子スプレー質量分析スペクトル(ESI-MS)も,[Cu$_4$(bpmp)$_2$(O$_2$)-(OH)$_2$(H$_2$O)]$^+$,[Cu$_4$(bpmp)$_2$(O$_2$)(OH)$_3$(CH$_3$OH)]$^+$,{[Cu$_4$(bpmp)$_2$(O$_2$)(OCH$_3$)(OH)](ClO$_4$)}$^+$,{[Cu$_4$(bpmp)$_2$(O$_2$)(OH)$_2$](ClO$_4$)}$^+$ に相当するピークとその同位体分布からそれぞれ m/z 915, 930 と 949, 965, 979, 993 に与えたことから,溶液中においても安定に存在する.

この錯体は結晶構造が得られており,分子はペルオキソ基と ClO$_4^-$ 基の Cl を含んだ C_2 軸を有している.ペルオキソ基は長方形型に配置した 4 個の銅(Cu–Cu = 2.994(2), 3.030(2), 4.184(3), 4.317(2) Å)に μ_4-(η^1)$_4$ 型に結合している.ペルオキソ基は屋根型の Cu$_4$O$_2$ 上に位置している cis-μ_4-peroxo Cu$_4$ である.ペルオキソ基の 2 個の酸素原子は Cu$_4$ 面からそれぞれ 1.008(2), 1.078(2) Å の距離にある.ClO$_4^-$ アニオンの酸素は銅中心の Jahn-Teller 効果により歪んだ四角錐の頂点に位置している.ペルオキソ基の O–O 距離は 1.453(4) Å である.磁気的性質では,磁化率を 6.0 K から 411.2 K で測定すると,80 K のときに最小となり,有効磁気モーメント μ_{eff} は 0.80 μ_B であった.この錯体は非常に強い反強磁性カップリングを有しており,Bleaney-Bowers 式を用いたカーブフィットから,$2J$=−510±20 cm^{-1} と求められた.この錯体の形成過程は,メタノール溶液中において bpmp と銅イオンが反応して [Cu$_2$(bpmp)(OR)(ROH)$_2$] が形成し,Et$_3$N の添加により,二量化して [{Cu$_2$(bpmp)}$_2$(μ_4-O)(OR)$_2$] を与える.この二量体にさらに,H$_2$O$_2$ あるいは 3,5-di-tert-butylcatechol/O$_2$ を加えることで,ペルオキソ錯体を形成する.この μ_4-O$_2$ 配位形式は稀少であり,これまで [Fe$_6$(O)$_2$(O$_2$)(O$_2$CPh)$_{12}$(OH$_2$)$_2$],[K$_4$[Mo$_4$O$_{12}$(O$_2$)$_2$]],[Fe$_6$(O)$_2$(O$_2$)$_3$(OAc)$_9$],[(o-Tol$_2$-SnO)$_4$(O$_2$)$_2$] のわずか 4 例が報告されている.

銅中心の配位化学の分野では,ペルオキソ錯体の合成とキャラクタリゼーションは非常に重要な研究課題であり,ペルオキソ銅(II)錯体は O$_2$ 結合の活性部位や,酸素を活性化する銅タンパク質などのバイオミメティックなモデル化合物として合成された.その一方で,銅/酸素錯体は酵素反応だけでなく,触媒的な合成反応における鍵中間体であり,これらの錯体は酸素を酸化剤とした有機基質の効率的酸化反応の低分子触媒の開発に寄与する.

【関連錯体の紹介およびトピックス】この錯体と同じ Cu$_4$O$_2$ コア構造をもつが架橋様式の異なる trans-μ_4-peroxo Cu$_4$ 酸素錯体が報告されている[2]. 【舘 祥光】

【参考文献】

1) B. Kreds et al., Angew. Chem. Int. Ed. Engl., **1994**, 33, 1969.
2) F. Meyer et al., Angew. Chem. Int. Ed. Engl., **2000**, 39, 2112.

Cu₄N₄I₄

【名称】 tetraiodotetrakis(pyridine) tetracopper: [Cu$_4$I$_4$(py)$_4$]

【背景】 ハロゲン化銅(I)は多様な多核構造を形成し，またそれぞれ特異な発光特性を示すことから，非常に興味深く，これまで数多く研究が行われている．その代表的な多核錯体として4つの銅(I)イオンと4つのヨウ素イオンとからなるキュバン骨格を含む四核クラスターが挙げられる．銅イオンは四面体構造を有し，ヨウ素イオンが3つの銅(I)イオンを架橋して安定な四核構造を形成する．銅イオンにはさらにピリジン誘導体やホスフィン誘導体などが配位する．たとえば1976年にピリジンpyが配位したキュバン型銅(I)四核クラスター[Cu$_4$I$_4$(py)$_4$]の結晶構造がWhiteらによって報告されており[1]，その後その発光メカニズムに関して多くの議論が行われた[2,3]．

【調製法】 1.00 mmolのヨウ化銅(I)CuIを1.5 mLのピリジンpyに溶かす．黄色の溶液をろ過し，過剰のジエチルエーテルを加える．生じた白色沈殿を集め，ジエチルエーテルで洗浄後，乾燥させ，得られた白色沈殿をアセトンに溶解し，ジエチルエーテルをゆっくり拡散させることで，単結晶を得ることができる[4]．

【性質・構造・機能・意義】 [Cu$_4$I$_4$(py)$_4$]は4つのヨウ化銅(I)からなるキュバン構造を有する四核ユニットにピリジンpyが配位した四核クラスターである（図1）．クラスター内のCu⋯Cu間距離は2.69 Åであり，これは銅イオンのvan der Waals半径の和の2.8 Åより小さい．このクラスターは固体状態もしくは溶液中において室温でも強い発光を示す．たとえばトルエン溶液中で，このクラスターは690 nmと480 nmをピーク波長とする2つの発光帯が観測され，温度が下がるに従い高エネルギー側の発光帯の強度が増大する．低エネルギー側の発光帯は短波長側にシフトするため，発光色が変化しているように見え，この現象は発光サーモクロミズムと呼ばれている．低エネルギー側の発光はクラスター内の³CC(cluster centered)からの発光であり，高エネルギー側の発光は³XLCT(halide-to-ligand charge transfer)に起因するものと結論づけられている．すなわち，第一原理計算によると，このクラスターのHOMOの軌道は，80%以上がヨウ素イオンの5p軌道であり，d軌道の寄与は小さい．このクラスターのLUMOは主に4つの銅(I)イオンに非局在化した4s軌道であり，ヨウ素イオンの5p軌道から銅(I)イオンの4p軌道へのXMCT遷移に由来する発光であるといわれている．また，この励起状態において大きな構造歪みをもたらすために大きなストークスシフトが観測される．一方，高エネルギー側の発光は，ヨウ素イオンの5p軌道からピリジンpyのπ*への遷移に基づくXLCTからの発光であり，温度の低下とともに発光強度が増大する．低エネルギー側の発光帯はクラスター内での発光であるため，配位子が代わってもあまり影響を受けないが，高エネルギー側のXLCTに由来する発光は，電子供与性のピリジン誘導体に置換するとブルーシフトし，電子求引性のピリジン誘導体に置換するとレッドシフトする．室温における[Cu$_4$I$_4$(py)$_4$]のトルエン溶液の発光量子収率は，低エネルギー側の発光帯で9%，高エネルギー側の発光帯で0.034%である．

【大久保貴志】

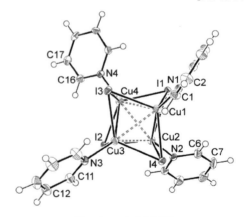

図1 [Cu$_4$I$_4$(py)$_4$]の構造

【参考文献】

1) A. H. White *et al.*, *J. Chem. Soc. Dalton*, **1976**, 2153.
2) P. C. Ford *et al.*, *Chem. Rev.*, **1999**, 99, 3625.
3) P. C. Ford *et al.*, *J. Am. Chem. Soc.*, **1991**, 113, 2954.
4) A. W. Kelly *et al.*, *J. Inorg. Organomet. Polym. Mater.*, **2017**, 27, 90.

$Cu_4N_8O_4S_8$

【磁】

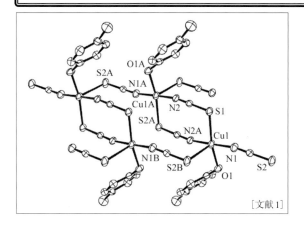

[文献1]

【名称】$[Cu(MpyO)(NCS)_2]_n$ (MepyO＝4-methylpyridine-N-oxide)

【背景】チオシアナトは多様な配位モードをとることから，多核錯体構築において期待されている．これまでに報告されたチオシアナト架橋錯体は，そのほとんどが弱い磁気的相互作用を示している．この錯体は，強力な磁気的相互作用を期待して，O-ドナー配位子であるMPyOを用いて合成されたものである[1]．

【調製法】過塩素酸銅(II)6水和物，チオシアン酸ナトリウム，およびMPyOを水溶液中で反応させる．反応溶液を室温で一昼夜放置することにより濃茶色の結晶として得られる．

【性質・構造・機能・意義】この錯体は結晶構造が明らかにされており，銅(II)イオン間が$\mu_{1,3}$-SCNによって架橋された一次元鎖状構造を有している．さらに，この一次元鎖中には2つの銅(II)イオンと$\mu_{1,3}$-SCNによって面が構成されている．銅(II)イオン周りの配位環境は歪んだ五配位四角錐型である．そのbasal面には，3つの$\mu_{1,3}$-架橋SCNによる2つの窒素原子と1つの硫黄原子ならびにMPyOによる酸素原子によって構成されている．apical位には$\mu_{1,3}$-SCNによる硫黄原子が位置している．結晶中の$\mu_{1,3}$-SCNは銅(II)イオンへの配位の仕方から，2種類に分類される．一方は2つの銅(II)イオンのequatorial面とequatorial面をつなぐ形式(EE型)であり，他方は2つの銅(II)イオンのequatorial面とapical位をつなぐ形式(EA型)である．この結晶中においては，2本のEE型$\mu_{1,3}$-SCN架橋と2つの銅(II)イオンによって平面が形成され，その平面は互いに平行である．また2本のEA型$\mu_{1,3}$-SCNと銅(II)イオンによって一次元鎖が構成されている．Cu-S結合距離はbasal面では2.4077(16) Å，apical位ではそれより長く2.900 Åである．隣接する2本のEE型$\mu_{1,3}$-SCN架橋が形成する二核ユニットのCu…Cu間距離は5.491 Åである．

この錯体は室温と77 KにおけるESRスペクトルが測定されている．室温においては3000 G付近にスピン三重項状態の$\Delta M_s=1$に起因する遷移と，1600 G付近に$\Delta M_s=2$の禁制遷移に起因する遷移が観測され，銅(II)イオン間における磁気的相互作用の存在が示唆された．また，77 Kにおいては，$g_{\parallel}=2.18$，$g_{\perp}=2.07$，$g_{av.}=2.11$が得られている．$g_{\parallel}>g_{\perp}>2.00$であることから，$d_{x^2-y^2}$軌道に不対電子のある五配位四角錐型銅(II)錯体であることが支持される．

この錯体では，4～300 Kの範囲で磁化率の温度依存性が測定されており，磁化率は191 K付近に極大を示す．Cu-S_{apical}の結合距離やESR測定の結果から，EA型$\mu_{1,3}$-SCN架橋による磁気的相互作用の大きさは無視できるほど小さいと予想される．そのため，EE型$\mu_{1,3}$-SCN架橋による二核ユニット内の磁気的相互作用(J)と，隣接する二核ユニット間における相互作用(J')を考慮した二核モデルの式によって磁化率データの解析が行われている．その結果，$g=2.05$，$J=-108.0\ cm^{-1}$，$J'=7.00\ cm^{-1}$が得られ，二核ユニット内の強い反強磁性的相互作用の存在が明らかにされている．

【関連錯体の紹介およびトピックス】強い磁気的相互作用を示すチオシアン酸架橋銅(II)錯体はこれまでに2例報告されているが[2]，それらと比較しても，$[Cu_2(\mu_{1,3}\text{-SCN})_2(\mu'_{1,3}\text{-SCN})_2(MpyO)_2]_n$の$J$値が最大である．

【時井 直】

【参考文献】
1) P. Cheng *et al.*, *J. Chem. Soc., Dalton Trans.*, **2006**, 376.
2) a) J. A. R. Navarro *et al.*, *Inorg. Chem.*, **1997**, *36*, 4988; b) C. A. White *et al.*, *Inorg. Chem.*, **1999**, *38*, 2548.

$Cu_4N_{12}O_4$

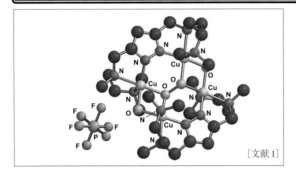

[文献1]

【名称】（3,5-bis（N,N-dimethylaminoethyl-N-methyl-methyl）prazolato）-bis（hydroxo）（μ_4-peroxo）tetracopper-(II)dihexafluorophosphate：$[Cu_4(L)_2(OH)_2(O_2)](PF_6)_2$

【背景】これまでに，X線結晶構造解析で構造が決定されたCu/O_2付加体は$trans$-μ-1,2-peroxo架橋が1例，特徴的なμ-η^2:η^2-peroxo架橋のO_2キャリアタンパク質ヘモシアニンのモデル分子が2例，単核のη^2-super-oxo Cu(II)錯体があり，これに加えて銅の化学ではユニークなμ_4-peroxo配位様式で4個の銅イオンに橋架けしたcis-μ_4-peroxo構造がある．これらに加えて，新たに異なるμ_4-peroxo配位様式の$trans$-μ_4-peroxo構造をもった錯体が単離され，構造が決定された[1]．

【調製法】配位子HLは，THF中でピラゾール-3,5-ジカルボン酸1水和物を塩化チオニルで3,5-ビス（クロロホルミル）ピラゾールに変換し，これを1-ジメチルアミノ-2-メチルアミノエタンとエチル（ジイソプロピル）アミンのTHF混合溶液に滴下して，3,5-ビス{N,N-ジメチルアミノエチル-N-メチル}アミド{ピラゾール}を得る．これを$LiAlH_4$で還元して目的物の3,5-ビス{N,N-ジメチルアミノエチル-N-メチル}メチル{ピラゾール（HL）を淡黄色の油状物質として得る．次にTHF中でHLをBu_4NOHで水素を引き抜き，EtCNで抽出した後，$[Cu(MeCN)_4]PF_6$のEtCN溶液をアルゴン下で加える．$-80°C$で10分間の攪拌の後，空気と反応させると，溶液は徐々に緑色に変化し，さらに2週間後得られた結晶をろ過により集める．$EtCN/Et_2O$から再結晶により得られる．

【性質・構造・機能・意義】EtCN溶液中で緑色を呈し，631 nm（$\varepsilon=260 M^{-1}cm^{-1}/Cu_4$）に銅(II)のd-d遷移吸収帯と360 nm（$\varepsilon=3100 M^{-1}cm^{-1}$）に特徴的な吸収帯が観測される．錯体溶液の高速原子衝突質量分析スペクトル（FAB-MS）も，$[Cu(L)_2(OH)_2(PF_6)]^+$に相当するピークをm/z 1055に与えた．

この錯体は結晶構造が得られており，四核銅の中心にO_2^{2-}をもった構造である（図1A）．ペルオキソ部位は二核のLCu_2の2個のCuを$cis\mu$1,2型で架橋している．このペルオキソ架橋はもう一方からの2個目のLCu_2により安定化され，μ_4-O_2^{2-}とともに四核銅骨格を形成している．4つの銅イオンは平面内になく，長方形型の2つの短辺がなす二面角は23.6°である．この短辺の2個の銅イオンはペルオキソ架橋以外に2つのヒドロキシイオンが架橋している．このOH架橋はIRスペクトルで3641 cm^{-1}に観測される．各々の銅イオンはJahn-Teller歪みのある四角錐型の配位構造である．四核銅イオンの中心に結晶学的な2回軸があり，ペルオキソO-O結合は1.497(5) Åである．

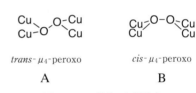

$trans$-μ_4-peroxo cis-μ_4-peroxo
A   B

図1 Cu_4O_2錯体の架橋様式

生体系では各々隣り合った金属イオンの組合せによる酸化還元を利用しており，この時に多電子系の変化を媒介している．特に，いくつかの銅含有酵素は酸化や酸素添加反応におけるO_2の可逆的な結合や活性化などの極めて重要な役割を果たす．よく知られている酵素には，カテコールオキシダーゼやチロシナーゼだけでなくO_2キャリヤタンパク質のヘモシアニンなどがある．O_2を使う触媒的酸化反応への関心から，いくつかの銅サイトにおけるO_2の結合に関する知見を得るために，あるいは，このような金属酵素の機能の理解のために，非常に重要なCu-peroxo付加体に関する広範囲の研究が進められてきた．

【関連錯体の紹介およびトピックス】この錯体は，Krebsらにより報告された$[Cu_4(O_2)]$コアとは異なる．Krebsらの$[Cu_4(O_2)]$コアはペルオキソが平面長方形型Cu_4の上からキャップした形の$cis\mu_4$-peroxo型（図1B）である[2]．

【舘 祥光】

【参考文献】
1) F. Meyer et al., Angew. Chem. Int. Ed. Engl., **2000**, 39, 2112.
2) B. Krebs et al., Angew. Chem. Int. Ed. Engl., **1994**, 33, 1969.

$Cu_4Ln_2N_8O_8$ (Ln=La, Pr, Gd)

[Ln_2Cu_4(fsaaep)$_2$(NO$_3$)$_6$]

[文献2]

【名称】 [Ln_2Cu_4(fsaaep)$_4$(NO$_3$)$_6$]・0.5(CH$_3$OH・H$_2$O):Ln=La(III), Pr(III) or Gd(III); H$_2$fsaaep=3-(N-2-(pyridylethyl)formidoyl)salicylic acid(以下, Ln が La, Pr, Gd の錯体をそれぞれ[La$_2$Cu$_4$], [Pr$_2$Cu$_4$], [Gd$_2$Cu$_4$]錯体と略記).

【背景】 様々なタイプの Cu-Gd 錯体が合成され, Cu-Gd 間の磁気的相互作用は錯体構造に関係なく強磁性的であることが知られている. Cu-Gd 間の強磁性的相互作用は Gatteschi らの spin polarization[1], または Kahn らの Cu^{II} から Gd^{III} への電子遷移が関与する機構で説明されている[2].

【調製法】 3-formylsalicylic acid と Na$_2$CO$_3$ の水溶液に等モル量の 2-(2-aminoethyl)pyridine を加え, ついで Cu(ClO$_4$)$_2$ の水溶液を加えると二核銅(II)錯体, [Cu(fsaaep)]$_2$・5H$_2$O, が得られる. これと Ln(NO$_3$)$_3$・6H$_2$O をアセトニトリル中で混合すると [Ln$_2$Cu$_4$(fsaaep)$_4$(NO$_3$)$_6$] が得られる. このうち, Ln=Pr の錯体をメタノールに溶かし, アセトニトリルをゆっくり拡散させると [Pr$_2$Cu$_4$(fsaaep)$_4$(NO$_3$)$_6$]・0.5(CH$_3$OH・H$_2$O) が単結晶として得られる.

【性質・構造・機能・意義】 単結晶として得られた [Pr$_2$Cu$_4$] 錯体の構造解析がなされた. [La$_2$Cu$_4$] と [Gd$_2$Cu$_4$] 錯体も同じ構造である. [Gd$_2$Cu$_4$] 錯体では Cu-Gd 間に強磁性的相互作用(J_{GdCu}=6.0 cm^{-1})がはたらいている. Kahn らはこのことを 3d-4f ground configuration (GC)と励起状態 metal-metal charge transfer configuration(CTC)との相互作用で説明した. すなわち, GC では $S=3$ と $S=4$ のスピン状態は, 移行積分(β_{4f-3d})がゼロで縮退している. 一方, CTC の $S=3$ と $S=4$ は, Cu^{II} の 1 個の不対電子が Gd^{III} の空の 5d 軌道に遷移することによって生じ, Hund の規則から $S=4$ がエネルギー的に低い. この CTC と GC との相互作用によって GC の $S=3$ と $S=4$ の状態の縮退が解け, $S=3$ と $S=4$ はそれぞれ $-\beta_{5d-3d}^2/(U'+\Delta/2)$ と $-\beta_{5d-3d}^2/(U'-\Delta/2)$ だけ安定化する. そのとき J_{GdCu} は次の式で与えられる.

$$J_{GdCu} = \sum_{i=1}^{5} \beta_{5d-3d}^2 \Delta/(4U'^2-\Delta^2)$$

Δ として Gd^{II} の 4f^{7}5d^1 配置から生じる ^{7}D と ^{9}D のエネルギー差(8488 cm^{-1})を, U' として Cu^{II} と Gd^{II} のイオン化ポテンシャルの差(120000 cm^{-1})を用い, また, β_{5d-3d} は拡張 Huckel 法により 5 個の 5d 軌道に対して 1411, 2338, 1790, 2709, 3838 cm^{-1} と見積もった. これらの値を用いると J_{GdCu} は 4.8 cm^{-1} と見積もられ, 実験値の 6.0 cm^{-1} とよい一致を示す.

【関連錯体の紹介およびトピックス】 FeGd 二核錯体, vantrenFeGd(NO$_3$)$_3$・2H$_2$O (H$_3$vantren=tris[4-(2-hydroxy-3-methoxyphenyl)-3-aza-3-buten]amine)[3] および NiGd 二核錯体, LNi(H$_2$O)$_2$Gd(NO$_3$)$_3$(H$_2$L=2,2'-[2,2-dimethyl-1,3-propanediylbis(nitrilomethyl-idyne)]bis(6-methoxyphenol))[4] についても, 結晶構造と磁気的性質が報告されており, Fe-Gd 間および Ni-Gd 間の強磁性的相互作用を GC と CTC との相互作用で説明できるとされている.

【坂本政臣・栗原正人】

【参考文献】
1) C. Benelli *et al.*, *Inorg. Chem.*, **1990**, *29*, 1750.
2) M. Andruh *et al.*, *J. Am. Chem. Soc.*, **1993**, *115*, 1822.
3) J.-P. Costes *et al.*, *Eur. J. Inorg. Chem.*, **1998**, 1543.
4) J.-P. Costes *et al.*, *Inorg. Chem.*, **1997**, *36*, 4284.

Cu$_6$H$_6$P$_6$

有

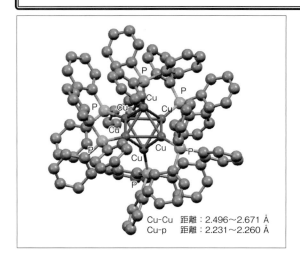

Cu-Cu 距離：2.496～2.671 Å
Cu-p 距離：2.231～2.260 Å

【名称】(triphenylphosphine)copper hydride hexamer: [(PPh$_3$)CuH]$_6$

【背景】銅(I)ヒドリド化合物は他の有機銅化合物の反応性との関連から，不飽和有機化合物に対して選択的な還元が可能な反応剤として研究されていた．この錯体は1971年にOsbornによって，安定な銅ヒドリド錯体の明確な単離例として報告された．その後1988年にStrykerらによってこの錯体が$α, β$-不飽和カルボニル化合物の選択的1,4-還元反応に有効な試薬であることが見いだされた．これを反映してこの錯体をStryker試薬と呼ぶ場合もある[1]．

【調製法】塩化銅(I)と二当量のPPh$_3$，過剰量のNaO^{t}Buを水素気流下ベンゼンあるいはトルエン中室温で24時間程度反応させ，[(PPh$_3$)CuH]$_6$を生成する．反応混合物をセライトろ過後，溶媒を減量して再結晶するとやや深い鮮やかな赤色結晶が得られる．この方法では空気にやや不安定な塩化銅(I)や爆発性のある水素が必要であるが，より簡便な方法として，2価のCu(OAc)$_2$とPPh$_3$，ヒドロシランから合成する別法が報告されている[2]．

【性質・構造・機能・意義】この錯体では図にあるような八面体型六量体の結晶構造解析が報告されている．銅原子間の平均距離は2.6Åであり，配位子として(p-tol)$_3$Pを用いた類似錯体の中性子散乱実験の結果から，ヒドリド配位子は八面体の各面から少し外側の面上に位置していると考えられている(図では示されていない)．ヒドリド配位子のC$_6$D$_6$溶媒中での^{1}H NMRケミカルシフトは3.5ppmであり，金属のヒドリド配位子としては通常より低磁場に観測されている．この錯体は，有機合成的に有用な化合物として知られており，$α, β$-不飽和カルボニル化合物に対して，化学量論的にこの錯体を反応させ，加水分解することで1,4-還元反応生成物が得られることが報告されている．反応機構から考えると，溶液中で，六量体からより単量体に近い状態に変化して反応が進行していると考えられる．

また，水素加圧条件下やヒドロシラン共存下では，1～20%程度の触媒量の錯体で同様の還元反応が実施可能である．多くの場合$α, β$-不飽和カルボニル化合物に対する反応活性が高く，孤立二重結合や脂肪族ケトンなどは影響を受けない．この反応性の差を利用して$α, β$-不飽和カルボニル化合物の化学選択的還元が可能である．一方反応条件によっては，芳香族アルデヒド，芳香族ケトンの還元も可能である．この錯体は，合成直後は鮮やかな赤色を呈するが，空気下の保存では次第に赤茶色～茶色に変色する．茶色に変色した場合でもある程度の還元能は有する．市販もされているが，ほとんど還元能を有さないほど品質が悪いケースが報告されているので注意が必要である[3]．

【関連錯体の紹介およびトピックス】銅ヒドリド化合物は，配位子によってその構造や反応性が大きく変わるため，近年様々な配位子をもつ新しい錯体の合成と有機合成への応用が注目されている．NHC型配位子を有する二量体銅ヒドリド錯体の結晶構造が報告されている．不斉配位子（SEGPHOSなど）と1価あるいは2価の銅塩，アルコキシ塩基，ヒドロシランの組合せにより，芳香族ケトンや$β$二置換$α, β$-不飽和カルボニル化合物の触媒的不斉還元が報告されている．これらの反応では，アルコキシ銅(I)中間体とヒドロシランとの$σ$結合メタセシス反応により生成するホスフィン配位銅ヒドリド活性種が，鍵中間体として作用していると考えられる．配位子の構造と反応性，選択性に関して合理的設計が可能な状態には至っていない[4]．

【伊藤 肇】

【参考文献】
1) a) S. A. Bezman et al., *J. Am. Chem. Soc.*, **1971**, *93*, 2063；b) W. S. Mahoney et al., *J. Am. Chem. Soc.*, **1988**, *110*, 291.
2) a) D. M. Brestensky et al., *Tetrahedron Lett.*, **1988**, *29*, 3749；b) D. Lee et al., *Tetrahedron Lett.*, **2005**, *46*, 2037.
3) N. Krause ed., *Modern Organocopper Chemistry*, Wiley-VCH, **2001**, p.167.
4) a) T. H. Lemmen et al., *J. Am. Chem. Soc.*, **1985**, *107*, 7774；b) N. P. Mankad et al., *Organometallics*, **2004**, *23*, 3369；c) C. Deutsch, *Chem. Rev.*, **2008**, *108*, 2916.

$Cu_6O_6S_6$

光 ク

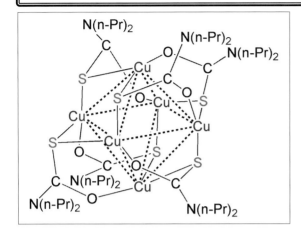

【名称】hexakis(μ_3-di-n-propylcarbamo-thiolato-κO;$\kappa^2 S$)tricopper(+1): $[Cu_6(mtc)_6]$(mtc=di-n-propylcarbamo-thiolate; 慣用名 di-n-propylmonothiocarbamate)

【背景】基底状態および励起状態における多核金属錯体の金属-金属相互作用は、非常に興味深い研究対象である。6個の金属原子が正八面体型に配列した六核クラスター錯体は、モリブデン(II)、タングステン(II)、レニウム(III)、テクネチウム(III)など、d^4電子配置の金属イオンに多く知られているが、銅(I)、銀(I)、金(I)などd^{10}電子配置の金属イオンでは、化合物例はあまり多くない。本錯体は、類似構造を有する銀(I)錯体と光物理的性質の比較ができる点でも、興味深い化合物である[1]。

【調製法】Åkerströmの学位論文[2]に本化合物の合成法がはじめて記載されている。

【性質・構造・機能・意義】リグロインから再結晶することにより、黄赤色の針状結晶が得られる。$[Cu_6(mtc)_6]$は、単斜晶系、空間群 $P2_1/a$に結晶化し、6個のCu原子が作るやや歪んだ八面体の中心に、結晶学的な対称中心が存在する。隣接するCu原子間の距離は2.701(5)～3.057(5) Åの範囲にあり、反転操作で関係づけられるCu原子間の距離は4.048(7)～4.111(7) Åの範囲にある[3]。6個のmtc配位子は、歪んだ八面体の各三角形を外側からキャップしている。また、このキャップは、S原子が2つのCu原子を架橋し、O原子が残りのCu原子に配位することで達成されている。

トルエン、アセトニトリル、ジクロロメタン、クロロホルム、およびエタノール中でこの錯体の紫外可視吸収スペクトルが測定されており、溶媒によらず340 nm付近に吸収極大を、430 nm付近に吸収の肩を示す。また、固体の拡散反射スペクトルも似たような位置に吸収帯が存在する。

この錯体は、固体状態(λ_{em}=706 nm)およびトルエン溶液中(725 nm)で、明るい濃いオレンジ色の発光を示す。77Kでは発光帯が狭くなり、発光スペクトルの半値幅が約3/5に減少するとともに、発光極大が長波長側にシフトする(固体状態:767 nm; トルエン溶液:762 nm)。トルエン溶液で測定した発光寿命は、0.97 μs(室温)および19.9 μs(77K)である。固体状態の発光寿命も、似たような値をとっている。

この錯体の発光スペクトルの帰属に関しては、配位子中心のπ-π*(LC)遷移、金属(クラスター)中心のd→s遷移、MLCT遷移あるいはLMCT遷移が考えられるが、様々な考察により、d→s遷移とLMCT遷移の性格を帯びたクラスター中心の励起状態からの発光であると帰属されている。

【関連錯体の紹介およびトピックス】$[Cu_6(mtc)_6]$と類似した構造を有する銀(I)錯体$[Ag_6(mtc)_6]$も合成され、構造[4]および光物理的性質[1]が調べられている。$[Ag_6(mtc)_6]$は、室温では発光せず、77Kでは固体状態(644 nm)、トルエン溶液(607 nm)ともオレンジ色の明るい発光を示す。$[Ag_6(mtc)_6]$の発光は、$[Cu_6(mtc)_6]$と同様に、d→s遷移とLMCT遷移の性格を帯びたクラスター中心の励起状態からの発光であると帰属されている。固体および溶液の発光寿命は100 μsのオーダーであり、同条件で測定した$[Cu_6(mtc)_6]$の発光寿命に比べて1桁長い。これらの化合物が合成された当時は、金属-金属相互作用を有する11族の多核錯体で、中心金属イオンのみを変化させて一連の化合物を合成した例が少なく、室温では銀(I)錯体は銅(I)錯体よりも発光が弱いと考えられていた。

【馬越啓介】

【参考文献】
1) F. Sabin *et al.*, *Inorg. Chem.*, **1992**, *31*, 1941.
2) S. Åkerström, *Acta Universitatis Upsaliensis*, **1965**, *62*.
3) R. Hesse *et al.*, *Acta Chem. Scand.*, **1970**, *24*, 1355.
4) P. Jennische *et al.*, *Acta Chem. Scand.*, **1971**, *25*, 423.

$Cu^{II}_6Cu^I_8N_{12}S_{12}Cl$

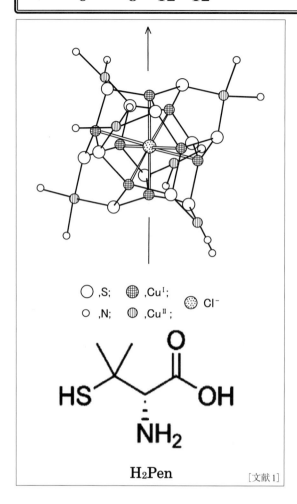

○, S; ◉, Cu^I; ○, N; ◍, Cu^{II}; ⊙, Cl^-

H₂Pen

[文献1]

【名称】 μ_8-chloro-dodeca(D-penicillaminato)-octacuprate(I)hexacuprate(II) n-hydrate: $Tl_5[Cu^{II}_6Cu^I_8$-$(D$-$Pen)_{12}Cl]$ (Pen=penicillamine; H₂Pen=HS-$C(CH_3)_2CH(COO^-)$-NH_3^+)

【背景】 銅代謝異常症であるWilson病(劣性遺伝)では,脳や肝臓への銅の異常蓄積が認められており,Wilson病のもっとも優れた治療薬としてペニシラミン(β,β-ジメチルシステイン)が知られている.ペニシラミンの銅排泄効果には,極めて特異なペニシラミンCu(I,II)混合原子価錯体が関係していると推定されている[1].

【調製法】 D-ペニシラミンのCu(I,II)錯体を含む濃い赤紫色の溶液は,D-ペニシラミン(100 mg)を15 mLの酢酸緩衝液(pH 6.2)に溶かし,そこへ2 mLの水に溶かしたCuCl₂·2H₂O(85 mg)を加えて得られる.この溶液にすべての赤紫色錯体が沈殿するまでほぼ等量のエタノールを添加し,沈殿をろ取した後,エタノールで洗浄し,5 mLの水に沈殿を再び溶解させ,これにエタノールおよびエーテルを加えて,赤紫色の固体を得る.この赤紫色錯体(2 mL)を小さな試験管に入れ,ゆっくりと水を加え,さらに数滴の$[Co(NH_3)_6]Cl_3$の水溶液を加えると,数時間後,小さな赤紫色結晶が試験管の壁に析出する[1].

【性質・構造・機能・意義】 本赤紫色錯体は518 nmに吸収極大(ε=1320)を示し,またその磁化率はクラスター中の14個のCu原子のうち6原子だけがCu(II)であることと一致している.さらにCu(II)種由来のESRスペクトルは微細構造のない単一の幅広いスペクトルであった.単結晶が得られ,その赤紫色錯体のX線結晶解析がなされ,その構造は極めてユニークであることが判明した.$[Cu^{II}_6Cu^I_8(D\text{-}Pen)_{12}Cl]^{5-}$という構造式で示されるクラスターで,$Cl^-$イオンを中心に8個の$S_3$配位のCu(I)原子と6個の$N_2S_2$配位のCu(II)原子からなる特異な混合原子価錯体である.アミノ基はcis型でCu(II)に2座配位し,Cl^-が中心にあり構造維持に寄与しており,8個のS_3配位のCu(I)と6個のN_2S_2配位のCu(II)があり,Cu(II)の環境はおおよそ四面体となっている.また興味深いことに,Cu(I)がジメチル基によって包みこまれるようになっており,Cu(I)が酸化に対して保護されている.したがって,ジメチル基の存在はこの混合原子価錯体の安定性に大きく寄与している.実際,ジメチル基のないシステインではこの種の錯体は非常に不安定で,赤紫色の呈色は瞬時に退色する.チオール類の中で,ペニシラミンのほかにチオール基のついている炭素にアルキル置換のあるジメチルシステアミンやβ-メチル-β-エチルシステインのみが,安定な混合原子価錯体を与える.本ペニシラミン-Cu(I,II)錯体は水溶液中でも安定であり,ペニシラミンによる銅の排泄過程で重要な役割を果たしていることが推定されている.ペニシラミンが銅排泄に有効であるのはCu(II)に対してのみならずCu(I)に対しても好都合な配位環境を提供し,その生成錯体が排泄に都合のよい性質を備えているためではないかと考えられている.

【杉浦幸雄】

【参考文献】

1) P. J. M. W. L. Birker *et al.*, *J. Am. Chem. Soc.*, **1977**, 99, 6890.

[CuN]$_n$

磁 導

【名称】catena(hemikis(bis((μ_2-5,6,11,12- tetraazanaphthacene)copper(I))fluoride)): ¦[Cu(TANC)]F$_{0.5}$¦$_n$

【背景】分子を構成単位として組み立てた電気伝導体は，その構成分子の性質に依存するユニークな低次元電荷輸送特性を発現する．例えば，ドナーとしてのCuイオンとアクセプターとしてのDCNQI（DCNQI＝N,N'-dicyanoquinodiimine）からなる三次元配位高分子Cu(DCNQI)$_2$システムは，高圧下で興味深い金属–絶縁体転移を示す．一方，銅イオンとTANC（5,6,11,12-tetraazanaphthacene）というアクセプター性配位子からなる配位高分子¦[Cu(TANC)]F$_{0.5}$¦$_n$は室温で50 S/cmという高い一軸性の電気伝導度を示す[1]．

【調製法】配位子TANCは，o-phenylenediamineとoxamideの加熱濃縮によって得られる黄色の沈殿を，アセトニトリル溶液中，PbO$_2$で酸化することによって，茶色の結晶として得られる(収率20％)．錯体は，メタノールとアセトニトリルの混合溶媒中，TANCと[Cu(MeCN)$_4$]BF$_4$を反応させることにより，濃紺のプレート状結晶として得られる．

【性質・構造・機能・意義】この錯体では，TANCの4つの窒素原子のうち2つが銅イオンに配位し架橋することで，b軸に沿って交互に連なった一次元鎖を形成している（図1a）．銅イオンは二配位直線構造を有し，TANCの配位結合に関与していない窒素が隣のTANCの水素と相互作用（C–H…N）することで，その一次元鎖を補強している．また，架橋配位子のTANCはa軸に沿ってスタックすることでカラム構造を形成している（図1bおよびc）．Cu…Cu間距離はvan der Waals半径の和より短い3.95(2) Åであり，a軸に沿ってCu…Cuの相互作用が存在する．この錯体の電気伝導性の測定は四端子法およびMontgomery法により単結晶サンプルを用いて行われた．四端子法によるa軸方向の電気伝導度の温度依存性の測定の結果，温度の上昇に伴い電気伝導度が増大する半導体的な挙動が観測された．300 Kでの電気伝導度は50 Scm^{-1}である．室温における電気伝導度の異方性はMontgomery法によって確かめられた．（0 0 1）方向の伝導度は6.90×10^{-3} Scm^{-1}であり，これは（1 0 0）方向の電気伝導度（50.0 Scm^{-1}），および（0 1 0）方向の電気伝導度（0.91 Scm^{-1}）に比べ，数桁小さい値を示す．これはab面のCu–TANC層間に存在するフッ素イオンが面間での電気伝導を妨げているためである．また，（0 1 0）方向に比べ（1 0 0）方向の伝導度が大きく，擬一次元的な半導体であることを示している．

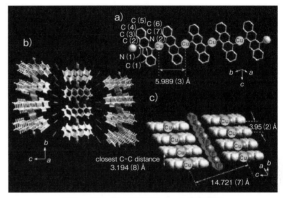

図1　¦[Cu(TANC)]F$_{0.5}$¦$_n$の結晶構造

拡張Hückel法によるバンド計算の結果も，この錯体が一次元的な電気伝導体であることを支持した．TANCのみのバンド計算の結果，LUMOバンドのa軸方向（TANCのスタックによるカラム方向）の重なりは7.1×10^{-3}であるのに対し，b軸方向（Cu–TANCのチェーンに沿った方向）の重なりは0.7×10^{-3}であった．すべての元素を入れた計算結果も同様のバンド構造を示した．ここで，銅イオンのd軌道は主にHOMOのバンドに寄与しており，このことはXPSの結果も支持している．

抵抗率の対数を$1/T$に対してプロットしたところ直線関係は得られず，この錯体が典型的な熱活性型の半導体ではないことを示唆した．そこで抵抗率の圧力依存性を測定したところ，6 GPaまでは単純な抵抗率の増大が観測され，さらに6.5 GPa以上の圧力印加において抵抗率が減少しはじめた．この抵抗率の温度依存性はVariable Range Hopping（VRH）モデルでフィッティングすることができ，このことはフッ素イオンのディスオーダーが電荷輸送特性に影響を与えていることを示唆している．また，詳細な電気伝導特性に関しては文献2)に報告されている．　【大久保貴志】

【参考文献】
1) M. Tadokoro *et al.*, *Angew. Chem. Int. Ed.*, **2006**, *45*, 5144.
2) S. Yasuzuka *et al.*, *J. Phys. Soc. Jpn.*, **2006**, *75*, 014704.

[CuNBr]$_n$

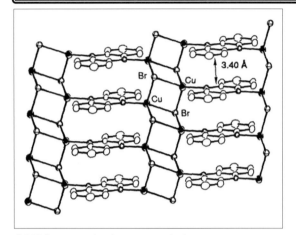

【名称】catena-(bis(μ_2-bromido)-(μ_2-phena-zinato-N,N')-dicopper(I)): [Cu$_2$(μ_2-Br)$_2$(μ_2-phz)][1]

【背景】ハロゲン化銅(I)と中性単座配位子Lとの錯体は，Cu:X:Lの比を1:1:nとしたとき，種々のnの値を有する錯体が知られており，$n=3$では単核錯体，$n=2$では単核錯体または菱形二核錯体，$n=0.5$では椅子型構造をとることが知られている．これに対して$n=1$では，二核錯体，キュバン型や階段状キュバン型の四核錯体，さらには無限階段状錯体まで非常にバラエティーに富んだ錯体が得られている．この中性単座配位子を中性架橋配位子でかつ拡張π系を有するphzとすることで，ハロゲン化銅(I)配位高分子錯体が構築される．

【調製法】アルゴン雰囲気下，10 mLのCH$_3$CNに臭化銅(CuBr, 14.3 mg, 10 mM)およびフェナジン(phz, 9.0 mg, 5 mM)を溶解させ70℃で1時間撹拌する．この淡黄色溶液をガラス管中に封入し，70℃のお湯を入れたジュワー容器中に静置することにより5日後に黒色針状結晶(**1**)が得られる．同様の方法で出発物質を変えることにより塩化物体(**2**，黒色針状結晶，7日後)およびヨウ化物体(**3**，深赤褐色板状結晶，3日後)が得られる．

【性質・構造・機能・意義】**1**の構造は架橋Brによる階段状一次元鎖[Cu$_2$(μ_2-Br)$_2$]の銅イオンに対して，phzが架橋配位し，二次元シート状構造を形成している．このシート構造内でphz間には3.40 Åのπ-π相互作用が見られる．**2**も同様の構造を形成し，3.36 Åのphz間の積層構造を有する．一方，**3**においては[Cu$_2$(μ_2-I)$_2$]は菱形構造を形成しており，この銅イオンをphzが架橋することにより，銅(I)イオンは三配位構造となり，一次元鎖構造を形成している(図1)．隣り合う一次元鎖間にはphzのπ-π相互作用(3.46 Å)が見られる．これらの化合物の^{13}C固体NMRが測定されており，phzの各炭素の錯体形成に伴うシフトの大きさは，**3**(−2.4)<**1**(−2.9)<**2**(−3.9 ppm)であり，これはπ-π相互作用の距離の減少**3**(3.46)>**1**(3.40)>**2**(3.36 Å)に対応している．紫外可視スペクトルでは**1**および**2**は450, 560および710 nmに，また**3**では440, 543および710 nmに吸収が観測される．710 nmの吸収は，銅(I)-phz錯体に特有な吸収と考えられる．

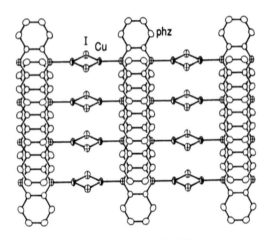

図1　銅(I)イオンの一次元鎖構造

【関連錯体の紹介およびトピックス】phz配位子に対してハロゲン以外の対アニオンとして非配位性のClO$_4^-$を用いた場合には単核錯体[Cu(phz)$_2$(H$_2$O)]ClO$_4$が得られる[2]．また，PF$_6^-$を用いた場合には二核錯体[Cu$_2$(phz)$_3$(MeOH)$_2$](phz)(PF$_6$)が得られる[2]．いずれも銅(I)イオンは三配位構造を有しており，配位したphzどうしあるいは配位していないphzとの間にπ-π積層構造が見られる．またAg(I)-phz錯体としては[Ag(μ_2-phz)]ClO$_4$[2]や[Ag$_2$(μ_2-phz)(μ_2-NO$_3$)$_2$][2]が知られており，その構造は前者では二配位構造のAg(I)をphzが架橋した一次元鎖構造，後者では三配位構造のAg(I)2つをphzが架橋した二核錯体でNO$_3^-$イオンの架橋により二次元的につながっている．これらの錯体のphz間にはそれぞれ3.36 Åおよび3.34 Åのπ-π相互作用が存在する．

【黒田孝義】

【参考文献】
1) M. Munakata *et al., J. Chem. Soc., Dalton Trans.*, **1994**, 2771.
2) M. Munakata *et al., Inorg. Chem.*, **1993**, 32, 826.

[CuN₂O₂]ₙ

【名称】 μ-nitrato-κO: κO′-(μ-2,1,3-benzo thiadiazole-$\kappa^2 N^1, N^3$)copper(I):[Cu(btd)(NO₃)]

【背景】 芳香環を二次元的につなぎ，かつ二次元シート間でπ-π相互作用のある集積化合物の合成は合成化学者にとって挑戦的テーマである．二次元構造やπ-π相互作用が制御できれば，構造と機能との関係を解明する手がかりを与えてくれる．

[Cu(btd)(NO₃)]では，2,1,3-ベンゾチアジアゾール(btd)とNO₃⁻で架橋されたCu(I)の六員環骨格からなる二次元シートが積層した構造をとっているのみならず，NO₃⁻を他のアニオンに変えることで二次元シート構造やπ-π相互作用が変化し，伝導性などの物性が変化することが明らかにされている[1]．

【調製法】 エチレン雰囲気下，金属銅版存在下，硝酸銅(Cu(NO₃)₂·3H₂O, 27.1 mg)のthf(8 mL)溶液を30分間撹拌後，btd(30.6 mg)を加える．btdが溶解するまで撹拌した後，この黄色ろ液5 mLをガラス管に移し，n-ペンタン(5 mL)を混合しないように加え，封管する．このガラス管を25℃で1週間静置すると，本錯体の赤色板状結晶が得られる．

【性質・構造・機能・意義】 btdの2つのNで架橋された2核Cu(I)が，さらに2つのNO₃⁻で架橋配位され，Cuの六員環骨格からなる二次元シート構造が形成される．興味深いことに，六員環Cuの骨格はイス型コンフォーメーションをとることで，六員環内のbtd間でπ-π相互作用(平均距離3.30 Å)があり，さらにシート間でもbtdの間にπ-π相互作用(平均距離3.39 Å)が存在している(図1)．これによりこの化合物は半導体領域の伝導性($\log \sigma = -5.6$ S/cm)を示す．[Cu(dtd)(NO₃)]の赤色板状結晶の固体電子スペクトル(KBr disk)は400～500 nmに幅広い吸収帯を示す．

対アニオンにPF₆⁻を用いた場合，合成過程でPF₆⁻が加水分解され，生成したHPO₃F⁻のOとbtdで架橋された六員環Cuを基本単位とする二次元シート構造の配位高分子[Cu(btd)(HPO₃F)]が得られる．六員環Cu骨格の構成は[Cu(btd)(NO₃)]と類似しているが，六員環Cuはイス型でなく，ほぼ同一平面にある．このためbtd分子はシート平面に対して同一平面に存在できず，傾いているため，シート間ではdba分子間ではπ-π相互作用はない．

NO₃⁻やHPO₃F⁻より配位力の弱いClO₄⁻を対アニオンに用いると，btdだけで架橋された六員環Cuからなる二次元シート構造の配位高分子[Cu₂(btd)₃(ClO₄)]-ClO₄が得られる．隣接する二次元シートのbtd間距離は最短3.64 Åで，π-π相互作用は弱いと考えられる．

【関連錯体の紹介およびトピックス】 Cu(I)をAg(I)に変えると，Agがbtdで架橋された一次元ポリマー([Ag(btd)]ClO₄)を生成する[1]．これはCu(I)が四配位構造をとるのに対して，Ag(I)は二配位構造をとるため六員環骨格をとれないことによる． 【宗像 惠】

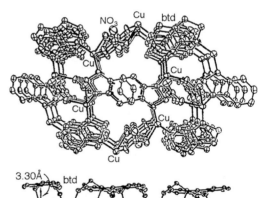

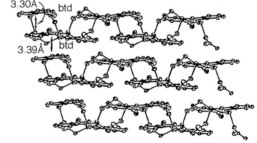

図1 [Cu(btd)(NO₃)]の結晶構造

【参考文献】

1) M. Munakata *et al.*, *Inorg. Chem.*, **1994**, *33*, 1284.

$[CuN_2O_3]_n$

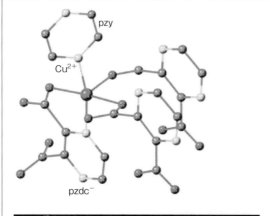

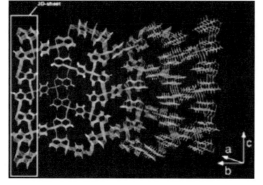

[文献2]

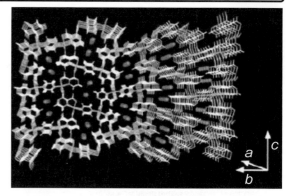

図1 90 Kで酸素を吸着したCPL-1の結晶構造図(a軸からの投影図)[2]

【名称】$[Cu_2(pzdc)_2(pyz)]_n$(pzdc=pyrazine-2,3-dicarboxylate, pyz=pyrazine)

【背景】多孔性金属錯体は細孔構造を自在に設計できることから新規多孔性物質として注目を集めている. しかしながら, 当時は安定な細孔構造を与える構造モチーフが限られていた. 本錯体は, pillared layer モチーフを取り入れた安定な多孔性物質である.

【調製法】$Cu(ClO_4)_2 \cdot 6H_2O$ と Na_2pzdc, pyz を水中で反応させることで$[Cu_2(pzdc)_2(pyz)]_n$(略称:CPL-1)が形成される.

【性質・構造・機能・意義】CPL-1は二次元構造である $\{Cu(pzdc)\}_n$ をpyzが架橋することで一次元細孔を有したpillared layer型構造を形成している. $4 \times 6 Å^2$の一次元細孔は種々の気体に対してⅠ型の吸着特性を示すとともに, 吸着した気体分子を一次元に配列し, 極めて特異な構造を形成することが確認されている(図1)[2-5].

【関連錯体の紹介およびトピックス】pillar配位子であるpyzは, より架橋長の長い二座配位子((4,4'-bipyridine(CPL-2, 細孔サイズ$7 \times 6 Å^2$)[1,7], 1,2-di(4-pyridyl)ethylene(CPL-5, 細孔サイズ$10 \times 6 Å^2$)[8], 3,6-bis(4-pyridyl)-1,2,4,5-tetrazine(CPL-11, 細孔サイズ$10 \times 6 Å^2$)[9] など) によって置換可能である. CPL-2は細孔表面に露出した塩基性サイト, カルボキシレートを利用することで細孔内での置換アセチレンの立体選択的重合反応を示す[10].

【門田健太郎・北川 進】

参考文献

1) M. Kondo *et al.*, *Angew. Chem. Int. Ed.*, **1999**, *38*, 140.
2) R. Kitaura *et al.*, *Science*, **2002**, *298*, 2358.
3) R. Kitaura *et al.*, *J. Phys. Chem. B*, **2005**, *109*, 23378.
4) R. Matsuda *et al.*, *Nature*, **2005**, *436*, 238.
5) Y. Kubota *et al.*, *Angew. Chem., Int. Ed.*, **2005**, *44*, 920.
6) Y. Kubota *et al.*, *Angew. Chem., Int. Ed.*, **2006**, *45*, 4932.
7) R. Matsuda *et al.*, *J. Am. Chem. Soc.*, **2004**, *126*, 14063.
8) D. Li *et al.*, *J. Phys. Chem. B*, **2000**, *104*, 8940.
9) R. Matsuda *et al.*, *Chem. Sci.*, **2010**, *1*, 315.
10) T. Uemura *et al.*, *Angew. Chem. Int. Ed.*, **2006**, *45*, 4112.

$[CuN_2O_4]_n$

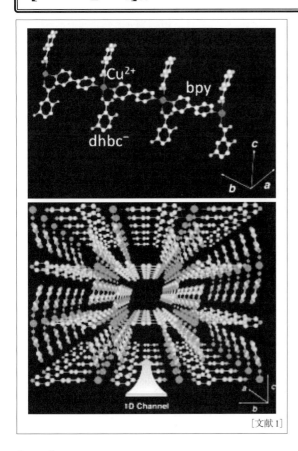

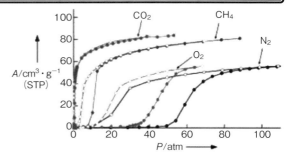

図1 298 K における N_2, CH_4, CO_2 and O_2 の吸脱着図(●ガスの吸着曲線,○ガスの脱離曲線)

【名称】$[Cu(dhbc)_2(4,4'-bpy)]_n$(dhbc=2,5-dihydroxybenzoate, 4,4'-bpy=4,4'-bipyridine)

【背景】多孔性物質に柔軟性をもたせるとゲスト吸着に対して高い選択性が発現する.金属錯体は配位結合や水素結合,π-π相互作用などを用いて組み上がるが,それら相互作用は無機多孔体で使われるSi-OやAl-O結合よりも弱い.そのため,金属錯体は柔らかい細孔構造を作るのに適した物質である.本錯体は,gate-open型の吸着特性をもった柔らかい多孔性金属錯体の初期の例である[1].

【調製法】Hdhbc と 4,4'-bpy のジエチルエーテル溶液と $Cu(NO_3)_2\cdot 6H_2O$ 水溶液を接触させるとその界面で $[Cu(dhbc)_2(4,4'-bpy)]_n$(略称:CPL-p1)が形成される.

【性質・構造・機能・意義】CPL-p1 は二次元層状格子が積層して相互嵌合構造を形成しており,3.6×4.2 Å^2 の一次元細孔をもつ.細孔内には水分子が取り込まれているが,それを除去すると dhbc 配位子の再配向に伴い層間距離が短くなる構造変化が起こる.この構造柔軟性に起因した,ある圧力の敷居値を超えた際に急峻に気体の吸脱着を開始する gate-open 型の吸着特性を示す(図1).吸脱着開始圧の位置は,気体分子の分子間相互作用の大きさの違いによって決まる.

【関連錯体の紹介およびトピックス】dhbc 配位子をより架橋長の長い 4,4'-dihydroxybiphenyl-3-carboxylate(H_2dhbpc)配位子で置換した誘導体錯体 $[Cu(H_2dhbpc)_2(4,4'-bpy)]_n$ が同グループによって合成されている[2].この錯体は2段階の構造変化を伴った二酸化炭素吸着を示し,$CO_2:CH_4=1:1$(vol),全圧 0.1 MPa,273 K の条件で二酸化炭素のみを高選択的に分離する.CPL-p1 と比べて吸着された二酸化炭素の約7割が 0.1 MPa 以上の圧力で脱着されるため,脱着に必要なエネルギーの削減が期待できる.

【門田健太郎・北川　進】

【参考文献】

1) R. Kitaura *et al.*, *Angew. Chem. Int. Ed.*, **2003**, *42*, 428.
2) Y. Inubushi *et al.*, *Chem. Commun.*, **2010**, *46*, 9229.

$[CuN_2Br_2]_n$

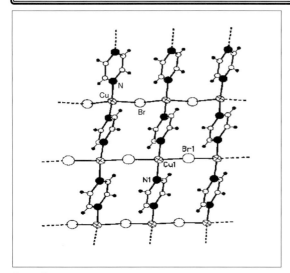

【名称】catena-((μ₂-pyrazine-N,N')-(μ₂-bromo)-copper(I)):[Cu(μ₂-pyz)(μ₂-Br)][1]

【背景】ハロゲン化銅CuXと単座配位子Lとの金属錯体においてはXが架橋構造をとることにより菱形二核錯体[Cu₂X₂L₂]、キュバン型四核錯体[Cu₄X₄L₄]、ジグザグ一次元鎖錯体[CuXL₂]、階段状一次元鎖錯体[CuXL]など種々の構造の錯体が知られている。一方、Lを架橋配位子Bとした場合には、[Cu₂X₂B]による一次元鎖の銅(I)間をさらに別のBで連結した[CuXB](**1a**)、[Cu₂X₂B]の一次元鎖間での相補的なCu…X結合による階段状構造の[Cu₂X₂B](Type 2)の他、[CuX]の一次元鎖の銅(I)間をBで連結した[CuXB](**1b**)などの構造が可能である(図1)[1]。**1a**の例として[CuI(dtpcp)][2a]が、また**2**の例として[(CuX)₂(phz)][2b]が挙げられる。ここでは、**1b**の例として[CuBr(pyz)]を取り上げる。これはハロゲン化銅錯体の構造多様性を示す例である。この化合物はCuBrの一次元鎖をpyzで架橋した二次元平面四角格子型の化合物である。

【調製法】窒素雰囲気下、20 mMのpyzを含むアセトニトリル溶液と8.0 mMのCuBrを含むアセトニトリル溶液を等体積で混合し、その溶液を密閉容器に入れアルゴン雰囲気下70℃に加熱した後25℃まで一昼夜かけて徐冷すると赤色結晶が析出する。

【性質・構造・機能・意義】[CuBr(pyz)]の銅(I)イオンはほぼ二次元的に並んでおり、四角格子を形成している。この銅イオンをBr⁻イオンとpyzがそれぞれ横糸と縦糸のように架橋することで二次元シート状構造を形成している(図2)。銅(I)イオンは四面体型四配位構造を有し、これによりCuBrおよびCu(pyz)の一次元鎖はともにジグザグ構造を有しており、波状二次元シート構造となる。[CuBr(pyz)]を加熱すると215℃付近からpyzが一部脱離し**2**型の[(CuBr)₂(pyz)]が生じる。

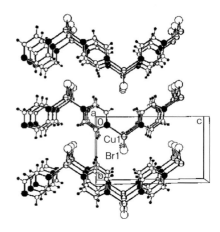

図2 二次元シート状構造

【関連錯体の紹介およびトピックス】[CuBr(pyz)]と類似の連結構造を示すハロゲン化銅(I)化合物として[CuBr(cnge)][3]や[CuCl(pyz)][4]が知られている。

【黒田孝義】

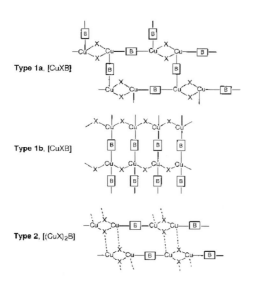

図1 ハロゲン化銅の構造多様性

【参考文献】
1) P. M. Graham *et al., Inorg. Chem.*, **2000**, *39*, 5121.
2) a) M. Munakata *et al., J. Chem. Soc., Dalton Trans*, **1996**, 1525; b) M. Munakata *et al., J. Chem. Soc., Dalton Trans.*, **1994**, 2771.
3) M. J. Begley *et al., J. Chem. Soc., Dalton Trans.*, **1994**, 1935.
4) J. M. Moreno *et al., Can. J. Chem.*, **1995**, *73*, 1591.

$[CuN_4]_n$ 　　　導　磁

【名称】 bis(2,5-diiodo-2,5-cyclohexadiene-1,4-diylidenebiscyanamide) copper salt: $Cu(DI-DCNQI)_2$ (DI-DCNQI = 2,5-diiodo-N,N'-dicyano-1,4-benzoquinone diimine)

【背景】 有機アクセプター分子DCNQIの2,5-二置換体 R_1,R_2-DCNQI (R_1,R_2=CH_3, CH_3O, Cl, Br, I) の銅塩は，Cuが+4/3価に近い混合原子価状態にあり，一般に金属伝導を示すが，置換基を小さくするか加圧によって，DCNQIの$p\pi$バンドと混成するCuの$3d$準位が変化し，低温で…Cu^+ Cu^+ Cu^{2+}…のように三倍周期の電荷秩序形成による絶縁化が起こる．最もかさ高いヨウ素で置換した本化合物は，最も絶縁化しにくいだけでなく，他のDCNQI銅塩とは異なる伝導性と磁性を示す．

【調製法】 DI-DCNQIをアセトニトリル中で，$[Cu(CH_3-CN)_4]ClO_4$を支持電解質とし，白金電極を用いて，Ar下，室温で定電流電気分解することにより黒色針状晶として得られる．

【性質・構造・機能・意義】 常温・常圧では他のDCNQI銅塩と同形で，DCNQIの陰イオンラジカルがつくる一次元鎖どうしが，分子の両末端CN基の銅イオンへの配位を介して三次元的に連結された構造をとる．銅イオンは一次元鎖方向にややつぶれた四面体配位をとっている．本化合物は安定な金属状態を有し，約1.5 GPaまで加圧しないと金属-絶縁体転移を示さない[1]．この臨界圧はDCNQI銅塩の中で最高である．また伝導度の異方性は最も小さく，三次元性が強いといえ，ヨウ素原子を介した分子間相互作用の影響も示唆される．他のDCNQI銅塩が金属状態では温度にほとんど依存しないPauli常磁性を示すのに対し，本化合物の磁化率は約110 Kに幅の広い極大を示し，磁化率の値も2～3倍程度大きくなっている[2]．これに対応して低温の電子比熱も大きな値を示す．これは局在スピンの磁性ではなく，電子相関の強い系で伝導電子間に強い交換相互作用がはたらくことによる遍歴電子磁性で，本化合物は有機分子がかかわる電子系で発見された最初の遍歴電子磁性の物質例である．同様な特徴は，DCNQIの置換基のうち1つだけをヨウ素にしたものにも，程度は小さいが観測されている[3]．

【関連錯体の紹介およびトピックス】 同形のAg(DI-DCNQI)$_2$は，1/4-filledの一次元πバンドを有する電子系で，電荷秩序転移を示す．電荷秩序相では，鎖間結合がらせん構造をなすことにより，三次元的な電荷の秩序にフラストレーションを生じるため，複雑な電荷-格子結合状態が存在する[4-6]．

【田村雅史】

【参考文献】
1) Y. Kashimura *et al.*, *Solid State Commun.*, **1995**, *93*, 675.
2) M. Tamura *et al.*, *Solid State Commun.*, **1995**, *93*, 585.
3) M. Tamura *et al.*, *Mol. Cryst. Liq. Cryst.*, **1996**, *285*, 151.
4) K. Hiraki *et al.*, *Phys. Rev. Lett.*, **1998**, *80*, 4737.
5) T. Kakiuchi *et al.*, *Phys. Rev. Lett.*, **2007**, *98*, 066402.
6) H. Seo *et al.*, *Phys. Rev. Lett.*, **2009**, *102*, 196403.

[CuN$_4$]$_n$ 導 磁

【名称】 bis(*N,N'*-dicyano-2,5-dimethyl-2,5-cyclohexa-diene-1,4-diylidenebiscyanamide) copper salt: Cu(DMe-DCNQI)$_2$ (DMe-DCNQI=2,5-dimethyl-*N,N'*-dicyano-1,4-benzoquinonediimine)

【背景】 DCNQIの2,5-二置換体の銅塩は，有機アクセプターDCNQI分子の$p\pi$電子と，混合原子価状態にある銅イオンのd電子の両者が伝導バンドを形成し電気伝導に関与しており，いわゆる$p\pi$-d系分子性導体の代表例の1つである．一連のDCNQI銅塩の中でも，最も初期に報告され[1]，比較的大型の単結晶を得やすいこともあって，選択的重水素置換体を中心に詳細に研究された系である[2]．

【調製法】 DMe-DCNQIをアセトニトリル中で，CuBr$_2$あるいは[Cu(CH$_3$CN)$_4$]ClO$_4$を支持電解質とし，白金電極を用いて，Ar下，室温で定電流電気分解することにより得られる．簡便に良質の微結晶を多量に得るには，DMe-DCNQI, [(C$_2$H$_5$)$_4$N]$_2$[CuBr$_4$]のアセトニトリル溶液に[(*n*-C$_4$H$_9$)$_4$N]Iを加え，Ar下，室温で静置する．大型の単結晶は，H字管を用いて，Ar下，室温で，DMe-DCNQIとCuIをアセトニトリル中で拡散させて得る．

【性質・構造・機能・意義】 黒色針状結晶．結晶(正方晶系，空間群$I4_1/a$)中では，平面的なDMe-DCNQIアニオンが等間隔に積み重なり一次元カラムを形成している．さらに，DMe-DCNQI分子末端のシアノ基(−C≡N)が銅イオンに配位し，(上下方向に歪んだ)四面体配位(D_{2d}対称)の銅イオンがDMe-DCNQIアニオンを三次元的に連結してネットワークを形成している．銅イオンは，混合原子価状態(Cu$^+$:Cu^{2+}≈2:1)にあり，銅イオンのd_{xy}軌道がDMe-DCNQIのLUMOと混成し電気伝導に寄与している．電子構造は，$p\pi$電子(LUMO)に由来する純粋な一次元フェルミ面と(主に)銅イオンのd_{xy}軌道に由来する三次元フェルミ面との共存で特徴づけられる．

常圧では金属で，電気伝導度は室温で約10^3 S cm^{-1}, 4.2 Kで約10^6 S cm^{-1}に迫る．DCNQI銅塩の金属状態の特異性は，圧力を印加することによって不安定となる点にある．特に，DMe-DCNQI塩では，100 bar程度の非常に低い圧力で金属状態の不安定化が起こり，DMe-DCNQI分子の水素を重水素に置換することによる結晶格子のわずかな縮みによっても同等の現象が起こる(化学圧力)．化学圧力は，選択的重水素置換によって精緻に制御することができる．絶縁状態では，DCNQIカラム上に三倍周期の電荷密度波が生じると同時に，銅イオンは混合原子価状態からCu$^+$とCu^{2+}へと電荷分離しc軸方向に…Cu$^+$Cu$^+$Cu^{2+}Cu$^+$Cu$^+$Cu^{2+}…という電荷配列が現れる．つまり，絶縁相ではd電子と$p\pi$電子との混成は消滅し，d電子は局在スピンとしてふるまい，同時に$p\pi$遍歴電子は消失する．この時，電荷密度波の周期とCuの電荷整列周期は連動しており，三倍周期構造は電荷密度波の周期とCuサイトにおける電荷整列の周期とがちょうど一致する周期であるため，特別に安定した状態を与える．また，金属相と絶縁体相の中間領域では，温度降下に伴って，金属から絶縁体に転移し，より低温で再び金属にもどるというリエントラント転移が起こる．これは，金属相では遍歴電子，絶縁相では局在スピンとしてふるまうd電子の特異性に由来する．

【関連錯体の紹介およびトピックス】 DCNQIの2,5-二置換体R$_1$,R$_2$-DCNQI(R$_1$,R$_2$=CH$_3$, CH$_3$O, Cl, Br, I)の銅塩は，結晶学的に同形である．金属状態におけるCuの電荷は，(三倍周期構造を与える)+4/3よりわずかに小さくなっており，金属状態が安定な塩ほど，そのずれが大きくなっている．これは，Cu配位四面体の歪みと対応しており，金属状態が安定な塩ほど歪みの度合いが小さい．この系の電子状態は，銅の配位構造とそれに連動したDCNQI($p\pi$系)とCu(d軌道)の間の(微小な)電荷移動によって精妙に制御されている．

【加藤礼三】

【参考文献】
1) A. Aumüller *et al., Angew. Chem. Int. Ed. Engl.*, **1986**, 25, 740.
2) R. Kato, *Bull. Chem. Soc. Jpn.*, **2000**, 73, 515.

[CuN$_4$]$_n$

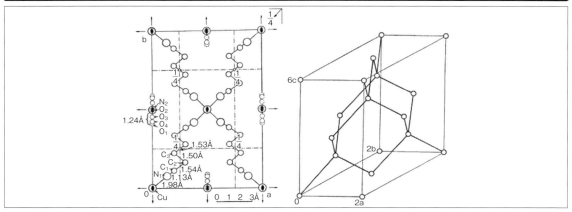

【名称】catena(bis(adiponitrile)-copper(I)nitrate):
[Cu(NC(CH$_2$)$_4$CN)$_2$](NO$_3$)[1]

【背景】最初に構造解析がなされたダイヤモンド型構造を有する配位高分子化合物で，Wellsの著書[2]においてもページを割いて紹介されている．当時はアクリロニトリル繊維の染色の際に用いられる銅(I)イオンの関与を明らかにすることを目的として，一連のジニトリル化合物NC(CH$_2$)$_n$CN(n=2,3,4)との銅(I)錯体の構造解析が行われ，n=4の場合のみダイヤモンド型構造が得られている．

【調製法】60℃でadiponitrile中に硝酸銀を溶解し，これに過剰量の銅粉末を加えることにより黒色のスポンジ状の銀が析出する．これをろ別後ろ液を冷却することにより黄色結晶として[Cu(NC(CH$_2$)$_4$CN)$_2$](NO$_3$)(**1**)が得られる．

【性質・構造・機能・意義】**1**は四面体型四配位構造を有する銅(I)イオンを，上図のようにCN基どうしが直線型コンフォメーションをとったadiponitrile架橋配位子で連結することにより，ダイヤモンド型骨格を形成している．架橋配位子を介したCuイオン間の距離は12.1Åであり，このような長い架橋配位子の場合の通例として，6つの独立なネットワーク構造が互いに入り組んだ相互貫入構造を呈する．メチレン鎖の数の少ないn=2では一次元鎖構造[3a]が，n=3では二次元平面構造[3b]が得られており，これらの場合には配位子が屈曲した構造をとるため，ダイヤモンド型構造とならない．

【関連錯体の紹介およびトピックス】ダイヤモンド型構造を有する配位高分子化合物は90年代に入って注目を浴びるようになった[4]．相互貫入の度合いは架橋配位子の長さとかさ高さに関係しており，[Cu(2,5-Me$_2$Pyz)$_2$]PF$_6$(**2**, 図1a)[5]は短くかさ高い架橋基を用いた例であり，相互貫入は示さず，ネットワーク構造の空間には対アニオンが取り込まれている．一方，銀(I)イオンと長い架橋配位子 4,4'-biphenyldicarbonitrile (BPCN)を用いた[Ag(BPCN)$_2$]PF$_6$(**3**, 図1b)[6]ではAg-BPCN-Ag距離は16.4Åであり九重に相互貫入するとともに，配位子間にはπ-π相互作用がある．[Cu(DCNQI)$_2$](**4**)[7]も七重に相互貫入したダイヤモンド型構造を有することが示され[8]，この化合物が示す高い伝導性にはDCNQI分子の積層構造が寄与している．

【黒田孝義】

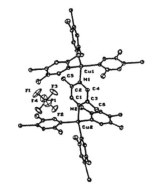

図1a) [Cu(2,5-Me$_2$Pyz)$_2$]PF$_6$の構造   図1b) [Ag(BPCN)$_2$]PF$_6$の構造

【参考文献】
1) Y. Kinoshita *et al.*, *Bull. Chem. Soc. Jpn.*, **1959**, *32*, 1221.
2) A. F. Wells, *Structural Inorganic Chemistry*, 5th ed., **1984**, Clarendon Press: Oxford, U.K., p.128.
3) a) Y. Kinoshita *et al.*, *Bull. Chem. Soc. Jpn.*, **1959**, *32*, 741; b) Y. Kinoshita *et al.*, *Bull. Chem. Soc. Jpn.*, **1959**, *32*, 1216.
4) B. F. Hoskins *et al.*, *J. Am. Chem. Soc.*, **1990**, *112*, 1546.
5) T. Otieno *et al.*, *J. Inorg. Chem.*, **1993**, *32*, 1607.
6) a) K. A. Hirsch *et al.*, *J. Chem. Soc., Chem. Commun.* **1995**, 2199; b) K. A. Hirsch *et al.*, *Chem. Euro. J.*, **1997**, *3*, 765.
7) A. Aumuller *et al.*, *Angew. Chem. Int. Ed. Engl.*, **1986**, *25*, 740.
8) O. Ermer, *Adv. Mater.*, **1991**, *3*, 608.

$[CuN_4]_n$

磁 導

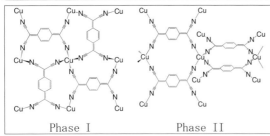

【名称】catena-(($μ_4$-tetracyanoquinodimethane radical) copper(I)): $[Cu(TCNQ)]_n$

【背景】金属イオンと有機ラジカルからなる配位高分子は磁性や伝導性の観点から興味がもたれている．例えば銅イオンと電子受容性配位子である DCNQI (dicyanoquinodiimine) 誘導体からなる配位高分子は，DCNQI の π スタックによってカラム構造を形成することで高い伝導性を発現し，なおかつ外場や配位子の置換基効果によって特異な金属−絶縁体転移を引き起こすことが知られている[1]．一方，電子受容性配位子としてより一般的に知られている TCNQ (tetracyanoquinodimethane) では，銅との共蒸着により作製された Cu-TCNQ 薄膜において，電場誘起のスイッチング特性を示すことが見いだされた[2]．しかしながら，その後この現象を理解するための多くの取組みが行われたにもかかわらず，スイッチング特性の発現メカニズムに関する詳細は明らかになっていなかった．このような中，Dunbar らは銅イオンと TCNQ が 1:1 の組成を有する配位高分子 $[Cu(TCNQ)]_n$ に関して，2 つの結晶相 (PhaseI および PhaseII) が存在し，それらがまったく異なる結晶構造と電気伝導性を示すことを見いだした[3]．

【調製法】合成はすべてアルゴン雰囲気下で行う．PhaseI の錯体は，加熱したアセトニトリルに TCNQ を溶解し，さらに CuI を加え反応させることで生成した濃青色微結晶を分取し，大量のアセトニトリルで洗浄し，乾燥させることで得られる．もしくは，$[Bu_4N][TCNQ]$ と $[Cu(MeCN)_4]BF_4$ のアセトニトリル溶液を反応させることでも同様の錯体が生成する．一方 PhaseII の錯体は，PhaseI の錯体にアセトニトリルを加え調製したスラリー状の懸濁液を 4 日間室温で撹拌し，溶液を真空乾燥させることで得られる．また，銅箔を TCNQ のアセトニトリル溶液に浸すことで，表面に $[Cu(TCNQ)]_n$ 薄膜が生成する．

【性質・構造・機能・意義】図 1 は $[Cu(TCNQ)]_n$ の PhaseI の結晶構造である．銅イオンは，一電子還元された TCNQ$^-$ ラジカルのニトリル基の窒素原子が配位

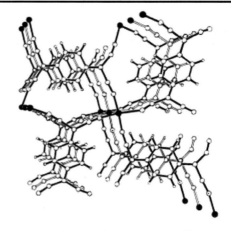

図 1　$[Cu(TCNQ)]_n$ の PhaseI の結晶構造

し，テトラヘドラル構造を有している．また，TCNQ$^-$ は約 3.24 Å で π スタックすることでカラム構造を形成している．一方，PhaseII も銅イオンは同様のテトラヘドラル構造を有しているものの，銅イオンを架橋している TCNQ$^-$ は π スタックしておらず，最も近い π 平面距離は約 6.8 Å である．これら 2 つの結晶相は異なる磁気的性質および電気伝導性を示す．PhaseI の錯体では TCNQ$^-$ ラジカル π スタックにより不対電子が消失するため本質的に反磁性であるが，PhaseII では低温まで Curie-Weiss 的な挙動を示す．また，TCNQ$^-$ の π スタックによるカラムを形成している PhaseI は，室温での電気伝導度が 0.25 S/cm，バンドギャップが 0.37 eV と極めて高い伝導性を示す半導体であるが，カラム構造をもたない PhaseII は室温での電気伝導度が $0.3×10^{-5}$ S/cm，バンドギャップが 0.331 eV と絶縁体に近い伝導度を有する半導体である．

銅箔を TCNQ のアセトニトリル溶液に浸すことで，表面に $[Cu(TCNQ)]_n$ 薄膜が生成する．このとき溶液に浸漬する時間によって，異なる相の $[Cu(TCNQ)]_n$ 薄膜が生成することが粉末 X 線の測定より観測された．すなわち，浸漬開始から 6 時間の時点では薄膜はすべて PhaseI であるが，46 時間後には PhaseII の相が生成しはじめ，76 時間後には完全に PhaseII のみの薄膜に変化する．また，80℃ に加熱した TCNQ の溶液に銅箔を浸した場合，浸漬後 1 時間で PhaseII の薄膜が生成することが確認されている．

【大久保貴志】

【参考文献】
1) R. Kato, *Bull. Chem. Soc. Jpn.*, **2000**, *73*, 515.
2) R. S. Potember *et al.*, *Appl. Phys. Lett.*, **1979**, *34*, 405.
3) R. A. Heinz *et al.*, *Inorg. Chem.*, **1999**, *38*, 144.

$[CuN_4F_2]_n$

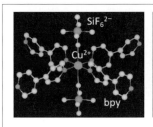

[文献2]

【名称】 $[Cu(SiF_6)(4,4'-bpy)_2]_n$ ($4,4'$-bpy $= 4,4'$-bipyridine)

【背景】 当時,大きな細孔を有する多孔性金属錯体の合成例は限られていた.本錯体は,SiF_6^{2-} アニオンで組み上がった安定な三次元多孔性構造が高い気体分子吸着能を示すことを実証したはじめての例である(Zn 誘導体が先に合成されているが,結晶構造の報告のみに留まる[1,2]).

【調製法】 $4,4'$-bpy のエチレングリコール溶液と $Cu(BF_4)_2 \cdot 6H_2O$ と $(NH_4)_2SiF_6$ の水/エチレングリコール溶液を接触させるとその界面で $[Cu(SiF_6)(4,4'-bpy)_2]_n$ が形成される.

【性質・構造・機能・意義】 $[Cu(SiF_6)(4,4'-bpy)_2]_n$ は $\{[Cu(4,4'-bpy)_2]^{2+}\}_n$ 二次元格子が SiF_6^{2-} アニオンで架橋された(Cu-F $= 2.355(5)$ Å)三次元多孔性構造を形成し,その構造内に 8×8 Å^2 の一次元細孔が存在する.87 K における Ar 吸着測定から計算された BET 比表面積は $1337\,m^2/g$ である.また,気体分子に対する高い吸着特性を示すとともに(図1)[2],SiF_6^{2-} アニオンとの相互作用を利用した高アセチレン/エチレン分離能を示す[3].

【関連錯体の紹介およびトピックス】 他の金属イオン,有機配位子を用いた誘導体が報告されており,

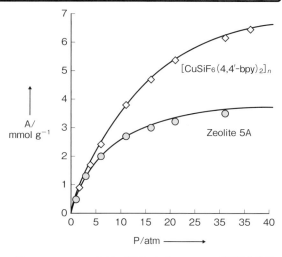

図1 298 K,0〜36気圧の範囲におけるメタンの吸脱着等温線

Zaworotko らにより合成された一連の $[M(SiF_6)(L)_2]_n$(M は金属イオン,L は有機配位子)は SIFSIX と略称されている.二重相互貫通構造をもつ $[Cu(SiF_6)(4,4'$-dipyridylacetylene$)_2]_n$ は,水蒸気存在下においても高い二酸化炭素分離特性を示す[4].

SiF_6^{2-} アニオンを同型アニオン(GeF_6^{2-}, TiF_6^{2-}, SnF_6^{2-})で置換した誘導体も合成されている[5,6].

【門田健太郎・北川 進】

【参考文献】
1) S. Subramanian *et al.*, *Angew. Chem. Int. Ed.*, **1995**, *34*, 2127.
2) S. Noro *et al.*, *Angew. Chem. Int. Ed.*, **2000**, *39*, 2081.
3) M. J. Zaworotko *et al.*, *Science*, **2016**, *353*, 141.
4) M. Eddaoudi *et al.*, *Nature*, **2013**, *495*, 80.
5) S. Noro *et al.*, *J. Am. Chem. Soc.*, **2002**, *124*, 2568.
6) M. J. Zaworotko *et al.*, *Chem. Commun.*, **2013**, *49*, 1606.

$[CuO_4]_n$

【名称】 DNA-templated Cu(II) assembly

【背景】 任意の数の金属錯体の一次元的集積化を実現するために，核酸塩基の代わりに金属配位子を有する人工オリゴヌクレオチド鎖を用い，人工DNA二重らせん内に銅(II)イオンの一次元配列が構築された．集積金属の数は，配位子となる人工DNA鎖の長さによりデザインできる．核酸塩基間の水素結合を金属配位結合に置き換えた金属錯体型人工塩基対を，金属錯体のナノ集積化へ応用したはじめての例である[1]．

【調製法】 金属集積の鋳型配位子となる人工DNAオリゴマーは，DNA固相合成の定法に従って合成される．モノマーであるヒドロキシピリドン型ヌクレオシド(H)をホスホロアミダイト体として合成し，DNA自動合成機を用いた逐次縮合により，Hを導入した人工DNAオリゴマー鎖とする．錯体は，pH7の緩衝溶液中，DNA鎖に銅(II)イオンを添加することにより，定量的に形成される．

【性質・構造・機能・意義】 ヒドロキシピリドン型ヌクレオシド(H)を n 個($n=1～5$)連続して配列した自己相補的な人工DNAオリゴマー d(5'-GH$_n$C-3')に銅(II)イオンを添加すると，UV吸収スペクトルにおいて307 nm付近にH-Cu^{II}-H錯体の形成に由来する吸収帯が現れる．滴定曲線は定量的なH-Cu^{II}-H塩基対の形成を示し，Hの数(n個)に応じた銅(II)イオンの二重らせん内部への集積，すなわち銅多核錯体 d(5'-GH$_n$C-3')$_2$・Cu$^{II}_n$ の形成を示す．エレクトロスプレーイオン化質量分析(ESI-MS)スペクトルも，n核錯体の形成を支持する．

円二色性(CD)スペクトルは，DNA骨格が天然と同じく右巻きB型構造をしており，二重らせん中に銅(II)イオンが配列していることを示す．EPRスペクトルから，銅(II)イオンが平面四配位構造をとっており，銅(II)-銅(II)間距離3.7Åでスタッキングしていること

が確認される．さらに，集積した銅(II)イオン間には強磁性的なスピン-スピン相互作用が見られ，銅イオンの数 $n=1～5$ に応じて $S=1/2, 1, 3/2, 2, 5/2$ のスピン量子数を示す[1]．DFT計算では，銅(II)イオン間の距離は3.2Åであり，隣接するヒドロキシピリドンのカルボニル酸素の配位が確認される．計算で得られる構造も，銅イオン間の強磁性的カップリングを支持している[2]．

DNAは任意の配列や長さのオリゴマーを設計して合成できるため，金属錯体型人工塩基対を所望の数や位置で導入することが可能である．よって本錯体の合成は，デザインした数や長さで金属錯体を集積・配列する方法論として興味深い．特に，集積する錯体の数を系統的に設計し，磁気相互作用の制御を実現したことは，集積型金属錯体の精密な機能設計の一例として意義深く，分子デバイスへの展開が期待される．

【関連錯体の紹介およびトピックス】 本錯体の報告をはじめとし，人工金属錯体型塩基対を用いた，DNA鎖中への金属イオンの集積化が報告されている．サリチルアルデヒドを核酸塩基の代わりに有するヌクレオシドを導入したDNA鎖では，マンガン(III)イオンとエチレンジアミンの添加によりサレン錯体型塩基対を形成し，最大で10個のマンガン錯体の集積に成功している[3]．イミダゾール型ヌクレオシド(Im)を導入した人工DNAでは，Im-Ag^I-Im塩基対の形成による3個の銀(I)イオンの配列化に成功し，またNMRによる構造解析が行われている[4]．

またヒドロキシピリドン型ヌクレオシドのみからなるオリゴヌクレオチド d(5'-H$_n$-3')($n=1～3$)では，H$_3$Fe錯体の形成により，三重鎖内への鉄(III)イオンの集積 d(5'-H$_n$-3')$_3$・Fe$_n$ も実現されている[5]．

【竹澤悠典・塩谷光彦】

【参考文献】
1) K. Tanaka *et al.*, *Science*, **2003**, *299*, 1212.
2) S. S. Mallajosyula *et al.*, *Angew. Chem. Int. Ed.*, **2009**, *48*, 4977.
3) G. H. Clever *et al.*, *Angew. Chem. Int. Ed.*, **2007**, *46*, 250.
4) S. Johannsen *et al.*, *Nat. Chem.*, **2010**, *2*, 229.
5) Y. Takezawa *et al.*, *Angew. Chem. Int. Ed.*, **2009**, *48*, 1081.

$[CuS_2Cl]_n$

【名称】 catena-(bis(μ_2-chloro)-(μ_2-tetrakis(methylthio)tetrathiafulvalene)-di-copper(I)):[$Cu_2(\mu_2$-Cl$)_2(\mu_2$-TMT-TTF)][1]

【背景】 TTF-TCNQ に代表される電荷移動錯体や，κ-(BEDT-TTF$)_2$[Cu(NCS$)_2$] などの有機超伝導体においては，π-π 積層構造や S…S 接触による相互作用により伝導性が生じるとされている．TTF 骨格に 4 つの SMe 基を有する TMT-TTF(tetrakis(methylthio)tetrathiafluvalene)はソフトな金属イオンへの架橋配位子として作用することが可能で，銅(I)イオンとの集積型金属錯体を形成すれば，TTF 骨格に由来する S…S 接触などの相互作用により伝導性が期待される．標題化合物は上述の構想のもと，ハロゲン化銅(I)と TMT-TTF との錯体形成により得られた集積型金属錯体である．

【調製法】 アルゴン雰囲気下，塩化銅(I)(CuCl, 19.7 mg, 0.2 mmol)のアセトニトリル(5 mL)溶液を TMT-TTF (38.9 mg, 0.1 mmol)を溶解させた 2.5 mL の thf 溶液に加える．25℃で 30 分間撹拌後，ガラス管に移し封じる．これを 25℃のジュワー瓶で 3 日間静置する事により橙色レンガ状結晶として [$Cu_2(\mu_2$-Cl$)_2(\mu_2$-TMT-TTF)] (**1**)が得られる(収率 46%)．同様の方法で原料として CuBr, CuI を用い反応温度をそれぞれ 50℃，70℃とすることにより [$Cu_2(\mu_2$-Br$)_2(\mu_2$-TMT-TTF)] (**2**)，[$Cu_2(\mu_2$-I$)_2(\mu_2$-TMT-TTF)] (**3**)が得られる．収率はそれぞれ 49%，57%である．

【性質・構造・機能・意義】 1 の構造は，CuCl のジグザグ一次元鎖中の銅イオンに対して TMT-TTF 末端の 2 つの SMe 基がキレート配位した構造を有しており，これにより TMT-TTF が 2 つの一次元鎖を架橋した二次元シート構造を形成している．このとき隣接する TMT-TTF 間に π-π 相互作用はないが，二次元シート間には 3.53 Å の S…S 接触がある．一方，**2** においては CuBr はらせんを巻いており二次元シート内に 3.68 Å の S…S 接触がある．**3** においては Cu_2I_2 は菱形構造を形成しており，TMT-TTF により架橋された一次元鎖を形成している．このときの S…S 接触は 3.75 Å である(図 1)．**1**～**3** の伝導度は室温で絶縁体であるが I_2 による部分酸化処理を行ったあとでは半導体領域の伝導性($\log \sigma/(S/cm) = -3.6, -2.1, -1.7$)を示す．

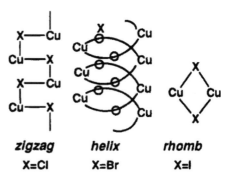

図 1　ジグザグ一次元鎖(**1**)，らせん二次元シート(**2**)，菱形構造(**3**)

【関連錯体の紹介およびトピックス】 SMe 基を SEt 基に変えた TTC$_2$-TTF でも類似の構造のハロゲン化銅錯体が得られることが報告されている[2]．また，過塩素酸塩を用いた場合には SEt 基が銅(I)に 4 配位した一次元鎖状錯体 [Cu(μ_2-TTC$_2$-TTF)]ClO$_4$ 錯体が合成されている[3]．

【黒田孝義】

【参考文献】
1) M. Munakata *et al.*, *Inorg. Chem.*, **1995**, *34*, 2705.
2) X. Gan *et al.*, Y. *Polyhedron*, **1995**, *14*, 1343.
3) X. Gan *et al.*, M. *Polyhedron*, **1995**, *14*, 1647.

$[CuS_2I]_n$

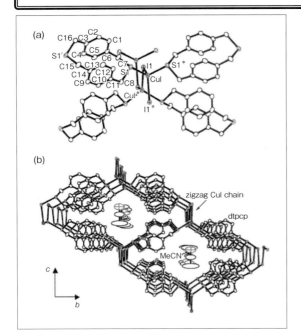

【名称】 catena-((μ₂-iodido)(μ₂-3,7-dithia-1,5(1,4)-dibenzenacyclo-octaphane-S,S')-copper(I) tetra-hydrofuran clathrate): $[Cu(\mu_2\text{-}I)(\mu_2\text{-}dtpcp)]\cdot CH_3CN^{1)}$

【背景】 [2.2]-あるいは[3.3]-パラシクロファンは2つの芳香環にπ電子が広がっていることから,有機金属化学におけるπ電子配位の金属錯体において注目されている.この架橋メチレン鎖部位に硫黄原子を有するdtpcpは広がったπ電子の他にSによる配位が可能でありソフトな金属イオンである銅(I)イオンとの錯体は,集積型金属錯体の新たな一分野を形成するものである.ハロゲン化銅との一連の錯体の構造決定により,これらの化合物がゲスト分子の吸脱着機能を有することが示された.

【調製法】 アルゴン雰囲気下,dtpcp(27.7 mg, 0.1 mmol)を含む10 mLの mesitylene 溶液をガラス管にいれ,その上からCuI(19.0 mg, 0.1 mmol)を含む10 mLのアセトニトリル溶液を静かに加え,封じる.室温にて1週間静置すると$[Cu(\mu_2\text{-}I)(\mu_2\text{-}dtpcp)]\cdot CH_3CN$(**1**)の無色レンガ状結晶が界面付近に生成する.同様の方法でCuIをCuBrに代えることにより$[Cu(\mu_2\text{-}Br)(\mu_2\text{-}dtpcp)]\cdot CH_3CN$(**2**)$^{1)}$が,またCuClに代えることにより,$[Cu(\mu_2\text{-}Cl)(\mu_2\text{-}dtpcp)]\cdot CH_3CN$(**3**)$^{1)}$が得られる.またCuIを用いて溶媒を2-methyl-thf(mthf)とすることにより$[Cu(\mu_2\text{-}I)(\mu_2\text{-}dtpcp)]\cdot mthf$(**4**)$^{1)}$が得られる.

【性質・構造・機能・意義】 **1**および**2**は同構造でCuXのジグザグ一次元鎖がdtpcpが架橋し,三次元構造を形成している.銅(I)イオンは四面体型で2つのI原子および2つのS原子が配位している.このとき左図のようなチャネル構造が形成され,そこにアセトニトリル分子が取り込まれている.一方,**3**および**4**はCu_2X_2からなる菱形骨格を形成し,このCu(I)イオンに対して2つのdtpcpのS原子が配位しCu(I)イオンは四面体型配位構造をとっている.このdtpcpが隣のCu_2X_2菱形骨格を架橋することにより図1のような二次元構造を形成している.4つのdtpcpで囲まれた空間には溶媒分子が取り込まれている.**1**~**4**はいずれも150~200℃での加熱により取り込まれた溶媒分子を除くことができ,その後,溶媒に浸すことにより**1**,**2**では元の構造に戻ることが粉末X線回折により示されている.

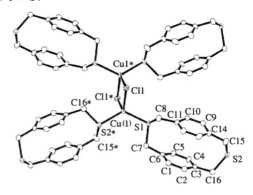

図1 パラシクロファンの二次元構造

【関連錯体の紹介およびトピックス】 **2**の合成を薄い濃度(0.05 mmol/10 mL)で行うとCu_2Br_2菱形骨格に架橋dtpcpと末端CH_3CNが配位した一次元錯体$[Cu_2(\mu_2\text{-}Br)_2(\mu_2\text{-}dtpcp)(CH_3CN)_2]$(**5**)$^{2)}$が得られる.またCuIの代わりに$AgNO_3$を用いるとAg(dtpcp)の一次元ジグザグ鎖を$NO_3^-$が架橋した三次元構造を有する錯体$[Ag(\mu_2\text{-}dtpcp)(\mu_2\text{-}NO_3)]$(**6**)$^{2)}$が得られる.**5**,**6**の伝導度は室温で絶縁体であるがI_2による部分酸化処理を行ったあとでは半導体領域の伝導性($\log \sigma$/(S/cm)$=-5.9, -4.7$)を示す.

【黒田孝義】

【参考文献】
1) S.-Q. Liu *et al., Inorg. Chim. Acta,* **2004**, *357*, 3621.
2) M. Munakata *et al., J. Chem. Soc., Dalton Trans.,* **1996**, 1525.

$[CuCl_6]_n$ 磁光

【名称】3,3′-(perfluorocyclopentene-1,2-diyl)bis(2-methyl-6-benzo[b]thiophenylammonium) copper(II) dichloride ($C_{23}H_{18}N_2S_2F_6CuCl_4$)

【背景】近年，分子性化合物の分野では，分子設計性の高い有機物や電子状態を含む構造設計性の高い無機物を組み合わせて，光磁性や各種外部刺激に対するクロミズム，輸送物性-磁性の結合など，高次機能性を発現する有機-無機複合物質の開発が進んでいる．中でも層状磁性体は，層間に挿入する分子の選択により多様な物性を発現するが，その1つとしてペロブスカイト型金属ハライドが知られており，層間に挿入した光異性化分子の光応答により，$CuCl_4$磁性層を制御できる物質が開発された[1]．

【調製法】光異性化分子であるジアリルエテン類の設計については総説に詳しい[2]．本物質は，2,2′-dimethyl-3,3′-(perfluoro-cyclopentene-1,2′-diyl)bis-(benzo-[b]thiophene)の6位にアミノ基を付加し塩酸塩としたあと，当量の$CuCl_2$と暗所下においてメタノール中で混合することにより得られる．このとき，UV照射せずに合成した場合には開環型光異性化分子が主に挿入され(**1**)，紫外光(UV)照射下で合成した場合には閉環型分子が主に挿入された塩が得られる(**2**)．

【性質・構造・機能・意義】磁化率の温度依存性からは**1**，**2**ともに温度の低下に伴い磁化率が増加することが明らかとなった．**1**におけるχT-Tプロットは10K以下の低温で急激に増加し，3K近傍で極大をもって低下することから，層内での強磁性的相互作用を発現していることがわかる．磁化率の結果を二次元Heisenbergモデルに基づく高温展開により解析した結果，**1**，**2**の相互作用は，各々$J=10.7$，6.9Kと求められた．これらの値は，ペロブスカイト型塩化銅層間にアルキルジアンモニウムを挿入した錯体よりも小さい傾向にある．10K以下の磁化の挙動は，**1**，**2**間ではっきりとした違いが見られる．**1**の場合には6K以下で強磁性転移に伴う磁化の増加が見られるが，3K以下で零磁場冷却過程と磁場中冷却過程とが異なる挙動を示し，磁気秩序化が起きていることを示す．2Kでの磁化曲線がメタ磁性的挙動を示すことから，**1**は3Kで層間に反強磁性的相互作用を生じ，反強磁性体へと転移していることが明らかとなった．一方で**2**は**1**よりも弱い層内の相互作用を反映して，2K以上で磁気転移を示さない．

X線構造解析から面内のCu-Cl-Cu結合角を調べると，アルキルジアンモニウムを挿入した場合に165〜167°程度の程度の結合角であったものが，**1**について151°にまで歪んでおり，Jahn-Teller歪みによりCu-Cl間の長さが引き延ばされていることがわかった．隣接する$CuCl_4^-$同士が直交した場合には，強磁性的相互作用が発現すると期待されるが，**1**においてJahn-Teller歪みにより相互作用が弱められているといえる．**2**においては正確な構造は求められていないものの，閉環状態の光異性化分子により，より大きな歪みを受けていると思われ，このことがさらに反強磁性相互作用を弱める結果となる．このような結果は，化合物内部で光異性化分子を異性化することができれば，光照射により磁性を制御できる可能性があることを示唆している．

$CuCl_4$骨格は，挿入分子のかさ高さに対応して，かなりの柔軟性を示すことが知られており，かさ高い光異性化分子の挿入に応じて協同Jahn-Teller歪みが発現している．

【関連錯体の紹介およびトピックス】ペロブスカイト型$CuCl_4$錯体には様々なカチオンを挿入することができ，アルキルアンモニウムやアルキルジアンモニウムなどを挿入した錯体が多く知られている[3,4]．

【小島憲道・榎本真哉】

【参考文献】
1) M. Okubo et al., Synth. Metals, **2005**, 152, 461.
2) M. Irie, Chem. Rev., **2000**, 100, 1685.
3) a) J. P. Steadman et al., Inorg. Chim. Acta, **1970**, 4, 367; b) F. Barendregt et al., Physica, **1970**, 49, 465; c) R. D. Willett et al., Acta Crystallogr., **1990**, C46, 565; d) L. Antolini et al., Inorg. Chim. Acta, **1982**, 58, 193.
4) a) G. L. Ferguson et al., Acta Crystallogr., **1971**, B27, 849; b) J. K. Garland et al., Acta Crystallogr., **1990**, C46, 1603; c) K. Halvorson et al., Acta Crystallogr., **1988**, C44, 2071; d) K. Tichy et al., Acta Crystallogr., **1978**, B34, 2970.

$[Cu_2NS_4X]_n$ (X=solvent)

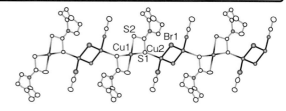

図1 配位高分子1の結晶構造

【名称】bis(acetonitrile)dibromobis[μ-(hexahydro-1H-azepine-1-carbodithioato-$\kappa S1:\kappa S1,\kappa S'1$)]tri-Coordination Compound: $[Cu^I_2Cu^{II}Br_2(Hm\text{-}dtc)_2(CH_3CN)_2]_n$ (**1**); bis(acetonitrile)bis[μ-(hexahydro-1H-azepine-1-carbodithioato-$\kappa S1:\kappa S1,\kappa S'1$)]diiodotri-Coordination Compound: $[Cu^I_2Cu^{II}I_2(Hm\text{-}dtc)_2(CH_3CN)_2]_n$ (**2**)

【背景】導電性配位高分子の研究は古くから行われているが,最近ではエレクトロルミネセンスやトランジスタ,太陽電池といったデバイス応用への可能性からも興味がもたれている.特にジチオカルバミン酸誘導体は銅イオンのd軌道のエネルギーレベルに近接したHOMOを有しているため,金属イオンと配位子の軌道の重なりが大きく,これらを含む配位高分子は比較的バンドギャップの小さい真性半導体としての挙動を示す[1].

【調製法】CuBr·S(CH$_3$)$_2$(0.041 g, 0.2 mmol)を3.0 mLのアセトニトリルに溶かし,17 mLのアセトンで薄める.単核錯体Cu(Hm-dtc)$_2$(0.041 g, 0.10 mmol)を溶解した20 mLのクロロホルム溶液に,上記の溶液を加え,5分撹拌した後ろ過し,ろ液を静置することによって配位高分子**1**の黒色単結晶が得られる.配位高分子**2**はCuIを出発原料として同様の合成法にて得られる.

【性質・構造・機能・意義】配位高分子**1**および**2**はヘキサメチレンジチオカルバマト配位子(Hm-dtc$^-$)2つがキレート配位した銅二価単核ユニットCu^{II}(Hm-dtc)$_2$を,アセトニトリルが配位した臭素架橋銅一価二核ユニットCu$^I_2$Br$_2$(CH$_3$CN)$_2$が架橋することで形成した混合原子価一次元配位高分子である(図1).これらの配位高分子では銅二価イオン間が10.5 Åと離れているにもかかわらず一次元鎖内に$J=-26.9\ cm^{-1}$(**1**)および$J=-22.2\ cm^{-1}$(**2**)と比較的強い反強磁性相互作用が存在することがBonner-Fisherの式を用いた磁化率のフィッティングから明らかになった.また,インピーダンス分光測定により,その電気伝導性が調べられている.340 Kでの電気伝導度は1.07×10^{-7} S/cmおよび2.46×10^{-7} S/cmであり,熱活性型の半導体的な挙動を示す.電気伝導度のアレニウスプロットから求めた活性化エネルギーは$E_a=0.562\ eV$(**1**)および$E_a=0.479\ eV$(**2**)である.また,複素モジュラスの虚数部の周波数依存性のプロットにおける共鳴ピークから緩和時間を見積もり,同様にアレニウスプロットを行ったところ,活性化エネルギーとして$E_a=0.542\ eV$(**1**)および$E_a=0.482\ eV$(**2**)が得られている.このことはインピーダンスの応答が配位高分子骨格内に存在するキャリアの応答によることを示している.また,配位高分子**1**および**2**はともに黒色結晶で,630 nmから640 nm付近に吸収極大を有する.吸収端から求めたバンドギャップ(HOMO-LUMOギャップ)はともに1.48 eVであった.光電子分光測定から求めたHOMOのエネルギーレベルは$-5.20\ eV$(**1**)および$-5.10\ eV$(**2**)であり,上記のバンドギャップの値を用いるとLUMOのエネルギーレベルが$-3.72\ eV$(**1**),$-3.62\ eV$(**2**)と見積もることができる.これらの値は色素増感太陽電池の増感色素として用いられるN3 dye($E_{HOMO}=-5.2\ eV$, $E_{LUMO}=-4.0\ eV$)と比較的近い値を示すことから,これら配位高分子を色素として用いた色素増感太陽電池が作製され,その特性が評価されている[2].この色素増感太陽電池の光電極は低温成膜用酸化チタンペーストに直接上記の配位高分子を混合し,透明電極ITO上に塗布して成膜している.また,対抗電極としては導電性ポリマーPEDOT-TMAをITO上に塗布し,乾燥させたものを,電解液としてはポリエチレングリコール溶媒にヨウ素,ヨウ化リチウムを溶解したものを使用している.配位高分子を用いた色素増感太陽電池の変換効率はともに$\eta=0.11\%$であり,単核錯体Cu(Hm-dtc)$_2$を用いた時($\eta=0.06\%$)に比べ増大している.これは電流密度J_{SC}が単核錯体に比べ増大したためである.これは可視領域の吸収強度が増大したことと,酸化チタン電極が関与する電荷移動過程に起因するインピーダンスが減少したことが原因であることが明らかになった.

【大久保貴志】

【参考文献】
1) T. Okubo *et al.*, *Inorg. Chem.*, **2010**, 49, 3700.
2) K. H. Kim *et al.*, *Chem. Lett.*, **2010**, 39, 792.

$[Cu_2N_2O_4]_n$

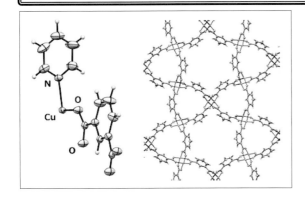

【名称】catena-(hexakis((μ₄-1,3-benzenedi carboxylato)-dipyridyl-copper(II))

【背景】多孔性配位高分子(PCP)や金属-有機構造体(MOF)は，空孔を利用した吸着分離・触媒などの様々な機能で期待されている．空孔中でのホスト-ゲスト相互作用は空間のサイズや形状に非常に鋭敏であり，これを精密に制御する方法として，PCP/MOF の基礎構造は維持しつつも構成要素を部分的に変化可能な系が必要とされていた．この点において，1,3-ベンゼンジカルボン酸は 5-位に様々な置換基を導入可能であることから，PCP/MOF の優れたビルディングユニットとして注目されている．

【調製法】1,3-BDC・ピリジン・ニトロベンゼンのエタノール溶液を，硝酸銅エタノール溶液に対して室温でゆっくり拡散させることで，青色結晶として得られる[1]．

【性質・構造・機能・意義】銅(II)とカルボン酸が反応すると paddle-wheel 錯体と呼ばれる二核錯体となる($Cu_2(COO)_4(L)_2$，L：溶媒分子あるいはピリジン)．この錯体がベンゼン環の 1,3-位で連結されることで，カゴメ格子と呼ばれる六角形と三角形の繰り返しからなる二次元配位高分子となり，これが積層して結晶となる．paddle-wheel 錯体は反強磁性を示すが，錯体間のスピンフラストレーションによる弱い強磁性相互作用も示す．1,3-BDC の 5 位には様々な置換基が導入可能であり，アルコキシ基・カルボキシル基などをもつ同一構造の誘導体が多数報告されている[2]．

本錯体の機能としては，空間を活かした小分子の吸蔵・分離特性が注目されている．この錯体は六角形と三角形の 2 種類の一次元細孔をもつ．六角形細孔は置換基が密集していることから立体効果により骨格全体のエネルギーバランスを変化させる役割をもち，三角形細孔は銅 axial 配位部位が露出していることから選択的ガス吸着などの機能発現を担う．5 位にアジド基($-N_3$)をもつ誘導体($Cu(aip)_2$)は，真空下加熱処理により paddle-wheel 錯体の配位溶媒を取り除くことで，隣接したカルボキシレートの酸素原子が銅へと配位する構造に変化する[3]．このとき，三角形細孔は「閉じた」構造となり，ゲスト分子が侵入できない空間となる．この構造は，一酸化炭素などの銅への配位力をもつゲストを作用させると，Cu-O 結合の再切断を伴って合成時構造に戻る．このとき，三角形細孔が「開いた」構造となって再びゲスト包摂が可能になるため，それに伴って急激な吸着量増加(gate-opening adsorption)が起こる．このメカニズムにより，一酸化炭素および窒素の混合ガスから，一酸化炭素を選択的に吸着可能であり，将来的な一酸化炭素吸着分離材料として期待されている．

【関連錯体の紹介およびトピックス】カゴメ格子ではなく正方形格子からなる結晶多形がある．こちらも複数の誘導体が報告されている[1,2a]．

【門田健太郎・北川　進】

【参考文献】
1) B. Moulton et al., Angew. Chem. Int. Ed., **2002**, 41, 2821.
2) a) A. D. Burrows et al., Dalton Trans., **2008**, 6788; b) S. Ma et al., J. Am. Chem. Soc., **2009**, 131, 6445; c) M. Infas. H. Mohideen et al. Nat. Chem., **2011**, 3, 304.
3) H. Sato et al., Science, **2014**, 343, 167.

[Cu$_2$N$_2$O$_8$]$_n$

【名称】 copper, tetrakis[μ-(acetate-κO:κO')](pyrazine-κN^1)di-, homopolymer: [Cu$_2$(CH$_3$COO)$_4$(pyz)]$_n$

【背景】 酢酸銅(II)[Cu$_2$(CH$_3$COO)$_4$(H$_2$O)$_2$]は2つの銅二価イオンが4つの酢酸アニオンによって架橋された二核金属錯体であり,古くからその構造や磁性に興味がもたれ,数多くの研究が行われてきた.酢酸銅(II)の銅イオン間には結合はなく,磁気軌道間の直接の重なりは存在しないものの,酢酸イオンを介した強い反強磁性的相互作用がはたらくことが知られている.この酢酸銅の銅イオンのapical位に存在する水分子を架橋配位子で置換することで,様々な配位高分子を合成することができる.1974年にSoosらは酢酸銅(II)ユニットを架橋配位子ピラジンpyzで架橋した一次元配位高分子の合成に成功し,その結晶構造[1]と磁気的性質[2]に関して報告している.

【調製法】 飽和酢酸銅Cu$_2$(CH$_3$COO)$_4$·2H$_2$O水溶液10 mLと0.25 Mのピラジンpyz水溶液10 mLを直径12 cmのH字管の両サイドにそれぞれ入れ,その架橋部分を蒸留水で満たして静置する.両溶液を拡散させ架橋部分でゆっくり反応させることで,青緑色の単結晶が生成する.

【性質・構造・機能・意義】 [Cu(CH$_3$COO)$_4$(pyz)]$_n$は一次元鎖構造を有する配位高分子である(図1).2つの銅イオンが4つの酢酸イオンで架橋された二核ユニットを形成し,この二核ユニットがピラジンpyzにより架橋されることで一次元鎖構造を形成している.銅二価イオンは四角錐構造を有し,そのequatorial平面には酢酸イオンの4つの酸素原子が存在し,apical位は架橋配位子ピラジンpyzの窒素原子が占めている.二核ユニット内でのCu…Cu間距離は2.583 Åであり,酢酸銅Cu$_2$(CH$_3$COO)$_4$·2H$_2$OのCu…Cu間距離2.64 Åよりもわずかに小さい.ESRの測定から見積もられた二核ユニットのCu…Cu間の反強磁性相互作用は-325 cm^{-1}であり,これは酢酸銅(II)の反強磁性相互作用-286 cm^{-1}より大きい.また,ピラジンを介した Cu…Cu間の反強磁性相互作用は極めて小さく-0.1 cm^{-1}と見積もられている.同じ配位高分子が2006年にMitraらによって報告されており,磁化率の測定データからBleaney-Bowersの式を用いて得られた交換相互作用Jは-344.6 cm^{-1}である[3].

【関連錯体の紹介およびトピックス】 同様の一次元鎖構造をもつ配位高分子は数多く合成されている.たとえば,Mitraらは酢酸イオンの代わりにトリクロロ酢酸イオンCCl$_3$COO$^-$を用いた配位高分子も同時に報告している[3].この配位高分子も[Cu$_2$(CH$_3$COO)$_4$(pyz)]$_n$と同様な一次元鎖構造を有しているが,Cu…Cu間距離は2.733 Åと長く,反強磁性相互作用も$J=-238.5$ cm^{-1}と小さい.また,MikuriyaらはメタノールΈ媒中で合成することで,キュバン構造を有するCu(II)の四核ユニットがピラジンで架橋された一次元配位高分子[Cu$_4$(CH$_3$O)$_4$(CCl$_3$COO)$_4$(CH$_3$OH)$_2$(pyz)]$_n$·2nCH$_3$OHが生成することを報告している[4].

カルボン酸架橋Cu(II)二核ユニットは一次元配位高分子のみならず,多様な配位高分子の構成ユニットとして利用されている.たとえば,テレフタル酸とピラジン同様架橋配位子として利用されるDABCO(1,4-diazabicyclo[2.2.2]octane)からなる三次元配位高分子はナノスケールの細孔を有し,ゼオライトを超える高いメタンガスの吸着特性が発現することが報告されている[5].

【大久保貴志】

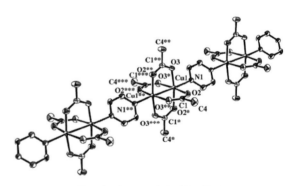

図1 [Cu(CH$_3$COO)$_4$(pyz)]$_n$の構造

【参考文献】
1) Z. G. Soos *et al., Acta Cryst.*, **1975**, *B31*, 762.
2) Z. G. Soos *et al., J. Am. Chem. Soc.*, **1974**, *96*, 97.
3) S. Mitra *et al., Inorg. Chim. Acta*, **2006**, *359*, 2041.
4) M. Mikuriya *et al., Chem. Lett.*, **1995**, 617.
5) W. Mori *et al., Chem. Lett.*, **2001**, *30*, 332.

$[Cu_2O_8]_n$

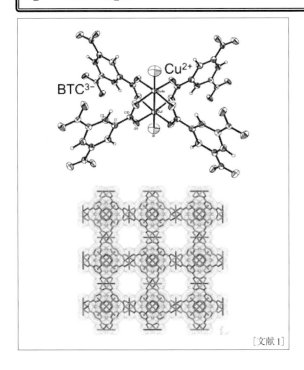

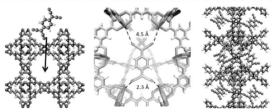

図1 HKUST-1へのTCNQ分子の導入．HKUST-1中のCu^{2+}サイトを架橋するTCNQ分子[2]

【名称】$[Cu_4(BTC)_3]_n$（H_3BTC＝benzene-1,3,5-tricarboxylic acid）HKUST-1（HKUST＝Hong Kong University of Science and Technology）

【背景】ゼオライトや金属リン酸塩などの多孔性材料は広く研究されている．これらは，熱的・化学的に安定である一方，①細孔構造の設計（サイズ・キラリティー），②構造次元性の制御，③化学修飾性などの点においては課題が残る．このような背景から，活性なCu^{2+}サイトをもつ多孔性のHKUST-1は，合成された．

【調製法】$Cu(NO_3)_2 \cdot 3H_2O$とH_3BTCのH_2O/EtOH混合溶液を180℃で12時間加熱することで，HKUST-1の単結晶は60％収率で合成される[1]．

【性質・構造・機能・意義】単結晶X線構造解析からHKUST-1の結晶構造は同定されている．Cu^{2+}がpaddle-wheel構造を形成している．すなわち，2つのCu^{2+}が4つのBTC^{3-}の酸素原子により架橋された二核ユニットを形成しており，Cu^{2+}のaxial位には水分子が配位している．Cu^{2+}のpaddle-wheelユニットをBTC^{3-}が架橋し，9×9Å^{2}の四角形型細孔を有する三次元cubic構造を形成している．熱重量分析からHKUST-1は240℃まで安定であり，窒素ガス吸着測定からは高い比表面積を示すことが明らかとなった（Brunauer Emmett Teller比表面積：692 m^2 g^{-1}, Langumir比表面積：918 m^2 g^{-1}）．

HKUST-1の興味深い点は，axial位の水分子を取り除くことで配位不飽和サイト（open metal site＝OMS）を形成することである．ガス吸着特性や触媒特性に加え，不飽和サイトを利用することでHKUST-1を電子材料として応用した例が報告されている（図1）[2]．薄膜として成形されたHKSUT-1の細孔内に電子受容分子として知られるテトラシアノキノジメタン（TCNQ＝tetracyanoquinodimethane）を導入することで，7 S m^{-1}という非常に高い電子伝導度を実現している．これは，TCNQを導入していない薄膜HKUST-1と比べ，10^{6}倍以上という飛躍的な電子伝導度の向上である．これは，電子受容体であるTCNQ分子がHKUST-1の構造中のCu^{2+} paddle-wheelユニットのOMSサイトを架橋することで生じるCuユニット間の電子的カップリングに起因する．

【門田健太郎・北川　進】

【参考文献】
1) S. S.-Y. Chui et al., Science, **1999**, 283, 1148.
2) A. A. Talin et al., Science, **2014**, 343, 66.

$[Cu_4N_3Br_4]_n$

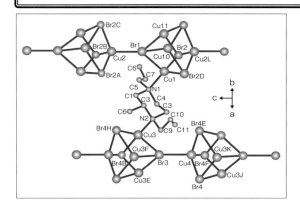

【名称】catena-(bis(μ₄-bromo)-hexakis(μ₃-bromo)-tris(μ₂-(S)-1,4-diallyl-2-methylpiperazine)-octa-copper trihydrate): $\{[(Cu_4Br_4)_2(DAMP)_3]\cdot 3H_2O\}_n$

【背景】強誘電性酸化物において誘電分極は個々の原子の変位によって実現している。そのため，原理的には原子スケールのメモリーを構築できる可能性がある。代表的な強誘電性材料はチタン酸バリウムのような酸化物であるが，一般にこれらを合成するためには500℃以上の高温を要する。一方，金属イオンと架橋有機配位子からなる MOF(metal-organic framework)は，より穏和な条件で合成できるため，新しい強誘電材料として魅力的である。$\{[(Cu_4Br_4)_2(DAMP)_3]\cdot 3H_2O\}_n$（DAMP＝(S)-1,4-diallyl-2-methylpiperazine）は臭化銅のクラスターユニットとキラルな架橋配位子からなる三次元骨格を有する MOF であり，強誘電性を示すことが報告されている[1]。

【調製法】4滴の水と10 mmol の CuBr および3 mmol の配位子(S)-1,4-diallyl-2-methylpiperazine(DAMP)を加えた2 mL のメタノール溶液を用いて，70℃で3日間ソルボサーマル反応を行うことにより収率55％で配位高分子 $\{[(Cu_4Br_4)_2(DAMP)_3]\cdot 3H_2O\}_n$ の結晶が得られる。

【性質・構造・機能・意義】この錯体は4つの銅イオンと4つの臭素イオンからなるキュバン骨格を有する臭化銅クラスターをキラルな配位子で架橋した三次元構造を有する MOF である。銅イオンはすべてテトラヘドラル構造を有し，1価である。キュバン骨格内の，1つの銅イオンに隣のキュバンの臭素イオンが配位することでキュバン骨格からなる一次元鎖を形成し，残りの3つの銅イオンにキラルな DAMP 架橋配位子が配位し架橋することで三次元構造を構築している。図1(左)はキュバン骨格が配位子 DAMP によって架橋され形成したヘキサゴナル構造を有する二次元シートである。キュバンの配位結合からなる一次元鎖はこのシートに垂直な方向(c軸に沿って)に走っている。その結果，図1右に示すヘキサゴナルのチャネルを有する三次元骨格を形成する。また，結晶水はクラスターを形成し，このチャネル内に取り込まれている。

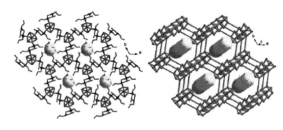

図1　MOFlの三次元ヘキサゴナル構造

この錯体は反転対称性のないキラルな空間群($P3$)に属している。結晶は対称性によって32の点群に分類されるが，そのうち10個は自発分極を有し，SHG や強誘電性を発現する。この錯体はそのうちの C_3 の点群に属する。したがって，SHG 活性であり，KDP(KH_2PO_4)の2～10倍の SHG を発生する。またこの錯体は強誘電性特有の分極曲線におけるヒステリシスが観測されている。ここで残留分極(P_r)は1.4～2.5 $\mu C/cm^2$，抗電界(E_c)は0.65～1.0 KV/cm ある。また，自発分極(P_s)は6.3 $\mu C/cm^2$ であり，KDP(5.0 $\mu C/cm^2$)や $BaTiO_3$(6.5 $\mu C/cm^2$)と同程度である。

【関連錯体の紹介およびトピックス】近年，数多くの強誘電性金属錯体が合成されて注目を集めている。例えば，ニッケル錯体 Ni(dmit)₂ とホスト分子であるクラウンエーテル DB[18]crown-6 およびゲスト分子である m-FAni⁺ からなる超分子錯体はゲスト分子の回転(flip-flop)に伴う強誘電性が確認されている。また，ハニカム構造を有する配位高分子 [NH₄][Zn(HCO)₃] においては骨格内に存在するアンモニウムイオンの秩序－無秩序転移に由来する強誘電－常誘電転移が191 K で観測されている。その他，強誘電性に加え，低温で強磁体に転移する配位高分子として，プルシアンブルー類縁体である $Rb_{0.82}Mn[Fe(CN)_6]_{0.94}\cdot H_2O$ なども報告されている。

【大久保貴志】

【参考文献】
1) W. Zhang et al., J. Am. Chem. Soc., **2008**, 130, 10468.
2) T. Akutagawa et al., Nature Matt., **2009**, 8, 342.
3) G.-C. Xu et al., J. Am. Chem. Soc., **2010**, 132, 9589.
4) S. Ohkoshi et al., Angew. Chem. Int. Ed., **2007**, 46, 3238.

$Er_4Cd_2N_8Se_{10}$

光 無

【名称】bis(benzeneselenolato)bis[(benzeneselenolato)cadmium]octakis(pyridine)tetra-μ_3-selenoxodi-μ_4-selenoxotetra-erbium(III):[$Ln_4M_2(py)_8(\mu_4\text{-}Se)_2(\mu_3\text{-}Se)_4$(SePh)$_4$](Ln=Er, Yb, Lu; M=Cd, Hg; py=pyridine)

【背景】希土類金属 Ln と典型元素 M を含むカルコゲニド化合物は幅広い応用例(光ファイバー,半導体材料,発光ダイオードなど)が期待され,興味深い物質である.分子レベルでのこれらの結合様式や詳細な構造・性質を明らかにするために,分子性異種金属希土類/典型金属カルコゲニド錯体が設計・合成された.これらの化合物は Ln-E-M 結合が構造的に明らかにされたはじめての例である[1].

【調製法】Cd と 4 当量のジフェニルジセレニド PhSeSePh をピリジン中に溶解させ,その後金属 Er(2当量)と Hg を加え 5 時間撹拌する.反応後,Hg を除き,Se(2当量)を加え 5 分撹拌し,反応溶液をろ過し,ヘキサンを層状に加えることで黄色針状結晶を得る.他の類似体も同様に合成できる.

【性質・構造・機能・意義】構造解析を行ったところ,いずれのランタノイド金属でも構造はほぼ等しく,ダブルキュバン骨格を有している.典型元素 M はダブルキュバン骨格の外側に位置しており,ひずんだテトラヘドラル構造を有している.4つのランタノイド金属 Ln は外側,内側に 2 個ずつ位置しており,金属周りはオクタヘドラル構造をしている.外側の Ln は 2 つの μ_3-Se,1 つの μ_4-Se,2 つのピリジン,末端配位の Se 元素と,内側の Ln は 2 つのピリジン,2 つの μ_3-Se,2 つの μ_4-Se と配位している.ランタノイド/典型元素 (Ln/M) の組合せとしては Er/Hg, Yb/Cd, Yb/Hg について構造解析に成功した.典型元素である Hg と Cd の違いによる構造の差は大きく,例えば Hg と内側にある μ_4-Se との結合距離(2.9696(9) Å)は他の Hg-Se 結合に比べて長く(2.7040(9), 2.578(1) Å),相互作用が弱いが,Cd-Se 結合にはそのような差はあまり見られない(2.659(1), 2.619(1), 2.762(1) Å).ランタノイド金属の違いによる構造差はそれほど見られず,イオン半径の差(Er:0.89 Å,Yb:0.87 Å)の範囲内である.

これらの錯体は加熱分解し,三元系固体材料が生成する.Cd を含んだ錯体をゆるやかに 650℃ に加熱し,その後粉末 X 線構造解析によって無機化合物 $CdLn_2Se_4$(Ln=Er, Yb)の生成が確認できる.揮発性成分として Ph_2Se が生成している.Ln=Yb の場合さらに Se_2Ph_2 も微量含まれている.

$Er_4M_2Se_6$ ユニットを含む化合物は高い発光性を有する.発光吸収スペクトルでは $^4I_{15/2}$ 基底状態から様々な励起状態に基づく Er^{3+} 吸収帯が観察される.また Er/Cd, Er/Hg 錯体の赤外発光スペクトルからは 1542 nm に $^4I_{13/2} \rightarrow ^4I_{15/2}$ に基づく発光が観察され,発光寿命は 1.41 ms(Er/Cd), 0.71 ms(Er/Hg)である.

ランタノイド金属からの発光はテレビから光ファイバーに至るまで様々な用途に使える電子デバイスとしての応用が期待されている.これまで空気中でも安定な酸化物ベースの希土類酸化物がよく用いられている.一方,酸化物ではない希土類化合物もユニークな発光の性質を有しているが,まだ希土類導入の手法なども含めて未開拓なのが現状である.最近になり,希土類カルコゲニドベースの Er 化合物が長い励起寿命と強い発光性能をもつことが発見されている.今回新たに希土類/典型元素を含む分子性多金属カルコゲニド錯体が良好な収率で合成できたことで,これらの物質群に関する研究が今後盛んになるものと思われる.

【関連錯体の紹介およびトピックス】他に希土類と典型金属を含む関連するカルコゲニド錯体として,構造も明らかにされている錯体[Yb(THF)$_6$][Fe$_4$Se$_4$(SePh)$_4$][2]があるが,希土類金属周りから共有結合性の高い遷移金属がすべてのカルコゲン原子の電子を奪ってしまい,Ln-E-M 結合は見られない.また,同様な錯体として[(THF)$_8$Sm$_4$Se(SePh)$_8$][Zn$_8$Se(SePh)$_{16}$][2]が報告されているが,スペクトルデータでは Sm-Se^{2-} および Zn-Se^{2-} 結合の存在は示唆されるものの,その構造にはやはり Sm-Se-Zn 結合は見られない.これらの結果から,M/Ln 比率が 1 より大きいと,Ln-E-M 結合をもつ化合物の合成が難しくなると思われる.

【島　隆則】

【参考文献】
1) A. Kornienko et al., J. Am. Chem. Soc., **2005**, 127, 14008.
2) A. Kornienko et al., Inorg. Chem., **2003**, 42, 8476.

EuN_2O_6

【名称】tris(1,3-diphenyl-1,3-propanediono)mono(phenanthroline)europium(III): $[Eu(DBM)_3(Phen)]$

【背景】有機薄膜から構成されるEL素子(有機EL素子)は低電圧で駆動する大型ディスプレイへの応用展開が期待されている.その有機EL素子はITOガラス電極上にホール輸送層(TPD: N,N'-ジフェニル-N,N'-ビス-3-メチルフェニル)-1,1'-ビフェニル-4,4'-ジアミン),発光層,電子輸送層(PBD:1,3,4-オキサジアゾール誘導体),対極(Mg, Ag)によって構成されている.この発光層には,従来キノリノール分子が配位したアルミニウム錯体(Alq)が用いられていた.その発光スペクトルはブロードな緑色であったが,新たにユウロピウム錯体を用いたEL素子が報告された.このEL素子はユウロピウム特有の半値幅の狭い美しい赤色発光を示す.

【調製法】この錯体の製法は,紹介されていないが,1,3-ジフェニルプロパンジオンと硝酸ユウロピウムをメタノールに溶解し,少量の塩基を加えることで$[Eu(DBM)_3(H_2O)_2]$を合成する.得られた錯体を再結晶したあと,その錯体をメタノールに溶解し,その溶液にフェナントロリンを加えて加熱還流することで$[Eu(DBM)_3(Phen)]$を合成できる.精製は再結晶で行う.

【性質・構造・機能・意義】$[Eu(DBM)_3(Phen)]$は分子にπ共役系の芳香族骨格を有し,さらにフェナントロリン配位子一分子が配位した構造を有している.配位構造は希土類錯体特有の八配位である.この錯体を発光層とするためには,さらに電子およびホールの伝導性を高める必要があり,このEL素子では電子輸送層(PBD)との混合薄膜(混合比1:3)を発光層として用いている.ITO電極(シート抵抗15V/h)上にTPDを蒸着($2×10^{-5}$ Torr)にて400Åの薄膜を形成し,その上に発光層($[Eu(DBM)_3(Phen)]$)と電子輸送層(PBD)の混合薄膜:100〜300Å)を重ね,その上Alqを300〜500Åの膜厚となるように蒸着した.その蒸着速度は2〜4Å/sであり,対極としてMg:Agを用いている(11Å/s).素子の面積は$0.5×0.5 cm^2$であり,この素子に直流電圧を印加することで半値幅の狭いユウロピウム(III)イオンに特有の4f-4f遷移に起因する赤色発光(614nm)を観測している.最低駆動電圧は6Vであり,その明るさは印加電圧16Vで460cd/m^2と報告されている.

【関連錯体の紹介およびトピックス】この$[Eu(DBM)_3(Phen)]$を用いたEL素子を発表後,様々な構造を有する有機EL素子用の赤色発光型ユウロピウム錯体および緑色発光型テルビウム錯体(545nm)が報告されている.さらに,近赤外領域に発光するネオジム錯体を用いた有機EL素子(発光波長:890nm, 1070nm, 1350nm)も報告されている[2].

【長谷川靖哉】

【参考文献】
1) J. Kido et al., *Appl. Phys. Lett.*, **1994**, *65*, 2124.
2) Y. Kawamura et al., *Appl. Phys. Lett.*, **1999**, *74*, 3245.

EuN₃O₆

【名称】 tris(thenoyltrifluoroacetonate)(dipyrazolyltriazine)europium(III)：[Eu(tta)$_3$(L)]

【背景】 芳香族系の有機配位子を結合させたユウロピウム錯体は，配位子の吸収バンドを励起すると光増感エネルギー移動により，ユウロピウムからの赤色発光を観測することができる．その光増感メカニズムは配位子の励起三重項を経由するといわれているが，1942年に Weissman が励起一重項からユウロピウムイオンへの光増感エネルギー移動を提案している．その後，この励起一重項経由の光増感エネルギー移動は Horrocks らによっても発表されているが，直接的な実験的証拠は報告されていなかった．2004年，ジピラジン誘導体を含むユウロピウム錯体の時間分解発光スペクトル測定により，はじめて励起一重項からの光増感エネルギー移動が証明された[1]．

【調製法】 [Eu(tta)$_3$(H$_2$O)$_2$]を含むTHF溶液にジピラジルトリアジン(L)を加えて錯化し，そのTHF溶媒をエバポレーターにて留去したあと，少量のジエチルエーテルに溶解し，ヘキサンで再沈殿を行うことで，オレンジ色の[Eu(tta)$_3$(L)]の粉体を得ることができる．

【性質・構造・機能・意義】 [Eu(tta)$_3$(L)]の配位構造は明確にされていないが，テノイルトリフルオロアセトナート分子が3つ(6配位)とジピラジルトリアジン(L)が1つ(3配位)が結合した構造であると報告されている．

この錯体の配位の π-π* 吸収バンド(402 nm)を励起することにより，ユウロピウム特有の 4f-4f 遷移に起因する赤色発光が観測される．ユウロピウムイオンからの発光量子収率は52%であり，配位子からの蛍光（発光は長 420 nm 付近）も観察される．その配位子からの蛍光量子収率は27%と見積もられている．発光寿命は，室温で 0.48 ms，77 K において 0.65 ms と報告されている．

この錯体の時間分解発光スペクトル測定を行われ，配位子の励起一重項からの蛍光減衰は 1.3 ns と見積もられた．他方，ユウロピウムの $^5D_1$ からの発光に相当するバンド 585 nm に，1.8 ns の発光の立ち上がり(ライジング)が観測された．この，励起一重項状態からの発光減衰時間と，ユウロピウムの $^5D_1$ からの発光のライジング時間が対応したことから，配位子の励起一重項からユウロピウムの $^5D_1$ バンドへ直接エネルギー移動が生じたことが証明された．

さらに，この錯体の配位子における励起三重項からのりん光寿命は 77 K において 3.9 s と見積もられている．このりん光寿命はユウロピウムの発光寿命よりも長い(0.65 ms)ため，この錯体の光増感エネルギー移動は励起一重項経由であると提案された．

【関連錯体の紹介およびトピックス】 希土類錯体の光増感エネルギー移動はまだ不明な点が多い．従来はフェルスター型エネルギー移動機構が一般的であるといわれていたが，近年では配位子の励起三重項と希土類イオン一重項アクセプターレベル間の電子交換に伴うデクスター型エネルギー移動の例なども提案されている[2]．

【長谷川靖哉】

【参考文献】
1) C. Yang *et al.*, *Angew. Chem. Int. Ed.*, **2004**, *43*, 5010.
2) M. Hasegawa *et al.*, *Chem. Lett.*, **2005**, *34*, 1418.

EuN_4O_5

光

【名称】 N-[1,10]phenanthrolin-5-yl-2-(4,7,10-tris-dimethylcarbamoylmethyl-1, 4, 7, 10-teraazacyclododec-1-yl)-acetamide europium(III) triflate

【背景】 溶液内でランタノイドイオン(Ln^{3+})を発光させるためには、水やアルコール分子など高振動数の結合をもつ溶媒分子の配位を抑制し、Ln^{3+}を光増感できる発色団を近傍に配置することが必要である。サイクレンと呼ばれる十二員環テトラアミン配位子に金属イオンに配位可能な側鎖を導入した多座配位子は、Ln^{3+}のイオン半径に適合した配位環境を提供し、八座配位を可能とするため極めて安定なランタノイド錯体を与える。サイクレンを基盤とした配位子を用いた場合、この配位子に加え、水やアニオンが1つ配位した九配位錯体が生成する場合が多い。この配位子は同時に多数のキレート環を形成するため、錯体の解離速度が小さく、ランタノイド錯体としては例外的に置換不活性と見なせる。側鎖に様々な発色団や他分子との結合部位、分子認識部位などを容易に導入できることから、Ln^{3+}の発光や磁性を利用した様々な機能性分子を開発するうえで基盤となる分子骨格である。本ユウロピウム錯体には側鎖に塩基であるフェナントロリン(phen)環が導入されており、水溶液中でのプロトンの脱着によってユウロピウム発光のon-offを生じる。外部刺激応答型ランタノイド錯体の代表例の1つであり、分子センサーや分子ロジックゲートなどへの応用がなされている[1]。

【調製法】 サイクレンに対するN-アルキル化反応によって容易に側鎖を導入できる。サイクレンに側鎖を3本だけ導入する合成法も確立されており、1つの側鎖にだけ機能性分子を導入することも容易である。phen環を含む側鎖を導入し、目的の配位子を合成した後、ユウロピウムトリフレートとアセトニトリル中で加熱還流させて本錯体を得る。

【性質・構造・機能・意義】 サイクレンの4つのアミン窒素と4本のアミド側鎖のカルボニル酸素が同時にEu^{3+}へ配位し、3価の水溶性カチオン錯体が得られる。水溶液中でも配位子は解離せず、安定な1:1錯体としてのみ存在する。Eu^{3+}上には水が1分子しか配位していないので、phen環の光励起によりEu^{3+}から長寿命の赤色発光が得られる。側鎖内には酸塩基反応部位としてアミド水素とphen環が存在し、水溶液のpH変化に伴ってプロトンの脱着が起こる。高いLewis酸性をもつLn^{3+}に配位したアミド水素は酸性度が高く、弱アルカリ性領域で酸解離が起こる。これらの酸解離はエネルギー供与部位となるphen環の励起エネルギーを変化させるので、励起光の吸収効率やEu^{3+}へのエネルギー伝達効率が影響を受け、結果としてユウロピウム発光の強度が変化する。この錯体ではpHが3.8付近と8.1付近で発光強度が変化し、off-on-off型の応答を示す。特にアルカリ性領域では発光がほぼ完全に消失するため、on状態とoff状態の発光状態に大きなコントラストが得られる。中性領域が特に発光強度の変化が大きいため、中性付近の微小なpHの変化を発光によって高感度に検出できる。この作用機構では、pH応答領域は配位子内に導入する発色団およびその周辺の酸性・塩基性官能基の pKa に異存するので、側鎖となる酸や塩基の選択によって、錯体に様々なpH応答性を付与することができる。

【関連錯体の紹介およびトピックス】 phen環は塩基としてだけでなく、遷移金属イオンに対するキレート配位子としても機能するため、本錯体類似体は金属イオンの濃度に応答する発光センサーとしても利用される。サイクレン環自体は遷移金属イオンに対する強力なキレート配位子であるが、ランタノイド錯体の交換速度は遅く、遷移金属イオンに対しては側鎖部位のみで可逆な錯形成反応が進行する。特定の遷移金属イオンに対して選択的に結合するキレート基をサイクレン配位子に導入することによって、ランタノイド錯体をシグナル部としたイオンセンサーとして利用できる[2]。

側鎖の可逆な化学変化は発光だけでなく、Ln^{3+}に配位した水分子の交換速度にも影響を及ぼすので、Gd^{3+}錯体ではMRI造影剤としての緩和能の変化にもつながる。同様の原理を利用した基質応答性MRI造影剤も数多く知られている。

〈篠田哲史〉

【参考文献】
1) T. Gunnlaugsson et al., J. Am. Chem. Soc., **2003**, 125, 12062.
2) T. Gunnlaugsson et al., Dalton Trans., **2009**, 4703.

EuN$_6$Cl$_2$

無

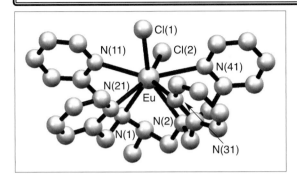

【名称】[dichloride-N,N,N',N'-[tetrakis(pyridine-2-yl-κN)]-R-propylenediamine-κN,κN]europium(3+)]perchlorate:[EuCl$_2$(R-tppn)]ClO$_4$

【背景】天然に存在する有機分子の絶対配置を決定することは重要である．置換活性であり高配位数をとる希土類イオンとキラルな含窒素六座配位子とを組み合わせた錯体が設計・合成された．本錯体は中性付近の水溶液中で，α-アミノ酸の鏡像体シグナルを分離することができる[1]．

【調製法】配位子 R-tppn の合成は，まず，l-1,2-プロパンジアミン二塩酸塩と2-ピコリルクロリドとを水に溶解し，水溶液の温度を70℃に設定する[2]．10 mol/L の NaOH 水溶液をここにゆっくり加えた後，クロロホルムで抽出する．金属錯体の合成は，EuCl$_3$・6H$_2$O と R-tppn を 1:1 で含むメタノール溶液を還流し，メタノールに溶解した 3 当量の NaClO$_4$・H$_2$O を加えると沈殿する．アセトニトリルを用いて再結晶できる．

【性質・構造・機能・意義】白色固体．6つの窒素原子と2つの塩化物イオンが1つのユウロピウムに結合した単核錯体．ユウロピウムの形式酸化数は+III 価であり，常磁性である．ユウロピウム原子の幾何構造は歪んだ十二面体と定義される．Cl(2)に隣接したユウロピウムと2つのピリジン窒素がなす角度(N(11)-Eu-N(41))は大きく(150.9°)，Cl(2)の反対側に2つのピリジン窒素とユウロピウムとのなす角度は小さい(73.6°)．4つのピリジン窒素原子はEu-Cl(1)結合から見ると台形を形成しており，最小二乗平面からのずれはそれぞれ，N(11), 0.135 Å; N(21), -0.226 Å; N(31), 0.233 Å; N(41), -0.143 Å となっている．ここでのマイナスの符号はCl(1)原子に関して反対側にずれていることを示す．ユウロピウム原子はその平面から -0.286 Å ほど Cl(1)側に位置する．この台形を構成する三角形同士の二面角の平均は21.4°である．4つのピリジン窒素原子におけるこの平面からのずれは，配位子のプロピレンジアミン部がゴーシュ配置をとっていることにより，N(1)-C-C-N(2)のねじれ角は53.4°となっている．

この錯体の最も重要な特徴は，中性水溶液の条件で ^{1}H NMR シフト試薬としてはたらき，α-アミノ酸の鏡像体のシグナルを分離することである．D:L=1:2 の比をとるバリンとこの錯体を含む中性 D$_2$O 水溶液の ^{1}H NMR を測定すると，α-位のプロトンは錯体を含まない ^{1}H NMR よりも高磁場側に現れる．このとき D 体および L 体のα-プロトンが別々に観測され，それらの積分強度比から L 体のα-プロトンのほうがより高磁場側に現れることが明らかになっている．その他，アラニン，イソロイシン，フェニルアラニン，メチオニン，トレオニン，アスパラギン酸，プロリン，リシンなどのアミノ酸に対しても ^{1}H NMR シフト試薬としては作用する．ただし，アラニンの-CH$_3$，メチオニンのγ-位と-S(CH$_3$)，トレオニンの-CH$_3$，については，D 体のプロトンのほうがより高磁場側に観測される．これまで報告された ^{1}H NMR シフト試薬はアルカリ溶液中で使用する必要があり，加水分解されやすいなど，安定性が低かった．この錯体は +1 の正電荷を帯びており，ユウロピウムから塩化物イオンが解離するとさらに大きな正電荷を帯びる．このため，アミノ酸のカルボン酸部とユウロピウム中心が結合しやすく，中性水溶液中でも ^{1}H NMR シフト試薬としてはたらいたものと考えられている．そのため，この錯体は，N-アセチルアラニンやグリシルバリンなどの N-アシル-α-アミノ酸のプロトンシグナルも分離できる．

【関連錯体の紹介およびトピックス】この錯体の配位子は4つのピリジンをもつが，これらをカルボン酸に置き換えた配位子 R-pdta のサマリウム錯体も合成されており[3]，この錯体は高分解能 NMR においてシグナルがブロード化することなく，鏡像体のシグナルを分離している．

【杉本秀樹】

【参考文献】
1) Y. Sasaki *et al., Chem. Commun.*, **1996**, 15.
2) B. E. Douglas *et al., Inorg. Chem.*, **1988**, 27, 2990.
3) Y. Sasaki *et al., Org. Lett.*, **2000**, 2, 3543.

EuO$_8$

無

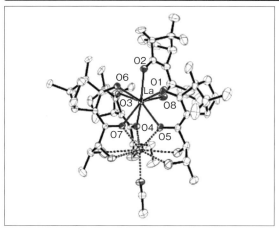

【名称】cesium-tetrakis (heptafluorobutyryl-(+)-camphorato) lanthanide(III): Cs[Eu((+)-hfbc)$_4$]·CH$_3$CN

【背景】(+)-hfbc や trifluoromethyl-(+)-camphorate((+)=tfbc))のようなキラルな β-diketonato が配位したランタニド錯体の溶液内構造については,発光体,バイオセンシング,キラル触媒などの観点から,NMR や円二色性(CD)などで研究されているが,不明な点が多い.これは置換活性なランタニド錯体は,溶液内では多様な立体配置をとるためである.本錯体は対イオンのアルカリ金属イオンと配位子との相互作用によって,キラル配置が安定し高度なキラリティーを発揮している珍しい例である[1].

【調製法】塩化ランタニド(III)(0.32 mmol)を含む水溶液(15 mL)と Et$_3$N で脱プロトン化した heptafluorobutyryl-(+)-camphor((+)-Hhfbc)のクロロホルム(30 mL)の混合溶液を分液ロートでよく撹拌する.クロロホルム層を分離して,乾燥させるために過剰の硫酸ナトリウムを加える.これを濃縮乾固して得られる白色固体にアセトニトリル(30 mL)を加え,数日放置すると白色結晶が析出する.Na-Ln は Gd よりも小さい原子量の Ln でのみ得られ,K-,Rb-,Cs-Ln は Ce と Pm を除く La から Lu までの Ln で合成できる.大きいイオン半径の M と Ln の M-Ln が合成しやすいことは Ln または M の立体障害が緩和されるためと考えられる.

【性質・構造・機能・意義】Na[La((+)-hfbc)$_4$]·CH$_3$CN を結晶構造解析すると,2 つの台形が直交した十二面体構造で 4 つの(+)-hfbc が台形の平行な 2 つの稜を繋ぐように二座配位しており,2 つの台形が対称面となるアキラルな立体配置をとっている.しかし,M[Ln((+)-hfbc)$_4$](M$^+$=Na,K,Rb,Cs)の紫外部の β-diketonato 配位子内 π-π^* 遷移の励起子円二色性(CD)が観測されることから,正方逆プリズム型 Δ-SAPR-8 (C_4)の絶対構造であることは明らかである[2].このことは Cs[Yb((+)-hfbc)$_4$H$_2$O] の X 線結晶構造解析によって確認された[3].この構造が溶液中でも安定であるのは,(+)-hfbc$^-$ の CF···Cs 相互作用によるもので,Ln イオンが違ってもキラル構造に大きな変化がなく存在しているためである.しかし,Na$^+$ から Cs$^+$ とイオン半径が大きくなるに従って,CD 強度が強くなるのは,構造変化によるものである.

円偏光ルミネセンス(circular polarized luminescence: CPL)の g_{lum} ($=2\Delta I/I=2(I_L-I_R)/(I_L+I_R)$)値で,現在最も大きいのは,$\Delta$-SAPR-8-Cs[Eu((+)-hfbc)$_4$] と Δ-SAPR-8-Cs[Sm((+)-hfbc$_4$) である.これらの 2 mM CHCl$_3$ 溶液ではそれぞれ g_{lum} = + 1.38 ($^5D_0 \rightarrow {}^7F_1$) と +1.15 ($^4G_{5/2} \rightarrow {}^6H_{7/2}$)であって,今のところ,この値を超える報告例はない[4].このような Cs[Eu((+)-hfbc)$_4$] の高度なキラリティーは正方逆プリズム型 Δ-SAPR-8 (C_4)構造によるもので,有機 EL への応用の試みがある[5].

Δ-Cs-Ln 錯体は,1550 cm^{-1} 付近に観測される強い振動円二色性(VCD)パターンが Ln(III)の基底状態項の奇偶性と関連している[6].基底状態項の全軌道角運動量 L の奇偶性で,偶の Δ-Cs-La^{III} (4f^0,^{1}S),-Nd^{III} (4f^3,$^4I_{9/2}$),-Gd^{III} (4f^7,$^8S_{7/2}$),-Ho^{III} (4f^{10},$^5I_8$),-Er^{III} (4f^{11},$^4I_{15/2}$),-Lu^{III} (4f^{14},^{1}S) 錯体は正負の VCD カプレットが観測され,奇の Δ-Cs-Sm^{III} (4f^5,$^6H_{5/2}$),-Eu^{III} (4f^6,$^7F_0$),-Tb^{III} (4f^8,$^7F_6$),-Dy^{III} (4f^9,$^6H_{15/2}$),-Tm^{III} (4f^{12},$^3H_6$),-Yb^{III} (4f^{13},$^2F_{7/2}$) 錯体は正の VCD が観測される.しかし,軌道角運動量 L の奇偶性は現象論的な記述にすぎず,量子力学的に意味のあるのは 4f 電子配置の電子数が奇数か偶数で決まる.それにもかかわらず,このような強い振電相互作用はこれまでの VCD 理論では説明できない.

【海崎純男】

【参考文献】

1) F. Zinna et al., *Chirality*, **2015**, *27*, 1.
2) D. Shirotani et al., *Inorg. Chem.*, **2006**, *45*, 6111.
3) Y. Lin et al., *Dalton Trans.*, **2012**, *41*, 6696.
4) J. Lunkley et al., *Inorg. Chem.*, **2011**, *50*, 12724.
5) F. Zinna et al., *Adv. Mater.*, **2015**, *27*, 1791.
6) S. Kaizaki et al., *Phys. Chem. Chem. Phys.*, **2013**, *15*, 9513.

EuO₈

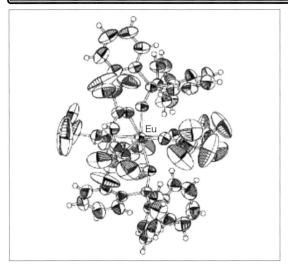

【名称】tris(hexafluoroacetylacetonato)europium(III)bis-(triphenylphospine oxide)：[Eu(hfa)$_3$(TPPO)$_2$]

【背景】3価のユウロピウムイオンを含む錯体は4f-4f遷移に基づく赤色発光を示し，次世代の表示材料などへの応用が期待されている．その発光量子効率を高めるために，無放射失活過程の原因となる高振動C-H結合を低振動C-DおよびC-F結合で置き換えたヘキサフルオロアセチルアセトナート配位子(hfa)を含むEu錯体の強発光特性が，報告されている(ポリメタクリル酸メチルPMMA中における発光量子効率：23％)．その発光過程は禁制遷移であるが，錯体の構造を非対称にすることで発光は許容化する．このユウロピウム錯体の配位構造を非対称化するため，Eu(hfa)$_3$錯体にテトラフェニルホスフィンオキシド(TPPO)を加えた[Eu(hfa)$_3$(TPPO)$_2$]を合成し，その錯体の高い発光量子収率を実現している[1]．

【調製法】酢酸ユウロピウムを水に溶解し，その溶液に配位子ヘキサフルオロアセチルアセトンを添加することで，[Eu(hfa)$_3$(H$_2$O)$_2$]錯体が析出する．得られた錯体をメタノールで再結晶した後，メタノールに溶解し，トリフェニルホスフィンオキシドを加えて加熱還流することで，[Eu(hfa)$_3$(TPPO)$_2$]を得ることができる．錯体の精製はメタノールを用いた再結晶により行う．

【性質・構造・機能・意義】この錯体の配位構造は，二座配位子であるhfa配位子の酸素6つ(3分子が配位)とトリフェニルホスフィンオキシドの酸素2つ(2分子が配位)により八配位構造となる．その幾何学構造はスクウェア・アンチプリズム構造(金属イオンの上部4つの酸素(平面四角形)と下部4つの酸素(平面四角形)が45°ねじれた希土類錯体特有の構造)であり，反転中心対称をもたない非対称構造である．その非対称構造は，4f軌道の電子遷移許容性を見積もるJudd-Ofelt解析からも証明されている．[Eu(hfa)$_3$(TPPO)$_2$]は水には不溶である．極性の高いメタノール，アセトン，THFなどの有機溶媒には容易に溶解する．それらの溶液は透明であり，300 nm付近にhfa配位子のπ-π*遷移に基づく吸収バンドが観察される．この吸収バンドを励起すると，585, 592, 615, 650, 700 nm付近にEu(III)イオン特有の発光バンドが観測される．

この[Eu(hfa)$_3$(TPPO)$_2$]はモノマーであるMMA(メタクリル酸メチル)にも容易に溶解することができ，重合開始剤(AIBN)を用いて容易に[Eu(hfa)$_3$(TPPO)$_2$]含有ポリマーを合成できる．[Eu(hfa)$_3$(TPPO)$_2$]の発光量子効率は極めて高く，PMMA中における発光量子効率は75％，重アセトン中における発光量子効率は95％以上となる．

【関連錯体の紹介およびトピックス】この[Eu(hfa)$_3$(TPPO)$_2$]をさらに非対称化させたユウロピウム錯体がその後報告されている．その錯体の幾何学構造は8配位のトリゴナルドデカヘドロン構造であり，この配位構造を形成することで錯体のさらなる電子遷移許容化が立証されている．さらに，このトリゴナルドデカヘドロン構造の形成は無放射失活速度の減少も導くことが近年の研究によりわかっている[2]．　【長谷川靖哉】

【参考文献】
1) Y. Hasegawa *et al.*, *J. Phys. Chem. A*, **2003**, *107*, 1697.
2) K. Miyata *et al.*, *Chem. Eur. J.*, **2011**, *17*, 521.

EuO$_8$

1a: R = –C$_3$F$_7$
1b: R = –CF$_3$
2a: R = –C$_3$F$_7$
2b: R = –CF$_3$

【名称】tris(6,6,7,7,8,8,8-heptafluoro-2,2-dimethyloctane-3,5-dionato)europium(III)：Eu(fod)$_3$(**1a**)および関連錯体．

【背景】アセチルアセトナート(acac)配位子をもつランタノイド錯体 Ln(acac)$_3$ は古くから知られている脂溶性の中性ランタノイド錯体である．acac 配位子は共役平面をもち，六員環キレートを形成可能なアニオン性二座配位子としてはたらく．Ln^{3+} に対しても 2 つの酸素原子を介して強く結合し，結晶構造では通常 3 つの acac 配位子に加え，2 ないし 3 個の水分子が配位している．fod 配位子は acac のメチル基を tert-ブチル基とペンタフルオロプロピル基に置換した非対称な配位子である．fod 錯体(**1a**)および関連錯体(**1b**, **2a**, **2b**)は acac 錯体に比べて，脂溶性や溶液中での安定性の面で優れている．これらの中性 Ln 錯体には，有機溶媒中でアルコールやカルボン酸アニオンなどの極性官能基をもった基質が可逆的に配位する．常磁性ランタノイド錯体を基質に対して少量添加すると，配位-非配位の基質の間に速い交換が起こり，配位した基質は強い常磁性シフトを受ける．この結果，基質の平均化された NMR シグナルも大きくシフトする．Ln^{3+} による NMR シグナルのブロードニング効果は，常磁性遷移金属イオンのそれに比べて小さく，重なり合うシグナルの分離能に優れているので，種々の acac 型 Ln 錯体が NMR シフト試薬として実用化され，市販されている．これらは特に 60 MHz のような分解能の低い NMR 装置を利用していた時代に，天然物のような複雑な化合物の構造解析を行ううえで非常に有効であった．

【調製法】pH を中性付近に調整しながら acac 型の中性配位子とランタノイド塩を少しずつ混合することによって合成する．目的の中性錯体は沈殿として集める方法や，有機溶媒で抽出する方法がある．塩基性ではランタノイドイオンは水酸化物になりやすく，酸性では配位子が容易に解離するため，混合時の精密な pH 調整が重要である．錯体には配位水が伴っており，錯体間での脱水反応が進行する場合があるため過度な乾燥は適さない．溶液中では，配位子が 4 個ついた [Eu(fod)$_4$]$^-$ や 2 個ついた [Eu(fod)$_2$]$^+$ などのイオン種も容易に生成し，時としてそれらの塩と中性錯体の分離が困難となる．

【性質・構造・機能・意義】ランタノイド fod 錯体は脂溶性が高く，有機溶媒に易溶である．配位子は π 共役系をもつため近紫外領域に強い吸収を呈し，この吸収帯で錯体を光励起すると，ユウロピウム中心からの赤色発光が得られる．配位した水分子の振動による失活作用を受けるため発光効率は高くないが，配位性のアニオンなどを溶液内に加えてこの水分子を置換すると，強発光性を示す．例えば，塩化物イオンは Eu(fod)$_3$ 錯体に配位して [Eu(Cl)(fod)$_3$]$^-$ のような高配位型のアニオン性錯体を形成する．F$^-$ や OAc$^-$ の場合には，fod 配位子との間に競合が起こるため，過剰に加えると fod 配位子が脱離し，発光が減少する．溶媒条件，温度，濃度によって各錯体種の濃度が変化するため，溶液からの発光強度も大きく変化する．分析条件を最適化することによって，種々のアニオン種の発光センサーとしての利用が可能である[1]．

【関連錯体の紹介およびトピックス】ランタノイド fod 錯体はアミノ酸とも複合体を形成するため，アミノ酸の発光センサーとしても利用できる．また，この錯体を用いて，アミノ酸の有機溶媒中への抽出も可能である．実際にその脂溶性を利用してアミノ酸の膜輸送や，イオン選択性電極への応用も実証されている[2]．

3 つの fod 配位子は Ln^{3+} の周りにプロペラ状に配置されるため，不斉を有する分子が共配位することにより，配向に偏りが生じ，fod 配位子の紫外吸収帯に特徴的な円二色性(CD)が現れる．Ln 錯体に誘起される CD シグナルの符号はアミノ酸の絶対配置の指標に利用できる．また，アミノ酸とは 1:1 錯体のみが形成されるので，CD シグナルの強度からアミノ酸の光学純度が決定できる．このようにランタノイド fod 錯体は単純な構造でありながら，発光プローブや円二色性プローブなど多彩な活用ができる[3]．

【篠田哲史】

【参考文献】
1) H. Tsukube *et al.*, *Bull. Chem. Soc. Jpn.*, **2006**, 79, 725.
2) H. Tsukube *et al.*, *Anal. Chem.*, **2004**, 76, 7354.
3) H. Tsukube *et al.*, *Helv. Chim. Acta*, **2009**, 92, 2488.

$Eu_2N_4O_{12}$

$R^1 = R^2 = $ phenyl; $Eu_2(dbm)_6(bpm)$ (1)
$R^1 = CF_3$, $R^2 = $ thiophene; $Eu_2(tta)_6(bpm)$ (2)

[文献1]

【名称】[$Eu_2L_6(bpm)$] (L=dbm, tta) (bpm=2,2′-bipyrimidine, dbm=dibenzoylmethane, tta=thenoyltrifluoroacetone

【背景】発光性ランタノイド錯体は，有機LEDや分子光電子デバイスへの応用が期待されている．特に，吸光係数の高い有機配位子の励起エネルギーを遷移確率の低いランタノイドイオンに移動させることにより，f-f遷移由来の非常にシャープな発光が観測できるので，有機配位子をもつランタノイド錯体はEL素子としての可能性を秘めている．中でもEu(III)錯体は，赤色発光を示すことから注目されているが，色純度や熱安定性などの改良が必要とされている．これまでに様々な発光性Eu(III)錯体が報告されてきたが，そのほとんどが単核錯体である．ここで取り上げる[Eu_2L_6(bpm)] (L=dbm, tta)錯体は，bpm配位子が架橋した二核構造を有しており，その合成・構造解析・発光・EL特性についての詳しい報告がなされている[1]．

【調製法】EtOHを溶媒として用い，水酸化ナトリウム存在下，$EuCl_3·6H_2O$：dbm：bpm＝2：6：1の反応比で，12時間還流すると，[$Eu_2(dbm)_6(bpm)$]錯体の粗生成物が得られる．これを，CH_2Cl_2/Et_2Oより再結晶することにより，収率59％で目的錯体が得られる．[$Eu_2(tta)_6$-(bpm)]錯体は，[$Eu_2(dbm)_6(bpm)$]錯体と同様の条件で合成され，THF/n-hexaneより再結晶すると，収率59％で得られる．

【性質・構造・機能・意義】単結晶構造解析の結果，[$Eu_2(dbm)_6(bpm)$]錯体は，bpm配位子が架橋した二核構造を有していることが示されている．Eu-Eu間距離は，7.011 Åである．それぞれのEu(III)には，3つのdbmが二座配位し，さらに1つの架橋したbpmが二座で配位しており，各Eu(III)はN_2O_6型の歪んだsquare antiprism型構造をとっている（Eu-N_{av}=2.677 Å, Eu-O_{av}=2.343 Å）．[$Eu_2(tta)_6(bpm)$]錯体も同様にbpm配位子が架橋した二核構造を有しており，それぞれのEu(III)の周りは，3つのdbmが2座で配位し，1つの架橋したbpmが2座で配位したN_2O_6型である（Eu-Eu=6.993 Å, Eu-N_{av}=2.687 Å, Eu-O_{av}=2.394 Å））．しかし，Eu(III)の配位環境は，歪んだsquare bicapped trigonal prism型構造で，[$Eu_2(dbm)_6(bpm)$]錯体とは配位構造が異なる．[$Eu_2(dbm)_6(bpm)$]や[$Eu_2(tta)_6(bpm)$]錯体の溶液のESI-Mass測定で，[$(dbm)_3Eu(bpm)Eu(dbm)_2$]$^+$ (m/z=1577)や[$(tta)_3Eu(bpm)Eu(tta)_2$]$^+$ (m/z=1568)に対応するシグナルが観測されていることから，溶液中においてもこの二核構造は保たれていることがわかる．両錯体は，クロロホルム溶液中，室温において，350 nm付近にβ-diketone配位子のπ-π*遷移に由来する吸収帯をもち，この波長付近で励起することにより，580, 591, 612, 651および692 nmに$^5D_0→^7F_J$(J=0, 1, 2, 3および4)のそれぞれの遷移に帰属されるEu(III)由来の発光が観測される．発光量子収率は，それぞれ，0.16, 6.24％である．[$Eu_2(dbm)_6(bpm)$]錯体に関しては，ITO/PEDOT(30 nm)基板（PEDOT=poly(3,4-ethylenedioxythiophene)）に錯体を含むPVK(poly(N-vinylcarbazole))＋PBD(2-(4-biphenyl)-5-(4-tert-butylphenyl)-1,3,4-oxadiazole)(7：3)をスピンコートすることにより，約80 nmの厚みをもつ良質な薄膜が得られている．この基板にさらにLiF(1 nm)/Al(100 nm)を真空蒸着したデバイスが作成され，turn-on電圧が12 V，最大輝度が25.4 cdm^{-2}(16 V)，量子効率が11 Vで0.021％のEL特性が得られている．特筆すべきは，発光色純度であり，この[$Eu_2(dbm)_6(bpm)$]錯体を用いたELデバイスは，CIE表色系におけるNTSC色度座標は，その発光スペクトルからx=0.66, y=0.34に位置し，純粋な赤色発光(x=0.67, y=0.33)を示すことが明らかとなっている．本系はランタノイド錯体を用いた色純度の高い赤色ELデバイスの開発の基盤となるものである．

【大津英揮】

【参考文献】
1) H. Jang et al., Eur. J. Inorg. Chem., **2006**, 718.

Eu_2O_{12}

光

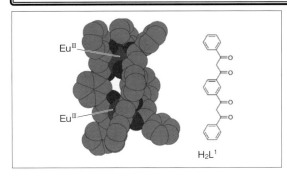

【名称】$[Eu_2L^1{}_3]$ ($H_2L^1=$1,3-bis(3-phenyl-3-oxopropanoyl)benzene)

【背景】β-diketonate ionは，ランタノイドイオンと3:1で中性錯体を形成し，強いf-f発光を促す増感剤として機能することが知られている．このβ-diketonate錯体は溶液中で非常に安定であることから，化学センサーやDELFIA免疫測定法における抗体標識，さらにはゾルゲルガラス，液晶，近赤外LEDやポリマーなどといった新材料としても，応用が見いだされている．さらに強い発光シグナルを得る方法の1つとして，多座配位子を用いたランタノイドイオンの多核化が挙げられる．本錯体は，複核ランタノイド錯体の配位子として多座配位部位をもつbis(β-diketonate)型配位子H_2L^1を用いている．H_2L^1は2つのbensoyl β-diketonate部位を1,3-pheyleneで架橋した構造であり，1,3-phenyleneをスペーサーとすることで理想的ならせん型構造を形成する．例えば，三重らせん構造のM^{III}（M=Ti, V, Mn, Fe）錯体や三核三重鎖らせん構造のMn^{II}錯体などが報告されている．本錯体は，H_2L^1をランタノイド発光の増感配位子とした，らせん型複核構造を有する，溶液中でも安定な錯体である[1]．

【調製法】配位子H_2L^1は，イソフタル酸ジメチルとアセトフェノンをTHF中に溶解し，これにNaHを加え0〜5℃で2時間，さらに室温で2時間撹拌した後，希塩酸を加えることで淡黄色の固体生成物として得られる．錯体の合成は，トリメチルアミン存在下，$EuCl_3\cdot6H_2O$のメタノール溶液とH_2L^1のクロロホルム溶液との反応により得る．

【性質・構造・機能・意義】$[Eu_2L^1{}_3]$錯体はDMFに可溶であり，アルコール性溶媒には微溶である．単結晶は得られていないが，FAB質量分析スペクトルから，$[Eu_2L^1{}_3+H]^+$に相当するピークをm/z=1407〜1414に示し，複核錯体としてのアイソトープパターンの理論値とも一致した結果が得られている．電子スプレー質量分析スペクトルにおいても，$[Eu_2L^1{}_3+H]^+$に相当するピークをm/z 1410に与えたことから，溶液中においてもこの複核錯体は安定に存在することが確認されている．また^1H NMRスペクトルからも，溶液中での錯体の構造は1種類であり，3つの配位子は等価な位置に存在することが示されている．錯体内において，配位子の2つのメチンプロトンはC_2対称に配置しており，常磁性種であるEu^{III}の強い影響を受け，大きな常磁性シフトを示す．

配位子のエネルギードナー準位は，同構造のGd^{III}錯体を用いたりん光スペクトル測定から，励起三重項状態（$^3\pi\pi^*$）からの発光として490 nm（20408 cm^{-1}）に位置すると見積もられている．このエネルギー準位は，Eu^{III}の発光性準位より高い位置にあることから，$[Eu_2L^1{}_3]$は，配位子$^1\pi\pi^*$励起により，配位子-金属間のエネルギー移動が生じ，溶液中においても比較的強い赤色発光を示す（$\phi_{ff}=5\%$（DMF中））．発光寿命の減衰曲線は単一指数関数速度式に従うことから，2つのEu^{III}は錯体分子内で同じ配位環境に存在していることが示され，NMR測定の結果を支持している．メタノールおよび重メタノール中における発光寿命解析の結果から，溶媒分子が各Eu^{III}に3個ずつ配位しており，配位数は合計で9である．Eu^{III}からの発光の寿命は，溶液中で強い温度依存性を示し，DMF中では室温で220 μsであるのに対し，77 Kでは460 μsまで増大する．これは，$[Eu_2L^1{}_3]$において，Eu^{III}の$^5D_0$準位からLMCT状態への熱活性型のエネルギー移動が生じているためと考えられる．このようなEu^{III}発光の温度依存性は，β-diketonateとの単核錯体では見られない挙動であり，複核らせん構造の形成により得られた新規特性であるといえる．

【関連錯体の紹介およびトピックス】Eu^{III}錯体の他，$[Sm_2L^1{}_3]$および$[Nd_2L^1{}_3]$が，可視および近赤外発光体として合成されている[1]．Sm^{III}とNd^{III}の励起発光レベルは配位子のエネルギードナーレベルに対し，エネルギー移動が生じるのに適当な位置に存在することから，これらの錯体も，比較的強いf-f発光を示す．四重鎖複核錯体$(Hpip)_2-[Eu_2L^1{}_4]$も合成されており，固体状態において三重鎖錯体よりも強い発光を示すことが確認されている．

【石井あゆみ】

【参考文献】

1) A. P. Bassett et al., J. Am. Chem., Soc., **2004**, 126, 9413.

$Eu_3N_{21}O_6$

光

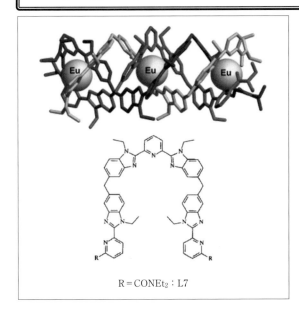

R = CONEt$_2$: L7

【名称】$[Eu_3(L7)_3]^{9+}$（L7＝2,6-bis｛1-ethyl-5-｛1-ethyl-2-［6-（N,N-diethylcarbamoyl）pyridin-2-yl］benzimidazol-5-methylene｝benzimidazol-2-yl｝pyridine）

【背景】ランタノイド錯体における磁気的・光学的挙動は，多核化により，飛躍的な特性向上や新規機能の発現が期待できる．例えば，多核錯体の分子設計として，異なる配位サイトにランタノイドイオンを固定することで，指向性を有する発光体や常磁性体が得られる．らせん型構造を有するヘテロ多核錯体などが多く報告されているが，その配位サイトが等価な場合や，幾何異性体が存在する場合，目的とする錯体の磁気的・光学的指向性を分離することは難しい．本錯体は，Eu^{III}が末端と中心に非等価に固定された三重鎖三核らせん型錯体であり，正の協同作用による自己組織化を利用して合成されたものである．2つの異なる金属イオンサイトに配置されたEu^{III}は特異的な磁気的・光学的挙動を示す[1]．

【調製法】C_{2v}-対称型異所性配位子 2, 6-bis｛1-ethyl-5-｛1-ethyl-2-［6-（N,N-diethylcarbamoyl）pyridin-2-yl］benzimidazol-5-methylene｝benzimidazol-2-yl｝pyridine（L7）は，3,3-dinitro-4,4-bis（N-ethylamino）diphenylmethane および 6-（N,N-diethylcarbamoyl）pyridine-2-carboxylic acid から，前駆体である tetra［N-（2-nitroarene）carboxamide］を経由し，3段階の反応で，4つのベンズイミダゾール環を有する化合物として得られる．錯体$[Eu_3$-$(L7)_3](CF_3SO_3)_9(CH_3CN)_9(H_2O)_2$は$Eu(CF_3SO_3)_3 \cdot xH_2O$のアセトニトリル溶液にL7・$H_2O$のアセトニトリル/ジクロロメタン＝1/1 溶液を加え，1時間室温で撹拌後，得られた粉末をアセトニトリルに溶かし，ジエチルエーテルを拡散させることで白色微結晶として得られる．

【性質・構造・機能・意義】L7 とEu^{III}の溶液中における自己組織的錯形成反応は，正の協同作用により進行する．はじめに，配位子末端部位に2個のEu^{III}が固定されることで$[Eu_2(L7)_3]^{6+}$が形成され，その構造が3番目のEu^{III}が中心位置に組み込まれる際の電子反発を相殺し，最終的に$[Eu_3(L7)_3]^{9+}$への錯形成が速やかに進行する．この錯体は結晶構造が得られており，約9Å間隔で固定された3つの金属イオンからなる疑似三回軸の周りを，3つの配位子が取り囲んでいる（三斜晶系P$\bar{1}$）．各金属イオンには，それぞれ9つのドナー原子が配位し，疑似三角柱型に配列している．配位子末端部位のカルボキシアミドは両端のEu^{III}に配位しており，中心に位置するEu^{III}とは配位環境が異なる．末端と中心部での配位環境の違いは，発光挙動にも影響を与えており，配位子 L7 からのエネルギー移動により生じるEu^{III}の発光は，主に末端部から観測され，中心部からはほとんど観測されない．中心に位置するEu^{III}の配位構造は，LMCT 状態を$^3\pi\pi^*$準位より低いエネルギーレベルに形成することから，配位子の励起エネルギーがEu^{III}よりも LMCT 状態に優先的に緩和され，金属中心の発光がほとんど観測されないものと考えられる．この錯体の三重鎖三核らせん構造は，配位サイトに依存した発光挙動の分離を可能とするばかりでなく，2つの異なる結晶場パラメーターが磁気特性にも反映され，らせん構造に沿った異方的常磁性挙動を促すと報告されている．

【関連錯体の紹介およびトピックス】三重鎖らせん構造の複核Eu^{III}錯体として，bis-[1-methyl-2-(6'-[1''-(3, 5-di methoxybenzyl)benzimidazol-2''-yl]pyrid-2'-y1) benzimidazol-5-yl]methane（L6）を配位子とした$[Eu_2$-$(L6)_3]^{6+}$が合成されている[2]．X線構造解析より Eu 距離 8.876 Å のらせん軸を3つの配位子が取り囲んだ構造である．ヘテロ複核錯体の合成も試みられており，金属−金属間エネルギー移動を示唆した結果が得られている．

【石井あゆみ】

【参考文献】
1) S. Floquet et al., *Chem. Eur. J.*, **2003**, *9*, 1860.
2) C. Piguet et al., *J. Alloys Compd.*, **1995**, *225*, 324.

FeHC$_6$Si$_2$

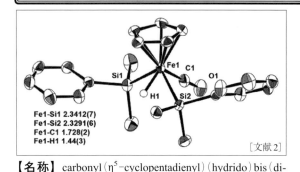

Fe1-Si1 2.3412(7)
Fe1-Si2 2.3291(6)
Fe1-C1 1.728(2)
Fe1-H1 1.44(3)

[文献2]

【名称】carbonyl(η^5-cyclopentadienyl)(hydrido)bis(dimethylphenylsilyl)iron(IV): CpFe(CO)(H)-(SiMe$_2$Ph)$_2$

【背景】[CpFe(CO)$_2$Me]錯体を触媒として用い,紫外線照射下にニトリル類RCNとトリエチルシランEt$_3$SiHを反応させると,R-CN結合の切断が進行して,トリエチルシリルシアニドEt$_3$SiCNと対応する炭化水素R-Hが得られる[1].本反応の機構研究に関連して,種々のシクロペンタジエニル鉄錯体とシラン類の反応について詳細な検討がなされた結果,[CpFe(CO)(H)(SiMe$_2$Ph)$_2$]が合成され,単結晶X線解析による構造決定が行われた[2].なお,本反応では,溶媒の選択が重要であり,THFやベンゼンのようにシラン還元を受けない溶媒を用いる必要がある[3].

【調製法】シリル鉄(II)錯体[CpFe(CO)(SiMe$_2$Ph)(dmp)](dmp=3,5-ジメチルピリジン)[2]とジメチルフェニルシランをベンゼン中50℃で2時間反応させた後に,反応溶液を減圧濃縮する.濃縮反応溶液にジメチルフェニルシランPhMe$_2$SiHのベンゼン溶液を加え撹拌した後に,再び減圧濃縮すると濃赤色のオイル状生成物が得られる.これをヘキサンに溶解し,-65℃で4週間冷却すると[CpFe(CO)(H)(SiMe$_2$Ph)$_2$]が無色透明の結晶として収率85%で得られる.

【性質・構造・機能・意義】単結晶X線解析より,この錯体はCp環が鉄にη^5-配位し,2つのジメチルフェニルシリル基とヒドリドおよびカルボニル配位子を脚とする四脚ピアノイス型構造をしていることが確認された[2].鉄(IV)中心に結合した2つのケイ素原子との結合距離Fe1-Si1 2.3412(7)ÅおよびFe1-Si2 2.3291(6)Åであり,以前に報告された類縁錯体の結晶構造におけるFe-Si結合間距離2.336(3)Åとよく一致している[4].^{1}HNMRスペクトルにおけるヒドリドおよびシクロペンタジエニル配位子のケミカルシフトは-13.22および3.86 ppmとなり,既知のジシリル錯体[CpFe(CO)(H)(SiMe$_3$)$_2$][5]のケミカルシフト-13.97,4.04 ppmと類似の値を示す.一般的なシクロペンタジエニル鉄(II)錯体のケミカルシフトが約5.0 ppmであることから,観察された高磁場シフトは,2つのシリル基の強い電子供与性による鉄中心の電子密度増大が原因と考えられる.一方で,これらの高磁場シフトは,一般的な磁気異方性シフトと比べて非常に小さいこと,^{13}Cおよび^{29}Si NMRスペクトルにおいても大きなピークシフトが観察されないことから,本錯体は低スピン型の反磁性錯体であると考えられる.

【関連錯体の紹介およびトピックス】前駆体[CpFe(CO)(SiEt$_3$)(dmp)]とPhMe$_2$SiHの反応により,鉄中心に異なる二種のシリル配位子が結合した[CpFe(CO)(H)(SiEt$_3$)(SiMe$_2$Ph)]が得られる[1].

上記以外のシクロペンタジエニルヒドリド(ジシリル)鉄(IV)錯体でX線構造が決定されたものは,オキシシリル誘導体として[CpFe(CO)(H)(SiMe$_2$O(2-C$_5$H$_4$N)][5](2-C$_5$H$_4$N=2-ピリジル),ハロシラン誘導体として[CpFe(CO)(H)(SiCl$_3$)$_2$][6,7]および[CpFe(CO)(H)(SiF$_2$Me)$_2$][8]の3例が報告されている.これらの錯体はいずれも四脚ピアノイス型構造であり,脚となるヒドリド配位子とカルボニル配位子,および2つのシリル基が互いにトランス配位した構造となっている.また,シリル基とゲルミル基,シリル基とスタニル基およびスタニル基とゲルミル基を配位子とする四脚ピアノイス型鉄錯体[CpFe(CO)(H)(EMe$_2$Ph)$_2$(GeMe$_2$Ph)$_2$](E,E'=Si, Sn, Ge)の合成,同定,単結晶X線構造解析が行われている[9].

高谷 光・中村正治・中沢 浩

【参考文献】

1) H. Nakazawa et al., Chem. Asian. J., **2007**, 2, 882.
2) H. Nakazawa et al., Angew. Chem. Int. Ed., **2009**, 48, 3313.
3) H. Nakazawa et al., Angew. Chem. Int. Ed., **2009**, 48, 6927.
4) R. A. Smith et al., Acta. Cryst. B., **1977**, 33, 1118.
5) M. Akita et al., Organometallics, **1991**, 10, 3080.
6) H. Ogino et al., Chem. Lett., **2001**, 854.
7) W. A. G. Graham et al., Inorg. Chem., **1971**, 10, 1159.
8) J. A. Ibers et al., Inorg. Chem., **1970**, 9, 447.
9) H. Nakazawa et al., Organometallics, **2009**, 13, 3601.

FeC₂N₂

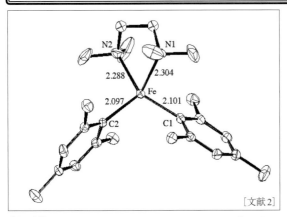

[文献2]

【名称】(N,N,N'-N'-tetramethylethylene diamine)bis(1,3,5-trimetylphenyl)iron (II): Fe(mesityl)₂(TMEDA)

【背景】アリール金属反応剤を用いる鉄触媒クロスカップリング反応の反応機構を明らかにするために，ジメシチル鉄(II)TMEDA錯体が単離[1]，構造決定された[2]．中性の有機鉄錯体は比較的不安定であり，その構造や反応性が明らかでなかったが，単離された本錯体を用いて，種々のハロゲン化アルキルとの反応が試みられ，ジアリール鉄(II)を出発とした+II～+III価の触媒サイクルが示唆された[2]．

【調製法】メシチル鉄錯体[Fe(mesityl)₂]₂をジエチルエーテルに溶解し，N,N,N'-N'-テトラメチルエチレンジアミン(TMEDA)を加え，室温で3時間撹拌する．析出した固体をトルエンに溶解させ，セライトを用いろ過する．その後，ろ液に対し，ヘキサンを加え－30℃に冷却するとジメシチル鉄TMEDA錯体[Fe(mesityl)₂(TMEDA)]を褐色結晶として47%収率で得る．

【性質・構造・機能・意義】テトラヒドロフラン溶液中で2当量の1-ブロモオクタンと30℃で9.5時間撹拌すると，クロスカップリング反応が進行し，オクチルメシチレンが76%収率で得られる．この際，臭化メシチル鉄TMEDA錯体[FeBr(mesityl)(TMEDA)]が90%程度の収率で生成することも¹H NMR測定より確認されている．一方，別途調製，単離した[FeBr(mesityl)(TMEDA)]は，同じ条件下でクロスカップリング反応を起こさないことから，ジアリール鉄(II)TMEDA錯体[Fe(Aryl)₂(TMEDA)]が，アリール金属反応剤を用いる鉄触媒クロスカップリング反応の反応中間体であることが強く示唆される．また，ブロモメチルシクロプロパンとの反応では，クロスカップリング生成物であるシクロプロピルメチルメシチレンが15%得られると同時に，シクロプロパン環の開環を伴った，5-ブテニルメシチレンが55%得られる．このことから，Fe(mesityl)₂(TMEDA)が基質より臭素原子をラジカル的に引き抜き，シクロプロピルメチルラジカルが生成していることが示唆される．一連の検討で得られた知見は，これまで0価あるいは－II価の鉄が活性種として提案されていた，鉄触媒クロスカップリング反応の機構の解明に向けて大きな前進となった．Fe(mesityl)₂(TMEDA)は有機鉄錯体としては，比較的熱的に安定であるため，分光学的・構造学的性質が明らかとなっている．例えば，結晶構造では，C1-Fe-C2，C1-Fe-N1，C2-Fe-N2，N1-Fe-N2の結合角が111.9°，97.2°，98.6°，79.1°とやや歪んだ四面体構造をとっている．重ベンゼン中，有効磁気モーメントがμ_{eff}=5.1μ_{B}あること，¹H NMRスペクトルが，2.1～113 ppmの広範囲に観測されることから，溶液中でも四面体構造構造は保持され，高スピン状態(S=2)をとっていることが示唆される．

【関連錯体の紹介およびトピックス】この錯体は上記のようにアリール基としてかさ高いメシチル基を有すことから，室温下，溶液中でも安定である．他に同様の手法で2つのDMAPあるいはモノホスフィン(PMe₃, PEt₃, PPhMe₂, PPhEt₂, PPh₂Me, P(OEt)₃)，1つのジホスフィン(Me₂PCH₂CH₂PMe₂, Et₂PCH₂CH₂PEt₂, Ph₂PCH₂CH₂PPh₂)を有する安定な四配位ジメシチル鉄(II)が合成されている[1]．DMAP錯体は，四面体構造で有効磁気モーメントがμ_{eff}=5.1μ_{B}の高スピン状態(S=2)をとるのに対し，モノホスフィン錯体は，平面四配位構造で有効磁気モーメントがμ_{eff}=2.7～2.8μ_{B}の中間スピン状態(S=1)をとる．また，ジホスフィン錯体は，四面体構造をとるが，有効磁気モーメントがμ_{eff}=3.4～4.4μ_{B}と高スピン状態(S=2)にしてはやや小さな値を示す．一方，さらにかさ高い2,4,6-トリ-$tert$-ブチルフェニル基を有する有機鉄(II)錯体は，二配位折れ曲がり構造(C1-Fe-C2 158.9°)として単離・構造決定されている[3]．有効磁気モーメントの報告はないが，¹H NMRスペクトルに顕著な常磁性シフトが確認されている．

【畠山琢次・中村正治】

【参考文献】
1) P. J. Chirik *et al.*, *Inorg. Chem.*, **2005**, *44*, 3103.
2) H. Nagashima *et al.*, *J. Am. Chem. Soc.*, **2009**, *131*, 6078.
3) W. Seidel *et al.*, *Angew. Chem., Int. Ed.*, **1995**, *34*, 325.

FeC_2N_4

導 磁

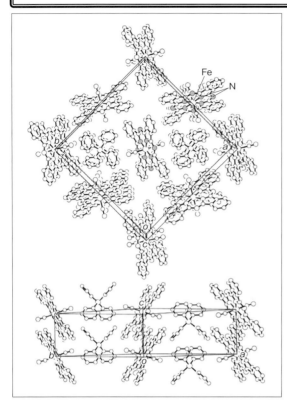

【名称】tetraphenylphosphonium bis[(phthalocyaninato)iron(III)dicyanide]: $TPP[Fe(pc)(CN)_2]_2$ ($FeC_{58}H_{36}N_{10}P$)

【背景】軸配位型フタロシアニンで構成された一次元導電体に局在磁気モーメントを導入する目的で開発された[1].

【調製法】$[Fe(pc)(CN)_2]^-$ または $[Fe(pc)(CN)_2]^{2-}$ 塩をテトラフェニルホスホニウムの存在下で電解することで単結晶が得られる.

【性質・構造・機能・意義】フタロシアニン環がずれた積層で一次元鎖を形成する.カチオンを囲むようにこれらの一次元鎖が配列し,正方晶系の結晶となる.組成比から $[Fe(pc)(CN)_2]$ ユニットが部分酸化を受けているが,酸化部位はフタロシアニン配位子である.室温伝導度(一次元方向)は $10\,S\,cm^{-1}$ 程度で熱活性化型の挙動を示す.これは局在磁気モーメントの存在で電荷の不均化が増強されたことに起因している.一次元鎖間の相互作用は極めて弱く,一次元性の強い物質である.局在磁気モーメント間には反強磁性的な相互作用がはたらき($J \sim 32\,K$)[2],50 K 以下では巨大な負の磁気抵抗を示す[3].フタロシアニンをベースにした π-d 系導電体の最初の例となっている.

【関連錯体の紹介およびトピックス】このタイプの導電体は磁気モーメントをもたない Co 錯体で最初に得られた[4].同じ構造を有することが確認されているものとして,$TPP[Co(pc)Cl_2]_2$, $TPP[Co(pc)Br_2]_2$, $TPP[Fe(pc)Cl_2]_2$, $TPP[Fe(pc)Br_2]_2$ が知られている.軸配位子が Cl, Br と置換されると,太さに応じて π-π 相互作用が変化するが,$TPP[Fe(pc)Cl_2]_2$, $TPP[Fe(pc)Br_2]_2$ では伝導度の変化がこれに相関しない.理論的な研究により軸配位子によって不対電子が収容された d 軌道と伝導電子が収容された π 軌道とのエネルギー差が軸配位子によって変化することが示され,π-d 相互作用の大きさの違いが伝導度に影響を与えていることが示された.巨大負磁気抵抗の大きさもこの相関と一致する[5].

TPP 以外のカチオンとして,PTMA(phenyltrimethylammonium)と PXX(6, 12-dioxaanthanthrenium)を対イオンとした導電体も知られている.PTMA 塩は一次元導電体だが[6],PXX 塩では $M(pc)(CN)_2$ ユニットが梯子型[7],二次元型[8]で配列する.Co 系は π-π 相互作用の強さと次元性に伴って導電性が変化するが,Fe 系は π-π 相互作用の次元性によって Co 系との差が変化し,いずれも巨大負磁気抵抗を示す.

カチオンを含まない中性ラジカル結晶も知られており[9],格子に含まれる結晶溶媒によって π-π 相互作用が変化する[10].

フタロシアニン環を拡張した 1, 2-naphthalocyaninato 配位子のうち C_{4h} 対称性をもつ異性体の Co 錯体でも同様の分子配列をもつ TPP 塩が得られている[11].

【稲辺 保】

【参考文献】

1) M. Matsuda *et al.*, *J. Mater. Chem.*, **2000**, *10*, 631.
2) H. Tajima *et al.*, *Phys. Rev. B*, **2008**, *78*, 064424.
3) N. Hanasaki *et al.*, *Phys. Rev. B*, **2000**, *62*, 5839.
4) H. Hasegawa *et al.*, *J. Mater. Chem.*, **1998**, *8*, 1567.
5) D. E. C. Yu *et al.*, *J. Mater. Chem.*, **2009**, *19*, 718.
6) M. Matsuda *et al.*, *J. Mater. Chem.*, **2001**, *11*, 2493.
7) M. Matsuda *et al.*, *Bull. Chem. Soc. Jpn.*, **2003**, *76*, 1935.
8) M. Ishikawa *et al.*, *J. Mater. Chem.*, **2010**, *20*, 4432.
9) K. Morimoto *et al.*, *J. Mater. Chem.*, **1995**, *5*, 1749.
10) T. Inabe *et al.*, *Mol. Cryst. Liq. Cryst.*, **2006**, *455*, 85.
11) E. H. Gacho *et al.*, *Inorg. Chem.*, **2006**, *45*, 4170.

FeC$_3$NS$_2$

生

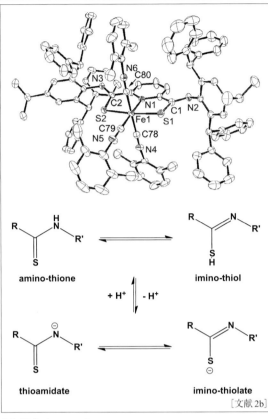

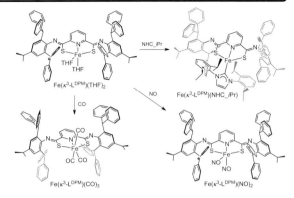

図1　Fe(κ^3-L^{DPM})(THF)$_2$の反応

[文献2b]

【名称】 |2,6-bis(N-2,6-diphenylmethyl-4-isopropylphenyliminothiolate)pyridine|tris(2,6-xylylisocyano)iron(II): [Fe(κ^3-L^{DPM})(CN-xylyl)$_3$]

【背景】 thioamide基はthioamide, iminothiol異性体構造を有し，脱プロトン化によりthioamidate, iminothiolate構造を形成する[1]．アミド基よりBrønsted酸性が強く，プロトンの脱着が容易なので配位子上の性質を大きく変えることができる．本錯体はthioamide基のプロトン脱着による金属上の電子密度の変化を観測した例である[2]．

【製法】 Fe(κ^3-L^{DPM})(CN-xylyl)$_3$は，窒素雰囲気下，錯体Fe(κ^3-L^{DPM})(THF)$_2$と3当量の2,6-xylyl-NCをトルエン中で加え，室温で1日撹拌したあと，少量のn-ペンタンを加え，−35℃で静置させることでブロック状の単結晶として得られる．

【性質・構造・機能・意義】 Fe(κ^3-L^{DPM})(CN−xylyl)$_3$は3分子の2,6-xylyl-NCと配位子(κ^3-L^{DPM})が配位した八面体型構造であり，反磁性を示す．iminothiolate基の結合長は，C-S結合が1.743(3)，1.739(2) Å，C=N結合が1.288(4)，1.286(4) Åであり，類似錯体Fe(κ^3-H$_2$L^{DPM})Brのthioamide基(C=S(1.649(4)，1.667(5) Å)，C−N(1.340(3)，1.339(3) Å)と比べると配位子骨格の変化が顕著である．トルエン中，Fe(κ^3-L^{DPM})(CN-xylyl)$_3$とHBF$_4$を反応させると，配位子のiminothiolate基がthioamide基へプロトン化された[Fe(κ^3-H$_2$L^{DPM})(CN-xylyl)$_3$](BF$_4$)$_2$が得られる．同様の反応に弱い酸(Et$_3$NHCl, 2,6-lutidinium tetrafluoroborate)を用いた場合，Fe(κ^3-L^{DPM})(CN-xylyl)$_3$はプロトン化しない．このプロトン脱着による配位子の電子ドナー性の変化はIRスペクトルで観測される．Fe(κ^3-L^{DPM})(CN-xylyl)$_3$のν(C≡N)は2110 cm^{-1}に観測される．一方，[Fe(κ^3-H$_2$L^{DPM})(CN-xylyl)$_3$](BF$_4$)$_2$ではν(C≡N)を2144 cm^{-1}に観測し，freeのCN-xylyl(2121 cm^{-1})に比べて高波数に観測する．これは配位子のプロトン化によって，配位S原子からのσドナー性が弱くなり，金属からCN-xylylのπ^*軌道へのπ逆供与性が減少し，CN-xylylのσ^*軌道からのσ供与性が増加した結果である．

【関連錯体の紹介およびトピックス】 図1に示すように，Fe(κ^3-L^{DPM})(THF)$_2$は様々な置換反応が試されている[2,3]．配位子iminothiolate基のN原子上の置換基2,6-diphenylmethylphenyl基を2,6-diisopropylphenyl基に置換したFe(II)錯体は容易にbischelate錯体が得られる．thioamide基を含むSNSあるいはSCSピンサー配位子を用いた平面四配位型のNi, Pd, Pt錯体は報告されており，その触媒機能および，配位子上のプロトンを脱着による発光性特性変化などが報告されている[1]．さらに，Ru錯体を用いた段階的プロトンの脱着例もあり，中心金属上の電子密度の変化について電気化学的に検討されている．

【鈴木達也】

【参考文献】
1) T. Kanbara et al., Chem. Lett., **2015**, 44, 102.
2) a) T. Suzuki et al., Dalton Trans., **2014**, 43, 9732; b) T. Suzuki et al., Dalton Trans., **2015**, 44, 1017.

FeC$_5$N

【名称】 θ-(BETS)$_4$[Fe(CN)$_5$NO](**1**), (BETS)$_2$[RuX$_5$NO] (X=Br(**2**), Cl(**3**)) (BETS=bis(ethylenedithio)tetraselenafulvalene)

【背景】 分子性導体の開発において,伝導性や超伝導性とその他の物理現象とが共存する高次機能性材料の実現は,近年の重要なテーマとなっており,同じ結晶内での様々な性質の競合や相互作用の様子が調べられている.その中で,光制御可能なフォトクロミック分子導体を目指し,フォトクロミックアニオンをもつ有機ラジカルイオン塩が開発され,アニオンの電子励起が伝導電子にどのような影響を与えるかという観点から非常に興味がもたれている.このような背景の中で,フォトクロミックアニオンであるモノニトロシル遷移金属錯体をアニオンとし,多くの伝導体や超伝導体を実現している bis(ethylenedithio)tetraselenafulvalene (BETS)をドナー分子として用いた有機伝導体が合成された[1].

【調製法】 **1**は(Ph$_4$P)$_2$[Fe(CN)$_5$NO]を支持電解質として,BETSと別々にH形の電解セルに入れ,1,1,2-トリクロロエタン/エタノール(10 vol%)を溶媒として定電流法電解酸化により単結晶として得られる.**2**,**3**は各々(NH$_4$)$_2$[RuBr$_5$NO]あるいはK$_2$[RuCl$_5$NO]と18-クラウン-6-エーテルを支持電解質とし,溶媒に各々ニトロベンゼン/1,2-ジクロロエタン(40 vol%)/エタノール(10%),あるいはベンゾニトリル/エタノール(10%)を用いて同様に電解酸化を行うことにより単結晶として得られる.

【性質・構造・機能・意義】 伝導度測定の結果から,**1**は室温から40Kまで金属的伝導挙動を示し,それ以下で金属-半導体転移を起こして絶縁化する.バンド構造からはドナーダイマーが+1価の場合に金属的なフェルミ面が現れ,40K以上の実験事実と整合性があるが,低温で一次転移を起こして絶縁化することを説明できず,電荷移動度がより大きい可能性がある.**2**,**3**についてはドナー積層方向における分子の二量化と,ドナー鎖間の相互作用が鎖内より1桁以上小さいことから,いずれも金属的な挙動は現れないと考えられる.バンド計算からはバンドギャップが各々0.6,1.2 eV程度と見積もられた.しかしながら,伝導度測定からは,**3**における絶縁体的な挙動は整合性があるものの,**2**については活性化エネルギーが0.03 eVと小さな値が得られ,バンド計算の予想値[20]とは異なる.この不整合はアニオンの電子状態に由来し,中心金属とNOの角度は,NO$^-$の場合に120°の状態を,NO$^+$では直線状の180°構造をとることから[2],実際には後述のように**3**のRu-N-O角度がほぼ180°で,バンド計算で想定しているRu^{2+}の状態に近い.一方で,**2**では160°でRuがより高酸化状態であるといえる.この分の電荷補償のためにドナーの部分酸化状態が実現し,小さなバンドギャップをもたらしている.

構造解析から,**1**は分離積層型構造をとり,BETS層は θ 型配置で,隣接分子どうしで二次元的な接触を持つ.またニトロプルシドアニオンは強く無秩序化していて,厳密な構造は定まらないが,一次元的な鎖状構造を形成している.**2**はアニオンとドナーが各々カラム構造をとっており,ドナーはカラム内で二量化している.また,電荷状態と相関のあるRu-N-O結合角は160.0(5)°であった.**3**はBETSが中心対称をもって二量化し,大きいずれを生じながら積層している.一方で,ニトロシル錯体部位は対称心上にあり,Ru-N-O結合角は178.0(3)°であった.

【関連錯体の紹介およびトピックス】 ドナー分子として bis(ethylenedithio)tetrathiafulvalene (BEDT-TTF)を用いたフォトクロミックアニオン-有機ラジカルイオン塩((BEDT-TTF)$_4$[RuCl$_5$NO]・C$_6$H$_5$CNが開発されている[3].

【小島憲道・榎本真哉】

【参考文献】
1) M.-E. Sanchez et al., *Euro. J. Inorg. Chem.*, **2001**, 2797.
2) M. Ogasawara et al., *J. Am. Chem. Soc.*, **1997**, *119*, 8642.
3) M. Okubo et al., *Bull. Chem. Soc. Jpn.*, **2005**, *78*, 1054.

FeC₅P₅

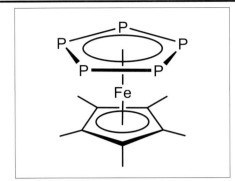

【名称】(pentamethylcyclopentadienyl)(penta-phospholyl)iron:[Cp*Fe(η^5-P$_5$)]

【背景】1951年にPausonとKealyにより発見されたフェロセンは，2価の鉄が2つのシクロペンタジエニル(Cp)環に挟まれたサンドイッチ構造を有する有機金属化合物である．このフェロセンの特徴は，18電子則を満たすため安定であること，そのCp環が芳香族性を有し，化学的な修飾が容易であること，また1電子の可逆な酸化還元が可能であることなどが挙げられる．そのため，発見から60年近く経過した現在においても，その誘導体の合成や反応性に興味がもたれ，精力的に研究が行われている．1987年にSchererらは，フェロセンの1つのCp環上を5つのメチル基で修飾したCp*環に替え，もう1つのCp環を6π電子系のペンタホスホリル(P$_5$)配位子に置き換えた[Cp*Fe(η^5-P$_5$)]の合成に成功した[1]．

【調製法】操作は全てアルゴン気流下で行う．[Cp*Fe(CO)$_2$]$_2$と約4.4当量のP$_4$をデカリン中で3時間還流を行う．大気圧下で溶媒として用いたデカリンを約10分の1程度まで濃縮した後，100℃にて水流ポンプで減圧し，残りの溶媒を除去する．さらに，約0.1 Torr，100℃でP$_4$を昇華させることで，残渣を得る．これを石油エーテルから再結晶を行うことで暗緑色結晶として[Cp*Fe(η^5-P$_5$)]を収率59%で得る[2]．これは，Schererらの単離方法を簡略化したものである[3]．

【性質・構造・機能・意義】この錯体は反磁性であり，空気や湿気に対して不安定である．またベンゼン，クロロホルムに可溶である．^{1}H NMR(in C$_6$D$_6$)スペクトルにおいては，Cp*環上のメチル基に帰属されるシグナルが，1.08 ppmに観測される．また^{31}P{^{1}H} NMRスペクトルにおいては，特徴的なシグナルがC$_6$D$_6$中では153.0 ppmに，CDCl$_3$中では152.7 ppmに1本のみ観測される．^{13}C{^{1}H} NMRスペクトルにおいては，Cp*環上のメチル基が10.6 ppmに，メチル基が結合している炭素が90.6 ppmに観測される．本錯体の反応性としては，η^5-P$_5$部位が容易に他の金属フラグメントに配位することが挙げられる．例えば[(η-C$_7$H$_7$)Mo]$^+$や[(η^5-C$_5$R$_5$)M(MeCN)$_3$]$^+$(M=Fe, Ru)と反応して，トリプルデッカー錯体を与える．この錯体自身の結晶構造解析は行われていないが，類似の構造を有する[(η^5-C$_5$Me$_4$Et)Fe(η^5-P$_5$)]の構造解析は行われており，P-P間の結合距離は，2.088(3)〜2.108(3) Åであることが報告されている[4]．また，本錯体にジクロロメタン/アセトニトリル中でCu(I)Clを加えることで，リン原子の銅への配位により自己組織化が進行し，90個もの無機原子が球状に集合することでフラーレンのような構造をした[{Cp*Fe(η^5: η^1: η^1: η^1: η^1: η^1-P$_5$)}$_{12}$ {CuCl}$_{10}$ {Cu$_2$Cl$_2$}$_5$ {Cu(CH$_3$CN)$_2$}$_5$]を生成することが，X線結晶構造解析により明らかにされた[5]．P-P間の結合距離は2.072(6)〜2.122(6) Åであり，リンが銅原子に配位することで，若干伸長している．この化合物の外径は21.3 Åであり，フラーレンC$_{60}$の約3倍にもなる．また^{31}P NMRスペクトルは，68 ppm($\omega_{1/2}$=155 Hz)にブロード化して観測される．

【関連錯体の紹介およびトピックス】類似の構造を有する錯体として，[Cp*Fe(η^5-As$_5$)][6]や様々な金属中心のバリエーションをもつトリプルデッカー錯体[Cp*M(μ-η^5: η^5-P$_5$)M'(η^5-C$_5$R$_5$)]$^+$(M, M'=Fe, Ru; R=H, Me)が合成されている[2,7]．　　　　【中沢　浩】

【参考文献】

1) O. J. Scherer *et al.*, *Angew. Chem.*, **1987**, *99*, 59.
2) A. R. Kudinov *et al.*, *Eur. J. Inorg. Chem.*, **2002**, 3018.
3) M. Detzel *et al.*, *Angew. Chem. Int. Ed. Engl.*, **1995**, *34*, 1321.
4) O. J. Scherer *et al.*, *Chem. Ber.*, **1988**, *121*, 935.
5) J. Bai *et al.*, *Science*, **2003**, *300*, 781.
6) O. J. Scherer *et al.*, *J. Organomet. Chem.*, **1990**, *387*, C21.
7) A. R. Kudinov *et al.*, *Izv. Akad. Nauk, Ser. Khim.*, **1998**, 1625 [*Russ. Chem. Bull.* **1998**, *47*, 1583 (Engl. Transl.)].

FeC7

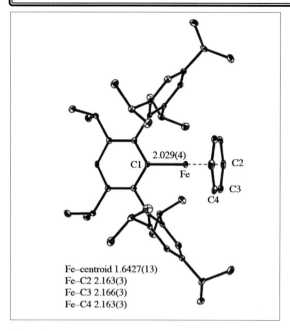

Fe–centroid 1.6427(13)
Fe–C2 2.163(3)
Fe–C3 2.166(3)
Fe–C4 2.163(3)

【名称】 (η^6-benzene)(2,2″,4,4′,6,6′,6″-octa isopropyl[1,1′:3′,1″-terphenyl]-2′-yl)iron(I): (η^6-C$_6$H$_6$)Fe Ar*

【背景】 金属アレーン錯体は,配位不飽和な金属種を容易に生じることから,触媒および錯体前駆体として様々なものが合成され,用いられている.本錯体は十五電子有機鉄(I)アレーン錯体((η^6-C$_6$H$_6$)FeAr*)のはじめての例として合成がなされたものである.有機基として非常にかさ高いターアリール基を鉄上に有することで速度論的な安定化が得られ,室温において単離構造決定がなされた[1].

【調製法】 ターアリールリチウム(Ar*Li(Et$_2$O))と塩化鉄(II)をジエチルエーテル中で反応させることで,塩化ターアリール鉄(II)(Ar*FeCl)を調製する.THFにより希釈した後に,KC$_8$に対し0℃でゆっくり滴下する.24時間撹拌した後,減圧下,溶媒を留去し,得られた黒色固体をベンゼンで抽出する.得られたオレンジ色の溶液を濃縮し,−18℃で1日静置することでオレンジ色の結晶として得る.

【性質・構造・機能・意義】 配位不飽和有機鉄錯体としては熱的安定性に優れ,162℃まで分解することはない.ヘキサン溶液の紫外可視吸収スペクトルでは436 nm (ε=4800) に極大吸収波長が確認される.SQUID磁力測定により,200〜320 Kの範囲での有効磁気モーメントがμ_{eff}=4.68μ_Bと見積もられ,S=3/2の高スピン状態にあることが示唆される.鉄中心の配位環境の対称性が低いために,20 K以下では,磁化率の逆数と温度の比例関係が崩れることも確認されている.

この錯体は結晶構造が得られている.Feとアリール基上炭素C1の結合距離は,2.029(4) Å,Feとベンゼン環平面との距離は1.6427(13) Åとなっている.また,鉄中心とベンゼン環上の各炭素との距離は2.163(3)〜2.166(3) Å,ベンゼン環の炭素–炭素結合距離は1.406(3)〜1.413(3) Åとほぼ均一であり,対称性の高いη^6配位が確認できる.本錯体は,十五電子有機鉄(I)アレーン錯体としてははじめて安定に単離・構造決定されたものである.近年,シクロペンタジエニル鉄アレーン錯体は感光性ポリマー触媒[2]として注目されており,得られた知見は錯体化学のみならず触媒化学の観点からも有用である.

【関連錯体の紹介およびトピックス】 この錯体と同様の手法で十四電子アリールマンガン(I)アレーン錯体((μ-η^6: η^6-C$_6$H$_6$){Mn Ar*}$_2$)も合成されている.鉄(I)アレーン錯体((η^6-C$_6$H$_6$)FeAr*)とは異なり,ベンゼンの両面が2分子のアリールマンガン(I)中心にμ-η^6型で配位した,サンドイッチ型の結晶構造が確認されている[1].マンガン中心とベンゼン環平面との距離は1.7815(12),1.7798(12) Åとη^6型配位構造を有する鉄(I)アレーン錯体やマンガンアレーン錯体より長い.これは,橋掛け構造をとることで,各々のη^6型配位が弱まった結果と考えられる.一方,ベンゼン環の炭素–炭素結合距離は1.390 Åとやや短くなっている.類似のμ-η^6配位構造からなるサンドイッチ型アレーン錯体としては,シクロペンタジエニルバナジウム(I)アレーン錯体((μ-η^6: η^6-C$_6$H$_6$){VCp*}$_2$)[3],ジアミドウラン(II)アレーン錯体((μ-η^6: η^6-C$_6$H$_6$){U(NAr)$_2$}$_2$)[4],β-ジケトイミナートクロム(I)アレーン錯体((μ-η^6: η^6-C$_6$H$_6$){Cr(Nacac)}$_2$)[5]などが報告されている.

【畠山琢次・中村正治】

【参考文献】
1) P. P. Power et al., Chem. Commun., **2008**, 1014.
2) X. Chen et al., J. Appl. Polym. Sci., **1997**, 66, 2551.
3) A. W. Duff et al., J. Am. Chem. Soc., **1983**, 105, 5479.
4) C. C. Cummins et al., J. Am. Chem. Soc., **2000**, 122, 6108.
5) Y.-C. Tsai et al., J. Am. Chem. Soc., **2007**, 129, 8066.

FeC₇Si

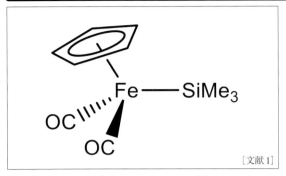

[文献1]

【名称】dicarbonyl(η^5-cyclopentadienyl)(trimethylsilyl)-iron(II): (η^5-Cp)Fe(CO)$_2$SiMe$_3$

【背景】金属と炭素との間にσ結合をもつ錯体は最も基本的な有機金属化合物である．Wilkinson らは1955年，その代表例となる(η^5-Cp)Fe(CO)$_2$Me(Cp = C$_5$H$_5$)を，ヒドリド錯体のM-H結合へのカルベン(CH$_2$)の挿入反応や陰イオン性金属錯体とハロゲン化アルキルとの脱塩反応により合成した．Wilkinson らは炭素以外の高周期典型元素でも金属との間にσ結合をもつ錯体が合成できると予想し，同様の方法をケイ素化合物に適応して，はじめての金属-ケイ素σ結合を持つシリル錯体(η^5-Cp)Fe(CO)$_2$SiMe$_3$を合成することに成功した[1]．今日では様々な金属のシリル錯体が合成されている．シリル錯体は，金属が触媒する不飽和有機化合物のヒドロシリル化反応の中間体として重要であり，精力的に研究されてきた．特に，オレフィンのヒドロシリル化反応については，Chalk-Harrod 機構(M-H結合へのオレフィンの挿入を鍵とする)[2]とSeitz-Wrighton 機構(M-Si結合へのオレフィンの挿入を鍵とする)[3]の2つの反応機構が提案され活発な議論が展開された．Wrighton らは，本錯体のη^5-Cp配位子をη^5-pentamethylcyclopentadienyl配位子に置き換えた錯体を用いて，光照射下にそのFe-Si結合にH$_2$C=CH$_2$が挿入することを実験的に示している[4]．なお，現在では，金属の種類や酸化状態の違いなどによって両方の機構があることが知られている．

【調製法】操作はすべて乾燥した窒素雰囲気下で行う．

(η^5-Cp)$_2$Fe$_2$(CO)$_4$のTHF溶液を6% Na/Hg(約2.5当量のNa)で15時間処理し，Na[(η^5-Cp)Fe(CO)$_2$]を得る．これにCiSiMe$_3$を10～15分かけて滴下した後，約2時間撹拌を続ける．溶媒を減圧下に留去した後，昇華(58℃/0.2 mmHg)により本錯体を約40%で得る．なお，高純度のものは，石油エーテル(bp 30～60℃)から低温で再結晶した後，再昇華して黄橙色針状結晶として得られるが，常温常圧で簡単にワックス状の固体になる．他に，シリカゲルのカラムクロマトグラフィーや分子蒸留によっても精製できる．

【性質・構造・機能・意義】この錯体のmpは約70℃である．熱的にかなり安定で，200℃付近まで加熱すると初めて黒色化して分解する．また，空気中の酸素によって分解する(固体状態では約1日，溶液状態では1時間程度で分解)．一般的な有機溶媒に可溶であるが，水には溶けない．紫外可視吸収スペクトル(ヘキサン)において，270 nm (sh, ε=3700 (mol^{-1}dm^{3}cm^{-1})，322 nm (ε=1600 mol^{-1}dm^{3}cm^{-1})に吸収極大を示す．赤外吸収スペクトルでは，2つの強いCO伸縮振動が観測される(CCl$_4$中で2000, 1940 cm^{-1}，ベンゼン中で1995, 1930 cm^{-1}，無溶媒で1970, 1910 cm^{-1})．これらの値は，メチル錯体(η^5-Cp)Fe(CO)$_2$Meの値より低波数シフトしているため，シリル基はアルキル基よりも金属へのσ供与が強いと考えられる．^{1}H NMRスペクトル(C$_6$D$_6$)では，0.47および4.04 ppmにSiMeおよびCpのシグナルがそれぞれシングレットとして現れる．

^{29}Si NMRスペクトル(C$_6$D$_6$)では，1.2 ppmにシグナルが現れる．イオン化エネルギーは，高周期14族元素の類縁体[(η^5-Cp)Fe(CO)$_2$EMe$_3$, E=Si, Ge, Sn, Pb]の中で標題化合物が1番大きく，族を下るにつれ小さくなる[5]．

【関連錯体の紹介およびトピックス】本錯体にMeCN中で光(λ>300 nm)を照射すると，MeCNのC-C結合が切断されることが報告されている[6]．この反応を応用して，Et$_3$SiHとMeCNによりケトンやアルデヒドを触媒的にシリルシアノ化する方法も開発されている[7]．

【橋本久子】

【参考文献】

1) T. S. Piper et al., Naturwiss., **1956**, 43, 129.
2) A. J. Chalk et al., J. Am. Chem. Soc., **1965**, 87, 16.
3) F. Seitz et al., Angew. Chem. Int. Ed. Engl., **1988**, 27, 289.
4) C. L. Randolph et al., J. Am. Chem. Soc., **1986**, 108, 3366.
5) G. Innorta et al., Inorg. Chim. Acta, **1976**, 19, 263.
6) H. Nakazawa et al., Organometallics, **2004**, 23, 117.
7) M. Itazaki et al., Chem. Lett., **2005**, 34, 1954.

FeC₈

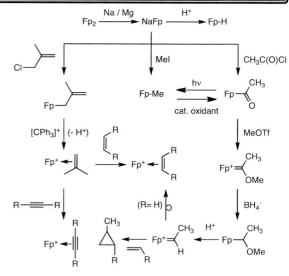

【名称】di (carbonyl) cyclopentadienylmethyl-iron (II): [FeCpCH₃(CO)₂]

【背景】FeCp(CO)₂フラグメント（Fpと略記される）は，有機金属化学の歴史の中で早期に開発された金属フラグメントであり，Fp⁺フラグメントとしては二電子受容体であるため，メチル錯体をはじめとする様々なヒドロカルビル錯体，オレフィン錯体，アセチレン錯体が合成され，その反応性が広範に研究されてきた．本項ではその代表例としてメチル錯体を取り上げた．その合成の報告は1956年にさかのぼる．

【調製法】Fp_2をTHF中ナトリウムアマルガムで還元して，アニオン種NaFpを発生させ，水銀を除去した後，氷冷下でヨウ化メチルを加える．溶媒留去後，エーテル抽出して，短いアルミナカラムを通し，溶媒留去後，60℃/0.1 mmHgで昇華する[1]．

【性質・構造・機能・意義】室温では橙色ワックス状固体．mp78〜82℃; ¹H NMR (C_6D_6中) δ 4.03(Cp), 0.30(CH_3); ¹³C NMR(C_6D_6) δ 218.4(CO), 85.3(Cp), −23.5(Me); IR(CH_2Cl_2中)ν(CO)2003, 1948 cm⁻¹．空気中では徐々に分解する．

Fp錯体は，一般に，Cp（NMR）およびν(CO)（IR）シグナルに基づいて反応を追跡できる利点がある．

【関連錯体の紹介およびトピックス】有機金属化合物の基本的な反応がFp錯体を用いて研究されてきた．代表的な反応例をスキームにまとめた（図1）．NaFpは，求核性の高い反応試薬で，メチル錯体，アセチル錯体，ヒドリド錯体，アリル錯体は，対応する求電子剤と反応させることにより合成される．カルボニル化，脱カルボニル化反応を通じてアルキル-アシル相互変換が可能で，アセチル錯体は，O-アルキル化-ヒドリド還元によってα-アルコキシエチル錯体に変換され，これをプロトン化すると反応性の高いカチオン性カルベン錯体に変換される．この化学種は，そのまま放置すると水素移動を経てエチレン錯体に転換するが，オレフィン共存下ではシクロプロパン化が進行する．一方，メタリル錯体のプロトン化で生じるカチオン性イソブテン錯体は置換活性で様々なオレフィン，

アセチレンと配位子交換する．配位した不飽和有機化合物は，カチオン性金属中心の効果によって求電子的になるため，求核試薬と反応する．

CO配位子をホスフィン配位子で置換することも可能で，これによりFe中心から有機フラグメントへの電子供与を調節して反応性を制御することや，立体制御も可能である．特に電子欠損種であるカルベン錯体のようなカチオン性錯体については，Fp錯体では不安定なため観察することすらできないものが，ホスフィン錯体では電子供与性のため単離・同定することが可能になることがある．C1種である鉄に配位したCOを還元する反応も，触媒的CO水素化反応の素反応過程（COの段階的還元）のモデル反応として1990年代に盛んに研究が展開された．

ホスフィン置換体については，アセチレン錯体への求核付加反応が系統的に研究され，求核試薬がアセチレン配位子に関して金属中心と反対側から攻撃する「トランス付加」のルールが確立される過程に大きく貢献した[2]（図2）．

【穐田宗隆】

図2 アセチレン錯体への求核的付加による合成

【参考文献】

1) R. B. King, *Organomet. Synth.*, **1965**, *1*, 151.
2) D. Reger et al., *Organometallics*, **1984**, *3*, 134.

FeNS$_4$

【名称】 bis(4,4′-diphenyldithiolato)(nitrosyl)iron:
[Fe(NO)(C$_2$S$_2$(C$_{12}$H$_9$)$_2$)$_2$]

【背景】 1960年代にジチオレン配位子が合成され，その遷移金属錯体は多段階の酸化還元挙動を示す．その1つである五配位鉄錯体[Fe(NO)(dithiolene)$_2$]^{z}は5つの酸化状態($z=1+, 0, 1-, 2-, 3-$)をとる．また，1,2-benzenedithiolene (bdt)を配位子とする誘導体[Fe(NO)(bdt)$_2$]^{z}では2つの酸化状態($Z=1-, 2-$)のみが安定に存在する[1]．これらジチオレンNO錯体では，3つの構成成分すなわち鉄イオン，NO，およびジチオレン配位子部分がそれぞれ複数の電荷状態を取り得ることから，それらの組合せであるジチオレン-NO-鉄錯体の電子状態は一般に複雑である．しかし分光学的方法や構造解析を行うことで，各酸化状態におけるレドックスサイトを明らかにすることが可能である[2]．

【調製法】 4,4-ジフェニルベンゾイン(4.0 g, 10 mmol)の1,4-ジオキサン懸濁溶液(80 mL)にP$_4$S$_{10}$(4.0 g)を添加し，アルゴン雰囲気下で2時間還流する．20℃まで冷却した後，溶液をろ過し過剰量のP$_4$S$_{10}$を除く．ろ液にFeCl$_2$·4H$_2$O(1.0 g, 5 mmol)を加えアルゴン雰囲気下で2時間還流すると溶液が橙色から暗緑色へと変化し，黒色微結晶[Fe(L$^•$)(L)]$_2$(L=4,4′-diphenyldithiolato dianion)が析出するので，これをろ別しメタノール，水，アセトニトリルの順で洗浄し，風乾する．この錯体(170 mg, 0.1 mmol)をジクロロメタン(40 mL)に溶かしNOガスを90秒間通気すると溶液は暗茶色へと変化する．乾燥したメタノール(10 mL)を添加後，アルゴン気流下にて反応溶液を半分に濃縮すると2〜3日以内に黒色結晶が得られる．これをろ別し風乾する．収量：150 mg(85％)．

【性質・構造・機能・意義】 Fe中心はわずかに歪んだ五配位四角錐構造をとる．NOがapical位にほぼ直線状に配位し(Fe-N-O=178.7(2)°)，2座のジチオレート配位子がbasal位を占める．Feは"S$_4$"平面から0.5Å程NO側へ引き寄せられている．ジチオレン配位子の酸化状態のよい指標となるC-S距離は1.71Å，C-C距離は1.39Åである．これは2つのジチオレン配位子が(L$^•$)(L)の組合せとして存在することに矛盾のない結合距離である．すなわちこの錯体は単離された状態で中性状態低スピン Fe^{II} (S_{Fe}=0, d^6)とNO$^+$を含む[(FeNO)6(L$^•$)(L)]と表される．

サイクリックボルタモグラム(CV)では，錯体は3段階の可逆な酸化還元波を与える(図1)．酸化還元波はいずれも1電子過程であり，中性錯体モノカチオンからジアニオンまでの4つの電荷状態が電気化学条件下で生成する．各酸化状態におけるレドックスサイトは定電位電解法による電子スペクトルや赤外スペクトルにより帰属されている．

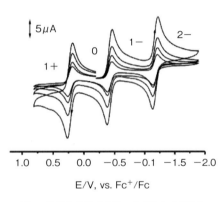

図1 鉄錯体のサイクリックボルタモグラム

類似錯体の1つ[Fe(NO)(mnt)$_2$]$^-$ (mnt=maleonitrile-1,2-dithiolate)ではトリアニオン種の生成もCV上で観測されるが，詳細な同定には至っていない．

【関連錯体の紹介およびトピックス】 NO錯体の前駆体である複核錯体[Fe$_2$(L)$_4$]^n(n=2-, 1-, 0, 1+)についても電気化学特性が明らかにされている．

【阿部正明・稲富 敦】

【参考文献】
1) C.-M. Lee et al., Inorg. Chem., **2005**, 44, 6670.
2) P. Ghosh et al., Inorg. Chem., **2007**, 46, 522.
3) P. Ghosh et al., Inorg. Chem., **2007**, 46, 2612.

FeN$_2$OBr

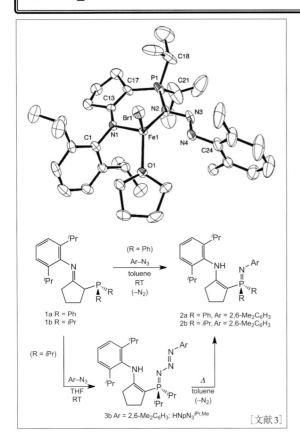

【名称】 bromo{(E)-N-(2-(((2,6-dimethylphenyl)triazenylidene)diisopropylphosphoranyl)cyclopentenyl)-2,6-diisopropylanilido}tetrahydrofuraniron(II): [Fe(NpN$_3^{iPr,Me}$)Br(THF)]

【背景】 有機合成で有用な反応である，Staudinger 反応や Aza-Wittig 反応[1] の中間体としてイミノホスホランが知られている．これはホスフィンとアジドの反応により簡単に得られる．また，イミノホスホラン生成の中間体としてホスファジドが知られているが，不安定な化合物であり，ある特定の条件でのみ単離されている[2]．この錯体はホスファジドを配位子にもち，その反応性について検討した例である[3]．

【調製法】 配位子 HNpN$_3^{iPr,Me}$ は，上記に示すスキームによって合成される．化合物 **1** の置換基 R にフェニル基を用いた場合，Ar–N$_3$ を加えると室温でイミノホスホラン **2** が得られる．一方，化合物 **1** の置換基 R をイソプロピル基 **1b** にした場合，室温で Ar–N$_3$ を加えることでホスファジド化合物 **3b** が収率よく得られる（99% yield）．[Fe(NpN$_3^{iPr,Me}$)Br(THF)] は，水素化カリウムで脱プロトン化した **3b** および FeBr$_2$(THF)$_2$ を THF 中に加え撹拌した後，沈殿物を濾去し，−30℃ で静置させることでブロック状の単結晶として得られる．

【性質・構造・機能・意義】 [Fe(NpN$_3^{iPr,Me}$)Br(THF)] は 4 つの不対電子をもち，常磁性を示す（μ_{eff}=4.8μ_B (S=2)）．Fe(II) イオン周りは (Fe(1)–N(1) 2.048(4), Fe(1)–N(2) 2.058(5)) tetrahedral 構造である．

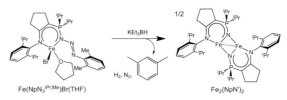

図1　ヒドリドとの反応

n-ペンタン中，[Fe(NpN$_3^{iPr,Me}$)Br(THF)] に KEt$_3$BH を加えると窒素，水素ガス放出とともに，m-キシレンおよび Fe$_2$(NpN')$_2$ が得られる（図1）．

Fe$_2$(NpN')$_2$ は分子中に 2 つの不対電子をもち，常磁性を示す（μ_{eff}=3.1μ_B (S=1)）．結晶構造も得られており，Fe–Fe 結合距離は 2.4995(10) Å で，反強磁性相互作用を示す．[Fe(NpN$_3^{iPr,Me}$)Br(THF)] から Fe$_2$(NpN')$_2$ を生成する過程は，Fe(II)–H 種が生成した後，アリール炭素–窒素(C–N)結合を開裂し，m-キシレンラジカルが生成することが提案されている．

【関連錯体の紹介およびトピックス】 これまでに，通常不安定なホスファジド配位子を用いた様々な錯体が報告されており，金属に triaza ユニットが配位することで安定化することや，triaza ユニットが η^1, η^2 および η^3 など様々な状態で配位することも報告されている[4]．

化合物 **2** も配位子として用いられており，β-diketiminate を模倣した窒素活性化錯体として報告されている[5]．

【鈴木達也・小川崇彦】

【参考文献】
1) a) L. F. Kasukhin *et al.*, *Tetrahedron*, **1992**, *48*, 1353; b) K. Turnbull *et al.*, *Chem. Rev.*, **1988**, *88*, 297.
2) D. Bourissou *et al.*, *Coord. Chem. Rev.*, **2009**, *253*, 1248.
3) M. D. Fryzuk *et al.*, *Dalton Trans.*, **2015**, *44*, 54.
4) a) G. Bertrand *et al.*, *J. Am. Chem. Soc.*, **1996**, *118*, 1038; b) P. Diaconescu *et al.*, *Inorg. Chem.*, **2011**, *50*, 2870; c) A. Skowronska *et al.*, *Chem. Eur. J.*, **2000**, *6*, 345.
5) M. D. Fryzuk *et al.*, *Dalton Trans.*, **2016**, *45*, 14697.

FeN$_2$O$_2$

溶

【名称】[2,2′-[(1R,2R)-1,2-cyclohexanediylbis[(nitrilo-κN)-methylidyne]bis[benz[a]anthracen-1-olato-κO]]iron: [LFe]

【背景】キラルsalen錯体の芳香環部位を拡張し，芳香環部位が重なるようにさせて分子全体が一重のらせん構造となるようにした分子である．salen部位に導入したキラル部位を使ってらせん分子全体のヘリシティーを制御することを目的として作られた分子である[1]．

【調製法】配位子は，エタノール中1-ヒドロキシベンズ[a]アントラセン-2-カルボキサルデヒドと(1R,2R)-ジアミノシクロヘキサンを物質量比2:1で反応させることにより収率95%で得られる[1]．この配位子をジクロロメタン/エタノール中，ナトリウムメトキシド存在下で塩化鉄(II)と反応させることで，錯体[LFe]が収率68%で得られる[1]．この錯体のピリジン溶液にエタノールを拡散させて再結晶すると，[LFe(py)]が得られる[1]．

【性質・構造・機能・意義】[LFe(py)]の結晶中では，鉄(II)イオンは，配位子L^{2-}のsalen四座キレート部位の窒素，酸素原子およびピリジンの配位を受けた五配位構造となっている．格子内には独立な2分子の[LFe(py)]分子が含まれる．いずれについても，2つのベンズ[a]アントラセン部位は互いに重なっており，分子全体が一重らせん構造を形成している．配位子L^{2-}中のキラル部位であるシクロヘキサンジアミン部の立体化学が同じであるにもかかわらず，両者のらせんのヘリシティーは互いに逆となっている．すなわち，結晶格子内に右巻きと左巻きの両異性体が1:1の比で含まれている．このように，ジアステレオマーの関係にある2つの異性体が，あたかもラセミ体のように結晶化するのは珍しい．両異性体の構造は，シクロヘキサンジアミン部分を除いてほぼ鏡像関係にある．2つのベンズ[a]アントラセン部分がなす角度はM体24.2°，P体21.8°であり，両端の芳香環の間にはπ-π相互作用がはたらいている(面間距離3.4～3.6Å)．

[LFe]は常磁性のためその^{1}H NMRスペクトルはブロードであり，−24.1～+41.7ppmの範囲にシグナルが観測される．[LFe]の円二色性(CD)スペクトルは，[LZn]のそれ(後述)と類似しているが，ブロードである．結晶ではM体:P体の1:1の異性体混合物であるが，THF溶液中でのCDシグナルの強度は強い．亜鉛錯体[LZn](後述)のスペクトルとの類似性から，鉄錯体[LFe]も溶液中では左巻き(M)異性体に偏っていると推測される．

salen金属錯体のベンゼン部分を多環芳香族とすることで，単核錯体の形成により一重らせん型構造に導ける系を構築できた．シクロヘキサン部のねじれが分子全体に伝達され，一方のヘリシティーをもつ異性体が生成しやすくなる．この鉄錯体[LFe(py)]は結晶中ではM体:P体の1:1混合物であるが溶液にするとヘリシティーが偏る珍しい例であり，その変換を利用したキラルスイッチ分子への応用が期待される．

【関連錯体の紹介およびトピックス】配位子H$_2$Lと塩化亜鉛(II)からほぼ同様の合成法により，亜鉛単核錯体[LZn]および[LZn(py)]を合成できる．[LZn(py)]の結晶構造では，同様にベンズ[a]アントラセン部分は互いに重なった一重らせん構造を形成する．この結晶には左巻き(M体)のみが含まれる．四座キレート部位にある亜鉛(II)イオンは，ピリジン配位子をアピカル配位子とする歪んだ四角錐構造となっている．この2つのベンズ[a]アントラセン部分は40.1°の角度をなしており，両者の間にはπ-π相互作用はほとんどはたらいていない．溶液中における[LZn]の^{1}H NMRスペクトルでは，C_2対称構造を支持するシグナルのパターンが観測され，低温・高温でもそのパターンはほとんど変化しない．ピリジンが配位した[LZn(py)]もほぼ同様のスペクトルを与える．THF溶液中でのCDスペクトルでは，350～460nmにイミン部位のπ-π*遷移に由来する負のピークが見られ，左巻き(M体)のらせん構造をもつ異性体が主として存在していることが確かめられている．

【秋根茂久】

【参考文献】

1) A. V. Wiznycia *et al.*, *Inorg. Chem.*, **2006**, *45*, 10034.

FeN$_2$O$_4$

Ph$_4$P[Fe(qn)$_2$(O$_2$C(O)O)]

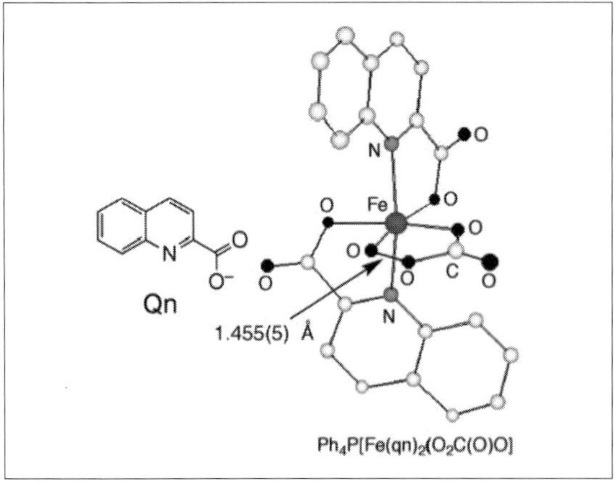

【名称】 tetraphenylphosphonium bis(quinaldinato)(peroxocarbonato)iron(III): Ph$_4$P[Fe(O$_2$C(O)O)(qn$_2$)] (qn=quinaldine)

【背景】 自然界では酸素分子から水へ，また水から酸素分子への循環が行われている．この一連の過程では還元的酸素-酸素結合の開裂と酸化的酸素-酸素結合の生成がキーステップであり，金属イオンが触媒として重要な役割を果たしている．酸素分子による酸化反応では還元的酸素-酸素結合の開裂と活性化の制御が重要であり，また水の酸素分子への酸化反応では酸化的酸素-酸素結合の生成の制御が重要である．これまで多くの二核銅錯体による可逆的酸素-酸素結合の開裂と再生が報告されているが，過炭酸イオンを含む本錯体でも可逆的酸素-酸素結合の開裂と再生が見いだされている．

【調製法】 過塩素酸鉄(III)とキナルジン酸を含むメタノール溶液に水酸化ナトリウムを加えて得られるビス(μ-ヒドロキソ)二核鉄(III)錯体([Fe$_2$(qu)$_4$(OH)$_2$])のDMF溶液にnBu$_4$NOAcを加え，−60℃で10当量の30%過酸化水素を加えると濃青色の(μ-ペルオキソ)(μ-ヒドロキソ)二核鉄(III)錯体([Fe$_2$(O$_2$)(OH)(qn)$_4$])が生成する．これにCO$_2$ガスを通じPh$_4$PBrを加えることでオレンジ色の過炭酸イオン鉄錯体(Ph$_4$P[Fe-(O$_2$C(O)O)(qn)$_2$]：本錯体)の結晶が得られる[1]．

【性質・構造・機能・意義】 本錯体はDMF中，−40℃の低温では安定であるが，室温に上げると数時間で分解する．オレンジ色の本錯体は高スピン状態で440 nm (ε=1450 M^{-1}cm^{-1})に吸収をもっている．この吸収は過炭酸イオンのπ_v^*軌道からFe(III)イオンのdπ軌道へのLMCT遷移に帰属される．高スピン単核ヒドロペルオキソ鉄(III)やアルキルペルオキソ鉄(III)錯体のLMCT遷移は470〜640 nmに観測され，本錯体のLMCT遷移はかなり高エネルギー側にシフトしている．共鳴ラマンスペクトルではペルオキソ基のν(O-O)が868 cm^{-1}に観測されている．^{18}Oでラベルした[Fe(^{18}O-^{18}OC(O)O)(qn)$_2$]$^-$ (1-^{18}O-^{18}O)によりペルオキソ基の酸素-酸素結合が開裂と再生を繰り返していることが共鳴ラマンスペクトルで調べられている．1-^{18}O-^{18}Oの841 cm^{-1}のν(O-O)は時間とともに減衰し，[Fe(^{16}O-^{18}OC(O)O)(qn)$_2$]$^-$(1-^{16}O-^{18}O)と[Fe(^{18}O-^{16}OC(O)O)(qn)$_2$]$^-$(1-^{18}O-^{16}O)に帰属される858と868 cm^{-1}に新たなラマンバンドが現れる．これら1-^{16}O-^{18}Oと1-^{18}O-^{16}Oの生成比はほぼ同じである．さらにこれらは[Fe(^{16}O-^{16}OC(O)O)(qn)$_2$]$^-$(1-^{16}O-^{16}O)に帰属される884 cm^{-1}へと変化していく．また，ESI-TOF/MSにより過炭酸イオンのCO$_2$部((O-OC(O)O)とCO$_2$ガスとの間には速い平衡があり，次の変換機構(図1)が提案されている．

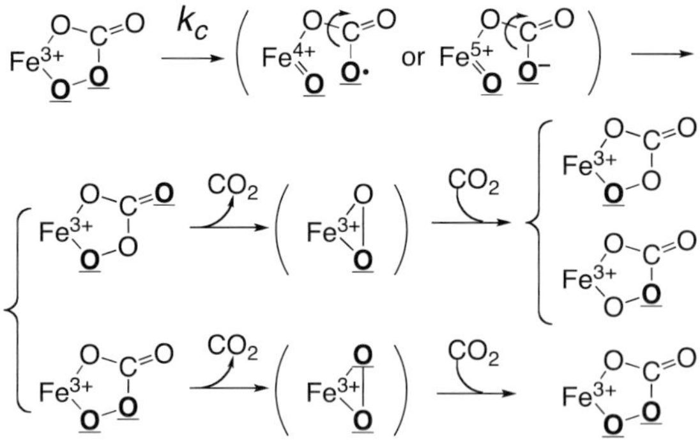

図1 変換機構

この変換反応の律速段階は酸素-酸素結合の開裂であり，高原子価Fe^{IV}=OまたはFe^V=Oが生成される．次にC-O軸の周りの回転と酸素-酸素結合の再生により1-^{18}O-^{16}Oと1-^{18}O-^{18}Oが生成し，さらに1-^{18}O-^{16}Oは，外部のCO$_2$ガスとの速い交換反応で生成する[Fe(O$_2$)(qn)$_2$]$^-$を経て1-^{18}O-^{16}Oと1-^{16}O-^{18}Oへと変換する．この時，生成したFe^{IV}=OまたはFe^V=Oのオキソ基は外部の水分子とは交換しない．1-^{16}O-^{16}Oへの変換は同様の反応機構で進行すると推定されている．

【鈴木正樹】

【参考文献】

1) a) H. Furutachi *et al.*, *J. Am. Chem. Soc.*, **2005**, *127*, 4550; b) K. Hashimoto *et al.*, *Angew. Chem. Int. Ed. Engl.*, **2002**, *41*, 1202.

FeN_2O_5

【名称】aqua[[N,N'-1,2-ethanediylbis[N-(carboxymethyl)glycinato]]-$N,N',O,O',O^N,O^{N'}$]ferrate(2−), aqua(1,2-ethylenedinitrilotetraacetato)Fe(+2):[Fe^{II}(edta)(H_2O)]$^{2-}$

【背景】edta^{4-}は，六座配位子として，八面体型六配位の錯体を与えるが，金属中心のイオン半径が大きくなると，水を配位子として取り込み，6を超える配位数の錯体を生じる．

【調製法】窒素ガス雰囲気下で$Fe(CO_3)\cdot Fe(OH)_2\cdot nH_2O$を合成し，これを$Na_2H_2$edta$\cdot 2H_2O$と希$HClO_4$水溶液中で反応させる．$NaHCO_3$で溶液を中性にした後，エタノールを加えて，冷蔵庫中に保管すると数週間のうちに結晶が析出する．乾燥した結晶状態では，酸化に対して安定であるが，長期間さらすと潮解して酸化される．

【性質・構造・機能・意義】X線解析により，Fe(II)のedta錯体は配位水を1つもち，[Fe(edta)(H_2O)]$^{2-}$と書き表される7配位錯体であることがわかった．この錯体はC_2対称をもち，6座のedtaが三角柱配位構造をとる．水は4つのCOO^-が形成する四角面の中心に配位しており，錯体は面冠三方柱構造に近い構造をとっている．Feと配位原子との距離は，Nとは2.340(2) Å，2種のCOO^-とは2.174(2) Åと2.198(2) Å，水とは2.193(3) Åである[1]．

ある金属のedta錯体の配位数は，金属イオンのイオン半径と価電に依存する．イオンのサイズが大きいほどまた，価電が高いほど大きな配位数をとる傾向がある．特に結晶場安定化エネルギーのないd^0, d^5(high-spin), d^{10}の電子配置では，配位数がサイズと価電によって決まる傾向が高い．2価イオンでは，6配位のZn^{2+}(0.88 Å)と7配位のMg^{2+}(0.86 Å)付近に境界がある（カッコ内はShannonのイオン半径で，いずれも比較しやすいように6配位の値を採用してある）[2]．7配位のCd^{2+}(1.09 Å)と8配位のCa^{2+}(1.14 Å)付近に7と8の境界がある．3価イオンでは，6と7の境界は，Fe^{3+}(0.79 Å)付近でありFe^{3+}では，6と7の両方の構造が知られている．7と8の境界は，7配位のIn^{3+}(0.94 Å)と8配位のYb^{3+}(1.01 Å)付近である．両境界とも2価イオンの場合よりも小さくなっている．4価イオンでは，6と7の境界は，6配位のGe^{4+}(0.67 Å)と7配位のTi^{4+}(0.75 Å)付近であり，7と8の境界は，7配位のSn^{4+}(0.83 Å)と8配位のZr^{4+}(0.86 Å)付近となり，より小さなイオン半径に境界がある[3]．

一方，結晶場安定化エネルギーのないd^0, d^5(high-spin), d^{10}の電子配置以外の電子配置でも，Ti^{3+}(d^1)[4], V^{3+}(d^2)[5], Os^{4+}(low-spin d^4)[6]の電子配置では，d電子をd軌道のうちのσ非結合性の軌道に収容可能なので，水を取り込んだ7配位構造をとる．同様なことは，d^1に球対称なhigh-spin d^5が加わったhigh-spin d^6であるFe^{2+}でも成り立ち，このイオンの0.92 Åのイオン半径を考慮すると，サイズ的に7配位になることは合理的である．

【水田　勉】

【参考文献】
1) K. Miyoshi *et al.*, *Bull. Chem. Soc. Jpn.*, **1993**, *66*, 2547.
2) R. D. Shannon, *Acta Crystallogr., Sect. A*, **1976**, *A32*, 751.
3) M. A. Porai-Koshits, *Sov. Sci. Rev., Sect. B: Chem.*, **1987**, *10*, 91.
4) K. Miyoshi *et al.*, *Inorg. Chim. Acta*, **1993**, *203*, 249.
5) H. Ogino *et al.*, *Bull. Chem. Soc. Jpn.*, **1991**, *64*, 2629.
6) Y. Yoshino *et al.*, *Chem. Lett.*, **1979**, 997.

FeN$_2$P$_2$

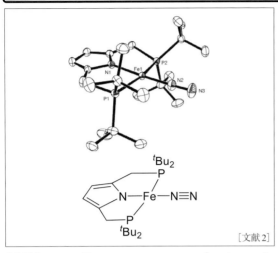

[文献2]

【名称】2,5-bis[(di-*tert*-butylphosphino-κ^2*P,P'*)methyl]-pyrrol-1-ido-κ*N*-dinitrogen-κ*N*-iron(I)

【背景】近年窒素固定酵素ニトロゲナーゼの活性の主役を担っているとされる鉄の錯体を均一系触媒として用いた,比較的温和な条件での触媒的窒素固定反応が報告されているが[1],窒素をアンモニアへと変換するために必要な多段階の還元とプロトン化反応において,配位子が中心金属から解離することなく錯体構造を保持することが触媒反応の進行には必要である.そこで遷移金属と強固な錯形成をすることが知られているアニオン性のピロール部位(ピロリド)と,かさ高い電子豊富な*tert*-ブチル基を導入したπ酸性の強いホスフィンを2つ含むPNP型ピンサー配位子が着目され,本配位子を有する1価の鉄窒素錯体が設計・合成された[2].触媒的窒素固定反応に本錯体を触媒として用いた場合,錯体当たり14当量のアンモニアが生成したほか,ニトロゲナーゼによる窒素固定の重要な反応中間体としても知られているヒドラジン(N$_2$H$_4$)も2当量生成した[2].

【調製法】アニオン性のPNP型ピンサー配位子の前駆体となる2,5-ビス[(ジ-*tert*-ブチルホスフィノ)メチル]ピロール(PNP-H)[3]のTHF溶液に,0℃で*n*-ブチルリチウムのヘキサン溶液を滴下して反応させることにより,2,5-ビス[(ジ-*tert*-ブチルホスフィノ)メチル]ピロール-1-イドのリチウム塩PNP-Liが得られる[4].続いて鉄2価のTHF錯体[FeCl$_2$(thf)$_{1.5}$]とPNP-Liをトルエン中室温で13時間反応させることより,鉄2価のクロリド錯体[FeCl(PNP)]が得られる.さらに[FeCl(PNP)]とカリウムグラファイトをTHF中1気圧の窒素下低温で13時間反応させることより,PNP型ピンサー配位子を有する鉄1価の単核窒素錯体[Fe(N$_2$)(PNP)]が得られる[2,5].

【性質・構造・機能・意義】ヘキサン溶液からの−17℃での再結晶化によって得られた赤い結晶のX線解析により,ピロリド窒素の*trans*位に*end-on*型配位した二窒素配位子(N2-N3:1.134(2) Å)が配位した,やや歪んだ平面四配位構造が明らかとなった(τ_4=0.13)[6].配位した二窒素由来の赤外吸収は,固体状態では1964 cm^{-1}(KBr)に,THF中では1966 cm^{-1}に観測される.本錯体は常磁性で,固体状態では低スピンの鉄1価錯体($S=1/2$)であることを示すEPRスペクトルが室温から低温まで観測される($g=2.25$ at 298 K)[2].またEvans法による^{1}H NMRと^{57}Fe Mössbauer測定により,溶液状態(μ_{eff}(296 K)=3.0±0.2μ_B)および固体状態(μ_{eff}(300 K)=2.61μ_B)で,低スピンの鉄1価錯体としてはやや大きめの有効磁気モーメントが観測されているが,これらはスピン軌道相互作用に由来すると考えられる[2,5].

【関連錯体の紹介およびトピックス】ピロール骨格の3,4位に置換基を導入した錯体も合成可能であり,例えばメチル基を導入した場合,アンモニアの収量は23当量まで向上した[7].また様々な遷移金属でPNP型ピンサー配位子を有する錯体の合成も可能であり[8,9],コバルト窒素錯体[Co(N$_2$)(PNP)]もまた窒素をアンモニアへと変換する反応において,高い触媒活性を示す[10].いずれの触媒でも副生成物としてヒドラジンの生成が認められ,触媒反応の中間体としてヒドラジン錯体の生成を経由していることが示唆される[2,7,10].また鉄ヒドリド錯体[FeH(PNP)]はアルキンのヒドロホウ素化の触媒としてはたらき[11],イリジウムやロジウムのPNP錯体はシクロオクタンの脱水素化反応の触媒としてはたらく[12].

〔西林仁昭〕

【参考文献】
1) J. S. Anderson *et al.*, *Nature*, **2013**, *501*, 84.
2) S. Kuriyama *et al.*, *Nat. Commun.*, **2016**, *7*, 12181.
3) G. T. Venkanna *et al.*, *ACS Catal.*, **2014**, *4*, 2941.
4) M. Kreye *et al.*, *Chem. Commun.*, **2015**, *51*, 2946.
5) N. Ehrlich *et al.*, *Inorg. Chem.*, **2017**, *56*, 8415.
6) L. Yang *et al.*, *Dalton Trans.*, **2007**, *36*, 955.
7) Y. Sekiguchi *et al.*, *Chem. Commun.*, **2017**, *53*, 12040.
8) D. S. Levine *et al.*, *Organometallics*, **2015**, *34*, 4647.
9) Y. Sekiguchi *et al.*, *Dalton Trans.*, **2018**, *47*, 11322.
10) S. Kuriyama *et al.*, *Angew. Chem. Int. Ed.*, **2016**, *55*, 14291.
11) K. Nakajima *et al.*, *Org. Lett.*, **2017**, *19*, 4323.
12) S. Nakayama *et al.*, *Organometallics*, **2018**, *37*, 1304.

FeN₂P₄

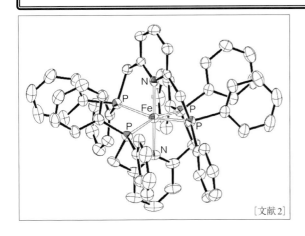

[文献2]

【名称】bis[2,6-bis(diphenylphosphinomethyl)pyridine]-iron(II)trifluoromethanesulfonate: $[Fe(PpyP)_2](CF_3SO_3)_2$

【背景】リンを配位原子の1つとするハイブリッド配位子は，そのヘミラビリティーにより様々な触媒機能を発現することが多いが，リン配位原子のもたらす配位子場の強さに関する定量的な研究は極めて少ない[1]．これまでにリン配位原子上の置換基を変化させて配位子場強度を検討する研究や，様々なパラメータを用いて置換基効果を検討する試みがなされてきたが，その多くは錯体の熱力学的性質や速度論的性質の違いに着目したアプローチであり，リン配位原子による配位子場の大きさを直接検討した例は極めて少ない[2]．$[Fe(PpyP)_2]^{2+}$ 錯体は，配位子の形状のために4個のリン配位原子が全て平面上に配置した構造を有するため，D_{2d} 構造を有する極めて珍しい錯体である．

【調製法】配位子の PpyP は，液体アンモニア中でジフェニルホスフィンと金属ナトリウムを反応させた後，2,6-bis(chloromethyl)pyridine のエーテル溶液を加えて合成する．$[Fe(PpyP)_2](CF_3SO_3)_2$ 錯体は，エタノール中で PpyP 配位子と $Fe(CF_3SO_3)_2$ を還流することによって得られる．濃紫色の粗結晶をニトロメタンとジエチルエーテルの混合溶媒から再結晶することにより精製する．

【性質・構造・機能・意義】リンを配位原子とする金属錯体では，リン原子のトランス影響により，リン原子のトランス位に配位する配位原子と金属との結合長は非常に長くなる．そのため，2つのリン原子が互いにトランス位に配置される構造は不安定になると考えられている．

両端の配位リン原子がピリジル骨格で結合された PpyP 配位子は，meridional 型の配位構造しかとれない．その結果この錯体では，2対のリン配位原子が互いにトランス位を占有しなくてはならず，非常に不利な配位構造を強いられている．Fe–P 結合長は 2.310 と 2.333 Å であり，リン原子どうしが互いにトランス位を占有しない錯体（例えば関連錯体で示す PNP 錯体）と比べて 0.11 Å 程度長くなっている．

d–d 遷移に対応する吸収は，$1.8 \times 10^4 (cm^{-1})$ ($^1A_1 \to {}^1E$)，$2.70 \times 10^4 ({}^1A_1 \to {}^1B_2{}^1, E)$ に観測され，$10Dq$ とラカーの B パラメーターは，それぞれ $21900\ cm^{-1}$ ならびに $425\ cm^{-1}$ である．このように，Fe–P 結合が長いにもかかわらず，この配位子による配位子場はかなり大きい．この錯体は 400℃ までの測定では低スピン錯体であり，アセトニトリル中での酸化還元電位はフェロセンに対して 868 mV である．この高い電位は $[Fe(1,4,7\text{-triazacyclononane})_2]^{3+/2+}$ 対の酸化還元電位に匹敵する大きさであり，2価の酸化状態が大きく安定化されていることを示している．

【関連錯体の紹介およびトピックス】この錯体と同じ PNP 型の三座配位子として，bis(dimethylphosphinoethyl)amine がある[2]．この配位子は Fe(II) に配位する際，2つのリン原子が互いにトランス位にくるような配置を極力避けて，u-facial な構造の錯体を形成する（図1）．

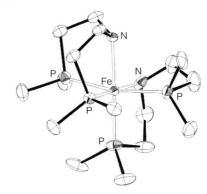

図1 $[Fe(PNP)_2]^{2+}$ の構造[2]

この錯体では，窒素原子のトランス位にあるリン配位原子（2.195 Å）と，リン原子のトランス位にあるリン配位原子（2.300 と 2.306 Å）では鉄との結合長に大きな差があることがわかる．この錯体はリン上の置換基がメチル基であることと，窒素配位原子がアミノ基であることから，$10Dq$ は $23200\ cm^{-1}$ と大きい．

【高木秀夫・鈴木孝義】

【参考文献】
1) K. Kashiwabara *et al.*, *Bull. Chem. Soc. Jpn.*, **1995**, *68*, 3453.
2) T. Mabe *et al.*, *J. Soln. Chem.*, **2014**, *43*, 1574.

FeN_3O_2/FeN_4OX

1: $[Fe^{III}(OAr)_2(HB(3,5-iPr_2pz)_3)]$

2: $[Fe^{II}(6\text{-}PhTPA)(CH_3CN)_2]^{2+}$

【名称】(hydrotris(3,5-diisopropyl-pyrazol-1-yl)borato)-bis(4-nitrophenolato)iron(II)：$[Fe^{III}(OC_6H_4\text{-}4\text{-}NO_2)(HB\text{-}(3,5\text{-}iPr_2pz)_3)]$（錯体 **1**）[1]；(bis(pyridin-2-yl)methyl)-((6-phenylpyridin-2-yl)methyl)amine)bis(acetonitrile)-iron(II)：$[Fe^{II}(6\text{-}PhTPA)(CH_3CN)_2]^{2+}$（錯体 **2**）[2]

【背景】プテリン要求性水酸化酵素は単核非ヘム鉄活性中心をもちフェニルアラニンやチロシンなどのフェニル基やフェノールを水酸化する。鉄中心は他の多くの単核非ヘム鉄と同様に2-His-1-carboxylate facial triadと呼ばれる N_2O 型の面配位構造をとっている。酸素分子は鉄(II)イオンと二電子供与体として作用するプテリンにより活性化され、それらを架橋したペルオキソ中間体を経てFe(IV)=O種を生成して水酸化すると推定されている。鉄(III)イオンの錯体 **1** は N_3 型の面配位構造を形成するヒドロトリス(ピラゾリル)ボレート配位子と基質となるフェノレートを配位子としてもっており m-クロロ安息香酸(mCPBA)との反応で配位しているフェノレートをカテコールへと水酸化し、チロシン水酸化酵素(TyrH)の機能モデルである[1]。また、錯体 **2** も配位子に組み込んだフェニル基を tert-butyl hydroperoxide(^tBuOOH)でフェノールへと水酸化する。この錯体 **2** では反応中間体であるペルオキシド種や水酸化反応機構などが調べられている[2]。

【調製法】錯体 **1** は、二価錯体の空気酸化で合成されるが、詳細は報告されていない。錯体 **2** は不活性ガス雰囲気下で配位子と当量の $Fe^{II}(ClO_4)_2 \cdot 6H_2O$ をアセトニトリルに溶解し、ジエチルエーテルを加えて得られる。

【性質・構造・機能・意義】錯体 **1** のジエチルエーテル溶液に −78℃で1当量のmCPBAを加えると、濃緑色の溶液は直ちに赤褐色に変化し、配位しているフェノラト基の1つをほぼ定量的にカテコールへと酸化する。この反応ではmCPBAが配位した中間体が提案されているが、観測されていない。

錯体 **2** のアセトニトリル溶液に −50℃で ^tBuOOH を1.5当量反応させると 650 nm ($\varepsilon = 1300$ $M^{-1}cm^{-1}$)に強い吸収が観測される。ESRスペクトルでは低スピンと高スピン種に帰属されるシグナルが、それぞれ $g = 2.18$, 2.11, 1.98 および $g = 8.4$, 4.3 に観測される。また共鳴ラマンスペクトルでも高スピン種と低スピン種に帰属されるO–O伸縮振動が 808 cm^{-1} と 878 cm^{-1} に観測され、Fe(III)–OO^tBu 種の生成が確認されている。温度を上げるとペルオキソ種は分解し配位子に組み込んだフェニル基のオルト位への位置選択的な水酸化反応が起こる。CH_2Cl_2 中での ^tBuOOH との反応では高スピン種のみが生成する。配位子 6-PhTPA のピリジル基の6位にメチル基を導入した錯体は、アセトニトリル中でも高スピン型の Fe(III)–OO^tBu 種を生成する。この錯体でもフェニル基の水酸化が観測されており、スピン状態に関係なく水酸化反応が起こる。

フェニル基に挿入される酸素原子は $^tBu^{16}O^{18}OH$ を用いた実験により ^{18}O であることが明らかとなっている。ただし、$H_2^{16}O$ 存在下では ^{16}O も挿入され、水酸化活性種の酸素原子は水分子と交換可能である。また、水酸化されるオルト位の水素原子を重水素化したフェニル基をもつ配位子では、重水素の1,2-シフト(NIHシフト)が観測されており、水酸化反応はカチオン中間体を経る芳香族求電子置換反応で進行していることが示唆されている。さらに、酸化剤として、2-methyl-1-phenyl-2-propyl hydroperoxide(MPPH)を用いた実験などから、Fe(III)–OOR種のO–O結合のホモリティックな開裂で生成するFe(IV)=O種が求電子置換反応でフェニル基を水酸化すると推定されている。

【人見 穣】

【参考文献】
1) N. Kitajima *et al.*, *J. Am. Chem. Soc.*, **1993**, *115*, 9335.
2) a) S. J. Lange *et al.*, *J. Am. Chem. Soc.*, **1999**, *121*, 6330; b) M. P. Jensen *et al.*, *J. Am. Chem. Soc.*, **2003**, *125*, 2113.

FeN₃P₃

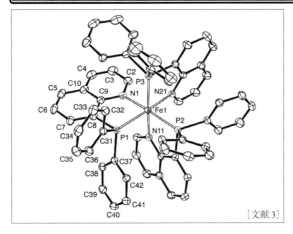

【名称】tris[8-(diphenylphosphino)quinoline]iron(II) trifluoromethanesulfonate: [Fe(Ph₂Pqn)₃](CF₃SO₃)₂

【背景】8-ジフェニルホスフィノキノリン(Ph₂Pqn)配位子は中心金属イオンの大きさと配位数に依存して，様々な幾何構造を呈し，配位立体化学的に興味ある現象を提供する．また五員環形成配位子であるが，平面構造の[Pd(Ph₂Pqn)₂]Cl₂錯体では2つのPh₂Pqn配位子はリン原子が互いにトランス位に位置することを避けるためにシス型配位し，しかもキノリン環のオルト水素原子間の立体反発により，2つのキノリン環の最小二乗二面角は15.5°である[1]．Cu(I)錯体では，D_{2d}構造から派生したD_2構造を有するclinal構造の異性体が単離されている[2]．

【調製法】トリフルオロメタンスルホン酸鉄(II)のエタノール溶液にエタノールに懸濁した8-ジフェニルホスフィノキノリンを加え1時間還流後，得られた茶色の溶液を常温まで冷やし，析出した茶色の固体を大気中で吸引ろ過により回収する．このろ液をさらに濃縮し，生じた茶色の固体を同様に集め，真空乾燥する．この錯体をアセトニトリル/ジエチルエーテルで二層拡散し，単結晶を得ることができる．

【性質・構造・機能・意義】この錯体は，3個のリン原子が facial に配位した構造であり，Fe-N結合長は2.071 Åである．これは，一般的な[Fe(bipy)₃]²⁺や[Fe(o-phen)₃]²⁺錯体におけるFe-N結合長(それぞれ1.956ならびに1.973 Å)よりもかなり長く，リン原子に特有のトランス影響によるものであると考えられている．隣り合う配位原子とFeのなす角はいずれも90°に近い．Fe-P距離は2.300 Åである．

この錯体のd-d吸収スペクトルは17500ならびに22400 cm⁻¹に観測され，$10Dq$とラカーBパラメーターはそれぞれ18300ならびに339 cm⁻¹である．

【関連錯体の紹介およびトピックス】類似の錯体として，d⁷電子配置の[Co(Ph₂Pqn)₃]²⁺(図1)とd⁶電子配置の[Mn(CO)₂(Ph₂Pqn)₂]⁺(図2)がある．コバルト錯体は鉄錯体と同様の構造で，Co-P距離は2.311から2.455 Åで，Co-N距離は2.068から2.224 Åである．d⁷-低スピン電子配置のため，Jahn-Teller効果による一軸方向のCo-PとCo-Nが長い．マンガン錯体はd⁶電子配置であり，Mn-C結合長は1.795ならびに1.768 Å，Mn-Pは2.250ならびに2.364 Å，Pn-Nは2.106ならびに2.130 Åである．マンガン(I)のイオン半径は82 pmと見積もられている．Fe(II)とCo(II)のイオン半径はそれぞれ79 pmならびに75 pmである．イオン半径の順がMn⁺ > Fe²⁺ > Co²⁺であるにもかかわらず，M-P結合長はMnが1番短い．このことはdπ軌道のより高いMnからのリン原子への逆供与の起こりやすさによって説明される．

【鈴木孝義・高木秀夫】

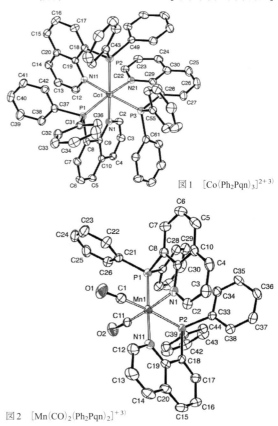

図1 [Co(Ph₂Pqn)₃]²⁺ [3]

図2 [Mn(CO)₂(Ph₂Pqn)₂]⁺ [3]

【参考文献】
1) T. Suzuki et al., *Bull. Chem. Soc. Jpn.*, **2004**, *77*, 1869.
2) T. Suzuki et al., *Inorg. Chem.*, **2011**, *50*, 3981.
3) T. Suzuki et al., 未発表データ．

FeN$_4$O

【名称】 oxo(3,3,6,6,9,9-hexamethyl-2,5,7,10-tetraoxo-3,5,6,7,9,10-hexahydro-2H-benzo[e][1,4,7,10]-tetraazacyclotridecine-1,4,8,11-tetraido) iron(V) ion:[Fe^V(O)-(TAML)]$^-$(錯体3)[1]

【背景】 高原子価鉄オキソ種は,ヘムや非ヘム鉄酸化酵素の酸化活性種である.ヘム酵素ではポルフィリン配位子と鉄(III)イオンが一電子酸化を受けたcompound I と呼ばれる鉄(IV)オキソポルフィリンラジカルカチオン種(Fe^{IV}(O)Por$^{+\cdot}$)が酸化活性種であると考えられている.また,単核非ヘム鉄酵素であるRieske dioxygenase の酸化活性種は HO-Fe^V=O 種であると推定されている[2].錯体3は非ヘム型でFe^V=Oコアをもつはじめての例である.高原子価種を生成するためには電子供与性の強い配位子が必要である.環状配位子TAMLは4つのアミドアニオンを有し電子供与性の強い配位子であり,これにより鉄(V)オキソ種の生成が可能となっている.

【調製法】 [Fe^{III}(TAML)(H$_2$O)]$^-$(錯体1)に2〜5当量のm-クロロ過安息香酸(mCPBA)を −60℃でn-ブチロニトリル中で作用させると,10秒以内に二核鉄(IV)価オキソ錯体([Fe^{IV}$_2$(O)(TAML)$_2$]$^{2-}$(錯体2))が生成し[3],15分後に深緑色の錯体3が純度95%以上で得られる.鉄イオンに配位可能な少量の水,ピリジン,安息香酸などが存在すると1当量のmCPBAでもほぼ定量的に錯体3が生成する.

【性質・構造・機能・意義】 錯体3は −60℃では,90分で10%程度分解するが77Kでは少なくとも1ヶ月間安定である.アセトニトリル中,−40℃でも生成させることができるが,5分間で約10%が分解する.

錯体3は深緑色で450 nm(ε=5400 M^{-1}cm^{-1})と630 nm(ε=4200 M^{-1}cm^{-1})に吸収帯を示す.EPRスペクトル(28K)では,g=1.99,1.97と1.77にシグナルが観測さ れ,d^{3}電子配置の低スピンでS=1/2が基底状態であることを示している.メスバウアーパラメーターは,δ=−0.46 mm s^{-1}およびΔE_Q=4.25 mm s^{-1}で,アイソマーシフトは鉄(IV)の錯体2のδ=−0.18 mm s^{-1}より低くなっている.またスペクトル解析とDFT計算からd^{3}電子配置の低スピンでS=1/2が基底状態であることが確かめられている.さらにX線吸収スペクトルでK吸収端は7125.3 eVに観測され,鉄(III)の錯体1に比べ1.4 eV高エネルギー側にシフトしており,鉄イオンは5価と帰属されている.結晶構造は明らかではないが,EXAFS測定からFe-O距離およびFe-O/N距離は,それぞれ1.58ÅおよびおよそL87Åと見積もられている.

錯体3は,トリフェニルホスフィンを定量的にトリフェニルホスフィンオキシドに酸化する.また,18-酸素で同位体標識した水の存在下では,トリフェニルホスフィンオキシドに^{18}Oが取り込まれる.また,スチレンやシクロオクテンのエポキシ化を行う.さらに,エチルベンゼンの酸化では,1-フェニルエタノールとアセトフェノンの混合物が得られる.これらの反応では,錯体3は鉄(III)およびFe(IV)種の混合物となる.9,10-ジヒドロアントラセンの酸化反応ではアントラセンとオキソ架橋の二核鉄(IV)錯体2が定量的に得られる.

【関連錯体の紹介およびトピックス】 上の反応とは異なり鉄(III)錯体1はジクロロメタン中で酸素分子によっても酸化され黒色のオキソ架橋二核鉄(IV)錯体2を生成する[3].このような鉄(III)錯体の酸素分子による酸化は極めて珍しく,TAMLの4つのアミド基の強い電子供与性による.錯体2は錯体1と酸素分子との反応により生成する1,2-ペルオキソ中間体の酸素-酸素結合の開裂を経て生成すると推定されている.錯体2はトリフェニルホスフィンのトリフェニルホスフィンオキシドへの酸化やベンジルアルコールをベンズアルデヒドに酸化する.また,色素であるOrange IIを触媒的に酸化する.

【人見 穣】

【参考文献】
1) F. T. de Oliveira et al., Science, **2007**, 315, 835.
2) M. Costas et al., Chem. Rev., **2004**, 104, 939.
3) A. Ghosh et al., J. Am. Chem. Soc., **2005**, 127, 2505.

FeN$_4$OCl

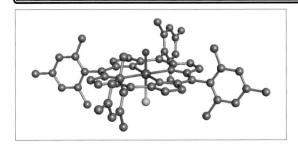

【名称】 oxochloro(5,10,15,20-tetramesityl porphyrinate)-iron(IV): [Fe^{IV}O(Cl)(TMP)]

【背景】 ペルオキシダーゼ，カタラーゼ，シトクロムP450など多くの酸化反応を担うヘム酵素は，compound Iと呼ばれる反応活性種を酵素反応中に生成する．種々の分光学的研究からcompound Iは，鉄四価オキソポルフィリンπ-カチオンラジカル種であると同定された．また同様な錯体がヘム錯体を用いた触媒的酸化反応の活性種として生成すると提案されていた．本錯体は，鉄四価オキソポルフィリンπ-カチオンラジカル錯体としてはじめて同定された錯体である[1]．ポルフィリンの側鎖に立体障害の大きい置換基を導入することにより，ヘム錯体の分子間二量化やイソポルフィリンの生成を阻害したため本錯体の合成が可能になった．

【調製法】 テトラメシチルポルフィリン鉄塩化物錯体をジクロロメタン，メタノール混合溶媒に溶かし，-80℃でヨードシルベンゼンやメタクロロ過安息香酸などの酸化剤を用いて酸化することにより合成できる[1]．後に，酸化剤としてオゾンなども用いられている[2]．また-80℃でテトラメシチルポルフィリン鉄二価錯体と酸素分子を反応させ鉄三価μペルオキソ錯体を合成し，ペルオキソ結合のホモリシスにより鉄四価オキソ錯体に変換後，さらに臭素などの一電子酸化剤による酸化によっても合成できる[3]．

【性質・構造・機能・意義】 ジクロロメタンなどの塩素系有機溶媒中，-60℃以下で数時間程度は安定である．溶液中で緑色を呈し，406 nmに通常のヘム錯体の約半分の強度のSoret帯と呼ばれる吸収が観測される．また，660 nmにポルフィリン環のπ軌道間の遷移に由来するピークが観測される．これらの特徴は，ポルフィリン環が一電子酸化されたポルフィリンπ-カチオンラジカル錯体の吸収スペクトルに特有のものである．

メソ位のメシチル基の^{1}H NMRシグナルの大きな常磁性シフト(m-H：68 ppm，-77℃)により，ポルフィリン配位子がa_{2u}軌道に不対電子をもつπ-カチオンラジカル錯体であることが確かめられている．鉄イオンの酸化状態は，Mössbauer分光法($\delta = 0.05$ mm/s, $\Delta Eq = 1.49$ mm/s)から鉄四価中間スピン($S = 1$)であることが確かめられている[4]．EPRスペクトルは4 Kで，$g = 4.5, 3.5, 2.0$に$S = 3/2$由来のシグナルを与え，鉄イオンとポルフィリンラジカルが強磁性相互作用している[4]．オキソ配位子の配位は，共鳴ラマン分光法(ν(Fe=^{16}O) = 802 cm^{-1}, ν(Fe=^{18}O) = 767 cm^{-1})により明らかにされている[5]．ポルフィリンπ-カチオンラジカルの酸化還元電位は，0.88 V vs. SCEと報告されている[6]．

本錯体は，不安定なためX線構造は明らかにされていない．EXAFSの測定が行われており，Fe=Oの結合距離は約1.64 Åであると報告されている[7]．

本錯体は，シトクロムP450と同様に種々の有機物を酸化する．ホスフィンはホスフィンオキシドに，スルフィドはスルホキシドに，オレフィンはエポキシにそれぞれ酸化される．またC–H結合も活性化することができ，対応するアルコールを生成する．

本錯体の電子構造や反応性は，ヘム酵素系のcompound Iと類似していたため，ペルオキシダーゼ，カタラーゼ，シトクロムP450のcompound Iの電子構造や反応機構の解明に有用な知見を与えた．

【関連錯体の紹介およびトピックス】 本錯体の報告後，2,6-ジクロロフェニル基やペンタフルオロフェニル基をもつヘム錯体から同様の錯体の合成が報告された[4,8]．また，ピロールβ位に置換基を有するヘムからも同様な錯体が合成され，ヘム酵素系ではa_{1u}軌道に不対電子をもつことが報告されている[9]．過塩素酸イオン，酢酸イオンなど他の無機アニオンや酵素由来のイミダゾール，フェノレートを持つ錯体も合成され，ポルフィリン置換基やaxial位の配位子により反応性が変化することが報告されている[9,10]．　【藤井 浩】

【参考文献】
1) J. T. Groves et al., J. Am. Chem. Soc., **1981**, *103*, 2884.
2) H. Sugimoto et al., J. Am. Chem. Soc, **1988**, *110*, 2465.
3) A. L. Balch et al., J. Am. Chem. Soc, **1985**, *107*, 2983.
4) E. Bill et al., Eur. J. Biochem., **1990**, *188*, 665.
5) J. R. Kincaid et al., J. Am. Chem. Soc., **1989**, *111*, 735.
6) A. Takahashi et al., Inorg. Chem., **2011**, *50*, 6922.
7) J. E. Penner-Hahn et al., J. Am. Chem. Soc., **1986**, *108*, 7819.
8) Z. Cong et al., Angew. Chem. Int. Ed. **2011**, *50*, 9935.
9) H. Fujii, J. Am. Chem. Soc., **1993**, *115*, 4641.
10) A. Takahashi et al., Inorg. Chem., **2012**, *51*, 7296.

FeN$_4$O$_2$

生

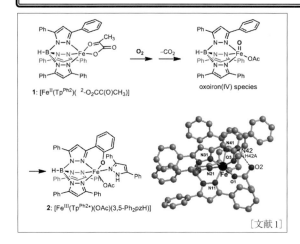

1: [Fe^{II}(Tp^{Ph2})(η^2-O$_2$CC(O)CH$_3$)]

2: [Fe^{III}(Tp^{Ph2*})(OAc)(3,5-Ph$_2$pzH)]

[文献1]

【名称】(acetato-κO)[hydro[2-(5-phenyl-1H-pyrazol-3-yl-κN^2)phenolato-κO]-bis(3,5-diphenylpyrazol-1-yl-κN^2)(1-)][(3,5-diphenylpyrazol-1-yl-κN^2)]iron(III)－([Fe(Tp^{Ph2*})(OAc)(3,5-Ph$_2$pzH)])

【背景】酸素活性化反応に関与する単核非ヘム鉄は多く研究されてきており,その構造も数多く報告されている.その構造的特徴として,鉄(II)あるいは鉄(III)イオン中心に,2つのヒスチジン残基由来のイミダゾール性窒素と酸性アミノ酸残基由来のカルボキシラト性酸素あるいはチロシン残基のフェノール性酸素がN$_2$O型でfacial位に配位している.その中でも,α-ケト酸要求酸化酵素は最も大きな酵素群を形成している.この酵素群は,反応の進行に際し,補因子としてα-ケト酸(通常はα-ケトグルタル酸)を利用する.この反応機構に関して,実際の酵素を用いた研究が行われてきたが,いまだに酸素活性化機構に関しては不明な点が多い.単純化したモデル錯体の研究で,α-ケト酸を補因子として酸素との反応を行うと,配位子由来のフェニル環が水酸化され配位した錯体がはじめて得られ,その反応機構を詳細に検討された[1].

【調製法】水酸化される前の配位子(Tp^{Ph2})は,3,5-ジフェニルピラゾールとKBH$_4$を3.1:1で混合し,250℃まで加熱した後,再結晶することにより得られる[2].出発物質の合成は,配位子,過塩素酸鉄(II)8水和物,ピルビン酸ナトリウムをメタノール中30分反応させ,塩化メチレンで脱塩処理後,塩化メチレン/エーテル混合溶液から再結晶することにより得る(収率62%).錯体の合成は,得られたα-ケト酸鉄(II)錯体と酸素との反応により行う.

【性質・構造・機能・意義】得られたα-ケト酸鉄(II)錯体([Fe(Tp^{Ph2})(η^2-O$_2$CC(O)CH$_3$)])(1)は赤橙色を呈し,可視部に吸収帯(441 nm(ε=210 M^{-1}cm^{-1}),479 nm(210),525 nm(120))が存在する.このα-ケト酸鉄(II)錯体は,酸素と非常にゆっくり反応し,配位子のオルト位が1つ水酸化され(O3)配位した緑色の錯体が得られた([Fe(Tp^{Ph2*})(OAc)(3,5-Ph$_2$pzH)])(2).反応において分解したピラゾールが配位したN$_4$O$_2$配位子対をもつアセタト鉄(III)錯体であることがわかった.アセタトイオンの酸素(O2)とピラゾールの窒素(N42)の距離が短いことから,水素結合の生成が考えられる(2.684 Å).得られた錯体は可視部にフェノレート性酸素から鉄(III)への電荷移動吸収帯が観測された(650 nm(ε=1400 M^{-1}cm^{-1})).電子スピン共鳴スペクトルではg=4.3に歪んだ鉄(III)種に典型的なシグナルが得られた.同位体酸素(^{18}O$_2$)を用いた実験から,水酸化され配位した酸素(O3)とα-ケト酸が脱炭酸し生成したアセタトの酸素(O2)は,18酸素由来であることがわかった.すなわち,α-ケト酸鉄(II)錯体は酸素分子を活性化し,脱炭酸を経てカルボン酸鉄(III)錯体になることを,モデル系ではじめて実証した.詳細な反応機構の解析により,この反応は,最初に生成したα-ケト酸鉄(II)スーパーオキソ種がα-ケト酸のα-炭素を求核的に攻撃し,脱炭酸を経て生成した高原子価オキソ種が配位子のオルト位を攻撃し配位したと考えている.この配位子を用いたカルボン酸鉄(II)錯体も同様にオルト位の1つが水酸化され配位したカルボン酸鉄(III)錯体も得られるが,鉄(III)錯体の生成の速度が極端に遅くなることから,α-ケト酸要求酸化酵素における酸素活性化にはα-ケト酸が重要な役割を演じることがわかった[3].

【関連錯体の紹介およびトピックス】この報告以降,α-ケト酸鉄(II)錯体を用いた外部基質の酸化反応性の検討,反応初期に生成する酸素活性中間体の予測などが報告されている.実際のα-ケト酸要求酸化酵素を用いた反応活性種の検出も精力的に行われている[4,5].

【藤澤清史・小寺政人・人見 穣】

【参考文献】
1) L. Que, Jr. et al., J. Am. Chem. Soc., **2003**, *125*, 7828.
2) N. Kitajima et al., J. Am. Chem. Soc., **1992**, *114*, 1277.
3) K. Fujisawa et al., Inorg. Chem. Commun., **2008**, *11*, 381.
4) L. Que, Jr. et al., Inorg. Chem., **2010**, *49*, 3618.
5) L. Que, Jr. et al., Inorg. Chem., **2015**, *54*, 5053.

FeN_4O_2

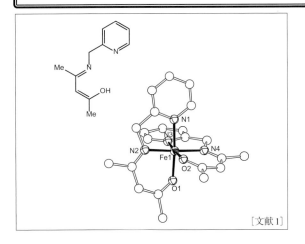

[文献1]

【名称】bis[N-(2-pyridylmethyl)acetylacetoiminato]iron-(III) hexafluorophosphate: $[Fe(acpa)_2]PF_6$

【背景】N_4O_2配位環境をもつFe(III)錯体は，高スピン(^1A)状態と低スピン(^2T)状態のエネルギーが近接することで，スピンクロスオーバーを示す．本錯体は，N_2O三座配位子を2つもつ鉄(III)錯体であり，固体中で $^1A \rightleftarrows {}^2T$ 間の速いスピン平衡挙動を示す[1]．

【調製法】配位子Hacpaに対して，トリエチルアミン，および硫酸鉄(II)9水和物をメタノール中で反応させた後，ヘキサフルオロリン酸アンモニウムを加えることで，本錯体を得る[1]．

【性質・構造・機能・意義】本錯体は緩やかなスピン平衡挙動を示し，磁化率測定から見積もられた本錯体のスピン平衡温度 $T_{1/2}$ は187 Kである．X線構造解析において，Fe-NおよびFe-O平均配位結合長は，298 Kで1.939および2.117 Åであり，高スピン鉄(III)イオンに典型的な値を示す．一方120 Kにおける平均配位結合長は，低スピン状態への変化に伴いそれぞれ0.042 Å，および0.156 Å短くなる．温度可変メスバウアースペクトル測定においては，155～316 Kで1種類のダブレットが観測され，本錯体における比較的速いスピン平衡挙動を示す．

【関連錯体の紹介およびトピックス】本錯体のスピン平衡速度は，対アニオンに依存する．対アニオンをテトラフェニルホウ酸塩に変えた錯体も同様のスピン平衡挙動を示すが，スピン平衡の速さは，テトラフェニルホウ酸塩の方が速い．これはスピン平衡に伴う構造変化が，テトラフェニルホウ酸塩の方が比較的小さいことに起因する[2]．

【二瓶雅之・大塩寛紀】

【参考文献】
1) Y. Maeda *et al., Inorg. Chem.*, **1986**, *25*, 2958.
2) H. Oshio *et al., Inorg. Chem.*, **1991**, *30*, 4252.

FeN$_4$O$_2$

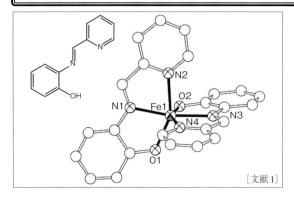

[文献1]

【名称】[Fe(pap)$_2$]ClO$_4$: Hpap=bis {N-(2-hydroxyphenyl)-2-pyridylaldimine

【背景】鉄(II)スピンクロスオーバー錯体は,高スピン・低スピン状態間の大きな構造変化を示すため,低温における光照射により準安定高スピン状態をトラップ(light-induced excited spin state trapping: LIESST)することが可能である.一方で,鉄(III)スピンクロスオーバー錯体は,スピン転移に伴う構造変化が小さいため,LIESST挙動を示さないと考えられてきた.本錯体は,高い平面性をもつπ共役配位子間のπ-π相互作用に起因する大きな協同効果により,それまで不可能とされてきた鉄(III)スピンクロスオーバー錯体におけるLIESST挙動の発現に成功している[1].

【調製法】o-アミノフェノールと2-ピリジンカルボキシアルデヒドのメタノール溶液を加熱還流した後,ナトリウムメトキシドを加えてさらに還流することで配位子Hpapのメタノール溶液を得る.一方で,過塩素酸鉄(III)6水和物のメタノール溶液にジメトキシプロパンを加えた溶液を調整し,Hpap溶液をゆっくり加えることで,本錯体の結晶を得る[2].

【性質・構造・機能・意義】鉄(III)イオンは,2つの平面三座配位子pap$^-$がmeridional配位することで,歪んだ六配位八面体構造をもつ.296KにおけるX線構造解析において,Fe(II)-Oの平均配位結合長は1.932Åであり,Fe(II)-Nの平均配位結合長は2.145Åである.これは,高スピン鉄(III)イオンに典型的な値である.配位子pap$^-$は分子内で互いにほぼ直行しており,隣接分子間ではピリジン環とフェニル環がπスタックしている.その結果,本錯体は結晶中で二次元シート構造を形成する.ピリジン環とフェニル環の面間距離は3.44Åであり,分子間の強いπ-π相互作用を示す.磁化率測定において,室温の$\chi_m T$値は3.9 emu mol^{-1} Kで

あり,高スピン鉄(III)イオン(S=5/2)の理論値とよい一致を示す.鉄(III)イオンのスピン転移に伴い,$\chi_m T$値はヒステリシスを伴う急激な温度変化を示す.100Kにおける$\chi_m T$値は0.5 emu mol^{-1} Kであり,中心の鉄(III)イオンが低スピン状態に転移したことを示す.冷却,および加熱過程におけるスピン転移温度はそれぞれ$T_{1/2}\downarrow$=165 K, $T_{1/2}\uparrow$=180 Kであり,15 Kのヒステリシスを示す.以上の磁気挙動は非常に大きな協同効果の存在を示すものであり,結晶における分子間の強いπ-π相互作用に起因すると考えられる.5Kにおける光照射(λ=400~600 nm)により,$\chi_m T$値は急激な増加を示す.これは,配位子から鉄(III)イオンへ電荷移動した励起状態を経由した,準安定高スピン鉄(III)状態の生成に起因する.本錯体のLIESST挙動は,光照射下メスバウアースペクトル測定によっても確認されている.光照射前のメスバウアースペクトルにおいては,低スピン鉄(III)イオンに由来するダブレットのみを示す.一方,光照射後のスペクトルにおいては,高スピン鉄(III)イオンに由来するメスバウアー吸収が支配的となる.

スピンクロスオーバー錯体におけるLIESST挙動とその機構に関する研究は,光誘起相転移系の機構解明や,光メモリーへの応用の観点から非常に重要である.光誘起準安定高スピン状態を安定にトラップするためには大きな構造変化が不可欠であるため,鉄(III)錯体では不可能と考えられてきた.しかしながら本錯体では,適切な配位子設計によって分子間相互作用に基づく大きな協同効果を導入することで,LIESST現象の発現に成功している.本錯体の分子設計は,新たな光誘起相転移系開発のための設計指針を与えるものであり,極めて意義深い.

【関連錯体の紹介およびトピックス】本錯体と同じ錯体カチオンをもち,対アニオンとしてヘキサフルオロホウ酸イオンをもつ[Fe(III)(pap)$_2$]PF$_6$·MeOHが報告されている.この錯体は,ヒステリシスを伴わない急激なスピンクロスオーバーを示し,55 K以下でLIESST挙動を示す[3].

【二瓶雅之・大塩寛紀】

【参考文献】
1) S. Hayami *et al.*, *J. Am. Chem. Soc.*, **2000**, *122*, 7126.
2) H. Oshio *et al.*, *J. Chem. Soc. Dalton Trans.*, **1987**, 1341.
3) G. Juhász *et al.*, *Chem. Phys. Lett.*, **2002**, *364*, 164.

FeN$_4$O$_2$

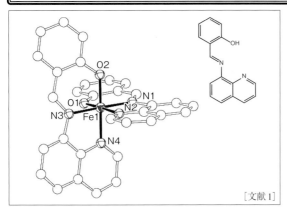

[文献1]

【名称】bis[N-(8-quinolyl)salicylaldiminato] iron(III) selenocyanate: [Fe(qsal)$_2$]NCSe

【背景】スピンクロスオーバー錯体は，高スピン・低スピン状態間のスピン転移の挙動により，スピン平衡型とスピン転移型に分類される．温度変化に伴い急激なスピン転移を示すスピン転移型錯体の中には，冷却過程と加熱過程の転移挙動に履歴（ヒステリシス）を示すものがあり，メモリー材料への応用の観点からも注目されている．本錯体は大きなπ共役平面を持つ配位子をもつため，分子間のπ-π相互作用による大きな協同効果に基づく極めて大きなヒステリシスを示す[1]．

【調製法】8-アミノキノリンとサリチルアルデヒドをメタノール中で加熱還流することで配位子 Hqsal (=N-(8-quinolyl)salicylaldimine) のメタノール溶液を得る．この溶液に塩化鉄(III) 6水和物とトリエチルアミンを加え，メタノールから再結晶することで[Fe(qsal)$_2$]Clを得る[2]．[Fe(qsal)$_2$]Clのメタノール溶液に，セレノシアン酸カリウムのメタノール溶液をゆっくり加えることで，本錯体の結晶を得る．

【性質・構造・機能・意義】中心の鉄(III)イオンは，2つの平面三座配位子qsal$^-$がmeridional配位することで，歪んだ六配位八面体構造をもつ．230 KにおけるX線構造解析において，Fe(II)-O, Fe(II)-Nの平均配位結合長は，それぞれ1.870 Å, 1.959 Åであり，鉄(III)イオンが低スピン状態にあることを示す．分子内に2つ存在する配位子qsal$^-$は結晶学的に独立であり，互いにほぼ直行している．配位子のキノリン環とフェニル環は，隣接分子間でπスタックすることで一次元鎖構造を形成する．ここで，本錯体は結晶学的に異なる2種類の配位子をもつため，πスタックにおける面間距離の違いを考慮すると一次元鎖内のπ-π相互作用は弱い相互作用(3.43 Å)と強い相互作用(3.35 Å)の2種類が存在する．その結果，錯体分子が強い相互作用で疑似的に二量体を形成し，この二量体が弱い相互作用で連結されることで一次元集積構造を形成しているとみなすことができる．磁化率測定において，150 Kにおける$\chi_m T$値は0.36 emu mol^{-1} Kであり，低スピン鉄(III)イオン(S=1/2)に相当する値を示す．400 Kまでの加熱により結晶溶媒であるメタノール分子が脱離し，Fe(III)イオンは低スピンから高スピン状態になる．その後の冷却・加熱過程では，$\chi_m T$値は次のように可逆的に変化する．冷却過程においては，1段階の急激な減少を示し，低スピン状態になる．一方，加熱過程においては，特異な2段階の変化を示し，室温ではすべての鉄(III)イオンが高スピン状態になる．各過程の転移温度は，$T_{1/2}\downarrow$ =212 K, $T_{1/2(1)}\uparrow$ =215 K, $T_{1/2(2)}\uparrow$ =282 Kであり，$\Delta T_{1/2}=T_{1/2(2)}\uparrow - T_{1/2}\downarrow$ =70 Kという極めて大きなヒステリシスを示す．これは，分子間の強いπ-π相互作用による非常に大きな協同効果の発現に起因すると考えられる．また，本錯体の示す特異な非対称ヒステリシスは，結晶中における複数の分子間相互作用の競合によると考えられる．

室温付近におけるヒステリシスは，2種類の電子状態が室温で共存可能な双安定状態を示すことから，メモリー材料などの応用の観点から非常に重要である．大きなヒステリシスを示すスピンクロスオーバー配位高分子は数例報告されているが，単核錯体における巨大ヒステリシスの例は極めて少ない．配位子に大きなπ共役系をもつ本錯体は，分子間相互作用に基づく大きな協同効果により，非常に大きなヒステリシスを示す．さらに，孤立分子特有の多様な分子間相互作用に起因する多段階スピン転移挙動の発現に成功しており，分子間相互作用を利用した特異物性発現の例としても本錯体の挙動は非常に興味深い．

【関連錯体の紹介およびトピックス】本錯体の対アニオンとして分子性導体を用いた錯体[Fe(qsal)$_2$][Pd(dmit)$_2$]$_5$·acetoneが報告されている．この錯体は，錯体カチオンのスピン転移に伴う大きな構造変化により，電気伝導性が変化する興味深い相乗物性を示す[3]．

【二瓶雅之・大塩寛紀】

【参考文献】
1) S. Hayami *et al.*, *J. Am. Chem. Soc.*, **2001**, *123*, 11644.
2) H. Oshio *et al.*, *J. Chem. Soc. Dalton Trans.*, **1987**, 1341.
3) K. Takahashi *et al.*, *J. Am. Chem. Soc.*, **2008**, *130*, 6688.

FeN$_4$O$_2$

錯体1: α-[Fe^{II}(6-Me$_2$-PDP)(OTf)$_2$]
錯体2: β-[Fe^{II}(6-Me$_2$-BPMCN)(OTf)$_2$]

【名称】((2R,2′R)-1,1′-bis{(6-methylpyridin-2-yl)methyl}-2,2′-bipyrrolidine)bis(trifluoromethanesulfonato)iron(II): α-[Fe^{II}((R,R)-6-Me$_2$-PDP)(OTf)$_2$](錯体1)[1]

【背景】生体系では単核非ヘム鉄酵素が様々な酸化反応を担っている。鉄は地球上に豊富に存在し、環境にも優しい元素であり錯体1はこうした単核非ヘム鉄酵素をモデルとして薬や天然物の合成に重要な反応であるオレフィンの不斉 cis-ジヒドロキシ化の触媒として開発された。オレフィンの cis-ジヒドロキシ化の触媒としてオスミウムを用いた Sharpless 不斉ジヒドロキシ化が知られているが、オスミウムは毒性が高いことから代替触媒が求められており[2]、生体系にある金属酵素をモデルとした触媒の開発が重要となっている。多くの単核非ヘム鉄酸化酵素の鉄イオンは 2-His-1-carboxylate facial triad と呼ばれる facial 型の N$_2$O 配位モチーフをもっており、残りの3つの配位座を利用して酸素分子の活性化と特異機能を発揮している[3]。芳香族化合物の C=C 結合の不斉 cis-ジヒドロキシ化反応を行う Rieske dioxygenase では空いた配位座に酸素分子が side-on 型のペルオキソ基として配位してナフタレンを cis-(1R,2S)-dihydroxy-1,2-dihydronaphthalene に選択的にジヒドロキシ化している[4]。

【調製法】錯体1は窒素配位子(R,R)-6-Me$_2$-PDP を含むジクロロメタン溶液に当量の Fe^{II}(OTf)$_2$・2NCCH$_3$(OTf=CF$_3$SO$_3^-$)を作用して得られる。

【性質・構造・機能・意義】錯体1の配位子 6-Me$_2$-PDP は α 型で配位しており OTf イオンはシス位にある。一方、[Fe^{II}(6-Me$_2$-BPMCN)(OTf)$_2$]錯体の 6-Me$_2$-BPMCN は β 型をとっている。いずれの錯体も Fe-N 結合長は 2.151〜2.274 Å と長く、Fe^{II}イオンは高スピン状態をとっていると推定されている。

酸化反応は基質(0.35 M)と錯体1(0.7 mM)を含むアセトニトリル溶液に、酸化剤として10当量の過酸化水素をシリンジポンプで20分かけて添加して行われている。配位子によってオレフィンの cis-ジヒドロキシ化とエポキシ化の割合および不斉収率(ee)が変化する。錯体1による電子豊富な基質である trans-2-heptene や trans-4-octene の酸化反応では、それぞれ cis-ジヒドロキシ化とエポキシ化の比率(Diol/Epox)と不斉収率は、それぞれ 26 と 13 および 97% ee と 96% ee と高い cis-ジヒドロキシ化と不斉誘起が達成されている。他の基質でも不斉 cis-ジヒドロキシ化反応は進行するが、電子求引性基をもつ ethyl trans-cronate (78% ee)や dimethyl fumarate (23% ee)では、不斉収率が低下する傾向がある。

一方、trans-cyclohexane-1,2-diamine 骨格をもつ β-[Fe^{II}((R,R)-6-Me$_2$-BPMCN)(OTf)$_2$]$^{2+}$(錯体2)では、trans-2-heptene の diol/epoxide は 3.2 で cis-ジヒドロキシル化は 79% ee と反応の選択性および不斉収率がいずれも低くなっている。α 型の構造の方が β 型の構造に比べて、メチル基による立体規制が有効であること、さらに、配位子 6-Me$_2$-PDP の 2,2′-bipyrrolidine 骨格は、6-Me$_2$-BPMCN の trans-cyclohexane-1,2-diamine 骨格に比べてより堅く立体規制がより有効であるためと考えられている。

【関連錯体の紹介およびトピックス】オレフィンの不斉 cis-ジヒドロキシ化反応と同様に、不斉エポキシ化反応も重要であるが非ヘム型の鉄錯体触媒の例は極めて少ない[5]。一方、この研究で用いられている配位子 (S,S)-PDP の鉄(II)錯体([Fe^{II}(S,S-PDP)(NCCH$_3$)$_2$]$^{2+}$)を用いて、高効率・高選択的な三級 C-H 結合の水酸化反応がほぼ同時に見いだされている[6]。　【人見 穣】

【参考文献】
1) K. Suzuki et al., Angew. Chem. Int. Ed., **2008**, 47, 1887.
2) H. C. Kolb et al., Chem. Rev., **1994**, 94, 2483.
3) K. D. Koehntop et al., J. Biol. Inorg. Chem., **2005**, 10, 87.
4) A. Karlsson et al., Science, **2003**, 299, 1039.
5) F. G. Gelalcha et al., Angew. Chem. Int. Ed., **2007**, 46, 7293.
6) M. S. Chen et al., Science, **2007**, 318, 783.

FeN$_4$O$_2$

錯体1: [Fe^{III}(TPA)(DBC)]$^+$

【名称】3,5-di-*tert*-butylcatecholato(tris(pyridine-2-yl-methyl)amine))iron(III)([Fe^{III}(TPA)(DBC)]BPh$_4$: 錯体1)[1]

【背景】土壌バクテリアは，芳香族化合物を炭素源，エネルギー源として利用するために，芳香族化合物をいったん，カテコール類へと酸化した後，さらに脂肪酸へと酸化する．その代謝過程に存在するカテコールジオキシゲナーゼ(CatDiox)は分子状酸素を用いてカテコール類の芳香環の炭素-炭素結合を開裂する単核非ヘム鉄酵素である．開裂位置により2つのタイプに分類される．1つは，2つの水酸基の間の炭素-炭素結合を開裂するIntradiol型酵素であり，もう1つは，2つの水酸基の隣の炭素-炭素結合を開裂するExtradiol型酵素である．前者は活性中心に単核非ヘム鉄(III)イオンを有し，後者は単核の非ヘム鉄(II)イオンあるいはマンガン(II)イオンを有する．

Intradiol型酵素の鉄(III)イオンの配位構造は休止状態では2つのTyr，2つのHisおよび水が1分子配位した三方両錐型であるが，基質であるカテコールのキレート配位によって歪んだ八面体型へと変化する．分子状酸素は，生成した鉄(III)カテコラト錯体(Fe(III)-Cat)と反応し，酸素分子から酸素原子が炭素-炭素結合に1つ挿入され無水ムコン酸が生成した後，無水ムコン酸の加水分解によってもう1つの酸素原子が基質へ添加される．Intradiol型酵素のモデル錯体として酸素や窒素配位子を含む三脚型四座配位子(L)と基質となるDBC(3,5-di-*tert*-butylcatecholate)を含む一連の鉄(III)錯体([Fe^{III}(L)(DBC)])が合成され，酸素分子との反応で錯体1がIntradiol型CatDioxのよい機能モデルになることが見いだされている[1,2]．

【調製法】Fe(NO$_3$)$_3$·9H$_2$O(0.38 mmol)とTPA·3HClO$_4$ (0.38 mmol)を含むEtOH溶液(25 mL)にAr下，DBCH$_2$ (0.38 mmol)のEtOH溶液(3 mL)を加え，30分撹拌したのち，6当量のピペリジンをゆっくりと加える．生じた濃青色の溶液にNaBPh$_4$(0.38 mmol)を加えると，青紫色の錯体1の結晶が得られる．錯体1は空気中では不安定である．

【性質・構造・機能・意義】錯体1のFe(III)イオンは高スピン状態であり，MeCN溶液では，568 nm($\varepsilon=$1460 M^{-1}cm^{-1})と883 nm($\varepsilon=1800$ M^{-1}cm^{-1})にDBC配位子から鉄(III)イオンへのLMCTが観測される．DMFあるいはMeOH溶液中，錯体1は分子状酸素と反応し，ほぼ定量的にIntradiol型酸素添加生成物を与える．カルボン酸イオンやフェノラト酸素を含む一連の三脚型四座配位子(L)でも同様の反応が観測されている[1]．これら錯体によるIntradiol型酸素添加反応の速度論的研究などから，律速段階は酸素分子との反応を含んでおり，電子供与性の強いカルボン酸イオンやフェノラト配位子をもつ錯体では反応速度が遅くなることから，配位したカテコラトがセミキノン的性格，すなわち，鉄(III)イオンが鉄(II)イオンになりやすいほど反応が促進されることが見いだされている．N$_4$型のTPAを含む錯体1が最も効率よく反応する．

【関連錯体の紹介およびトピックス】Intradiol型とともにExtradiol型酵素の機能モデル錯体が環状N$_3$型配位子1,4,7-trimethyl-1,4,7-triazacyclononane(Me$_3$-TACN)などを用いて合成されている[3]．特に([Fe^{III}(Me$_3$-TACN)(DBC)Cl])では，定量的なExtradiol型開裂が起こることが報告されている．

【人見　穣】

【参考文献】
1) D. D. Cox *et al.*, *J. Am. Chem. Soc.*, **1988**, *110*, 8085.
2) H. G. Jang *et al.*, *J. Am. Chem. Soc.*, **1991**, *113*, 9200.
3) a) A. Dei *et al.*, *Inorg. Chem.*, **1993**, *32*, 1389; b) M. Ito, *Angew. Chem. Int. Ed. Engl.*, **1997**, *36*, 1342; c) D. H. Jo *et al.*, *Angew. Chem. Int. Ed. Engl.*, **2000**, *39*, 4284.

FeN$_4$O$_2$

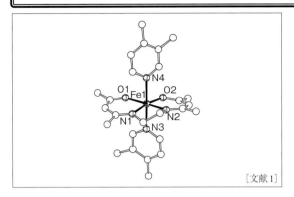

[文献 1]

【名称】 N,N′-Ethylenebis(acetylacetoniminato)di(3,4-dimethylpyridine)iron(III) tetraphenylborate:[Fe(acen)(dmpy)$_2$]BPh$_4$

【背景】 N$_4$O$_2$ 配位環境をもつ Fe(III)錯体は,高スピン(^{1}A)状態と低スピン(^{2}T)状態のエネルギーが近接することで,スピンクロスオーバーを示す.本錯体は,N$_2$O$_2$ 四座配位子と 2 つのジメチルピリジンを持つ鉄(III)錯体であり,固体中で ^{1}A ⇄ ^{2}T 間のスピン平衡挙動を示す[1].

【調製法】 [Fe(acen)Cl](H$_2$acen＝N,N-ethylenebis(acetylacetoneimine))と配位子 dmpy(＝3,4-dimethylpyridine)のメタノール溶液を 10 分間加熱撹拌した後ろ過し,ろ液にテトラフェニルホウ酸ナトリウムを加えることで本錯体を得る[1].

【性質・構造・機能・意義】 本錯体は非常に緩やかなスピン平衡挙動を示し,磁化率測定から見積もられるスピン平衡温度 $T_{1/2}$ は 224 K である.低スピンから高スピンへのスピン平衡に伴い,Fe-N$_{acen}$,および Fe-N$_{dmpy}$ 平均配位結合長は 1.918 から 2.053 Å,および 2.036 から 2.186 Å へと変化する.温度可変メスバウアースペクトル測定においては,平衡温度の前後で 2 種類のダブレットが観測され,本錯体のスピン平衡速度が比較的遅いことを示す.

【関連錯体の紹介およびトピックス】 スピン平衡速度は,軸位の単座配位子を変えることで制御できる.軸配位子として 4-methylpyridine をもつ錯体は,メスバウアースペクトルにおいて 1 種類のダブレットを示す速いスピン平衡錯体である.スピン平衡速度の違いは,軸配位子の立体障害の違いに起因する.すなわち,大きな立体障害による軸配位子の回転阻害が,スピン転移と格子振動の結合に影響を与え,遅いスピン平衡挙動を引き起こすと考えられる.

【二瓶雅之・大塩寛紀】

【参考文献】
1) H. Oshio *et al., Inorg. Chem.*, **1983**, *22*, 2684.

FeN$_4$O$_2$

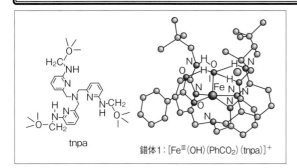

錯体1：[Fe^{III}(OH)(PhCO$_2$)(tnpa)]$^+$

【名称】hydroxo｜tris(6-neopentylamino-pyridin-2-yl-methyl)amine｜iron(III) perchlorate：[Fe^{III}-(OH)(PhCO$_2$)(tnpa)]ClO$_4$ [1]

【背景】本錯体は非ヘム単核鉄酵素であるリポキシゲナーゼ(LOs：mer-N$_3$O$_3$ と cis-N$_4$O$_2$ 型構造の2種が知られている)の重要な配位基である末端 OH$^-$ を配位した構造および分光学的モデル錯体(Fe^{III}-OH)である。末端に OH$^-$ 配位子をもつ単核鉄(III)錯体(Fe^{III}-OH)は Fe^{III}-O(H)-Fe^{III} 結合による多核化が起こりやすいが，本錯体では配位子 tnpa に立体的にかさ高い置換基を導入し，さらに配位 OH$^-$ と tnpa との水素結合を利用して末端 OH$^-$ の配位を安定化している。

【調製法】Fe(ClO$_4$)$_3$·9H$_2$O と tnpa を含むアセトニトリル溶液に，安息香酸ナトリウム水溶液を混合して紫色の錯体として得られる。

【性質・構造・機能・意義】本錯体は末端 OH$^-$ とカルボン酸イオンが配位した cis-N$_4$O$_2$ 型の六配位構造である。配位子 tnpa に組み込んだアミノ基の水素と配位 OH$^-$ の酸素，カルボン酸イオンのカルボニル酸素と OH$^-$ の水素との4つの水素結合(O$_{carbonyl}$···O と N···O =2.7〜2.9 Å)により，OH$^-$ が架橋しないように工夫されている。Fe-O$_{hydroxo}$ 結合距離は 1.876(2) Å で，Soybean lipoxygenase-1(SLO-1)の 1.88 Å とほぼ同じである。本錯体の ESR パラメータは $g_\perp$=6.00 および $g_\parallel$=2.00 で軸対称であり mer-N$_3$O$_3$ 型構造の SLO-1 の ESR パラメータと似ている。しかし，構造は cis-N$_4$O$_2$ 型の rabbit 15-lipoxygenase に似ている。$E_{1/2}$(Fe^{III}/Fe^{II}) は約 0.15 V vs. SHE であり，SLO-1(0.6 V vs. SHE)に比べてかなり低くなっている。

【鈴木正樹】

【参考文献】
1) a) S. Ogo et al., Angew. Chem. Int. Ed., **1998**, 37, 2102; b) S. Ogo et al., Inorg. Chem., **2002**, 41, 5513.

FeN₄O₂

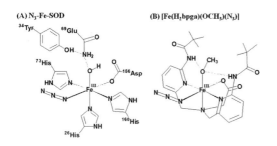

[文献1]

【名称】monomeric η¹-azido iron(III) complex: [Fe(H₂bpga)(OCH₃)(N₃)](H₂BPGA=bis(6-pivalamido-2-pyridylmethyl)(carboxymethyl)amine)

【背景】スーパーオキソ種を無毒化するスーパーオキソジスムターゼ(SOD)の中には鉄イオンを活性中心にもつ Fe-SOD が存在している。この単核鉄アジド錯体は[1]，アジドが配位した Fe-SOD(N_3^--Fe-SOD)[2] の非常によい構造モデル錯体である(図1)。

図1 N_3^--Fe-SOD の活性中心と単核鉄アジド錯体の構造の比較

【調製法】Fe(ClO₄)₃·6H₂O，配位子 H₂BPGA，KOH，NaN₃ を当量，CH₃OH 溶液中で混合し，静置することで赤色結晶の[Fe(H₂bpga)(OCH₃)(N₃)]が得られる[1]。

【性質・構造・機能・意義】本鉄錯体は，Fe^{III} イオンに配位子 H₂bpga と単座配位子の CH_3O^- と N_3^- が cis-配置で配位した単核鉄錯体であり，Fe^{III} の配位構造は，八面体型構造である。中心金属である Fe 周りの配位子との結合距離は，Fe(1)-N(1)は 2.194(3) Å，Fe(1)-N(2)は 2.193(3) Å，Fe(1)-N(3)は 2.223(3) Å，Fe(1)-O(1)は 2.003(3) Å であり，CH_3O^- では Fe(1)-O(3)は 1.866(3) Å，N_3^- では Fe(1)-N(6)は 2.135(4) Å である[1]。さらに，CH_3O^- の酸素原子と配位子のピバルアミド基の NH は水素結合距離 O(3)⋯N(4)=2.971(3) Å，O(3)⋯N(4)=2.966(3) Å であり，CH_3O^- は Fe に安定に配位できる。一方，N_3^--Fe-SOD の中心金属である Fe 周りのアミノ酸残基やアジドとの結合距離は，ヒスチジンのイミダゾール窒素との Fe-N 結合距離は 2.13，2.15，2.21 Å，アスパラギン酸のカルボキシ酸素との Fe-O 結合距離は 2.03 Å，水あるいはヒドロキシ酸素との Fe-O 結合距離は 2.00 Å，アジド窒素との Fe-N 結合距離は 2.12 Å であり[2]，本錯体が N_3^--Fe-SOD の非常に良い構造モデルであることがわかる。

[Fe(H₂bpga)(OCH₃)(N₃)]錯体の吸収スペクトルにより，CH₃OH 溶媒中で 436 nm (ε=2300 $M^{-1}cm^{-1}$) に N_3^- から Fe^{3+} への LMCT 吸収帯が観測され[1]，N_3^--Fe-SOD では水溶液中で 440 nm (ε=1660 $M^{-1}cm^{-1}$) に LMCT 吸収帯($N_3^- \to Fe^{3+}$)が観測される[3]。また，ESR スペクトルにより，[Fe(H₂bpga)(OCH₃)(N₃)]錯体では g=4.23 (4 K in CH₃OH)[1]，N_3^--Fe-SOD では g=4.27 であり[4]，ともに異方性の Fe^{3+} 高スピン状態に特徴的なシグナルが得られる。

[Fe(H₂bpga)(OCH₃)(N₃)]錯体に対する酸塩基の添加効果を CH₃OH 溶媒中で検討したところ，塩基として Et₃N を添加すると 436 nm の LMCT($N_3^- \to Fe^{3+}$) 由来の吸収が減少し，[Fe(H₂bpga)(OCH₃)₂]錯体が形成する。この溶液の ESI mass スペクトルより，{[Fe(H₂bpga)(OCH₃)₂](Et₃NH)}⁺(m/z=674.2) が生成していることがわかる。さらに酸として CF₃SO₃H を添加すると再び 436 nm の LMCT($N_3^- \to Fe^{3+}$) 由来の吸収が現れる[1]。以上の結果は N_3^- の結合サイトが Fe-SOD でのスーパーオキソの結合サイトであることを示唆している。

【関連錯体の紹介およびトピックス】本系で用いた N_3^- は活性酸素種のモデル配位子として用いられ，ピバルアミド基，アミノ基を導入した TPA 系配位子を用いた銅アジド錯体が報告されており，導入した置換基から N_3^- への水素結合の形成が確認できる[5,6]。また，ピバルアミド基を 2 つ有する TPA 系配位子を用いた [Fe(H₂bppa)(RCOO)](ClO₄)₂ と酸化剤である H₂O₂，t-BuOOH，PhC(CH₃)₂OOH を反応させることで Fe-OOR 種を形成することが知られている[7,8]。

【山口修平】

【参考文献】
1) S. Yamaguchi et al., Inorg. Chem., **2003**, 42, 7698.
2) M. S. Lah et al., Biochemistry, **1995**, 34, 1646.
3) C. Bull et al., J. Am. Chem. Soc., **1985**, 107, 3295.
4) T. O. Slykhouse et al., J. Biol. Chem., **1976**, 251, 5472.
5) S. Yamaguchi et al., Eur. J. Inorg. Chem., **2003**, 4378.
6) A. Wada et al., Inorg. Chem., **2004**, 43, 5725.
7) A. Wada et al., Inorg. Chem., **1999**, 38, 3592.
8) A. Wada et al., Inorg. Chem., **2002**, 41, 616.

FeN$_4$S

【名称】(methyl N-acetyl-L-leucyl-L-cystein-yl-κS-L-prolyl-L-alanyl-L-phenylalanyl-L-leucyl-L-leucyl-L-leucyl-L-leucyl-L-leucyl-L-alanyl-L-leucyl-L-phenylalanyl-L-leucinato)[2,3,7,8,12,13,17,18-octaethyl-21H, 23H-porphinato (2−) -κN^{21}, κN^{22}, κN^{23}, κN^{24}] Iron (III) : [Fe^{III}(OEP)(Ac-LcPAF-LLLLL-ALFL-OMe)]

【背景】シトクロム P450, クロロペルオキシダーゼ (CPO) は軸位にシステインをもつヘムタンパク質である. 前者は一原子酸素添加反応を, 後者はハロゲン化反応を触媒する. いずれもシステイン由来のチオラート配位を必須としている. 一般にアルカンチオラート配位子をもつポルフィリン錯体は不安定であると考えられてきた. 本錯体は, 酵素の結晶構造から存在が示唆される分子内 NH…S 水素結合と, それに連動する α-ヘリックスを再現することで, 錯体を安定に単離し, これらが協同して酸化還元電位や反応性制御を行っていることを示している[1].

【調製法】[Fe^{III}(OEP)(OMe)] と Ac-LCPAF-LLLLL-ALFL-OMe をジクロロメタン中で反応させ, 溶媒を溜去することで深赤色の粉末として得る. [Ga^{III}(OEP)(OMe)] を用い, 同様の反応を行うと Fe が Ga に置換した錯体が得られる. 同様にして [M^{III}(OEP)(Ac-LcLAF-LLLLL-ALFL-OMe)](M=Fe, Ga) が得られる.

【性質・構造・機能・意義】ジクロロメタン中での吸収スペクトルは 635 nm 付近に α 帯, 505〜533 nm に幅広い β 帯を, 約 370 nm に Soret 帯を示す. MCD スペクトルは酵素と同じ約 400 nm に強い負の極大を示し, 高スピン五配位の Fe(III) であることを示す. [Fe^{III}(OEP)(Ac-LcPAF-LLLLL-ALFL-OMe)] は, テトラヒドロフラン (THF) 中の CD スペクトルは, 208 nm, 220〜222 nm に特徴的な負のピークを示し, 222 nm のモル楕円率から α-ヘリックスの含有率が 59% であると見積もられる. Ga 置換体では 57% で配位子の 52% よりも高い. ^{1}H NMR では, Fe(III) の常磁性スピンの影響を受け, OEP のメソ位, α 位, β 位がそれぞれ約 −45, +40, +6 ppm に観測されている.

Ga(III) 置換体では, ポルフィリン骨格の環電流による高磁場シフトが Pro3C$_δ$(−0.96, −3.12 ppm), Ala4C$_β$(−2.01 ppm) に特に大きく観測される. CDCl$_3$ 中の NH の化学シフトの温度依存性は分子内水素結合の存在を示し, Ala4〜Ala11 は, α-ヘリックスを形成している. Ala4NH は Cys2S^γ と NH…S 水素結合を形成している. ROESY のデータを用いた分子動力学計算では, Ala4N と Cys2S^γ の距離が 3.3 Å と NH…S 水素結合の存在を示している. 一方, チオラートアニオンの(NEt$_4$)|Ac-LC(S$^−$)PAF-LLLLL-ALFL-OMe| では, Cys2 の残基内で NH…S 水素結合が形成されている. つまり, ポルフィリン錯体を形成する時に OEP とペプチド側鎖 (Pro3, Ala4) の立体反発により水素結合の組換えが起こっていることを示している.

ジクロロメタン中の Fe^{III}/Fe^{II} の酸化還元電位は, −0.55 V vs. SCE で [Fe^{III}(OEP)(Z-Cys-Pro-Leu-OMe)] の −0.68 V[2] より正側にシフトして観測される. すなわち, α-ヘリックスの形成が NH…S 水素結合を強くし, 酸化還元電位を正側にシフトさせている.

本錯体は, 酵素における α-ヘリックスと NH…S 水素結合が協同的に酸化還元反応を制御していることを示した例として意義深い.

【関連錯体の紹介およびトピックス】シトクロム P450, CPO で保存されている配列を有する [Fe^{III}(OEP)(Z-cys-Leu-Gly-Leu-OMe)], [Fe^{III}(OEP)(Z-cys-Pro-Ala-Leu-OMe)] は βI ターン構造に似たコンホメーションをとり, 分子内 NH…S 水素結合を形成しジクロロメタン中 30℃で安定である. 一方, [Fe^{III}(OEP)(Z-cys-Leu-OMe)] は不安定で 1 時間で [Fe^{II}(OEP)] と対応するジスルフィドを生じる[2]. このような NH…S 水素結合による錯体の安定化はアレーンチオラートでも知られており, [Fe^{III}(OEP)|S-2,6-(CF$_3$CONH)$_2$C$_6$H$_3$|] は強い二重の NH…S 水素結合により極めて安定である[3].

【岡村高明】

【参考文献】
1) T. Ueno et al., J. Am. Chem. Soc., **1998**, 120, 12264.
2) T. Ueno et al., Inorg. Chem., **1999**, 38, 1199.
3) N. Ueyama et al., J. Am. Chem. Soc., **1996**, 118, 12826.

FeN$_4$S

生 触

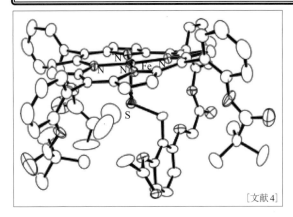

[文献4]

【名称】swan-resting form porphyrin: SR錯体

【背景】異物の代謝やステロイドなどの生合成に主要な役割を果たし，二次代謝にも深く関わるシトクロムP450（以下P450と略）は，1万を超えるスーパーファミリーを形成する巨大な酵素群で，常温でアルカン酸化や芳香環の水酸化を行う強力な酸化反応など多様な触媒機能を発揮する酵素である．本酵素は細菌から植物，哺乳動物に至るほとんどすべての生物に存在する．P450ファミリーに共通する構造的特徴として，活性中心であるヘム鉄に第五配位子としてシステイン残基由来のチオラート（R-S$^-$）が配位していること，ほとんどのP450において活性中心が疎水性の高い環境であることが挙げられる．チオラート軸配位構造は，ヘムタンパク質として例外的である．P450の強力な酸化反応性と，チオラート配位であることに深い関連があることは，予想はされていたものの明確な実験的根拠はなかった．この関連を明らかにするために，酸化反応においても安定に機能するチオラート配位鉄ポルフィリンが合成された[1]．

【調製法】酸化を受けやすいチオラート軸配位子を保護するために，その周辺のR$_1$にかさ高い置換基を導入している．また，分子内にチオラートを，リンカーを通じて導入し，分子内水素結合により常に軸側に配向するように設計されている．R$_1$としては，ピバラミド基が用いられている．チオラートをアシル基で保護しリンカー部分を含むカルボン酸を合成し，それとメソテトラキス(o-アミノフェニル)ポルフィリンを脱水縮合で結合させ，残りのアミノ基をピバロイル化したのち鉄を挿入し，最後にアルコキシドにより硫黄の脱保護を行ってSR錯体を得る．

【性質・構造・機能・意義】酸素に安定であり，空気中でカラム精製できる．冷凍保存により10年以上保存可能である．触媒的な酸化反応を行うことが可能であり，酸化を受けやすい基質では，分解が起こらない．アルカンなど酸化困難な基質の場合は一部分解するが，触媒反応が行える．P450の触媒反応機構で議論になっていたO-O結合開裂の様式に関連して，疎水性溶媒中での過酸のO-O結合開裂様式を，SR錯体などを用いて検討した結果，ヘテロリティックな開裂のみが観測され，イミダゾール配位のものよりもヘテロリシスが起きやすい[2]．また，p-ジメトキシベンゼンをプローブとして，酸化活性種の軸配位子による反応性の違いを比較し，他の軸配位子よりチオラート軸配位を有するヘム錯体の方が水素引き抜き反応を起こしやすいことが示された[3]．一方，P450に存在するチオラートへのNH…S水素結合が，反応性にどのような影響を及ぼすか検討するために水素結合型SR錯体を合成している[4]．結晶構造より，Fe-S結合距離は2.18 Åと実際のP450と近い値であり，窒素と硫黄の距離よりNH…S水素結合が形成していると考えられた．一酸化窒素(NO)合成酵素もP450とほぼ同様の配位構造をしており，未解決のNOとの配位化学を明らかにする目的で，NO配位合成チオラート配位ヘムが調製された[5]．過酸を酸化剤とする酸化反応を精査し，活性種に関する示唆を与える結果を得ている[6]．プロスタグランジン合成酵素との関連から，環状ペルオキシドとの反応が検討され，高効率でSR錯体が異性化反応することが見いだされた[7]．

【関連錯体の紹介およびトピックス】2010年にGreenらは，P450と過酸との反応で，Compound Iを高い収率で生成した．鉄は4価で，カチオンラジカルはポルフィリン環と硫黄上に50%ずつ存在することを示した[8]．

【樋口恒彦】

【参考文献】
1) a) T. Higuchi et al., J. Am. Chem. Soc., **1990**, 112, 7051; b) 樋口恒彦, 有機合成化学会誌, **2009**, 67, 134.
2) T. Higuchi et al., J. Am. Chem. Soc., **1993**, 115, 7551.
3) Y. Urano et al., J. Am. Chem. Soc., **1997**, 115, 12008.
4) T. Higuchi et al., J. Am. Chem. Soc., **1999**, 121, 11571.
5) T. Higuchi et al., J. Am. Chem. Soc., **2000**, 122, 12059.
6) T. Higuchi et al., J. Am. Chem. Soc., **2002**, 124, 9622.
7) T. Yamane et al., Angew. Chem. Int. Ed., **2008**, 47, 6438.
8) M. T. Green et al., Science, **2010**, 330, 933.

FeN$_4$S

【名称】 3-(1,4,8,11-tetraazacyclotetradecan-1-yl)propane-1-thiolatoiron(II): [Fe^{II}(cyclam-PrS)]$^+$(錯体1)[1]

【背景】 スーパーオキソ(O_2^-)は細胞に傷害を与える活性酸素種であり,嫌気性生物はO_2^-を過酸化水素に還元する.好気性生物もO_2^-を除去するため非ヘム型の単核Mn, Ni, Fe錯体および二核Cu/Zn錯体を活性中心にもつスーパーオキソディスミューターゼ(SOD)をもっているが,O_2^-を酸素分子と過酸化水素に不均化する.

スーパーオキソ還元酵素(SOR)の鉄(II)イオンは四角錐構造で軸位にシステインのチオラト基を持ち,平面内には4つのヒスチジンの窒素が配位し,鉄(II)イオンは高スピンで状態である.休止型の鉄(III)-SORには,グルタミン酸の側鎖のカルボキシラト基が配位し,鉄(III)イオンも高スピンである.Fe(II)-SORと基質であるO_2^-との反応で2つの反応中間体(T1とT2)が観測される[2].T1は拡散律速で生成する中間体であり,共鳴ラマン分光測定からO_2^-がFe(II)イオンで還元されてH$^+$がついたFe(III)-OOH種であると同定されている.OOH基は近傍にある水分子からH$^+$が供給され過酸化水素として放出され中間体T2(Fe(III)-OH)が生成する.このT2に外部から一電子が供給されFe(II)状態へと戻り,SOR反応サイクルは完結する.このSORの機能モデル錯体としてN$_4$S型配位子をもつ錯体1が合成され,その構造やO_2^-との反応で生成する反応中間体と反応性が調べられている.

【調製法】 錯体1はNaOH(2.66 mmol)およびcyclam-PrSAc·4HCl(433 mmol)のMeOH溶液を混合し,これにFeCl$_2$(433 mmol)のMeOH溶液を加え不純物をろ過して除き,CH$_2$Cl$_2$溶液から無色の結晶として得られる.

【性質・構造・機能・意義】 錯体1はSORと同様に軸位にチオラト基をもつN$_4$S型の四角錐構造で高スピンである.錯体1のCH$_2$Cl$_2$溶液に-78℃でO_2^-(18-crown-6-K塩のMeOH溶液)を加えると赤ワイン色の不安定中間体が生成する.この中間体は高スピンのFe(III)種($g=7.72, 5.40, 4.15$)で$\lambda_{max}=530$ nm($\varepsilon=1350$ M^{-1}cm^{-1})に強い吸収をもっている.また,共鳴ラマン分光測定でν(O-O),ν(Fe-O)およびν(Fe-S)伸縮振動が,それぞれ891 cm^{-1}(Fermi doublet),419 cm^{-1}および352 cm^{-1}に観測され,SORのT1中間体と同様のFe(III)-OOH種([Fe^{III}(cyclam-PrS)(OOH)]$^+$(錯体2))と同定されている.ν(Fe-O)伸縮振動は,これまで報告されているν(Fe-O)に比べて非常に低く結合が弱いことを示唆している.このOOH基の生成反応には,MeOHのようなプロトン源が必要である.さらに,Fe(III)-OOH種に酢酸(AcOH)を加えると過酸化水素を放出し,青色(604 nm($\varepsilon=1350$ M^{-1}cm^{-1}))で低スピン($g=2.37, 2.30, 1.89$)の[Fe^{III}(cyclam-PrS)(OAc)]$^+$(錯体3)が生成する.これもSORのグルタミン酸側鎖のカルボン酸イオンが配位した休止型モデルとなる.しかしSORではFe(III)イオンは高スピンである.錯体3に一電子還元剤であるCp$_2$Coを加えると錯体1が再生し数回触媒的に反応することができる.

【関連錯体の紹介およびトピックス】 三脚型N$_4$配位子の末端窒素の1つにチオラト基を組み込んだN$_4$S型五座配位子で三方両錐構造の鉄(II)錯体[Fe(S^{Me2}N$_4$(tren))]$^{2+}$]が報告されている[3].錯体1とは異なり,チオラト基は面内に配位している.この錯体も-90℃でO_2^-(18-crown-6-K塩のMeOH溶液)と反応して低スピンの[Fe^{III}(S^{Me2}N$_4$(tren))(OOH)]$^+$を生成し,プロトン化してH$_2$O$_2$を触媒的に生成する.

【人見 穣】

【参考文献】
1) a) T. Kitagawa *et al.*, *J. Am. Chem. Soc.*, **2006**, *128*, 14448; b) J. A. Kovacs *et al.*, *Acc. Chem. Res.*, **2007**, *40*, 501.
2) G. Katona *et al.*, *Science*, **2007**, *316*, 449.
3) a) J. Shearer *et al.*, *Inorg. Chem.*, **2001**, *40*, 5483; b) J. Shearer *et al.*, *J. Am. Chem. Soc.*, **2002**, *124*, 11709; c) R. M. Theisen *et al.*, *Inorg. Chem.*, **2005**, *44*, 1169.

FeN₄X (X＝O or S)

【名称】 [Fe(II)(L⁸py₂)(X_apical)](L⁸py₂＝N,N'-bis(2-pyridylmethyl)-1,5-diazacyclooctane, X_apical＝triflate, benzoate, 4-methylbezenethiolate, 4-methyl-nitroxide)

【背景】 システインは金属酵素における金属イオンの電子状態の調節に使われる.特に興味深いのは,シトクロム P450 に見られるチオレート配位とスーパーオキソ還元酵素(SOR)に見られるチオレート配位の役割の違いである.シトクロム P450 は分子状酸素を還元的に活性化し,低スピン鉄三価ヒドロペルオキシドを生成し,酸素-酸素結合をイオン的に開裂し,高原子価鉄オキソ種を生成する.この際,トランス位にあるチオレート配位子が,酸素-酸素結合のイオン的開裂に一役買っている(push 効果).一方,SOR の活性部位の構造は[Fe(II)(His)₄(Cys)]であり,シトクロム P450 と同様の構造を有している.SOR は酸素を発生することなくスーパーオキソを過酸化水素へと変換する酵素であり,シトクロム P450 と同じく鉄三価ヒドロペルオキシドを反応中間体として生成する.シトクロム P450 の場合,鉄三価ヒドロペルオキシドの遠位側の酸素原子にプロトン化が起こるが,SOR の場合,近位側の酸素原子にプロトンが付加し,過酸化水素が解離すると考えられる.この違いは,鉄三価ヒドロペルオキシドのスピン状態の違いにあると提案されている[1].Halfen と Que らは,この違いを明らかにするために,平面窒素四座配位子と様々な軸配位子を有する単核鉄二価錯体を合成した[2].

【調製法】 L⁸Py₂ 配位子の無水 THF 溶液に,最少量のアセトニトリルで溶解させた[Fe(MeCN)₂(OTf)₂]を加え,室温で 20 分間撹拌後,−30℃で放置する.5 時間後,無色の大きな結晶が得られる.収率 78%.−30℃で放置せずに,ジエチルエーテルを積層させることで,微結晶粉末として 80%収率で[Fe(II)(L⁸py₂)(OTf)]OTf を得る.

L⁸Py₂ 配位子と[Fe(II)(H₂O)₆](BF₄)₂ を MeOH に溶解させた後,sodium 4-methylbenzenthiolate を加えると,直ちに[Fe(II)(L⁸py₂)(SC₆H₄-p-CH₃)]BF₄ が黄色結晶として得られる(収率 77%).

L⁸Py₂ 配位子と[Fe(II)(H₂O)₆](BF₄)₂ を MeOH に溶解させた後,安息香酸ナトリウムを加え,1 時間撹拌後,NaBPh₄ の MeOH 溶液を加えると,直ちに[Fe(II)(L⁸py₂)(O₂CPh)]BPh₄ の黄色結晶を得る.

【性質・構造・機能・意義】 3 つの錯体はいずれも高スピン錯体である.軸配位子の電子供与性を反映し,X＝OTf＜OBz＜SAr の順で,鉄-窒素結合の平均距離が長くなる.同様に,鉄からピリジンへの電荷移動吸収帯も低エネルギーシフトする.

−80℃で[Fe(II)(L⁸py₂)(OTf)]OTf の CH₂Cl₂ 溶液に ^{t}BuOOH を加えると[Fe(III)(L⁸py₂)(OOtBu)(OTf)]⁺ が得られる.同様にして,[Fe(II)(L⁸py₂)(SC₆H₄-p-CH₃)]BF₄,[Fe(II)(L⁸py₂)(O₂CPh)]BPh₄ から,対応する鉄三価アルキルペルオキソ錯体を得る.いずれの鉄三価アルキルペルオキソ錯体も高スピンであり,ペルオキソ基から鉄への電荷移動吸収帯が 580 nm(X＝OTf),545 nm(X＝OBz),510 nm(X＝SAr)に観測される.鉄三価アルキルペルオキソ錯体は,−80℃ではいずれも安定だが,−40℃で分解する.分解速度は,$1.8×10^{-2}$ s⁻¹(X＝OTf),$5.4×10^{-4}$ s⁻¹(X＝OBz),$5.8×10^{-5}$ s⁻¹(X＝SAr)であり,塩基性の強い軸配位子が鉄三価アルキルペルオキソ錯体の安定性を向上させる.[Fe(III)(TPA)(OOR)]²⁺ やヘム錯体では,逆の傾向が観測される[3].Que らはこの差が鉄三価アルキルペルオキソ錯体のスピン状態の違いにあるとしている.高スピン錯体の場合,Fe-O 結合が弱く,ラジカル開裂する可能性があるが,チオレート配位は鉄の電位を下げることで,Fe-O 結合のラジカル開裂を妨げる.

【人見 穣】

【参考文献】

1) a) J. A. Kovacs, *Chem. Rev.*, **2004**, *104*, 825; b) M. D. Clay *et al.*, *J. Am. Chem. Soc.*, **2002**, *124*, 788; c) R. Silaghi-Dumitrescu *et al.*, *Inorg. Chem.*, **2003**, *42*, 446.

2) a) J. A. Halfen *et al.*, *Inorg. Chem.*, **2002**, *41*, 3935; b) M. Bukowski *et al.*, *Angew. Chem. Int. Ed.*, **2005**, *45*, 3446.

3) J. Kaizer *et al.*, *Angew. Chem. Int. Ed.*, **2003**, *42*, 3671; A. Mairata *et al.*, *Chem. Eur. J.*, **2004**, *10*, 4944; M. Sono *et al.*, *Chem. Rev.*, **1996**, *96*, 2841.

FeN₄Cl

[文献2]

[文献2]

【名称】chloro(*N*-methyl-5,10,15,20-tetraphenylporphyrinato)iron(II)：[FeCl(mtpp)]

【背景】*N*-アルキルポルフィリンは生体内でのプロトポルフィリンIXへの鉄の挿入を触媒する酵素フェロケラターゼの活性を阻害することで知られており，酵素触媒反応の中間体として重要である．本錯体はこれらの化合物の基本的なFe(II)モデル化合物である．

【調製法】配位子mtppの合成は次の通りである[1]．5,10,15,20-tetraphenylporphyrin(tpp)の希薄クロロホルム溶液に等量のフルオロスルホン酸メチルをゆっくり滴下する．その後室温で2〜3日間反応させる．反応物をクロロホルムに溶解し，1Mアンモニア水で中和後，水で2回洗浄する．塩基性アルミナのカラムクロマトグラフィーで展開溶媒としてクロロホルムを用いて分離・精製する．クロロホルム/エタノール(1:1)から再結晶する．ヨウ化メチルを用いる方法もあるが，収率は低い．

錯体の合成は次の通りである[2]．$FeCl_3$とFe線をテトラヒドロフランに加え，窒素下で数時間還流する．この溶液に配位子mtppを加えると溶液は暗緑色に変化する．冷却後，配位子と等量の2,6-ルチジンを加える．溶液をろ過後，溶媒を留去し，アセトニトリル/ジクロロメタンから再結晶する．

【性質・構造・機能・意義】ジクロロメタン，アセトニトリル，テトラヒドロフランなどに溶解する．溶液は暗緑色で，447 nmと459 nmに分裂したSoret帯を，564 nm，610 nm，662 nmにQ帯をもち，いずれもπ-π*遷移である[3]．非メチル化ポルフィリン鉄(II)錯体と異なり酸素存在下でも安定に存在する．

この錯体は結晶構造から，Fe(II)にCl^-イオンが軸配位し，mtppの4つのピロールNが配位した四角錐構造をしているが，Feは3つのピロールN面から0.62 Å浮き上がっている．また，*N*-メチル化したピロール環はFe-Cl軸の反対方向に37°傾いている[2]．固体の有効磁気モーメントは$5.2\mu_B$であり高スピン型である[2]．X線光電子スペクトルの測定によれば，398.2 eV (sp^2N1s)と400.2 eV (sp^3N1s)に2種類のピロールNが確認されている[4]．$CDCl_3$中の^1H NMRスペクトルでは，*N*-CH_3プロトンは105 ppmの低磁場側に観測される[5]．ジクロロメタン溶液中のサイクリック・ボルタンメトリーでは，Fe(III)/Fe(II)に基づく酸化還元波が0.50 V (vs. SCE)に，配位子に基づく3つの酸化還元波(1.52 V, −0.85 V, −1.34 V)が得られているが，はじめの2つの波は中心金属の影響を強く受けている[6]．溶液中でのFe(II)と配位子との錯形成反応についてはFe(II)溶液への溶存酸素の影響を完全には除去できないためデータの報告はほとんどない．

【関連錯体の紹介およびトピックス】錯体は対応する非メチル化ポルフィリン錯体よりも平面性が低いため，酸により容易に脱金属できる．また，塩基の存在下で脱メチル化しやすい．低温でハロゲンにより酸化されて$[Fe^{III}Cl(mtpp)]^+$を生成し，^2H NMRスペクトルにより*N*-CD_3シグナルが272 ppmに観測される[7]．

【塚原敬一】

【参考文献】
1) D. K. Lavallee *et al.*, *Inorg. Chem.*, **1974**, *13*, 2004.
2) O. P. Anderson *et al.*, *Inorg. Chem.*, **1980**, *19*, 2101.
3) D. Kuila *et al.*, *J. Am. Chem. Soc.*, **1984**, *106*, 448.
4) D. K. Lavallee *et al.*, *Inorg. Chem.*, **1979**, *18*, 1776.
5) A. L. Balch *et al.*, *Inorg. Chem.*, **1985**, *24*, 1437.
6) D. Kuila *et al.*, *Inorg. Chem.*, **1985**, *24*, 1443.
7) A. L. Balch *et al.*, *Inorg. Chem.*, **1985**, *24*, 2432.

FeN₅

【名称】cyclodextrin dimer–iron porphyrin inclusion complex: HemoCD

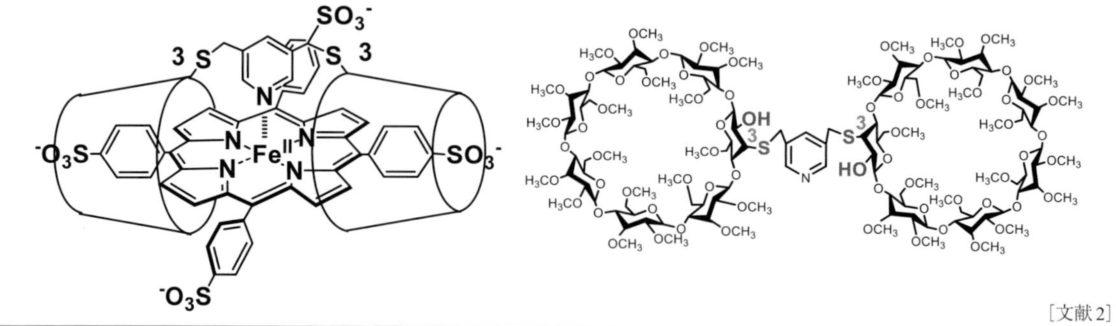

【背景】酸素を可逆的に結合し運搬するタンパク質として，ヘモグロビンが知られているが，この機能を人工的に再現したものとしてCollmanらによるピケットフェンスポルフィリンがある[1]．しかしながら，水中で酸素の可逆的な結合を実現する化合物は知られていなかった．HemoCD 1 は，超分子的なアプローチによって，鉄ポルフィリンを，シクロデキストリンによって水に可溶化させるとともに酸素結合部位を水から保護し疎水的な空間を作ることに成功したものである．

【調製法】HemoCD[2]は，[5,10,15,20-tetrakis(4-sulfophenyl)porphyrinato]iron(III)chloride と上図の右に示すシクロデキストリン2分子をピリジンで架橋した二量体とを水中で混合することによって自発的に生成する．この反応は平衡反応であるが，ポルフィリンの疎水性による疎水相互作用とピリジンと鉄との配位相互作用によって，ポルフィリンとシクロデキストリンとの会合定数は，$10^7 M^{-1}$以上であると報告されている．

【性質・構造・機能・意義】HemoCDは水中で安定な酸素錯体を形成し，共鳴ラマンスペクトルによってFe(II)-Oの伸縮振動が $569 cm^{-1}$ に現れることからも確認されている．自動酸化反応によって，鉄が2価から3価に酸化されてしまう酸素可逆的結合能の失活は非常に遅く，pH 7, 25℃での酸素錯体の半減期は30時間である．また，一酸化炭素に対する親和性が強いのもこの錯体の特徴である．0.05 Mリン酸緩衝液 pH 7.0, 25℃での電子吸収スペクトルは次の通りである[3]．$\lambda_{max} = 434 nm (\varepsilon_{max} = 21300 M^{-1} cm^{-1})$，酸素錯体 $\lambda_{max} = 423 nm (\varepsilon_{max} = 16400 M^{-1} cm^{-1})$．

【関連錯体の紹介およびトピックス】本錯体では，疎水環境を構築するのにシクロデキストリンが用いられているが，同様の目的で，脂質二分子膜ベシクル，デンドリマーを用い，鉄ポルフィリンをこれらの疎水環境中に入れることによって自動酸化を防ぐ試みが行われている[4]．

【水谷 義】

【参考文献】
1) J. P. Collman *et al., Chem. Rev.*, **2004**, *104*, 561.
2) K. Kano *et al., Angew. Chem. Int. Ed.*, **2005**, *44*, 435.
3) K. Kano *et al., Dalton Trans.*, **2012**, *41*, 453.
4) a) E. Tsuchida *et al., J. Chem. Soc. Dalton Trans.*, **1984**, 1147; b) P. J. Dandliker *et al., Angew. Chem. Int. Ed.*, **1995**, *107*, 2906.

FeN₅O

R: terminal amine

【名称】bleomycin-iron(II) complex and bleomycin-cobalt(II) complex

【背景】ブレオマイシンは，皮膚がん，頭頸部・子宮頸部の腫瘍，悪性リンパ腫などに対する優れた抗がん剤として広く臨床医学で使用されている．ブレオマイシンは，がん細胞のDNA鎖切断によって細胞増殖阻害を示すが，このDNA切断作用に鉄錯体生成に基づく分子状酸素の活性化が深く関与している．また，ブレオマイシン－コバルト錯体は光照射によってDNA切断を引き起こすことが知られている．一見構造上大きく異なっているブレオマイシン－鉄錯体とシトクロムP450が極めて似た酸素活性化メカニズムを有していることは，大変に興味深いことである[1]．

【調製法】1:1ブレオマイシン－鉄(II)錯体は，還元条件下，水溶液(pH 6.8)中，ブレオマイシンと鉄(II)を混合し，得られた赤色錯体をカラムクロマトグラフィーで精製する．本錯体は空気酸化によって容易に対応する鉄((III)錯体に変化し，また還元剤によって鉄(II)錯体に戻る．一方，ブレオマイシン－コバルト(III)錯体は，ブレオマイシン水溶液(pH 6.8)に等量の塩化コバルトを加えた後，酸素化を十分行うため，室温下2時間激しく撹拌する．そして混合溶液を0.1 M酢酸アンモニウム(pH 6.8)－アセトニトリルを溶出溶媒としてカラムクロマトグラフィーで分離して，緑色のブレオマイシン－コバルト(III)錯体(保持時間19分)を溶出する．凍結乾燥をした試料を50 mMリン酸ナトリウム(pH 6.8)に再溶解し，緑色結晶を得る．

【性質・構造・機能・意義】ブレオマイシン－コバルト(III)錯体のX線結晶解析および対応するコバルト(II)錯体のESRスペクトル，ブレオマイシン－鉄(III)錯体および対応する鉄(II)錯体のESRスペクトル，¹H NMRスペクトル，メスバウアースペクトルなどから，鉄およびコバルト錯体はともに図のような金属配位構造をしていることが明らかになった．すなわち，ブレオマイシンはそのβ-アミノアラニン－ピリミジン－β-ヒドロキシヒスチジン部分で巧妙な五配位四角錐型金属錯体を形成している．鉄(II)錯体やコバルト(II)錯体では，その第六配位座に分子状酸素を結合している．ブレオマイシン－鉄錯体では，5個の窒素ドナーによって5-5-5-6員環の4つのキレート縮合環を形成するため，ポルフィリン－鉄錯体に類似した電子配置を示すものと考えられる．ブレオマイシン－鉄錯体によるDNA切断は，第五配位座に結合した分子状酸素が活性化され，その活性化された酸素種がDNAのデオキシリボースを攻撃することでDNA鎖切断が誘起されると推定される．　　　　　　　　　　　　【杉浦幸雄】

【参考文献】
1) Y. Sugiura, *J. Am. Chem. Soc.*, **1980**, *102*, 5208.
2) K. D. Goodwin *et al., Proc. Natl. Acad. Sci. USA*, **2008**, *105*, 5052.

FeN₅O

【名称】 dioxygen[mono-1-methyl-imidazole-*meso*-tetra($\alpha,\alpha,\alpha,\alpha$-*o*-pivalamidophenyl)porphyrin]iron(II): Fe($\alpha,\alpha,\alpha,\alpha$-TpivPP)(1-MeIm)$O_2$[1]

【背景】 脊椎動物および一部の無脊椎動物の体内で酸素分子の運搬および貯蔵を担っているヘモグロビン(Hb)およびミオグロビン(Mb)は，ヘム(鉄-ポルフィリン錯体)を補欠分子族として含む．ヘムはタンパク質が形成する疎水性空間に保持され，ヒスチジン残基のイミダゾール基が第五配位子として鉄(II)イオンに軸配位している．酸素分子は，イミダゾール基とは反対側の配位サイトで，第六配位子としてヘムの鉄(II)イオンに可逆的に結合する．Mbは1本のポリペプチド鎖とヘムからなる単量体であるが，Hbでは Mb類似のサブユニットが4個会合しており，サブユニット間に酸素結合の協同効果がみられる．酸素分子の可逆的配位の要因解明と再現，酸素付加体の構造や電子状態の解析，Hbの協同効果の機構解明などは重要な問題であるため，これまで，HbやMbのモデル錯体は非常に数多く合成されてきた．Collmanらが合成した本錯体(ピケットフェンスポルフィリン)は，HbやMbのモデル錯体のなかで酸素付加体の結晶構造解析に成功した唯一の例であり，生物無機化学における最も有名かつ重要なモデル錯体のひとつである．ただ，ピケットフェンスポルフィリンでは，HbやMbでみられる一酸化炭素の配位抑制(酸素選択性の向上)は再現できていない．

【調製法】 配位子である *meso*-tetra($\alpha,\alpha,\alpha,\alpha$-*o*-pivalamidophenyl)porphyrinの合成は多段階のため，詳細は文献を参照のこと[1]．フリーベースポルフィリン配位子に$FeBr_2$を作用させ，いったん鉄(III)錯体として単離精製する．次に，不活性雰囲気下で[Cr(acac)$_2$]$_2$によって還元し，鉄(II)錯体を得る．イミダゾール配位子の存在下，酸素分子と反応させると，酸素付加体が得られ，脱気すると，デオキシ型鉄(II)錯体に戻る．

【性質・構造・機能・意義】 4個のピバルアミド基はポルフィリンの片側に疎水性空間を提供し，ヘム錯体の二量化を経由する自動酸化反応も立体的に防止する．さらに，イミダゾールが立体障害を避けて，ピバルアミド基とは逆側にのみ配位することにより，酸素分子が疎水性空間内で可逆的にヘム鉄(II)に結合する．本錯体の酸素親和性($P_{1/2}$)は0.31 Torrであり，Mbの酸素親和性(0.55 Torr)に近い．IRスペクトルでは，O-O結合の伸縮振動数が1159 cm^{-1}と確認され，配位した酸素分子は鉄(II)イオンから一電子を受容したスーパーオキソであるとみなされる．また，酸素付加体の電子状態は，ESR，NMR，磁化率などの解析から，反磁性($S=0$)であると結論された．したがって，スーパーオキソ($S=1/2$)と低スピン($S=1/2$)のFe(III)イオンとが反強磁性的にカップリングした結果，反磁性になっていると考えられ，メスバウアースペクトルのデータ($\Delta E_q=2.11$ mm s^{-1}, $\delta=0.28$ mm s^{-1})もその帰属を支持している．共鳴ラマンスペクトルから，Fe-O_2結合の伸縮振動数が568 cm^{-1}と決定され，Hbにおける値(567 cm^{-1})と非常に近い．X線結晶構造解析によると，一方の酸素原子のみがヘム鉄に結合する屈曲した end-on型で酸素分子は配位しており，Fe-O_2結合長は1.75(2) Å，Fe-O-O結合角は131(2)°であった．結晶構造では，末端の酸素原子は，ピバルアミド基のN-H結合の方に向いている．これらの分光学的パラメーターおよび構造データは，HbやMbの酸素付加体と極めてよく類似しており，本錯体はHbやMbの優れた合成モデルであるといえる．さらに，固体中での可逆的なO_2結合も確認されている．ヘム鉄に配位する際に立体障害が伴う2-methylimidazoleや1,2-dimethylimidazoleを用いて，固体中でO_2配位を行わせると，Hbと同様に低親和性状態と高親和性状態の間の構造変換が生じ，さらに近接する錯体間に相互作用が起きることにより，酸素配位の協同効果が発現する．

【関連錯体の紹介およびトピックス】 HbやMbの機能モデルとして類似のポルフィリン錯体が多数合成された[2]．

【谷　文都】

【参考文献】
1) J. P. Collman *et al., Acc. Chem. Res.,* **1977**, *10*, 265.
2) a) J. E. Baldwin *et al., J. Am. Chem. Soc.,* **1975**, *97*, 227; b) T. G. Traylor *et al., J. Am. Chem. Soc.,* **1975**, *97*, 5924; c) C. K. Chang *et al., J. Am. Chem. Soc.,* **1977**, *99*, 2819.

FeN$_5$O

[Structure scheme: 1: [Fe^{II}(PMA)(Solv)]$^+$, 2: [Fe^{III}(PMA)(Solv)]$^{2+}$ reacting with O$_2$, 2e$^-$, H$^+$ or H$_2$O$_2$ to give Fe(III)OOH]

【名称】N-(2-(1H-imidazol-4-yl)ethyl)-2-((2-aminoethylamino)methyl)-5-bromopyrimidine-4-carboxamidatoiron(II) and iron(III) ions: [Fe^{II}(PMA)]$^+$(錯体1), [Fe^{III}(PMA)]$^{2+}$(錯体2)[1]

【背景】錯体1と2は抗腫瘍性抗生物質であるブレオマイシン(BLM)の単核鉄錯体であるFe(III)-BLMの機能モデルとして合成された．Fe(III)-BLMは，還元剤と酸素分子の共存下，デオキシリボースのC-H結合を酸化し，DNA二重鎖を配列選択的に切断する．この酸化反応の反応中間体(活性化BLM)は低スピンFe(III)-OOH種であることが各種分光法や電子スプレー質量分析により明らかとなっている[2]．ただし，デオキシリボースのC-H結合を酸化する活性種は，Fe(III)-OOH種であるか，O-O結合の開裂により生成するFe(V)=OあるいはFe(IV)=O種であるかは明らかとなっていない．このFe(III)-OOH種のモデル錯体としてBLMに特徴的な一級および二級窒素，ピリミジン，イミダゾール，さらにアミドアニオンをもつ五座配位子PMAを含むFe(II)およびFe(III)錯体が合成され，それらの酸素分子や過酸化水素との反応で生成するFe(III)-OOH種の物性や酸化反応性が調べられている[1]．

【調製法】配位子PMA-Hは，2-(ヒドロキシメチル)-5-ブロモ-4-ピリミジンカルボン酸から合成される．錯体1は，窒素下，等モルのPMA-Hとリチウムメトキシドを含む無水メタノールに塩化第一鉄と過剰量のテトラエチルアンモニウム塩酸塩を加えて濃青色の微結晶として得られる．錯体2は，窒素下PMA-Hと[Fe(DMSO)$_6$](ClO$_4$)$_3$・DMSOを含むアセトニトリル溶液に3当量のテトラエチルアンモニウム硝酸塩を加えて赤茶色の微結晶として単離される．

【性質・構造・機能・意義】錯体1はFe(II)-BLMと同様にNOおよびCO付加体を生成し，分光学的性質はFe(II)-BLMのそれらとよく似ている．錯体1は酸素分子と反応して活性化BLMのEPRスペクトルとよく似た低スピンFe(III)-OOH種に由来するシグナル(g=2.27, 2.18および1.93)と高スピンFe(III)種に由来するシグナル(g=4.3)を1：1の割合で示す．Fe(III)-OOH種と高スピンFe(III)種は，錯体1と酸素分子との反応で生成したFe(III)-O$_2^-$が未反応の錯体1と反応して生成すると推定されている．また，Fe(III)-OOH種は錯体2と過酸化水素との反応でも得られる．しかしFe(III)-OOH種は電子スプレー質量分析や共鳴ラマン分光では検出されていない．錯体1と2はFe-BLMと同様にDNAを酸化的に切断する．錯体1はアスコルビン酸と酸素分子，錯体2は過酸化水素との反応でDNAを切断し，Fe-BLMと同じ配列特異性(5'-G-pyrimidine-3')を示す．さらに，錯体1と2から生成されるFe(III)-OOH種は，活性化Fe-BLMと同様にオレフィンをエポキシ化する．錯体1は分子状酸素を活性化し，単核Fe(III)-OOH種を生成する最初の単核非ヘム鉄錯体である．

【関連錯体の紹介およびトピックス】その他，アミド配位基をもつN5型配位子のモデル錯体[Fe^{III}(PaPy$_3$)-(CH$_3$CN)]$^{2+}$も過酸化水素との反応で低スピンFe(III)-OOH種を生成することが報告されている[3a]．このFe(III)-OOH種でもラマンスペクトルでO-O伸縮振動は観測されていない．また，アミド配位基をもたないN5型配位子の単核非ヘム鉄(III)錯体と過酸化水素との反応でも低スピンFe(III)-OOH種が得られている[3b]．これらのFe(III)-OOH種では，ヒドロペルオキソ基から低スピンFe(III)イオンへの電荷移動吸収が可視領域に，さらにO-O伸縮振動が790～805 cm^{-1}に観測されている．

【人見 穣】

【参考文献】
1) R. J. Guajardo et al., J. Am. Chem. Soc., **1993**, 115, 7971.
2) a) J. W. Sam et al., J. Am. Chem. Soc., **1994**, 116, 5250; b) R. M. Burger et al., J. Biol. Chem., **1981**, 256, 11636; c) R. M. Burger et al., J. Biol. Chem., **1983**, 258, 1559.
3) a) J. H. Rowland et al., Inorg. Chem., **2001**, 40, 2810; b) G. Roelfes et al., Inorg. Chem., **2003**, 42, 2639.

FeN$_5$O 【生】

【名称】tetrakis-N,N,N',N' (2-pyridylmethyl) ethylenediamine iron(II) sulfate; (Fe^{II}tpen(SO$_4$))[1]

【背景】鉄含有スーパーオキソジスムターゼ(Fe-SOD)のFe$^{III/II}$活性部位は三角両錐型五配位構造で，平面には2個のHisイミダゾールのNε原子とAspのカルボキシル基の1個のO原子が配位し，軸方向にはHisのNε原子と水分子が配位している[2]．その酵素反応は，超酸化物イオン(O$_2^-$)の不均化である．

$$O_2^- + Fe^{III}\text{-SOD} \rightarrow Fe^{II}\text{-SOD} + O_2 \quad (1)$$
$$O_2^- + Fe^{II}\text{-SOD} + 2H^+ \rightarrow Fe^{III}\text{-SOD} + H_2O_2 \quad (2)$$

このFe(II)モデル錯体では，tpen配位子の5個のN原子(3個のピリジンN原子と2個の三級アミンN原子)と硫酸イオンがFeに配位した歪んだ八面体型である[1]．

【調製法】配位子tpenは，嫌気下，室温においてピコリルクロリド塩酸塩とエチレンジアミンを，NaOH水溶液中(pH 9.5以上)で反応させて得られる[1,3]．このtpenのCH$_3$OH溶液に，FeSO$_4$・7H$_2$OのCH$_3$OH溶液を加えた反応混合物を，室温で5分放置した後，反応溶液を濃縮すると黄色結晶が沈殿する．再結晶はCH$_3$CNを用いて行う．

【性質・構造・機能・意義】水溶液中では，Fe^{II}tpenは416 nm(ε = 10000 M^{-1}cm^{-1})に吸収帯をもつ[4]．高いSOD活性を示すこの錯体は，O$_2^-$がFe^{II}イオンに配位して，反応が進行すると考えられている[3,4]．詳細なパルスラジオリシスによる研究から，pH 7においてFe^{II}tpenはO$_2^-$と反応してFe^{III}tpenとH$_2$O$_2$を生成する(k_2 = 3.9×10^6 M^{-1}s^{-1})[1]．一方，Fe^{III}tpenとO$_2^-$の反応は二相性を示しており，10 msで完結する速い反応はFe^{III}tpen-O$_2^-$錯体の生成であり，数秒で完結するもう1つの遅い反応は，2(Fe^{III}tpen-O$_2^-$) + 2H$^+$ → 2(Fe^{III}tpen) + H$_2$O$_2$ + O$_2$のように，O$_2^-$錯体のFe^{III}tpenへの再生と考えられている．この際，Fe(III)に配位しているO$_2^-$の不均化が起こっている．また，O$_2^-$錯体では，Fe^{III}tpen(OH$^-$)中の配位子OH$^-$とO$_2^-$の置換が推定されるが，O$_2^-$はFe^{III}tpenをFe^{II}tpenに還元できないとされている．すなわち，先に挙げたO$_2^-$の不均化反応で，酸化反応(1)式は起こらない．

Fe^{II}tpenのSOD活性の指標であるIC$_{50}$(キサンチンオキシダーゼに基質キサンチンをはたらかせて生成するO$_2^-$によるシトクロムcの還元速度が，50%まで阻害されるのに必要なFe(II)錯体の濃度)は，0.5 μM(pH 7.0)である[3]．この値は，Mn-SODモデル錯体であるMn(II)(Obz)-(ipz)(hpb)のIC$_{50}$ = 0.75 μM(pH 7.4)(項目p. 459参照)と類似した高い活性である(少量のFe(II)錯体でシトクロムc還元反応が阻害されることを意味しており，(2)式の還元反応のみであるが，反応活性が高いことを示している)．なお，tpen配位子の4個のピリジン環のうち，1個を6-メチル化したFe(II)錯体では，IC$_{50}$ = 0.4 μMとなりFe^{II}tpenとほぼ同じSOD活性であったが，2個を6-メチル化したFe(II)錯体では，IC$_{50}$ = 3.0 μMと活性が低くなっている[3]．

【関連錯体の紹介およびトピックス】Mn-SODとFe-SODは共通の祖先をもっており，まず原核生物においてFe-SODが生まれ，好気性のバクテリアではMn-SODへと分子進化したと考えられている[2]．実際に，ミトコンドリアのマトリックスにはMn-SODが存在し，Fe-SODは葉緑体などの色素体に存在している．両者はタンパク質構造がよく類似しており，金属イオンの立体構造もともに三角両錐型五配位構造(配位子は3His, Asp, H$_2$O)である．これらのモデル錯体も，窒素配位子が金属を取り囲んでおり，さらにO$_2^-$を結合できる配位座を有している．

〔鈴木晋一郎〕

【参考文献】
1) T. Hirano et al., Chem. Pharm. Bull., **2000**, 48, 223.
2) C. A. Kerfeld et al., J. Biol. Inorg. Chem., **2003**, 8, 707.
3) M. Tamura et al., J. Organomet. Chem., **2000**, 611, 586.
4) M. Tamura et al., Chem. Pharm. Bull., **2000**, 48, 1514.

FeN₅O

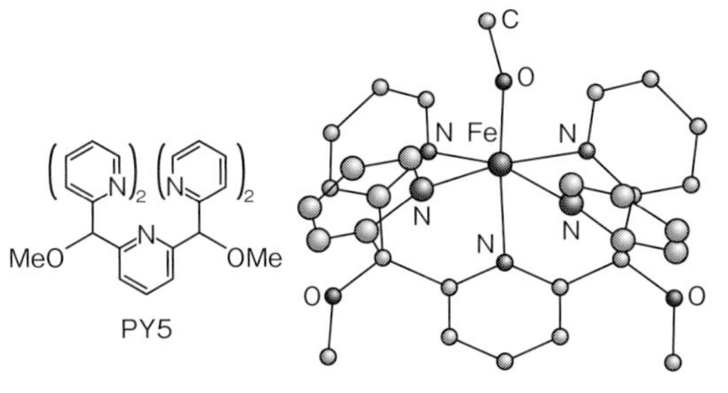

錯体1：[Fe^{III}(PY5)(OMe)]$^{2+}$

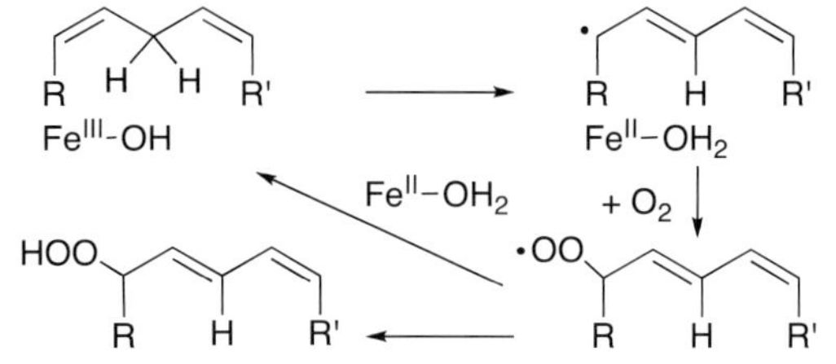

図1 リポキシゲナーゼの反応

【名称】methoxo｛2,6-bis(methoxydipyridin-2-yl-methyl)pyridine｝iron(III)：[Fe^{III}(PY5)(OMe)](OTf)$_2$：(錯体1)[1]

【背景】錯体1は非ヘム単核鉄酵素であるリポキシゲナーゼ(LOs：mer-N$_3$O$_3$とcis-N$_4$O$_2$型構造の2種が知られている)の機能モデル錯体として合成された。LOsは，アラキドン酸などのcis,cis-1,4-ペンタジエンのメチレン基の水素原子を活性部位であるFe^{III}-OHが引き抜き，生成したラジカルに酸素分子が結合してペルオキシルラジカルを生成しFe^{III}-OHはFe^{II}-OH$_2$となる。さらにこのペルオキリラジカルがFe^{II}-OH$_2$から水素原子を引き抜いてヒドロペルオキシドを生成してFe^{III}-OHを再生すると推定されている。錯体1はLOsの機能モデル錯体であり，Fe^{III}-OHと類似したFe^{III}-OMeによる様々なC-H結合解離エネルギー(BDE)をもつC-H結合の酸化，すなわち水素原子引き抜き反応が詳しく調べられている。

【調製法】赤橙色の錯体1は，Fe^{II}(OTf)$_2$と配位子PY5をメタノール中で混合して生成する鉄(II)錯体([Fe^{II}(PY5)(MeOH)]$^{2+}$錯体2)を1当量の過酸化水素で酸化して得られる。

【性質・構造・機能・意義】錯体1は上図に示したようにCH$_3$O$^-$が軸位に配位したN$_5$O型の六配位構造をとっている。鉄イオンが2価の錯体2も類似の構造をとっている。錯体1のFe-O$_{OMe}$結合距離は1.782(3) Åで類似のCH$_3$O$^-$が配位した鉄(III)錯体のFe-O$_{OMe}$結合距離に比べて短く錯体1の鉄(III)イオンのLewis酸性度が高いことを示唆しており，二価イオンに還元されやすくなっていると推定される。錯体1のメタノール中での還元電位は+0.73 V vs. SHEでありSoybean lipoxygenase-1(SLO-1)の0.6 vs. SHEよりも高い。錯体1の鉄(III)イオンは25℃では大部分が高スピン状態をとっているが，低温では低スピン状態となりスピンクロスオーバー現象を示す。LOsの活性部位であるFe^{III}-OHも高スピン状態をとっている。高スピン状態の錯体1のESRスペクトルでg=4.3にrhombicなシグナルが観測され，rabbit 15-lipoxygenase(15-LO)のESRスペクトルに似ている。

錯体1でLOsの基質であるcis,cis-1,4-ペンタジエン骨格をもつ1,4-シクロヘキサジエン(CHD)の酸化反応が調べられている。窒素雰囲気下では2分子の錯体1がCHDの2つのメチレン基の水素原子を引き抜きベンゼンを生成する。また，C-H結合のBDEが~75 kcal mol^{-1}のCHDから~88.4 mol^{-1}のトルエンのメチル基などの様々なBDEをもつ基質の酸化反応速度が調べられ，二次速度定数(k_2)の対数(log k_2)と基質のBDEの間には良好な直線関係があることが見いだされている。すなわちC-H結合のBDEが小さいほど，log k_2が大きくなり水素引き抜き反応が律速段階である。また，重水素化1,4-シクロヘキサジエンやトルエンの酸化反応の二次速度定数(k_{2D})で，それぞれ2.7および6.5の一次の速度論的同位体効果(KIE=k_{2D}/k_2)が観測され，水素引き抜き反応が律速段階であることが確かめられている。このように錯体1のFe^{III}-OCH$_3$はLOsのFe^{III}-OHと同様に水素引抜きによる酸化能を持っている。しかし，LOsのように酸素分子が存在してもヒドロペルオキシドの生成は報告されていない。

【関連錯体の紹介およびトピックス】LOsの配位基であるOH$^-$が配位したcis-N$_4$O$_2$型の15-RLOの構造に似たモデル錯体[Fe^{III}(tnpa)(OH)(PhCO$_2$)]$^+$(tnpa=tris(6-neopentylamino-2-pyridylmethyl)amine))が報告されている[2]。

【鈴木正樹】

【参考文献】
1) C. R. Goldsmith et al., J. Am. Chem. Soc., **2002**, 124, 83.
2) S. Ogo et al., Angew. Chem. Int. Ed., **1998**, 37, 2102.

FeN₅O

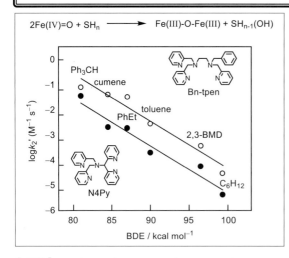

【名称】 oxo｛1,1-di(pyridin-2-yl)-N,N-bis-(pyridin-2-ylmethyl)methanamine｝iron(IV)：[Fe^{IV}(O)-(N4Py)]$^{2+}$（錯体1），oxo｛N^1-benzyl-N^1,N^2,N^2-tris-(pyridin-2-ylmethyl)ethane-1,2-diamine｝iron(IV)：([Fe^{IV}(O)(Bn-tpen)]$^{2+}$（錯体2）[1]

【背景】 単核非ヘム鉄酵素によるアルカンのC–H結合の酸化は，分子状酸素の活性化による鉄(IV)オキソ種によって達成されると考えられる．一方，ヘムを補欠分子族とするシトクロムP450は，鉄(IV)価ポルフィリンπカチオンラジカルによって，C–H結合の酸化を行う．すなわち単核非ヘム鉄酵素は鉄(II)/鉄(IV)のサイクルをヘム酵素は形式的に鉄(III)/鉄(V)のサイクルを採用しており，両者のC–H結合の酸化能力の違いに興味がもたれる．単核非ヘム鉄酵素のモデルとして環状四座配位子(TMC)などを用いて鉄(IV)価オキソ種([Fe^{IV}(O)(TMC)(NCCH$_3$)]$^{2+}$)が合成されているが，この錯体はトリフェニルホスフィンの酸化しかできない[2]．一方，図に示した四座配位子であるN4PyやBn-tpenの鉄(IV)オキソ錯体は反応性が高く，様々なC–H結合解離エネルギー(BDE)をもつ外部基質の酸化反応が調べられている．

【調製法】 [Fe^{IV}(O)(N4Py)]$^{2+}$（錯体1）および[Fe^{IV}(O)(Bn-tpen)]$^{2+}$（錯体2）は，それぞれ二価錯体[Fe^{II}(N4Py)(CH$_3$CN)]$^{2+}$と[Fe^{II}(Bn-tpen)(OTf)]$^+$のアセトニトリル溶液に25℃で過剰量のPhIOで酸化して得られる．錯体1と2の半減期は，それぞれ約60時間と6時間で錯体2の方が酸化反応性が高く不安定である．

【性質・構造・機能・意義】 錯体1および2は緑色を呈し，695 nm(ε=400 M^{-1}cm^{-1})と739 nm(ε=400 M^{-1}cm^{-1})に吸収帯を示す．同様の吸収帯は[Fe^{IV}(O)(TMC)(NCCH$_3$)]$^{2+}$や[Fe^{IV}(O)(TPA)(NCCH$_3$)]$^{2+}$でも，820 nm(ε=400 M^{-1}cm^{-1})と720 nmに観測されている[2]．これらの吸収帯はピリジン配位子の数が多くなるほど高エネルギーシフトする傾向がある．錯体1の四極子分裂はΔE_Q=0.93 mm^{-1}，異性核シフトはδ=−0.04 mm s^{-1}で，錯体2ではΔE_Q=0.87 mm s^{-1}とδ=0.01 mm s^{-1}であり，いずれも基底状態がS=1の低スピン型鉄(IV)オキソ種である．

錯体1と2は室温でかなり安定であるが，高いC–H結合酸化能を示す．例えば，25当量のトリフェニルメタンを錯体1のアセトニトリル溶液に加えると，鉄(IV)オキソ種に特徴的な近赤外領域の吸収は30分以内に消失する．錯体1と2による様々なBDEをもつ基質の酸化反応速度および酸化生成物が調べられている．図に示したようにBDEが～81 kcal mol^{-1}のトリフェニルメタンから～99.3 kcal mol^{-1}のシクロヘキサンのC–H結合の酸化反応に対する二次反応速度定数(k_2)の対数とBDEの間にはよい直線関係がみられ，水素引抜き反応が律速段階であることが明らかとなっている．また，錯体2の酸化力は錯体1に比べて約10倍強い．さらに，錯体1と2による重水素化エチルベンゼンの酸化で，それぞれ大きな速度論的同位体効果KIE=～30と～50が観測されている．このような大きなKIEは[Fe$_2$O$_2$(TPA)$_2$]$^{3+}$や[Fe(O)(porphyrin)]$^+$によるエチルベンゼンの酸化反応でも観測され，水素引抜き反応が律速段階であることが確認されている．

【関連錯体の紹介およびトピックス】 三脚型四座配位子であるTPAなど様々な配位子をもつ非ヘム型の単核鉄(IV)オキソ錯体が報告されている[3]．

【人見 穣】

【参考文献】
1) J. Kaizer *et al.*, *J. Am. Chem. Soc.*, **2004**, *126*, 472.
2) J.-U. Rhode *et al.*, *Science*, **2003**, *299*, 1037.
3) a) L. Que, Jr., *Acc. Chem. Res.*, **2007**, *40*, 493; b) W. Nam, *Acc. Chem. Res.*, **2007**, *40*, 522.

FeN$_5$O

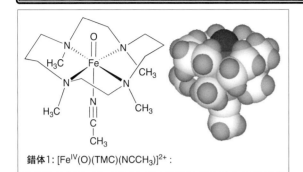

錯体1: [Fe^{IV}(O)(TMC)(NCCH$_3$)]$^{2+}$:

【名称】oxo(1,4,8,11-tetramethyl-1,4,8,11-tetraazacyclotetradecane)(acetonitrile)iron(IV) trifluoromethanesulfonate: [Fe^{IV}(O)(TMC)(NCCH$_3$)](OTf)$_2$(錯体1)[1]

【背景】単核非ヘム鉄酸化酵素はヘム鉄酸化酵素と同様にC-H結合の水酸化反応だけでなく、ハロゲン化、脱水素化、脱炭酸反応などの多様な酸化反応を行っている。これら単核非ヘム鉄酸化酵素の活性部位では2-His-1-carboxylate facial triadと呼ばれるN$_2$O構造モチーフが多く見られる。ヘム鉄酸化酵素とは異なり、多くの単核非ヘム鉄酸化酵素では酸化活性種として高スピン状態である$S=2$の高原子価鉄(IV)オキソ種(Fe^{IV}=O)が推定されている。例えば、大腸菌由来のtaurine/α-ketoglutarate dioxygenase(TauD)では様々な分光測定により高スピン状態である$S=2$の鉄(IV)オキソ種(Fe^{IV}=O)が検出されている。また、このオキソ種は大きな速度論的同位体効果($k_H/k_D=\sim 50$)を示す[2]。錯体1は、これら単核非ヘム鉄酸化酵素で提案されている高原子価鉄(IV)オキソ種のモデルとして結晶構造が明らかにされた最初の例である。ただし、錯体1の基底スピン状態はTauDで検出されたFe^{IV}=Oとは異なり低スピン状態である。

【調製法】錯体1は薄緑色で、[Fe^{II}(TMC)(OTf)$_2$]をアセトニトリル中、-40℃で1当量のヨードシルベンゼンで酸化すると90％以上の収率で得られる。また3当量の過酸化水素で酸化しても得られる。

【性質・構造・機能・意義】錯体1はN$_5$Oの六配位構造で図に示したようにオキソ基とアセトニトリルはトランス位にあり、TMCは平面型構造をとっている。末端のオキソ基とFeの結合距離は1.646(3) Åで、酵素やモデル錯体のEXAFSで推定されている値とよく一致している。また、オキソ基とアセトニトリルが入れ換わった異性体も報告されている[3]。

錯体1の電子状態はメスバウアースペクトルで測定された異性核シフト$\delta = 0.17$ mm s^{-1}および四極子分裂$\Delta E_Q = 1.24$ mm s^{-1}より$S=1$の低スピン状態で、820 nm ($\varepsilon = 400$ M^{-1}cm^{-1})に吸収をもっている。この吸収は、d-d遷移であると推定されるが、詳しいことはわかっていない。FT-IR測定により834 cm^{-1}にν(Fe^{IV}=O)伸縮振動が観測されている。この値はTauDで観測されている値とよく似ている。

錯体1はアセトニトリル中、-40℃では少なくとも1ヶ月間は安定である。末端オキソ基は配位子TMCの6つのC-Hの水素原子に囲まれており、O$_{oxo}$…H距離は3.3〜3.8 Åと近いがオキソ基の水素原子引抜き反応による自己分解は遅い。水素引抜き反応はオキソ基とC-H結合の相対的位置に依存していることが理論計算より示唆されている。すなわち、オキソ基によるC-H結合の水素原子引抜きはO$_{oxo}$…H-C角が180°に近いほど起こりやすいと推定され、錯体1のO$_{oxo}$…H-C角の平均は105°で水素原子引抜き反応が起こりにくくなっているものと考えられる。また外部基質に対する反応性も低く、トリフェニルホスフィンを定量的にトリフェニルホスフィンオキシドに酸化して鉄(II)錯体にもどり二電子酸化剤として作用するが、アルカンの水酸化やアルケンのエポキシ化はできない。

【関連錯体の紹介およびトピックス】その他結晶構造が明らかにされた錯体として、TMC配位子の1つの窒素にエチルチオラト基を組み込みヘム酵素であるP450と同じN$_5$S型配位子(TMCS=1-mercaptoethyl-4,8,11-trimethyl-1,4,8,11-tetraazacyclotetradecane)やN$_5$配位子(N4Py=1,1-di(pyridin-2-yl)-N,N-bis(pyridin-2-yl-methyl)methanamine)の鉄(IV)オキソ錯体([Fe^{IV}(O)(TMCS)]$^{2+}$および[Fe^{IV}(O)(N4Py)]$^{2+}$)などが報告されている[4]。

【人見 穣】

【参考文献】
1) J.-U. Rohde *et al.*, *Science*, **2003**, *299*, 1037.
2) C. Krebs *et al.*, *Acc. Chem. Res.*, **2007**, *40*, 484.
3) K. Ray *et al.*, *Angew. Chem. Int. Ed.*, **2008**, *47*, 8068.
4) a) M. R. Bukowski *et al.*, *Science*, **2005**, *310*, 1000; b) E. J. Klinker *et al.*, *Angew. Chem. Int. Ed.*, **2005**, *44*, 3690.

FeN$_5$O 生

錯体1: [Fe^{IV}(O)(TMC-py)]$^{2+}$
錯体2: [Fe^{IV}(O)(TMC)(NCCH$_3$)]$^{2+}$

錯体1: [Fe^{IV}(O)(TMC-py)]$^{2+}$

【名称】 oxo(1,4,8-trimethyl-11-(pyridin-2-yl-methyl)-1,4,8,11-tetraazacyclotetradecane)iron(IV): [Fe^{IV}(O)(TMC-py)]$^{2+}$(錯体1); oxo(1,4,8,11-tetramethyl-1,4,8,11-tetraazacyclotetradecane)bis(acetonitrile)iron(IV): ([Fe^{IV}(O)(TMC)(NCCH$_3$)]$^{2+}$(錯体2)[1,2]

【背景】 単核非ヘム鉄酵素であるα-ketoglutarate依存性鉄酵素などの鉄(II)イオンは，α-ケト酸などの還元剤を補因子として酸素分子を還元的に活性化しFe^{IV}=Oを生成する．TMC-pyおよびTMCの鉄(II)錯体([Fe^{II}(TMC-Py)]$^{2+}$: 錯体3, [Fe^{II}(TMC)(CF$_3$SO$_3$)$_2$]: 錯体4)も還元剤が存在すると酸素分子と反応して鉄(IV)オキソ種を生成する．

【調製法】 錯体1および錯体2は，次の方法により酸素分子により酸化して得られる．

【性質・構造・機能・意義】 錯体3および錯体4はアセトニトリル中で酸素分子とはほとんど反応しない．しかし，錯体3および4のアセトニトリル溶液に，還元剤であるカリボールイオン(BPh$_4^-$)や1-benzyl-1,4-dihydronicotinamide(BNAH)をそれぞれ加え，さらにH$^+$を加えると酸素分子と反応して錯体1および2が生成する．この生成機構は図に示した反応で進行する．錯体3および4の酸素親和性は非常に低いが，一部酸素分子と反応して鉄(III)ヒペルオキソ錯体(Fe^{III}-O$_2$)を生成する．このヒペルオキソ基を還元剤であるBPh$_4^-$やBNAHが還元して鉄(III)ヒドロペルオキソ錯体(Fe^{III}-OOH)となり，酸素-酸素結合が開裂して錯体1と2を生成する．また二価錯体4はメタノールなどの酸素配位が可能な溶媒中では，低スピン状態から高スピン状態となり酸化電位が低下して還元剤がない場合でも酸素分子と反応して錯体2を生成する．

【人見 穣】

【参考文献】
1) A. Thibon et al., Angew. Chem. Int. Ed., **2008**, 47, 7064.
2) S. Hong et al., J. Am. Chem. Soc., **2009**, 131, 13910.

FeN₆

M = Co, Fe
n = 12-10-5, 12-10-1, 10-8-1
n = 16, 18, 20, 22

【名称】bis(alkoxy-2,2′: 6′,2″-terpyridyl)cobalt(II)tetraphenylborate: $[M(Cn\text{-terpy})_2](BF_4)_2$

【背景】動的電子状態を有する金属錯体液晶の電子状態と液晶特性に関して,スピン転移現象と液晶転移を同期させることを目指し,鉄(II)およびコバルト(II)スピンクロスオーバー錯体に長鎖アルキル鎖を導入した錯体が設計・合成された[1,2].

【調製法】配位子 Cn-terpy は,2,6-ビス(2-ピリジル)-4(1H)-ピリドンとブロモアルカンから得ることができ,メタノール中で配位子 Cn-terpy と鉄(II)あるいはコバルト(II)のテトラフルオロボレートを作用させることにより得る.

【性質・構造・機能・意義】この鉄(II)錯体$[Fe(C16\text{-terpy})_2](BF_4)_2$は低スピン状態であり,466 K で固体状態からディスコティック液晶相 D_{L2} へと転移する.また,コバルト(II)錯体$[Co(C16\text{-terpy})_2](BF_4)_2$は,$T_{1/2}\downarrow=217$ K および $T_{1/2}\uparrow=260$ K で逆スピン転移現象を示し,260 K 以上の温度領域で緩やかなスピンクロスオーバー挙動を示す.また,366 K で固体状態から液晶相 SmE へ,430 K で SmE 相から SmC 相へ,511 K で SmC 相から SmA 相へ転移し,融点は 528 K である.これらの錯体では,液晶相転移温度とスピン転移温度が違う温度領域で起こる.

【関連錯体の紹介およびトピックス】配位子 Cn-terpy は,枝分かれの長鎖アルキル鎖を導入することができ,コバルト(II)錯体$[Co(C10C8C2\text{-terpy})_2](BF_4)_2$は,$T_{1/2}\uparrow=275$ K および $T_{1/2}\downarrow=250$ K でスピン転移現象を示す.また 275 K で固体状態から M_1 相へ,323 K で M_1 相から SmA 相への相転移を示し,融点は 479 K である.またコバルト(II)錯体$[Co(C12C10C2\text{-terpy})_2](BF_4)_2$は,$T_{1/2}\uparrow=307$ K および $T_{1/2}\downarrow=296$ K でスピン転移現象を示す.また 298 K で固体状態 K_1 から K_2 への相転移を示し,307 K で K_2 から M_1 相へ,323 K で M_1 相から SmA 相への相転移を示し,融点は 453 K である.さらにコバルト(II)錯体$[Co(C5C12C10\text{-terpy})_2](BF_4)_2$は $T_{1/2}\uparrow=288$ K および $T_{1/2}\downarrow=284$ K でスピン転移現象を示す.また 288 K で固体状態から SmA 相への液晶転移を示し,融点は 523 K である.すなわちこれらの錯体は,液晶相転移温度とスピン転移温度が同じ温度領域で起こり,固体で低スピン状態,液晶で高スピン状態をとり,スイッチング機能を搭載した金属錯体液晶である[3-8].

【速水真也】

【参考文献】
1) S. Hayami et al., Angew. Chem. Int. Ed., **2005**, 44, 4899.
2) S. Hayami et al., Polyhedron, **2009**, 28, 2053.
3) S. Hayami et al., Inorg. Chem., **2005**, 44, 7295.
4) S. Hayami et al., Inorg. Chem., **2007**, 46, 7692.
5) S. Hayami et al., Chem. Commun., **2008**, 6510.
6) S. Hayami et al., Monatsh. Chem., **2009**, 140, 829.
7) S. Hayami et al., Mol. Cryst. Liq. Cryst., **2009**, 509, 1051.
8) S. Hayami et al., J. Phys., **2010**, 200, 082008 1-4.

FeN₆

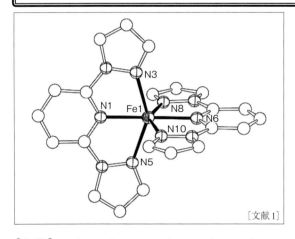

[文献1]

【名称】 bis{2,6-di(2-pyrazolyl)pyridine} iron(II) tetra-fluoroborate: [Fe(dpp)₂](BF₄)₂

【背景】 一部のスピンクロスオーバー錯体は，低温での光照射による低スピン状態から準安定高スピン状態への変換(light-induced excited spin state trapping: LIESST)を示す．準安定高スピン状態を安定に生成するには，高スピン・低スピン状態間の構造変化を大きくすることが重要である．本錯体は平面性の高い剛直な配位子を持ち，スピン転移に伴う比較的大きな構造変化を示すことから，LIESSTにより生成する準安定高スピン状態が安定化されている分子である[1]．

【調製法】 配位子dpp(2,6-di(pyrazolyl)pyridine)は，ジブロモピリジンとピラゾレートとの反応により得られる[2]．アセトン中，配位子dppとテトラフルオロホウ酸鉄(II)6水和物との反応により，錯体の粗精製物を黄色粉末として得る．さらに，粉末をアセトニトリルとジエチルエーテルから再結晶することにより，本錯体の黄色板状結晶を得る．

【性質・構造・機能・意義】 鉄(II)イオンは，2つの平面三座配位子dppがmeridional配位することで，歪んだ六配位八面体構造をもつ．290KにおけるX線構造解析において，鉄(II)イオンとdppのピラゾール窒素との平均配位結合長は2.184Åである．これと比較して，鉄(II)イオンとピリジン窒素との平均配位結合長は2.126Åであり，比較的短い．これは，剛直な配位子の影響により鉄(II)イオンの配位構造が大きく歪んでいることに起因する．240Kにおける鉄(II)イオンの配位構造は顕著に変化し，鉄(II)イオンとピラゾール窒素，およびピリジン窒素との平均配位結合長はそれぞれ，1.976Å，1.899Åとなる．これは，290Kから240Kへの冷却により，鉄(II)イオンが高スピン状態から低スピン状態へとスピン転移したことを示す．本錯体の磁化率は，鉄(II)イオンのスピン転移に起因する急激な温度変化を示す．冷却，および加熱過程におけるスピン転移温度はそれぞれ $T_{1/2}\downarrow=258\,\mathrm{K}$, $T_{1/2}\uparrow=261\,\mathrm{K}$ であり，3Kのヒステリシスを示す．固体中でのスピン転移の熱力学パラメータは，$\Delta H=17.2\,\mathrm{kJ\,mol^{-1}}$, $\Delta S=66.2\,\mathrm{J\,mol^{-1}\,K^{-1}}$ である．本錯体は，溶液中でもスピン平衡挙動を示す．アセトン-d_6 溶液中におけるスピン平衡温度は248Kであり，熱力学的パラメーターは $\Delta H=24.1\,\mathrm{kJ\,mol^{-1}}$, $\Delta S=101\,\mathrm{J\,mol^{-1}\,K^{-1}}$ である．さらに，低温における光照射($\lambda=532\,\mathrm{nm}$)により，本錯体はLIESST挙動を示す．光照射により生成する準安定高スピン状態は，加熱により81Kで基底低スピン状態へと緩和する．準安定高スピン状態のX線構造解析から，平均配位結合長は2.165Åであり，290Kにおける基底高スピン状態の構造と同様の構造をもつことが明らかにされている．LIESSTに伴う結晶の体積増加は2.3%であり，熱誘起スピン転移の体積変化(2.6%)に匹敵する．これは，他のスピンクロスオーバー錯体のLIESSTに伴う体積変化と比較して非常に大きい．

LIESSTにより生成する準安定HS状態の安定性に関する基礎研究は，LIESST現象を利用した光メモリーへの応用の観点からも興味がもたれている．本錯体は，LIESSTによる構造変化が非常に大きいため，他の錯体と比較して比較的安定な準安定高スピン状態を与える．これは，剛直かつ平面性の高い配位子を用いていることに起因している．本錯体から得られたLIESST挙動に関する知見は，準安定状態安定化に関する分子設計指針を与えている点で意義深い．

【関連錯体の紹介およびトピックス】 本錯体のスピンクロスオーバー挙動は，対アニオンの違いに非常に敏感である．対アニオンとしてヘキサフルオロリン酸イオンをもつ[Fe(II)(dpp)₂](PF₆)₂[3]はスピンクロスオーバーを示さず，すべての温度領域で高スピン状態を示す．一方，二量化に起因する常磁性・反磁性間の双安定性を示すNi錯体アニオンを対アニオンとしてもつ[Fe(II)(dpp)₂][Ni(mnt)₂]₂·MeNO₂は，5種類の電子状態を示す多重安定性分子となる[4]．

【二瓶雅之・大塩寛紀】

【参考文献】
1) C. Carbonera *et al.*, *Dalton Trans.*, **2006**, 3058.
2) D. L. Jameson *et al.*, *J. Org. Chem.*, **1990**, *55*, 4992.
3) J. M. Holland *et al.*, *J. Chem. Soc. Dalton Trans.*, **2002**, 548.
4) M. Nihei *et al.*, *J. Am. Chem. Soc.*, **2010**, *132*, 3553.

FeN$_6$

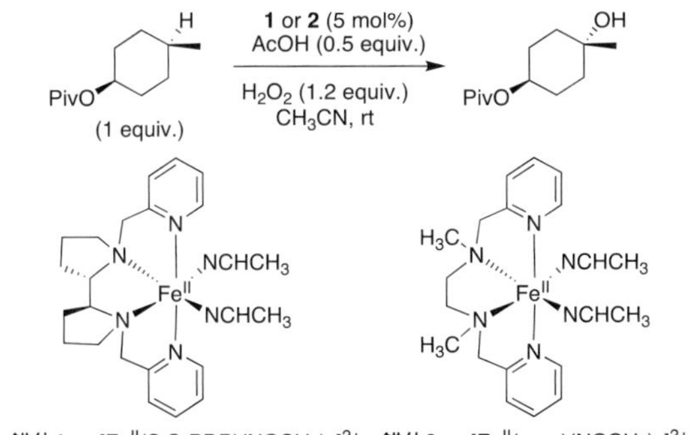

錯体1: α-[Fe^{II}(S,S-PDP)(NCCH$_3$)$_2$]$^{2+}$　錯体2: α-[Fe^{II}(mep)(NCCH$_3$)$_2$]$^{2+}$

【名称】((2S,2′S)-1,1′-bis(pyridin-2-yl-methyl)-2,2′-bi-pyrrolidine) di(acetonitrile) iron(III) hexafluoroantimonate: α-[Fe^{II}(S,S-PDP)(NCCH$_3$)$_2$](SbF$_6$)$_2$(錯体1)[1]

【背景】生体系にある非ヘム鉄酵素は酸素分子と反応して酸素活性種を生成し様々な酸化反応の高効率・高選択的触媒として作用している．これまでのモデル錯体の研究では酸化活性種の特定および酸化反応機構の解明に力が注がれてきたが実用的な機能モデルとなる錯体触媒の開発にまでは至っていなかった．しかし，配位子(S,S)-PDP の単核鉄(II)錯体1で単核非ヘム鉄酵素に匹敵する高選択的水酸化反応が見いだされている．錯体1は三級C-H結合の水酸化反応を，基質の電子的および立体的効果により合理的に制御でき，複雑な天然物合成の簡便合成にも適用され実用レベルの選択的水酸化反応を可能にしている．

【調製法】配位子(S,S)-PDP は，(S,S)-2,2′-bis-pyrrolidine tartrate と 2-picolyl chloride 塩酸塩を塩基存在下で縮合して得られる．錯体1は，(S,S)-PDP 配位子と1当量の FeCl$_2$·4H$_2$O との反応で得られる[Fe^{II}(S,S-PDP)Cl$_2$]の塩化物イオンを AgSbF$_6$ によりアセトニトリル中で取り除くことにより得られる．

【性質・構造・機能・意義】酸化反応は，錯体1 (0.025 mmol, 5 mol%)，基質(0.5 mmol, 1 equiv.)，酢酸(0.25 mmol, 0.5 equiv.)，およびアセトニトリル(0.75 mL)の混合溶液に，50 wt%過酸化水素(0.6 mmol)を含むアセトニトリル溶液(4.5 mL)を 45～75 秒かけて滴下して行われる．過酸化水素の滴下速度を速めると収率は低下する．また，酢酸の添加は必須である．さらに，上の反応溶液に再び同量の錯体1，酢酸およびアセトニトリルをそれぞれ加え，過酸化水素を滴下すると酸化生成物の収率は向上する．同じ条件で mep 配位子の錯体2(α-[Fe^{II}(mep)(NCCH$_3$)$_2$]$^{2+}$)の反応性も調べられているが，酸化生成物の収率および反応の選択性のいずれでも錯体1の方が優れており，堅い骨格の 2,2′-bipyrrolidine が重要であることが見いだされている．

錯体1から誘導される酸化活性種は親電子的で，基質の電子的および立体的効果に対して次の優れた選択性をもっている(図1参照)．①三級C-Hを高い選択性で水酸化，②電子豊富なC-Hを優先的に水酸化(電子求引基から遠いC-Hを優先的に水酸化)，③立体的に混みいっていないC-Hを優先的に水酸化，④水酸化は立体保持，⑤カルボン酸をもつ基質では，カルボン酸が配向性基となってラクトンを生成，⑥三級C-Hがない場合は二級C-Hをケトンに酸化する．錯体2はこれらの知見を基に，様々な基質の酸化反応に適用可能である．

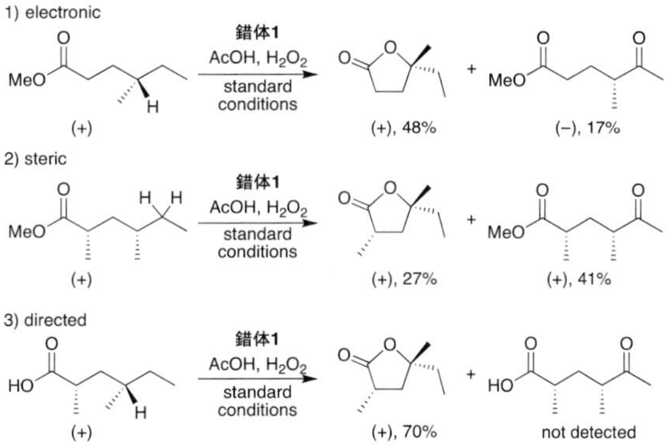

図1

【関連錯体の紹介およびトピックス】methane monooxygenase のモデル反応として配位子 mep を含む二核鉄(III)錯体([Fe^{III}$_2$O(CH$_3$CO$_2$)(mep)$_2$]$^{3+}$)と過酸化水素との反応で，シクロヘキサンのシクロヘキサノールとシクロヘキサノンへの酸化が見いだされているが酸化効率は低い[2]．また，錯体1によるメチレンの酸化反応や，オレフィンの不斉 cis-ジヒドロキシ化反応も見いだされている[3,4]．

【人見　穣】

【参考文献】
1) M. S. Chen et al., Science, **2007**, 318, 783.
2) T. Okuno et al., J. Chem. Soc., Dalton Trans., **1997**, 3547.
3) M. S. Chen et al., Science, **2010**, 327, 566.
4) K. Suzuki et al., Angew. Chem. Int. Ed., **2008**, 47, 1887.

FeN$_6$

【名称】 cis-bis(thiocyanato)bis[N-(2-pyridylmethylene)(3,4,5-alkoxyaniline)]iron(II): [Fe(3Cn-L)$_2$(NCS)$_2$]

【背景】 金属錯体液晶は Metallomesogen と呼ばれ，有機液晶と異なり，金属イオン特有の電子スピン，電荷を応用することで新しい機能を生み出す可能性がある．そこで動的電子状態を有する金属錯体液晶の電子状態と液晶特性を明らかにするために，鉄(II)スピンクロスオーバー錯体に長鎖アルキル鎖を導入した錯体が設計・合成された[1-4]．

【調製法】 配位子3Cn-Lは，ピリジン-2-アルデヒドと3,4,5-アルコキシアニリンからなるシッフ塩基であり，メタノール中で配位子3Cn-Lと塩化鉄(II)およびチオシアン酸カリウムを作用させることにより得る．

【性質・構造・機能・意義】 このn=16の鉄(II)錯体は，DSC，粉末X線回折，偏光顕微鏡による光学模様の観察より，345～400 K で SmA 相を示す．また緩やかなスピンクロスオーバー挙動を$T_{1/2}$=221 K で示し，光誘起スピン転移(LIESST)挙動をT(LIESST)=61 K で示す．したがってこの化合物は，1つの化合物中に「スピン転移現象」，「光誘起スピン転移現象」，「液晶特性」の3つの物理特性をあわせもつ化合物である．

【関連錯体の紹介およびトピックス】 この錯体は，配位子3Cn-Lの長鎖アルキル鎖の長さをn=22まで変えることができ，n=12～20までの鉄(II)錯体は液晶性を示した．n=12の鉄(II)錯体は，318～404 K で SmA 相を示す．また緩やかなスピンクロスオーバー挙動を$T_{1/2}$=230 K で示し，光誘起スピン転移(LIESST)挙動をT(LIESST)=61 K で示す．n=14 の鉄(II)錯体は，333～402 K で SmA 相を示す．また緩やかなスピンクロスオーバー挙動を$T_{1/2}$=230 K で示し，光誘起スピン転移(LIESST)挙動をT(LIESST)=61 K で示す．n=14 の鉄(II)錯体は，333～402 K で SmA 相を示す．また緩やかなスピンクロスオーバー挙動を$T_{1/2}$=217 K で示し，光誘起スピン転移(LIESST)挙動をT(LIESST)=61 K で示す．n=18 の鉄(II)錯体は，338～389 K で SmA 相を示す．また緩やかなスピンクロスオーバー挙動を$T_{1/2}$=214 K で示し，光誘起スピン転移(LIESST)挙動をT(LIESST)=57 K で示す．n=20 の鉄(II)錯体は，347～392 K で SmA 相を示す．また緩やかなスピンクロスオーバー挙動を$T_{1/2}$=164 K で示し，光誘起スピン転移(LIESST)挙動をT(LIESST)=59 K で示す．

【速水真也】

【参考文献】

1) S. Hayami et al., *Adv. Mater.*, **2004**, *16*, 869.
2) S. Hayami et al., *Indust. Appl. Moss. Effect*, **2005**, *765*, 263.
3) S. Hayami et al., *Polyhedron*, **2005**, *24*, 2821.
4) S. Hayami et al., *Inorg. Chem.*, **2007**, *46*, 1789.

FeN₆

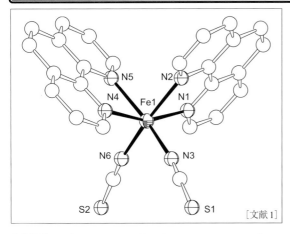

[文献1]

【名称】 bis(isothiocyanato)bis(1,10-phenanthroline)iron(II)：[Fe(phen)₂(NCS)₂]

【背景】 比較的大きな分子構造の変化を伴う鉄(II)スピン転移挙動は，結晶中の分子構造やパッキングに大きく依存する．本錯体は，合成法の違いにより2種類の結晶多形を与え，高スピン⇄低スピン転移挙動が変化する[1]．

【調製法】 [Fe(pyz)₄NCS](pyz＝pyrazine)と配位子phen(＝phenanthroline)をH型ガラス管を用いゆっくり混合することで，本錯体の結晶を得る．また，[Fe(phen)₃](NCS)₂H₂Oをソックスレー抽出器に入れ，アセトンでフェナントロリン(phen)を抽出することで本錯体の粉末を得る[1]．

【性質・構造・機能・意義】 本錯体の粉末は，非常に急激なスピン転移を示し，転移温度 $T_{1/2}$ は約175 Kである．一方，本錯体の結晶は，粉末と比較して緩やかなスピン転移を示し，低温においても約17%が高スピン状態を維持する．この違いは，固体中における分子配列の違いに起因し，結晶試料における協同効果が小さいことを示す．Fe–N平均配位結合長は，293 Kでは2.123 Å，130 Kでは1.992 Åであり，それぞれ高スピンおよび低スピン鉄(II)イオンに典型的な値を示す．本錯体は，30 K以下で白色光照射することにより低スピン状態から高スピン状態への光誘起スピン転移(LIESST)を示す．光誘起準安定高スピン状態の緩和温度は，約50 Kである．

【関連錯体の紹介およびトピックス】 本錯体の二座配位子をbt(＝2,2′-bithiazoline)に変えた錯体[Fe(II)(NCS)₂(bt)₂]は，急激なスピン転移挙動を示す．加熱，および冷却過程におけるスピン転移温度は $T_c\uparrow$ ＝184.8 K，$T_c\downarrow$ ＝181.5 K，ヒステリシス幅は3.3 Kである[2]．

【二瓶雅之・大塩寛紀】

【参考文献】
1) B. Gallois *et al., Inorg. Chem.*, **1990**, *29*, 1152.
2) G. Bradley *et al., J. Chem. Soc., Dalton Trans.*, **1978**, 522.

FeN$_6$

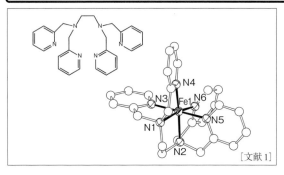

[文献 1]

【名称】 N,N,N',N'-tetrakis(2-pyridylmethyl)ethylenediamineiron(II) perchlorate: [Fe(tpen)]ClO$_4$)$_2$

【背景】 鉄(II)スピンクロスオーバー錯体におけるスピン転移は、低スピン状態と高スピン状態の変換が非常に遅いことが知られている。本錯体は、鉄(II)錯体では極めて珍しい速いスピン状態の変換を示す鉄(II)スピン平衡錯体である[1]。

【調製法】 合成はすべて不活性ガス雰囲気下で行う。塩化鉄(II) 2水和物のメタノール/水混合溶液に等量の配位子 tpen(=tetrakis(2-pyridylmethyl)ethylenediamine)を加えた後、過塩素酸ナトリウムをゆっくり加えることで本錯体の結晶を得る[1]。

【性質・構造・機能・意義】 本錯体の鉄(II)イオンは、六座配位子 tpen が配位することで歪んだ六配位八面体構造をもつ。結晶中における分子間相互作用は観測されず、錯体カチオンは互いに孤立している。本錯体の結晶は、365 K を中心とした緩やかなスピンクロスオーバーを示す。温度可変メスバウアースペクトルでは、120〜350 K で1種類のダブレットが観測され、本錯体のスピン状態の交換が比較的速いことを示す。興味深いことに、溶液中における本錯体のスピン平衡挙動は固体状態とほぼ同じであり、平衡温度は 363 K である。この鉄(II)錯体の非常に珍しい速いスピン平衡挙動は、結晶中における分子間相互作用の欠如と、歪んだ配位構造による中間スピン状態の安定化に起因する。

【関連錯体の紹介およびトピックス】 本錯体のスピン状態は対アニオンにより大きく変化する[1]。テトラフェニルホウ酸塩、およびヘキサフルオロリン酸塩はスピン平衡を示さず、低スピン状態を基底にもつ。

【二瓶雅之・大塩寛紀】

【参考文献】
1) H. R. Chang et al., *J. Am. Chem. Soc.*, **1990**, *112*, 6814.

FeN$_6$

溶 超 高

$$[\text{Fe}^{2+}(\text{N-N-triazole-CH}_2\text{CH}_2\text{OH})_3](^-\text{O}_3\text{S-CH}_2\text{-C(=O)NH-CH(COOC}_{12}\text{H}_{25}\text{)-CH}_2\text{CH}_2\text{-COOC}_{12}\text{H}_{25})_2$$

【名称】 tris(4-(2-hydroxyethyl)-1,2,4-triazole)iron(II) didodecyl-N-(sulfoacethyl)-L-glutamate: $[\text{Fe}^{II}\text{HOC}_2\text{Trz})_3](2\text{C}_{12}\text{-L-Glu-C}_2\text{SO}_3)_2$

【背景】 スピンクロスオーバーは2つのスピン状態(低スピンと高スピン)が熱や光,圧力などの外部刺激により変化する現象である.一次元Fe^{II}トリアゾール錯体(固体)のスピンクロスオーバー特性は活発に研究されており,配位子や対アニオンの構造に依存して変化することが知られている.ここでスルホン酸基を有するアニオン性脂質(2C$_{12}$-L-Glu-C$_2$SO$_3^-$)を対イオンとして導入すると,有機溶媒に分散でき,ナノファイバーを形成した.また固体状態に比べ溶液中において低スピン錯体が著しく安定化される特異的な現象が見いだされた[1].

【調製法】 イオン交換樹脂を用いてアニオン性脂質の対イオンをFe^{II}イオン型とし,Fe^{II}(2C$_{12}$-L-Glu-C$_2$SO$_3$)$_2$を得る.このメタノール溶液に,3当量の4-(2-ヒドロキシエチル)-1,2,4-トリアゾール(HOC$_2$Trz)を混合すると$[\text{Fe}^{II}(\text{HOC}_2\text{Trz})_3](2\text{C}_{12}\text{-L-Glu-C}_2\text{SO}_3)_2$が沈殿として得られる.

【性質・構造・機能・意義】 脂質を対イオンとする一次元金属錯体は,脂質アルキル鎖がその表面を被覆するため,有機溶媒に分散させることが可能である.$[\text{Fe}^{II}(\text{HOC}_2\text{Trz})_3](2\text{C}_{12}\text{-L-Glu-C}_1\text{SO}_3)_2$の固体試料は室温で無色(高スピン状態)であり,170 Kを中心とする緩慢なスピン転移(高スピン→低スピン)が観察される.一方,この化合物をトルエンに分散すると紫色を呈し(273 K),低スピン状態を与えた.AFM観察から,トルエン中ではナノファイバー(幅20〜30 nm)を形成しており,278 K付近に温めると急峻なスピン変化を示し無色(高スピン状態)の分散液となる.低極性溶媒に分散したナノファイバー錯体において低スピン錯体の著しい安定化が観測されるのは,Fe^{II}-配位子間結合距離の疎媒的な収縮によるものと考えられる.このように,一次元錯体の溶液物性は,固体バルク状態と大きく異なり,溶液分散系一次元錯体の自己組織化(解離−集合)と連動したスピン転移現象(スピンコンバージョン)も見いだされた. 【松木園裕之・君塚信夫】

【参考文献】
1) H. Matsukizono *et al.*, *J. Am. Chem. Soc.*, **2008**, *130*, 5622.

FeN$_6$

【名称】tris(2-picolylamine)iron(II) chloride: [Fe(pia)$_3$]Cl$_2$

【背景】スピンクロスオーバー錯体における高スピン・低スピン状態間のスピン転移挙動は,水素結合やπ–π相互作用などによる分子間相互作用に大きく影響を受けることが知られており,まれに二段階スピン転移挙動を示す例がある.本錯体は,最も古くから知られている鉄(II)スピンクロスオーバー錯体の1つであり,単核錯体であるにもかかわらず2段階のスピン転移挙動を示す.二段階スピン転移挙動の機構については実験・理論の両面から長年議論されてきたが,近年詳細なX線構造解析により,ようやくその機構が明らかになった[1]).

【調製法】合成はすべて不活性ガス雰囲気下で行う.塩化鉄(II)4水和物のエタノール溶液に3当量の配位子pic(2-picolylamine)のエタノール溶液を加えることにより,直ちに緑黄色の微結晶が生成する.この混合物をさらに50℃で2時間攪拌する.この反応生成物をろ別し,エタノールから再結晶後,エタノール,アセトンで洗浄後減圧乾燥することにより本錯体を得る[2]).

【性質・構造・機能・意義】本錯体の結晶は,1つの錯体カチオンに対して2つの塩化物イオンと1つのエタノール分子を含む.中心の鉄(II)イオンは,2つの配位子piaが配位することで,六配位八面体構造をもつ.配位原子であるアミン窒素原子は,塩化物イオン,およびエタノールの酸素原子と水素結合を形成する.本錯体の磁化率測定においては,高スピン状態から低スピン状態への転移に伴い,中間状態を経由する特異な二段階スピン転移が観測される.1段目および2段目の転移温度は,それぞれ$T_{1/2(1)}=122$ K, $T_{1/2(2)}=114$ Kであり,中間状態が8 Kにわたって存在する.中間状態における磁化率の値は,室温の値のほぼ半分の値を示す.熱測定では2つのシャープなピークが観測され,このスピン転移が2段階の一次相転移であることを示す.近年,12〜298 Kの範囲で放射光を用いた詳細なX線構造解析が行われた.その結果,$T_{1/2(1)}$–$T_{1/2(2)}$の温度範囲でのみ単位格子が2倍になり,結晶学的に独立な2種類の鉄(II)錯体が,それぞれ高スピン状態と低スピン状態を示すことが明らかとなった.すなわち,本錯体の特異な二段階スピン転移挙動は,低スピン状態と高スピン状態が1:1の比率で長距離秩序相を形成することに由来している.スピン転移については,単結晶吸収スペクトルによっても詳細に検討されている.230 Kにおける吸収スペクトルは,高スピン状態におけるd–d遷移($^5T_{2g}\rightarrow{}^5E_g$)に帰属される幅広い吸収が12000 cm^{-1}付近に観測される.この吸収強度は冷却とともに減少し,17 Kでは完全に消失する.25 K以下でXeランプを用いて光照射を行うと,$^5T_{2g}\rightarrow{}^5E_g$吸収帯が再び観測される.これは,光による低スピン状態から高スピン状態への転移(LIESST)に起因する.生成した準安定高スピン状態は,25〜30 Kまでの加熱により基底低スピン状態へと緩和する.

二段階スピン転移に関する研究は,固体中における中間状態の生成機構に関する基礎科学的な観点から非常に興味がもたれている.本錯体の二段階スピン転移挙動は,スピンクロスオーバー錯体における多段階スピン転移発現の最初の例であり,その後の多重安定性分子に関する研究の端緒となった.しかしながら,本錯体の中間状態の実験的解明は,その発見から約20年を経てようやく達成された.その鍵となったのは,放射光を用いた精密X線構造解析である.

【関連錯体の紹介およびトピックス】本錯体の結晶溶媒であるエタノール分子を様々なアルコール分子に置き換えた錯体[Fe(pia)$_3$]Cl$_2$·ROHが報告されている.Rの種類により一段階スピン転移もしくは二段階スピン転移を示す錯体,また,スピン転移を示さない錯体が得られる[3]).

【二瓶雅之・大塩寛紀】

【参考文献】
1) D. Chernyshov et al., Angew. Chem. Int. Ed., **2003**, 42, 3825.
2) M. Sorai et al., Chem. Phys., **1976**, 18, 199.
3) M. Hostettler et al., Angew. Chem. Int. Ed., **2004**, 43, 4589.

FeN$_6$

錯体1: [Fe^{II}(TPA)(Solv)$_2$]$^{2+}$ (R = H)
錯体2: [Fe^{II}(6-Me$_3$-TPA)(Solv)$_2$]$^{2+}$ (R = Me)

【名称】tris(pyridin-2-ylmethyl)amine)iron(II): [Fe^{II}(TPA)(CH$_3$CN)$_2$](OTf)$_2$(錯体1); tris((6-methylpyridin-2-yl)methyl)amine)iron(II): [Fe^{II}(6-Me$_3$-TPA)(CH$_3$CN)$_2$](OTf)$_2$(錯体2)[1]

【背景】ナフタレンジオキシゲナーゼ(NDO)に代表されるRieskeジオキシゲナーゼは土壌バクテリアの酵素であり，単核非ヘム鉄活性中心で芳香族化合物のcis-ジヒドロキシル化を行う．鉄(II)種はヘム鉄であるP450と同様に酸素分子と反応して鉄(II)イオンから1電子，さらに近傍にあるRieske型鉄硫黄クラスターからもう1電子供給されFe^{III}-η^2-O$_2$を生成する[2]．しかし詳細なcis-ジヒドロキシル化の反応機構は明らかではない．単核非ヘム鉄活性中心の多くはヘム鉄とは異なりcis位に置換活性な2つの配位部位をもち酸素分子の活性化で重要な役割を果たしている．錯体1および2も同様にcis位に置換活性な2つの配位部位をもち，過酸化水素との反応でRieskeジオキシゲナーゼ様の反応，すなわちオレフィンのcis-ジヒドロキシル化反応を触媒することが見いだされている[1]．

【調製法】錯体1は，不活性ガス雰囲気下，TPAとFe^{II}(ClO$_4$)$_2$·6H$_2$Oを当モル，アセトニトリルに溶解させた後，ジエチルエーテルを加えると目的の錯体が得られる．アセトニトリル/ジエチルエーテルから再結晶可能である．錯体2も同様にして得られる[3]．

【性質・構造・機能・意義】錯体1は室温，アセトニトリル中で，低スピン状態をとり錯体2は高スピン状態をとる．錯体1はE$_{1/2}$=860 mV vs. NHEに可逆的な酸化還元波を示すが，錯体2は～940 mVに不可逆な酸化波を示し酸化されにくくなる．すなわちピリジル基の6位に立体障害となるメチル基を導入すると高原子価種が不安定化される．いずれの錯体も−40℃で^{t}BuOOHと反応してFe^{III}-OO^{t}Bu種を生成する．錯体1のFe^{III}-OO^{t}Bu種は，600 nm付近(ε≈2200 M^{-1}cm^{-1})にLMCT吸収をもち低スピン錯体である．電子スプレー質量分析スペクトル(ESI-MASS)でペルオキソ種に相当するピークが観測されている．一方，錯体2から得られるFe^{III}-OO^{t}Bu種は高スピン状態でTPA配位子の6位のメチル基はFe^{III}-OO^{t}Bu種のスピン状態に大きな影響を与える．錯体1と2はいずれもH$_2$O$_2$を酸化剤としてオレフィンをcis-ジオール化を触媒する．しかし，6位のメチル基の有無は酸化反応に大きく影響する．錯体1から生成するFe^{III}-OOH(1-OOH)は電子豊富なオレフィンの酸化を好むのに対し，錯体2から得られるFe^{III}-OOH(2-OOH)は電子不足のオレフィンの酸化を行う[1b]．さらに，H$_2^{18}$O$_2$とH$_2^{18}$Oを用いたラベル実験でも両者には大きな違いが観測される．1-OOHでは，cis-ジオール体のアルコールの酸素の1つが水分子由来であるのに対し，2-OOHではcis-ジオール体の酸素は2つとも過酸化水素由来であることが判明している．これらの結果から以下の反応機構が提案されている．1-OOHではOOH基のシス位に水分子が配位し，水分子を含む五員環を形成する水素結合により，O-O結合の開裂が促進され，求電子的なHO-Fe^V=O種が生成する．一方，2-OOHでは，Fe^{III}-η^2-OOH種を経由する反応経路が提案されている．さらに，1-OOHによりナフタレンのcis-ジヒドロキシル化も報告されている[4]．

【関連錯体の紹介およびトピックス】NDOでは酸素分子がside-on型のペルオキソ基として配位することが結晶構造解析から明らかにされている[2]．

【人見 穣】

【参考文献】
1) a) K. Chen et al., Angew. Chem. Int. Ed. Engl., **1999**, 38, 2227; b) M. Fujita et al., J. Am. Chem. Soc., **2003**, 125, 9912.
2) A. Karlsson et al., Science, **2003**, 299, 1039.
3) Y. Zang et al., J. Am. Chem. Soc., **1997**, 119, 4197.
4) Y. Feng et al., Chem. Commun., **2009**, 50.

FeN₆O₆

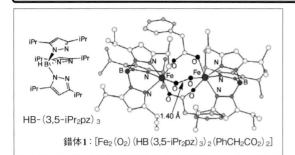

錯体1：[Fe₂(O₂)(HB(3,5-iPr₂pz)₃)₂(PhCH₂CO₂)₂]

【名称】μ-1,2-peroxo-bis(benzoato)-bis{hydridotris(3,5-diiso-propylpyrazol-1-yl)borato}di-iron(III)：$[Fe^{III}_2(O_2)(HB(3,5-iPr_2pz)_3)_2(PhCH_2CO_2)_2]$（錯体1）[1]

【背景】二核非ヘム鉄(III)ペルオキソ種は，酸素運搬体であるヘムエリトリン(Hr)や酸化酵素であるメタンをメタノールへと酸化するメタンモノオキシゲナーゼ(MMO)などで見いだされており，これら二核鉄タンパク質や酵素の反応中間体として重要な役割を担っている．錯体1はHrやMMOのモデルとして合成されたはじめての例であり，各種分光学的性質が最もよく調べられている[1]．結晶構造解析は$[Fe^{III}_2(O_2)(HB(3,5-iPr_2pz)_3)_2(PhCH_2CO_2)_2]$（錯体2）で行われている[2]．

【調製法】濃緑色のペルオキソ錯体1は，薄黄色の五配位構造の単核鉄(II)錯体（[Fe(HB(3,5-iPr₂pz)₃)-(PhCO₂)]（錯体3））のトルエン溶液に，−60℃で酸素ガスを吹き込んで得られる．同様の方法で各種カルボン酸イオンをもつペルオキソ錯体が合成されている．

【性質・構造・機能・意義】[Fe(HB(3,5-iPr₂pz)₃)(PhCO₂)]（錯体3）のトルエン溶液にArガスを吹き込むと可逆的に脱酸素化し，錯体3は酸素運搬体であるHrの良好な機能モデルである．カルボン酸イオンがPhCH₂CO₂の錯体2でX線結晶構造解析がなされている．図に示したペルオキソ基は立体的にかさ高いイソプロピル基によって取り囲まれて不可逆的酸化反応による分解を防いでいる．2つの鉄(III)イオンはペルオキソ基と2つのカルボン酸イオンで架橋されており，O-O結合距離は1.41(8) Åでペルオキソ基として結合していることを示している．Fe…Fe距離は4.00 Åであり，これまで報告されている単原子架橋基であるヒドロキソやアルコキソ架橋錯体のFe…Fe距離（3.32〜3.46 Å）に比べて長くなっている．これは，2つのカルボン酸イオンが架橋しているためである．またFe-O-O-Feの二面角は約53°で他のペルオキソ錯体の二面角（0〜14.5°）に比べて非常に大きい．

詳しい物性は，安息香酸イオンをもつ錯体1で調べられている．濃緑色のペルオキソ錯体1は，685 nm（$\varepsilon=3850\,M^{-1}cm^{-1}$）にペルオキソ基の$\pi^*_v$から鉄(III)イオンのd$\pi$軌道へのLMCT遷移に帰属される吸収を持っている．またペルオキソ基の伸縮振動は876 cm⁻¹に観測される．錯体1のメスバウアースペクトルでは，2組の四極子分裂$\Delta E_Q=0.74\,mm\,s^{-1}$（$\delta=0.58\,mm\,s^{-1}$）と$\Delta E_Q=1.70\,mm\,s^{-1}$（$\delta=0.74\,mm\,s^{-1}$）が観測され，いずれの鉄イオンも3価であることを示している．2種類の四極子分裂は2つの鉄(III)イオンが非対称であることを示している．また$\Delta E_Q=1.70\,mm\,s^{-1}$の大きな四極子分裂は，鉄(III)イオンの周りの電場勾配が大きいことを示しており，ペルオキソ基が強いπドナーとして作用していることを示唆している．

【関連錯体の紹介およびトピックス】MMOなど二核鉄酵素で見いだされているペルオキソ中間体では，LMCT遷移は650〜700 nmに，また四極子分裂は$\Delta E_Q=1.0〜1.9\,mm\,s^{-1}$（$\delta=〜0.6\,mm\,s^{-1}$），ペルオキソ基の伸縮振動は851〜890 cm⁻¹に観測されている．錯体1で観測されているこれらの分光学的データは，MMOなどのペルオキソ中間体で観測されているデータと似ていることから，酵素で観測されているペルオキソ中間体も類似の構造と電子状態をもっていると推定されている．また，酵素では架橋基としてヒドロキソ基やオキソ基が存在している可能性が考えられる．そのためこれらの架橋基をもつ二核鉄(III)ペルオキソ錯体（$Fe^{III}(\mu$-OH or O$)(\mu$-$O_2)Fe^{III}$）も合成されており，架橋基により，構造や電子状態が大きく影響を受けることが調べられている[1]．しかしMMOなどの酸化酵素ではまだペルオキソ基以外の架橋基は特定されていない．

【鈴木正樹】

【参考文献】
1) a) N, Kitajima *et al.*, *J. Am. Chem. Soc.*, **1994**, *116*, 9071; b) T. C. Brunold *et al.*, *J. Am. Chem. Soc.*, **1998**, *120*, 5674.
2) K. Kim *et al.*, *J. Am. Chem. Soc.*, **1996**, *118*, 4914.
3) X. Zhang *et al.*, *J. Am. Chem. Soc.*, **2005**, *127*, 826.

FeN₈O₂

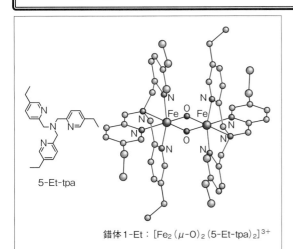

錯体 1-Et: $[Fe_2(\mu\text{-O})_2(5\text{-Et-tpa})_2]^{3+}$

【名称】bis(μ-oxo)bis(tris{(5-ethylpyridin-2-yl)methyl} amine)diiron(III,IV) perchlorate: $[Fe^{III}Fe^{IV}\text{-}(O)_2(5\text{-Et-tpa})_2](ClO_4)_3$(錯体 1-Et)と tpa誘導体をもつ二核鉄(III,IV)混合原子価錯体.

【背景】二核非ヘム型鉄酸化酵素であるメタンモノオキシゲナーゼ(MMO)や、リボヌクレオチドリダクターゼ(RNR R2)の反応中間体として、高原子価二核鉄オキソ種である $Fe^{IV}(\mu\text{-O})_2Fe^{IV}$(MMOH-Q)と $Fe^{III}(\mu\text{-O})Fe^{IV}$(RNR R2-X)が分光学的に検出されており、それらの構造や電子状態および反応性を明らかにするためのモデル化合物として$[Fe^{III}(\mu\text{-O})_2Fe^{IV}]$錯体が合成されている[1].

【調製法】濃緑色の二核鉄(III,IV)錯体($[Fe^{III}Fe^{IV}\text{-}(\mu\text{-O})_2(L)_2]^{3+}$(錯体 1, L=tpa, 5-Me-tpa, or 5-Et-tpa))は、$Fe^{III}\text{-O-}Fe^{III}$架橋構造をもつ二核鉄(III)オキソ錯体($[Fe_2O(L)_2(OH)(H_2O)]^{3+}$)と、-40°Cに冷却したアセトニトリル中、過酸化水素との反応で鉄(III)イオンの1つが鉄(IV)イオンに酸化されて得られる. 錯体 1は熱的に不安定であるが-70°Cの低温では安定である.

【性質・構造・機能・意義】$[Fe^{III}Fe^{IV}(O)_2(5\text{-Et-tpa})_2](ClO_4)_3$(錯体 1-Et)で結晶構造が報告されている. X線結晶構造解析および後で述べる物性研究から $Fe_2(\mu\text{-O})_2$ コアは C_{2h} 対称で2つの鉄イオン(Fe^{III}およびFe^{IV}イオン)は等価となっており、原子価が非局在化した混合原子価錯体と推定されている. Fe-O_{oxo}結合距離は1.805(3)および1.860(3) Åで、類似の構造をもつ二核鉄(III)錯体($[Fe_2(\mu\text{-O})_2(6\text{-Me-tpa})_2](ClO_4)_2$(錯体 2, 6-Me-tpa=tris(6-methyl-pyridin-2-yl)methyl)amine) の Fe-O_{oxo} 結合距離(1.841(1)と1.917(4) Å)よりも短くなっている.

錯体 1-Me($[Fe^{III}Fe^{IV}(O)_2(5\text{-Me-tpa})_2]^{3+}$)で詳しい物性が調べられている. 錯体 1-Me は366 nm(ε=7900 M^{-1}cm^{-1})と616 nm(ε=5200 M^{-1}cm^{-1})に強い吸収をもっている. ラマンスペクトルで、$Fe_2(\mu\text{-O})_2$コアに特有の呼吸振動(breathing mode)が676と656 cm^{-1}に観測されている. ESRスペクトルでは$S=3/2$に由来する$g=4.45, 3.90, 2.01$にシグナルが観測されており、有効磁気モーメントは$\mu=3.9\mu_B$/2Feで、ESRから推定された不対スピンが3つの$S=3/2$に一致している. さらに、K端X線吸収スペクトルでは鉄(III)錯体の吸収に比べて約3 eV高エネルギー側に吸収が観測されること、およびメスバウアースペクトルでは、1組の四極子分裂($\Delta E_Q=0.49$ mm s^{-1}と$\delta=0.12$ mm s^{-1})が観測され、2つのFe(III)およびFe(IV)イオンは等価となっている. またアイソマーシフト(δ)は、高原子価錯体に特有の小さな値であり、これらから2つのFe(III)およびFe(IV)サイトは、それぞれ$S=1/2$と$S=1$の低スピン状態で二重交換相互作用により非局在化した混合原子価錯体と解釈されている.

錯体 1-Me は酸化反応性ももっている. フェロセンを酸化し、サイクリックボルタンメトリーで$E_{1/2}=0.96$ V vs. NHEと報告されている. また、錯体 1-Meは一電子酸化剤としてはたらき、錯体二分子でクメンの不飽和化や水酸化能も有している.

【関連錯体の紹介およびトピックス】錯体 1-Meとは異なり、MMOH-Qの2つのFe^{IV}イオンおよびRNR R2-XのFe^{III}とFe^{IV}イオンは高スピンであり、それぞれの鉄イオン間には反強磁性相互作用がはたらいている[2]. さらに、tpa誘導体を用いて$[Fe^{III}Fe^{IV}(O)_2(L)_2]^{3+}$(L=tris((4-methoxy-3,5-dimethylpyridin-2-yl)methyl)amine)の電解酸化で$[Fe^{IV}_2(O)_2(L)_2]^{4+}$錯体の生成と分光学的性質および酸化反応性が報告されている[3].

【鈴木正樹】

【参考文献】
1) a) Y. Dong et al., J. Am. Chem. Soc., **1995**, 117, 2778; b) H-F. Hsu et al., J. Am. Chem. Soc., **1999**, 121, 5230; c) A. J. Skulan et al., J. Am. Chem. Soc., **2003**, 125, 7344.
2) M. Merkx et al., Angew. Chem., Int. Ed., **2001**, 40, 2782.
3) G. Xue et al., Proc. Natl. Acad. Sci. USA, **2007**, 104, 20713.

FeN$_x$Cl$_{3x}$

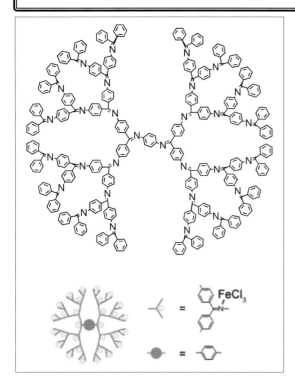

【名称】(poly-phenylazomethine dendrimer iron(III) chloride complex(30FeCl$_3$@DPAG4)

【背景】高分子配位子に金属錯体を集積させることによって得られる高分子錯体は，触媒をはじめとする機能材料として極めて有用な化合物群である．しかし，一般的に多数の配位サイトを有することで，その錯体は統計的に無数の異性体を与える．芳香環とイミン結合を基本骨格としたデンドリマーは，その配位順を明確に定義できるはじめての高分子配位子である．

【調製法】デンドリマー配位子はケトンとアミンの脱水縮合を繰り返し，コンバージェント法によって合成される．この配位子と任意等量数の塩化鉄(III)を溶媒中(クロロホルム，アセトニトリルなど)にて室温下で混合することで速やかに対応する錯体が形成する．

【性質・構造・機能・意義】配位子であるデンドリマーのクロロホルム/アセトニトリル(1/1)溶液に，無水塩化鉄(III)のアセトニトリル溶液を少量ずつ加えていくと，配位子由来のπ-π*吸収が等吸収点をもって350 nmから400 nmへシフトし，これをもって錯体の形成を確認することができる．この際に加えた塩化鉄の当量数によって，0～2当量，2～6当量，6～当量および14～60当量加えている間に，それぞれわずかに異なる等吸収点を示す．この現象は，金属錯体が内側の層から段階的に形成していくことによる結果であることが，複数の実験結果より確認された．錯体は粉末，溶液状態いずれにおいても黄色を呈し，400 nmに配位子由来のπ-π*遷移を示す．

得られた錯体は置換活性で，アミンなどの配位子を加えると容易に配位子交換によって集積していた鉄イオンを放出する．また，錯体と水分子との反応で配位子であるイミンが加水分解を受け解離するが，それ以外の条件下では空気中でも比較的安定である．

鉄錯体は電気化学的に活性で，化学的，電気化学的手法にて酸化還元することができる．ただし，鉄の価数をII価へ還元すると徐々に錯体が解離し，フリーの配位子を与えることがわかった．再びIII価へと酸化させることによって，解離した配位子を再度錯形成させることができ，この変化は可逆的である．鉄イオンを繰り返し内包・放出することができる機能は，天然の鉄貯蔵タンパク質であるフェリチンが鉄の運搬を行うメカニズムと同等である．

【関連錯体の紹介およびトピックス】鉄錯体の他に，様々な金属種(Sn, V, Ga, Ti, Cu, Ptなど)と同様の精密集積錯体を形成する．また，フェロセニウムイオンやテトラフェニルメチリウムイオンとも電荷移動相互作用に基づく錯体を形成することが確認されている．チタンや白金を集積させた錯体は，構成原子数の決まった微小金属クラスターの前駆体として利用可能である．得られた酸化チタンクラスターは量子サイズ効果を示す1 nm以下のサイズまでサイズ制御しながら微小化することができる．また白金クラスターは従来法で合成された白金ナノ粒子からなる触媒と比較して，高い酸素還元触媒活性を示すことが確かめられた．

【今岡享稔・山元公寿】

【参考文献】
1) K. Yamamoto *et al., Nature,* **2002**, *415*, 509.
2) R. Nakajima *et al., J. Am. Chem. Soc.,* **2004**, *126*, 1630.
3) N. Satoh *et al., Nature Nanotech.,* **2008**, *3*, 106.
4) K. Yamamoto *et al., Nature Chem.,* **2009**, *1*, 397.

FeO₄

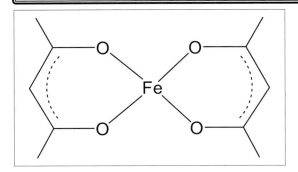

【名称】bis(acetylacetonate)iron(II), bis(2,4-pentanedionato)iron(II)：[Fe(acac)₂]

【背景】β-ジケトン化合物を配位子とする2価の遷移金属錯体は，他の錯体合成のためのよい出発錯体となることから様々な種類の錯体が合成されてきた．β-ジケトン化合物の一種であるアセチルアセトナート(acac⁻)配位子を2つもつ錯体M(acac)₂は固体状態だけでなく溶液中においても分子間相互作用により多量体を形成することが知られている．Fe(acac)₂は鉄中心が2価である十四電子配位不飽和錯体であると考えられるため，溶液中や固体状態において何量体を形成するのかなど，その反応性や構造の観点から興味がもたれている[1]．

【調製法】操作はすべて窒素気流下で行う．無水塩化鉄(II) FeCl₂ (73 mmol, 9.23 g) を 450 mL のジエチルエーテルと 12 mL の THF (147 mmol) 混合溶液に加えると淡褐色の懸濁溶液となる (無水塩化鉄(II) の代わりに FeCl₂・THF を用いた場合は，反応溶液に THF を加える必要はない)．アセチルアセトン (Hacac) (154 mmol, 15.4 g) をすばやく加えた後，ピペリジン (C₅H₁₀N) (154 mmol, 13.1 g) を反応溶液が沸騰しない程度にゆっくりと加える．加え終えると反応溶液は赤褐色になり，微細な沈殿が析出する．2時間，室温で撹拌した後，析出したピペリジン塩酸塩をろ過する．その残渣を 50 mL のジエチルエーテルで2回洗浄し，ろ液に加え，真空乾燥により溶媒を除去することで暗赤色固体を得る．60 mL の石油エーテルを加え，再度，ろ過した後，15 mL の石油エーテルで2回洗浄することで副生成物である Fe(acac)₃ を取り除く．得られた赤褐色固体を真空乾燥することで粗生成物を 15〜17 g 得る．昇華精製を 140℃，10⁻⁴ Torr で行うことで暗橙色結晶として Fe(acac)₂ を収率 62〜68% (11.5〜12.6 g) で得る (FeCl₂・2THF を出発原料に用いた場合の収率は 90%)[1]．以前に Emmert や Buckingham により，本錯体の合成は報告されているが，反応条件や収率が不明瞭である[2,3]．

【性質・構造・機能・意義】この錯体は常磁性であり，空気や湿気に対してかなり不安定である．本来，暗橙色であるが，酸化された後も見た目の色はほとんど変化しない．芳香族および脂肪族の炭化水素にはほとんど溶解しない．しかし，中心金属に配位可能な THF やピリジンが溶媒の場合には付加錯体を形成し，単量体になることで溶解する．IR スペクトル (Nujol) では主に，1570(s), 1520(s), 1266(m), 1015(m), 926(m), 798(w), 770(w), 731(w), 660(w), 554(w), 433(m), 407(m) cm⁻¹ に吸収を示す．融点は 170〜171℃ であり，昇華の際にもほとんど分解しない．X 線結晶構造解析の結果，本錯体は四量体であり鉄二価中心は，酸素原子の配位および弱い Fe-C 結合により六配位構造であることが明らかとなった[4]．四量体の場合には暗橙色であるが，五量体，六量体と中心金属の核数が増加する程，黒色に近くなる．

【関連錯体の紹介およびトピックス】様々な中心金属を有する類似錯体 M(acac)₂ (M=Cu, Ni, Zn, Mn, Co など) が知られており，Ni 錯体では三量体[5,6]，Co 錯体では四量体[7]であることが X 線結晶構造解析により明らかにされている．またアセチルアセトナート配位子 (acac⁻) が鉄(III) に3つ配位した錯体である Fe(acac)₃ は最近，有機合成反応における触媒前駆体としても用いられており，注目を集めている．

【板崎真澄】

【参考文献】
1) J. M. Manríquez *et al.*, *Inorg. Synth.*, **1997**, *31*, 267.
2) B. Emmert *et al.*, *Ber. Dtsch. Chem. Ges.*, **1931**, *64*, 1072.
3) D. A. Buckingham *et al.*, *Aust. J. Chem.*, **1967**, *20*, 281.
4) F. A. Cotton *et al.*, *Nouv. J. Chim.*, **1977**, *1*, 301.
5) G. J. Bullen *et al.*, *Nature*, **1961**, *189*, 291.
6) G. J. Bullen *et al.*, *Inorg. Chem.*, **1965**, *4*, 456.
7) F. A. Cotton, R. C. Elder, *J. Am. Chem. Soc.*, **1964**, *86*, 2294.

FeO$_6$ 生

【名称】 [Fe(deferriferrichrome)]

【背景】 微生物が難溶性の鉄イオンを環境から取り入れるために用いる天然のキレート剤(シデロフォア)で，主として菌類から産出される．フェリクロムは1952年にNailands[1]によって*Ustilago sphaerogena*から単離された．その他環状アミド置換基あるいはヒドロキサム酸末端置換基が変化した類縁体もいくつか報告されており，環状ヘキサペプチドから3つのオルニチン残基末端にヒドロキサム酸骨格を配位サイトとしてもつ三脚型化合物がフェリクロム類に分類される．フェリクロムという名称は，鉄(III)イオンを含んだ化合物を指し，鉄イオンがない化合物はデフェリフェリクロム(deferriferrichrome)という．

【調製法】 フェリクロムは*Ustilago sphaerogena*から得られる．細胞をpH 10で処理した溶液をpH 7とし，硫酸アンモニウムで不溶生成物をろ過する．溶液をベンジルアルコールで抽出後，ジエチルエーテル/水と混合し水相に抽出する．溶媒を無水メタノールとし再結晶すると，黄色針状の結晶が得られる．デフェリフェリクロムは化学的に合成もできる[2]．官能基を保護されたδ-ニトロ-L-ノルバリンとグリシンから環状ヘキサペプチドを合成する．末端のニトロ基を亜鉛粉末で還元することでヒドロキシルアミン体を得る．その後ヒドロキシルアミンのアセチル化，脱保護を経て合成される．

【性質・構造・機能・意義】 水，熱エタノールに対する溶解性は極めて高く，エタノール，アセトン，ジエチルエーテル，クロロホルムなどの有機溶媒にも可溶である．水溶液中では，pH 4～10の領域でトリスヒドロキシサマト鉄(III)錯体に特有の425 nmに吸収をもち，幅広いpH領域でその構造を安定に保持できる．全安定度定数は10$^{29.1}$である．結晶構造中では，3つのヒドロキサム酸が配位した六配位八面体構造である．ヒドロキサム酸骨格のO–N–C–O面はほとんど平面を形成する．配位したアミノヒドロキシル酸素と鉄(III)イオンの平均結合距離(1.983(10) Å)は，カルボニル酸素との平均結合距離(2.034(6) Å)よりも0.05 Å程度短く，前者と後者の電荷の違いが反映されている．ヒドロキサム酸の配位が三角柱構造からのずれを示すひずみ角(0°で正三角柱，60°で正八面体)は42.9(5)°で，ヒドロキサム酸間に結合がないトリスベンジルヒドロキサマト鉄(III)錯体の34.7(15)°から大きく八面体にずれている．ポリピリジン環のNH···O間に加え1脚の配位ニトロキソ酸素原子とポリペプチド環アミド窒素原子間も水素結合(2.18 Å)距離にあった．鉄(III)中心周りのヒドロキサム酸はシス(O-N)に配置され光学活性体であるためΛ体である(Λ-*cis*)．この絶対配置はフェリクロムレセプター(Fhu A)での認識にかかわっている．

【関連錯体の紹介およびトピックス】 3組のヒドロキサム酸を配位骨格に有するシデロフォアには直鎖あるいは環状のフェリオキサミン類が知られている．安定性はフェリクロムと同程度であるが，ラセミ体でありトランス配置も存在する．フェリオキサミンBではN末端アミンが認識に関与するとされている．またサラセミア(クーリー貧血)治療薬としても用いられている．TRENDOX[3]の鉄(III)錯体とFe^{III}TAGE[4]はともにtris(2-aminoethyl)amineを支持体とする三脚型人工シデロフォアモデル錯体である．ともにpH 4以上で安定なトリスヒドロキサマト型配位を有し，全安定度定数は10^{30}程度である．Fe^{III}TAGEはその結晶構造中において，脚間，脚内の水素位結合ネットワークが存在していた．そのため酸化還元電位(−230 mV vs. NHE)はフェリクロム(−400 mV)よりも200 mV弱正側にシフトしていた．

【小澤智宏】

【参考文献】
1) J. B. Nailands, *J. Am. Chem. Soc.*, **1952**, *74*, 4846.
2) W. Keller-Schierlein *et al.*, *Helv. Chim. Acta*, **1969**, *52*, 603.
3) C. Y. Ng *et al.*, *Inorg. Chem.*, **1989**, *28*, 2062.
4) K. Matsumoto *et al.*, *Inorg. Chem.*, **2004**, *43*, 8538.

FeO₆ 生

【名称】 enterobactin-ferrate(+3) [Fe(ent)]³⁻

【背景】 大腸菌をはじめとした菌類の一部が，生活環境において不溶性の鉄(III)イオンを補足するために放出する天然の小分子化合物であるエンテロバクチンは1970年にO'BrienとGibson[1]によりEscherichia coliから翌年，PollackとNeilands[2]によりSalmonella typhimuriumから単離された．これはカテコール型のシデロフォアに分類され，3つのカテコール酸素原子が鉄(III)イオンの6つの配位座をすべて占有したトリスカテコラト鉄(III)錯体として生体内への鉄輸送を行っている．

【調製法】 エンテロバクチンは微生物由来の天然物としてSalmonella typhimuriumなどから単離できる[2]．化学的にも合成が可能で，Z基保護されたL-セリンを基本骨格とし，エステル結合を介して三量体とする．接触還元後，脱保護されたアミノ基に対し2,3-ジベンジルオキシ安息香酸塩化物を反応させ，再度接触還元を行うことで鉄を含まないエンテロバクチンが得られる[3]．鉄(III)錯体の合成は以下の通りである．嫌気条件下エンテロバクチンのメタノール溶液に1当量の鉄(III)アセチルアセトナート錯体のメタノール溶液を入れる．ついで水酸化カリウムのメタノール溶液(3当量)を加えると溶液が深赤色となる．この溶液をゲルろ過カラムで精製することで深赤色の粉末を得る．

【性質・構造・機能・意義】 中性からアルカリ性の水溶液では，337 nm ($\varepsilon = 15500\ M^{-1}\ cm^{-1}$) と 498 nm ($\varepsilon = 6000\ M^{-1}\ cm^{-1}$) に吸収極大を示し，トリスカテコラト型鉄(III)錯体 [Fe(ent)]³⁻ (ent⁶⁻：エンテロバクチンの脱プロトン種)特有の赤色を呈する．水溶液のpHを中性から酸性へと徐々に下げると，pH 7からpH 4.2付近までは1プロトン付加反応を示し，542 nmに等吸収点を通り可視領域の吸収極大波長が高エネルギー側へとシフトする．その1プロトン付加体 [Fe(Hent)]²⁻ と [Fe(ent)]³⁻ のプロトン付加平衡定数は $10^{4.89}$ である．pH 3付近ではさらにプロトン化が進行し，水溶性の低い電気的に中性の [Fe(H₃ent)] 種が沈殿する．[Fe(ent)]³⁻ 種の安定度定数は 10^{49} 程度であると見積もられており，これは今まで知られている鉄(III)錯体の中で最も大きい値である．この化学種は比較的強い塩基性(～pH 10.5)でも構造を維持している．pH 10.5では，可逆な1電子酸化還元過程(鉄(III)/(II)に相当)が-1.23 V vs. SCEに現れる．

エンテロバクチンは錯形成([Fe(ent)]³⁻種が生成)すると，L-セリン由来の不斉を反映してΔ体が優先的に生成し，大腸菌に取り込まれる．これに対しD-セリンを用いて合成したエナンチオエンテロバクチンを用いた鉄(III)錯体(Λ体)では，取り込まれない．一方，ラクトン環とカテコール骨格の間にグリシンが挿入されてラクトン環と配位部位の距離が長くなったバシリバクチン(後述)では，Λ体が優先して生成するが取り込まれる．こうしたことから大腸菌のカテコール型シデロフォア取り込み機構においては，錯体部分の絶対配置よりもむしろラクトン環のキラリティーが分子認識に寄与していると考えられている[4]．

【関連錯体の紹介およびトピックス】 エンテロバクチンと同様トリラクトン環を有するカテコール型シデロフォアにはbacillibactinやSalmochelin S4が知られている．前者はエンテロバクチンの2,3-ジヒドロキシアミド骨格とラクトン環の間にグリシンが挿入された骨格を有しており，ラクトン環と配位部位が長くなっている．また後者はカテコール環に糖骨格をもっている．その安定度定数はエンテロバクチンと同様大きく，バシリバクチンでは 10^{48} である[4]．

【小澤智宏】

【参考文献】

1) I. O'Brien et al., Biochem. Biophys. Acta, **1970**, 215, 393.
2) J. R. Pollack et al., Biochem. Biophys. Res. Commun., **1971**, 38, 989.
3) W. H. Rastetter et al., J. Org. Chem., **1980**, 45, 5013.
4) R. J. Abergel et al., J. Am. Chem. Soc., **2009**, 131, 12682.

FeO_6

光

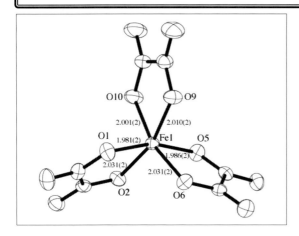

【名称】 potassium tris(oxalato)ferrate(+3) trihydrate: $K_3[Fe(C_2O_4)_3]\cdot 3H_2O$

【背景】 合成が簡便で，高い安定性をもち，さらに，高い量子収率で光還元反応が進行することから，活性酸素種の生成源や代表的な化学光量計として用いられてきた．

【調製法】 1当量の塩化鉄(III)または硫化鉄(III)水溶液と3当量のシュウ酸カリウム水溶液を暗中で混合して，緑色結晶として得る．さらに熱水からの再結晶により精製を行う[1]．

【性質・構造・機能・意義】 X線結晶構造解析から，3個のシュウ酸イオンが2座配位子として鉄(III)イオンに配位した正八面体型構造をしている[2]．また，オキサラート配位子上の残る酸素原子，結晶中の水分子，そしてカリウムイオンの間の配位結合・水素結合により，三次元的なネットワークを形成している．鉄(III)イオンと酸素原子間の距離は平均して2.01 Åであり，これは水溶液中で EXAFS (extended x-ray absorption fine structure) によって得られた値2.02 Åとよい一致を示している[3]．

本錯体は，水溶液中で緑色を呈し，紫外から可視領域にかけて吸収帯が観測される．配位子に対応する最も強い吸収帯が210 nmに，また260 nm付近に電荷移動吸収帯が肩として観測される[1]．

水溶液中において，これらの吸収帯に対応する光を照射すると，正味の光化学反応として，

$$2Fe^{III}(C_2O_4)_3^{3-} \rightarrow 2Fe^{II}(C_2O_4)_2^{2-} + 2CO_2 + C_2O_4^-$$

のように反応が進行し，二価鉄錯体が生成することが知られている．この光還元反応の量子収率は波長依存性があるものの，254 nmから436 nmの間ではその量子収率が1を超えることがわかっている．

この光反応の機構は半世紀にわたり研究されてきたが，特にその初期過程に関してはいまだに議論が続いている．近年様々な時間分解分光測定を駆使して，反応初期に生成する中間体の同定が試みられており，主に二種類の初期過程が提案されている．まず，光励起によりオキサラート配位子から鉄(III)中心への分子内電子移動が起こり，ラジカル種 $Fe^{II}(C_2O_4)_2(C_2O_4^{\cdot-})$ が生成するという機構が，紫外・可視過渡吸収スペクトルなどの結果に基づいて提案されている[4]．一方で，超高速EXAFS分光法による第一配位圏の構造変化の解析等からは，光励起種から1個のオキサラート配位子が鉄(III)中心から解離して，$Fe^{III}(C_2O_4)_2^{3-}$ が最初に生成するという過程が指摘されている[4]．しかし，いずれの機構の場合でも，後続過程において $CO_2^{\cdot-}$ や $C_2O_4^{\cdot-}$ といった還元力の強いラジカル種が生成し，鉄(III)錯体 $Fe^{III}(C_2O_4)_3^{3-}$ が鉄(II)錯体 $Fe^{II}(C_2O_4)_2^{2-}$ に化学的に還元される過程が関与している．これが，反応量子収率が1を超える理由と考えられる．

また，本錯体の高い量子収率を利用して，250 nmから500 nmまでの光源に対する化学光量計として一般的に用いられてきた[1]．正確に濃度を規定した錯体水溶液に，光源から一定時間光を照射したときに生成する鉄(II)イオンを，フェナントロリンをキレート試薬として滴定することで，その光量を定量することができる．紫外から可視までの広範な波長領域に対応し，その各波長において高い量子収率を示すことから，鉄(III)オキサラート錯体は化学光量計として理想的な性質を備えているといえる．さらに，光照射後に生成する化学種には吸収特性がほとんどなく(内部フィルター効果が無視できる)，その後のキレート滴定の精度も非常に高いことから，弱光量から強光量まで効率的に光量測定ができる．

【関連錯体の紹介およびトピックス】 3個のオキサラート配位子をもつルテニウム(III)錯体も正八面体型構造をとり，種々の金属イオンとの混合により，二次元ヘテロ金属配位高分子が得られる[5]．

【森本 樹・石谷 治】

【参考文献】
1) 日本化学会編, 高分子化学 上（第3版 実験化学講座), **1966**, 丸善.
2) P. C. Junk, *J. Coord. Chem.*, **2005**, *58*, 355.
3) P. M. Rentzepis *et al., J. Phys. Chem. A*, **2007**, *111*, 9326.
4) I. P. Pozdnyakov *et al., J. Phys. Chem. A*, **2008**, *112*, 8316.
5) A. Dikhtiarenko *et al., Inorg. Chem.*, **2013**, *52*, 3933.

FeO_6

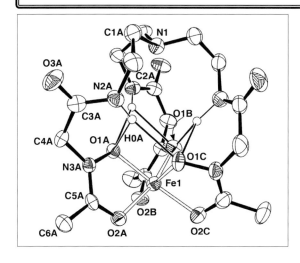

【名称】 tris[2-|(N-acetyl-N-hydroxy) glycylamino| ethyl]amine-iron(III) complex: [Fe(tage)]

【背景】 微生物は生命活動の維持のために必要な鉄を外界から取り込むため，主にシデロフォアと呼ばれる鉄輸送化合物を用いる[1]．シデロフォアの多くは複雑な構造を有し，人工的な合成が困難である一方，微生物における鉄輸送機構の解明や各種応用研究のために，機能・構造モデルとなりうる各種人工シデロフォアの開発が行われている．本錯体は黒穂病菌 Ustilago sphaerogena が産出するシデロフォア deferriferrichrome (DFC) の Fe(III) 錯体である ferrichrome のモデル錯体として開発された[2]．

【調製法】 H_3tage の CH_3OH 溶液と [Fe(acac)$_3$] (acac=acetylacetonato) の CH_3OH 溶液を室温で等モル量混合し，数時間静置させると濃赤色の結晶として得られる[3]．

【性質・構造・機能・意義】 本錯体の金属イオン周りの構造は，Fe(III) に tage の 3 つのヒドロキサム酸イオン部分($CH_3C(=O)N(O^-)CH_2-$)が fac 配位した歪んだ八面体型構造となっている．Δ および Λ 配置の光学異性体のラセミ混合物である．Fe(III) と配位酸素原子(O(1) および O(2)) との平均結合距離および平均結合角は，Fe-O(1)=1.970 Å，Fe-O(2)=2.022 Å，O(1)-Fe-O(2)=78.9° である．これはモデルとした天然シデロフォア Fe(III) 錯体 ferrichrome の値とよい一致を示している[4]．アミド窒素(N2) と O(1) との平均距離は同一脚内では 2.88 Å，隣接脚間では 3.20 Å であり，全

体として分子内水素結合ネットワークを形成している．このような分子内水素結合ネットワークが極性溶媒中でも存在していることが，反磁性種である Ga(III) を用いた [Ga(tage)] の重 DMSO 中におけるアミドプロトンシグナルの化学シフトの温度変化の非依存性から示されている[3]．

本錯体は水に可溶で，CH_3OH や DMSO に微溶である．水溶液中での安定度定数 β は $\log \beta = 28.7$ であり，これは ferrichrome の値(29.1)とほぼ同じである[2]．本錯体の水溶液中における UV-vis スペクトルは，pH 4～8 において，LMCT に由来する吸収極大波長 420 nm (モル吸光係数 2860 $M^{-1} cm^{-1}$) を示す．これは Fe(III)-トリス(ヒドロキサマト)錯体に特徴的な値である[5]．本錯体は水溶液中(pH 7)でのサイクリックボルタモグラムにおいて，可逆な一電子酸化還元波を示し，その酸化還元電位は $-230 mV$ (標準水素電極 (NHE) 基準)である．これは ferrichrome やその他のヒドロキサム酸型天然シデロフォアの Fe(III) 錯体($-400 \sim -470 mV$)[1] と比較すると約 200 mV 正側であり，本錯体はこれらの錯体よりも還元されやすいという特徴をもつ．

本錯体はシデロフォア非産生菌 Microbacterium flavescens に対して天然シデロフォアと同様，その生体内に鉄を供給し，生長を促すことが明らかとなっている[3]．

【関連錯体の紹介およびトピックス】 天然シデロフォアである DFC はアミノ酸由来の不斉部位を有し，その Fe(III) 錯体である ferrichrome は Λ 体をとる．そこで人工シデロフォア TAGE のアミノ酸骨格をグリシンから D-アラニンに変えた人工シデロフォア R-TAAE の Fe(III) 錯体([Fe(R-taae)])が合成された[6]．[Fe(R-taae)] の円二色性(CD)スペクトルおよび X 線結晶構造解析の結果から，この錯体の絶対配置が Λ であることがわかり，[Fe(R-taae)] が ferrichrome のよい構造モデルであることが示された． 【松本健司・小澤智宏】

【参考文献】
1) R. C. Hider et al., Nat. Prod. Rep., **2010**, 27, 637.
2) K. Matsumoto et al., Inorg. Chem., **2001**, 40, 190.
3) K. Matsumoto et al., Inorg. Chem., **2004**, 43, 8538.
4) D. ven der Helm et al., J. Am. Chem. Soc., **1980**, 102, 4224.
5) M. Birus et al., Inorg. Chem., **1985**, 24, 3980.
6) K. Matsumoto et al., Chem. Commun., **2001**, 978.

FeO$_6$

生

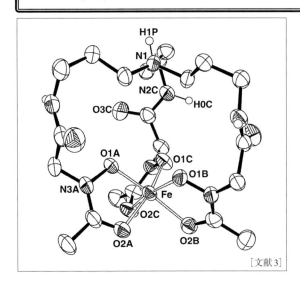

[文献3]

【名称】tris[2-{(N-acetyl-N-hydroxy)glycylamino}propyl]amine-iron(III)complex hydrochloride salt([Fe(Htagp)]Cl)

【背景】微生物の鉄輸送化合物であるシデロフォアは，Fe(III)と非常に安定な錯体を形成することが知られているが，これにはキレート効果だけでなく，水素結合などの非共有結合性相互作用やFe(III)を捕捉しやすいような配位子骨格の配向性が寄与していると考えられている[1]．本錯体は松本らによって開発された人工シデロフォア-Fe(III)錯体[Fe(tage)][2]の三脚型配位子骨格の影響を調べるために開発された錯体である[3]．

【調製法】H$_3$tagpとFeCl$_3$を等モル量混合したCH$_3$OH溶液にピリジンを数滴加えたのち，室温で数週間かけてゆっくりと濃縮させることにより，濃赤色の結晶として得られる[3]．

【性質・構造・機能・意義】本錯体は三脚型骨格として用いたtris(3-aminopropyl)amine(TRPN)の三級アミン部位がプロトン化され，その対イオンとして塩化物イオンをもつ塩酸塩の形で単離される．本錯体の金属イオン周りの構造は，Fe(III)にtagpの3つのヒドロキサム酸イオン部分(CH$_3$C(=O)N(O$^-$)CH$_2$-)がfac配位した歪んだ八面体型構造となっている．ΔおよびΛ配置の光学異性体のラセミ混合物である．Fe(III)と配位酸素原子(O(1)およびO(2))との平均結合距離および平均結合角は，Fe-O(1)=1.977Å，Fe-O(2)=2.053Å，O(1)-Fe-O(2)=78.4°である．これはtris(2-aminoethyl)amine(TREN)を三脚型骨格として用いた人工シデロフォアTAGEや天然シデロフォアdeferriferrichrome(DFC)のFe(III)錯体の値とよい一致を示している[2,4]．一方，[Fe(tage)]で見られたアミド水素とO(N)との間における分子内水素結合は見られず，隣接する別の錯体分子や水分子との間における分子間水素結合のみ観測された．三脚型骨格中のプロトン化された四級窒素原子(N1)とFe(III)との間の距離は5.205Åであり，[Fe(tage)]の対応する原子間距離(5.139Å)とほぼ同程度である．TRPNの三級窒素がプロトン化されていない類縁体では炭素鎖の増加に応じて三級窒素-Fe(III)間の距離が伸びることから[5]，[Fe(Htagp)]$^+$においては正電荷をもつ四級窒素と負電荷をもつヒドロキサム酸イオンとの間で静電的な相互作用がはたらいているものと考えられている．

本錯体は水に易溶，CH$_3$OHやDMSOに可溶である．水溶液中での安定度定数βはlog β=30.6であり，これは[Fe(tage)]やferrichromeの値(29.1)よりも大きい[3]．本錯体の水溶液中におけるUV-visスペクトルは，pH 2〜8においてFe(III)-トリス(ヒドロキサマト)錯体に特徴的なLMCT[6]に由来する吸収極大を示し(pH 2.0：λ$_{max}$425 nm(ε_{max}2290 M^{-1} cm^{-1})，pH 7.4：λ$_{max}$420 nm(ε_{max}2470 M^{-1} cm^{-1})，pH 4〜8で安定なFe(III)錯体を形成する[Fe(tage)]と比べ，酸性域での安定性が向上している．これらの安定性の向上は前述の静電相互作用によるものと考えられている．

本錯体はシデロフォア非産生菌 Microbacterium flavescens に対して，[Fe(tage)]や天然シデロフォアと同様，その生体内に鉄を供給し，生長を促すことが明らかとなっている[3]．

【関連錯体の紹介およびトピックス】猪股らは三脚型骨格としてアミノ基を有するメタン誘導体を用いた人工シデロフォアを合成し，そのFe(III)錯体を基盤上に固定化することで微生物の鉄輸送機構を利用した微生物センサーの開発に成功している[7]．

【松本健司・小澤智宏】

【参考文献】
1) I. Dayan *et al.*, *Inorg. Chem.*, **1993**, *32*, 1467.
2) K. Matsumoto *et al.*, *Inorg. Chem.*, **2001**, *40*, 190.
3) K. Matsumoto *et al.*, *Eur J. Inorg. Chem.*, **2001**, 2481.
4) D. ven der Helm *et al.*, *J. Am. Chem. Soc.*, **1980**, *102*, 4224.
5) T. B. Karpishin *et al.*, *J. Am. Chem. Soc.*, **1993**, *115*, 182.
6) M. Birus *et al.*, *Inorg. Chem.*, **1985**, *24*, 3980.
7) T. Inomata *et al.*, *Langmuir*, **2012**, *28*, 1611.

FeO_6 生

1-Fe complex
2-Fe complex

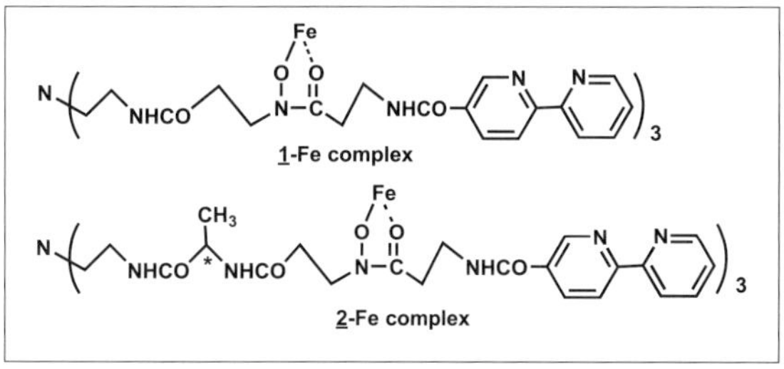

【名称】 tris[2-[3-[3-[5-(2,2′-bipyridyl]methanamido]-*N*-hydroxypropanamido]propanamido]ethylamine iron(III)(1-Fe complex)and tris[2-[2-[3-[3-[5-(2,2′-bipyridyl)methanamido]-*N*-hydroxyamido]propanamido]-2(*S*)-methylethanamido]ethyl]amine iron(III)(2-Fe complex)

【背景】 電子部品の小型化に対する絶え間ない興味は，デバイス機能をもつ分子集合体の研究を刺激している．ここでは，2つの異なる結合キャビティーの1つを鉄イオンが占有できるようならせん状鉄錯体を基にしたレドックススイッチの合成とそれらの特性評価を紹介する[1]．

【調製法】 2,2′-ビピリジン-5-カルボン酸塩化物から7段階の反応を経て，2種類の三方向性六座配位子**1**,**2**を合成する(図1)．

さらに，Fe(III)錯体は$FeCl_3$との反応により，Fe(II)錯体は$FeSO_4$との反応により，各々調製する．

【性質・構造・機能・意義】 Shanzerらが合成した三重らせん型レセプターは，トリス(2-アミノエチル)アミンをアンカーとし，3本の鎖のそれぞれにFe(II)イオンに親和性の高い2,2′-ビピリジン部位(錯体の特徴的な吸収帯：λmax＝540 nm)とFe(III)イオンと親和性の高いヒドロキサム酸部位(錯体の特徴的な吸収帯：λmax＝420 nm)をもつのが特徴である．

i), ii)
iii)-v)
vi), vii)
viii), vii)
1
2
i) C_6Cl_5OH; ii) $EtOCO(CH_2)_2NOHCO(CH_2)_2NH_2$; iii) DHP+*p*-TsOH iv) $NaOH/H_2O$; v) C_6Cl_5OH+DCC; vi) $N(CH_2CH_2NH_2)_3$; vii) CF_3CO_2H viii) $N(CH_2CH_2NHCOCHCH_3NH_2)_3$

図1　三方向性六座配位子の合成

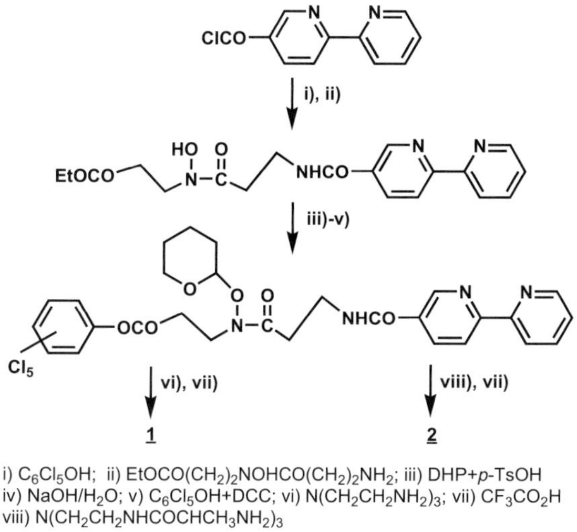

三方向性六座配位子**1**,**2**の鉄錯体の構造は，ES質量分析([2 + Fe-3H + H]$^+$ (m/z＝1433.7)，[2 + Fe-3H + 2H]$^{2+}$(m/z＝717.1))から決定している．また，2-Fe(III)錯体の円二色性(CD)スペクトルで，453 nm($\Delta\varepsilon$＝＋0.53)に正の，417 nmに交点，370 nm($\Delta\varepsilon$＝−0.93)に負のコットン効果が観測され，鉄周りの絶対配置がΛである錯体が優先的に存在することがわかる．

このレセプターとFe(III)イオンを混合すると，ヒドロキサム酸部位で安定な六配位八面体錯体を形成し淡褐色を呈する．これをアスコルビン酸で還元すると，生じたFe(II)イオンは分子末端のビピリジン部位に移動しここでも安定な六配位八面体錯体を形成し深青色を呈する．また，2-Fe(II)錯体を酸化剤であるペルオキソ二硫酸アンモニウム存在下70℃で数分間加熱すると2-Fe(III)が再生される(図2)．

Fe^{3+}
-NO CO-
+e⁻
-e⁻
Fe^{2+}
-NOHCO-

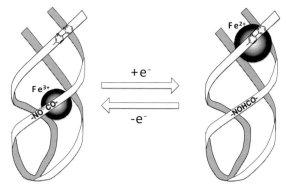

図2　電磁授受によるFeイオンの移動

このように，電子の授受によって鉄イオンの分子内における位置がon-offのスイッチに対応して移動する．また，Fe(III)からFe(II)錯体への反応の半減期は，アラニン残基を含まない1-Fe(III)錯体では15秒，含む2-Fe(III)錯体では約45秒と異なり，配位子間の距離を変えることによって外部刺激(ここでは電子の授受)に対する信号の変換速度を変えることもできる．

【関連錯体の紹介およびトピックス】 Raymondらは，ヒドロキサム酸の替わりにカテコールを一分子中に2個もつ配位子(L)とGa(III)，Al(III)，Fe(III)などの金属イオン(M)からなる分子集合体M_4L_6が形成するナノスケールの空孔を反応場とした"nanozyme"研究を精力的に行っている[2]．　**【加藤明良・大神田淳子】**

【参考文献】

1) L. Zelikovich *et al., Nature*, **1995**, *374*, 790.
2) C. Hastings *et al., J. Am. Chem. Soc.*, **2008**, *130*, 10977.

Fe

FeAlC₁₀

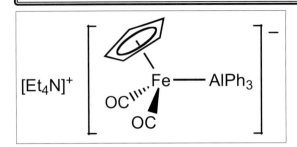

【名称】[N,N,N,N-tetraethylammonium][dicarbonyl(η^5-cyclopentadienyl)(triphenylaluminium)ferrate(Al–Fe)(1–)]: [Et$_4$N][Cp(CO)$_2$FeAlPh$_3$]

【背景】金属と13族元素の間に結合をもつ錯体の化学は1940年代に始まり，すでに60年以上の歴史があるが，金属-炭素結合をもつ有機金属錯体と比較すると未開拓といえる状況にある．アルミニウム以降の13族元素が遷移金属に直接結合した錯体の最初の例はIn[Co(CO)$_4$]$_3$であり，1942年にHieberらによって報告されている[1]．しかし，この時期は結晶構造解析が一般的になっておらず，この錯体がIn-Co間に直接の結合をもつことが証明されたのは1973年のことである[2]．金属-アルミニウム結合をもつ錯体の研究は，Ziegler-Natta触媒の開発に関連して1960年代から活発になった．しかし，この時期に研究された錯体のほとんどはTi-Al結合をもたず，Clなどが Ti と Al を架橋した構造をもつことが，後に明らかになっている．金属-アルミニウム結合をもつことが結晶構造解析によって明らかにされたはじめての錯体が，1979年に報告された標題錯体である[3]．

【調製法】操作はすべてアルゴン気流下で行う．Na[Cp(CO)$_2$Fe](6.00 mmol)のTHF溶液(25 mL)に，粉砕して真空下で乾燥したEt$_4$NBr(2.52 g, 12 mmol)を加え，15時間撹拌する．反応混合物を，セライトをのせたガラスフィルターでろ過する．ろ液を60℃に温めてトルエン(5 mL)を加え，ゆっくりと-50℃まで冷却すると赤茶色の結晶が得られる．結晶をトルエン 10 mLで洗浄し，減圧乾燥すると，赤茶色結晶として[Et$_4$N][CpFe(CO)$_2$]が得られる(収量1.36 g，収率76%)．[Et$_4$N][CpFe(CO)$_2$](1.57 mmol)のTHF溶液(15.7 mL)をAlPh$_3$(0.405 g, 1.57 mmol)のTHF溶液(5 mL)に加える．反応混合物を目の細かいガラスフィルターでろ過し，ろ液を-65℃に冷却すると，黄褐色の結晶が得られる．結晶を-65℃に保ったままTHF(5 mL)を用いて洗浄し，減圧乾燥すると，標題化合物が得られる(収量0.582 g，収率55%)．

【性質・構造・機能・意義】融点166~167.5℃(分解)．空気や湿気に対して不安定であり，熱THF中では分解し，暗赤色の分解生成物を与える．結晶構造解析によって，標題化合物はFe-Al結合をもつことが明らかにされた．そのFe-Al結合距離は2.510(2) Åである．このFe-Al結合は，Lewis酸であるAlPh$_3$にLewis塩基である[CpFe(CO)$_2$]$^-$が配位した配位結合と考えることができる．しかし，測定されたFe-Al結合距離は通常のFe-Al単結合距離の範囲内にあり，単結合としての性質を強くもつことがわかった．アルミニウム周りはわずかに歪んだ四配位正四面体型構造になっており，そのFe-Al-C(Ph)およびC(Ph)-Al-C(Ph)結合角の平均値は，それぞれ112.0(1)および106.5(1)°である．ところで，Lewis酸を金属カルボニルフラグメントに作用させると，カルボニル酸素がLewis塩基としてはたらいてLewis酸に配位し，イソカルボニル錯体となる場合がある(M-C≡O → A(A=Lewis酸))．しかし，標題錯体の赤外吸収スペクトル(Nujol)においては，CO伸縮振動に帰属される強い吸収が1940および1871 cm^{-1}に観測され，これらの値からもカルボニル配位子の酸素にはAlPh$_3$が結合していないことがわかる．

【関連錯体およびトピックス】標題錯体と同様の金属から13族元素への配位結合をもつ錯体として，インジウムおよびガリウム鉄錯体も合成されている．また，遷移金属フラグメントとしては[CpFe(CO)$_2$]の他，[Co(CO)$_4$]，[Mn(CO)$_5$]，および[CpW(CO)$_3$]を用いた錯体の合成が検討されているが，鉄錯体以外は金属フラグメントのLewis塩基性が弱いため，生成物が不安定であったり，溶液中で金属-13族元素間の結合が開裂した化学種との平衡混合物となると報告されている．

〔上野圭司〕

【参考文献】
1) W. Hieber *et al., Anorg. Allg. Chem.*, **1942**, 249, 43.
2) W. R. Robinson *et al., Inorg. Chem.*, **1973**, 12, 848.
3) J. M. Burlitch *et al., Inorg. Chem.*, **1979**, 18, 1097.

FeS₄

生

【名称】bis(*N,N,N*-triethylethanaminium)bis[methyl *N*-[*N*-[*N*-[1-[*N*-[(phenylmethoxy)carbon-yl]-L-cysteinyl]-L-prolyl]-L-leucyl]-L-cysteinyl]glycyl]-L-valinato(2−)-*S,S'*]ferrate(2−): (NEt₄)₂[Fe(Z-cys-Pro-Leu-cys-Gly-Val-OMe)₂])

【背景】ルブレドキシンは，鉄硫黄タンパク質として最も単純な構造をしており，保存されたアミノ酸配列 Cys-X-Y-Cys が単核の鉄にキレート配位している．電子伝達で重要な酸化還元電位の再現は，この保存された配列により導かれる Fe-S 結合の二面角，鉄中心周りの D_{2d} から C_2 への対称性の低下，分子内 NH⋯S 水素結合をあわせもつことが必要である．さらに C 端側に保存されている 2 残基を加えた Cys-Pro-Leu-Cys-Gly-Val が配位している本錯体はルブレドキシンの物性をよく再現している[1]．

【調製法】アルゴン雰囲気下，(NEt₄)₂[Fe(S-*t*-Bu)₄] のアセトニトリル溶液に Z-Cys-Pro-Leu-Cys-Gly-Val-OMe の THF 溶液を 1:2 のモル比で加え，減圧濃縮乾固し，ジエチルエーテルで洗浄し空気に対して不安定な淡褐色の粉末を得る．

【性質・構造・機能・意義】2 つの立体異性体のうち，δ体の方が安定な構造である．配位子で Leu-NH⋯S-Cys(1)，Cys(2)-NH⋯S-Cys(1)，Val-NH⋯S-Cys(2) の分子内 NH⋯S 水素結合を形成している．重アセトニトリル中で，150〜250 ppm の領域に CysC$_\beta$H₂ に帰属される ¹H NMR シグナルを示す．²H NMR では，38.0，19.5，−4.0，−20.0 ppm に N²H のシグナルが検出され，N²H⋯S 水素結合の存在を示す[1]．(NEt₄)₂[Fe(Z-cys-Pro-Leu-cys-OMe)₂] との比較から −20 ppm のピークは Val-N²H に帰属される．残りの N²H は溶媒依存性を示さずキレート内での強固な NH⋯S 水素結合の形成を示しているのに対し，末端の Val-N²H は溶媒依存性を示し，酸化還元電位がアセトニトリル中で −0.46 V，ジメトキシエタン (DME) 中で −0.35 V vs. SCE と溶媒依存性を示すことに対応している．低極性溶媒中での正側シフトは一般的な傾向とは逆で NH⋯S 水素結合の存在を示している[2]．アセトニトリル中，312 nm ($\varepsilon = 4500\ M^{-1}cm^{-1}$) に LMCT に帰属される吸収があり，これに対応して 309 ($\Delta\varepsilon = -5.3\ M^{-1}cm^{-1}$)，338 nm (2.8) に円二色性 (CD) 極大を示す[2]．

天然のルブレドキシンの酸化還元電位は水中で −0.31 V vs. SCE であり，本錯体の −0.35 V (DME 中) は非常によく再現している．[Fe(Z-cys-Pro-Leu-cys-OMe)₂]²⁻ がアセトニトリル中で −0.54 V，DME 中で −0.59 V であることを考えると[2,3]，末端の NH⋯S 水素結合が電子状態の制御に極めて重要であることが理解できる．

本錯体は活性部位に保存されているペプチド配列と NH⋯S 水素結合が酸化還元電位の決定に極めて鋭敏に作用することを明らかにした例として意義深い．

【関連錯体の紹介およびトピックス】(NEt₄)₂[Fe(Z-cys-Pro-Leu-cys-Gly-NH-C₆H₄-*p*-X)₂] (X=OMe, H, F, Cl, CN) ではアニリドの NH から Cys の S へ水素結合が形成される．酸化還元電位は Hammett 則に従い，最も電子求引性が高い X=CN では DME 中で −0.24 V であり，電子求引基が NH の酸性度を高め，NH⋯S 水素結合を強固にしていることを示している[2]．本錯体は δ 体が安定な構造であるが，スペーサーを用いて 4 座キレート配位にすることで選択的に δ 体のみを得ることができる．(NEt₄)₂[Fe{*cis*-1,2-cyclohexylene(CO-cys-Pro-Leu-cys-Gly-NH-C₆H₄-*m*-F)₂}] は，一方の異性体に帰属される 1 組の ¹H，²H，¹⁹F NMR のシグナルを示す[4]．酸化型ルブレドキシンモデル [Fe^III(Z-cys-Thr-Val-cys-OMe)₂]⁻，[Fe^III(Z-cys-Pro-Leu-cys-OMe)₂]⁻ は天然とよく似た吸収スペクトル，CD，MCD を示す．錯体は熱的に不安定で，配位子がジスルフィドとして脱離して Fe(II) 錯体を生じる[5]．

【岡村高明】

【参考文献】
1) N. Ueyama *et al., Inorg. Chem.*, **1992**, *31*, 4053.
2) W.-Y. Sun *et al., Inorg. Chem.*, **1991**, *30*, 4026.
3) N. Ueyama *et al., Inorg. Chem.*, **1985**, *24*, 2190.
4) W.-Y. Sun *et al., Mag. Res. Chem.*, **1993**, *31*, S34.
5) M. Nakata *et al., Bull. Chem. Soc. Jpn.*, **1983**, *56*, 3647.

FeNiHN₂P₃S₂

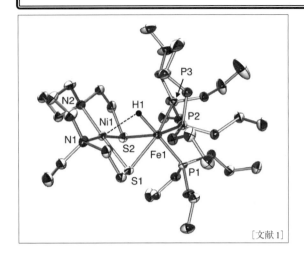

【名称】(μ-N,N'-diethyl-3,7-diazanonane-1,9-dithiolato-1$\kappa^2 S^{1,9}$,2$\kappa^2 S^{1,9}$)(μ-hydrido)tris(triethylphosphite-1$\kappa^3 P$)-ironnickel tetraphenylborate:[{P(OEt)₃}₃Fe(μ-H)(μ-X)Ni]-[BPh₄]

【背景】Ni-Feヒドロゲナーゼは，プロトンの還元と水素の酸化を触媒する水素活性化酵素であり，活性中心にNi原子とFe原子が2つのシステイン残基のチオレートで架橋された二核構造をもつ．常温・常圧下で水素分子をヘテロリティックに開裂し，プロトンを放出するとともにヒドリドイオンを二核金属中心が捉える．このように生成したヒドリド種が活性化状態と推測される．上図に示すヒドリド錯体は，水素から合成したはじめてのNi-Feヒドロゲナーゼの構造および機能モデルである[1]．

【調製法】本ヒドリド錯体[{P(OEt)₃}₃Fe(μ-H)(μ-X)Ni][BPh₄](X=N,N'-diethyl-3,7-diazanonane-1,9-dithiolato)は，[(MeCN){P(OEt)₃}₃Fe(μ-X)Ni][BPh₄]₂に，アセトニトリル/メタノール混合溶媒中で，ナトリウムメトキシドと水素を反応させることで得られる．

【性質・構造・機能・意義】本錯体の構造は，X線回折および中性子回折により決定された．Ni1⋯Fe1の距離は2.7930(6) Åであり，Ni1-S1-Fe1とNi1-S2-Fe1の角度はそれぞれ75.76(3)°と75.82(3)°である．Ni1-H1とFe1-H1の距離はそれぞれ2.16(4) Åと1.57(5) Åであり，ヒドリドイオンはニッケル原子よりも鉄原子に近い位置に存在する．ESI-マススペクトルでは，m/z 861.2に[{P(OEt)₃}₃Fe(μ-H)(μ-X)Ni]⁺に一致するシグナルが観測され，水素の代わりに重水素を用いて調製したジュウテリド錯体[{P(OEt)₃}₃Fe(μ-D)(μ-X)Ni]⁺では，m/z 862.2にシグナルが観測される．IRスペクトルでは，金属-ヒドリド伸縮振動に帰属される吸収帯が1687 cm⁻¹に観測され，ジュウテリド錯体では，この吸収帯は1218 cm⁻¹へシフトする．¹H NMRスペクトルでは，リン原子の核スピンと相互作用して分裂したヒドリドイオン由来のシグナルが－3.57 ppmに観測される．本ヒドリド錯体は，ニッケル-鉄ヒドロゲナーゼと同様に，基質をヒドリド還元および電子還元する．例えば，10-メチルアクリジニウムイオンをヒドリド還元し，また，プロトンのヒドリド還元では水素を発生する．一方で，メチルビオロゲンやフェロセニウムイオンを電子還元する．中心金属にニッケルと鉄をもつ錯体を用いて，水素分子をヘテロリティックに開裂した例はこの錯体がはじめてである．

【関連錯体の紹介およびトピックス】前述したヒドリド錯体中の鉄原子の代わりにルテニウム原子を用いたヒドリド錯体[(η^6-C₆Me₆)Ru(μ-H)(μ-X')Ni][NO₃](X'=N,N'-dimethyl-3,7-diazanonane-1,9-dithiolato)も合成された(図1)[2]．この錯体は，水中・常温・常圧下で，その前駆体である[(η^6-C₆Me₆)(H₂O)Ru(μ-X')Ni][(NO₃)₂]と水素分子との反応によって得られる．この錯体の構造は，X線回折および中性子回折により同定された．Ni1⋯Ru1の距離は，2.739(3) Åであり，Ni1-S1-Ru1とNi1-S2-Ru1の角度は，それぞれ70.7(3)°と70.4(2)°である．Ni1-H1とRu1-H1の距離はそれぞれ1.859(7) Åと1.676(8) Åであり，上述のニッケルと鉄を中心金属にもつヒドリド錯体と比較すると，このヒドリドイオンはニッケル原子により近い位置に存在する．これまで知られている遷移金属錯体の中で，このニッケルとルテニウムのヒドリド錯体は，水素をヘテロリティックに活性化し，触媒的に電子を取り出したはじめての例である．

【松本崇弘・小江誠司】

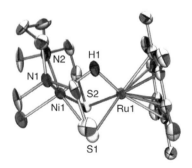

図1 ニッケルルテニウム錯体の構造

【参考文献】
1) S. Ogo *et al.*, *Science*, **2013**, *339*, 682.
2) S. Ogo *et al.*, *Science*, **2007**, *316*, 585.

FeNi₃N₄O₂S₁₂

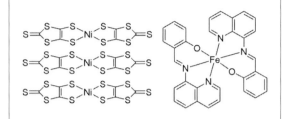

【名称】[Fe(qsal)₂][Ni(dmit)₂]·2CH₃CN (**1**), [Fe(qsal)₂][Ni(dmit)₂]₃·CH₃CN·H₂O (**2**) (qsal=N-(8-quinolyl)-salicylaldimine, dmit=1,3-dithiol-2-thione-4,5-dithiolato)

【背景】分子性導体の開発において，局在スピンによる磁性と伝導性あるいは超伝導との共存や，単なる共存ではなく個々の成分の性質を超えるような相乗効果の実現は非常に興味深く，さらに伝導状態制御のために磁性を利用する手法も開発されている．その中で，伝導挙動は構造の変化に非常に敏感であることに注目し，スピンクロスオーバー転移(SCO)による高スピン(HS)-低スピン(LS)状態間における金属中心周辺の結合伸縮を利用した新たな試みが行われている．このアプローチは，SCO が温度，圧力，光などの外場により変化しうるために，制御性を発揮できる点でも興味深い．このような観点から，Fe^{III} を含む新たな錯体が開発された[1]．

【製調法】**1** は [Fe(qsal)₂]Cl·1.5H₂O と (Bu₄N)[Ni(dmit)₂] をアセトニトリル中で複分解反応を起こさせることで得られる．また **2** は，**1** をアセトニトリル中で 1.5 V の定電圧下で電解還元させることによって黒褐色の薄板状単結晶として得られる．

【性質・構造・機能・意義】**1** の磁化率からは，室温付近で χT=4.15 emu K mol^{-1} を示し，HS 状態の Fe^{III} と [Ni(dmit)₂]⁻ の反強磁性的相互作用によるスピン配置が示唆される．降温過程では 200〜150 K にかけて徐々に χT が減少して 150 K 以下で 0.77 emu K mol^{-1} を示し，10％程度の HS 成分を残して LS へと転移した．この後昇温過程では 230 K 付近で急激な χT の増加が見られ，ヒステリシスを伴うスピン転移が確認された．しかしながら再度の降温過程ではこのヒステリシスは消失し，合成直後の準安定状態から安定状態へと変化したといえる．この安定状態の結晶に対し，5 K で光誘起スピン転移(LIESST)を調べると，830 nm の光照射に対して HS 成分の増加により χT が増加し，昇温によって 46 K で LS 成分へと戻る LIESST 現象が観測できた．また 980 nm の光照射により，一度 LIESST で生じた HS が LS へと戻る逆 LIESST も確認されている．**2** では χT の値は 3.75 emu K mol^{-1} で Fe^{III} の 84％ が HS，16％ が LS の混合状態である．低温に下げると非常に広い温度範囲で χT が徐々に減少し，60 K 以下で 0.57 emu K mol^{-1} となり，ほぼ完全に LS となったことを示す．ここで 90〜120 K の間で χT に異常が見られるが，ちょうどこの領域で降温過程よりも昇温過程の抵抗率が小さくなる，通常の分子性導体の挙動とは異なる温度ヒステリシスが観測されており，この異常が，SCO によるスピン転移によって直接的に引き起こされたことを示唆している．さらに，**2** においても LIESST 現象が観測され，準安定な HS は 60 K まで観測可能であった．

構造解析から **1** は独立な [Fe(qsal)₂]⁺ と [Ni(dmit)₂]⁻ が各々1種類ずつ存在する 1 : 1 塩として得られている．[Ni(dmit)₂]⁻ は二量化しており，ダイマーの長軸方向で隣接ダイマーと重なりをもつ一次元鎖構造をとる．カチオンは Fe^{III} 周囲の結合距離から HS であり，隣接カチオン配位子の π-π 積層構造が協同スピンクロスオーバー現象をもたらす．一方 **2** では 2 種類の [Fe(qsal)₂]⁺ と 6 種類の [Ni(dmit)₂]⁻ が独立に存在し，[Ni(dmit)₂]⁻ は三量体を形成して分子面垂直方向にカラム構造をとる．隣接カラム間には有意な相互作用は存在しない．カチオンは配位子の π-π 積層構造により二量化し，このダイマーが [Ni(dmit)₂]⁻ カラムとは異なる方向に一次元鎖を形成する．

このような錯体は，伝導-磁性-光が結合した挙動を示す物質開発の重要な前駆体となりうる．

【関連錯体の紹介およびトピックス】[Fe(qnal)₂][Pd(dmit)₂]₅·acetone は SCO による一軸性歪効果が伝導性に影響する[2]．このほかにも一軸性歪効果により電子構造を制御できることが知られている[3]．

【小島憲道・榎本真哉】

【参考文献】
1) a) K. Takahashi et al., Chem. Lett., **2005**, 34, 1240; b) K. Takahashi et al., Inorg. Chem., **2006**, 45, 5739.
2) K. Takahashi et al., J. Am. Chem. Soc., **2008**, 130, 6688.
3) S. Kagoshima et al., Chem. Rev., **2004**, 104, 5593.

FeGaC$_5$

【名称】 tetracarbonyl[[2,2″,4,4″,6,6″-hexakis-(1-methylethyl)[1,1′:3′,1″-terphenyl]-2′-yl]gallium]iron(Fe–Ga): [(OC)$_4$Fe=Ga(C$_6$H$_3$-2,6-(2,4,6-^{i}PrC$_6$H$_2$)$_2$)]

【背景】 金属-典型元素多重結合をもつ錯体は,特異な構造および反応性が期待されるため,多くの化学者に興味をもたれている.1価のガリウム化学種ガリレンRGaが金属原子に末端型で結合し,形式的に金属-ガリウム二重結合を形成したガリレン錯体もそのような興味ある錯体の1つである.ガリレン錯体の最初の例は,1996年にFischerらによって報告されている.ただし,この錯体は,Lewis塩基が配位不飽和なガリウムに配位することで安定化されていた[1].ガリウムにLewis塩基が配位していないはじめてのガリレン錯体が,Robinsonによって合成された標題化合物である[2].この錯体はガリレン錯体としてだけでなく,13族元素-遷移金属結合の多重結合をどう理解すべきかに関する論争を引き起こす契機となった化合物として重要である.

【調製法】 操作はすべて窒素気流下で行う.グローブボックス中で,反応容器にTrip$_2$C$_6$H$_3$GaCl$_2$·(hexane)$_{0.5}$(3.33 g, 5.0 mmol; Trip=2,4,6-トリイソプロピルフェニル),Na$_2$[Fe(CO)$_4$]·(dioxane)$_{1.5}$,およびジエチルエーテル(30 mL)を入れ,混合物を−78℃で4時間撹拌する.その後,撹拌しながらゆっくりと室温に戻し,さらに6日間撹拌する.撹拌を止めて数時間静置し,デカンテーションによって深赤色の溶液を沈殿と分離して他のフラスコに移す.反応溶液から溶媒を減圧下で留去して濃縮し,−20℃で1週間保存すると,薄黄色のプリズム型の結晶として標題化合物が得られる(収量1.08 g,収率30%).

【性質・構造・機能・意義】 融点は224.3℃で,この錯体は反磁性であり,空気や湿気に対して不安定である.鉄は三方両錐型の配位構造をもち,ガリレンおよび1つのカルボニル配位子がアキシアル位に位置する.ガリウムは二配位直線型構造(179.2(1)°)をとっており,sp混成していることが示唆される.Ga-Fe結合距離は2.2248(7)Åで,通常のGa-Fe単結合(2.36〜2.46Å)と比較すると非常に短い.この錯体のGa-Fe結合は,18電子則に従うと形式的に二重結合と見なせる.しかし,著者らは,非常に短いFe-Ga結合,オクテット則および鉄からの逆供与の考察などから,Ga-Fe間には1つのσ結合と2つのπ結合が存在する三重結合であると主張した.なお,後に,Pyykköらは理論計算によってFe-Ga三重結合距離は2.23Åと見積もっている[3].標題化合物のFe-Ga結合距離がこの値に近いことは興味深い.

【関連錯体の紹介およびトピックス】 Robinsonが主張したFe-Ga三重結合モデルに対して,Cottonらはすぐにこれを否定する論文を発表した[4].彼らは,定性的およびDFT計算に基づいた考察を行い,この錯体のFe-Ga結合におけるπ結合の寄与は無視できるほど小さく,単結合(Fe←Ga配位結合)であるとした.その後,この論争は多くの理論化学者および合成化学者を巻き込んで拡大し,ガリウムに限らず,13族元素-遷移金属錯体の結合をどのように解釈するべきか,特にπ結合の寄与はどの程度存在するのかについて激しい議論となった.Frenkingらは13族元素-遷移金属錯体の結合に関する詳細な理論計算を行い,13族元素-遷移金属結合にはクーロン引力が強くはたらいていて支配的であるが,π結合も無視できるほど小さいわけではないことを明らかにした[5].しかし,この考え方では説明できない実験結果も報告されており,論争はまだ続いている[6].

【上野圭司】

【参考文献】
1) M. M. Schulte *et al.*, *Angew. Chem. Int. Ed. Engl.*, **1996**, 35, 424.
2) J. Su *et al.*, *Organometallics*, **1997**, 16, 4511.
3) P. Pyykkö *et al.*, *Chem. Eur. J.*, **2005**, 11, 3511.
4) F. A. Cotton *et al.*, *Organometallics*, **1998**, 17, 128.
5) a) G. Frenking *et al.*, *Chem. Eur. J.*, **1999**, 5, 2184; b) G. Frenking *et al.*, *Organometallics*, **2000**, 19, 571.
6) K. Ueno *et al.*, *Bull. Jpn. Soc. Coord. Chem.*, **2007**, 50, 18.

FeNdC$_6$NO$_7$

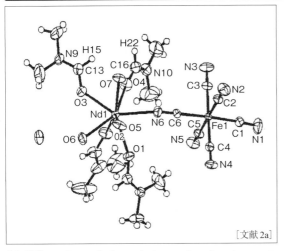

[文献2a]

【名称】Nd(DMF)$_4$(H$_2$O)$_3$(μ-CN)Fe(CN)$_5$・H$_2$O, (DMF=N,N-dimethylformamide)

【背景】1996年にFe-Co系プルシアンブルー類縁体が光照射により常磁性体からフェリ磁性体にスイッチすることが報告された[1]。一般にd遷移金族プルシアンブルー類縁体は多くの溶媒に難溶であり単結晶化は難しい。そのために、光磁気特性を結晶構造と関連づけて議論できない。これに対して、3d-4f元素系シアノ架橋錯体はDMF溶液からは比較的容易に単結晶化できる。Nd(DMF)$_4$(H$_2$O)$_3$(μ-CN)Fe(CN)$_5$・H$_2$Oは希土類を含むシアノ錯体で光誘起磁化現象をはじめて観測することに成功した例である[2]。

【調製法】NdCl$_3$・6H$_2$OのDMF溶液と、脱イオン水に等量のK$_3$[Fe(CN)$_6$]を溶かした溶液を混合することによって目的の錯体が得られる。

【性質・構造・機能・意義】構造解析がなされている(上図)。Nd^{III}イオンは八配位の正方ねじれプリズム構造、Fe^{III}イオンは六配位八面体型構造である。シアノ基で架橋されたNdFe二核ユニットが水素結合で連結されて、フレキシブルな三次元ネットワーク構造が形成されている。

5~50Kの温度範囲でUV照射すると光誘起磁化現象が観測され、$\chi_M T$は照射前に比べて約45%大きくなる。50K以上ではこのような光誘起磁化は起こらない。光誘起磁化の機構を明らかにするために、UV照射前後の^{57}Feメスバウアースペクトル、UV-Vis吸収スペクトル、IRスペクトルの測定を10Kで、XRDの測定を25Kで行った。その結果、UV照射によってFe^{III}(CN)$_6$内でLMCTが誘起され、Fe^{III}の電子密度が増加してFe^{III}周りの配位構造がわずかに変化することが明らかになっている。この構造変化が水素結合による分子間相互作用(協同効果)で三次元バルク全体に及ぶ結果、光励起状態からの緩和が遅くなり、光誘起磁化が観測されると考えられる。よく知られたCo-Fe系プルシアンブルー類縁体の光誘起磁化は、Fe^{II}($t_{2g}^6 e_g^0$)-CN-Co^{III}($t_{2g}^6 e_g^0$, low spin)→Fe^{III}($t_{2g}^5 e_g^0$)-CN-Co^{II}($t_{2g}^5 e_g^2$, high spin)の酸化還元に伴うスピン状態変化によって起きることがわかっており、ここで取り上げた錯体ではメカニズムが異なる。

【関連錯体の紹介およびトピックス】Nd(DMF)$_4$(H$_2$O)$_3$(μ-CN)Co(CN)$_5$・H$_2$O[3]や{Nd(HP)$_2$(H$_2$O)$_3$(μ-CN)$_3$Fe(CN)$_3$}$_n$ (HP=4-hydroxypyridine)も光誘起磁化を示すことが報告されている[4]。

【坂本政臣・栗原正人】

参考文献

1) O. Sato *et al.*, *Science*, **1996**, *272*, 704.
2) a) G. Li *et al.*, *J. Am. Chem. Soc.*, **2003**, *125*, 12396; b) G. Li *et al.*, *Hyperfine Interactions*, **2004**, *156/157*, 143.
3) G. Li *et al.*, *J. Solid State Chem.*, **2004**, *177*, 3835.
4) G. Li *et al.*, *J. Solid State Chem.*, **2005**, *178*, 36.

$Fe_2C_{10}N_2$

$(Et_4N)_6[(CN)_5Fe(\mu\text{-}pz)Fe(CN)_5]$

【名称】 tetraethylammonium(μ-pyrazine)bis(pentacyanoferrate(II)): $(Et_4N)_6[(CN)_5Fe(\mu\text{-}pz)Fe(CN)_5]$ (pz=pyrazine)

【背景】 複核の錯体は分子内電子移動をはじめ金属イオン間の相互作用によって生じる混合原子価状態の研究など多岐にわたって注目を集めている．混合原子価錯体についてはCreutz-Taube錯体として知られるRu^{II}-L-Ru^{III}型の二核錯体$[(NH_3)_5Ru^{II}(\mu\text{-}pz)Ru^{III}(NH_3)_5]^{5+}$とその誘導体が研究されている．標題の錯体はRuと同族で同じ低スピンd^6の電子構造を有する$|Fe^{II}(CN)_5|$をユニットとしたものである[1]．

【調製法】 $Na_3[(H_3N)Fe(CN)_5]\cdot3H_2O$ (1.0 g, 3.07 mmol) と0.5当量のpzを水(50 mL)に溶解させアルゴン雰囲気下で15時間撹拌する．反応後の溶液をセファデックスG-25に通すことで単核と複核の錯体を分離する．対カチオンをNEt_4^+に交換した後に固体をエタノール/アセトンから再結晶化することで$(Et_4N)_6[(CN)_5Fe(\mu\text{-}pz)Fe(CN)_5]$を得る．収量：約300 mg．

【性質・構造・機能・意義】 錯体を一般式$[(CN)_5Fe(\mu\text{-}pz)Fe(CN)_5]^{n-}$で表すと，錯体は$n=4, 5$および6に相当する電荷状態を取り得る．

溶媒を水としたときのサイクリックボルタモグラム(CV)から，|6-/5-|に相当する酸化還元電位は0.62 Vに，|5-/4-|の酸化還元電位は0.51 Vに観測される(ここで||内の数字は酸化還元前後のnの値であり，酸化還元電位はいずれも対NHEで表示)．酸化還元電位の差から見積もられる混合原子価状態($n=5$)の不均化定数K_{com}は$10^{1.9}$と算出され，Robin-Dayの分類におけるクラスIIに相当する．また，IVCT吸収帯(後述)の解析より得られる非局在化パラメーターα^2は0.01程度であり，このことからも鉄イオン間の電子的相互作用は比較的小さいといえる．

一方，溶媒を水からアセトニトリルに替えると，K_{com}は$10^{6.5}$にまで飛躍的に増大する．CN^-を配位子としてもつ二核錯体の混合原子価状態の安定性には，溶媒のアクセプター数が深く関連していると考えられている[2]．

薄層光学セルを用いた定電位電解吸収スペクトルの測定より，$n=6$の状態では金属から配位子への電荷移動遷移(metal-to-ligand charge-transfer：MLCT)に由来する吸収帯が$\lambda_{max}=599$ nm ($\varepsilon=17400$ $M^{-1}cm^{-1}$)に観測される．また，$n=5$(混合原子価状態)では，745 nm ($\varepsilon=8000$ $M^{-1}cm^{-1}$)と599 nm ($\varepsilon=7300$ $M^{-1}cm^{-1}$)に見られるMLCT吸収に加え，$\lambda_{max}=2475$ nm ($\varepsilon=3900$ $M^{-1}cm^{-1}$)に原子価移動遷移(intervalence charge-transfer：IVCT；$|Fe^{II}\text{-}pz\text{-}Fe^{III}|\rightarrow|Fe^{III}\text{-}pz\text{-}Fe^{II}|$)に由来する吸収帯が見られる．また，$n=4$では$\lambda_{max}=406$ nm ($\varepsilon=5800$ $M^{-1}cm^{-1}$)に吸収帯が現れる．

赤外吸収スペクトルではCN配位子の伸縮振動に帰属されるピークが$n=4$では2112 cm^{-1}，$n=5$では2070 cm^{-1}と2112 cm^{-1}，$n=6$では2044 cm^{-1}に観測される[3]．

【関連錯体の紹介およびトピックス】 同じタイプの鉄複核錯体として4,4'-ビピリジン(bpy)やトランス-1,2-ビス(4-ピリジル)エチレン(bpe)，さらに1,2,4,5-テトラジン(tz)を架橋配位子として用いたものも合成され，その酸化還元挙動が調べられている．このうちbpyやbpeを架橋配位子とする複核錯体では明確な酸化還元波の分裂が観測されないのに対し，tz架橋錯体は水中で$10^{7.9}$，アセトニトリル中で$10^{19.0}$のK_{com}を与える．すなわちπアクプター性の高いtzを架橋配位子とすると，pzのものより混合原子価状態がより安定となる[4]．

【阿部正明・稲富　敦】

【参考文献】
1) F. Felix et al., Inorg. Chim. Acta, **1975**, 15, L7.
2) M. Ketterie et al., Inorg. Chim. Acta, **1999**, 291, 66.
3) T. Scheiring et al., Inorg. Chim. Acta, **2000**, 300, 125.
4) M. Glockle et al., Angew. Chem. Int. Ed., **1999**, 38, 3072.

Fe$_2$C$_{12}$Si

R = Me, Et, ^{i}Pr

【名称】bis(μ-carbonyl)(μ-bis(2,4,6-trialkyl-phenyl)silylene)bis(η^5-cyclopentadienyl)diiron：[(η^5-C$_5$H$_5$)$_2$Fe$_2$(μ-SiAr$_2$)(μ-CO)$_2$]

【背景】基底三重項状態をとる有機金属二核錯体の例は少なく[1]，金属-金属結合を有する錯体の例は，[(η^5-C$_5$Me$_5$)Fe$_2$(μ-CO)$_3$][2] と [(η^5-C$_5$Me$_5$)NiM(μ-CO)$_3$-(η^5-C$_5$H$_5$)](M=Mo, W)[3] の 2 例のみに限られていた．これらの系では金属-金属結合に 3 つの等価なカルボニル配位子が架橋配位し高い対称性を有することで，HOMO が縮退し基底三重項状態をとると考えられる．本錯体は 14 族 2 価化学種シリレンが架橋配位した，はじめての基底三重項状態をとる二核錯体の合成と構造解析に成功したものである[4]．

【調製法】[(η^5-C$_5$H$_5$)Fe(CO)$_2$Me] と ArSiH$_3$ のペンタン溶液を中圧水銀灯により窒素雰囲気下，光照射する．この際に，パイレックス製のガラス器具を用いることで，360 nm 以下の波長の光をカットする．反応溶液を濃縮後，窒素ガスを用いたシリカゲルフラッシュクロマトグラムおよび再結晶法により，標題化合物が 22〜51％の収率で紫色結晶として得られる．基底一重項錯体 [(η^5-C$_5$H$_5$)$_2$Fe$_2$(μ-SiAr$_2$)(μ-CO)(CO)$_2$](Ar=C$_6$H$_2$Me$_3$, C$_6$H$_2$Et$_3$) に光照射すると，カルボニル配位子の解離を伴い，三重項錯体がほぼ定量的に生成することから，一重項錯体が中間体として生成すると考えられる．

【性質・構造・機能・意義】シリレンケイ素上に，2,4,6-トリイソプロピルフェニル基を有する錯体の構造は単結晶 X 線構造解析により明らかになっている．鉄-鉄間には 1 つのシリレン配位子と 2 つのカルボニル配位子が架橋配位した構造となっている．鉄上のシクロペンタジエニル環はケイ素上のかさ高い置換基との立体反発を避けるように位置し，2 つのシクロペンタジエニル環の二面角は 11.9°となっている．鉄-鉄間距離は 2.303(3) Å であり，二核錯体における一般的な鉄-鉄単結合距離(2.5〜2.7 Å)よりもかなり短く，基底三重項状態をとる [(η^5-C$_5$Me$_5$)Fe$_2$(μ-CO)$_3$][1] (2.265(4) Å)と同等である．鉄-ケイ素間距離(2.351(3) Å)は，基底一重項状態をとる一般的なシリレン架橋二核錯体(2.27〜2.30 Å)と比較して長い．SQUID 法により磁化率を測定したところ，10 K から 300 K の温度では磁気モーメントの値は 2.8〜2.9 μ_B の範囲にあり，このことは 2 つの不対電子の存在を示唆している．C_2 対称のこの錯体の HOMO は縮退しておらず，HOMO と next HOMO のエネルギー差が小さいため，2 つの不対電子をもつ基底三重項状態をとると考えられる．実際，モデル錯体を用いた EHMO 計算により，HOMO と next HOMO のエネルギー準位の差は 0.4 eV しかないことが確認されている．

^{1}H，^{13}C NMR スペクトルでは，各シグナルの常磁性シフトおよび広範化が観測される．また，赤外吸収スペクトルでは架橋カルボニルの伸縮振動に特徴的な領域に 2 種類の吸収(1822〜1809 cm^{-1}，1792〜1774 cm^{-1})が観測される．

この錯体の安定性と反応性はケイ素上の置換基のかさ高さによる．立体的に小さいメシチル基あるいは 2,4,6-トリエチルフェニル基を有する錯体は室温で一酸化炭素と反応して速やかに，一重項錯体 [(η^5-C$_5$H$_5$)$_2$Fe$_2$(μ-SiAr$_2$)(μ-CO)(CO)$_2$] へと変換される．一方，かさ高い 2,4,6-トリイソプロピルフェニル基をもつ錯体は一酸化炭素加圧下においても反応せず，結晶状態では空気中でも数週間安定である．これは，ケイ素上のかさ高い置換基による速度論的安定化による．

【関連錯体の紹介およびトピックス】ヒドロシランの代わりにヒドロゲルマンを用いることで，三重項基底状態をとるゲルマニウム類縁体が合成され，構造解析されている[5]．

【岡崎雅明】

【参考文献】
1) W. Kläui et al., J. Organomet. Chem., **1985**, 286, 407.
2) J. P. Blaha et al., J. Am. Chem. Soc., **1985**, 107, 4561.
3) M. J. Chetcuti et al., Organometallics, **1990**, 9, 1343.
4) H. Tobita et al., J. Am. Chem. Soc., **1995**, 117, 7013.
5) B. A. S. Mohamed et al., Chem. Lett., **2004**, 33, 112.

Fe_2C_{14}

有

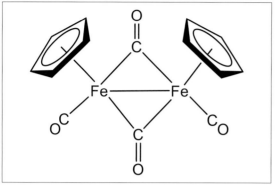

【名称】tetracarbonylbis(η^5-cyclopentadienyl)diiron(I):[CpFe(CO)$_2$]$_2$, Fp$_2$

【背景】1951年に2価の鉄が2つのシクロペンタジエニル(Cp)環に挟まれたサンドイッチ構造を有するフェロセンが発見されたことで有機金属化学への興味が高まった．そのフェロセン合成の中間体として，ペンタカルボニル鉄Fe(CO)$_5$とジシクロペンタジエンの反応からはじめて[CpFe(CO)$_2$]$_2$が合成された．その後，様々な有機鉄化合物の反応における副生成物として，[CpFe(CO)$_2$]$_2$が生成することが見いだされている．

【調製法】窒素気流下，ジシクロペンタジエン(2 kg)とFe(CO)$_5$(400 mL)の混合物を，Fe(CO)$_5$の黄色蒸気およびCOの発生が止むまで約16時間，140℃で加熱する．その後，反応溶液を室温まで冷却すると暗赤紫色結晶が析出する．数時間後，その結晶をろ別し，ヘキサンまたはペンタンで洗浄することで，[CpFe(CO)$_2$]$_2$を480 g，収率92%で得る[1,2]．

【性質・構造・機能・意義】この錯体は反磁性であり，空気や湿気に対して固体状態では比較的安定である．クロロホルム，ピリジンなどに可溶であるが，四塩化炭素や二硫化炭素にはあまり溶けない．また溶液中においては，3種類の構造異性体として存在している．Cp環の位置により，cis体とtrans体があり，それぞれの鉄中心にはCp環の他に末端カルボニル基および架橋カルボニル基が2つずつ配位している．残りの異性体では架橋カルボニル基は存在せず，末端カルボニル基を2つとCp環をもつ鉄中心がFe–Fe結合により連結された構造をとっている．これらの構造間の異性化は非常に速く^{1}H NMRスペクトルにおいてCp環の水素に帰属されるシグナルは，それらが平均化されたものの1種類のみが4.78 ppm(in CDCl$_3$)にシングレットとして観測される．IRスペクトル(KBr)では，末端カルボニル基に帰属される吸収が1955, 1940 cm^{-1}に，架橋カルボニル基に帰属される吸収が1756 cm^{-1}にそれぞれ観測される．また固体状態において，cis体とtrans体はX線および中性子線構造解析により，その構造が確かめられている．

本錯体は様々なモノシクロペンタジエニル錯体を合成するためのよい前駆体となる．例えば，[CpFe(CO)$_2$]$_2$とHCl, HBr, I$_2$をそれぞれ反応させることにより，対応する[CpFe(CO)$_2$X](X=Cl, Br, I)が得られる．一方，[CpFe(CO)$_2$]$_2$とナトリウムカリウム合金(NaK$_{2.8}$)またはナトリウムアマルガムとの反応では，アニオン錯体[CpFe(CO)$_2$]$^-$(Fp$^-$)が得られる．このアニオン錯体もまた種々のアルキル錯体を生成するためのよい前駆体であり，ヨウ化メチルとの反応ではメチル錯体[CpFe(CO)$_2$Me]が生成し，他のハロゲン化アルキルRXを用いると対応するアルキル錯体[CpFe(CO)$_2$R]を得ることができる．さらに[CpFe(CO)$_2$]$_2$と1-ベンジル-1,4-ジヒドロニコチンアミド二量体(BNA)$_2$の反応を350 nmの光照射下で行うと(BNA)$_2$の炭素–炭素結合切断が進行し，対応するBNA$^+$およびFp$^-$が2当量ずつ生成する[3]．

【関連錯体の紹介およびトピックス】ジシクロペンタジエンの代わりに1,2,3,4,5-ペンタメチルシクロペンタジエン(Cp*H)を用いてFe(CO)$_5$との反応を行うと[Cp*Fe(CO)$_2$]$_2$が得られる[4]．またFe(CO)$_5$の代わりにRu$_3$(CO)$_{12}$を用いてジシクロペンタジエンと反応を行うとルテニウム二核錯体[CpRu(CO)$_2$]$_2$も得られる[5]．類似のオスミウム二核錯体[CpOs(CO)$_2$]$_2$では架橋カルボニル基を有するcis体とtrans体よりもOs–Os結合をもつ非架橋構造の方が安定であることが理論計算により明らかにされた[6]．これは鉄二核錯体[CpFe(CO)$_2$]$_2$の傾向と逆である．

【板崎真澄】

【参考文献】
1) R. B. King, *Organometallic Synthesis*; vol. 1, Academic Press: New York, **1965**, p. 114.
2) R. B. King *et al., Inorg. Synth.*, **1963**, *7*, 110.
3) S. Fukuzumi *et al., Inorg. Chem.*, **2001**, *40*, 1213.
4) D. Catheline *et al., Organometallics*, **1984**, *3*, 1094.
5) N. M. Doherty *et al., Inorg. Synth.*, **1989**, *25*, 179.
6) J. Zhang *et al., Organometallics*, **2006**, *25*, 2209.

Fe₂C₁₆

【名称】 1,4-bis(dicarbonylcyclopentadienyliron)benzene: 1,4-Fp$_2$C$_6$H$_4$ (Fp=(η^5-C$_5$H$_5$)Fe(CO)$_2$)

【背景】 エンジイン系抗腫瘍抗生物質は，正宗-Bergman環化反応によりベンゼンビラジカルを生じ，DNA二重鎖を切断することが知られている．同様の機構でDNAを切断する化学種として，ベンゼンビラジカルの等価体となる本錯体が合成され，DNA切断活性が調べられた[1]．

【調製法】 鉄錯体 NaFe(CO)$_2$Cp と酸クロリド C$_6$H$_4$(COCl)$_2$ から C$_6$H$_4$(COFeCp(CO)$_2$)$_2$ を合成し，脱カルボニル化ののち本錯体を得る[1]．

【性質・構造・機能・意義】 320～400 nmの光照射下で，プラスミドDNAを切断する．主に，配位子の光解離により生じるアリールラジカルがDNA主鎖の水素を引き抜き，DNA鎖の切断へ至ると考えられている．核酸塩基対に対して1.5当量必要であり，これはエンジイン系抗生物質のダイネミシンにも相当する効率である．しかし，詳細な反応機構，すなわち，ビラジカルが生成してからDNA切断が起きるのか，あるいはモノラジカルによるDNAの切断がステップワイズに起こるのかは明らかではない．金属錯体の光解離によるラジカル生成を利用する点など，DNA切断機能を持つ化合物の設計指針として意義のある報告である．

【関連錯体の紹介およびトピックス】 1,3-置換体も同様のDNA切断活性を示す[2]．また，光照射によりモノラジカルを生じる CpW(CO)$_3$R および CpFe(CO)$_2$R (R=CH$_3$, C$_6$H$_5$) も，DNA切断能が報告されている[3]．

【竹澤悠典・塩谷光彦】

【参考文献】
1) A. D. Hunter et al., Organometallics, **1989**, 8, 2670.
2) D. L. Mohler et al., Bioorg. Med. Chem. Lett., **2003**, 13, 1377.
3) D. L. Mohler et al., J. Org. Chem., **2002**, 67, 4982.

Fe₂C₂₀

磁 電

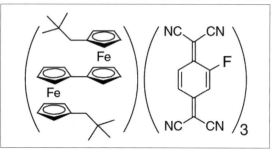

【名称】dineopentylbiferrocenium fluorotetracyanoquinodimethane: npBifc(F$_1$-TCNQ)$_3$

【背景】通常のイオン性固体では，価数は各々の成分のエネルギー準位が離れているために固定されているが，分子性化合物では状態間のエネルギーが近く，成分分子やその官能基の違いによる微調整が可能であり，外部刺激による制御が比較的容易である．このような電荷状態の変化は，誘電特性の制御に重要な要素である．中でも電荷移動錯体の1つである tetrathiafulvalene-p-chloranil は，酸化還元エネルギーの差が中性物質とイオン性物質の境界付近にあることが知られており[1]，その後の研究で光による中性-イオン性転移を示すことが明らかとなった[2]．このような背景を元に様々な物質開発が行われているが，そのひとつとして1価と2価の間を外部刺激によって変化させられる，新たなイオン性-イオン性転移を起こす物質である，(npBifc)(F$_1$-TCNQ)$_3$が開発された[3]．

【調製法】1′,1‴-ジネオペンチルビフェロセンは1,1′-ジブロモフェロセンを出発原料として，ヒドロキシネオペンチル基を置換後，還元し，ホモカップリングによって合成される[4]．目的物の単結晶は，合成したnpBifcとF$_1$-TCNQを合わせたジクロロメタン溶液からゆっくりと濃縮することで得られる[3]．

【性質・構造・機能・意義】ビフェロセンは中性，一価カチオン，二価カチオンと3種類の酸化還元状態を取りうる電子供与体である．価数互変異性は，電荷移動錯体の部分酸化状態や，分極の変化による誘電特性，価数の変化に伴う磁性などの電子物性制御の観点から非常に興味がもたれるが，このような観点から(npBifc)(F$_1$-TCNQ)$_3$が開発された．この物質は，常温ではnpBifcをD，F$_1$-TCNQをAとして(D$^+$A$_3^-$)の価数をとるが，120K付近で原子価転移を示し，(D^{2+}A$_3^{2-}$)となる．磁化率測定から得られるχTの値は，高温側では0.9 emu K mol^{-1}であったが，この転移に伴い120K以下で1.5 emu K mol^{-1}となる異常な増幅を示し，この変化は可逆的であることが示された．スピン状態がスイッチする例は，スピンクロスオーバー錯体や常磁性-反磁性転移などに見られるが，このような低温側でχTの増幅が見られる例はまれである．^{57}Fe メスバウアースペクトルからは，室温で異性体シフトが0.44 mm s^{-1}，四重極分裂1.24 mm s^{-1}のビフェロセニウムモノカチオンに典型的なダブレット構造が見られ，速い電荷揺動が見られる．40Kにおいてはスペクトルが異性体シフト0.61 mm s^{-1}のシングレットとなり，フェロセニウムに特徴的な値となるため，この物質ではビフェロセニウムのジカチオン状態だと考えられる．構造解析から得られるC(Cp)-Fe距離は，室温での2.062(3) Åから86Kでの2.103(4) Åへと変化しており，これもモノカチオンからジカチオンへの変化を示唆している．これらの結果から，室温ではドナーが速い光電子交換を伴うFe^{II}とFe^{III}を含む一価カチオン，アクセプターが1つの不対電子をもつ一価アニオン三量体であるが，低温ではカチオンからアニオンへと電荷移動が起こり，2つのFe^{III}からなる二価カチオンと一重項状態をとり，反磁性を示す二価アニオンとなっていることが示された．

常温での構造からはnpBifcカチオンが単位格子の中心を，8つの頂点をF$_1$-TCNQアニオンの三量体が占める，歪んだCsCl型の結晶構造となる．また，120Kでの転移に伴って(D$^+$A$_3^-$)から(D^{2+}A$_3^{2-}$)となるため，イオン間のCoulomb引力が強まり，低温でより大きなセル体積の収縮が生じる．

この物質は，適当なエネルギー範囲で二電子酸化/還元を起こしうるドナー/アクセプターを利用することにより，通常はエネルギー差が大きいために起こりにくい一価から二価イオン結晶へのイオン性-イオン性可逆転移を実現した点で興味深い．

【関連錯体の紹介およびトピックス】一連のbiferrocene-TCNQ型化合物が合成されており，構造と電子状態，原子価状態との関係が調べられている[5]．

【小島憲道・榎本真哉】

【参考文献】
1) J. B. Torrance *et al.*, *Phys. Rev. Lett.*, **1981**, *46*, 253.
2) E. Collet *et al.*, *Science*, **2003**, *25*, 612.
3) T. Mochida *et al.*, *J. Phys. Soc. Jpn.*, **2005**, *74*, 2214.
4) T. Mochida *et al.*, *Inorg. Chem.*, **2005**, *44*, 8628.
5) T. Mochida *et al.*, *Bull. Chem. Soc. Jpn.*, **2003**, *76*, 2321.

$Fe_2N_2O_9$

生

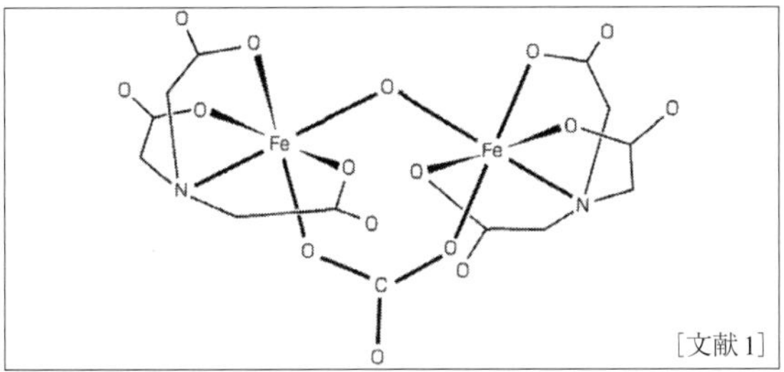

[文献1]

【名称】 tetrapotassium μ-carbonato・μ-oxo- bis[nitorilotriacetatoiron(III)dimethanol]: $K_4[Fe_2O(CO_3)(N(CH_2COO)_3)_2]\cdot 2CH_3OH$

【背景】 鉄欠乏患者に対応するため，多くの鉄キレート（図1）が検討されてきた．しかし，それらの鉄キレートの中でトランスフェリンへの鉄イオン移動が最初に確認されたのが標記の化合物である．しかも，この化合物をラットに長期間投与すると腎臓がんを発生することが見いだされ，鉄イオンによるがん発生を科学的に検討する最良の試料となったことから，がん化機構解明のためにもその構造決定が待たれていた．最初，陽イオンとしてセシウムイオンを用いて錯体の結晶化に成功したが，錯体以外の原子の温度因子が大きくなるため結晶構造解析はカリウム錯体について報告されている[1]．

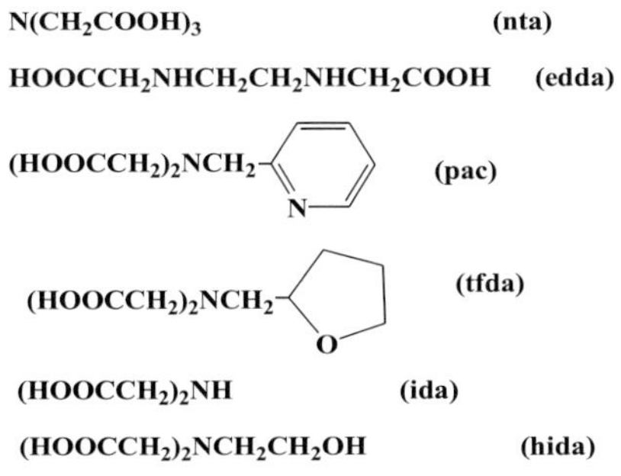

$N(CH_2COOH)_3$　(nta)
$HOOCCH_2NHCH_2CH_2NHCH_2COOH$　(edda)
$(HOOCCH_2)_2NCH_2$-(pyridine)　(pac)
$(HOOCCH_2)_2NCH_2$-(tetrahydrofuran)　(tfda)
$(HOOCCH_2)_2NH$　(ida)
$(HOOCCH_2)_2NCH_2CH_2OH$　(hida)

図1　キレート図

【調製法】 塩化鉄(III)6水和物，ニトリロトリ酢酸の混合水溶液に炭酸セシウムを少しずつ加え，溶液のpHを7.3にする．溶液を濃縮しほとんど乾固させ，そこへメタノールを加え，不溶な固体をろ過する．この操作を2〜3度繰り返し，得られた溶液にエタノールを加え放置すると，深緑色の針状結晶が析出する．炭酸カリウムを用いても，同様な結晶が得られるが，吸湿性を示す．

【性質・構造・機能・意義】 構造はオキソと炭酸イオン架橋を有する二核鉄(III)錯体である．緑褐色はこの種の折れ曲がりオキソ架橋二核鉄(III)錯体に特有なものである．この錯体は発がん活性を示す最初の鉄錯体として注目されたが，類似のキレートであるpac錯体では発がん活性は見られず，edda錯体ではその発がん活性，腎毒性活性は30％程度に落ちることがわかった．さらに，ida錯体では投与する溶液のpHによって腎毒性が大きく変わることが見いだされた．

キレート剤pacとeddaの鉄錯体はともに，nta錯体と同様なオキソと炭酸イオン架橋を含む二核(III)錯体であることも見いだされている[2]．キレート剤idaの鉄錯体は直線型オキソ架橋二核鉄(III)錯体である[3]．このような事実は，単に鉄イオンがあれば毒性が発生するわけではないことを示し，活性種として従来から指摘されてきたヒドロキシルラジカル説を実験的に否定している．ごく最近になって，いわゆるフェントン反応によるヒドロキシルラジカル発生は起きないことが科学的に実証されたが，このことは各種鉄キレートによる発がん活性がキレートの構造に大きく依存していることとも対応している．

Nishidaらは，腎毒性・腎臓がん発生は近位尿細管付近で起きること，近位尿細管近傍ではグルタチオン還元酵素系が活発に活動していること，3種のキレート剤nta, pacおよびeddaの鉄錯体の溶液中の安定度を含めた挙動が大きく異なることなどより，Fe-nta錯体の高い腎毒性・がん発生能は，その二核構造に原因があり，二核錯体に特有な反応性がグルタチオン還元酵素系との反応で進行し，ここで生じた過酸化水素との付加体，二核鉄(III)-ペルオキソ付加体の高い電子親和性によると結論された[4]．二核鉄(III)-ペルオキソ付加体の高い電子親和性はすでに実験的に証明されており[5]，この研究で得られた鉄毒性に関する成果は，がん，心筋梗塞，アルツハイマー病，パーキンソン病，認知症などの最大の因子とされている生体不安定鉄の除去剤の開発のために重要な知見を与えており，この結果をもとに毒性のない，非常に有望な鉄除去剤が開発されている[6,7]．

【西田雄三】

【参考文献】

1) S. Ohba et al., Acta Crystallogr. C, **1994**, 50, 544.
2) a) Y. Nishida et al., Chem. Lett., **1994**, 641; b) Y. Nishida et al., Polyhedron, **1995**, 14, 2301.
3) Y. Nishida et al., BioMetals, **2006**, 19, 675.
4) Y. Nishida et al., Adv. Biosci. Biotech., **2012**, 3, 1076.
5) a) Y. Nishida et al., Z. Naturforsch., **1987**, 42B, 52; b) Y. Nishida et al., J. Chem. Soc. Dalton Trans, **1999**, 1509.
6) K. Ikuta et al., WO/2012/096183.
7) Y. Nishida, WO/2018/207852.

Fe$_2$N$_4$O$_7$

生 電 磁

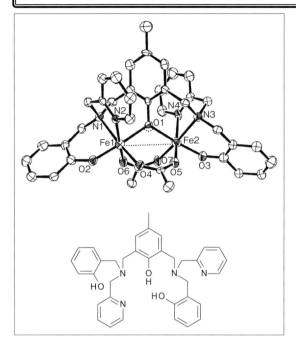

【名称】 [Fe$_2$(bbpmp)(CH$_3$COO)$_2$]ClO$_4$: H$_3$bbpmp = 2,6-bis{N-(2-hydroxybenzyl)-N-(2-pyridylmethyl)}aminomethyl-4-methylphenol

【背景】 フェノール酸素を橋架け基とする'end-off'型二核化配位子は, Hemerythrin, Methane Monooxygenase (MMO), Purple Acid Phosphatase (PAP) などの非ヘム鉄タンパク質の活性中心をモデル化するのに適した二核錯体を与える. 本錯体は, PAP の活性中心に存在するチロシン残基の配位を洞察するために合成された[1].

【調製法】 N-(2-pyridylmethyl)-N-(2-hydroxybenzyl)amine と 2,6-bis(chloromethyl)-4-methylphenol を 2:1 で反応させて配位子 H$_3$bbpmp を合成する. Fe(ClO$_4$)$_2$·6H$_2$O (2.75 mmol) のメタノール溶液に, 酢酸ナトリウム (5.1 mmol) と H$_3$BBPMP (1.07 mmol) を加える. 深青色溶液を 40℃で10分間撹拌し, 室温で放置すると青色結晶が生成する. これをろ取し, 2-プロパノール, ジエチルエーテルで洗浄する.

【性質・構造・機能・意義】 青色結晶. BBPMP^{3-} はフェノール酸素を架橋基として 2,6-位のペンダント (N$_2$O 配位原子) で2つの Fe(III) を結合させ, さらに2つの酢酸イオンが Fe(III) 間を syn-syn 架橋している. Fe 周りは歪んだ六配位八面体で, Fe···Fe 距離は 3.528(8) Å, Fe–O–Fe 角は 118.3(4)° である. ペンダントのフェノール酸素 O2(O3) は橋架け O1 に対してトランスにあり, カルボキシラト酸素 O4, O5(O6, O7) は三級アミン N とピリジル N のトランスに位置している. 結晶学的な対称心はないが, 架橋フェノールの C-O を軸として擬 C_2 対称性を有している.

メスバウアーは δ 0.41 mm/s, ΔE_Q 1.06 mm/s にシグナルを示し, これらパラメーターは哺乳類由来の酸化型 Purple Acid Phosphatase[2] のものとよく類似する. 磁気的には弱い反強磁性的相互作用 ($J = -6.0$ cm^{-1}) を示す. アセトニトリル溶液は深青色を呈し, フェノール酸素から Fe(III) への LMCT を 601 nm ($\varepsilon = 7700$ M^{-1}cm^{-1}) と 334 nm ($\varepsilon = 7850$ M^{-1}cm^{-1}) に示す. 電気化学測定では, 段階的な一電子還元過程 Fe^{III}Fe^{III}/Fe^{II}Fe^{III} および Fe^{II}Fe^{III}/Fe^{II}Fe^{II} が −0.57 V および −1.15 V (Fc^+/Fc) に観測される. これより求められる不均化定数は非常に大きく ($K_{con} \sim 10^{10}$), Fe^{II}Fe^{III} 混合原子価状態が安定であることを示している. 実際に, Fe^{II}Fe^{III} 混合原子価錯体 [Fe$_2$(bbpmp)(CH$_3$COO)$_2$]·4H$_2$O が安定に単離されている.

【関連錯体の紹介およびトピックス】 架橋酢酸イオンの1つが OH$^-$ に置換した [Fe$_2$(bbpmp)(OH)(CH$_3$COO)]ClO$_4$ が合成されている[3]. 側鎖ペンダント部分を修飾した配位子の二核 Fe 錯体がかなりの数報告されている[4]. これら錯体は, ペンダント基によって Fe^{III}Fe^{III}, Fe^{II}Fe^{III} または Fe^{II}Fe^{II} のいずれかが安定酸化状態になる.

【鯉川雅之】

【参考文献】
1) A. Neves *et al.*, *Inorg. Chem.*, **1996**, *35*, 2360.
2) B. A. Averill *et al.*, *J. Am. Chem. Soc.*, **1987**, *109*, 3760.
3) M. Suzuki *et al.*, *Bull. Chem. Soc. Jpn.*, **1988**, *61*, 3907.
4) H. Nie *et al.*, *Inorg. Chem.*, **1995**, *34*, 2382.

Fe$_2$N$_6$O$_3$

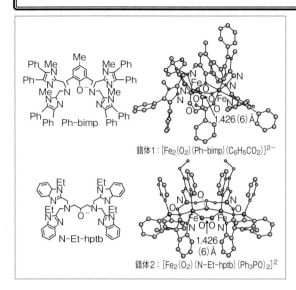

錯体1: [Fe$_2$(O$_2$)(Ph-bimp)(C$_6$H$_5$CO$_2$)]$^{2-}$

錯体2: [Fe$_2$(O$_2$)(N-Et-hptb)(Ph$_3$PO)$_2$]^2

【名称】μ-1,2-peroxo-2,6-bis([bis｛(1-methyl-4,5-diphenyl-1H-imidazol-2-yl)methyl｝aminomethyl]-4-methylphenolato)-μ-benzoatodiiron(III)：[Fe$^{III}_2$(O$_2$)(Ph-bimp)(C$_6$H$_5$CO$_2$)](BF$_4$)$_2$(錯体1)[1]，μ-1,2-peroxo-1,3-bis-(bis｛(1-ethyl-1H-benzo[d]-imidazol-2-yl)methyl｝aminopropan-μ-2-olato)bis(triphenylphosphineoxide)diiron(III) tetrafluoroborate：[Fe$^{III}_2$(O$_2$)(N-Et-hptb)(Ph$_3$PO)$_2$]-(BF$_4$)$_3$(錯体2)[2]

【背景】非ヘム二核鉄(III)ペルオキソ種は，酸素運搬体であるヘムエリトリン(Hr)やメタンをメタノールへと酸化するメタンモノオキシゲナーゼ(MMO)などで見いだされており，これら二核鉄タンパク質や酵素の反応中間体として重要な役割を担っている．これらのモデル化合物が二核化配位子により合成され，酸素分子との反応性および物性研究が行われている．

【調製法】ペルオキソ錯体1は，二価錯体([Fe$^{II}_2$(Ph-bimp)(C$_6$H$_5$CO$_2$)]$^{2+}$のアセトニトリル溶液を−40℃に冷却し酸素を吹き込むことにより得られる．また，錯体2は，二価錯体[Fe$^{II}_2$(N-Et-hptb)(C$_6$H$_5$CO$_2$)]$^{2+}$にPh$_3$POを含むアセトニトリル溶液に溶かし，−40℃で酸素ガスを吹き込むことで得られる．

【性質・構造・機能・意義】錯体1および2の鉄イオンは3価でO$_2$はペルオキソ基となっていることは，電子スペクトル，O-O伸縮振動，メスバウアースペクトルおよび結晶構造から明らかにされている．錯体1は図に示したようにペルオキソ基および安息香酸イオン，さらに二核化配位子のフェノキソ基の酸素で三重に架橋した構造をとっている．一方，錯体2はペルオキソ基および二核化配位子のアルコキソ基で二重に架橋した構造となっている．錯体1および2のO-O結合間距離は，それぞれ1.426(6) Åと1.416(7) Åでありペルオキソ基となっていることがわかる．また，いずれのペルオキソ基もcis-μ-1,2架橋で，立体的にかさ高い配位子による疎水性環境に囲まれており，これら疎水性環境がペルオキソ基を保護して単離できるほど安定化していると考えられている．

錯体1のアセトニトリル溶液は濃緑色で，800〜500 nm(ε=〜1700 M^{-1}cm^{-1})にペルオキソ基から鉄(III)イオンへのLMCT遷移に帰属される吸収が観測される．錯体2の吸収スペクトルは報告されていないが，同じ二核化配位子をもつカルボン酸イオン架橋の[Fe$^{III}_2$(O$_2$)(N-Et-hptb)(C$_6$H$_5$CO$_2$)]$^{2+}$(錯体3)は濃青色で588 nm(ε=1500 M^{-1}cm^{-1})にLMCT吸収をもっている．錯体3のν(O-O)はペルオキソ基に帰属される900 cm^{-1}に観測されている．また，錯体1のメスバウアースペクトルでは，2組の四極子分裂(δ=0.58 mm s^{-1}(ΔE_Q=0.74 mm s^{-1})とδ=0.65 mm s^{-1}(ΔE_Q=1.70 mm s^{-1}))が観測され，いずれの鉄イオンも3価であること示している．

錯体1は室温でも数回の可逆的酸素化・脱酸素化が可能なほど安定であり，Hrに匹敵する高い酸素親和性($P(O_2)_{1/2}$=〜2 Torr at 20℃ in CH$_3$CN)($P(O_2)_{1/2}$は50％の錯体が酸素化する酸素分圧)をもっている．また，一連の[Fe$^{III}_2$(O$_2$)(N-Et-hptb)(RCO$_2$)]$^{2+}$錯体で架橋カルボン酸イオンの電子供与性が強いほど自己分解反応速度が速くなり，ハメットのρ値は−1.1となることから，自己分解は鉄(IV)オキソ種を経る機構が提案されている．

【関連錯体の紹介およびトピックス】類似の二核化配位子をもつ二核鉄(III)ペルオキソ錯体で，トルエンモノオキシゲナーゼのモデル反応となる配位子に組み込んだフェニル基の水酸化反応が見いだされている[3]．

【鈴木正樹】

【参考文献】
1) T. Ookubo *et al., J. Am. Chem. Soc.*, **1996**, *118*, 701.
2) Y. Dong *et al., Angew. Chem. Inl. Ed. Engl.*, **1996**, *35*, 618.
3) M. Yamashita *et al., J. Am. Chem. Soc.*, **2007**, *129*, 2.

$Fe_2N_6O_3Cl_2$

生

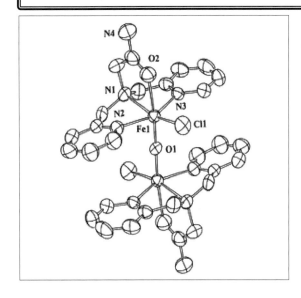

【名称】μ-oxo-dichloro-bis(*N,N*-di (pyridymethyl)glycineamide)diiron(III) perchlorate: $[Fe_2OCl_2(L-2)_2](ClO_4)_2$

【背景】図1の配位子(L-1)およびその同族体(L-2)〜(L-4)のオキソ架橋二核鉄錯体の溶液に過酸化水素を加え，アルカン類との反応生成物の検討からこれらの鉄錯体/過酸化水素系の反応性はキレート構造に大きく依存していることが明らかにされた．これは鉄イオンに配位した過酸化水素とキレートとの相互作用が，過酸化水素の反応性を支配していることを示唆している．また鉄イオンと結合した過酸化水素の反応性が周辺基との相互作用によって大きく支配されることを示し，この事実はメタンモノオキシゲナーゼでのメタンの水酸化反応において，2個ある鉄イオンのうちの1個の鉄イオン周辺にあるカルボキシル残基が重要な作用を行っていることを強く示唆している[1]．

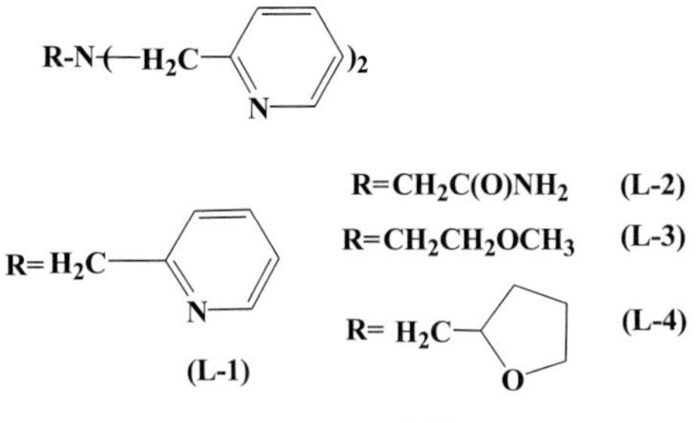

図1 キレート図

【調製法】無水塩化第二鉄(III)と配位子(L-1)のメタノール溶液に，少量の水とナトリウム過塩素酸を加えて放置すると，目的の錯体が褐色固体として得られる．他の配位子の錯体も同様にして得られる．

【性質・構造・機能・意義】(L-1)およびその同族体(L-2)〜(L-4)の鉄(III)錯体の構造は図1に示したように直線型オキソ架橋二核鉄(III)錯体である．アセトニトリルに溶かし，過酸化水素を加えれば，塩化物イオンの箇所に過酸化水素が結合した錯体が得られると推定できる．この時，過酸化水素とアルカン類との反応性がキレート構造に大きく依存する事実から，キレート部位が過酸化水素と相互作用していると推定できる．その部位であるが，配位子(L-1)は過酸化水素の活性化にまったく効果がないことから，ピリジン環ではないと結論できる．そうするとピリジン環以外の基であり，それはアミド基の酸素原子(L-2)，メトキシ基の炭素原子(L-3)，テトラヒドロフラン環(L-4)の炭素原子ということになる．アミド基の酸素原子との相互作用は水素結合を介して可能である(図2，左)が，(L-3)や(L-4)の錯体では，メトキシ基やテトラヒドロフラン基の炭素原子との相互作用(図2，右)を仮定しなければならないが，この仮定の正当性が強く支持されている[2]．

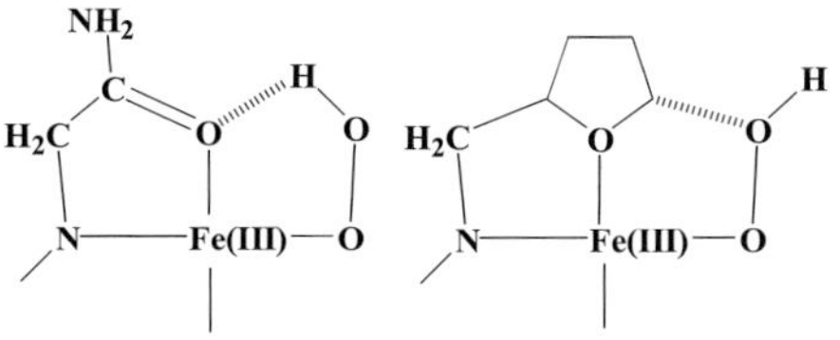

図2 相互作用図(推定)

【関連錯体の紹介およびトピックス】mep(=*N,N'*-di(2-pyridylmethyl)-*N,N'*-dimethylethylenediamine)のμ-オキソ-μ-アセタト架橋二核鉄(III)錯体で得られた結果[3]，①この種の鉄錯体に過酸化水素を加えると過酸化水素が電子親和性を示す，②配位子を光学活性体にできる，ことなどから新しくFe(-PDP)錯体が合成され，これは多くの有機物のC-H酸化を位置および立体選択的に行うことから注目されている[4]． 【西田雄三】

【参考文献】
1) a) Y. Nishida *et al.*, *J. Chem. Soc. Dalton Trans.*, **1996**, 4479; b) Y. Nishida *et al.*, *Z. Naturforsch.*, **1997**, *52B*, 719; Y. Nishida *et al.*, *Chem. Lett.*, **1995**, 885; c) Y. Nishida *et al.*, *Chem. Commun.*, **1995**, 1211; d) Y. Nishida *et al.*, *Inorg. Chem. Commun.*, **2002**, *5*, 609.
2) Y. Nishida *et al.*, *J. Chem. Soc. Dalton Trans.*, **1999**, 1509.
3) Y. Nishida *et al.*, *J. Chem. Soc. Dalton Trans.*, **1997**, 3547.
4) M. C. White *et al.*, *Science*, **2007**, *318*, 783.

$Fe_2N_6O_4$

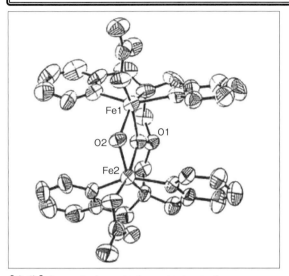

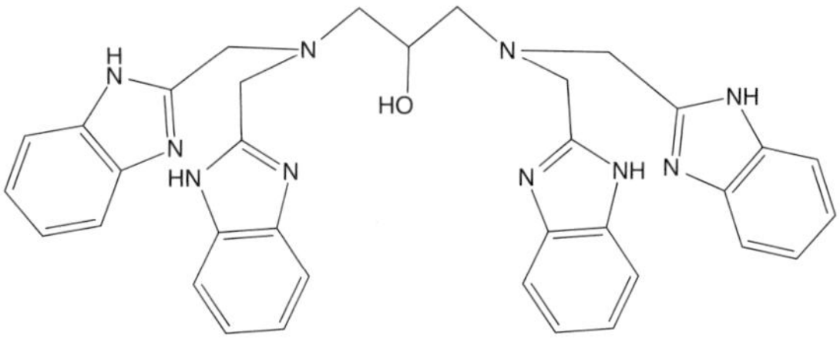

図1 HPTB

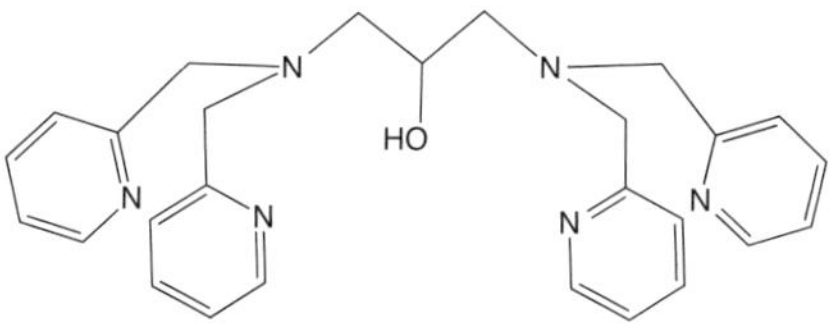

図2 HPTP

【名称】(N,N,N',N'-tetrakis(2-pyridylmethyl)-2-oxo-1,3-diaminopropane)(hydroxo)(dinitrato)diiron(III) perchlorate: $[Fe_2(OH)(HPTP)(NO_3)_2](ClO_4)_2$

【背景】メタンモノオキシゲナーゼ，フェリチンなどの酵素反応中で2個の鉄(II)イオンが酸素分子で酸化される過程が進行する．この時，強く着色した中間体が観測され(メタンモノオキシゲナーゼにおけるCompound Pなど)，これは二核鉄(III)-ペルオキソ付加体であろうと推定された．この中間体の最初のモデルが，$[Fe_2(OH)(HPTB)(NO_3)_2](ClO_4)_2$(HPTB：図1参照)と過酸化水素との反応で得られることが発表されて以来，この中間体の性質が注目されたが，このHPTBの鉄錯体においては構造解析に適する結晶が得られなかったため，類似のHPTPの鉄錯体，$[Fe_2(OH)(HPTP)(NO_3)_2](ClO_4)_2$が合成され，そのX線結晶構造が決定された[1]．

【調製法】配位子 N,N,N',N'-tetrakis(2-pyridylmethyl)-2-hydroxo-1,3-diaminopropane(H(HPTP)：図2参照)と1当量のトリエチルアミンを含むメタノール溶液に2当量の硝酸第二鉄(III)・9水和物を加え，1〜2日放置すると黄色の結晶が得られる．これを熱メタノールから再結晶すると得られる．

【性質・構造・機能・意義】本錯体はドロキソおよびアルコキソ架橋二核鉄(III)錯体である．類似の$[Fe_2(OH)(HPTB)(NO_3)_2](ClO_4)_2$の構造もHPTP鉄錯体のものと同じと考えられている．

最初，$[Fe_2(OH)(HPTB)(NO_3)_2](ClO_4)_2$がメタノールなどの溶媒中で過酸化水素と反応して強い青色を示すことから注目された．この中間体については類似の配位子での錯体で結晶構造解析が行われ，二核鉄(III)-ペルオキソ付加体であることが確認されている[2]．

興味深いことに，HPTB鉄錯体のペルオキソ付加体は，メタノール・水中で安定であることである．メタンモノオキシゲナーゼの反応機構に関するQueらの反応機構ではCompound Pは，プロトンと反応してO-O結合がheterolyticに切れ，高原子価鉄(IV)イオンが生成するとされているが，この化合物ではそのような反応は起こらない．このHPTP鉄錯体のペルオキソ付加体は，種々の有機物(アルカン類も含めて)と反応することも明らかにされているが，それらの機能はこの二核鉄(III)-ペルオキソ付加体の強い電子親和性と関係していることが確かめられている[3]．

【関連錯体の紹介およびトピックス】この種の二核鉄(III)錯体は還元剤の存在下，酸素分子と特異的に結合することが明らかにされた．この場合，還元剤の性質によって，電子移動が起き過酸化水素が形成する(還元力が強い場合)と，酸素分子の活性化が進行し，有機物(還元剤)の酸素化反応が進行する場合(還元力が弱い場合)がある．後者の一例として，HPTBやHPTPの二核鉄錯体とリノレン酸を共存させておくと，リノレン酸の過酸化反応が進行し，多くのアルデヒド類が検出されるようになる[4]．

【西田雄三】

【参考文献】

1) a) Y. Nishida *et al., Inorg. Chim. Acta*, **1985**, *96*, 115; b) Y. Nishida *et al., Z. Naturforsch.*, **1992**, *47b*, 115; c) A. Weiss *et al., Z. Naturforsch.*, **1994**, *49b*, 1051.
2) L. Que *et al., Angew. Chem. Int. Ed. Engl.*, **1996**, *35*, 618.
3) Y. Nishida *et al., Z. Naturforsch.*, **1987**, *42b*, 52; *J. Chem. Soc. Dalton Trans.*, **1999**, 1509.
4) Y. Nishida *et al., J. Chem. Soc. Dalton Trans.*, **1990**, 3639.

$Fe_2N_6O_5$

生磁

【名称】 μ-oxo-di-μ-acetato-bis｛hydrotris（1-pyrazolyl）borato｝diiron(III)：$[Fe_2O(CH_3COO)_2(HBpz_3)_2]$

【背景】 μ-オキソ二鉄錯体は，二鉄含有酵素の活性中心モデルとして興味がもたれた．μ-オキソ-ビス-μ-カルボキシラト二鉄(III)骨格をもつこの錯体は，メトヘムエリトリンのよいモデル化合物として注目された[1]．

【調製法】 $Fe(ClO_4)_3・10H_2O$ と酢酸ナトリウムの水溶液に，撹拌しながらヒドロトリス(1-ピラゾリル)ホウ酸カリウム($KHBpz_3$)の水溶液を加えると，直ちに光沢のある褐色沈殿を生じる．そのまま12時間撹拌した後，赤色固体をろ取する．これをジクロロメタン/アセトニトリルから再結晶する．

【性質・構造・機能・意義】 緑茶色結晶で，二核鉄構造は C_{2v} 対称に近い．エンドキャップ配位子$(HBpz_3)^-$ が配位したFeユニットを，オキソおよび2つのアセタト基が架橋している．平均結合距離は次の通りである．Fe-N は 2.164 Å，Fe-$O_{acetate}$ は 2.043 Å，Fe-O_{oxo} は 1.784 Å．Fe-O-Fe 角は 124.6°，Fe⋯Fe 間距離は 3.1457(6) Å であった．

Fe(III) 間には強い反強磁性的相互作用($J=-121.3 cm^{-1}$)がはたらいており，これはメトヘムエリトリンに見られる J 値($-134 cm^{-1}$)に近い．電子スペクトルは $O^{2-}→Fe(III)$ LMCT を 339 nm に示し，ヘムエリトリンの分光学的特徴をよく再現している．またメスバウアースペクトル($δ=0.52 mm s^{-1}$, $ΔE_q=1.60 mm s^{-1}$)も，メトヘムエリトリンのものとよく類似する．

【関連錯体の紹介およびトピックス】 様々なカルボン酸が架橋した類似二鉄(III)錯体が合成され，いずれも強い反強磁性的相互作用が観測されている．μ-ヒドロキソ錯体$[Fe_2(OH)(CH_3COO)_2(HBpz_3)_2](ClO_4)$は，弱い反強磁性的相互作用($-17 cm^{-1}$)を示す[2]．

【鯉川雅之】

【参考文献】

1) S. J. Lippard *et al., J. Am. Chem. Soc.*, **1984**, *106*, 3653.
2) S. J. Lippard *et al., Inorg. Chem.*, **1994**, *33*, 636.

$Fe_2N_6O_5$

【名称】 bis(μ-acetato-O,O')bis(1,4,7-trimethyl-1,4,7-triazacyclononane)(μ-oxo)diiron(III,III)hexafluorophosphate: $[Fe_2O(O_2CCH_3)_2(Me_3TACN)_2](PF_6)_2$

【背景】 酸素運搬タンパク質のひとつであるヘムエリトリン (hemerythrin) はある種の海洋性生物の中に存在しており,活性中心には鉄(II)二核構造を含んでいる.2つの Fe(II) イオンはヒドロキシオイオンと2つのカルボキシラトイオンにより架橋され,その他の配位部位はイミダゾール基が配位する.酸素分子がこの中心へ達すると Fe(II) は Fe(III) へ酸化され酸素分子はヒドロペルオキソイオン(HO_2^-)として配位不飽和な5配位 Fe 中心に配位することが知られている.本錯体はこのヘムエリトリンの活性中心のモデル化合物のひとつであり,イミダゾール基の代わりに3座の facial 型配位子である 1,4,7-トリメチル-1,4,7-トリアザシクロノナン (Me_3TACN) を有する錯体である[1].

【調製法】 すべての反応は窒素雰囲気下で行う.Fe(Me_3TACN)Cl_3 (3.0 g, 9.0 mmol) と酢酸ナトリウム (2.0 g, 24 mmol) をエタノール (150 mL) 中,室温で2時間撹拌する.このとき生じた塩化ナトリウムの沈殿をろ過により除き,NH_4PF_6 (3.0 g, 18 mmol) を溶液へ加える.この溶液を 0℃ に冷却すると赤茶色の固体が生成し,これをメタノールから再結晶化することで $[Fe_2O(O_2CCH_3)_2(Me_3TACN)_2](PF_6)_2$ を茶色の針状結晶として得る.収量 2.56 g (65%).別法により ClO_4^- 塩の1水和物も得られる.

【性質・構造・機能・意義】 ClO_4^- 塩について単結晶X線構造解析がなされている.$[Fe_2O(O_2CCH_3)_2(Me_3TACN)_2]^{2+}$ における2つの Fe(III) 間距離は 3.12(1) Å であり,これは(μ-oxo)bis(μ-acetato)骨格を有する他の Fe(III) モデル錯体,例えば $[Fe_2O(O_2CCH_3)_2(HBpz_3)_2]$ ($HBpz_3$ はヒドロトリスピラゾラトアニオンであり,フェイシャル型の3座配位子)などの距離とおおむね一致する.Fe-O-Fe 角度は 119.7(1)° である.

$[Fe_2O(O_2CCH_3)_2(Me_3TACN)_2](PF_6)_2$ のサイクリックボルタンメトリー (CV) では -0.374 V (vs. SCE) に Fe_2(III,III)/Fe_2(II,III) に帰属される準可逆波が観測され,-1.5 V には非可逆波が観測される.-0.55 V において定電位電解すると混合原子価 Fe_2(II,III) 錯体種を含む緑色溶液が得られる.この混合原子価錯体は ESR (9.6 K, アセトニトリル/トルエン凍結溶液) において $g<2$ にシグナルを与える.この種の混合原子価錯体としては他に,フェノキソ架橋錯体のものが合成されている[2].

【関連錯体の紹介およびトピックス】 関連する錯体として,ヒドロキソイオンで架橋 Fe(II) 二核錯体 $[Fe_2(OH)(O_2CCH_3)_2(Me_3TACN)_2](ClO_4)$ がある.Fe⋯Fe 間距離は 3.32(1) Å であり前述の錯体のものよりも長い.また Fe-O(H)-Fe 角度は 113.2(1)° であり,オキソ架橋のものより小さい.この錯体の CV は -0.20 V (vs. SCE) に還元波を与え,これに対する酸化波が -0.29 V および -0.37 V に見られる.ここへ塩基であるトリエチルアミンを加えると架橋ヒドロキシイオンは脱プロトン化され前者のピークは消失する.このことから -0.29 V のピークはヒドロキソ架橋錯体に,-0.37 V のピークはオキソ架橋錯体に由来すると推定される.

Me_3TACN もしくは TACN は錯体化学の研究でよく使われる三座配位子のひとつであり,ここで述べた同種金属イオンの二核錯体の他に,Fe-Cr など異種の金属イオンからなる二核錯体も知られる[3].

【阿部正明・稲富　敦】

【参考文献】
1) J. A. R. Hartman et al., *J. Am. Chem. Soc.*, **1987**, *109*, 7387.
2) M. Suzuki et al., *Inorg. Chim. Acta*, **1986**, *123*, L9.
3) P. Chaudhuri et al., *Inorg. Chem.*, **1987**, *26*, 3302.

$Fe_2N_6O_5$

生

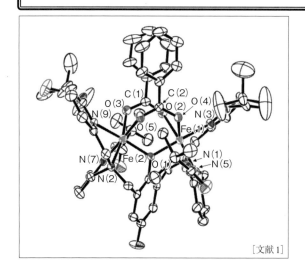

[文献1]

【名称】 (2,6-bis[bis(6-pivalamide-2-pyridylmethyl)aminomethyl]-4-aminophenolato)bis(μ-benzoato)diiron(II) triflate：[Fe₂(tppap)(PhCOO)₂]CF₃SO₃

【背景】 低温・有機溶媒中でのみ安定な酸素錯体を形成する鉄複核錯体について，電極上への修飾を目的に末端にアミノ基を導入した錯体である．アミノ基を介して電極上に修飾された鉄複核錯体は安定化され，室温・水溶液中において，酸素雰囲気下では酸素錯体を形成する．またアルゴン雰囲気下に戻すことで，電極上で生成した酸素錯体は可逆的に酸素を放出する[1]．

【調製法】 配位子TPPAP(2,6-bis[bis(6-pivalamide-2-pyridylmethyl)aminomethyl]-4-aminophenol)は，窒素雰囲気下，氷浴中において2,6-ビス(ブロモメチル)-4-ニトロフェノールのTHF溶液にビス(6-ピバルアミド-ピリジルメチル)アミンとトリエチルアミンを含むTHF溶液を滴下後，室温で3日間撹拌し，得られた生成物を水素雰囲気下(1 atm)，45℃でPd-Cを添加したメタノール溶液中で撹拌することで得られる．鉄複核錯体は，アルゴン雰囲気下，TPPAPのジクロロメタン/メタノール溶液にFe(CF₃SO₃)₂と安息香酸ナトリウムのメタノール溶液を滴下し，トリエチルアミンを加えて数時間放置することで，黄色結晶として得られる[1]．

【性質・構造・機能・意義】 得られた錯体は極性溶媒には可溶であるが，非極性溶媒および水などには不溶である．X線結晶構造解析では，2つの架橋安息香酸の片側の配位酸素原子は同じ側の2つのピバルアミド基のアミド部位の水素との間に水素結合を形成している．その結果，安息香酸は2つの酸素原子に非対称に配位している．水素結合の存在は，FT-IR測定でも確認される．

本錯体はアセトン溶液中で黄色を呈し，$\lambda_{max}=340$ nmに鉄(II)から配位ピリジンへのMLCTが観測される．-30℃，酸素雰囲気下では，ペルオキソイオンが架橋した酸素錯体が生成する．溶液の色は黄色から青緑色へと変化し，$\lambda_{max}=613$ nm($\varepsilon=2400$ M^{-1} cm^{-1})にブロードな吸収が観測される．これは配位子TPPAPの架橋フェノレートから鉄(III)へのLMCT($\lambda_{max}=618$ nm, $\varepsilon=1800$ M^{-1} cm^{-1})と架橋ペルオキソイオンから鉄(III)へのLMCT($\lambda_{max}=612$ nm, $\varepsilon=600$ M^{-1} cm^{-1})の2つの吸収が重なって観測されたものである．ペルオキソイオンが架橋した酸素錯体の生成は，$^{16}O_2$および$^{18}O_2$を用いた場合の共鳴ラマンスペクトルにおいても確認される．889 cm^{-1}および841 cm^{-1}に，架橋したペルオキソイオンのν(O-O)に特徴的なラマンピークが観測される．

ピバルアミド基による架橋安息香酸との水素結合は，本錯体の酸化還元挙動にも影響し，酸化還元波が非可逆となる．ジクロロメタン溶液中のサイクリックボルタンメトリー測定では，Fe₂(II,II/III,III)に帰属される1つの2電子過程の非可逆な酸化波($E_{pa}=0.43$ V vs. Ag/Ag$^+$)とそれぞれFe₂(II,III/III,III)とFe₂(II,II/II,III)に帰属される2つの1電子過程の非可逆な還元波($E_{pc}=0.18$ V, -0.17 V vs. Ag/Ag$^+$)が観測される．

本錯体を含むメタノール溶液にDTSP(dithiobis-(succinimidyl)-propionate)などのジスルフィドを有する活性エステルを修飾した金電極を数日間浸漬することで，活性エステル部位に錯体の末端アミノ基が脱水縮合し，錯体が修飾された金電極が得られる．金電極上に修飾されることで錯体は安定化され，室温・水溶液中において，酸素と可逆的に反応し，ペルオキソイオンが架橋した酸素錯体を生成する．

【関連錯体の紹介およびトピックス】 末端にアミノ基をもたない鉄複核錯体も，かさ高いイオン液体を修飾した金電極上に固定化することで，直接電極上に固定化した場合と同様に安定化を受ける．回転リング-ディスク電極を用いた測定により，直接アミノ基を介して電極上に修飾された鉄複核錯体(本錯体)では，酸素は2電子還元反応(ペルオキソ錯体の生成)に止まるのに対し，イオン液体を介して電極上に固定化された鉄複核錯体では，酸素の4電子還元反応が起こる[2]．

【猪股智彦】

【参考文献】
1) T. Inomata *et al.*, *Chem. Commun.*, **2008**, 392.
2) T. Kitagawa *et al.*, *Chem. Commun.*, **2016**, *52*, 4780.

Fe₂N₆O₅

【名称】 |1,2-bis[6-bis(2-pyridyl)methyl-2-pyridyl]-ethane|(μ-acetato-μ-oxo-μ-peroxo-diiron(III))X: [Fe₂(hexpy)(μ-O)(μ-O₂)(μ-OAc)]X(錯体1)[1]

【背景】 二核鉄(III)ペルオキソ種は，非ヘム二核鉄タンパク質の酸素運搬や酸素活性化の中間体として見いだされており，その反応性や物理化学的性質に興味がもたれている．二核鉄(III)ペルオキソ種は，可溶性メタンモノオキシゲナーゼ(sMMO)，トルエンモノオキシゲナーゼ(T4MO)，鉄貯蔵タンパク質であるフェリチンなどで見いだされている．これら非ヘム二核鉄タンパク質の反応機構や構造と機能の関係を明らかにするために，また錯体化学や触媒化学の観点から熱的に安定な二核鉄(III)ペルオキソ錯体は重要である．錯体1は，二核化配位子hexpyでペルオキソ部位をカプセル型に囲い込み，熱的に安定化している．

【調製法】 hexpy配位子のμ-oxo-di-μ-acetato-diiron(III)錯体は，MeOH中hexpy配位子にFe(ClO₃)₃とNaOAcを反応させて得られる．この錯体をMeCNに溶かし，0℃で約2当量のトリエチルアミンを加えた後，H₂O₂を加えると溶液の色が暗紫色になる．この溶液を低温で濃縮し，ジエチルエーテルを加えるとμ-oxo-μ-peroxo-μ-acetatodiiron(III)錯体が固体として得られる．

【性質・構造・機能・意義】 錯体1の溶液は青紫色で，電子スペクトルは510 nm (ε=1300 M^{-1}cm^{-1})にμ-oxo酸素からFe^{3+}へのLMCTを，また，605 nm (ε=1310 M^{-1}cm^{-1})にμ-peroxo酸素からFe^{+3}へのLMCTを示す．共鳴ラマンは，ν_{O-O}とν_{Fe-O}バンドを816 cm^{-1}と472 cm^{-1}に示し，^{18}O同位体ラベルで，それぞれ771 cm^{-1}と455 cm^{-1}にシフトする．この錯体のν_{O-O}バンドは，μ-peroxo二核鉄(III)錯体の中で最小である．これは，Fe⋯Fe間距離が短くFe-O-O角が小さくなるためである．CSI MSスペクトルで，m/z 739に主ピークとして[Fe₂(O)(O₂)(OAc)(hexpy)]⁺が観測された．EXAFSからは，Fe⋯Fe間距離が3.04 Å，Fe-O$_{oxo}$，Fe-O$_{peroxo}$結合距離がそれぞれ1.77, 1.94 Åと見積もられている．共鳴ラマンデータからFe⋯Fe間距離およびFe-O-Fe角が，それぞれ3.04 Å, 110°と見積もられEXAFSの結果とよく一致している．この錯体のメスバウアースペクトル(4.2 K)は，δ=0.53(8) mm/s(ΔE_Q=1.67(8) mm/s)に1つの四重極ダブレットが観測され，S=5/2の鉄(III)をペルオキソ基を対称に架橋した構造を示している．また，この錯体の磁化率測定から磁気的交換相互作用のパラメーターJ値は，−55 cm^{-1}と見積もられ，μ-oxo架橋の存在を示す．錯体1は熱的に安定で，MeCN/CH₂Cl₂(1:3 v/v)中300 Kでの半減期は20.3時間である．この高い熱的安定性は，hexpy配位子によるカプセル化の効果である．hexpy配位子の半分の構造をもつtripy配位子でもペルオキソ二核鉄(III)錯体が得られるが，その安定性は低く，MeCN中263 Kでの半減期は10分である．速度論的研究から，錯体1の自発分解はO₂²⁻の放出であることが示された．この自発分解に酸塩化物であるm-クロロ安息香酸クロリド(m-CBC)とその活性化剤としてDMFを加えるとペルオキソ部位へのアシル化が起こり，シクロヘキサンやシクロヘキセンの水酸化などの一原子酸素化反応が進行する．錯体1とm-CBCとの反応はDMF存在下で加速される(DMF/MeCN/CH₂Cl₂, 1:2:6のときに約70倍の加速)．sMMOの中間体Pは，そのペルオキソ部位へのプロトン化によってO-O結合の開裂が促進される．錯体1とsMMOのいずれも安定なペルオキソ基の活性化にはアシル化やプロトン化が不可欠である．

【関連錯体の紹介およびトピックス】 hexpy配位子の二核鉄錯体の研究は，文献1, 2)を参照されたい．

【小寺政人】

【参考文献】

1) a) M. Kodera *et al.*, *Inorg. Chem.*, **2001**, *40*, 4821; b) M. Kodera *et al.*, *Bull. Chem. Soc. Jpn.*, **2006**, *79*, 252; c) A. T. Fiedler *et al.*, *J. Phys. Chem. A*, **2008**, *112*, 13037.
2) M. Kodera *et al.*, *Bull. Chem. Soc. Jpn.*, **2007**, *80*, 662.

$Fe_2N_6O_7$

生

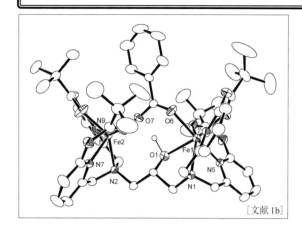

[文献1b]

【名称】 [(benzoato)(N,N,N',N'-tetrakis(6-pivalamide-2-pyridylmethyl)-1,3-diamino-2-propanol)-diiron(II)]perchlorate:[Fe_2(Htppdo)(PhCOO)](ClO_4)$_3$

【背景】 海洋無脊椎動物の酸素運搬タンパク質であるヘムエリトリンは,活性中心に二核鉄をもつ金属含有タンパク質である.そのモデルとして多くの二核鉄(II)錯体が合成されているが,本錯体はタンパク質活性中心で起きるプロトン移動も含めた酸素分子を可逆的に脱着する機能モデル錯体である[1]).

【調製法】 配位子 HTPPDO は,1,3-ジアミノ-2-プロパノールと 2-ブロモメチル-6-ピバルアミドピリジンを 1,4-ジオキサン中に溶解し,これに NaOH 水溶液を加え室温で3日間反応させる.その後1,4-ジオキサンを除去し,ジクロロメタンで抽出し,シリカゲルカラムにより精製する.錯体の合成は,室温,メタノール中で,過塩素酸鉄(II) 6水和物,配位子,安息香酸ナトリウムをモル比2:1:1で混合することで,黄色結晶として収率28%で得る.

【性質・構造・機能・意義】 アセトン溶液中で明黄色を呈し,404 nm ($\varepsilon=1200\ M^{-1}\ cm^{-1}$) に鉄(II)からピリジンへの MLCT 吸収帯が観測される.アセトニトリル中の赤外吸収スペクトルで,アミドカルボニルのC=O伸縮振動が 1650 cm^{-1} 付近にブロードなピークとして観測され,溶液中でも鉄に配位していることを示している.結晶構造から,2つの鉄の一方は七配位面冠八面体構造で,もう一方は歪んだ六配位八面体構造で,非対称である.配位子内のヒドロキシ基は七配位構造の鉄にのみ配位し,安息香酸イオンの酸素原子と 2.65 Å の距離で水素結合している.

本錯体のアセトン溶液に -50℃で酸素を吹き込むと,606 nm ($\varepsilon=1200\ M^{-1}\ cm^{-1}$) にペルオキソから鉄(III)へのLMCT吸収帯が観測され,共鳴ラマンスペクトルでは 873,887 cm^{-1} にペルオキソのO-O伸縮振動が観測される.これらの分光学的性質は,既存のペルオキソ二核鉄(III)錯体のものと一致している[2,3]).アセトニトリル中でも -40℃で同様の挙動が観測され,赤外吸収スペクトルから 1713 cm^{-1} に錯体から遊離した安息香酸のC=O伸縮振動が観測され,ヒドロキシ基のプロトンが安息香酸イオンにより引き抜かれたことを示している.得られたペルオキソ二核鉄(III)錯体の溶液にアルゴンを吹き込みながら室温まで昇温すると,酸素分子が可逆的に脱離して元の錯体に戻り,-50℃で酸素を吹き込むとペルオキソ錯体が再生する.この酸素分子の可逆的な脱着は,安息香酸のパラ置換誘導体の電子供与性・求引性にかかわらず同様に起きる.

ヘムエリトリンでは二核鉄で酸素分子を可逆的に脱着する際,架橋ヒドロキソからペルオキソへのプロトン移動を伴う.可逆的に酸素分子を脱着するモデル錯体の報告例はあるが[2b,c]),その過程にプロトン移動を含む報告はない.本錯体ではプロトン移動の対象は異なっているものの,酸素の可逆的脱着にプロトン移動を伴っており,ヘムエリトリンの機能モデルとして重要な知見を与える.

【関連錯体の紹介およびトピックス】 構造が明らかにされているペルオキソ二核鉄(III)錯体として,Que らはベンズイミダゾールを配位子として用い,ペルオキソ錯体を合成・単離している[2a]).Suzuki らは疎水ポケットを巧みに構築し,室温で安定なペルオキソ二核鉄(III)錯体を単離し,可逆的に酸素分子を脱着することに成功している[2b]).また Lippard らや Suzuki らは,単核鉄錯体を二量化することでペルオキソ錯体を合成し,二核鉄含有酵素のメタンモノオキシゲナーゼの反応中間体モデルとして重要な知見を与えている[2c,3]).

【有井秀和】

【参考文献】

1) a) H. Arii *et al.*, *J. Inorg. Biochem.*, **2000**, *82*, 153; b) H. Arii *et al.*, *J. Organomet. Chem.*, **2007**, *692*, 343.
2) a) L. Que, Jr. *et al.*, *Angew. Chem., Int. Ed. Engl.*, **1996**, *35*, 618; b) M. Suzuki *et al.*, *J. Am. Chem. Soc.*, **1996**, *118*, 701; c) S. J. Lippard *et al.*, *J. Am. Chem. Soc.*, **1996**, *118*, 4914.
3) M. Suzuki *et al.*, *J. Am. Chem. Soc.*, **2005**, *127*, 826.

$Fe_2N_6P_2$

生 有

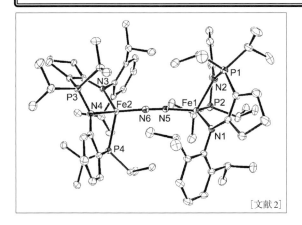

[文献2]

【名称】μ-dinitrogen-bis|N-(2-diisopropylphosphinophenyl)-P,P-diisopropyl-P-(2-(2,6-diisopropylphenylamido)cyclopent-1-enyl)phosphoranimineiron|: $[Fe(NpNP^{iPr})]_2$(μ-N_2)

【背景】窒素を活性化する錯体を合成するために,低配位数で配位不飽和の錯体として代表される配位子 β-ditetiminate (Nacnac) 骨格を模倣した enamido-phosphoranimine 配位子が設計され[1],より安定な低原子価金属錯体を生成するために,本錯体の配位子 $NpNP^{iPr}$ が設計・合成された.この Fe 錯体は不活性な窒素分子を捕捉・活性化した例である[2].

【調製法】$[Fe(NpNP^{iPr})]_2$(μ-N_2) は,窒素雰囲気下,ハロゲン錯体 $Fe(NpNP^{iPr})Br$ と還元剤 KC_8 をジエチルエーテル中に加え,室温で1日撹拌したあと,沈殿物をろ去し,-35℃で静置させることで針状の単結晶が得られる.

【性質・構造・機能・意義】$[Fe(NpNP^{iPr})]_2$(μ-N_2) は分子あたり6つの不対電子を有し,常磁性を示す(μ_{eff}= 6.91μ_B(S=3)).この錯体の結晶構造は窒素分子が end-on 型で架橋した二核鉄(I)錯体であり,それぞれの鉄周りは trigonal monopyramidal 構造を形成している.配位した窒素の N(5)-N(6) 結合長は 1.186(6) Å であり,フリーの窒素分子(1.098 Å)よりも伸びている.架橋窒素分子のラマンスペクトルは,1755 cm^{-1}(ν($^{15}N_2$) = 1700 cm^{-1})に観測され,フリーの窒素分子(2359 cm^{-1})よりも活性化している.78 K での Mössbauer スペクトルではアイソマーシフト(σ)が 0.73 mm/s に,四極子分裂(ΔE_Q)が 1.83 mm/s として観測されている.これらの結果は図1に示すような Fe^{2+}-N_2^{2-}-Fe^{2+} 状態にあると考えられ,配位窒素は三重結合から二重結合まで還元されている.これは配位 P 原子上の σ^*(P－C)が Fe イオンの d_δ と d_π 軌道間で相互作用し,配位子と d 電子の間で非局在化が起こり,強い電子供与性の配位 P 原子と phosphorane-imine および enamido の負電荷によって鉄イオンから配位窒素分子への π 逆供与を増大させた結果と考えられる.

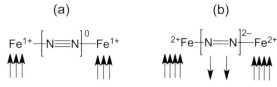

図1 二核鉄窒素錯体の電子構造[3]

窒素活性化に関して5配位,6配位などの高配位数の錯体に比べ,高スピンの3配位,4配位などの低配位数の錯体の方が,窒素分子の p 軌道に関与する d 軌道のエネルギー準位が高いことから,高い活性化能を示す[3].また,金属-窒素間の相互作用として,形式酸化数 Fe(I) の窒素架橋二核錯体は図1の2つの電子状態(a),(b)が考えられている.

例えば,$[Fe(PhBP^{iPr}_3)]_2$(μ-N_2) は配位窒素の N-N 結合長(1.138(6) Å)および Mössbauer スペクトル(σ= 0.53 mm/s, ΔE_Q=0.89 mm/s)の結果から,状態(a)Fe^{1+}-N_2-Fe^{1+} であると考えられている[4,5].一方,[Fe(Nacnac^{Me})]$_2$(μ-N_2) は窒素の結合長(1.186(7) Å)および Mössbauer スペクトル(σ=0.62 mm/s, ΔE_Q=1.41 mm/s)の結果から,状態(b)Fe^{2+}-N_2^{2-}-Fe^{2+} であると考えられている[6].

【関連錯体の紹介およびトピックス】同様の $NpNP^{iPr}$ 配位子を有する Co(I) 錯体は T 字型の三配位錯体を形成し,窒素付加体との平衡状態を示す.その窒素付加体は架橋型ではなく単核窒素錯体として報告されており[7],同じ配位子でも鉄(I)では二核錯体を,コバルト(I)では単核錯体となるのは興味深い.

【鈴木達也】

参考文献

1) M. D. Fryzuk *et al.*, *Dalton Trans.*, **2016**, *45*, 14697.
2) T. Suzuki *et al.*, *Inorg. Chem.*, **2015**, *54*, 9271.
3) P. L. Holland, *Acc. Chem. Res.*, **2008**, *41*, 905.
4) a) J. C. Peters *et al.*, *Proc. Natl. Acad. Sci. USA*, **2006**, *103*, 17107; b) J. C. Peters *et al.*, *J. Am. Chem. Soc.*, **2004**, *126*, 6252.
5) P. L. Holland, *Dalton Trans.*, **2010**, *39*, 5415.
6) a) P. L. Holland *et al.*, *J. Am. Chem. Soc.*, **2006**, *128*, 756; b) E. L. Bominaar *et al.*, *J. Am. Chem. Soc.*, **2006**, *128*, 10181.
7) T. Suzuki *et al.*, *ACS Catal.*, **2018**, *8*, 3011.

Fe_2N_8O

有 光 磁

【名称】 calix[4]pyrrole Schiff base macrocycle μ-oxo bis-iron(III) complex

【背景】 シッフ塩基部位を導入した環拡張ポルフィリンの中でも，パックマン型の金属二核錯体は報告が多い[1]．μ-オキソ鉄(III)二核錯体はその典型例である[1a]．ポルフィリンの場合に比べ環拡張ポルフィリン鉄錯体は珍しく，シッフ塩基部位を導入したものでしか合成報告がない．

【調製法】 厳密な脱水条件下，対応する配位子と1.2当量の鉄(II)メシチレン(Fe_2Mes_4)に-78℃に冷やしたTHFを加えて10分撹拌した後，室温に戻して一晩撹拌する．空気に晒した後，塩化メチレン/ヘキサンで再結晶して得る(収率42％)．

【性質・構造・機能・意義】 錯体の吸収スペクトルは，CH_2Cl_2中，λ_{max}[nm](ε[$10^4 M^{-1} cm^{-1}$]): 318(5.0)に観測される．構造は，2つのピロール窒素と2つのシッフ塩基がそれぞれの鉄(III)イオンに配位し，鉄(III)イオン同士が酸素で架橋されたμ-オキソ構造をとっている．Fe-O-Fe角は123〜125°，Fe-O結合距離は1.77〜1.79Åと典型的なμ-オキソ錯体(1.73〜1.82Å)と変わらず，Fe-N(ピロール)結合距離は2.01〜2.03Åとポルフィリンμ-オキソ錯体(2.08Å)よりもやや小さい．Fe-N(イミン)結合距離は2.10〜2.18Åであり，やや長めである．

【関連錯体の紹介およびトピックス】 この配位子は非常に多くの錯体の報告例があり，中でもUFe_2錯体とUZn_2錯体ではU(VI)O_2(ウラニルジカチオン)が還元されU(V)O(OSiR$_3$)構造が得られたことで注目を集めた[1c]．また，シッフ塩基部位を導入した環拡張ポルフィリンとして，*meso*位にsp^3炭素をもたずにπ共役系が環状につながっているもの[2]，*o*-フェニレン架橋の代わりにアントラセンを用いたもの[3]なども報告されている．

【齊藤尚平・大須賀篤弘】

【参考文献】

1) a) Fe(III)OFe(III)錯体: J. M. Veauthier *et al., Inorg. Chem.,* **2004**, *43,* 1220; b) U(VI)O_2錯体: P. L. Arnold *et al., Inorg. Chem.,* **2004**, *43,* 8206; c) U(V)O(OSiR$_3$)錯体: P. L. Arnold *et al., Nature,* **2008**, *451,* 315; d) Zn(II)$_2$, Cd(II)$_2$錯体: E. Tomat *et al., Inorg. Chem.,* **2007**, *46,* 6224; e) Cu(II)$_2$, Cu(I)$_2$錯体: J. M. Veauthier *et al., Inorg. Chem.,* **2005**, *44,* 6736; f) Ru(II)$_2$錯体: L. Cuesta *et al., Chem. Commun.,* **2008**, 3744; g) Pd(II)$_2$, Ni(II)$_2$, Cu(II)$_2$, Mn(II)Mn(III)錯体: G. Givaja *et al., Chem. Eur. J.,* **2007**, *13,* 3707.

2) a) U(VI)O_2錯体: J. L. Sessler *et al., Inorg. Chem.,* **1992**, *31,* 529; b) Cu(I)$_2$, Cu(II)$_2$, Ni(II)$_2$, Zn(II)$_2$錯体: J. L. Sessler *et al., Inorg. Chem.,* **2005**, *44,* 2125; c) Ag(I)$_2$錯体: J. L. Sessler *et al., J. Am. Chem. Soc.,* **2006**, *128,* 4184.

3) E. Askarizadeh *et al., Inorg. Chem.,* **2009**, *48,* 7491.

Fe₂N₈O

錯体2
[Fe^IV₂(TAML)₂(O)]²⁻

【名称】 μ-oxo-bis{3,3,6,6,9,9-hexamethyl-2,5,7,10-tetraoxo-3,5,6,7,9,10-hexahydro-2H-benzo[e][1,4,7,10]tetraazacyclotridecine-1,4,8,11-tetraidoiron(IV)}: (PPh₄)₂{(PPh₄)₂[Fe^IV₂(TAML)₂(O)](錯体2)¹⁾

【背景】 好気性生物は,酸化剤としてO_2を用いて環境適応型の持続可能な酸化反応を行う.一方,工業的酸化ではハロゲンや金属酸化物などを酸化剤として用いており非効率で,危険な化学物質を生じる可能性がある.生体内酸化反応を触媒するヘムおよび非ヘム酵素は,鉄(II)種にO_2が反応して,酸化活性種である鉄(IV or V)オキソ種を生じる.このような生体類似の酸化システムは持続可能な酸化反応の観点から重要であり,酸素活性化錯体触媒の開発が注目されている.上で述べたように酸化酵素やその機能モデルである錯体触媒では,O_2は鉄(II)錯体と反応して鉄(IV)錯体を生じる.しかし鉄(III)錯体と酸素分子が反応して鉄(IV)錯体を生じる例はない.ここに示す電子供与性の強いポリアミド型TAML配位子のμ-oxo二核鉄(IV)錯体(PPh₄)₂-[Fe^IV₂(TAML)₂(O)]は,鉄(III)錯体と酸素分子が反応して生成し,μ-oxo二核鉄(IV)錯体として結晶構造が明らかにされた最初の例である.

【調製法】 H₄TAMLの合成は,米国の特許に記されている.μ-oxo二核鉄(IV)錯体は,鉄(III)錯体(PPh₄)-[Fe^III(TAML)(H₂O)]のCH_2Cl_2溶液を空気下または酸素雰囲気下で10分間反応させた後にトリフルオロメチルベンゼンを加え,6時間開放系で放置すると黒色結晶として得られる.

【性質・構造・機能・意義】 TAML配位子の鉄(III)錯体(PPh₄)[Fe(TAML)(H₂O)]のCH_2Cl_2溶液は赤色であり,431 nmに吸収極大を示す.この溶液を空気にさらすと,413と447 nmに等吸収点をもって直ちに黒色に変化し,μ-oxo二核鉄(IV)錯体が生成する.この錯体のCH_2Cl_2中の電子スペクトルは,542 nm ($\varepsilon = 7500 M^{-1} cm^{-1}$)と856 nm ($\varepsilon = 5400 M^{-1} cm^{-1}$)に吸収極大を示す.ハロゲン系溶媒中では,数ヶ月間安定であるが,メタノールやエタノールなどに溶解すると,直ちに定量的に原料である鉄(III)錯体に変化する.この錯体の4.2Kメスバウアースペクトルでは,$\delta = -0.07$ mm/s, $\Delta E_Q = 3.3$ mm/sのダブレットが観測され,$S=1$のFe(IV)種と帰属された.結晶構造解析よりFe-(μ-O)結合距離は1.728 Åであり,TMC(tetramethylcyclam)の単核Fe^IV=O錯体で報告されている1.65〜1.67 Åより長く,bis(μ-oxo)Fe(IV)₂錯体の1.79 Åや(μ-oxo)Fe(III)₂錯体の1.77 Åより短い.この錯体のCH_2Cl_2溶液のCV測定では,3つの可逆的な酸化還元波 $E_{1/2}$(Fc/Fc⁺) = -0.23 V (Fe^IV Fe^IV/Fe^III Fe^IV), 0.37 V (Fe^IV Fe^V/Fe^IV Fe^IV), および0.72 V (Fe^V Fe^V/Fe^IV Fe^V)と1つの不可逆波 $E_{p, red}$ (Fc/Fc⁺) = -1.30 V (Fe^III Fe^IV/Fe^III Fe^III)が観測された.単核鉄(III)錯体(PPh₄)[Fe^III(TAML)(H₂O)]とO_2との反応によるμ-oxo二核鉄(IV)錯体(PPh₄)₂[Fe^IV₂(TAML)₂(O)]の生成機構は,ポルフィリン鉄(II)錯体とO_2の反応の機構(μ-peroxo二核鉄(III)錯体を経て生じるoxo鉄(IV)錯体と鉄(II)錯体の反応によるμ-oxo二核鉄(III)錯体の生成)と同様であると推定されており,TAML配位子の錯体の場合はポルフィリン錯体と比べて鉄の酸化数が1つ大きい.この錯体は,CH_2Cl_2中,100℃,O_2下で様々なp-置換ベンジルアルコールやシンナミルアルコールを対応するアルデヒドに触媒的に酸化する.しかし,室温では反応が遅く,ベンジルアルコールとの反応でμ-oxo二核鉄(IV)から鉄(III)に変換されるのに12〜16時間を要する.さらに,この二核鉄(IV)錯体は色素であるオレンジIIを漂白するが,O_2を酸化剤とする反応では触媒的に作用せず,H_2O_2では触媒的にはたらく.またPPh_3を$OPPh_3$に酸化する能力をもっている.

【関連錯体の紹介およびトピックス】 その他,TAML配位子による単核oxo鉄(V)錯体([Fe^V(O)(TAML)]⁻)などが報告されている²⁾.　　　　【小寺政人】

【参考文献】
1) A. Ghosh et al., *J. Am. Chem. Soc.*, **2005**, *127*, 2505.
2) F. T. de Oliveira et al., *Science*, **2007**, *315*, 835.

Fe$_2$N$_8$O

電 触 生

【名称】 μ-oxodiiron(III)-3,6,13,16-Tetra-bromo-2,7,12,17-tetra-n-propylporphycenate: [Fe^{III}(Br$_4$TPrPc)]$_2$O

【背景】 アルキル基以外の置換基をもつポルフィセンはそれらの置換基の電子的, 立体的な性質に大きく影響を受ける. 臭素置換基は電子吸引性基であり, ポルフィセンの電子密度を低下させ, 同時にそのかさ高さによって環構造が歪む. この錯体は合成過程でアルカリで処理することでμ-オキソダイマーとして単離されている[1]).

【調製法】 3,6,13,16-Tetrabromo-2,7,12,17-tetra-n-propylporphyceneと鉄(III)アセチルアセトナートをフェノール中で20分還流する. 反応後, フェノールを減圧除去し, 塩化メチレンで抽出し, さらに水酸化ナトリウム水溶液で有機相を洗浄する. 有機相を減圧乾固し, クロロホルム/メタノールから再結晶をして目的化合物を得る.

【性質・構造・機能・意義】 かさ高い臭素置換基の導入のために, 上下のポルフィセン環どうしの立体反発が強まりFe-O-Feの結合角度は165°で通常のμ-オキソダイマーと比較すると直線に近くなっている. この影響で中心金属のポルフィセン平面からの浮き出しはより少なくなっている. 同様の傾向がポルフィリン錯体でも報告されている. この錯体は興味深い酸化還元挙動を示す. ポルフィセンはそれ自体が酸化還元活性な配位子であるので, 図1に示すサイクリックボルタンメトリーでは配位子の酸化還元と鉄の酸化還元が観測される. 還元側では2つのポルフィセンの環が2電子まで, 合計4電子の還元が段階的に起きる. 一方, 酸化側では通常配位子の酸化還元が観測されるが, ポルフィセン錯体の場合は鉄(III)と鉄(IV)の間の酸化還元が2段階で観測される.

$$Fe^{III}Fe^{III} \rightleftarrows Fe^{III}Fe^{IV} \rightleftarrows Fe^{IV}Fe^{IV}$$

これは, 臭素置換基の導入によってHOMO, およびLUMOのエネルギーが低下し, 酸化されにくくなっていることに起因する. しかし, この過程はポルフィリン錯体では観測されず, 分光電気化学的手法によって配位子の酸化反応が先に起こることがわかっている. このことから, ポルフィセンは中心金属の高原子価状態をより安定化する配位子であるといえる.

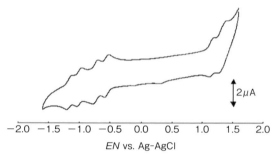

[Complex]=0.5 mM, [TBAP]=0.1 M, Solvent: Benzonitrile, WE: Pt, CE: Pt wire, RE: Ag|AgCl, Scan rate 0.1 V/s.

図1 [Fe^{III}(Br$_4$TPrPc)]$_2$Oのサイクリックボルタモグラム

【関連錯体の紹介およびトピックス】 ポルフィセンと同様にポルフィリンでも臭素置換基を導入したポルフィリンの鉄錯体でμ-オキソダイマーが知られている[2]).

また, 電子吸引基としてトリフルオロメチル基を導入したポルフィセンの鉄錯体では, 強力な電子吸引によって鉄の還元が容易に起きるようになり, ピリジン中でμ-オキソダイマーが還元的に開裂して鉄(II)ビスピリジン錯体が生成することが報告されている[3]).

【久枝良雄・大川原 徹】

【参考文献】
1) T. Baba *et al.*, *Chem. Lett.*, **2004**, *33*, 906.
2) K. Kadish *et al.*, *Inorg. Chem.*, **1997**, *36*, 204.
3) T. Hayashi *et al.*, *Inorg. Chem.*, **2003**, *42*, 7345.

Fe$_2$N$_8$O$_3$

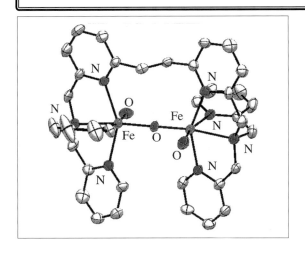

【名称】{1,2-bis[2-[di(2-pyridylmethyl)aminomethyl]-6-pyridyl]ethane}(μ-oxo-diaquadiiron(III))(ClO$_4$)$_4$: [Fe$_2$(6-hpa)(μ-O)(OH$_2$)$_2$](ClO$_4$)$_4$(錯体1)[1]

【背景】可溶性メタンモノオキシゲナーゼ(sMMO)は,O$_2$を活性化し,メタンからメタノールへの変換を触媒する非ヘム二核鉄酵素であり,その高い酸化力が合成化学やグリーンケミストリーの観点から注目されている.類似の酵素としてトルエンモノオキシゲナーゼ(T4MO)などがある.sMMOの二核鉄(II)はO$_2$を結合してペルオキソ二核鉄(III)中間体Pを生じ,このO-O結合の開裂で高スピンdioxo二核鉄(IV)の活性種Qを生じる.これらの中間体は不安定で,酵素そのものを用いた解析は困難である.そこで,類似機能をもつ二核鉄錯体の開発が必要となる.錯体1では,6-hpaによりμ-オキソ二核鉄(III)コアが安定に保たれ,H$_2$O$_2$との反応で速やかにμ-ペルオキソ二核鉄(III)中間体が生成する.そのO-O結合は直ちに開裂し,高スピンtrioxo二核鉄(IV)酸化活性種が生成する.このように錯体1はsMMO類似の酸素活性化を実現するとともに,有機基質の酸化を触媒する.

【調製法】6-hpa配位子は,bis(2-pyridylmethyl)amineと1,2-bis(6-bromomethyl-2-pyridyl)ethaneの塩基性水溶液中の反応で合成される.錯体1は,Fe(ClO$_4$)$_3$と6-hpaとの反応で得られる.これをbenzene/MeCNから再結晶して赤色結晶が得られる.

【性質・構造・機能・意義】錯体1の結晶構造は,[Fe(tpa)$_2$(μ-O)(OH$_2$)$_2$](ClO$_4$)$_4$と類似している.しかし,ESIマススペクトルからは,tpaの錯体はMeCN中では単核と二核の混合物で存在して単核錯体が主成分であるが,錯体1は二核が安定で,MeCN中で二核錯体だけが観測される.錯体1はH$_2$O$_2$と反応し,ペルオキソ二核鉄(III)錯体[Fe$_2$(6-hpa)(O$_2$)(O)]$^{2+}$を生じ,490 nm (ε=1130 M^{-1}cm^{-1})と670 nm (ε=1060 M^{-1}cm^{-1})にLMCTバンドを示す.またCSIマススペクトルはm/z 865に|[Fe$_2$(6-hpa)(O$_2$)(O)](ClO$_4$)|$^+$に相当する主ピークを示す.H$_2$^{18}O$_2$との反応では4マスユニットシフトしてm/z 869にピークを示す.したがって,この錯体はO-Oを取り込んだペルオキソ錯体であると示唆された.また錯体1は,H$_2$O$_2$を用いたアルケンの優先的エポキシ化を触媒し,酸化剤あたりのエポキシドの収率はtrans-β-メチルスチレンの場合に91%である.H$_2$^{18}O$_2$を10当量用いた実験で94%のエポキシドに^{18}O原子が取り込まれた.このとき,残りの6%は錯体のμ-オキソ酸素(^{16}O)が取り込まれたと推定された.錯体のμ-オキソ酸素を^{18}Oでラベルした錯体を用い,錯体に対して1または3当量のH$_2$^{16}O$_2$を加えた実験では^{18}O-エポキシドの割合はそれぞれ31%および17%である.これらの事実から酸化活性種はtrioxo二核鉄(IV)錯体であり,この活性種の3つのO原子はスクランブルすることが示唆された.これらの中間体は固体で単離され,ペルオキソ二核鉄(III)錯体のO-O結合が開裂し,高スピンtrioxo二核鉄(IV)錯体を生じること,固体状態ではこれらが可逆的に相互変換することがメスバウアーや共鳴ラマン測定から示された[2].さらに高スピンtrioxo二核鉄(IV)錯体はsynからantiへ構造変化すること,ここで生じる高スピンanti-trioxo二核鉄(IV)錯体が酸化活性種として高い酸化力をもつことが示された[3].このようにsMMOの中間体の反応性や分光学的特徴を再現できる錯体1は優れた機能モデルであるといえる.

【関連錯体の紹介およびトピックス】6-hpa配位子の二核鉄錯体の研究は,Reviewを参照されたい[4].

【小寺政人】

【参考文献】
1) M. Kodera et al., *Angew. Chem. Int. Ed.*, **2005**, *44*, 7104.
2) M. Kodera et al., *J. Am. Chem. Soc.*, **2012**, *134*, 13236.
3) M. Kodera et al., *Chem. Euro. J.*, **2016**, *22*, 5924.
4) a) X. Shan et al., *J. Inorg. Biochem.*, **2006**, *100*, 421; b) M. Kodera et al., *Bull. Chem. Soc. Jpn.*, **2007**, *80*, 662; c) I. Siewert et al., *Chem. Eur. J.*, **2009**, *15*, 10316; d) K. Yoshizawa, *Bull. Chem. Soc. Jpn.*, **2013**, *86*, 1083; e) A. Trehoux, *Coord. Chem. Rev.*, **2016**, *322*, 142; f) I. Gamba, *Coord. Chem. Rev.*, **2017**, *334*, 2; g) V. C.-C. Wang, *Chem. Rev.*, **2017**, *117*, 8574; h) A. Jasniewski, *Chem. Rev.*, **2018**, *118*, 2554.

$Fe_2N_8O_3$

【名称】 (μ-oxo) bis {tris(2-pyridylmethyl)amine} (μ-L-valine) diiron(III) perchlorate: $[Fe_2(\mu\text{-}O)(\mu\text{-L-valine})(tpa)_2](ClO_4)_4$

【背景】 生体内に見いだされる鉄タンパク質は，酸素分子の輸送や貯蔵，活性化などの役割を担っている．海洋性無脊椎動物の呼吸酵素ヘムエリトリンは，その活性中心に {Fe-O-Fe} 二核構造を含んでおり，酸素分子を配位することで知られている．この二核錯体の構造モデルは生物無機化学の分野で1980年代頃より研究が進められている．本錯体は，2つの Fe(III) はオキソ配位子のほかに，より生体酵素の活性中心に近い光学活性アミノ酸が架橋配位するものである．各 Fe(III) はさらに三脚型四座配位子トリス(2-ピリジルメチル)アミン (tpa) により支持されている[1]．

【調製法】 メタノールに溶かした $Fe(ClO_4)_3 \cdot 10H_2O$ に tpa のメタノール溶液を混合し撹拌する．この反応溶液に L-バリンの水溶液を加え，1時間撹拌する．生成した茶色の沈殿をろ別し，メタノールとエーテルで洗浄し乾燥する．

【性質・構造・機能・意義】 本錯体の電子スペクトルは酢酸イオン架橋の tpa 錯体 $[Fe_2(\mu\text{-}O)(\mu\text{-}CH_3COO)(tpa)_2]^{3+}$ のものと類似している．X線結晶構造解析の結果，Fe⋯Fe 間の距離は 3.305(2) Å であり，Fe-(μ-O)-Fe の結合角度は 133.6(3)° である．四座配位子 tpa の配位様式は2つの Fe(III) でそれぞれ異なっている．す なわち，架橋オキソイオンのトランス位には，一方の Fe(III) では三級アミン窒素が配位しているのに対し，もう片方の Fe(III) ではピリジル窒素が配位している．この違いを反映し，Fe-(μ-O) 距離は2つの Fe(III) で異なっている (1.812(3) Å, 1.784 Å)．また，2つの Fe(III) 間には反強磁性相互作用がはたらいており，SQUID の測定より $-J=116\,cm^{-1}$ が求められている．300 K における錯体の有効磁気モーメントは 2.45 B.M. である．

この錯体では，架橋アミノ酸の側鎖として存在する $-NH_3^+$ 基から架橋オキソイオン上へのプロトン移動と Fe の酸化還元が連動したプロトン共役型の酸化還元反応が溶液中で観測される．このプロトン移動は分子内もしくは分子間で起こる．サイクリックボルタンメトリーの測定では，0 V (vs. Ag/AgCl) 付近において，$Fe_2(III,III) \rightarrow Fe_2(II,III)$ に帰属される 1 電子過程が 2 段階に分裂して観測される．この2つの酸化還元波の電流強度は，酸 (p-トルエンスルホン酸) あるいは塩基 (トリエチルアミン) を添加することで変化する．

【関連錯体の紹介およびトピックス】 上で述べた L-バリン架橋錯体に加え，ほかに L-プロリンや L-アラニンなど計6種類のアミノ酸を含む類似の鉄二核錯体が合成されており，そのうちの3種が X 線構造解析されている．アミノ酸が架橋する鉄二核錯体としては，$[Fe_2(\mu\text{-}O)(\mu\text{-amino acid})_2(tacn)]^{4+}$ (tacn=1,4,7-トリアザシクロノナン) もある．また六核錯体として，$[Fe_6O_4(OH)_2(\mu\text{-amino acid})_4(phen)_8]^{8+}$ (amino acid=L-バリン, L-プロリン; phen=1,10-フェナントロリン) も報告されている[2]．プロトン共役電子移動を示す二核錯体として，鉄錯体の他にルテニウム二核錯体 $[Ru_2(\mu\text{-}O)(\mu\text{-}MeCO_2)(bpy)(mim)_2]^{2+}$ (bpy=2,2'-ビピリジン, mim=1-メチルイミダゾール) も報告されている[3]．

〔阿部正明・稲富 敦〕

【参考文献】
1) K. Umakoshi *et al.*, *Bull. Chem. Soc. Jpn.*, **1999**, *72*, 433.
2) T. Tokii *et al.*, *Chem. Lett.*, **1994**, 441.
3) A. Kikuchi *et al.*, *J. Chem. Soc., Chem. Commun.*, **1995**, 2125.

Fe₂N₉

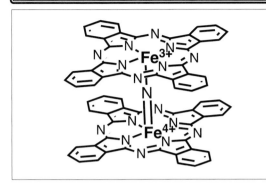

【名称】μ-nitridobis[29H,31H-phthalocyaninato(2−)-κN^{29}, κN^{30},κN^{31},κN^{32}]diiron(μ-nitrido-bridged iron phthalocyanine dimer): [Fe₂(phthalocyanine)₂N]

【背景】1984年，Ercolaniらによってμ-ニトリド架橋鉄ポルフィリン二量体の類縁体の一種として合成されたが[1]，近年その触媒作用にも注目が集まっている[2]．特に，酸性水溶液中過酸化水素と反応することで生成する高原子価鉄オキソ錯体は極めて高い酸化活性をもち，100℃以下の低温水溶液中でメタンやエタンなどの低級アルカンを酸化して対応するアルコールへと変換できる[2,3]．

【調製法】Iron(Ⅱ) Phthalocyanine を 1-chloronaphthalene 中，過剰量のNaN₃とともに265℃に加熱することで得られる[4]．得られた化合物は，ピリジン中フェロセニウム塩やヨウ素などの酸化剤を添加することで容易に一電子酸化され，モノカチオン性錯体へと変換できる[5]．

【性質・構造・機能・意義】本錯体は，Fe^{3+}とFe^{4+}からなる混合原子価錯体であることがわかっている．低スピン錯体であり，固体試料の77KにおけるESR測定では典型的な軸対称型スペクトルを与える（$g_∥$=2.03, $g_⊥$=2.13）．固体状態のIRスペクトルにおける910 cm⁻¹の吸収は，Fe-N-Feの逆対称伸縮に帰属される[4]．非配位性溶媒にはほとんど溶解しないが，ピリジンなどの配位性溶媒には可溶である．ピリジン中におけるサイクリックボルタモグラム測定の結果から，0.00 V vs. SCE に Fe^{3+}中心の一電子酸化に由来する可逆な酸化還元波を示すことがわかっている．ピリジン中におけるUV-Visスペクトルでは，626 nmにフタロシアニンQ帯由来の特徴的な吸収を示す．一電子酸化したモノカチオン性化合物は2つのFe^{4+}を含む反磁性化合物であり，重ピリジン中における¹H NMRスペクトルでは9.00および8.53 ppmにフタロシアニン環由来のシグナルを与える[5]．

本錯体は酸性水溶液中において，過酸化水素と反応して高い酸化活性を示す高原子価鉄オキソ錯体を与える．オキソ錯体は図1の反応機構で生成すると考えられているが，極めて反応性が高いためその詳細な構造は明らかになっていない．μ-ニトリド架橋鉄ポルフィリン二量体オキソ種同様，2つのFe^{4+}中心とπカチオンラジカルを含む化学種であると考えられている[6]．

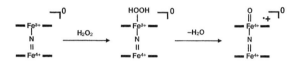

図1　高原子価鉄オキソ種生成反応

【関連錯体の紹介およびトピックス】類似の構造をもつμ-ニトリド架橋鉄ポルフィリン二量体の合成は1976年にSummervilleらにより報告されている[7]．この化合物は過酸で処理すると[Fe₂(phthalocyanine)₂N]と類似の高原子価鉄オキソ種を生成するが，その酸化触媒活性は[Fe₂(phthalocyanine)₂N]鉄オキソ種より低い[6]．その他類似の構造をもつ低級アルカン酸化触媒として，Miharaらによって報告された4重ロタキサン型ポルフィリン・フタロシアニン分子組織μ-ニトリド架橋鉄二核錯体が挙げられる[8]．

【山田泰之・田中健太郎】

参考文献

1) V. L. Goedkent *et al.*, *J. Chem. Soc., Chem. Commun.*, **1984**, 378.
2) P. Afanasiev *et al.*, *Acc. Chem. Res.*, **2016**, 49, 583.
3) A. B. Sorokin *et al.*, *Chem. Commun.*, **2008**, 2562.
4) L. A. Bottomley *et al.*, *Inorg. Chem.*, **1985**, 24, 3733.
5) Y. Yamada *et al.*, *Inorg. Chim. Acta*, **2019**, 489, 160.
6) E. V. Kudrik *et al.*, *Nature Chem.*, **2012**, 4, 1024.
7) D. A. Summerville *et al.*, *J. Am. Chem. Soc.*, **1976**, 98, 1747.
8) N. Mihara *et al.*, *Chem. Eur. J.*, **2019**, 25, 2992.

Fe$_2$N$_{10}$ 磁

【名称】 [Fe^{II}(dad)$_2$(dad$^{•-}$)][Fe^{III}(pda)$_2$] $\rightleftarrows$ [Fe^{II}(dad)$_3$][Fe^{II}(pda)$_2$]の平衡状態にある

【背景】 温度変化に伴い，ラジカル配位子を含む鉄(II)錯カチオンのラジカル配位子から鉄(III)錯アニオンへ電子移動が起こると同時に，鉄(II)の電子状態が高スピンから低スピンへと変化する．錯イオン間の電子移動と錯カチオンの電子状態変化は連動しており，しかも可逆的に起こる極めてまれな挙動を示す錯体である[1]．

【調製法】 錯体[Fe(dad^0)$_2$(dad$^{•-}$)][Fe(pda^{2-})$_2$]は α-ジイミン配位子である dad^0 と [Fe(pda^{2-})(dme)$_2$](dme=ジメトキシエタン)をトルエン中 −45℃で 3：2 のモル比で混合したのち室温で 40 分撹拌し，不溶物をろ過したろ液から黒色結晶として得られる．

【性質・構造・機能・意義】 この錯体は 240 K 以上の温度では 5.35〜5.40 μ_B の磁気モーメントを示す．270 K での結晶構造解析の結果，錯カチオンは Fe−N 平均結合距離が 2.121(5) Å であることから，鉄(II)高スピン錯体であると予想された．また，3 つの α-ジイミン配位子のうち 2 つは中性の dad^0 の状態で配位しているが，1 つはモノラジカル dad$^{•-}$ として配位していることが N−C−C−N 骨格の結合距離から明らかにされた．ラジカル配位子 dad$^{•-}$ と鉄(II)との間には非常に強い反強磁性的相互作用がはたらいておりカチオン錯体は見かけ上不対電子 3 個分の磁気モーメントを示す．一方，アニオン錯体は鉄に α-ジイミン配位子である 2 つの pda^{2-} が 2 座で配位した歪んだ四面体型の錯体で，Fe−N 平均結合距離は 1.890(5) Å である．錯アニオンは 260 K でのメスバウアースペクトルの測定から中間スピン鉄(III)錯体($S=3/2$)であることが明らかになった．

この錯体の磁気モーメントは 240 K から 230 K の間で急激に変化し，230〜50 K の温度範囲では 4.99〜4.86 μ_B でほぼ一定の値をとる．120 K での結晶構造解析の結果，錯カチオンでは Fe−N 平均結合距離が 1.977(2) Å で鉄中心は低スピン型であり，なおかつ 3 つの α-ジイミン配位子はすべて中性の dad^0 の状態であった．また，錯アニオンでは Fe−N 平均結合距離が 1.996(2) Å と 260 K での値より約 0.1 Å 長くなっていた．80 K でのメスバウアースペクトルの測定結果から 230〜50 K の温度範囲では高スピンと低スピンの鉄(II)が 1：1 の割合で含まれていることがわかり，錯カチオンのラジカル配位子 dad$^{•-}$ の電荷は錯アニオンの鉄中心に移ったことが判明した．

分子内での電子移動に基づく valence tautomerism は数多く報告されている．しかしこの錯体のような錯イオン間の電子移動によって引き起こされたスピン転移は極めてまれな現象である．α-ジイミン配位子 L は L^0，L$^{•-}$，L^{2-} の 3 つの酸化状態を取り得る．このような性質をもつ配位子を用いたことによる，配位子や金属イオンの酸化状態と電子状態とが同時にスイッチングする現象が，新たな応用を生み出すきっかけになることが期待される．

【関連錯体の紹介およびトピックス】 dad^0 とそのラジカル配位子，pda^{2-} とそのラジカル配位子の鉄錯体が，別々に合成され，それらの配位子を含めた酸化状態，電子状態や性質が明らかにされている．また，dad 配位子と pda 配位子をともに含む混合配位子錯体に関しても研究されている．いずれの錯体も鉄と配位子を 1：2 で含む歪んだ四配位四面体型錯体であり，本錯体の錯カチオンは唯一の六配位八面体型錯体の例である．また，クロム(II)，マンガン(II)，ニッケル(II)，亜鉛(II)錯体も報告されている[2]．

〔砂月幸成〕

【参考文献】

1) K. Wieghardt *et al.*, *Angew. Chem. Int. Ed. Engl.*, **2008**, *47*, 1228.

2) a) K. Wieghardt *et al.*, *Inorg. Chem.*, **2008**, *47*, 4579; b) K. Wieghardt *et al.*, *Chem. Eur. J.*, **2008**, *14*, 7608; c) K. Wieghardt *et al.*, *J. Am. Chem. Soc.*, **2009**, *131*, 1208.

Fe$_2$N$_{12}$

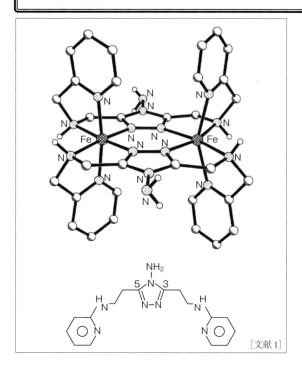

[文献1]

【名称】 4-amino-3,5-bis[*N*-2-(pyridylmethyl)amino-methyl]-1,2,4-triazole]diiron(II) tetrafluoroboratedimethyl formamide: [Fe$_2$(PMAT)$_2$](BF$_4$)$_4$·DMF

【背景】これまでに数多くのスピンクロスオーバーを示す鉄(II)錯体が合成されているが,そのほとんどは単核錯体であり,多核錯体あるいは配位高分子状の化合物はいまだわずかである.二核錯体では,2つの金属中心に対してそれぞれ高スピン(HS)と低スピン(LS)の状態が存在する.そのために,どちらも高スピンの状態[HS-HS],片方の鉄(II)イオンが高スピンの状態[HS-LS],どちらも低スピンの状態[LS-LS]の3つの状態をとる.したがって,二核錯体のスピンクロスオーバーはこの3つの状態間の切り替え現象となり,その過程は,①高スピン状態から低スピン状態に直接変化する過程[HS-HS]-[LS-LS],②二核錯体内に高スピン状態と低スピン状態が共存する中間体[HS-LS]を経る過程[HS-HS]-[HS-LS]-[LS-LS],③[HS-HS]の状態から[HS-HS]と[LS-LS]が1:1に共存する中間状態を経て[LS-LS]に至る過程に大別できる.これまでにいくつかの二核錯体のスピンクロスオーバー現象が報告され,3つの過程のうちのどれを通って転移するかについて磁化率,メスバウアー測定により詳細な議論がなされてきた.特に,Gütrichらによるビピリミジン架橋二核錯体はその先駆的なものであった.しかし,その錯体系においても中間状態の結晶構造は明らかにされなかった.本錯体は,構造解析によりその詳細が明らかにされたはじめての例である[1].

【調製法】配位子PMATとFe(BF$_4$)$_2$·6H$_2$Oの反応により薄い黄色の結晶として得られる.さらに,DMF中で再結晶することでDMF付加錯体が得られる.

【性質・構造・機能・意義】本錯体は2つの鉄二価イオンがPMATにより挟み込まれるように橋架けされた構造をもつ.298 Kにおいては,非対称単位は二核錯体の半分であり,錯体内に反転中心をもつことから,2つの鉄イオン中心はまったく同じ構造をもつ.また,鉄(II)イオンは歪んだN$_6$六配位八面体構造をとり,そのFe-N距離(2.116(4)〜2.303(5) Å)とN-Fe-N角(75.9(2)〜115.9(2)°)より,高スピン状態にあることがわかる.一方,123 Kにおいても構造解析がなされている.298 Kとは異なり,123 Kでは非対称単位が二核錯体全体となっている.そのため,2つの鉄(II)イオンは異なる状態にあり,それらのFe-N距離とN-Fe-N角より,123 Kにおいては一分子内に高スピン状態と低スピン状態が存在する[HS-LS]状態であることがわかる(LS:Fe-N距離1.934(3)〜2.071(4) Å,N-Fe-N角81.8(1)〜101.2(2)°,HS:Fe-N距離2.131(3)〜2.319(4) Å,N-Fe-N 75.1(1)〜121.7(1)°).また磁化率測定では,224 Kにおいて[HS-HS]より[HS-LS]への急激なスピンクロスオーバーを観測した.この[HS-LS]状態は極低温でも安定に存在し,[LS-LS]には転移しない.このような転移現象は[HS-LS]が安定な結晶相であることを示している.また本錯体で用いたPMATは他の錯体系に比べ高い剛直性をもつことから,錯体の骨格構造の剛直性がスピンクロスオーバーにおける協同効果に何らかの影響を及ぼしていることが示唆される.

【関連錯体の紹介およびトピックス】その後完全な[HS-HS]-[HS-LS]-[LS-LS]の転移を示す錯体として,2,5-di(2′,2″-dipyridylamino)pyridine(ddpp)で橋架けされた鉄(II)二核錯体[Fe$_2$(ddpp)$_2$(NCS)$_4$]·4CH$_2$Cl$_2$が,見いだされた.この錯体は,溶媒のジクロロメタンの吸蔵量によりその磁気的挙動が大きく変化する.例えば,ジクロロメタンを1分子しか含まない[Fe$_2$(ddpp)$_2$(NCS)$_4$]·CH$_2$Cl$_2$では,高スピン状態から低スピン状態に直接変化する転移[HS-HS]-[LS-LS]を示す[2].

〔川田 知〕

参考文献

1) P. Wu *et al., Chem. Comm.,* **2005**, 987.
2) J. J. M. Amoore *et al., Chem. Eur. J.,* **2006**, *12*, 8220.

Fe_2N_{12}

磁

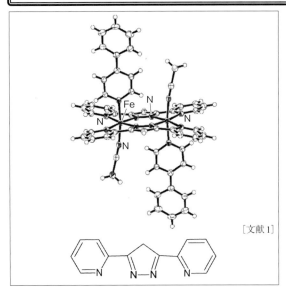

[文献1]

【名称】bis((μ₂-3,5-bis(2-pyridyl)pyrazolyl)-(4-phenyl-pyridyl)(borane cyanide-N)iron(II)): [{Fe(BH₃NC)(4-phpy)}₂(μ-bpypz)₂](BH₃CN⁻=cyanoborohydride, 4-phpy=4-phenylpyridine, Hbpypz=3,5-bis(2-pyridyl)pyrazole)

【背景】スピンクロスオーバーは, 分子メモリー, 分子スイッチなどの分子素子の開発とも関連して注目を集めている. スピンクロスオーバー現象の解明には, 構造が類似した錯体系を用いて, 配位子の違いによる転移温度や光誘起励起スピン状態トラッピングへの影響を明らかにすることが極めて重要である. 2000年代に入り, bpypzが架橋した同一骨格をもつ鉄(II)二核錯体において, 軸配位子を変えることによりスピンクロスオーバーの転移挙動や温度などを系統的に変化させ得ることが見いだされた. 鉄(II)二核錯体ではじめてスピンクロスオーバー現象が見いだされたのは, Gütrich, Realらにより開発されたビピリミジン架橋錯体である. この二核錯体の場合, 錯体内に高スピン状態と低スピン状態が共存する中間体[HS-LS]を経て, [HS-HS]より[LS-LS]へ転移し, このような中間体は前述の[Fe₂(PMAT)₂](BF₄)₄·DMFでも見いだされている. しかし, 本錯体はこれら錯体系とは異なり, [HS-HS]の状態から[HS-HS]と[LS-LS]が1:1に存在する中間状態を経て[LS-LS]に転移する¹⁾.

【調製法】配位子Hbpypz, Fe(BH₃NC)₂(py)₄, 4-フェニルピリジンをメタノール中で反応させることにより褐色の結晶として得られる.

【性質・構造・機能・意義】本錯体は, 2つの鉄二価イオンが2つのbpypz⁻によりに橋架けされた構造を持つ. 2つのbpypz⁻はそれぞれの鉄(II)イオンに対して平面四配位し, ピラゾール部分で鉄イオンを挟み込むように橋架けしている. さらに, 4-フェニルピリジンとBH₃NC⁻イオンが軸位に配位することで, 鉄(II)イオンは歪んだN₆六配位八面体構造をとっている. この錯体の磁化率の温度依存性が検討され, 2段階のスピンクロスオーバーと200K付近における中間状態あるいは中間体の存在が示唆された. そこで, 中間体を含む3つの温度領域で単結晶X線構造解析が行われた. 298Kにおいて非対称単位は二核錯体の半分であり, 二核錯体内に反転中心を持つことから, 2つの鉄(II)イオン中心はまったく同じ構造を持っている. その平均Fe-N結合距離は2.17Åであり, 高スピン状態[HS-HS]にあることがわかる. また, 100Kにおいても非対称単位は二核錯体の半分であり, 2つの鉄(II)イオン中心はまったく同じ構造をもち, その平均Fe-N結合距離(1.98Å)より低スピン状態[LS-LS]にあることがわかる. 一方, 磁化率の温度変化においてプラトーが見えた中間の温度領域(200K)では, わずかに構造の異なる二核錯体が2種存在し, それらの平均Fe-N結合距離はそれぞれ, 2.00Å, 2.12Åであった. このことから, 高スピン状態の二核錯体[HS-HS]と低スピン状態の二核錯体[LS-LS]が1:1で共存する中間状態の存在が明らかとなった. さらに, この中間状態では, [HS-HS]と[LS-LS]は交互に層状に積層した集積構造を形成していた.

二核錯体における2段階スピンクロスオーバー挙動の違いを明らかにすることは, 協同効果を解明するうえでも非常に重要であり, bpypz錯体はそのキー錯体となる. また, 前述のように[Fe₂(PMAT)₂](BF₄)₄·DMFはGütrichらの系と同様, 中間状態は[HS-LS]であるが, 本錯体は[HS-HS]と[LS-LS]が1:1に存在する中間状態を示す唯一の例となり, 今後の研究が待たれる.

【関連錯体の紹介およびトピックス】軸配位子を変えることで, 高スピン状態から低スピン状態に直接変化する錯体([{Fe(BH₃NC)(py)}₂(μ-bpypz)₂])や, ビピリジンにより二核錯体が橋架けされ磁気的挙動において二核錯体間の強い協同性が観測される錯体([{Fe(NCS)(bpy)₀.₅}₂(μ-bpypz)₂])などが得られる²⁾.

〔川田　知〕

【参考文献】
1) K. Nakano *et al.*, *Chem. Commun.*, **2004**, 2892.
2) a) S. Kaizaki *et al.*, *Chem. Eur. J.*, **2009**, *15*, 4146; b) S. Kaizaki *et al.*, *Chem. Commun.*, **2006**, 45.

Fe$_2$N$_{12}$

[文献2]

【名称】 tetrakis(isothiocyanato)-μ-(2,2′-bipyrimidine)-bis(2,2′-bithiazole)diiron(II)：[Fe$_2$(NCS)$_4$(bpym)(bt)$_2$]

【背景】 鉄(II)スピンクロスオーバー錯体は，反磁性低スピン(LS)状態と常磁性高スピン(HS)状態を熱や光により可逆に変換可能である．分子内に2つのスピンクロスオーバー部位をもつ複核錯体においては，[LS-LS]⇄[LS-HS]⇄[HS-HS]で表される二段階スピン転移挙動を示す可能性があることから盛んに研究が行われてきた．本錯体は，熱による二段階スピン転移を示すのみならず，異なる波長の光を照射することにより異なるスピン状態を選択的に生成することが可能な，極めて珍しい化合物である[1]．

【調製法】 合成はすべて不活性ガス雰囲気下で行う．硫酸鉄(II)7水和物とチオシアン酸カリウムをメタノール中で混合し，さらに配位子 bt(＝2,2′-bithiazoline)を加えることで紫色溶液を得る．この反応溶液に，配位子 bpym(2,2′-bipyrimidine)をゆっくり加えた後ろ過し，ろ液を1週間静置することで本錯体を黒色結晶として得る[2]．

【性質・構造・機能・意義】 本錯体は，鉄(II)イオンが配位子 bpym によって架橋された複核コア構造をもつ．鉄(II)イオンは，チオシアン酸イオンがシス位に配位し，残りの四座配位サイトを二座配位子 bt および架橋配位子 bpym が配位することで，六配位八面体構造を持つ．293 K，30 K における鉄(II)イオンの平均配位結合長はそれぞれ 2.15(9) Å, 1.958(4) Å であり，それぞれ鉄(II) HS 状態および LS 状態に典型的な値を示す．一方，175 K における平均配位結合長は 2.05(1) Å であり，HS 状態と LS 状態の中間の値を示す．本錯体の磁化率測定においては，HS 状態から LS 状態への転移に伴い，中間状態を経由する二段階スピン転移が観測される．1段目および2段目の転移温度は，それぞれ $T_{1/2(1)}=163$ K, $T_{1/2(2)}=197$ K であり，中間状態の磁化率は，室温のほぼ半分の値を示す．磁場下におけるメスバウアースペクトル測定，および温度可変ラマンスペクトル測定により，中間状態の電子状態は，分子内に HS 状態と LS 状態が 1：1 で共存した電子状態([HS-LS])であることが明らかにされている．すなわち，本錯体は温度に依存して[LS-LS]⇄[LS-HS]⇄[HS-HS]で表される二段階スピン転移挙動を示す．さらに，低温における光照射磁化率測定，およびメスバウアー測定において，本錯体が光によるスピン転移(LIESST)を示すことが明らかとなった．LIESST 挙動は励起光の波長に顕著に依存する．[LS-LS]状態に対して 647 nm 光を照射した際には，[HS-HS]状態が選択的に生成する．これに対し，1342 nm 光を用いた照射においては，2つの LS 鉄(II)イオンのうち，1つのみが HS 状態へと転移することで中間状態[HS-LS]が選択的に生成する．すなわち本錯体は，反磁性[LS-LS]状態と常磁性[HS-LS]状態，反強磁性的相互作用を示す[HS-HS]状態を，異なる光を用いて選択的に生成可能な極めて珍しい化合物である．

スピンクロスオーバー錯体における LIESST に関する研究は，光誘起相転移の機構解明や光メモリーなどへの応用の観点から，基礎物性物理と応用科学の両面から盛んに研究がなされている．特に，波長選択的な光誘起相転移現象は，多重光スイッチング分子素子としても期待される．本錯体は，異なる磁性を示す3つの状態を熱および光により変換可能な多重スイッチング分子であるのみならず，まったく異なる波長を用いて選択的に状態変換が可能な極めて興味深い化合物である．

【関連錯体の紹介およびトピックス】 チオシアン酸イオンをセレノシアン酸イオンに置き換えた|Fe(II)(NCSe)$_2$(bt)|$_2$bpym|は，本錯体と同様の二段階スピン転移を示し，セレノシアン酸による強い配位子場のため，$T_{1/2(1)}=223$ K, $T_{1/2(2)}=265$ K でスピン転移する．一方，bt を bpym に置き換えた錯体|Fe(II)(NCS)$_2$(bpym)|$_2$bpym|は，すべての温度域で HS 状態を示す[3]．

【二瓶雅之・大塩寛紀】

【参考文献】

1) N. Ould-Moussa *et al., Phys. Rev. Lett.*, **2005**, 94, 107205.
2) A. B. Gaspar *et al., Chem. Eur. J.*, **2006**, 12, 9289.
3) A. B. Gaspar *et al., J. Mater. Chem.*, **2006**, 16, 2522.

Fe$_2$S$_6$ 生

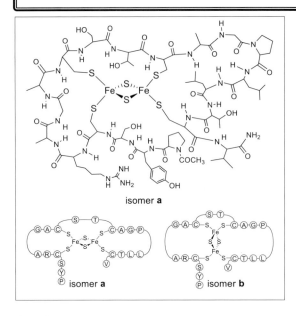

【名称】 bis(*N*,*N*,*N*-triethylethanaminium)[μ-[1-acetyl-L-prolyl-L-tyrosinyl-L-seryl-L-cysteinyl-κ*S*-L-arginyl-L-alanylglycyl-L-alanyl-L-cysteinyl-κ*S*-L-seryl-L-threonyl-L-cysteinyl-κ*S*-L-alanylglycyl-L-prolyl-L-leucyl-L-leucyl-L-threonyl-L-cysteinyl-κ*S*-L-valinamidato(4−)]]di-μ-thioxodiferrate(2−): (NEt$_4$)$_2$[Fe$_2$S$_2$(Ac-Pro-Tyr-Ser-cys-Arg-Ala-Gly-Ala-cys-Ser-Thr-cys-Ala-Gly-Pro-Leu-Leu-Thr-cys-Val-NH$_2$)], [Fe$_2$S$_2$(20-pep)]$^{2-}$

【背景】 電子伝達タンパク質である2Fe2S フェレドキシンの酸化還元電位は単純なモデル錯体に比べ極めて正側に観測され，Fe$_2$S$_2^{2+}$コアを取り囲む小さなドメインの中でのみ達成できる．本錯体は，約100残基の金属タンパク質 *Spirulina platensis* ferredoxin の結晶構造を基に，ターン構造を用いることで20残基のペプチド配位子として小さなドメインのみを切り離したモデルであり，金属タンパク質の酸化還元電位やスペクトルの再現に成功した[1]．

【調製法】 20残基のペプチド配位子は，液相法によるペプチド合成により得る．配位子と(NEt$_4$)$_2$[Fe$_2$S$_2$(S-*t*-Bu)$_4$]をアルゴン雰囲気下，DMF 中で反応させ，減圧により *t*-BuSH を溜去することにより得る．

【性質・構造・機能・意義】 タンパク質での配位様式と同じ isomer **a** 以外にキレート配位の様式が異なる isomer **b** が存在する．酸化還元電位は −0.64 V，−0.96 V (vs. SCE) に観測され，前者はタンパク質の値に近く，isomer **a** に帰属される．DMF 中の ^{1}H NMR では Cys CH$_2$ に帰属されるピークが 39.3, 33.9, 24.5 ppm に観測され，低磁場側の2つのピークは変性したフェレドキシンの値に近い．高磁場側のピークは isomer **b** に由来する．18-crwon-6・Na$_2$S$_2$O$_4$ で還元すると isomer **a** のみが還元され，77 K で1つの [Fe$_2$S$_2$]$^+$ コアに帰属される ESR シグナルを g_x=2.014, g_y=1.973, g_z=1.899 に与え，これらは変性したフェレドキシンによく似ている．DMF 中，423 nm (ε=6580), 461 nm (ε=5000) に酸化型 2Fe2S フェレドキシンに特徴的な吸収を示す．水の添加により，分解する．

実際の金属タンパク質は，活性部位を覆うペプチド鎖の周りを，さらにペプチド鎖が取り囲んで結果的には大きな分子量となっている．本錯体は，金属中心を覆ういわば1層目のペプチド鎖を再構築することで本来のタンパク質がもっている性質を再現できることを示した例として意義深い．つまり，システインを含むペプチド鎖の配列により規制される局所的なコンホメーションが金属タンパク質の性質を大きく決定づけることを示している．

【関連錯体の紹介およびトピックス】 本錯体の異性体は，より短いペプチド配位子をもつ錯体のスペクトル解析により確認できる[2]．単座の錯体 (NEt$_4$)$_2$[Fe$_2$S$_2$(Z-Ala-cys-OMe)$_2$] は，31.3 ppm のみに Cys CH$_2$ のピークを示すが，二座キレートペプチド配位子をもつ錯体 (NEt$_4$)$_2$[Fe$_2$S$_2$(Z-cys-Ala-Ala-cys-OMe)$_2$] は 22.9, 30.7 ppm にピークを示し，前者が1つの鉄イオンにキレート配位したピークであると帰属できる．(NEt$_4$)$_2$[Fe$_2$S$_2$(Z-cys-Ala-Ala-cys-OMe)$_2$] は酸化還元電位が −1.06 V であり，(NEt$_4$)$_2$[Fe$_2$S$_2$(Z-cys-Val-Val-cys-OMe)$_2$] は，−1.41 V と一般のアルカンチオラート錯体と同程度に負側に観測される．これは，-Ala-Ala- の場合，キレート配位子内で NH…S 水素結合が形成できるのに対し，-Val-Val- の場合，立体的に混み合うためにキレート配位が困難なことが原因と考えられる．キレート配位できる -Pro-Leu-, -Thr-Val- では酸化還元電位は −1.2 V より正側に観測される． 【岡村高明】

【参考文献】

1) N. Ueyama *et al.*, *Biopolymers*, **1992**, *32*, 1535.
2) S. Ueno *et al.*, *Inorg. Chem.*, **1986**, *25*, 1000.

Fe$_2$GaC$_9$P$_2$

【名称】tetracarbonyl-1$\kappa^4 C$[1,2-ethanediylbis-(diphenylphosphine-2$\kappa^2 P$)(μ-gallium)(2η^5-pentamethylcyclopentadienyl)diiron(2*Fe-Ga*)：[Cp*(dppe)Fe-Ga-Fe(CO)$_4$]

【背景】ガリウム-遷移金属多重結合をもつ錯体の最初の例は，1997年にRobinsonによって報告された[(OC)$_4$Fe=Ga(C$_6$H$_3$-2,6-(2,4,6-^{i}PrC$_6$H$_2$)$_2$)]である[1]．この錯体はまた，ガリウム-遷移金属多重結合をどう考えるべきかという，結合論に関する問題を提起した．それ以降，いくつかの末端型ガリレン錯体が合成され，その結晶構造が明らかにされてきた．2003年に報告された標題錯体は，新しいタイプのガリウム-遷移金属多重結合をもつ錯体である[2]．この錯体は，ガリウム原子が2つの遷移金属フラグメントを架橋した構造を有する．18電子則に基づくと，この錯体のCp*(dppe)Fe-Ga結合(Cp*=η^5-C$_5$Me$_5$, dppe=1,2-ビス(ジフェニルホスフィノ)エタン)およびGa-Fe(CO)$_4$結合は，それぞれ単結合および二重結合と見なせる．しかし，実際は，両方の結合とも単結合距離よりも短く，さらに前者が後者よりも短いという特徴をもつ．

【調製法】操作はすべて窒素気流下で行う．Cp*Fe(dppe)GaCl$_2$(0.175 g, 0.26 mmol)のTHF溶液(3 mL)に，K$_2$[Fe(CO)$_4$](0.65 g, 0.26 mmol)のTHF懸濁液(2 mL)を室温で激しく撹拌しながらゆっくりと加える．反応混合物を5時間撹拌した後，ガラスフィルターを用いてろ過する．ろ液を約2 mLに濃縮し，トルエン(2 mL)を加える．析出したオレンジ結晶を集め，トルエンで洗浄すると，標題化合物が得られる(収量165 mg, 収率77%)．

【性質・構造・機能・意義】この錯体は反磁性で，ベンゼン，トルエンに可溶である．^{1}H NMR(in C$_6$D$_6$)においては，Cp*のメチル基に帰属されるシグナルは1.43 ppmに，dppeのエチレン鎖に帰属されるシグナルは1.97および2.39 ppmに観測される．^{13}C NMR(in C$_6$D$_6$)では，COに帰属されるシグナルが1種類だけ218.7 ppmに観測されており，これはFe(CO)$_4$フラグメント中でCO配位子の動的挙動が存在することを示唆している．IR(KBr)においては，CO伸縮振動が1878, 1890, 1923, 1998 cm^{-1}に観測される．ガリウムは二配位直線型構造(176.01(4)°)をとっており，sp混成している．Fe-Ga結合距離は，Cp*(dppe)Fe-Gaが2.2479(10) Å，Ga-Fe(CO)$_4$が2.2931(10) Åである．両方とも通常のFe-Ga単結合距離(2.36〜2.46 Å)よりもかなり短く，両結合に多重結合性が存在することが示唆される．また，18電子則からは単結合と考えられる前者の方が，二重結合と考えられる後者よりも短い．これは，Cp*(dppe)Feフラグメントからのπ逆供与がFe(CO)$_4$からのそれよりも強いと考えると説明できる．この錯体にHClあるいはBuLiを反応させると，選択的にGa-Fe(CO)$_4$結合が切断されて，Cp*(dppe)FeGaX$_2$(X=Cl, Bu)が生成する[3]．また，PR$_3$(R=Ph, OMe, OPh)共存下で紫外線照射すると，ホスフィンによってカルボニル配位子が置換されたCp*(dppe)FeGaFe(CO)$_3$PR$_3$が生成する[3]．標題錯体とPR$_3$を導入した錯体のFe-Ga結合長を比較すると，後者の方がCp*(dppe)Fe-Ga結合が長く，逆に，Ga-Fe(CO)$_3$PR$_3$結合は短い．

【関連錯体の紹介およびトピックス】標題錯体のdppe配位子をより電子供与性の高いdmpe配位子(dmpe=Me$_2$PCH$_2$CH$_2$PMe$_2$)に置換した錯体[4]，およびFe(CO)$_4$フラグメントを6族金属フラグメントに置換した錯体[Cp*(dppe)Fe-Ga-M(CO)$_5$](M=Cr, Mo, W)が合成されている[5]．また，陽イオン性のガリウム架橋二核錯体もいくつか報告されている[6]．　　　【上野圭司】

【参考文献】
1) J. Su *et al., Organometallics,* **1997**, *16*, 4511.
2) K. Ueno *et al., Organometallics,* **2003**, *22*, 4375.
3) T. Muraoka *et al., Organometallics,* **2008**, *27*, 3918.
4) K. Ueno *et al., J. Organomet. Chem.,* **2007**, *692*, 88.
5) T. Muraoka *et al., Organometallics,* **2009**, *28*, 1616.
6) a) N. R. Bunn *et al., Chem. Commun.,* **2004**, 1732: b) B. Buchin *et al., Angew. Chem. Int. Ed.,* **2006**, *45*, 5207.

$Fe_4C_4N_{20}$

磁

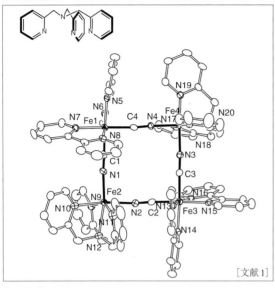

[文献1]

【名称】[$Fe_4(CN)_4(bpy)_4(tpa)_2$]($tpa=tris(2-pyridyl-methyl)amine$)

【背景】異なる電子状態を示す多重安定性分子の合成指針として、2種類の電子状態をもつ双安定性分子の多核化は非常に有用である。シアン化物イオン架橋環状鉄(II)四核錯体[$Fe(II)_4(\mu_2-CN)_4(L)_8$]($PF_6)_4$(L=2,2'-ビピリジンなどの二座配位子)において、鉄(II)イオンは低スピンを示す。この四核錯体の配位子を比較的弱い配位子場を与えるトリスピリジルメチルアミン(tpa)に置き換えた本錯体は、鉄(II)スピンクロスオーバー部位を2つ有する三安定性分子である[1]。

【調製法】前駆体であるジシアノビス(2,2'-ビピリジン)鉄(II)錯体([$Fe(CN)_2(bpy)_2$]·$3H_2O$, bpy=2,2'-ビピリジン)は、硫酸アンモニウム鉄(II)6水和物と配位子bpy、シアン化カリウムとの反応から得る[2]。室温条件下メタノール中で、[$Fe(CN)_2(bpy)_2$]と塩化第一鉄4水和物と配位子tpaを反応させ、得られる濃赤色溶液にヘキサフルオロリン酸アンモニウムのメタノール溶液を拡散することで、本錯体を暗赤色結晶として得る。

【性質・構造・機能・意義】本錯体は、4つの鉄(II)イオンがシアン化物イオンにより架橋された環状四核構造をもつ。歪んだ六配位八面体構造をもつ4つの鉄(II)イオンは、配位環境により2種類に分類される。すなわち、2つのbpyとシアン化物イオンの炭素原子が配位した鉄(II)イオン(Fe1, Fe3)、および1つのtpaと2つのシアン化物イオンの窒素原子が配位した鉄(II)イオン(Fe2, Fe4)である。100KにおけるX線構造解析から、Fe1–Fe4の平均配位結合長は1.964Åであり、低スピン(LS)鉄(II)イオンに特徴的な値を示す。200Kにおいては、Fe2の平均配位結合長のみが2.154Åとなり、高スピン(HS)状態へと転移することを示す。また、300Kでのメスバウアースペクトル測定においても、HS鉄(II)イオン(Fe2)に対応する新たな吸収が観測される。単結晶電子スペクトル測定においても、300KにおいてHS鉄(II)イオンのd–d遷移吸収帯が838nmに観測され、Fe2のスピン転移が支持される。5〜400Kにおける磁化率測定において、$\chi_m T$値は2段階の変化を示す(0.3 emu mol^{-1}K(100K), 3.2 emu mol^{-1}K(200K), 4.9 emu mol^{-1}K(400K))。これは、[Fe1·Fe2·Fe3·Fe4]が[LS·LS·LS·LS]↔[LS·HS·LS·LS]↔[LS·HS·LS·HS]のようにスピン状態変化することに対応する。すなわち本錯体は、温度に依存して3種類のスピン状態を示す三安定性分子であることを示している。これは、2つ存在するスピンクロスオーバーサイト(Fe2, Fe4)の配位構造の違いに起因する。Fe2の配位構造は、分子間相互作用のためFe4と比較して大きく歪んでおり、その結果、異なる温度で段階的にスピン転移する。

複数の電子状態をもつ多重安定性分子は、分子メモリーや多段階スイッチング素子などの応用の観点からも非常に興味深い。しかしながら、多段階のスピン転移を示す多核錯体はまれである。本錯体は、シアン化物イオン架橋四核錯体における鉄(II)イオンのスピン状態を、配位子により制御している。さらに、分子内に2つ存在するスピンクロスオーバーサイトの配位環境を、分子間相互作用により非等価にすることで、非常に安定な中間状態をもつ三安定性の発現に成功している。このような多重安定性分子の設計指針は非常に汎用性が高く、さらなる機能分子系の開発が期待される。

【関連錯体の紹介およびトピックス】本錯体と同様の環状四核構造をもつ[$Fe(II)_4(\mu_2-CN)_4(bpy)_8$]($PF_6)_4$は、すべての鉄(II)イオンが低スピン状態をもつ反磁性化合物であり、2段階の酸化還元挙動を示す[3]。また、同じく反磁性を示す[$Fe(II)_2Ru(II)_2(\mu_2-CN)(bpy)_8$]($PF_6)_4$は、4段階の酸化還元を示すことが報告されている[4]。

【二瓶雅之・大塩寛紀】

【参考文献】
1) M. Nihei *et al.*, *Angew. Chem. Int. Ed.*, **2005**, 44, 6484.
2) A. A. Schilt, *Inorg. Synth.*, **1970**, 12, 247.
3) H. Oshio *et al.*, *Chem. Eur. J.*, **2000**, 6, 2523.
4) H. Oshio *et al.*, *Chem. Eur. J.*, **2003**, 9, 3946.

Fe₄C₂₄

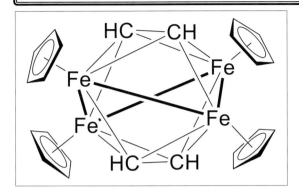

【名称】bis(μ₄-η²,η²-acetylene-1,2-diyl)-tetrakis(η⁵-cyclopentadienyl-iron）: [Cp₄Fe₄(HCCH)₂]

【背景】遷移金属カルボニルとヒドリド試薬との反応は，不均一系金属表面で一酸素炭素と水素の合成ガスが炭化水素あるいはアルコール類へと変換されるFischer-Tropsch合成のモデル反応として注目を集め，活発に検討がなされてきた．単核金属カルボニルでは，カルボニル配位子はホルミルあるいはメチル基などへ変換される．一方，複核金属カルボニルでは，架橋カルボニルはメチレンへと変換される例が報告されている．本クラスターは，4つの鉄と4つのカルボニル配位子が頂点の位置を占めるキュバン型クラスターと金属ヒドリドとの反応により得られ，この系では四鉄骨格上で，一酸化炭素の還元的カップリングにより，アセチレンを生成する[1]．

【調製法】シクロペンタジエニル配位子を有する鉄四核錯体[Cp₄Fe₄(CO)₄]のテトラヒドロフラン溶液に，室温で過剰量の水素化アルミニウムリチウムを加える．反応溶液を室温で2時間撹拌したのち，エタノールをゆっくり加え，反応を止める．揮発成分を留去し，トルエンで抽出後，減圧乾固することで標題化合物が，褐色固体として得られる（収率33％）．

【性質・構造・機能・意義】良溶媒としてジクロロメタン，貧溶媒としてヘキサンを用いて，−30℃で再結晶すると，褐色結晶が得られる．固体，液体状態を問わず，空気に安定であるが，対陰イオンが存在すると，空気中で一電子酸化され，[Cp₄Fe₄(HCCH)₂]⁺が生成される．標題化合物は反磁性種であり，¹H-NMRスペクトル(C_6D_6）では，シクロペンタジエニル配位子の環プロトンのシグナルがδ 3.96に，アセチレンのシグナルがδ 10.78にそれぞれ1本ずつ観測される．¹³C{¹H} NMRスペクトル(C_6D_6）では，アセチレン炭素のシグナルは，δ 209.2に1本観測される．

単結晶X線構造解析により，構造が明らかとなっている．一酸化炭素の還元的カップリングにより生成するアセチレン部位の炭素−炭素結合距離は1.49(1) Åであり，単結合距離に近い値となっている．これはラマンスペクトルにおける，伸縮振動の値（1118 cm⁻¹）とよい一致を示している．炭素−炭素結合距離の伸長は，四鉄骨格からアセチレンπ*軌道へのπ逆供与の寄与から説明される．また，四鉄骨格は，四面体形から2本の鉄−鉄結合の開裂を伴い，hinge部位に結合がないバタフライ形へと変換されている．この四鉄骨格の電子的および構造的柔軟性が，一酸化炭素の還元的カップリング反応において重要な役割を担っている．

このクラスターの電気化学的特性が調べられており，3段階の可逆あるいは準可逆な一電子酸化（$E_{1/2}=-0.66, 0.24$ V, 1.04 V vs. Ag/AgCl）と1段階の非可逆な一電子還元（$E_{pc}=-1.32$ V）を受ける．一電子酸化体は空気酸化により，二電子酸化体は銀塩による化学的酸化により，それぞれ高収率で合成されている[2]．

鉄上に支持配位子としてメチルシクロペンタジエニル基をもつ類縁体について，反応性に関する詳細な研究がなされている[3]．N-ブロモコハク酸イミド（NBS）との反応では，一電子酸化を受けたのち，NBSの当量に応じて，アセチレン水素が段階的に臭素化を受ける．また，生成するブロモアセチレン部位は求核置換反応を受けることから，様々な官能基が導入された四鉄化合物を得ることができる[4]．

【関連錯体の紹介およびトピックス】等電子構造のメタラボラン[Cp₄Co₄(B₂H₂)₂]の合成が報告されている[5]．また，[(η⁵-C₅H₄Me)₄Fe₄(CO)₄]とLiAlH₄との反応を詳細に検討することで，4つのカルボニル配位子が還元的カップリングする際の3種類の中間体が単離されている[6]．

【岡崎雅明】

【参考文献】
1) M. Okazaki *et al.*, *J. Am. Chem. Soc.*, **1998**, *120*, 9135.
2) M. Okazaki *et al.*, *Inorg. Chem.*, **2002**, *41*, 6726.
3) M. Takano *et al.*, *J. Am. Chem. Soc.*, **2004**, *126*, 9190.
4) M. Okazaki *et al.*, *J. Am. Chem. Soc.*, **2009**, *131*, 1684.
5) J. R. Pipal *et al.*, *Inorg. Chem.*, **1979**, *18*, 257.
6) a) M. Okazaki *et al.*, *J. Am. Chem. Soc.*, **2004**, *126*, 4104; b) M. Okazaki *et al.*, *Organometallics*, **2004**, *23*, 4055.

Fe_4C_{24}

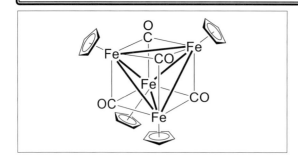

【名称】tetrakis((μ₃-carbonyl)-(η⁵-cyclopentadienyl)-iron):[$Cp_4Fe_4(μ_3$-$CO)_4$]

【背景】金属カルボニルは熱反応あるいは光反応により,カルボニル配位子が脱離し,より多核化した金属カルボニルが生成することが知られていた.Kingはこの反応に着目し,標題化合物をはじめて得ることに成功した[1].

【調製法】シクロペンタジエニル配位子を有する鉄二核錯体[$Cp_2Fe_2(CO)_4$]のキシレン溶液を,12日間加熱還流することで,はじめて合成された(収率14%)[1].その後,加熱還流を光照射下で行うことで,反応時間の短縮(7日間)と収率の改善(56%)が達成された[2].また,グラムスケールで大量合成するためには,トリフェニルホスフィン存在下で,キシレン溶液を加熱還流する方法が用いられる(反応時間:10時間,収率:27%)[3].この反応において,添加したトリフェニルホスフィンは,カルボニル配位子が脱離した中間体を安定化することで,反応を促進すると考えられている.しかし,この反応では,[(η⁵-PhC_5H_4)$Cp_3Fe_4(μ_3$-$CO)_4$](3%),[$Cp_3Fe_3(μ$-$CO)_2(μ$-$PPh_2)(μ_3$-$CO)_3$](1%)が副生するため,シリカゲルカラムクロマトグラムによる精製が必要となる.また,いずれの反応条件においても,長時間の高温加熱が必要となり,フラスコ壁面に鉄鏡が生じるため,その処理に注意が必要である.

【性質・構造・機能・意義】深緑色の結晶として得られ,固体,液体状態問わず,空気に安定である.固体状態では220℃以上で融解することなく分解し,揮発性のフェロセンが生成する.¹H NMRスペクトル(C_6D_6)では,δ4.60にシクロペンタジエニル配位子の環プロトンのシグナルが1本のみ観測される.また,赤外吸収スペクトル(KBr錠剤法)では,1621 cm^{-1}に3つの金属への架橋様式に特徴的なカルボニル配位子の伸縮振動が観測される.

このクラスターは結晶構造解析がされており,四鉄骨格は6本の鉄–鉄結合を有する四面体形構造をとっている[4].鉄–鉄間距離は,2.51~2.53 Åであり典型的な単結合距離の範囲内にある.4つのカルボニル配位子は3つの鉄を架橋配位し,鉄とカルボニル炭素がサイコロの頂点の位置を占めるキュバン型構造をとる.この構造は60電子クラスターに特徴的であり,EAN則とよい一致を示している.

このクラスターの電気化学的特性が調べられており,2段階の可逆な一電子酸化($E_{1/2}$=0.32 V, 1.08 V vs. SSCE)と1段階の可逆な一電子還元($E_{1/2}$=-1.30 V)を受ける[5].対陰イオンとしてPF_6^-イオンを含む一電子酸化体がバルク電解により合成され,その構造は単結晶X線構造解析により明らかにされている.二電子酸化体および一電子還元体についても,バルク電解により合成が試みられたが,そのスペクトル観測には至っていない.

塩基であるリチウムジイソプロピルアミド(LDA)と反応させることで,Cp配位子を脱プロトン化し,各種求電子試薬と反応させることで,官能基を導入することができる[3].この手法を用いることで,多段階酸化還元過程に基づく様々な機能をこの化合物に付与することができる.例えば,デンドリマーとこのクラスターの複合体による,ATP^{2-}など陰イオンの選択的認識が報告されている[6].

【関連錯体の紹介およびトピックス】4つの遷移金属と4つのカルボニル配位子からなるキュバン型クラスターの合成例は多くはない.同様な方法でルテニウム類縁体が低収率(3.4%)ながら合成されている.熱あるいは光により配位不飽和種を発生する[$Cp^*Rh(H)_2(SiEt_3)_2$]あるいは[$Cp^*_2Ru_2(μ$-$H)_4$]を対応するカルボニル錯体と反応させることで,それぞれキュバン型クラスター[($Cp^*Rh)_2(CpMo)_2(μ$-$CO)_4$]と[($Cp^*Ru)_2(CpFe)_2(μ$-$CO)_4$]が得られている[7].

〔岡崎雅明〕

【参考文献】
1) R. B. King, *Inorg. Chem.*, **1966**, *5*, 2227.
2) D. A. Symon *et al.*, *J. Chem. Soc., Dalton.*, **1973**, 1879.
3) M. D. Westmeyer *et al.*, *J. Am. Chem. Soc.*, **1998**, *120*, 114.
4) M. A. Neuman *et al.*, *J. Am. Chem. Soc.*, **1972**, *94*, 3383.
5) J. A. Ferguson *et al.*, *J. Am. Chem. Soc.*, **1972**, *94*, 3409.
6) J. R. Aranzaes *et al.*, *Angew. Chem. Int. Ed.*, **2006**, *45*, 132.
7) T. Nakajima *et al.*, *Orgaometallics*, **1998**, *17*, 262.

Fe$_4$S$_8$

[Fe$_4$S$_4$(Z-**cys**-Gly-Ala-OMe)$_4$]$^{2-}$ [Fe$_4$S$_4$(Z-**cys**-Gly-Ala-**cys**-OMe)$_4$]$^{2-}$

【名称】bis(N,N,N-trimethylmethanaminium)tetrakis[methyl N-[N-[N-(phenylmethoxy)carbonyl]-L-cysteinyl]glycyl]-L-alaninato-S]tetra-μ_3-thioxotetraferrate(2−): (NMe$_4$)$_2$[Fe$_4$S$_4$(Z-cys-Gly-Ala-OMe)$_4$], (NEt$_4$)$_2$[Fe$_4$S$_4$(Z-cys-Gly-Ala-cys-OMe)$_4$]

【背景】電子伝達タンパク質であるフェレドキシンをモデル化した従来の錯体では，酸化還元電位が天然での値より負側にあり再現が困難であった．一方，金属タンパク質の結晶解析からNH…Sの存在が示され，酸化還元電位との関連性が推測されていた．本錯体は自然界で保存されている(invariant)アミノ酸配列を用い，NH…S水素結合が酵素活性部位の環境を再現した低極性溶媒で強固に形成され，酸化還元電位を正側にシフトさせることをはじめて明らかにした[1]．また，多くの金属タンパク質の活性部位に保存されているCys-X-Y-Cys(X-Y=Gly-Alaなど)が分子内NH…S水素結合を形成できるキレート配位子として重要であることも明らかにしている[2]．

【調製法】システインの側鎖を脱保護したトリペプチドZ-Cys-Gly-Ala-OMe と (NMe$_4$)$_2$[Fe$_4$S$_4$(S-t-Bu)$_4$]をDMF中，4:1のモル比で反応させ，t-BuSHを減圧下溜去することにより得る．Z-Cys-Gly-Ala-Cys-OMeの場合は比率を2:1として同様の方法で得る．

【性質・構造・機能・意義】(NMe$_4$)$_2$[Fe$_4$S$_4$(Z-cys-Gly-Ala-OMe)$_4$]はFe$_4$S$_4{}^{2+}$コアの存在により，CD$_2$Cl$_2$中，30℃で12.0 ppmにコンタクトシフトを受けたC$_\beta$H$_2$の^{1}H NMRシグナルを示す．また，CH$_2$Cl$_2$中で288 nm ($\varepsilon=21500\,M^{-1}cm^{-1}$), 402 nm ($\varepsilon=15300\,M^{-1}cm^{-1}$), DMF中で293 nm ($\varepsilon=21600\,M^{-1}cm^{-1}$), 402 nm ($\varepsilon=16100\,M^{-1}cm^{-1}$)に特徴的な吸収を示す．2−/3−の酸化還元は，DMF中，287 Kで−1.00 V (vs. SCE), 243 Kで−0.99 Vとあまり変化しないのに対し，CH$_2$Cl$_2$中では287 Kで−0.94 V, 243 Kで−0.86 Vと正側に観測され，低温にすることで，さらに正側にシフトする．分子内NH…S水素結合を形成するAlaを取り除いた(NMe$_4$)$_2$[Fe$_4$S$_4$(Z-cys-Gly-OMe)$_4$]はCH$_2$Cl$_2$中，287 Kで−1.01 V, 243 Kで−1.00 Vであり，正側へのシフトや温度依存性は見られない．つまり，NH…S水素結合が低極性溶媒で形成され，低温で強くなり，その結果，酸化還元電位を正側にシフトさせていることを示している．また，CH$_2$Cl$_2$中でのIRスペクトルの温度変化では，ν(C=O)伸縮は変化が見られないが，ν(NH)は，低温で強くなり，NH…S水素結合が低温で強くなることが確認されている．CDスペクトルは，CH$_2$Cl$_2$中でペプチドのコンホメーションに大きな構造変化はなく，NH…S水素結合により定まった構造を形成しているのに対し，DMF中では大きく構造が変化していることを示している．

キレート配位をする (NEt$_4$)$_2$[Fe$_4$S$_4$(Z-cys-Gly-Ala-cys-OMe)$_4$]は，CH$_2$Cl$_2$中，297 Kで−0.93 V, 231 Kで−0.80 Vと単座の錯体に比べ正側にシフトし，キレート環内でNH…S水素結合が安定化されていることを示している．一方，(NEt$_4$)$_2$[Fe$_4$S$_4$(Z-cys-Ile-Ala-cys-OMe)$_4$]では，このような大きな正側シフトや温度依存性は見られない．

天然のフェレドキシンや他の金属タンパク質の活性部位に広く保存されているCys-X-Y-Cysの配列はX-Yの種類により，NH…S水素結合の形成や安定性が大きく異なる．また，このようなわずかな差が酸化還元電位の大きな変化を誘起している．このような水素結合は活性部位の疎水的環境により支持され，ペプチドのコンホメーション変化と連動することで，酸化還元電位を変え，電子伝達の制御を行っていると考えられる．本錯体は，配位原子への水素結合の役割を錯体化学的に実証したはじめての例として意義深い．

【関連錯体の紹介およびトピックス】本錯体はCys-Gly-Alaの配列でAlaのNHからCysのSに水素結合を形成している．これを模した[(n-Bu)$_4$N]$_2$[Fe$_4$S$_4$(Z-cys-Gly-NHC$_6$H$_4$-p-X)$_4$] (X=H, OMe, F, Cl, CN)ではアニリドのNHからCysのSへ水素結合が形成される．酸化還元電位はHammett則に従い，最も電子求引性が高いX=CNではCH$_2$Cl$_2$中，298 Kで−0.80 Vであり，電子求引基がNHの酸性度を高め，NH…S水素結合強固にしていることを示している[3]．

【岡村高明】

【参考文献】
1) N. Ueyama *et al., J. Am. Chem. Soc.*, **1983**, *105*, 7098.
2) N. Ueyama *et al., Inorg. Chem.*, **1985**, *24*, 4700.
3) R. Ohno *et al., Inorg. Chem.*, **1991**, *30*, 4887.

Fe$_5$N$_{24}$O

生

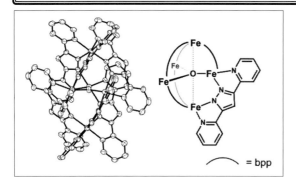

【名称】hexakis[μ-3,5-bis(2-pyridyl)pyrazolato]-μ$_3$-oxido-pentairon tetrafluoroborate: [Fe$_5$(μ$_3$-O)(μ-bpp)$_6$](BF$_4$)$_3$

【背景】水の酸化による酸素発生反応(2H$_2$O → O$_2$ + 4e$^-$ + 4H$^+$)は4電子の放出を伴うため活性化障壁が高く,触媒開発が困難な反応として知られている.本錯体は,この酸素発生反応に対して良好な触媒活性を示した鉄錯体の重要な例である[1].

【調製法】硫酸鉄(II)7水和物と3,5-bis(2-pyridyl)pyrazole(Hbpp)をメタノール溶液中で6:5のモル比で混合した後,水酸化ナトリウム水溶液を加え,室温で数分間攪拌する.反応溶液をろ過した後,ろ液に飽和テトラフルオロホウ酸ナトリウム水溶液を数滴加えたのち,冷蔵庫で30分間静置すると橙色の沈殿が析出する.沈殿をろ過により回収した後,アセトニトリルと水の混合溶媒(1:1(v/v))に溶解させ,アセトニトリルを室温で2~3日かけてゆっくりと蒸発させると橙色の結晶が得られる[1,2].

【性質・構造・機能・意義】5つの鉄イオン,6つのbpp,オキシド配位子により構成される鉄五核錯体であり,オキシド架橋三核部位([Fe$_3$(μ$_3$-O)])が2つの[Fe(μ-bpp)$_3$]ユニットにより包摂された quasi-D_3 の対称性を有する.構造中に存在する5つの鉄イオンのうち,上下のapical位の鉄イオンは配位飽和な六配位正八面体型,中央のオキシド架橋三核部位の金属イオンは配位不飽和な五配位三方両錐型の構造をとる.単結晶X線構造解析ならびにメスバウアー分光測定の結果から,apical位の鉄イオンはいずれも2価の低スピン状態であり,オキシド架橋三核部位の鉄イオンは2つが2価の高スピン状態,1つは3価の高スピン状態であることが示唆されている[1].

この錯体は0.1 M過塩素酸n-テトラブチルアンモニウム-アセトニトリル溶液中でのサイクリックボルタンメトリー測定において,−0.55 V vs. ferrocene/ferrocenium(Fc/Fc$^+$)に可逆な還元波,0.13, 0.30, 0.68, 1.08 Vに可逆な酸化波を示す.これらの酸化還元波はいずれも鉄イオンの2価と3価の間での1電子移動反応に相当する.すなわち,この錯体は5つの鉄イオンがすべて2価の状態(Fe$^{II}_5$)からすべて3価の状態(Fe$^{III}_5$)までの6種類の異なる酸化状態をとることができる.

この錯体の溶液に水を加え電気化学測定を行うと,Fe$^{III}_5$/Fe^{II}Fe$^{III}_4$の酸化還元波とほぼ同じ電位に触媒電流が観測される.この触媒電流は,水の酸化による酸素発生反応に由来することが定電位電解実験により確認されている.触媒反応の電流変換効率は96%とほぼ定量的である.サイクリックボルタンメトリー測定を利用した触媒回転頻度の計算を行ったところ,1900 s^{-1}と見積もられた.この値は既存の鉄錯体触媒と比較して1000倍以上大きなものであり,反応条件が異なるため厳密な比較は難しいものの,植物の光合成における酸素発生触媒が持つ触媒回転頻度(毎秒400回)をも上回る.そして,触媒回転数も100万回以上と,耐久性も十分に高いものであった.また,反応機構解析の結果,この錯体の有する多核構造およびオキシド架橋三核部位に存在する近接した配位不飽和サイトがその良好な触媒能の発現に極めて重要な役割を果たすことが明らかにされている.本錯体は鉄錯体を用いた酸素発生触媒開発に当たって新たな分子設計指針を提供するものである.

【関連錯体の紹介およびトピックス】地殻存在量が多く,安価で毒性の低い金属イオンである鉄イオンを用いた触媒開発は極めて重要である.このような観点から鉄錯体を用いた酸素発生触媒の開発研究が行われてきた.しかしながら,これまでに報告された酸素発生能を有する鉄錯体は,安定性が低く[3,4],またその反応速度もルテニウム錯体などと比較すると非常に小さかった[5,6].

【正岡重行】

【参考文献】
1) M. Okamura *et al.*, *Nature*, **2016**, *530*, 465.
2) K. Yoneda *et al.*, *Angew. Chem. Int. Ed.*, **2006**, *45*, 5459.
3) W. C. Ellis *et al.*, *J. Am. Chem. Soc.*, **2010**, *132*, 10990.
4) D. Hong *et al.*, *Inorg. Chem.*, **2013**, *52*, 9522.
5) J. L. Fillol *et al.*, *Nature Chem.*, **2011**, *3*, 807.
6) M. K. Coggins *et al.*, *J. Am. Chem. Soc.*, **2014**, *136*, 5531.

Fe$_8$S$_{12}$

生 ク

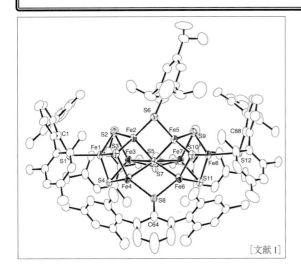

[文献1]

【名称】[{2,6-(mesityl)$_2$C$_6$H$_3$}SFe$_4$S$_3$]$_2${μ-S(C$_6$H$_2$-2,4,6-^{i}Pr$_3$)}{μ-S(C$_6$H$_3$-2,6-(mesityl)$_2$)}$_2$(μ$_6$-S):[(DmpS)Fe$_4$S$_3$]$_2$(μ-STip)(μ-SDmp)$_2$(μ$_6$-S)(Dmp=2,6-(mesityl)$_2$C$_6$H$_3$, Tip=2,4,6-^{i}Pr$_3$C$_6$H$_2$)

【背景】大気中の窒素をアンモニアへ還元する酵素ニトロゲナーゼの反応中心FeMo-cofactorは,8つの金属と多数の硫黄を含むクラスター構造からなり,構造の複雑さから難攻不落の合成標的とされてきた.本化合物はFeMo-cofactorの立体構造を幾何位相学的に再現する,はじめての鉄-硫黄クラスター化合物である[1].

【調製法】鉄(II)アミド錯体Fe{N(SiMe$_3$)$_2$}$_2$(Me=CH$_3$)をトルエンに溶解し,それぞれ1当量のHSDmp(Dmp=2,6-(mesityl)$_2$C$_6$H$_3$)およびHSTip(Tip=2,4,6-^{i}Pr$_3$C$_6$H$_2$)を加えてFe(II)チオラート錯体[(TipS)Fe]$_2$(μ-SDmp)$_2$を得る.続いてS$_8$のトルエン溶液をFe:S=8:7の化学量論比でFe(II)チオラート錯体に加え,室温で3日間撹拌する.その後溶媒を留去し,残渣をトルエンとヘキサメチルジシロキサンの混合溶媒(1:2 v/v)に溶解させ,室温で静置して目的物を結晶化させる.Tip基の代わりにメシチル基をもつ類縁体は,鉄(II)メシチル錯体とHSDmpおよびS$_8$の反応から合成できる[2].

【性質・構造・機能・意義】酸化状態は形式的にFe(II)$_5$Fe(III)$_3$と表される.トルエン中10Kで測定したEPRスペクトルでは,$S=1/2$に帰属される斜方性のシグナルを$g=2.185, 2.068, 1.957$に与える.基底状態で$S=1/2$であることは磁化率測定からも支持され,極低温では$μ_{eff}=1.30 μ_B$(4 K)の磁気モーメントを示す.クラスターの中心に六配位原子(硫黄)をもつ点や,中心原子に結合した6つの鉄が三角柱状に配列し,左右のユニット間を3つの架橋配位子で連結している点は,FeMo-cofactorの構造的な特徴を再現している.FeMo-cofactorの中心炭素原子の代わりに中心硫黄原子を取り込んだ結果,モデル化合物では左右のユニット間をつなぐFe-Fe距離がFeMo-cofactorより長くなっている.

この鉄-硫黄クラスターが合成・単離できることからは,FeMo-cofactorの複雑な構造がタンパク質による「神秘の力」によるものではなく,化学的に取り得る構造の1つであることが示唆される.また,モデル化合物の性質や反応性を明らかにすることで,ニトロゲナーゼに学ぶ窒素固定化法を開発する契機となる可能性があるとともに,金属と硫黄が創り出す幾何構造と機能との関係を知る基礎科学面でも影響が大きい.

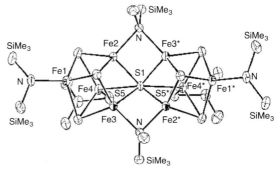

図1 P-クラスターの構造を再現する[Fe$_8$S$_7$]クラスター[3]

【関連錯体の紹介およびトピックス】関連する鉄-硫黄クラスターとして,ニトロゲナーゼにおける電子伝達系の中核をなすP-クラスターの[Fe$_8$S$_7$]骨格構造を精密に再現するモデル化合物が合成されている(図1).モデル化合物の酸化状態は,P-クラスターの酸化型と同じFe(II)$_6$Fe(III)$_2$であり,また天然のP-クラスターと同様にFe(II)$_8$状態との間の可逆な二電子酸化還元を行う.^{57}Fe Mössbauerスペクトルの測定結果から,モデル化合物の両端の鉄がFe(III),中央にある6つの鉄がFe(II)であると帰属されている.2つのFe(III)は離れているが,計8つの鉄は互いに反強磁性的に相互作用し,$S=0$の基底状態を与える.P-クラスターはタンパク質から取り出そうとすると分解するため,タンパク質中でのみ安定に存在すると考えられていたが,モデル研究により,実際には熱力学的に安定な構造の1つであることが明らかになった[3]. 【大木靖弘】

【参考文献】
1) Y. Ohki *et al.*, *J. Am. Chem. Soc.*, **2007**, *129*, 10457.
2) T. Hashimoto *et al.*, *Inorg. Chem.*, **2010**, *49*, 6102.
3) Y. Ohki *et al.*, *J. Am. Chem. Soc.*, **2009**, *131*, 13168.

[Fe(CN)]$_n$

磁 溶

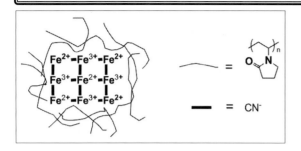

【名称】prussian blue nanoparticles

【背景】配位高分子結晶のサイズ，形状をナノレベルで精密に制御することで，錯体特有の電子やスピン状態のナノサイズ領域での閉じ込め，バルク状態では不溶な溶媒への可溶化，薄膜調整などによる表面化学への応用が可能になる．

【調製法】Poly(vinylpyrrolidone)(PVP)存在下，Fe^{2+}，$Fe(CN)_6^{3-}$の等モル水溶液を種々の濃度や割合で混合すると，PVPにより保護されたプルシアンブルーナノ粒子を合成できる[1]．合成条件を種々変化させることにより得られるプルシアンブルーナノ粒子の平均粒径を12から27 nmの間で調節することができる．例えば，$Fe^{2+}=10 mM$，$PVP/Fe^{2+}=100$ の条件で平均粒径は16 nmのナノ粒子が得られ，保護高分子をカチオン性のpoly(diallyldimethylammonium chloride)にすると，5〜8 nm程度のナノ粒子が合成できる[2]．

【性質・構造・機能・意義】PVPで保護されたナノ粒子を有機溶媒($CHCl_3$)に分散した溶液の吸収スペクトルは1ヶ月以上変化せず，溶媒をエバポレーションした後のTEM画像が元のものと同様のサイズのナノ粒子を示した．これはPVPで保護されたプルシアンブルーナノ粒子が溶液中で結合や解離を起こさず，安定に分散していることを示唆している．また，プルシアンブルーナノ粒子が強磁性体へ転位する温度(T_c)はバルク状態に比べて大きく下がり，その粒径が小さくなるに従って，徐々にT_cが下がっていくというサイズ依存性を示した．これは配位高分子が示すはじめてのサイズ依存性挙動である．

【関連錯体の紹介およびトピックス】有機高分子保護だけではなく，界面活性剤や逆ミセルを用いることでも，プルシアンブルー系のナノ粒子の作成が可能である[3,4]．

【植村卓史】

【参考文献】
1) T. Uemura et al., *J. Am. Chem. Soc.*, **2003**, *125*, 7814.
2) T. Uemura et al., *Inorg. Chem.*, **2004**, *43*, 7339.
3) S. Mann et al., *Angew. Chem. Int. Ed.*, **2000**, *39*, 1793.
4) M. Yamada et al., *J. Am. Chem. Soc.*, **2004**, *126*, 9482.

[FeC₃N₃]ₙ

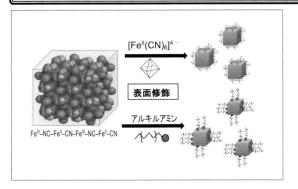

【名称】water-soluble and organic solvent-soluble Prussian blue nanoparticles: Prussian blue（$Fe_4[Fe(CN)_6]_3 \cdot xH_2O$, $x \approx 15$）

【背景】プルシアンブルー(PB)は，シアニド配位子でFe(II)とFe(III)イオンを架橋した三次元構造を有する配位高分子結晶である．歴史的には，300年以上前に合成された青色人工顔料であり，例えば，葛飾北斎の浮世絵，「富嶽三十六景」にも利用された．現代では，エレクトロクロミック，光磁性，燃料電池・リチウムイオン電池電極，過酸化水素センサ，バイオセンサなど，機能性材料としてのその応用が期待されている[1]．配位高分子は連続した配位結合から構成された結晶であり，そのままでは，小さな分子やイオンと違って溶媒に不溶である．一方，こうした配位高分子結晶をナノメートルサイズまで超微細化し，その結晶表面に露出している配位不飽和サイト（連続した配位結合が切断された活性サイト）を利用して表面修飾を施すと，これを水や有機溶媒に可溶化（安定分散）させることができるようになる[2]．このようにナノ微粒子が可溶化した，いわゆるナノ微粒子インクは，インクジェット印刷などの印刷技術を適用したプリンテッドエレクトロニクス材料としても注目される．

【調製法】化学量論比で硝酸鉄(III)とヘキサシアニド鉄(II)酸ナトリウム（$Na_4[Fe(CN)_6]$）の高濃度水溶液を混合すると，直ちに，PBナノ微粒子(10～20 nmの粒子径)の凝集体が析出する．遠心分離などにより単離したPBナノ微粒子凝集体は溶媒に不溶であるが，その水懸濁液にヘキサシアニド鉄(II)酸ナトリウムを加え攪拌すると，ヘキサシアニド鉄(II)酸イオンによって表面修飾され水に可溶化するPBナノ微粒子が得られる．同様に，その水懸濁液にオレイルアミンのトルエン溶液を加え攪拌すると，オレイルアミンによって表面修飾された有機溶媒（トルエンなど）に可溶化するPBナノ微粒子が得られる．

【性質・構造・機能・意義】水溶液中でFe(II/III)イオンとヘキサシアニド鉄(III/II)酸イオンの交互結合で析出する不溶性PBは，高校の教科書でも馴染み深いコロイド粒子である．この不溶性PBの粉末X線回折からは広幅化したシグナルが観測され，例えば，その半値幅から求められる結晶子サイズは10～20 nmである．また，透過電子顕微鏡像からも，不溶性PBが10～20 nmのナノ微粒子凝集体であることがわかる[2]．不溶性PBの個々のナノ微粒子は，その表面配位不飽和サイトを用いて修飾することで，各種溶剤に可溶化させることができる．ヘキサシアニド鉄(II)酸イオンとの反応では，PBナノ微粒子は個々に負ゼータ電位を帯び，その静電反発により水に可溶化している．長鎖アルキルアミンとの反応では，その表面を覆うアルキルアミンと有機溶媒との親和性により，PBナノ微粒子が有機溶媒に可溶化する[2]．PBナノ微粒子は，動的光散乱測定から，一次粒子に近い粒度分布で可溶化しており，得られた青色分散液の透明性は極めて高い．このPBナノ微粒子インクを用いれば，各種基板上に，スピンコートあるいはインクジェット印刷による均一なナノ微粒子薄膜の作製が可能である．得られたPBナノ微粒子薄膜は，高酸化還元耐久性・高速応答を示すエレクトロクロミック材料として機能する[3]．また，良好な過酸化水素センサとしても機能する[4]．

【関連錯体の紹介およびトピックス】他の金属イオンで置換したPB類似体が数多く知られている．Ni, Co, Cuイオンで置換したPB類似体ナノ微粒子やその分散液も同様な手法で合成できる[2]．PBのFe(III)をNi(II)でランダム置換したナノ微粒子では，Fe(II)-CN-Fe(III)に由来する電移動吸荷収エネルギーがその金属組成比に依存して系統的にシフトする[5]．結晶表面と内部の金属組成が異なるコアシェル構造PB類似体ナノ微粒子も作製できる[6]．　　　　【栗原正人】

【参考文献】

1) B. Kong *et al.*, *Chem. Soc. Rev.*, **2015**, *44*, 7997.
2) A. Gotoh *et al.*, *Nanotechnology*, **2007**, *18*, 345609.
3) S. Hara *et al.*, *Appl. Phys. Express*, **2008**, *1*, 104002.
4) B. Haghighi *et al.*, *Sensors and Actuators B: Chemical*, **2010**, *147*, 270.
5) M. Ishizaki *et al.*, *ChemNanoMat*, **2017**, *3*, 288.
6) M. Ishizaki *et al.*, *Chem. Lett.*, **2009**, *38*, 1058.

[FeN$_6$]$_n$

磁集

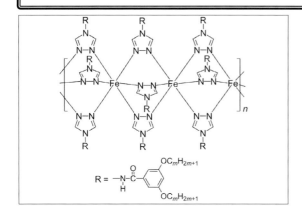

【名称】catena-poly|iron(II)-tris-μ-[3,5-dialkoxy-N-(1,2,4-triazole-4-yl-κN^1:κN^2) benzamide]|: [Fe^{II}(C$_m$trz)]$_n$ (m=8, 12, 16)

【背景】スピンクロスオーバー現象を光,磁場,電場などの外部摂動によって制御しようという試みは多く行われている.これまでに,Gütlichらは液晶転移によるスピンクロスオーバー現象の制御を目的として,液晶性を有するスピンクロスオーバー錯体を報告しているが[1],液晶転移がより高い温度で起きるため,両現象を同期させるには至っていない.そのような背景のもと,スピンクロスオーバー挙動に誘起した相転移を示す例がはじめて報告された[2].

【調製法】C$_m$trz配位子は3,5-ジアルコキシ安息香酸を4-アミノ-1,2,4-トリアゾールと反応させることで得られる.このC$_m$trz配位子と過塩素酸鉄(II)2水和物をTHF中で還流することでピンク色の固体[Fe(C$_m$trz)]が得られる.

【性質・構造・機能・意義】論文中には,対アニオンに関する記述が見当たらないが,恐らく過塩素酸イオンが入っているものと思われる.アルキル鎖m=16の錯体は,296Kにおいて低スピン鉄(II)イオンによるd-d遷移由来のピンク色を呈しているが,313Kに加熱すると高スピンの白色へと可逆的に変化する.昇温過程の磁化率測定では,$\chi_M T$値は70Kの0.8 cm^3 K mol^{-1}から徐々に増加していき,298Kから328Kの間で2.0〜2.9 cm^3 K mol^{-1}へと低スピン状態から高スピン状態へ転移する.また,冷却過程において,318Kから298Kの間で転移が起こり,5Kの温度ヒステリシスをもつ.しかし,アルキル基を短くしたm=12の錯体では転移温度が276Kに下がり,さらにm=8になるとほぼスピン転移が起きない.このことから,この一連の錯体はアルキル鎖長がスピンクロスオーバー転移に大きく影響を与えていることがわかる.

鉄トリアゾール錯体は一般に単結晶を得ることが難しいことから,EXAFSおよびXRDから構造を求めることが多い.例えば,アルキル鎖m=16の錯体のEXAFSスペクトルから,Fe-N距離が1.7Å,最近接のFe-Fe距離が3.5Å,Fe-Fe-Feの距離が7Åであることがわかり,トリアゾール架橋による鉄(II)一次元鎖の形成を示している.またXRDパターンは,最低角に現れるd=36.5Åに相当するピークが観測される.この値は,長鎖アルキル基が互いに嵌合した際に予想される鎖間距離36Åとのよい一致をみせることからも,長鎖アルキル基が相互嵌合した鎖状構造をとっていることがわかる.

m=16の錯体のIRスペクトルは,296Kから316Kに昇温することで2850, 2920 cm^{-1}から2853, 2923 cm^{-1}へとブルーシフトしていることから,低スピン状態の伸張した状態から高スピン状態の収縮した状態への形態変化が起きていることがわかる.また示差走査熱量測定から磁化率から求めたスピン転移温度と同じ温度で発熱および吸熱の大きなピークが見られており,スピンクロスオーバー転移が起きていることを示している.これらのことから,m=16の錯体は相転移に誘起されてスピンクロスオーバー現象が起きていることがわかる.

この長鎖アルキル基を有する自己集積型鉄トリアゾール錯体は,はじめて相転移とスピンクロスオーバー現象の同期に成功した例であり,相互嵌合したアルキル鎖を通して磁性のメゾスコピックな協同性を引き起こさせることができた.「相転移」を外部摂動として用いたことは,スピンクロスオーバー現象の制御に対して新たな切り口であり,今後の多重機能性化合物の開発に影響を与えたといえる.

【関連錯体の紹介およびトピックス】同様の長鎖アルキル基置換トリアゾール配位子を用いて,さらに対アニオンとして長鎖のアルキルスルホン酸イオンを組み合わせた,鉄(II)一次元錯体が開発されている[3].また,世代数に依存したスピン転移を示す「スピンクロスオーバーデンドリマー」の報告もある[4].

【小島憲道・岡澤 厚】

【参考文献】
1) Y. Galymetdinov et al., Angew. Chem. Int. Ed., **2001**, 40, 4269.
2) T. Fujigaya et al., J. Am. Chem. Soc., **2003**, 125, 14690.
3) T. Fujigaya et al., Chem. Asian J., **2007**, 2, 106.
4) T. Fujigaya et al., J. Am. Chem. Soc., **2005**, 127, 5484.

$[FeN_6]_n$

磁集超

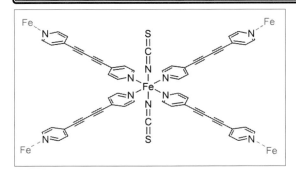

【名称】tetrakis|μ-[1,4-bis(pyridine-4-yl)butadiyn-κN:κN']|bis(thiocyanido-κN)iron(III)—methanol(1/0.5): $[Fe^{II}(bpb)_2(NCS)_2] \cdot 0.5CH_3OH$

【背景】遷移金属イオンへの配位結合を利用した,分子駆動による自己集積錯体は,スピンクロスオーバー現象の協同性を調べるうえで重要である.特に,ポリピリジン型の棒状配位子は,金属超分子化学にとっても適した構成素子である.これまでに配位高分子によるスピンクロスオーバー挙動の例が少なかったため,剛直なスペーサー配位子と鉄(II)イオンを用いて金属超分子錯体が合成された[1].

【調製法】すべての実験は,アルゴン雰囲気下で行われる.硫酸鉄(II)7水和物をチオシアン酸カリウムのメタノール溶液に加えて20分間室温で撹拌し,固体を取り除くことで$Fe(NCS)_2$溶液を得る.この溶液を,bpbのメタノール溶液に滴下して加え,結果として生じるオレンジ色溶液をゆっくりと濃縮していくことで1週間後に暗赤色の結晶として得られる.

【性質・構造・機能・意義】単結晶X線構造解析から,網目状構造の配列様式は2種類の辺が存在し,二回対称軸上に結晶学的に異なる2つのFeサイト,Fe1およびFe2が存在する.Feイオンは,チオシアナト配位子のN原子2つがaxial位で配位し,equatorial位でピリジンのN原子4つが配位した歪んだ八面体構造をとっている.チオシアナト基は平均150°に折れ曲がった構造をしている.また,4つのピリジン配位子は,プロペラ型にねじれて配位している.網目構造は$[Fe_4]$四角形が辺を共有した形で構築されており,この二次元シートがc軸方向に沿って積層し,さらにこのシートに貫入した別の2つのシートが$a+b$軸方向と$a-b$軸方向に積層している.つまり,これら3種類の相互貫入したシートは直交している.溶媒分子はFe1配位サイト付近に位置しており,配位子のピリジン環と有意義な分子間接触がある.

磁化率の温度変化を測定した結果,300Kから200K程度までは$\chi_M T$値が$3.2\ cm^3 K\ mol^{-1}$でほぼ一定である.これは,この錯体が基底高スピン状態をとっていることを示している.温度を下げていくと,徐々に高スピン状態から低スピン状態への転移が起こることで,$\chi_M T$が減少していき60Kで一定値をとる.20K以下ではさらに$\chi_M T$が減少するが,これは高スピン状態のまま残っている$S=2$のFeイオンに由来するゼロ磁場分裂の影響である.また,この錯体では熱ヒステリシスは観測されない.

メスバウアースペクトルの温度変化を調べると,300Kでは主としてFeイオンの高スピン状態によるダブレット(異性体シフト$\delta=1.006\ mm/s$,四極子分裂$\Delta E_Q=2.453\ mm/s$)が観測され,15%程度の低スピン状態に由来する分裂幅の小さいダブレット($\delta=0.334\ mm/s$,四極子分裂$\Delta E_Q=0.716\ mm/s$)もわずかに観測される.温度を下げていくと,低スピン成分が増加していき,77Kにおいて低スピン成分($\delta=2.87\ mm/s$,$\Delta E_Q=1.12\ mm/s$)と高スピン成分($\delta=0.308\ mm/s$,$\Delta E_Q=0.462\ mm/s$)の割合がほぼ等しくなる.これは,結晶中に異なる2つのFeイオンサイトが存在していて,金属-配位子結合距離がより短いFe1サイトでスピンクロスオーバー転移が起き,距離の長いFe2サイトは高スピン状態のまま残るものと考えられる.

本錯体は超分子構造を有し,スピンクロスオーバー挙動を示す物質として非常に興味深い.半分のスピンのみが転移を起こすことが確認されたことは,2段階のスピン転移へと繋がる可能性を秘めていることからも,今後の研究が期待される.

【関連錯体の紹介およびトピックス】二次元構造を有しスピンクロスオーバー挙動を示す錯体としては,$[Fe(NCS)_2(btr)_2] \cdot H_2O$(btr=4,4'-ビス-1,2,4-トリアゾール)などが知られている[2].

【小島憲道・岡澤 厚】

【参考文献】
1) N. Moliner *et al.*, *Inorg. Chem.*, **2000**, *39*, 5390.
2) W. Vreugdenhil *et al.*, *Polyhedron*, **1985**, *4*, 1769.

$[FeCoC_6N_6]_n$

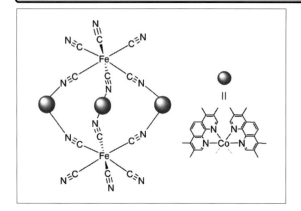

【名称】 $[M^{II}(tmphen)_2]_3[M^{III}(CN)_6]_2$ ((M^{II}, M^{III}) = (Zn^{II}, Cr^{III}) (**1**), (Zn^{II}, Fe^{III}) (**2**), (Fe^{II}, Cr^{III}) (**3**), (Fe^{II}, Fe^{III}) (**4**), (Mn^{II}, Mn^{III}) (**5**), (Co^{II}, Fe^{III}) (**6**), tmphen=3,4,7,8-tetramethyl-1,10-phenanthroline))

【背景】 プルシアンブルーの化学はその高温分子磁性,光誘起磁性,モレキュラーシーブ,水素吸蔵などの特性により広く興味がもたれているが,欠陥が重要な役割を果たすなど,その正確な組成は明らかではなく,平均構造を観察しているにすぎない.このことから,分子レベルで興味深い物性現象が解明できるようなシアノ架橋構造の系が望まれ,構造と物性の相関についての議論が可能な遷移金属クラスターが合成された[1]).

【調製法】 適当な対カチオンをもつ $[M^{III}(CN)_6]^-$ をアセトニトリル中に溶解し,適当な対アニオンをもつ M^{2+} イオンとtmphenをともにアセトニトリルに溶解した溶液を加えて反応させる.このとき,使用する遷移金属に応じて空気中,あるいは窒素雰囲気下を選択し,合成する.数日かけて結晶成長を行い,ろ過,乾燥して各種の金属の組合せをもつ錯体を得る.

【性質・構造・機能・意義】 この一連の化合物は,M^{2+},M^{3+} の組合せに応じて多様な性質を示す.**1**や**2**の場合には,結晶の磁化率はaxial位の Cr^{III} あるいは Fe^{III} の常磁性スピンで決定される.**1**の場合は χT は高スピン状態の Cr^{III} スピンのみからなる値 $3.75\,emu\,K\,mol^{-1}$ と一致し,Znの反磁性を介したCr間の弱い反強磁性的相互作用により10K以下で減少を見せる.一方**2**では $\chi T=1.33\,emu\,K\,mol^{-1}$ であり,2つの孤立した低スピン Fe^{III} だけからなる値に比べるとやや大きい.このことは,**2**では強い軌道相互作用とスピン–軌道結合がはたらいていることを示唆している.**3**では高温部での χT の値はほぼ**1**と等しいが,低温に下げるにつれて χT が増加を始める.これはaxial位の Cr^{III} が反磁性を示すequatorial位の Fe^{II} に媒介されて,強磁性的相互作用を示していることに対応する.また,赤外(IR)吸収スペクトルの結果からは,**3**では他の錯体とは逆に,M^{II}-CN-M^{III} のように架橋されていて,CNが合成中に反転したことを示している.**4**については,100Kまでの低温の χT 値は2価の金属イオンが非磁性である**2**と同程度の値を示していることから,equatorialの Fe^{II} は非磁性の低スピン,Fe^{III} は**2**と同様に低スピン状態であることがわかる.温度を上昇させるにつれて χT 値は増加し,増分の大きさを,軌道の寄与も考慮して ^{57}Fe メスバウアースペクトルの結果とあわせて考えると,3つの Fe^{II} サイトのうち1つが高スピン状態に転移したことによる増加だといえる.**5**ではAC磁化率が測定されており,転移そのものは測定温度範囲内で観測できないものの,χ'' の明確な周波数依存性が現れ,活性化障壁約 $10\,cm^{-1}$ の単分子磁石としてふるまう.**6**では,合成で生じた赤色単結晶(**6a**)に対し,水蒸気雰囲気でろ過すると青色固体(**6b**)が,不活性ガス中でろ過すると赤色固体(**6c**)が得られる.また,**6b**と**6c**の間も,真空あるいは加熱と,逆に水蒸気に曝すことで相互に転換できる.これら3種の錯体は,磁化率の観点からもまったく異なる挙動を示し,この挙動は五核クラスター内で電荷移動が起き,$[Co^{II}_2Co^{III}Fe^{II}_2]$,$[Co^{II}Co^{III}_2Fe^{II}Fe^{III}]$ $[Co^{III}_3Fe^{III}_2]$ のように,いくつもの電子状態が実現できる.

$[M^{II}(tmphen)_2]_3[M^{III}(CN)_6]_2$ は構造的には3つの M^{II} がequatorial位を,2つの M^{III} がaxial位を占め,各々の金属がCNにより架橋される三方両錐構造をとる.また,M^{II} サイトの残りの配座は各々2つの二座配位子tmphenで占められ,M^{III} サイトでは3つのCN基が配位している.遷移金属の組合せによって晶系が異なるものも存在するが,物性を決める基本構造は中心のシアノ架橋五核クラスターである.

【関連錯体の紹介およびトピックス】 単分子磁石の挙動を示す $\{[Mn^{II}(tmphen)_2]_3[Mn^{III}(CN)_6]_2\}$ を含む多数のシアノ架橋クラスターが合成されている[2]).

【小島憲道・榎本真哉】

【参考文献】
1) a) C. P. Berlinguette *et al.*, *J. Am. Chem. Soc.*, **2005**, *127*, 6766; b) M. Shatruk *et al.*, *J. Am. Chem. Soc.*, **2007**, *129*, 6104.
2) C. P. Berlinguette *et al.*, *Angew. Chem. Int. Ed.*, **2003**, *42*, 1523.

$[FeM_2C_4N_{10}O_2]_n$ (M＝Ag, Au)

【名称】 $[\{Fe^{II}(pmd)(H_2O)\}\{M^I(CN)_2\}_2]\cdot H_2O$ (pmd＝pyrimidine; M＝Ag, Au)

【背景】 配位高分子の中でも，Hofmann型錯体はこれまで多く研究されてきた．しかし，Hofmann型錯体の中にスピンクロスオーバー現象を起こすユニットを組み込む試みはこれまであまり行われてこなかった．多重機能性物質開発のうえで，配位高分子のもつ空孔による分子認識，構造変化などとスピンクロスオーバー現象の協同効果発現に興味がもたれている．

【調製法】 銀錯体はアルゴン雰囲気下において拡散法によって合成する．H型管の片方にテトラフルオロホウ酸鉄(II)6水和物とピリミジンの水溶液，もう片方にジシアニド銀(I)酸カリウム水溶液を化学量論比で加え，3週間ほど静置して淡黄色結晶が得られる．

金錯体は塩化鉄(II)とピリミジンの水溶液に，ジシアニド金(I)酸カリウムの水溶液を化学量論比で加え，アルゴン雰囲気下で1週間ほど静置することで淡黄色結晶が得られる[1]．

【性質・構造・機能・意義】 銀，金錯体ともにHofmann型類似構造をもつ単斜晶系 $P2_1/c$ の結晶同形である．鉄(II)イオン周りの配位形態は，以下のように2つ存在する．1つは，equatorial位に$[M(CN)_2]^-$のシアニドが配位し，axial位を2つのピリミジンが占める$\{Fe(1)N_6\}$環境である．もう一方は，equatorial位は同じくシアニド基が配位しており，axial位には2つの配位水をもつ$\{Fe(2)N_4O_2\}$環境になっている．$[M(CN)_2]^-$がこの2種類の鉄イオンを，$\{Fe(1)-NC-M(1)-CN-Fe(2)-NC-M(2)-CN-\}$の繰り返し単位で架橋した，硫酸カドミウム(II)型の三次元構造を形成している．

これら錯体は，それぞれ345～399 K(銀錯体)，323～382 K(金錯体)で完全に可逆的な配位水の吸脱着を起こす．この配位水の脱離によって，空いたFe(2)部位のaxial位に近傍のピリミジンが配位し，Fe(1)およびFe(2)イオンをピリミジンがa軸方向に架橋した相互貫入の網目構造に変化する．残念ながら，構造変化に伴って単結晶は崩れてしまうが，水分子の脱離後の構造解析はRietveld法によって行われている．銀および金錯体の室温での$\chi_M T$はそれぞれ3.7 cm^3 K mol^{-1}と3.6 cm^3 K mol^{-1}であり，降温過程において215 Kと163 Kに，昇温過程は223 Kと171 Kにそれぞれ転移温度をもつスピンクロスオーバー挙動を示す．Fe(2)サイトは常に高スピン状態であり，Fe(1)サイトのみがスピンクロスオーバー転移を示す．銀錯体では，水の脱離によって降温過程が124 K，昇温過程が141 Kへと転移温度が降下する．これは，構造がネットワーク間水素結合によるものから，堅牢なピリミジン架橋したものへと変化することで，協同効果が増大したためと考えられる．金錯体においては，脱水によって50～300 Kの温度範囲ではスピンクロスオーバー転移を示さない高スピン錯体へと変化する．

両錯体ともスピンクロスオーバー転移に伴い，高スピン状態の淡黄色から低スピン状態の濃赤色へと移り変わるサーモクロミズムを示す．他のHofmann型類似錯体と同様に，鉄イオンのt_{2g}軌道から配位子のπ^*軌道へのMLCTによる550 nm付近の吸収がこの赤色の原因である．

この錯体は，水の吸脱着によってナノ空孔の収縮を起こし，可逆的なスピンクロスオーバー挙動を伴うアロステリックな構造転移が起きることが非常に興味深い．分子認識，アロステリズム，電子的な双安定性といった現象を協同的に起こす物質群は，新奇多重機能性物質の開発の重要な基盤となる．

【関連錯体の紹介およびトピックス】 Hofmann型類似化合物で相互貫入した結晶構造をもつスピンクロスオーバー錯体としては，$[Fe(3CNpy)_2\{Ag(CN)_2\}_2]\cdot 2/3H_2O$（3CNpy＝3-cyanopyridine）が報告されている[2]．三重に相互貫入した酸化ニオブ(II)型の網目構造であり，187 K付近で2 K程の温度履歴をもつスピンクロスオーバー挙動を示す． 【小島憲道・岡澤　厚】

参考文献
1) V. Niel *et al.*, *Angew. Chem. Int. Ed.*, **2003**, *42*, 3760.
2) A. Galet *et al.*, *J. Am. Chem. Soc.*, **2003**, *125*, 14224.

[FeNiC₄N₆]ₙ 超集磁

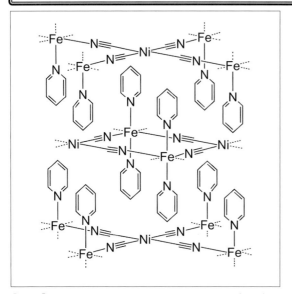

【名称】［dipyridineiron（II）］［μ-tetracyanido-κ⁴C:κ⁴N-nickelate(II)］：[Fe^II(py)₂][Ni^II(CN)₄]（py＝pyridine）

【背景】 外場に応じて鉄(II)イオンの高スピン状態と低スピン状態が可逆的に行き来するスピンクロスオーバー鉄(II)錯体が1964年に最初に報告されて以来[1]，今日までに莫大な数の化合物が合成されてきている．その多くの化合物はFeN_6配位環境を有するが，シアン化金属イオンと鉄(II)イオンとの集積化錯体であるHofmann型がFeN_6配位環境を有することに着目され，そのスピン状態・磁気的性質が調べられた．この化合物は，Hofmann型としてはじめて，スピンクロスオーバー現象を示した二次元錯体である[2]．

【調製法】 モール塩と呼ばれる硫酸アンモニウム鉄(II) 6水和物と$K_2[Ni(CN)_4]\cdot H_2O$とピリジンを反応させることで得られる[3]．

【性質・構造・機能・意義】 X線結晶構造解析から，四角形網目格子状の二次元レイヤーネットワークを形成していることがわかっている．平面四配位のニッケル(II)イオンと六配位鉄(II)イオンがシアニド配位子によって交互に架橋されている．鉄(II)イオン周りは，4つのシアニド窒素原子と，2つの*trans*配置したピリジン窒素原子によって囲まれている．レイヤー間の距離は，約7.76Åである．突き出たピリジン配位子同士が避けるような形で，隣接レイヤー間はシフトした積層形態をとっている．

メスバウアースペクトルからは，温度を下げていくことで，$(t_{2g})^4(e_g)^2$電子配置の高スピン状態から（室温の異性体シフトIS＝1.06 mm/s，四極子分裂QS＝0.86 mm/s），$(t_{2g})^6$の低スピン状態へ（78KのIS＝0.47 mm/s，QS＝0 mm/s）と変化することがわかっている．メスバウアー分光測定から，210～170Kの温度範囲でスピンクロスオーバー現象が起きていることが示されている．

磁化率の温度変化からも，スピンクロスオーバー現象が起こっていることがわかる．メスバウアー分光測定で観測される温度範囲で，ヒステリシスを伴う$\chi_{mol}T$の大きな変化が見られる．合成時に空気酸化を受けることで，鉄(III)を含むものが不純物としてわずかに含まれてしまうため，メスバウアー分光測定や磁気測定にマイナー成分が現れてしまう．

Hofmann型錯体は，ゲストとして小さな分子を取り込むことができる．この包接現象は分子認識現象として様々な領域で重要な役割を果たしているため，これと関連させた物性開発の可能性を秘めている．

【関連錯体の紹介およびトピックス】 ピリジン配位子をアンモニア配位子に替えたHofmann型包接錯体も合成されている．しかし，こちらはスピンクロスオーバー現象を示さない．

この化合物から派生して，ピリジン部位をピラジンに変えた，Hofmann型錯体の三次元スピンクロスオーバー錯体が合成されている．さらに，シアン化金属イオンの部分を別の金属イオンに変えたM(CN)（M＝Pd, Pt）についても，種々のスピンクロスオーバー錯体が作られている．M＝Ni, Pd, Ptについて，ピリジン配位二次元化合物よりもピラジン配位三次元化合物の方が，どの錯体でもより高いスピンクロスオーバー転移温度と幅の広いヒステリシスを示す[4]．

【小島憲道・岡澤　厚】

【参考文献】
1) W. A. Baker Jr. *et al.*, *Inorg. Chem.*, **1964**, *3*, 1184.
2) T. Kitazawa *et al.*, *J. Mater. Chem.*, **1996**, *6*, 119.
3) R. L. Morehouse *et al.*, *Z. Kristallogr.*, **1977**, *145*, 157.
4) V. Niel *et al.*, *Inorg. Chem.*, **2001**, *40*, 3838.

[FeN$_6$]$_n$ 磁 超

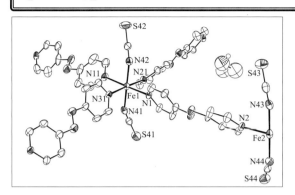

【名称】tetrakis(isothiocyanato)tetrakis(*trans*-4,4′-azopyridine)diiron(II)：[Fe$_2$(NCS)$_4$(azpy)$_4$]

【背景】MOFがゲスト分子を吸脱着するのと同時にMOF骨格中の金属イオンの電子状態が変化することができれば，MOFはそのゲストに対するセンサーとなり得るなどの応用が期待される．この錯体はMOF骨格に鉄(II)を組み込み，ゲスト分子の吸着と脱離による骨格構造の変化が鉄(II)のスピンクロスオーバー挙動に大きな影響を及ぼすことで，スイッチングを実現したはじめての例である[1]．

【調製法】錯体は，配位子azpyとチオシアン酸鉄(II)を2：1のモル比で，エタノール中でゆっくりと拡散させることにより得られる．

【性質・構造・機能・意義】[Fe$_2$(azpy)$_4$(NCS)$_4$]・EtOHの結晶構造は25Kと150Kで決定されており，いずれもazpy配位子が鉄(II)イオンの間を架橋した二次元構造同士が相互貫入した三次元構造を有している．

鉄(II)イオンはチオシアン酸イオンが*trans*位に2個N配位し，equatorial位に別々のazpy配位子からの4個のピリジンが配位した，つぶれた八面体型構造であり，同様の配位環境を有するが結晶学的に異なる2種類の鉄(II)サイト（Fe1およびFe2）が存在している．azpy配位子は両末端のピリジル基でFe1とFe2の間を架橋して二次元グリッド構造を形成している．結晶学的に等価で(110)面に平行な二次元構造と($\bar{1}$10)面に平行なものとが互いに相互貫入して菱形グリッド構造を形成し，*c*軸に平行なチャネルを有する三次元構造をもつ．結晶溶媒のEtOHは1つおきのチャネル内部に取り込まれて，NCS$^-$のS原子と水素結合している．

また，100℃に加熱することによりEtOHを完全に除くことができ，脱溶媒された[Fe$_2$(azpy)$_4$(NCS)$_4$]の構造が乾燥窒素雰囲気下375Kで決定されている．この錯体では溶媒分子が抜けることにより，相互貫入し合った二次元構造間の二面角が60.3°から53.6°へと変化すると同時に二次元構造どうしがわずかにスライドして，チャネルのサイズが均一になる．これにより非等価だった鉄(II)サイトが等価になり，対称性の高い構造へと変化する．

磁化率測定から，脱溶媒した[Fe$_2$(azpy)$_4$(NCS)$_4$]は高スピン錯体であることが示されているが，[Fe$_2$(azpy)$_4$(NCS)$_4$]・EtOHは磁気モーメントが150Kでの5.3μ_Bから50Kでの3.65μ_Bへとゆるやかに変化し，スピンクロスオーバーを示す．メスバウアースペクトルの測定から半分の鉄(II)イオンのみがスピンクロスオーバーし，25Kでの構造解析の結果，非等価な2種類の鉄(II)サイトのうちFe2のみがスピンクロスオーバーすることが示された．脱溶媒した[Fe$_2$(azpy)$_4$(NCS)$_4$]にMeOHや1-PrOHを飽和させた試料もEtOHを含むものとほぼ同様のスピンクロスオーバーを示す．

本錯体の最大の特徴は溶媒の吸脱着と磁化率の挙動の変化が連動していることであり，なおかつこれらの変化が可逆的に起こるという点にある．これらの変化の可逆性は熱重量分析，磁化率および粉末X線測定により明らかにされている．錯体の相互貫入したMOF骨格が，ゲストである溶媒分子の吸着と脱離により変化しうる柔軟性を有しており，その構造変化が鉄(II)の電子状態に影響を与えることがはじめて示された極めて興味深い例である．

【関連錯体の紹介およびトピックス】azpy配位子のアゾ基をビニレン基やエチレン基などに置き換えた関連錯体が報告されている．いずれも本錯体と同様の二次元構造が相互貫入した三次元構造を有している．配位子に1,2-ビス(4′-ピリジル)-1,2-エタンジオールを用いた場合，結晶性を保ったままゲスト分子の吸脱着ができ，2,3-ビス(4′-ピリジル)-2,3-ブタンジオールを用いた場合，多様なゲストを取り込むことができ，取り込んだゲストの種類により，異なるスピン転移温度を示す．また，1,2-ビス(4′-ピリジル)エタンを用いた場合，アセトンをゲストとして本錯体と同様の性質を示すことが明らかにされている[2]． 【砂月幸成】

【参考文献】
1) G. J. Halder *et al.*, *Science*, **2002**, *298*, 1762.
2) a) J. A. Real *et al.*, *Science*, **1995**, *268*, 265; b) S. M. Neville *et al.*, *J. Am. Chem. Soc.*, **2008**, *130*, 2869; c) G. J. Halder *et al.*, *J. Am. Chem. Soc.*, **2008**, *130*, 17552; d) A. Mayr, *J. Am. Chem. Soc.*, **2009**, *131*, 12016.

$[Fe_2N_{12}]_n$

磁 超 光

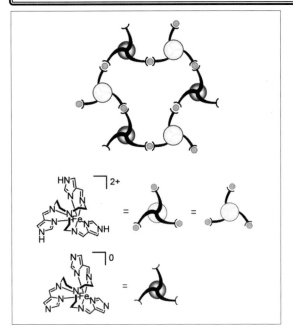

【名称】 tris{2-[(1H-imidazol-4-yl-κN^3)methylidenamino-κN]ethyl}amineiron(II) tris{2-[(1H-imidazol-1-id-4-yl-κN^3)methylidenamino-κN]ethyl}amineiron(II) dinitrate: $[Fe^{II}H_3L][Fe^{II}L](NO_3)_2$

【背景】 低スピン状態と高スピン状態間を相互変換するスピンクロスオーバー現象の発現には,狭い領域での配位子場強度が必要である.さらに長寿命の光誘起準安定スピン状態を実現するには,大きなスピンサイト間相互作用が必要であるため,ピリジン,トリアゾール,テトラゾール系配位子のごく少数の金属錯体に限られており,大方の物質はこれらを分子修飾することで実施されていた.そのような背景のもと開発されたこの化合物は,混合原子価,二次元キラル層構造をもつまったく新しいスピンクロスオーバー錯体である[1].

【調製法】 三脚配位子と硝酸鉄(III)9水和物を酸性条件下,メタノール溶媒中で反応させると,鉄イオンは還元されて2価のみからなる黄橙色錯体が得られる.これに,1.5当量の水酸化ナトリウムを加えることで,溶液は緑色へと変化し,目的とする混合原子価錯体が得られる.ちなみに,3当量の水酸化ナトリウムで処理したときは,配位子が完全に脱プロトン化した鉄(III)イオンのみを含む青黒色結晶が得られる.

【性質・構造・機能・意義】 赤外分光スペクトルでは,鉄のスピン状態と酸化具合に敏感なシッフ塩基上のC=N伸縮振動に帰属される,1635と1603 cm^{-1}の2つの強い吸収体が見られる.

単結晶X線回折測定から,構造解析がなされている.三脚配位子はアキラルだが,遷移金属イオンに配位することで,右回りのΔ体または左回りのΛ体分子ができる.さらに,同じ対掌性をもつ分子がイミダゾール-イミダゾレート水素結合によって自己組織的に集まることで,全体としてキラルな二次元シートを構築したと考えられる.鉄イオンは,八面体N_6配位環境になっている.

スピンクロスオーバー挙動はメスバウアー測定,電子常磁性共鳴,磁化率測定から明らかになっている.2~120 Kの温度範囲では,Fe^{II}とFe^{III}サイトともに低スピン状態である.140~180 KではFe^{II}サイトの低スピン($S=0$)→高スピン($S=2$)転移が観測される.200 K以上では,Fe^{III}サイトが徐々に低スピン($S=1/2$)→高スピン($S=5/2$)転移を起こす.

2 Kまで急冷した試料で磁化率の測定を行うと凍結効果が見られ,Fe^{II}サイトで2段階のスピンクロスオーバー転移を示すようになる.また,500 nmの緑色光を5 Kで当てると,Fe^{II}サイトが低スピンから高スピン状態に移り$\chi_M T$値が上昇することから光誘起スピン転移(LIESST)が見られる.これは,光を切ってもFe^{II}高スピン状態を保つが,温度上昇により100 K付近で完全に熱緩和する.

キラルな化合物は円二色性などを示すため光学的に興味がもてれる.また,双安定なスピン状態をもつスピンクロスオーバー錯体は,光機能素子として期待される注目度の高い物質群である.その中でもLIESST現象が観測される化合物は,光をスイッチとしてスピン状態を変えられるため,特に注目を集めている.この錯体は,その美しい構造と上記の優れた物性を兼ね備えた驚くべき化合物である.

【関連錯体の紹介およびトピックス】 配位子のイミダゾール環の2位にメチル基を置換した同様の錯体も合成され,詳細に調べられている[2].この種の錯体は,イミダゾール環の脱プロトン度合いをうまく調節することで,連動して中心金属の鉄イオンの価数を任意に変えることができ,2価や3価の単一の金属錯体,あるいは2価+3価の混合原子価錯体を合成できる[3].

【小島憲道・岡澤 厚】

【参考文献】
1) Y. Sunatsuki *et al.*, *Angew. Chem. Int. Ed.*, **2003**, *42*, 1614.
2) Y. Ikuta *et al.*, *Inorg. Chem.*, **2003**, *42*, 7001.
3) G. Brewer *et al.*, *Dalton Trans.*, **2007**, 4132.

$[Fe_2O_6S_6]_n$ 磁 電 超

【名称】 $(n\text{-}C_nH_{2n+1})_4N[Fe^{II}Fe^{III}(dto)_3]$ $(n=3\sim6)$ $(dto=dithiooxalato=C_2O_2S_2)$

【背景】 分子性化合物の開発における主要な目標の1つとして,有機-無機複合系を利用することにより伝導性,磁性,光応答性などの複数の物性現象が相互に作用し合う高次機能性の実現が挙げられる.

そのような観点から,スピンクロスオーバー錯体といった磁性が温度により変化し,さらにその状態間を光誘起スピン励起状態トラッピング(LIESST)によって任意に転移させられる系が開発されてきた[1]. その中で,常磁性サイトとスピンクロスオーバーサイトを交互に配置し,スピンクロスオーバーサイトの転移により,物質全体の磁性を制御する戦略が現れ,その一環として開発された $[Fe^{II}Fe^{III}(dto)_3]^-$ $(dto=C_2O_2S_2)$ を含む錯体は,同形のシュウ酸架橋配位子を用いた錯体と異なり,組み合わせるカチオンに応じて $Fe^{II}\text{-}Fe^{III}$ 間で特異な電荷移動挙動を起こすことで新たな磁気転移を示す系であることが明らかになった[2].

【調製法】 $FeCl_2\cdot4H_2O$ と $(n\text{-}C_nH_{2n+1})_4NBr$ をメタノール/水混合溶液に溶解し,そこに $KBa[Fe(dto)_3]\cdot3H_2O$ のメタノール/水溶液を滴下することにより,黒色粉末として得られる.また,単結晶試料については,H型ガラスセルの両端に上述の原料を各々入れ,さらに溶媒をゆっくりと注いで拡散法によって結晶成長させることで得られる.

【性質・構造・機能・意義】 磁化率からは $n=3$ の場合,$T_C=7$ K で強磁性転移が観測でき,さらに120 K 近傍で磁化率の温度ヒステリシスが観測された.この特異な磁気転移は比熱から一次相転移と判明し,また,^{57}Fe メスバウアースペクトルから120 K を境に高温相(HTP)では $Fe^{II}(S=2)\text{-}Fe^{III}(S=1/2)$,低温相(LTP)で $Fe^{II}(S=0)\text{-}Fe^{III}(S=5/2)$ のスピン状態をとっていることが明らかとなっている.この相転移の間では,Fe^{II} から Fe^{III} へと電荷移動が起き,それに伴って磁性の変化が起こる.この新たな電荷移動相転移は $n=4$ の場合にも観測されるが,このとき電荷移動は部分的に起こり,低温でHTPとLTPが共存するため,$T_C=7$ および 13 K の 2 段階の強磁性転移が観測された.さらに $n=5, 6$ ではこのような電荷移動相転移は消失してしまい,HTPのみの強磁性転移が観測され,$n=5, 6$ について各々 $T_C=19.5, 22$ K となった.HTPとLTPの強磁性転移温度が異なる理由は,LTPのスピン配置は $Fe^{II}(S=0)\text{-}Fe^{III}(S=5/2)$ であり,非磁性 Fe^{II} サイトを介して秩序化するのに対し,HTPでは $Fe^{II}(S=2)\text{-}Fe^{III}(S=1/2)$ のスピン配置をとり,隣接スピンどうしの強磁性相互作用が強いためと考えられる.また,$n=3$ についてはミュオンスピン緩和法による電荷移動の動的挙動についても調べられている[3]. その結果から,電荷移動が起きている領域では,HTPからLTPに転移する際に,電子はおよそ 10^5 Hz 程度の振動数で $Fe^{II}\text{-}Fe^{III}$ 間を振動し,最終的にもう一方に移動する過程をとることが示された.

単結晶構造解析は $n=3$ について行われており,合成後の室温の状態では Fe^{II} が酸素六配位を,Fe^{III} が硫黄六配位をとる形で dto によって交互に架橋され,全体として $[Fe^{II}Fe^{III}(dto)_3]^-$ のハニカム層状構造をとる.この層間に $(n\text{-}C_3H_7)_4N^+$ が挿入されている.また,その他のカチオンについては粉末X線解析の結果から,$[Fe^{II}Fe^{III}(dto)_3]^-$ 磁性層を構築し,層間距離がカチオンの大きさに応じて伸びる様子が確認されている.

【関連錯体の紹介およびトピックス】 多様な $A[M^{II}M'^{III}(C_2O_4)_3]$ (A=cation, M, M'=metal) 化合物[4]の他に,この物質の電荷移動を,光異性化分子の光転移で制御した例が知られている[5]. 【小島憲道・榎本真哉】

【参考文献】

1) P. Gütlich et al., "Spin Crossover in Transition Metal Compounds I-III", Springer, **2004**, related refs. therein.
2) a) N. Kojima et al., Solid State Commun., **2001**, 120, 165; b) M. Itoi et al., Eur. J. Inorg. Chem., **2006**, 1198.
3) N. Kida et al., Phys. Rev. B, **2008**, 77, 144427.
4) H. Tamaki et al., J. Am. Chem. Soc., **1992**, 114, 6974.
5) N. Kida et al., J. Am. Chem. Soc., **2009**, 131, 212.

$[Fe_2O_6S_6]_n$

磁 光 超

【名称】(SP)$[Fe^{II}Fe^{III}(dto)_3]$ (dto＝dithiooxalato＝$C_2O_2S_2$, SP＝Spiro[2H-indole-2,2′-[2H]pyrano[3,2-b]pyridinium],1,3-dihydro-1,3,3,5′,6′-pentamethyl)

【背景】分子性化合物の開発における主要な目標の1つとして、有機-無機複合系を利用することにより複数の物性現象が相互に作用しあって発現する高次機能性が挙げられる。その1つとして、鉄混合原子価錯体$(n-C_3H_7)_4N[Fe^{II}Fe^{III}(dto)_3]$ (dto＝$C_2O_2S_2$)は、120K近傍を境にFe^{II}-Fe^{III}間で電荷移動を起こし、それに伴い金属錯体層の中心金属の価数とスピン状態、周囲の配位環境が入れ替わる特異な電荷移動相転移に伴う磁気転移を示す[1]。この物質の電荷移動相転移は、層間のカチオンのアルキル鎖長を伸ばすと起こらなくなるが、これは電荷移動相転移がカチオンのサイズに依存すると考えられている。そこで外部刺激により分子サイズを変化させることが可能な光異性化分子であるスピロピランをカチオン化し、鉄混合原子価錯体層に挿入することで、光照射により磁性を制御することが可能な錯体が開発された[2]。

【調製法】$FeCl_2 \cdot 4H_2O$とピリドスピロピランヨウ化物をメタノール／水混合溶液に溶解し、そこに$KBa[Fe^{III}(dto)_3] \cdot 3H_2O$のメタノール／水溶液を滴下することにより、黒色粉末として得られる。

【性質・構造・機能・意義】室温での^{57}Feメスバウアースペクトルからは、$(n-C_3H_7)_4N[Fe^{II}Fe^{III}(dto)_3]$と同様のスペクトルが得られていることから、(SP)$[Fe^{II}Fe^{III}(dto)_3]$のスピン状態も$Fe^{II}(S=2)$-$Fe^{III}(S=1/2)$の高温相となっており、Fe^{II}がOに、Fe^{III}がSに配位している。また、KBrペレットを用いて室温で(SP)$[Fe^{II}Fe^{III}(dto)_3]$における光照射前後の紫外可視吸収(UV-vis)スペクトルを測定すると、紫外光(UV)照射前は存在しなかったピークがUV照射により570nmをピークとして現れ、可視光照射で再びピークが消失することが観察された。このような変化はサンプルを70Kにして行っても同様に可逆的な光吸収のスペクトルを示した。このことはSP^+が固体中で光異性化していることを表す。磁化率測定からは、光照射前には75K付近で電荷移動相転移に伴う温度ヒステリシスを示して部分的に$Fe^{II}(S=0)$-$Fe^{III}(S=5/2)$の低温相が現れて高温相と共存し、各々が5,22Kで強磁性転移を起こし、それと同時に2Kでは1400 Oeの保磁力を示した。室温での光照射後、75K付近の電荷移動を示す温度ヒステリシスは照射時間に応じて消失していき、4時間のUV照射で完全に消失した。4時間のUV照射により、系全体が高温相のスピン状態となり、低温では5Kの強磁性転移が見られなくなり、同時に2Kでの保磁力は6000 Oeに増加した。さらに、光照射前の電荷移動相転移によって生成した低温相に70Kで紫外光を照射することにより、低温相の消失と高温相の生成も観測できることが確認され、低温相の状態が直接的に高温相へと転換可能であることが示された。

構造については、赤外(IR)吸収スペクトルからdto配位子が錯体を形成していることが確認されており、また粉末X線解析より$(n-C_3H_7)_4N[Fe^{II}Fe^{III}(dto)_3]$などと同様のピークが低角度側に見られることから、(SP)$[Fe^{II}Fe^{III}(dto)_3]$も同形であり、$[Fe^{II}Fe^{III}(dto)_3]$層状構造が形成されていると考えられているが、層間におけるSPイオンの配置に関しては明らかではない。

これらの結果は錯体中のSP^+の光異性化によって錯体の格子がストレスを受け、それによって電荷移動相転移が協奏的に連動したことを意味しており、これまでにない機構の光磁性を実現したといえる。

【関連錯体の紹介およびトピックス】多様なA$[M^{II}M'^{III}(C_2O_4)_3]$ (A＝cation, M, M'＝metal)化合物[3]の他に、各種のシュウ酸置換体を架橋配位子とした化合物の電子物性が調べられている[4]。

【小島憲道・榎本真哉】

【参考文献】
1) N. Kojima *et al*., *Solid State Commun.*, **2001**, *120*, 165.
2) N. Kida *et al*., *J. Am. Chem. Soc.*, **2009**, *131*, 212.
3) H. Tamaki *et al*., *J. Am. Chem. Soc.*, **1992**, *114*, 6974.
4) N. Kojima *et al*., *Materials*, **2010**, *3*, 3141.

$[Fe_6C_{12}N_{20}O_2]_n$

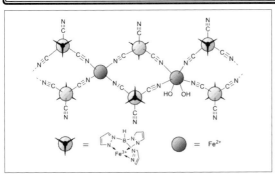

【名称】[{Fe^{III}(Tp)(CN)$_3$}$_4${Fe^{II}(MeCN)(H$_2$O)$_2$}$_2$]・10H$_2$O・2MeCN (Tp=hydrotris(pyrazoly)borate)(**1**), [Fe^{III}(Tp)(CN)$_3$]$_4$Fe^{II}(H$_2$O)$_2$Fe^{II}(**2**)

【背景】外部摂動によってその構造や性質がチューニング可能な分子磁性体は, 分子デバイスや分子センサーへの応用が期待される. 中でもスピンの接続形態が構造転移に伴って変化することができれば非常に興味深いが, 通常は配位結合が壊れてしまうために困難である. しかしながら, 次元性の変化を伴ういくつかの単結晶-単結晶転移を起こす物質が開発されており, その中でもモノマーと一次元ポリマーの間を可逆的に変換可能な単結晶-単結晶転移を示す磁性体が開発された.

【調製法】**1**は(Bu$_4$N)[(Tp)Fe(CN)$_3$]をアセトニトリルに溶解し, Fe(ClO$_4$)$_2$・6H$_2$O水溶液に少量のアセトニトリルを加えた層の上に重ね, 界面で反応させる. 生じた赤色結晶をろ過し, 水, アセトンで洗浄して得られる. **2**の単結晶は, **1**を窒素雰囲気下でゆっくりと150℃に加熱することによって得られる. **2**の単結晶を水/アセトニトリル混合溶媒蒸気中に長時間さらすと溶媒を再吸収して**1**の単結晶にもどる.

【性質・構造・機能・意義】磁化率測定から, **1**は室温でχT=10.95 emu K mol^{-1}となるが, これは軌道の寄与より, 中心となる六核錯体中のFe$^{III}_4$Fe$^{II}_2$スピンの値より大きくなる. Curie定数は11.12 emu K mol^{-1}, Weiss定数は−2.95 Kであった. 温度低下に伴いχT値は減少し, 2 Kで0.76 emu K mol^{-1}に達した. AC磁化率測定ではピークが見られなかったことから, この物質は反強磁性長距離秩序化を示さないことがわかる. 磁化過程から得られる飽和磁化は, スピン整列から予想される値より小さく, 反強磁性的相互作用を示唆している. **2**については室温ではFe$^{III}_4$Fe$^{II}_2$あたりχT=9.75 emu K mol^{-1}であった. この値は, 四面体と八面体配位のFe^{II}間では軌道の寄与が異なるため, **1**よりも若干小さい. 低温に下げるとχT値は急激に立ち上がり, 11 Kで最大値に達し, 再度減少を始め2 Kで1.79 emu K mol^{-1}に達した. この時, Curie定数は9.46 emu K mol^{-1}, Weiss定数は7.43 Kであり, これらの値は強磁性的相互作用の存在を示している. さらにAC磁化率, 磁化過程を詳細に調べると, **2**はメタ磁性を示していることが明らかとなった. このメタ磁性は**2**における二重鎖一次元ポリマー内の相互作用がフェリ磁性, 隣接鎖間が弱い反強磁性であることから生じている.

1の構造はFe$^{III}_4$Fe$^{II}_2$の六核中性錯体であり, 結晶溶媒が間に存在する. 六核錯体中には, 2つの二座配位子[Fe^{III}(Tp)(CN)$_3$]$^-$が2つのFe^{II}によってCN$^-$を通して架橋され, [Fe$^{III}_2$Fe$^{II}_2$(CN)$_4$]$^{6+}$による四角形の構造がある. 残り2つの[Fe^{III}(Tp)(CN)$_3$]$^-$は単座配位子としてFe^{II}に配位している. またFe^{II}にはさらに1つのアセトニトリルと2つの水が配位している. この構造は結晶溶媒を取り除くと隣接クラスターどうしが結合しやすい配置をとっており, 実際に熱重量分析から, 40〜90℃の範囲で12分子の水と4分子のアセトニトリルに相当する重量が失われ, 粉末X線解析により元と異なる構造に転移していることが示されている. **2**の単結晶構造解析は, 結晶にキラリティーが生じ, どの[Fe^{III}(Tp)(CN)$_3$]$^-$も二座配位子としてFe^{II}と接続していることを示している. また八面体配位と四面体配位の2種類のFe^{II}サイトが生じ, ともに4つのCN$^-$基とさらに八面体配位の場合には2つの水分子が配位している. **2**は水/アセトニトリル蒸気中で**1**に戻ることが粉末X線解析から確認されており, 可逆的な単結晶-単結晶転移を示す.

このような単結晶-単結晶転移に伴うアキラルな反強磁性六核クラスターからキラルなフェリ磁性二重鎖の可逆転移は, 新たなキラル磁性体を構築するひとつの手法になりうる.

【関連錯体の紹介およびトピックス】種々の単結晶-単結晶転移を起こす配位高分子が知られており, 磁気的性質を制御できるものも開発されている. これら一群の化合物については総説を参照されたい[2].

【小島憲道・榎本真哉】

【参考文献】
1) Y.-J. Zhang *et al., J. Am. Chem. Soc.*, **2009**, *131*, 7942.
2) J. J. Vittal *et al., Coord. Chem. Rev.*, **2007**, *251*, 1781.

GaN_4Cl (AlN_4Cl, InN_4Cl)

光

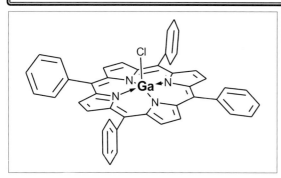

【名称】chlorido(5,10,15,20-tetraphenylporphyrinato)aluminum(III)：[AlClTPP]，chlorido(5,10,15,20-tetraphenylporphyrinato)gallium(III)：[GaClTPP]，chlorido(5,10,15,20-tetraphenylporphyrinato)indium(III)：[InClTPP]

【背景】閉殻の金属ポルフィリンとしては，合成の容易な亜鉛やマグネシウムの錯体について，光エネルギーの捕獲および伝達体あるいは光電子供与体としての機能が広く検討されているが，アルミニウムやガリウムなどの13族元素もポルフィリンと安定な錯体を形成し，亜鉛錯体などに代わる選択肢の1つとして注目される.

【調製法】配位子 H_2TPP をベンゾニトリルに溶解し，$AlCl_3$ などの塩化物（無水物）を加えて加熱還流する．溶媒を減圧蒸留によって除去した後，アセトン/ヘキサンから再結晶する[1]．光化学の実験などに用いる高純度の試料を得るには，メタノール/希塩酸から再結晶後，アセトン（またはジクロロメタン）/ヘキサン系で再結晶し真空乾燥する．

同様にして，他のポルフィリン（TPPのフェニル基上に置換基を有するものやオクタエチルポルフィリン（OEP）など）の錯体も合成される．また，再結晶に用いる塩酸を臭化水素酸にかえることによって，軸配位子が Br^- の錯体を容易に合成できる．

【性質・構造・機能・意義】濃紫色ないしは赤紫色の固体として得られ，ベンゼン，トルエン，ジクロロメタンなどに高い溶解性を示す．また，メタノールやエタノールにも ZnTPP など二価金属の錯体に比べるはるかに高い溶解性を示す．ベンゼンなど非配位性の溶媒中では AlClTPP は光に対してやや不安定であるが，Ga および In の錯体はそれより安定である．また，アルコールを含む溶液中では溶媒が配位した六配位構造が推定され，光照射に対してさらに安定である[2]．

GaClTPP について X 線結晶構造解析されており，FeClTPP と同形である．Ga-Cl 間の距離は 2.196 Å で，Ga 原子はポルフィリン面から 0.317 Å だけ浮いた五配位構造である[3]．

これらのポルフィリン錯体はいずれも典型的な閉殻金属のポルフィリン錯体の吸収スペクトル（Soret帯（B帯），Q帯）を示す．また，発光性であり，結晶や溶液に光を照射することによって赤色の蛍光を容易に観測することができる．

Q帯（S_1励起状態）からの蛍光寿命は，アルミニウム（エタノール中で 8.7 ns），ガリウム（5.5 ns），インジウム（0.8 ns）の順に短くなり，発光の量子収量も順に小さくなる[2]．中心金属の重原子効果によって励起三重項への項間交差の速度が増すためである．また，低温の剛体溶媒中で観測されるりん光の寿命も同様に，重原子効果によって同じ順番で短くなる．

原子番号の近い亜鉛とガリウム，カドミウムとインジウムの錯体をそれぞれ比較すると，後者の13族金属の錯体の方が，S_1，T_1ともに長寿命である[2]．そのため，特にポルフィリン錯体からのエネルギー移動を利用する光反応系においては亜鉛錯体よりガリウム錯体で高い効率が期待できる[4]．

これらのTPP錯体では，溶液中でSoret帯からの S_2 発光が観測される．発光の量子収量は ZnTPP よりやや大きいが，Al, Ga, In の錯体間の違いはほとんど見られない（エタノール中での量子収量はいずれも約 $5×10^{-4}$）．S_2 からの失活は主に S_1 への内部転換と考えられる[2]．

【関連錯体の紹介およびトピックス】軸配位子の交換は比較的容易で，様々な軸配位子をもつ錯体が報告されている．例えば，塩化物イオンを AgCl として取り除くことによって，[Al(OH)TPP] のようなヒドロキシド配位子をもつ錯体が簡単に得られる．[Al(OH)TPP] を真空下で加熱することによって脱水縮合し μ-オキシド二量体 [{Al(TPP)}$_2$O] が生成する[1]．また，立体障害の小さい OEP の錯体では，水酸化物イオンで架橋した μ-ヒドロキシド二量体（例えば [{Ga(OEP)}$_2$OH]ClO$_4$）が単離されている[5]．これらの二量体構造の錯体ではポルフィリン環の間の励起子相互作用によって Soret 帯の顕著な短波長シフトが観測される．

【大野 修】

【参考文献】
1) Y. Kaizu *et al.*, *Bull. Chem. Soc. Jpn.*, **1985**, *58*, 103.
2) O. Ohno *et al.*, *J. Chem. Phys.*, **1985**, *82*, 1779.
3) A. Coutsolelos *et al.*, *Polyhedron*, **1986**, *5*, 1157.
4) K. Kalyanasundaram, *Photochemistry of Polypyridine and Porphyrin Complexes*, Academic Press, **1992**.
5) P. G. Parzuchowski *et al.*, *Inorg. Chim. Acta*, **2003**, *355*, 302.

GaO₆

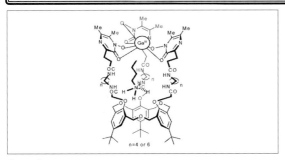

【名称】tris(N-3-(1-hydroxy-5,6-dimethyl-2-oxo-1,2-dihydropyraz-3-yl)propanoylaminoalkylaminocarbonyl-methyl)homotrioxacalix[3]arene gallium(III)

【背景】アミンなどの小分子ゲスト化合物を，分子の形状により識別して選択的に包接する人工受容体は，センサーなどの分子材料への応用が期待される．微生物の鉄輸送体(シデロフォア)には，ヒドロキサム酸が共通骨格として頻繁に見いだされるが，より低い pKa をもつ含窒素複素環の環状ヒドロキサム酸は，生理学的条件でより安定な錯体を形成することが明らかにされている．本研究は，ピラジノン型環状ヒドロキサム酸とホモトリオキサカリックスアレーンを融合したホスト化合物が，ガリウムイオンとの錯体形成に伴いゲスト包接孔を構築し，アンモニウムの分子形状に応じて選択的な包接能を示すことをはじめて示したものである[1]．

【調製法】配位子は，コーン型のトリカルボン酸ホモトリオキサカリックスアレーン誘導体[2]と，3位に種々のアルキルスペーサーを導入したN-ベンジルオキシ-5,6-ジメチル-2(1H)-ピラジノン誘導体[3]を，それぞれ文献記載の方法に従って調製した後，両者をEDCI/HOBt法で縮合して3置換体を単離・精製し，接触水素化分解により保護基を除去して得る．1:1ガリウム錯体は，配位子に対して1.2当量のGa(acac)₃錯体を25% CD₃CN/CDCl₃混合溶液中で混合することにより調製する．

【性質・構造・機能・意義】1:1ガリウム錯体の形成は，配位子の紫外領域吸収の短波長シフトを利用したモル比法で確認される．また，配位子の25% CD₃CN/CDCl₃混合溶液の ^{1}H NMR スペクトルでは，1.2当量のGa(acac)₃の添加によりピラジノン環5,6位のメチル基が低磁場領域にシフトすることが観測されており，環状ヒドロキサム酸部位のガリウムへの配位が示唆される．この溶液に，n-ブチルアミン過塩素酸塩を添加することにより，カリックスアレーン部位の芳香環プロトン(singlet)が+0.35，スペーサー部分のOCH_2CO(singlet)が+1.59と+1.06に2本のブロードsingletに分裂しながら低磁場シフトする．この変化を用いたJobsプロットにより，n-ブチルアンモニウムとガリウム錯体の1:1複合体の形成が確認される．対照的に，カリックスアレーンの架橋部のメチレンCH_2OCH_2に相当するピークには，ゲストの包接に際してまったく変化が起こらない．これらの結果から，n-ブチルアンモニウム1分子が，ガリウム錯体とカリックスアレーンによって構築されたカゴ状空孔内に取り込まれ，その際にアンモニウムプロトンと，スペーサーのカルボニル酸素もしくは芳香系酸素が，水素結合を介して相互作用していることが示唆されている．このことは，ホモトリオキサカリックスアレーン誘導体単独のアンモニウム分子認識機構と一致している[4]．

配位子のみ，もしくは配位子と当量のGa(acac)₃を共存させたジクロロメタン相と，種々のピクリン酸アンモニウムを溶解した水相を23℃で9時間撹拌した際の，ピクリン酸アンモニウムのジクロロメタン層への抽出率が検討されている．t-ブチルアンモニウムもしくはn-ブチルアンモニウムの抽出率は，Ga共存下の方がない場合よりも高く，カゴ状包接孔の形成がゲスト分子との結合においてエントロピー的に有利にはたらくことを反映している．t-ブチルアンモニウムはn-ブチルアンモニウムに比べて抽出率が減少し，置換基のかさ高さが包接孔への結合に影響を及ぼしている．また，n-ヘキシルアンモニウムの抽出量は，スペーサー長が$n=4$と短いときにはGa存在下で減少するが，$n=6$として空孔サイズを拡大すると抽出量が回復し，アンモニウムと抱接孔の形状の一致が分子認識の際の重要な要素であることが示されている．

【関連錯体の紹介およびトピックス】錯体を分子認識受容体に応用した例として，ピリミジノン系環状ヒドロキサム酸Ga(III)錯体のアルカリ金属イオン認識[5]，トリスビピリジン鉄(II)錯体のアルカリ土類金属認識[6]，陰イオン認識などがある[7]．

【大神田淳子・加藤明良】

【参考文献】
1) J. Ohkanda et al., Chem. Commun., **1998**, 375.
2) M. Takeshita et al., Chem. Lett., **1994**, 125.
3) J. Ohkanda et al., J. Org. Chem., **1995**, 60, N83.
4) K. Araki et al., J. Org. Chem., **1993**, 58, 5958.
5) A. Katoh et al., Heterocycles, **2005**, 66, 285.
6) T. Nabeshima et al., Tetrahedron Lett., **2006**, 47, 3541.
7) K. Sato et al., Tetrahedron Lett., **2007**, 48, 1493.

GaRuC₆N₂Cl

【名称】(2,2′-bipyridine-$\kappa^2 N,N'$)[chloro{2,4,6-tris(1-methylethyl)-phenyl}gallyl](η^5-pentamethylcyclopentadienyl)ruthenium(II)(Ga–Ru): [Cp*(bpy)Ru{Ga(Cl)(2,4,6-^{i}PrC₆H₂)}]

【背景】2価のガリウム化学種であるガリル基が遷移金属に結合したガリル錯体は,脱塩反応,不均化反応,酸化的付加反応などによって合成されているが,それらの中で最も一般的で重要な合成法は,陰イオン性金属錯体とハロガランを用いた脱塩反応である[1,2].また,脱塩反応はガリウムに限らず,ケイ素,リンなどをはじめとする多くの典型元素と遷移金属との結合形成にも利用されている.この合成法の欠点は,反応に利用できる陰イオン性錯体がカルボニル配位子を含む錯体などに限られるため,バリエーションに乏しい点にある.そのため,脱塩反応に利用できる,新規陰イオン性錯体の開発は重要な研究課題である.標題化合物は,新たに開発された陰イオン性ルテニウム錯体M[Cp*(bipy)Ru](M=K, Li; Cp*=η^5-C₅Me₅)を利用して合成されたガリル錯体である[3].[Cp*(bipy)Ru]⁻フラグメントは電子供与性のビピリジンが配位しているため,電子豊富(electron rich)な金属フラグメントとして利用できると期待されている.

【調製法】操作はすべて窒素下で行う.シュレンクフラスコにCp*(bipy)RuCl(0.150 g, 0.351 mmol)およびKC₈(0.142 g, 1.05 mmol)をいれ,ドライアイス/アセトンバス中で−78℃に冷却する.このフラスコにTHF(10 mL)を加えると,K[Cp*(bipy)Ru]を含む赤紫色の混合物が得られる.この混合物を撹拌しながら1時間かけて室温に戻し,その後カニュレを用いて溶液を固体(グラファイトおよびKC₈)から分離して別の容器に移す.分離した溶液を−78℃に冷却し,これにTripGaCl₂(THF)(0.146 g, 0.351 mmol; Trip=2,4,6-トリイソプロピルフェニル)のペンタン溶液(5 mL)をゆっくりと加える.低温槽を外し,混合物を撹拌しながら室温に戻す.混合物から揮発性成分を減圧留去し,残渣をトルエン(30 mL)に溶かす.溶液をろ過して不溶物を除き,ろ液を減圧下で4 mLまで濃縮する.これにペンタン(1 mL)を加え,冷凍庫中で−30℃で14時間保存すると,標題化合物が黒緑色の細かな結晶性個体として得られる(収量0.064 g,収率26%).

【性質・構造・機能・意義】この錯体は反磁性であり,空気や湿気に対して不安定である.¹H NMR(in C₆D₆)スペクトルにおいては,Cp*のメチル基に帰属されるシグナルが1.69 ppmに,bpyに帰属されるシグナルが8.96, 7.43, 6.86, および6.47 ppmに観測される.また,2,4,6-^{i}Pr₃C₆H₂基のオルト位の2つのイソプロピル基は等価に観測されている.標題化合物のガリウム上のクロロ基をCl⁻として引き抜くと,Ru=Ga結合をもつ陽イオン性ガリレン錯体を生成すると期待される.そこで,フルオロベンゼン中で標題化合物とLi(Et₂O)₃B(C₆F₅)₄との反応が検討されている.反応に伴い溶液の色が変化し,最終的に固体が得られているが,生成物の同定には至っていない.なお,ボリル錯体の合成を目的として,M[Cp*(bipy)Ru]とクロロボランMesBCl₂(Mes=2,4,6-トリメチルフェニル)との反応が行われているが,ボリル錯体は得られず,ジボランMes(Cl)BB(Cl)Mesがごく少量単離されている.

【関連錯体の紹介およびトピックス】[Cp*(bipy)Ru]フラグメントを有する錯体として,ガリル錯体の他に,メチル錯体およびスタニル錯体が中程度の収率で単離されている.また,関連する電子豊富な陰イオン性金属フラグメントとして,(Na·dme₂)[Cp*(tmbp)Ru](tmbp=4,4′,5,5′-テトラメチル-2,2′-ビホスフィニン)が報告されており,これを用いたスタニル錯体が合成されている[4].

〔上野圭司〕

【参考文献】
1) R. A. Fischer et al., *Angew. Chem. Int. Ed.*, **1999**, *38*, 2830.
2) C. Gemel et al., *Eur. J. Inorg. Chem.*, **2004**, 4161.
3) B. V. Mork et al., *Organometallics*, **2004**, *23*, 2855.
4) P. Rosa et al., *Organometallics*, **2000**, *19*, 5247.

GaWH₃C₅N

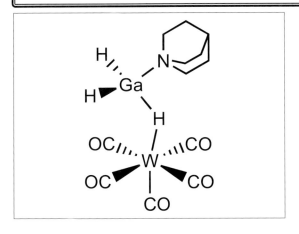

【名称】[(1-azabicyclo[2.2.2]octane)dihydro-gallium]pentacarbonyl-μ-hydridotungsten(0): [W(CO)₅(μ-H-GaH₂·quinuclidine)]

【背景】配位子がE-E'(E,E'=典型元素)σ結合の結合電子を金属に供与して, 金属Mとの間でM-E-E'三中心二電子結合を形成した錯体をσ錯体と呼ぶ. ホウ素水素化物ボランがB-H結合で金属に配位した最初のσ錯体は, 1999年に報告された$(CO)_5M(BH_3·L)$ ($M=Cr, Mo, W$; $L=PMe_3, PPh_3, NMe_3$) である[1]. この錯体は, ホウ素にLewis塩基が配位して安定化されたボランLewis塩基付加物$BH_3·L$を配位子として用いており, $BH_3·L$は1つのB-H結合を金属に配位して, M-H-B三中心二電子結合を形成している. ボランが配位した錯体はその後数多く合成され, 現在ではLewis塩基の配位していないボランを配位子とする錯体も合成されている. アランが配位したσ錯体のはじめての例は, 1984年に報告された$Cp_2Ti(H_2AlCl_2·OEt_2)$ (実際には$H_2AlCl_2^-$イオンが2つのAl-H結合で配位) であり[2], その後5例程度が報告されている. 一方, ガリウムの水素化物であるガランが配位した錯体は, ごく最近合成されたばかりである. 標題化合物は, はじめてのガランσ錯体であり, 2002年に報告されている[3,4].

【調製法】操作はすべて窒素気流下で行う. $W(CO)_6$ (0.177 g, 0.50 mmol) のTHF溶液 (20 mL) を中圧水銀灯を用いて光照射し, $W(thf)(CO)_5$のTHF溶液を得る. この溶液に$GaH_3(quin)$ (0.131 g, 0.71 mmol, quin=1-azabicyclo[2.2.2]octane) のTHF溶液 (10 mL) を−46℃でゆっくりと加える. 滴下終了後, −46℃で40分, その後室温で1時間撹拌し, 揮発成分を減圧留去する. 残渣をヘキサン (30 mL) で抽出し, 抽出液をろ過する. ろ液を15 mLまで濃縮して−30℃で保存すると, 標題化合物が淡黄色結晶として得られる (収量0.098 g, 収率38%).

【性質・構造・機能・意義】水および酸素に鋭敏な淡黄色固体である. 標題化合物は, $W(CO)_6$とGaH_3(quin)を含むトルエン溶液を光照射することでも合成できるが, 単離収率は低くなる (9%). ¹H NMR(C_6D_6)スペクトルでは, キヌクリジンに帰属されるシグナルが2.24, 0.97および0.75 ppmに観測される. ガラン配位子上の末端Ga-Hは, 四重極子核であるガリウムの影響により幅広い一重線として+5.51 ppmに観測される. 一方, タングステンに配位している架橋Ga-Hに帰属されるシグナルは, 2つの末端Ga-Hとカップリングした三重線 ($^2J_{HH}=12$ Hz) として−7.32 ppmに観測され, 同時にタングステンサテライト ($^1J_{WH}=48$ Hz) も観測されている. 末端および架橋Ga-Hが独立したシグナルとして観測されていることは, これらの水素間の交換が起こっていないことを示す. これは, 類似の構造のボランσ錯体において, 末端水素と架橋水素間の速い交換が観測されていることと対照的である[1]. 結晶構造解析によって求められたW-Ga原子間距離は, 3.0194(5) Åである. これは, 通常のW-Ga単結合 (2.71〜2.76 Å) と比較してかなり長く, WとGaとの間の相互作用は非常に弱いことが示唆される. 標題錯体のトルエン溶液を70℃で加熱すると, H_2が発生し, 黒色油状物とキヌクリジンが得られ, さらに1週間加熱すると, 最終的にキヌクリジン錯体$W(CO)_5$(quin)が生成する.

【関連錯体の紹介およびトピックス】ガランの代わりにGaH_4^-が配位した錯体として, [$Zn(GaH_4)Cl$(pmdeta)] (pmdeta=N,N,N',N'',N''-ペンタメチルジエチレントリアミン) および [$Zn(GaH_4)Cl$(tmen)] (tmen=N,N,N',N'-テトラメチルエチレンジアミン) が報告されている[5].

[上野圭司]

参考文献
1) M. Shimoi *et al., J. Am. Chem. Soc.*, **1999**, *121*, 11704.
2) E. Lobkovsii *et al., J. Organomet. Chem.*, **1984**, *270*, 45.
3) K. Ueno *et al., Organometallics*, **2002**, *21*, 2347.
4) T. Muraoka *et al., Coord. Chem. Rev.*, **2010**, *254*, 1348.
5) G. A. Koutsantonis *et al., J. Chem. Soc., Chem. Commun.*, **1994**, 1975.

GdN_3O_6

生

----- Gd-N and Gd-O bonding

[文献2]

【名称】(−)-1-deoxy-1-(methylamino)-D-glucitol dihydrogen: |N,N-bis |2- |bis-(carboxymethyl) amino| ethyl| glycinato (5−)| gadolinite (2−) (1:1) (gadopentetate dimeglumine, Gd-DTPA)

【背景】MRI (magnetic resonance imaging) は NMR (nuclear magnetic resonance) 現象を利用して生体内部の形態情報を画像化する診断法である．すなわち，MRIは，主に生体内の H_2O のプロトンのNMR現象から生じるシグナル（密度，スピン縦緩和時間(T1)，スピン横緩和時間(T2)）を画像化したものである．常磁性物質であるガドリニウム(Gd)は，その原子核の性質上，合成スピン角運動量による磁気モーメントが強く，緩和時間に影響を与えることができるので，Gdの錯体がMRIの造影剤として用いられる．ガドリニウム（イオン）は単体では毒性が強いため，生体内に投与してMRI造影剤として用いる場合には，配位子を配位させて生体毒性を低減したキレート化合物とすることが必要となる．Gd-DTPAはDTPA (diethylenetriamine pentaacetic acid) を配位子とする錯体であり，T1短縮効果，水溶性，低粘性，浸透性，低毒性を達成するために設計された．

【調製法】Gd-DTPAは Gd_2O_3 とDTPAを水に溶解し，90〜100℃で48時間撹拌し，不溶物をろ別した後に，ろ液から水を除去することで得る．また，得られたGd-DTPAにN-メチルグルカミンを加えることで水溶性の高いGd錯体の塩（メグルミン塩）が合成できる[1]．

【性質・構造・機能・意義】Gd-DTPA錯体の立体構造はX線結晶構造解析から，Gdに対して5つのカルボニル酸素原子が2.39Åの距離で，3つの窒素原子が2.64Åの距離で結合しており，他のランタノイド系元素と同様の配位様式を有する[2]．Gd-DTPAは安定性が高く（$\log K_1 = 22〜23$），毒性は Gd^{3+}（塩化ガドリニウム）よりかなり低い（LD_{50}（ラット）: Gd^{3+} は0.3 mmol/kg, Gd-DTPA は10 mmol/kg）．生体内における血中半減期は約20分であり，血液細胞の細胞膜は透過しない．$GdCl_3$ が投与7日後において2%しか排泄されず，60%が肝臓に，25%が腎臓に滞留しているのに対して，Gd-DTPAは90%が尿へ排泄され，7%は糞へと排泄される[1]．メグルミン塩は水溶性が高く，臨床使用濃度で高いT1短縮効果を示し，高い造影効果が得られる．

【関連錯体の紹介およびトピックス】Gd-DTPAはMRI造影剤として臨床応用されているが，さらに現在では，Gd-DTPAを母核とした様々な誘導体の開発の研究も進められ，数個のGd-DTPA誘導体がMRI造影剤として使用されている．また，より高いT1短縮効果を持ち，従来の約10倍の画像コントラストを示す，デンドリマーを用いたGd錯体なども開発されている．

ここで，緩和能および緩和度とは，核磁気共鳴(NMR)法において，原子核がRFパルスを受けて緩和する速さを意味する．緩和過程には縦緩和(T1緩和)と横緩和(T2緩和)とがあり，T1時間が短いと発生する信号が強く画像上で白くなり，T2時間が短いと信号は急激に減衰するため画像が黒くなる．前者の代表的な組織としては脂肪，高タンパク物質，メトヘモグロビンなどが，後者の代表的な組織として繊維質などの水分量の少ない組織がある．

【佐治英郎】

【参考文献】
1) H. J. Wienmann *et al.*, *Am. J. Roentgenol.*, **1984**, *142*, 619.
2) S. Benazeth *et al.*, *Inorg. Chem.*, **1998**, *37*, 3667.

GdN$_4$O$_5$

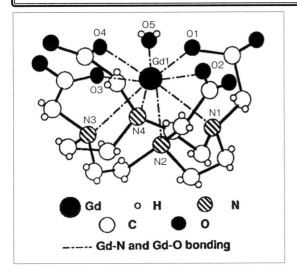

【名称】 sodium (monoaqua) (1,4,7,10-tetraazacyclododecane-1, 4, 7, 10-tetraacetate) gadolinite (III) tetrahydrate: Na[Gd(DOTA)H$_2$O]・4H$_2$O

【背景】 臨床における画像診断法の1つである核磁気共鳴(MRI)法では,電磁波によって励起された体内の水分子のプロトンがエネルギーを放出し元の状態に戻るまでの緩和時間の差を信号として読み取り画像化する診断法である.このプロトンの緩和時間を短縮させる常磁性物質のガドリニウム(Gd)や鉄(Fe)など金属イオンは,通常組織と病変部をより明確にすることができるため,MRI造影剤として利用される.Gd(III)イオン自身は高いMRI造影能を有するものの,強い毒性を示すことから,安定で組織内へ移行しない錯体の開発が行われた.その結果,現在までに,1,4,7,10-シクロアザドデカン-1,4,7,10-四酢酸(DOTA)をはじめとした環状テトラアミン配位子のGd錯体が開発されている.

【調製法】 配位子となるH$_3$DOTAは,アルカリ水溶液中で1,4,7,10-tetraazacyclododecaneとクロロ酢酸と反応させることによって容易に得ることができる.錯体Gd-DOTAの合成は,水溶液中Gd$_2$O$_3$とH$_3$DOTAを95℃で反応させ,反応終了後,室温下水酸化ナトリウムでpH 7に中和し,溶媒を留去して得られた固体を水-アセトン中で再結晶することでNa[Gd(DOTA)H$_2$O]・4H$_2$Oの結晶として得られる[1].

【性質・構造・機能・意義】 赤外吸光スペクトルは,C=O伸縮振動が1600 cm^{-1}と1650 cm^{-1}の間へと低波数側へシフトしており,カルボキシル基の酸素原子の金属との配位が認められる.質量分析スペクトル(FAB-MS)では,陽イオンモードにおいて582([M + H + Na]$^+$)および560([M + 2H]$^+$)に,陰イオンモードにおいて580([(M−H) + Na]$^-$)と558([M]$^-$)が観測され,錯体の分子量を確認できる[2].

この錯体の結晶構造は,Gd(III)に4つの窒素原子および窒素上のカルボキシル基の4つの酸素原子が四方逆プリズム形で8配位し,さらに水分子の酸素原子がアピカル位に配位した九配位錯体として存在することがわかっている.Gd-NおよびGd-Oの結合距離はそれぞれ平均して2.66 Åおよび2.27 Å,Gd-O(水分子)の結合距離は2.46 Åである[3].

配位圏内および配位圏外の緩和能は,それぞれ2.0および1.5 mM^{-1}s^{-1}であったことから,本錯体の緩和度は3.5 mM^{-1}s^{-1}と求められた[4].

【関連錯体の紹介およびトピックス】 Gd錯体の配位子には,DOTA以外にも,1,4,7,10-テトラアザシクロドデカン-1,4,7-三酢酸(DO3A)やジエチレントリアミン-五酢酸(DTPA)が開発されている.これらGd錯体は,血液中にのみ分布し,細胞内に移行しないため,血管造影剤として用いられている.そこで,これら配位子を生体内の特定の分子に特異的に結合できるモノクローナル抗体などに結合させ,これにGdを配位させることで,標的分子が存在する組織や部位を特異的に画像化できるものの開発が行われている[5].

ここで,緩和能および緩和度とは,核磁気共鳴(NMR)法において,原子核がRFパルスを受けて緩和する速さを意味する.緩和過程には縦緩和(T1緩和)と横緩和(T2緩和)とがあり,T1時間が短いと発生する信号が強く画像上で白くなり,T2時間が短いと信号は急激に減衰するため画像が黒くなる.前者の代表的な組織としては脂肪,高タンパク物質,メトヘモグロビンなどが,後者の代表的な組織として繊維質などの水分量の少ない組織がある.

【佐治英郎】

【参考文献】

1) G. Hernandez et al., *Inorg. Chem.*, **1990**, *29*, 5109.
2) C. A. Chan et al., *Inorg. Chem.*, **1993**, *32*, 3501.
3) J. P. Dubost et al., *C. R. Acad. Sci. Paris, Ser 2*, **1991**, *312*, 349.
4) X. Zhang et al., *Inorg. Chem.*, **1992**, *31*, 5597.
5) N. Viola-Villegas et al., *Coord. Chem. Rev.*, **2009**, *253*, 1906.

GdN_5O_2

【名称】motexafin gadolinium(III)(water-soluble texaphyrin gadolinium(III) complex)

【背景】テキサフィリンはトリピリン部位に2つのシッフ塩基をつなげた環状配位子であり，ポルフィリンよりも大きい内部空孔をもつ．テキサフィリンはほぼすべてのランタノイドと金属錯体を形成し[1]，特に上記のテキサフィリンガドリニウム(III)錯体はMRI造影剤として有用なだけでなく，HIV-1感染したCD4$^+$ヘルパーT細胞に選択的に蓄積し，アポトーシスを引き起こすことが報告されている[2]．毒性も比較的低いことからXcytrin®という商標名で臨床試験段階に入ったが[3]，最終的には2007年に米国FDAから非承認された．

【調製法】対応するテキサフィリノーゲン(テキサフィリンにおけるトリピリン部位の2つの*meso*位炭素がsp^3型のもの)をメタノールに溶かし，過剰のトリエチルアミン存在下，1.5当量の硝酸ガドリニウム(III)5水和物を加えて12時間空気下還流する．溶媒を除いた後アセトンで洗浄，セライトに通し，酢酸で洗ったゼオライトと撹拌，酢酸イオン交換樹脂に通すことで得る(収率~70%)．

【性質・構造・機能・意義】錯体の吸収スペクトルは，H_2O中，$\lambda_{max}[nm](\varepsilon[10^4 M^{-1} cm^{-1}])$: 347(2.7), 419(5.6), 469(12.0), and 740(4.0)に観測される．錯体の錯体の構造は，テキサフィリンの5つの窒素がガドリニウム(III)に配位しており，環状の骨格は平面構造を有する．側鎖にポリエチレングリコール(PEG)基が導入されており，水溶性である．ガドリニウム(III)のスピンにより，MRI造影剤としてはたらく．ポルフィリンよりも還元されやすく，テキサフィリンの一電子還元されたラジカルカチオン種が酸素と作用しスーパーオキシドを与えることがXcytrin®の医薬的なメカニズムにかかわっていると考えられている[3]．

【関連錯体の紹介およびトピックス】テキサフィリン金属錯体は他にも応用面で有望なものが多く，高い二次超分極率を示すCd(II)錯体，光線力学的療法(PDT)への応用が有望視されるLu(III)錯体，ペルオキシニトリル分解触媒としてはたらくMn(II)錯体(ポルフィリンと異なり，テキサフィリンでは2価のマンガン錯体が安定となる)などが報告されている[3]．

【齊藤尚平・大須賀篤弘】

【参考文献】
1) a) J. L. Sessler *et al.*, *Inorg. Chem.*, **1993**, *32*, 3175; b) J. L. Sessler *et al.*, *Acc. Chem. Res.*, **1994**, *27*, 43.
2) a) S. W. Young, *Proc. Natl. Acad. Sci. USA*, **1996**, *93*, 6610; b) O. D. Perez *et al.*, *Proc. Natl. Acad. Sci. USA*, **2002**, *99*, 2270.
3) J. L. Sessler *et al.*, *Angew. Chem. Int. Ed.*, **2003**, *42*, 5134.

$[GdC_x]_n$

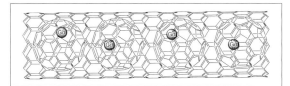

【名称】 gadolinium(III) metallofullerenes encapsulating in a single-walled carbon nanotube: $[(Gd@C_{82})_n@SWNT]$

【背景】 カーボンナノチューブ(CNT)[1]はその内側に様々な分子を内包することができ,その内包する分子によって電子構造が変化する.特に,フラーレン類を内包したカーボンナノチューブをピーポッド(サヤエンドウ)と呼ぶ[2].単層カーボンナノチューブ(SWNT)[3]の中に,金属内包フラーレン$(Gd@C_{82})$を内包した「サヤエンドウ」状コンポジット$((Ga@C_{82})_n$ @SWNT)は特異な電子物性を発現する[4,5].

【調製法】 $Gd@C_{82}$の合成は,まずガドリニウムを含む炭素ロッドにヘリウムガス流下,直流電流でアーク放電(500 A,21 V)し,得られたすすをソックスレー抽出器を用いて二硫化炭素で60時間抽出する.抽出された試料をHPLCによって精製し,$Gd@C_{82}$を単離する.SWNTは鉄-ニッケル触媒を含む炭素ターゲットにパルスレーザーを当てて成長させ,アモルファス成分と触媒を硝酸中,160℃,8時間加熱することで除く.単離したSWNTを乾燥空気下,420℃で20分加熱しさらに不純物を除く.$Gd@C_{82}$とSWNTをガラスのアンプルに封管し,500℃で24時間加熱する[4].

【性質・構造・機能・意義】 高分解能の透過型電子顕微鏡で観測した$(Ga@C_{82})_n$@SWNTの直径は1.4〜1.5 nmで,ガドリニウム原子の位置が黒く写って見える.ガドリニウム原子はC_{82}の中心からずれて存在する.直径1 nmの金属内包フラーレンが一次元的に,最密に充填されている.通常,内包金属であるGd原子はフラーレンケージに3つの電子を供与し,$Gd^{3+}@C_{82}^{3-}$となっている.ナノチューブとフラーレンケージとは相当の相互作用があり,電子物性を大きく変化させるが,$Ga@C_{82}$中のGa^{3+}の価数は変化せず,これはSWNTの巻き方(アームチェア型・ジグザグ型・カイラル型)にはよらない.

1本の$(Ga@C_{82})_n$@SWNTの電子状態が,走査型トンネル顕微鏡および分光で調べられている[5].極低温状態で観測された$(Ga@C_{82})_n$@SWNTの局所バンドギャップは,フラーレンのない箇所で0.47 eV,フラーレンのある箇所で0.17 eVであった.

【関連錯体の紹介およびトピックス】 これまでに$Sc_2@C_{84}$,$Ti_2C_2@C_{78}$,$La@C_{82}$,$La_2@C_{80}$,$Ce_2@C_{80}$,$Sm@C_{82}$,$Dy@C82$,$Ca@C_{82}$,$Gd_2@C_{92}$,$Er@C_{82}$などがSWNTに取り込まれている[6].

カーボンナノチューブにはフラーレン以外にも様々な分子が取り込まれることが知られている.カーボンナノチューブの内部空間に閉じ込められた分子の特徴的な化学については,長鎖アルキル基のついたカルボランの「動き」の可視化など興味深い[7].

【荒谷直樹・大須賀篤弘】

【参考文献】
1) S. Iijima, *Nature*, **1991**, *354*, 56.
2) a) B. W. Smith *et al.*, *Nature*, **1998**, *396*, 323; b) Y. Zhang *et al.*, *Philos. Mag. Lett.*, **1999**, *79*, 473.
3) a) S. Iijima *et al.*, *Nature*, **1993**, *358*, 220; b) D. S. Bethune *et al.*, *Nature*, **1993**, *363*, 605.
4) a) K. Hirahara *et al.*, *Phys. Rev. Lett.*, **2000**, *85*, 5384.
5) J. Lee *et al.*, *Nature*, **2002**, *415*, 1005.
6) D. Tasis *et al.*, *Chem. Rev.*, **2006**, *106*, 1105.
7) M. Koshino *et al.*, *Science*, **2007**, *316*, 853.

GeC$_5$

有

【名称】pentamethylcyclopentadienylgermanium tetrafluroborate: Cp*Ge$^+$·BF$_4^-$

【背景】14族元素を含む多原子分子の中で最も単純なものは，14族元素が酸化数IIの状態をとっているHM$^+$である．シクロペンタジエニル配位子とのπ錯体形成により高周期14族元素の二価化学種が安定な化合物として合成・単離されているが，これを用いて，ゲルマニウムおよびスズのHM$^+$類縁体となるCp*M$^+$·BF$_4^-$が合成され，このうちCp*Sn$^+$·BF$_4^-$の分子構造がX線構造解析により明らかにされた[1]．さらに後年，Cp*Ge$^+$·BF$_4^-$の分子構造もX線構造解析により明らかにされた[2]．また，カウンターアニオンがCF$_3$SO$_3^-$のCp*Ge$^+$·CF$_3$SO$_3^-$も合成された[3]．

【調製法】THF中でMe$_5$C$_5$Hとブチルリチウムから調製したMe$_5$C$_5$Liに，−78℃でGeCl$_2$のジオキサン錯体を加えて(Me$_5$C$_5$)$_2$Geを得る(収率：74%)．得られたCp*$_2$Geのジエチルエーテル溶液に，−78℃でHBF$_4$を加えて室温で撹拌する．その後，溶媒を留去して得られた残渣をトルエンから再結晶し，Cp*Ge$^+$·BF$_4^-$を得る(収率：29%)．Cp*$_2$Geのジクロロメタン溶液にCF$_3$SO$_3$CH$_3$のジクロロメタン溶液を加え，溶媒を留去して得られた残渣をトルエンから再結晶し，Cp*Ge$^+$·CF$_3$SO$_3^-$を得る(収率：61%)．

【性質・構造・機能・意義】X線構造解析により，Cp*Ge$^+$·BF$_4^-$のゲルマニウム原子とCp*配位子の5つの炭素原子との距離はほぼ等しく，ゲルマニウム原子はη^5型の配位を受けていた．Cp*環は平面であるが，5つのメチル基はゲルマニウム原子とは反対方向にCp*環の平面からわずかにずれて位置していることがわかった．Cp*Ge$^+$は求電子的であり，ピリジンや2,2′-ジピリジルのような含窒素芳香族化合物と速やかに反応して対応する付加体を与える．

【関連錯体の紹介およびトピックス】Cp*$_2$Snのジエチルエーテル溶液に，−78℃でHBF$_4$のジエチルエーテル溶液を加えて撹拌する．反応溶液を濃縮して得られた黄色沈殿を除き，トルエンから再結晶すると無色のCp*Sn$^+$·BF$_4^-$が収率31%で得られる[4]．Cp*$_2$Sn中のスズ–炭素結合距離が約2.7Åであるのに対し，Cp*Sn$^+$·BF$_4^-$の場合は2.46Åとかなり短い．Cp*環は平面であるが，5つのメチル基はスズ原子とは反対方向にCp*環の平面からわずかにずれて位置している．Cp*Sn$^+$·CF$_3$SO$_3^-$もゲルマニウムの場合と同様に合成された[5]．これも非常に求電子的な化学種で，ピリジンと反応して付加体を与える[6]．ピリジン窒素，スズおよびCp*環の中心のなす角は約110°で，スズ原子は，ピリジンの配位により，Cp*環からη^5というよりη^2型の配位を受けている．さらに，スズ原子はCF$_3$SO$_3^-$の酸素原子と隣の分子中のCF$_3$SO$_3^-$の酸素原子からの配位を受けている．

Cp*$_2$Pbのジエチルエーテル溶液に，−80℃でHBF$_4$のジエチルエーテル溶液を加えて撹拌する．反応溶液を濃縮してトルエンから再結晶するとCp*Pb$^+$·BF$_4^-$が収率54%で得られる[7]．同様にCp*$_2$PbにCF$_3$SO$_3$Hを作用させるとCp*Pb$^+$·CF$_3$SO$_3^-$が得られる．Cp*Pb$^+$·BF$_4^-$の鉛原子はBF$_4^-$のフッ素原子と隣の分子中のBF$_4^-$のフッ素原子からの配位を受け，結晶中で二量体構造をとっている．Cp*Pb$^+$·BF$_4^-$もCp*Pb$^+$·CF$_3$SO$_3^-$も2,2′-ジピリジルと反応し，1：1付加体が生成する．

Cp*SnClおよびCp*PbClとLiB(C$_6$F$_5$)$_4$の反応により，それぞれCp*Sn$^+$·B(C$_6$F$_5$)$_4^-$およびCp*Pb$^+$·B(C$_6$F$_5$)$_4^-$が生成する[8]．Cp*Sn$^+$·B(C$_6$F$_5$)$_4^-$のスズ原子は，2つのB(C$_6$F$_5$)$_4^-$ユニットからそれぞれ2つのフッ素原子の配位を受け，Cp*環からはη^5型の配位を受けている．Cp*Pb$^+$·B(C$_6$F$_5$)$_4^-$の鉛原子は，2つのB(C$_6$F$_5$)$_4^-$ユニットからそれぞれ1つおよび2つのフッ素原子の配位を受け，Cp*環からはη^5型の配位を受けている．Cp*M$^+$·B(C$_6$F$_5$)$_4^-$(M＝Sn, Pb)はそれぞれCp*M(M＝Sn, Pb)と反応し，トリプルデッカー型カチオン(Cp*MCp*MCp*)$^+$(M＝Sn, Pb)を与える． 【斎藤雅一】

【参考文献】
1) P. Jutzi *et al.*, *Chem. Ber.*, **1980**, *113*, 757.
2) A. C. Filippou *et al.*, *Organometallics*, **1998**, *17*, 4176.
3) P. Stauffert *et al.*, *Chem. Ber.*, **1984**, *117*, 1178.
4) L. Rosch *et al.*, *Angew. Chem. Int., Ed. Engl.*, **1979**, *18*, 60.
5) P. Jutzi *et al.*, *Chem. Ber.*, **1981**, *114*, 488.
6) P. Jutzi *et al.*, *Angew. Chem. Int., Ed. Engl.*, **1982**, *21*, 70.
7) P. Jutzi *et al.*, *Chem. Ber.*, **1989**, *122*, 865.
8) J. N. Jones *et al.*, *Dalton Trans.*, **2005**, 3846.

GeN_4O_2

【名称】（5, 10, 15, 20-tetrakisphenylporphyrinato）dihydroxylgermanium（IV）＝dihydroxyl meso-tetraphenylporphyrinatogermanium（IV）：[Ge(TPP)(OH)$_2$]

【背景】 触媒や増感剤として研究されているポルフィリン錯体の一種である．比較的安定な錯体であり，Ge^{IV}(TPP)Cl$_2$と同様，多くのGe^{IV}(TPP)錯体の前駆体となり，軸配位子を交換した錯体が数多く存在する．酸化体において軸配位子が様々に解離することが知られており，その生じたラジカルを利用した光化学反応も報告されている．

【調製法】 ポルフィリン環は，Lindsey法などにより，ベンズアルデヒドとピロールの縮合により得る．得られたポルフィリン環と，過剰量のGe^{IV}Cl$_4$をキノリン中で還流，精製しGe^{IV}(TPP)Cl$_2$を得る．Ge(TPP)Cl$_2$をクロロホルム中でアルミナとともに撹拌し，アルミナカラム，抽出，再結晶などで精製することにより，Ge^{IV}(TPP)(OH)$_2$が得られる[1]．

【性質・構造・機能・意義】 塩化メチレン，ベンゾニトリルに可溶である．ベンゾニトリル中では426 nm（Soret帯，log ε＝5.60 M^{-1} cm^{-1}），556 nm（Q帯，log ε＝4.13 M^{-1} cm^{-1}）にポルフィリン特有の強い吸収を示す[2]．^{1}H NMR（CD$_2$Cl$_2$中）では，－6.70 ppmに軸配位子であるOHに由来する一重線を示す[1]．IR（CsI）では，655 cm^{-1}にGe-OHに由来する吸収が観測される．電気化学的性質においては，－1.09，－1.56 V（PhCN，$E_{1/2}$ vs. SCE）に還元波が，1.46 V，1.15 Vに酸化波が観察される．還元波は比較的可逆な波として観察される．一方，酸化波は後続反応が起こるため，波形は複雑となる[2]．なお中心元素であるGe^{IV}はポルフィリン環が提供する配位空間に比べ十分小さく，Ge^{IV}はポルフィリン環平面の中心に位置している[3]．この錯体の大きな特徴として，容易に軸配位子を交換することが可能であり，様々なGe^{IV}(TPP)錯体の前駆体となり得ることが挙げられる．例えば，アルコール類とGe^{IV}(TPP)(OH)$_2$をベンゼン中で還流することにより，軸配位子を交換することが可能であり，アルコキシド（Ge^{IV}(TPP)(OR)$_2$）を形成する．この場合，軸配位子の交換反応はアルコールの酸性度に依存し，酸性度が水より高ければ容易に軸配位子は交換するが，水より酸性度が低い場合，交換は起こりにくい[1]．また，塩化メチレン中でエチルヒドロペルオキシドとともに還流することにより，Ge^{IV}(TPP)(OOCH$_2$CH$_3$)$_2$を得ることができる[4]．

Ge^{IV}(TPP)(OH)$_2$は，P450型酸化反応の触媒としても研究が行われており，酸素共存下でメタノールの酸化反応が進行することが報告されている[5]．Sb(TPP)錯体も同様の活性種をもつことが知られているが，Ge(TPP)はSb(TPP)[6]に比べ酸化電位が卑であり，ターンオーバー数が高いという報告がなされている[5]．

【関連錯体の紹介およびトピックス】 Ge^{IV}(TPP)はアルキル基，アリール基などの軸配位子とσ結合を作ることが知られている[4,7]．これらのGe^{IV}(TPP)錯体は，類似のFe(TPP)錯体などに比べ熱的安定性が高いが，光に対し敏感であり，光吸収に伴いGe-C結合間で開裂を起こすことが知られている．また，前述のGe(TPP)(OOCH$_2$CH$_3$)$_2$は光によりO-O間で開裂（homolysis）を起こし，ラジカルを経てエタノールとアセトアルデヒド，Ge(TPP)(OH)$_2$を生成する[4]．また，類縁体としてGeを中心元素とするフタロシアニン錯体も報告されている[8]．

【藤村卓也・高木慎介】

【参考文献】
1) J. E. Maskasky *et al.*, *J. Am. Chem. Soc.*, **1973**, *95*, 1443.
2) K. M. Kadish *et al.*, *Inorg. Chem.*, **1988**, *27*, 691.
3) S.-J. Lin *et al.*, *Polyhedron*, **1997**, *16*, 2843.
4) A. L. Balch *et al.*, *J. Am. Chem. Soc.*, **1990**, *112*, 2963.
5) T. Shiragami *et al.*, *Chem. Lett.*, **2010**, *39*, 874.
6) S. Takagi *et al.*, *J. Am. Chem. Soc.*, **1997**, *119*, 8712.
7) G. B. Maiya *et al.*, *Inorg. Chem.*, **1989**, *28*, 2524.
8) C. W. Dirk *et al.*, *J. Am. Chem. Soc.*, **1983**, *105*, 1539.

[GeCO$_3$]$_n$ 生

(●:Ge, ◎:R, ○:O)
poly-*trans*-[[2-carboxyethyl] germasesquioxane]

【名称】poly-*trans*-[[2-carboxyethyl] germasesquioxane]：(Ge-132)([(GeCH$_2$CH$_2$COOH)$_2$O$_3$]$_n$)

【背景】石炭の木質部，漢方薬やある種の薬用植物にゲルマニウムが比較的多く含まれていることを浅井が見いだし[1]，植物が生育の必要上取り込んだ結果と考えた．1967年，金属ゲルマニウムから有機ゲルマニウム(**1**)の化学的合成に成功し，この物質に抗腫瘍作用をはじめとする多様な生理作用があることを実証した[1,2]．これがブレークスルーとなって生理活性有機ゲルマニウムの合成が盛んとなる[2]．

【調製法】金属ゲルマニウムと塩化水素を高温で反応し，得られたトリクロロゲルマン(HGeCl$_3$)をアクリル酸に付加反応させると効率よくトリクロロゲルミルプロピオン酸が得られる．このトリクロル体を加水分解すると本錯体が高純度で収率よく得られる．

【性質・構造・機能・意義】無色の結晶または結晶性粉末で，20℃で水に1.09％溶解する．pK_a=3.6で，アルカリ性で極めて溶けやすい．270℃で分解し，IRで800～900 cm^{-1}にGe-Oの特徴的な伸縮振動を示す．熱・光などに対し極めて安定である．X線結晶構造解析により，1つのGe原子に3つの酸素原子が結合した十二員環の平面構造を母核とし，置換基Rのカルボキシエチル基(-CH$_2$CH$_2$COOH)が交互にこの平面の上下に位置し，互いに水素結合した二量体を形成し，三次元網目構造を形成している[3]．水溶液中では3-トリヒドロキシゲルミルプロピオン酸(THGPA(**2**))として存在することが中和滴定および^{17}O NMRスペクトルによる酸素比より証明されている．

$$[(GeCH_2CH_2COOH)_2O_3]_n \rightleftarrows HO-GeCH_2CH_2COOH$$
（上式右辺Geに OH 2つ）

結晶 **1** 　　　　　　　　　水溶液 **2**

このトリヒドロキシ体(**2**)が生体成分と相互作用し，多様な生理作用を示すと考えられている．

1の作用機序解明の一環として，細胞膜上の糖鎖に注目し，モデルとしてグルコースやフルクトースなどの糖質との錯形成をNMR法により検討した．**2**のNMRレポーター分子としてジメチルトリヒドロキシゲルミルプロピオン酸(DM-THGPA(**3**))を用いて**2**と比較検討し，**2**と**3**のNa塩と種々の糖との1：1混合溶液(0.5 M, pH 7.0～7.5)を調製し，その^{1}H NMRの積分値から求めた．

2と**3**は同じような反応性を示す．特に**3**は単純なスペクトルを与えるため，容易に錯形成能が得られ，シス-ジオール部分と錯体を形成すること，その度合はビシナル水酸基の二面角に依存し，角度が小さい程錯形成能が高くなること，錯形成定数はフルクトースの方がグルコースに比べ約40倍程高いことがわかった．錯体の構造はカルボキシレートイオンの分子内配位によるGeの五配位錯体(三方両錐形(**4a**)または四角錐形(**4b**))と考えられている．**1**は *in vitro*, *in vivo* においてメイラード反応が関与する白内障を抑制した．これはこの反応の前期過程で生成するアマドリ化合物(フルクトースアミン)がフルクトースと類似構造をしており，**4**のような錯体を形成し，アマドリ化合物からAGEsに至る後期過程を阻害するためと考えられている[4]．

(HO)$_3$GeC(R$_2$)CH$_2$COO$^-$ + Diol

(**4a**)　または　(**4b**)

(**2**) R=H, THGPA
(**3**) R=CH$_3$, DM-THFPA

【関連錯体の紹介およびトピックス】グルコースよりフルクトースの方が錯形成能が高いことから，**1**を糖の異性化に応用し，好結果を得ている[5]．

【秋葉光雄】

【参考文献】
1) K. Asai, 特許公告 1971, 1978年.
2) M. Akiba *et al.*, 日本化学会誌, **1994**, *3*, 286.
3) M. Tsutsui *et al.*, *J. Am. Chem. Soc.*, **1976**, *98*, 8287.
4) T. Osawa *et al.*, *Main Group Met. Chem.*, **1944**, *7*, 251.
5) T. Nagasawa *et al.*, *J. Appl. Glycosci.*, **2016**, *63*, 34.

$HfW_{22}O_{78}$

[文献1]

【名称】phosphoundecatungstate-coordinated hafnium(IV) complex: $((CH_3)_2NH_2)_{10}[Hf(\alpha-PW_{11}O_{39})_2]\cdot 8H_2O$

【背景】ラセミ体を溶液から結晶化させるとき，光学異性体が別々に結晶化した混合物ができることがあり，この現象を自然分晶という．本化合物は，自然分晶を観測したポリオキソメタレートとして非常に稀な例である[1]．

【調製法】$HfCl_2O\cdot 8H_2O$ を水に溶解し，pHを約1.5に調整したところに，固体のホスホ九タングステン酸塩 $(Na_9[A-\alpha-PW_9O_{34}]\cdot 16H_2O)$ を加え50℃で加熱撹拌後，$(CH_3)_2NH_2Cl$ を加える．得られた溶液を室温で数日間かけて蒸発させることで，$((CH_3)_2NH_2)_{10}[Hf(\alpha-PW_{11}O_{39})_2]\cdot 8H_2O$ の無色棒状結晶が得られる．

【性質・構造・機能・意義】本化合物は無色の棒状結晶で，水に可溶である．分子構造は，1つのハフニウム(IV)イオンを2つの一欠損ポリオキソアニオン($[\alpha-PW_{11}O_{39}]^{7-}$)で挟み込んだ二量体構造になっており，8配位の Hf^{IV} 中心は歪んだ反四角柱形構造を保持している．本化合物は，ただ1つの鏡像異性体が単位格子内に存在するキラルな結晶を形成する．その絶対配置は Flack Parameter(0.015(13))により決定されている．結晶中では $[Hf(\alpha-PW_{11}O_{39})_2]^{10-}$，ジメチルアンモニウムイオンおよび水分子との間に広範な水素結合が存在してヘリックス構造を構築し，自然分晶を起こす[2]．同じ分子構造をもつジエチルアンモニウム塩 $(((C_2H_5)_2NH_2)_{10}[Hf(\alpha-PW_{11}O_{39})_2]\cdot 2H_2O)$ では自然分晶は観測されない[3]．

固体状態で測定した円二色性(CD)スペクトルは，242 nm付近に鏡像異性体に対応した(+)と(−)の光学活性吸収帯を観測している．固体状態で測定したCP-MAS ^{31}P NMRスペクトルでは，−15.6 ppmに2つのポリオキソアニオンの中心に位置するリン原子による1本のシグナルを観測している．

【関連錯体の紹介およびトピックス】類似した構造を示す化合物として，$Cs_{11}[Eu(PW_{11}O_{39})_2]\cdot 28H_2O$[4] などのランタノイド系列の元素を含む化合物が多数報告されているが，自然分晶は観測されていない．

【加藤知香】

【参考文献】
1) C. L. Hill *et al., Chem. Eur. J.*, **2007**, *13*, 9442.
2) S. Liu *et al., Inorg. Chim. Acta*, **2009**, *362*, 2895.
3) K. Nomiya *et al., Inorg. Chem.*, **2006**, *45*, 8108.
4) L. C. Francesconi *et al., Inorg. Chem.*, **2004**, *43*, 7691.

HgN₂

【名称】Hg(II)-mediated thymine-thymine DNA base pair: T-Hg^{II}-T

【背景】HgCl$_2$ の存在下 DNA 溶液の粘度が低下することなどから Hg(II) イオンの DNA 分子への結合が示唆されており[1]，チミン(T)塩基と Hg^{II} の 2：1 錯体の形成が提唱された[2,3]．その後 UV, CD スペクトルによる滴定実験や NMR 解析から，DNA 二重鎖中での T-Hg^{II}-T 錯体の形成が示された[4]．また，X 線結晶構造解析[5]を含む詳細な解析から[6,7]，上記の構造が明らかにされている．現在では DNA ナノテクノロジー分野で広範に用いられている錯体である[8]．

【調製法】一般に，チミン-チミン(T-T)ミスマッチ塩基対を含む DNA 二重鎖に対し，緩衝溶液中で Hg(II) イオンを加えることで得られる．

【性質・構造・機能・意義】本錯体は，チミン(T)塩基の N3 位のイミノ基が脱プロトンして Hg^{II} に配位した，直線二配位型の構造をとる．この配位構造は ^{15}N でラベルした NMR 測定や[7]，各種分光法により明らかにされている．さらに，2 つの連続した T-Hg^{II}-T 塩基対を含む DNA 二重鎖 d(5'-CGC GA**T T**TC GCG-3')$_2$・Hg$^{II}{}_2$ の X 線結晶構造解析がなされている[5]．N3-Hg^{II} の距離は 2.0 Å であり，カルボニル酸素間の反発のためチミン配位子は互いに 20°ほど傾いている．隣接する T-Hg^{II}-T 塩基対の Hg^{II} 間距離は 3.3 Å と天然塩基対間距離とほぼ等しく，DNA の B 型二重らせん構造は崩れていない．また，DNA 二重鎖中の T-T ミスマッチ対への Hg(II) イオンの結合定数は，等温滴定型カロリメトリー(ITC)により $K_a = 5 \times 10^5 \sim 6 \times 10^5$ M^{-1} と見積もられている[9]．

T-Hg^{II}-T 錯体の形成を駆動力とした DNA 鎖の構造変換[4]や Hg(II) イオンを検出する DNA プローブの開発[10]をはじめ，DNA ナノ構造の制御や DNA 分子マシンへの展開など応用例は枚挙にいとまがない．さらに，T-Hg^{II}-T 塩基対を含む DNA 二重鎖の導電性にも興味がもたれている[11,12]．DNA 二重鎖中にサレン-Cu(II)錯体型人工塩基対と T-Hg^{II}-T 塩基対とを組み込むことで，Cu^{II} と Hg^{II} の異種金属イオンの配列化が実現されている[13]．さらに，T-Hg^{II}-T 塩基対は DNA 合成酵素により認識されることも示されており[14]，バイオ分野への応用も期待される．

【関連錯体の紹介】1-メチルチミンと Hg(II) イオンの 2：1 錯体でも，結晶構造から同様の配位構造が示されている[15]．さらに，DNA 二重鎖中で 5-ブロモウリジン，5-フルオロウリジン，および 5-シアノウリジンが，Hg^{II} 存在下で同様の金属錯体型塩基対をつくることも報告されている[16]．また RNA 二重鎖中では，ウラシル(U)塩基が U-Hg^{II}-U 塩基対を形成する[17]．他の天然核酸塩基では，シトシン(C)塩基が Ag(I) イオンを介した C-Ag^{I}-C 塩基対を形成する[18]．他にも金属配位性の人工核酸塩基を用いた，種々の金属錯体型人工塩基対が報告されている[19]．　【竹澤悠典・塩谷光彦】

参考文献

1) S. Katz, *J. Am. Chem. Soc.*, **1952**, *74*, 2238.
2) S. Katz, *Nature*, **1962**, *195*, 997.
3) S. Katz, *Biochim. Biophys. Acta*, **1963**, *68*, 240.
4) Z. Kuklenyik *et al.*, *Inorg. Chem.*, **1996**, *35*, 5654.
5) J. Kondo *et al.*, *Angew. Chem. Int. Ed.*, **2014**, *53*, 2385.
6) Y. Miyake *et al.*, *J. Am. Chem. Soc.*, **2006**, *128*, 2172.
7) Y. Tanaka *et al.*, *J. Am. Chem. Soc.*, **2007**, *129*, 244.
8) Y. Tanaka *et al.*, *Chem. Commun.*, **2015**, *51*, 17343.
9) H. Torigoe *et al.*, *Chem. Eur. J.*, **2010**, *16*, 13218.
10) A. Ono *et al.*, *Angew. Chem. Int. Ed.*, **2004**, *43*, 4300.
11) J. Joseph *et al.*, *Org. Lett.*, **2007**, *9*, 1843.
12) I. Kratochvílová *et al.*, *J. Phys. Chem. B*, **2014**, *118*, 5374.
13) K. Tanaka *et al.*, *Nat. Nanotech.*, **2006**, *1*, 190.
14) H. Urata *et al.*, *Angew. Chem. Int. Ed.*, **2010**, *49*, 6516.
15) L. D. Kosturko *et al.*, *Biochemistry*, **1974**, *13*, 3949.
16) I. Okamoto *et al.*, *Angew. Chem. Int. Ed.*, **2009**, *48*, 1648.
17) S. Johannsen *et al.*, *J. Inorg. Biochem.*, **2008**, *102*, 1141.
18) A. Ono *et al.*, *Chem. Commun.*, **2008**, 4825.
19) Y. Takezawa *et al.*, *Chem. Lett.*, **2017**, *46*, 622.

HgS$_2$ 光

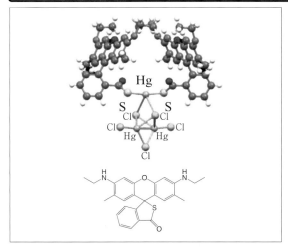

【名称】Hg(II)-rhodamine-based chemosensor complex: $[Hg(C_{26}H_{24}N_2O_2S)_2]^{2+}$

【背景】金属イオンと結合することで蛍光を発する蛍光性化学センサーは，金属イオンの存在を高感度で検出することが可能であり興味がもたれている．このとき特に，生体中あるいは環境中で関心がもたれている金属イオンに対する選択性があることは，非常に有用な道具となる．水銀は種々の要因により環境中に広がっているが，有毒であるため，それを選択的に十分な感度で検出することができる蛍光性化学センサーは非常に期待されている．この錯体は，強い発光を示す色素であるローダミンを骨格に含み，金属イオンと結合することで発光（あるいは発色）が変化することを利用した蛍光性化学センサーが，水銀(II)イオンと結合したものである[1]．

【調製法】ローダミン6G(R6G)のエステル部をアルカリで加水分解し，その後POCl$_3$とチオウレアと順次反応させて，チオラクトン環を含むセンサー分子（配位子）を得る．得られた配位子のCH$_3$OH/CH$_2$Cl$_2$溶液にHgCl$_2$を加え，溶液を沸騰させつつ1時間撹拌する．溶媒を留去した後の残渣をCH$_3$CNに溶かし，溶媒を数日かけて揮発させると赤色結晶が得られる．

【性質・構造・機能・意義】多種類の金属イオン（Al^{3+}, Ag$^+$, Ca^{2+}, Cd^{2+}, Co^{2+}, Cr^{3+}, Cs$^+$, Cu^{2+}, Fe^{2+}, Hg^{2+}, K$^+$, Li$^+$, Mg^{2+}, Mn^{2+}, Na$^+$, Ni^{2+}, Pb^{2+}, Sr^{2+}, Zn^{2+}）と配位子との反応について，CH$_3$CN-HEPESバッファ中で検討した結果，これらの金属イオンの中でHg^{2+}イオンが存在したときのみ蛍光強度の大幅な増大が観測される．これはHg^{2+}イオンが存在しないときと比較して200倍もの増大であり，"on-off"タイプの蛍光増大といえる．配位子の濃度の14倍のHg^{2+}イオンの存在に対してまで蛍光強度の増大が認められ，また10 μmol/Lのセンサー分子に対してHg^{2+}イオンが1～10 nmol/Lの範囲で蛍光強度は直線的に増加する．またこの配位子は，Hg^{2+}イオンとの反応においてスピロラクトンの開環過程を含み，無色から暗いピンク色に変化するため，Hg^{2+}イオンの存在を色の変化として目視による判定が可能である．

連続変化法により，溶液中でも配位子とHg^{2+}イオンは2：1の化学量論で結合していることが推定された．またESI-MSでも，配位子と等量のHg^{2+}イオンの存在下で，2：1錯体の生成が確認される．さらにX線結晶構造解析により，スピロラクトンが開環して硫黄原子が2個Hg^{2+}イオンに配位していることがわかった．対陰イオンはHgCl$_4^{2-}$であるが，結晶中ではディスオーダーしている．

【関連錯体の紹介およびトピックス】R6Gの誘導体を用いてHg^{2+}イオンを検出する蛍光性化学センサーには，Hg^{2+}イオンと錯形成するタイプの他に，Hg^{2+}イオン存在下でセンサー分子が反応して蛍光を発する構造に変化するものも多数報告されている[2]．しかし前者については，その錯体の配位構造まで明らかにされた例は限定的である．R6Gにチオフェンを結合したセンサー分子はHg^{2+}イオンと2：1錯体を形成し，分子内にあるチオラクタム由来の硫黄原子が2個Hg^{2+}イオンに結合した構造は，本項の錯体の配位構造と類似している[3]．一方，ビスエチルスルファニルエチルアミノ基を結合したセンサー分子のモデル錯体であるサリチルアルデヒドを元にした化合物は，2個のチオエーテルの硫黄原子の他にN$_2$Oの三原子がHg^{2+}イオンに結合した構造をしている[4]．【宮本　量】

参考文献
1) X. Chen *et al.*, *Org. Lett.*, **2008**, *10*, 5235.
2) X. Chen *et al.*, *Chem. Rev.*, **2012**, *112*, 1910.
3) W. Huang *et al.*, *Dalton Trans.*, **2009**, 10457.
4) E. M. Nolan *et al.*, *J. Am. Chem. Soc.*, **2007**, *129*, 5910.

HgS$_2$

【名称】[methyl N-[N-[1-[N-[(1,1-dimethyl-ethoxy)carbonyl]-L-cysteinyl]-L-prolyl]-L-leucyl]-L-cysteinato(2−)]mercury([(Boc-Cys-Pro-Leu-Cys-OMe)Hg])

【背景】Cys-X-Y-Cys (X,Y:アミノ酸)は，金属タンパク質の金属結合部位で保存されている配列である．Fe^{2+}やZn^{2+}のような四面体配位の金属イオンに配位し，キレート環内でYNH…Cys^{1}SとCys^{4}NH…Cys^{1}Sの2つのNH…S水素結合を形成する．本錯体は，直線状に配位するHg^{2+}イオンを用い，ペプチド配位子の構造を明らかにし，さらに$tert$-ブタンチオラートを配位させ3配位とすることで水素結合の組換えが起こることを示している[1]．

【調製法】システインの側鎖をアセトアミドメチル基(Acm)で保護したBoc-Cys(Acm)-Pro-Leu-Cys(Acm)-OMeに過剰のHgCl$_2$を反応させ，食塩水で洗い白色固体として得る[2,3]．類似の[(Boc-Cys-Pro-Leu-Cys-Gly-Ala-OMe)Hg]は，メタノールを溶離液としてゲルクロマトグラフィーとメタノール/ジエチルエーテルからの再結晶により高純度で単離できる[4]．

【性質・構造・機能・意義】DMF中でのXAFSの結果，Hg-S＝2.33 Åの直線構造であり，DMF-d_7中のNMRデータを用いたMD計算により得られた構造はLeu^{2}NH…Cys^{1}S水素結合を形成し，Cys^{4}NH…Cys^{1}Sは形成していないが，Cys^{4}NHはPro^{3}COとNH…O=C水素結合を形成する[2]．この錯体はメタノール中，紫外領域(220〜350 nm)に吸収をもたないが，NaS-$tert$-Buの添加により，λ_{max}= 240 nmに平面三配位のHg(II)チオラート錯体のLMCTバンドに帰属される吸収を示し，[(Boc-Cys-Pro-Leu-Cys-OMe)(S-$tert$-Bu)Hg]$^−$の生成を示す．DMF-d_7中の^{1}H NMRの解析を基に，2配位から3配位への平衡定数は5700 dm^3 mol^{-1}以上と決定され，1当量の添加により90%以上が3配位の錯体を形成している．3配位の錯体のHg-S＝2.42 Åであり，NMRを用いた溶液構造解析の結果は，ペプチド配位子は分子内でLeu^{2}NH…Cys^{1}SとCys^{4}NH…Cys^{1}Sの2つのNH…S水素結合の形成を示す．Cys-Pro-Leu-CysのコンホメーションとS-Hg-S角の相関を調べると，110°付近，つまり四面体配位のbite angle(配位挟角)で角度依存性が最も大きい[1]．

本錯体は，生体に有毒な水銀イオンを用いながら金属タンパク質の四面体配位する金属中心部位に保存されているキレート配位子Cys-Pro-Leu-Cysが，そのbite angle付近で角度の変化に対し構造変化を受けやすいことを示し，生物無機化学的に意義深い．

【関連錯体の紹介およびトピックス】[(Boc-Cys-Pro-Leu-Cys-Gly-Ala-OMe)Hg]は[(Boc-Cys-Pro-Leu-Cys-OMe)Hg]と同様にLeu^{2}NH…Cys^{1}SとCys^{4}NH…ProCO水素結合を形成し，後者は逆(鏡像)γ-ターンに相当する[4]．

本錯体は，ペプチド配位子がキレート配位しているが，合成条件，硫黄周りのかさ高さや疎水性により[Hg$_2$Cl$_2$(Z-cys-Ala-Ala-cys-OMe)]や[Hg$_2$Cl$_2$(Z-cys-Ala-cys-OMe)]のようにCl-Hg-S結合をもつ錯体も得られる[3]．HgCl$_2$とイミダゾールとを混合すると，ほぼ定量的に1:1の錯体[HgCl$_2$(imidazole)]を与える．イミダゾール基をもつヒスチジンとシステインを含むペプチドでは，[Hg$_2$Cl$_3$(Z-cys-X-Y-his-OMe)](X-Y=Ala-Ala, Ala-Pro, Pro-Val)を形成する．DMF中での^{199}Hg NMRは，1種類のピークのみを与え，−55℃では線幅は広くなるが，分離は見られない．溶液中ではHg^{2+}イオンはシステインのチオラートとヒスチジンのイミダゾールの間で速い交換をしている[5]．

【岡村高明】

【参考文献】
1) T. Yamamura *et al.*, *Inorg. Chem.*, **1997**, *36*, 4849.
2) T. Yamamura *et al.*, *J. Phys. Chem.*, **1995**, *99*, 5525.
3) N. Ueyama *et al.*, *Bull. Chem. Soc. Jpn.*, **1985**, *58*, 464.
4) T. Yamamura *et al.*, *Bull. Chem. Soc. Jpn.*, **1996**, *69*, 2221.
5) H. Adachi *et al.*, *Inorg. Chim. Acta*, **1992**, *198–200*, 805.

IrHCP$_3$

【名称】hydridocarbonyltris(triphenylphosphine)iridium-(I): [IrH(CO)(PPh$_3$)$_3$]

【背景】この錯体は1963年，BathとVaskaによってはじめて報告された[1]．彼らは，trans-[IrCl(CO)(PPh$_3$)$_2$](Vaska錯体，p. 404参照)をヒドラジンによって還元することで，ヒドリド錯体[IrH(CO)(PPh$_3$)$_2$]を得ようとしたところ，単離されたのは思いがけず5配位の本錯体であった．Malatestaもほぼ同時期に別の方法でこの錯体を合成し，1965年に他の新規なイリジウムヒドリド錯体とともに報告した[2]．なお，この論文には，BathとVaskaが当初目的としていたヒドリド錯体[IrH(CO)(PPh$_3$)$_2$]に関しても記述されている．

【調製法】試薬メーカー各社から市販されているが，Vaska錯体から合成することもできる．Vaska錯体の製法としては，出発物質としてIrCl$_3$·3H$_2$Oを用いる製法①と，[{Ir(cod)}$_2$(μ-Cl)$_2$](p. 411参照)を用いる製法②とがある．① IrCl$_3$·3H$_2$OとPPh$_3$をDMF中で12時間還流する．反応溶液が熱いうちにろ過を行い，ろ液にメタノールを加え，氷冷する．析出した固体をろ取し，得られた固体をメタノールで洗浄することで，trans-[IrCl(CO)(PPh$_3$)$_2$](Vaska錯体)が得られる．② [{Ir(cod)}$_2$(μ-Cl)$_2$]とPPh$_3$をヘキサン/ジクロロメタン(50/50)混合溶媒中で10分間撹拌する．雰囲気を一酸化炭素に置換して，さらに1時間撹拌を続けると，黄色の固体が析出する．減圧下で濃縮した後，析出した固体をろ取する．得られた固体をヘキサンで洗浄する．以上のいずれかの方法により得られたVaska錯体とPPh$_3$を無水エタノール中で還流する．NaBH$_4$をエタノールに加え，ろ過したのち，ろ液をゆっくりと還流している反応溶液に加える．析出した黄色固体をろ過し，得られた固体をエタノールで洗浄し，減圧乾燥する(収率80%)．また，ここに示した以外にもいくつかの方法でこの錯体を合成することができる[2,3]．

【性質・構造・機能・意義】黄色結晶として得られるこの錯体には，より融点の高い結晶形と融点の低い結晶形が存在する．ベンゼン/エタノールによる再結晶から得られる結晶の融点は161℃であり，クロロホルム/ヘキサンより得られる結晶の融点は145℃である．また，トルエンを加熱して再結晶した場合には，トルエンの付加物[IrH(CO)(PPh$_3$)$_3$]·C$_6$H$_5$CH$_3$の結晶が得られる．ベンゼン，トルエン，THF，クロロホルム，ジクロロメタンに可溶で，アルコール，水，脂肪族炭化水素には溶けない[2]．

この錯体のIRスペクトルには，1930 cm^{-1}にν(CO)，2068 cm^{-1}にν(IrH)，822 cm^{-1}にδ(IrH)の特徴的なピークが見られる．^{1}H NMRスペクトルでは21.2 ppmにIrに結合したHのカルテット(J_{P-H}=42 Hz)のピークが観測される．このことより，3つのホスフィン配位子はすべて等価であることがわかる[1]．

本錯体の構造は三方両錐形であり，イリジウム原子と3つのリン原子は同一平面上にある．X線結晶構造解析は同様のロジウム錯体([RhH(CO)(PPh$_3$)$_3$])について行われたが，ロジウム錯体とイリジウム錯体の粉末X線回折を比較することにより，これらの2つの錯体の構造はほぼ同一であると決定された[1,4]．

本錯体は，アルケンおよびアルキンの水素化反応の均一系触媒として用いられる．また，アルケンの異性化反応の触媒としても用いられる．しかしながら，いずれの反応においても特に活性が高いわけではない．近年，本錯体と不斉配位子とを用いたケトンの水素移動型不斉還元反応が進行し，高収率かつ高エナンチオ選択的に二級アルコールが得られることが報告された[5]．この反応では，不斉配位子を加えなければ水素移動反応は進行せず，本錯体は触媒前駆体として用いられている．このように，今日では高活性なヒドリド錯体を生成させるための前駆体として用いられる．

【関連錯体の紹介およびトピックス】類似のロジウム錯体([RhH(CO)(PPh$_3$)$_3$])も同じく1963年にBathとVaskaによって合成され[1]，LaPlacaとIbersによって単結晶X線構造解析が行われた[4,6]．また，当初BathとVaskaが目的としたヒドリド錯体[IrH(CO)(PPh$_3$)$_2$]は，1965年にMalatesta, Caglio, Angolettaによって報告された[2]．

【小野寺　玄】

【参考文献】
1) S. S. Bath et al., J. Am. Chem. Soc., **1963**, 85, 3500.
2) L. Malatesta et al., J. Chem. Soc. **1965**, 6974.
3) 日本化学会編，有機金属化合物・超分子錯体(第5版 実験化学講座 21巻)，丸善，**2004**, p. 279.
4) S. J. LaPlaca et al., J. Am. Chem. Soc., **1963**, 85, 3501.
5) Z. -R. Dong et al., Org. Lett. **2005**, 7, 1043.
6) S. J. La Placa et al., Acta Cryst., **1965**, 18, 511.

IrC$_2$N$_2$O$_2$

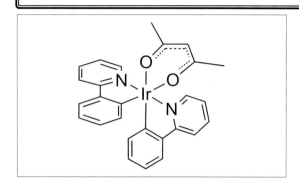

【名称】[(acetylacetonato)bis(2-phenyl-pyridinato-C^2-N)]iridium(III): [Ir(acac)(ppy)$_2$]

【背景】トリス(2-フェニルピリジナト)イリジウム(III), [Ir(ppy)$_3$]に代表されるりん光性錯体に対し, 1つのフェニルピリジナトを別のアニオン性キレートと置換した錯体は同様に中性錯体であり, EL素子作成のための昇華性を示す. 典型的なモノアニオン性キレート配位子であるアセチルアセトナート(acac$^-$)を導入したこの錯体においても緑色りん光が発現し, [Ir(ppy)$_3$]より高いEL変換効率を示すことから注目された.

【調製法】[Ir(ppy)$_2$Cl]$_2$に対し3当量の2,4-ペンタンジオンおよびNa$_2$CO$_3$とともに2-エトキシエタノール中で12~15時間還流する. 室温まで冷却後, 得られた沈殿をろ別し, 水, エーテル, n-ヘキサンで洗浄後, カラムクロマトグラフィーで精製する. 収率83%[1].

【性質・構造・機能・意義】溶液中で極大波長516 nmの緑色発光を示し, ^{3}MLCT(metal-to-ligand charge transfer)状態由来の発光と帰属されている. 77Kおよび298Kにおける寿命は, それぞれ, 3.2および1.6 μsである(室温の発光量子収率0.34(±20%)). 分子構造は*trans*-N,N'配置をとる. 結晶は斜方晶に属し, 隣接する分子間にはppyを介した積層相互作用が存在する. 粉末試料は黄緑色発光を示し(540 nm), 溶液よりもレッドシフトすることからエキシマー由来の発光と考えられる. また本錯体を利用したOLED素子は100%に近い内部変換効率を示す[2].

【関連錯体の紹介およびトピックス】これまでに多くのppy誘導体を用いた類似錯体が合成され光化学的性質が報告されている[1]. シクロメタレート側の置換基の効果に比べ, acac側の置換は光化学特性に対する影響は小さい.

【加藤昌子・張 浩徹】

【参考文献】
1) S. Lamansky *et al.*, *Inorg. Chem.*, **2001**, *40*, 1704.
2) C. Adachi *et al.*, *J. Apply. Phys.*, **2001**, *90*, 5048.

IrC₂N₃O

【名称】［bis｛2-（4′,6′-difluorophenyl）-pyridinato｝（2-picolinato）］iridium(III)：［Ir(Fppy)₂(pic)］

【背景】シクロメタレート型イリジウム(III)錯体がりん光材料として，高効率のエレクトロルミネセンス(EL)を示すことが見いだされると，関連の配位子を用いて，種々の発光色を示すイリジウム錯体が探索された．その中で本錯体(通称FIrpic)は，F原子とpicの導入により青色りん光を発現する系として合成され，青色EL素子が作製された[1]．

【調製法】不活性雰囲気下，［Ir(Fppy)₂Cl］₂と2当量のHpicを1,2-ジクロロエタン中，16時間還流する．室温まで冷却後，減圧下で溶媒を除き，得られた粗生成物をMeOHで洗浄する．クロマトグラフィーにより精製し単離される．収率75%[1]．

【性質・構造・機能・意義】本錯体は，室温ジクロロメタン溶液中471 nmに発光極大を示し，量子収率0.89，発光寿命1.7 μsである[2]．導電性ホストである4,4′-N,N′-ジカルバゾールビフェニル(CBP)を利用したOLED素子においては，発熱的なエネルギー移動を利用した青色発光素子(470 nm)の開発に成功している(CIE色度：$x=0.16, y=0.33$，外部量子効率：$5.7 \pm 0.3\%$)[1]．さらに，CBPより高い三重項エネルギーをもつホスト4,4′-N,N′-ジカルバゾール-2,2′-ジメチルビフェニル(CDBP)をホスト材料に用いることにより，外部量子効率10.4%のEL素子が作製された[3]．

【関連錯体の紹介およびトピックス】青色発光を示すイリジウム錯体として，その他FIrpicのpic配位子をtetrakis(1-pyrazolyl)borateに置換した錯体(FIr6)が報告されている(発光極大457 nm)[2]．

【加藤昌子・張　浩徹】

【参考文献】
1) C. Adachi *et al., Appl. Phys. Lett.*, **2001**, *79*, 2082.
2) A. Endo *et al., Chem. Phys. Lett.*, **2008**, *460*, 155.
3) S. Tokito *et al., Appl. Phys. Lett.*, **2003**, *83*, 569.

IrC$_2$P$_2$

【名称】 *trans*-chlorocarbonylbis(triphenyl-phosphine)iridium(I): *trans*-[IrCl(CO)(PPh$_3$)$_2$]

【背景】 本錯体は1961年にVaskaらによって合成され，Vaska錯体（Vaska's complex）と呼ばれている．本錯体の発見および反応性の研究が，有機金属化学で最も重要な素反応の1つである酸化的付加反応の概念の確立に大きく寄与した．

【調製法】 ①イリジウム三塩化物と5倍モル量のPPh$_3$をDMFに溶解し，アニリンを加えて12時間加熱還流する．固体をろ別し，赤茶色の溶液に加温したメタノールを加えて撹拌した後，氷浴で冷却することで黄色結晶が得られる．メタノール，ジエチルエーテルで洗浄する（収率87〜90％）[1]．②ヘキサクロロイリジウム酸ナトリウムの2-メトキシエタノール溶液にCOを通じながら135分加熱還流する．溶液を冷却し，PPh$_3$を加え，10分間還流した後冷却すると目的物が析出する．トルエンから再結晶する[2]．③塩化イリジウム三塩化物あるいはヘキサクロロイリジウム酸アンモニウムと10〜20倍モル量のPPh$_3$をアルコール中で加熱する．アルコールとして高沸点のエチレングリコールなどを用いて190〜270℃で反応することにより，76〜86％の収率で得られる[3]．

【性質・構造・機能・意義】 空気中で安定な淡黄色固体であり，融点は327〜8℃である．トルエン，クロロホルムに可溶で，ジエチルエーテル，アルコール類には不溶である．溶液中では酸素と付加体を生成する．この錯体は平面四配位構造を有しており，CO配位子とCl配位子がお互いにトランス位に位置している．IRスペクトル（nujol）では，ν(CO)が1953 cm^{-1}に観測される．結晶構造は，結晶溶媒を含まないもの[4]とCH$_2$Cl$_2$を結晶溶媒に含むもの[5]の2種類が知られている．Cl-Ir-CおよびP-Ir-Pの角度はそれぞれ178.08(40)°，180.00°である．二分子のCH$_2$Cl$_2$を結晶溶媒に含む系では，溶媒のH原子とCO配位子，Cl配位子間に相互作用が見られる．本化合物はd^8錯体であり，平面型16電子構造を有し，配位的に不飽和であるため，種々の化合物と反応する．ハロゲン化アルキル，Cl$_2$，SnCl$_4$との反応ではトランス付加体を，H$_2$との反応ではシス付加体を与える．O$_2$およびアルキンの反応ではこれらが付加した八面体型の錯体が得られる[6]．本錯体を触媒に用いた反応として，アルケン・アルキンの水素化，ギ酸からα,β-不飽和カルボニル化合物への水素移動反応，芳香族酸クロリドの脱カルボニル化反応，アルケンのヒドロシリル化，ヒドロボリル化反応などが知られている[7]．

【関連錯体の紹介およびトピックス】 種々の三級ホスフィン・アルシンを有する類似錯体*trans*-[IrX(CO)L$_2$]（X=Cl, Br, I; L=PMe$_3$, PEt$_3$, PMe$_2$Ph, AsMe$_2$Phなど）が合成されており，Vaska型錯体と呼称され，種々の反応性が研究されている[8]．Rh類縁体はVaska型ロジウム錯体と呼ばれる．*trans*-[RhCl(CO)(PPh$_3$)$_2$]は，カルボニル化反応，脱カルボニル化反応，ヒドロメタル化反応など，多彩な合成反応の触媒として用いられる[9]．

〔小泉武昭〕

【参考文献】
1) K. Vrieze *et al., Inorg. Synth.*, **1968**, *11*, 101.
2) J. Chatt *et al., J. Chem. Soc. A*, **1967**, 604.
3) L. Vaska *et al., J. Am. Chem. Soc.*, **1961**, *83*, 2784.
4) M. R. Churchill *et al., J. Organomet. Chem.*, **1988**, *340*, 257.
5) A. J. Blake *et al., Acta Crystallogr. C*, **1991**, *C47*, 657.
6) G. J. Leigh *et al.*, "*Comprehensive Organomet al., lic Chemistry, Vol. 5*", G. Wilkinson *et al.*, (eds.), Pergamon, **1982**, p.541.
7) S. A. Westcott, "*Encyclopedia of Reagents for Organic Synthesis 2nd Ed.*", L. A. Paquette *et al.*, (eds.), Wiley, **2009**, p.2084.
8) For examples, see: a) A. J. Deeming *et al., J. Chem. Soc., (A)*, **1968**, 1887; b) *J. Chem. Soc., (A)*, **1969**, 1802.
9) K. Kikukawa *et al.*, "*Encyclopedia of Reagents for Organic Synthesis 2nd Ed.*", L. A. Paquette *et al.*, (eds.), Wiley, **2009**, p.2085.

IrC$_3$N$_3$

光

【名称】 *fac*-tris[1-phenylisoquinolinato-C^2-N]iridium-(III)：*fac*-[Ir(piq)$_3$]

【背景】 緑色発光を示すりん光性錯体であるトリス(2-フェニルピリジナト)イリジウム(III)錯体のピリジン環の拡張型であるイソキノリノラト配位子を導入した錯体である．ピリジン環より電子受容性の高いイソキノリン環の導入により，^{3}MLCT励起エネルギーを低下させる効果があり，赤色発光材料として注目を集めている．

【調製法】 [Ir(acac)$_3$]と1-フェニルイソキノリンをグリセロール中で6時間還流後，1 M HCl水溶液を加え生じた沈殿をろ過し，水で洗浄し乾燥する．シリカゲルカラムクロマトグラフィーにて精製する．収率27%[1]．マイクロ波加熱を用いる合成法も開拓され反応時間と収率の大幅な改善も実現されている．

【性質・構造・機能・意義】 結晶構造解析から*fac*体であることが確認されている．立体的に込みいったpiq配位子のイソキノリン環とフェニル環は互いにねじれている．DFT計算からHOMOはIrとフェニル環上に分布する一方，LUMOは主にpiq環に局在化している．298 Kのトルエン溶液中，620 nmに^{3}MLCT状態からの発光極大を示し，量子収率は0.26である．高いりん光量子収率は大きい輻射速度定数(3×10^5 s^{-1})に基づくとされている．本錯体を用いたOLED素子は最大輝度11000 cd/m^2(8.3 V)を示し，100 cd/m^{2}において効率8.0 lm/Wおよび外部量子収率は10.3%である(CIE色度：$x=0.68$, $y=0.32$)．

【関連錯体の紹介およびトピックス】 様々な置換基の導入効果が検討されている．電子吸引基の導入により発光波長は短波長化すると同時に発光量子収率は増大する．

【加藤昌子・張　浩徹】

【参考文献】

1) A. Tsuboyama *et al., J. Am. Chem. Soc.*, **2003**, *125*, 12971.

IrC$_3$N$_3$

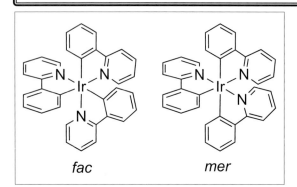

【名称】 tris[(2-phenylpyridinato)-C^2-N]-iridium(III):[Ir(ppy)$_3$]

【背景】 2-フェニルピリジンのフェニル基の2位のプロトンが脱離したモノアニオンが3つ配位したシクロメタレート型錯体である.*facial*体(*fac*)[1]と*meridional*体(*mer*)の幾何異性体が存在し,それぞれ熱力学的および速度論的生成物として合成されている.*fac*体は常温で緑色の強いりん光を発するが,*mer*体の発光は*fac*体に比べて弱い.りん光性錯体は,エレクトロルミネセンス(EL)において,理論的に100%の量子効率が期待されることから注目された.1985年にWattsらにより合成され,2000年にThompsonらによりOLEDデバイスが作成されている.

【調製法】[2] *fac*体:[Ir(ppy)Cl$_2$]と2~2.5当量のHppyおよび5~10当量のK$_2$CO$_3$を不活性雰囲気下,グリセロール中200℃で20~24時間加熱後,室温まで冷却し脱気した水を加え得られた沈殿をろ過する.MeOH,エーテル,n-ヘキサンで洗浄後,カラムクロマトグラフィーにより精製され黄色固体として得られる.収率79%.*mer*体:*fac*体の合成条件と類似した方法で合成されるが,反応は140~145℃で20~24時間行う.熱力学的生成物である*fac*体に対し,*mer*体はより低い温度で合成することにより速度論的生成物として得られる.収率75%.*mer*体は,グリセロール中24時間還流,またはUV照射により*fac*体へと異性化する.

【性質・構造・機能・意義】 *fac*体および*mer*体は2-メチルテトラヒドロフラン中298Kにてそれぞれ510 nm(τ=1.9 μs)および512 nm(τ=0.15 μs)に^{3}MLCT状態からの発光を示す.当初,発光量子収率は0.40(*fac*体)および0.036(*mer*体)が報告された[2].その後より正確な量子収率が測定され,*fac*-[Ir(ppy)$_3$]は1に近い高発光量子収率を示すことが明らかとなった(室温,CH$_2$Cl$_2$溶液0.89[3],2MeTHF溶液0.97[4]).これらの錯体は中性であることから蒸着法による薄膜作製が可能であり,数多くのELデバイスが報告されている.これらのりん光特性はシクロメタレート型配位子の強いσ供与性により得られた大きな配位子場により,d-d状態経由の無輻射失活が抑制されるためと考えられている.

【関連錯体の紹介およびトピックス】 これまでに種々のシクロメタレート型配位子を用いて,様々な色の発光を示すトリス型錯体やビス型錯体が合成され,発光特性や光化学的性質が報告されている[2].

【加藤昌子・張　浩徹】

【参考文献】
1) K. A. King *et al., J. Am. Chem. Soc.*, **1985**, *107*, 1431.
2) A. B. Tamayo *et al., J. Am. Chem. Soc.*, **2003**, *125*, 7377.
3) A. Endo *et al., Chem. Phys. Lett.*, **2008**, *460*, 155.
4) T. Sajoto *et al., J. Am. Chem. Soc.*, **2009**, *131*, 9813.

IrC₄NP

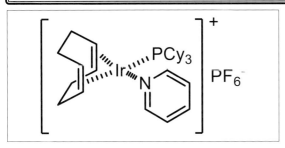

【名称】(η^4-1,5-cyclooctadiene)(pyridine)(tricyclohexylphosphine)iridium(I) hexafluorophosphate; [Ir(cod)(Py)(PCy₃)]PF₆ (COD=1,5-cyclooctadiene; Py=pyridine; Cy=cyclohexyl; Crabtree's catalyst)

【背景】均一系水素化触媒としてしばしば用いられるWilkinson錯体([RhCl(PPh₃)₃], p. 680参照)は,第二遷移元素であるロジウムを中心金属とした錯体である.それに対し,第三遷移元素であるイリジウムを中心金属とする同タイプの錯体([IrCl(PPh₃)₃])は水素化反応に対する触媒活性を有さない.不可逆的に水素と反応し,安定なヒドリド錯体である[IrClH₂(PPh₃)₃]を生成するためである.Crabtreeらは1977年に本錯体([Ir(cod)(Py)(PCy₃)]PF₆)の合成に成功し,本錯体を触媒として用いたアルケンの水素化反応を開発した[1].

【調製法】試薬メーカー各社から市販されているが,下記の方法によって合成できる.まず,[{Ir(cod)}₂(μ-Cl)₂](p. 411参照)とピリジンおよびKPF₆を脱気したアセトン/水(1/1)混合溶媒中室温で撹拌することにより,[Ir(cod)Py₂]PF₆を得る.減圧下でアセトンを留去し,析出した黄色の錯体を窒素下でろ取する.結晶は脱気した水で洗浄した後に減圧乾燥する.この錯体は空気に対してやや不安定である.次に,[Ir(cod)Py₂]PF₆とトリシクロヘキシルホスフィンを脱気したメタノール中,アルゴン雰囲気下室温で撹拌することにより[Ir(cod)(Py)(PCy₃)]PF₆が得られる.減圧下でメタノールを留去し,エーテルを加えて氷冷することで,オレンジ色の固体が析出する.これをろ取し,エーテルで洗浄した後,減圧乾燥する(収率97%).なお,本錯体の合成法は他にもいくつか報告されている[1,2].

【性質・構造・機能・意義】この錯体は空気に対して安定である.ジクロロメタン,クロロホルム,アセトンに可溶で,アルコール,水,ベンゼン,エーテル,ヘキサンには不溶である.ジクロロメタン/エーテルの混合溶媒を用いて再結晶できる.この錯体の結晶構造はAbbassioun, Hitchcock, Chalonerによって解析され,4配位の平面正方形型構造であることが確認されている[3].

この錯体は非配位性溶媒であるジクロロメタン中でアルケンの水素化反応を行うと高活性を示す.特に,多置換アルケンの水素化には高い効果があり,Wilkinson錯体と比較しても非常に高い触媒活性を有する.本錯体は水素化反応の際,まずシクロオクタジエン配位子が水素によってシクロオクタンへと還元されるとともに,カチオン性のイリジウム(III)ヒドリド錯体が生成する.このカチオン性イリジウム(III)ヒドリド錯体が真の触媒活性種であると考えられている.このカチオン性錯体は単結晶X線構造解析および低温での^{1}H NMR測定により構造が決定されており,1つの水素原子が3つのイリジウム原子を架橋した三核イリジウム錯体([(H₂PyPyCy₃Ir)₃(μ_3-H)]PF₆)である[4].それまで第一,および第二遷移元素と比べて触媒活性が低いと考えられてきた第三遷移元素に属するイリジウムが,このような高い触媒活性を示したことは,当時としては驚くべきことであった.この,Crabtree触媒を用いたアルケンの水素化はカルボニル基などを水素化することなく,多置換アルケンを選択的に水素化できるため,現在では信頼できる水素化反応の1つとして,天然物の全合成などにも応用されている.

【関連錯体の紹介およびトピックス】ビスピリジン錯体[Ir(cod)Py₂]PF₆およびビスホスフィン錯体[Ir(cod)(PR₃)₂]PF₆,ホスフィンの異なるいくつかの類似錯体[Ir(cod)(Py)(PR₃)]PF₆が報告されている.また,対アニオンの異なる錯体もいくつか報告されている.Pfaltzらは,この錯体の多置換アルケンの還元反応に対する高い触媒活性に着目し,光学活性なホスフィノオキサゾリン(PHOX)を配位子として有するカチオン性イリジウムジエン錯体を用いた高エナンチオ選択的な還元反応を開発した[5].

【小野寺 玄】

【参考文献】
1) a) R. H. Crabtree *et al., J. Organomet. Chem.,* **1977**, *135*, 395; b) R. H. Crabtree *et al., J. Organomet. Chem.,* **1977**, *141*, 205.
2) 日本化学会編,有機金属化合物・超分子錯体(第5版 実験化学講座 21巻),丸善,**2004**, p. 282.
3) M. S. Abbassioun *et al., Acta Cryst.,* **1989**, *C45*, 331.
4) R. H. Crabtree *Acc. Chem. Res.,* **1979**, *12*, 331.
5) a) S. P. Smidt *et al., Chem. Eur. J.,* **2004**, *10*, 4685; b) B. Wüstenberg *et al., Adv. Synth. Catal.,* **2008**, *350*, 174.

IrC$_6$Cl$_2$

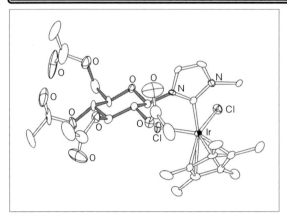

【名称】［(1-methyl-3-(2,3,4,6-tetra-*O*-acetyl-*β*-D-glucopyranosyl)imidazol-2-ylidene)dichloro(η^5-1,2,3,4,5-pentamethylcyclopentadienyl)iridium：[IrCp*Cl$_2$(magi)]］

【背景】*N*-ヘテロ環カルベン(NHC)配位子は，*σ*供与性が強く，*N*-置換基を変えることで立体的，電子的性質を容易に制御することができる．そこで，第2世代Grubbs触媒に代表される，NHC錯体の触媒への利用が研究されている．一方，生体内において，糖は分子認識に重要な役割を担っている．水溶性や分子認識，キラリティーなどの糖の性質は，錯体化学の分野でも注目されており，金属錯体に糖を導入する試みが行われてきた．これは，西岡らにより，糖を導入したNHCが配位した錯体の最初の合成例である[1]．

【調製法】臭化-2,3,4,6-テトラ-*O*-アセチル-*α*-D-グルコピラノースと過剰量の1-メチルイミダゾールの反応により配位子前駆体，臭化-3-メチル-1-(2,3,4,6-テトラ-*O*-アセチル-*β*-D-グルコピラノシル)イミダゾリウム([magiH]Br)を合成する．[magiH]Brと過剰量の酸化銀をジクロロメタン中で反応させることで銀錯体[AgBr(magi)]がほぼ定量的に得られる．この銀錯体をジクロロメタン中で[IrCp*Cl(μ-Cl)]$_2$(Cp*=η^5-1,2,3,4,5-ペンタメチルシクロペンタジエニル)と反応させ，生成したAgBrの沈殿をろ過でのぞき，ろ液の溶媒を除去すると，[IrCp*Cl$_2$(magi)]がオレンジ色の固体として得られる．

【性質・構造・機能・意義】この錯体は，結晶構造が得られており，単位格子中に独立した2分子が存在する．それぞれの分子の構造はほぼ同じであり，結晶中では他の回転異性体は存在しない．イリジウム中心には，NHC配位子とCp*配位子が1つずつと，塩化物イオン配位子が2つ配位しており，イリジウム中心周りの結合距離は，イリジウム-カルベン炭素間が2.042(8)，2.054(7) Å，イリジウム-塩素間が2.421(2)～2.446(2) Å，イリジウム-Cp*炭素間が2.117(11)～2.232(9) Åで，糖を導入していないNHC配位子をもつ類似の錯体，[IrCp*Cl$_2$(IBz)][4](IBz=1-ベンジル-3-メチルイミダゾール-2-イリデン)，の結合距離と大差ない．Cp*配位子は，D-グルコピラノシル基のより立体障害の小さい*α*面側に位置している．NOESY測定で，Cp*配位子のメチル基のプロトンとD-グルコピラノシル基の1位と5位のプロトンの間にNOE相関が見られることから，溶液中でもこの構造が保たれていると考えられる．

メタノールを溶媒とした電子スプレーイオン化質量分析では，塩化物配位子2つとアセチル保護基1つが脱離したイオン[M−2Cl−AcO]$^+$が，メインピークとして観測される．

この錯体は，ジクロロメタンやアセトニトリルなどの有機溶媒および水に可溶であり，有機溶媒中や水溶液中でH-D交換反応を触媒する．基質が2-プロパノールの場合，重メタノール中では，すべての水素原子が重水素化されたのに対し，重水中では，メチン水素のみが選択的に重水素化される．

【関連錯体の紹介およびトピックス】他の糖修飾NHC錯体として，Ni錯体，Ru錯体，Pd錯体，Pt錯体が報告されている[2]．Ru錯体は，第2世代Grubbs触媒に糖を導入したもので，オレフィンメタセシス反応の触媒能が調べられている．Pd錯体ではC-Cカップリング反応の触媒能，Pt錯体では抗がん作用が調べられている．また，ピコリル基を側鎖にもつ糖修飾NHC-Ir錯体も合成されている．この錯体では，IrにNHC，Cp*，ピコリル基，および塩化物イオンが配位しており，金属が不斉点となっている．糖部位に異なるアノマー異性をもつNHC配位子を用いることで，金属中心周りの不斉が異なる錯体が，ジアステレオ選択的に生成することが報告されている．

【西岡孝訓】

【参考文献】
1) T. Nishioka *et al., Organometallics*, **2007**, *26*, 1126.
2) a) W. A. Herrmann *et al., Angew. Chem. Int. Ed.*, **2002**, *41*, 1290; b) Y. Mikata *et al., Inorg. Chem.*, **2006**, *45*, 1543; c) R. Corberán *et al., J. Am. Chem. Soc.*, **2006**, *128*, 3974; d) T. Shibata *et al., Dalton Trans.*, **2011**, *40*, 6778; e) B. K. Keitz *et al., Organometallics*, **2010**, *29*, 403; f) F. Tewes *et al., J. Organomet. Chem.*, **2007**, *692*, 4593; g) M. Skander *et al., J. Med. Chem.*, **2010**, *53*, 2146; h) T. Shibata *et al., Dalton Trans.*, **2011**, *40*, 4826.

IrNb$_3$W$_{15}$C$_4$O$_{62}$

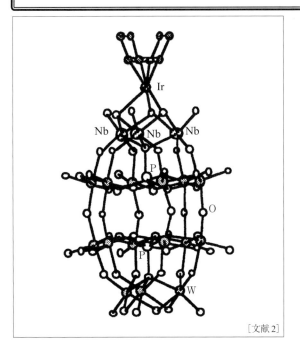

[文献2]

【名称】 diphosphotriniobdo-pentadeca tungstate-supported iridium(I)complex: Na$_3$[(n-C$_4$H$_9$)$_4$N]$_5$[Ir(α-P$_2$W$_{15}$Nb$_3$-O$_{62}$){η^4-C$_4$H$_{12}$}]

【背景】 ジホスホ十八タングステン酸イオン([P$_2$W$_{18}$O$_{62}$]$^{6-}$)は,その構成元素である18個のタングステン原子のうちの3個のWO$_6$八面体を欠損させることにより三欠損部位をもつポリオキソアニオンを誘導することができる.また,その三欠損部位にタングステン(VI)イオンよりも酸化数の小さい金属イオンを配位(置換)させることで,表面酸素の負電荷密度が増大し,カチオン性の有機金属種が配位(担持)できるようになる.本化合物は,3個のニオブ(V)イオンが欠損部位に置換したポリオキソアニオン([B-α-P$_2$W$_{15}$Nb$_3$-O$_{62}$]$^{9-}$)に[Ir(η^4-C$_4$H$_{12}$)]$^+$が配位した化合物(Na$_3$[(n-C$_4$H$_9$)$_4$N]$_5$[Ir(P$_2$W$_{15}$Nb$_3$O$_{62}$){η^4-C$_4$H$_{12}$}])の合成に成功した例である[1]).

【調製法】 ドライボックス中(酸素濃度1 ppm以下)で,[(n-C$_4$H$_9$)$_4$N]$_9$[B-α-P$_2$W$_{15}$Nb$_3$O$_{62}$]のアセトニトリル溶液に,[Ir(η^4-C$_4$H$_{12}$)(CH$_3$CN)$_2$]BF$_4$を化学量論的に加え撹拌後,NaBF$_4$を加える.得られた溶液をアセトニトリル/酢酸エチルからの再沈殿により精製すると,Na$_3$[(n-C$_4$H$_9$)$_4$N]$_5$[Ir(P$_2$W$_{15}$Nb$_3$O$_{62}$){η^4-C$_4$H$_{12}$}]の黄色粉体が得られる.

【性質・構造・機能・意義】 本化合物は,空気中で不安定な黄色の粉体で,アセトニトリル,ジメチルスルホキシドなどの有機溶媒に可溶である.

アセトニトリル中で測定した超遠心沈降平衡法による分子量測定では,6000±600(計算値:5670)を観測しており,本ポリオキソアニオンは溶液状態で単量体構造を保持している.ジメチルスルホキシド-d$_6$中で測定した^{31}P NMRスペクトルは,-8.2 ppmと-14.1 ppmに等強度の2本線スペクトルを観測している.これは,[B-α-P$_2$W$_{15}$Nb$_3$O$_{62}$]$^{9-}$中の2個のリン原子に対応しており,ニオブ(V)三置換部位に近いほうのリン原子が-8.2 ppmに,遠いほうが-14.2 ppmに観測されている.同重溶媒中で測定した^{183}W NMRスペクトルでは,-194.0,-150.3,-125.0 ppmに3本のシグナルを観測しており,これらのシグナルはニオブ(V)置換サイトに最隣接している6個のタングステン原子,その隣に位置する6個のタングステン原子,ニオブ(V)三置換部位から最も離れたところに位置している3個のタングステン原子に対応して概ね2:2:1の強度比で観測されている.このことは,[Ir(η^4-C$_4$H$_{12}$)]$^+$がニオブ(V)三置換部位の中心に位置していることを示している.ジメチルスルホキシド-d$_6$中で測定した^{1}H NMRスペクトルは1.87,2.28,3.99 ppmに,同重溶媒中で測定した^{13}C NMRスペクトルは31.4,55.8 ppmにそれぞれ1,5-シクロオクタジエンに対応するシグナルを観測しており,このことはIr(I)中心が5配位であることを示している[2]).

本化合物は,酸化触媒[3,4]やIr(0)ナノクラスター調製のための前駆体として用いられている[5]).

【関連錯体の紹介およびトピックス】 カチオン性の有機金属種が配位したポリオキソメタレートとして,Na$_3$[(n-C$_4$H$_9$)$_4$N]$_5$[Rh(α-P$_2$W$_{15}$Nb$_3$O$_{62}$){η^4-C$_4$H$_{12}$}][1,2]やNa$_2$[(n-C$_4$H$_9$)$_4$N]$_4$[Ir(α-SiW$_9$Nb$_3$O$_{40}$){η^4-C$_4$H$_{12}$}][6]などの報告もある.

【加藤知香】

【参考文献】
1) R. G. Finke et al., Inorg. Synth., **1997**, *31*, 186.
2) R. G. Finke et al., Inorg. Chem., **1995**, *34*, 1413.
3) R. G. Finke et al., J. Catal., **1991**, *128*, 84.
4) R. G. Finke et al., J. Mol. Catal A: Chem., **2003**, *191*, 253.
5) R. G. Finke et al., J. Am. Chem. Soc., **1994**, *116*, 8335.
6) R. G. Finke et al., Inorg. Chem., **1993**, *32*, 6040.

$Ir_2C_4N_4$

Ir = Ir(CO)₂ の構造図

【名称】β-alkyl substituted [22]selenasapphyrin bis-iridium(I) complex

【背景】環拡張ポルフィリンには，ピロールユニットをフラン，チオフェン，セレノフェンなどに置き換えた Core-modified タイプのものも多く報告されている[1]．ペンタフィリン(1.1.1.1.0)(慣用名サフィリン)ははじめて発見された環拡張ポルフィリンであり，Core-modified サフィリンとしてオキササフィリン，チアサフィリンなどが知られている[2]．上記はセレナサフィリンのイリジウム(I)二核錯体である[3]．一般的にジピリン部位は，ロジウム(I)ジカルボニル錯体やイリジウム(I)ジカルボニル錯体を形成する[4]．

【調製法】アルゴン下，セレナサフィリンのベンゾニトリル溶液中に，4当量の $IrCl(CO)_3$ を加え95℃で3日間攪拌する．その後シリカゲルカラムクロマトグラフィーにより精製する(収率49%)．

【性質・構造・機能・意義】錯体の吸収スペクトルは，$CHCl_3$ 中，λ_{max}[nm]: 525, 627, 689, and 756 に観測される．錯体の構造は，ジピリン部位がそれぞれのイリジウム(I)ジカルボニルに配位しており，イリジウムは環の上と下へと張り出している．ビピロール部位のピロール二面角は46°，イリジウム間距離は4.23Å，イリジウムはほぼ平面四配位を形成している．このような Core-modified タイプの特徴として，フランやチオフェンではイミン型ピロールのように共役系がヘテロ元素上を通ることはない点，ヘテロ元素の金属配位能がほとんどない点が挙げられる．ただし最近になって，チオフェンを多く含む環拡張ポルフィリンの水銀選択的カチオン捕捉能が注目されている[5]．

【関連錯体の紹介およびトピックス】サフィリンとその類縁体では，他にもロジウム(I)二核錯体，コバルト(II)単核錯体などが知られている[6]．

【齊藤尚平・大須賀篤弘】

【参考文献】
1) a) T. K. Chandrashekar *et al.*, *Acc. Chem. Res.*, **2003**, *36*, 676; b) R. Misra *et al.*, *Acc. Chem. Res.*, **2008**, *41*, 265.
2) a) V. J. Bauer *et al.*, *J. Am. Chem. Soc.*, **1983**, *105*, 6529; b) M. J. Broadhurst *et al.*, *J. Chem. Soc. Perkin I*, **1972**, 2111; c) J. L. Sessler *et al.*, *Synlett*, **1991**, *3*, 127.
3) J. Lisowski *et al.*, *Inorg. Chem.*, **1995**, *34*, 3567.
4) a) J. L. Sessler *et al.*, *Inorg. Chem.*, **1998**, *37*, 2073; b) S. Mori *et al.*, *Inorg. Chem.*, **2005**, *44*, 4127; c) J. Setsune *et al.*, *Chem. Commun.*, **2008**, 1425; d) H. Rath *et al.*, *Chem. Commun.*, **2009**, 3762.
5) D. Wu *et al.*, *Angew. Chem. Int. Ed.*, **2008**, *47*, 193.
6) J. L. Sessler *et al.*, *Acc. Chem. Res.*, **2007**, *40*, 371.

Ir₂C₈Cl₂

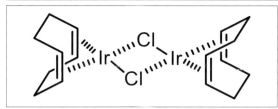

【名称】di-μ-chlorobis[(1,2,5,6-η)-1,5-cyclo octadiene]-diiridium(I): [Ir(cod)Cl]₂

【背景】この錯体は1965年，イリジウムおよびロジウムの共役ジエンやモノエン錯体の合成研究を行っていたWinkhausとSingerによってはじめて報告された[1]．

【調製法】ALDRICH社やSTREM社から市販されている．出発物質としてIrCl₃·3H₂Oを用いる製法(**1**)と，(NH₄)₂IrCl₆を用いる製法(**2**)とがある．(**1**) IrCl₃·3H₂Oと1,5-シクロオクタジエンをエタノール/水混合溶媒中で24時間還流する．室温まで冷却した後にろ過を行う．得られた橙赤色の固体をメタノールで洗浄し，減圧乾燥することで，[Ir(cod)Cl]₂が得られる．(**2**) (NH₄)₂IrCl₆と1,5-シクロオクタジエンを2-プロパノール/水の混合溶媒中で100℃に加熱して18時間反応させる．橙赤色の固体が析出する．室温まで冷却した後に，ろ過を行う．得られた固体を水，続いて0℃に冷却したエタノールで洗浄し，減圧乾燥することで，[Ir(cod)Cl]₂が得られる．さらに精製が必要な場合は次のように行う．粗生成物の飽和塩化メチレン溶液に等体積のエタノールを加え，減圧下で体積が半分になるまでゆっくり濃縮する．濃縮中に溶液は−30℃になる．析出した結晶をろ取し，前述のように洗浄する[2]．

【性質・構造・機能・意義】橙赤色結晶として得られ空気中で安定な錯体である．クロロホルム，ベンゼンには可溶であり，アセトンに対してはこれらの溶媒に比べてやや溶けにくい．エーテルに対しては難溶である．この錯体のIRスペクトルには，1002 cm⁻¹，980 cm⁻¹，970 cm⁻¹，907 cm⁻¹に特徴的なピークが見られる．¹H NMRスペクトルでは4.3 ppmにビニル基C-Hのピークが観測される．[Ir(cod)Cl]₂は様々なイリジウム錯体を合成する出発物質として用いられる．

トリフェニルホスフィンとの反応によって，IrCl(PPh₃)₃が得られる[3]．AgBF₄との反応によって，カチオン性錯体である[Ir(cod)₂]BF₄が得られる[4]．

本錯体は，種々の配位子の存在下均一系触媒前駆体として用いられる．本錯体と不斉配位子とを用いたアルケンの不斉水素化が注目を集めている．これまでに報告された不斉水素化では，アルケン部位近傍に官能基やヘテロ原子を有する基質については，高いエナンチオ選択性が達成されてきたが，官能基やヘテロ原子のない三置換および四置換アルケンの不斉水素化反応は極めて困難であった．Pfaltzは，ホスフィン-オキサゾリン配位子を用い官能基のない三置換アルケンの不斉水素化を行い，エナンチオマー過剰率98% eeで生成物を得た．さらに，ピリジン-ホスフィナイト配位子を用いて3つのアルキル基が置換した三置換アルケンの不斉水素化を行い，エナンチオマー過剰率98% eeで生成物を得た[5]．

本錯体は，水素化反応だけでなく炭素-炭素結合および炭素-ヘテロ原子結合生成反応の触媒前駆体として有用であることが近年明らかとなってきた．アリル位置換反応の触媒として用いることができ，高い分岐選択性を示すのが特徴である．アリルエステルの酸化的付加によってπ-アリルイリジウム中間体が生成し，マロン酸エステルやβ-ケトエステルのエノラートおよびアミンと反応する[6]．Hartwig, Helmchenらは[Ir(cod)Cl]₂/光学活性ホスホラミダイト配位子を用いる不斉アリル位置換反応を開発した[7]．

アルキンの環化三量化反応において，[Ir(cod)Cl]₂/ジホスフィン触媒系が高い触媒活性を示すことが報告されている[8]．

【関連錯体の紹介およびトピックス】類似のアルケン錯体([Ir(cot)₂Cl]₂)は，1972年にOnderdelindenとvan der Entによって合成されている[9]．　　　　　　【武内　亮】

【参考文献】
1) G. Winkhaus *et al., Chem. Ber.*, **1966**, *99*, 3610.
2) 日本化学会 編, 有機金属化合物・超分子錯体（第5版 実験化学講座 21巻）, 丸善, **2004**, p. 275.
3) M. A. Bennett *et al., Inorg. Synth.*, **1989**, *26*, 200.
4) T. G. Schenck *et al., Inorg. Chem.*, **1985**, *24*, 2334.
5) a) A. Lightfoot *et al., Angew. Chem. Int. Ed.*, **1998**, *37*, 2897; b) S. Bell *et al., Science*, **2006**, *311*, 642.
6) a) R. Takeuchi *et al., J. Am. Chem. Soc.*, **1998**, *120*, 8647; b) R. Takeuchi *et al., J. Am. Chem. Soc.*, **2001**, *123*, 9525.
7) a) G. Helmchen *et al., Chem. Commun.*, **2007**, 675; b) J. F. Hartwig *et al., Acc. Chem. Res.*, **2010**, *43*, 1461.
8) S. Kezuka *et al., J. Org. Chem.*, **2006**, *71*, 543.
9) A. L. Onderdelinden *et al., Inorg. Chim. Acta*, **1972**, *6*, 420.

$Ir_2C_{10}S_2Cl_2$

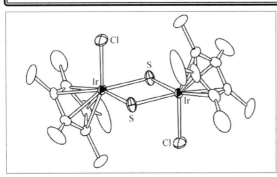

【名称】[dichlorodi-μ-mercaptobis{(1,2,3,4,5-η^5)-1,2,3,4,5-pentamethylcyclopentadienyl}diiridium(+3)]: [IrCp*Cl]$_2$-(μ-SH)$_2$

【背景】多核金属硫化物クラスターは，多くの酵素の活性中心や，水素化脱硫反応などの様々な触媒プロセスと密接にかかわっている．硫化物イオンやセレン化物イオンあるいは水硫化物イオンなどのカルコゲンを含む架橋配位子をもつ二核金属錯体は，多核混合金属クラスターの合成のためのよい原料となる．これらの二核錯体を用いることで，様々な多核混合金属錯体が合成され，その触媒能などが調べられている．

【調製法】[IrCp*Cl]$_2$(μ-Cl)$_2$]のジクロロメタン溶液を硫化水素ガス雰囲気下で5分間撹拌することで，目的の錯体が得られる．撹拌時間を15時間にすると，[IrCp*Cl]$_2$(μ-SH)$_3$Clが生成する[1,2]．

【性質・構造・機能・意義】X線結晶構造解析では，この錯体は，2つのイリジウム原子間に結晶学的な反転中心をもち，2つの架橋SH配位子の水素原子が互いに逆方向を向いた anti 異性体となっている．また，イリジウム原子間の距離は3.6540(6) Åであり，金属原子間に結合はない．

この錯体の赤外吸収スペクトルでは，SH基に帰属される弱い吸収が2492 cm^{-1}に観測される．溶液中では，架橋SH基の水素原子が同じ向きの syn 異性体と反対向きの anti 異性体が約3：2で存在することが^{1}H NMRスペクトルより確認されている． syn および anti 異性体のSH基の^{1}H NMRシグナルは，それぞれ0.91と1.01 ppmに観測される．

この錯体は，多核錯体の合成のための原料として有用であり，過剰のトリエチルアミンとの反応では，四核キュバン型クラスター[IrCp*]$_4$(μ_3-S)$_4$]が生成する．この反応では，2つのクロロ配位子の脱離と架橋SH基の脱プロトン化により，硫化物配位子で架橋された二核錯体[IrCp*]$_2$(μ-S)$_2$]が中間体として生成していることが，^{1}H NMR測定から示されている．また，

様々な金属ソースを利用して，三核錯体が合成できる．FeCl$_2$・4H$_2$O，[{Rh(cod)}$_2$(μ-Cl)$_2$]，[Pd(PPh$_3$)$_4$]との反応では，それぞれ[(IrCp*)$_2$(FeCl$_2$)(μ_3-S)$_2$]，[(IrCp*)$_2$-{Rh(cod)}(μ_3-S)$_2$]$^+$，[(IrCp*)$_2${Pd(PPh$_3$)}(μ_3-S)$_2$]$^+$が生成する．[(IrCp*)$_2$(FeCl$_2$)(μ_3-S)$_2$]は，テトラヒドロフラン中でテトラフェニルホウ酸ナトリウムと作用させることにより，二核錯体を金属イオンで連結した図1のような構造をもつ五核錯体[(IrCp*)$_4$Fe(μ_3-S)$_4$]$^{2+}$を与える[3]．

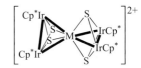

図1　五核錯体[(IrCp*)$_4$Fe(μ_3-S)$_4$]$^{2+}$の構造

同様の骨格構造をもつ五核錯体として[(IrCp*)$_4$Ni-(μ_3-S)$_4$]$^{2+}$や[(IrCp*)$_4$Co(μ_3-S)$_4$]$^{2+}$が，それぞれNiCl$_2$・6H$_2$OやCoCl$_2$との反応により合成されている．

【関連錯体の紹介およびトピックス】類似のロジウム錯体[(RhCp*Cl)$_2$(μ-SH)$_2$]やSeH架橋のイリジウム錯体[(IrCp*Cl)$_2$(μ-SeH)$_2$]が合成され，結晶構造が明らかにされている．また，混合水素化カルコゲニド架橋イリジウム錯体[(IrCp*Cl)$_2$(μ-SH)(μ-SeH)]についても合成されている．これらの錯体も，イリジウムSH架橋錯体と同様，多核錯体合成の有用な出発物質である．例えば，三重架橋セレン化物配位子をもつ[(IrCp*)$_2$-{PtCl(PPh$_3$)}(μ_3-Se)$_4$]$^{2+}$，[(IrCp*)$_4$Co(μ_3-Se)$_4$]$^{2+}$や，三重架橋硫化物配位子と三重架橋セレン化物配位子の両方をあわせもつ[(IrCp*)$_2$(PtCl$_2$)(μ_3-S)$_2$(μ_3-Se)$_2$]$^{2+}$，[(IrCp*)$_4$Fe(μ_3-S)$_2$(μ_3-Se)$_2$]$^{2+}$などの多錯体が合成されている．

類似のルテニウム錯体[(RuCp*Cl)$_2$(μ-SH)$_2$]も合成されている．イリジウム錯体とは異なり，2つの金属原子間の距離は2.850(2) Åで結合がある．金属間結合の存在は，ルテニウムが+3でd^5であるにもかかわらず，錯体が反磁性であることからも明らかである．この錯体は，トルエン中で還流することで，キュバン型四核錯体[(RuCp*)$_4$(μ-S)$_4$]$^{2+}$を与える．　【西岡孝訓】

【参考文献】
1) Z. Tang et al., Organometallics, **1997**, 16, 151.
2) Z. Tang et al., Inorg. Chim. Acta, **1998**, 267, 73.
3) Z. Tang et al., Inorg. Chem., **1998**, 37, 4909.
4) S. Nagao et al., J. Organomet. Chem., **2003**, 669, 124.
5) K. Hashizume et al., Organometallics, **1996**, 15, 3303.

Ir$_3$RuC$_{15}$N$_3$S$_4$

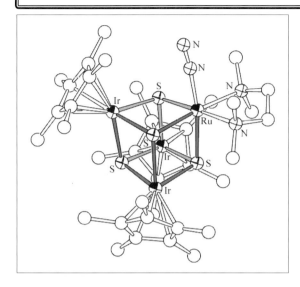

【名称】［(dinitrogen)(N1, N1, N2, N2-tetra-methyl-1, 2-ethanediamine-κN^1, κN^2) tri-μ$_3$-sulfidotris｛(1, 2, 3, 4, 5-η^5)-1, 2, 3, 4, 5-pentamethylcyclopentadienyl｝-μ$_3$-sulfido-triiridium(+3)ruthenium(+2)］:［(IrCp*)$_3$[Ru-｛(CH$_3$)$_2$-NCH$_2$CH$_2$N(CH$_3$)$_2$｝(N$_2$)](μ$_3$-S)$_4$］

【背景】硫化物配位子をもつ遷移金属クラスターは，様々な酵素の活性中心と密接に関連する．窒素分子をアンモニアに変換するニトロゲナーゼには，モリブデンを含むものがあり，MoFe$_7$S$_9$X を核とする FeMo 補因子をもつ[1]．その機能解明のために，金属硫化物クラスターと窒素分子との反応は，様々な金属を用いて研究されている．

【調製法】不完全キュバン型イリジウム硫化物水硫化物クラスター［(IrCp*)$_3$(μ$_3$-S)(μ-SH)$_3$］Cl と［｛Ru(cym)Cl｝$_2$(μ-Cl)$_2$］(cym=η^6-cymene)のトリエチルアミン存在下での反応により合成したキュバン型混合金属クラスター［(IrCp*)$_3$｛Ru(cym)｝(μ$_3$-S)$_4$］を，［FeCp$_2$](PF$_6$) を用いて酸化し，得られた［(IrCp*)$_3$｛Ru(cym)｝(μ$_3$-S)$_4$］(PF$_6$)$_2$ とテトラメチル-1,2-エチレンジアミン(tmeda)をアセトニトリル中で反応させ，［(IrCp*)$_3$｛Ru(tmeda)(CH$_3$CN)｝(μ$_3$-S)$_4$](PF$_6$)$_2$ とした後，窒素ガス雰囲気下で[CoCp$_2$]を用いて還元し得られる[2]．

【性質・構造・機能・意義】X線構造解析により，この錯体は RuIr$_3$S$_4$ のキュバン型骨格をもち，ルテニウム原子に二窒素がエンドオン配位した構造であることが明らかとなっている．N-N, Ru-N 結合距離は，それぞれ 1.06(1), 1.917(7) Å である．Ir⋯Ir 間の距離は，3.6007(7), 3.6004(6), 3.5897(9) Å，Ir⋯Ru 間の距離は，3.4971(9), 3.621(1), 3.6123(9) Å で，金属原子間に結合はない．これは，この錯体が，金属原子間に結合をもたないクラスター電子数 72 の四核錯体であることと一致する．Ir-S と Ru-S 結合距離は，それぞれ 2.353(3)～2.414(3) Å および 2.350(3)～2.444(2) Å である．また，この錯体中のイリジウム原子およびルテニウム原子の形式酸化数は，それぞれ+3 および+2 である．この錯体の IR スペクトルでの ν(N≡N) は 2019 cm^{-1} である．これは，これまでに報告されている [Ru(N$_2$)-(NH$_3$)$_5$]Br$_2$, [Ru(N$_2$)(PiPr$_3$)(SC$_6$H$_4$NMeCH$_2$CH$_2$NMeC$_6$H$_4$S)], [RuH$_2$(N$_2$)｛PhP(CH$_2$CH$_2$CH$_2$PCy$_2$)$_2$｝], [[Ru(OH)(N$_2$)(2,5,9,12-tetra methyl-2,5,9,12-tetraazatridecane)]$^+$, [RuCl(N$_2$)(1,5,9, 13-tetramethyl-1,5,9,13-tetra azacyclohexadecane)]$^+$ における 2118, 2113, 2100, 2055, 2066 cm^{-1} と比較するとかなり小さい．

この錯体の Cp* 配位子を Cp 配位子に置き換えたモデル錯体について，どのように窒素分子が活性化されるか，分子軌道計算によって詳細に検討されている[3]．その結果，このモデル錯体の窒素分子の N-N の活性化度は中程度の活性化の部類に入る．

【関連錯体の紹介およびトピックス】不完全キュバン型硫化物金属クラスターを用いた，キュバン型混合金属クラスターは，｛Mo$_3$MS$_4$｝の系でよく知られている．原料となる不完全キュバン型モリブデン錯体として，[｛Mo(H$_2$O)｝$_3$(μ$_3$-S)(μ-S)$_3$]$^{4+}$ [4], [｛Mo(η^5-C$_5$H$_4$-Me)｝$_3$(μ$_3$-S)-(μ-S)$_3$]$^+$ [5], [(MoCp*)$_3$(μ$_3$-S)(μ-S)$_3$]$^+$ [6] などが用いられる．しかし，｛Mo$_3$MS$_4$｝骨格をもつキュバン型クラスターの M に窒素分子が配位した例はない．また，[(MoCp*)$_3$(μ$_3$-S)(μ-S)$_3$]$^+$ と [Ru(H)$_4$(PPh$_3$)$_3$] の反応によって得られるキュバン型混合金属クラスター [(MoCp*)$_3$｛Ru(H)$_2$(PPh$_3$)｝(μ$_3$-S)(μ-S)$_3$](PF$_6$) は，3分子のヒドラジンから4分子のアンモニアと1分子の窒素分子が生成するヒドラジンの不均化反応の触媒としてはたらく[7]．

【西岡孝訓】

【参考文献】

1) O. Einsle *et al.*, *Science*, **2002**, *297*, 1696.
2) H. Mori *et al.*, *Angew. Chem. Int. Ed.*, **2007**, *46*, 5431.
3) H. Tanaka *et al.*, *J. Am. Chem. Soc.*, **2008**, *130*, 9037.
4) a) T. Shibahara, *Adv. Inorg. Chem.*, **1991**, *37*, 143; b) R. Hernandez-Molina *et al.*, *Acc. Chem. Res.*, **2001**, *34*, 223.
5) a) K. Herbst *et al.*, *Inorg. Chem.*, **2003**, *42*, 974; b) K. Herbst *et al.*, *Inorg. Chem.*, **2001**, *40*, 2979; c) K. Herbst *et al.*, *Organometallics*, **2001**, *20*, 3655.
6) I. Takei *et al.*, *Organometallics*, **2003**, *22*, 1790.
7) I. Takei *et al.*, *Inorg. Chem.*, **2005**, *44*, 3768.

$[Ir_6C_{12}N_6O_6I]_n$

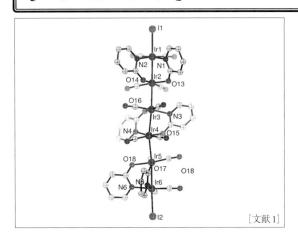

[文献1]

【名称】 dodecacarbonyl-$1\kappa^2C,2\kappa^2C,3\kappa^2C, 4\kappa^2C,5\kappa^2C,6\kappa^2C$-diiodo-$1\kappa I, 6\kappa I$-hexakis($\mu$-2-pyridonato-$1\kappa^2 N: 2\kappa^2 O, 3\kappa N: 4\kappa O, 3\kappa O: 4\kappa N, 5\kappa^2 O: 6\kappa^2 N$)-hexairidium($5\ Ir-Ir$)-hexane(2/1): HH,HT,HH-$[Ir_6(\mu\text{-}OPy)_6(I)_2(CO)_{12}]\cdot 0.5(C_6H_{14})$

【背景】 金属結合した原子からなるディスクリートな一次元鎖をもつ化合物は，理論的な視点からだけでなく，ナノスケールの電子デバイスとしての応用への可能性から注目されている．ディスクリートな一次元金属鎖を構築する方法は，d^8 平面四配位の金属イオンからなる複核錯体の酸化，あるいは d^7 電子配置をもつ錯体の還元による金属鎖の形成が知られている．この方法では，結合間での立体障害を最小に保つことによって与えられる熱力学的安定性以外，原理的に鎖の長さを制限する方法はない．この方法で，一次元ロジウム鎖状化合物や四核鎖からなる白金ブルー，ロジウムブルー，イリジウムブルーが単離されている．白金ブルーでは，非整数で表されるいくつかの酸化数が知られているのに対し，4核のロジウムブルーやイリジウムブルーでは+1.5の平均原子価状態のみが知られていた．HH,HT,HH-$[Ir_6(\mu\text{-}OPy)_6(I)_2(CO)_{12}]\cdot 0.5(C_6H_{14})$ (**1**) は形式的酸化数が+1.33 の6つのイリジウムが繋がった一次元鎖からなるはじめての錯体である[1]．

【調製法】 0℃の条件下，トルエンに溶解した $[Ir_2(\mu\text{-}OPy)_2(CO)_4]$ (**2**; OPy=2-ピリドネート) を1/3当量のヨウ素で酸化すると ESR サイレントの暗青色溶液となり，この溶液にヘキサンを加えると銅光沢をもつ結晶性固体が75%の収率で得られる．

【性質・構造・機能・意義】 HH, HT,HH-$[Ir_6(\mu\text{-}OPy)_6(I)_2(CO)_{12}]\cdot 0.5(C_6H_{14})$ (**1**) の結晶構造は，1つの HT-$[Ir_2(\mu\text{-}OPy)_2(CO)_4]$ ユニットが2つの HH-$[Ir_2(\mu\text{-}OPy)_2(I)(CO)_4]$ ユニットによって挟まれた六核構造である．6つの Ir 原子は金属-金属結合によってつながっており，そのうちの2つは配位子によって架橋されていない．架橋されていない部分の Ir-Ir 距離 (2.7757(14)〜2.7929(14) Å) は，架橋されている Ir-Ir 距離 (2.6849(14)〜2.7096(14) Å) に比べて長い．架橋されていない Ir-Ir 結合を介して隣り合う複核ユニットはエクリプス配座から 142.2(10)〜147.7(12)° ねじれている．これらの構造的特徴は HT,HH-$[Ir_4(\mu\text{-}OPy)_4(I)_2(CO)_8]$ で見られた特徴と同じである．この六核錯体は固体状態で安定であり，また0℃以下では溶液状態でも安定である．3つの非等価な α-ピリドナト架橋配位子の ^1H NMR シグナルは，この錯体が溶液状態で C_2 対称性をもつことを示しており，この対称性は架橋されていない Ir-Ir 結合周りの3つの複核ユニットの回転によって生じる．錯体 **1** は六中心二電子結合をもち，イリジウムの平均酸化数は+1.33 である．出発物質である錯体 **2** は，溶液状態で 2-HH と 2-HT の異性体の平衡状態にあり，6種類の六核異性体が可能である．しかし，錯体 **1** では，選択的に HH,HT,HH の立体構造をとっている．反応機構として，ヨウ素が 2-HH へ酸化的付加して常磁性の HH-$[Ir_2(\mu\text{-}OPy)_2I(CO)_4]$ が形成され，これらの分子が未反応の 2-HT 分子を挟み込むことで錯体 **1** が形成されることが考えられる．錯体 **1** にヨウ素を加えると，HT,HH-$[Ir_4(\mu\text{-}OPy)_4(I)_2(CO)_8]$ と HH-$[Ir_2(\mu\text{-}OPy)_2(I)_2(CO)_4]$ (**3-HH**) が形成され，さらに HT,HH-$[Ir_4(\mu\text{-}OPy)_4(I)_2(CO)_8]$ とヨウ素が反応すると **3-HH** と **3-HT** との等モル混合物を与える．HH と HT の立体配置は，**3-HH** のX線結晶構造解析やこれらの混合物の ^1H NMR から確立されている．

【関連錯体の紹介およびトピックス】 複核イリジウム錯体が Ir-Ir 結合によってつながった錯体として，2つのピラゾラト架橋，あるいはピリドナト架橋イリジウムユニットが Ir-Ir 結合によってつながった四核錯体 $[Ir_4(\mu\text{-}pz)_4(I)_2(CNtBu)_8]$[2] や HH,HH-$[Ir_4(\mu\text{-}OPy)_4(I)_2(CO)_8]$ (上記の四核錯体の異性体)[3] が存在し，それぞれイリジウムピラゾラトブルー，イリジウムピリドナトブルーに分類される．さらに，イリジウムピラゾラトブルーと同じ構造をもつロジウム錯体も知られている[2]．

【満身 稔】

参考文献

1) C. Tejel *et al.*, *Angew. Chem. Int. Ed.*, **2003**, *42*, 530.
2) C. Tejel *et al.*, *Angew. Chem. Int. Ed.*, **1998**, *37*, 1542.
3) C. Tejel *et al.*, *Angew. Chem. Int. Ed.*, **2001**, *40*, 4084.

$K_{0.2}FeCo_{1.4}C_6N_6$

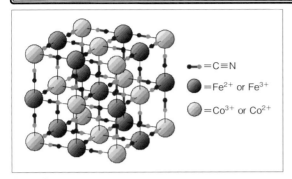

【名称】 $K_{0.2}Co_{1.4}[Fe(CN)_6]\cdot 6.9H_2O$

【背景】 分子磁性体において高い温度での自発磁化の実現は主要な取組みの1つである．さらに近年では磁性体としての機能を高めるだけでなく，これまでの磁性体では実現できなかった機能性の付与も目標となっている．その試みには外部刺激による磁性の制御があり，具体的に光照射による磁性制御が実現されている．中でもプルシアンブルー類似体は設計性，制御性の観点から大変魅力的な系であり，多様な研究が行われている．光誘起状態の保持は，光によって励起された電子が準安定状態に緩和する過程で格子の再構成を誘導することによって生じ，この相転移が新たな磁気構造をもたらす．このような機構をもつ物質の1つとして，Co-Fe系プルシアンブルー類似体が開発された[1]．

【調製法】 $Co^{II}Cl_2$水溶液に$K_3Fe^{III}(CN)_6$水溶液を加えて生成した暗紫色沈殿をろ過し，メタノール，ジエチルエーテル洗浄により得られる．用いる$Co^{II}Cl_2$水溶液と$K_3Fe^{III}(CN)_6$水溶液の濃度が高くなると，組成比K/Feが上昇，Co/Feが減少する傾向がある．

【性質・構造・機能・意義】 磁化率からはχTの値が降温過程に伴って徐々に減少し，その後低温で増加を見せた．これは反強磁性的な短距離秩序に見られる挙動であり，フェリ磁性を示している．磁化率から求められるCurie定数，Weiss定数は各々3.4 emu K mol^{-1}，-8Kであった．また低温では16Kで磁化の急激な立ち上がりが見られ，5Kでの5Tにおける飽和磁化は$2.2\mu_B$であった．5Kにおける660 nmの光照射によって磁化は増加を示し，数十分で飽和に達した．この磁化の増加した状態は，5Kで数日保持できる．光照射後の秩序化温度は光照射前よりも若干上昇して19Kとなり，それ以下の温度で照射前の磁化よりも大幅な増加を見せている．また光照射前後の磁化過程はともに磁気ヒステリシスを生じているが，光照射前の残留磁化と保磁力は各々 2200 emu Oe mol^{-1}，800 Oeであったのに対し，照射後は 3650 emu Oe mol^{-1}，1500 Oeとなった．この光照射後の状態は150Kにおける熱緩和で元の状態に戻り，2つの状態間を光と熱によって繰り返し誘起させることができる．さらに12Kにおける赤外(IR)吸収スペクトル測定から，光照射により後述するFe^{II}-CN-Co^{III}結合由来のピークが減少し，Fe^{III}-CN-Co^{II}結合のピークが増加することが示され，一般的なCoの電子状態から考えると，Fe-Co間での電荷移動により$Fe^{II}(S=0)$-$Co^{III}(S=0)$から$Fe^{III}(S=1/2)$-$Co^{II}(S=3/2)$が誘起され，磁化の増加をもたらしたといえる．さらに照射波長を450 nmに調整すると，赤色光の照射による磁化の増加を減少させることができる．さらにこの青色光照射による減少は，再度赤色光の照射により増加させることができ，繰返し切り替え可能であることが示されている．

構造は粉末X線解析によって，プルシアンブルー類似体に特徴的な面心立方格子であることが確認されている．またIR吸収スペクトルからは，$Co^{II}_3[Fe^{II}(CN)_6]$よりもむしろ$Co^{II}_3[Fe^{III}(CN)_6]_2$に近いCN伸縮振動が観測されており，さらに$K^+$の存在を示唆するピークも見られている．この結果は，この物質のFe^{III}-CN-Co^{II}結合近傍にK^+が存在しないサイトとK^+によってCN伸縮が低エネルギー側にシフトするサイトとが存在することを示している．この低エネルギー側にシフトしたサイトは，部分的にFe^{II}-CN-Co^{III}結合となっていると考えられる．

この結果はスピンクロスオーバー転移における光誘起スピン転移(LIESST)とは異なり，長距離秩序化を制御可能である点で特異的である．

【関連錯体の紹介およびトピックス】 プルシアンブルー類似体$Na_xCo_yFe(CN)_6\cdot zH_2O$は，CoとFeの組成比(Co/Fe)に依存して異なる電子状態を示す．また，Co/Feがある範囲にあるものは温度変化による可逆的な電荷移動誘起スピン転移(CTIST)を起こす．さらに，5Kにおいて光照射を行うことで低温相から高温相へ転移し，その緩和温度はCo/Feに依存した値を示すことがわかっている[2]．　　　【小島憲道・榎本真哉】

【参考文献】
1) O. Sato *et al.*, *Science*, **1996**, *272*, 704.
2) N. Shimamoto *et al.*, *Inorg. Chem.*, **2002**, *41*, 678.

$KEu_6As_6W_{54}O_{210}$

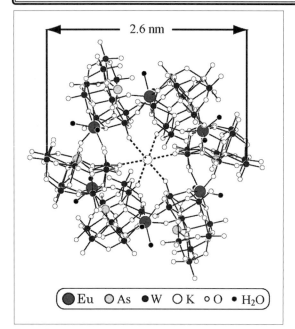

【名称】 docosa-cesium-trideca-sodium [*crypto*-potasium-octaheptaconta-μ-oxo-hexakis |μ$_9$-trioxoarsenato (III) - (μ$_4$-di-aqua-europato-O,O′,O″,O‴) (III) |-tetrapentacontakis (oxotungstate) (35−)]: $Cs_{22}K_{13}[K⊂Eu_6(H_2O)_{12}(AsW_9O_{33})_6]\cdot 44H_2O$

【背景】 α-Keggin 構造から3個の WO_6 八面体が稜共有した W_3O_{13} グループが欠損した α-B タイプの $[XW_9O_{33}]^{9-}$ (X=As^{III}, Sb^{III}, Bi^{III}) をビルディングブロックとしこれをつなぐリンカーとを組み合わせた新規構造の分子集合体と機能の開発が行われた.

【調製法】 $Na_2WO_4\cdot 2H_2O$, $NaAsO_2$ を水に溶解後80℃で HCl と $Eu(NO_3)_3\cdot 4H_2O$ 水溶液を加える. 得られた水溶液を pH 6〜7 になるよう KOH 水溶液を加え再び80℃で30分間加熱し攪拌の後 KCl を加え白色沈殿物を得る. ろ過後得られた白色沈殿物を水に溶解させ室温で CsCl 水溶液を加えて一昼夜放置後 $Cs_{22}K_{13}[K⊂Ln_6(H_2O)_{12}(AsW_9O_{33})_6]\cdot 44H_2O$ の結晶の結晶が得られる.

【性質・構造・機能・意義】 $[AsW_9O_{33}]^{9-}$ と3価の希土類金属イオン (Ln^{3+}) を用いて, K^+, Cs^+ などのアルカリ金属イオンが中心にカプセル化されたクラウンエーテル類似の水車および風車のプロペラ構造のリングポリ酸, $[K⊂Ln_6(H_2O)_{12}(AsW_9O_{33})_6]^{35-}$, $[Cs⊂Ln_4(H_2O)_8(AsW_9O_{33})_4]^{23-}$ が得られる. 図には $[K⊂Eu_6(H_2O)_{12}(AsW_9O_{33})_6]^{35-}$ の構造を例示した. S_6 対称のアニオンの分子径は2.6 nm と大きく中心に K^+ を配位した6個の $[AsW_9O_{33}]^{9-}$ は六員環イス状をなし水車の羽状に配置され羽の間は Eu^{3+} 原子でつながれた構造となっている. 六座配位子の $[AsW_9O_{33}]^{9-}$ は隣接する2個の Eu^{3+} とそれぞれ四座, 二座配位子として結合し Eu⋯Eu 距離は6.5 Å である. 中心の K^+ は8配位であって $[AsW_9O_{33}]^{9-}$ の1つの末端酸素原子 (K⋯O 距離は2.9 Å) に加えて水分子が2個水車平面に対して apical の上下に配位 (K⋯O 距離は2.7 Å) している. $[AsW_9O_{33}]^{9-}$ の W→O LMCT への光励起により励起エネルギーは効率よく Eu^{3+} へエネルギー移動し Eu^{3+} 特有の赤色発光が観測される. Ln^{3+} として周期表の Eu から Yb までのイオン半径の小さい希土類金属イオンのみがリング構造を与える.

【関連錯体の紹介およびトピックス】 同様な合成法により中心に Cs^+ が取り込まれた $Cs_{16.75}Na_{6.25}[Cs⊂Eu_4(H_2O)_8(AsW_9O_{33})_4]\cdot 24.5H_2O$ が得られアニオンは C_{4h} 対称の分子径2.2 nm の風車プロペラ構造で Cs^+ は各 $[AsW_9O_{33}]^{9-}$ の2つの末端, 1つの架橋酸素原子と結合 (Cs⋯O 距離は3.3〜3.4 Å) した12配位となっている. $[AsW_9O_{33}]^{9-}$ と $[W_5O_{18}]^{6-}$ の2種類の混合した W のポリ酸ビルディングブロックと Ln^{3+} リンカーを用いて大きな径のリングを得る試みられ, これまで最大径 (約4nm) の $[Ce_{16}(H_2O)_{36}(W_5O_{18})_4(AsW_9O_{33})_{12}(WO_2)_4(W_2O_6)_8]^{76-}$ が得られている.

【山瀬利博】

【参考文献】
1) K. Fukaya *et al., Angew. Chem. Int. Ed.*, **2003**, *42*, 654.
2) K. Wassermann *et al., Angew. Chem. Int. Ed.*, **1997**, *36*, 1445.

$LaSi_2W_{22}O_{78}$

無 光

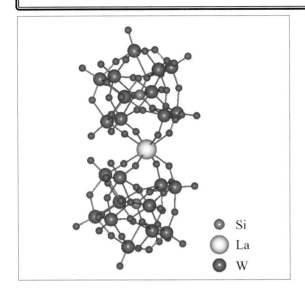

【名称】 bis(nonatriacontaoxosilicoundeca-tungsto)lanthanate(11−): $[La(SiW_{11}O_{39})_2]^{11-}$

【背景】 ランタノイド(Ln)をヘテロ原子とするポリ酸として$[Ce(IV)Mo_{12}O_{42}]^{8-}$しか知られていなかった1971年当時,PeacockとWeakleyが報告した新規な3種のLn含有ポリタングステン酸イオンの1つである[1]。Lnをアクチノイドに換えた同構造のイオン種も報告され,分子構造が決定されたのは$[U(GeW_{11}O_{39})_2]^{12-}$が最初であった[2]。$[XW_{11}O_{39}]^{n-}$ユニットが配位子のようにLnに結合しており,XはSiのほかB,Ge,Pでも報告されている。本構造は他の2種のポリ酸とともに,その後発展したポリ酸配位子をもつLn化合物の原型となった。Ln,Xの元素の多様性,構造異性体や光学異性体の存在,Lnの発光など,豊富な立体化学と光物性を示すことから多くの研究がある。

【調製法】 ここでは$[Ce(III)(SiW_{11}O_{39})_2]^{13-}$のK塩の調製法を記述する[1]。$H_4SiW_{12}O_{40}$(50 g)を水(100 mL)に溶かして加熱(90℃)撹拌し,温めた$Ce(NO_3)_3 \cdot 9H_2O$(3.2 g)溶液とCH_3COOK(40 g)溶液をゆっくり加え,懸濁液中に生成した$K_7Si_{11}O_{39}$が溶けるまで加熱する。5℃に冷却すると油状物質が分離し,冷却を続けると結晶が析出する。

【性質・構造・機能・意義】 2つの$[XW_{11}O_{39}]^{n-}$の合計8個の酸素原子が中央のLn(III/IV)に,通常正方ねじれプリズム型に配位している[2]。$[XW_{11}O_{39}]^{n-}$ユニットはKeggin型の$[XW_{12}O_{40}]^{n-}$からW=Oを取り除いた構造で$\alpha, \beta_1, \beta_2, \beta_3$異性体が存在する。そのため形式的には$[Ln(XW_{11}O_{39})_2]^{n-}$にも対応する異性体が存在するが,現時点で$\alpha, \beta_2$体しか報告されていない(図は$\alpha$体)。Lnが正方ねじれプリズム型配位の場合,$[Ln(\alpha-XW_{11}O_{39})_2]^{n-}$分子は$C_2$対称で不斉構造をもつ。既報の固体中の構造はすべてこの構造である。$[Ln(\alpha-PW_{11}O_{39})_2]^{11-}$水溶液の$^{183}W$ NMRの結果はLn=Gd(III)-Lu(III)ではこの構造を支持するが,Ln=La(III)-Eu(III)ではLnへの立方体型配位を示唆しており,この場合C_{2v}またはC_{2h}対称で分子不斉はない。後者の構造は固体中では見つかっていない。一方,$[\beta_2-XW_{11}O_{39}]^{n-}$配位子は$C_1$対称で単独で不斉をもつため,$[Ln(\beta_2-XW_{11}O_{39})_2]^{n-}$には4つの異性体が存在し,K塩固体中の異性体の存在比はLn系列で連続的に変化する。このようにα, β_2異性体とも不斉構造をもつが,光学分割された例はない。唯一,不斉要素を用いずに自然分晶した例が$[NH_2Me_2]_{10}[Ce(IV)(PW_{11}O_{39})_2]\cdot 8H_2O$で報告された[3]。$\alpha, \beta_2$異性体ともに正方ねじれプリズム配位のねじれ角は理想的な45°から逸脱し,Ln系列で連続的に変化する。これはLn(III)のイオン半径の減少とともに2つの$[XW_{11}O_{39}]^{n-}$の末端酸素原子間の接近に伴う立体障害で説明できる[3]。電子スペクトルは,250 nmに肩をもつ幅広いO→W LMCT吸収帯($\varepsilon=7.5\times 10^4 M^{-1}cm^{-1}$)に加え,紫外〜近赤外域にLn(III)のf-f遷移特有の鋭く弱い吸収をもつ。$[Eu(III)(\alpha-PW_{11}O_{39})_2]^{n-}$(X=B(III), Si(IV), P(V))について固体[4]および水溶液中[5]の発光特性が報告されている。$[Eu(SiW_{11}O_{39})_2]^{13-}$ではLMCT帯光励起による室温中の発光量子収率は非常に小さい($<1\times 10^{-3}$)が,77 Kではほぼ1まで増大する。このような$[SiW_{11}O_{39}]^{8-}$内の無輻射失活の強い温度依存性が構造的観点から議論されている[4]。

【関連錯体の紹介およびトピックス】 標記化合物を出発点として,$Ln^{3+}:[XW_{11}O_{39}]^{n-}$比が1:1や2:2の化合物,さらには三欠損$[XW_9O_{34}]^{n-}$ユニットを配位子とする様々な結合様式をもつ多核のLn化合物へと発展させた点は重要である。【成毛治朗】

【参考文献】
1) R. D. Peacock et al., *J. Chem. Soc., A*, **1971**, 1836.
2) C. M. Tourne et al., *Acta Crystallogr.*, **1980**, B36, 2012.
3) J. Iijima et al., *Inorg. Chim. Acta*, **2010**, 363, 1500.
4) G. Blasse et al., *J. Inorg. Nucl. Chem.*, **1981**, 43, 2847.
5) R. Ballardini et al., *Inorg. Chim. Acta*, **1984**, 95, 323.

$LaW_{10}O_{36}$

無 光

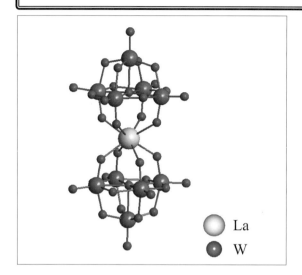

La
W

【名称】bis(octadecaoxopentatungsta to)-lanthanate(9-): $[La(III)(W_5O_{18})_2]^{9-}$

【背景】ランタノイド(Ln)をヘテロ原子とするポリ酸として$[Ce(IV)Mo_{12}O_{42}]^{8-}$しか知られていなかった1971年当時,PeacockとWeakleyが報告した新規な3種のLn含有ポリタングステン酸イオンの1つである[1]. 後にLnの代わりにTh, Uなどのアクチノイドをもつ同構造のイオンも報告された. $[Ce(IV)Mo_{12}O_{42}]^{8-}$は球状Mo-O骨格がCeを内包しているのに対し, 2つの$[W_5O_{18}]^{6-}$ユニットが配位子のようにLnを挟んでいるこのイオンは, 他の2種のポリ酸とともに, その後発展したポリ酸配位子をもつLn化合物の原型となった. また,当時はLnの光物性研究の発展時期でもあり発光特性への関心が高まった. 特にLn=Eu(III)では, $[W_5O_{18}]^{6-}$配位子へのLMCT光励起エネルギーが分子内移動し, Eu(III)が高い量子効率で発光することから, 「無機ルミノフォア」として錯体光化学や蛍光体分野からの関心も高かった.

【調製法】ここでは代表的なNa塩の調製法を記述する[1]. $Na_2WO_4 \cdot 2H_2O$水溶液を酢酸でpH 7.2に調整し,加熱(90℃)撹拌下でW:Ln=10:1量のLn(III)硝酸塩または塩化物水溶液をゆっくり滴下する. ろ過後の母液を5℃下で静置すると数日後結晶が析出する.

【性質・構造・機能・意義】2つの$[W_5O_{18}]^{6-}$がそれぞれ中央の$Ln^{3+/4+}$に互いに約45°ねじれて結合し, 分子全体はD_{4d}対称をもつ[2]. $[W_5O_{18}]^{6-}$は既知のポリ酸である$[W_6O_{19}]^{2-}$からW=Oを取り除いた構造で, 正方形に配置された4つの末端酸素が配位座を形成する. $Ln^{3+/4+}$は8個の酸素原子から正方ねじれプリズム型配位を受けている. $[W_5O_{18}]^{6-}$配位子のみの単離はされていない. $[Ln(W_5O_{18})_2]^{9-}$は水溶液中でも安定で, ^{183}W NMRは強度比1:4の2本のピークを示すが, 常磁性シフトの影響を受けてケミカルシフトはLn種によって著しく異なる. 水溶液の電子スペクトルは250 nm($\varepsilon=1\sim4\times10^4 M^{-1}cm^{-1}$)にO→W LMCTによる強く幅広い吸収帯がある. 加えて, Ln種に応じて(Y, La, Ce, Gd, Lu以外)紫外〜近赤外域にf-f遷移の鋭く弱い吸収をもつ. $Ce^{3+/4+}$では330 nm付近に弱いO→Ce LMCT吸収帯が観測される. Ln=Sm(III), Tb(III), Dy(III), Eu(III)について固体や水溶液中のf-f遷移発光が報告されている[3]. Eu(III)の発光スペクトルから, 配位子場はD_{4d}対称からわずかに外れており, これはX線構造解析の結果とも一致した. 注目すべき特性は, O→W LMCT帯への光励起エネルギーが分子内移動してLnを発光させる増感現象であり, これは紫外励起用のLn(III)ドープ蛍光体や, 有機錯体に見られる増感現象と同じである. 特にEuの発光量子収率は固体で0.80, 重水溶媒中で0.2(いずれもNa塩, 室温中, 250〜300 nm励起)と高い. 対照的にLn=Tb(III)の量子収率(室温)は0.01と低く, LMCT励起状態が$Tb^{4+}-W^{5+}$状態を経て無輻射失活することによると推定されている. 他の性質として, Ln=La(III)-Yb(III)は過酸化水素共存下でオレフィンやアルコール酸化反応に触媒活性をもつことが報告されている[4].

【関連錯体の紹介およびトピックス】$[W_5O_{18}]^{6-}$配位子はその後合成された$[Ln(W_5O_{18})(BW_{11}O_{39})]$や$[Ln_{16}As_{12}W_{148}O_{524}(H_2O)_{36}]^{76-}$の中でも見つかった. これらは$[W_5O_{18}]^{6-}$とKeggin構造由来の$[BW_{11}O_{39}]^{9-}$あるいは$[AsW_9O_{33}]^{9-}$の両方がLnに配位している. このように$[W_5O_{18}]^{6-}$はLnを架橋剤としてポリタングステン酸イオンを構築するための重要なビルディングブロックとなっている.

【成毛治朗】

【参考文献】
1) R. D. Peacock *et al.*, *J. Chem. Soc., A*, **1971**, 1836.
2) J. Iball *et al.*, *J. Chem. Soc., Dalton Trans.*, **1974**, 2021.
3) G. Blasse *et al.*, *J. Inorg. Nucl. Chem.*, **1981**, 43, 2847.
4) R. Shinozaki *et al.*, *J. Alloys. Compd.*, **1997**, 261, 132.

$LaW_{34}O_{122}P_4$

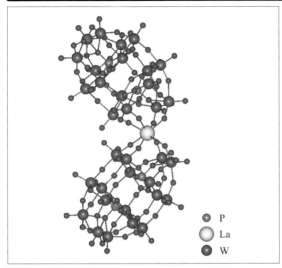

【名称】bis (monohexacontaoxooctadeca tungstodiphosphoate)-lanthanate(17−): $[La(P_2W_{17}O_{61})_2]^{17-}$

【背景】ランタノイド(Ln)をヘテロ原子とするポリ酸として $[Ce(IV)Mo_{12}O_{42}]^{8-}$ しか知られていなかった 1971年当時，PeacockとWeakleyが報告した新規な3種のLn含有ポリタングステン酸イオンの1つ[1]．後にLnとしてアクチノイド，Zr, Hfを含むイオンも得られている．まず $K_{16}[Ce(IV)(P_2W_{17}O_{61})_2]\cdot 50H_2O$ で金属骨格構造のみが，後に $K_{17}[Lu(III)(P_2W_{17}O_{61})_2]\cdot 54H_2O$ で完全な構造が報告された．他の2種の化合物に比べてLnの発光が極めて弱いことからその後しばらくは研究者の興味を引かなかったが，ごく最近になり不斉構造を含めた異性体構造の多様性に関心が集まるようになった．

【調製法】ここでは $K_{17}[Yb(III)(P_2W_{17}O_{61})_2]\cdot 44H_2O$ の調製法を記述する[2]．加熱(90℃)したAcOH–AcOK緩衝溶液(pH 7.0〜7.5)中で $Yb(NO_3)_3$ と $K_6[P_2W_{18}O_{62}]$ を1：2比で反応させ，室温に冷却すると無色沈殿物として得られる．単結晶を得るには，生成物を温水に溶かし，母液を60℃から室温まで5日かけて徐冷する．

【性質・構造・機能・意義】2つの $[P_2W_{17}O_{61}]^{10-}$ の合計8個の酸素原子が中央のLn(III/IV)に，正方ねじれプリズム型に配位している[3]．$[P_2W_{17}O_{61}]^{10-}$ ユニットはWells-Dawson型の $[P_2W_{18}O_{62}]^{6-}$ からW=Oを取り除いた構造である．どのW=Oを除去するかにより α_1 および α_2 異性体が存在する．Peacockらによって最初に合成されたのは $[\alpha_2-P_2W_{17}O_{61}]^{10-}$ 配位子をもつ分子(構造図)である．一方 α_1 体からなる $[Ln(III)(\alpha_1-P_2W_{17}O_{61})_2]^{17-}$ 種は少なくとも水溶液では存在しないが，Th(IV), U(IV)では α_1 体を配位子とする固体が単離された[4]．また，Ce(III)については α_1 と α_2 の両方が配位した $[Ce(III)(\alpha_1-P_2W_{17}O_{61})(\alpha_2-P_2W_{17}O_{61})]^{17-}$ が単離された[4]．$[P_2W_{17}O_{61}]^{10-}$ ユニットのLnへの配位コンホメーションは，ねじれ角45°と135°の2種類が可能である(構造図は45°)．これまで報告された構造はほぼ全て45°であるが，唯一，$K_{16}[U(IV)(\alpha_1-P_2W_{17}O_{61})_2]\cdot 50H_2O$ で135°の例が発見された[4]．コンホメーションを支配する因子については明らかではない．いずれの構造異性体も，C_1 ないしは C_2 対称で不斉構造をもつが光学分割には成功していない．これらの構造は水溶液中で比較的安定であることが ^{31}P および ^{183}W NMRにより確認されている．光物性に関するデータは少ないが，Eu(III)についてK塩結晶の発光特性が報告されている[5]．O→W LMCT帯への光励起により励起エネルギーがEuに分子内移動して発光する増感現象が極低温下(4.2 K)でわずかに見られるが，同じ現象を示す $[Eu(W_5O_{18})_2]^{9-}$ および $[Eu(SiW_{11}O_{39})_2]^{13-}$ に比べて量子収率は非常に低く室温ではまったく発光しない．これは低温下であっても $[P_2W_{17}O_{61}]^{10-}$ 内のLMCT励起状態の無輻射失活が $[W_5O_{18}]^{6-}$ や $[SiW_{11}O_{39}]^{8-}$ 内のそれより非常に大きいことを示している．

【関連錯体の紹介およびトピックス】以上の Ln^{3+}：$[P_2W_{17}O_{61}]^{10-}=1:2$ 比化合物に加え，1：1の $[Lu(H_2O)_4(\alpha_1-P_2W_{17}O_{61})]^{7-}$，2：2の $[La(H_2O)_4(\alpha_1-P_2W_{17}O_{61})]_2^{14-}$，$[Ce(H_2O)_4(\alpha_1-P_2W_{17}O_{61})]_2^{14-}$，$[Ce(H_2O)_4(\alpha_2-P_2W_{17}O_{61})]_2^{14-}$，$[Ln(H_2O)_3(\alpha_2-P_2W_{17}O_{61})]_2^{14-}$ (Ln=Pr, Eu)などの構造が最近報告された．また上記1：1比の $[Ce(H_2O)_4(\alpha_2-P_2W_{17}O_{61})]_2^{14-}$ や $[Yb(H_2O)_4(\alpha_1-P_2W_{17}O_{61})]^{7-}$ について，アミノ酸との相互作用を用いてNMRによる不斉構造の検出と定量に成功している．後者のイオンについてはLewis酸触媒活性が報告されており，光学分割に成功すれば不斉合成の可能性が期待される．以上のように，標記化合物は $[P_2W_{17}O_{61}]^{10-}$ 配位子の化学の新しい展開への契機となった．

【成毛治朗】

【参考文献】
1) R. D. Peacock *et al., J. Chem. Soc., A*, **1971**, 1836.
2) J. Niu *et al., J. Mol. Str.*, **2004**, *692*, 223.
3) Q-H. Luo, *Inorg. Chem.*, **2004**, *40*, 1894.
4) A. Ostuni, *J. Cluster Sci.*, **2003**, *14*, 431.
5) G. Blasse *et al., J. Inorg. Nucl. Chem.*, **1981**, *43*, 2847.

LiC$_5$O$_4$

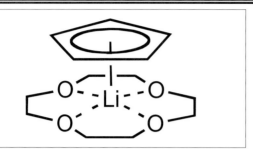

【名称】cyclopentadienyl(12-crown-4)-lithium: (η^5-C$_5$H$_5$)Li(12-crown-4)

【背景】アルカリ金属メタロセンは，メタロセンの中では最も早く合成されたものの1つである．溶液中ではリチウムとCp環とが交互に配列した鎖状ポリマー構造をとることが知られている．TMEDAのような外部配位子を添加することで分子間相互作用を切断し，単量体へと変換することができる．

【調製法】原料のcyclopentadieneは市販品のdicyclopentadieneを熱分解したものを用いる．氷冷したcyclopentadiene (0.24 g, 3.64 mmol) のTHF溶液 (30 mL) にn-BuLi/hexane溶液 (1.6 M, 2.34 mL) を滴下し，1時間撹拌する．これに12-crown-4 (7.2 mmol, 1.2 mmol) を加え，さらに1時間撹拌する．溶液を約1/2に濃縮した後，-20℃に冷却すると，無色の結晶 (0.64 g, 71%) が得られる[1]．

【性質・構造・機能・意義】湿気，酸素，酸に対して不安定である．融点180℃（分解）．

結晶状態では，Li原子がCp環と12-crown-4に挟まれたサンドイッチ構造をとっている．Cp環はLi原子にη^5様式で配位している．Li-C結合の平均結合長は2.38Å，Cp環の中心とLi原子との距離は2.06Åである．Cp環上のC-C平均結合長は1.395(6)Åである．また，Li原子は12-crown-4の4つの酸素原子の配位を受けており，Li-O結合長は2.135(4)〜2.426(4)Åである．

なお，2当量以上の12-crown-4を加えても，Cp環とLi原子との相互作用は保たれたままであり，両者の相互作用のない溶媒分離イオン対は生成しない．

(η^5-C$_5$H$_5$)Li(12-crown-4)の^{1}H NMRスペクトルデータは以下の通りである．

^{1}H NMR $\delta = 2.60$ (s, 16H), 5.52 (s, 5H).

【関連錯体の紹介およびトピックス】Cp環上にシリル基を導入すると，シクロペンタジエニドアニオンCp$^{(-)}$ が安定化されることが知られている．この性質を利用して，トリメチルシリル置換体がいくつか合成されている[2]．またX線結晶構造解析により類似のη^5構造を有することが明らかにされている．

また，lithium 1,2,4-tris(trimethylsilyl)cyclopentadienideとNHCカルベン配位子との1:1錯体がArduengoらによって合成されている[3]（図1）．この錯体では，Cp環の中心とLi原子との距離は1.90Å，カルベン炭素とLi原子との結合長は2.15Åである．

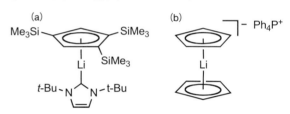

図1 シクロペンタジエニルリチウムでの2つ(a)(b)の立体構造の違い

これらに対して，2つのCp環がLi原子の上下から配位した錯体 "lithiocene" は，ferroceneのリチウム類縁体として興味深い．このタイプの錯体として，[Ph$_4$P]$^+$[Cp$_2$Li]$^-$ の合成・単離がHarderらによって報告された[4]．[Ph$_4$P]$^+$[Cp$_2$Li]$^-$ は，CpLiとPh$_4$PClとをモル比2:1でTHF中で混合することにより黄褐色結晶として得られる．結晶中では，2つのCp環がLi原子に対してη^5様式で配位したサンドイッチ構造をとっており，D_{5d}対称性を有している．2つのCp環の中心とLi原子とがなす角は87.1(3)°である．Li-C平均結合長は2.3184(4)Å，Cp環の中心とLi原子との距離は2.008(4)Åである．Cp環は完全に平面であり，Cp環上のC-C平均結合長は1.362(5)Åである．

【河内 敦】

【参考文献】
1) P. P. Power et al., Organometallics, **1991**, 10, 1282.
2) M. F. Lappert et al., J. Organomet. Chem., **1984**, 262, 271.
3) A. J. Arduengo et al., Chem. Lett., **1999**, 28, 1021.
4) S. Harder et al., Angew. Chem. Int. Ed., **1994**, 33, 1744.

Li$_2$C$_2$N$_4$

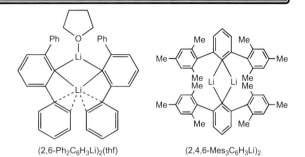

図1 有機リチウム錯体の架橋構造

【名称】bis[μ-phenyl-(N,N,N',N'-tetramethyl-ethylenediamine)lithium]: phenyllithium, (PhLi)$_2$(tmeda)$_2$

【背景】有機リチウム化合物は一般に会合する傾向があり，溶液中および固体状態で二量体，四量体，六量体などを形成する．会合度は①有機基の立体的かさ高さ，②温度，③電荷の非局在化，④溶媒の配位能，などに支配される．例えば，有機基がかさ高い場合，アニオン炭素の混成軌道のs性が高い場合，および溶媒の配位能が高い場合には，低い会合状態をとりやすい．

【調製法】PhLiの合成[1]：Liの小片(29.4 g, 4.24 mol)のEt$_2$O(500 mL)懸濁液に，ブロモベンゼン(314 g, 2.00 mol)のEt$_2$O(1 L)溶液をまず40滴ほど滴下する．反応が開始したら，ブロモベンゼン/Et$_2$O溶液の滴下を再開する．反応溶液が還流し始めたら，反応溶液を氷浴し，おだやかに還流する程度の速度で滴下を続ける．ほとんどのブロモベンゼン/Et$_2$O溶液を滴下したところで氷浴をはずし，還流がおさまるまで撹拌を続ける．反応混合物を窒素下でデカンテーションまたはろ過することで，PhLi-Et$_2$O溶液を得る（収率95〜99％）．

(PhLi)$_2$(tmeda)$_2$の合成[2]：PhLi(1.22 g, 14.6 mmol)のヘキサン懸濁液(100 mL)とtmedaのヘキサン溶液(0.605 M, 24.1 mL, 14.6 mmol)を混合する．反応混合物をろ過した後，0℃に冷却すると(PhLi)$_2$(tmeda)$_2$の結晶(1.1 g, 55％)が析出する．

1.8 Mのシクロヘキサン/Et$_2$O溶液が市販されている．

【性質・構造・機能・意義】Et$_2$O中35℃での半減期は12時間である．湿気，酸素，酸に対して不安定である．

結晶状態で(PhLi)$_2$(tmeda)$_2$は，2つのアニオン炭素（イプソ炭素）および2つのLi原子が四員環を構成しており，分子はC_2対称性を有している[2]（図1）．C-Li結合長 = 2.208(6), 2.278(6) Å, Li-Li原子間距離 = 2.490(6) Å, ∠Li-C-Li = 67.4°, ∠C-Li-C = 105.6°．この四員環に対して2つのベンゼン環はほぼ直交している．この結晶構造については，triphenylaluminumの二量体(Ph$_3$Al)$_2$との類似性が指摘されている．

(PhLi)$_2$(tmeda)$_2$のスペクトルデータは次の通りである．^{13}C NMR: δ(THF) = 190.7 (ipso)．

【関連錯体の紹介およびトピックス】オルト位にかさ高い置換基を有するterphenyllithium誘導体では，溶媒分子の配位が立体的に妨げられている．例えば(2,6-Ph$_2$C$_6$H$_3$Li)$_2$(thf)では[3]，一方のLi原子にTHF1分子が配位し，他方のLi原子には2,6位のフェニル基が配位している．また(2,4,6-Mes$_3$C$_6$H$_2$Li)$_2$では[4]，Li原子は溶媒分子の配位を受けていない[4]：C-Li結合長 = 2.16(1), 2.17(1) Å, Li-Li原子間距離 = 2.27(2) Å, ∠Li-C-Li = 63.2°, ∠C-Li-C = 116.8°．C$_2$Li$_2$の四員環と中央の2つのベンゼン環とのなす角は約30°である．

これ以外に，以下の有機リチウム化合物が二量体を形成することが知られている．

- *n*-BuLi in THF
- *sec*-BuLi in THF
- *tert*-BuLi in Et$_2$O

【河内　敦】

【参考文献】
1) H. Gilman *et al., Org. React.*, **1984**, *8*, 286.
2) E. Weiss *et al., Chem. Ber.*, **1978**, *111*, 3157.
3) G. W. Rabe *et al., Organometallics*, **2000**, *19*, 5537.
4) P. P. Power *et al., J. Am. Chem. Soc.*, **1993**, *115*, 11353.

$Li_4C_4O_4$

【名称】tetrakis[(μ₃-methyl)(tetrahydrofuran)-lithium]: methyllithium, $(MeLi)_4(thf)_4$

【背景】有機リチウム化合物は一般に会合する傾向があり，溶液中および固体状態で二量体，四量体，六量体などを形成する．会合度は①有機基の立体的かさ高さ，②温度，③電荷の非局在化，④溶媒の配位能，などに支配される．例えば，有機基がかさ高い場合，アニオン炭素の混成軌道のs性が高い場合，および溶媒の配位能が高い場合には，低い会合状態をとりやすい．

【調製法】Liの小片(2.3 mol)の入ったEt₂O(800 mL)にMeBr(100 g, 1.05 mol)を数時間かけて通じる．反応混合物をさらに1時間撹拌し，反応混合物を静置して不溶物を沈殿させた後，上澄み液を別の容器に移して用いる[1]．

また，$(MeLi)_4(thf)_4$ の結晶は，MeLiのクメン/THF溶液を3℃で数日間静置することにより得られる[2]．なお1.4 M程度のEt₂O溶液が市販されている．

【性質・構造・機能・意義】$(MeLi)_4$ は炭化水素溶媒には不溶だが，エーテル性溶媒には可溶である．Et₂O中25℃での半減期は3ヶ月である．湿気，酸素，酸に対して不安定である．

結晶状態で $(MeLi)_4$ は，ひずんだ立方体の各頂点をLi原子とメチル基が交互に占めている[3]．4つのLi原子は正四面体を形成する．C-Li 結合長は 2.27±0.06 Å，Li-Li原子間距離は2.56±0.12 Åである（ただしLi原子間に結合は存在しないと考えられている）．この正四面体の各面上に1つのMe基が位置し，電子欠損性の四中心二電子結合を形成している．非極性溶媒中では，このMe基は隣接する四量体のLi原子の空の軌道とも相互作用するため，四量体は無限に会合することになる（四量体間のC-Li原子間距離は2.51±0.12 Å）．このため $(MeLi)_4$ は炭化水素溶媒に溶解しない．

これに対してEt₂OやTHFなどの配位性溶媒中では，溶媒分子がLi原子上の空の軌道に配位するため，四量体間の相互作用が切断される．よって $(MeLi)_4(s)_4$ (s=Et₂O, thf)はエーテル性溶媒には溶解する．$(MeLi)_4(thf)_4$ では，C-Li結合長は2.24Å, Li-Li原子間距離は2.51Åである[2]．

この四量体骨格は強固であり，配位能力の高いTMEDA中でも四量体 $(MeLi)_4$・2tmeda として存在する[4]．このとき tmeda は単座配位子としてはたらいている．C-Li結合長は2.23～2.27Å, Li-Li原子間距離は2.56～2.57Åである．

$(MeLi)_4(thf)_4$ のスペクトルデータは以下の通り．

^1H NMR: $\delta(C_6D_6)=-1.20$. $\delta(THF$-$d_8)=-2.07$.
^{13}C NMR: $\delta(C_6D_6)=-14.75$. $\delta(THF$-$d_8)=-15.45$.
^7Li NMR: $\delta(C_6D_6)=2.65$. $\delta(THF$-$d_8)=3.01$.

【関連錯体の紹介およびトピックス】PhIと n-BuLiとから合成した PhLi を，Et₂O-ヘキサン混合溶媒から再結晶すると $(PhLi)_4(OEt_2)_4$ が得られる（図1）．これはMeLi と同様の四量体構造をとる[5]．C-Li結合長は2.33 Å，Li-Li原子間距離は2.5～2.7 Åである．これ以外に以下の有機リチウム化合物が四量体を形成することが知られている．

- n-BuLi in Et₂O
- sec-BuLi in cyclopentane
- tert-BuLi in hexane
- PhLi in Et₂O
- tert-C₄H₉C≡CLi in Et₂O

河内 敦

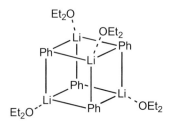

図1 フェニルリチウム(PhLi・OEt₂)の構造

【参考文献】
1) G. Wittig et al., Org. Synth., **1943**, II, 603.
2) C. A. Ogle et al., Organometallics, **1993**, 12, 1960.
3) E. Weiss et al., J. Organomet. Chem., **1964**, 2, 197.
4) E. Weiss et al., J. Organomet. Chem., **1978**, 160, 1.
5) P. P. Power et al., J. Am. Chem. Soc., **1983**, 105, 5320.

$[LiC_3O]_n$

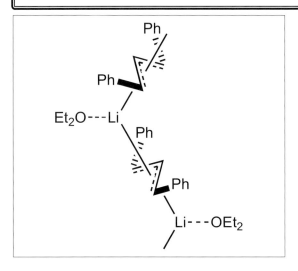

【名称】$[\eta^3\text{-}1,3\text{-}(diphenyl)allyllithium·diethyl ether]_n$:
$[PhCH=CHCH(Ph)Li]·OEt_2$

【背景】有機リチウム化合物は一般に会合する傾向があり，溶液中および固体状態で二量体，四量体，六量体などを形成する．会合度は①有機基の立体的かさ高さ，②温度，③電荷の非局在化，④溶媒の配位能，などに支配される．例えば，有機基がかさ高い場合，アニオン炭素の混成軌道のs性が高い場合，および溶媒の配位能が高い場合には，低い会合状態をとりやすい．アリルリチウムのように，負電荷が共役により安定化する系では，会合構造をとりにくくなる．

【調製法】1,3-diphenylpropene（100 mg, 0.51 mmol）のベンゼン/ヘキサン（1 mL/1 mL）混合溶液に Et_2O（0.61 mmol），続いてn-BuLi/ヘキサン溶液（0.61 mmol）を室温で加える．16時間後，赤色針状結晶が生成する．溶媒をピペットで除去した後，結晶をヘキサンで洗浄し，減圧下で乾燥することにより得られる[1]．

【性質・構造・機能・意義】湿気，酸素，酸に対して不安定である．

$[PhCH=CHCH(Ph)Li]·OEt_2$ の結晶構造では，アリル部位がLi原子に対してη^3様式で配位しており，アリル部位上の負電荷は非局在化している．アリル部位のπ電子とLi原子との分子内相互作用および分子間相互作用により，結晶中では鎖状の積層構造が形成されている．このような積層構造はアルキルリチウム類の結晶構造では見られない．Li原子はアリル部位の上下にほぼ対称的に位置している．Li原子とアリル部位の中央炭素原子（C2）との結合長（2.303(3) Å）は，末端炭素原子（C1, C3）とのそれら（2.48(3)，2.50(3) Å）よりも短くなっている．これは多くのアリル-遷移金属錯体に見られる傾向と一致している．アリル基の炭素-炭素結合長はC1-C2＝1.39(1) ÅおよびC2-C3＝1.38(2) Åであり，結合角∠C1-C2-C3（131(1)°）は通常のsp^{2}炭素のそれよりも広がっている．2つのPh基を含めたアリル部位 PhCH=CHCH(Ph)はほぼ平面である．

【関連錯体の紹介およびトピックス】$(CH_2=CHCH_2Li)·tmeda$の結晶構造が報告されている[2]（図1）．この錯体では，Li原子はtmedaの配位を受けると同時に，隣接する2つのアリル部位の末端炭素とη^1型で結合することで鎖状ポリマー構造を形成している．リチウム-炭素結合長はLi-C1＝2.215(42) ÅおよびLi-C3'＝2.299(39) Åである．炭素-炭素結合長がC1-C2＝1.205(32) Åに対してC2-C3＝1.541(36) Åであることから，負電荷が局在化していることが示唆される．

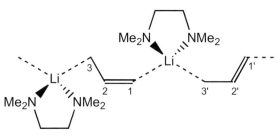

図1 アリルリチウム tmeda 錯体の構造

$CH_2=CHCH_2Li$およびその重水素置換体の^{13}C NMRスペクトル測定の結果，THF溶液中で$CH_2=CHCH_2Li$は，η^1型配位様式の速い平衡状態にあるのではなく，η^3型配位様式をとっていることが明らかとなった．これに対してMg類縁体$CH_2=CHCH_2MgBr$は，THF溶液中でη^1型配位様式をとっている．

$CH_2=CHCH_2Li$のスペクトルデータは以下の通りである．

^{13}C NMR: δ(THF)＝51.1(C1, C3), 147.0(C2).

【河内　敦】

【参考文献】
1) G. Boche *et al.*, *Angew. Chem. Int. Ed. Engl.*, **1986**, *98*, 104.
2) E. Weiss *et al.*, *Chem. Ber.*, **1982**, *115*, 3422.
3) M. Stähle *et al.*, *Angew. Chem. Int. Ed. Engl.*, **1980**, *19*, 487.
4) M. Schlosser *et al.*, *J. Organomet. Chem.*, **1981**, *220*, 277.

LnH_2C_{20} (Ln＝La, Y, Ce, Nd, Sm, Lu)

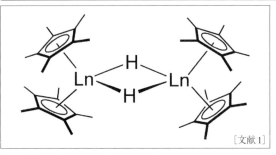

[文献1]

【名称】di(μ-hydrido)bis[bis(pentamethylcyclopentadienyl)lanthanide(III)]: $[\{(C_5Me_5)_2Ln\}_2(\mu-H)_2]$ (Ln＝La, Y, Ce, Nd, Sm, Lu)

【背景】これまでの希土類ヒドリド化合物といえば無限構造を有する無機化合物である LnH_2, LnH_3 や，電池として実用化されている $LaNi_5H_6$ などが知られており，水素化触媒や，水素吸蔵合金材料としてはたらく．標題の錯体は構造が明らかで反応制御が容易な分子性の希土類ヒドリド錯体の例である．様々なイオン半径のランタノイド金属（La〜Lu）に対してシクロペンタジエニル配位子（C_5Me_5基）を2つと架橋ヒドリド配位子を1つ有するメタロセンユニット"$(C_5Me_5)_2LnH$"が2つからなる2核のヒドリド錯体である[1-3]．

【調製法】$[(C_5Me_5)_2Ln\{CH(SiMe_3)_2\}]$ をペンタンに溶かし，水素雰囲気下（1気圧），0℃で2時間攪拌すると無色沈殿が得られるのでペンタンで洗浄し，減圧乾燥することにより目的化合物が定量的に得られる．また，他の合成法としてアルキル錯体の熱分解反応やハロゲン化物の置換反応などによっても合成することができる．水素の代わりに重水素 D_2 を付加すると重水素化体 $[\{(C_5Me_5)_2Ln\}_2(\mu-D)_2]$ が得られる．

【性質・構造・機能・意義】溶媒に溶けにくい無色結晶で，溶液中でNdの場合は二量体であるがLuの場合は解離していると考えられる．これらのヒドリド錯体は非常に活性が高く，例えばベンゼン，トルエンの sp^2(C-H)，sp^3(C-H)結合を切断し，錯体 $[(C_5Me_5)_2LnR]$（R＝C_6H_5, $CH_2C_6H_5$）を与えたり，テトラメチルシランのC-H結合を切断し，アルキル錯体 $[(C_5Me_5)_2Ln(CH_2SiMe_3)]$ を与えたりする．^{1}H NMRでのヒドリド配位子はLa-Hの場合低磁場シフトして観察される．Nd-H, Sm-Hに関しては観察できない．IRスペクトルを測定するとLa-H, Nd-H, Sm-Hに関してはいずれもLn-D同位体との比較をすると，同様な同位体シフトが観察される．一方，Lu-Hの場合は他の3つとは異なるシグナルを示す．Luの場合の固体構造は $[(C_5Me_5)_2Lu(\mu-H)LuH(C_5Me_5)_2]$ と考えられる．

ヒドリド錯体 $[(C_5Me_5)_2LnH]_2$ は，高いエチレン重合活性を有している．反応活性はイオン半径の大きなランタンが高く，ルテチウムは低い（La: 3040 g/mmol min atm, Lu: 167 g/mmol min atm）．その反応活性は，これまで知られている均一系水素化触媒の中で最も高い部類に属する．また，ヒドリド錯体は－78℃でもエチレン重合活性があり，室温では少なくとも2週間は活性がある．緩やかに温度を上げると反応効率，触媒回転数が向上する．1-ヘキセンと $[(C_5Me_5)_2LnH]_2$ の反応ではアリル化合物が得られるが，水素を付加することによって非常に高い活性の水素化触媒としてはたらく（TOF＝120000 h^{-1}）．

また，標題の錯体はメタクリル酸メチル（MMA）の重合反応にも用いることができる[4]．$[\{(C_5Me_5)_2SmH\}_2]$ を用いることによってMMAは速やかに重合し，粒子の大きさのそろった単分散性が高く，また分子量分布が狭く（M_w/M_n＝1.02），高分子量（50000以上）の重合体を与える．重合反応を－95℃で行うと高いシンジオタクティシティー（95％以上）を有する高分子体が得られる．重合反応はリビング重合である．また，$[\{(C_5Me_5)_2SmH\}_2]$ に対して2当量のMMAを加えたところ反応活性種である二量化付加体が得られ，八員環構造であることが明らかにされている．この構造からMMAのシンジオタクティック重合の反応機構の考察が可能である．上記のMMAの重合反応はSm以外の金属（Y, Ybなど Lu）のアルキル錯体を用いても可能である．

【関連錯体の紹介およびトピックス】標題錯体と類似する錯体として $[(C_5Me_5)_2ScH]$ がある[5]．THFフリーの状態ではオリゴマー状 $[\{(C_5Me_5)_2ScH\}_n]$ になっていると思われ，不安定だが水素加圧下では加熱しても安定である．THFを加えると単量体 $[(C_5Me_5)_2ScH(THF)]$ が得られ，いくぶん安定である．$[(C_5Me_5)_2ScH]$ の溶液では置換オレフィンの挿入反応，ピリジンのオルトメタレーションなどの反応が起こる．

【島 隆則】

【参考文献】
1) G. Jeske et al., *J. Am. Chem. Soc.*, **1985**, *107*, 8091.
2) G. Jeske et al., *J. Am. Chem. Soc.*, **1985**, *107*, 8103.
3) K. H. den Haan et al., *Organometallics*, **1987**, *6*, 2053.
4) H. Yasuda et al., *J. Am. Chem. Soc.*, **1992**, *114*, 4908.
5) M. E. Thompson et al., *J. Am. Chem. Soc.*, **1987**, *109*, 203.

LnC$_{12}$ (Ln=La, Nd, Sm, Lu)

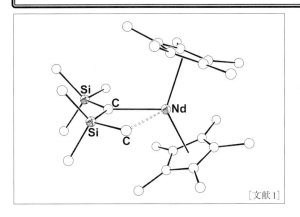

[文献1]

【名称】bis(pentamethylcyclopentadienyl)[bis(trimethylsilyl)methyl]lanthanide(III):[(C$_5$Me$_5$)$_2$Ln{CH(SiMe$_3$)$_2$}](Ln=La, Nd, Sm, Lu)

【背景】1980年頃,シクロペンタジエニル配位子を用いた遷移金属錯体の研究が盛んに行われ,前周期金属では溶解性,安定性の観点からペンタメチルシクロペンタジエニル配位子(C$_5$Me$_5$)を2つ有するメタロセン錯体の研究が行われるようになった.標題の錯体はこれまで合成が難しかったイオン半径の大きな希土類金属(La~Nd)を含むすべてのランタノイド金属(La~Lu)に対してC$_5$Me$_5$基を2つとかさ高い-CH(SiMe$_3$)$_2$基を1つ用いることで安定に合成されたはじめての例である[1].

【調製法】LnCl$_3$(Ln=La, Nd, Sm, Lu)と2当量のLiC$_5$Me$_5$をTHF中加熱還流し,Et$_2$Oで抽出後[(C$_5$Me$_5$)$_2$Ln(μ-Cl)$_2$Li(Et$_2$O)$_2$]を得る.得られた化合物をトルエンに懸濁させ,0℃でLiCH(SiMe$_3$)$_2$を加え12時間0℃で撹拌の後,溶媒を減圧留去し残渣をペンタン抽出することにより目的化合物が得られる.

【性質・構造・機能・意義】得られた化合物は非極性の溶媒によく溶ける.空気中では速やかに分解するが,不活性雰囲気下,固体状態では室温でも数日間保存可能である.^{1}H NMRスペクトルはすべてのサンプルについてSi-CH$_3$基が磁気的に等価に観察されたが,2つのC$_5$Me$_5$基は非等価であった.これは2つのトリメチルシリル基が2つのC$_5$Me$_5$基の間で非等価に配置するためである.

[(C$_5$Me$_5$)$_2$Nd{CH(SiMe$_3$)$_2$}]の単結晶X線構造解析では,金属周りの配位様式は擬テトラヘドラル構造をとっている.トリメチルシリル基の1つのメチル基が中心金属とアゴスティック相互作用をしており,その距離は2.895(7)Åと,メチル基のvan der Waals半径(2.0Å)とNdの八配位イオン半径(1.108Å)の和より短い距離を示した.

標題のアルキル錯体は末端アセチレン類R-C≡CHを触媒的にオリゴマー化する[2,3].生成物の立体選択性は中心金属の種類とアセチレンの置換基Rの立体的・電子的性質による.例えばイットリウムYを中心金属にもつ錯体[(C$_5$Me$_5$)$_2$Y{CH(SiMe$_3$)$_2$}]を用いると,アルキル基を持つアセチレンR-C≡CH(R=alkyl, ^{t}Bu)では選択的に二量化し,2,4-置換のエン-イン化合物が得られる.一方,-Ph,-SiMe$_3$基をもつアセチレンは2,4-と1,4-置換のエン-イン混合物が得られる.中心金属がランタンLaやセリウムCeの場合,二量化生成物に加えさらに多量化したオリゴマーが得られる.しかし反応基質によっては選択的に(E)-エン-イン化合物を与える[4].

このアルキル錯体自身には重合活性はないが,アルキル錯体を水素化して得られるヒドリド錯体[(C$_5$Me$_5$)$_2$LnH]$_2$は,エチレン重合活性を有している.1-ヘキセンと[(C$_5$Me$_5$)$_2$LnH]$_2$の反応ではアリル化合物が得られるが,水素を付加することによって非常に高い活性の水素化触媒としてはたらく(TOF=120000 h^{-1}).

標題の錯体は分子性希土類触媒の先駆けともいえ,希土類メタロセンアルキル(orヒドリド)が重合反応,水素化反応,アルキン二量化反応などに有用である.標題錯体の合成がなされて以降,基本骨格であるメタロセンユニットは希土類金属を用いた錯体構築に多く使われる.

【関連錯体の紹介およびトピックス】他の類似錯体の例として,アルキル基がメチル基である[(C$_5$Me$_5$)$_2$LuCH$_3$]錯体が知られている[5].この錯体は固体状態では非対称な二量体であるが,溶液状態では単量体との平衡にある.また,不活性基質であるメタンCH$_4$のC-H結合を活性化する.この反応は同位体標識された^{13}CH$_4$が反応して[(C$_5$Me$_5$)$_2$Lu^{13}CH$_3$]錯体が得られることから明らかにされた.ベンゼンC$_6$H$_6$との反応ではフェニル錯体[(C$_5$Me$_5$)$_2$Lu(C$_6$H$_5$)]が生成する.また,エチレンの重合反応に高い活性を示す.

【島 隆則】

【参考文献】
1) G. Jeske et al., *J. Am. Chem. Soc.*, **1985**, *107*, 8091.
2) H. J. Heeres et al., *Organometallics*, **1991**, *10*, 1980.
3) M. Nishiura et al., *J. Mol. Cat. A.: Chemical*, **2004**, *213*, 101.
4) Y. Liu et al., *J. Am. Chem. Soc.*, **2006**, *126*, 5592.
5) P. L. Watson, *J. Am. Chem. Soc.*, **1983**, *105*, 6491.

LnN₃OX$_n$

（配位子の構造）

【名称】 3,3′,3″,3‴-(ethane-1,2-diylbis(azane triyl))tetrakis(N-(2-(2-(bis(quinolin-2-ylmethyl)amino)-N-methylacetamido)ethyl)propanamide)のランタノイド金属錯体.

【背景】 金属錯体をナノサイズ化することによって新たな機能を発現させることが可能である．その手法の1つにデンドリマー構造をもつ配位子の利用が挙げられ，デンドリマー表面に金属配位子を配列することにより，同時に多数の金属イオンを捕捉することができる．ランタノイド錯体は発光センサーやMRI造影剤として利用されているが，錯体のデンドリマー状集積化はその性能を高める有力な方法の1つである．本配位子は末端に三脚型配位子4個を結合したデンドリマー型配位子である．代表的な例であるイッテルビウム錯体は，Yb^{3+}からの近赤外発光を用いるアニオン応答型センサーである．アニオンの種類によってイッテルビウムイオンの結合サイトが変化し，単核錯体には見られないアニオン応答性を示す[1]．

【調製法】 末端にアミノ基をもつpoly(amide amine)デンドリマー(pamamデンドリマー)は一般的なデンドリマーで高次世代までのものが市販されている．この配位子はpamamデンドリマーと同じコア構造にアミド型の三脚型配位子を導入したものである．錯体は0.2% DMSOを含むアセトニトリル中，配位子とランタノイド塩を混合して調製する．

【性質・構造・機能・意義】 キノリンを含む三脚型配位子はランタノイドイオンに対して四座配位子としてはたらくが，デンドリマー型配位子を用いた場合，コア付近に密集する多数のアミノ基やアミド基もランタノイドイオンに対する結合サイトとなり得る．キノリン部位がランタノイドイオンに配位すると吸収スペクトルに変化が現れるが，種々のランタノイド塩を添加した場合，対アニオンの種類によってランタノイドイオンの配位場所が異なり吸収スペクトルに違いが見られる．イッテルビウム錯体の場合，対アニオンがチオシアン酸イオンの場合のみキノリン環部位に配位する．イッテルビウムイオンがキノリン環に直接配位した場合のみ，光励起されたキノリン環からの効率的なエネルギー移動による近赤外発光が得られるため，トリフレート塩で調製したイッテルビウム錯体はチオシアン酸イオンに対して特異的な近赤外発光センサーとして機能する．テルビウム錯体やユウロピウム錯体でも発光は観測されるが，アニオンに対する応答性は見られない．このように1つの配位子内に複数の結合サイトがあり，それぞれにランタノイドイオンが結合した場合の自由エネルギーが拮抗している場合に，条件のわずかな変化によって配位子内でのランタノイドイオンの移動が起こりうる．置換活性なランタノイド錯体に特徴的な現象であり，イオン半径のわずかな違いによってアニオン選択性の有無が変わる点も興味深い．デンドリマー構造によって，多数の錯体による発光のon/offが一斉に切り替わることによって，発光強度変化に大きなコントラストをもたらすことができる．

【関連錯体の紹介およびトピックス】 デンドリマー型配位子は多数の発色団と多数のランタノイドイオンを集めて発光性分子を与える．特にアミド酸素などが密集することにより，ランタノイドイオンのような高配位数のイオンに効果的に配位することができる．デンドリマー内部の疎水性や高分子量による分子運動の抑制，界面における特異的な分子認識などを活用することにより，高機能性発光センサーとしての活用が期待される[2]．

【篠田哲史】

【参考文献】
1) H. Tsukube *et al., Chem. Commun.,* **2007**, 2533.
2) a) F. Voegtle *et al., J. Am. Chem. Soc.,* **2002**, *124*, 6461; b) S. Petoud *et al., J. Am. Chem. Soc.,* **2004**, *126*, 16278.

LnN₃O₆ (Ln = La~Lu)

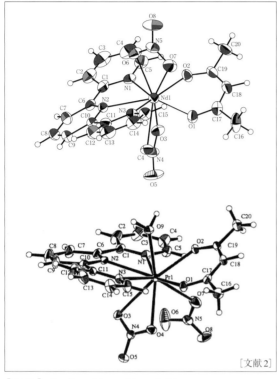

[文献2]

【名称】[Ln(acac)(terpy)(NO₃)₂](acac=2,4-pentandionato, terpy=terpyridine, Ln=La³⁺~Lu³⁺(Ce³⁺, Pm³⁺ を除く)

【背景】ランタンを含む一連のランタノイドイオンは，有機分子との錯形成により，同じ配位子を用いるとほぼ同じ構造をとることが予測されていた．アセチルアセトナートイオン(acac)とテルピリジン(terpy)を用いて，セシウムとプロメチウムを除く13種のランタノイドイオンを中心金属に有する三元錯体の合成法の確立が行われ，その単結晶生成と単結晶構造解析が報告されている．系統立てた三元ランタノイド錯体の構造を明らかにすることで，構造がわかっていないランタノイド錯体の発光を解釈する際に，他の金属イオンを用いた場合の同じ配位子による構造解析が有用である可能性が示唆されることになる[1]．

【調製法】[Ln(acac)(terpy)(NO₃)₂]錯体は，ランタノイドイオンの種類にかかわらず，同様の方法で合成することができる．例えば，硝酸ユウロピウムを原料に，acacとterpyをエタノール中で撹拌すると，白色粉末が得られる．これを再結晶すると本組成の錯体が単結晶として得られる．他のランタノイド硝酸塩を用いる場合でも，同様の操作により本三元錯体を得ることができる．収率は60％程度である．

【性質・構造・機能・意義】単結晶構造解析の結果，[Tb(acac)(terpy)(NO₃)₂]錯体は，Tb(III)に対しacacとterpyが共平面的に結合し，その両サイドの軸位方向にそれぞれ硝酸イオンが2座で結合し，合計9配位の構造をとっている．Tb錯体の構造は，Nd, Eu, Gd, Ho, Er, Yb, Tm およびLaの錯体の場合でも同様である．これに対し，Pr錯体は，水分子が1個配位した[Pr(acac)(terpy)(NO₃)₂(H₂O)]の組成である．acacとterpyの共平面的な配置は前述の錯体群と変わらないが，この分子面に対して2個の硝酸イオンは同じサイドに配位し，他方に水分子が結合している．この際，プラセオジムに対して，1つの硝酸イオンは2個の酸素原子が，他の硝酸イオンは1個の酸素原子が結合しており，合計で9配位の構造をとっている．ランタン錯体の場合も，プラセオジム錯体の場合と同様の[La(acac)(terpy)(NO₃)₂(H₂O)]の組成をとっている．硝酸イオンと水分子の配置はPr錯体の場合と変わらないが，La錯体の場合には2個の硝酸イオンはいずれも2個の酸素原子がプラセオジムに配位しており，錯体は十配位構造となると報告されている．

【関連錯体の紹介およびトピックス】[Pr(acac)(terpy)(NO₃)₂(H₂O)] および [Nd(acac)(terpy)(NO₃)₂] に関しては，PrあるいはNdのf-f遷移による電子吸収スペクトルの吸光係数や，錯形成している状態でのterpy部位の発光スペクトルに関する報告がなされている．また，拡張PPP(Pariser-Parr-Pople)法を用い配位子のπ電子系の吸収バンドの波動関数の算出も行われており，電子帯によってはacacとterpy間の電子移動型電子遷移が関係しているということが報告されている．ランタノイドのf電子が隣接原子との結合に直接かかわらないため，錯形成による配位子自身の性質が金属イオンに依存しないといった観点からの報告としてまれな例といえる[2]．

【長谷川美貴】

【参考文献】
1) Y. Fukuda *et al.*, *J. Chem. Soc., Dalton Trans.*, **2002**, 527.
2) M. Hasegawa *et al.*, *Chem. Phys.*, **2001**, *269*, 323.

LnN₃O₇

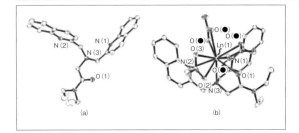

【名称】 *N,N*-diethyl-2-{bis[(quinolin-2-yl)methyl]amino}ethanamide lanthanum(III) nitrate: La(L$_{tripode}$)(NO$_3$)$_3$

【背景】 中性多座配位子とランタノイドイオンとのキレート錯体形成により得られるカチオン性錯体は，空配位座にアニオンや極性官能基をもつ分子が結合し高配位錯体を形成する．8以上の高配位数をとることの多いランタノイドイオンに対し，三置換アミンを中心とする三脚型四座配位子は配位座の一部分を占有し，適度な安定度をもつ動的錯体を与える．ランタノイドイオンの配位圏には十分な空間が残されるため，ゲストとなるアニオンや分子，またさらなる配位子が結合することができる．

2-pyridylmethyl基や2-quinolylmethyl基のようなヘテロ芳香環を含む三脚型配位子ではピリジンやキノリンの窒素がランタノイドイオンに配位して五員環キレートを形成する．これら芳香環のもつ強い紫外吸収を利用して効率よいランタノイドイオンの発光増感が可能である．配位子-ランタノイドイオン-アニオンからなる三元錯体の形成によって，発光消光の要因となる水や溶媒分子の配位が抑制されるとともに，配位子の立体的なかさ高さによってアニオンの配位に選択性が生じる[1]．

【調製法】 配位子は*N,N*-ジエチルグリシンアミドと2当量の2-キノリンカルボキシアルデヒドをメタノールに溶解し，室温で2.5時間撹拌した後，0℃に冷却し，シアノ水素化ホウ素ナトリウムを加えて72時間撹拌すると得られる．ランタン(III)錯体は，配位子と硝酸ランタンを等量混合することにより無水物が結晶として得られる．

【性質・構造・機能・意義】 この配位子はアセトニトリル中でランタノイド塩と混ぜると室温ですぐに錯形成するが，溶液内では錯体の配位子交換が容易に起こる．ランタノイドイオンに対して配位子が過剰に存在する場合には，ランタノイドイオンの周りに配位子が2個ついた2:1錯体が溶液中で生成することがNMRやESI-MSから確認される．重アセトニトリル中の^{1}H NMRでは，フリーの配位子とランタン(III)錯体は同時に別のシグナルとして観測される．錯体のコンフォメーションは非常に速く変化しており，平均化された構造としてのみ観測されるため，2つのキノリン環は等価となる．共存するアニオンの種類によってキノリン環のNMRシグナルや錯体の生成量が変化するが，硝酸イオンが共存する場合，配位子とランタン(III)イオンを等量混合した場合にはほぼ1:1錯体として存在する．逆に配位性の弱いトリフレート塩を用いた場合には，数種類の錯体が混合した状態となる．得られた1:1錯体の結晶構造ではランタン(III)イオンに三脚型配位子が4座で配位し，硝酸アニオン3個が二座配位することによって十配位錯体となっており，硝酸イオンの配位によってランタンイオンの配位座が効果的に占有されていることがわかる．ランタン(III)錯体においてはキノリン部位の吸収がフリーの配位子よりも長波長側に現れるため，UV滴定によって溶液中の錯体の安定度定数を決定できる．アセトニトリル中での硝酸ランタン(III)との会合定数は log K_1=6.4, log K_2=3.1 である．

【関連錯体の紹介およびトピックス】 この配位子はランタン以外のランタノイドイオンとも同様に1:1錯体や2:1錯体を形成する．キノリンの励起エネルギーが小さいため，Tb^{3+}錯体の発光は観測されないが，Eu^{3+}錯体では強い赤色発光が現れる．トリフレート塩を用いて調製したユウロピウム(III)錯体溶液に各種一価アニオンを添加すると，Cl$^-$とNO$_3^-$に対して発光量が増し，3当量のアニオンを添加すると強度はそれぞれ5.8倍と4.0倍まで増大する．このような現象を利用するとアニオンの発光センサーとしてのはたらきが得られる．結晶構造からもわかるように配位子のコンフォメーションはアニオンの配位に制限を与える．キノリン環の隣のメチレン炭素にそれぞれメチル基を置換した誘導体では塩酸塩とは1:1錯体を与えるが，硝酸塩とは2:1錯体のみが生成し発光強度に大きな差が生じる．

【篠田哲史】

【参考文献】
1) H. Tsukube *et al.*, *Dalton Trans.*, **2007**, 2784.

LnN_6O_3 (Ln=Eu,Tb)

【名称】Ln-1-(3-methyl-10,11,12,13-tetra hydrodipyrido[3,2-a: 2′,3′-c]phenazine)-4,7,10-tris[(S)-1-(1-phenyl)ethylcarbamoylmethyl]-1,4,7,10-tetraazacyclododecane: $C_{57}H_{67}LnN_{11}O_3$

【背景】f-ブロック金属のキラルな正方逆プリズム型錯体は核酸を認識する優れた発光プローブとして期待される．金属中心から離れた位置にインターカレーターをもつ錯体とは異なり，ランタノイド中心に直接配位する発色性インターカレーターを組み入れたカチオン性のキラル九配位型ランタノイド錯体では，ポリヌクレオチドと立体選択的に相互作用する[1]．

【調製法】1,10-フェナントロリンにメチルリチウムを作用させて2-メチル化する．5,6-位の二重結合の酸化とシクロヘキサン1,2-ジアミンの縮合によりテトラアザトリフェニレンとし，SeO_2 による酸化，$NaBH_4$ によるアルデヒド基の還元，PCl_3 によるクロロ化を経てクロロメチル体とする．トリBoc-サイクレンを作用させてモノアルキル化体とし，Boc基の除去と(R)-または(S)-N-2-クロロエタノイル-1-フェニルエチルアミンによるトリアルキル化を経て配位子を得る．Λ-および$Δ$-ランタノイド錯体は，配位子にランタノイドイオンのトリフルオロメタンスルホン酸塩を加えて調製する．

【性質・構造・機能・意義】$Δ$-およびΛ-型 Eu(III)錯体はいずれも D_2O 中および CD_3OD 中で単一の異性体として存在し，それぞれ鏡像の円二色性発光(CPL)スペクトルを与えることから，類似のテトラアミド錯体と同様の正方逆プリズム配位構造をとると推定されている．ランタノイド錯体では水分子がランタノイド中心に配位しないため絶対量子収率が水溶液中でも非常に高い．$Δ$-およびΛ-錯体に poly(dAdT)を添加すると，テトラアザトリフェニレンの吸収帯が著しい淡色効果を伴って，レッドシフトする．これらは金属イオンに配位した発色団とDNA塩基間との電荷移動作用によるもので，インターカレーションが生じていることを示唆する．しかし，poly(dGdC)と混合しても吸収強度の変化は小さい．円二色性分光法(CD)では，poly(dAdT)の溶液にΛ-錯体を添加すると，CDスペクトルが変化するが，$Δ$-錯体では有意な変化は観察されない．また，いずれの異性体を poly(dGdC)と混合してもCDスペクトルは変化しない．

Eu(III)錯体にポリヌクレオチドを加えると，概してランタノイド発光が消光し，$Δ$-体のときより顕著である．また，poly(dGdC)の方が poly(dAdT)よりも消光能力は大きく，仔ウシ胸腺DNA(42% GC)もpoly(dGdC)と同様の消光作用が見られる．消光の程度は Eu(III)よりも Tb(III)の方が大きく，また，脱酸素しても変化しない．

poly(dAdT)存在下では I^- や $Fe(CN)_6^{4-}$ による消光効果は半減し，その程度は$Δ$-体でもΛ-体でも同じである．poly(dGdC)存在下では I^- による消光効果は小さく，ポリヌクレオチド自体による電荷移動消光が優先すると思われる．また，$Δ$-体はΛ-体よりも poly(dGdC)で大きく消光し，I^- による消光効果もΛ体よりはるかに小さい．

このように，テトラアザトリフェニレン発色団を有する九配位ランタノイド錯体は核酸に対する発光プローブとしてはたらき，その消光効果は Tb(III)>Eu(III)，Λ-体>$Δ$-体である．ランタノイド中心だけでなく，錯体ヘリシティーがDNAとの相互作用に大きく関与する．

【関連錯体の紹介およびトピックス】合成されたランタノイド錯体は細胞へ取り込まれ，細胞核のイメージングが可能である．また，細胞への取り込みでは光学異性体間で違いはみられないが，光照射によるDNAの切断反応では，Λ-型錯体存在下の方が$Δ$-型錯体存在下よりもはるかに速い[2]．一方，このキラルランタノイド錯体は立体選択的に血清アルブミンの薬物結合サイトIIと相互作用する．$Δ$-型らせん錯体が血清アルブミンと結合するとCPLスペクトルが反転するが，エナンチオマーであるΛ-型らせん錯体ではCPLスペクトルは反転しない[3]．　　　【三宅弘之】

【参考文献】
1) G. Bobba *et al., Chem. Commun.*, **2002**, 890.
2) a) J. C. Frias *et al., Org. Biomol. Chem.*, **2003**, *1*, 905; b) R. A. Poole *et al., Org. Biomol. Chem.*, **2005**, *3*, 1013.
3) C. P. Montgomery *et al., Chem. Commun.*, **2008**, 4261.

LnN$_x$O$_y$ (Gd)

溶 超 高

ca. 40 nm

【名称】coordination polymer nanoparticles self-assembled from lanthanide ions and nucleotides: lanthanide/nucleotide nanoparticles

【背景】金属錯体を構成要素とするナノ粒子は，新しい機能材料として注目されつつあるが，その多くは，有機溶媒中で得られている．本ナノ粒子は，水中で希土類イオンとヌクレオチドを混合するだけで形成され，核酸塩基と希土類イオンの組合せに依存した発光やMRIプローブとしての機能を示す[1–3]．

【調製法】アデノシン 5′-リン酸(5′-AMP)の水溶液と塩化ガドリニウムの水溶液(モル比1:1)を室温にて混合すると，ナノ粒子が無色の沈殿として得られる．グアノシン 5′-リン酸をはじめとする種々のヌクレオチドおよび一連の希土類(III)塩化物(MCl$_3$, M＝Sc, Y, La, Ce, Pr, Nd, Sm, Eu, Tb, Dy, Ho, Er, Tm, Yb, Lu)を用いた場合においても同様のナノ粒子が得られる．

【性質・構造・機能・意義】これらのナノ粒子は，ヌクレオチドのリン酸基，核酸塩基と希土類イオンのアモルファスな配位ネットワークを介して形成され(粒径〜約40 nm)，超音波照射により水に再分散できる．Gd^{3+}イオンを構成要素とするナノ粒子はMRI造影剤として優れた性能を示す．グアノシン 5′-リン酸とTb^{3+}イオンからなるナノ粒子は，励起エネルギー移動に基づく緑色の発光を発する．また特筆すべき機能として，アニオン性の蛍光色素や無機ナノ粒子，生体高分子などのゲストがナノ粒子の形成過程において，配位ネットワークによりアダプティブに被覆包接される．

【君塚信夫・西藪隆平】

【参考文献】
1) R. Nishiyabu *et al., J. Am. Chem. Soc.*, **2009**, *131*, 2151.
2) R. Nishiyabu *et al., Angew. Chem. Int. Ed.*, **2009**, *48*, 9465.
3) R. Nishiyabu *et al., Chem. Commun.*, **2010**, *46*, 4333.

LnO_6 (Ln＝Y, Eu)

超　晶　光

$Eu(^-O-\overset{OH}{\underset{|}{CH}}-\overset{|}{\underset{H}{C}H}-N-\overset{O}{\underset{||}{C}}-(CH_2)_6-CH_3)_3 \cdot (H_2O)_3$

【名称】[tris(octanoylserinato)europium(III)]：[Eu(C_8-ser)$_3$·3H$_2$O]

【背景】アシルアミノ酸錯体はWerner型の比較的単純な構造をもつ錯体であるが，希土類金属やカルシウムの場合，濃厚溶液から溶媒蒸発によって室温で安定なガラス状態をとりやすい．極性基に依存して，液晶や液晶ガラスを形成する．

　低分子有機化合物のガラス状態形成(分子ガラス)に関しては城田らによる系統的な研究がある[1]．比較的結晶状態をとりやすい低分子金属錯体では，ガラス形成に関する系統的な研究は本系以外に見当たらない．希土類の金属石けん(アルキル長鎖カルボン酸塩)のサーモトロピック液晶形成の研究をあわせると，金属錯体の分子構造と固体状態のモルフォロジーに関する貴重な知見を与えてくれる．

【調製法】配位子のアシルアミノ酸のナトリウム塩は環境保全型の界面活性剤として化粧品などにも用いられているが，試薬としての市販品は現在のところ界面活性のないacetyl誘導体のみである．合成法は，アルキル鎖の長さやアミノ酸の種類によって若干異なるが，その金属錯体が最もよく研究されているoctanoylalanineについて以下に記す[2-4]．DL-alanineの水溶液にほぼ等モル量のoctanoylchlorideをpH10～11で室温に保ちながら滴加し，1日撹拌し続ける．そこに30%硫酸水溶液を加え，pH4付近にする．ここで析出した白色固体をジエチルエーテルで抽出し，中性になるように水でよく洗う．その後無水硫酸ナトリウムで乾燥する．得られた固体を20%エタノールを含むヘキサン溶液で数回再結晶する．次に，錯体の合成は，水酸化カリウムでpH7に調節した配位子のメタノール溶液に1/3モル量の塩化ユウロピウムのメタノール溶液を徐々に加える．pH7に保つように水酸化カリウムのメタノール溶液を適宜加える．一晩撹拌したあと乾固し，酢酸エチル溶液にしてからアセトンを加えて固体を得る．この固体を100℃近くまで加熱して融解させた後，徐々に冷却しても，あるいはメタノールに溶解して溶媒を蒸発させても透明なガラス状態になる．十分真空乾燥させたものについて，希土類金属の種類に依存して0.5～3モル相当の水分を含む．

【性質・構造・機能・意義】亜鉛(II)や銅(II)のような比較的ソフトな遷移金属のアシルアラニン酸錯体は結晶状態をとりやすいのに対して，希土類金属やアルカリ土類金属のようなハードな金属イオンは，安定なガラス状態をとる．アルキル鎖の長さに応じてガラス状態のとりやすさも変化し，中間のヘキシルやオクチルの誘導体が最もガラス状態をとりやすい．アラニン部の光学活性によってもガラス状態のとりやすさに違いが現れ，分子がランダムに集合するDL-ラセミ体はL-体に比べてより結晶化しにくく，ガラス状態が安定である[4]．

　ユウロピウムやテルビウムのような発光性の錯体が室温付近で安定なガラス状態をとりやすいことは，発光性材料への応用という面からも意義深い．特筆すべきは，オクタノイルセリン酸のユウロピウム錯体(図)が，液晶(異方性)ガラスという珍しい状態をとることである．また極性基がフェニルアラニンの場合には，通常の条件下ではアラニン誘導体と同様に透明なガラス状態を形成するが，それを100℃でアニーリングすると，セリン誘導体と同様の液晶ガラスになる．比較的簡単な低分子が安定なガラス状態をとるのは，今世紀になって急速に研究が発展したイオン液体の場合によく見られ，適度なアルキル鎖長の時にガラス状態を最も形成しやすいのもイオン液体の場合と共通する傾向である．分子構造と分子集合体の秩序・無秩序性との関係から意義深い結果である[2-4]．

【関連錯体の紹介およびトピックス】希土類金属のアルキル長鎖カルボン酸錯体(金属石けん)はBinnemansらによって集中的に研究された[5]．これらは中心金属の種類やアルキル鎖長によってサーモトロピック液晶を形成する．カルボン酸とアミノ酸とを比較すると，前者は液晶を後者はガラス状態を形成する傾向にあり，またヒドロキシ基やフェニル基の導入によって，それらの中間の液晶ガラスを形成する点が特徴的である．

【飯田雅康】

【参考文献】
1) Y. Shirota, *J. Mater. Chem.*, **2000**, *10*, 1.
2) G. Naren et al., *Dalton Trans.*, **2009**, 5512.
3) G. Naren et al., *Dalton Trans.*, **2008**, 1698.
4) M. Iida et al., *Chem. Lett.*, **2004**, 1462.
5) K. Binnemans et al., *Eur. J. Inorg. Chem.*, **2000**, 1429.

Ln$_2$O$_{13}$ (Ln＝Eu, Gd, Tb)

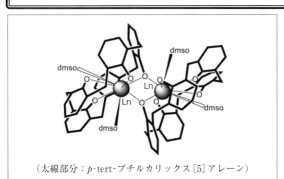

（太線部分：*p-tert*-ブチルカリックス[5]アレーン）

【名称】［Ln$_2$(H$_2$L)$_2$(dmso)$_4$］(H$_5$L＝*tert*-butylcalix[5]arene, Ln＝Eu, Gd, Tb)

【背景】フェノール n 個をメチレン基で連結した大環状化合物は杯状の分子構造からカリックス[n]アレーンと呼ばれている．フェノール酸素を配位原子とする大環状配位子として錯形成が研究されるとともに，ベンゼン環で取り囲まれた疎水的な空間における小分子の取り込みなども研究されてきた．紫外領域に吸収帯をもつ芳香族配位子が効率的に希土類発光を促すことから，アンテナ配位子としてカリックス[n]アレーンを含む希土類錯体も合成され，発光特性についての研究が進められてきた．カリックス[n]アレーンは n が偶数のものが一般的であるが，本研究では n＝5 の*p-tert*-ブチルカリックス[5]アレーンを対象に，酸解離定数 pK_{a1}, pK_{a2} の決定や，ランタノイド二核錯体の合成と結晶構造，発光特性が調べられている[1]．

【調製法】窒素雰囲気下，乾燥したテトラヒドロフランに*p-tert*-ブチルカリックス[5]アレーン(市販品)を溶解し，3.5 当量の水素化ナトリウムと反応させて脱プロトンを行う．1 当量のランタノイド硝酸塩 Ln(NO$_3$)$_3$·(dmso)$_n$ を加え，生じた硝酸ナトリウムを除いた後，溶液を減圧下で濃縮することで本錯体が得られた．

【性質・構造・機能・意義】Eu 二核錯体[Eu$_2$(H$_2$L)$_2$(dmso)$_4$]·10thf の橙色板状結晶について結晶構造が行われている．Eu(Ⅲ)イオンとフェノール水酸基の3つが脱プロトン化した*p-tert*-ブチルカリックス[5]アレーン H$_2$L^{3-}，2つのジメチルスルホキシド分子により形成された単核ユニット2つが対称心により関係づけられた二核骨格を形成している．*p-tert*-ブチルカリックス[5]アレーンは cone コンフォメーションをとり，Eu(Ⅲ)イオンに対し五座配位するとともに，1つのフェノキソ酸素がもう一方の Eu(Ⅲ)イオンを架橋している．この他に2分子のジメチルスルホキシドが配位することで Eu(Ⅲ)イオンは八配位構造をとっている．ジメチルスルホキシドの1つは*p-tert*-ブチルカリックス[5]アレーンの疎水的な空間に包摂され，内側から Eu(Ⅲ)イオンに配位する構造となっている．

アセトニトリル中における*p-tert*-ブチルカリックス[5]アレーンの酸解離定数が紫外可視吸収スペクトルを用いた滴定法により求められており，pK_{a1}＝11.5±0.7, pK_{a2}＝15.4±1.0(298 K) と算出されている．

溶液中と結晶状態における発光特性の詳細が調べられている．thf 溶液中，Eu(Ⅲ), Gd(Ⅲ), Tb(Ⅲ)錯体について $\pi \to \pi^*$ 励起(270 nm ないし 300 nm)による発光特性が調べられており，すべての錯体で蛍光(321 nm, 31150 cm^{-1})が観測されている．Gd(Ⅲ)錯体においては，りん光(423 nm, 23640 cm^{-1}) も観測されている．Tb(Ⅲ)錯体においては Tb(Ⅲ)に特有の $^5D_4 \to {}^7F_J$ (J＝6～0) 発光も見られるが(発光量子収率 5.1%)，Eu(Ⅲ)錯体では Eu(Ⅲ)に由来する発光は見られない．このことは*p-tert*-ブチルカリックス[8]アレーン-Eu(Ⅲ)錯体のときと同様(321 の項参照)[2]，ligand-to-metal 電荷移動状態が競合して Eu(Ⅲ)イオンの励起状態をクエンチしたためであるとして説明されている．

Tb(Ⅲ)錯体の結晶サンプルについて発光寿命が検討されている．レーザーを用いた $^5D_4$ 状態への直接励起により，10, 70, 295 K における $^5D_4$ 状態からの発光寿命は 1.12±0.04 ms, 0.90±0.04 ms, 0.21±0.01 ms と算出されている．寿命が若干短めなのは*p-tert*-ブチルカリックス[5]アレーンに残っているフェノール水酸基の伸縮振動とカップルした緩和過程が影響しているためとされている．寿命の温度依存性についてのアレニウス解析によれば，活性化障壁として E_a＝180±20 cm^{-1} と算出され，Ln-O の伸縮振動(約 220 cm^{-1}) との関連が議論されている．　　　　　【梶原孝志】

【参考文献】
1) L. J. Charbonniere et al., *J. Chem. Soc., Dalton Trans.*, **1998**, 505.
2) J. C. G. Bunzli et al., *Inorg. Chem.*, **1993**, *32*, 3306.

Ln_2O_{13} (Ln＝Eu,Tb,Nd,Y) 光

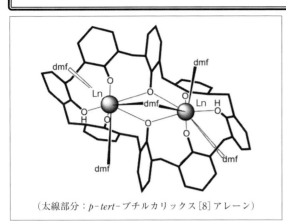

（太線部分：p-tert-ブチルカリックス[8]アレーン）

【名称】$[Ln_2(H_2L)(dmf)_5]$ $(H_8L＝tert$-butylcalix[8]arene, $Ln_2＝Eu_2, Tb_2, EuNd, TbNd, EuYb$ など）

【背景】フェノール基 n 個をメチレン基で連結した大環状化合物は杯状の分子構造からカリックス[n]アレーンと呼ばれている．フェノール酸素を配位原子とする大環状配位子として様々な錯形成が研究されてきた．希土類イオンは酸素配位原子と親和性が高く，紫外領域に吸収帯をもつ芳香族配位子により効率的に希土類発光が促されることから，カリックス[n]アレーンを配位子とする希土類錯体が合成され，その発光特性についての研究が進められてきた．カリックス[n]アレーンは $n=4$ のものが一般的であるが，それよりも大きなカリックスアレーンも合成されており，環の大きさに応じて様々な核数の多核錯体が合成され，その構造と性質が研究されている．本錯体はカリックス[8]アレーンを骨格として合成されたランタノイド二核錯体であり，同核および異核錯体の発光特性が系統的に調べられている[1]．

【調製法】配位子である p-tert-ブチルカリックス[8]アレーンは p-tert-ブチルフェノールとパラホルムアルデヒドとの縮合反応により得られる[2]．p-tert-ブチルカリックス[8]アレーンと2当量のランタノイドの硝酸塩 $Ln(NO_3)_3・(dmso)_n$ を6当量のトリエチルアミン存在下ジメチルホルムアミド中で反応させると，目的の二核錯体が結晶として析出する．異核の二核錯体は2種類のランタノイド硝酸塩を適切な比率で混合したものを出発原料として得られる．生成した異核錯体における2種類の金属の比率は誘導結合プラズマ発光分光法(ICP-AES)により調べられ，Nd(III)やYb(III)に比べGd(III)やTb(III)，Eu(III)が多く取り込まれる傾向があることが知られている．

【性質・構造・機能・意義】Eu 二核錯体について結晶構造が報告されている[3]．p-tert-ブチルカリックス[8]アレーンは6個のフェノールが脱プロトン化した－6価のアニオンとして擬似的な二回軸対称をもつ二核錯体を形成している．カリックス[8]アレーンは pinched-cone コンフォメーションをとり，左右それぞれ2つのフェノキソ酸素と1つのフェノール酸素が1つずつランタノイドイオンに3座で結合し，中央の2つのフェノキソ酸素が2つのランタノイドイオンを架橋している．この他にジメチルホルムアミド2分子ずつがランタノイドに配位し，さらに1分子のジメチルホルムアミドが2つのランタノイドイオンを架橋している．ランタノイドイオンは8配位で bicapped trigonal prism 構造をとっている．

同核，異核の様々な二核錯体についての発光特性が結晶とジメチルホルムアミド溶液について調べられている．結晶状態，77Kにおける p-tert-ブチルカリックス[8]アレーン配位子自体の発光は，300 nm 付近に蛍光，460 nm 付近にりん光が観測される．これを配位子とする錯体においては，配位子の励起三重項状態を経由したエネルギー移動による効率的な増感が Tb(III) 錯体において示唆された．実際，Tb_2 錯体においては，270 nm の励起光照射により効率的な Tb(III) からの緑色発光(Tb(III)の $^5D_4 \rightarrow {}^7F_J (J=6\sim0)$) が観測されている．EuLn, Eu_2 錯体においては，ligand-to-metal 電荷移動状態が存在するためにラポルテ禁制が緩和され，Eu(III) の基底項 $^7F_0$ から第一励起項 $^5D_0$ への直接励起による吸収が見られるようになり，EuLn 錯体では 579 nm (17274 cm^{-1})，Eu_2 錯体では 577 nm (17330 cm^{-1}) に吸収が観測されている．

この配位子により2つの金属イオンをほぼ等価な環境に固定できることを利用して，様々な異核錯体についてランタノイド間のエネルギー移動が系統的に調べられている．

【関連錯体の紹介およびトピックス】Tb を含む異核二核錯体について発光過程とエネルギー移動過程の詳細が研究されている[4]．

【梶原孝志】

【参考文献】
1) J. C. G. Bunzli et al., Inorg. Chem., **1993**, 32, 3306.
2) C. D. Gutsche et al., J. Am. Chem. Soc., **1981**, 103, 3782.
3) B. M. Furphy et al., Inorg. Chem., **1987**, 26, 4231.
4) P. Froidevaux et al., J. Phys. Chem., **1994**, 98, 532.

$Ln_8E_{18}L_8$ (Ln=Ce, Pr, Nd, Sm, Gd, Tb, Dy, Ho, Er; E=S, Se; L=py, THF)

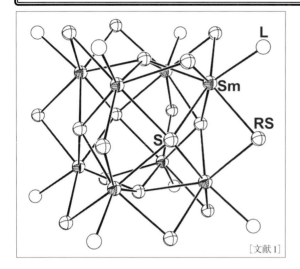

[文献1]

【名称】dodecakis[μ-(benzenethiolato)]hexa-μ₄-thioxooctakis(tetrahydrofuran)octacerium(III):[$Ln_8(\mu_4-E)_6(L)_8(\mu-SPh)_{12}$](Ln=Ce, Pr, Nd, Sm, Gd, Tb, Dy, Ho, Er; E=S, Se; L=py, THF)

【背景】カルコゲニドクラスターは重要な合成ターゲットであり,そのユニークな物性は分子錯体や無機固体化合物の物性の相関に知見を与えるという.希土類カルコゲニドクラスターの化学はカルコゲン金属E(E=S, Se)が$Ln(EPh)_3$のアリールカルコゲニド配位子EPh(E=S, Se)と置き換わることで,希土類カルコゲニドクラスターが得られることを発端として発展してきた.標題の錯体は極めて一般的な合成法によって合成された希土類カルコゲニドクラスターである[1].

【調製法】希土類トリアリールカルコゲニド$Ln(EPh)_3$に対して単体のカルコゲニド化合物E(E=S, Se)をTHF中で加えると均一系溶液ができ,ヘキサンとの二層飽和溶液から標題錯体の結晶が得られる.$Ln(EPh)_3$は系中でLn, PhEEPh, Hgから調整できる.

【性質・構造・機能・意義】構造的な特色はいずれの金属の場合においても同じで,立方体骨格の頂点上の8つのLnイオンが立方体の表面をμ_4-架橋配位している6つのS^{2-}と,立方体の辺に架橋配位している12のSPhと結合を有している.中心金属がEuとイオン半径の小さな金属(Tm, Yb)の場合,八核金属コアが得られなかった.Euの場合,3価の酸化状態が比較的不安定である.$Eu(SPh)_2$溶液にSを加えると反応溶液の色は変わるが,生成物の単離には至っていない.また,イオン半径の小さな希土類金属のアリールスルフィド錯体$Ln(SPh)_n$もSと反応するが,得られるスルフィドクラスターは少なくともYbの場合はオクタヘドラル構造を有している.立方体骨格は非常に安定で,これまで$Ln_8S_6(SPh)_{12}(THF)_8$の結晶は3つの異なる相(結晶溶媒のTHFの数が異なる結晶)で晶出されている.

熱的に安定なSm_8立方体を作るために,$Sm(SPh)_3$をDME中で合成する必要があり,またTHF溶媒も必要である.DMEが配位した錯体は得られないものの,結晶溶媒にDMEが取り込まれた標題錯体が得られる.錯体は室温下で熱的に不安定である.

錯体の熱安定性を保つためにピリジンを用いると,Nd, Sm, Erなどについてピリジンを含む標題錯体の合成が可能である.ただし,室温下で単離する際に,結晶溶媒として含まれるピリジンは放出されていく.

金属の違いによる分子構造の大きな違いはLn_8S_{18}コアの幾何構造に関してはほとんどなく,8つの配位ルイス塩基(THF,ピリジン),12のチオレート配位子,結晶中の溶媒分子の間のわずかな二面角の違いによる.Ln_8S_6立方体に関して全体の分子の対称性は立方体にはならないと思われる.それゆえ結晶中では溶媒LとSPhとのディスオーダーも起こりうる.

これまで典型元素や遷移金属のカルコゲニドクラスターの合成例に比べ,希土類カルコゲニドクラスターの合成例は少ない.構造が明らかにされている例としては$Ce_5Te_3(TeSi(SiMe_3)_3)_9$[2]や$(C_5Me_5)_6Sm_6Se_{11}$[3]などが知られているが,合成の難しさもあり,金属を変化させて構造と性質を系統的に調べるのに適さない.以上の点で,本錯体は金属適用範囲が広く,また合成も容易であることから系統的な研究が可能である.

【関連錯体の紹介およびトピックス】このカルコゲニドクラスターと同様にイオン半径の小さな希土類アリールスルフィド錯体$Ln(SPh)_n$もSと反応する.例えば,$Yb(SPh)_3$は3/4当量,あるいは1当量のSと反応しキュバン誘導体$Yb_6S_6(SPh)_6$を与えるが,Yb_8生成物は得られてこない[4].また$(pyridine)_4Yb(SePh)_2$とSeとの反応をピリジン中で行うことにより,4核のキュバンクラスター$(pyridine)_8Yb_4Se_4(SePh)_4$が得られる.

【島 隆則】

【参考文献】
1) J. H. Melman et al., *Inorg. Chem.*, **1999**, *38*, 2117.
2) D. Cary et al., *J. Am. Chem. Soc.*, **1995**, *117*, 3492.
3) W. Evans et al., *Angew. Chem. Int. Ed.*, **1994**, *33*, 2110.
4) D. Freedman et al., *Inorg. Chem.*, **1998**, *37*, 4162.

$Lu_4C_{20}N_4$

触 有

[文献1]

【名称】［tetrakis((μ₃-benzylimido)(η⁵-tetra methyl(trimethylsilyl)(cyclopentadienyl)lutetium(+3)))］：［$Lu_4(μ_3$-$C_6H_5CH_2)_4\{η^5$-$C_5Me_4(Me_3Si)\}_4$］

【背景】窒素のジアニオン種であるイミド配位子を有する希土類錯体は非常に少ない．これまで合成された錯体はアミドのプロトンを強い塩基で引く抜く方法で作られ，LiやAlなどの金属が取り込まれた錯体が多く希土類単独のイミド錯体の合成は難しかった．希土類ポリヒドリド錯体を用いてニトリルを一気に還元させてイミド錯体を合成するというはじめての方法により，アルカリ金属フリーの希土類イミド錯体の合成を達成している[1]．

【調製法】四核ルテチウムポリヒドリド錯体［$\{Cp'Lu$-$(μ$-$H)_2\}_4(thf)$］（$Cp'=C_5Me_4SiMe_3$）に4当量のベンゾニトリルをベンゼン中，室温で6時間反応させてイミド錯体［$\{Cp'Lu(μ$-$CH_2Ph)_2\}_4$］を合成する．この反応では，2個のLn-H結合がC-N三重結合に付加し，単結合まで一気に還元している．メタロセン型希土類モノヒドリド錯体やジルコノセンジヒドリド錯体とニトリル類の反応では，1個のLn-H結合またはZr-H結合のみがC≡N結合に付加するのとは対照的である．この方法は簡便にイミド錯体が合成できるので，近年注目を集めている希土類イミド錯体を合成する新しい方法として意義がある．

【性質・構造・機能・意義】それぞれのイミド窒素は3つのルテチウム金属を架橋しており，Lu_4N_4からなるやや歪んだキュバン構造を形成している．イミド窒素と炭素の距離は1.480(6)～1.483(6) Åであり，C-N単結合の長さに相当する．重ベンゼン中での¹H NMRでは，5.38 ppmにベンジルプロトンに相当するピークが確認されておりX線構造解析の結果と一致する．

キュバン型四核イミド錯体は，ニトリル類とさらに反応することができる．錯体を4当量のベンゾニトリルと反応させると，四核構造から二核構造へと変化し，ベンズアミジナート-ジアニオン錯体が生成する[2]．アミジナートモノアニオン配位子を有する錯体は数多くあるが，アミジナートジアニオン錯体ははじめてである．この反応では，錯体のイミド部位がベンゾニトリルのC≡N基に求核付加している．これは希土類金属-イミド結合が架橋した状態であっても高い反応性を示し，遷移金属-イミド架橋結合が反応性に乏しいことと対照的である．さらにベンジルイミド錯体に10当量のベンゾニトリルを反応させると，ベンゾニトリルが四量化したユニットとベンズアミジナート-ジアニオンユニットを有するルテチウム二核錯体が生成した．この錯体には1分子のベンゾニトリルが配位するが，80℃に加熱しても残ったベンズアミジナート-ジアニオンユニットとの反応は起こらない．

興味深いことに，ベンゾニトリルが四量化したユニットを有する錯体のトルエン溶液に過剰量のベンゾニトリルを加えると，ベンゾニトリルが環化三量化し，2,4,6-トリフェニル-1,3,5-トリアジンが選択的に生成した[2]．四核オクタヒドリド錯体，キュバン型四核イミド錯体，ベンズアミジナート-ジアニオン錯体もベンゾニトリルの環化三量化に活性を示したことから，ベンゾニトリルとの反応により単離された錯体はいずれも環化三量化反応の重要な中間体であることが明らかとなっている．

【関連錯体の紹介およびトピックス】イットリウムエチルイミド錯体［$\{Cp'Y(μ$-$CH_2CH_3)_2\}_4$］が［$\{Cp'Y(μ$-$H)_2\}_4(thf)$］とアセトニトリルとの反応で得られる．この錯体も同様にイットリウムと窒素のキュバン骨格を形成している．興味深いことに，エチルイミド錯体と4当量のベンゾニトリルの反応からは，イミドの挿入生成物は得られず，4つのベンズアルジミドユニットと2つのエチルイミドユニットを有するイットリウム四核錯体が得られた．X線構造解析が行なわれており，ベンズアルジイミドのC-N結合は1.25(1) Å，エチルイミドのC-N結合は1.473(7) Åとそれぞれ二重結合と単結合に相当する．この錯体は，二分子のエチルイミド上にある4つのメチレン水素が4分子のベンズアルデヒドに付加し，ベンズアルジミドユニットを生成するとともに2分子のアセトニトリルを放出するという機構で生成すると考えられ，このようなイミドからの水素移動反応ははじめての例である． 【西浦正芳】

【参考文献】
1) D. Cui *et al.*, *J. Am. Chem. Soc.*, **2004**, *126*, 1312.
2) D. Cui *et al.*, *Angew. Chem. Int. Ed.*, **2005**, *44*, 959.

MC_{6n} (M=Cr, V, Nb, Mo, W, Fe, Ru, Os, Co, Rh, Ir, Ni)

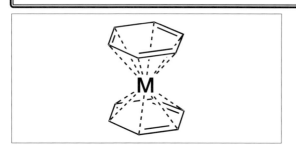

【名称】arene complexes: $M(C_6H_6)_n$

【背景】化学的に安定化した電子構造をもつ芳香環が，Cr(0)などの遷移金属に強く結合することがはじめて提案されたのは1954年のことであった．Heinの文献に基づいて[1]，トリフェニルクロムの合成を目指していたZeiss-TsutsuiのグループはPhMgBrとCrCl$_3$の反応でフェニル基が3〜5個もCr(I)に結合したと思われる褐色カチオン錯体(σ-フェニル錯体)を得ていた（図1）．当時，はじめて使えるようになっていたLiAlD$_4$を用いてこれらを分解するとDが導入されないビフェニルが生じたことより，2分子のビフェニルの芳香環平面が各Cr(I)に結合した錯体が生じたものと推定した．しかし，この報文は当時まったく信用されず却下されていた．1955年に，FischerとHafnerは無水塩化クロム(III)をベンゼン中で塩化アルミニウムと反応させた後で還元すると中性のbis(benzene)chromiumが生成すると報告した（図1）[2]．ここではX線構造解析によってメタロセンとよく似たサンドイッチ構造を提出していた．理論的にも，Cr(0)のd^{6}状態にベンゼンの6個のpπ電子が配位した18電子錯体として理解できる分子である．却下されていたZeiss-Tsutsuiの報文は1957年に出版され，Heinの実験が間違っていなかったことも報告された[3]．

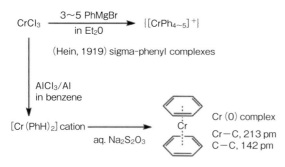

図1 HeinおよびFischerとHafnerらによるCrC$_{6n}$の合成[2]

【調製法】Fischer-Hafner合成法は，V, Nb, Mo, W, Fe, Ru, Os, Co, Rh, Ir, Niへと拡張され，さらに真空中低温で金属原子の蒸気を直接芳香環分子と反応させる方法も見いだされてきた[4,5]．また，クロム・カルボニルと芳香環分子を150℃に加熱させて反応させる方法が見つかり，各種の芳香族置換体から種々のmono(arene)誘導体が合成できるようになった[4,5]．

【性質・構造・機能・意義】フェロセンと同様の構造であり，中性とカチオン性の両方の構造で存在できる．Cr-C$_6$H$_6$結合エネルギーは170 kJ/molとフェロセンのFe-C$_5$H$_5$(220 kJ/mol)より小さい[4]．Ruの場合を除いて，すべての0価金属のbis(arene)錯体は空気に鋭敏であり，研究の障害となっている．例外的にRuCl$_2$(arene)は，RuCl$_3$とシクロヘキサジエンから脱水素により合成でき，空気中で扱える[6,7]．生体内で各種の芳香族分子が酸化される酵素反応で芳香環錯体が最初に生成することが推定されており，この分野の研究は生化学の領域においても重要となっている．

環状の6π電子系が遷移金属原子とかなり安定な結合を作る事実は，化学結合論においては1950年代当時では驚くべき発見であり，その後の理論化学に大きな影響を与えた．

【関連錯体の紹介およびトピックス】メタロセンとの違いは，電子供与性の強いarene配位子がアリーン(aryne)を安定化させるところにあり，特にヘキサメチル体が数多く合成されている．金属として，FeやRuでは+2，Coでは+1の酸化状態で18，または20電子構造をとって安定化する傾向が見られる[8,9]．ナフタレンなどの縮合芳香環でもかなりの数の錯体が作られているが，ベンゼン錯体より不安定である[10]．

【中村　晃・近藤　満】

【参考文献】
1) F. Hein, *Ber. Dtsch. Chem. Ges.*, **1919**, *52*, 192.
2) E. O. Fischer *et al.*, *Naturforsch*, **1955**, *10b*, 140.
3) H. H. Zeiss *et al.*, *J. Am. Chem. Soc.*, **1957**, *76*, 3062.
4) C. Elschenbroich *et al.*, In *Organometallics, A Concise Introduction* (2nd ed.), Wiley-VCH, **1992**.
5) 中村晃 編, 基礎有機金属化学, 朝倉書店, **1999**.
6) D. Jones *et al.*, *J. Chem. Soc.*, **1962**, 4458.
7) R. Thomas *et al.*, *J. Am. Chem. Soc.*, **1986**, *108*, 3324.
8) S. Abdul-Rahman *et al.*, *J. Organomet. Chem.*, **1989**, *359*, 331.
9) M. Tsutsui *et al.*, *J. Am. Chem. Soc.*, **1961**, *83*, 825.
10) E. P. Kündig *et al.*, *J. Chem. Soc., Chem. Commun.*, **1977**, 912.

$MC_{10}X_n$ (M = V, Cr, Mn, Fe, Co, Ni, Ru, Os, Ti, Re, Zr, Hf, Nb, Ta, W, Mo; X = Cl, H; n = 0, 1, 2)

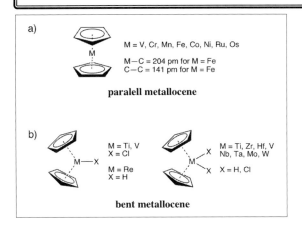

【名称】 metallocenes: (Cp_2M)
a) parallel metallocene, b) bent metallocene

【背景】 1951年にKealy-Paussonがはじめて合成に成功し[1], Woodward-Wilkinsonにより, 構造と反応性が調べられ, 芳香族性が示された[2]. その後, 各地で急激にメタロセン研究が発展し, 遷移金属化学での革新的な進歩が始まった. また, 同時に化学結合での著しい概念的進展も導かれた.

【調製法】 平行メタロセンはシクロペンタジエニル・ナトリウム(CpNa)のTHF溶液に塩化鉄(II)のような金属塩を窒素中で加えて合成できる. Cp_2Feはフェロセンと呼ばれ結晶性が高く, 単離精製は溶液の分離, 濃縮で行うことができる. また, 少量のときは減圧昇華によっても精製できる[3].

【性質・構造・機能・意義】 フェロセンは五員環での置換反応がベンゼンとよく似ていることから, 1953年にWoodwardによって命名された. 同様のサンドイッチ構造(図a参照)をもつ錯体(一般式: Cp_2M)はメタロセンと総称されている. 中心金属がFe, Ru, Osの場合はd^6構造をもつため反磁性であるが, これ以外の錯体は表1のように常磁性となり, 錯体の色や空気中の酸素との反応性も違っている. しかし, 錯体のかたちがよく似ているので中性分子の融点はフェロセンの173〜174℃に近い場合が多い. 無極性の有機溶媒によく溶け, 減圧下で容易に昇華する. 表1には色と磁気能率をまとめた.

【関連錯体の紹介およびトピックス】 Cp_2M(M=Co, Rh)は一電子酸化を受けやすく, メタロセンカチオンになるとフェロセンとよく似た電子状態となり安定化する. M=Ti, Zr, V, Nb, Mo, W, Reなどではさらに配位子が結合してbent metallocene(一般式: Cp_2MX_n, 図b)が重要になる[3]. これらには極めて多くの錯体が知られているが, ここでは代表的な例を示した. これらに加え, さらにCpを1つだけもつハーフサンドイッチ型の錯体($CpMX_n$など)が数多く知られている. これらの内, $CpML_3$型のものはピアノ椅子型分子と呼ばれている[3]. 最近, Cp_2ZrX_2型のものはメタロセン触媒としてオレフィン重合を起こすなど触媒として重要な実例が多い[4]. また, 電子的に極めてよく似たCpM(arene)型錯体ではM=Mn, Crでは中性, M=Fe, Ruでは+1カチオンの状態で合成されている[3]. さらに, サンドイッチ型錯体としてbis(arene)錯体やbis(cyclo-octatetraene)錯体(例えば$U(C_8H_8)_2$)[4]が挙げられる. 典型金属でも屈曲サンドイッチ構造をもつスタンノセン(Cp_2Sn)[5]やプランボセン(Cp_2Pb)[6]が合成されているが空気中で不安定な化合物である.

【中村 晃・近藤 満】

参考文献

1) T. J. Kealy et al., *Nature*, **1951**, *168*, 1039.
2) G. Wilkinson et al., *J. Am. Chem. Soc.*, **1952**, *74*, 2125.
3) 中村晃編, 基礎有機金属化学, 朝倉書店, **1999**.
4) A. Salzer et al., In *Organometallics. A Concise Introduction* (2nd ed.), Wiley-VCH, **1992**.
5) D. R. Armstrong et al., *Organometallics*, **1998**, *17*, 3176.
6) M. A. Beswick et al., *Chem. Soc. Rev.*, **1998**, *27*, 225.

表1 Cp_2Mの磁気的性質

M	Color	Number of expected unpaired electrons	Moments(μB)	Spin-only values
V(III)	purple	2	2.86	2.83
V(II)	purple	3	3.84	3.87
Cr(II)	scarlet	2	3.20	2.83
Fe(III)	deep blue	1	2.32	1.73
Mn(II)	brown	5	5.81	5.92
Co(II)	purple-black	1	1.76	1.73
Ni(II)	green	2	2.86	2.83

MN_2O_2 (M=Ni, Cu, Pt, V(O))

[M((4-C_nH_{2n+1}O)$_2$salen)]

M	R	n	液晶相
Ni	4-C_nH_{2n+1}O	14,16,18,20	Col$_L$
Cu	4-C_nH_{2n+1}O	8,10,12,14,16,18,20	Col$_L$
Pt	4-C_nH_{2n+1}O	10,12,14,16,18,20	Col$_L$
VO	4-C_nH_{2n+1}O	16,18,20	M($Pa2_1$)

【名称】 4-long chain-substituted bis(salicylideniminato) metal: 4-長鎖アルコキシサレン金属錯体の液晶(M=Ni, Cu, Pt, VO).

【背景】 金属錯体液晶(metallomesogen)の液晶性や色,磁性,分極性,酸化還元挙動などの物理化学的性質は,金属イオンの種類や配位子の長鎖アルキルやアルコキシ(R)基の置換位置で大きく変化する. N,N'-ethylene-bis(salicylideniminato)(salen)の芳香環の5位に長鎖R基を有する棒状形錯体の金属液晶はスメクティック(smectic)A, E(S_A, S_E)相を形成するが[1-4],4位に長鎖R基を有するV字形錯体の合成と液晶性についての系統的研究は2004年頃から,阿部らにより進められた.そこではV字形でsalen骨格金属中心が平面型 Ni[5], Cu[6], Pt錯体と四角錐型VO[7,8]錯体の結晶構造と液晶構造との関係が報告されている.新規に合成された錯体(n=3,4,6,8,10,12,14,16,18,20)は,室温においていずれも結晶であるが,高温で液晶性を示すV形錯体は,棒状型錯体よりR鎖が長い領域で起こる.平面型 Ni, Cu, Pt錯体の液晶構造はカラム構造とラメラ構造を同時にあわせもつ珍しいラメロ-カラムナー(lamello-columnar)(Col$_L$)相をとり,Pt錯体は発光液晶である.四角錐型VO錯体では,生体膜様結晶構造から新規な液晶構造である二重層(bilayer)をもつM($Pa2_1$)相の生成が明らかにされている.

【調製法】 まず次の要領で親錯体[M((4-OH)$_2$salen)] (M=Ni, Cu, VO)を合成する.エチレンジアミンと2,4-ジヒドロベンズアルデヒドをメタノール中に溶解し,60℃で30分間反応させて(4-OH)$_2$salenH$_2$を得る.これをエタノール中に溶かしCH$_3$COONa存在下,NiCl$_2$,CuCl$_2$あるいはVOSO$_4$の水和物を加えて60℃ないし室温で撹拌する.得られた[M((4-OH)$_2$salen)]をK$_2$CO$_3$存在下,DMF溶液中に溶解し,BrC$_n$H$_{2n+1}$ (n=3,4,6,8,10,12,14,16,18,20)を添加して数日間室温で撹拌し目的錯体[M((4-C$_n$H$_{2n+1}$O)$_2$salen)]を得る.精製はCH$_2$Cl$_2$:CH$_3$OH=20〜25:1(v/v)の展開液でシリカゲルカラムにより行う.M=Ptの場合は,[Ni((4-C$_n$H$_{2n+1}$O)$_2$salen)]をCH$_2$Cl$_2$中に溶解し,濃塩酸を加えて配位子(4-C$_n$H$_{2n+1}$O)$_2$salenH$_2$を取り出し,DMF中で,K$_2$PtCl$_4$とCH$_3$COONaを加えて遮光下,4時間,80℃で撹拌し粗結晶を得る.これをCH$_2$Cl$_2$:CH$_3$OH=20〜25:1(v/v)の展開液でシリカゲルカラムを用いて精製する.

【性質・構造・機能・意義】 得られた錯体はいずれも室温で結晶であり,CH$_2$Cl$_2$あるいはDMF溶液中における紫外-可視吸収スペクトル,サイクリックボルタンメトリー,赤外スペクトルが測定された.吸収波長とモル吸光係数および酸化還元電位は金属錯体により異なるが,長鎖R基の長さ(n)にほとんど影響されていない.CH$_2$Cl$_2$中におけるPt錯体は黄緑色に発光する錯体で,最大発光波長(528 nm付近)はnによらずほぼ一定であり,量子収率は0.11〜0.18で,発光寿命は0.075〜0.37 μsである.VO錯体の場合,赤外スペクトルのVO伸縮振動(965〜983 cm^{-1})から,直線的な…V=O…V=O…鎖の形成は認められない.

M=Niの親錯体の結晶構造が,n=6,M=Cuのn=4,8,12,M=Ptのn=4,M=VOのn=14を除く3〜18で報告されている.高温において液晶性を示さないn=6のNi錯体は,結晶内に結合距離の異なる分子が2つ(A,B)存在し,平面からかなり歪んだ構造をしている.2本のRはsalen骨格に対し55°傾いてまっすぐにのびている.AとBは交互に並び,Ni-Ni間距離は5.994 Åで,AとBのsalen骨格およびR基の酸素原子でC-H…Oタイプの水素結合(2.3〜3.3 Å)を形成し一次元的に積層している.また,高温においても液晶性を示さないn=4のPt錯体のPt-Pt間距離は6.255 Åで,salen骨格どうしでC-H…Oタイプの水素結合を形成して,一次元的に積層している.一方,高温で液晶性を示すn=12のCu錯体では,N$_2$O$_2$平面と芳香環の間の二面角は23.829°であり,分子は四面体方向に歪んだ構造をしている.分子どうしは対面(face-to-face)構造をとり,Cu-Cu間距離は4.9061 Åでsalen骨格どうしでπ-πスタック(3.3〜3.5 Å)をし,b軸にそって一次元的に積層している.n=14を除いたn=3〜18のVO錯体の結晶構造は,n≧8で類似しているが,高温で液晶になるのはn≧16の場合である.n=16のsalen

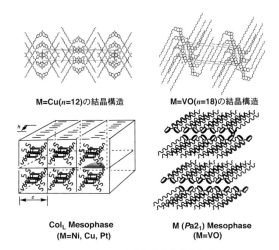

図1　特異な結晶構造と液晶相構造

骨格のequatorial面は平面で四角錐構造を示し，salen骨格に対し2本のR基は約40°傾き，互いに平行である．隣接している分子どうしのsalen骨格は2本のR基の空間に入り込んで二面角55.8°，V-V間距離は6.876Åをとり，salen骨格どうしでC-H…Oタイプの水素結合(2.5〜3.4Å)を形成し，b軸にそって一次元的に積層している．また，2本のR基はc軸にそって隣接しているR基とvan der Waals contactし，VO錯体で新規な2重層構造の生体膜様構造を形成している(図1)．

錯体(n=3〜20)の液晶性を調べるために，偏光顕微鏡観察，示差走査熱量(DSC)測定，温度可変X線回折(XRD)測定が行われている．偏光顕微鏡観察から，M=Niの$n≧14$，Cuの$n≧8$，Ptの$n≧10$，VOの$n≧16$で，結晶相から中間相=液晶相(mesophase=liquid crystalline phase)を経て等方液体になることが確認され，DSC測定から相転移温度とエンタルピー変化$ΔH$が報告されている．結晶相から液晶相への相転移温度(melting point)はnの増加とともにほぼ一定(VOで約106℃)か減少傾向(M=Ni,Cu,Ptで110〜82℃)が認められ，また，液晶相から等方液体への相転移温度(clearing point)も減少傾向にあるが，M=Ni,Cu,VO(167〜140℃)に比べてM=Pt(224〜162℃)の値が高いのが特徴的である．液晶相から等方液体への相転移の$ΔH$はM=Ni，Cuでほぼ同じ(23.3〜25.5 kJ/mol)であるが，それらと比べてM=Pt(13〜23.1 kJ/mol)は小さく，M=VO(28.1〜30.7 kJ/mol)は大きな値が得られている．

XRDの結果から液晶構造が決定され，Ni，Cu，Pt錯体は同じX線パターンを示しラメラ構造とカラム構造を同時にあわせもつ珍しいCol_L相である．ラメラ間距離c(25.5〜41.2Å)は金属によらずnの増加とともに直線的に増加しているが，Rが同じ方向を向いたカラム間(dimer)距離h(5.93〜6.24Å)はnによらずほぼ一定である．このhの距離を隣りの分子間(monomer)距離にすると約3Åとなる．このCol_L相は図1の左下のように示される．salen骨格どうしでvan der Waals contact(3.3〜3.5Å)をしているn=12のCu錯体の結晶が液晶に変化すると約3Åとなる．Pt錯体の場合，液晶相にMLCT(metal to ligand charge transfer)バンドの他にMMLCT(metal-metal to ligand charge transfer)バンドの吸収が現れることより，Pt…Pt相互作用の形成が認められる．NiやCu錯体と同じCol_L相をとりながら相転移温度や$ΔH$が大きく異なるのは，NiやCu錯体はコア間で$π-π$スタックによりCol_L相を形成するが，Pt錯体ではPt…Pt相互作用の形成によるからである．

VO錯体では，X線回折パターンの詳細な検討により，新規な液晶相M($Pa2_1$)であることが判明している．ラメラ間距離は，結晶中より約4Å長い(39.4 vs. 35.443Å(n=16)，42.5 vs. 38.507Å(n=18))が，二次元格子定数aおよびbはほとんど変化せず結晶中の値とほぼ同じである(a: 13.1 vs. 13.159(n=16)，14.2. vs. 13.142(n=18)，b: 9.82 vs. 10.037(n=16)，10.6 vs. 10.027(n=18))．このことは結晶が液晶に変化しても，コア部分が両相でほぼ同じ構造をとっていることがわかる(図1)．新規な生体膜様結晶構造から新規な液晶構造の生体膜様二重層(bilayer)をもつM($Pa2_1$)相の生成がはじめて明らかにされた例である．

【阿部百合子】

【参考文献】
1) K. Ohta et al., Mol. Cryst. Liq Cryst., **1992**, 214, 161.
2) R. Paschke et al., Liq. Cryst., **1995**, 18, 451.
3) R. Paschke et al., Inorg. Chem., **2002**, 41, 1949.
4) a) A. Serrette et al., J. Am. Chem. Soc., **1992**, 114, 1887; b) H. Zabrodsky et al., J. Am. Chem. Soc., **1993**, 115, 11656.
5) Y. Abe et al., Inorg. Chim. Acta, **2006**, 359, 3147.
6) Y. Abe et al., Mol. Cryst. Liq. Cryst., **2007**, 466, 129.
7) Y. Abe et al., Inorg. Chem. Commun., **2004**, 7, 580.
8) Y. Abe et al., Inorg. Chim. Acta, **2006**, 359, 3934．

MN_2O_2 (M=Co, Ni, Cu, V(O))

[M((5-R)₂salen)]

M	R	n	液晶相
Co	5-C_nH_{2n+1}	5,6,8,9,10	S_A
	5-$C_nH_{2n+1}O$	5,6,7,8	S_A
Ni	5-C_nH_{2n+1}	5,6,8,9,10,12	S_A, S_E
	5-$C_nH_{2n+1}O$	4,5,6,7,8	S_A
Cu	5-C_nH_{2n+1}	5,6,8,9,10	S_A
	5-$C_nH_{2n+1}O$	4,5,6,7,8	S_A
VO	5-$C_nH_{2n+1}O$	8,10,12	S_A

【名称】5-long chain-substituted bis(salicylideniminato) metal: 5-長鎖アルキルサレン金属錯体液晶、5-長鎖アルコキシサレン金属錯体液晶(M=Co, Ni, Cu, VO).

【背景】前項[M(4-$C_nH_{2n+1}O)_2$salen]では、金属錯体液晶の物理化学的性質が、金属イオンや配位子の長鎖アルキルやアルコキシ(R)基の置換位置によって影響されることが示された[1]. 一方、5位に長鎖R基を置換した[M((5-R)₂salen)]錯体は、金属イオンに関係なくスメクティック(smectic)A, E(S_A, S_E)液晶相を発現することが示された[2-6].

【調製法】p位に長鎖R基をもつフェノールのm位を$SnCl_4/Bu_3N$, HCOHでCHO基に置換し、次にエチレンジアミンを加えて五位長鎖置換配位子(5-R)₂salenH₂を合成する。これに金属塩(Co($CH_3COO)_2$, $NiCl_2$, $CuCl_2$, $VOSO_4$の水和物)を反応させ[M((5-R)₂salen)]を得る[2,3].

【性質・構造・機能・意義】[M((5-R)₂salen)](M=Co[5], Ni[2-4], Cu[2,3], VO[6])の液晶性は、偏光顕微鏡観察、示差走査熱量測定、温度可変X線回折(XRD)により確立されている。これらの[M((5-R)₂salen)]は室温で結晶であり、昇温すると四位長鎖置換錯体[M((4-R)₂salen)]に比べて長鎖が短い領域で液晶相と等方液体を発現する。温度可変XRDより、液晶相は大半のものがS_A相と同定された。一方、太田らはアルキル(C_nH_{2n+1})鎖$n=6,12$のNi錯体が、低温側に二量体S_E相を、高温側に単量体のS_A相を示すことを見いだしている[4]. アルキル鎖$n=4$のNi錯体では結晶中で対面構造(face-to-face)をとり芳香環どうしでπ-πスタック(<4Å)し、さらに芳香環とブチル基との間でCH-π相互作用をして二量体を形成し一次元で積層している[7]. しかし、この錯体の液晶性は報告されていない。液晶性を示すアルキル鎖$n=6$のNi錯体は結晶中で交互にわずかに異なったNi-Ni間距離(3.400, 3.406Å)をもつジグザグ構造で一次元的に積層している[8]. このことから温度変化による液晶相の変化($S_E \rightleftarrows S_A$)は、低温の結晶の二量体構造がS_E相に変化しても保たれるが、高温のS_A相では単量体に分かれることを示している。アルコキシ($C_nH_{2n+1}O$)鎖$n=6$のNi錯体は結晶中で二量体を形成するが、二量体間どうしのNi-Ni間距離(>6Å)は長く、レンガ模様(herringbone)配置で積層する[3]. アルコキシ鎖Ni錯体のS_E相の存在は否定できないが[3]、アルキル鎖、アルコキシ鎖ともにCo, Cu, VO錯体では、低温側にS_E相の存在は認められない[3,5,6]. 結晶相から液晶相への相転移温度(融点)をアルコキシ鎖どうしで比較するとCo, Ni錯体ではnの増加とともに減少傾向(260〜173℃)を示すが、Cu錯体ではほぼ一定(約258℃)である。また、液晶相から等方液体への相転移温度(透明点:clearing point)もnの増加とともに減少傾向にあるが、Co, Ni錯体(317〜277℃)に比べてCu錯体(282〜270℃)では低く、Cu錯体の液晶温度範囲が狭いのが特徴である。アルコキシ鎖$n=6$のCu錯体は結晶中で2つの分子は対面構造をとり2つのCu原子と配位酸素原子の間(3.53Å)で二量体を形成し、さらに二量体間どうしで隣接しているCu原子と配位酸素原子の間で弱い相互作用(4.01Å)で一次元で積層している[9]. Cu錯体の液晶温度範囲が狭いのは、このような結晶構造から液晶に変化するからである。五位長鎖置換錯体の透明点の相転移エンタルピーが、$Col_L, M(Pa2_1)$液晶相を示す四位長鎖置換錯体よりかなり小さいのは、相互作用の比較的小さいS_A液晶相の形成に基づいている。

【阿部百合子】

参考文献

1) a) Y. Abe *et al.*, *Inorg. Chim. Acta*, **2006**, *359*, 3147; b) Y. Abe *et al.*, *Mol. Cryst. Liq. Cryst.*, **2007**, *466*, 129; c) Y. Abe *et al.*, *Inorg. Chem. Commun.*, **2004**, *7*, 580; d) Y. Abe *et al*, *Inorg. Chim. Acta*, **2006**, *359*, 3934.
2) R. Paschke *et al.*, *Mol. Cryst. Liq. Cryst. Lett*, **1988**, *6*, 81.
3) R. Paschke *et al,*, *Mol. Cryst. Liq. Cryst.*, **1990**, *188*, 105.
4) K. Ohta *et al.*, *Mol. Cryst. Liq. Cryst.*, **1992**, *214*, 161.
5) Paschke *et al.*, *Liq. Cryst.*, **1995**, *18*, 451.
6) a) A. Serrette *et al.*, *J. Am. Chem. Soc.*, **1992**, *114*, 1887; b) H. Zabrodsky *et al.*, *J. Am. Chem. Soc.*, **1993**, *115*, 11656.
7) K. Miyamura *et al.*, *J. Am. Chem. Soc.*, **1995**, *117*, 2377.
8) R. Paschke *et al.*, *Inorg. Chem.*, **1995**, *34*, 1125.
9) R. Paschke *et al.*, *Inorg. Chem.*, **2002**, *41*, 1949.

MN$_4$ (M = Ni, Pd, Pt)

C$_n$O = C$_n$H$_{2n+1}$O
C$_n$ = C$_n$H$_{2n+1}$

Entry No.	1	2	3	4
$\begin{bmatrix} M \\ R \\ R' \end{bmatrix} =$	$\begin{bmatrix} Ni \\ C_nO \\ C_nO \end{bmatrix}$,	$\begin{bmatrix} Pd \\ C_nO \\ C_nO \end{bmatrix}$,	$\begin{bmatrix} Pt \\ C_nO \\ C_nO \end{bmatrix}$,	$\begin{bmatrix} Ni \\ C_{12} \\ C_{12} \end{bmatrix}$,
Mesophase	Col$_{hd}$	Col$_{hd}$	Col$_{hd}$	Col$_{ro}$(P2/a), Col$_{hd}$

	5	6	7	8	9
	$\begin{bmatrix} Ni \\ C_{12}O \\ C_nO \end{bmatrix}$,	$\begin{bmatrix} Ni \\ C_{12}O \\ C_n \end{bmatrix}$,	$\begin{bmatrix} Ni \\ C_nO \\ OH \end{bmatrix}$,	$\begin{bmatrix} Ni \\ C_nO \\ H \end{bmatrix}$,	$\begin{bmatrix} Ni \\ C_n \\ H \end{bmatrix}$
	Col$_{ho}$	Col$_{ho}$	D$_{L.rec}$ (P2$_1$1)	D$_{L.rec}$ (P2$_1$2$_1$)	Col$_{tet}$

【名称】long chain-substituted bis(diphenyl glyoximato) metal(II):グリオキシマート金属錯体のディスコティック液晶.

【背景】円盤状分子,ビス(ジフェニルグリオキシマート)のd^{8}金属錯体に長鎖アルコキシ基を導入することにより,興味深いサーモクロミズムを示すヘキサゴナルカラムナー(Col$_h$)液晶相が得られる[1-3].

【調製法】参考文献1)~3)を参照されたい.

【性質・構造・機能・意義】カラム構造をもつこれらのNi(II),Pd(II),Pt(II)錯体は,昇温に伴い色調変化(サーモクロミズム)を示すことが見いだされた[1-3].この原因は,温度上昇に伴いカラム構造の中の金属-金属間の距離の増加が,ndz^2軌道と(n+1)pz軌道のバンドギャップの増加を引き起こし,この間の電荷移動スペクトルが短波長シフトすることが原因である.すなわち,この短波長シフトは一次元カラム構造内の上下金属-金属間のd-p相互作用と密接に関係している.このd^{8}金属錯体は,城谷らによってピエゾクロミズムが報告されているジフェニルグリオキシマートd^{8}金属コア錯体に,8本の長鎖アルコキシ基を導入したものである.長鎖を置換していないコア錯体であるジフェニルグリオキシマートPt錯体は大気圧下で,赤茶色,0.69Gpa(6900気圧)の高圧下では緑色を示すと報告している.驚くべきことに,8本長鎖アルコキシ基を置換したPt錯体は大気圧下ですでに緑色を呈していた.これは,アルコキシ鎖のvan der Waals力による自縛効果,つまり「ファスナー効果」により,大気圧下ですでに0.69GPaの高圧力が加わった状態と同じ状態が得られたことになる.これはアルコキシ鎖どうしがvan der Waals半径まで近づこうとして,中心d^{8}金属-金属間の距離を短縮しようとすることに起因する.このd-p相互作用に対するvan der Waals力の「ファスナー効果」は温度上昇とともに弱められ,温度による色調変化を引き起こし,視覚的に捉えられる.例えば,8本長鎖を置換したジフェニルグリオキシマートPt錯体は室温で緑色であるが,温度上昇とともに緑色→赤色→柿色→黄色と変色する.これは従来までまったく知られていなかった「van der Waals力を直接目で見る化学」の最初のものである[3].

ここで,側鎖の液晶相に対する影響を見てみる.まず,ビス(ジフェニルグリオキシマート)ニッケル系金属錯体1と8の場合を考えてみる.錯体1は8本鎖でCol$_{hd}$相を示している.錯体8は4本鎖でD$_L$相を示している.そこで錯体1の各フェニル基のp位はドデシルオキシ(C$_{12}$H$_{25}$O)基に固定して,m位の長鎖をC$_{12}$H$_{25}$OからCH$_3$O基まで徐々に短くした.おもしろいことに5のCH$_3$O基置換体でもCol$_{ho}$相を示した.錯体6のCH$_3$基置換体でもCol$_{ho}$相を示した[4].したがって,m位に長鎖とはいえないCH$_3$O基でもCH$_3$基でもとにかく炭素1個がついていれば分子面に垂直なz軸回りに平面コアが自由回転できてCol$_h$相を示す.さらに錯体7のように,m位の炭素をとって,OH基にしたところ,液晶相がCol$_h$相からD$_L$相に劇的に転換し,そのp位の側鎖は分子面に垂直に立った構造に変わった.OH基も,さらにとり去った錯体8も同様に,p位の側鎖も分子面に垂直に立った構造であった[4].詳細な加熱X線構造解析から,錯体7,8はそれぞれ新規なD$_L$相であるD$_{L.rec}$(P2$_1$1),D$_{L.rec}$(P2$_1$2$_1$)相を示すことが明らかにされた.これらの新しいD$_L$相は層(ラメラ)構造をしており,層内で二次元の短形(rectangular)格子を有している.そして,その二次元格子の対称性が異なっておりP2$_1$1とP2$_1$2$_1$を示す.これらの新規なD$_{L.rec}$相は,D$_L$相でははじめての2D⊕1D次元性の液晶相である[4].

【太田和親】

参考文献
1) K. Ohta *et al., J. Mater. Chem.*, **1991**, *1*, 831.
2) K. Ohta *et al., Bull. Chem. Soc., Jpn.*, **1993**, *66*, 3553.
3) K. Ohta *et al., J. Mater. Chem.*, **1998**, *8*, 1971.
4) K. Ohta *et al., J. Mater. Chem.*, **1998**, *8*, 1979.

MN₆ (M＝Ru, Os, Ir, Re, Rh, Fe)

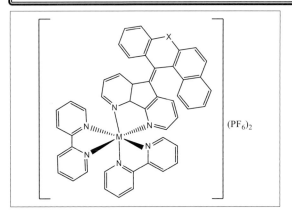

【名称】[M(bpy)$_2$L](PF$_6$)$_2$(M＝Ru, Os, Ir, Re, Rh, Fe; L＝4,5-diaza-fluorene moiety)

【背景】光誘起エネルギー移動, 光誘起電子移動, コンフォメーション変化, 結合の開裂を示す光応答性配位子を酸化還元反応, 酸塩基反応, 配位構造変化, キロプティカル特性を有する光活性金属イオン(Ru, Os, Reなど)を有する錯体に組み込んだ光駆動分子スイッチデバイスが設計された[1]. この配位子は光照射すると二重結合の周りの回転によりM, Pヘリシティーが変化するので, 一般的な色・電気伝導度・蛍光の変化だけでなく, 円偏光二色性(CD)スペクトルや非線型光学効果などキラリティーの変化に基づき, 金属錯体としての光キロプティカルスイッチングの検出に成功した例である[2].

【調製法】配位子は, 目的の置換基を有する出発物質を文献の方法で合成し, トルエン中, 72時間加熱還流して, エピスルフィド中間体を経るBarton反応により得る. 反応時間や温度の制御により, 中間体ではなく目的物を単離することができる. 次に錯体は, 目的の金属イオン源となる出発物質(Ru(bpy)$_2$Cl$_2$, Os(bpy)$_2$Cl$_2$, Re(bpy)$_2$Cl$_2$など)をメトキシメタノールまたはトルエン中で数時間反応させ, 必要に応じてカウンターイオンの交換後に精製し, まずアセトン/ヘキサンついでメタノールから, またはトルエン/ヘキサンから再結晶して得る.

【性質・構造・機能・意義】配位子はアセトニトリル溶液中で367 nm (ε＝15400 M^{-1}cm^{-1})にメトキシ-ベンゾ-キサンセン部位の, 303 nm (ε＝17600 M^{-1}cm^{-1})にジアザ-フルオレン部位の配位子内(^{1}LC)吸収帯が観測される. ルテニウム錯体は450 nm (ε＝17300 M^{-1}cm^{-1}), 424 nm (ε＝19500 M^{-1}cm^{-1}), 286 nm (ε＝55100 M^{-1}cm^{-1}), 一方, オスミウム錯体は584 nm (ε＝3800 M^{-1}cm^{-1}), 482 nm (ε＝12300 M^{-1}cm^{-1}), 427 nm (ε＝17400 M^{-1}cm^{-1}), 290 nm (ε＝77300 M^{-1}cm^{-1})に吸収帯が観測される. いずれも, 300 nm以下のバンドは^{1}LC吸収帯, 400～500 nmで中程度強度のバンドは^{1}MLCT吸収帯である. オスミウム錯体のスピン-軌道相互作用に起因する600 nm以上のブロードで弱いバンドはスピン禁制遷移の^{1}MLCT吸収帯と帰属される. ルテニウム錯体で光照射に適する波長は450～500 nmであることがわかる.

酸化還元電位は, 室温条件下, アセトニトリル溶液中で, ルテニウム錯体では1.33 V(光照射下), －1.50 V/－1.73 V, オスミウム錯体では0.81 V, －1.44/－1.72 Vである.

また, 一般的な六配位八面体型錯体ではΔ(M/P)とΛ(M/P) 4つのジアステレオマーの組の可能性があるが, 本錯体は混合配位子のため, エナンチオ混合物からジアステレオ混合物への光変化となる.

半経験的量子化学計算(AM1)では, 円偏光照射で^{1}MLCTバンドが励起されヘリシティが変化する際の配位子の二重結合周りの回転のエネルギー障壁は24 kcal/molと見積もられた. これは室温において, M, P-エナンチオマーが分離して存在するのに十分な大きさである. 一方, 室温において, 金属錯体部位からの蛍光が観測されない. したがって, 光励起状態は金属イオン部位と光応答性配位子部位のカップリングにより効率的にクエンチされる.

【関連錯体の紹介およびトピックス】キロプティカル特性を最適化するために, 光応答性配位子の芳香環中のヘテロ原子酸素原子から硫黄原子や炭素原子へ置換したり, 芳香環にかさ高い置換基を導入する試みだけでなく, 光活性な金属イオンの置換(Ru, Os, Ir, Re, Rh, Fe)やbpy配位子へのドナー・アクセプター置換基の導入により, 金属イオンから光応答性配位子への芳香性をもつエネルギー移動の制御が試みられた[2]. さらに, 光誘起電子移動のためのスペーサーを用いたり, 他のメカニズムの分子設計も試みられている[3]. 2つのアントラセン部位を有する配位子を有する関連ルテニウム錯体の光誘起反応も報告されている. アントラセンに可視光照射すると, 分子内環化反応により二量体を形成する[1].

【有竹良数・秋津貴城】

参考文献

1) A. Beyeler et al., Angew. Chem. Int. Ed. Engl., **1997**, 36, 2779.
2) M. Q. Sans et al., Coord. Chem. Rev., **2002**, 229, 59.
3) P. Belser et al., Coord. Chem. Rev., **1999**, 190-192, 155.

MS_4 (M = Ni, Pd, Pt)

R = C_nH_{2n+1}

1: $(C_nOPh)_4DTNi$ 2: $[(C_nO)_2Ph]_4DTM$
(n = 9〜12)   M = Ni, Pd, Pt
D_{L2}(=Col_L) (n = 9〜12)
         Col_h

【名称】long chain-substituted bis (diphenyldithole) metal: ジチオレン金属錯体のディスコティック液晶.

【背景】4本長鎖置換ジチオレンニッケル錯体 $(C_nOPh)_4DTNi$: 1 は，1983〜7年にVeberら[1]と太田ら[2,3]によってまったく独立に異なる合成経路で合成され，液晶性がともに報告された．しかし，Veberらは1987年にLevelutと共同でX線構造解析をして，自らその液晶性を否定した[4]．この液晶相が単斜晶系の格子を有していることと，アルキル鎖の融解に相当するハローがないとの理由によるものである．しかし，2001年に太田は詳細な加熱X線構造解析から，彼らのいう単斜晶の「液晶相」は，2つの液晶相の混合したものを誤認したものであることを証明し，これがディスコティックラメラ D_{L2}(=Col_L)相の構造を有していることを解明している[5]．

【調製法】参考文献1)〜3)を参照されたい．

【性質・構造・機能・意義】1989〜91年には，太田らは8本長鎖置換体 $[(C_nO)_2Ph]_4DTNi$(n=1〜12): 2 を合成し，これが，n=5〜12でディスコティックカラムナー(Col_h)相を示すことを見いだしている[6-8]．これは世界最初のπアクセプター性(n型半導体の)カラムナー液晶である．そこで，PdとPtの同族体も後に合成している[9]．

$[(C_nO)_2Ph]_4DTNi$(n=5〜12)および$[(C_nO)_2Ph]_4DTPd$(n=4〜12)，$[(C_nO)_2Ph]_4DTPt$(n=6〜12)の錯体は，ただ1つのエナンチオトロピックな Col_h 相を示すことが加熱X線構造解析から明らかにされた[9]．

ここで，これらのジチオレン金属錯体液晶における金属種による液晶性への影響を見ると，clearing point (c.p.)はPd錯体が最も高く，Ni錯体，Pt錯体の順で低くなっている．また，液晶相の温度範囲は，Pd錯体が最も広くなっており，Ni錯体，Pt錯体の順で狭くなっている．中心金属種が液晶性に大きく影響しており，Pt，Ni，Pdの順で液晶性がよい[9]．

また，カラム内でのディスクどうしのスタッキング距離の値は，Ni錯体では3.62〜3.65 Å，Pd錯体は3.53〜3.59 Å，Pt錯体は3.71〜3.75 Åの間に観察された．すなわち，Pd錯体でのディスク間距離が他の錯体に比べ最も小さくなっている．それは，カラム内の分子間相互作用が大きく，カラムががっちりして安定しているためにc.p.が高くなっていると考えられる．逆にPt錯体はディスク間距離が最も広くなっており，カラム内の分子間相互作用が小さくそれぞれ分子がばらばらになりやすいため，c.p.は低くなると考えられる．すなわち，Pt，Ni，Pdの順でc.p.が高いのは，この順でディスク間距離が狭くなっているからである[9]．

第1還元電位は，Pt錯体では−0.10〜−0.08 V，Ni錯体では−0.06〜−0.05 VそしてPd錯体では−0.01〜+0.01 Vというほぼ一定値が得られた．すなわち，それぞれの金属錯体ごとに，側鎖の長さによらずほぼ一定の値を示し，πアクセプター性を保持したままカラムナー液晶物質が得られたことになる．また，金属種により比較すると，還元電位は，Pt，Ni，Pdの順で還元電位の値は正に近くなり，この順でπアクセプター性がよくなっていることがわかる．これらπアクセプター性を利用して一次元電導体や太陽電池などへの展開が期待される[9]．

【太田和親】

【参考文献】

1) M. Veber et al., Mol. Cryst. Liq. Cryst., **1983**, 96, 221.
2) K. Ohta et al., J. Chem. Soc., Chem. Commun., **1986**, 883.
3) K. Ohta et al., Mol. Cryst. Liq. Cryst., **1987**, 147, 15.
4) M. Veber et al., Mol. Cryst. Liq. Cryst.,Lett., **1987**, 5, 1.
5) H. Horie et al., J. Mater. Chem., **2001**, 11, 1063.
6) K. Ohta et al., J. Chem. Soc., Chem. Commun., **1989**, 1610.
7) K. Ohta et al., Mol. Cryst. Liq. Cryst., **1991**, 208, 21.
8) K. Ohta et al., Mol. Cryst. Liq. Cryst., **1991**, 208, 33.
9) K. Ohta et al., Polyhedron, **2000**, 19, 267.

M(dien)X_n (M=Fe, Zr, Rh, Co, Mg, V, Cr, Mn, Pd; X=CO, Cp, Cl)

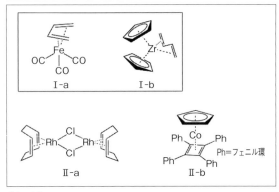

【名称】diene complexes: M(diene)X_n

【背景】ブタジエンのように共役した二重結合をもつ分子は独特の反応性を示し，遷移金属化合物との反応が研究され，各種の配位結合の形成が示された．1930年に，初のジエン錯体としてブタジエン鉄カルボニルが熱的に安定なオイル状化合物として合成された[1]．しかし，結合状態がわからず，合成反応としての一般性も不明であった．1951年のフェロセンの発見後[2]，ジエンの s-cis 型配位による 4π 型配位子が注目され，Pauson により I-a の構造が提案された[3]．

【調製法】ジエンを低原子価金属と反応させ得る．例えば，活性化させたマグネシウムとブタジエンを THF 中で反応させると Mg(C_4H_6)(THF)$_2$ が得られる．同様にブタジエン 2 分子が Ni(0)に配位した 18 電子錯体 Ni(C_4H_6)$_2$ の合成も予想されるが，実際にはブタジエン 2 分子が環化重合し，1,5-シクロオクタジエンを触媒的に生成する[9]．一般に，Ni, Pd, Pt の有機金属では 16 電子錯体が安定で，独特の触媒作用が見られる．また，14 電子フラグメントである Cp_2Ti でもブタジエン錯体の生成が予想されるが，実際にはまだ単離されていない．また，Cp_2Zr(butadiene)は，X線構造解析の結果，Zr のジエン錯体では珍しい s-trans 型の配位(I-b)をとることが報告された[10]．

1,5-シクロオクタジエン(1,5-cod)のような非共役の環状ジエンは後周期の遷移金属と安定なキレートを作り，Rh(I)(II-a)などの 16 電子平面錯体の合成に用いられる[11]．特に，COD が外れて 2 つの隣接する反応場が提供され，触媒作用の強い Rh(I)錯体を溶液中で生成させる配位子として有効である．

【性質・構造・機能・意義】先の反応では，Fe(CO)$_3$ のような 14 電子フラグメントに 4π 配位子が結合し，安定な 18 電子錯体を生成し，V, Cr, Mn, Co などの金属で類似のジエン錯体が合成された．環状のジエンやトリエンでは，鉄錯体が合成され，NMR により構造決定された．特に，シクロオクタテトラエン錯体は，5 ヶ所の研究室で同時に同じ鉄錯体が合成された[4-8]．

共役ジエンがモノエンより安定な錯体を与えることは，特に低原子価の金属において重要である．キレート効果ではなく，金属からの逆供与によるものである．Zr の s-cis 型のジエン錯体では，このためジエンの両末端の炭素が強く結合してメタラサイクルが生成する．また，シクロブタジエン(CB)合成には，アセチレン 2 分子の環化が理想であるが，このためには遷移金属の介在が必須である．実際，Fe[12]，Co(II-b)[13]，Pd[14] の場合，ジフェニルアセチレンを低原子価錯体と反応させ，はじめてシクロブタジエン錯体が合成された(1958〜1962年)．1958 年に理論化学的には 18 電子構造の CB 錯体は芳香性をもつと予想され，実際に未置換の配位 CB 環で芳香族置換反応が起こることが示された[15,16]．また，これらの錯体から興味ある CB を遊離させる方法が種々研究され，低温で一電子酸化させるなどの方法により遊離 CB を低温で発生できることが確かめられた[16]．

【関連錯体の紹介およびトピックス】環状のトリエンやテトラエン錯体は金属カルボニルより熱または光反応により容易に合成できる[9]．また，線状のポリエン錯体もポリエンの両末端にフェニル基をもつものでは合成しやすい．金属として Fe(0), Ru(0), Co(I), Rh(I) などの例がある[16]．

【中村　晃・近藤　満】

参考文献

1) H. Reihlen *et al.*, *Liebigs Ann.*, **1930**, *482*, 161.
2) T. J. Kealy *et al.*, *Nature*, **1951**, *168*, 1039.
3) B. F. Hallam *et al.*, *J. Chem. Soc.*, **1958**, 646.
4) A. Nakamura *et al.*, *Bull. Chem. Soc. Jpn.*, **1959**, *32*, 880.
5) D. E. Bublitz *et al.*, *Chem. & Ind.*, **1959**, 635.
6) C. J. Askitopoulos, *Praktikates Akademias Athenon*, **1959**, *32*, 395.
7) T. A. Manuel *et al.*, *Proceedings of the Chemical Society* (*London*), **1959**, 90.
8) A. N. Nesmeyanov *et al.*, *Doklady Akademii Nauk SSSR*, **1959**, *126*, 307.
9) 中村晃編, 基礎有機金属化学, 朝倉書店, **1999**.
10) G. Erker *et al.*, *J. Am. Chem. Soc.*, **1980**, *102*, 6344.
11) G. Giordano *et al.*, *Inorg. Synth.*, **1990**, *28*, 88.
12) W. Hübel *et al.*, *J. Inorg. Nucl. Chem.*, **1959**, *9*, 204.
13) A. Nakamura *et al.*, *Bull. Chem. Soc. Jpn.*, **1961**, *34*, 452.
14) A. T. Blomquist *et al.*, *J. Am. Chem. Soc.*, **1962**, *84*, 2329.
15) E. O. Greaves *et al.*, *J. Chem. Soc., Chem. Commun.*, **1974**, 257.
16) C. Elschenbroich *et al.*, In *Organometallics: A Concise Introduction* (2nd ed.), Wiley-VCH, **1992**.

$M_2C_{10}Cl_4$ (M=Rh, Ir)

触 有 ク

```
                    2.452(1), 2.465(1)
              Cl    2.449(3), 2.456(3)
        M ←――― M
         \ Cl /
2.397(1)  Cl
2.387(4)           M⋯M
                   3.7191(6)
Distances (Å) for M = Rh, Ir   3.769(1)
```

【名称】di-μ-chlorodichlorobis(η^5-1,2,3,4,5-pentamethyl-cyclopentadienyl)dirhodium(III):[{Cp*RhCl}$_2$(μ-Cl)$_2$] (Cp*=η^5-C$_5$Me$_5$)

【背景】ハーフサンドイッチ型ロジウム錯体の前駆体として最も一般的な化合物である．同族のイリジウム錯体とは性質，反応性がよく類似しているため，ここでは2つをまとめて記述する．

【調製法】三塩化ロジウム3水和物と1,2,3,4,5-ペンタメチルシクロペンタジエンとをメタノール中で還流すると，暗赤色固体として得られる[1]．先に見いだされた別法では，ヘキサメチルデュワーベンゼンを用いる[2]．イリジウムアナログも同様の方法によって合成できる(橙色固体)．両錯体とも市販されている．

【性質・構造・機能・意義】空気下での保存が可能で，熱的にも非常に安定である(融点230℃以上)．ハロゲン系有機溶媒への溶解度は高いが，アセトン，アルコール，芳香族炭化水素にはわずかに溶ける．金属原子間に結合を持たず，中心のM_2Cl_2平面について2つのシクロペンタジエニルおよび2つの末端クロリド配位子はそれぞれが互いにトランスに配置している．

ドナー配位子の添加または銀塩によるクロリド配位子の除去によって容易に単核構造へと開裂するため，ハーフサンドイッチ型単核錯体の良好な前駆体となる．クロリド配位子の部分的な脱離によっては，[(Cp*M)$_2$(μ-Cl)$_3$]$^+$のように二核構造を保持した錯体や，より多核の[(Cp*Rh)$_3$(μ$_3$-Cl)(μ$_2$-Cl)$_3$]$^{2+}$も生成する．また，ロジウム錯体の二電子還元によってRh(II)-Rh(II)単結合(2.623 Å(av))を有する[(Cp*Rh)$_2$(μ-Cl)$_2$]が得られる．一方，架橋クロリドを15, 16族ドナー配位子で置換すると，これらの元素で架橋された二核錯体や三核以上のクラスター化合物へと誘導できる．水素または水素ドナー分子(アルコールなど)との反応で，架橋配位子が段階的にクロリドからヒドリドへと置換された二核錯体が合成されている．

標題錯体はオレフィンの水素化やヒドロシリル化，アルデヒドのCannizzaro型不均化などの反応において触媒活性を示すことが，古くから知られていた．さらに配位子を加えることによって高機能化された分子触媒が得られ，水素移動型還元や直接水素化で用いられている．近年，新たな触媒作用の開発が急速に進展し，有機合成反応への有用性が高まっている．以下には，これらの錯体に配位子を添加しない系での触媒反応の例を挙げる．

ロジウム錯体は，2-ブタノールを還元剤とするクロロアレーンの脱塩素化，ギ酸アンモニウムを用いるケトンの還元アミノ化の触媒となる．C-H結合活性化能を有し，ポリオレフィン側鎖のメチル基部位をボリル化できるため，ポリマーの機能化に有効である．また，種々の芳香族化合物に対する酸化的カップリングに用いられる[3]．アルケンとの反応では芳香環のビニル化が起こり，アルキンを用いると様々な環状化合物が効率的に生成する．エナミンとアルキンとの酸化的カップリングによるピロールの合成も報告されている．これらの反応では量論量の酢酸銅(II)が酸化剤として用いられるが，一部の系は触媒量の銅塩存在下で空気酸化によっても進行する．

アルコールとアルデヒドまたはケトンとの間の水素移動反応においては，イリジウム錯体の方が高活性であると言われている[4]．これを素反応として，アルコールによるアミンやアミドあるいはアンモニアの直接N-アルキル化が系内でカルボニル化合物を経由して進行する．同様にアミノアルコールは環化してインドールやテトラヒドロキノリンに変換されるが，同じ基質をロジウム錯体存在下に水素受容体となるアセトンと反応させると環状アミドが得られる．イリジウム触媒はアルコールを用いた炭素上へのアルキル化にも有効であり，さらにアルコールの酸素酸化や，硝酸アンモニウムセリウム(IV)によるアルカンのヒドロキシル化への活性も見いだされている．

【関連錯体の紹介およびトピックス】無置換または置換シクロペンタジエニル配位子を有する類縁錯体，およびClがBr，I，SHなどになった置換体が合成されている．コバルト同族体を項目283で掲載している．

【清野秀岳】

【参考文献】
1) C. White et al., Inorg. Synth., **1992**, 29, 228.
2) J. W. Kang et al., J. Am. Chem. Soc., **1969**, 91, 5970.
3) a) T. Satoh et al., Pure Appl. Chem., **2008**, 80, 1127; b) T. K. Hyster et al., J. Am. Chem. Soc., **2010**, 132, 10565.
4) K. Fujita et al., Synlett, **2005**, 560.

M_xC_y

【名称】metal carbonyl complexes: $M_x(CO)_y$

【背景】金属原子に一酸化炭素のみが配位した分子としてニッケル-カルボニルが1980年にMondらにより合成された[1]．その後，鉄-カルボニルなど遷移金属で一般式 $M_n(CO)_m$ の系列が発見され（1930年頃），一酸化炭素が低原子価の金属と強く結合することが示された[2]．異常な錯体として注目されたが，s, p, d の9個の原子軌道を用いた18電子則によって種々の金属カルボニルの組成と結合状態が説明された[2]．例えば，$Cr(CO)_6$ の場合，Cr(0) の6電子に6個のCOからの12電子を加えて18電子状態をCrの周りに作ると考えられた．表1に中性およびアニオン性の金属カルボニルの実例を示す．Mn(0)のように鉄より1電子少ない金属原子では，$Mn(CO)_5$ と仮定すると17電子となり18電子則を満たさないが，Mn–Mnのような共有結合を作り二量化すると両方のMnは18電子となり，安定な錯体 $Mn_2(CO)_{10}$ を生成する．COの代わりに，二電子供与配位子であるオレフィンやホスフィンなどが結合した混合錯体でも18電子則が成立し，多くの金属錯体が合成された[2]．M-CO結合は高い熱的安定性を示し，これは，電子密度の高い金属中心からCO配位子への逆供与結合による金属-炭素多重結合に由来すると説明されている[2]．

相馬らはCu(II)イオンに常温常圧でCOを濃硫酸中で作用させ，カチオン性のカルボニル錯体 $[Cu(CO)_n]^+$（n=2, 3, 4）の合成に成功した[3]．この方法によると，$Ag^{3)}$，$Au^{4)}$，$Pt^{5)}$，$Pd^{6)}$ のカチオン型錯体も溶液中で合成でき，さらにこれらの錯体は，CO配位子をオレフィンなどに挿入してカルボニル化することで第三級カルボン酸を生成する触媒活性をもつ．これらの化合物では，逆供与はないと考えられ，金属-炭素結合は強くなく，活性が発現する．また，Ti, Zr, Nb, Taのような前周期遷移金属でも不安定ながら，$[Ti(CO)_6]^{2-7)}$ や $[Nb(CO)_7]^{+8)}$ などの18電子錯体が合成されている．

【調製法】鉄，コバルト，ニッケルについては，活性化した当該金属粉末と直接，COガスを炭化水素溶媒中で加圧下100℃程度に加熱し合成する．アニオン状態の金属カルボニル化合物は，対応する中性の化合物をTHF中でNaなどにより還元して得る．また，バナジウムのようにアニオン状態の方が安定である場合は，金属塩化物をTHFに溶かし一酸化炭素気流下でよく分散させたナトリウムと，電子移動剤としてシクロオクタテトラエンを加えて反応させ合成する[2]．

【性質・構造・機能・意義】鉄・カルボニル，ニッケル・カルボニルのような液体状の金属カルボニルは猛毒であり，ドラフト中で取り扱う．これらの錯体はカビのような臭いがするが，繰り返し嗅ぐと過敏症となり，臭いが強く感じられるようになる[2]．

中性の分子状態では，無極性の有機溶媒に溶け，空気中ではゆっくり酸化分解し，一酸化炭素が脱離する．一方，アニオン性の状態では速く分解する．一酸化炭素が肺に吸い込まれると，ヘモグロビンの鉄(II)イオンと強く結合してモノカルボニル錯体となり，血液による酸素運搬作用を止めてしまう．空気中に0.05%以上の一酸化炭素が含まれると危険である[9]．

クロム(0)や鉄(0)のカルボニル錯体は，18電子錯体であるため，各々正八面体および三角両錐構造であり，ニッケル(0)では正四面体構造である[2]．

鉄，コバルト，ニッケルなどのカルボニル錯体，およびホスフィンで置換した誘導体は，均一系触媒として工業的に広く使われている[2]．【中村 晃・近藤 満】

【参考文献】
1) L. Mond et al., J. Chem. Soc. (London), **1890**, 749.
2) 中村晃編, 基礎有機金属化学, 朝倉書店, **1999**.
3) Y. Souma et al., Catalysis Today, **1997**, 36, 91.
4) Q. Xu et al., J. Org. Chem., **1997**, 62, 1594.
5) Q. Xu et al., J. Org. Chem., **2000**, 65, 8105.
6) Q. Xu et al., J. Org. Chem., **1999**, 64, 6306.
7) J. E. Ellis, Organometallics, **2003**, 22, 3322.
8) A. M. Ricks, J. Am. Chem. Soc., **2009**, 131, 9176.
9) 中村晃ほか編, 無機合成化学, 裳華房, **1989**.

表1 代表的な金属カルボニルの例とそれらの化合物のCO伸縮振動 (cm^{-1})

$V(CO)_6$	$Cr(CO)_6$	$Mn_2(CO)_{10}$	$Fe(CO)_5$	$Co_2(CO)_8$	$Ni(CO)_4$	$[V(CO)_6]^-$	$[Mn(CO)_6]^+$	$[Co(CO)_4]^-$
1976	2000	2044; 2013	2034; 2013	many bands	2057	1859	2090	1918; 1883

[MC₄X₂]ₙ (M=Cu, Ag; X=Cl, Br)

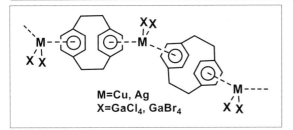

【名称】(a) *catena*(dichloro gallium(III)bis(μ₂-chloro)(η²-[3,3]paracyclophane)copper(I)): |Cu(GaCl₄)・([3,3]pcp)₂|ₙ (**2**)¹⁾; (b) *catena*(dichloro-gallium(III)bis(μ₂-chloro)(η²,η³-[2,2]paracyclophane)silver(I)): |Ag(GaCl₄)・([2,2]pcp)₂|ₙ (**3**)¹⁾

【背景】[2,2]パラシクロファンに代表されるベンゼン環どうしが架橋部分により,近接してつながれたシクロファン類は,π共役系間に強い反発的な相互作用を有し,その結果ベンゼン環に大きな歪みと外側へのより大きなドナー効果を発現し,電子の欠損あるいは過剰により,π系どうしの相互浸透によってspin communicationが導かれる.これまでη⁶-配位したシクロファンを有する遷移金属や典型金属(d¹⁰s²電子配置,Ga(I),Sn(II),Bi(II)など)の化合物が数多く合成されている.一方,酸化状態が+1(d¹⁰s⁰電子配置)をもつコインメタル(Cu(I),Ag(I),Au(I))は,理論的な理由からη¹-あるいはη²-配位したアレン錯体の生成が期待されるが,合成例は少ない.化合物**1~4**は,配位した対アニオンの共存下において,合成されたはじめてのシクロファン類を配位子とするCu(I)およびAg(I)の有機金属錯体ポリマーである.

【調製法】ベンゼン中において,CuCl, AgClまたはAgBrと,無水GaCl₃または GaBr₃を反応させ,前駆体M[GaX₄](M=Cu, Ag; X=Cl, Br)を合成する.合成したM[GaX₄]のトルエン溶液と,当量のシクロファン類([2,2]パラシクロファンまたは[3,3]パラシクロファン)のトルエン溶液を反応させると,無色の結晶性のある化合物**1~4**が得られる.化合物**1~4**は湿気および空気に不安定.**1**: |Cu(GaCl₄)・([2,2]pcp)₂|ₙ (mp. 230℃);**2**: |Cu(GaCl₄)・([3,3]pcp)₂|ₙ (mp. 225℃); **3**: |Ag(GaCl₄)・([2,2]pcp)₂|ₙ (mp. 223℃); **4**: |Ag(GaBr₄)・[2,2]pcp)₂|ₙ (mp. 185℃).

【性質・構造・機能・意義】化合物**2**および**3**のトルエン溶液を100℃から室温までゆっくりと冷却すると,単結晶が得られる.Cu(I)錯体**2**およびAg(I)錯体**3**は,いずれも有機金属錯体ポリマーであるが,興味深いことは,これらのハプト数(hapticity)が異なることである.錯体**2**のCu(I)原子は[3,3]パラシクロファンの各々のユニットにη²-形式で結合しているのに対し,錯体**3**のAg(I)原子は[2,2]パラシクロファンにη²-,η³-形式で結合している(図1).さらに,錯体**2**のCu(I)原子はキレート配位したGaCl₄⁻により配位飽和であるのに対し,錯体**3**は2つのGaCl₄⁻を介して2つの他のAg(I)原子どうしがつながっている.その結果,錯体**2**はscrew型の鎖状構造を,錯体**3**は|Ga[GaCl₄]・[3,3]pcp|に見いだされている構造²⁾と似かよった層状構造を形成している.純粋なCu(I)錯体**2**は電気を流さないが,空気にさらすとわずかに色が変わり,電気が流れる.これは部分的にCu(II)に酸化されて,混合原子価状態の有機金属錯体ポリマーが生成するためであると考察されている.

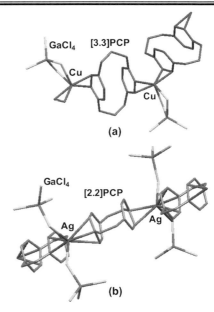

図1 (a)錯体**2**および(b)錯体**3**のX線構造

【関連錯体の紹介およびトピックス】[2,2]パラシクロファンを配位子とする一連のAg(I)配位高分子錯体が系統的に合成され,X線構造および性質が報告されている³⁾.

【前川雅彦】

【参考文献】
1) H. Schrnidbaur *et al., Angew. Chem. Int. Ed. Engl.*, **1986**, *25*, 1089.
2) H. Schmidbaur *et al., Helv. Chim. Acta*, **1986**, *69*, 1742.
3) a) M. Munakata *et al., J. Am. Chem. Soc.*, **1999**, *121*, 4968; b) M. Munakata *et al., Inorg. Chem.*, **2004**, *43*, 633; c) M. Munakata *et al., Inorg. Chem.*, **2005**, *44*, 1686; d) M. Munakata *et al., Inorg. Chim. Acta*, **2005**, *358*, 919.

$[MN_6]_n$ (M = Fe(II), Co(II), Ru(II))

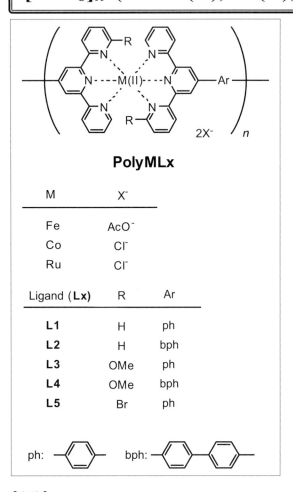

【名称】 (1,4-bis(2,2':6',2''-terpyridin-4-yl)benzene)iron(II)acetate: ${[Fe(tpy-ph-tpy)](OAc)_2}_n$

【背景】 配位部位を2か所有する有機配位子と金属イオンからなる一次元鎖状金属錯体(メタロ超分子ポリマー)は,アモルファスのポリマー状物質として,錯体化学と高分子化学の境界領域に位置する.有機ポリマーと同様の製膜・加工手法が利用可能であるため,錯体の電子・光・磁気特性を活かした材料応用の観点からも注目されている[1-3].

【調製法】 鉄(II)を含むメタロ超分子ポリマー(polyFeL1)は,等モル量のビス(ターピリジル)ベンゼンと酢酸鉄(II)を酢酸中120℃で24時間加熱撹拌することで合成する.錯形成の進行は,反応溶液の色が無色から濃青色に変化することで確認できる.反応終了後,溶液をろ過し,ろ液を濃縮・乾固することで目的とするポリマーがほぼ定量的に得られる.

【性質・構造・機能・意義】 本メタロ超分子ポリマー(polyFeL1)はMLCT吸収により青色を呈する.水やメタノールなどの極性溶媒に可溶であり,スプレイコートなどの成膜法により,基板上に製膜できる.電気化学測定から,本ポリマー膜中の鉄イオンの2価と3価の間の酸化還元電位は,0.77 V vs. Ag/Ag$^+$であることを確認している.透明電極としてITO(インジウム-スズ酸化物)が蒸着されたガラス基板上に,メタノールに溶かしたpolyFeL1をスプレイコートする.このpolyFeL1で被覆されたITOガラスを,電解液に浸漬させ,対極および参照電極存在下,電位を印加すると,0.77 V vs. Ag/Ag$^+$以上の酸化電位で,青色のポリマー膜が透明に変化する.透明になったポリマー膜に,0.77 V vs. Ag/Ag$^+$以下の還元電位を印加すると元の青色に戻る.このように電位の印加によって材料の色が変わる現象はエレクトロクロミズムと呼ばれる.本エレクトロクロミズムは,可逆に起こる.また,含まれる鉄イオンの酸化還元電位の前後で色が変わることから,本色変化は,鉄イオンの酸化還元によって発現することが示唆される.

2枚のITOガラスと,本ポリマー膜,固体電解質層を重ね合わせることで,エレクトロクロミックデバイスを作製することができる.そのため,電子ペーパーやスマートウインドウ(調光ガラス)への応用が期待されている.

【関連錯体の紹介およびトピックス】 金属種や有機配位子を変えることで,様々なメタロ超分子ポリマーを合成できる.導入した金属イオンの種類で色は異なり,鉄を含むポリマー(polyFeLx)は青系,ルテニウムを含むポリマー(polyRuLx)は赤系,コバルトを含むポリマー(polyCoLx)は黄色系となる.有機配位子に電子供与基や吸引性基を導入することで,MLCT吸収の波長が変わる.その結果,メタロ超分子ポリマーは,カラーバリエーション豊富なエレクトロクロミック材料である.

【樋口昌芳】

【参考文献】
1) M. Higuchi *et al.*, *Chem. Rec.*, **2007**, *7*, 203.
2) F. Han *et al.*, *J. Am. Chem. Soc.*, **2008**, *130*, 2073.
3) M. Higuchi, *J. Mater. Chem. C*, **2014**, *2*, 9331.

MgC₂O₂

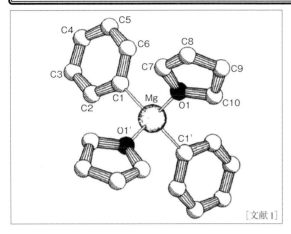

[文献1]

【名称】diphenyl-bis(tetrahydrofuran)-magnesium: ((Ph₂Mg·(thf)₂)

【背景】有機ハロゲン化物 RX(R=alkyl, alkenyl, allyl, aryl; X=Cl, Br, I)と金属マグネシウムをエーテルまたは THF 中で反応させると，ハロゲン化有機マグネシウム化合物 RMgX が生成する．これは一般に Grignard 試薬と呼ばれ RMgX と標記されるが，溶液中では Schlenk 平衡という平衡が存在し，RMgX, R₂Mg, MgX₂ の混合物となる．

Grignard 試薬の会合状態は，有機基の性質，ハロゲ

$$RMgX \rightleftharpoons R-Mg\underset{X}{\overset{R}{\diagup\diagdown}}Mg-X \rightleftharpoons R_2Mg + MgX_2$$

ンの種類，溶媒の極性，溶液の濃度，温度などによって変化し，それに伴って反応性も変化する．

【調製法】一般には，RX と金属 Mg とを Et₂O または THF 中で反応させ，得られた溶液をそのまま次の反応に用いる．反応性の低い RX に対しては，種々の方法により活性化した Mg を用いる．

本項で示した Ph₂Mg·(thf)₂ の合成は以下の通りである[1]．Ph₂Hg(10 mmol)と Mg(2.4 g, 100 mmol)とを THF (100 mL)中で 2 週間攪拌し，反応混合物を静置して生成した Mg-Hg を沈殿させ，デカンテーションによって Ph₂Mg の THF 溶液を得る．そこへ少量のヘキサンを加えた後，−20℃に冷却することで無色の結晶が得られる．

【性質・構造・機能・意義】湿気，酸素，酸に対して不安定である．

結晶構造において，Ph₂Mg は 2 分子の THF が配位し，Mg 原子周りは歪んだ四面体構造をとっている．C-Mg-C 結合角(122.4(1)°)のほうが O-Mg-O 結合(94.2(1)°)よりも広がっている．C-Mg 結合長=2.127(4) Å は有機マグネシウム化合物の標準的な値である．Ph₂Mg のスペクトルデータは以下の通りである．
^{13}C NMR: δ(toluene-d_8) = 167.4(ipso C).

【関連錯体の紹介およびトピックス】Ph₂Mg·(thf)₂ をベンゼンの希薄溶液から再結晶すると，solvent-free の Ph₂Mg の結晶が得られる[1]（図1）．この結晶では四

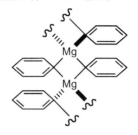

図1 (Ph₂Mg)$_n$ の構造

配位 Mg が直鎖状に配列し，フェニル基が 2 つの Mg 原子を三中心二電子結合により架橋することで鎖状ポリマー構造を形成している．主な結合のパラメータは次の通りである．Mg-C 結合長=2.261(2) Å, Mg-Mg 原子間距離=2.8380(9) Å, ∠C-Mg-C=102.27(7)°. また THF のかわりに，2 分子の Et₂O[2] または 1 分子の TMEDA[3] が Mg 原子に配位した Ph₂Mg の結晶の構造解析が行われている．いずれも Mg 原子周りは歪んだ四面体構造をとっている．

Schlenk 平衡の他方の活性種である PhMgBr に関しては，PhMgBr·(OEt₂)₂[2], PhMgBr·(thf)₂[4] の構造解析が 1960 年代に報告されているが，結合長，結合角の詳細については記載がない(図2)．最近の研究の一例として，p-TolMgBr(dme)₂[5] が挙げられる．Mg 原子周りは六配位構造をとっており，Mg 原子が不斉中心となっている．

【河内 敦】

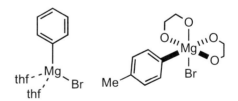

図2 補助リガンドによる構造の違い

【参考文献】
1) F. Bickelhaupt et al., J. Organomet. Chem., **1990**, 393, 315.
2) G. Stucky et al., J. Am. Chem. Soc., **1964**, 86, 4825.
3) E. Weiss et al., Chem. Ber., **1978**, 111, 3381.
4) F. A. Schroder, Chem. Ber., **1969**, 102, 2035.
5) M. Hakansson et al., Chem. Eur. J., **2003**, 9, 4678.

MgN$_4$

光 生

【名称】 5,10,15,20-tetraphenyl-21H,23H-porphyrinato-(2−)-κN^{21},κN^{22},κN^{23},κN^{24}-magnesium(2＋)：[Mg(tpp)]

【背景】 クロロフィル(マグネシウム錯体)のモデル化合物として利用されている．マグネシウム錯体の化学的安定性が低く，取り扱いに注意を要することや，最近まで簡便で温和な合成法がなかったため研究例は少ない．今後の研究が期待されている．

【調製法】 配位子H$_2$tpp(p.875項参照)をピリジンに溶かし，過剰量の過塩素酸マグネシウムを加えて，暗所・アルゴン(もしくは窒素)気流下で加熱還流することで，[Mg(tpp)]を得る．H$_2$tppを蒸留ジクロロメタンに溶かし，ヨウ化マグネシウムエーテル複合体(ヨウ化マグネシウムでも可)とN,N-ジイソプロピルエチルアミンとともに暗所・室温で撹拌することでも[Mg(tpp)]を得る[1]．反応の進行は，吸収スペクトルの変化によって確認できる．アルミナクロマトグラフィーにより精製が可能である．市販品を購入することもできる．

【性質・構造・機能・意義】 紫色の固体で，トルエン溶液中では，604 nm ($\varepsilon = 8910$ M^{-1}cm^{-1})，564 nm ($\varepsilon = 17800$ M^{-1}cm^{-1})にQ帯(前者がQ(0,0)で後者がその振動帯Q(1,0)である)と426 nm ($\varepsilon = 562000$ M^{-1}cm^{-1})にSoret(もしくはB)帯をもち，それぞれ基底状態から第一・第二励起一重項状態への電子励起に対応する．強く蛍光発光し(トルエン中での27℃における蛍光発光量子収率は0.16で，その寿命は8.9 ns)，609と660 nmに発光帯を与える．重原子の亜鉛錯体[Zn(tpp)]と比較して，長波長側に吸収・発光帯をもち，蛍光発光量子収率・寿命ともに長くなっている[2]．

ジクロロメタン中での第一酸化電位は，0.65 V (vs. SCE)であり，[Zn(tpp)]よりも約0.2 V酸化されやすく，その光励起状態が電子移動消光されやすい．

トルエンやジクロロメタンのような配位能の低い溶媒中でも，四配位型の平面錯体を形成することはなく，合成や精製時の溶媒中に混入した微量の水やアルコール分子が一方のaxial位に配位したピラミッド型の五配位錯体を形成している．ピリジンやN-メチルイミダゾールのような強配位性分子を添加すると，それらが上下のaxial位に配位した八面体型の六配位錯体を形成しうる．1つ目のaxial配位による錯形成定数は，5配位からの配位子交換によって求められ，さらにもう1つのaxial配位能は，過剰量の配位子添加によって決定できる．その錯形成能は，第一よりも第二配位の方が通常かなり小さく，強配位性の純溶媒中であっても，六配位錯体のみになることはまれである．

これらの五・六配位型錯体は結晶構造が得られており，ポルフィリン環はほぼ平面であり，置換基の4つのフェニル基はその平面から約60〜90°ねじれている[2]．非対称五配位錯体では，中心マグネシウムはポルフィリン平面からaxial配位子の方に少し浮いているが，対称型六配位錯体では，ポルフィリン平面内に収まるようになる．

[Mg(tpp)]は化学的に比較的不安定で，精製しにくく取り扱いづらい錯体であり，性質の似た[Zn(tpp)]がこれまで精力的に検討されてきた．天然クロロフィルと同じマグネシウム錯体であるので，モデル分子としては，重原子の亜鉛錯体よりは優れており(特に蛍光発光特性)，合成法の開発(上述)や精製法の進捗(HPLC法など)もあいまって，特に人工光合成系として今後の研究発展が期待されている．弱酸によって容易に脱マグネシウム化してH$_2$tppとなるので(亜鉛錯体よりも酸に対して不安定)，測定時にも注意を要する．

【関連錯体の紹介およびトピックス】 4つのフェニル基に種々の置換基を導入したものや，他のアリール基に変換したものも知られているが，類縁の亜鉛錯体[Zn(tpp)]ほどの検討例はない．また，4つのフェニル基を除去して，ピロール環の8つのβ位にエチル基を導入した対称性の高い合成オクタエチルポルフィリンのマグネシウム錯体[Mg(oep)]も知られている[3]．

【民秋 均・庄司 淳】

【参考文献】
1) D. F. O'Shea *et al.*, *Inorg. Chem.*, **1996**, *35*, 7325.
2) A. Ghosh *et al.*, *Inorg. Chem.*, **2010**, *49*, 8287.
3) E. C. Johnson *et al.*, *Inorg. Synth.*, **1980**, *20*, 143.

MnHC₇Si

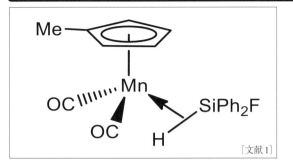

[文献1]

【名称】dicarbonyl(η²-fluorodiphenylsilane)(η⁵-methyl-cyclopentadienyl) manganese: $(\eta^5\text{-}C_5H_4Me)(CO)_2Mn(\eta^2\text{-}HSiPh_2F)$

【背景】ヒドロシランのSi-H結合の金属への酸化的付加反応は，ヒドロシリル化反応やヒドロシランの脱水素縮合反応に含まれる重要な素反応である．完全に酸化的付加が起これば，通常，$L_nM(H)(SiR_3)$で表されるヒドリド(シリル)錯体が得られる．しかし，NMRや速度論的研究およびX線結晶構造解析から，ヒドリド配位子とシリル配位子のケイ素との間に結合があると考えられる錯体が見つかり，このタイプの錯体の結合状態についての議論が1970年前後から活発に行われた．1982年にSchubertらは，標題錯体$(\eta^5\text{-}C_5H_4Me)Mn(CO)_2(\eta^2\text{-}HSiPh_2F)$[1]の結晶について，水素の位置を正確に示す中性子線結晶構造解析を行いMn-H-Si間に結合があることを明らかにした．

【調製法】操作はすべて乾燥した不活性ガス雰囲気下で行う．まず，$(\eta^5\text{-}C_5H_4Me)Mn(CO)_3$と当量の$Ph_2SiH_2$を含むヘキサン溶液に光を照射して$(\eta^5\text{-}C_5H_4Me)(CO)_2Mn(\eta^2\text{-}HSiHPh_2)$を合成する(75%収率)．この錯体を塩化メチレンに溶かし，1当量のPh_3CBF_4を室温で加えて30分間攪拌する．溶媒を留去しヘキサンから再結晶することで，淡い黄色の結晶の$(\eta^5\text{-}C_5H_4Me)(CO)_2Mn(\eta^2\text{-}HSiPh_2F)$を収率78%で得る[2]．

【性質・構造・機能・意義】この錯体は，空気・湿気に不安定である．低温にしても長期間の保存はできない．溶液中での安定性は，溶媒の極性が高くなるほど低くなる．この錯体の中性子線結晶構造解析(測定温度120K)が行われている．Mn-Si間距離は2.352(4) Å，Mn-H間距離は1.569(4) Åと求められた．これらの値はそれぞれの一般的な単結合距離と同程度である．一方で，Si-H間の距離は1.802(5) Åであった．この値はSiとHのvan der Waals半径の和(3.00 Å)より明らかに短く，通常のヒドロシランのSi-H距離(1.48±0.02 Å)よりは長いが，その伸長は約0.30 Å(20%)とあまり大きくない．そのため，SiとHの間には結合があると判断される．以上のことから，この錯体のSi, HおよびMn間には結合性の相互作用があり，三中心二電子結合が形成されていると結論された．この結合は，分子軌道の観点からは，Si-Hのσ-結合性軌道から金属の空のd_σ軌道へのσ供与と，金属の充填d_π軌道からSi-Hの空のσ*-軌道へのπ逆供与の2つの相互作用からなると説明される．このようなM-H-Si結合をもつ錯体は，今日，様々な金属で確認されており，η²-シラン錯体(η²-Si-H錯体)やσ-シラン錯体(Si-H σ-錯体)などと呼ばれる．一般的には，① Si-H結合距離が〜2.0 Å以内，② ¹H NMRにおけるSi-Hのカップリング定数J_{SiH}が20 Hz以上，および③赤外吸収スペクトルにおいて，M-H伸縮振動が通常のM-H伸縮振動より低波数に現れれば，η²-シラン錯体であると判断される[3,4]．なお，本錯体では，J_{SiH}は報告されていないが，FがHに置換された錯体のJ_{SiH}は63.5 Hzである．反応性に関しては，η²-シラン配位子はPPh_3などと容易に置換する．この際，ケイ素上の置換基が電子供与性であるほど置換反応が速い．また，η²-HSiPh₃配位子をもつ類縁錯体では，NaHと脱プロトン化反応を起こすため，この錯体のη²-H-SiのHはプロトン性であることがわかる．

【関連錯体の紹介およびトピックス】関連する錯体に，η²-水素分子錯体(η²-H₂錯体)[5]やη²-アルカン錯体(η²-C-H錯体)[6]なども知られている．η²-シラン錯体とこれらは総称してσ-錯体とも呼ばれる[7]．η²-H₂錯体は比較的単離例が多いが，η²-C-H錯体は不安定で，単離できるものは，η²-C-H結合がキレート配位子の一部になってagostic結合を形成していることが多い．

【橋本久子】

【参考文献】

1) U. Schubert *et al.*, *Angew. Chem. Int. Ed. Engl.*, **1981**, *20*, 695.
2) C. D. Poulter *et al.*, *J. Am. Chem. Soc.*, **1982**, *104*, 7378.
3) U. Schubert, *Adv. Organomet. Chem.*, **1990**, *30*, 151.
4) J. Y. Corey *et al.*, *Chem. Rev.*, **1999**, *99*, 175.
5) G. J. Kubas, *Acc. Chem. Res.*, **1988**, *21*, 120.
6) M. Brookhart *et al.*, *J. Organomet. Chem.*, **1983**, *250*, 395.
7) R. H. Crabtree, *Angew. Chem. Int. Ed.*, **1993**, *32*, 789.

MnC$_5$Br

有 触

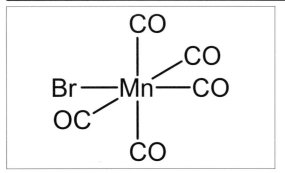

【名称】bromopentacarbonyl manganese(I): MnBr(CO)$_5$

【調製法】[1,2] Mn$_2$(CO)$_{10}$ とBr$_2$をシクロヘキサン溶媒中，室温で撹拌することにより，容易に合成できる．反応が進行するとともに，生成したMnBr(CO)$_5$が沈殿してくるので，反応終了後ろ過し，得られた固体をシクロヘキサンから再結晶し精製することによりMnBr(CO)$_5$が得られる．

【性質・構造・機能・意義】オレンジ色の粉末状固体．固体であれば空気中で取り扱えるが，念のためアルゴンのような不活性ガス雰囲気で保存する．ペンタンに難溶，四塩化炭素に微溶，ベンゼン，ジエチルエーテル，アセトンに易溶．溶液中でしばらく放置すると，CO配位子の解離により，徐々に[MnBr(CO)$_4$]$_2$に変化する．

O_h対称性を有する単核錯体である．IRでは，2064 cm^{-1}および2017 cm^{-1}にカルボニル基の伸縮振動による吸収が観測される[3]．

種々の配位子を有する様々なマンガン-カルボニル錯体の原料として用いられる．また，様々な触媒反応に利用される．例えば，炭素-水素結合活性化や炭素-炭素結合切断を経る化学変換，付加環化反応を触媒する．

エーテル中，MnBr(CO)$_5$およびグリオキサールビスイソプロピルジイミンを混ぜて加熱還流下撹拌することにより，2つのカルボニル配位子が置き換わったマンガン-グリオキサールビスイソプロピルジイミン錯体が得られる[4]．

マンガン触媒MnBr(CO)$_5$存在下，1,6-ジエンとトリクロロブロモメタンを反応させると，ラジカル的な分子内環化反応による五員環生成物を与える[5]．

マンガン触媒存在下，アルコールとモノヒドロシランを反応させると，脱水素を伴ってアルコールのシリル保護体が生成する[6]．この反応では，MnBr(CO)$_5$に比べ，[MnBr(CO)$_4$]$_2$の方が高い活性を示す．類似の反応として，モノアルコキシヒドロシランとアルコールを反応させると，非対称なビスアルコキシシランが中程度の収率で得られることが報告されている[7]．この反応は，脱水素を伴って室温で進行する．オレフィンやアセチレン部位，臭素原子を含むアルコールを用いても，それらの官能基を損なうことなく反応が進行する．

近年，マンガン触媒にもC-H結合活性化作用があることが見いだされた．従来報告例のなかった，C-H結合へのアルデヒドの挿入（触媒的なGrignard型反応）が報告されている[8]．C-H結合活性化を経る化学変換ではほとんど例のない不斉反応にも展開されている．

末端アルキンとイソシアナートを反応させることにより，それらの基質が1：2の比で反応し，ヒダントイン誘導体が得られる[9]．

通常は困難な，ひずみのない環状や鎖状化合物のC-C単結合へのアルキンの挿入も進行する[10]．

β-ケトエステルと末端アルキンを反応させることにより，それらの分子が1：2の比で反応し，[2+2+2]付加環化反応が進行することで，安息香酸エステルが得られる[11,12]．この反応において，アルキン由来の2つの置換基が，互いにパラ位に導入されることがこの反応の特徴である．β-ケトエステルのかわりに1,3-ジケトンを用いると，反応条件により，アシル基を有する生成物，もしくはアシル基をもたない生成物を選択的に合成できる．

【関連錯体の紹介およびトピックス】低原子価のマンガン-カルボニル錯体として，MnCl(CO)$_5$およびMn$_2$(CO)$_{10}$が市販されている．また，種々の配位子を有する様々なマンガン-カルボニル錯体の合成例が報告されている[13]．

【國信洋一郎】

【参考文献】
1) G. Wilkinson *et al., J. Chem. Soc.*, **1959**, 1501.
2) R. J. Angelici *et al., Inorg. Synth.*, **1979**, *19*, 158.
3) H. D. Kaesz *et al., J. Am. Chem. Soc.*, **1967**, *89*, 2844.
4) K. Vrieze *et al., J. Organomet. Chem.*, **1979**, *170*, 235.
5) A. F. Parsons *et al., Tetrahedron Lett.*, **2002**, *43*, 2535.
6) A. R. Cutler *et al., Organometallics*, **1994**, *13*, 1039.
7) C. N. Scott *et al., J. Org. Chem.*, **2010**, *75*, 253.
8) Y. Kuninobu *et al., Angew. Chem. Int. Ed.*, **2007**, *46*, 6518.
9) Y. Kuninobu *et al., Chem. Lett.*, **2008**, *37*, 740.
10) Y. Kuninobu *et al., Chem. Asian J.*, **2009**, *4*, 1424.
11) Y. Kuninobu *et al., Org. Lett.*, **2008**, *10*, 3009.
12) E. Nakamura *et al., J. Am. Chem. Soc.*, **2008**, *130*, 7792.
13) D. A. Sweigart *et al., Comprehensive Organometallic Chemistry III* **2007**, *5*, 761.

MnC₆

【名称】 acetylpentacarbonylmanganese（I）：[Mn(COMe)(CO)₅]

【背景】 ペンタカルボニルメチルマンガン(I)錯体とともに，有機金属錯体の素反応の1つであるカルボニル配位子の移動挿入の理解に大きな役割を果たした化合物である．また有機金属マンガン錯体の大半を占めるカルボニル錯体の合成原料の1つとしても重要な錯体である．

【調製法】 1％ナトリウムアマルガムを用いてTHF中で[Mn₂(CO)₁₀]を還元し，生成したNa[Mn(CO)₅]に対して塩化アセチルを−78℃で滴下した後に，ヘキサンから再結晶することで得られる[1]．同様にして種々のアシル，アロイル錯体を合成することができる．

【性質・構造・機能・意義】 mp 54.5〜56℃の白色固体．IR(C_6H_{12})ν_{CO}：2114(w)，2049(w)，2011(vs)，2002(s)，1663(s, acyl) cm^{-1}．^{1}H NMR(CDCl₃)：δ 2.57(s)[1]．様々なマンガン錯体の合成原料となる．また，ケトンやエステルのヒドロシリル化触媒となることが知られている[2]．

六配位八面体構造をもつ錯体である．アセチル配位子はカルボニル炭素のみで配位したη^1-構造である．

【関連錯体の紹介およびトピックス】 標題錯体はメチル錯体[MnMe(CO)₅]と一酸化炭素との反応（カルボニル化）によっても得ることができる（ペンタカルボニルメチルマンガン(I)の項(p. 453)も参照）．このようなカルボニル配位子の移動挿入反応は多くの場合に可逆的である．その中間体として，η^2-アセチル錯体，アセチルCH基とマンガンのアゴスティック相互作用を含む錯体，溶媒和錯体などが想定されている[3]．逆反応であるアシル錯体の脱カルボニル化はアルキルマンガン錯体の合成にも利用される．

また[RhCl(PPh₃)₃]錯体触媒の存在下，標題錯体はジヒドロシラン H₂SiPh₂ と反応し，ヒドロシリル化生成物[Mn{CH(OSiHPh₂)Me}(CO)₅]を与える[4]．ロジウム触媒のない条件でのヒドロシラン HSiR₃ との反応では，ヒドロシリル化生成物とともにシロキシビニル錯体[Mn{C(OSiR₃)=CH₂}(CO)₅]が得られるが，後者を一酸化炭素，ついでトリフルオロメタンスルホン酸で処理すると，形式的なダブルカルボニル化生成物であるα-ケトアシル錯体[Mn{C(O)C(O)Me}(CO)₅]へと導くことができる[3]．

標題錯体におけるアセチル配位子の酸素原子はルイス塩基性を示し，トリス（ペンタフルオロフェニル）ボランとの反応からは，ボラン付加体[Mn{C{OB(C₆F₅)₃}Me}(CO)₅]が得られる[5]．一方，炭素原子は水酸化物イオンやメトキシドイオンの求核攻撃を受け，それぞれ酢酸イオン，酢酸メチルを遊離する[6]．

標題錯体と類似のホルミル錯体[Mn(CHO)(CO)₅]は不安定な化合物であるが，カルボニル配位子のいくつかがホスフィンあるいはホスファイト配位子によって置換されたホルミル錯体はより安定であり，対応するカルボニル錯体のヒドリド還元によって収率よく合成できる[7]．

【桑田繁樹】

【参考文献】

1) C. M. Lukehart *et al.*, *Inorg. Synth.*, **1978**, *18*, 56.
2) A. R. Culter *et al.*, *J. Am. Chem. Soc.*, **1995**, *117*, 10139.
3) D. A. Sweigart *et al.*, *Comprehensive Organometallic Chemistry III*, R. H. Crabtree *et al.*, (Eds), Elsevier, **2007**, Vol. 5, Chap. 5.10.
4) M. Akita *et al.*, *Organometallics*, **1991**, *10*, 1394.
5) S. A. Llewellyn *et al.*, *Dalton Trans.*, **2006**, 1776.
6) R. G. Pearson *et al.*, *Inorg. Chem.*, **1971**, *10*, 2091.
7) T. C. Flood, *Comprehensive Organometallic Chemistry II*, E. W. Abel *et al.*, (Eds), Pergamon, **1995**, Vol. 6, Chap. 2.

MnC$_6$

【名称】 pentacarbonyl(methyl)manganese(I): [MnMe(CO)$_5$]

【背景】 金属-アルキル結合に対するカルボニル配位子の移動挿入は有機金属化学における基本的な素反応の1つである．本錯体はその機構を理解するうえで大きな役割を果たした．また有機金属マンガン錯体の大半を占めるカルボニル錯体の合成原料の1つとしても重要な化合物である．

【調製法】 1%ナトリウムアマルガムを用いてTHF中で[Mn$_2$(CO)$_{10}$]を還元し，生成したNa[Mn(CO)$_5$]に対してヨウ化メチルを滴下する．生成物を昇華精製すると標題錯体が得られる[1]．エステル，エーテルなどの官能基をもつアルキル基についても同様の方法を適用して対応するアルキル錯体を合成できる．

【性質・構造・機能・意義】 mp 95℃の空気に安定な無色結晶．IR（ヘキサン）ν_{CO}: 2085(w), 2000(vs), 1960(s) cm^{-1}．^{1}H NMR(CCl$_4$): δ -0.11 (Mn-Me)[1]．

六配位八面体構造をもつ錯体である．単結晶X線構造解析が行われているが，メチル配位子とカルボニル配位子のディスオーダーが存在するため，結合距離などに関する詳細な議論はなされていない[2]．

【関連錯体の紹介およびトピックス】 標題錯体は一酸化炭素やホスフィンなど様々な二電子供与配位子Lと反応し，アセチル錯体 cis-[Mn(COMe)(CO)$_4$L]を与える．また，同位体標識された一酸化炭素*COとの反応では，アセチル配位子ではなく，その cis 位にあるカルボニル配位子に標識炭素が導入されたアセチル錯体 cis-[Mn(COMe)(*CO)(CO)$_4$]が選択的に得られることが明らかになっている．また，極性溶媒は一般に反応を促進する．これらの実験事実は，マンガン-メチル結合への一酸化炭素の挿入が，メチル基が cis 位のカルボニル配位子の炭素上へと移動するアルキル移動機構で進行することを明確に示しており，有機金属化学における基本的な素反応の1つであるカルボニル配位子の移動挿入反応の機構解明に大きな役割を果たした．

また，標題錯体とアルキン，アルケンとの反応では一酸化炭素の移動挿入に引き続いてマンガン-アセチル結合への不飽和炭化水素の挿入が進行し，κ^2C,O-キレート型五員環メタラサイクル構造をもつγ-ケトアルケニルあるいはケトアルキル錯体を与える．これらの錯体はプロトン分解あるいは光分解を受け，対応する遊離のケトン類を生じる．一方，標題錯体とイミン(p-Tolyl)CH=NMeとの反応では，アセチル錯体[Mn(COMe)(CO)$_4$(imine)]は生成するものの，引き続くマンガン-アセチル結合へのイミン挿入には三塩化アルミニウムなどのLewis酸が必要である．Lewis酸非存在下では加熱により脱カルボニル化と，トリル基のオルト位C-H結合切断が進行し，一酸化炭素，メタンの脱離を伴って最終的にシクロメタル化生成物[Mn{C$_6$-H$_3$(Me)CH=NMe-κ^2C,N}(CO)$_4$]が得られる[4]．

また，標題錯体のマンガン-メチル結合は強酸HXによって開裂を受け，メタンの発生を伴って，共役塩基Xが配位した錯体[MnX(CO)$_5$]が生成する．置換活性な配位子Xをもつマンガンカルボニル種の発生法としても有用な反応である．

標題錯体の類縁化合物であるヒドリド錯体[MnH(CO)$_5$]はNa[Mn(CO)$_5$]とリン酸の反応によって得られる．空気に対して不安定な無色〜淡黄色の液体である．そのヒドリド配位子は弱酸性を示す（アセトニトリル中でのpK_a値15.1）．また，アリール錯体[MnAr(CO)$_5$]はアロイル錯体[Mn(COAr)(CO)$_5$]の脱カルボニル化などによって合成される．

【桑田繁樹】

【参考文献】

1) 日本化学会編, 有機金属化合物・超分子錯体(第5版実験化学講座 21巻), 丸善出版, **2004**, 6.1.4章.
2) M. A. Andrews et al., J. Am. Chem. Soc., **1983**, 105, 2262.
3) T. C. Flood, Comprehensive Organometallic Chemistry II, E. W. Abel et al., (Eds.), Pergamon, **1995**, Vol. 6, Chap. 2.
4) D. A. Sweigart et al., Comprehensive Organometallic Chemistry III, R. H. Crabtree et al., (Eds.), Elsevier, **2007**, Vol. 5, Chap. 5.10.

MnC$_8$

【名称】(tricarbonyl)(η^5-methylcyclopentadienyl)manganese(I): [Cp'Mn(CO)$_3$]

【背景】ハーフサンドイッチ型構造をもつ有機金属マンガン錯体の合成原料の1つとして重要な化合物である.

【調製法】①マンガン二価塩とメチルシクロペンタジエニルアニオンとの反応の後,加圧一酸化炭素雰囲気下で加熱,②ジメチルマンガノセン[(η^5-C$_5$H$_4$Me)$_2$Mn]と加圧一酸化炭素との反応,③[Mn$_2$(CO)$_{10}$]とメチルシクロペンタジエンダイマーとの反応など,種々の方法が報告されている[2].なお,市販品が1g20ドル程度(2018年時点)と比較的安価に入手できる(Aldrich社,Strem社など).

【性質・構造・機能・意義】mp−2℃,bp233℃の黄色液体.IR(C$_6$H$_{12}$)ν$_{CO}$:2030, 1946 cm^{-1}.無置換シクロペンタジエニル類縁体であるシマントレン[(η^5-C$_5$H$_5$)Mn(CO)$_3$]と同様,様々なハーフサンドイッチ型マンガン錯体の合成原料となる[1].また,ガソリンのアンチノック剤としても用いられている.メチルシクロペンタジエニル基がマンガンに対してη^5-配位した三脚ピアノイス型構造をもつ.

【関連錯体の紹介およびトピックス】標題錯体のTHF溶液を高圧水銀灯で照射すると,カルボニル配位子の1つが失われたTHF錯体[(η^5-C$_5$H$_4$Me)Mn(CO)$_2$(thf)]が生成する[3].このTHF配位子は置換活性であり,アルケン,アルキン,ニトリル,ジアゾニウム塩,アミン,ホスフィン,カテコールボランなど幅広い化合物によって容易に配位子交換を受け,対応する置換生成物を与える.また,このTHF錯体によって,シクロオリゴイン類からラジアレン類への分子内環化オリゴメリ化反応が促進される[4].

多くのカルボニル錯体と同様に,標題化合物のカルボニル配位子はカルボアニオンR$^-$の求核攻撃と,引き続く酸素原子のアルキル化を受けてFischer型カルベン錯体[(η^5-C$_5$H$_4$Me)Mn{=CR(OR')}(CO)$_2$]へと導かれる.このカルベン錯体とLewis酸の反応で生成するカチオン性カルビン錯体[(η^5-C$_5$H$_4$Me)Mn(≡CR)(CO)$_2$]$^+$は1,6-ジインと反応して環状エンジインを与える[5].また,このカルビン錯体は種々の求核試薬Nu$^-$と反応してカルベン錯体[(η^5-C$_5$H$_4$Me)Mn{=CR-(Nu)}(CO)$_2$]へと変換される.

一方,標題錯体を塩酸酸性条件下,亜硝酸ナトリウムと加熱撹拌した後,NH$_4$PF$_6$を用いてアニオン交換を行うと,カチオン性ニトロシル錯体[(η^5-C$_5$H$_4$Me)Mn(NO)(CO)$_2$]PF$_6$が得られる[6].このニトロシル錯体は標題錯体と同様にカルボニル配位子の置換反応やカルボニル配位子への求核攻撃などを受ける.これらの反応によって生成するハーフサンドイッチ型錯体は,一般に,メチルシクロペンタジエニル基以外の3つの配位子がすべて異なるため,マンガンが不斉中心となった化合物となる.

また,標題錯体のシクロペンタジエニル配位子は種々の求電子置換反応を受ける.例えば,塩化アルミニウム存在下,塩化ベンゾイルとの反応からは,2-ベンゾイル体と3-ベンゾイル体の混合物が得られる[7].

【桑田繁樹】

【参考文献】
1) P. M. Treichel, *Comprehensive Organometallic Chemistry II*, E. W. Abel *et al.*, (Eds), Pergamon, **1995**, Vol. 6, Chap. 5.
2) *Organometallic Compounds, 2nd ed.*, M. Dub (Ed), Springer-Verlag, **1966**, Vol. 1, p.143.
3) C. Zybill *et al.*, *Organometallics*, **1992**, *11*, 3542.
4) A. Sekiguchi *et al.*, *Bull. Chem. Soc. Jpn.*, **2000**, *73*, 2129.
5) C. P. Casey *et al.*, *Organometallics*, **2003**, *22*, 5285.
6) 日本化学会編,有機金属錯体(第4版実験化学講座 18巻),丸善,**1991**,6.1章.
7) J. Kozikowski *et al.*, *J. Am. Chem. Soc.*, **1959**, *81*, 2995.

MnC$_9$

【名称】(η^6-benzene)tricarbonylmanganese(I) hexafluoridophosphate(1−): [Mn(C$_6$H$_6$)(CO)$_3$][PF$_6$]

【背景】ハーフサンドイッチ型構造をもつ有機金属マンガン錯体の合成原料の1つとして重要な化合物である.

【調製法】ブロモカルボニル錯体[MnBr(CO)$_5$]に対して2当量程度の三塩化アルミニウムを加え,窒素雰囲気下ベンゼン中で加熱還流する.反応混合物にヘキサフルオロリン酸を加えてアニオンを交換すると,標題化合物が得られる.同様にして種々の置換ベンゼンから,対応するアレーン錯体[Mn(η^6-arene)(CO)$_3$]$^+$が合成できる[1]. また,[MnBr(CO)$_5$]の塩化メチレン溶液に当量のAgBF$_4$を加えて銀塩をろ別後,アレーン類を加えて還流する方法によっても種々のアレーン錯体(BF$_4$塩)が得られる[2].

【性質・構造・機能・意義】黄橙色の結晶性固体. IR(アセトン)ν_{CO}:2080(s), 2020(s) cm^{-1}. ^{1}H NMR(アセトン-d_6):δ 6.4(s). BF$_4$塩,ClO$_4$塩なども知られている. 等電子構造をもつ鉄錯体[FeCp(η^6-benzene)]$^+$やクロム錯体[Cr(η^6-benzene)(CO)$_3$]などと同様,ベンゼン配位子は種々の求核試薬の付加を受け,対応するη^5-シクロヘキサジエニル錯体が生成する. ベンゼンがマンガンに対してη^6-配位した三脚ピアノイス型構造をもつ.

【関連錯体の紹介およびトピックス】標題錯体は種々のカルボアニオンやヒドリド,水酸化物イオン,シアン化物イオンなどの求核試薬Nu$^-$と反応し,これらの試薬がベンゼン配位子にexo-付加したη^5-シクロヘキサジエニル錯体[Mn{η^5-C$_6$H$_6$(Nu)}(CO)$_3$]を立体選択的に与える[2,3]. このシクロヘキサジエニル錯体を酸化すると,官能基化された置換ベンゼンが遊離する.

また,このη^5-シクロヘキサジエニル錯体をニトロソニウムカチオンで処理するとカチオン性ニトロシル錯体[Mn{η^5-C$_6$H$_6$(Nu)}(NO)(CO)$_2$]$^+$が得られるが,そのシクロヘキサジエニル配位子はさらに別の求核試薬のexo付加を受け,5,6-位置換シクロヘキサジエン錯体へと変換される. これを酸化することで,5,6-位が官能基化された1,3-シクロヘキサジエンをsyn体選択的に得ることができる[2,3]. ヒドリド付加の場合には,ニトロシル錯体へと導かずとも2段階目の求核付加が進行して,窒素雰囲気下で数日程度安定なアニオン性の1,3-シクロヘキサジエン錯体[Mn(C$_6$H$_8$)(CO)$_3$]$^-$が生成する反応も報告されている[4].

一方,標題錯体のベンゼン配位子に対する第三級ホスフィンの求核付加は可逆的であり,最終的にはカルボニル配位子の1つが置換を受けたホスフィン錯体[Mn(η^6-C$_6$H$_6$)(CO)$_2$(PR$_3$)]$^+$が生成する[5].

また,標題錯体のTHF溶液にトリメチルアミンオキシドを加えると,THF錯体[Mn(η^6-C$_6$H$_6$)(CO)$_2$(thf)]$^+$が得られる. このTHF配位子はアルケンにより置換され,η^2-アルケン錯体[Mn(η^6-C$_6$H$_6$)(CO)$_2$(alkene)]$^+$を与える[6].

〔桑田繁樹〕

【参考文献】
1) P. L. Pauson *et al.*, *J. Chem. Soc., Dalton Trans.*, **1975**, 1677.
2) R. D. Pike *et al.*, *Synlett*, **1990**, 565.
3) K. F. McDaniel, *Comprehensive Organometallic Chemistry II*, E. W. Abel *et al.*, (eds), Pergamon, **1995**, Vol. 6, Chapter 4.
4) M. Brookhart *et al.*, *Organometallics*, **1983**, *2*, 638.
5) P. J. C. Walker *et al.*, *Inorg. Chim. Acta*, **1973**, *7*, 621.
6) D. A. Sweigart *et al.*, *J. Am. Chem. Soc.*, **1989**, *111*, 376.

MnN$_2$O$_2$

【名称】[[2,2′-[(1,2-diphenyl-1,2-ethanediyl)bis[(nitrilo-κN)methylidyne]]bis[6-(1,1-dimethylethyl)phenolato-κO]]manganese(III) hexafluorophosphate

【背景】二重結合の近傍に官能基のない化合物のエポキシ化に金属ポルフィリン錯体が有効な触媒となることが見いだされて以来,金属ポリフィリン錯体触媒による酸化反応が精力的に研究された.そんな中,この非ポリフィリン系金属錯体のマンガン(III)サレン錯体が不斉エポキシ化反応において高いエナンチオ選択性を示すことが明らかにされた[1].

【調製法】錯体は3段階で(R,R)-あるいは(S,S)-1,2-ジアミノ-1,2-ジフェニルエタンとサリチルアルデヒド誘導体から収率68~74%で得られる.金属ポルフィリン触媒と比較して配位子の合成が容易であり,様々な誘導体を調製できる.

【性質・構造・機能・意義】ターシャルブチル基がなく,2つの不斉炭素に対してS,S異性体のマンガン錯体について構造が決定された.この場合,サレンからなる配位平面の上下から2つのアセトンがマンガンイオンに結合している.なお,サレンとは2分子のサリチルアルデヒドと1分子のエチレンジアミンの脱水縮合から生成するシッフ塩基を意味し,通常,サレン骨格上に置換基を導入したものもサレンと呼ばれる.

この錯体はオレフィン類に対する不斉エポキシ化反応に対して高いエナンチオ選択性を示す.具体的な反応は,空気中,酸素源としてヨードシルメシチレンを用い,触媒として1~8 mol%のマンガンサレン錯体存在下で行われた.一置換(スチレン,2-ビニルナフタレン),二置換(1,4-ジオキサスピロ[4.5]デック-6-エン,シスβ-メチルスチレン,1,2-ジヒドロナフタレン,α-メチルスチレン),三置換(1-メチル-1-シクロヘキセン)オレフィンが30~93%のee(エナンチオ選択性)でエポキシ化された.これは,当時最高の光学純度であった.この高いエナンチオ選択性は,予想されるオキソマンガン(V)中間体のマンガン-酸素結合に対してターシャルブチル基および不斉炭素上のフェニル基を避けた立体的に混み合っていない側面からの優先的なオレフィン類の接近がもたらしたと説明している.金属ポルフィリン錯体と比較してエナンチオ選択性に優れている理由としては,金属ポリフィリン錯体の場合と比べて,このマンガンサレン錯体の不斉炭素が反応点の金属の近傍にあることがその原因としている.また,金属ポルフィリン錯体と比較してマンガンサレン錯体はジアミンおよびサリチルアルデヒド前駆体を適当に選ぶことで立体的な性質を容易に調整できるところも優れた点としている.実際,1,2-ジアミノ-1,2-ジフェニルエタン部分をトランス-1,2-ジアミノシクロヘキサン骨格に置き換えたマンガンサレン錯体においても高い立体選択性が示された.とりわけサレン酸素のパラ位に第2のターシャルブチル基を導入した錯体の場合には,酸化剤として次亜塩素酸ナトリウムを用い,89~98%の極めて高いエナンチオ選択性でオレフィン類が酸化されるまでに改善された.これはオレフィン類のマンガン-酸素結合への接近方向がさらに制限された結果によるとされている[2].

【関連錯体の紹介およびトピックス】類似のコバルト(III)サレン錯体[3]とルテニウム(II)サレン錯体[4]が,オレフィン類の不斉シクロプロパン化反応の触媒として有用であることが示されている.　　　　【川本達也】

【参考文献】
1) E. N. Jacobsen et al., J. Am. Chem. Soc., **1990**, 112, 2801.
2) E. N. Jacobsen et al., J. Am. Chem. Soc., **1991**, 113, 7063.
3) T. Katsuki et al., Tetrahedron, **1997**, 53, 7201.
4) S. T. Nguyen et al., Angew. Chem. Int. Ed., **2002**, 41, 2953.

MnN₂O₄

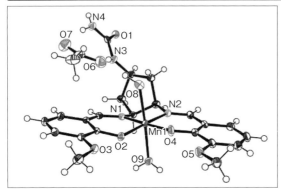

【名称】syn-N,N′-bis(6-methoxysalicylidene)-4-ureido-1,2-cyclopentanediamino manganese(III)acetate dihydrate: Mn^{III}(Salen-NHCONH₂)[1]

【背景】酵素の触媒機能における高い反応効率と高い反応選択性の両立は，主に活性中心における反応補助基の共同効果，ならびに基質取り込み部位によって生まれる基質-反応部位の近接効果によると考えられる．したがって，合成触媒分子においても基質認識部位や協調し合う官能基を適切に配置することにより，大幅に機能を高められることが期待されるが，そのような研究例は極めて少ない．

マンガンサレン錯体(Mn(III)(Salen-NHCONH₂))は，過酸化水素を分解するカタラーゼ様活性とスーパーオキソ O_2^- を不均化するSOD活性をあわせもち，このことは有害な活性酸素消去の観点から医薬への応用も考えられる優れた特性を有しているといえる．本錯体に適切な反応補助基を三次元的に固定して配置することにより，活性の大幅な増強と選択性向上を同時に行うことを目的とし，官能基を金属近傍に配置できるシクロペンタン環をsynに導入したマンガンサレン類が合成された．尿素は過酸化水素と複合体を形成することが知られていることより，官能基として尿素基を導入したところ，それが通常のマンガンサレン錯体より高い活性を有することが明らかにされた[1]．

【調製法】サレン配位子は，anti-3,4-エポキシシクロペンタンカルボン酸エチルエステルより6段階でsyn-1-(3,4-ジアジドシクロペンチル)ウレアを得た後，接触還元でアジド基を還元し，3-メトキシサリチルアルデヒドと脱水縮合することにより得られる．この配位子をエタノール中で酢酸マンガンと攪拌することにより，目的のマンガン錯体が得られる．

【性質・構造・機能・意義】Mn(III)(Salen-NHCONH₂)の溶液は褐色であり，400～430 nm付近に紫外領域の吸収のすそ野が存在する．水溶性があるだけでなく，有機溶媒にもある程度溶解する両親媒性を有する．この錯体は結晶構造が得られており，そのサレン骨格は，単純なサレンよりも平面性が高い．また，アセテートは軸配位子になっておらず，Mn(III)には2つの水分子が軸配位しており，アセテートは尿素基と2点で水素結合を形成している．尿素基の水素は，期待通り錯体の中心側を向いており，Mn(III)に配位した過酸化水素と相互作用し得る位置にある．

この錯体のカタラーゼ様活性を評価するために，本錯体および関連錯体をpH 7.4のリン酸緩衝液に溶解させ，嫌気条件で過酸化水素を加え，生成する酸素濃度変化を測定した．エチレンジアミンより合成する単純なマンガンサレン錯体と比較して，シクロペンタン骨格を導入したもののみでカタラーゼ様活性は2倍に高まり，尿素基の導入でさらに約2倍高まった．一方，同様に活性増強を期待してカルボキシ基を導入したものは，活性が上記のどの錯体よりも低かった．

【関連錯体の紹介およびトピックス】Noceraらは，カルボキシ基を三次元的に配置したo-フェニレンジアミン誘導体とサリチルアルデヒドとの脱水縮合体であるサロフェンのMn(III)錯体が，ジクロロメタン-メタノール混合溶媒中で極めて高いカタラーゼ様活性を有することを示している[2]．シクロペンタン環を融合したマンガンサレンでは，カルボキシ基を導入することで，大きく活性を低下させた結果と対照的である．ただし，溶媒系が有機溶媒系であることと，リン酸緩衝液を用いた水系であるという反応条件の大きな違いがある．著者らものちに，関連する研究を行った[3]．

【樋口恒彦】

【参考文献】
1) Y. Watanabe et al., Chem. Commun., **2006**, 4958.
2) S.-Y. Liu et al., J. Am. Chem. Soc., **2005**, 127, 5278.
3) Y. Noritake et al., Inorg. Chem., **2013**, 52, 3653.

MnN$_4$O

【名称】 (benzoato)(3,5-diisopropylpyrazol)-[hydrotris(3,5-diisopropyl-1-pyrazolyl)borato]manganese(II);(Mn^{II}-(Obz)(ipz)(hpb))[1]

【背景】 スーパーオキソジスムターゼ(SOD)は,O_2を利用している生物にとって,その過程で生成する毒性をもつ超酸化物イオン(O_2^-)を,過酸化物イオン(O_2^{2-})とO_2に不均化して解毒するという重要な役割を演じている酵素である.これまでに,CuとZnイオンを活性部位に含むSODと,Fe,Mn,あるいはNiイオンを1個ずつ活性部位に含むSODの合計4種類が知られている.そのうちMn$^{III/II}$-SODは,1985年以来,X線結晶構造が報告されている[2,3].Mn(III)活性部位は三角両錐型の5配位で,平面には2個のHisイミダゾールのNε原子とAspのカルボキシル基の1個のO原子が配位し,軸方向にはHisイミダゾールのNε原子と水分子のO原子が配位している.

このMn-SODモデル錯体は,三脚型三座配位子であるピラゾリルボレート〔hydrotris(3,5-diisopropyl-1-pyrazolyl)borate=hpb〕の3個のN原子と,単座ピラゾール(3,5-diisopropylpyrazol=ipz)のN原子,安息香酸塩(Obz)のカルボキシル基の1個のO原子を含んだ5配位である[1].

【調製法】 Mn^{II}(Obz)(ipz)(hpb)錯体は,嫌気下,トルエン/アセトニトリル混合溶媒中でMn^{II}Cl(ipz)(hpb)錯体に1当量の安息香酸ナトリウム(NaObz)を反応させて,75%収率で得られる[1].また,この錯体はMn^{II}(Obz)(hpb)錯体に1当量のipzを反応させても得られるが,Mn^{II}(Obz)(ipz)(hpb)錯体からMn^{II}(Obz)(hpb)錯体への変換は,Mn(II)に対するipzの大きい親和性のためにできない.

【性質・構造・機能・意義】 空気中で安定なMn(II)錯体の配位構造は,N$_4$Oのドナーセットをもち,2個のN原子(N(2)とN(4))を軸とする三角両錐型である.安息香酸塩はカルボキシル基が単座O(1)原子で,ipzは1個のN(4)原子でMnに配位している.三角平面におけるMnとN(1),N(3),O(1)原子の距離は2.03~2.20Å,Mnと軸方向のN(2),N(4)原子の距離は2.28~2.30Åである.また,OBzのO(2)原子とipzのN(8)原子の原子間距離は2.68Åであり,両原子間に水素結合がある.

Mn(II)錯体のSOD活性は,キサンチン-キサンチンオキシダーゼ-ニトロブルーテトラゾリウムを用いたNTB法により,IC$_{50}$=0.75μM(pH 7.4)と求められている.このNTB法で求められるIC$_{50}$は,キサンチン-キサンチンオキシダーゼによって発生するO_2^-によるNTB(ニトロブルーテトラゾリウム硝酸塩)の還元反応を,Mn錯体の添加によって50%阻害するときのMn錯体量で定義されるため,数値が小さいほどSOD活性が高いことになる.

【関連錯体の紹介およびトピックス】 これまでに,Mn(II)イオンや数種類のMn錯体のSOD活性がNTB法で測定されている[4].例えば,Mn(ClO$_4$)$_2$ではIC$_{50}$=3.56μM,[Mn^{II}(bac)Cl]ClO$_4$・CH$_3$OH錯体ではIC$_{50}$=5.36μM(pH 7.4)[5]で,本錯体のIC$_{50}$の値はそれらの1/5あるいは1/7である.定義によって,IC$_{50}$の値は小さいほどSOD活性は高いので,0.75μMの値を示す本錯体のSOD活性は,それらよりも5倍あるいは7倍高いことになる.しかし,*Thermus thermophilus* 由来Mn-SODのIC$_{50}$=0.0023μMと比較すると,酵素の方が本錯体よりも約330倍活性が高いことがわかる.

【鈴木晋一郎】

【参考文献】

1) N. Kitajima *et al.*, *Inorg. Chem.*, **1993**, *32*, 1879.
2) W. C. Stallings *et al.*, *J. Biol. Chem.*, **1985**, *260*, 16424.
3) M. L. Ludwig *et al.*, *J. Mol. Biol.*, **1991**, *219*, 335.
4) C. Policar *et al.*, *Eur. J. Inorg. Chem.*, **2001**, 1807.
5) Q.-X. Li *et al.*, *Eur. J. Inorg. Chem.*, **2004**, 4447.

MnN$_4$O

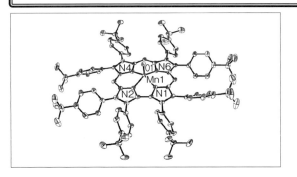

【名称】(octakis(*p-tert*-butylphenyl)corrolazinato)-oxo-manganese(V)：[(TBP$_8$Cz)Mn^V(O)]

【背景】Lewis酸により酸化還元を示す金属錯体は，生体系の遷移金属活性中心と密接な関連があることから注目を集めている．特に，光化学系IIタンパク質の酸素発生部位であるMn$_4$CaO$_5$クラスターに代表される高原子価オキソマンガン錯体とLewis酸との関係性は，触媒活性に伴う酸化還元特性および反応機構の理解につながることから盛んに研究されている．de VisserとGoldbergらは，溶液中で高原子価オキソマンガン(V)ポルフィリノイド錯体にLewis酸である亜鉛(II)を作用させるとオキソーマンガン(V)の末端オキソ部位に亜鉛(II)が結合することを明らかにし，さらに分子内電子移動が誘起される結果，オキソーマンガン(IV)のカチオンラジカルポルフィリノイド錯体の原子価互変異性体[(TBP$_8$Cz$^{+•}$)Mn^{IV}(O)-Zn^{2+}]を形成することをはじめて発見した[1]．

【調製法】[(TBP$_8$Cz)Mn^{III}]のジクロロメタン溶液に過剰のヨードシルベンゼンを加え酸化させる．ジクロロメタンを展開溶媒とし，粗生成物をシリカゲルカラムクロマトグラフィーにより精製することで暗緑色固体として得られる[2]．

【性質・構造・機能・意義】室温で[(TBP$_8$Cz)Mn^V(O)]のジクロロメタン溶液は緑色を呈し，419 nmにSoret帯と634 nmにQ帯が観測される．この溶液にトリフルオロメタンスルホン酸亜鉛(II)のアセトニトリル溶液(1～100当量)を加え反応させると，溶液は緑色から茶色に徐々に変化する．この反応における紫外可視吸収スペクトルの変化は，Soret帯の減少，Q帯の消失，および789 nmに新たな吸収帯が等吸収点を伴い観測される．亜鉛(II)イオンを20当量以上加えても可視紫外吸収スペクトルに変化はない．また，好気および嫌気のどちらの反応条件でも同様の結果を与える．新たに出現した長波長吸収帯は，ポルフィリンやコロールπカチオンラジカルに特徴的な吸収でTBP$_8$Cz環が1電子酸化されπカチオンラジカルを生成したことが示唆されるが，亜鉛(II)は酸化還元不活性であるので，TBP$_8$Cz環からオキソーマンガンへ1電子移動した原子価互変異性体[(TBP$_8$Cz$^{+•}$)Mn^{IV}(O)-Zn^{2+}]を形成したことが予想される．実際，[(TBP$_8$Cz)Mn(O)-Zn^{2+}]の^{1}H NMRスペクトルは，反磁性の[(TBP$_8$Cz)Mn^V(O)] (低スピンマンガン(V)：d^2)で得られたものとは対照的に常磁性シフトを示す(高スピンマンガン(IV)：S=3/2，πカチオンラジカル：S=1/2)．基底スピン状態は，スピン間が強磁性的(S_{total}=2)および反強磁性的(S_{total}=1)な場合のいずれも整数スピン系となるため低温でもX-band EPRスペクトルは観測されないが，Evans法による磁気測定の結果は，有効磁気モーメントが4.11 μ_Bを示すことから溶液中で[(TBP$_8$Cz$^{+•}$)Mn^{IV}(O)-Zn^{2+}]の生成が確証される．対照実験として，トリフルオロメタンスルホン酸亜鉛(II)の代わりに大過剰のトリフルオロメタンスルホン酸ナトリウム(100当量)を反応させても可視紫外吸収スペクトルに変化は見られないことから，この反応がトリフルオロメタンスルホン酸あるいはより弱いLewis酸であるナトリウムの結合による影響がまったくないことを示す．また，トリス(1,10-フェナントロリン)亜鉛(II)を反応させても可視紫外吸収スペクトルに変化がないことから，[(TBP$_8$Cz$^{+•}$)Mn^{IV}(O)-Zn^{2+}]の生成には配位子をもたない亜鉛(II)が[(TBP$_8$Cz)Mn^V(O)]に直接結合する必要があることが示唆された．[(TBP$_8$Cz)Mn^V(O)]とトリフルオロメタンスルホン酸亜鉛(II)の濃度を連続的に変化させた滴定測定からJobプロットを作成し結合定数を検証した結果，[(TBP$_8$Cz)Mn^V(O)]と亜鉛(II)が1:1の化学量論のとき極大値を与え，大きな結合定数(K_a=4.03×10^{-6}M^{-1})をもって[(TBP$_8$Cz$^{+•}$)Mn^{IV}(O)-Zn^{2+}]が生成することが実証された．また，[(TBP$_8$Cz$^{+•}$)Mn^{IV}(O)-Zn^{2+}]に過剰の1,10-フェナントロリンを加え，亜鉛(II)をキレート化することで[(TBP$_8$Cz)Mn^V(O)]に可逆的に変換することが可能である．さらに，[(TBP$_8$Cz$^{+•}$)Mn^{IV}(O)-Zn^{2+}]は，フェノール類を基質として反応させると1電子酸化剤として作用し，ビスフェノールの二量体を高収率で与える．

【石川立太・川田 知】

【参考文献】
1) a) P. Leeladee *et al.*, *J. Am. Chem. Soc.*, **2012**, *134*, 10397; b) R. A. Baglia *et al.*, *J. Am. Chem. Soc.*, **2015**, *137*, 10874.
2) D. E. Lansky *et al.*, *Inorg. Chem.*, **2005**, *44*, 4485.

MnN$_4$Cl

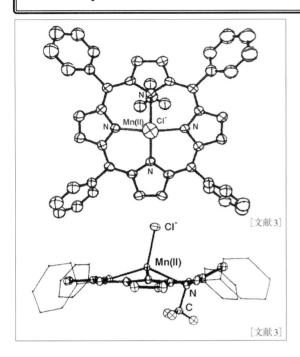

[文献3]

[文献3]

【名称】 chloro(N-methyl-5,10,15,20-tetraphenylporphyrinato)manganese(II)：[MnCl(mtpp)]

【背景】 N-アルキルポルフィリンは生体内でのプロトポルフィリン IX への鉄の挿入を触媒する酵素フェロケラターゼの活性を阻害することで知られており、酵素触媒反応の中間体として重要である。本錯体はこれらの化合物の基本的な Mn(II) モデル化合物である。

【調製法】 配位子 mtpp は次の方法で合成する[1]。5,10,15,20-tetraphenylporphyrin(tpp) の希薄クロロホルム溶液に等量のフルオロスルホン酸メチルをゆっくり滴下する。その後室温で 2〜3 日間反応させる。反応物をクロロホルムに溶解し、1 M アンモニア水で中和後、水で 2 回洗浄する。塩基性アルミナのカラムクロマトグラフィーで展開溶媒としてクロロホルムを用いて分離・精製する。クロロホルム/エタノール(1:1)から再結晶する。ヨウ化メチルを用いる方法もあるが、収率は低い。

錯体の合成は次の方法で行う[2]。配位子のジクロロメタン溶液と 5 倍量の MnCl$_2$ のエタノール溶液を混合し、少量の 2,6-ジ-t-ブチルピリジンのアセトニトリル溶液を加えた後に室温で反応させる。ジクロロメタン/アセトニトリルから再結晶する。

【性質・構造・機能・意義】 ジクロロメタン、アセトニトリル、メタノールなどに溶解する。溶液は暗緑色で、452 nm ($\varepsilon=1.55\times10^5$ M^{-1}cm^{-1}) にブロードな Soret 帯を、567 nm ($\varepsilon=1.10\times10^4$ M^{-1} cm^{-1})、624 nm ($\varepsilon=1.41\times10^4$ M^{-1}cm^{-1})、666 nm ($\varepsilon=9.77\times10^3$ M^{-1}cm^{-1}) に Q 帯をもち、いずれも π-π^* 遷移である[2]。この錯体は結晶構造から Mn(II) に Cl$^-$ イオンが軸配位し、mtpp の 4 つのピロール N が配位した四角錐構造をしているが、Zn は 3 つのピロール N 面から 0.69 Å 浮き上がっている。また、N-メチル化したピロール環は Mn-Cl 軸の反対方向に 29° 傾いている[3]。X 線光電子スペクトルの測定によれば、398.3 eV (sp^{2}N1s) と 400.4 eV (sp^{3}N1s) に 2 種類のピロール N が確認されている[4]。固体の有効磁気モーメントは室温で 5.7±0.1μ_B であり、非メチル化ポルフィリン錯体とは異なり高スピン型である[5]。また、クロロホルム中 130 K での ESR では、g 値は 4.9〜5.2 である[6]。アセトニトリル溶液中のサイクリック・ボルタンメトリーでは、Mn(III)/Mn(II) に基づく酸化還元波が 0.82 V (vs. Ag/AgCl) に、配位子に基づく 4 つの酸化還元波 (1.19 V, 1.40 V, −1.10 V, −1.31 V) が得られているが、第 1 波と第 3 波は中心金属の影響を強く受けている[7]。N,N-ジメチルホルムアミド中での Mn(II) と配位子との錯形成反応の速度論的パラメータは次の通りである[8]：$k=0.010\pm0.002$ dm^3 mol^{-1} s^{-1} (25℃)、$\Delta H^{\neq}=90\pm2$ kJ mol^{-1}、$\Delta S^{\neq}=19\pm7$ J K^{-1} mol^{-1}、$\Delta V^{\neq}=12.9\pm0.8$ cm^3 mol^{-1}。活性化体積が正の値をとることから Mn(II) の配位溶媒の解離過程が律速段階であると結論されている。

【関連錯体の紹介およびトピックス】 錯体は対応する非メチル化ポルフィリン錯体よりも平面性が低いため、酸により容易に脱金属できる。また、塩基の存在下で脱メチル化しやすい。

【塚原敬一】

【参考文献】

1) D. K. Lavallee *et al.*, *Inorg. Chem.*, **1974**, *13*, 2004.
2) D. K. Lavallee, *Bioinorg. Chem.*, **1976**, *6*, 219.
3) O. P. Anderson *et al.*, *Inorg. Chem.*, **1977**, *16*, 1634.
4) D. K. Lavallee *et al.*, *Inorg. Chem.*, **1979**, *18*, 1776.
5) D. K. Lavallee *et al.*, *Inorg. Chem.*, **1976**, *15*, 2090.
6) L. Latos-Grazynski, *Inorg. Chim. Acta*, **1985**, *106*, 13.
7) D. Kuila *et al.*, *Inorg. Chem.*, **1985**, *24*, 1443.
8) S. Funahashi *et al.*, *Inorg. Chem.*, **1984**, *23*, 2249.

MnN$_5$Cl

【名称】perchloro｛(chloro)[(1,4-bis(benzimidazol-2-yl-methyl)-1,4,7-triazacyclonone)manganese(II)]・methanol；([Mn^{II}(bac)Cl]ClO$_4$・CH$_3$OH)[1]

【背景】Mnイオンを含有するスーパーオキソジスムターゼ(Mn$^{III/II}$-SOD)のMn活性中心は，三角両錐型の5配位で，平面には2個のHisイミダゾールのNε原子とAspのカルボキシル基のO原子が1個結合し，軸方向からHisイミダゾールのNε原子と水分子のO原子が配位している[2,3]．このMn-SODモデル錯体は，5個のN原子をもつ配位子〔(1,4-bis(benzimidazol-2-yl-methyl)-1,4,7-triazacyclonone=bac〕とCl$^-$イオンがMn(II)に配位した歪んだ八面体型構造である[1]．

【調製法】bac配位子は，室温において無水C$_2$H$_5$OH中で1,4,7-triazacyclononane塩酸塩と2-chloromethylbenz-imidazoleをNaOHの存在下，反応させることによって得られる[1]．また，本錯体はCH$_3$OHに溶解したbacにMn(ClO$_4$)$_2$を加え，撹拌しながらNaOHのCH$_3$OH溶液でpH5に調整した後，2時間還流して冷却すると，黄色の結晶が収率55％で得られる．

【性質・構造・機能・意義】黄色の[Mn^{II}(bac)Cl]ClO$_4$錯体のCH$_3$OH溶液の吸収スペクトルは，243, 268, 272, 279 nm ($\varepsilon=6700\sim9500$ M^{-1}cm^{-1})に配位子による吸収帯を示す．その錯体構造は歪んだ八面体型で，Mn原子はN(1), N(2), N(4), N(6)からなる平面から0.389 Å飛び出している．それぞれのNとMnの距離は2.17～2.41 Åで，軸方向の配位原子とMnの距離は，Cl-Mn(2.47 Å)，N(3)-Mn(2.38 Å)である．また，CH$_3$OH中における[Mn^{II}(bac)Cl]$^+$のサイクリックボルタモグラムは，2つの準可逆な酸化還元挙動を$E_{1/2}=+0.769$ Vと$+0.939$ V (vs. NHE)に示すが，それぞれMn$^{III/II}$とMn$^{IV/III}$に帰属される．中性付近のO$_2^-$に関する標準電極電位は，O$_2$ + e$^-$ → O$_2^-$, $E°=-0.16$ V (vs. NHE)(1)；O$_2^-$ + 2H$^+$ + e$^-$ → H$_2$O$_2$, $E°=+0.89$ V (vs. NHE)(2)である．この錯体中のMnのIII/II価の変化の場合，その電位($+0.769$ V)が(1)と(2)の反応の中間に位置するので，Mn-SODと同様O$_2^-$を不均化できるが，Mn$^{IV/III}$ではO$_2^-$がMn(III)をMn(IV)に酸化反応できないのでSOD活性を示さない．なお，Mn-SODのO$_2^-$不均化酵素反応は次式で表される．

$$O_2^- + Mn^{III}\text{-SOD} \rightarrow Mn^{II}\text{-SOD} + O_2$$
$$O_2^- + Mn^{II}\text{-SOD} + 2H^+ \rightarrow Mn^{III}\text{-SOD} + H_2O_2$$

また，キサンチン-キサンチンオキシダーゼ-NTB法による本錯体のSOD活性の指標であるIC$_{50}$は，5.36 μM (pH 7.4)である．NTB法およびSOD活性については，Mn^{II}(Obz)(ipz)(hpb)錯体 (p. 459) を参照．

【関連錯体の紹介およびトピックス】図1のような金属に配位する尾をもったアザマクロ環化合物(サソリのような形であるため，scorpiand-like ligandと呼ばれる)のMn(II)錯体が，SOD活性をもつことが報告されている[4]．アザマクロ環配位子(3,6,9-triaza-1-(2,6)-pyridinecyclodeca-phane)の6-位のN原子に尾の部分が結合しており，R-の部分に，4-キノリン(L1)，2-キノリン(L2)，2-ピリジン(L3)，-CH$_2$CH$_2$NH$_2$(L4)などが結合している．これらのMn(II)錯体の構造は，L1錯体では，アザマクロ環配位子の5個のN原子とH$_2$O分子のO原子がMn(II)イオンに配位した歪んだ八面体型，L2錯体～L4錯体では，R-部分も含めたすべてのN原子が配位したL1錯体よりも大きく歪んだ八面体型である．これらの錯体の$E_{1/2}$の値は，$+0.55\sim+0.85$ V (vs. NHE)で，Mn$^{III/II}$の変化によりO$_2^-$を不均化できる電位である．また，SOD活性では，IC$_{50}$がL1錯体(0.30 μM)，L2錯体(1.17 μM)，L3錯体(3.1 μM)，L4錯体(0.41 μM)で，L1錯体とL4錯体が，Mn^{II}(Obz)(ipz)(hpb)錯体(0.75 μM)よりも高活性を示す．

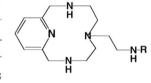

図1　アザマクロ環配位子の構造

〔鈴木晋一郎〕

【参考文献】
1) Q.-X. Li et al., Eur. J. Inorg. Chem., **2004**, 4447.
2) W. C. Stallings et al., J. Biol. Chem., **1985**, 260, 16424.
3) M. L. Ludwig et al., J. Mol. Biol., **1991**, 219, 335.
4) M. P. Clares et al., J. Inorg. Biochem., **2015**, 143, 1.

MnN$_6$

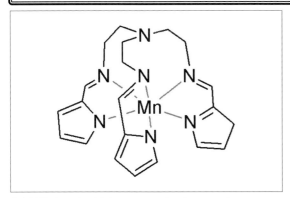

【名称】[Mn(taa)] (H$_3$taa＝tris(1-(2-azolyl)-2-azabuten-4-yl)amine)

【背景】d^4-d^7の八面体配位型遷移金属錯体は，高スピン(HS)と低スピン(LS)のような電子配置の双安定性を示すことが知られており，その基底状態が錯体の若干のひずみによって双方を入れ替わる現象をスピンクロスオーバーと呼ぶ．温度によるこのような変化は，低温でLSが安定である状態から，高温でエントロピー的に安定な高スピンをとる例が多く見られるが，このエントロピー変化は単にスピン多重度の変化だけによるものではなく，対称伸縮する分子振動のソフト化に関係した振動エントロピーの寄与もある．多くのMn^{III}によるd^4系錯体では，ほぼすべての場合においてHS状態をとってしまう．ごくわずかにLSをとる錯体もあるが，スピンクロスオーバー現象は示さない．しかしながら，スピンエントロピー機構だけでは説明できないスピンクロスオーバー挙動を示すMn^{III}錯体が開発され[1]，この場合に，分子振動のソフト化の寄与以外にも結晶全体でMn周囲のひずみがエントロピーに強く影響することが示唆された[2]．

【調製法】トリス(エチルアミノ)アミン塩酸塩にナトリウムメトキシドとピロール-2-カルボキシアルデヒドを反応させて，配位子のシッフ塩基を得る[3]．これと，Mn(acac)$_3$・2H$_2$O(Hacac＝アセチルアセトン)から合成される[4]．

【性質・構造・機能・意義】磁化率測定の結果からは，降温過程において磁気モーメントが48 Kで急激に4.9から3.2 μ_Bへと低下する挙動が見られ，ちょうど4つから2つの不対電子への変化に相当することがわかった．比熱の測定結果からは，この転移に相当する転移エントロピーは13.8 J K^{-1}mol^{-1}であり，スピンエントロピーだけでは，この値の1/3しか説明できない．断熱ポテンシャル面の計算からは，高スピン状態が3つの極小を持つという結果が得られており，これはMn中心に対する3つの配位軸のいずれかのN-Mn-N結合が伸びている状態に対応する．この状態はHSにおける再配向に関するエントロピーを与え，この自由度とLSへの転移エントロピーを考慮してエントロピー計算を行うと，$\Delta S=13.4$ J K^{-1} mol^{-1}となり，比熱による実験値とよい一致を見せる．このような再配向が行われているならば，低温の誘電応答が消失すると予想されることから，誘電応答の測定が行われた．ペレット状サンプルに対して誘電応答が測定されているが，スピンクロスオーバー転移に付随して48 Kで誘電率に大きなギャップが見られ，その温度以上ではCurie-Weissの法則に従い，Weiss温度が26 Kと見積もられた．このCurie-Weiss則の挙動はLS状態では完全に抑制されている．この結果は，HSの余剰エントロピーに関係する，動的なひずみが見いだされたことを意味しており，動的Jahn-Teller効果の明瞭な証拠であることが確認された．正のWeiss温度は，HS状態での分子間相互作用が存在し，協同Jahn-Teller転移を通じた，ひずみが秩序化している相(FO)を示している．さらにこの系では平均場近似に基づき，ひずみの分子間相互作用の大きさと温度に対するHS, LS, FOの相図が計算されている．

分子構造から考えると，[Mn(taa)]はMnと配位していないNを通る軸で三回回転対称性をもち，残りの配位しているNによって右あるいは左巻きの三方ひずみを生じている．しかし結晶中ではMn高スピン状態が三回対称のひずみに対応した軌道の縮重をとれないために，この構造とは両立できない．そのために室温ではJahn-Teller型のひずんだ配置が適切である．

このようにスピンクロスオーバー錯体に対して誘電応答測定を行うことで，HS-LS間の転移エントロピーに関する重要な知見を得られる点で，強い示唆に富む．

【関連錯体の紹介およびトピックス】同じ配位子を用いた低スピン鉄(III)錯体も合成されている[3]．

【小島憲道・榎本真哉】

【参考文献】
1) P. G. Sim *et al.*, *J. Am. Chem. Soc.*, **1981**, *103*, 241.
2) M. Nakano *et al.*, *Phys. Rev. B*, **2002**, *66*, 212412.
3) P. G. Sim *et al.*, *Inorg. Chem.*, **1978**, *17*, 1288.
4) Y. Garcia *et al.*, *Phys. Lett. A*, **2000**, *271*, 145.

MnFeN₆O₅

【名称】bis[μ-(acetato-1κ*O*:2κ*O*′)](1,4,7-triazacyclononane-1κ³*N*¹,*N*⁴,*N*⁷)(1,4,7-trimethyl-1,4,7-triazacyclononane-2κ³*N*¹,*N*⁴,*N*⁷)-μ-oxido-1-manganese(III)-iron(III) perchlorate monohydrate:[(tacn)MnO(CH₃CO₂)₂Fe(Me₃tacn)](ClO₄)₂·H₂O(tacn=1,4,7-triazacyclononane; Me₃tacn=1,4,7-trimethyl-1,4,7-triazacyclononane)

【背景】μ-オキソ-ビス-μ-カルボキシラト二核骨格をもつ鉄(III)およびマンガン(III)錯体は，非ヘム鉄タンパク質の活性中心のモデルとして研究されている．この骨格をもつ二核鉄(III)錯体では，強い反強磁性的相互作用がはたらいているが，二核マンガン(III)錯体の磁気的相互作用は一般に弱く，ほとんど相互作用がない場合もある．この違いを探るために，μ-オキシド-ビス-μ-カルボキシラト骨格をもつMn^{III}-Fe^{III}二核錯体が合成され，磁気的性質が調べられた[1]．

【調製法】酢酸ナトリウム水溶液に，[Fe(Me₃tacn)Cl₃]と[Mn(tacn)Cl₃](モル比1：1)を25℃で撹拌しながら加える．3時間後，暗赤褐色溶液にKPF₆を加えると，茶色の微結晶が沈殿する．これを水から再結晶すると，[(tacn)Mn(μ-O)(CH₃CO₂)₂Fe(Me₃tacn)](PF₆)₂·H₂Oが得られる．KPF₆の代わりにNaClO₄を用いると[(tacn)Mn(μ-O)(CH₃CO₂)₂Fe(Me₃tacn)](ClO₄)₂·H₂Oが得られる．

【性質・構造・機能・意義】X線結晶解析結果から[LMnO(μ-O)(CH₃CO₂)₂MnL′](ClO₄)₂·H₂O(L=tacn；L′=Me₃tacn)のμ-オキソ-ビス-μ-カルボキシラト架橋ヘテロ二核構造が確かめられている(Fe-O_{oxido}=1.817(7) Å，Mn-O_{oxido}=1.782(6) Å，Fe⋯Mn=3.115(3) Å)．Fe^{III}-Mn^{III}間には$J=-68\,cm^{-1}$の比較的強い反強磁性的相互作用がはたらいている．

この骨格の二核鉄(III)錯体が強い反強磁性的相互作用([[(Metacn)₂Fe^{III}₂(μ-O)(CH₃CO₂)₂]²⁺の場合，$J=-119\,cm^{-1}$)を示すのは，d_{z^2}(Fe)の不対電子がオキシド酸素のp軌道を介して交換する機構で説明されていた．マンガン(III)のd_{z^2}軌道には不対電子は存在しないので，Fe^{III}-Mn^{III}間にこのように強い反強磁性的相互作用がはたらくのは奇異である．一般に，二核錯体M-M′の磁気的交換相互作用は，個々の不対電子間の超交換相互作用を考慮して論じられる．この関係は，下式で表される．

$$J_{MM'} = \Sigma j(k,l)/n_M n_{M'}$$

ここで$j(k,l)$は金属Mのd_k軌道の不対電子とM′のd_l軌道の不対電子の交換積分，n_Mおよび$n_{M'}$はそれぞれMおよびM′の不対電子数である．

μ-オキソ-ビス-μ-カルボキシラト架橋構造の二核鉄(III)錯体の場合，主な相互作用の成分はすべて反強磁性的であるが，マンガン(III)二核錯体の場合は，反強磁性的な成分と強磁性的な成分の両者を考慮する必要がある(図1：太実線はスピン間相互作用が反強磁性的，点線は強磁性的であることを示す)．結果として，鉄(III)二核錯体の場合は強い反強磁性相互作用が観測されるが，マンガン(III)二核錯体の場合には，磁気的相互作用は弱くなったと解釈された．

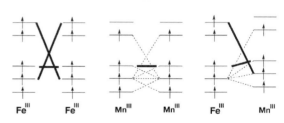

図1 二核錯体のスピン間相互作用

【関連錯体の紹介およびトピックス】磁気的軌道を複数有する金属イオン間の相互作用を，相互作用の成分の足し合わせで考察する方法はKahnの成書などに詳しく解説されている[2]．

【半田 真】

【参考文献】
1) R. Hotzelmann *et al.*, *J. Am. Chem. Soc.*, **1992**, *114*, 1681.
2) O. Kahn, "*Molecular Magnetism*", VCH Publisher Inc., **1993**.

MnCuN₆O₂Cl

【名称】chloro(copper)[μ-[[2,2′-[(7,8,12,13,17,18-hexapropyl-21H,23H-porphyrazine-2,3-diyl-κN^{21},κN^{22},κN^{23},κN^{24})-bis[(nitrilo-κN)methylidyne]]bis[4-(1,1-dimethylethyl)-phenolato-κO]](4−)]]manganese：[MnCl(L)Cu] (H₄L＝2,2′-[(7,8,12,13,17,18-hexapropyl-21H,23H-porphyrazine-2,3-diyl)bis(nitrilomethylidyne)bis[4-(1,1-dimethylethyl)phenol]

【背景】ポルフィラジン(pz)環にsalen類似配位部位を組み込んだめずらしい二核化配位子のMn^III Cu^II 二核錯体で，比較的長い架橋が磁性に及ぼす効果に興味がもたれた[1]．

【調製法】環周辺部に2つのアミノ基をもつポルフィラジンマンガン(III)錯体[MnCl(pzdiamine)]と過剰の5-t-ブチルサリチルアルデヒドを，塩化銅(II)の存在下で反応させる．ジクロロメタン/トルエン/アセトニトリル混合溶媒から再結晶すると，X線構造解析に適した単結晶が得られる．

【性質・構造・機能・意義】ポルフィラジン環に挿入されたMn^III は，塩化物イオンを軸位に配位させた四角錐構造で，Mn^II はN₄配位平面から0.31Å浮き上がっている．Cu^II 周りは平面で，Cu−Oの平均結合距離は1.910Åで，Cu−Nの平均距離は1.972Å．Mn^III …Cu^II 間には$J＝−1.6\ cm^{-1}$の反強磁性的相互作用がはたらいている．

【関連錯体の紹介およびトピックス】ポルフィラジン環にCu^II ，salenサイトにCu^II またはV^IV Oを結合させた錯体が合成されている．Cu−VO錯体では$J＝−4.8\ cm^{-1}$の反強磁性的相互作用がはたらくのに対して，Cu−Cu錯体の磁気的相互作用は極めて弱い($−J<0.05\ cm^{-1}$)[2]．

【半田 真】

【参考文献】
1) a) M. Zhao et al., *Angew. Chem. Int. Ed.*, **2003**, *42*, 462; b) M. Zhao et al., *Inorg. Chem.*, **2004**, *43*, 3377.
2) M. Zhao et al., *J. Am. Chem. Soc.*, **2005**, *127*, 9769.

MnCuN₆O₃

磁

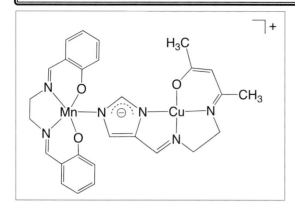

【名称】(copper)[[2,2′-[1,2-ethanediyl bis(nitrilomethylidyne)]bis[phenolato]](2-)-N,N′,O,O′][μ-[4-[[2-[(1H-imidazol-4-ylmethylene)amino]ethyl]imino]-2-pentanonato(2-)]]manganese tetraphenylborate: [Mn(salen)Cu(L)]BPh₄ (H₂salen=N,N′-disalicylideneethylenediamine, H₂L=4-(6-methyl-8-hydroxy-2,5-diazanonane-1,5,7-trienyl)imidazole

【背景】Cu,Zn superoxide dismutase の活性中心(Zn-Im⁻-Cu 二核構造)との関連から，イミダゾレート(Im⁻)が橋架けしたヘテロ二核錯体に興味がもたれた．[Mn(salen)Cu(L)]BPh₄ は Mn^{III}-Im⁻-Cu^{II} 結合をもつ最初の化合物で，構造と磁気的性質が調べられた[1]．

【調製法】[Mn(salen)]BPh₄ と[Cu(L)]・0.5CHCl₃ (モル比 1：1)のメタノール溶液を加熱撹拌し，一度ろ過して，ろ液を一晩放置すると暗茶色の結晶を生成する．

【性質・構造・機能・意義】[Mn(salen)]⁺ 部分はほぼ平面をなし，Mn の軸位に[Cu(L)]のイミダゾレート窒素が 2.125(5) Å の距離で配位している．Mn⋯Cu 間は 6.32 Å である．室温の有効磁気モーメントは 5.17 μ_B で，Mn^{III} (S=2)と Cu^{II} (S=1/2)が独立して存在するときの値(μ_{eff}=5.20 μ_B)に相当する．磁気モーメントは温度とともに減少して，24.9 K で極小値 4.43 μ_B に達した後，再び増加に転じて 4.2 K では 4.73 μ_B になる．この磁気的挙動は厳密には理解されていない．

【関連錯体の紹介およびトピックス】ポルフィリン鉄(III)錯体([Fe(TPP)]⁺)の上下から，イミダゾール含有配位子の銅(II)錯体([Cu(IM)])二分子が配位した三核錯体[Fe^{III}(TTP){Cu^{II}(IM)}₂]⁺ が報告されている[2]．この場合，Fe^{III} は低スピン(S=1/2)で，イミダゾール基を介して Cu^{II} との間に J=+22.2 cm⁻¹ の強磁性的相互作用が働いている．

〔半田 真〕

【参考文献】
1) N. Matsumoto *et al., Bull. Chem. Soc. Jpn.*, **1989**, *62*, 3812.
2) G. P. Gupta *et al., Inorg. Chem.*, **1990**, *29*, 4234.

$Mn_2N_4O_6$

生 磁

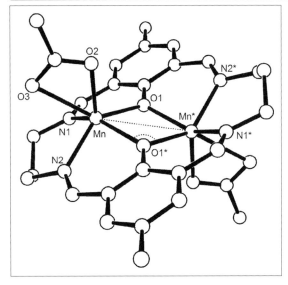

【名称】$[Mn_2(L^{3,3})(CH_3COO)_2]$: $H_2L^{3,3}$ = 25,26-dihydroxy-11, 23-dimethyl-3, 7, 15, 19-tetraazatricyclo [24・1^{9,13}・1^{1,21}]tetracosa-1(25),2,7,9,11,13(26),14,19,21,23-decaene

【背景】二核 Mn(II) 錯体は多核マンガン酵素の活性中心モデルとして重要であるが,二核マンガン錯体の多くは,溶液内の安定性においてモデル研究を行ううえで制約がある.この研究は,マクロ環二核化配位子で安定化された二核 Mn(II) 錯体を,マンガンカタラーゼのモデル研究に適用したものである[1].

【調製法】$Mn(CH_3COO)_2\cdot 4H_2O$ と 2,6-ジホルミル-4-メチルフェノールの無水メタノール溶液に,1,3-ジアミノプロパンのメタノール溶液を加えて室温で 1 時間撹拌する.生じた淡黄色微結晶をろ取し,無水メタノールで洗浄後,真空乾燥する.

【性質・構造・機能・意義】配位子の 2 つの N_2O_2 サイトに Mn(II) がとりこまれ,それぞれに酢酸イオンが二座キレート配位している.酢酸イオンはトランスに配置され,二核分子は対称中心を有している.フェノール酸素で架橋された Mn-O-Mn 角は 103.0(2)°,Mn···Mn 距離は 3.367(1) である.マクロ環と Mn の平均結合距離は Mn-O 2.152 Å および Mn-N 2.201 Å,酢酸 O と Mn の距離は 2.123(6) および 2.535(7) Å である.Mn はマクロ環の平均平面から酢酸イオンの方へ約 0.75 Å 浮き上がっている.

室温の有効磁気モーメントは 5.92 B.M. で,温度の低下とともにわずかに増加し極低温では約 6.6 B.M. に達する.$S=5/2$ 系の Heisenberg モデルに分子間相互作用の補正を加えた磁化率式を用いた解析から,$J=+0.4 cm^{-1}$ が得られている.Mn(II) イオン間の強磁性的相互作用は,$N_2O_2N_2$ 平面からの Mn(II) の浮上がりにより,架橋酸素 2p 軌道と Mn(II) 3d 軌道の重なりが有効にはたらいていないためと考えられる.

$L^{2,3}$ や $L^{2,4}$ などの非対称マクロ環配位子の二核 Mn(II) 錯体も合成されており,これら一連の錯体についてマンガンカタラーゼ様活性が評価されている.カタラーゼ活性は錯体構造に依存し,二核構造が対称型では H_2O_2 100% 分解されるのに対して,非対称型では〜70% 程度までしか分解されない.これらの結果をもとに反応機構が考察され,過酸化水素の分解は $Mn^{II}Mn^{III}$-OH/$Mn^{II}Mn^{IV}$=O のサイクルで進むと考えられている.Mn^{IV}=O 種の生成を支持するものとして,ν(Mn=O) 振動構造をもつ電荷移動吸収帯が可視領域に観測されている[2].

【関連錯体の紹介およびトピックス】$[Mn_2(L^{3,3})(CH_3COO)]ClO_4$ は,酢酸イオンが二核ユニットを分子間で連結した鎖状構造をとる.1,4-ジアミノブタンから導かれる $[Mn_2(L^{4,4})(CH_3COO)_2]$ では,酢酸イオンはほぼ平面をなす $\{Mn_2(L^{4,4})\}$ の上下から 2 つの Mn(II) を架橋している[3].磁気的相互作用は反強磁性的である ($J=-5.0 cm^{-1}$).$[Mn_2(L^{3,3})(CH_3COO)_2]$ を Br_2 で酸化して混合原子価 Mn(II)Mn(III) 錯体 $[Mn_2(L^{3,3})(CH_3COO)Br_2]$ が得られている[4].

【鯉川雅之】

【参考文献】
1) H. Ōkawa et al., Bull. Chem. Soc. Jpn., **1995**, 68, 1105.
2) H. Sakiyama et al., J. Chem. Soc., Dalton Trans., **1993**, 3823.
3) D. Luneau et al., J. Chem. Soc., Dalton Trans., **1988**, 1225.
4) T. Aono et al., J. Chem. Soc., Dalton Trans., **1997**, 1527.

Mn$_2$N$_4$O$_6$

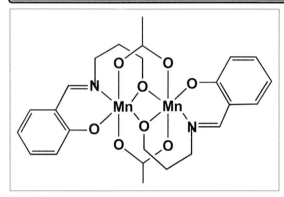

【名称】di-μ-acetato-bis|3-(salicylidene)amino-1-propanolato|dimanganese(III): [Mn$_2$(spa)$_2$(CH$_3$COO)$_2$](H$_2$spa=3-(salicylidene)amino-1-propanol)

【背景】緑色植物の光化学系IIには水分解系酵素が4個のマンガンを含み，これが酸素発生に必須の役割を担っていることから，二核マンガン錯体が注目されていたが，1980年代になるまで，X線結晶解析でdiscreteな二核構造をとっていることが明らかにされたマンガン錯体は，[Mn$_2$O$_2$(bpy)$_4$](ClO$_4$)$_3$(bpy=2,2′-ビピリジン)が唯一の例であった．本錯体は，そのような中にあって比較的早い時期に二核マンガンの構造がX線結晶解析によって明らかにされた化合物である[1]．

【調製法】3-アミノ-1-プロパノールとサリチルアルデヒドをメタノール中で反応させ，これに酢酸マンガン(II)4水和物を加え還流煮沸した後，濃縮すると結晶が析出する．

【性質・構造・機能・意義】暗緑色結晶．室温の磁気モーメントは，マンガン1つ当たり3.94μ_Bとspin-onlyの値(4.90μ_B)よりもかなり低く，磁化率の温度依存性から見積もられたJ値は$-19.1\,\text{cm}^{-1}$と反強磁性的相互作用がはたらいていることを示している．X線結晶学より，2個のマンガンは2個のアルコキソ酸素で架橋され，さらにsyn-syn型配位の酢酸イオンがアキシャル位の上下から緩く架橋した二核錯体であることが明らかにされている．Mn-Mn距離は2.869(1) Åと短く，Mn-O-Mn角は96.34(8)°である．Mnの配位環境は軸方向に延びた歪んだ八面型であり，高スピンd^{4}電子配置のJahn-Teller効果がはたらいている．拡散反射スペクトルではd-d遷移に基づく吸収帯が450, 470, 610, 770 nmに観測される．

【関連錯体の紹介およびトピックス】同じシッフ塩基配位子で塩化物，臭化物，アジ化物が合成され，アルコキソ架橋の2個のマンガン間に反強磁性的相互作用がはたらいていることが報告されている[2]．関連錯体としては，1,5-ビス(サリチリデンアミノ)-3-ペンタノールなどの二核形成配位子を用いたアルコキソ架橋マンガン錯体が数多く合成され，合成条件を調節することにより四核マンガン錯体も単離されている[3]．これらの磁気的相互作用は，J値が$-10\sim-17\,\text{cm}^{-1}$と反強磁性的である．

【御厨正博】

【参考文献】
1) M. Mikuriya *et al.*, *Bull. Chem. Soc. Jpn.*, **1981**, 54, 1063.
2) H. Okawa *et al.*, *Bull. Chem. Soc. Jpn.*, **1980**, 53, 1610.
3) M. Mikuriya *et al.*, *Bull. Chem. Soc. Jpn.*, **1992**, 65, 2624.

$Mn_2N_6O_5$

電磁

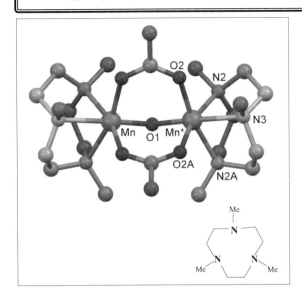

【名称】bis[μ-(acetato-κO:κO')]bis(octahydro-1,4,7-trimethyl-1H-1, 4, 7-triazonine-κN^1, κN^4, κN^7)-μ-oxodimanganese(III) perchlorate: [$Mn_2(μ-O)(CH_3COO)_2$-$(tmtacn)_2$](ClO_4)$_2$

【背景】μ-オキソ-ビス-μ-カルボキシラト架橋二核Mn錯体は, マンガンカタラーゼなどの活性中心モデルとして注目された. これまで様々な酸化状態のものが報告されているが, 二核Mn(III)錯体は少ない. 本錯体は代表的なμ-オキソ-ビス-μ-カルボキシラト二核Mn(III)錯体で, 構造と磁性および電気化学特性があわせて報告されている[1].

【調製法】N,N',N''-トリメチル-1,4,7-トリアザシクロノナン(tmtacn), $Mn(CH_3COO)_3·2H_2O$, および酢酸ナトリウムを水/エタノール(85 vol.%)混合溶媒中, 20℃で撹拌すると深赤色溶液が得られる. 過塩素酸で溶液のpHを5に調整し, 過剰量の過塩素酸ナトリウムを加えて放置すると, 黒赤色の結晶として単離される.

【性質・構造・機能・意義】黒赤色結晶. IRスペクトルは, 架橋カルボキシラトの逆対称および対称伸縮振動を1570と1450〜1415 cm^{-1}に, $ν(Mn-O-Mn)$振動を730 cm^{-1}に示す. これらIRバンドは相当するFe(III)二核錯体のIRバンドによく対応している.

二核錯イオン部分は, 架橋オキソ基を中心とするD_{2h}対称性を有し, Mn(III)周りはtmtacnの3つのN原子と3つの架橋O原子が配位したfac型の八面体構造をとる. Mnとオキソ Oとの結合距離は1.810(4) Å, 架橋カルボキシラト Oとの距離は2.047(4) Åである. 相当する二核Fe(III)錯体では, 架橋オキソ Oのトランス位のFe-N結合が伸びる傾向が見られるが, この錯体ではMn-N3結合(2.131(7) Å)が他のMn-N結合(2.232(5) Å)に比べ短くなっていて, 架橋オキソ方向軸(O-Mn-N3)に関して圧縮型のJahn-Teller歪みが存在する. 室温の有効磁気モーメントは5.12 B.M.であり磁化率の温度変化からMn(III)間には$J=〜+18$ cm^{-1}の強磁性的相互作用が働いていることが示された.

この錯体は水溶液中では不安定で, 数時間で分解する. アセトニトリル中では比較的安定であり, 吸収スペクトルやサイクリックボルタンメトリーによる同定が試みられた. 吸収スペクトルでは486 nmおよび521 nmに2つの強い吸収帯, 700 nmおよび1000 nm付近に強度の弱いd-d吸収帯を示す. サイクリックボルタモグラムでは$E_{1/2}=+0.585$ V (Fc^+/Fc)に$Mn^{IV}Mn^{III}$/$Mn^{III}Mn^{III}$の一電子過程に基づく擬可逆波, -0.50 Vに$Mn^{III}Mn^{III}$/$Mn^{II}Mn^{II}$の二電子還元に相当する不可逆波が観測されている. さらに, 液化SO_2中-40℃での測定では, 高電位側に$Mn^{IV}Mn^{IV}$/$Mn^{IV}Mn^{III}$過程の一電子可逆波が観測され, 本錯体がMn(II)〜Mn(IV)間で多様な酸化状態をとり得ることが示された.

【関連錯体の紹介およびトピックス】本錯体を$Na_2S_2O_8$で酸化して得られる黒緑色の混合原子価錯体[$Mn_2(μ-O)(CH_3COO)_2(tmtacn)_2$]($ClO_4$)$_3$[2]や, 架橋ヒドロキソを有する[$Mn_2(μ-OH)(CH_3COO)_2(tmtacn)_2$]($ClO_4$)$_2$[3]などが合成されている. これらはいずれも反強磁性的相互作用を示す. その他にも, ターミナル配位子としてビピリジンやヒドロトリス(1-ピラゾリル)ホウ酸イオンなどを有する錯体も知られており, 強磁性から反強磁性まで($J=+10〜-5$ cm^{-1})多様な磁性が観測されている. CorbellaとFriesらは, Mn(III)のJahn-Teller歪みの方向と磁性の関係を詳細に考察している[4].

【鯉川雅之】

【参考文献】

1) K. Wieghardt *et al.*, *J. Chem. Soc., Chem. Commun.*, **1985**, 347.
2) K. Wieghardt *et al.*, *Angew. Chem. Int. Ed. Engl.*, **1986**, 25, 1030.
3) S. J. Lippard *et al.*, *J. Am. Chem. Soc.*, **1987**, 109, 1435.
4) M. Corbella *et al.*, *Inorg. Chem.*, **1996**, 35, 1857.

Mn₂N₈

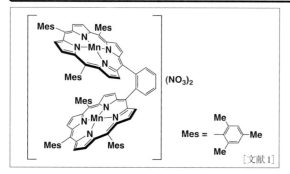

[文献1]

【名称】1,2-bis(5,10,15-tris(2,4,6-trimethylphenyl)porphyrinatomanganese(III))benzene nitrate: [Mn(DTMP)](NO$_3$)$_2$[1])

【背景】緑色植物の光合成系II(PS II)にある酸素発生中心(OEC)は4つのマンガンイオンを有し、水から酸素への四電子酸化反応を担っている。その反応機構はKokらによって提唱され、S$_0$からS$_4$へと逐次酸化され、S$_4$からS$_0$へもどる際、酸素が発生する[2]。近年、これら5つの状態のうち、S$_1$に相当する状態の詳細な構造が神谷らにより報告され、4つのマンガンイオンと1つのカルシウムイオンがオキソ基またはヒドロキソ基で架橋された構造であることが明らかになった[3]。一方、S$_1$より高い酸化状態、特に酸素分子を放出する直前の状態であるS$_4$の構造や酸素-酸素結合形成の機構などはよくわかっていない。

1986年にはじめてのマンガン錯体による水の酸化の報告以来[4]、本錯体を含め[5]、いくつかの機能モデルが報告されてきた。しかしながら反応機構の解明を目的として、酸素発生可能な錯体の中間体の詳細な構造、電子状態についての研究例はほとんどない。本錯体の大きな特徴として、酸素発生の機構について、高原子価オキソマンガンが酸素発生の重要な中間体の1つとして考えられることを示唆している点にある。すなわち、マンガンポルフィリン二量体を化学的酸化することにより生成する高原子価HO-Mn(V)=O種の同定ならびに、高原子価種からの酸素発生の詳細について報告されている。

【調製法】配位子であるポルフィリン二量体H$_4$DTMPの合成は多段階であるため、詳細は文献を参照されたい[1]。

マンガン錯体は、配位子H$_4$DTMPと過剰量の酢酸マンガン(II)を酢酸中で4時間以上加熱還流し、酢酸を減圧留去後、クロロホルムで抽出し、抽出物をカラムクロマトグラフで生成した後、過剰の硝酸銀を加え沈殿を除き、再結晶することで得られる。

【性質・構造・機能・意義】マンガンポルフィリン二量体のCH$_2$Cl$_2$/CH$_3$CN(1:1, v/v)溶液に1%の水および35当量のOH$^-$存在下、酸化剤としてメタクロロ過安息香酸(mCPBA)を用い、マンガンポルフィリン二量体を酸化すると、緑色から赤色に変化し、423 nmにSoret帯を有する化学種へと変化する(図1)。この化学種はMn(IV)とは異なりESR不活性種である。この化学種に一電子還元剤である1,1-diphenyl-2-picryl hydrazine(DPPH)を2当量加えることで、Soret帯がMn(IV)に特徴的な415 nmへと変化することから、Mn(V, V)種の生成が確認されている。この錯体の共鳴ラマンスペクトルは791 cm^{-1}、518 cm^{-1}に特徴的なバンドを示す。同位体ラベルの実験から、791 cm^{-1}のバンドはオキソマンガンの伸縮振動ν(Mn=O)、518 cm^{-1}はヒドロキソマンガンの伸縮振動ν(Mn-HO)と帰属されることから、この錯体はOH-Mn=O構造を有するMn(V, V)種と帰属されている。さらに、これらのオキソ、ヒドロキソ基は系中に含まれる水と容易に交換可能であることが示唆されている。

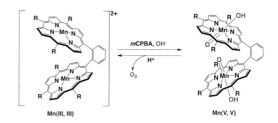

図1 Mn(V, V)種の生成と酸素発生[1]

このOH-Mn^V=O種は室温において比較的安定であるが、強酸であるCF$_3$SO$_3$Hを加えると瞬時にMn(III, III)種へと還元され、それと同時に錯体に対して92%の酸素発生が認められた(図1)。この過程において錯体の分解は認められなかった。この反応においてO-O結合形成の活性種は、プロトン化により生じる化学種であると考えられている。

【島崎優一】

【参考文献】
1) Y. Shimazaki et al., Angew. Chem. Int. Ed., **2004**, 41, 98.
2) M. Yagi et al., Chem. Rev., **2001**, 101, 21.
3) Y. Umena et al., Nature, **2011**, 473, 55.
4) R. Ramaraj et al., Angew. Chem. Int. Ed. Engl., **1986**, 25, 825.
5) Y. Naruta et al., Angew. Chem. Int. Ed. Engl., **1994**, 33, 1839.

$Mn_2N_8O_4$

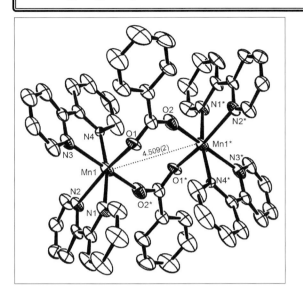

【名称】 di-μ-benzoato-tetrakis(2,2′-bipyridine)dimanganese(II) perchlorate: $[Mn_2(PhCOO)_2(bpy)_4](ClO_4)_2$

【背景】 カルボキシラト架橋二核Mn(II)錯体には，四重架橋，三重架橋，および二重架橋のものが知られているが，一般にMn(II)が置換活性でかつ酸化されやすいために合成は難しく，構造および磁気的に同定されたものは少ない．本錯体は数少ない二重架橋Mn(II)錯体の代表的なものである[1]．

【調製法】 $[Mn(PhCOO)_2]$と$NaClO_4$を無水メタノール中で混合して一度ろ過し，ろ液に2,2′-ビピリジンのエタノール溶液を加える．この溶液を室温で数時間静置しておくと結晶が析出する．これをろ取してエタノール，ジエチルエーテルで順次洗浄する．

【性質・構造・機能・意義】 黄色結晶．錯体は構造解析されており，反転中心をもつカルボキシラト二重架橋構造を形成している．ターミナル位には2つのビピリジンが配位して，Mn(II)は歪んだ八面体構造をとる．カルボキシラト二重架橋錯体は，カルボキシラトの配位様式により，五配位錯体によく見られるsyn-syn架橋と六配位錯体に多いsyn-anti架橋の2つの構造に分けられる．この錯体は典型的なsyn-anti架橋である．Mn-O距離の平均(2.128 Å)は，Mn-N距離(2.273 Å)に比べて短い．また，カルボキシラト酸素のトランス位Mn-N結合距離(2.279, 2.292 Å)はビピリジン窒素のトランス位Mn-N距離(2.258, 2.265 Å)よりも長い．Mn⋯Mnは4.509(2) Åであり，syn-syn架橋錯体の金属間距離3.0〜3.5 Åと比べ著しく長い．

室温の$\chi_M T$は9 $cm^3 mol^{-1}$ Kで，磁気的に独立した2つのMn(II)イオンに対する理論値(8.75 $cm^3 mol^{-1}$ K)に近い．温度の低下とともに$\chi_M T$はゆるやかに減少し，50 K以下では急激な減少を示す．これはMn(II)間の弱い反強磁性的相互作用によるもので，磁化率の温度依存の解析から$J=-6\ cm^{-1}$，$g=2.00$の最適パラメーターが得られている．交換積分値Jはカルボキシラト架橋錯体としては小さい．このことは，Mn⋯Mn距離が長いためであると考えられている．

【関連錯体の紹介およびトピックス】 この錯体は$[Mn^{III}_2(O)(PhCOO)_2(bpy)_2(H_2O)_2](NO_3)_2$による過酸化水素の不均化反応過程における副産物としても単離される．関連する$[Mn_2(Ph_2MeCCOO)_2(phen)_2](PF_6)_2$は，光照射により四核錯体$[Mn_2(O)(Ph_2MeCCOO)_2(phen)_2](PF_6)_2$へ多量化することが報告されている．他の類似錯体として$[Mn(CH_3COO)(bpy)_2]_2(ClO_4)_2$や$[Mn(CH_3COO)_2(tpa)_2](TCNQ)_2$がある．いずれの場合にもカルボキシラトはsyn-anti架橋モードをとり，弱い反強磁性的相互作用(-0.2〜$-5\ cm^{-1}$)が働いている[2]．

【鯉川雅之】

【参考文献】
1) B. Albela *et al.*, *Inorg. Chem.*, **1998**, *37*, 788.
2) a) B. Albela *et al.*, *Polyhedron*, **1996**, *15*, 91; b) T. Tokii *et al.*, *Chem. Lett.*, **1999**, 437; c) S. J. Lippard *et al.*, *New J. Chem.*, **1991**, *15*, 417; d) H. Oshio *et al.*, *Inorg. Chem.*, **1993**, *32*, 5697.

$Mn_2Ni_2N_4O_{10}Cl_2$

磁

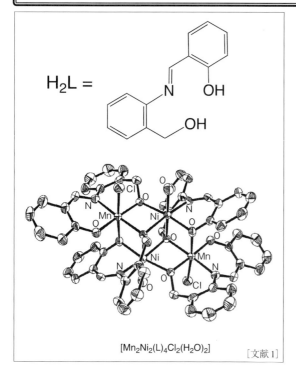

[$Mn_2Ni_2(L)_4Cl_2(H_2O)_2$]

[文献 1]

【名称】 bis(aquanickel)dichlorobis[μ-[2-[[[2-(hydroxy-κO)phenyl]methylene]amino-κN]benzenemethanolato(2-)-κO: κO]]bis[μ$_3$-2-[[[2-(hydroxy-κO: κO)phenyl]methylene]amino-κN]benzenemethanolato(2-)-κO: κO: κO]]dimanganese: [$Mn_2Ni_2(L)_4Cl_2(H_2O)_2$] ($H_2L = N$-(2-hydroxymethyl)phenyl-salicylideneimine)

【背景】 末端にヒドロキシ基とフェノキシ基をもつ標記のシッフ塩基三座配位子は，不完全ダブルキュバン型四核錯体を与えることが知られている．この配位子は，'one-pot'反応で選択的に $Mn^{III}{}_2Ni^{II}{}_2$ ヘテロ四核錯体を与えることが示された[1]．その構造と磁気的性質が報告されている．

【調製法】 酢酸マンガン(II)4水和物と配位子 H_2L を当量メタノール中に溶かし，さらにトリエチルアミンのメタノール溶液を加え，30分間撹拌する．次に，塩化ニッケル(II)6水和物のメタノール溶液を加えて1～2時間撹拌する．反応溶液を濃縮乾固した後，目的化合物をジクロロメタンで抽出し，ジクロロメタン/トルエン(1:1)溶液から再結晶すると茶色の結晶として得られる．

【性質・構造・機能・意義】 2つの Ni^{II} イオンと2つの Mn^{III} イオンが，$μ_3$-アルコキシド，$μ$-アルコキシドおよび$μ$-フェノキシド酸素で架橋され，Mn^{III} イオンが外側に，Ni^{II} イオンが内側に配置された不完全ダブルキュバン四核構造をしている．Ni^{II} イオンの軸位の1つに水分子が，Mn^{III} イオンの軸位の1つに Cl^- イオンが配位して，どちらも八面体構造をなしている．Ni1⋯Mn1，Ni1⋯Mn1*，Ni1⋯Ni1* および Mn1⋯Mn1* の距離は，それぞれ 3.096(1)，3.082(1)，3.1311(9) および 5.326(1) Å である．磁化率の温度依存は，図1に示すモデルに基づきスピン交換演算子 $\hat{H} = -JS_{Ni1} \cdot S_{Ni1*} - J'(S_{Mn1} \cdot S_{Ni1} + S_{Mn1} \cdot S_{Ni1*} + S_{Mn1*} \cdot S_{Ni1} + S_{Mn1*} \cdot S_{Ni1*})$ により解析され，Ni-Ni 間には $J = -7.91$ cm^{-1} の反強磁性的相互作用が，Ni-Mn 間には $J' = +4.07$ cm^{-1} の強磁性的相互作用がはたらいていることが示された．このスピン基底状態は $S_T = 6$ である．

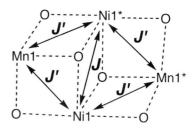

図1 不完全ダブルキュバン四核ユニットと磁気的相互作用パラメーター J, J'

【関連錯体の紹介およびトピックス】 同じ三座配位子を用いて，不完全キュバン構造の四核銅(II)錯体が合成されている．この場合，磁化率の温度変化は反強磁性的である[2]．類似の三座配位子を用いて鉄(II)キュバン型四核錯体が合成され，単分子磁石としての挙動が観測されている[3]．

【半田 真】

【参考文献】
1) M. Koikawa et al., *Polyhedron*, **2005**, *24*, 2257.
2) M. Koikawa et al., *Inorg. Chim. Acta*, **2004**, *357*, 2635.
3) H. Oshio et al., *J. Am. Chem. Soc.*, **2004**, *126*, 8805.

Mn₃N₁₆

磁

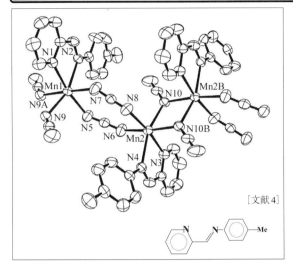

[文献4]

【名称】[Mn(L)(N₃)₂]ₙ: L=N-(p-methylphenyl)-2-pyridylaldimine

【背景】アジ化物イオン(N_3^-)はいくつかの異なる架橋様式をとり，それによってゼロ～三次元の多様な多核錯体を形成することが知られている．この錯体はMn(II)イオンをアジ化物イオンが異なる2つの架橋様式で交互連結した一次元構造をもち，磁気的挙動が調べられている[1]．

【調製法】ピリジン-2-カルボアルデヒドとp-トルイジンのメタノール溶液を2時間還流することにより，シッフ塩基Lの溶液が得られる．この溶液に，過塩素酸Mn(II)6水和物とアジ化ナトリウムのメタノール溶液を加え，撹拌する．その後，反応溶液を室温でゆっくり濃縮することにより，オレンジ色の単結晶として得られる．

【性質・構造・機能】この錯体は結晶構造が明らかにされており，Mn(II)イオン間が，end-to-end(EE)タイプの2本のアジドおよびend-on(EO)タイプの2本のアジドによって交互に架橋された一次元鎖状Mn(II)錯体である．Mn(II)イオン周りの配位環境は歪んだ六配位八面体構造である．Mn(II)の配位サイトには，キレート配位したシッフ塩基配位子Lの2つの窒素原子，2本のEEアジド架橋による2つの窒素原子，および2本のEOアジド架橋による2つの窒素原子によって占有されている．IRスペクトルには2060 cm⁻¹と2100 cm⁻¹にそれぞれEEアジドおよびEOアジド架橋の$\nu_{as}(N_3)$に帰属される強い吸収帯が観測される．

この錯体においては，2本のEEアジドが平行になっていないという特徴がある．この2本のEEアジドは平行から12°交差している．一般的にEEアジドが二重架橋している場合は，それぞれのアジドは互いに平行になっており，この錯体のような例はこれまでに報告がない．Mn(II)イオン間距離は，EEアジド二重架橋された部分においては5.465 Å，また，EOアジド二重架橋された部分においては3.444, 3.345 Åである．EOアジドの架橋角Mn-N-Mnは101.6(1), 101.1(1)°である．これらの金属間距離および架橋角はこれまで報告されたアジド二重架橋Mn(II)錯体のものと大きな違いはない．

この錯体の磁化率の温度依存性測定結果について，$S=5/2$の交互一次元鎖状錯体に適応される磁化率の理論式を用いて解析を行った．その結果，EEアジド架橋部においては$J_1=-11.8\,\text{cm}^{-1}$の反強磁性的相互作用が，EOアジド架橋部においては$J_2=5.2\,\text{cm}^{-1}$の強磁性的相互作用がはたらいていた．隣接する一次元鎖間にもWeiss定数$\theta=-1.4\,\text{K}$の弱い反強磁性的相互作用が観測されている．ここで，EEアジド架橋部のJ_1値に注目すると，類似錯体において観測された値よりも比較的小さくなっていた．これは，2本のEEアジド架橋が平行になっていないために生じたMn-(N-N-N)₂-Mn環のねじれが磁気的相互作用に影響していると考えられる．

【関連錯体の紹介およびトピックス】この錯体の他に，同じ操作でp-トルイジンの代わりにアニリン誘導体を用いて合成された一次元鎖状アジド架橋Mn(II)錯体が4つ報告されている．アジド架橋の金属錯体の報告例は多い[2]．また，近年では，Mn(II)イオン間が1本のEEアジドのみによって架橋された二核錯体も合成されている[3]．

【時井 直】

【参考文献】
1) E.-Q. Gao *et al.*, *Inorg. Chem.*, **2003**, *42*, 3642.
2) J. Ribas *et al.*, *Coord. Chem. Rev.*, **1999**, *193*, 1027.
3) Z.-H. Ni *et al.*, *Inorg. Chem.*, **2005**, *44*, 4728.

$Mn_4N_3O_9Cl_4$

磁 超

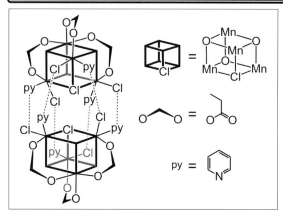

【名称】μ_3-Chlorido-1:2:3κ^3 Cl-trichlorido-1κCl, 2κCl, 3κCl-tri-μ_3-oxido-1:2:4κ^3O;1:3:4κ^3O;2:3:4κ^3O-tri-μ-propionato-1κO: 4$\kappa O'$; 2κO: 4$\kappa O'$; 3κO: 4$\kappa O'$-tripyridine-1κN, 2κN, 3κN-tetramanganese (III, IV):[$Mn^{III}_3Mn^{IV}O_3Cl_4(O_2CEt)_3(py)_3]_2$

【背景】単一の分子が磁石としてふるまう単分子磁石と呼ばれる物質群が数多く開発されてきている。この物質群はナノスケールの分子サイズ磁石であることから、量子的な効果が観測される。例えば、磁化曲線が階段状のヒステリシスを描く原因となる、磁化の量子トンネリングなどである。これまでの単分子磁石は、ゼロ磁場で必ず量子トンネリングを示すものであったが、この化合物ははじめてゼロ磁場での量子トンネリングによる磁化緩和を抑えられた物質となった[1]。

また、この錯体は、光合成の光化学系IIにおける水分解のマンガン・カルシウムクラスターのモデル化合物としても知られている。

【調製法】これまでに報告されている方法に従って、$[Mn_3O(O_2CEt)_6(py)_3](ClO_4)$を合成する[2]。この錯体をアセトニトリルに溶かすと茶色溶液になり、さらに塩化トリメチルシランを合わせることで赤茶色溶液に変化し、一晩5℃で静置することで暗赤色結晶が得られる。エタノール洗浄で針状の副生成物を取り除いた後、アセトニトリルで洗浄して目的物が合成される[3]。

【性質・構造・機能・意義】この錯体は、3つのマンガン(III)イオンと1つのマンガン(IV)イオンからなる[Mn_4]構造をもっており、基底$S=9/2$状態である。結晶構造は、六方晶のR-3の空間群をもち、S_6対称軸上にhead to head型に2つのMn_4分子が位置している。つまり、Mn_4核はC_3対称性をもち、[Mn_4]$_2$ダイマーでS_6対称性をとる。ダイマー間は、片方に配位したピリジン環と、もう一方に配位したClイオンと、6つのC-H···Cl水素結合を形成してつながっている。通常、この水素結合はO-H···XやN-H···X(Xは負電荷を帯びた原子)と比べて弱いが、この錯体では重要な役割を担っている。加えて、van der Waals半径和に近い距離で離れているCl···Clでもつながっている。この架橋によって、[Mn_4]ユニット間は弱く反強磁性的に相互作用している。一方、隣接する[Mn_4]$_2$ダイマー間は十分に離れているため、磁気的相互作用は無視できる。

磁化容易軸方向に磁場を掛けて磁化曲線を測定すると、ステップをもったヒステリシスを描く。このステップの高さは、0.3K以上では温度に依存するが、これ以下の温度では温度には依存せず同じループを描く。

単分子磁石は、次世代の超高密度情報記録媒体としての応用が期待されている。しかし、これまでの化合物ではゼロ磁場で量子トンネリングによる磁化緩和が起こるため、現実には磁場を印加せずに使うことを考えると、実用的な記録媒体として不向きであった。しかし、この錯体は極低温下ではあるが、その問題を克服したことで非常に注目された化合物である。

またこの錯体は、酵素発生型光合成の光化学系IIにおける水の光分解に関与している。マンガン・カルシウムクラスターの$Mn^{IV}Mn^{III}_3$構造をもつS_2状態のモデルといえる。

【関連錯体の紹介およびトピックス】他に、$Mn^{IV}Mn^{III}_3$構造をもつ化合物は、$(H_2Im)_2[Mn_4O_3Cl_6(Him)(OCEt)_3]\cdot 3/2MeCN$(Him=イミダゾール)[4]や、[$Mn_4O_3Cl(O_2CMe)_3(dbm)_3$](dbmH=ジベンゾイルメタン)[5]などのKokモデルにおけるS_2状態マンガンクラスターが知られている。

【小島憲道・岡澤 厚】

【参考文献】
1) W. Wernsdorfer *et al.*, *Nature*, **2002**, *416*, 406.
2) J. B. Vincent *et al.*, *J. Am. Chem. Soc.*, **1987**, *109*, 5703.
3) D. N. Hendrickson *et al.*, *J. Am. Chem. Soc.*, **1992**, *114*, 2455.
4) J. S. Bashkin *et al.*, *J. Am. Chem. Soc.*, **1987**, *109*, 6502.
5) S. M. J. Aubin *et al.*, *J. Am. Chem. Soc.*, **1996**, *118*, 7746.

Mn_4O_{16}

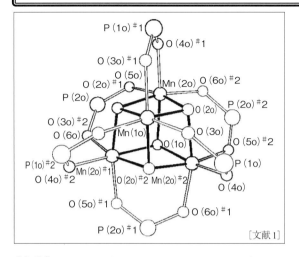

[文献1]

【名称】hexakis[μ-(diphenylphosphinato-κO: κO')]tetra-μ₃-oxotetramanganese (2III, 2IV): $L_6Mn_4O_4$立方体錯体（L＝ジフェニルホスフィン酸イオン）

【背景】四核マンガンオキソクラスターからなる光合成酸素発生中心のモデル錯体として報告された[1]. Mn_4O_4核からの酸素分子生成の可能性を実証した錯体である[2,3].

【調製法】ジフェニルホスフィン酸のメタノール懸濁液とテトラ-N-ブチルアンモニウム水酸化物のメタノール溶液を混合して溶媒を除去した後，アセトニトリル/アセトン（2：1）混合溶媒を加える．これに[Mn_2O_2(bpy)$_4$](ClO$_4$)$_3$(bpy＝2,2'-ビピリジン)のアセトニトリル溶液を加え，一晩攪拌すると赤茶色の目的物が沈殿として生成する（収率38％）[1]. 以下のように，過塩素酸マンガンを出発物質としても合成できる．ジフェニルホスフィン酸と水酸化ナトリウムを含むジメチルホルムアミド(DMF)溶液に過塩素酸マンガンDMF溶液を加えた後，過マンガン酸カリウムDMF溶液を滴下すると，赤茶色の目的物が沈殿として得られる（収率71％）[4].

【性質・構造・機能・意義】ジクロロメタン(CH_2Cl_2)溶液中で赤茶色を呈する．紫外-可視吸収スペクトルでは，498 nm(ε＝1.4×10^3 M^{-1}cm^{-1}）および697 nm(ε＝1.4×10^2 M^{-1}cm^{-1}）に極大吸収が示される[1]. この溶液の電子スピン共鳴スペクトルは10 Kから室温の範囲でシグナルを与えない．CD_2Cl_2中における^{1}H NMRスペクトルは，ジフェニルホスフィン酸配位子のフェニル基に由来するオルト，メタおよびパラ位プロトンに帰属されるシグナルをそれぞれ7.45（ブロード），7.76, 6.62 ppmに与える．CH_2Cl_2溶液のサイクリックボルタモグラムでは，フェロセンに対して＋680 mV（標準水素電極に対して1.38 V）に一電子酸化に基づく準可逆波が観察される．

Mn_4O_4核の6つのMn_2O_2面上のMnイオンにそれぞれジフェニルホスフィン酸配位子がキレートした構造を有する．Mn_4O_4核のマンガンイオンの酸化状態は形式的に$2Mn^{III}, 2Mn^{IV}$であるが，X線構造解析および^{1}H NMRスペクトル測定では4つのMnイオンは等価である．平均のMn-Mn距離は2.926 Åで，ジ-μ-オキソMn^{III}-Mn^{IV}ダイマーのMn-Mn距離(2.6～2.7 Å)に比べて0.2～0.3 Å長い[1].

気相系で$L_6Mn_4O_4$錯体に紫外光を照射すると1つのジフェニルホスフィン酸配位子Lの光解離に伴いMn_4O_4核から選択的にO_2分子を生じ，$L_5Mn_4O_2$錯体が生成する[2,3]. このような光酸素発生反応はCH_2Cl_2溶液中では進行しない．一方，CH_2Cl_2溶液中で$L_6Mn_4O_4$錯体は水素原子供与剤であるフェノチアジンとの反応により，Mn_4O_4核から2つのμ₃-O架橋が還元脱離して，H_2O分子と$L_6Mn_4O_2$錯体を生成する[5].

【関連錯体の紹介およびトピックス】一電子酸化体である$[L_6Mn_4O_4](CF_3SO_3^-)$[6]および水素原子付加還元体である$[L_6Mn_4O_3(OH)]$も合成されている[7]. ビス(4-メトキシフェニル)ホスフィン酸配位子を有する$L_6Mn_4O_4$誘導体も合成されている[8]. 【八木政行】

【参考文献】

1) G. C. Dismukes *et al.*, *J. Am. Chem. Soc.*, **1997**, *119*, 6670.
2) G. C. Dismukes *et al.*, *J. Am. Chem. Soc.*, **2000**, *122*, 10353.
3) G. C. Dismukes *et al.*, *Angew. Chem. Int. Ed.*, **2001**, *40*, 2925.
4) G. C. Dismukes *et al.*, *J. Mol. Catal. A: Chem.*, **2002**, *187*, 3.
5) G. C. Dismukes *et al.*, *Inorg. Chem.*, **2000**, *39*, 1021.
6) G. C. Dismukes *et al.*, *Inorg. Chem.*, **1999**, *38*, 1036.
7) G. C. Dismukes *et al.*, *Inorg. Chem.*, **2003**, *42*, 2849.
8) G. C. Dismukes *et al.*, *Angew. Chem. Int. Ed.*, **2008**, *47*, 7335.

$[MnO_6]_n$

【名称】catena-poly{[bis(1,1,1,5,5,5-hexafluoro-2,4-dioxopentan-3-ido-$\kappa^2 O,O'$) manganese (II)]-μ-[5-{1-methyl-1-[2-(S)-methylbutoxy]ethyl}-1,3-phenylenebis-(tert-butylaminoxyl-κO)]}:$[Mn^{II}(hfac)_2(L)]_n$

【背景】これまでに分子性磁性体の構築方法として，有機ラジカルを遷移金属錯体に組み込むものが知られており，「単鎖磁石」と呼ばれる一次元磁性体の超常磁性挙動が発見された最初の化合物と似た骨格の分子であるが，キラリティーを導入した先駆的な化合物であるといえる．有機ラジカルに不斉置換基を導入した配位子を用いた遷移金属錯体化合物による，最初のキラル分子磁性体である[1]．

【調製法】配位子となる有機ラジカル化合物は，前駆体のビスヒドロキシルアミン体をジクロロメタン溶液中0℃で酸化銀(I)を用いて酸化することで得られる．このビスニトロキシドラジカルと，当量の脱水したMn(hfac)$_2$を合わせることで濃茶色ブロック状結晶として目的物が得られる．

【性質・構造・機能・意義】結晶構造解析から，三斜晶系で一次元螺旋構造をもつことがわかっている．ニトロキシド部分の酸素原子がそれぞれ2つの異なるマンガン(II)イオンに配位子しており，一次元鎖はc軸方向に伸びている．マンガンイオンは八面体配位環境であり，ラジカル酸素は trans 配位している．

KBr錠による固体中とヘキサン溶液中の紫外可視スペクトルでは，配位子のみとは異なり300 nmと455 nmに吸収が観測されることから，ヘキサン溶液でも錯体の構造は保っている．さらに，旋光性も存在するので溶液中でもキラルである．

磁化率の温度依存性が5000 Oeの外部磁場下で調べられている．有効磁気モーメントμ_{eff}は，300 Kで4.91 μ_Bとなる．この値は，d^5 Mn^{2+} の$S=5/2$ と2つの孤立した有機ラジカル$S=1/2$を合わせた6.43 μ_Bよりも小さく，反強磁性的にカップルした3.87 μ_Bよりも大きい．さらに低温にしても最小値をもたないことから，マンガン(II)イオンとニトロキシドラジカルとの間で強い反強磁性的相互作用($J_{NO-Mn}/k_B < -300$ K)がはたらいているといえる．磁場5 Oeで磁化率を測定すると，5.4 Kで反強磁性体特有のカスプを示す．1.8 Kの磁化曲線は，500 Oe付近で急激に磁化が立ち上がるメタ磁性のふるまいを示し，飽和磁化は鎖内が反強磁性的にそろった場合(鎖間は強磁性的)の3.0 μ_Bに近い2.7 μ_Bとなる．

物質の磁化の向きとその媒質中に進む光の向きが同じか反対かによって，非偏光の吸光度などが異なる「磁気不斉二色性」の理論的研究が，1984年Barronらによってなされ[2]，1997年にRikkenらによって，常磁性希土類錯体における磁気不斉二色性の観測がなされている[3]．しかし，磁気不斉二色性効果は磁化の大きさに比例するため，何桁も磁化が大きい強磁性体(あるいはフェリ磁性体)での発現が望まれていた．このことに着目して数少ないキラル分子磁性体として報告されたことは，材料化学・物理学分野としても，大変興味深い化合物であったといえる．

【関連錯体の紹介およびトピックス】キラリティーをもつ有機ラジカル配位子をさらに拡張させ，ベンゼン環のm-位でつながったニトロキシド部位を3つ含むトリラジカルが開発されている．この配位子を用いたMn(hfac)$_2$との錯形成は，結晶構造の報告には至っていないが34 K付近でフェリ磁性体に転移する物質が合成されている[4]．

この他にも，ビラジカルはそのままで用いる遷移金属イオンに磁気異方性の大きなコバルト(II)イオンを選んだ錯体も知られている．Co(hfac)$_2$との錯形成でキラルな一次元鎖構造をもつ濃赤色結晶が得られ，種々の磁気測定から4つの磁気的基底状態(常磁性，反強磁性，強制フェリ磁性，準安定磁場誘起フェリ磁性)をもつ[3]．【小島憲道・岡澤 厚】

【参考文献】

1) H. Kumagai et al., Angew. Chem. Int. Ed., **1999**, 38, 1601.
2) L. D. Barron et al., Mol. Phys., **1984**, 51, 715.
3) G. L. J. A. Rikken et al., Nature, **1997**, 390, 493.
4) P. S. Ghalsasi et al., Polyhedron, **2001**, 20, 1495.
5) Y. Numata et al., J. Am. Chem. Soc., **2007**, 129, 9902.

[MnFeC$_6$N$_6$]$_n$

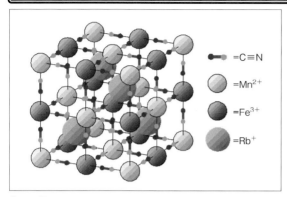

【名称】Rubidium manganese hexacyano-ferrate: RbMn[Fe(CN)$_6$]

【背景】固体化学では熱転移や光転移現象が広く研究されており，多くの現象が電子状態と結晶格子の相互作用によって理解される．格子の協同効果はスピンクロスオーバー錯体の磁気転移に温度ヒステリシスをもたらし，あるいは磁気構造を決定づける錯体や分子の電子状態は，近年光による直接的な制御も可能になっている．このような観点でみた場合に，プルシアンブルー類似体は，設計性，制御性の観点から大変魅力的な系であり，多様な研究が行われている．このような中で，新たに光による消磁が可能な強磁性体が開発された[1]．

【調製法】MnCl$_2$水溶液を，RbCl, K$_3$[Fe(CN)$_6$]の水溶液と反応させると沈殿が生成し，ろ過，乾燥により明るい褐色の粉末サンプルが得られる．

【性質・構造・機能・意義】磁化率の結果から，RbMn[Fe(CN)$_6$]は高温相(HT)として330KでχT=4.67 emu K mol^{-1}の値を示すが，降温過程において235KからχT値の減少を示して180Kで低温相(LT)へと転移し，χT=3.19 emu K mol^{-1}となる．逆にLTから昇温過程で測定を行うと，285Kにおいて急激なχTの増加を示し，325KでHTへと戻る．このとき温度ヒステリシスは75Kにおよび，温度変化によって繰り返しこのような温度ヒステリシスを観測できる．X線光電子分光と赤外(IR)吸収スペクトルからは，HTおよびLTの電子状態が得られており，HTでMn^{II}(S=5/2)-NC-Fe^{III}(S=1/2)，LTでMn^{III}(S=2)-NC-Fe^{II}(S=0)であった．低温では11.3Kで強磁性転移を示し，3Kでの磁化曲線から飽和磁化が3.6μ_B，保磁力が1050 Oe

と求められた．この温度領域における比熱測定の結果からは，強磁性長距離秩序はMn^{III}によって担われていることがわかる．このような熱転移が観測される系に対し，光照射による磁化率変化により，光誘起相転移も観察された．Rb$_{0.91}$Mn$_{1.05}$[Fe(CN)$_6$]・0.6H$_2$Oに対して，3KにおいてLTに532 nmの1ショットパルス光照射を行うことによる磁化の減少が観測される．この光転移は照射光の出力密度Pに閾値をもっており，P= 9.3 mJ cm^{-2} pulse^{-1}以上で起きる．またP= 43 mJ cm^{-2} pulse^{-1}で量子収率は4.5の最大値を示した．光照射後の状態から温度上昇させ，アニールした後に再度低温に戻すと，元のLT強磁性状態となる．しかしながら，355, 1064 nmの光照射では，この転移は非常に小さい．これらのことから，ここで見られる光誘起相転移は光照射による熱転移ではなく，光化学反応であることがわかる．IR測定からもこの光転移は光照射によるLT→HT転移であることが支持される．このような温度，あるいは光誘起相転移挙動は，Mn^{III}N$_6$サイトのJahn-Teller効果を伴うMn^{II}からFe^{III}への電荷移動によって遷移金属イオンの電子状態が変化したとして説明できる．LT相におけるMn^{III}スピンサイト間の磁気カップリングは，反磁性Fe^{II}サイトによって妨げられるが，強磁性秩序化は価電子の非局在化によって達成される．

粉末X線解析の結果からはHTにおけるcubicからLTにおけるtetragonalへと構造転移を起こし，これらの間を可逆的に変化させられることが示された．さらにUV-vis吸収スペクトルから得られるd-d遷移は，HTにおいて両金属サイトともにほぼ立方対称場にあるのに対し，LTでは700 nm付近にMn^{III}がJahn-Tellerひずみを生じたことに伴う遷移が確認された．

【関連錯体の紹介およびトピックス】プルシアンブルー類似体は，金属やその組成比を変えることにより磁極反転やスピングラス的挙動，光磁気効果などの多様な磁気的性質を示すことが知られている[2]．

【小島憲道・榎本真哉】

【参考文献】
1) S. Ohkoshi *et al.*, *Coord. Chem. Rev.*, **2005**, *249*, 1830.
2) S. Shimamoto *et al.*, *Inorg. Chem.*, **2002**, *41*, 678.

$[Mn_4N_6O_{12}]_n$

磁 光

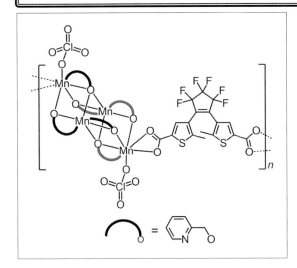

【名称】 catena-poly[diperchlorato-1κO,2κO-bis(μ₃-2-pyridyl-1κN,2κN-methanolato-3:4κ²O)-tetrakis(μ-2-pyridyl-3κ²N,4κ²N-methanolato-1κ²O,2κ²O)tetramanganese-(III)-μ-{[4,4′-(3,3,4,4,5,5-hexafluorocyclopent-1-ene-1,2-diyl)bis(5-methylthenoate)]-κ²O^1,$O^{1'}$:κ²O^2,$O^{2'}$}]-water (1/6): [{$Mn^{II}_2Mn^{III}_2$(hmp)$_6$(ClO$_4$)$_2$}(dae-o)]·6H$_2$O

【背景】 単分子磁石はメモリや量子コンピュータへの応用が期待されており,磁気特性を外場によって可逆的に変化させることが望まれる.結晶中でもフォトクロミック現象を起こすジアリールエテン類は,光スイッチング機能をもたせる構成素子となりえることから,配位可能なカルボキシル基をもつジアリールエテンで混合原子価 Mn 四核単分子磁石を連結させた化合物が合成され[1],光スイッチングに伴う磁性の変化が調べられた.

【調製法】 フォトクロミック部位を開環体と閉環体にした両方の錯体について,それぞれワンポットで合成されている.アセトニトリル溶液に塩基として水酸化トリエチルアンモニウムが存在する条件下,過塩素酸マンガン(II)をマンガンイオン源として,2-ヒドロキシメチルピリジン配位子と反応させ,さらにフォトクロミック配位子を加える.この溶液に,貧溶媒を上からゆっくりと加えることで黒色結晶が得られる.合成時,特に開環体を用いた時は,異性化が起こらないように光を遮る必要がある.

【性質・構造・機能・意義】 開環体と閉環体で合成された錯体について,それぞれ結晶構造がわかっている.開環体の空間群は,ジアリールエテンに C_2 対称をもち,[Mn$_4$]ユニットに反転対称をもつ単斜晶系の $C2/c$ である.ジアリールエテン配位子と[Mn$_4$]ユニットが交互に架橋してつながることで,$a+c$ 方向に一次元構造を形成している.配位子のチオフェン環はお互いに反平行配置で反応中心の炭素原子間距離は 4 Å 未満であることから,光環化反応が起こりうることがわかる.

閉環体の空間群は,ジアリールエテンに鏡映面をもち,[Mn$_4$]ユニットに反転対称をもつ単斜晶系の $P2_1/m$ である.b 軸方向にジアリールエテン配位子と[Mn$_4$]ユニットが交互に並んだ一次元構造を形成しているが,開環体とは架橋の仕方が多少異なっている.

直流および交流磁気測定から,両錯体とも[Mn$_4$]クラスターが基底状態 $S_T=9$ となる単分子磁石挙動を示す.磁化反転の有効活性化エネルギー $\Delta_{eff}/k_B=12.8$ K(開環体),20.5 K(閉環体)である.どちらの結晶に対しても,紫外光や可視光を照射することで,赤茶色と青色の間を可逆的に変化させることができる.しかし開環体は磁気的な性質にはほとんど変化がない.閉環体は可視光を当てると,ジアリールエテン部位の構造変化が引き金となることで,一次元鎖間の反強磁性的相互作用が誘起される結果,磁気的挙動に顕著な違いが観測される.

光によって分子構造が変化するフォトクロミック分子に着目し,これを架橋配位子として単分子磁石を連結させた例としてはこの錯体がはじめてといえる.今後の発展次第では,単分子磁石特性のスイッチングや,単分子磁石とバルク磁石の間でスイッチングが可能であり,非常に興味深い研究であるといえる.

【関連錯体の紹介およびトピックス】 単分子磁石として報告されている遷移金属錯体に,光異性化分子を組み込む戦略は,単分子磁石を外場で制御する有力な手段の1つと考えられる.光照射によって交流磁化率の実部が変化した例として,最も有名な単分子磁石の Mn$_{12}$ 錯体と光異性化分子であるアゾベンゼンをポリマーに分散させたフィルムが報告されている[2].残念ながら,交流磁化率の虚部などに変化はみられていないが今後の発展が期待される.　　【小島憲道・岡澤　厚】

【参考文献】
1) M. Morimoto *et al.*, *J. Am. Chem. Soc.*, **2009**, *131*, 9823.
2) T. Akitsu *et al.*, *J. Magn. Magn. Mater.*, **2007**, *315*, 95.

$[Mn_4Pt_6N_{12}O_6S_{24}]_n$

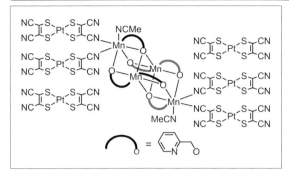

【名称】 $[\{Mn^{II}_2Mn^{III}_2(hmp)_6(MeCN)_2\}\{Pt(mnt)_2\}^{0.66-}_4]$-$[Pt^{III}(mnt)_2]^{0.66-}_2$ (hmp=2-pyridylmethanolato; mnt=1,2-dicyanoethene1,2-dithiolato)

【背景】 多重機能性物質を目指して,「ナノサイズ磁石」といえる単分子磁石特性と, 分子性導体を構成部品にすることで電気伝導性と両方をあわせもつ化合物が設計された[1]. これまでに, ダブルキュバン型構造のMn四核錯体で, 低温において単分子磁石となるものが知られている. この錯体に, 分子性導体の構築分子として有名な$[Pt(mnt)_2]$を組み合わせることで, 電気伝導性を示す単分子磁石がはじめて開発された.

【調製法】 ダブルキュバン型の単分子磁石であるMn四核錯体 $[Mn_4(hmp)_6(MeCN)_4(H_2O)_2](ClO_4)_4 \cdot 2MeCN$[2]と$(NBu_4)[Pt(mnt)_2]$を用いて, 脱水アセトニトリル溶液を用いて窒素雰囲気下で電解酸化することで合成できる. セルに備えた2つの白金電極に, 5μAの定電流をかけると, 黒色板状結晶が数日後に析出してくる.

【性質・構造・機能・意義】 Mn四核錯体の骨格を保持したまま, $[Pt(mnt)_2]$分子は配位子となるか, または間隙を埋める形で結晶となる. 組成あたり6分子が存在する$[Pt(mnt)_2]$は, 形式的に-0.66の非整数電荷を帯びている. 4つの$[Pt(mnt)_2]$分子は, シアノ基の窒素原子で$[Mn_4]$部位と結合しているが, この間の磁気的相互作用はほとんどない. 電気伝導性について構造的に重要な点は, $[Pt(mnt)_2]$が一次元カラム構造を形成しており, $[Mn_4]$単分子磁石とは分離積層構造をつくっていることである.

$[Pt(mnt)_2]^{0.66-}$カラム方向(a軸方向)に対して, 四端子法による単結晶の電気伝導度測定から, 室温での伝導度は$\sigma=0.22$ S cm^{-1}を示す. しかし, 温度の下降に伴い伝導度が減少する半導体的挙動を示し, 約110Kでは, 電気伝導度は小さくなり, 絶縁体的な挙動を示す. 価電子帯と伝導帯間の活性化エネルギーは136 meVである.

直流および交流磁気測定から, $[Mn_4]$クラスターは全スピン量子数$S_T=9$の基底状態であり, 低温での磁気モーメントの反転に伴う有効活性化障壁$\Delta_{eff}/k_B=18.7$Kの単分子磁石特性を示すことがわかる. 470 mK, 2 Oe/sの掃引速度で磁化曲線を測ると, 900 Oeの保磁力を示し, ゼロ磁場付近と3000 Oe付近に磁化の量子トンネリングが観測される.

高磁場・高周波数電子常磁性共鳴測定から, ゼロ磁場分裂パラメーターが求められている. この測定の解析結果から, $D_{ST}/k_B=-0.30(5)$Kが得られる. 活性化エネルギーを計算で求めると, $\Delta=|D_{ST}|S_T^2$であるから, 24.3 Kとなり交流磁気測定から得られる値と比較しても妥当である.

単分子磁石に別の機能性を付与する試みとして大変興味深い. 今後, 単分子磁石の内部磁場を利用した電気伝導性の変化や, 電気を流すことで単分子磁石特性が向上するなどの多重機能性が発現すれば非常に興味深い.

【関連錯体の紹介およびトピックス】 $[Pt(mnt)_2]$の存在比が異なる化合物は, $[Mn_4(hmp)_6(MeCN)_4(H_2O)_2](ClO_4)_4 \cdot 2MeCN$と$(NBu_4)[Pt(mnt)_2]$の約1:4混合比のアセトニトリル/$n$-ヘキサン層分離溶液から黒色塊状結晶として得られる. この化合物は, 原料物質の過塩素酸イオンと$[Pt(mnt)_2]^-$イオンが対イオン交換し, 組成式は$[\{Mn^{2+}_2Mn^{3+}_2(hmp)_6(MeCN)_2\}\{Pt(mnt)_2\}_2][Pt(mnt)_2]_2 \cdot 2MeCN$で表される. Mn_4骨格由来の単分子磁石特性を示すが, 電気伝導性は絶縁体である[1].

単分子磁石と分子性導体との複合錯体として, マンガン(III)サレン系ダイマー単分子磁石とジチオラート錯体型の分子性導体を組み込んだものも合成されている[3,4]. これらは, 半導体的性質をあわせもった単分子磁石である.

【小島憲道・岡澤 厚】

【参考文献】
1) H. Hiraga *et al.*, *Inorg. Chem.*, **2007**, *46*, 9661.
2) L. Lecren *et al.*, *Inorg. Chem. Commun.*, **2005**, *8*, 626.
3) H. Hiraga *et al.*, *Inorg. Chim. Acta*, **2008**, *361*, 3863.
4) H. Hiraga *et al.*, *Inorg. Chem.*, **2009**, *48*, 2887.

MoBH₄C₄

【名称】[bis(triphenylphosphoranylidene)-ammonium]-[tetracarbonyl(tetrahydroborato-$\kappa^2 H,H'$)-molybdate(1−)]: [PPN][Mo(CO)₄(BH₄)]

【背景】BH_4^-はメタンと等電子等構造の関係にある．そのため，BH_4^-が金属に配位した錯体は，C−H結合活性化反応の中間体の構造を示唆するモデル化合物として，古くから活発に研究されてきた．現在では，結晶構造解析されているものに限っても，BH_4^-が遷移金属に配位した錯体は150例以上が報告されている．BH_4^-の配位形式としては，1つの金属原子に1つのBH結合が配位した単座配位，2つのBH結合が配位した二座配位，3つのBH結合が配位した三座配位が知られており，また，2つ以上の金属をBH_4^-が架橋した錯体も合成されている．初期のBH_4^-錯体は，U(BH₄)₄のように，金属が正の酸化数をもつもののみであった[1,2]．標題化合物は，0価の遷移金属原子にBH_4^-が配位したはじめての錯体として重要な錯体である[1]．

【調製法】操作はすべて窒素気流下で行う．[PPN]-[Mo(CO)₅I](1.10 g, 1.22 mmol; PPN=Ph₃PNPPh₃)および[PPN][BH₄](0.83 g, 1.50 mmol)をTHF(50 mL)中で加熱還流する．16時間後，溶液は透明な橙黄色になり，反応容器の壁面に橙色固体が析出する．溶液のみをシリンジで別の容器に移し，溶媒を減圧下で除く．橙色タール状の残渣をジエチルエーテルに溶かすと，明黄色の透明な溶液と茶色タール状の不溶物になる．溶液をろ過し，ろ液を濃縮して冷凍庫中で一晩冷却すると，標題化合物が黄橙色結晶として得られる(収量0.23 g，収率25%)．

【性質・構造・機能・意義】mp 100〜107℃．THFおよびアセトニトリルに溶けるが，無極性有機溶媒には不溶であり，アセトンとは反応する．溶液および固体は極めて空気に鋭敏であるが，結晶は窒素下で安定である．BH_4^-配位子はMoに二座配位しており，2つのB−H−Mo結合が形成されている．Mo−H結合距離は2.02(8) Å，4つのB−H結合距離の平均は1.15(10) Åである．Mo−B距離は2.41(2) Åで，MoとBの共有結合半径の和(2.44〜2.49 Å)よりも短く，強いMo−B相互作用の存在が示唆される．溶液のIRスペクトルは固体とほぼ同一であることから，溶液中でも二座配位構造が保たれていることがわかる．なお，この錯体は，溶液中で末端B−Hと架橋B−Hの交換に基づく動的挙動を示す．そのため，室温の$^1H\{^{11}B\}$ NMR(60 MHz)では，−2.7 ppmにブロードなシグナルが1本だけ観測される(^{11}Bをデカップルしない場合は，結合定数$J(^{11}B-H)$ = 約80 Hzの四重線を示す)が，−80℃では架橋水素が−9.8 ppmに，末端水素が+4.3 ppmに観測される．融合温度−42±3℃から見積もった活性化エネルギーは$\Delta G^\ddagger = 10.0 \pm 0.2$ kcal/molである．

【関連錯体の紹介およびトピックス】BH_4^-の代わりに，中性のボランが配位した錯体として，ホスフィンボランおよびアミンボランが配位した錯体が1999年に報告されている[3]．アミンボランは，水素貯蔵体(hydrogen storage)として近年注目されており，アミンボラン錯体は，遷移金属触媒を用いたアミンボランからの脱水素反応の中間体モデルとして興味をもたれている[4]．また，塩基の配位していない3配位のカテコラトボランあるいはアリルボランを配位子とする錯体も数例報告されている[5]．

【上野圭司】

【参考文献】
1) S. W. Kirtley *et al.*, *J. Am. Chem. Soc.*, **1977**, *99*, 7154.
2) T. J. Marks *et al.*, *Chem. Rev.*, **1977**, *77*, 263.
3) M. Shimoi *et al.*, *J. Am. Chem. Soc.*, **1999**, *121*, 11704. これ以前に，ジボランがB−H結合で配位した錯体が報告されている．S. A. Snow *et al.*, *Inorg. Chem.*, **1984**, *23*, 511.
4) T. M. Douglas *et al.*, *J. Am. Chem. Soc.*, **2008**, *130*, 14432.
5) a) J. F. Hartwig, *J. Am. Chem. Soc.*, **1996**, *118*, 10936; b) G. Alcaraz *et al.*, *J. Am. Chem. Soc.*, **2007**, *129*, 8704.

MoCNO$_2$

【名称】bis{1,1-bis(trifluoromethyl)ethoxo}(2,6-diisopropylphenylimido)(2-methyl-2-phenylpropylidene)molybdenum(VI):[Mo(CHCMe$_2$Ph)(NC$_6$H$_3$-2,6-Pr$^i_2$){OCMe(CF$_3$)$_2$}$_2$]

【背景】C=C 二重結合のメタセシス反応は，有機合成において極めて有用な分子変換法の1つである．アルケンと金属アルキリデン種がメタラシクロブタン中間体を形成する反応機構が1970年代はじめに提案され（Chauvin），実用触媒となるアルキリデン錯体が開発されて（Grubbs(Ru)と Schrock(Mo)），2005年にノーベル賞の評価を受けた．Mo 触媒の数ある類縁体の中でも，本錯体は最も代表的なものである．

【調製法】ArNH$_2$(Ar=2,6-diisopropylphenyl))とMoO$_2$Cl$_2$ とを DME 中で反応させて合成した[MoCl$_2$(NAr)$_2$(dme)]に，MgCl(CH$_2$R)(R=CMe$_2$Ph)をエーテル中で加えると[Mo(CH$_2$R)$_2$(NAr)$_2$]が生成する．これをDME 中 HOTf(Tf=SO$_2$CF$_3$)で処理すると[Mo(CHR)(NAr)(OTf)$_2$(dme)]に誘導され，さらにエーテル中でLiOCMe(CF$_3$)$_2$を加えると標題化合物が得られる（各段階の収率 >76%）[1]．Strem Chemicals Inc. から Schrock's catalyst として市販されている．

【性質・構造・機能・意義】空気と水に不安定な黄色結晶である．いくつかの類縁体について結晶構造が得られており，金属中心は歪んだ四面体型で Mo–C 距離が概ね 1.85～1.9 Å である．N–Mo–C$_\alpha$–C$_\beta$ は平面に近く，上図のように C$_\beta$ がイミド配位子の側に向いたシン型の配向をとる．溶液中ではアンチ体が共存することが NMR スペクトルで確認されており，その比率は各配位子の構造や温度に依存するが，多くの場合シン体が優勢である．標題化合物は室温では完全にシン配向であるが，−78℃において 360 nm の光照射を行うとシン：アンチ＝2:1 の平衡混合物が得られる（トルエン-d$_8$ 中）．両者は Mo=C 結合軸についての回転で容易に交換する．

この錯体は高活性なオレフィンメタセシス触媒であり，イミドおよびアルコキシド配位子を変えることによって反応活性を様々に調節できる．例えば，2,3-bis-(trifluoromethyl)norbornadiene(NBDF$_6$)の開環メタセシス重合(ROMP)を行うと，生成するポリマーの二重結合は〜95%シスとなる．これは，シン配向のアルキリデン錯体によって生長反応が進むためであると説明されている．アンチ配向のアルキリデン錯体は反応速度が大きいものの，反応系内の濃度が極めて低いため，そこから生成するトランス体は少ない．一方で，t-ブトキシド誘導体を触媒にすると〜98%トランスのNBDF$_6$ ポリマーが得られる．アルコキシド配位子の変更によって，アルキリデン錯体の反応性の低下とシン-アンチ異性化速度の向上とが認められたことから，アンチ体が主たる活性種になったと考えられている．このように，様々な環状オレフィンの立体規則的ROMPについて触媒の最適化が検討されている．

本触媒の官能基許容性については，カルボニル基やアルコール，一級アミンには適用できないが，ホスフィン，チオエーテル，ニトリルなどが共存する基質には有効であることが確認されており，Ru 触媒の短所を補っている．機能性高分子の合成に大きく貢献しており，主に置換ノルボルネンの ROMP によって発光材料や液晶，側鎖に金属ユニットを含むポリマーなどが得られている．閉環メタセシス反応では，五・六員環から大環状構造までが容易に得られ，天然物の全合成にも利用される．

【関連錯体の紹介およびトピックス】対応するタングステン錯体も同様にメタセシス触媒となる．メタラシクロブタン中間体は，モリブデン錯体よりも開裂が遅いため，単離・構造決定できたものがいくつか知られている．

光学活性ビフェノラート配位子を導入した類縁体には市販されているものもあり，メタセシス触媒として高いエナンチオ選択性を発揮する．触媒反応を網羅した総説がいくつかある[2]．

【清野秀岳】

【参考文献】
1) a) R. R. Schrock *et al., J. Am. Chem. Soc.,* **1990**, *112,* 3875; b) H. H. Fox *et al., Organometallics,* **1993**, *12,* 759.
2) a) M. R. Buchmeiser, *Chem. Rev.,* **2000**, *100,* 1565; b) R. R. Schrock *et al., Angew. Chem. Int. Ed.,* **2003**, *42,* 4592; c) R. R. Schrock *et al., Adv. Synth. Catal.,* **2007**, *349,* 55; d) R. R. Schrock, *Chem. Rev.,* **2009**, *109,* 3211.

MoCN₃

[構造式: R = C(CH₃)₃, Ar = 3,5-C₆H₃Me₂]

【名称】carbidotris{N-(1,1-dimethylethyl)-3,5-dimethyl-benzeneaminato}molybdate(VI)：[CMo{N(CMe₃)-3,5-C₆H₃Me₂}₃]⁻

【背景】末端カルビド配位子はMo, Ruおよびそれらの同族元素の錯体でいくつか見いだされている。炭素－金属原子間には$1\sigma + 2\pi$の三重結合があり、炭素原子が非共有電子対をもつため、ニトリド配位子と等電子構造で強い電子供与性を示す。

【調製法】トリアミド錯体[Mo(L)₃](L=N(CMe₃)-3,5-C₆H₃Me₂)とCOから生成した[Mo(CO)(L)₃]をNaアマルガムで還元後、t-BuCOClと反応させると[Mo(COC(O)Bu-t)(L)₃]が得られる。これにNaとMeCNを順次加えて[Mo(CH)(L)₃]に変換し、さらにKCH₂Phを作用させる。こうして得られた標題錯体はK⁺との対で二量体を形成するが、Kryptofix 222やbenzo-15-crown-5の添加で遊離アニオンとなる[1]。

【性質・構造・機能・意義】[K(benzo-15-crown-5)₂]⁺を対カチオンにもつ塩の結晶構造では、カルビド配位子のMo-C距離は1.713(9) Åで、メチリジン錯体[Mo(CH)(L)₃]の1.702(5) Åとほぼ同じである。この塩のカルビド配位子の¹³C NMRシグナルは501 ppmに観測されるが、裸のアルカリ金属イオンとの塩では相互作用により最大で30 ppm程度高磁場シフトしている([Mo(CH)(L)₃]のメチリジン炭素：$\delta_C = 287.5$)。

カルコゲン単体と反応させると[Mo(CE)(L)₃]⁻(E=S, Se, Te)が得られ、エチレンスルフィドとの反応ではC-C結合形成により{≡CCH₂CH₂S}⁻配位子が生成する。PCl₃, PPhCl₂との反応では塩素を置換して[Mo(CPXCl)(L)₃](X=Cl, Ph)となり、X=Phの錯体を還元すると[Mo(CPPh)(L)₃]⁻に変換される[2]。

【関連錯体の紹介およびトピックス】リチウムカルビド錯体[M(CLi)(CO)₂{HB(3,5-dimethylpyrazolyl)₃}](M=Mo, W)が、メチリジンまたはブロモメチリジン(≡CBr)配位子にアルキルリチウムを作用させる経路で合成されている。こちらでは、求電子剤との反応により様々な置換メチリジン錯体が合成されている[3]。

【清野秀岳】

【参考文献】
1) a) J. C. Peters *et al.*, *Chem. Commun.*, **1997**, 1995; b) J. B. Greco *et al.*, *J. Am. Chem. Soc.*, **2001**, *123*, 5003.
2) T. Agapie *et al.*, *J. Am. Chem. Soc.*, **2002**, *124*, 2412.
3) R. L. Cordiner *et al.*, *Organometallics*, **2008**, *27*, 5177.

MoC$_2$N$_2$P$_2$

【名称】(trans-[Mo(bpy)(CO)$_2$ |P(NMeCH$_2$)$_2$(OMe)| - |P(NMeCH$_2$)$_2$|](OTf))

【背景】ホスフェニウムはPR$_2^+$と表される陽イオン性リン化合物である．このリン原子は孤立電子対と空のp軌道をもつため，一重項カルベンやシリレンと等電子構造であり，Lewis塩基としてもLewis酸としても作用する特徴を有する．ホスフェニウムを配位子とする遷移金属錯体においては，リン上の孤立電子対が金属の空のd軌道にσ供与され，同時に金属の充填d軌道電子がホスフェニウムの空のp軌道へπ逆供与される．したがって，この錯体の金属–リン間結合には二重結合性が存在することが指摘されている．本錯体はホスファイト錯体から出発し，Lewis酸との反応によりホスファイト上のOR基を陰イオンとして引き抜くという新規かつ簡便な方法で合成されたホスフェニウム錯体であり，そのスペクトル，構造解析，誘導体の反応性の検討から，遷移金属–リン間に二重結合性が存在することを明らかにした錯体である[1]．

【調製法】操作はすべて窒素気流下で行う．fac-[Mo(bpy)(CO)$_3$|P(NMeCH$_2$)$_2$(OMe)|]のCH$_2$Cl$_2$溶液を–78℃に冷却し，当量のMe$_3$SiOTfを加え，溶液をいったん室温にする．この反応でリンからOMe$^-$が引き抜かれ，ホスフェニウム錯体fac-[Mo(bpy)(CO)$_3$-|P(NMeCH$_2$)$_2$|]$^+$が生成し，徐々にmer体へ異性化する．この溶液を再度–78℃に冷却し，当量のP(NMeCH$_2$)$_2$(OMe)を加え，溶液を室温まで自然昇温し，ヘキサンを加えて冷凍庫に放置すると，赤橙結晶が析出する．これをろ過し，ヘキサンで洗浄後真空乾燥し，mer-[Mo(bpy)(CO)$_2$|P(NMeCH$_2$)$_2$(OMe)| |P(NMeCH$_2$)$_2$|]-OTfを収率68%で得る．

【性質・構造・機能・意義】この錯体は空気中で直ちに分解するが，不活性ガス気流下では室温で安定に存在する．^{31}P NMR(in CH$_2$Cl$_2$)スペクトルにおいて，ホスフェニウムリンに特徴的なシグナルが242.19 ppmにダブレット(J_{PP}=274.7 Hz)で，またホスファイトに帰属されるシグナルは130.10 ppmに同じくダブレット(J_{PP}=274.7 Hz)で観測される．IRスペクトルにおいてカルボニルの伸縮振動ν(CO)が，1912, 1834 cm^{-1}に現れる．^{13}C NMRスペクトルでは，bpyに帰属されるシグナルが5本，またCOに帰属されるシグナルが224.39 ppmに1本しか観測されないことから，この錯体は溶液において2種のリン配位子がトランス配位していることが示された．この錯体はX線構造解析が行われており，ホスフェニウムリン(P(1))周りの結合角の和は359.9°で，このリンが平面構造をしていることがわかる．Mo-P1結合距離は2.254 Åであり，Mo-P2の結合距離(2.495 Å)よりも明らかに短く，モリブデン–ホスフェニウム間には二重結合性があることが明らかになった．類似のホスフェニウム錯体fac-[Mo(bpy)(CO)$_3$|P(NMeCH$_2$)$_2$|]$^+$については分子軌道計算が行われており，ホスフェニウムが金属に配位していない場合は，リンの電荷は約+0.72であるのに対して，Moに配位すると約+0.40となり，Moからホスフェニウムリンへ，特にπ軌道を通して電子が流れ込み二重結合性が表れていることが示された[2]．ホスフェニウム錯体のリンは求電子性を示す．mer-[Mo(bpy)(CO)$_3$|P(NMeCH$_2$)$_2$|]$^+$とNu$^-$(Me$^-$, OEt$^-$)との反応ではホスフェニウムリンが反応サイトとなり，fac-[Mo(bpy)(CO)$_3$|P(NMeCH$_2$)$_2$(Nu)|]が生成する[3]．

【関連錯体の紹介およびトピックス】ホスフェニウム錯体を触媒とする反応についてはあまり研究が行われていないが，触媒活性を示す例が1件報告されている．[Rh(CO)$_2$(acac)]と[P(NEt$_2$)$_2$][OTf]から調製された溶液にスチレン，COガス，H$_2$ガスを高圧で導入すると，室温でスチレンのヒドロホルミル化反応が進行し，PhCMeHCHOが主生成物となる[4]．Rhのホスフェニウム錯体が触媒活性種となっていると予想されているが，確たる証拠はない． 【中沢　浩】

【参考文献】
1) H. Nakazawa et al., Organometallics, **1995**, 14, 4173.
2) H. Nakazawa et al., Organometallics, **2000**, 19, 3323.
3) H. Nakazawa et al., Organometallics, **1989**, 8, 638.
4) B. Breit, J. Mol. Cat. A, **1999**, 143, 143.

MoC$_6$

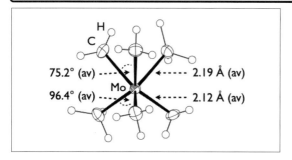

【名称】 hexamethylmolybdenum(VI): MoMe$_6$

【背景】 前周期遷移金属を中心に，homoleptic なアルキル錯体が数例知られている．それらのうち d^0，d^1 錯体では，特異な対称性の配位幾何構造がしばしば現れることが，実験と理論から示されてきた．

【調製法】 六フッ化モリブデンとジメチル亜鉛をジエチルエーテル中 −78℃ で反応させ，溶液中の生成物を低温でアセトンから結晶化させる（収率約 40%）[1]．また，五塩化モリブデンを原料とすると，[MoMe$_5$] が青緑色針状晶として得られる[2]．

【性質・構造・機能・意義】 橙褐色針状晶で 10℃ 以上では緑色に変化し，室温になると気体を発生しながら分解する．結晶状態では C_{3v} 軸方向に大きく歪んだ三角柱型の幾何構造を有する．すなわち，長い Mo−C 結合をもつ 3 つのメチル基が互いに小さい C−Mo−C 角を成し，短い Mo−C 結合を持つ残りのメチル基は互いに大きい C−Mo−C 角を成している．この特徴は DFT 計算による予測とよく一致する．NMR スペクトルではメチル基は等価に観測される（δ_H=1.99，δ_C=68.07，$^1J_{CH}$=126.9 Hz，アセトン-d$_6$）．

この錯体を LiMe で処理すると，アニオン性錯体の塩 [Li(Et$_2$O)][MoMe$_7$] が赤色板状晶として得られる．この七配位錯体は，結晶状態でモノキャップ八面体型構造だが，溶液中ではメチル基の NMR シグナルが 1 種類のみ現れる（δ_H=1.91，δ_C=60.20，$^1J_{CH}$=123.4 Hz）．[MoMe$_5$] は四角錐型構造で常磁性である．

【関連錯体の紹介およびトピックス】 類似の構造をもつ [WMe$_6$] の合成は比較的古く[3]，六塩化タングステンとメチルリチウムまたはトリメチルアルミニウムとの反応から得られる．さらに過剰量のメチルリチウムを反応させると，アニオンの [WMe$_7$]$^-$ や [WMe$_8$]$^{2-}$ が生成する[4]．

【清野秀岳】

【参考文献】
1) B. Roessler *et al., Angew. Chem. Int. Ed.*, **2000**, 39, 1259.
2) B. Roessler *et al., Chem. Commun.*, **2000**, 1039.
3) A. Shortland *et al., J. Chem. Soc., Chem Commun.* **1972**, 318.
4) a) V. Pfenning *et al., Angew. Chem. Int. Ed. Engl.*, **1997**, 36, 1350; b) A. L. Galyer *et al., J. Chem. Soc., Dalton Trans.*, **1976**, 2235.

MoC₇Ge

【名称】 dicarbonyl(η^5-cyclopentadienyl)[2,6-(dimesitylphenyl)germylyne]molybdenum: (η^5-Cp)(CO)$_2$Mo≡Ge(C$_6$H$_3$-2,6-Mes$_2$)

【背景】 遷移金属-典型元素三重結合をもつ錯体は、分極した2つのπ結合をもつことから、その特異な結合様式と反応性に強い興味がもたれている。その代表例は金属-炭素三重結合をもつカルビン錯体であり、カルビン炭素が求電子的性質をもつ Fischer 型錯体と、求核的性質をもつ Schrock 型錯体がある。1973年に最初のカルビン錯体である Fischer 型の X(OC)$_5$W=C(OMe)Me が、1982年には Schrock 型の CpCl(Me$_3$P)$_2$Ta≡CCMe$_3$ が報告された。現在までに様々な金属のカルビン錯体が合成されており、どちらのタイプの錯体も多様な有機分子と独特の反応を行うことが知られている。カルビン配位子の炭素を高周期14族元素に置き換えた錯体は、三重結合の結合距離や分極が大きく異なるので、カルビン錯体とは異なる性質が期待され、重要な合成目標とされてきた。しかし、これらは酸素や水と容易に反応する一方で、14族配位子上の置換基は1個しかなく立体保護が難しいため、合成研究はなかなか進展を見なかった。1996年に Power らは、ゲルマニウム上の置換基として、2つのオルト位にかさ高いメシチル基をもつフェニル基を用いることにより、三重結合周りを立体的に保護し、速度論的に安定なゲルミリン錯体 (η^5-Cp)(CO)$_2$Mo≡Ge(C$_6$H$_3$-2,6-Mes$_2$)(Mes = C$_6$H$_2$-2,4,6-Me$_3$) の合成にはじめて成功した[1]。

【調製法】 操作はすべて乾燥した不活性ガス雰囲気下で行う。THF 中で 2,6-Mes$_2$C$_6$H$_3$Li に GeCl$_2$・dioxane を加えて 2,6-Mes$_2$C$_6$H$_3$GeCl を調製する。よく撹拌したこの溶液に当量の Na[Mo(η^5-C$_5$H$_5$)(CO)$_3$] の THF 溶液を室温で加えた後、50℃ に加熱して2時間撹拌する。溶媒を減圧下で留去すると、暗赤色固体が得られる。これをヘキサンで抽出し、濃縮した後 −20℃ で一晩放置することで、目的錯体を赤色結晶として収率34%で得る。

【性質・構造・機能・意義】 この錯体は空気・湿気に不安定であるが、熱的には室温で安定である。THF、ヘキサン、ベンゼンに溶ける。溶液は赤色で、紫外可視吸収スペクトルにおいて、353 nm(ε＝6400 M^{-1}cm^{-1}) に吸収極大を示す。この錯体は X 線結晶構造解析が行われており、典型的な三脚ピアノイス型構造をとっている。Mo-Ge-C 角は 172.2(2)Å とほぼ直線になっており、Ge の sp 混成を反映している。Mo-Ge 結合距離は 2.271(1)Å であり、これは Mo と Ge の共有結合半径の和 (2.62 Å) や、Mo-Ge 単結合をもつ錯体 (η^5-Cp)(CO)$_2$MoGePh$_3$[C(OEt)Ph] (2.658Å) および (η^5-Cp)(η^3-C$_6$H$_{11}$)(NO)MoGePh$_3$ (2.604Å) の Mo-Ge 距離より著しく短い。これらのことから Mo-Ge 間に三重結合があることがわかる。IR(ヌジョール法)スペクトルでは、CO 伸縮振動が 1930 および 1872 cm^{-1} に観測される。これらは、カルビン錯体 (η^5-Cp)(CO)$_2$Mo≡C(C$_6$H$_3$-2,6-Me$_2$) の 1992 および 1919 cm^{-1} に比べて、大きく低波数側にシフトしている。このことは、ゲルミレン配位子のπアクセプター性がカルビン配位子のものよりかなり弱いために、金属が電子豊富になりモリブデンから2つの CO 配位子へのπ逆供与が強くなっていることを示している。これらの値はまた、(η^5-Cp)(CO)$_2$Mo フラグメントと15族典型元素との間に多重結合をもつ錯体 (η^5-Cp)(CO)$_2$MoAs(^{t}Bu)$_2$ (1947, 1873 cm^{-1}) や (η^5-Cp)(CO)$_2$MoNCPh$_2$ (1920, 1856 cm^{-1}) の対応する値と同程度となっている。

【関連錯体の紹介およびトピックス】 この錯体の合成以降、同様の速度論的安定化の概念を用いて、Sn[2]、Pb[3] およびごく最近の Si[4] を含む全ての14族元素のカルビン類縁錯体の合成が達成された[5]。　**【橋本久子】**

【参考文献】
1) P. P. Power *et al., J. Am. Chem. Soc.*, **1996**, *118*, 11966.
2) A. C. Filippou *et al., Angew. Chem. Int. Ed.*, **2003**, *42*, 445.
3) A. C. Filippou *et al., Angew. Chem. Int. Ed.*, **2004**, *43*, 2243.
4) A. C. Filippou *et al., Angew. Chem. Int. Ed.*, **2010**, *49*, 3296.
5) H. Hashimoto *et al., Coord. Chem. Rev.*, **2018**, *335*, 362.

MoC₇Sb₃

【名称】(dicarbonyl(η⁵-pentamethylcyclopenta-dienyl)(η³-tristibiranato)molybdenum: [Cp*(CO)₂Mo(Sb₃)]

【背景】置換基をもたない環状15族元素配位子，例えば cyclo-P_n や cyclo-As_n ($n=3\sim6$) は，遷移金属に容易に配位することで，多様な錯体を与える．そのため，1969年に Dahl らによる $(CO)_3Co(As_3)$ の合成の報告[1]以来，ここ数十年にわたり，盛んに研究が行われている．E_3(E=P, As)配位子を有する錯体に関しては，比較的早い段階にその合成が達成されていたが，15族元素の中でも重い方の元素 Sb や Bi に関しては，その合成例があまりないのが現状である．1997年に Breunig らは，Cp*環を有する二核モリブデン錯体と有機アンチモン化合物 $^tBuSb_4$ の反応から Sb_3 を配位子とする錯体を合成することに成功した[2]．

【調製法】操作はすべて窒素気流下で行う．$^tBuSb_4$ と [Cp*(CO)₂Mo]₂ を Sb：Mo のモル比が3：1になるように混合し，トルエン中で6時間，加熱還流させる．暗赤色の溶液をデカンテーションし，残渣の黒色粉末をトルエンで洗浄する．その洗液をあわせ，真空乾燥により溶媒を除去する．その後，アルミナカラムを用いて，展開液を石油エーテルのみ，石油エーテル/トルエンの比が12/1，8/1，2/1の順で用いて精製を行う．1番目および3番目に得られるフラクションは，それぞれ $^tBuSb_4$ と [Cp*(CO)₂Mo]₂ である．4番目のフラクションを集め，濃縮後，−20℃にて冷凍庫で静置させることで赤色針状結晶として [Cp*(CO)₂Mo(Sb₃)] を収率27％で得る．

【性質・構造・機能・意義】この錯体は反磁性であり，空気に不安定である．またトルエン，ベンゼンに可溶である．¹H NMR(in C_6D_6)スペクトルにおいては，1.70 ppm に Cp*環上のメチル基に帰属されるシグナルが観測される．IR(in toluene)スペクトルにおいては，カルボニル基に帰属される吸収が 1951, 1897 cm⁻¹ に観測される．また融点は 198〜199℃(分解)である．この錯体は結晶構造解析が行われている．MoSb₃ 部位は，歪んだ四面体構造である．また Mo-Sb 間の結合距離は，2.8512(8)〜2.9252(9) Å であり，Sb-Sb 間の結合距離は，2.7397(9)〜2.7682(8) Å である．結晶構造において，分子間での Sb…Sb 間の結合距離は 3.745, 3.834 Å であり，これは van der Waals 半径の和(4.40 Å)の範囲内にあることから，相互作用していると考えられる．Cp*環の代わりに Cp 環を有している錯体 [Cp(CO)₂Mo(Sb₃)] も同様の方法で合成できるが収率は2％程度である．

【関連錯体の紹介およびトピックス】類似の構造を有する錯体としては，[Cp*(CO)₂M(As₃)] (M=Cr[1], Mo[3], W[4]) や [Cp(CO)₂Cr(P₃)][5] が合成されている．また [{Cp(CO)₂Cr}₂(μ-η²-P₂)] に対して2当量の ECl_3 (E=P, As, Sb) を反応させることで，対応する異なった種類の15族元素配位子をもつ [Cp(CO)₂Cr(P₂E)] が生成することも報告されている[6]．³¹P NMR(in C_6D_6)スペクトルにおいて，E=P の場合は，−284.7 ppm に，また E=As の場合は，−241.6 ppm に，さらに E=Sb の場合は，−72 ppm にそれぞれシグナルが観測される．それらのうち，[Cp(CO)₂Cr(P₂As)] に関しては，結晶構造解析が行われている．P₂As 部位はディスオーダーしているが，P/As-P/As 間の結合距離は，2.1528(14)〜2.356(16) Å であり，対応する [Cp(CO)₂Cr(P₃)] の P-P 結合距離の平均(2.123 Å)および [Cp(CO)₂Cr(As₃)] の As-As 結合距離の平均(2.338 Å)の範囲内にある．さらに Cr-P/As 結合距離(2.4441(12)〜2.5154(13) Å)に関しても同様の傾向が見られる[7]．

〔中沢 浩〕

【参考文献】
1) L. F. Dahl, *J. Am. Chem. Soc.*, **1969**, *91*, 5631.
2) H. Breunig *et al.*, *Angew. Chem. Int. Ed. Engl.*, **1997**, *36*, 2819.
3) O. J. Scherer *et al.*, *Chem. Ber.*, **1990**, *123*, 3.
4) I. Bernal *et al.*, *Angew. Chem. Int. Ed. Engl.*, **1984**, *36*, 438.
5) B. P. Johnson *et al.*, *Organometallics*, **2000**, *19*, 3404.
6) L. Y. Goh *et al.*, *J. Chem. Soc., Dalton Trans.*, **1989**, 1951.
7) S. Umbarkar *et al.*, *Dalton Trans.*, **2000**, 1135.

MoC$_8$

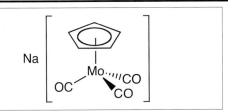

【名称】sodium（η^5-cyclopentadienyl）tricarbonylmolybdate(0): Na[Mo(η^5-C$_5$H$_5$)(CO)$_3$]

【背景】ハーフサンドイッチ型モリブデン錯体の有用な前駆体である．ここから誘導される各種錯体もあわせて記載する．

【調製法】ヘキサカルボニルモリブデンまたはトリス（アセトニトリル）トリカルボニルモリブデンをシクロペンタジエニルナトリウムとともに THF 中で還流する[1]．別の合成法は後述する．市販品もある．

【性質・構造・機能・意義】黄色結晶で空気に不安定であるが，水にはかなり安定である．NMR スペクトルでは δ_H=4.95, δ_C=86.3(Cp), 236.1(CO) にピークを示す（アセトン-d$_6$）．赤外スペクトルでは 1899, 1796, 1743 cm^{-1} に CO 伸縮振動による吸収が現れる（THF 溶液，以下同じ）[2]．CO 配位子の酸素原子は Na イオンと弱く相互作用していると考えられており，過剰量の HMPA を添加するか PPN 塩に変換して対イオンの影響を排除すると，CO 伸縮振動が約 1900, 1780 cm^{-1} の 2 本になる．

結晶構造は [Bu$_4$N]$^+$, [PPN]$^+$, [Li(tmeda)$_2$]$^+$ などの塩で得られており，典型的な三脚ピアノイス型の配位様式である（Mo-C$_{CO}$～1.92, Mo-C$_{Cp}$～2.37 Å; C$_{CO}$-Mo-C$_{CO}$～88°)[3]．一方 [Mg(pyridine)$_4$]$^{2+}$ との塩の結晶構造では，2 つの錯体アニオンが酸素原子を介して八面体型 Mg イオンに配位している[4]．

標題のアニオン $[Mo]^-$（Mo＝Mo(η^5-C$_5$H$_5$)(CO)$_3$）を硫酸鉄(III)で酸化すると，二量化して赤色の Mo(I) 錯体 $[Mo_2]$ が生成する[5]．この錯体は架橋配位子のない Mo-Mo 単結合（距離 3.235(1) Å）を有し，この金属間結合を考慮に入れると Mo 周りは四脚ピアノイス型の幾何構造である[6]．$[Mo_2]$ の Mo-C$_{CO}$ は約 1.98 Å に伸長し，CO 伸縮振動は 2012(w), 1956(s), 1912(s, br)cm^{-1} にシフトする．$[Mo_2]$ を Na アマルガムや Li(HBEt$_3$) で処理すると，$[Mo]^-$ に変換できる．

$[Mo]^-$ を塩酸や酢酸でプロトン化するとヒドリド錯体 $[MoH]$ が得られる．$[MoH]$ は，$[Mo(MeCN)_3(CO)_3]$ とシクロペンタジエンを THF 中で加熱しても合成できる．$[MoH]$ は黄色の結晶で，2015, 1935 cm^{-1} に赤外吸収を示す．$[MoH]$ を CCl$_4$ と反応させるか，または $[Mo]^-$ を PhICl$_2$ で処理すると赤色のクロロ錯体 $[MoCl]$ が生成する（IR: 2052(s), 1973(vs), 1956(s)cm^{-1})．結晶構造において $[MoH]$ と $[MoCl]$ の Mo(II) 中心は歪んだ四脚ピアノイス型であり，Mo-C$_{CO}$ 距離は 1.97～2.01 Å となっている[7]．

$[Mo]^-$ は強い求核性を有し，ハロゲン化アルキルと反応して Mo 上がアルキル化される．有機 Si, Ge, Sn, Pb, P, As, Sb, Bi などのハロゲン化物とも反応し，これらの元素と Mo との間で結合を形成する．金属イオンや遷移金属錯体に対しては，多くの場合は Mo 中心が電子ドナーとなって異種金属間結合を作るが，配位 CO がドナーとして結合することもある．同時に CO 配位子の架橋や移動もしばしば起こり，二核錯体のみならず多核クラスターも生成しうる[8]．

$[MoH]$ は水素化の，$[MoCl]$ や $[MoMe]$ とそのアナログはオレフィンエポキシ化の触媒前駆体となる[9]．$[MoCl]$ または $[Mo_2]$ に o-クロラニルを作用させると，フェノールとアリルアルコールの [3+3] 環化カップリングに有効な触媒となる．

【関連錯体の紹介およびトピックス】置換シクロペンタジエニル配位子をもつ類縁体や，対応するタングステン錯体が多数知られている[10]．

【清野秀岳】

【参考文献】

1) a) T. S. Piper et al., J. Inorg. Nucl. Chem., 1956, 3, 104; b) U. Behrens et al., J. Organomet. Chem., 1984, 263, 179.
2) M. Y. Darensbourg et al., J. Am. Chem. Soc., 1982, 104, 1521.
3) a) D. E. Crotty et al., Inorg. Chem., 1977, 16, 920; b) C. Evans et al., Acta Crystallogr. Sect. E, 2001, E57, m504.
4) S. W. Ulmer et al., J. Am. Chem. Soc., 1973, 95, 4469.
5) R. Birdwhistell et al., J. Organomet. Chem., 1978, 157, 239.
6) R. D. Adams et al., Inorg. Chem., 1974, 13, 1086.
7) a) R. P. L. Burchell et al., Dalton Trans., 2009, 5851; b) C. Bueno et al., Inorg. Chem., 1981, 20, 2197.
8) S. Sculfort et al., Angew. Chem. Int. Ed., 2009, 48, 9663.
9) a) R. M. Bullock et al., J. Am. Chem. Soc., 2000, 122, 12594; b) M. Abrantes et al., J. Organomet. Chem., 2006, 691, 3137; c) Y. Yamamoto et al., Org. Lett., 2009, 11, 717.
10) a) R. B. King, Acc. Chem. Res., 1970, 3, 417. b) I. R. Lyatifov et al., J. Organomet. Chem., 1989, 361, 181.

MoC₁₂

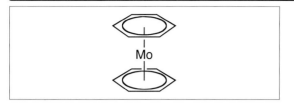

【名称】bis(η^6-benzene)molybdenum(0): [Mo(η^6-C$_6$H$_6$)$_2$]

【背景】メタロセン類似のサンドイッチ型錯体として同族体とともに古くから知られており[1]，様々な置換ベンゼンを有するものや芳香族ヘテロ環化合物が配位したアナログが多数合成されている．

【調製法】五塩化モリブデン，無水塩化アルミニウム，アルミニウム金属粉の混合物を少量のメシチレンを添加したベンゼン中で還流する．溶媒を留去してからKOHとNa$_2$S$_2$O$_4$の水溶液に加え，生じた沈殿を熱ベンゼンで抽出することにより得られる（最新の改良法では収率48%[2]）．原子状モリブデン蒸気を大過剰のベンゼンと共凝縮させる方法も報告されている[3]．

【性質・構造・機能・意義】空気に不安定な明緑色結晶で反磁性である．NMRスペクトルにおいてδ_H=4.65, δ_C=75.2 にピークを示す（トルエン-d_8）[4]．いくつかの置換ベンゼンアナログについて結晶構造が解明されており，C-C結合は約1.40Åで結合交替はない[2,4,5]．2つの芳香環は互いに平行で多くはeclipseの配向をしており，その中心と金属との距離は約1.78Åである．ヨウ素で処理すると得られる一電子酸化体は酸素に敏感な黄色の常磁性錯体で，結晶状態での結合パラメータに顕著な変化は現れない[5,6]．

配位ベンゼンはBuLi/Me$_2$NCH$_2$CH$_2$NMe$_2$を用いてリチオ化することができ，これを経由した置換基導入がなされている[2,4,5]．またクロロベンゼン誘導体においては，Grignard試薬などによりクロロ基の求核置換反応が可能である．高温ではアレーン交換反応が進行し，フルベンや三級ホスフィンによる配位子置換も起こるため，低原子価錯体の合成前駆体として有用である[7]．

ZrS$_2$などの固体中に侵入して層間複合体を形成し，ホスト化合物の層に対してベンゼン環が垂直となるように配向する[8]．電子供与体として作用することから，C$_{60}$との複合体の形成も検討されている[9]．

【関連錯体の紹介およびトピックス】同形のタングステン錯体も合成法と構造は同じである．タングステン上にプロトンが付加したカチオン錯体では，芳香環同士が23°の二面角を成していることが結晶構造から判明している[10]．

〔清野秀岳〕

【参考文献】
1) E. O. Fischer *et al.*, *Chem. Ber.*, **1956**, *89*, 1805.
2) C. L. Lund *et al.*, *J. Am. Chem. Soc.*, **2007**, *129*, 9313.
3) a) F. W. S. Benfield *et al.*, *J. Chem. Soc., Chem. Commun.*, **1973**, 866; b) M. P. Silvon *et al.*, *J. Am. Chem. Soc.*, **1974**, *96*, 1945.
4) H. Braunschweig *et al.*, *J. Am. Chem. Soc.*, **2007**, *129*, 4840.
5) M. L. H. Green *et al.*, *J. Organomet. Chem.*, **1986**, *306*, 145.
6) a) D. O'Hare *et al.*, *J. Chem. Soc., Dalton Trans.*, **1992**, 1351; b) L. Calucci *et al.*, *Dalton Trans.*, **2006**, 4228.
7) a) V. S. Asirvatham *et al.*, *Organometallics*, **2001**, *20*, 1687; b) A. S. Kowalski *et al.*, *J. Am. Chem. Soc.*, **1995**, *117*, 12639; c) J. A. Bandy *et al.*, *J. Chem. Soc., Dalton Trans.*, **1985**, 2037; d) W. E. Silverthorn, *Inorg. Chem.*, **1979**, *18*, 1835; e) M. L. H. Green, *J. Organomet. Chem.*, **1980**, *200*, 119.
8) D. O'Hare *et al.*, *J. Chem. Soc., Dalton Trans.*, **1996**, 2989.
9) G. A. Domrachev *et al.*, *Russ. Chem. Bull., Int. Ed.*, **2004**, *53*, 2056.
10) K. Prout *et al.*, *Acta Crystallogr. Sect. B*, **1982**, *B38*, 456.

MoN₂P₄

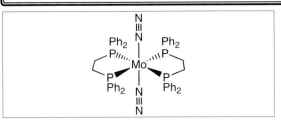

【名称】 *trans*-bis(dinitrogen)bis|1,2-bis(diphenylphosphino)ethane| molybdenum(0): *trans*-[Mo(N₂)₂(Ph₂PCH₂-CH₂PPh₂)₂], *trans*-[Mo(N₂)₂(dppe)₂]

【背景】 Mo は生物的窒素固定反応の鍵金属元素として古くから認識されていた.本化合物ははじめて見いだされた Mo 窒素錯体であり,これに続いて類縁錯体が次々と合成された[1].それらは,配位窒素が変換できる代表的な錯体に挙げられる.酵素活性部位に存在する Mo とは配位環境が大きく異なるが,窒素分子変換過程の各段階を詳細に示した機能モデルとして価値が高い.

【調製法】 はじめに報告された方法は,窒素気流下で Mo(acac)₃, dppe, AlEt₃ を反応させるものであった.改良が重ねられた結果,現在最も高収率な方法では,窒素下 THF 中で dppe 存在下に [MoCl₃(thf)₃] を Mg で還元する[2].

【性質・構造・機能・意義】 橙色結晶で,固体状態では数日間空気下に置いても分解は見られないが,溶液中では酸素によってゆっくり分解する.赤外吸収スペクトルでは 1970 cm⁻¹ に配位窒素の N–N 伸縮振動に由来する強い吸収を示す.これは互いにトランスに位置する 2 つの N₂ 配位子の非対称振動に帰属されるものであり,対称振動は赤外不活性で 2020 cm⁻¹ にごく弱く観測される.結晶構造より,Mo–N, N–N 距離はそれぞれ 2.014(5), 1.118(8) Å,また Mo–N–N 角は 176.6(5)° でほぼ直線である.これらの構造的特徴は一連のアナログについても同様である.Mo 中心からの逆供与で N–N 結合が弱くなっていることを反映し,赤外吸収は低波数シフト(遊離の N₂ は 2331 cm⁻¹)している.一方,結晶構造の N–N 距離は遊離 N₂ の 1.0975 Å よりわずかしか伸びていないが,end-on 末端配位 N₂ には一般的な特徴である.

配位 N₂ の末端 N 原子は求核性を有しており,酸(HBr, HI, HBF₄, CF₃SO₃H など)と容易に反応してプロトン 2 つが付加し,ヒドラジド(2−)配位子 =NNH₂ に変換される(例外的に HCl によるプロトン化は金属上で進行し,配位窒素は解離して [MoH₂Cl₂(dppe)₂] が生成する).このヒドラジド(2−)錯体ではこれ以上のプロトン化が進行しないが,単座ホスフィン配位子をもつ窒素錯体においては,さらに先の段階まで反応が進行しヒドラジンやアンモニアが遊離する.

他の求電子剤とも末端窒素上で反応し,アシル化やシリル化によって置換ジアゼニド錯体 [MoY(N=NG)(dppe)₂](Y=monoanionic ligand, G=COR, SiR₃)に変換される.前周期遷移金属錯体 MCl(M=CpTiCl₂, Me₃TaCl, Me₂NbCl₂)との反応からは,架橋窒素錯体 [MoCl(dppe)₂(μ-N₂)M] が得られている.

ハロゲン化アルキル RX との反応はラジカル機構で進行し,アルキルジアゼニド錯体 [MoX(N=NR)(dppe)₂] を生成する.α, ω-ジブロミド Br(CH₂)ₙBr(n=3~5)と反応させると含窒素複素環を形成してヒドラジド型錯体 [MoBr|N–N(CH₂)ₙ|(dppe)₂]Br を与え,*gem*-ジブロミド RR'CBr₂ との反応ではジアゾアルカン錯体 [MoBr(NN=CRR')(dppe)₂]Br が得られる.より広範なジアゾアルカン錯体は,ヒドラジド(2−)錯体とケトンまたはアルデヒドの縮合反応を利用して容易に合成できる.これを応用して末端窒素を含む複素環を錯体上で形成したのち,LiAlH₄ などで還元して遊離の含窒素複素環化合物が合成される[3].

配位窒素は熱または光によって比較的容易に解離するため,他のドナー配位子との置換のみならず,Mo(0)配位不飽和種による特異な結合切断や形成反応が進行する[4].カルボニル化合物からの CO の脱離,イミンからのイソシアニドの生成,β-ケトエステルの C≡N 切断,dppe 二分子のカップリングなどが見いだされている.なお,類似の活性 Mo(0)種が [MoH₄(dppe)₂] からも生成するため,これを前駆体とした研究も多い[5].

【関連錯体の紹介およびトピックス】 対応するタングステン錯体の方が配位窒素の活性化が強く,より高い求核性を有する.多数の Mo(0), W(0)類縁錯体が,最大 5 座までの三級ホスフィンを用いて合成されており,配位元素に N, As, S などを含む補助配位子も利用されている[6].

〔清野秀岳〕

【参考文献】
1) M. Hidai *et al., J. Chem. Soc. D,* **1969**, 814.
2) J. R. Dilworth *et al., Inorg. Synth.,* **1980**, *20*, 119.
3) M. Hidai *et al., Top. Organomet. Chem.,* **1999**, *3*, 227.
4) H. Seino *et al., Chem. Rec.,* **2001**, *1*, 349.
5) T. Ito, *Bull. Chem. Soc. Jpn.,* **1999**, *72*, 2365.
6) a) A. Poveda *et al., J. Coord. Chem.,* **2001**, *54*, 427; b) N. Khoenkhoen *et al., Eur. J. Inorg. Chem.,* **2015**, 567; c) B. M. Flöser *et al., Coord. Chem. Rev.,* **2017**, *345*, 263.

MoN₃OS₂

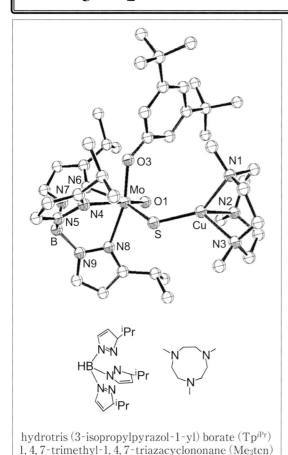

hydrotris (3-isopropylpyrazol-1-yl) borate (Tp^{iPr})
1,4,7-trimethyl-1,4,7-triazacyclononane (Me₃tcn)

【名称】μ-sulfido-dinuclear-oxophenolato-molybdenum(V)copper(I): [Tp^{iPr} MoO(OAr)(μ-S)Cu-(Me₃tcn)]

【背景】*Oligotropha carboxidovorans* から精製される carbon monoxide dehydrogenase(CODH)には1つのスルフィド基で架橋されたオキソモリブデンと銅からなる二核金属中心が存在し，一酸化炭素から二酸化炭素への酸化反応を司っている．本錯体は常磁性型活性中心の分光学的特性や電子状態に関する知見を得るために合成されたモデル錯体である[1]．

【調製法】アルゴン雰囲気下脱水条件において，(CoCp₂)[Tp^{iPr}MoO(S)(OAr)]と[Cu(MeCN)₄]BF₄とを含むアセトニトリル溶液を−30℃で撹拌する．得られた茶色溶液にジエチルエーテルを−30℃以下の温度で加えると懸濁液を得る．この不溶物をろ過して除き，ろ液を濃縮して−30℃で一晩放置すると茶色結晶が析出する．これを集めて冷アセトニトリルで洗浄して減圧下で乾燥する．OArとして3,5-di-*tert*-butyl-phenolate と 4-phenyl-phenolate の2種で合成されている．

【性質・構造・機能・意義】モリブデンにはオキソ基とフェノラト基と3つのピラゾールが配位し，銅には3つのアミンが配位しており，これら2つの金属をスルフィド基が架橋することにより二核錯体を形成している．モリブデンおよび銅の形式酸化数はそれぞれ+V価と+I価であり，常磁性である．モリブデンとオキソ基の酸素原子との結合長は1.695(3)Åであり，フェノラトの酸素との結合長は1.975(2)Åとなっている．モリブデンおよび銅と架橋スルフィド基との結合長はそれぞれ2.2844(11)Åと2.1348(11)Åである．スルフィド基は118.90(5)°の角度で折れ曲がり，モリブデンと銅との距離は3.806Åである．CODHの常磁性種の結晶構造は明らかにされていないが，このモデル錯体のモリブデンとスルフィド基と銅が作る構造はCODHの酸化型二核中心構造の骨格構造(d(Mo-S)=2.27Å, d(Cu-S)=2.21Å, ∠(Mo-S-Cu)=113°)と還元型二核構造のもの(d(Mo-S)=2.32Å, d(Cu-S)=2.18Å, ∠(Mo-S-Cu)=122°)と似ている．Mo=O伸縮振動は907 cm^{-1}に観測され，4-フェニルフェノラト誘導体では895 cm^{-1}に観測される．ジクロロメタン中で，二核錯体にEt₄NCNを過剰量加えると[Tp^{iPr}MoO(Cl)(OAr)]とチオシアン化物イオンと銅一価錯体が生成する．この反応はCODHのシアン化物イオンによる不活性化の過程をモデル化するものである．凍結ブチロニトリル中で二核錯体のEPRは^{63,65}Cuとの結合に基づく非常に大きな超微細結合定数(A=88×10^{-4} cm^{-1})を示し，不対スピンがMo(μ-S)Cu部全体で非常に大きく非局在化していることを表している．EPRスペクトル解析から，SOMOの主な成分はMo(4d$_{xy}$軌道44％)，S(3p軌道25％)，Cu(3d$_{z^2}$および3d$_{xy}$軌道21％)であることが示されている．酵素の触媒サイクルにおいても不対スピンの大きな非局在化により電子移動が速やかに起こると提唱されている．

【杉本秀樹】

【参考文献】
1) M. L. Kirk *et al.*, *J. Am. Chem. Soc.*, **2006**, *128*, 2164.

MoN₄OCl

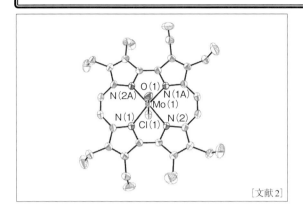

[文献2]

【名称】 2,3,6,7,12,13,16,17-(octaethylporphycenato)-chloro(oxo)molybdenum(V): [Mo^V(OEPc)(O)Cl]

【背景】 モリブデン(Mo)は,酸素親和性が大きな金属であり,金属価数が4価から6価の酸化状態間で酸素原子の転移反応に関与する金属として知られている.この特性を利用したモリブデン錯体の研究として,錯体に対し光照射や酸化剤添加した際の構造変化,触媒反応などが多数報告されている.また,モリブデンポルフィセン錯体に関する研究は,ポルフィセンの特性である可視部の大きな光吸収帯とモリブデン金属錯体の光特性を利用した研究がある.また,この錯体は可視光照射に対して特異的な光還元特性を有することを見いだされている[1].

【調製法】 配位子H₂(OEPc)とMoCl₅, CH₂COONaを無水デカリン中に溶解し,嫌気下で1時間還流した後,ろ過してろ液は乾固する.得られる固体は,メタノールを展開溶媒として,イオン交換樹脂(AMBERLITE IRA900J Cl-form)を用いて単離,精製することで目的化合物を得る.

【性質・構造・機能・意義】 ベンゼン中で深緑色の溶液であり,648 nm(ε=25000),502.5 nm(ε=30000)にポルフィセン錯体に特徴的な強いπ-π*遷移吸収帯が観測される.中心金属モリブデンは,軸配位子方向に酸素原子と塩素原子が二重結合,単結合で配位した5価の酸化状態をとっている.これは,ベンゼン中での電子スピン共鳴(EPR)測定からもモリブデン5価に特徴的な1本(核スピンI=0)の強いピークと6本(I=5/2)の分裂したシグナルが観測されたことからも(g=1.978, A_{Mo}=35.9 G, A_N=2.65 G),溶液中において5価の酸化状態で安定に存在することが確認されている.

この錯体は結晶構造が報告されており,上下に軸配位子をもつ六配位型構造をとる[2].4つの窒素原子に配位したモリブデンは,ポルフィセン平面から0.44 Å浮き出しており,Mo-Cl結合距離は2.591 Åと類似のポルフィリン構造と比較しても大きな値となっている.これらは,ポルフィセン骨格の金属配位空間がポルフィリンよりも小さいため,イオン半径の大きなモリブデンがポルフィセン平面から浮き出している.

この錯体は,光化学特性として可視光照射に対して中心金属モリブデンが一電子還元することが見いだされている.これは,スピントラップ剤を用いた実験から,光照射によって軸配位子である塩化物イオンがホモリティックに開裂することでモリブデンの一電子還元が進行していることが明らかとなっている.この光還元反応の量子収率は,類似のポルフィリン錯体と比較しても数倍高く,さらにポルフィリン錯体では反応が進行しない可視領域においても還元反応が可能となる.この結果は,特異的な電子状態と光特性をもつポルフィセン骨格に起因するものである.

【関連錯体の紹介およびトピックス】 この錯体は,上記のように光照射による軸配位子の開裂反応を示す.一方,軸配位子をもたないモリブデンポルフィセン錯体では同様の光還元反応は進行しない.また,光還元反応により得られるMo(IV)種錯体は,酸素に対し高い親和性を示すことから酸化触媒反応への展開に期待できる.

【久枝良雄・前田大輔】

【参考文献】
1) D. Maeda *et al., Dalton Trans.*, **2009**, 140.
2) D. Maeda *et al., Acta. Cryst. C*, **2006**, *62*, m1272.

MoN$_4$O$_2$

【名称】［(methoxo)oxo(5,10,15,20-tetraphenylporphyrinato)molybdenum(V)］: MoO(TPP)(OMe)

【背景】 ポルフィリンは様々な金属と錯形成することが知られている．−2から+6までの幅広い酸化還元状態を取り得るモリブデンをポルフィリンに導入し，錯体の分子構造，分光化学的な性質，酸化還元挙動，および反応性を調べる研究が行われ，ポルフィリン配位子中のモリブデンが多用な反応性を示すことが明らかになっている．

【調製法】 配位子であるH$_2$TPP，塩化モリブデンならびに無水酢酸ナトリウムをデカリンに懸濁させ，窒素気流下で還流する．固形物をろ別した後にアルミナカラムを用い，CH$_2$Cl$_2$-MeOH(4:1)を展開溶媒としてクロマトグラフィーを行う．緑の溶出液を集め減圧下にて乾固する(濃緑固体)．

カラムクロマトグラフィーによる精製の際に用いるアルコールを変更すると，対応するアルコキシド錯体(OEt, Oi-Pr, Ot-Bu)が得られる[1]．また，アルコールをまったく用いない場合はクロロオキソ錯体MoO(TPP)Clが得られる．

【性質・構造・機能・意義】 ジクロロメタン溶液中で暗緑色を呈し，454 nm ($\varepsilon=170\times10^3$ M^{-1}cm^{-1})にポルフィリンのSoret帯の吸収と，540 nm (3.8×10^3 M^{-1}cm^{-1})，581 nm (10.8×10^3 M^{-1}cm^{-1})にQ帯の吸収が観測される．

サイクリックボルタモグラム (in CH$_2$Cl$_2$-0.1 M TBAP)において，−0.87 V (vs. SCE)でMo(V/VI)に帰属される酸化還元ピークが，−1.13 Vと−1.48 Vにポルフィリン環の還元に帰属されるピークがそれぞれ観測される[2]．Mo(V)は常磁性錯体(d$_1$)でありESR活性である．MoO(TPP)(OMe)は$g=1.97$にMo($S=1/2$)に由来する1本の強いシグナルと$S=5/2$に由来する6本の弱いシグナルが観測される[3]．

5%のメタノールを含むベンゼン溶液にMoO(TPP)(OMe)を溶かし，有酸素下で光照射を行うとモリブデンが還元されたMoO(TPP)錯体が生成する[4]．これはMo-O結合が均等に解裂しMoO(TPP)とメトキシラジカルが生成する反応であることが，吸収スペクトルならびにESRにより確認されている．光照射後の溶液を暗所に置くと，生成したMo(IV)錯体は溶存酸素により酸化を受けMoO(TPP)(OMe)が再生する．

【関連錯体の紹介およびトピックス】 MoO(TPP)(OMe)の結晶構造は報告されていないが，異なるポルフィリンを配位子とする錯体(MoO(TPTBTMP)(OMe))(TPTBTMP＝5,15-diphenyl-2,8,12,18-tetra-n-butyl-2,7,13,17-tetramethylporphyrinato dianion))の構造解析が報告されている[4]．Mo=Oの結合距離は1.80(1) Å，Mo-Oの結合距離は1.89(1) Åであり，類似のモリブデンポルフィリン錯体で報告されている値に近い．一連のモリブデンポルフィリン錯体の性質や反応性が総説にまとめられている[5]．

【藤原哲晶】

【参考文献】
1) H. Ledon *et al., Inorg. Chem.,* **1980**, *19*, 3488.
2) T. Malinski *et al., Inorg. Chem.,* **1986**, *25*, 3229.
3) H. J. Ledon *et al., J. Am. Chem. Soc,* **1981**, *103*, 6209.
4) M. van Dijk *et al., J. Heterocyclic Chem.,* **1992**, *29*, 81.
5) Y. Matsuda *et al., Coord. Chem. Rev.,* **1988**, *92*, 157.

MoN$_5$

【名称】 (dinitrogen)[N'-[2,2″,4,4″,6,6″-hexakis(1-methylethyl)-[1,1′:3′,1″-terphenyl]-5′-yl]-N,N-bis[2-[[2,2″,4,4″,6,6″-hexakis(1-methylethyl)[1,1′:3′,1″-terphenyl]-5′-yl]amino-κN]ethyl]-1,2-ethanediaminato-κN, κN']-molybdenum(III): [HIPTN$_3$N]Mo(N$_2$)

【背景】 窒素は核酸やアミノ酸などに含まれている生命活動維持に必要な元素である．化学的に不活性な窒素をアンモニアや含窒素有機化合物へ変換する反応は，エネルギーおよび環境問題を解決する重要課題の1つである．マメ科植物に含まれるニトロゲナーゼという酵素は，通常の環境条件で窒素をアンモニアに還元する．この反応効率は75％程度であり，供給される還元剤の一部が副反応である水素生成に消費される．金属錯体を用いてこの反応を模倣する試みが報告されているが，成功した例は少ない．Schrock は様々なモリブデン錯体を合成し，窒素からアンモニアを合成する触媒効率を調査した．その結果，標題に示す中心金属を覆い隠す巨大配位子を有するモリブデン錯体を触媒とした場合，窒素をアンモニアに効率よく変換できることを見いだした．

【調製法】 配位子 H$_3$[HIPTN$_3$N]は，ヨード-2,4,6-トリブロモベンゼンとトリイソプロピルフェニルマグネシウムブロミドを反応させることで，5′-ブロモ-2,4,6,2″,4″,6″-ヘキサイソプロピル-[1,1′:3′,1″]テルフェニルを合成し，これとトリエチレンテトラアミンをパラジウム触媒の存在下，カップリングさせることにより合成する．続いて，MoCl$_4$(THF)$_2$ と H$_3$[HIPTN$_3$N]のTHF溶液に(Me$_3$Si)$_2$NLiを固体状態で加え，残渣をペンタンから再結晶することで[H$_2$PTN$_3$N]MoClが得られる．この錯体を窒素ガス雰囲気下 THF 中 Mg，続いて塩化亜鉛で処理をすることにより，目的の錯体である[HIPTN$_3$N]Mo(N$_2$)が緑茶色固体として得られる．さらにペンタンから再結晶することにより純粋なモリブデン錯体が得られる[1]．

【性質・構造・機能・意義】 重水素化ベンゼン(C$_6$D$_6$)中 ^{1}H NMR の測定により，ピークはすべて帰属されている．窒素分子のモリブデンへの配位は，^{14}N$_2$ および ^{15}N$_2$ を用いたときの IR スペクトルで，1990 cm^{-1} (^{14}N-^{14}N)，1924 cm^{-1} (^{15}N-^{15}N)に特徴的なピークとして観測され，重原子効果による同位体シフト値も一致することから確認される．また元素分析値も構造を示唆する結果を示している．最終的には単結晶 X 線回折法により構造決定を行った．Mo-N$_2$ 中の N-N 間の距離は1.061(7) Å で窒素分子の結合距離(1.098 Å)より短い．また，Mo-N$_2$ 中の Mo-N 間の距離は1.963(5) Å で類似の錯体より弱く結合していることが確認された．Mo-^{15}N 錯体の室温における ^{14}N$_2$/^{15}N$_2$ の交換実験を行ったところ7日で97％の ^{15}N$_2$ が^{14}N$_2$ に交換した．

本錯体は触媒的窒素固定を実現する数少ない例の1つである．室温，1気圧の窒素ガスの存在下，デカメチルクロモセン(Cr(η^5-C$_5$Me$_5$)$_2$)を還元剤，2,6-ルチジニウムテトラキス[3,5-ジ(トリフルオロメチルフェニル)]ボレートを酸として，反応の進行に応じて段階的に加えることで，モリブデン金属あたり6当量の触媒的なアンモニアの生成に成功した[2,3]．

【関連錯体の紹介およびトピックス】 アンモニアの直接合成ではないが，干鯛らはアンモニア等価体であるトリス(トリメチルシリル)アミン(N(SiMe$_3$)$_3$)の生成として Mo(PMe$_2$Ph)$_4$(N$_2$)$_2$ を触媒，ナトリウムを還元剤，クロロトリメチルシランを酸とした反応系を報告している．この反応ではモリブデン金属あたり24当量のトリス(トリメチルシリル)アミンの生成に成功した[4]．また西林らは，アンモニア合成に関してより高活性な錯体を開発している[5]．

【西原 寛】

【参考文献】
1) R. R. Schrock *et al.*, *Inorg. Chem.*, **2003**, *42*, 796.
2) R. R. Schrock *et al.*, *Science*, **2003**, *301*, 76.
3) P. Müller *et al.*, *Proc. Nati. Acad. Sci.*, **2006**, *103*, 17099.
4) M. Hidai *et al.*, *J. Am. Chem. Soc.*, **1989**, *111*, 1939.
5) K. Arashiba *et al.*, *J. Am. Chem. Soc.*, **2015**, *137*, 5666.

MoOS₄

【名称】bis(tetraethylammonium) bis(1,2-dicarbomethoxy-1,2-ethylenedithiolato)oxomolybdate(IV): $(Et_4N)_2[MoO\{S_2C_2(CO_2Me)_2\}_2]$

【背景】1982年，ニトロゲナーゼ以外のモリブデン含有酵素の活性部位にジチオレン配位子が存在することが生化学的手法により提示された[1]．一方，石油の水素化脱硫における固体触媒との関連性からモリブデンスルフィドや他の遷移金属スルフィド錯体とアルキンとの反応が盛んに研究されていた．本錯体は，論文中で酵素との関連性については述べられていないが，後に明らかになった酵素の結晶構造の類似性から酵素活性部位モデルとして位置づけられる[2]．

【調製法】$(Et_4N)_2[MoO(S_4)_2]$のアセトニトリル溶液にアセチレンジカルボン酸ジメチルを加え30分撹拌後，減圧濃縮する．不溶物をろ過し，ろ液にTHFを加え静置する．沈殿を集めTHFで洗浄後，アセトニトリル/THFより再結晶する．

【性質・構造・機能・意義】茶色味を帯びた赤色針状晶として単離され，その結晶構造から歪んだ正方錐構造をとっていることがわかっている．Moは4つのSが成す平面から0.71 Å離れており，Mo=Oが1.686(6) Å，Mo-Sの平均距離は2.380(4) Åである．DMF溶液は360, 460(sh), 550 nmに吸収を示す．赤外吸収スペクトルでは，C=Oの伸縮振動が1727, 1714, 1704 cm⁻¹，Mo=Oの伸縮振動が914 cm⁻¹，Mo-Sの伸縮振動が388, 348 cm⁻¹に観測される．¹H NMRスペクトルではDMSO-d_6中で3.62 ppmに末端のメチル基に由来するピークが観測される．アセトニトリル溶液中，$E_{1/2}=-0.029$ V vs. Ag/AgClに可逆な酸化還元波を示す．大気下で硫化水素と反応させると酸素が硫黄に置換され，二量化した$[Mo^V_2(\mu$-$S)_2\{S_2C_2(CO_2Me)_2\}_2]^{2-}$を与える．

【関連錯体の紹介およびトピックス】本錯体の合成で用いられているスルフィド錯体とアルキンからジチオレン骨格を生成する反応は，活性化されていないアセチレン RC≡CR (R=H, Me, Ph) では進行しない．$[MoO(S_2C_2R_2)_2]^{2-}$は，別途合成したジチオレン配位子$(Na_2S_2C_2R_2)$と$[MoOCl(CH_3CN)_4](PF_6)$との反応により得られる．また，$[Ni(S_2C_2R_2)_2]$と$[Mo(CO)_3(CH_3CN)_3]$から$[Mo(CO)_2(S_2C_2R_2)_2]$を得，これにOH^-を反応させても合成できる[3]．$[MoO\{S_2C_2(CN)_2\}_2]^{2-}$も同様な方法で合成できるが，原料としてモリブデン酸塩を用いる方法が，古くから知られている[4]．

本錯体は，トリメチルアミン-N-オキシド(Me_3NO)との反応により，ジオキソモリブデン(VI)錯体，$(Et_4N)_2[MoO_2\{S_2C_2(CO_2Me)_2\}_2]$を生じるが溶液中で不安定であり，分解して元のモノオキソモリブデン(IV)錯体を与える[5]．しかし，Ph_4PBrを共存させておくと$(Et_4N)(Ph_4P)[MoO_2\{S_2C_2(CO_2Me)_2\}_2]$として単離できる[6]．本錯体と$Me_3NO$との反応は，類似のベンゼンジチオラート(bdt)錯体に比べ反応速度が小さい$[MoO\{S_2C_2(CN)_2\}_2]^{2-}$よりもさらに遅い[7]．

RR'_2SiCl $(RR'_2={}^tBuPh_2, {}^iPr_3)$との反応によりデソキソモリブデン(IV)錯体，$(Et_4N)[Mo(OSiRR'_2)\{S_2C_2(CO_2Me)_2\}_2]$を与え，さらに$Me_3NO$と反応させるとモノオキソモリブデン(VI)錯体$(Et_4N)[MoO(OSiRR'_2)\{S_2C_2(CO_2Me)_2\}_2]$が得られる[8]．

【岡村高明】

【参考文献】
1) J. L. Johnson et al., Proc. Natl. Acad. Sci., USA, **1982**, 79, 6856.
2) a) D. Coucouvanis et al., Inorg. Chem., **1991**, 30, 754; b) D. Coucouvanis et al., Polyhedron, **1986**, 5, 349.
3) a) J. P. Donahue et al., J. Am. Chem. Soc., **1998**, 120, 12869; b) B. S. Lim et al., Inorg. Chem., **2000**, 39, 263.
4) J. A. McCleverty et al., Inorg. Chim. Acta, **1969**, 3, 283.
5) H. Oku et al., Chem. Lett., **1994**, 607.
6) H. Sugimoto et al., Inorg. Chem., **2009**, 48 10581.
7) H. Oku et al., Inorg. Chem., **1995**, 34, 3667.
8) H. Sugimoto et al., Inorg. Chem., **2010**, 49, 5368.

MoOS$_4$

【名称】bis[tetra(*n*-propyl)ammonium] bis(1,2-dicarbamoyl)-1,2-ethylenedithiolato)oxomolybdate(IV): (*n*-Pr$_4$N)$_2$[MoO{S$_2$C$_2$(CONH$_2$)$_2$}$_2$]

【背景】モリブデン酵素の1つであるジメチルスルホキシド(DMSO)還元酵素は，Mo(IV)，Mo(VI)の2つの酸化状態を用い，酸素原子移動反応によりDMSOをジメチルスルフィドに還元する．X線結晶構造解析により，活性部位には2つのジチオレン配位子が配位していることがわかっている．DMSO還元酵素は，DMSO以外にもトリメチルアミン-*N*-オキソ(Me$_3$NO)を還元できる．Me$_3$NOを還元できるが，DMSOは還元できないトリメチルアミン-*N*-オキソ還元酵素(TMAOR)も存在している．一方，酵素活性を制御する方法として金属-硫黄結合へのNH…S水素結合が系統的なモデル錯体の研究から明らかにされてきた[1]．本錯体は，モリブデン酵素モデル錯体としてNH…S水素結合が酸素原子移動反応を加速することを示した[2]．

【調製法】アルゴン雰囲気下，(*n*-Pr$_4$N)$_2$[MoO(S$_4$)$_2$]とアセチレンジカルボジアミドを1：2の比率で*N,N*-ジメチルホルムアミド(DMF)に溶解し，50℃で10分間加熱，その後室温で12時間撹拌する．不溶物をろ去し，THFを加え-20℃で静置すると赤色プリズム状結晶が低収率ながら得られる．

【性質・構造・機能・意義】MoOS$_4$骨格は，正方錐構造で類似錯体と同様の形をしている．結晶中，配位子の一方のカルボニル基が配位子内で他方のアミド基のNH$_2$とNH…O=C水素結合を形成している．また，一方のNH$_2$は，配位子内でNH…S水素結合を形成している．Mo=Oは，1.682(6) Å，Mo-Sは平均で2.376(7) Åであり，O-Mo-Sは，平均108.8(8)°である．ラマンスペクトルでは，Mo=Oの伸縮振動が915 cm^{-1}，Mo-Sの伸縮振動が367 cm^{-1}，C=Cの伸縮振動が1540 cm^{-1}であり，(Et$_4$N)$_2$[MoO{S$_2$C$_2$(CO$_2$Me)$_2$}$_2$]の値と大きな差はない．N-H伸縮振動は水素結合したNH$_2$が3270(ν_{as})，3181(ν_s) cm^{-1}に，水素結合していないNH$_2$が3445(ν_{as})，3325(ν_s) cm^{-1}に，それぞれ1：1の比率で観測される．酸化還元電位は，アセトニトリル中-0.15 V vs. SCEに観測され，メチルエステルの場合に比べ0.52 V正側にシフトしている．DMF-*d$_7$*中，^{1}H NMRスペクトルは6.74 ppmにNH$_2$に帰属される幅広いピークを示し，DMF中，337，377(sh)，437(sh)，535 nmに吸収を示す．10当量のMe$_3$NOと極めて速やか(1秒以内)に反応しジオキソモリブデン(VI)錯体(Et$_4$N)$_2$[MoO$_2${S$_2$C$_2$(CONH$_2$)$_2$}$_2$]を与え，溶液中，安定に存在する．見かけの反応速度は1 s^{-1}以上と見積もられ，類似の錯体に比べ10^4～10^{5}倍速い[2]．

【関連錯体の紹介およびトピックス】(Et$_4$N)$_2$[MoO$_2${S$_2$C$_2$(CONH$_2$)$_2$}$_2$]は，DMF中，291，339，435，506 nmに極大吸収を示す．ラマンスペクトルでは907，867 cm^{-1}にそれぞれ，(MoO$_2$)$^{2+}$骨格の対称，逆対称由来シグナルを，378 cm^{-1}にMo-Sの伸縮振動，1468 cm^{-1}にC=Cの伸縮振動を示す．(Et$_4$N)$_2$[MoO$_2${S$_2$C$_2$(CO$_2$Me)$_2$}$_2$]の値(870，838 cm^{-1})と比較すると高波数シフトしており，NH…Sがトランス影響を介してMo=Oを安定化していると考えられる．同様な効果は(NEt$_4$)$_2$[MoO$_2$(S-2-*t*-BuNHCOC$_6$H$_3$)$_2$]でも見いだされている[3]．

本錯体で見られたNH…S水素結合を分子間で形成させた場合，すなわち(Et$_4$N)$_2$[MoO{S$_2$C$_2$(CO$_2$Me)$_2$}$_2$]に添加剤として2つのアミド基を有する化合物，1,3-ビス(イソブチリルアミノ)ベンゼンを1：1の比率で加えると，DMSO-*d$_6$*中でMe$_3$NOの還元反応が約6倍加速する[2]．

【岡村高明】

【参考文献】
1) a) A. Nakamura *et al.*, *Adv. Inorg. Chem.*, **1989**, *33*, 39; b) N. Ueyama *et al.*, *J. Am. Chem. Soc.*, **1992**, *114*, 8129.
2) H. Oku *et al.*, *Inorg. Chem.*, **1997**, *36*, 1504.
3) T. Okamura *et al.*, *Inorg. Chem.*, **2012**, *51*, 11688.

MoOS₄

生

【名称】 N,N,N-triethylethanaminium [[dimethyl 1,1′-(1,2-cyclohexanediyldicarbonyl)bis[L-cysteinyl-L-prolyl-L-leucyl-L-cysteinato]](4−)-$S,S′,S″,S‴$]oxomolybdate(1−): (NEt₄)[Mo^{V}O(S,S,S,S-pep)] (NEt₄)[Mo^{V}O(Z-cys-Pro-Leu-cys-OMe)₂](isomer **a**, **b**)

【背景】 金属タンパク質の性質は金属周りの配位環境に依存している.ペプチド配位子はキラルで非対称な配位をするため,立体配置により大きく性質を変える.モノオキソモリブデン(V)は正方錐構造の配位形式をとり,2座のペプチドキレート配位子をもつ(NEt₄)[Mo^{V}O(Z-cys-Pro-Leu-cys-OMe)₂](Z=benzyloxycarbonyl)を合成するとペプチド鎖が平行(**a**)と逆平行(**b**)の2種の異性体を生じる.本錯体はシス-シクロヘキサンジカルボン酸をスペーサーとしてペプチドのN末端を連結させることで平行の異性体のみを得ている[1].

【調製法】 (NEt₄)[Mo^{V}O(Z-cys-Pro-Leu-cys-OMe)₂]はシステインの側鎖を脱保護したZ-Cys-Pro-Leu-Cys-OMeと(NEt₄)[Mo^{V}O(SPh)₄]を1,2-ジメトキシエタン(DME)中で配位子交換反応を行い,DMF/ジエチルエーテルで再沈することで赤紫の粉末として得る.(NEt₄)[Mo^{V}O(S,S,S,S-pep)]は四座キレート配位子cyclohexylene-cis-1,2-bis(amido-Cys-Pro-Leu-Cys-OMe)(=S,S,S,S-pep-H₄)をアセトニトリル中,0℃で配位子交換反応させて熱的に不安定な錯体として得る.

【性質・構造・機能・意義】 (NEt₄)[Mo^{V}O(Z-cys-Pro-Leu-cys-OMe)₂]の**a**, **b**異性体のラマンスペクトルは,950, 926 cm^{-1}にそれぞれのν(Mo=O)を示し,540 nm,509 nmにLMCTバンドを示す.アセトニトリル中のESRスペクトルは,300Kでg_{av}=1.990(A_{av}=32.3×10^{-4} cm^{-1}),g_{av}=1.980(A_{av}=35.5×10^{-4} cm^{-1})に,80Kでは,**a**が$g_{//}$=2.028,$g_⊥$=1.981,**b**が$g_{//}$=2.016,$g_⊥$=1.966にシグナルを示す.アセトニトリル中の(Mo^{V}O)$^{3+}$/(Mo^{IV}O)$^{2+}$の酸化還元電位($E_{1/2}$)は−0.65 V,−0.93 V vs. SCEであり,NEt₄BH₄で還元すると**a**のみが還元され,ESRスペクトルは**b**由来の軸対称性のスペクトルを与える.一方,(NEt₄)[Mo^{V}O(S,S,S,S-pep)]のESRは,g_x=1.961, g_y=1.981, g_z=2.028に軸対称性のないスペクトルを示し,異性体**a**と一致する.

本錯体は,必然的にキラルな配位子となる酵素の活性部位における異性体の問題をスペーサーで連結したペプチド配位子を用いて明らかにした点で意義深い.また,同じ配位子でも異性体間で大きく性質が異なることを示している.

【関連錯体の紹介およびトピックス】 本錯体の熱的な不安定さはスペーサーの短さに由来していると考えられる.同じ配位子をもつ四面体構造のFe(II)錯体(NEt₄)₂[Fe{cis-1,2-cyclohexylene(CO-cys-Pro-Leu-cys-OMe)₂}]では,立体的な歪みによりLeu3NHとCys2間のNH⋯S水素結合が形成されず,酸化還元電位はキレート環内でNH⋯S水素結合を形成する,2座配位子をもつ[Fe(Z-cys-Pro-Leu-cys-OMe)₂]$^{2-}$(−0.47 V vs. SCE)よりも負側(−0.78 V)に観測されている[2].スペーサーを長くした(NEt₄)₂[Fe{cis-1,2-cyclohexylene(CO-Ala-cys-Pro-Leu-cys-Gly-NH-C₆H₄-m-F)₂}]では,NH⋯S水素結合を保持しており,(NEt₄)₂[Fe(Z-Ala-cys-Pro-Leu-cys-Gly-NH-C₆H₄-m-F)₂]のδ異性体の¹H,²H,¹⁹F NMRに対応している[3].

〔岡村高明〕

【参考文献】
1) N. Ueyama et al., Chem. Lett., **1990**, 1781.
2) W.-Y. Sun et al., J. Chem. Soc., Dalton Trans., **1992**, 3255.
3) W.-Y. Sun et al., Mag. Res. Chem., **1993**, 31, S34.

MoOS$_4$

1,2-dimethylethylene-1,2-dithiolate

【名称】phenolato bis(dithiolene)-molybdenum(IV): (Et$_4$N)[Mo(OR)-(dithiolene)$_2$]

【背景】ジメチルスルホキシド還元酵素やトリメチルアミン N オキシド還元酵素には2つのピラノプテリンジチオレンとセリン酸基と結合したモリブデン活性中心が存在し，(CH$_3$)$_2$SO や (CH$_3$)$_3$NO からの酸素原子引き抜き反応を司っている．本錯体は還元型活性中心の分光学的特性や電子状態に関する知見を得るために合成されたモデル錯体である[1]．

【調製法】アルゴン雰囲気下脱水条件において，[Mo(CO)$_2$(1,2-dimethylethylene-1,2-dithiolate)$_2$] と等量の NaOPh を含むアセトニトリル懸濁液を6時間撹拌する．得られた茶色溶液に Et$_4$NCl のアセトニトリル溶液を加えた後，さらにジエチルエーテルを加えて2日間放置すると，黒色結晶が析出する．これを集めて減圧下で乾燥することで得られる．

【性質・構造・機能・意義】フェノラト基と2つのジチオレンが1つのモリブデンに結合した歪んだ四角錐構造をとる単核錯体であり，モリブデンの形式酸化数は +IV 価で反磁性である．モリブデンと酸素原子との結合長は 1.898(5) Å であり，モリブデンと硫黄との平均結合長は 2.32(5) Å である．モリブデンは4つの硫黄が成す平面からフェノラト酸素に向かって 0.80 Å 離れたところに位置し，2つの MoS$_2$ 面が作る二面角は 126° である．可視領域に λ_{max} = 730 nm (ε = 728 M^{-1}cm^{-1}) と λ_{max} = 565 nm (sh, ε = 750 M^{-1}cm^{-1}) の吸収帯が存在し，これらは d-d 遷移に帰属されている．アセトニトリル中における本錯体とジメチルスルホキシド (DMSO) やテトラメチレンスルホキシド (TMSO) との反応によって，ジメチルスルホキシドおよびテトラヒドロチオフェンがほぼ定量的に生成する．この結果から各スルホキシドからモリブデン中心への酸素原子移動反応が進行することが示されたが，モリブデン錯体の酸化型構造は残念ながら不安定でありその単離には至っていない．各スルホキシドの生成に伴い，モリブデン(V)モノオキソ錯体 [MoO(1,2-dimethylethylene-1,2-dithiolate)$_2$]]$^-$ が生成する．このときのオキソ基の酸素原子はスルホキシド由来であることが同位体標識試薬を用いた実験から確かめられている．298 K における酸素原子移動反応の速度定数は，TMSO からの酸素原子移動の方が (1.5(2)×10^{-4} M^{-1}s^{-1})) が，DMSO を用いた時 (1.3×10^{-6} M^{-1}s^{-1})) よりも 100 倍程度大きい．また，活性化エントロピーが大きく負の値をとるため，酸素原子移動は会合機構で進行すると考えられている．

【関連錯体の紹介およびトピックス】等構造のタングステン(IV)錯体が合成され，各スルホキシドからの酸素原子移動反応によりオキソタングステン(VI)錯体が生成することが報告され，構造決定されている[2]．

【杉本秀樹】

【参考文献】
1) R. H. Holm et al., *J. Am. Chem. Soc.*, **2001**, *123*, 1920.
2) R. H. Holm et al., *J. Am. Chem. Soc.*, **2001**, *123*, 1931.

MoO_2S_3

【名称】tetraethylammonium{[2,4,6-tri(isopropyl)benzenethiolato](1,2-benzenedithiolato)dioxomolybdate(VI)}:
$(Et_4N)[MoO_2(SC_6H_2\text{-}2,4,6\text{-}Pr^i_3)(bdt)]$

【背景】モリブデン酵素は3種類のファミリーに大別される．その1つが亜硫酸酸化酵素(サルファイトオキシダーゼ)ファミリーと呼ばれている．活性部位はプテリンコファクター(モリブドプテリン)と呼ばれるジチオレン配位子が1つ，オキソ配位子が2つ，システイン側鎖のチオラート配位子が1つ配位した構造をしている．本錯体は，この酵素のはじめての構造モデル錯体である[1]．

【調製法】$[MoO_2(O\text{-}SiPh_3)_2]$[2]，$Li_2(bdt)$，$Et_4NCl$ より合成した $(Et_4N)[MoO_2(O\text{-}SiPh_3)(bdt)]$ にアセトニトリル中，$2,4,6\text{-}Pr^i_3C_6H_2SH$ を反応させる．1時間撹拌後得られる黄褐色溶液をろ過し，エーテルを加え−20℃で終夜静置し黄褐色板状晶を得る．

【性質・構造・機能・意義】MoO_2S_3 骨格は正方錐構造をしており，亜硫酸酸化酵素や硝酸還元酵素の活性部位に似ている．モリブデン原子は底面から0.74Å上部に存在している．軸位の Mo=O は1.686(3)Å，equatorial位の Mo=O は1.712(4)Å，bdt との Mo-S は2.476(1)Å(オキソ配位子のトランス位)，2.415(1)Å，単座のチオラートとの Mo-S 結合は，2.40(1)Å である．bdtの2つの Mo-S 結合に有意な差が見られ，トランス影響の存在を示している．赤外吸収スペクトルは920, 885 cm^{-1} に Mo=O の伸縮振動を示す．アセトニトリル溶液は $\lambda_{max}(\varepsilon)$ 341(7430), 387(sh, 3870), 566(sh, 383) nm に吸収を示す．

【関連錯体の紹介およびトピックス】本錯体の合成に用いる $(Et_4N)[MoO_2(O\text{-}SiPh_3)(bdt)]$ は，オレンジ色結晶であり，構造は，チオラート配位子をシロキシド配位子に置換したような，よく似た構造をしている．Mo-O は1.916(4)Å であり，トランス位の Mo-S は2.452(4)Å であり，オキソのトランス位の Mo-S の2.467(5)Å と大きな差は見られない．

1つの bdt 配位子を有するモリブデン(V)錯体は $(Et_4N)[Mo^VO(bdt)_2]$ から合成できる．2当量の PhSeCl を反応させると $(Et_4N)[Mo^VOCl_2(bdt)]$ が得られ，これに RS^- を1または2当量反応させると $(Et_4N)[MoOCl(SR)(bdt)]$ または $(Et_4N)[MoO(SR)_2(bdt)]$ がそれぞれ得られる．R基はかさ高いアダマンチル基(Ad)やトリイソプロピルフェニル基$(2,4,6\text{-}Pr^i_3C_6H_2)$が用いられ，$(Et_4N)[MoOCl(SC_6H_2\text{-}2,4,6\text{-}Pr^i_3)(bdt)]$，$(Et_4N)[MoO(2\text{-}AdS)_2(bdt)]$，$(Et_4N)[MoO(SC_6H_2\text{-}2,4,6\text{-}Pr^i_3)_2(bdt)]$ が単離されている．同様にして，$[MoO(2\text{-}AdS)_2(S_2C_2Me_2)]$ が得られる[1]．

【岡村高明】

参考文献
1) B. S. Lim et al., J. Am. Chem. Soc., **2001**, 123, 8343.
2) M. Huang et al., Inorg. Chem., **1993**, 32, 2287.

MoO₂S₄

【名称】bis(tetraethylammonium) bis(1,2-benzenedithiolato)dioxomolybdate(VI): $(NEt_4)_2[MoO_2(bdt)_2]$

【背景】モリブデン酵素の活性部位の酸化型は，結晶構造が明らかにされる以前からEXAFSを用いた研究により，複数のチオラート配位子をもつジオキソモリブデン(VI)であることが提唱されていた．一方，生化学的な手法によりジチオレン配位子の存在が示唆された．当時，様々なモデル錯体が合成されていたが，4つのチオラート配位子をもつジオキソモリブデン(VI)錯体の報告例はなく，Mo=Oのトランス位にあるMo-S結合は非常に不安定であると考えられていた．本錯体は，そのような錯体が安定に単離されたはじめての例である[1]．

【調製法】$(NEt_4)_2[Mo^{IV}O(bdt)_2]$[2] にDMF中で2当量のMe₃NOを反応させ，DMF/ジエチルエーテルから再結晶し紫色がかった赤褐色結晶として得る．

【性質・構造・機能・意義】歪んだ八面体構造で2つのMo=O結合は1.700(9) Å，1.721(8) Å，O-Mo-Oは102.8(5)°である．Mo-S結合はMo=Oのトランス位が2.593(4)，2.601(4) Åで他の2.425(4)，2.424(4) Åに比べて長く，オキソ配位子のトランス影響である．トランス位のS-Cはやや短く，チオケトンのように二重結合性が増している．MoO₂骨格の対称，逆対称伸縮はラマンスペクトルで858, 829 cm⁻¹に，Mo-S伸縮振動は356 cm⁻¹に観測される．反磁性であり，重アセトニトリル中の¹H NMRスペクトルは6.51, 7.45 ppmに芳香環プロトンのシグナルを与える．DMF溶液中の紫外可視スペクトルは，335, 420, 533 nmにO-Mo, S-MoのLMCTバンドを示す．DMF中でのサイクリックボルタモグラムは，−1.03 V vs. SCEにMo(VI)/Mo(V)由来と考えられる非可逆な還元波を示す．本錯体は，ケトアルコールのベンゾインをジケトンであるベンジルに，トリフェニルホスフィン(Ph₃P)をPh₃POに酸化し，自らは還元され，モノオキソモリブデン(IV)錯体，$(NEt_4)_2[Mo^{IV}O(bdt)_2]$を与える．これらは酸素原子移動反応により進行し，前者はベンジルとともに水を生じる．また，従来のジオキソモリブデン(VI)錯体に見られたような二核モリブデン(V)錯体の生成は見られない．

【関連錯体の紹介およびトピックス】ベンゼン環に置換基を導入した$(NEt_4)_2[MoO_2(tdt)_2]$(tdt=toluene-3,4-dithiolato)，$(NEt_4)_2[MoO_2(Ph_3Si-bdt)_2]$(Ph₃Si-bdt=3-(triphenylsilyl)-1,2-benzenedithiolato)も同様に合成できる．置換基の電子供与性の影響により，酸素原子移動反応速度が変化し，電子供与基により反応は加速する．酸化力の小さいピリジン-N-オキシドを用いると$(NEt_4)_2[Mo^{IV}O(bdt)_2]$はベンゾインを触媒的にベンジルに酸化できる[3]．NH···S水素結合をトランス位のチオラートに導入した$(NEt_4)_2[MoO_2(S-2-t-BuNHCOC_6H_3)_2]$では，チオラートの電子供与が減少し，Mo=O結合が強くなり，錯体も安定化する[4]．モリブデン酵素とタングステン酵素の類似性からタングステン置換体，$(NEt_4)_2[W^{IV}O(bdt)_2]$，$(NEt_4)_2[W^{V}O(bdt)_2]$，$(NEt_4)_2[W^{VI}O_2(bdt)_2]$も同様の方法により合成されている．これらは対応するモリブデン錯体に比べ，酸化還元電位が負側にシフトし，高原子価が安定化される．ジオキソタングステン(VI)錯体はモリブデンに比べ安定化され，酸素原子移動反応速度も遅い[5]．　【岡村高明】

【参考文献】

1) a) N. Ueyama et al., Inorg. Chem., **1996**, 35, 643; b) N. Yoshinaga et al., Chem. Lett., **1990**, 1655.
2) S. Boyde et al., J. Chem. Soc., Chem. Commun., **1986**, 1541.
3) N. Ueyama et al., J. Mol. Catal., **1991**, 64, 247.
4) T. Okamura et al., Inorg. Chem., **2012**, 51, 11688.
5) N. Ueyama et al., J. Am. Chem. Soc., **1992**, 114, 7310.

MoO_2S_4

1,2-dicarbomethoxyethylene-1,2-dithiolate

【名称】oxo-silanolato bis(dithiolene)molybdenum(VI):$(Et_4N)[Mo(O)(OR)-(dithiolene)_2]$

【背景】ジメチルスルホキシド還元酵素やトリメチルアミンNオキシド還元酵素には2つのピラノプテリンジチオレンとセリン酸素と結合したモリブデン活性中心が存在し，$(CH_3)_2SO$ や $(CH_3)_3NO$ から酸素原子を引き抜き，基質の二電子還元による $(CH_3)_2S$ や $(CH_3)_3N$ と H_2O への変換反応を司っている．本錯体は酸素原子引き抜き反応後に生成する酸化型活性中心の分光学的特性や電子状態に関する知見を得るために合成されたモデル錯体である[1]．

【調製法】酵素基質でもある $(CH_3)_3NO$ を五配位構造の $(Et_4N)[Mo^{IV}(OSi^tBuPh_2)(1,2\text{-dicarbomethoxy-ethylene-1,2-dithiolate})_2]$ のテトラヒドロフラン溶液に1:1の化学量論比で加えると，直ちに深紫色の溶液となる．この溶液を濃縮しヘキサンを加えることで紫色の粉末が沈殿する．これを集め減圧下で乾燥する．

【性質・構造・機能・意義】オキソ基とシラノラト基，そして2つのジチオレンが1つのモリブデンに結合した単核錯体で，モリブデンの形式酸化数は +VI 価であり反磁性を示す．中心原子は歪んだ八面体構造をとり，2つのジチオレンはオキソ基とシラノラト基に対して環境が異なっている(part A と part B)．オキソ基のトランス位に位置する硫黄(S4)とモリブデンとの結合(2.5607(8) Å)はシラノラト基のトランス位の硫黄(S2)とモリブデンが作る結合(2.4778(7) Å)よりも長い．オキソ基のトランス位のジチオレン配位子の C8-S4 結合は，オキソ基のシス位に位置するジチオレン配位子のそれらに対応する結合よりも短く，C7-C8 結合は長くなっている．この結果は，part B のジチオレン部とモリブデン中心間におけるπ電子の非局在化を示しており，この非局在化は主に LUMO の成分に寄与している．共鳴ラマンスペクトルにおいて，1554 cm^{-1} と 1489 cm^{-1} に C=C 伸縮振動が観測され，結晶構造と同じく環境の異なる2つのジチオレンの存在を裏づける．可視領域に λ_{max} = 738 nm (ε = 1350 M^{-1}cm^{-1}) と λ_{max} = 570 nm (ε = 2800 M^{-1}cm^{-1}) の吸収帯が存在する．長波長側の吸収体帯は part A のジチオレンからモリブデンへの電荷移動遷移によるものであり，もう一方の吸収帯は両方のジチオレンからモリブデンの電荷移動遷移である．

【関連錯体の紹介およびトピックス】同じジチオレン配位子を用いて合成された cis-$[MoO_2]^{2+}$，cis-$[MoO(S)]^{2+}$，cis-$[MoO(Se)]^{2+}$ 錯体が酸素原子添加酵素や水酸化酵素などのモデルとして合成されている[2]．

【杉本秀樹】

E = O, S, Se

【参考文献】
1) H. Sugimoto *et al.*, *Inorg. Chem.*, **2010**, *49*, 5368.
2) a) H. Sugimoto *et al.*, *Inorg. Chem.*, **2009**, *48*, 10581; b) H. Sugimoto *et al.*, *Chem. Commun.*, **2013**, *49*, 4358.

$Mo^V_{28}Mo^{VI}_{126}O_{532}$

ク

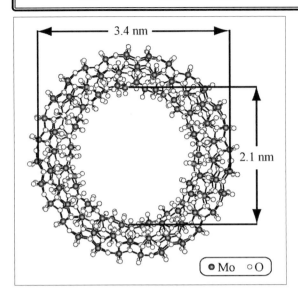

【名称】tetradeca-sodium [heptaconta-aqua-tetradeca-hydroxo-tetradeca-μ_4-oxo-octanonaconta-μ_3-oxo-octahexacontahecta-μ-oxo-tetrapentacontahecta(oxotungstate)(14-)]: $Na_{14}[Mo^V_{28}Mo^{VI}_{126}O_{462}H_{14}(H_2O)_{70}]\cdot ca.200H_2O$

【背景】Moのポリ酸が還元されて青色のMoブルーと呼ばれる種を与えることは古くから知られ，特に水溶液中の微量のPO_4^{3-}やSiO_4^{4-}などが共存するとヘテロポリブルーを与え，これら微量イオンの優れた吸光分析法として知られている．しかしながらその構造については，ヘテロポリブルーのいくつかが明らかにされた他，イソポリブルーについては最近である．まず$[Mo_7O_{24}]^{6-}$の一電子還元体が二量化脱水縮合した$[(Mo_7O_{23})_2]^{10-}$（$=\{Mo_{14}\}$）をはじめとしてリング，チェーン，チューブ，球体構造のナノサイズの特異超分子が発見されるに至った．

【調製法】$Na_2MoO_4\cdot 2H_2O$, HCl, $Na_2S_2O_4$を水に溶解し攪拌する．濃青色の反応溶液を1日放置後生じた青色結晶をろ別後，少量の氷水で洗浄し$CaCl_2$上で乾燥し$Na_{14}[Mo^V_{28}Mo^{VI}_{126}O_{462}H_{14}(H_2O)_{70}]\cdot ca.125H_2O$が$Na_{14}[Mo^V_{28}Mo^{VI}_{124}O_{462}H_{14}(H_2O)_{68}]\cdot ca.200H_2O$との1：1混合結晶として得られる．

【性質・構造・機能・意義】HClで調整したpH1の水溶液でアニオン（$\{Mo_{154}\}$）の分子吸光係数として$\varepsilon_{745}=1.8\times 10^5\,M^{-1}\,cm^{-1}$, $\varepsilon_{1070}=1.4\times 10^5\,M^{-1}\,cm^{-1}$を与える．

28電子還元されたこのアニオンの構造は外径3.4 nm，内径2.1 nm，厚み1.1 nmのドーナツ状であって，形式的には四電子還元された$\{Mo_{22}\}$ユニット（$=[Mo^V_4-Mo^{VI}_{18}O_{66}(H_2O)_{10}]^{4-}$）が7個集合した$D_{7d}$対称のリングである．合成条件のpHをより中性に変化させることで内径を構成する単核のモリブデン酸イオンが1および2個脱落した$\{Mo_{21}\}$や$\{Mo_{20}\}$ユニットが生じ，例えばpH2では2個の$\{Mo_{21}\}$と5個の$\{Mo_{20}\}$ユニットからなる欠損タイプの二十八電子還元された$\{Mo_{142}\}$リングを与える．内径に生じた欠損部位は高いマイナス電荷となるため+3価の希土類金属イオンに置換されやすく，また内径を占める2核のモリブデン酸イオンはこの陽イオンによる置換も受けて楕円構造に変化する．内径を占める2核のモリブデン酸イオンは反応性が高く近傍のアニオンのそれと縮合して内径間を結合したチェーンやチューブ構造を与えたり，またカルボン酸，スルフォン酸などの配位子を配位し内径を疎水性とする．

【関連錯体の紹介およびトピックス】ナノボールと呼ばれる2.6 nm径の褐色の六十電子還元されたKeplerateも合成された．これは$\{[(Mo^{VI})Mo^{VI}_5O_{21}(H_2O)_6]_{12}[Mo^V_2O_4(CH_3CO_2)]_{30}\}^{12-}$（$\{Mo_{132}\}$）であって取り込まれた60個の電子は各$[Mo^V_2O_4(CH_3CO_2)]^-$リンカーの$Mo^V-Mo^V$結合（結合距離2.6Å）に局在している．光化学的にも類似の化合物が合成され，新規な分子設計法としてだけでなく，複雑な自己集合反応のメカニズムを明らかにする手段としても興味が持たれている．この方法により楕円状の$[Mo_{150}O_{452}(H_2O)_{66}\{Ln(H_2O)_5\}_2]^{26-}$（$\{Mo_{150}Ln_2\}$），おにぎり状の$[Mo_{120}O_{366}(H_2O)_{48}\{Ln(H_2O)_5\}_6]^{18-}$（$\{Mo_{120}Ln_6\}$），ナノチューブの$[Mo^V_{28}Mo^{VI}_{126}O_{454}H_4(H_2O)_{70}]^{8-}$（$\{Mo_{154}\}_\infty$）が得られた．リング内に取り込まれた還元電子の電気的性質に興味がもたれる．

【山瀬利博】

参考文献

1) A. Müller *et al.*, *Z. Anorg. Allg. Chem.*, **1999**, *625*, 1496.
2) A. Müller *et al.*, *Angew. Chem. Int. Ed.*, **2002**, *41*, 1162.
3) A. Müller *et al.*, *Angew. Chem. Int. Ed.*, **1999**, *38*, 3241.
4) T. Yamase *et al.*, *J. Mol. Struct.*, **2003**, *656*, 107.

MoRh$_2$C$_{12}$S$_4$

有 電 ク

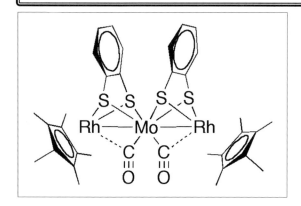

【名称】bis[1,2-benzenedithiolato(2-)-κS^1, κS^2:κS^1,κS^2]] dicarbonyl bis[[(1,2,3,4,5-)-1,2,3,4,5-pentamethyl-2,4-cyclopentadien-1-yl]rhodium]molybdenum: [(η^5-C$_5$Me$_5$)RhS$_2$C$_6$H$_4$]$_2$Mo(CO)$_2$

【背景】多電子移動反応は生体触媒や人工触媒反応の重要な過程であり，これらの反応機構の理解には酸化還元過程における構造変化と電子状態の研究が必要である．これまでの電子的に等価なレドックスサイトを有する多核錯体では，熱力学的に有利に混合原子価状態を形成するため，多段階の酸化還元反応が観測される．一方，本錯体は多核金属ジチオレン錯体においてはじめて化学的に可逆な一段階二電子酸化還元反応を示した[1]．

【調製法】窒素雰囲気下，(η^5-C$_5$Me$_5$)RhS$_2$C$_6$H$_4$のトルエン溶液に0.5当量のMo(CO)$_3$(py)$_3$を添加後，1.5当量のBF$_3$・OEt$_2$を滴下し20℃で1時間反応させ，この反応溶液に0.2当量のMo(CO)$_3$(py)$_3$と0.6当量のBF$_3$・OEt$_2$を加え20℃で1時間反応させる．原料の消失をTLCで確認した後，溶媒を留去する．塩基性アルミナ(activityII〜III)を用い，トルエンを溶離液としてカラムクロマトグラフィーにより分離する．最初の紫色留分を採取し溶媒を留去後，少量のヘキサンで洗浄することで，目的錯体を黒紫色粉末として得る．

【性質・構造・機能・意義】X線結晶構造解析の結果から，2つのロダジチオレンユニットがMo(CO)$_2$により架橋された構造を有し，Rh-Mo-Rh金属間結合が生成している異種金属三核錯体である．(η^5-C$_5$Me$_5$)-RhS$_2$C$_6$H$_4$のジチオレン環が平面構造であるのに対し，本錯体のジチオレン環のRh-S-C結合角は約103°であり，S原子がRh-Mo結合を架橋した構造をしている．錯体中のMo原子は2つのカルボニル配位子を有し，O-C-Mo平均結合角は167.65°，Mo-C平均結合長は1.955Å，Rh-C平均結合長が2.670Åであり，Moからだけでなく Rh からも CO 配位子への弱い π 逆供与の存在が示唆される．また，COの配位子とそれぞれの金属間距離からCOの配位形式は末端結合に近い準架橋構造である．IRスペクトルにおいて2つのCO伸縮振動は，KBrペレット法で1862, 1797 cm^{-1}，THF溶液中では1868, 1803 cm^{-1}に観測され，X線結晶構造解析の結果と一致している．

Bu$_4$NClO$_4$-MeCN/toluene 溶液中，−20℃でサイクリックボルタンメトリーを測定すると，フェロセニウム/フェロセンを基準として $E^{0'}=-1870$ mV に $\Delta E_p=38$ mV の1つの可逆な酸化還元波のみが観測される．クーロメトリー法により二電子移動が観測されたことから，一段階二電子酸化還元反応を起こすことが確認された．ΔE_pは溶媒と電解質に依存するが，どのような反応条件下でも Rh^{III}MoRh^{III} と Rh^{II}MoRh^{II} 間の一段階二電子酸化還元反応が観測される．

還元状態の構造推定のために理論計算が行われ，O-C-Mo 結合角は151.64°，Mo-C 結合長は2.018Å，Rh-C 結合長は2.157Åとなっており，2つのCO配位子がRhとMoを架橋していることが強く示唆される．IRAS測定においては本錯体を二電子還元すると1864, 1806 cm^{-1}に観測される2本のν(CO)伸縮振動が1682, 1617 cm^{-1}へと低波数側にシフトする．これは電子豊富な Rh^{II} から CO 配位子への強い π 供与のためである．この結果は理論計算の結果と一致しており，二電子還元が起こるに伴い CO 配位子が準架橋状態から架橋状態への構造変化が起きていることを裏づけている．

本錯体は多核金属ジチオレン錯体においてはじめて化学的に可逆な一段階二電子酸化還元反応が観測された例であり，酸化還元に伴う構造変化を明らかにした点で興味深い．

【関連錯体の紹介およびトピックス】本錯体と類似の構造を有する錯体としては，Co-Mo-Co結合[2]およびCo-W-Co結合を有するものが報告されている[3]．またCo-Mo-Co結合を有するメタラジセレノレン錯体も類似の構造を示すことが報告されている．

【西原　寛】

【参考文献】
1) S. Muratsugu *et al.*, *J. Am. Chem. Soc.*, **2009**, *131*, 1385.
2) M. Nihei *et al.*, *Angew. Chem. Int. Ed.*, **1999**, *38*, 1098.
3) M. Murata *et al.*, *Inorg. Chem.*, **2006**, *45*, 1108.

Mo$_2$C$_2$N$_6$P$_4$

有 触 生

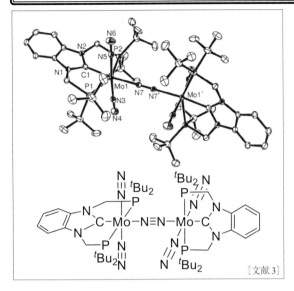

[文献3]

【名称】μ-dinitrogen-1κN: 2κN'-bis {1,3-bis[(di-*tert*-butylphosphino-1κ^{2}P,P',2κ^{2}P,P')methyl]-2,3-dihydro-1H-benzo[d]imidazole-1κC,2κC-bis(dinitrogen-1κ^{2}N,2κ^2-N)molybdenum(0)}

【背景】21世紀に入って均一系触媒を用いた常温・常圧での触媒的窒素固定反応が様々報告されるようになったが[1,2]、窒素をアンモニアへと変換するために必要な多段階の還元とプロトン化反応に触媒が耐えることが必要であり、しばしば配位子の解離に伴う失活過程が観測される。そこでより強い Lewis 塩基性を有し、様々な遷移金属と強固な配位を形成することが知られている N-ヘテロサイクリックカルベンと、かさ高い電子豊富な *tert*-ブチル基を導入したπ酸性の強いπ酸性の強いホスフィンを2つ含む PCP 型ピンサー配位子が着目され、本配位子を有する0価モリブデン窒素錯体が設計・合成された。触媒的窒素固定反応において本錯体は錯体当たり 200 当量のアンモニアが生成するなど非常に高い触媒活性を示す[3]。

【調製法】ヘキサフルオロリン酸 1,3-ビス[(ジ-*tert*-ブチルホスフィノ)メチル]-1H-ベンゾ[d]イミダゾール-3-イウムとカリウムビス(トリメチルシリル)アミドをトルエン中室温で反応させることにより、PCP 型ピンサー配位子となるフリーの 1,3-ビス[(ジ-*tert*-ブチルホスフィニル)メチル]-2,3-ジヒドロ-1H-ベンゾ[d]イミダゾール (PCP) が系中に生成する[3,4]。PCP を含む懸濁液にモリブデン3価の THF 錯体[MoCl$_3$(thf)$_3$][5] とトルエンを加え、80℃で19時間反応させることにより、PCP 型ピンサー配位子を有するモリブデン3価のトリクロリド錯体[MoCl$_3$(PCP)]が得られる。続いて[MoCl$_3$(PCP)]を過剰量のナトリウムアマルガムと1気圧の窒素下室温で17時間反応させることにより、PCP 型ピンサー配位子を有するモリブデン0価の窒素架橋型二核錯体[{Mo(N$_2$)$_2$(PCP)}$_2$(μ-N$_2$)]が得られる[3]。

【性質・構造・機能・意義】THF 溶液からの −18℃での再結晶化によって得られた赤い板状結晶の X 線解析により、*trans* に2つ *end-on* 型配位した二窒素配位子(N3-N4:1.132(4), N5-N6:1.129(4) Å)と PNP 型ピンサー配位子を有するモリブデン0価部位が、*end-on* 型配位の二窒素配位子(N7-N7*:1.130(2) Å)によって架橋された二核構造が明らかとなった。*trans* に配位した二窒素由来の赤外吸収は、固体状態では 1978 cm^{-1} (KBr)に、THF 中では 1979 cm^{-1} に観測される。溶液中では ^{15}N$_2$ ガス雰囲気下で容易に ^{14}N$_2$ と ^{15}N$_2$ の置換が進行するが、^{15}N で標識された錯体[{Mo(^{15}N$_2$)$_2$(PCP)}$_2$-(μ-^{15}N$_2$)]は、^{15}N NMR(THF-d_8)において δ −32.0(br, MoNN), −13.0(d, $^1J_{NN}$ = 5.4 Hz, MoNN), 7.2(s, μ-N$_2$)にシグナルを示し、溶液状態でも二核構造は保持されている[3]。

【関連錯体の紹介およびトピックス】ベンゾイミダゾール骨格の5,6位にメチル基を導入した錯体も合成可能であるが、窒素をアンモニアへと変換する触媒反応に用いた場合、錯体当たり 230 当量のアンモニアが生成し、より高い触媒活性を示す[3]。また[MHCl(PCP)]PF$_6$(M=Rh, Ir)や[MCl(PCP)](M=Ni, Rh, Cl)など、PCP 配位子を有する種々の後周期遷移金属錯体も合成可能であり[4,6]、例えばルテニウム2価の単核錯体[RuHCl(CO)(PCP)]は、ベンジルアミンとベンジルアルコールからの脱水素化的イミン合成において触媒活性を示し、その触媒寿命は対応する PNP 錯体よりも長い[7]。またイリジウム1価の単核錯体[IrCl(PCP)]は二酸化炭素の水素化によるギ酸塩の生成反応において、高い触媒活性(TON〜230,000)を示す[6]。

【西林仁昭】

【参考文献】
1) D. V. Yandulov *et al.*, *Science*, **2003**, *301*, 76.
2) K. Arashiba *et al.*, *Nat. Chem.*, **2011**, *3*, 120.
3) A. Eizawa *et al.*, *Nat. Commun.*, **2017**, *8*, 14874.
4) K. Matoba *et al.*, *Synthesis*, **2018**, *50*, 1015.
5) F. Stoffelbach *et al.*, *Eur. J. Inorg. Chem.*, **2001**, 2699.
6) S. Takaoka *et al.*, *Organometallics*, **2018**, *37*, 3001.
7) A. Eizawa *et al.*, *Organometallics*, **2018**, *37*, 3086.

Mo$_2$C$_4$N$_4$

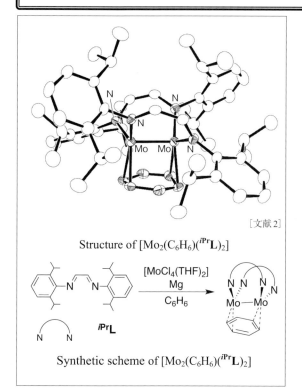

Structure of [Mo$_2$(C$_6$H$_6$)(^{iPr}L)$_2$]

Synthetic scheme of [Mo$_2$(C$_6$H$_6$)(^{iPr}L)$_2$]

【名称】 cis-μ-$η^2$(1,2): $η^2$(4,5)-benzene bis(N,N'-bis(2,6-diisopropylphenyl)ethenediamide) dimolybdenum: [Mo$_2$(C$_6$H$_6$)(^{iPr}L)$_2$]

【背景】 金属に配位した芳香族化合物は，C-H 結合の活性化や求核性-求電子性の極性転換など，通常の芳香族化合物とは異なった性質を示すことが知られている[1]．このことから，複数の金属を1つの芳香族化合物に配位させることによる，芳香族化合物のさらなる活性化が期待できる．本錯体は，二核モリブデンにより，これまでとは異なった配位様式でベンゼンを捕捉しており，多核金属錯体を用いて芳香族化合物の活性化に成功した例である[2]．

【調製法】 Ar 雰囲気下, [MoCl$_4$(THF)$_2$]および N,N'-bis-(2,6-diisopropylphenyl)-1,4-diazadiene(^{iPr}L)のベンゼン溶液に Mg を加え，室温で撹拌したのちろ過，濃縮し，得られる濃緑色粉末をベンゼン/メタノールを用いて再結晶することにより濃青色結晶である目的物が得られる．

【性質・構造・機能・意義】 結晶構造解析により，2つの Mo に対してベンゼンおよび ^{iPr}L が架橋した構造となっており，その配位形式は cis-μ-$η^2$(1,2): $η^2$(4,5)であった．Mo-Mo 結合距離は 2.1968(4) Åであり，金属間に多重結合が存在していることを示唆している[3]．

配位したベンゼンのC-C 結合距離はそれぞれ1.456(5)，1.442(5)，1.365(5)，1.463(5)，1.433(5)，1.384(5) Åとなっており，通常のベンゼン分子と比べ大きく変化している．また，配位したベンゼンは平面性が失われていることもその構造から明らかとなっている．

配位したベンゼンの溶液中における性質は，benzene-^{13}C$_6$ を配位させた錯体[Mo$_2$(^{13}C$_6$H$_6$)(^{iPr}L)$_2$]の ^{13}C{^{1}H} NMR スペクトルにより行われている．それによると，室温で60 ppm 付近に大きくブロードした1つのピークが観測され（図1），配位したベンゼンは自由に回転していることが示唆されたが，−70℃では鋭い3本のピークに分裂(123.6, 71.3, 50.8 ppm)し，その回転が制限されていることが示唆されている．

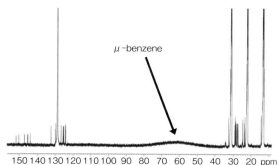

図1 [Mo$_2$(^{13}C$_6$H$_6$)(^{iPr}L)$_2$]の ^{13}C{^{1}H} NMR スペクトル(20℃)

配位したベンゼンは MeMgBr との反応によりジメチル化し低収率ながらもキシレンが生成することが質量分析法(ESI-MS)により確認されている．

【関連錯体の紹介およびトピックス】 他の関連した錯体として，Tsai らは類似の架橋配位子を利用しMo-Mo 間に五重結合を有する錯体を報告しており，Mo-Mo 間の結合に関して密度汎関数法(DFT)を用いてその電子状態の検討を行っている[4]．また Carmona らによっても Mo 間に五重結合を有する二核 Mo 錯体の芳香族化合物との反応性が報告されており，加えて水素分子との可逆的酸化的付加-還元的脱離反応も報告されている[5]．

【小川崇彦】

【参考文献】
1) J. K. Kochi *et al.*, *Coord. Chem. Rev.*, **2000**, *200-202*, 831.
2) T. Ogawa *et al.*, *Inorg. Chem.*, **2009**, *48*, 9069.
3) F. A. Cotton *et al.*, *Acc. Chem. Res.*, **1978**, *11*, 225.
4) Y.-C. Tsai *et al.*, *Angew. Chem. Int. Ed.*, **2012**, *51*, 6394.
5) E. Carmona *et al.*, *Angew. Chem. Int. Ed.*, **2013**, *52*, 3227.

Mo_2C_{16}

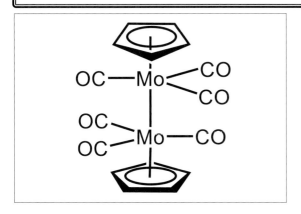

【名称】hexacarbonylbis(η^5-cyclopentadienyl)dimolybdenum(I): $[CpMo(CO)_3]_2$

【背景】フェロセンの構造決定が達成されて以降,様々な遷移金属のメタロセンが合成されてきた.この錯体も一連のメタロセン研究の中で合成されたが,それまでのビスシクロペンタジエン錯体とは異なり,金属-金属結合を有する「三段重ねサンドイッチ」であることが明らかとなった.

【調製法】$Mo(CO)_6$をアセトニトリル中4時間加熱還流することで$Mo(MeCN)_3(CO)_3$を得て,これをシクロペンタジエン中で2時間加熱還流することにより,水素の発生とともに$[CpMo(CO)_3]_2$が収率89%で得られる[1].

【性質・構造・機能・意義】$[CpMo(CO)_3]_2$はWilkinsonによって気相中,シクロペンタジエンと$Mo(CO)_6$を反応させることにより,暗赤色結晶として合成された[2].同条件の反応において,モリブデンと同族元素のタングステンの場合は同様に$[CpW(CO)_3]_2$を生じるが,クロムではクロモセンCp_2Crを生じる.Wilkinsonは当初,得られた錯体を$Cp_2Mo_2(CO)_5$と報告したが,その後のX線結晶構造解析により$[CpMo(CO)_3]_2$であると修正された[3].Mo-Mo原子間距離は3.24 Åであり,通常のMo-Mo単結合より伸長しているものの,Mo-Mo単結合を有していると考えられる.カルボニル配位子はすべて末端配位子であり,IRスペクトルにおけるCO伸縮振動由来のピークは1960 cm^{-1}および1916 cm^{-1}に観測される.$[CpMo(CO)_3]_2$はイソオクタン中の紫外可視吸収スペクトルにおいて512 nm ($\varepsilon=1720$ M^{-1}cm^{-1})にdπ-σ^*由来の吸収が,388 nm ($\varepsilon=20400$ M^{-1}cm^{-1})にσ-σ^*由来の吸収が見られる[4].

ジクロロメタン中のサイクリックボルタンメトリー測定において,-1.2 V vs. SCEに$[CpMo(CO)_3]_2+2e^-\rightarrow 2[CpMo(CO)_3]^-$に対応する非可逆な二電子還元波が,$-0.1$ Vに$CpMo(CO)_3^-\rightarrow 1/2[CpMo(CO)_3]_2$に対応する非可逆な酸化波が観測される.また,$+1.0$ V (vs. SCE)に$[CpMo(CO)_3]_2\rightarrow 2[CpMo(CO)_3]^++2e^-$に対応する非可逆な酸化波が,$-0.42$ Vに$CpMo(CO)_3^++2e^-\rightarrow 1/2[CpMo(CO)_3]_2$に対応する還元波が観測される.酸化および還元においてはいずれも$\{[CpMo(CO)_3]_2\}^{2+}$や$\{[CpMo(CO)_3]_2\}^{2-}$の2価イオンを生じるのではなく,いったん生じた1価イオンのMo-Mo結合が解離して$CpMo(CO)_3$が生じ,これが直ちに酸化還元を受けることで,全体としては2電子の酸化還元として観測される[5].

【関連錯体の紹介およびトピックス】$[CpMo(CO)_3]_2$を溶液中加熱[6],あるいは光照射[4]すると脱カルボニル反応が起こり,Mo≡Mo三重結合(結合距離2.28 Å)を有する錯体$[CpMo(CO)_2]_2$が生成する.$Cp_2Mo_2(CO)_5$はMo=Mo二重結合を有していると考えられているが,IRスペクトル測定により短寿命化学種としての存在が示唆されているのみで[7],DFT計算からも不安定であることが予測されている[8].

【西原 寛】

【参考文献】
1) M. D. Curtis et al., Inorg. Synth., **1990**, 28, 150.
2) G. Wilkinson, J. Am. Chem. Soc., **1954**, 76, 209.
3) F. C. Wilson et al., Naturwissenschaften, **1956**, 43, 57.
4) D. S. Ginley et al., Inorg. Chem. Acta, **1977**, 23, 85.
5) K. M. Kadish et al., Inorg. Chem., **1986**, 25, 2246.
6) R. J. Klingler et al., J. Am. Chem. Soc., **1975**, 97, 3535.
7) J. Peters et al., Organometallics, **1995**, 14, 1503.
8) X. Zhang et al., Organometallics, **2009**, 28, 2818.

Mo₂C₁₆

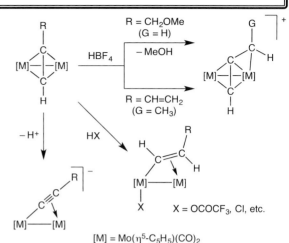

図1 架橋アルキン錯体の変換

【名称】tetracarbonylbis(η^5-cyclopentadienyl)(μ-η^2:η^2-alkyne)dimolybdenum(I):[{Mo(η^5-C₅H₅)(CO)₂}₂(μ-η^2:η^2-alkyne)]

【背景】多核錯体は多様な様式でアルキンを配位し，特異な変換を促進する．本錯体は，最もよく研究されている架橋アルキン錯体の一例である．

【調製法】[{Mo(η^5-C₅H₅)(CO)₂}₂]にアセチレンまたは置換アセチレンを加えると得られる[1]．置換基の適用範囲は広く，様々な有機基や有機ケイ素・スズの他，遷移金属錯体ユニットをもつものも合成されている[2]．また，単核のアルキニル錯体[Mo(η^5-C₅H₅)(CO)₃(C≡CR)]を加熱すると（>100℃），二量化とともにカップリングが進行してジイン配位子が生じ，架橋アルキン錯体（上図でR'=C≡CR）が生成する[3]．

【性質・構造・機能・意義】赤色結晶で，空気下での分解は固体状態では遅いが，溶液中ではやや速い．Mo-Mo結合軸に対してアセチレン部位は直交しており，Mo₂C₂の四面体型コアを形成している（R=R'=H:Mo-Mo=2.980(1);C-C=1.337(5);Mo-C=2.1～2.2Å）[4]．結晶状態ではCOの1つが半架橋しており，溶液のNMR測定ではCOの位置交換による動的挙動が観測される．

図1のように酸と反応してアルキン配位子がプロトン化され，カチオン性のμ-η^1:η^2-ビニル錯体が生成する（右下矢印）[5]．一方R'=Hのとき，R=CH₂OMeの誘導体のプロトン化ではMeOHが脱離し，μ-η^2:η^3-アレニル錯体に変換される（右向矢印）[6]．R=CH=CH₂の誘導体もまた，ビニル末端炭素のプロトン化によってアレニル型配位子を生じる．アレニル配位子のγ-炭素は一方のMoにのみ弱く結合しており，求核試薬の付加を容易に受けてμ-η^2:η^2-アルキン錯体となる．

R'=Hのアルキン錯体に強塩基を作用させると脱プロトンして，アニオン性のμ-η^1:η^2-アルキニル錯体となる（図1下向矢印）[7]．これに求電子剤E⁺を加えるとβ-炭素上に付加してμ-η^1:η^2-ビニリデン錯体を生成するが，E=Hのときは徐々に異性化してはじめのアルキン錯体に戻る．

アルケンを反応させると，配位アルキンとCOとともに3成分で環化付加し，シクロペンテノン誘導体を与える[8]．アルキン配位子の水素化が100℃以上で起こりcis-アルケンを遊離するが，これは触媒的にも進む[9]．

【関連錯体の紹介およびトピックス】二核錯体[{Co(CO)₃}₂(μ-η^2:η^2-alkyne)]は{CpMo(CO)₂}と等電子的な{Co(CO)₃}ユニットからなり，性質がよく類似している[10]．

【清野秀岳】

【参考文献】

1) R. J. Klingler *et al., J. Am. Chem. Soc.*, **1975**, *97*, 3535.
2) a) M. Akita *et al., Organometallics*, **1993**, *12*, 2925; b) M. Ferrer *et al., Organometallics*, **1995**, *14*, 57.
3) N. A. Ustynyuk *et al., J. Organomet. Chem.*, **1984**, *277*, 285.
4) W. I. Bailey, Jr. *et al., J. Am. Chem. Soc.*, **1978**, *100*, 5764.
5) J. A. Beck *et al., J. Organomet. Chem.*, **1980**, *202*, C49; b) R. F. Gerlach *et al., Organometallics*, **1983**, *2*, 1172.
6) a) A. Meyer *et al., Organometallics*, **1987**, *6*, 1491; b) N. Le Berre-Cosquer *et al., Organometallics*, **1992**, *11*, 721.
7) a) S. F. T. Froom *et al., J. Chem. Soc., Dalton Trans.*, **1991**, 3171; b) M. D. Curtis *et al., Organometallics*, **1992**, *11*, 4343.
8) C. Mukai *et al., J. Chem. Soc., Chem. Commun.*, **1992**, 1014.
9) S. Slater *et al., Inorg. Chem.*, **1980**, *19*, 3337.
10) a) R. S. Dickson *et al.*, **1974**, *12*, 323. b) 杉原他，有機合成化学協会誌，**1999**, *57*, 158.

$Mo_2N_2O_8$

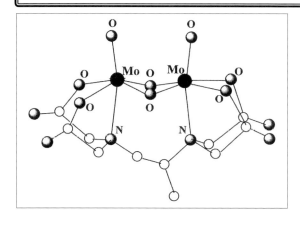

【名称】sodium μ-oxo-μ(N,N)-(R)-1,2-propylenediamine-N, N, N', N'-tetraacetato-bis(oxomolybdenium(V)): $Na_2[(MoO)_2(μ-O)_2(μ-R-pdta)]$

【背景】モリブデン(V)はd電子を1個もち，そのd電子を用いてMo-Mo結合を形成する能力があるので，単核の錯体だけではなく，複核錯体を形成することができる．d電子は，六配位構造では配位子間のd軌道に入る．すなわち，辺共有型の複核構造が生ずる．一般にV価のMoは高い電荷を中和するために，1ないし2個のオキソ配位子(酸化物イオン O^{2-})が配位しているが，この複核構造の場合には，Mo-Mo結合の形成に際して，各Moが1個のオキソ配位子を供出して2個のオキソ架橋を形成する．さらに各Moにはもう1個のオキソ配位子が結合し，$(MoO)_2(μ-O)_2$型の複核骨格を生ずる場合が多い．この時，2個の非架橋オキソ配位子は架橋面に対して同じ側にある場合が多い．各Moには，さらに，facial位となる3個の配位座が存在する．EDTA型の六座配位子は，この骨格に対して半分の-$N(CH_3COO)_2$部分が各Moにfacial構造で配位し，ジアミン部分が2個のMoを架橋した独特の架橋型配位構造をとる．本項の錯体は，ジアミン部分が光学活性propylenediamineとなった光学活性錯体である．

【調製法】光学活性な配位子H_4-R-pdtaに水溶液中でNaOHを加えて，四酢酸イオン型とする．Mo(V)は，$MoCl_5$を用いるか，MoO_4^{2-}を塩酸酸性水溶液中で水銀により還元して得る．水溶液中で配位子とMo(V)とを混合し，エタノールを加えることによって，目的物が得られる[1]．

【性質・構造・機能・意義】図に見るように，各Mo周りは正八面体型構造から大きくひずんでおり，架橋のオキソイオンを除く各配位原子は中心から外側に大きく逃げた形となっている．Mo-Mo距離は，2.533 Åと短く，金属間結合の形成を示している[2]．

オキソ架橋の向かい側にある4つのカルボキシル酸素は，長方形型に位置するが，同一平面上にはなく交互に上下にずれている．この配置は，上下が区別されれば不斉となるので，$(MoO)_2(μ-O)_2$骨格は光学活性となり，$Δ$および$Λ$の配置が存在する．この2つの配置は等価なので，通常1:1に存在するが，この骨格に配位する配位子に不斉中心がある場合には，この存在比がずれ，通常100%どちらかの配置に偏る．本錯体ではR-pdtaの不斉炭素が骨格の不斉を誘起し，100% $Δ$骨格となる．

酸性水溶液中では不安定で，徐々にR-pdta配位子がはずれ，$[(MoO)_2(μ-O)_2(H_2O)_6]^{2+}$となる．また，$[IrCl_6]^{2-}$や$[Fe(1,10\text{-phenanthroline})_3]^{3+}$のような一電子酸化剤により酸化を受ける．このとき，最初のMoの酸化が律速で，2番目のMoはより速やかに酸化される．

【関連錯体の紹介およびトピックス】$(MoO)_2(μ-O)_2$骨格をもつ錯体は，シュウ酸イオン，ジチオカルバミン酸イオンなど様々な配位子をもつ錯体が古くから知られている．中でも，H_2Oが配位子である錯体，$[(MoO)_2(μ-O)_2(H_2O)_6]^{2+}$は，この型の最も基礎的な錯体として，水溶液中での分光化学的性質，配位子置換反応性，酸化還元反応性などの基礎的性質の研究が行われてきた．この錯体は合成の原料としても貴重である．類似の複核骨格として，オキソ架橋のうち1個または両方をチオ(S^{2-})架橋に換えた骨格，すなわち$(MoO)_2(μ-O)(μ-S)$または$(MoO)_2(μ-S)_2$，をもつ複核錯体も合成されている．Moと同族のWのV価にも同様の骨格をもつ一連の錯体が知られている．さらに，Mo(V)とW(V)を1個ずつもつ混合金属錯体骨格$(MoO)(WO)(μ-O)_2$，およびその$(μ-S)_2$および$(μ-O)(μ-S)$誘導体も合成され，一連の骨格にR-pdtaやedta^{4-}(ehtylenediaminetetraacetate)などの六座配位子が架橋配位した錯体も報告されている．

【佐々木陽一】

【参考文献】
1) R. M. Wing et al., Inorg. Chem., **1969**, 8, 2303.
2) A. Kojima et al., Bull. Chem. Soc. Jpn., **1981**, 54, 2457.

Mo$_2$N$_4$Cl$_4$

【名称】tetrachlorotetrakis(α-methylcyclo hexanemethanamine)dimolybdenum: [Mo$_2$Cl$_4$(chea)$_4$]

【背景】Mo-Mo四重結合を有する錯体の中でも，比較的柔軟な構造をもつ錯体について，構造と光学活性の相関性を明らかにするために，キラルな単座アミンを導入した錯体が設計・合成された．四重結合を有する錯体の中で，キラル単座アミンを含むものとしては，単結晶X線解析により構造が明らかにされたはじめての例である[1]．

【調製法】窒素雰囲気下，アセトン中で前駆体となる二核錯体[Mo$_2$Cl$_4$(PPh$_3$)$_4$(MeOH)$_2$]と配位子 S-(+)-1-シクロヘキシルエチルアミン(S-chea)を1:4の比率で混合し，室温で26時間反応させる[2]．赤色結晶として析出する[Mo$_2$Cl$_4$(S-chea)$_4$]をろ取し，アセトンで洗浄後，乾燥させる．配位子に R-(−)-1-シクロヘキシルエチルアミン(R-chea)を用いれば，[Mo$_2$Cl$_4$(R-chea)$_4$]が得られる．

【性質・構造・機能・意義】トルエン中での[Mo$_2$Cl$_4$(S-chea)$_4$]の吸収スペクトルは，Mo-Mo四重結合を有する化合物に典型的なパターンを示し，531 nmに $\delta_{xy} \to \delta_{xy}^*$ 遷移に基づく吸収帯($\varepsilon = 1647$ M^{-1}cm^{-1})，455 nmに禁制遷移 $\delta_{xy} \to \delta_{x^2-y^2}$ による吸収帯($\varepsilon = 250$ M^{-1}cm^{-1})が観測される[3]．固体状態の円二色性(CD)スペクトルにおいては，$\delta_{xy} \to \delta_{xy}^*$ 遷移に対応する帯が520 nmに正のシグナルとして，$\delta_{xy} \to \delta_{x^2-y^2}$ 遷移に対応する帯が455 nmに負のシグナルとして現れる．

この錯体は結晶構造が得られており，Mo-Mo結合の周りでねじれた構造をとっている．このねじれ様式に依存してΔおよびΛの2種類の異性体が存在し，結晶中には97:3の比率で含まれている．主成分となるのはΔ体であり，この場合，Mo-Mo結合の周りのねじれ角は6.5°であり，時計回り方向にねじれている．一方，Λ体のねじれ角は5.9°であり，反時計回り方向にねじれている．いずれの異性体においても，Mo-Mo結合距離は2.12 Åとなっており，他のMo-Mo四重結合有する錯体における距離と同程度である．固体状態の場合とは異なり，溶液中ではΔ体とΛ体間における平衡が存在する．実際，トルエン溶液のCDスペクトルの温度変化を測定すると，等CD点が観測される．このような特性は，二座ジアミンを含む類似錯体においては見られず，単座アミンを導入したことに基づき，この錯体が比較的柔軟な構造を有することを反映している．

Mo-Mo四重結合を有する錯体の構造と光学活性については比較的研究がなされており，二座配位子L-Lと単座配位子Cl$^-$あるいはBr$^-$で構成されるMo$_2$X$_4$(L-L)$_2$タイプの錯体がいくつか知られている[4]．このタイプの錯体においては，L-LがMo-Mo間を架橋していないα型と架橋しているβ型が存在するが，構造的にはα型の方が比較的柔軟性に富んでいる．より構造的柔軟性に富むと考えられるMo$_2$X$_4$L$_4$タイプの光学活性錯体については，あまり研究がなされていない．本錯体は，柔軟な構造を反映したCD特性を示すMo$_2$X$_4$L$_4$タイプの錯体として興味深い．

【関連錯体の紹介およびトピックス】Mo-Mo四重結合を有する錯体のうち，二座配位子L-Lにジホスフィンを用いたものとして，β型の[Mo$_2$Cl$_4$(S,S-dppb)$_2$] [dppb = (2S, 3S)-bis(diphenyl-phosphino)butane]やα型の[Mo$_2$Cl$_4$(R,R-Me-Duphos)$_2$] {R,R-Me-Duphos = 1,2-bis[(2R, 5R)-2,5-dimethylphospholan-1-yl]benzene}などが報告されている[3,5]．また，L-Lにジアミンを用いたものとしては，[Mo$_2$(R-pn)$_4$]$^{4+}$ (pn = 1,2-propanediamine)や[Mo$_2$Cl$_4$(R,R-dach)$_2$] (dach = 1,2-diaminocyclohexane)などの報告例があるが，いずれもβ型であることが明らかにされている[6,7]．

【山田泰教】

参考文献

1) H. -L. Chen et al., *J. Chem. Soc., Dalton Trans.*, **1998**, 31.
2) R. N. McGinnis et al., *J. Am. Chem. Soc.*, **1978**, *100*, 7900.
3) P. A. Agaskar et al., *Inorg. Chem.*, **1986**, *25*, 2511.
4) F. A. Cotton et al., *Multiple Bonds between Metal Atoms*, **1993**, Oxford University Press, London, 2nd Ed.
5) C. -T. Lee et al., *Polyhedron*, **1997**, *16*, 473.
6) I. F. Fraser et al., *Inorg. Chem.*, **1985**, *24*, 988.
7) M. Gerards, *Inorg. Chim. Acta*, **1995**, *229*, 101.

Mo₂N₇

$$[(Me_2N)_3Mo=N=Mo(NMe_2)_3]$$

【名称】hexakis(*N*-methylmethanaminato)-μ-nitridodimolybdenum：[(Me₂N)₃Mo(μ-N)Mo(NMe₂)₃]

【背景】遷移金属と窒素間に三重結合をもつ末端ニトリド錯体(:N≡M)から他の遷移金属(M′)への窒素原子の移動反応(:N≡M + M′ → M +:N≡M′)は，三電子酸化還元プロセスとして注目を集めている．この反応において2つの遷移金属間に窒素原子が架橋したニトリド錯体[M(μ-N)M′]は反応中間体と考えられるため，その合成および反応性に興味がもたれている．1997年にJohnsonらは，末端ニトリド配位子をもつモリブデン錯体とトリアミドモリブデン錯体の反応から直線状架橋ニトリド二核錯体の合成に成功した．さらに末端ニトリド錯体の代わりに末端ホスフィド錯体を用いると，対応する架橋ホスフィド錯体が得られることも報告している[1]．

【調製法】操作はすべて窒素気流下，グローブボックス内で行う．[Mo(N′BuPh)₃]の暗橙褐色のジエチルエーテル溶液を2当量の[N≡Mo(NMe₂)₃]の黄色のジエチルエーテル溶液に28℃にて加える．30秒間激しく撹拌した後，−35℃にて冷凍庫で数時間静置すると，反応容器の底に黒色立方体結晶が析出する．この時，同時に母液上方の壁面に析出する橙色板状結晶は[N≡Mo(N′BuPh)₃]である．溶液を除去し，真空乾燥を行うことで，[(Me₂N)₃Mo(μ-N)Mo(NMe₂)₃]を収率57％で得ることができる．

【性質・構造・機能・意義】この錯体は常磁性であり，空気や湿気および室温下で不安定である．またトルエン，ジエチルエーテルに可溶である．¹H NMR(in toluene-d_8)スペクトルにおいては，7.13 ppmにメチル基に帰属されるシグナルがブロード化($\Delta\nu_{1/2}=74$ Hz)して観測される．この錯体は窒素気流下(1 atm)，28℃，90分で末端ニトリド錯体[N≡Mo(NMe₂)₃]およびトリアミド錯体[Mo(NMe₂)₃]を経て2つのモリブデン間に三重結合を有する[(NMe₂)₃Mo≡Mo(NMe₂)₃][2]に分解する．この錯体は結晶構造解析が行われている．窒素上に対称中心を有しており，直線状であるMo=N=Mo方向に疑似的な3回軸があり，点群はC_iに帰属される．またモリブデン周りは擬四面体構造をとっており，架橋窒素原子とモリブデン間の結合距離は，1.7990(8) Åである．これはジメチルアミド基の窒素原子とモリブデン間の結合距離1.948(9)～1.955(8) Åと比較して有意に短くなっており，二重結合性を有していることがわかる．アミド窒素上にかさ高い置換基を有する[(NRAr_F)₃Mo(μ-N)Mo(NMe₂)₃](R=C(CD₃)₂-CH₃, Ar_F=4-C₆H₄F)の場合，−20℃以下であれば溶液中でも比較的安定に存在することができる．

類似の構造を有する架橋ホスフィド錯体も知られている．[Mo(N′BuPh)₃]と[P≡Mo(N′BuPh)₃]の当量反応をジエチルエーテルもしくはトルエン中，−35℃にて行うと[(N′BuPh)₃Mo(μ-P)Mo(N′BuPh)₃]が生成する．この錯体も，30℃では，出発錯体である[Mo(N′BuPh)₃]と[P≡Mo(N′BuPh)₃]に分解する．しかし，[Mo(N′BuPh)₃]はかさ高いアミド配位子を有しているために[Mo(NMe₂)₃]のような二核化が進行することはない．この錯体に関しても結晶構造解析が行われ，リン上に対称中心を有しており，架橋ニトリド錯体と類似の構造をとっていることが明らかとなっている．架橋リン原子とモリブデン間の結合距離は2.2430(6) Åであった．これはモリブデン-リン間に三重結合をもつ[P≡Mo(N′BuPh)₃]の結合距離(2.111(2) Å)と比較すると有意に長い．このことより，架橋ホスフィド錯体もモリブデン-リン間に二重結合性を有していると考えられる．

【関連錯体の紹介およびトピックス】他の15族元素架橋構造を有する直線状二核錯体としては，[Cp′(CO)₂Mn=As=Mn(CO)₂Cp′]](CF₃SO₃)(Cp′=η⁵-C₅H₄-Me)[1]や[Cp*(CO)₂Cr=Sb=Cr(CO)₂Cp*]](GaCl₄)-(Cp*=η⁵-C₅Me₅)[3]が合成されている．　　【中沢 浩】

【参考文献】

1) M. J. A. Johnson *et al., Angew. Chem. Int. Ed. Engl.,* **1997**, *36*, 87.
2) A. Strube *et al., Angew. Chem. Int. Ed. Engl.,* **1988**, *27*, 1529.
3) F. Bringewski *et al., J. Organomet. Chem.,* **1993**, *448*, C3.

Mo₂N₈O₂

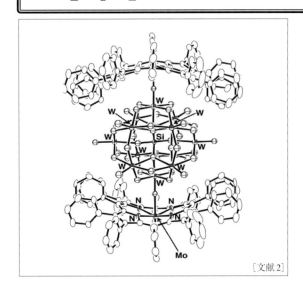

[文献2]

【名称】 [{Mo^V(DPP)(O)}$_2$-(H$_2$SiW$_{12}$O$_{40}$)] (**1**) (DPP = dodecaphenyl-porphyrin dianion)

【背景】 ヘテロポリオキソメタレート(POM)は,触媒的酸化反応などの興味深い特性を示すために,これまでに様々な研究が行われてきた.しかし,POMは水をはじめとする極性溶媒にしか溶解しないために,無極性溶媒中における応用や反応選択性の精密な制御などが困難であった.

【調製法】 [Mo(DPP)(O)(H$_2$O)]ClO$_4$ 100 mgを10 mLの酢酸エチルに溶かした溶液と,α-[(n-C$_4$H$_9$)$_4$N]$_4$[SiW$_{12}$O$_{40}$] 103 mgを10 mLのアセトニトリルに溶かした溶液を混合する.この混合液に4日間かけてヘキサンを蒸気拡散により加え,茶色の結晶を得る.同様のDPPとKeggin型POMとの錯体が,α-[(n-C$_4$H$_9$)$_4$N]$_3$[PW$_{12}$O$_{40}$],α-[(n-C$_4$H$_9$)$_4$N]$_5$-[BW$_{12}$O$_{40}$]およびα-[(n-C$_4$H$_9$)$_4$N]$_5$[SiW$_{11}$-O$_{39}$Ru^{III}(DMSO)]·3H$_2$Oを原料に合成されており,それぞれ[{Mo(DPP)(O)}$_2$-(HPW$_{12}$O$_{40}$)] (**2**), [(n-C$_4$H$_9$)$_4$N]$_2$[{Mo(DPP)-(O)}$_2$(HBW$_{12}$O$_{40}$)] (**3**) および [(n-C$_4$H$_9$)$_4$N]$_3$-{(Mo(DPP)(O))$_2$[SiW$_{11}$O$_{39}$Ru^{III}(DMSO)]} (**4**) が得られる[1].

【性質・構造・機能・意義】 錯体**1**,**2**,**3**の構造はX線構造解析により明らかにされた.

それぞれのPOM部位のオキソ配位子が,DPP中心のMo^{V}に対して軸配位し,2つのDPPがPOMを挟むような構造をしていた.

錯体**1**のベンゾニトリル中における電気化学測定では,+1.26 V (vs. SCE)に可逆な酸化波が,0.00,−0.87,−1.04,−1.41 Vに可逆な還元波がそれぞれ観察された.各構成ユニットの酸化還元電位との比較から,それぞれの酸化還元過程は,DPP$^{2-/•-}$,Mo$^{V/IV}$,H$_2$Si-POM$^{2+/•+}$,DPP$^{2-/•3-}$,DPP$^{•3-/4-}$に帰属された[2].

錯体**4**のクロロホルム溶液に,犠牲酸化剤としてヨードソベンゼンを加えることで,ベンジルアルコールを触媒的にベンズアルデヒドに酸化できることが報告されている.この際,ベンジルアルコールに電子吸引性の置換基を導入したときの方が,酸化反応速度が速くなったことから,この反応は電子移動ではなくベンジル位の水素引き抜きが律速過程であることが示された[3].

【関連錯体の紹介およびトピックス】 DPPのSn^{IV}錯体とα-[PW$_{12}$O$_{40}$]$^{3-}$との1:1錯体で,Sn^{IV}-DPPからα-[PW$_{12}$O$_{40}$]$^{3-}$への光誘起電子移動が報告された[4].また[Mo(DPP)(O)-(H$_2$O)]$^+$とα-[SW$_{12}$O$_{40}$]$^{2-}$間では,直接軸配位した錯体は形成せず,Mo-DPP錯体のアクア配位子と,[SW$_{12}$O$_{40}$]$^{2-}$のオキソ配位子の間で水素結合が形成され,超分子構造としてのポルフィリンナノチューブが得られた[5].

【福住俊一】

【参考文献】
1) A. Yokoyama *et al., Inorg. Chem.*, **2010**, *49*, 11190.
2) A. Yokoyama *et al., Chem. Commun.*, **2007**, 3997.
3) A. Yokoyama *et al., Dalton Trans.*, **2012**, *41*, 10006.
4) A. Yokoyama *et al., J. Phys. Chem. A*, **2011**, *115*, 986.
5) Yokoyama *et al., Dalton Trans.*, **2011**, *40*, 6445.

Mo₂N₈P₄

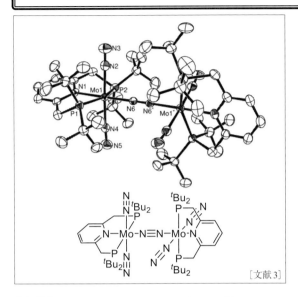

[文献3]

【名称】μ-dinitrogen-1κN:2κN'-bis{2,6-bis[(di-*tert*-butylphosphino-1κ²P,P',2κ²P,P')methyl]pyridine-1κN,2κN-bis(dinitrogen-1κ²N,2κ²N)molybdenum(0)}

【背景】均一系触媒を用いた常温・常圧での触媒的窒素固定反応は例が限られていたが[1]，窒素をアンモニアへと変換するために必要な多段階の還元とプロトン化反応において，錯体の骨格を維持することが可能な配位子として，Lewis塩基性が強いピリジンと，かさ高い電子豊富な*tert*-ブチル基を導入したπ酸性の強いホスフィンを2つ含むPNP型ピンサー配位子[2]が着目され，本配位子を有する0価モリブデン窒素錯体が設計・合成された[3]．触媒的窒素固定反応において本錯体は23当量のアンモニアが生成するなど高い触媒活性を示し[4]，均一系触媒として遷移金属錯体を用いた常温・常圧での触媒的窒素固定反応としては2例目となる[3]．

【調製法】モリブデン3価のTHF錯体[MoCl₃(thf)₃][5]と2,6-[(ジ-*tert*-ブチルホスフィノ)メチル]ピリジン(PNP)[2]をTHF中50℃で18時間反応させることより，PNP型ピンサー配位子を有するモリブデン3価のトリクロリド錯体[MoCl₃(PNP)]が得られる．続いて[MoCl₃(PNP)]をナトリウムアマルガムとTHF中1気圧の窒素下室温で12時間反応させることにより，PNP型ピンサー配位子を有するモリブデン0価の窒素架橋型二核錯体[{Mo(N₂)₂(PNP)}₂(μ-N₂)]が得られる[3]．

【性質・構造・機能・意義】THF，ベンゼン，トルエンなどに溶解させると暗紫色を呈する．ベンゼン/ヘキサンからの再結晶化によって得られた暗緑色の結晶のX線解析により，*trans*に2つ*end-on*型配位した二窒素配位子(N2-N3：1.082(3)，N4-N5：1.130(3) Å)とPNP型ピンサー配位子を有するモリブデン0価単核部位が，*end-on*型配位の二窒素配位子(N6-N6*：1.146(4) Å)によって架橋された二核構造が明らかとなった．*trans*に配位した二窒素由来の赤外吸収は，固体状態では1936 cm⁻¹(KBr)に，THF中では1944 cm⁻¹に観測され，架橋二窒素に由来するラマン共鳴はTHF中で1890 cm⁻¹に観測される．溶液中でも二核構造が保たれていることはESI質量分析により確認されたが，一方で溶液中ではすべての二窒素配位子が窒素分子と解離平衡にあり，¹⁵N₂ガス雰囲気下の溶液中で容易に¹⁴N₂と¹⁵N₂の置換が進行する．¹⁵Nで標識された標識された錯体[{Mo(¹⁵N₂)₂(PNP)}₂(μ-¹⁵N₂)]は，¹⁵N NMR (THF-d_8)においてδ -29.0 (dt, $^1J_{NN}$=6.1 Hz, $^2J_{NP}$=2.4 Hz, Mo*N*N), -16.5 (d, $^1J_{NN}$=6.1 Hz, MoN*N*), 8.5 (s, μ-N₂)にシグナルを示し，*trans*に配位した二窒素由来の赤外吸収はTHF中1879 cm⁻¹にシフトする[3]．

【関連錯体の紹介およびトピックス】リン上やピリジン環の4位に種々の置換基を導入することも可能であり[4,6,7]，触媒的アンモニア生成反応においてより高活性の触媒が開発されている[4,7]．反応中間体の単離[8]やDFT計算により[8,9]，本触媒反応は二核構造を保持しながら進行していると考えられる[8,9]．またトリヨード錯体[MoI₃(PNP)]は，窒素雰囲気下還元条件で，配位した架橋二窒素が直接切断されてニトリド錯体[MoI(N)(PNP)]が生成しており，触媒反応に用いると，モリブデンあたり最大で415当量のアンモニアが生成する[10]．PNP型ピンサー配位子を有する錯体は，二酸化炭素の水素化やアルコールとアミンの脱水素化カップリング反応などの触媒としてもはたらく[11,12]．

【西林仁昭】

参考文献

1) D. V. Yandulov *et al.*, *Science*, **2003**, *301*, 76.
2) M. Kawatsura *et al.*, *Organometallics*, **2001**, *20*, 1960.
3) K. Arashiba *et al.*, *Nat. Chem.*, **2011**, *3*, 120.
4) S. Kuriyama *et al.*, *J. Am. Chem. Soc.*, **2014**, *136*, 9719.
5) F. Stoffelbach *et al.*, *Eur. J. Inorg. Chem.*, **2001**, 2699.
6) E. Kinoshita *et al.*, *Organometallics*, **2012**, *31*, 8437.
7) S. Kuriyama *et al.*, *Chem. Sci.*, **2015**, *6*, 3940.
8) H. Tanaka *et al.*, *Nat. Commun.*, **2014**, *5*, 3737.
9) H. Tanaka *et al.*, *Acc. Chem. Res.*, **2016**, *49*, 987.
10) K. Arashiba *et al.*, *Bull. Chem. Soc. Jpn.*, **2017**, *90*, 1111.
11) R. Tanaka *et al.*, *J. Am. Chem. Soc.*, **2009**, *131*, 14168.
12) A. Mukherjee *et al.*, *J. Am. Chem. Soc.*, **2016**, *138*, 4298.

$Mo_2P_4Cl_4$

【名称】tetrachlorobis[μ-(2S,3S)-bis(diphenylphosphino)-butane]dimolybdenum(II)：[$Mo_2Cl_4(\mu\text{-}S,S\text{-}dppb)_2$]（S,S-dppb＝(2S,3S)-bis(diphenylphosphino)butane）

【背景】円偏光二色性（CD）分光法はキラル金属錯体の立体構造と電子構造を調べる強力な手法である．金属間に多重結合をもつ多核金属錯体が広く研究されるようになり，類似キラル錯体のCDも研究対象となった．本錯体はキラルなジホスフィン配位子をもち，モリブデン間に四重結合をもつ光学活性錯体である．

【調製法】[1,2] ①窒素気流下，[$Mo_2(O_2CCF_3)_4$]（40 mg, 0.062 mmol）のテトラヒドロフラン溶液（5 mL）に Me_3SiCl（0.1 mL, 0.8 mmol）を加え，12時間撹拌する．この橙色溶液に S,S-dppb（53 mg, 0.12 mmol）を加えると直ちに赤色に変化し，さらに1日静置すると黄緑色溶液が得られる．溶媒を減圧留去して得られる緑色固体を，乾燥したジエチルエーテルで洗い，減圧乾燥すると[$Mo_2Cl_4(\mu\text{-}S,S\text{-}dppb)_2$]が得られる．

②窒素気流下，$K_4Mo_2Cl_8$（80 mg, 0.13 mmol）と S,S-dppb（106 mg, 0.25 mmol）をメタノール（5 mL）中，出発原料の赤色が消えるまで数時間還流すると，黄緑色の溶液と緑色の固体となる．緑色固体をろ別し，メタノール，次に乾燥したジエチルエーテルで洗った後，減圧乾燥すると[$Mo_2Cl_4(\mu\text{-}S,S\text{-}dppb)_2$]が得られる．

①において，Me_3SiCl の代わりに Me_3SiBr を用いると，[$Mo_2Br_4(\mu\text{-}S,S\text{-}dppb)_2$]が得られる．

【性質・構造・機能・意義】緑色結晶．多くの有機溶媒に易溶．この錯体の溶液は空気に敏感であるが，固体は空気中で安定である．[$Mo_2X_4(\mu\text{-}S,S\text{-}dppb)_2$]（X＝Cl, Br）は結晶構造が得られている[2]．いずれも2つのS,S-dppb配位子が2つのMoを架橋しており，それぞれのMoは2つのリン原子と2つのX原子がそれぞれトランス位に配位して，分子全体としては擬 D_2 対称である．P-Mo-P の角度は152°であり，X-Mo-X の角度は145°（X＝Cl）および143°（X＝Br）である．2つのMo間の結合距離は2.15Åである．2つのMo-P-C-C-P-Mo の六員環はひずんだイス型配座をとっている．Mo-Mo 結合に沿って分子を投影すると，重なり形配座からねじれていることがわかり，P-Mo-Mo-P のねじれ角は約22°である．2つの六員環の配座と Mo-Mo 結合に沿った配位子のねじれは，δΛδ と表される．

モリブデン間に四重結合をもつ光学活性錯体であり，CDスペクトルと立体構造の関係が詳細に調べられている．例えば，[$Mo_2X_4(\mu\text{-}S,S\text{-}dppb)_2$]の紫外可視吸収スペクトルは 740, 470, 370 nm（X＝Cl）および 760, 490, 380 nm（X＝Br）に吸収バンドを示す．[$Mo_2X_4(\mu\text{-}S,S\text{-}dppb)_2$]のCDスペクトルでは7つの遷移が観測される．最も長波長側に現れる負のCDバンド（X＝Cl, 740 nm, $\Delta\varepsilon = -7.6\ mol^{-1}\ dm^3\ cm^{-1}$; X＝Br, 760 nm, $\Delta\varepsilon = -6.4\ mol^{-1}\ dm^3\ cm^{-1}$）は $\delta_{xy} \to \delta^*_{xy}$ に帰属される．470 nm（X＝Cl, $\Delta\varepsilon = 48\ mol^{-1}\ dm^3\ cm^{-1}$）および 490 nm（X＝Br, $\Delta\varepsilon = 51.2\ mol^{-1}\ dm^3\ cm^{-1}$）に現れる正のCDバンドは $\delta_{xy} \to \delta_{x2\text{-}y2}$ に帰属される．$\delta_{xy} \to \delta_{x2\text{-}y2}$ の遷移は $\delta_{xy} \to \delta^*_{xy}$ の遷移に比べて Δε/ε の値が非常に大きく，CDの符号が異なるのが特徴である．類似の光学活性錯体が合成されており，P-Mo-Mo-P のねじれ角とCDスペクトルの関係が調べられている[2,3]．

【関連錯体の紹介およびトピックス】キラルな単座アミン配位子として 1-cyclohexylethylamine（chea）を有する二核モリブデン錯体[$Mo_2Cl_4(S\text{-}chea)_4$]および[$Mo_2Cl_4(R\text{-}chea)_4$]が合成され，その構造とCDスペクトルの関係が調べられている[4]．結晶中では，Mo-Mo 結合を軸とするねじれ角は小さいが，ねじれの方向が異なる回転異性体がディスオーダーしている．[$Mo_2Cl_4(S\text{-}chea)_4$]の固体のCDスペクトルでは 520 nm に $\delta_{xy} \to \delta^*_{xy}$ に帰属される正のCDバンドが，455 nm に $\delta_{xy} \to \delta_{x2\text{-}y2}$ に帰属される負のCDバンドが観測される．溶液中ではCDスペクトルの符号が逆転する．これは，溶液状態では優先する回転異性体が固体状態とは異なるためだと解釈されている．

【廣津昌和】

【参考文献】
1) P. A. Agaskar et al., *J. Am. Chem. Soc.*, **1984**, *106*, 1851.
2) P. A. Agaskar et al., *Inorg. Chem.*, **1986**, *25*, 2511.
3) J.-D. Chen et al., *J. Am. Chem. Soc.*, **1990**, *112*, 1076.
4) J.-D. Chen et al., *Inorg. Chem.*, **1990**, *29*, 1797.
5) H.-L. Chen et al., *J. Chem. Soc., Dalton Trans.*, **1998**, 31.

$Mo_4P_4Cl_8$

ク

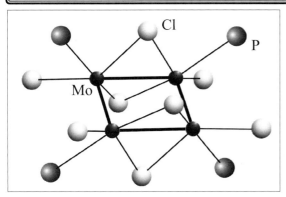

【名称】[tetra-μ-chlorotetrachlorotetrakis(trimethylphosphite-P) tetramolybdenum (+2)]: [(Mo_4Cl_4)Cl_4(P(OMe)_3)_4]

【背景】正八面体金属骨格をもつ六核ハライドクラスターや正三角形金属骨格をもつ三核ハライドクラスターは数多く報告されているが,他の核数のハライドクラスターは報告例が少ない.標題錯体は長方形骨格をもつモリブデンの四核ハライドクラスター錯体の代表例であり,Mo-Mo四重結合をもつ複核錯体の二量化により得られる.

【調製法】複数の製法が知られており,いずれの場合も操作を不活性雰囲気下で行う必要がある.①あらかじめ塩化水素を飽和させ0℃に冷やした濃塩酸に[$Mo_2(OCOMe)_4$]を溶解させ,塩化アンモニウムを加え1時間反応後,得られた紫色固体をろ別し洗浄および乾燥により$(NH_4)_5Mo_2Cl_9$を得る.ついで,これとトリメチルホスファイトをメタノール中室温条件下で反応させ[$Mo_2Cl_4(P(OMe)_3)_4$]を得る.この複核錯体をメタノール中6時間還流下で反応させると二量化が進行し標題錯体が得られる.②上記[$Mo_2(OCOMe)_4$]の濃塩酸溶液に塩化カリウムを加え1時間反応させ,得られた赤色固体をろ別し洗浄および乾燥し$K_4Mo_2Cl_8$を得る.この複核錯体とトリメチルホスファイトをメタノール中還流条件下で反応させると二量化が進行し錯体が得られる[1].

なお,トリメチルホスファイトに替えてトリエチルホスフィンが配位した錯体[(Mo_4Cl_4)Cl_4(PEt_3)_4]も複核錯体[$Mo_2(OCOMe)_4$]の二量化により得られる.

【性質・構造・機能・意義】トリメチルホスファイト錯体の構造は単結晶X線構造解析により決定されている.分子はC_{2h}の対称性をもつ.4個のモリブデンはほぼ同一平面上にあり長方形を形成している.長辺および短辺のMo-Mo結合長は2.88および2.23 Åであ

り,これらは各々Mo-Mo単結合およびMo-Mo三重結合に相当する.各単結合には2個ずつ塩素が架橋配位し,さらに各モリブデンには塩素が1個ずつ,トリメチルホスファイトが1個ずつ末端配位している.トリエチルホスフィンが配位した錯体もトリメチルホスファイト錯体と同様の構造をとる[2].トリエチルホスフィン錯体ではスペクトルが調べられており,遠赤外吸収スペクトルでは432, 374, 348, 331, 306, 273 cm^{-1}に,紫外可視反射スペクトルでは270, 305, 420, 675 nmにピークが観測される[3].これらはMo-Mo四重結合を持つ種々の複核錯体におけるピーク位置とは異なる.

非分子性モリブデン塩化物β-$MoCl_2$は従来Mo-Mo四重結合の二量体と考えられていた.しかし,遠赤外吸収および紫外可視反射スペクトルが長方形骨格をもつ上記トリエチルホスフィン錯体のそれらと類似し,またトリエチルホスフィンと反応させるとこの錯体が生成することから,現在ではβ-$MoCl_2$も長方形クラスター構造をとると考えられている[3].錯体の合成により非分子性化合物の構造が提唱された数少ない例である.

【関連錯体の紹介およびトピックス】上記錯体以外にも多くのモリブデン四核ハライドクラスターの報告がある.塩化物ではトリメチルホスファイトやトリエチルホスフィンの代わりに種々の配位子(PPh_3, MeOH, THF, EtCN)が配位した錯体が知られている[4].これらの錯体でも4個のモリブデンは長方形を形成している.他のハロゲン化物では長方形骨格をもつ錯体([(Mo_4(μ-Br)_4)r_4(PBu_3)_4])[4]の他,バタフライ型骨格をもつ錯体([(Mo_4(μ-O-Pr^i)_6)Br_4(O-Pr^i)_2])[5]や正四面体骨格をもつ錯体([(Mo_4(μ_3-I)_2(μ-I)_5)I_4]$^{2-}$)[6]が知られている.一方,モリブデンと同族のタングステンでは長方形骨格をもつ([(W_4Cl_4)Cl_4(PBu_3)_4])が報告されているが,標題のトリメチルホスファイト錯体と比べ末端配位子の位置が異なっており分子の対称性はD_2である.

【上口 賢】

参考文献
1) F. A. Cotton *et al.*, *Inorg. Chem.*, **1983**, *22*, 871.
2) R. N. McGinis *et al.*, *J. Am. Chem. Soc.*, **1978**, *100*, 7900.
3) W. W. Beers *et al.*, *Inorg. Chem.*, **1985**, *24*, 472.
4) T. R. Ryan *et al.*, *Inorg. Chem.*, **1982**, *21*, 2072.
5) M. H. Chisholm *et al.*, *J. Am. Chem. Soc.*, **1982**, *104*, 2025.
6) S. Stensvad *et al.*, *J. Am. Chem. Soc.*, **1978**, *100*, 6257.

$Mo_6Cl_8X_6$ (X=F, Cl, Br, I)

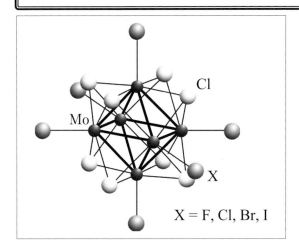

X = F, Cl, Br, I

【名称】bis(tetrabutylammonium)[octa-μ_3-chlorohexafluorohexamolybate(+2)]; bis(tetrabutylammonium)-[octa-μ_3-chlorohexachlorohexamolybate(+2)]; bis(tetrabutylammonium)[octa-μ_3-chlorohexabromohexamolybate(+2)]; bis(tetrabutylammonium)[octa-μ_3-chloro hexaiodohexamolybate(+2)]: $[N(C_4H_9)_4]_2[(Mo_6Cl_8)X_6]$(X=F, Cl, Br, I)

【背景】複雑な構造をもつクラスターではその同定に単結晶X線構造解析が不可欠である．一方，他の多くの化合物の同定手段として用いられている赤外やラマンなどの振動スペクトルに関する報告は少ない．正八面体型金属骨格を有するモリブデンクラスターについてハロゲン配位子を変えた一連の化合物を合成し，系統的に振動スペクトルの帰属を行った貴重な研究例である．

【調製法】モリブデンクラスターのオキソニウム塩 $(H_3O)_2[(Mo_6Cl_8)Cl_6]\cdot 6H_2O$ と塩化テトラブチルアンモニウム ($[N(C_4H_9)_4]Cl$) をエタノール中室温で反応させると末端塩素をもつ $[N(C_4H_9)_4]_2[(Mo_6Cl_8)Cl_6]$ が得られる．また上記オキソニウム塩と $AgBF_4$ との反応により四フッ化ホウ素塩 $(H_3O)_2[(Mo_6Cl_8)(BF_4)_6]$ を合成しこれに $[N(C_4H_9)_4]F$ を反応させると末端フッ素をもつ $[N(C_4H_9)_4]_2[(Mo_6Cl_8)F_6]$ が得られる．また上記四フッ化ホウ素塩と NaBr を反応させ，ついで $[N(C_4H_9)_4]Br$ を反応させると末端臭素をもつ $[N(C_4H_9)_4]_2[(Mo_6Cl_8)Br_6]$ が得られる[1]．末端ヨウ素をもつ $[N(C_4H_9)_4]_2[(Mo_6Cl_8)I_6]$ についても末端臭素をもつ錯体と同様の方法により得られる．

【性質・構造・機能・意義】4つの錯体とも単結晶X線構造解析により構造が決定されている．6個のモリブデンがほぼ完全な正八面体を形成し，その各面に塩素が1個ずつ面配位し，各モリブデンにはハロゲンが1個ずつ末端配位している．4つの錯体を通じMo-Mo結合長(2.59～2.62 Å)およびMo-Cl(面配位)結合長(2.47～2.49 Å)はほぼ同じである．一方，Moと末端ハロゲン間の結合長はハロゲンの共有結合半径を反映しF(1.99 Å)<Cl(2.42 Å)<Br(2.57 Å)<I(2.79 Å)の順に長くなる．

ラマンスペクトルについて詳細な帰属がなされている[1,2]．$[(Mo_6Cl_8)F_6]^{2-}$ が与えるラマンピークのうちMo-Cl伸縮振動のピーク(310 cm^{-1}(A_{1g}), 248 cm^{-1}(T_{2g}), 200 cm^{-1}(T_{2g}))は末端配位子をClやBr, Iに変えても位置を変えないが，Mo-F伸縮振動のピーク(A_{1g})はF(291 cm^{-1})>Cl(239 cm^{-1})>Br(164 cm^{-1})>I(120 cm^{-1})の順に低波数シフトし，∠F-Mo-Mo変角振動のピーク(T_{2g})もF(142 cm^{-1})>Cl(106 cm^{-1})>Br(64 cm^{-1})>I(48 cm^{-1})の順に低波数シフトする．また，赤外吸収スペクトルも詳細に調べられており，$[(Mo_6Cl_8)F_6]^{2-}$ におけるMo-F伸縮振動のピーク(497 cm^{-1}(T_{2u}), 348 cm^{-1}(T_{2u}))がF>Cl>Br>Iの順に低波数シフトする．^{95}Mo NMRでは末端ハロゲンの電気陰性度を反映しモリブデンのシグナルがF<Cl<Br<Iの順に高磁場シフトする．

【関連錯体の紹介およびトピックス】臭素やヨウ素が面配位したクラスター($[(Mo_6Br_8)X_6]^{2-}$, $[(Mo_6I_8)X_6]^{2-}$ (X=F, Cl, Br, I))も同様の方法により得られる．これらすべての錯体について構造が単結晶X線構造解析により決定されており[3,4]，塩素が面配位したクラスターに比べMo-Mo結合長はほぼ同じであることが示されている．また，ラマンや赤外吸収スペクトルも調べられており，塩素が面配位した上記クラスターと同様にピークの帰属が詳細に行われている[2,4]．一方，モリブデンと同族のタングステンについても同構造をもつクラスターが3種の面配位ハロゲン(Cl, Br, I)および3種の末端配位ハロゲン(Cl, Br, I)の組合せで合計9種類知られている[5]．

〔上口 賢〕

【参考文献】
1) W. Preetz et al., J. Alloys Compds., **1992**, *183*, 413.
2) D. Bublitz et al., Z. Anorg. Allg. Chem., **1996**, *622*, 1107.
3) W. Preetz et al., Z. Anorg. Allg. Chem., **1994**, *620*, 234.
4) P. Brückner et al., Z. Anorg. Allg. Chem., **1997**, *623*, 8.
5) R. D. Hogue et al., Inorg. Chem., **1970**, *9*, 1354.

Mo_6Cl_{14}

光 ク

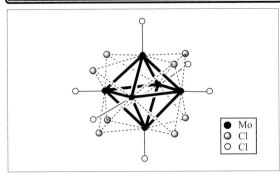

● Mo
◐ Cl
○ Cl

【名称】octa(μ_3-chloro)hexa(chloro molybdate(II)) ion: $[\{Mo_6(\mu_3\text{-}Cl)_8\}Cl_6]^{2-}$

【背景】モリブデン(II)の塩化物が最初に報告されたのは，1859年とされている．その構造が，Moが6個正八面体型に配置した六核構造を含むことがはっきりしたのは，1947, 1948年に報告された$MoCl_2$の組成の化合物のX線結晶構造解析による[1]．これらの解析で，正八面体型に配列した6個のMoが作る8つの三角面のそれぞれに，上方から8個のCl原子（立方体を構成）がキャップした形の，$Mo_6Cl_8^{(4+)}$ユニットの存在が明らかとなった．このユニット内の各Moには，六核構造の中心から外側に向かう方向にさらにもう1個の配位子が配位している．本イオンはその配位子がすべてCl^-のものであるが，その構造はNH_4^+塩について1950年に報告された[2]．同様の六核構造はシェブレル相と呼ばれるMo硫化物にも知られており，この場合には，Mo_3三角面をS原子がキャップし，Moの酸化数も平均としてII価よりも高い．このような六核構造はd^4配置のW(II)やRe(III)でも知られ，金属間結合クラスター錯体の代表的な構造として興味がもたれたが，これらが強い発光を示すことがわかり[3]，一段と注目される化合物群となった．

【調製法】いくつかの合成法が知られているが，いずれも市販されている他の酸化数の塩化物，例えば$MoCl_3$を高温で不均化させ，生じたより高い酸化数の揮発性の塩化物を除いて，Mo(II)塩化物を固体として得るか，$MoCl_5$を金属Moなどの還元剤と反応させてMo(II)の酸化数にもっていく方法をとる．金属Moを還元剤とする方法[4]では，$MoCl_5$と粉末の金属Moを高温で反応させ，$MoCl_2$を得る．これを3 M HClに溶かして冷却すると，結晶性（bright yellow needles）の$(H_3O)_2[Mo_6Cl_8Cl_6]\cdot 6H_2O$が得られる．この結晶を塩酸性水溶液に溶かし，対応する陽イオンの塩化物を加えるとそれぞれの陽イオンの塩が得られる．この方法で，アルカリ金属イオンの塩の他，NH_4^+，$(C_2H_5)_4N^+$，$C_6H_5N^+$（pyridinium ion）など様々な陽イオンとの塩が得られている．

【性質・構造・機能・意義】Mo(II)六核錯イオン$[Mo_6Cl_8]Cl_6]^{2-}$の塩は，いずれも薄い黄色であり，反磁性である．正八面体型に配置したMo-Moの距離は2.63 Å程度で，金属モリブデンのMo-Mo距離に比べても短く，明らかにMo-Mo間に結合が存在する．各Moは4個のMoと隣接しており，4個のd電子を1個ずつ供与して，Mo-Mo単結合を形成していると見なすことができる．このイオンには，μ_3-型と単座配位の2種類のCl^-が存在するが，前者がMo_6Cl_8骨格に組み込まれていて容易には外れないのに対し，単座のCl^-は溶液中で他の配位子に置換されやすい．この性質を利用して，外側のCl^-をBr^-，I^-，OH^-などの陰イオンの他，H_2O，ピリジンなどの中性配位子と置換した誘導体が合成された．酸化還元に対しては比較的安定であるが，一電子酸化過程が観測され，酸化還元電位は，アセトニトリル溶液中で+1.60 V vs. SCEである．

この六核錯イオンおよび関連六核錯体は，固体状態，溶液中で強い赤色発光を示す．例えば，$[Mo_6Cl_8Cl_6]^{2-}$のアセトニトリル溶液中での発光は，室温で発光極大が805 nm，寿命が180 μs，量子収量は0.19と報告され，寿命は金属錯体の中でも最も長寿命の部類に属する．吸収スペクトルでは，可視部に強い吸収が見られず，400 nm以下の領域にεが3000程度の吸収帯があるが，発光に対応する吸収は30Kのスペクトルに観測される530 nmより長波長側に見られる弱いスピン禁制帯（εが5 $M^{-1}cm^{-1}$程度）である．実際，励起状態，基底状態のサブレベルを含む解析がなされ，発光に関与するエネルギーレベルの詳細が明らかになっている[5]．

【関連錯体の紹介およびトピックス】本イオンのμ_3-Clや単座ClがBrやIとなった誘導体，両者が異なるハロゲン原子の組合せの錯体，さらにはMo中心がWとなった錯体の様々なハロゲン原子の組合せがあり，いずれも発光性である．また，μ_3-配位子が，ClとSが混合した形の錯体も知られており，関連錯体の裾野は広い．

【佐々木陽一】

【参考文献】

1) C. Brosset, *Arkiv. Kemi Min. Geol.*, **1947**, *20A*, No.7.
2) P. A. Vaughan, *Proc. Natl. Acad. Sci. USA*, **1950**, *36*, 461.
3) A. W. Maverick *et al.*, *J. Am. Chem. Soc.*, **1981**, *103*, 1298.
4) P. Nannelli *et al.*, *Inorg. Synth.*, **1970**, *12*, 170.
5) H. Miki *et al.*, *J. Phys. Chem.*, **1992**, *96*, 3236.

Mo_6Cl_{14}

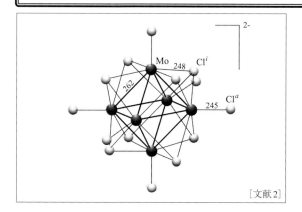
[文献2]

【名称】oxidanium octa-μ_3-chlorido-hexachlorido-*octahedro*-hexamolybdate(II): $(H_3O)_2[(Mo_6Cl_8)Cl_6]\cdot 7H_2O$

【背景】1859年に最初のハライドクラスターとして塩化モリブデン(II)が合成された。$MoCl_2$と記され当初三量体と考えられていたが，1960年代に入り六量体構造が確定された。固体クラスターであるため精製や利用が難しく独立したクラスターに切り出す必要があるが，最も簡単な方法として塩酸で処理して得られるのが標題のクラスターである。

【調製法】$MoCl_5$と6当量の金属モリブデンの混合物を石英管に詰め，一端から軽く窒素を流しながら650℃に加熱した電気炉を下流から上流へ徐々に移動させ，窒素と電気炉の方向を変えて$MoCl_5$がなくなるまで同じ操作を繰り返し，粗製塩化モリブデン(II)を得る。フラスコに移し25%塩酸で沸点付近で抽出し，熱時ろ過後放冷することで明るい黄色の針状結晶を得る。必要に応じ25%塩酸から再結晶する[1]。

【性質・構造・機能・意義】$(H_3O)_2[(W_6Cl_8)Cl_6]\cdot 6H_2O$と同形である。金属の立体配置はバルクMo中のMo原子に近いほぼ正八面体のMo_6であり，各面上に内部配位子Cl^i(i=inner)が面配位した$[Mo_6Cl^i_8]^{4+}$が存在する。そして八面体の6個の頂点に外部配位子Cl^a(a=außer, outer)が末端配位している。Mo-Mo距離は262 pmでバルクMo金属の273 pmより短く，Mo-Cl^iは248 pm, Mo-Cl^aは245 pmである[2]。$[Mo_6Cl^i_8]^{4+}$集団は安定で1つの原子のようにふるまう。

結晶を室温で放置すると塩化水素を失い，$[(Mo_6Cl_8)Cl_4(H_2O)_2]\cdot 7H_2O$になるが，クラスターは空気中室温で安定なため塩酸から再結晶するともとに戻る。7水和物は5 M塩酸上または密閉容器中で保存可能である。加熱すると塩酸に溶解する。メタノールやエタノールなどの低級アルコールには室温で可溶だが，Cl^aはアルコキシ基に置換している。5 M Br^-イオン水溶液や4 M LiBrエタノール溶液で処理すると，$[(Mo_6Cl_8)Br_6]^{2-}$が得られる。HI水溶液で処理すると，$[(Mo_6Cl_8)I_6]^{2-}$が得られる。KOH水溶液中では激しく反応し，$[(Mo_6Cl_8)(OH)_6]^{2-}$を生成する。オキシダニウムイオンは，アンモニウムやホスホニウムなどの陽イオンに置換できる。

不活性ガス下，室温でオキシダニウムイオンのヒドロンとCl^aからHClの脱離に伴いアクア配位子が生成し，$[(Mo_6Cl_8)Cl_4(H_2O)_2]\cdot 6H_2O$になる。150℃では結晶水が脱離し$[(Mo_6Cl_8)Cl_4(H_2O)_2]$になる。200～250℃ではアクア配位子の脱離に伴い，Cl^aが隣接するクラスターの空いた頂点配位座に配位しクラスター間架橋配位子Cl^{a-a}に変わり，黄褐色の固体クラスター$MoCl_2$($[(Mo_6Cl^i_8)Cl^a_2Cl^{a-a}_{4/2}]$)になる[3]。水素下では450℃まで安定で，不活性ガス下では730℃まで安定で，それ以上の温度で金属モリブデンと$MoCl_4(g)$に不均化し，915℃では金属モリブデンが残る。

内部配位子Cl^iは不活性で，過剰の$AgNO_3$エタノール溶液で処理しても反応しない。Cl^iを他のハロゲンに置換するには，厳しい反応条件がいる。例えば，$MoCl_2$に変換し真空下過剰のLiBrと650℃で0.5時間反応させた後，順次NaOHとHBr水溶液による処理で$(H_3O)_2[(Mo_6Br_8)Br_6]\cdot 6H_2O$が得られる。内部配位子のカルコゲンへの置換は温和な条件で進行する。例えば，$MoCl_2$に変換し，ピリジン-^tBuOH還流下NaSHと^tBuONaを反応させると$[Mo_6S_8(py)_6]$が得られる[4]。

【関連錯体の紹介およびトピックス】不活性ガスまたは水素気流下200℃以上での昇温で，結晶は一部が，シリカゲルに担持するとほとんどすべての分子が塩化水素と結晶水を脱離し，ヒドロキシドをもつ$[(Mo_6Cl_8)Cl_3(OH)(H_2O)]$や$[(Mo_6Cl_8)Cl_2(OH)_2]$に変わる。このヒドロキシドは$H_0 \approx 1.3$の弱いプロトン酸触媒としてはたらく。一方，アクア配位子が脱離した場所にCl^{a-a}架橋配位子が形成できない場合は配位不飽和サイトとして機能し，水素化や脱水素触媒として働き，400℃まで活性が保持される[5]。

【長島佐代子・千原貞次】

【参考文献】
1) P. Nannelli *et al., Inorg. Synth.*, **1970**, *12*, 170.
2) A. Flemström *et al., Solid State Sciences*, **2002**, *4*, 1017.
3) S. Kamiguchi *et al., J. Mol. Catal. A*, **2006**, *253*, 176.
4) R. E. McCarley *et al., Inorg. Chem.*, **1994**, *33*, 1822.
5) a) 上口賢ほか，触媒，**2007**, *49*, 554；b) 長島佐代子ほか，ペトロテック，**2010**, *33*, 882.

Mo_8O_{26}

ク 無

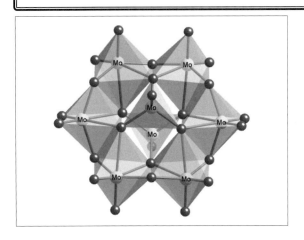

【名称】tetrabutylammonium hexa-μ-oxo-hexa-μ₃-oxo-tetradecaoxooctamolybdate: α-Octamolybdate: $((n-C_4H_9)_4N)_4[α-Mo^{6+}{}_8O_{26}]$

【背景】オキソ酸が縮合した環状モリブデン酸化物構造の中心にモリブデン酸$MoO_4{}^{2-}$が上下に配位した陰イオン錯体と見なすことができるポリオキソメタレートである. 有機カチオンを用いるとα体が形成される. 同じ組成式であっても多くの異性体が存在し, それらが実際に確認されている例である[1].

【調製法】モリブデン酸ナトリウムの水溶液をpH3〜4に調整し, $((n-C_4H_9)_4N)Br$を加えることで生じた白沈を水, エタノール, 続いてアセトンで洗浄する. 集めた沈殿をアセトニトリルより低温で再結晶することで無色透明の結晶が得られる[2]. MoO_3と$n-Bu_4NOH$より改良合成法が報告されている[3].

【性質・構造・機能・意義】α-オクタモリブデート$[α-Mo_8O_{26}]^{4-}$はテトラブチルアンモニウム塩により安定化し, 有機溶媒中で主なポリオキソモリブデートである. 透明結晶で空気中安定であるが乾燥により透明度が失われる. 密栓しないと空気中で徐々に水和し分解する. テトラブチルアンモニウム塩はアセトニトリルに溶解する. α-オクタモリブデートは4個の有機アンモニウムイオンを伴い陰イオン部分の構造は, 6個のMoO_6八面体が酸素を介して稜共有することでモリブデンが六員環状に並んだ環状構造を形成し, その中心部分にMoO_4四面体が上下に頂点共有によりキャップしている. 対称中心をもち, 陰イオンの対称性はD_{3d}に近い. MoO_4四面体のMo-O$_{terminal}$平均結合距離は1.708Å, 八面体では1.696Åで両者とも二重結合と見なされる. $μ_2$-O架橋酸素とモリブデンの平均結合距離は1.904Åである. $μ_2$-O架橋酸素と四面体のモリブデン中心の距離は1.783Åであり, MoO_6八面体のモリブデン中心への距離は2.425Åと長い. MoO_4四面体部分のモリブデン六員環構造への結合は弱いため, α-オクタモリブデートはモリブデン酸イオン2個がMoの六員環酸化物骨格に配位した陰イオン錯体$(MoO_4{}^{2-})_2(Mo_6O_{18})$であると見なせる. 実際に四面体部のMo-O平均結合距離はモリブデン酸ナトリウムのMo-O結合距離とほぼ等しい. K^+塩を加えることでβ-オクタモリブデートへと異性化する. 水溶液中ではβ-オクタモリブデートが主に単離される. β-オクタモリブデートはデカバナデート$[V_{10}O_{28}]^{6-}$から2個のMoO_6八面体を取り除いた構造に対応する. α-オクタモリブデートの^{17}O NMRは末端酸素と二種類の架橋酸素の計3本のブロードな信号を与え, 四面体部の分子内もしくは分子間での末端酸素と架橋酸素のサイト交換平衡が存在する. 低温でβ-オクタモリブデートの信号が重なるためα型とβ型間の異性化平衡があると考えられ, IRスペクトルやX線回折においても確認されている[4]. 陽イオンを金属錯体に交換した多くの異性化した構造が水熱合成などにより報告されている. 現在8種類の異性体が知られており, α体は6個のMoO_6八面体と2個のMoO_4四面体, β体は8個の八面体, γ体は6個の八面体と2個の四角錐(2$μ_3$), δ体は4個の八面体と4個の四面体, ε体は2個の八面体と6個の四角錐, ζ体は4個の八面体と4個の四角錐, η体は6個の八面体と2個の四角錐(8$μ_3$), θ体は4個の八面体に加えて2個の四角錐と2個の四面体からなる[1].

【関連錯体の紹介およびトピックス】六員環酸化物骨格に弱く配位しているMoO_4四面体陰イオンを置換した誘導体として$(AsO_4{}^{3-})_2(Mo_6O_{18})$や$(C_6H_5AsO_3{}^{2-})_2(Mo_6O_{18})$などが知られている. 水溶液中でのモリブデートの主な化学種はパラモリブデートとも呼ばれるヘプタモリブデート$[Mo_7O_{24}]^{6-}$である. β-オクタモリブデートと同様にデカバナデート$[V_{10}O_{28}]^{6-}$から3個のMoO_6八面体を取り除いた構造に対応する. 有機溶媒中でより酸性条件ではLindqvist hexamerと呼ばれる黄色($λ_{max}$=325 nm)の$[Mo_6O_{19}]^{2-}$が形成し, W(VI), Nb(V), Ta(V)などで見られる基本構造をもつ.

【林 宜仁】

【参考文献】

1) J. Zubieta *et al.*, *Polyhedron*, **2004**, *23*, 1145.
2) W. G. Klemperer *et al.*, *Inorg. Syntheses*, **1990**, *27*, 78.
3) A. Yagasaki, *Materials*, **2009**, *2*, 869.
4) W. G. Klemperer *et al.*, *J. Am. Chem. Soc.*, **1977**, *99*, 952.

Mo₇₂V₃₀O₃₃₆

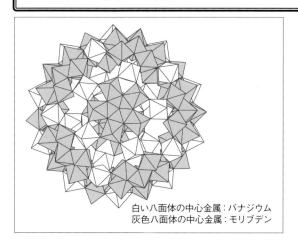

白い八面体の中心金属：バナジウム
灰色八面体の中心金属：モリブデン

【名称】[Na$_8$K$_{14}$(VO)$_2$[|Mo(VI)$_6$O$_{21}$(H$_2$O)$_3$|$_{10}$|Mo(VI)$_6$-O$_{21}$(H$_2$O)$_2$(SO$_4$)|$_2$|V(IV)O(H$_2$O)|$_{20}$|V(IV)O|$_{10}$-(|KSO$_4$|$_5$)$_2$]-ca.150H$_2$O

【背景】モリブデンの酸化物クラスターにおいて，ボール型，円盤型，かご型など様々な興味深い分子構造を有する化合物がMuellerのグループを中心に発表されている．これらの化合物はモリブデン–酸素からなる双五角錐と5つのモリブデン–酸素八面体が陵共有することによって作られる五角形ユニットが中心構造ユニットとなる．このモリブデン–酸素五角形ユニット|Mo$_6$O$_{21}$L$_6$(Lは配位子)|12個が30個のVOL′(L′は配位子)によって連結したボール型モリブデン–バナジウムポリオキソメタレートである[1]．

【調製法】VOSO$_4$–5H$_2$O (2.53 g, 10 mmol)を35 mLの水に溶かした溶液を，Na$_2$MoO$_4$–2H$_2$O (2.42 g, 10 mmol)を8 mLの硫酸水溶液(0.5 M)に溶かした溶液に撹拌しながら加える．生成する濃い紫色の溶液を室温で30分混ぜた後(反応器は蓋をする)，KCl (0.65 g, 8.72 mmol)を加える．30分撹拌後，溶液を蓋を閉めた容器で5日間静置すると紫〜黒い結晶が約1 g得られる．

【性質・構造・機能・意義】紫〜黒色の結晶として得られる．固体は1622(m)(δ(H$_2$O))，1198(w)，1130(w)，1055(w)(v_{as}(SO$_4$)triplet)，946(s)(v(V=O)/v(Mo=O))，791(vs)，631(w)，575(s)，449(w) cm^{-1}にIR吸収と，941(w)(v(V=O)/v(Mo=O))，872(s)(A$_{1g}$O$_{br}$breathing) cm^{-1}にラマン吸収(λ_e=1064 nm)を示す．水溶液中で510(vs)，689(w)，および845(w) nmにUV-Vis吸収を示す．

元素比は元素分析により求められている．この化合物は単結晶構造解析が行われており，モリブデン–酸素五角形ユニット|Mo$_6$O$_{21}$L$_6$(Lは配位子)|12個が30個のVOL′(L′は配位子)によって連結したボール型モリブデン–バナジウムポリオキソメタレートであることが明らかになっている．五角形ユニットはすべて6価のモリブデンで構成されており，連結するバナジウムはすべて4価である．これらはBVS計算および各種滴定により確かめられている．金属はすべて酸素を介して結合している．ボール外面はすべて末端酸素が配位しているが，ボール内面は水やSO$_4^{2-}$が金属に配位している．

この化合物は六価モリブデンと四価バナジウムを混合し，pHを調整することにより生成する．その他，6価のモリブデンと5価のバナジウムの混合液をpHを制御しながら還元する方法でも同様の分子の生成が報告されている[2]．また，アンモニウムヘプタモリブデート((NH$_4$)$_6$Mo$_7$O$_{24}$)と硫酸バナジル(VOSO$_4$)を水に混ぜただけでも生成する[3]．この際のpHは約3.2であり，6価のモリブデンと4価のバナジウムを適したpHの水溶液で混ぜることにより，瞬時に生成する．

この錯体を含む溶液を水熱合成するとアクロレインからアクリル酸への高選択酸化触媒である斜方晶Mo-V酸化物が合成できる[3]．この斜方晶Mo-V酸化物もモリブデン–酸素五角形ユニットがバナジウムおよびモリブデンで結合した構造をとっており，溶液中で生成した五角形ユニットが，斜方晶Mo-V酸化物に組み上がっていくユニット生成機構も提案されており，機能性モリブデン酸化物合成にとっても重要な錯体である．

【関連錯体の紹介およびトピックス】モリブデン–酸素五角形ユニットが鉄やモリブデン二核種で結合したボール型分子も報告されている．最近では，タングステン–酸素五角形ユニットがと鉄，バナジウム，およびモリブデンで結合したボール型分子も報告されている[4]．

【定金正洋】

【参考文献】
1) A. Mueller *et al.*, *Angew. Chem. Int. Ed.*, **2005**, *44*, 3857.
2) B. Botar *et al.*, *Chem. Commun.*, **2005**, 3138.
3) M. Sadakane *et al.*, *Angew. Chem. Int. Ed.*, **2007**, *46*, 1493.
4) A. Mueller *et al.*, *Chem. Soc. Rev.*, **2012**, *41*, 7431.

Na$_{14}$Mo$_{154}$O$_{532}$

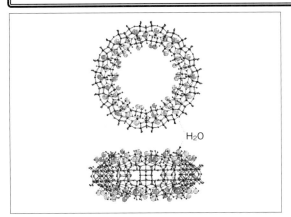

【名称】モリブデンブルー（Na$_{14}$[Mo$_{154}$O$_{462}$H$_{14}$(CH$_3$OH)$_8$(H$_2$O)$_{62}$]・400H$_2$O）

【背景】モリブデンブルーは古くから知られており、天然では無定形で青色の酸化モリブデン鉱物藍水鉛鉱（Ilsemannite）（Mo$_3$O$_8$・nH$_2$O）として存在する。可溶性モリブデンブルー水溶液はScheeleが1783年にはじめて報告している。これは六価モリブデン化合物の酸性溶液（pH<3）を亜鉛などの金属やH$_2$S、SO$_2$、N$_2$H$_4$、SnCl$_2$、MoCl$_5$およびエタノール、アスコルビン酸などの還元剤、または電気化学的、光化学的方法やγ線照射で還元すると得られる。この溶液はコロイドで、塩化アンモニウムなどの電解質を加えると凝集して、チンダル効果を示し、セミミクロンサイズの沈殿を生じる。20世紀初頭には、この溶液の分子量測定からMo$_3$O$_8$と考えられた。Müllerらは、高濃度の電解質溶液を使ったわずかに違った反応条件での単結晶化によって自己凝縮した高度に集合したモリブデンブルーを得た[1]。

【調製法】七モリブデン酸六アンモニウム四水和物（NH$_4$）$_6$[Mo$_7$O$_{24}$]・4H$_2$O（1.12 g）と50％酢酸（0.24 mL）を含む水溶液（12 mL）に還元剤硫酸ヒドラジニウム（N$_2$H$_6$）SO$_4$（0.16 g）を20℃で加えて、不活性ガス下で密閉試験管中で2か月間静置して結晶化する。還元剤として塩化スズ(II)や粉末鉄を用いても、ほぼ同様に方法で合成できる。

【性質・構造・機能・意義】X線構造は鎖状かリング状、球状、さらにタンパク質サイズの巨大な車輪型クラスターと、多彩な超分子ナノ構造を示す巨大分子モリブデンブルーはNa$_{14}$[Mo$_{154}$O$_{462}$H$_{14}$(CH$_3$OH)$_8$(H$_2$O)$_{62}$]・400H$_2$O＝|Mo$_{154}$|、Li$_{16}$[Mo$_{176}$O$_{528}$H$_{16}$(H$_2$O)$_{80}$]・400H$_2$O＝|Mo$_{176}$|、[H$_x$|Mo(Mo$_5$)|$_8$Mo(Mo$_5$)]$_{32}$|Mo$_2$|$_{16}$-Mo$_2$]$_8$Mo$_2$|$_8$Mo$_1$|$_{64}$]$_{48}$＝|Mo$_{368}$|、の化学式のものが合成されている[1-4]。ここで、|Mo(Mo$_5$)|＝|Mo$_6$O$_{21}$(H$_2$O)$_6$|；|Mo$_2$|＝|Mo$_2$O$_3$(H$_2$O)$_2$|；|Mo$_1$|＝|MoO(H$_2$O)|。これらの巨大分子のリング内外が親水性であることや反応場としての有用性、混合原子価電子状態などから多機能性マテリアルとして応用できると考えられる。たとえば、|Mo$_{154}$|は液晶として、また古典的な磁石モデルの|Mo$_{72}$Fe$^{III}_{30}$|や|Mo$_{75}$V$^{IV}_{20}$|、常磁性Vイオンを含む層状磁気構造のヘテロポリ酸|V$^{IV}_{15}$|はクラスター磁石として、それぞれ展開が期待できる。

【関連錯体の紹介およびトピックス】ヘテロポリブルーはリン、ヒ素、ケイ素とゲルマニウムの呈色分析用反応として使われる。たとえば、リン酸はモリブデン酸MoO$_4^{2-}$と反応して黄色のKeggin構造のヘテロポリ酸のリン-モリブデン酸[PMo$_{12}$O$_{40}$]$^{3-}$が得られる。アスコルビン酸やSnCl$_2$で還元すると12個のMo^{VI}の一部がMo^{V}となって濃い青色のリン-モリブデン酸ヘテロポリ酸ブルーになり、830 nmの吸収帯で定量分析を行うことができる。これはヘテロポリモリブデン酸がかなり強い酸化剤で、1～4電子還元されるためである。ヘテロポリタングステン酸でも同様の反応でタングステンブルーが生成される。これらはクラスIIに属する混合原子価化合物で、この不対電子は40Kでは局在化するが、室温ではMo^{V}やW^{V}中心に束縛されて非局在化することがESR測定で明らかになっている。酸化還元前後の構造の変化はわずかである。濃い青色は820 nmから760～600 nmに原子価間遷移の吸収帯によるものである。ヘテロポリブルー H$_7$[PMo$^{VI}_8$-Mo$^V_4$O$_{40}$]・12H$_2$Oを含む電荷移動錯体(C$_9$H$_7$NO)$_4$H$_2$-PMo$_{12}$O$_{40}$・3H$_2$O(C$_9$H$_7$NO＝quinolin-8-ol)は大きな非線形光学効果があることから、光学材料としての可能性がある[6]。

【海崎純男】

【参考文献】
1) A. Müller *et al.*, *Angew. Chem. Int. Ed.*, **1996**, *35*, 1206.
2) C. Serain *et al.*, *Acc. Chem. Res.*, **2000**, *33*, 2.
3) M. Achim *et al.*, *Angew. Chem. Int. Ed.*, **2002**, *41*, 1162.
4) T. Liu *et al.*, *Nature*, **2003**, *426*, 59.
5) A. Muller *et al.*, *Coord. Chem. Rev.*, **2003**, *245*, 153.
6) Y. Zhou *et al.*, *Polyhedron*, **1999**, *18*, 1419.

NbC₉

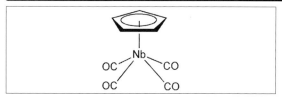

【名称】tetracarbonyl(η^5-cyclopentadienyl)niobium(I): (η^5-C$_5$H$_5$)Nb(CO)$_4$

【背景】シクロペンタジエニル配位子とカルボニル配位子をあわせもつハーフサンドイッチ型錯体は，多くの遷移金属について知られている．カルボニル配位子の置換反応により，シクロペンタジエニルを支持配位子とする様々な錯体を誘導合成することができる．本錯体は5族ニオブ錯体の出発錯体として有用である．

【調製法】①[1]：細かく砕いた塩化ニオブ(V)(10.6 g, 39 mmol)をジクロロメタン(400 mL)に懸濁し，よくかき混ぜる．この懸濁液にトリメチル(シクロペンタジエニル)シラン(6.6 g, 48 mmol)を室温で40分かけて加える．さらに1時間撹拌した後，沈殿をろ別すると(η^5-C$_5$H$_5$)NbCl$_4$(11.0 g, 37 mmol)が得られる．この(η^5-C$_5$H$_5$)NbCl$_4$を，マグネシウム(2.3 g, 95 mmol)，亜鉛(2.3 g, 35 mmol)，ピリジン(220 mL)とともにオートクレーブに入れ，一酸化炭素1800 psi, 60℃の条件で86時間撹拌する．得られる茶色溶液を減圧下で濃縮乾固し，ベンゼンで抽出する．抽出液を濃縮乾固して得られる固体を昇華精製する．収量5.1 g(収率48%)．

②[2]：まず，Na[Nb(CO)$_6$]・THF と HCl あるいはPhICl$_2$の反応により[Na(THF)$_2$][Nb$_2$(μ-Cl)$_3$(CO)$_8$]を合成する．次に，[Na(THF)$_2$][Nb$_2$(μ-Cl)$_3$(CO)$_8$](0.832 g, 1.22 mmol)のTHF溶液(50 mL)を0℃に冷却し，シクロペンタジエニルリチウム(0.342 g, 4.75 mmol)を加える．反応溶液をゆっくりと室温に戻しながら1時間撹拌する．溶媒を減圧下で留去した後，昇華精製する．収量0.60 g(収率92%)．

この錯体は，[Na(diglyme)$_2$][Nb(CO)$_6$]をNaC$_5$H$_5$およびHgCl$_2$とジメトキシエタン中で反応させることによっても得られる[3]．また，(η^5-C$_5$H$_5$)$_2$NbCl$_2$をトルエン中，1当量のナトリウムアマルガムと一酸化炭素雰囲気下で反応させることによっても得られる[4]．

【性質・構造・機能・意義】赤色結晶．融点144～146℃．105℃/0.01 Torrで昇華する．この錯体は結晶構造解析がなされており，四脚ピアノイス型構造をとる．ニオブとカルボニル配位子の炭素原子との平均結合距離は2.10 Åである[5]．IR(n-heptane): ν(CO) 2037, 1932 cm^{-1}．

この錯体は光照射によりカルボニル配位子が脱離することが知られており，光反応による誘導体の合成が可能である．例えば，(η^5-C$_5$H$_5$)Nb(CO)$_4$とホスフィン類(PR$_3$)の熱反応では，主として一置換生成物(η^5-C$_5$H$_5$)Nb(CO)$_3$(PR$_3$)が生じる．(η^5-C$_5$H$_5$)Nb(CO)$_4$のTHF溶液を光照射すると，(η^5-C$_5$H$_5$)Nb(CO)$_3$(THF)が生じる．(η^5-C$_5$H$_5$)Nb(CO)$_3$(THF)はホスフィン類やチオフェン類と速やかに反応し，THFが置換された生成物を与える．例えば，(η^5-C$_5$H$_5$)Nb(CO)$_4$とテトラヒドロチオフェンのTHF溶液を光照射すると，(η^5-C$_5$H$_5$)Nb(CO)$_3$(C$_4$H$_8$S)が得られる[6]．

(η^5-C$_5$H$_5$)Nb(CO)$_4$のヘキサン溶液に太陽光を当てると，カルボニル配位子の脱離反応が進行し，1つのカルボニル配位子が架橋した三核錯体[(η^5-C$_5$H$_5$)Nb(CO)$_2$]$_3${μ_3-η^3(C)η^2(O)-CO}が生成する[7]．(η^5-C$_5$H$_5$)Nb(CO)$_4$を液体アンモニア中，ナトリウムで還元するとNa$_2$[(C$_5$H$_5$)Nb(CO)$_3$]が生成する[8]．

【関連錯体の紹介およびトピックス】タンタルの類似化合物(η^5-C$_5$H$_5$)Ta(CO)$_4$も同様にして合成することができる[1]．塩化タンタル(V)(12.0 g, 33 mmol)とトリメチル(シクロペンタジエニル)シラン(5.4 g, 39 mmol)から調製した(η^5-C$_5$H$_5$)TaCl$_4$(11.2 g, 29 mmol)を，マグネシウム(2.1 g, 86 mmol)，亜鉛(2.1 g, 32 mmol)，ピリジン(220 mL)とともにオートクレーブに入れ，一酸化炭素1600 psi, 60℃の条件で96時間撹拌する．得られる茶色溶液を濃縮乾固し，ベンゼンで抽出して得られる固体を昇華精製(105℃/0.1 Torr)することにより橙赤色の結晶が得られる．収量5.4 g(収率45%)．融点171～173℃．空気中で数日間安定．(η^5-C$_5$H$_5$)Ta(CO)$_4$は結晶構造解析がなされており，四脚ピアノイス型構造をとる．タンタルとカルボニル配位子の炭素原子との平均結合距離は2.08 Åである．IR(n-heptane): ν(CO) 2034, 1923 cm^{-1}．(η^5-C$_5$H$_5$)Ta(CO)$_4$も(η^5-C$_5$H$_5$)Nb(CO)$_4$と同様の光反応が進行し，各種誘導体を与える．

【廣津昌和】

【参考文献】
1) T. E. Bitterwolf et al., J. Organomet. Chem., **1998**, 557, 77.
2) F. Calderazzo et al., J. Chem. Soc., Dalton Trans., **1985**, 1989.
3) R. P. M. Werner et al., Inorg. Chem., **1964**, 3, 298.
4) S. Fredericks et al., J. Am. Chem. Soc., **1978**, 100, 350.
5) W. A. Herrmann et al., Chem. Ber., **1981**, 114, 3558.
6) J. W. Freeman et al., Organometallics, **1991**, 10, 256.
7) W. A. Herrmann et al., J. Am. Chem. Soc., **1981**, 103, 1692.
8) K. M. Pfahl et al., Organometallics, **1984**, 3, 230.

$NbC_{10}Cl_2$

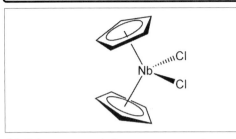

【名称】dichlorobis(η^5-cyclopentadienyl)niobium(IV): $(\eta^5$-$C_5H_5)_2NbCl_2$

【背景】前周期遷移金属のメタロセン型錯体は，その触媒機能に興味がもたれてきた．4族および5族金属のジクロロビス(η^5-シクロペンタジエニル)錯体は，クロリド配位子を置換することで様々な誘導体を合成することができる．本錯体はメタロセン型ニオブ錯体の出発錯体として有用である．

【調製法】①[1]：窒素気流下，シクロペンタジエニルナトリウム(22.4 g, 254 mmol)をトルエン(500 mL)に懸濁し，塩化ニオブ(V)(6.62 g, 24.5 mmol)を少しずつ加えた後，2時間撹拌する．紫色の懸濁液をろ過した後，固体を洗液に色がつかなくなるまで洗う．ろ液と洗液の溶媒を留去した後，ヘプタンを加えることにより$Nb(\eta^5$-$C_5H_5)_2(\eta^1$-$C_5H_5)_2$の黒色微結晶が得られる．収量5.12 g(収率59%)．$Nb(\eta^5$-$C_5H_5)_2(\eta^1$-$C_5H_5)_2$(0.42 g, 1.2 mmol)をトルエン(25 mL)に懸濁し，ピリジン塩酸塩(0.28 g, 2.4 mmol)を加えて，室温で60時間撹拌すると，$(\eta^5$-$C_5H_5)_2NbCl_2$が茶色固体として得られる．収量0.22 g(収率63%)．$NbCl_5$からの収率は37%．類似の合成法がいくつか報告されている[2-4]．

②[5]：窒素気流下，塩化ニオブ(V)のジクロロメタン溶液に3当量のトリブチル(シクロペンタジエニル)スタンナンを滴下する．反応溶液を数時間撹拌した後，ろ過する．ろ液を濃縮してトルエンを加えると，茶褐色微結晶が得られる．収率90%．

【性質・構造・機能・意義】茶褐色から黒褐色の結晶．有効磁気モーメント：$1.63\mu_B$．結晶中では，2つのシクロペンタジエニル環の中心と2つのClは歪んだ四面体型構造をとる[6]．Nb-C 2.33〜2.44 Å，Nb-Cl 2.47 Å，Cl-Nb-Cl 85.6°．シクロペンタジエニル配位子をもつニオブ錯体の原料として有用である．例えば，$(\eta^5$-$C_5H_5)_2NbCl_2$を$NaAlH_2(C_2H_5)_2$あるいは$NaAlH_2(OCH_2CH_2OMe)_2$と反応させた後，加水分解することにより，トリヒドリド錯体Cp_2NbH_3が得られる[5]．また，$(\eta^5$-$C_5H_5)_2NbCl_2$とC_2H_5MgBr(2当量)の反応により得られる$(\eta^5$-$C_5H_5)_2Nb(CH_2=CH_2)(H)$は，共役ジエン類と反応して$\eta^3$-アリル錯体$(\eta^5$-$C_5H_5)_2Nb(\eta^3$-allyl)を与える[7]．

$(\eta^5$-$C_5H_5)_2NbCl_2$をトルエン中でカリウムと反応させると，2分子間でシクロペンタジエニル配位子が二量化してフルバレン配位子となり，二核錯体$(\eta^5:\eta^5$-$C_{10}H_8)[(\eta^5$-$C_5H_5)Nb(\mu$-Cl)$(\mu$-H)$]_2$が生成する[8]．一方，$(\eta^5$-$C_5H_5)_2NbCl_2$を$[(\eta^5$-$C_5H_5)_2Fe]PF_6$を用いて酸化すると$[(\eta^5$-$C_5H_5)_2NbCl_2]PF_6$が得られる[9]．

【関連錯体の紹介およびトピックス】ペンタメチルシクロペンタジエニル配位子を有する類似錯体$(\eta^5$-$C_5Me_5)_2NbCl_2$が合成されている[10]．窒素気流下，ペンタメチルシクロペンタジエニルリチウム(31.4 g, 0.22 mol)と水素化ホウ素ナトリウム(22.7 g, 0.60 mol)をジメトキシエタン(250 mL)に懸濁し，-80℃に冷却する．この懸濁液を撹拌しながら，塩化ニオブ(V)(27.0 g, 0.10 mol)を30分間かけて加える．室温まで温めた後，3日間還流する．溶媒を留去して得られる紫色固体を120℃/10^{-3} Torrで昇華すると$(\eta^5$-$C_5Me_5)_2NbBH_4$が緑色固体として得られる．収量12.1 g(収率32%)．$(\eta^5$-$C_5Me_5)_2NbBH_4$(5.3 g, 14 mmol)のベンゼン溶液(100 mL)に脱酸素した3 M塩酸(15 mL)を0℃で加えると，溶液は緑色から茶色に変わり，黄色の沈殿が生じる．揮発性物質を留去し，残留物をソックスレー抽出器を用いて，ベンゼンで抽出する．抽出液を濃縮して得られる茶色の微結晶を，ジクロロメタンから再結晶する．収量4.1 g(収率67%)．褐色結晶．有効磁気モーメント：$1.91\mu_B$．$(\eta^5$-$C_5Me_5)_2NbCl_2$をナトリウムアマルガムで還元することにより生じる$[Nb(\eta^5$-$C_5Me_5)_2]$は，C-H結合活性化により，$[Nb(\eta^5$-$C_5Me_5)_2(C_5Me_4$-$CH_2)(H)]$と平衡状態にあると考えられている[11]． 【廣津昌和】

【参考文献】
1) F. Calderazzo et al., *J. Organomet. Chem.*, **2001**, *630*, 275.
2) F. W. Siegert et al., *J. Organomet. Chem.*, **1970**, *23*, 177.
3) C. R. Lucas et al., *Inorg. Synth.*, **1976**, *16*, 107.
4) P. B. Hitchcock et al., *J. Chem. Soc. Dalton Trans.*, **1981**, 180.
5) M. D. Curtis et al., *Organometallics*, **1985**, *4*, 701.
6) K. Prout et al., *Acta Cryst., B*, **1974**, *30*, 2290.
7) H. Yasuda et al., *J. Organomet. Chem.*, **1989**, *361*, 161.
8) E. G. Perevalova et al., *J. Organomet. Chem.*, **1985**, *289*, 319.
9) J. Arnold et al., *Organometallics*, **1987**, *6*, 473.
10) R. A. Bell et al., *Organometallics*, **1986**, *5*, 972.
11) H. Brunner et al., *J. Organomet. Chem.*, **1995**, *493*, 163.

NbN₄O

【名称】[(triiodo)oxo(5,10,15,20-tetraphenylporphyrinato)niobium(V)]: NbO(TPP)I$_3$

【背景】ポルフィリンは様々な金属と錯形成することが知られている．前周期遷移金属であるニオブをポルフィリンに導入し，得られる錯体の分子構造，分光化学的な性質，および酸化還元挙動を明らかにする研究が進められている．

【調製法】配位子である H$_2$TPP と五塩化ニオブをベンゾニトリル中で還流する．このとき，窒素を流しながら発生する塩化水素を系外に除去する．溶媒を留去したのち，残渣を CH$_2$Cl$_2$ に溶かして CH$_2$Cl$_2$ を展開溶媒としてクロマトグラフィーを行う．緑の溶出液を集め減圧下にて乾固する．このとき得られる [NbO(TPP)]$_2$O を CH$_2$Cl$_2$-acetone(1:1)溶液に溶かし，HI(67％水溶液)と反応させる．有機溶媒をゆっくり蒸発させた後，ヨウ化カリウム水溶液，水，メタノール，石油エーテルの順に洗浄すると NbO(TPP)I$_3$ が得られる(濃青紫色固体)[1]．

【性質・構造・機能・意義】NbO(TPP)I$_3$ は，減圧下 110℃ に加熱すると，分子状ヨウ素の脱離を伴い NbO(TPP)I が生成する[1]．しかし，これら錯体の Nb 周りの配位構造は明確になっていない．また溶液中では配位子の解離が起こるため，以下に述べる分光化学的な性質はどのような化学種に由来するかが明確ではない．ジクロロメタン溶液中で，406 nm ($\varepsilon = 880 \times 10^3$ M^{-1}cm^{-1})にポルフィリンの Soret 帯の吸収と，535 nm (6.7×10^3 M^{-1}cm^{-1})，569 nm (13.8×10^3 M^{-1}cm^{-1})に Q 帯の吸収が観測される．ブタノール(30％)/3-メチルペンタン(70％)混合溶液中，77 K において 580 nm と 569 nm に発光ピークが観測される($\lambda_{ex} = 403$ nm)．この時のりん光寿命は 14.5 ms である．また，2-メチルテトラヒドロフラン中における量子収率(77 K)は励起波長に依存し，558 nm 励起におけるりん光量子収率は，525 nm や 539 nm で励起した際の量子収率と比較すると 1 桁程度増大する．

【関連錯体の紹介およびトピックス】NbO(TPP)I$_3$ の結晶構造は報告されていないが，NbO(OAc)(TPP)において Nb は七配位構造をとることがわかっている[2]．オキソイオンとアセタトイオンはポルフィリン面の同じ側から配位し，Nb=O の結合距離は 1.716 Å，Nb−O の結合距離は 2.223 Å と 2.225 Å である．一連のニオブポルフィリン錯体の性質や反応性が総説にまとめられている[3]．

【藤原哲晶】

【参考文献】
1) M. Gouterman *et al.*, *J. Am. Chem. Soc.*, **1975**, *97*, 3142.
2) C. Lecomte *et al.*, *J. Chem. Soc., Chem. Commun.*, **1976**, 435.
3) Y. Matsuda *et al.*, *Coord. Chem. Rev.*, **1988**, *92*, 157.

Nb₂LiO₁₂

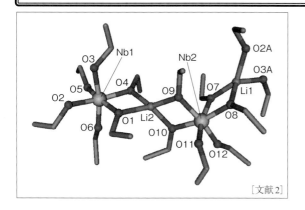

[文献2]

【名称】*catena*-poly[[bis(μ-ethanolato-1κ*O*: 2κ*O*)bis(ethanolato-1κ²*O*)lithiumniobium]-bis(μ-ethanolato-1κ*O*: 2κ*O*)]: Li[Nb(OEt)₆]

【背景】金属アルコキシドは，金属酸化物の前駆体として，焼成により加水分解でポリマー状の化合物に変化することが知られている．特に，Li[Nb(OEt)₆]は，光学変調に利用できる LiNbO₃ の前駆体化合物として期待される[1,2]．

【調製法】窒素下中で，リチウム金属を乾燥エタノールに溶かし，[Li(OEt)]を合成する．これに，別途合成した等量の[Nb(OEt)₅][3]を加え，24時間還流後，溶液を濃縮すると透明結晶が析出する．

【性質・構造・機能・意義】Li[Nb(OEt)₆]は，結晶中で，Nbに6つのエトキシド配位子が配位し，そのうちの4つがLi⁺と架橋して，無限状のらせん構造を形成している．結晶中では，左巻きと右巻きが混在している．残り2つのエトキシド配位子は，1.88(2)Åの距離で，Nbにシス配位している．架橋エトキシド配位子とNbとの結合距離は，1.98(1)Åで，シス配位に比べて長いことがわかる．また，Li-O(架橋)の平均距離は，1.94(3)Åである．

同様の合成法で，Na⁺とK⁺を含んだ化合物，もしくは，他のアルコキシド(OMe, O*i*Pr, O*t*Bu)でも合成可能である[1]．

【関連錯体の紹介およびトピックス】合成の原料となる[Nb(OEt)₅][3]は，NbCl₅に，エタノールと過剰量のアンモニア/ベンゼン溶液を加えることで得られる．

【植村一広】

【参考文献】
1) R. C. Mehrotra *et al.*, *J. Chem. Soc. A*, **1968**, 2673.
2) D. J. Eichorst *et al.*, *Inorg. Chem.*, **1990**, 29, 1458.
3) D. C. Bradley *et al.*, *J. Chem. Soc.*, **1956**, 2381.

$Nb_6O_4Cl_2X_{12}$ (X=Cl, Br)

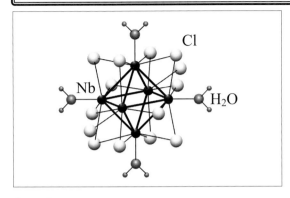

【名称】[tetraaquadodeca-μ-chlorodichlorohe xaniobium (+2/+3)]；[tetraaquadodeca-μ-bromodichloro hexaniobium (+2/+3)]：$[(Nb_6X_{12})Cl_2(H_2O)_4]$ (X=Cl, Br)

【背景】クラスター錯体を構成する金属骨格の中で6個の金属原子で構成される正八面体金属骨格は特によく知られている．標題化合物はこの骨格をもつ代表的なニオブハライドクラスター錯体であり，構造やスペクトルが詳しく調べられ，同骨格を有する誘導体への原料としてもよく利用される．また，触媒として利用できることも最近見いだされている．

【調製法】よく混合した金属ニオブおよび塩化ニオブ(V)，塩化ナトリウムを石英真空封管中850℃で反応させ$Na_4Nb_6Cl_{18}$を得た後，これを多量の希塩酸で抽出し，濃塩酸を加えた後塩化スズ(II)を少量ずつ加えながら加熱すると塩化物クラスターが4水和物として得られる．また，臭化物クラスターは塩化ニオブ(V)の代わりに臭化ニオブ(V)を，塩酸の代わりに臭化水素酸を，塩化スズ(II)の代わりに臭化スズ(II)を原料として用い，加熱温度を720℃とする他，塩化物クラスターと同様の製法により合成できる[1]．

【性質・構造・機能・意義】両錯体とも構造は粉末X線回折測定により決定されている．6個のニオブはほぼ完全な正八面体を形成し，12本のNb-Nb結合にハロゲンが1個ずつ稜配位している．さらに互いにトランス位にある2個のニオブにハロゲンが1個ずつ末端配位し，残りの4個のニオブには水が1個ずつ末端配位している．塩化物クラスターのXPSにおいて観測されるNb $3d_{3/2}$ (207.7 eV)およびNb $3d_{5/2}$ (204.9 eV)のピーク位置はニオブが+2〜+3の低酸化状態にあることを示しており[2]，ニオブの酸化数は形式酸化数(+2.33)に近いと考えられる．塩化物クラスターのラマンスペクトルではNb_6八面体骨格の伸縮振動のピーク(234 cm^{-1})やNb-Cl(稜配位)の伸縮振動のピーク(173, 151 cm^{-1})が観測される．またIRスペクトルではNb-Cl結合の伸縮振動が342, 279, 231, 146 cm^{-1}に現れる．臭化物クラスターでも同様のラマンおよび赤外ピークが観測されるが塩化物クラスターに比べ全体的に低波数側にシフトする[3]．

ハライドクラスター錯体は従来触媒としての利用例がほとんどなかったが，近年標題錯体が不均一系触媒として利用できることが見いだされた[4]．クラスターを水素やヘリウムのようなガス気流下に置き加熱により活性化すると250℃程度で配位塩素の一部が配位水の水素とともに脱離し，ヒドロキソ配位子や配位不飽和が発現する．前者はブレンステッド酸点として機能し，オレフィンの異性化やアルコールの脱水，各種官能基のアルコールによるアルキル化のような固体酸触媒が行う反応を進行させる．一方，後者は白金族金属触媒を用いて行われているアルキンの水素化やエチルベンゼンの側鎖脱水素などを進行させる．上記活性化では400℃程度まで正八面体骨格が保持されることがEXAFSの測定により示されており，200℃程度で金属骨格が分解してしまうカルボニルクラスターに比べ標題錯体は高温でも利用可能なクラスター触媒である．

【関連錯体の紹介およびトピックス】標題錯体の配位子置換により様々な誘導体が得られる．N-配位子(ピリジン)やP-配位子(PEt_3, PPr_3, PEt_2Ph)，O-配位子(C_5H_5NO, DMSO, DMF, Ph_3PO)との反応では末端水配位子がこれらの配位子に置換される[5]．また，末端ハロゲンの置換も可能であり，水酸化ナトリウムとの反応ではヒドロキソ配位子に置換されたクラスター($[(Nb_6X_{12})(OH)_2(H_2O)_4]$ (X=Cl, Br))が得られ，ハロゲン化水素酸との反応では異種ハロゲンに置換されたクラスター($[(Nb_6Cl_{12})X_2(H_2O)_4]$ (X=Br, I), $[(Nb_6Br_{12})X_2(H_2O)_4]$ (X=Cl, I))が得られる[6]．さらに，テトラアルキルアンモニウムハロゲン化物との反応によりアニオン性クラスター$[(Nb_6X_{12})X_6]^{4-}$ (X=Cl, Br)への変換も可能である[7]．

〔上口 賢〕

【参考文献】
1) F. W. Koknat, *Inorg. Chem.*, **1974**, *13*, 1699.
2) S. A. Best *et al.*, *Inorg. Chem.*, **1979**, *18*, 484.
3) K. Harder *et al.*, *Z. Anorg. Allg. Chem.*, **1990**, *591*, 32.
4) S. Kamiguchi *et al.*, *Metals*, **2014**, *4*, 84.
5) D. D. Klendworth *et al.*, *Inorg. Chem.*, **1981**, *20*, 1151.
6) N. Brnicevic *et al.*, *Z. Anorg. Allg. Chem.*, **1981**, *472*, 200.
7) P. B. Fleming *et al.*, *Inorg. Chem.*, **1970**, *9*, 1769.

Nb_6Cl_{18}

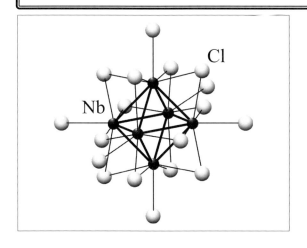

【名称】bis(tetramethylammonium)[dodeca-μ-chlorohexachlorohexaniobate（+2/+3）］; tris（tetramethylammonium），[dodeca-μ-chloro hexachlorohexaniobate(+2/+3)］; tetrakis（tetramethyl ammonium），[dodeca-μ-chlorohexachlorohexa niobate(+2/+3)］: $[N(CH_3)_4]_n[(Nb_6Cl_{12})Cl_6]$ （$n=2, 3, 4$）

【背景】クラスターは多数の金属-金属結合で構成され，結合に使われる電子数とクラスターの構造や性質との関連については古くから興味がもたれている．しかし，クラスターの合成では意図した核数や骨格構造をもつ化合物を得ることが難しく上記の関連を系統的に調べた研究例は少ない．骨格電子数が異なる一連のクラスター錯体を合成し構造や性質との関連を詳細に調べた例である．

【調製法】ニオブクラスター$[(Nb_6Cl_{12})Cl_2(H_2O)_4]$と塩化テトラメチルアンモニウム（$[N(CH_3)_4]Cl$）を無水エタノール中，還流条件下で24時間反応後，上澄みを取り除く．得られた残渣に$[N(CH_3)_4]Cl$を加え同様の操作により再び残渣を得る．この操作をもう一度行い，得られた残渣について洗浄および乾燥を行うとIV価のアニオン性錯体$[N(CH_3)_4]_4[(Nb_6Cl_{12})Cl_6]$が得られる[1]．さらに，この錯体とヨウ素を塩化水素ガスで飽和させた無水エタノールに溶解させ，塩化水素ガスを吹き込みながら$[N(CH_3)_4]Cl$を反応させるとIII価のアニオン性錯体$[N(CH_3)_4]_3[(Nb_6Cl_{12})Cl_6]$が得られる[2]．また，ヨウ素の代わりに塩素ガスを用いて同様の操作を行うとII価のアニオン性錯体$[N(CH_3)_4]_2[(Nb_6Cl_{12})Cl_6]$が得られる[1]．なお$[N(CH_3)_4]Cl$の代わりに$[NEt_4]Cl$や$[NPr_4]Cl$，$[NBu_4]Cl$を対カチオンとする一連の錯体も同様の製法により得られる．

【性質・構造・機能・意義】II価錯体ではニオブの形式酸化数が+2.67であり，クラスターがもつ12本のNb-Nb結合は2個の$Nb^{2+}(d^3)$と4個の$Nb^{3+}(d^2)$がもつ合計14個のd電子により構成される．またIII価およびIV価錯体は各々15個および16個のd電子を有する．ニオブの酸化数が+2ないし+3であることは，III価錯体のXPSにおけるNb $3d_{3/2}$（207.7 eV）およびNb $3d_{5/2}$（204.9 eV）のピーク位置からも支持される[3]．偶数電子をもつII価およびIV価錯体は反磁性であるが，奇数電子をもつIII価錯体は常磁性を示し77 Kにおけるμ_{eff}/μ_B（=1.74）は軌道角運動量が寄与しない不対電子1個分に相当する[4]．これはクラスターの還元につれII価錯体のLUMOのa_{2u}軌道に電子が1個ずつ入ることにより説明される．II価およびIII価錯体ではt_{2g}からこの軌道への遷移吸収が各々1360および1450 nmに観測されるが，IV価錯体ではこの軌道が既に2個の電子で満たされているため観測されない[5]．

II価およびIII価錯体については単結晶X線解析により構造が決定されている．アニオンクラスター部分はほぼ同じ構造で，6個のニオブがほぼ完全な正八面体を形成し，12本のNb-Nb結合に塩素が1個ずつ稜配位し，各ニオブの末端位には塩素が1個ずつ配位している．IV価錯体については標題のテトラメチルアンモニウム塩ではなくカリウム塩$K_4[(Nb_6Cl_{12})Cl_6]$についてX線構造決定がなされており，これを含めて構造を比較するとNb-Nb平均結合長はII価（3.02 Å）＞III価（2.97 Å）＞IV価錯体（2.92 Å）の順に短くなる．これはクラスターの還元につれ結合性軌道a_{2u}に電子が入るためと考えられている．一方，Nb-Cl（末端）結合長およびNb-Cl（稜配位）結合長はクラスターの還元につれ長くなる．

【関連錯体の紹介およびトピックス】ニオブと同族のタンタルではIII価およびIV価錯体のみが知られている．製法はニオブの錯体と異なり，まず$[(Ta_6Cl_{12})Cl_2(H_2O)_4]$の酸化により$[(Ta_6Cl_{12})Cl_3(H_2O)_3]$を得た後，これと$[NEt_4]Cl$との反応によりIII価錯体が得られる．またIV価錯体はIII価錯体の酸化により得られる[6]．

【上口　賢】

【参考文献】
1) F. W. Koknat *et al.*, *Inorg. Chem.*, **1972**, *11*, 812.
2) F. W. Koknat *et al.*, *Inorg. Chem.*, **1974**, *13*, 295.
3) S. A. Best *et al.*, *Inorg. Chem.*, **1979**, *18*, 484.
4) J. G. Converse *et al.*, *Inorg. Chem.*, **1970**, *9*, 1361.
5) P. B. Fleming *et al.*, *Inorg. Chem.*, **1970**, *9*, 1347.
6) B. G. Hughes *et al.*, *Inorg. Chem.*, **1970**, *9*, 1343.

NdN_4O_4

【名称】 neodymium-^{142}Nd, [10-[2-[[3-(4-benzoyl-9,10-dihydro-2-oxo-2H-pyrano[2,3-f]quinolin-7(8H)-yl)propyl]amino]-2-(oxo-κO)ethyl]-1,4,7,10-tetraazacyclododecane-1,4,7-triacetato(3−)-$\kappa N^1,\kappa N^4,\kappa N^7,\kappa N^{10},\kappa O^1,\kappa O^4,\kappa O^7$]$^-$: $C_{38}H_{45}N_6NdO_{10}$

【背景】 生きた細胞や組織での生体内環境における分子現象を直接かつ低侵襲で観察する分光学的手法が求められている．金属イオンや，低分子有機化合物を検出する蛍光センサーが開発され，目覚ましい成果をあげてきたが，酵素活性を直接観察できるプローブの開発はあまり例がない[1]．

ランタノイド錯体は，可視から近赤外の長波長領域に鋭い発光帯を有し，長い発光寿命をもつので，応答プローブとして魅力的である．可視領域で発光するTb^{3+}やEu^{3+}を用いた蛍光プローブについては数多く開発されてきたが，近赤外（NIR）発光プローブについてはまだそれほどでもない[2]．Nd^{3+}, Yb^{3+}, Er^{3+}, Ho^{3+}, およびPr^{3+}イオンが800から1600 nm領域に発光領域をもち，NIR光は組織透過性をもつので，NIRイメージング剤は in vivo での応用が期待されている．このNd^{3+}錯体はアルド-ケトリダクターゼ1C2（AKR1C2）を検出できる近赤外発光型錯体である[3]．

【性質・構造・機能・意義】 八配位アームドサイクレンとNd^{3+}からなる錯体は近赤外発光を示すが，サイクレン側鎖に酵素反応性基質を連結すると，酵素反応を発光過程により追跡できる．ステロイドホルモン代謝やストレス反応経路に含まれる酵素であるAKR1C2により還元を受けて蛍光を発するアミノクマリン誘導体が同じ研究者たちによって開発されている[4]．非蛍光性のケトン体が酵素による還元を受けてアルコール体となり強い緑色蛍光（$\lambda_{max}=510$ nm）を発する．ランタノイド錯体の発光は有機発色団からのエネルギー移動（ET）を介して増大する．本錯体では，還元されたアミノクマリン誘導体が光アンテナとしてはたらくため，近赤外発光によるAKR1C2検出プローブとなる．

ランタノイド錯体として，大環状リガンドDOTAからなるNd^{3+}錯体を用い，アミノクマリン骨格と短い炭素鎖を介して連結させている．対応するアルコール生成物も合成した．アルコール体は1060 nm（395 nm励起）にNd^{3+}の特徴的な発光を示したのに対し，ケトン体はこの領域ではほとんど発光しなかった．よって，ケトン体からアルコール体への還元に伴い，発光スイッチが可能となる．

実際にNADPHの存在下で酵素AKR1C2を用いてNd^{3+}錯体の発光変化を観測すると，酵素による還元を受け，1060 nmでの発光増加が観察された．クマリンとNd^{3+}錯体を結ぶリンカーの長さを種々変更した結果，本錯体が最も効率よく触媒反応を示す優れたプローブとなることがわかった．

アルコール体を用いて行った時間分解発光測定実験より，この錯体は81±1 nsの蛍光寿命をもち，細胞のバックグラウンド蛍光よりも数段長いことがわかった．

このように，可視領域に蛍光スイッチングのできる小さな蛍光体にランタノイド錯体を連結させることで，発光波長をより長波長へ変換する方法を示し，酵素活性の検出が可能となった錯体である．ランタノイド錯体の中にはNd^{3+}錯体のように，in vivo でのイメージングに理想的な800～1600 nm領域に発光能力をもつものが多く，医療における診断薬とて今後の応用開発に大いに期待される．最近，生きたバクテリア中のRNAを発光で検出する希土類錯体も報告されている[5]．

【三宅弘之】

【参考文献】
1) X. Li et al., Chem. Rev., **2014**, 114, 590.
2) S. J. Butler et al., Chem. Soc. Rev., **2013**, 42, 1652.
3) M. Halim et al., J. Am. Chem. Soc., **2007**, 129, 7704.
4) D. J. Yee et al., Proc. Natl. Acad. Sci. USA., **2006**, 103, 1334.
5) H. Saneyoshi et al., J. Am. Chem. Soc., **2013**, 135, 13632.

NdN₆O₃ 光

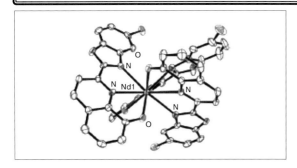

【名称】nine-coordinate neodymium complexes with benzimidazole-substituted 8-hydroxyquinolines: Nd(L)₃

【背景】ヒドロキシキノリン配位子を有する金属錯体は良好な発光特性を示すことが報告され，有機 EL やディスプレイへの応用が期待されている．また，近赤外領域に発光するネオジム錯体は，近赤外の生体透過性が高いことから，生体系のイメージングに関する研究が行われ，さらに石英型光ファイバーなどの光情報通信分野への応用展開も興味がもたれている．ここではヒドロキシキノリンにベンゾイミダゾールを導入した新規な三座配位子を有するネオジム錯体の近赤外発光を報告している[1].

【調製法】合成されたベンゾイミダゾールヒドロキシキノリン配位子をエタノール/水の混合溶媒に溶解し，塩化ネオジムを加え，水酸化ナトリウムを用いて塩基性にすることにより，オレンジ色の結晶が得られる．配位子の合成は図に示す．

【性質・構造・機能・意義】得られたネオジム錯体は九配位構造を形成し，その幾何学構造は歪んだトリキャップドトリゴナルプリズムとなる．その配位構造は，希土類イオンに対して，up-up-down という構造になる．Nd–O 間の距離は 2.334〜2.457 Å (Δ=0.123 Å)；Nd–N 間（キノリン部位）の距離は 2.591〜2.725 Å (Δ=0.134 Å)；ベンゾイミダゾール部位の Nd–N 間の距離は，2.656〜2.935 (Δ=0.279 Å) となる．キノリンの N 原子は九配位構造のキャップ部位（上部）となる．

この錯体の配位の π–π* 吸収バンドは 466〜483 nm であり，モル吸光係数は $7.2〜18\times10^3\,M^{-1}\,cm^{-1}$ となる．このネオジム錯体は近赤外領域に発光を示し，室温において，ネオジムの 4f–4f の吸収バンド励起による発光量子収率は 0.34%，発光寿命は 1.2 μs と報告されている．配位子励起の発光量子収率を測定することにより，配位子からネオジムへのエネルギー移動効率を算出したところ，92% 以上の高効率なエネルギー移動が示唆されている．

【関連錯体の紹介およびトピックス】近赤外領域で高い発光量子効率を得るためには，分子振動による無放射失活過程の抑制が重要になる．低振動型のヘキサフルオロアセチルアセトン配位子とホスフィンオキシド配位子を組み合わせた Yb(III) 錯体において，9.2% が報告されている[2].

【長谷川靖哉】

【参考文献】
1) N. M. Shavaleev *et al., Inorg. Chem.*, **2008**, *47*, 9055.
2) S. Kishimoto *et al., Bull. Chem. Soc. Jpn.*, **2011**, *84*, 148.

NiCP₂Cl

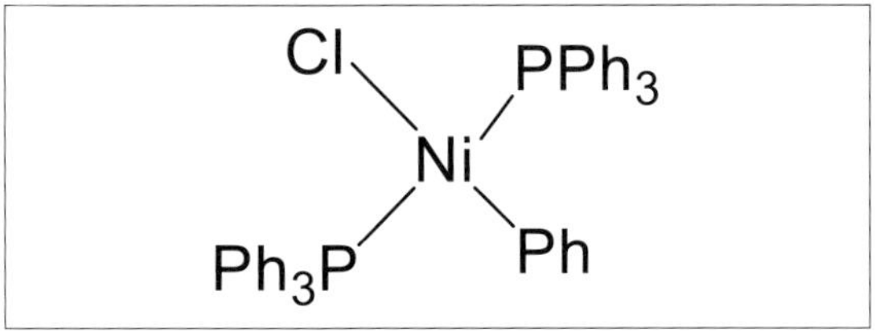

【名称】 *trans*-Chloro(phenyl)bis(triphenyl-phosphine)nickel(II): *trans*-NiCl(Ph)(PPh₃)₂

【背景】 ホスフィンを支持配位子とするアリールニッケル錯体(II)は，ニッケル触媒を用いるクロスカップリング反応をはじめとする各種の有機合成反応の中間体として重要な化合物である．ハロゲノ配位子を有するアリール錯体は取り扱いが容易であり，各種の有機金属錯体の合成原料や，合成反応の触媒前駆体として広く用いられる．

【調製法】 不活性ガス気流下，テトラキス(トリフェニルホスフィン)ニッケル[Ni(PPh₃)₄]のトルエン懸濁液に室温でクロロベンゼンを加えて撹拌すると，すぐに均一溶液を生成する．1日撹拌を続けると黄褐色の結晶が析出する．ろ過と石油エーテルによる洗浄によって生成錯体を得る(収率71%)[1]．塩化アリール(Ar-Cl, Ar=*o*, *m*, *p*-tolyl, *p*-anisyl)，臭化フェニルを用いた反応でも，同様に対応するクロロ(アリール)ニッケル(II)錯体，ブロモ(フェニル)ニッケル(II)錯体が生成する．

NiCl₂ と PPh₃ の混合物の DMF 懸濁液に亜鉛末を加えて加温することによっても *trans*-[NiCl(Ph)(PPh₃)₂] を合成できる[2]．この場合は，空気に不安定な[Ni(PPh₃)₄]を途中で単離する必要がなく，5.0g 程度のスケールで合成が可能である．

【性質・構造・機能・意義】 黄褐色結晶で，トルエン，クロロベンゼンに可溶である．122～123℃で熱分解が起こる．IR スペクトルでは ν(Ni-Cl) が 340～350 cm⁻¹ に観測される[1]．クロロおよびフェニル配位子が，平面四配位のニッケル(II)のトランス位に結合している[2]．Ni-Cl 結合(2.220Å)，Ni-C 結合(1.887Å)はいずれも相当するパラジウム，白金錯体の結合よりも短い(Pd-Cl 2.407Å, Pd-C 2.016Å; Pt-Cl 2.459Å, Pt-C 2.021Å)[3,4]．ニッケルと2つのリン原子との結合角(P-Ni-P)は169.29(2)°であり，白金錯体(176.19(6)°)，パラジウム錯体(177.55(2)°)で見られる角度に比べて小さい．

【関連錯体の紹介およびトピックス】 本錯体のホスフィン配位子は容易に置換され，サリチルアルジミナトなどのN-Oキレート配位子をもつシス型の二核錯体に変換される．かさ高いアリール置換基を有するこれらの錯体は，エチレン重合触媒として高い触媒性能を示す[4] (図1)．

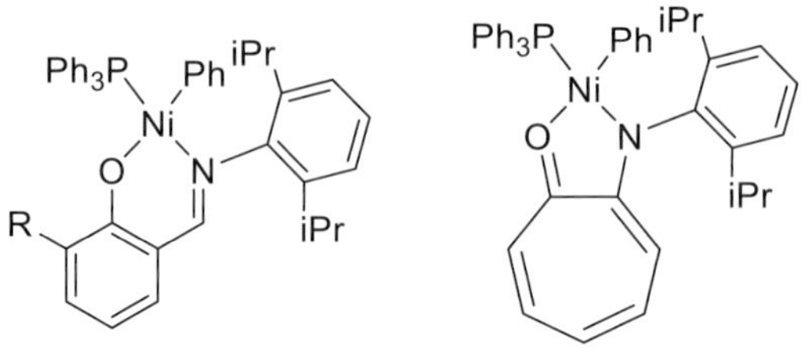

図1 重合触媒としてはたらくニッケル錯体

トリアルキルホスフィン配位子を有する，ハロゲノ(アリール)ニッケル錯体はジブロモ錯体を原料として合成する．[NiBr₂(PEt₃)₂]と臭化アリールマグネシウム ArMgBr との反応によって，*trans*-[NiAr(Br)(PEt₃)₂]が生成する．引き続き，MeLi を反応させると，メチルアリール錯体 *trans*-[NiAr(Me)(PEt₃)₂]が生成する[5]．アリール基の代わりにアルキル基が結合した錯体，例えば，*trans*-[NiCl(Me)(PMe₃)₂]は，[NiCl₂(PMe₃)₂]と MeLi から，黄色結晶として得られる[6]．

【福元博基】

【参考文献】
1) M. Hidai *et al., J. Organomet. Chem.*, **1971**, *30*, 279.
2) A. Zeller *et al., Eur. J. Inorg. Chem.*, **2003**, 1802.
3) a) J. P. Flemming *et al., Inorg. Chim. Acta*, **1998**, *280*, 87; b) M. G. Crisp *et al., Kristallogr. NCS*, **2001**, *216*, 249.
4) a) C. Wang *et al., Organometallics*, **1998**, *17*, 3149; b) F. A. Hicks *et al., Organometallics*, **2001**, *20*, 3217.
5) D. G. Morrell *et al., J. Am. Chem. Soc.*, **1975**, *97*, 7262.
6) R. Beck *et al., Z. Anorg. Allg. Chem.*, **2008**, *634*, 1971.

NiC_2N_2

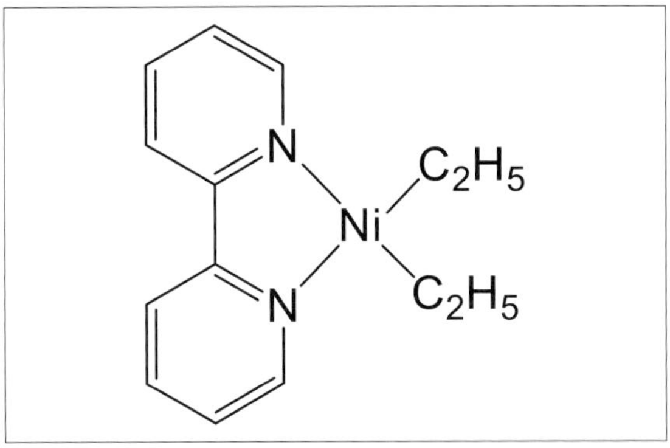

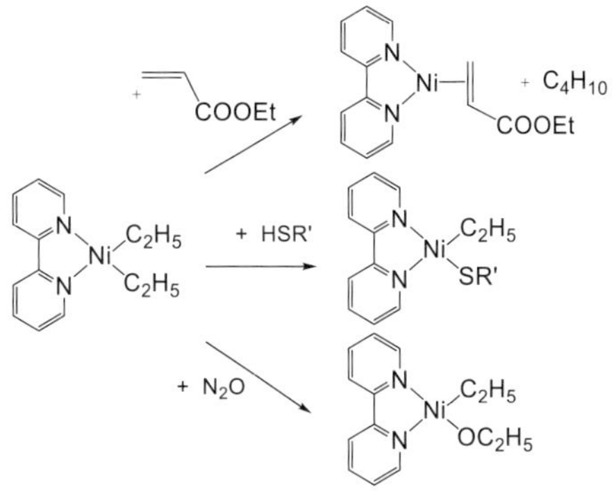

図1 [NiEt$_2$(bpy)]の反応

【名称】 diethyl(2,2'-bipyridyl)nickel(II): Ni(C$_2$H$_5$)$_2$(bpy)

【背景】 既報のアルキル遷移金属錯体は，合成が報告された1965年には，白金などわずかな例に限られていた．容易に合成でき，熱的に安定であることから，本錯体の合成がアルキル遷移金属錯体の化学を発展させる契機となった．

【調製法】 不活性ガス気流下 −20～0℃で，無水ビス(アセチルアセトナート)ニッケルとビピリジンのエーテル懸濁液にジエチルアルミニウムエトキシド AlEt$_2$(OEt)(トリエチルアルミニウムにエタノールを滴下して調製する)を滴下する．混合物を徐々に室温まで昇温させ，析出した濃緑色固体をろ別する．エーテルとヘキサンで繰り返し洗浄し，熱アセトンから再結晶する(収率80%)[1]．

【性質・構造・機能・意義】 濃緑色結晶で，エーテル，ベンゼン，トルエン，アセトンなどの有機溶媒に微溶である．大きな結晶は空気中でもしばらく安定に操作できるが，溶液状態は酸素によって速やかに分解する．また，不活性気流下，固体状態で100℃前後で熱分解し，エタン，エチレン，n-ブタンを生成する[2]．ベンゼン溶液の紫外可視スペクトルは430 nm，720 nmに吸収極大を示す．^{1}H NMR スペクトル(DMF-d_7)は反磁性であり，1.15(CH$_3$)，0.82(CH$_2$)ppmにピークを示す．2つのエチル基は平面四配位ニッケルのシス位に結合している．

多彩な化学反応性を示す(図1)．特に電子吸引基が結合しているオレフィンまたは芳香族化合物を添加すると，2つのエチル配位子からのブタンの還元的脱離が選択的に起こり，オレフィンなどが π 配位した Ni(0)錯体を生成する．この反応は熱分解温度よりも低い温度で進行するため，電子吸引性オレフィンは Ni–C 結合を活性化していると考えられる[2]．チオールなどのプロトン酸との反応ではエチル(チオラト)ニッケル(II)錯体[3]，酸化剤である亜酸化窒素(N$_2$O)との反応では，酸素原子が Ni–C 結合に挿入したエトキシド錯体[Ni(Et)(OEt)(bpy)]が生成する[4]．

【関連錯体の紹介およびトピックス】 ジメチル-およびジ(n-プロピル)-ニッケル錯体についても，有機アルミニウムを用いる同様な反応によって合成される[2a]．類似の配位構造を有するニッケラシクロペンタン[Ni{(CH$_2$)$_4$}(bpy)][5]，電子吸引性のアリール配位子を有する[Ni(Ar)$_2$(bpy)][2b]は，[Ni(cod)$_2$]にbpyを加えて，生成した[Ni(bpy)(cod)]に有機ハロゲン化物を加えることで合成される．　【福元博基】

【参考文献】

1) a) A. Yamamoto et al., J. Am. Chem. Soc., **1965**, 87, 4652; b) T. Saito et al., J. Am. Chem. Soc., **1966**, 88, 5198.
2) a) T. Yamamoto et al., J. Am. Chem. Soc., **1971**, 93, 3350 and 3360; b) T. Yamamoto et al., Bull. Chem. Soc. Jpn., **2002**, 75, 1997.
3) G. C. Tucci et al., J. Am. Chem. Soc., **1995**, 117, 6489.
4) P. T. Matsunaga et al., Polyhedron, **1995**, 14, 175.
5) a) P. Binger et al., Z. Naturforsch., **1979**, 34b, 1289; b) P. T. Matsunaga et al., J. Am. Chem. Soc., **1993**, 115, 2075.

NiC$_2$P$_2$

有光

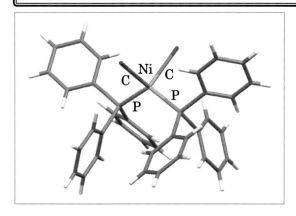

【名称】Dicarbonyl(triphenylphosphane)Nickel(0): [Ni(CO)$_2$(PPh$_3$)$_2$]

【背景】揮発性で極めて毒性の強いテトラカルボニルニッケルよりも扱いやすい錯体であり、本錯体は多くのカップリング反応などの触媒として研究がなされてきた。近年は有機合成試剤としての研究は多くはないが、興味深い分光特性を示す題材としての研究も行われている。

【調製法】テトラカルボニルニッケル錯体にエーテル中で化学量論量のトリフェニルホスフィンを加えることにより定量的に生成する[1]。光照射下で行う方法もあり、いずれの場合も元のテトラカルボニル錯体に等モルのトリフェニルホスフィンを加えるとモノ(トリフェニルホスフィン)錯体が得られ、2倍加えることで本錯体が得られる。2018年時点で本錯体はSigma-Aldrichから市販されている。

【性質・構造・機能・意義】空気に敏感なほぼ白色の結晶で、有機溶媒にわずかに溶ける。mp 210〜215℃ (分解)、IR 2007, 1957 cm^{-1}。1974年に室温で、2004年に低温でX線構造解析がなされており[2]、後者によればこの錯体の構造はわずかにゆがんだ正四面体構造であり、結合角と結合距離は Ni-P 2.22, Ni-C 1.78, CO 1.15 Å, P-Ni-P 117, C-Ni-C 113°となっている。

当初この錯体をオレフィン類やアルキンの重合触媒として利用する多くの研究が行われた[1]。本錯体はエチレンなどの重合や、ブタジエンの環化二量化などに活性を示す。アリールハライドのカップリング反応の触媒としての活性も報告されているが、比較的最近の例としては、津田による研究でアルキンとマレイミドの二重環化反応に高活性を示すことが報告された。また、同様な反応を利用してポリ(ビシクロ[2,2,2]オクタ-7-エン)を得る共重合触媒反応の活性も報告されている[3]。

近年の研究で注目すべきは、この錯体がホトルミネセンスを示すと報告されたことである。ニッケル(0)錯体でホトルミネセンスが報告されているのはこれ以外に2例あるのみで、極めて少ない。この錯体はアセトニトリル中で250 nmから400 nmにかけて吸収を示し、紫外線励起下で650 nmを中心とする発光を示す。77Kと室温で同様な発光スペクトルが得られ、低温での発光量子効率は10^{-3}、室温ではさらに小さいと報告されている。発光は、三重項MLCT状態から生じるとしている[4]。

なお、二次元振動スペクトルによって、振動モード間の結合を観測する分光研究の題材として本錯体が用いられていることも指摘しておきたい[5]。

【関連錯体の紹介およびトピックス】本錯体を合成する際に加えるPPh$_3$の量を調節することで[Ni(CO)$_3$(PPh$_3$)]が得られることは上にも述べた。[Ni(CO)$_2$(PPh$_3$)$_2$]をカリウムで還元するとホスフィド二核錯体[Ni$_2$(CO)$_4$(μ-PPh$_2$)$_2$]$^{2-}$が得られ、これを酸化すると二核Ni(I)種である[Ni$_2$(CO)$_4$(μ-PPh$_2$)$_2$]が生成する[6]。

【坪村太郎】

【参考文献】
1) W. Reppe *et al.*, *Lieb. Ann. Chem.*, **1948**, *560*, 104.
2) J. Moncol *et al.*, *Acta Crystallogr., Sect. E*, **2004**, *60*, m1582.
3) T. Tsuda, *J. Mol. Catal., A*, **1999**, *147*, 11.
4) H. Kunkely *et al.*, *Inorg. Chem. Commun.*, **2000**, *3*, 143.
5) K. A. Meyer *et al.*, *Chem. Phys. Lett.*, **2003**, *381*, 642.
6) B. Keşanlı *et al.*, *J. Chem. Soc., Dalton Trans.*, **2000**, 1291.

NiC₄

【名称】bis(1,5-cyclooctadiene)nickel(0): Ni(cod)₂

【背景】1960年，Wilkeによる低原子価ニッケルを用いたブタジエンからの環化三量化を経由した1,5,9-シクロドデカトリエンの合成研究の中で偶然発見された[1]．

【調製法】実験操作はすべて不活性ガス雰囲気下で行う．無水のbis(acetylacetonato)nickel(II)(Ni(acac)₂)に対し，トルエンと1,5-シクロオクタジエン(cod)を加える．これを0℃に冷却し，よく撹拌しながらブタジエンを吹き込む．ついでトリエチルアルミニウムのトルエン溶液を滴下し，0℃で1時間，室温でさらに8時間かき混ぜると徐々に黄色の固体が析出する．これをろ別して粗生成物を得る．純粋な結晶は1,5-シクロオクタジエンとともに粗生成物をトルエンに溶解させた後，熱溶液をろ過して不純物を除き，ろ液を-20℃に冷却することで得られる[2]．また，塩化ニッケル(II)を1,5-シクロオクタジエン存在下，THF中でピリジンと金属ナトリウムで還元することでも合成できることが知られている[3]．

【性質・構造・機能・意義】融点60℃(分解)の黄色板状結晶で，固体状態でも空気に対して不安定であり，特に溶液状態ではすぐに分解し，金属ニッケルを析出する．そのため，不活性ガス雰囲気下冷暗所で保存するのがよい．

重ベンゼン中，¹H NMRにおいて1.38 ppmにsinglet，3.64 ppmにbroad singletを与える．また，1965年にX線結晶構造解析により擬正四面体構造であることが示された．ニッケル-ビニル炭素間の結合長はすべて等しく2.12 Åである．また，二重結合の炭素原子間の距離は一般的な二重結合のそれよりも0.05 Åほど長い[4]．

DMFなどの極性溶媒中ではハロゲン化アリールと速やかに反応し，対応する対称ビアリールを与える．金属銅によるUllmannカップリングと同じ形式の反応であるが，Ni(cod)₂を用いた方がはるかに温和な条件下で進行するため，合成化学的な観点から利用価値が高い．

1,5-シクロオクタジエンとの配位子交換を経由して低原子価のニッケル-ホスフィンおよびアミン錯体などが合成できる．tetracarbonylnickel(0)(Ni(CO)₄)と同じ0価のニッケル錯体であるが，比較的毒性が低く，また一酸化炭素よりも1,5-シクロオクタジエンがより温和な条件下で置換されるため，現在では様々なニッケル錯体の前駆体としてよく利用されている．ただし，一部のかさ高いホスフィンとは立体障害のためか，単純にNi(cod)₂と混合するだけでは交換反応が進行しない場合もある[5]．これらのニッケル錯体は単離せずとも，系中で発生させてそのまま種々の触媒反応へと利用することもできる．

1,5-シクロオクタジエンはリンや窒素などのヘテロ原子だけでなく，炭素-炭素ならびに炭素-ヘテロ原子多重結合とも配位子交換し，対応するπ錯体を与える．これらの不飽和分子はニッケル上で酸化的環化を起こし，メタラサイクルを形成することが知られている．また，これらは様々な触媒反応の重要な中間体であることがわかってきている[6]．

【関連錯体の紹介およびトピックス】同様の0価ニッケル-オレフィン錯体としてbis(norbornadiene)nickel(0)(Ni(nbd)₂)やbis(acrylonitrile)nickel(0)(Ni(AN)₂)が挙げられる．これらもNi(cod)₂から各々ノルボルナジエン，アクリロニトリルによる配位子交換を利用して合成できる．

【平野康次】

【参考文献】
1) G. Wilke, *Angew. Chem.*, **1960**, *72*, 581.
2) R. A. Schunn *et al.*, *Inorg. Synth.*, **1990**, *28*, 94.
3) S. Otsuka *et al.*, *J. Chem. Soc. A*, **1968**, 2630.
4) H. Dierks *et al.*, *Kristallogr. Kristallgeometr. Kristallphys. Kristallchem.*, **1965**, *122*, 1.
5) S. Ogoshi *et al.*, *Chem. Commun.*, **2004**, 2732.
6) S. Ogoshi *et al.*, *J. Am. Chem. Soc.*, **2005**, *127*, 12810.

NiC₄

【名称】 tetracarbonylnickel(0): Ni(CO)₄

【背景】 イギリスの化学者, Mond によって発見された金属カルボニル錯体の 1 つで, Mond 法として知られる鉱石から純粋な金属ニッケルを抽出する重要なプロセスの中間体でもある[1].

【調製法】 細かく砕いた金属ニッケルに対し, 常温常圧下で一酸化炭素を作用させることで得られる[2]. また, 一酸化炭素気流下アンモニア水溶液中で硫酸ニッケルを亜ジチオン酸ナトリウムで還元することでも得られることが知られている[3].

【性質・構造・機能・意義】 融点 −25℃, 沸点 43℃の揮発性の無色液体. 発火性に加えて, 極めて強い毒性を持ち, その作業環境の許容濃度はわずか 0.001 ppm である. この値はシアン化水素や一酸化炭素のそれ (各々 10 ppm, 100 ppm) よりもはるかに小さいため, 取り扱いには細心の注意を必要とする.

この錯体は, ニッケルを中心とした正四面体構造を有する四配位型錯体である. ニッケルとカルボニル炭素間およびカルボニル配位子内の炭素-酸素原子間の結合長はそれぞれ 1.82 Å, 1.15 Å である. また, IR スペクトルでは CO 伸縮振動に由来する吸収 (ν=2040 cm^{-1}), UV スペクトルでは 206 nm に吸収 (ε=10^5) を有する. ^{13}C NMR ではカルボニル炭素は 193 ppm 付近にシグナルを与える.

トリフェニルホスフィンなどの比較的弱い求核剤を加熱条件, もしくは光照射下作用させると, 一酸化炭素との間で配位子交換反応が進行し, 種々の有用な 0 価のニッケル錯体へと導くことができる[4]. 一方で, Grignard 試薬などの求核性の高い反応剤を用いた場合は, ニッケル中心ではなく, 配位子であるカルボニル炭素に求核付加反応が起こり, アニオン性アシルニッケル錯体が生成する. これらはアシルアニオン等価体として様々な求電子剤と反応し, 対応するカルボニル化合物を与えることが知られている[5].

また, 有機ハロゲン化物などの求電子剤を作用させると酸化的付加が進行する. 特に, ハロゲン化アリルとの反応はよく研究されており, ベンゼン溶媒中では対応する η^3-アリルニッケルブロミドの二量体を与えることが知られている[6]. これをハロゲン化アリールなどに作用させると, 円滑にカップリングが進行し, 高収率でアリルベンゼン誘導体が得られる. 上述したように, 原料である Ni(CO)₄ の高い毒性のためあまり合成反応には応用されていないが, 非対称型アリル基のカップリング反応における位置選択性が極めて高いため, プレニル基を有する天然物合成などに近年でも利用される場合がある[7].

【関連錯体の紹介およびトピックス】 pentacarbonyliron(0) (Fe(CO)₅) や diironnonacarbonyl(0) (Fe₂(CO)₉) は Ni(CO)₄ と同じ低原子価の金属カルボニル錯体であり, 類似の反応性を示しながらも, 毒性が比較的低いためよく有機合成反応に用いられる. Fe(CO)₅ は Ni(CO)₄ と比べてずっと安定であり, 配位不飽和で活性種である Fe(CO)₄ を発生させるためしばしば厳しい条件を必要とするが, 代わりに Fe₂(CO)₉ を前駆体とすればより温和な条件下で Fe(CO)₄ を発生させることができる.

【平野康次】

【参考文献】
1) L. Mond et al., J. Chem. Soc., Trans., **1890**, 57, 749.
2) W. L. Gilliland et al., Inorg. Synth., **1946**, 2, 234.
3) W. Hieber et al., Z. Anorg. Allg. Chem., **1952**, 269, 308.
4) F. T. Delbeke et al., J. Organomet. Chem., **1974**, 64, 265.
5) a) E. J. Corey et al., J. Am. Chem. Soc., **1969**, 91, 4926; b) J. R. Hermanson et al., J. Org. Chem., **1995**, 60, 1900.
6) E. J. Corey et al., J. Am. Chem. Soc., **1968**, 90, 2416.
7) a) W. Fröhner et al., Heterocycles, **2007**, 74, 895; b) H.-J. Knölker et al., Chem. Lett., **2009**, 38, 8.

NiC$_8$

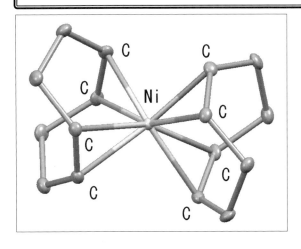

【名称】bis(1,5-cyclooctadiene)nickel(0): Ni(cod)$_2$ (cod = 1,5-cyclooctadiene)

【背景】ジエンの低重合・重合との関連から，炭化水素配位子のみを有するニッケル錯体が1960年頃から広く研究された．中でも，[Ni(cod)$_2$]は比較的安定であり，毒性の強い[Ni(CO)$_4$]にかわり，0価ニッケル錯体の原料として使用される．

【調製法】不活性ガス気流下，無水ビス(アセチルアセトナート)ニッケル[Ni(acac)$_2$]のトルエン溶液に1,5-シクロオクタジエン(cod)と少量のブタジエンを加え，0℃で撹拌しながら，トリエチルアルミニウムを1～2時間かけて滴下すると，徐々に黄色の固体が析出する．室温でさらに8時間撹拌し，黄色固体をろ過により単離する．粗生成物を熱トルエン(約90℃)に溶解して，すばやく熱時ろ過を行い，ろ液を−20℃に冷却すると，生成物が黄色結晶として得られる(収率89％)[1]．トリエチルアルミニウムの代わりにジイソブチルアルミニウムヒドリド(DIBAH)を用いると，反応時間を短縮できる[2]．

【性質・構造・機能・意義】黄色結晶であり，大気下で，結晶状態では徐々に，溶液状態では速やかに分解して黒色固体となる．そのため，不活性ガス下，冷蔵庫内で保存する必要がある．THF，トルエンなどに可溶であるが，エーテル，飽和炭化水素系溶媒にはほとんど溶解しない．^{1}H NMRスペクトル(THF-d_8, 400 MHz)で，4.31 (br, −CH=CH−)および2.1 ppm (m, CH$_2$)にシグナルが観測される．

本錯体の構造は，X線結晶解析により，cod配位子の4つの二重結合はニッケルに対してη^2-配位し，かつニッケルを中心に四面体構造をとることが示されている[3]．また，結合パラメータと理論計算結果とから，ジエン配位子のσ供与とπ逆供与の両方が錯体の安定化に関わっていることがわかる．

0価ニッケル中心に結合したcod配位子は他の配位子によって容易に置換される．2,2′-ビピリジンを添加すると，codの部分解離を経て，混合配位錯体[Ni(cod)(bpy)]が生成する[4]．ホスフィン，イソニトリルなどの配位子もcod配位子と交換し，対応するニッケル0価錯体[NiL$_4$] (L=PPh$_3$, CN-^{t}Bu)を与える[5]．

【関連錯体の紹介およびトピックス】[Ni(cod)$_2$]を化学量論量用いることによって，アルケニルハライド，アリールハライドのカップリング反応が温和な条件下で進行する[6]．これを芳香族ジハロゲン化物に適用することによって，導電性，光機能，化学機能を有する各種のπ共役高分子を合成できる[7]．これらの反応では，DMF溶媒中で，ホスフィンやアミンなどの支持配位子を加えない場合に，最も反応速度や選択性が高く，極性溶媒中で反応活性種が生成している．

【福元博基】

参考文献

1) a) R. A. Schunn et al., *Inorg. Synth.*, **1974**, *15*, 5; b) R. A. Schunn et al., *Inorg. Synth.*, **1990**, *28*, 94.
2) D. J. Krysan et al., *J. Org. Chem.*, **1990**, *55*, 4229.
3) P. Macchi et al., *J. Am. Chem. Soc.*, **1998**, *120*, 1447.
4) a) P. Binger et al., *J. Organomet. Chem.*, **1977**, *135*, 405; b) M. Abla et al., *Bull. Chem. Soc. Jpn.*, **1999**, *72*, 1255.
5) a) S. D. Ittel, *Inorg. Synth.*, **1977**, *17*, 117; b) S. D. Ittel, *Inorg. Synth.*, **1990**, *28*, 98.
6) a) M. F. Semmelhack et al., *J. Am. Chem. Soc.*, **1972**, *94*, 9234; b) M. F. Semmelhack et al., *J. Am. Chem. Soc.*, **1975**, *97*, 3873.
7) T. Yamamoto, *Bull. Chem. Soc. Jpn.*, **2010**, *83*, 431.

NiN_2O_2

【名称】[[1,1′-didodecyl 3,3′-[1,2-phenylenebis[(nitrilo-κN)methylidyne[2-(hydroxy-κO)-3,1-phenylene]carbonylimino]]bis[2-[[[(3S)-2,3-dihydro-7-benzofuranyl]carbonyl]amino]benzoato]](2-)]nickel

【背景】salenニッケル(II)錯体のアミド側鎖の部分が自発的に一重らせん型構造をとるメタロフォルダマーであり,不斉部位を導入することで一方の巻きのみを選択的に与える例である[1].

【調製法】配位子H_2L中の不斉ビルディングブロックとなる3(S)-メチル-2,3-ジヒドロベンゾフランカルボン酸は,2-ブロモフェニルアセチルクロリドから5段階の反応により得られる.このカルボン酸,ベンゾフラン-7-カルボン酸クロリド,および2-アミノ-3-ニトロ安息香酸を原料として配位子H_2Lの前駆体となるサリチルアルデヒド誘導体を合成できる.このアルデヒド,酢酸ニッケル(II)4水和物,および1,2-フェニレンジアミンをエタノール中で還流することでメタロフォルダマー[LNi]が得られる.ジクロロメタン/エタノールから再結晶することで結晶構造解析に適した単結晶が得られる[1].

【性質・構造・機能・意義】結晶構造では,錯体[LNi]はニッケル(II)原子を通る二回軸をもっている.ニッケル原子は平面四配位であり,Ni-NおよびNi-O距離はそれぞれ1.851, 1.849 Åである.導入した側鎖の部分は約二周巻きの左巻き一重らせん構造となっている.このらせん構造は,ニッケルに配位したフェノキソ酸素と隣接する側鎖のアミドプロトンの間の分子内水素結合(1.898 Å)に加えて,側鎖内のもう1つのアミドプロトンが関与する分子内水素結合によって保たれている.側鎖末端のジヒドロベンゾフラン環はニッケル錯体部分の上下にほぼ平衡に重なっている.

溶液中でも,結晶中とほぼ同様のらせん構造をとっていると推測される.^{1}H NMRスペクトルでは,ジヒドロベンゾフランのメチレンプロトンのうち1つが1 ppm程度の高磁場シフトを示し,この部位がベンゼン環の直上に位置していることが確かめられる.低温での^{1}H NMRスペクトルにおいては,シグナルのブロードニングが観測され,配座間の平衡の存在が示唆されている.NOESYスペクトルでは,らせん構造をとることによって重なった部分のいくつかのプロトンに相関が観測され,このことからも折り畳まれたらせん構造が確認される.

なお,このらせん構造はプロトン性溶媒(メタノール)を加えてもほとんど影響を受けない.

錯体[LNi]は,分子全体の左巻きらせん構造に由来する強い旋光性([α]$_D$=−1040°)を示す.円二色性(CD)スペクトルにおいても強いコットン効果が観測される.

[LNi]および関連化合物が明確ならせん構造をとれるのは,その側鎖に導入したアミド部分で分子内水素結合が形成され,特定の配座をもつ二次構造が安定化されているためである.また,この錯体[LNi]は,いくつかの関連化合物の中でも特に高いヘリシティー誘導能を示す.錯体[LNi]の(M)体が主として存在する理由として,側鎖末端に導入したジヒドロベンゾフランの7位のメチル基の立体障害により(P)体の[LNi]が不安定化されること,側鎖1つあたり3つの分子内水素結合により構造が固定化され,とれる配座の種類が限定されることが挙げられる.

【関連錯体の紹介およびトピックス】類似のアミド側鎖を導入したsalen-ニッケル(II)錯体が他にも報告されている.不斉置換基をもたない誘導体[2],不斉シクロヘキサンジアミンを導入してヘリシティー制御を検討した例[2]なども知られている.

【秋根茂久】

【参考文献】
1) Z. Dong *et al.*, *J. Am. Chem. Soc.*, **2006**, *128*, 14242.
2) F. Zhang *et al.*, *J. Am. Chem. Soc.*, **2005**, *127*, 10590.

NiN_2O_2

[構造図: $[Ni^{II}(\eta^2\text{-}O_2)L]$]

L = 2,4-pentane-N,N'-bis(2,6-diisopropylphenyl) ketiminate

【名称】｛2,4-pentane-N,N'-bis(2,6-diisopropylphenyl) ketiminato｝(η^2-superoxo)nickel(II)：$[Ni^{II}(\eta^2\text{-}O_2)(L)]$

【背景】酸化酵素や種々の酸化触媒における酸素分子活性化機構に対する興味から，低原子価金属錯体と酸素分子との反応が検討されてきた．またニッケル錯体では，過酸化物との反応により生成した活性酸素錯体がC-H結合活性化能を示すことが報告されたことを受け，低原子価ニッケル種による酸素分子活性化を経て生成する酸素錯体の化学的性質についての関心が高まった．本錯体が Ni(II)-スーパーオキソ錯体の初めての構造決定例である[1]．

【調製法】−78℃に冷却した赤褐色を呈する Ni(I)-トルエン錯体 $[(LNi^I)_2(\mu\text{-}C_7H_8)]$ のトルエン溶液を乾燥酸素ガス雰囲気にさらし，−78℃で15分間撹拌後に室温まで温度を上昇させ，さらに30分撹拌を続けることで緑色溶液を得る．溶媒を減圧留去して得た固体を n-ヘキサンで洗浄した後，トルエンにより錯体成分を抽出し，このトルエン溶液を−20℃に冷却することで緑色結晶が析出する[1]．

【性質・構造・機能・意義】ニッケル中心は β-diketiminate 配位子および side-on 型 O_2 配位子からなる N_2O_2 ドナーセットに保持された平面四配位構造をとっている．O-O原子間の距離は 1.347(2) Å であることから，O_2 配位子は O_2^- であると同定される．O-O伸縮振動は IR スペクトルにおいて 971 cm^{-1}（$^{16}O_2$ 錯体，$^{18}O_2$ 錯体では 919 cm^{-1}）に観測される．ESR では g = 2.138, 2.116, 2.067 に異方的な共鳴吸収線を与え，このスペクトルパターンが遊離のスーパーオキソのものに類似していること，有効磁気モーメントが 20〜300 K の領域で 1.8μ_B であること，さらに DFT 計算の結果に基づき，この錯体は d^8 低スピン Ni(II) 中心に S = 1/2 のスーパーオキソが配位していると解釈される．このスーパーオキソ錯体は室温にて PPh$_3$ を O=PPh$_3$ に酸化し，ヒドロキソ錯体 $[(LNi^{II})_2(\mu\text{-}OH)_2]$ に変化する[1]．

この Ni(II)-スーパーオキソ錯体はアルコールやフェノール，ヒドラジン誘導体に対する酸化活性も示す．またカリウム（単体）との反応では O_2^- 配位子の一電子還元が進行して Ni(II)-K(I) の heterobimetallic 架橋ペルオキソ錯体を与え，これに Zn(II) 錯体を作用させると O-O 結合開裂を起こして Ni(II)-Zn(II) の架橋ジヒドロキソ錯体となる．この Ni(II)-スーパーオキソ錯体は Fe(I) 錯体とは直接反応し，O-O 結合活性化を経て配位子上のアルキル置換基への酸素添加反応が進行する[2]．

【関連錯体の紹介およびトピックス】同じ β-diketiminato 配位子をもつ Cu(I) 錯体も酸素分子と反応して side-on 型酸素錯体を与える[3]．

Ni(I) 錯体と酸素との反応により生成する Ni(II)-O_2^- 錯体としては他にいくつかの報告がある[4]．

Ni(0) 錯体と酸素の反応では Ni(II)-O_2^{2-} 錯体が生成し，その構造も明らかにされている[5]．　　【引地史郎】

【参考文献】
1) M. Dress et al., Angew. Chem. Int. Ed., **2008**, 47, 7110.
2) M. Dress et al., Acc. Chem. Res., **2012**, 45, 276.
3) W. B. Tolman et al., J. Am. Chem. Soc., **2002**, 124, 10660.
4) a) C. G. Riordan et al., Inorg. Chem., **2004**, 43, 3324; b) C. G. Riordan et al., J. Am. Chem. Soc., **2006**, 128, 14230.
5) a) S. Ohtsuka et al., J. Am. Chem. Soc., **1969**, 91, 6994; b) M. Matsumoto et al., Acta Crystallogr. Sect. B, **1975**, 31, 2711.

NiN_2O_2 (CuN_2O_2/PdN_2O_2)

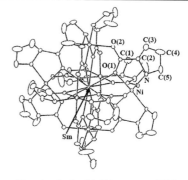

図1 $[Sm\{Ni(pro)_2\}_6]^{3+}$ のORTEP図[3c]

【名称】 diaquabis((S)-pyrrolidine-2-carboxylic acidato)nickel(2+): $[Ni(pro)_2(H_2O)_2]$

【背景】 古典的なアミノ酸錯体であり，銅錯体(trans体)およびパラジウム錯体(cis体)の結晶構造が報告されているが[1]，ニッケル錯体は良好な単結晶が得にくいので報告例がない．銅錯体は溶液中ではcis体とtrans体の平衡状態，パラジウム錯体は溶液中でもcis体として存在していると報告されている．cis体はカルボキシラト酸素原子が配位原子としてはたらけば錯体自身が金属イオンを含むキレート配位子とみなせる．そこで，これらのニッケル錯体をビルディングブロックとしてランタノイドイオンと反応させると，この錯体ユニットがランタノイドイオンに6個配位した異核多核錯体が得られる．この錯体は非常に対称性が高く，キラリティーをもつ錯体の中で最も対称性の高い錯体である．

【調製法】 通常は水にL-プロリンとニッケルの塩(塩化ニッケル，硝酸ニッケルなど)を化学量論量加えれば得られる．L-プロリンはメタノール，エタノールあるいはアセトニトリルに可溶なので，これらにニッケルの塩を加えても得られるが，結晶を単離しようとすると無水物の粉末状沈殿が得られる．

【性質・構造・機能・意義】 $[Ni(pro)_2(H_2O)_2]$の性質は典型的なビスアミノアシダト遷移金属錯体である．この錯体の特徴は，ランタノイドイオンとの反応により，非常に対称性の高い異核多核錯体を生じることである．過塩素酸ランタノイドあるいはアルカリ土類金属過塩素酸塩と過剰の$[Ni(pro)_2(H_2O)_2]$および過塩素酸テトラメチルアンモニウムを加えると自己集積的に$(N(CH_3)_4)[Ln\{Ni(pro)_2\}_6](ClO_4)_4$が得られる．過塩素酸テトラメチルアンモニウムを加えなくても錯体は生成するが，良好な結晶を得るには4つのClO_4^-イオン(T_d対称)が必要であり，電荷を調節するために$N(CH_3)_4^+$(疑似T_d対称)が必要である．メタノールあるいはアセトニトリル中で，L-プロリン，過塩素酸ニッケル，過塩素酸ランタノイドおよび過塩素酸テトラメチルアンモニウムを化学量論量混合するだけで同じ錯体が得られる．この錯体はランタノイドイオンに6個のビス(L-プロリナト)ニッケルが配位した形であり，中心のランタノイドイオンを6個のニッケルイオンが正八面体型に取り囲んでいる．ランタノイドイオンには12個の酸素原子が正二十面体型に配位している．グリシン，アラニン，L-アゼチジン-2-カルボン酸を用いても同様の異核多核錯体が得られる．これらのアミノ酸を用いた異核多核錯体は水溶液からも合成されるが，その際は，pHのコントロールが必要である．また，ニッケルイオンの代わりにコバルトイオンを用いても同様の錯体が得られるが，+2価および+3価のコバルトを含む混合原子価錯体として得られ，中心イオンの酸化数により，+2価と+3価のコバルトイオンの数が異なる[2]．$(N(CH_3)_4)[Sm\{Ni(pro)_2\}_6](ClO_4)_4$の結晶構造解析の結果によれば[3]，$[Sm\{Ni(pro)_2\}_6]^{3+}$(図1)は$T$対称のサイトに存在する．キラルな錯体のもつ最も高い対称性はO対称であるが，まだ報告例はない．T対称をもつ錯体は，現在報告されているキラルな錯体の中で最も対称性の高い錯体である．

【湯川靖彦・五十嵐智志】

【参考文献】
1) a) A. M. Mathieson et al., Acta Crystallgr., **1952**, 5, 599; b) T. Ito et al., Acta Crystallgr., **1952**, B27, 1062.
2) T. Komiyama et al., Chem. Lett., **2005**, 34(3), 300.
3) a) Y. Yukawa et al., J. Chem. Soc. Chem. Commun., **1997**, 711; b) S. Igarashi et al., Chem. Lett., **1999**, 1265; c) S. Igarashi et al., Inorg. Chem., **2000**, 39, 2509.

NiN$_2$P$_2$

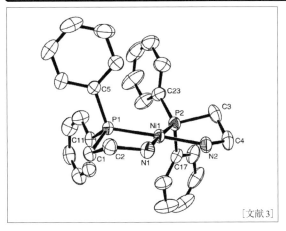

[文献3]

【名称】bis(4,4-diphenyl-4-phospha-1-azabutane)nickel-(II) tetrafluoroborate: [Ni(Ph$_2$Pea)$_2$](BF$_4$)$_2$

【背景】リンを配位原子とするハイブリッド配位子とその金属錯体の開拓は，新規触媒の探索と大きくかかわっている[1]．リンを配位原子とする配位子を有する錯体では，トランス影響によりリン配位原子どうしが互いにトランス位に位置するような配置をとるときには，金属とリン原子間の結合長が非常に長くなるため，トランス配置を避けて配位する傾向が強い．また，リン上置換基の配位子場に与える影響は比較的小さく，置換基のかさ高さ(立体反発)に由来する構造変形が現れる．Niを中心金属とする錯体では配位子の配位子場強度が大きい場合には平面四角形型の配位構造をとるが，リンを配位原子とする配位子の配位子場強度についての定量的議論は少ない[2]．[Ni(Ph$_2$Pea)$_2$]-(BF$_4$)$_2$錯体ならびに一連の類似錯体研究によって，リンを配位原子とするハイブリッド配位子の配位子場強度が検討された[3]．

【調製法】ドライアイス/メタノール浴中で金属ナトリウムの液体アンモニア溶液に，ジフェニルホスフィンを加え撹拌後，2-クロロエチルアミン塩酸塩をゆっくり加える．THF 100 mLを加えて撹拌後，室温で液体アンモニアを留去する．THF溶液を水浴上で還流させて生じる白色固体をろ別後，減圧下でTHFを濃縮して生じた液体を真空蒸留し，無色の液体として配位子Ph$_2$Peaを得る．

大気中でメタノールに懸濁したPh$_2$PeaにNi(BF$_4$)$_2$·6H$_2$Oのメタノール溶液を加え還流する．得られた溶液を0℃に冷却して，析出した黄色の固体をろ過後，アセトニトリル/ジエチルエーテルで再結晶する．

【性質・構造・機能・意義】[Ni(Ph$_2$Pea)$_2$]$^{2+}$錯体の結晶中において，二座Ph$_2$Pea配位子はシス配位しており，わずかにねじれた平面構造を呈している．2つの(Ni, P, N)平面の最小二乗二面角は0.63°である．Ni-PならびにNi-N結合長はそれぞれ2.162, 2.167と1.966, 1.974 Åである．2つのリン配位原子上のフェニル置換基間にはスタッキング相互作用が見られるが，類似の8-ジフェニルホスフィノキノリン(Ph$_2$Pqn)錯体(19.1°のねじれ角を有する)においても同様のスタッキング構造が見られることから，この錯体における平面性は，配位子場強度に関係していると考えられる．アセトニトリル中における吸収スペクトルは24300 cm^{-1}に1本だけ観測され，この吸収帯は固体の拡散反射スペクトルと一致するので，配位性溶媒中においてもこの錯体は平面四配位構造を保持している．

【関連錯体の紹介およびトピックス】アミン配位原子よりもσドナー性の小さなキノリンを配位部位とする類似錯体の[Ni(Ph$_2$Pqn)$_2$]$^{2+}$，[Ni(MePhPqn)$_2$]$^{2+}$では，配位性アセトニトリル溶媒中において六配位八面体構造に由来する吸収帯が観測される(表1)．

表1 Ni(II)錯体の吸収極大値(cm^{-1})

錯体	$^3A_{2g} \to {}^3T_{2g}$	$^3A_{2g} \to {}^3T_{1g}$	$^3A_{2g} \to {}^3T_{1g}$
[Ni(Ph$_2$Pqn)$_2$]$^{2+}$	12430	19840	26300
[Ni(MePhPqn)$_2$]$^{2+}$	12900	20500	—

計算された$10Dq$はそれぞれ12430 cm^{-1}，および12900 cm^{-1}であり，一般的な六配位錯体における値(例えば[Ni(acac)$_2$(py)$_2$]$^{2+}$($10Dq$=10420 cm^{-1})よりもかなり大きい．Ph$_2$Pea錯体では，アセトニトリル溶媒中においても平面四配位構造をとることから，この配位子による配位子場はかなり大きいことがわかる．リン配位部位のpKaは一般的に小さく，リン配位原子の配位能力は弱いと考えられているが，これら一連の結果は，pKaがリン配位原子の配位能力の尺度にはならないことを明確に示している．Ph$_2$Pea配位子のリン上置換基の1つをメチル基に替えたMePhPeaの配位したニッケル(II)錯体では，2つの(Ni, P, N)平面の二面角は5.02°である[3]．

【高木秀夫・鈴木孝義】

【参考文献】

1) a) C. S. Slone et al., *Prog. Inorg. Chem.*, **1999**, *48*, 233; b) P. Espinet et al., *Coord. Chem. Rev.*, **1999**, *193-195*, 499.

2) a) S. Iwatsuki et al., *Can. J. Chem.*, **2001**, *79*, 1344; b) S. Iwatsuki et al., *J. Chem. Soc. Dalton Trans.*, **2002**, 3593.

3) A. Hashimoto et al., *Eur. J. Inorg. Chem.*, **2010**, 39.

NiN$_2$S$_2$

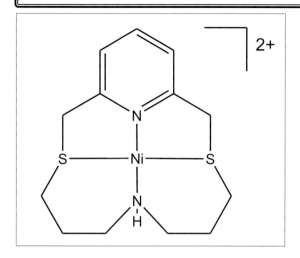

【名称】(3,11-dithia-7,17-diazabicyclo[11.3.1]heptadeca-1(17),13,15-triene)nickel(II) tetrafluoroborate：[Ni(L)](BF$_4$)$_2$

【背景】四配位平面構造と六配位八面体構造を安定にとりうるニッケル(II)錯体は，溶媒などの脱着によってその色を変化させることは古くから知られている（「Lifschitz塩」など）．この錯体はニトロメタン中では四配位平面構造の赤色であるが，ハロゲン化物，アセトニトリル，水，ピリジン，2,2′-ビピリジンを加えると六配位八面体構造の青緑色，紫色，青色，黄緑色，ピンク色へとそれぞれ色が変化する[1]．

【調製法】大環状配位子Lは2,6-bis(mercaptomethyl)-pyridineのDMF溶液とN,N-bis(3-chloropropyl)amineのDMF溶液を水酸化セシウムのDMF懸濁液にゆっくり加えることで合成される．錯体は，まず，エタノール中，過塩素酸ニッケルあるいはテトラフルオロホウ酸ニッケルと大環状配位子Lを反応させることで八面体型錯体([Ni(H$_2$O)$_2$(L)](ClO$_4$)$_2$, [Ni(H$_2$O)$_2$(L)](BF$_4$)$_2$)を合成し，それらのニトロメタン溶液を加熱，あるいは固体試料を減圧下，加熱することで得られる．また，無水ニトロメタン中にてテトラフルオロホウ酸ニッケルと大環状配位子Lを反応させることでも得ることができる．

【性質・構造・機能・意義】この錯体の赤色のニトロメタン溶液にテトラブチルアンモニウム塩としてフッ化物イオン，塩化物イオン，臭化物イオンを加えると赤色から青緑色へと溶液の色が変化する．一方，ヨウ化物イオンを加えた場合には赤色から暗緑色に変わる．この色の変化は，フッ化物イオン，塩化物イオン，臭化物イオンを加えた場合には，四配位平面構造から2つのハロゲン化物イオンが架橋した二核錯体([{Ni(L)}$_2$(μ-X)$_2$]$^{2+}$)へと変化し，ヨウ化物イオンを加えた場合には，ヨウ化物イオンと溶媒が配位した単核錯体([NiX(solvent)(L)]$^+$)を形成したことによる．さらに，赤色のニトロメタン溶液に水，アセトニトリル，2,2′-ビピリジン，ピリジンを加えた場合には，青色，紫色，ピンク色，黄緑色へとそれぞれ溶液の色が変化する．これらの変化は，四配位平面型錯体([Ni(L)]$^{2+}$)に水([Ni(H$_2$O)$_2$(L)]$^{2+}$)，アセトニトリル([Ni(CH$_3$CN)(H$_2$O)(L)]$^{2+}$)，ビピリジン([Ni(L)(bpy)]$^{2+}$)，およびピリジン([Ni(L)(py)$_2$]$^{2+}$)が配位することで，六配位八面体型錯体を形成したことによる．この研究はハロゲン化物イオンや溶媒分子などを検知するデバイスの開発につながるものである．なお，[{Ni(L)}$_2$(μ-X)$_2$]$^{2+}$ (X=Cl, Br)，[Ni(H$_2$O)$_2$(L)]$^{2+}$，[Ni(CH$_3$CN)(H$_2$O)(L)]$^{2+}$の構造はX線結晶解析により決定されている．これら錯体中の大環状配位子Lは，2,6-bis(mercaptomethyl)pyridine部分までは平面構造を有しているが，硫黄原子のところで大きく折れ曲がっており，錯イオン[Ni(L)]$^{2+}$のような平面構造は保持されていない．また，テトラフルオロホウ酸パラジウムと大環状配位子Lとの反応から，[Ni(L)](BF$_4$)$_2$に対応する黄橙色の[Pd(L)](BF$_4$)$_2$が生成することは吸収スペクトルなどから明らかにされたが，四配位平面構造を安定にとるパラジウム(II)錯体においては，ニッケル(II)錯体でみられたような錯体溶液の色の変化は観察されなかった．

【関連錯体の紹介およびトピックス】同様に四配位平面構造を有するニッケル(II)錯体である[Ni(acac)(tmen)]B(C$_6$H$_5$)$_4$ (tmen=N,N,N',N'-tetramethylethylenediamine)は溶媒によって色（クロロホルムやジクロロエタン中では赤色，アルコール中では緑色）が変化するソルバトクロミズムを示す．また，この錯体のアセトン溶液は温度によって色が変化するサーモクロミズムも示す[2]．

〔川本達也〕

【参考文献】
1) L. Escriche *et al.*, *Inorg. Chem.*, **2006**, *45*, 1140.
2) 木田茂夫 編, 無機化学・キレート化学（第4版 実験化学講座 17巻）, 丸善, **1991**.

NiN_2S_2

【名称】tetramethylammonium |N-|2-[benzyl(2-mercapto-2-methylpropyl)amino]ethyl|-2-mercapto-2-methylpropionamido-S,S',N,N'| niccolate; ($Me_4N(Ni^{II}$-beaam))[1]

【背景】スーパーオキソジスムターゼ(SOD)は，O_2を利用している生物にとって，その過程で生成するスーパーオキソ(超酸化物イオン，O_2^-)を過酸化物イオン(O_2^{2-})とO_2に不均化して除去するという重要な役割を演じている酵素である．これまでに，CuとZn，Fe，Mnイオンを活性中心に含むSODが知られていたが，1996年に好気的土壌微生物 Streptomyces からNiイオンを含む新規なSODが発見された．その後，$Ni^{III/II}$-SODのX線結晶構造解析が報告され，Ni活性中心の構造が明らかになった[2]．

このNi^{II}-SODモデル錯体の特色としては，これまでに報告されている活性中心モデル錯体の配位原子が$NiN_2^{amine}S_2$や$NiN_2^{amide}S_2$であるのに対して，本錯体では$NiN^{amine}N^{amide}S_2$であるので，還元型Ni^{II}-SODのNi活性中心に近いものである[1]．

【調製法】配位子は，クロロ-2-メチル-プロピオンアルデヒドとベンジルメルカプタンから，7過程で合成される．$Me_4N(Ni^{II}$beaam)・acetonitrile・H_2O錯体は，合成されたbeaamと$NiCl_2$を，NaOMe存在下，溶媒にCH_3OHを用いて$-20°C$で反応させて得られる[1]．

【性質・構造・機能・意義】$Me_4N(Ni^{II}$beaam)錯体の反磁性溶液は橙色で，556 nm($\varepsilon=70 M^{-1}cm^{-1}$)に肩吸収を，461($\varepsilon=290$)と267 nm($\varepsilon=21500 M^{-1}cm^{-1}$)に明確な吸収帯をもつ．長波長側の2つの吸収は，d-d遷移である．一方，還元型Ni^{II}-SODの吸収スペクトルは563 nmに肩吸収帯，450 nmに吸収帯を示すので，モデル錯体のものと類似している．この錯体のCH_3CN中のサイクリックボルタモグラムは，準可逆のNi$^{II/III}$カップルを示し，$E_{1/2}$は+0.34 V(vs. NHE)である．電気化学的なデータは，Ni^{III}beaam錯体が単離できることを推測させるが，$Me_4N(Ni^{II}$beaam)錯体の1電子酸化はこれまでに成功していない．ドライアイス/CH_3COCH_3の低温において，$CH_3CH_2CH_2CN$溶媒中のNi(II)錯体の酸化は，短寿命の青紫色化学種を生成するが，すぐに分解して不溶性白色固体を生成する．さらに，このNi(II)錯体にSOD活性がないことは，Ni(III)錯体の酸素分子種付加体が不安定であること，配位子チオレートが酸化されること，または，後述のNi(III)-SODに見られるNiの軸配位子が，このモデル錯体にはないことなどによる可能性がある．

【関連錯体の紹介およびトピックス】Ni$^{III/II}$-SODのX線結晶構造によると，NiがSODタンパク質のN末端部位(His1-Cys2-Asp3-Leu4-Pro5-Cys6-Gly7-)に結合した珍しい配位様式である[2]．還元型SODのNi(II)イオンのNi平面には，His1のN末端アミノ基のN原子，Cys2の主鎖アミドN原子，Cys2の側鎖チオレートS原子，Cys6の側鎖チオレートS原子が結合したモデル錯体と同様の低スピン平面型四配位構造(N_2S_2)である．一方，酸化型(Ni(III))の場合には，Ni平面の四配位は同じであるが，さらに軸方向からHis1の側鎖のイミダゾール基がN_δ原子で配位した低スピン四角錐型五配位構造(N_3S_2)である(Ni-His1N_δの距離，2.63 Å)．また，Ni-SODによるO_2^-不均化の触媒反応は，次の式で表される．

$$O_2^- + Ni^{III}\text{-SOD}(4配位) \rightarrow Ni^{II}\text{-SOD}(5配位) + O_2 \quad (1)$$
$$O_2^- + Ni^{II}\text{-SOD} + 2H^+ \rightarrow Ni^{III}\text{-SOD} + H_2O_2 \quad (2)$$

最近，beaam配位子においてベンジル基をもたないamino-carboxamido-dithiolato型の配位子〔N'-(2-mercapto-2-methylpropanoyl)-N'-(2-mercapto-2-methylpropyl)-1,2-diaminoethane〕を含むNi(II)錯体が合成されている[3]．錯体構造は(Ni^{II}beaam)$^-$錯体と同様，低スピン平面型四配位構造である．このSODモデル錯体と，O_2^-，1-メチルイミダゾール，酸化剤などを用いた詳細な電子スピン共鳴実験から，Ni-SODのO_2^-還元ステップ(2)には，H^+の存在とNi(III)へのHis1のイミダゾールの配位が必須であると考えられる．また，Ni-SODのO_2^-酸化ステップ(1)では，Ni(III)へのO_2^-の配位なしに，through-space電子移動反応がO_2^-からNi(III)イオンへ起こると推察されている．

【鈴木晋一郎】

【参考文献】
1) J. Shearer et al., Inorg. Chem., **2006**, 45, 9637.
2) J. Wuerges et al., Proc. Natl. Acad. Sci., **2004**, 101, 8569.
3) D. Nakane et al., Inorg. Chem., **2014**, 53, 6512.

NiN_3O_2

[$Ni^{II}(Tp^{iPr2})(OOtBu)$]

Tp^{iPr2} = hydrotris(3,5-diisopropyl-1-pyrazolyl)borate

【名称】 {hydrotris(3,5-diisopropyl-1-pyrazolyl)borato}-(*tert*-butylperoxo)nickel(II): [$Ni^{II}(Tp^{iPr2})(OOtBu)$]

【背景】 遷移金属-アルキルペルオキソ錯体は，ある種の酵素反応や工業的な酸化反応における鍵反応中間体と考えられている．ニッケル錯体については，過酸化水素との反応により生成した活性酸素錯体のC-H結合活性化能や，過酸化物を酸化剤とする触媒反応が報告されたことを受け，ニッケル(II)錯体と有機過酸化物との反応により生成する錯体の化学的性質や外部基質酸化活性についての関心が高まった[1]．

【調製法】 0℃に冷却した緑色を呈する二核Ni(II)-架橋ヒドロキソ錯体[{$Ni^{II}(Tp^{iPr2})$}$_2(\mu$-OH)$_2$]の*n*-ペンタン溶液に量論量(Niあたり1当量)の*tert*-ブチルヒドロペルオキシド(ジ-*tert*-ブチルペルオキシドまたはデカン溶液)を添加する．0℃にて直ちに溶媒を減圧留去して得た橙色固体を*n*-ペンタンに溶解させた後，-30℃に冷却することで橙色結晶が析出する[1]．

【性質・構造・機能・意義】 アルキルペルオキソ配位子中のO-O原子間距離は1.440(7) Åであり，ペルオキソ種としては典型的な値である．四配位ニッケル中心は擬四面体型構造から大きく歪んでいる．遠位酸素原子(O2)とニッケル中心の原子間距離が2.467(7) Åであり，Ni-O-Oの結合角が96.2(4)°でη^1(end-on)型アルキルペルオキソ錯体の中では最も小さいことから，ニッケル中心の配位不飽和座に遠位酸素が弱く相互作用していると解釈される．Ni(II)中心は高スピン($S=1$)の電子配置をとっており，常磁性シフトした^{1}H NMRスペクトルを与える．本錯体はトルエン溶液中，室温において半減期2.5時間程で分解し，出発物質であるNi(II)ヒドロキソ錯体およびTp^{iPr2}配位子のアルキル置換基の一部が酸化された錯体を与える．またジクロロメタン溶液の分解反応ではNi(II)-クロリド錯体[$Ni^{II}(Tp^{iPr2})(Cl)$]も生成する．以上のことから，分解の過程でO-OおよびNi-O結合のラジカル開裂(ホモリシス)が競争的に進行しているものと考えられる．なお本アルキルペルオキソ錯体の親電子性は低く，PPh_3やCOに対する酸素添加活性を示すものの，スルフィドやアルケンは酸化しない．一方で本錯体は求核的な酸化活性もあわせもち，ベンズアルデヒドと反応して対応するNi(II)-カルボキシラト錯体[$Ni^{II}(Tp^{iPr2})(\kappa^2$-$O_2$-CPh)]を与える．なお，*tert*-ブチルヒドロペルオキシドを酸化剤としたシクロヘキサンの触媒的酸化ではシクロヘキサノンが主生成物である[1]．

【関連錯体の紹介およびトピックス】 Tp^{iPr2}配位子のピラゾール環の4位に臭素を導入した類縁体[$Ni^{II}(OOtBu)(Tp^{iPr2,Br})$]も分子構造はほぼ同じである．しかしその熱安定性は増大しており，また外部基質に対する反応性のうち，求核的なベンズアルデヒド酸化のみ進行しなくなる[2]．

$Ni^{III}_2(\mu$-$O)_2$錯体の酸素雰囲気での分解により生成したNi(II)-アルキルペルオキソ錯体が報告されている[3]．

【引地史郎】

【参考文献】
1) S. Hikichi *et al.*, *Angew. Chem. Int. Ed.*, **2009**, *48*, 188.
2) S. Hikichi *et al.*, *Chem. Asian. J.*, **2010**, *5*, 2086.
3) a) M. Suzuki *et al.*, *Angew. Chem, Int. Ed.*, **2004**, *43*, 3300; b) M. Suzuki, *Acc. Chem. Res.*, **2007**, *40*, 609.

NiN₄

[Structure of bis(dimethylglyoximato)nickel(II) showing planar Ni coordination with four N atoms and O–H···O hydrogen bonds]

【名称】 (bis(dimethylglyoximato)nickel(II): [Ni(dmgH)₂] ([Ni(C₄H₆N₂O₂H)₂])

【背景】 [Ni(dmgH)₂]は水に極めて難溶性で安定性が高いことから，Ni(II)イオンの重量分析に使われる．同じ組成の[Cu(dmgH)₂]は可溶であるが，[Pd(dmgH)₂]と[Pt(dmgH)₂]は難溶であることから，Cu錯体ではCu–Cu相互作用はできない．これはd^8電子配置錯体に特性の分子間の強い相互作用によると考えられ，単結晶吸収性スペクトルや金属間距離による電子スペクトルの変化などの研究が1950年代に活発に行われた．その後，圧力変化などの機能物性の研究が行われた．

【調製法】 [Ni(dmgH)₂]は塩化ニッケルを水酸化ナトリウムで弱塩基性水溶液に溶かし，これにエタノール/水(1:1)に溶かしたジメチルグリオキシムを加えて得られる．結晶は酢酸ニッケル(II)の熱飽和アルコール溶液に2モル当量のジメチルグリオキシムの熱飽和溶液を加えて，混合溶液をウォーターバス上で加熱して成長させて得る．[Pd(dmgH)₂]と[Pt(dmgH)₂]は酸性溶液で合成する．

【性質・構造・機能・意義】 平面四配位錯体が層状に積み重なり，Ni–Ni距離3.233Åの結晶構造である．赤色針状結晶の[Ni(dmg)₂]の詳しい単結晶吸収スペクトルによる研究では，Ni–Ni軸に平行偏光で測定される吸収帯が52.5×10^3 cm^{-1}と18.6×10^{-3} cm^{-1}に観測される[1]．

結晶二色性スペクトルに基づくSCF-MO-IC法による理論計算によると，52.5×10^3 cm^{-1}が集積化による分子間の$5dz^2 \to p_z$遷移である．また18.6×10^3 cm^{-1}は赤色の原因となる分子内の$5dz^2 \to p_z$遷移と帰属され，この吸収位置と強度は前者から借りることによって，Ni–Ni距離に依存して変化する[2]．

dimethylglyoximateと類似のbis(1,2-cycloheptanedionedioximate)Ni(II)錯体とbis(3-Me-1,2-cyclohexane dionedioximate)Ni(II)錯体はそれぞれ黄色とオレンジ色と黄色結晶で，Ni–Ni距離は3.47Åと3.596Å，吸収帯は19.8×10^3 cm^{-1}と21.5×10^3 cm^{-1}である．このように，これらのNi–Ni距離が長くなると，色は赤色から黄色に，吸収帯は短波長側にシフトする[3]．

[Ni(dmgH)₂]と同じ構造の[Pd(dmgH)₂]と[Pt(dmgH)₂]でも，同様の吸収帯が観測される．M–M距離は圧力に依存し色の圧力変化が顕著に見られる．[Ni(dmgH)₂]では常圧では赤色，1.7 GPaで緑色，5 Gpaで黄色に，bis(1,2-cylcoheptanedionedioximate)Pd(II)の薄膜では，常圧で黄色，2 GPaで赤色，6 GPaで緑色と変化する[4]．bis(diphenylglyoximato)Pt(II)では，常圧で赤褐色，0.27 GPaで褐色，0.69 GPaで緑色，1.27 GPaで黄緑色，1.92 GPaで黄色となる[5]．これらは圧力のインジケーターとなる．Ni(dmgH)₂錯体では，Ni–Ni軸の方向の伝導性が粉末サンプルよりも10^5倍も大きく，鎖状軸内での電子が非局在化している半導体である．伝導性も圧力によって著しく変化する[6]．

【関連錯体の紹介およびトピックス】 ジメチルグリオキシムのメチル基をアルキル鎖に置換して液晶性にすることで，サーモクロミズムとソルバトクロミズムが観測されている．これもNi–Ni距離の変化によるものである[7]．

【海崎純男】

【参考文献】
1) S. Yamada *et al.*, *J. Am. Chem. Soc.*, **1953**, *75*, 6351.
2) Y. Ohashi *et al.*, *Inorg. Chem.*, **1970**, *9*, 2551.
3) Y. Ohashi *et al.*, *J. Mater. Chem.*, **1991**, *1*, 831.
4) K. Takeda *et al.*, *J. Phys. Conf. Ser.*, **2010**, *215*, 012065.
5) K. Takeda *et al.*, *Chem. Mater.*, **2000**, *2*, 912.
6) I. Shirotani *et al.*, *Bull. Chem. Soc. Jpn.*, **1992**, *65*, 1078.
7) K. Ohta *et al.*, *J. Mater. Chem.*, **1991**, *1*, 831.

NiN₄

【生】【超】

【名称】Ni(II)-mediated artificial base pair in peptide nucleic acid (PNA) duplex

【背景】DNAの核酸塩基間の水素結合を金属配位結合に置き換えた金属錯体型塩基対が種々合成され，DNAの構造制御やDNA二重らせん内への金属集積が報告されてきた．その手法を拡張するために，より安定で柔軟性の高いペプチド核酸(PNA)[1]骨格へ金属錯体型塩基対が導入された[2].

【調製法】N-(2-アミノエチル)-グリシン(Aeg)にジメチルビピリジンを連結したPNAモノマーを，ペプチド合成機を用いた固相合成によりPNA鎖へ導入する．相補配列をもつPNA二重鎖に，ニッケル(II)イオンを加えることにより，PNA二重鎖中に金属錯体型塩基対が生成する[2].

【性質・構造・機能・意義】中央にビピリジン側鎖をもつ10塩基対のPNA二重鎖に対し，ニッケル(II)イオンを加えると，300～320 nmに$[Ni(Me-bpy)_2]^{2+}$錯体の$\pi-\pi^*$遷移に帰属される吸収帯が現れる．滴定実験から，Me-bpy：Ni＝2：1の定量的な錯体形成，すなわち金属錯体型塩基対の形成が示される．ビピリジン塩基対をもつ二重鎖が解離する温度（融解温度）は，金属イオン非存在下では48℃であるが，ニッケル(II)イオンを加えると59℃となり，金属錯体型塩基対の形成により安定化が見られる[2].

【関連錯体の紹介およびトピックス】8-ヒドロキシキノリン(Q)を導入したPNA鎖では，Q-Cu^{II}-Q塩基対が形成する[3].

【竹澤悠典・塩谷光彦】

【参考文献】
1) P. E. Nielsen et al., Science, **1991**, *254*, 1497.
2) D.-L. Popescu et al., J. Am. Chem. Soc., **2003**, *125*, 6354.
3) R. M. Watson et al., J. Am. Chem. Soc., **2005**, *127*, 14628.

NiN$_4$

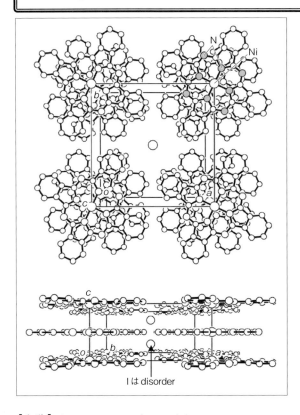

I は disorder

【名称】(phthalocyaninato)nickel(II)iodide:
[Ni(pc)]I(NiC$_{32}$H$_{16}$N$_8$I)

【背景】顔料として知られるフタロシアニン化合物が部分酸化を受けると導電性結晶を与えることがはじめて報告された化合物[1].

【調製法】粉末試料はヨウ素のベンゼン溶液にNi(pc)を加えた懸濁液を24時間撹拌することで得られる.単結晶はH-tubeの一方にヨウ素,もう一方にNi(pc)を入れ,1-chloronaphthaleneで満たし,Ni(pc)側を加熱した拡散法で得られる.

【性質・構造・機能・意義】フタロシアニン錯体が一次元的に積層したカラム構造を形成し,ヨウ素はカラム間に一次元的に配列した正方晶系の構造.X線構造解析ではヨウ素は一次元方向にdisorderとなっているが,ラマンスペクトルからI_3^-の化学種であることが示された.Ni(pc)が1/3+の形式電荷をもつが,無金属体である[H$_2$(pc)]Iも同様の高伝導性を示すことから,酸化部位はフタロシアニン配位子である.室温伝導度(単結晶で一次元方向)は500 S cm^{-1}で,高純度のフタロシアニン錯体から作った結晶は低温まで金属的な性質を示す[2].フタロシアニンは中心金属を多様に変化できることから,金属による導電物性の変化を調べる理想的なモデルとなっている.

【関連錯体の紹介およびトピックス】同様の構造を有することが確認されているものとして,[Cu(pc)]I,[Co(pc)]I,[Fe(pc)]I,[Ni(pc)]Br,Ni(pc)](BF$_4$)$_{0.33}$,[Ni(pc)](ClO$_4$)$_{0.42}$,[Co(pc)](AsF$_6$)$_{0.5}$,[Pt(pc)](ClO$_4$)$_{0.5}$,[Ni(pc)](AsF$_6$)$_{0.5}$,[Ni(pc)](SbF$_6$)$_{0.5}$が知られている[3].陰イオンがハロゲン以外のものは,1-chloronaphthaleneを溶媒にして加熱状態で電解することで得られる[4].[Co(pc)]Iは熱活性型の伝導度を示し,酸化部位がフタロシアニン配位子とCoの両方であるといわれている[5].一方,[Co(pc)](AsF$_6$)$_{0.5}$では酸化部位がフタロシアニン配位子であると結論されている[6].[Ni(pc)](AsF$_6$)$_{0.5}$,[Ni(pc)](SbF$_6$)$_{0.5}$は斜方晶系で,結晶によってNi^{III}が含まれていることが見いだされている.また,加圧によってフタロシアニン環の酸化数が減少するとともに,Ni^{II}→Ni^{III}と変化し,伝導度も減少することが見いだされている[7].

サンドイッチ型錯体M(pc)$_2$も導電性を示す類似構造のヨウ素塩を与えるが,直接反応によってはじめて得られる[8].中心金属によって金属の価数とヨウ素の含量が変化するため,フタロシアニンの形式電荷にはバリエーションがあり,[Yb(pc)$_2$]I$_2$,[Bi(pc)$_2$]I$_{3/2}$,[As(pc)$_2$]I$_2$,[In(pc)$_2$]I$_2$,[U(pc)$_2$]I$_{5/3}$,[Ti(pc)$_2$]I$_2$,[U(pc)$_2$]I$_2$,[Zr(pc)$_2$]I$_2$が知られている[3].

中性ラジカルのLi(pc)のx-formと呼ばれる結晶も類似構造で[9],高伝導性を示す[10].

【稲辺 保】

【参考文献】
1) C. S. Schramm *et al.*, *J. Am. Chem. Soc.*, **1980**, *102*, 6702.
2) J. A. Tompson *et al.*, *Inorg. Chem.*, **1993**, *32*, 3546.
3) T. Inabe *et al.*, *Chem. Rev.*, **2004**, *104*, 5503.
4) T. Inabe *et al.*, *J. Am. Chem. Soc.*, **1985**, *107*, 7724.
5) J. Martinsen *et al.*, *J. Am. Chem. Soc.*, **1985**, *107*, 6915.
6) K. Yakushi *et al.*, *Solid State Commun.*, **1991**, *78*, 919.
7) K. Yakushi *et al.*, *J. Porphyrins Phthalocyanines*, **2001**, *5*, 13.
8) J. Janczak *et al.*, *Inorg. Chim. Acta*, **1998**, *281*, 195.
9) H. Sugimoto *et al.*, *J. Chem. Soc., Chem. Commun.*, **1983**, 622.
10) P. Turek *et al.*, *Solid State Commun.*, **1987**, *63*, 741.

NiN₄ 導

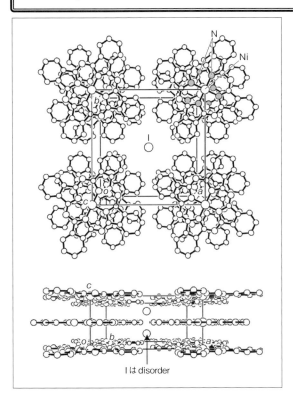

I は disorder

【名称】(tetrabenzoporphyrinato)nickel(II)iodide: [Ni(tbp)]I(NiC$_{36}$H$_{20}$N$_4$I)

【背景】フタロシアニンと極めて似た骨格構造をもつことから,部分酸化塩の形成について研究された[1].

【調製法】単結晶はH-tubeの一方にヨウ素,もう一方にNi(tbp)を入れ,1-chloronaphthaleneで満たし,Ni-(tbp)側を加熱した拡散法で得られる.

【性質・構造・機能・意義】Ni(tbp)錯体が一次元的に積層したカラム構造を形成し,ヨウ素はカラム間に一次元的に配列した正方晶系の構造.ヨウ素はI$_3^-$として存在し,Ni(tbp)ユニットが部分酸化されている.フタロシアニンとtbpはπ電子系のエネルギーレベルが異なることから,当初,酸化部位が中心金属のNiまで及んでいるとESRスペクトルから推測されたが,高純度の試料では純粋にπ電子系のみが伝導経路を形成していると結論づけられている[2].室温伝導度(単結晶で一次元方向)は300 S cm^{-1}で9Kまで金属的な挙動を示す.ポルフィリン系の導電体では最も伝導度が高い.

【関連錯体の紹介およびトピックス】同じ構造を有することが確認されているものとして,[Co(tbp)]Iが知られている[3].酸化部位はNi錯体と同様にπ配位子である.類似配位子であるomtbp(1, 4, 5, 8, 9, 12, 13, 16-octamethyltetrabenzoporphyrinato)錯体はポルフィリン系ではじめての導電体である[Ni(omtbp)]I$_{1.08}$を与えたが,分子のゆがみが大きく,半導体である[4].

ポルフィリン骨格をもつtmp(5, 10, 15, 20-tetramethylporphyrinato)錯体も類似構造の導電体を与え,[Ni(tmp)]I, [Ni(tmp)](PF$_6$)$_{0.5}$, [Ni(tmp)](ReO$_4$)$_{0.5}$が知られている.金属的挙動の下限温度はヨウ素塩,PF$_6$塩,ReO$_4$塩の順に上昇する.これは一次元カラム内で隣り合うポルフィリン環のねじれ角と相関しており,伝導電子がa_{1u}対称の軌道に収容されていると考えると矛盾なく説明される[5].

tbpの4つのmeso位の-CH=のうち3つが-N=に置換された配位子tatbp(triazatetrabenzoporphyrinato)のCu錯体は[Ni(tbp)]Iと同形で高伝導性のヨウ素塩を与えるが[6],Ni(tatbp)とCu(tatbp)のReO$_4$塩は三量体化した半導体となる[7]. 【稲辺 保】

【参考文献】
1) J. Martinsen *et al., J. Am. Chem. Soc.*, **1982**, *104*, 83.
2) K. Murata *et al., Inorg. Chem.*, **1997**, *36*, 3363.
3) K. Liou *et al., Inorg. Chem.*, **1992**, *31*, 4517.
4) T. E. Phillips *et al., J. Am. Chem. Soc.*, **1977**, *99*, 7734.
5) T. P. Newcomb *et al., Inorg. Chem.*, **1990**, *29*, 223.
6) K. Liou *et al., Inorg. Chem.*, **1989**, *28*, 3889.
7) M. R. Godfrey *et al., J. Am. Chem. Soc.*, **1990**, *112*, 7260.

NiN₄

電 触 生

【名称】 2,7,12,17-tetra-*n*-propylporphycenato nickel-(II): [Ni^II^(TPrPc)]

【背景】 ニッケル(II)のテトラピロール錯体は微生物におけるメタン合成の最終段階を触媒する. メチルコエンザイム M レダクターゼの基本骨格であることから,そのモデル錯体の研究が多数報告されている. ポルフィセンはポルフィリンの構造異性体であり,ポルフィリンとは異なる環骨格を有することから,その酸化還元挙動がポルフィリンや天然の F430 補酵素とは異なることが期待される. 本錯体は 1987 年にはじめて合成され,1989 年にはその興味深い酸化還元挙動が報告されている[1].

【調製法】 酢酸ニッケル(II)4水和物をメタルソースとし,酢酸ナトリウム存在下,酢酸中で 2,7,12,17-tetra-*n*-propylporphycene と 1 時間還流する. 反応後,室温まで冷却し,生じた沈殿をろ過,メタノールで洗浄する. 塩化メチレン/メタノールから再結晶を行い,目的化合物を得る.

【性質・構造・機能・意義】 ニッケル(II)は完全に N4 の平面内に収容されている. また,その配位空孔の形状は,図1に示すように金属が入ることによってフリーベースのものとは大きく変化する. ^{1}H NMR スペクトルでは側鎖のプロピル基が完全に同一の環境にあることから,D_{2h} の対称性をもっている.

ヨウ化メチル存在下でのサイクリックボルタンメトリーでは,F430 やニッケル(II)ポルフィリン錯体では,ニッケル(I)種の生成によりボルタモグラムが不可逆になる. これは還元状態でハロゲン化アルキルと反応してアルキル化が起こるためである. 一方ポルフィセンでは,同条件で還元側に 2 つの可逆なピークが観測される. これは,ニッケル(I)種は生成せずに,ポルフィセンのπアニオンラジカルが生成したことを支持する結果である. さらに定電位電解によって生成した一電子還元体は,近赤外域にポルフィセンのアニオンラジカル特有の吸収が生じる. さらに ESR スペクトルでは室温から低温の幅広い温度領域で有機ラジカルの一般的な g 値($g=2.0032$)を示していることから,ポルフィセン錯体の場合の一電子還元体はアニオンラジカルであると報告されている. ポルフィセンでニッケルが還元されにくくなっている理由として,ポルフィセンの N4 配位空孔がポルフィリンに比べて小さいため,低原子価状態を取りにくくなっていること,およびポルフィセン自体のπ*軌道のエネルギーが低下しているためである.

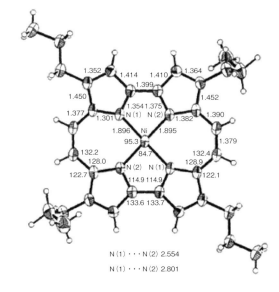

図1 [Ni^II^(TPrPc)]のX線構造

【関連錯体の紹介およびトピックス】 ニッケル(II)ポルフィリン錯体は数多くの研究があり,その構造や酸化還元挙動,また F430 のモデル錯体として,酸化状態に影響を与える因子などが研究されている[2].

【久枝良雄・大川原 徹】

【参考文献】
1) a) E. Vogel *et al.*, *Angew. Chem. Int. Ed. Engl.*, **1987**, *26*, 928; b) M. Renner *et al.*, *J. Am. Chem. Soc.*, **1989**, *111*, 8618.
2) K. M. Kadish *et al.*, *J. Am. Chem. Soc.*, **1991**, *113*, 512.

NiN$_4$

光

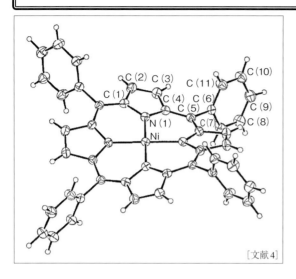

[文献4]

【名称】(5,10,15,20-tetraphenylporphyrinato)nickel(II): [Ni(TPP)]

【背景】ニッケル(II)ポルフィリン錯体は，溶媒や軸配位子の適切な選択により，溶液中で軸配位子をもたない平面四配位構造および軸配位子をもつ六配位構造のどちらも取り得る．そのため，ニッケル(II)ポルフィリン錯体は，金属ポルフィリン錯体の分子構造や電子状態，光物理および光化学諸過程のダイナミックスの関連を明らかにするうえで多くの情報を提供してくれる．

【調製法】5,10,15,20-テトラフェニルポルフィリンをDMFに溶解し，そこへ過剰量の酢酸ニッケル(II)を加え，加熱還流を行う[1,2]．反応溶液に水を加えて得られる沈殿を吸引ろ過で集め，シリカゲルカラムクロマトグラフィーで精製する．なお，本錯体はトルエン中でのNi(acac)$_2$との反応，または，クロロホルム中での酢酸ニッケル(II)との反応によっても合成することができる[3]．トルエン/エタノール混合溶媒を用いて再結晶を行う．

【性質・構造・機能・意義】可視紫外領域にポルフィリン錯体に特有の吸収が観測される（アセトニトリル溶液中）：λ_{max}/nm(ε/M^{-1}cm^{-1})=410.6(2.74×10^5), 524.0(1.80×10^4)．ジクロロメタン中で一電子酸化波および一電子還元波が観測されるが，いずれもポルフィリン配位子上での酸化還元反応である：E_{red1}^0=−1.28 V，E_{ox1}^0=1.05 V，E_{ox2}^0=1.17 V vs. SCE.

[Ni(TPP)]の分子構造はX線構造解析により明らかにされた[4]．平面四配位構造をとる[Ni(TPP)]ではNi-N原子間の結合距離は1.931(2) Åであり，ニッケルポルフィリン錯体の中では最も短い．ポルフィリン骨格は平面ではなく，ポルフィリン核を構成する炭素原子とポルフィリン平均平面の距離は最大で0.453(3) Åであり，S_4-ruffled coreと呼ばれる構造をとっている．

[Ni(TPP)]は蛍光，りん光を発しない．これはポルフィリンの励起一重項状態$^1(\pi,\pi^*)$状態が低エネルギーの^3(d$_{z^2}$,d$_{x^2-y^2}$)状態を経由して消光されるためであると考えられている．励起状態のダイナミックスが時間分解分光法を用いて調べられた[5]．トルエンのような非配位性の溶媒中ではNi-TPP錯体は平面四配位構造であり，ポルフィリンの光励起に引き続いて，ポルフィリンの励起状態からの失活により，Niの^3(d$_{z^2}$, d$_{x^2-y^2}$)励起状態への緩和が370 fs以内に起こる．その後，20 psの間に起こる過渡吸収スペクトルの時間変化は電子的な過程ではなく，振動緩和に伴って起こるものである．^{3}(d$_{z^2}$,d$_{x^2-y^2}$)状態の寿命は約260 psである．

【関連錯体の紹介およびトピックス】非配位性溶媒中での平面四配位のニッケル(II)ポルフィリン錯体は反磁性であるが，ピリジンのような配位子が共存すると，ポルフィリン錯体の軸位に配位子が結合した五配位または六配位錯体が生成し，錯体は常磁性となる．この常磁性錯体の基底状態の電子状態は^3(d$_{z^2}$,d$_{x^2-y^2}$)である．ピリジン，ピペリジンのような配位性溶媒中での光化学反応では，無輻射失活と平行して，六配位錯体の励起状態から軸配位子の光脱離が起こるとともに，四配位構造の(d$_{z^2}$,d$_{x^2-y^2}$)励起状態におけるピリジンなどの配位子の結合が起こるが，その反応の割合はポルフィリンの種類，溶媒，励起波長に依存している[6]．

軸位にピリジン配位子を有する六配位錯体の構造がX線構造解析により調べられた．2分子の4-シアノピリジンが軸位に配位した(5,10,15,20-tetrakis-(pentafluorophenyl)porphyrinato)nickel(II)ではNi-N原子間の結合距離は2.046(2) Å，2.052(2) Åであり，その距離は[Ni(TPP)]の場合に比べて0.1 Å以上長くなり，ポルフィリン骨格がかなり平面に近くなっている[3]．

【稲毛正彦】

【参考文献】
1) M. Asano *et al.*, *J. Chem. Phys.*, **1988**, 89, 6567.
2) A. D. Adler *et al.*, *Inorg. Synth.*, **1976**, 16, 213.
3) S. Thies *et al.*, *Chem. Eur. J.*, **2010**, 16, 10047.
4) A. L. Maclean *et al.*, *Aust. J. Chem.*, **1996**, 49, 1273.
5) J. Rodriguez *et al.*, *J. Chem. Phys.*, **1989**, 91, 3525.
6) D. Kim *et al.*, *Chem. Phys.*, **1983**, 75, 205.

NiN₄

【名称】 2,7,12,17-tetra-*tert*-butyl-3,6:13,16-dibenzoporphycenato nickel(II): [Ni^II(TBDBzPc)]

【背景】 ポルフィセンはポルフィリンと同様, 18π電子系の大環状配位子である. このポルフィセンの3,6位および13,16位をエチレンを介して直結し, ポルフィセンの共役系を拡張したジベンゾポルフィセンとそのニッケル(II)錯体の合成が報告されている[1].

【調製法】 窒素雰囲気下, フェノール中で, 2,7,12,7-Tetra-*tert*-butyl-3,6:13,16-dibenzoporphycene (H₂(TBDBzPc)) とニッケル(II)アセチルアセトナートを4時間還流し, CS_2 を展開溶媒としてシリカゲルカラムクロマトグラフィーで精製を行う.

【性質・構造・機能・意義】 ポルフィセンのニッケル(II)錯体では通常, 380 nm付近にSoret帯, 600 nm付近にQ帯由来の吸収帯を示す. しかし, [Ni^II(TBDBzPc)]の場合はQ帯の吸収波長域が大きく長波長シフトし, 極大吸収波長が 739 nm ($\varepsilon_{739}=28500$) に達する. これは, ポルフィセンの18π共役系が拡張されて22π共役系に変化したことによる効果である. この影響を反映するように, [Ni^II(TBDBzPc)]のベンゾニトリル中でのサイクリックボルタンメトリーでは第一酸化電位が +1.06 V vs. SCE, 第一還元電位は −0.58 V vs. SCE であり, HOMO-LUMOギャップは 1.64 eV と, 通常のポルフィセンよりも 0.3 eV も小さい. 以下に示すDFT計算による配位子の最適化構造 (図1) によれば, 配位子, H₂(TBDBzPc)は非常に平面性の高い構造をとっており, これはNMRなどの様々な実験結果とも一致している. 一方, 4つの*tert*-Bu基をメチル基に置き換えて計算を行うと, 平面型よりはむしろお椀型に歪んだ構造をしている. フラーレンの一部であるコランニュレンがそうであるように, 六員環と五員環からなる大きな共役平面は結合角度を最適にするために湾曲する性質があるが, H₂(TBDBzPc)では大きな*tert*-Bu基の影響で平面構造が安定化されている[2].

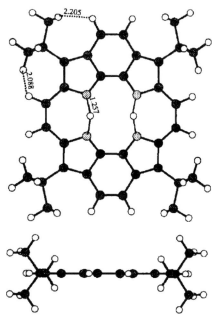

図1 DFT計算によるH₂(TBDBzPc)の最適化構造

【関連錯体の紹介およびトピックス】 HOMO-LUMOギャップをコントロールする目的でピロールβ位ではなく, meso位で共役系を拡張した, 2,7,12,17-tetra-*n*-propyl-9,10-benzo-porphycenato nickel(II)が知られている. これも 1.33 eV と非常に小さい HOMO-LUMO ギャップを有している[1].

【久枝良雄・大川原 徹】

【参考文献】
1) F. D'Souza *et al., Inorg. Chem.*, **1996**, *35*, 5743.
2) Y.-D. Wu *et al., J. Mol. Struct.*, **1997**, *398*, 325.

NiN_4O_2

生

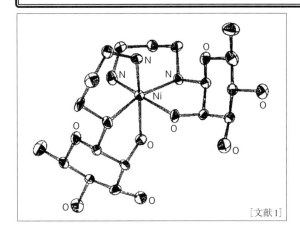

[文献1]

【名称】bis[1-(3-aminopropylamino)-1,6-dideoxy-L-mannose]nickel(II)dibromide dehydrate methanol solvate: [Ni(L-Rha-tn)$_2$]Br$_2$·2H$_2$O·CH$_3$OH

【背景】糖質の配位立体化学は，資源・エネルギー・生物無機化学の観点から重要である．自然界に豊富に存在する糖質の中で，還元糖はケトースとアルドースに大別される．矢野らは，還元糖に対しニッケルアミン錯体が窒素ドナーとして機能することに着目し，還元糖とジアミンとの反応により誘導される N-グリコシドを配位子として含む一連の Ni(II) 配糖錯体の化学を展開した．塩井らは，アルドースとして L-ラムノース (L-Rha＝L-rhamnose＝1,6-dideoxy-L-mannose) をジアミンとしてトリメチレンジアミン (tn) をとりあげ，その N-グリコシドからなる Ni(II) 配糖錯体の合成・単離・結晶構造解析に成功した[1]．

【調製法】メタノールに溶解した [Ni(tn)$_3$]Br$_2$·2H$_2$O に L-Rha を加え，約 70℃ で溶液が青色になるまで撹拌する．反応液を濃縮し，LH-20 ゲルろ過カラムにかけメタノールで展開すると，青色の主成分と少量の成分(紫，黄色)に分かれる．この青色成分を分取・濃縮し，再度 LH-20 ゲルろ過カラムにより精製する．精製された青色成分を濃縮し，青色の結晶を得る．

【性質・構造・機能・意義】この錯体はメタノールなどの有機溶媒中では安定であるが，水溶液中では不安定である．溶液は青色で近赤外-可視・紫外部にかけて，$10.4×10^3\,cm^{-1}$($\varepsilon=6.5\,M^{-1}cm^{-1}$)，$12.5(sh)×10^3\,cm^{-1}$($\varepsilon=3.5\,M^{-1}cm^{-1}$)，$17.2×10^3\,cm^{-1}$($\varepsilon=20.1\,M^{-1}cm^{-1}$)，$27.3×10^3\,cm^{-1}$($\varepsilon=26.0\,M^{-1}cm^{-1}$) に cis-(O,O)[NiN$_4O_2$] の六配位八面体型 Ni(II) 錯体に対応する d-d 遷移吸収帯が観測される．粉末の拡散反射スペクトルも溶液とほぼ同じピーク位置を示しており，この錯体は溶存状態と固体状態で同様な配位構造をとっている．固体の磁気モーメントは $3.18\,\mu_B$ であり六配位八面体型 Ni(II) 錯体に対応する．この錯体の結晶構造は，L-ラムノースのC(1)炭素がトリメチレンジアミンの一方のアミノ基と N-グリコシド結合して三座配位子 (L-Rha-tn) となり，糖の 1 位の OH とジアミン部分の 2 個の N 原子が Ni(II) に 2 分子 mer 型配位し，ほぼ C_2 対象の六配位八面体型錯体を形成している．錯イオンは cis-(O,O)[NiN$_4$O$_2$] 構造で，二級 N 原子の絶対配置は S であり，錯体の絶対配置は Λ である．糖部分の六員環は，L-Rha 単独と同様の β-$^1C_4$ コンホメーションである．L-Rha-tn の糖部分の五員環キレートのコンホメーションは λ-gauche であり，トリメチレンジアミンの六員環キレートはイス型コンホメーションである．金属中心周りの結合距離は，Ni-N 距離が 2.08(1) Å～2.11(1) Å で，糖を導入していない通常の六配位八面体型トリメチレンジアミン Ni(II) 錯体の結合距離とほぼ同様である．Ni-O 距離が 2.17(1) Å と 2.18(1) Å で，ケトース (D-Fru or L-Sor) 配糖 Ni(II) 錯体 ([Ni(en)-(ketosylen)]$^{2+}$) の場合と同様である．金属を挟むトリメチレンジアミンの結合角はほぼ 90°で，エチレンジアミンに比べて正八面体に近く，歪みが緩和されている．この錯体の構造上の特徴は，糖が Ni(II) に配位する際に C(2) 位の水酸基が糖環に対し axial 配向し，N-グリコシドの窒素原子が equatorial 配向のため，糖環が Ni(II) キレート環に対してほぼ垂直方向に配向している．すなわち，糖環のC(1)位とC(2)位上の配位基が糖環に対し，equatorial に配向するグルコース型では，糖環が Ni(II) キレート環に対して同一平面にあり，配位中心から遠ざかる．これはマンノース型の糖とグルコース型の糖の金属配位における大きな違いであり，糖質の選択による錯体の構造制御という意味で重要な知見である．

【関連錯体の紹介およびトピックス】この錯体に関連して，アルドース類(五炭糖，六炭糖，二糖など)とジアミンとの N-グリコシドからなる一連の Ni(II) アルドース配糖錯体の構造と円二色性(CD)スペクトルについての関連が明らかにされている[2]． 【矢野重信】

【参考文献】

1) H. Shioi et al., J. Chem. Soc., Chem. Commun., **1983**, 201.
2) a) S. Yano et al, J. Chem. Soc., Dalton Trans., **1993**, 1699; b) T. Tanase et al., J. Chem. Soc., Dalton Trans., **1993**, 2645; c) T. Tanase et al., J. Chem. Soc., Dalton Trans., **1998**, 345.

NiN$_4$O$_2$

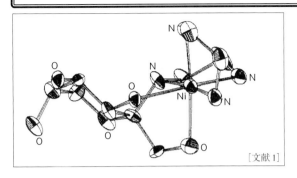

[文献1]

【名称】(ethylenediamine)｜N-(2-aminoethyl)-D-fructopyranosylamine｜nickel(II)・dichoride・methanol solvate: [Ni(en)(D-Fru-en)]Cl$_2$・CH$_3$OH

【背景】糖質と金属イオンとの相互作用が注目されたのは，Schweizer試薬によるセルロースの可溶化が最初と思われる．これは，その後銅アンモニア法のレーヨンの合成へと発展した．これを機に糖質の銅との錯体の研究が行われ，単糖類や二糖類を含む錯体を単離したとの報告がなされたが，糖質の配位立体化学の詳細は明らかにされていなかった．矢野らは，アルドースあるいはケトースに対しニッケルアミン錯体が窒素ドナーとして機能することに着目し，世界に先駆けてD-フルクトース(D-Fru)とエチレンジアミン(en)とのN-グリコシド(D-Fru-en)を配位子として含む本ニッケル錯体の合成・単離・結晶構造解析に成功した[1]．

【調製法】メタノールに溶解した[Ni(en)$_3$]Cl$_2$・2H$_2$OにD-Fruを加え，約70℃で溶液が青色になるまで撹拌する．反応液を濃縮し，LH-20ゲルろ過カラムにかけメタノールで展開すると，青色の主成分と他の少量の成分(紫，黄色，緑)に分かれる．この青色成分を分取・濃縮し，再度LH-20ゲルろ過カラムにより精製する．精製された青色成分を濃縮し，冷蔵庫に放置することにより青色の結晶を得る．

【性質・構造・機能・意義】この錯体はメタノールなどの有機溶媒中では安定であるが，水溶液中では分解する．溶液は青色で，近赤外-可視・紫外部にかけて，10.8×10^3 cm^{-1}($\varepsilon = 10$ M^{-1}cm^{-1})，12.8×10^3 cm^{-1}(sh, $\varepsilon = 4.7$ M^{-1}cm^{-1})，17.1×10^3 cm^{-1}($\varepsilon = 11.7$ M^{-1}cm^{-1})，28.2×10^3 cm^{-1}($\varepsilon = 17.0$ M^{-1}cm^{-1})に，cis-(O,O)[NiN$_4$O$_2$]の六配位八面体型Ni(II)錯体に対応するd-d遷移吸収帯が観測される．粉末の拡散反射スペクトルも溶液とほぼ同じピーク位置を示しており，この錯体は溶存状態と固体状態で同様な配位構造をとっているとみなされる．固体の磁気モーメントは3.17μ_Bであり六配位八面体型Ni(II)錯体であることに対応している．この錯体は結晶構造が得られており，D-フルクトースのC(2)炭素はエチレンジアミンの一方のアミノ基とN-グリコシド結合して四座配位子(D-Fru-en)となり，1位と3位の炭素原子上の2つのOHとジアミン部分の2つのN原子および，もう1分子のエチレンジアミンの2つのアミノ基とともにNi(II)に配位し，歪んだ六配位八面体型錯体を形成している．錯イオンはcis-(O,O)-[NiN$_4$O$_2$]構造である．二級N原子の絶対配置はSである．O(3)，N(1)，N(2)がmer型配置となり，錯体の絶対配置(錯体中の2つのエチレンジアミンキレート環により定義)はΔである．糖部分の六員環は，D-Fru単独と同様のβ-$^2C_5$コンホメーションをとっている．D-Fru-enのエチレンジアミンキレート環のコンホメーションはδ-gaucheである．ニッケル中心周りの結合距離は，Ni-N距離が2.059(8)〜2.098(8) Åで，糖を導入していない通常の六配位八面体型Ni(II)錯体の結合距離と同様である．一方，Ni-O距離が2.205(8)〜2.137(6) Åであるが，これまでOH配位のNi(II)錯体は，ほとんど知られておらず，貴重な例である．報告例の多いカルボキシレートニッケル(II)錯体のNi-O距離よりは長く，OH基の配位結合は弱くなっている．

この錯体は世界で最初に合成・単離ならびにX線結晶構造解析された六配位八面体配糖Ni(II)錯体であり，これまで配位化学のメスが入っていなかった糖質の配位化学の先駆けである．

【関連錯体の紹介およびトピックス】この錯体に関連して，アルドース(D-グルコース，D-マンノース)の配糖錯体が合成されている．さらに，ケトースとしてL-ソルボース，D-タガトース，D-プシコースおよびジアミンとしてS-or R-プロピレンジアミン，2(S)-アミノメチルピロリジンを用いた一連のNi(II)配糖錯体の合成・単離・構造確認がなされ，配糖錯体の構造と円二色性(CD)スペクトルの関連が明らかにされている[2]．

【矢野重信】

【参考文献】

1) S. Yano *et al.*, *J. Am. Chem. Soc.*, **1980**, *102*, 7969.
2) a) H. Shioi *et al.*, *J. Chem. Soc., Chem. Commun.*, **1983**, 201; b) T. Tsubomura *et al.*, *Bull. Chem. Soc. Jpn.*, **1984**, *57*, 1833; c) S. Yano *et al.*, *Carbohydr. Res.*, **1985**, *142*, 179; d) T. Tusubomura *et al.*, *Inorg. Chem.*, **1985**, *24*, 3218.

NiN$_6$

生

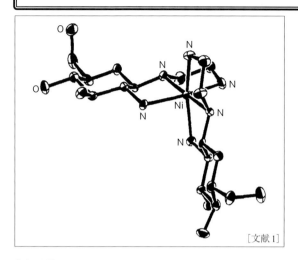
[文献1]

【名称】 bis[1-[(2-aminoethyl)amino]-2-aminoethyl-1,2-dideoxy-D-glucose]nickel(II)・dichlohydrate: [Ni(D-GlcN-en)$_2$]Cl$_2$・H$_2$O

【背景】 糖の水酸基がアミノ基で置換した糖をアミノ糖と総称する．特にD-グルコースのC(2)位の水酸基がアミノ基に置換したD-グルコサミン(D-GlcN)は，動植物，微生物の多糖，ムコ多糖および糖タンパク質の構成成分である．またD-アセチルグルコサミンのポリマーであるキチン(昆虫，カニ，エビなどの節足動物の外骨格の構成成分)として自然界に広く分布している．N-メチル-L-グルコサミンは抗生物質であるストレプトマイシンの成分である．したがってアミノ糖を配位子として含む金属錯体は新たな薬理活性が期待される．アミノ糖に対しポリアミンニッケル(II)錯体が窒素ドナーとして機能することが着目され，D-グルコサミンとエチレンジアミン(en)とのN-グリコシド(D-GlcN-en)を配位子とした本錯体の合成・単離・結晶構造解析に成功している[1]．

【調製法】 メタノール中に，[Ni(en)$_3$]Cl$_2$・2H$_2$OとD-GlcNを加え，約70℃で溶液が紫色になるまで攪拌し，反応溶液を濃縮後，LH-20ゲルろ過カラム上メタノールで展開し，紫色の主成分を分取・濃縮し冷蔵庫に放置することにより紫色の結晶を得る．

【性質・構造・機能・意義】 この錯体はメタノールなどの有機溶媒中では安定であるが，水溶液中でも安定である．溶液は紫色で，近赤外-可視・紫外部にかけて，$11.2×10^3$ cm^{-1} ($\varepsilon=14.7$ M^{-1} cm^{-1})，$18.2×10^3$ cm^{-1} ($\varepsilon=9.6$ M^{-1} cm^{-1})，$28.5×10^3$ cm^{-1} ($\varepsilon=13.1$ M^{-1} cm^{-1})に，[NiN$_6$]の六配位八面体型Ni(II)錯体に対応するd-d遷移吸収帯が観測される．粉末の拡散反斜スペクトルも同様のピーク位置を示しており，この錯体は溶存状態と固体状態でほぼ同様な配位構造をとっているとみなされる．固体の磁気モーメントは$3.03\mu_B$であり六配位八面体型Ni(II)錯体であることに対応している．この錯体は結晶構造が得られており，D-グルコサミンのC(1)炭素はエチレンジアミンの一方のアミノ基とN-グリコシド結合して三座配位子(D-GlcN-en)となり，糖のC(1)位のN原子とジアミン部分の2個のN原子の3点でニッケルに配位している．2個のN-グリコシドがmer型構造をとっており，錯イオンは，ほぼC_2対象の六配位八面体型[NiN$_6$]構造である．二級N原子の絶対配置はSである．錯体の絶対配置(錯体中の2つのジアミンキレート餡環により定義)はΔである．糖部分の六員環は，D-GlcN単独と同様のβ-$^4C_1$椅子型コンホメーションをとっている．D-GlcN-enの糖部分の五員キレート環のコンホメーションはλ-gaucheであり，エチレンジアミン部分の五員キレート環のコンホメーションはδ-gaucheである．ニッケル中心周りの結合距離は，Ni-N距離が$2.09(1)\sim2.22(1)$ Åであり，糖が導入されていない通常の六配位八面体型Ni(II)エチレンジアミン錯体の結合距離とほぼ同様である．

この錯体は水溶液中でも1ヶ月程度安定であり，病原性酵母に対して抗菌活性を示す．薬理活性配糖錯体の先駆的化合物である．具体的には，真菌類が糖質を炭素源として成長することに着目され，この配糖錯体がHIVウイルス感染者の死亡要因の1つである病原性酵母 Candida albicans IFO 1385の細胞壁の形成に重要な役割を担っている酵素キチナーゼを拮抗阻害することにより，当該酵母の生育を有効に阻止するものである．

【関連錯体の紹介およびトピックス】 この錯体に関連して，アミノ糖としてD-ガラクトサミン，D-マンノサミンおよびジアミンとしてトリメチレンアミンを用いた一連のNi(II)配糖錯体が合成され，アルドース錯体一般の構造と円二色性(CD)スペクトルの関連が明らかにされた．また，中心金属が生体中で重要な亜鉛の[Zn(D-GlcN-en)$_2$]Cl$_2$錯体の合成・単離および結晶構造解析がなされ，ニッケル錯体と同様な構造をとっていることが明らかにされている[2]． 【矢野重信】

【参考文献】
1) S. Yano *et al.*, *Inorg. Chem.*, **1985**, *24*, 498.
2) a) S. Yano *et al.*, *J. Inorg. Biochem.*, **1998**, *69*, 15; b) S. Yano *et al.*, *J. Chem. Soc. DALTON Trans.*, **1999**, 1851.

NiN₆

生 超

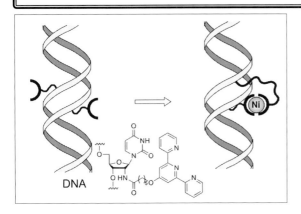

【名称】 Ni(II)-mediated interstrand DNA duplex linkage

【背景】 DNA 二重鎖の安定性の制御や，構造の可逆なスイッチングは，DNA を利用した超分子システムにおいて要求される，最も基礎的な技術である．ヌクレオチドの 2′ 位にキレート配位子を修飾した DNA 鎖により，金属イオン存在下での大きな安定化と，その可逆な制御が報告された[1]．

【調製法】 2′-アミノ-2′-デオキシウリジン骨格に対し，テルピリジン配位子のカルボン酸誘導体を縮合し，修飾ヌクレオシドを得る．これを DNA 合成機に導入できるホスホロアミダイト体に変換し，固相縮合によりオリゴヌクレオチドを得る．この DNA 二重鎖に対し，各種金属イオンを添加すると，相補鎖上のヌクレオシド間で錯体が形成する．

【性質・構造・機能・意義】 テルピリジンで修飾したヌクレオシドが，互いに相補的な位置にあるとき，1 当量のニッケル(II)イオンの添加により，DNA 二重鎖は最大の安定化を示した．分子モデリングの結果，テルピリジン-ニッケル(II)の 2：1 錯体が DNA のマイナーグルーブ内で形成し，二本の鎖が連結されたことが示された．ここに，EDTA を加えると二重鎖の安定性は低下する．さらに，これを可逆的に繰り返すことが可能であり，DNA 二重鎖の可逆な安定性や構造の制御への利用が期待される．

【関連錯体の紹介およびトピックス】 金属錯体形成による DNA の安定化には，核酸塩基を配位子に置換した人工 DNA[2] や主鎖に配位子を導入したもの[3] がある．

【竹澤悠典・塩谷光彦】

【参考文献】
1) M. Kalek *et al.*, *J. Am. Chem. Soc.*, **2007**, *129*, 9392.
2) K. Tanaka *et al.*, *J. Am. Chem. Soc.*, **2002**, *124*, 12494.
3) M. M. Rodriguez-Ramos *et al.*, *J. Biol. Inorg. Chem.*, **2010**, *15*, 629.

NiN₆

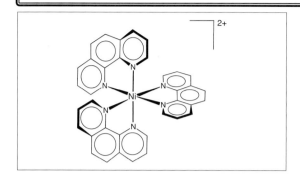

【名称】tris(1,10-phenanthroline)nickel(II) ion: $[Ni(phen)_3]^{2+}$ (phen=1,10-phenanthroline)

【背景】絶対配置の決定は鏡像体の区別を帰属することであり容易ではない．単結晶が得られれば，X線構造解析により絶対配置を決めることができるが，適当な結晶が得られないときには確実に決めることは困難である．そのような場合，X線法により絶対配置の決定した類似錯体の円二色性(CD)スペクトルを基準として絶対配置を推定することがよく行われる．特に，コバルト(III)やクロム(III)のトリス(二座キレート)錯体や cis-ビス(二座キレート)錯体については d-d 吸収帯の第I吸収帯領域のCDパスペクトルパターンをもとに，かなりの確かさで絶対配置の推定が可能である[1]．

一方，CD符号と絶対配置との関係を理論的に扱うことができる系がある[2]．2,2′-ビピリジン(bpy)や1,10-フェナントロリン(phen)などの不飽和有機二座配位子がトリス型あるいは cis-ビス型に配位した錯体が相当し，$[Ni(phen)_3]^{2+}$ はその好例である．これらの錯体では，配位子の紫外部の $\pi \to \pi^*$ 吸収帯領域のCDスペクトルパターンを利用して絶対配置が決定できる．

【調製法】ラセミ体の塩化物 $[Ni(phen)_3]Cl_2\cdot 10H_2O$ 水溶液と吐酒石 $K_2[Sb_2((+)_{589}\text{-tart})_2]\cdot 3H_2O$ (H_4tart=tartaric acid)の反応で得られるジアステレオ異性塩を分別沈殿させる．難溶部の塩を 0.05 M NaOH 水溶液に溶かし，$NaClO_4$ 溶液を加え粗生成物(過塩素酸塩)を沈殿させ，これを精製することによりピンクの目的物結晶 $(+)_{589}\text{-}[Ni(phen)_3](ClO_4)_2\cdot 3H_2O$ を得る[3]．

【性質・構造・機能・意義】$(+)_{589}\text{-}[Ni(phen)_3](ClO_4)_2\cdot 3H_2O$ の旋光度：$[\alpha]_{589}=+1476°$(アセトン/水(1:1))．CDスペクトル：$\Delta\varepsilon=+520\,M^{-1}cm^{-1}$ (294 nm)，$\Delta\varepsilon=-250\,M^{-1}cm^{-1}$ (260 nm)[4]．ニッケル(II)錯体は通常，ラセミ化が速く光学分割は不可能であるが，この錯体はラセミ化速度が比較的遅いため光学活性体の性質が詳しく研究されている．特に，励起子理論(exciton theory)による帰属が実験により確認された例としてよく知られている．phenなどの配位子を含むトリス型あるいは cis-ビス型錯体においては，紫外部に存在する配位子の $\pi \to \pi^*$ 吸収帯は，配位子間の相互作用により2成分に分裂する(励起子分裂)．2成分のCD帯は反対符号をもち，絶対配置が Λ のときには長波長成分が $(+)$，短波長成分が $(-)$ になる[2]．$(+)_{589}\text{-}[Ni(phen)_3]^{2+}$ のCDスペクトルはphen配位子の $\pi \to \pi^*$ 吸収帯領域に長波長側から $(+)(-)$ のパターンを示すため Λ と推定される．実際，$(+)_{589}\text{-}[Ni(phen)_3](-)_{589}\text{-}[Co(C_2O_4)_3]\cdot 2H_2O$ のX線結晶構造解析により $(+)_{589}\text{-}[Ni(phen)_3]^{2+}$ の絶対配置は Λ であることが確認された[5]．励起子型のCDを示す錯体の配位子としては，phen の他に，bpy, acac(2,4-ペンタンジオナトイオン＝アセチルアセトナートイオン), cat(1,2-ベンゼンジオラトイオン＝カテコラトイオン)などがある．しかし，適用にあたっては十分注意する必要がある．

【関連錯体の紹介およびトピックス】関連する錯体研究として次の2つを紹介する．

① $[As(cat)_3]^-$：典型元素ヒ素の錯体である．シンコニンを用いて光学分割された $(-)_{589}\text{-}K[As(cat)_3]\cdot 1.5H_2O$ について，CDスペクトルの励起子理論による解析から帰属した絶対配置(Δ)がX線解析により確認された[6,7]．

② $[Fe(phen)_3]^{2+}$：励起子理論による絶対配置の帰属[4]がX線解析により確認[8]された初期の例として著名な錯体である．対応するニッケル(II)錯体と同様に，吐酒石を用いて光学分割できる．

【小島正明】

【参考文献】
1) 新村陽一，配位立体化学（改訂版），培風館，**1981**, p. 180.
2) A. J. McCaffery et al., J. Chem. Soc. A, **1969**, 1428. 1442.
3) 日本化学会編，無機化合物の合成（新実験化学講座 8-3），丸善，**1977**, p. 1486.
4) J. Hidaka et al., Inorg. Chem., **1964**, 3, 1180.
5) K. R. Butler et al., J. Chem. Soc. A, **1971**, 565.
6) T. Ito et al., Inorg. Nucl. Chem. Lett., **1971**, 7, 1097.
7) A. Kobayashi et al., Acta Crystallogr., **1972**, B28, 3446.
8) A. Zalkin et al., Inorg. Chem., **1973**, 12, 1641.

NiP$_2$Cl$_2$

有

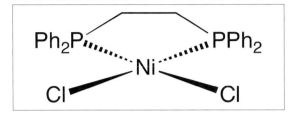

【名称】dichloro [1,2-bis (diphenylphosphino) ethane]-nickel(II): NiCl$_2$(dppe)

【背景】種々のビホスフィンを支持配位子とする一連のハロゲン化ニッケル錯体が合成される中，リン上に芳香環を有するものとして合成された．

【調製法】塩化ニッケル6水和物のエタノール溶液に温めた1,2-ビス(ジフェニルホスフィノ)エタン(dppe)のエタノール溶液をよく撹拌しながら加えると，オレンジ色の針状結晶として析出する[1]．

【性質・構造・機能・意義】固体状態，溶液状態において反磁性を有する平面四配位錯体である[2]．

鈴木-宮浦カップリングに代表されるクロスカップリング反応における有用な触媒．特に，対応するパラジウム錯体に対しては不活性な塩化アリールなどの適用を可能にする[3]．

【関連錯体の紹介およびトピックス】NiX$_2$(PR$_3$)$_2$型錯体は一般にハロゲンおよびホスフィンの種類により構造が変化する．例えば，メチレンリンカーの長い1,3-ビス(ジフェニルホスフィノ)プロパン(dppp)を有するdichloro[1,2-bis(diphenylphosphino)propane]nickel(II) (NiCl$_2$(dppp))も左記の手法で同様に合成できるが，これはNiCl$_2$(dppe)とは異なり，溶液状態において反磁性の平面四配位構造と常磁性の正四面体構造との間で平衡があることが知られている[4]．

【平野康次】

【参考文献】
1) G. Booth *et al., J. Chem. Soc.,* **1960**, 3238.
2) D. F. Evans, *J. Chem. Soc.,* **1959**, 2003.
3) V. Percec *et al., J. Org. Chem.,* **2004**, 69, 3447.
4) G. R. Van Hecke *et al., Inorg. Chem.,* **1966**, 5, 1968.

NiS$_4$

無触

[Structure: bis(1,1-dicyanoethylene-2,2-dithiolato)nickelate(II) dianion]

【名称】bis(1,1-dicyanoethylene-2,2-dithiolato)nickelate-(II)：([Ni(mnt)$_2$]$^{2-}$（mnt^{2-}＝maleonitrile dithiolate））

【背景】代表的なジチオレン錯体で，酸化還元活性な錯体であるが，計算化学の結果よりその要因は配位子にあると考えられている．硫黄原子でオレフィン類と結合を生成することは以前から知られていたが，2001年にオレフィンの結合と脱離を電気化学的にコントロールできることが明らかとなり，石油化学への利用も期待されている[1]．

【調製法】典型的な製法は，Na$_2$mntをメタノールに溶解し，その溶液に塩化ニッケルのメタノール溶液を撹拌しながらゆっくり加える．生成した緑黄金色溶液をろ過後，ろ液をテトラブチルアンモニウム塩のメタノール溶液に加えることでテトラブチルアンモニウムを対イオンとする陰イオン性錯体として得られる．

【性質・構造・機能・意義】[Ni(mnt)$_2$]は－2，－1，0の3つの酸化状態をとりうる酸化還元活性な錯体であり，その電子状態とともに伝導性，磁性，光学的特性が注目されてきた．

X線結晶解析により，反磁性の(Bu$_4$N)$_2$[Ni(mnt)$_2$]と常磁性の(Et$_4$N)[Ni(mnt)$_2$]は，いずれも四配位平面構造であることが示されたが，両錯イオンの平均平面からのずれの比較は，[Ni(mnt)$_2$]$^-$の方がより平面性が高いことを示した．また，結合距離を比較すると，配位平面内(Ni-S, S-C, C-C結合)のすべてにおいて錯イオン[Ni(mnt)$_2$]$^-$の方が短くなっていた．これらの結果は，[Ni(mnt)$_2$]$^-$における電子の非局在化を示すとともに，対照的に錯イオン[Ni(mnt)$_2$]$^{2-}$の場合には，チオラートアニオンとして配位子の硫黄原子上に電子が局在化していることを示唆するものである．錯イオン[Ni(mnt)$_2$]$^-$の構造的特徴を反映して，近傍の[Ni(mnt)$_2$]$^-$どうしの重なりが(Et$_4$N)[Ni(mnt)$_2$]の結晶構造において観察された．そして，(Et$_4$N)[Ni(mnt)$_2$]は室温から373 Kまで半導体としてふるまう．なお，錯イオン平面間の平均距離は3.5 Åであった[2]．

[Ni(mnt)$_2$]のCN基がCF$_3$基に置き換わっただけの類似のジチオレン錯体（[Ni(tfd)$_2$]（tfd^{2-}＝trifluoroethylene-1,2-dithiolate））がH$_2$，CO，C$_2$H$_2$などとは反応することなく，選択的に不飽和な炭化水素と付加体を形成することが明らかとなったことから，オレフィンと(Bu$_4$N)[Ni(mnt)$_2$]の反応が検討された．その結果，電気化学的に酸化することで得られる中性錯体[Ni(mnt)$_2$]は単純な脂肪族オレフィンであるエチレン，プロピレン，1-ヘキセンとすばやく反応し，オレフィン付加体を形成することがわかった．逆にその付加体は，電気化学的に還元することですばやくオレフィンを放出する．この制御可能なオレフィンとの電気化学的反応は，石油化学において重要とされているオレフィンの分離に対して，安価で有効な分離精製の可能性を示唆するものである．

【関連錯体の紹介およびトピックス】類似のジチオレン錯体[Ni(tmdt)$_2$]（tmdt^{2-}＝4,5-trimethylenetetrathiafulvalene-4′,5′-dithiolate）は，三次元的な相互作用に伴い，室温での電気伝導度が400 S cm^{-1}であり，0.6 Kまで金属としてふるまうことが示されている．これは極低温まで単一分子性金属のはじめての例である．[Ni(tmdt)$_2$]の分子構造において平均平面からの炭素原子のずれは0.04 Åより小さく，末端のトリメチレン部分に至るまで理想的な平面構造を有している．また，三次元的な相互作用をもたらす多くの短い硫黄原子間のコンタクトが結晶構造においてみられる．これらの構造的特徴が，この単一分子性金属[Ni(tmdt)$_2$]に反映されている[3]．アクセプター性超伝導体(TPP)[Ni(dmit)$_2$]は，有機ドナーTPP（TPP＝tetrathiafulvalene）と[Ni(dmit)$_2$]（dmit^{2-}＝2-thioxo-1,3-dithiole-4,5-dithiolate）から形成されるのに対して，[Ni(tmdt)$_2$]はこれら2つの化合物を分子として1つにまとめた物質とみなすこともできる．

【川本達也】

【参考文献】
1) E. I. Stiefel *et al.*, *Science*, **2001**, *291*, 106.
2) A. Kobayashi *et al.*, *Bull. Chem. Soc. Jpn.*, **1977**, *50*, 2650.
3) A. Kobayashi *et al.*, *Science*, **2001**, *291*, 285.

NiS₄

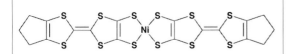

【名称】bis(4,5-trimethylenetetrathia fulvalene-4',5'-dithiolato)nickel bis[2-(5,6-dihydro-4H-cyclopenta[d][1,3]-dithiol-2-ylidene)-1,3-dithiole-4,5-dithiolato]nickelate: $Ni(S_6C_9H_6)_2$ ($S_6C_9H_6$=tmdt)

【背景】従来,分子性金属化合物は,電気伝導を担う分子が結晶中で配列して伝導バンドを形成すると同時に,伝導バンドを形成している分子と他の化学種との間で電荷移動を実現させ,伝導バンド内に伝導電子を生成させることによって作り出されてきた.したがって,従来の分子性金属は必ず2種類以上の化学種から作られた化合物であった.しかし,2001年に単一種の分子が自己集積しただけで金属結晶となる分子 Ni-(tmdt)₂がはじめて合成された[1].

【調製法】配位子 4,5-bis(2'-cyanoethylthio)-4,5-trimethylenetetrathiafulvalene の合成は文献を参照[2]. 1価および2価のアニオン金属錯体は酸化されやすいので,すべての合成は厳密な不活性雰囲気下で行う.配位子を−78℃で THF に溶解し Me₄NOH のメタノール溶液(25%)を加えゆっくり室温まで加熱し保護基をはずす.オレンジ色の溶液から赤っぽい沈殿物が得られる.その後再び−78℃に冷却し NiCl₂·6H₂O のメタノール溶液を加える.ゆっくり室温まで加温しながら一晩撹拌する.吸引ろ過後ジアニオン錯体 (Me₄N)₂-[Ni(tmdt)₂] が得られる.このジアニオン錯体をアセトニトリルに溶解し白金電極と H 管を用いて 0.2μA の定電流電解酸化を 20 日間続けると黒色板状結晶として得られる.

【性質・構造・機能・意義】本化合物は単一成分であるにもかかわらず,室温の伝導度は 400 Scm⁻¹ で,室温から0.6Kまで伝導度は金属的なふるまいを示す.磁化率は2Kまで温度変化はほとんどなく,金属電子系に特徴的な Pauli 常磁性を示す.結晶は三斜晶系に属し,単位格子中に含まれる分子は1分子だけという単純な構造をとる.また,フェルミ面が存在することが,de Haas-van Alphen 効果の観測により確認され,金属状態であることの決定的な証拠となった[3].はじめて合成された単一成分分子性金属 [Ni(tmdt)₂] は,新しい種類の金属物質の発見を意味するだけでなく,化学者のもっていた従来の「分子の概念」の改変の必要性をも示すものである.

【関連錯体の紹介およびトピックス】中心金属を金とする [Au(tmdt)₂] は [Ni(tmdt)₂] と同様の合成法により合成され,[Ni(tmdt)₂] と同型構造を有する.中心金属が Ni から Au に代わったために分子は奇数個の電子を有し,[Ni(tmdt)₂] とは異なり,110 K という分子性伝導体としては前例のない「高温」で金属状態を保ったまま,反強磁性状態に転移するはじめての「分子性高温磁性金属」である[4].また,第一原理バンド構造計算により,反強磁性状態では分子の左側の配位子と右側の配位子には逆向きスピンが分布し,単一分子自身が前例のない「反強磁性スピン分極」することが予想されている.110 K 近傍で観測されている特徴的な分子構造変化も「分子内反強磁性スピン分極構造」の発達を反映したものと解釈されている.

【小林昭子・小林速男】

【参考文献】
1) H. Tanaka et al., Science, **2001**, 291, 285.
2) L. Binet et al., J. Chem. Soc. Perkin Trans. I., **1996**, 783.
3) H. Tanaka et al., J. Amer. Chem. Soc., **2004**, 126, 10518.
4) A. Kobayashi et al., Chem. Rev., **2004**, 104, 5243.

NiS$_4$

導 磁

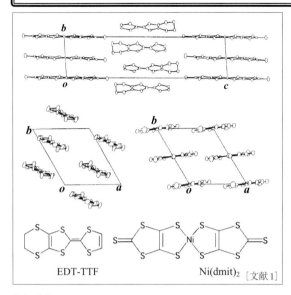

EDT-TTF　　Ni(dmit)$_2$　　[文献1]

【名称】 α-EDT-TTF[Ni(dmit)$_2$]:Ni(dmit)$_2$=bis(1,3-dithiole-2-thione-4,5-dithiolato)nickel; EDT-TTF=2-(1,3-dithiol-2-ylidene)-5,6-dihydro-1,3-dithiolo[4,5-b]-[1,4]dithiin=ethylenedithioterathiafulvalene

【背景】 M(dmit)$_2$(Ni, Pd, Pt)を含む超伝導体は現在では数多く知られているが，この塩は現時点で，M(dmit)$_2$塩唯一の常圧超伝導体である．金属錯体分子を含むはじめての常圧超伝導体でもある．電気抵抗[1-3]，磁気抵抗[4]，反射スペクトル[1]，バンド計算[1]などの物性が研究されている．

【調製法】 不活性ガス下，白金電極を用いてアセトニトリル溶液中でEDT-TTFと(n-Bu$_4$N)[Ni(dmit)$_2$]を定電流電気分解して得られる．

【性質・構造・機能・意義】 黒色板状結晶(三斜相$P\bar{1}$, $Z=2$; $a=6.658$, $b=7.626$, $c=27.385$ Å, $\alpha=93.23$, $\beta=91.43$, $\gamma=119.29°$, $V=1208.6$ Å^3)[1]．この塩では，EDT-TTFとNi(dmit)$_2$のそれぞれがab面に平行な伝導面を形成し，それぞれが交互にc軸方向に並んだ特異的な結晶構造を有している．EDT-TTF伝導面ではEDT-TTF分子は$a+b$軸に積層しているのに対して，Ni(dmit)$_2$伝導面ではNi(dmit)$_2$分子はb軸に積層している(上図参照)[1]．EDT-TTFからNi(dmit)$_2$への電子移動量は厳密にはわかっていない．0.5電子分の電子移動を仮定したバンド計算は報告されており，それによるとa^*方向に開いたNi(dmit)$_2$の擬一次元フェルミ面とa^*-b^*方向に開いたEDT-TTFの擬一次元フェルミ面が組み合わさって，見かけ上二次元的なフェルミ面ができている[1]．このため，両方の伝導面を一度に消失させるネスティングベクトルは存在しない．室温での電気伝導度はおよそ100 Ω^{-1}cm^{-1}である[1]．反射スペクトルはDrude型であり，伝導面であるab面では二次元的なプラズマ振動数反射が観測される[$\omega_p=8.6\times 10^3$ cm^{-1} ($E//b$), $\omega_p=5.6\times10^3$ cm^{-1} ($E\perp b$)][1]．電気抵抗の温度依存性は金属的で($\sigma_{RT}\sim 100\Omega^{-1}$cm^{-1})，20 Kまでは温度の低下とともに電気抵抗が減少する挙動を示す．20 K以下では，いったん抵抗が上昇し14 K付近でピークをとった後，さらに減少し[1]，1.3 Kで超伝導転移を示す[2]．この超伝導はマイスナー効果の実験で，バルクの超伝導であることが確認されている[5]．超伝導転移温度は圧力印加により減少し，10 kbar以上で消失する[3]．0 KにおけるGintzburg-Landauコヒーレンス長はab面内で310 Å，ab面に垂直な方向で24 Åである[3]．弱磁場磁気抵抗角度依存性の実験によれば，電気伝導の主軸は30 K以下で回転しだし，高温ではb軸と$a+b$軸の間にあるのに対して，15 K以下ではほぼb軸に平行になりかつ電気的異方性は増す[4]．これから，20 K以下の抵抗異常はEDT-TTF伝導面で発生したSDWあるいはCDWによることが結論できる[4]．つまり超伝導はEDT-TTF伝導面で発生したCDWあるいはSDWと共存していると考えられる．X線回折の実験からは，CDWは15 K以下でも見つかっておらず[6]，SDWを直接検出した実験も報告されていない．

【関連錯体の紹介およびトピックス】 前述の電解合成では，β型[1]およびγ型[6]のEDT-TTF[Ni(dmit)$_2$]も同時に合成される．この2つの結晶はいずれも黒色板状結晶で，外見だけではα型と区別するのは難しい．格子定数は(β型：単斜相$P2_1/c$, $Z=4$; $a=27.685$, $b=7.845$, $c=11.508$ Å, $\beta=101.33°$, $V=2450.7$ Å^3)[1], (γ型：三斜相$P\bar{1}$, $Z=1$; $a=23.56$, $b=6.439$, $c=4.0915$ Å, $\alpha=87.77$, $\beta=90.57$, $\gamma=94.14°$, $V=618.6$ Å^3)[6]．β型はEDT-TTFとNi(dmit)$_2$が交互にb軸方向に積層した結晶構造を有する絶縁体であり[1]，γ型はc軸方向の伝導鎖を有する一次元導体で，100 K付近で金属-絶縁体転移を示す[6]．

【田島裕之】

【参考文献】
1) R. Kato *et al., Chem. Lett.*, **1989**, *18*, 1839.
2) H. Tajima *et al., Chem. Lett.*, **1993**, *22*, 1235.
3) M. Inokuchi *et al., J. Phys. Soc. Jpn.*, **1996**, *65*, 538.
4) H. Tajima *et al., Solid. State. Commun.*, **1993**, *86*, 7.
5) H. Tajima *et al., Synth. Met.*, **1996**, *79*, 141.
6) A. Kobayashi *et al., J. Mater. Chem.*, **1995**, *5*, 1671.

NiS₄

導 磁

[文献3]

Ni(dmit)₂

【名称】 α-Et$_2$Me$_2$N[Ni(dmit)$_2$]$_2$: Ni(dmit)$_2$=bis(1,3-dithiole-2-thione-4,5-dithiolato)nickel

【背景】 Ni(dmit)$_2$を含む分子性伝導体は数多く合成されているが，伝導電子が存在するLUMO軌道が中心金属に対して反対称なので，横方向の分子間重なりが小さく，通常の積層構造をとった場合，一次元性が強く二次元的な伝導経路を形成しにくいと考えられていた．本化合物は，"spanning overlap"という橋架け型の重なりが実現して，face-to-faceの重なりでも二次元伝導経路を形成できることが示された最初の物質である．また，本化合物ははじめて磁気量子振動が観測されその二次元フェルミ面の詳細が明らかとなったM(dmit)$_2$塩である[1,2]．

【調製法】 不活性ガス下，白金電極を用いてアセトニトリル/アセトン(1:1)中でEt$_2$Me$_2$NClO$_4$を支持電解質とし，Et$_2$Me$_2$N[Ni(dmit)$_2$]を定電流電気分解することにより得られる[3]．

【性質・構造・機能・意義】 黒色六角板状結晶．室温における格子定数は，単斜晶系 $C2/c$, $Z=4$; $a=38.95$ Å, $b=6.494$ Å, $c=13.835$ Å, $\beta=99.63°$, $V=3450.4$ Å^3 [3]．この塩は，245 K付近で相転移を起こし，晶系が変わる[2,4]．相転移温度は圧力印加で上昇する[5]．11 Kでの格子定数は，単斜晶 $P2_1/c$; $Z=4$; $a=37.499$, $b=6.444$, $c=13.718$ Å, $\beta=92.69°$, $V=3311.2$ Å^{3}である[2]． bc 面内で，Ni(dmit)$_2$が spanning overlap と呼ばれる橋架け構造をとる．これは1つの分子が2つの分子を橋架けして積層するために，二次元的電子構造を示すことが期待される．実際，円柱状フェルミ面がバンド計算で得られている[2,3]．電気抵抗の温度依存性は，極低温までスムーズに減少していく挙動が当初報告されていたが[3]，後の研究で，この挙動は γ 型の電気抵抗温度依存性であることが判明した[6]．電流を a 軸方向に流したときの α 型の電気抵抗は245 Kで大きなとびを示した後，100 Kまでスムーズに減少し，100 Kから50 Kまでほとんど一定値をとった後50 K以下で再び減少する[4]．245 K付近の電気抵抗のとびは伝導面内に電流を流した場合でも観測されている[2]．

この塩の大きな特徴は，電気抵抗の磁気量子振動および角度依存性磁気抵抗振動が観測されている点である．これらの実験から，5つの閉じたフェルミ面の軌道(α^1, β^1, γ^1, δ^1, ε^5))の存在が確認された．一番大きな軌道である γ 軌道は，二次元ブリルアンゾーンの86%の面積を有する[1]．低温でのX線構造解析などにより，これらは $(a, 2b, c)$ 超格子構造によって再構成されたフェルミ面として矛盾なく説明された[2]．

【関連錯体の紹介およびトピックス】 Et$_2$Me$_2$N[Ni(dmit)$_2$]$_2$の組成を有する塩は， α 型以外に β 型($P2_1/c$, $a=27.685$, $b=7.845$, $c=11.508$ Å, $\beta=99.63°$)[3]および γ 型($Pnma$, $Z=4$, $a=14.014$, $b=37.072$, $c=6.519$ Å)[6]があり， α 型と同時に生成する． β 型は半導体であるのに対して， γ 型は spanning overlap 構造を有し，金属的挙動を示す．spanning overlap は金属的な挙動を示す Ni-(dmit)$_2$塩でよく見られる構造であり，C$_7$H$_{16}$N[Ni-(dmit)$_2$]$_2$, C$_7$H$_{16}$N[Ni(dmise)$_2$]$_2$ もこの構造を有する[7]．これらの塩はいずれも極低温まで金属的挙動を示す．ただし超伝導は発見されていない．また，磁気量子振動の報告も α 型以外にない．

【田島裕之】

【参考文献】

1) H. Tajima et al., Solid. State. Commun., **1993**, 88, 605.
2) A. Kobayashi et al., Phys. Rev. B, **1995**, 51, 3198.
3) R. Kato et al., Chem. Lett., **1988**, 17, 865.
4) H. Tajima et al., Solid. State. Commun., **1992**, 82, 157.
5) A. Klehe et al., Synth. Met., **1999**, 103, 1835.
6) A. Kobayashi et al., J. Solid State Chem., **1999**, 145, 564.
7) A. Kobayashi et al., Synth. Met., **1997**, 86, 1841.

NiS$_4$

導 磁

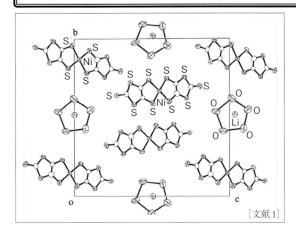

[文献1]

【名称】lithium[bis(1,3-dithiole-2-thione-4,5-dithiolato)nickel]$_2$ 1,4,7,10,13-pentaoxa-cyclopenta decane hydrate solvate:Li([15]corwn-5)[Ni(dmit)$_2$]$_2$·H$_2$O

【背景】電子伝導性とイオン伝導性が共存した電子-イオン混合伝導体の開発の観点から，イオンチャネル構造を有する導電性金属錯体が設計・合成された．分子性導体中にイオンチャネル構造が共存した分子性結晶のはじめての作製例である[1]．

【調製法】Li(ClO$_4$)·H$_2$Oと[15]クラウン-5-エーテルの共存下，(n-C$_4$H$_9$)$_4$N[Ni(dmit)$_2$]をアセトニトリル中で電解酸化することで作製できる．白金電極を用い，0.5〜1µAの定電流を約2週間通電させることで，電極上に黒色針状結晶として得られる．

【性質・構造・機能・意義】結晶中のLiイオンの組成は不定比であり，[15]クラウン-5-エーテル分子あたり0.5〜0.7の値である．結晶構造は，平面分子である[Ni(dmit)$_2$]とLi([15]クラウン-5-エーテル)の均一な分離積層構造から構築される．[Ni(dmit)$_2$]の均一なカラム構造は，π電子の積層による一次元的なバンド構造を実現し，室温における電気伝導度は250 S cm^{-1}である．結晶中の[Ni(dmit)$_2$]の価数は，Liイオンの組成から，約−0.3価であり，高い電気伝導性の出現に必要な混合原子価状態にある．一方，[15]クラウン-5-エーテルは，分子中央にイオン包接が可能なキャビティを有し，その均一な積層はイオンチャネル構造を実現する．室温における結晶構造では，[15]クラウン-5-エーテルの炭素原子とLiイオンの配置に乱れが観測される．Liイオンに相当するサイトは，[15]クラウン-5-エーテルのキャビティの上下に存在し，結晶化溶媒である水分子を介した水素結合が観測される．

Liイオンの乱れに関して，その動的性質を評価するため，^{7}Li固体NMRの温度変化が測定された．室温の線幅は〜2kHzで，230K付近から緩やかに増加し，120Kでは〜7kHzに変化する．これは，室温付近で生じているLiイオンの運動が，温度の低下に伴い凍結することに対応する．一方，イオン伝導性の発現には，イオンチャネル内における長距離的なLiイオンの拡散が必要である．ポリマーイオン伝導体を電子ブロッキング電極として用いたLiイオン伝導度の測定から，60℃における伝導度は約2×10^{-6} S cm^{-1}である．

電気伝導度の温度依存性は，室温から250K付近までは金属的であり，250K以下では半導体的な挙動に変化する．また，220K以下の温度領域における磁化率の温度依存性は，一次元Heisenberg反強磁性鎖モデルで説明できる．しかし，220K以上の温度領域では，先のモデルからの逸脱が生じ，Pauli常磁性による寄与が関与する．これらの結果から，結晶中のLiイオンの運動が結晶の電気伝導性に影響を及ぼしていると考えられる．Liイオンの運動の凍結は，伝導電子に対する局在ポテンシャルを発現させ，金属から半導体へ緩やかに変化させる．

結晶中でイオンと電子の運動自由度が共存した系は，電子-イオン混合伝導体のみならず，新規な分子性材料の開発の観点から興味深い．生体に代表される複雑な集積システムでは，イオンやプロトンの輸送と電子伝達系が互いに連動することで，高効率なエネルギー輸送・変換を実現する．イオンと電子の運動速度を同程度に設計することで，両者が強くカップリングした，生体模倣システムの実現が期待できる．

【関連錯体の紹介およびトピックス】他の類似錯体が多数開発されている[2,3]．サイズの異なるイオンやクラウンエーテルの多様な組合せから，イオン運動の自由度と[Ni(dmit)$_2$]の分子配列を系統的に制御できる．その結果，金属状態の安定化やより低温までイオン運動が可能な錯体などが報告されている．また，有機アンモニウムカチオン分子の回転運動を利用した強誘電体も実現している[4]．

【芥川智行】

【参考文献】
1) T. Nakamura et al., Nature, **1998**, 394, 159.
2) T. Akutagawa et al., Chem. Eur. J., **2001**, 7, 4902.
3) T. Akutagawa et al., J. Am. Chem. Soc., **2002**, 124, 8903.
4) T. Akutagawa et al., Nature Mater., **2009**, 8, 342.

NiS₄

導 磁

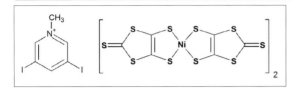

【名称】 N-methyl-3,5-diiodopyridinium di[bis(1,3-dithiole-2-thione-4,5-dithiolato)nickelate]: α-(Me-3,5-DIP)[Ni(dmit)$_2$]$_2$

【背景】Ni(dmit)$_2$のアニオンラジカル塩の一種．カチオン内のヨウ素とアニオンのチオケトンとの間に形成されるハロゲン結合によって，特徴的な分子配列を実現している．単位格子は結晶学的に2種類のアニオン層を含み，一方は一次元的，もう一方は二次元的なバンド構造を有する．前者は局在スピンを有するモット(Mott)絶縁体状態，後者は遍歴電子を有する二次元金属状態にある．同一の分子種(Ni(dmit)$_2$)に由来する局在スピンと遍歴電子が1つの結晶内で共存する最初の例である[1]．電子の伝導性と磁性との相互作用は近藤効果をはじめとして物性物理における重要なテーマであるが，これまで伝導性π電子と相互作用する磁性電子は主に遷移金属上のd電子であった．本化合物では遍歴π電子の伝導性が局在π電子の磁性と相互作用している．

【調製法】(Me-3,5-DIP)BF$_4$と(n-C$_4$H$_9$)$_4$N[Ni(dmit)$_2$]をアセトン/アセトニトリル1:1混合溶媒に溶解し，30℃で白金電極に0.5μAの定電流を通じて電気分解すると陽極上に黒色板状晶として得られる．多型であるβ型塩も同時に生成するが，電流反転(正方向の電流を0.8秒，逆方向の電流を0.2秒繰り返し流す)によりα型を優先的に得ることができる．

【性質・構造・機能・意義】ヨウ素と硫黄の間に強いハロゲン結合があり，I···S原子間距離の最短は3.28ÅとvanderWaals接触より15%短い．ハロゲン結合に加えてピリジニウムカチオンとNi(dmit)$_2$アニオンの間には水素結合も形成されており，こうした多様な分子間相互作用の競合が，複雑な結晶構造を可能にしている．結晶学的にNi(dmit)$_2$は二分子独立で，各々が異なる伝導層(Layer I, II)を形成している．Layer IとLayer IIはc軸方向に交互積層しており，Layer Iでは二量化が強くモット絶縁状態になっているが，Layer IIでは"spanning overlap"と呼ばれる橋架け構造をとるために二次元金属状態にある．磁化率は金属層に由来するPauli常磁性とMott絶縁層に由来するCurie-Weiss則的ふるまいの足し合わせになっており，^{13}C NMRでも双方のシグナルが異なる線幅の吸収として観測されている[2]．局在スピン間には反強磁性相互作用があり，Weiss温度は−5.3Kである．伝導挙動は異方的で，伝導面内(ab面内)では金属的な温度変化を示す一方，面間方向(c軸方向)では絶縁体的ふるまいを示す．これらの結果はLayer IがMott絶縁体で，Layer IIが金属であるとするバンド計算結果と一致する．また，この錯体の金属性はShubnikov-de-Haas振動や角度依存磁気抵抗[3]，光電子分光[4]などの測定結果によっても確認されており，Layer IIのフェルミ面の面積はブリルアンゾーンの50%であることがわかっている．この結果はNi(dmit)$_2$の価数がすべて−0.5価であるとするラマン分光のデータとも一致する．Layer IとLayer IIのバンド幅・バンド構造が違うにもかかわらず，Ni(dmit)$_2$の価数が双方で一致しているのは，より低いエネルギーにあるLayer Iの伝導バンドにおいて強いオンサイトクーロン反発があるためと考えられる．局在π電子と遍歴π電子との相互作用エネルギーは量子振動の結果から，約13Tと見積もられている．また，磁場をかけるとLayer Iのスピンがそろうため，面間伝導において伝導電子が散乱されにくくなり，抵抗値が大幅に減少する負の磁気抵抗効果がある．遍歴電子の有効質量は6.0m_0 (m_0: 自由電子質量)である．

1つの結晶の中に，イオン結合・金属結合・共有結合・配位結合・水素結合・ハロゲン結合・ファンデルワールス接触と，ほぼすべての化学結合を含む珍しい物質でもある．

【関連錯体の紹介およびトピックス】Me-3,5-DIPのI原子を1つBr原子に置換したアニオンラジカル塩(N-methyl-3-bromo-5-iodopyridinium)[Ni(dmit)$_2$]$_2$は結晶学的に同型であるが，体積が2%ほど化学的圧力により減少している[4]．電子構造もほぼ同じで金属的挙動を示すが，低温で抵抗がわずかに上昇する．これはBr原子とI原子の位置の乱れがあるためであると考えられている．また，磁化率は5K以下で急激に増大し，Layer Iのほぼすべてのスピンが常磁性スピンとなる[4]．

【山本浩史】

【参考文献】
1) Y. Kosaka *et al.*, *J. Amer. Chem. Soc.*, **2005**, *113*, 798.
2) S. Fujiyama *et al.*, *Phys. Rev. B*, **2008**, *77*, 060403.
3) K. Hazama *et al.*, *J. Phys: Conf. Ser.*, **2009**, *150*, 022025.
4) Y. Kosaka, Doctor Thesis (Saitama University), **2008**.

NiS$_4$

光 導 磁

[Ni(dmit)$_2$]$^{n-}$ (n ~ 1)   MV^{m+} (m ~ 2)

[Ni(dmit)$_2$]$^-$

dmit^{2-} = 1, 3-dithiole-2-thione-4, 5-dithiolate
("dimercapto-isotrithione")

【名称】photomagnetic conductor Nickel(III) complex: X[Ni(dmit)$_2$]$_2$ (X: ビピリジン誘導体カチオン)

【背景】ビピリジン誘導体などの感光性カチオンと組み合わせたニッケル-dmit 錯体は, カチオン-アニオン間の電荷移動吸収帯を励起することで金属的な伝導性と磁性を同時に発現する場合がある[1]. 特にカチオンとしてメチルビオローゲン(MV)を用いた場合, 紫外線 (375 nm) 照射下, 低温で磁性金属に特有の近藤効果が観測される. 従来の光伝導とは異なる機構であり, 他に同様の機能を示す物質例がないため, "光磁性伝導体"と名づけられた[2].

【調製法】グラスフィルター(G3)で3つの区画に仕切られた拡散セルの片方の端に(n-C$_4$H$_9$)$_4$N[Ni(dmit)$_2$]の CH$_3$CN 溶液を入れ, もう片方の端にビピリジン誘導体カチオンのハロゲン化物をできるだけ溶かさずに CH$_3$CN 中に沈めておく. 中央の区画には CH$_3$CN のみを入れて, 全体を不活性雰囲気に封じて, 1週間から2か月ほど室温暗所で静置すると, 黒色の板状晶が得られる[1].

【性質・構造・機能・意義】[Ni(dmit)$_2$]$^{n-}$ (0 ≤ n ≤ 2) は 1975 年にドイツのグループによって合成された[3]. Ni は酸化数によらず平面四配位をとり, 分子全体に広がった(=非局在化した)π-共役系をもつため, 空気中でも安定なラジカルアニオンとなる. 化学的環境に応じて多様な価数をとるため, 磁性体や伝導体の構成分子として広く用いられてきた[4]. このモノアニオンが平面型のビピリジン誘導体ジカチオンと塩を生成した場合, 結晶中ではアニオン二分子とカチオン一分子が交互に積層して配列する. この際分子軌道どうしの重なり, すなわち分子間相互作用から, アニオン(Ni 錯体)が伝導経路を形成し, それらに囲まれる形でカチオンが互いに隔離される. 同様に, アニオン-カチオン間の相互作用から UV-vis スペクトル(粉末)では, およそ 250~450 nm にかけて幅広い電荷移動吸収帯が観測される[1]. したがってこの物質に紫外光を当てた場合, アニオン-カチオン間の電荷移動遷移によって, 両者の上に不対電子が生じる. カチオン上の不対電子はほぼ孤立(局在化)し, アニオン上の伝導電子と相互作用して近藤効果(伝導電子と局在化した不対電子との相互作用によって, 電気抵抗がある温度で極小を示す現象)[5]を生じたと説明される.

磁性と伝導性はどちらも不対電子に起因するが, 各々に要求される性格は, 局在性と非局在性という正反対の条件である. したがって, 光応答以前に, 磁性と伝導性を同一の物質内に共存させること自体が難しい. 金属錯体も含め, 有機物で磁性金属は限られた例しかなく, 本来磁性も伝導性もない物質が光に応答して磁性金属に変わる例は他にない.

【関連錯体の紹介およびトピックス】光磁性伝導体と関連した一連の錯体の合成法, 構造, 各種スペクトル, 磁性, 伝導性などが光照射下の物性も含めて総説に纏められている[6]. より詳細な情報を必要とする場合は, そちらを参照されたい.　【内藤俊雄】

【参考文献】

1) T. Naito *et al.*, *Adv. Mater.*, **2012**, *24*, 6153.
2) T. Naito *et al.*, *J. Am. Chem. Soc.*, **2012**, *134*, 18656.
3) a) G. Steimecke *et al.*, *Z. Chem.*, **1975**, *15*, 28; b) G. Steimecke *et al.*, *Phosphorus Sulfur*, **1979**, *7*, 49.
4) P. Cassoux *et al.*, *Coord. Chem. Rev.*, **1991**, *110*, 115.
5) J. Kondo, *Prog. Theor. Phys.*, **1964**, *32*, 37.
6) a) T. Naito, *Bull. Chem. Soc. Jpn.*, **2017**, *90*, 89; b) T. Naito, *Chem. Lett.*, **2018**, *47*, 1441; c) T. Naito Ed., *Functional Materials: Advances and Applications in Energy Storage and Conversion*, **2019**, Pan Stanford Publishing Pte. Ltd., Singapore.

NiP₄

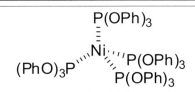

【名称】tetrakis(triphenyl phosphite)nickel(0):
Ni[P(OPh)₃]₄

【背景】ニッケル(0)錯体の1つとして，Ni(PPh₃)₄のホスフィン配位子の代わりに電子吸引性のホスファイトが配位したテトラキス(亜リン酸トリフェニル)ニッケル(0)錯体(Ni[P(OPh)₃]₄)が合成された．Ni(PPh₃)₄と比べ，酸素に対する安定性は向上しているが，亜リン酸トリフェニルが電子吸引性の配位子であることから，酸化的付加を起こしにくいと考えられる．そのため，この錯体をクロスカップリングの触媒に用いた例は，Ni(PPh₃)₄と比べ少ない．

【調製法】ビス(アセチルアセトナート)ニッケル(II)に水素化ホウ素ナトリウムと亜リン酸トリフェニルを反応させ合成する[1]．

【性質・構造・機能・意義】融点145℃(分解)の白色固体で，空気中の酸素と反応し分解する．取り扱いには，グローブボックスなど不活性雰囲気が必要である．THFやトルエンに溶解する．

Ni[P(OPh)₃]₄は，アルケンやアルキンのヒドロシアノ化反応の触媒として用いられる．シリルアセチレンに対しては，通常α-およびβ-シリルアクリロニトリルの混合物が生成するが，トリフェニルシリル置換体では選択的にβ-シリルアクリロニトリルが得られる[2]．

有機ハロゲン化物存在下，種々のビニルモノマーの重合開始剤としても利用される[3]．また，Ni[P(OPh)₃]₄存在下，1分子のエチレンと2分子のブタジエンの[4+4+2]環化反応が進行し，1,5-シクロデカジエンが生成する[4]．

【坪内 彰】

参考文献

1) J. R. McLaughlin *et al.*, *Inorg. Nucl. Chem.*, **1973**, *9*, 565.
2) Y. Sakakibara *et al.*, *Nippon Kagaku Kaishi*, **1982**, 818.
3) C. H. Banford *et al.*, *Nature*, **1966**, *209*, 292.
4) P. Heimbach, *Angew. Chem. Int. Ed. Ingl.*, **1973**, *12*, 975.

NiP$_4$

【名称】tetrakis(triphenylphosphine) nickel(0): Ni(PPh$_3$)$_4$

【背景】パラジウムと同様にクロスカップリングの触媒として広く利用されている[1]. パラジウム触媒と比べ, 0価ニッケル-トリフェニルホスフィン錯体は安価であり, パラジウム触媒では利用が困難な塩化アリールやアリールスルホネートなどがカップリングに使用できる反面, 活性や収率の点で劣る場合があり, 改善の余地が残されている. また, 0価のニッケルは空気中で不安定であり取り扱いが困難であるため, しばしばホスフィン配位子存在下, 安定な2価のニッケル化合物を反応系中で還元し生成させる方法がとられる.

【調製法】ビス(アセチルアセトナート)ニッケル(II)とトリフェニルホスフィンのエーテル懸濁液に, トリエチルアルミニウムのエーテル溶液を, 反応温度を5℃以下に保ちながら1〜2時間かけて滴下する[2]. 沈殿物をろ過しエーテルで数回洗浄した後, 乾燥すると粗生成物が得られ, 多くの場合そのまま触媒や他のニッケル錯体の原料として使用できる. 現在では, 純度98%以上の錯体が, 市販試薬として入手できる.

【性質・構造・機能・意義】融点123〜128℃の赤色粉末. 酸素に対し極めて不安定で, グローブボックスなど不活性雰囲気下で取り扱う必要がある. THF, アセトニトリル, DMFなどの極性溶媒の他にベンゼンにも可溶である. エーテルにはわずかに溶けるが, ヘプタンやエタノールにはほとんど溶解しない.

ニッケル(0)錯体(Ni(PPh$_3$)$_4$)は様々な有機合成に利用されている. 例えば, ハロゲン化アリールやアルケニルに化学量論量の錯体を作用させるとホモカップリングが進行し, ビアリールや共役ジエンが得られる[3]. ヨウ化物の他に臭化物が利用でき, ビス(ハロゲン化アリール)の分子内ホモカップリングでは架橋ビアリール化合物が合成できる. Ullmann反応とは対照的に温和な条件で反応が進行するため, 様々な官能基の存在下, ホモカップリングが行える.

クロスカップリングは触媒量のNi(PPh$_3$)$_4$を利用する有機反応の代表例で, 有機亜鉛化合物とハロゲン化物の反応は根岸カップリングとして有名である[4]. 一般にアリールおよびアルケニル間のカップリングに対しては良好な反応性を示すが, アルキニル基をカップリングさせる場合は, 環化三量化や四量化が進行するためか, 収率は低下する. この問題は, パラジウム触媒を利用することで解決できる. 有機ハロゲン化物としては, ヨウ化物, 臭化物が利用でき, 官能基許容性も高い. また, 有機金属化合物としては, 有機アルミニウムやジルコニウムもカップリング反応に用いることができる[5]. いずれのアルケニル金属とのカップリングにおいても二重結合の立体化学を保持して進行するが, パラジウム触媒と比較して, その立体選択性は若干劣る傾向が見られる.

Ni(PPh$_3$)$_4$はブタトリエンなどの集積二重結合化合物の環化多量化反応を触媒する[6]. 二量化により[4]ラジアレンが, 三量化では[6]ラジアレンが生成し, 反応の選択性は用いる溶媒の影響を受ける. 出発物質のクムレン類もNi(PPh$_3$)$_4$触媒存在下1,1-ジハロアルカンから合成でき, ワンポットでラジアレンを合成することも可能である.

アルキンの環化三量化によるベンゼン誘導体の合成反応においても触媒として用いられる. トリインの分子内[2+2+2]環化反応やジインとアルケンとの分子間反応によりテトラリン誘導体が合成できる[7]. また, Ni(PPh$_3$)$_4$存在下, 電子欠乏性エンインの二量化が進行し, ビシクロ化合物が得られる[8].

【坪内 彰】

【参考文献】
1) P. W. Jolly et al., The Organic Chemistry of Nickel, Academic Press, **1974**, Vol. 1, 2.
2) R. A. Schunn, Inorg. Synth., **1972**, 13, 124.
3) M. F. Semmelhack et al., J. Am. Chem. Soc., **1981**, 103, 6460.
4) E. Negishi, Acc. Chem. Res., **1982**, 15, 340.
5) E. Negishi et al., J. Am. Chem. Soc., **1987**, 109, 2393.
6) M. Iyoda et al., Bull. Chem. Soc. Jpn., **2005**, 78, 2188 and references citer therein.
7) P. Bhatarah et al., J. Chem. Soc., Perkin Trans. 1, **1992**, 2163.
8) S. Saito et al., J. Am. Chem Soc., **2000**, 122, 1810.

NiS$_4$

【名称】 tri［bis（5,6-dihydro-1,4-dithiin-2,3-dithiolato）nickel］bis（dibromoaurate）：［Ni(dddt)$_2$］$_3$(AuBr$_2$)$_2$ （dddt＝5,6-dihydro-1,4-dithiin-2,3-dithiolate）

【背景】 金属ジチオレン錯体から構成される分子性導体の多くはアニオンラジカル塩であり，カチオンラジカル塩の数は限られる．本化合物は，金属ジチオレン錯体のカチオンラジカル塩の中で極低温(1.3 K)まで金属的挙動を示すことが明らかとなった最初の化合物である[1]．

【調製法】 原料の［Ni(dddt)$_2$］^{0}は(n-C$_4$H$_9$)$_4$N［Ni(dddt)$_2$］をヨウ素で酸化して得られる[2]．［Ni(dddt)$_2$］をニトロベンゼン中で，(n-C$_4$H$_9$)$_4$N［AuBr$_2$］を支持電解質とし，白金電極を用いて，24.5℃で定電流(3.0 μA cm^{-2})電気分解することにより黒色板状晶として得られる．

【性質・構造・機能・意義】 結晶(単斜晶系，空間群 $P2_1/a$)中では，伝導性のカチオン層と絶縁性のアニオン層とが b 軸方向に交互に配列している．伝導層内では，平面的な［Ni(dddt)$_2$］カチオンが c 軸方向へ一枚周期で積層している．伝導面(ac面)内におけるカチオン間の相互作用は，［Ni(dddt)$_2$］カチオンが三分子周期で配列している a 軸方向が一番大きく，主にHOMOから構成される擬一次元的なバンドが伝導を担っていると考えられる．［Ni(dddt)$_2$］分子のHOMO-LUMOエネルギー差が小さいため，この伝導バンドのすぐ上に，主にLUMOから構成されたバンドが位置している．バンド構造は，この物質がホールと電子のポケットを有する半金属であることを示している．電気抵抗の温度依存性は，1.3 Kまで金属的である．295 Kにおける抵抗の異方性(ρ_b/ρ_a)は約600である．

【関連錯体の紹介およびトピックス】 1価陰イオン (HSO$_4^-$, BF$_4^-$, ClO$_4^-$, GaBr$_4^-$, FeCl$_4^-$, CF$_3$SO$_3^-$, ICl$_2^-$, IBr$_2^-$, AuBr$_2^-$ など)を対アニオンとするM(dddt)$_2$ (M＝Ni, Pd, Pt)のカチオンラジカル塩が報告されている[3]．その多くはカチオンとアニオンのモル比が3：2あるいは2：1で半導体であるが，［Pd(dddt)$_2$］Ag$_{1.54}$Br$_{3.50}$は4.2 Kまで金属状態を保つ．

【加藤礼三】

【参考文献】
1) L. A. Kushch *et al., J. Mater. Chem.*, **1995**, *5*, 1633.
2) R. Kato *et al., Bull. Chem. Soc. Jpn.*, **1986**, *59*, 627.
3) R. Kato, *Chem. Rev.*, **2004**, *104*, 5319.

NiS₄

導 磁

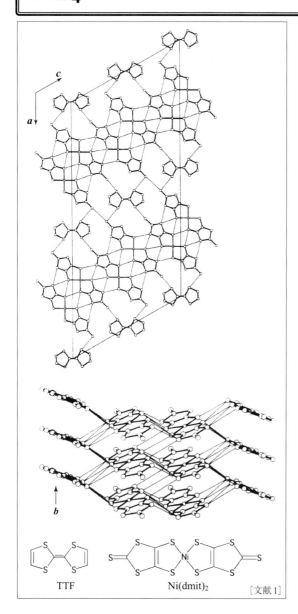

[文献1]

【名称】TTF[Ni(dmit)₂]₂:
Ni(dmit)₂＝bis(1,3-dithiole-2-thione-4,5-dithiolato)-nickel(TTF＝2-(1,3-dithiol-2-ylidene)-1,3-dithiole＝terathiafulvalene)

【背景】M(dmit)₂(Ni, Pd, Pt)を含む分子性伝導体・超伝導体で，最も初期に報告された物質．錯体分子を含む分子性超伝導体として，はじめて報告された物質でもある．電気抵抗[1,2]，散漫散乱，磁化率[3]，NMR，バンド計算[4]などの物性が詳細に研究されている．

【調製法】不活性ガス下，アセトニトリル溶液中で，$(TTF)_3(BF_4)_2$と$(n$-$C_4H_9)_4N[Ni(dmit)_2]$（あるいは$[(n$-$C_4H_9)_4N]_2[Ni(dmit)_2]$）とのメタセシスにより，作成できる．単結晶試料は，拡散法により作成する[1]．

【性質・構造・機能・意義】黒色針状結晶（単斜相$C2/c$, $Z=4$; $a=46.22$, $b=3.732$, $c=22.86$, $\beta=119.3°$, $V=3439$Å³）．典型的な結晶サイズは$1\times0.1\times0.02$ mm³以下である．結晶内では，TTFとNi(dmit)₂が，b軸方向に伸びた一次元的なカラムをそれぞれ形成している[1,5]．TTFの電荷はおよそ+0.75と推定されている．常圧下では$q_1 0.4b^*$の電荷密度波が40 K以下で発生するが，電気伝導度は全温度領域で金属的である（$\sigma_{RT}=300\Omega^{-1}$cm^{-1}; $\sigma_{4K}/\sigma_{RT}=500$）．10 K付近に電気抵抗の温度依存性に異常が見られるが，これは$q_2=0.22b^*$, $q_3=0.18b^*$の散漫散乱と関連があるとされている．磁化率は弱い温度依存性を示し，40 K付近で，CDW転移によるとびを示す[$x(300 K)=9\times10^{-4}$cgs/mol][3]．常圧下では超伝導体への転移は報告されていない．

500 bar以下の圧力下ではCDWによる電気抵抗の異常がよりはっきりと表れ，抵抗極小が観測される．抵抗極小の温度は圧力に依存し，500 barではおよそ48 Kである．1 kbar以上では抵抗極小は抑制される傾向があり，最終的には5.75 kbar以上の圧力下で超伝導が出現する．超伝導相への転移温度は圧力の増加とともに増加し，9.5 kbarではおよそ2.1 Kに到達する．超伝導が出現した状況でも抵抗極小は完全には消せず，超伝導は電荷密度波と共存していると考えられている[2]．バンド計算によれば，この塩での電気伝導はTTFのHOMOおよびNi(dmit)₂のLUMOとHOMOが寄与しており，各々がq_1, q_2, q_3の散漫散乱に関与している[4]．これは，HOMOとLUMOのエネルギー差が小さいというM(dmit)₂分子の特徴に由来する．

【関連錯体の紹介およびトピックス】同様の結晶構造を示すものとしてα-TTF[Pd(dmit)₂]₂およびα'-TTF[Pd(dmit)₂]₂がある[5]．前者は220 Kで，また後者は200 Kで，金属-絶縁体転移を示す．高圧下ではこの金属-絶縁体転移は抑えられ，α塩は22 kbar, 1.7 Kで，またα'塩は24 kbar, 5.93 Kで超伝導体へ転移する．α塩とα'結晶構造では区別がつかず，なぜこの違いが生じるかは不明[5]．

【田島裕之】

【参考文献】
1) M. Bousseau et al., J. Am. Chem. Soc., **1986**, 108, 1908.
2) L. Brossard et al., Phys. Rev. B, **1990**, 42, 3935.
3) L. Brossard et al., Phys. Rev. B, **1993**, 47, 1647.
4) E. Canadell, Coord. Chem. Rev., **1999**, 185-186, 629.
5) P. Cassoux et al., Cood. Chem. Rev., **1991**, 110, 115.

$NiCo_2N_8S_4$

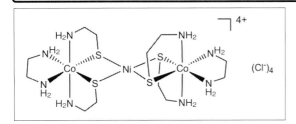

【名称】tetrakis(μ-2-aminoethanethiolato)bis(ethylenediamine)nickel(II)dicobalt(III)tetrachloride: [Ni{Co(aet)$_2$(en)}$_2$]Cl$_4$ (aet=2-aminoethanethiolate, en=ethylenediamine)

【背景】チオラト錯体は，その配位硫黄原子が適度な求核性をもつため，他の金属イオンとの反応により，集積化することができる．生成する硫黄架橋多核錯体では，金属周りの絶対配置に加えて架橋硫黄原子が不斉原子となることから，キラル選択的な集積化が検討されてきた．本錯体はニッケルイオンを他の金属イオンと交換することができるため，ヘテロレプティックなチオラトコバルト錯体ユニットの集積化に用いられる．

【調製法】[Ni(aet)$_2$](1.0 g, 4.7 mmol)を水(20 mL)に懸濁し，trans-[CoCl$_2$(en)$_2$]Cl(2.7 g, 9.4 mmol)を加えた後，室温で2時間撹拌し，赤茶色の沈殿をろ別し，水から再結晶すると暗赤色の結晶([Ni{Co(aet)$_2$(en)}$_2$]Cl$_4$·6H$_2$O)が得られる．収量0.42 g(収率21％)[1,2]．

【性質・構造・機能・意義】暗赤色結晶で，水に易溶である．結晶構造では，2つのC_2-cis(S)-[Co(aet)$_2$(en)]$^+$ユニットがチオラト硫黄原子を介してNi^{2+}により連結されている[1,2]．C_2-cis(S)-[Co(aet)$_2$(en)]$^+$ユニットはNi^{II}に対して2座のキレート配位子とみなせ，そのS-Ni-S挟み角は86.8°である．1分子中の2つの[Co(aet)$_2$(en)]$^+$ユニットのCo周りの絶対配置は同じであり，結晶中には一対の$\Delta\Delta$体と$\Lambda\Lambda$体が含まれる．

ラセミ体の[Ni{Co(aet)$_2$(en)}$_2$]Cl$_4$は，Na$_2$[Sb$_2$(R,R-tartrato)$_2$]·5H$_2$Oを用いてジアステレオマー塩に誘導後，分別結晶化により$\Delta\Delta$体と$\Lambda\Lambda$体に光学分割される[2]．光学活性体は希薄水溶液中ではNi-S結合の解離を伴って徐々にラセミ化する．このキラル三核錯体は[Co(aet)$_2$(en)]$^+$ユニットの供給体としてはたらき，この錯体から様々なキラル多核錯体が得られる．

その例として次のようなものがある．①[Ni{Co(aet)$_2$(en)}$_2$]Cl$_4$とNa$_2$[PdCl$_4$]を1:1で反応させると，Ni^{2+}がPd^{2+}で置換された硫黄架橋三核錯体[Pd{Co(aet)$_2$(en)}$_2$]Cl$_4$が得られる[3]．この金属置換反応では，$\Delta\Delta$体と$\Lambda\Lambda$体が選択的に生成する．一方，同様の反応を1:2のモル比で行うと二核錯体[PdCl$_2${Co(aet)$_2$(en)}]Clが得られる．②[Ni{Co(aet)$_2$(en)}$_2$]Cl$_4$に過剰のCdCl$_2$を反応させると，硫黄架橋二核錯体[CdCl$_3${Co(aet)$_2$(en)}]が得られる[4]．この二核錯体はNaNO$_3$との反応により，三核錯体[CdCl{Co(aet)$_2$(en)}$_2$](NO$_3$)$_3$，さらには六核錯体[Cd$_2$Cl{Co(aet)$_2$(en)}$_4$](NO$_3$)$_7$へ変換される．この際，同じ絶対配置をもつ[Co(aet)$_2$(en)]$^+$ユニットが集合し，$\Delta\Delta/\Lambda\Lambda$体あるいは$\Delta\Delta\Delta\Delta/\Lambda\Lambda\Lambda\Lambda$体が生成する．③[Ni{Co(aet)$_2$(en)}$_2$]Cl$_4$とK$_2$[PtCl$_4$]を1:1で反応させると，硫黄架橋三核錯体$\Delta\Delta/\Lambda\Lambda$-および$\Delta\Lambda$-[Pt{Co(aet)$_2$(en)}$_2$]Cl$_4$が生成する[5]．④[Ni{Co(aet)$_2$(en)}$_2$]Cl$_4$と[Au^{I}Cl{S(CH$_2CH_2$OH)$_2$}]を1:2で反応させると，2つの$C_2$-cis(S)-[Co(aet)$_2$(en)]$^+$ユニットが2つの金(I)イオンにより連結された硫黄架橋四核錯体C_2C_2-[Au$_2${Co(aet)$_2$(en)}$_2$]Cl$_4$が得られる[6]．これに対し，Na[Au^{III}Cl$_4$]との反応では，Au^{III}がAu^{I}へと還元され，[Co(aet)$_2$(en)]$^+$ユニットの異性化を伴ってC_1C_1-[Au$_2${Co(aet)$_2$(en)}$_2$]Cl$_4$が生成する．⑤[Ni{Co(aet)$_2$(en)}$_2$](ClO$_4$)$_4$とAgClO$_4$を1:2で反応させると，4つのC_2-cis(S)-[Co(aet)$_2$(en)]$^+$ユニットと4つの銀(I)イオンがAg-S結合により環状に連結された八核錯体[Ag$_4${Co(aet)$_2$(en)}$_4$](ClO$_4$)$_8$が得られる[7]．これに対し，[Ni{Co(aet)$_2$(en)}$_2$](NO$_3$)$_4$とAgNO$_3$を1:2で反応させると，[Ag$_2${Co(aet)$_2$(en)}$_2$]$^{4+}$ユニットとAg^{I}が硫黄架橋により連結された(Co$^{III}_2$-Ag$^I_3$)$_n$一次元鎖状錯体が得られる．

【関連錯体の紹介およびトピックス】[Ni{Co(aet)$_2$(en)}$_2$]$^{4+}$のenを(R)-1,2-プロパンジアミン，(1R,2R)-1,2-シクロヘキサンジアミン，2-ピリジンチオラートなどの二座配位子で置き換えたキラル三核錯体も合成されている[8]．

【廣津昌和】

【参考文献】

1) T. Konno et al., Inorg. Chem., **1992**, 31, 160.
2) T. Konno et al., Bull. Chem. Soc. Jpn., **1995**, 68, 1353.
3) T. Konno et al., Bull. Chem. Soc. Jpn., **1998**, 71, 175.
4) T. Konno et al., Bull. Chem. Soc. Jpn., **2000**, 73, 2767.
5) H. Honda et al., Inorg. Chem., **2002**, 41, 2229.
6) T. Konno et al., Chem. Lett., **2002**, 230.
7) T. Konno et al., Chem. Lett., **2006**, 35, 316.
8) a) Y. Yamada et al., Bull. Chem. Soc. Jpn., **2000**, 73, 1219; b) A. Igashira-Kamiyama et al., Dalton Trans., **2008**, 6305; c) M. Hirotsu et al., Bull. Chem. Soc. Jpn., **2003**, 76, 1215.

Ni₂C₆Br₂

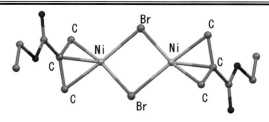

図1 2-(エトキシカルボニル)アリル錯体の構造

【名称】di-μ-bromo-bis[(η³-allyl)nickel(II)]:[Ni(η³-C₃H₅)(μ-Br)]₂

【背景】本錯体は1961年に合成が報告された[1]．1960年代後半に，有機合成反応におけるアリル化反応との関連から研究が進展し，それに伴って合成条件も改良されて高収率で得られるようになった．

【調製法】不活性ガス気流下，臭化アリルと過剰のニッケルテトラカルボニル[Ni(CO)₄]をベンゼンに溶解し，50℃で2～3時間撹拌する．その後，反応溶媒を減圧して除去し，エーテルを加え，−70℃に冷却すると目的物[Ni(η³-C₃H₅)(μ-Br)]₂が得られる[2]．2位にメチル基[2]，エトキシカルボニル基[2]，メトキシ基[3]が結合したアリル化合物についても同様に錯体[Ni(η³-CH₂-CHRCH₂)(μ-Br)]₂(R=Me, COOEt, OMe)が得られる（収率75～95％）．

0価ニッケル錯体原料として[Ni(cod)₂]を用いても高収率で合成でき[4]，2-メトキシアリル配位子を有する錯体について，合成の詳細が記載されている[3]．[Ni(cod)₂](2.63 g)をアルゴン気流下でベンゼン(40 mL)に懸濁し，4℃に冷却しながら臭化2-メトキシアリル(1.45 g)のベンゼン(5 mL)溶液を撹拌しながら滴下する．25℃まで昇温させ，30分撹拌する．濃赤色になった混合物から，ろ別によって少量の生成金属ニッケルを除き，溶媒を減圧で除去して全量を20 mLにする．石油エーテル75 mLを加えて−20℃に冷却すると錯体が赤れんが色結晶として得られる(1.00 g, 55％)．

【性質・構造・機能・意義】[Ni(η³-C₃H₅)(μ-Br)]₂は，空気に不安定な暗赤色結晶である．2つのニッケルが2個の臭素イオン配位子で架橋された二核錯体である．

アリル配位子の3つの炭素がニッケルに結合している（η³-配位）．2-エトキシカルボニルアリル配位子を有する錯体の構造は，X線結晶構造解析で明らかにされている．分子中でアリル炭素が形成する2つの平面は平行であり，Ni₂Br₂平面に対して110°の角度をもつ．2つのアリル配位子は逆向きに配向している．

有機ハロゲン化物と反応して，そのハロゲン原子をアリル基に置換する[5]．ケトン，アルデヒドなどカルボニル化合物とも反応し，カルボニル基の炭素にアリル基が導入されたアルコールを与える．

【関連錯体の紹介およびトピックス】2-メトキシアリル配位子を有する錯体はトリフェニルホスフィンと反応して，単核錯体[Ni(η³-CH₂C(OMe)CH₂)Br(PPh₃)]を生成する[3]．NaBARF(BARF=B(3,5-(CF₃)₂C₆H₃)₄)存在下，メシチレンとの反応によって，カチオン性錯体[Ni(η³-C₃H₅)(η⁶-1,3,5-C₆H₃Me₃)]BARFを生成する[6]．

同構造のパラジウム錯体[Pd(η³-C₃H₅)(μ-X)]₂(X=Cl, Br)は塩化アリルを一酸化炭素存在下，パラジウム酸ナトリウムもしくは塩化パラジウム/塩化ナトリウムとの反応により合成できる[7]．

【福元博基】

【参考文献】
1) E. O. Fischer *et al.*, *Z. Naturforsch.*, **1961**, *16b*, 77.
2) E. J. Corey *et al.*, *J. Am. Chem. Soc.*, **1967**, *89*, 2755.
3) L. S. Hegedus *et al.*, *J. Am. Chem. Soc.*, **1974**, *96*, 3250.
4) G. Wilke *et al.*, *Angew. Chem. Int. Ed. Engl.*, **1966**, *5*, 151.
5) D. C. Billington, *Chem. Soc. Rev.*, **1985**, *14*, 93.
6) A. R. O'Connor *et al.*, *Organometallics*, **2009**, *28*, 2372.
7) a) J. Powel *et al.*, *J. Chem. Soc., (A)*, **1967**, 1839; b) Y. Tatsuno *et al.*, *Inorg. Synth.*, **1990**, *28*, 342.

Ni₂N₂O₈ 磁

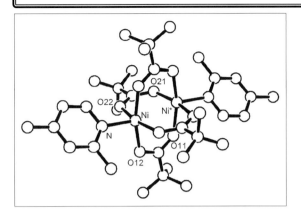

【名称】tetrakis[μ-(2,2-dimethylpropanoato-κ*O*:κ*O*′)]bis-(2,4-dimethylpyridine)dinickel(II)：[Ni(Me₃CCOO)₂-(2,4-luti)]₂

【背景】かご型構造を有するカルボキシラト四重架橋二核Ni(II)錯体の合成例は非常に少ない．本錯体はカルボキシラト四重架橋二核Ni(II)の数少ない例で，構造と磁性が報告されている[1]．

【調製法】塩基性炭酸ニッケル(II)と2,2-ジメチルプロピオン酸からNi(Me₃CCOO)₂(Me₃CCOOH)₂を合成する．このニッケル錯体(930 mg)と2,4-ジメチルピリジン(428 mg)をトルエン30 cm³に溶かし，しばらく撹拌した後，約40℃で約15 cm³に減圧濃縮し，冷蔵庫で一昼夜放置すると緑色結晶が析出する．これをろ取して石油エーテルで洗浄後，室温で減圧乾燥する．

【性質・構造・機能・意義】緑色結晶で，2,2-ジメチルプロピオナトで四重架橋されたかご型構造をもつ．Ni(II)の軸位には2,4-ジメチルピリジンが配位し，Ni(II)は軸方向に約0.251 Å浮き上がり，歪んだ四角錐型構造をとる．Ni–O距離は平均2.007 Å，Ni–N距離は2.035 Å，Ni⋯Ni間距離は2.7080(5) Åである．軸配位子の2位メチル基と架橋カルボキシラト酸素の間には立体反発があり，軸位N原子はNi⋯Ni軸上からやや外れている．Ni⋯Ni–N角は166.63(5)°である．

[Ni(Me₃CCOO)₂(2,4-dmpy)]₂および関連錯体の磁的挙動は，$S=1$二核錯体のVan-Vleck式では説明できず，Rakitinらによって提案されたBleany-Bowers式を拡張したチャネルモデル[2]で解析された．このモデルでは，2つの超交換経路 $d_{x^2-y^2}$-σ_o-σ_c-σ_o-$d_{x^2-y^2}$ および d_{xy}-π_o-π_c-π_o-d_{xy} を考慮することによって磁気的挙動をうまく説明している．[Ni(Me₃CCOO)₂(2,4-dmpy)]₂の室温における有効磁気モーメントはNiあたり2.00 B.M.であり，Ni(II)間に反強磁性的相互作用がはたらいていることをうかがわせる．磁化率は温度の低下とともに緩やかに減少するが，約200 Kで急に増大したのち，再び減少する複雑な挙動をとる．この磁気的挙動は200〜300 Kの高温側と200 K以下の低温側に分けて，前述のチャネルモデルを用いて解析され，高温側では $J=-224$ cm⁻¹ および $g=2.72$，低温側では $J=-194$ cm⁻¹ および $g=2.40$ のパラメーターでうまく説明されている．低温での結晶構造解析が行われていないが，錯体構造が温度で変化することに起因していると考えられる．

【関連錯体の紹介およびトピックス】[Ni(Me₃CCOO)₂(quinaldine)]₂[3]，[Ni(Me₃CCOO)₂(2-ethylpyridine)]₂[4] や [Ni(Me₃CCOO)₂(PPh₃)]₂[5] など軸配位子が異なるいくつかの錯体が報告されている．[Ni(Me₃CCOO)₂(quinaldine)]₂については構造解析がなされている．これら錯体の磁気的性質は，g値が2.0に近いものと2.2〜2.8の大きな値をもつものに分類できる．これら2つのグループでは，結晶中のパッキング状態にわずかな差異が認められるが，g値が大きく異なる理由は説明されていない．

【鯉川雅之】

【参考文献】
1) T. Tokii *et al., Acta Chem. Scand.*, **1990**, *44*, 984.
2) V. M. Novotortsev *et al., Dokl. Acad. Nauk*, **1978**, *240*, 335.
3) M. Morooka *et al., Acta Crystallogr.*, **1992**, *C48*, 1888.
4) T. Tokii *et al., Acta Chem. Scand.*, **1994**, *48*, 628.
5) N. I. Kirillova *et al., Inorg. Chim. Acta*, **1980**, *42*, 115.

$Ni_2N_4O_7$

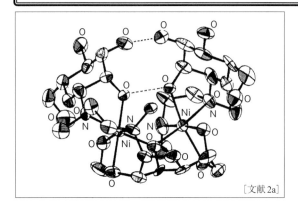

[文献2a]

【名称】(methanol)(1-(*N*-methyl-D-mannosylamino)-2-(methylamino)ethane nickel(II)-(μ-mannofuranoside)-1,2-bis(*N*-methyl-D-mannosylamino)ethane nickel(II)dichloride·dimethanol solvate·hydrate: (μ-Man)[Ni₂(CH₃OH)(*N*-(D-Man)-*N*,*N*′-Me₂-en)(*N*,*N*′-(D-Man)₂-*N*,*N*′-Me₂-en)]Cl₂·2CH₃OH·H₂O

【背景】 金属に配位した窒素原子上の置換基は錯体に対して，電子的ならびに立体的効果をもたらす．棚瀬らは，*N*-アルキル置換基をもつジアミンの中で，最も簡単で対称性の高い*N*,*N*′-ジメチルエチレンジアミン(*N*,*N*′-Me₂-en)を配位子としてもつニッケル錯体と種々のアルドースとの反応を試みた．その中で，金属との親和性が高いとされているD-マンノース(D-Man)を用いた場合，本錯体が単離・同定ならびに結晶構造解析がなされたものである[1]．

【調製法】 メタノールに溶解した[Ni(H₂O)₂(*N*,*N*′-Me₂-en)₂]Cl₂にD-Manを加え，約65℃で約15分間，溶液が緑色になるまで撹拌した後，反応溶液を濃縮し，LH-20ゲル濾過カラムにかけメタノールで展開する．青緑色の主成分のうち，先に溶出してくる部分を分取・濃縮し冷蔵庫に放置することにより青緑色の結晶を得る．

【性質・構造・機能・意義】 この錯体はメタノールなどの有機溶媒中では安定であるが，水溶液中で不安定である．溶液は青緑色で，近赤外-可視・紫外部にかけて，$9.5×10^3 cm^{-1}$($ε=16.9 M^{-1} cm^{-1}$)，$16.3×10^3 cm^{-1}$($ε=13.3 M^{-1} cm^{-1}$)，$26.3×10^3 cm^{-1}$($ε=28.3 M^{-1} cm^{-1}$)に*cis*-(N,N)[NiN₄O₂]の六配位八面体型ニッケル(II)錯体に対応するd-d遷移吸収帯が観測される．粉末の拡散反射スペクトルも同様のピーク位置を示しており，この錯体は溶存状態と固体状態でほぼ同様の配位構造をとっているとみなされる．固体の磁気モーメントは$3.38 μ_B$であり，六配位八面体型ニッケル(II)錯体であることに対応しているとともに，Ni(II)-Ni(II)間に磁気的相互作用がないことを示唆している．この錯体は結晶構造が得られており，D-マンノース残基3つと*N*,*N*′-Me₂enを2つ含む複核ニッケル(II)錯体を形成している．各ニッケルは歪んだ六配位八面体構造であり，Ni(II)-Ni(II)間距離(3.596(4) Å)は，金属間の直接的相互作用をもたないことを示している．ニッケル-窒素原子間距離が2.09(1)〜2.22(1) Åで，糖を導入していない通常の六配位八面体型Ni(II)エチレンジアミン錯体の結合距離とほぼ同様である．一方のNi(1)に1分子のメタノール，1つの*N*-グリコシド，*N*,*N*′-(D-Man)₂-*N*,*N*′-Me₂-enが1つの*N*-グリコシド窒素N(2)と一方のピラノース構造($β$-⁴C₁イス型コンホメーション)のD-ManのC(2)位上の水酸基の2点，ならびにフラノース構造のD-ManのC(2)位およびC(3)位上の水酸基で配位している．他方のNi(2)には3座の*N*-グリコシド，*N*-(D-Man)-*N*,*N*′-Me₂-enと架橋糖部分の*N*,*N*′-(D-Man)₂-*N*,*N*′-Me₂-enのフラノース構造のD-ManのC(3)位，C(5)位およびC(6)位上の水酸基が配位している．*N*,*N*′-Me₂-enの一方のN原子に*N*-グリコシド結合したD-マンノースが珍しいフラノース環構造をとって，配位可能なすべての官能基が糖質の片側に配列し，2つのNi(II)を架橋する配位様式は，マンノース型の糖についてのみ可能なものとみなされ，p.548で述べた糖質の分子識別と変換に対し，重要なてがかりとなっている．

【関連錯体の紹介およびトピックス】 この錯体に関連して，[Ni(H₂O)₂(*N*,*N*′-Me₂en)₂]Cl₂に，D-ManにかえてD-Glcを用いて得られる錯体に，少量ではあるがD-Manが含まれることが判明している．すなわちD-GlcからD-Manへの異性化の可能性が見いだされた．この発見は，その後の[Ni(H₂O)₂(*N*,*N*,*N*′-Me₃en)₂]Cl₂，さらには金属イオン(Ni^{2+}, Co^{2+}, Ca^{2+})と*N*-アルキル置換アミンとの協同効果により，立体特異的炭素骨格の転移を伴うアルドースのC2エピメリ化を有効に促進するという重要な発見につながった[2]．

【矢野重信】

【参考文献】
1) T. Tanase *et al.*, *J. Chem. Soc., Chem. Commun.*, **1985**, 1562.
2) a) T. Tanase *et al.*, *Inorg. Chem.*, **1987**, 26, 3134; b) T. Tanase *et al.*, *J. Chem. Soc., Chem. Commun.*, **1987** 659; c) T. Tanase *et al.*, *Chem. Lett.*, **1988**, 327; d) T. Tanase *et al.*, *Inorg. Chem.*, **1988**, 27, 4085.

$Ni_2N_6O_2$

[{Ni^{III}(Tp^{Me3})}$_2$(μ-O)$_2$]

Tp^{Me3} = hydrotris(3,4,5-trimethyl-1-pyrazolyl)borate

【名称】 bis(μ-oxo)bis{hydrotris(3,4,5-trimethyl-1-pyrazolyl)borato}dinickel(III): [{Ni^{III}(Tp^{Me3})}$_2$(μ-O)$_2$]

【背景】 複核非ヘム金属中心を有する酸化酵素の活性種やモデル錯体研究により，C-H結合活性化能を有する鉄や銅の二核高原子価金属-架橋ジオキソ錯体の存在が明らかとなり，他の金属についても同種の錯体の化学的性質，特に反応性について関心が寄せられるようになった．本錯体がニッケルにおける二核高原子価金属-架橋ジオキソ錯体のはじめての構造決定例である[1]．

【調製法】 −50℃に冷却した緑色を呈する二核Ni(II)-架橋ジヒドロキソ錯体[{Ni^{II}(Tp^{Me3})}$_2$(μ-OH)$_2$]のジクロロメタン溶液に1当量の過酸化水素(35%水溶液)を作用させる．−78℃に冷却して水分を凍らせてろ過除去した後，減圧濃縮した溶液を−78℃で静置しておくことで暗赤褐色結晶が析出する[1]．

【性質・構造・機能・意義】 得られたNi^{III}_2(μ-O)$_2$錯体のNi-O結合距離は1.841(7)および1.870(8) Åで，原料であるNi(II)-ヒドロキソ錯体におけるNi-O(H)結合距離よりも0.1Å程度短い．またNi-N(Tp^{Me3})結合距離もNi^{III}_2(μ-O)$_2$錯体(平均2.012Å)の方が原料錯体(平均2.057Å)よりも短い．この錯体は反磁性であり，2つの低スピンNi(III)中心(d^7, S=1/2)が反強磁性相互作用しているものと解釈される．UV-visスペクトルでは318および410nmにNi^{III}_2(μ-O)骨格に特徴的な強い吸収帯が観測される．このNi^{III}_2(μ-O)$_2$錯体は原料錯体と他の酸化剤(tert-BuOOH, mCPBA, KMnO$_4$)との反応では得られないことから，[{Ni^{II}(Tp^{Me3})}$_2$(μ-OH)$_2$]と過酸化水素の脱水縮合によって生じた二核Ni(II)-架橋ペルオキソ中間体のO-O結合が，ラジカル的に開裂することでこの錯体が生成したと解釈される[1]．このNi^{III}_2(μ-O)$_2$錯体の熱分解の律速過程には金属近傍に位置するTp^{Me3}のメチル基からの水素引き抜きが含まれている．また過剰の過酸化水素存在下での熱分解により，Tp^{Me3}のメチル置換基の1ヶ所が選択的にカルボキシ基にまで酸化される[2]．

【関連錯体の紹介およびトピックス】 Tp^{Me3}のピラゾール環の4位の置換基が異なる$Tp^{Me2,X}$ (hydrotris(3,5-dimethyl-4-X-1-pyrazolyl)borato; X=H, Br)や，かさ高いTp^{iPr2}配位子を有する錯体でも同様の反応により対応するNi^{III}_2(μ-O)$_2$錯体が生成する．また，これらのTp^R配位子をもつ二核Co(II)-架橋ジヒドロキソ錯体と過酸化水素の反応により，C-H結合活性化能を有するCo^{III}_2(μ-O)$_2$錯体が生成する[1,2]．

C-H結合活性化能を有するNi^{III}_2(μ-O)$_2$錯体は，ピリジルアミン配位子を用いた場合にもNi(II)錯体と過酸化水素の反応により生成する[3]．

Ni(I)錯体と酸素分子の反応によるNi^{III}_2(μ-O)$_2$錯体の生成も報告されている[4]．

【引地史郎】

【参考文献】

1) S. Hikichi et al., J. Am. Chem. Soc., **1998**, 120, 10567.
2) S. Hikichi et al., Chem. Eur. J., **2001**, 7, 5012.
3) a) S. Itoh et al., J. Am. Chem. Soc., **1999**, 121, 8945; b) M. Suzuki et al., J. Am. Chem. Soc., **2000**, 122, 254; c) M. Suzuki, Acc. Chem. Res., **2007**, 40, 609; d) S. Itoh et al., Inorg. Chem., **2009**, 48, 4997.
4) C. G. Riordan et al., J. Am. Chem. Soc., **2001**, 123, 9194.

$Ni_2N_6O_4$ 生

【名称】 μ-acetato(N,N,N',N'-tetrakis{(6-methyl-2-pyridyl)methyl}-1,3-diaminopropan-2-olato)(urea)nickel(II)bis-(perchlorate)・urea;（[Ni^{II}_2(Me_4-tpdp)(μ-CH_3CO_2)-(urea)](ClO_4)$_2$・urea)[1]

【背景】 タチナタマメ (Jack bean) 由来のウレアーゼ (URase) は，はじめてのタンパク質結晶として 1926 年に Sumner により結晶化されたが (1946 年ノーベル化学賞受賞)，その後 50 年経って，タンパク質中に Ni(II) イオンが存在することが明らかになった．そして，1995 年に腸内細菌由来の URase の X 線結晶構造がはじめて報告され[2]，2010 年になって遂にタチナタマメ URase の結晶構造が明らかにされた[3]．URase 結晶化から 84 年後のことである．活性部位では，3.6 Å 離れた 2 個の Ni(II) が 2His, H_2O と 2His, Asp, H_2O のドナーセットを結合し，さらに OH^- とカルバメート化 Lys 残基 (Lys-CO_2^-) を架橋配位子として結合して，それぞれ五配位と六配位構造をとっている．URase は植物，藻類，菌類，ある種の微生物において，尿素を加水分解する反応 (1) を触媒する．生成したカルバミン酸は，さらに (2) のように非酵素的に分解されるので，基質である尿素は最終的にアンモニアと炭酸に加水分解されることになる．

$$O=C(NH_2)_2 + H_2O \rightarrow H_2N-COO^- + NH_4^+ \quad (1)$$
$$H_2N-COO^- + H_2O \rightarrow HCO_3^- + NH_3 \quad (2)$$

複核 Ni モデル錯体では，Lys-CO_2^- 架橋配位子の代わりにアセテートイオンが結合している．

【調製法】 1,3-ジアミノ-2-プロパノール塩酸塩の水溶液に，6-メチル-2-ピリジンカルバアルデヒドの CH_3-OH 溶媒を加え，$NaBH_3CN$ を滴下，撹拌しながら室温で 3 日間反応を行う[4]．反応後，生成した Me_4-Htpdp を $CHCl_3$ で抽出する．CH_3OH 溶媒中で Me_4-Htpdp に対して 2 当量の酢酸ニッケル (II)，$NaClO_4$ と反応させることによって，明緑色の結晶として [Ni_2(Me_4-tpdp)(μ-CH_3CO_2)(ClO_4)(CH_3OH)]ClO_4 が得られる．この錯体にアセトン中，$-80°C$ で 2 当量の尿素を反応させると，目的の尿素付加体が単離される[1]．

【性質・構造・機能・意義】 緑色の [Ni_2(Me_4-tpdp)-(μ-CH_3CO_2)(urea)]$^{2+}$ 錯体の 2 個の Ni(II) イオンは 3.647 Å 離れており，尿素が結合している Ni(II) は六配位構造であるが，結合していない方は五配位構造である．また，尿素の O 原子と Ni^{2+} の距離は 2.134 Å である．この基質結合モデル錯体は，URase の酵素反応において，尿素が配位していない Ni に求核試薬 (OH^-) が配位し，近傍に配位している基質の C 原子を求核攻撃してカルバミン酸を生成する機構を示唆している．[Ni_2(Me_4-tpdp)(μ-CH_3CO_2)]$^{2+}$ 錯体と過剰の尿素を含む C_2H_5OH 溶液における尿素のエタノリシス反応 (生成物はエチルカルバメート) は，その後の研究から非常に遅いことが明らかになったが，プロトン供与体として 2,6-ジクロロフェノールを共存させると反応が速くなり，Ni 錯体では錯体がない場合に比べて，エタノリシスが 1.3 倍加速される．

【関連錯体の紹介およびトピックス】 これまでに URase のモデル錯体が多数報告されており，結晶構造解析で尿素が Ni(II) に配位している錯体は，いずれも尿素の O 原子が単座で結合している．例えば，尿素が結合した複核 Ni (ベンズイミダゾール誘導体) 錯体の報告がある[6]．一方，URase の研究からは，尿素の加水分解機構として，上述の Ni(II) への尿素単座配位からの反応機構と，尿素が 2 個の Ni(II) にそれぞれ O 原子と N 原子で架橋し，そこへ同じく Ni(II) に架橋した OH^- による尿素 C 原子への求核攻撃による機構の 2 つが考えられている[5]．

【鈴木晋一郎】

【参考文献】
1) K. Yamaguchi et al., *J. Am. Chem. Soc.*, **1997**, *119*, 5752.
2) E. Jabri et al., *Science*, **1995**, *268*, 998.
3) A. Balasubramanian et al., *J. Mol. Biol.*, **2010**, *400*, 274.
4) Y. Hayashi et al., *J. Am. Chem. Soc.*, **1995**, *117*, 11220.
5) S. Benini et al., *J. Biol. Inorg. Chem.*, **2001**, *6*, 778.
6) H. Yamane et al., *Bull. Chem. Soc. Jpn.*, **2001**, *74*, 2107.

Ni$_2$N$_6$O$_4$

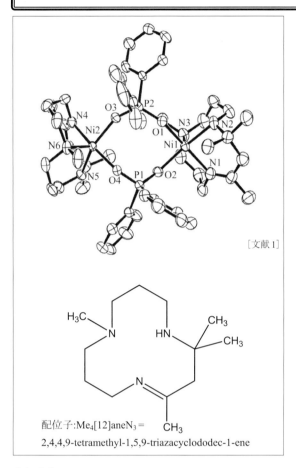

配位子:Me$_4$[12]aneN$_3$ = 2,4,4,9-tetramethyl-1,5,9-triazacyclododec-1-ene

【名称】[Ni$_2$(Me$_4$[12]aneN$_3$)$_2$(ph$_2$PO$_2$)$_2$](PF$_6$)$_2$ − (ph$_2$POOH = diphenylphosphinic acid)

【背景】オキソリン酸イオンで橋架けされた二核金属錯体はきわめて少ない.これは,ホスフィン酸イオンで二重橋架されたニッケル(II)二核錯体の最初の例で,新規な合成法および磁性が報告されている.

【調製法】ヒドロキソ架橋二核ニッケル(II)錯体[{Ni-(Me$_4$[12]aneN$_3$)(μ-OH)}$_2$](PF$_6$)$_2$とジフェニルホスフィン酸をアセトン中で反応させ,濃縮後,青緑色結晶として得られる.この反応は架橋ヒドロキソとジフェニルホスフィン酸のプロトンとの酸塩基反応とも考えられる.

【性質・構造・機能・意義】この錯体はX線構造解析によりその結晶構造が明らかにされており,ニッケル(II)イオン間がジフェニルホスフィナトで二重架橋された二核錯体である.ニッケル(II)イオン周りの配位環境はそれぞれ五配位四角錐型(τ=0.0, 0.4)であり,Ni⋯Ni間距離は5.116(1) Åである.

また,5〜300 Kの温度範囲で磁化率測定結果から,この錯体には反強磁性的相互作用の存在が示唆された.

$$H = -2JS_1S_2 - D(S_{1z}^2 + S_{2z}^2) - g\beta H(S_1 + S_2) - z'J'S\langle S \rangle$$

から導出したGinsbergらの式[2]を用いて磁化率データの解析を行った結果,$J = -0.14$ cm^{-1},$D = -11.9$ cm^{-1},$g = 2.195$が得られている.この弱い反強磁性的相互作用の結果は,金属間距離が長いことや,磁気交換経路であるNi-O-P-O-NiのNi⋯Ni距離(7.022(3), 7.073(3) Å)が長く,また,Ni(II)イオンの磁気軌道との重なりが悪いことに起因している.また,ゼロ磁場分裂パラメータD値が-11.9 cm^{-1}と負の大きな値であるが,歪んだ八面体のNi(II)錯体ではよく観測される.

【関連錯体の紹介およびトピックス】リン酸エステルで架橋させることで,この錯体のようにNi-O-P-O-Niを磁気交換経路にもつものが合成されたが,同様にNi(II)イオン間で弱い反強磁性的相互作用($J = -0.11$, -0.97 cm^{-1})を示している[3].

【時井 直】

【参考文献】
1) M. D. Santana *et al.*, *Chem. Eur. J.*, **2004**, *10*, 1738.
2) A. P. Ginsberg *et al.*, *Inorg. Chem.*, **1972**, *11*, 2884.
3) a) M. A. De Rosch *et al.*, *Inorg. Chem.* **1990**, *29*, 2409; b) J. R. Morrow *et al.*, *Inorg. Chem.* **1992**, *31*, 16.

$Ni_2N_8O_4$

【名称】 bis[tris((6-methylpyridin-2-yl)methyl)amine]-bis(μ-superoxo)dinickel(II)cation: ($[Ni_2(L1)_2(O_2)_2]^{2+}$ (錯体 2)[1]

【背景】 Bis(μ-superoxo)Ni(II)$_2$ 錯体 2 は酸素活性化で重要な高原子価二核金属オキソ錯体である bis(μ-oxo)Ni(III)$_2$ 錯体 1 ($[Ni_2(L1)_2(O)_2]^{2+}$) と過酸化水素との反応で生成した O_2^- が Ni(II) イオンに結合したと推定される珍しい錯体である.

【調製法】 錯体 2 は,−60℃で $NiCl_2 \cdot 6H_2O$,配位子 L1 および n-Bu$_4$NOH を含むメタノール溶液に,ニッケル(II) イオンに対して約 10 当量の過酸化水素を反応させると黒色結晶として得られる.

【性質・構造・機能・意義】 錯体 2 は,図に示したように,強い酸化能をもつ高原子価二核 Ni(III) オキソ錯体 1 が 2 分子の H_2O_2 を酸化して 2 分子の O_2^- を生成し,これが還元された Ni(II) イオンと結合して得られる. 錯体 2 の O-O 距離は,1.345(6) Å で溶液および固体状態でも二核構造を保っている. また錯体 2 の O-O 伸縮振動は 1096 cm^{-1} でスーパーオキソ Ni(II) 錯体であることが確かめられている. 錯体 2 は室温では不安定で数分で分解する. この錯体 2 の 2 つの O_2^- 基は不均化反応により O_2^{2-} と O_2 となり,O_2^{2-} は Ni(II) イオンを酸化してオキソ基となり錯体 1 を再生する. 配位子 L2 では,少量の H_2O_2 を用いても Ni(III) オキソ錯体 $[Ni_2(L2)_2(O)_2]^{2+}$ (錯体 3) は直接単離できずスーパーオキソ Ni(II) 錯体 $[Ni_2(L2)_2(O_2)_2]^{2+}$ (錯体 4) のみが得られる. しかし,錯体 4 の熱分解により錯体 3 が単離されている.

【関連錯体の紹介およびトピックス】 bis(μ-oxo)Ni(III)$_2$ 錯体 1 および 3 の酸化反応性が調べられている[1].

鈴木正樹

【参考文献】
1) a) M. Suzuki *et al., J. Am. Chem. Soc.*, **2000**, *122*, 254; b) J. Cho *et al., Inorg. Chem.*, **2006**, *45*, 2873; c) M. Suzuki, *Acc. Chem. Res.*, **2007**, *40*, 609.

$Ni_2N_8S_2$

tris[(6-methylpyridin-2-yl)methyl]amine

【名称】 $(\mu\text{-}\eta^2:\eta^2\text{-disulfido})\text{di}(\text{tri}((6\text{-methylpyridin-2-yl})\text{methyl})\text{amine})\text{dinikel(II)diperchlorate}$：$[Ni_2(\mu\text{-}\eta^2:\eta^2\text{-}S_2)(Me_3tpa)_2](ClO_4)_2$

【背景】 複核のニッケル-硫黄錯体は，電子移動反応や小分子の活性化反応を司る金属酵素活性中心，および脱硫反応触媒などの基本骨格を形成し，それらの構造や物性，反応性について多くの関心が寄せられている．本錯体はMe_3tpaのニッケル(II)錯体とNa_2S_2との反応によって合成されたside-on型のジスルフィド架橋基を有する二核ニッケル(II)錯体である[1]．

【調製法】 Na_2S_2を$[Ni(Me_3tpa)(MeCN)](ClO_4)_2$のアセトニトリル溶液に加え，室温で30分間反応させた後，エーテルを加えると茶色の結晶が析出する．錯体の単結晶は，錯体のジクロロメタン溶液にエーテルを蒸気拡散することによって得られる．

【性質・構造・機能・意義】 side-on型のジスルフィド基($\mu\text{-}\eta^2:\eta^2\text{-disulfido}$)で架橋された2つのニッケル(II)イオンと2つのMe_3tpa四座配位子から構成されている．各ニッケル(II)イオンは歪んだ六配位八面体構造を有しており，2つのニッケルイオンと2つの硫黄からなる菱形の面はS-S軸で大きく折れ曲がっている(二面角は約30°)．同様の折れ曲がったNi_2S_2コア構造を有する錯体は，6位に結合したメチル基の数を系統的に少なくしたtpa(tris(pyridin-2-ylmetyl)amine)誘導体(tpa, Me_1tpa, Me_2tpa)を用いても合成できる．各錯体は360 nm付近に硫黄からニッケルへの強い電荷移動吸収帯を示し，共鳴ラマンスペクトルにおいては450 cm^{-1}にS-S結合の伸縮振動が観測される(同位体^{34}Sを用いて合成した場合，10~15 cm^{-1}低波数側にシフトする)．同様の配位子を用いて調製したニッケル(II)錯体と過酸化水素との反応では，O-O結合が開裂して生成するbis(μ-oxo)dinickel(III)錯体が得られることがわかっており，同属元素の酸素と硫黄の間で異なった反応性を示す点は興味深い[2]．トリフェニルホスフィン(PPh_3)との反応では硫黄原子移動が起こり，$S=PPh_3$を与える．速度論的な検討の結果から，ジスルフィド錯体は弱い求電子性を有することが示された．

【関連錯体の紹介およびトピックス】 ニッケル-硫黄錯体には図1のようなものがある[3]．　　【伊東　忍】

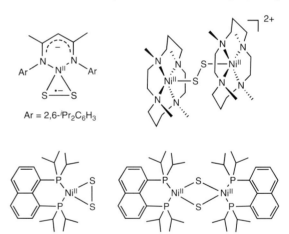

図1　二核ニッケル-イオウ錯体の例

【参考文献】

1) S. Itoh *et al., Dalton Trans.*, **2009**, *43*, 9345.
2) M. Suzuki *et al., J. Am. Chem. Soc.*, **2000**, *122*, 254.
3) a) M. Driess *et al., J. Am. Chem. Soc.*, **2008**, *130*, 13536; b) C. G. Riordan *et al., J. Am. Chem. Soc.*, **2009**, *131*, 440; c) G. L. Hillhouse *et al., Inorg. Chem.*, **2010**, *49*, 6817.

Ni₂S₈

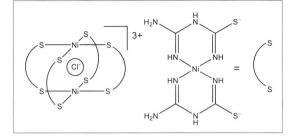

【名称】$[Ni_6(atu)_8Cl]^{3+}$ (Hatu=amidinothiourea)

【背景】鋳型反応ではカチオンや中性の化学種を鋳型として利用する場合が多いが，アニオンである塩化物イオンあるいは臭化物イオンの存在下，Hatu(Hatu=amidinothiourea)とニッケル(II)イオンとの反応では，4つの四配位平面型 $Ni(atu)_2$ とさらに2つのニッケルイオンからなるケージ(かご)にハロゲン化物イオンを取り込んだ錯体が生成される．この反応は用いるアニオンによって色の違いが顕著であり，他のアニオンの場合とは異なる色に変化する塩化物イオンの比色検出に応用できる[1]．

【調製法】錯体は，メタノール中，6当量の過塩素酸ニッケルと8当量の配位子Hatuを混合し，1当量の塩化テトラメチルアンモニウムを加えることで得られる．また，溶媒をメタノールのみからメタノールとアセトン(3:1)の混合溶媒に変えた場合には，塩化テトラメチルアンモニウムの代わりに1当量の臭化テトラメチルアンモニウムを加えることで臭化物イオンを取り込んだかご型錯体を得ることができる．

【性質・構造・機能・意義】この錯体の合成において，メタノール中，塩化ニッケルと配位子Hatuのモル比6:8の反応では，塩化物イオンを取り込んだかご型錯体を形成するが，塩化ニッケルのかわりに $NiX_2(X=Br^-, I^-, AcO^-, NO_3^-, ClO_4^-)$ を用いた場合には四配位平面型の単核錯体を生成する．また，メタノール中，塩化ニッケルを過塩素酸ニッケルに代えてHatuと反応させ，その後，様々なアンモニウム塩(R_4NX, R=Me, Bu, X=F^-, Cl^-, Br^-, I^-, ClO_4^-, OAc^-, NO_3^-)を加えた場合，X=Cl^- 以外の塩を用いた場合には目的のかご型錯体を生成しない．さらにメタノールとアセトンの混合溶媒中では Bu_4NBr を加えることで臭化物イオンを取り込んだかご型錯体が得られる．これらのことから，アニオンであるハロゲン化物イオンを中心に4つの単核ユニットと2つのニッケルイオンからなるかご型錯体の形成には，溶媒とともに使用するアニオンの性質が強く影響すると考えられる．さらに，この鋳型反応においては，かご型錯体の形成に伴って橙色から暗緑色への明確な色の変化が観測される．また，臭化物イオンを取り込んだかご型錯体に Bu_4NCl を加えると臭化物イオンが塩化物イオンに置き換わる．これらの特性は，かご型錯体形成過程の詳細な研究を可能としただけでなく，少量の塩化物イオンの比色検出に利用できる．

$[Ni_6(atu)_8Cl]Cl_3$ と $[Ni_6(atu)_8Br]Br_3$ の構造はX線結晶解析により決定されており，両者はよく似た構造特性を有する．Ni-S と Ni-N 結合は一般的結合距離にあるが，N⋯Cl(3.28～3.34 Å)およびN⋯Br(3.33～3.40 Å)はN-H⋯X(X=Cl, Br)の水素結合のために短くなっており，また，錯イオン $[Ni_6(atu)_8X]^{3+}$ (X=Cl, Br)の上下に位置するニッケルイオンとハロゲン化物イオンの距離はそれぞれ Ni⋯Cl(3.140(1) Å と 3.123(1) Å)および Ni⋯Br(3.128(4) Å と 3.134(4) Å)と短く，Lewis酸(ニッケルイオン)と Lewis塩基(ハロゲン化物イオン)間の重要な相互作用の存在を示唆する．これによりケージの上下は中心のハロゲン化物イオンの方向に湾曲している[2]．

【関連錯体の紹介およびトピックス】アニオンを鋳型として形成されるニッケル錯体として環状四核錯体 $[Ni_4(bptz)_4(CH_3CN)_8 \subset X][X]_7$ (bptz=3,6-bis(2-pyridyl)-1,2,4,5-tetrazine, X=BF_4^-, ClO_4^-)と環状五核錯体 $[Ni_5(bptz)_5(CH_3CN)_{10} \subset SbF_6][SbF_6]_9$ がある．これらは用いるアニオンの大きさ($SbF_6^- > BF_4^-$, ClO_4^-)に応じて4核と5核の間を相互変換する[3]．　【川本達也】

参考文献

1) R. Vilar *et al.*, *Inorg. Chem.*, **2004**, *43*, 7597.
2) M. P. Mingos *et al.*, *Angew. Chem. Int. Ed.*, **1998**, *37*, 1258.
3) K. R. Dunbar *et al.*, *J. Am. Chem. Soc.*, **2005**, *127*, 1290.

$Ni_2LnN_2O_{16}$ (Ln=Lanthanides)

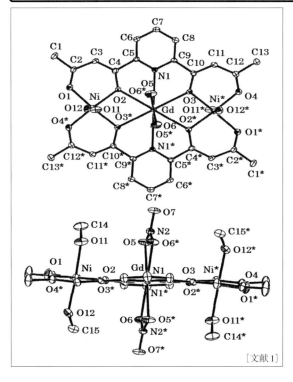

[文献1]

【名称】 $[Ni_2Ln(L)_2(NO_3)_3(H_2O)_4]\cdot nH_2O$ (Ln=La, Ce, Pr, Nd, Sm, Eu, Gd, Tb, Dy, Ho, Er, Tm, Yb, Lu; n=2～4) H_2L=2,6-di(acetoacetyl)pyridine

【背景】 3d-4f間の磁気的相互作用を明らかにするには，ランタノイド系列にわたって3d-4f化合物の合成を可能にする配位子の設計が望まれていた．2,6-ジ(アセトアセチル)ピリジンは末端の1,3-ジケトナト部分で3dイオンと，中央のジアシルピリジン部分で4fイオンと選択的に結合して一連の3d-4f-3d錯体を与える最初の例である．Ln^{3+} と $Ni^{2+}(3d^{2+})$ の磁気交換相互作用を見積もる方法が述べられている[1]．

【調製法】 $Ni(NO_3)_2\cdot 6H_2O$ (1.0 mmol) と $Ln(NO_3)_3\cdot nH_2O$ (0.5 mmol) の熱メタノール (10 cm^3) 溶液に，H_2L (1.0 mmol) およびトリエチルアミン (1.0 mmol) のメタノール (10 cm^3) 溶液を加える．混合溶液を室温でゆっくりと蒸発させると緑色の結晶として得られる．

【性質・構造・機能・意義】 すべての化合物について構造が明らかにされている．二分子の配位子 L^{2-} が Ln^{3+} と Ni^{2+} の面内を保持し，両端の Ni^{2+} は軸位にメタノールまたは水が配位した六配位構造，中央の Ln^{3+} は軸位に二分子の硝酸イオンを二座キレート配位させた十配位構造である．

Gd^{3+} 以外の Ln^{3+} は一次軌道角運動量を有し，Eu^{3+} と Sm^{3+} ではJ準位に熱的分布が起こるために複雑な磁気的挙動を示す．さらに Ni_2Ln 錯体では両端の Ni 間の磁気的相互作用も無視できない．Ni_2Ln 錯体におけるこのような寄与を補正するために，$\Delta\chi_MT=\chi_MT(Ni_2Ln)-\chi_MT(Zn_2Ln)-\chi_MT(Ni_2La)$ を磁気的相互作用の指標に用いた．ここで $\chi_MT(Ni_2Ln)$，$\chi_MT(Zn_2Ln)$ および $\chi_MT(Ni_2La)$ はそれぞれ Ni_2Ln, Zn_2Ln および Ni_2La 錯体の χ_MT の値である．その結果，Ln-Ni相互作用はLnが $4f^1$-$4f^6$ 配置のときは本質的に反強磁性的，$4f^7$-$4f^{14}$ 配置のときは強磁性的であることが明らかにされた．同様の結果が $[Cu_2Ln(L)_2(NO_3)_3]\cdot nH_2O$ についても示されている[2]．

【関連錯体の紹介およびトピックス】 Lnは限定されているが CuLn 二核錯体[3] および Cu_3Ln_2 五核錯体[4] について，同様の方法で Cu-Ln 間の磁気交換相互作用が見積もられている．CoLnCo錯体が $[Cr(CN)_6]^{3-}$ で連結された $[Co_2Ln(L)_2(H_2O)_4][Cr(CN)_6]\cdot nH_2O$ が合成され磁気的性質が研究されている[5]．【坂本政臣・栗原正人】

【参考文献】
1) T. Shiga *et al.*, *Inorg. Chem.*, **2007**, *46*, 3492.
2) T. Shiga *et al.*, *Inorg. Chem.*, **2004**, *43*, 4435.
3) J.-P. Costes *et al.*, *Chem. Eur. J.*, **1998**, *4*, 1616.
4) M. L. Kahn *et al.*, *Inorg. Chem.*, **1999**, *38*, 3692.
5) T. Shiga *et al.*, *J. Am. Chem. Soc.*, **2006**, *128*, 16426.

Ni$_3$O$_{12}$

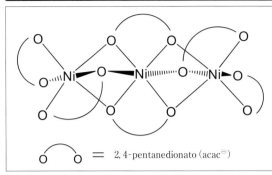

= 2,4-pentanedionato (acac$^-$)

【名称】 bis(acetylacetonate)nickel(II), bis(2,4-pentanedionato)nickel(II): [Ni(acac)$_2$]

【背景】 1887年, Combes によりはじめての金属 β-ジケトン化合物が合成されて以来, 今日に至るまで数多くの β-diketone 化合物を配位子とする錯体が合成され, その性質が明らかにされてきた. アセチルアセトナート (acac$^-$) を配位子とする錯体もそれらの一種であり, 2つの酸素原子を介して金属に配位することで六員環キレートを形成する. ニッケルを中心金属にもつものは, Ni(III)(acac)$_3$ や Ni(II)(acac)$_2$ などが知られている. Ni(III)(acac)$_3$ の場合には, 鏡像異性体が存在する. 一方, Ni(II)(acac)$_2$ の場合には, ニッケル中心は2価で16電子種であり, 多量体を形成して安定化していると考えられる. そのため, 構造や反応性に興味がもたれてきた.

【調製法】 操作はすべて窒素気流下で行う. エタノール溶液中, 水酸化カリウム (0.02 mol, 1.12 g) とアセチルアセトン (0.02 mol, 2.0 g) から調整したアセチルアセトナートカリウム Kacac と塩化ニッケル NiCl$_2$ (0.01 mol, 2.37 g) のエタノール溶液を室温下で30分撹拌を行う. 生成した白色固体をろ別した後, 真空乾燥により溶媒を除去することでエメラルドグリーン色固体を得る. ベンゼンから再結晶を行うことで目的化合物 [Ni(acac)$_2$] を収率78% (2.0 g) で得る[1] (これは, 水を溶媒として用いて反応を行った後, 真空乾燥することで得る Charles と Pawlikowski の方法を簡便化したものである[2]).

【性質・構造・機能・意義】 本錯体は合成されて以来, その構造について長年議論が行われてきたが, X線結晶構造解析により [Ni(acac)$_2$] ユニットが三量化した [Ni(acac)$_2$]$_3$ であることが明らかにされた[2-4]. 三量体中の3つのニッケル(II)は直線状に位置している. 中心のニッケルは, 両端のニッケルそれぞれとアセチルアセトナート配位子 (acac$^-$) の酸素原子3つずつを介して架橋している歪んだ六配位八面体構造をとっている[5,6]. それらの Ni-O 間の結合距離は, 1.976(20)〜2.082(28) Å であった. 両端のニッケルは架橋している酸素原子が3つおよび架橋していない酸素原子が3つ配位しており, それぞれの Ni-O 間の結合距離は, 2.049(23)〜2.314(21) Å および 1.930(26)〜1.999(30) Å であり, 架橋しているものの方が長くなっていた. この錯体は常磁性であり, ベンゼンに可溶である. 三量体の場合には, エメラルドグリーン色の固体であるが, 空気中に晒すと淡緑色の単量体の水和物に変化する. 配位性溶媒である THF やピリジンを用いた場合には付加錯体を形成し, 単量体になる. またアセチルアセトナート配位子の3位の炭素上の水素は求電子置換反応が進行しやすく, 容易に対応する錯体を与える.

【関連錯体の紹介およびトピックス】 本錯体は, 配位子置換反応による様々なニッケル錯体合成のための前駆体として広く用いられる. また [Ni(acac)$_2$] と COD (1,5-cyclooctadiene) 存在下, トリエチルアルミニウム AlEt$_3$ を用いて還元反応を行うことで得られる [Ni(cod)$_2$][7] は, 様々な0価のニッケル錯体を合成する際の有用な前駆体となるのみならず, π共役導電性高分子を合成する際にも用いられる[8]. さらに [Ni(acac)$_2$] と (Me$_5$C$_5$)$_2$Mg の反応では, メタロセン中間体と考えられる [(Me$_5$C$_5$)Ni(acac)] が生成することも報告されている[9].

【板崎真澄】

【参考文献】
1) L. Canoira et al., *J. Heterocycl. Chem.*, **1985**, *22*, 1511.
2) R. G. Charles et al., *J. Phys. Chem.*, **1958**, *62*, 440.
3) G. J. Bullen et al., *Nature*, **1961**, *189*, 291.
4) D. P. Graddon et al., *Nature*, **1961**, *190*, 906.
5) G. J. Bullen et al., *Inorg. Chem.*, **1965**, *4*, 456.
6) M. B. Hursthouse et al., *J. Chem. Soc., Dalton Trans.*, **1982**, 307.
7) R. Schunn et al., *Inorg. Synth.*, **1990**, *28*, 94.
8) T. Yamamoto, *Bull. Chem. Soc. Jpn.*, **2010**, *83*, 431.
9) M. E. Smith et al., *J. Am. Chem. Soc.*, **1996**, *118*, 11119.

$Ni_4N_8O_8$

【名称】 salen-dibenzothiophene macrocycle: [Ni$_4$(macrocycle)]

【背景】 配位子と金属イオンとのネットワークによって構築される配位高分子は、サイズや形状が一義的に決まるナノ空間をもつため、ガス分子などの吸着、分離・精製に使われている[1]．一方、流動性をもつ液体の中にナノ空間をもつ物質の例は極めて少なくその新奇な物性に注目が集められている．近年、Kawanoらによってジベンゾチオフェン-サレンからなる大環状化合物が報告された[2]．この大環状化合物は、4つのジベンゾチオフェンを4つのサレンで交互に連結した骨格と約1nm程の内部空孔をもつ．この分子は、平面性の高い大環状構造をもつと同時に、サレン部位に分岐した側鎖を導入しているため、環状部位を一次元に積み重ねたカラムナー液晶性を発現する[2]．例えば、金属イオンをもたない大環状化合物は、−4℃から84℃までラメラ構造をもつサーモトロピックな液晶相を形成する．

【調製法】 大環状 Ni 四核錯体は、エタノールを溶媒として、サレン配位子を4つ有する大環状化合物と Ni(OAc)$_2$・4H$_2$O を加熱還流することで得られる．溶媒を留去した後、サイズ排除クロマトグラフィーを用いて精製する．また、大環状 Cu 四核錯体および大環状 Pd 四核錯体も大環状化合物と酢酸塩から同様の合成法で得られる．これらの錯体は、クロロホルムなどの有機溶媒に容易に溶解する．またブチル基などの異なる側鎖を導入した類似の大環状金属錯体も同様に得られる．

【性質・構造・機能・意義】 大環状 Ni 四核錯体は−87℃から161℃までの広い温度領域でオブリークカラムナー相を発現する．この液晶相の粉末 X 線回折測定における小角側の回折パターンから、$a=68$ Å、$b=65$ Å、$\gamma=85°$ の格子定数でカラムがパッキングした分子集合体を形成していることが明らかとなった．この大環状金属錯体は、熱に対する化合物の状態変化が金属イオンに強く依存する．例えば、Ni 錯体が100℃で液晶相を発現する一方で、金属イオンをもたない大環状化合物は同温度で液体である．また、大環状 Pd 四核錯体や大環状 Cu 四核錯体は同温度では固体である（図1）[2]．ブチル基などの短い側鎖をもつ大環状金属錯体はそれぞれ単結晶構造が得られており、平面性四配位型の金属イオンを導入した大環状金属錯体は、金属を含まない大環状化合物よりも平面性が向上している．これらの金属錯体周辺の局所的な構造の違いが、カラムナー液晶の中の分子集合体の構造や液晶相の発現温度領域に影響を与えたものと考えられる．

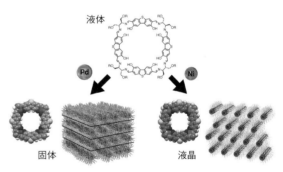

図1　金属イオンのサイズや種類に応じて相変化する大環状化合物

【関連錯体の紹介およびトピックス】 本大環状 Ni 四核錯体は液晶相をとるが、同じ配位子を用いた大環状 Cu 四核錯体や大環状 Pd 四核錯体は固体相をとる．

このように、配位構造、価数が同じであっても構造や熱的物性が大きく異なる例が知られている．例えば、Zheng らが報告したサレン金属錯体をメソゲンとするディスコティック液晶も、中心金属の違いによって異なる相変化を示すことが明らかとされている[3,4]．

【河野慎一郎・田中健太郎】

【参考文献】
1) S. Kitagawa *et al.*, *Angew. Chem. Int. Ed.*, **2004**, *43*, 2334.
2) S. Kawano *et al.*, *Chem. Eur. J.*, **2016**, *22*, 15674.
3) H. Zheng *et al.*, *Chem. Mater.*, **1994**, *6*, 101.
4) H. Zheng *et al.*, *Chem. Mater.*, **1995**, *7*, 2067.

Ni₄N₈O₈

晶 超

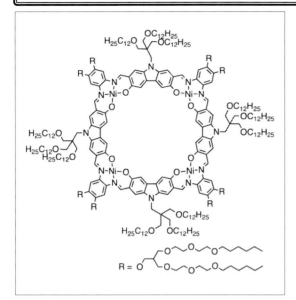

【名称】salphen–Carbazole Macrocycle: [Ni₄(macrocycle)]

【背景】配位子と金属イオンとのネットワークによって構築される配位高分子は，サイズや形状が一義的に決まるナノ空間をもつため，ガス分子などの吸着，分離・精製に使われている[1]．一方，流動性をもつ液体の中にナノ空間をもつ物質の例は極めて少なくその新奇な物性に注目が集まっている．その構築法として，大環状化合物を一次元に自己集積して形成するカラムナー液晶中にナノ空間を構築する方法が挙げられる（図1）．近年，Kawanoらによってカルバゾール–サルフェンからなる大環状化合物が合成された[2]．この大環状化合物は，分子内に4つのサルフェン部位をもち，分子内部に約1nmの内部空孔を有する．この大環状化合物は，室温以下の温度から119℃までサーモトロピックなカラムナー液晶相を発現する．また，この大環状化合物のサルフェン配位子に平面四配位の金属イオンを導入することができ，Ni(II)，Cu(II)などの平面四配位の金属イオンを導入した平面上大環状四核錯体を容易に合成することができる．

【調製法】大環状Ni四核錯体は，クロロホルムとエタノールの混合溶媒中，大環状化合物とNi(OAc)₂·4H₂Oを加熱還流することで得られる．溶媒を留去した後，サイズ排除クロマトグラフィーとエタノールからの再結晶で精製できる．化合物は，クロロホルムなどの有機溶媒に容易に溶解する．

【性質・構造・機能・意義】本大環状Ni四核錯体は，剛直かつ平面性の高い大環状部位を積層し，環の周りに配したアルキル鎖の運動性により，サーモトロピックなカラムナー液晶性を示し，110℃から340℃の間でカラムナーレクタンギュラー相を形成する．この液晶相の粉末X線回折測定から，カラムが $a=47$ Åおよび $b=39$ Åの格子定数で集積していることが明らかとなった．また，同様の合成法で得られる大環状Cu四核錯体は，95℃以上でカラムナーレクタンギュラー相を発現する．これらの金属錯体液晶は，直径が1nm以上の孤立したナノ空間をもつサーモトロピックなカラムナー液晶相を発現した金属錯体のはじめての例である．

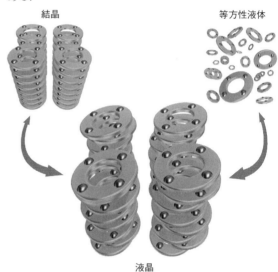

図1　大環状金属錯体の液晶形成と相転移

【関連錯体の紹介およびトピックス】カルバゾールをπ拡張したジインドロカルバゾールとサルフェンからなる大環状化合物も合成されており，環のサイズとして2.5 nmの巨大なナノ空間をもつ環状メソゲンを一次元に積層したカラムナー液晶も報告された[3]．この他にカラムナー液晶性を示す大環状化合物として，フェニル–アセチレン骨格からなる大環状化合物[4,5]や，アミドで連結された大環状化合物も知られている[6]．

【河野慎一郎・田中健太郎】

【参考文献】
1) S. Kitagawa *et al.*, *Angew. Chem. Int. Ed.*, **2004**, *43*, 2334.
2) S. Kawano *et al.*, *J. Am. Chem. Soc.*, **2015**, *137*, 2295.
3) S. Kawano *et al.*, *Angew. Chem. Int. Ed.*, **2018**, *57*, 167.
4) J. Zhang *et al.*, *J. Am. Chem. Soc.*, **1994**, *116*, 2655.
5) M. Fritzsche *et al.*, *Angew. Chem. Int. Ed.*, **2011**, *50*, 3030.
6) X. Li *et al.*, *Angew. Chem. Int. Ed.*, **2015**, *54*, 11147.

$[Ni_4S_{16}I_2]_n$

導 磁

【名称】 catena-poly[[tetrakis(μ-dithio-propanato-κS:κS')dinickel(Ni-Ni)]-μ-iodo]:$[Ni_2(EtCS_2)_4I]_n$

【背景】 ハロゲン架橋一次元金属錯体は,高い異方性を有する電気的,磁気的,光学的性質を示すことから注目されている一次元電子系である.構成ユニットに混合原子価複核金属(II,III)錯体を用いたハロゲン架橋一次元混合原子価複核金属(II,III)錯体(MMX錯体)では,混合原子価状態にある複核構造によって,多様な原子価秩序状態と動的な原子価揺動を示すことが期待されている.

ジチオ酢酸架橋混合原子価複核ニッケル(II,III)錯体をヨウ化物イオンで架橋した$[Ni_2(MeCS_2)_4I]_n$がBellittoらによって合成された[1]. 類似の構造をもつ白金錯体$[Pt_2(MeCS_2)_4I]_n$は300K以上で金属伝導性を示すのに対し[2],$[Ni_2(MeCS_2)_4I]_n$は室温での電気伝導率が$\sigma_{RT}=2.5\times10^{-2}\,S\,cm^{-1}$の半導体である($E_a=100\sim250\,meV$)[3]. 一次元鎖方向での偏光反射スペクトルでは,600 meVにニッケル上での強いオンサイトクーロン反発に起因するMott-Hubbardギャップに対応するシャープな吸収が観測され,この錯体はMott-Hubbard半導体である.しかしながら,$S=1/2$一次元Heisenberg反強磁性鎖に期待される低温でのスピンパイエルス転移は観測されていない.そこで,ヨウ素架橋一次元混合原子価複核ニッケル(II,III)錯体の電子状態の本質を明らかにするために,配位子の化学修飾によって一次元性を高めた$[Ni_2^{II,III}(EtCS_2)_4I]_n$が合成され,構造と物性相関が研究された[4].

【調製法】 $[Ni_2(EtCS_2)_4]$を n-ヘキサン/二硫化炭素(1:1)の混合溶媒に溶かし,5,6℃でヨウ素を蒸気拡散によってゆっくり反応させる.1,2週間後,析出した黒色針状晶を吸引ろ過し,真空乾燥する.

【性質・構造・機能・意義】 $[Ni_2(EtCS_2)_4I]_n$では,$Ni_2(EtCS_2)_4$ユニットがヨウ素原子によって架橋された中性の一次元鎖構造を形成している.292Kにおける複核ユニット内のNi-Ni距離は2.5479(7) Åである.一方,2つのNi-I距離は2.9186(6)と2.9085(6) Åであり,Niは+2.5価の平均原子価状態にあると考えられる.この錯体は5400 cm^{-1}(670 meV)にシャープな強い吸収を示す.この吸収はNiのd_{z^2}軌道から形成された$d\sigma^*$軌道性のバンドがNi原子上での強いオンサイトクーロン反発によって分裂した下部ハバード$d\sigma^*$バンドから上部ハバード$d\sigma^*$バンドへの遷移に帰属される.この錯体の290Kにおける電気伝導率は$1.6\times10^{-3}\,S\,cm^{-1}$であり,活性化エネルギーが$E_a=198(1)\,meV$のMott-Hubbard半導体である.この錯体の100 K以上の温度での磁化率をBonner-Fisher式($H=J\sum S_i\cdot S_{i+1}$)で磁気的解析を行い,磁気的相互作用パラメータが$|J|/k_B=936(2)\,K$と見積もられている.この錯体はハロゲン架橋一次元複核錯体としてはじめてとなるスピンパイエルス転移を$T_{SP}=47\,K$で起す.スピンパイエルス相における放射光X線回折実験では,—Ni—Ni—I—の周期の2倍に相当する超格子反射が観測され,26Kにおける超格子を含めたX線結晶構造解析によってスピンパイエルス相の結晶構造が明らかにされている.2つのNi-Ni距離はほぼ同じであるが(2.5387(9), 2.5402(9) Å),Ni-I距離は短いNi-I距離(2.8773(7), 2.8839(7) Å)と長いNi-I距離(2.8975(7), 2.8888(7) Å)の2種類が存在し,二倍周期の起源はNi-I距離の違いによる.Ni-I距離の違いから,スピンパイエルス相における原子価秩序は,——$Ni^{(2.5-\delta)+}$—$Ni^{(2.5+\delta)+}$-I-$Ni^{(2.5+\delta)+}$—$Ni^{(2.5-\delta)+}$——I——($\delta \ll 0.5$)の交互電荷分極状態であると考えられている.

【関連錯体の紹介およびトピックス】 錯体の電子状態の本質を明らかにする視点から,一次元性を高めた$[Ni_2(RCS_2)_4I]_\infty$(R=n-Pr, n-Bu)が合成され,構造と物性相関が研究され,$[Ni_2(n\text{-}PrCS_2)_4I]_n$においても$T_{SP}=36\,K$でスピンパイエルス転移が観測されている[4].

【満身 稔】

参考文献

1) C. Bellitto et al., *Inorg. Chem.*, **1985**, 24, 2815.
2) H. Kitagawa et al., *J. Am. Chem. Soc.*, **1999**, 121, 10068.
3) M. Yamashita et al., *Mol. Cryst. Liq. Cryst.*, **1992**, 216, 207.
4) M. Mitsumi et al., *Inorg. Chem.*, **2009**, 48, 6680.

OsCN₄O

【名称】 carbonyl(methanol)[2,3,7,8,12,13,17,18-octaethyl-21H,23H-porphynato(2−)-κN^{21},κN^{22},κN^{23},κN^{24}]osmium(2+): [Os(CO)(MeOH)(OEP)](OEP=2,3,7,8,12,13,17,18-octaethyl-21H,23H-porphine)

【背景】 生体内で重要なはたらきをするヘム(鉄(II)ポルフィリン錯体)との関連から,オスミウム二価のポルフィリン錯体の性質が研究されている.特に軸配位子の違いが大きな影響を示し,なかでもπ受容性配位子である一酸化炭素を軸配位子とするカルボニル錯体では,第6配位座へのトランス効果,酸化還元電位,電子吸収スペクトルなどへの劇的な効果が見られる.

【調製法】 Os₃(CO)₁₂ 0.1 g と OEPH₂ 0.1 g を 2-(2-メトキシエトキシ)エタノール 80 mL 中,アルゴン雰囲気下で激しく撹拌しながら8時間加熱還流する.室温まで冷却後,得られた溶液に飽和食塩水を加え,析出した粗生成物をろ過,風乾する.シリカゲルクロマトグラフィにより塩化メチレン/アセトン(3:1)を展開溶媒として精製する.再度,塩化メチレンを用いてシリカゲルクロマトグラフィで精製し,メタノールに溶かした後,n-ヘキサンを加えると目的の錯体が析出する(収率約70%)[1].

【性質・構造・機能・意義】 オスミウム(II)ポルフィリン錯体は一般的に対応するルテニウム(II)ポルフィリン錯体と同様の性質を示すことが多い.軸配位子であるCOのトランス効果のため,メタノールは容易に他の配位子(L)に交換され[Os(CO)(L)(OEP)]型錯体を与える.[Os(CO)(MeOH)(OEP)]は塩化メチレン中で391 nm(log ε=5.51)にSoret帯,510 nm(log ε=4.10)と541 nm(log ε=4.36)にQ帯の吸収を与える.赤外吸収スペクトル(KBr)では1898 cm⁻¹に $\nu_{C=O}$ 伸縮振動が観測される[2].

【関連錯体の紹介およびトピックス】 ①[Os(CO)(L)(porp)]:軸配位子としてメタノール以外にも各種の溶媒や単座配位子(L=EtOH, THF, py, 1-MeIm など,porp=OEP or TPP)を有する六配位錯体が報告されている.[Os(CO)(EtOH)(TPP)]は m-クロロ過安息香酸により酸化され,[Os(O)₂(TPP)]が得られる.[Os(O)₂(TPP)]はシクロヘキセンを酸化してシクロヘキセノールを与える[3].

②[Os(CO)(OEP)(py)]は塩化メチレン中で 394 nm(log ε=5.48)にSoret帯,510 nm(log ε=4.11)と 540 nm(log ε=4.31)にQ帯の吸収を与える[4].

③[Os(CO)(1-MeIm)(OEP)]はX線結晶構造解析により構造決定がされている(図1).Os-C結合距離は1.817(13) Å,Os-N(1-MeIm)結合距離は2.177(9) Åである[5].

【山口素夫】

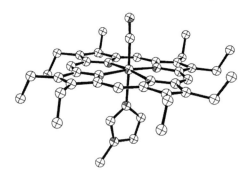

図1 [Os(CO)(1-MeIm)(OEP)][5]

【参考文献】
1) C.-M. Che *et al.*, *Inorg. Chem.*, **1985**, *24*, 1277.
2) J. W. Buchler *et al.*, *J. Organomet. Chem.*, **1974**, *65*, 223.
3) C.-M. Che *et al.*, *Inorg. Chem.*, **1988**, *27*, 2801.
4) A. Antipas *et al.*, *J. Am. Chem. Soc.*, **1978**, *100*, 3015.
5) R. Salzmann *et al.*, *J. Am. Chem. Soc.*, **1999**, *121*, 3818.

Os₃C₁₀S 有

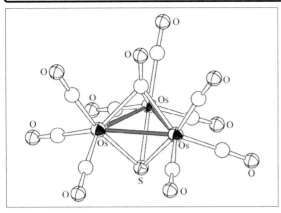

【名称】[μ₃-carbonylnonacarbonyl-μ₃-sulfido triosmium];
[{Os(CO)₃}₃(μ₃-CO)(μ₃-S)]

【背景】遷移金属硫化物クラスターは，多くの酵素の活性中心や，水素化脱硫反応などの様々な触媒プロセスと密接にかかわっている．また，硫化物多核錯体は，固体である金属硫化物の一部分を切り出した構造をもつ分子と考えられ，金属硫化物の電子的，磁気的，光学的な性質を理解するためのモデル化合物としても重要である．

【調製法】トルエン中で，ドデカカルボニルトリオスミウム[Os(CO)₁₂]とベンゼンチオールを還流することにより得られるヒドリドベンゼンチオラトデカカルボニルトリオスミウム[Os₃H(CO)₁₀(μ-SPh)][1]を，一酸化炭素存在下のヘキサン中で高圧水銀ランプを用いて光照射する．得られた生成物をクロマトグラフで精製することで，目的の錯体が得られる[2]．

【性質・構造・機能・意義】この錯体は，X線結晶構造解析より，3つのオスミウム原子のつくる三角形の両方の面を，それぞれ硫化物配位子とカルボニル配位子により三重架橋した構造をとることが明らかにされている．この錯体のクラスター価電子数が48であることから，3つのオスミウム原子のそれぞれの間には単結合があると予想される．3つのOs-Os距離は，それぞれ2.825(1)，2.826(1)，2.840(1) Åであり，1つが他の2つよりも長くなっているが，すべてが[Os(CO)₁₂]の2.877(3) Åよりも短いことから，オスミウム間には単結合があるといえる．また，Os-SおよびOs-C_{μ-CO}結合距離は，それぞれ2.386(3)，2.375(3)，2.372(3) Åと2.279(13)，2.188(13)，2.157(13) Åで，三重架橋配位子周りはほぼ対称的な構造をとっている．この錯体の光分解反応では，共存する物質により，生成物が異なる．まず窒素雰囲気下では，四重架橋硫化物配位子をもつ六核錯体[Os₆(CO)₁₇(μ₄-S)₂]を与える．次に水素ガス共存下では，三重架橋カルボニル配位子が脱離し，水素分子が酸化的付加してジヒドリド錯体[{Os(CO)₃}₃(μ-H)₂(μ₃-CO)(μ₃-S)]が生成する．硫化水素存在下でも，三重架橋カルボニル配位子の脱離と硫化水素分子との反応により，2つの三重架橋硫化物配位子をもつジヒドリド錯体である[Os₃(CO)₈(μ-H)₂(μ₃-S)₂]が生成する．さらに，窒素雰囲気下における，[Os(CO)₅]存在下での光分解反応では，三重架橋硫化物配位子を1つもつ四核錯体[Os₄(CO)₁₃(μ₃-S)]に加えて，少量の四重架橋硫化物配位子をもつ五核錯体[Os₅(CO)₁₅(μ₄-S)]が生成する．これらの反応では，[{Os(CO)₃}₃(μ₃-CO)(μ₃-S)]の光照射により三重架橋カルボニル配位子が脱離して生成する46電子錯体[{Os(CO)₃}₃(μ₃-S)]が起点となる(図1)．

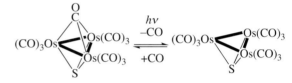

図1 三核錯体のカルボニル脱着反応

このオスミウム三核錯体[{Os(CO)₃}₃(μ₃-CO)(μ₃-S)]は，[W(CO)₅(PMe₂Ph)]存在下での光照射により，オスミウム三核錯体および四核錯体の他に，三核および四核タングステン-オスミウム混合金属錯体[{Os₂(CO)₃}₂{W(CO)₄(PMe₂Ph)}(μ₃-S)]および[Os₃W(CO)₁₁(PMe₂Ph)(μ₃-S)]を与える．この三核混合金属錯体は，46電子錯体[{Os(CO)₃}₃(μ₃-S)]の1つの{Os(CO)₃}ユニットを{W(CO)₄(PMe₂Ph)}で置換したものと考えられる．これらの反応を利用することにより，[{Os(CO)₃}₃(μ₃-CO)(μ₃-S)]は，様々な多核錯体を合成する有用な原料となる．

【関連錯体の紹介およびトピックス】同様の構造をもつ鉄錯体[{Fe(CO)₃}₃(μ₃-CO)(μ₃-S)][3]，ルテニウム錯体[{Ru(CO)₃}₃(μ₃-CO)(μ₃-S)][4]が合成されている．これらの錯体も，オスミウム錯体の場合と同様に，[W(CO)₅(PMe₂Ph)]との反応で，金属交換反応生成物[{M₂(CO)₃}₂{W(CO)₄(PMe₂Ph)}(μ₃-S)] (M=Fe, Ru)を与える．

【西岡孝訓】

【参考文献】
1) G. R. Crooks et al., J. Chem. Soc. A, **1969**, 797.
2) R. D. Adams et al., Organometallics, **1984**, 3, 548.
3) L. Marko et al., J. Organomet. Chem., **1980**, 190, C67.
4) R. D. Adams et al., Organometallics, **1988**, 7, 219.

PbC$_{15}$

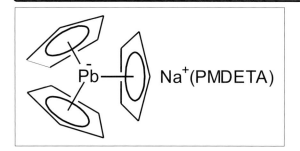

【名称】tris(cyclopentadienyl)plumbylsodium(Me$_2$NCH$_2$CH$_2$)$_2$NMe complex: Cp$_3$Pb$^-$・Na$^+$(PMDETA)

【背景】フェロセンの典型元素版ともいうべきシクロペンタジエニル配位子を有する高周期14族元素の二価化学種が安定な化合物として合成・単離されている.しかし,安定なフェロセンとは異なり,中心の高周期14族元素上での置換反応や付加反応が起こる.このようなCp$_2$Mの反応性を調べる研究の一環として,Cp$_2$PbとCpNaの反応が検討され,ビスマスとシクロペンタジエニル配位子との錯体であるCp$_3$Biと等電子構造をもつアニオン性錯体Cp$_3$Pb$^-$・Na$^+$が合成・単離され,その分子構造が明らかにされた[1].

【調製法】CpNaのTHF溶液に,室温で1当量のCp$_2$PbとPMDETAのTHF溶液を加え,得られた鮮橙色の溶液を濃縮して溶媒の量を減らし,低温で再結晶すると,Cp$_3$Pb$^-$・Na$^+$(PMDETA)が得られる(収率:26%).

【性質・構造・機能・意義】結晶は鮮黄色で,熱的には安定であるが,空気中では不安定である.室温での^{1}H NMRスペクトルで2本のCp由来のシグナルが観測されることから,溶液中では(Cp$_2$Pb)$_n$とCpNa(PMDETA)の混合物との平衡にあると考えられている.その分子構造はX線構造解析により明らかにされている.3つのシクロペンタジエニル配位子の中心と鉛原子はほぼ同一平面上に位置している.ナトリウム原子は1つのCp環を挟んで鉛原子と反対側に位置し,折れ曲がり角は約173°と,ほぼ直線構造に近い.鉛とナトリウムに挟まれたCp環上の炭素と鉛の平均結合距離は2.99Åで,残りの2つのCp環上の炭素と鉛の平均結合距離の2.87Åと比べてわずかに長い.分子間のNa-H距離は約3Åであり,全体としてポリメリックな構造をとっている.

【関連錯体の紹介およびトピックス】Cp$_2$MgのTHF溶液に室温で2当量のCp$_2$Pbを加えると,[Cp$_3$Pb$^-$]$_2$・Mg^{2+}(THF)$_6$が生成する[1].そのX線構造解析によると,分子は溶媒分離イオン対の構造を有し,Cp$_3$Pb$^-$・Na$^+$(PMDETA)と比べると,鉛原子は3つのシクロペンタジエニル配位子の中心が作る平面から少しずれた位置(0.3Å)に存在する.鉛原子はシクロペンタジエニル配位子に対して理想的なη^5-構造からずれた位置に存在しており,溶液中では,Cp$_3$Pb$^-$とMg^{2+}(THF)$_6$に解離していると示唆されている.

Cp^{thf}H(Cp^{thf}=2-テトラヒドロフルフリルシクロペンタジエニル)とカリウムから調製したCp^{thf}KのTHF溶液に,0℃でCpPbClのTHF溶液を加えると,予想に反してCp$_3$Pb$^-$・K$^+$が生成する[2].そのX線構造解析によると,3つのシクロペンタジエニル配位子の中心と鉛原子はほぼ同一平面上に位置している.カリウム原子は1つのCp環を挟んで鉛原子と反対側に位置し,折れ曲がり角は約176°と,ほぼ直線構造に近い.

Cp^{thf}NaのTHF溶液に,0℃でCp$_2$PbのTHF溶液を加えると,Cp^{thf}Cp$_2$Pb$^-$・Na$^+$が生成する[3].Cp$_2$Pb,CpLiと12-crown-4をモル比3:1:2で混合すると,(Cp$_9$Pb$_4$)$^-$・(Cp$_5$Pb$_2$)$^-$・[Li$^+$(12-crown-4)$_2$]$_2$が生成する[4].Cp$_2$PbにCpLi,CpTlおよび12-crown-4を作用させると,(Cp$_5$Pb$_2$)$^-$・Li$^+$(12-crown-4)$_2$が生成する[5].

関連するスズ類縁体の研究も並行して行われている.CpNaとCp$_2$SnおよびPMDETAの反応により,Cp$_3$Sn$^-$・Na$^+$(PMDETA)が生成する[1,6].その分子構造はX線構造解析により明らかにされ,3つのシクロペンタジエニル配位子の中心とスズ原子はほぼ同一平面上に位置している.低温でのNMR測定により,溶液中でも低温では解離平衡はなく,結晶中での構造を維持していると考えられている.また,Cp$_2$MgのTHF溶液に室温で2当量のCp$_2$Snを加えると,[Cp$_3$Sn$^-$]$_2$・Mg^{2+}(THF)$_6$が生成する[1,7].

【斎藤雅一】

【参考文献】
1) D. S. Wright et al., Organometallics, **1997**, 16, 3340.
2) D. S. Wright et al., Organometallics, **2003**, 22, 2528.
3) D. S. Wright et al., J. Chem. Soc., Dalton Trans., **2000**, 2247.
4) D. S. Wright et al., J. Chem. Soc., Chem. Commun., **1995**, 1141.
5) D. S. Wright et al., Organometallics, **1999**, 18, 1148.
6) D. S. Wright et al., Angew. Chem., Int. Ed. Engl., **1992**, 31, 1226.
7) D. S. Wright et al., J. Chem. Soc., Dalton, **1993**, 1465.

PdCN₂Cl

【名称】(chloro)(methyl)(2,2′-bipyridine) palladium(II):PdClMe(bpy)

【背景】有機パラジウム(II)錯体は，各種カップリング反応や高分子合成反応の触媒サイクル中の重要な中間体であるが，ホスフィン錯体の研究に比べて窒素ドナー配位子を有するモノアルキルパラジウム(II)錯体の報告例は少なかった．本錯体は1974年にPd–C結合間への不飽和分子の挿入反応に関連してはじめて報告されたが[1]，合成法は記載されておらず，後年に様々な合成方法が報告された[2-4]．

【調製法】いくつかの合成法が報告されている．以下に3つの合成法を記載する．

①アセトニトリル中，[PdIMe(SMe₂)]₂と小過剰の硝酸銀を混合し，生成したヨウ化銀をろ別する．ろ液に塩化カリウム水溶液を加え，少量生成する塩化銀をろ別したのち，2,2′-ビピリジンを反応させると得られる[2]．

②窒素気流中，PdClMe(tmeda)のジクロロメタン溶液に2,2′-ビピリジンを反応させることで得られる[3]．

③窒素気流中，PdClMe(cod)のジクロロメタン溶液に2,2′-ビピリジンを反応させると得られる[4]．

【性質・構造・機能・意義】淡黄色結晶である．Pd–Me結合間に一酸化炭素が容易に挿入され，対応するアシル錯体を与える[3]．

【関連錯体の紹介およびトピックス】Br, I置換体も合成法①および②において，それぞれ対応するハロゲンを用いることにより得られる．ただし合成法①を用いてI置換体を得る場合には，硝酸銀および添加する塩は不要である．各ハロゲノ錯体を銀(I)と反応させることにより，ハロゲン化物イオンが解離した錯体が得られる[2-4]．2,2′-ビピリジン以外にも各種二座配位子が配位した錯体が同様の合成法で得られる[2-4]．

【柳生剛義】

【参考文献】
1) R. J. Puddephatt *et al.*, *J. Organomet. Chem.*, **1974**, *73*, C17.
2) A. J. Canty *et al.*, *Organometallics*, **1990**, *9*, 210.
3) J. Boersma *et al.*, *J. Am. Chem. Soc.*, **1995**, *117*, 5263.
4) K. Vrieze *et al.*, *J. Organomet. Chem.*, **1996**, *508*, 109.

PdCN₂Cl

生

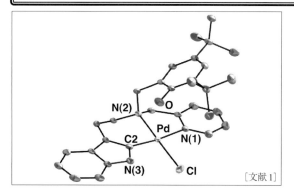

[文献1]

【名称】 3-[N-2-pyridylmethyl-N-2-hydroxy-3,5-di(tert-butyl)benzylamino]ethylindolyl palladium(II)chloride: [Pd(tbu-iepp-C)Cl][1]

【背景】 アミノ酸の側鎖基にある芳香環は，電子伝達や基質の認識など，生体内では重要なはたらきをしていることが知られている．特にトリプトファンの側鎖基であるインドール基は，金属酵素の活性中心の近傍に存在し，電子伝達などのはたらきをしていると考えられている．酵母などに含まれるシトクロムcペルオキシダーゼにおいて比較的安定なインドール-π-カチオンラジカルが反応中間体として活性部位近傍に生成するとされているが，そのはたらきなどは不明である[2]．一般に有機ラジカル種は不安定であり，詳細な同定は困難である．しかし，金属イオンに配位した有機ラジカルは比較的安定化すると考えられ，銅(II)イオンに配位したフェノキシルラジカルは，配位していない場合に比べ長寿命であることが知られている[2]．

錯体[Pd(tbu-iepp-C)Cl]は，インドールを側鎖基として有する2N1O型配位子をパラジウム(II)イオンと反応させることで生成する．インドールの2位の炭素がパラジウム(II)イオンに配位した単核パラジウム(II)錯体である．その一電子酸化体はパラジウム(III)錯体ではなく，配位したインドール基が酸化された，比較的安定なインドール-π-カチオンラジカル種として報告されている．

【調製法】 配位子Htbu-ieppはトリプタミンとピリジン-2-アルデヒドからできるシッフ塩基の還元的アミノ化により生成する3-N-2-pyridylmethylethylindoleに，3,5-di-tert-butylsalicylaldehyde を加え，酢酸を数滴加えた後，NaBH₃CNを加えることで白色固体として得られる．錯体[Pd(tbu-iepp-C)Cl]は配位子Htbu-iepp と塩化パラジウム(II)をアセトニトリルに懸濁させ，トリエチルアミンを1当量加え，24時間加熱還流することで黄色結晶として得られる．

【性質・構造・機能・意義】錯体[Pd(tbu-iepp-C)Cl]のX線構造解析から，2つの窒素原子と塩化物イオンが配位しているほか，インドールの2位の炭素とパラジウム(II)イオンの間にσ結合を有する平面四配位型錯体であることが明らかとなっている．パラジウム(II)イオンとインドール炭素の距離は1.973(2) Åであり，一般的なシクロパラデーションに見られるPd-C結合の結合距離と類似している．この錯体はジメチルホルムアミド(DMF)，ジメチルスルホキシド(DMSO)などの比較的極性の高い溶媒中では室温で徐々にインドールとフェノラートが置換し，赤黄色の錯体[Pd(tbu-iepp-O)Cl]へと変換されることが知られている(図1)．

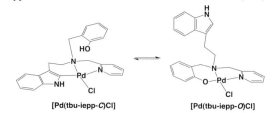

図1 [Pd(tbu-iepp-C)Cl]と[Pd(tbu-iepp-O)Cl]の相互変換[1]

錯体[Pd(tbu-iepp-C)Cl]を1当量の硝酸アンモニウムセリウム(IV)で酸化することにより，黄色の溶液から青色へと変化する．青色の溶液は，550 nm (ε = 1000 M⁻¹cm⁻¹)に特徴的な吸収帯を示し，ESRはg = 2.004にラジカル由来のシグナルを観測することから，インドール-π-カチオンラジカル種の生成が確認されている．

【関連錯体の紹介およびトピックス】インドール結合型錯体とフェノラート錯体の変換反応については，詳細に検討されており，フェノラートやフェノラートの$tans$位に位置する窒素配位子の種類を変化させることにより，インドール結合型錯体の生成速度ならびに平衡定数が大きく変化することを明らかにしている[3-5]．また，同じ配位子を用いた白金(II)錯体[Pt(tbu-iepp-C)Cl]はPd錯体と同様な構造を有するインドール結合型錯体であり，その一電子酸化体は，インドール-π-カチオンラジカル種であることが報告されている[6]．

【島崎優一】

【参考文献】
1) T. Motoyama *et al.*, *J. Am. Chem. Soc.*, **2004**, *126*, 7378.
2) J. Stubbe *et al.*, *Chem. Rev.*, **1998**, *98*, 705.
3) Y. Shimazaki *et al.*, *Inorg. Chem.*, **2005**, *44*, 6044.
4) S. Tanooka *et al.*, *Inorg. Chim. Acta*, **2013**, *407*, 41.
5) S. Iwatsuki *et al.*, *Pure Appl. Chem.*, **2014**, *86*, 151.
6) Y. Shimazaki *et al.*, *Inorg. Chim. Acta*, **2009**, *362*, 887.

PdCN$_2$Cl

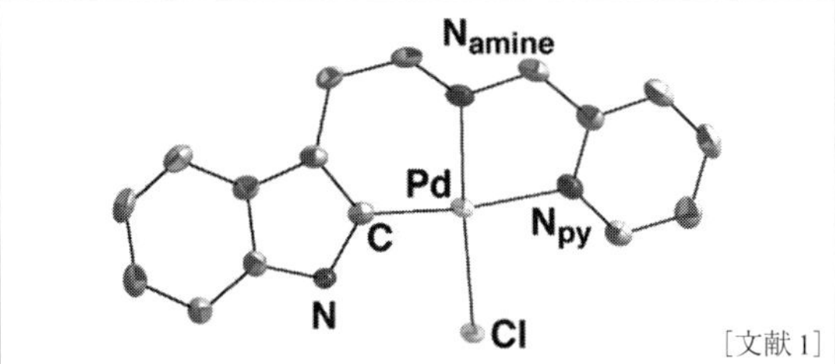

[文献1]

【名称】3-(2-pyridylmethylamino)ethylindolyl palladium-(II)chloride: [Pd(L-H$_{-1}$)Cl][1]

【背景】パラジウム錯体を触媒として用いた有機反応は広範に用いられ，特にC-C結合形成やC-X結合(X=ハロゲンなど)の活性化などは，よく知られている．その反応中間体はPd-C結合を有する錯体であると考えられ，多くのPd-C結合を有する錯体が報告されてきた．一方，パラジウム錯体を触媒として用いた有機反応について，用いる触媒の量と目的物の収率が必ずしも比例関係にならず，ある触媒量以上添加すると，触媒回転数や反応速度の極端な低下がしばしば観測される[2,3]．この点に関してはこれまで明確な知見が得られていなかった．

錯体[Pd(L-H$_{-1}$)Cl]は，インドールを側鎖基として有する2N型配位子と塩化パラジウム(II)との反応で生成する，インドールがパラジウムイオンに配位した錯体である．本錯体の最も重要な性質は，濃度に依存したPd-C結合形成であり，溶媒であるジメチルスルホキシド(DMSO)で希釈するのみで，Pd-C結合が生成することである(図1)．

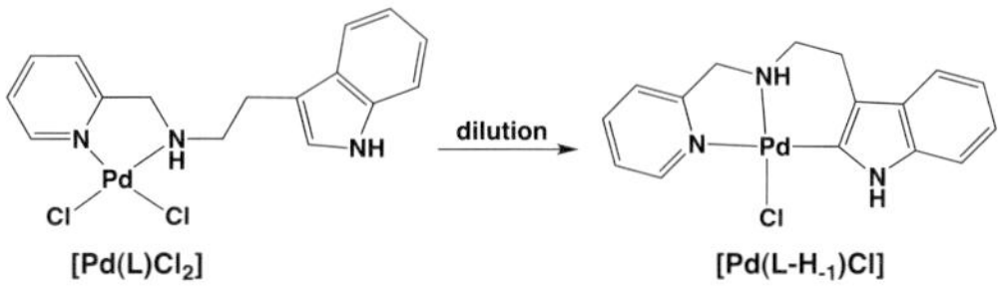

図1　DMSO溶媒で希釈することによるPd-C結合形成[1]

【調製法】配位子はトリプタミンとピリジン-2-アルデヒドからできるシッフ塩基の還元的アミノ化により生成する．錯体[Pd(L-H$_{-1}$)Cl]は配位子と塩化パラジウム(II)をアセトニトリルに懸濁させ，1当量のトリエチルアミンを加えた後，加熱還流することで，黄色の結晶として得られる．

【性質・構造・機能・意義】錯体[Pd(L-H$_{-1}$)Cl]のX線結晶構造解析から，2つの窒素原子と塩化物イオンが配位しているほか，インドールの2位の炭素とパラジウムイオンの間にσ結合を有する平面四配位型錯体であることが明らかとなっている．パラジウムイオンとインドール炭素の距離は1.970(3)Åと報告されており，一般的なシクロパラデーションに見られるPd-C結合の結合距離と類似している．一方，この錯体の前駆体である，ジクロロ錯体[Pd(L)Cl$_2$]は2つの窒素原子と，2つの塩化物イオンが配位した錯体であり，インドールはパラジウムイオンならびに配位平面などと相互作用していない構造であることも示唆されている．このジクロロ錯体の溶液にトリエチルアミンを添加することで，[Pd(L-H$_{-1}$)Cl]が定量的に生成することが確認されている．

ジクロロ錯体[Pd(L)Cl$_2$]のDMSO溶液(5 mM以上)に，溶媒であるDMSOを添加していくと，錯体の濃度の低下とともに308 nmの特徴的な吸収帯の強度が増大していく．NMRによる研究から，希釈によりジクロロ錯体[Pd(L)Cl$_2$]から[Pd(L-H$_{-1}$)Cl]への変換のみが起こっており，分解生成物など他の錯体の存在は確認されていない．また，パラジウム(II)錯体の濃度を0.5 mMに希釈した場合，約半分の[Pd(L)Cl$_2$]が[Pd(L-H$_{-1}$)Cl]へと変換される(図1)．また，プロトンと塩化物イオンが過剰に存在する場合には逆反応である，[Pd(L-H$_{-1}$)Cl]から[Pd(L)Cl$_2$]への反応が観測されることから，希釈による変換反応は平衡反応であると帰属されている．

溶媒での希釈による錯体[Pd(L-H$_{-1}$)Cl]生成では，塩化物イオンの脱離が律速段階であり，逆反応である錯体[Pd(L)Cl$_2$]の生成はインドリルアニオンがプロトン化し脱離する反応が律速であると帰属されている．錯体[Pd(L)Cl$_2$]溶液を希釈することは，系内の塩化物イオン濃度を低下させるため，結果として錯体[Pd(L-H$_{-1}$)Cl]が生成すると結論づけられている．

【関連錯体の紹介およびトピックス】Laneらは，パラジウム錯体を触媒として用いたインドールとアリル基のカップリング反応において，用いる触媒量を増やすと触媒回転数が低下し，目的とするカップリング種の収率が低下することを報告している[3]．このとき，カップリングの前駆体であるアリルパラジウムハライドの生成量はほぼ定量的に生成しており，副生成物であるビス(アリル)種は増加していることから，アリルパラジウムハライドからハロゲンとインドールの置換反応が重要で錯体濃度が低い方が有利であると考えられている[1]．

【島崎優一】

【参考文献】
1) S. Iwatsuki *et al.*, *Inorg. Chim. Acta*, **2011**, *377*, 111.
2) 例えば，A. Fihri *et al.*, *Dalton Trans.*, **2011**, *40*, 3116など．
3) B.S. Lane *et al.*, *Org. Lett.*, **2004**, *6*, 2897.

PdCN₂I

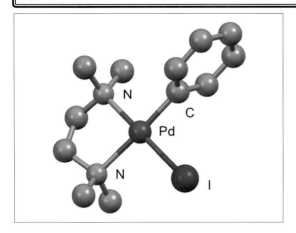

【名称】iodo(phenyl)(*N, N, N′, N′*-tetramethyl-1,2-ethanediamine-*N, N′*)palladium(II): [PdPhI(tmeda)] (tmeda = *N, N, N′, N′*-tetramethyl-1,2-ethanediamine)

【背景】有機パラジウム(II)錯体は，各種カップリング反応や高分子合成反応の触媒サイクル中の重要な中間体であるが，アルキル錯体に対してアリール錯体の報告例は極めて少なかった．本錯体はPd(0)錯体へのハロゲン化アリールの酸化的付加により進行するPd(0)/Pd(II)触媒サイクルの最初の生成物に対応する．

【調製法】窒素気流中，Pd(dba)$_2$, tmeda, ヨードベンゼンをベンゼン中，50℃で反応させることにより得られる[1]．

【性質・構造・機能・意義】橙色粉末で，ジクロロメタンやアセトンなどの極性溶媒に可溶である．結晶構造は平面四角形型構造をとり，Pd-Cは1.992(7) Å, Pd-Nは2.127(6), 2.193(6) Å, Pd-Iは2.5703(8) Åであり，長い方のPd-N結合はPh基の強いトランス影響を反映している．MeLiと反応し，PdMePh(tmeda)を高収率で与える[1]．Pd-C結合間へ不飽和化合物が挿入する[2]．

【関連錯体の紹介およびトピックス】ヨードベンゼンの代わりにヨードアリールを用いることにより，種々のアリール置換体が得られる[2,3]．また，ブロモベンゼンを用いると対応するブロモ錯体が得られるが，収率は低い[1]．tmedaの代わりに2,2′-ビピリジンなどの二座配位子を用いることで，対応する錯体が得られる[1,2]．

〔柳生剛義〕

【参考文献】
1) J. Boersma *et al.*, *J. Organomet. Chem.*, **1994**, *482*, 191.
2) K. Osakada *et al.*, *Organometallics*, **2001**, *20*, 1087.
3) K. Osakada *et al.*, *Organometallics*, **1997**, *16*, 5354.

PdC₂I₂

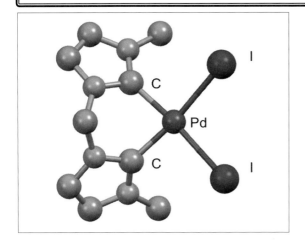

【名称】 diiodo(methylenebis(3-methyl-1-imidazolylidene))palladium(II)

【背景】 N-ヘテロ環カルベン(NHC)錯体は，1968年にはじめて報告されたが[1]，Arduengoらによって安定なNHCが単離された1991年以降[2]，多くのNHC錯体が合成されるようになった．各種単座NHC錯体は，様々な反応において良好な触媒活性を示していたが，本錯体により熱的安定性と反応活性を兼ね備えた二座NHC錯体が合成されるようになった．

【調製法】 酢酸パラジウムと3,3′-dimethyl-1,1′-methylenediimidazolium diiodideを混合し，真空下170℃で加熱することにより得られる[3]．

【性質・構造・機能・意義】 黄色結晶で，クロロホルム，ジクロロメタン，THF，トルエンに溶解する．結晶構造は平面四角形型構造をとり，Pd-Cは1.989(8)，1.988(7) Å，Pd-Iは2.6450(9)，2.6573(8) Åである[4]．本錯体およびその類似錯体は，各種カップリング反応や高分子合成反応の触媒としてはたらく．

【関連錯体の紹介およびトピックス】 窒素原子上に各種置換基を導入したイミダゾリウム塩を用いることにより，対応する種々の錯体が合成されている．

【柳生剛義】

【参考文献】

1) a) H.-J. Schönherr *et al.*, *Angew. Chem. Int. Ed. Engl.*, **1968**, *7*, 141; b) K. Öfele, *J. Organomet. Chem.*, **1968**, *12*, P42.
2) A. J. Arduengo III *et al.*, *J. Am. Chem. Soc.*, **1991**, *113*, 361.
3) W. A. Herrmann *et al.*, *Angew. Chem. Int. Ed. Engl.*, **1995**, *34*, 2371.
4) W. A. Herrmann *et al.*, *J. Organomet. Chem.*, **1998**, *557*, 93.

PdC₂N₂

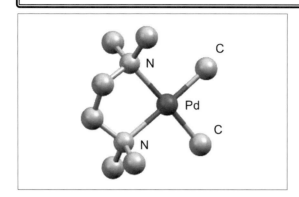

【名称】dimethyl(*N*, *N*, *N*′, *N*′-tetramethyl-1,2-ethanediamine-*N*, *N*′)palladium(II):[PdMe$_2$(tmeda)](tmeda＝*N*, *N*, *N*′, *N*′-tetramethyl-1,2-ethanediamine)

【背景】有機合成触媒として,三級ホスフィンを有する有機パラジウム錯体の研究は数多くなされていたが,アルキルアミンを支持配位子とする単純なアルキルパラジウム(II)錯体の報告例は少なかった[1]. 本錯体は,0℃で[PdBr$_2$(tmeda)]のジエチルエーテル懸濁液に,MeLiのジエチルエーテル溶液を反応させたときの反応中間体として提案されていたが[2],−30℃からゆっくりと反応させることにより単離された[3].

【調製法】窒素気流中,[PdCl$_2$(tmeda)]をジエチルエーテルに懸濁させ,−30℃でMeLiのジエチルエーテル溶液を加える. ゆっくりと昇温し,0℃で1時間撹拌する. 氷水を加えたのち,ジエチルエーテル層を分取し乾燥し,溶媒を除去すると,無色の結晶が得られる[3].

【性質・構造・機能・意義】60℃(0.01 mmHg)で昇華し,融点はmp 125〜130℃(分解)である. 結晶構造は平面四角形型構造をとり,Pd-Cは2.026(3), 2.029(3) Å, Pd-Nは2.197(2), 2.200(2) Åであり,やや長いPd-N距離はMe基の強いトランス影響を反映している. アセトン-d_6中における,温度可変^{1}H NMRスペクトル測定により,キレート環のコンフォメーション変化に対応する動的挙動が観察されている[3].

室温,不活性雰囲気下では安定であるが,空気中ではゆっくりと黄色に変色する. 類似の六員環キレートを有する[PdMe$_2$(tmpda)]錯体よりも安定である. 熱分解においては,ホスフィンを支持配位子とする類似のジメチルパラジウム(II)錯体がエタンのみを生成するのに対して,本錯体ではメタンとエタンが主に生成する[3].

ベンゼンあるいはアセトン中において,ハロゲン化メチルと反応してエタンを発生し,対応するモノハロゲノモノメチル錯体を与える. 反応系中で生成する中間体は,低温下^{1}H, ^{13}C NMRスペクトルより*fac*-PdXMe$_3$(tmeda)Pd(IV)錯体と推定されている[3].

本錯体のtmedaは各種二座配位子と容易に置換し,対応するジメチル錯体が得られる[3]. また各種H$^+$解離型配位子導入のための前駆錯体としても利用されている[4].

【関連錯体の紹介およびトピックス】二座配位子のtmedaはPPh$_3$やdppeなどのリンの単座および二座配位子や,2,2′-ビピリジンなどの窒素二座配位子と交換し,対応するジメチル錯体が得られる[3]. 【柳生剛義】

【参考文献】
1) a) P. Diversi *et al.*, *J. Chem. Soc., Dalton Trans.*, **1980**, 1633; b) P. Diversi *et al.*, *J. Chem. Soc., Dalton Trans.*, **1988**, 133.
2) A. Yamamoto *et al.*, *Organometallics*, **1983**, *2*, 241.
3) J. Boersma *et al.*, *Organometallics*, **1989**, *8*, 2907.
4) a) R. F. Jordan *et al.*, *Organometallics*, **2017**, *36*, 4990; b) C. Chen *et al.*, *Organometallics*, **2017**, *36*, 2338; c) T. Agapie *et al.*, *Organometallics*, **2015**, *34*, 4753.

PdC_2P_2

```
         PEt₃
          |
PhC≡C — Pd — C≡CPh
          |
         PEt₃
```

【名称】 *trans*-bis(phenylethynyl)bis(triethyl phosphine)palladium(II): *trans*-[Pd(-C≡CPh)$_2$(PEt$_3$)$_2$]

【背景】 薗頭らは，パラジウム錯体を触媒に用いることによりアセチレンのカップリング反応が進行することを見いだした[1]．これらの反応の中間には，アルキニルパラジウム錯体が関与しており，標記錯体をはじめとした各種のアルキニルパラジウム錯体が研究対象となっている．

【調製法】 窒素もしくはアルゴン気流中，*cis*-[PdCl$_2$(PEt$_3$)$_2$](0.124 g, 0.30 mmol)とトリエチルアミン(0.12 mL, 0.88 mmol)とをエタノール中で混合し，フェニルアセチレン(0.18 mL, 0.77 mmol)を室温で滴下する．徐々に析出する白色固体をろ取し，少量のメタノールで洗浄することで得られる(収率77%)．

【性質・構造・機能・意義】 無色の結晶で，クロロホルム，ベンゼンなどに可溶である．117～119℃で熱分解する．^{1}H NMRスペクトル(C_6D_6)は，7.59(Ph)，1.90(PCH$_2$)，1.12(CH$_3$) ppmにピークを与える．

^{31}P{^{1}H} NMRスペクトル(C_6D_6)では19.72 ppmにピークが見られる．X線結晶構造解析により，トランス位にアルキニル配位子を有する平面四配位構造が明らかにされている．Pd-C 2.00 Å，C≡C 1.20 Åである．同一配位子を有するニッケルや白金の錯体[3,4]と比べて，前者はNi-C 1.88 Å，Pt-C 1.98 Åより長く，後者はNiC≡C 1.22 Å，PtC≡C 1.21 Åよりやや短い．

これらを含めて10族遷移金属を含むアセチリド錯体は非線形光学材料としての検討が行われている．また，本錯体を触媒とするメタクリル酸メチルの重合反応が報告されている[5]．

単座ホスフィン配位子を有する錯体は多数合成されており，いずれもトランス体である．*trans*-[Pd(-C≡CPh)$_2$(PPh$_3$)$_2$]は白色粉末として得られ，融点は126～128℃で，305 nm(ε=36870 dm^{3}mol cm^{-1})に吸収極大λ_{max}を，IRスペクトルで2108 cm^{-1}に$\nu_{C≡C}$を示す．*trans*-[Pd(-C≡CPh)$_2$(PBu$_3$)$_2$]は灰色結晶として得られ，融点は83℃で，IRスペクトルでは2097 cm^{-1}に$\nu_{C≡C}$が観測される．

【関連錯体の紹介およびトピックス】 無置換のアルキニル配位子を有する錯体 *trans*-[Pd(-C≡CH)$_2$(PPh$_3$)$_2$]は，トリエチルアミン存在下で[PdCl$_2$(PPh$_3$)$_2$]とアセチレンを反応させて合成する[6]．アルキニル配位子の置換基としてエステルを含む錯体 *trans*-[Pd(-C≡CCOOEt)$_2$(PEt$_3$)$_2$]は，*cis*-[PdI$_2$(PEt$_3$)$_2$]とアルキン，トリエチルアミンに加えて，触媒量のCuIを添加して合成する[7]．CuIの添加によって，反応時間が著しく短縮される．モノアルキニル錯体 *trans*-[PdCl(C≡CPh)$_2$(PPh$_3$)$_2$]は，[Pd(PPh$_3$)$_4$]に塩化アルキン ClC≡CPhを加えることによって合成する[8]．

同様にトランス型のビスアルキニル錯体は白金でも多く合成されており，同種のアルキニル配位子をもつ錯体のみならず，異なるアルキニル配位子をもつ錯体も合成されている[9]．

【小坂田耕太郎】

【参考文献】
1) a) K. Sonogashira *et al.*, *Tetrahedron Lett.*, **1975**, 4467; b) K. Sonogashira *et al.*, *J. Organomet. Chem.*, **2002**, *653*, 46.
2) H.-J. Kim *et al.*, *Bull. Korean. Chem. Soc.*, **1999**, *20*, 1089.
3) W. A. Spofford III *et al.*, *Inorg. Chem.*, **1967**, *6*, 1553.
4) J. P. Carpenter *et al.*, *Inorg. Chim. Acta*, **1991**, *190*, 7.
5) H. Sun *et al.*, *Catal. Lett.*, **2002**, *80*, 11.
6) M.-J. Yang *et al.*, *Synth. Met.*, **1995**, *71*, 1739.
7) K. Osakada *et al.*, *Organometallics*, **2000**, *19*, 458.
8) M. Weigelt *et al.*, *Z. Anorg. Allg. Chem.*, **1999**, *625*, 1542.
9) a) M. V. Russo *et al.*, *J. Organomet. Chem.*, **1979**, *165*, 101; b) R. D'Amato *et al.*, *J. Organomet. Chem.*, **2001**, *627*, 13.

PdC$_8$

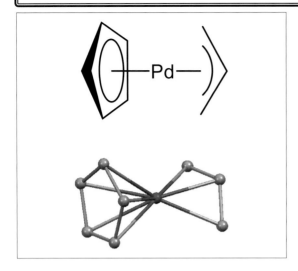

【名称】 $(\eta^3$-allyl$)(\eta^5$-cyclopentadienyl$)$palladium(II): Pd$(\eta^3$-C$_3$H$_5)(\eta^5$-C$_5$H$_5)$

【背景】 1960年に合成が報告された化合物で，置換活性な有機パラジウム錯体である．多彩な Pd(0)錯体および二核 Pd(I)錯体の前駆体として用いられる[1]．

【調製法】 窒素気流下で，塩化パラジウム(II)(PdCl$_2$)(4.44 g, 25 mmol)，塩化ナトリウム(2.95 g, 50 mmol)，水(10 mL)を混合し，メタノール(60 mL)と塩化アリル(6.0 g, 67 mmol)を加える．ゆっくりと一酸化炭素を流しながら(2～2.5 L/h)，1時間反応溶液を撹拌する．生成した黄色懸濁液を水(300 mL)に注いだ後，クロロホルムで抽出して[Pd$(\mu$-Cl$)(\eta^3$-C$_3$H$_5)]_2$を黄色結晶として得る．

得られた錯体(9.9 g, 27 mmol)を，窒素気流下でテトラヒドロフラン/ベンゼン溶液に溶解し，十分に撹拌する．-20℃に冷却して，ナトリウムとジシクロペンタジエンとから調製したNaC$_5$H$_5$のテトラヒドロフラン溶液(54 mmol)を窒素気流下で加える．しばらく撹拌したのち室温に戻しさらに撹拌すると黄色溶液が濃赤色に変化する．生成物が昇華しないように注意して溶媒を除去し，ヘキサンで抽出して窒素気流下で固体をろ別した後，溶液を濃縮乾固して単離する(収率80%)．

【性質・構造・機能・意義】 赤色針状晶．mp 61℃．40℃(30 mmHg)で昇華精製できる．空気に対して安定であるが，室温で徐々に熱分解する．悪臭を有する．

分子は，平行な C$_3$H$_5$基と C$_5$H$_5$環とがパラジウムをはさんだサンドイッチ型構造をもつ．Pd-C 結合は，Pd-C(C$_3$H$_5$) 2.07 Å，2.04 Å，2.10 Å，Pd-C(C$_5$H$_5$) 2.25～2.27 Å[3] である．

【関連錯体の紹介およびトピックス】 ニッケルや白金に比べて，パラジウムでは配位子が置換しやすく取り扱い容易な 0 価錯体が限られている．本錯体は[Pd(dba)$_2$]などと並んで，各種の低原子価パラジウム錯体の合成原料として有用である．ホスフィン配位子，イソニトリル配位子，N-ヘテロサイクリックカルベン配位子を添加するとこれらの配位子が結合したPd(0)単核錯体および Pd(I)二核錯体を生成する[4]．図1に示す通り，PCy$_3$との反応では，[Pd$(\eta^3$-C$_3$H$_5)(\eta^5$-C$_5$H$_5)$(PCy$_3$)]中間体が生成し，アリルシクロペンタジエンの還元的脱離と PCy$_3$の配位によって 0価 Pd 錯体が生成する．一方，N-ヘテロサイクリックカルベンである IPr との反応では[Pd$(\eta^3$-C$_3$H$_5)(\eta^5$-C$_5$H$_5)$(IPr)]が生成し，さらに還元された Pd(0)錯体との反応によって，Pd-Pd 結合を有する二核 Pd(I)錯体が生成する．

【小坂田耕太郎】

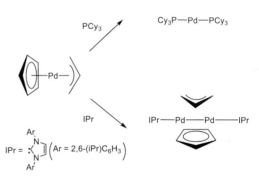

図1 Pd$(\eta^3$-C$_3$H$_5)(\eta^5$-C$_5$H$_5)$と PCy$_3$，NHC との反応によるPd(0)，Pd(I)錯体の生成

【参考文献】
1) B. L. Shaw, *Proc. Chem. Soc.*, **1960**, 247.
2) Y. Tatsuno *et al.*, *Inorg. Synth.*, **1990**, *28*, 343.
3) M. Kh. Minasyants *et al.*, *J. Struct. Chem.*, **1968**, *9*, 406.
4) W. Dai *et al.*, *Organometallics*, **2013**, *32*, 5114.

PdN4

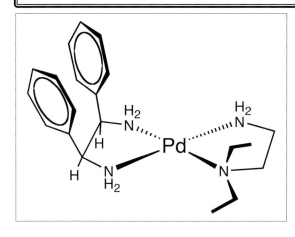

【名称】(*N,N*-diethylethylenediamine)(*meso*-1,2-diphenyl-1,2-ethanediamine)Palladium(II)ion(2+): [Pd(*N,N*-Et₂en)(*meso*-stien)]²⁺

【背景】正八面体六配位錯体では，二座キレートのビス体のシス異性体やトリス体は必然的にキラルとなるが，平面四配位では，配位子が光学活性でなければ錯体がキラルとならない場合が多い．ところが，2つの二座キレートが，*N,N*-ジエチルエチレンジアミンと*meso*-1,2-ジフェニルエチレンジアミンの場合，配位子がどちらも光学不活性であるにもかかわらず錯体は光学活性体となる．前者が，両端の異なるキレートで後者が配位面に対して上下が異なるからで，実際パラジウム錯体で合成・分割されている[1].

【調製法】*meso*-stien を含む熱メタノール溶液に，[PdCl₂((*N,N*-Et₂en)]水溶液を加え，ろ過後過塩素酸ナトリウムを加えて淡黄色結晶を得る．ラセミ体の過塩素酸塩にジアセチル-D-酒石酸無水物を加え炭酸銀を作用させることによって，ジアセチル酒石酸塩として分割する．得られたジアステレオマーは，|+|₂₂₀-過塩素酸塩として単離される．

【性質・構造・機能・意義】光学不活性な2種の二座キレートにより，平面四配位の光学活性体を合成，光学分割し，CDスペクトルで確かめられた．安定なパラジウム(II)錯体であるから可能となった．|+|₂₂₀-体は*R*体と絶対配置が決定されている．左図は反対の*S*体である．

【関連錯体の紹介およびトピックス】*N,N*-ジエチルエチレンジアミンのかわりに*N,N*-ジメチルエチレンジアミン体，*C,C*-ジメチルエチレンジアミン体(H₂NC(CH₃)₂CH₂NH₂)，*N,N,C,C*-テトラメチルエチレンジアミン体((CH₃)₂NC(CH₃)₂CH₂NH₂)，*N,N*-ジメチルトリメチレンジアミン体((CH₃)₂NCH₂CH₂CH₂NH₂)も合成・光学分割されている．　　　　　　【冬広 明】

【参考文献】

1) K. Nakayama *et al., Bull. Chem. Soc. Jpn.*, **1981**, 54, 1056.

PdN₄

【名称】 Pd(II)-mediated DNA base pair

【背景】 DNA 分子の高機能化を目的とし，核酸塩基間の水素結合を配位結合に置き換えた金属錯体型人工塩基対が合成された．このような金属錯体型塩基対は，遺伝情報のアルファベットの拡張というコンセプトにとどまらず，金属錯体のナノスケールでの集積化へと応用・展開されている．本錯体は，ヌクレオシド骨格を有する人工配位子による金属錯体型塩基対のはじめての報告例である[1]．

【調製法】 配位子であるフェニレンジアミン型ヌクレオシドは，アミノ基をベンゾイル基で保護した 4-ブロモ-o-フェニレンジアミンをリチオ化し，リボノラクトンとのカップリングによりリボヌクレオシド骨格とし，引き続く 2′-水酸基の除去，脱保護により合成される．錯体は，配位子の水溶液に硝酸パラジウム(II)水溶液を添加することにより，水溶液中で定量的に形成される．

【性質・構造・機能・意義】 金属イオンによる金属錯体型塩基対形成，すなわちフェニレンジアミン型ヌクレオシドとパラジウム(II)イオンの錯体形成は ^{1}H NMR を用いた滴定実験により確認される．ヌクレオシドの芳香族領域のシグナルは，パラジウム(II)イオンを添加するにつれ消失し，新たに錯体に由来するシグナルが低磁場側に現れる．ヌクレオシドとパラジウム(II)イオンの比が 2：1 になったところで，配位子のシグナルが完全に消失したことから，定量的な 2：1 錯体の形成により金属錯体型塩基対が誘起されたことが確認されている．エレクトロスプレーイオン化質量分析スペクトル(ESI-MS)において，2：1 錯体に相当する $m/z = 553.2$ のシグナルが観測されたことも，パラジウム(II)イオンによる塩基対形成を支持している．

本錯体の報告を皮切りに，種々の遷移金属イオンによる金属錯体型人工塩基対の合成研究が行われるようになった．DNA 二重鎖の安定性制御，DNA 高次構造のコントロール，DNA 二重鎖中への金属イオン集積など，金属錯体型塩基対の応用範囲は幅広く，生体関連化学のみならず，ナノ合成化学まで，幅広く研究が展開されている．

【関連錯体の紹介およびトピックス】 核酸塩基として，種々の金属配位子を有する人工ヌクレオシドが合成され，金属錯体型塩基対の形成が報告されている[2]．天然の核酸塩基対にスタッキングするように，平面性の高い配位子がデザインされている．以下，代表的な金属種との組合せを記す．本錯体と同様に核酸塩基部位に二置換ベンゼンを有するものとしては，① o-アミノフェノール-パラジウム(II)[3]，② カテコール-ホウ素(III)[4]，およびサレン錯体により塩基対を形成する ③ サリチルアルデヒド-銅(II)[5] などがある．また，④ ピリジン-銀(I)[6]，⑤ イミダゾール-銀(I)[7]，⑥ トリアゾール-銀(I)などの窒素環[7]，⑦ ビピリジン-銅(II)[8]，⑧ 4-(2′-ピリジル)-ピリミジノン-ニッケル(II)[9]，⑨ 6-(2′-ピリジル)-プリン-ニッケル(II)[10] などのビピリジン骨格，⑩ ヒドロキシピリドン-銅(II)[11] のマルトール骨格，⑪ 5-ヒドロキシウラシル-ガドリニウム(III)[12] などを用いた人工ヌクレオシド・塩基対がある．このうち，③〜⑪の人工ヌクレオシドは DNA 鎖中に導入され，二重鎖内での金属錯体形成が確認されている．

【竹澤悠典・塩谷光彦】

【参考文献】

1) K. Tanaka *et al.*, *J. Org. Chem.*, **1999**, *64*, 5002.
2) Y. Takezawa *et al.*, *Chem. Lett.*, **2017**, *46*, 622.
3) M. Tasaka *et al.*, *Supramol. Chem.*, **2001**, *13*, 671.
4) H. Cao *et al.*, *Chem. Pharm. Bull.*, **2000**, *48*, 1745.
5) G. H. Clever *et al.*, *Angew. Chem. Int. Ed.*, **2005**, *44*, 7204.
6) K. Tanaka *et al.*, *J. Am. Chem. Soc.*, **2002**, *124*, 8802.
7) J. Müller *et al.*, *Chem. Eur. J.*, **2005**, *11*, 6246.
8) H. Weizman *et al.*, *J. Am. Chem. Soc.*, **2001**, *123*, 3375.
9) C. Switzer *et al.*, *Chem. Commun.*, **2005**, 1342.
10) C. Switzer *et al.*, *Angew. Chem. Int. Ed.*, **2005**, *44*, 1529.
11) K. Tanaka *et al.*, *J. Am. Chem. Soc.*, **2002**, *124*, 12494.
12) Y. Takezawa *et al.*, *Chem. Eur. J.*, **2015**, *21*, 14713.

PdN$_4$

光 電

【名称】phthalocyanine-29,31-diidopalladium(II), phthalocyaninatopalladium(II)：[Pd(pc)]

【背景】初期に合成されたフタロシアニン錯体の1つである．パラジウムの重原子効果により，励起一重項からの項間交差が促進され，りん光を発するが，同族の白金フタロシアニンとは異なり，蛍光が完全に消光されるわけではないため，共鳴ラマン，蛍光，りん光が同時に測定できる．水素化反応の触媒としての利用が報告されている．

【調製法】フタロニトリルと塩化パラジウム(II)との反応では，モノクロロ化された誘導体 Pd(C$_{32}$H$_{15}$N$_8$Cl)が生成することがあるため，合成には注意が必要である[1]．塩化パラジウム(II)，フタルイミド，尿素をモル比 1：4：14 で混合し，フタルイミドに対して質量比 2%のモリブデン酸アンモニウムの存在下，ニトロベンゼン中で4時間還流する．生成物をイソプロパノール，2～3% NaOH，2～3% HCl で洗浄した後，濃硫酸に溶かし，蒸留水に注ぐことで再結晶を行うと得られる[2]．より高純度化するには，550℃，10^{-3} mmHg で昇華する[3]．α型結晶は濃硫酸に溶かしたものを，激しく撹拌した大過剰の蒸留水に注ぎ，生じた沈殿をろ過，洗浄後，150℃で乾燥することで得られる．β型結晶は沸騰キシレン中で数時間加熱し，ろ過後，150℃で乾燥することで得られる．γ型結晶は，濃硫酸溶液に，濃度を段階的に 96%から 0%に減らした硫酸をゆっくりと加え，最終的な硫酸濃度が 60%以下になるようにした溶液から析出した沈殿をろ過，洗浄後，130℃で乾燥することで得られる．

【性質・構造・機能・意義】同族のニッケルおよび白金フタロシアニンとの類似性から，平面四配位型構造を持ち，D_{4h} 点群に属すると考えられる．α，β，γ型の結晶が知られている．α型とγ型の粉末X線回折データが類似しており，結晶構造の類似性を示唆している一方，β型はこれらとは異なる回折パターンを示す[2]．

反磁性．mp＞360℃．^{1}H NMR：δ_H(D$_2$SO$_4$/D$_2$O) = 9.39(peripheral)，8.39(non-peripheral)[3]．1-クロロナフタレン溶液中で 660(log ε＝4.77, Q帯)，635(3.98)，595(4.04)，575(3.48)，560(3.37)，440(3.48)，420(3.69)nm[4]，硫酸中では，797，692 nm に吸収ピークを示す．赤外吸収(KBr)を $ca.$ 3000(C=N)，1612，1508，1288，1168～1072(C-H)，914(C=C, C-N)，723(C-H, 面外)cm^{-1} に示す[3]．また，ガラス基板上の薄膜で，共鳴ラマン散乱(633 nm 励起)を 1524，1454，1343，1306，1214，1191，1141，1109，950，863，843，751，678，639，597，563，482，441 cm^{-1} に与える[5]．

1-クロロナフタレンと n-オクタンを用いた Shpolskii マトリックス中で，15356 および 15287 cm^{-1}，10082 および 10017 cm^{-1} に蛍光とりん光がそれぞれ観測される[6]．これはマトリックスの異方性により，D_{4h} 対称における E_u 励起状態が D_{2h} 対称の B_{2u} と B_{3u} に分裂したことに伴う，$^{1,3}B_{2u}$ と $^{1,3}B_{3u}$ 状態からの発光と帰属される．

水素化反応の触媒となる[7]．pH＜9 の条件では C=C，C=N 二重結合の水素化，芳香族アルデヒド，ニトロ基の還元，およびベンジルエステルの開裂が触媒される．pH＞11 では，これらに加えて芳香族ハロゲン化物の脱ハロゲン化が起こる．水素化ホウ素ナトリウムにより生じる還元種は C=C，C=N 二重結合(オレフィン，エナミン，アゾメチン)，脂肪族および芳香族アルデヒド，ケトン，酸塩化物，ニトリル，ニトロ化合物，および脂肪族ハロゲン化物を高収率で還元する．ただし，この条件では芳香族ハロゲン化物とベンジル基は変化しない．

【関連錯体の紹介およびトピックス】この錯体の部分酸化塩である [Pd(pc)](ClO$_4$)$_x$ と [Pd(pc)](AsF$_6$)$_x$ が電気化学的酸化法により得られている[8]．赤外吸収特性はフタロシアニン配位子部位の酸化を示唆し，電気伝導度の温度依存性が半導体的挙動を示すと報告されている．

【福田貴光】

【参考文献】
1) P. A. Barrett et al., J. Chem. Soc., **1938**, 1157.
2) A. Kempa et al., Can. J. Chem., **1988**, 66, 2553.
3) R. J. C. Brown et al., New J. Chem., **2004**, 28, 676.
4) E. R. Menzel et al., J. Chem. Phys., **1973**, 58, 5726.
5) L. Gaffo et al., J. Raman Spectrosc., **2002**, 33, 833.
6) T.-H. Huang et al., J. Chem. Phys., **1984**, 80, 4051.
7) H. Eckert et al., Angew. Chem. Int. Ed. Engl., **1983**, 22, 881.
8) 奥田健嗣ほか，日本化学会講演予稿集，**2005**, 85, 669.

PdN₄

導電超

【名称】 (piperazine-2,3-dione dioximate-$\kappa^2 N,N'$)(1−)(piperazine-2,3-dione dioxime-$\kappa^2 N,N'$)palladium(II) (2,2'-(cyclohexa-2,5-diene-1,4-diylidene)dimalononitrile radical anion): [Pd^{II}(Hedag)(H$_2$edag)](TCNQ)

【背景】 有機-遷移金属錯体複合系による分子性伝導体の創製は，π-d複合電子状態を利用した新規物性の発現が見込める．代表的な分子性導体としてTTF-TCNQ(テトラチアフルバレン-テトラシアノキノジメタン)の電荷移動錯体が知られているが，有機ドナー分子であるTTFの代わりに平面的な遷移金属錯体で置き換えることができる．ジアミノグリオキシム系錯体は，その分子の平面性とTCNQとの間に水素結合を形成しうるため，有機アクセプター分子と分離積層させることができるため，伝導性と水素結合がカップルした新規物性が期待できる．

【調製法】 H型セルを用いて，[Pd(H$_2$edag)$_2$]Cl$_2$の水溶液とLiTCNQのアセトニトリル溶液との拡散法によって単結晶が合成される．さらにこの物質は，配位子のオキシム部位がもつ酸塩基性を利用することで，TCNQのバンドフィリング制御ができる．具体的には，pHを調整することでエチレンジアミノグリオキシム配位子のプロトン量が変化し，これに対応して電荷補償のためTCNQから電荷移動(CT)が起こる結果，電荷移動量$\rho=0.2, 0.7, 1.0$(TCNQ$^{\rho-}$)の電荷移動錯体が得られる[2]．

【性質・構造・機能・意義】 このCT錯体は，ドナーであるPd錯体分子とアクセプターであるTCNQ分子が分離積層した構造を有する．ドナー分子は1種類の分子間水素結合(O-H⋯O)によってシートを形成し，ドナー-アクセプター間も1種類の分子間水素結合(N-H⋯N)でつながっている．

電荷移動量は，TCNQのA$_g$伸縮モード(C=C)のラマンシフトから見積もることができる．$\rho=0.7$の錯体では，c軸方向の電気伝導度は室温で約90 S cm^{-1}である．低温にしてもほとんど一定の値をとるが，180 K付近で急激に電気伝導度は小さくなり絶縁体的な挙動を示す．また，昇温過程と降温過程では電気伝導度の温度変化に違いがみられ，数十Kにわたるヒステリシスをもつことがわかっている．この金属-絶縁体転移付近で，赤外吸収スペクトルを測定すると，新しい振動帯が3250 cm^{-1}に現れる．さらに，赤外活性なCN伸縮のB$_{1u}$モード(2196 cm^{-1})が低温では2本に分裂する．以上のことから，金属相ではTCNQの電荷は等価であるが，絶縁相ではTCNQ^{0}とTCNQ^{-1}の混合原子価状態に移行すると考えられる．完全にイオン化した$\rho=1.0$の絶縁体では，B$_{1u}$モードは分裂せず，half-filling状態であることと一致する．さらに，格子が歪んでいるときに活性となるCN伸縮のA$_g$モードは，$\rho=0.7$のものと比較してより鮮明に観測されることから，half-filling Mott絶縁体のスピンパイエルス歪みによると考えられている．

この化合物のように水素結合と電気伝導性をもつ系は今後，電子-プロトン相互作用を利用した，水素吸蔵・放出や水素振動モード強励起による電導性のスイッチングの可能性などに興味がもたれる．

【関連錯体の紹介およびトピックス】 中心金属を白金(II)イオンやニッケル(II)イオンに置換した化合物が知られている[3]．また，エチレンジアミノグリオキシムの代わりにジアミノグリオキシムを配位子に用いた同種の錯体が報告されている[4]．この錯体でも，中心金属を白金(II)イオンやニッケル(II)イオンに代えたものも合成されており，X線光電子スペクトル測定による低温での電荷移動が調べられている[5]．

【小島憲道・岡澤　厚】

【参考文献】
1) H. Kitagawa *et al.*, *Synth. Met.*, **1995**, *71*, 1919.
2) D. Yoshida *et al.*, *Synth. Met.*, **1997**, *86*, 2105.
3) T. Itoh *et al.*, *Chem. Lett.*, **1995**, *24*, 41.
4) H. Endres, *Angew. Chem. Int. Ed.*, **1982**, *21*, 524.
5) H. Kitagawa *et al.*, *Synth. Met.*, **1993**, *56*, 1783.

PdN$_4$

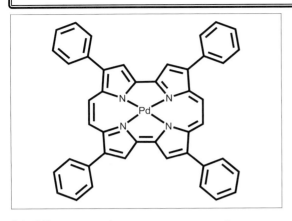

【名称】2,7,12,17-(tetraphenylporphycenato)palladium-(II)([Pd^{II}TPPo])

【背景】非常に高い酸化力を有する活性酸素種(ROS)の中でも，一重項酸素(^{1}O$_2$)は，精密有機合成，汚水処理，がんに対する光線力学療法(PDT)など様々な用途があり，広範な分野での利用が期待できる．この^{1}O$_2$は，色素増感剤からのエネルギー移動により生成されるが，これを効率的に，かつ高収率で発生させることが非常に重要である．その手法の1つに，重原子である金属イオンを導入することで高い一重項酸素発生量子収率(Φ_Δ)を獲得することができる．このパラジウムポルフィセン錯体については，重原子であるパラジウム(Pd)をポルフィセン配位子に導入することで，高い Φ_Δ が得られることが報告されている．このパラジウムは，スピン-起動相互作用定数(重原子効果の指標となるパラメーター)が，Pd^{2+} でζ=1504 cm^{-1} であり，大きな重原子効果が期待できる金属イオンである．また，TPPo は，アリール基をポルフィセン環に最初に導入した例として，報告されている[1]．

【調製法】TPPo 配位子と PdCl$_2$ を DMF 中に溶解させ，8 時間加熱還流する．その後反応溶液を減圧乾固して，残渣をシリカゲルカラムクロマトグラフ(展開溶媒：塩化メチレン)により精製，ベンゼン/塩化メチレンから再結晶することで得る．

【性質・構造・機能・意義】トルエン溶液中で，Soret帯(395 nm)，Q帯(632 nm)ともに吸光係数が >8×10^4 であり，非常に高い可視光吸収能をもつ．また分光学的特性として，TPPo 配位子では，667 nm の長波長領域に蛍光発光(蛍光量子収率：0.15)を示すのに対し，この錯体はまったく蛍光発光を示さないことが報告されている．これは，Pd の重原子効果によって，励起一重項から励起三重項への項間交差が加速された結果，蛍光発光が抑制されるためである．

このパラジウムポルフィセン錯体の Φ_Δ は，TPPo では 0.23 に対し，Pd を導入することで項間交差が促進されて 0.78 と飛躍的に向上する．高い Φ_Δ は，PDT への応用展開に期待できるものであり，この錯体を用いた PDT 研究が報告されている．肺腺がん細胞(A549)，HeLa 細胞(HeLa)に対して，この錯体を1時間インキュベートした後，光照射(>600 nm)した際の細胞の生存割合(SF)を照射時間に関してプロットした結果を図1に示している．高活性を示し，PDT に有用な錯体であることが報告されている[1]．

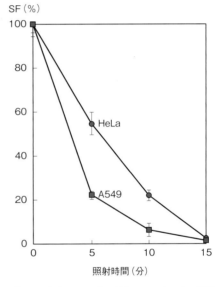

図1 [Pd^{II}TPPo]存在下での光照射(>600 nm)による細胞の生存割合

【関連錯体の紹介およびトピックス】上記したパラジウムポルフィセン錯体については，^{1}O$_2$ 発生による PDT への応用以外に，光誘起電子移動反応の研究も報告されている[2]．それより，電荷分離状態の形成に起因する錯体のラジカルカチオン種が観測されている．

【久枝良雄・前田大輔】

【参考文献】
1) M. Canete *et al.*, *Anti-Cancer Drug Des.*, **2000**, *15*, 143.
2) N. Rubio *et al.*, *Photochem. Photobiol. Sci.*, **2006**, *5*, 376.

PdP₂

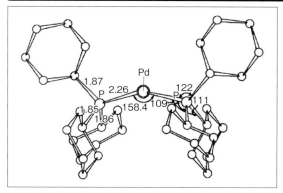

【名称】bis(tricyclohexylphosphine)palla–dium(0): $Pd(PCy_3)_2$

【背景】一般に求電子的な Pd(II) 錯体に対し，Pd(0) 錯体は求核的な挙動を示す．トリアルキルホスフィン (PR_3) は PPh_3 などトリアリールホスフィンよりも塩基性が高く，酸化的付加が速度決定段階となる反応の触媒の配位子として用いられる．ホスフィン配位子を有する Pd(0) 錯体の中で，$Pd(PCy_3)_2$ は，ホスフィンの数が 2 つであるものの代表選手である．固体状態では，X 線結晶解析により，P–Pd–P は 158°であることが知られている[1]．

この錯体は $(\eta^5$-$C_5H_5)Pd(\eta^3$-$C_3H_5)$ と PCy_3 との反応で合成される．初期生成物として $(\eta^5$-$C_5H_5)(\eta^1$-$C_3H_5)$-$Pd(PCy_3)$ (^{31}P NMR δ 54.6) が生成し，続いて C_8H_{10} が還元的脱離することで $Pd(PCy_3)$ を生じるが，これは出発錯体と反応し，形式 Pd(I) の二核錯体 (^{31}P NMR δ 27.8) を生じる．ここからさらに，C_8H_{10} が還元的脱離し PCy_3 と反応することで目的化合物が生成する[2]．

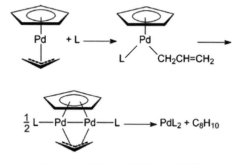

図1 CpPd 錯体の合成 (単核と二核錯体)

【調製法】①回転子を入れた 50 mL シュレンクフラスコに $(\eta^5$-$C_5H_5)Pd(\eta^3$-$C_3H_5)$ (0.34 g, 1.60 mmol) と，PCy_3 (0.99 g, 3.5 mmol) の 15 mL トルエン溶液を加える．その暗赤色の混合物を 75〜80℃で 3 時間攪拌した後，減圧下で乾燥する．得られた固体を 10 mL のメタノールで 2 度洗い，過剰の PCy_3 を除く．得られた固体を 5 mL の熱トルエンに溶解させた後，5 mL のメタノールを加えると結晶が析出する．−35℃で一晩放置した後，母液を注射器で除き得られる固体を 5 mL のメタノールで 2 度洗う．減圧下で乾燥させ薄灰色の標的錯体を得る．収量 0.84 g (79%)．トルエン (5 mL)/メタノール (5 mL) から再結晶により無色の結晶が得られる．^{31}P NMR δ 39.2 ppm (25℃)．融点 185〜189℃ [3]．

②窒素雰囲気下，脱気した 60% KOH (5 g)，トルエン (8 mL)，18-クラウン-6 (0.02 g, 0.08 mmol) の混合液に PCy_3 (0.2 g, 0.71 mmol) と $PdCl_2(PCy_3)_2$ (0.30 g, 0.41 mmol) を加える．混合液を激しく 20 時間攪拌する．上層の有機層をカヌラーでシュレンクチューブに移し，約 2 mL になるまで濃縮し，脱気した MeOH を 2 mL 加える．$Pd(PCy_3)_2$ が直ちに析出する．0.5 時間，1 時間，2 時間後に脱気した MeOH を 2 mL ずつ加える．さらに 1 時間放置した後，母液をピペットで注意深く取り除く．無色の形の整った結晶を 4 mL の MeOH で 3 回洗い，減圧下乾燥させる．収量 0.230〜0.245 g (85〜90%) [4]．

【性質・構造・機能・意義】トランスメタル化により続く還元的脱離などが進行可能な反応系では，より安定な $PdCl_2(PCy_3)_2$ (Aldrich 社から購入可能) を触媒前駆体として用い $Pd(PCy_3)_2$ を系中で発生できる．または，$Pd(dba)_2$ や $Pd_2(dba)_3$ と PCy_3 との組合せ (Pd(0) + PCy_3) あるいは PCy_3 を還元剤として用い，$Pd(OAc)_2$ あるいは $PdCl_2$ と PCy_3 との組合せ (Pd(II) + PCy_3) でも発生できる．ただし，dba 錯体との組合せで発生させた場合，dba が Pd に強く配位するため，酸化的付加に対する活性が低下することもある．$Pd(PCy_3)_n$ の組成の錯体としては，n = 1, 2, 3 のものが知られているが，n = 1 のものが PhBr などの酸化的付加に対して活性が高く，過剰の PCy_3 存在下で生じる n = 3 のものは活性が低い[5]．鈴木-宮浦クロスカップリング反応などの触媒として用いられる他，化学量論反応で酸化的付加反応について研究する際の試薬として用いられる．

【國安 均】

【参考文献】
1) A. Immirzi *et al., J. Chem. Soc. Chem. Commun.*, **1974**, 400.
2) E. A. Mitchell *et al., Organometallics*, **2007**, 26, 5230.
3) T. Yoshida *et al., Inorg. Synth.*, **1990**, 28, 113.
4) V. V. Grushin *et al., Inorg. Chem.*, **1994**, 33, 4804.
5) E. A. Mitchell *et al., Organometallics*, **2009**, 28, 6732.

PdS$_4$

【名称】 diethyldimethylstibonium di[bis(1,3- dithiole-2- thione- 4,5-dithiolato)paradium]：Et$_2$Me$_3$Sb[Pd(dmit)$_2$]$_2$ (dmit＝dimercapto-*iso*-trithione)

【背景】 Pd(dmit)$_2$と1価陽イオンの2：1塩のほとんどは，二量体ラジカル陰イオン[Pd(dmit)$_2$]$_2^-$が層内で三角格子状配列をなし，スピンがフラストレートした磁性を示す．磁性は陽イオンの種類に応じた系統的変化を示し，陽イオンのサイズが大きくなるほど，三角格子を構成する二量体間の三方向の相互作用が相対的に近い値になってフラストレーションが強くなり，反強磁性秩序化温度が低下する傾向が見られる．中でも本化合物は最も大きな陽イオンを有するもので，反強磁性以外のスピン状態が現れる．

【調製法】 (Et$_2$Me$_2$Sb)$_2$[Pd(dmit)$_2$]のアセトン溶液に酢酸を加え，低温(10〜－10℃程度)で静置すると，空気酸化によって黒色板状晶として得られる．

【性質・構造・機能・意義】 他の多くのPd(dmit)$_2$塩と同形(β'-型)の二次元層状構造を有し，陰イオン層では二量体[Pd(dmit)$_2$]$_2^-$が三角格子を形成している．常圧ではMott絶縁体で，約100 K以上では二次元三角格子系に特徴的なスピン磁化率を示し，EtMe$_3$Sb塩や単斜晶EtMe$_3$P塩とともに，最も強くフラストレートした量子スピン系となっている．70 Kにおいて完全電荷分離転移(2[Pd(dmit)$_2$]$_2^-$→[Pd(dmit)$_2$]$_2^0$+[Pd(dmit)$_2$]$_2^{2-}$)を示す[1]．この完全電荷分離転移はCs塩でも見られ[2]，いずれの場合でも転移温度以下では反磁性に変化するとともに，近赤外領域にある二量体の吸収帯が，中性と－2価に対応して2つに分裂する[1]．この完全電荷分離転移は，Pd(dmit)$_2$塩の特徴である非常に強い二量化によるHOMO-LUMOのエネルギー準位交差に起因する転移で，他の分子性導体で見られる電荷不均化とは異なる機構のものである．

【関連錯体の紹介およびトピックス】 EtMe$_3$Sb塩は，磁気秩序も電荷分離も示さず，スピン液体基底状態を有する候補物質と考えられている[3]． 【田村雅史】

【参考文献】

1) M. Tamura *et al., Chem. Phys. Lett.*, **2005**, *411*, 133.
2) A. Nakao *et al., J. Phys. Soc. Jpn.*, **2005**, *74*, 2754.
3) T. Itou *et al., Phys. Rev. B*, **2008**, *77*, 104413.

PdS₄

[構造式]

【名称】ethyltrimethylphosphonium di[bis(1,3-dithiole-2-thione-4,5-dithiolato)paradium]: $EtMe_3P[Pd(dmit)_2]_2$ (dmit＝dimercapto-*iso*-trithione)

【背景】$Pd(dmit)_2$と1価陽イオンの2：1塩のほとんどは，二量体ラジカル陰イオン$[Pd(dmit)_2]_2^-$が層内で三角格子状配列をなし，スピンがフラストレートした特徴的な磁性を示す．フラストレーションの強さを陽イオンによって系統的に制御する目的で$EtMe_3Z^+$（Zは15族元素）を対イオンとする$Pd(dmit)_2$塩が開発された．本化合物はその1つである．

【調製法】$(EtMe_3P)_2[Pd(dmit)_2]$のアセトン溶液に酢酸を加え，低温（10～－10℃程度）で静置すると，空気酸化によって黒色板状晶として得られる．

【性質・構造・機能・意義】単斜晶系と三斜晶系の2種類の多形が知られていて，いずれも低温では非磁性相に転移する．以下，単斜晶系の固体について記す．二次元層状構造を有し，陰イオン層では二量体$[Pd(dmit)_2]_2$が三角格子を形成している．$Pd(dmit)_2$のアニオンラジカル塩でよく見られる"solid crossing columns"（立体交差カラム）の構造はとらず，$Pd(dmit)_2$のカラムはすべて互いに平行になっている．常圧ではMott絶縁体で，25 K以上では，二次元三角格子系に特徴的なスピン磁化率を示し，Et_2Me_2Sb塩や$EtMe_3Sb$塩とともに，最も強くフラストレートした量子スピン系となっている．25 Kで，カラム方向の周期二倍化を伴い，二量体間にスピン一重項の電子対が形成される相転移を示し，スピンギャップを有する基底状態をとる[1]．基底状態は一次元スピン系におけるスピンパイエルス相と類似しているが，この物質は二次元でスピン一重項対形成相転移が発見された最初の例である．また，低温では加圧により超伝導状態が現れるが，温度-圧力相図上で超伝導相とスピンギャップ相が直接に接している[2-4]．このような例はこの物質だけで知られていて，超伝導機構の観点からも特異かつ貴重な物質例となっている．

【田村雅史】

【参考文献】
1) M. Tamura *et al., J. Phys. Soc. Jpn.*, **2006**, *75*, 093701.
2) Y. Ishii *et al., J. Phys. Soc. Jpn.*, **2007**, *76*, 033704.
3) T. Itou *et al., Phys. Rev. B*, **2009**, *79*, 174517.
4) Y. Shimizu *et al., Phys. Rev. Lett.*, **2007**, *99*, 256403.

PdS₄

【名称】ethyltrimethylstibonium di[bis(1,3-dithiole-2-thione-4,5-dithiolato)paradium]: EtMe₃Sb[Pd(dmit)₂]₂ (dmit=dimercapto-*iso*-trithione)

【背景】Pd(dmit)₂の1価閉殻陽イオンを対カチオンとしたアニオンラジカル塩には，二量体ラジカル陰イオン[Pd(dmit)₂]₂⁻が三角格子状に配列したものが多く，スピンがフラストレートした磁性を示す．その中でも，フラストレーションの効果が非常に強く，量子スピン液体状態を有する候補物質である．

【調製法】(EtMe₃Sb)₂[Pd(dmit)₂]のアセトン溶液に酢酸を加え，低温(10～−10℃程度)で静置すると，空気酸化によって黒色板状晶として得られる．

【性質・構造・機能・意義】結晶(単斜晶系，空間群 *C*2/*c*)中では，単位格子中の結晶学的に等価な2つのアニオン層がカチオン層に隔てられて配列している．カチオンは二回軸上に位置し，異なる2つの配向を各々50%の占有率でとっている．アニオン層内では，二量体[Pd(dmit)₂]₂⁻が積層しているが，隣り合うアニオン層で積層方向が異なる(solid-crossing column structure). 二量体間の相互作用は，二量体がアニオン層内で(やや異方的な)三角格子を形成していることを示している．常圧ではMott絶縁体で，各二量体上に1個の局在スピンが存在する．圧力下では金属的ふるまいを示す．絶縁体相では，少なくとも約19 mKという極めて低い温度まで磁気秩序・グラス化が起こらない[1]．この温度は，スピン交換相互作用の0.01%以下に相当しているため熱ゆらぎの効果は完全に無視できる．つまり，磁気秩序の欠如が量子ゆらぎに由来することを示しており，量子スピン液体状態にあると考えられている．

【関連錯体の紹介およびトピックス】1価陽イオンEt$_x$Me$_{4-x}$Z⁺(Et=C₂H₅-, Me=CH₃-, Z=P, As, Sb; *x*=0, 1, 2)を対カチオンとするPd(dmit)₂のアニオンラジカル塩は，結晶学的に同形でβ′-型と呼ばれる(ただし，β′-型以外の多形も存在する)[2]．カチオンによって，三角格子の異方性が変化し，それに伴って基底状態が多様に変化する[2,3]．

【加藤礼三】

【参考文献】
1) T. Itou *et al.*, *Nature Physics*, **2010**, *6*, 673.
2) R. Kato, *Bull. Chem Soc. Jpn.*, **2014**, *87*, 355.
3) M. Tamura *et al.*, *Sci. Technol. Adv. Mater.*, **2009**, *10*, 024304.

PdP$_4$

【名称】tetrakis(triphenylphosphine)palladium: Pd(PPh$_3$)$_4$

【背景】Pd(PPh$_3$)$_4$ は，ハロゲン化アリールやアルケニルさらにはアリルエステルなどの擬ハロゲン化アリルと反応して，反応性に富むアリールパラジウムやアルケニルパラジウム錯体，π-アリルパラジウム錯体などを生成するので，0価のパラジウム錯体によって触媒される合成反応のパラジウム源として汎用されている．

【調製法】ジメチルスルホキシド中，塩化パラジウムPdCl$_2$ と過剰量のトリフェニルホスフィンPPh$_3$ を混合して140℃に加熱して，ジクロロビス(トリフェニルホスフィン)パラジウム PdCl$_2$(PPh$_3$)$_2$ を調製する．次に，反応混合物にヒドラジン水和物を滴下して当該錯体の還元を行う．室温に冷却して析出した固体を，窒素ガスをフローしながらエタノール，つづいてエーテルで洗浄したあと，窒素雰囲気下乾燥して得る[1]．

【性質・構造・機能・意義】黄色の結晶性固体．分解点が116℃との報告があるが，再現性に乏しく同定や純度の指標にはならないと記されている．ベンゼン，ジクロロメタン，クロロホルム，アセトン，テトラヒドロフラン，アセトニトリルなどの有機溶媒に可溶．一方，飽和炭化水素には不溶である．空気中で秤量できる程度の安定性は有するが，原則不活性ガス中冷暗所に保存し，使用する際はグローブボックスもしくはバッグの中で取り扱うことが望ましい．Pd(PPh$_3$)$_4$ は18電子則を満たす配位飽和な錯体であるが，溶液中ではPPh$_3$ 2分子が解離して14電子錯体 Pd(PPh$_3$)$_2$ を生じ，これに有機ハロゲン化物(擬ハロゲン化物)R–Xが酸化的付加すると16電子錯体 RPdX(PPh$_3$)$_2$ となる．

以下に Pd(PPh$_3$)$_4$ を用いる主な反応を紹介する[2]．

① 溝呂木-Heck 反応：ハロゲン化アリールの Pd(PPh$_3$)$_4$ への酸化的付加により生じたアリールパラジウム錯体のPd–C結合にアルケンが挿入し，続いてβ-水素脱離が起こることにより置換アルケンが生成する反応．

② カルボニル化反応：Pd–C結合に一酸化炭素を挿入してアシルパラジウム錯体へと導き，これに水，アルコール，アミンなどの求核剤を反応させてカルボン酸，エステル，アミドを合成する反応．ヒドロシランやヒドロスタンナンをヒドリド源として使うと，アルデヒドを合成できる．

③ 脱カルボニル化反応：アシルパラジウム錯体は，酸塩化物のC–Cl結合やアルデヒドのC–H結合の0価パラジウム錯体への酸化的付加でも調製できる．アシルパラジウム錯体を一酸化炭素のない系で加熱すると，一酸化炭素挿入の逆反応である脱カルボニル化が進行して，対応する有機パラジウム塩化物や有機パラジウムヒドリド錯体が生成し，ここから還元的脱離が起こることによって脱カルボニル化体が得られる．

④ 交差カップリング反応：酸化的付加体である R^{1}PdX(PPh$_3$)$_2$ に有機金属反応剤 R^2–M(M＝Li, MgX, ZnX, B(OR)$_2$, SnR$_3$, SiR$_3$ etc)を作用させると，金属交換(トランスメタル化)が起こって R^{1}PdR^2(PPh$_3$)$_2$ 錯体となり，ここから有機基2つが還元的脱離することによりカップリング体 R^1–R^2 が生成する反応．

⑤ ハロゲン(擬ハロゲン)化物の水素化分解：酸化的付加体にギ酸のトリエチルアミン塩を作用させてギ酸パラジウムへと導き，脱炭酸反応を経て生じるパラジウムヒドリド錯体から還元的脱離により水素化分解体が生じる反応．

⑥ 辻-Trost 反応：アリルエステルからπ-アリル錯体を生成させて，様々な求核剤をアリル化する反応．特に炭酸アリルエステルと活性メチレン化合物の反応は，酸化的付加に続いて脱炭酸が起こることによりπ-アリルパラジウムアルコキシドが発生し，このアルコキシドが塩基として活性メチレン化合物からプロトン引き抜きして求核剤を発生させるので，中性条件でアリル化を行える利点を有する．

【清水正毅】

【参考文献】
1) R. D. Coulson, Inorg. Synth., **1972**, 13, 121.
2) 有機合成化学協会編・辻二郎著，有機合成のための遷移金属触媒反応，東京化学同人，**2008**.

PdP$_4$

【名称】tetrakis(triphenylphosphine)palladium(0)：[Pd(PPh$_3$)$_4$]

【背景】1957年にはじめて報告された[1]本化合物は，触媒として最も多く研究例がある錯体の1つであろう．2010年のノーベル化学賞で一般にも著名となったカップリング反応の触媒としてもよく用いられる．ホトルミネセンスや光化学反応も以前より知られている．

【調製法】DMSO中で塩化パラジウム(II)とトリフェニルホスフィンを加熱し，ジクロロビス(トリフェニルホスフィン)パラジウム(II)錯体を生成させ，そのまま単離することなくヒドラジンを加えて還元し，黄色結晶として得ることができる[2]．その他[Pd$_2$(dba)$_3$](dba＝ジベンジリデンアセトン)とトリフェニルホスフィンを反応させる方法もある．市販品が多くのメーカーから発売されている．

【性質・構造・機能・意義】黄緑色粉末で，空気中ではしだいに分解する．ベンゼン，ジクロロメタン，クロロホルムに易溶．アセトン，THF，アセトニトリルには多少溶解する．

単結晶X線構造解析によれば，結晶中ではほぼ正四面体構造で，Pd–P距離は2.43～2.46 Å，P–Pd–P結合角は108.8～110.7である[3]．

18電子則を満たす典型的な錯体ではあるが，溶液中ではホスフィン配位子を解離し，トリス体と平衡状態となるが，NMRなどの研究によって一般にこの平衡はかなり解離側によっているとされる．空気中では緑色の酸素錯体[Pd(O$_2$)(PPh$_3$)$_2$]を生成する．他の配位子などと反応する場合には，ホスフィン配位子が解離して配位不飽和種が生成し，その後酸化的付加反応や他配位子の配位などの反応が生じることは数多く知られている[4]．

非常に多くの触媒反応にかかわることが報告されており，Heck反応，鈴木反応，根岸反応，薗頭反応，Stille反応などのカップリングや，Buchwaldアミノ化反応，カルボニル化反応，水素化反応など，様々な反応に用いられている．ポリマーに本錯体を結合させ，触媒としたものも市販されており，触媒のリサイクルが可能であることが利点である．

本錯体は固体状態において紫外線照射下で黄緑色のホトルミネセンスを示す．なお，トリス(トリフェニルホスフィン)パラジウム(0)錯体の固体はオレンジ色のルミネセンスを示すことが知られている．また，溶液中でもルミネセンスを示し，THF中で発光波長は660 nm，発光寿命3.6 μs，発光量子効率は1.7%と報告されているが，この発光は[Pd(PPh$_3$)$_3$]によるものである[5]．この発光は金属中心のd→p遷移励起状態に基づくとしている．なお，光照射下でこの錯体はクロロベンゼンと反応し，trans-[Pd(Cl)(C$_6$H$_5$)(PPh$_3$)$_2$]を与える．

【関連錯体の紹介およびトピックス】単座ホスフィンが4個配位したパラジウム(0)錯体の報告は多数あり，X線構造解析がなされたものとして，例えばPH(Ph)$_2$，P(CH$_2$CH$_2$OH)$_3$などがあり，類縁体であるトリス(単座ホスフィン)パラジウム(0)錯体としては例えばP(C$_5$H$_4$N)(Ph)$_2$，P(p-C$_6$H$_4$SO$_3$)$_3^{3-}$が配位したものの構造が報告されている．また，ホスフィン以外にアルシンAsR$_3$やスチビンSbR$_3$が配位した同様の構造のパラジウム(0)錯体も報告がなされている．同族の金属錯体としては[Ni(PPh$_3$)$_4$]と[Pt(PPh$_3$)$_4$]が知られ，前者はより不安定な赤褐色固体，後者は本錯体とほぼ同様な性質をもつ黄色固体である．　　　　　　【坪村太郎】

【参考文献】
1) L. Malatesia *et al.*, *J. Chem. Soc.*, **1957**, 1186.
2) D. R. Coulson, *Inorg. Synth.*, **1971**, *13*, 121.
3) V. G. Andrianov, *Zh. Strukt. Khim.*（*Russ.*）（*J. Struct. Chem.*）, **1976**, *17*, 135.
4) 山本明夫監修，有機金属化合物，東京化学同人，**1991**.
5) J. V. Caspar, *J. Am. Chem. Soc.*, **1985**, *107*, 6718.

PdS$_4$

【名称】β-tetramethylammonium di[bis(1,3-dithiole-2-thione-4,5-dithiolato)paradium]: β-Me$_4$N[Pd(dmit)$_2$]$_2$ (dmit＝dimercapto-*iso*-trithione)

【背景】Pd(dmit)$_2$の1価閉殻陽イオンを対カチオンとしたアニオンラジカル塩は，常圧ではMott絶縁体であるが，圧力を印加することによって金属化し，その過程で超伝導を示すものが多い．本化合物は，Pd(dmit)$_2$の閉殻陽イオン塩の中ではじめて超伝導が確認された物質である[1]．

【調製法】(Me$_4$N)$_2$[Pd(dmit)$_2$]のアセトン溶液に酢酸を加え，低温(10℃程度)で静置すると，空気酸化によって黒色板状晶として得られる．あるいは(Me$_4$N)$_2$-[Pd(dmit)$_2$]をアセトニトリル中で，(Me$_4$N)(ClO$_4$)を支持電解質とし，白金電極を用いて，Ar下，室温で定電流電気分解することにより得られる．β-型以外に，多形(α-およびγ-型)が生成する場合があるが，主生成物はβ-型塩である．

【性質・構造・機能・意義】結晶構造は，Et$_x$Me$_{4-x}$Z$^+$ (Et＝C$_2$H$_5$-, Me＝CH$_3$-, Z＝P, As, Sb; x＝0, 1, 2)を対カチオンとするPd(dmit)$_2$塩とよく似ている(単斜晶系，空間群 $C2/c$)．ただし，カチオンとアニオンの位置関係などが少し異なる．そのため，Me$_4$N塩をβ-型，その他をβ'-型と結晶構造のタイプを区別している．単位格子内では，結晶学的に等価な2つのアニオン層がカチオン層に隔てられて配列している．アニオン層内では，二量体[Pd(dmit)$_2$]$_2^-$が積層しているが，隣り合うアニオン層で積層方向が異なる(solid-crossing column structure)[2]．強い二量化と小さいHOMO-LUMOエネルギー差により，HOMOとLUMOの準位交叉が起こっている．(単量体の)HOMOが二次元伝導バンドを形成している．常圧下ではMott絶縁体で，各二量体上に1個の局在スピンが存在し，12 Kで反強磁性長距離秩序を示す．圧力を印加すると絶縁体的ふるまいが抑えられ，超伝導を示す(転移温度は6.5 kbarで6.2 K)．

【関連錯体の紹介およびトピックス】1価陽イオンEt$_x$Me$_{4-x}$Z$^+$(Et＝C$_2$H$_5$-, Me＝CH$_3$-, Z＝P, As, Sb; x＝0, 1, 2)およびCs$^+$が対カチオンの場合，β'-型と呼ばれるよく似た結晶構造をとる．カチオンによって，二量体間の相互作用が変化し，それに伴って多様な物性を示す[3]．

【加藤礼三】

【参考文献】
1) A. Kobayashi *et al.*, *Chem. Lett.*, **1991**, *20*, 2163.
2) A. Kobayashi *et al.*, *Bull. Chem. Soc. Jpn.*, **1998**, *71*, 997.
3) R. Kato, *Bull. Chem Soc. Jpn.*, **2014**, *87*, 355.

PdCl$_2$L$_2$ (L＝N, P)

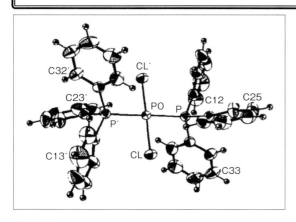

【名称】dichlorobis(benzonitrile)palladium(II)/dichlorobis(acetonitrile)palladium(II)/dichlorobis(triphenylphosphine)palladium(II): PdCl$_2$L$_2$ (L＝PhCN, MeCN, PPh$_3$)

【背景】Cl架橋ポリマー構造をした赤茶色の[PdCl$_2$]$_n$はほとんどの溶媒に不溶性であるが配位力のある化合物を加えると, 空気に対して安定で, 多くの有機溶媒に可溶な単量体のPdCl$_2$L$_2$が得られる. このうちPdCl$_2$(RCN)$_2$構造を有する錯体は最もよく使われ, RCNを溶媒として用い[PdCl$_2$]$_n$と反応させることで得られる. RがPhのベンゾニトリル錯体と, RがCH$_3$のアセトニトリル錯体は, これらの配位子が解離し配位不飽和錯体を容易に発生することから, 触媒や触媒前駆体となる. 合成した錯体を単離する必要があるときは, PhCNより沸点が低く, 無臭で水溶性のCH$_3$CNが副生するPdCl$_2$(CH$_3$CN)$_2$を使用する方が便利である.

【調製法】PdCl$_2$(PhCN)$_2$: 100 mLのナスフラスコにベンゾニトリル50 mLを加え, よく撹拌しながらPdCl$_2$ (2 g, 11 mmol)を懸濁させる. この懸濁液を100℃で20分間加熱して得られる赤色の均一溶液を, 温かいうちにろ過し, ろ液をヘキサン300 mL中に加える. その結果生じる薄黄色の沈殿を吸引ろ過し, ヘキサンで洗浄した後, 減圧下乾燥する. 収量4 g (収率93％). IR (KBr) v_{CN} 2334(s), 2303(s) cm^{-1}. ベンゼンから再結晶する. 融点270℃(分解)[1].

PdCl$_2$(PPh$_3$)$_2$: PdCl$_2$(PhCN)$_2$のCHCl$_3$溶液に2.2当量のPPh$_3$を加えるとPdCl$_2$(PPh$_3$)$_2$が黄色の固体として得られる. ろ過後の単離収率95％[2].

PdCl$_2$(CH$_3$CN)$_2$: PdCl$_2$を乾燥させたCH$_3$CNと25℃で12時間撹拌する. 得られる赤茶色の固体をろ過し, 乾燥させると, 目的錯体がほぼ定量的に得られる[3].

これら3種の錯体はいずれも, 市販されている.

【性質・構造・機能・意義】PdCl$_2$(PPh$_3$)$_2$は, わずかに歪んだ平面四角形構造をしており, Pd-Cl結合距離は2.31 Å, Pd-P結合距離は2.37 Åである[4]. また, PdCl$_2$(PhCN)$_2$は, 芳香族炭化水素などの共存下で再結晶することにより, Pd$_6$Cl$_{12}$クラスターを含む種々の結晶が得られることが知られている[5].

アルケンは一般に求核剤と直接反応させることは困難である. ところが, Pd(II)錯体に配位させるとアルケンの電子密度が低下し, 求核剤の攻撃を容易に受ける. PdCl$_2$L$_2$構造を有する錯体は, この反応を起こす代表的なものの1つである. このときアルケンに対して付加する求核剤(Nu$^-$)とPdはトランス付加することがほとんどである. アルケンの代わりに1,3-ジエンを用いると, 求核剤との反応によりπ-アリルパラジウムを生じる. この反応パターンには, ホスフィン配位子を有する錯体よりもPdCl$_2$(PhCN)$_2$やPdCl$_2$(CH$_3$CN)$_2$が用いられることの方が多い. 付加反応によって生じる錯体はPd-C結合を有するが, さらにβ-水素脱離, 他のアルケンやアルキンの挿入, COによるカルボニル化, H$_2$との反応による水素化などの反応を経て, 有機物とPd錯体へと変換される. 反応の結果Pd(0)錯体を生じる系で, 反応を触媒的に進行させるには, Pd(II)の再生に, CuClやCuCl$_2$/O$_2$などの酸化剤を添加する必要がある. この他, PdCl$_2$(RCN)$_2$は, Cope転位, 環化異性化, オルトメタル化などを触媒する.

一方, PdCl$_2$(PPh$_3$)$_2$は, PPh$_3$が還元剤として作用し, あるいはGrignard試薬などClとのトランスメタル化が進行する試薬存在下では, 2つのClがトランスメタル化の後, C-C結合が還元的脱離することにより配位不飽和錯体であるPd(0)錯体である"Pd(PPh$_3$)$_n$"を発生する. そのため酸化的付加を含む反応の触媒として用いられることも多い. PPh$_3$を配位子として有するPd(0)錯体として多くの反応に用いられるPd(PPh$_3$)$_4$よりも高い触媒活性を示すことがしばしばある. 熊田-玉尾-Corriu反応や鈴木-宮浦反応をはじめとする各種クロスカップリング, 薗頭反応, 水素化反応, Heck反応などの種々の反応の触媒として用いられる.

【國安 均】

【参考文献】
1) J. R. Doyle et al., Inorg. Synth., **1960**, 6, 216.
2) J. S. Brumbaugh et al., J. Am. Chem. Soc., **1988**, 110, 803.
3) S. H. Louis et al., In Organometallics in Synthesis. A Manual, 2nd ed., Wiley, **2002**, 1123.
4) G. Ferguson et al., Acta Cryst., **1982**, B38, 2679.
5) M. M. Olmstead et al., Inorg. Chem., **2000**, 39, 4555.

$Pd_2C_2N_4O_2$

生

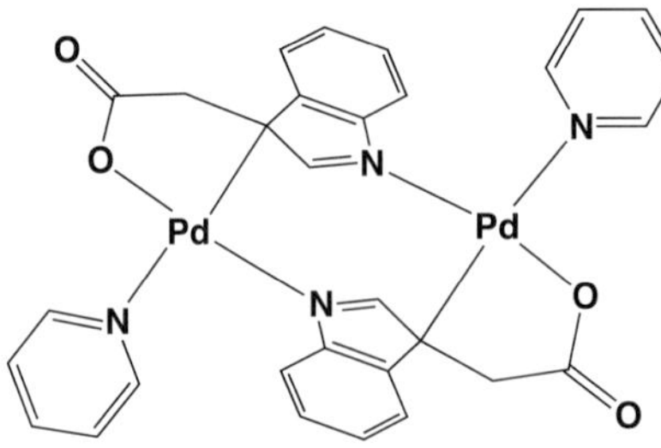

[文献1]

【名称】 3-indolylacetato pyridine palladium(II):
($[Pd_2(IAH_{-1})_2py_2]$)[1] (IAH=3-indolylacetate)

【背景】 インドールは生体内において重要なはたらきをする芳香環の1つであり，アミノ酸であるトリプトファンの側鎖基として存在し，電子伝達や，補酵素などとして機能しているほか，生理活性アミンのセロトニンやメラトニン，アルカロイドなどの構成成分として様々な生理活性を示す．さらに，抗炎症剤であるインドメタシンなどの医薬品の基本骨格にも用いられ，重要な化合物として広範に研究されている．21世紀に入り，銅シャペロン CusF に銅イオンとインドールとの相互作用が見いだされ[2]，インドールの錯体化学は注目されてきている．

インドールはピロール骨格を有し，ピロール NH を有する $1H$-インドールとピリジン N を有する $3H$-インドールとの互変異性体として存在する（構造式）．このため，窒素配位子として機能することができ，1990年に，山内らによって2-メチルインドールが $3H$-インドールとして N 配位したパラジウム(II)錯体について報告されている[3]．一方，1995年以降，インドールの炭素がパラジウムに配位した錯体が相次いで報告された[4]．ここで紹介するパラジウム錯体は，ピロール窒素とインドール3位の炭素が配位し，インドール基が架橋配位子である二核パラジウム(II)錯体である．

【調製法】 塩化パラジウム(II)酸ナトリウム Na_2PdCl_4 とインドール-3-酢酸(HIA)とをメタノール中，室温で反応させることで，赤色の $NaPd(IAH_{-1})Cl$ が得られる．得られた赤色粉末をピリジンと反応させることで，目的とする $[Pd(IAH_{-1})py]$ が赤褐色結晶として得られる．

【性質・構造・機能・意義】 錯体 $[Pd(L-H_{-1})Cl]$ の結晶構造解析から，ピリジン窒素，インドール-3-酢酸のカルボキシレート酸素とインドール3位の炭素がキレート配位し，インドール窒素がもう1つ別分子のパラジウムイオンに配位することで，インドールが架橋した二核錯体であることが明らかとなっている．2つのパラジウムイオンを含む軸に対して C_i 対称を有し，2つのインドールは *anti* の配向を示している．インドール窒素との結合距離は，2.002(10), 1.992(10) Å と，2-メチルインドール錯体に比べ，少し短い．一方，パラジウムと炭素との結合距離は2.124(12), 2.145(14) Å であり，現在までに報告されている他のパラジウム-インドール炭素間距離と比べ長い[4]．

配位しているインドール3位の炭素は本来 sp^2 炭素であるが，パラジウムイオンが配位することで，平面から大きくひずんでおり，sp^3 性が増大していることが ^{13}C NMR スペクトルからも示唆されている．これらのことから，配位しているインドールは，通常表記される $1H$-インドール型ではなく，3位の炭素が sp^3 炭素である $3H$-インドール型と帰属されている(図1)．

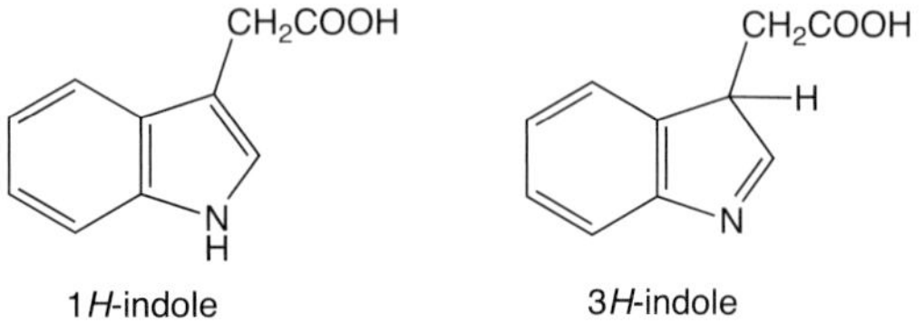

図1 インドール-3-酢酸における2つの異性体[1,4]

本錯体はクロロホルムやメタノール中では安定に存在するが，水またはジメチルスルホキシド(DMSO)中ではピロール窒素とパラジウムイオンとの結合が解離し，単核錯体として存在することが，NMR から示唆されている．その際，3位炭素との結合は解離せず，インドールは $3H$-インドール型を保持していると結論づけられている．

【関連錯体の紹介およびトピックス】 本錯体が報告された同じ年にもう1つ別のインドールの炭素がパラジウムに結合した錯体が報告されている．その錯体はインドール4位の炭素と結合しており，その結合長は2.005(3) Å と報告されている[5]．一方，環境汚染の1つの指標にも使われ，分子内に金属イオンと親和性の高い β-ジケトナト部位を有するウスニン酸とトリプタミンを連結した配位子を用いたパラジウム(II)錯体において，インドールが架橋した錯体の生成が2006年に報告されている[6]．

【島崎優一】

【参考文献】
1) M. Takani *et al., Inorg. Chim. Acta,* **1995**, *235*, 367.
2) Y. Xue *et al., Nat. Chem. Biol.,* **2008**, *4*, 107.
3) O. Yamauchi *et al., Inorg. Chem.,* **1990**, *29*, 1856.
4) Y. Shimazaki *et al., Coord. Chem. Rev.,* **2009**, *253*, 479.
5) S. Tollari *et al., J. Organomet. Chem,* **1995**, *488*, 79.
6) M. Takani *et al., Inorg. Chem.,* **2006**, *45*, 5938.

$Pd_2C_3N_5$

【名称】 *meso*-pentafluorophenyl substituted[36]octaphyrin(1.1.1.1.1.1.1.1)bis-palladium(II)complex(Möbius form)

【背景】 Hückel則に従えば，平面環状$(4n+2)\pi$電子系は芳香族性，平面環状$4n\pi$電子系は反芳香族性を示す．これに対し，いわゆる「メビウスの帯」のように滑らかにねじれた裏表のないπ共役構造（メビウストポロジー）では，$4n\pi$電子系が芳香族性となることが知られている．これをメビウス芳香族性と呼ぶ[1]．本錯体は，この特異な芳香族性を明確に示した最初の例であり，さらにその後の研究で環拡張ポルフィリンはメビウス芳香族性を実現するのに最適な化合物群であることが示された[2]．

【調製法】 [36]octaphyrin(1.1.1.1.1.1.1.1)のメタノール溶液に，10当量の酢酸ナトリウム存在下，10当量の酢酸パラジウムを加え2時間撹拌し，分液操作の後にシリカゲルカラムクロマトグラフィーにより精製する．8の字型構造で反芳香族性を示す濃青色のパラジウム二核錯体（収率51％）とともにメビウス芳香族性を示す青緑色のパラジウム二核錯体（収率20％）が得られる．

【性質・構造・機能・意義】 錯体の吸収スペクトルは，CH_2Cl_2中，$\lambda_{max}[nm](\varepsilon[10^4 M^{-1}cm^{-1}])$: 308(3.4), 361(2.9), 422(4.1), 735(22.0), 822(5.0), 1020(2.0), and 1143(1.7)に観測される．金属周りの構造は3つのピロール窒素と1つのβ炭素が片方のパラジウム(II)へ配位し，2つのピロール窒素と2つのβ炭素がもう片方のパラジウム(II)へ配位した構造をしている．パラジウム(II)はほぼ平面四配位を形成しており，分子全体としては金属錯化によってメビウス構造に固定されている．

$36\pi(=4n\pi)$電子系であるにもかかわらず，環の内側に位置するピロールβ炭素は^{1}H NMRにおいて0.24，-1.77，-2.93 ppmと著しく高磁場シフトした化学シフトを与え，diatropic環電流が発現していることを示している[2a]．結晶構造における結合交替や，エネルギー安定性を評価する理論計算においても36π芳香族性が支持されている[3]．

【関連錯体の紹介およびトピックス】 他にも[24]ペンタフィリンロジウム(I)錯体，[28]ヘキサフィリン10族金属錯体，[32]ヘプタフィリンパラジウム(II)錯体においてもメビウス芳香族性が実現されており，やはり高い二光子吸収断面積を与える[2]．さらに，バカタポルフィリンパラジウム(II)錯体モノカチオン種においては，$(4n+2)\pi$メビウス「反」芳香族性を示唆するスペクトルデータが得られている[4a]．加えて[30]ヘキサフィリンリン(V)錯体では，X線結晶構造におけるメビウス型のπ共役系と^{1}H NMRにおけるparatropic環電流が確認され，はじめて明確なメビウス「反」芳香族性の存在が証明された[4b]．以上の事実は，メビウス型のπ共役系においてはHückel則が逆転し環状$4n\pi$電子系で芳香族性，環状$(4n+2)\pi$電子系では反芳香族性が発現するということを示している．

【齊藤尚平・大須賀篤弘】

【参考文献】

1) a) R. Herges, *Chem. Rev.*, **2006**, *106*, 4820; b) H. S. Rzepa, *Chem. Rev.*, **2005**, *105*, 3697; c) Z. S. Yoon *et al.*, *Nat. Chem.*, **2009**, *1*, 113.

2) a) Y. Tanaka *et al.*, *Angew. Chem. Int. Ed.*, **2008**, *47*, 681; b) J. K. Park *et al.*, *J. Am. Chem. Soc.*, **2008**, *130*, 1824; c) J. Sankar *et al.*, *J. Am. Chem. Soc.*, **2008**, *130*, 13568; d) S. Saito *et al.*, *Angew. Chem. Int. Ed.*, **2008**, *47*, 9657; e) S. Tokuji *et al.*, *J. Am. Chem. Soc.*, **2009**, *131*, 7240; f) M. Inoue *et al.*, *Angew. Chem. Int. Ed.*, **2009**, *48*, 6687.

3) J. Aihara, *Org. Biomol. Chem.*, **2009**, *7*, 1939.

4) a) E. Pacholska-Dudziak *et al.*, *J. Am. Chem. Soc.*, **2008**, *130*, 6182; b) T. Higashino *et al.*, *Angew. Chem. Int. Ed.*, **2010**, *49*, 4950.

$Pd_2C_6Cl_2$

触 有

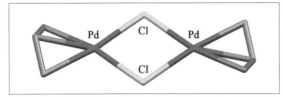

【名称】 di-μ-chlorobis(η³-2-propenyl)-dipalladium: [(η³-allyl)PdCl]₂

【背景】 1965年辻らは,塩化アリルパラジウムが塩基存在下マロン酸ジエチルと反応してアリルマロン酸ジエチルが生成することを明らかにした[1]. この反応はパラジウム錯体を化学量論量使用するのでアリル化剤としての利用価値は現在高くないが,アリルパラジウム錯体が求電子剤としてはたらくことを明らかにし,同時にパラジウム錯体が炭素-炭素結合生成反応に利用できることを世界ではじめて示し,のちに開発される辻-Trost 反応も含めたπ-アリルパラジウムの化学[2]の基礎を築いたという点において大変意義深い.

【調製法】 塩化パラジウムと塩化ナトリウムを溶かした水溶液にメタノールと塩化アリルを加え,撹拌しながらこの赤茶色の水溶液に一酸化炭素をゆっくり導入する. 赤茶色が消失して明るい黄色の沈殿が生じたのちに水を加え,クロロホルムで抽出する. 得た有機層を水で洗浄し,塩化カルシウムで乾燥した後,減圧下溶媒を留去して得られる粗生成物を,ジクロロメタン/ヘキサン混合溶媒から再結晶することによって得られる[3].

【性質・構造・機能・意義】 空気に安定な黄色結晶であり,融点(分解点)は155〜156℃. ベンゼン,クロロホルム,アセトン,メタノールなどに溶解する. この錯体は塩素原子2つで架橋されたパラジウム二核錯体である. Pd-Cl 結合は2.40Å, Pd-Cl-Pd および Cl-Pd-Cl のなす角度は92.2°と87.8°であり, Pd 2つと Cl 2つで構成される四角形はほぼ正方形である. Pd 原子同士の距離は3.46Å である. アリル基は内角が128.6°と sp^2 炭素のなす標準角(120°)よりも大きく,炭素-炭素結合の長さはいずれもほぼ1.36Å と等しくなっており,これらの特徴からパラジウムに対して η³ 配位していることがわかる. また,アリル基の末端炭素-パラジウム間距離(平均距離2.15Å)のほうが,中央炭素-パラジウム間距離(2.02Å)よりも長い[4].

上述したように[(η³-allyl)PdCl]₂は,マロン酸エステル,β-ケトエステル,エナミンなどソフトな求核剤に対してアリル化剤(求電子剤)として化学量論的に反応する[1]. また0価パラジウム錯体の前駆体として様々な反応で利用されている. ヒドロシリル化反応[5],交差カップリング反応[6],不斉アリル化反応[7],カルボスタニル化反応[8]の例を図1に示す.

【清水正毅】

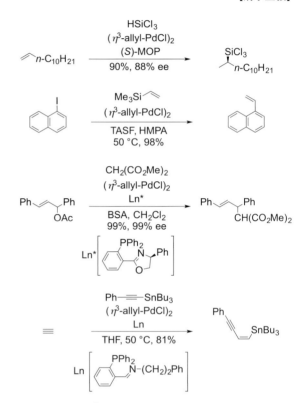

図1 [(η³-allyl)PdCl]₂を触媒とする合成反応例

【参考文献】

1) J. Tsuji *et al.*, *Tetrahedron Lett.*, **1965**, 4387.
2) J. Tsuji, *Palladium Reagents and Catalysts: New Perspectives for the 21st Century*, John Wiley and Sons, Ltd., Chichester, **2004**, Chapter 4.
3) Y. Tatsuno *et al.*, *Inorg. Synth.*, **1979**, *19*, 220.
4) W. Oberhansli *et al.*, *J. Organomet. Chem.*, **1965**, *3*, 43.
5) Y. Uozumi *et al.*, *J. Am. Chem. Soc.*, **1991**, *113*, 9887.
6) Y. Hatanaka *et al.*, *J. Org. Chem.*, **1988**, *53*, 918.
7) P. von Matt *et al.*, *Angew. Chem. Int. Ed. Engl.*, **1993**, *32*, 566.
8) E. Shirakawa *et al.*, *J. Am. Chem. Soc.*, **1998**, *120*, 2975.

Pd₂C₁₂

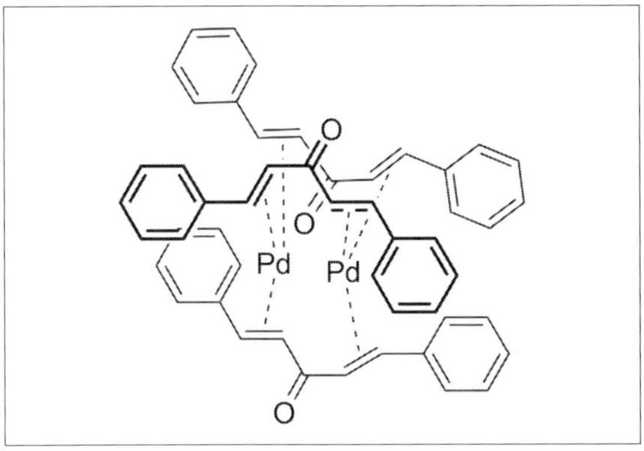

【名称】 tris(dibenzylideneacetone)dipalladium: $Pd_2(dba)_3$

【背景】 パラジウムに配位したジベンジリデンアセトン(略称：dba)は，系中に存在するリン化合物と容易に配位子交換するので，$Pd_2(dba)_3$ はリン化合物を配位子とするパラジウム 0 価錯体の溶媒に可溶なパラジウム源として様々な合成反応に利用されている．

【調製法】 ジベンジリデンアセトンと酢酸ナトリウムを溶解したメタノール溶液を約50℃に加熱し，ここに塩化パラジウムを加えて40℃で4時間加熱すると赤紫色の沈殿が生じる．ろ過した沈殿を水とアセトンで洗浄したのち減圧乾燥し，つづいて熱クロロホルムに溶解する．ここにエーテルをゆっくり加えると，クロロホルム1分子を含む組成で紫色の針状結晶として得られる[1]．再結晶溶媒にベンゼンやトルエンを使うと，それらを1分子含む同様の二核錯体がそれぞれ紫色の結晶として得られる．

【性質・構造・機能・意義】 融点(分解点)は 122〜124℃(クロロホルム含有結晶)，142〜144℃(ベンゼン含有結晶)，140〜141℃(トルエン含有結晶)である．空気中でかなり安定であるが，有機溶媒中では徐々に金属パラジウムとして沈殿する．クロロホルム，ジクロロメタン，トルエン，テトラヒドロフランなどの溶媒に溶解して深紫色の溶液となる．クロロホルム含有錯体の結晶は，*s-cis*, *s-trans* の配座をとっているジベンジリデンアセトンが単座配位子としてはたらき，各パラジウム原子あたりジベンジリデンアセトン3分子がそれぞれの炭素-炭素二重結合で配位した16電子錯体の構造を形成している．なお Pd-Pd の原子間距離は 3.245(2) Å である．

図1に $Pd_2(dba)_3$ を触媒前駆体として用いる反応の例をいくつか挙げる．

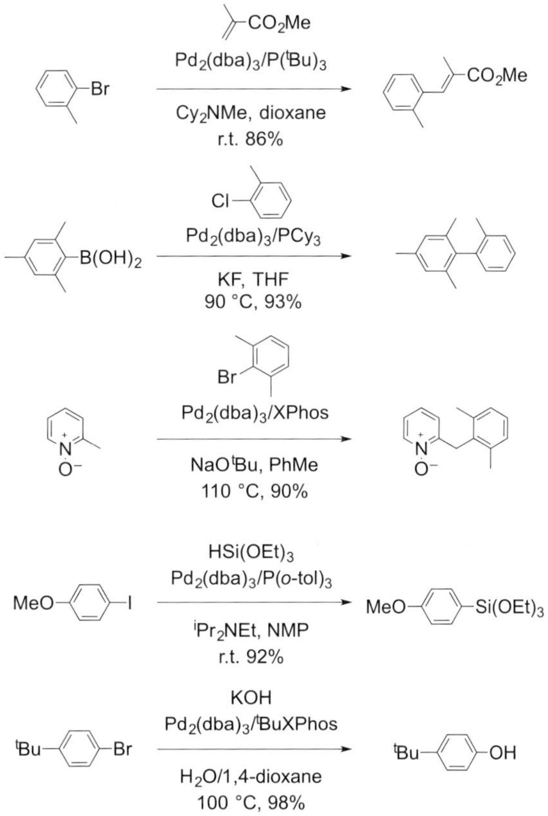

【関連錯体の紹介およびトピックス】 ジベンジリデ

ンアセトンと Na_2PdCl_4 の熱したメタノール溶液に酢酸ナトリウムを加え，攪拌しながら放置すると茶色がかった bis(dibenzylideneacetone)palladium $Pd(dba)_2$ が析出する．ろ過したのち水とアセトンで洗浄すると，分解点135℃の純粋な結晶が定量的に得られる．この錯体は固体状態であれば空気中で比較的安定であるが，溶液中では徐々に金属パラジウムとジベンジリデンアセトンに分解する[2]．$Pd(dba)_2$ は実際には $Pd_2(dba)_3$·dba とみなすのが正しい．すなわち，4つの dba のうち 3 つはそのオレフィン部位がパラジウムに配位しているが，残る 1 つはパラジウムに配位していない構造をしている[3]．

【清水正毅】

図1 $Pd_2(dba)_3$ を触媒前駆体として用いる反応

【参考文献】
1) T. Ukai *et al.*, *J. Organomet. Chem.*, **1974**, *65*, 253.
2) T. Takahashi *et al.*, *Chem. Commun.*, **1970**, 1065.
3) J. Tsuji, *Palladium Reagents and Catalysts: Innovations in Organic Synthesis*, John Wiley & Sons, Ltd., Chichester, **1995**, p. 3.

Pd_2C_{12}

有光

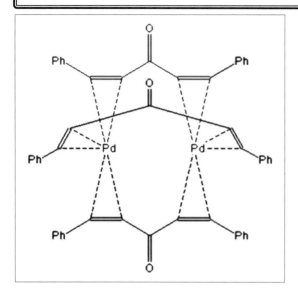

【名称】tris(dibenzylideneacetone)palladium(0):
$[Pd_2(dba)_3]$ (dba=dibenzylideneacetone)

【背景】本錯体はパラジウム(0)-オレフィン錯体としては珍しく空気中で安定であり,合成が容易で,かつdbaが容易に他の配位子と置換することから,多くのパラジウム(0)錯体の原料として用いられているものである.また,濃紫色である点も特徴であり,電子状態の研究も行われている.

【調製法】塩化パラジウム(II)またはテトラクロロパラジウム(II)酸カリウムをdbaと酢酸ナトリウムを溶解したメタノール中で反応させることによって容易に得られる.最初に得られる赤紫色粉末は1分子のdbaが錯体とともに結晶化した$[Pd_2(dba)_3]\cdot dba$であり,これをクロロホルム中で再結晶することでクロロホルム結晶溶媒を含む$[Pd_2(dba)_3]\cdot CHCl_3$が得られる[1].合成原料としては再結晶する前の生成物で十分なことが多く,この生成物の組成はPd:dba=1:2であることから,"$Pd(dba)_2$"などとしばしば表記されるが,いずれも実際には2核の$[Pd_2(dba)_3]\cdot dba$の構造の物質と考えられている.

【性質・構造・機能・意義】濃紫色粉末で,空気中で安定である.ジクロロメタンを結晶溶媒とする錯体のX線構造解析(図1)によると[2]錯体に配位するdba配位子のうち2個においてC=OとC=C二重結合の配置がs-cis,s-transであるのに対し,もう1つのdba配位子ではどちらもs-transとなっている(上図では見やすくするため異なった配置となっている).オレフィン配位部分のPd-C距離は2.22~2.31Åの範囲である.

この錯体に溶液中でホスフィンを加えると容易にパラジウム(0)-ホスフィン錯体を与えるため,ホスフィン錯体の合成によく用いられるほか[3],触媒反応の研究の際に,in situでホスフィン錯体を生成させる際に本錯体とホスフィン配位子を混合することもしばしば行われている.

図1 $[Pd_2(dba)_3]$ Pd-Pd方向から見た構造図

この錯体の分光学的な性質は詳しく調べられており[4],可視域の吸収(540 nm)はMLCTに帰属されている.ラマンなどの解析からM-M振動モードが研究され,その結果金属間相互作用は比較的弱いとされた.またジクロロメタン中295Kにおいて730nmに発光(ホトルミネセンス)が観測され,これは三重項MLCT状態からの発光と帰属された.

【関連錯体の紹介およびトピックス】同様な構造の二核パラジウム錯体で構造が確認されているものは少ないが,dbaとSO_2が架橋配位し,さらにトリベンジルホスフィンが配位した$[Pd_2(dba)(SO_2)(P(benzyl)_3)_2]$が構造解析されている[5].同族の白金錯体$[Pt_2(dba)_3]$も知られており,パラジウム錯体と同様な性質を有している[4].

【坪村太郎】

【参考文献】
1) W. A. Herrmann Eds., "*Synthetic Methods of Organometallic and Inorganic Chemistry*", vol. 1, **1996**, Thieme.
2) K. Selvakumar *et al.*, *Organometallics*, **1999**, *18*, 1207.
3) F. Paul *et al.*, Organometallics, **1995**, *14*, 3030 など.
4) P. D. Harvey *et al.*, *J. Am. Chem. Soc.*, **1989**, 111, 1312.
5) A. D. Burrows *et al.*, *J. Organometal. Chem.*, **1999**, 573, 313.

Pd$_2$N$_8$

【名称】β-ethyl substituted[36]octaphyrin(2.1.0.1.2.1.0.1)-bis-palladium(II)complex

【背景】環拡張ポルフィリンの中でも8の字型ねじれ構造をもつ錯体は，ねじれの方向によって(P,P)巻きと(M,M)巻きのエナンチオマーが存在する．中でも[36]オクタフィリン(2.1.0.1.2.1.0.1)パラジウム(II)二核錯体は，光学分割されたうえで単結晶X線構造解析により絶対構造が決定されている[1]．

【調製法】[36]オクタフィリン(2.1.0.1.2.1.0.1)のジクロロメタン溶液中に，過剰のトリエチルアミン存在下，5当量の酢酸パラジウムメタノール溶液を加え室温で16時間放置し，分液操作の後にアルミナカラムクロマトグラフィーにより精製する(収率78％)．

【性質・構造・機能・意義】錯体の吸収スペクトルは，CH$_2$Cl$_2$ 中，λ_{max}[nm](ε[10^4 M^{-1}cm^{-1}]): 281(2.7), 355(3.8), 396(3.3), 559(6.0), and 654(16.6)に観測される．錯体の構造は，8つのピロールから構成される大環状の骨格は8の字型にねじれた構造を有しており，骨格に沿ってπ共役系が広がっている．分子全体としてC_2対称構造であり，2つのパラジウム(II)イオンはそれぞれ4つの窒素によって歪んだ平面四配位をとっている．8の字型ねじれ構造の交差箇所にはエチレン部位が位置しており，その他のオクタフィリン金属錯体と比べてキラルカラムクロマトグラフィーによる光学分割が容易である．また，この錯体は剛直な構造であるため分割後のエナンチオマーは充分に光学安定である．すなわち，(P,P)と(M,M)とのエナンチオマー間での平衡は観測されていない．

【関連錯体の紹介およびトピックス】このような8の字型構造に由来する環拡張ポルフィリンのキラリティーに関しては数例の報告があり，一般に各エナンチオマーは可視領域(～800 nm)に円偏光二色性(CD)を有し，モル円二色性$\Delta\varepsilon$の絶対値は数百～1千 M^{-1}cm^{-1} へと達する[2]．コットン効果の正負と絶対構造との相関は量子化学計算により理論的に予想できることから，エナンチオマーのCDスペクトルから(P,P)巻きか(M,M)巻きかを決定することができる．このことを利用して，キラルなカルボン酸により誘起されるオクタフィリンのCDをカルボン酸の絶対配置決定に利用する研究が報告されている[3]．また，キラルなアミン存在下でオクタフィリンの金属錯化を行うことで，ある程度の不斉誘起が可能であることも報告されている[4]．さらに，8の字型構造だけではなくメビウス型の構造を有する環拡張ポルフィリン[5]に関してもエナンチオマーが存在し，系によっては光学分割が可能である．中でも6つのピロールからなる28πメビウス芳香族ヘキサフィリンパラジウム(II)単核錯体は，キラルカラムによる光学分割が可能で，また，(S)-BINAP-塩化パラジウムを用いた金属錯化では33％収率23％ ee でメビウス型ヘキサフィリン錯体の不斉誘起が達成されている．さらに，この錯体はトルエン溶液中で長時間加熱することでラセミ化が進行することがわかっており，エナンチオマー間のエネルギー障壁はE_a=127.2 kJ mol^{-1}と見積もられている．

【齊藤尚平・大須賀篤弘】

【参考文献】
1) a) A. Werner *et al., Angew. Chem. Int. Ed.*, **1999**, *38*, 3650; b) H. S. Rzepa, *Org. Lett.*, **2009**, *11*, 3088.
2) S. Saito *et al., Chem Eur. J.*, **2006**, *12*, 9095.
3) J. M. Lintuluoto *et al., Chem. Commun.*, **2006**, 3492.
4) J. Setsune *et al., Angew. Chem. Int. Ed.*, **2009**, *48*, 771.
5) T. Tanaka *et al., Angew. Chem. Int. Ed.*, **2010**, *49*, 6619.

$Pd_2N_4O_4$

[文献1より改変]

【名称】 ethylenedimaine(α-D-glucopyranose-1,2,3,4-O-tetraato) palladium(II)・heptahydrate:[(en)$_2$Pd$_2$(α-D-Glc$p$1,2,3,4H$_{-4}$)]・7H$_2$O

【背景】 持続可能な発展の観点からバイオマスとして自然界に最も豊富に存在する糖質は注目されている.しかしながら,多数の官能基である水酸基を有する糖質の化学は常に煩雑さを伴い,反応制御が困難である.この問題を解決する方法として金属触媒による反応制御が挙げられる.金属と糖質の工業的反応の成功例である,金属アミン錯体によるセルロースの可溶化は近代繊維工業にとって重要な役割を果たしてきた.一方,還元糖は溶液中で直鎖構造と閉環構造が存在する.さらに閉環構造ではフラノースおよびピラノース構造に加えてα-およびβ-のアノマー異性が生じるなど,極めて複雑な異性現象を示す.このような複雑な異性体現象に加えて,多数の官能基である水酸基を有する糖質と金属アミン錯体の相互作用による可溶化反応機構の詳細は未解決である.そのためには,まず金属と糖質の反応の基礎データの蓄積が重要である.このような背景から,Klüfersらのセルロース可溶化液[(en)Pd(OH)$_2$](水酸化パラジウム(Pd(OH)$_2$)とエチレンジアミン(en)から調整した溶液)を用いた先導的研究により,最も基本的な糖であるD-グルコース(D-Glc)を配位子として含む本Pd錯体の単離および結晶構造解析ならびに溶液内挙動の解明がなされたものである[1]).

【調製法】 D-Glcとセルロース可溶化液[(en)Pd(OH)$_2$]を糖とパラジウムの比が1:3になるように調整した水溶液を5℃に冷却すると,結晶が析出する.

【性質・構造・機能・意義】 D-GlcとPdの1:3の混合水溶液の^{1}Hおよび^{13}C NMRスペクトルの詳細な検討から,結晶と同様に錯体は[PdN$_2$O$_2$]型の構造で,エチレンジアミンがキレート配位し,糖の隣接する水酸基が脱プロトン化してPdに五員環のキレート配位していること,また糖環はピラノースコンホメーションをとっており,α-とβ-の比が1:2のアノマー混合物であることが確かめられている.なお,D-Glcと[(en)Pd(OH)$_2$]の混合比が1:1の場合には単核錯体が形成される.本錯体[(en)$_2$Pd$_2$-(α-D-Glc$p$1,2,3,4H$_{-4}$)]・7H$_2$Oは結晶構造解析がなされており,錯体は糖が架橋したPdの二核構造である.糖環はα-$^4C_1$コンホメーションをとり,またO1~O4の水酸基がすべて脱プロトン化して-4価の陰イオンになっている.各金属中心は[PdN$_2$O$_2$]型の平面四配位構造である.各パラジウムに1分子のエチレンジアミンがキレート配位し,また糖の隣接する水酸基が脱プロトン化してPdに五員環のキレート配位している.O-Pd-Oの結合角は83.5(5)°および84.2(5)°,Pd-Nの結合距離は2.009(18)~2.040(14) ÅおよびPd-Oの結合距離は1.976(13)~2.040(13) Åである.すなわち5℃では,グルコースは還元部位を配位結合に使用せず,糖環上の水酸基の水素が脱離して多価アルコールとして2つのPdに架橋配位している.還元糖類も[(en)Pd(OH)$_2$]のエチレンジアミンとN-グリコシドを生成せずに,多価アルコールと同様の挙動をとることが知られており,この知見は,セルロースの可溶化機構の解明にとって重要である.

【関連錯体の紹介およびトピックス】 セルロース可溶化溶液である[(en)Pd(OH)$_2$]水溶液は,金属と糖の比が2:1の場合に,他の単糖類(D-アラビノース,D-リボース,D-ガラクトース)もD-グルコースと同様に反応して,様々な単核あるいは糖が架橋した二核パラジウム錯体を形成することが,NMRならびにX線結晶構造解析によって明らかにされている.また,Cu(II)についても詳細に調べられている[2]).

【矢野重信】

【参考文献】

1) P. Klüfers et al., Angew. Chem. Int. Ed., **2001**, 40, 4210.
2) a) P. Klüfers et al., Chem. Eur. J., **2003**, 9, 2013; b) P. Klüfers et al., Eur. J. Inorg. Chem., **2002**, 1285; c) Klüfers et al., Z. Anorg. Allg. Chem., **2004**, 630, 553.

$Pd_2N_6Cl_2$

【名称】dichlorobis[μ-[[(4S,4'S)-2,2'-(1H- pyrrole-2,5-diyl-κN) bis [4,5-dihydro-4-(1-methylethyl) oxazolato-κN^3]](1−)]]dipalladium:[$Pd_2(S,S$-iproxp$)_2Cl_2$]

【背景】光学活性な二重らせん二核パラジウム錯体の構造と性質を明らかにするために，キラルな配位子 S,S-iproxpH$_2$ を導入した錯体が設計・合成された．このタイプの錯体は安定性が高くないがゆえ，これまでらせん構造間の相互変換に関する知見に乏しかったが，これにより情報を得ることが可能となった数少ない例である[1]．

【調製法】配位子 S,S-iproxpH$_2$ は，塩化亜鉛とピロール-2,5-ビスカルボニトリル，過剰量の S-バリノールをクロロベンゼン中で12時間加熱還流し，溶媒を留去した後，酢酸エチルとヘキサンの1：1混合溶媒を用いたシリカゲルカラムクロマトグラフィーにより単離精製することにより得られる．次に，この配位子をジエチルエーテルに溶解し，窒素雰囲気下 −78℃で n-ブチルリチウムのヘキサン溶液を加えると，白色の懸濁液となる．これに[PdCl$_2$(1,5-cod)]のジエチルエーテル懸濁液を加えた後，室温まで戻してから一昼夜撹拌する．溶媒を留去後，ジクロロメタンを用いたシリカゲルカラムクロマトグラフィーにより，[Pd$_2$(S,S-iproxp)$_2$Cl$_2$]の P 体と M 体を分割する．配位子に R,R-iproxpH$_2$ を用いれば，[Pd$_2$(R,R-iproxp)$_2$Cl$_2$]の P 体と M 体を得ることができる．

【性質・構造・機能・意義】クロロホルム中での吸収スペクトルにおいては，配位子の $\pi^* \leftarrow \pi$ 遷移に由来するブロードな帯が330 nmに観測される．P 体のCDスペクトルにおいては，310 nmに $\pi^* \leftarrow \pi$ 遷移由来の正の帯が，350 nmにMLCT遷移による負の帯が現れる．M 体のCDスペクトルは P 体とほぼ対称的なパターンとなるが，380および420 nmに P 体には見られない帯が観測される．これらの帯は，P 体と M 体との間で，配位子中のイソプロピル基の配置が完全には鏡像関係にないことに起因する．この錯体は，室温では溶液中でも数週間安定であり，異性化反応なども起こらない．しかしながら，P 体の溶液を70℃以上に加熱すると，部分的に M 体へと構造変換を引き起こす．

この錯体については単結晶X線構造解析がなされており，P 体および M 体ともに結晶構造が確認されている．Piguetによるらせん構造の分類に従うと，いずれもヘテロトピックな二重鎖不飽和らせん構造に属する[2]．これまでにも多数のらせん状錯体が報告されているが，多重鎖不飽和らせん構造を有するものに関しては，ホモトピック，ヘテロトピックを問わず，非常にわずかな例しか存在しない．また，通常の合成法においては，アキラルな配位子を用いるため，生成する錯体は P 型らせんと M 型らせんのラセミ混合物として得られる．本錯体はキラルな配位子を導入することにより比較的容易に P 体と M 体を分割可能な錯体であるとともに，ヘテロトピックな二重鎖不飽和らせん構造を示すものとして興味深い．

【関連錯体の紹介およびトピックス】この錯体は，2つのオキサゾリン骨格にイソプロピル基を導入した配位子 iproxp の特性により二重らせん構造をとる．iproxp 中のイソプロピル基を2つのメチル基に置換した配位子として，bis[2-4,4'-dimethyl-4,5-dihydrooxazolyl]pyrrolide (dmoxp) があり，この配位子を用い，らせん状二核パラジウム錯体[Pd$_2$(dmoxp)$_2$Cl$_2$]が合成されている[3]．しかしながら，配位子自体がアキラルであるため，この場合に得られるのは P 体と M 体のラセミ混合物となる．

【山田泰教】

【参考文献】
1) C. Mazet *et al.*, *Chem. Eur. J.*, **2002**, *8*, 4308.
2) C. Piguet *et al.*, *Inorg. Chem.*, **1989**, *28*, 2920.
3) C. Mazet *et al.*, *Organometallics*, **2001**, *20*, 4144.

Pd_2P_6

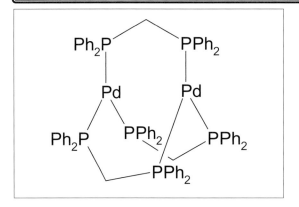

【名称】tris(μ_2-bis(diphenylphosphino-methane)palladium(0):[Pd_2(dppm)$_3$](dppm=diphenylphosphinomethane)

【背景】本錯体は1972年に不飽和化合物の水素化反応の触媒としてはじめて合成されたものである．dppm配位子はキレート形成が起こりにくく，架橋配位子としてはたらくことが多いが，本錯体は2個のパラジウム錯体を3つのdppm配位子が架橋した独特の構造となっている．

【調製法】エタノール中で[$PdCl_2$(PPh_3)$_2$]にdppmを加え，ヒドラジンで還元する[1]．

【性質・構造・機能・意義】橙色粉末で空気に不安定である．X線構造解析によると[2]錯体はほぼC_{3h}対象を有し，3つの配位子中の2つのリンの間のメチレンは同じ方向に折れ曲がっている．Pd-P距離は2.30～2.32Å，P-Pd-P角は116～126°，そしてPd-Pd距離は2.959(2)Åであり，dppm架橋の一価錯体[Pd_2Br_2(dppm)$_2$]におけるPd-Pd距離が2.7Åであることに比べるとはるかに長くなっており，通常の結合があるとは考えられないとされる(図1)．

この錯体にはハロゲン単体などが反応すると酸化的付加反応を生じ[Pd_2X_2(dppm)$_2$]型Pd(I)錯体を与え，さらに反応が進行すると単核[PdX_2(dppm)]となる[3]．前者の二核一価錯体はパラジウム周りの幾何構造が平面正方型であり，Pd-Pd単結合を有する．またNaBH$_4$で還元した生成物については詳しい研究が行われている[2]．

他の多くの単核Pd(0)ホスフィン錯体(例えば[Pd(PPh_3)$_4$])が可視域には明確な吸収極大をもたないのに対し，この化合物は可視域に吸収をもつ．これは金属-金属間相互作用に基づくと帰属されている．この化合物の電子状態に関しては詳しい研究があり[4]，励起状

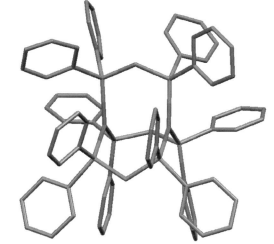

図1　X線構造解析による構造図

態でのラマン散乱の測定結果から，励起状態では金属間相互作用がより強くなると結論づけられている．

紫外線照射下で固体，溶液いずれも比較的強いルミネセンスを発する．THF溶液中において発光極大が740nm，励起状態寿命は5.4μs，発光量子効率は1.9%と報告されている[5]．光照射下でこの錯体にジクロロエタンが反応すると，2つのパラジウムにジクロロメタンが酸化的に付加しA字型構造を有するμ-CH$_2$-[Pd_2Cl_2(dppm)$_2$]が生成することもあわせて報告されている．また，同様に光照射下でジクロロエタンが反応すると[Pd_2Cl_2(dppm)$_2$]とエチレンが生成することは別途報告がなされている[6]．

【関連錯体の紹介およびトピックス】[Pt_2(dppm)$_3$]は，同様の構造をもち溶液中の構造についてNMRによって詳しい研究がなされている．この白金(0)錯体や[Pd_2(dppa)$_3$](dppa＝ビス(ジフェニルホスフィノ)アミン)も本錯体と同様にルミネセンスを発することが知られている．

【坪村太郎】

参考文献

1) E. W. Stern et al., J. Cat., **1972**, 27, 120.
2) R U. Kirss et al., Inorg. Chem., **1989**, 28, 3372.
3) C. J. Barnard et al., "Comprehensive Coordination Chemistry", **1989**, vol. 5, 1102.
4) P. D. Harvey et al., Inorg. Chem., **1989**, 28, 3057.
5) J. V. Caspar, J. Am. Chem. Soc., **1985**, 107, 6718.
6) T. Tsubomura et al., Chem. Lett., **1994**, 661.

$Pd_3N_3O_3S_3$

無

【名称】tris[μ-D-penicillaminato(2−)κ^4N, S: O,S] tripalladium(II)tetrahydrate: [Pd_3(D-pen)$_3$]・$4H_2O$

【背景】D-ペニシラミンは Wilson 病の薬として用いられる有用な含硫アミノ酸であるが，それとともに，チオール基，アミノ基，カルボキシ基の3種類の配座を有する多核化配位子としても利用できる．D-ペニシラミンをもつパラジウム(II)三核錯体([Pd_3(D-pen)$_3$]・$4H_2O$)は，D-ペニシラミンとパラジウム(II)イオンとの反応により得られた最初の錯体である[1]．また，その反応性や小分子取り込み挙動についても報告されている．

【調製法】前駆体として，[Pd_4Cl_4(D-Hpen)$_4$]・$6H_2O$ を合成する．水溶液中，Na_2[$PdCl_4$]とD-ペニシラミンを 1:1 で混合すると，赤橙色懸濁液が得られる．これを 60℃で30分間加熱し，得られた赤橙色溶液に1M の塩酸を加えた後，室温にて1週間放置すると，橙色結晶として[Pd_4Cl_4(D-Hpen)$_4$]・$6H_2O$ が得られる．この錯体を水に懸濁させ，3当量の炭酸カリウムを加えると橙色溶液へと変化する．これを室温にて1週間放置すると，橙色結晶として[Pd_3(D-pen)$_3$]・$4H_2O$ が得られる．収率60%[1,2]．

【性質・構造・機能・意義】橙色結晶．水に易溶である．この錯体は，3つのパラジウム(II)イオンが3つのD-ペニシラミンの硫黄原子により架橋された六員環三核構造を形成している．パラジウム(II)イオンは2つのD-ペニシラミンにより配位されており，S_2NO 平面四角形型配位環境にある．また，1つのD-ペニシラミンは，2つのパラジウム(II)イオンを架橋しており，それぞれのパラジウム(II)イオンに N,S キレートおよび O,S キレート型で配位している．Pd-S-Pd 角は平均で 86.91(5)°であり，理想的な四面体からはかなり歪んでいる．

この錯体に酸を加えることにより，D-ペニシラミンのカルボキシ基にプロトンが付加した硫黄架橋環状四核錯体([Pd_4Cl_4(D-Hpen)$_4$])が生成する．これは，[Pd_3(D-pen)$_3$]の前駆錯体であり，酸塩基による可逆な構造変換が見られる[2]．

[Pd_3(D-pen)$_3$]は，パラジウム(II)単核錯体の合成の前駆体となる．水溶液中で，[Pd_3(D-pen)$_3$]に D-ペニシラミンと水酸化カリウムを反応させると，パラジウム(II)単核錯体(K_2[Pd(D-pen-N,S)$_2$])が得られる．この錯体は，構造が決定された非架橋チオラト基を有するパラジウム(II)単核錯体の最初の例である[2]．

水溶液中で，[Pd_3(D-pen)$_3$]に臭化水銀とアンモニアを反応させると，金属置換反応が起こり，異core環状三核構造をもつ錯体([Pd_2HgBr_2(D-pen-N,S)$_3$(NH_3)]$^{2-}$)を生成する[3]．

[Pd_3(D-pen)$_3$]は，結晶中において層状に配列し，その親水性層に金属塩を取り込むことができる．例えば，K_3[Hg_2Br_7]塩が水分子とともに水素結合ネットワークを形成して取り込まれる[3]．また，[Pd_3(D-pen)$_3$]の水溶液にラセミの[Co(en)$_3$](ClO_4)$_3$(en＝エチレンジアミン)を加えると，Δ体のみが選択的に取り込まれる．したがって，[Pd_3(D-pen)$_3$]は光学分割剤としても利用できる[4]．

【関連錯体の紹介およびトピックス】D-ペニシラミンの代わりに L-システインをもつ環状パラジウム(II)四核錯体([Pd_4Cl_4(L-Hcys)$_4$])も報告されている．これは，[Pd_3(D-pen)$_3$]の合成の前駆体である[Pd_4Cl_4(D-Hpen)$_4$]と類似の構造を有する[5]．[Pd_3(D-pen)$_3$]を出発に用いて合成された単核錯体(K_2[Pd(D-pen-N,S)$_2$])は，銅(I)イオンや銀(I)イオンと反応して，ケージ型の $Pd^{II}_6M^I_8$ 錯体(M＝Cu, Ag)を形成することが示されている[6]．

【井頭麻子・今野　巧】

【参考文献】
1) G. Cervantes et al., Polyhedron, **1998**, 17, 3343.
2) N. Yoshinari et al., Chem. Lett., **2009**, 38, 1056.
3) Y. Hirai et al., Chem. Lett., **2007**, 36, 434.
4) Y. Hirai et al., Inorg. Chem., **2011**, 50, 2040.
5) X.-H. Chen et al., Acta Cryst., **1998**, C54, 909.
6) N. Yoshinari et al., Chem. Eur. J., **2010**, 16, 14247.

Pd_3O_{12}

無　光

【名称】 cyclo-tris(di-μ-acetato-O,O')-tripalladium(II): [$Pd_3(AcO)_6$]

【背景】 2価のパラジウム化合物はd^8の電子状態にあり，低温では，発光性を示すものも少なくないが，室温で発光性を示すものはまれである．酢酸パラジウム(II)は，有用な有機反応の触媒，触媒前駆体として用いられている化合物であるが，最近，三量体構造の酢酸パラジウムが室温・溶液状態で発光性を示すことが報告された[1]．

【調製法】 調製直後のパラジウム黒を酢酸と硝酸中で，窒素気流を通じながら還流する．溶液を濃縮することにより，沈殿として[$Pd_3(AcO)_6$]が得られる[2]．

【性質・構造・機能・意義】 無色固体．酢酸，ジクロロメタン，クロロホルム，ベンゼン，メタノールに可溶．[$Pd_3(AcO)_6$]CH_2Cl_2の組成をもつ結晶は，ジクロロメタンが再結晶すると得られる．三核錯体骨格は，溶存状態でも保持されるが，酢酸溶媒中でアルカリ金属酢酸塩を加えると，単核錯体へ分解することが知られている[3]．また，溶媒に残留する水に極めて敏感であり，脱水不十分の溶媒では一部のアセタト配位子が水に置換されると報告されている[2]．

この錯体は，酢酸中で，パラジウム黒を硝酸で酸化することより合成できるが，酸化に伴い発生するNO_2が存在すると，不純物として紫色の[$Pd_3(AcO)_5(NO_2)$]が生成する．このため，合成時には窒素気流を通じて生成したNO_2を迅速に除く必要がある[2]．

この錯体の構造は単結晶X線構造解析により決定されており，正三角形に配列されたPdに，上下から酢酸配位子が架橋配位している構造となっている．各パラジウムの周りは，4つの酸素からなるほぼ平面型四配位である．結晶学的な三回軸はもたないが，ほぼD_{3h}の対称性をもつ．Pd-Oの平均結合長は，2.00 Åである．Pd$\cdots$Pd距離は3.081(2)〜3.203(1) Åであり，Pd間には弱い相互作用があると考えられる[2]．

この錯体のベンゼン溶液は室温で，400 nm付近に吸収帯を示し（$\lambda_{max}=399$ nm, $\varepsilon=870\,M^{-1}cm^{-1}$），紫外光励起により475 nmを極大とする発光を示す．溶液から酸素を除いた状態では，この発光帯に加え1/100程度の強度をもつ発光帯を$\lambda_{max}=595$ nmに示す．励起スペクトルは吸収スペクトルに対応し，発光は，400 nm付近の吸収帯に基づくものとされている．同様の発光挙動は，酢酸溶液でも観測されるが，酢酸カリウムを加えると消光される．酢酸カリウムを加えると三核構造が保たれないことが知られているため，発光は三核構造に特徴的であると考えられている[1]．

定性的な分子軌道の考察により，この化合物のHOMOは3つのPd^{II}の$4d_{z^2}$軌道が相互作用してできるe'の軌道であり，LUMOは3つのPd^{II}の$5p_z$軌道が相互作用してできるa_1'の軌道であるとされている．399 nmに極大をもつ吸収帯は，HOMO-LUMO遷移によるものであり，475 nm，および595 nmに極大をもつ発光も，この励起状態に帰属される．長波長側の発光帯が酸素により消光されることから，長波長側の発光がりん光に相当し，消光されない短波長側の発光は蛍光に相当するとされている．

単純なPd^{II}の化合物で室温・溶液状態で発光する例は極めて少ないが，このように基本的で単純な化合物でも発光性が観測されたことから，Pd^{II}錯体の発光性に対する金属-金属間相互作用の重要性が示唆される．

【関連錯体の紹介およびトピックス】 酢酸パラジウムは，ここで述べた三量体の他にも，溶液中では単量体，二量体，オリゴマーなど，様々な条件により，多様な構造をとるとされている．実際，ポリメリックな化合物の結晶構造も決定されている．また，NO_2以外に[$Pd_3(\mu-AcO)_5(\mu-L)$]の構造をとる化合物も，数多く報告されている．

【柘植清志】

【参考文献】
1) H. Kunkely *et al.*, *Chem. Phys. Lett.*, **1999**, *308*, 169.
2) V. I. Bakhmutov *et al.*, *Dalton Trans.*, **2005**, 1989.
3) D. Kragten *et al.*, *Inorg. Chem.*, **1999**, *38*, 331.

Pd$_4$Si$_3$P$_6$

【名称】tris(μ_3-diphenylsilylene)-tris-(1,2-bis(dimethylphosphino)ethane)-tetrapalladium:[Pd{Pd(dmpe)}$_3$(μ_3-SiPh$_2$)$_3$]

【背景】2価のケイ素化学種であるシリレンが金属に配位したシリレン錯体は,各種有機ケイ素化合物の触媒的変換反応における鍵中間体として注目を集めてきた.有機ヒドロシランのオリゴマー化反応およびアルキンとの環化付加反応において,シリレン白金錯体が中間体として仮定されることから,10族遷移金属-シリレン錯体の化学は様々な観点から研究されている.しかしながら,単核および二核系の10族遷移金属シリレン錯体については数多くの合成例があるのに対し,3核以上ではその例は極めて少ない.本錯体は平面に配置された4つのパラジウムに3つのシリレンが架橋配位した極めて珍しい構造をとっており,不均一系金属表面に吸着したシリレンのモデルとしても,興味深い化学種といえる[1].

【調製法】[Pd(SiHPh$_2$)$_2$(dmpe)]と[Pd(PCy$_3$)$_2$]との反応で主生成物として得られる[{Pd(PCy$_3$)}$_2$(μ-η^2-SiHPh$_2$)$_2$][2]と1,2-ビス(ジメチルホスフィノ)エタン(dmpe)のトルエン溶液を調製し,窒素あるいはアルゴンなどの不活性ガス雰囲気下,80℃で加熱することで標題化合物は合成される.また,cis-[Pd(SiPh$_2$H)$_2$(dmpe)]が副生し,さらに[Pd(PCy$_3$)$_2$]と反応させることで,標題化合物へと変換される.この錯体の生成機構の詳細については,明らかになっていない.

【性質・構造・機能・意義】この錯体の構造は単結晶X線構造解析により明らかになっている.3つのパラジウムと3つのケイ素が六角形の頂点の位置を占め,その中心にもう1つのパラジウムが位置し,7つの原子は同一平面内にある.中心パラジウム-ケイ素間の結合距離は2.2521(8)~2.2674(8) Åであり,単核のパラジウムシリレン錯体に匹敵するほど短い.六角形の頂点の位置を占めるパラジウムを除いたケイ素周りの結合角の和はほぼ360°となる.これらの構造的特徴から,この錯体では,シリレンが3つのパラジウムを架橋配位しているといえる.このように2価の14族元素化学種が3つの金属を架橋した例としては,ゲルミレンおよびスタニレンが3つルテニウムに架橋配位した錯体[Ru$_3$(CO)$_8$(μ-SPh)(μ_3-EPh$_2$)(EPh$_3$)$_2$](E=Ge, Sn)が報告されている[3].前例のない[Pd$_4$Si$_3$]骨格は,六角形の頂点の位置を占めるパラジウムとケイ素間での結合形成,パラジウム間でのd^{10}-d^{10}相互作用により,安定化されていると理解できる.

この錯体の^{31}P{^{1}H} NMRスペクトルでは,^{29}Si核とのサテライト(J_{PSi}=22 Hz)を有するシグナルがδ -2.41に1本のみ観測され,高い対称性を有する構造と一致している.^{29}Si{^{1}H} NMRスペクトルでは,シグナルはδ 195に多重線として観測される.このシグナルの低磁場シフトは,架橋シリレンに特徴的であり,常磁性遮へい効果による.

4つのPd^{0}と3つのシリレンから構築される[Pd$_4$Si$_3$]の電子状態および化学的性質については未解明な点も多く,今後の研究の発展が期待される.

【関連錯体の紹介およびトピックス】類似の構造をとる錯体として,[Pd$_4$Si$_5$]骨格を有する多核錯体の合成と構造が報告されている[4].この関連錯体は標題錯体と類似の[Pd$_4$Si$_3$]骨格をとり,さらに中心パラジウムに2つのケイ素配位子が結合している.したがって,中心パラジウムは2価となる.

【岡崎雅明】

【参考文献】
1) T. Yamada et al., *Angew. Chem. Int. Ed.*, **2009**, *48*, 568.
2) M. Tanabe et al., *Organometallics*, **2003**, *22*, 2190.
3) S. E. Kabir et al., *Dalton Trans.*, **2008**, 4212.
4) S. Shimada et al., *Proc. Natl. Acad. Sci. USA*, **2007**, *104*, 7758.

PtHC₂N₃

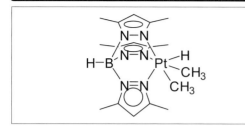

【名称】hydrodimethyl(tris(3,5-dimethyl-1-pyrazolyl)-hydroborato-*N*,*N'*,*N"*)platinum:[PtHMe₂Tp′](Tp′=tris(3,5-dimethyl-1-pyrazolyl)hydroborato)

【背景】*fac*型の窒素三座配位子であるトリスピラゾリルアニオンを有する白金4価錯体として1996年に合成された.酸素酸化やC-H結合活性化に関連する多彩な反応性を示す.本錯体の窒素三座配位子はトリスピラゾリルボレートと呼ばれ,多くの金属の配位子として用いられている.

【調製法】[PtMe₂(Et₂S)₂]₂とK[Tp′]をテトラヒドロフラン溶媒中,室温で混合してK[PtMe₂Tp′]を得る.ここにさらに塩化水素エーテル溶液を加えることで44%の収率で標題の錯体を得ることができる[1].

【性質・構造・機能・意義】白色の固体で,191℃で分解する.X線結晶構造解析より,Tp′配位子が白金に*fac*型三座配位した六配位構造が明らかになっている.結合長はそれぞれPt-C結合は2.048 Å,Pt-N結合(メチル配位子のトランス位)は2.145 Å,Pt-N結合(ヒドリド配位子のトランス位)は2.169 Åである.¹H NMRスペクトル(CD₂Cl₂,−78℃)では,1.19(CH₃-Pt, *J*(Pt-H)=68 Hz),−20.95(H-Pt, *J*(Pt-H)=1360 Hz) ppmにピークを与える.

重ベンゼン中,酸素と反応させると,Pt-H結合に酸素分子が挿入し,白金(IV)ヒドロペルオキシド錯体[Pt(OOH)Me₂Tp′]を生成する[2](図1).さらに加熱するとヒドロキソ錯体[Pt(OH)Me₂Tp′]に変化する.

B(C₆F₅)₃との反応では,炭化水素溶媒の酸化的付加反応が進行して,新しい有機配位子を有する錯体が生成する.B(C₆F₅)₃によって1つのメチル配位子が脱離して,配位不飽和なPt(II)錯体が生成し,これがC-H結合を活性化する[3].シクロペンタンとの反応ではメ

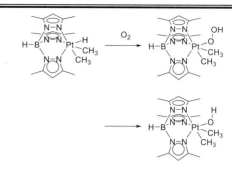

図1 酸素による酸化反応の生成物

タンの放出を伴う炭素水素結合の活性化を起こしてシクロペンテンが配位した[PtHMe₂(η²-C₅H₈)]を生成する.

シラン類との反応では,Si-H結合の活性化によるシリル白金錯体を生成する[4](図2).

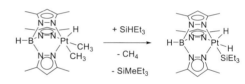

図2 HSiEt₃との反応

C-H, Si-H結合活性化によるカップリングを触媒し,例えば,ベンゼンとトリエチルシランの反応で,フェニルトリエチルシランを与える[5].

【関連錯体の紹介およびトピックス】本錯体とトリエチルシランおよびメタノールとの反応によって白金4価トリスヒドリド錯体[PtH₃Tp′]を合成できる.同様な構造のジフェニル錯体[PtPh₂HTp′]やメチル基を有さないTp′類縁体を配位子とする錯体も合成できる[3].

【須崎裕司】

【参考文献】
1) S. A. O'Reilly *et al., J. Am. Chem. Soc.*, **1996**, *118*, 5684.
2) D. D. Wick *et al., J. Am. Chem. Soc.*, **1999**, *121*, 11900.
3) M. P. Jensen *et al., J. Am. Chem. Soc.*, **2003**, *125*, 8614.
4) S. Reinartz *et al., Organometallics*, **2000**, *19*, 3748.
5) N. Tsukada *et al., J. Am. Chem. Soc.*, **2005**, *127*, 5022.

PtCN₂Cl

【名称】chlorido[4-methyl-2,6-di(2-pyridinyl-κ*N*)phenyl-κ*C*]platinum(II): [PtCl(dpt)]

【背景】ジイミン系Pt(II)錯体の多くが集積構造に由来する発光性を示すが,室温溶液状態では発光性の維持が困難だった中で,室温溶液中でも50％以上の発光量子収率を示す強発光性Pt(II)錯体として報告され,注目を集めた[1].

【調製法】等モル量のHdpt配位子とK₂[PtCl₄]錯体を氷酢酸に溶解させ,凍結脱気後,窒素雰囲気下で3日間還流する.室温まで冷却後,生じた黄色沈殿をろ取し,水,エタノール,エーテルで洗浄後,ジクロロメタンからの再結晶により目的物が得られる.

【性質・構造・機能・意義】平面型四配位構造を有し,Pt–C結合距離は1.903 Åと短く,dpt配位子が与える配位子場は,類似する2,2′: 6′,2″-ターピリジン配位子と比べ格段に強いと考えられる.この強配位子場によりd-d遷移状態を経由した励起エネルギーの失活が抑制された結果,室温,ジクロロメタン溶液中で極大波長505 nmの振動構造を伴った³ππ*状態由来の発光が観測され,その発光量子収率は68％に達する.M–C結合を有するシクロメタレート型錯体が強発光性を示しうることは,イリジウム錯体などでも報告されていたが,平面型Pt(II)錯体においても有効なことを示した本錯体は,その後の強発光性錯体の設計指針に大きな影響を与えた.

【関連錯体の紹介およびトピックス】OLED素子への展開[2]やHdtp配位子Hdtpの化学修飾による発光色の制御,発光量子収率の向上[3]など,多数報告されている.

【加藤昌子・小林厚志】

【参考文献】
1) J. A. G. Williams *et al., Inorg. Chem.*, **2003**, *42*, 8609.
2) V. Fattori *et al., Adv. Funct. Mater.*, **2007**, *17*, 285.
3) J. Li *et al., Inorg. Chem.*, **2010**, *49*, 11276.

PtCN₂I

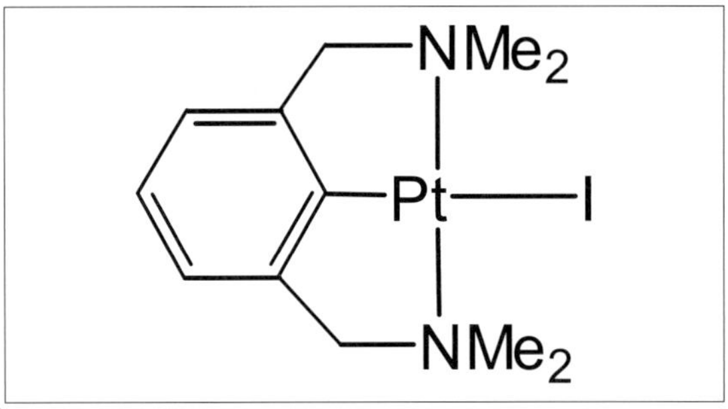

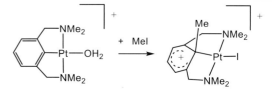

【名称】 [2,6-bis{(dimethylamino)methyl}phenyl]iodoplatinum: [PtI{C₆H₃-2,6-(CH₂NMe₂)₂}]

【背景】 1,2,3-位に配位性置換基をもつ芳香族化合物が,遷移金属の3つのmeridional位の配位座を占めるpincer型錯体(この場合はNCN-pincer型)の代表的な化合物である.

【調製法】 Lとo,o'-(Me₂NCH₂)₂C₆H₃Brとから調製したアニオン性配位子をcis-[PtCl₂(SEt₂)₂]と室温で反応させると生成する.この段階では混合物中のBr⁻が配位した[PtBr{C₆H₃-2,6-(CH₂NMe₂)₂}]が得られる[1].アセトン/水中で[PtBr{C₆H₃-2,6-(CH₂NMe₂)₂}]にAgBF₄を加えて,カチオン性錯体[Pt{C₆H₃-2,6-(CH₂NMe₂)₂}(H₂O)](BF₄)を生成させた後,さらにNaIを反応させることによって[PtI{C₆H₃-2,6-(CH₂NMe₂)₂}]が得られる.類似の方法として,[PtCl{C₆H₃-2,6-(CH₂NMe₂)₂}]にAgSO₃CF₃をアセトン中で反応させて得られるカチオン性の錯体[Pt(acetone){C₆H₃-2,6-(CH₂NMe₂)₂}](SO₃CF₃)に水中でヨウ化ナトリウムを反応させることでも標題の錯体を得ることができる[2].

【性質・構造・機能・意義】 白色の固体であり,ベンゼン,塩化メチレン,クロロホルムに可溶である.塩化メチレン溶液の紫外可視吸収スペクトル測定では285 nm ($\varepsilon=12.8\times10^3$ M⁻¹cm⁻¹)に吸収極大を示す.赤外吸収スペクトルで白金ヨウ素結合に対応する吸収ピークを133 cm⁻¹に示す[2].¹H NMRスペクトル(CDCl₃)では6.9(C₆H₃),4.00(CH₂),3.03(CH₃) ppmにピークを与える.

ハロゲノアニオンが配位した中性錯体[PtX{C₆H₃-2,6-(CH₂NMe₂)₂}](X=Cl, Br)とヨウ化メチルとの反応ではヨウ化物イオンが配位した中性錯体が生成する.

図1 カチオン性錯体の酸化的付加反応

この反応では酸化的付加によって白金4価錯体が生成した後,ハロゲン化メチルが脱離する.一方,カチオン性錯体[Pt{C₆H₃-2,6-(CH₂NMe₂)₂}(H₂O)](BF₄)にヨウ化メチルを反応させると,配位子の芳香環がメチル化された錯体[Pt(I){MeC₆H₃-2,6-(CH₂NMe₂)₂}](BF₄)を生成する[1](図1).生成錯体のX線結晶構造解析により,配位結合長は,Pt-C 2.183 Å,Pt-I 2.5581 Å,Pt-N 2.106, 2.123 Åであり,N-Pt-C結合角は87.1°,85.0°である.

[PtI{C₆H₃-2,6-(CH₂NMe₂)₂}]とヨウ素との反応では,apical位にヨウ素分子がend-on型で結合した錯体[Pt(I){C₆H₃-2,6-(CH₂NMe₂)₂}(I₂)]が生成する[3].X線構造解析により,結合長はPt-I(I⁻) 2.727 Å,Pt-I(I₂) 2.895 Å,I-I 2.822 Åと求められ,配位ヨウ素の原子間距離は遊離のヨウ素分子(I-I 2.715 Å)より長い.

固体状態においてSO₂ガスを吸着する.反応の平衡定数は9.80(1.36) M⁻¹,$\Delta G°=-5.5$ kJ mol⁻¹と見積もられている.このガス吸着の過程は350 nmにおける光吸収によって追跡できる.

【関連錯体の紹介およびトピックス】 類似のピンサー配位子をもつ錯体の合成例は多い.類似の錯体[PtCl{C₆H₂-2,6-(CH₂NMe₂)₂-4-OH}]はSO₂ガスと反応すると,SO₂が白金に配位した5配位の錯体を生成する[4].類似構造のニッケル錯体はポリハロアルカンの炭素=炭素二重結合に対する付加反応を触媒する[5].

【須崎裕司】

【参考文献】

1) D. M. Grove *et al.*, *J. Am. Chem. Soc.*, **1982**, *104*, 6609.
2) M. Albrecht *et al.*, *Angew. Chem., Int. Ed.*, **2001**, *40*, 3750.
3) J. A. M. van Beek *et al.*, *J. Am. Chem. Soc.*, **1986**, *108*, 5010.
4) M. Albrecht *et al.*, *Nature*, **2000**, *406*, 970.
5) J. W. J. Knapen *et al.*, *Nature*, **1994**, *372*, 659.

PtCN₃

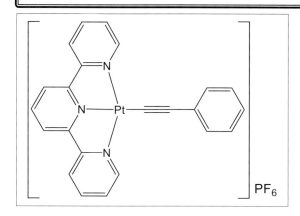

【名称】(2,2′: 6′,2″-terpyridine)(2-phenyl-ethynyl)platinum(II) hexafluorophosphate：[Pt(trpy)(C≡CC₆H₅)]PF₆

【背景】金属間相互作用に基づく特異な吸光,発光特性を示すPt(II)-ポリピリジン錯体を,分子認識やイオンセンシングに活用するために合成された.強い電子供与性を有するアセチリド配位子を導入し,分子間相互作用が弱い溶液状態においても発光状態を維持可能なPt(II)錯体である.

【調製法】フェニルアセチレンのメタノール溶液に小過剰量の水酸化ナトリウムを添加した後,原料のPt(II)アセトニトリル錯体[Pt(trpy)(CH₃CN)](OTf)₂(OTf⁻ = trifluoromethanesulfonate)を加え,12時間室温で反応させる.反応溶液をろ過した後,ろ液に対してヘキサフルオロリン酸アンモニウムの飽和メタノール溶液を加え,暗赤色固体として得る[1].

【性質・構造・機能・意義】室温,アセトニトリル溶液中で,342 nm と 432 nm にそれぞれ trpy 配位子内のπ-π* 遷移と MLCT 遷移が観測される.同時に,630 nm に $0.5\,\mu s$ の発光寿命を有する³MLCT 遷移に帰属されるりん光が観測される.このりん光は,DMF溶液中,$10^{-5} \sim 10^{-2}\,\mathrm{mol\,dm^{-3}}$の濃度範囲においてベール則に従うことから,平面型分子で散見される会合状態からの発光ではないことも確認されている.一方で,固体状態では170 nm も長波長シフトした800 nm を中心とする発光が観測され,Pt(II)イオン間にはたらく分子間の金属間相互作用が有効であることが示唆される.実際,この錯体はX線結晶構造解析によって構造が決定されており,分子間Pt(II)イオン間距離は 3.36〜3.38 Å と,白金原子の van der Waals 半径の2倍 3.5 Å よりも短いことからも,金属間相互作用が有効であることがわかる.

この錯体はフェニルアセチレン配位子に種々の官能基修飾を施した類縁体が合成されており,発光エネルギーを制御することが可能である.例えば,電子吸引性のニトロ基を有する 4-ニトロフェニルアセチレンを配位子とする錯体では,70 nm も短波長シフトした 560 nm にりん光が観測されるのに対して,電子供与基を付与した 4-メトキシフェニルアセチレンを配位子とする錯体では,逆に 35 nm も長波長シフトした 665 nm に観測される.イオンセンシングを目的とした錯体は,アルカリ金属イオンを強く束縛するクラウンエーテル(4-エチニルベンゾ-15-クラウン-5)を配位子に有する.この官能基修飾によって室温溶液中では,非発光となってしまう一方で,Na⁺ や K⁺ イオンの添加により MLCT 遷移エネルギーが短波長シフトする.これはアルカリ金属イオンを捕捉することで,クラウンエーテル部の電子供与性が低下することで説明され,クラウンエーテルのイオンセンシング機能と Pt(II)錯体の発光性が連動した一例である.

【関連錯体の紹介およびトピックス】この錯体は,比較的単純な2つの配位子から構成され,官能基修飾によって様々な機能を付与することが可能である.近年では,溶液状態でも長寿命発光状態を維持可能なことから,光水素発生系への適用や[2],長鎖アルキル基の導入による色調可変ゾル-ゲル系の構築[3],固体状態における金属間相互作用を活用した蒸気センサーの開発など[4],盛んに研究されている錯体系である.

【加藤昌子・小林厚志】

参考文献

1) V. W.-W. Yam et al., Organometallics, **2001**, 20, 4476.
2) P. Du et al., J. Am. Chem. Soc., **2008**, 130, 12576.
3) V. W.-W. Yam et al., Chem. Commun., **2007**, 2028.
4) A. Kobayashi et al., Chem. Lett., **2009**, 38, 998.

PtC₂P₂

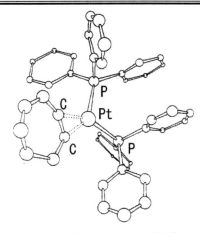

【名称】(cyclohexyne)bis(triphenylphosphine)platinum-(0):[Pt(η^2-C$_6$H$_8$)(PPh$_3$)$_2$]

【背景】有機化学では不安定な短寿命種として知られていた六員環アルキンが配位した白金(0)錯体として1971年に報告された[1](図1).

【調製法】THF中で合成した1%ナトリウムアマルガム(Na 0.31 g, Hg 30 g)に[Pt(PPh$_3$)$_3$](2.2 g)を加え,1,2-ジブロモシクロヘキシン(1.6 g)のTHF溶液を加える.4時間室温で反応後,アマルガムをろ過または遠心分離で除き,溶媒を留去した後,ベンゼン/エタノールから再結晶する.

【性質・構造・機能・意義】無色の固体で,融点は157〜159℃である.IRスペクトルでは1721 cm^{-1}に炭素炭素三重結合に対応する吸収が観測される.^{1}H NMRスペクトル(CDCl$_3$)では2.53(α-CH$_2$),1.76(other CH$_2$)ppmにピークを与える.

X線構造解析によってシクロヘキシンの三重結合炭素がη^2型で白金に配位した分子構造が明らかになった[2].Pt-C結合長は2.034, 2.044 Å,C≡C結合長は1.297 Åである.C≡C-C結合角は126.4, 128.1°,六員環内のほかのC-C-C結合角は106-116°である.2個の配位アルキン炭素は,配位平面に対してほぼ平行に配向している.

同様な反応によって,七員環アルキンのシクロヘプチン,八員環アルキンのシクロオクチンがπ配位した白金(0)錯体が安定に得られている.PPh$_3$が配位したこれらのシクロアルキン配位白金0価錯体を二座配位子であるdppe(1,2-bis(diphenylphosphino)ethane)とベンゼン中で加熱すると,dppeが配位した,より安定なシクロアルキン錯体が得られる.PPh$_3$配位錯体,dppe錯体のいずれもプロトン酸H-Xと反応して,シクロヘキシル白金(II)錯体,[Pt(C$_6$H$_9$)X(L)](L=(PPh$_3$)$_2$,

図1 七員環アルキン錯体の構造[1]

dppe)を生成する[3].

典型的な例として[Pt(C$_6$H$_8$)(dppe)]に,水,メタノールを反応させるとそれぞれに対応したシクロヘキシル錯体[Pt(C$_6$H$_9$)(OY)(dppe)](Y=H, Me)が得られ,これらにさらに一酸化炭素を接触させると[Pt(C$_6$H$_9$)(COOY)(dppe)]に変化する.メチルフェノール,チオフェノール,ニトロメタンなどとも同様に反応する.トリフルオロ酢酸との反応により生成するσ-シクロヘキシル錯体[Pt(C$_6$H$_9$)(OCOCF$_3$)(PPh$_3$)$_2$]は,アセトニトリルの水和によってアセトアミドを生成する触媒として機能し,反応終了後には[Pt(C$_6$H$_9$)(NHCOMe)(PPh$_3$)$_2$]として回収される.

【関連錯体の紹介およびトピックス】非環状のアルキンが配位した白金(0)錯体は多く知られている.[Pt(η^2-PhCCPh)(PPh$_3$)$_2$]の結晶解析によるPt-P, Pt-C, C≡C結合距離は対応するシクロアルキン錯体の結合に近い.単座ホスフィン配位子を有する非環状アルキン錯体もプロトン酸と反応し,トランス構造をもつアルケニル錯体を生成する[4].

【須崎裕司】

【参考文献】
1) M. A. Bennett et al., J. Am. Chem. Soc., **1971**, 93, 3797.
2) G. B. Robertson et al., J. Am. Chem. Soc., **1975**, 97, 1051.
3) M. A. Bennett et al., J. Am. Chem. Soc., **1978**, 100, 1750.
4) R. B. Tripathy et al., J. Am. Chem. Soc., **1971**, 93, 4406.

PtC$_2$P$_2$

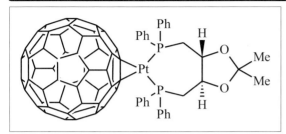

【名称】[[[(4R,5R)-2,2-dimethyl-1,3-dioxo-lane-4,5-diyl]bis(methylene)]bis[diphenylphosphine-κP]][(1,9-η)-[5,6]fullerene-C60-Ih]platinum:[(η^2-C$_{60}$)Pt{(−)-DIOP}]

【背景】C$_{60}$が配位した光学活性錯体の構造と分光学的性質を明らかにするために,キラルな配位子(−)-DIOPを導入した錯体が設計・合成された.C$_{60}$が配位した光学活性錯体のうち,結晶構造が明らかにされた数少ない例の1つである[1,2].

【調製法】窒素雰囲気下でC$_{60}$をトルエンに溶解させ,[Pt(PPh$_3$)$_4$]を加えた後,配位子(−)-DIOPを加える.反応液にヘキサンを加え,1日放置すると黒色の針状結晶として得られる.原料錯体として[Pd(PPh$_3$)$_4$]を用いれば,対応するPd錯体が得られる[1,3].

【性質・構造・機能・意義】トルエン中での吸収スペクトルをC$_{60}$単体と比較すると,新たな吸収帯が295.0 nm(log ε=4.59)および438.5 nm(log ε=4.11)に現れており,前者は錯体中のフェニル基に由来するものであり,後者はC$_{60}$におけるη^{2}型の配位様式によるものである.CDスペクトルにおいては,多重コットン効果が291(+),324(−),363(−)および450(+)nmに観測される.

この錯体は結晶構造が得られており,白金と4つの配位原子は平面内に配置されている.2つの配位炭素原子間の結合距離は1.502(11) Åであり,通常の単結合に類似した値であることから,白金への配位はσ結合的であることがわかる.本錯体はC$_{60}$とキラル化合物を混合配位したタイプの光学活性錯体として興味深い.

【関連錯体の紹介およびトピックス】PtおよびPd錯体の他,類似の光学活性錯体として,[(η^2-C$_{60}$)Mo(CO)$_3${(−)-DIOP}]および[(η^2-C$_{60}$)W(CO)$_3${(−)-DIOP}]が合成されているが,構造は明らかとなっていない[1].

【山田泰教】

【参考文献】
1) L.-C. Song *et al., Eur. J. Inorg. Chem.*, **2003**, 3201.
2) V. V. Bashilov *et al., Russ. Chem. Bull.*, **1996**, *45*, 1207.
3) V. V. Bashilov *et al., Russ. Chem. Bull.*, **1993**, *42*, 392.

PtC₂P₂

【名称】 diphenylacetylenebis (triphenylphosphine) platinum(0): [Pt(L)(PPh₃)₂] (L=Ph-C≡C-Ph)

【背景】 本錯体は1950年代に合成され, [PtX(PPh₃)₂-(vinyl)] 錯体の合成原料として知られていた. 2000年以降, 白金や金の多くのアルキニル錯体が強発光性を示すことで注目されたが, 本錯体のようなアルキン錯体もまたルミネセンスを示すことが見いだされ, 理論的な研究も行われている.

【調製法】[1] テトラキストリフェニルホスフィン白金(0)に酸素と二酸化炭素を反応させて得られるカルボナトビス(トリフェニルホスフィン)白金(II)に, ジフェニルアセチレンをエタノール中で反応させると得られる.

【性質・構造・機能・意義】 空気中で安定な固体であり, クロロホルムやベンゼンに可溶. $1740\,cm^{-1}$ にアルキンの伸縮振動. 融点は160〜165℃.

本錯体の構造はX線構造解析によって調べられており[2], 白金はアルキンの2つの炭素から等距離の位置にあり[2], Pt-C結合距離は2.05 Åである. アルキンが単座配位と解釈すれば錯体の構造はほぼ正三角形であり, Pt-P結合距離は2.28ないし2.29 Åとなっている. Ptと2つのリン原子の作る平面と, アルキンの2つのC原子の作る直線はほぼ並行になっている.

本錯体の吸収スペクトルにおいては300 nmに強い ($\varepsilon=30000\,M^{-1}cm^{-1}$) 吸収を示すほか, 320〜400 nmにかけて弱い吸収を示す. またホトルミネセンスがZhangらによって報告されており, 固体状態, 77Kの剛体溶媒中いずれも450 nmと550 nmの2ヶ所に発光を示す[3]. なお, このデュアル発光について, 高エネルギー側発光は配位子内のπ-π^*励起状態もしくは ^{3}MLCT(Pt→P)に, そして低エネルギー側の発光は ^{3}MLCT(Pt→C≡C)に帰属されている. なお, Yangらはこの錯体を含む一連の錯体の発光について理論的な

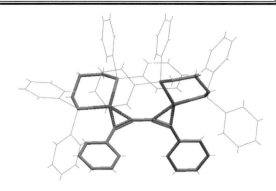

図1 関連錯体 [Pt(dppp)(L²)Pt(dppp)] の構造

研究を行っており, その結果によれば錯体のりん光発光は ^{3}MLCT/^{3}ILCT性であるとしている[4].

【関連錯体の紹介およびトピックス】 この錯体の類似体がホトルミネセンスを示すことは当初Forniésらによって報告された[5]. その論文によればジアルキニルベンゼンが架橋配位した二核白金錯体 ([PPh₃]₂Pt-(HC≡CC₆H₄C≡CH)Pt(PPh₃)₂) が, 77 Kにおいて570〜660 nmにかけて発光を示すことが示された. また, Zhangらは本錯体以外に, キレート配位子dppp(1,3-bis(diphenypphosphino)propane)が配位した一連の錯体 [Pt(L)(dppp)], [Pt(L²)(dppp)], [Pt(dppp)(L²)Pt(dppp)] や, [(PPh₃)₂Pt(L²)] の構造と発光についても報告している(図1参照)[3]. (L²=Ph-C≡CC₆H₄C≡C-Ph) これらの発光は本錯体と同様に400〜550 nmの範囲と, 500〜700 nmの範囲の両方に発光バンドが77Kにおいて観測される. 短波長側の発光は短寿命 ($<0.1\,\mu s$)であり, 長波長側の発光は10〜60 μsと長い. 長波長側の発光については計算結果を交えての考察がなされており, いずれの錯体においてもHOMOは主として金属のd_{z^2}軌道, LUMOはアセチレンのπ^*軌道である. したがって長寿命発光励起状態は ^{3}MLCTと帰属される.

【坪村太郎】

【参考文献】
1) D. M. Blake *et al., Inorg. Synth.*, **1978**, *18*, 120.
2) K. J. Harris *et al., Inorg. Chem.*, **2006**, *45*, 2461.
3) K. Zhang *et al., Eur. J. Inorg. Chem.*, **2007**, 384.
4) B.-Z. Yang *et al., Inorg. Chim. Acta*, **2009**, *362*, 1209.
5) I. Ara *et al., Organometallics*, **2000**, *19*, 4385.

PtC$_2$P$_2$

有 光

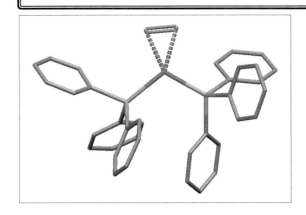

【名称】ethylelenebis(triphenylphosphine)platinum(0): [Pt(C$_2$H$_4$)(PPh$_3$)$_2$]

【背景】テトラキス(トリフェニルホスフィン)白金(0)錯体は酸素と反応し酸素付加体を作るが、その付加体をオレフィン存在下で還元することで、[Pt(PPh$_3$)$_2$-(olefine)]が得られることが1960年代に見いだされた[1]。その後配位不飽和種の有機金属化学分野の代表例として、配位子置換反応、酸化的付加反応などが精力的に研究された錯体である。1977年に紫外線照射によってシクロメタレーションを起こすことが報告され、光化学的にも大変興味深い。

【調製法】上記の合成法以外に、容易な方法としては、テトラキス(トリフェニルホスフィン)白金(0)に酸素と二酸化炭素を反応させ、カルボナトビス(トリフェニルホスフィン)白金(II)錯体を合成し、これをエチレン存在下テトラヒドロホウ酸ナトリウムで還元する方法[2]がよく知られている。

【性質・構造・機能・意義】白色粉末で、短時間なら空気中で扱えるが、長期には不活性ガス化で保存する。ベンゼン、ジクロロメタンなどに可溶で、アルコールには不溶である。

X線構造解析は1972年に報告されており[3]、Pt-C距離は2.11Å、Pt-P距離は2.27Å、C-M-CとP-M-P結合角はそれぞれ、39.7°と111.6°である(上図)。テトラシアノエテンや、テトラクロロエテンなどの場合に比べ、C=C距離はやや短く、それに伴ってC-M-C角は小さくなっている。

テトラキス(トリフェニルホスフィン)白金(0)の溶液にエチレンを加えると本錯体と平衡にあることが知られているように、容易にエチレンを解離することから、多くの錯体の原料としても用いられる。

1977年に本錯体が興味深い光化学反応を起こすことが報告されている[4]。この錯体のエタノール溶液に280 nmの光を照射したところ、白色錯体を得、これがトリフェニルホスフィンの、1つのフェニル基のo-位の水素が脱離して白金に配位したシクロメタル錯体[Pt^{II}(H)(PPh$_2$C$_6$H$_4$)(PPh$_3$)]であることが示された。なお、クロロホルム中では[Pt^{II}(H)(Cl)(PPh$_3$)$_2$]が、さらにジクロロメタン中で254 nmの光を照射した場合は[Pt^{II}(CH$_2$CH$_3$)(PPh$_2$C$_6$H$_4$)(PPh$_3$)]が得られる(図1)。

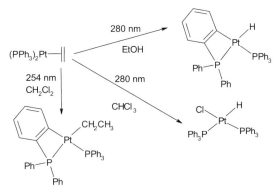

図1 [Pt(C$_2$H$_4$)(PPh$_3$)$_2$]の光化学反応

【関連錯体の紹介およびトピックス】先のテトラシアノエチレン以外にもテトラフルオロエチレン、テトラキス(トリフルオロメチル)エチレンなど、多くの電子吸引性置換基の結合したオレフィンを有する類似錯体が知られている。さらにプロピレン誘導体、シクロブテン誘導体などが配位した類似錯体も数多く知られている[5]。

【坪村太郎】

【参考文献】

1) C. D. Cook et al., Inorg. Nucl. Chem. Lett., **1967**, 3, 31.
2) D. M. Blake et al., Inorg. Synth., **1978**, 18, 120.
3) P.-T. Cheng et al., Can. J. Chem., **1972**, 50, 912.
4) S. Sostero et al., J. Organometal. Chem., **1977**, 134, 259.
5) R. J. Cross et al., Eds., "Organometallic compounds of nickel, palladium, platinum, copper, silver, and gold", Chapman & Hall, **1985**.

PtC_2Cl_3

Zeise's Salt

【名称】η^2-olefin-metal complexes: $[M(olefin)(L)_n]$

【背景】$K[PtCl_3(C_2H_4)]$ [1] は1827年にデンマークのZeiseによって報告されたが、その構造は30年ほど信じられなかった。他のオレフィンの類似の合成反応により、$Pt(II)$がC=C二重結合と配位結合していることが示された [2]。$Pd(II)$では類似の反応でも同様の安定な錯体が得られず、第3周期の重金属が独特の性質をもつと考えられた。一方、硝酸銀の水溶液がオレフィン類を吸収して熱的に不安定な錯体を作ることがわかり、ついで塩化銅(I)の塩酸溶液もオレフィンを吸収することが発見された [3]。典型的な重金属である水銀では、HgX_2がエチレンと反応し、メタノール中で水銀と炭素がシグマ結合した $MeOCH_2CH_2HgX$ を生成した [4]。フェロセンの発見後、類似のM-C結合をもつ錯体が環状のジエンやトリエンでも得られることが予想された。Fischerらのグループは1958年ごろ金属カルボニルとこれらの環状オレフィンを熱反応させ、一連の共役環状ジエンやトリエン錯体を合成し、これらが空気中でも安定な(η^4あるいはη^6)錯体であることを発見した [5-8]。なお、炭素配位子と金属との結合状態を示す記号η(ハプトと読む)は、Cottonによって1968年に提案された [9]。

【調製法】基本となるエチレンと金属カルボニル類との反応は加熱によって部分的に進むものの、モノ(エチレン)(カルボニル)錯体の単離精製は困難である。熱反応性の高い鉄ノナカルボニルをエチレンと室温で反応させた場合にようやく $Fe(CO)_4(C_2H_4)$ を生成する。反応性が特に高い裸のニッケルを用いると、3個のエチレンがニッケルに配位した錯体が得られるが、これも空気中ですばやく分解する。第2周期のロジウムでは、塩化ロジウム(III)水和物とエチレンが常圧で反応し、2個のエチレンがシスで結合した二核エチレン錯体$[RhCl(C_2H_4)_2]_2$が直接得られる。この錯体は非常に安定で空気中でも分解しない [8]。電子求引性置換基をもつオレフィンは一般にエチレンより強く低原子価金属と結合する。例えば1~4個のシアノ基をもつエチレンは多くの錯体をつくる。例として、Cp_2Mo(maleonitrile)(maleonitrile=H(NC)C=C(CN)H)がある [10]。

【性質・構造・機能・意義】エチレンのようにガスとして放出されやすい配位子をもつ錯体は、他のポリオレフィンとの反応によりエチレンが容易に置換され、ポリオレフィンが配位した金属錯体を生成する。例えば、$[RhCl(C_2H_4)_2]_2$がこの合成によく利用される。また、1,5-cyclooctadiene錯体もこの合成に利用される [11]。

Zeise塩は、Dewar, Chatt, Duncansonらによって1953年に分子軌道法を用いて、その立体構造が確定され [12,13]、理論化学でのランドマーク的な存在である。その後、理論化学の進歩により、フェロセンなどの多中心炭素配位子をもつ錯体などの金属-炭素結合の性質が解明された。

【関連錯体の紹介およびトピックス】エチレン3分子がNi上に結合した錯体、$Ni(C_2H_4)_3$が不安定な三配位錯体として合成され、$Ni(0)$錯体の原料となっている [14]。かさ高いオレフィンでは、フラーレン(C_{60}など)の分子)が$Ir(I)$に配位した例がみられる [15]。また、2つのヘキサメチルベンゼン環をもつRu錯体で、ベンゼン環の1つがハプト4型で$Ru(0)$に配位した状態がRu-$(Aryl)_2$で観察されている [16]。また、$Ag(I)$にオレフィンが結合した錯体が多く単離されている [17]。

〔中村 晃・近藤 満〕

【参考文献】
1) W. C. Zeise, *Annalen der Physik und Chemie*, **1831**, *97*, 497.
2) L. B. Hunt, *Platium Metals Review*, **1984**, *28*, 76.
3) F. R. Hartley, *Chem. Rev.*, **1984**, *73*, 163.
4) K. Ichikawa et al., *J. Am. Chem. Soc.*, **1959**, *81*, 3401.
5) B. F. Hallam et al., *J. Chem. Soc.*, **1958**, 642.
6) A. Nakamura et al., *Bull. Chem. Soc. Jpn.*, **1961**, *34*, 452.
7) B. Dickens et al., *J. Am. Chem. Soc.*, **1961**, *83*, 4862.
8) 中村晃編, 基礎有機金属化学, 朝倉書店, **1999**.
9) F. A. Cotton, *J. Am. Chem. Soc.*, **1968**, *90*, 6230.
10) J. J. Ko et al., *Organometallics*, **1990**, *9*, 1833.
11) G. Giordano et al., *Inorg. Synth.*, **1990**, *28*, 88.
12) M. Dewar, *Bull. Soc. Chim. Fr.*, **1951**, 18.
13) J. Chatt et al., *J. Chem. Soc.*, **1953**, 2939.
14) R. Herges et al., *Angew. Chem. Int. Ed.*, **2001**, *40*, 4671.
15) Y. Matsuo et al., *Organometallics*, **2005**, *24*, 89.
16) C. Elschenbroich et al., *Organometallics: A Concise Introduction* (2nd ed.), Wiley-VCH, **1992**.
17) W. Partenheimer et al., *Inorg. Chem.*, **1972**, *11*, 2840.

PtC₄

導 磁

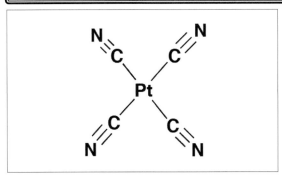

【名称】potassium tetracyanoplatinate(bromide)$_{0.3}$: $K_2[Pt(CN)_4]Br_{0.3}\cdot 3H_2O$

【背景】金属光沢を有する銅色の板状結晶である本陰イオン欠損型部分酸化塩の存在は19世紀から化学者に知られていた．1960年代後半になり，結晶構造が決定され，電気伝導性の評価がなされ，平面白金錯体が一次元鎖上構造を有する一次元金属結晶であることが判明し，大きな注目を集めた．

【調製法】テトラシアノ白金酸カリウムの水溶液に臭素を加え赤褐色溶液を作成する．さらにこの溶液にテトラシアノ白金酸カリウムを加え氷冷すると銅光沢の針状結晶として得られる．良質の大きな結晶を得るにはテトラシアノ白金酸カリウムの水溶液に臭化カリウムと尿素水溶液を加え，弱塩基性に調整する．デシケータ中で1日程度保存すると大型の結晶が析出する[1]．その他，$K_2Pt(CN)_4\cdot 3H_2O$ と $K_2Pt(CN)_4Br_2$ の飽和水溶液をテフロン膜を介して混合し，結晶を成長させる方法もある．

【性質・構造・機能・意義】種々の物理的性質は結晶水の量に敏感である．結晶中のBrの濃度についてはX線蛍光分析と中性子線を用いた放射化分析により決定された0.3±0.006が最も高精度の分析結果である[2]．

この錯体の結晶構造は正方晶系で白金イオンは単位格子の四隅に位置し，c軸方向に積み重なった配列をしている[2,3]．白金イオン間の距離は2.88Åで金属白金の最近接原子間距離が2.78Åであることを考えると，c軸方向には金属に近い原子配置にあることがわかる．一方，それに垂直方向では，白金イオンは四方をシアノ基により囲まれているために，白金イオン間の距離はab面内で9.87Åと充分離れている．このようにこの錯体は構造的に見て一次元金属と考えることができる．ここで電子構造を考えると，白金イオンの1つの単位となる$[Pt^{2+}(CN)_4]^{2-}$の$5d_z^2$の電子の軌道はc軸方向に腕を延ばしておりこの方向に強く結合している．そしてこの$5d_z^2$の軌道が部分酸化されて空孔を有し金属バンドを形成する．この結果，部分酸化されていないテトラシアノ白金酸塩と比較して，白金イオン間距離が約20%小さくなっている．一方，シアノ基は負の電荷をもつうえに，白金イオン間の強い結合のためab面の面間距離が小さくなるため，クーロンエネルギーを小さくするため上下の層の間で45°向きを変えている．部分酸化の原因となるハロゲンイオンは，単位格子の中心の位置に入るがその占有率は0.6で統計的な分布をしていると考えられる．

構造的にも電子状態からも金属的ふるまいが予想されるが，電気抵抗の測定を行うと白金の一次元鎖方向の電気伝導度は，室温で約350 S cm^{-1}で，250 K近傍に幅広い極大を示し明確な三次元相転移とは異なりその極大の幅は広い．直流伝導度の異方性(σ_c/σ_a)は10^4より大きく理想的な一次元金属のふるまい(一次元金属特有のパイエルス絶縁化転移)を示す[2,3]．また，光反射率は典型的な一次元系の特徴を示しており，一次元鎖方向に偏向した光に対しては90%に達する高い金属的反射率を与えるが，その垂直方向では10%程度である[2]．

本化合物はKCPとも略称される．少し遅れて発見された最初の一次元有機分子性金属，(TTF)(TCNQ)とともに，「一次元分子性伝導体」という新たな研究分野を開くことに貢献した．また，一次元金属特有のパイエルス絶縁化転移が最初に確認された化合物である．

【関連錯体の紹介およびトピックス】カチオン欠損型の化合物では唯一 $K_{1.75}[Pt(CN)_4]\cdot 1.5H_2O$ だけが充分な構造解析が行われている．X線散漫散乱実験の結果Pt⋯Ptの八倍周期構造の整合な超格子構造をもつことがわかった．平面上の$[Ir(CO)_3Cl]$が重なってIr⋯Ir結合を有する一次元化合物 $Ir(CO)_{2.93}Cl_{1.07}$ は，同様にIr⋯Ir 2.884Åの結合をもつ一次元化合物である[4]．伝導度は0.2 S cm^{-1}，活性化エネルギー0.064 eVの半導体である[4]．

【小林昭子・小林速男】

【参考文献】
1) J. M. Williams *et al.*, *Inorg. Synth.*, vol XIX (**1979**) (Duward F. Shriver ed. John Wiley & Sons), p.1.
2) 鹿児島誠一編著，1次元電気伝導体(物理科学選書)，裳華房，**1982**．
3) 鹿児島誠一編著，低次元導体(物理科学選書)，裳華房，**2000**．
4) K. Krogmann *et al.*, *Angew. Chem.*, **1968**, *80*, 844.

PtC$_6$

[文献5]

【名称】 dimethyl(η^4-1,5-cyclooctadiene)platinum(II):[PtMe$_2$(cod)](cod=1,5-cyclooctadiene)

【背景】 メチル配位子を有する,空気に安定な白金(II)錯体として1963年に合成が報告された[1]。

【調製法】 ハロゲノまたは擬ハロゲノ配位子を有する白金(II)錯体を,有機リチウム,Grignard試薬などによりメチル化することによって得られる.典型的には,窒素気流下で氷冷したジヨード白金錯体[PtI$_2$(cod)](11.8 g)のエーテル(100 mL)溶液に,小過剰のCH$_3$Liエーテル溶液(1.95 M, 30 mL)を滴下し,2時間後氷冷したNH$_4$Cl水溶液を加えて反応を停止させる.有機層を活性炭処理,乾燥した後,溶媒を留去して生成物を得る(87%)[2]。ジメチルスルフィド配位白金(II)錯体[PtCl$_2$(SMe$_2$)$_2$][3]を原料とする合成,アセチルアセトナート白金(II)錯体[Pt(acac)$_2$](acac=acetylacetonate)とシクロオクタジエンの混合溶液に,トリメチルアルミニウム[AlMe$_3$]を加える合成[4],も報告されている.これらの反応においては60〜90%の収率で生成物が得られる.

【性質・構造・機能・意義】 空気,水に安定な白色の結晶として得られ,94〜95℃で熱分解する.平面四配位構造をもち,シクロオクタジエン配位子のC=C二重結合は,配位平面に対して垂直に配向しつつπ配位している.メチル配位子のPt-C結合距離は2.04〜2.07Åで,配位オレフィン部分のC=C結合距離は1.35〜1.36Åである[5]。

^{1}H NMRスペクトル(CDCl$_3$)では,CH$_3$水素シグナルが0.70 ppmに,=CH水素シグナルが4.78 ppmに,それぞれ^{195}Ptとのカップリングを伴って観測される(それぞれのJ(^{195}Pt-^{1}H)は82 Hz, 40 Hz).固体状態の^{13}C NMRスペクトルも報告されている[6]。

シクロオクタジエン配位子は容易に置換され,イソニトリル配位子やホスフィン,ヒ素,アンチモンなどの配位原子を有する分子と速やかに配位子交換反応を起こす.ヨードメタンCH$_3$Iとの反応では,シクロオクタジエン配位子の脱離を伴って酸化的付加反応が起こり,多核構造を有する白金(IV)錯体[Pt(CH$_3$)$_3$I]$_4$を生成する.一方で,CF$_3$Iとの反応ではアルキル配位子の交換反応が優先して起こり[Pt(CF$_3$)$_2$(cod)]を生成する[2,5]。

【関連錯体の紹介およびトピックス】 種々のアルキル化,アリール化試薬を用いることで,多様なジアルキル,ジアリール白金錯体を合成できる[7]。ただし,エチル基以上のアルキル基をもつ白金錯体はβ-水素脱離反応を容易に起こし,その熱分解温度は配位子の鎖長に応じて低くなる.ジブロモアルカンから調製した二官能性のGrignard試薬を用いれば,環状白金錯体が合成できる[8]。[PtPh$_2$(cod)][2]および[PtMe$_2$(nbd)](nbd=norbornadiene)[9]も報告されている.

【田邊 真】

【参考文献】
1) C. R. Kistner et al., *Inorg. Chem.*, **1963**, *2*, 1255.
2) H. C. Clark et al., *J. Organomet. Chem.*, **1973**, *59*, 411.
3) R. Bassan et al., *Inorg. Chim. Acta*, **1986**, *121*, L41.
4) F. Wen et al., *Appl. Organomet. Chem.*, **2005**, *19*, 94.
5) R. P. Hughes et al., *Polyhedron*, **2002**, *21*, 2357.
6) I. D. Gay et al., *Organometallics*, **1996**, *15*, 2264.
7) S. Komiya et al., *Organometallics*, **1982**, *1*, 1528.
8) J. X. McDermott et al., *J. Am. Chem. Soc.*, **1976**, *98*, 6521.
9) T. G. Appleton et al., *J. Organomet. Chem.*, **1986**, *303*, 139.

PtN₂O₂

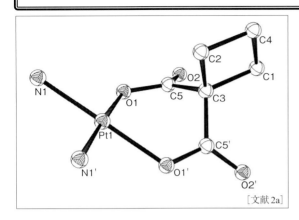

[文献2a]

【名称】cis-diammine(1,1-cyclobutanedicarboxylato)platinum(II):(cis-[Pt(CBDCA)(NH₃)₂], carboplatin, CBDCA)

【背景】英国Johnson Matthey社で合成された本白金(II)単核錯体は、1970年代後半に臨床導入されたシスプラチンの誘導体で、水溶性と安定性を向上させることによって、シスプラチン投与により起こる重篤な副作用を大幅に軽減した第2世代の白金抗がん剤の1つである。1989年に米国FDAに抗がん剤として承認された。現在は世界60ヶ国以上で多種類のがんに対する治療薬として用いられている。

【調製法】塩化白金(II)酸カリウム K₂[PtCl₄]水溶液に4当量のヨウ化カリウムを加えて[PtI₄]²⁻に変換し、さらに2当量のアンモニア水を加えて撹拌すると、cis型のジアンミンジヨーダイド白金(II)錯体 cis-[PtI₂(NH₃)₂]の黄橙色の沈殿が得られる。沈殿をろ取した後乾燥し、再び水中に懸濁させ、1当量の硫酸銀を加えるとヨウ化銀が沈殿し、溶液中にcis-ジアンミンジアクア白金(II)錯体 cis-[Pt(NH₃)₂(H₂O)₂]²⁺が生成する。ろ過によりヨウ化銀を取り除いた後、濃縮した溶液に1当量の1,1-シクロヘキサンジカルボン酸バリウムを含む水溶液を加えるとすぐに、硫酸バリウムが沈殿する。沈殿をろ過により取り除き、ろ液を濃縮すると、本錯体の結晶性の白色沈殿が析出する。これをエタノールおよびジエチルエーテルで洗うと、本錯体の白色粉末が得られる[1]。

【性質・構造・機能・意義】本錯体は結晶性の白色粉末で、水には室温で10 mg/mL程度の濃度で溶解する。¹⁹⁵Pt NMRでは2つのアンモニア配位子とキレート性のジカルボキシレートを有する[Pt(II)N₂O₂]配位球に由来するシグナルを-1723 ppmに与える。本錯体の結晶構造は得られており[2]、白金(II)配位球は平面正方型である。白金(II)を介して隣り合う配位子間の結合角は約90°(N1-Pt-N1′ 93.6(6)°, N1-Pt-O1 88.2(4)°, O1-Pt-O1′ 89.9(4)°である。Pt-NおよびPt-O結合間距離はともに約2.0Å(Pt-N1 2.010(8) Å, Pt-O1 2.029(9) Å)である[2]。本錯体の抗がん作用はシスプラチン同様、白金錯体がDNA上で2つの塩基間を架橋することによって初動されるDNAの複製阻害であると考えられている。1,1-シクロブタンジカルボキシレートは本錯体がDNAと結合する以前に脱離する配位子であるが、キレートを形成しているため、水溶液中ではシスプラチンの脱離性配位子である塩素配位子よりも解離が起こりにくい。本錯体が主に形成するDNA付加物の構造がシスプラチンのそれと同一であり、抗がん機構が類似しているため、適応症例はシスプラチンとほとんど同じである。また、シスプラチンに対して耐性を獲得したがんには無効で、明らかな交差耐性を示す。第1世代の白金抗がん剤シスプラチンは非常に高い腫瘍縮小効果を発揮する一方で、重篤な腎毒性を誘発するため、投与時には大量の水分負荷と利尿薬の投与が必要である。一方、水溶性を向上させた本錯体に代表される第2世代の白金抗がん剤は、これらの支持療法を必要とせず、より扱いやすい薬剤として臨床使用されている[3]。

【関連錯体の紹介およびトピックス】第2世代の白金抗がん剤による薬物治療は、シスプラチン投与後に見られる腎毒性を軽減する。また、シスプラチンの他の副作用である嘔吐、神経毒性や難聴などの誘発頻度も明らかに低く、本錯体の用量制限毒性は骨髄抑制である。本錯体以外に第2世代に分類される白金抗がん剤としてネダプラチン、ヘプタプラチン、ロバプラチンが臨床使用されているが、これらはそれぞれ、日本、韓国または中国においてのみ臨床使用されている。その後開発された第3世代のオキサリプラチンは新たな適応症例の獲得に成功した。

【米田誠治】

【参考文献】
1) a) R. C. Harrison *et al., Inorg. Chim. Acta*, **1980**, *46*, L15; b) R. A. Alderden *et al., J. Chem. Ed.*, **2006**, *83*, 728.
2) a) S. Neidle *et al., J Inorg Biochem.*, **1980**, *13*, 205; b) B. Beagley *et al., J. Mol. Struct.*, **1985**, *130*, 97.
3) a) E. Gabano *et al., Coord. Chem. Rev.*, **2006**, *250*, 2158; c) A. H. Carvert *et al., Cancer Chemother. Pharmacol.*, **1982**, *9*, 140.

PtN$_2$O$_2$

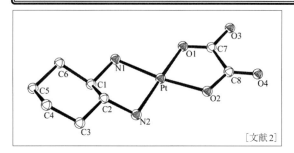

[文献2]

【名称】(1*R*,2*R*-diaminocyclohexane)oxalatoplatinum(II); [Pt(oxalato)(1*R*,2*R*-dach)], oxaliplatin, *l*-OHP)

【背景】本白金(II)単核錯体は，白金抗がん剤シスプラチンの誘導体として1970年代半ばに喜谷らによって合成され，その抗がん活性が見いだされた[1]．1980年代にフランスで第I相臨床試験が開始され，2002年に米国FDAで抗がん剤として承認された．現在は世界60ヶ国以上でがん治療薬として用いられている．切除不能な進行性の大腸がんまたは再発した大腸がんが主な対象症例で，白金抗がん剤としては最も新しい世代に分類される．

【調製法】塩化白金(II)酸カリウム K$_2$[PtCl$_4$]水溶液に1当量の1*R*,2*R*-ジアミノシクロヘキサン(1*R*,2*R*-dach)を加えて撹拌すると，1*R*,2*R*-ジアミノシクロヘキサンジクロリド白金(II)錯体[PtCl$_2$(1*R*,2*R*-dach)]の沈殿が得られる．この錯体の懸濁液に2当量の硝酸銀を加えると塩化銀が沈殿し，1*R*,2*R*-ジアミノシクロヘキサンジアクア白金(II)錯体[Pt(1*R*,2*R*-dach)(H$_2$O)$_2$]$^{2+}$が溶液中に生成する．塩化銀をろ過により取り除き，濃縮した溶液に1当量のシュウ酸カリウムを含む水溶液を加えて蒸発乾固すると，白色粉末が得られる．この粉末を水から再結晶すると，本錯体の白色結晶が得られる[1]．

【性質・構造・機能・意義】本錯体は結晶性の白色粉末で，水には室温で8 mg/mL程度の濃度で溶解する．^{195}Pt NMRではキレート性一級アミンとジカルボキシレートを有する[Pt(II)N$_2$O$_2$]配位球に由来するシグナルを−1989 ppmに与える．本錯体の結晶構造は得られており[2]，白金(II)配位球は平面正方型である．白金(II)を介した隣り合う配位子間の結合角は約90°(N1-Pt-N2 83.8(7)°，N1-Pt-O1 93.2(6)°，N2-Pt-O2 92.7(7)°，O1-Pt-O2 90.3(6)°)である．Pt-NおよびPt-O結合間距離はともに約2.0 Å(Pt-N1 2.03(2) Å, Pt-N2 2.043 Å, Pt-O1 2.02(1) Å, Pt-O2 2.02(2) Å)である．本錯体の抗がん活性は，鏡像異性体である1*S*,2*S*-ジアミノシクロヘキサンオキサラト白金(II)錯体およびジアステレオマーに相当する1*R*,2*S*-ジアミノシクロヘキサンオキサラト白金(II)錯体のそれらとは異なることが報告されている[1,3]．本錯体の抗がん作用は他の白金抗がん剤同様，白金錯体がDNA上で2つの塩基間を架橋することによって初動されるDNAの複製阻害であると考えられている．本錯体を静脈内投与すると，オキサレート配位子は生体内でH$_2$PO$_4^-$，HCO$_3^-$やCl$^-$によって求核置換され，さらにこれらの配位子が解離することによってDNAに結合すると推定されている[4]．本錯体は *in vitro* の実験でシスプラチンに対して耐性を獲得したがん細胞にも非常に高い細胞増殖抑制活性を示す[3]．これは，アンモニア配位子の代わりにかさ高いジアミノシクロヘキサン配位子が導入されたおかげで，本錯体が形成するDNA付加物に対するDNA修復の様式や程度が，シスプチンが形成するDNA付加物のそれらとは異なるからではないかと考えられている．第2世代以前の白金抗がん剤と本錯体の抗がんスペクトルが有意に異なったことで，本錯体は新たな適応症例の開拓に成功した[2]．

【関連錯体の紹介およびトピックス】1970年代後半にシスプラチンが白金錯体としてはじめて臨床導入され，その後，腎毒性などの副作用がより軽度なカルボプラチンが第2世代の白金抗がん剤として開発された．副作用の軽減はもちろんのこと，新たな対象症例を開拓した本錯体は，第3世代の白金抗がん剤に分類される．第2世代以前の白金抗がん剤は多種類のがんの治療に用いられているが，大腸がんの治療に用いられる白金抗がん剤は本錯体だけである． 【米田誠治】

【参考文献】
1) a) Y. Kidani *et al.*, *J. Med. Chem.*, **1978**, *92*, 1315; b) G. Mathé *et al.*, *Biomed. Pharmacother.*, **1989**, *43*, 237; c) E. Raymond *et al.*, *Annals Oncol.*, **1998**, *9*, 1053.
2) M. A. Bruck *et al.*, *Inorg. Chim. Acta*, **1984**, *92*, 279.
3) L. Pendyala *et al.*, *Cancer. Lett.*, **1995**, *97*, 177.
4) K. Inagaki *et al.*, *Chem. Lett.*, **1984**, 171.

PtN$_2$S$_2$

光 溶

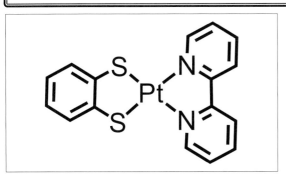

【名称】［1, 2-benzenedithiolato（2−）-κS^1, κS^2］（2, 2′-bipyridine-κN^1, κ$N^{1′}$）platinum：［Pt(bpy)(bdt)］

【背景】1つの遷移金属元素と2つの炭素元素，硫黄元素で形成される五員環はメタラジチオレン錯体と呼ばれ，可逆な酸化還元，高いモル吸光係数，特異な反応性などの興味深い性質を有することが知られている．中でもこの白金ジイミンジチオラト錯体は溶液中での発光現象やソルバトクロミズムなどの性質を有するだけでなく，その特異な電子構造から非線形光学材料としての研究の対象となっている．

Eisenbergらによりこの錯体を用いた電荷移動励起状態の研究が行われ，その物性が明らかとなったことから，光増感剤や光触媒への応用が期待されている[1]．

【調製法】窒素雰囲気下，脱気したDMSOに1,2-ベンゼンジチオールのナトリウム塩と白金ビピリジン錯体(bpy)PtCl$_2$を加え，50℃に加熱攪拌することにより得る[2]．

【性質・構造・機能・意義】白金とジチオレン配位子の混成軌道に由来したHOMOと，ジイミン配位子のπ*軌道に由来したLUMOを有することから，白金ジチオレン部位での酸化反応とビピリジン部位での還元反応が起こる[3]．またHOMO-LUMO間でMMLL'CT (mixed-metal/ligand-to-ligand charge transfer)を起こし，紫色を呈する．この吸収帯は負の溶媒依存性を示すピークであり，溶媒の極性が低くなるにつれて劇的に長波長側にシフトする．実際にはアセトニトリル溶液中で，524 nm（$\varepsilon=6960$ M^{-1}cm^{-1}），DMF溶液中で557 nm（$\varepsilon=7080$ M^{-1}cm^{-1}），クロロホルム溶液中で600 nmにブロードのピークとして現れる．また溶媒依存性のない，ビピリジンのπ-π*に基づく遷移がアセトニトリル溶液中で260 nm（$\varepsilon=34500$ M^{-1}cm^{-1}）と310 nm（$\varepsilon=27400$ M^{-1}cm^{-1}）に観測され，360 nm付近に白金(II)のd軌道からビピリジンのπ*軌道へのMLCTが観測される．

室温，溶液状態において750 nm付近に三重項電荷移動励起状態からの発光が観測される．アセトニトリル中の励起寿命は460 nsで消光速度定数は9.5×10^9 M^{-1}s^{-1}である．

結晶構造において，白金金属周りは平面四配位構造をとる．Pt-N結合間距離は2.050(4)，2.049(5) Åであり，他のジイミンジチオレン錯体(2.03〜2.06 Å)と同程度の値であるが，Pt(bpy)Cl$_2$(2.009(6), 2.01(1))と比べると長くなる．Pt-S結合間距離は2.244(2)と2.250(2) Åであり，他のジイミンジチオレン錯体と同程度の値である．

この錯体を溶液状態で酸素存在下光照射すると酸化反応が進行し，モノスルフィナト錯体［(bpy)Pt(bdtO$_2$)］とジスルフィナト錯体［(bpy)Pt(bdtO$_4$)］の混合物が得られる[3]．一方，DMSO溶液中に過酸化水素水溶液を加えて酸化させることでジスルフィナト錯体［(bpy)Pt(bdtO$_4$)］のみが得られる[2]．

【関連錯体の紹介およびトピックス】この錯体の中心金属を同族元素であるニッケル，およびパラジウムに変更したジイミンジチオラト錯体も報告されている[2]．

［Ni(bpy)(bdt)］，［Pd(bpy)(bdt)］のクロロホルム中での最大吸収波長はそれぞれ557, 510 nmであり，Pt錯体も含めて比べるとPd, Ni, Ptの順に長波長側にシフトする．そのため［Ni(bpy)(bdt)］と［Pt(bpy)(bdt)］が固体および溶液状態で紫色であるのに対し，［Pd(bpy)(bdt)］は暗赤色を呈する．

また，白金錯体［Pt(bpy)(bdt)］とは異なり，ニッケル錯体［Ni(bpy)(bdt)］は化学的または光照射により酸化することでニッケル周りが六配位のジスルフィナト錯体［Ni(bpy)$_2$(bdtO$_4$)］になる．

【西原 寛】

【参考文献】
1) C. Makedonas et al., Inorg. Chem., **2003**, 42, 8853.
2) T. M. Cocker et al., Inorg. Chem., **2001**, 40, 1550.
3) W. B. Connick et al., J. Am. Chem. Soc., **1997**, 119, 11620.

PtN$_2$ (O/S)$_2$

1

2

3

【名称】[1,2-benzendiolato4,4′-di-3-octyl-tridecyl-2,2′-bipyridineplatinum(+2): [Pt(Cat)(C10,8bpy)] (錯体 **1**) [2-thiophenolato4, 4′-di-3-octyl-tridecyl-2, 2′-bipyridineplatinum(+2): [Pt(tp)(C10,8bpy)] (錯体 **2**) [1,2-benzendithiolato4, 4′-di-3-octyl-tridecyl-2, 2′-bipyridineplatinum(+2)]: [Pt(Cat)(C10,8bpy)] (錯体 **3**)

【背景・意義】カテコラートやベンゼンジチオラートは錯形成により金属中心に加え配位子上でのレドックスを実現するために有効な配位子群であり，数多くの錯体が報告されている．しかし，その対象は結晶や溶液中における錯体種であり，液晶相の報告例はなかった．これらの錯体ははじめて液晶化に成功し，液晶相の直接的レドックスを観測したはじめての例である．

【調製法】これら金属錯体液晶は，対応するジクロロ白金錯体[PtCl$_2$(C10,8bpy)]とカテコール(**1**)，2-チオフェノール(**2**)，1,2,-ベンゼンジチオール(**3**)をNaOHなどの塩基存在下混合することで合成することができる．

得られた紫色錯体**1**は，31～192℃の温度領域においてヘキサゴナルカラムナーオーダード液晶相(Col$_{ho}$)を形成する．また，31℃以下では未同定X相およびガラス相を形成する：相(℃)G-62 X 31 Col$_{ho}$192 IL(IL=isotropic liquid：等方性液体)．この錯体は溶液中において，カテコラート上における一電子酸化およびビピリジル上での一電子還元に対応する準可逆的な酸化還元波を示す．また，室温において得られるスピンコート膜を用いて液晶膜からの直接的な酸化還元応答がサイクリックボルタモグラムにより世界ではじめて観測されている[1]．

錯体**2**は，-35～186℃の温度領域においてヘキサゴナルカラムナーオーダード液晶相(Col$_{ho}$)を形成する．また，冷却過程には-35℃および-46℃にて未同定X2およびX1相へと相転移し，-62℃においてガラス相を形成する：相(℃)G-62 X1-46 X2-35 Col$_{ho}$186 IL[2]．

錯体**3**は，-18～194℃の温度領域においてヘキサゴナルカラムナーオーダード液晶相(Col$_{ho}$)を形成する．また，-18℃以下では未同定X相およびガラス相を形成する：相(℃)G-58 X-18 Col$_{ho}$194 IL．この錯体**2**，**3**は溶液中においてビピリジル上での一電子還元に対応する準可逆的酸化還元波を示すが，錯体**1**と異なり酸化により多量化を示唆する掃引速度に依存したサイクリックボルタモグラムを示す[2]．

金属錯体液晶**1**～**3**は，その非対称構造に基づいた双極子を有するため，溶液中においては溶媒分子との相互作用および自己会合により負のソルバトクロミズムを示す．また，液晶相の加熱によりカラムナー構造の融解に伴い液晶相においてサーモクロミズムを示す[2]．

【張 浩徹】

【参考文献】
1) H.-C. Chang et al., *J. Mater. Chem.*, **2007**, *17*, 4136.
2) H.-C. Chang et al., *Inorg. Chem.*, **2011**, *50*, 4279.

PtN_2Cl_2

【名称】 cis-diamminedichloridoplatinum(II)：(cis-[PtCl$_2$(NH$_3$)$_2$], cisplatin, CDDP)

【背景】 数少ない含金属医薬品の1つであり，また，現在臨床で最も広く用いられている抗がん剤の1つである．本白金(II)単核錯体の合成法はすでに19世紀半ばに報告されていたが，1960年代後半に米国のRosenbergらの実験によって細胞分裂阻害活性が見いだされ，抗がん剤として開発された[1]．1978年に米国FDAに承認され，臨床導入後は当時の進行固形がんの治療成績を大きく改善した．現在は世界60ヶ国以上で多種類のがんに対する治療薬として用いられており，生殖器系のがんに対する第一選択薬である．

【調製法】 塩化白金(II)酸カリウム K$_2$[PtCl$_4$]水溶液に4当量のヨウ化カリウムを加えて[PtI$_4$]$^{2-}$に変換し，さらに2当量のアンモニア水を加えて撹拌すると，cis-ジアンミンジヨーダイド白金(II)錯体 cis-[PtI$_2$(NH$_3$)$_2$]の黄橙色の沈殿が得られる．沈殿をろ取した後乾燥し，再び水中に懸濁させ，2当量の硝酸銀を加えるとヨウ化銀が沈殿し，溶液中に cis-ジアンミンジアクア白金(II)錯体 cis-[Pt(NH$_3$)$_2$(H$_2$O)$_2$]$^{2+}$ が生成する．ろ過によりヨウ化銀を取り除いた後，溶液を高濃度の塩化カリウム水溶液に注ぐと，本錯体が黄色沈殿として得られる[2]．

【性質・構造・機能・意義】 黄色の粉末で，DMSOには易溶であるが，水には室温で1 mg/mL程度しか溶解しない．^{195}Pt NMRにおいては，[Pt(II)N$_2$Cl$_2$]配位球に由来するシグナルを -2104 ppmに与える．本錯体の結晶構造が得られており[3]，白金(II)配位球は平面正方型である．白金(II)を介した隣り合う配位子間の結合角は約90°（N1-Pt-N2 87(2)°，N1-Pt-Cl2 88.5(9)°，N2-Pt-Cl1 92(1)°，Cl1-Pt-Cl2 91.9(3)°である．Pt-N結合間距離は約2.0 Å（Pt-N1 1.95(3) Å，Pt-N2 2.05(4) Åで，Pt-Cl結合間距離は約2.3 Å（Pt-Cl1 2.328(9) Å，Pt-Cl2 2.333(9) Å）である．本錯体のアンモニア配位子と白金(II)との結合は，水溶液中では安定である．一方，塩素配位子と白金(II)の結合は，生理食塩水などの塩化物イオン濃度が十分高い水溶液中では安定であるが，塩化物イオン濃度が4 mM程度に低下する細胞内では塩素配位子の解離が部分的に起こり，cis-ジアンミンモノクロリドモノアクア白金(II)錯体 cis-[PtCl(NH$_3$)$_2$(H$_2$O)]$^+$ として存在する．本錯体の抗がん作用は，白金錯体がDNA上で2つの塩基間を架橋することによって初動されるDNAの複製阻害であると考えられており，DNAと結合する際には，この塩素配位子の解離が反応の律速となる[4]．

【関連錯体の紹介およびトピックス】 物理学者であるRosenbergらが交流電流を通じて大腸菌を培養したところ，大腸菌がフィラメント状になり死滅した．Rosenburgは，この奇妙な現象は使用した白金電極から溶解した白金イオンと，培地に含まれる塩化アンモニウムの化学反応によって生成した白金化合物に起因するものではないかと推定した[1]．アンモニアおよび塩素配位子を有する様々な白金(II)および白金(IV)錯体を合成して調べたところ，本錯体が最も有効な抗がん活性を有することが確認された．幾何異性体である trans-白金(II)-ジアンミンジクロリド錯体の活性は，本錯体のそれよりもはるかに低い．本錯体の抗がん剤としての成功をきっかけに，副作用が軽度なカルボプラチンや大腸がんに有効なオキサリプラチンなどが後に開発された．これらの白金抗がん剤はすべて cis 型の白金(II)単核錯体であり，DNAと結合する際またはそれ以前に脱離する置換活性な配位子と，置換不活性な配位子からなる．

【米田誠治】

参考文献

1) a) B. Rosenberg *et al.*, *Nature*, **1965**, *205*, 698; b) B. Rosenberg *et al.*, *J. Bacteriol.*, **1967**, *93*, 716; c) B. Rosenberg *et al.*, *Nature*, **1969**, *222*, 385.
2) a) S. C. Dhara, *Indian J. Chem.*, **1970**, *8*, 193; b) R. A. Alderden *et al.*, *J. Chem. Ed.*, **2006**, *83*, 728.
3) G. H. W. Milburn *et al.*, *J. Chem. Soc. A*, **1966**, 1609.
4) a) J. Arpalahti *et al.*, *Inorg. Chem.*, **1993**, *32*, 3327; b) D. P. Bancroft *et al.*, *J. Am. Chem. Soc.*, **1990**, *112*, 6860.

PtN₂Cl₂

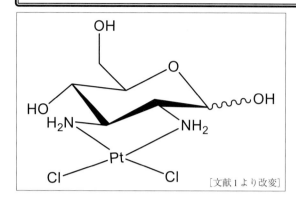

[文献1より改変]

【名称】dichloro(2,3-diamino-2,3-dideoxy-D-glucose)platinum(II)hydrate：[PtCl₂(D-GlcNN)]·H₂O

【背景】1969年にB. Rosenbergによってシスプラチン(*cis*-[PtCl₂(NH₃)₂], CDDP)の抗がん効果が報告されて以来，3000を超える抗がん性白金錯体が開発されている．しかし，依然として①水溶性に乏しい，②腫瘍集積性が乏しい，③副作用が極めて強い，④がん細胞が耐性を獲得する，といった諸問題を解決するにはいたっていない．現在日本で臨床に用いられている白金製剤はわずか4種類（シスプラチン，カルボプラチン，オキザリプラチン，ネダプラチン）と極めて少ない．カルボプラチン，オキザリプラチンおよびネダプラチンは，カルボキシラト型配位子であり，シスプラチンの毒性がある程度軽減されているが十分ではない．一方，配位子に生体の基幹物質である糖質を導入することにより，水溶性の向上，腫瘍集積性の向上，毒性の軽減などが期待される．この先駆的な研究として坪村らにより高い抗がん性を有するジアミノ糖を配位子とする本錯体の合成，単離・同定ならびに結晶構造解析がなされたものである[1]．

【調製法】K₂PtCl₄を水に溶解し，2,3-ジアミノ-2,3-ジデオキシ-D-グルコース二塩酸塩{2,3-diamino-2,3-dideoxy-D-glucose·2HCl(D-GlcNN·2HCl)}をKOHで中和した水溶液を加え，室温で撹拌する．黄色沈殿が生成し始めたら撹拌を停止し，冷蔵庫内に2日間放置することにより黄色の結晶を得る．1M熱塩酸より再結晶して精製することができる．

【性質・構造・機能・意義】この錯体はシスプラチンに比べて，はるかに水に対して溶解度が高い．メタノールなどの有機溶媒中では安定であるが，水溶液中でも安定である．溶液は黄色で，近赤外-可視・紫外部にかけて，$27 \times 10^3 cm^{-1}$ ($^1A_{1g} \to ^3E_g$), $33 \times 10^3 cm^{-1}$ ($^1A_{1g} \to ^1A_{2g}$), $26.3 \times 10^3 cm^{-1}$ ($^1A_{1g} \to ^1E_g$) に *cis*-[PtCl₂N₂] の平面四配位型白金(II)錯体のd-d遷移吸収帯が観測される．錯体の重水中での¹H NMRスペクトルから，αとβの両アノマーの比が約65:35の混合物である．また，D-GlcNN糖部分の六員環は，通常のβ-$^4C_1$イス型コンホメーションをとっている．Sarcoma S180（腹水がん）を移植したマウスによる抗がん効果試験において，本錯体は投与量50 mg/kgでのT/C値（延命率）は410％であり，シスプラチンの投与量8 mg/kgでのT/C値（237％）と比べて，本錯体は極めて高い抗がん活性を有している．実験後のマウスを開腹してみたところ，腎臓のその他に異常が見られなかったと報告されている．このように，アミノ糖を含む白金錯体で抗がん活性が明らかにされたのははじめてであり，抗がん性錯体の開発に新たな可能性を切り開いたといえる．

【関連錯体の紹介およびトピックス】この錯体に関連して，配位子をメチル 2,3-ジアミノ-2,3-ジデオキシ-D-マンノース{methyl 2,3-diamino-2,3-dideoxy-D-mannose·2HCl(D-Me-ManNN)}を用いた[PtCl₂(D-Me-ManNN)]·H₂Oの結晶構造解析がなされている．電子吸収スペクトル，CDスペクトル，NMRスペクトルから予測を裏づける以下の知見が得られている．2個の塩化物イオンが*cis*位に配位し，ジアミノ糖が一分子配位した平面四配位型[PtCl₂N₂]である．糖のピラノース環は配位平面に対し，axialに立った向きになっている．糖環はα-$^4C_1$イス型コンホメーションであり，α-グリコシド結合しているメチル基とC(2)上のアミノ基がピラノース環に対してaxial配向している．その結果メチルグリコシド部は白金と反対の方向を向いている．白金の周りの結合角は，五員環キレートを形成している結合角以外は約90°となり，白金および配位4原子の平面性はよく保たれている．この錯体の構造は既報の[PtCl₂(*meso*-dach)] (dach=1,2-diaminocyclohexane)のそれと類似している．この知見により，アミノ糖を配位子とする白金錯体の配位立体化学が確かなものとなり，糖連結抗がん性貴金属錯体の開発へと展開されている[2]．

【矢野重信】

【参考文献】
1) T. Tsubomura *et al.*, *J. Chem. Soc. Chem. Commun.*, **1986**, 459.
2) a) T. Tsubomura *et al.*, *Inorg. Chem.*, **1990**, 29, 2622; b) Y. Mikata *et al.*, *Bioorg. Med. Chem. Lett.*, **2001**, 11, 3045; c) Brudzinska *et al.*, *Bioorg. Med. Chem. Lett.*, **2004**, 14, 2553.

PtN₃O

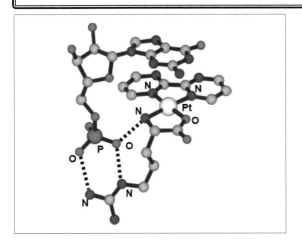

【名称】L-argininate-2,2′bipyrimidine-platinum(II) guanosinemonophosphate：[Pt(bpm)(L-Arg)]GMP[1])

【背景】核酸 DNA に対して，Pt-2,2′ビピリジンなどの平面構造を有する白金錯体が核酸塩基間に挿入（インターカレート）されて核酸の複写などを阻害することが知られており，芳香環は核酸塩基と，金属の正電荷は核酸リン酸負電荷と，それぞれ相互作用すると推定されていたが，[Pt(bpm)(L-Arg)]GMP の X 線構造解析により相互作用様式がはじめて明らかにされた．GMP グアニン環は白金配位ビピリミジンと芳香環スタッキングしていた．また，リン酸アニオンは Arg 側鎖グアニジニウムカチオン基と静電的相互作用を含む水素結合をするだけにとどまらず，白金が配位した Arg アミノ基 NH₂ と水素結合していた．すなわち Pt^{2+} とリン酸基間の静電的相互作用は見られず，配位基 NH₂ 基の相互作用への関与の重要性が示唆された．

【調製法】配位子ビピリミジン MeOH 溶液に等量の[PtCl₂(DMSO)₂]水溶液を加えて Pt(bpm)Cl₂ を単離し，これに 1.2 当量の L-Arg 水溶液を加えて 70〜80℃で溶液が透明になるまで反応させる．エバポで濃縮し，アセトンを加えて析出した粉末を MeOH で再結晶して結晶を得る[1])．

【性質・構造・機能・意義】白金は置換不活性のため，[Pt(bpm)(L-Arg)]と GMP との間の相互作用様式が焦点となる．GMP グアニン環は白金配位ビピリミジンと face-to-face 芳香環スタッキングと白金-グアニン環相互作用により，また，リン酸アニオンは Arg 側鎖グアニジニウム基と静電的相互作用を含む 2 個の水素結合をするだけにとどまらず，白金が配位した Arg アミノ基 NH₂ とも水素結合していた．この $Pt^{2+}-NH\cdots O^-$ の水素結合型相互作用様式は[Pt(bpm)(L-Arg)]インドール酢酸でも見られ，一般的な相互作用様式であることが明らかになった．このような複数の弱い相互作用によってはじめて安定な錯体会合体構造が形成されることが理解される．類似錯体の会合体，[Pt(phen)(L-Arg)]FMN（フラビンモノヌクレオチド）では，フラビン環に由来する酸化還元電位が+にシフトし，酸化型での相互作用が示唆された[2])．事実，類似会合体では $Pt^{2+}-NH\cdots O^-$ の水素結合と phen…アントラキノン環間芳香環スタッキングが見られた．これらの会合体では，¹H NMR に face-to-face 芳香環スタッキング構造に由来する環電流効果による高磁場シフトが見られ，溶液でも結晶での構造を保持していることがわかっている．

【関連錯体の紹介およびトピックス】Arg グアニジニウム基とリン酸期基の 2 個の水素結合は特定の構造形成に有用で，リン酸基のかわりにカルボン酸を用いた[Cu(Arg)₂]X（ジカルボン酸アニオン）は Arg の L,D によって左巻き，右巻きのらせん構造を作り分けることができた[3])．カルボン酸の向きが固定される芳香族ジカルボン酸を用いることによって[Cu(Arg)₂]X が様々な自己集合構造をとることが明らかになった[4])．自己集合型の構造に水素結合が重要であり，水素結合の向きが高次構造の構築に大きな影響を与えていることがわかった．錯体とカウンターイオンとの水素結合による会合体形成は規則正しい高次構造の構築に有利であり，気体分子の脱着[5]) など錯体の機能発現に大きな寄与をなしている．

〔小谷　明〕

【参考文献】
1) T. Yajima *et al.*, *Chem. Eur. J.*, **2003**, *9*, 3341.
2) Y. Nakabayashi *et al.*, *Inorg. Chim. Acta*, **2009**, *362*, 777.
3) N. Ohata *et al.*, *Angew. Chem. Int. Ed.*, **1996**, *35*, 531.
4) N. Ohata *et al.*, *Inorg. Chim. Acta*, **1999**, *286*, 37.
5) S. Horiike *et al.*, *Nature Chem.*, **2009**, *1*, 695.

PtN₃S 生

【名称】2-hydroxyethanothiolato（2, 2′, 2″-terpyridine）-platinum(II)：[(terpy)Pt(SCH$_2$CH$_2$OH)]$^+$

【背景】DNAへの非共有結合的な結合様式として，核酸塩基対間へのインターカレーションが知られており，種々の平面的な分子がインターカレーターとして報告されている．本錯体は，金属錯体型インターカレーターとして，はじめて報告された化合物である．

【調製法】[Pt(terpy)Cl]Cl・2H$_2$O に 2 当量の硝酸銀を加えたのち，窒素下で過剰量の 2-メルカプトエタノールと配位子交換することにより，本錯体が硝酸塩として得られる[1]．

【性質・構造・機能・意義】本錯体の水溶液に DNA を加えると，UV 吸収スペクトルが長波長シフトし，また円二色性（CD）スペクトルも誘起される．さらにDNA の融解温度が上昇するなど，インターカレーター特有の性質を示す[1]．さらに，繊維 X 線回折からも，本錯体のインターカレーションが確認され，錯体間の距離は約 10 Å，すなわち DNA 塩基対に 1 ヶ所おきに錯体が結合していることが明らかになった[2]．本錯体は，金属錯体型インターカレーターのはじめての事例として重要である．

【関連錯体の紹介およびトピックス】本錯体に引き続き，[Pt(bpy)(en)]$^{2+}$，[Pt(phen)(en)]$^{2+}$ などの金属錯体型インターカレーターが報告され，配列依存性をはじめ結合挙動の詳細が調べられている[3,4]．

【竹澤悠典・塩谷光彦】

【参考文献】
1) K. W. Jennette *et al., Proc. Nat. Acad. Sci., USA*, **1974**, *71*, 3839.
2) P. J. Bond *et al., Proc. Nat. Acad. Sci., USA*, **1975**, *72*, 4825.
3) S. J. Lippard *et al., Science*, **1976**, *194*, 726.
4) M. Howe-Grant *et al., Biochemistry*, **1979**, *18*, 5762.

PtN₄

【名称】 (2,3,7,8,12,13,17,18-octaethyl-porphyrin-21,23-diido)-platinum(II): [Pt(OEP)]

【背景】 数多くのポルフィリン錯体が励起三重項状態に起因する長寿命のりん光を示すことは，よく知られていたが，有機発光ダイオードにおける赤色発光層のドーパントとして用いると高い発光量子収率を示し，注目を集めた錯体である[1]．

【調製法】 H_2OEP と酢酸白金(II)を氷酢酸中で反応させるか，塩化白金(II)と H_2OEP をベンゾニトリルまたはDMF中で還流することで得られる[2]．

【性質・構造・機能・意義】 530 nm付近にポルフィリン類縁体に特徴的な強い吸収帯（Q帯）と，650 nmに三重項状態からのりん光を示す平面型錯体である．本錯体のQ帯は，有機発光ダイオードに多用されるトリス(8-キノリノラト)アルミニウム錯体の発光帯と重なっているため，本錯体をドーパントとして赤色発光層へ6％程度混入させると，高効率なエネルギー移動が起こる．これにより，従来型の蛍光性の有機発光ダイオードでは活用できなかった三重項励起子を発光させるEL素子が作製され，量子効率の大幅な向上が可能となった[1]．

【関連錯体の紹介およびトピックス】 本錯体の発光は酸素により高効率で消光されるため，感圧塗料としての活用や[3]，高い平面性を生かしたナノ材料への展開[4]，三重項-三重項対消滅を活用した可視光-紫外光変換[5] などへ活用されている．　【加藤昌子・小林厚志】

【参考文献】
1) A. R. Forrest et al., Nature, **1998**, 395, 151.
2) J. W. Buchler et al., Liebigs Ann. Chem., **1974**, 1046.
3) B. G. MaLachlan et al., Exp. in Fluids, **1993**, 14, 33.
4) C.-M. Che et al., Chem. Asian J., **2008**, 3, 1968.
5) Y. Chujo et al., Chem. Commun., **2010**, 46, 4378.

PtN₄

光 電

【名称】 phthalocyanine-29,31-diidoplatinum(II), phthalocyaninatoplatinum(II)：[Pt(pc)］

【背景】 初期に合成されたフタロシアニン錯体の1つで，構造解析されたはじめての α 型フタロシアニン結晶である．白金の重原子効果により，励起一重項からの項間交差が促進され，りん光を発する．酸素の電気化学的な還元触媒としても利用されている．

【調製法】 塩化白金(II)(1.8 g)とフタロニトリル(20 g)を20分間で280℃まで昇温して得られた固体を砕き，アルコールで洗浄する．これを1-クロロナフタレンより再結晶すると，光沢を有する青色針状結晶として得られる[1]．より高純度化するには，常圧140℃で未反応のフタロニトリルを除き，550℃，10^{-3} mmHgで昇華する[2]．白金金属とフタロニトリルとの反応では無金属体フタロシアニンが生成するため，目的の錯体は得られない．

【性質・構造・機能・意義】 平面四配位型構造をもち，D_{4h} 点群に属する．構造のよく似た α 型結晶と γ 型結晶の2種が存在する[3]．単斜晶系で，代表的な格子定数は α 型が $a=26.29$，$b=3.818$，$c=23.92$ Å，$\beta=94.6°$ の空間群 $C2/n$，γ 型が $a=23.16$，$b=3.969$，$c=16.62$ Å，$\beta=129.4°$ の空間群 $P2_1/a$ である．Pt-N間とN-C間の平均距離は，それぞれ α 型で 1.98 と 1.35 Å，γ 型で 1.98 と 1.37 Å．六員環の C-C 間平均距離は α 型と γ 型でそれぞれ 1.40 と 1.42 Å．平均分子平面からの各原子の平均変位は α 型と γ 型でそれぞれ 0.07 と 0.05 Å で，高い平面性を有する．

青色．反磁性．mp>360℃．空気中で 400℃ まで安定である．酸化剤に対して最も安定なフタロシアニン錯体の1つであり，冷硝酸に対して耐性がある．^{1}H NMR：$\delta_H(D_2SO_4/D_2O)=9.39$ (peripheral)，8.39 (non-peripheral)．1-クロロナフタレン溶液中で 650 ($\log \varepsilon=4.86$，Q帯)，625(4.16)，586(4.18)，567(3.68)，550(3.51)，455(3.24) nm に吸収ピークを示し[4]，28 M 硫酸中でも分解せず，665, 595, 411, 295 nm に吸収ピークを示す．赤外吸収(KBr)を 3046, 3010, 2921, 2852(C=N)，1511〜1290(C=C, C-N)，1170〜1076(C-H)，725(C-H 面外) cm^{-1} に示す[2]．銀をコートしたスズ上の表面増強共鳴ラマン測定(647.1 nm 励起)により，全対称モードの振動が 223, 603, 675, 808, 1036, 1110, 1141, 1340, 1430, 1457, 1526 cm^{-1} に観測されている[5]．

励起一重項から三重項への速い項間交差のため，蛍光は観測されない．1-クロロナフタレンと n-オクタンを用いた Shpolskii マトリックス中，77 K にて 10619 および 10550 cm^{-1} にりん光が観測される．これはマトリックスの異方性により，D_{4h} 対称における E_u 励起状態が D_{2h} 対称の B_{2u} と B_{3u} に分裂したことに伴う，$^3B_{2u}$ と $^3B_{3u}$ 状態からの発光と帰属される[6]．項間交差の活性化障壁が約 17 cm^{-1} であるため，4.2 K ではこれらの発光強度が減少し，相対的に 9755, 9809, 10232, 10263 cm^{-1} に現れる発光強度が増加するが，これらは三重項の n-π* 遷移由来であると考えられている．

金をコートした熱分解黒鉛上に形成した薄膜は，アルカリ溶液中で酸素分子の電気化学的な四電子還元触媒となる[7]．分光・電気化学研究の結果，この反応は2段階で起こり，第1段階で生じた O_2^- がフタロシアニン2分子を架橋する形で白金に軸配位し，その後，第2段階の還元が起こると考えられている．

【関連錯体の紹介およびトピックス】 この錯体の部分酸化塩である $[Pt(pc)](ClO_4)_{0.5}$ と $[Pt(pc)](AsF_6)_x$ が定電流電解法により得られている[8]．$[Pt(pc)](ClO_4)_{0.5}$ の構造は格子定数 $a=14.062(1)$，$c=6.510(1)$ Å，空間群 $P4/mcc$ の正方晶系で，隣接するフタロシアニン分子同士が 40.7° 回転して c 軸方向に積み重なっている．$[Pt(pc)](ClO_4)_{0.5}$ の c 軸方向の電気抵抗率は室温で 10^{-2}〜10^{-3} Ωcm で，120 K までは金属的な挙動を示す．XPS および ESR 測定の結果は，主にフタロシアニン配位子が酸化されていることを示している．　【福田貴光】

【参考文献】
1) P. A. Barrett *et al., J. Chem. Soc.*, **1936**, 1719.
2) R. J. C. Brown *et al., New J. Chem.*, **2004**, *28*, 676.
3) C. J. Brown, *J. Chem. Soc. A*, **1968**, 2494.
4) E. R. Menzel *et al., J. Chem. Phys.*, **1973**, *58*, 5726.
5) R. Aroca, *et al., J. Phys. Chem. Solids*, **1990**, *51*, 135.
6) W. -H. Chen *et al., Mol. Phys.*, **1987**, *62*, 541.
7) C. Paliteiro *et al., J. Electroanal. Chem.*, **1988**, *239*, 273.
8) H. Yamakado *et al., Bull. Chem. Soc. Jpn.*, **1989**, *62*, 2267.

PtO$_4$ 　導　磁

【名称】 (Rubidium)$_{1.67}$bis(oxalato)palatinate: Rb$_{1.67}$[Pt(C$_2$O$_4$)$_2$]·1.5H$_2$O

【背景】 陰イオン欠損型部分酸化テトラシアノ白金酸カリウムと同様の，平面オキサラト白金錯体が一次元鎖状配位をした部分酸化型一次元白金錯体伝導体である．金属光沢を有する銅色の針状結晶である本化合物の存在は19世紀から化学者に知られていた．一次元金属状態はパイエルス不安定性という特有の金属不安定性を有しており，従来の一次元金属は例外なく，低温では格子の周期的変形を伴う絶縁化転移(パイエルス絶縁化転移)を示すことが知られている．しかし，一次元系特有の大きな揺らぎや構造の複雑性のために，複雑なパイエルス構造が詳細に決定された例はほとんどない．本化合物は室温で白金鎖が六倍周期($6R_{Pt\cdots Pt}$；$R_{Pt\cdots Pt}$は白金原子間距離の平均値)に歪んだ変調構造をとっており，白金の部分酸化度から化合物が室温でパイエルス絶縁状態にあることを示している．パイエルス絶縁構造がX線構造解析により詳細に解析された最初の化合物である．

【調製法】 Rb$_2$[Pt(C$_2$O$_4$)$_2$]を水に溶解し，これにRb$_2$PtCl$_6$を加えよく撹拌する．そのまま放置すると銅光沢をした針状結晶が得られる．良質の結晶はRb$_2$[Pt(C$_2$O$_4$)$_2$]·nH$_2$OとRb$_2$PtCl$_6$の拡散法によって得ることができる[1]．

【性質・構造・機能・意義】 Rb$_{1.67}$[Pt(C$_2$O$_4$)$_2$]·1.5H$_2$Oの結晶構造における平均Pt$\cdots$Pt距離は2.85Å，結晶中では六分子周期で配列する長周期構造をとる．アルカリ金属の分析から得られた化学組成からPtの酸化度は+2.33価で，$5d_{z^2}$の作る一次元バンドには1/6だけ正孔ができ，$k_F = 5\pi/6R_{Pt\cdots Pt}$であることが示された．したがって，室温で観測された六分子周期構造は$2k_F$格子変調波が凍結した周期構造に対応していることとなり，室温でパイエルス絶縁相構造であることを示す証拠となった．パイエルス構造が整合構造であるので，その正確な構造決定ができ，白金錯体分子位置は平均0.17Åの振幅をもって周期的に波うっていることなどの詳細な解析ができた．この結果は，パイエルス絶縁相の最初の正確な三次元構造解析である．また，格子変調に伴う$2k_F$電荷密度波の存在を仮定しその静電エネルギーを求めると，結晶格子は電荷密度波間の静電相互作用を極小とする構造に対応していることがわかった．つまり，この白金錯体は電荷密度の凍結と矛盾しない単位格子を選択し，結晶化していることになる．

【関連錯体の紹介およびトピックス】 同様にして作成した，部分酸化白金錯体K$_{1.81}$Pt(C$_2$O$_4$)$_2$·2H$_2$Oは格子変調波の振幅が0.17Åで，周期が約29Åである．あたかも格子振動の波をそのまま凍結したようなパイエルス変形に伴う特別な超周期構造が見られる．電気伝導度は室温で10 Scm^{-1}である[2]．　【小林昭子・小林速男】

【参考文献】

1) A. Kobayashi *et al.*, *Bull. Chem. Soc. Jpn.*, **1979**, *52*, 3682.
2) H. Kobayashi *et al.*, *Solid State Commun.*, **1977**, *23*, 409.

PtP$_2$Si$_2$

[文献1]

【名称】〔1,2-(diphenylphosphino)ethane〕(η^2-tetraisopropyldisilene)platinum(0) (dppe)Pt(η^2-^{i}Pr$_2$Si=Si^{i}Pr$_2$)

【背景】1827年にデンマークのZeiseはC=C二重結合がPtに配位した錯体K[Pt(H$_2$C=CH$_2$)Cl$_3$]を単離し報告した。この錯体におけるオレフィンと金属との結合は、それまでの結合論(配位結合やイオン結合)では説明できなかったが、1950年代初頭に3人の科学者により新しい結合の概念が提案され解決をみる。それはオレフィンの充填π軌道から金属の空のd$_\sigma$軌道への電子供与と、金属の充填d$_\pi$軌道からオレフィンのπ^*軌道への逆供与とからなり、3人の提唱者にちなんでDewar-Chatt-Duncanson(DCD)モデルと呼ばれる。オレフィン錯体は、その構造的特徴からπ錯体(オレフィン部分のC-C二重結合性が高い)とメタラサイクル(M-CおよびC-C結合が単結合に近い)の2つに分類される。DCDモデルにおいてπ逆供与が小さい場合は前者に、大きい場合は後者になる傾向がある。オレフィン錯体は種々の触媒反応の鍵中間体としてもその重要性が認識され、現在では膨大な研究の蓄積がある。これに対し、高周期類縁体の合成は1世紀以上遅れ、ケイ素類縁体であるη^2-ジシレン錯体は1989年にWestらによってはじめて報告された[1]。

【調製法】操作はすべて乾燥した不活性ガス雰囲気下で行う。この錯体の合成法は2通りある。1つの方法は、THF中で(dppe)PtCl$_2$(dppe = Ph$_2$PCH$_2$CH$_2$PPh$_2$)に1当量のH^{i}Pr$_2$SiSi^{i}Pr$_2$Hと2当量以上のLi粉末(2% Na含)を加え、一晩撹拌する。反応の進行に伴いH$_2$ガスが発生し、溶液の色は赤橙色に変化する。溶媒留去後、トルエンから再結晶することで(dppe)Pt(η^2-^{i}Pr$_2$Si=Si^{i}Pr$_2$)を黄色の結晶として収率20%で得る。もう1つの方法は、エチレン錯体(dppe)Pt(H$_2$C=CH$_2$)に1当量のH^{i}Pr$_2$SiSi^{i}Pr$_2$Hを加え、トルエンを溶媒として加熱還流する。この方法での収率は55%と前者の場合より高い。なお、Mes$_2$Si=SiMes$_2$と(R$_3$P)$_2$PtX(X = C$_2$H$_4$, C$_2$O$_4$)との反応によってもジシレン白金錯体が合成できる。

【性質・構造・機能・意義】この錯体は空気および湿気に対して不安定である。また、THF、塩化メチレン、トルエンなどに可溶である。質量スペクトル(FAB)では、分子イオンピークがm/z 822に明確に現れる。

^{29}Si{^{1}H} NMRスペクトルでは、24.3 ppmに2つの非等価なリンとカップリングした、ダブレット・オブ・ダブレットのシグナルが現れ、^{195}Ptによるサテライトも観測される[2]。この化学シフトは、典型的なジシレン(45〜90 ppm)のものと比べ、かなり高磁場にシフトしている。このような金属へのπ配位による高磁場シフトは、オレフィンやジホスフェンがπ配位したη^2-オレフィン錯体やη^2-ジホスフェン錯体でも同様に見られる傾向である。

この錯体は水素と反応し(dppe)Pt(Si^{i}Pr$_2$H)$_2$を、また酸素と反応するとSi-Si間に酸素が挿入した四員環骨格をもつ錯体(dppe)Pt[(^{i}Pr$_2$SiOSi^{i}Pr$_2$)-κ^2Si]を与える。

【関連錯体の紹介およびトピックス】標題錯体の結晶構造は報告されていないが、1990年に、ジシレン錯体の最初のX線結晶構造がCp$_2$W(η^2-Me$_2$Si=SiMe$_2$)[3]について報告され、さらに2002年には(Me$_3$P)$_2$Pt[η^2-(^{t}BuMe$_2$)Si=Si(Me$_2$^{t}Bu)$_2$][4]のX線結晶構造も報告され、ジシレン配位子が確かに金属にside-on型でπ配位していることが確認された。現在では、Mo[3]、Pd[5,6]、Fe[7]、Hf[8]、Ti[9]、Zr[9]のη^2-ジシレン錯体も合成されている。

【橋本久子】

【参考文献】

1) R. West *et al., J. Am. Chem. Soc.*, **1989**, *111*, 7667.
2) R. West *et al., J. Am. Chem. Soc.*, **1996**, *118*, 7871.
3) a) D. H. Berry *et al., J. Am. Chem. Soc.*, **1990**, *112*, 452; b) D. H. Berry *et al., Organometallics*, **1993**, *12*, 3698.
4) H. Hashimoto *et al., Organometallics*, **2002**, *21*, 454.
5) H. Hashimoto *et al., Can J. Chem.*, **2003**, *81*, 1241.
6) a) M. Kira *et al., J. Am. Chem. Soc.*, **2004**, *126*, 12778; b) T. Iwamoto *et al., Dalton Trans.*, **2006**, 177.
7) H. Hashimoto *et al., J. Am. Chem. Soc.*, **2004**, *126*, 13628.
8) R. Fischer *et al., J. Am. Chem. Soc.*, **2005**, *127*, 70.
9) M. Zirngast *et al., J. Am. Chem. Soc.*, **2009**, *131*, 15952.

PtP$_4$

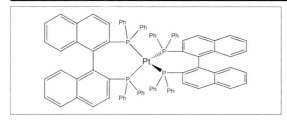

【名称】bis|2,2′-bis(diphenylphosphino)-1,1′-binanphthyl|-platinum(0): [Pt(binap)$_2$]

【背景】d^{10}電子配置のPd(0)およびAu(I)金属錯体は，長寿命発光を示し，興味深い光反応性を有することから盛んに研究されている中で，数少ないPt(0)単核錯体として報告された[1]．

【調製法】等モル量の[PtCl$_2$(C$_6$H$_5$CN)$_2$]錯体とbinap配位子をベンゼン中に溶解させ，70℃で1時間加熱撹拌し濃縮する．5℃で1日静置することで[PtCl$_2$(binap)]錯体が析出する．続いて等モル量の[PtCl$_2$(binap)]錯体とbinap配位子をTHFに溶解し，NaBH$_4$水溶液をゆっくりと加えた後，反応溶液を乾固し，トルエンにより抽出する．抽出液にヘプタンを加え，5℃で1週間静置することで得られる[1]．

【性質・構造・機能・意義】室温，トルエン溶液状態で530 nmに強い吸収と，極大発光波長763 nm，1.25 μsの長寿命赤色発光を示す．空気中室温で安定な発光性Pt(0)単核錯体である．その発光量子収率は12%と比較的高い[2]．X線構造解析からPt(0)原子まわりは歪んだ四面体型構造をとっており，従来の四面体型Pt(0)-ホスフィン錯体が可視光領域に吸収を示さないことを考慮すると，これらの吸収および発光帯は，binap配位子が有する拡張π共役系により安定化された，金属-配位子間電荷移動吸収（MLCT）であると帰属される．また一般にPt(0)錯体種は空気中で不安定であるが，本錯体におけるPt(0)原子は，binap配位子が有するナフタレン基およびフェニル基により完全に包み込まれており，この特異な立体構造がPt(0)価種の安定化に寄与していると考えられる．

【関連錯体の紹介およびトピックス】最近では配位子の化学修飾や中心金属イオンの置換により，より高い発光量子収率を示す錯体が報告されるとともに，光反応性の開拓も進められている[3]．

【加藤昌子・小林厚志】

【参考文献】
1) T. Tsubomura *et al.*, *J. Chem. Soc., Chem. Commun.*, **1995**, 2275.
2) K. Nozaki *et al.*, *Inorg. Chem.*, **2004**, *43*, 663.
3) T. Tsubomura *et al.*, *Inorg. Chem.*, **2008**, *47*, 481.

PtP₄

【名称】bis(2,2′-bis(diphenylphosphino)-1,1′-binaphthyl)platinum(0): [Pt(binap)₂]

【背景】不斉配位子binapを有するルテニウムやロジウム錯体を用いた不斉合成は野依らの研究で著名であるが, 白金やパラジウム錯体の研究, とりわけ0価金属を含む錯体の単離例は少ない. 本錯体は1995年に報告され[1], ホトルミネセンスを示すことから, 関連錯体を含めて研究が行われた.

【調製法】[1] [PtCl₂(PhCN)₂]にbinap配位子を反応させて[PtCl₂(binap)]を合成し, これに等モルのbinapを加えてNaBH₄で還元して得る.

【性質・構造・機能・意義】固体では空気中で安定な赤色結晶. 本錯体はエーテル, ベンゼンなどの有機溶媒に可溶. これまでに研究されている錯体はすべて(R)-binapまたは(S)-binapが2個配位したものであって, メソ型は得られていない. 単結晶X線構造解析によるとPt-P平均距離は2.33Åで同種の錯体としては長めである. binapキレートのP-Pt-P結合角は92°, 2つのP-Pt-P平面の二面角は78°となっており, 多少歪んだ四面体構造と見なされる(図1).

本錯体はトルエン中でホトルミネセンスを示す. 発光極大は760 nm, 発光量子効率は12%であるが, アセトニトリル中では0.9%となる. 発光寿命は298 Kで1.25 μsであるが, 低温では長くなる. 発光励起状態についての詳細な研究が行われており, ³MLCT状態からの遷移と帰属されている[2]. 発光量子効率も低温では小さくなるのが大きな特徴であり, 例えば173 Kでは3.2%となる. これはCu(I)金属錯体にしばしば見られる特徴であり, 一重項MLCT状態と三重項MLCT状態が比較的近いために熱平衡にあり, 室温では実際の発光は一重項MLCT状態から起こるためにこのような結果が観測されると説明されている. また, MLCT励起状態では中心に金属はd¹⁰からd⁹に近くなるため, 構造はより平面に近い状態に歪む. DFTによる計算結果ではP-Pt-P平面の二面角は84°になり, 約5°平面構造に近くなると報告されている.

本錯体の発光は酸素存在下では著しく消光される. 消光の機構も調べられており, 酸素へのエネルギー移動によって一重項酸素が発生することが, 一重項酸素の近赤外発光から確認されている[3]. 酸素による消光は拡散律速となっている.

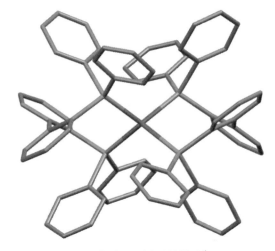

図1 [Pd(biphep)₂]の結晶構造[4]

【関連錯体の紹介およびトピックス】触媒分野での研究に関連してビアリールジホスフィン系配位子をもつ錯体の合成は以前から行われていた. 例えばbinapの誘導体であるtol-binap(2,2′-bis(bis(4-methylphenyl)phosphino)-1,1′-binaphthyl)を有するPd(0)錯体の合成とX線構造解析は, Alcazar-Romanらにより報告されている[5]. また, binapと類似のbiphep配位子をもつPt(0)とPd(0)錯体の構造と発光特性も報告されており, これら4種の錯体において発光波長はbinap錯体の方がbiphep錯体より長く, かつ白金錯体の方がパラジウム錯体より長い. これらはいずれも溶液中でも強い発光を示し, 特に[Pd(biphep)₂]はトルエン中で38%という高い発光量子効率を示す.

【坪村太郎】

【参考文献】
1) H. Tominaga *et al.*, *J. Chem. Soc., Chem. Commun.*, **1995**, 2273.
2) Z. Abedin-Siddique *et al.*, *Inorg. Chem.*, **2004**, *43*, 663.
3) T. Tsubomura *et al.*, *Bull. Chem. Soc. Jpn.*, **2003**, *76*, 2151.
4) T. Tsubomura *et al.*, *Inorg. Chem.*, **2008**, *47*, 481.
5) L. M. Alcazar-Roman *et al.*, *J. Am. Chem. Soc.*, **2000**, *122*, 4618.

PtP₄

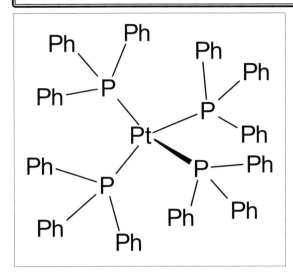

【名称】tetrakis(triphenylphosphine)platinum(0):
[Pt(PPh₃)₄]

【背景】対応するパラジウム錯体と同様他の0価錯体の出発原料となり，反応性にも富むが，触媒反応についてはそれほど多くの例が知られているわけではない．対応するパラジウム錯体が触媒として広範囲に用いられているのに対し，白金錯体の方は反応活性種モデルとして反応機構の研究に用いられる場合が多い．ホトルミネセンスも以前より知られている．

【調製法】塩化白金酸カリウムとトリフェニルホスフィンを混合し，エタノール中で還元することで収率よく得られる[1]．

【性質・構造・機能・意義】空気に多少不安定な黄色粉末で，空気中では分解し，真空下では159〜160℃で融解する．

[Pt(PPh₃)₄]の単結晶構造解析はいまだ報告されておらず，最も近い構造の錯体の構造解析としては，(1,5-dimethyl-1,2,4,3-triazaphosphole-P)-tris(triphenylphosphine)-platinum(0)が知られ(CCDCのrefcode: CASTUL)，ほぼ完全な四面体構造である[2]．

対応するパラジウム(0)錯体と同様に，溶液中ではホスフィン配位子を解離し，トリス体が生成する反応が生じ平衡状態となるが，−100℃まで下げるとこの平衡はテトラキス側によると報告されている[3]．他の配位子などと反応する場合には，ホスフィン配位子が解離して配位不飽和種が生成し，その後酸化的付加反応や他配位子の配位などの反応が生じることは数多く知られている．例えばハロゲン化水素や塩素，さらに有機ハロゲン化物はこの錯体に酸化的付加反応を起こし，それぞれ[Pt(H)(X)(PPh₃)₂]，[PtCl₂(PPh₃)₂]，[Pt(R)-(X)(PPh₃)₂]が生成する．特に有機ハロゲン化物の酸化的付加反応の報告は多い[4]．空気下でベンゼンに溶解すると，酸素と二酸化炭素の作用により，カルボナトビス(トリフェニルホスフィン)白金(II)錯体の白色粉末が生成する．また，酸素が付加すると酸素錯体[Pt(η^2-O₂)(PPh₃)₂]を与える．

本錯体は固体状態において紫外線照射下でホトルミネセンスを示す．また，溶液中でもルミネセンスを示すが，対応するパラジウム錯体に比べるとその強度は弱い．CasparらははじめてPt(0)，Pd(0)ホスフィン錯体のホトルミネセンスを報告し[5]，それによれば，本錯体はTHF中で740 nmに極大をもつ発光を示し，量子効率は3.9×10^{-4}，発光寿命は0.7 μsとなっている．この発光は金属中心のd→p遷移励起状態に基づくとしている．なお，ホスフィン配位子を添加した際にも発光スペクトルの形は変化しないが発光量子効率は低下することから溶液内の発光種は，平衡状態で存在する[Pt(PPh₃)₃]と推察している．

【関連錯体の紹介およびトピックス】得られた錯体をエタノール中で加熱するとトリス体[Pt(PPh₃)₃]となる．この[Pt(PPh₃)₃]のX線解析に基づく構造は報告されており，Pt-P距離は2.26〜2.28 Å，P-Pt-P角は117〜121°である[6]．トリス体は室温では発光寿命0.69 μsで710 nmに発光極大を持ち，77 Kにおいては25 μsで645 nmとなることが報告されている[5]．同族の金属錯体としては[Ni(PPh₃)₄]も知られ，より不安定な赤褐色固体である．　【坪村太郎】

【参考文献】
1) R. Ugo et al., Inorg. Synth., **1990**, 28, 123.
2) J. G. Kraaijkamp et al., J. Organometal. Chem., **1983**, 256, 375.
3) A. Sen et al., Inorg. Chem., **1980**, 19, 1073.
4) 山本明夫監修，有機金属化合物，東京化学同人，**1991**.
5) J. V. Caspar, J. Am. Chem. Soc., **1985**, 107, 6718.
6) P. A. Chaloner et al., Acta Cryst. Sect. C, **1989**, 45, 1309.

PtP$_4$

```
         PPh_3
          |
Ph_3P—Pt—PPh_3
          |
         PPh_3
```

【名称】tetrakis(triphenylphosphine)platinum(0): [Pt(PPh$_3$)$_4$]

【背景】有機白金錯体の歴史は，1820年代のZeise塩 (K[Pt^{II}Cl$_3$(CH$_2$=CH$_2$)])の発見に始まるが，1950年代になりMalatestaらにより合成された本錯体およびPt(PPh$_3$)$_3$が0価白金錯体の最初の例である[1]．以後の白金錯体の研究や白金錯体を用いた触媒研究に大きな影響を与えている．本錯体は，現在多くの試薬会社から市販されて，容易に入手可能である．

【調製法】Malatestaらの最初の報告では，複数の合成法が示されている．トリフェニルホスフィン存在下，PtX$_2$(PPh$_3$)$_2$(X=Cl, Br, I)をヒドラジンまたはエタノール/水酸化カリウムで還元する方法およびトリフェニルホスフィン存在下，テトラクロロ白金酸カリウムをエタノール/水酸化カリウムで還元する方法である．後者が一般によく利用されてる[2]．この他，ヘキサクロロ白金酸を水素化ホウ素ナトリウムで還元する方法は，より安価な白金原料から短時間で合成が行える簡便な方法である[3]．

【性質・構造・機能・意義】淡黄色の固体で，短時間であれば空気中でも安定である．トリフェニルホスフィンは比較的立体障害が大きく，この錯体の立体構造は四面体構造をとっていると考えられる．溶液中では容易に1分子のトリフェニルホスフィンが解離し，平面三配位構造をもつPt(PPh$_3$)$_3$を生成する．NMRなどを用いた詳細な解析によれば，この解離平衡は温度に大きく依存し，−80℃以下の低温ではPt(PPh$_3$)$_4$に大きくかたよっている．一方，室温ではほぼ完全にPt(PPh$_3$)$_3$に解離している[4]．Pt(PPh$_3$)$_4$およびPt(PPh$_3$)$_3$の^{31}P NMRのシグナルは，それぞれ9.2 ppm ($^1J_{Pt-P}$=3829 Hz)および49.9 ppm ($^1J_{Pt-P}$=4438 Hz)に観測される．

Pt(PPh$_3$)$_3$のPt(PPh$_3$)$_2$へのさらなる解離は溶液中ではほとんど起こっていないことが示されている[5]．当初はPt(PPh$_3$)$_2$，[Pt(PPh$_3$)$_2$]$_2$や[Pt(PPh$_3$)]$_n$が単離可能な錯体として報告されたが[6]，後にこれらは一部P-Ph結合の開裂を伴った錯体であることが明らかにされている．Pt(PPh$_3$)$_4$をベンゼン中還流すると橙赤色の[(Pt$_2$(PPh$_3$)$_2$(PPh$_2$)$_2$)]や橙色[Pt$_3$(PPh$_3$)$_2$(PPh$_2$)$_3$Ph]が生成し，これらは単離・構造決定されている[7]．前者は2つの白金原子が2つのホスフィド配位子で架橋された四員環構造をもち，後者は，3つの白金原子と1つのホスフィド配位子で構成された四員環構造をもつ．

この錯体は，各種白金錯体の合成原料として多用されている．例えば，一酸化炭素，亜リン酸トリフェニル，テトラシアノエチレン(TCNE)，アセチレンジカルボン酸ジメチル(DMAD)との反応ではそれぞれ0価白金錯体Pt(CO)$_2$(PPh$_3$)$_2$, Pt(P(OPh)$_3$)$_4$, Pt(TCNE)$_2$-(PPh$_3$)$_2$およびPt(DMAD)$_2$(PPh$_3$)$_2$が得られる．また，C-X(X=Cl, Br, I)，Si-H, Si-Si, B-B, S-S, Se-Se, Te-Teなどの各種結合の酸化的付加が容易に進行し，対応する二価白金錯体が得られる．

また，この錯体は触媒または触媒前駆体としても多用されている．各種基質の酸化反応，ヒドロシリル化反応，クロスカップリング反応，カルボニル化反応，ジホウ素化反応，オレフィン類の異性化反応，アリル化反応など，多様な反応に利用されている．

【関連錯体の紹介およびトピックス】種々のホスフィンや亜リン酸エステルを配位子としてもつ類似の0価白金錯体Pt(PR$_3$)$_n$やPt(P(OR)$_3$)$_n$ (n=4〜2)が多数合成されている．トリフェニルホスフィン錯体では四配位および三配位錯体が安定錯体として単離されているが，配位数は配位子の立体的および電子的効果に影響される．かさ高いトリシクロヘキシルホスフィンでは三配位錯体Pt(PCy$_3$)$_3$および二配位錯体Pt(PCy$_3$)$_2$が単離・構造決定されている[8]．Pt(PPh$_3$)$_4$を触媒あるいは触媒前駆体として利用する場合，触媒サイクルでは"Pt(PPh$_3$)$_2$"部位が利用され残りのホスフィンは不要であったり，触媒反応を阻害することがある．そのため，"Pt(PPh$_3$)$_2$"部位の供給源としてエチレン錯体Pt(PPh$_3$)$_2$(CH$_2$=CH$_2$)が利用されることも多い．

【島田　茂】

【参考文献】
1) L. Malatesta *et al.*, *J. Chem. Soc.*, **1958**, 2323.
2) R. Ugo *et al.*, *Inorg. Synth.*, **1968**, *11*, 105.
3) J. Taniuchi *et al.*, 特開平 10-59991.
4) A. Sen *et al.*, *Inorg. Chem.*, **1980**, *19*, 1073.
5) J. P. Birk *et al.*, *J. Am. Chem. Soc.*, **1968**, *90*, 4491.
6) a) R. Ugo *et al.*, *Chem. Commun.* (*London*), **1966**, 868; b) D. M. Blake *et al.*, *J. Am. Chem. Soc.*, **1970**, *92*, 5359.
7) N. J. Taylor *et al.*, *J. Chem. Soc., Chem. Commun.*, **1975**, 448.
8) a) A. Immirzi *et al.*, *Inorg. Chim. Acta*, **1975**, *13*, L13; b) A. Immirzi *et al.*, *Inorg. Chim. Acta*, **1977**, *21*, L37.

PtS$_4$

【名称】(lithiumu)$_{0.8}$(oxonium)$_{0.33}$[bis(1,2-dicyano-1,2-ethylenedithiolato)platinum]1.67H$_2$O：(Li)$_{0.8}$(H$_3$O)$_{0.33}$[Pt(mnt)$_2$]・1.67H$_2$O

【背景】陰イオン欠損型部分酸化型一次元白金錯体伝導体に類似した，平面四配位白金錯体の構成する一次元伝導体である．ただし，主に白金の $5d_z^2$ 軌道が一次元伝導バンドを形成している KCP などの古いタイプの白金錯体伝導体とは異なり，mnt 配位子の S 原子の $3p_z$ 軌道が隣接錯体分子間で重なり伝導経路を形成している．歴史的には有機伝導体同様 π 分子軌道が伝導バンドを形成している最初の金属錯体伝導体となった．

【調製法】Na$_2$[S$_2$C$_2$(CN)$_2$]をエタノール/水（1：1 v/v）混合液に溶解し，これに K$_2$PtCl$_4$ 水溶液を撹拌しながらゆっくり加える．ろ液に Et$_4$NBr のエタノール溶液をゆっくり加えると赤褐色の結晶 (Et$_4$N)$_2$[Pt(S$_2$C$_2$(CN)$_2$)$_2$] が析出する．これを吸引ろ過し水，次いでエタノール/水混合液で洗浄し乾燥させる．(Et$_4$N)$_2$[Pt(S$_2$C$_2$(CN)$_2$)$_2$] をアセトン/水混合液（7：3 v/v）に溶かし濃度を 3 mmol に調整した溶液を H$^+$ 型の陽イオン交換カラムにとおす．これに当量の塩化リチウムを溶解させた後，ろ過した液に空気を通じ空気酸化する．溶媒をゆっくり蒸発させ約 10 週間で黒い光沢のある針状結晶が得られる．析出した結晶は水で洗浄した後，空気中で乾燥する．

【性質・構造・機能・意義】本化合物は KCP (K$_2$[Pt(CN)$_4$]Br$_{0.3}$・3H$_2$O) 同様，部分酸化型錯塩であり，室温の伝導度は 200 Scm^{-1} で，室温から 220 K まで伝導度は金属的であるが，220 K 以下で絶縁化する[1]．高い伝導性を示すにもかかわらず，結晶中での Pt⋯Pt 距離は 3.64 Å で，Pt の $5d_z^2$ 軌道が金属バンドを形成するためには遠すぎるが，220 K 以下で $2k_F$ 衛星反射の発達が見られ，一次元系に特有の金属-絶縁体転移（パイエルス転移）が起こる．構造研究の結果，この伝導体では従来の白金錯体伝導体とは異なり，伝導経路の形成には Pt の $5d_z^2$ 軌道ではなく分子間カルコゲン原子の接触が重要で，配位子の硫黄原子の $3p\pi$ 軌道を介して伝導バンドが形成されていることがわかった．すなわち，従来の金属錯体伝導体「d 軌道伝導体」とは範疇の異なる新しいタイプの金属錯体伝導体「π 軌道伝導体」であることがはじめて明らかになった[2]．同時にこのことは，遷移金属錯体伝導体と（π 軌道伝導体である）有機伝導体間の垣根を取り除くことになり，その後の分子性伝導体設計の自由度を急速に拡大し，配位子中にカルコゲン原子を含む遷移金属錯体からなる金属錯体系超伝導体の登場を促した．M(mnt)$_2$ (M=Ni, Pd, Pt) 錯体伝導体の研究はその後，より多くの硫黄原子を含むジチオレン配位子 dmit (1,3-dithiole-2-thione-4,5-dithiolate) をもつ M(dmit)$_2$ 伝導体 (M=Ni, Pd, Pt) の研究へと発展した．このような研究を通して，一次元分子性金属に存在していた低温での絶縁化（パイエルス転移）を回避し，安定な金属や超伝導体を得る方法としてカルコゲン原子間接触を通した二次元的な相互作用を導入し，系の次元性を高める方法が提唱された．その後この方法は超伝導体開発研究の大きな指針となった．

【小林昭子・小林速男】

【参考文献】
1) M. M. Ahmad et al., *J. Chem. Soc. Dalton Trans.*, **1982**, 1065.
2) A. Kobayashi et al., *Bull. Chem. Soc. Jpn.*, **1984**, *57*, 3262.

PtTlC$_4$

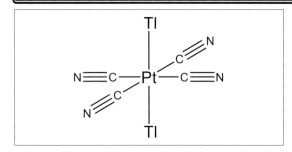

【名称】thallium tetracyanidoplatinate(II): Tl$_2$[Pt(CN)$_4$]

【背景】平面型 Pt(II)錯体が一次元カラム状に集積し，金属間相互作用に起因した特徴的な光学特性や，混合原子価状態の発現に伴う伝導性を示すことが知られていた中で，機能の中枢を担う金属間相互作用を生み出す新たな方法として，注目を集めた．

【調製法】Tl(NO$_3$)水溶液を K$_2$[Pt(CN)$_4$]·3H$_2$O 水溶液にゆっくりと拡散させることで無色結晶として得る[1]．

【性質・構造・機能・意義】室温，固体状態において 445 nm に強い青色発光を示す錯体である．[Pt(CN)$_4$]$^{2-}$ 錯イオンは分子の平面性に起因した，一次元カラム構造を形成しやすいことが知られているが，この錯体は Pt(II)イオンの軸方向に 2 つの Tl(I)イオンが結合した六配位八面体型構造であり，カラム構造を形成しないことが，X線結晶構造解析により示されている[1]．Tl–Pt 結合長は 3.140 Å であり，Tl と Pt の金属結合半径の和(3.08 Å)に近く，2 つの金属イオン間には結合が生成している．その他の原子間距離から，Tl(I)イオンは Pt(II)イオンとのみ結合し，その他の原子とは相互作用していない．この結合は Tl(I)イオンが有する 6s 電子が，Pt(II)イオンの非占有軌道 6p^z 軌道へ供与される配位結合と考えられる．実際に観測される吸収・発光過程は，Pt(II)–Tl(I)イオン間の電荷移動遷移に起因すると考えられる．

【関連錯体の紹介およびトピックス】Pt(II)–Tl(I)イオン間の配位結合を活用した分子性金属錯体や配位高分子が合成されている[2,3]．例えば Chen らは Pt(II)アミダト錯体を Tl(I)イオンにより集積させた，種々の一次元配位高分子系を構築し，温度に依存した発光挙動を示すことを報告している[3]．　【加藤昌子・小林厚志】

【参考文献】
1) J. K. Nagle *et al.*, *J. Am. Chem. Soc.*, **1988**, *110*, 319.
2) J. K. Nagle *et al.*, *J. Am. Chem. Soc.*, **1994**, *116*, 11379.
3) W. Chen *et al.*, *Inorg. Chem.*, **2006**, *45*, 5552.

Pt₂C₁₂

有触

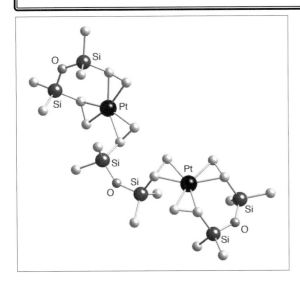

【名称】Karstedt 触媒：Pt$_2$(O(SiMe$_2$CH=CH$_2$)$_2$)$_3$

【背景】Karstedt 触媒は，ヒドロシリル化反応に利用される白金触媒である．ヒドロシリル化反応は，各種の不飽和結合(C=C, C≡C, C=O など)にヒドロシランが付加する反応であり，有機ケイ素化合物やケイ素系材料合成に欠かせない工業的にも大変重要な反応である．1957 年，Speier により白金化合物(ヘキサクロロ白金酸のイソプロピルアルコール溶液：Speier 触媒)がヒドロシリル化反応に大変よい触媒となることが報告された[1]．Karstedt は，ヘキサクロロ白金酸などの白金錯体とビニルシロキサンあるいはビニルシラン類との反応により生成する白金錯体(Karstedt 触媒)が，より優れたヒドロシリル化触媒となることを見いだした[2]．現在，Speier 触媒と Karstedt 触媒がヒドロシリル化反応に最もよく利用されている．

【調製法】ヘキサクロロ白金酸水溶液と過剰量の 1,3-ジビニル-1,1,3,3-テトラメチルジシロキサン(dvtms)を 50～80℃ 程度で加熱し，その後炭酸水素ナトリウムで中和し，不溶物をろ過することにより Karstedt 触媒の溶液が得られる[2,3]．この溶液の主成分は Pt$_2$(O(SiMe$_2$CH=CH$_2$)$_2$)$_3$ である．純粋な Pt$_2$(O(SiMe$_2$CH=CH$_2$)$_2$)$_3$ は，ビス(シクロオクタジエン)白金(0)と dvtms とを 2：3 の比で，エーテル中室温で反応させることにより得られる[4]．

【性質・構造・機能・意義】上記の製法により得られる Karstedt 触媒溶液は黄色であり，そのままあるいはトルエンやキシレン溶液などとしてヒドロシリル化反応に用いられる．dvtms の他，2,4,6,8-テトラメチル-2,4,6,8-テトラビニルシクロテトラシロキサンなどから調製された Karstedt 触媒溶液が試薬会社から市販されている．

Karstedt 触媒に含まれる錯体の構造は 1980 年代後半以降の Lappert らの研究によりようやく明らかとなった．主として 0 価白金錯体からなっており，特に dvtms から調製した Karstedt 触媒は Pt$_2$(O(SiMe$_2$-CH=CH$_2$)$_2$)$_3$ が主成分である．狭義にはこれを Karstedt 触媒と呼ぶことも多い．単離された Pt$_2$(O(SiMe$_2$-CH=CH$_2$)$_2$)$_3$ は無色の固体であり，結晶状態では空気に対しても比較的安定である．しかし，溶液状態では空気や熱，光に鋭敏である．分子構造は X 線構造解析により決定されている[4]．Pt$_2$(O(SiMe$_2$CH=CH$_2$)$_2$)$_3$ の 3 つの dvtms のうち 2 つはそれぞれ 1 つの白金原子にキレート配位をしており，残りの dvtms は 2 つの白金原子に対して架橋配位している．白金は平面三配位構造をとっており，Pt–C および C=C の平均結合距離はそれぞれ 2.19 Å，1.39 Å である．キレート配位した dvtms はイス型配座を，架橋配位した dvtms は C_2 対称配座をとっている．溶液中では，NMR 解析により 2 種類の異性体の存在が示唆されており，^{195}Pt{^{1}H} NMR では -6151 ppm を中心として約 20 Hz ほど離れた 2 本のシグナルを示す．

Karstedt 触媒は大変活性が高く，1980 年代後半以降ヒドロシリル化反応の定番触媒として様々な基質のヒドリシリル化に利用されている[5]．

【関連錯体の紹介およびトピックス】Pt$_2$(O(SiMe$_2$-CH=CH$_2$)$_2$)$_3$ の 3 つの dvtms のうち中央の架橋配位した dvtms は残りのキレート配位した dvtms より解離しやすく，これをホスフィンや N-ヘテロサイクリックカルベン(NHC)配位子で置換した単核錯体 PtL(O(SiMe$_2$-CH=CH$_2$)$_2$) が多数報告されている．特に NHC 配位子で置換した錯体は，Karstedt 触媒に比べ反応性は劣るものの副反応が少ない高選択性触媒として注目されている[6]．

【島田 茂】

【参考文献】
1) J. L. Speier *et al.*, *J. Am. Chem. Soc.*, **1957**, *79*, 974.
2) B. D. Karstedt, 米国特許 US3715334.
3) G. Chandra *et al.*, *Organometallics*, **1987**, *6*, 191.
4) P. B. Hitchcock *et al.*, *Angew. Chem. Int. Ed.*, **1991**, *30*, 438.
5) B. Marciniec *et al.*, *Hydrosilylation: A Comprehensive Review on Recent Advances*, Springer, **2009**.
6) a) I. E. Markó *et al.*, *Science*, **2002**, *298*, 204; b) I. E. Markó *et al.*, *Adv. Synth. Catal.*, **2004**, *346*, 1429.

Pt$_2$P$_4$Se$_2$

無

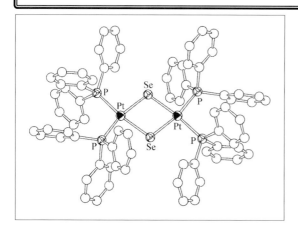

【名称】[bis(μ-selenido)tetrakis(triphenyl-phosphine)di-platinum(+2)]([{Pt(PPh$_3$)$_2$}$_2$(μ-Se)$_2$])

【背景】スルフィドやセレニドなどのカルコゲニド二重架橋二核金属錯体は，多核混合金属クラスターの合成のためのよい原料となる．また，カルコゲンは，取り得る形式酸化数の範囲が広いことから，架橋カルコゲニド配位子の酸化還元および反応性についても興味が持たれている．

【調製法】テトラヒドロフラン中で，テトラヒドロホウ酸テトラブチルアンモニウムと金属セレンを混合して得られる溶液を，[Pt(PPh$_3$)$_2$Cl$_2$]のジメチルホルムアミド溶液に加える．反応混合物を一晩放置することで，目的の錯体が赤い結晶として得られる[1]．

【性質・構造・機能・意義】この錯体は，HPF$_6$との反応により架橋セレニド配位子部のプロトン化が起こり，架橋ヒドロセレニド錯体[{Pt(PPh$_3$)$_2$}$_2$(μ-SeH)$_2$]-(PF$_6$)$_2$を与える[2]．

この架橋セレニド錯体は結晶構造が得られている．白金中心周りは平面四角形型で，2つのセレニド配位子は，2つの白金原子を架橋した二核構造をとっている．類似のスルフィド架橋二核白金トリフェニルホスフィン錯体[{Pt(PPh$_3$)$_2$}$_2$(μ-S)$_2$]では，2つの白金配位平面のなす角が，約50°になっているのに対して[3]，セレニド架橋二核錯体では，2つの白金原子および2つのセレニド配位子の中点に結晶学的な反転中心がある．その結果，2つの白金原子，2つのセレニド配位子，4つのトリフェニルホスフィン配位子のリン原子は，同一平面上にある．2つの白金中心および2つのセレニド配位子の原子間距離は，それぞれ3.763(1)，3.136(1) Åであり，それぞれの白金原子間およびセレン原子間に結合はない．

この錯体は，架橋セレニド配位子が，他の金属原子との間に結合をつくることで三重架橋となり，錯体配位子としてはたらくため，多核混合金属クラスターの合成原料として有用である．[PtCl$_2$(cod)][5]，CdCl$_2$，Pb-(NO$_3$)$_2$との反応によって，それぞれ混合金属三核錯体[{Pt(PPh$_3$)$_2$}$_2${Pt(cod)}(μ-Se)$_2$]，[{Pt(PPh$_3$)$_2$}$_2$(CdCl$_2$)-(μ-Se)$_2$]，[{Pt(PPh$_3$)$_2$}$_2${Pb(NO$_3$)}(μ-Se)$_2$](NO$_3$)を与える[2]．また，メタノール中でのIn(ClO$_4$)$_3$との反応では，2つの{Pt(PPh$_3$)$_2$}$_2$(μ-Se)$_2$ユニットを{In(μ-Se)$_2$In}で架橋した形の四核錯体を与える．この反応では，強い求電子試薬であるIn(ClO$_4$)$_3$によってセレニド錯体が徐々に分解することで生成したHSe$^-$が，2つのインジウム原子を架橋しているセレニド配位子のソースとなっていると考えられている[5]．

高い求核性を示す架橋セレニド配位子は，アルキルハライドとの反応によって，アルキルセレニドを与える．例えば，1,4-ジブロモブタンは，2つのセレニド配位子を架橋するように反応し，[{Pt(PPh$_3$)$_2$}$_2$(μ,η-Se$_2$C$_4$-H$_8$)$_2$]$^{2+}$を与える．生成した錯体では，2つの白金配位平面が同一平面上になく，折れ曲がった構造となっている[6]．

【関連錯体の紹介およびトピックス】[(ML$_2$)$_2$(μ-E)$_2$]型の錯体では，金属原子Mとして，ニッケル，パラジウム，白金，そして架橋カルコゲニド配位子Eとして，スルフィド，セレニド，テルリドのものが報告されている．また，ホスフィン配位子Lとして，トリフェニルホスフィンやトリエチルホスフィンなどの単座配位子が金属原子にシス型に2つ配位した錯体や，ジフェニルホスフィノエタンやジ-iプロピルホスフィノエタンなどの二座配位子がキレート配位した錯体などが報告されている．これらの錯体では，他の金属ソースとの反応による多核錯体の生成や，架橋カルコゲニド配位子とアルキルハライドとの反応，および架橋カルコゲニド配位子の酸化によるジカルコゲニド配位子への変換反応などについての研究がなされている．

【西岡孝訓】

参考文献

1) A. Bencini *et al.*, *Polyhedron*, **1996**, *15*, 2079.
2) J. S. L. Yeo *et al.*, *J. Chem. Soc., Dalton Trans.*, **2002**, 328.
3) S.-W. Audi *et al.*, *J. Chem. Soc., Dalton Trans.*, **1999**, 639.
4) J. S. L. Yeo *et al.*, *Inorg. Chem.*, **2002**, *41*, 1194.
5) J. S. L Yeo *et al.*, *J. Organomet. Chem.*, **2002**, *659*, 92.
6) J. S. L. Yeo *et al.*, *Eur. J. Inorg. Chem.*, **2003**, 277.

Pt_2P_8 光

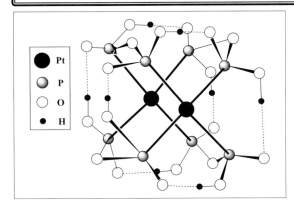

【名称】pottasium tetrakis($\mu(P,P)$-diphosphonato)diplatinum(II): $K_4[Pt_2(pop)_4]$

【背景】白金(II)には発光性の錯体が多く知られている．本錯体は，1975年にはじめて合成されたが，1981年に強い緑色発光を示すことが報告されると，その後の10年ほどの間にこの錯体の光励起状態に関する研究が活発に展開され，金属錯体の発光の研究に大きく貢献した．

【調製法】$K_2[PtCl_4]$と大過剰量のホスホン酸とを沸騰水中で乾固しないように水を補給しながら3時間ほど加熱した後，ゆっくり蒸発乾固させる．得られる淡黄色の固体を，メタノール，アセトンで洗浄して，未反応物質を除去した後，水/メタノール/アセトン系から再結晶する[1]．

【性質・構造・機能・意義】黄色，反磁性の固体．空気中で安定である．水に溶ける．有機溶媒には溶けないが，対陽イオンをn-$(C_4H_9)N^+$イオンなどに換えると可溶になる．2個のPt(II)イオンを，4個のホスホン酸イオンが架橋した形の複核構造をとっている．Pt–Pt距離は，2.925(1) Åで，Pt間には直接の結合性相互作用はない．Pt周りは，近似的に平面型四配位構造である．隣接する配位子間には水素結合がある．このH^+の$pK_a(1)$, $pK_a(2)$はそれぞれ，3.0，8.0と報告されている．^{31}P NMRでは$\delta=66.14$ ppmに，$^1J(^{31}P-^{195}Pt)=3073$ Hzのピークが観測される．水溶液中では，367 ($\log \varepsilon=4.54$)および454 nm (2.04)に吸収極大をもち，2つのPtのd_{z^2}軌道とp_z軌道それぞれの重なりで生ずる軌道間（$d\sigma^* \to p\sigma$）のスピン許容および禁制遷移に帰属されている．非配位性のCH_2Cl_2中での一電子酸化過程の酸化還元電位は+0.2 V vs. Fc/Fc$^+$と報告されている．還元過程は観測されていない．一電子ないし二電子酸化体は，Pt–Pt軸の向かい側(axial位)への配位により安定化するので，酸化過程は溶液内の化学種の影響を強く受ける．ハロゲン化物イオンを含む，$[Pt_2(pop)_4X]^{4-}$(Pt(II,III))や$[Pt_2(pop)_4X_2]^{4-}$(Pt(III,III))のような酸化体の他，様々な配位子を含む酸化体が知られている．

固体，溶液ともに強い緑色の発光を示す．水溶液中では，514 nmに$\tau=9\mu$sの強い発光極大が観測され，さらに407 nm ($\tau=8\sim40$ ps)に弱い発光極大が見られる．これらは上の吸収過程と逆の過程に帰属され，それぞれスピン禁制およびスピン許容遷移である．光照射下での結晶構造解析で光励起状態の構造により，Pt–Pt距離が2.70(4) Åに短縮されると報告された[2]．光励起状態でPt間に結合性の相互作用が生ずることを示している．光照射により，反結合性の$d\sigma^*$軌道から結合性の$p\sigma$軌道に電子が移動することを反映している．発光寿命やスペクトルの解析，さらに理論的考察により，発光状態の副準位の情報も得られている．本錯体の固体を乾燥させると色が橙に変化し，発光も橙色となるが，水に溶かすと，もとの錯体に戻る．固体中で隣接する錯イオンのホスホン酸イオンどうしが縮合するためとされている．

光励起状態にある$[Pt_2(pop)_4]^{4-}$は，強い酸化還元力をもつ．光励起状態の酸化還元電位はそれぞれ，−1.6 V，1.0 V vs. SCEと報告されている．光触媒反応の特徴はラジカル種としての反応で，二級アルコールなどからの水素引き抜きや，アルキルハライドからのハロゲン原子の引き抜きなどが知られている．

【関連錯体の紹介およびトピックス】白金複核錯体には，パラジウムやロジウム，ルテニウムなどに同型の錯体が知られている場合が多いが，本錯体は他の金属イオンに同型錯体が知られていない珍しいケースである．本錯体の架橋ホスホン酸イオンの中央のPがCH_2で置き換わった形の錯体も知られている．やはり発光性で，510 nmに発光極大をもつが，発光寿命は短い(0.0055 μs)．

一電子酸化体は，ハロゲン架橋の一次元錯体を与える．このものは一次元鎖の電導性，磁性などの研究に重要な役割を演じている[3]．二電子酸化体が低温で赤色発光を示すことが報告されており注目される．

【佐々木陽一】

【参考文献】
1) C. M. Che et al., *Inorg. Chem.*, **1985**, *24*, 4662.
2) Y. Ozawa et al., *Chem. Lett.*, **2003**, *32*, 62.
3) H. Iguchi et al., *Chem. Lett.*, **2014**, *43*, 69.

$Pt_2Ag_4N_{16}$

光

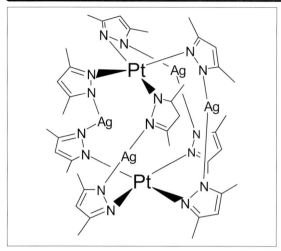

【名称】 octakis(3,5-dimethylpyrazolato)diplatinum(II)tetrasilver(I): $[Pt^{II}_2Ag^I_4(Me_2pz)_8]$ (Me₂pz=3,5-dimethylpyrazolato)

【背景】 ピラゾラト架橋配位子を有する多核金属錯体の研究は多数知られている．一方貨幣金属を含む多核発光性錯体の研究も近年急速に発展してきた．本錯体はピラゾール誘導体を含むPt_2Ag_4多核錯体であり，高い発光量子効率を有する．

【調製法】 $[PtCl_2(C_2H_5CN)_2]$と3,5-ジメチルピラゾールから$[Pt(Me_2pz)_2(Me_2PzH)_2]_2$を合成し，これをアセトニトリル中に懸濁させて$AgBF_4$と反応させる方法で得られる[1]．

【性質・構造・機能・意義】 無色の結晶でクロロホルムに可溶．構造は一見複雑であるが，X線構造解析によると，白金(II)には4つの3,5-ジメチルピラゾラトイオンが配位し平面正方形型の−2価錯体陰イオンとなっており，これが2つ上下に重なってピラゾラト配位子の配位していない窒素原子間を斜めに銀が架橋配位した構造である(図1)．Pt-N, Ag-N 距離はそれぞれ1.97〜2.03, 2.08〜2.09 Å，Pt⋯Pt, Pt⋯Ag, 距離はそれぞれ5.158, 3.45〜3.51 Åであるが，最近接 Ag⋯Ag 距離は3.27 Åであって相互作用が考慮される距離となっている．

固体で強いホトルミネセンスを発し，室温で発光波長は497 nm，発光量子効率は0.85に達する．発光波長が青色領域であることからも注目された．ジクロロメタン溶液中での発光量子効率は0.51，発光寿命は6 μs と報告されている．

DFT法による電子状態の研究が行われており，吸収帯は MMLCT と金属クラスター内遷移$[Pt_2 \rightarrow Pt_2Ag_4]$と帰属されている．発光の帰属のために三重項状態の構造最適化計算が行われ，その構造での電子状態の計算の結果，この錯体のルミネセンスは$^3[Pt_2 \rightarrow Pt_2Ag_4]$状態からの発光，すなわち 6p(Pt)と5p(Ag)からなる軌道から，非結合性の dδ(Pt)軌道への遷移と帰属された．

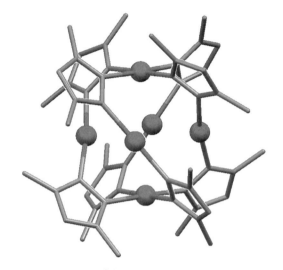

図1 X線構造解析にもとづく構造図

【関連錯体の紹介およびトピックス】 本錯体の銀を銅に置き換えた錯体も同様の性質を有する．構造は本錯体と同様であるが，Pt⋯Pt 距離は若干短く，Cu⋯Cu 距離は Ag⋯Ag 距離よりも若干長い．固体の発光波長は625 nmで発光量子効率は0.28．ジクロロメタン溶液中では量子効率0.04，発光寿命12 μs である．発光励起状態は$^3[Cu(d) \rightarrow Pt_2Cu_4]$と求められており，これは Cu の d 軌道のエネルギーが比較的高いためと説明されている．

3,5-ジメチルピラゾールのかわりに無置換のピラゾールを用いたほぼ同じ構造の錯体も合成されているがこちらは発光の報告はない[2]．

比較的似た構造の発光性錯体としては$[\{PtM_2(\mu-C\equiv CPh)_2(\mu-dmpz)_2\}_2]$が報告されている（[M=Cu, Ag, Au][3]．それぞれの白金にはジメチルピラゾラト配位子とアルキニル配位子が2つずつ配位しており，2個の平面正方形白金錯体の間を4つの銅などの金属が架橋している構造となっている．

【坪村太郎】

【参考文献】
1) K. Umakoshi *et al.*, *Inorg. Chem.*, **2008**, *47*, 5033.
2) K. Umakoshi *et al.*, *Inorg. Chem.*, **2003**, *42*, 3907.
3) J. Forniés *et al.*, *Chem. -Eur. J.*, **2006**, *12*, 8253.

$Pt_3N_{10}Cl_2$

【名称】[*trans*-diamminebis{*trans*-diamminechlorido(1,6-hexanediamine)platinum(II)}platinum(II)]tetranitrate: ([{*trans*-PtCl(NH$_3$)$_2$}$_2$-μ-{*trans*-Pt(NH$_3$)$_2$(NH$_2$(CH$_2$)$_6$NH$_2$)$_2$}](NO$_3$)$_4$, triplatin tetranitrate, BBR3464)

【背景】Farrellらによって合成された抗がん白金(II)三核錯体で,従来の白金抗がん剤(*cis*型白金(II)単核錯体)の構造とは大きく異なる.本錯体は抗がん剤として臨床応用が期待され,第II相臨床試験まで評価されたが,医薬品として臨床導入されることはなかった.本錯体およびその類似化合物は,白金抗がん剤シスプラチンに対して耐性を獲得したがん細胞に対して,非常に高い増殖抑制活性(*in vitro*)を示す.新奇な構造を有する白金(II)錯体を分子設計することによって,白金抗がん剤に対する交差耐性を克服できることを示した革新的な抗がん白金(II)錯体である[1].

【調製法】*trans*-ジアンミンジクロリド白金(II)錯体 *trans*-PtCl$_2$(NH$_3$)$_2$ をDMFに溶解し,1当量の硝酸銀を加えると,*trans*-[PtCl(NH$_3$)$_2$(DMF)]$^+$ が溶液中に生成する.ろ過により塩化銀の沈殿を取り除いて得られた溶液に,一方の末端がBoc基で保護された1,6-ヘキサンジアミン-モノBoc(hexanediamine-Boc)を1当量加えると *trans*-[PtCl(NH$_3$)$_2$(hexanediamine-Boc)]$^+$ が得られる.この錯体のBoc保護基を外し,0.5当量の *trans*-[Pt(NH$_3$)$_2$(DMF)$_2$](NO$_3$)$_2$ 溶液を加えて室温で撹拌した後,蒸発乾固すると,本錯体を含む白色の粗粉末が得られる.この粉末には複数の副生成物が含まれており,高純度の本錯体を得るにはHPLCによる精製が必須である[2].

【性質・構造・機能・意義】白色粉末の本錯体は4$^+$ の電荷を有するカチオン性錯体で,水に易溶である.本錯体は3つの平面正方型白金(II)配位球が鎖状のアルキルジアミンによって架橋されており,^{195}Pt NMRにおいては,両末端の白金(II)は[Pt(II)N$_3$Cl]配位球由来のシグナルを−2416 ppmに,中央の白金(II)は[Pt(II)N$_4$]配位球由来のシグナルを−2678 ppmに与える.水溶液中ではアミン配位子と白金(II)との結合は安定である.一方,塩素配位子は標的分子と推定されるDNAと結合する際,またはそれ以前に脱離する.つまり,両末端の白金(II)はDNAのプリン塩基に結合するが,中央の白金(II)はDNAとの結合には直接関与しない.白金(II)のDNA結合における反応の律速として,塩素配位子の解離だけでなく,核酸塩基による塩素配位子の置換も観測されている.臨床白金抗がん剤のDNAとの主な結合様式は鎖内架橋の形成であるが,本錯体は鎖間架橋を優先的に形成する.また,陽電荷を有する金属錯体は細胞内に取り込まれにくいと考えられがちであるが,本錯体のがん細胞への取込量は,シスプラチンのそれよりも数倍高いことが知られている.本錯体がシスプラチン耐性がんに特に有効な活性を発揮するのは,シスプラチンとは明らかに異なるDNAとの結合様式によるものと考えられている.しかし,近年では,本錯体のがん細胞内への取り込み量の増大が関与しているという説や,本錯体の陽電荷とDNAの負電荷による静電的な非共有結合性の相互作用に起因するという説もある.現在はより高い陽電荷を有する新たな誘導体が合成され,臨床応用を念頭に開発が進められている[3].

【関連錯体の紹介およびトピックス】Farrellらは,構造活性相関が確立された抗がん白金(II)単核錯体の構造を大きく改変することで,白金抗がん剤に対して耐性を獲得したがんにも有効な白金錯体を開発できると考えた.実際に一連のカチオン性ポリアミン架橋白金(II)複核錯体は,*in vitro* でシスプラチン耐性がんに対して非常に有効である.白金(II)錯体の新たな創薬基盤を構築しただけでなく,多様な構造を有する白金(II)錯体の創薬研究を促した. 【米田誠治】

【参考文献】
1) a) C. Manzotti *et al.*, *Clin. Cancer Res.*, **2000**, *6*, 2626; b) C. Sessa *et al.*, *Ann. Oncol.*, **2000**, *11*, 977.
2) N. Farrell *et al.*, *Met. Ions. Biol. Syst.*, **2004**, *42*, 251.
3) a) V. Brabec *et al.*, *Biochemistry*, **1999**, *38*, 6781; b) A. L. Harris *et al.*, *Inorg. Chem.*, **2005**, *44*, 9598; c) S. Komeda *et al.*, *J. Am. Chem. Soc.*, **2006**, *128*, 16092.

[PtN$_4$Cl]$_n$

溶 超 高

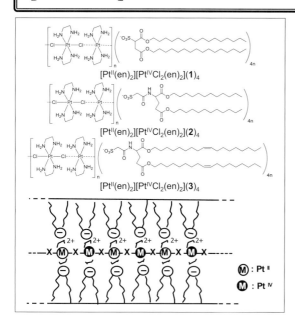

【名称】Lipid/chloro-bridged mixed valence Pt^{II}/Pt^{IV} complex: [Pt^{II}(en)$_2$][Pt^{IV}Cl$_2$(en)$_2$](Lipid)$_4$ Lipid 1: O,O'-dihexadecyl-sulfosuccinic acid ester, Lipid 2: O,O'-didodecyl-(N-sulfoacetyl amido)-L-glutamate, Lipid 3: O,O'-dioleyl-(N-sulfoacetyl amido)-L-glutamate

【背景】ハロゲン架橋白金混合原子価錯体は，固体状態でPt^{II}とPt^{IV}の電荷密度波状態をとることが知られている．この一次元鎖を溶液中に分散できれば，高分子あるいは一次元超分子として取り扱うことが可能になる．本錯体は，この混合原子価錯体を溶媒中に安定に分散させるばかりでなく，電子状態の超分子制御にも成功したものである．

【調製法】[Pt^{II}(en)$_2$][Pt^{IV}Cl$_2$(en)$_2$](ClO$_4$)$_4$と脂質化合物をそれぞれ水溶液にし，混合することによって沈殿が得られる．遠心分離によるデカンテーションを行うことによって精製する．

【性質・構造・機能・意義】脂質1，2，3を導入した[Pt^{II}(en)$_2$][Pt^{IV}Cl$_2$(en)$_2$](Lipid)$_4$(Lipid：1，2，3)は藍色の固体であり，これを有機溶媒に分散した試料の透過型電子顕微鏡(TEM)観察において，幅200〜300 nm，長さ数十 μm におよぶナノファイバーが観察された[1-7]．この構造は，アルキル鎖を親媒部，一次元白金錯体を疎媒部とする両親媒性の超構造を基本単位としている．例えば，[Pt^{II}(en)$_2$][Pt^{IV}Cl$_2$(en)$_2$](1)$_4$のクロロホルム溶液が与えるCT吸収極大波長(591 nm)は，[Pt^{II}(en)$_2$][Pt^{IV}Cl$_2$(en)$_2$](ClO$_4$)$_4$結晶のもの(456 nm)に比べて著しく長波長側にシフトした．この長波長シフトは，一次元錯体の最高被占軌道(HOMO)と最低空軌道(LUMO)のエネルギー差がClO$_4$塩に比べて著しく減少していることを意味している．すなわち，脂質を対イオンとして導入したことによって，Pt^{II}-Pt^{IV}間の距離が縮まり，Pt^{II}のd_{z^2}軌道と架橋ハロゲンのp_z軌道の重なりが大きくなった結果，一次元鎖に沿った電荷分離状態の非局在化が促進されたものと考えられる．このように，脂質の分子構造に依存して一次元錯体鎖の電子状態は制御される(超分子バンドギャップ工学)[4]．このハロゲン架橋白金錯体/脂質複合体は，溶液中に分散させることによって，固体中には見られない独特な特徴を示す．[Pt^{II}(en)$_2$][Pt^{IV}Cl$_2$(en)$_2$](2)$_4$のジクロロメタン溶液を温めると無色の溶液になるが，この溶液を冷やすと再び藍色に着色する[5]．この可逆的なサーモクロミズムは，架橋錯体鎖を加熱すると，構成成分に解離すること，またこの溶液を冷却すると，再び自己集合し，もとの一次元架橋構造を与えることを示している．一方，不飽和アルキル鎖を有する[Pt^{II}(en)$_2$][Pt^{IV}Cl$_2$(en)$_2$](3)$_4$をジクロロメタン中に分散すると，室温では一次元鎖は解離し，無色透明な溶液となる[6]．このジクロロメタン溶液を電子顕微鏡グリッドに滴下したところ，立体ハニカム構造が観察された．この三次元ハニカムは，上下2枚のハニカムネットワーク(ハニカムの一辺：650〜750 nm)が，柱(高さ：320〜370 nm)で支えられた構造であり，そのフレームは幅約100 nmのナノファイバーから形成されている[6]．このように，一次元錯体を可溶化させる技術は，錯体ナノファイバーの高次集積構造を作成するためにも有用である．

【黒岩敬太・君塚信夫】

【参考文献】
1) N. Kimizuka *et al.*, *Chem. Lett.*, **1998**, *27*, 695.
2) N. Kimizuka *et al.*, *Inorg. Chem.*, **2000**, *39*, 2684.
3) N. Kimizuka *et al.*, *Angew. Chem. Int. Ed.*, **2000**, *39*, 389.
4) N. Kimizuka, *Adv. Mater.*, 2000, **12**, 1461.
5) C.-S. Lee *et al.*, *Int. J. Nanoscience*, **2002**, *1*, 391.
6) C.-S. Lee *et al.*, *Proc. Natl. Acad. Sci. USA*, **2002**, *99*, 4922.
7) K. Kuroiwa *et al.*, *Sci. Tech. Adv. Mater.*, **2006**, *7*, 629.

$[Pt_2N_4Cl_4]_n$ 無

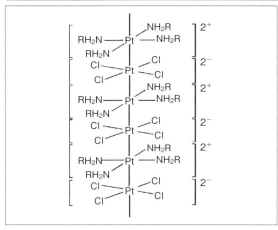

【名称】tetraammineplatinum tetrachlorido-platinate: $[Pt(NH_3)_4][PtCl_4]$

【背景】1828年にMagnusが発見した緑色結晶でMagnus緑塩と呼ばれている。Peyroneは1840年にMagnus緑塩を合成した際に，ろ液からPeyrone塩と呼ばれる黄色沈殿を得た。これは，後に抗がん剤として有名なシスプラチン cis-$[PtCl_2(NH_3)_2]$ である。これと組成が同じ異性体と考えられた。cis-$[PtCl_2(NH_3)_2]$ のような単核白金錯体とは色や安定性の違いや単結晶吸収スペクトルから，$[Pt(NH_3)_4][PtCl_4]$ であることがわかった。

【調製法】塩酸溶液中の塩化白金にアンモニア水を加えて，緑色の針状結晶として得られる。

【性質・構造・機能・意義】Magnus緑塩は酸，アルカリに強いが，水や有機溶媒に難溶である。この構造は $[Pt(NH_3)_4]^{2+}$ と $[PtCl_4]^{2-}$ が交互に積層した擬一次元鎖構造であることが明らかになった。このPt-Pt間距離は3.2Åで静電的相互作用によって2つに配位平面が重なっている[1]。Magnus緑塩の特徴的な300 nm付近に観測される吸収帯は単結晶吸収スペクトルからPt-Pt軸に偏光しており[2]，これは後に分子間の $d_{z^2} \rightarrow p_z$ 遷移と帰属されている。赤色の $[PtCl_4]^{2-}$ と無色の $[Pt(NH_3)_4]^{2+}$ が混ざって緑色に見えるのは，この紫外部の電荷移動吸収帯のすそが可視部のd-d遷移に影響するためと考えられる[3]。一方，16×10^3 cm^{-1} に観測される吸収帯は $K_2[PtCl_4]$ の 21×10^3 cm^{-1} の吸収帯の集積化による低波数シフトしたスピン禁制帯に帰属されている[4]。

固体多核NMR，粉末X線回折や第一原理計算などから，Magnus緑塩と同じ組成の異性体Magnusピンク塩のPt-Pt間の距離は5Å以上でPt-Pt間相互作用はない[5]。このMagnus塩のアンミンをアルキルアミンに代えると水や有機溶媒に可溶性になり，Pt-Pt距離が変化して，それに伴い，色も変わる。たとえば，メチルアミンMeNH$_2$では緑色，エチルアミンEtNH$_2$ではピンク色，Pt-Pt距離3.27Åと3.62Å，吸収極大 λ_{max} は290 nmと251 nmである。このようなアルキルアミンMagnus類似塩はPt-Pt軸に平行なものの伝導性は垂直なものと比べて100倍高い。また光伝導性もあることから，ファイバー化，薄膜化や，繊維状にして可塑性トランジスターなどに加工可能な素材として有望である。光学活性アミン R-2-ethylhexylamine(R-eh)とS-3,7-di methyloctylamine(S-dmocNH$_2$)のMagnus緑塩の円二色性が大きな強度を示すのはPt-Pt鎖のらせん構造による[6]。

【関連錯体の紹介およびトピックス】Magnus緑塩とよく似た構造と物性を示す錯体にテトラシアノ白金錯体 $M^I_2[Pt(CN)_4]$ がある。溶液中の $[Pt(CN)_4]^{2-}$ は無色であるが，固体は着色する。これは固体 $M[Pt(CN)_4]\cdot yH_2O$ のPt-Pt距離(rとする)が約3.0Åで，2つのPt-(CN)$_4$の配位平面は約45°回転したねじれて重なる低次元構造に由来する。対イオンの電荷数，イオン半径や結晶水により，$r=3.09 \sim 3.70$Åと変わり，結晶の色が変化する。$1/r^3$ と吸収帯と発光の位置をプロットすると直線関係が得られ，$r=\infty$ ($1/r^3=0$) に外挿した吸収帯の位置 46×10^3 cm^{-1} は溶液中の $[Pt(CN)_4]^{2+}$ とほぼ同じで，吸収位置の変化がPt-Pt間の相互作用によるものであることがわかる[9]。

【海崎純男】

【参考文献】
1) R. E. Rundle *et al.*, *J. Am. Chem. Soc.*, **1957**, *79*, 3017.
2) S. Yamada *et al.*, *J. Am. Chem. Soc.*, **1951**, *73*, 1579.
3) P. Day, *Inorg. Chim. Acta Rev.*, **1969**, 81.
4) L. M. Rodgers *et al.*, *Polyhedron*, **1987**, *6*, 225.
5) B. E. G. Lucier *et al.*, *J. Am. Chem. Soc.*, **2014**, *136*, 1333.
6) W. Caseri *et al.*, *Platin. Met. Rev.*, **2004**, *48*, 91.
7) K. Krogmann *et al.*, *Angew. Chem. Int. Ed.*, **1969**, *8*, 35.
8) H. Yersin *et al.*, *Ann. Rev. Earth Planet.sci.*, **1978**, 539.
9) H. Yersin *et al.*, *Solid State Commun.*, **1977**, *21*, 915.

$[Pt_2N_6O_2]_n$

【名称】 *cis*-diammineplatinum α-pyridone Platinum: $[Pt_2(NH_3)_4(C_5H_4ON)_2]_2(NO_3)_5$

【背景】 1908年に見つかった白金ブルーは, *cis*-$[PtCl_2(MeCN)_2]$にアセトアミダト(Ag^+によってアセトニトリルが加水分解されたもの)が配位し, Pt(II)の一部が酸化されたために青色になると考えられている. 抗がん剤のシスプラチン *cis*-$[PtCl_2(NH_3)_2]$のアクア化錯体 *cis*-$[Pt(H_2O)_2(NH_3)_2]$とポリウラシル, ウラシルやピリミジンから青色溶液が得られる. このピリミジンブルー錯体はシスプラチンよりも腎毒性が弱い. 種々のオリゴマーが混在して単離結晶化はされていない. この研究が端緒になって, 白金ブルーの研究が活発になり, その構造と青色の原因が解明された[1].

【調製法】 *cis*-$[PtCl_2(NH_3)_2]$(1 mmol)と$AgNO_3$(6 mmol)を含む6 mLの水溶液から生成するAgClを除いた後, α-pyridone(1 mmol)の水溶液(1 mL)を加える. 得られた黄色溶液をNaOHでpH 7に調整してから, 37~40℃で5日間放置すると, 褐緑色(時には青色)溶液になる. これを濃硝酸でpH 1にした後, 等容量の飽和硝酸ナトリウム水溶液を加えてしばらく放置すると, 濃青色結晶が析出する[2].

【性質・構造・機能・意義】 白金ブルーの最初のモデル錯体でX線構造解析されたのはα-pyridone錯体$[Pt_4(NH_3)_8(C_5H_6NO)_4]^{5+}$である. これはアミダト架橋した二量体$[Pt_2(NH_3)_2(C_5H_6NO)_2]^{n+}$の2つが架橋配位子なしでPt-Pt結合した直鎖状四核構造である[2]. そのPtの酸化状態は形式的に$Pt^{II}_3Pt^{III}$で2.25価となり, クラスIIIAに属する混合原子価錯体である. 青色はPt-Pt軸方向に偏光した680 nmと480 nmに観測される吸収帯によるものである. 三価白金Pt^{III}の1個の不対電子は4つのPtイオン間で$σ^*(dz2)$反結合軌道に非局在化しており, 6個のdz2軌道の電子はσ結合軌道に存在する. 理論計算では, Pt(1)-Pt(2)-Pt(2)-Pt(1)とすると, 680 nmはPt(2)-Pt(2) $σ(dz2)$ → Pt(2)-Pt(2) $σ^*(dz2)$に, 480 nmはPt(1)-Pt(2) π → Pt(2)-Pt(2) $σ^*$に帰属される[3]. このα-pyridone錯体の水溶液は時間の経過や陰イオンを加えることで退色する. これは$Pt^{II}_3Pt^{III}$ → $Pt^{II}_2 + Pt^{II}Pt^{III}$と$2Pt^{II}Pt^{III} + X$ → $Pt^{II}_2 + Pt^{III}_2X_2$による架橋配位子のないPt-Pt結合が切れ, さらに$Pt^{III}_2X_2$が生成するためである.

【関連錯体の紹介およびトピックス】 α-pyrrolidonate錯体でも白金ブルーがみられる. 二核$[Pt^{II}_2(α\text{-pyrrolidonato})_2(NH_3)_4]$の2つの二価白金二核錯体が可逆的な酸化還元過程で部分酸化されて, 2つの錯体が架橋配位子なしでPt-Pt結合でつながった2.25価$Pt^{II}_3Pt^{III}$四核錯体白金ブルーを生成する. これは, 可視部(650 nm)に吸収帯が観測されて, この補色として青色になる. さらに酸化されると2.5価$Pt^{II}_2Pt^{III}_2$白金二核錯体白金タン(赤色)になって, これが酸化されて三価Pt^{III}_2二核錯体になる. 2つの四核acetamidatoや3-fluoroacetamidate錯体がつながった八核錯体$[Pt_8(NH_3)_{16}(CH_3NHCO \text{ or } CH_2FNHCO)_8]^{10+}$は[4], この吸収帯が近赤外部(1140 nm)へシフトして赤色になる[5].

一次元鎖錯体$\{[Pt(μ\text{-PVM})RhCl_{2.5}]_2[Pt(μ\text{-PVM})\text{-}Pt]_2\}_n$は白金ブルー pivalamidate(PVM)四核錯体$[Pt_4(NH_3)_8(μ\text{-PVM})_4]^{5+}$とRh(III)からなるPt-Rh結合と$Cl^-$架橋している. Pt(II), Pt(III)とRh(III), Rh(II)を含む混合原子価錯体で, Ptの不対電子はd_{z^2}軌道ではなく, Rhのd_{xy}軌道にあり, 他の金属軌道にホップしている珍しいケースが見いだされている. 伝導性から半導体である[6].

【海崎純男】

【参考文献】
1) S. K. Aggarwal et al., *Proc. Natl. Acad. Sci. USA.*, **1975**, *72*, 928.
2) J. B. Cloke et al., *J. Am. Chem. Soc.*, **1977**, *99*, 2827.
3) P. E. Fanwick et al., *J. Am. Chem. Soc.*, **1984**, *106*, 5430.
4) K. Matsumoto et al., *J. Am. Chem. Soc.*, **1982**, *104*, 897.
5) K. Matsumoto et al., *J. Am. Chem. Soc.*, **1992**, *114*, 8110.
6) K. Uemura et al., *Sci. Technol. Adv. Mater.*, **2006**, *7*, 461.

$[Pt_2S_8I]_n$

導 磁

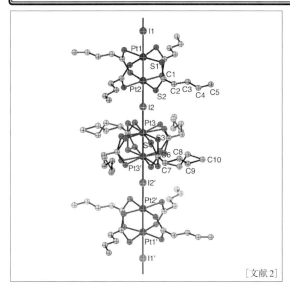

[文献2]

【名称】catena-poly[[tetrakis(μ-dithio-pentanato-κS:κS')-diplatinum(Pt-Pt)]-μ-iodo]: $[Pt_2(n\text{-}BuCS_2)_4I]_n$

【背景】ハロゲン架橋一次元混合原子価複核金属(II, III)錯体(MMX錯体)は，混合原子価状態にある複核構造によって，多様な原子価秩序状態が考えられるとともに，動的な原子価揺動を示すことが期待される．

ジチオ酢酸架橋混合原子価複核白金(II, III)錯体を構成ユニットとする$[Pt_2(MeCS_2)_4I]_\infty$が合成され，ハロゲン架橋一次元金属錯体として，はじめてとなる金属伝導性が300 K以上の温度で見いだされた[1]．この金属挙動は，ハロゲン架橋一次元金属錯体としては異例であり，この一次元電子系の電子状態の本質を明らかにする視点から，配位子の化学修飾によって一次元性を高めた$[Pt_2(n\text{-}BuCS_2)_4I]_\infty$が合成され，構造と物性相関が研究された[2]．

【調製法】$[Pt_2(n\text{-}BuCS_2)_4]$と$[Pt_2(n\text{-}BuCS_2)_4I_2]$をトルエンに70℃に加熱して溶かした後，$n$-ヘキサンを加える．2℃までゆっくり冷やすと黒色針状晶が得られる．

【性質・構造・機能・意義】$[Pt_2(n\text{-}BuCS_2)_4I]_\infty$は，比熱測定から昇温過程において213.5 Kと323.5 Kで一次相転移を起こすことが明らかにされており，低温相，室温相，高温相が存在する[3]．この錯体は，Pt_2-$(n\text{-}BuCS_2)_4$ユニットがヨウ素原子によって架橋された中性の一次元鎖構造を形成している．室温相の構造では，I1原子上とPt3とPt3'原子の中間の位置に一次元鎖に垂直な鏡面が存在し，Pt3-Pt3'に配位した配位子はイオウ原子も含めて，2ヶ所でディスオーダーしている．また，隣接するPt1-Pt2の複核ユニットでは，ねじれの向きが逆向きである．これらの配位子の立体配置によって三倍周期構造をとっている．結晶学的に独立な3つのPt-I距離はほぼ等価である(2.947(1), 2.957(1), 2.959(1) Å)．一般に，Pt^{2+}のd_{z^2}軌道は電子対で満たされているので，Pt^{2+}-I^-距離はPt^{3+}-I^-距離に比べて長くなる．Pt-I距離から判断すると，室温相のPtの原子価+2.5価は平均原子価に近い状態であると考えられている．低温相では，配位子のディスオーダーはなくなり，二倍周期構造をとっている．低温相では，2種類のPt-I距離があり，短いPt-I距離(2.889(1), 2.906(1) Å)は長いPt-I距離(2.939(1), 2.987(1) Å)に比べて0.07 Å短い．Pt-Pt距離，Pt-I距離から判断して，低温相の原子価状態は——Pt^{2+}—Pt^{3+}-I^--Pt^{3+}—Pt^{2+}——I^-——の交互電荷分極状態と考えられている．一方，高温相ではすべての複核ユニットが等価となり，一倍周期をとっている．ヨウ素原子上と2つの白金原子の中間の位置に一次元鎖に垂直な鏡面が存在し，2つの白金平面はすべてディスオーダーしている．室温相で3つの複核ユニットのうちの1つで生じたn-ブチル基の乱れによって蓄えられたエントロピーは，高温相ではすべての複核ユニットのPtS_4平面の乱れに費やされており，n-ブチル基がエントロピー貯蔵の役割を果たしていることが指摘されている[3]．室温での電気伝導率σは17〜83 S cm^{-1}であり，高温相で金属挙動を示す(T_{M-S}=325 K)．低温相，室温相は，活性化エネルギーがそれぞれ134 meV，255 meVの半導体挙動を示す．室温での磁化率χ_Mは2.9×10^{-5} emu mol^{-1}であり，典型的な$S=1/2$一次元反強磁性スピン系に比べて1桁から2桁小さい値である．この錯体の磁化率の特徴は，低温相への一次相転移に伴い一重項状態をとることである．この転移は一見スピンパイエルス転移と思われるが，転移が一次であること，転移温度が非常に高いこと，伝導度が急激に減少することなどから通常のパイエルス転移と考えられている．

【関連錯体の紹介およびトピックス】電子状態の本質を明らかにする視点から，配位子の化学修飾によって鎖間の相互作用を制御し，一次元性を高めた$[M_2(RCS_2)_4I]_\infty$(M=Pt, R=Et, n-Pr, n-Pen, n-Hex; M=Ni, R=Et, n-Pr, n-Bu)が合成され，構造と物性相関が研究されている[2]．

【満身 稔】

【参考文献】
1) H. Kitagawa *et al.*, *J. Am. Chem. Soc.*, **1999**, *121*, 10068.
2) M. Mitsumi *et al.*, *Angew. Chem. Int. Ed.*, **2002**, *41*, 2767.
3) S. Ikeuchi *et al.*, *Phys. Rev. B.*, **2002**, *66*, 115110.

$[Pt_2S_8I]_n$

導 磁

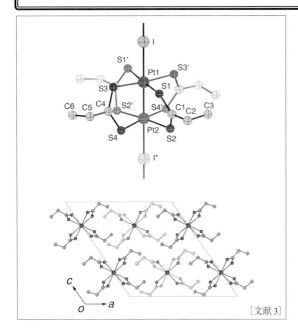

[文献3]

【名称】 catena-poly[[tetrakis(μ-dithio-propanato-κS:κS')-diplatinum(Pt-Pt)]-μ-iodo]: $[Pt_2(EtCS_2)_4I]_n$

【背景】 ハロゲン架橋一次元錯体(MX錯体)は,高い異方性をもつ電気的,磁気的,光学的性質を示すことから注目されている一次元電子系である. 構成ユニットに混合原子価複核金属(II,III)錯体を用いたハロゲン架橋一次元混合原子価複核金属(II,III)錯体(MMX錯体)では,以下の多様な原子価秩序状態と動的な原子価揺動を示すことが期待される.

平均原子価状態: — $M^{2.5+}$ — $M^{2.5+}$ — X^- — $M^{2.5+}$ — $M^{2.5+}$ — X^-

電荷分極状態: —— M^{2+} — M^{3+} - X^- — M^{2+} — M^{3+} - X^- ——

電荷密度波状態: —— M^{2+} —— M^{2+} —— X^- - M^{3+} - M^{3+} - X^- ——

交互電荷分極状態: —— M^{2+} — M^{3+} - X^- - M^{3+} — M^{2+} —— X^- ——

ジチオ酢酸架橋混合原子価複核白金(II,III)錯体をユニットとする$[Pt_2(MeCS_2)_4I]_\infty$が合成され[1),ハロゲン架橋一次元金属錯体としてはじめてとなる金属伝導性が300 K以上の温度で見いだされた[2]. この金属挙動は,ハロゲン架橋一次元金属錯体としては異例であり,ヨウ素架橋一次元混合原子価複核白金錯体(II,III)錯体の電子状態の本質を明らかにする視点から,配位子の化学修飾によって一次元性を高めた$[Pt_2^{II,III}(EtCS_2)_4I]_\infty$が合成され,構造と物性相関が研究された[3]).

【調製法】 $[Pt_2(EtCS_2)_4]$と$[Pt_2(EtCS_2)_4I_2]$をトルエンに110℃で加熱して溶かし,室温までゆっくり冷やすと長い黒色板状晶が得られる.

【性質・構造・機能・意義】 $[Pt_2(EtCS_2)_4I]_\infty$は,$Pt_2(EtCS_2)_4$ユニットがヨウ素原子によって架橋された中性の一次元鎖構造を形成する. 293 Kにおける複核ユニット内のPt-Pt距離は2.684(1) Åであり,$[Pt_2^{II,II}(EtCS_2)_4](d^8d^8)$(2.764(1) Å)と$[Pt_2^{III,III}(EtCS_2)_4I_2](d^7d^7)$-(2.582(1) Å)の中間の距離である. 一方,Pt-I距離は2.982(1),2.978(3) Åである. 2つのPtS_4平面はエクリプス配座から約23.0°ねじれている. この錯体は,$T_{M-S}=205$ Kで金属-半導体転移を起こし,ハロゲン架橋一次元金属錯体の中で最も低温まで金属状態を保持する. 放射光X線回折実験では,金属状態における一次元鎖の周期性が-Pt-Pt-I-の周期の2倍であることを示唆する散漫散乱が観測された. この一次元鎖の二倍周期性と,白金原子とヨウ素原子の平均自乗変位の温度依存性,偏光ラマンスペクトルの温度依存性から,金属状態では,架橋ヨウ素原子が大きな振幅で振動することが見いだされ,Pt-Iの伸縮振動が金属状態の発現に重要であることが指摘された. また,金属状態における原子価秩序状態として,ヨウ素原子の振動に伴い複核間で$Pt^{2+}Pt^{2+}$と$Pt^{3+}Pt^{3+}$が入れ替わる動的な電荷密度波状態の可能性が指摘され,ヨウ素原子の振動に伴う原子価揺動によって金属状態が発現されると考えられる. さらに,金属状態における電荷密度波状態の存在は,放射光を利用した白金原子の共鳴散乱実験から証明された[4]. 一方,半導体での原子価状態は,48 Kで決定された結晶構造のPt-Pt, Pt-I距離から,交互電荷分極状態であることが明らかにされた[5]. この錯体は,2.2 GPaの圧力印加により,金属-半導体転移温度T_{M-S}が70 Kまで低下する[6].

【関連錯体の紹介およびトピックス】 電子状態の本質を明らかにする視点から,配位子の化学修飾によって鎖間の相互作用を制御し,一次元性を高めた$[M_2(RCS_2)_4I]_\infty$(M=Pt, R=n-Pr, n-Bu, n-Pen, n-Hex; M=Ni, R=Et, n-Pr, n-Bu)が合成され,構造と物性相関が研究されている[5].

【満身 稔】

【参考文献】

1) C. Bellitto et al., *Inorg. Chem.*, **1983**, *22*, 444.
2) H. Kitagawa et al., *J. Am. Chem. Soc.*, **1999**, *121*, 10068.
3) M. Mitsumi et al., *J. Am. Chem. Soc.*, **2001**, *123*, 11179.
4) Y. Wakabayashi et al., *J. Am. Chem. Soc.*, **2006**, *128*, 6676.
5) M. Mitsumi et al., *Angew. Chem. Int. Ed.*, **2002**, *41*, 2767.
6) K. Otsubo et al., *J. Am. Chem. Soc.*, **2006**, *128*, 8140.

$[Pt_2S_8I]_n$

導 磁

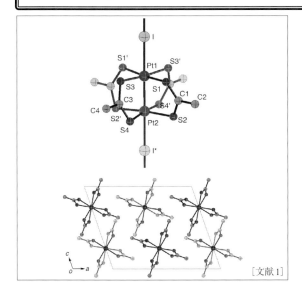

[文献1]

【名称】 *catena*-poly[[tetrakis(μ-dithioacetato-κS: κS')di-platinum(Pt-Pt)]-μ-iodo]: $[Pt_2(MeCS_2)_4I]_n$

【背景】 ハロゲン架橋一次元錯体(MX錯体)は, 高い異方性を有する電気的, 磁気的, 光学的性質を示す一次元電子系である. これまで200種類以上のMX錯体が合成されており, 二色性を示す原子価間電荷移動遷移(IVCT), 十数次に及ぶ倍音を示す共鳴ラマン散乱, 大きなストークスシフトをもつ発光, 巨大な三次非線形光学特性, 電荷密度波(CDW)状態, 非常に強い反強磁性的相互作用を示すMott-Hubbard状態など数多くの興味深い物性が見いだされていた. しかしながら, 金属伝導性は観測されていなかった. 混合原子価複核金属(II,III)錯体をハロゲン化物イオンで架橋したハロゲン架橋一次元混合原子価複核金属(II,III)錯体では, 以下に示す多様な原子価秩序状態と動的な原子価揺動を示すことが期待されている.

平均原子価状態: — $M^{2.5+}$ — $M^{2.5+}$ — X^- — $M^{2.5+}$ — $M^{2.5+}$ — X^- —

電荷分極状態: —— M^{2+} — M^{3+} - X^- —— M^{2+} - M^{3+} - X^- ——

電荷密度波状態: —— M^{2+} — M^{2+} — X^- - M^{3+} - M^{3+} - X^- ——

交互電荷分極状態: —— M^{2+} — M^{3+} - X^- - M^{3+} — M^{2+} —— X^- ——

ジチオ酢酸架橋複核白金(II,II)錯体$[Pt_2(MeCS_2)_4]$をヨウ素で酸化して得られた$[Pt_2^{II,III}(MeCS_2)_4I]_∞$は, 前述の原子価モデルをとることが可能なハロゲン架橋一次元混合原子価複核金属(II,III)錯体であり, 金属伝導性やどのような原子価状態を示すかという視点から研究がされ, ハロゲン架橋一次元金属錯体としてはじめてとなる金属伝導性が見いだされている[1-3].

【調製法】 トルエンを用いて, $[Pt_2(MeCS_2)_4]$と$[Pt_2(MeCS_2)_4I_2]$を拡散法によって反応させ結晶化を行う.

【性質・構造・機能・意義】 $[Pt_2(MeCS_2)_4I]_∞$では, $Pt_2(MeCS_2)_4$ユニットがヨウ素原子によって架橋された中性の一次元鎖構造を形成しており, 白金とヨウ素原子は結晶学的二回軸上に位置している. 複核ユニット内のPt-Pt距離は2.677(2) Åであり, $[Pt_2(MeCS_2)_4]$(2.767(1) Å)と比べ0.09 Å短い. 一方, Pt-I距離は2.975(1), 2.981(3) Åである. c軸に沿って並んだ一次元鎖間で比較的短いS…S距離(3.81, 3.85 Å)があり, 二次元的相互作用があると考えられている. ジチオカルボキシレート基のS…S距離よりも複核ユニットのPt-Pt距離よりが長いため, 2つのPtS_4平面はエクリプス配座から約21°ねじれている. この錯体は, 室温で13 S cm^{-1}の電気伝導率を示し, T_{M-S}=300K以上の温度で金属伝導性を示す[3]. さらに, 2つのPtS_4平面のツイスト運動により逆向きにねじれたものが生じる秩序-無秩序転移をT_{trs}=373.4 Kで引き起こす[4]. 白金原子の4f領域のXPSスペクトルは, Pt^{2+}とPt^{3+}による2組のPt $4f_{7/2}$, $4f_{5/2}$ダブレットに分割できるブロードなダブレットを示し, XPSの速いタイムスケールではPt^{2+}とPt^{3+}の混合原子価である. 白金原子の原子価秩序は, 金属-半導体転移温度T_{M-S}以上の金属状態では—$Pt^{2.5+}$—$Pt^{2.5+}$—I^-—の平均原子価状態であると考えられるのに対し, 80 K以下の半導体領域では——Pt^{2+}—Pt^{3+}-I^--Pt^{3+}—Pt^{2+}——I^-—で表される交互電荷分極状態へ変化することが^{129}Iメスバウアースペクトルによって明らかにされている. さらに, 金属伝導性の起源を調べた理論的研究も報告さている[5].

【関連錯体の紹介およびトピックス】 錯体の電子状態の本質を明らかにする視点から, 配位子の化学修飾によって鎖間の相互作用を制御し, 一次元性を高めた$[M_2(RCS_2)_4I]_∞$ (M=Pt, R=Et, *n*-Pr, *n*-Bu, *n*-Pen, *n*-Hex; M=Ni, R=Et, *n*-Pr, *n*-Bu)が合成され, 構造と物性相関が研究されている[6].

【満身 稔】

参考文献
1) C. Bellitto *et al.*, *Inorg. Chem.*, **1983**, *22*, 444.
2) M. Yamashita *et al.*, *Mol. Cryst. Liq. Cryst.*, **1992**, *216*, 207.
3) H. Kitagawa *et al.*, *J. Am. Chem. Soc.*, **1999**, *121*, 10068.
4) Y. Miyazaki *et al.*, *J. Phys. Chem. B*, **2002**, *106*, 197.
5) A. Calzolari *et al.*, *J. Am. Chem. Soc.*, **2008**, *130*, 5552.
6) M. Mitsumi *et al.*, *J. Am. Chem. Soc.*, **2001**, *123*, 11179.

$[Pt_4S_{16}]_n$

導 磁

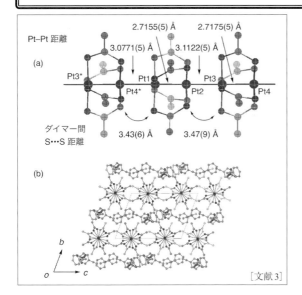

Pt–Pt 距離
2.7155(5) Å 2.7175(5) Å
3.0771(5) Å 3.1122(5) Å
(a) Pt3* Pt4* Pt1 Pt2 Pt3 Pt4
ダイマー間 S⋯S 距離 3.43(6) Å 3.47(9) Å
(b)

[文献3]

【名称】catena-poly[|tetrakis[tetrakis(μ-dithio acetato-κS: κS')di-platinum](7Pt-Pt)(+1)| perchlorate-benzonitrile(1/5)]: |[Pt$_2$(MeCS$_2$)$_4$]$_4$ClO$_4$·5PhCN|$_n$

【背景】混合原子価は，非常に多くの電気的，磁気的，光学的性質，ならびにこれらを組み合せた性質の起源である．これまで金属–金属結合を有する一次元 d 電子系が数多く開発されているが，そのほとんどが半導体であり，K$_2$[Pt(CN)$_4$]Br$_{0.3}$·3H$_2$O(KCP(Br))と K$_{1.62}$[Pt(C$_2$O$_4$)$_2$]·2H$_2$O(α-K-OP)がそれぞれ金属的あるいは温度に依存しない伝導性を示すのみである[1,2]．電子の遍歴性を増大させ，低温まで安定な金属状態を実現するためには，オンサイトクーロン反発エネルギー U を減少させ，トランスファー積分 t を増大させることが重要であると考えられる．ジチオカルボキシラト架橋複核白金(II,II)錯体では，5d$_{z^2}$軌道と 6p$_z$軌道の混成によって結合性相互作用を示し，比較的短い Pt–Pt 距離(2.77～2.86 Å)を有する．このような特徴をもつ複核錯体を一次元鎖の構成ユニットとして用いれば，金属–金属結合を介して電子を共有できるので，オンサイトクーロン反発 U を小さくできると考えられた．このような視点から，ジチオ酢酸架橋複核白金(II,II)錯体を電解酸化によって部分酸化した部分酸化型一次元複核白金錯体 |[Pt$_2$(MeCS$_2$)$_4$]$_4$ClO$_4$·5PhCN|$_n$ が合成され，結晶構造と導電性や磁性などの物性が研究されている[3]．この錯体は，最も安定な金属状態を示す一次元 d 電子系金属錯体である．

【調製法】支持電解質に n-NBu$_4$ClO$_4$ を用いて，ベンゾニトリルに溶かした [Pt$_2$(MeCS$_2$)$_4$] を 5 日間定電流で電解酸化を行うことによって暗緑色の長い板状結晶として得られる．

【性質・構造・機能・意義】[Pt$_2$(MeCS$_2$)$_4$]$_4$ClO$_4$·5PhCN は，Pt$_2$(MeCS$_2$)$_4$ ユニット4つあたり一電子酸化されており，白金の平均酸化数は+2.125 である．この錯体の結晶構造は，カチオン性の Pt$_2$(MeCS$_2$)$_4$ ユニットが Pt–Pt 結合によってつながった一次元鎖が並んだ層と結晶溶媒であるベンゾニトリルと過塩素酸イオンからなる層が交互に並んだ構造である．一次元鎖方向での格子の周期は複核ユニットの二倍周期である．複核内の Pt–Pt 距離は 2.7155(5), 2.7175(5) Å であり，これらの距離は [Pt$_2^{II,II}$(MeCS$_2$)$_4$](2.767(1) Å)と [Pt$_2^{II,III}$(MeCS$_2$)$_4$I]$_\infty$(2.677(2) Å)の中間の距離である．一方，複核間での距離は 3.0771(5), 3.1122(5) Å である．この錯体は，複核ユニット間での電荷移動遷移に帰属される強いブロードな吸収を 3400 cm^{-1} を中心に示す．また，この吸収は中赤外領域まで広がっており，高伝導性が示唆される．この錯体の室温での電気伝導率は，σ_{RT}=4.2～8.0 S cm^{-1} と比較的高い値を示し，抵抗率の温度依存性は 125 K 付近まで金属的に振る舞う．半導体領域(62.5～14.5 K)における活性化エネルギーは 6.75 meV と非常に小さな値を示す．磁化率は，常磁性不純物，あるいは格子欠損や鎖の末端に由来すると考えられる磁化率の増加を 30 K 以下で示す以外は，Pauli 常磁性的な挙動を示す．不純物スピンを S=1/2 と仮定して見積もられた不純物スピン濃度は 1.5% である．不純物スピンを補正した磁化率は室温で 1.1×10^{-4} emu mol^{-1} であり，250 K あたりから温度の低下とともに減少する．

【関連錯体の紹介およびトピックス】類似の化合物として，[Pt$_2$(EtCS$_2$)$_4$]$_5$(ClO$_4$)$_2$ が報告されている[3]．この錯体の平均酸化数は+2.2 である．この錯体は一次元鎖構造を形成しているが，複核ユニットが一次元鎖内で五量体を形成しており，一次元鎖方向での格子の周期は複核ユニットの 5 倍である．また，五量体の中心に近づくほど複核内，複核間の Pt–Pt 距離は短くなっている．この錯体は，五量体あたり二電子酸化され一重項状態にあり，電荷密度波(CDW)状態が現れている．

【満身 稔】

【参考文献】
1) H. R. Zeller et al., J. Phys. Chem. Solids, **1974**, 35, 77.
2) A. Kobayashi et al., Solid State Commun., **1978**, 26, 653.
3) M. Mitsumi et al., J. Am. Chem. Soc., **2008**, 130, 14102.

ReH₇P₂

Ph₃P\
  \\\
   ReH₇\
  /\
Ph₃P

（ヒドリド配位子の位置は決定されていない．）

【名称】 heptahydridobis(triphenylphosphine)-rhenium-(VII)：[ReH$_7$(PPh$_3$)$_2$]

【背景】 1960年代に報告されたポリヒドリド錯体としては歴史の古い化合物である．分子状水素錯体，C-H結合活性化に関して先駆的な研究が行われた[1]．

【調製法】 THF 中 [ReCl$_3$O(PPh$_3$)$_2$] を LiAlH$_4$ で処理して合成する[2]．

【性質・構造・機能・意義】 空気に安定な無色の微結晶であり，CH$_2$Cl$_2$，ベンゼンおよび THF に可溶である．^{1}H NMR (CD$_2$Cl$_2$) δ-4.9 (d, J_{P-H}=18.6 Hz)．ヒドリド配位子がすべて等価に観察されたことから動的挙動が示唆され，さらに，T_1 緩和時間が短かったことを根拠に，ヒドリド原子間に相互作用をもつ分子状水素錯体 [($η^2$-H$_2$)H$_5$Re(PPh$_3$)$_2$] となっていると推定されている．X 線結晶構造解析では水素の位置は決定されていないが，P-Re-P は約 140°に折れ曲がっている．

[H$_7$Re(PPh$_3$)$_2$] (**1**) を THF/MeOH 中で加熱還流すると脱水素反応により架橋ヒドリド配位子を含む二核錯体 Re$_2$($μ$-H)$_4$H$_4$(PPh$_3$)$_2$ を生じる．また，脱プロトン化およびプロトン化を経て，それぞれアニオン性ヘキサヒドリド錯体 [ReH$_6$(PPh$_3$)$_2$]$^-$ (**2**) およびカチオン性オクタヒドリド錯体 [ReH$_8$(PPh$_3$)$_2$]$^+$ を生じる．**1** の酸性を利用して，塩基性の強いアルキル錯体やアミド錯体からのアルカンおよびアミン脱離を経てヘテロ二核金属錯体が合成されている．ヘテロ二核金属錯体は，アニオン種 **2** と金属ハロゲン化物の縮合によっても合成される．

上記の通り，熱的には脱水素反応が起こるが，光反応条件下では水素ではなく，PPh$_3$ 配位子が脱離する．

反応の観点からは，当量反応であるが，水素受容体共存下でアルカンの脱水素反応が起こる系であり，古典的な C-H 結合活性化反応として発表当時大きな注目を集めた．代表例をスキーム(図1)に示した[3]．

かさ高いオレフィンであるネオヘキセン (CH$_2$=CHBu^t) を水素受容体として，環状オレフィンであるシクロペンタンを反応させると，シクロペンタンの5ヶ所の C-H 結合が切断されて CpReH$_2$(PPh$_3$)$_2$ および CH$_3$CH$_2$Bu^t が生じる．1,4-シクロヘキサジエンとの反応では，$η^6$-ベンゼン錯体が生じる．炭素数6以上のシクロアルカンとの反応では，錯体生成物は同定されていないが，シクロアルケン（例：シクロヘキセン）が生成する．

直鎖状アルカンとも反応して，ペンタンとの反応では，$η^4$-1,3-ペンタジエン錯体が生成し，これを P-(OMe)$_3$ で処理すると水素移動を経て 1-ペンテンが生じる．さらに，シクロアルカンとの反応を希釈条件で行うと，触媒的に脱水素化反応が進行することが報告されている．ただし，ターンオーバー数は10以下である．

最近になって，**1** がアルデヒドとニトリルの C-C カップリング反応触媒となることが報告された．

【靍田宗隆】

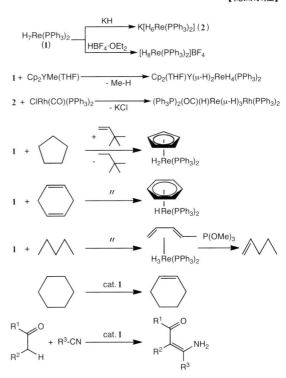

図1　ヘプタヒドリド錯体の反応

【参考文献】
1) a) R. H. Crabtree *et al.*, *J. Am. Chem. Soc.*, **1988**, *110*, 4126; b) F. A. Cotton *et al.*, *Inorg. Chem.*, **1989**, *28*, 6.
2) a) J. Chatt *et al.*, *J. Chem. Soc. A*, **1969**, 1963; b) C. J. Cameron *et al.*, *Inorg. Synth.*, **1990**, *27*, 14.
3) a) H. Felkin *et al.*, *Chem. Commun.*, **1982**, 1235; b) H. Felkin *et al.*, *Chem. Commun.*, **1983**, 788.

ReCO₃

【名称】 methyltrioxorhenium(VII) または methylrhenium(VII) trioxide: MTO (CH₃ReO₃)

【背景】 酸化反応，オレフィンメタセシス反応，アルデヒドオレフィン化反応などの触媒として用いられている錯体で，主にドイツの Herrmann らによって研究が進められてきた．

【調製法】 従来，酸化レニウム(VII)Re₂O₇をテトラメチルスズで処理する方法で合成されてきたが，アルキルスズ化合物が毒性を発現することと，生成物と当量の Me₃SnOReO₃ が生成することから，最近になって MeZn(OAc)（無水 Zn(OAc)₂ と AlMe₃ から合成）と Re₂O₇ から合成する改良法が報告された[1]．

エチル誘導体も類似の方法で合成できる．

【性質・構造・機能・意義】 熱的に安定な，揮発性のある無色の固体．融点111℃．ペンタンから水にいたるほとんどすべての溶媒に溶解する．塩基性水溶液中では速やかに加水分解されるが，酸性溶液中での加水分解は遅い．光照射条件では分解する．

$$Zn(OAc)_2 + 1/3 AlMe_3 \rightarrow MeZnOAc$$
$$MeZnOAc + 1/2 Re_2O_7 \rightarrow MeReO_3$$

【関連錯体の紹介およびトピックス】 形式的に14電子のルイス酸性を示す化学種で，二電子ドナーと1:1付加体(Me-Re(O)₃·L)を形成するほか，二座配位子(L₂)とはキレート配位して八面体型六配位1:2付加体(Me-Re(O)₃·L₂)を形成する．プロティックな基質とは脱水縮合し，例として，二官能性基質からの環状化合物生成反応を示した(図1)．特に，過酸化水素との反応で生成する環状パーオキソ種は，次に述べる酸化反応の鍵中間体である．

MTO は，酸化反応を中心とする有機合成触媒として利用されている．

過酸化水素水を当量酸化剤として用いる様々な酸化反応の触媒となる．エポキシ化，Beayer-Villiger 酸化の他，炭化水素（アセチレン，芳香族化合物），アミン，スルフィド，ホスフィン類の酸化反応触媒となる．

シリカゲル，アルミナなどに担持したり，S₄N₄/AlCl₃ などの助触媒を加えると，オレフィン類のメタセシス触媒となるが，Schrock 触媒や Grubbs 触媒と比較すると，最近はあまり利用されていない．

ジアゾアルカン類を基質とする反応の触媒としても利用される．アルデヒドとの反応からはオレフィンが生成し，オレフィンのシクロプロパン化反応を触媒する[2]（図2）.

【穐田宗隆】

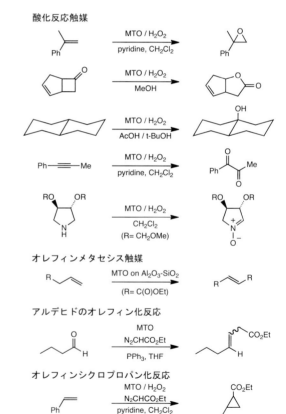

図2　MTOによる触媒反応例

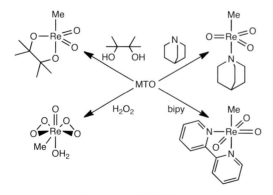

図1　MTOの脱水縮合反応

【参考文献】
1) W. A. Herrmann *et al., Angew. Chem. Int. Ed.*, **2007**, *46*, 7301.
2) a) *Encyclopedia of Reagents for Organic Synthesis* (2nd. Ed.), Vol.9, p. 7138; b) C. C. Romao *et al., Chem. Rev.*, **1997**, *97*, 3197.

ReC₃N₂Cl

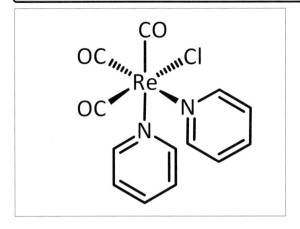

【名称】*fac*-tricarbonylchlorobispyridine–rhenium(I)：*fac*-Re(CO)₃Cl(py)₂

【背景】Re₂(CO)₁₀ の反応性に関する研究の中で 1959 年に合成された[1]．この類縁体は光化学および超分子化学的に興味深く，後世の研究の礎となっている．

【調製法】Re(CO)₅Cl(0.1 g, 0.28 mmol) を過剰のピリジン(5 mol)とともに窒素雰囲気下，120℃で CO の発生がなくなるまで(約 30 分)加熱する．冷却後ピリジンをエーテル(5 mL×3)で洗い流し，残渣を冷クロロホルム(2 mL×2)で抽出する．不溶物をろ別後，ろ液に石油エーテル(15 mL)を加え再結晶することで目的錯体が得られる．

【性質・構造・機能・意義】白色固体．ジクロロメタン中 262 nm(ε＝8700 M⁻¹cm⁻¹)にピリジン由来の π–π* 遷移が，292 nm(ε＝6800 M⁻¹cm⁻¹)に Re→ピリジン π* 軌道への MLCT 遷移が観測される．IR スペクトルにおいては CO 伸縮振動が 1891, 1934, 2041 cm⁻¹ に観測される．

本錯体の類縁体に関して，クロロ配位子の Ag⁺ もしくは Tl⁺ 存在下，ピリジン，ホスフィンなどへの置換が報告されている．クロロ配位子はまた，Grignard 試薬，チオシアノカリウム，アセチリドなどの求核剤の置換を受ける．

本錯体およびその類縁体は八面体六配位の低スピン d⁶ 電子配置をとり，そのため光化学的に活性であることが多い．例えば本錯体の 2 つのピリジンを 4,4-ビピリジンで置換した類縁体はベンゼン中室温において，17750 cm⁻¹ に極大を有する発光を量子収率 5.5 ％にて示す．発光寿命は極めて長く(4.8 μs)，三重項励起状態(³π–π* 励起状態と ³MLCT 励起状態が混合した状態とされている)からのりん光に帰属されている[2]．

【関連錯体の紹介およびトピックス】石谷らは本錯体の類縁体の長寿命励起状態を利用し，CO₂ の CO への可視光還元触媒サイクルの構築に成功している[3]．石谷らはまた，カルボニル配位子の光脱離を発見し，これを利用した新規レニウム錯体多量体の合成を報告している[4]．2 つのピリジンはほぼ 90°の角度をなすため超分子化学的に利用価値が高く，例えばこれを用いた正方形四核錯体が合成されている[5]．　　　【西原　寛】

【参考文献】
1) E. W. Abel *et al.*, *J. Chem. Soc.*, **1959**, 1501.
2) P. J. Giordano *et al.*, *J. Am. Chem. Soc.*, **1979**, *101*, 2888.
3) K. Koike *et al.*, *J. Am. Chem. Soc.*, **2002**, *124*, 11448.
4) Y. Yamamoto *et al.*, *J. Am. Chem. Soc.*, **2008**, *130*, 17630.
5) M. H. Keefe *et al.*, *Langmuir*, **2000**, *16*, 3964.

ReC₃N₂Br

[文献1より改変]

【名称】（1,3-diamino-κ*N*,κ*N*′-2-propyl β-D-glucopyranosyl）tricarbonylrheniumbromide:［Re(L)Br(CO)₃］(L=1,3-diamino-2-propyl β-D-glucopyranoside)

【背景】がんの診断法として著名なPET(positron emission tomography;ポジトロン断層法)検査では、半減期の極めて短寿命のポジトロン放出核種(^{15}O:2分、^{13}N:10分、^{11}C:20分、^{18}F:110分など)で標識した放射性薬剤を用いるため、投与直前にサイクロトロンなどを用いて製造される。したがって、検査を行う施設に小型サイクロトロンを必要とする。一方、入手が容易で寿命の長い^{99m}Tc($t_{1/2}$=6.01 h, γ=142.7 KeV)などを用いるSPECT(single photon emission computed tomography: 単一光子放射型コンピュータ断層撮影法)検査は、日常の臨床核医学検査に使用されている放射性医薬品を利用できる利点がある。したがってSPECT用放射性標識分子の開発は極めて重要である。FDG-PETではがん組織の多くが正常組織に比べてD-グルコース代謝が活発なこと(Warburg効果)を利用して 2-deoxy-2-[^{18}F]-fluoro-D-glucose(フルオロデオキシグルコース、FDG)が用いられている。Storrらは、ReとTcの配位化学が類似していることから、SPECT用放射性標識薬剤としての^{99m}Tcなどのγ線放出核種で標識した分子の開発のための重要な基礎化合物として、がん組織識別能が期待される糖(D-グルコース)を1,3-pn(1,3-propanediamine)へ連結させた配位子Lを用いて、配糖Re(I)錯体を得ている[1]。

【調製法】新規に合成された二座配位子L、(1,3-diamino-2-propyl β-D-glucopyranoside)と［NEt₄］₂［ReBr₃(CO)₃］をメタノール中で6時間加熱還流する。真空下で溶液を除去し、残渣をアルミナカラム(CH₃CN-H₂O混合溶媒で展開)精製し、白色固体を得る。

【性質・構造・機能・意義】この錯体は固体では安定であるが、水溶液中では1ヶ月単位で徐々に加水分解される。水溶液中での伝導度測定から、1:1電解質であり、［Re(L)Br(CO)₃］が加水分解を受けた［Re(L)(H₂O)(CO)₃］Brであることが示唆されるがDMSO-d₆/D₂O中でのNMRスペクトルから、［Re(L)Br(CO)₃］の構造が支持される。特に^{1}H NMRスペクトルにおいて、窒素原子の近傍の水素の低磁場シフトが見られるのに対し、糖部分には低磁場シフトが観測されない。この事実は窒素原子が配位に関与し、一方、糖は配位していないことを示している。これは、D-グルコースが金属に配位しないことにより、糖分子の腫瘍選択性を効果的に発現させるうえで重要と思われる。なお、本錯体は糖質が連結した最初のレニウム化合物である。

【関連錯体の紹介およびトピックス】この錯体に関連して、StorrらはD-グルコースに加えてD-キシロース、D-マンノース、D-ガラクトース錯体を合成している。さらにD-キシロース、D-マンノース錯体の結晶構造解析により、立体化学を明らかにしている。同時に［ReBr₃(CO)₃］に変えて、［^{99m}Tc(H₂O)₃(CO)₃］にLを反応させることにより［^{99m}Tc(L)(H₂O)(CO)₃］$^+$を高収率で合成し、HPLCによる *in vitro* でのキャラクタリゼーションと安定性を検討している。すなわち、このテクネチウム(I)錯イオンは過剰(約100倍)のシスチンやヒスチジンの存在下でも、配位子交換に対して24時間以上かなりの安定性を示し、臨床核医学検査(イメージング)に有用な放射性元素標識診断薬の開発にとって重要な知見である。D-グルコースの代わりにD-グルコサミンを、また1,3-pnに変えて、DPA(2,2′-dipicolylamine)およびbipyridineを用いた同様な研究が展開されている。特に三座配位子のDPAにD-Glcを連結した［^{99m}Tc(D-Glc-DPA)(CO)₃］$^+$(D-Glc-DPA)=2-(bis(2-pyridinylmethyl)amino)ethyl-β-D-glucopyranoside)の場合はシスチンやヒスチジンの存在下でも、配位子交換に対して、24時間以上安定であり、臨床核医学検査(イメージング)のための放射性元素標識診断薬としての実用展開が期待される[2]。

【矢野重信】

【参考文献】

1) T. Storr *et al.*, *Chem. Eur. J.*, **2005**, *11*, 195.
2) a) T. Storr *et al.*, *Dalton Trans.*, **2005**, 654; b) T. Storr *et al.*, *Inorg. Chem.*, **2005**, *44*, 2698; c) M. Gottschaldt *et al.*, *Chem. Eur. J.*, **2007**, *13*, 10273.

ReC₆NP

[cyclopentadienylnitrosylmethylidenetri phenyl-phosphinerhenium(I)]hexafluorophosphate: (R=H)[ReCp(NO)(PPh₃)(=CH₂)]PF₆; [pentamethylcyclo pentadienylnitrosylmethylidenetriphenylphosphinerhenium(I)]hexafluorophosphate: (R=Me)[ReCp*(NO)(PPh₃)(=CH₂)]PF₆

【名称】

【背景】 金属カルベン種は，Fischer-Tropsch反応などの不均一系触媒反応や金属カルベン種が関与する均一系触媒反応の鍵中間体であり，その構造や反応性を解明することは極めて重要である．カルベン種自身代表的な不安定反応活性種であり，その高い反応性（求電子性）はその低いLUMOに起因するが，有機金属フラグメントに配位させることによって，金属からの逆供与によって安定化させることが可能である．レニウムも含まれる後周期金属錯体はいわゆるFischer型のカルベン錯体を形成し，OR，NR₂などのπ電子供与性置換基が結合している場合は，室温でも安定に単離できるが，そのような安定化の寄与がないアルキリデン錯体（ヒドロカルビル置換基を有する誘導体）は，不安定で低温で観察できても，単離することは極めて困難であった．そのような状況の中で，Gladyszらが報告した本錯体は室温付近でも安定に存在する無置換カルベン錯体としてははじめての例であり，結晶構造解析（R=Me）をはじめ，様々な手法で構造決定され，カルベン錯体の化学の進展に大きく寄与した化合物である．得られた錯体の反応性の研究過程で，オレフィンメタセシス反応などの重要な反応が見いだされた[1]．

【調製法】 対応する中性のメチル錯体$(\eta^5-C_5R_5)$Re(NO)(PPh₃)(CH₃)を塩化メチレン中－78℃でtriphenyl-carbeniumカチオン([CPh₃]⁺)で処理して，メチル基からヒドリド基を引き抜いて合成する．

【性質・構造・機能・意義】 熱的に安定で，より詳細に同定されているCp*誘導体について述べる．¹H NMRでCH₂シグナルは，求電子的カルベン錯体に特徴的な低磁場領域(15.27，14.35 ppm(CD₂Cl₂))に観察され，CDCl₂CDCl₂中で107℃まで加熱しても融合しなかったことから，Re=CH₂結合の回転障壁は19 kcal/mol以上と見積もられた．¹³C 0NMRではカルベン炭素シグナルは，同じく低磁場領域の287.7 ppmに観察される．X線結晶構造解析により，Re=C距離は1.898(18) Åと決定され，二重結合性が確認された．また，CH₂平面の配向が金属からのπ逆供与に依存していることが明らかにされている．

【関連錯体の紹介およびトピックス】 反応性については，Cp錯体について詳細に研究されている．室温付近で熱分解して，メチレン部分が二量化してエチレンを形成し，これが配位したエチレン錯体[CpRe(NO)(PPh₃)(CH₂=CH₂)]⁺が生成する．この反応は金属表面上のメチレン種のカップリングに対応したモデル反応となっている．カルベン炭素原子は求電子的であり，様々な求核試薬(Nu)と反応して付加体[CpRe(NO)-(PPh₃)(CH₂-Nu)]⁺を形成する．

さらに，Fischer-Tropsch反応などの不均一系触媒反応の機構と関連して，CO還元反応に関しても重要な知見が得られている．CpRe(NO)(PPh₃)フラグメント（Reと略記する）を有するCO錯体[Re-CO]⁺をヒドリド還元すると，最終的にはメチル錯体Re-CH₃にまで還元される．M-CO → M-C(=O)H → M-CH₂OH → =M=CH₂⁺→ M-CH₃と還元反応が進行することは容易に予想されることであるが，一般にはM-C(=O)H中間体と[M=CH₂]⁺中間体が不安定であるためにこの反応経路を実験的に確認された例はなかった．Gladyszらは独自に開発したReフラグメントを用いて，すべての中間体を単離，同定するとともに，上記の反応経路を確認することに成功し，この領域の研究者に大きなインパクトを与えた．一連の化学種の安定化にはRe部分のπ逆供与力が，他の金属フラグメントと比較して格段に大きいことが要因と推定される[2]．

Reフラグメントには，カルベン種に限らず様々な有機配位子を導入できるうえに，金属中心がキラルである点が特徴的である．

【穐田宗隆】

参考文献

1) A. T. Patton et al., *J. Am. Chem. Soc.*, **1983**, *103*, 5804.
2) a) J. H. Merrifield et al., *Organometallics*, **1982**, *1*, 1204; b) W. Tam et al., *J. Am. Chem. Soc.*, **1982**, *104*, 141.

Re₂C₆N₆

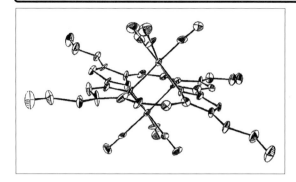

【名称】（2,7,12,17-tetra-*n*-propylporphycenato）bis［tricarbonylrhenium(I)］：［{Re^{I}(CO)$_3$}$_2$(TPrPc)］

【背景】ポルフィセンはポルフィリンの構造異性体であり，配位空孔は長方形でポルフィリンよりも小さい．したがって，その金属イオンとの反応性，特に大きなイオン半径を有する金属イオンとの反応において，ポルフィリンと大きな違いが出ることが期待される．このレニウム(I)ポルフィセン錯体は，特異な錯体構造に興味がもたれ，その結晶構造が決定されている[1]．

【調製法】ジレニウムデカカルボニル錯体［Re$_2$(CO)$_{10}$］と2,7,12,17-tetra-*n*-propyl-porphyceneを窒素雰囲気下，デカリン中で30分還流する．反応後，デカリンを減圧留去し，クロロホルムで溶出した成分をシリカゲルカラムで精製する．展開溶媒にはトルエンを用いる．緑色の成分を濃縮し，ヘキサンを加えて再結晶を行い，目的化合物を得る．

【性質・構造・機能・意義】錯体の構造はX線結晶構造解析によって決定され，2つのトリカルボニルレニウム(I)ユニットがポルフィセン環の上下に1つずつ配置した二核錯体である．2つのレニウム(I)はポルフィセン平面から1.5Å離れた位置にあり，それぞれのレニウム(I)は3つのカルボニル配位子とポルフィセンの3つの窒素と配位結合をしている．平面内に金属イオンが1つ結合したNi^{II}(TPrPc)と比較すると，N4配位空孔のサイズは大きく，形状はより正方形に近くなっている．3つのカルボニル配位子はすべて非対称で，それぞれ環境が異なっている．これはIRスペクトルで，カルボニルに由来する伸縮振動のピークが3種類観測されていることからも裏づけられている．

拡張Hückel分子軌道計算では，HOMOおよびネクストHOMO，LUMOおよびネクストLUMOは，ポルフィセンのπ軌道およびπ*軌道の寄与が90％以上である．錯体の吸収スペクトルでは，図1に示すように385nmと618nmにそれぞれSoret帯およびQ帯の吸収がある．それに加えて，411nmと532nmに吸収があり，411nmはレニウムからカルボニル配位子へのMLCT，532nmはレニウムからポルフィセンへのMLCTとQ帯の吸収の重ね合わせであると帰属されている．

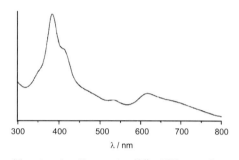

図1　レニウムポルフィセン錯体の電子スペクトル

この錯体のサイクリックボルタンメトリーでは，−1.16，−1.51V vs. Fc/Fc$^+$にポルフィセン環の還元に由来するピーク，＋0.69，＋0.89V vs. Fc/Fc$^+$にポルフィセン環の酸化に由来するピークが観測されている．拡張Hückel分子軌道計算の結果からも金属の軌道はポルフィセンのπ軌道と比較して十分に低エネルギーであり，妥当な結果である．これは対応するポルフィリン錯体と同様の酸化還元挙動である．

【関連錯体の紹介およびトピックス】テトラフェニルポルフィリンを配位子としてまったく同じ構造の錯体も知られている[2]．　　　　【久枝良雄・大川原　徹】

【参考文献】
1) C.-M. Che *et al.*, *Inorg. Chem.*, **1995**, *34*, 984.
2) D. Cullen *et al.*, *J. Am. Chem. Soc.*, **1972**, *94*, 7603.

$ReN_2O_2S_2$

【名称】(D-penicillaminato-N,O,S)(D-penicillaminato-N,S)oxorhenium(V): [ReO(D-pen-N,O,S)(D-Hpen-N,S)] (D-H$_2$pen＝D-penicillamine)

【背景】レニウム錯体はテクネチウム錯体に類似した性質を示すことから，^{99m}Tc 標識化合物を志向した研究が展開されてきた．本錯体は，含硫アミノ酸を配位子とする代表的なレニウム錯体の1つである．

【調製法】[1,2] 過レニウム(VII)酸アンモニウム(134 mg, 0.50 mmol)と D-ペニシラミン(200 mg, 1.3 mmol)を 1 mol dm^{-3} 塩酸(10 mL)に溶かし，溶液を5℃に冷却する．SnCl$_2$·2H$_2$O(125 mg, 0.55 mmol)を 1 mol dm^{-3} 塩酸(1 mL)に溶かした溶液を10分かけて滴下する．5℃で10分間撹拌した後，室温で10分間撹拌する．生じた沈殿をろ別し，水(3 mL)に 1 mol dm^{-3} 水酸化カリウム水溶液を加えて溶かす(pH 5〜6)．溶液をろ過した後，ろ液を 1 mol dm^{-3} 塩酸で酸性とし(pH 1〜2)，5℃で一晩静置すると紫色微結晶が得られる．収量 0.16 g(収率64%)．

【性質・構造・機能・意義】紫色微結晶．この錯体は結晶構造解析がなされており，2つのD-ペニシラミナト配位子のうち一方はN,S-二座で，もう一方はN,S,O-三座で配位している[3]．オキソ配位子のトランス位は，3座配位のD-penのカルボキシル基の酸素原子により占められており，cis-S，cis-N，trans-Oのひずんだ六配位八面体構造をとっている．Re=O結合距離は1.69 Åである．IR(KBr)[2]: ν(Re=O) 972 cm^{-1}．溶液中でも cis-S，cis-N，trans-O の六配位八面体型構造をとるが，pHにより構造が変化する．

この錯体は放射性医薬品の研究に用いられてきた．近年，この錯体のキラリティーが注目され，相互変換可能なキラル分子集合体の前駆体として利用されている[4]．例えば，[ReO(D-pen-N,O,S)(D-Hpen-N,S)]とAgNO$_3$を1:1のモル比で反応させると，[Ag{ReO(D-pen)$_2$}]·8H$_2$Oの組成で表される暗紫色の結晶が得られる[4]．結晶中では，[ReO(D-pen)$_2$]$^-$ユニットは出発錯体である[ReO(D-pen-N,O,S)(D-Hpen-N,S)]に類似した六配位構造をとる．2つの[ReO(D-pen)$_2$]$^-$は2つのAg^{I}により硫黄部分で連結されて，硫黄架橋四核錯体[Ag$_2${ReO(D-pen)$_2$}$_2$]を形成する．四核錯体中のAg^{I}は，さらに別の四核錯体のD-pen配位子の脱プロトン化したカルボキシル基と結合するため，S-Ag-S結合角(109.3°)は直線から大きくずれている．四核錯体ユニットが次々と連結することにより，二次元シート構造([Ag$_2${ReO(D-pen)$_2$}$_2$]$_n$)が形成される．

二次元シート錯体[Ag$_2${ReO(D-pen)$_2$}$_2$]$_n$をH$_2$SiF$_6$水溶液に溶かした溶液から[Ag$_3${ReO(D-pen)(D-Hpen)}$_3$-{ReO(D-pen)$_2$}](SiF$_6$)·nH$_2$Oの組成で表される茶紫色の結晶が得られる．結晶中では，レニウム錯体ユニットと銀(I)イオンが様々な配位様式で連結されRe$_8$Ag$_6$の十四核構造を形成している．この十四核錯体はアンモニア水で脱プロトン化することにより二次元シート錯体[Ag$_2${ReO(D-pen)$_2$}$_2$]$_n$へ戻る．

【関連錯体の紹介およびトピックス】類似のテクネチウム錯体が過テクネチウム(VII)酸アンモニウムを用いて合成されている[1]．D-ペニシラミンをL-システインで置き換えた錯体は，過レニウム(VII)酸アンモニウム，L-シスチンおよび亜ジチオン酸ナトリウムの反応により合成される[5]．また，2分子のD-ペニシラミンの窒素原子をエチレン基で連結した配位子をもつレニウム(V)錯体が合成され，溶液中の挙動が調べられている[6]．

[ReO(D-pen-N,O,S)(D-Hpen-N,S)]のD-Hpen-N,S配位子を2-アミノエタンチオラート(aet)で置き換えた混合配位子錯体([ReO(D-pen-N,O,S)(aet-N,S)])は，過レニウム(VII)酸アンモニウム，D-ペニシラミン，2-アミノエタンチオールの混合溶液に，SnCl$_2$·2H$_2$Oを還元剤として加えることにより生成する[7]．[ReO(D-pen-N,O,S)(D-Hpen-N,S)]と[{ReO(aet-N,S)$_2$}$_2$O]も同時に生成するが，水溶液のpHを調節するか溶媒としてメタノールを用いることにより分離することができる．

【廣津昌和】

【参考文献】

1) D. L. Johnson et al., Inorg. Chem., **1984**, 23, 4204.
2) L. Hansen et al., Inorg. Chem., **1996**, 35, 1958.
3) S. Kirsch et al., J. Chem. Soc, Dalton Trans., **1998**, 455.
4) T. Konno et al., Angew. Chem. Int. Ed., **2002**, 41, 4711.
5) M. Chatterjee et al., Inorg. Chem., **1998**, 37, 5424.
6) L. G. Marzilli et al., Inorg. Chem., **1994**, 33, 4850.
7) T. Konno et al., Inorg. Chem., **2001**, 40, 4250.

$Re_2C_6O_2Br_2$

【名称】 bis[μ-bromotricarbonyl(tetrahydro furan)rhenium]：＝[ReBr(CO)$_3$(thf)]$_2$

【調製法】[1,2] ReBr(CO)$_5$錯体をTHF中還流しながら撹拌することにより，容易に合成できる．反応後，THF溶液を濃縮し，ヘプタンを加えて沈殿を形成し，ろ過，乾燥することにより，[ReBr(CO)$_3$(thf)]$_2$が白色固体として得られる．

【性質・構造・機能・意義】 白色の粉末状固体．固体であれば空気中で取り扱えるが，念のためアルゴンのような不活性ガス雰囲気下で保存する．

固体状態や配位性の弱い溶媒中では臭素架橋二核錯体[ReBr(CO)$_3$(thf)]$_2$として存在するものの，THF溶媒中ではTHFのレニウムへの配位によりレニウム－臭素間の結合が開裂し，単核錯体ReBr(CO)$_3$(thf)$_2$になる[1]．

様々なレニウム－カルボニル錯体の合成原料として利用される．また，有機合成反応の触媒としても用いられる．触媒活性としては，ハード[3]およびソフトなLewis酸性を示す．また，炭素－水素結合活性化や炭素－炭素結合切断を経る反応，付加環化反応[4]などが知られている．

THF配位子が解離しやすいため，ビピリジルやイソシアニドとの配位子交換反応により，レニウム－ビピリジルやレニウム－イソシアニド錯体を簡便に合成できる[1]．

レニウム触媒[ReBr(CO)$_3$(thf)]$_2$存在下，活性メチレン化合物と末端アルキンまたは末端アレンを反応させると，[ReBr(CO)$_3$(thf)]$_2$がソフトなLewis酸として作用することで末端アルキンや末端アレンが活性化され，末端アルキン[5]もしくは末端アレン[6]への活性メチレン化合物の求核反応が進行する．

従来C－H結合活性化を経る変換反応によく用いられてきたルテニウムやロジウム触媒では困難な，イミノ基のオルト位C－H結合への位置選択的な不飽和分子の挿入に引き続く分子内での求核的な環化反応[7,8]や，C－H結合への分極した不飽和分子であるアルデヒドの挿入反応[9]が進行する．レニウムおよびアニリン触媒存在下，芳香族ケトンとアクリル酸エステルとの反応により，水だけが副生する効率の高い形式的な[3＋2]付加環化反応も起こる[10]．

芳香族性C－H結合のみならず，ヘテロ芳香族性C－H結合[11]やオレフィン性C－H結合[12]への各種不飽和分子の挿入反応も進行する．

従来困難とされてきた，環状や鎖状化合物のひずみのないC－C単結合へのアルキンの挿入反応も起こる[13-15]．また，この反応を利用することにより，難しいとされている多置換芳香族化合物の位置選択的な合成に展開できる[16]．β-ケトエステル上の置換基を替えることにより，多置換ベンゼンの位置異性体をつくり分けることも可能である．

【関連錯体の紹介およびトピックス】 低原子価レニウム－カルボニル錯体として，ReBr(CO)$_5$, ReCl(CO)$_5$およびRe$_2$(CO)$_{10}$が市販されている．また，種々の配位子を有する様々なレニウム－カルボニル錯体の合成が報告されている[17]．

【國信洋一郎】

【参考文献】
1) D. Vitali et al., Gazz. Chim. Ital., **1972**, 102, 587.
2) F. G. A. Stone et al., Organometallics, **2003**, 22, 2842.
3) Y. Kuninobu et al., Angew. Chem. Int. Ed., **2007**, 46, 3296.
4) Y. Kuninobu et al., Chem. Lett., **2007**, 36, 1162.
5) Y. Kuninobu et al., Org. Lett., **2005**, 7, 4823.
6) Y. Kuninobu et al., Synlett, **2009**, 3027.
7) Y. Kuninobu et al., J. Am. Chem. Soc., **2005**, 127, 13498.
8) Y. Kuninobu et al., J. Am. Chem. Soc., **2006**, 128, 202.
9) Y. Kuninobu et al., J. Am. Chem. Soc., **2006**, 128, 12376.
10) Y. Kuninobu et al., Angew. Chem. Int. Ed., **2006**, 45, 2766.
11) Y. Kuninobu et al., Tetrahedron, **2008**, 64, 5974.
12) Y. Kuninobu et al., Org. Lett., **2009**, 11, 2711.
13) Y. Kuninobu et al., J. Am. Chem. Soc., **2006**, 128, 11368.
14) Y. Kuninobu et al., Chem. Commun., **2008**, 6360.
15) Y. Kuninobu et al., Chem. Asian J., **2009**, 4, 1424.
16) Y. Kuninobu et al., Org. Lett., **2008**, 10, 3133.
17) C. C. Romão et al., Comprehensive Organometallic Chemistry III, **2007**, 5, 855.

$Re_3O_3Cl_9$

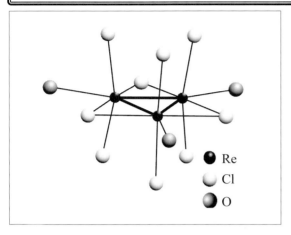

【名称】[triaquatri-μ-chlorohexachlorotri rhenium];
$[(Re_3Cl_3)Cl_6(H_2O)_3]$

【背景】分子性クラスター錯体の有効な合成法の1つに，非分子性クラスターの骨格間をつなぐハロゲン架橋を切断し金属骨格を切り出す方法がある．正三角形金属骨格を有するレニウムの分子性ハライドクラスターはほぼすべて非分子性クラスター$ReCl_3(=[Re_3Cl_3]Cl_3Cl_{6/2})$の切り出し反応により合成される．そのうち最初に単結晶X線構造解析により構造が決定されたのが標題錯体である．

【調製法】$[Re_3Cl_3]Cl_3Cl_{6/2}$を水に溶解させ，−5〜0℃で冷やすと標題錯体が10水和物として得られる[1]．

【性質・構造・機能・意義】3個のレニウムがほぼ完全な正三角形を形成し，各Re-Re結合に塩素が1個ずつ稜配位している．さらに各レニウムには2個の塩素と1個の水が末端配位している．Re-Re結合長は平均で2.44Åで，非分子性クラスター$[Re_3Cl_3]Cl_3Cl_{6/2}$における平均結合長(2.49Å)とほぼ同じである[2]．また，Re-Cl(稜配位)およびRe-Cl(末端配位)の平均結合長は各々2.40および2.31Åであり，これらも$[Re_3Cl_3]Cl_3Cl_{6/2}$における平均結合長(各々2.46および2.29Å)とほぼ同じである．

【関連錯体の紹介およびトピックス】標題錯体以外にも多数の錯体が非分子性クラスター$[Re_3Cl_3]Cl_3Cl_{6/2}$の切り出し反応により得られる．このクラスターをアセトンやアセトニトリル，テトラヒドロフラン(THF)，ジメチルホルムアミド(DMF)，ジメチルスルホキシド(DMSO)，ヘキサメチルリン酸トリアミド(HMPT)に溶解させるとこれらの溶媒が末端配位した$([[Re_3Cl_3)-Cl_6(solv)_3])$(solv=溶媒)が得られる[2-5]．このことはRe_3金属骨格が溶液中でも安定であることを示している．また，アセトン中ピリジンやアミン($C_6H_5NH_2$)，ホスフィン(PMe_3, PEt_2Ph, PPh_3)，アルシン($AsPh_3$)と反応させるとこれらが末端配位した$[(Re_3Cl_3)Cl_6L_3]$(L=配位子)が得られる[3,6-8]．一方，アセチルアセトンやジアルキルジチオカルバミン酸ナトリウムとの反応ではアセチルアセトナートあるいはジアルキルジチオカルバメートが2座配位した$[(Re_3Cl_3)Cl_3(μ-η^2-L)_3]$(L=配位子)が得られ，Grignard試薬との反応では末端塩素すべてがアルキル化された有機金属クラスター錯体$=(Re_3Cl_3)R_6$($R=Ph, CH_2Ph, CH_2SiMe_3$など)が得られる[9]．また，塩化セシウムとの反応ではアニオン性クラスター$[(Re_3Cl_3)Cl_9]^{3-}$がセシウム塩として得られる[10]．このクラスターについてはX線構造決定がなされており，Re-Re(2.48Å)およびRe-Cl(稜配位)(2.43Å)，Re-Cl(末端配位)(2.31Å)の平均結合長は中性の標題錯体とほぼ同じである．このアニオン性クラスターは他のアルカリ金属カチオンの塩やNH_4^+やPh_4P^+のような有機カチオンの塩としても得ることができる．以上の中性およびアニオン性クラスター錯体については固体および溶液状態の可視紫外吸収スペクトルが調べられており，いずれも520nm前後($ε≈1600 M^{-1}cm^{-1}$)および800nm前後($ε≈600 M^{-1}cm^{-1}$)に吸収を与える．これらの吸収は非分子性クラスター$[Re_3Cl_3]Cl_3Cl_{6/2}$が与える可視紫外バンドの位置(510, 755nm)に近く[4]，三核のレニウム塩化物クラスターに特徴的な吸収と考えられている．一方，臭化物やヨウ化物についても塩化物と同様に非分子性クラスター$[Re_3X_3]X_3X_{6/2}$(X=Br, I)の切り出し反応により多数の分子性クラスターが得られる[2,8,10,11]．

【上口 賢】

【参考文献】

1) M. Irmler et al., Z. Anorg. Allg. Chem., **1990**, *581*, 104.
2) F. A. Cotton et al., Inorg. Chem., **1964**, *3*, 1402.
3) F. A. Cotton et al., Inorg. Chem., **1966**, *5*, 1802.
4) V. Gutmann et al., Monatsh. Chem., **1969**, *100*, 358.
5) D. G. Tisley et al., Inorg. Chem., **1973**, *12*, 373.
6) R. Colton et al., J. Chem. Soc., **1960**, 4121.
7) N. P. Johnson et al., J. Chem. Soc., **1964**, 1054.
8) B. H. Robinson et al., J. Chem. Soc., **1964**, 5683.
9) P. Edwards et al., J. Chem. Soc., Dalton Trans., **1980**, 334.
10) J. A. Bertrand et al., Inorg. Chem., **1963**, *2*, 1166.
11) P. Romiti et al., J. Organomet. Chem., **1977**, *135*, 345.

Re$_4$C$_{12}$N$_8$Cl$_4$

超光

L$_1$, R = Et
L$_2$, R = Si(CH$_3$)$_2$C(CH$_3$)$_3$
L$_3$, R = CH$_2$Ph
L$_4$, R = H

【名称】 dodecacarbonyltetrachlorotetrakis[μ-[(1R or 1S)-6,6′-dichloro-4,4′-di(4-pyridinyl-κN)[1,1′-binaphthalene]-2,2′-diol]]rhenium(I): [ReCl(CO)$_3$L$_{1-4}$]$_4$

【背景】 グリッドやヘリケート, ボックスなどの超分子システムは, 金属錯体を用いることにより, 容易にしかも効率よく構築できる. そのため, それらの合成には金属錯体がよく利用されてきた. また, 超分子システムへの金属中心の導入は, 包接や触媒, 蛍光センシングのような新たな機能を付与する. 多くの超分子システムの中でも, 約90°の角度を形成する錯体によるコーナーの部分と直線架橋配位子を組み合わせた分子スクエアの構築は, 最も確かな合成戦略といえる. そして, レニウム錯体部位をコーナーの部分とし, キラルな架橋配位子を用いて得られたキラルな分子スクエアが, はじめてエナンチオ選択的な蛍光センシングを示した[1]).

【調製法】 光学活性な配位子6,6′-ジクロロ-2,2′-ジエトキシ-1,1′-ジナフチル-4,4′-ビピリジン(L$_1$)は1,1′-ビ-2-ナフトールから5段階の合成により収率63.6%で得られる. また, ビス(ターシャルブチルジメチルシリル)類似体(L$_2$)とビス(ベンジル)類似体(L$_3$)も同様の合成法にて得られる. ビス(ヒドロキシ)類似体(L$_4$)はL$_2$をフッ化テトラ(n-ブチル)アンモニウムで処理することで得られる. そして, キラルな分子スクエア錯体[ReCl(CO)$_3$L$_{1-4}$]$_4$(1-4)はReCl(CO)$_5$と配位子L$_1$～L$_4$をモル比1：1で還流することにより高収率で得られる.

【性質・構造・機能・意義】 錯体1～4の^{1}Hおよび^{13}C NMRは1つの配位環境を示し, 環状錯体種の形成を示唆する. 錯体1～3のFAB-MSは4核種の分子イオンの存在を示し, また, 錯体4のFAB-MSの最も高いM/Zピークは[M-Cl]$^+$種によるものである. 錯体1～4のIRは局所的C_s対称をもつfac-[ReCl(CO)$_3$]に相当する3つのカルボニルの伸縮振動を示す. L$_1$～L$_4$の電子スペクトルは～240 nm, ～300 nm, ～355 nmに3つのπ-π*遷移による吸収ピークを示し, 対応する錯体1～4は, 360 nm付近の吸収において, わずかに長波長側にシフトした3つのπ-π*遷移を示す. 加えて, 錯体1～4は325 nm付近にMLCTによると思われる新しいピークを示す. 錯体1～4の円二色性(CD)スペクトルは架橋配位子のものと似た3つのπ-π*遷移に対応する3つの主ピークを示すが, その強度は架橋配位子のものよりかなり強い.

(R)-4と(S)-4はキラルなアミノアルコール, 2-アミノ-1-プロパノールにより消光される. しかし, その消光速度は(S)-2-アミノ-1-プロパノールと(R)-2-アミノ-1-プロパノールの場合で異なる. (S)-2-アミノ-1-プロパノール存在下, (R)-4のStern-Volmerプロットより得られた消光速度定数K_{sv}が7.35 M^{-1}であるのに対して, (R)-2-アミノ-1-プロパノール存在下での消光速度定数は6.02 M^{-1}であった. また, (R)-4の代わりに(S)-4を使用した場合には, ちょうど反対の傾向を示した. これはキラルな分子スクエアによる初めてのエナンチオ選択的発光センシングである. さらに, 2-アミノ-1-プロパノールと比較して不斉中心からアミノ基が離れた1-アミノ-2-プロパノールでは, このようなエナンチオ選択的な消光は観測されない. この結果は, 基底および励起状態でのアミノ基の関与を示唆する.

【関連錯体の紹介およびトピックス】 この錯体はfac-ReX(CO)$_3$を各コーナーとする四核錯体と見なすこともできる. これと同じようにfac-ReX(CO)$_3$をコーナーとする細孔分子の研究がなされ, 亜鉛ポルフィリンなど様々な機能を有する錯体が架橋配位子として使用されている[2]).

【川本達也】

【参考文献】
1) W. Lin *et al.*, *J. Am. Chem. Soc.*, **2002**, *124*, 4554.
2) J. T. Hupp *et al.*, *Chem. Mater.*, **2001**, *13*, 3113.

Re$_4$O$_{16}$

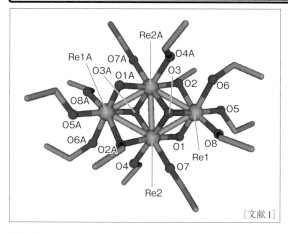

[文献1]

【名称】bis(μ-ethanolato) decakis(ethanolato) tetra-μ-oxo-tetrarhenium: [Re$_4$O$_4$(OEt)$_{12}$]

【背景】近年、レニウム酸化物が、有機合成の多くの酸化反応における選択的触媒として、注目されている。5価、6価、7価の高酸化状態を有するレニウムアルコキシドや、その誘導体は、反応活性なレニウム酸化物の前駆体となりうる化合物であり、その1つとして、[Re$_4$O$_4$(OEt)$_{12}$]が合成されている[1]。

【調製法】還流管を取りつけた電解セルに、EtOHと、0.025 MのLiClを加える。陰極に白金プレート(3.5 cm^2)を、陽極にレニウム棒(直径5 mm)を用い、溶液温度を20~45℃に保ちながら、電圧170 V、電流0.01~0.08 A、電流密度0.04~0.05 A/cm^{2}で、24時間、通電する。溶液の色が、透明から黄色、赤茶色へと変化し、プレート状濃茶色結晶を得る。この結晶を、蒸留エタノールで洗った後、乾燥し、黒色結晶を得る。

【性質・構造・機能・意義】[Re$_4$O$_4$(OEt)$_{12}$]中のレニウムの酸化数は5価である。合成時に、結晶が陰極側で生成することから、レニウムは、エタノール中に溶けるとRe(VI)となり、陰極で還元されて、Re(V)になると考えられる。

[Re$_4$O$_4$(OEt)$_{12}$]の結晶構造は、4つのレニウムが、4つのオキソ架橋と、2つのエトキシド架橋によって、平面状の菱形Re$_4$クラスターを形成している。このクラスター中の、オキソ架橋のみで架橋されたレニウム間距離は、Re(1)-Re(2)=2.5358(5) Å、Re(2)-Re(2A)=2.5511(5) Åであり、二重結合(Re=Re)に相当する距離である。一方、エトキシド架橋を含んだレニウム間距離は2.63 Åと長く、単結合(Re-Re)に相当する距離である。

同様のRe$_4$クラスターを有するアルコキシド化合物[Re$_4$O$_6$(OMe)$_{12}$]は、レニウム1つに対し、2つのオキソ架橋と、4つのメトキシドが配位し、レニウムの酸化数は6価である[2]。一方、[Re$_4$O$_6$(O^{i}Pr)$_{10}$]では、6つのオキソ架橋でRe$_4$クラスターが形成され、3つと2つのイソプロピオキシドが配位したレニウムを、2つずつ有している[3,4]。また、レニウムの酸化数は5価と6価であり、混合原子価状態をとる。

[Re$_4$O$_4$(OEt)$_{12}$]は、大気中では不安定であり、[Re$_4$O$_6$(OEt)$_{10}$]へと変化する。このとき、Re$_4$クラスターの合計酸化数は、+20から+22となり、酸化を伴う。このとき、[Re$_4$O$_4$(OEt)$_{12}$]の二電子酸化体である[Re$_4$O$_6$(OEt)$_{10}$]は、イソプロピオキシド化合物の[Re$_4$O$_6$(O^{i}Pr)$_{10}$]と類似の組成をもつ。[Re$_4$O$_6$(O^{i}Pr)$_{10}$]の結晶構造は、Re(2)-Re(2A)に相当する距離が縮んだ菱形になっており[3,4]、[Re$_4$O$_6$(OEt)$_{10}$]も同様の結晶構造を形成していると考えられる。さらに、[Re$_4$O$_6$(OEt)$_{10}$]は、450℃以上で分解し、金属光沢をもつレニウム金属となる。

【関連錯体の紹介およびトピックス】[Re$_4$O$_6$(OMe)$_{12}$]は、[Re$_2$O$_3$(OMe)$_6$]をMeOHに溶かして、室温で静置すると、赤黒薄片状結晶として得られる[2]。[Re$_4$O$_4$(OEt)$_{12}$]と同様の合成法で、溶媒をMeOHに変えると、[Re$_4$O$_{6-x}$(OMe)$_{12+x}$]が得られる。また、溶媒をi-PrOHに変えると、[Re$_4$O$_6$(O^{i}Pr)$_{10}$]が得られる[3,4]。その合成法は、還流管を取りつけた電解セルに、i-PrOHと、0.2 MのLiClを加える。陰極にニッケルドープしたステンレス(2 cm^2)を、陽極にレニウム棒(直径5 mm)を用い、溶液温度を15℃以下に保ちながら、電圧250 V、電流0.025 A、20.5時間、通電する。溶液の色が、透明から濃茶色へと変化し、プレート状濃茶色結晶を得る。

【植村一広】

【参考文献】
1) O. A. Nikonova *et al.*, *Inorg. Chem.*, **2008**, *47*, 1295.
2) G. A. Seisenbaeva *et al.*, *J. Chem. Soc., Dalton Trans.*, **2001**, 2762.
3) P. Shcheglov *et al.*, *Inorg. Chem. Commun.*, **2001**, *4*, 227.
4) G. A. Seisenbaeva *et al.*, *Inorg. Chim. Acta*, **2004**, *357*, 468.

$[ReC_2N_2P_2]_n$ ($n = 2\sim10$)

光触

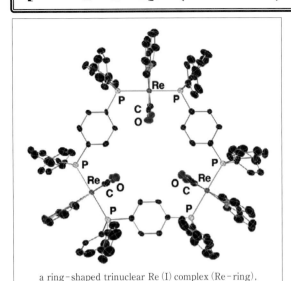

a ring-shaped trinuclear Re(I) complex (Re-ring), where bridging bisphosphine ligands are $Ph_2P-C_6H_4-PPh_2$ and diimine ligands are 2,2'-bipyridine.

【名称】ring-shaped multinuclear Re(I) complex (Re-ring)

【背景】室温溶液中においてりん光を発するレニウム(I)錯体を構成要素とする多核錯体である。これまでに，2核から10核の環状レニウム(I)多核錯体（Re-ring）が合成単離されている。ビスホスフィン配位子でレニウム(I)ビスカルボニルジイミン錯体を架橋した環状構造をもち，その構造に応じた，特異的な光物理的，光化学的性質を示す。

【調製法】ホスフィン配位子またはビスホスフィン配位子を有するレニウム(I)トリカルボニルジイミン錯体を出発原料として，光照射[1]またはトリエチルアミン-N-オキシド[2]を用いた脱カルボニル化反応によって，ホスフィン配位子のトランス位のカルボニル配位子を選択的に脱離させ，配位活性な合成中間体を得る。次に，これを単量体として，適宜ビスホスフィン配位子を追加して多量化することで，直接的に，または，中間体として得られる直鎖状多核錯体を環化してRe-ringが得られる[3]。さらに，異なるレニウム(I)単核錯体を段階的に連結・導入して得られる直鎖状多核錯体を経由することで，異なる単量体部をもつRe-ringも合成可能である[4]。単離は，サイズ排除クロマトグラフィーやシリカゲルカラムクロマトグラフィーにより行う。

【性質・構造・機能・意義】前述したRe-ringの合成における脱カルボニル化反応が高選択的に進行するため，レニウム(I)ビスカルボニルジイミン単核錯体がビスホスフィン配位子で架橋された構造をもつRe-ringは，すべて等価な cis,trans 型の単量体部から構成される。Re-ringのモル吸光係数はレニウムの核数にほぼ比例して増加し，紫外光から500 nm程度までの可視光を吸収する。一般的に，核数が小さいほど，また，ビスホスフィン配位子の鎖長が短いほど強発光性を示す傾向がある[5]。レニウム(I)単核錯体の場合，発光量子収率が10％，励起寿命が1 μs を上回ることはまれであるが，Re-ringでは量子収率が70％，励起寿命は8 μs に迫るものも報告されている[2]。これらの光物性の他にも，多数の等価な単量体部から構成されることから，一分子中に光化学的に多電子を蓄積することも明らかになっている[6]。

この特異な物性を利用して，Re-ringを光増感剤とする二酸化炭素（CO_2）還元光触媒系が注目されており，ルテニウム(II)錯体やマンガン(I)錯体をCO_2還元触媒として共存させた光触媒系が検討されている[2]。中でも，レニウム(I)トリカルボニルジイミン錯体を触媒，3個のレニウム中心をもつRe-ringを光増感剤とする光触媒系では，82％という非常に高い量子収率でCO_2をCOへと変換できる[3]。

【関連錯体の紹介およびトピックス】$Re(CO)_5Cl$と4,4'-bipyridineなどの架橋配位子の熱反応によって，レニウム(I)トリカルボニルジイミン錯体が四隅に配置された正方形型または長方形型の環状レニウム(I)多核錯体が報告されている[7]。Re-ringとは異なり，角に位置するレニウム錯体に配位する単座配位子の相対配置によって，4種の異性体が存在する。

【森本　樹・石谷　治】

【参考文献】
1) K. Koike *et al.*, *Inorg. Chem.*, **2000**, *39*, 2777.
2) J. Rohacova *et al.*, *Chem. Sci.*, **2016**, *7*, 6728.
3) T. Morimoto *et al.*, *J. Am. Chem. Soc.*, **2013**, *135*, 13266.
4) Y. Yamazaki *et al.*, *Inorg. Chem.*, **2018**, *57*, 15158.
5) T. Morimoto *et al.*, *Acc. Chem. Res.*, **2017**, *50*, 2673.
6) T. Asatani *et al.*, *Inorg. Chem.*, **2014**, *53*, 7170.
7) R. V. Slone *et al.*, *Inorg. Chem.*, **1996**, *35*, 4096.

RhHCP₃

【名称】carbonylhydrotris(triphenyl phosphine)rhodium: $RhH(CO)(PPh_3)_3$

【背景】1963年，Vaskaらは$RhCl(CO)(PPh_3)_2$のヒドラジン還元により本錯体をはじめて合成した．同様の方法で$IrH(CO)(PPh_3)_3$も合成できる．その後，Wilkinsonらも$RhCl(CO)(PPh_3)_2$の水素化ホウ素ナトリウム（$NaBH_4$）や水素/トリエチルアミンで還元する方法を報告している[1]．

【調製法】トリフェニルホスフィン（10当量）の熱エタノール溶液に三塩化ロジウム3水和物のエタノール溶液を加え，すぐに40％ホルムアルデヒド水溶液と水酸化カリウムの熱エタノール溶液を反応系に加える．反応混合物を10分間加熱還流した後に室温に冷却すると，淡黄色の結晶が生成する．結晶をろ過し，エタノール，水，エタノール，ならびにヘキサンで順次洗浄した後に減圧乾燥することで$RhH(CO)(PPh_3)_3$が得られる（収率94％）[2]．

【性質・構造・機能・意義】融点は空気中で120〜122℃，窒素下では172〜174℃である．IR (mull) ν = 2041 (Rh-H)，1923 cm⁻¹ (CO)．クロロホルムや塩化メチレン，ベンゼンに易溶（40 g/L），シクロヘキサンに可溶（1 g/L）であるが，石油エーテルには難溶である．^{1}H NMRにおけるヒドリド配位子のシグナルは室温ではブロードであるが，-35℃では$\delta = -9.69$（qd, $J_{P-H} = 14$ Hz, $J_{Rh-H} = 1$ Hz）に観測される．これは溶液中で本錯体から段階的にPPh_3配位子の解離が起こり，"$RhH(CO)(PPh_3)_2$"や"$RhH(CO)(PPh_3)$"錯体種を生成するためである[3]．

$$RhH(CO)(PPh_3)_3 \underset{+PPh_3}{\overset{-PPh_3}{\rightleftharpoons}} \text{"RhH(CO)(PPh}_3)_2\text{"}$$

$$\underset{+PPh_3}{\overset{-PPh_3}{\rightleftharpoons}} \text{"RhH(CO)(PPh}_3)\text{"}$$

X線構造解析から，本錯体は3つのPPh_3配位子が平面上でHとCO配位子が*trans*位（H-Rh-CO角 = 170°）に位置する三角両錐構造であり，各原子間距離は1.72 Å (Rh-H)，2.314〜2.337 Å (Rh-P)，1.81 Å (Rh-C)，1.18 Å (C-O) である[4]．X線光電子分光測定から，各結合エネルギーはRh($3d_{5/2}$) = 308.7 eV，P($2p$) = 131.6 eV，O($1s$) = 532.3 eVである[5]．

本錯体は，アルケンの水素化，異性化やヒドロホルミル化などに高い触媒活性を示す[6]．

【関連錯体の紹介およびトピックス】PPh_3存在下，$IrCl(CO)(PPh_3)_2$（Vaska錯体）と$NaBH_4$をエタノール中で還流すると，空気中で比較的安定な黄色結晶の$IrH(CO)(PPh_3)_3$が合成できる．IR (C_6H_6) ν = 2070 (Rh-H)，1930 cm⁻¹ (CO)．^{1}H NMR ($CDCl_3$) $\delta = -10.7$ (q, $J_{P-H} = 22$ Hz; Ir-*H*)．窒素雰囲気下，$Co(acac)_3$とPPh_3のトルエン溶液にトリイソブチルアルミニウムを加えて生成する$CoH(N_2)(PPh_3)_3$に一酸化炭素を反応させると，配位子交換が容易に進行して淡橙色の$CoH(CO)(PPh_3)_3$錯体を与える．IR ν_{CO} = 1971 (m)，1947 (m)，1920 (s) cm⁻¹．^{1}H NMR $\delta = -13$ (q, $J_{P-H} = 50$ Hz; Co-*H*)．各原子間距離は1.50 Å (Co-H)，2.143〜2.175 Å (Co-P)，1.729 Å (Co-C)，1.149 Å (C-O) である[7]．　【本山幸弘】

【参考文献】
1) a) L. Vaska *et al.*, *J. Am. Chem. Soc.*, **1963**, *85*, 3500; b) G. Wilkinson *et al.*, *Chem. Commun. (London)*, **1967**, 305.
2) N. Ahmad *et al.*, *Inorg. Synth.*, **1974**, *15*, 45.
3) G. Wilkinson *et al.*, *J. Chem. Soc. A*, **1968**, 2660.
4) J. A. Ibers *et al.*, *J. Am. Chem. Soc.*, **1963**, *85*, 3501.
5) C. Furlani *et al.*, *J. Catal.*, **1985**, *94*, 335.
6) P. A. Evans (ed)., "Modern Rhodium-Catalyzed Organic Reactions", Wiley-VCH, **2005**.
7) a) G. Wilkinson *et al.*, *Inorg. Synth.*, **1971**, *13*, 126; b) A. Misono, *Inorg. Synth.*, **1970**, *12*, 12; c) A. Yamamoto *et al.*, *J. Am. Chem. Soc.*, **1971**, *93*, 371; d) D. C. Moody *et al.*, *Cryst. Struct. Comm.*, **1981**, *10*, 129.

RhHP$_4$

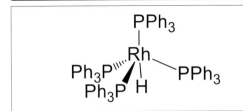

【名称】hydrotetrakis(triphenyl phosphine) rhodium(I): [RhH(PPh$_3$)$_4$]

【背景】本錯体は，1968年にYamamotoらにより，トリフェニルホスフィン存在下，塩化ロジウムをトリエチルアルミニウムで還元することによってはじめて合成された．Rh(I)-五配位構造をもち，溶液中では1個のPPh$_3$が解離することで配位不飽和な16電子錯体を与えるため，ヒドリド(ホスフィン)ロジウム錯体の合成原料として用いられるほか，種々の反応における触媒としての研究が行われている．

【調製法】トリフェニルホスフィンの存在下，塩化ロジウムを還元することで合成できる．還元剤としては，AlEt$_3$[1]，NaBH$_4$/EtOH[2]，KOH/EtOH[3]などが用いられる．Wilkinson錯体(RhCl(PPh$_3$)$_3$)をPPh$_3$存在下NaOPr/PrOH[4]，H$_2$/H$_2$NNH$_2$[5]，Et$_2$SiH$_2$/Et$_3$N[6]と反応させることでも得られる．また，RhH(PPh$_3$)$_3$とPPh$_3$をトルエン中で加熱することで合成できる[5]．

【性質・構造・機能・意義】黄色微結晶であり，融点は145〜147℃(空気中)，154〜156℃(窒素中)である．アセトン，ジクロロメタン，テトラヒドロフラン，ベンゼン，トルエンに微溶である．短時間は空気中で安定であるが，不活性ガス中での取り扱いが望ましい．溶液は酸に対し非常に不安定である．溶液中ではPPh$_3$ 1分子を解離したRhH(PPh$_3$)$_3$と平衡にある．IRスペクトル(Nujol)ではν(Rh-H)の吸収が2152〜2140 cm^{-1}に見られる．^{1}H NMRスペクトル(toluene-d_8, 30℃)では，ヒドリドのシグナルが$\delta=-10.6$に観測される．X線結晶構造解析より[7]，この錯体は三方両錐構造をとる．また，中性子線回折によりヒドリド配位子の位置が決定されている[8]．

本錯体はPPh$_3$の解離により配位不飽和な16電子錯体を生じるため，脂肪族・芳香族のC-H結合の活性化など，高い反応性を示す．酸性プロトンを有する化合物R-OHとの反応により，脱水素生成物[Rh(μ-OR)(PPh$_3$)$_2$]が生成する．有機合成における触媒・触媒前駆体として重要であり，種々の反応(アルケンの水素化，アルキンのヒドロシリル化など)の触媒として用いられている[9]．

【関連錯体の紹介およびトピックス】不飽和結合の水素化，ヒドロシリル化，ヒドロボリル化，ヒドロホルミル化反応，アルコール/アルケン間の水素移動反応，アリルアルコールの異性化，Rh-エノレート，Rh-π-アリル中間体を経る炭素-炭素結合生成反応など，多くの反応の触媒として用いられている[14]．その他，類似のRh(I)-18電子錯体として，[RhH(PMe$_3$)$_4$][15]，[RhH(PEt$_3$)$_4$][16]，[RhH(CO)(PPh$_3$)$_3$][17]などが合成されている．

【小泉武昭】

参考文献

1) A. Yamamoto et al., *J. Am. Chem. Soc.*, **1968**, *90*, 1089.
2) J. J. Levison et al., *J. Chem. Soc. A*, **1970**, 2947.
3) N. Ahmad et al., *J. Chem. Soc., Dalton Trans.*, **1972**, 843.
4) G. Gregorio et al., *Inorg. Chim. Acta*, **1969**, *3*, 89.
5) K. C. Dewhirst et al., *Inorg. Chem.*, **1968**, *7*, 546.
6) H. Kono et al., *Chem. Lett.*, **1975**, 955.
7) R. W. Baker et al., *Chem. Commun.*, **1969**, 1495.
8) M. R. McLean et al., *Inorg. Chim. Acta*, **1989**, *166*, 173.
9) E. Peña-Cabrera, "*Encyclopedia of Reagents for Organic Synthesis 2nd Ed.*", L. A. Paquette et al., (eds.), Wiley, **2009**, p.5388.
10) a) B. Ilmaier et al., *Naturwiss.*, **1969**, *56*, 415; b) B. Ilmaier et al., *Naturwiss.*, **1969**, *56*, 636.
11) a) S. E. Diamond et al., *J. Organomet. Chem.*, **1977**, *142*, C55; b) S. H. Strauss et al., *Inorg. Chem.*, **1978**, *17*, 3064.
12) S. H. Strauss et al., *Inorg. Chem.*, **1978**, *17*, 3069.
13) W. Keim, *J. Organomet. Chem.*, **1967**, *8*, P25.
14) I. Matsuda, "*Encyclopedia of Reagents for Organic Synthesis 2nd Ed.*", L. A. Paquette et al., (eds.), Wiley, **2009**, p.5459.
15) R. A. Jones et al., *J. Chem. Soc., Dalton Trans.*, **1981**, 126.
16) T. Yoshida et al., *J. Am. Chem. Soc.*, **1980**, *102*, 6451.
17) a) S. J. LaPlaca et al., *J. Am. Chem. Soc.*, **1963**, *85*, 3501; b) D. Evans et al., *J. Chem. Soc., (A)*, **1968**, 2660.

RhCP₂Cl

【名称】(carbonylchlorobis(triphenyl phosphine)rhodium): Rh(PPh$_3$)$_2$(CO)Cl

【背景】Vaskaらはアルコール中，三塩化イリジウムとトリフェニルホスフィンの反応によりIr(PPh$_3$)$_2$(CO)Cl錯体が生成することを1961年に報告している[1]。このVaska錯体は触媒としての活性は低いものの，Rh触媒反応における反応機構を考察するモデルとしての価値が高い。Rhアナログである本錯体は，このVaska錯体より早く1957年にVallarinoにより合成されている[2]。

【調製法】①[RhCl(CO)$_2$]$_2$のベンゼン溶液にトリフェニルホスフィン(2当量)のベンゼン溶液を加えると，溶液が橙色から黄色になる。溶媒の半量を留去した後にエタノールを加えると，黄色の結晶が析出する。結晶をろ過し，無水エーテルで洗浄後に風乾するとRh(PPh$_3$)$_2$(CO)Clが得られる(収率88%)[3]。
②沸騰したトリフェニルホスフィン(2当量)のエタノール溶液に三塩化ロジウム3水和物のエタノール溶液をゆっくり加えると，懸濁溶液が約2分で透明になる。これに十分な量の37%ホルムアルデヒド溶液を加えると，約1分で溶液が赤色から黄色に変わり微結晶が生成する。結晶をろ過し，エタノールとエーテルで洗浄後に減圧乾燥することで黄色のRh(PPh$_3$)$_2$(CO)Clが得られる(収率85%)[4]。

【性質・構造・機能・意義】trans体が選択的に得られる。融点はtrans体が209～210℃，cis体が204～205℃である[5]。IR(Nujol) ν=1965(CO)，576(Rh-CO)，315(Rh-Cl)cm^{-1}。クロロホルムや塩化メチレンに易溶，ベンゼンや四塩化炭素に可溶であるが，エーテルや炭化水素溶媒には難溶である。重塩化メチレン中におけるPPh$_3$配位子の^{31}P NMRはδ=29.1 (d, J_{Rh-P}=124 Hz)に，^{103}Rh NMRはδ=1003に観測される[6]。

λ_{max}(benzene)=367 nm[7]。X線構造解析から，各原子間距離は2.322 Å(Rh-P)，2.382 Å(Rh-Cl)，1.77 Å(Rh-C)，1.14 Å(C-O)であり，P-Rh-P角が180°の平面四配位構造である[8]。X線光電子分光測定から，各結合エネルギーはRh(3d$_{5/2}$)=308.2 eV，Cl(2p$_{3/2}$)=197.8 eV，P(2p)=131.0 eV，O(1s)=532.6 eVである[9]。

本錯体はアルケンの水素化や異性化，アルケンやアルキンのヒドロホルミル化，アルケンやカルボニル化合物のヒドロシリル化，酸ハライドやアルデヒドの脱カルボニル化反応に高い触媒活性を示す[10]。

【関連錯体の紹介およびトピックス】本錯体の合成法を適応することにより，他の三級ホスフィンやホスファイト錯体，ならびにアルシンやスチビン錯体も合成でき，結晶構造解析も数多く報告されている。本錯体に炭酸銀とアンモニウムフルオリドを作用させて合成できるRh(PPh$_3$)$_2$(CO)F錯体は，様々なRh(CO)(PPh$_3$)$_2$(L) (L= Br, I, NCO, CN, OH, OPh, OCORなど)錯体の優れた合成前駆体となり，これらRh(CO)(PPh$_3$)$_2$(L)錯体の物性や反応性に関する詳細な研究も行われている[11]。

【本山幸弘】

【参考文献】
1) L. Vaska et al., *J. Am. Chem. Soc.*, **1961**, *83*, 2784.
2) L. Vallarino, *J. Chem. Soc.*, **1957**, 2287.
3) G. Wilkinson et al., *Inorg. Synth.*, **1966**, *8*, 214.
4) G. Wilkinson et al., *Inorg. Synth.*, **1968**, *11*, 99.
5) J. Blum et al., *J. Am. Chem. Soc.*, **1967**, *89*, 2338.
6) T. H. Brown et al., *J. Am. Chem. Soc.*, **1970**, *92*, 2359.
7) L. Vaska et al., *Inorg. Chem.*, **1976**, *15*, 1485.
8) K. R. Dunbar et al., *Inorg. Chem.*, **1992**, *31*, 3676.
9) P. G. Gassman et al., *J. Am. Chem. Soc.*, **1985**, *107*, 2380.
10) "Modern Rhodium-Catalyzed Organic Reactions", Wiley-VCH, **2005**.
11) a) L. Vallarino, *J. Chem. Soc.*, **1957**, 2287; b) L. Vallarino, *J. Chem. Soc.*, **1957**, 2473; c) J. Chatt et al., *J. Chem. Soc. A*, **1966**, 1437; d) A. Roodt et al., *Coord. Chem. Rev.*, **2003**, *245*, 121.

RhC$_4$O$_2$

【名称】acetylacetonatobis(ethylene)-rhodium(I)：[Rh(acac)(C$_2$H$_4$)$_2$]

【背景】Cramerによる様々なロジウム(I)エチレン錯体の合成研究において，1964年にはじめて合成された．1価のアセチルアセトナート1分子と，容易に配位子交換が進行するエチレン2分子を配位子として有しており，様々なロジウム(I)アセチルアセトナート錯体合成の前駆体としても有用な錯体である[1]．

【調製法】ジ-μ-クロロテトラキス(エチレン)二ロジウム(I) (Rh$_2$Cl$_2$(C$_2$H$_4$)$_4$)のエーテル懸濁液に2,4-ペンタンジオン(CH$_3$COCH$_2$COCH$_3$)を加え，ついでこれに撹拌冷却下に水酸化カリウム水溶液をゆっくりと滴下する．そのまま撹拌した後にエーテルで抽出し，エーテル溶液を冷却して再結晶することにより[Rh(acac)(C$_2$H$_4$)$_2$]が黄色板状結晶として得られる[2]．エーテルあるいはメタノールからの再結晶により，さらに精製することができる．

【性質・構造・機能・意義】黄色の固体(144〜146℃で分解)で，様々な有機溶媒に可溶である．その構造は対応するテトラフルオロエチレン錯体[Rh(acac)(C$_2$F$_4$)$_2$]とともにX線結晶構造解析によって確認されており，C$_2$F$_4$ではC$_2$H$_4$よりもより近接してロジウムに配位している[3]．[Rh(acac)(C$_2$H$_4$)$_2$]は他のロジウム(I)オレフィン錯体と同様に，オレフィン，ジエン，アレン，アルキンなどの重合反応を触媒する[4]．また，[Rh(acac)(C$_2$H$_4$)$_2$]に二座ホスフィンを反応させると，容易にエチレン(C$_2$H$_4$)との配位子交換が進行して[Rh(acac)(diphosphine)]錯体が生成する．このロジウム(I)二座ホスフィン錯体は，数多くの有用な有機合成反応(水素化反応，ヒドロホウ素化反応，ヒドロホルミル化反応，有機金属化合物の不飽和化合物への付加反応など)の触媒として幅広く用いられている[5]．さらに，これらの反応に光学活性二座ホスフィン配位子を用いることにより，不斉触媒反応へと数多く展開されている[5]．特に，[Rh(acac)(C$_2$H$_4$)$_2$]/chiral diphosphine錯体を触媒として用いた，有機ホウ素化合物のα, β-不飽和カルボニル化合物への不斉1,4-付加反応が，近年多数報告されている[6,7]．

【関連錯体の紹介およびトピックス】類似の構造を有するロジウム(I)アセチルアセトナート-オレフィン錯体として，エチレンの代わりにシクロオクテンを配位子として有するacetylacetonatobis(cyclooctene)rhodium(I) ([Rh(acac)(C$_8$H$_{14}$)$_2$])[8]，シクロオクタ-1,5-ジエンを配位子として有するacetylacetonato(cycloocta-1,5-diene)rhodium(I) ([Rh(acac)(cod)])[9]，ノルボルナジエンを配位子として有するacetylacetonato(norbornadiene)rhodium(I) ([Rh(acac)(nbd)])[9]，などが知られており，[Rh(acac)(C$_2$H$_4$)$_2$]と同様に重合反応や様々な有機合成反応の触媒あるいはその前駆体として用いられている．また，エチレンの代わりに一酸化炭素を配位子として有するacetylacetonato(dicarbonyl)rhodium(I) ([Rh(acac)(CO)$_2$])[9]も，三塩化ロジウム(RhCl$_3$)，2,4-ペンタンジオン(CH$_3$COCH$_2$COCH$_3$)，およびジメチルホルムアミド(HCONMe$_2$)との反応により高収率で合成されている[10]．この錯体も[Rh(acac)(C$_2$H$_4$)$_2$]と同様に，有機ホウ素化合物のα, β-不飽和カルボニル化合物への1,4-付加反応[11]をはじめとする様々な有機合成反応の触媒あるいはその前駆体として幅広く用いられている[5]．

【田中 健】

参考文献

1) R. Cramer, *J. Am. Chem. Soc.*, **1964**, *86*, 217.
2) R. Cramer, *Inorg. Synth.*, **1974**, *15*, 16.
3) D. R. Russell et al., *J. Chem. Soc., Chem. Commun.*, **1971**, 197.
4) J. Sedlacek et al., *Collect. Czech. Chem. Commun.*, **2003**, *68*, 1745.
5) *Modern Rhodium-Catalyzed Organic Reactions*, P. A. Evans (ed), Wiley-VCH, **2005**.
6) T. Hayashi et al., *J. Am. Chem. Soc.*, **1998**, *120*, 5579.
7) T. Hayashi et al., *Chem. Rev.*, **2003**, *103*, 2829.
8) J. M. Burke et al., *J. Organomet. Chem.*, **2002**, *649*, 199.
9) F. Bonati et al., *J. Chem. Soc.*, **1964**, 3156.
10) M. A. F. Hernandez-Gruel et al., *Inorg. Synth.*, **2004**, *34*, 127.
11) N. Miyaura et al., *Angew. Chem. Int. Ed.*, **1998**, *37*, 3279.

RhC$_4$P$_2$

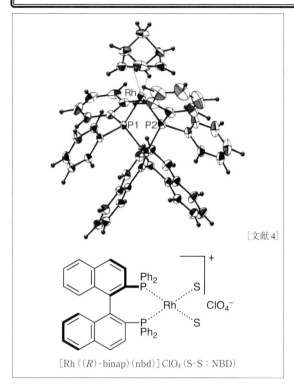

[文献4]

[Rh((R)-binap)(nbd)]ClO$_4$ (S-S：NBD)

【名称】[(R)-2,2′-bis(diphenylphosphino)-1,1′-binaphthyl](2,5-norbornadiene) rhodium(I) perchlorate：[Rh((R)-binap)(nbd)]ClO$_4$

【背景】光学活性ジホスフィンロジウム(I)錯体を触媒に用いるデヒドロアミノ酸類の不斉水素化が1971年，Kaganらによってはじめて報告され，天然・非天然を問わずアミノ酸類の不斉合成に多大な影響を与えた[1]．様々な光学活性ジホスフィン配位子の開発研究がおこなわれる中で，本錯体は，100：0のエナンチオマー比のフェニルアラニン誘導体へ導くはじめての成功例である[2]．さらに，本錯体を用いると，アリルアミンをほぼ完璧なエナンチオ面選択性でエナミンへと不斉1,3-水素移動させることができる[3]．

【調製法】1モル量のロジウム(I)錯体[RhCl(nbd)]$_2$と2モル量の配位子(R)-BINAPを，2モル量のNaClO$_4$と相間移動触媒の共存下，ジクロロメタン/水の2相系で反応する．有機層を水洗後，ジクロロメタンを除去して得られる固体を，メタノール溶液として静置すると，暗赤色の結晶が得られる[4]．

【性質・構造・機能・意義】本錯体の結晶構造が得られており，Rh–P1は2.305(1) Å，Rh–P2は2.321(1) Å，P1–Rh–P2は91.82(5)°，C_2対称性の配位子(R)-BINAPはλ配座を形成する．P1–Rh–P2面内の配位場は擬equatorialに位置するフェニル置換基の立体効果に大きく影響され，面外の配位場は擬axial位のフェニル置換基の影響を受ける．これらが基質触媒複合体の安定性に寄与する．たとえば，Kaganによって切り拓かれたデヒドロアミノ酸類の不斉水素化においては，不飽和-ジヒドリド機構で反応が進行し，安定な基質触媒複合体が中間体として存在する．より不安定な複合体の方が水素分子に対する反応性が高く，主エナンチオマーを与える[5]．

【関連錯体の紹介およびトピックス】光学活性ジホスフィン配位子の種類や反応条件によっては，ロジウムジヒドリド錯体の生成がオレフィンのロジウムへの相互作用より先に起こる可能性もある．配位子(R,R)-1,2-ビス[(t-ブチル)メチルホスフィノ]エタンを有するロジウム(I)錯体の系においては，ジヒドリド-不飽和機構が進行し，安定な基質触媒複合体から主エナンチオマーが，不安定な複合体からは副エナンチオマーが生成する[6]．

[Rh((S)-tolbinap)(cod)]ClO$_4$錯体に1モル量の(S)-tolBINAPを加え，1気圧の水素雰囲気下THF中で反応すると，ビス((S)-tolBINAP)ロジウム(I)錯体が定量的に得られる．この錯体は優れた安定性をもち，アリルアミンの不斉1,3-水素移動を工業化へと導いている．ジエチルゲラニルアミン基質のエナンチオ場に置かれた2つの水素原子のうち一方だけを選択して3位の炭素原子に水素移動する．ほぼ鏡像的に純粋なシトロネラールエナミンを供給することができる．現在，この反応は1反応槽あたり9トン規模で稼働しており，年間1000トンの光学活性メントールがこの方法で生産されている．わが国が誇る世界最大規模の不斉合成プロセスとして注目されている[7]．

【北村雅人・吉村正宏】

【参考文献】

1) T. P. Dang *et al.*, *J. Chem. Soc., Chem. Commun.*, **1971**, 481.
2) A. Miyashita *et al.*, *J. Am. Chem. Soc.*, **1980**, *102*, 7932.
3) K. Tani *et al.*, *J. Chem. Soc., Chem. Commun.*, **1982**, 600.
4) K. Toriumi *et al.*, *Acta Cryst.*, **1982**, *B38*, 807.
5) C. R. Landis, *J. Am. Chem. Soc.*, **1987**, *109*, 1746.
6) I. D. Gridnev *et al.*, *J. Am. Chem. Soc.*, **2000**, *122*, 7183.
7) H. Kumobayashi *et al.*, 日本化学会誌, **1997**, 835.

RhC$_8$

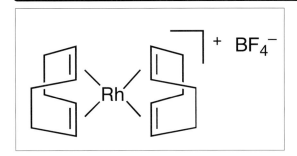

【名称】bis(cycloocta-1,5-diene)rhodium(I) tetrafluoroborate: [Rh(cod)$_2$]BF$_4$

【背景】Osbornら, Schrockらは, 中性ロジウム(I)二核錯体[RhCl(diene)]$_2$とトリフェニルホスフィンの反応による中性ロジウム(I)単核錯体 RhCl(diene)(PPh$_3$)$_2$の合成において, この反応をアルコールやニトロメタンのような極性有機溶媒中で行うと, カチオン性ロジウム(I)単核錯体[Rh(diene)(PPh$_3$)$_2$]$^+$が生成することを1969年に報告した[1,2]. その後Greenらは1970年に, [Rh(diene)(MeCN)$_2$]BF$_4$錯体および[Rh(diene)$_2$]BF$_4$錯体([Rh(cod)$_2$]BF$_4$を含む)の合成を報告した[3]. 容易に配位子交換が進行するシクロオクタ-1,5-ジエンを配位子として有しており, 様々なカチオン性ロジウム(I)錯体合成の前駆体としても有用な錯体である.

【調製法】ジ-μ-クロロビス(シクロオクタ-1,5-ジエン)二ロジウム(I)([RhCl(cod)]$_2$)のジクロロメタン溶液にシクロオクタ-1,5-ジエン(1,5-C$_8$H$_{12}$)を加え, ついでテトラフルオロホウ酸銀(AgBF$_4$)のアセトン溶液を加え撹拌し, 生成する白色沈殿をセライトでろ過する. ろ液にTHFを加え濃縮すると固体が析出してくる. この懸濁液をろ過して得られた固体をTHFおよびエーテルで洗浄し風乾すると, [Rh(cod)$_2$]BF$_4$が深赤色固体として得られる[4]. 使用する銀塩(AgX)の種類を変えることにより, 多彩なカウンターアニオン(X$^-$)を有するカチオン性ロジウム(I)錯体([Rh(cod)$_2$]$^+$X$^-$)を同様な手法で合成することができる.

【性質・構造・機能・意義】深赤色の固体で様々な有機溶媒に可溶である. 空気に比較的安定な錯体であるが, 長期間の保存には不活性ガス雰囲気下で低温保存することが望ましい. [Rh(cod)$_2$]BF$_4$は末端アルキン類の二量化や重合反応を触媒することが知られている[5]. また, [Rh(cod)$_2$]BF$_4$に二座ホスフィンを加えると, 容易にシクロオクタ-1,5-ジエンとの配位子交換反応が進行して[Rh(cod)(diphosphine)]BF$_4$錯体を与える. しかし, 1,2-bis(diphenylphosphino)ethane(dppe)のようなbite angleの小さい二座ホスフィンでは, 二座ホスフィンが二分子配位した[Rh(diphosphine)$_2$]BF$_4$錯体が生成しやすい. このような場合には, 対応するカチオン性ロジウム(I)ノルボルナジエン錯体[Rh(nbd)$_2$]BF$_4$[6]を用いると[Rh(nbd)(diphosphine)]BF$_4$錯体が良好な収率で得られる[7]. この二座ホスフィン錯体は, 数多くの有用な有機合成反応(水素化反応, ヒドロホウ素化反応, オレフィン異性化反応, 環化異性化反応, 環化付加反応など)の触媒として幅広く用いられている[8]. さらに, この反応に光学活性二座ホスフィン配位子を用いることにより, 不斉触媒反応へと数多く展開されている[8].

【関連錯体の紹介およびトピックス】類似の構造を有するカチオン性ロジウム(I)シクロオクタ-1,5-ジエン錯体として, BF$_4$とは異なる対アニオンを有するカチオン性錯体([Rh(cod)$_2$]$^+$X$^-$, X=ClO$_4$[9], PF$_6$[10], SbF$_6$[11], OTf[12], B(3,5-(F$_3$C)$_2$C$_6$H$_3$)$_4$[13]など)が報告されている. また上述したように, ノルボルナジエンを配位子とするbis(norbornadiene)rhodium(I)tetrafluoroborate([Rh(nbd)$_2$]BF$_4$)[6]が知られており, [Rh(cod)$_2$]BF$_4$と同様に様々な有機合成反応の触媒およびその前駆体として用いられている.

〔田中 健〕

【参考文献】
1) J. A. Osborn *et al.*, *J. Am. Chem. Soc.*, **1969**, *91*, 2816.
2) R. R. Schrock *et al.*, *J. Am. Chem. Soc.*, **1971**, *93*, 2397.
3) M. Green *et al.*, *J. Chem. Soc., Chem. Commun.*, **1970**, 1553.
4) B. Bosnich *et al.*, *Inorg. Chem.*, **1985**, 24, 2334.
5) E. Yashima *et al.*, *Macromolecules*, **2001**, *34*, 1160.
6) M. Green *et al.*, *J. Chem. Soc., Dalton Trans.*, **1972**, 832.
7) D. P. Fairlie *et al.*, *Organometallics*, **1988**, *7*, 936.
8) *Modern Rhodium-Catalyzed Organic Reactions*, P. A. Evans (ed), Wiley-VCH, **2005**.
9) R. Uson *et al.*, *J. Organomet. Chem.*, **1976**, *105*, 365.
10) N. G. Connelly *et al.*, *J. Chem. Soc., Dalton Trans.*, **1977**, 70.
11) M. J. Burk *et al.*, *Angew. Chem. Int. Ed.*, **1990**, *102*, 1511.
12) M. J. Burk, *J. Am. Chem. Soc.*, **1991**, *113*, 5818.
13) B. Guzel *et al.*, *Inorg. Chim. Acta*, **2001**, *325*, 45.

RhN₃S₃

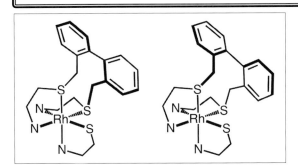

【名称】2-aminoethanethiolato-$\kappa^2 N,S$-2,2′-bis(2-aminoethylthiomethyl)biphenyl-$\kappa^4 N,S,S′,N′$-rhodium(+3) chloride: [Rh(L)(aet)]Cl₂

【背景】軸不斉(R/S)をもつキレート配位子(L)がキラルな金属中心(Δ/Λ)に結合する場合, 2組のジアステレオマー($\Delta(S)/\Lambda(R)$, $\Delta(R)/\Lambda(S)$)が生じる. 標題の錯体は, 上記の4種類の異性体が互いに異性化を示さず, カラム操作によりジアステレオマー分離と光学分割が行われたはじめての例である[1].

【調製法】DMF中でトリス(2-アミノエタンチオラト)ロジウム(III)錯体([Rh(aet)₃])と2,2′-ビスブロモメチルビフェニルを1:1で混合し, 室温で4時間撹拌した後, ジエチルエーテルを加えることにより異性体混合物として得られる. 生成比は$\Delta(S)/\Lambda(R):\Delta(R)/\Lambda(S)=1:2$である. 陽イオン交換カラム(SP-Sephadex C25)により, ジアステレオマー分離(溶離液:塩化ナトリウム水溶液)ならびに光学分割(溶離液:酒石酸アンチモン酸ナトリウム水溶液)される.

【性質・構造・機能・意義】橙色結晶. 水に易溶. 固体, 水溶液ともに空気中で安定である. 2つのジアステレオマー($\Delta(S)/\Lambda(R)$, $\Delta(R)/\Lambda(S)$)は, ラセミ体の塩化物塩としてそれぞれ単離され, いずれも単結晶X線構造解析により分子構造ならびにキラル配置が決定されている. この錯体は, 出発のfac-[Rh(aet)₃]の3つの硫黄原子のうち2つがアルキル化され, ビフェニル基により連結されたS,S-九員キレート環構造を有する. ビフェニル基の2つのベンゼン環の間の二面角は, $\Delta(S)/\Lambda(R)$異性体においては74.7(6)°, $\Delta(R)/\Lambda(S)$異性体においては72.07(8)°であり, 互いに類似している. 一方, 2,2′-ジメチレンビフェニル基が形成するS,S-九員キレート環のキレート角は, $\Delta(S)/\Lambda(R)$異性体においては99.68(19)°, $\Delta(R)/\Lambda(S)$異性体においては96.43(2)°となっており, $\Delta(R)/\Lambda(S)$異性体のほうが分子全体の歪みが小さい構造となっている. これを反映して, $\Delta(S)/\Lambda(R)$異性体と$\Delta(R)/\Lambda(S)$異性体の生成比はおよそ1:2となっている.

この錯体は, キレート配位子(L)による軸不斉(R/S)と金属中心のキラリティー(Δ/Λ)の2種類のキラリティーを有しており, 2つのジアステレオマー($\Delta(S)/\Lambda(R)$, $\Delta(R)/\Lambda(S)$)として単離されるとともに, それぞれを光学分割することができる. 4種類の異性体の円二色性(CD)スペクトルが測定されており, $\Delta(R)$異性体と$\Delta(S)$異性体はいずれも330 nmおよび400 nm付近にd-d遷移吸収帯を示す. 一方, 400 nm付近の吸収帯においては, CDスペクトルの逆転が観測されている. $\Delta(R)$異性体と$\Delta(S)$異性体との差CDスペクトルにおいても, 400 nm付近に大きなCDスペクトルの違いが観測されている. これらの結果は, ビフェニル基の軸不斉がRh^{III}内d-d遷移に大きく寄与することを示している.

一般に, 2,2′-置換ビフェニル類は, 溶液状態においてラセミ化しやすい. しかし, [Rh(L)(aet)]$^{2+}$は, 室温・溶液中において1ヶ月以上異性化を起こさず, さらに, 90℃まで加熱した場合でも異性化や分解は観測されない. この特異な安定性は, 強固なRh-S結合と, S,S-キレート環の大きな反転障壁に由来すると考えられている. また, この安定性によりカラム操作による分離・分割が可能となり, アトロプジアステレオマー間の各種性質の違いを見積もることができる.

【関連錯体の紹介およびトピックス】ヨウ化メチルを用いた[Rh(aet)₃]のアルキル化反応においても, 3つのチオラト基のうち2つがメチル化されることが知られている[2].

【井頭麻子・今野 巧】

【参考文献】
1) N. Yoshinari *et al.*, *Inorg. Chem.*, **2008**, *47*, 7450.
2) M. Hirotsu *et al.*, *J. Chem. Soc., Dalton Trans.*, **2002**, 878.

RhN$_3$S$_3$

【名称】 hydrogen Δ-fac(S)-tris(L-cysteinato-$\kappa^2 N,S$)rhodate(III)(Δ-fac(S)-H$_3$[Rh(L-cys-N,S)$_3$])

【背景】 同族のコバルト(III)錯体に続き，硫黄架橋多核錯体の構成単位として用いられるようになった単核錯体である．

【調製法】[1,2] L-システインと水酸化ナトリウムを含む水溶液に塩化ロジウム(III)を加え，窒素雰囲気下90℃で6時間撹拌する．室温まで冷却した後，1M塩酸を加えてpHを2に調整すると，黄色粉末として析出する．ろ別後，多量の1M塩酸で洗浄する．収率を上げるためには，過剰量のL-システインを用いるとよい．

【性質・構造・機能・意義】[1] 水に難溶．アルカリ性水溶液には容易に溶ける．Rh^{III}N$_3$S$_3$発色団を有する八面体型単核錯体である．この錯体には，mer(S)およびfac(S)の幾何異性体とΔ_{LLL}およびΛ_{LLL}のジアステレオ異性体が可能である．しかし，CDスペクトルと^{13}C NMRスペクトルにより，Δ_{LLL}-fac(S)-異性体のみが生成することが確認されている．UV-VIS吸収スペクトルを対応するコバルト(III)錯体のものと比較すると，d-d吸収帯およびLMCT吸収帯が高エネルギー側にシフトしている．これにより，薄い黄色を呈している．

面状に位置した3つのチオラート型硫黄原子が求核性を有しているため，金属イオンと反応して硫黄架橋多核錯体を生成する[1,2]．形成される多核構造は，反応させる金属イオンの幾何構造に大きく依存する．対応するコバルト(III)錯体と比較すると，硫黄原子の求核性はやや弱い．そのため，取り込んだ金属イオンの酸化還元電位に変化が見られ，比較的低酸化数状態を安定化する[1]．単核錯体そのものはかなり安定で，常温では異性化を起こさない．例えば，Δ-fac(S)-[Rh(L-cys-N,S)$_3$]$^{3-}$をコバルト(II)イオンと室温で反応させると，キラル配置を保持したまま硫黄架橋三核錯体([Co{Rh(L-cys-N,S)$_3$}$_2$]$^{3-}$)の$\Delta_{LLL}\Delta_{LLL}$体が形成される．一方，対応するコバルト(III)錯体(Δ-fac(S)-[Co(L-cys-N,S)$_3$]$^{3-}$)を用いた場合では，キラル反転を伴って熱力学的に安定な$\Lambda_{LLL}\Lambda_{LLL}$体が形成される．なお，ロジウム(III)錯体を95℃で1時間加熱した場合には，$\Lambda_{LLL}\Lambda_{LLL}$体，$\Delta_{LLL}\Lambda_{LLL}$体，および$\Delta_{LLL}\Delta_{LLL}$体が74：20：6の比で生成することが示されている．

上記の硫黄架橋三核錯体や銀(I)イオンを有する五核錯体が三次元的に集積化した超分子構造も見いだされている[3,4]．

対応するコバルト(III)錯体よりも安定であるため，キラル構造を保持したまま異種金属多核錯体を合成するのに適している．

【関連錯体の紹介およびトピックス】 より単純な構造をもつ分子性錯体(Δ/Λ-fac(S)-[Rh(aet)$_3$])も，種々の硫黄架橋多核錯体合成の出発物質として用いられている[5,6]．この分子性錯体は，通常の方法では光学分割できない．しかし，亜鉛(II)イオンとの反応で得られる硫黄架橋多核錯体を光学分割し，キレート剤を用いてこの多核錯体から亜鉛(II)イオンを引き抜くことにより，光学活性なΔ-およびΛ-fac(S)-[Rh(aet)$_3$]が得られている[7]．

【宮下芳太郎・今野 巧】

【参考文献】
1) T. Konno et al., Bull. Chem. Soc. Jpn., **1990**, 63, 792.
2) T. Konno et al., Inorg. Chem., **1994**, 33, 538.
3) N. Yoshinari et al., Cryst EngComm, **2013**, 15, 10016.
4) U. Yamashita et al., Bull. Chem. Soc. Jpn., **2013**, 86, 1450.
5) M. Kita et al., Bull. Chem. Soc. Jpn., **1983**, 56, 3272.
6) T. Konno, Bull. Chem. Soc. Jpn., **2004**, 77, 627.
7) S. Aizawa et al., Chem. Lett., **1998**, 775.

RhN₄Cl₂

[文献6]

【名称】*trans*-dichloridotetrakis(pyridine)rhodium(III)-chloride: *trans*-[RhCl$_2$(py)$_4$]Cl

【背景】配位子場安定化エネルギーが大きく置換不活性なクロム(III),コバルト(III),ロジウム(III)錯体を,置換反応を用いて合成することは一般的には困難である.しかし,配位能がそれほど強くなく脱離しやすい単座配位子を含む錯体を用いると,キレート効果を利用した多座配位子による置換反応が効果的に進行する場合も多い.例えば,アクア錯体,ニトリル錯体,ジメチルスルホキシド錯体,トリフルオロメタンスルホナト錯体などが合成原料としてよく使われている.ピリジン錯体も有用な原料錯体の1つである.この場合,極性および非極性の有機溶媒に可溶であることと,脱離したピリジンが塩基としてはたらき,有機配位子からの脱プロトンを促進することが目的錯体の生成に有利にはたらく.有機溶媒に可溶で比較的置換反応を起こしやすいロジウム(III)-ピリジン錯体は,有機合成触媒をはじめとする種々のロジウム錯体の合成原料として有効である.

trans-[RhCl$_2$(py)$_4$]Cl は Jörgensen により 1883 年には報告されている化合物である[1].その後,Gillard と Wilkinson によりその組成,分子構造,分光学的性質が検証され[2],また,様々な対イオンを含む錯塩の結晶構造解析が報告されている[3-6].

【調製法】塩化ロジウム(III) 3 水和物 RhCl$_3$・3H$_2$O (0.5 mol dm^{-3}) の水溶液に 5 分の 1 容のピリジンを加え,5 時間加熱還流した後,反応溶液を一晩冷蔵庫で冷却する.析出した黄色沈殿をろ取し,氷冷した水で洗浄した後,減圧乾燥する.熱水から再結晶すると黄色薄片状結晶 *trans*-[RhCl$_2$(py)$_4$]Cl・5H$_2$O が[7],メタノールから再結晶すると黄色板状結晶 *trans*-[RhCl$_2$(py)$_4$]Cl・4CH$_3$OH がそれぞれ得られる.

【性質・構造・機能・意義】*trans*-[RhCl$_2$(py)$_4$]Cl・4CH$_3$OH は正方晶系,空間群 $P\bar{4}c2$ で結晶化している.Rh^{III} は,3 本の直交する 2 回軸上(結晶学的な 2.22)および 4 回回反軸($\bar{4}$)上に位置する.Rh-Cl は 2.3452(7) Å,Rh-N は 2.064(2) Å である.ピリジン環は Rh と 4 つの N 原子で定義される配位平面に対し,40.76(9)° の角度で傾いており,錯イオンはキラルである[6].

本錯体は有機溶媒に可溶であるため,有機分子を含む種々のロジウム(III)錯体を配位子置換反応により合成する際のよい原料錯体になる.例えば,二座ホスフィン(P-P)および三脚状三座ホスフィン(PPP)との反応により,高収率で [Rh^{III}Cl$_2$(P-P)$_2$]$^+$ および [Rh^{III}Cl$_3$(PPP)] 錯体を得ることができる[7,8].

【関連錯体の紹介およびトピックス】同様のコバルト(III)錯体も有機溶媒に可溶で汎用性の高い原料錯体として用いられている[9,10].このコバルト(III)錯体については改良合成法が報告されている[11].さらに,アトロプ異性体の光学分割や CD スペクトルも報告されている[12].

【鈴木孝義】

【参考文献】
1) S. M. Jörgensen, *J. Prakt. Chem.*, **1883**, *27*, 433.
2) R. D. Gillard *et al., J. Chem. Soc.*, **1964**, 1224.
3) R. D. Gillard *et al., Polyhedron*, **1990**, *9*, 2127.
4) G. C. Dobinson *et al., Chem. Comm.*, **1967**, 62.
5) D. B. Vasilchenko *et al., J. Struct. Chem.*, **2009**, *50*, 335.
6) T. Suzuki *et al., IUCrData*, **2018**, *3*, x181482.
7) T. Suzuki *et al., J. Chem. Soc., Dalton Trans.*, **1995**, 3609.
8) T. Suzuki *et al., J. Chem. Soc., Dalton Trans.*, **1996**, 3779.
9) J. Xie *et al., Chem. Commun.*, **2014**, *50*, 6520.
10) T. Suzuki *et al., J. Chem. Soc., Dalton Trans.*, **2003**, 308.
11) J. Grelup *et al., Acta Chem. Scand., A* **1978**, *32*, 673.
12) S. Utsuno *J. Am. Chem. Soc.*, **1982**, *104*, 5846.

RhN$_6$

【名称】Δ-[Rh(bpy)$_2$(chrysi)]$^{3+}$ (bpy=2,2'-bipyridine, chrsi=5,6-chrysenequinone diimine)

【背景】DNAに結合する金属錯体が種々報告されており，特に塩基配列を認識して特異的に結合する錯体に興味がもたれてきた．本錯体は，DNA中のミスマッチ塩基対を認識し，かつDNA切断活性をもつ錯体として設計・合成された[1]．

【調製法】錯体は，[Rh(bpy)$_2$(NH$_3$)$_2$](PF$_6$)$_3$に対して，5,6-クリセンキノンを塩基性条件下で縮合することにより合成される[1]．

【性質・構造・機能・意義】本錯体は，DNA二重鎖中のミスマッチ塩基対部位に選択的に結合し，365 nmの光により活性化されDNA鎖を切断する．2つのエナンチオマーのうち，Δ体のみがB型DNAへの高い結合能および切断能を示す[1]．

相補的な二重鎖への結合定数が 4×10^4 M^{-1}と見積もられているのに対し[1]，ミスマッチ塩基対への結合は，C-Cミスマッチで 2.2×10^7 M^{-1}，A-Aミスマッチで 2.9×10^5 M^{-1}であり[2]，高い選択性が見られる．ミスマッチ塩基対と隣接塩基対のすべての組合せのうち，80%以上で高選択的な切断が可能であり，2725塩基対のプラスミドDNA中の1ヶ所のミスマッチ塩基対を認識・切断することが可能である[3]．

本錯体のDNAへの結合様式は，A-Cミスマッチを含む12塩基対の二重鎖について，X線結晶構造解析により明らかにされている[4]．本錯体はミスマッチ部位にマイナーグルーブ側から結合する．核酸塩基は二重鎖の外側に押し出され，空いた空間にchrysi配位子が挿入される．Rh原子はらせん軸から4.7 Åに位置し，錯体が深く二重鎖中に挿入されていることを示す．一方，B型DNAのらせん構造は保持されており，ピッチもほとんど変わらない．この構造は他のミスマッチ塩基対でも示されており[5]，NMRによる構造解析によっても支持されている[6]．グルーブへの結合や塩基対間へのインターカレートとは異なる，新たなDNA結合様式であり興味深い．

本錯体がDNAに結合するためには，塩基対のフリップアウトに伴う不安定化を，chrysi配位子のπスタッキングにより補う必要がある．そのため，安定な相補塩基対には結合せず，比較的安定性の低いミスマッチ塩基対に選択的に結合すると考えられている．事実，安定なミスマッチほど，錯体の結合定数は低く，安定なGを含むミスマッチ塩基対にはほとんど結合しないこととも合致する[2]．

さらに，ミスマッチ塩基対への特異的な結合およびDNA切断を利用して，ゲノムDNA中の一塩基多型（SNP）の検出法が開発されている[7]．PCRにより増幅されたDNAはアニーリングにより，SNP部位でミスマッチを生じる．本錯体による切断ののち，電気泳動等で鎖長を確認することで，簡便にSNPが検出される．医療・診断へ向けた研究も進んでおり[8]，実用化が期待される．

また近年，核酸塩基が脱落したアベーシックサイトや，一塩基バルジ構造を認識することも報告されており，本錯体の利用が広がっている[9]．

【関連錯体の紹介およびトピックス】ベンゾ[a]-フェナジン-5,6-キノンジイミン（phzi）を配位子にもつ[Rh(bpy)$_2$(phzi)]$^{3+}$では，さらに結合能が上昇し，nM濃度でのミスマッチ認識が可能である．ミスマッチ塩基対への選択性は[Rh(bpy)$_2$(chrysi)]$^{3+}$と同様に高く，一塩基多型検出をはじめとする診断・医療への展開が期待される[10]．

【竹澤悠典・塩谷光彦】

参考文献

1) B. A. Jackson *et al., J. Am. Chem. Soc.*, **1997**, *119*, 12986.
2) B. A. Jackson *et al., Biochemistry*, **2000**, *39*, 6176.
3) B. A. Jackson *et al., Biochemistry*, **1999**, *38*, 4655.
4) V. C. Pierre *et al., Proc. Natl. Acad. Sci. USA*, **2007**, *104*, 429.
5) B. M. Zeglis *et al., Biochemistry*, **2009**, *48*, 4247.
6) C. Cordier *et al., J. Am. Chem. Soc.*, **2007**, *129*, 12287.
7) J. R. Hart *et al., Proc. Natl. Acad. Sci. USA*, **2004**, *101*, 14040.
8) J. R. Hart *et al., Proc. Natl. Acad. Sci. USA*, **2006**, *103*, 15359.
9) B. M. Zeglis *et al., J. Am. Chem. Soc.*, **2008**, *130*, 7530.
10) H. Junicke *et al., Proc. Natl. Acad. Sci. USA*, **2003**, *100*, 3737.

RhN$_6$

【名称】[Rh(phi)$_2$(bpy′-Asp-Pro-Asp-Glu-Leu-Glu-His-Ala-Ala-Lys-His-Glu-Ala-Ala-Ala-Lys-CONH$_2$)](phi＝phenanthrenequinone diimine)

【背景】メタロインターカレーターとして知られるロジウム錯体[Rh(phi)$_2$bpy]$^{3+}$ [1]を，金属配位性ペプチドと連結することにより，効率的にDNAを加水分解する触媒が設計・合成された．

【調製法】カルボン酸で修飾したビピリジン配位子(bpy′)を有する[Rh(phi)$_2$(bpy′)]$^{3+}$ 錯体を，ペプチド鎖と固相担体上で縮合することで得られる．等量の亜鉛(II)イオンと混合し *in situ* で本錯体を調製する[2]．

【性質・構造・機能・意義】フェナントレンキノンジイミン(phi)配位子をもつロジウム(III)錯体は，DNA二重鎖のメジャーグルーブに強く結合することが知られている ($K_d < 10^{-6}$ M)[1]．本錯体ではロジウム錯体がDNAに結合することにより，ペプチド鎖がDNA骨格に近接し，結果として亜鉛錯体によるリン酸ジエステル結合の加水分解が効率的に進行し，DNAの切断に至る．切断反応の加速効果はおよそ10^{11}程度と見積もられている．ロジウム錯体，ペプチド鎖，亜鉛錯体のいずれが欠けてもならない．人工制限酵素の創成の先駆的な事例の1つである．

【関連錯体の紹介およびトピックス】ペプチドAla-Lys-Tyr-Lys-Glyを連結した[Ru(phen)(bpy′)(dppz)]$^{2+}$錯体による，DNA-ペプチドのクロスリンクが報告されている[3]．

【竹澤悠典・塩谷光彦】

【参考文献】
1) A. M. Pyle *et al.*, *J. Am. Chem. Soc.*, **1989**, *111*, 4520.
2) M. P. Fitzsimons *et al.*, *J. Am. Chem. Soc.*, **1997**, *119*, 3379.
3) K. D. Copeland *et al.*, *Biochemistry*, **2002**, *41*, 12785.

RhP₃Cl

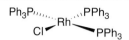

【名称】(chlorotris(triphenylphosphine)rhodium):
RhCl(PPh$_3$)$_3$

【背景】本錯体は1965年，Bennettらによりはじめて合成され，その後，Wilkinsonらによる詳細な研究の結果，多くの反応に対して高活性な均一系触媒となり，今日ではWilkinson錯体と呼ばれる[1]．

【調製法】窒素雰囲気下，三塩化ロジウム3水和物の95%エタノール溶液に，トリフェニルホスフィン(6当量)の熱エタノール溶液を加え2時間還流すると深赤色結晶が生成する．反応初期ならびに溶媒量が少ないと橙色の沈殿が生成するが，加熱を続けると次第に深赤色結晶に変わっていく．結晶をろ過し，無水エーテルで洗浄後に減圧乾燥することでRhCl(PPh$_3$)$_3$が得られる(収率88%)[2]．

【性質・構造・機能・意義】融点は157～158℃である．クロロホルムや塩化メチレンに易溶[20 g/L (25℃)]，トルエンやベンゼンに可溶[2 g/L (25℃)]であるが，酢酸やアセトン，アルコールには難溶である．IR(Nujol) 1480, 1429, 1087, 741, 694 cm^{-1} [4]．重塩化メチレン中におけるPPh$_3$配位子の^{31}P NMRはδ=48.0 (dt, J_{Rh-P}=189 Hz, J_{P-P}=38 Hz; Clのtrans位)，31.5 (dd, J_{Rh-P}=142 Hz, J_{P-P}=38 Hz; Clのcis位)に，^{103}Rh NMRはδ=1291に観測される[3]．X線構造解析の結果，上記の橙色ならびに深赤色結晶はいずれも少し歪んだ平面四配位構造であり，PPh$_3$配位子のPh基のortho位の水素とロジウム原子間距離が橙色錯体で2.84 Å(Clのtrans位)，深赤色結晶で2.77 Å(Clのcis位)であることから，Rhとortho位の水素間の相互作用が示唆されている[5]．

RhCl(PPh$_3$)$_3$錯体は溶液中で容易に酸素，水素，一酸化炭素，エチレン，ヨウ化メチル，塩化アリルなどと反応し，それぞれ対応するRhCl(PPh$_3$)$_2$(O$_2$)，RhClH$_2$-(PPh$_3$)$_2$，RhCl(CO)(PPh$_3$)$_2$，RhCl(PPh$_3$)$_2$(η^2-C$_2$H$_4$)，RhCl-(I)(Me)(PPh$_3$)$_2$(κ-IMe)，RhCl$_2$(PPh$_3$)$_2$(η^3-allyl)を与える[6]．さらにアルケンの水素化や異性化，アルケンやアルキンのヒドロホルミル化，アルケンやカルボニル化合物のヒドロシリル化，酸ハライドやアルデヒドの脱カルボニル化反応に高い触媒活性を示す[7]．これはRhCl(PPh$_3$)$_3$錯体が溶液中で1分子のPPh$_3$配位子を解離し，容易に配位不飽和種である"RhCl(PPh$_3$)$_2$"を生成するためである．

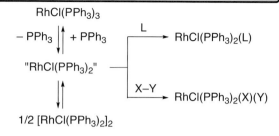

なお，窒素雰囲気下，RhCl(PPh$_3$)$_3$錯体のベンゼンやトルエン，エチルメチルケトン溶液を加熱還流することで，この配位不飽和種はサーモンピンクの二核錯体[RhCl(PPh$_3$)$_2$]$_2$として定量的に得ることができる[8]．PPh$_3$配位子の^{31}P NMRはδ=51.0 (J_{Rh-P}=196 Hz)に観測される[9]．X線光電子分光測定から，各結合エネルギーはRhCl(PPh$_3$)$_3$錯体でRh(3d$_{5/2}$)=307.2 eV，Cl(2p$_{3/2}$)=197.8 eV，P(2p)=131.0 eV，[RhCl(PPh$_3$)$_2$]$_2$錯体でRh(3d$_{5/2}$)=307.3 eV，Cl(2p$_{3/2}$)=198.5 eV，P(2p)=131.2 eVである[4]．

【関連錯体の紹介およびトピックス】本反応系に過剰のLiBrやLiIを加えて加熱することで，RhBr(PPh$_3$)$_3$ (橙色結晶，収率：64%，融点：133～134℃)やRhI(PPh$_3$)$_3$ (深赤色結晶，融点：118～120℃(分解))も合成できる．RhF(PPh$_3$)$_3$は，Rh$_2$(cod)$_2$(μ-OH)$_2$にPPh$_3$とEt$_3$N·3HFとの反応により合成できる(橙黄色結晶，収率：94%)．他の第三級ホスフィン錯体やアルシン，スチビン錯体は，[RhCl(η^2-C$_2$H$_4$)$_2$]$_2$や[RhCl(η^2-C$_8$H$_{14}$)$_2$]$_2$錯体との反応により合成できる．また，RhCl[P(OR)$_3$]$_3$錯体は[RhCl(CO)$_2$]$_2$錯体に過剰のP(OR)$_3$を作用させることで合成できる[10]．

本山幸弘

【参考文献】
1) a) G. Wilkinson *et al., Chem. Commun. (London)*, **1965**, 131; b) M. A. Bennett *et al., Chem. Ind. (London)*, **1965**, 846.
2) G. Wilkinson *et al., Inorg. Synth.*, **1967**, *10*, 67.
3) T. H. Brown *et al., J. Am. Chem. Soc.*, **1970**, *92*, 2359.
4) P. G. Gassman *et al., J. Am. Chem. Soc.*, **1985**, *107*, 2380.
5) P. T. Donaldson *et al., Inorg. Chem.*, **1977**, *16*, 655.
6) G. Wilkinson *et al., J. Chem. Soc. A*, **1966**, 1711, 1733.
7) "*Modern Rhodium-Catalyzed Organic Reactions*", Wiley-VCH, **2005**.
8) C. A. Tolman *et al., J. Am. Chem. Soc.*, **1974**, *96*, 2762.
9) J. M. O'Connor *et al., Inorg. Chem.*, **1993**, *32*, 1866.
10) a) G. Wilkinson *et al., J. Chem. Soc. A*, **1966**, 1736; b) S. A. Macgregor *et al., J. Am. Chem. Soc.*, **2005**, *127*, 15304; c) L. Vallarino, *J. Chem. Soc.*, **1957**, 2473.

RhP$_3$Cl$_3$

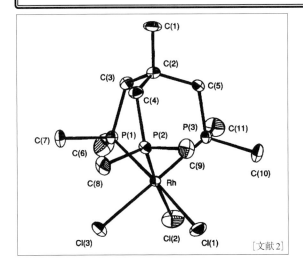

[文献2]

【名称】trichlorido[1,1,1-tris(dimethylphosphinomethyl)-ethane]rhodium(III)：[RhCl$_3$(tdmme)]

【背景】金属イオンに直接結合する2種類の配位原子の数が順に異なる一連の錯体の構造や性質が比較できれば，求める性質をもった金属錯体の設計が可能になるが，そのような一連の錯体を系統的に合成することは一般には容易ではない．アンモニアNH$_3$と塩化物イオンCl$^-$が結合した一連のコバルト(III)，ロジウム(III)錯体の合成は錯体化学が発展する初期の頃に成功しているが，安定なホスフィン類PR$_3$を用いた系統的な錯体の研究は，ホスフィン類の立体効果（かさ高さ）のために困難であった．しかし，リン原子上の置換基をメチル基とした三脚状三座ホスフィン，1,1,1-tris-(dimethylphosphinomethyl)ethane(tdmme)を用いることで系統錯体の合成が可能になった．

【調製法】三脚状三座ホスフィン配位子(tdmme)は，THF中にてtetramethyldiphosphaneと金属カリウムの反応により生成したK(PMe$_2$)の赤色溶液に，メタノール/氷浴中で冷却しながら1,1,1-tris(chloromethyl)ethaneをゆっくりと滴下し合成する．減圧蒸留により精製した無色油状物を錯体合成に用いる[1]．

乾燥したピリジン(15 mL)に*trans*-[RhCl$_2$(py)$_4$]Cl・5H$_2$O(4.5 g)を懸濁し，撹拌しながらtdmme(2.0 g)を滴下する．反応溶液を20時間加熱還流した後，氷浴中で30分間冷却する．生成した白色沈殿をろ取し，乾燥したピリジンおよびジエチルエーテルで洗浄した後，減圧乾燥する．熱メタノールを用いて再結晶を行うと，白色針状結晶が得られる[2]．

【性質・構造・機能・意義】三脚状ホスフィンtdmmeのバイト角P-Rh-Pは平均値(av.)89.2°であり，理想的な三座配位をしている．Rh-P結合距離はav. 2.254 Åであり，これまでに解析されているRh^{III}-P結合中で最も短いものの1つである．Me$_2$PCH$_2$-基の強いトランス影響のためにRh-Cl結合(av. 2.444 Å)はかなり長くなっており，他の配位子により容易に置換され，多数の誘導体が合成されている[2-4]．適切な単座，二座および三座ホスフィン配位子を用いれば，[RhCl$_3$-(P)$_3$]，[RhCl$_2$(P)$_4$]$^+$，[RhCl(P)$_5$]$^{2+}$，[Rh(P)$_6$]$^{3+}$錯体（図1）を系統的に合成可能である[4]．

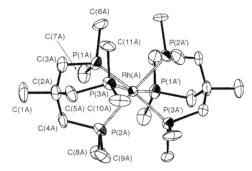

図1　[Rh(tdmme)$_2$]$^{3+}$の構造[4]

【関連錯体の紹介およびトピックス】同様のコバルト(III)錯体，[CoCl$_3$(P)$_3$]，[CoCl$_2$(P)$_4$]$^+$，[CoCl(P)$_5$]$^{2+}$，[Co(P)$_6$]$^{3+}$の合成と結晶構造および吸収スペクトルの比較も報告されている[4,5]．

また，P原子上の置換基がすべてフェニル基である類似配位子triphosを用いた同様のRh^{III}錯体も報告されている[6]．

【鈴木孝義】

【参考文献】
1) G. M. Whiteside *et al.*, *J. Am. Chem. Soc.*, **1971**, *93*, 1379.
2) T. Suzuki *et al.*, *J. Chem. Soc., Dalton Trans.*, **1996**, 3779.
3) T. Suzuki *et al.*, *Polyhedron*, **2002**, *21*, 835.
4) T. Suzuki *et al.*, *Inorg. Chim. Acta*, **2005**, *358*, 2501.
5) T. Ando *et al.*, *Bull. Chem. Soc. Jpn.*, **1992**, *65*, 2748.
6) E. G. Thaler *et al.*, *J. Am. Chem. Soc.*, **1990**, *112*, 2664.

$Rh_2C_2N_8$

[文献1]

【名称】 Rh Porphyrin dimer

【背景】 フラーレンはπ共役系の広がった分子であり，特に，LUMO軌道の低さを利用して電子輸送体としての応用が興味をもたれている．一方，フラーレンは，分極率が大きいが，双極子モーメントをもたず，通常の有機分子を溶解させるような溶媒にはほとんど溶けず，溶解度が低いという欠点をもっている．フラーレンを分子認識するようなホスト分子の設計は，フラーレンの分析・分離，および，フラーレンの超分子形成における分子間力の解明などにおいて興味深い．

【調製法】 5,15位にメタヒドロキシフェニル基を有するポルフィリンをジアセチレンスペーサーで架橋し，三重結合を水素添加することで，ヘキサメチレン基で架橋されたポルフィリン二量体に変換している．2本のスペーサーによって，フラーレンのサイズに適した空間をもつポルフィリン二量体が合成されている．このポルフィリン二量体と[Rh(CO)$_2$Cl]$_2$, NaOAcとをベンゼン中，室温で反応させ，シリカゲルカラムで精製後，トリメチルアルミニウムでメチル化を行い，シリカゲルカラムによる精製で，軸配位子にメチル基をもつロジウム(III)錯体を得ている[1]．

【性質・構造・機能・意義】 このロジウム(III)ポルフィリン二量体のベンゼン溶液(もしくは，クロロベンゼン溶液)にフラーレンC$_{60}$を添加していくと，電子スペクトルにおいて，ポルフィリンのSoret帯は，長波長側にシフトしながら吸光度が減少した．この変化からポルフィリン二量体とフラーレンとの1：1の会合定数が決定されている．^{1}H NMRによるロジウムの軸配位子のメチル基のシグナルや，^{13}C NMRのシグナルの変化も，ホスト-ゲスト錯体形成を示している．フラーレンに対してベンゼン中25℃で会合定数が2.4×10^7 M^{-1}であり，フリーベース体や亜鉛錯体に比べて1桁以上会合定数が大きい．この高い親和性は，ロジウムからフラーレンへの電荷移動相互作用がはたらくためと考えられている．9族のコバルト錯体もフラーレンに対して亜鉛錯体より若干大きな会合定数を示すのに対して，Ni, Cu錯体はいずれも，小さな会合定数を示し，金属の種類によってフラーレンに対する親和性が異なることは興味深い．また，C$_{70}$に対して，Rhポルフィリン二量体は，10^8 M^{-1}の会合定数であり，C$_{60}$よりも高い親和性を示した．ロジウム錯体のベンゼン中の電子吸収スペクトルは次の通りである．λ_{max} (log ε) 404(5.57), 518(4.61), 548(4.80) nm.

【関連錯体の紹介およびトピックス】 フラーレンとポルフィリンとの超分子錯体形成のダイナミックスに関しても検討され，興味深い結果が得られている[1]．

【水谷 義】

【参考文献】

1) J.-Y. Zheng *et al., Angew. Chem. Int. Ed.*, **2001**, *40*, 1857.

Rh₂C₄Cl₂

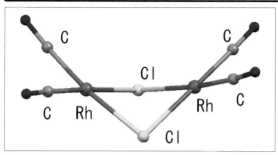

【名称】tetracarbonyl(di-μ-chloro)dirhodium：[Rh(μ-Cl)-(CO)₂]₂

【背景】本錯体は，最初に塩化ロジウムと銅粉の混合物を一酸化炭素雰囲気中高温高圧下で反応させることにより合成された[1]．単核錯体[RhCl(CO)₂L]（L：単座配位子）などの（カルボニル）ロジウム錯体の原料として用いられるほか，有機合成反応の触媒としての研究が行われている．

【調製法】①一酸化炭素気流中で粉末の塩化ロジウム三水和物を100℃に加熱することで，昇華生成物として得られる（収率96%）[2]．②塩化ロジウム3水和物のメタノール溶液を65℃で加熱しながら一酸化炭素を20時間通じ，溶媒留去後ヘキサンから再結晶する．昇華（80℃/0.1 mmHg）精製も可能で，赤レンガ色の固体が得られる（収率95%[3]）．

【性質・構造・機能・意義】赤～橙色の固体で，融点は124℃である．乾燥空気中で安定であるが，湿気に対しては不安定であり，不活性ガス下で保存する．溶液は空気中でゆっくりと分解する．ほとんどの有機溶媒に可溶で，飽和炭化水素には微溶である．

IRスペクトル（KBr）ではν(CO)の吸収が2102，2082および2020 cm⁻¹に観測される[4]．¹³C NMRではカルボニル炭素のシグナルがδ＝178.1に観測される．X線結晶構造解析より，本錯体はクロロ配位子が架橋したダイマー構造を有している[5-6]．[Rh₂Cl₂]部位は折れ曲がった構造をとっており，[RhCl₂]からなる2つの平面の二面角は126.8(3)°である．

【関連錯体の紹介およびトピックス】ドナー性配位子L（L＝アミン[7]，ピリジン[8]，ホスフィン[9]など）を加えることで，容易に単核錯体[RhCl(CO)₂L]，[RhCl(CO)L₂]を生成する．また，他の金属錯体との反応による同種・異種金属クラスターの合成が行われている[10-11]．有機合成反応触媒の例として，オレフィンの水素化[12]，ヒドロホルミル化[13]，シリルホルミル化反応[14]のほか，歪みのかかった小員環炭化水素の転移反応，環化反応，環化付加反応の触媒として用いられる[15]．

【小泉武昭】

【参考文献】

1) W. Manchot et al., Ber., **1925**, 58, 2173.
2) a) W. Hieber et al., Z. Anorg. Alleg Chem., **1943**, 251, 96; b) J. A. McCleverty et al., Inorg. Synth., **1966**, 8, 211.
3) F. Malbosc et al., Eur. J. Inorg. Chem., **2001**, 2689.
4) R. Colton et al., Aust. J. Chem., **1970**, 23, 1351.
5) L. F. Dahl et al., J. Am. Chem. Soc., **1961**, 83, 1761.
6) L. Waltz et al., Acta Crystallogr., C, **1991**, C47, 640.
7) a) W. J. Shaw et al., J. Organomet. Chem., **2008**, 693, 2111; b) K. Jang et al., J. Am. Chem. Soc., **2009**, 131, 12046.
8) a) N. Kumari et al., J. Mol. Catal. A: Chem., **2004**, 222, 53; b) J. Rajput et al., J. Organomet. Chem., **2004**, 689, 1553; c) J. Rajput et al., J. Organomet. Chem., **2006**, 691, 4573; d) N. Kumari et al., J. Mol. Catal. A: Chem., **2007**, 266, 260; e) B. J. Sarmah et al., J. Mol. Catal. A: Chem., **2008**, 289, 95.
9) a) L. M. Vallarino, J. Chem. Soc., **1957**, 2287; b) W. Hieber et al., Chem. Ber., **1957**, 90, 2425.
10) a) R. S. Dickson et al., J. Organomet. Chem., **1987**, 327, C51; b) F. P. Fanizzi et al., Organometallics, **1990**, 9, 131; c) H. Seino et al., Organometallics, **2000**, 19, 3631.
11) a) M. Pizzotti et al., Organometallics, **2002**, 21, 5830; b) M. Pizzotti et al., Organometallics, **2003** 22, 4001; c) J. Martincová et al., Organometallics, **2009**, 28, 4823; d) Y. S. Varshavsky et al., J. Organomet. Chem., **2009**, 694, 2917.
12) P. M. Lausarot et al., J. Organomet. Chem., **1981**, 215, 111.
13) a) C. Botteghi et al., J. Mol. Catal., **1987**, 40, 129; b) N. Sakai et al., Tetrahedron: Asymmetry, **1992**, 3, 583.
14) a) S. Ikeda et al., J. Org. Chem., **1992**, 57, 2; b) Y. Fukumoto et al., J. Org. Chem., **1993**, 58, 4187.
15) M. A. Huffman et al., "Encyclopedia of Reagents for Organic Synthesis 2nd Ed.", L. A. Paquette, et al., (eds.), Wiley, **2009**, p.9148.

Rh₂C₈O₂

【名称】 hydroxy(cycloocta-1,5-diene)-rhodium(I)dimer: [Rh(OH)(cod)]₂

【背景】 諸岡，鈴木らによる酸素架橋ロジウム(I)二核錯体の合成研究において，(cod)₂Rh₂O₂錯体と水との反応により1980年にはじめて合成された[1]．1価のヒドロキソ配位子と，容易に配位子交換が進行するシクロオクタ-1,5-ジエン配位子を有しており，様々なロジウム(I)ヒドロキソ錯体合成の前駆体としても有用である．

【調製法】 水酸化カリウム水溶液に，ジ-μ-クロロビス(シクロオクタ-1,5-ジエン)二ロジウム(I)([RhCl(cod)]₂)のアセトン溶液を加え，室温で2時間撹拌する．淡黄色懸濁液を濃縮すると固体が析出してくる．水を加え懸濁液をろ過して得られた固体を，水で洗浄し風乾すると[Rh(OH)(cod)]₂が淡黄色固体として得られる[2]．

【性質・構造・機能・意義】 淡黄色の空気に安定な固体(138～145℃で分解)で，塩素系有機溶媒に可溶であるが，非塩素系溶媒には微溶，水には不溶である．赤外吸収スペクトルでO-H伸縮振動が3600 cm⁻¹に観測される[1]．その構造はX線結晶構造解析によって確認されており，ヒドロキソ配位子の分子間水素結合によって四量体を形成している[3]．[Rh(OH)(cod)]₂は二酸化炭素(CO_2)とTHF中で反応し，(cod)₂Rh₂CO₃が生成する[4]．また，THF中TREAT・HF(Et₃N・3HF)あるいは50%HFとの反応では，[Rh₃(μ-OH)₂(cod)₂]HF₂錯体が生成する[5]．[Rh(OH)(cod)]₂は様々な有機合成反応の触媒として有用であり，中でも有機ホウ素化合物をはじめとする有機金属化合物の不飽和結合への付加反応に優れた触媒となる[6]．さらに，この反応に光学活性二座ホスフィン配位子を用いることにより，不斉触媒反応へと数多く展開されている[6]．林らは，Rh(acac)-(binap)[binap＝(2,2′-bis-(diphenylphosphino)-1,1′-binaphthyl)]を触媒として用いた有機ホウ素化合物のα,β-不飽和ケトンへの不斉1,4-付加反応の詳細な機構を研究し，フェニルロジウム種，オキサ-π-アリルロジウム種，およびヒドロキソロジウム種が鍵中間体であることを解明した[7]．そこで，アセチルアセトナート配位子をヒドロキソ配位子で置き換えた[Rh(OH)(binap)]₂錯体を本反応に用い，この錯体がRh(acac)-(binap)錯体よりも高い触媒活性を示すことを見いだした[7]．その後，林らは，binap配位子をシクロオクタ-1,5-ジエン配位子で置き換えた[Rh(OH)(cod)]₂がさらに高い触媒活性を示すことを報告した[8]．そして，様々な光学活性ジエン配位子を有する新規ロジウム(I)ヒドロキソ錯体＝Rh(OH)(chiral diene)]₂を開発し，数多くの不斉付加反応を報告している[9]．

【関連錯体の紹介およびトピックス】 類似の構造を有するロジウム(I)錯体として，様々なロジウム(I)アルコキシドおよびフェノキシド錯体([Rh(OR)(cod)]₂，R＝Me[2], Et[10], CH₂CF₃[10], Ph[10])[11]が知られており，[Rh(OH)(cod)]₂と同様に，対応するアルコールあるいはフェノールを塩基性条件下で[RhCl(cod)]₂と反応させることで容易に合成することができる．これらの錯体は[Rh(OH)(cod)]₂と同様に，様々な有機合成反応の触媒やその前駆体として用いることができる．また，対応するイリジウム(I)ヒドロキソ，アルコキシド，およびフェノキシド錯体([Ir(OR)(cod)]₂，R＝H, alkyl, aryl)も同様に合成されている[10]．

【田中 健】

【参考文献】
1) Y. Moro-oka *et al., J. Am. Chem. Soc.*, **1980**, *102*, 1749.
2) R. Uson *et al., Inorg. Synth.*, **1985**, *23*, 126.
3) D. Selent *et al., J. Organomet. Chem.*, **1995**, *485*, 135.
4) E. G. Lundquist *et al., Inorg. Chem.*, **1987**, *26*, 205.
5) W. J. Marshall *et al., Organometallics*, **2004**, *23*, 3343.
6) *Modern Rhodium-Catalyzed Organic Reactions*, P. A. Evans (ed), Wiley-VCH, **2005**.
7) T. Hayashi *et al., J. Am. Chem. Soc.*, **2002**, *124*, 5052.
8) T. Hayashi *et al., Chem. Asian J.*, **2006**, *1*, 707.
9) R. Shintani *et al., Aldrichimica Acta*, **2009**, *42*, 31.
10) L. M. Green *et al., Organometallics*, **1989**, *8*, 659.
11) S. K. Agarawal *et al., J. Indian Chem. Soc.*, **1985**, *62*, 805.

Rh₂C₈Cl₂

【名称】(di-μ-chlorobis[(1,2,5,6-η)-1,5-cyclo octadiene]dirhodium)：[RhCl(η⁴-1,2,5,6-C₈H₁₂)]₂

【背景】本錯体は安定なロジウムオレフィン錯体として1956年にChattらによりはじめて合成され[1]、その後に銅、パラジウム、白金など様々な1,5-シクロオクタジエン(cod)錯体が報告された[2]。

【調製法】窒素雰囲気下、三塩化ロジウム3水和物と等モル量の炭酸ナトリウム10水和物の混合物に、脱気したエタノール/水(5:1)混合溶媒と1,5-シクロオクタジエン(cod)を加え18時間還流すると黄橙色の沈殿が生成する。沈殿をろ過し、ペンタンならびにメタノール/水(1:5)混合溶媒で洗浄後に減圧乾燥することで[RhCl(cod)]₂が得られる(収率94%)。塩化メチレン/エーテルで再結晶すると、橙色の柱状結晶が得られる[3]。

【性質・構造・機能・意義】空気中でも安定な錯体であり、融点は256℃である。IR(Nujol)998, 964, 819 cm⁻¹。塩化メチレンに易溶、アセトンに可溶であるが、エーテルや炭化水素溶媒には難溶である。重クロロホルム中におけるcod配位子の¹H NMRはδ=4.3(ビニル)、2.6〜1.7(アリル)に、アルケン部の¹³C NMRはδ=78.5 (d, J_{Rh-C}=13.9 Hz)に、¹⁰³Rh NMRはδ=1093に観測される[4]。X線構造解析から、本錯体は塩素架橋の平面四配位型二核構造である。cod配位子は舟型配座をとっており、各結合長は2.38 Å(Rh-Cl)、2.00 Å(Rh-C)、1.44 Å(C=C)である[5]。X線光電子分光測定から、各結合エネルギーはRh(3d$_{3/2}$)=313.1 eV, Rh(3d$_{5/2}$)=308.0 eV, Cl(2p$_{3/2}$)=198.4 eV, C(1s)=284.6 eVである[6]。

単座のオレフィン錯体([RhCl(olefin)₂]₂)にくらべてcod配位子はロジウムと比較的強く結合しているために、[RhCl(cod)]₂錯体と中性の単座配位子(L)の反応では、まずCl架橋の切断が起こりRhCl(cod)(L)錯体が生成する。さらに過剰の配位子があると、Rh-Cl結合が切断されカチオン性の[Rh(cod)(L)₂](Cl)錯体が得られる[7]。

また、本錯体を出発錯体として様々な光学活性配位子を有するカチオン性キラルロジウム錯体が合成され、多くの触媒的不斉反応へと展開されている[8]。

【関連錯体の紹介およびトピックス】[RhCl(cod)]₂錯体に、アセトン中で過剰のLiBr, NaI, KOAcなどを作用させることで、臭化物、ヨウ化物、アセテート錯体も合成できる。エチレンやシクロオクテン錯体も報告されており、これら単座のオレフィン錯体から本錯体やノルボルナジエン錯体が合成できる。さらに光学活性ジオレフィンを有するカチオン性キラルロジウム錯体も報告されており、これらを触媒とする様々な不斉反応の開発研究が行われている[9]。

【本山幸弘】

【参考文献】

1) J. Chatt *et al., Nature*, **1956**, *177*, 852.
2) a) J. Chatt *et al., J. Chem. Soc.*, **1957**, 2496; b) J. Chatt *et al., J. Chem. Soc.*, **1957**, 3413.
3) a) G. Giordano *et al., Inorg. Synth.*, **1979**, *19*, 218; b) G. Giordano *et al., Inorg. Synth.*, **1990**, *28*, 88.
4) a) A. J. Oliver *et al., Inorg. Nucl. Chem. Lett.*, **1973**, *9*, 885; b) C. J. Elsevier *et al., Eur. J. Inorg. Chem.*, **1999**, 27.
5) J. A. Ibers *et al., Acta Cryst.*, **1962**, *15*, 923.
6) L. G. Fierro *et al., J. Mol. Catal.*, **1989**, *53*, 359.
7) J. A. Osborn *et al., J. Am. Chem. Soc.*, **1971**, *93*, 2397.
8) *Modern Rhodium-Catalyzed Organic Reactions*, Wiley-VCH, **2005**.
9) a) J. Chatt *et al., J. Chem. Soc.*, **1957**, 4735; b) R. Cramer, *Inorg. Synth.*, **1974**, *15*, 14; c) A. van der Ent *et al., Inorg. Synth.*, **1973**, *14*, 92; d) E. M. Carreira *et al., Angew. Chem. Int. Ed.*, **2008**, *47*, 4482.

Rh$_2$C$_{14}$

【名称】 dicarbonyl-di-μ-methylenebis[(1,2,3,4,5-η)-pentamethyl-2,4-cyclopentadien-1-yl]dirhodium dichloride(X=Cl): [Rh(C$_5$Me$_5$)(CO)(μ-CH$_2$)]$_2$Cl$_2$; dicarbonyl-di-μ-methylenebis[(1,2,3,4,5-η)-pentamethyl-2,4-cyclopentadien-1-yl]dirhodium bis(tetrafluoroborate)(X=BF$_4$): [Rh(C$_5$Me$_5$)(CO)(μ-CH$_2$)]$_2$(BF$_4$)$_2$

【背景】 本錯体はIsobeらにより1981年に報告されたメチレン架橋二核Rh(IV)錯体[Rh(C$_5$Me$_5$)Me(μ-CH$_2$)]$_2$から誘導され,1982年にはじめて合成された.メチレン基が架橋配位した特徴的な構造を有しており,Fischer-Tropsch合成に関連した炭素-炭素結合反応などの研究が展開された.

【調製法】 X=Cl[1]: [Rh(C$_5$Me$_5$)Me(μ-CH$_2$)]$_2$とHClから調製した[Rh(C$_5$Me$_5$)Cl(μ-CH$_2$)]$_2$のメタノール溶液に一酸化炭素をバブリングすることで,[Rh(C$_5$Me$_5$)(CO)(μ-CH$_2$)]$_2$Cl$_2$が生成される.X=BF$_4$[2]: [Rh(C$_5$Me$_5$)Cl(μ-CH$_2$)]$_2$をKBF$_4$と反応させた後,CO雰囲気下で撹拌することにより[{Rh(C$_5$Me$_5$)}$_2$(μ-CH$_2$)$_2$(CO)Cl]$^+$が生成される.この錯体にAgBF$_4$を作用させ,一酸化炭素をバブリングすることで[Rh(C$_5$Me$_5$)(CO)(μ-CH$_2$)]$_2$(BF$_4$)$_2$が得られ,ニトロメタン/エーテルから再結晶する(収率67%).

【性質・構造・機能・意義】 橙黄色結晶で,ほとんどの有機溶媒に不溶で,ニトロメタンに可溶(X=BF$_4$)である.空気中で不安定であるため,不活性ガス中での取り扱いが望ましい.アセトニトリル,水中では,カルボニル配位子とアセトニトリルおよび水との置換反応がそれぞれゆっくりと起こる[2].

IRスペクトルではν(CO)の吸収が1960および2060 cm^{-1}(X=Cl)[1], 2088 cm^{-1}(X=BF$_4$)[2]に観測される.X=BF$_4$における^{1}H NMRおよび^{13}C NMRスペクトル(CD$_3$NO$_2$, 30℃)では,架橋メチレン配位子がδ=10.32(t, J_{Rh-H}=1.2 Hz)およびδ=184.9(t, J_{Rh-C}=21 Hz)にそれぞれ観測される.X=BF$_4$の錯体はX線結晶構造解析により構造が決定されている[2].Rh$_2$C$_2$部位は平面構造をとり,Rh-C(架橋メチレン)の結合長は2.060(7)および2.061(6) Å,Rh-C(カルボニル)の結合長は1.908(8) Åである.亜鉛で還元することにより,エチレン,エタンなどの炭化水素の発生を伴ってカルボニル架橋錯体[{(C$_5$Me$_5$)Rh}$_2$(μ-CO)$_2$]へと変換される[3].エタノール中50℃で[Fe$_4$O(SO$_4$)$_5$]と反応させることにより酢酸メチル,アクリル酸メチルが生成する[3].アクリル酸エステルのTail-to-Tail二量化反応を触媒する[4].

【関連錯体の紹介およびトピックス】 同型のカチオン性錯体[{(C$_5$Me$_5$)Rh}$_2$(μ-CH$_2$)$_2$Y$_2$]$^{2+}$(Y=CH$_3$CN[2], H$_2$O[2,5])が合成されている.また,中性錯体[{(C$_5$Me$_5$)Rh}$_2$(μ-CH$_2$)$_2$X$_2$](X=Me[6], Cl[1], Br[1], I[1], N$_3$[1], SCN[1], Et[1])が合成されており,炭素-炭素カップリング反応[7-11]やCO挿入反応[12-14],ヒドロホルミル化反応[15]などについて研究が行われている. 【小泉武昭】

【参考文献】

1) K. Isobe *et al.*, *J. Chem. Soc., Chem. Commun.*, **1982**, 425.
2) K. Isobe *et al.*, *J. Chem. Soc., Dalton Trans.*, **1984**, 1215.
3) I. M. Saez *et al.*, *J. Organomet. Chem.*, **1987**, *334*, C17.
4) Y. Kaneko *et al.*, *Chem. Lett.*, **1997**, 23.
5) N. J. Meanwell *et al.*, *Organometallics*, **1983**, *2*, 1705.
6) K. Isobe *et al.*, *J. Chem. Soc., Chem. Commun.*, **1981**, 809.
7) A. Nutton *et al.*, *J. Chem. Soc., Chem. Commun.*, **1983**, 166.
8) I. M. Saez *et al.*, *J. Organomet. Chem.*, **1987**, *334*, C14.
9) I. M. Saez *et al.*, *J. Chem. Soc., Chem. Commun.*, **1987**, 361.
10) a) I. M. Saez *et al.*, *Polyhedron*, **1988**, *7*, 827; b) P. M. Maitlis, *Pure Appl. Chem.*, **1988**, *61*, 1747.
11) K. Kitamura-Bando *et al.*, *J. Chem. Soc., Chem. Commun.*, **1990**, 253.
12) K. Asakura *et al.*, *J. Am. Chem. Soc.*, **1990**, *112*, 3242.
13) G. J. Sunley *et al.*, *J. Chem. Soc., Chem. Commun.*, **1991**, 193.
14) K. Asakura *et al.*, *J. Am. Chem. Soc.*, **1990**, *112*, 9096.
15) K. Kitamura-Bando *et al.*, *J. Phys. Chem.*, **1996**, *100*, 13636.

$Rh_2C_{15}S_2$

有 触

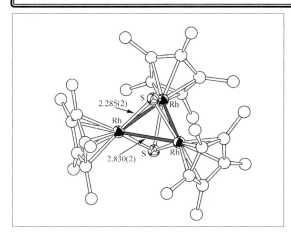

【名称】[tris{(1,2,3,4,5-η^5)-1,2,3,4,5-pentame thylcyclopentadienyl} di-μ_3-sulfidotrirhodium(+3)] bis(tetrafluoroborate) ([(RhCp*)$_3$(μ_3-S)$_2$](BF$_4$)$_2$)

【背景】金属クラスター化合物は，クラスター価電子数の変化により，金属間結合の切断，生成が起こり，酸化還元触媒としてはたらくことが期待される．この錯体を触媒とした二酸化炭素の電気化学的還元では，生成物としてギ酸やシュウ酸を与える[1]．

【調製法】アセトニトリル中で，ロジウム二核錯体[(RhCp*Cl)$_2$(μ-Cl)$_2$]をトリフルオロメタンスルホン酸銀AgOTfで処理し，塩化物イオンを塩化銀として沈殿させ=(RhCp*)(NCCH$_3$)$_3$](OTf)$_2$とする．これに，硫化ナトリウムを反応させ，不溶物をろ過で除いたろ液にテトラフェニルホウ酸ナトリウムを加え，三核錯体をテトラフェニルホウ酸塩として沈殿させる．テトラフルオロホウ酸塩は，テトラフルオロホウ酸テトラフェニルホスホニウムを用いて陰イオン交換することにより得られる．イリジウム類似体[(IrCp*)$_3$(μ_3-S)$_2$]-(BF$_4$)$_2$についても，[(IrCp*Cl)$_2$(μ-Cl)$_2$]を出発物質に用いた同様の反応で合成できる．

【性質・構造・機能・意義】これらのロジウムおよびイリジウム三核錯体のテトラフルオロホウ酸塩は，両親媒性で，水およびアセトニトリルやジクロロメタンなどの有機溶媒に可溶である．また，ロジウム錯体のテトラフェニルホウ酸塩の重ニトロメタン中での^{103}Rh NMRスペクトルは，1323 ppmにシングレットシグナルを示す．ロジウム錯体のテトラフルオロホウ酸塩は，アセトニトリル溶液中でのサイクリックボルタンメトリーで，$E_{1/2}=-0.90, -1.30, -2.56$ V (vs. E(Fc$^+$/Fc))にそれぞれ可逆な一電子酸化還元ピークを示す[2]．イリジウム錯体では，$E_{1/2}=-1.21, -1.40$ V (vs. E(Fc$^+$/Fc))にそれぞれ可逆な一電子酸化還元ピークを示す．コバルトセンを用いた化学的還元で生成する50電子錯体[(IrCp*)$_3$(μ_3-S)$_2$]は，金属間結合が1つ切断された構造をもち，金属間結合の移動によるダイナミクスが^{1}H NMRスペクトルで観測される[3]．

ロジウムおよびイリジウム錯体のテトラフルオロホウ酸塩の結晶構造は同型である．これらの三核ジカチオン錯体には，2つの硫黄原子を通る結晶学的三回軸があり，M$_3$骨格は正三角形である．その金属間距離は2.830(2) Å(Rh)と2.832(1) Å(Ir)で，クラスター価電子数48から予想されるとおり，単結合距離に相当する．また，M$_3$平面上に結晶学的な鏡面があり，2つの硫化物配位子は等価で，金属-硫黄原子間距離は2.285(2) Å(Rh)と2.289(3) Å(Ir)である．

ロジウム錯体を触媒として，アセトニトリル中での二酸化炭素の電気化学還元では，共存する支持電解質によって生成物が異なる．テトラフルオロホウ酸テトラ-n-ブチルアンモニウムを支持電解質に用いた場合，テトラ-n-ブチルアンモニウムイオンが水素イオン源となり，二酸化炭素はギ酸イオンに還元され，1-ブテンとトリ-n-ブチルアミンが生成する．テトラフルオロホウ酸リチウムを用いたプロトンソースのない条件では，二酸化炭素の還元生成物はシュウ酸イオンとなる．

イリジウム錯体を触媒とした二酸化炭素の電気化学的還元でもシュウ酸イオンが生成し，アセトニトリルと1つのCp*との反応によって生じる[(IrCp*)$_2$(Ir(η^4-C$_5$Me$_5$CH$_2$CN)(μ_3-S)$_2$)]が触媒活性種となる[4]．

【関連錯体の紹介およびトピックス】シクロペンタジエニルあるいはその誘導体を配位子としてもつ三重硫黄架橋三核錯体は，上記のロジウムやイリジウム錯体の他に，コバルト錯体[(CoCp)$_3$(μ_3-S)$_2$][5]および[{Co(η^5-C$_5$H$_4$Me)}$_3$(μ_3-S)$_2$][6]が合成されている．また，三重架橋セレニド配位子をもつ，類似のロジウムおよびイリジウム錯体も合成されている[7]．

【西岡孝訓】

【参考文献】
1) Y. Kushi *et al.*, *Chem. Lett.*, **1994**, *23*, 2175.
2) T. Nishioka *et al.*, *Chem. Lett.*, **1994**, *23*, 1661.
3) A. Venturelli *et al.*, *J. Am. Chem. Soc.*, **1994**, *116*, 4824.
4) K. Tanaka *et al.*, *Inorg. Chem.*, **1998**, *37*, 120.
5) S. Otsuka *et al.*, *Liebigs Ann. Chem.*, **1968**, *719*, 54.
6) C. R. Pulliam *et al.*, *J. Am. Chem. Soc.*, **1991**, *113*, 7398.
7) H. Seino *et al.*, *Organometallics*, **2000**, *19*, 3631.

Rh₂O₈

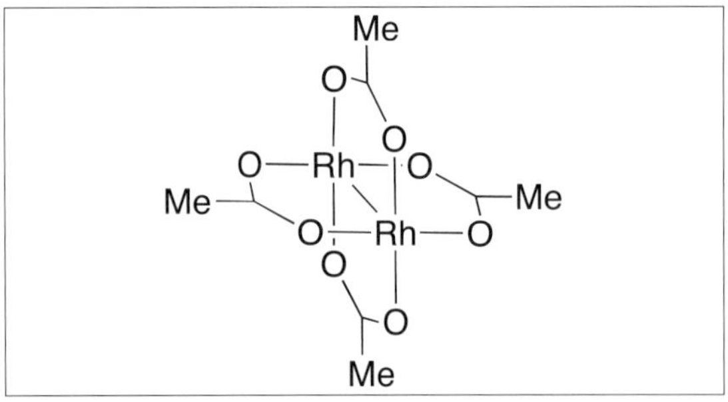

【名称】 tetrakis[μ-(acetato-*O*: *O'*)]dirhodium: Rh₂(OCOMe)₄

【背景】 1962年，Chernyaevらは(NH₄)₃[RhCl₆]と酢酸の反応で本錯体の2水和物をはじめて合成した．本錯体は2核のランタン型構造で，金属-金属結合を有する珍しいRh(II)錯体であることから，その後，様々なカルボキシラト錯体が合成されている[1]．

【調製法】 窒素雰囲気下，三塩化ロジウム3水和物と約4モル量の酢酸ナトリウム3水和物の混合物に，氷酢酸/エタノール(1:1)混合溶媒を加え還流すると，すぐに溶液の色が赤から緑に変化し，緑色の沈殿が生成する．沈殿を熱メタノールに溶解し，ろ過後に冷凍庫で再結晶するとRh₂(OAc)₄(MeOH)₂が青緑色の結晶として得られる．これを減圧下，45℃で20時間加熱するとRh₂(OAc)₄が緑色の結晶として得られる(収率76％)[2]．

【性質・構造・機能・意義】 IR (Nujol) 1580, 1425, 1355 cm⁻¹．テトラヒドロフラン(THF)，エタノール，アセトン，酢酸，アセトニトリル，ジメチルスルホキシド，ニトロメタン，水に可溶であるが，エーテルやベンゼン，四塩化炭素には不溶である[3]．本錯体のX線光電子分光測定から，各結合エネルギーは $Rh(3d_{3/2}) = 313.3$ eV, $Rh(3d_{5/2}) = 308.2$ eV, $O(1s) = 531.9$ eV である[4]．

本錯体は配位不飽和錯体であるため，容易に溶媒や配位子と錯形成して配位飽和錯体を与えるが，錯体の色は配位子により緑，紫，橙，暗茶，桃色など様々である[3] (図1)．

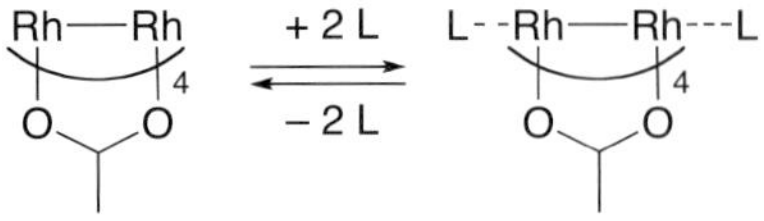

図1

2水和物錯体のX線構造解析から，Rh-O結合長はアセテート配位子で2.04±0.01 Å，水分子で2.308 Åである．Rh-Rh結合長は2.386 Åであり平均的なRh-Rh単結合(約2.7 Å)より短い．なお，このRh-Rh結合長はaxial配位子に依存する．

ジメチルホルムアミドやジメチルスルフィド中における電気化学測定において，本錯体は可逆な一電子酸化挙動を示すが，還元側では不可逆な波が観測される．一電子酸化体は二核構造を保持した安定なRh(II)-Rh(III)錯体である[5]．

本錯体は，活性点やその近傍にS-H基を有する酵素に対し優れた阻害機能を有し，抗腫瘍活性を示すことから生化学の分野でも広く研究されている[1]．

本錯体はジアゾ化合物と容易に反応してカルベン錯体を与える．このロジウムカルベノイドはO-H，Si-H，C-H挿入反応やシクロプロパン化，さらにビニルカルベノイドでは[3+2]および[3+4]環化付加反応に高い触媒活性を示し，キラル錯体による不斉反応へと展開されている(図2)[6]．

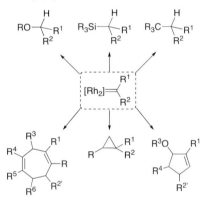

図2 キラル錯体による不斉反応

【関連錯体の紹介およびトピックス】 様々なカルボン酸を用いたRh₂(OAc)₄からの加熱条件下における配位子交換反応，もしくは三塩化ロジウム3水和物に等量のカルボン酸とそのナトリウム塩をアルコール溶媒中で反応させることで，それぞれ対応するカルボキシラト錯体Rh₂(OCOR)₄が合成できる[7]．　　【本山幸弘】

【参考文献】

1) a) I. I. Chernyaev *et al.*, *7th International Conference on Coordination Chemistry, Stockholm*, **1962**; b) E. B. Boyar *Platinum Metals Rev.*, **1982**, *26*, 65.
2) G. A. Rempel *et al.*, *Inorg. Synth.*, **1971**, *13*, 90.
3) S. A. Johnson *et al.*, *Inorg. Chem.*, **1963**, *2*, 960.
4) R. A. Walton *et al.*, *J. Chem. Soc. Dalton*, **1973**, 116.
5) J. L. Bear *et al.*, *Inorg. Chem.*, **1978**, *17*, 930.
6) *Modern Rhodium-Catalyzed Organic Reactions*, Wiley-VCH, **2005**.
7) a) G. Wilkinson *et al.*, *J. Chem. Soc. A*, **1970**, 3322; b) J. L. Bear *et al.*, *Inorg. Chem.*, **1977**, *16*, 1268.

Rh_2O_{10}

【名称】dirhodium tatraacetate dihydrate: $[Rh_2(O_2CCH_3)_4(H_2O)_2]$

【背景】古くから知られている錯体である．X線結晶構造解析により，ランタン型あるいはパドルホイール型と呼ばれる二核構造をとることが知られている[1]．核酸への相互作用が調べられ，光励起によりDNAを切断することが明らかとなった．

【調製法】現在では種々の試薬メーカーから購入可能できるが，水酸化ロジウム(III)を氷酢酸と加熱するなどして合成される[2]．再結晶により，溶媒分子がaxial位に結合した錯体が得られる．

【性質・構造・機能・意義】本錯体は，3-シアノ-1-メチルピリジニウムや1,8-ジスルホアントラキノンなどの電子アクセプター存在下で，光照射($\lambda \geq 395$ nmなど)によりDNA二重鎖を切断する．これは光励起により生じる，一電子酸化されたラジカルカチオンである$Rh_2(O_2CCH_3)_4(H_2O)_2^+$により，DNA主鎖骨格の水素原子が引き抜かれるためと考えられている．置換活性なaxial配位子が必須であり，ピリジンやトリフェニルホスフィン配位子では，DNAの切断は起きない[3]．

【関連錯体の紹介およびトピックス】axial配位子を代えた錯体や，1つもしくは2つのアセチル配位子をフェナントロリンやビピリジンなどの二座配位子に置き換えた錯体も報告されており，DNAへの結合能や生理活性に興味がもたれている[4]．

【竹澤悠典・塩谷光彦】

参考文献
1) E. B. Boyar *et al.*, *Coord. Chem. Rev.*, **1983**, *50*, 109.
2) S. A. Johnson *et al.*, *Inorg. Chem.*, **1963**, *2*, 960.
3) P. K.-L. Fu *et al.*, *Inorg. Chem.*, **2001**, *40*, 2476.
4) J. D. Aguirre *et al.*, *Inorg. Chem.*, **2007**, *46*, 7494.

Rh₃C₁₅S₆

電 溶 有

【名称】 [μ₃-[1,2,3,4,5,6-benzenehexathiolate (6−)-κS^1, κS^2,κS^3,κS^4,κS^5,κS^6]]tris[(1,2,3,4,5-h)-1,2,3,4,5-pentamethyl-2,4-cyclopentadien-1-yl]trirhodium(+3): Rh₃(η⁵-C₅Me₅)₃(S₆C₆)

【背景】 後周期遷移金属のメタラジチオレン環は平面構造を有し芳香性を帯びるため，特徴的な酸化還元挙動や強い光吸収能などの物性を示す．一方，環状三核錯体は核間の電子的および磁気的相互作用によりスピンフラストレーションや多段階混合原子価状態生成などの性質を示す．この錯体は上記2つの特徴を有した錯体の合成例である[1]．

【調製法】 窒素雰囲気下，ヘキサベンゼンチオールのジクロロメタン溶液中にトリエチルアミンを添加し，[Rh(η⁵-C₅Me₅)Cl₂]₂のジクロロメタン溶液を加え室温で2時間撹拌する．反応溶液をろ過し，溶媒を減圧留去後，アルミナカラムクロマトグラフィーにより分離する．得られた粗生成物をジクロロメタン−ヘキサン混合溶媒を用い再結晶することで目的錯体を得る．

【性質・構造・機能・意義】 ジクロロメタン溶液は濃青色を呈し，590 nm(ε=36200 M⁻¹cm⁻¹)にジチオレンからロジウム(III)へのLMCTが観測される．

この錯体は結晶構造が得られており，ベンゼン環とそれによって連結された3つのジチオレン環が同一平面上に存在し，C₅Me₅環はこの平面に対し直角に位置している．ベンゼン環と3つのジチオレン環の平面性から，この錯体はπ電子が非局在化しており3つの金属間に電子的相互作用があることを示唆している．ジチオレン環を構成する3つの平均C–C結合長が1.39(2) Åであるのに対し，ジチオレン環を繋いでいる平均C–C結合長は1.47(2) Åと若干長くなっており，中心のベンゼン環はわずかに歪んでいる．1分子中に含まれる3つのC₅Me₅環のうち1つと近接するもう一分子の中心ベンゼン環との距離が3.50(5) Åであり，π-π相互作用がある．

この錯体はレドックス活性な3つのロダジチオレンユニットが等価にπ共役連結しており，Bu₄NClO₄-C₆H₅CN溶液中で3段階の可逆な一電子酸化還元反応を起こす．すなわち，[Rh(III)-Rh(III)-Rh(III)]の状態から，[Rh(II)-Rh(III)-Rh(III)]¹⁻，[Rh(II)-Rh(II)-Rh(III)]²⁻の2段階の混合原子価状態をとり，最終的に[Rh(II)-Rh(II)-Rh(II)]³⁻となる．酸化還元電位はフェロセニウム/フェロセンを基準として，$E_1^{o'}$=−1.35 V，$E_2^{o'}$=−1.58 V，$E_3^{o'}$=−1.92 Vである．

本錯体は，後周期遷移金属のメタラジチオレン環をπ共役連結させ核間に相互作用をもたせたことにより，多段階の混合原子価状態を観測できる興味深い錯体である．

【関連錯体の紹介およびトピックス】 金属中心がCoとIrの環状三核錯体がそれぞれ合成されている．どちらの錯体も結晶構造が解析されており，ジチオレン環を構成する3つの平均C–C結合長とジチオレン環を繋いでいる平均C–C結合長の差が高周期の金属になるほど大きくなり中心のベンゼン環の歪みが大きくなる．すなわち，中心の9族金属が高周期になるほど芳香属性が減少するため分子内の核間相互作用も弱くなる．この性質は酸化還元特性にも現れており，9族元素を有する環状三核錯体の混合原子価状態は低周期の金属ほど安定に観測される[1]．

(η⁵-C₅H₅)配位子を有する環状Co三核錯体は，混合原子価状態の熱力学安定性が電解質溶媒中のカチオンサイズと溶媒極性に大きく依存するという興味深い性質をもつ[2-4]．カチオンサイズが小さく，溶媒の極性が低い場合(NaBPh₄-THF)に比べ，カチオンサイズが大きく溶媒の極性が高い場合(Bu₄NClO₄-MeCN)の方が混合原子価状態は安定に観測される．このマトリックス効果は，錯体還元体の磁性にも大きく現れる．以上のマトリックス依存性は，溶媒和カチオンと三核錯体上の負電荷との静電引力が強いと負電荷が局在化するためだと考えられている．

【西原 寛】

【参考文献】
1) Y. Shibata et al., Dalton Trans., **2009**, 1939.
2) M. Okuno et al., Chem. Lett., **1995**, 585.
3) H. Nishihara et al., J. Chem. Soc., Dalton Trans., **1998**, 2651.
4) M. Okuno et al., J. Electroanal. Chem., **1997**, 438, 79.

Rh_4C_{12}

触 ク 有

【名称】tri-μ-carbonylnonacarbonyltetra rhodium):
$Rh_4(CO)_{12}$

【背景】本錯体は1943年,銀や銅粉存在下での$RhCl_3$と一酸化炭素の反応によりはじめて合成された[1].このHieberとLagallyの合成法では80℃以下で本錯体,80℃以上でホモレプティックな$Rh_6(CO)_{16}$が生成するが,200気圧の一酸化炭素が必要であるため,その後にいくつかの改良合成法が報告されている[2].

【調製法】一酸化炭素雰囲気下,三塩化ロジウム3水和物のメタノール溶液を還流すると,すぐに溶液が暗赤色からレモン色に変化する.IRで$H[RhCl_2(CO)_2]$錯体由来の吸収($\nu_{CO}=2070, 1994\ cm^{-1}$)のみを確認した後に,室温で塩化ナトリウムを加えて一酸化炭素雰囲気下で撹拌すると$Na[RhCl_2(CO)_2]$が生成する.脱気したクエン酸二ナトリウムの飽和水溶液をゆっくり加えると,すぐに溶液が橙色に変化する.一酸化炭素雰囲気下,室温で5時間撹拌すると橙色の沈殿が生成する.沈殿を窒素雰囲気下でろ過し,減圧乾燥後に塩化メチレンで抽出する.抽出液をすばやく濃縮すると,$Rh_4(CO)_{12}$が橙色粉末として得られる(収率85%).橙色粉末のヘキサン溶液を−70℃で再結晶すると,$Rh_4(CO)_{12}$が暗赤色の微結晶として得られる[3].

【性質・構造・機能・意義】本錯体は窒素下130〜140℃で分解して空気中で安定な暗褐色の$Rh_6(CO)_{16}$が生成する.溶液中では容易に分解(例えばヘプタン中での分解点は50〜60℃)するが,一酸化炭素雰囲気下では分解が抑制される.そのため,一酸化炭素雰囲気下で保存するのが好ましい.本錯体はペンタン[〜12 g/L(25℃)]やヘプタン,トルエン,アセトン,テトラヒドロフランに易溶[〜10 g/L(25℃)]であるが,メタノールには難溶である.$Rh_6(CO)_{16}$は有機溶媒に難溶である[4].IR(hexane)$\nu_{CO}=2075(s), 2071(s), 2062(w, sh), 2044(m), 2024(w), 1886(s)\ cm^{-1}$.なお,$Rh_6(CO)_{16}$錯体は$\nu_{CO}=2075(s), 2025(m), 1800(s)\ cm^{-1}$に吸収がある.$^{13}C$ NMR (183 K) $\delta=228.8$ (t,架橋CO), 183.4 (d, equatorial CO), 181.8 (d, apical CO), 175.5 (d, axial CO)に観測される[5].X線構造解析から,本錯体はC_{3v}対称でRh原子がテトラヘドラル構造をとっており,アピカル位に$Rh(CO)_3$フラグメント,残りは$Rh(CO)_2$フラグメントで3つの架橋CO配位子を有する.6つのRh–Rh結合長は2.66〜2.76 Å,Rh–C結合長は末端COで1.89〜1.94 Å,架橋COで2.08〜2.13 Åである[6].

本錯体のCO配位子はホスフィンやホスファイトと容易に交換反応を起こすが,反応条件を適宜選択することで$Rh_4(CO)_{10}(P)_2$, $Rh_4(CO)_9(P)_3$, $Rh_4(CO)_8(P)_4$錯体の作り分けが可能である[7].

$$Rh_4(CO)_{12} \xrightarrow[\text{hexane / rt}]{PPh_3} Rh_4(CO)_{10}(PPh_3)_2$$

$$PPh_3 \downarrow \text{benzene 70 °C} \qquad CH_2Cl_2\ rt \downarrow PPh_3$$

$$Rh_4(CO)_8(PPh_3)_4 \qquad Rh_4(CO)_9(PPh_3)_3$$

本錯体はカルボニル化やヒドロホルミル化に高い触媒活性を示す.$Rh_4(CO)_{12}$は130〜140℃で分解して$Rh_6(CO)_{16}$を与えるが,$Rh_6(CO)_{16}$は有機溶媒に対する溶解性が低いため,通常,低温での反応では$Rh_4(CO)_{12}$が用いられる.アルケンのヒドロホルミル化反応において,反応系にPPh_3を添加するとn/iso比が向上するが,これは系中で$RhH(CO)(PPh_3)_2$が活性種として生成しているためと考えられている[8].その他にも本錯体ならびにその誘導体は,アルケンの水素化,ヒドロシリル化などの触媒機能を有する.

【関連錯体の紹介およびトピックス】$[Rh(CO)_2Cl]_2$や$Rh_2(OAc)_4$錯体から,常圧の一酸化炭素雰囲気下で$Rh_6(CO)_{16}$錯体が合成できる.また,本錯体や$Rh_6(CO)_{16}$錯体はロジウム錯体の出発原料として極めて有用であり,様々なカルボニルクラスター錯体や不均一系ロジウム触媒が合成できる[9]. 【本山幸弘】

【参考文献】
1) W. Hieber *et al.*, *Z. Anorg. Allg. Chem.*, **1943**, *251*, 96.
2) a) A. G. Osborne *et al.*, *Inorg. Synth.*, **1977**, *17*, 115; b) S. Martinengo *et al.*, *Inorg. Synth.*, **1990**, *28*, 242.
3) Ph. Kalck *et al.*, *Inorg. Synth.*, **1998**, *32*, 284.
4) P. Chini *et al.*, *Inorg. Chim. Acta*, **1969**, *3*, 315.
5) B. T. Heaton *et al.*, *Inorg. Chim. Acta*, **2006**, *359*, 3557.
6) a) C. H. Wei *et al.*, *J. Am. Chem. Soc.*, **1967**, *89*, 4792; b) L. J. Farrugia, *J. Cluster Sci.*, **2000**, *11*, 39.
7) B. L. Booth *et al.*, *J. Organomet. Chem.*, **1971**, *27*, 119.
8) G. Wilkinson *et al.*, *J. Chem. Soc. A*, **1970**, 2753.
9) a) B. R. James *et al.*, *Inorg. Synth.*, **1976**, *16*, 49; b) P. Chini *et al.*, *Adv. Organomet. Chem.*, **1976**, *14*, 285; c) P. Chini *et al.*, *Top. Curr. Chem.*, **1977**, *71*, 1.

Rh₄C₂₄S₄

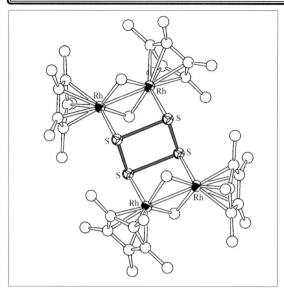

【名称】[tetra-μ-methylenetetrakis{(1,2,3,4,5- η^5)-1,2,3,4,5-pentamethylcyclopentadienyl}μ₄-tetrasulfido-κS: κS′: κS″: κS‴tetrarhodium（＋2）] bis (tetrafluoroborate): [{(RhCp*)₂(μ-CH₂)₂}₂(μ₄-S₄)](BF₄)₂

【背景】硫黄には，S_8に代表される分子や，気相中で観測されるS_2，S_4，S_6など，多くの同素体が存在する．また，ポリ硫化物イオン$S_n{}^{2-}$（$n=2\sim5$）の存在など，硫黄原子によって構成される物質の構造は多様である．さらに，硫黄原子のとりうる形式酸化数は，硫化物イオンの－2から硫酸イオンの+6まで幅広く，その酸化還元を含めた化学は，生体物質や自然界における硫黄の循環などとの関連から注目されている．この錯体は，金属錯体ユニット上で長方形型の環状四硫化物が安定化されたはじめての例である[1]．

【調製法】ロジウム二核錯体[(RhCp*Cl)₂(μ-CH₂)₂]のメタノール溶液に，硫化水素ガスを通じ生成する[(RhCp*)₂(μ-CH₂)₂(μ-SH)]⁺を，硫化水素存在下で空気酸化することにより，塩化物イオンと水酸化物イオンを対陰イオンとする塩として目的の錯体が得られる．さらに，この塩の水溶液に，テトラフルオロホウ酸ナトリウムを加えることで，テトラフルオロホウ酸塩が得られる．また，アセトニトリル中での[(RhCp*)₂(μ-CH₂)₂(μ-SH)]⁺と硫黄の反応によっても[{(RhCp*)₂(μ-CH₂)₂}₂(μ₄-S₄)]²⁺が生成する．

【性質・構造・機能・意義】この錯体の重ジクロロメタン溶液の¹H NMRスペクトルでは，架橋メチレンのプロトンのシグナルが4本観測され，この錯体が溶液中でも四核構造を保っている．質量分析では，$m/z=$ 568に，イオン化過程における2つのS-S結合開裂により生成した，二核錯体の1価イオン[(RhCp*)₂(μ-CH₂)₂(μ-S₂)]⁺が観測される．

サイクリックボルタンメトリー測定では，1回目の掃引で，－0.70 V（vs. E(Ag/AgCl)）と－0.21 Vに，それぞれ還元波と再酸化波が観測され，2回目以降の掃引では，新たに－0.27 Vに還元波が観測される．これは，最初の還元の後続反応により，四核錯体のS-S結合が開裂し，二核錯体[(RhCp*)₂(μ-CH₂)₂(μ-S₂)]へと構造変化することに起因する．テトラヒドロホウ酸ナトリウムによる化学還元でも，この二硫化物二核錯体が生成する[2]．この二硫化物二核錯体は，非常に反応性が高く，酸素分子との反応で二硫化物配位子が酸素化され[(RhCp*)₂(μ-CH₂)₂(μ-SSO-S:S′)]や[(RhCp*)₂(μ-CH₂)₂(μ-SSO₂-S:S′)]を与える[3]．

この四核錯体のテトラフルオロホウ酸塩の結晶構造では，環状四硫化物配位子は長方形で，Rh-Rh結合軸に垂直なS-S結合距離は1.979(1) Å，平行なS-S結合距離は2.702(1) Åである．類似のイリジウム四核錯体の塩化物塩[{(IrCp*)₂(μ-CH₂)₂}₂(μ₄-S₄)]Cl₂では，環状四硫化物配位子の長方形の長辺と短辺がロジウム錯体のときと入れ代わった構造で，Ir-Ir結合に平行，および垂直なS-S結合距離は，それぞれ2.049(3)，2.895(3) Åとなっている[3]．

これらの錯体の分子軌道計算の結果は，ロジウムおよびイリジウム四核錯体中の環状四硫化物配位子が正方形型の構造をとるよりも，Jahn-Teller歪みによって長方形型構造をとる方が安定であることを示している．また，長方形の長辺と短辺が入れ代わった異性体に大きなエネルギー差がないことに加えて，これらの異性体間の相互変換反応の中間体が，台形型の環状四硫化物であることが示唆されている．さらに，長方形型四硫化物配位子の長辺に位置するS-S結合は，結合性軌道に2電子，反結合性軌道に1電子入った二中心三電子結合(半結合)であることも示されている[4]．

【関連錯体の紹介およびトピックス】硫化水素の代わりにセレン化水素を用いて，長方形型環状四セレン化物配位子をもつ四核ロジウム錯体[{(RhCp*)₂(μ-CH₂)₂}₂(μ₄-Se₄)](BPh₄)₂が合成されている．【西岡孝訓】

【参考文献】
1) K. Isobe *et al., Angew. Chem. Int. Ed. Engl.*, **1994**, 33, 1882.
2) T. Nishioka *et al., Chem. Lett.*, **1996**, 25, 911.
3) T. Nishioka *et al., Inorg. Chem.*, **2004**, 43, 5688.
4) R. Hoffmann *et al., Chem. Asian J.*, **2009**, 4, 302.

$[Rh_2C_4O_4]_n$

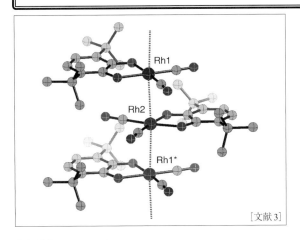

[文献3]

【名称】catena-[(3,6-di-*tert*-butyl-1,2-benzo semiquinonato-κO, κO')-dicarbonyl-rhodium(I)]:[Rh(3,6-DBSQ)(CO)$_2$]$_n$

【背景】[Rh^I(acac)(CO)$_2$](acac$^-$=acetylacetonato)[1]に代表されるロジウム(I)錯体はd^8電子配置で，Pt(II)錯体と同様に平面四配位構造をとる．固体状態では金属-金属相互作用によって鎖状構造を形成し，二色性を示す．Abakumovらは，ESRスペクトルによるRh(I)錯体のキャラクタリゼーションを行うために，3,6-ジ-*tert*-ブチル-1,2-ベンゾセミキノネート(3,6-DBSQ$^-$)とn-またはπ-ドナー配位子を組み合わせたRh(I)錯体を合成している過程で，上記の錯体のacacの部分が3,6-ジ-*tert*-ブチル-1,2-ベンゾセミキノナトである一次元Rh(I)-セミキノナト錯体[Rh(3,6-DBSQ)(CO)$_2$]をはじめて合成した[2].

【調製法】トルエン30 mLに溶かした[(CO)$_2$RhCl]$_2$(194 mg, 0.5 mmol)とトルエン20 mLに溶かしたTl(3,6-DBSQ)(424 mg, 1 mmol)を反応させると溶液の色は赤茶色へ変わり，TlClが析出する．TlClをろ過で取り除いた後，ろ液を濃縮乾固する．ペンタンからの再結晶により，暗茶色の針状結晶が得られる．

【性質・構造・機能・意義】この錯体は，Rh$^+$イオンに3,6-DBSQ$^-$と2つのカルボニルが配位した平面型構造であり，さらにこの分子がRh⋯Rh相互作用によってつながり，一次元鎖を形成している[3]．Rh-Rh距離には3.252(4)，3.304(5) Åの二種類あり，[Rh^I(acac)(CO)$_2$]でのRh-Rh距離3.270(6)，3.260(6) Åと一致する．配位子の平均のC-O距離は1.295(8) Åであり，さらにo-キノイドの歪みが見られ，配位子はセミキノネートの状態である．平均のRh-O，Rh-C距離はそれぞれ2.026(4) Å，1.844(9) Åである．磁化率は，330 Kから約104 Kまで範囲ではCurie-Weiss則(Weiss温度θ= +20.7 K)でフィットでき，強磁性相互作用の存在が示唆される．有効磁気モーメントはこの温度範囲で0.99から1.09 μ_Bまで増加する．105 Kで磁化率に跳びが見られ，有効磁気モーメントは1.49 μ_Bまで増加した後，5.0 Kで0.63 μ_Bまで減少する．低温域でのWeiss温度θは-11.7 Kと見積もられる．この錯体のペンタン溶液のスペクトルは，温度の低下に伴い可視と近赤外領域に新しい吸収を示し，最も低エネルギーの1500 nmを中心とする強いブロードな吸収が増大する．この吸収は固体状態では1600 nmに現れる．さらに，この錯体の細い結晶について，この吸収帯に相当する近赤外光を照射すると結晶が曲がるフォトメカニカル効果を示す[4,5]．この1600 nmの吸収の起源として，Rhの4d_{z^2}軌道と5p_z軌道によって形成されるバンド構造に関係している可能性が考えられる．もう1つの帰属として，d_{z^2}軌道からできる満たされたバンドの反結合性の準位から，空のセミキノナト配位子のπ*軌道へのMLCT遷移が挙げられる．簡易の偏光スペクトル測定から，1600 nmの吸収はMLCT遷移の可能性が高いことが示唆されている[5].

【関連錯体の紹介およびトピックス】[Rh(3,6-DBSQ)(CO)$_2$]$_\infty$の配位子の4,5-位に2つのClを導入し，金属-配位子間電荷移動(原子価互変異性)によって一次元金属鎖の混合原子価化を実現した一次元混合原子価Rh(I,II)-セミキノナト/カテコラト錯体[Rh(3,6-DBDiox-4,5-Cl$_2$)(CO)$_2$]$_\infty$(3,6-DBDiox-4,5-Cl$_2$は3,6-ジ-*tert*-ブチル-4,5-ジクロロ-1,2-ベンゾセミキノナト(3,6-DBSQ-4,5-Cl$_2$)あるいは3,6-ジ-*tert*-ブチル-4,5-ジクロロカテコラト(3,6-DBCat-4,5-Cl$_2$)の状態を表す)が報告されている[6]．この錯体は，室温で，一次元鎖内で三量体を形成し，三量体あたり1分子で金属から配位子への電荷移動が起こり，Rhの平均酸化数は+1.33と考えられる．この錯体は中性分子であるにもかかわらず，室温での電気伝導率はσ_{RT}=17〜34 S cm^{-1}と比較的高い値を示す．

【満身 稔】

【参考文献】

1) N. A. Bailey *et al.*, *Chem. Commun.*, **1967**, 1041.
2) V. I. Nevodchikov *et al.*, *J. Organomet. Chem.*, **1981**, *214*, 119.
3) C. W. Lange *et al.*, *J. Am. Chem. Soc.*, **1992**, *114*, 4220.
4) G. A. Abakumov *et al.*, *Dokl. Akad. Nauk SSSR*, **1982**, *266*, 1407.
5) C. G. Pierpont, *Proc. Indian Acad. Sci. (Chem. Sci.)*, **2002**, *114*, 247.
6) M. Mitsumi *et al.*, *Angew. Chem. Int. Ed.* **2005**, *44*, 4164.

[Rh$_2$N$_8$]$_n$

導 磁

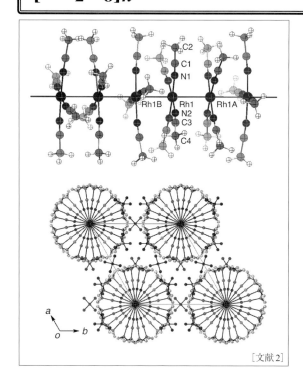

[文献2]

【名称】 catena-poly[[bis(tetrakisacetonitrile rhodium)-(Rh-Rh)(I, II)]tris(tetrafluoroborate)]: {[Rh$_2$(MeCN)$_8$]-(BF$_4$)$_3$}$_n$

【背景】 d^{8}電子配置をもつ平面型金属錯体は，固体状態でd$_{z^2}$軌道の重なりによってカラム状に積層した一次元鎖構造をとる．この閉殻系を部分酸化すると，{K$_2$[Pt(CN)$_4$]Br$_{0.3}$·3H$_2$O}$_n$(KCP(Br))のように金属伝導を示す．混合原子価Rh^I/Rh^{II}化学種に関しては，一部の例外を除き複核構造であった．無限鎖の金属-金属結合鎖が形成されにくい理由は，カルボキシレート，ハロゲン化物イオン，ホスファンなどの配位子では，軸位で金属どうしが直接近づくことが容易ではないためである．[Rh$_2^{II,II}$(MeCN)$_{10}$](BF$_4$)$_4$は，配位子どうしの立体障害を最小にできるアセトニトリルを配位子にもち，架橋配位子なしで複核構造をとる．この錯体を電気化学的に部分還元することによって，はじめて一次元混合原子価ロジウム(I,II)錯体{[Rh$_2^{I,II}$(MeCN)$_8$]-(BF$_4$)$_3$}$_n$が合成された[1,2]．

【調製法】 グラスフィルターで2つに仕切られた電解セルの陰極側に[Rh$_2$(MeCN)$_{10}$](BF$_4$)$_4$ 60 mg，陽極側にn-Bu$_4$NBF$_4$ 200 mgを入れ，溶媒としてアセトニトリル20 mL，電極に白金電極を用い2 μAの定電流で電解結晶化すると，陰極側が暗赤茶色へと変化し，電極上に{[Rh$_2$(MeCN)$_8$](BF$_4$)$_3$}$_n$の結晶が析出する．

【性質・構造・機能・意義】 {[Rh$_2$(MeCN)$_8$](BF$_4$)$_3$}$_n$は平面型のRh(MeCN)$_4$ユニットがRh-Rh結合によってつながったカチオン性の一次元鎖から構成されている．この錯体の結晶の空間群はP6$_2$22であり，ロジウム原子は6$_2$螺旋軸上に位置している．Rh-Rh距離には，2.8442(8) Åと2.9277(8) Åの2種類があり，Rh-(MeCN)$_4$ユニットは一次元鎖内で二量化している．これらのRh-Rh距離は[Rh$_2^{II,II}$(MeCN)$_{10}$](BF$_4$)$_4$のRh-Rh単結合(2.624(1) Å)に比べて非常に長く，[Rh^I(CO)$_2$(MeCN)$_2$]BF$_4$のRh-Rh距離(3.1528(14)，3.1811(14) Å)に比べて短い．隣接するRh(MeCN)$_4$ユニットは，アセトニトリルどうしの立体反発を小さくするために二量体内で44.8°，二量体間で15.3°ねじれている．ロジウムの平均酸化数は+1.5価であり，混合原子価錯体である．室温での電気伝導率は$\sigma = 0.5 \sim 2$ S cm^{-1}であり，活性化エネルギーE_aが約500 K(43 meV)の半導体である．室温でのESRスペクトルは$g = 2.1679$，$\Delta H = 234$ Gの1つのブロードシグナルを示す．温度の低下とともに線幅は非常に細くなり，80 Kでは，アキシャルRh^{II}系と一致して，$g_\perp = 2.1991$，$g_\parallel = 1.9972$に2つのg値が観測される．4.2 Kでは，g値の位置は変化しないが，線幅が増加するとともに，シグナル強度は劇的に減少している．この錯体は40 Kまでパウリ常磁性に相当する温度に依存しない常磁性(1×10^{-4} emu mol^{-1})を示し，このふるまいはESRのシグナル強度の積分からも確認されている．さらに，磁化率は20 K付近で急激に減少し，スピン・パイエルス転移を起こしている可能性が指摘されている．

【関連錯体の紹介およびトピックス】 一次元混合原子価ロジウム(I,II)錯体として，{[Rh$_2^{I,II}$(μ-O$_2$CMe)$_2$(bipy)$_2$]BF$_4$·H$_2$O}$_n$が知られている[3]．この錯体は，2つのRh(bipy)を2つのアセテートで架橋した[Rh$_2$(μ-O$_2$CMe)$_2$(bipy)$_2$]$^+$ユニットがRh-Rh結合でつながった一次元鎖構造を形成している．複核ユニット内のRh-Rh距離は2.666(2) Åであり，ユニット間のRh-Rh距離は2.833(2) Åである．ロジウムの平均酸化数は+1.5価である．室温での電気伝導率は$\sigma = 35$ S cm^{-1}と高い値を示すが，半導体である．

【満身 稔】

【参考文献】

1) G. M. Finniss *et al.*, *Angew. Chem. Int. Ed. Engl.*, **1996**, *35*, 2772.
2) M. E. Prater *et al.*, *J. Am. Chem. Soc.*, **1999**, *121*, 8005.
3) F. P. Pruchnik *et al.*, *Inorg. Chem. Commun.*, **2001**, *4*, 19.

$[Rh_3C_6O_6]_n$

導 磁

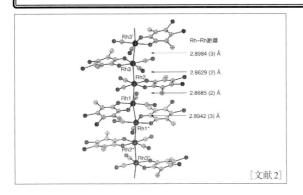

[文献2]

【名称】 catena-poly[bis(3,6-di-tert-butyl-4,5-dichloro-1,2-benzosemiquinonato-κO,κO')-(3,6-di-tert-butyl-4,5-dichloro-catecholato-κO,κO')-hexacarbonyl- dirhodium-(I)rhodium(II)(2 Rh-Rh)]:[Rh(3,6-DBDiox-4,5-Cl_2)-(CO)_2]_n

【背景】 多くの部分酸化型一次元金属錯体が開発され,$K_2[Pt(CN)_4]Br_{0.3} \cdot 3H_2O$(KCP(Br))は金属伝導性を示した[1]. しかしながら, これらの錯体では結晶化後のバンドフィリング制御は困難であり, バンドフィリングの調節による物性の制御のために, 新たな方法で中心金属を部分酸化する必要がある. ジオキソレン誘導体は, 二段階一電子移動によってベンゾキノン(BQ), セミキノネート(SQ^-), カテコレート(Cat^{2-})の状態を安定にとることができ, さらに, 金属との酸化還元も可能である. このような特徴をもつセミキノネートを一次元Rh(I)鎖と組み合わせ, 金属-配位子間電荷移動(原子価互変異性)を利用して金属イオンを混合原子価とするには, Rh(I)の一次元dバンドとセミキノナト配位子のπ^*軌道のエネルギーレベルを合わせる必要がある. そこで, 配位子の2つのCl基を導入した3,6-ジ-tert-ブチル-4,5-ジクロロ-1,2-ベンゾセミキノネート(3,6-DBSQ-4,5-Cl_2^-)とRh(I)ジカルボニルを組み合わせた一次元混合原子価Rh(I,II)-セミキノナト/カテコラト錯体[Rh(3,6-DBDiox-4,5-Cl_2)(CO)_2]_n(3,6-DBDiox-4,5-Cl_2は3,6-ジ-tert-ブチル-4,5-ジクロロ-1,2-ベンゾセミキノナト(3,6-DBSQ-4,5-Cl_2^-)あるいは3,6-ジ-tert-ブチル-4,5-ジクロロカテコラト(3,6-DBCat-4,5-Cl_2^{2-})の状態を表す)が開発された.

【調製法】 [Rh(3,6-DBDiox-4,5-Cl_2)(CO)_2]_nは, ペンタンを溶媒として[$Rh_4(CO)_{12}$]と3,6-ジ-tert-ブチル-4,5-ジクロロ-1,2-ベンゾキノン(3,6-DBBQ-4,5-Cl_2)の酸化還元反応によって黒色針状晶として得られる.

【性質・構造・機能・意義】 [Rh(3,6-DBDiox-4,5-Cl_2)-(CO)_2]_∞の結晶構造は, ロジウム錯体分子がRh-Rh結合によってつながった電気的中性の一次元鎖のみから構成される. 室温における錯体分子は一次元鎖内で三量体を形成している. 三量体内のRh-Rh距離(2.8685(2), 2.8629(2) Å)は三量体間でのRh-Rh距離(2.8942(3), 2.8984(3) Å)に比べて0.03Åほど長い. この錯体の室温でのXPSは, $Rh^+3d_{5/2,3/2}$と$Rh^{2+}3d_{5/2,3/2}$ダブレットを示し, XPSのタイムスケール(10^{-17}s)ではRh^+とRh^{2+}の混合原子価状態である. さらに, $Rh^+3d_{5/2}/Rh^{2+}3d_{5/2}$と$Rh^+3d_{3/2}/Rh^{2+}3d_{3/2}$ダブレットの強度比はそれぞれ2:1であり, [$Rh^I$(3,6-DBSQ-4,5-$Cl_2$)(CO)_2]と[$Rh^{II}$(3,6-DBCat-4,5-$Cl_2$)(CO)_2]の比が2:1であることを示唆する. したがって, 三量体あたり1分子で金属から配位子への電荷移動が起きており, ロジウムの平均酸化数は+1.33であると考えられている. 56 Kでの結晶構造では, 室温で観測された三量体が二量化を起こして六量体を形成している. 六量体内でのRh-Rh距離は2.8059(3)~2.8180(2) Åであるのに対し, 六量体間では2.8592(3) Åである. この錯体は7800 cm^{-1}を中心とする強いブロードな吸収を示し, $Rh^{2+} \leftarrow Rh^+$および/または$\pi^*(SQ^-) \leftarrow \pi^*(Cat^{2-})$の原子価間電荷移動遷移に帰属される. さらに, ジクロロメタン溶液での電子スペクトルから, この錯体はジクロロメタン溶液中では[Rh^I(3,6-DBSQ-4,5-Cl_2)(CO)_2]として存在している. この錯体は中性分子であるにもかかわらず, 室温での電気伝導率はσ_{RT}=17~34 S cm^{-1}と比較的高い値を示す. 抵抗率の温度依存性は半導体であり, 300~179 Kと154~80 Kにおける活性化エネルギーはそれぞれ114 meV, 64.4 meVである. 温度の低下に伴う抵抗率の増加は, 三量体の二量化によると考えられている. この錯体は金属-配位子間電荷移動によって一次元dバンドを部分酸化したはじめての例である.

【関連錯体の紹介およびトピックス】 一次元混合原子価ロジウム(I,II)錯体として, {[$Rh_2^{I,II}(MeCN)_8$](BF_4)_3}_∞, {[$Rh_2^{I,II}(\mu-O_2CMe)_2$(bipy)_2]$BF_4 \cdot H_2O$}_nが知られている[3,4]. これらの錯体のロジウムの平均酸化数は+1.5価であり, 室温での電気伝導率σはそれぞれ0.5~2 S cm^{-1}, 35 S cm^{-1}と高い値を示すが, いずれも半導体である.

【満身 稔】

【参考文献】
1) H. R. Zeller et al., J. Phys. Chem. Solids, **1974**, 35, 77.
2) M. Mitsumi et al., Angew. Chem. Int. Ed., **2005**, 44, 4164.
3) M. E. Prater et al., J. Am. Chem. Soc., **1999**, 121, 8005.
4) F. P. Pruchnik et al., Inorg. Chem. Commun., **2001**, 4, 19.

$[Rh_4C_{16}Cl]_n$

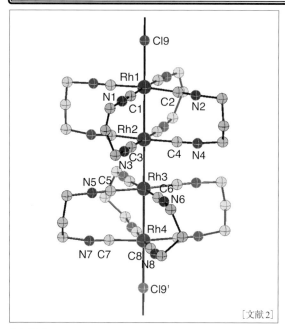

【名称】 catena-poly[trihydrogen |bis[tetrakis(μ-diisocyanopropane κC: κC')dirhodium]-μ-chloro(3Rh-Rh)(3+)|-tetrachlorocobaltide–water (1/n)]: [H₃|Rh₄(bridge)₈Cl]-(CoCl₄)₄·nH₂O]ₙ

【背景】 水溶液からの光化学的な水素発生は, 太陽エネルギーの貯蔵への応用が期待できることから, 精力的に研究されている. これらの研究において最も重要なことは, 光によって生成した前駆体からの水素発生メカニズムの決定である. 12 M HCl に溶かした $[Rh_2(bridge)_4]^{2+}$ (bridge=1,3-ジイソシアノプロパン) に 546 nm の光を照射すると水素と $[Rh_2(bridge)_4Cl_2]^{2+}$ が生じることが報告された[1]. この水素発生メカニズムを明らかにするために, フラッシュフォトリシス, 赤外吸収スペクトル測定, 元素分析が行われ, 光化学的に活性な錯体は2つの $Rh_2(bridge)_4^{3+}$ ユニットからなる四核錯体であることが示唆された. さらに, 活性な錯体におけるハロゲン化物イオンの結合やσ→σ*遷移の存在から, 硫酸溶液では $[Rh_2(bridge)_4]_2^{6+}$, ハロゲン化水素水溶液では $[Rh_2(bridge)_4X]_2^{4+}$ であることが示唆されていた. 12 M 塩酸に溶かした $[Rh_2(bridge)_4]$-$(BF_4)_2$ の光活性溶液に $CoCl_2·6H_2O$ を加えることによって, $H_3[Rh_4(bridge)_8Cl][CoCl_4]_4·nH_2O$ が得られ, 結晶構造解析が行われた[2].

【調製法】 この錯体は, 12 M 塩酸に溶かした $[Rh_2(bridge)_4](BF_4)_2$ の光活性な溶液に $CoCl_2·6H_2O$ を加え, 水を取り除くために五酸化二リン入りのビーカーと塩化水素を除くための水酸化ナトリウムの入ったビーカーを入れたデシケーター中で濃縮を行なうことで, 緑色結晶として得られる.

【性質・構造・機能・意義】 この錯体のカチオン部分は, 2つの $Rh_2(bridge)_4^{3+}$ ユニットが Rh-Rh 結合によってつながった四核錯体を形成し, この四核錯体が塩化物イオンによって架橋されて, -Rh₂Rh₂Cl- の周期をもつ一次元鎖を形成している. 2つの $Rh_2(bridge)_4^{3+}$ ユニットの各々は, ほぼエクリプス配座をとっているが(Rh(1)-Rh(2), Rh(3)-Rh(4)の二面角はそれぞれ 0(1)°, 12(1)°である), これらの複核ユニット間ではほぼ完全なスタッガード配座である(二面角は 46(1)°). 複核内の Rh-Rh 距離は, Rh(1)-Rh(2)=2.932(4), Rh(3)-Rh(4)=2.923(4) Å であるのに対し, Rh(2)-Rh(3)=2.775(4) Å である. 複核内の Rh-Rh 距離は, 複核 d^8d^8 錯体 $[Rh_2^{I,I}(bridge)_4](BPh_4)_2·CH_3CN$ (Rh-Rh 距離 3.263(1) Å) と複核 d^7d^7 錯体 $[Rh_2^{II,II}(bridge)_4Cl_2]Cl_2·8H_2O$ (Rh-Rh 距離 2.837(1) Å) の中間の距離である. これらの結果は, この錯体が $Rh_2(bridge)_4^{3+}(d^8d^7)$ であることと一致しており, 形式的に Rh-Rh 0.5 重結合をもつ. この複核間での Rh-Rh 距離は, エクリプス配座から 26° ねじれた配位子の立体配座をもつ $[Rh_2^{II,II}(p\text{-}CNC_6H_4CH_3)_4I_2]$-$(PF_6)_2$ (Rh-Rh 距離=2.785 Å) とほぼ同じ値である. 複核間の Rh-Rh 距離が複核内と比べて短い理由は, スタッガード配座をとることによってイソシアノ基どうしの立体反発を受けにくいためであると考えられる. 架橋塩化物イオンは2つのロジウムのほぼ中間に位置しており, Rh-Cl 距離は 2.613(8), 2.643(9) Å である. これらの Rh-Cl 距離は $Rh_2(bridge)_4Cl_2^{2+}$ (Rh-Cl=2.447(1) Å) に比べて長い距離である. この錯体を報告した研究者らは, 12 M 塩酸中の光活性な化学種は, 標題の錯体のカチオン部分 $[Rh_4(bridge)_8Cl]^{5+}$ に塩化物イオンが1つ過剰に結合したものと考えている.

【関連錯体の紹介およびトピックス】 $[Rh_2(bridge)_4]^{2+}$ の水素発生と関連して, 出発物質となる $[Rh_2(bridge)_4](BF_4)_2$ とその類似化合物の光化学が研究されている[3]. さらに, $[Rh_2(bridge)_4]^{2+}$ の励起三重項状態について, DFT計算による理論的な考察がなされている[4].

〔満身 稔〕

【参考文献】
1) K. R. Mann et al., *J. Am. Chem. Soc.*, **1977**, 99, 5525.
2) K. R. Mann et al., *J. Am. Chem. Soc.*, **1980**, 102, 3965.
3) K. R. Mann et al., *Adv. Chem. Ser.*, **1979**, 173, 225.
4) I. V. Novozhilova et al, *Inorg. Chem.*, **2004**, 43, 2299.

RuHCP₃Cl

【名称】 *mer*-carbonylchloridohydridotris(triphenylphosphine)ruthenium: [Ru(CO)ClH(PPh₃)₃]

【背景】 本錯体は安定なヒドリドルテニウム(II)錯体であり，トリフェニルホスフィンの存在下，三塩化ルテニウム(III)をアルコールで還元することにより得られる．2-メトキシエタノールのような高沸点アルコールを用いてRuCl₃から合成することもできるが，RuCl₃をホルムアルデヒド水溶液で還元することで，より高収率で合成できる．この錯体は，熱および空気に安定なため取り扱いが容易である[1]．

【調製法】 ジムロート冷却管，ストッパーおよび三方コックを装着した300 mLの三口フラスコにPPh₃(1.6 g, 6.0 mmol)を量りとる．ここに2-メトキシエタノール60 mLを加えて激しく撹拌しながら加熱還流する．この溶液に，2-メトキシエタノール(20 mL)に溶解したRuCl₃·3H₂O(0.26 g, 1.0 mmol)，およびホルムアルデヒド水溶液(20 mL, 40 w/v%)を速やかに加える．10分間還流の後，室温まで冷却するとクリーム色がかった白色の微結晶が析出する．この結晶をろ別し，10 mLのエタノールで2回，10 mLの水で2回，10 mLのエタノールで2回，最後に10 mLのヘキサンで洗浄する．得られた結晶を真空乾燥し，目的化合物を得る．収量0.89 g (収率93%)．

【性質・構造・機能・意義】 本錯体は空気中で安定である．エタノール，エーテル，ヘキサンにはほとんど溶解しないが，ベンゼンやクロロホルムに溶解する．ヒドリドの *trans* 位にあるPPh₃はヒドリドの高いトランス効果のため容易に解離し，他の二電子配位子に置換されやすい．Mp 209~210℃(空気中)．235~237℃(窒素下)．¹H NMR(C₆D₆): δ -6.64 (dt, 1H)．IR(Nujol, cm⁻¹): 2020(m), 1922(vs), 1903(sh)．

【関連錯体の紹介およびトピックス】 この錯体は，アリルジメチルアミンとの反応により比較的報告例の少ない炭素–窒素結合の切断反応が進行し，ジメチルアミンの解離を伴って[RuCl(η^3-C₃H₅)(CO)(PPh₃)₂]を与える[2]．この錯体のクロリド配位子は，容易に銀イオンで引き抜くことができ，五配位カチオン性ヒドリドカルボニル錯体[RuH(CO)(PPh₃)₃]ClO₄などを生成する[3]．

標題の錯体は，不飽和アルデヒドと一級アルコールのアルドール型カップリング反応の触媒となり，2-ヒドロキシメチルケトンを与える[4]．また，アルデヒドとジエンのカップリング反応による不飽和ケトンの合成[5]，末端アルキンのヒドロシリル化反応による立体選択的アルケニルシランの合成の触媒となる[6]．また，オレフィンのヒドロメタル化反応に対する触媒活性があり，ビニルシランを反応させた場合には，ヒドロメタル化に引き続きβシリル脱離が進行するため，ビニルシランのシリル基を用いた一置換オレフィンの触媒的シリル化反応が可能である[7]．本錯体は，オレフィンの水素化反応や異性化反応には比較的触媒活性が低いが，水素シャトリング機構によるアルコールからアミンを合成する触媒になる[8]．

【小宮三四郎・平野雅文】

【参考文献】
1) J. J. Levison *et al., J. Chem. Soc., A*, **1970**, 2947.
2) K. Hiraki *et al., Organometallics*, **1994**, *13*, 1878.
3) B. E. Cavit *et al., J. Chem. Soc., Chem. Commun.*, **1972**, 60.
4) A. Denichoux *et al., Org. Lett.*, **2010**, *12*, 1.
5) S. Omura *et al., J. Am. Chem. Soc.*, **2008**, *130*, 14094.
6) H. Katayama *et al., J. Organomet. Chem.*, **2002**, *645*, 192.
7) Y. Wakatsuki *et al., J. Chem. Soc., Chem. Commun.*, **1991**, 703.
8) D. Vogt *et al., Organometallics*, **2014**, *33*, 2798.

RuHN$_5$

光触

【名称】(2,2′-bipyridine)hydrido(2,2′:6′,2″-terpyridine)-ruthenium(II) hexafluorophosphate:[Ru(terpy)(bpy)H]$^+$PF$_6^-$(RuC$_{25}$H$_{19}$N$_5$PF$_6$)

【背景】ヒドリド錯体は，遷移金属元素を用いた多くの触媒反応において重要な中間体であり，特に水素発生/酸化触媒においては本質的な役割を果たす．ヒドリド配位子の反応性は触媒開発における基礎となるため，配位子の構造との相関を調べる数多くの研究がなされてきた[1]．本錯体は，光化学的に重要な錯体であるルテニウム(II)トリスビピリジン[Ru(bpy)$_3$]$^{2+}$の配位子骨格を基とした錯体である．

【調製法】[Ru(terpy)(bpy)Cl]PF$_6$を水/エタノール混合溶媒に溶解させ，過剰量の水素化ホウ素ナトリウムを加えた後に，アルゴン雰囲気下で20分間加熱還流させる．氷浴により冷却し，ヘキサフルオロリン酸カリウム水溶液を加えると赤紫色の固体が析出するので，これをろ取し，冷水により洗浄する．減圧乾燥によって得られた粉末には原料が含まれているため，不活性ガス雰囲気下でカラムクロマトグラフィー(塩基性アルミナ；Brockmann活性度III；トルエン/アセトニトリル=1:1)により目的の錯体が含まれるバンドを分画し，溶媒を留去することにより紫色の粉末を得る(収率75%)．この錯体は，固体状態において室温空気中で少なくとも数ヶ月は安定である[2]．

【性質・構造・機能・意義】本錯体は，紫外可視吸収スペクトルにおいて，Ru中心からterpy配位子への電荷移動遷移(MLCT)に帰属される特徴的な吸収帯を有し(アセトニトリル溶液中で$\lambda_{max}=534$ nm; $\varepsilon=1.1\times10^4$ M^{-1}cm^{-1})，IRスペクトル(KBr)において1860 cm^{-1}にRu-Hの伸縮振動に由来する吸収帯を有する．また，そのヒドリド配位子は，^{1}H NMRスペクトル(アセトニトリル-d_3溶液中)において−14.7 ppm(1H, s)にシグナルを示し，プロトンがヒドリドとして強く遮蔽されていることが示唆される[2]．

本ヒドリド錯体は種々の不飽和基質を還元することが知られている．ここでは，二酸化炭素(CO$_2$)とNAD(P)$^+$のモデル化合物であるピリジニウムとの反応性について紹介する．本錯体は，非配位性の溶媒中でCO$_2$と反応させることにより(CO$_2$の炭素がヒドリド還元された)ギ酸アニオンを配位子とする錯体へと定量的に変化する[2]．このCO$_2$のヒドリド還元反応の速度は溶媒の極性と正の相関があることから，これまでに種々の有機溶媒中だけでなく，水中[3]や，イオン液体中[4]でもこの反応が検討された．その結果，水中で反応が最も速く進行し，特筆すべきことに，CO$_2$だけでなく一酸化炭素やアルデヒドといったほかのC$_1$化合物もヒドリド還元され，それぞれアルデヒドやメタノールを生じることがわかった[3]．このような反応性の溶媒による劇的な変化は，ヒドリド移動反応の溶媒効果の観点から定量的に説明された[5]．また，ピリジニウムとの反応では，この不飽和基質がヒドリドに対して複数の反応点をもつにもかかわらず，多くの場合においてピリジニウム環の4位に位置選択的なヒドリド挿入が起こる[6]．この選択性は，錯体のポリピリジル骨格とピリジニウム環との間の立体的な要因によるものであり，反応中に生じるヘテロ環がRu中心に対してη^2配位した中間体も同定された[6a]．

【関連錯体の紹介およびトピックス】本錯体は，光化学反応によって合成できることが知られている唯一の遷移金属ヒドリド錯体であり，[Ru(terpy)(bpy)(acetonitrile)]$^{2+}$をテトラヒドロフラン中トリエチルアミン共存下で可視光励起することによって量子収率1%で定量的に生成する[7]．この光反応を利用して，NAD(P)$^+$モデル化合物の選択的な光触媒的ヒドリド還元反応が構築された[8]．

【松原康郎・石谷 治】

【参考文献】
1) E. S. Wiedner et al., Chem. Rev., **2016**, 116, 8655.
2) H. Konno et al., Inorg. Chim. Acta, **2000**, 299, 155.
3) C. Creutz et al., J. Am. Chem. Soc., **2007**, 129, 10108.
4) R. Eldik et al., Inorg. Chem., **2012**, 51, 7340.
5) Y. Matsubara et al., J. Am. Chem. Soc., **2012**, 134, 15743.
6) a) Y. Matsubara et al., Organometallics, **2013**, 32, 6162; b) K. Koga et al., Organometallics, **2015**, 34, 5530.
7) Y. Matsubara et al., Inorg. Chem., **2009**, 48, 10138.
8) Y. Matsubara et al., J. Am. Chem. Soc., **2010**, 132, 10547.

RuH$_2$N$_2$P$_2$

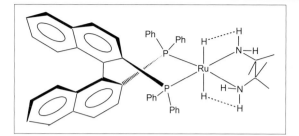

【名称】 *trans*-tris[(*R*)-2,2′-bis(diphenylphos phino)-1,1′-bi-naphtyl] dihydrido (tetramethylethylenediamine)-ruthenium(II): *trans*-[Ru(H)$_2$(*R*-binap)(tmen)]

【背景】 プロキラルなケトンに対する不斉水素化反応は光学活性アルコールを合成する有用な方法である．野依らは，2-プロピルアルコール中，塩基存在下で，*trans*-[Ru(Cl)$_2$(binap)(dpen)] (dpen=(*R,R* or *S,S*)-1,2-ジフェニルエチレンジアミン)あるいはその誘導体を触媒として，アリールアルキル，ビニルアルキル，およびアルキルアルキルケトンの高収率で高選択的な不斉水素化反応に成功した．この不斉水素化反応の反応機構に対して大きな興味がもたれたが，触媒活性種と考えられるヒドリド錯体は，熱力学的にも速度論的にも極めて不安定なため，反応機構に関する直接的な情報を得ることが困難であった．α位に水素をもたないtmenを用いて合成された本錯体により，プロキラルなケトンと不斉水素化触媒との立体選択的な付加体の生成がはじめて明らかになり，その後の反応機構論的研究を鼓舞することになった[1]．

【調製法】 [Ru(Cl)(H)(binap)(tmen)][1,2]にほぼ等モルのKHB^{sec}Bu$_3$を含むTHF (濃度0.1 M)を加え，N$_2$雰囲気下で撹拌した後ろ過し，ろ液にヘキサンを加えて明黄色錯体として得られる．結晶はジエチルエーテル溶液層をヘキサン層と接することにより得られる．

【性質・構造・機能・意義】 IRスペクトル(nujol)においては，低波数(1774 cm^{-1})にRh-Hの吸収が見られ，ヒドリドのトランス影響が観測される．^{1}H NMRスペクトルにおいては，3.13および0.95 ppmにaxialおよびequatorial配向したアミンプロトンがそれぞれ観測され，溶液中においても，アミンプロトンの配向が固定されていることを示す．結晶構造においては，tmen配位子はλ配座をとり，トランス位のRh-H結合は1.64(3)と1.70(3) Åである．また，トランス位のヒドリド水素とaxial配向したアミンプロトンとのH⋯H距離は2.4 Åであり，ヒドリド水素とプロトンに相互作用があることを示している．

本錯体は，H$_2$雰囲気下では黄色を呈するが，ArあるいはN$_2$雰囲気，あるいは真空中ではH$_2$を失い，暗赤色のヒドリドアミド錯体[Rh(H)(NHCMe$_2$CMe$_2$NH$_2$)(*R*-binap)]を与える．このヒドリドアミド錯体は，常温でも213 Kでも，トルエン中，1気圧のH$_2$雰囲気下で反応し，即座に本錯体を再生する．また，ヒドリドアミン錯体をC$_6$D$_6$中D$_2$と反応させると，H$_2$やDHを生じる．これは錯体内のヒドリド水素とアミンプロトンを介した可逆的な水素ガスの付加，脱離が観測されたまれな例である．

本錯体をC$_6$D$_6$中でアセトフェノンと反応させると，瞬時に暗青色のヒドリドアミド錯体が生成し，これをH$_2$雰囲気下におくと1-フェニルエタノールの生成を伴って本錯体を再生する．本錯体を触媒としてアセトフェノン中，H$_2$雰囲気下で反応を行うと，14% eeで*S*-1-フェニルエタノールが生成する．このケトンの不斉水素化は，カルボニル炭素がヒドリド水素と相互作用するときに，かさ高い置換基が*R*-binapとの立体障害を避けるように配向するために生じると考えられる．野依らの用いた不斉合成触媒では，ジアミンに*R,R*-dpen類縁体を用いて配座を固定することによって，さらに高い不斉収率が得られている．

【関連錯体の紹介およびトピックス】 本錯体は不斉触媒モデルとして研究されたが，その後さらに，野依らの用いた不斉触媒の反応中間体*trans*-[Ru(H)$_2$(*R*-binap)(*R,R*-dpen)]を用いて反応機構が研究された．その結果，不斉水素化したアセトフェノンがアルコキシドとして配位した*trans*-[Ru(H)((Ph)(Me)CHO)(*R*-binap)(*R,R*-dpen)]が中間体として存在することが示され，溶媒として用いた2-プロピルアルコールが反応生成物である1-フェニルエタノールのラセミ化を防いでいることも明らかになった[3]．

【會澤宣一】

【参考文献】
1) R. H. Morris *et al.*, *J. Am. Chem. Soc.*, **2001**, *123*, 7473.
2) R. H. Morris *et al.*, *Organometallics*, **2001**, *20*, 1047.
3) S. H. Bergens *et al.*, *J. Am. Chem. Soc.*, **2008**, *130*, 11979.

RuH₂P₄

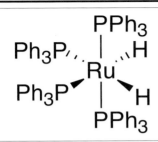

【名称】*cis*-dihydridotetrakis(triphenylphosphine)ruthenium: [RuH₂(PPh₃)₄]

【背景】本錯体は，置換オレフィンの水素化，異性化，重合反応などの触媒活性を有するとともに，それらの活性中間体と考えられている．また，オレフィンの化学量論的な水素化により0価ルテニウム種を発生するため0価等価錯体として機能し，メタクリル酸メチルなどの不活性な炭素-水素結合の酸化的付加が起きる．本錯体は，RuCl₃を水素化ホウ素ナトリウムで還元することにより極めて高収率で合成できる[1]．

【調製法】本反応で使用する溶媒や試薬はすべて不活性ガス下で蒸留したもの使用し，反応は窒素配位錯体の混入を防ぐためアルゴン下で行う．500 mLの三口フラスコにPPh₃(3.14 g, 12.0 mmol)を量りとり，ジムロート冷却管，ストッパーおよび三方コックを装着する．ここにエタノール120 mLを加える．さらに，RuCl₃·3H₂O(0.53 g, 2.0 mmol)のエタノール溶液(20 mL)を加え加熱還流する．一方，水素化ホウ素ナトリウム(0.38 g, 10.0 mmol)を熱エタノールに溶解し，シリンジを用いてゆっくりと加える．水素化ホウ素ナトリウムは熱エタノール中で分解するので，15分以内にこの操作を行う．この際，水素が激しく発生するので注意が必要である．水素化ホウ素ナトリウム溶液の滴下に伴い，黄色の沈殿が多量に生成する．生成した沈殿をろ別後，エタノール50 mLで3回，水50 mLで3回，さらにエタノール50 mLで3回洗浄する．洗浄後の沈殿を真空乾燥し淡黄色粉末として目的物を得る(2.17 g, 収率94%)．ほとんどの反応において粗生成物はそのまま使用できる．この化合物を熱トルエンから再結晶することで明るい黄色の微結晶として単離することも可能であるが，その収率はあまり高くない(20〜50%)．

【性質・構造・機能・意義】この錯体は不活性ガス下では室温で安定であるが，空気中ではゆっくりと分解する．また，溶液中ではPPh₃を解離し，配位不飽和種を生成する．置換オレフィン類[2]との反応では，化学量論的水素化を経て，種々の錯体を与える．Mp 220℃ (窒素下). ¹H NMR(C₆D₆): δ -10.1 (br, Ru–H).

【関連錯体の紹介およびトピックス】この錯体の反応性に関する総説が報告されている[3]．この錯体は，オレフィンの水素化反応に比較的高い活性を示すが，水素化には，PPh₃の前解離を必要としており，類似のRuHCl(PPh₃)₃の方が高活性である[4]．本錯体は重水素下でPPh₃配位子中のすべてのオルト水素が重水素化され，PPh₃の速いオルトメタル化反応が進行する[5]．また，アルコールを水素源とするオレフィンの移動水素化反応[6]，2分子のアルデヒドからエステルを合成するTischenko型反応[7]，一級アルコールの脱水素縮合によるエステルやラクトンの合成[8]，カルボニル縮合反応やMichael反応などに対する高い触媒活性を示し，これらは中性条件下の化学選択的な炭素-炭素結合形成反応として有用である[9]．

【小宮三四郎・平野雅文】

【参考文献】
1) A. Yamamoto *et al., J. Am. Chem. Soc.*, **1968**, *90*, 1089.
2) S. Komiya *et al., Bull. Chem. Soc. Jpn.*, **1975**, *48*, 101.
3) G. L. Geoffroy *et al., Adv. Inorg. Chem. Radiochem.*, **1977**, *20*, 189.
4) R. A. Head *et al., J Chem. Soc., Dalton Trans.*, **1978**, 913.
5) T. Ito *et al., J. Am. Chem. Soc.*, **1970**, *92*, 3011.
6) H. Imai *et al., J. Org. Chem.*, **1976**, *41*, 665.
7) H. Horino *et al., Chem. Lett.*, **1978**, 17.
8) S.-I. Murahashi *et al., Tetrahedron Lett.*, **1981**, *22*, 5327.
9) S.-I. Murahashi *et al., J. Am. Chem. Soc.*, **1995**, *117*, 12436.

RuCN$_4$

生

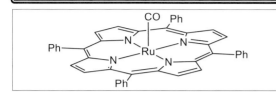

【名称】carbonyl[5,10,15,20-tetraphenyl-21H,23H-porphynato(2−)-κN^{21}, κN^{22}, κN^{23}, κN^{24}]ruthenium(2+): [Ru(CO)-(TPP)](TPP=5,10,15,20-tetraphenyl-21H,23H-porphine)

【背景】生体内で重要なはたらきをするヘム(鉄(II)ポルフィリン錯体)との関連から，ルテニウム二価のポルフィリン錯体は多くの注目を集め，様々な誘導体が合成され，その性質や反応性が研究されている．特に軸配位子の違いが大きな影響を示し，なかでもπ受容性配位子である一酸化炭素を軸配位子とするカルボニル錯体では，第6配位座へのトランス効果，酸化還元電位，光反応性，電子吸収スペクトルや発光挙動などへの劇的な効果が見られる．

【調製法】Ru$_3$(CO)$_{12}$ 0.575 g (0.899 mmol) と TPPH$_2$ 1.24 g (2.03 mmol) を乾燥デカリン 50 mL 中，窒素雰囲気下で 4 時間加熱還流する．生成した紫色固体をろ過し，n-ヘキサンで洗浄した後，シリカゲルフラッシュクロマトグラフィにより精製する．トルエン，ついで塩化メチレン/n-ヘキサン(7:3)で未反応の原料を留出させた後，クロロホルムを展開溶媒として錯体 1.03 g を得る(収率 69%)[1]．

【性質・構造・機能・意義】五配位錯体であるため，6 番目の配位座に各種配位子が配位しやすく，[Ru-(CO)(L)(TPP)]型の六配位錯体が容易に得られる．再結晶にクロロホルム/エタノールを用いると L= エタノールの錯体[Ru(CO)(EtOH)(TPP)]が得られ，また溶媒やシリカゲルに含まれる微量の水または空気中の水蒸気により L=H$_2$O の錯体[Ru(CO)(H$_2$O)(TPP)]が得られる．塩化メチレン溶液中で 412 nm (log ε=5.38) に Soret 帯，528 nm (log ε=4.29) と 588 nm (log ε=3.51) に Q 帯の吸収を与える．五配位錯体[Ru(CO)(TPP)]の赤外吸収スペクトルにおいては 1956 cm^{-1} に $ν_{C=O}$ 伸縮振動が観測される[1]．

エタノールなどの配位力の弱い溶媒が第6配位座を占める場合，非配位性溶媒中では次式のように五配位錯体[Ru(CO)(TPP)]と六配位錯体[Ru(CO)(L)(TPP)]が解離平衡となるが，[Ru(CO)(EtOH)(OEP)]では塩化メチレン中で $K≈550$ なので，希薄な非配位性溶媒の溶液中(<10^{-4} mol/L)ではほとんどが解離し，五配位錯体となっていると考えられる[2]．

[Ru(CO)(porp)] + EtOH $\overset{K}{\rightleftharpoons}$ [Ru(CO)(EtOH)(porp)]

[Ru(CO)(L)(TPP)]の溶液(L または L を含む非配位性溶媒中)に光照射すると，次式のように光脱カルボニル反応により[Ru(L)$_2$(TPP)]が生成する．さらに真空下 220℃ で加熱すると二量体[Ru(TPP)]$_2$が得られる[3]．

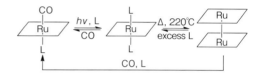

[Ru(CO)(TPP)]はアルカン類の酸化触媒として高い活性を示し，2,6-ジクロロピリジン N-オキシドを酸素源として，三級炭素を選択的に酸化し，アダマンタンから 1-アダマンタノールが得られる[4]．

【関連錯体の紹介およびトピックス】① [Ru(CO)(L)-(TPP)]: CO 以外に 6 番目の配位座に軸配位子として，溶媒や単座配位子を有する六配位錯体が多数報告されている．[Ru(CO)(H$_2$O)(TPP)]，[Ru(CO)(EtOH)(TPP)]，[Ru(CO)(py)(TPP)]，[Ru(CO)(1-MeIm)(TPP)] の各錯体が合成され，X 線結晶構造解析により構造決定がされている．また[Ru(CO)(piperidine)(TPP)]錯体はピペリジン中，77 K において 653 nm にりん光が観測される．

② TPP のフェニル基をメシチル基で置き換えた TMP (5,10,15,20-tetrakis(2,4,6-trimethylphenyl)-porphine) は，酸化触媒の研究によく用いられる．メシチル基のかさ高さのため，TPP を有する錯体でしばしば問題となるポルフィリン環の酸化が起きにくく，より高い触媒活性が得られることが多い．

③ [Ru(CO)(TMP)]: 水を電子源，酸素源とするアルケン類の光酸素化によるエポキシ化反応における光増感触媒として知られる[5]．またこの錯体に光照射すると[Ru(CO)(TPP)]と同様に[Ru(L)$_2$(TMP)]が生成するが，得られた錯体をさらに熱分解してもメシチル基のかさ高さのため二量体は生成せず，単核の[Ru(TMP)]錯体が得られる[6]．

【山口素夫】

【参考文献】
1) E. Gallo et al., *Inorg. Chem.*, **2005**, *44*, 2039.
2) M. Barley et al., *Can. J. Chem.*, **1983**, *61*, 2389.
3) J. P. Collman et al., *J. Am. Chem. Soc.*, **1984**, *106*, 3500.
4) T. Higuchi et al., *J. Am. Chem. Soc.*, **1992**, *114*, 10660.
5) H. Inoue et al., *J. Am. Chem. Soc.*, **2003**, *125*, 5734.
6) M. J. Camenzind et al., *J. Chem. Soc., Chem. Commun.*, **1986**, 1137.

RuCN₄

生 有 光

【名称】(5,10,15,20-tetrakis(2,4,6-trimethylphenyl)porphyrinato)(carbonyl)ruthenium(II)carbonyl meso-tetramesityl-porphyrinatoruthenium(II): [Ru(TMP)(CO)]

【背景】触媒,増感剤として多用されている金属ポルフィリン錯体の一種である.ポルフィリンメソ位の置換基にメシチル基を用いることで,通常のテトラフェニルポルフィリン(TPP)錯体に比べて,触媒としての耐久性が大幅に向上した.また,比較的長い励起三重項寿命を有しており,その励起状態を利用した光化学反応も報告されている.

【調製法】ポルフィリン環は,Lindsey法などにより,メシチルアルデヒドとピロールの縮合により得る.得られたポルフィリン環と,過剰量の$Ru_3(CO)_{12}$をデカリン中などで還流し,アルミナカラム,再結晶などで精製することにより,Ru(TMP)COが得られる[1].なお,近年では試薬会社からも購入可能となっている.

【性質・構造・機能・意義】有機溶媒中で橙色を呈し,塩化メチレン中では,412 nm(Soret帯,$\log\varepsilon=5.28\,M^{-1}cm^{-1}$),529 nm(Q帯,$\log\varepsilon=4.27\,M^{-1}cm^{-1}$)にポルフィリン特有の強い吸収を示す.^{1}H NMR(CDCl₃)では,8.49 ppmにβ-ピロールに由来する一重線を示す.IR(KBr)では,1942 cm^{-1}に配位子COに由来する強い吸収が見られる.FAB/MS(m/z)では,COの脱離したピークも見られるものの,COの配位力は十分に強く,親ピークも観測される.電気化学的性質においては,0.91 V,0.50 V(MeCN,$E_{1/2}$ vs. FeCP₂)に酸化波が,−1.90,−2.30 Vに還元波が観察される[2].いずれも可逆波として観察されるが,特に一電子酸化状態は安定であり,脱気下で容易に定常スペクトル測定などが可能である.遷移金属としては比較的長い励起三重項寿命を有しており,730 nm辺りにりん光が観察される.その寿命は軸配位子によって大きく異なることが知られているが,CO錯体の場合では,室温下において,$^3(\pi\pi^*)$に帰属される数十μsの励起三重項寿命を有する.極めて低い量子収率ではあるが,光照射により徐々に軸配位子COが脱離することが知られている.Ru(TMP)(CO)は,P450型酸化反応の触媒として精力的に研究されている[3].酸素や酸化剤の共存下で,アルケン類のエポキシ化,アルカンの水酸化などの酸化反応が進行する.中心金属であるRuの価数は,反応系中で,II,IV,VIのサイクルをとり,高酸化状態のオキソ種が反応活性種であると考えられている.Ru(TMP)(CO)は,TPP錯体に比べて,①ポルフィリンの二量化を防ぐ,②ポルフィリン環のメソ位を守る効果がある.いずれも,オルト位のメチル基の立体的な効果による.また,cholesteryl esterのエポキシ化では選択的にβ位で反応が進む.

水,電子受容体の共存下,Ru(TMP)(CO)に可視光照射することで,アルケン類のエポキシ化,アルカン類の水酸化が進行する[4].ノルボルネンのエポキシ化反応では生成物選択率が99%を越える.$H_2^{18}O$を用いた標識実験より,この反応では水分子中の酸素原子が生成物に取り込まれていることが明らかとなっている.Ru原子上での水分子の活性化法として興味深い.

【関連錯体の紹介およびトピックス】この錯体ではメソ位置換基が2,4,6-trimethylphenyl基であるが,その他の多くの類縁体が合成されている.2-chlorophenyl,2,6-dichlorophenyl,pentafluorophenyl基などをメソ位置換基としてもつポルフィリンが合成されている[5].いずれも,TPPに比べて触媒としての安定性が高まっている.また,キラルな置換基を導入することによる不斉酸化も報告されている[6,7].励起三重項の寿命については,メソ位置換基が異なっても大きな変化はないが,軸配位子が変わると劇的に短くなる場合がある.最低励起状態に$(d\pi^*)$が寄与するためだと考えられる[8,9].

【高木慎介】

【参考文献】
1) D. P. Rillema et al., J. Am. Chem. Soc., **1981**, 103, 56.
2) A. Berkessel et al., Dalton Trans., **2007**, 3427.
3) a) J. T. Groves et al., J. Am. Chem. Soc., **1985**, 107, 5790; b) J.-L. Zhang et al., Chem. Eur. J., **2005**, 11, 3899, and references therein.
4) S. Funyu et al., J. Am. Chem. Soc., **2003**, 125, 5734.
5) P. Dubourdeaux et al., Inorg. Chim. Acta, **1995**, 240, 657.
6) Tat-Shing Lai et al., Chem. Commun, **1998**, 1583.
7) A. Berkessll et al., J. Chem. Soc., Parkin Trans, **1997**, 2266.
8) C. Drew Tait et al., J. Am. Chem. Soc, **1985**, 107, 1930.
9) E. Stulz et al., Inorg. Chem., **2002**, 41, 5269.

RuCN₄O

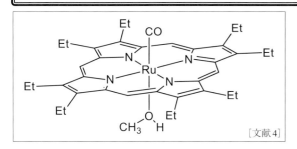

[文献4]

【名称】 carbonyl(methanol)[2,3,7,8,12,13,17,18-octaethyl-21H,23H-porphynato(2−)-κN^{21},κN^{22},κN^{23},κN^{24}]-ruthenium(2+): [Ru(CO)(MeOH)(OEP)](OEP=2,3,7,8,12,13,17,18-octaethyl-21H,23H-porphine)

【背景】 生体内で重要なはたらきをするヘム(鉄(II)ポルフィリン錯体)との関連から，ルテニウム二価のポルフィリン錯体は多くの注目を集め，様々な誘導体が合成され，その性質や反応性が研究されている．特に軸配位子の違いが大きな影響を示し，なかでもπ受容性配位子である一酸化炭素を軸配位子とするカルボニル錯体では，第6配位座へのトランス効果，酸化還元電位，光反応性，電子吸収スペクトルや発光挙動などへの劇的な効果が見られる．

【調製法】 OEPH₂ 1 g (1.8 mmol) の2-(2-エトキシエトキシ)エタノール溶液500 mLを一酸化炭素雰囲気下で還流する．この溶液に，RuCl₃·H₂O 940 mg (3.6 mmol) の2-(2-エトキシエトキシ)エタノール溶液50 mLを3時間かけて滴下し，さらに2時間還流する．反応終了後，室温まで冷却し，アルゴンガスを通じて一酸化炭素を除去する．50 mLまで濃縮し，蒸留水100 mLを一気に加え，すべての生成物を析出させる．セライトでろ過し，水で洗浄後乾燥する．固体を塩化メチレンに溶かし，激しく撹拌しながらシリカゲル100 cm³を加えろ過すると，半透明の赤色溶液が得られる．TLC (SiO₂, CH₂Cl₂)では桃色のスポット(R_f=0.98)のみを示し，原料は見られない．溶液を200 mLまで濃縮した後，メタノール40 mLと水10滴を加える．さらにこの溶液を50 mLまで濃縮し，冷蔵庫で一晩冷却する．析出した結晶をろ別し，メタノールで洗浄し，減圧下で乾燥する(収量780 mg，収率60%)[1]．

【性質・構造・機能・意義】 ベンゼン溶液中で393 nm (log ε=5.16)にSoret帯，517 nm (log ε=4.06)と549 nm (log ε=4.38)にQ帯の吸収を与える．赤外吸収スペクトル(KBr)においては1945 cm⁻¹と1928 cm⁻¹に$ν_{C=O}$伸縮振動が観測される[1]．

アルコールなどの配位力の弱い溶媒が第6配位座を占める場合，非配位性溶媒中では次式のように五配位錯体[Ru(CO)(OEP)]と六配位錯体[Ru(CO)(L)(OEP)]が解離平衡となると考えられる．[Ru(CO)(EtOH)(OEP)]では塩化メチレン中でK≈550なので，希薄な非配位性溶液中では(<10⁻⁴ mol/L)ほとんどが解離し，五配位錯体となっていると考えられる[2]．

$$[Ru(CO)(L)(OEP)] + EtOH \underset{}{\overset{K}{\rightleftarrows}} [Ru(CO)(EtOH)(OEP)]$$

[Ru(CO)(L)(OEP)]の溶液(LまたはLを含む非配位性溶媒中)に光照射すると，次式のように光脱カルボニル反応により[Ru(L)₂(OEP)]が生成する．さらに真空下220℃で加熱すると二量体[Ru(OEP)]₂が得られる[3]．

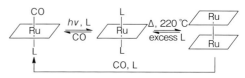

【関連錯体の紹介およびトピックス】 [Ru(CO)(L)(OEP)]：軸配位子として溶媒や単座配位子(L=EtOH, THF, py, 1-MeIMなど)を有する六配位錯体が報告されている．

[Ru(CO)(THF)(OEP)]，[Ru(CO)(1-MeIm)(OEP)]はX線結晶構造解析により構造決定がされている(図1)．Ru-C結合距離はそれぞれ1.805(4) Å，1.829(5) Åである[4]．また[Ru(CO)(py)(OEP)]錯体は3-メチルペンタン中77 Kにおいて653 nmにりん光を示す[5]．

【山口素夫】

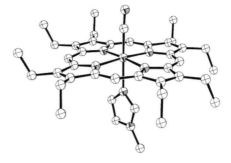

図1 [Ru(CO)(1-MeIm)(OEP)][4]

【参考文献】
1) J. P. Collman *et al.*, *J. Am. Chem. Soc.*, **1984**, *106*, 3500.
2) M. Barley *et al.*, *Can. J. Chem.*, **1983**, *61*, 2389.
3) F. R. Hopf *et al.*, *J. Am. Chem. Soc.*, **1975**, *97*, 277.
4) a) J. S. Rebouças *et al.*, *Inorg. Chem.*, **2008**, *47*, 7894; b) R. Salzmann *et al.*, *J. Am. Chem. Soc.*, **1999**, *121*, 3818.
5) A. Antipas *et al.*, *J. Am. Chem. Soc.*, **1978**, *100*, 3015.

RuCN$_4$X

光

X	n
-CO	2
-C(O)OH	1
-CO$_2$	0
-Cl	1
-H	1

【名称】cis-[bis(2,2'-bipyridine)(dicarbonyl)-ruthenium-(II)]dication: cis-[Ru(bpy)$_2$(CO)$_2$]$^{2+}$

【背景】ルテニウムの2,2'-ビピリジン(bpy)錯体は，興味深い酸化還元特性，光化学特性を示すことから多くの誘導体が合成，研究されている．ビス型錯体は，空配位サイトを有することで様々な酸化還元触媒能を示すが，カルボニル基を有する錯体は高効率のCO$_2$還元触媒能を示す[1,2]．また，カルボニル基の安定性を利用して，異なる2種類のポリピリジル配位子を有する錯体を合成できることから，3種類の異なる配位子を有するトリスヘテロレプティック錯体の合成にも利用されている[3]．ここでは主に，cis-[Ru(bpy)$_2$(CO)$_2$]$^{2+}$について解説する．

【調製法】cis-[Ru(bpy)$_2$(CO)$_2$]$^{2+}$は，cis-Ru(bpy)$_2$Cl$_2$を一酸化炭素加圧下，加熱することにより得られるが，より一般的には，塩化ルテニウム(III)をパラホルムアルデヒドを含むギ酸溶液中，加熱還流することにより得られるポリマー錯体([Ru(CO)$_2$Cl$_2$]$_n$)と，当量のビピリジンを反応させることによりtrans(Cl)-Ru(bpy)(CO)$_2$Cl$_2$を単離し，さらにもう1分子のビピリジンを反応させることによって合成する．

【性質・構造・機能・意義】カルボニル基をもつ錯体は一般的なルテニウムビス(ビピリジン)型錯体より可視域の吸収が小さく，色が薄い．特に[Ru(bpy)$_2$(CO)$_2$]$^{2+}$は白(淡黄)色固体で，アセトニトリル中，305 nm ($\varepsilon=3.2\times10^4$ M^{-1} cm^{-1})にビピリジン配位子のπ-π*吸収帯に由来する強い吸収が観測されるが，metal-to-ligand charge transfer(MLCT)遷移に対応する可視光領域の吸収帯は見られない．また，室温では発光は観測されない[4]．

cis-[Ru(bpy)$_2$(CO)$_2$]$^{2+}$はCO$_2$の高効率な電気化学的還元触媒であることが知られている[1]．そのサイクリックボルタンメトリー(CV)測定では，DMF中，N$_2$雰囲気下では−1.0 V vs. SCE付近に極大をもつ2電子還元に基づく不可逆な還元波を示すが，CO$_2$雰囲気下では触媒的なCO$_2$還元に基づく放電が観測される．還元生成物は二電子還元体である一酸化炭素およびギ酸であり，還元生成物の選択性が反応条件により大きく変化することがこの錯体触媒の特徴である．還元生成物は溶液中のpHに依存し，酸性条件では一酸化炭素が，塩基性条件ではギ酸が多く生成する．CO$_2$還元反応機構は，同錯体と二酸化炭素付加錯体との平衡反応から理解されている．cis-[Ru(bpy)$_2$(CO)$_2$]$^{2+}$のカルボニル基は塩基性条件下でOH$^-$イオンの求核攻撃を受け，カルボン酸錯体([Ru(bpy)$_2$(CO)(C(O)OH)]$^+$)を生成し，さらに高pH条件下では脱プロトン化が起こりη^1-CO$_2$付加錯体([Ru(bpy)$_2$(CO)(CO$_2$)])を与える．[Ru(bpy)$_2$(CO)$_2$]$^{2+}$の二電子還元によりカルボニル基の脱離が起こり，生じた0価五配位中間体が二酸化炭素と反応することでCO$_2$付加錯体が再生すると考えられている．さらに[Ru(bpy)$_3$]$^{2+}$を光増感剤，アミン類を電子源として用いることで，光化学的CO$_2$還元反応を進行させ，選択的にギ酸へと還元できる[2]．

ルテニウムトリス(ビピリジン)錯体はその特徴的な光物性から多くの誘導体が合成されており，特に3つの異なるポリピリジル二座配位子を有するトリスヘテロレプティック錯体は，光物性を分子レベルで調整できるため合成法の開発が活発に行われている．カルボニル基は脱離しにくく，熱的に安定であり，反応中間体を単離しやすい．[Ru(bpy)$_2$(CO)$_2$]$^{2+}$型錯体は，ルテニウム-ポリマー錯体から2段階の反応を経るために，2種類の異なる配位子を配位させることができ，さらに3つ目の配位子を配位させることによりトリスヘテロレプティック錯体を合成することができる[3]．

【関連錯体の紹介およびトピックス】ヒドリド錯体(X=H)およびクロリド錯体(X=Cl)もまた二酸化炭素還元触媒となることが知られている．特にヒドリド錯体はCO$_2$挿入反応によりギ酸錯体(X=-OC(O)H)を生成する[5]．また，ダイカルボニル錯体は低温条件下，ヒドリド還元によりホルミル錯体(X=-C(O)H)，ヒドロキシメチレン錯体(X=-CH$_2$OH)が生成し，二酸化炭素多電子還元反応の中間体と考えられている[1]．

【石田 斉】

【参考文献】
1) K. Tanaka, *Bull. Chem. Soc. Jpn.*, **1998**, *71*, 17.
2) E. Fujita, *Coord. Chem. Rev.*, **1999**, *185-186*, 373.
3) P. A. Anderson *et al.*, *Inorg. Chem.*, **1995**, *34*, 6145.
4) J. M. Kelly *et al.*, *J. Chem. Soc., Dalton Trans.*, **1986**, 253.
5) J. R. Pugh *et al.*, *Inorg. Chem.*, **1991**, *30*, 86.

RuCN₅

触 光 電

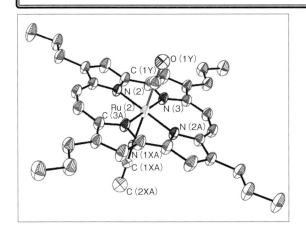

【名称】(carbonyl)(acetonitrile)-2,7,12,17-tetra-*n*-propylporphycenato ruthenium(II): [Ru^{II}(TPrPc)(CO)(CH$_3$CN)]

【背景】ルテニウムポルフィリン錯体は触媒反応や光反応に応用されている. ポルフィリンの異性体であるポルフィセンでは, 1992年に最初の錯体が合成されている[1].

【調製法】2,7,12,17-tetra-*n*-propylporphyceneとトリルテニウムドデカカルボニル錯体をデカリン中で2時間還流する. 反応後, 塩化メチレンを展開溶媒として中性アルミナカラムクロマトグラフィーでデカリン, メタルソースを除去し, さらにシリカゲルカラムクロマトグラフィーで精製する. 塩化メチレン／アセトニトリルから再結晶を行って目的化合物を得る.

【性質・構造・機能・意義】構造は4つのプロピル基が平面に対して平行に伸びており, 典型的な C2 対称となっている. カルボニル配位子はルテニウムに対してほぼ直線状に結合している. カルボニル配位子は強力な π-アクセプターであるため, 逆供与によりルテニウムの t$_{2g}$ 軌道は安定化し, ルテニウム二価の状態が最も安定になる. そのため, UV-vis スペクトルではポルフィセンの π-π* 遷移のみが観測され, MLCT などは観測されない. また, カルボニル配位子の強力なトランス効果により, アセトニトリルは非常に置換反応を起こしやすく, ピリジンなどと定量的に置換する. ルテニウムポルフィセン錯体に過剰量のピリジン存在下, 紫外光を照射すると, 数分でカルボニル配位子がピリジンとの置換反応を起こす. ビスピリジン錯体は可視部にルテニウムからピリジンへの MLCT 吸収帯をもち, Ru(II) と Ru(III) の間での酸化還元が 0 V vs. Ag/AgCl 付近に観測されるようになる. その酸化還元電位をポルフィリン錯体のものと比較すると, 0.2 V程度ポルフィセンの中心金属が酸化されやすい. これは, ポルフィセンの N4 配位空孔がポルフィリンよりも小さいため, 窒素からの電子供与が強く, 電子密度が高まったためである[2].

またルテニウムポルフィセン錯体は, 図1のようにオレフィンのシクロプロパン化反応の触媒にも応用され, その立体選択性が報告されている[3].

	trans	cis
R = C$_6$H$_5$	41%	4%
R = *p*-C$_6$H$_4$CH$_3$	53%	5%
R = *p*-C$_6$H$_4$OCH$_3$	63%	8%
R = *p*-C$_6$H$_4$Cl	41%	3%

図1 ルテニウムポルフィセン錯体を触媒としたオレフィンのシクロプロパン化反応

【関連錯体の紹介およびトピックス】光誘起配位子置換反応ではルテニウムポルフィリン錯体で非常に詳しく研究が行われており, 紫外光照射によって高エネルギーの励起状態から MLCT 状態へと到達し, そこからカルボニル配位子の置換反応が起きることが知られている. また, シクロプロパン化反応はルテニウム以外にもロジウム錯体などで反応機構, 立体選択的合成などの研究が行われている[4].

【久枝良雄・大川原 徹】

【参考文献】
1) Z. Y. Li *et al.*, *Inorg. Chem.*, **1992**, *37*, 2670.
2) T. Okawara *et al.*, *Chem. Lett.*, **2008**, *37*, 906.
3) W.-C. Lo *et al.*, *Chem. Commun.*, **1997**, 1206.
4) G. Mass, *Chem. Soc. Rev.*, **2004**, *33*, 183.

RuCN₅ 光

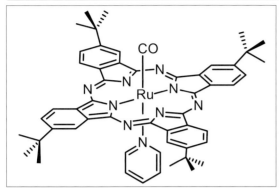

【名称】［ruthenium（II）carbonyl pyridyl 2,9,16,23-tetra-*tert*-butylphthalocyanine：［RuPc(CO)(Py)］

【背景】光物性をナノ秒パルスレーザーで制御できる光機能性色素を開発するために，RuPc(CO)(Py)錯体が設計・合成された．生体組織透過性の高い630 nm以降の赤色光で，COの光脱離反応を達成できることから，光線力学的がん治療を志向した機能性光増感剤としても期待される[1]．

【調製法】2,9,16,23-tetra-*tert*-butylphthalocyanineとRu₃(CO)₁₂をトルエンに入れ，窒素気流化30時間加熱還流する．カラムクロマトグラフィーで精製することでRuPc(CO)を得，これをピリジンに溶かし，窒素気流下で30時間加熱還流する．カラムクロマトグラフィーで精製することでRuPc(CO)(Py)を得る．

【性質・構造・機能・意義】ピリジン溶液中で青色を呈し，651 nm（$\varepsilon=2.2\times10^5$ M^{-1}cm^{-1}）に，Q帯と呼ばれる吸収帯が観測される．Q帯は，比較的シャープなスペクトル形状を示し，分子軌道計算からπ-π*遷移と帰属されている．蛍光は発せず，室温で939 nm（寿命10 μs），77 Kで946 nm（寿命20 μs）にりん光を示す．スペクトル形状，寿命からπ-π*性が高い励起三重項状態である．これは，軸配位子COのπ逆供与により，Ruのd$_\pi$軌道が安定化していることで説明できる．

COの光脱離は，可視領域の定常光ではほとんど進行しないが，赤色光ナノ秒パルスレーザーを照射すると，効率よく進行する．これは，パルスレーザーによる段階的二光子吸収によるものと考えられている．ピリジン中では，CO軸配位子はピリジンに置換される．ビスピリジン錯体では，Q帯が630 nm（$\varepsilon=8.2\times10^4$ M^{-1}cm^{-1}）に観測される．CO錯体とは大きく異なり，Q帯は非常にブロードである．このブロード化は，π-π*とMLCT遷移の混在に由来することが，分子軌道計算から解析されている．蛍光は発せず，室温で870 nm（寿命0.16 μs），77 Kで860 nm（寿命0.65 μs）にりん光を示す．スペクトル形状，寿命からMLCT性が高い最低励起三重項状態である．これは，軸配位子COのπ逆供与がなくなったことにより，Ruのd$_\pi$軌道とPcのπ軌道が同程度のエネルギーとなったことを示している．

光線力学的がん治療用光増感剤においては，光増感剤の吸収係数を大きくすることで，効率よく一重項酸素を生成することが求められるが，表面の光増感剤が光を強く吸収するため，深部まで光が到達しないという問題点も指摘されている．そのため，光治療が終了するまでは安定に一重項酸素を発生することが望まれる一方，治療終了後は分解して，深部まで光が到達することが望ましいというジレンマがあった．このCO錯体は，①脱カルボニル反応は，可視領域の定常光では起こらないが，赤色光パルスレーザーによる段階的二光子吸収で効率よく進行する，②CO脱離によりピーク波長の吸収が大きく減少するなどの特長を有する．これらの性質を利用し，①RuPcを腫瘍組織に吸着させ，定常光照射（一重項酸素発生）で表面の腫瘍組織を治療，②パルス光照射（脱カルボニル反応）により表面の吸光度減少，③再び定常光照射（一重項酸素発生）により深部の腫瘍組織を治療という光治療法も提案されている．このCO錯体は，子宮頸がん由来細胞HeLa内に対して光線力学的効果を示し，細胞内でもパルスレーザー選択的吸光度減少を示すことが確認されている．

【関連錯体の紹介およびトピックス】Ruナフタロシアニン錯体（RuNc）も同様の方法で，CO錯体，ビスピリジン錯体を合成できる[2]．CO錯体は728.5 nm（$\varepsilon=3.4\times10^5$ M^{-1}cm^{-1}）に，ビスピリジン錯体は717 nm（$\varepsilon=2.2\times10^5$ M^{-1}cm^{-1}）に，Q帯が観測される．どちらの錯体においても，比較的シャープなスペクトル形状を示し，分子軌道計算からπ-π*遷移と帰属されている．どちらの錯体も，蛍光は発しない．CO錯体は，室温で1094 nm（寿命4.8 μs），77 Kで1072 nm（寿命8.3 μs）に，ビスピリジン錯体は，室温で971 nm（寿命4.0 μs），77 Kで955 nm（寿命7.3 μs）にりん光を示す．スペクトル形状，寿命からπ-π*性が高い励起三重項状態である．これらのπ-π*性は，ベンゾ環がナフト環に置換されたRuNcでは，π軌道がRuのd$_\pi$軌道より高エネルギーであることで説明できる．

【石井和之】

【参考文献】
1) K. Ishii *et al.*, *J. Phys. Chem. B*, **2008**, *112*, 3138.
2) T. Rawing *et al.*, *Inorg. Chim. Acta*, **2008**, *361*, 49.

RuC$_2$PCl$_2$ / RuCP$_2$CL$_2$

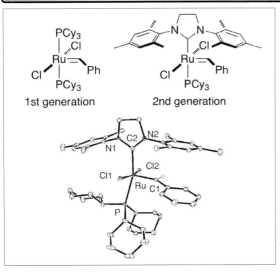

1st generation / 2nd generation

【名称】（1）benzylidenedichlorobis（tricyclohexylphosphine）ruthenium：Ru（=CHPh）Cl$_2$（PCy$_3$）$_2$（第1世代Grubbs触媒）；（2）(benzylidene)[1,3-bis(2,4,6-trimethylphenyl)-4,5-dihydroimidazole-2-ylidene]dichloro(tricyclohexylphosphine)ruthenium：Ru（=CHPh）Cl$_2$（H$_2$IMes）-(PCy$_3$)（第2世代Grubbs触媒）

【背景】オレフィンメタセシス反応は，有機合成および高分子化学の分野で欠くことのできない有用な合成ツールとなっている．オレフィンメタセシス反応は，1960年代から活発に研究されていたが，当初，チタン，モリブデン，タングステンを中心金属とする前周期遷移金属錯体触媒の開発と利用が中心であった．しかし，これらの錯体は酸素親和性が高く，基質の適用範囲が限定されていた．1990年代になりGrubbsらが，ルテニウムカルベン錯体を触媒として用いたオレフィンメタセシス反応を詳細に調べる中で標題錯体を見いだした[1,2]．これらの錯体は，官能基許容性に優れ，実用的なオレフィンメタセシス反応の触媒として実験室スケールから工業規模の大スケールの反応まで汎用されている．

【調製法】[3] [RuCl$_2$(PPh$_3$)$_3$]錯体とフェニルジアゾメタンから[Ru(=CHPh)Cl$_2$(PPh$_3$)$_2$]錯体を合成する．Ar気流下，[Ru(=CHPh)Cl$_2$(PPh$_3$)$_2$]錯体の塩化メチレン溶液に，少過剰量のトリシクロヘキシルホスフィンを加え，室温で30分間撹拌する．反応溶液をろ過し，沪液から溶媒を減圧下で留去する．残渣を洗浄し，真空乾燥すると紫色微結晶の標題錯体1が得られる．続いて，1,3-ビス(2,4,6-トリメチルフェニル)-4,5-ジヒドロイミダゾリウムテトラフルオロホウ酸塩の乾燥THF溶液にカリウムt-ブトキシドを室温で加え，1時間撹拌後，標題錯体1を加え，80℃で30分撹拌する．溶媒を留去後，残渣を無水メタノールで洗浄すると，褐色の標題錯体2が得られる．

【性質・構造・機能・意義】標題錯体1および2は，配位不飽和な16電子錯体である．ゆがんだ四角錐構造を有しており，2つの塩素原子とルテニウム原子はほぼ直線上に位置し，ベンジリデン配位子はこれらとほぼ同一平面上にある[4]．重塩化メチレン中での^{1}H NMRスペクトルでは，ベンジリデン配位子に由来する特徴的なシグナルが20.02（錯体1）と19.16（錯体2）ppmという低磁場領域にそれぞれ観測される．

錯体合成の際，酸素や水には十分に気をつける必要があるが，いったん単離した後は，空気中でも安定に取り扱うことができる．また，錯体1と2を前駆体とし，ホスフィン配位子の置換や異なるN-ヘテロサイクリックカルベン配位子の導入が可能である．

標題錯体を触媒とする高効率なオレフィンメタセシス反応の反応機構は以下のように提案されている．まず，16電子の構造からトリシクロヘキシルホスフィン配位子が1つ解離し，14電子の触媒中間体を与える．この中間体がオレフィンと反応し，14電子のルテナシクロブタンへ変換する．つづくメタラサイクルの解裂により，生成物と14電子の中間体を再生する．これらの素反応過程は基本的に可逆であり，ルテニウム周りの立体的，電子的配位環境が触媒反応の効率に大きな影響を与えている[5]．

【関連錯体の紹介およびトピックス】近年，標題錯体触媒を用いたオレフィンメタセシス反応によるロタキサン，カテナンなどの超分子化合物の合成が数多く報告されている．また，ホスフィン配位子の置換やN-ヘテロサイクリックカルベン配位子の修飾によって，触媒効率の改善だけでなく，不斉オレフィンメタセシス反応や，新奇なサイクリックポリマー合成などへの展開が研究されている．

【小池隆司】

【参考文献】
1) R. H. Grubbs *et al.*, *Angew. Chem. Int. Ed. Engl.*, **1995**, *34*, 2039.
2) R. H. Grubbs *et al.*, *Org. Lett.*, **1999**, *1*, 953.
3) 日本化学会編, 有機遷移金属化合物・超分子錯体(第5版 実験化学講座 21巻), 丸善, **2004**, p. 212.
4) R. H. Grubbs *et al.*, *J. Am. Chem. Soc.*, **2003**, *125*, 10103 (CCDC161995).
5) R. H. Grubbs (Ed.), *Handbook of Metathesis*, Wiley-VCH, **2003**.

RuC$_5$N$_3$

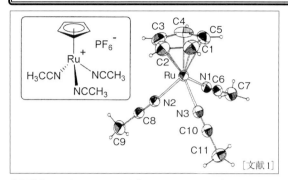

[文献1]

【名称】 tris(acetonitrile)(η^5-cyclopentadienyl)ruthenium-(II) hexafluorophosphate：[Ru(η^5-C$_5$H$_5$)(CH$_3$CN)$_3$]PF$_6$

【背景】 本錯体は，1982年にGillとMannによりはじめて合成された[2]．アセトニトリル配位子が非常に解離しやすく，12電子の"[Ru(η^5-C$_5$H$_5$)]$^+$"種を容易に発生可能なこと，また芳香族化合物との高い親和性を利用した配位芳香環の求核置換反応や，インドール，アミノ酸などの生理活性物質のラベル化剤に用いられる有用な有機金属錯体である．しかしながら，本錯体の合成には，中間体である[Ru(η^5-C$_5$H$_5$)(η^6-C$_6$H$_6$)]Clの合成のために化学量論量のC$_5$H$_5$Tl(CpTl)を用いる必要があり，毒性および廃棄物の問題から，大量合成が不可能であった．

2002年Trostらは，[(η^6-C$_6$H$_6$)RuCl$_2$]$_2$と過剰のシクロペンタジエンとをエタノール中，加熱・撹拌することにより，[Ru(η^5-C$_5$H$_5$)(η^6-C$_6$H$_6$)]PF$_6$が良好な収率で得られることを見いだし，続くアセトニトリル中での光照射により，標題錯体を定量的（>99%），かつ大容量で合成することに成功した[3]．

【調製法】 [Ru(η^5-C$_5$H$_5$)(η^6-C$_6$H$_6$)]PF$_6$の合成（**1**）：オーブンで乾燥した100 mLの丸底フラスコに，粉砕したK$_2$CO$_3$（1.95 g, 14.2 mmol）を入れ，減圧下，バーナーであぶりながら水分を除く．室温まで冷却した後，[(η^6-C$_6$H$_6$)RuCl$_2$]$_2$（1.18 g, 2.36 mmol，RuCl$_3$·3H$_2$Oのエタノール溶液に，1,3-または1,4-シクロヘキサジエンを加え，加熱還流して合成する．収率95%[4]）を加え，フラスコを還流冷却器につなぐ．50 mLのエタノールと蒸留したてのシクロペンタジエン（3.5 mL, 42.4 mmol）を加え，不均一の褐色溶液を60℃に加熱し激しく撹拌する．7時間後，反応溶液を室温まで冷却し，セライトでろ過し，さらにセライトを40 mLのエタノールで洗浄し，ろ液に加える．黒黄色の溶液を20 mLまで濃縮した後，NH$_4$PF$_6$水溶液（1.6 g, 9.8 mmol in 16 mL H$_2$O）を加えると，すぐに沈殿が生成する．残存しているエタノールを減圧留去し，残渣を数時間空冷する．これをろ過により採取し，減圧乾燥により得られた粗生成物（1.45 g）を最小量のアセトンに溶解し，沈殿が生成しなくなるまでジエチルエーテルを滴下する．ろ過により，目的とする[Ru(η^5-C$_5$H$_5$)(η^6-C$_6$H$_6$)]PF$_6$錯体（**1**）が白色粉末として得られる（1.36 g, 74%）．

[Ru(η^5-C$_5$H$_5$)(CH$_3$CN)$_3$]PF$_6$の合成：250 mLの石英製光反応装置（Ace製）中，[Ru(η^5-C$_5$H$_5$)(η^6-C$_6$H$_6$)]PF$_6$錯体（1.70 g, 4.37 mmol）を200 mLのアセトニトリルに溶解した溶液を調製する．30分間，乾燥窒素をバブルすることにより溶液の脱酸素を行う．その後，溶液を撹拌しながら，450 W（Ace製）の中圧水銀灯で12時間光照射する．溶媒を減圧留去すると，標題錯体（**2**）が明橙色の粉末として収率>99%（1.89 g）で得られる[3]．

【性質・構造・機能・意義】 [Ru(η^5-C$_5$H$_5$)(η^6-C$_6$H$_6$)]PF$_6$錯体のη^6-C$_6$H$_6$配位子とアセトニトリルとの光交換反応（313 nm）の量子収率は0.4±0.04である[2]．また，本錯体のアセトニトリル配位子は，P(CH$_3$)$_3$，PPh$_3$，P(OPh)$_3$，COなどの中性配位子と室温で容易に交換する．また本錯体は，シクロプロピルエンイン類の分子内[5＋2]付加環化反応，1,6-および1,7-エンイン類の環化異性化反応，プロパルギルアルコールを用いる2-ノルボルネン類のシクロプロパン化反応などの触媒として利用されている．

【関連錯体の紹介およびトピックス】 η^5-C$_5$H$_5$(Cp)のかわりにη^5-C$_5$Me$_5$(Cp*)を有する[Ru(η^5-C$_5$Me$_5$)(CH$_3$CN)$_3$]$^+$(CF$_3$SO$_3$)$^-$錯体について，ステロイドとの化学量論反応やアミノ酸の放射標識などが報告されている[5]．

【近藤輝幸】

【参考文献】
1) A. Ludi *et al.*, *Inorg. Chem.*, **1991**, *30*, 2350.
2) K. R. Mann *et al.*, *Organometallics*, **1982**, *1*, 485.
3) B. M. Trost *et al.*, *Organometallics*, **2002**, *21*, 2544.
4) M. A. Bennett *et al.*, *J. Chem. Soc., Dalton Trans.*, **1974**, 233.
5) R. Kramer, *Angew. Chem. Int. Ed. Engl.*, **1996**, *35*, 1197.

図1 [Ru(η^5-C$_5$H$_5$)(η^6-C$_6$H$_6$)]PF$_6$(**1**)および[Ru(η^5-C$_5$H$_5$)(CH$_3$CN)$_3$]PF$_6$(**2**)の合成法

RuC₅P₂Cl

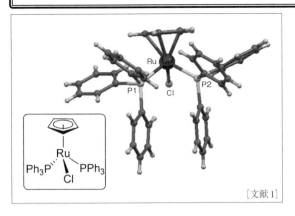

[文献1]

【名称】chloro(η⁵-cyclopentadienyl)bis(triphenylphosphine)ruthenium(II)：[RuCl(PPh₃)₂(η⁵-C₅H₅)]

【背景】本錯体は，RuCl₂(PPh₃)₃とシクロペンタジエン(CpH)との反応を，ベンゼン中，2日間行うことによりはじめて合成された[2]．その後，下記に示したRuCl₃・3H₂O, triphenylphosphine(PPh₃)，およびcyclopentadiene(CpH)からのワンポット合成法が開発され，本錯体の大量合成が可能となった[3]．本錯体は，カルボニル錯体RuCl(CO)₂(η⁵-C₅H₅)と同様の構造を有するが，反応性は大きく異なる．本錯体の塩素配位子Clは，中性配位子Lにより容易に解離し，カチオン錯体[RuL(PPh₃)₂(η⁵-C₅H₅)]⁺を与える．また，メタノール中では[Ru(MeOH)(PPh₃)₂(η⁵-C₅H₅)]⁺になり，大きなアニオンが共存すると単離可能になる．一方，PPh₃配位子も他の単座および二座ホスフィン配位子と置換する．一方のPPh₃だけが置換された場合には，ルテニウム中心はキラルとなる[4]．

【調製法】

RuCl₃ + 2 PPh₃ + (C₅H₆) —EtOH reflux→ RuCl(PPh₃)₂(η⁵-C₅H₅)
(1)

図1　[RuCl(PPh₃)₂(η⁵-C₅H₅)](1)の合成法

500 mLの滴下漏斗と上部を窒素導入管につないだ還流冷却管を備えた2Lの二口丸底フラスコを窒素置換する．この丸底フラスコ中，PPh₃(21.0 g, 0.080 mol)をエタノール1Lに加熱しながら溶解させる(均一な無色透明の溶液が得られない場合には，ろ過して使用する)．窒素置換した別の容器に，RuCl₃(3H₂O, 5.0 g, 0.020 mol)を入れ，エタノール100 mL中，沸騰させ溶解させた後，冷却する．続いて，新たに蒸留したシクロペンタジエン(CpH, 10 mL, 8.0 g, 0.12 mol)をこの溶液に加え，得られた暗褐色の溶液を滴下漏斗に移し，PPh₃のエタノール溶液に10分かけて滴下する．この際，溶液の温度を還流温度に保つ．滴下後，得られた暗褐色の溶液を1時間撹拌すると，少し明るい暗赤橙色溶液に変化する．この溶液を熱時ろ過し(空気に触れてもよい)，ろ液を−10℃で一晩冷却する(エバポレーターにより，ろ液を1/3に濃縮しても細かい結晶が得られる．その後の処理は以下と同じである)．生成した橙色の結晶を淡黄橙色の上澄み液から分離する．結晶をグラスフィルターに集め，エタノール25 mLと石油エーテル25 mLで4回ずつ洗浄し，減圧乾燥する．収量(1)約14 g(収率90〜95%)．¹H NMR(CDCl₃)：δ 4.01(s, (η⁵-C₅H₅))[3]．

【性質・構造・機能・意義】橙色結晶．mp 130〜133℃(封管中，分解)．空気中で長時間安定．石油エーテル，水には不溶．冷メタノール，エタノール，ジエチルエーテル，シクロヘキサンにわずかに可溶．クロロホルム，四塩化炭素，塩化メチレン，二硫化炭素，アセトンによく溶け，ベンゼン，アセトニトリル，ニトロメタンに非常によく溶ける．

本錯体は，末端アルキンへの反応性が高く，末端アルキンの二量化反応や，末端アルキンと不活性アルケンとの鎖状共二量化反応の触媒として作用する．本錯体と末端アルキンとの反応により，ビニリデン錯体が得られることが知られており，このビニリデン錯体を中間体とする末端アルキンとアリルアルコールとの骨格変換を伴う触媒的縮合反応が報告されている[5]．

さらに本錯体は，メタクリル酸メチル(MMA)とスチレンとのリビングラジカル重合のための触媒としても重要である[6]．

【関連錯体の紹介およびトピックス】最近では，本錯体のPPh₃配位子を1,3,5-triaza-7-phosphaadamantane(PTA)に置換した水溶性の[RuCl(PTA)₂(η⁵-C₅H₅)]が合成され，腺がん細胞に対する毒性評価や，ゲル移動度シフト法によるプラスミドDNAとの相互作用の評価などについて活発な研究が行われている[7]．

【近藤輝幸】

【参考文献】

1) M. I. Bruce et al., J. Chem. Soc, Dalton, **1981**, 1398.
2) G. Wilkinson et al., J. Chem. Soc. A, **1969**, 1749.
3) M. I. Bruce et al., Aust. J. Chem., **1977**, 30, 1601.
4) M. I. Bruce et al., Inorg. Synth., **1990**, 28, 270.
5) B. M. Trost et al., J. Am. Chem. Soc., **1992**, 114, 5579.
6) M. Sawamoto et al., Macromolecules, **1999**, 32, 3820.
7) A. Romerosa et al., Inorg. Chem., **2006**, 45, 1289.

RuC$_6$N$_2$Cl

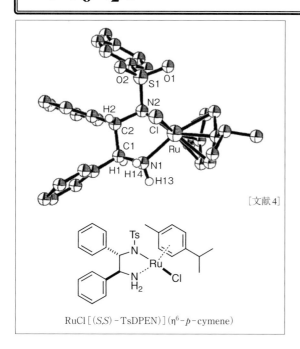

RuCl[(S,S)-TsDPEN](η^6-p-cymene)

【名称】 chloro[(η^6-p-cymene)((1S,2S)-N-p-toluenesulfonyl-1,2-diphenylethylenediamine)]ruthenium(II)：RuCl-[(S,S)-TsDPEN](η^6-p-cymene)

【背景】 アルコールとアルミニウムアルコキシドを用いるケトン類の還元反応は，Meerwein-Ponndorf-Verley(MPV)還元反応として知られている[1]．不斉触媒化の検討がおこなわれ，光学活性アミノアルコール配位子を有するサマリウム(III)触媒を皮切りに，様々な光学活性窒素系多座配位子へと展開された[2]．1995年に報告された本錯体は，基質汎用性も優れており，高いエナンチオ面選択性を可能にした水素移動型不斉還元触媒である[3]．

【調製法】 1モル量のルテニウム(II)錯体[RuCl$_2$(η^6-p-cymene)]$_2$と2モル量の配位子(S,S)-TsDPENを，過剰量のトリエチルアミンの共存下，2-プロパノール中で加熱する．反応溶液を濃縮して得られる固体を少量の水で洗浄後，メタノール溶液として静置すると，黄色の結晶が得られる[4]．

【性質・構造・機能・意義】 本錯体の結晶構造が得られており，Ru-Clは2.435(4) Å，Ru-N1は2.117(9) Å，Ru-N2は2.144(8) Å，N1-Ru-N2は79.4(3)°，配位子(S,S)-TsDPENはδ配座を形成し，Ru中心の絶対配置はRである．

本錯体を触媒量用いて，2-プロパノール溶媒中，アセトフェノンの不斉還元反応をおこなうと，光学的に純粋な1-フェニルエチルアルコールが得られる．共生成物はアセトンであり，反応後容易に留去可能である[3]．しかし，高い光学純度を維持した状態で生成物を収率よく得るためには，逆反応の影響の少ない希薄条件を必要とする．一方，水素源としてギ酸を用いれば，副生する二酸化炭素は反応系外に容易に放出され，還元反応を不可逆的に進行させることができる．実際に，本錯体を触媒量用いて，ギ酸とトリエチルアミンの共沸混合物を水素源としてケトン類の還元反応をおこなうと，定量的に光学的に純粋な2級アルコールを得ることができる[5]．この還元反応の触媒中間体は，配位不飽和な16電子アミド錯体であり，18電子ヒドリド(アミン)錯体との相互変換を駆動力として反応が進行する．また，主エナンチオマーを与える遷移状態の理論計算から，芳香族ケトン基質の芳香環部分とパラシメン配位子の間にはたらくCH-π相互作用が高いエナンチオ面選択性の発現に寄与することが明らかになっている[6]．

【関連錯体の紹介およびトピックス】 配位子(S,S)-TsDPENとパラシメン配位子を架橋したルテニウム(II)錯体[RuCl((S,S)-TsDENEB)]は，安定性に優れた錯体であり，たとえば，アセトフェノンの水素移動型不斉還元反応において，基質触媒比を最高3万に向上することができる[7]．さらに，従来の触媒では，反応性をまったく示さなかった基質(1-インダノンや2-ヒドロキシアセトフェノン)に対しても，RuCl((S,S)-TsDENEB)触媒を用いると，定量的に光学的に純粋な2級アルコール生成物へと変換することができる．基質の適応範囲を広げることが可能となり，工業プロセスも確立されている[8]．

【北村雅人・吉村正宏】

【参考文献】

1) a) H. Meerwein *et al.*, *Liebigs Ann. Chem.*, **1925**, *444*, 221; b) W. Ponndorf, *Angew. Chem.*, **1926**, *39*, 138; c) A. Verley, *Bull. Soc. Chim. Fr.*, **1925**, *37*, 537.
2) D. A. Evans *et al.*, *J. Am. Chem. Soc.*, **1993**, *115*, 9800.
3) S. Hashiguchi *et al.*, *J. Am. Chem. Soc.*, **1995**, *117*, 7562.
4) K.-J. Haack *et al.*, *Angew. Chem. Int. Ed. Engl.*, **1997**, *36*, 285.
5) A. Fujii *et al.*, *J. Am. Chem. Soc.*, **1996**, *118*, 2521.
6) M. Yamakawa *et al.*, *Angew. Chem. Int. Ed.*, **2001**, *40*, 2818.
7) T. Touge *et al.*, *J. Am. Chem. Soc.*, **2011**, *133*, 14960.
8) T. Touge *et al.*, *Org. Process Res. Dev.*, **2019**, *23*, 452.

RuC$_7$Si

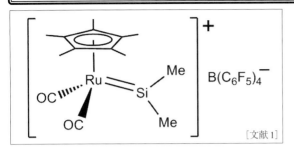

[文献1]

【名称】dicarbonyl(dimethylsilylene)(η^5-pentamethylcyclopentadienyl)ruthenium(II) tetrakis(pentafluorophenyl)borate：[(η^5-C$_5$Me$_5$)(CO)$_2$Ru=SiMe$_2$][B(C$_6$F$_5$)$_4$]

【背景】金属-炭素二重結合をもつカルベン錯体は，1964年に6族カルボニル錯体からFischerらによりはじめて合成されて以来，精力的に研究されている．カルベン錯体には，カルベン炭素上にアルコキシ基やアミノ基などヘテロ原子を含み求電子的なカルベン炭素をもつFischer型カルベン錯体と，ヘテロ原子を含まず逆に求核的なカルベン炭素をもつSchrock型カルベン錯体がある．最近ではGrubbsらが新しいルテニウムカルベン錯体を開発し，オレフィンメタセシス反応の高活性触媒として，精密合成が必要な医薬品合成にも利用されている．

このようなカルベン錯体の有用性から，その高周期類縁体も注目されていたが，長い間合成は困難であった．金属-ケイ素二重結合は，シリレンケイ素の非共有電子対から金属の空のd$_\sigma$軌道へのσ供与と，金属の充填d$_\pi$軌道からのケイ素の空のp軌道へのπ逆供与で形成される．Tilleyらは，電子豊富な遷移金属フラグメントを用い，金属からケイ素へのπ逆供与を効果的にすることにより，シリレン錯体の合成に成功した．最初の例は1990年に報告され，ケイ素上に電子的安定化効果の高い硫黄を含んでいたが，そのような効果のないジアルキルシリレン錯体がその4年後に，やはりTilleyらにより報告された[1]．

【調製法】操作はすべて乾燥した不活性ガス雰囲気下で行う．Cp*(PMe$_3$)$_2$RuSiMe$_2$OTfに約1.1当量のLiB(C$_6$F$_5$)$_4$·Et$_2$Oを加え−78℃に冷やし，重塩化メチレンを加えて溶かす．この溶液を0℃に昇温し，^{1}H NMRで反応が90％進行したことを確認した後，23℃で^{n}Bu$_2$Oをゆっくり加えると，結晶が析出し，[(η^5-C$_5$Me$_5$)(CO)$_2$Ru=SiMe$_2$][B(C$_6$F$_5$)$_4$]を38％で得る．

【性質・構造・機能・意義】この錯体は空気・湿気に不安定である．塩化メチレン中では室温でも不安定であり半減期7時間で分解する．^{29}Si{^{1}H} NMRスペクトルでは，311 ppmという非常に低磁場にシグナルが現れる．この化学シフトは不飽和ケイ素に特徴的な値である．この錯体は，X線結晶構造解析が行われている．シリレン配位子のケイ素周りの結合角の和は359(1)°とほぼ360°になっており，ケイ素周りは平面構造である．Ru-Si結合距離は2.238(2) Åであり，通常のRu-Si単結合距離より明らかに短く，二重結合である．なお，ペンタメチルシクロペンタジエニル配位子(Cp*)の五員環の中心とRuおよびSiが作る面と，2つのメチル基のCとSiが作る面との二面角は34°である．Fensky-Hallによる理論計算では，この角が0°のときに最安定構造になると予測されるため，34°の傾きは，Cp*とケイ素上のメチル基の立体反発が原因と考えられる．また，電子密度の計算から，Ru-Si二重結合はRu$^{\delta-}$-Si$^{\delta+}$のように大きく分極しており，Fischer型のシリレン錯体であることがわかる．その分極の程度はカルベン類縁体よりかなり大きい．実際，この錯体は極性のない不飽和有機分子(エチレン，アセチレン，2-ブチンなど)とは反応しないが，分極した不飽和結合をもつイソシアナートRN=C=O(R = Me, Ph)とは[2＋2]型環化付加反応を起こして四員環生成物を与える[2]．

【関連錯体の紹介およびトピックス】Schrock型のシリレン錯体[3]も含め，様々なシリレン錯体が合成されているが，水やアルコールなどの求核試薬以外の有機化合物と反応するシリレン錯体はほとんどなかった．しかし，最近開発された金属とケイ素上に水素をもつシリレン錯体は，オレフィンのヒドロシリル化の触媒になるもの[4]，様々な不飽和有機分子に対して高い反応性を示すもの[5]が見つかっており，シリレン錯体の反応化学の研究が注目されている．　【橋本久子】

【参考文献】
1) T. D. Tilley *et al., J. Am. Chem. Soc.*, **1994**, *116*, 5495.
2) G. P. Mitchell *et al., J. Am. Chem. Soc.*, **1997**, *119*, 11236.
3) N. Nakata *et al., J. Am. Chem. Soc.*, **2006**, *128*, 16024.
4) a) P. B. Glaser *et al., J. Am. Chem. Soc.*, **2003**, *125*, 13640; b) E. Calimalo *et al., J. Am. Chem. Soc.*, **2008**, *130*, 9226.
5) a) T. Watanabe *et al., Angew. Chem. Int. Ed.*, **2007**, *43*, 218; b) M. Ochiai *et al., Angew. Chem. Int. Ed.*, **2007**, *46*, 8192.

RuC$_8$Cl$_2$

有触

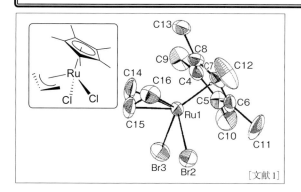

[文献1]

【名称】dichloro(η^5-pentamethylcyclopentadienyl)(η^3-allyl)ruthenium(II):[RuCl$_2$(η^5-C$_5$(CH$_3$)$_5$)(η^3-C$_3$H$_5$)]

【背景】RuCl$_3$と1,3-ブタジエンもしくはイソプレンとの反応により,ビス(η^3-アリル)ジクロロルテニウム(IV)錯体が合成されて以来,数多くのd^4ルテニウム(IV)錯体が合成されている.一般に,η^3-アリル錯体は,低原子価の遷移金属錯体へのアリル化合物の酸化的付加反応により合成され,ルテニウムについても,0価d^8錯体であるRu$_3$(CO)$_{12}$への臭化アリルの酸化的付加反応により,(η^3-C$_3$H$_5$)RuBr(CO)$_3$錯体が得られることが報告されている[2].

さらに,伊藤らは,ルテニウム(II)錯体へのアリル化合物の酸化的付加反応が進行し,高原子価の(η^3-アリル)ルテニウム(IV)錯体が得られることを明らかにしている[1].

【調製法】

RuCl$_3$ + C$_5$(CH$_3$)$_5$H $\xrightarrow{\text{EtOH}}$ [RuCl$_2$(η^5-C$_5$(CH$_3$)$_5$)]$_2$ (1)

$\xrightarrow[\text{CH}_2\text{Cl}_2\text{ (EtOH-H}_2\text{O)}]{\text{Cl}}$ RuCl$_2$(η^5-C$_5$(CH$_3$)$_5$)(η^3-C$_3$H$_5$) (2)

図1 [RuCl$_2$(η^5-C$_5$(CH$_3$)$_5$)]$_2$(1)および[RuCl$_2$(η^5-C$_5$(CH$_3$)$_5$)(η^3-C$_3$H$_5$)](2)の合成法

[RuCl$_2$(η^5-C$_5$(CH$_3$)$_5$)]$_2$の合成:窒素雰囲気下,RuCl$_3$・3H$_2$O(2.01 g,7.7 mmol)のエタノール(40 mL)溶液に,室温でペンタメチルシクロペンタジエン(Cp*H, 2.70 g, 19.8 mmol)を加え,50℃に保ったまま5時間撹拌を続ける.反応溶液の色は,暗緑色を経て黒褐色へと変化する.加熱を終えた後,反応溶液を室温に戻し,約1時間静置する.析出した紫褐色の微結晶をろ別し,エタノール(10 mL)で4回洗浄した後,さらにジエチルエーテル(10 mL)で2回洗浄し,減圧乾燥により,標題錯体(1)が収率83%(1.97 g)で得られる.mp 272℃(分解).IR 2983, 2962, 2906, 1478, 1456, 1375, 1149, 1075, 1023, 588, 440 cm^{-1}. μ_{eff} = 1.89 B.M[3].

[RuCl$_2$(η^5-C$_5$(CH$_3$)$_5$)(η^3-C$_3$H$_5$)](2)の合成:窒素雰囲気下,[RuCl$_2$(η^5-C$_5$(CH$_3$)$_5$)]$_2$錯体(0.422 g, 1.37 mmol)を,エタノール/水95:1の混合物0.4 mLを含む塩化メチレン20 mLに溶かす.この溶液に塩化アリル(0.24 mL, 2.74 mmol)を加え,得られた黒褐色の溶液を40℃で2時間加熱撹拌すると,均一な褐色溶液が得られる.この溶液を濃縮し,残渣を酢酸エチルを用いてシリカゲルカラムにより精製すると,標題錯体(2)が収率>90%で得られる.mp. 173~175℃(分解)[1].

酸素が混入した場合や,無水エタノールを用いて合成を行った場合には,C$_5$(CH$_3$)$_5$のメチル基の塩素化が起こり,本錯体の収率は低下する.

【性質・構造・機能・意義】本錯体とGrignard反応剤であるBrMg(CH$_2$)$_4$MgBrとの反応により,2価ブタジエン錯体[Ru(η^5-C$_5$(CH$_3$)$_5$)(η^4-C$_4$H$_6$)(η^1-C$_3$H$_7$)]が生成する.重水素ラベル実験により,ブタジエン錯体は,ルテナシクロペンタン錯体からの2回のβ-水素脱離反応と,η^3-C$_3$H$_5$基への水素移動反応により生成したと考えられる[4].また,クロチル基を有するRuCl$_2$(η^5-C$_5$(CH$_3$)$_5$)(η^3-C$_3$H$_4$Me)]錯体を,CH$_2$Cl$_2$/MeOH=100/1を用いてシリカゲルカラムに通すと,メチル基のC-H結合の活性化が起こり,2価ブタジエン錯体[RuCl$_2$(η^5-C$_5$(CH$_3$)$_5$)(η^4-C$_4$H$_6$)]が得られる[5].

【関連錯体の紹介およびトピックス】同様に,[RuCl(η^5-C$_5$(CH$_3$)$_5$)(η^4-1,5-C$_8$H$_{12}$)]錯体への塩化シンナミルの酸化的付加反応により,4価のRuCl$_2$(η^5-C$_5$(CH$_3$)$_5$)(η^3-C$_3$H$_4$Ph)]錯体が得られる.本錯体とアミンおよび2,4-ペンタンジオンとの化学量論反応により,分岐型の付加物が高収率かつ高選択的に得られる[6].

さらに,ジカチオン性η^3-アリルルテニウム(IV)錯体[Ru(η^5-C$_5$(CH$_3$)$_5$)(η^3-C$_3$H$_5$)(CH$_3$CN)](PF$_6$)$_2$を触媒として用いた場合には,アリルアルコール類によるインドールの3-位選択的アリル化反応が進行する.また,ワンポットでのN,C-ダブルアリル化反応も報告されている[7].

【近藤輝幸】

【参考文献】
1) K. Itoh *et al., Organometallics*, **1990**, *9*, 799.
2) P. Pino *et al., J. Organomet. Chem.*, **1968**, *13*, 240.
3) H. Suzuki *et al., Chem. Lett.*, **1984**, *13*, 1161.
4) K. Itoh *et al., J. Organomet. Chem.*, **1991**, *406*, 189.
5) K. Itoh *et al., J. Organomet. Chem.*, **1994**, *473*, 285.
6) T. Kondo *et al., Organometallics*, **1995**, *14*, 1945.
7) P. S. Pregosin *et al., Organometallics*, **2008**, *27*, 3796.

RuC₉Cl

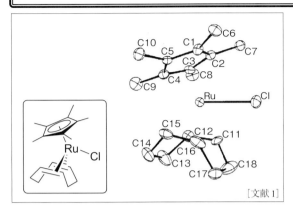

[文献1]

【名称】chloro(1,5-η^4-cyclooctadiene)(η^5-pentamethyl-cyclopentadienyl)ruthenium(II):[RuCl(η^5-C$_5$(CH$_3$)$_5$)(η^4-1,5-C$_8$H$_{12}$)]

【背景】本錯体は,電子供与性と立体障害が大きいC$_5$(CH$_3$)$_5$(Cp*)配位子を有する最も代表的な単核ルテニウム(II)錯体であり,1,5-シクロオクタジエン(1,5-cod)配位子が解離した場合には,不飽和化合物の酸化的環化反応に有利な14電子錯体が生成する.一方,塩素配位子がCl$^-$として解離した場合には,カチオン性16電子錯体が生成し,末端アルキンとの反応によりビニリデン錯体が生成する.

$$\text{RuCl}_3 + \text{C}_5(\text{CH}_3)_5\text{H} \xrightarrow{\text{EtOH}} [\text{RuCl}_2(\eta^5\text{-C}_5(\text{CH}_3)_5)]_2 \quad (1)$$

$$\xrightarrow[\text{EtOH}]{1,5\text{-C}_8\text{H}_{12}} \text{RuCl}(\eta^5\text{-C}_5(\text{CH}_3)_5)(\eta^4\text{-1,5-C}_8\text{H}_{12}) \quad (2)$$

図1 錯体1および錯体2の合成法

【調製法】[RuCl$_2$(η^5-C$_5$(CH$_3$)$_5$)]$_2$(**1**)の合成:窒素雰囲気下,RuCl$_3$・3H$_2$O(2.01 g, 7.7 mmol)のエタノール(40 mL)溶液に,室温でペンタメチルシクロペンタジエン(Cp*H, 2.70 g, 19.8 mmol)を加え,50℃に保ったまま5時間撹拌を続ける.反応溶液の色は,暗緑色を経て黒褐色へと変化する.反応溶液を室温に戻した後,約1時間静置する.析出した紫褐色の微結晶をろ別し,エタノール(10 mL)で4回洗浄した後,さらにジエチルエーテル(10 mL)で2回洗浄し,減圧乾燥により,標題錯体(**1**)が収率83%(1.97 g)で得られる[2].mp 272℃(分解).IR 2983, 2962, 2906, 1478, 1456, 1375, 1149, 1075, 1023, 588, 440 cm^{-1}.μ_{eff}=1.89 B.M[2].

[RuCl(η^5-C$_5$(CH$_3$)$_5$)(η^4-1,5-C$_8$H$_{12}$)](**2**)の合成:[RuCl$_2$-(η^5-C$_5$(CH$_3$)$_5$)]$_2$錯体(0.270 g, 0.44 mmol)を10 mLのエタノールに懸濁させ,そこに1,5-シクロオクタジエン(1,5-cod, 3.0 mL, 24.5 mmol)を加えた後,70℃に加熱し,1時間撹拌する.反応溶液を室温に戻した後,減圧下で濃縮し,アルミナカラムを通して精製する.黄色のバンドを集め,溶媒を留去すると,標題錯体が黄橙色の固体として得られる.クロロホルム/ジエチルエーテル混合溶媒から再結晶し,[RuCl(η^5-C$_5$(CH$_3$)$_5$)-(η^4-1,5-C$_8$H$_{12}$)](**2**)が収率77%(0.256 g)で得られる.mp 128℃.^{1}H NMR(CDCl$_3$)δ 1.59(C$_5$(CH_3)$_5$);^{13}C NMR(CDCl$_3$)δ 9.5(C$_5$(CH$_3$)$_5$), 28.7, 30.9(CH$_2$), 83.9, 84.8(CH), 95.5(C$_5$(CH$_3$)$_5$)[3].

1,5-シクロオクタジエンの代わりに,2,5-ノルボルナジエン(2,5-nbd)を用いて同様の条件で反応を行うと,[RuCl(η^5-C$_5$(CH$_3$)$_5$)(η^4-2,5-nbd)]錯体がほぼ定量的に得られる.mp 175℃.^{1}H NMR(CDCl$_3$)δ 1.60(C$_5$-(CH$_3$)$_5$);^{13}C NMR(CDCl$_3$)δ 9.7(C$_5$(CH$_3$)$_5$), 47.0, 50.8(bridge-head), 55.2, 71.1(olefinic), 61.4(bridge), 94.3(C$_5$-(CH$_3$)$_5$)[2].

【性質・構造・機能・意義】本錯体は,アルキンとアルケンの[2+2]共付加環化反応によるシクロブテン環構築反応,および1,6-ジインとアルキン,ヘテロクムレン,ニトリルあるいはCS$_2$との[2+2+2]付加環化反応の高活性触媒である.また,通常は触媒毒として作用する硫黄化合物の変換反応用にも有効であり,ジスルフィド類のアルケンへの付加反応をはじめて達成した触媒である.さらに,アリル化合物の酸化的付加反応により,(η^3-アリル)ルテニウム(IV)錯体が生成し,これを鍵中間体とするアリル化合物のγ-位選択的アルキル化反応およびアミノ化反応の高活性触媒として利用されている[4].

【関連錯体の紹介およびトピックス】本錯体は,最近では,芳香環を有するデオキシリボースの合成用触媒として用いられている.また,クリックケミストリーとして重要なアジドのアルキンへの1,3-双極子付加環化反応において,従来の銅触媒では,1,4-二置換1,2,3-トリアゾールが選択的に得られるのに対し,本錯体を触媒として用いた場合には,1,5-二置換1,2,3-トリアゾールが選択的に得られる[4].

【近藤輝幸】

【参考文献】
1) S. P. Nolan *et al., Organometallics*, **1995**, *14*, 5290.
2) H. Suzuki *et al., Chem. Lett.*, **1984**, *13*, 1161.
3) T. Kondo *et al., Organometallics*, **1995**, *14*, 1945.
4) V. V. Fokin *et al., J. Am. Chem. Soc.*, **2005**, *127*, 15998.

RuC₁₀

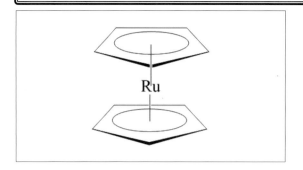

【名称】bis(cyclopentadienyl)ruthenium: ruthenocene(Cp_2-Ru)

【背景】この錯体はルテニウムが鉄と同じ8族元素でありd軌道の電子状態をもつことから，フェロセンと同様な構造で中心金属がシクロペンタジエニル環にはさまれたサンドイッチ分子を合成できると期待され合成された[1]．

【調製法】窒素下1,2-ジメトキシエタン中でナトリウムとシクロペンタジエンを反応させる．水素の発生が収まった後，数時間加熱還流させる．その後，塩化ルテニウム(II)と金属ルテニウムを加え80時間還流させる．溶媒を除去し窒素下高真空下120℃で昇華精製し，さらに固体をベンゼンに溶解させアルミナを用いて精製し目的物を得る．

【性質・構造・機能・意義】ルテノセンは淡黄色の結晶として得られる．メタノール中では321 nm($\varepsilon=200\,M^{-1}cm^{-1}$)に幅の広い吸収が見られ，$^1A'_1\to a^1E'_1$，$^1A'_1\to {}^1E'_2$の2つのRu(II)のd-d遷移吸収帯が重なっている．また，278 nm($\varepsilon=150\,M^{-1}cm^{-1}$)に弱い$^1A'_1\to b^1E'_1$のRu(II)のd-d遷移吸収帯が観測される．二硫化炭素および四塩化炭素中でのIRスペクトルでは3230 cm^{-1}に鋭い1本のピークが観測される．これはC-H伸縮振動の種類が1種類でありシクロペンタジエニル上の炭素が等価であり，芳香族性を配位子がもっていることを示している．この錯体はX線構造解析から結晶構造が得られており，斜方晶系，格子定数$a=7.13$ Å，$b=8.99$ Å，$c=12.81$ Åである．分子構造は2つのシクロペンタジエニル環がルテニウム原子を挟んだサンドイッチ構造でシクロペンタジエニルどうしはエクリプス配座をとっている．シクロペンタジエニル基内のC-C結合間距離は平均すると1.43 Å，シクロペンタジエニル環どうしの距離は3.68 Å，Ru-C結合間距離は平均2.21 Åとなっている．

ルテノセンを電気化学酸化した際には，同様の構造をもつフェロセンと違い可逆な酸化還元波は示さず過塩素酸塩などの電解質を用いた場合には非可逆な二電子酸化波を示す．これは，鉄原子とは異なりルテニウム原子が電解質イオンに配位されたり，ルテニウム原子間で結合が生じ二量体を形成するためだと考えられる．一方で，I_2やBr_2などで化学酸化した場合には，Ru(II)からRu(IV)へ酸化されハロゲン原子がRuに配位し$[Ru(Cp)_2X]X_3$(X=I, Br)のような塩になる．ルテノセンは低温で発光することが知られており，25 Kで〜17000 cm^{-1}の発光を示す．これは$^3E_1\to{}^1A_1$の電荷遷移だと考えられている．ルテノセンはフェロセンと同様な電子状態をとっており，配位子であるシクロペンタジエニル基上のπ電子を5個ずつ計10個，ルテノセン上の電子8個で合計18個の電子がルテニウムと炭素の結合で使われており，金属と配位子の結合で18電子則を満たしている．また，この化合物はWilkinsonによって合成されたサンドイッチ分子であり関連錯体でも挙げているフェロセンとともに代表的なメタロセンの1つに挙げられる．

【関連錯体の紹介およびトピックス】本錯体は中心金属として8族元素のルテニウムをもつサンドイッチ化合物であるが，他にも中心金属として同属の鉄，オスミウムをもつサンドイッチ化合物が知られ，それぞれフェロセン，オスモセンと呼ばれている．フェロセンはサンドイッチ化合物のなかで構造がはじめて明らかにされたものであり，有機金属化学の分野の展開に大きな影響を与えた[2]．また，ほかにも中心金属として8族以外の金属をもつサンドイッチ化合物がありコバルト，ニッケルを中心金属としてもつコバルトセン，ニッケロセンがある[3]．金属の電子状態が8族元素のものと違うため構造が少し異なっており，コバルトセンとニッケロセンはフェロセンと比較するとシクロペンタジエニル上の炭素と金属間の距離がそれぞれ0.055 Å，0.132 Å長い．これは金属がもつ電子が多いため反結合性軌道に電子が入るためである．

【西原 寛】

【参考文献】
1) G. Wilkinson *et al.*, *J. Am. Chem. Soc.*, **1952**, *74*, 6146.
2) G. Wilkinson *et al.*, *J. Am. Chem. Soc.*, **1952**, *74*, 2125.
3) G. Wilkinson *et al.*, *J. Am. Chem. Soc.*, **1954**, *76*, 1970.

RuC₁₀

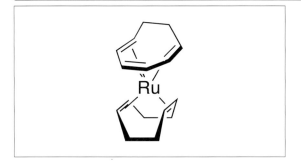

【名称】(η^4-1,5-cyclooctadiene)(η^6-1,3,5-cyclooctatriene)-ruthenium[Ru(η^4-1,5-cod)(η^6-1,3,5-cot)]

【背景】容易な解離が期待される2つのシクロポリエンのみを配位子とする0価ルテニウム錯体であり，種々の錯体の合成や触媒前駆体として用いられる．この錯体の合成は，$RuCl_3$をイソプロピル Grignard 試薬で還元する方法によりはじめて報告されたが[1]，その後，改良され，収率が70～93%に向上することが報告されている[2]．下記のより簡便な方法でも良好な収率で5gスケールの合成ができる．

【調製法】本反応で使用する溶媒や試薬はすべて脱水し，窒素下で蒸留したものを使用する．またすべての実験操作は窒素下で行う必要がある．500 mL の三口フラスコに亜鉛粉末17.03 gを量りとり，ジムロート冷却管，滴下ロートおよび三方コックを装着する．ここにメタノール 18 mL と 1,5-cod (cod: cyclooctadiene) 45 mLを加え，激しく撹拌しながら70℃で1時間ほど加熱還流する．ここに，あらかじめメタノール 15 mL に溶解した $RuCl_3 \cdot 3H_2O$ (1.98 g, 7.59 mmol) 溶液を，滴下ロートを用いて 30 分程かけて滴下する．その後，マグネチックスターラーなどを用いて激しく撹拌しながら70℃で3時間加熱する．より高温もしくは長時間加熱すると，目的化合物の異性化がおこり，極端に収率が低下するので注意する必要がある．室温まで冷却した後，赤茶色の溶液をろ過し，500 mL のシュレンク管にカニュラ管で移動する．さらに，亜鉛を含む沈殿を 20 mL のメタノールで4回抽出し，先の溶液に加える．続いて，溶媒を減圧下で留去する．得られた固体をヘキサン 30 mL で 3 回抽出し，抽出液を約 1/3 に濃縮する．この溶液をアルミナカラム(中性アルミナ, 70～200 mesh, 10 mmϕ×300 mm, 展開溶媒：ヘキサン)を通し，黄色のバンドをすべて集め，減圧下で溶媒を留去することにより黄色固体を得る．これを冷ペンタンから再結晶し，黄色の針状晶として目的化合物を得る．収率64%．さらに，母液からも二次晶を得ることができる．

【性質・構造・機能・意義】結晶および溶液は明るい黄色であるが，溶液状態では空気の混入により瞬時に暗黄色～暗緑色に変色する．Mp 92～94℃(窒素下)．^{1}H NMR(C_6D_6):δ 0.90(m, 2H), 1.64(m, 2H), 2.22(m, 8H), 2.92(m, 4H), 3.79(m, 2H), 4.78(m, 2H), 5.22(dd, 2H)．この錯体は，トルエン中で10時間ほど加熱すると，2つのシクロポリエン配位子の均化反応が起こり黄色のビス(シクロオクタジエニル)ルテニウム(II)錯体[Ru(η^5-C_8H_{11})$_2$]を与える[2]．

本錯体は，PPh_3よりコンパクトな二電子配位子と速やかに反応し，シクロオクタトリエン配位子のη^6からη^4へ供与電子数の減少を伴って[Ru(η^4-1,5-cod)(η^4-1,3,5-cot)L] (cot: cyclooctatriene)を瞬時に与える[3]．

【関連錯体の紹介およびトピックス】この錯体は触媒としてよく用いられており，酢酸アルケニルを用いた2-フェニルピリジンのオルト位選択的アルケニル化反応[4]，アルキンとノルボルネンの[2+2]カップリング反応[5]，ジフェニルエチレンとアクリル酸誘導体とのカップリング反応[6]，ノルボルナジエンの炭素-炭素結合の切断反応を含む触媒的二量化などが知られている[7]．

【小宮三四郎・平野雅文】

【参考文献】
1) E. O. Fischer *et al.*, *Chem. Ber.*, **1963**, *96*, 3217.
2) a) P. Pertici *et al.*, *J. Chem. Soc., Dalton Trans.*, **1980**, 1961; b) K. Itoh *et al.*, *J. Organomet. Chem.*, **1984**, *272*, 179.
3) a) S. Komiya *et al.*, *Organometallics*, **2003**, *22*, 2378; b) S. Komiya *et al.*, *J. Chem. Soc., Dalton Trans.*, **2003**, 1439.
4) F. Kakiuchi *et al.*, *J. Am. Chem. Soc.*, **2007**, *129*, 9858.
5) T. Mitsudo *et al.*, *J. Organomet. Chem.*, **1987**, *334*, 157.
6) T. Mitsudo *et al.*, *J. Chem. Soc., Chem. Commun.*, **1991**, 598.
7) T. Mitsudo *et al.*, *J. Am. Chem. Soc.*, **1999**, *121*, 1839.

RuC₁₀

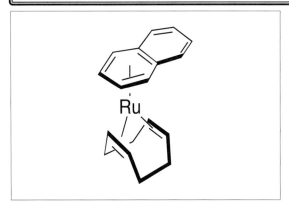

【名称】(η^4-1,5-cyclooctadiene)(η^6-naphthalene)ruthenium: [Ru(naphthalene)(cod)]

【背景】この錯体は，当初 Ru(1,5-cod)(1,3,5-cot)[cod: cyclooctadiene, cot: cyclooctatriene]をナフタレン存在下で水素化分解する方法により収率80%で合成できることが報告された[1]．現在ではRu(acac)₂(1,5-cod)をナトリウムナフタレンで還元する方法で合成されることが多い[2]．η^6配位のナフタレン配位子は，非配位芳香環の不安定性から容易にη^4配位に変換可能であるため，他のアレーン錯体にくらべて容易に芳香環を解離し，6電子反応場を提供しやすい．

【調製法】窒素下でRuCl₃·3H₂O (5.0 g, 18 mmol)を200 mLのエタノールに溶解し，20 mLの1,5-codを加える．この溶液を3日間加熱還流し，得られた茶色の生成物をエタノールおよびベンゼンで洗浄し，[RuCl₂-(1,5-cod)]ₙを得る．収量 4.7～4.9 g (収率95～99%)．次に，[RuCl₂(1,5-cod)]ₙ(0.27 g, 1.0 mmol)にdmf(5 mL)，アセチルアセトン(0.3 mL)および無水炭酸ナトリウム(1 g)を加え，濃橙色溶液となるまで140℃で約5分間加熱する．室温に冷却後ろ紙を用いてろ過し，黄色溶液を得る．溶液に水を加えると，黄色の微結晶が析出する．この微結晶をろ別し，含水メタノール(5%)から再結晶し，[Ru(acac)₂(1,5-cod)]を得る(0.23 g, 56%)．

この後の操作は窒素下で行う．ナフタレン(1.57 g, 12 mmol)と金属ナトリウム(1.12 g, 44 mmol)をthf中(50 mL)で2時間反応させ，赤ワイン色のナトリウムナフタレン溶液を調製する．

一方，[Ru(acac)₂(1,5-cod)] (2.0 g, 4.9 mmol)をthf (60 mL)に溶解し，−78℃で冷却し，あらかじめ調製したナトリウムナフタレンの溶液を滴下する．−78℃で3時間反応させ，一晩かけて室温まで自然昇温させる．反応溶液を減圧下で20 mL程度まで濃縮し，得られた茶色の懸濁液を氷温でアルミナカラム(activity III, 4 cmφ×6 cm)に通す．thfを展開溶媒とし，得られたオレンジがかった茶色の溶液(約200 mL)を減圧にすることで溶媒を留去し，得られた固体を減圧下で乾燥する．さらに，できるだけ高真空下(10^{-3} Pa)で遊離のナフタレンを昇華により除去する．理論量の80～90%のナフタレンが回収された後，得られた固体をthf(15 mL)/ヘキサン(50 mL)混合溶媒を用いて，−80℃で再結晶する．得られた茶色の結晶は−60℃のヘキサン10 mLで2回洗浄した後，減圧乾燥する(0.90～1.05 g, 収率55～64%)．

【性質・構造・機能・意義】この錯体は固体状態でも空気中でゆっくりと分解するが，溶液中ではすぐに空気で分解する．また，不活性ガス雰囲気でも室温ではゆっくりと熱分解するため，フリーザー中で保存する必要がある．錯体の分子構造は文献3)に報告されている[3]．^{1}H NMR (C_6D_6):δ 2.00(br, 8H, cod), 3.58(s, 4H, cod), 4.29(AA'BB', 2H, $C_{10}H_8$), 5.60(AA'BB', 2H, $C_{10}H_8$), 7.11(s, 4H, $C_{10}H_8$).

【関連錯体の紹介およびトピックス】標題の錯体は，ナフタレンの容易な解離が報告されており[4]，アクリル酸メチルなどの置換オレフィンのtail-to-tail型二量化反応の触媒となり[5]，酸化的カップリング機構により進行していることが解明されている[6]．

【小宮三四郎・平野雅文】

【参考文献】
1) G. Vitulli *et al., J. Chem. Soc., Dalton Trans.*, **1984**, 2255.
2) M. A. Bennett *et al., Organometallics*, **1991**, *10*, 3237.
3) M. Crocker *et al., J. Chem. Soc., Dalton Trans.*, **1990**, 2299.
4) M. A. Bennett *et al., J. Am. Chem. Soc.*, **1998**, *120*, 10409.
5) P. Pertici *et al., Organometallics*, **1995**, *14*, 2565.
6) M. Hirano *et al., Coord. Chem. Rev.*, **2016**, *314*, 182.

RuNCl₅

磁 導

【名称】(BEDT-TTF)₄[RuCl₅NO]·C₆H₅CN(BEDT-TTF＝bis(ethylenedithio)tetrathiafulvalene)

【背景】分子性化合物の開発における主要な目標の1つとして，有機-無機複合系を利用することにより複数の物性現象が相互に作用しあって発現する高次機能性が挙げられる．その中で，光制御可能なフォトクロミック分子導体を目指し，フォトクロミックアニオンをもつ有機ラジカルイオン塩が開発され，アニオンの電子励起が伝導電子にどのような影響を与えるかという観点から非常に興味がもたれている．このような背景の中で，フォトクロミックアニオンであるモノニトロシル遷移金属錯体をアニオンとし，多くの伝導体や超伝導体を実現している bis(ethylenedithio)tetrathiafulvalene(BEDT-TTF)をドナー分子として用いた有機伝導体が合成された[1]．

【調製法】K₂[RuCl₅NO]と18-クラウン-6-エーテルを支持電解質とし，BEDT-TTFと別々にH形の電解セルに入れ，溶媒にベンゾニトリルを使用し，定電流法を用いた電解酸化を行うと単結晶として得られる．

【性質・構造・機能・意義】後述するように，Ru-N-Oの角度を考慮すると[RuCl₅NO]中のNOの価数は－1～＋1の中間にあると考えられるため，電荷補償の観点からBEDT-TTFは部分酸化状態にあると考えられる．結晶中には2種類の独立なBEDT-TTF分子があるが，各々の結合長から推定される価数は＋0.6，＋0.8である．一方でBEDT-TTF分子内の結合強度も価数に依存することを利用してラマンスペクトル測定から推定された価数は＋0.7であった．以上を踏まえて，この錯体の価数は(BEDT-TTF$^{0.7+}$)₄[Ru^{2+}Cl₅$^{5-}$-(NO)$^{0.2+}$]$^{2.8-}$と決定された．常圧下での伝導度測定からは，室温から180K程度まで4500K，それ以下の温度で1500K程度の活性化エネルギーを示す半導体である．0.6GPaの高圧下では，240Kを境に高温側で1500K，低温側で400Kの活性化エネルギーを示す半導体である．この活性化エネルギーの変化は，BEDT-TTFの末端エチレン架橋構造の秩序-無秩序転移に伴うものとされている．バンド構造からは低次元金属の特徴が得られていることから，この伝導度測定の結果は伝導電子のクーロン反発が有意に作用する，電子相関の大きな系であることを示唆する．この電子相関の影響は磁化率測定から検討されており，実験結果は二次元ハイゼンベルグ反強磁性体の磁気構造に基づいて解析され，その相互作用が$J=-23$Kであることが示されている．ESRからも同様の磁気挙動が得られている．このような強相関による絶縁体をMott絶縁体と呼ぶが，今回の場合，BEDT-TTFが部分酸化状態であることから，完全にMott絶縁化することとは相容れない．そのことから，BEDT-TTF分子間でラマンスペクトルでは見いだせない程度の電荷分離が起こっている可能性が示唆されている．

構造解析からはドナー分子が層状構造を形成する分離積層型構造をとる．BEDT-TTF層は2つのドナー分子が中心対称をもって二量化し，隣接するダイマーどうしのドナー面が直交に近い状態となるκ型配置をとる．[RuCl₅NO]アニオンと結晶溶媒として取り込まれたベンゾニトリルは各々対称中心上に存在し，結晶内で無秩序化している．また，[RuCl₅NO]中のRu-N-Oの角度は164°と見積もられており，一般に中心金属とNOの角度がNO⁻の状態のときに折れ曲がった120°の状態を，NO⁺の状態のときに直線状の180°の状態をとることが知られていることを考えると[2]，この錯体におけるNOの価数もそれらの中間の値をとると考えられる．

【関連錯体の紹介およびトピックス】ドナー分子として bis(ethylenedithio)tetraselenafulvalene(BETS)を用いたフォトクロミックアニオン-有機ラジカルイオン塩θ-(BETS)₄[Fe(CN)₅NO]，(BETS)₂[RuX₅NO](X＝Br，Cl)が開発されている[3]．

【小島憲道・榎本真哉】

参考文献

1) M. Okubo *et al.*, *Bull. Chem. Soc. Jpn.*, **2005**, *78*, 1054.
2) M. Ogasawara *et al.*, *J. Am. Chem. Soc.*, **1997**, *119*, 8642.
3) a) M.-E. Sanchez *et al.*, *Euro. J. Inorg. Chem.*, **2001**, 2797; b) M. Ogasawara *et al.*, *J. Am. Chem. Soc.*, **1997**, *119*, 8642.

RuN₂P₂Cl₂

【名称】dichloro[(R)-2,2′-bis(diphenylphosphino)-1,1′-binaphthyl][(R,R)-1,2-diphenylethylenediamine]ruthenium:[RuCl₂{(R)-binap}{(R,R)-H₂NCH(Ph)CH(Ph)-NH₂}]

【背景】野依らによって設計されたBINAPは，C_2対称性と軸不斉を有するキレート性ジホスフィン配位子である．本錯体は，BINAPと光学活性ジアミン配位子から構築されるキラルな空間による立体識別と，ブレンステッド酸性をもつアミンプロトンによるカルボニル酸素の捕捉を機軸として，カルボニル基選択的な水素化還元を高効率，高立体選択的に触媒する．その高い実用性だけでなく，触媒反応機構についても重要な意義をもつ錯体である．

【調製法】アルゴン雰囲気下，[RuCl₂(η^6-C₆H₆)]₂錯体と2当量の(R)-BINAPを N,N-ジメチルホルムアミド（DMF）中100°Cで10分加熱撹拌した後，室温まで冷却する．この溶液にBINAPと等モル量の(R,R)-1,2-ジフェニルエチレンジアミン（DPEN）を加えて3時間撹拌する．溶媒を減圧留去した後に塩化メチレン-ヘキサン混合溶媒から再結晶すると標題錯体が得られる[1,2]．

【性質・構造・機能・意義】空気に安定な明るい褐色粉末．mp 235°C (decomp)． ¹H NMR：δ 3.3, 3.45 (m, 2H each, NH)[1]．塩基の存在下2-プロパノール中で，芳香族単純ケトン類を触媒的に水素化し，高い触媒活性，立体選択性で対応する光学活性第二級アルコールを与える．オレフィン，エステル，ニトロ基など種々の官能基に対する許容性も高い．この触媒的水素化反応は，標題錯体と水素が塩基の存在下で反応して生じるヒドリド種が触媒活性種となって進行する．その反応機構は，ケトン類の配位，および金属ヒドリド結合へのカルボニル基の挿入を経る古典的な機構ではなく，ケトン類がジアミン配位子のNHプロトンとヒドリド配位子を介した六員環状の遷移状態を形成する協奏的な機構であると提唱されており，そのために高いカルボニル基選択性が発現するとされている[1,3]．

本錯体はゆがんだ六配位八面体型構造をもつ．p-tolbinap（=2,2′-bis(di-4-tolylphosphino)-1,1′-binaphthyl）類縁体などについて単結晶X線構造解析が行われている[1]．

【関連錯体の紹介およびトピックス】上述の合成法でDPENを加える直前の赤褐色溶液中の錯体は，[RuCl₂{(R)-binap}(dmf)$_n$]の組成をもち，種々の関連錯体の合成原料となる．例えば，このDMF錯体の溶液に対して酢酸ナトリウムを加えるとアセタト錯体[Ru(OAc)₂{(R)-binap}]が得られる[4]．このアセタト錯体は近傍にエステル，アミドなどの配位性官能基をもつオレフィンやケトン類の不斉水素化に対して高い触媒活性，立体選択性を示す．また，DMF錯体とα-ピコリルアミンから合成される光学活性なアミン錯体は，かさ高い第三級アルキル基をもつケトン類の高効率，高立体選択的な水素化触媒となる[5]．

標題錯体のp-tolbinap類縁体とNaBH₄の反応によって得られるジアミン-ヒドリド錯体[RuH(BH₄-κH){(R)-tolbinap}{(R,R)-dpen}]は，塩基の添加なしに温和な条件下で単純ケトン類の水素化を触媒する．その立体選択性は対応するクロリド錯体と同等であり，これらの錯体から同一の触媒活性種を経由して反応が進行していることを支持している[6]．

〔桑田繁樹〕

【参考文献】
1) R. Noyori et al., Angew. Chem. Int. Ed., **1998**, 37, 1703.
2) 日本化学会編，有機金属化合物・超分子錯体（第5版実験化学講座 21巻），丸善，**2004**，7.2.11章．
3) R. Noyori et al., Angew. Chem. Int. Ed., **2001**, 40, 40.
4) R. Noyori et al., J. Org. Chem., **1992**, 57, 4053.
5) T. Ohkuma et al., J. Am. Chem. Soc., **2005**, 127, 8288.
6) R. Noyori et al., J. Am. Chem. Soc., **2003**, 125, 13490.

RuN₅O

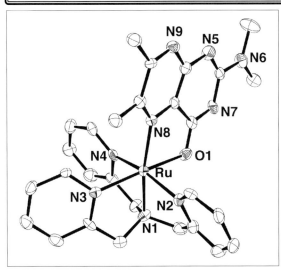

【名称】［ruthenium(II)(2-(N,N-dimethyl)-6,7-dimethyl-pterinato)｛tris(2-pyridylmethyl)amine｝］perchlorate: [Ru^{II}(dmdmp)(TPA)]ClO₄(**1**)[1]

【背景】プテリンは，自然界に豊富に存在する重要な複素環補酵素であり，グアノシン三リン酸を出発原料として生合成される．プテリン誘導体である葉酸は，いくつかの疾病との関連が指摘されている．また酸化還元活性であり，金属酵素の金属イオン(Mo, Fe)の近傍に位置し，多くの酸化還元反応の補酵素として機能している．またプテリン含有酵素が機能を発揮するうえで，プテリンとアミノ酸残基などの周辺物質との間で形成された，水素結合をはじめとする非共有結合性相互作用が重要である．

【調製法】[Ru^{II}Cl(TPA)]₂(ClO₄)₂ 0.100 g と Hdmdmp 0.083 g を窒素下，メタノール中に懸濁させ，トリエチルアミン 50 μL を加える．この反応混合物を窒素下で2時間還流した後，室温まで冷却する．生じた赤色結晶をエーテルで洗浄し，真空下で乾燥させる．錯体**1**の収率は75％である．別のプテリン誘導体6,7-dimethyl-pterin(Hdmp)の Ru 錯体**2**も，Na(dmp)を原料に用いた同様の方法により合成される[1]．

【性質・構造・機能・意義】dmdmp 錯体**1**は，アセトニトリル中で459および407 nm に MLCT 吸収帯を有し，オレンジ色の溶液色を示す．錯体**2**では，波長シフトして456および391 nm に観測された．またアセトニトリル中の電気化学測定において，錯体**1**は，+0.26 V(vs. Fc/Fc$^{·+}$)付近に Ru$^{II/III}$ に帰属される酸化波を，また，−2.08 V 付近にプテリンの還元波(dmdmp$^-$/dmdmp$^{·2-}$)を示した．この溶液に過塩素酸を加えてプテリン配位子をジプロトン化すると，プテリンの還元波(H₂dmdmp$^+$/H₂dmdp$^·$)は大きく正側へシフトし，−0.66 V に可逆に観察された．また，錯体**1**のモノプロトン化体を一電子還元すると，電子密度の変化に伴い，プロトン化の位置が一位窒素から八位窒素へシフトすることが，ESR における超微細構造の解析より示された[2]．

【関連錯体の紹介およびトピックス】錯体**2**を化学酸化して得られた [Ru^{III}(dmp)(TPA)]$^{2+}$ を酸化活性種とする，フェノール類の水素引き抜き酸化反応が報告されている．この際，基質のフェノールと一位窒素と二位アミノ基の間で，水素結合による前平衡が生じ，その後，プロトン共役電子移動により，Ru^{III} 中心への電子移動とプテリン配位子に対するプロトン移動が協奏して進行する[3]．プテリン類への水素結合による酸化還元制御の実証として，4種の核酸塩基(グアニン，アデニン，シトシン，チミン)のうち，グアニンのみが錯体**2**と強い相補的な三点水素結合を形成し，その結果，プテリン配位子の還元電位が，320 mV も大きく正側へシフトして観測されることが報告された[4]．

【福住俊一】

【参考文献】
1) S. Miyazaki *et al., Inorg. Chem.*, **2008**, *47*, 333.
2) S. Miyazaki *et al., Angew. Chem., Int. Ed.*, **2008**, *47*, 9669.
3) S. Miyazaki *et al., J. Am. Chem. Soc.*, **2009**, *131*, 11615.
4) Y. Inui *et al., Angew. Chem., Int. Ed.*, **2012**, *51*, 4623.

RuN₅S

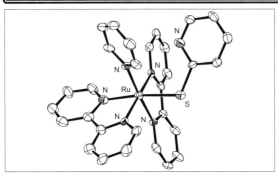

【名称】bis(2,2′-bipyridine)(pyridine)(2-pyridinethiol)ruthenium(II) dihexafluorophosphate: [Ru(bpy)$_2$(py)(2-pySH)](PF$_6$)$_2$

【背景】1つの外部刺激により構造変化する錯体は多数知られているが，本錯体は2種類の外部刺激に応答し，第1の外部刺激による構造変化を，第2の外部刺激により禁止/可能をスィッチする例である[1]．

【調製法】[Ru(bpy)$_2$(py)Cl]PF$_6$·H$_2$O と AgCF$_3$COO を水中で混合，加熱し，生じた AgCl をろ別した後に，5当量の2-ピリジンチオールを加える．1日静置後，過剰量の NH$_4$PF$_6$ を加え，生じた粗塩をアセトンと水より再結晶し目的物を得る．

【性質・構造・機能・意義】^{1}H NMR スペクトルを重アセトニトリル溶液について測定すると，目的物と帰属できるスペクトルが得られることから，溶液中においても安定に存在することが確認できる．スペクトルが常磁性シフトを示さないことから，ルテニウム中心は2価である．アセトニトリル溶液中において，293 nm(ε=51000 mol^{-1}dm^{3}cm^{-1})に配位子由来の π-π* 吸収を，354 nm(sh, ε=10100 mol^{-1}dm^{3}cm^{-1})と454 nm(ε=7760 mol^{-1}dm^{3}cm^{-1})に Ru(II)から配位子への MLCT 吸収を与える．このスペクトルはトリエチルアミンを加えると等吸収点を保持しながら1当量で変化が完結し，295 nm(ε=47800 mol^{-1}dm^{3}cm^{-1})，349 nm(ε=13000 mol^{-1}dm^{3}cm^{-1})，452 nm(sh, ε=5950 mol^{-1}dm^{3}cm^{-1})，502 nm(ε=6880 mol^{-1}dm^{3}cm^{-1})に極大吸収を有するスペクトルへと変化する．また，この溶液に対して過剰量のトリフルオロ酢酸を作用させると，スペクトルは塩基添加前のスペクトルに戻る．つまりこの錯体は1価酸であり，酸/塩基の添加によって可逆的にプロトンの脱着が可能である．

この錯体は結晶構造が得られており，ルテニウム中心はやや歪んだ六配位八面体構造をとる．硫黄原子と窒素原子で配位可能な2-ピリジンチオールは，硫黄原子のみで単座配位していることが確認できる．この構造は，ルテニウムの形式酸化数と HSAB 則に矛盾しない．

錯体は1当量のトリエチルアミンを加えたアセトニトリル溶液中，初期電位が負電位の場合，0.01 V vs. Ag$^+$/Ag に Ru(III)/(II) と帰属できる可逆な酸化還元対を与える．しかし初期電位を正電位とし，錯体を酸化してから測定を行うと，この酸化還元波は還元ピーク電流が酸化ピーク電流よりも小さくなり，また新たに$-$1.07 V vs. Ag$^+$/Ag に還元波のみが生じる．この電気化学的挙動は HSAB 則より考えると，2-ピリジンチオールが Ru(II) の状態では硫黄原子で，Ru(III) の状態では窒素原子でルテニウムに配位するためと解釈できる．一方，塩基未添加時においては，初期電位と掃引速度に依存せず，0.47 V vs. Ag$^+$/Ag に一対の可逆な酸化還元対のみを示す．これは，2-ピリジンチオールの配位可能な窒素原子にプロトンが付加することで，窒素原子がルテニウムに配位できず，Ru(III)/(II) の可逆な酸化還元反応のみを示すためである．以上のように，塩基存在下でのみ構造変化することから，本錯体は金属中心の酸化還元による構造変化を，酸/塩基の添加により禁止/許可切り替え可能であるといえる．

近年，分子デバイスへの興味から多数の錯体が合成され，モデル錯体として報告されている．高度情報化社会を見すえた分子メモリーの報告も数多くなされているが，本錯体は書き込んだ情報を保護できる分子メモリーへのモデル錯体として興味深い．

【関連錯体の紹介およびトピックス】本錯体の類似錯体として py(pK_a=5.17)を他のピリジン系配位子にした錯体が報告されている．電子求引性置換基を有する isonicotinamide(pK_a=3.61)を配位子に用いた錯体の場合，構造変化反応の速度定数と平衡定数は py を用いた本錯体と比べて大きな差がない．これは pK_a の値にあまり差がないことから，金属中心の電子密度も同程度であり，金属-配位原子の選択性があまり変わらないためと考えられる．一方，電子供与性置換基を有する 4-aminopyridine(pK_a=9.17)を用いた場合，他の2つの錯体と大きく異なり酸化還元反応に伴う構造変化を示さない．これは金属中心の電子密度が上昇した結果，Ru(III) 状態であっても窒素原子と結合するほど hard ではないためと考えられる[2]．　【濱口智彦】

【参考文献】
1) T. Hamaguchi *et al.*, *Inorg. Chem.*, **2007**, *46*, 10455.
2) T. Hamaguchi *et al.*, *Polyhedron*, **2013**, *50*, 215.

RuN$_6$

【名称】 $\mathit{\Delta}$-bis(2,2'-bipyridine)dipyridineruthenium(II)(+)-O,O'-dibenzoyl-D-tartrate: $\mathit{\Delta}$-[Ru(bpy)$_2$(py)$_2$][(+)-O,O'-dibenzoyl-D-tartrate]

【背景】 ポリピリジンルテニウム(II)錯体は代表的な光増感剤である．ビピリジン誘導体を配位子とするルテニウム(II)錯体は最も広く研究されており，キラルな錯体も多い．本錯体は2つのビピリジンと2つのピリジンを配位子とするキラル錯体であり，ピリジン配位子を置換することで，ポリピリジン錯体を誘導合成することができる．

【調製法】 [Ru(bpy)$_2$(py)$_2$]Cl$_2$の合成[1,2]：ピリジン(23 mL)，水(46 mL)，[Ru(bpy)$_2$Cl$_2$](2.00 g, 4.13 mmol)の混合物を4時間還流した後，熱時ろ過する．溶媒を留去して得られる暗赤色の残留物をメタノール(46 mL)に溶かし，ジエチルエーテルを加えると赤色沈殿が生じる．1時間静置した後，沈殿をろ別し，ジエチルエーテルで洗う．収量1.95 g(収率74％)．

[Ru(bpy)$_2$(py)$_2$]$^{2+}$の光学分割[2,3]：ラセミ体のcis-[Ru(bpy)$_2$(py)$_2$]Cl$_2$(1.95 g, 3.03 mmol)の水溶液(39 mL)に，0.5 mol dm^{-3} disodium(+)-O,O'-dibenzoyl-D-tartrate水溶液(19.5 mL, 9.75 mmol)を加える．この溶液を10分間撹拌した後，室温でドラフト内に5日間静置すると，$\mathit{\Delta}$-[Ru(bpy)$_2$(py)$_2$][(+)-O,O'-dibenzoyl-D-tartrate]・12H$_2$Oの赤色結晶が生じる．これをろ過して冷水で洗った後，風乾する．収量1.00 g(収率71％)．円偏光二色性(CD)スペクトルは295 nmにおいて$\Delta\varepsilon=-154$ mol^{-1}dm^{3}cm^{-1}を示す．$\mathit{\Lambda}$体はdisodium(−)-O,O'-dibenzoyl-L-tartrateを用いて合成される($\Delta\varepsilon_{295}=+56$ mol^{-1}dm^{3}cm^{-1})．

【性質・構造・機能・意義】 赤色結晶．$\mathit{\Delta}$-[Ru(bpy)$_2$(py)$_2$][(+)-O,O'-dibenzoyl-D-tartrate]・12H$_2$Oおよび$\mathit{\Lambda}$-[Ru(bpy)$_2$(py)$_2$][(−)-O,O'-dibenzoyl-L-tartrate]・12H$_2$Oの結晶構造が決定され，キラル識別について詳しく調べられている[4]．

$\mathit{\Delta}$-[Ru(bpy)$_2$(py)$_2$]$^{2+}$の2つのピリジン配位子を様々な二座キレート配位子で置換する反応が検討され，ルテニウム周りの絶対配置を保持したまま置換反応が進行することが見いだされた．例えば，$\mathit{\Lambda}$-[Ru(bpy)$_2$(py)$_2$][(−)-O,O'-dibenzoyl-D-tartrate]と(R,R)-1,2-シクロヘキサンジアミン(R,R-dach)をエチレングリコール中，120℃で4時間反応させた後，NH$_4$PF$_6$水溶液で処理すると，$\mathit{\Lambda}$-[Ru(bpy)$_2$(R,R-dach)](PF$_6$)$_2$が収率80％で得られる[3]．$\mathit{\Delta}$-[Ru(bpy)$_2$(py)$_2$][(+)-O,O'-dibenzoyl-D-tartrate]を用いた反応では，$\mathit{\Delta}$-[Ru(bpy)$_2$(R,R-dach)](PF$_6$)$_2$が得られる．いずれも絶対配置を保持したまま置換反応が進行し，一方のジアステレオマーが選択的に生成する．

$\mathit{\Delta}$-[Ru(bpy)$_2$(py)$_2$][(+)-O,O'-dibenzoyl-D-tartrate]と1,10-フェナントロリン(phen)をエチレングリコール中，120℃で6時間反応させた後，NH$_4$PF$_6$水溶液で処理すると，$\mathit{\Delta}$-[Ru(bpy)$_2$(phen)](PF$_6$)$_2$が収率80％で得られる[3]．絶対配置を保持して置換反応が進行するため，様々なポリピリジンとの反応に用いられている．

ラセミ体の[Ru(bpy)$_2$(py)$_2$]$^{2+}$を用いて多核錯体を合成すると，$\mathit{\Delta}$体と$\mathit{\Lambda}$体の組合せによるジアステレオマーが生成するので，一方のエナンチオマーを用いることが重要となる．例えば2,3-bis(2-pyridyl)pyrazine (ppz)と$\mathit{\Delta}$-[Ru(bpy)$_2$(py)$_2$][(+)-O,O'-dibenzoyl-D-tartrate](モル比2：1)をエチレングリコール/水(9：1)中で6時間還流した後，NH$_4$PF$_6$水溶液で処理し，クロマトグラフィーにより精製すると，$\mathit{\Delta\Delta}$-[(bpy)$_2$Ru(ppz)-Ru(bpy)$_2$(phen)](PF$_6$)$_4$が収率94％で得られる[2]．また，bibenzimidazoleおよびそのオリゴマーを用いて，ホモキラルな二核，四核，八核錯体が合成され，分光学的性質や電気化学的性質が調べられている[5]．

【関連錯体の紹介およびトピックス】 1,10-フェナントロリンを配位子とする類似のルテニウム(II)錯体([Ru(phen)$_2$(py)$_2$]$^{2+}$)はNa$_2$[As$_2$(L-tartrate)$_2$]を用いて光学分割される[1]．$\mathit{\Delta}$-あるいは$\mathit{\Lambda}$-[Ru(phen)$_2$(py)$_2$]$^{2+}$を用いてビス(1,10-フェナントロリン)ルテニウム(II)を構成単位とするホモキラル多核錯体が合成されている[3,6]．

【廣津昌和】

【参考文献】
1) B. Bosnich et al., *Aust. J. Chem.*, **1966**, *19*, 2229.
2) O. Morgan et al., *J. Chem. Soc., Dalton Trans.*, **1997**, 3773.
3) X. Hua et al., *Inorg. Chem.*, **1995**, *34*, 5791.
4) B. Kolp et al., *Inorg. Chem.*, **2001**, *40*, 1196.
5) J. Yin et al., *Inorg. Chem.*, **2007**, *46*, 6891.
6) X. Hua et al., *Inorg. Chem.*, **1991**, *30*, 3796.

RuN₆

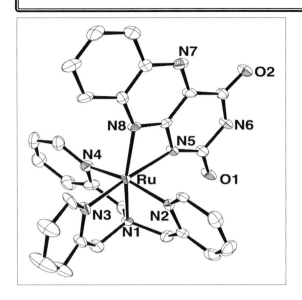

【名称】[ruthenium(II)(alloxazinato){tris(2-pyridylmethyl)-amine}]perchlorate: [Ru^{II}(Hallo)(TPA)]ClO$_4$[1]

【背景】フラビンは，酸化還元活性な複素環補酵素であり，様々な生物学的酸化還元過程に関係している．フラビン含有酵素の中では，フラビンとその周囲のアミノ酸残基などの間で，水素結合などの非共有結合性相互作用が形成されており，その結果，フラビンの酸化還元電位が制御され，酸素分子の活性化などの機能を発現している．

【調製法】[RuCl(tpa)]$_2$(ClO$_4$)$_2$ 100 mgを，フラビン類縁体であるアロキサジン(H$_2$allo) 45 mgとトリエチルアミン 0.3 mLを含むメタノール溶液に加え，窒素下で6時間還流する．冷却後，溶媒を留去し，残渣をアセトニトリルに溶かし，ろ過する．ろ液の溶媒を留去して得られた紫色の固体をメタノール/2-プロパノールから再結晶する(収率65%)[1]．

【性質・構造・機能・意義】この錯体の構造は，X線結晶構造解析により明らかにされた．最大の特徴は，以前に報告されたフラビン錯体の多くが四位オキソおよび五位窒素と五員環キレートを形成しているのに対し，この錯体は一位窒素および十位窒素と四員環キレート構造を形成している点である．また，この錯体と2,6-ビス(アセトアミド)-ピリジン(BAAP)の共結晶中において，両者が相補的な水素結合を形成していることがX線構造解析から示された．この水素結合は溶液中でも同様に形成され，ジクロロメタン中で会合定数が 205 M^{-1} であることがNMR実験より示された．

この錯体のアセトニトリル中における電気化学測定では，+0.40，−1.34，−1.82 V(vs. Fc/Fc$^{·+}$)に可逆な酸化還元波が観測された．ESR測定の結果，各酸化還元過程は，それぞれ Ru$^{II/III}$，Hallo$^{·2-}$/Hallo$^-$，Hallo^{3-}/Hallo$^{·2-}$ に帰属された．またBAAP共存下におけるESR測定では，錯体のHallo$^{·-}$配位子部位とBAAPの水素結合により，スピン密度が変化したことを反映して，シグナルの形状と g 値が変化した．

また，四員環キレートという弱い配位構造を反映して，光照射によりアロキサジン配位子が，Ru中心に対して180°擬回転することが報告されている．さらに光定常状態に至った溶液を加熱すると元の状態に戻ることがNMRにより確認された[2]．

【関連錯体の紹介およびトピックス】Cp*を補助配位子にもつIr^{III}錯体にH$_2$alloを配位させると，かご状の構造をもつ，3つのH$_2$alloと4つのCp*Ir^{III}ユニットで構成された四核錯体が形成された．この錯体中では，H$_2$allo配位子が，四位オキソと五位窒素による五員環キレート，一位窒素と十位窒素による四員環キレート，三位窒素による単座配位の3種の配位様式を示し，複雑な構造を呈していた[3]．

【福住俊一】

【参考文献】
1) S. Miyazaki *et al.*, *Angew. Chem. Int. Ed.*, **2007**, *46*, 905.
2) S. Miyazaki *et al.*, *J. Am. Chem. Soc.*, **2008**, *130*, 1556.
3) T. Kojima *et al.*, *Chem. Commun.*, **2009**, 6643.

RuN$_6$

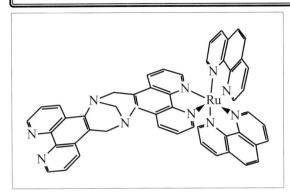

【名称】Δ-[(9S,19S)-10H,20H-9,19-Methano[1,5]diazocino[2,3-f:6,7-f']di[1,10]phenanthroline-κN^4,κN^5]bis(1,10-phenanthroline-κN^1, κN^{10}) ruthenium(II) hexafluorophosphate: Δ-S-[Ru(phen)$_2$(TBphen$_2$)](PF$_6$)$_2$

【背景】2分子のphenと1分子のTröger塩基であるTBphen$_2$を配位した光学活性ルテニウム(II)錯体の性質とDNAに対する特異的相互作用を明らかにするために，原料となるルテニウム(II)錯体に光学分割したΔ-cis-[Ru(phen)$_2$(py)$_2$]を用いることで，より光学純度の高いΔ-S-[Ru(phen)$_2$(TBphen)](PF$_6$)$_2$が合成された．DNA認識におけるキラリティーの重要性を明らかにした稀少な例である[1]．

【調製法】Δ-cis-[Ru(phen)$_2$(py)$_2$]Cl$_2$とやや過剰量の配位子TBphen$_2$をエチレングリコール中暗所下で6時間加熱する[2-4]．室温まで放冷した後，飽和NH$_4$PF$_6$水溶液を加えると，Δ-[Ru(phen)$_2$(TBphen)](PF$_6$)$_2$が橙色固体として析出する．この固体をアセトニトリルに溶解した後，ジエチルエーテルを用いた蒸気拡散法により再結晶する．この方法による再結晶を繰り返すことで，Δ-S体とΛ-S体を部分分割することができる．原料錯体としてΔ体の代わりにΛ体を用いれば，Λ-[Ru(phen)$_2$(TBphen$_2$)](PF$_6$)$_2$が得られる．

【性質・構造・機能・意義】部分分割されたΔ-S体およびΛ-S体の鏡像体過剰率については，いずれも約80%であることが^{1}H NMRにより確認されている．アセトニトリル中でのΔ-S体の円二色性(CD)スペクトルにおいては，正のCD帯が259($\Delta\varepsilon$=+336 M^{-1}cm^{-1})および423 nm($\Delta\varepsilon$=+18.5 M^{-1}cm^{-1})に，負のCD体が269($\Delta\varepsilon$=−303 M^{-1}cm^{-1})，297($\Delta\varepsilon$=−78.9 M^{-1}cm^{-1})および469 nm($\Delta\varepsilon$=−29.4 M^{-1}cm^{-1})に観測される．一方，Λ-S体のCDスペクトルでは，正のCD帯が269($\Delta\varepsilon$=+516 M^{-1}cm^{-1})，297($\Delta\varepsilon$=+106 M^{-1}cm^{-1})および469 nm($\Delta\varepsilon$=+28.4 M^{-1}cm^{-1})に，負のCD帯が259($\Delta\varepsilon$=−414 M^{-1}cm^{-1})および423 nm($\Delta\varepsilon$=−19.5 M^{-1}cm^{-1})に現れる．これらΔ-S体とΛ-S体のCDスペクトルを比較すると，MLCT遷移の励起子カップリングによるCD帯はTBphen$_2$自体のキラリティーに影響されないことがわかる．一方，紫外領域に現れるphen部分におけるπ-π*遷移の励起子カップリングに基づくCD帯はTBphen$_2$の立体化学に影響を受ける．

この錯体がDNAと相互作用する場合，配位子TBphen$_2$の立体的なかさ高さが影響し，塩基対間での半インターカレーションを妨げると考えられる．また，この種の錯体に特有の^{3}MLCT性の発光を利用した定常状態での測定から，DNAとの結合形成が主に錯体の金属中心における絶対配置に依存することが明らかにされている．

医薬的見地から，金属錯体はキラルな核酸に対する薬剤や光プローブとして期待されているが，金属錯体自体のキラリティーがDNAとの相互作用では重要な役割を演じる．本錯体は，金属中心の絶対配置と共に，補助配位子のキラリティーの影響について知見を得るためのモデルとして興味深い．

【関連錯体の紹介およびトピックス】この錯体とともに，Δ-R体とΛ-R体が合成・光学分割されているが，これらの異性体間で仔ウシ胸腺DNAに対する作用は異なっており，Δ-S体が最も親和性が高く，Λ-S体の100倍以上である．また，同様の作用をもつrac-[Ru(phen)$_3$]$^{2+}$と比較した場合，Λ-S体が同程度であり，このことからもこの錯体のΔ-S体が強く相互作用することがわかる[5-8]．

【山田泰教】

【参考文献】
1) N. Claessens et al., *J. Inorg. Biochem.*, **2007**, *101*, 987.
2) O. Van Gijte et al., *Tetrahedron Lett.*, **1997**, *38*, 1567.
3) B. Bosnich et al., *Aust. J. Chem.*, **1966**, *19*, 2229.
4) A. Trifonov et al., *Z. Phys. Chem.*, **1956**, *205*, 123.
5) C. V. Kumar et al., *J. Am. Chem. Soc.*, **1985**, *107*, 5518.
6) J. M. Kelly et al., *Nucleic Acids Res.*, **1985**, *13*, 6017.
7) S. Satyanarayana et al., *Biochemistry*, **1992**, *31*, 9319.
8) P. U. Maheswari et al., *Inorg. Chem.*, **2006**, *45*, 37.

RuN$_6$

【名称】 [tris(2,2′-bipyridine)ruthenium(II)]dichloride: [Ru(bpy)$_3$]Cl$_2$

【背景】 ルテニウムポリピリジル錯体は，室温におけるりん光発光など特異な光物性や，多様な酸化還元特性から多くの研究があり，ルテニウムトリス(2,2′-ビピリジン)錯体はその代表例である[1]。

【調製法】 塩化ルテニウム(III)を原料として，3当量の2,2′-ビピリジン(bpy)とエタノール中，加熱還流することで得られる．また，ホスフィン酸ナトリウム(NaPH$_2$O$_2$)存在下，水中で加熱還流する方法も用いられる．[Ru(bpy)$_3$]$^{2+}$は塩化物塩以外に，過塩素酸塩やヘキサフルオロフォスフェート塩として得られる．本錯体はラセミ体(Δ/Λ)として得られるが，酒石酸誘導体塩として光学分割できる．

【性質・構造・機能・意義】 水溶液中で橙色を示し，261 nm ($\varepsilon=89000$ M^{-1}cm^{-1})にbpyのπ-π^*吸収帯，450 nm ($\varepsilon=21000$ M^{-1}cm^{-1})にMLCT吸収帯が観測される．MLCT吸収帯を光照射することにより得られる一重項励起状態は高効率で三重項励起状態(^{3}MLCT)を生じ，この三重項励起状態から室温条件下でも625 nm付近にブロードなりん光発光が観測される．水溶液中，室温条件下における発光寿命は0.6 μs，発光量子収率は6.3%であり，同錯体は，発光性金属錯体や，生体内発光プローブに対する基準物質となっている[2]．発光性の^{3}MLCT状態から熱的に無輻射準位である^{3}d-dへ励起するため，発光特性は温度に強く依存する．このことに関連して，ビピリジン配位子の置換基効果が研究されている[3]．[Ru(bpy)$_3$]$^{2+}$は熱的に安定であるが，その三重項励起状態は酸素により消光を受ける．また，光ラセミ化や光配位子脱離反応を起こす．

[Ru(bpy)$_3$]$^{2+}$は，アセトニトリル中，+1.32 V vs. SCEにルテニウム金属中心の酸化に基づく酸化電位を示し，-1.30, -1.49, -1.73 Vにビピリジン配位子の還元に基づく還元波が観測される．最低三重項励起状態である^{3}MLCT状態は，金属中心が酸化され，ビピリジンのπ^*軌道へ電子が入った状態と理解されており，そのため励起状態は酸化力，還元力ともに基底状態より高い．これを利用した光電子移動反応が広く研究されている[3,4]．例えば，アミン類など酸化されやすい物質(電子供与体)が共存すると電子供与体から光励起状態への光電子移動が起こり，ルテニウム錯体は還元され，消光される(還元的消光)．一方，還元されやすい物質(電子受容体)が共存する場合は，ルテニウム錯体励起状態から電子受容体への光電子移動が起こり，ルテニウム錯体が酸化される(酸化的消光)．例えば，メチルビオロゲンを共存させると，[Ru(bpy)$_3$]$^{2+}$から光電子移動が起こり，ビオロゲン還元体が生じる．このビオロゲン還元体を電子源とし，白金触媒を用いた水の還元による水素発生が研究されている．一般的には，逆電子移動を抑えるために，犠牲試薬を還元剤として加える必要があり，水の酸化触媒反応などと共役させた人工光合成の開発が望まれている．

[Ru(bpy)$_3$]$^{2+}$は，酸化体と還元体の反応により励起状態が形成し発光する化学発光現象を示すことによりセンサー分子としての応用が研究されている他，色素増感型太陽電池(グレッツェルセル)，酸素消光能を利用した感圧塗料開発，DNAとの相互作用や，キラル配位子を利用した立体選択的光電子移動反応など，様々な応用研究が行われている[5,6]．

【関連錯体の紹介およびトピックス】 ビピリジン誘導体および関連配位子であるフェナントロリン誘導体のルテニウム錯体は，置換基の違いにより酸化還元特性や吸収発光特性が調整できることから，系統的に合成され，その光物性が研究されている．また，鉄トリス(ビピリジン)錯体は，鉄イオン溶液にビピリジン配位子を加えるだけで容易に形成され，ピンク色に呈色することから，鉄イオンの検出に利用されているが，ルテニウム錯体と異なり室温りん光を示さず，また溶液中，熱的にラセミ化することが知られている．

【石田　斉】

【参考文献】

1) K. Kalyanasundaram, *Coord. Chem. Rev.*, **1982**, *46*, 159.
2) a) H. Ishida *et al.*, *Coord. Chem. Rev.*, **2010**, *254*, 2449; b) K. Suzuki *et al.*, *Phys. Chem. Chem. Phys.*, **2009**, *11*, 9850.
3) A. Juris *et al.*, *Coord. Chem. Rev.*, **1988**, *84*, 85.
4) 山内清語ら編著, 配位化合物の電子状態と光物理, **2010**, 三共出版.
5) 佐々木陽一ら編著, 金属錯体の光化学, **2007**, 三共出版.
6) 荒川裕則, 色素増感太陽電池, **2007**, シーエムシー出版.

RuN$_6$

【名称】［tris(1,10-phenanthroline)ruthenium-(II)］chloride: ［Ru(phen)$_3$］Cl$_2$

【背景】1,10-フェナントリン(phen)は多くの金属イオンと安定な錯体をつくる代表的な二座配位子である．phenとRu(II)イオンからなるトリスキレート錯体［Ru(phen)$_3$］$^{2+}$は，その安定性，剛直性あるいはかさ高さといった立体化学的特徴とRu(II)に基づく多様な電子的性質(酸化還元，光吸収，発光など)をあわせもつ分子として，機能材料の構成要素として広く用いられている[1]．具体的には，光増感剤，酸化還元剤，キラル識別剤としての応用などがある．

【調製法】塩化ルテニウム(III)を少量の塩酸を含む熱水に溶かし，フェナントロリンを加え，さらにホスフィン酸ナトリウムNaPH$_2$O$_2$を少量ずつ加えて加熱する．暗橙赤色になったら，過塩素酸ナトリウムを加えると過塩素酸塩の沈殿が得られる．Cl型陰イオン交換樹脂とともに水中で振ると塩化物水溶液が得られ，これから塩化物が得られる．これにビス｛(+)タルトラト｝二アンチモン酸カリウム水溶液を加えると，Λ-［Ru(phen)$_3$］［Sb$_2$｛(+)tart｝$_2$］・2H$_2$O(橙色針状結晶)が得られる．溶液中にはΔ体が残り分割はほぼ完全である．これを水酸化ナトリウム水溶液に溶かし，過塩素酸ナトリウムを加えると，Λ-［Ru(phen)$_3$］(ClO$_4$)$_2$・H$_2$Oが得られる．Λ体をろ別した液に過塩素酸ナトリウムを加えることによってΔ-［Ru(phen)$_3$］(ClO$_4$)$_2$・H$_2$Oが得られる．得られた過塩素酸塩は再びCl$^-$型の陰イオン交換樹脂を用いて塩化物塩に変えることができる．

【性質・構造・機能・意義】赤色結晶で，水に可溶．水溶液中で赤褐色を呈し，450 nm ($\varepsilon = 21000$ M^{-1}cm^{-1})にMLCT遷移吸収帯と261 nm ($\varepsilon = 89000$ M^{-1}cm^{-1})付近にphenのπ-π^*吸収帯が観測される．光学分割後のΛ-［Ru(phen)$_3$］Cl$_2$の水溶液の円二色性(CD)スペクトルでは，267 nmに正のピーク($\Delta\varepsilon = 540$ M^{-1}cm^{-1})，257 nmに負のピーク($\Delta\varepsilon = -410$ M^{-1}cm^{-1})が観測される[1]．この紫外部の分裂したCD吸収帯はらせん状に配置した3つのphen環の励起子分裂によるものであり，錯体の絶対配置と関連させた理論的な研究がある．アセトニトリル溶液中での赤外吸収の主なものは1342, 1389, 1413, 1429, 1452, 1492, 1512, 1582, 1602, 1636 cm^{-1}である[2]．酸化還元に関しては，アセトニトリル中でのサイクリックボルタモグラムよりRu(III)/Ru(II)に相当する可逆的な酸化波が0.95 V (vs. Ag/AgCl)に見られる．この溶媒中での拡散係数として$D = 16.5 \times 10^{-6}$ cm^{2}s^{-1}が得られている．この錯体の水溶液に450 nmの波長の光を照射すると591 nmにピークをもつ発光(りん光)が見られる．発光寿命は530 nsと比較的長く，酸素により消光されることから酸素センサーに応用される[3]．［Ru(phen)$_3$］$^{2+}$の光物性はルテニウムトリス(ビピリジン)錯体(［Ru(bpy)$_3$］$^{2+}$)と類似しており，光反応の増感分子としてもよく用いられている．

【関連錯体の紹介およびトピックス】この錯体やphen以外の配位子を含む混合配位子錯体はDNAの核酸塩基間へ強くインターカレーションする性質を利用して，光増感作用とを組み合わせ，光照射による核酸塩基配列に特有なDNA切断に応用される[4]．また酸素分子による消光を利用して，生体組織中の酸素分布を調べるプローブにも用いられる．かさ高いphen配位子のらせん状の配置に着目したキラル識別剤としての応用もなされている．例えば，陽イオン交換樹脂，粘土鉱物，シクロデキストリン，シリカなどへ吸着・結合させ，光学分割，不斉合成，電極修飾膜などへの応用が試みられている[5,6]．このような応用においては，柔軟なbpy配位子と比べて剛直なphen配位子はキラル識別により有利と考えられる．キラル体の性質として，単結晶構造解析も報告されている[7,8]．アセトニトリル溶液中，粘土鉱物へのインターカレーション中の赤外円二色性スペクトルの研究もある[9]．長鎖アルキル基をつけて両親媒性錯体とし，分子膜形成により非線形光学膜(例えば第二次高調波発生)などへの応用もある．

【佐藤久子・山岸晧彦】

【参考文献】
1) S. F. Mason *et al.*, *J. Chem. Soc. Dalton Trans.*, **1973**, 949.
2) T. J. Meyer *et al.*, *Inorg. Chem.*, **1998**, 37, 3505.
3) W. R. Fawcett *et al.*, *J. Phys. Chem. B*, **2000**, 104, 3575.
4) K. R. Mann *et al.*, *J. Am. Chem. Soc.* **2009**, 131, 1896.
5) J. K. Barton *et al.*, *J. Am. Chem. Soc.*, **1989**, 111, 3051.
6) A. Yamagishi *et al.*, *Inorg. Chem.*, **1985**, 24, 1689.
7) J. Breu *et al.*, *Acta Cryst.*, **1996**, C52, 1174.
8) A. Nakamura *et al.*, *Chem Commun.*, **2004**, 2858.
9) H. Sato *et al.*, *Phys. Chem. Chem. Phys.*, **2018**, 20, 3141.

RuN₆

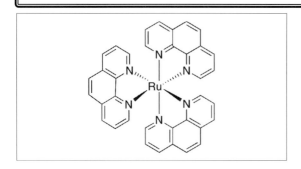

【名称】tris(phenanthroline)ruthenium(II): $[Ru(phen)_3]^{2+}$

【背景】DNAに結合する金属錯体は，インターカレーターとして核酸塩基対間に結合するものと，らせんの溝，すなわちグルーブに結合するものとに大別される．種々の八面体型錯体が，グルーブバインダーとして報告されており，本錯体はその先駆的な報告の1つである．光励起によるDNA切断活性をもつだけでなく，錯体の不斉によって，結合様式や選択性が変化することが詳細に調べられている[1]．

【調製法】$K_2[RuCl_5(H_2O)]$を温水に溶かし，酸性条件下，フェナントロリン配位子(phen)と反応させた後，Ru^{III}をH_3PO_2により還元して得られるほか[2]，様々な合成法が報告されている．

【性質・構造・機能・意義】本錯体はDNAに結合する六配位型錯体の代表的な例である．400 nm付近にMLCTによる強い吸収帯をもち，また447 nmの励起により600 nm付近に蛍光を発することから，分光学的手法によりDNAへの結合が解析された．特に，本錯体はラセミ化が遅く，鏡像異性体により異なる結合挙動を示すことが知られている．すなわち，Δ体は配位子の部分的なインターカレーションによってメジャーグルーブ側に結合し，Λ体は主に疎水効果によりマイナーグルーブへの結合を好むことが明らかにされている[1,3]．

【関連錯体の紹介およびトピックス】例えば，亜鉛錯体$[Zn(phen)_3]^{2+}$もB型DNA二重鎖に対してエナンチオ選択的な結合を示す[4]．同様にクロム，ニッケル，コバルトなどの錯体についてDNA結合挙動が調べられている．さらに，phen配位子を修飾した類似錯体の報告例も数多い．

【竹澤悠典・塩谷光彦】

【参考文献】
1) J. K. Barton *et al., J. Am. Chem. Soc.*, **1984**, *106*, 2172.
2) C. T. Lin *et al., J. Am. Chem. Soc.*, **1976**, *98*, 6536.
3) D. Z. M. Coggan *et al., Inorg. Chem.*, **1999**, *38*, 4486.
4) J. K. Barton *et al., J. Am. Chem. Soc.*, **1982**, *104*, 4967.

RuO₄P₂

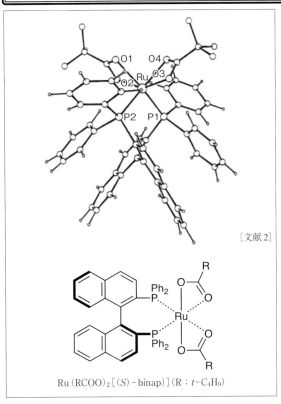

Ru(RCOO)₂[(S)-binap] (R : t-C₄H₉)

【名称】[(S)-2,2'-bis(diphenylphosphino)-1,1'-binaphthyl] ruthenium(II) dipivalate: Ru(t-C₄H₉COO)₂[(S)-binap]

【背景】BINAPロジウム(I)法は基質特異性が高い傾向にあるが，より汎用性の高い触媒として1986年に発表されたBINAPルテニウム(II)錯体は不斉水素化法に新たな展開をもたらした．エナミド，α,β-およびβ,γ-不飽和カルボン酸，アリルアルコールおよびホモアリルアルコールを含む一連の官能基化されたオレフィン類の不斉水素化が可能である[1]．

【調製法】1モル量のルテニウム(II)錯体[RuCl₂(cod)]ₓと2モル量の配位子(S)-BINAPを，過剰量のトリエチルアミンの共存下，トルエン中で加熱する．反応溶液を濃縮して得られる固体と過剰量のピバル酸ナトリウムをt-ブタノール中で加熱する．t-ブタノールを除去して得られる固体を，トルエン/ヘキサン溶液として静置すると，黄色の結晶が得られる[2]．

Ru(RCOO)₂[(S)-binap](R=CH₃)の簡便な製法も知られている．1モル量のルテニウム(II)錯体[RuCl₂(benzene)]₂と2モル量の配位子(S)-BINAPを，DMF中100℃で10分加熱する．この反応溶液に酢酸ナトリウムを含むメタノール溶液を加え，さらにトルエン/水を加える．有機層を水洗後，濃縮して得られる固体を，トルエン/ヘキサン溶液として静置すると，黄色の結晶が得られる[3]．

【性質・構造・機能・意義】本錯体の結晶構造が得られており，Ru-P1は2.241(3) Å，Ru-P2は2.239(3) Å，P1-Ru-P2は90.6(1)°，C_2対称性の配位子(S)-BINAPはδ配座を形成する．P1-Ru-P2面内の配位場は擬equatorialに位置するフェニル置換基の立体効果に大きく影響され，面外の配位場は擬axial位のフェニル置換基の影響を受ける．これらが基質触媒複合体の安定性に寄与する．興味深いことにエナミド類の不斉水素化反応において，同じキラリティーを有するBINAPを用いてもロジウム法とルテニウム法とではエナンチオ面選択性が逆転する．不飽和-ジヒドリド機構で進行するロジウム法と異なり，ルテニウム法はモノヒドリド機構・加水素分解経路で進行する．ルテニウム中心にはすでにエナミド基質へ転移するヒドリドが存在しているため，安定な基質触媒複合体から主エナンチオマーが，不安定な複合体から副エナンチオマーが生じる[4]．

【関連錯体の紹介およびトピックス】BINAPルテニウム(II)ジアセタト錯体は，残念ながらケトン類を効率的に水素化することができない．しかし，反応系内に触媒量の塩酸を添加すると状況は一変する．たとえば，β-ケトエステル類を基質に用いて水素化すると，定量的に光学的に純粋なβ-ヒドロキシエステル類が得られる．この方法は，カルボニル基のα位，β位，γ位にアミノ基，ヒドロキシ基，アルコキシ基，シロキシ基，カルボニル基，エステル基，チオエステル基，アミド基，カルボキシル基，ハロゲン基などの様々な官能基を有するケトン類に適用することができる[5]．

BINAPルテニウム(II)錯体を用いる不斉水素化は，様々な医薬，農薬，香料などの有用物質の工業的合成に用いられている．

【北村雅人・吉村正宏】

【参考文献】
1) a) R. Noyori *et al., J. Am. Chem. Soc.*, **1986**, *108*, 7117; b) T. Ohta *et al., J. Org. Chem.*, **1987**, *52*, 3174; c) H. Takaya *et al., J. Am. Chem. Soc.*, **1987**, *109*, 1596 and 4129.
2) T. Ohta *et al., Inorg. Chem.*, **1988**, *27*, 566.
3) M. Kitamura *et al., J. Org. Chem.*, **1992**, *57*, 4053.
4) M. Kitamura *et al., J. Am. Chem. Soc.*, **2002**, *124*, 6649.
5) R. Noyori *et al., J. Am. Chem. Soc.*, **1987**, *109*, 5856.

RuO₄P₂

【名称】 diacetato-κO^2-[(R)-2,2′-bis(diphenylphosphino)-1,1′-binaphthyl-κP^2]ruthenium：[Ru(OCOCH₃)₂{(R)-binap}]

【背景】 1980年に軸不斉配位子BINAPがはじめて合成されロジウム-BINAP錯体としてオレフィンの触媒的不斉水素化に用いられたが[1]，その後このルテニウム-BINAP錯体が開発されたことによって基質適用範囲が大幅に広がった．官能基を有する種々のオレフィン類に適用可能であり，高い触媒活性とエナンチオ選択性で不斉水素化が進行する[2]．

【調製法】 [{RuCl₂(η-C₆H₆)}₂]と(R)-BINAPをDMF中で加熱撹拌した後，酢酸ナトリウムのメタノール溶液を室温で反応させる．その後，水とトルエンを加えて激しく撹拌し有機層を移す．残った水層をトルエンでさらに抽出し，得られた有機層をあわせて水で洗浄した後に減圧乾固すると粗生成物が得られる．これをトルエン/ヘキサンから再結晶する[3]．なお粗生成物にはわずかに不純物も含まれるが，不斉水素化触媒として使用可能である．

【性質・構造・機能・意義】 黄色の針状またはパウダー状の結晶．融点188～190℃（分解）．IR（CH₂Cl₂）：1452, 1518 cm^{-1}．^{1}H NMR（CDCl₃）：δ 1.80 (s)，6.47～7.84 (m)．^{13}C{^{1}H} NMR（CDCl₃）：δ 23.50，125.2～138.3，188.1．^{31}P{^{1}H} NMR（CDCl₃）：δ 65.13 (s)[4]．

アセタト配位子の代わりにピバラト配位子をもつ錯体[Ru(OCOC(CH₃)₃)₂{(S)-binap}]については結晶構造が得られており[4]，歪んだ八面体構造で擬C_2対称をもち，金属周りの絶対配置はΛ体である．Ru-Pの平均結合距離は2.240(2) Åで，Ru-Oについては，リン原子のトランスに位置する酸素原子との間の平均結合距離2.201(16) Åは，酸素原子のトランスに位置する酸素原子との間の距離2.127(11) Åに比べてかなり長い．BINAP配位子における2つのナフタレン環の二面角は65.6°であり，4つのフェニル基のうちの2つはそれらのナフタレン環とほぼ平行に配向している．P-Ru-Pの結合角は90.6°である．BINAP配位子はナフタレン環の二面角を中心金属原子や補助配位子の性質に応じて柔軟に変化させることにより安定な七員環キレート構造をとることができ，例えば平面正方形構造を有するロジウム-BINAP錯体[Rh{(R)-binap}(nbd)]ClO₄においては，二面角は74.4°と本錯体よりもかなり大きいが，P-Rh-Pの結合角は91.8(1)°でありそれほど大差はない．この七員環キレート構造の立体配座がリン原子上の4つのフェニル基により形成される不斉環境を支配する．2つのフェニル基は擬axial，他の2つは擬equatorialに位置しており，これら擬equatorial位のフェニル基がルテニウムのequatorial配位座に対して立体的影響を及ぼし，基質のエナンチオ面が選択される．

[Ru(OCOCH₃)₂{(R)-binap}]は1980年代後半に開発されたオレフィンの均一系不斉水素化触媒であり，以前，ロジウム-BINAP錯体がα-(アシルアミノ)アクリル酸やその誘導体の不斉水素化による光学活性アミノ酸誘導体の合成に用いられていたが[1]，基質適用範囲が広がらず触媒活性にも限界があった．このルテニウム-BINAP錯体が開発されたことで適用可能な基質の種類が大幅に拡大され，エナミド類，アリルアルコールやホモアリルアルコール類，α,β-不飽和カルボン酸とその誘導体など，官能基を有するオレフィン類の不斉水素化が極めて高い触媒活性とエナンチオ選択性で進行するようになった．

【関連錯体の紹介およびトピックス】 ハロゲン化物イオンを含むルテニウム-BINAP錯体[RuCl₂(binap)(dmf)$_n$]は，α-およびβ-ケトエステル，α-アミノケトン，α-ヒドロキシケトン類などのヘテロ原子をカルボニル基近傍に有するケトン類の不斉水素化触媒として用いられる．また，単純ケトン類（金属に配位可能な官能基をカルボニル基近傍にもたないケトン類）にはフェニル基を3,5-ジメチルフェニル基に置換したXylBINAPと光学活性ジアミンをもつルテニウム錯体が高触媒活性を示す．

【浦 康之・棚瀬知明】

【参考文献】
1) H. Takaya *et al.*, *J. Am. Chem. Soc.*, **1980**, *102*, 7932.
2) R. Noyori *et al.*, *J. Am. Chem. Soc.*, **1986**, *108*, 7117.
3) R. Noyori *et al.*, *J. Org. Chem.*, **1992**, *57*, 4053.
4) H. Takaya *et al.*, *Inorg. Chem.*, **1988**, *27*, 566.

RuO₆

【名称】(1,3-di(4-dodecoxyphenyl)propane-1,3-dionato)bis(pentane-2,4-dionato)ruthenium(III): [Ru(acac)$_2$(ddpd)]

【背景】ネマスチック液晶にキラルな物質をドープすると, らせん状の構造を形成する. Δ あるいは Λ-不斉を有する六配位トリスキレート型錯体([ML$_3$])をドーパントとして用いると, キラルな炭素を有する化合物ではなしえない構造・電気的特性を発現することができる. 錯体のキラリティーが高いヘリカルねじれ力(HTP)を有している. [Ru(acac)$_2$L]型錯体において配位子Lとして1,3-ジ(4-n-ドデコキシフェニル)プロパン-1,3-ジオナト配位子である錯体が合成された. この錯体をドープしたN-(4-メトキシベンジリデン)-4-n-ブチルアニリン(MBBA)の光学特性について研究された[1]).

【調製法】配位子Hddpdは, 窒素雰囲気下, DME中でアセトフェノンとメチル安息香酸のアルコキシ誘導体およびNaHとの反応により合成された. 錯体の合成は, 炭酸水素カリウム存在下のエタノール中で[Ru(acac)$_2$(CH$_3$CN)$_2$]ClO$_4$と等量の合成した配位子との反応により行われた. 光学異性体はΔ-[Ru(phen)$_3$]$^{2+}$で修飾した粘土鉱物を充填剤としたカラムクロマトグラフィーにより, メタノールを溶出液として分離された.

【性質・構造・機能・意義】ステレオ異性体の立体配置は, [Ru(acac)$_3$]の異性体の結果に基づいてCDスペクトルの275 nmに観測される配位子の$\pi-\pi^*$遷移帯により行い, 正のバンドを示した錯体をΔ型と同定された. [Ru(acac)$_2$(ddpd)]はC_2対称性で, これに沿った長いアルキル鎖をもつ構造である. この長いアルキル鎖を有することにより液晶分子への溶解性が高くなる.

ホスト分子としてMBBA, N-(4-エトキシベンジリデン)-4-n-ブチルアニリン(EBBA), 4,4′-アゾキシジアニソール(PAA)あるいは4-(4-アルキルシクロヘキシル)ベンゾニトリルと4-(4-アルキルシクロヘキシル)-4′-シアノビフェニル誘導体の混合物を用いて, キラルなルテニウム錯体をドーパントとしてネマスチック液晶に加えるとキラルなネマチック相が形成される. 錯体を含むネマスチック液晶の構造とHTPの関係について研究が行われた. ICDスペクトルからこれらのホスト分子中ではドーパントがΔ-鏡像異性体では左らせんとなり, Λ-鏡像異性体では右らせんとなることがわかった. ドーパントとして用いる錯体の旋光性に対して一定ではなく, 錯体の種類によりらせんの方向性が決まる. [Ru(acac)$_2$(ddpd)]はHTPの値よりねじれ構造を誘起する強力なドーパントであり, MBBAがホスト分子の場合に最も大きな値を示す.

MBBA中に2 mol%のΔ-[Ru(acac)$_2$(ddpd)]をドープすると室温でキラルなネマスチック相を示し, 平面に垂直な方向からみると緑色を示す. このCDスペクトルでは660 nm付近にSR-LCPLを示す正のバンドが観測され, 負のICDバンドが約400 nmに観測される. ドープ量の異なるMBBAのネマチック相のらせん軸に沿った可視透過スペクトルでは, ドープ量が1.9から2.2 mol%に増加するとバンドは690から610 nmにシフトする. これらの結果から液晶相の発色現象は, 光学的構造と関連していることが示された.

【関連錯体の紹介およびトピックス】キラルな[Ru(acac)$_2$L]型錯体の配位子Lが異なるいくつかの錯体が合成されている. 1,3-ジフェニルプロパン-1,3-ジオナト配位子やこれらのフェニル基に置換基を導入した配位子[2]), および1,3-ジケトナト骨格の2位にドデコキシ基を有する配位子(3-(4′-n-ドデコキシフェニル)ペンタン-2,4-ジオナト)を用いている[3]). この錯体をドーパントとして用いた場合にはΔ, Λ-鏡像異性体のらせん性が[Ru(acac)$_2$(ddpd)]の場合と比較して逆になり, HTPは小さい.

【長尾宏隆】

【参考文献】
1) J. Yoshida et al., J. Am. Chem. Soc., **2005**, 127, 8453.
2) Y. Matsuoka et al., Chem. Mater., **2005**, 17, 4910.
3) H. Sato et al., Inorg. Chem., **2007**, 46, 6755.

RuP$_2$S$_4$

無

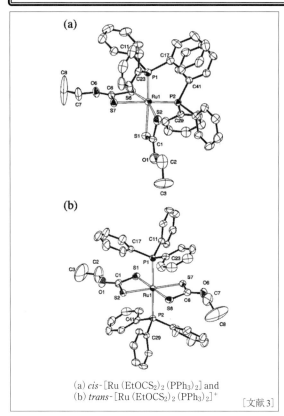

(a) *cis*-[Ru(EtOCS$_2$)$_2$(PPh$_3$)$_2$] and
(b) *trans*-[Ru(EtOCS$_2$)$_2$(PPh$_3$)$_2$]$^+$

[文献3]

【名称】bis(ethylxantato)bis(triphenylphosphine)ruthenium(III) hexafluorophosphate: [Ru(EtOCS$_2$)$_2$(PPh$_3$)$_2$]-PF$_6$

【背景】ホスフィン配位子はトランス影響が大きいため，一般的には2つのホスフィン配位子が互いにトランス位に配位した構造の錯体は少ない．2個のホスフィンの配位したCo(III)-ジチオカルバマト錯体では，ジフェニルホスフィンがトランス配位した錯体が単離されているが，それは光化学反応によって生成する準安定化学種を結晶化させるか，あるいはかさ高いトリフェニルホスフィン錯体の置換反応によって生じたものである[1]．Chakravortyらによって[Ru(ROCS$_2$)$_2$(PPh$_3$)$_2$]錯体における熱異性化反応が示唆されたが[2]，電子移動反応に伴う熱異性化速度はCo錯体よりも速いので，トランス錯体の安定性を評価するために結晶構造の解明が待たれていた．

【調製法】[Ru(PPh$_3$)$_3$Cl$_2$]とキサントゲン酸カリウムをエタノール中で還流することによって，橙色の[Ru(EtOCS$_2$)$_2$(PPh$_3$)$_2$]を得ることができる．この錯体のアセトン溶液を，炭素繊維電極を用いて完全に酸化した後，減圧下で溶媒を留去し，過剰量のヘキサフルオロリン酸アンモニウムを含む水溶液を加えることにより，[Ru(EtOCS$_2$)$_2$(PPh$_3$)$_2$]PF$_6$の粗結晶を得る．ジクロロメタンに溶かした粗結晶に，ジエチルエーテルを気相拡散することにより，緑色の純粋な生成物を得ることができる．

【性質・構造・機能・意義】*trans*-Ru(III)錯体においては，Ru-S距離は2.361～2.372Åであり，この距離は，*cis*-Ru(II)錯体における別の硫黄原子のトランス位にあるRu-S距離(2.385～2.401Å)より約0.028Å短く，この差はRu(III)/Ru(II)のイオン半径の差に対応している．一方，*trans*-Ru(III)錯体におけるRu-P距離は2.441～2.443Åと，*cis*-Ru(II)錯体におけるRu-P距離(2.309～2.315Å)よりも長い．トランス配位はかさ高いトリフェニルホスフィンが比較的イオン半径の小さなRu(III)に配位しているためであり，長いRu(III)-P距離は，リン配位原子によるトランス影響を反映したものであると考えられている．[Co(dtc)$_2$(PHPh$_2$)$_2$]$^+$錯体(dtc=*N,N*-dimethyldithiocarbamato, PHPh$_2$=diphenylphosphine)では，シス体が安定に存在するが，これはホスフィン配位子のかさ高さの違い(cone angleに関係する)に由来する．

この錯体の標準酸化還元電位は，フェロセンに対して−0.15Vである．トランス体は溶液中において過剰のホスフィンにより分解する．

【関連錯体の紹介およびトピックス】isopropylxantate配位子の配位した類似錯体も合成されており，ethylxantate錯体と類似の構造である．この錯体の酸化還元電位はフェロセンに対して−0.05Vであり，トランス体からシス体への熱異性化反応速度定数は室温で0.338 s^{-1}である．異性化反応は，配位したisopropylxantate配位子の一部解離による機構が示唆されている．この錯体も過剰のホスフィンの存在下で分解する傾向があるが，その速度はethylxantato錯体よりも遅く，比較的大きなイソプロピル基による立体障害が，バルクのホスフィンによる会合的攻撃を妨害していると考えられている．電気化学的測定から，この錯体からのホスフィン配位子の解離速度定数は，室温で0.113 s^{-1}である[3]．

【高木秀夫・鈴木孝義】

【参考文献】
1) S. Iwatsuki *et al.*, *J. Chem. Soc., Dalton Trans.*, **2002**, 3593.
2) a) N. Bag *et al.*, *Chem. Soc., Dalton Trans.*, **1990**, 1557; b) A. Pramanik *et al.*, *Inorg. Chem.*, **1991**, 30, 410; c) A. Pramanik *et al.*, *J. Chem. Soc., Dalton Trans.*, **1993**, 237.
3) K. Noda *et al.*, *Inorg. Chem.*, **2005**, 45, 1349.

RuZrC$_{18}$

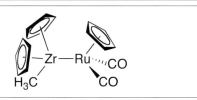

【名称】bis(η^5-cyclopentadienyl)[dicarbonyl(η^5-cyclopentadienyl)ruthenium]methylzirconium: [Cp$_2$ZrCH$_3$-Ru(CO)$_2$Cp]

【背景】COの還元を目的として設計された前周期-後周期混合金属錯体の代表的な化合物である.Zrと後周期金属が架橋されることなく直接結合したはじめての錯体である[1]。

【調製法】[CpZrCl(CH$_3$)]とK[CpRu(CO)$_2$]をTHF中室温で1時間撹拌し,トルエンから再結晶することにより,本錯体が明黄色の結晶性固体として得られる.

【性質・構造・機能・意義】本錯体は熱的には比較的安定であるが(90℃,3時間で40％ほどが分解する),水に対しては非常に敏感で,空気にさらすことにより[Cp$_2$Zr(CH$_3$)]$_2$Oと[CpRuH(CO)$_2$]を生成する.すなわちZr-Ru結合は高度に分極しており,Zr-CH$_3$よりも加水分解を受けやすい.CO配位子のIR吸収は,Zr-Ru結合をもつ構造から予想できるように,原料のK[CpRu(CO)$_2$]に比べ高波数シフトして1950(s),1880(s)cm^{-1}に観測され,これはX線構造解析からZr-Ru結合が示された[Cp$_2$Zr(OBu^t)-Ru(CO)$_2$Cp]と同様の値である.-80℃における^{13}CNMRスペクトルでは,CO配位子のシグナルはδ207に1本のみ観測される.結晶構造は同様に合成でき,より安定なt-BuOアナログ錯体[Cp$_2$Zr(OBu^t)-Ru(CO)$_2$Cp]について知られている.Zr-Ru間は架橋配位子をもたず,直接結合しており(2.910(1)Å),ZrとCO配位子の間には特別な相互作用はない(Zr-O, 3.91Å; Zr-C, 3.20Å).

【関連錯体の紹介およびトピックス】Zr-Fe錯体[Cp$_2$ZrX-Fe(CO)$_2$Cp](X=Me, OtBu)も[Cp$_2$ZrClX]とK[CpFe(CO)$_2$]を用いて合成できるがZr-Ru錯体よりも不安定である[2]。また[Cp$_2$ZrI$_2$]と2当量のK[CpRu(CO)$_2$]との反応からはRu-Zr-Ru結合をもつ三核錯体[Cp$_2$Zr{Ru(CO)$_2$Cp}$_2$]が得られる[3]。

【武藤雄一郎・石井洋一】

【参考文献】
1) C. P. Casey *et al., J. Am. Chem. Soc.,* **1983**, *105*, 665.
2) C. P. Casey *et al., Organometallics,* **1984**, *3*, 504.
3) C. P. Casey, *J. Organomet. Chem.,* **1990**, *400*, 205.

$RuW_{11}SiCO_{39}$

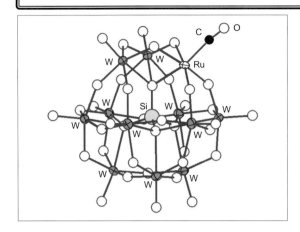

【名称】[cesium salt of carbonyl-ruthenium(+2) substituted α-Keggin type undecatungstosilicate: $Cs_6[SiW_{11}O_{39}Ru(II)(CO)]$

【背景】メタルカルボニルカチオン$[M^{n+}(CO)_m]^{n+}$がポリオキソメタレート表面に結合したポリオキソメタレート化合物は数多くあるが,ポリオキソメタレート構造中に置換した金属にCOが配位したはじめての化合物. 2価ルテニウム錯体として単離されるが, 水溶液中3価に可逆的に酸化可能. 一般的に,3価ルテニウムに配位したカルボニル錯体は非常に不安定で短時間で分解するが,本化合物中の3価Ru(CO)は高い安定性を有し,酸性溶液中数10時間安定に存在する[1].

【調製法】単欠損Keggin型シリコタングステートのカリウム塩$(K_8SiW_{11}O_{39})$とルテニウム(III)アセチルアセトナート$(Ru(acac)_3)$と水をテフロン内筒型オートクレーブ中,170℃で5日反応させる. 反応溶液を冷却後, CsClを加え,室温にて2時間撹拌し,得られた沈殿をろ過により取り除く. ろ液にさらにCsClを加え,冷蔵庫に一晩静置すると黒い結晶状の固体と白い粉末が沈殿する. 白い粉末をデカンテーションにより取り除いた後,黒い結晶性の固体をろ過により回収する. 収率はタングステン基準で約10%である.

【性質・構造・機能・意義】黒い結晶として得られる. 水溶液中(pH 1.8)で, 444 nm($\varepsilon=2220$ $M^{-1}cm^{-1}$)にUV-Vis吸収が観測される. α-Keggin型シリコタングステート構造の存在は特徴的IR吸収(1002(w), 957(s), 908(vs), 871(m, sh), 783(vs))および重水溶液中での特徴的な6本の^{183}W NMRピーク(71.8, −65.9, −95.9, −116.3, −144.0, −150.2, vs. $2M$ Na_2WO_4)で確認できる. 2価Ru(II)-COの存在は^{183}W NMRピークが確認される. また, IR吸収でのCOに特徴的な1940 cm^{-1} (s)ピーク(固体での測定)に加え,重水中^{13}C NMRにおけるCOに帰属できる200.4 ppmでのピークにより確認できる. 全元素分析から組成は確認されている.

単欠損Keggin型シリコタングステート$(K_8SiW_{11}O_{39})$とルテニウム(III)アセチルアセトナート$(Ru(acac)_3)$を水中で水熱合成すると, まずルテニウムに水が配位した$[SiW_{11}O_{39}Ru(III)(H_2O)]$が生成する[2]. 反応時間を延ばしていくと, 反応溶液中でアセチルアセトナートが分解し一酸化炭素が生成し, ルテニウムと反応することにより本化合物が生成すると考えられている. この際ルテニウムは2価に還元される.

この錯体は $0.5M$ KH_2PO_4(pH 4.5)水溶液中でのサイクリックボルタメトリーにより 0.5 V(vs. Ag/AgCl (203 mV vs. NHE at 25℃))に可逆な酸化還元波を示す. この酸化還元波はRu(III/II)に相当する. この酸化還元電位は溶液のpHを1から10まで変えても変化しない. この酸化還元は in situ IR法によっても確認できる. $0.5M$ KH_2PO_4(pH 4.5)溶液中での酸化を in situ IRで測定するとRu(II)-COのCOに帰属できる1949 cm^{-1}のピークが, 酸化により生成するRu(III)-COのCOに帰属できる2039 cm^{-1}のピークに変わっていく様子が確認できる.

一方, この錯体は水溶液中で還元も受け, $0.5M$ KH_2PO_4(pH 1.1)水溶液中で, −560 mVと−660 mV(vs. Ag/AgCl (203 mV vs. NHE at 25℃))に, 2つの二電子還元波が確認される. この還元はタングステンの還元に起因するものであり, この還元電位がpHにより変化することからこの還元はプロトン化を伴うものであることがわかっている.

一般的に3価ルテニウムにCOが配位した錯体は不安定で,短時間で分解する. しかし,本シリコタングステートの中に入った3価ルテニウムに配位したCO錯体は安定性が高い. 例えば, pH 1.8の水溶液中に1日置いておいても完全に分解されない. さらに, 純粋ではないが単離することも可能である.

【関連錯体の紹介およびトピックス】メタルカルボニルカチオン$[M^{n+}(CO)_m]^{n+}$がポリオキソメタレート表面に結合したポリオキソメタレート化合物は数多くあるが, ポリオキソメタレート構造中に置換した金属にCOが配位したはじめての化合物である[3]. 【定金正洋】

【参考文献】
1) M. Sadakane *et al.*, *Dalton Trans.*, **2008**, 6692.
2) M. Sadakane *et al.*, *Dalton Trans.*, **2006**, 4271.
3) K. Nishiki *et al.*, *Euro. J. Inorg. Chem.*, **2015**, *2015*, 2714.

$RuW_{17}C_6O_{62}P_2$

無 有 ク 触

Ru

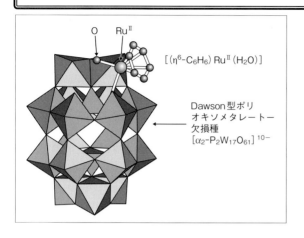

【名称】$K_8[\{(\eta^6-C_6H_6)Ru(H_2O)\}(\alpha_2-P_2W_{17}O_{61})]\cdot 12H_2O$

【背景】分子性金属酸化物クラスターであるポリオキソメタレート(polyoxometalate)は，可溶性の酸化物であり，均一系および不均一系の(酸，酸化，光酸化)触媒，表面化学，材料化学，医薬品などの観点より，基礎および応用の両面から広範囲な研究がなされている．骨格を構成する金属を位置選択的に欠損させた欠損型ポリオキソメタレートは，金属イオンを有効に担持できる化学反応空間として利用できる[1]．本錯体は，ポリオキソメタレートの欠損部位に有機金属種(benzene)Ru^{II}ユニットを担持させたもので，水溶性であり，分子状酸素による酸化触媒活性を有する[2,3]．

【調製法】Dawson型ポリオキソメタレート一欠損種$K_{10}[\alpha_2-P_2W_{17}O_{61}]$の水溶液に，[(benzene)$Ru^{II}Cl_2]_2$をモル比2:1になるよう加え室温で1時間攪拌する．反応溶液をろ過し，ろ液を濃縮した後5℃で一晩放置することで茶色粗生成物が得られる．これを60℃の温水に懸濁させた後，5℃で1時間静置する．粉末をろ過にて取り除き，ろ液を自然濃縮することで，$K_8[\{(\eta^6-benzene)Ru^{II}(H_2O)\}(\alpha_2-P_2W_{17}O_{61})]\cdot 12H_2O$が橙色板状結晶として得られる．

【性質・構造・機能・意義】$K_8[\{(\eta^6-benzene)Ru^{II}(H_2O)\}(\alpha_2-P_2W_{17}O_{61})]\cdot 12H_2O$は，水，DMSOに可溶であり，アセトニトリル，メタノール，エタノール，ジエチルエーテルに不溶である．単結晶X線構造解析の結果から，$(\eta^6-benzene)Ru^{II}$ユニットにDawson型ポリオキソメタレート一欠損種が欠損部位で連結した構造であることが報告されている[2]．Ru^{II}原子にはH_2O原子が1個と，Dawson型ポリオキソメタレートの欠損部位の酸素原子2個が配位している．このように欠損部位の4個の酸素原子のうち2個の酸素原子でのみ金属原子へ配位した例は非常に珍しい．また，$[\{(\eta^6-benzene)Ru^{II}(H_2O)\}(\alpha_2-P_2W_{17}O_{61})]^{8-}$は$C_1$対称を有するキラル配置をとっており，単位格子内には2対の鏡像体ペアが存在する．

$[\{(\eta^6-benzene)Ru(H_2O)\}(\alpha_2-P_2W_{17}O_{61})]^{8-}$は，$D_2O$中の^{31}P NMRで2種類のシグナル($\delta=-8.36, -14.02$ ppm)が観測される．^{1}Hおよび^{13}C NMRでは，Ru原子に配位したベンゼン環に由来するシグナルがそれぞれ$\delta=6.18, 82.98$ ppmに観測される．低い溶解性のため，^{183}W NMRは報告されていない．

溶媒に水を用いた有機変換反応はグリーンケミストリーの観点から近年注目されているが，このポリオキソメタレートは有機金属部位を含みながらも水溶性であるため，水中での触媒的反応に適している．実際に$[\{(\eta^6-benzene)Ru(H_2O)\}(\alpha_2-P_2W_{17}O_{61})]^{8-}$は，水/アルコールの二相系において分子状酸素によるアルコールの酸化反応を触媒する[3]．85℃，1気圧の酸素雰囲気下で，ベンジルアルコールをベンズアルデヒドへ選択率100%で変換する．72時間後のターンオーバー数(TON)は12.8であり，環境調和型触媒として興味深い．

【関連錯体の紹介およびトピックス】類似錯体として，arene部位にp-cymeneを用いた$K_8[\{(\eta^6-p$-cymene)$Ru^{II}(H_2O)\}(\alpha_2-P_2W_{17}O_{61})]\cdot 16H_2O$も合成されている[2]．この錯体は$[\{(\eta^6-benzene)Ru^{II}(H_2O)\}(\alpha_2-P_2W_{17}O_{61})]^{8-}$と同様に，水/アルコール二相系において分子状酸素による種々のアルコール酸化反応の触媒としてはたらく[3]．また，ポリオキソメタレート部位にKeggin型一欠損種を用いた$[\{(\eta^6-arene)Ru^{II}(H_2O)\}PW_{11}O_{39}]^{5-}$および$[\{(\eta^6-arene)Ru^{II}\}PW_{11}O_{39})_2(\mu-WO_2)]^{8-}$ (arene=benzene, toluene, p-cymene, hexamethylbenzene)も合成され，構造解析がなされている[4,5]．前者の錯体は単量体構造，後者はWO_2で架橋された二量体構造を有している．^{31}P NMRの測定から，pHに依存して単量体と二量体間での相互変換が観測される．

【松永　諭・力石紀子・坂井善隆・野宮健司】

【参考文献】
1) A. Dolbecq *et al.*, *Chem. Rev.*, **2010**, *110*, 6009.
2) K. Nomiya *et al.*, *Eur. J. Inorg. Chem.*, **2006**, 163.
3) C. N. Kato *et al.*, *Catal. Commun.*, **2006**, *7*, 413.
4) V. Artero *et al.*, *Inorg. Chem.*, **2005**, *44*, 2826.
5) K. Nomiya *et al.*, *Bull. Chem. Soc. Jpn.*, **2007**, *80*, 724.

RuReC₂N₈P₂

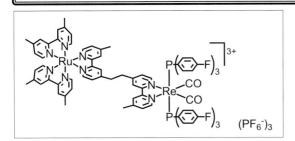

【名称】binuclear ruthenium(II) rhenium(I) complex (**Ru-Re(FPh)**) [(dmb)$_2$Ru(bpyC$_2$bpy)Re(CO)$_2${P(C$_6$H$_4$F)$_3$}$_2$]-(PF$_6$)$_3$

【背景】ルテニウム(II)トリスジイミン錯体とレニウム(I)ジイミンビスカルボニル錯体がアルキル鎖で連結された複核錯体である．これらの錯体は，それぞれレドックス光増感剤，CO$_2$還元触媒として機能することがよく知られている．これらを連結することで，光増感部から触媒への電子移動を加速し，光触媒機能を向上させるという着想に基づいて，複核錯体が設計された．

【調製法】まず2つのジイミン配位子をアルキル鎖で連結した架橋配位子 bpyC$_2$bpy を合成する．過剰量の架橋配位子を (dmb)$_2$RuCl$_2$·2H$_2$O (dmb=4,4′-dimethyl-2,2′-bipyridine) と反応させることで，架橋配位子の片側にだけルテニウムが配位した単核錯体 [(dmb)$_2$Ru(bpyC$_2$bpy)]$^{2+}$ が得られる．さらに Re(CO)$_3${P(C$_6$H$_4$F)$_3$}$_2$OTf を作用させることで，目的の複核錯体を得る．単離は，イオン交換カラムクロマトグラフィーやサイズ排除クロマトグラフィーにより行う．

【性質・構造・機能・意義】ルテニウム(II)ユニットはトリスジイミン構造，レニウム(I)ユニットは2つのカルボニルと2つのホスフィンが $cis,trans$ 型で配位している．**Ru-Re(FPh)** の紫外可視吸収スペクトルは，対応する単核錯体 [Ru(dmb)$_3$]$^{2+}$ (**Ru**), $cis,trans$-[Re(dmb)(CO)$_2${P(C$_6$H$_4$F)$_3$}$_2$]$^+$ (**Re**) のスペクトルの和とよく似ている．これは，両ユニットがアルキル鎖で連結されており，共役していないためである．紫外光から550 nm 程度までの可視光を吸収し，$\lambda_{abs}=400\sim550$ nm あたりに主にルテニウム(II)ユニットの一重項 Metal-to-ligand charge-transfer (^{1}MLCT) に対応する強い吸収帯 ($\lambda_{max}=461$ nm; $\varepsilon=1.53\times10^4$ M^{-1} cm^{-1}) を有する．室温溶液中，脱酸素雰囲気下でルテニウム(II)ユニットが光を吸収すると，640 nm 付近に極大を有する三重項MLCT励起状態からのりん光を示す．そのスペクトル形状は，**Ru** のものと類似しているが，3 nm 程長波長側に観測される．発光量子収率は8.2%，励起寿命は853 ns である[1]．

Ru-Re(FPh) は，CO$_2$ を還元する光触媒としてはたらく．犠牲還元剤である 1-benzyl-1,4-dihydronicotinamide (BNAH) や 1,3-dimethyl-2-phenyl-2,3-dihydro-1H-benzo[d]imidazole (BIH) 共存下，CO$_2$ 雰囲気下において $\lambda_{ex}>480$ nm の光を照射すると，CO$_2$ を還元し，CO を選択的に生成する．その光触媒能は，**Ru** と **Re** を混合した系よりも向上する[1]．BIH を用いた場合，触媒の回転数を示す TON$_{CO}$=3029，CO 生成の量子収率 Φ_{CO}=45% と優れた光触媒能を示す[2]．この光触媒反応は以下の機構で進行する．①ルテニウム(II)ユニットが光を吸収し ^{3}MLCT 励起状態になる．②BNAH や BIH により ^{3}MLCT 励起状態が還元的に消光され，一電子還元種が生成する．③還元されたルテニウム(II)ユニットからレニウム(I)ユニットへ高速の分子内電子移動が進行し ($k_{ET}=1.4\times10^9$ s^{-1})[3]，CO$_2$ がレニウム上で還元される．

【関連錯体の紹介およびトピックス】この錯体のように，光電子移動を駆動する光増感機能と触媒機能を1分子内にあわせもつ錯体は超分子光触媒と呼ばれている．超分子光触媒を用いた光化学的 CO$_2$ 還元反応の例は木村らがはじめて1992年に報告したが，触媒的にCOを生成できなかった[4]．はじめての成功例は，我々が2005年に報告したルテニウム(II)-レニウム(I)複核錯体[5]であり，架橋配位子や触媒の最適化を経て **Ru-Re(FPh)** が開発された．

それぞれのユニットを置換することが可能であり，より長波長側の光 ($\lambda_{abs}<730$ nm) を吸収できるオスミウム(II)錯体[6]やより光酸化力の強いイリジウム(III)錯体[7]を光増感部として用いた複核錯体を報告している．また触媒部としてルテニウム(II)カルボニル錯体を用いるとCOの代わりにギ酸を選択的に生成する[8]．

【玉置悠祐・石谷 治】

参考文献

1) Y. Tamaki et al., *Faraday Discuss.*, **2012**, 155, 115.
2) Y. Tamaki et al., *J. Catal.*, **2013**, 304, 22.
3) K. Koike et al., *Chem. Sci.*, **2018**, 9, 2961.
4) E. Kimura et al., *Inorg. Chem.*, **1992**, 31, 4542.
5) B. Gholamkhass et al., *Inorg. Chem.*, **2005**, 44, 2326.
6) Y. Tamaki et al., *Inorg. Chem.*, **2013**, 52, 11902.
7) Y. Kuramochi et al., *Inorg. Chem.*, **2016**, 55, 5702.
8) Y. Tamaki et al., *Proc. Natl. Acad. Sci.*, **2012**, 109, 15673.

Ru₂C₁₂Cl₄

【名称】tetrachlorobis (1-isopropyl-4-methyl-η^6-benzene)diruthenium(II)：{RuCl₂(p-cymene)}₂

【背景】遷移金属錯体触媒の有機合成反応への利用が活発に研究される中で，様々なルテニウム(II)錯体の触媒前駆体が合成された．例えば，シクロオクタジエン錯体[{RuCl₂(η^4-1,5-C₈H₁₂)}$_n$]やベンゼン錯体[{RuCl₂(η^6-C₆H₆)}₂]は，カルボニル配位子やリン配位子をもたない前駆体として有用である．しかし，これらの錯体は有機溶媒に対する溶解性が低く，反応を行う際に問題になることがある．Bennettらは系統的にアレーンルテニウム錯体の合成に取り組み，空気下で安定かつ有機溶媒に対する溶解性が向上した標題錯体を合成した[1]．

【調製法】不活性ガス気流下，塩化ルテニウム(III)水和物のエタノール溶液に過剰量のα-フェランドレン(5-イソプロピル-2-メチル-1,3-シクロヘキサジエン)を加え，4時間加熱還流する．反応溶液を室温まで冷却すると標題錯体の赤褐色微結晶が現れる．ろ別後，母液を濃縮し，冷蔵庫で静置するとさらに錯体が得られる[2]．シクロヘキサジエンとしてα-テルピネン(1-イソプロピル-4-メチル-1,3-シクロヘキサジエン)を用いても同様の方法で合成可能である[3]．

【性質・構造・機能・意義】結晶構造[4]からもわかるように，2つのルテニウム原子が2つのクロロ配位子によって架橋された配位飽和な二核錯体である．それぞれのルテニウムフラグメントに関しては，p-シメン配位子が，ルテニウム中心に対して6つの炭素原子で配位しており(η^6配位)，1つの末端クロロ配位子と2つのクロロ架橋配位子からなる歪んだオクタヘドラル構造を有している．far-IR(流動パラフィン)の測定において観測される292, 260, 250 cm^{-1}の鋭い吸収は末端と架橋塩素原子のν_{Ru-Cl}と帰属される．重クロロホルム中での^{1}H NMRスペクトルでは，金属中心に配位することによって，通常の芳香族化合物のシグナルから高磁場シフトしたアレーン環の特徴的なシグナルが4.6〜4.7 ppm付近に観測される．

標題錯体は水に可溶であり，過剰量の臭化カリウムやヨウ化カリウムの存在下において，ハロゲン交換反応が進行し，対応するルテニウム二核錯体({RuX(p-cymene)}₂, X＝Br, I)をそれぞれ与える．また，標題錯体はドナー性配位子L(ピリジン，ホスフィンなど)と容易に反応し，クロロ架橋配位子部位が解裂したハーフサンドイッチ型単核ルテニウム錯体[RuCl₂(L)(p-cymene)]を与える．用いるドナー性配位子が多座配位子の場合，適切な構造の配位子，反応条件を選択すると容易にハロゲン置換反応を起こし，二座や三座配位子を有する単核アレーンルテニウム錯体が合成できる．さらに，紫外光照射や加熱によりアレーン交換反応が進行することも知られており，本標題錯体を前駆体とすることで様々なハーフサンドイッチ型アレーンルテニウム錯体を調製することができる．

【関連錯体の紹介およびトピックス】標題錯体を前駆体とした均一系錯体触媒は数多く開発されている．中でも，キラルN-スルホニルジアミン配位子を導入したアレーンルテニウム錯体[RuCl{(1S, 2S)-TsNCHPhCHPhNH₂}(p-cymene), Ts＝p-toluenesulfonyl]は，2-プロパノールやギ酸を水素源としたカルボニル化合物の不斉水素移動型還元反応の触媒として有効であり，市販もされている[5]．また最近，様々なアレーンルテニウム錯体が抗がん作用を示す[6]ことからも注目され，数多くのハーフサンドイッチ型アレーンルテニウム錯体が，本標題錯体を前駆体として合成されている．

【小池隆司】

【参考文献】
1) M. A. Bennett *et al.*, *J. Chem. Soc., Dalton Trans.*, **1974**, 233.
2) 日本化学会編，有機遷移金属化合物・超分子錯体(第5版実験化学講座 21巻)，丸善，2004, p.221.
3) M. D. Spicer *et al.*, *J. Organomet. Chem.*, **1998**, *556*, 151.
4) P. J. Dyson *et al.*, *J. Organomet. Chem.*, **2003**, *668*, 35 (CCDC192375).
5) R. Noyori *et al.*, *J. Am. Chem. Soc.*, **1995**, *117*, 7562.
6) G. Suss-Fink, *Dalton Trans.*, **2010**, *39*, 1673.

Ru$_2$N$_6$O$_5$

生

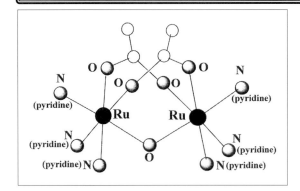

【名称】bis（μ-acetato）-μ-oxo-bis（tris（pyridine）ruthenium（III））hexafluorophosphate：[Ru$_2$(μ-CH$_3$COO)$_2$(μ-O)-(py)$_6$](PF$_6$)$_2$

【背景】オキソ配位子（O^{2-}）と2個のカルボン酸イオンで三重に架橋された鉄複核構造は，フェリチンなどの含鉄生体内金属タンパク質の活性中心にみられる構造として注目された．その構造モデルとして，いくつかの鉄複核錯体が合成されたが，より安定な構造モデル錯体として，鉄と同族のルテニウムが注目され，本錯体が最初のオキソ－ジアセタト三重架橋複核ルテニウム（III）錯体として合成された．本錯体および同様の架橋構造をもつ誘導体がその後多数合成され，フェリチンなどの機能との関連から，酸化還元挙動を中心に，様々の性質が系統的に研究されてきた[1]．

【調製法】塩化ルテニウム（III）水和物を水／酢酸／エタノール混合溶媒中で70℃，10分間放置後，ピリジンを加え，1時間還流すると生成する．この反応液にNH$_4$PF$_6$を加えるとPF$_6^-$塩の固体が沈殿する．

【性質・構造・機能・意義】青色の固体．アセトニトリルやCH$_2$Cl$_2$によく溶けて青色の溶液となるが，水には不要．単結晶の構造解析が報告されており，Ruの一方の*facial*位は三重架橋で占有され，反対側の*facial*位には，すべてpyridineが配位している．Ru周りはひずんだ八面体構造である．Ru-N（pyridine）距離は，オキソ架橋の*trans*位がやや長く，オキソ配位子の*trans*影響がみられる．Ru-Ru距離は3.251ÅでRu間に結合性の相互作用はない．特徴的な濃い青色の原因である581nmに見られる強い吸収帯は，Ruのd軌道と，オキソ架橋の間のdπ-pπ相互作用により生ずる軌道が関与したRu$_2$(μ-O)骨格内遷移による[2]．

pyridineの配位子交換反応が，py-d$_5$を用いてNMRにより調べられており，オキソ架橋の*trans*位のpyridineが，*cis*位のものに比べ置換反応が桁違いに速い．これは，オキソ架橋の強いトランス効果によるものと

されており，これを反映して，反応機構はDまたはI$_d$である．*trans*位のpyridineの交換反応速度は，重アセトニトリル中，py-d$_5$大過剰下で，7.0×10^{-6} s^{-1}（25℃）と報告されている[3] 本錯体の(py)$_6$部分を様々の配位子で置換することができる．特に，Ru-Oのトランス効果を利用し，この配位座のpyのみが他の配位子で置換した一連の混合配位子錯体も得られている．

サイクリックボルタモグラムでは，酸化状態がRu$_2$（II,III）からRu$_2$（III,IV）までの間の各一電子酸化還元波が可逆波として観測される．アセトニトリル溶液中での酸化還元電位は，(II,III)/(III,III)，(III,III)/(III,IV)，(III,IV)/(IV,IV)の各過程に対応して，それぞれ－0.85，＋0.60，＋1.71V vs. Ag/Ag$^+$である．これらの電位は，水溶液中でpHにより敏感に変化する．これは，オキソ架橋へのプロトン付加により酸化還元電位が変化するためである[4]．異なる酸化状態の錯体やプロトン付加体はかなり安定であり，各酸化状態でのpK_aや，プロトン付加体の酸化還元電位が精度よく求められる．オキソ架橋のpK_aは，酸化数が大きいほど大きくなるのでpHをうまく選択すれば，(II,II)/(III,III)の過程を一段階二電子過程（Ru$^{II,II}_2$(μ-OH)→Ru$^{III,III}_2$(μ-O)+H$^+$+2e$^-$）として観測できる．この骨格は，含S配位子を用いて，Au-S結合により金基盤上にも固定化され，得られる表面はプロトン共役酸化還元活性をもつ[5]．

【関連錯体の紹介およびトピックス】オキソ架橋と2個のカルボキシラト架橋で三重に架橋した複核構造は，鉄やルテニウムの他にも，多くのIII価金属イオンで合成されており，生体内でも見いだされることからも，最も一般的な複核骨格構造の1つといってよい．また，カルボキシラト架橋が1個だけの二重架橋錯体も様々の金属イオンで知られ，生体内でも見いだされている．さらに，関連した構造の三核錯体として，オキソイオンを中心に持ち，各金属イオン間がカルボキシラト架橋2個で連結されたM$_3$(μ$_3$-O)-(μ-RCOO)$_6$型骨格も多くの遷移金属イオンで早くから知られている．

〔佐々木陽一〕

【参考文献】
1) Y. Sasaki *et al.*, *Inorg. Chem.*, **1991**, *30*, 4903.
2) H. -X. Zhang *et al.*, *Eur. J. Inorg. Chem.*, **2011**, 5132.
3) M. Abe *et al.*, *Inorg. Chim. Acta*, **2002**, *331*, 158.
4) A. Kikuchi *et al.*, *J. Chem. Soc. Chem. Commun.*, **1995**, 2125.
5) H. -X. Zhang *et al.*, *Langmuir*, **2013**, *29*, 10110.

Ru$_2$N$_{12}$

電 ク

Ru

[(H$_3$N)(NH$_3$)(H$_3$N)-Ru-(NH$_3$)(NH$_3$)(NH$_3$)-N(pyrazine)N-Ru-(NH$_3$)(NH$_3$)(H$_3$N)(NH$_3$)(NH$_3$)]$^{5+}$

【名称】 decaammine(μ-pyrazine)diruthenium(+5): [Ru(NH$_3$)$_5$]$_2$(pyr)$^{5+}$

【背景】 本錯体は,錯体内での Ru(II)金属中心-配位子間の逆供与や,架橋配位子を介した金属-金属間相互作用,特に分子内電子遷移反応に必要な再構成エネルギーを直接実験的に評価・検討するためのモデルとして合成された,混合原子価錯体の中で最も歴史のある錯体の1つである[1].この錯体は,最初に合成した Creutz と Taube(1983 年ノーベル化学賞受賞)の名前にちなみ,Creutz-Taube 錯体と呼ばれている.合成当初は,形式電荷の通り Ru^{II}-pyr-Ru^{III} といった局在化構造をとっていることが実験結果からも推測されたが,測定精度が増すにつれ,Ru$^{V/2}$-pyr-Ru$^{V/2}$ といった非局在化構造を支持する実験結果が次々と得られた.これにより,近年は当錯体の電子構造に注目が集まるようになり,計算科学などを通じて現在も盛んに議論が行われている.Robin と Day が分類した混合原子価錯体のクラス III の代表例である.

【調製法】 クロロペンタアンミンルテニウム(III)塩化物にトリフルオロ酢酸銀(I)を加え,塩化銀が凝固するまで 80℃ に熱する.冷却後ろ過したろ液の pH を炭酸水素ナトリウムで pH 2〜3 に調整し,亜鉛アマルガムとピラジンを加え溶液をアルゴンバブリング後,暗室に置き時折かき混ぜながら終夜保管する.生成した紫色溶液をグローブボックス中でろ過し,ろ液に p-トルエンスルホン酸ナトリウムを加える.得られた固体をグローブボックス中でろ過し洗うことで,本錯体の還元体(p-トルエンスルホン酸塩)の未精製品が得られる.この未精製品を少量の水に溶解し,p-トルエンスルホン酸銀(I)で酸化させ精製することにより本錯体(p-トルエンスルホン酸塩)を得る[1].

【性質・構造・機能・意義】 Hush 理論から予測された通り,水溶液中で原子価間電荷移動吸収帯が観測され(565 nm($\varepsilon = 21000$ M^{-1}cm^{-1})),そのエネルギー値は電子移動再構成エネルギーとしても理にかなうものであったが,非ガウス分布であり,吸収帯幅が理論より狭く,溶媒の変化に対する感度も低いことなど局在化構造をとっているという予測と異なる結果も同時に得られた.

構造は単結晶 X 線構造解析により明らかにされており,錯体中の 2 本の Ru-N (pyr)結合長は等しい.(NH$_3$)$_5$Ru^{II}(pyr-CH$_3$)$^{3+}$ と (NH$_3$)$_5$Ru^{III}(pyr-CH$_3$)$^{4+}$ の Ru-N (pz)結合長は 0.13 Å 異なるため,本錯体が非局在化構造をとっていることを支持している.

他にも本錯体の非局在性を支持する測定結果が報告されている.いくつか例を紹介すると,^{99}Ru メスバウアー測定は 1 本の四極子分裂ダブレットピークを与え,Ru^{II} と Ru^{III} のスペクトルの重ね合わせから推測された 2 本のピークは得られていない.また IR 領域での分光電気化学測定は 1 本の NH$_3$ 変角ピークを与え,こちらも Ru^{II} と Ru^{III} が存在する例で観測された 2 本のピークは得られていない.さらに,本錯体の原子価局在化した類縁体である (bpy)$_2$ClRu(μ-pyrazine)RuCl(bpy)$_2$$^{3+}$ において観測されていた,架橋ピラジン配位子の非対称伸縮振動ピークがほとんど存在しないことも観測されている.しかし,共鳴ラマン分光法などから原子価局在化を示唆する観測結果も得られており,完全な非局在化であるかどうかは未だ議論の余地がある.

非局在化構造のメカニズムについても議論が重ねられている.現在有力なモデルの1つは,Ru-pyr-Ru 軸に沿った Ru 原子の $d\pi$ 軌道とピラジン配位子の π^* 軌道を混ぜ合わせ,2 つの Ru 中心とピラジン配位子に関して,結合性,非結合性,反結合性の新たな 3 つの軌道をつくるというものである.元の Ru 軌道から利用できる 3 つの電子のうち,2 つは結合性軌道に,1 つは非結合性軌道に入っており,原子価間移動は三中心(Ru-pyr-Ru)結合性軌道から二中心(Ru-Ru)非結合性軌道への電子の昇位に対応していると考えられている.

【関連錯体の紹介およびトピックス】 架橋配位子を 4,4'-bipyridine とした [Ru(NH$_3$)$_5$]$_2$(bpy)$^{5+}$ や NH$_3$ 配位子を 1 つ置換した trans-(ligand)(NH$_3$)$_4$Ru(μ-pyrazine)Ru(NH$_3$)$_5$$^{5+}$ はどちらも当錯体より局在性を示している[2,3].また金属中心を Os とした [Os(NH$_3$)$_5$]$_2$(pyr)$^{5+}$ は非局在化構造をとっているようで,IR 領域で本錯体よりも強い電子移動が観測されている[4]. 【西原 寛】

【参考文献】
1) C. Creutz et al., J. Am. Chem. Soc., **1973**, 95, 1086.
2) G. M. Tom et al., J. Am. Chem. Soc., **1974**, 96, 7827.
3) R. Delarosa et al., Inorg. Chem., **1985**, 24, 4229.
4) R. H. Magnuson et al., J. Am. Chem. Soc., **1983**, 105, 2507.

Ru₂O₉Cl

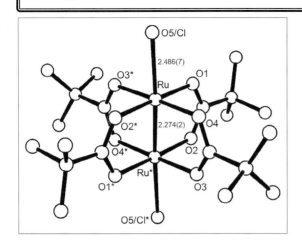

【名称】chloroaqua-tetrakis-μ-(2,2-dimethylpropionato)-diruthenium(II,III): [Ru$_2$Cl(H$_2$O)(Me$_3$CCOO)$_4$]

【背景】かご型カルボキシラト四重架橋二核Ru錯体は，多くが混合原子価Ru$_2$(II,III)状態にあって，一般に二核ユニットが軸位で連結されたポリマー構造をとることが多い．独立した分子としての二核Ru$_2$(II,III)錯体を合成するためには，カルボン酸イオンR-COO$^-$のR基をかさ高くするなどの工夫が必要である．この研究は，カルボキシラト四重架橋二核Ru$_2$(II,III)錯体の合成と構造解析による同定，および磁気的性質について述べている[1]．

【調製法】本錯体は不活性ガス雰囲気下でのみ合成される．[Ru$_2$Cl(μ-CH$_3$COO)$_4$]$_n$[2]の水/メタノール溶液に過剰量の2,2-ジメチルプロピオン酸を加える．これを4時間還流し，室温まで冷却すると赤褐色の結晶が得られる．これをろ取してヘキサンで洗浄する．

【性質・構造・機能・意義】赤褐色結晶で，テトラヒドロフランで再結晶すると軸配位子の水が交換されて[Ru$_2$Cl(μ-Me$_3$COO)$_4$(thf)]が得られる．このテトラヒドロフランは空気中，室温で容易に脱離して，ポリマー構造の[Ru$_2$Cl(μ-Me$_3$COO)$_4$]$_n$へと変化する．一方，軸位塩化物イオンの解離はメタノール中でも起こらず，非電解質としてふるまう．

X線結晶構造解析の結果，典型的なカルボキシラト四重架橋二核錯体であることが確認されている．軸配位子が異なるため2つのRuは非等価であるが，塩化物イオンと水の酸素原子のdisorder(50%)があり，対称中心を有する構造として解析されていてRu(II)とRu(III)は結晶学的には判別できない．Ru-Ru 2.274(2) Å, Ru-L$_{axial}$ 2.486(7) Å, Ru-O$_{carboxy}$ 2.014(7)〜2.024(7) Åであり，Ruは軸方向に歪んでいる．Ru-Ru距離はこれまで報告されている鎖状Ru$_2$(II,III)錯体の結合距離とほぼ等しい．またRu-L$_{axial}$距離はRu-ClとRu-Oの中間にある．

磁性はCurie-Weiss則に従い，不対電子3個分に相当する磁気モーメントμ_{eff}=4.07 B.M.を示す．Ru間には金属結合があり，電子状態は$\sigma^2\pi^4\delta^2(\pi^*\delta^*)^3$で記述される．

【関連錯体の紹介およびトピックス】他の二核Ru$_2$(II,III)錯体としては[Ru$_2$(μ-C$_4$H$_3$SCOO)$_4$(OPPh$_3$)]BF$_4$(C$_4$H$_3$SCOO$^-$=2-チエニルカルボキシラト)[3]や[Ru$_2$Cl(μ-C$_4$H$_4$NCOO)$_4$(thf)]·thf·H$_2$O(C$_4$H$_4$NCOO$^-$=2-ピロリルカルボキシラト)[4]があり，いずれも不対電子3つに相当する磁気モーメント(3.63〜4.43 B.M.)を示す．カルボキシラト四重架橋二核Ru$_2$(II,II)錯体は少なく，水素ガス雰囲気下で合成される[Ru$_2$(μ-CH$_3$COO)$_4$(thf)$_2$][5]など数例に限られる．これら二核Ru$_2$(II,II)錯体は，反磁性の$\sigma^2\pi^4\delta^2\pi^{*4}$と常磁性の$\sigma^2\pi^4\delta^2\pi^{*3}\delta^{*1}$電子配置を取りうるが，報告されているものはいずれもμ_{eff}〜2.1 B.M.程度の常磁性を示す．

【鯉川雅之】

【参考文献】
1) M. C. Barral *et al.*, *J. Chem. Soc., Dalton Trans.*, **1995**, 2183.
2) F. A. Cotton *et al.*, *Inorg. Chem.*, **1969**, *8*, 1.
3) M. C. Barral *et al.*, *Polyhedron*, **1995**, *14*, 2419.
4) M. C. Barral *et al.*, *Inorg. Chem.*, **1994**, *33*, 2692.
5) B. Michael *et al.*, *J. Chem. Soc., Dalton Trans.*, **1985**, 2321.

Ru$_2$P$_4$S$_2$Cl$_4$

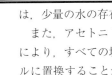

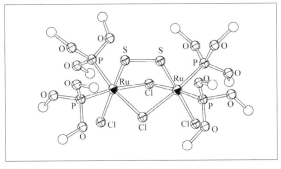

【名称】[di-μ-chlorodichloro{μ-(disulfido-κS^1: κS^2)}tetrakis(trimethylphosphite-κP)diruthenium(+3)]:
[{RuCl(P(OMe)$_3$)$_2$}$_2$(μ-Cl)$_2$(μ-S$_2$)]

【背景】硫化物配位子 S^{2-} をもつ遷移金属錯体は，鉱物や金属含有酵素の酸化還元活性中心などとして，自然界に多く存在する．硫黄原子は幅広い形式酸化数をとるため，特にその酸化還元は，様々な自然界での現象と密接にかかわっている．硫化物イオンは，酸化により二硫化物イオン S$_2^{2-}$ を与える．また，この二硫化物イオンは，他の多硫化物イオン S$_n^{2-}$ ($n \leq 3$) と比べて，より強い電子供与性を示す．

【調製法】[RuCl$_2${P(OMe)$_3$}$_2$]と過剰量の硫黄粉末をジクロロメタン中で反応させたのち，反応溶液を濃縮し，アセトンを加えてろ過することで未反応の硫黄を取り除く．ろ液の溶媒を濃縮し，ジエチルエーテルを加えることにより，目的物の錯体が緑色の沈殿として得られる[1]．

【性質・構造・機能・意義】この錯体の構造は，X線結晶解析により明らかにされている．2つのルテニウム原子は，2つの塩化物配位子と二硫化物配位子により架橋されている．二硫化物配位子は，Ru…Ru 軸と平行に配位している．ルテニウム原子間の距離および二硫化物配位子の S-S 結合距離は，それぞれ 3.579(1) Å と 1.971(4) Å である．

この錯体は，ルテニウム原子の酸化数が，+3 で d^5 電子配置であるにもかかわらず，反磁性である．これは，二硫化配位子の満たされた π および π* 軌道と，2つの Ru(III) 中心の不対電子が占有する d 軌道の相互作用により，4つの π 軌道が形成されることで反磁性になると説明できる．この錯体のサイクリックボルタモグラムは，−0.2 V (vs. E(Ag/AgCl))に Ru(II/III)に対応する一電子擬可逆還元波を示す．

この錯体の末端の塩化物配位子の1つは，容易にアセトニトリルに置換され，[{RuCl(P(OMe)$_3$)$_2$}{Ru(CH$_3$CN)(P(OMe)$_3$)$_2$}(μ-Cl)$_2$(μ-S$_2$)]$^+$ を与える．この反応は，少量の水の存在により加速される．

また，アセトニトリル中で銀イオンを添加することにより，すべての塩化物イオン配位子をアセトニトリルに置換することができる．2当量の銀イオンとの反応では，架橋の塩化物配位子は置換されず，2つの末端の塩化物配位子のみが置換され，[{Ru(CH$_3$CN)(P(OMe)$_3$)$_2$}$_2$(μ-Cl)$_2$(μ-S$_2$)]$^{2+}$ が生成する．4当量の銀イオンとの反応では，すべての塩化物イオンが置換されるが，単離に用いる溶媒により生成する錯体が異なる．ジクロロメタン溶液にエーテル蒸気を拡散させると，それぞれの Ru 中心に3つのアセトニトリル，2つのトリメチルホスファイトおよび二硫化物配位子の一方の硫黄原子が配位した trans-Ru-S-S-Ru 骨格をもつ Ru(III)Ru(III)錯体が得られる．アセトニトリル溶液にエーテル蒸気を拡散させると還元反応が起こり，同様の骨格構造をもつ Ru(II)Ru(III)混合原子価錯体が得られる．しかし，この錯体のX線光電子分光スペクトルは，還元により得た1電子が，ルテニウム上ではなく硫化物配位子上に非局在化していることを示唆している．

この錯体の末端の塩化物配位子をアセトニトリルに置換した錯体と 2,3-ジメチル-1,3-ブタジエンの反応では，Diels-Alder 型の反応が進行し，C-S 結合が生成して[2+4]環化付加生成物を与える[2]．

【関連錯体の紹介およびトピックス】類似のニセレン化物錯体[{RuCl(P(OMe)$_3$)$_2$}$_2$(μ-Cl)$_2$(μ-Se$_2$)]が報告されている[3]．このニセレン化物錯体も，対応する二硫化物錯体と同様，塩化物配位子をアセトニトリルに置換することができ，類似の構造をもつ[{Ru(CH$_3$CN)(P(OMe)$_3$)$_2$}$_2$(μ-Cl)$_2$(μ-Se$_2$)]$^{2+}$ や [{Ru(CH$_3$CN)$_3$(P(OMe)$_3$)$_2$}$_2$(μ-Se$_2$)]$^{4+}$ を与える．これら2つのニセレン化物錯体は二硫化物錯体の場合と異なり，2:1のモル比で反応し，環状三セレン化物配位子をもつ三核錯体[{{Ru(CH$_3$CN)(P(OMe)$_3$)$_2$}$_2$(μ-Cl)$_2$}{Ru(CH$_3$CN)$_3$(P(OMe)$_3$)$_2$}(μ_3-Se$_3$)]$^{4+}$ を生成する．[{Ru(CH$_3$CN)(P(OMe)$_3$)$_2$}$_2$(μ-Cl)$_2$(μ-Se$_2$)]$^{2+}$ では，対応する二硫化物錯体と同様に，2,3-ジメチル-1,3-ブタジエンとの Diels-Alder 型の反応が進行し，[2+4]環化付加物が生成する[4]．

【西岡孝訓】

【参考文献】
1) K. Matsumoto et al., J. Am. Chem. Soc., **1996**, 118, 3597.
2) H. Sugiyama et al., Angew. Chem. Int. Ed., **2000**, 39, 4058.
3) K. Matsumoto et al., Chem. Eur. J., **2002**, 8, 5192.
4) H. Sugiyama et al., Chem. Lett., **2001**, 306.

Ru$_2$RhC$_{15}$NS$_4$

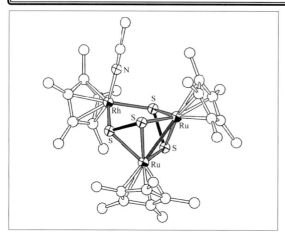

【名称】［(acetonitrile)｛(1,2,3,4,5-η^5)-1,2,3,4, 5-pentamethylcyclopentadienylrhodium｝bis｛μ_3-(disulfido-κS: κS, $\kappa S'$:$\kappa S'$)｝bis｛(1,2,3,4,5-η^5)-1,2,3,4,5-pentamethylcyclopentadienyl｝diruthenium（+2）］bis（hexafluoroantimonate）: ［(RuCp*)$_2$｛RhCp*(NCCH$_3$)｝(μ_3-S$_2$)$_2$］(SbF$_6$)$_2$

【背景】硫黄は，−2から+6まで多様な酸化数をとることができる．そのため，硫黄を配位子として含む遷移金属クラスターは，金属中心と硫黄配位子それぞれの酸化還元が関与する多様な反応性を示し，触媒反応や生体反応とも密接に関連している．スルフィドS^{2-}は，酸化によりジスルフィド（ペルスルフィド）S$_2^{2-}$，さらにポリスルフィドを与える．スルフィドやジスルフィドを配位子としてもつ遷移金属錯体の酸化還元では，しばしばこれらの配位子間の相互変換がみられる．

【調製法】アセトニトリル中で［(RhCp*Cl)$_2$(μ-Cl)$_2$］に3当量のAgPF$_6$を作用させ，［RhCp*(NCCH$_3$)$_3$]$^{2+}$とした後，この溶液に［(RuCp*)$_2$(μ-S$_2$)$_2$］を加えることで，目的の錯体をヘキサフルオロリン酸塩として得る[1]．

【性質・構造・機能・意義】この錯体は，X線結晶構造解析により，ロジウム原子と2つのルテニウム原子を2つのジスルフィド配位子が架橋した三核錯体であることが明らかにされている．Ru-Ru間の距離は，2.884(1) Åで，ルテニウム原子間には結合的な相互作用がある．それに対してルテニウム原子と2つのロジウム原子の間の距離は，それぞれ3.963(1) Åと4.025(1) Åであり，結合的な相互作用はない．これは，この錯体が，クラスター電子数52をもち，金属間結合を1つ含むことと一致している．ジスルフィド配位子のS-S結合距離は，2.082(3), 2.099(3) Åとなっている．2つのジスルフィド配位子は，それぞれ一方の硫黄原子で2つのルテニウム原子を架橋し，もう一方でルテニウム原子とロジウム原子を架橋している．Rh-S結合距離は，2.346(2), 2.393(2) Å，Ru-S結合距離は，2.247(2)〜2.393(2) Åとなっている．ロジウム原子に配位しているペンタメチルシクロペンタジエニル（Cp*）配位子とアセトニトリル配位子の配置により，2つのルテニウム原子は非等価である．

CD$_3$CNを溶媒とした^{1}H NMR測定では，室温で2つのシングレットピークとして観測される2つのRuCp*ユニットのシグナルは，ロジウム原子におけるアセトニトリル分子の脱着に起因する動的過程により，85℃において1つのシングレットピークとなる．

この錯体は，アセトン中で，アセトン分子が一方のジスルフィド配位子と反応し，水素イオンの脱離を伴って，アセチルチオ配位子をもつ錯体［(RuCp*)$_2$(RhCp*)(μ_3-S$_2$)(μ_3-S)(SCH$_2$COCH$_3$)］$^+$を与える．この反応では，一方のジスルフィド配位子のS-S結合が切断され，これらの硫黄原子の形式酸化数が−1から−2に変化しているにもかかわらず，ルテニウム原子およびロジウム原子ともに形式酸化数が+3のまま反応前後で変化していない．また，この反応は可逆的であり，アセトニトリル中でトリフルオロメタンスルホン酸を作用させることで，逆反応が進行し，もとの［(RuCp*)$_2$｛RhCp*(NCCH$_3$)｝(μ_3-S$_2$)$_2$]$^{2+}$が生成する．

【関連錯体の紹介およびトピックス】対応するイリジウム-ルテニウム混合金属錯体［(RuCp*)$_2$｛IrCp*(NCCH$_3$)｝(μ_3-S$_2$)$_2$]$^{2+}$が，ヘキサフルオロリン酸塩として単離されている．

また，その他の硫黄含有比の大きいM$_3$S$_4$型錯体として，［(MCp*)$_3$S$_4$]$^+$の組成をもつモリブデン錯体[2]やルテニウム錯体[3]が報告されている．このルテニウム錯体は，ジスルフィド配位子1つと三重架橋スルフィド配位子をもつ［Ru$_3$(μ_3-S)(μ-S$_2$)$_2$]$^+$の骨格構造を有しているが，モリブデン錯体は，ジスルフィド配位子を含まない［Mo$_3$(μ_3-S)(μ-S)$_2$]$^+$の骨格構造をもつ不完全キュバン型クラスターである．

【西岡孝訓】

【参考文献】

1) A. Venturelli *et al.*, *Inorg. Chem.*, **1997**, *36*, 1360.
2) H. Brunner *et al.*, *J. Organomet. Chem.*, **1984**, *265*, 189.
3) E. J. Houser *et al.*, *J. Chem. Soc., Chem. Commun.*, **1994**, 1283.

Ru_3C_{12}

【名称】dodecacarbonyltriruthenium: $[Ru_3(CO)_{12}]$

【背景】各種のルテニウム錯体の合成原料として重要であるとともに，C–H結合の直接カルボニル化を含む様々なタイプのカルボニル化反応の触媒となる．$RuCl_3$から常圧のCO下で合成する簡便な方法が開発され，その反応経路も明らかにされた[1–3]．

【調製法】[3] $RuCl_3 \cdot 3H_2O$ の2-エトキシエタノール溶液にCOガスを80℃で45分，続いて還流させながら黄金色になるまで30～45分バブリングする．COガスを通じながら85℃を超えないよう75～80℃に保ち，KOHを直接反応溶液に加え，ゆっくり冷ますと本錯体が析出する．$RuCl_3 \cdot 3H_2O$ のメタノール溶液をCO加圧下（50～65 atm），125℃で処理しても得られる[3]．

【性質・構造・機能・意義】空気中で安定なオレンジ色の結晶である．Ru_3 の面に対してapical位とequatorial位にそれぞれ2つずつCOが配位し，D_{3h} 対称のクラスターを形成している．高圧下でも大きな構造変化のないことが明らかにされている[4]．

分子内の sp^2 窒素原子の配位を利用する芳香族化合物のC–H結合の直接カルボニル化の触媒として最も効果のある錯体である[5]．

【関連錯体の紹介およびトピックス】各種ルテニウム錯体の合成原料であり，ハロゲン化アリルとの反応からは $[RuX(\eta^3\text{-}C_3H_5)(CO)_3]$ が得られ，シクロペンタジエンとの混合物を加熱還流後，空気を吹き込むことにより $[CpRu(CO)_2]_2$ を与える．フラーレンとの反応からは $[Ru_3(C_{60})(CO)_9]$ が得られる[6]（p.742参照）．また，$[Ru_5C]$ や $[Ru_6C]^{2-}$ などの骨格をもつカルビドクラスターへと変換できる．　【武藤雄一郎・石井洋一】

【参考文献】
1) 中原勝儼，無機化合物・錯体辞典，講談社，**1997**, p.576.
2) 鈴木寛治ほか，有機遷移金属化合物・超分子錯体（第5版 実験化学講座　21巻）**2004**, 丸善，p.381.
3) M. Fauré et al., Chem. Commun., **2003**, 1578.
4) C. Slebodnick et al., Inorg. Chem., **2004**, 43, 5245.
5) N. Chatani et al., J. Org. Chem., **2002**, 67, 7557.
6) H.-F. Hsu et al., J. Am. Chem. Soc., **1996**, 118, 9192.

Ru_3C_{15}

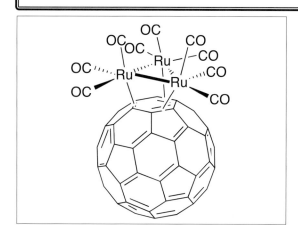

【名称】nonacarbonyl |μ₃-[(1,9-η:2,12-η:10, 11-η)-[5,6]-fullerene-C_{60}-I_h]| triruthenium: [Ru_3(μ_3-η^2,η^2,η^2-C_{60})-$(CO)_9$]

【背景】C_{60} は湾曲しているため単核錯体に対してはヘキサハプト配位しにくいが, クラスターが face-cap する場合にはヘキサハプト配位が可能となる. 本錯体はヘキサハプト配位の C_{60} を含むクラスターとして最初に合成された化合物である[1].

【調製法】[$Ru_3(CO)_{12}$] と C_{60} をヘキサン中で 2 日間加熱する. 二硫化炭素により抽出したものを TLC で未反応の C_{60} と分離することにより, 標題錯体が赤色の結晶として低収率ながら得られる.

【性質・構造・機能・意義】CS_2 中で CO の IR 吸収は 2078(s), 2045(vs), 2012(m), 1985(w, sh) cm^{-1} に観測され, 類似のベンゼン錯体 [Ru_3(μ_3-η^2,η^2,η^2-C_6H_6)$(CO)_9$] と同様のスペクトルパターンを示す. Ru_3 の三角形部分はフラーレンの C_6 環の中心の上に位置しており, 2 つの面はほぼ平行である (0.9°). 1 つの Ru-Ru 結合は他の 2 つの Ru-Ru 結合よりも少し長く, Ru_3 の平均金属間結合距離 (2.88(1) Å) は原料の $Ru_3(CO)_{12}$ のそれ (2.855(1) Å) よりも長い. C_6 環は結合交替がみられるが, その差はほとんどない. Ru はより短い C-C 結合上に位置しているが, それぞれの Ru-C 結合長には少し差があり, Ru_3 と C_6 で規定される理想的な三回軸から少しねじれている (4°). $Ru(CO)_3$ フラグメントも少しねじれており, axial 位の CO は三回軸から遠ざかるように傾いており, equatorial 位の CO 配位子は Ru_3 の面に対して上下に位置している.

【関連錯体の紹介およびトピックス】本錯体と PPh_3 をクロロベンゼン中加熱すると, CO と PPh_3 の配位子置換が起こる[2].

【武藤雄一郎・石井洋一】

【参考文献】
1) H.-F. Hsu et al., J. Am. Chem. Soc., **1996**, *118*, 9192.
2) H.-F. Hsu et al., J. Organomet. Chem., **2000**, *599*, 97.

Ru_3C_{17}

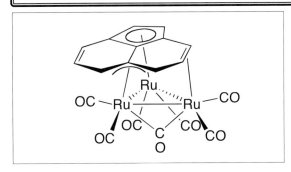

【名称】 $[\mu_3-\{(1,2,2a,8a,8b-\eta:3,4-\eta:5,5a,6-\eta)$-acenaph-thylene$\}]$-$\mu$-carbonylhexacarbonyltriruthenium: $[Ru_3(\mu_3-\eta^2,\eta^3,\eta^5-C_{12}H_8)(CO)_7]$

【背景】 $[Ru_3(\mu_3-\eta^2,\eta^2,\eta^2-C_6H_6)(CO)_9]$ などの face-cap アレーン配位子をもつクラスターには特異な性質が観測されていたものの、その変換反応には比較的過酷な条件が必要であり、その利用も限られていた。本錯体はアレーンを柔軟なアセナフチレンに変えることで、高活性な錯体触媒が得られた例である[1,2]。

【調製法】 $[Ru_3(CO)_{12}]$ とアセナフチレンをヘプタン中で 35 時間加熱還流する。析出した暗赤色の沈殿を中性シリカゲルカラムで分離精製することにより、標題錯体が濃赤色結晶性固体として得られる。

【性質・構造・機能・意義】 各 Ru は 2 つの末端型 CO 配位子をもち、架橋型の CO を持つ Ru–Ru エッジ 1 つを含めて $Ru_3(CO)_7$ ユニットを形成し、さらに Ru$_3$ で構成される三角形の上からアセナフチレンが face-capping する三核クラスターである。アセナフチレンはそれぞれの Ru に対して η^2-オレフィン、η^3-アリル、η^5-シクロペンタジエニルの様式で配位しているが、六員環の 1 つの C=C 部分は配位していない。一方関連する $[Ru_3(\mu_3$-azulene$)(CO)_9]$ は、η^5-シクロペンタジエニルが 1 つの Ru に配位し、CO によって架橋されている他の 2 つの Ru にはそれぞれオレフィン結合が配位して、さらに三中心の Ru–C–Ru 結合をもつ錯体である。標題錯体はケトンやエステルよりもアミドを選択的に還元する高活性ヒドロシリル化触媒となる[3]。

【関連錯体の紹介およびトピックス】 アセナフチレンの代わりにグアイアズレンを用いてキシレン中で加熱還流すると $[Ru_2(CO)_5(guaiazulene)]$、$[Ru_3(CO)_7(guaiazulene)]$、$[Ru_4(CO)_9(guaiazulene)]$ が得られる[4,5]。

【武藤雄一郎・石井洋一】

【参考文献】
1) 鈴木寛治ほか, 有機遷移金属化合物・超分子錯体(第 5 版 実験化学講座 21 巻), 丸善, **2004**, p.393.
2) H. Nagashima *et al.*, *J. Am. Chem. Soc.*, **1993**, *115*, 10430.
3) H. Sasakuma *et al.*, *Chem. Commun.*, **2007**, 4916.
4) 鈴木寛治ほか, 有機遷移金属化合物・超分子錯体(第 5 版 実験化学講座 21 巻), 丸善, **2004**, p.395.
5) H. Nagashima *et al.*, *Bull. Chem. Soc. Jpn.*, **1998**, *71*, 2441.

Ru₃N₃O₁₃

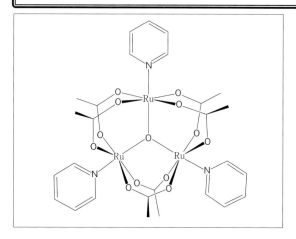

【名称】 μ_3-oxo-tris[tetra-μ-carboxilato-(pyridine)ruthenium(III)]: $[Ru_3(\mu_3\text{-}O)(\mu\text{-}CH_3COO)_6(pyridine)_3]^+$

【背景】 高次構造体における酸化還元活性な多核錯体の化学的性質の解明は，酸化還元に伴う電子状態変化やその機能を明らかにするうえで興味深い．本錯体はその基礎となる，酸素原子を介したルテニウム三量体のクラスターである．

【調製法】 まず$[Ru_3O(OAc)_6(CH_3OH)]^+$の合成から行う．エタノール中，塩化ルテニウム(III)3水和物と酢酸ナトリウム，氷酢酸を4時間還流させた後，反応液から溶媒と揮発性試薬を除く．その後メタノールに再溶解して沈殿する塩を除き，粗製の$[Ru_3O(OAc)_6(CH_3OH)]^+$溶液を得る．次にこの$[Ru_3O(OAc)_6(CH_3OH)]^+$メタノール溶液にピリジンを加え，5分間還流する．加熱を止めてNH_4PF_6のメタノール溶液をゆっくり加え，沈殿物として目的物を得る[1]．

【性質・構造・機能・意義】 青色固体として存在し，吸収スペクトル解析においては692 nm(ε=14.5 M^{-1}cm^{-1})にクラスター骨格による分子レベルの吸収，240 nm(ε=41.7 M^{-1}cm^{-1})にピリジンのπ-π*遷移が見られる．この1価錯体は脱水アセトニトリル中，電気化学的酸化還元によって，3+/2+($E_{1/2}$=1.93 V vs. SSCE), 2+/1+($E_{1/2}$=0.97 V), 1+/0($E_{1/2}$=−0.05 V), 0/1−($E_{1/2}$=−1.32 V)の4段階の可逆な酸化還元対が得られる．さらにこのうち2価錯体は1価錯体を極少量の0.1 M Bu₄NPF₆/CH₂Cl₂に溶解し，白金ワイヤ電極網上において1.2 V vs. SSCEで電流がほぼ0になるまで酸化することで得られる．生成物はPF₆⁻溶液から沈殿として得られる．

また0価錯体も，メタノールに1価錯体を溶解し，氷浴で65%ヒドラジン水溶液を滴下することで化学的還元を起こし，緑色沈殿として単離される．

これらの錯体の電子状態はESCAによる結合エネルギー解析によって明らかとなった．Ru(III)Ru(III)Ru(III)の価数をもつ1価錯体で観測される結合エネルギーは280.4 eVであり，これは単結合の結合エネルギーである．さらに，混合原子価状態となる2価錯体Ru(III)Ru(III)Ru(IV)では281.0 eV，0価錯体Ru(II)Ru(III)Ru(III)では279.3 eVであり，いずれも単結合の値が得られた．この結果からルテニウムどうしは強い相互作用によって等価になり，錯体上の電子は非局在化していることが示唆された．本錯体に特徴的な多段階の酸化還元は，電子の非局在化によるものと考えられる．分子軌道の点からは，このD_{3h}対称性をもつクラスターではルテニウムのd軌道と酸素原子のsp²混成軌道が配位結合を形成しており，中心酸素原子を介したRu–O–Ruの分子軌道が存在することがわかる．

¹H NMRシフトを常磁性クラスターである1価錯体と0価錯体とで比較すると，ピリジン・酢酸のプロトンが大きくシフトしている．この配位子のプロトンのシフトは，Ru–O–Ruクラスター上の不対電子との磁気的相互作用による高磁場シフトである．

このように多段階の酸化還元状態が安定に存在する錯体は，それぞれのスペクトルや磁性の比較によってそのクラスター内電子状態の詳細な解析が可能であり，興味深い錯体であるといえる．

【関連錯体の紹介およびトピックス】 本錯体のような酸素原子を中心とした三核錯体では，酸素原子の強いトランス効果によって，リガンドの解離が促進される．本錯体と類似の錯体で末端ピリジンをCOやH₂Oに置換したものが合成され，これらと解離反応速度定数を比較することで，トランス効果と混合原子価錯体における電子状態との関係が明らかにされている[2]．また，ピラジンをもつ$[Ru_3(3\text{-}O)(CH_3COO)_6(py)_3(pz)]$からは，ピラジンで架橋した多量体が得られ，その強いRu(dπ)-oxo(pπ)相互作用や吸収スペクトルが観測されており，より高次の構造体への布石となることが期待される[3]．このような酸化還元活性な高次クラスターは，電子を授受・伝達する分子ワイヤーとしての応用が期待される興味深い分子である．　【西原　寛】

【参考文献】
1) J. Baumann et al., *Inorg. Chem.*, **1978**, *17*, 3342.
2) M. Abe et al., *Bull. Chem. Soc. Jpn.*, **1992**, *65*, 1411.
3) H. Kido et al., *Chem. Lett.*, **1996**, 745.

$Ru_4C_{20}Cl_4$

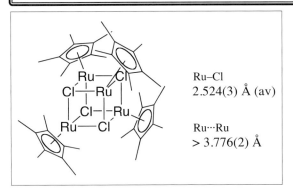

Ru–Cl 2.524(3) Å (av)

Ru⋯Ru > 3.776(2) Å

【名称】 tetra-μ_3-chlorotetra(η^5-1,2,3,4,5-pentamethylcyclopentadienyl)tetraruthenium(II):[｛Cp*Ru｝$_4$(μ_3-Cl)$_4$] (Cp*=η^5-C$_5$Me$_5$)

【背景】 Cp*Ru ユニットをもつ錯体の合成において，Ru(III)錯体[｛Cp*RuCl｝$_2$(μ-Cl)$_2$]とともに代表的な前駆体の1つである．

【調製法】 三塩化ルテニウム3水和物と1,2,3,4,5-ペンタメチルシクロペンタジエンとをエタノール中50℃で撹拌すると，紫褐色の[｛Cp*RuCl｝$_2$(μ-Cl)$_2$]が得られる[1]．これに Ru 原子と等モルの Li[HBEt$_3$] を THF 中で加えると，標題化合物が橙色固体として析出する[2]．

【性質・構造・機能・意義】 歪んだ立方体型の骨格を有し，金属原子間には結合が存在しない．脂肪族炭化水素には溶解せず，THF にわずかに溶ける．アセトニトリルなどのドナー性溶媒には単核に開裂しながら溶解し，芳香族の炭化水素・複素環化合物とはこれらが π 配位したサンドイッチ型単核錯体を形成する．反応するドナー配位子の種類によっては，2つの μ-Cl で架橋された二核構造を保持した錯体も生成する．

Cp*Ru$^+$ ユニットの供給源として非常に有用であり，これを触媒前駆体に用いた反応がいくつか知られている（アリルアルコールとアルキンのカップリングによる γ,δ-不飽和アルデヒドの合成，アルカンのボリル化，芳香族アジドとアルキンの付加環化など）．配位子との反応で合成された単核錯体もまた，各種有機合成の触媒として利用されている．15，16族元素を含む架橋配位子との反応からは，2～4核のクラスター化合物が得られている[3]．既存のクラスターに Cp*Ru ユニットを付加して骨格拡張する際にも有効である．

【関連錯体の紹介およびトピックス】 C$_5$EtMe$_4$ アナログは溶解性が高くペンタンにも溶ける[4]．同じ骨格を有する μ_3-OH 架橋クラスターも知られているが，架橋配位子がアルコラートやチオラートになると二核構造となる[3,5]．

【清野秀岳】

【参考文献】
1) a) N. Oshima et al., Chem. Lett., **1984**, 1161; b) U. Koelle et al., Inorg. Synth., **1992**, 29, 225.
2) P. J. Fagan et al., J. Am. Chem. Soc., **1989**, 111, 1698.
3) U. Koelle, Chem. Rev., **1998**, 98, 1313.
4) U. Koelle et al., J. Organomet. Chem., **1991**, 420, 227.
5) M. Hidai et al., J. Organomet. Chem., **1994**, 473, 1.

Ru₄P₄S₆

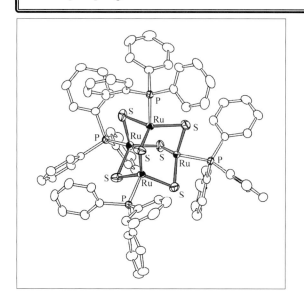

【名称】 [hexakis(μ-sulfido)tetrakis(triphenyl phosphine)-tetraruthenium(+3)]: [{Ru(PPh₃)}₄(μ₃-S)₆]

【背景】 含硫黄有機化合物の水素化脱硫反応の触媒としてはたらく遷移金属硫化物クラスターとして、モリブデンのシェブレル型クラスターが有名である。また、ルテニウム硫化物も水素化脱硫反応で高い触媒能を示すことが報告されている[1]。

【調製法】 [RuCl₂(PPh₃)₃]と過剰量の水硫化ナトリウム NaSH をテトラヒドロフランとエタノールの混合物に溶解させ、その溶液を還流することで、目的の錯体が沈澱として得られる。精製は、ジクロロメタン-ジエチルエーテルを用いて再結晶により行う[2]。

また、[RuCl₂(DMSO)₄]を出発原料として用い、トリフェニルホスフィンと水硫化ナトリウムあるいはビス(トリメチルシリル)スルフィド(TMS)₂S を用いた反応によってもこの錯体が得られる。

【性質・構造・機能・意義】 この錯体は常磁性であり、室温での磁気モーメントは $1.88 \mu_B$ である。

この錯体は、結晶構造が得られており、四面体の頂点に位置した4つのルテニウム原子のそれぞれを、6つの二重架橋硫化物配位子が架橋したアダマンタン様の Ru_4S_6 骨格をもつ。各ルテニウム原子間の距離は、2.93〜2.95 Å であり、典型的な Ru(III)-Ru(III) 結合の距離、2.75〜2.80 Å と比較して長いため、ルテニウム間に強い結合はないと考えられる。ルテニウム中心周りは、3つの硫化物配位子とトリフェニルホスフィンのリン原子が、歪んだ四面体構造をとっている。ルテニウム原子は、3つの硫化物配位子の硫黄原子がつくる平面から 0.26 Å しか離れておらず、3つの S-Ru-S 角の和は 356°である。また、この錯体の結晶は多形で、計3種類の空間群の結晶が得られているが、それぞれの結晶中のクラスターの構造は極めて類似している。

この錯体のジクロロメタン溶液中でのサイクリックボルタンメトリーは、0.454 V (vs. E(Ag/AgCl))に可逆な一電子酸化波が、−0.263 V と −1.209 V に2つの可逆な一電子還元波がそれぞれ観測される。

この錯体のトリフェニルホスフィン配位子は、過剰のトリブチルホスフィンとの反応により、容易に配位子交換が起こる。また、水との反応では、架橋硫化物配位子が1つあるいは2つ酸化物配位子に置換し、[{Ru(PPh₃)}₄OS₅] や [{Ru(PPh₃)}₄O₂S₄] が生成することが、MALDI 質量分析により確認されている。

【関連錯体の紹介およびトピックス】 同様の M_4S_6 アダマンタン様骨格をもつ硫化物クラスターとして、[W₄(μ₃-S)(μ-S)₄Cl₂(PMe₂Ph)₆] をナトリウムアマルガムで還元して得られる [{W(PMe₂Ph)}₄(μ₃-S)₆] が報告されている。この錯体中の W-W 結合距離は 2.63 Å で、ルテニウム四核錯体よりも強い金属間相互作用をもっている。また、このタングステン錯体は、反磁性でシャープな ^{31}P NMR シグナルを示す[3]。

また、ルテニウム、トリフェニルホスフィン、架橋硫化物配位子のみで構成されるクラスターとして、この四核錯体の他に五核錯体 [{Ru(PPh₃)}₅(μ₃-S)₆] と六核錯体 [{Ru(PPh₃)}₆(μ₃-S)₈] が報告されている。これらの錯体は、四核錯体の合成に用いたものと同じ原料を利用し、溶媒などの反応条件を変えることにより得られる。六核錯体は、ルテニウム原子が八面体に配置し、その八面体の8つの面を三重架橋の硫化物配位子がキャップした構造となっている。六核錯体は、四核錯体に比べて、トリブチルホスフィンによる配位子置換反応が進行しにくい。また、五核錯体は、四核錯体の1つの Ru₃S₃ 環の3つの硫化物配位子が三重架橋となって、もう1つの {Rh(PPh₃)} に配位した構造をとっている。五核錯体のサイクリックボルタンメトリー測定では、0.479 V と −0.197 V (vs. E(Ag/AgCl)) に可逆な二電子酸化波が、−1.159 V と −1.447 V に可逆な一電子還元波がそれぞれ観測される。

【西岡孝訓】

【参考文献】
1) T. A. Pecoraro et al., *J. Catal.*, **1981**, *67*, 430.
2) A. L. Eckermann et al., *Inorg. Chem.*, **2002**, *41*, 2004.
3) S. Kuwata et al., *J. Chem. Soc., Dalton Trans.*, **1997**, 1753.

Ru$_6$Pt$_3$H$_4$C$_{21}$

【名称】 octadecacarbonyltri-μ-hydrido-μ$_3$-hydrido (tricarbonyltriplatinum)hexaruthenium: [Ru$_6$Pt$_3$(CO)$_{21}$(μ$_3$-H)-(μ-H)$_3$]

【背景】 混合金属クラスターは，異なる金属によって基質を段階的あるいは協奏的に活性化できると期待され合成された．クラスター構造を保ったままでジフェニルアセチレンから Z-スチルベンへの水素化触媒となり，その変換過程が詳しく検討されている．

【調製法】 [Ru$_3$(CO)$_{12}$]の光照射によって調製した[Ru(CO)$_5$]と[Pt(cod)]$_2$を0℃で1時間，さらに[Pt(cod)$_2$]を加え，室温に昇温しながら10時間撹拌すると[Pt$_2$Ru$_4$(CO)$_{18}$]が得られる．このヘプタン溶液に水素ガスを流しながら15分加熱還流することにより，標題錯体が得られる[1,2]．

【性質・構造・機能・意義】 Ru$_3$-Pt$_3$-Ru$_3$が積層した構造をもつ．3つのヒドリド配位子は一方のRu$_3$の各Ruを架橋し，4つ目のヒドリド配位子は他方のRu$_3$を三重架橋している．CO配位子はそれぞれのRuに3つずつ，Ptに1つずつ，合計21個．Pt間距離は類似の積層型混合金属クラスターとほぼ同じであるが(2.629(1)～2.646(1) Å)，Ru間はヒドリドが架橋配位しているため長い(3.002(2)～3.084(2) Å)．このヒドリド配位子はすばやく交換し，室温では^{1}H NMRは観測できないが，−88℃では δ−15.84(3H)，−19.26(1H)にシグナルが観測できる．これに対しCO配位子は−85℃で1本の鋭いシグナルとブロードなシグナルが観測され，動的挙動を示唆する．フェニルアセチレンとの反応により三架橋ジフェニルアセチレンをもつ錯体へと変換される．

【武藤雄一郎・石井洋一】

【参考文献】

1) 鈴木寛治ほか，有機遷移金属化合物・超分子錯体(第5版 実験化学講座 21巻)，丸善，**2004**, p.414.
2) R. Adams *et al., Organometallics*, **1994**, *13*, 2357.

$[RuO_8Cl]_n$

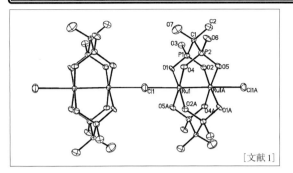

[文献1]

【名称】 Na$_4$[bis(1-hydroxyethylidenedi phosphonate)diruthenium(II),(III)chloride]·16water: Na$_4$[Ru$_2$(hedp)$_2$Cl]·16H$_2$O

【背景】 混合原子価ルテニウム(II,III)酸を用いたランタン型錯体の特性と構造に錯体は,よく知られているが,遷移金属とリン化合物を利用した系については,ほとんど知られていない.ランタン型ユニットが塩化物イオンで架橋された Na$_4$[Ru$_2$(hedp)$_2$Cl]を合成することにより,一連のカルボン酸による錯体との違いを検討している[1].

【調製法】 RuCl$_3$·xH$_2$O と hedpH$_4$·H$_2$O と水を 1:3.3:444 のモル比で加え,1M のアンモニア水で pH=5.17 に調節し,140℃ で 6 日間加熱した.室温に冷却後,赤茶色の結晶が析出し,NH$_3$Ru$_2$(hedp)$_2$·2H$_2$O を収率 50% で得た.NH$_3$Ru$_2$(hedp)$_2$·2H$_2$O(0.02 mmol)を 25 mL の 1 M NaCl 水溶液に加え,80℃ で 4 時間反応後,室温に冷却し,茶色の結晶を 62% の収率で得た.

【性質・構造・機能・意義】 室温での有効磁気モーメントは,4.10μ_B であり,3 個の不対電子を有するランタン型ルテニウム(II,III)二核錯体とほぼ同様の値を示す.2〜300 K までの温度範囲の磁化率測定の結果から,$g=2.1$,$D=78.3$ cm^{-1},$zJ=-4.9$ cm^{-1} であった.

【関連錯体の紹介およびトピックス】 Na$_4$[Ru$_2$(hedp)$_2$Cl]の前駆体である NH$_3$[Ru$_2$(hedp)$_2$]は,配位子である hedp の酸素部位と軸配位した二次元ポリマー錯体を形成する.

また,水溶液中で NH$_3$[Ru$_2$(hedp)$_2$]と Na$_4$[Fe(CN)$_6$]·3H$_2$O を 80℃ で 4 時間反応させることによって,一次元ポリマー錯体である Na$_7$[Ru$_2$(hedp)Fe(CN)$_6$]·24H$_2$O を形成する[1].

〔池上崇久〕

【参考文献】

1) X.-Y. Yi et al., Inorg. Chem., **2005**, 44, 4309.

$[Ru_2N_2O_8]_n$

磁導集

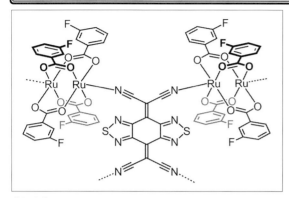

【名称】bis[tetrakis(μ-m-fluorobenzoate-1κO:2κO')diruthenium(Ru-Ru)][μ$_4$-2,2'-(4H,8H-benzo[1,2-c:4,5-c']bis-[1,2,5]thiadiazole-4,8-diylidene)dimalononitrile radical-anion]:[{Ru$_2$(O$_2$CPh-m-F)$_4$}$_2$(BTDA-TCNQ)]

【背景】電子伝達を効率的に行うことのできる dπ-pπ 分子システム設計は,無機化学分野における長年の目標といえる.架橋配位子を通して混合原子価金属イオン間で電荷移動を示す,Creutz-Taube イオンと呼ばれる[(H$_3$N)$_5$Ru(μ-pyz)Ru(NH$_3$)$_5$]$^{5+}$(pyz=ピラジン)錯体が発見されて以来,様々な混合原子価錯体が研究されている.共鳴した電子移動を起こすには,電子ドナー(D)と電子アクセプター(A)比を1:2あるいは2:1にすることが重要である.また,S=1スピンをもつパドルホイール型ルテニウム錯体をドナーとして用い,アクセプターにはテトラシアノキノジメタンに代表されるラジカルアニオンとあわせれば磁気的にも興味深い.このような背景のもと,新規な三次元ネットワーク構造を有する D$_2$A 型電荷移動錯体が合成された[1].

【調製法】ルテニウム(II,II)二核錯体の合成は,文献を参照されたい[2].2当量の[Ru$_2$(O$_2$CPh-m-F)$_4$(thf)$_2$]ジクロロメタン溶液を細い試験管に入れ,この層の上に BTDA-TCNQ の 4-クロロトルエン溶液を慎重に乗せる.嫌気下でゆっくりと各溶媒が拡散していくことで,数週間後に深緑色ブロック状結晶が得られる.

【性質・構造・機能・意義】BTDA-TCNQ 配位子は,ルテニウム二核ユニット[Ru$_2$]の axial 位で配位しており,4つのルテニウムイオンを架橋することで三次元ネットワーク構造を形成している.結合距離の詳細な解析から,2つの[Ru$_2$]ユニットから1電子分の移動が起こり,[Ru$_2^{II,III}$]+[Ru$_2^{II,II}$]に近い状態をとることが明らかになっている.また,BTDA-TCNQ 分子は,完全に還元されたモノアニオンに近い状態にはなっているが,わずかにずれた非整数の電荷分極状態,[Ru$_2^{5+}$]-[BTDA-TCNQ$^{(1+δ)-}$]-[Ru$_2^{(4+δ)+}$]($δ$≈0.1~0.4)を形成していると考えられる.

磁場中冷却過程における磁化率測定について,300KにおけるχT値は,3.54 cm^3 K mol^{-1}である.これは,[Ru$_2^{4+}$](S=1×2)かつ BTDA-TCNQ^{0}の状態から期待されるスピンオンリー値(2.00 cm^3 K mol^{-1})よりもかなり大きいため,[Ru$_2^{4+}$]から BTDA-TCNQ への電子移動が確実に起こっており,高温においても磁気中心間に強い相互作用がはたらいていることがわかる.さらに温度を下げていくと,110K付近までχT値は徐々に増加し,この温度以下では急激な上昇を示して76Kで 590 cm^3 K mol^{-1}の最大値をとり,続いて 1.8Kで 19.2 cm^3 K mol^{-1}まで減少する.このことから,強磁性長距離秩序が起こっていることがわかる.110K以上の温度範囲で見積もった Curie 定数と Weiss 温度は,それぞれ 2.34 cm^3 K mol^{-1}と 99K である.

弱磁場下での磁場中冷却磁化過程と残留磁化過程,およびゼロ磁場冷却磁化過程からも,この錯体は強磁性的な長距離秩序が存在することが示され,交流磁化率の虚数成分χ''の立ち上がりとあわせて強磁性転移温度が 107K と見積もられている.

磁化曲線の測定からは,この錯体は 100K 付近まで保磁力をもつヒステリシスループを描き,硬質磁石となっていることがわかる.飽和磁化の値は,考えられるスピン状態の合計値とあわないため,[Ru$_2$]ユニット由来の大きな磁気異方性が原因と考えられている.

ほぼ完全に電荷移動して電荷局在状態になっているため,残念ながら電気伝導は半導体的挙動を示す.しかし,高い T_c を有する D$_2$A 型電荷移動系の構築に成功したことは,磁気秩序化と電気伝導性が共存する多重機能性材料の革新的な設計であり,今後の発展が期待される.

【関連錯体の紹介およびトピックス】同様の設計指針により合成された,テトラシアノキノジメタン誘導体とパドルホイール型 Ru 二核錯体との二次元 D$_2$A 型電荷移動錯体も知られている[3,4].

【小島憲道・岡澤 厚】

【参考文献】
1) N. Motokawa *et al.*, *Angew. Chem. Int. Ed.*, **2008**, *47*, 7760.
2) S. Furukawa *et al.*, *Inorg. Chem.*, **2004**, *43*, 6464.
3) H. Miyasaka *et al.*, *Angew. Chem. Int. Ed.*, **2000**, *39*, 3831.
4) H. Miyasaka *et al.*, *J. Am. Chem. Soc.*, **2006**, *128*, 11358.

$[Ru_2N_4O_4Cl]_n$

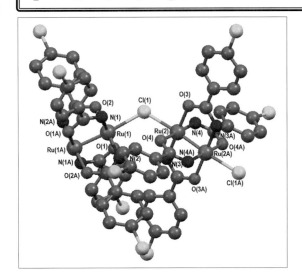

【名称】[Ru_2(4-Cl-PhONH)$_4$Cl]

【背景】ベンズアミドを架橋配位子とした二核ルテニウム(II,III)錯体は,カルボン酸を架橋配位子とする二核ルテニウム(II,III)錯体に比べて物理的にも化学的にも非常に似た性質を有することが知られている[1]。

【調製法】0.1 g の $Ru_2(O_2CCH_3)_4$ と 1 g の配位子(4-Cl-$C_6H_4CONH_2$)を窒素雰囲気下180℃で48時間反応させる。過剰の配位子を減圧蒸留し,DMSOとメタノールで再結晶することで焦げ茶色の結晶を50%の収率で得る。

【性質・構造・機能・意義】Ru_2(4Cl-PhONH)$_4$Cl の2核内のRu-Ru結合距離は,2.296(1) Å である。塩化物イオンは,2核の軸位から2.558(1) Å の距離で配位している。Ru-Ru-Cl および Ru-Cl-Ru の結合角は,それぞれ175.5(6),117.3(1)°であり,2核がジグザグ状に塩化物イオンで連結された一次元構造を形成している。DMF中の吸収スペクトルでは,558,425 および 320 nm に,粉末拡散スペクトルでは,558,463 nm に吸収帯を示す。

【関連錯体の紹介およびトピックス】二核ロジウム(III,III)錯体である Rh_2(acam)$_4$Cl(Hacam=acetamide) の二核内のRh-Rh結合距離は,2.42(1) Å である。塩化物イオンは,2核の軸位から2.56(1) Å の距離で配位している。Rh-Rh-Cl および Rh-Cl-Rh の結合角は,それぞれ176.8(1),115.5(1)°であり,2核がジグザグ状に塩化物イオンで連結された一次元構造を形成しており,ルテニウム二核(II,III)錯体と非常に似た構造をしている[2]。

【池上崇久】

【参考文献】

1) a) A. R. Chakravarty *et al., Polyhedron*, **1985**, *4*, 1097; b) A. K. Chakravarty *et al., Polyhedron*, **1985**, *4*, 1957.
2) J. Losada *et al., Inorg. Chim. Acta*, **2001**, *321*, 107.

[Ru$_2$O$_8$Cl]$_n$

【名称】*catena*-poly[μ-tetrakis(*n*-butyrato)diruthenium(II,III)-μ-chloro]：[Ru$_2$(O$_2$CC$_3$H$_7$)$_4$Cl]$_n$

【背景】カルボン酸架橋二核錯体は，色々な金属に対してランタン型の二核構造をもつことが知られているが，ルテニウムでもそのような錯体が存在することがわかったのは比較的遅く，Wilkinson らによる最初の単離[1]がきっかけとなった．酢酸，プロピオン酸，酪酸など各種のカルボン酸がランタン型二核を形成するが，本錯体は，Wilkinson らによってはじめて合成され，ランタン型ルテニウム錯体で最初に結晶構造が明らかにされ[2]，分光学的性質や磁気的性質についても詳しく調べられた[3]．

【調製法】塩化ルテニウムを酪酸と酪酸無水物の混合物の中で酸素ガスを通じながら煮沸すると得られる．酪酸から再結晶する．

【性質・構造・機能・意義】暗褐色結晶．X線結晶解析より4個の酪酸イオンが2個のルテニウムをランタン型で架橋した二核構造をとることが明らかにされた．Ru-Ru距離は2.281(4) Åとかなり短く，2.5重の金属-金属結合があることを示している．ルテニウムには塩化物イオンが軸配位し，これがさらに隣の二核のルテニウムに架橋し（Ru-Cl-Ru角125.8°），二核ユニットをジグザグ状に配置したクロロ架橋の鎖状一次元錯体となっている．室温での有効磁気モーメントは二核ユニットあたり4.0μ_Bであり，3個の不対電子が金属-金属結合に存在することを示し，ルテニウムは2価3価の混合原子価になっている．大きなゼロ磁場分裂（D=60〜70 cm^{-1}）をもっていることが明らかにされた[4]．

【関連錯体の紹介およびトピックス】酢酸架橋の場合は，ジグザグ状の一次元錯体の他，直線型の一次元鎖状構造も見いだされている．ランタン型二核ルテニウムを基とした類似のクロロ架橋一次元鎖状錯体は，数多く合成され，結晶構造が明らかにされている．最近ではブロモ架橋やヨード架橋錯体も知られている．

Ru-Ru距離は，いずれも2.25〜2.32 Åの範囲内に収まり，同様なRu$_2$(II,III)混合原子価状態であることを示している．主にRu-Cl-Ru角が180°の直線型（図1）と折れ曲がった場合（図2）の2通りが知られ，これに応じて磁気的性質も少し異なっている[5]．これらの錯体は，電子スペクトル，共鳴ラマンスペクトル，電子スピン共鳴スペクトルなど，多くの分光学的および磁気化学的研究がなされている．

【御厨正博】

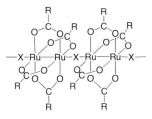

図1　直線型鎖状錯体

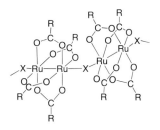

図2　ジグザグ鎖状錯体

【参考文献】
1) T. A. Stephenson *et al.*, *J. Inorg. Nucl. Chem.*, **1966**, *28*, 2285.
2) M. J. Bennett *et al.*, *Inorg. Chem.*, **1969**, *8*, 1.
3) a) F. A. Cotton *et al.*, *Inorg. Chem.*, **1975**, *14*, 388; b) R. J. Clark *et al.*, *J. Chem. Soc., Dalton Trans.*, **1976**, 1825.
4) J. Telser *et al.*, *Inorg. Chem.*, **1984**, *23*, 3114.
5) M. Mikuriya *et al.*, *Coord. Chem. Rev.*, **2006**, *250*, 2194.

$[Ru_2O_8Cl]_n$

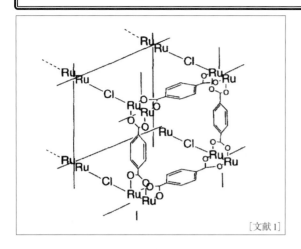

[文献1]

【名称】 diruthenium(II, III) chloride terephthalate: $[Ru_2(OOCC_6H_4COO)_2Cl]_n$

【背景】 特定の気体を選択的に吸蔵する細孔を結晶中に有する集積型錯体は近年数多く報告されている．ランタン型二核を基本ユニットに用いた集積型錯体についても，気体吸蔵特性があることが知られている．ルテニウム(II,III)のランタン型二核ユニットはプラス1価であるので，二核の軸位に架橋配位子として陰イオンのハロゲンイオンが容易に導入され，三次元構造が形成すると期待し，本錯体が合成されている[1]．

【調製法】 $Ru_2(O_2CCH_3)_2Cl$ 112.7 mg (0.211 mmol) とテレフタル酸 70.1 mg (0.422 mmol)，無水塩化リチウム 89.5 mg (2.11 mmol) のメタノール/水 (1:1) の混合溶媒 100 mL を3時間還流後，沈殿した茶色の生成物をろ過しメタノールで洗い，真空下で乾燥する．収率は97%である．

【性質・構造・機能・意義】 室温での有効磁気モーメントは $4.04\mu_B$ であり，他の3個の不対電子の存在するランタン型ルテニウム(II,III)二核錯体とほぼ同様の値を示す．200 K 以下で，N_2, O_2 および Ar を吸蔵し，N_2 の場合，20 Torr，液体窒素温度でルテニウム原子に対し 1.3 mol を吸蔵する．

【関連錯体の紹介およびトピックス】 Cu^{II}, Mo^{II}, Rh^{II}, Zn^{II} のテレフタル酸錯体でも，ランタン型二核ユニットが連結された集積型構造であり（これらは，$([Ru_2(OOCC_6H_4COO)_2Cl]_n$ の場合と異なり，ハロゲンイオンの軸配位による架橋構造を形成しないので，二次元構造と考えられる），その結晶中の細孔に多量の気体が吸蔵されることが報告されている[2]．

【半田 真】

【参考文献】
1) S. Takamizawa *et al.*, *Inorg. Chem. Commun.*, **1998**, *1*, 177.
2) W. Mori *et al.*, *J. Solid State Chem.*, **2000**, *152*, 120.

$[Ru_2O_8Cl]_n$

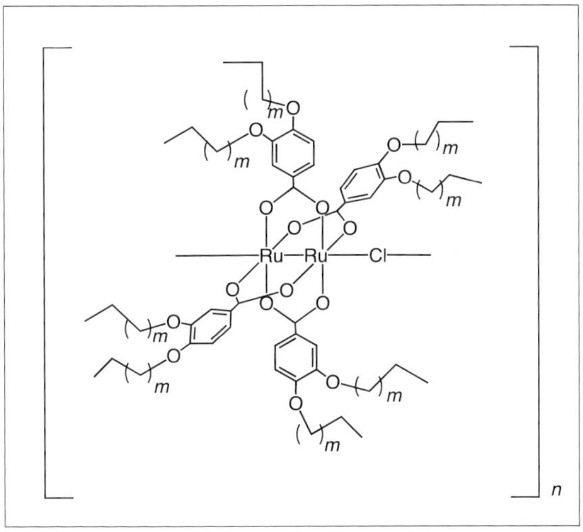

【名称】 $[Ru_2(B_2OC_m)_4Cl]_n$: B_2OC_m

【背景】 分子内架橋配位子のカルボン酸に長鎖アルキル基を導入したランタン型二核錯体を連結することで，構造およびその性質において一次元的特徴を有する化合物を創成できる．特に，ルテニウム(II,III)混合原子価二核錯体は，二核ユニットあたり3個の不対電子が存在するので，塩化物イオンで連結された一次元構造に由来し，長鎖アルキル基の導入による液晶性の発現および，その際の塩化物イオンを介した反強磁性への影響を調べることを目的として合成された[1]．

【調製法】 $[Ru_2(B_2OC_{16})_4Cl]_n$：3,4-ビス(ヘキサデシルオキシ)安息香酸(1.2g, 2.0 mmol)と $[Ru_2(O_2CC_3H_7)_4Cl]_n$ (0.88g, 0.15 mmol)を140℃で，アルゴン雰囲気下で加熱撹拌する．安息香酸は加熱により，溶解したのち，5分後に赤色沈殿が生じる．メタノール中で撹拌した後，ろ過し，ヘプタンに溶かし，不溶物をろ過して除き，同様の操作をエチルエーテルで行ったのち，再びメタノールで撹拌することで洗浄し，真空中で乾燥して目的物を得る．$[Ru_2(B_2OC_{12})_4Cl]_n$ および $[Ru_2(B_2OC_{15})_4Cl]_n$ も同様の方法で得ることができる．

【性質・構造・機能・意義】 $[Ru_2(B_2OC_{12})_4Cl]_n$ および $[Ru_2(B_2OC_{16})_4Cl]_n$ の2核間に $zJ=-2.4\,cm^{-1}$ ($m=12$)，$-3.2\,cm^{-1}$ ($m=16$) の反強磁性的相互作用がはたらいている．室温～50℃で，ラメラー相に，150℃ ($m=15$)，157℃ ($m=12, 16$) でカラムナー相へと，結晶→液晶への相転移が観測される．

【関連錯体の紹介およびトピックス】 3,4,5-トリ(オクチルオキシ)安息香酸(図1)のルテニウム(II,III)二核錯体のクロロ架橋一次元錯体が合成されており，カラムナー相への相転移温度は30℃であり，二核間の反強磁性的相互作用は $zJ=-11.0\,cm^{-1}$ と報告されている[2]．

【半田 真】

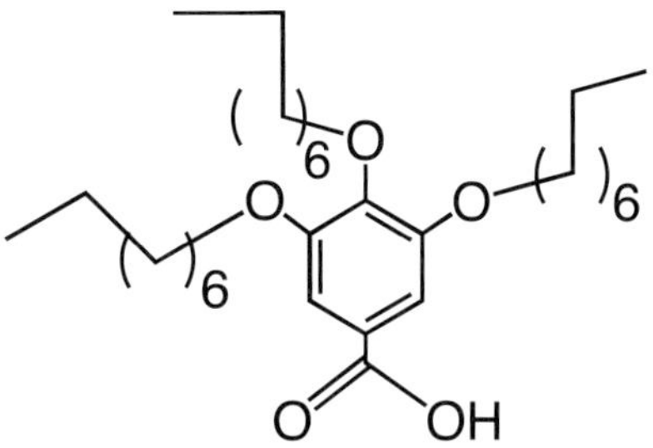

図1 3,4,5-トリ(オクチルオキシ)安息香酸の構造

【参考文献】

1) a) F. D. Cukiernik *et al.*, *Chem. Mater.*, **1998**, *10*, 83; b) F. D. Cukiernik *et al.*, *Inorg. Chem.*, **1998**, *37*, 3698.
2) I. Ishida *et al.*, *Achievement in Coordination, Bioinorganic and Applied Inorganic Chemistry* (M. Melnik *et al.*, ed), Slovak Techical University Press, **2007**, p.121.

[Ru$_2$O$_8$Cl]$_n$

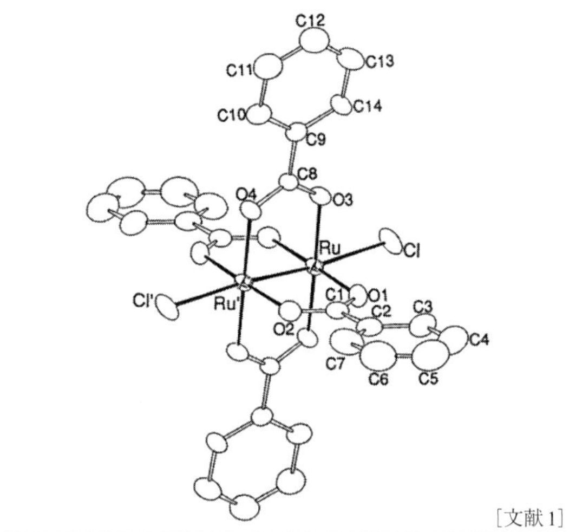

[文献1]

【名称】[Ru$_2$(O$_2$CC$_6$H$_5$)$_4$Cl]$_n$

【背景】[Ru$_3$(μ$_3$-O)(μ-O$_2$CCPh)$_6$(py)$_3$](PF$_6$)の合成の過程で,偶然生成が確認され結晶構造が決められている.ピリジンおよびPF$_6^-$との反応前に,二核錯体の溶解度が低いために反応溶液から結晶が生成した.通常,カルボン酸架橋二核ルテニウム(II,III)錯体は,Ru$_2$Cl(μ-O$_2$CCH$_3$)$_4$の対応するカルボン酸との置換反応で合成するのに対し,塩化ルテニウム(RuCl$_3$)を出発原料とした反応で直接生成しているところにも興味がもたれる[1].

【調製法】安息香酸(7.8 g, 64 mmol), NaOH (0.1 g, 2.5 mmol)とRuCl$_3$・nH$_2$O (1.0 g)をエタノール(150 cm^3)に溶かし,4時間還流したのち,ろ過する.生じた青緑色の溶液を2週間室温で放置すると,茶褐色の結晶が生成する(収量150 mg).

【性質・構造・機能・意義】ランタン型ルテニム(II,III)二核内のRu-Ru結合距離は,2.290(1) Åである.塩化物イオンは,2核の軸位から2.532(1) Åの距離で配位している.Ru-Ru-ClおよびRu-Cl-Ruの結合角は,それぞれ175.5(1),118.8(1)°であり,二核がジグザグ状に塩化物イオンで連結された一次元構造を形成している.DMF中の吸収スペクトルでは,580(肩吸収),456および303 nmに,粉末拡散スペクトルでは,520,470 nmに吸収帯を示す.

【関連錯体の紹介およびトピックス】安息香酸銅(II)二核および安息香酸ロジウム(II)をピラジン(pyz)で連結した一次元ポリマー錯体[Cu$_2$(O$_2$CC$_6$H$_5$)$_4$(pyz)]$_n$, [Rh$_2$(O$_2$CC$_6$H$_5$)$_4$(pyz)]$_n$は,結晶内にミクロ細孔が存在し,窒素分子の吸着特性が報告されている[2].

【半田 真】

【参考文献】
1) M. Abe *et al.*, *Bull. Chem. Soc. Jpn.*, **1992**, *65*, 1585.
2) a) R. Nukada *et al.*, *Chem. Lett.*, **1999**, 367; b) S. Takamizawa *et al.*, *Chem. Lett.*, **2002**, 1208

SbN$_4$O$_2$

光電触

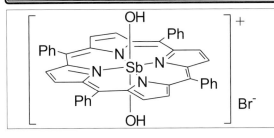

【名称】[di(hydroxo)-5,10,15,20-tetrakis(phenyl)porphyrinato]antimony(V) bromide:[Sb(tpp)(OH)$_2$]Br

【背景】15族典型元素(P, Sb, As, Bi)をもつポルフィリン錯体の1つである.Sbを中心とする六配位錯体であり,共有結合性の強い2つの軸配位子を有し,Sbの価数が+5価のため,錯体全体としては1つの正電荷をもち,対アニオンが存在することが構造上の特徴である.1969年にはじめて合成され,錯体構造に関する報告例[1,2]が多いが,最近では,電気化学特性および光化学特性などの機能性に関する研究例が報告されている[3].

【調製法】フリーベースであるH$_2$tpp, SbBr$_3$を含むピリジン溶液を1時間還流する.可視吸収スペクトルにて,Sb(III)錯体(λ_{max}=466 nm)の生成を確認した後,室温にて臭素を加える.臭素酸化によるSb(III)錯体の消失を確認後,ヘキサンにて再沈殿,ジクロロメタンにて抽出,臭化水素酸水溶液にて洗浄することで,軸配位子が臭素原子である[Sb(tpp)Br$_2$]Brを得る.次にこの錯体を含水アセトニトリル(MeCN)溶液中にて還流することで,軸配位子を水酸基へ置換する.精製はシリカゲルカラムクロマトグラフィーによって行う[3].また,別法として,H$_2$tpp, SbCl$_5$を含むピリジン溶液を30分還流し,[Sb(tpp)Cl$_2$]Clを得た後,軸配位子交換を行う方法もある[1].

【性質・構造・機能・意義】MeCN溶液中で赤紫色を呈し,可視吸収スペクトルの測定では416 nm(ε=416870 M^{-1} cm^{-1})にSoret帯,および550 nm(ε=15850 M^{-1}cm^{-1}),590 nm(ε=8900 M^{-1}cm^{-1})にそれぞれQ帯が観測される[3].ヘキサンには不溶,トルエン,ベンゼンには難溶,ジオキサン,THF,酢酸エチル,ジクロロメタン,クロロホルム,アセトン,MeCN,メタノールには易溶である.さらに,若干の水溶性(0.08 mM)も示す[4].構造は,水酸基を軸位とする六配位構造である.この錯体は結晶構造が得られており,Sb–Oの軸配位結合間距離は1.929(7) Å,ポルフィリン窒素原子との配位結合であるSb–Nは約2.075 Åである[1].含水MeCN中では,軸配位水酸基の水素原子はプロトン解離する(pKa=10.9)[3].

中心のSbは+5価の高原子価状態をとるため,他の金属ポルフィリン錯体と比較すると電子受容性が高い.一電子あるいは二電子還元種は非常に安定であり,MeCN中におけるサイクリックボルタンメトリー(CV)測定では,双方とも完全な可逆還元波として得られる.一電子還元電位($E^{red}_{1/2}$)は−0.51 V vs. SCEである.一方,一電子酸化種は不安定であり,CV測定では不可逆な酸化波が得られる.酸化電位($E^{ox}_{1/2}$)は1.40 V vs. SCEである[3].

Q帯に相当する吸収波長(550 nm)の光で励起すると蛍光(S$_1$蛍光)が得られる.MeCN中での極大蛍光波長はそれぞれ596 nm,646 nmであり,蛍光量子収率(Φ_{fl})は0.0518および蛍光寿命(τ_{fl})は1.7 nsである[4].また,Soret帯に相当する吸収波長(416 nm)の光で励起すると高位の励起状態からの蛍光(S$_2$蛍光;λ_{max}=425 nm,τ_{f2}=2.0 ps)が観測される.金属ポルフィリン錯体の中で,S$_2$蛍光を発する数少ない例の1つである[5].

本錯体は電子受容性が高いため,有機化合物に対する酸化触媒活性を示す.例えば,光誘起電子移動による一電子酸化種の生成と,それに続く軸配位水酸基のプロトン解離を共役させることで金属–オキソ(Sb=O)錯体の生成を誘起することができる.このオキソ錯体を利用することで,アルケン類のエポキシ化反応が起こる.この反応は光化学的P450モデル反応として興味深い[6].また有機塩素化合物の脱塩素化反応を触媒化することもできる.さらに,酵母菌,大腸菌,レジオネラ菌などの微生物に対して,強い光殺菌効果も示す[3,4].

【関連錯体の紹介およびトピックス】この錯体は塩基性条件下にてO-アルキル化が可能であり,様々なアルコキシ基をもつ錯体へ誘導できる[3].また,フタロシアニン配位子をもつ錯体も合成されている[7].

【白上 努】

【参考文献】
1) T. Barbour *et al., Inorg. Chem.*, **1992**, *31*, 746.
2) Y. Yamamoto *et al., J. Organomet. Chem.*, **2000**, *611*, 200.
3) T. Shiragami *et al., J. Photochem. Photobiol. C.*, **2005**, *6*, 227.
4) M. Yasuda *et al., J. Photochem. Photobiol. A:Chem.*, **2009**, *205*, 210.
5) M. Fujitsuka *et al., J. Phys. Chem. B*, **2006**, *110*, 9369.
6) S. Takagi *et al., J. Am. Chem. Soc.*, **1997**, *119*, 8712.
7) H. Isago *et al., Bull. Chem. Soc. Jpn.*, **1997**, *70*, 2179.

ScC₃O₂

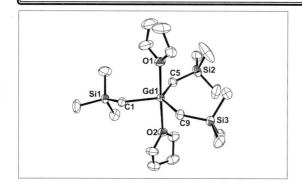

【名称】bis(tetrahydrofuran)tris(trimethylsilyl methyl)-lanthanide(III): [Sm(CH₂SiMe₃)₃(THF)₃], [Ln(CH₂SiMe₃)₃(THF)₂](Ln=Sc, Lu, Y, Yb, Er, Ho, Dy, Tb, Gd)

【背景】単純な1種類のみの配位子とσ-結合した希土類アルキル錯体の特性を明らかにするのは困難であった. これまでLnCl₃と過剰量のCH₃Liとの反応で得られるアート錯体[Li(TMEDA)]₃[Ln(CH₃)₆](TMEDA=テトラメチルエチレンジアミン)などが知られるが, 錯体内のLi塩や不純物のLiClを除けなかった. 標題錯体はトリメチルシリルメチル配位子(-CH₂SiMe₃)を用いることで中性のアルキル錯体として合成・単離のはじめての例である[1,2].

【調製法】LnCl₃(Ln=Sc, Lu, Y, Yb, Er, Ho, Dy, Tb, Gd, Sm)をTHF中に懸濁し, 3当量のLiCH₂SiMe₃のTHF溶液をゆっくり加える. 滴下後, ただちに溶媒を留去し, ヘキサンで抽出後, 反応混合物をろ過し, 白色固体をヘキサン中-30℃にすることで目的化合物を無色微結晶として得る. Smよりもイオン半径の大きなランタニドではこれらのアルキル錯体は不安定で合成が困難である. また, LnCl₃に対し過剰量のLiCH₂SiMe₃を加えると, リチウムイオンを含むアート錯体[Li(THF)₄][Ln(CH₂SiMe₃)₄]が得られる. 標題錯体の他の合成法も報告されている[3].

【性質・構造・機能・意義】白色固体でヘキサン, トルエン, THFなどに易溶. 空気中不安定. 熱的にも不安定で溶液状態では室温下で徐々に分解する. 特にイオン半径の大きなSm, Gd, Tb, Dyの場合は室温数時間で無色透明溶液から褐色溶液へと変化する. 短期間であれば固体状態, -30℃で保存できるが, 通常は合成後すぐ次の反応に使うことが望ましい.

金属のイオン半径が中～小程度のいくつかの金属種でこの錯体の結晶構造が得られている. Smの場合, イオン半径の大きさの影響で3つのTHFが配位したfac-八面体構造をとっている. Smを除くすべての金属種で2つのTHFが配位したtrigonal-bipyramidal構造で, 3つのトリメチルシリルメチル基はエカトリアル位に, 2つのTHFはアキシアル位に配位している.

標題錯体はブレンステッド酸[NMe₂HPh][B(C₆F₅)₄]との組合せによりエチレン重合の触媒となる[4]. 中心金属のイオン半径によって反応活性に傾向があり, Sc, Lu, Ybなどは活性を示さないのに対し, Tbでは899 kg mol⁻¹h⁻¹bar⁻¹の活性を示す. 反応活性種はジカチオン錯体[Ln(CH₂SiMe₃)(THF)₅]²⁺と見られている.

標題のアルキル錯体は様々な希土類触媒合成の出発原料として用いられている非常に重要な錯体である. 例えば, アルキル錯体と1当量のシクロペンタジエンC₅Me₄HSiMe₃との反応ではハーフサンドイッチ型モノシクロペンタジエニル-ジアルキル錯体[(C₅Me₄SiMe₃)Ln(CH₂SiMe₃)₂(THF)]が得られ[5], 各種オレフィンモノマーの位置および立体特異的重合反応や共重合反応に対する優れた触媒としてはたらく.

本錯体は多くの分子性希土類触媒合成に必要不可欠の原料錯体である. 希土類メタロセンアルキル錯体や非Cp系の希土類アルキル錯体の合成などにも用いられている.

【関連錯体の紹介およびトピックス】-CH₂SiMe₃よりさらにかさ高いアルキル基-CH(SiMe₃)₂をもち, 安定化配位子であるTHFをまったく含まない錯体[Ln{CH(SiMe₃)₂}₃]がアリールオキシド錯体[Ln(OC₆H₃ᵗ-Bu₂-2,6)₃]と3当量のLiCH(SiMe₃)₂から合成されている[6]. また, LnCl₃と3当量のLiCH₂C₆H₄NMe₂-oからトリス(アミノベンジル)錯体[Ln(CH₂C₆H₄NMe₂-o)₃]が得られる[7]. この場合, すべての希土類元素においてこの錯体の合成が可能である. トリスアルキル錯体と同様に様々な希土類触媒の出発原料として用いることが可能である.

【島 隆則】

【参考文献】
1) M. F. Lappert *et al.*, *J. Chem. Soc., Chem. Commun.*, **1973**, 126.
2) J. L. Atwood *et al.*, *J. Chem. Soc., Chem. Commun.*, **1978**, 140.
3) K. C. Hultzsch *et al.*, *Organometallics*, **2000**, 19, 228.
4) S. Arndt *et al.*, *Angew. Chem. Int. Ed.*, **2003**, 42, 5075.
5) M. Nishiura *et al.*, *Nature Chem.*, **2010**, 2, 257.
6) P. B. Hitchcock *et al.*, *J. Chem. Soc., Chem. Commun.*, **1988**, 1007.
7) S. Harder, *Organometallics*, **2005**, 24, 373.

ScC₇O

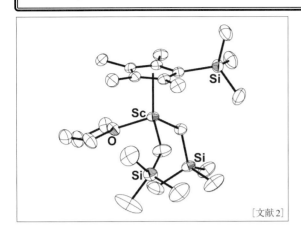

[文献2]

【名称】(trimethylsilyl-tetramethylcyclopentadi enyl)bis-(trimethylsilylmethyl)(tetrahydrofran)scandium(III):
[(C₅Me₄SiMe₃)Sc(CH₂SiMe₃)₂(THF)]

【背景】これまでの有機希土類錯体はシクロペンタジエニル配位子が2つあるいわゆるメタロセンタイプ(例えば[(C₅Me₅)₂LnR]など)の錯体を中心に研究が進められてきた.一方,1つのシクロペンタジエニル配位子しかもたないハーフサンドイッチ型の希土類ジアルキル錯体は,複数の活性点とより大きな反応場を持ち,ユニークで高い反応性を示すと考えられることから近年注目されているが,これまで配位子の不均化反応などによりなかなか単離に成功しなかった.標題の錯体はかさ高いトリメチルシリル(-SiMe₃)置換基で置換されたシクロペンタジエニル配位子を有するハーフサンドイッチ型の希土類ジアルキル錯体の例である[1]).

【調製法】C₅Me₄HSiMe₃のヘキサン溶液を[Sc(CH₂-SiMe₃)₃(THF)₂]のヘキサン溶液にゆっくり滴下し,室温でしばらく攪拌する.反応溶液を減圧留去した後,少量のヘキサンを加えて−30℃に冷却すると目的化合物が無色結晶として得られる.同様な合成法によって他の希土類金属のジアルキル錯体[(C₅Me₄SiMe₃)Ln(THF)(CH₂SiMe₃)₂](Ln=Y, Gd, Dy, Ho, Er, Yb, Tm, Luなど)が合成できる.

【性質・構造・機能・意義】標題の錯体は薄黄色の固体で様々な有機溶媒によく溶ける.不活性雰囲気下であれば,溶液状態でも比較的安定である.しかし加熱すると徐々に分解する.空気中では速やかに分解する.シクロペンタジエニル配位子が中心金属にη^5-配位したハーフサンドイッチ型の構造であり,金属周りはTHFが1つとトリメチルシリルメチル基(-CH₂SiMe₃)が2つ配位し,ひずんだテトラヘドラル骨格を有する.中心の希土類金属の酸化状態は3価であり,通常はこの価数で最も安定である.一般に希土類金属−炭素結合や,希土類金属−水素結合は非常に反応活性が高く,これらの結合を利用して重合反応,水素化反応,など様々な反応が展開されている.

この錯体はボレート化合物([Ph₃C][B(C₆F₅)₄]など)と反応させることでカチオン性錯体[(C₅Me₄SiMe₃)Sc(CH₂SiMe₃)(THF)][B(C₆F₅)₄]を与え,これが極めて高い重合触媒活性,立体選択性,優れたリビング性を有していることが明らかにされている.例えばスチレンとエチレンとの共重合反応では,スチレンユニットの立体選択性が保たれたシンジオタクチックポリスチレン−ポリエチレン共重合体が得られる[2].また,エチレンとノルボルネンまたはジシクロペンタジエン(DCPD)との共重合反応では,それぞれのモノマーが交互に結合した完全交互共重合体が得られる[3].さらにDCPD,エチレン,スチレンの三成分共重合,イソプレンまたはα-オレフィンとDCPDとのランダム共重合や,スチレンとイソプレンの立体規則性二元または三元のブロック共重合など様々な炭化水素モノマー同士の共重合反応が進行する.

本錯体は各種オレフィンモノマーの位置および立体特異的重合反応や共重合反応に対する優れた触媒であり,今後本錯体を用いた新しい高分子材料の開発が期待される.

【関連錯体の紹介およびトピックス】他の類似錯体として,置換Cpジアルキル錯体[(C₅R₅)Sc(THF)(CH₂-SiMe₃)₂][4],ビス(アミノベンジル)錯体[(C₅Me₄SiMe₃)-Sc(o-CH₂C₆H₄NMe₂)₂][5],ビス(アリル)錯体[(C₅Me₄-SiMe₃)Sc(C₃H₅)₂][6],などが合成され構造が明らかにされている.いずれも標題の錯体と同様の高活性・高選択的な重合反応や共重合反応が進行する.また,本錯体と水素を反応させると,四核希土類ヒドリドクラスター[(C₅Me₄SiMe₃)Ln(μ-H)₂]₄(THF)ₙ(Ln=Sc, Y, Luなど)が得られる[1].

【島 隆則】

【参考文献】
1) M. Nishiura *et al.*, *Nature Chem.*, **2010**, *2*, 257.
2) Y. Luo *et al.*, *J. Am. Chem. Soc.*, **2004**, *126*, 13910.
3) X. Li *et al.*, *Angew. Chem. Int. Ed.*, **2005**, *44*, 962.
4) X. Li *et al.*, *J. Am. Chem. Soc.*, **2009**, *131*, 13870.
5) X. Li *et al.*, *Chem. Commun.*, **2007**, 4137.
6) N. Yu *et al.*, *Chem. Asian J.*, **2008**, *3*, 1406.

ScN₃SiS$_n$ (S = solvent)

【名称】［(4S,4′S,4″S)-2,2′,2″-ethylidynetris［4,5-dihydro-4-(1-methylethyl)oxazole-κ³］］［(trimethylsilyl)methyl］scandium(III) bis［tetrakis(pentafluorophenyl)borate］:[Sc(iPr-trisox)(CH$_2$SiMe$_3$)][B(C$_6$F$_5$)$_4$]$_2$

【背景】タクティシティー(立体規則性)や分子量分布など重合における分子触媒の研究は，これまでC_2あるいはC_1キラルな4族のメタロセンを中心に行われてきた．しかし，近年，メタロセンに代わる触媒開発が活発に行われ，その結果，三脚型配位子を用いたC_3キラルな3族の非メタロセン錯体が，1-ヘキセンの重合において極めて有効な触媒になることが見いだされた[1]．

【調製法】1-ヘキセンの重合に対して高い活性と立体規制性を示す[Sc(iPr-trisox)(CH$_2$SiMe$_3$)][B(C$_6$F$_5$)$_4$]$_2$は，CD$_2$Cl$_2$に溶解した2倍量の[Ph$_3$C][B(C$_6$F$_5$)$_4$]を固体である前駆体[Sc(iPr-trisox)(CH$_2$SiMe$_3$)$_3$]に直接加えることで赤色溶液として得られる．なお，その前駆体[Sc(iPr-trisox)(CH$_2$SiMe$_3$)$_3$]は[Sc(CH$_2$SiMe$_3$)$_3$(thf)$_2$]のトルエン溶液に−78℃でiPr-trisoxのトルエン溶液を1滴ずつ等量加えた後，室温まで温め，さらに30分撹拌することで白色沈殿として得られる．

【性質・構造・機能・意義】[Sc(iPr-trisox)(CH$_2$SiMe$_3$)][B(C$_6$F$_5$)$_4$]$_2$はCD$_2$Cl$_2$溶液中で赤色を呈し，^{1}H, ^{13}C, ^{19}F, ^{29}Si NMRにて同定された．一方，前駆体[Sc(iPr-trisox)(CH$_2$SiMe$_3$)$_3$]は，[Sc(CH$_2$SiMe$_3$)$_3$(thf)$_2$]とiPr-trisoxの反応溶液を撹拌せず，ゆっくり室温まで温めることで白色結晶として得られ，X線結晶解析にて構造が決定された．それは，トリスオキサゾリン配位子(iPr-trisox)がその3つのオキサゾリン部位でフェイシャルにスカンジウムに配位し，さらに3つのトリメチルシリルメチルが配位することで大きくひずんだ八面体構造を形成する．このひずみはかさ高いトリメチルシリルメチル基によってもたらされたものである．なお，この前駆体は炭化水素系溶媒には溶けず，ハロゲン系および配位性溶媒に対しては不安定である．

重合反応は，[Sc(iPr-trisox)(CH$_2$SiMe$_3$)$_3$]にC$_6$H$_5$Clに溶解された[Ph$_3$C][B(C$_6$F$_5$)$_4$]を加えることで得られた[Sc(iPr-trisox)(CH$_2$SiMe$_3$)][B(C$_6$F$_5$)$_4$]$_2$の赤色溶液を，直接1-ヘキセンを入れたシュレンク管に加えることで行った．その結果，21℃で重合を始めると4族のジルコニウムの非メタロセン錯体に匹敵する高い活性を示したが，立体規制性は低かった．−30℃まで下げると活性は低下した(ヘキセンやα-オレフィンとしては十分高い)が，高い立体規制性を示した．これまでジルコニウム錯体を中心とする4族のメタロセン錯体が，触媒としてα-オレフィン類の重合に有効であることはよく知られていたが，3族のスカンジウムの非メタロセン錯体も有望であることが示された．加えてC_3キラルな配位子の有効性も示されたことになり，重合における分子触媒の新たな研究領域を開拓したといえる．

【関連錯体の紹介およびトピックス】3族とランタノイド金属の非メタロセン錯体をオレフィンの重合反応の触媒として用いた場合，金属イオンのイオン半径が触媒活性と密接に関係することが示された[2,3]．また，これらの触媒のなかでも，トリアルキル錯体[M(CH$_2$SiMe$_3$)$_3$(thf)$_2$]の場合，モノアルキルの2価イオン[M(CH$_2$SiMe$_3$)(solvent)$_n$]$^{2+}$が触媒活性種であるとされた[2]．

〔川本達也〕

【参考文献】
1) L. H. Gade *et al., Angew. Chem. Int. Ed.*, **2005**, *44*, 1668.
2) J. Okuda *et al., Angew. Chem. Int. Ed.*, **2003**, *42*, 5075.
3) B. Hessen *et al., J. Am. Chem. Soc.*, **2004**, *126*, 9182.

ScN₄Cl

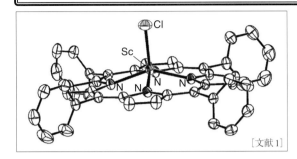

[文献1]

【名称】5,10,15,20-tetraphenylporphyrinato-scandium(III) chloride: [Sc(Cl)(TPP)]

【背景】種々の金属イオンを中心金属として取り込んだポルフィリン化合物の構造と性質を明らかにするために，希土類元素のなかで，最も原子番号の小さいスカンジウムイオン(Sc^{3+})を中心金属にもつポルフィリンが合成された．イオン半径の大きなスカンジウムイオンに，軸配位子を配位させることで構造が安定化し，その構造と吸収特性が明らかになった[1,2]．

【調製法】5,10,15,20-テトラフェニル-21H,23H-ポルフィリン(H_2TPP)を1-クロロナフタレンに溶解し，凍結脱気後アルゴンガスを封入後，約3.8当量の塩化スカンジウム($ScCl_3$)を添加して2時間程度還流する．その際，発生する塩化水素(HCl)を除去するため排気とアルゴンガス置換を行う．反応終了後，反応溶液を室温まで冷却し，未反応の$ScCl_3$をろ過後，ろ液を約5℃まで冷却することで目的物を得る．この沈殿物を脱気した1-クロロナフタレンに溶解し冷却法により結晶を得る．同定は，高速原子衝撃法質量分析スペクトル(FAB-MS)とX線結晶構造解析により行われた．FAB-MSでは，軸配位子である塩化物イオンが脱離した[Sc(III)(TPP)]$^+$に相当するピークがm/z 657.2に観測された[1]．

【性質・構造・機能・意義】この錯体は，可視域にポルフィリン環内のπ-π*電子遷移に起因する吸収帯を示す．ジクロロメタン溶液中では，422 nmにSoret帯吸収を，517, 554, 593 nmにQ帯吸収を示す．H_2TPPと比較すると，Soret帯は418 nmから422 nmへ低エネルギーシフトするのに対して，Q帯はH_2TPPの515, 552, 592, 640 nmの吸収ピークが上述の3つの吸収ピークへ変化し，最低励起一重項状態に対応する吸収帯は高エネルギーシフトする[1]．

X線結晶構造解析の結果，この錯体は平面四配位配位子であるTPP^{2-}と軸配位子として塩化物イオン(Cl^-)をもつ五座配位四角錐型の構造をとる．ポルフィリンコアの配位空間(最適金属イオン半径：0.60〜0.65 Å)[2]に比べて，Sc^{3+}のイオン半径(参考値：6配位のSc^{3+}の場合約0.88 Å)が大きいため，Sc^{3+}はポルフィリン面に対して約0.63 Å程度上部に存在する．Sc-N結合間距離は約2.14〜2.15 Å，Sc-Clの結合距離は2.35 Åである．赤外振動分光(IR)スペクトルでは，このSc-N伸縮振動に起因する強い吸収ピークが422 cm^{-1}に観測された[1]．

【関連錯体の紹介およびトピックス】類似錯体としてTPP配位子の代わりに，2,3,7,8,12,13,17,18-オクタエチルポルフィン(OEP)を，塩化物イオン軸配位子の代わりに様々な軸配位子を用いたスカンジウムポルフィリンが合成されている[3]．特に，通常の金属ポルフィリンと対照的に軸配位子としてメチル基($-CH_3$)をはじめとするアルキル基とスカンジウムイオンがσ結合した錯体[Sc(Me)(OEP)]や，シクロペンタジエニルとスカンジウムイオンがπ結合をした$η^5$型の錯体[Sc($η^5$-C_5H_5)(OEP)]が合成されている．[Sc(Me)(OEP)]は，n-ヘキサン中で，332(4.7), 392 nm(5.4)にSoret帯を，534(4.5), 576 nm(4.6)にQ帯を示し，[Sc($η^5$-C_5H_5)(OEP)]は，ジクロロメタン中で，390 nm(5.4)にSoret帯を，532(4.1), 568 nm(4.4)にQ帯を示す．(括弧内の値はlog$ε$, $ε$：モル吸光係数($M^{-1}cm^{-1}$)) また，水酸化物イオン(OH^-)の酸素原子が架橋した6座配位の二核錯体[Sc(OEP)($μ$-OH)$_2$Sc(OEP)]が合成されている．X線結晶構造解析の結果から，2つのOEP環は，約5.05 Å程度離れているために，ポルフィリン間の電子的相互作用はほとんどなく，単核錯体のものと同様の吸収のスペクトル形状をもち，ジクロロメタン中で，335(4.6), 404 nm(5.7)にSoret帯を，536(4.4), 574 nm(4.6)にQ帯を示す．このように，これらのスカンジウムポルフィリンの吸収帯は，いずれも，ポルフィリン環内のπとπ*軌道に起因している[3]．

【藤沢潤一】

【参考文献】
1) A. S. de Sousa et al., *J. Mol. Stru.*, **2008**, *872*, 47.
2) M. G. Sewchok et al., *Inorg. Chim. Acta*, **1988**, *144*, 47.
3) J. Arnold et al., *Organometallics*, **1993**, *12*, 3645.

SiC$_{10}$

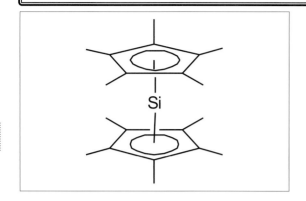

【名称】 decamethylsilicocene: Cp$^*_2$Si

【背景】 14族元素はカルベンに代表されるように酸化数IIの状態をとることができるが,そのような化合物は一般に不安定で,安定な化合物として合成・単離するためには何らかの工夫が必要である.そのような工夫として,シクロペンタジエニル配位子との π 錯体形成による安定化が有力である.これまでゲルマニウム,スズおよび鉛の二価化学種がシクロペンタジエニル配位子との π 錯体として合成・単離されているが,そのシリーズの最後となるはじめての安定なケイ素二価化学種が合成・単離され,構造の詳細や反応性が明らかになった[1].

【調製法】 テトラクロロシランとMe$_4$HC$_5$Liから合成した(Me$_4$HC$_5$)$_2$SiCl$_2$を t-ブチルリチウムによりジリチオ化し,ヨードメタンを加えて(Me$_5$C$_5$)$_2$SiCl$_2$を合成する[2].このようにして合成した(Me$_5$C$_5$)$_2$SiCl$_2$の1,2-ジメトキシエタン溶液に,−55℃でナトリウムナフタレニドの1,2-ジメトキシエタン溶液を加えて3時間撹拌する.その後,室温で12時間撹拌して溶媒を留去する.得られた茶色の残渣からペンタン可溶分を抽出し,ペンタンを除去した後,昇華精製を行い,Cp$^*_2$Siを得る(収率:(Me$_5$C$_5$)$_2$SiCl$_2$から49%).

【性質・構造・機能・意義】 結晶は無色で,一般的な非プロトン性溶媒によく溶ける.融点が169℃と熱的には安定であるが,空気中では非常に不安定である.^{29}Si NMRスペクトルでは−398 ppmという極めて高磁場領域にシグナルを与える.これはスズや鉛の類縁体でも見られる π 錯体に特有の性質である.

ジクロロメタン中でのサイクリックボルタンメトリーによると,−1.7 V(vs. SCE)までは還元されないことがわかった.一方,酸化側には0.4 V(vs. SCE)に不可逆な酸化過程がある.これは恐らくラジカルカチオンの生成に対応するものと考えられているが,詳細は明らかになっていない.さらに,0.8 Vから1.5 V(vs. SCE)にかけても不可逆な酸化過程があり,これはゲルマニウムやスズの類縁体でも見られる傾向である.

結晶中では2つの配座異性体が見られる.1つはフェロセン様の構造で,ケイ素は反転中心に位置し,2つのシクロペンタジエニル配位子は平行で,メチル基はねじれ型配座をとっている.もう1つの構造は折れ曲がり配座をとっており,2つのシクロペンタジエニル配位子のなす角は25°である.そのため,中心のケイ素はシクロペンタジエニル配位子からη^2/η^3型の配位を受けているが,ケイ素とシクロペンタジエニル配位子の中心との距離はいずれの構造においても2.1 Åと,ほぼ同じ値をとっている.

一方,電子線回折および理論計算をあわせた考察によると,気相中では折れ曲がり構造をとっていることが明らかになっている.

【関連錯体の紹介およびトピックス】 Cp$^*_2$Siと2当量のカテコールとの反応によりシリルカチオン Cp$^*_2$SiH$^+$ が生成する[3].理論計算により,低温においても様々な配位形式を有するフラクショナルな分子であることが示唆され,^{29}Si NMRと理論計算をあわせ用いて,溶液中では中心のケイ素がシクロペンタジエニル配位子からη^2/η^3の配位を受けた構造をとっていることが明らかにされた[4].

Cp$^*_2$SiとCp$^*_2$H$_2^+$・B(C$_6$F$_5$)$_4^-$との反応により Cp$^*_2$Si$^+$・B(C$_6$F$_5$)$_4^-$ が生成し,その分子構造がX線構造解析により明らかにされた[5].Si-Fの距離は比較的長く約3 Åで,ごく弱いカチオン部位とアニオン部位の相互作用が見られた.中心のケイ素はシクロペンタジエニル配位子からη^5型の配位を受けた構造をとっている.^{29}Si NMRスペクトルでは−400.2 ppmという極めて高磁場領域に,π 錯体に特有のシグナルを与える.

【斎藤雅一】

【参考文献】
1) a) P. Jutzi et al., Angew. Chem. Int., Ed. Engl., **1986**, 25, 164; b) P. Jutzi et al., Chem. Ber., **1989**, 122, 1629.
2) P. Jutzi et al., Chem. Ber., **1988**, 121, 1299.
3) P. Jutzi et al., Angew. Chem. Int., Ed. Engl., **1992**, 31, 1605.
4) T. Müller et al., Organometallics, **2001**, 20, 5619.
5) P. Jutzi et al., Science, **2004**, 305, 849.

SiN$_4$O$_2$

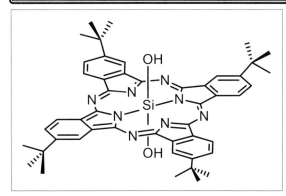

【名称】silicon(IV) 2,9,16,23-tetra-*tert*-butylphthalocyanine dihydroxide: SiPc(OH)$_2$

【背景】ケイ素フタロシアニン(SiPc)誘導体は，光励起により蛍光を発するとともに，一重項酸素を生成できる光機能性錯体である．その軸配位子の置換活性を利用して，光化学的に興味深い性質を示す誘導体がいくつか合成されている[1]．

【調製法】SiPc(OH)$_2$錯体は，以下のように合成される．4-*tert*-ブチルフタロニトリルを，金属 Na を溶解した無水メタノールに入れ，室温で1時間，70℃で6時間，アンモニアガスでバブリングする．放冷後，ろ過で沈殿を取り出し，水で洗浄することで，イソインドリン誘導体を得る．得られたイソインドリン誘導体を無水キノリンに溶解し，窒素気流下で四塩化ケイ素を加え，7時間加熱還流する．反応液を希塩酸，水で洗浄することにより塩やキノリンを除去する．得られた有機層をカラムクロマトグラフィーで精製することで，SiPc(OH)$_2$が得られる．

【性質・構造・機能・意義】トルエン溶液中で青色を呈し，358.5 nm ($\varepsilon = 8.3 \times 10^4$ M^{-1}cm^{-1})，678 nm ($\varepsilon = 2.7 \times 10^5$ M^{-1}cm^{-1})に Soret 帯，Q 帯と呼ばれるπ-π^*遷移吸収帯が観測される．また，682 nm に蛍光(寿命 6.8 ns, 量子収率 0.57)，77 K においては 1120 nm にりん光が観測される．励起三重項状態の量子収率は 0.34 であり，その寿命は 500 μs である(吸収極大 500 nm)．酸素存在下では，効率よく酸素分子へ励起状態のエネルギーを移動し，一重項酸素量子収率は 0.31 である．

合成直後は，塩化物イオンを軸配位子として有するが，希塩酸，水などで処理することで，水酸化物イオンへ交換できる．水酸化物イオンの軸配位子は，様々なアルコール，フェノール，カルボキシル基，トリアルキルクロロシランなどと脱水や脱 HCl の反応をすることが知られている．この反応を利用して，様々な軸配位子を有する誘導体が合成されている．軸配位子に OSi(CH$_3$)$_2$(CH$_2$)$_3$N(CH$_3$)$_2$ を有する SiPc 錯体は Pc 4 と呼ばれ，光線力学的治療(PDT)用光増感剤として，期待されている[2]．

4-ヒドロキシ TEMPO ラジカルとトルエン中で脱水反応を行うと，1つまたは2つの TEMPO ラジカルを軸配位子として有する SiPc 錯体を合成することができる．このようなラジカル結合型 SiPc 錯体は，励起状態における磁気的性質が変化し，励起状態寿命が著しく短くなることがわかっている．特に，励起三重項状態にある SiPc と二重項状態にある TEMPO ラジカルの磁気的相互作用は，時間分解 ESR により，詳細に調べられている[3]．これらの錯体は，光励起状態のスピン挙動を調べるうえで最適の錯体であることから，スピン化学の発展に大きく貢献してきている．

これらの発展として，磁気的性質の光制御，蛍光プローブの開発なども行われている．TEMPO ラジカルが2つ結合した SiPc 錯体を時間分解 ESR により測定することで，光励起直後，2つのラジカルスピンの三重項性が増加するという興味深い性質が見いだされている[4]．また，この SiPc 錯体は，TEMPO ラジカルによる蛍光の消光作用と TEMPO ラジカルのアスコルビン酸との反応性を併用することで，アスコルビン酸検出用蛍光プローブとしての利用も提案されている[5]．

【関連錯体の紹介およびトピックス】SiPc(OH)$_2$を高濃度で加熱すると脱水縮合が起こり，SiPc のポリマー，オリゴマーが合成される．オリゴマーは分子篩により，分離することができる．SiPc の面間距離は約 3.3 Å と見積もられており，ユニット間相互作用が大きい．電子吸収スペクトルでは，二量体(トルエン中 639.5 nm)，三量体(626.5 nm)，四量体(621.5 nm)となるに従って，Q 帯が短波長シフトする[6,7]．これは，励起子相互作用により説明でき，その大きなユニット間相互作用から，励起状態への電荷移動型相互作用の寄与も示されている．

【石井和之】

【参考文献】
1) K. Ishii *et al.*, *J. Am. Chem. Soc.*, **2001**, *123*, 702.
2) V. G. Colussi *et al.*, *Photochem. Photobiol.*, **1999**, *69*, 236.
3) K. Ishii *et al.*, *J. Phys. Chem. A*, **1999**, *103*, 1986.
4) K. Ishii *et al.*, *J. Am. Chem. Soc.*, **1998**, *120*, 10551.
5) K. Ishii *et al.*, *Chem. Commun.*, **2011**, *47*, 4932.
6) K. Ishii *et al.*, *Phys. Chem. Chem. Phys.*, **2010**, *12*, 15354.
7) N. Ishikawa *et al.*, *J. Phys. Chem.*, **1992**, *96*, 8832.

SiN$_6$

無

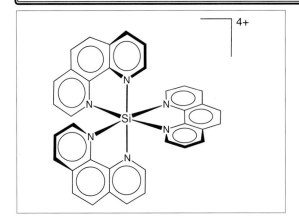

【名称】tris(1,10-phenanthroline)silicon(IV) ion: [Si(phen)$_3$]$^{4+}$ (phen=1,10-phenanthroline)

【背景】ケイ素は HSAB (Hard and Soft Acids and Bases) 理論によれば,かたい酸に分類され,かたい塩基である酸素やフッ素と親和性が高い.ケイ(IV)化合物は4配位四面体構造のものが多い.その他にも様々な配位数や構造をとることが知られているが6配位のものは比較的少ない.6配位八面体型の錯体の例としては6個の酸素原子が配位した[Si(acac)$_3$]$^+$ (Hacac=2,4-pentanedione=acetylacetone)がある.この錯体は光学分割できるが,水溶液中ではラセミ化することが報告されている[1].SiN$_6$ 型の[Si(phen)$_3$]$^{4+}$ は SiO$_6$ 型の[Si(acac)$_3$]$^+$ より安定性が低く加水分解を受けやすいと予想されるが,意外にも水溶液中で安定である[2].そこで,この錯体の光学分割とラセミ化に興味がもたれた.

【調製法】ラセミ-[Si(phen)$_3$]$^{4+}$ は SiI$_4$ と phen との反応で得られる[2].ラセミ-[Si(phen)$_3$](ClO$_4$)$_4$·0.5H$_2$O を SP-Sephadex C25 を充填したカラムの上端に吸着させ,0.08 M の吐酒石のナトリウム塩 Na$_2$[Sb$_2$((+)$_{589}$-tatrate)$_2$]で溶離させることにより2つのバンドに分かれる[3].Λ体, Δ体の順で溶離される.各バンドを含む溶出液を多量の水で希釈し SP-Sephadex C25 カラムに通すことにより,再度吸着させる.これを 1.0 M HCl で溶離し,エバポレーターで乾固して塩化物を得る.塩化物水溶液に NaClO$_4$ を加え,橙色の過塩素酸塩を単離する.

【性質・構造・機能・意義】(+)$_{589}$-[Si(phen)$_3$](ClO$_4$)$_4$·0.5H$_2$O の円二色性(CD)スペクトル(水溶液): Δε=+306 M^{-1}cm^{-1}(294 nm), Δε=−234 M^{-1}cm^{-1}(278 nm). 水溶液中でも安定でラセミ化しない[3].加水分解しない理由として,中心の Si^{IV} は疎水的な配位子に囲まれているため水の攻撃を受けにくいことが考えられる.上述の SP-Sephadex C25 カラムクロマトグラフィーにより先に溶離される(+)$_{589}$-体は紫外部に長波長から短波長にかけて(+)(−)の CD パターンを示すことから励起子理論(exciton theory)により Λ 体と帰属された.(+)$_{589}$-および(−)$_{589}$-[Si(phen)$_3$]$^{4+}$ 水溶液に溶離剤として用いた[Sb$_2$((+)$_{589}$-tatrate)$_2$]$^{2-}$ を加えると 334 nm 付近に会合に基づく吸収帯が出現する.ここから2段の会合の会合定数(K_1, K_2)が求められた.その結果,K_1 は両異性体とも非常に大きく分割には寄与しないが,K_2 は Λ 体(1.41×10^3 M^{-1})の方が Δ 体(1.07×10^3 M^{-1})より大きく,この違いにより Λ 体が先に溶離されることが説明された.さらにイオン対の構造が ^{1}H NMR スペクトルおよび経験的力場計算(MM2)から推定されている[3,4].

【関連錯体の紹介およびトピックス】①[Si(bpy)$_3$]$^{4+}$ (bpy=2,2′-bipyridine):ラセミ体のヨウ化物は,対応する phen 錯体と同様に SiI$_4$ と bpy との反応で得られる[1].光学分割は,SP-Sephadex C25 を充填剤,0.16 M ジベンゾイル(+)$_{589}$-酒石酸ナトリウムを溶離剤とするカラムクロマトグラフィーで行われた[5].(+)$_{589}$-[Si(bpy)$_3$](ClO$_4$)$_4$ の CD(水溶液):Δε=+208 M^{-1}cm^{-1}(340 nm), Δε=−72 M^{-1}cm^{-1}(310 nm). 水溶液中でも安定でラセミ化しない.

②[Si(ht)$_3$]$^+$ (ht=4-isopropyltropolonate(1−)=hinokitiolate(1−)):ht は非対称な二座配位子であり,そのトリス型錯体には4種の異性体(mer-Λ, fac-Λ, mer-Δ, fac-Δ)が可能である.SiCl$_4$ と Hht の反応で無色のラセミ体の塩化物が得られる.ラセミ体の光学分割は,[Sb$_2$((+)$_{589}$-tart)$_2$]$^{2-}$ とのジアステレオ異性塩の分別結晶によって行われ,難溶部分から Λ 体を得た.これは,mer-Λ 体と fac-Λ 体の混合物であり,カラムクロマトグラフィーで分離した.これら2錯体のラセミ化と異性化が報告されている[6].

【小島正明】

【参考文献】
1) S. K. Dhar et al., J. Am. Chem. Soc., **1958**, 80, 753.
2) D. Kummer et al., Z. Anorg. Allg. Chem., **1979**, 459, 145.
3) Y. Ohmori et al., Inorg. Chem., **1992**, 31, 2299.
4) Y. Ohmori et al., J. Coord. Chem., **1996**, 39, 219.
5) H. L. Liu et al., J. Coord. Chem., **1998**, 44, 257.
6) S. Azuma et al., Inorg. Chim. Acta, **1998**, 271, 24.

SmC₁₀O

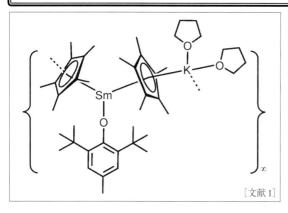

[文献1]

【名称】potassium bis(tetrahydrofuran)-[2,6-di(*t*-Bu)-4-methylphenolato]bis[(1,2,3,4,5-η)-1,2,3,4,5-pentamethyl-2,4-cyclopentadien-1-yl]samarate(+2): [K(thf)$_2$(μ-C$_5$Me$_5$)Sm(OC$_6$H$_2$^{t}Bu$_2$-2,6-Me-4)(μ-C$_5$Me$_5$)]

【背景】従来のメタロセン希土類錯体はエチレンなどの立体的に小さいモノマーに対しては高い重合活性を示すが,スチレンのような少し大きなモノマーに対しては重合活性を示さない.電子的および立体的に大きく異なる配位環境を有する新しい触媒を開発するため,シクロペンタジエニル配位子とアリールオキシド配位子をもつ配位子混合型の低原子価希土類錯体が設計・合成された[1].この錯体はエチレンとスチレンの両モノマー存在下でブロック共重合体を合成できる非常に特異な触媒である.

【調製法】この錯体の合成法は3種類ある[1].
① [Sm(OAr)$_2$(thf)$_3$] (Ar=C$_6$H$_2$^{t}Bu$_2$-2,6-Me-4)のTHF溶液をKC$_5$Me$_5$のTHF懸濁溶液に加え,室温でしばらく撹拌する.反応溶液を濃縮させ結晶化を行う.副生成物であるKOArはトルエンで洗浄して除去する.
② [(C$_5$Me$_5$)Sm(OAr)]のTHF溶液をKC$_5$Me$_5$のTHF懸濁溶液に加え,室温でしばらく撹拌する.反応溶液を濃縮後,THF/トルエンから再結晶を行うと目的化合物が濃緑色の結晶として得られる.
③ KOArと[(C$_5$Me$_5$)$_2$Sm(thf)$_2$]との反応からも得ることができる.②および③は副生成物が出ないので優れた合成法である.

【性質・構造・機能・意義】紫色の固体でTHFやトルエンなどの有機溶媒によく溶け,ヘキサンにもある程度の溶解度がある.不活性雰囲気下であれば,溶液状態でも安定である.空気中では速やかに分解する.構造は,中心のサマリウム金属周りにシクロペンタジエニル配位子が1つとアリールオキシド配位子が1つさらに(C$_5$Me$_5$)K(thf)$_2$が中性配位子として配位した構造と見ることができる.シクロペンタジエニル配位子とカリウムの間では分子間で相互作用があるため,無限構造となっている.オルト位にある*t*-ブチル基上の1つのメチル基とサマリウムの距離が3.176(8) Åとなっており,アゴスチック相互作用が示唆される.

中心のサマリウムの酸化状態は2価であり,強い一電子還元剤として機能し,エチレンやスチレンの重合触媒として機能する.例えば,エチレンの単独重合では,194 kg/(mol-Sm h)程度の高い重合活性を示し,分子量が数十万のポリエチレンを与える.またこのサマリウム錯体はスチレン重合に活性を示し,室温,40分で定量的にアタクチックポリスチレンを与える.さらにこの錯体はエチレンとスチレンの共重合に対して特異な反応性を示し,エチレンとスチレンの両モノマー存在下では,スチレンとエチレンのランダム重合体ではなく,ブロック共重合体が主生成物として得られる.通常,ブロック共重合体を合成するためには,モノマーを逐次的に添加する必要があるが,この触媒系では両モノマー存在下でブロック共重合体を合成できる点に大きな特徴がある.重合メカニズムの検討の結果,ポリエチレン鎖成長末端では両モノマーを取り込むことが可能であるが,ポリスチレン鎖成長末端ではスチレンモノマーとは反応するがエチレンとは反応しないため,選択的にエチレンとスチレンのブロック共重合体が生成する.[(C$_5$Me$_5$)$_2$Sm(thf)$_2$]や[Sm(OAr)$_2$(thf)$_3$]はスチレンの単独重合に対してさえまったく活性を示さず,非常に対照的である.

【関連錯体の紹介およびトピックス】類似の錯体として,アリールオキシド配位子の代わりにアミド,ホスフィド,チオラート,シリルやアルキル配位子を有する錯体[K(thf)$_2$(μ-C$_5$Me$_5$)Sm(ER)(μ-C$_5$Me$_5$)] (ER=N(SiMe$_3$)$_2$[2], PHC$_6$H$_2$^{t}Bu$_3$-2,4,6[2], SC$_6$H$_2$^{i}Pr$_3$-2,4,6[2], SiH$_3$[3], CH(SiMe$_3$)$_2$[3])が合成されている.この触媒系の中ではチオラート配位子を有する触媒が最も高いスチレンとエチレンのブロック共重合選択性(90〜92%)を示す[2,4].中心金属としてYb(II)を有する同様の錯体もあるが,Sm(II)に比べて還元力が低く,エチレンやスチレン重合に対する活性を示さない.【西浦正芳】

【参考文献】
1) Z. Hou *et al.*, *Organometallics*, **1997**, *16*, 2963.
2) Z. Hou *et al.*, *J. Am. Chem. Soc.*, **2000**, *122*, 10533.
3) Z. Hou *et al.*, *Organometallics*, **2003**, *22*, 129.
4) Z. Hou *et al.*, *Macromolecules*, **1998**, *31*, 8650.

SmC$_{10}$O$_2$

触 有

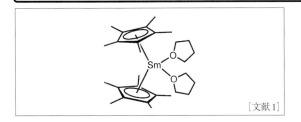

[文献1]

【名称】bis(pentamethylcyclopentadienyl)bis(tetrahydrofuran)samarium(+2)：[(C$_5$Me$_5$)$_2$Sm(thf)$_2$]

【背景】この錯体が合成されるまで，低原子価の有機希土類錯体はビスシクロペンタジエニル錯体(C$_5$H$_5$)$_2$Smのみであったが，有機溶媒に不溶なため，反応性に関する研究は少なかった．立体的にかさ高いペンタメチルシクロペンタジエニル配位子を用いることで，有機溶媒に可溶なサマロセン錯体の合成が可能となった．この錯体は有機合成や高分子合成の分野で数多くの特異な反応性を示し，有機希土類錯体化学を発展させた極めて重要な錯体である．

【調製法】2当量のKC$_5$Me$_5$を含むTHF懸濁溶液を[SmI$_2$(thf)$_2$]のTHF溶液に加え，室温でしばらく攪拌する．反応溶媒を減圧留去した後，トルエンを加えてしばらく攪拌する．ろ過によりKIを除去し，ろ液を減圧乾固し，THF/ヘキサンから再結晶を行うと目的化合物[(C$_5$Me$_5$)$_2$Sm(thf)$_2$]が紫色の結晶として得られる[1]．この錯体はサマリウムの金属蒸気とC$_5$Me$_5$Hとの反応によってはじめて合成されたが，特殊な実験設備が必要なことから一般的ではない．

【性質・構造・機能・意義】紫色の固体でTHFやトルエンなどの有機溶媒によく溶け，ヘキサンにもある程度の溶解度がある．不活性雰囲気下であれば，溶液状態でも安定である．空気中では速やかに分解する．構造は，シクロペンタジエニル配位子が2つ配位したサンドイッチ型錯体であり，サマリウム金属周りにTHFが2つ配位している．2つのシクロペンタジエニル配位子は平行ではなく，ベントメタロセン構造をとっている．サマリウムは常磁性であるが，NMR測定は可能であり，1.58 ppmにメチル基のピークと1.72と3.59 ppmにTHFのピークが観測される．

中心のサマリウムの酸化状態は2価であり，強い一電子還元剤として機能し，特異な反応性を示す．いくつかの代表的な反応例を紹介する．[(C$_5$Me$_5$)$_2$Sm(thf)$_2$]をTHF中，一酸化炭素と反応させるとメタロセン錯体2分子に対して3分子のCOが三量化し，C-Oの三重結合の切断を伴って，ケテンカルボキシレートユニットで架橋されたサマリウム四核錯体を与える[2]．錯体の構造はカルボキシル基で架橋された2核のサマリウムユニットが形成され，これがケテンのカルボニル基によってお互いが架橋されて四核構造となっている．この錯体のIRスペクトルでは，ケテンユニットに由来する強い吸収ピークが2100 cm^{-1}付近に観測される．さらに[(C$_5$Me$_5$)$_2$Sm(thf)$_2$]にブタジエンを反応させるとブタジエンの二量化反応が起こり対応するアリル錯体が得られる[3]．過剰のブタジエンが存在しても重合反応は進行しない．一方，この反応系にトリイソブチルアルミニウムを添加すると非常に高い活性でブタジエンの重合がリビング的に進行し，1,4-シスポリブタジエンが90%の選択性で得られる[4]．重合温度を-20℃で行うと最高99.5%まで1,4-シス選択性を上げることができる．これはブタジエンの1,4-シスリビング重合のはじめての例である．その後の研究により，サマリウム三価錯体とアルキルアルミニウムを含むカチオン性のアルキル錯体が触媒活性種であることが示唆された．

【関連錯体の紹介およびトピックス】[(C$_5$Me$_5$)$_2$Sm(thf)$_2$]をベンゼンまたはトルエンで再結晶すると，THF配位子が1つはずれた[(C$_5$Me$_5$)$_2$Sm(thf)]が得られ，高温減圧下で昇華するとTHFフリーの[(C$_5$Me$_5$)$_2$Sm][5]を得る．[(C$_5$Me$_5$)$_2$Sm]は配位不飽和な錯体であり，アルゴン雰囲気中に存在するTHF蒸気と反応して[(C$_5$Me$_5$)$_2$Sm(thf)$_2$]を与える．[(C$_5$Me$_5$)$_2$Sm]はビスTHF錯体[(C$_5$Me$_5$)$_2$Sm(thf)$_2$]に比べ高い反応性を示し，[(C$_5$Me$_5$)$_2$Sm]のトルエン溶液を窒素雰囲気下で，窒素ガスと反応し，side-onで配位した窒素錯体[{(C$_5$Me$_5$)$_2$Sm}$_2$(μ,η^2-N$_2$)]を生成する[6]．中心金属としてEu(II)[7]やYb(II)[8]を有する錯体も合成されているが，Sm(II)に比べて還元力が低く，反応に関する報告例は少ない．

【西浦正芳】

【参考文献】
1) W. J. Evans *et al.*, *J. Am. Chem. Soc.*, **1985**, *107*, 941.
2) W. J. Evans *et al.*, *J. Am. Chem. Soc.*, **1985**, *107*, 3728.
3) W. J. Evans *et al.*, *J. Am. Chem. Soc.*, **1990**, *112*, 2314.
4) S. Kaita *et al.*, *Macromolecules*, **1999**, *32*, 9078.
5) W. J. Evans *et al.*, *J. Am. Chem. Soc.*, **1984**, *106*, 4270.
6) W. J. Evans *et al.*, *J. Am. Chem. Soc.*, **1988**, *110*, 6877.
7) W. J. Evans *et al.*, *Organometallics*, **1986**, *5*, 1285.
8) T. D. Tilley *et al.*, *Inorg. Chem.*, **1980**, *19*, 2999.

SnC$_{10}$

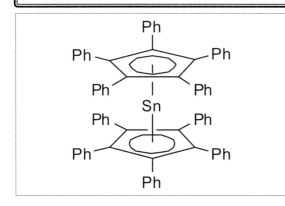

【名称】decaphenylstannocene：$(\eta^5\text{-}Ph_5C_5)_2Sn$

【背景】シクロペンタジエニル配位子を用いて，酸化数 II の 14 族元素化合物を安定な化合物として合成・単離することができる．はじめてのスタンノセン（Cp*$_2$Sn）の合成は 1979 年に報告され[1]，X 線構造解析により明らかになった分子構造は，2 つのシクロペンタジエニル配位子が 35°の折れ曲がり角をもつ，非対称な構造であった[2]．その後，炭素上の置換基がすべてフェニル基のデカフェニルスタンノセンが合成され，対称構造をもつ，はじめての典型元素サンドイッチ化合物であることが明らかになった[3]．

【調製法】ジエチルエーテル中，テトラフェニルシクロペンタジエノンにフェニルリチウムを作用させ，塩酸で処理をしてペンタフェニルシクロペンタジエノールを得る（収率：83％）．これに 48％臭化水素酸を加えてブロモペンタフェニルシクロペンタジエンを得る（収率：81％）．これにブチルリチウムを作用させて塩酸で処理すると，ペンタフェニルシクロペンタジエンを得る（収率：88％）．トルエン中，ペンタフェニルシクロペンタジエンとナトリウムの混合物を 110℃ に加熱し，ナトリウムが消失した後に反応溶液を室温まで冷却する．上澄みを除去し，残った固体を THF に溶かし，再結晶してナトリウムペンタフェニルシクロペンタジエンを得る（収率：95％）[4]．THF 中，ナトリウムペンタフェニルシクロペンタジエンに 0.5 当量の塩化スズ（II）を加えて撹拌する．その後，THF を留去し，トルエン可溶分を抽出してトルエンを除去すると，デカフェニルスタンノセンを得る（収率：73％）．ペンタフェニルシクロペンタジエンにブチルリチウムを作用させてリチオペンタフェニルシクロペンタジエンを調製し，これに 0.5 当量の塩化スズ（II）を加えても合成することができる（収率：45％）．

【性質・構造・機能・意義】結晶は鮮黄色で，一般的な非プロトン性溶媒によく溶ける．融点が 300℃ 以上と熱的には安定で，空気中でも安定であるが，水や酸と徐々に反応する．X 線構造解析により明らかになった分子構造はスズを対称心とする対称構造で，スズは 2 つの平行なシクロペンタジエニル配位子から η^5 型の配位を受けている．スズとシクロペンタジエニル配位子の中心との距離は約 2.4 Å で，デカメチルスタンノセンの場合とほとんど同じである．

溶液中の ^{119}Sn NMR では -2215 ppm にシグナルが観測されるが，この高磁場領域のシグナルはスズの π 錯体に特有であり，デカメチルスタンノセンで -2129 ppm に観測されていることと同様である．^{119}Sn メスバウワースペクトルも測定され，スズ上が折れ曲がった構造をもつデカベンジルスタンノセンのスペクトルとほとんど違いがなかったことから，スズ上の立体化学は ^{119}Sn メスバウワースペクトルにほとんど影響を与えないことがわかった[5]．

【関連錯体の紹介およびトピックス】Cp*$_2$Sn の分子構造が明らかになった直後，Cp$_2$Sn の X 線構造解析も報告され，Cp*$_2$Sn の分子構造と特段の差が見られなかった[6]．また，ナトリウムペンタフェニルシクロペンタジエンと CpSnCl との反応により，ヘテロレプティックなスタンノセン（Ph$_5$C$_5$）SnCp を合成することができる[3b,7]．この場合，平面構造をもつ 2 つのシクロペンタジエニル配位子は折れ曲がった配座をとっている．デカフェニルゲルマノセンおよびデカフェニルプルンボセンも，それぞれリチオペンタフェニルシクロペンタジエンとジヨードゲルミレンまたはジクロロゲルミレン-ジオキサン錯体および塩化鉛（II）との反応により合成できる[3b,7]．いずれも空気中で安定な錯体で，デカフェニルゲルマノセンは無色であるが，デカフェニルプルンボセンは濃赤色である． 【斎藤雅一】

【参考文献】
1) P. Jutzi *et al.*, *J. Organomet. Chem.*, **1979**, *164*, 141.
2) P. Jutzi *et al.*, *Chem. Ber.*, **1980**, *113*, 757.
3) a) J. J. Zuckerman *et al.*, *J. Am. Chem. Soc.*, **1984**, *106*, 4259; b) J. J. Zuckerman *et al.*, *Chem. Ber.*, **1988**, *121*, 1745.
4) D. E. Bergbreiter *et al.*, *J. Organomet. Chem.*, **1982**, *229*, 109.
5) J. J. Zuckerman *et al.*, *Chem. Ber.*, **1986**, *119*, 2656.
6) C. A. Stewart *et al.*, *J. Chem. Soc., Chem. Commun.*, **1981**, 925.
7) J. J. Zuckerman *et al.*, *J. Organomet. Chem.*, **1988**, *346*, 321.

SnN$_4$O$_2$

[文献1]

【名称】 dihydroxo(5,10,15,20-tetraphenylporphyrinato)tin(IV)：Sn(OH)$_2$porphyrin

【背景】 ポルフィリン金属錯体は，窒素配位子を認識するものは多く報告されているが，一方，酸素配位子を認識できるものは比較的少ない．水酸基やカルボキシル基などの認識は重要な課題であり，例えば，環境ホルモンやエストロゲンは，フェノール性の水酸基を有しているが，この官能基をいかにして認識するかは，生化学的な応用や，環境問題においても興味深い問題である．ここで報告されているスズポルフィリンは，カルボン酸などを結合する分子であり，ポルフィリンの剛直性や分子認識官能基導入の容易さを考えると，興味深い分子認識性ポルフィリンであるといえる．さらに，スズポルフィリンが2つの軸配位子をとることを利用して三次元的な構造体をつくることにも応用が可能である．

【調製法】 5,10,15,20-テトラフェニルポルフィリンと無水塩化スズ(II)とをピリジン中で1時間還流することによってスズ錯体の合成を行っている．反応終了後，水，メタノールで洗浄し，クロロホルムで抽出し，6M塩酸で洗浄することで，SnCl$_2$TPPを合成している．このSnCl$_2$TPPをクロロホルムに溶解し，塩基性アルミナを加えて5時間撹拌することによって，Sn(OH)$_2$TPPが得られる．Sn(OH)$_2$TPPとカルボン酸(2.4当量)をクロロホルムに溶解し，溶液を30分間撹拌し，硫酸ナトリウムを加えて，さらに2～3分間撹拌し，ろ過，溶媒の減圧留去，ジクロロメタン/ヘキサンからの再結晶によって2つのカルボン酸を軸配位子として持つスズポルフィリンの合成を行っている[1]．

【性質・構造・機能・意義】 Sn(OH)$_2$TPPの紫外可視吸収スペクトルは次のように観測される．電子吸収スペクトルは次の通りである．(CH$_2$Cl$_2$)λ_{max}402.8，424.0，558.6，598.3 nm．2つの酢酸アニオンを軸配位子としてもつスズテトラフェニルポルフィリンの電子吸収スペクトルは次の通りである．(CH$_2$Cl$_2$)λ_{max}401.3，422.5，556.6，595.7 nm．

【関連錯体の紹介およびトピックス】 単純なテトラフェニルポルフィリンだけではなく，環状ポルフィリン二量体，三量体のスズポルフィリンも同様に合成され，それぞれがカルボン酸などを認識することを報告している．また，酸素配位子を認識するポルフィリンとしては，アルミニウムポルフィリンの報告例[2]がある．これは，フェノールを認識するように設計されたものである．

【水谷　義】

【参考文献】
1) a) J. C. Hawley *et al., Chem. Commun.*, **1998**, 661; b) J. C. Hawley *et al., Chem. Eur. J.*, **2003**, 9, 5211.
2) K. Wada *et al., J. Org. Chem.*, **2003**, 68, 5123.

SnN$_4$Cl$_2$

有 電

【名称】［di(chloro)-5,10,15,20-tetrakis(phenyl)porphyrinato］tin(IV)：Sn(tpp)(Cl)$_2$

【背景】14族典型元素(Si, Ge, Sn)をもつポルフィリン錯体の1つである．Snを中心とする六配位錯体であり，共有結合性の強い2つの軸配位子をもつ．1948年にはじめて合成され[1]，錯体構造および電気化学特性に関する報告例が多い．本化合物は様々な軸配位子への交換が可能なため，それらの前駆体として利用されている[2]．

【調製法】フリーベースであるH$_2$tpp, SnCl$_2$を含むピリジン溶液を2時間還流する．還流中，空気酸化によりSnは+2価から+4価へ酸化される．冷却後，紫色の結晶が析出する．クロロホルム・トルエン混合溶液にて再結晶することにより精製する[1,2]．

【性質・構造・機能・意義】アセトン，エーテル，酢酸エチル，氷酢酸，メタノール，石油エーテルには不溶，ベンゼン，THFには難溶，ジクロロメタン，クロロホルム，ピリジンには易溶である[1]．meso位の置換基がトリル基の場合，可視吸収スペクトルの測定では428 nm(ε＝491000 M^{-1}cm^{-1})にSoret帯，および562 nm (ε＝18000 M^{-1}cm^{-1})，603 nm(ε＝14000 M^{-1}cm^{-1})にそれぞれQ帯が観測される．赤外吸収スペクトルの測定では，Sn-Clの伸縮振動数(ν＝309 cm^{-1})が観測される[3]．構造は，塩素原子を軸位とする六配位構造である．この錯体は結晶構造が得られており，Sn-Clの軸配位結合間距離は2.420(1) Å，ポルフィリン窒素原子との配位結合であるSn-Nは2.098(2) Åである[4]．

中心のSnは+4価の高原子価状態をとるため，他の金属ポルフィリン錯体と比較すると電子受容性が比較的大きい．一電子還元種は非常に安定であり，THF中におけるサイクリックボルタンメトリー(CV)測定では，完全な可逆還元波として得られる．1電子還元電位($E^{red}_{1/2}$)は-0.78 V vs. SCEである[3]．

アンモニア，アルカリ水溶液およびアルミナ粉末などの塩基性条件下の処理にて，軸配位子を簡便に水酸基へ置換できる．また，フェノール誘導体との反応によってフェノキシ基が，酢酸銀との反応によってカルボキシル基がそれぞれ軸配位子として導入される[2]．さらに，Ph$_2$Mgとの処理により，Sn-C結合の形成も可能である[5]．

【関連錯体の紹介およびトピックス】Sn(IV)ポルフィリン誘導体の構造および性質については，文献2)の総説に詳細に記載されている． 【白上 努】

【参考文献】
1) A. R. Menotti *et al.*, *J. Am. Chem. Soc.*, **1948**, *70*, 1080.
2) D. P. Arnold *et al.*, *Coord. Chem. Review.*, **2004**, *248*, 299.
3) K. M. Kadish *et al.*, *J. Chem. Soc., Dalton Trans.*, **1989**, 1531.
4) J. L. Hoard *et al.*, *J. Am. Chem. Soc.*, **1972**, *94*, 6689.
5) J. Arnold *et al.*, *J. Am. Chem. Soc.*, **1996**, *118*, 6082.

$Sn_2C_4O_4$

【名称】dibutyldimethoxystannane, dibutyltin dimethoxide：$[(CH_3(CH_2)_3)_2Sn(OCH_3)_2]_2$

【背景】$(C_4H_9)_2Sn(OCH_3)_2$で表されるシンプルな構造の有機スズであるが，通常不活性な二酸化炭素と速やかに反応しスズカーボネートを与えることが古くから知られていた[1]．現在では，$(C_4H_9)_2Sn(OCH_3)_2$やその誘導体の誘導体を用いて，二酸化炭素固定を経るジアルキルカーボネートの合成研究が盛んに行われている．

【調製法】ジブチルスズジメトキシドは，ジブチルスズジクロリドとナトリウムメトキシドとをメタノール中で加熱することで合成できる．副生する塩化ナトリウムは，ろ過で除くことが困難なため遠心分離によって除去する．その後，減圧下で溶媒留去し，得られた粗生成物を減圧蒸留で精製する[2]．ジブチルスズジアルコキシドの合成法として，ジブチルスズオキシド($Bu_2Sn=O$)とアルコールから2段階で合成する方法も報告されている．この方法では，ジブチルスズオキシドとアルコールとの反応による1,1,3,3-テトラブチル-1,3-ジアルコキシジスタノキサン($Bu_2Sn(OR)OSnBu_2(OR)$)の合成に続いて，ジスタノキサンの不均化反応を行うことで，目的とするジブチルスズジアルコキシドとジブチルスズオキシドが得られる．ところが，この合成法に含まれる2つの反応はいずれも比較的高温で行われる（それぞれ，80～110℃，180～220℃）ことから，メタノールを溶媒に用いた合成は実用的でない．そこで，改良法として，別途合成した1,1,3,3-テトラブチル-1,3-ジアルコキシジスタノキサンあるいは，ジブチルスズオキシドをオートクレーブ中でメタノール，ジメチルカーボネートと加熱する方法が報告されている[3]．現在はジブチルスズジメトキシドを市販品として入手することも可能である．

【性質・構造・機能・意義】無色の液体で蒸留による精製が可能（沸点126～128℃/0.05mmHg）．空気中で徐々に加水分解を受けジブチルスズオキシドを与える．メトキシ基の酸素が橋掛けした二量体構造をもち，スズは5配位となる．^{119}Sn NMRでは，高磁場側（−160ppm）にスズのシグナルが観測され，^{13}C NMRではブチル基に帰属されるシグナルとともに，51.9ppmにメトキシ炭素が観測される．

1967年，Daviesは，ジブチルスズジメトキシドがアルキルイソシアネートや二硫化炭素など不飽和化合物と反応することを報告した[1]．この反応ではスズメトキシド部分が段階的に不飽和化合物と反応するため，1当量あるいは2当量のフェニルイソシアネートと反応を行うと，それぞれモノカーバメート（$Bu_2Sn(OMe)-NPhCOOMe$），ジカーバメート（$Bu_2Sn(NPhCOOMe)_2$）をNMRで確認できる．ジブチルスズジメトキシドは，二酸化炭素とも反応することが可能で，乾燥した二酸化炭素を通じると，発熱的に反応が進行し粘性の高いオイル状生成物を与える．IRで1620 cm^{-1}にカルボニル基に帰属される吸収が観測されたこと，^1H NMRで3.6 ppmに1種類のメトキシ基が観測されたこと，オイル状生成物を加水分解したところ，定量的にジブチルスズオキシド（$Bu_2Sn=O$）が得られると同時に1.84当量の二酸化炭素が発生したことから，Daviesらはオイル状生成物の主成分をジカーボネート（$Bu_2Sn(OCOOMe)_2$）と考えた．

【関連錯体の紹介およびトピックス】本錯体は二酸化炭素とメタノールとを原料に炭酸ジメチル(DMC)を合成する際の触媒として利用されるが，触媒の失活を防ぐためには副生してくる水の除去が必須である．

$$2MeOH + CO_2 \rightarrow (MeO)_2CO + H_2O$$

坂倉らは脱水剤としてケタールを添加し，良好な収率で炭酸ジメチルを得ることに成功した[4]．また，ジブチルスズオキシドにメタノールと脱水剤としてケタールを加え，二酸化炭素加圧下で加熱した後に，この混合物の^{119}Sn NMRを測定したところ，1：1の比で−174，−181 ppmに2本のシグナルが観測された．このことから，炭酸ジメチル合成反応の触媒は本錯体（$(C_4H_9)_2Sn(OCH_3)_2)_2$）ではなく，$(Bu_2Sn(OMe)OSnBu_2(OMe))_2$と考えられる[5]．

【折田明浩】

【参考文献】
1) A. G. Davies *et al., J. Chem. Soc. C*, **1967**, 1313.
2) D. L. Alleston *et al., J. Chem. Soc.*, **1962**, 2050.
3) E. N. Suciu *et al., J. Organomet. Chem.*, **1998**, *556*, 41.
4) T. Sakakura *et al., J. Org. Chem.*, **1999**, *64*, 4506.
5) K. Kohno *et al., J. Organomet. Chem.*, **2008**, *693*, 1389.

$Sn_4C_8O_2Cl_4$

```
        Bu  Bu Bu  Bu
         \  /   \  /
    Cl—Sn—O—Sn—Cl
         |       |
    Cl—Sn—O—Sn—Cl
         /  \   /  \
        Bu  Bu Bu  Bu
```

【名称】1,1,3,3-tetrabutyl-1,3-dichlorodistannoxane, bis(dibutylchlorotin)oxide：$[(CH_3(CH_2)_3)_2Sn(Cl)OSn(Cl)-((CH_2)_3CH_3)_2]_2$

【背景】本錯体はジブチルスズジクロリド(Bu_2SnCl_2)とジブチルスズオキソ($Bu_2Sn=O$)との反応をはじめ，いくつかの方法で合成できることが古くから知られていた．ジスタノキサンの正確な構造は長い間明らかにされていなかったが，大河原らはジスタノキサンがラダー型二量体構造を有していることを明らかにした[1]．ジスタノキサンはマイルドなLewis酸であることから空気中でも取り扱うことが可能で，特にエステル交換反応の触媒として高い活性を示す．

【調製法】ジスタノキサン誘導体は様々な方法で合成することができる．例えば，$[R_2Sn(Cl)OSn(Cl)R_2]_2$は，①ジアルキルスズオキソ($R_2Sn=O$)と塩化水素との反応，②ジアルキルスズジクロリド(R_2SnCl_2)の塩基による部分加水分解，③ジアルキルスズジクロリド(R_2SnCl_2)とアルキルスズオキソ($R_2Sn=O$)との反応，④ジスタナン$R_2Sn(Cl)Sn(Cl)R_2$の酸化によって得ることができる．一般に，ジアルキルスズジクロリド(R_2SnCl_2)とアルキルスズオキシド($R_2Sn=O$)の両方が入手可能ならば，③の方法が最も簡便で，大量合成にも適している．$[Bu_2Sn(Cl)OSn(Cl)Bu_2]_2$はトルエンあるいはベンゼン中で$Bu_2SnCl_2$と$Bu_2Sn=O$を1：1の比で加熱還流した後，ヘキサンから再結晶することで無色の結晶として得ることができる（融点112℃）．

【性質・構造・機能・意義】構造式$[R_2Sn(X)OSn(X)R_2]_2$で表されるジスタノキサンは，結晶中および溶液中でラダー型二量体構造を有する．中心骨格にはSn-O-Snという無機性の化学結合をもつが，その特異な二量体構造によって，中心骨格のメタロキサンがアルキル基で覆われる．そのため，ジスタノキサンは大抵の有機溶媒に高い溶解性を示す．$[Bu_2Sn(Cl)OSn(Cl)-Bu_2]_2$の^{119}Sn NMRを測定すると，二量体構造に起因する2種類のスズが-139.8 ppmと-92.0 ppmに観測される．IRではSn-O-Snに由来する強い吸収が600 cm^{-1}付近に観測されるが，これはポリメリックな構造を有するSnO_2やMe_2SnOに見られる吸収帯と一致する．Xにハロゲンやヘテロ原子を有するジスタノキサン$[R_2Sn(X)OSn(X)R_2]_2$はラダー型二量体構造を示すが，$R_3SnOSnR_3$で表されるスズオキシドはモノメリックなことから，置換基Xのスズへの配位が二量体構造形成に必要なことがわかる．また，中心骨格Sn-O-Snの酸素を硫黄で置換した$R_2Sn(X)SSn(X)R_2$もモノメリックな構造を有することが知られている．

$[R_2Sn(X)OSn(X)R_2]_2$中のXで表されるハロゲンやヘテロ原子はスズへの配位によって活性化されており，容易に置換反応を受ける．例えば，$[Bu_2Sn(Cl)-OSn(OH)Bu_2]_2$はメタノールと撹拌することで速やかに$[Bu_2Sn(Cl)OSn(OMe)Bu_2]_2$を与える．また，4つのスズは，酸素あるいは置換基Xの配位によっていずれも三角両錐形五配位の構造をもつことから，高いLewis酸性を示す．これらの特徴から，ジスタノキサン$[Bu_2Sn(X)OSn(X)Bu_2]_2$は，アルコールとイソシアナートとの反応によるウレタン合成をはじめとして，エステル交換反応，エステル化反応，ラクトン化反応，アセタール化反応の優れた触媒として有機合成に利用することができる．

【関連錯体の紹介およびトピックス】フルオラスジスタノキサン$[(C_6F_{13}C_2H_4)_2Sn(Cl)OSn(Cl)(C_2H_4C_6-F_{13})_2]_2$はメタロキサン中心がフルオロアルキル基で覆われていることから，有機溶媒よりもFC-72などフルオラス溶媒へ高い溶解性を示す．フルオロアルキル錯体をフルオラス溶媒に，エステルとアルコールをトルエンなど有機溶媒に溶解し，これらをオートクレーブ中で加熱すると，エステル交換反応が速やかに進行する．また，反応後にはフルオラス層と有機層を分離することで触媒を簡単に回収することができるので，触媒の再利用も可能である．一般にエステル交換反応は平衡反応であることからエステルかアルコールの一方を過剰に用いる，あるいは生成物を系外に取り出すことで平衡を生成物側に偏らせることが必要であるが，フルオロアルキル錯体を用いた反応では化学量論量のエステルとアルコールを用いることで速やかに反応が進行する．

【折田明浩】

【参考文献】
1) R. Okawara *et al.*, *Adv. Organomet. Chem.*, **1967**, *5*, 137.
2) J. Otera, *Acc. Chem. Res.*, **2004**, *37*, 288.

$[SnI_6]_n$

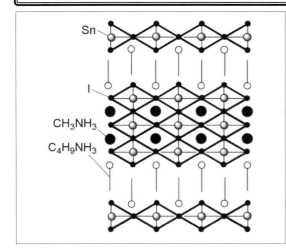

【名称】$(C_4H_9NH_3)_2(CH_3NH_3)_{n-1}Sn_nI_{3n+1}$

【背景】多くの2価イオンはハロゲンと層状ペロブスカイト構造を形成し，層間に有機カチオンを取り込むことで，二次元的な無機層状構造と有機カチオン層との分離構造をとる．有機-無機複合遷移金属ハロゲン化物は多くの場合絶縁体であるが，14族元素を金属として利用した場合には，ギャップの狭い半導体としてふるまう．さらには挿入する有機分子によって，ペロブスカイト積層構造の積層周期も変化させることができる．特に金属としてSnを用いた場合に比較的狭いバンドギャップを示し，その伝導挙動はペロブスカイト構造の積層周期nに依存することが示され，さらに$(CH_3NH_3)SnI_3$では金属的な伝導性さえ示すことが明らかにされた[1]．また，単結晶を用いることでさらにより定量的な議論を行うために，多様な有機カチオンに置換したA_2SnI_4が合成され，系統的な伝導度測定が行われた[2]．

【調製法】90℃でSnI_2と$C_4H_9NH_2\cdot HI$ / $CH_3NH_2\cdot HI$のヨウ化水素酸溶液を各々作成する．$n=1\sim 3$については化学量論比の両溶液を使用する．$n=4, 5$には過剰量の$(CH_3NH_3)SnI_3$を必要とする．SnI_2の溶液と，有機アミンの溶液を混合し，90℃から-10℃にゆっくりと温度を下げると，$n=1$では暗赤色，$n=2\sim 5$では黒色の板状結晶が得られる．その他の有機カチオンを用いる場合も，対応する有機カチオンを化学量論比で用い，同様の手順で合成を行う．

【性質・構造・機能・意義】伝導度測定は$n=1\sim 5$と三次元的な$(CH_3NH_3)SnI_3$についてペレット状サンプルで行われた．nが増加するにつれて抵抗率は低下し，$n<3$での半導体的挙動から$n>3$での金属伝導へと転移する．$n=3$では，温度の低下とともに抵抗率は下がるが，ペレット形成による粒界抵抗のために75Kで上昇を始める．$n=4, 5$はより金属的で，20K以下でわずかに上昇する．$n=3, 5$のペレットに対するホール効果測定からは，両者ともに電荷担体はホールであることが示されたが，より金属的な$n=5$ですら，キャリア密度は7×10^{18} cm^{-3}であり，銅酸化物超伝導体よりも2桁小さく，Sn原子1個あたり0.002しかない．比較のために，等方的な$(CH_3NH_3)SnI_3$では，キャリア密度は$0.003\sim 0.005$である．

このような伝導性をさらに定量的に理解するために，多様な有機カチオンに対してA_2SnI_4の単結晶が合成された．$n=1$の単結晶も合成され，伝導度測定が行われたが，伝導度はペレットの場合より3桁の向上を見せ，さらに230Kでの構造相転移に由来する抵抗率の異常も観察された．また，その他のカチオンを用いた場合に，カチオンの種類に大きな依存性を示すものの，全般的にはこの系に対する高伝導性が確認された．また，いずれの結晶も低温では活性化型の半導体的挙動を示した．これらの複合錯体は，構造上1 eVを上回るバンドギャップをもつが，実験的に見積もられた活性化エネルギーは非常に小さく，価電子帯の幅が大きいほど小さくなることがわかった．このことは価電子帯の直上にアクセプター準位が位置しており，価電子帯の幅が大きいほどアクセプター準位に接近することができるとして理解できる．このアクセプター準位はどこから形成されるかというと，価電子帯の主要構成成分はSnI_4^-ユニットであることから，これに近接する準位は，このユニットが酸化された状態である．すなわち，$SnI_4^{(2-x)-}$のような形で自発的なホールドープが起こることで，高伝導性が実現されると解釈できる．

【関連錯体の紹介およびトピックス】金属として鉛を用いた層状ペロブスカイト構造ハロゲン化物$A_2(CH_3NH_3)_{n-1}Pb_nI_{3n+1}$（A＝cation）について，積層周期と電子構造との関係や構造と光学特性の有機カチオン依存性が調べられている[3]．

【小島憲道・榎本真哉】

【参考文献】
1) a) D. B. Mitzi *et al., Nature*, **1994**, *369*, 467; b) D. B. Mitzi *et al., J. Solid State Chem.*, **1995**, *114*, 159.
2) Y. Takahashi *et al., Chem. Mater.*, **2007**, *19*, 6312.
3) a) T. Umebayashi *et al., Phys. Rev. B.*, **2003**, *67*, 155405; b) T. Ishihara *et al., Phys. Rev. B.*, **1990**, *42*, 11099; c) N. V. Venkataraman *et al., Phys. Chem. Chem. Phys.*, **2002**, *4*, 4533.

TaH₃C₁₀

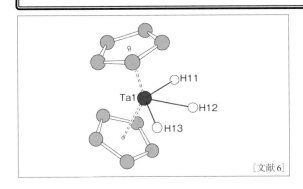

[文献6]

【名称】bis(η^5-cyclopentadienyl)trihydro-tantalum(V): [Cp$_2$TaH$_3$]

【背景】5族メタロセントリヒドリド錯体はその構造的・電子的性質からd^{0}錯体やd^{2}錯体に特有の反応性を示す．Cp$_2$TaH$_3$は，同族のCp$_2$NbH$_3$と反応性や構造に関して比較されてきた[1]．

【調製法】NaCpとNaBH$_4$の混合物にTaCl$_5$を加えるだけの初期の簡便な合成法があるが，収率は低い[2]．その後，4価の中間体Cp$_2$TaCl$_2$を経由する2段階の合成法が常用されている[3]．TaCl$_5$のCH$_2$Cl$_2$溶液に室温で3倍モル量のCpSnBu$_3$を滴下し，15時間撹拌する．ろ過後，ろ液にトルエンを加え1/3程度の体積になるまで濃縮し，これを−20℃に冷却することで，緑色結晶を得る．再結晶を繰り返すことで，総収率87％でCp$_2$TaCl$_2$を得る．次に，このトルエン溶液に低温でRed-Alを加えた後，室温まで昇温し12時間撹拌する．0℃に冷却し，脱気した水を加える．ろ過，トルエンで洗浄後，ろ液から溶媒を留去する．残査を昇華（105℃/10^{-3}mmHg）により精製すると，無色結晶として目的物を42％の収率で得る．他のCp誘導体も本法により合成される[4]．反磁性のイミド錯体Cp$_2$Ta(=N^{t}Bu)Clを原料とする合成法も知られ，収率の向上がみられる[5]．

【性質・構造・機能・意義】本錯体の構造は中性子線回折によって決定されている．Cp基どうしはeclipsed配座をとりC_{2v}対称性をもつ．ヒドリド配位子については，Ta-H結合の平均は1.774(3) Åで，H$_{endo}$…H$_{exo}$距離は1.85 Åとvan der Waals距離（2.2〜2.4 Å）よりも短く，H11-Ta1-H13結合角は125.8(5)°と大きい[6]．

^{1}H NMRスペクトルにおいて，ヒドリド配位子H$_{endo}$とH$_{exo}$はAB$_2$型でカップリングする（J_{A-B} = 9.5 Hz）．同族のCp$_2$NbH$_3$で観測されるヒドリド配位子のquantum mechanical exchange coupling現象はCp$_2$TaH$_3$の場合には観察されない[7]．

H$_{endo}$の方がH$_{exo}$より塩基性が高いと考えられている．実際，H$_{endo}$のヒドリド配位子は，AlEt$_3$やB(C$_6$F$_5$)$_3$などのLewis酸の他，LiBEt$_4$やLiAlEt$_4$とも配位し，錯体を形成する[8]．また，親電子試薬であるMeI，HClやMe$_2$SnCl$_2$との反応においても，H$_{endo}$が優先的に反応し，Cp$_2$TaH$_2$X（X=I, Cl, SnMe$_2$Cl）を与える[9a,b]．C$_6$F$_5$Iとはハロゲン結合を形成する[9c]．

L型配位子（一酸化炭素，エチレン，アルキン，三級ホスフィンなど）とは，加熱により可逆的な水素分子の脱離を起こし，Cp$_2$TaH(L)を与える．Cp*や$ansa$-型Me$_2$Si(C$_5$Me$_4$)$_2$支持配位子による立体・電子的効果も報告されている[4c]．また，PhMe$_2$SiHとの反応においても，H$_{endo}$がシリル基と交換した錯体が生成する[3a]．

【関連錯体の紹介およびトピックス】本錯体を塩基で処理するとアニオン性錯体[Cp$_2$TaH$_2^-$]が生成する[3a,10]．近年，これをシントンに用いるルテニウムやロジウムを含む異種金属ヒドリド錯体の合成が報告されている[10]．

【大石理貴】

【参考文献】

1) A. Antiñolo et al., *Coord. Chem. Rev.*, **1999**, *193-195*, 43.
2) M. L. H. Green et al., *J. Chem. Soc.*, **1961**, 4854.
3) a) M. J. Bunker et al., *J. Chem. Soc., Dalton Trans.*, **1980**, 2155; b) M. D. Curtis et al., *Organometallics*, **1985**, *4*, 701.
4) a) V. C. Gibson et al., *Organometallics*, **1986**, *5*, 976; b) A. Antiñolo et al., *J. Chem. Soc., Chem. Commun.*, **1988**, 1210; c) J. H. Shin et al., *Chem. Commun.*, **1999**, 887.
5) A. E. Findlay et al., *Dalton Trans.*, **2010**, *39*, 9264.
6) R. D. Wilson et al., *J. Am. Chem. Soc.*, **1977**, *99*, 1775.
7) D. M. Heinekey, *J. Am. Chem. Soc.*, **1991**, *113*, 6074.
8) a) F. N. Tebbe, *J. Am. Chem. Soc.*, **1973**, *95*, 5412; b) L. H. Doerrer et al., *J. Chem. Soc., Dalton Trans.*, **2000**, 813; c) M. D. Fryzuk et al., *Inorg. Chim. Acta*, **1997**, *259*, 51.
9) a) J. H. Shin et al., *Organometallics*, **1998**, *17*, 5689; b) T. M. Arkhireeva et al., *J. Organomet. Chem.*, **1986**, *317*, 33; c) D. A. Smith et al., *J. Am. Chem. Soc.*, **2014**, *136*, 1288.
10) T. G. Ostapowicz et al., *Inorg. Chem.*, **2015**, *54*, 2357.

TaC₂N₃Cl₂

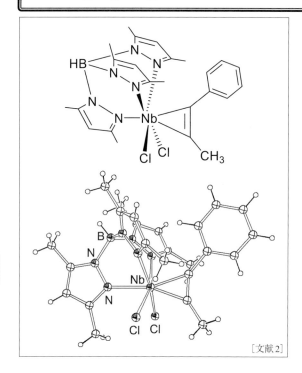

[文献2]

【名称】dichloro (1-phenyl-1-propyne) [tris (3,5-dimethylpyrazolyl) hydroborato] niobium (III) : [NbCl₂Tp*(PhC≡CCH₃)]

【背景】トリスピラゾリルボラト(Tp)は，金属に対して三座facial型で配位するため，様々な金属錯体が合成されている．この配位様式はシクロペンタジエニル配位子と類似していることから，電子的・立体的要因に関する比較検討が数多く行われている．本配位子の配位構造からscopionate配位子と呼ばれる[1]．標題錯体は3位と5位がメチル基で置換されたトリスピラゾリルボラトとアルキン配位子を有する代表的なNb錯体である[2]．

【調製法】無水NbCl₅と2当量のトリブチルスズヒドリドとの反応を1,2-ジメトキシエタン(DME)中で行うことにより得られる[NbCl₃(dme)][3]のCH₂Cl₂懸濁液にPhC≡CCH₃を加え撹拌する．得られた生成物をジクロロメタン/ペンタンから再結晶することにより，アルキン錯体[NbCl₃(PhC≡CCH₃)(dme)]が得られる[4]．これにTp*のカリウム塩をTHF中室温で反応させる．溶媒を除去し，トルエンで抽出した後，ヘキサンを加えることにより赤色固体が得られる．配位アルキンの向きが異なる2種類の異性体として存在する．種々の内部アルキン錯体が同様の反応で合成できる[2]．

【性質・構造・機能・意義】ピラゾリル基の3,5-位が水素であるトリスピラゾリルボラト配位子はTp，メチル基のものはTp*と略記される．また，異なるピラゾリル基を有するHetero-Tp配位子の合成も行われている．Tp配位子は3つの窒素で金属に配位するだけでなく，2つの窒素が配位するといった多彩な配位様式を示す．

一連の錯体において，Nbに対するアルキンの配位に関する詳細が検討されている．TpNbフラグメントの鏡面上にアルキン配位子が位置する構造をとる．本錯体のアルキンの配位は，三価(d^2)η^2-アルキン錯体(**1**)よりはむしろ，金属からのπ逆供与により五価(d^0)メタラシクロプロペン錯体(**2**)であると結論づけられている．さらに，MO計算から，メタラサイクルのC-C二重結合が金属へπ供与し，アルキン配位子は形式的に四電子供与配位子(**3**)として作用している[5](図1)．

図1　アルキンの配位様式[5]

アルキンが四電子供与配位子として作用する場合，^{13}C NMRにおいて特徴的な低磁場シフトが観測される．これらの錯体の配位アルキン炭素は219〜265 ppmに観測される．

【関連錯体の紹介およびトピックス】TpはCpに比べ配位子場の弱い配位子であり，FeCp₂(フェロセン)とは異なりFeTp₂は常磁性を示す[6]．また，Tp配位子のHB架橋部位をRCに代えたトリスピラゾリルメタン配位子を有する金属錯体も知られており，電子的な修飾を容易に施すことができる点でも興味深い配位子群である．さらに，Tp配位子を用いた研究は有機金属錯体の範疇に留まることなく，生物無機化学の分野においても注目を集めている[7]．

【山口佳隆】

【参考文献】
1) S. Trofimenko, *Chem. Rev.*, **1993**, *93*, 943.
2) J. L. Templeton *et al.*, *Organometallics*, **1991**, *10*, 3801.
3) S. F. Pedersen *et al.*, *J. Am. Chem. Soc.*, **1987**, *109*, 6551.
4) S. F. Pedersen *et al.*, *Organometallics*, **1990**, *9*, 1414.
5) M. Etienne *et al.*, *Organometallics*, **1996**, *15*, 1106.
6) S. Trofimenko *et al.*, *J. Am. Chem. Soc.*, **1967**, *89*, 3158.
7) a) N. Kitajima *et al.*, *Prog. Inorg. Chem.*, **1995**, *43*, 419; b) M. Etienne, *Coord. Chem. Rev.*, **1996**, *156*, 201; c) 穐田宗隆ほか, 有機合成化合協会誌, **1999**, *57*, 619.

TaC₃N₂P

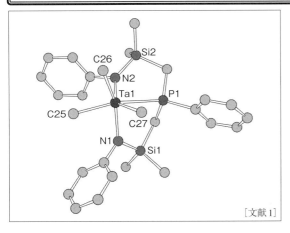

[文献1]

【名称】trimethyl[1,1′-[(phenylphosphini dene-κ*P*)bis-(methylene)]bis[1,1-dimethyl-*N*-phenylsilanaminato-κ*N*]]tantalum(V):[(NPN)TaMe₃]

【背景】窒素分子の捕捉とside-on配位によるN-N結合活性化に有効な前周期金属錯体を設計するため, 種々の金属と配位子の組合せが検討されてきた. 本錯体から誘導される配位不飽和なタンタルヒドリド錯体によって窒素分子の活性化と新規変換反応が可能となった[1].

【調製法】PhNHSiMe₂CH₂Cl(2倍モル量)とPhPH₂(1倍モル量)のエーテル溶液に4倍モル量のBuLiを0℃で加えた後, 2時間撹拌する. 溶媒を留去し残渣をトルエンで抽出する. さらに, 溶媒を除き, ヘキサンを加え沈殿させ, これに約4倍モル量のTHFを加えることで固体を溶解させる. この溶液を冷却すると1時間の間に中間体[NPN]Li₂(THF)₂を無色結晶として85%の収率で得る. これをエーテルに溶解させ, -78℃でTaMe₃Cl₂のエーテル溶液を滴下する. 室温まで昇温すると白色沈殿が生じ, 溶媒を留去した後, トルエンで抽出する. セライトろ過と溶媒の除去後, 残渣を少量のヘキサンで洗浄することで焦げ茶色の不純物が除かれる. 減圧乾燥の後, [NPN]TaMe₃を淡黄色固体として80%の収率で得る.

【性質・構造・機能・意義】本錯体は湿気や酸素に敏感で, 無水・不活性ガス雰囲気下で扱われる. 結晶構造において, NPN配位子はタンタル中心にfacialで配位し, 3つのメチル基は互いに*cis*配置を占め, 歪んだ八面体型構造をとる. 七配位錯体である[P₂N₂]TaMe₃と比較して, Ta-P結合は2.7713(13) Åと伸張する. 一方, Ta-N, Ta-C結合はともに若干短くなる.

溶液中の構造として, 重ベンゼン中, 常温の¹H NMRスペクトルにおいては, タンタル上の3つのメチル基, ケイ素上の2つのメチル基と配位子のgem-メチレンプロトンは等価に観測されるが, 185 Kでは, タンタル上の3つのメチル基は2:1の積分比で分裂する. また, 窒素上のフェニル基のオルト位プロトンは幅広に, メタ位プロトンは分裂して観測されることから, 本錯体はfluxionalな挙動を示す.

本錯体の加熱反応では, Ta-Me結合と配位子の窒素上のフェニル基のオルト位C-H結合とのシグマ結合メタセシスにより, 分子内環化体とメタンが生成する. 一方, 光反応(350 nmの光照射)では, α水素引抜き反応を起こし, メチリデン錯体とメタンを与える[2].

(NPN)TaMe₃や上述の分子内環化体, メチリデン錯体は, いずれも, 4 atmの水素で処理することによって二核ヒドリド錯体{(NPN)Ta}₂(μ-H)₄を与える. さらに, この二核ヒドリド錯体を窒素-水素混合ガス(9:1)に曝すことで茶色の二核二窒素錯体{(NPN)Ta}₂(μ-η¹:η²-N₂)(μ-H)₂が90%の収率で生成する[1]. 二核ヒドリド錯体は, 一酸化炭素との反応において二核錯体上でCO結合の切断を起こし, 架橋オキソ錯体とメタンを与える[3]. また, 二核二窒素錯体は, 求電子試薬である臭化ベンジルの他, 9-BBN, DIBAL, シラン類に対して反応性を示し, 窒素分子を原料とする含窒素化合物への変換反応が開発されている[4].

【関連錯体の紹介およびトピックス】本錯体の支持配位子のリン上のフェニル基がシクロヘキシル基で置換された誘導体も合成され, 相当する二核ヒドリド錯体の生成と一級および二級ホスフィンとの反応が検討されている[5]. NPN配位子を有するニオブ錯体の合成は検討されたが, 所望のメチル錯体は熱や光に不安定であり単離には至っていない[6].

【大石理貴】

【参考文献】
1) a) M. D. Fryzuk *et al.*, *J. Am. Chem. Soc.*, **1998**, *120*, 11024; b) M. D. Fryzuk *et al.*, *J. Am. Chem. Soc.*, **2001**, *123*, 3960.
2) A. Zydor *et al.*, *Organometallics*, **2017**, *36*, 3564.
3) J. Ballmann *et al.*, *Organometallics*, **2012**, *31*, 8516.
4) a) M. D. Fryzuk *et al.*, *Angew. Chem. Int. Ed.*, **2002**, *41*, 3709; b) B. A. MacKay *et al.*, *Organometallics*, **2005**, *24*, 3836; c) B. A. MacKay *et al.*, *J. Am. Chem. Soc.*, **2006**, *128*, 9472.
5) M. P. Shaver *et al.*, *Organometallics*, **2005**, *24*, 1419.
6) M. P. Shaver *et al.*, *Can. J. Chem.*, **2003**, *81*, 1431.

TaC₄

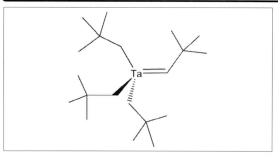

【名称】trineopentyl(neopentylidene)tantalum: $Ta(CH_2CMe_3)_3(=CHCMe_3)$

【背景】Schrock型カルベン錯体は，カルベン炭素に隣接するヘテロ原子をもたず，高い反応性を示す．本錯体ははじめて単離されたSchrock型カルベン錯体であり，アルキリデン配位子の反応性に関する知見を得るための重要な錯体である．

【調製法】$Ta(CH_2CMe_3)_3Cl_2$と2当量の$LiCH_2CMe_3$を反応させることにより，ネオペンチル配位子のα水素脱離を経て目的化合物が得られる．$TaCl_5$と5当量のMe_3CCH_2MgClの反応によっても得られる．

①[1,2]：$Ta(CH_2CMe_3)_3Cl_2$(30.0 g, 55.7 mmol)と$LiCH_2CMe_3$(10.08 g, 129 mmol)のペンタン溶液(200 mL)を撹拌すると黄色から橙色に変化する．溶液を1時間かけてゆっくりと温め，4時間後，生じる塩化リチウムをろ過して取り除く．ろ液を約30 mLまで濃縮した後，-30℃で一晩静置すると橙色結晶が得られる．収量24.3 g(収率94%)．

②[1,2]：塩化タンタル(V)(11.1 g, 31.0 mmol)をジエチルエーテル(500 mL)に懸濁しておき，Me_3CCH_2MgClの1.56 M溶液(100 mL, 156 mmol)を室温で撹拌しながら30分かけて加える．$TaCl_5$は反応しながら溶けていき，溶液は橙〜茶色になる．塩化マグネシウムをろ過により取り除き，溶媒を留去した後，残渣を昇華精製することにより深橙色の固体が得られる．収量7.0 g(収率49%)．

【性質・構造・機能・意義】橙色結晶．融点71℃．有機溶媒に非常によく溶ける．酸素と水分に極めて敏感である．この錯体の¹H NMRスペクトル(C_6D_6)では，4つのシングレットのシグナルが観測され，3つのネオペンチル基は等価である．δ 0.84(CH_2CMe_3)，1.15(CH_2CMe_3)，1.43($CHCMe_3$)，1.91($CHCMe_3$)．¹³C NMRスペクトル(C_6D_6)では，250 ppmにアルキリデン配位子のα炭素のシグナルが観測され，α水素とのカップリング定数は$J=90$ Hzである．

この錯体のアルキリデン配位子のα水素を，ジアミンの存在下，n-ブチルリチウムで引き抜くことにより，$[Ta(CH_2CMe_3)_3(\equiv CCMe_3)][Li(diamine)]$が得られる[1]．このカルビン錯体は結晶構造解析により構造が決定されている[3]．この錯体のアルキリデン配位子のα炭素は求核的な性質を示し，様々な求電子試薬と反応する．例えば，$Ta(CH_2CMe_3)_3(=CHCMe_3)$はカルボニル化合物RR'C=Oと反応して$t$-ブチル基を有するオレフィン$^tBuHC=CRR'$とオキソタンタル錯体を与える[4]．また，$Ta(CH_2CMe_3)_3(=CHCMe_3)$はアセトニトリルと反応して定量的にイミド錯体$Ta(CH_2CMe_3)_3(N(Me)C=CH^tBu)$を与える．塩化アセチルとの反応ではエノラートが配位した錯体$Ta(CH_2CMe_3)_3Cl(O(Me)C=CH^tBu)$が生じる[1]．

オスミウム錯体$OsO_2(CH_2CMe_3)_2$に対して2当量の$Ta(CH_2CMe_3)_3(=CHCMe_3)$を反応させるとオキソ配位子とアルキリデン配位子の交換が起こり，$Os(CH_2CMe_3)_2(=CHCMe_3)_2$が生成する[5]．

$Ta(CH_2CMe_3)_3(=CHCMe_3)$は1当量のトリ($t$-ブチル)シラノール$(Me_3C)_3SiOH$と反応してシロキシ錯体$(Me_3C)_3SiOTa(CH_2CMe_3)_2(=CHCMe_3)$を与える[6]．この反応を利用して，シリカ表面に$Ta(CH_2CMe_3)_3(=CHCMe_3)$を$[SiO]_xTa(CH_2CMe_3)_{3-x}(=CHCMe_3)$の形で担持することができる．シリカ表面に担持された$Ta(CH_2CMe_3)_{3-x}(=CHCMe_3)$は水素で処理することによりタンタルヒドリド種へと変換することができる．このようにして調製したタンタル担持シリカ材料を用いて，触媒作用などの機能が調べられている[7]．最近では，タンタル担持シリカ表面での窒素分子活性化について研究がなされている[8]．

【関連錯体の紹介およびトピックス】ニオブの類似化合物$Nb(CH_2CMe_3)_3(=CHCMe_3)$も$Nb(CH_2CMe_3)_3Cl_2$と$LiCH_2CMe_3$から合成されるが，タンタル錯体$Ta(CH_2CMe_3)_3(=CHCMe_3)$と比べると熱的に不安定である[2]．$Nb(CH_2CMe_3)_3(=CHCMe_3)$も$Ta(CH_2CMe_3)_3(=CHCMe_3)$と類似の反応性を示す．　　　　【廣津昌和】

【参考文献】
1) R. R. Schrock, *J. Am. Chem. Soc.*, **1974**, *96*, 6796.
2) R. R. Schrock et al., *J. Am. Chem. Soc.*, **1978**, *100*, 3359.
3) L. J. Guggenberger et al., *J. Am. Chem. Soc.*, **1975**, *97*, 2935.
4) R. R. Schrock, *J. Am. Chem. Soc.*, **1976**, *98*, 5399.
5) A. M. LaPointe et al., *J. Am. Chem. Soc.*, **1995**, *117*, 4802.
6) R. E. LaPointe et al., *Organometallics*, **1985**, *4*, 1810.
7) C. Coperet et al., *Angew. Chem., Int. Ed.*, **2003**, *42*, 156.
8) P. Avenier et al., *Science*, **2007**, *317*, 1056.

TaC$_5$

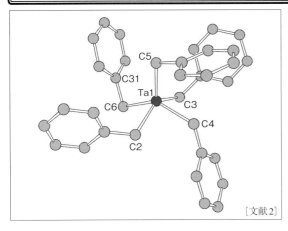

[文献2]

【名称】 pentabenzyltantalum(V)：[Ta(CH$_2$Ph)$_5$]

【背景】 1970年代にSchrockらによって，タンタルアルキル錯体からタンタルアルキリデン錯体が生成する機構や関連錯体の構造に関して報告された[1]．本錯体はその原料錯体であり，以降，高原子価のSchrock型アルキリデン錯体の化学が確立され，優れた均一系オレフィンメタセシス触媒の開発へと発展した．

【調製法】 TaCl$_5$のエーテル懸濁液を−33℃に冷却し，4倍モル量のPhCH$_2$MgClをゆっくりと加え，その後，室温に昇温して2時間撹拌する．少量のトルエンを加え，ろ過した後，ろ液を濃縮する．少量のエーテルによる洗浄，トルエンによる抽出，溶媒の留去による精製を経て，60％程度の収率でほぼ純品のTa(CH$_2$Ph)$_5$を赤橙色の固体として得る．5倍モル量のPhCH$_2$MgClを用いると複数の副生成物が生成したり，反応溶媒にTHFを用いると開環重合を起こしたりするため，上述の条件は十分に検討されたものである[2]．過去に，TaCl$_5$とZn(CH$_2$Ph)$_2$から，いったん，Cl$_2$Ta(CH$_2$Ph)$_3$を選択的に合成した後，同量のMg(CH$_2$Ph)$_2$(THF)$_2$で処理するという2段階の合成法が用いられていた[1a]．

【性質・構造・機能・意義】 本錯体は湿気や空気に敏感なため，無水・不活性ガス雰囲気下で取り扱う必要がある．常温で不安定なTaMe$_5$に比較して，本錯体は40℃で分解が開始する程度の熱安定性を持ち，−33℃の冷所で保存すれば少なくとも数週間は分解しない[1a]．^{1}H NMR分析から，重ベンゼン中，60℃での分解反応の速度は錯体濃度に対して一次で進行するため，分解は分子内で起こる[1b]．

本錯体の結晶構造では，タンタルと5つのベンジル位炭素に関して，歪んだ四角錐型構造をとり，タンタル中心は底面からapical位の炭素方向に0.78 Åの位置にある．Ta−C距離は2.17〜2.22 Åと通常のTa−C結合長をもつが，分子内の5つのTa−C(benzylic)−C(ipso)結合角のうち，Ta1−C6−C31は94.3(2)°と，他の結合角（109.9〜127.5°）と比較して極端に小さい．これより，芳香環からの電子供与によるタンタル中心の安定化が示唆されている．溶液中，p−メチルベンジル誘導体の−60℃での^{1}H NMR測定においてベンジル位プロトンは等価に観察されるため，タンタル上のbasalとapical位のベンジル基はすばやく交換する[3]．

本錯体は，種々のpincer型配位子（NCN^{2-}，ONO^{2-}，ONO^{3-}）をもつベンジル，ベンジリデン錯体や2つのアミドピリジン配位子をもつベンジル錯体の優れた合成前駆体である[4,5]．これらの錯体の合成においては，相当するクロリド錯体のベンジル化によっても得られるが，塩化物の単離が困難なうえ，低収率にとどまる場合もある．

【関連錯体の紹介およびトピックス】 本錯体と同様に，Cl$_2$Ta(CH$_2$Ph)$_3$も種々のタンタルベンジル錯体の合成前駆体として利用される[6]．水素雰囲気下523〜723 Kで，SiO$_2$担体上，本錯体を加熱処理すると，タンタルクラスターが形成し，EXAFS，XANESや紫外可視吸収スペクトルによって，核数3以上のクラスターが生成することが明らかとなっている[7a]．また，これらはアルカン類の不均化触媒として検討されている[7b]．

【大石理貴】

【参考文献】
1) a) R. R. Schrock, *J. Organomet. Chem.*, **1976**, *122*, 209; b) V. Malatesta *et al.*, *J. Organomet. Chem.*, **1978**, *152*, C53.
2) S. Groysman *et al.*, *Organometallics*, **2003**, *22*, 3793.
3) C. J. Piersil *et al.*, *Polyhedron*, **1993**, *12*, 1779.
4) a) L. P. Spencer *et al.*, *J. Am. Chem. Soc.*, **2006**, *128*, 12531; b) T. Agapie *et al.*, *Organometallics*, **2008**, *27*, 6123; c) S. VenkatRamani *et al.*, *Polyhedron*, **2013**, *64*, 377.
5) A. Noor *et al.*, *Eur. J. Inorg. Chem.*, **2006**, 2683.
6) a) R. E. LaPointe *et al.*, *Organometallics*, **1985**, *4*, 1810; b) D. Y. Dawson *et al.*, *Organometallics*, **1997**, *16*, 1111; c) R. Ramírez-Contreras *et al.*, *Organometallics*, **2015**, *34*, 1143.
7) a) S. Nemana *et al.*, *J. Phys. Chem. B*, **2006**, *110*, 17546; b) S. Nemana *et al.*, *Cat. Lett.*, **2007**, *113*, 73.

TaC₅Cl₄

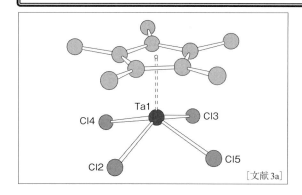

[文献 3a]

【名称】tetrachloro[η⁵-pentamethylcyclo pentadienyl]tantalum(V): [Cp*TaCl₄]

【背景】ハーフメタロセン構造の本錯体はメタロセン構造と比較して広い反応場を有するため, 他の支持配位子や複数の基質分子を導入することができる. また, 本錯体を原料とする低原子価錯体の合成も報告されている.

【調製法】Cp*TaCl₄は, TaCl₅とBu₃SnCp*との反応から生成するが[1a], 入手の容易なMe₃SiCp*を用いる脱クロロシラン反応による改良法が報告されている. TaCl₅のトルエン懸濁液を−30℃に冷却し, これにMe₃SiCp*のトルエン溶液を滴下し, 室温に昇温した後, 12時間撹拌する. 橙黄色の沈殿が生成し, これをろ過, 減圧乾燥することによって80%の収率で得る[2]. 他のハロゲン錯体として, Cp*TaBr₄も同様の方法でTaBr₅から合成される. Cp*TaF₄はCp*TaCl₄とフッ素化剤(AsF₃)とのハロゲン交換によって得られ, 有機溶媒への溶解性が向上する[1c].

【性質・構造・機能・意義】本錯体は湿気や空気に敏感であり, 段階的な加水分解が知られている[2]. 0.5倍モルの水から1つのクロロ配位子が架橋オキソ配位子で置換された二核錯体(Cp*TaCl₃)₂(μ-O)が生成する. ついで, これに2倍モルの水が反応することで, 3つの架橋オキソと1つの三重架橋オキソを含む三核錯体(Cp*TaCl)₃(μ-O)₃(μ₃-O)(μ-Cl)が生成する. さらに, 6倍モルの水が反応することで, カチオン性の三核錯体[(Cp*Ta(H₂O))₂(Cp*TaCl)(μ-O)₃(μ₃-O)₂]Clが生成する. これらの加水分解生成物を塩化水素ガス(2 atm)に曝すことによってCp*TaCl₄が再生する.

結晶構造では, Cp*, Cl配位子をそれぞれapical, basal位に配置する四角錐型構造となる[3a]. 一方, Cp*TaF₄は溶液中では単量体, 結晶構造ではフッ素原子で架橋した二核構造を形成し, 歪んだ八面体型構造をとなる. Cp*TaX₄(X=Cl, Br, OAr)の吸光・発光スペクトルが測定されている[1b,4]. トルエン中, 77Kでの発光エネルギー(E_{em})は, 18300 cm⁻¹(Cl), 17200 cm⁻¹(Br)に観測され, ハロゲン置換のArO配位子をもつ錯体はブルーシフトする. E_{em}はCp基の種類にほとんど依存しないため, 発光は励起状態におけるTa-X間のLMCTに基づいている.

本錯体は, Lewis酸性を示し, 含ヘテロ原子L型配位子と容易に反応する[3,5]. L型配位子との1:1付加体は, 通常, 八面体型構造をとり, 立体反発の影響により, L型配位子はCp*基に対してtrans位を占める. 還元剤との反応が検討されている[6]. Na/Hgを還元剤に用いる場合, 添加量に応じて, (Cp*TaCl₂)₂(μ-Cl)と(Cp*Ta)₂(μ-Cl)₄を作り分けることができ[6b], 有機還元剤を用いた場合, 前者の錯体が生成する[6c]. 後者の錯体はTa-Ta間に二重結合(σおよびδ結合)をもつと考えられている. 窒素雰囲気下(100 psi), Cp*TaCl₄を過剰のNa/Hgで処理することで二窒素錯体(Cp*TaCl₂)₂(μ-N₂)が生成する[6d].

【関連錯体の紹介およびトピックス】本錯体はボロヒドリド試薬(BH₃・THF, LiBH₄・THFなど)との反応によってタンタラボランクラスターを与える[7]. 反応条件の選択によって, 構造や電子状態の異なる様々なクラスターの合成が可能となってきた.

【大石理貴】

【参考文献】

1) a) R. D. Sanner et al., J. Organomet. Chem., **1982**, 240, 157; b) Z. J. Tonzetich et al., Inorg. Chim. Acta, **2003**, 345, 340; c) H. W. Roesky et al., J. Chem. Soc., Dalton Trans., **1990**, 713.
2) P. Jernakoff et al., Organometallics, **1987**, 6, 1362.
3) a) S. Blaurock et al., Z. Anorg. Allg. Chem., **2002**, 628, 2515; b) T. Hocher et al., Eur. J. Inorg. Chem., **2002**, 1883.
4) S. Paulson et al., J. Am. Chem. Soc., **1992**, 114, 6905.
5) M. C. Maestre et al., Organometallics, **2007**, 26, 4243.
6) a) C. Ting et al., J. Am. Chem. Soc., **1987**, 109, 6506; b) C. Ting et al., Inorg. Chem., **1989**, 28, 171; c) T. Saito et al., J. Am. Chem. Soc., **2014**, 136, 5161; d) T.-Y. Lee et al., Chem. Commun., **2005**, 5444.
7) a) C. Ting et al., J. Am. Chem. Soc., **1989**, 111, 3449; b) S. Aldridge et al., Chem. Commun., **1998**, 207; c) S. K. Bose et al., Chem. Eur. J., **2008**, 14, 9058; d) S. K. Bose et al., Organometallics, **2011**, 30, 4788.

TaC_6

ORTEP drawing of $[Ph_3P=N=PPh_3][Ta(CO)_6]$

[文献3a]

【名称】(tetraphenylphosphonium hexacarbonyltantalate(1-)): $[PPh_4][Ta(CO)_6]$

【背景】5族金属カルボニル錯体では，バナジウムのみ中性錯体として存在する．ニオブやタンタルはアニオン性錯体である．古くは，高温高圧の一酸化炭素雰囲気下，金属塩の還元により合成されていた[1]．その後，常圧での合成法が開発され，様々なカルボニル錯体の合成が可能となった[2]．

【調製法】ドラフト内で行うこと．アルゴン雰囲気下，ナトリウムナフタレニドの1,2-ジメトキシエタン溶液を−78℃に冷却し，激しく攪拌したまま，昇華精製した無水 $TaCl_5$ を固体のままゆっくりと加える．−78℃で一酸化炭素を20時間反応溶液に導入しバブリングさせる．反応溶液を室温にし，$[PPh_4]Cl$ を反応させ，ろ過した後，ろ液にエーテルを加えると黄色粉末が得られる[2]．

【性質・構造・機能・意義】融点170℃（分解）．結晶性固体の場合，短時間であれば空気中での取り扱いが可能である．IR, 1859, 1837 cm^{-1} (Nujol), $ca.$ 1860 cm^{-1} (solution)．様々な対カチオンを有するカルボニル錯体が合成されている[2,3]．同様の製法によりニオブ錯体 $[Et_4N][Nb(CO)_6]$ が合成できる．IR, $ca.$ 1837 cm^{-1} (broad band)[2]．

【関連錯体の紹介およびトピックス】製法で述べた類似の方法によりアニオン性のバナジウム錯体 $[V(CO)_6]^-$ が合成できる[4]．このアニオン性錯体とリン酸との反応により，中性のバナジウム錯体 $[V(CO)_6]$ が合成できる[4]．ニオブおよびタンタルのアニオン錯体 $[M(CO)_6]^-$ を HCl あるいはハロゲンで酸化することにより，ハロゲン架橋二核錯体 $[M_2(\mu\text{-}X)_3(CO)_8]^-$ (X=Cl, Br, I) が得られる．本錯体と LiC_5H_5 (LiCp) との反応により，シクロペンタジエニル配位子を有する錯体 $[MCp(CO)_4]$ (M=Nb, Ta) が良好な収率で合成できる[5]．この錯体は $[MCpCl_4]$ とマグネシウムと亜鉛共存下，一酸化炭素から合成可能であるが高圧条件が必要である[6]．$[MCp(CO)_4]$ 錯体の CO 配位子を他の二電子供与配位子に置き換えた錯体が合成可能であることから，数多くの興味深い報告が行われている[7]．種々の遷移金属のヘキサカルボニル錯体に関する理論的考察が行われている[8]．

【山口佳隆】

【参考文献】
1) J. E. Ellis *et al.*, *Inorg. Synth.*, **1976**, *16*, 68.
2) J. E. Ellis *et al.*, *Organometallics*, **1983**, *2*, 388.
3) a) F. Calderazzo *et al.*, *Inorg. Chem.*, **1983**, *22*, 1865; b) F. A. Cotton *et al.*, *Inorg. Chim. Acta*, **2000**, *300-302*, 1.
4) J. E. Ellis *et al.*, *Inorg. Chem.*, **1980**, *19*, 1082.
5) F. Calderazzo *et al.*, *J. Chem. Soc., Dalton Trans.*, **1985**, 1989.
6) T. E. Bitterwolf *et al.*, *J. Organomet. Chem.*, **1998**, *557*, 77.
7) F. Calderazzo *et al.*, *Organometallics*, **1988**, *7*, 1083.
8) a) T. Ziegler *et al.*, *Inorg. Chem.*, **1997**, *36*, 5031; b) G. Frenking *et al.*, *Organometallics*, **1997**, *16*, 4807; c) G. Frenking, *J. Organomet. Chem.*, **2001**, *635*, 9.

TaC₉

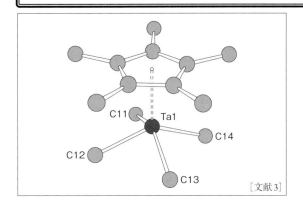

[文献3]

【名称】tetramethyl[(η⁵-pentamethylcyclopentadienyl)-tantalum(V)]：[Cp*TaMe₄]

【背景】Fischer-Tropsch 合成における一酸化炭素の還元的カップリング過程に関連し，前周期金属上での一酸化炭素の反応が解明されてきた．Cp*₂ZrMe₂ と過剰の一酸化炭素とは 70℃ で反応が進行し，形式的に錯体上で 2 分子の一酸化炭素がカップリングした Cp*₂Zr(OCH=CHO) が生成する[1a]．5 族金属である有機タンタル錯体と一酸化炭素との反応にも関心が向けられ研究対象とされた[1b]．

【調製法】本錯体は，Cp*TaCl₄ と過剰の MeLi から合成される[2a]．アルゴン雰囲気下，Cp*TaCl₄ のエーテル懸濁液を -78℃ に冷却し，ここに過剰の MeLi を滴下する．20℃ に昇温し 1 時間撹拌した後，溶媒を留去する．石油エーテルで抽出後，溶媒を留去することで Cp*TaMe₄ を黄色結晶として 85% の収率で得る．メチル化剤として Grignard 試薬を用いることもできる．一方，Me₃Al や Me₂Zn を用いた場合，通常，メチル化剤の量に依存して部分メチル化体が得られる[2b]．同様に別の Cp 配位子をもつ誘導体も合成される．メチル錯体の類縁体の合成として，Cp*TaCl₄ に過剰の Me₃SiCH₂Li や PhCH₂MgCl 作用させると，α水素引き抜き反応が起こり，アルキリデン錯体 Cp*Ta(=CHR)-(CH₂R)₂ (R=SiMe₃, Ph) が生成する[2a,c]．

【性質・構造・機能・意義】本錯体の X 線結晶構造において，タンタルは 4 つのメチル基を basal とする四角錐型構造をとり，Ta-C(Me) 距離は，2.141～2.158 Å と，一般に知られている四角錐型構造の Ta-C(Me) 結合長 2.07～2.23 Å の範疇にある[3]．一方，溶液中では動的挙動を示す．本錯体のアルキル誘導体である非対称な錯体 Cp*TaMe₂(neo-Pen)₂ について，¹H NMR スペクトルでは，主に観測されるものは trans 体である．タンタル上のメチル基とメチレン基の共鳴は，遠隔の核間のスピン交換過程が存在し，五重線，七重線に分裂する．trans 体(C_{2v} local symmetry)，cis 体(C_s symmetry) ともに Berry 擬回転を伴って四角錐型から三方両錐型構造へ異性化する[4]．

本錯体は一酸化炭素に対して，Cp*₂ZrMe₂ とは異なる反応性を示す[1b]．まず，1 分子の一酸化炭素の挿入に際し，Cp*Ta(η²-O=CMe₂)Me₂ が速やかに生成する．ラベル実験や本アセトン錯体の水素化の結果により，2 分子目の一酸化炭素はアセトン配位子の Ta-C 間に挿入し，還元的脱離，転位を経て {Cp*Ta(=O)[OC(Me)=CMe₂]Me}_n が生成する．

Cp*TaMe₄ は小分子である H₂ や NH₃ と反応する[5]．水素化反応は，室温で三級ホスフィン(L)存在下，水素圧 100 atm が必要であり，55～88% の好収率で Cp*TaH₄L₂ が得られる．また，アンモニアとの反応では，アンモニア 4 倍モル量の添加と 100℃ での加熱が必要で，1 倍モル量のアンモニアを取り込み 3 倍モル量のメタンを放出することで三核錯体 (Cp*TaMeN)₃ を高収率で与える．構造は 3 つの Ta-N ユニット六員環を形成し 1 つのメチル基は trans 配向をとる．

【関連錯体の紹介およびトピックス】本錯体は，アルコールなどの活性プロトンと反応し，Ta-O 結合を生成する．ボロン酸との反応では，Ta-O を有する三量化体が生成し，これは，Lewis 酸型キャビティーとしてふるまう[6]．また，SiO₂ に担持することでアルカンのメタセシス触媒として機能する[7]．　【大石理貴】

【参考文献】
1) a) J. M. Manriquez et al., J. Am. Chem. Soc., **1978**, *100*, 2716; b) C. D. Woo et al., J. Am. Chem. Soc., **1979**, *101*, 5421.
2) a) R. D. Sanner et al., J. Organomet. Chem., **1982**, *240*, 157; b) M. Gómez et al., J. Organomet. Chem., **1992**, *439*, 147; c) I. D. Castro et al., Polyhedron, **1992**, *11*, 1023.
3) P. Horrillo-Martinez et al., Dalton Trans., **2012**, *41*, 1609.
4) M. V. Galakhov et al., Eur. J. Inorg. Chem., **2006**, 4242.
5) a) J. M. Mayer et al., J. Am. Chem. Soc., **1982**, *104*, 2157; b) M. M. Banaszak et al., Inorg. Chem., **1990**, *29*, 1518.
6) C. N. Garon et al., Inorg. Chem., **2009**, *48*, 1699.
7) E. L. Le Roux et al., J. Am. Chem. Soc., **2004**, *126*, 13391.

TaC₉Cl₂

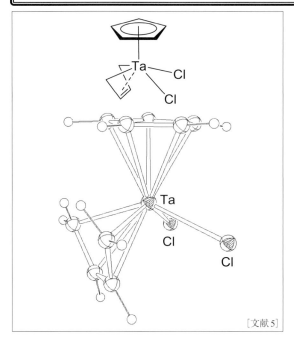

[文献5]

【名称】(dichloro(η^5-cyclopentadienyl)(η^4-1,3-butadiene)tantalum(III)):[Ta(η^5-C₅H₅)(Cl)₂(η^4-1,3-C₄H₆)]

【背景】前周期遷移金属のジエン錯体[1]、および5族遷移金属(Ta, Nb)に対する1,3-ジエン類の配位様式に関する研究が行われた[2]. [MCp(η^4-diene)](M=Ta, Nb)フラグメントが4族メタロセンフラグメント[MCp₂]と等電子構造であることに注目し、[TaCp(Cl)₂(η^4-1,3-C₄H₆)]/MAOがエチレンの重合触媒となることが見いだされた. 本錯体は錯体化学的な観点のみならず工業的な観点からも重要な錯体である[3].

【調製法】アルゴン雰囲気下、Bu₃SnCpとTaCl₅から合成される[TaCpCl₄][4]をTHF/hexamethylphosphoric triamide(HMPA)の混合溶媒に溶解し、この溶液にMgと1,3-ブタジエンから調製される[Mg(1,3-C₄H₆)(thf)₂]を−78℃でゆっくりと滴下する. −20℃で1時間撹拌した後、溶媒を除去し、ヘキサン(50℃)で抽出する. ヘキサンとトルエンの混合溶媒から再結晶することにより、標題錯体を紫色固体として得る[5].

【性質・構造・機能・意義】本錯体の融点は70℃であり、昇華精製(65℃/10⁻⁴Torr)ができる. ジエン部位の配位様式は、折れ曲がったメタラシクロペンテ-3-エン型の配位構造である. すなわち、両末端の炭素は金属とσ結合し、内部の炭素-炭素二重結合部位がπ配位した構造である. 構造解析の結果、内部の炭素-炭素結合距離は1.375Åである[5].

[TaCp₂Cl₂]/MAOはエチレンの重合活性を示さないが、[MCp(η^4-diene)](M=Nb, Ta)フラグメントは[MCp₂](M=Zr, Hf)フラグメントと等電子構造であることに着目し、標題錯体とMAOを用いることによりエチレンの重合が進行することが明らかとなった. この反応を−20℃以下で行うと、リビング重合が進行する($M_w/M_n=1.08\sim1.16$)[3].

【関連錯体の紹介およびトピックス】Cp配位子の代わりにCp*配位子を有する錯体や中心金属にNbを用いた錯体の合成もできる[6]. マグネシウム(ジエン)化合物が合成できない場合、ジエン錯体合成は不可能であったが、アリルGrignard試薬を用いることによりジエン錯体が合成できる[7]. TaCp(diene)フラグメントにベンジリデン配位子を有する錯体の研究が行われ、開環メタセシス重合(ROMP)の触媒になることが報告されている[8].

【山口佳隆】

【参考文献】
1) H. Yasuda *et al., Angew. Chem. Int. Ed. Engl.*, **1987**, *26*, 723.
2) 真島和志, 有機合成化学協会誌, **1994**, *52*, 1053.
3) A. Nakamura *et al., J. Am. Chem. Soc.*, **1993**, *115*, 10990.
4) M. L. H. Green *et al., J. Chem. Soc., Dalton Trans.*, **1980**, 2155.
5) A. Nakamura *et al., J. Am. Chem. Soc.*, **1985**, *107*, 2410.
6) H. Yasuda *et al., J. Am. Chem. Soc.*, **1988**, *110*, 5008.
7) K. Mashima *et al., J. Organomet. Chem.*, **1992**, *428*, C5.
8) K. Mashima, *Adv. Synth. Catal.*, **2005**, *47*, 323.

TaC$_{12}$

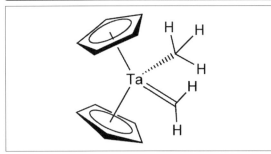

【名称】 bis(η^5-cyclopentadienyl)methyl(methylidene)tantalum: (η^5-C$_5$H$_5$)$_2$Ta(=CH$_2$)Me

【背景】 メチリデン配位子をもつ遷移金属錯体は，アルケンメタセシス反応などの中間体として重要である．本錯体ははじめて単離されたメチリデン錯体であり，その結合性や反応性が調べられた．

【調製法】[1] (η^5-C$_5$H$_5$)$_2$TaMe$_3$(14.2 g, 40 mmol)のジクロロメタン溶液(100 mL)に[Ph$_3$C]BF$_4$(13.2 g, 40 mmol)のジクロロメタン溶液(100 mL)を滴下すると，[Ta(η^5-C$_5$H$_5$)$_2$Me$_2$]BF$_4$の淡黄色沈殿が得られる．収量16.5 g(収率96%)．

①：[Ta(η^5-C$_5$H$_5$)$_2$Me$_2$]BF$_4$(4.28 g, 10 mmol)をテトラヒドロフラン(25 mL)に懸濁し，Me$_3$P=CH$_2$(0.95 g, 11 mmol)のテトラヒドロフラン(10 mL)溶液を加える．15分撹拌後，溶媒を減圧留去し，残渣をトルエンで抽出する．抽出液を結晶が析出するまで濃縮し，3倍量のペンタンを加えて−30℃で1時間静置すると，淡緑色針状晶が得られる．収量2.77 g(収率82%)．

②：[Ta(η^5-C$_5$H$_5$)$_2$Me$_2$]BF$_4$(10.58 g, 25 mmol)をテトラヒドロフラン(200 mL)に懸濁し，−78℃に冷却した後，LiN(SiMe$_3$)$_2$(4.15 g, 25 mmol)のテトラヒドロフラン(50 mL)溶液をゆっくりと加える．反応混合物を室温まで温め，テトラヒドロフランを留去した後，残渣をトルエンで抽出する．LiBF$_4$をろ過により取り除き，抽出液を結晶が析出するまで濃縮する．3倍量のペンタンを加えて−30℃で1時間静置すると，淡緑色針状晶が得られる．収量6.35 g(収率76%)．

【性質・構造・機能・意義】 淡緑色結晶．結晶中では，CH$_3$-Ta-CH$_2$に鏡面をもつサンドイッチ型構造をとる[2]．C-Ta-Cの角度は95.6°，CH$_2$平面とC-Ta-C平面のなす角度は88°である．メチル配位子およびメチリデン配位子のTa-C結合距離はそれぞれ2.25 Åおよび2.03 Åである．

^{1}H NMR(C$_6$D$_6$): δ 0(s, CH$_3$), 5.12(s, C$_5$H$_5$), 10.11(s, CH$_2$). ^{13}C NMR(CD$_2$Cl$_2$): δ 224(t, $^1J_{CH}$=132 Hz, CH$_2$), 100(d, $^1J_{CH}$=177 Hz, C$_5$H$_5$), −5(q, $^1J_{CH}$=122 Hz, CH$_3$).

メチリデン配位子をもつ遷移金属錯体を単離したはじめての例である．この錯体のメチリデン配位子の炭素原子は求核的な性質をもっており，様々な求電子試薬と反応する．例えば，(η^5-C$_5$H$_5$)$_2$Ta(=CH$_2$)Meはベンゼン中で徐々に分解してエチレン錯体(η^5-C$_5$H$_5$)$_2$Ta(CH$_2$CH$_2$)Meを生じる．(η^5-C$_5$H$_5$)$_2$Ta(=CH$_2$)Meをテトラヒドロフラン中，トリメチルシランと反応させると，(η^5-C$_5$H$_5$)$_2$Ta(CH$_2$CH$_2$)Me，ビス(シリル)錯体(η^5-C$_5$H$_5$)$_2$Ta(SiMe$_3$)$_2$H，およびメタンを生じる．(η^5-C$_5$H$_5$)$_2$Ta(SiMe$_3$)$_2$Hは，(η^5-C$_5$H$_5$)$_2$Ta(=CH$_2$)Meの分解反応で生じる(η^5-C$_5$H$_5$)$_2$TaMeがMe$_3$SiHと反応することにより生成すると考えられている[3]．

(η^5-C$_5$H$_5$)$_2$Ta(=CH$_2$)Meと1当量のE(C$_6$F$_5$)$_3$(E=B, Al)との反応により，(η^5-C$_5$H$_5$)$_2$Ta(CH$_2$E(C$_6$F$_5$)$_3$)Meが生じる[4]．また，(η^5-C$_5$H$_5$)$_2$Ta(=CH$_2$)Meと2当量のHB(C$_6$F$_5$)$_2$との反応により，ジヒドリド錯体(η^5-C$_5$H$_5$)$_2$Ta(CH$_2$B(C$_6$F$_5$)$_2$)(μ-H)HとH$_3$CB(C$_6$F$_5$)$_2$が生じる．この反応は段階的に起こり，まず1当量のHB(C$_6$F$_5$)$_2$がメチリデン配位子と反応して(η^5-C$_5$H$_5$)$_2$Ta(CH$_2$B(C$_6$F$_5$)$_2$)(μ-H)CH$_3$が生成し，次に2当量目のHB(C$_6$F$_5$)$_2$によりメチル/ヒドリド交換が進行すると考えられている[5]．

(η^5-C$_5$H$_5$)$_2$Ta(=CH$_2$)Meはアルデヒド類RCHOと反応してメタラオキセタン構造をもつ化合物(η^5-C$_5$H$_5$)$_2$Ta(OCHRCH$_2$)Meを生じる[6]．

その他，(η^5-C$_5$H$_5$)$_2$Ta(=CH$_2$)Meと金属カルボニルの反応も調べられている[7]．この反応はFischer-Tropsch合成のモデルとして興味深い．

【関連錯体の紹介およびトピックス】 (η^5-C$_5$H$_5$)$_2$Ta(=CHPh)(CH$_2$Ph)および(η^5-C$_5$H$_5$)$_2$Ta(=CHCMe$_3$)Clは，Ta(CH$_2$Ph)$_3$Cl$_2$あるいはTa(CH$_2$CMe$_3$)$_2$Cl$_3$と2当量のTlC$_5$H$_5$の反応によりそれぞれ得られる[8]．【廣津昌和】

【参考文献】
1) R. R. Schrock et al., J. Am. Chem. Soc., **1978**, 100, 2389.
2) L. J. Guggenberger et al., J. Am. Chem. Soc., **1975**, 97, 6578.
3) D. H. Berry et al., Organometallics, **1990**, 9, 2952.
4) W. R. Mariott et al., Organometallics, **2006**, 25, 3721.
5) K. S. Cook et al., Organometallics, **2001**, 20, 3927.
6) L. L. Whinnery et al., J. Am. Chem. Soc., **1991**, 113, 7575.
7) G. Proulx et al., J. Am. Chem. Soc., **1996**, 118, 1981.
8) R. R. Schrock et al., J. Am. Chem. Soc., **1978**, 100, 3793.

$Ta_6O_4Cl_2X_{12}$ (X=Cl, Br) 　　光 ク 触

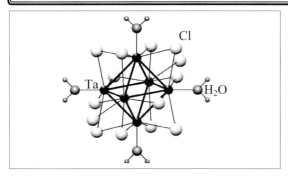

【名称】[tetraaquadodeca-μ-chlorodichloro hexatantalum(+2/+3)]; [tetraaquadodeca-μ-bromodichloro hexatantalum(+2/+3)]: [(Ta_6X_{12})Cl_2(H_2O)$_4$] (X=Cl, Br)

【背景】クラスター錯体を構成する金属骨格の中で6個の金属原子で構成される正八面体金属骨格はよく知られている．本錯体はこの骨格をもつ代表的なタンタルハライドクラスター錯体であり，構造やスペクトルが詳しく調べられた．また，不均一系触媒や水の光分解への応用も報告され，新規化合物の合成や構造決定が主たるテーマであるハライドクラスター錯体の中では異彩を放っている．

【調製法】よく混合した金属タンタルおよび塩化タンタル(V)，塩化ナトリウムを石英真空封管中700℃で反応させ$Na_4Ta_6Cl_{18}$を得た後，これを多量の希塩酸で抽出し，濃塩酸を加えた後塩化スズ(II)を少量ずつ加えながら加熱すると塩化物クラスターの4水和物を得る．また，臭化物クラスターは塩化タンタル(V)の代わりに臭化タンタル(V)を，塩酸の代わりに臭化水素酸を，塩化スズ(II)の代わりに臭化スズ(II)を原料として用いる他，塩化物クラスターと同様の方法により合成できる[1]．

【性質・構造・機能・意義】両錯体とも構造は粉末X線回折測定により決定されている．6個のタンタルはほぼ完全な正八面体を形成し，各Ta-Ta結合にハロゲンが1個ずつ稜配位している．さらに互いにトランス位にある2個のタンタルにハロゲンが1個ずつ末端配位し，残りの4個のタンタルには水が1個ずつ末端配位している．塩化物クラスターのXPSにおいて観測されるTa $4f_{5/2}$(26.0 eV)およびTa $4f_{7/2}$(24.2 eV)のピーク位置はタンタルが+2〜+3の低酸化状態にあることを示しており[2]，タンタルは形式酸化数(+2.33)に近いと考えられる．塩化物クラスターのラマンスペクトルではTa_6八面体骨格の伸縮振動のピーク(199 cm^{-1})やTa-Cl(稜配位)の伸縮振動のピーク(149, 128 cm^{-1})が観測される．臭化物クラスターでも同様のラマンピークが観測されるが塩化物クラスターに比べ全体的に低波数側にシフトしている[3]．

臭化物クラスターは水の光分解に利用されている[4]．希塩酸溶液中254〜640 nmの光照射により一電子酸化された[Ta_6Br_{12}]$^{3+}$を生成し同時に水素を発生する．量子収率は最大で$\phi=1\times10^{-2}$($\lambda=254$ nm, 1.0 M HCl)である．

ハライドクラスター錯体は従来触媒としての利用例がほとんど皆無であったが，近年標題錯体が気相不均一系触媒として利用できることが見いだされている[5]．クラスターを水素やヘリウムのようなガス気流下に置き加熱により活性化すると，250℃程度で配位ハロゲンの一部が配位水の水素とともに脱離しヒドロキソ配位子が発現する．これがブレンステッド酸点として機能し，オレフィン異性化やアルコール脱水のような固体酸触媒が行う反応を進行させる．さらに，上記活性化では正八面体骨格が400℃程度まで安定なため，高温での触媒反応にも利用可能である．ベンズアルデヒドとケトンの反応では350℃以上でアルドール縮合に引き続き環化脱水が進行しインデン環が一段階で生成する[6]．また，フェノールとアセトンの反応では縮合に引き続き環化脱水素が進行しベンゾフラン環が1段階で生成する[7]．これらの反応は従来報告例がなく本クラスターを触媒としてはじめて進行した反応である．圧力一定下高温ではLe Chatelierの法則に従い分子数が増える方向に平衡が偏るため，上記の環化反応が高温で進行しやすくなったと考えられている．

【関連錯体の紹介およびトピックス】標題錯体の末端ハロゲンが他の配位子に置換された錯体がいくつか報告されている．水酸化ナトリウムとの反応ではヒドロキソ配位子に置換された[(Ta_6X_{12})(OH)$_2$(H_2O)$_4$](X=Cl, Br)が得られ，ハロゲン化水素酸との反応では異種ハロゲンに置換された錯体([(Ta_6Cl_{12})X_2(H_2O)$_4$](X=Br, I), [(Ta_6Br_{12})X_2(H_2O)$_4$](X=Cl, I))が得られる[8]．

【上口 賢】

【参考文献】
1) F. W. Koknat, *Inorg. Chem.*, **1974**, *13*, 1699.
2) S. A. Best et al., *Inorg. Chem.*, **1979**, *18*, 484.
3) K. Harder et al., *Z. Anorg. Allg. Chem.*, **1990**, *591*, 32.
4) A. Vogler et al., *Inorg. Chem.*, **1984**, *23*, 1360.
5) S. Kamiguchi et al., *Metals*, **2014**, *4*, 84.
6) S. Kamiguchi et al., *J. Mol. Catal. A*, **2006**, *255*, 117.
7) S. Kamiguchi et al., *Chem. Eng. J.*, **2010**, *161*, 384.
8) P. B. Fleming et al., *Inorg. Chem.*, **1970**, *9*, 1769.

TbN_4O_5

【名称】 1,4,7,10-tetrakis[(*N*-(phenacyl)carbamoylmethyl)]-1,4,7,10-tetraazacyclododecane terbium(III) triflate monohydrate

【背景】 サイクレン骨格にアミド側鎖を導入したキレート型八座配位子は，単座配位子とともに九配位ランタノイド錯体を形成する．アミド結合を介して様々な芳香環をランタノイドイオン（Ln^{3+}）の近傍に導入できるほか，消光作用をもつ水の配位を抑制できることから，発光性ランタノイド錯体を開発するうえでの重要な基本骨格である．Ln^{3+}は錯体形成時，4つのサイクレン窒素と4つのアミド酸素から構成される正方アンチプリズム型構造の中心に位置するため，配位子と同じく四回対称軸をもつ．錯体構造の対称性はランタノイド発光のスペクトルの微細構造にも影響をあたえる．四回軸方向からの外部基質の配位が可能であり，水分子が配位した九配位錯体が多く報告されている．

ランタノイド発光は本来禁制である遷移に基づいているため，輻射速度は極めて小さい．遷移金属錯体のd-d遷移の場合，溶液状態では無輻射失活が先に起こってしまうために発光は見られないが，ランタノイド錯体の場合には無輻射失活が極めて遅いために発光が現れ，発光量子収率も高い．本錯体は発色団とランタノイドイオンのエネルギー順位の適合性が発光量子収率に重要であることを示すとともに，水溶液中でも高い量子収率で発光が得られることを実証したものである[1]．

【調製法】 配位子はサイクレンの*N*-アルキル化によって容易に合成される．この配位子はランタノイドイオンとほぼ等しいイオン半径をもつナトリウムイオンとも強く結合する．また，サイクレン環内の三級アミンは，通常の三級アミンよりも強い塩基性を示すため，プロトン化も起こりやすい．このため，カラムクロマトグラフィーでは強い吸着のために，フリーリガンドの単離精製が困難な場合が多い．表面修飾された塩基性のシリカゲルやイオン交換クロマトグラフィーを用いた精製法は有効である．アミド側鎖をもつ配位子は結晶性がよく，Na^+との親和性もやや低いためにフリーリガンドの単離は比較的容易である．

【性質・構造・機能・意義】 Tb^{3+}の励起エネルギー準位はEu^{3+}と比べて高く，その光増感にはベンゼン環やピリジン環など単環の芳香族分子が適している．Tb^{3+}とEu^{3+}からの発光はスピン反転を伴う遷移に由来するため，サイクレン配位子などを用いて水の振動による失活を抑えることによりミリ秒オーダーの長寿命発光と高い発光量子収率の両方を達成できる．ミリ秒の発光寿命であれば，機械的なシャッターでも，蛍光成分を遮断し，Ln^{3+}からの遅い発光成分のみを十分に集めることができる．

このTb錯体の吸収極大は250 nmにあり，その波長の光で励起するとTb^{3+}の緑色発光が観測される．水溶液中での発光量子収率は23%であり，発光寿命は1.8 msである．フェニル基をビフェニル基に変えた錯体も報告されているが，その場合発光量子収率は1.0%に低下する．一方Eu錯体の場合にはフェニル基（5.5%）の方がビフェニル基（25%）より低い量子収率を示す．

【関連錯体の紹介およびトピックス】 Ln^{3+}の発光では，*f*軌道と配位子の軌道との相互作用が小さいため配位子が異なっても発光波長は変化しないが，遷移確率は配位子場の対称性の違いによって変化する．遷移ごとに配位子場による影響が異なるため，ピークの微細な分裂や，ピーク間の相対強度などには顕著な変化が現れる．このため，発光スペクトルにより錯体構造の変化を鋭敏に検出することができる．異なる2波長での発光強度の比は，錯体の濃度によらず，基質の配位に対するよい指標となることから，レシオメトリーに利用することができ，特に細胞のイメージングなどに活用できる．この方法を用いた炭酸イオンセンサーなどが知られている[2]．

【篠田哲史】

【参考文献】
1) G. Zucchi *et al., Inorg. Chem.*, **2002**, *41*, 2459.
2) D. Parker *et al., Acc. Chem. Res.*, **2009**, *42*, 925.

TbN$_4$X$_n$ (X$^-$ = OTf$^-$, Cl$^-$, NO$_3^-$, OAc$^-$)

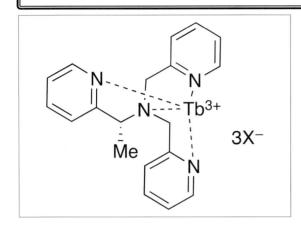

【名称】(R)-1-(pyridin-2-yl)-N,N-bis-(pyridin-2-ylmethyl)ethanamine terbium(III)complex

【背景】トリス(2-ピリジルメチル)アミン(TPA)は遷移金属イオンに対する三脚型四座配位子として広範に用いられており,中でも鉄錯体や銅錯体は生体内の酸素運搬や酸化酵素のモデル錯体として生物無機化学分野の研究に利用されている.配位数の大きいランタノイドイオンに対しては,置換活性な錯体を与え様々な錯体種を溶液内に形成する.TPAは中性配位子であり,溶液中ではランタノイドイオンと1:1(配位子:金属イオン)錯体から3:1錯体までの形成が見られる.ピリジン環は紫外線を強く吸収し,テルビウムイオンとユウロピウムイオンの発光増感が可能である.本錯体は側鎖の1つにメチル基を立体選択的に導入したキラルなランタノイド錯体であり,ピリジンの吸収帯に円二色性が現れる.一般にランタノイドイオンの周りに複数のキレート配位子が結合する場合,互いに立体反発をさけて配向するため,ランタノイドイオン周りに錯体キラリティーが発生する.ランタノイドイオン周りの不斉環境はアニオンの配位によって変化するため,発光強度変化とともに,円二色性にも変化が現れる.ランタノイドイオンの配位空間を利用した分子認識は,イオン半径による精密な制御が可能であるとともに,配位子内への置換基の導入によっても精密な制御が可能である[1].

【調製法】キラルなピリジン側鎖は2-ピリジンエタノールのリパーゼを使った不斉選択的アセチル化反応を利用して光学純度の高い光学異性体を簡便に得ることができる.ジピコリルアミンとキラルなピリジンエタノールから誘導したメシル体とのS$_N$2反応により油状化合物として得られる.室温では徐々にラセミ化が進行するため,冷凍保存する.錯体はアセトニトリルなどの溶媒中,配位子とランタノイド塩を混合して調製する.

【性質・構造・機能・意義】アセトニトリル中の錯形成については母骨格となるTPA配位子と同様の挙動を示し,メチル置換基を1つ導入した影響は小さい.アセトニトリル中では1:1から3:1錯体まで存在し,それらの平衡混合物として存在する.^{1}H NMRスペクトルでは,1:1錯体,2:1錯体とフリーリガンドはそれぞれ別のシグナルとして観測されたことから,それらの間の配位子交換速度はNMRの時間スケールよりは小さいが,室温では混合比に応じて速やかに平衡移動する.アセトニトリル中の1段階目の錯形成定数(対数値,logK_1)は,ユウロピウムの場合に7.4,テルビウムの場合に7.9である.

メチル基の導入効果はアニオン添加時の発光応答の違いに現れ,無置換のTPAを用いた場合に比べて硝酸イオンや塩化物イオンを添加した時の発光増大率が1.3〜1.5倍に向上する.またピリジン吸収帯の円二色性はアニオンの配位に伴う配位子の再配列を鋭敏に反映するため,キラルな配位子を用いた場合には,発光と円二色性の両方を用いたアニオンの検出が可能である.

【関連錯体の紹介およびトピックス】TPA配位子への同様の位置でのメチル基導入は,3本ある側鎖のうち2つまで実現しているが,3つ目のメチル基の導入は立体障害により配位子の合成自体が困難である.2置換の配位子はキラル体(R,R)または(S,S)とメソ体(R,S)のジアステレオマーをそれぞれ作り分けることが可能である.2つのメチル基の立体配置は錯体の安定構造に影響を与えるため,キラル体の配位子とメソ体の配位子から得られるランタノイド錯体の発光特性は大きく異なる.1:1のユウロピウム錯体の場合にはメソ体がキラル体の2倍の発光強度を示したことから,発光性希土類錯体の設計においては絶対配置を含めた配位子の選択が重要である.

不斉配位子は同じリパーゼを使った合成反応を利用して,キノリンやチアゾールなど他のヘテロ芳香環を用意することができ,様々なTPA類縁体の合成も可能である.

【篠田哲史】

【参考文献】
1) H. Tsukube *et al.*, *Chem. Commun.*, **2002**, 1218.
2) H. Tsukube *et al.*, *Inorg. Chem.*, **2003**, *42*, 7932.

$Tb_2N_2O_{14}$

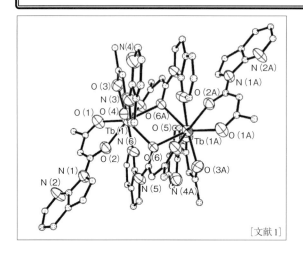

[文献1]

【名称】Tb_2(acac-azain)$_4$(μ-acac-azain)$_2$ (acacazain＝1-(*N*-7-azaindolyl)-1,3-butane-dionato)

【背景】発光性ランタノイド化合物は，f-f遷移に由来する長い発光寿命や高い発光色純度などの特徴をもつことから，EL素子としての可能性を秘めており，注目されている．しかしながら，ランタノイドイオンのf-f遷移はLaporte禁制であることから，無機化合物では，ランタノイドイオンの直接励起によるエネルギー効率は非常に低い．これに対し，ランタノイド錯体は，吸光係数の高い有機配位子の励起エネルギーを遷移確率の低いランタノイドイオンに移動させることができ，適切な配位子を選択することにより，f-f遷移の発光効率を上げることが可能となる．これまでに，7-azaindoleが青色発光性有機化合物・有機金属化合物となることが報告されており，ランタノイドイオンに対して有用な光アンテナ分子となり得ることが期待されることから本錯体が合成された．この錯体は，ランタノイド錯体の安定性・溶解性が高くなることが知られているacetylacetonato骨格と青色発光性を示す7-azaindolyl骨格をあわせもつ配位子Hacacazain(1-(*N*-7-azaindolyl)-1,3-butanedione)をもつ二核Tb(III)錯体であり，その合成・構造解析・発光・EL特性について詳しく報告されている[1]．

【調製法】既報の方法で合成されたHacac-azainを用いて，二核Tb(III)錯体である[Tb_2(acac-azain)$_4$(μ-acac-azain)$_2$]が合成される．0.5 mmolのTbCl$_3$と1.65 mmolのHacacazainのアセトン/水1：1混合溶液(20 mL)に0.5 M水酸化ナトリウム水溶液を3.0 mL滴下し，1時間撹拌する．エバポレータでアセトンを取り除いた後，ジクロロメタンで抽出(5×5 mL)し，有機層を硫酸ナトリウムで脱水する．硫酸ナトリウムをろ過により取り除き，ろ液を濃縮後，ヘキサンを加えると，目的錯体が収率70％で得られる．

【性質・構造・機能・意義】単結晶構造解析結果によると，本錯体は，それぞれのTb(III)周りに，2つのacac-azainが2座で配位し，1つのacac-azainが酸素原子と窒素原子で互いのTb(III)を架橋したN_1O_7型の歪んだsquare antiprism型構造をとっている．ジクロロメタン溶液中，室温において，245 nm(ε＝27740 M^{-1}cm^{-1})と312 nm(ε＝38000 M^{-1}cm^{-1})に配位子に由来する吸収帯を持ち，337 nmにて励起すると，acac-azain由来のりん光帯は観測されず，λ_{max}＝550 nmにTb(III)のf-f遷移に由来する発光帯のみが観測される．発光量子収率は，11％であり，その寿命は677(11)μsである．同形構造の[Y_2(acac-azain)$_4$(μ-acac-azain)$_2$]錯体の発光特性を検討することにより見積もられたacac-azainのT$_1$レベルは22220 cm^{-1}であり，Tb(III)の$^5D_4$レベル(20500 cm^{-1})より1720 cm^{-1}高い．本錯体は，昇華性がないため，真空蒸着法によるELデバイスの作製には至っていない．一方，ITO基盤上に錯体含有PVK(poly(*N*-vinylcarbazole))をスピンコート(厚さ40～50 nm)し，さらに，PBD(2-(4-biphenyl)-5-(4-*tert*-butylphenyl)-1,3,4-oxadiazole)層(30 nm)とLiF(1.5 nm)/Al(150 nm)を真空蒸着した二層型デバイスの作成の報告がある．そのEL特性については，PVKが[Tb_2(acac-azain)$_4$(μ-acac-azain)$_2$]錯体にエネルギー移動することにより，13 V，1.72 mA/cm^{2}において，最も高い電流効率(0.65 cd/A)を示すという．これは，7-azaindolyl骨格のない，[Tb(acac)$_3$]錯体の場合と比べ，少なくとも10倍高い電流効率であり，ランタノイド錯体を用いた緑色ELデバイスの開発に大きく貢献するものである．

【大津英揮】

【参考文献】

1) R. Wang *et al.*, *Inorg. Chem.*, **2002**, *41*, 5187.

$Tb_2N_4O_{10}$

光

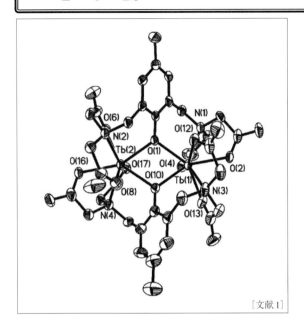

[文献1]

【名称】$Na_4[Tb(5\text{-Me-HXTA})]_2 \cdot 15H_2O$ (5-Me-HXTA = N,N'-(2 hydroxy-5-methyl-1,3-xylylene)bis(N-(carboxymethyl)glycine)

【背景】発光性ランタノイド錯体は，有機配位子の光アンテナ効果により，4f軌道の電子遷移に由来した非常にシャープで寿命が長い発光を示すので，時間分解バイオアッセイ・イメージングへの応用に期待されている．しかしながら，ランタノイドイオンの発光準位と溶媒によるO-H, N-H, C-H振動との重なりにより，その発光は消光されてしまう．このため，溶液中においても安定であり，かつ，強発光性を有するランタノイド錯体の創出が望まれている．この$Na_4[Tb(5\text{-Me-HXTA})]_2 \cdot 15H_2O$錯体は，水溶液中でも安定であり，$1\times10^{-12}$ Mにおいても発光を示す二核錯体であり，その合成・構造解析・発光特性に関して詳しい報告がある[1]．

【調製法】p-cresolのメタノール溶液に2当量のdisodium iminodiacetateを加え，0℃にしたあと，2当量のp-formaldehydeを加え，ゆっくりと室温まで昇温したあと，24時間撹拌し，さらに12時間還流すると目的配位子$Na_4 \cdot 5$-Me-HXTAが得られる（収率92%）．1当量の水酸化ナトリウムを含む配位子の水溶液に1当量の$Tb(NO_3)_3 \cdot 6H_2O$を滴下することにより，錯体の粗生成物が得られる．これを$H_2O/MeOH/EtOH/Et_2O$より再結晶することで，目的のTb(III)錯体が収率29%で得られる．

【性質・構造・機能・意義】単結晶構造解析により，2:2の二核構造であることがわかっており，2つのTb(III)が2つの5-Me-HXTA配位子のフェノレートで二重に架橋されている．それぞれのTb(III)周りは，4つのカルボキシレート由来の酸素原子，2つのイミノジアセテート由来の窒素原子，2つのフェノレート由来の酸素原子が配位したN_2O_6型の歪んだsquare antiprism型構造である．この錯体は，水溶液中，室温において，配位子の$\pi-\pi^*$遷移に由来する吸収波長の300 nmで励起することにより，490, 545, 587, および624 nmに$^5D_4\rightarrow{}^7F_6, {}^5D_4\rightarrow{}^7F_5, {}^5D_4\rightarrow{}^7F_4, {}^5D_4\rightarrow{}^7F_3$遷移にそれぞれ帰属されるTb(III)由来の発光が観測され，その発光量子収率は50%である．この錯体は，水溶液中，pH 4〜12で安定に存在し，また，1×10^{-12} Mという低濃度においても発光が観測される．これは，溶媒である水分子への振動失活過程が抑制されているためであると考えられている．この錯体の水中や重水中の発光寿命は，それぞれ，2.62 ms, 2.91 msであり，これらの値から水溶液中でもTb(III)には水分子が配位していないと結論されている．これまでに，水溶液中で発光量子収率50%という高い発光性を示すTb(III)錯体の報告例は数例しかなく，時間分解蛍光アッセイへの応用が十分期待できる．

【関連錯体の紹介およびトピックス】配位子$Na_3 \cdot 5$-Me-HXTAや$Na_4 \cdot 5$-Me-HXTAを用いることにより，Tb(III)二核錯体以外にも，Nd(III), Sm(III), Eu(III), Dy(III), Ho(III), Er(III), Yb(III)の二核錯体の合成も可能である．特に，二核Nd(III)錯体（$Na_4[Nd(5\text{-Me-HXTA})]_2$）や二核Yb(III)錯体（$Na_4[Yb(5\text{-Me-HXTA})]_2$）は，水溶液中337 nmのパルス窒素レーザーを用いて光励起することにより，それぞれ，1055 nmや980 nmに発光帯を示す．このように，5-Me-HXTAは，可視から近赤外領域に至る広範囲な発光性を示す二核錯体の合成が可能な配位子である[2]．

【大津英揮】

【参考文献】
1) J. S. Natrajan *et al.*, *Inorg. Chem.*, **2007**, *46*, 10877.
2) M. E. Branum *et al.*, *J. Am. Chem. Soc.*, **2001**, *123*, 1898.

Tb₂O₁₆

光

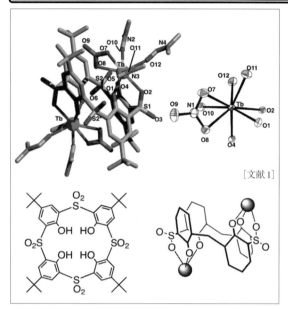

[文献1]

【名称】 [Tb₂(L)(NO₃)₂(dmf)₆] (H₄L=*p-tert*-butylsulfonylcalix[4]arene)

【背景】 *p-tert*-butylsulfonylcalix[4]arene(H₄L)は、ランタノイドイオンと多核錯体を形成するとともに、エネルギーアンテナとして機能し、強いf-f発光を促す。広いπ共役系と高い構造自由度をもつ配位子L^{4-}は、配位幾何構造に依存してエネルギードナー準位が変化するため、分子設計により、容易に錯体の発光特性を制御することができる。発光特性ばかりでなく、ランタノイド錯体における配位環境は、大きな角運動量と強い磁気異方性をもつランタノイドイオンの磁気的挙動にも強い影響を与える。本錯体は、配位子L^{4-}が1,2-オルタネート型でTb^{III}と錯形成した構造をとっており、その配位構造は、L^{4-}の発光団としての機能とTb^{III}周辺の容易軸磁気異方性を与え、錯体一分子が強いf-f発光と超常磁性の両挙動を示す[1]。

【調製法】 酢酸テルビウム、硝酸テルビウムおよび配位子H₄Lを4:2:3の割合でエタノールおよびDFM中で混合し、1時間還流した後、得られた白色残渣を、熱DFM溶液で再結晶することで、淡黄色の結晶が得られる。

【性質・構造・機能・意義】 単結晶X線構造解析から、配位子L^{4-}は1,2-オルタネート型構造をとり、フェノール酸素(O1およびO4)とスルホニル酸素(O2)の三座*fac*型で2つのTb^{III}と配位している。さらにL^{4-}は、対称性の高い円錐構造を保ちながら、2つのTb^{III}を架橋し、立方体型のクラスターを形成している。各Tb^{III}には、硝酸イオン1つ(O7およびO8)とDMF分子2つ(O10、O11およびO12)を配位させることで、隣接分子とのさらなるクラスターの形成を抑制している。これにより、カリックスアレーン骨格の1,2-オルタネート構造は安定化し、金属中心間の反発も最小となる。錯体全体の構造は、2つのスクエア構造(O2/O4/O10/O12およびO1/O7/O8/O11)からなる、わずかに歪んだスクエアアンチプリズム型である。

[Tb₂(L)(NO₃)₂(dmf)₆]の配位子L^{4-}は、固体状態において、360 nm(27800 cm⁻¹)および337 nm(29700 cm⁻¹)に吸収帯を示す。同構造のGd^{III}錯体は、77 Kにおいて439 nm(22800 cm⁻¹)と465 nm(21500 cm⁻¹)に配位子由来の蛍光およびりん光を示す。この配位子由来の発光挙動から、三重項(T_1)レベルは、Tb^{III}の$^5D_4$準位よりわずかに高い位置に存在することがわかる。[Tb₂(L)(NO₃)₂(dmf)₆]は、固体状態、室温において、配位子励起により非常に強いf-f発光を示す。その発光量子効率は85%である。この錯体において観測された非常に強いf-f発光は、①配位子の構造制御により、L^{4-}の励起エネルギー準位をTb^{III}へのエネルギー移動が効率よく生じる位置に調整したこと、②配位子L^{4-}自身のT_1準位の寿命が比較的長いことから、熱的緩和過程よりもTb^{III}へのエネルギー移動が優先的に生じたこと、③一分子内に発光中心が2つあること、などにより促されたものであると考察されている。

このTb^{III}錯体は、強発光性ばかりでなく、超常磁性的挙動も確認されている。これは、配位子L^{4-}が作る結晶場がTb^{III}に対して、容易に軸磁気異方性を与え、特にこのTb^{III}錯体においては比較的強い短軸磁気異方性が発現されたと報告されている。

【関連錯体の紹介およびトピックス】 類似錯体として、*p-tert*-butylsulfonylcalix[4]areneを配位子とした複核錯体[Tb₂(L)₂(H₂O)₄]²⁻、およびキュバン型錯体[Tb₄(L)₂(AcO)₄(OH)₄]⁴⁻が合成されている[2]。複核型は強いf-f発光を示すが、キュバン型は配位子T_1レベルと$^5D_4$レベルが隣接しており、逆エネルギー移動が優先して生じることから、室温ではf-f発光を示さない。

【石井あゆみ】

【参考文献】
1) T. Kajiwara *et al.*, *Eur. J. Inorg. Chem.*, **2008**, 5565.
2) T. Kajiwara *et al.*, *Inorg. Chem.*, **2006**, 45, 4880.

TcN$_2$OS$_2$

【名称】 (2R)-3-ethoxy-2-[2-[(2R)-1-ethoxy-1-oxo-3-sulfidopropan-2-yl]azanidylethylamino]-3-oxopropane-1-thiolate; oxotechnetium-99(4+)([^{99}Tc-ECD])

【背景】 中性であるアルキレンアミンオキシムとテクネチウム Tc との錯体が脳血流量測定に対して有用であると1984年に報告されて以来,開発が進められてきた.ジアミンジチオール(DADT)化合物は ^{99}Tc と容易に安定なキレートを形成することが知られており,その構造より脳イメージング剤として期待されてきたが,脳への取り込みが高いものは脳からの洗い出しも速いため脳実質への保持機構に製剤開発の焦点が当てられた.そこで,脳実質への保持機構としてエステル基が着目され,エステル基を導入したDADT化合物の検索を進められ,^{99m}Tc-ECDが設計された.

【調製法】 配位子ECDは対応するチアゾリジンを液体アンモニア中にて,金属ナトリウムにより還元反応を行った後,塩酸ガス触媒存在下,エタノール中でエステル化反応を経て得られる.Tc-ECD錯体の合成は,tetrakis(pyridine)-trans-dioxotechnetium 水溶液またはtetrachlorooxotechnetium 水溶液へECD水溶液を少しずつ加え,滴下後,室温で混和することによる配位子交換反応によって得られる.

【性質・構造・機能・意義】 Tc-ECDは電気的に中性で,脂溶性の錯体である.錯体の結晶の体積は1786.0Å^3 で,密度は1.56e/Åである.Tc原子と2つの窒素原子および2つの硫黄原子は,Tcを頂点とした四角錐のような形で存在し,Tc原子は窒素原子を含む平面よりわずか上方に位置している.Tc=O間の距離は,他のモノオキソTc錯体と同等の距離である[1].中性,脂溶性の ^{99m}Tc-ECDは,容易に血流-脳関門を透過し,局所脳血流に比例して脳実質に取り込まれる.脳細胞では細胞上清分画70%以上が分布している.アカゲザルの脳組織を用いた in vitro の検討では,^{99m}Tc-ECDが脳組織中で水溶性の単一のモノアシド-モノエステル体に迅速に代謝され,この代謝物は血液-脳関門を透過しないことが確認されている.また,アカゲザルに ^{99m}Tc-ECDを静脈内投与した際,同一の代謝物が脊髄液中に確認されることより,^{99m}Tc-ECDは血液-脳関門を透過後,エステル基が加水分解されて水溶性物質に代謝されることにより脳実質に保持されるとされている[2].

【関連錯体の紹介およびトピックス】 ^{99m}Tc-ECD以外に,局所脳血流測定用放射性医薬品に用いられるものに ^{99m}Tc-HMPAOがある.これは静注後,局所脳血流に比例して脳内に分布し,そこで細胞内に取り込まれ,その部位に長時間保持される.

^{99m}Tc-ECDの脳内挙動は ^{99m}Tc-HMPAOのそれと類似している.動脈内入力は短時間で,静注数分以内に脳内分布は決定されて,その後長時間分布に大きな変化はない.しかし,静注後後期の洗い出しは ^{99m}Tc-HMPAOよりは速く,部位によって速さが異なることも指摘されている.特に連続した2回の静注で負荷前後の血流を評価するスプリット・ドーズ・スタディなどでは,洗い出しの影響に注意が必要である.初回循環抽出率は ^{99m}Tc-HMPAOより低いが,早期逆拡散が ^{99m}Tc-HMPAOより少なく,しかも血流に依存しないとされている.この結果,高血流域と低血流域との差が ^{99m}Tc-HMPAOより明瞭に画像化される.

【佐治英郎】

【参考文献】

1) D. S. Edwards *et al.*, *Technetium and Rhenium in Chemistry and Nuclear Medicine*, Vol. 3; Cortina-Raven Press, New York, **1990**, 433.

2) K. Schwochau, *Technetium: Chemistry and Radiopharmaceutical Applications*, **2000**, 183.

TcN₄O

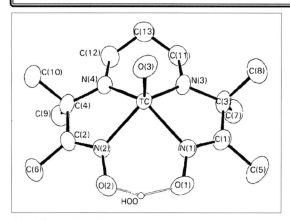

【名称】 oxo[3,3′-(1,3-propanediyldiimino)bis(3-methyl-2-butanoneoximato)(3−)-N,N′,N″,N‴]technetium(V):[TcO(pnao-3H)]

【背景】 テクネチウム(Tc)はそのすべての同位体が不安定な放射性同位体であり，安定な同位体をもたない元素である．現在22種類の同位体が見いだされている．また，そのほとんどが核異性体を有している．中でも，⁹⁹ᵐTcは唯一β⁻を出さず，核異性体転移によって⁹⁹Tcになる．その際放出するγ線は励起エネルギーも143 keVで，よいエネルギー効率で検出でき体外から測定しやすく，半減期も6.01時間と適当に短いので臨床画像診断法に用いる放射性同位元素として優れた放射線物理的性質を有し，核医学画像診断の分野で最も汎用されている．一方，α-アミンオキシム系配位子は多くの金属イオンと錯体を形成する．そこで，⁹⁹ᵐTcに関してもα-アミンオキシム系配位子との錯体[⁹⁹ᵐTc(pnao-3H)]が合成され，その核医学画像診断薬(放射性医薬品)としての応用性が検討された結果，局所脳血流量測定用放射性医薬品として，pnao-3Hの類縁体のHM-PAO(d,l-hexamethylpropyleneamine oxime)との錯体(oxo[3,3′-(2,2-dimethyl-1,3-propanediyl)diimino]bis(2-butanone)oximato)(3-)-N,N′,N″,N‴]technetium(V):⁹⁹ᵐTc-HM-PAO)が臨床で使用されている．なお，Tc(pnao-3H)の結晶構造は長い半減期(0.21 My)をもつ⁹⁹Tcとpnaoの錯体[⁹⁹Tc(pnao-3H)]を用いて得られている[1]．

【調製法】 配位子pnaoは，氷冷下ビスイミン95%エタノール溶液に水素化ホウ素ナトリウムを加えて2時間反応した後，水を加えて2時間撹拌する．エタノールを除去してpH 11に調製すると生じる沈殿をろ取し，アセトニトリル中で再結晶することで主混合物を除去し，その後に分別結晶法にて酢酸エチル中から結晶を得る．錯体の合成は，窒素置換したバイアル中で塩化スズ(II)・2水和物と塩化ナトリウム，過テクネチウム酸ナトリウム水溶液を室温下で混和し，固形物が溶解するまで振とうすることで行う．

【性質・構造・機能・意義】 Tc(pnao-3H)は電気的に中性で，脂溶性の錯体である．結晶の体積は833.8 Å³で，密度は1.527 g/cm³である．Tc原子と4つの窒素原子は，Tcを頂点とした四角錐のような形で存在し，Tc原子は窒素原子を含む平面より0.678 Å上方に位置している．Tc=O間の距離は1.679 Åで，他のモノオキソTc錯体と同等の距離である．また，Tc-Nの距離は1.908，1.917，2.088，2.259 Åである．2つのオキシム酸素原子間の距離は2.420 Åで，1つのプロトンを介して相互作用するのに十分な距離である．O-Hの結合距離は1.16，1.35 Åで，他のpnao錯体の場合と同等の結合距離である．

【関連錯体の紹介およびトピックス】 この錯体は，酸化数3以上の金属原子とpanoの錯体としてはじめて確認されたものである．酸化数2以下の金属原子とpnaoの錯体としてCu(II)，Ni(II)，やPd(II)などとの錯体があり，それらはいずれもpnao中のアミノプロトンが保持されているのに対し，Tc(pnao-3H)ではアミノ基からの脱プロトン化が起こっている．脱プロトン化が起こることでTc(pnao-3H)の平面性が高まり，Tc(pnao-3H)のアミノ基に結合した6つの炭素原子は，4つの窒素原子を含む平面と平行な平面上に位置している[2]．

【佐治英郎】

【参考文献】
1) M. L. Hoppe et al., Acta Crystallogr. C, **1984**, 40, 1544.
2) R. D. Neirinckx et al., J. Nucl. Med., **1987**, 28, 191.

TiB$_3$C$_2$N$_2$O

触 有

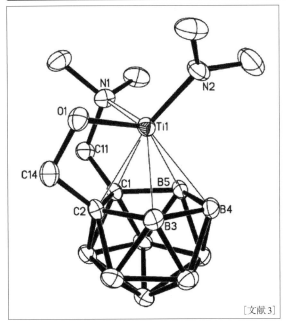

[文献3]

【名称】[(7,8,9,10,11-η)-7-[(dimethylamino)methyl]-1,2,3,4,5,6,9,10,11-nanohydro-8-(hydroxymethyl)-7,8-dicarbaundecadorato(3−)-κN, κO](N-methylmethanaminato)titanium: [σ: η^1: η^5-(OCH$_2$)(Me$_2$NCH$_2$)-C$_2$B$_9$H$_9$]Ti(NMe$_2$)

【背景】これまでグアニジンのトランスアミノ化反応に関しては，[(Me$_2$N)C(N^{i}Pr)$_2$]$_2$Ti=N(2,6-Me$_2$C$_6$H$_3$)を触媒として用いる例しか報告されていない．以前，標記錯体と類似の錯体である[σ: η^5-(C$_9$H$_6$)C$_2$B$_9$H$_{10}$]Zr(NMe$_2$)(DME)を用いると，グアニジンの炭素−窒素結合が切断されることが見いだされた．その後，グアニジンのトランスアミノ化反応に標記錯体を適用することで，基質の適応範囲を拡張することに成功した[1]．

【調製法】標記錯体の配位子である[Me$_3$NH][μ-7,8-CH$_2$OCH$_2$-7,8-C$_2$B$_9$H$_{10}$]は，以下の合成法によって得られる．別途，合成したμ-1,2-CH$_2$OCH$_2$-1,2-C$_2$B$_{10}$H$_{10}$にエタノール中，水酸化カリウムを加え，終夜還流を行った後，溶媒を除去する．残渣を再び水に溶解し，塩化テトラメチルアンモニウムを加えることにより生成する白色沈殿を吸引ろ過により回収し，減圧下乾燥させる．次に，Ti(NMe$_2$)$_4$をトルエンに溶解した後，上記で合成した配位子を加えて6時間加熱還流する．その後，生じた赤色の反応混合物をろ過し，ろ液を濃縮後，室温で12時間放置する．その後，析出してきた橙色結晶を回収することで標記錯体を得る[2]．

【性質・構造・機能・意義】この錯体のX線結晶構造解析がなされており，中心金属のチタンと配位子であるカルボラン間の結合距離は，Ti-cage atom(average) 2.365 Å, Ti-N1 (sidearm) 2.205 Å, Ti-N2 (amide) 1.862 Å, Ti-O1 1.833 Å であることが明らかにされた．このとき，Ti-O1間の結合距離を類似錯体である($η^5$-C$_5$Me$_5$)-Ti[σ:$η^5$-(OCHMe)C$_2$B$_9$H$_{10}$] (1.879 Å) や ($η^5$-C$_5$Me$_5$)[σ:$η^5$-(OCHMe)C$_2$B$_9$H$_{10}$]Ti(CH$_3$CN) (1.869 Å)と比較すると短いことがわかり，チタンとより強く相互作用していることがわかる．

標記の錯体を触媒として用いるトランスアミノ化反応で生成するグアニジン誘導体は，様々な用途に用いることが可能である．その1つとしてアルギニンがあり，タンパク質内でDNAとの結合など重要な要素を担っている．さらに，アルギニンを多数含むペプチドが容易に細胞膜を透過することが発見され，この作用の源がグアニジノ基にあることが証明されている．グアニジノ基を多数結合させておけば大分子量のタンパク質や人工分子も容易に細胞内に取り込めるため，医薬・生化学分野において応用の期待が高まっている．この点においても標記錯体は，極めて興味深い触媒作用を有している．また，標記錯体は，RN=C=NR, S=C=S, Xyl-N=C, PhC≡N, ^{n}BuN=C=S, Ph$_2$C=C=O, PhN=C=O, そしてエステルのようにヘテロ原子間に不飽和結合を有する化合物と反応し，対応する錯体を生成する．その応用例として，標記錯体を触媒として用いて，RN=C=NRとアミンによりグアニジンを生成する反応が報告されている[3]．

【関連錯体の紹介およびトピックス】1-C$_9$H$_7$-1,2-C$_2$B$_{10}$H$_{11}$とZr(NMe$_2$)$_4$の反応により生成する錯体[σ:$η^5$-(C$_9$H$_6$)C$_2$B$_9$H$_{10}$]Zr(NMe$_2$)(DME)は，カルボジイミドRN=C=NRと速やかに反応してグアニジン基を含む錯体[σ:$η^1$:$η^5$-{2-[C=NR′(NHR′)]C$_9$H$_5$}C$_2$B$_9$H$_{10}$]Zr[$η^2$-(R′-N)$_2$C(NMe$_2$)](R=^{i}Pr, Cy)を生成する．この反応の中で，カルボジイミド中の炭素−窒素結合が切断されると同時に，新たな炭素−窒素結合が生成し，グアニジンが生成する．しかし，この錯体の収率は低く，トランスアミノ化によりグアニジンが生成する報告例もない[4]．

【西原康師】

【参考文献】
1) a) H. Shen *et al.*, *Organometallics*, **2008**, *27*, 2685; b) H. Shen *et al.*, *J. Am. Chem. Soc.*, **2007**, *129*, 12934.
2) T. L. Heying *et al.*, *Inorg. Chem.*, **1963**, *2*, 1097.
3) H. Shen *et al.*, *Organometallics*, **2007**, *26*, 2694.
4) a) H. Shen *et al.*, *J. Am. Chem. Soc.*, **2007**, *129*, 12934; b) H. Shen *et al.*, *Organometallics*, **2006**, *25*, 5515.

TiC$_2$NP$_2$

有

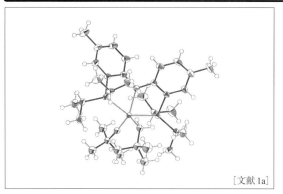

[文献1a]

【名称】[2-[bis(1-methylethyl)phosphino-κ*P*]-*N*-[2-[bis(1-methylethyl)phosphino-κ*P*]-4-methylphenyl]-4-methylbenzenaminato-κ*N*](2,2-dimethylpropyl)(2,2-dimethylpropylidene)titanium

【背景】不活性な炭素-水素結合や炭素-窒素結合の活性化は,単純な分子から官能基化された化合物の合成への応用が期待できるため,近年特に注目を集めている分野である.本錯体は,金属-炭素三重結合を有するアルキリジン錯体の前駆体としてはたらき,不活性な炭素-水素結合および炭素-窒素結合を活性化する[1]).

【調製法】錯体の前駆体は,以下の手順で合成される.TiCl$_3$(THF)$_3$をトルエンに溶解し,この溶液にLi(PNP)のトルエン溶液を滴下する.反応混合物を溶液の色が赤色になるまで1.5時間以上撹拌する.この溶液を−35℃まで冷却し,そこへLiCH$_2^t$Buのペンタン溶液を滴下する.このとき,溶液の色は赤茶色に変化し,大量の沈殿が生じる.反応混合物を3時間撹拌した後,減圧下で溶媒を除去し,沈殿物をペンタンで洗浄することで,(PNP)Ti(CH$_2^t$Bu)$_2$を茶色結晶として得る.この結晶をペンタンに溶解し,−35℃に冷却する.この溶液を冷却したAg(OTf)懸濁液に加えて2時間撹拌した後,−35℃で,ろ過および溶液の濃縮を行い,本錯体の前駆体である(PNP)Ti=CH^{t}Bu(OTf)を赤色結晶として得る.次に,標題の錯体は以下の方法で合成する.前駆体をペンタンに溶解し,−35℃に冷却する.この溶液に冷却したLiCH$_2^t$Buのペンタン溶液を加える.15分間以上撹拌すると溶液の色が赤色から緑茶色になるので,さらに10分間撹拌する.反応溶液をろ過し,−35℃で濃縮,再結晶することで(PNP)Ti=CH^{t}Bu(CH$_2^t$Bu)を緑色結晶として得る.

【性質・構造・機能・意義】本錯体のX線結晶構造解析より,チタン-炭素二重結合の距離は1.790(5) Åであることが明らかになった.また,PNPピンサー型配位子の2つのリン原子と中心金属であるチタンのなす角は149°である.本錯体の^{13}C{^{1}H} NMRを測定した結果,260 ppmにJ_{C-H}=86 Hzをもつシグナルが観測される.このシグナルは,電子不足な中心金属とα水素のアゴスティック相互作用によるものである.この強い相互作用により,容易にネオペンチル基を放出し,アルキリジンチタン錯体を生成することが示唆される.本チタン錯体は,室温でベンゼンの炭素-水素結合を活性化し,約12時間で(PNP)Ti=CH^{t}Bu(C$_6$H$_5$)を定量的に与える.また,この錯体をピリジンに作用させると,芳香族炭素-窒素二重結合の[2+2]環化付加反応を含む閉環メタセシス反応が進行し,アザメタラビシクロ錯体である錯体(PNP)Ti(C(^{t}Bu)CC$_4$H$_4$NH)を与える.さらに,このビシクロ錯体をクロロトリメチルシランのような求電子剤で処理すると,脱窒素反応が進行し,^{t}BuArとチタン錯体が窒素化された生成物を与える.このような,複素環式化合物の脱窒素反応は,石油に含まれる窒素を含む有機化合物の脱窒素への応用が期待されるため非常に意義深い.また,通常は炭素-窒素結合の開裂には水素のような還元剤が必要であるが,この反応では還元剤は不要であり,非常に珍しい反応である.同様の反応をかさ高いニトリルを用いて行うと,炭素-窒素三重結合の[2+2]環化付加反応により,アザメタラシクロブタジエン(PNP)Ti(NC^{t}BuC^{t}Bu)を与え,求電子剤で処理することで,^{t}BuC$^-$とN$_3^-$の交換反応が起こり^{t}BuC≡C^{t}Buが放出される.これらのメタセシス反応は,4族遷移金属を含むアルキリジン錯体によるはじめての報告例である.

【関連錯体の紹介およびトピックス】4族遷移金属以外の金属を含むアルキリジン錯体の例としては6族遷移金属を含む錯体[NEt$_4$][Mo(CC$_6$H$_4$Me-4)(CO)$_2$(η^5-C$_2$B$_9$H$_9$Me$_2$)]やW(CCMe$_3$)(CH$_2$CMe$_3$)が挙げられる[2]).

【西原康師】

【参考文献】
1) a) B. C. Bailey *et al.*, *J. Am. Chem. Soc.*, **2005**, *127*, 16016; b) B. C. Bailey *et al.*, *J. Am. Chem. Soc.*, **2006**, *128*, 6798.
2) a) J. H. Wengrovius *et al.*, *J. Am. Chem. Soc.*, **1981**, *103*, 3932; b) P. Dahlke *et al.*, *Polyhedron*, **1992**, *11*, 1587.

TiC$_5$NCl$_2$

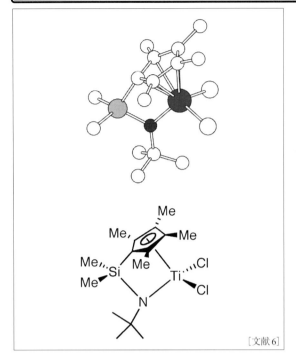

[文献6]

【名称】[(*tert*-butylamido)dimethyl(η^5-tetra methylcyclopentadienyl)silane]titanium dichloride: C$_{15}$H$_{27}$Cl$_2$NSiTi

【背景】均一系 Ziegler-Natta 触媒として知られるメタロセン型錯体とも，いわゆるハーフメタロセンとも異なり，ケイ素原子でシクロペンタジエニル環につながれた窒素原子がアミドの形でチタンに配位している．Dow Chemical 社が新しい重合触媒として開発した．その構造から「幾何拘束型触媒（constrained geometry complexes）」と呼ばれ CGC と略称される．

【調製法】配位子のマグネシウム塩と三塩化チタンの THF 付加物 [TiCl$_3$(THF)$_3$] を THF 中で反応させて，三価のチタン一塩化物錯体としたのち，塩化鉛(II)または塩化メチレンで酸化することにより四価チタンの二塩化物を得る．通常の Ti(IV) 錯体と同様，配位子のジリチウム塩と四塩化チタンから類似錯体を合成する方法も報告されている．

【性質・構造・機能・意義】黄色い結晶として得られる．その結晶の溶液の ^{1}H NMR(C$_6$D$_6$) は，0.43(s, 6H), 1.42(s, 9H), 1.99(s, 6H), 2.00(s, 6H) に，^{13}C NMR(C$_6$D$_6$) は，5.6, 13.3, 16.4, 32.9, 62.4, 121.6, 138.1, 140.8 にシグナルを与える．標題錯体はオレフィン重合触媒として用いられ市販されている．Ti-N の距離は 1.91 Å, Cl-Ti-N の角度は 108° であり，チタン金属はほぼ正四面体構造をとる．シクロペンタジエニル基に比して金属周りに広いスペースを有するため，かさ高いモノマーの重合触媒として適しており，特にエチレンと高次オレフィン，スチレンなど他のオレフィンとの共重合触媒に用いられる．また，重合中 β-水素の脱離によって生成する末端ビニルポリマーが再度挿入反応に関与することによって長鎖分岐をもつポリオレフィンを与えることもできる．

【鈴木教之】

【参考文献】
1) 特許 2535249（Dow Chemical Co.）
2) 特許 3275211（Dow Chemical Co.）
3) A. L. McKnight *et al.*, *Organometallics*, **1997**, *16*, 2879.
4) L. E. Manxzer, *Inorg. Synth.*, **1982**, *21*, 135.
5) K. Nomura *et al.*, *J. Mol. Catal. A: Chem.*, **2002**, *190*, 225.
6) D. W. Carpenetti *et al.*, *Organometallics*, **1996**, *15*, 1572.

TiC$_5$Cl$_3$

触 有

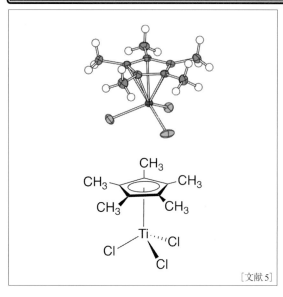

[文献5]

【名称】 trichloro(η^5-pentamethylcyclopentadienyl)titanium(IV): Cp*TiCl$_3$ (Cp* = η^5-C$_5$(CH$_3$)$_5$)

【背景】 本錯体はシンジオタクチックポリスチレンを与える重合触媒として広く知られる．スチレンの重合における立体規則性の発現は，成長末端制御によるものであり，スチレン挿入時に生成する不斉炭素が次のモノマーの挿入面を制御する．

【調製法】 操作は不活性雰囲気下で行い，溶媒は脱水，脱気したものを用いる．ヘキサン中，トリメチル（ペンタメチルシクロペンタジエニル）シランと蒸留精製した四塩化チタンを，60℃に加熱すると赤色結晶が析出する．赤色結晶をろ別しヘキサン/THFより再結晶すると得られる．mp 227℃．トリブロモ体も同様に合成できる．トリフルオロ体はトリクロロ体からのハロゲン交換で合成されるが，その際のフッ素化剤にはフッ化トリメチルスズが用いられる．フッ化トリメチルスズは種々の4族および5族金属ハロゲン化物と速やかにハロゲン交換する．副生成物の塩化トリメチルスズは減圧留去により除けるので目的錯体の単離も容易であるが，塩化トリメチルスズは毒性が強いので反応後の処理には特に注意を要する．

【性質・構造・機能・意義】 三脚ピアノイス型をとりTi–Cl間距離は2.24～2.25 Å，Ti–C間の距離は2.34～2.36 Åである．熱的には安定であるが，空気中の水に対してやや敏感であるため不活性雰囲気下での保存が望ましい．

　シクロペンタジエニル基を有するチタン錯体は，オレフィンの重合触媒としてつとに知られる．重合反応においては，メチルアルミノキサンなどの助触媒の添加が必要となる．トリアルキル体ではボラン系の助触媒を用いることができるが，その際でも少量の水を除くスカベンジャーとしてアルキルアルミニウムを加えることが多い．

【関連錯体の紹介およびトピックス】 本錯体を含めてトリクロロシクロペンタジエニルチタンの多くの類縁体は同様に重合触媒活性をもち膨大な研究例がある．また，チタンフッ化物錯体はスチレンの重合触媒として塩化物より高活性であると報告されている．

〔鈴木教之〕

【参考文献】
1) H. Yamamoto *et al.*, *Organometallics*, **1989**, *8*, 105.
2) G. H. Llinás *et al.*, *J. Organomet. Chem.*, **1988**, *340*, 37.
3) N. Ishihara *et al.*, *Macromolecules*, **1986**, *19*, 2464.
4) 日本化学会編，有機金属化合物・超分子錯体（第5版実験化学講座　21巻），丸善，**2003**，p.35.
5) A. Pevec, *Acta Chim. Slov.*, **2003**, *50*, 199.

TiC$_{10}$PS 有

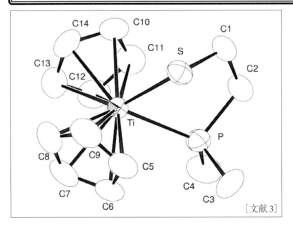

[文献3]

【名称】bis(η^5-cyclopentadienyl)-(1,1-dimethyl-1-phosphapropane-3-thiolato) titanium (IV) tetraphenylborate: [Cp$_2$Ti(dmpet-κ^2P,S)][B(C$_6$H$_5$)$_4$]

【背景】リン配位原子上の置換基をメチル基とする配位子の配位した金属錯体の研究例はフェニル基を置換基とするリン配位子の配位した金属錯体の研究と比べて非常に少なく、電子不足金属錯体の研究例は、モリブデン(IV)とタングステン(VI)錯体[1]とここに示したTi(IV)錯体以外に例がない。WhiteとStephan[2]によって、報告されている類似の1,1-diphenyl-1-phosphapropane-3-thiolato 錯体では、配位形態はκSであり、Ti(IV)へのリン原子の配位は認められていなかった。ここに示した錯体は、電子不足Ti(IV)にリン原子が配位した極めてまれな例である。

【調製法】合成はすべて嫌気性条件で行う。配位子のdmpetは、液体アンモニア中でtetramethyldiphosphaneを金属ナトリウムと反応させた後、3-chloropropane-1-thiolを滴下することによって得ることができる[2]。Cp$_2$TiCl$_2$のTHF溶液に1当量のLidmptのTHF溶液を加えて撹拌後、溶媒を留去し、残渣をNaBPh$_4$を含むTHF溶液に再び溶解し撹拌することによって紫色の粉末として得られる。粗結晶をアセトニトリルに溶解後、未溶解物を遠心分離にて除去し、−30℃で再結晶すると、紫色の結晶(アセトニトリルを結晶溶媒として有する)を得ることができる[3]。

【性質・構造・機能・意義】^{1}H NMRシグナルは、7.28 (m, 8H, BPh4), 7.01 (m, 8H, BPh4), 6.83 (m, 4H, BPh4), 6.57 (d, 10H, C5H5, J_{PH}=2.7 Hz), 4.01 (m, 2H, S$CH2$), 3.19 (m, 2H, $CH2$P), 1.51 (d, 6H, P(C$H3$)$_2$, J_{PH}=9.8 Hz)に、^{31}P{^{1}H} NMRシグナルはCD$_3$CN中において22.6 ppmに観測される。IR吸収(Nujol mull/KBr)は以下の通りである: 3110 m, 3050 m, 1580 m, 1428 m, 1260 s, 950 s, 928 m, 900 m, 846 m, 828 s, 752 s, 738 s, 714 s, 00 s, 485 w, 465 w cm^{-1}. アセトニトリル中の可視紫外吸収(/nm (/M^{-1}cm^{-1}))は、545(2400), 390(sh), 332(8000)に観測される。

^{31}P{^{1}H} NMRスペクトルは、フリーの配位子のシグナルよりも75 ppm低磁場の22.6 ppmに観測される。Ti–Pは2.534 Åと極めて短い(通常は2.57から2.65 Å)が、Ti–Sは2.3498 Åであった。Ti(IV/III)の酸化還元電位は、アセトニトリル中において−1.14V (vs. フェロセン)であり、還元生成物は緑色のチタン(III)錯体である。Cp$_2$Ti(dmpet)錯体はCp$_2$Ti(η^3-C3H5)とHdmpetをTHF中で反応することによっても得られるが、Ti(IV)錯体と同じ配位構造である。Ti–SならびにTi–P結合距離はそれぞれ2.4877, 2.5844 Åと長くなっているが、Ti(III)とTi(IV)のイオン半径(0.81ならびに0.75 Å)の差を考慮しても、Ti(III)–Sの距離は異常に長くなっている。Ti(III)錯体は常磁性であり、室温におけるEPRシグナルは^{31}Pに起因するダブレットである(A(P)=21.3, g=1.991)。

【関連錯体の紹介およびトピックス】Cp$_2$TiCl$_2$に2当量以上のdmpet配位子を反応させると、Ti(IV)にイオウ原子のみが配位したCp$_2$Ti(dmpet)$_2$が得られる。また、dmpet配位子よりも炭素数の1つ多い1,1-dimethyl-1-phosphabutane-4-thiolate (dmppt)を配位子とするTi(IV)錯体も単離されているが、この錯体ではリン配位原子はTi(IV)と結合せず、硫黄原子のみで配位したCp$_2$Ti(dmppt)$_2$として得られる。対応するTi(III)錯体では、イオウとリンが配位しており、Ti(III)–PならびにTi(III)–S結合長はdmpet錯体とほとんど同じである[3]。

Cp$_2$Ti(dmpet)$_2$は、[Cu(acetonitrile)$_4$]PF$_6$と反応させることによって、[Cp$_2$Ti(dmpet)$_2$Cu]PF$_6$を与える。2つのイオウ原子がチタンと銅に架橋しており、銅周りは、P$_2$S$_2$の四配位構造(二面角が約70°の歪んだT_d構造)になっている。Cu(I)–Ti(IV)間距離は2.95 Åと短く、d^{10}電子配置のCu(I)からの電子対供与があると考えられている[3]。

【高木秀夫・柏原和夫・巽 和行】

【参考文献】
1) M. Kita *et al., Bull. Chem. Soc. Jpn.*, **1992**, *65*, 2272.
2) G. S. White *et al., Inorg. Chem.*, **1985**, *24*, 1499: b) G. S. White *et al., Organometallics*, **1987**, *6*, 2169; c) G. S. White *et al., Organometallics*, **1988**, *7*, 903.
3) K. Matsuzaki *et al., Inorg. Chem.*, **2003**, *42*, 5320.

TiC$_{10}$Cl$_2$

触 有

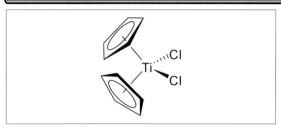

【名称】dichlorobis(η^5-cyclopentadienyl)titanium: Cp$_2$TiCl$_2$

【背景】前周期遷移金属メタロセンの1つとして，1954年 Wilkinsonらによりはじめて合成された．X線結晶構造解析から，フェロセンのようなサンドイッチ構造ではなく，歪んだ正四面体構造の各頂点を2つのη^5-シクロペンタジエニル配位子と塩素アニオンが占める構造であることが明らかになった．

【調製法】塩化チタノセン(IV)とペンタジエニルナトリウムをTHFあるいはDME中氷冷下2～3時間攪拌した後，溶媒を留去する[1]．残渣から生成物を熱クロロホルムで繰り返し抽出した後，得られた粗生成物をトルエンから再結晶する．

【性質・構造・機能・意義】融点289℃の赤色固体で，空気中の水分や酸素により徐々に分解する．熱的には安定で，160℃(13 Pa)で昇華する．クロロホルムやトルエン，アルコール類に可溶である．脂肪族炭化水素，エーテル類，二硫化炭素，四塩化炭素などにはわずかに溶解する．

二塩化チタノセン(Cp$_2$TiCl$_2$)とアルキルアルミニウムからなる Ziegler-Natta 触媒はアルケン類の重合触媒として利用されている．1957年にはじめて塩化ジエチルアルミニウムとCp$_2$TiCl$_2$からなる均一系触媒が，温和な条件でエチレンを重合させることが報告された[2]．現在ではメチルアルミノキサン(MAO)が高効率な活性化剤(共触媒)としてしばしば利用される[3]．Cp配位子を架橋したチタノセンは，立体規則的ポリマーの合成に用いられている．

Tebbe試薬やPetasis試薬などのカルボニル化合物のメチレン化試薬の原料として用いられる．Tebbe試薬はCp$_2$TiCl$_2$と2当量のトリメチルアルミニウムの反応により調製される[4]．Cp$_2$TiCl$_2$に2当量のメチルGrignard試薬あるいはメチルリチウムを作用させるとPetasis試薬が得られる[5]．これらの試薬はいずれも，Wittig反応やHorner-Wadsworth-Emmons反応が適用できないカルボン酸誘導体をメチレン化することができる．

Cp$_2$TiCl$_2$はチタノセン(II) (Cp$_2$Ti(II))の有用な前駆体である[6]．一酸化炭素やトリアルキルホスフィンなどの配位子の存在下，ナトリウム，マグネシウム，亜鉛により還元することで調製できる．別法として，2当量のアルキルリチウムやGrignard試薬を反応させCp$_2$TiR$_2$とした後，β-脱離，還元的脱離を経て1-アルケンが配位したCp$_2$Ti(II)を調製する方法がある．この様にして調製されたCp$_2$Ti(II)は，様々なチタノセン錯体の前駆体として有機合成反応に用いられている[6]．例えば，Cp$_2$Ti(II)にアルキンおよびアルケンを反応させると[1+2+2]環化反応が進行し，五員環チタナサイクルが生成する．この反応を利用することで，多重結合間の炭素-炭素結合形成が容易に行える．ジイン，エンイン，ジエンとの反応では二環性チタナサイクルが生成し，様々な環状化合物の合成に利用されている．

二価チタノセン-1-ブテン錯体とアリルスルフィドを反応させると，アリルチタノセンが生成する[7]．このアリルチタノセンはケトンに対して高いアンチ選択性で付加反応を行う．一方，プロパルギル誘導体からはアレニルチタノセンが生成し，この場合ケトンへの付加においてシン選択性を示す[8]．

Cp$_2$Ti(II)とGrignard試薬から3価のチタノセンヒドリド(Cp$_2$TiH)が調製できる．これに共役ジエンを反応させるとヒドロチタン化により，η^3-π-アリルチタノセンが生成し[9]，アルデヒド，ケトンに対するジアステレオ選択的付加反応に用いられている[10]．また，Cp$_2$TiHによるアルキンやアルケンのヒドロチタン化により，有機合成上有用なアルケニルおよびアルキルチタノセンが調製できる[6]．近年，抗がん剤として薬理作用が注目されている．

〔坪内 彰〕

【参考文献】
1) G. Wilkinson *et al.*, *J. Am. Chem. Soc.*, **1954**, *76*, 4281.
2) D. S. Breslow *et al.*, *J. Am. Chem. Soc.*, **1957**, *79*, 5072.
3) E. Y.-X. Chen *et al.*, *Chem. Rev.*, **2000**, *100*, 1391.
4) F. N. Tebbe *et al.*, *J. Am. Chem. Soc.*, **1978**, *100*, 3611.
5) N. A. Petasis *et al.*, *Pure Appl. Chem.*, **1996**, *68*, 667.
6) F. Sato *et al.*, *Chem Rev.*, **2000**, *100*, 2835.
7) T. Takeda *et al.*, *Chem. Eur. J.*, **2009**, *15*, 2680.
8) T. Takeda *et al.*, *Org. Lett.*, **2007**, *9*, 2875.
9) H. A. Martin *et al.*, *J. Organomet. Chem.*, **1967**, *8*, 115.
10) F. Sato *et al.*, *Tetrahedron Lett.*, **1981**, *22*, 243.

TiLiN₃O₃

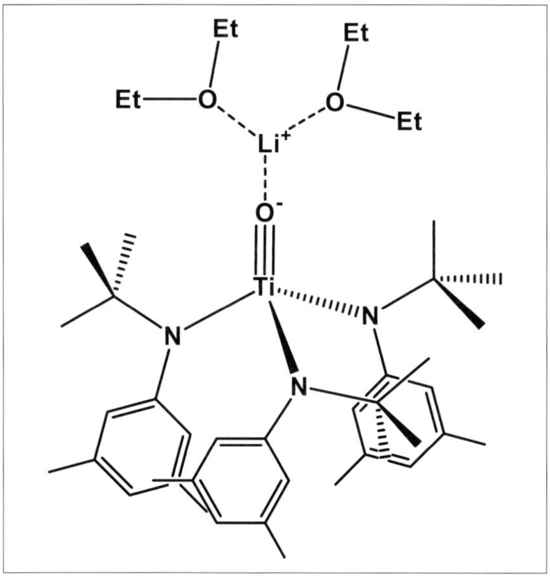

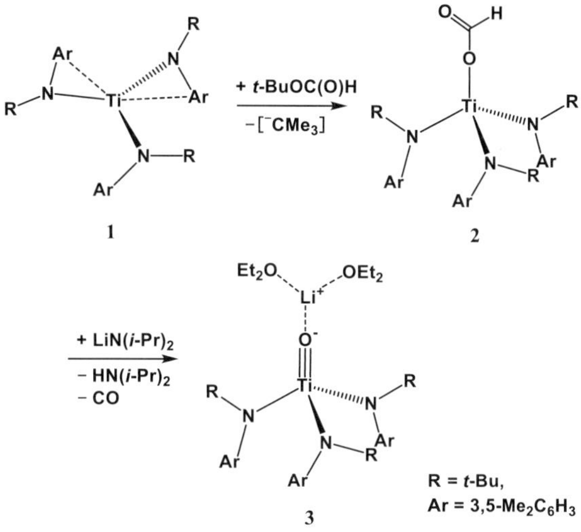

図1 **3**の合成スキーム

【名称】bis(diethylether)lithium tris{(t-butyl)(3,5-dimethylphenyl)amido}titaniate(IV)：[Li(OEt$_2$)$_2$][TiO{N(t-Bu)-(3,5-Me$_2$C$_6$H$_3$)}$_3$]

【背景】これまで中周期の遷移金属イオンを用いたオキソ錯体の研究は盛んに行われている．近年，前周期遷移金属を用いたオキソ錯体の合成が報告されるようになった．本錯体は，オキソ配位子をもつ陰イオン性のチタン(IV)錯体のはじめての例である．さらに，本錯体の生成は，ギ酸イオンを配位したチタン(IV)錯体の塩基による一酸化炭素生成反応を伴うため，合成ガス製造の観点からも興味がもたれる[1]．

【調製法】[Ti{N(t-Bu)(3,5-Me$_2$C$_6$H$_3$)}$_3$] (**1**) のエタノール溶液に1当量のギ酸t-ブチルを溶解し25℃で反応させると，溶液の色が緑から赤褐色に瞬時に変化し，[Ti{N(t-Bu)(3,5-Me$_2$C$_6$H$_3$)}$_3$(OOCH)] (**2**) の黄色沈殿を生成する．**2**にやや過剰のLiN(i-Pr)$_2$をジエチルエーテル中で反応させると，一酸化炭素の発生を伴い[Li(OEt$_2$)$_2$][TiO{N(t-Bu)(3,5-Me$_2$C$_6$H$_3$)}$_3$] (**3**) が得られる(図1)．

【性質・構造・機能・意義】前駆物質**2**は結晶中でギ酸イオンがディスオーダーしており，結晶学的には3回軸を有し，Ti(IV)中心は正四面体に近い構造をとっている(O-Ti-N=110.7(47)°)．配位したギ酸イオンは，8.36 ppmの^{1}H NMRシグナルと，IRスペクトルで観測された1685 cm^{-1}のOCO伸縮振動によって特徴づけることができる．

2をLiN(i-Pr)$_2$で処理すると，一酸化炭素とHN(i-Pr)$_2$の生成を伴って**3**を与える．負電荷をもつオキソ錯体**3**は対イオンとしてリチウムイオンをもつ．結晶中では，リチウムイオンはオキソ酸素とジエチルエーテル酸素が2つ配位した三角平面構造をとっている(Li-O=1.801(6) Å)．Ti-O距離は1.717(2) Åと多重結合性を示し，**2**のTi-O距離(1.868(4) Å)よりかなり短い．ギ酸イオンの塩基によるプロトン引き抜きを伴う脱カルボニル化反応は極めて興味深い．本反応はチタン(IV)イオンのオキソ配位子との親和性に由来すると考えられる．

【関連錯体の紹介およびトピックス】オキソ配位子を有する陰イオン性のチタン(IV)錯体は**3**がはじめての例であるが，等電子配置をもつ無電荷のバナジウム(V)錯体[VO{N(t-Bu)Ar}$_3$]や陽イオン性モリブデン(VI)錯体[MoO{N(t-Bu)Ar}$_3$]$^+$は報告されており[2,3]，**3**の合成によって，等電子錯体の系列を拡張することができた．

【會澤宣一】

【参考文献】
1) C. C. Cummins et al., Chem. Commun., **2005**, 3403.
2) C. C. Cummins et al., Chem. Commun., **2002**, 902.
3) A. R. Johnson et al., J. Am. Chem. Soc., **1998**, 120, 2071.

TiN$_2$O$_2$Cl$_2$

-N-mesityl体の構造

[文献3]

【名称】 dichlorobis[κ^2-2-*tert*-butyl-6-(*N*-phenyimino)-phenoxy]titanium: C$_{34}$H$_{36}$Cl$_2$N$_2$O$_2$Ti

【背景】 メチルアルミノキサン（MAO）などのカチオン化剤を助触媒とする均一系Ziegler-Natta触媒はメタロセン型錯体から発展したが，本錯体はシクロペンタジエニル配位子に代わる配位子をそなえた高活性均一系重合触媒として報告された．合成が比較的容易であり，芳香環上あるいは窒素原子上に様々な置換基を導入することで触媒性能を制御できる利点がある．中心金属としてはチタンの他にジルコニウム，ハフニウムなども用いることができる．

【調製法】 配位子のイミノフェノール類は，エタノール中，対応するアルデヒドとアニリンとの反応により収率よく合成される．様々な置換基をもつ誘導体を同様に合成することができる．錯体の合成は不活性雰囲気下で操作する．ジエチルエーテル中，配位子2-*tert*-ブチル-6-(*N*-フェニルイミノ)フェノールに*n*-ブチルリチウムを加えてリチウム塩を生成し，四塩化チタンと反応させることにより錯体が得られる．塩化メチレン/ペンタン混合溶液から赤褐色の結晶が得られる．

【性質・構造・機能・意義】 融点はmp 265℃で，溶液の^{1}H NMR(CDCl$_3$)スペクトルは，1.35(s, 18H), 6.82〜7.43(m, 16H), 8.07(s, 2H)にシグナルを与え，IR-(KBr)では，1550, 1590, 1600 cm^{-1}に特徴的な吸収が見られる．図(下)に示した分子の構造が決定され報告されているが，詳細なデータが入手できないため*N*-メシチル基をもつ分子の構造を図(上)に示した．2つの配位子が形成する六配位錯体には5つの異性体があり得る．そのうち図(上)に示した構造が最も安定で，溶液中では主にこれともう1つの異性体である*cis*-O, *cis*-N, *cis*-Clが少量認められる．異性体の比率は置換基に依存する．

重合触媒として様々な条件，形態での利用が研究されている．助触媒としては一般的なアルミニウム化合物の他，塩化マグネシウムをアルキルアルミニウムで処理したものが高活性を示す．また超高分子量のポリオレフィン合成，立体規則性アイソタクチックおよびシンジオタクチックポリプロピレンの他，高次オレフィンの重合体の合成にも用いられる．またMAOを助触媒とするチタン錯体ではエチレン重合においてリビング重合性を示す．これを利用して様々なブロック共重合体を合成することができる．

【鈴木教之】

【参考文献】
1) Patent, EP 874005 A1(**1998**), 藤田照典 *et al*., (三井化学) 特許3530020.
2) M. Mitani *et al*., *Chem. Rec*., **2004**, *4*, 137.
3) R. K. J. Bott *et al*., *J. Organomet. Chem*., **2003**, *665*, 135.

$TiPd_2H_2O_6P_8$

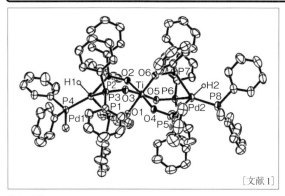

[文献1]

【名称】hexakis[μ-(p,p-diphenlphosphito-κO: κP)]bis-[hydro(methyldiphenylphosphinepalladium)]-titanium: $(PMePh_2)(H)Pd(μ-OPPh_2)_3Ti(μ-OPPh_2)_3Pd(H)-(PMePh_2)$

【背景】これまで報告されている遷移金属錯体触媒を用いるアルキンに対するダブルヒドロホスホニル化反応は，高温条件下でしか進行せず，反応中間体の構造も明らかにされていない．標記の三核錯体を用いることにより，穏和な条件下で反応を進行させることができた[1]．

【調製法】まず，三核錯体の前駆体である Ti-Pd 二核錯体 $Cp_2Ti(μ-OPPh_2)_2PdMe_2$ を以下の方法で合成する．$HP(O)Ph_2$ の THF 溶液を $-78℃$ まで冷却し，n-ブチルリチウムを加えた後，ゆっくりと室温まで昇温し，4時間撹拌する．次に，この溶液に Cp_2TiCl_2 の THF 溶液を加え 5 分間撹拌した後，^{31}P{^1H} NMR で Cp_2-$TiOPPh_2$ の生成を確認し，$Pd(tmeda)Me_2$ の THF 溶液を加え，さらに 2 時間撹拌する．溶媒を除去した後，ベンゼンで抽出し，再び溶媒を除去し，エーテルで抽出し溶媒を除去すると $Cp_2Ti(μ-OPPh_2)_2PdMe_2$ が赤橙色粉末として得られる．次に，標記の三核錯体は，上記の二核錯体，$HP(O)Ph_2$ および $PMePh_2$ をトルエンに溶解させ，40℃で 17 時間撹拌した後，ろ過により未反応の Ti-Pd 二核錯体を除去し，ろ液を減圧下で濃縮する．残渣をヘキサンとエーテルで洗浄し，真空中で乾燥させ，目的の錯体を収率 49% で得る．

【性質・構造・機能・意義】アルキンに対するダブルヒドロホスホニル化反応は，Ti-Pd 二核錯体に対して $HP(O)Ph_2$ および適当なホスフィン配位子を加えることで進行する．Ti-Pd 二核錯体の ^{31}P{^1H} NMR を測定すると $Cp_2Ti(OPPh_2)_2$（126.7 ppm）と比較して 40 ppm も低磁場シフトしている（166.7 ppm）．さらに，X 線結晶構造解析より，Pd-P 間の結合距離は，2.287 Å であり，類似の錯体 $PdMe_2(PMePh_2)_2$（2.324 Å），$PdMe_2(dppp)$（2.304 Å）より短いことから中心金属のパラジウムとリン原子が強く相互作用しているのがわかる．また，結合角 P-Pd-P は 97.15°であり，錯体 $PdMe_2(dppp)$ における結合角 P-Pd-P（93.18°）と比較して大きな値をとっている．この理由として，Ti-O 間の結合距離が dppp の C-C 結合間距離よりも長いため，酸素原子からチタンに対して p 電子の供与が存在することが挙げられる．

この Pd-Ti-Pd 三核錯体は，Ti-Pd 二核錯体に対して，$HP(O)Ph_2$，$PMePh_2$ を加えることで得られる錯体である．同様に，Pd-Ti-Pd 三核錯体対して ^{31}P{^1H} NMR 測定を行った結果，8.0 ppm，112.9 ppm に 2 本のシグナルが観測された．後者のカップリング定数が $J_{P-P} = 114 Hz$ であることから架橋配位子 $OPPh_2$ 上のリンであると帰属している．さらに，Pd-Ti-Pd 三核錯体の $[Pd(H)P_4]^+$ 部分に注目すると，パラジウム-水素間の結合距離 Pd_1-H_1，Pd_2-H_2 は，それぞれ 1.50 Å，1.67 Å であり，類似の錯体 $[Pd(H)(dppe)_2]^+$ 中のパラジウム-水素間の結合距離（1.58 Å）と値が近いため，類似の幾何構造をとっていることが推察される．次に，中心金属であるチタン周辺の構造についてみてみると，O-Ti-O の結合角は，いずれも 180°に近い値をとり理想的な正八面体構造をしているが，$Ti-O_3$ および $Ti-O_6$ の結合距離が他のチタン-酸素結合距離よりも多少短い．これは，Ti-Pd 二核錯体 $Cp'_2Ti(μ-OPPh_2)_2PdMe_2$ における値と非常によく似ており 3 価の構造になっていると考えられる．さらに，リン原子 P3, P7 は，Pd(II) 錯体に対して三方両錐型錯体の equatorial 位，もしくは四角錐型錯体の apical 位を占めていることがわかる．

【関連錯体の紹介およびトピックス】標記の錯体は，中心金属がチタンである錯体であるが，同族金属である Zr および Hf を含む三核錯体も報告されている[2]．中心金属が Ti の場合では錯体を安定化するためシクロペンタジエニル(Cp)環の代わりにメチルシクロペンタジエニル(Cp')を用いる必要がある．さらに，Zr および Hf を含む三核錯体も Pd-Ti-Pd 三核錯体と同様にアルキンに対するダブルヒドロホスホニル化反応の触媒となりうる[2]．

【西原康師】

【参考文献】
1) T. Mizuta *et al., Organometallics*, **2009**, *28*, 539.
2) M. R. Nimios *et al., Organometallics*, **2008**, *27*, 2715.

Ti₂N₄O₆

触 無

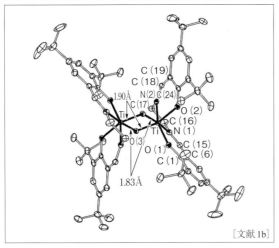

[文献1b]

【名称】bis[[2,2′-[1,2-ethanediyl-bis[(nitrilo-κ*N*) methylidyne]]bis[4,6-bis(1,1-dimethylethyl)phenolato-κ*O*]]-(2−)]di-µ-oxodititanium

【背景】*N*,*N*-ビス(3,5-ジ-*t*-ブチル-2-ヒドロキシベンジリデン)-1,2-ジアミノエタンを配位子にもつキラルなチタン単核錯体が,トリメチルシアニドのアルデヒドに対する不斉付加反応において有効であることが報告されている.この反応において水が存在すると,鏡像体過剰率が向上することが報告されていた.そこで,水による錯体への影響を明らかにするため,上記のチタン単核錯体と水の反応を行った結果,標記の二核錯体をはじめて合成,単離することに成功し,錯体の構造がX線結晶構造解析により明らかにされた[1]。

【調製法】標記のチタン二核錯体は,以下の方法により合成される.*N*,*N*-ビス(3,5-ジ-*t*-ブチル-2-ヒドロキシベンジリデン)-1,2-ジアミノエタンと四塩化チタンをジクロロメタンに溶解し,リン酸ナトリウム緩衝液(pH=7)を加える.室温で1時間激しく撹拌したあと,水層を新たなリン酸ナトリウム緩衝液と交換し,さらに1時間撹拌する.再び同様の操作を行い,さらに30分撹拌する.その後,水と飽和食塩水により有機層を洗浄し,減圧下で溶媒を除去する.得られた固体をエーテルで洗浄し,目的錯体を黄色粉末として得る.

【性質・構造・機能・意義】標記錯体は黄色の粉末であり,構造解析から得られた構造からわかるように,中心のチタンと酸素からなる四員環は対称中心をもつ.中心の四員環を形成するTi-O結合は,それぞれ異なる結合距離をとっている.サレン配位子の窒素原子とトランスの関係にあるTi-O結合距離は,1.83Åである一方,サレン配位子の酸素原子とトランスの関係にあるTi-O結合距離は1.90Åである.そのため,中心の四員環にひずみが生じており,シス-β-配座をとる各々のサレン配位子について,ヘテロキラルな配座をとっている.この錯体は,ジクロロメタン溶媒中,25℃で¹H NMRを測定するとイミン由来の単一なシグナルと芳香族由来の2本のシグナルが観測され,2つのサレン配位子が等価であることがわかる.しかし,−45℃まで温度を下げるとシグナルがブロードし,−70℃ではイミン由来のシグナルが2本,芳香族由来のシグナルが4本観測される.このことから異性体間に平衡が存在していることが示唆される.一方,溶媒をクロロホルムに変えると,錯体の濃度依存性を観測することができる.高濃度下(0.1M)では本錯体のX線結晶構造解析で示される構造の割合が多く,低濃度になるにつれて,異性体の割合と(salen)Ti=O錯体の割合が増加する.

シアノヒドリンは,薬物および天然物の合成における重要な中間体であり,α-ヒドロキシ酸やα-アミノ酸,β-アミノアルコールなどへの変換が容易である.前述の構造をもつ化合物には,殺虫成分をもつピレスロイドやシペルメトリン,アピスタンなどがある.そのため,エナンチオ選択的な合成法が求められている.しかし,一般的にシアニド源として用いられるトリメチルシアニドは,高価で毒性をもつことが知られている.また,シアノギ酸エステルを用いる反応も報告されているが,長い反応時間と大量の触媒が必要になる.アセチルシアニドもシアニド源として使用できるが,エナンチオ選択性が極めて低い.本錯体はシアノ源としてアセチルシアニドを用いても高エナンチオ選択的にシアノヒドリンを合成できる[2].

【関連錯体の紹介およびトピックス】類似錯体として無置換のサレンや*N*,*N*-ビス(5-*t*-ブチル-2-ヒドロキシ-3-メトキシベンジリデン)-1,2-ジアミノエタンを配位子として用いたものが報告されている[1a].本錯体と2つの類似錯体についてベンズアルデヒドのシアノ化を行ったところ,本錯体を用いると付加成績体の鏡像体過剰率が最も高くなるという結果を得ている.

【西原康師】

【参考文献】
1) a) Y. N. Belokon *et al.*, *J. Am. Chem. Soc.*, **1999**, *121*, 3968;
b) Y. N. Belokon *et al.*, *Tetrahedron.*, **2007**, *63*, 5287.
2) S. Lundgren *et al.*, *J. Am. Chem. Soc.*, **2005**, *127*, 11592.

Ti$_2$O$_7$

触 無

【名称】bis[(1S)-[1,1′-binaphthalene]-2,2′-di olato(2−)-κO2,κO$^{2'}$]-μ-oxobis(2-propanolato)dititanium

【背景】カルボニル化合物の不斉アリル化は，有機合成化学上，極めて重要な反応である．これまで，光学純度向上のために，多くのキラルな Lewis 酸を用いてアリルシランやアリルスズと組み合わせた反応が検討されている．これまでにメチルアルミノキサンとビス(ジメチルアルミニウム)オキサイドを反応させることでカルボニル基やエポキシドの酸素原子を強く活性化する錯体が報告されている．この錯体がもつ金属-O-金属部分に注目し，エナンチオ選択的なカルボニル基の活性化を目的として，Ti-O-Ti 部分をもつ新規のチタン二核錯体の合成が達成されている[1]．

【調製法】①四塩化チタンのジクロロメタン溶液に対して，アルゴン雰囲気下，0℃でテトライソプロポキシチタンを加え，室温まで昇温する．1時間撹拌した後，酸化銀(I)を加えて，遮光，室温条件下で5時間撹拌し，混合物にジクロロメタンを加えた後，(S)-ビナフトールを加えて，室温条件下で2時間撹拌することで目的錯体を得る．②アルゴン雰囲気下，四塩化チタンのジクロロメタン溶液に0℃でテトライソプロポキシチタンを加え，室温まで昇温する．反応混合物を1時間撹拌した後，(S)-ビナフトールを加えて室温条件下で2時間撹拌する．その後0℃に冷却し，酸化銀(I)を加えた後，遮光，室温条件下で5時間撹拌することで目的錯体を得る．

【性質・構造・機能・意義】エレクトロスプレイ質量分析スペクトル(ESI-MS)から標記の錯体に対応するピークとして $m/z=943$(錯体に対して2分子のテトラヒドロフランが配位した化合物)を与える．本錯体は，不斉アリル化反応において高い不斉誘起を発現し，触媒量を5%まで減らしても目的化合物の化学収率およびエナンチオ過剰率はともに高い．また，対応する単核チタン錯体と比較すると，Ti-O-Ti 部分が存在することでアリル化反応が加速される．本錯体を用いたアルデヒドの不斉メタリル化反応は，アリル化反応と同様に高い不斉と良好な収率で目的化合物を得られる．この反応の絶対配置は (R,R) 体または (S,S) 体の錯体を用いることで予測できる．この錯体には前述の錯体以外にメソ体も存在するが，反応性は前述の錯体よりも低い．また，本錯体は，溶液状態で二量体ではなく単量体で存在している．本錯体のカルボニル化合物に対する高い親和性は，^{13}C{^{1}H} NMR から観測できる．遊離した2,6-ジメチル-γ-ピロンは165.41 ppmにβ-炭素に対応するシグナルを示すが，この化合物と対応する単核チタン錯体を1:1で混合するとピロンのβ-炭素に対応するシグナルは166.07 ppmにシフトする．対照的にピロンと本錯体を1:1で混合するとピロンのβ-炭素に対応するシグナルは167.90 ppmに大きくシフトする．この結果は，二核錯体の方が対応する単核錯体よりもカルボニル基に強く配位していることを示している．本錯体のようなバイノールと4価のチタン化合物からなる錯体を用いたカルボニル化合物のアリル化反応に関して多くの研究が進められている．これはバイノールと4価のチタン化合物が工業的に使いやすく，錯体の合成が容易で，基質やアリル源に関して多様性と応用性があることに起因する．また，本錯体は不斉アリル化反応だけでなく，アルデヒドの不斉メタリル化反応や不斉プロパルギル化反応において高エナンチオ選択性を発現する．

【関連錯体の紹介およびトピックス】チタン二核錯体として，(R)-バイノールとジイソプロポキシ二塩化チタンをモレキュラーシーブス存在下で反応させた結果，偶然できた錯体がある[2]．これは，グリオキシラート-エン反応に有用な錯体である．また，ジイソプロポキシ((R)-ビスナフトキシ)チタンとモレキュラーシーブスを混合することで，不斉エン反応や不斉Diels-Alder反応に有用なチタンクラスターが生成することが報告されている[3]．

【西原康師】

【参考文献】
1) a) H. Hanawa *et al.*, *Chem. Eur. J.*, **2003**, *9*, 4405; b) H. Hanawa *et al.*, *Tetrahedron. Lett.*, **1999**, *40*, 5365.
2) a) M. Terada *et al.*, *J. Chem. Soc., Chem. Commun.*, **1994**, 833; b) D. Kitamoto *et al.*, *Tetrahedron Lett.*, **1995**, *36*, 1861.
3) a) M. Terada *et al.*, *Inorg. Chim Acta*, **1999**, *296*, 267; b) M. Breuning *et al.*, *Org. Lett.*, **2001**, *3*, 1559.

$Ti_3C_{15}O_3Cl_3$

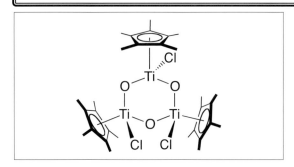

【名称】trichloro-μ-oxotris(η^5-1,2,3,4,5-pentamethyl-2,4-cyclopentadien-1-yl)cyclotrititanium:[$Cp^*_3Ti_3Cl_3O_3$]

【背景】金属オキソ錯体は，金属酸化物表面に担持された触媒の均一系分子モデルとなることから，興味がもたれた．金属オキソ種の合成原料と考えられる[$RMX_nO_m]_q$(R= 有機基；X= ハロゲン)型の錯体は，副生成物としては認識されていたものの，簡便かつ選択的な合成法は確立されていなかった[1]．

【調製法】[Cp^*TiCl_3]の還流アセトン溶液に，蒸留水を黄色の懸濁液が得られるまで加える．沈殿をろ取し，真空乾燥することにより標題錯体が得られる．

【性質・構造・機能・意義】チタンと酸素がほとんど平坦であり，半舟形配座の六員環を形成している．チタン周りは三脚ピアノイス型である．Ti-O結合長の平均は1.823ÅでTi=O二重結合である．Cp^*環は，Ti_3O_3の面とほぼ垂直である．

本錯体のClの置換により種々の誘導体へと導ける[2]．例えば，EtMgClとの反応から黄色の[$Cp^*_3Ti_3Et_3O_3$]が得られ，さらにこれのトルエン溶液を封管し195℃に加熱するとエタンの脱離を伴い暗赤色のμ₃-メチリジン錯体[$Cp^*_3Ti_3O_3$](μ₃-CMe)を与える．

【関連錯体の紹介およびトピックス】[$Ti(C_5H_{5-n}R_n)$-Cl_3]の加水分解条件やCp環上の置換基の種類によってTi_2O_1, Ti_3O_3, Ti_4O_4, Ti_4O_6骨格の錯体が得られる[1]．例えば，C_5Me_5のようにCp環がすべて置換されていると三量体のTi_3O_3骨格を与え，置換基が少ないと四量体のTi_4O_4骨格を選択的に与える．強塩基性条件下では完全に加水分解が進行しTi_4O_6骨格が得られる．

【武藤雄一郎・石井洋一】

【参考文献】
1) T. Carofiglio *et al., J. Chem. Soc., Dalton Trans.*, **1992**, 1081.
2) R. Andrés *et al., Organometallics*, **1994**, *13*, 2159.

Ti_4O_{16}

触 無

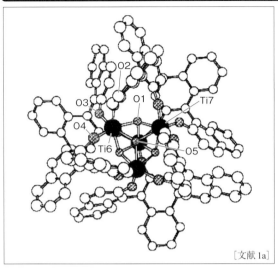

[文献 1a]

【名称】hexakis[μ-[[1,1′-binaphthalene]-2,2′-diolato (2−)-κO: κO′]]tetra-μ³-hydroxytetratitanium

【背景】不斉配位子を有する Lewis 酸触媒を用いる炭素−炭素結合形成反応は数多く報告されているが，一般に Lewis 酸触媒が水，酸素に対して不安定であるため，不活性ガス雰囲気下での反応が要求される．そこで BINOL を不斉配位子として有する，酸・塩基に安定なチタンクラスター錯体が合成された．本チタンクラスターは，水および酸・塩基に対して安定であり，環化付加反応やアルドール反応において高いエナンチオ選択性を示すはじめての例である[1]．

【調製法】配位子として用いる BINOL の誘導体は，以下の方法で合成する．市販されている 7-メトキシ-2-ナフタノールにトリフェニルホスフィンと臭素を作用させ，メトキシ基を臭素に変換する．次に，ジクロロメタン中，塩化銅(I)，テトラメチルエチレンジアミン(TMEDA)を用いた酸化的カップリング反応で(±)-7,7′-ジブロモビナフトールを得る．これを(1S)-塩化カンファー-10-スルホニルで処理し，クロロホルムを溶離液としてシリカゲルクロマトグラフィーを行った後，メタノール中で水酸化ナトリウムを用いて加水分解することで，(R)-7,7′-ジブロモビナフトールを得る．最後にジオキサン中，80℃，24時間，テトラキス(トリフェニルホスフィン)パラジウム触媒を用いてフェニルボロン酸との鈴木−宮浦カップリングにより，(R)-7,7′-ジフェニルビナフトールを得る．合成した配位子を用いてチタンクラスターを次の方法により合成する．$Ti(O^iPr)_4$ と配位子を脱水トルエンに溶解し，室温で1時間撹拌する．この溶液に 0.5 M 水/テトラヒドロフラン混合溶液を1時間以上かけてゆっくりと加え，2時間加熱する．その後，溶媒を除去し，脱水トルエンで2回再結晶を行うことで，目的のチタンクラスター $Ti_4(\mu\text{-BINOLato})_6(\mu_3\text{-OH})_4$ を得る．

【性質・構造・機能・意義】1N 塩酸および 1N 水酸化リチウム存在下，ジオキサン中で煮沸を行い，錯体の安定性が検討されたが，長時間の煮沸に安定であり，酸性条件・塩基性条件・水系での反応に適用できることがわかった．

この錯体の X 線結晶構造解析により，錯体中の6個の配位子はすべて同一の立体配置であることが明らかにされた．また，チタンと架橋水酸基の酸素間距離が 2.181(4) Å であり，チタンと BINOL 配位子中の酸素の結合距離は 1.805(4) Å であった．この錯体は，わずかな触媒量でアルデヒドと非対称ケトンのアルドール反応において高い触媒活性を示し，高位置選択性も高い(＞20：1)．また，この錯体をベンジリデンフェニルアミン N-オキシドと t-ブチルビニルエーテルの[2＋3]環化付加反応に用いると，endo 選択性を示す．さらに，BINOL の 7 位の水素をフェニル基に置換した配位子をもったチタン四核クラスターを同反応に用いると，反応は定量的に進行し，ジアステレオ選択性，エナンチオ選択性ともに向上が認められた．この類縁錯体も本錯体と同じく，水や酸・塩基に対して安定であり，高い触媒活性と選択性を示す．

【関連錯体の紹介およびトピックス】水・空気に安定な単核のチタン錯体としてトリス(2-オキシ-3,5-ジメチルベンジル)アミントリフルオロメタンスルホン酸チタンが挙げられる．この錯体は，Aza-Diels-Alder 反応を触媒することが知られている[2]．また，BINOL を配位子として有する関連錯体として $Zr_4(\mu\text{-BINOLato})_6(\mu_3\text{-OH})_4$ が報告されている[3]．この錯体は，$Zr(BINOLato)_2(N\text{-benzylimidazole})_2$ 粉末を再結晶することで合成され，Lewis 酸触媒として不斉 Mannich 反応に対して高い反応性および選択性を有する．しかし，標題のチタンクラスターでは，不斉 Mannich 反応に対しては選択性が発現しないことが報告されている．

【西原康師】

【参考文献】
1) a) K. Mikami *et al.*, *Chirality*, **2001**, *13*, 541; b) B. Schetter *et al.*, *J. Org. Chem.*, **2008**, *73*, 813.
2) S. D. Bull *et al.*, *Chem. Commun.*, **2003**, 1750.
3) K. Saruhashi *et al.*, *J. Am. Chem. Soc.*, **2006**, *128*, 11232.

$Ti_6W_{18}O_{77}$

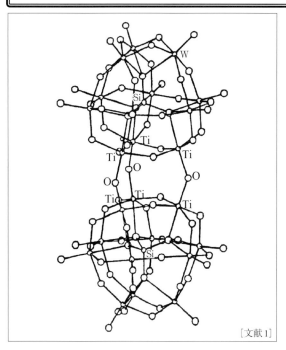

[文献1]

【名称】 disilicohexatitanooctadecatungstate: $((n\text{-}C_4H_9)_4\text{-}N)_7H_7[\beta,\beta\text{-}Si_2W_{18}Ti_6O_{77}]$

【背景】 シリコ十二タングステン酸イオン($[SiW_{12}O_{40}]^{4-}$)は，その構成元素である12個のタングステン原子のうちの3個のWO_6八面体を欠損させることにより，三欠損部位をもつポリオキソアニオンを誘導することができる．本化合物は，三欠損ポリオキソアニオンの1つである$[A\text{-}\beta\text{-}SiW_9O_{34}]^{10-}$を配位子としたチタン(IV)錯体の合成と構造解析に成功した例である[1]．

【調製法】 水に溶解した$K_2Ti(O)(C_2O_4)_2\cdot 2H_2O$または$Ti(O)SO_4$と$Na_9H[A\text{-}\beta\text{-}SiW_9O_{34}]\cdot 23H_2O$をpHが約1〜4の酸性水溶液中で加え撹拌後，過剰の臭化テトラ-n-ブチルアンモニウム($(n\text{-}C_4H_9)_4NBr$)を加えることで$(n\text{-}C_4H_9)_4N^+/H^+$塩の白色粗沈殿が得られる．この粗沈殿をアセトン/アセトニトリルからの蒸気拡散法による再結晶操作で精製すると，$((n\text{-}C_4H_9)_4N)_{7.5}H_{6.5}[\beta,\beta\text{-}Si_2W_{18}Ti_6O_{77}]$が無色の板状結晶として得られる．

【性質・構造・機能・意義】 $(n\text{-}C_4H_9)_4N^+/H^+$塩は無色の結晶で，アセトニトリル，ジメチルスルホキシドなどの有機溶媒に可溶であるが，水には不溶である．一方，合成時に$(n\text{-}C_4H_9)_4NBr$の代わりに塩化カリウムを加えると，K^+/H^+塩($K_{12}H_2[\beta,\beta\text{-}SiW_{18}Ti_6O_{77}]\cdot 25H_2O$)として得ることもでき，これは水に可溶である．

$(n\text{-}C_4H_9)_4N^+/H^+$塩は，$(n\text{-}C_4H_9)_4N)_7H_7[\beta,\beta\text{-}Si_2W_{18}Ti_6O_{77}]$の組成式で構造解析に成功している．この結晶構造は，2つの"$SiW_9Ti_3O_{40}$"ユニットが，3本のTi-O-Ti結合で架橋された二量体構造になっている．$[A\text{-}\beta\text{-}SiW_9O_{34}]^{10-}$の三欠損部位に配位した3個のチタン(IV)イオンは頂点共有で酸素原子と結合しており，$[\beta\text{-}SiW_{12}O_{40}]^{4-}$の$WO_6$八面体3個を$TiO_6$八面体で置換した構造になっている．2つの"$SiW_9Ti_3O_{40}$"ユニットを架橋している3本のTi-O-Ti結合の結合距離は1.79〜1.83 Å(平均1.81 Å)であり，結合角はすべて141(3)°である．ジメチルスルホキシド-d_6/ジメチルスルホキシド-d_0混合溶媒中で測定した$(n\text{-}C_4H_9)_4N^+/H^+$塩の^{183}W NMRスペクトルは−155.8 ppmと−127.7 ppmに，D_2O中で測定したK^+/H^+塩の場合は−145.8 ppmと−131.3 ppm($^2J_{W\text{-}O\text{-}W}$: 15.5 Hz)にそれぞれ2本のシグナルを観測している．これらのシグナルは，チタン(IV)三置換部位に隣接している12個のタングステン原子と隣接していない6個のタングステン原子にそれぞれ対応して概ね2：1の強度比で観測されている．超遠心沈降平衡法による分子量測定では，アセトニトリル中で測定した$(n\text{-}C_4H_9)_4N^+/H^+$塩で5300±500(計算値：5369)，水溶液中で測定したK^+/H^+塩で4500±500(4885)を観測しており，本ポリオキソアニオンが溶液状態でも二量体構造を保持していることを示している．KBr法で測定したFT-IRスペクトルでは，1000,950,900,800 cm^{-1}付近に観測されるシリコ十二タングステン酸塩の骨格構造に特徴的な吸収帯に加え，700 cm^{-1}付近にポリオキソアニオン間に架橋しているTi-O-Ti結合に由来する強い吸収帯が観測されている．

【関連錯体の紹介およびトピックス】 類似した構造を示す化合物として，$K_9H_5[\alpha,\alpha\text{-}Ge_2W_{18}Ti_6O_{77}]\cdot 16H_2O$[2]や$K_{10}H_2[\alpha,\alpha\text{-}P_2W_{18}Ti_6O_{77}]\cdot 17H_2O$[3]などが報告されている．

【加藤知香】

【参考文献】
1) R. G. Finke *et al.*, *Inorg. Chem.*, **1993**, *32*, 5095.
2) T. Yamase *et al.*, *Bull. Chem. Soc. Jpn.*, **1993**, *66*, 103.
3) K. Nomiya *et al.*, *J. Chem. Soc., Dalton Trans.*, **2001**, 2872.

$[TiO_6]_n$

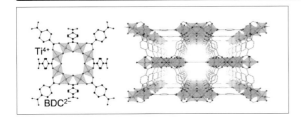

【名称】$[Ti_8O_8(OH)_4[BDC]_6]$(H_2BDC=1,4-benzenedicarboxylic acid) MIL-125 (MIL=Materials of Institute Lavoisier)

【背景】有機–金属構造体・多孔性配位高分子の多くは，Zn^{2+}，Cu^{2+}といった3d遷移金属イオンから構成される．一方で，低い毒性，酸化還元活性，光触媒特性などの観点から，Tiは魅力的な金属イオンである．このような背景から，高い比表面積を有し，チタンオキソクラスターから構築されるMIL-125が合成された．

【調製法】$Ti(OiPr)_4$とH_2BDCをDMF/MeOH混合溶媒を用いた150℃ 15時間のsolvothermal合成により，結晶性の白色粉末として得られる[1]．

【性質・構造・機能・意義】MIL-125は，粉末X線回折から直接法とRietveld解析を用いて結晶構造を同定している．Ti^{4+}は$TiO_5(OH)$という正八面体型六配位を示し，8個の八面体型ユニットが隣接するユニットと頂点を共有しながら環状チタンオキソクラスター構造を形成する．環状クラスター構造がBDC^{2-}により架橋されて，三次元構造を形成している．窒素ガス吸着測定から，MIL-125はマイクロ孔に特徴的なⅠ型の吸着等温線を示す(Brunauer Emmett Teller 比表面積：1550 m^2 g^{-1})．MIL-125は様々な有機分子を細孔中に取り込むことができる．特に，窒素雰囲気下でアルコールを細孔に取り込んだ場合，紫外可視励起によりフォトクロミズム特性を示す(図1)．照射に伴い，数分のうちに白色から青みがかった灰色へと変化する．これは，チタンオキソクラスターにおけるTi(Ⅲ)からTi(Ⅳ)への，電子移動に起因する．UV照射に伴うTi(Ⅲ)サイトの生成は75KにおけるESR測定から確認されている．Ti(Ⅲ)の生成に伴い，細孔中のアルコー

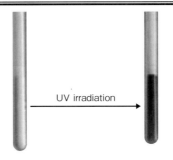

図1 ベンジルアルコール存在下でのMIL-125のUV照射に伴う色の変化(白色から灰色がかった青色への変化)

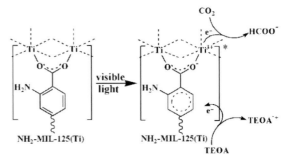

図2 可視光照射下でのMIL-125-NH_2を用いたCO_2還元光触媒の機構[2]

ルはアルデヒドへと酸化されたことがIR測定から示唆された．

　光酸化還元特性を示すことから，MIL-125は光触媒として広く活用されている．その一例として，可視光を用いたCO_2還元光触媒への応用がある．NH_2基が修飾されたH_2BDCからMIL-125と同じ構造をもつMIL-125-NH_2が得られる．NH_2基の導入によりMIL-125-NH_2は可視光領域に広い吸収を示す．このため，図2に示すように犠牲剤のトリエタノールアミン(TEOA)存在下で，可視光照射によりCO_2をギ酸イオンへと還元することができる[2]．

【門田健太郎・北川　進】

参考文献

1) M. Dan-Hardi *et al.*, *J. Am. Chem. Soc.*, **2009**, *131*, 10857.
2) Y. Fu *et al.*, *Angew. Chem. Int. Ed.*, **2012**, *124*, 3420.

TmN$_4$O$_{3,4}$

光

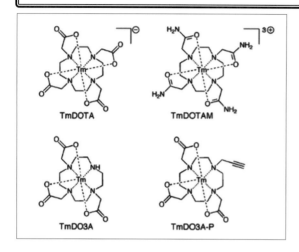

【名称】[Tm(DOTA)](DOTA=1,4,7,10-tetraazacyclo-dodecane-1,4,7,10-tetraacetate(3−)),[Tm(DOTAM)]-(DOTAM=1,4,7,10-tetrakis-[(carbamoyl)methyl]-1,4,7,10-tetraazacyclododecane),[Tm(DO3A)](DO3A=1,4,7,10-tetraazacyclododecane-1,4,7-triacetate(3−)),[Tm-(DO3A-P)](DO3A-P=monophosphinated analogue of DO3A)

【背景】ランタノイド錯体の生体への発光の利用には,赤外光で多光子励起し,可視光で発光を検出できるような,いわゆるアップコンバージョンを示す系が期待されている.

ツリウムは,クラーク数が低い元素であるが,その3価のイオンは青色発光を示すことが知られており,注目されている.ツリウムイオンは,錯形成によりf電子の配置に特徴が現れるので,複数の過程に由来する発光が生じることが推測されていた.ツリウム塩[Tm(OTf)$_3$](OTf$^−$=CF$_3$SO$_3^−$)および数種のTm(DOTA)誘導体を用いて,一光子および二光子励起により,推測された奇異な発光現象が現れることを証明するための実験が試みられた.実際,これらの系を用いた研究により,無機固体中のTmの二光子励起のダイアグラムが[1],錯体や塩の場合にも適用できることが証明されている.

【調製法】Tmの原料には,[Tm(OTf)$_3$](市販品),配位子には,DOTAのH$_3$O$^+$塩などが用いられる.錯体の合成法は,[Tm(DOTA)]および[Tm(DO3A-P)]については,ユウロピウムやテルビウムの同型錯体の合成法と同様である.

【性質・構造・機能・意義】DOTAやDO3Aは,一般にサイクレン型配位子と呼ばれ,一連のランタノイドイオンと強固に結合する.このため,溶液中でも配位子が外れず,配位結合が保たれる.

標題に示したような一連のTm錯体は360 nmで励起すると,長波長側に発光を示す.[Tm(DOTA)],[Tm(DO3A)],[Tm(DOTAM)]および[Tm(DO3A-P)]は,いずれも重水中360 nmでの励起で,Tmの^{1}D$_2$→^{3}H$_6$(452 nm)および^{1}G$_4$→^{3}H$_6$遷移(479 nm)に由来するf-f発光を示す.^{1}D$_2$→^{3}H$_6$遷移(452 nm)による発光帯は単成分で,^{1}G$_4$→^{3}H$_6$遷移(479 nm)は2成分からなる.例えば,[Tm(DOTA)]の発光寿命は前者が136 ns(k_{obs}=7.4×10^6 s$^{−1}$)の単成分であるが,後者には136 ns(k_{obs}=7.4×10^6 s$^{−1}$)と333 ns(k_{obs}=3.3×10^6 s$^{−1}$)の2成分が観測される.この傾向は他の3種の錯体においても同様であり,[Tm(OTf)$_3$](89 ns;k_{obs}=1.1×10^7 s$^{−1}$)に比べ,失活が抑制されている.これは,サイクレン型の配位子で固定したことにより,溶媒の振動などによる失活の影響が抑えられたことを意味する.これらの塩および錯体についてd$_6$-DMSO中で多光子励起スペクトルの測定が行われている.この研究では,2種の励起光(728および790 nm)を用いることにより,^{1}D$_2$および^{1}G$_4$準位からの青色発光が観測されている.すなわち,Tm錯体の赤外励起によるアップコンバージョンで可視領域の発光が促された[2].

【長谷川美貴】

【参考文献】
1) a) W. T. Carnal *et al., J. Less-Common Met.*, **1983**, *93*, 127; b) W. T. Carnal *et al., J. Chem. Phys.*, **1989**, *90*, 3443.
2) O. A. Blackburn *et al., Phys. Chem. Chem. Phys.*, **2012**, *14*, 13378.

UN$_2$O$_5$

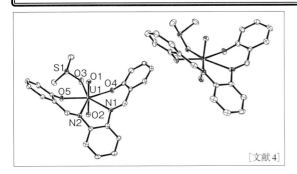

[文献4]

【名称】disalicylidene-o-phenylenediaminato-$\kappa^2 O, O'$-$\kappa^2 N, N'$(dimethylsulfoxide-κO)dioxidouranium(VI): [UO$_2$(salophen)DMSO]

【背景】ウランは3価から6価まで多様な酸化状態をとり，5価および6価においてはジオキソタイプのウラニルイオン(UO$_2^{n+}$, $n=1, 2$)という化学形態を一般にとる．6価は非常に安定であるのに対し，5価については自動酸化や不均化反応(2U(V) → U(VI) + U(IV))のためにその安定性は著しく低い[1]．これまでに，ウラニル(VI)錯体を出発物質として電気化学的に対応する(V)錯体を調製するという試みがなされている[2]．それらによると，非水溶媒系および多座配位子の導入が，ウラニル(V)の安定化を促しうるという知見が得られている．

【調製法】salicylaldehyde と o-phenylenediamine を2：1 のモル比でエタノール(EtOH)中で混合し，この混合液を30分還流することで四座配位子である N, N'-disalicylidene-o-phenylenediamine (H$_2$salophen)が得られる．この配位子を溶解した温 EtOH 中に，等モルの硝酸ウラニル・6水和物の EtOH 溶液を滴下し，2時間還流することにより UO$_2$(salophen)EtOH が得られる．この EtOH 付加錯体を少量の加熱した dimethyl sulfoxide (DMSO)に溶解し，減圧下で濃縮することにより目的物である UO$_2$(salophen)DMSO が得られる[3]．

【性質・構造・機能・意義】単結晶X線構造解析の結果，本錯体中でウランは2個の axial 酸素(O$_{ax}$)，salophen^{2-} 中の2個のフェノキシ酸素(O$_{eq}$)ならびに2個のアゾメチン窒素(N$_{eq}$)，加えて DMSO の酸素(O$_{DMSO}$)配位により，七配位五方両錐型の構造をとっている．非対称単位は2個の錯体分子から構成されるが，これは DMSO の U−O$_{DMSO}$ 結合軸に対する DMSO 分子の配座の違いによるものである．中心ウランと配位原子間の距離は，U=O$_{ax}$=1.78〜1.79 Å, U−O$_{eq}$=2.25 〜2.28 Å, U−N$_{eq}$=2.54〜2.58 Å, U−O$_{DMSO}$=2.41〜2.42 Å である．IRスペクトルより，UO$_2$(salophen)DMSO 中 [O=U=O]$^{2+}$ の非対称伸縮，salophen^{2-} の C=N 伸縮，DMSO の S=O 伸縮は 897, 1605, 999 cm^{-1} にそれぞれ観測される．さらに，この錯体を CH$_2$Cl$_2$ や CHCl$_3$ のような非配位性溶媒に溶解すると DMSO が一部解離する．その結果生成する UO$_2$(salophen)は配位不飽和なまま存在せず，二量体[UO$_2$(salophen)]$_2$ を形成する[4]．

UO$_2$(salophen)DMSO を DMSO に溶解し，そのサイクリックボルタモグラムを測定すると，一対の準可逆的な酸化還元波が観測される．紫外可視吸収分光電気化学実験により，UO$_2$(salophen)DMSO の DMSO 中での酸化還元反応における移動電子数および標準酸化還元電位を求めたところ，それぞれ 1.08, −1.550 V vs. ferrocene/ferrocenium ion であった．このことから，UO$_2$-(salophen)DMSO が一電子還元されて生成する[U^{V}O$_2$-(salophen)DMSO]$^-$ が，DMSO 中で安定に存在することが明らかとなった[3]．

電極近傍で生成した[U^{V}O$_2$(salophen)DMSO]$^-$ は，可視近赤外領域にウラニル(V)錯体に特徴的な吸収を示す(650, 760, 900, 1400, 1875 nm, ε=100〜300 M^{-1}cm^{-1})．他のウラニル(V)錯体との比較から，これらの吸収帯は U^{5+} における f-f 遷移もしくは O$_{ax}$ から U への電荷移動遷移に帰属された[5]．

【関連錯体の紹介およびトピックス】本錯体と類似の錯体として，DMSO の代わりに N, N-dimethylformamide が配位した錯体についてもその構造解析や非配位性溶媒中での二量化が同様に報告されている[3,4]．

【池田泰久・鷹尾康一朗】

【参考文献】
1) H. G. Heal, *Trans. Faraday Soc.*, **1949**, *45*, 1.
2) 例えば S.-Y. Kim *et al.*, *J. Nucl. Sci. Technol.*, **1996**, *33*, 190.
3) K. Mizuoka *et al.*, *Inorg. Chem.*, **2003**, *42*, 1031.
4) K. Takao *et al.*, *Inorg. Chem.*, **2007**, *46*, 1550.
5) K. Mizuoka *et al.*, *Inorg. Chem.*, **2005**, *44*, 6211.

UN₃O₄

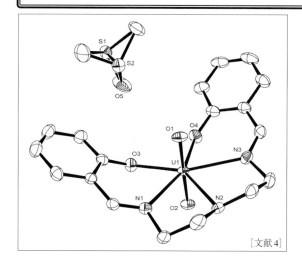

[文献4]

【名称】disalicylidenediethylenetriaminato-$\kappa^2 O, O'$-$\kappa^2 N, N', N''$-dioxidouranium(VI), UO_2(saldien)

【背景】ウランは3価から6価まで多様な酸化状態をとり，5価および6価においてはジオキソタイプのウラニルイオン(UO_2^{n+}, $n=1,2$)という化学形態を一般にとる．6価は非常に安定であるのに対し，5価については自動酸化や不均化反応($2U(V) \rightarrow U(VI) + U(IV)$)のためにその安定性は著しく低い[1]．これまでに，ウラニル(VI)錯体を出発物質として電気化学的に対応する(V)錯体を調製するという試みがなされている[2]．それらによると，非水溶媒系および多座配位子の導入がウラニル(V)の安定化を促しうるという知見が得られていた．既に四座配位子を用いた系でウラニル(V)が安定化されるということが明らかになったが，単座配位子の解離の可能性も示唆された[3]．ウラニル(V)のさらなる安定化のためには五座配位子を用いてそのequatorial面を完全に覆う必要がある．

【調製法】salicylaldehyde, diethylenetriamine, 硝酸ウラニル・6水和物を2：1：1のモル比でエタノール(EtOH)中で混合し，40分間還流することにより橙色粉末が得られる．これを少量の加熱した dimethyl sulfoxide (DMSO)に溶解し，室温まで冷却することにより目的物である UO_2(saldien)・DMSO が得られる[4]．

【性質・構造・機能・意義】単結晶X線構造解析の結果，本錯体中でウランは2個の axial 酸素(O_{ax})，saldien^{2-} 中の2個のフェノキシ酸素(O_{eq})ならびに3個のアゾメチン窒素(N_{eq})の配位により，七配位五方両錐型の構造をとっている．中心ウランと配位原子間の平均距離は，U=O_{ax} = 1.79 Å, U–O_{eq} = 2.23 Å, U–N_{eq} = 2.59 Å である．IRスペクトルにおいて，UO_2(saldien)中 $[O=U=O]^{2+}$の非対称伸縮，saldien^{2-} のC=N伸縮は895, 1627 cm^{-1}にそれぞれ観測される．図に示したように，この化合物はDMSO分子を結晶溶媒として含む．注目すべきは，DMSOがUに対して何ら配位していない点であり，五座配位子によってウラニルイオンのequatorial面をさらに覆うという目的は saldien^{2-} の導入により達成されている．この錯体構造がDMSO溶液中でも保たれることは，広域X線吸収微細構造(EXAFS)より確認されている．また，再結晶時の母液をそのまま放置しておくと，結晶溶媒を含まない UO_2(saldien)の結晶やDMSOを含むものの結晶系の異なる結晶も得られる[4]．

UO_2(saldien)・DMSOをDMSOに溶解し，そのサイクリックボルタモグラムを測定すると，1対の準可逆的な酸化還元波が観測される．紫外可視吸収分光電気化学実験により，UO_2(saldien)のDMSO中での酸化還元反応における移動電子数および標準酸化還元電位を求めたところ，それぞれ0.93, −1.584 V vs. ferrocene/ferrocenium ion であった．このことから，UO_2(saldien)が一電子還元されて生成する $[U^VO_2$(saldien)$]^-$ が，DMSO中で安定に存在することが明らかとなった[4]．電極近傍で生成した $[U^VO_2$(saldien)$]^-$ は，可視近赤外領域にウラニル(V)錯体に特徴的な吸収を示す(630, 700, 830, 1390, 1890 nm, ε = 100〜400 M^{-1}cm^{-1})．他のウラニル(V)錯体との比較から，これらの吸収帯は U^{5+} におけるf-f遷移もしくはO_{ax}からUへの電荷移動遷移に帰属された[4,5]．

【関連錯体の紹介およびトピックス】同じく五座平面配位子を有するウラニル(VI)錯体として，スーパーフタロシアニン錯体が知られている[6]．

【池田泰久・鷹尾康一朗】

【参考文献】
1) H. G. Heal, *Trans. Faraday Soc.*, **1949**, *45*, 1.
2) 例えばS.-Y. Kim *et al.*, *J. Nucl. Sci. Technol.*, **1996**, *33*, 190.
3) K. Mizuoka *et al.*, *Inorg. Chem.*, **2003**, *42*, 1031.
4) K. Takao *et al.*, *Inorg. Chem.*, **2010**, *49*, 2349.
5) K. Mizuoka *et al.*, *Inorg. Chem.*, **2005**, *44*, 6211.
6) 例えばV. J. Bauer *et al.*, *J. Am. Chem. Soc.*, **1983**, *105*, 6429.

UN_6O_2

有光

【名称】 β-ethyl substituted[20]cyclo[6]pyrrole uranyl(VI) complex

【背景】 ピロールの α 炭素同士が直結した環拡張ポルフィリンを特にシクロ[n]ピロール(n はピロールユニットの数を示し, $n \geq 6$)と呼び,その高い平面性とアニオン捕捉能が報告されている[1]. 金属錯体ではシクロ[6]ピロールがウラン錯体を与え,安定な 20π 平面反芳香族性を実現している[2].

【調製法】 脱水条件下,シクロ[6]ピロールのジクロロメタン溶液中に,2 当量の $UO_2[N(SiMe_3)_2]_2 \cdot 2THF$ を加え室温で 12 時間撹拌する.その後空気下でさらに 12 時間撹拌し,アルミナカラムクロマトグラフィーにより精製する(収率 25%).

【性質・構造・機能・意義】 錯体の吸収スペクトルは CH_2Cl_2 中, λ_{max}[nm](ε[$10^4 M^{-1}cm^{-1}$]): 387(3.2), 439(2.5), 643(2.6)に観測される.錯体の構造は,6つの窒素がウラニル(VI)イオンに配位しており,分子骨格は平面構造を有している.シクロ[6]ピロールのフリーベース体は 22π 共役系であるが,ウラニル錯化することによって反芳香族性の 20π 共役系へと変化する.これに伴って長波長領域(850 nm 付近)の吸収帯は消え,650 nm 付近に新たな吸収帯が観測される.電気化学測定から,第一酸化電位と第一還元電位の差は錯化前後で 1.30 V から 0.70 V へ減少する.これは HOMO-LUMO ギャップの狭い反芳香族化合物に特徴的な性質である.また,一電子還元状態における ESR の g 値は 2.0077 とフリーラジカルの値($g = 2.0023$)よりも大きく,非常にブロードなシグナルを与える.これに加えて,一電子還元に伴う吸収スペクトルの変化がわずかであることから,第一還元過程には配位子だけでなくウラニルイオンの還元がかかわっていると予想されている[2].

【関連錯体の紹介およびトピックス】 環拡張ポルフィリンウラニル(VI)錯体は他にも β アルキル置換ペンタフィリン(1.1.1.1.1)やシッフ塩基型配位子でも知られており[3],特にイソヘキサフィリン(1.0.1.0.0)(慣用名アメジリン)に関しては $Np(V)O_2$ 錯体,$Pu(V)O_2$ 錯体までもが報告されている[4]. このことから,これらの環拡張ポルフィリンは放射性元素の検出・除去への応用が期待されている.

【齊藤尚平・大須賀篤弘】

【参考文献】

1) a) D. Seidel *et al., Angew. Chem. Int. Ed.*, **2002**, *41*, 1422; b) T. Khler *et al., J. Am. Chem. Soc.*, **2003**, *125*, 6872; c) C. Bucher *et al., Chem. Commun.*, **2006**, 3891.
2) P. J. Melfi *et al., Inorg. Chem.*, **2007**, *46*, 5143.
3) A. K. Burrell *et al., J. Am. Chem. Soc.*, **1991**, *113*, 4690.
4) J. L. Sessler *et al., Inorg. Chim. Acta*, **2002**, *341*, 54.

UO₆

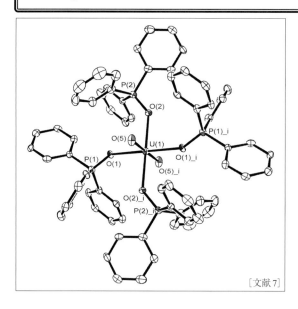

[文献7]

【名称】tetra(triphenylphosphine oxide)dioxouranate(V) trifluoromethanesulfonate([UO$_2$(OPPh$_3$)$_4$](OTf))

【背景】ウラニル(V)は，酸性水溶液中において不均化反応($2UO_2^+ + 4H_3O^+ = UO_2^{2+} + U^{4+} + 6H_2O$)を起こすため不安定であり，その性質は十分理解されていなかった．最近，唯一炭酸水溶液中において安定に存在する[UO$_2$(CO$_3$)$_3$]$^{5-}$に加え，非水溶媒系において比較的安定に存在するウラニル(V)錯体がいくつか報告されてきており，その性質が明らかになってきている[1-6]．一方，これら溶液中でのウラニル(V)の研究に触発され，ウラニル(V)錯体の単結晶X線構造解析もされてきている．本錯体は，はじめて単離され結晶構造解析された例である[7]．

【調製法】本U(V)錯体は，[UO$_2$(OPPh$_3$)$_4$](OTf)$_2$錯体の合成時に偶然得られた．このU(VI)錯体は，UO$_2$-(OTf)$_2$を溶解したアセトニトリル溶液に4当量のOPPh$_3$を加えることで生成される．

【性質・構造・機能・意義】本錯体においては，4つのOPPh$_3$がウラニルのequatorial面に配位した正方両錐型構造を有し，ウラニル酸素とUとの結合距離(U-O$_{ax}$)は1.817(6) Åと1.821(6) Åであり，OPPh$_3$の酸素とUの平均結合距離(U-O$_{eq}$)は2.389 Åである．一方，[UO$_2$(OPPh$_3$)$_4$](OTf)$_2$錯体におけるU-O$_{ax}$は，1.7632(16)と1.7603(15) Åで，U-O$_{eq}$は2.297 Åであり，U(V)のほうがU(VI)と比べてU-O$_{ax}$で0.06 Å，U-O$_{eq}$で0.09 Å長いことがわかる．同様の現象は，溶液系で安定に存在するウラニル(V)錯体においても観測されている．すなわち，[UO$_2$(CO$_3$)$_3$]$^{4-}$錯体，[UO$_2$(saloph)-DMSO](saloph=N,N'-disalicylidene-o-phenylenediaminate, DMSO=dimethyl sulfoxide)錯体，[UO$_2$(dbm)$_2$DMSO](dbm=dibenzoylmethanate)錯体，[UO$_2$(saldien)](saldien=N,N'-disalicylidene-diethylenetriaminate)錯体におけるU-O$_{ax}$が，それぞれ1.80, 1.77, 1.76, 1.81 Åであるのに対し，電解還元により生成する[UO$_2$-(CO$_3$)$_3$]$^{5-}$, [UO$_2$(saloph)DMSO]$^-$, [UO$_2$(dbm)$_2$DMSO]$^-$, [UO$_2$(saldien)]$^-$錯体のU-O$_{ax}$は，それぞれ1.90, 1.83, 1.82, 1.86 Åである[2,3,5,8]．この結合距離の違いは，UO$_2^{2+}$とUO$_2^+$のイオン半径の違い(0.03 Å)より大きいことから，U(VI)からU(V)に還元されるとともにU-O$_{ax}$が長くなることを示している．

さらに，他のアクチニル錯体([AnO$_2$]$^{n+}$ n=1, 2)においても，An^{VI}-O$_{ax}$とAn^{V}-O$_{ax}$の違いは0.06〜0.08 Åであると報告されている[9,10]．

これより，一般的にアクチニル錯体ではVIからVへの還元に伴いAn-O$_{ax}$の結合距離は長くなる，すなわち結合が弱くなるといえる．

以上のように，5f^{1}の電子配置を有するウラニル(V)の研究は，5f系のアクチニル錯体の性質の系統的な理解において基本であり，重要である．

【関連錯体の紹介およびトピックス】最近，比較的安定なウラニル(V)錯体がいくつか単離され，単結晶X線構造解析が行われている．その例として，|[U^{V}O$_2$-(Py)$_5$][KI$_2$(Py)$_2$]|∞, U^{V}O$_2$(OTf)(Py)$_4$, |[U^{V}O$_2$(dbm)$_2$]$_2$-[μ-K(MeCN)$_2$]$_2$[μ_8-K]|$_2$, U^{V}O$_2$(Ar$_2$nacnac)(Ph$_2$-MePO)$_2$·1/2C$_7$H$_8$などが挙げられる[11-14]．

【池田泰久・鷹尾康一朗】

参考文献

1) K. Mizuoka *et al.*, *Inorg. Chem.*, **2003**, *42*, 1031.
2) K. Mizuoka *et al.*, *Inorg. Chem.*, **2003**, *42*, 3396.
3) K. Mizuoka *eta al.*, *Radiochim. Acta*, **2004**, *92*, 631.
4) K. Mizuoka *et al.*, *Inorg. Chem.*, **2005**, *44*, 6211.
5) K. Takao *et al.*, *Inorg. Chem.*, **2009**, *48*, 9602.
6) K. Takao *et al.*, *Inorg. Chem.*, **2010**, *49*, 2349.
7) J.-C. Berthet *et al.*, *Angew. Chem. Int. Ed.*, **2003**, *42*, 1952.
8) T. I. Docrat *et al.*, *Inorg. Chem.*, **1999**, *38*, 1879.
9) L. Gagliardi *et al.*, *Inorg. Chem.*, **2002**, *41*, 1315.
10) P. J. Hay *et al.*, *J. Phys. Chem. A*, **2000**, *104*, 6259.
11) J. Berthet *et al.*, *Chem. Commun.*, **2006**, 3184.
12) G. Nocton *et al.*, *J. Am. Chem. Soc.*, **2008**, *130*, 16633.
13) T. W. Hayton *et al.*, *J. Am. Chem. Soc.*, **2008**, *130*, 2005.
14) J. Berthet *et al.*, *Dalton Trans.*, **2009**, 3478.

UO_8

無

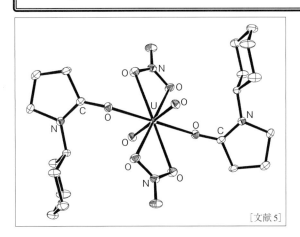

[文献5]

【名称】bis(nitrato-$\kappa^2 O,O'$)bis(1-cyclohexyl pyrrolidine-2-one-κO)dioxidouranium(VI): $UO_2(NO_3)_2(NCP)_2$

【背景】硝酸ウラニルは，種々の$UO_2(NO_3)_2L_2$(L：単座中性配位子)の組成を有する混合配位子錯体を形成する[1]．原子力発電所からの使用済み核燃料の再処理においても，ウラニル(VI)に対して選択的にはたらく抽出剤として，リン酸トリブチル(TBP)が用いられている(PUREX法)．しかし，このプロセスは大量の有機溶媒や煩雑な処理を含むため，新規再処理技術の開発が求められている．そのアプローチの1つとして，使用済み核燃料の溶解液(硝酸水溶液)に大量に含まれるU(VI)を粗分離することで，後続プロセスの簡素化または規模の縮小化を図る方法である[2-4]．

【調製法】硝酸ウラニル・6水和物を3M硝酸溶液に溶解し，$[UO_2^{2+}]$＝1.5M程度のストック溶液を調製する．これを1mL別容器にとり，UO_2^{2+}に対するモル比にして2倍量の1-cyclohexylpyrrolidine-2-one(NCP)を加え，室温にて激しく撹拌する．生じた沈殿をろ別し，少量の水とエタノールで洗浄する．黄色粉末をエタノールから再結晶することで，$UO_2(NO_3)_2(NCP)_2$の結晶が得られる[2,3,5]．

【性質・構造・機能・意義】単結晶X線構造解析の結果から，三斜晶系に属する結晶で，格子定数はa＝8.679(1)Å，b＝8.859(1)Å，c＝9.752(1)Å，α＝113.86(1)°，β＝93.31(1)°，γ＝109.06(1)°である．本錯体中でウランは2個のaxial酸素(O_{ax})，2個の硝酸イオン，2個のNCPの配位により，対称心を有する八配位六方両錐型の構造をとっている．中心ウランと配位原子間の平均距離は，U=O(axial)＝1.748Å，U-O(NO_3)＝2.527Å，U-O(NCP)＝2.347Åである．IRスペクトルにおいて，$UO_2(NO_3)_2(NCP)_2$中$[O=U=O]^{2+}$の非対称伸縮振動が927cm^{-1}に観測される．また，NCPのC=O伸縮振動およびNO_3^-のN=O伸縮振動が，1606，1522cm^{-1}にそれぞれ観測される．

CD_2Cl_2中での^1H，^{13}C NMR測定の結果，配位子由来のシグナルが両NMRスペクトルでフリーのものよりも低磁場に観測されており，CD_2Cl_2中でもNCPがUO_2^{2+}へ配位していることが確認されている(^1H：＞CH，4.56ppm(錯体)，＋0.71ppm；N-CH_2，3.78ppm，＋0.47ppm；^{13}C：カルボニル炭素，181.18ppm，＋7.21ppm，N-CH$_2$，53.35ppm，＋2.59ppm)．一方，NO_3^-を^{15}Nで濃縮した際のCD_2Cl_2中での錯体の^{15}N NMRスペクトルは，室温で非常にブロードなシグナルを－7.56ppm(vs. n-$Bu_4N^+NO_3^-$)に示した(半値幅17.5Hz)．この溶液を－60℃まで冷却すると，2本の強度の異なるシャープなシグナルが－7.26，－7.53ppmに観測された．この実験結果を説明するために，NO_3^-の部分解離が検討されたが，最終的な結論には至っていない．

本錯体は，UO_2^{2+}の硝酸溶液にNCPを添加して撹拌するだけで粉末状沈殿として生成する．反応はほぼ定量的に進行し，UO_2^{2+}に対してモル比にして2倍量加えると100％近いU沈殿率を達成する．このことから，背景でも示したように使用済み核燃料再処理の新規基盤技術としての応用が検討されている．

【関連錯体の紹介およびトピックス】本錯体と類似の錯体として，pyrrolidine-2-oneの窒素上に種々のアルキル基を導入したものが合成されている[2,3]．

【池田泰久・鷹尾康一朗】

【参考文献】
1) U. Casellato *et al.*, *Coord. Chem. Rev.*, **1981**, *36*, 183.
2) N. Koshino *et al.*, *Inorg. Chem. Acta*, **2005**, *358*, 1857.
3) K. Takao *et al.*, *Crystal Growth & Design*, **2008**, *8*, 2364.
4) T. Varga *et al.*, *Inorg. Chem. Commun.*, **2000**, *3*, 637.
5) T. Varga *et al.*, *Inorg. Chim. Acta*, **2003**, *342*, 291.

UO_8

無

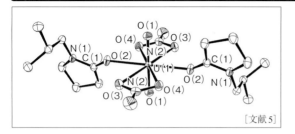

[文献 5]

【名称】bis(nitrato-κ²O,O')bis(1-iso-butyl-pyrrolidine-2-one-κO)dioxidouranium(VI): $UO_2(NO_3)_2(NiBP)_2$

【背景】硝酸ウラニルは，種々の$UO_2(NO_3)_2L_2$(L：単座中性配位子)の組成を有する混合配位子錯体を形成する[1]．原子力発電所からの使用済み核燃料の再処理において，ウラン(VI)に対して選択的にはたらく抽出剤として，リン酸トリブチル(TBP)(単座中性配位子)が用いられている(PUREX法)．しかし，このプロセスは大量の有機溶媒や煩雑な処理を含むため，新規再処理技術の開発が求められている．そのアプローチの1つとして，使用済み核燃料中に大量に含まれるウランをまず粗分離することで，後続プロセスの簡素化または規模の縮小化を図る方法である[2-4]．1-cyclohexylpyrrolidine-2-one(NCP)が硝酸水溶液中のUO_2^{2+}をほぼ定量的に沈殿させる現象が見いだされた．そこで使用済み核燃料の再処理技術の高度化のため，pyrrolidine-2-one誘導体のUO_2^{2+}沈殿剤としての性能のさらなるチューニングを行うため，1-n-propylpyrrolidine-2-one ($Np_{10}P$)について検討を行ったところ，その硝酸ウラニル錯体，$UO_2(NO_3)_2(NProP)_2$の結晶構造中に比較的大きな空孔が存在することが判明した．この空孔をアルキル鎖の伸長もしくは分枝により，元の結晶構造を壊すことなく埋めることができれば，効率的なパッキングを実現できるとの見通しが得られていた．

【調製法】硝酸ウラニル・6水和物を3M硝酸溶液に溶解し，[UO_2^{2+}]=1.5M程度のストック溶液を調製する．これを1mL別容器にとり，UO_2^{2+}に対するモル比にして2倍量の1-iso-butylpyrrolidine-2-one (NiBP)を加え，室温にて激しく撹拌する．生じた沈殿をろ別し，少量の水とエタノールで洗浄する．黄色粉末をエタノールから再結晶することで，$UO_2(NO_3)_2(NiBP)_2$の結晶が得られる[5]．

【性質・構造・機能・意義】単結晶X線構造解析の結果，本錯体中でウランは2個のaxial酸素(O_{ax})，2個の硝酸イオン，2個のNiBPの配位により，対称心を有する八配位六方両錐型の構造をとっている．中心ウランと配位原子間の平均距離は，U=O_{ax}=1.769Å，U-O(NO_3)=2.52Å，U-O(NiBP)=2.380Åである．IRスペクトルにおいて，$UO_2(NO_3)_2(NiBP)_2$中$[O=U=O]^{2+}$の非対称伸縮振動が930 cm^{-1}に観測され，NiBPのC=O伸縮振動が1615 cm^{-1}に観測される．ラマンスペクトルでは，$[O=U=O]^{2+}$対称伸縮振動が，850 cm^{-1}に出現する．

結晶構造について見ると，本結晶は単斜晶系($P2_1/c$)に属する結晶で，格子定数はa=7.405(3)Å，b=18.100(5)Å，c=8.623(3)Å，β=100.97(3)°である．これを単斜晶系$UO_2(NO_3)_2(NProP)_2$の格子定数(a=7.089(2)Å，b=18.117(5)Å，c=8.849(2)Å，β=101.95(3)°)と比較すると，$UO_2(NO_3)_2(NProP)_2$の結晶構造が$UO_2(NO_3)_2(NiBP)_2$でも保たれていることがわかる．$UO_2(NO_3)_2(NProP)_2$で見られた空孔は，$UO_2(NO_3)_2(NiBP)_2$ではC(6)から枝分かれしたC(8)によって充填されており，$UO_2(NO_3)_2(NiBP)_2$の結晶中でのパッキング効率が高いことが示された．実際，本錯体の黄色粉末を母液と接触させたまま室温にて2日程度放置すると結晶成長が起こり，そのままでも単結晶X線回折実験に十分耐えうる結晶性のよい結晶が得られる．

本錯体は，UO_2^{2+}の硝酸水溶液にNiBPを添加して撹拌するだけで粉末状沈殿として生成する．UO_2^{2+}に対してNiBPをモル比で1.9倍量加えた際のU沈殿率は約89%程度であり，ほぼ定量的に反応が進行する．iso-butyl基はcyclohexyl基と比較して疎水性が低いが，結晶構造のパッキング効率が高いことと関連づけられる．

【関連錯体の紹介およびトピックス】本錯体と類似の錯体として，pyrrolidine-2-oneの窒素上にn-butyl, sec-butyl, $tert$-butyl基を導入したものが合成されている[2,5]．

【池田泰久・鷹尾康一朗】

【参考文献】
1) U. Casellato *et al.*, *Coord. Chem. Rev.*, **1981**, *36*, 183.
2) N. Koshino *et al.*, *Inorg. Chem. Acta*, **2005**, *358*, 1857.
3) T. Varga *et al.*, *Inorg. Chem. Commun.*, **2000**, *3*, 637-639.
4) T. Varga *et al.*, *Inorg. Chim. Acta*, **2003**, *342*, 291-294.
5) K. Takao *et al.*, *Crystal Growth & Design*, **2008**, *8*, 2364.

UO₈

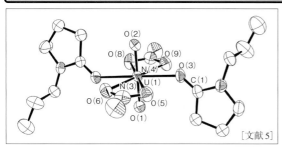

[文献5]

【名称】bis(nitrato-κ²O,O')bis(1-*n*-propyl pyrrolidine-2-one-κ*O*)dioxidouranium(VI): $UO_2(NO_3)_2(NProP)_2$

【背景】硝酸ウラニルは種々の$UO_2(NO_3)_2L_2$(L：単座中性配位子)の組成を有する混合配位子錯体を形成する[1]．原子力発電所からの使用済み核燃料の再処理においても，ウラニル(VI)に対して選択的にはたらく抽出剤として，リン酸トリブチル(TBP)が用いられている(PUREX法)．しかし，このプロセスは大量の有機溶媒や煩雑な処理を含むため，新規再処理技術の開発が求められている．そのアプローチの1つとして，使用済み核燃料中に大量に含まれるウランをまず粗分離することで，後続プロセスの簡素化または規模の縮小化を図る方法である[2-4]．1-cyclohexylpyrrolidine-2-one (NCP)が硝酸水溶液中のUO_2^{2+}をほぼ定量的に沈殿させる現象が見いだされた．そこで，使用済み核燃料の再処理技術の高度化のため，pyrrolidine-2-one誘導体のUO_2^{2+}沈殿剤としての性能のさらなる検討がなされている．

【調製法】硝酸ウラニル・6水和物を3M硝酸溶液に溶解し，[UO_2^{2+}]＝1.5M程度のストック溶液を調製する．これを1mL別容器にとり，UO_2^{2+}に対するモル比にして2倍量の1-*n*-propylpyrrolidine-2-one(NProP)を加え，室温にて激しく撹拌する．生じた沈殿をろ別し，少量の水とエタノールで洗浄する．黄色粉末をエタノールから再結晶することで，$UO_2(NO_3)_2(NProP)_2$の結晶が得られる[5]．

【性質・構造・機能・意義】単結晶X線構造解析の結果，本錯体中でウランは2個のaxial酸素(O_{ax})，2個の硝酸イオン，2個のNProPからの配位を受け，八配位六方両錐型の構造をとっている．中心ウランと配位原子間の平均距離は，U=O_{ax}=1.756Å，U-O(NO_3)=2.51Å，U-O(NProP)=2.387Åである．IRスペクトルにおいて，$UO_2(NO_3)_2(NProP)_2$中[O=U=O]$^{2+}$の非対称伸縮振動が930 cm^{-1}に観測され，NProPのC=O伸縮が1615 cm^{-1}に観測される．

結晶構造について見ると，本結晶は室温(296K)で単斜晶系($P2_1$)に属する結晶で，格子定数はa=7.089(2) Å，b=18.117(5) Å，c=8.849(2) Å，β=101.95(3)°である．この結晶を冷却すると相転移を起こし，三斜晶系(P-1)に変化する(173 K，a=6.934(2) Å，b=9.000(3) Å，c=17.630(8) Å，α=89.64(3)°，β=83.90(3)°，γ=77.43(3)°)．この単斜晶系から三斜晶系への相転移に伴って，錯体分子はその分子構造をほぼ保ったまま単斜晶系のa軸方向に0.947Å，同じくc軸方向へ0.151Åスライドする．単斜晶系の$UO_2(NO_3)_2(NProP)_2$の結晶構造中には比較的大きな空孔が存在し，このため比較的柔軟な結晶構造が形成されていると考えられる．

本錯体は，UO_2^{2+}の硝酸溶液にNProPを添加して撹拌するだけで粉末状沈殿として生成する．UO_2^{2+}に対してモル比にして2倍量加えた際のU沈殿率は約92％程度とNCPを使用した場合よりも劣る．*n*-propyl基はcyclohexyl基と比較して疎水性が低いことから，U沈殿率に差が見られると考えられている．

【関連錯体の紹介およびトピックス】本錯体と類似の錯体として，pyrrolidine-2-oneの窒素上に*iso*-propyl基を導入したものが合成されている[5]．

【池田泰久・鷹尾康一朗】

【参考文献】
1) U. Casellato *et al.*, *Coord. Chem. Rev.*, **1981**, *36*, 183.
2) N. Koshino *et al.*, *Inorg. Chem. Acta*, **2005**, *358*, 1857.
3) T. Varga *et al.*, *Inorg. Chem. Commun.*, **2000**, *3*, 637.
4) T. Varga *et al.*, *Inorg. Chim. Acta*, **2003**, *342*, 291.
5) K. Takao *et al.*, *Crystal Growth & Design*, **2008**, *8*, 2364.

UO_8

無

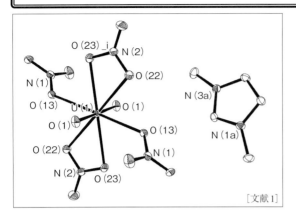

[文献1]

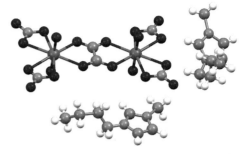

図1 $[C_4mim]_2[\{UO_2(NO_3)_2\}_2(\mu_4\text{-}C_2O_4)]$錯体の構造[2]

【名称】1,3-dimethylimidazolium bis(nitrato-O,O)bis(nitrato-O)dioxouranate(VI): $[C_1mim]_2[UO_2(NO_3)_4]$

【背景】グリーンソルベントとして注目されているイオン液体は，その特性（不揮発性，難燃性，耐熱性（〜220℃），高イオン伝導性，広い電位窓）から様々な分野で従来の有機溶媒に代わる媒体としての適用性が検討されている．原子力分野においても，使用済み核燃料再処理や放射性廃棄物の処理媒体としての利用が期待されている．そのため，ウラニル(VI)イオンのイオン液体中での基礎的性質が研究されている．本錯体は，硝酸系イオン液体から単離された単核錯体で，結晶構造解析されたはじめての例である[1]．

【調製法】本錯体は，$[C_1mim][NO_3]$ (10 g)，U(IV)硝酸錯体(1 g)，濃硝酸(1 g)，アセトン(0.1 g)を混合し，70℃にて2時間加熱し，その後冷却することで得られる．単結晶は，得られた錯体をアセトニトリルに溶解し，再結晶することで得られる．

【性質・構造・機能・意義】本錯体においては，硝酸イオンが1座と2座で $trans$ 位に配位した構造を有し，ウラニル酸素とUとの結合距離は1.754(4) Å，単座配位の硝酸の酸素とUの結合距離は2.426Å，2座配位の硝酸の酸素との結合距離は2.510(5)〜2.515(4) Åである．

興味深いことに，同様の合成法により，1-アルキル-3-メチルイミダゾリウム硝酸系イオン液体で，アルキル基がエチル(C_2)，プロピル(C_3)，ブチル(C_4)，ペンチル(C_5)，ヘキシル(C_6)基の場合は，図1に示したシュウ酸により架橋した二核の硝酸ウラニル錯体（$[C_nmim]_2[\{UO_2(NO_3)_2\}_2(\mu_4\text{-}C_2O_4)]$）を生成する[1,2]．シュウ酸は，アセトンが硝酸により酸化されることで生成し，それがウラニルイオンに配位したと考えられる．一方，本錯体のようにアルキル基がメチル基の場合は，合成法が同じにもかかわらずシュウ酸が架橋した錯体が形成されないが，その理由は明らかになっていない．

これら錯体の電気化学的研究も行われており，グラッシーカーボンを作用極にした電解により，電極表面上に薄い不動態膜が形成される．生成物の同定はされていないが，UO_2タイプの化学種が生成されるとことが示唆されている．それゆえ，電解条件を最適化することで，イオン液体を媒体として，ウランに汚染された廃棄物からウランを回収しうると期待される．また，上記のシュウ酸を架橋したウラニル錯体が沈殿することを利用して，ウラン汚染物の除染処理にも適用しうると期待される．

【関連錯体の紹介およびトピックス】本錯体と類似の錯体として，$[C_{12}mim]_2[UO_2(NO_3)_4]$（$C_{12}mim=$1-ドデシル-3-メチルイミダゾリウム）があり，結晶構造解析がされており，平面六配位構造（1座と2座配位の硝酸イオンが各々2つ配位）を有している[1]．他のイミダゾリウム系イオン液体（1-ブチル-3-メチルイミダゾリウムビス（トリフルオロメチルスルフォニル）イミド）中の硝酸ウラニル錯体についても研究されており，$[UO_2(NO_3)_3]^-$として存在すると報告されている．この錯体においては，3つのNO_3^-イオンが2座で配位しており平面六配位構造を有する[3,4]．上記と同様の二核錯体として，$[C_nmim]_2[\{UO_2(NO_3)_2\}(\mu\text{-}OH)_2]$ ($n=1,2$)錯体も報告されている[5]．　【池田泰久・鷹尾康一朗】

【参考文献】
1) A. E. Bradley *et al.*, *Inorg. Chem.*, **2004**, *43*, 2503.
2) A. E. Bradley *et al.*, *Inorg. Chem.*, **2002**, *41*, 1692.
3) P. Nockemann *et al.*, *Inorg. Chem.*, **2007**, *46*, 11335.
4) K. Servaes *et al.*, *Eur. J. Inorg. Chem.*, **2007**, 5120.
5) V. Cocalia *et al.*, *Eur. J. Inorg. Chem.*, **2010**, 2760.

UO$_8$

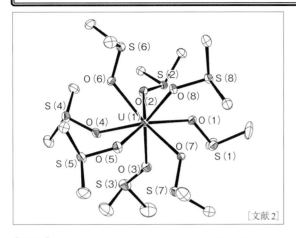

[文献2]

【名称】[oxta(dimethyl sulfoxide)uranium(IV)]perchlorate: [U(dmso)$_8$](ClO$_4$)$_4$・0.75CH$_3$NO$_2$

【背景】ウラン(IV)錯体の構造に関して多くの報告がされており,固体状態において,6,7,8,9,10,12の種々の配位数をとることが可能であることが知られている.しかし,単座の酸素ドナー配位子を有するホモレプチックウラン(IV)錯体に関しては,[U(dmf)$_9$]I$_4$(dmf=N,N-dimethylformamide)のみが知られていた[1]. 本錯体は,酸素ドナー配位子を有する八配位構造を有するホモレプチックウラン(IV)錯体のはじめての例である[2]. なお,酸素ドナー配位子以外では,(NH$_4$)$_4$UF$_8$,Cs$_4$[U(NCS)$_8$],U(acac)$_4$(acac=2,4-pentanedionate),U-(tfaca)$_4$(tfacac=1,1,1-trifluoro-2,4-pentanedionate)などのホモレプチック錯体が知られている[3-6].

【調製法】窒素雰囲気のグローブボックスにおいて,過塩素酸水溶液中のウラニル(VI)を電解還元することにより調製したウラン(IV)過塩素酸水溶液に適用量のdimethyl sulfoxide(dmso)を添加することで,淡緑色の[U(dmso)$_8$](ClO$_4$)$_4$を得る.この錯体をニトロメタンに溶解し,エチルエーテル蒸気拡散法により単結晶([U(dmso)$_8$](ClO$_4$)$_4$・0.75CH$_3$NO$_2$)が生成される.

【性質・構造・機能・意義】本錯体を溶解したニトロメタン溶液は,淡緑色を呈し,432 nm(ε=17.5 M^{-1}cm^{-1}),485 nm(ε=25.0 M^{-1}cm^{-1}),556 nm(ε=24.0 M^{-1}cm^{-1}),644 nm(ε=57.2 M^{-1}cm^{-1}),678 nm(ε=95.0 M^{-1}cm^{-1})にU(IV)の特徴的な吸収を有する.941 cm^{-1}にS=Oの伸縮振動が観測され,dmsoがO配位していることを示す.

本錯体の結晶構造解析から,三斜晶系であり,正十二面体型構造を有することが明らかになっている.配位したdmsoの酸素とUとの結合距離(U-O)は,U1-O1 2.3803(3) Å,U1-O2 2.325(4) Å,U1-O3 2.3204(4) Å,U1-O4 2.359(5) Å,U1-O6 2.396(4) Å,U1-O7 2.385(4) Å,U1-O8 2.319(5) Åであり,結合角はO1-U1-O7 70.5(1)°,O4-U1-O6 72.8(2)°,O3-U1-O8 144.8(2)°,O2-U1-O5 148.(2)°である.

また本錯体は,dmsoを含むニトロメタン溶液においては,次に示すように,八配位錯体と九配位錯体とが平衡状態で存在する[2].

$$[U(dmso)_8]^{4+} + dmso = [U(dmso)_9]^{4+}$$

25℃での平衡定数は,3.4±0.2 dm^{3}mol^{-1}であり,熱力学的パラメーター($\Delta H, \Delta S$)は,それぞれ-54.9±4.5 kJ mol^{-1},-174±15 J K^{-1}mol^{-1}である.

さらに,本錯体と同等の単座の酸素ドナー配位子を有するアクチノイド(III),(IV),ランタノイド(III)のホモレプチック錯体における金属イオン(M)と配位酸素との平均結合距離〈M-O〉と金属イオンの有効イオン半径(r)とによい直線関係があることが見いだされている[2].

$$\langle M-O \rangle = (0.910\pm03) \times r + (1.42\pm0.04)$$

このことは,アクチノイドおよびランタノイド系の金属イオンと単座の酸素ドナー配位子との相互作用は,配位子に依存することなく,主に金属イオンの有効イオン半径により支配されていることを示唆している.

【関連錯体の紹介およびトピックス】本錯体と類似のホモレプチックU(IV)錯体として,[U(tmso)$_8$]-(ClO$_4$)$_4$・2tmso(tmso=tetramethylen sulfoxide)の結晶構造解析がされている.この錯体は,斜方晶系であり,正方逆プリズム型構造を有しており,U-Oの平均結合距離は2.35(3) Åである[2]. また,dmf,dmsoを9配位したU(IV)錯体([U(dmf)$_9$]I$_4$,[U(dmso)$_9$](ClO$_4$)$_4$・4dmso)についても結晶構造解析がされており,前者は正方晶系であり,歪正方逆プリズム型構造を有し,後者は三斜晶系であり,四角面三冠三角柱型構造を有し,U-Oの平均結合距離はそれぞれ2.39(8) Å,2.41(4) Åである[1,2].

【池田泰久・鷹尾康一朗】

【参考文献】
1) J.-C. Berthet *et al., Inorg. Chem.,* **2005,** *44*, 1142.
2) N. Koshino *et al., Inorg. Chim. Acta,* **2009,** *362*, 3433.
3) A. Rosenzweig *et al., Acta Crystallogr.,* **1970,** *B26*, 38.
4) G. Bombieri *et al., J. Chem. Soc. Dalton Trans.,* **1975,** 1520.
5) W. L. Steffen *et al., Inorg. Chem.,* **1978,** *17*, 779.
6) P. Charpin *et al., Acta Crystallogr.,* **1985,** *C41*, 1721.

UO_8

無

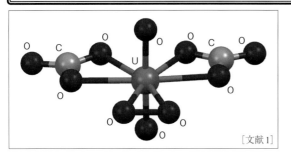

[文献1]

【名称】tetrapotassium dicarbonatodioxoperoxouranium (VI) 2.5-hydrate ($K_4[UO_2(CO_3)_2(O_2)]\cdot 2.5H_2O$)

【背景】過酸化水素とアクチノイドとの反応は，酸性から中性領域におけるアクチノイド(特に，U，Pu)の溶解性および価数調整を制御するうえで重要である．特に，放射性廃棄物の地層処分の分野において，アルカリ水溶液中のウランの溶解度が，過酸化水素が存在すると$[UO_2(CO_3)_3]^{4-}$と比較して高くなることが知られているが，過酸化水素および炭酸イオンを含む水溶液中のU(VI)錯体に関しては，体系的に研究されていない．炭酸イオンと過酸化物イオンを配位したU(VI)錯体の性質および構造解析のはじめての例である[1]．

【調製法】UO_2粉末(591 mg, 2.2 mmolのU)を含む2 MのK_2CO_3水溶液(30 mL)の懸濁液に35%のH_2O_2溶液(1.8 mL)を加え，15分間激しく撹拌する．その後溶液をろ過し，深赤色のろ液4 mLにメタノール6 mLを加え2層を形成させる．2層間に赤色の単結晶が形成される[1,2]．

【性質・構造・機能・意義】本錯体は，わずかに歪んだ六方両錐型構造を有し，equatorial面に1つの過酸化物イオンと2つの炭酸イオンがそれぞれ二座配位している．ウラニル酸素とUとの結合距離は1.81(1) Åであり，O=U=Oの角度は175.3(3)°である．また，炭酸イオンおよび過酸化物イオンの酸素とUの結合距離は，それぞれ2.438(5)～2.488(5) Å, 2.240(6)～2.256(6) Åであり，過酸化物イオンのO–O結合距離は1.496(8) Åである．Ramanスペクトルにおいて，O=U=Oの対称伸縮振動が766.5 cm^{-1}に観測され，$K_4UO_2(CO_3)_3$におけるO=U=O対称伸縮振動(806.0 cm^{-1})より，低波数シフトしており，炭酸ウラニル錯体より結合が弱くなっていることを示している．また，過酸化物のO–O伸縮振動が841.7 cm^{-1}に観測され，H_2O_2の対応する振動(875.5 cm^{-1})より低波数シフトしており，配位することでO–O結合が弱くなることを示している．

水溶液系での$[UO_2(CO_3)_2(O_2)]^{4-}$と$[UO_2(CO_3)]^{4-}$の吸収スペクトルが測定され，比較されている．前者は可視部(310～500 nm)にブロードな吸収を有し，310.5, 347.5, 420.0, 500.0 nmにおけるモル吸光係数は，それぞれ766.6, 1022.7, 705.5, 177.0 M^{-1}cm^{-1}である．一方後者は，424.0, 435.0, 448.5, 462.0 nmに吸収ピークを有し，そのモル吸光係数は，それぞれ19.9, 23.3, 26.3, 18.8 M^{-1}cm^{-1}と前者に比べて非常に小さい．この違いは，前者が非対称な構造に対し，後者が対称性の高い構造を有していることに起因すると考えられる．

また，次式に示す反応の見かけの安定度定数($\log K'$)が，24.4℃で4.70±0.02と求められている[2]．

$$[UO_2(CO_3)_3]^{4-} + HO_2^- = [UO_2(CO_3)_2(O_2)]^{4-} + CO_3^{2-} + H^+$$

$$\log K' = \log\{[UO_2(CO_3)_2(O_2)^{4-}]/[UO_2(CO_3)_3^{4-}]\} - \log[H_2O_2]_{tot} + \log[CO_3^{2-}]$$

$$[H_2O_2]_{tot}: H_2O_2 + HO_2^- + O_2^{2-}$$

過酸化水素は，水の放射線分解により生じることから，本錯体に関する知見は，ウランを含む放射性廃棄物の地層処分において，廃棄物が炭酸水溶液に接触した場合におけるウランの溶出挙動を考察するうえでも重要である．

【関連錯体の紹介およびトピックス】本錯体の類似錯体として，$K_4[UO_2(CO_3)_2(O_2)]\cdot H_2O$が挙げられるが，この錯体の特徴は，O–O結合距離が1.469(10) Åであり，本錯体(1.496(8) Å)や$(CN_3H_6)_4[UO_2(CO_3)_2(O_2)]\cdot 2H_2O$ (1.52 Å)[3], $Na_4[UO_2(O_2)_3]\cdot 9H_2O$ (1.51 Å)[4]と比較して，かなり短いことである．

また最近，$[UO_2(O_2)(OH)_2]$の組成を有するナノクラスター化合物が合成されている[5-7]．

【池田泰久・鷹尾康一朗】

【参考文献】
1) R. A. Zehnder *et al., Acta Cryst.,* **2005**, *C61*, i3.
2) G. S. Goff *et al., Inorg. Chem.,* **2008**, *47*, 1984.
3) Y. N. Mikhailov *et al., Zh. Neorg. Khim.,* **1981**, *26*, 718.
4) N. W. Alcock, *J. Chem. Soc., Inorg. Phys., Theor.,* **1968**, 1588.
5) G. E. Sigmon *et al., Inorg. Chem.,* **2009**, *48*, 10907.
6) P. C. Burns *et al., Angew. Chem. Int. Ed.,* **2005**, *44*, 2135.
7) P. C. Burns, *C. R. Chimie,* **2010**, *13*, 737.

UO₁₂

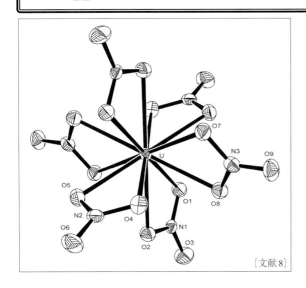

[文献8]

【名称】bis(tetaraphenylphosphine) hexa nitratouranium(IV)tetraacetonitrile: $[Ph_4P]_2[U(NO_3)_6]\cdot 4NCCH_3$

【背景】原子力における使用済み核燃料再処理においては，燃料を硝酸に溶解した溶解液からリン酸トリブチル(TBP)を抽出剤としてU, Puを分離回収することを基本としたPUREX法が用いられている．本方法において，Uは$UO_2(NO_3)_2\cdot 2TBP$の形態で抽出されることが知られており，多くの$UO_2(NO_3)_2L_x$(L：単座中性配位子)タイプの錯体の構造や性質が研究されている[1-3]．また，陰イオンタイプの$[UO_2(NO_3)_3]^{3-}$, $[UO_2(NO_3)_4]^{2-}$錯体の構造が報告されている[4,5]．一方，U(IV)に関しても，$U(NO_3)_4L_2$(L=OOPh₃, OP(NMe₂)₃)タイプのいくつかの錯体の構造解析が行われている[6]．しかし，陰イオンタイプのU(IV)硝酸錯体に関しては，これまで$[Et_4N]_2[U(NO_3)_6]$錯体が合成され，その結晶構造解析が行われているが，disorderのため，精度のある情報が得られていない[7]．本錯体は，$[U(NO_3)_6]^{2-}$タイプのはじめての精度ある結晶構造解析の例である[8]．

【調製法】Schlenkフラスコにおいて$[Ph_4P]_2UBr_6$とAgNO₃を撹拌し，反応させて後，脱水処理したCH₃CNをN₂ガスパージ下で添加する．ろ過処理した後，溶媒を適当量蒸発させ，冷暗所に保持することで結晶を得る．

【性質・構造・機能・意義】赤外吸収スペクトルおよび単結晶構造解析から，本錯体においては，硝酸イオンが二座配位していること，結晶は三斜晶系であることが確認されている．これまで，U(IV)の配位数は12までとれることが予想されていたが，本結晶構造解析でそのことが確認された．ウランと硝酸酸素との結合距離(U-O)は，平均で2.517Åであり，十配位構造の$U(NO_3)_4(OPPh_3)_2$錯体におけるU-O(2.451Å)より長いことがわかる．

核燃料再処理においては，U(VI), Pu(IV)をいったん30% TBP/n-ドデカンにより抽出した後，Pu(IV)をU(IV)によりPu(III)に還元することで，Puを水相側に逆抽出することで，UとPuを分離している．本研究は，硝酸水溶液中でのU(IV)の構造および有機溶媒中での化学形態の理解の発展に貢献しており，ひいては，より効率的な再処理技術の研究・開発に寄与しうるといえる．

【関連錯体の紹介およびトピックス】本錯体と類似の錯体として，$[n\text{-}Pr_4N]_2[U(NO_3)_6]$(n-Pr₄N＝テトラn-プロピルアンモニウム)と$[n\text{-}Bu_4N]_2[U(NO_3)_6]$(n-Bu₄N：テトラn-ブチルアンモニウム)が合成され，結晶構造解析が行われている．両結晶は単斜晶系である．平均のU-O結合距離は，2.519(3) Åであり，本錯体とほぼ一致している[8]．　　　【池田泰久・鷹尾康一朗】

【参考文献】
1) U. Casellato *et al., Coord. Chem. Rev.*, **1981**, *36*, 183.
2) N. Koshino *et al., Inorg. Chem. Acta*, **2005**, *358*, 1857.
3) K. Takao *et al., Crystal Growth & Design*, **2008**, *8*, 2364.
4) D. E. Irish *et al., Acta Cryst.*, **1985**, *C41*, 1012.
5) A. E. Bradley *et al., Inorg. Chem.*, **2004**, *43*, 2503.
6) L. M. Dillen *et al., Acta Cryst.*, **1988**, *C44*, 1921.
7) J. Rebizant *et al., Acta Cryst.*, **1988**, *C44*, 2098.
8) M. Crawford *et al., Inorg. Chem.*, **2009**, *48*, 10877.

$U_2C_{26}O_3$

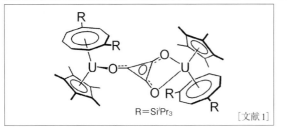

[文献1]

【名称】bis[(1,2,3,4,5,6,7,8-η)-1,4-bis[tris(1-methylethyl)silyl]-1,3,5,7-cyclooctatetraene][μ-[(2,3-η)-2,3-di(hydroxy-κO)-2-cyclopropen-1-onato(2−)-κO]]bis[(1,2,3,4,5-η)-1,2,3,4,5-pentamethyl-2,4-cyclopentadienyl]di-uranium(III): [$U_2(η^8$-cot$)_2(η^5$-$C_5Me_5)_2(μ$-$η^1:η^2$-$C_3O_3)$]

【背景】一酸化炭素の還元反応により炭化水素類を得る反応としてFischer-Tropsch反応が知られているが,通常この反応では鎖長や不飽和度の異なる複数の炭化水素が混合物として生成してしまい,選択的な炭化水素類の生成は難しいとされている.しかし,有機ウラン錯体を用いることで温和な条件下でCOの環化三量化反応が進行し,COの三量体が三角形状のデルテート錯体が得られることが明らかになった.これまでCOの環化三量体の構造は明らかにされていなかったが,この錯体によりはじめてその情報を得ることができた[1]).

【調製法】有機ウラン錯体[(Cp*)U($C_8H_6(Si^iPr_3)_2$)(THF)](Cp*=C_5Me_5)はUI$_3$とKCp*から調整される[UI$_2$Cp*(THF)$_3$]に対して0.8当量の$K_2[C_8H_6(Si^iPr_3)_2]$を加え合成する.これに対して−78℃で1気圧のCOを加え,徐々に昇温することで標題化合物を得る.

【性質・構造・機能・意義】エーテル中,−50℃でX線構造解析に適した濃赤色針状結晶が得られる.構造は2つのU(IV)中心の間に環状C_3O_3ユニットが酸素原子を通して$η^1:η^2$-架橋配位している.C_3O_3ユニットは平面上にあり,2つのU中心が若干平面の上下に位置している.C-O結合長は典型的なC-O単結合(1.43 Å)と二重結合(1.21 Å)の間に位置しており,$η^1$-O-C結合(1.303(5) Å)が$η^2$-O-C結合(1.262(5), 1.277(5) Å)より若干長い.三角形状のC_3骨格はかなり歪んでおり,2つの短いC-C結合と1つの長いC-C結合からなり,後者はU中心と若干相互作用を示す.

この構造について密度汎関数法(DFT)を用いて結合状態を調べると,最適化構造と実際の構造はよく一致していた.計算した構造中のC_3コアはやはり歪んでおり,2つの短いC-C結合と1つの長いC-C結合より構成される.U中心周りの立体配置はU(IV)のそれと一致している.分子軌道を調べたところ,Uのf軌道と2つの酸素原子(図右側)上の孤立電子対の反結合性軌道が相互作用しているのみならず,C-C結合の結合性軌道とUのf軌道の相互作用も見られる.これは,構造解析で見られたC_3骨格の歪みの原因になっている.Uの5f軌道は閉殻の6s, 6p亜殻によって遮蔽されず,結合に影響を及ぼす.つまり,アクチノイド金属はCOの多量体を安定化させるのに適した金属と考えられる.

^{1}H NMRスペクトルではCp*とC_8H_6配位子に基づくシグナルが1種類のみ観察される.同様に,^{13}Cでラベルした錯体[$U_2(η^8$-cot$)_2$(Cp*)$_2(μ$-$η^1:η^2$-$^{13}C_3O_3$)]の^{13}C NMRスペクトルでも1種類のシグナルしか観察されない.これは溶液中でのC_3O_3ユニットのすばやい挙動を示しており,"windshield wiper" motionもしくは"propeller" motionによるものと考えられる.

これまで溶融したアルカリ金属によるCOの還元反応から五量体(croconate),六量体(rhodizonate)ジアニオン化合物,また微量の三量体デルテートジアニオンが得られることが古くから知られている.しかし,三量体化合物に関しては構造解析はおろか,金属を用いた選択的な合成すらなされていない.有機ウラン錯体[(Cp*)U($C_8H_6(Si^iPr_3)_2$)(THF)]を用いた選択的なデルテート錯体の合成に成功したことで,長年有機化学者の興味を引いてきた環状芳香族性オキソカーボンアニオン$C_nO_n^{2-}$($n=3〜6$)の研究が進展するであろう.その結果これらの環状炭素化合物をビルディングブロックとするより複雑な有機分子の構築も可能になるものと思われる.

【関連錯体の紹介およびトピックス】立体障害のより小さなC_5Me_4H(Cp^R)基を有する有機ウラン錯体[(Cp^R)U($C_8H_6(Si^iPr_3)_2$)(THF)]とCOとの反応により環状四量体$C_4O_4^{2-}$(squarate)錯体が合成されている[2]).C_4O_4ユニットは2つのU金属の間を$η^2:η^2$-架橋配位している.また,有機ウラン錯体に対して当量制限してCOを加えると,線形状の二量体([U]-OC≡CO-[U])錯体が得られる[3]).計算の結果,zig-zag構造を有するインジオレート錯体が鍵中間体として考えられている.

【島 隆則】

【参考文献】
1) O. T. Summerscales *et al., Science*, **2006**, *311*, 829.
2) O. T. Summerscales *et al., J. Am. Chem. Soc.*, **2006**, *128*, 9602.
3) A. S. Frey *et al., J. Am. Chem. Soc.*, **2008**, *130*, 13816.

$U_8N_{16}C_{80}$

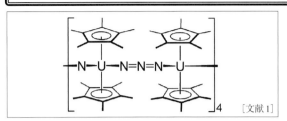

[文献1]

【名称】tetrakis[μ-(azido-κN^1:κN^3)]tetra-μ-nitridohexadecakis[(1,2,3,4,5-η)-1,2,3,4,5-pentamethyl-2,4-cyclopentadien-1-yl]octa-uranium(III):[$U_8(\eta^5$-$C_5Me_5)_{16}$-(μ-N)$_4$(μ-N$_3$)$_4$]

【背景】多重結合性を有するウラニルイオン($O=U=O)^{2+}$に比べてその合成の困難さからウランニトリド化合物UNはあまり知られていない.近年,有機ウラン錯体の開発が進み,出発原料としてメタロセン誘導体[($C_5Me_5)_2U$-]を用いることにより二十四員環骨格を有するニトリド錯体の合成に成功した[1].これまでUN, NUN, NUOなどの比較的単純な系での安定性,性質などの理論研究がなされているが,合成,溶解性の問題から実験的なデータは限られている.

【調製法】メタロセン誘導体[($C_5Me_5)_2U$][(μ-Ph)$_2$BPh$_2$]のベンゼン溶液をNaN$_3$(2当量)の入ったフラスコに加え48時間撹拌する.撹拌中ガスの放出が見られる.白色固体を遠心分離で除き,溶媒を除くことで黒色の粘性のある固体を得る.この固体をメチルシクロヘキサンに溶かして30分撹拌し,沈殿を除き,溶液を留去し標題化合物を得る.X線に適した結晶は室温下NMRチューブ中C_6D_6溶液から得られる.また,トルエン溶液中$-35℃$からも得られる.

【性質・構造・機能・意義】構造は8つのUと16個の窒素からなる二十四員環構造であり,2つの異性体がある.1つは擬イス型骨格であり,もう1つは,擬ふね型骨格である.立体障害の少ないC_5Me_4H基を有するウラン錯体[($C_5Me_4H)_2U$]-[(μ-Ph)$_2$BPh$_2$]を用いても同様に椅子型骨格の二十四員環錯体が得られる.これらの錯体は湿気や空気に不安定である.環の大きさは0.9~1.2 nm程度で,シクロペンタジエニル環の大きさも含めると2.2 nm程である.

8つの[($C_5Me_4R)_2U$]$^{2+}$ユニットは4つのアジド(N$_3^{1-}$)と4つのニトリド(N^{3-})によって電荷のバランスが釣り合う.U中心の構造パラメーターは典型的なU(IV)錯体のそれに一致している.U-N(ニトリド)結合は2.047(6)~2.090(8) Åであり,U^{4+}-N単結合よりも短く,二重結合の範囲内である.この結果はU-N(ニトリド)結合が対称的な結合様式(U=N-U↔U-N=U)であって,結合が局在化した様式(U≡N-U)ではないことを示している.また,U=N=U結合角は154.6(7)~172.2(4)°であり,他の報告されているU-E-U(E=S, O)結合角(e.g. [($C_5H_4Me)_3U$]$_2$(μ-S);164.9(4)°,[($C_5Me_5)_2U$]$_2$(μ-O);171.5(6)°)と同様に直線性から外れていた.

ウランニトリド(U-N)結合に比べてウランアジド(U-N$_3$)結合はいくつか報告例がある.2100~2111 cm^{-1}に吸収を示す.錯体中のU-N結合長はいずれもほぼ等しく,典型的なU^{4+}-N単結合よりも長い.

錯体の生成プロセスは,はじめに有機ウラン錯体[($C_5Me_5)_2U$][(μ-Ph)$_2$BPh$_2$]のアニオン部分がアジドで置き換わった錯体"[($C_5Me_5)_2U(N_3)$]"が生成し,ついでオリゴマー化する際,8つのU^{3+}中心から8電子与えられて4つのアジドがニトリドに変化する.つまり4つのU^{3+}-azide-U^{3+}ユニットが二電子還元により窒素分子N_2を放出するとともに,4つのU^{4+}-nitride-U^{4+}ユニットに変化して標題の錯体が生成するものと思われる.もしくはU^{5+}を有するニトリドユニット"[($C_5Me_5)_2U(N)$]"がU^{3+}イオンによる還元を経て錯体が得られる反応経路も考えられる.

ウランニトリド化合物U-Nは高い融点・高い熱伝導性などから将来の核燃料としての期待も高く,その安全な貯蔵,利用法,リサイクルなどの理解を深めるために,炭化水素溶媒にも易溶な分子性のウランニトリド錯体の合成が望まれていたが,これまでほとんどその合成はなされていなかった.本錯体はメタロセン誘導体とNaN$_3$の反応から合成できる簡便性と,錯体中にウラン-ニトリド多重結合が形成されていることから,ウランの5f軌道とU-N結合の相関性の点から非常に興味深い.

【関連錯体の紹介およびトピックス】類似の分子性ニトリド錯体としては,アルカリ金属が配位した[K(DME)$_4$][{K(DME)(Et$_8$-calix[4]tetrapyrrole)U}$_2$-(μ-NK)$_2$]がある[2].この錯体ではニトリドはウランとカリウムに架橋しているにもかかわらずU-N結合(2.076(6), 2.099(5) Å)は標題錯体と同様な値である.また標題錯体の合成には単核錯体のオリゴマー化を伴うが,同様な反応で得られる錯体として[($C_5Me_5)_2Sm(CN)$]$_6$がある[3].

【島 隆則】

【参考文献】
1) W. J. Evans et al., Science, **2005**, 309, 1835.
2) I. Korobkov et al., Angew. Chem. Int. Ed., **2002**, 41, 3433.
3) Y. Obora et al., J. Am. Chem. Soc., **1997**, 119, 3745.

VC₃O

【名称】tris(2,4,6-trimethylphenyl)vanadium: [V(2,4,6-Me₃C₆H₃)₃]

【背景】各種有機バナジウム(III)錯体および錯体関連の合成において，安定に単離できる出発錯体として広く使用されている．バナジウム(III)-アルキル錯体は，有機Al化合物との共存下でオレフィン重合に活性を示すZiegler型触媒の触媒活性種と考えられていたが，一般的に熱的に不安定で，その反応性に関する研究例は極めて限られていた．この錯体により誘導体の合成が可能となり，関連化学に関する情報が得られるようになった．

【調製法】錯体の合成は，VCl₄と過剰量の2,4,6-Me₃C₆H₃MgClとの反応，またはTHF溶媒中，[VCl₃(THF)₃]と3当量の2,4,6-Me₃C₆H₃MgBrとの反応により得られる[1]．

【性質・構造・機能・意義】同錯体は深青色の常磁性固体で，1分子のTHFが配位した錯体として単離できる．THFに可溶で，ジエチルエーテルにも多少溶解する．加熱を続けると分解する．同錯体はブタジエンの重合に触媒活性を示す．

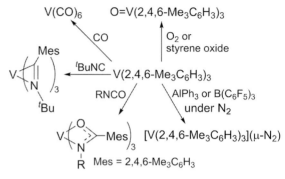

図1　バナジウムトリアリール錯体の反応

【関連錯体の紹介およびトピックス】この錯体は一酸化炭素との反応によりカルボニル錯体，[V(CO)₆]，を生成し，酸素やスチレンオキソとの反応によりオキソトリアルキル錯体，[O=V(2,4,6-Me₃C₆H₃)₃]，を与え，イソニトリルやイソシアニドとの反応では挿入反応生成物が高収率で得られる[2]．また，THFを窒素気流下，AlやB化合物で解離させると窒素固定化錯体が安定に単離できる．アルコールやフェノール類との反応も速やかに進行し，対応するアルコキシドやフェノキシド錯体を生成する[3]．この錯体を出発に各種バナジウム(III)誘導体の合成が可能となった．【野村琴広】

【参考文献】
1) a) W. Seidel et al., Z. Anorg. Allg. Chem., **1977**, *435*, 146; b) S. Gambarotta et al., J. Chem. Soc., Chem. Commun., **1984**, 886.
2) C. Floriani et al. Organometallics, **1990**, *9*, 2185.
3) W. Seidel et al., Z. Anorg. Allg. Chem., **2002**, *628*, 118.

VC_5X_3 (X=Cl, Br)

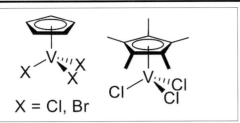

【名称】trichloro(η^5-cyclopentadienyl)vanadium: [$CpVCl_3$], tribromo(η^5-cyclopentadienyl)vanadium: [$CpVBr_3$] trichloro(η^5-pentamethylcyclopentadienyl)vanadium: [$(C_5Me_5)VCl_3$]

【背景】比較的安定に合成・単離が可能なバナジウム(IV)錯体で,オレフィン重合触媒としての機能を発揮することのみならず,関連の誘導錯体の合成と反応性に関する研究に広く用いられている.

【調製法】[$CpVCl_3$]は,[$CpV(CO)_4$]の四塩化炭素溶媒中に過剰の塩素を通じることで,また[Cp_2VCl_2]と$SOCl_2$との反応で得られる.塩素の代わりに臭素で処理することで,[$CpVBr_3$]が得られる[1].

【性質・構造・機能・意義】[$CpVCl_3$]は紫色の常磁性の結晶で,減圧下130〜160℃で昇華する.空気に触れるとただちに青色の[$CpV(O)Cl_2$]となる.[$CpVBr_3$]は常磁性の緑色結晶である.これらの錯体はトルエンなどの芳香族溶媒やクロロホルムに可溶で,有機アルミニウム化合物との組合せにより,エチレンやプロピレンの重合反応に高い触媒活性を発現する.シクロペンタジエニル配位子による安定化効果により比較的安定に合成・単離ができること,配位子上の置換基の異なる関連誘導体の合成が可能なことから,重合触媒のみならず出発錯体として広く利用されている.

【関連錯体の紹介およびトピックス】特に[$CpV(CO)_4$]に塩素を通じる方法では,シクロペンタジエニル配位子上に置換基を有する関連錯体の合成が可能である[2].例えば,[$(C_5Me_5)V(CO)_4$]を過剰の塩素で処理することで[$(C_5Me_5)VCl_3$],臭素で処理することで[$(C_5Me_5)VBr_3$],さらにヨウ素で処理することで,[$(C_5Me_5)VI_3$]がそれぞれ高収率で合成できる.この反応の収率はほぼ定量的である.

【野村琴広】

【参考文献】
1) a) K.-H. Thiele *et al., Z. Anorg. Allg. Chem.*, **1976**, *423*, 231; b) D. B. Morse *et al., Inorg. Chem.*, **1991**, *30*, 775.
2) a) M. Herberhold *et al., Naturforsch.*, **1987**, *B42*, 1520; b) D. B. Morse *et al., Organometallics*, **1988**, *7*, 496; c) M. S. Hammer *et al., Inorg. Chem.*, **1990**, *29*, 1780.

VC_6

【名称】hexacarbonylvanadium, vanadium hexacarbonyl: $[V(CO)_6]$, hexacarbonyl vanadate $[V(CO)_6]^-$

【背景】バナジウムカルボニル錯体は,その毒性から用途が限られていたが,現在ではvanadium-carbideや-oxideのフィルムをOMCVD(organo-metallic chemical vapor deposition)法で製造する際の重要な出発原料・前駆体として使用されている.

【調製法】$[V(CO)_6]^-$は$[VCl_3(THF)_3]$をCO雰囲気下,金属ナトリウムとCOT(1,3,5,7-cyclooctatetraene)またはナトリウムナフタレンなどとの反応によりNa[V(CO)_6]として得られる[1].また,VCl_3と乾燥ピリジン,(ヨウ素で予備活性化した)マグネシウム-亜鉛混合粉末を,CO 135気圧下,135℃で反応させることでも得られる[2].$[V(CO)_6]$は,$Na[V(CO)_6]$を窒素気流下ペンタンに懸濁させ,乾燥した塩化水素を−78℃で導入し,ゆっくりと20℃に上昇させ,ろ別してから−78℃に冷却することで得られる.また$[Na(diglyme)_2]$-$[V(CO)_6]$に固体のH_3PO_4を40〜45℃で加え,減圧でよく撹拌・反応させ,昇華してくる$[V(CO)_6]$を−30℃で析出させることでも得られる.また,bis(naphthalene)vanadiumをシクロヘキサン溶媒中,COガスを通じることでも容易に合成できる[3].

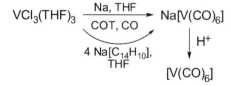

図1 バナジウムカルボニル錯体の合成

【性質・構造・機能・意義】$[V(CO)_6]$は青緑色の常磁性の結晶で,歪んだ正八面体型構造を有する.斜方晶系.融点60〜70℃(分解).$[V(CO)_6]$は空気中では直ちに反応して分解する.さらにジエチルエーテルやジオキサン,ピリジン,メタノール,アセトンなどと反応・分解して$[V^{II}(B)_n][V^{-I}(CO)_6]_2$(B:溶媒)を与え,芳香族溶媒中では$[V(arene)(CO)_4][V(CO)_6]$などとなる.ホスフィンと速やかに置換反応が起こり,一部がホスフィンに置換した錯体を与える[4].

$Na[V(CO)_6]$はジエチルエーテルやアセトン,アセトニトリルにはよく溶けるが,THFには微溶で,特に水に可溶で黄色を呈する.炭化水素溶媒には不溶である.また,湿った空気とは激しく反応する性質がある.融点173〜176℃(分解).これらの錯体は光とも反応するので,冷暗所での保存が肝要である.

【関連錯体の紹介およびトピックス】$V(CO)_6$はOMCVDにおける出発原料として有効で,マテリアルサイエンスにおける基幹中間原料である.例えば気相中TCNE(tetracyanoethylene)との反応により$V(TCNE)_x$で示される磁性フィルムが得られる.各種ホスフィンとの置換反応が進行し,電子状態の異なる多様な0価錯体が得られる.例えば電子供与性の高いキレートホスフィン配位子を有する$Na[V(CO)_2(dmpe)]$[dmpe: bis(dimethylphosphino)methane]とMe_3SiX($X=Br$, OTf; $Tf=CF_3SO_2$)との反応によりCO配位子の還元的カップリング反応によりアセチレン誘導体が得られる[3].

【野村琴広】

【参考文献】
1) F. Calderazzo et al., *J. Organomet. Chem.*, **1983**, *250*, C33.
2) R. Ercoli et al., *J. Am. Chem. Soc.*, **1960**, *82*, 2966.
3) X. Liu et al., *Inorg. Synth.*, **2004**, *34*, 96.
4) J. E. Ellis et al., *Inorg. Chem.*, **1980**, *19*, 1082.

VC₁₀

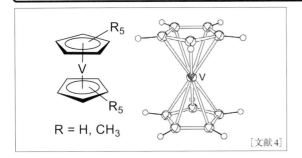

[文献4]

【名称】 (bis(η^5-cyclopentadienyl)vanadium(II)) (Vanadocene) ([V(η^5-C$_5$H$_5$)$_2$], [VCp$_2$])

【背景】前周期遷移金属のメタロセン錯体として，本錯体は唯一単離可能な錯体であり，有機金属バナジウムの中核錯体である．本錯体は15電子の配位不飽和錯体であり，カルベンに類似した高い反応性を示す．そのため，本錯体を出発錯体として，様々なバナジウム錯体が合成されている[1]．

【調製法】窒素雰囲気下，Soxhlet抽出器を用いて無水三塩化バナジウムを熱THFで抽出し，冷却することにより[VCl$_3$(thf)$_3$]を結晶として得る．この錯体のTHF溶液に亜鉛粉末を加えてから撹拌すると緑色沈殿 ([VCl$_2$(thf)$_n$])が得られる．これにシクロペンタジエニルナトリウムのTHF溶液を0℃で滴下し，25℃で1時間撹拌した後，THFを除去し，ペンタンで抽出する．ペンタンを除去した後，昇華精製(80℃，10^{-3} Pa)することにより黒紫色固体として得られる[1]．Cp*(C$_5$Me$_5$)配位子を有するdecamethylvanadocene錯体は無水三塩化バナジウムと3当量のLiC$_5$Me$_5$との反応により，空気中で不安定な赤色結晶として得られる[2]．

【性質・構造・機能・意義】[VCp$_2$]は黒紫色結晶で融点は167〜168℃である．空気に敏感な常磁性錯体である．THF中での電気化学測定により，可逆な1電子還元が観測される(−3.0 V vs. SEC)．酸化側では，2回の1電子酸化挙動を示す．1電子目 (ca. −0.7 V) は可逆な酸化波が観測されるが，2電子目の酸化は不可逆な波が観測される．2電子酸化体は2分子のTHFが配位した錯体の生成が示唆されている[3]．

構造解析の結果，2つのCp配位子は互いにねじれたD_{5d}対称の構造であり，V–C平均距離は2.26(2) Å，V–Cp距離は1.92 Åである[4]．この錯体は3つの不対電子を有しており，磁気モーメントは3.78 μ_Bである．

本錯体と一酸化炭素との反応は速やかに進行し，[VCp$_2$(CO)]錯体を与える．IRでのカルボニルの伸縮振動は1881 cm^{-1} (in toluene)に観測され，VCp$_2$フラグメントの強い塩基性を示す[5]．[VCp*$_2$]の場合も同様に[VCp*$_2$(CO)]錯体を速やかに与える．この17電子錯体は1つの不対電子(μ_{eff}=1.71 μ_B)を有する常磁性錯体であり，カルボニル伸縮振動は1845 cm^{-1}に観測される[2b]．また，電子吸引性置換基を有するオレフィン類との反応では，速やかにオレフィン錯体を与えるが，単純なη^2-オレフィン錯体ではなくメタラシクロプロパン錯体であることが明らかにされている[6]．電子供与性置換基を有するアルケンとも反応し，酸素に不安定なメタラシクロプロパン錯体を与える．アセチレン類とも同様の反応性を示す[6,7]．ポリイン化合物との反応では，複数のVCp$_2$フラグメントを含む多核錯体が得られる[8]．[VCp*$_2$]とイソシアニド(RNC)との反応では，R–N結合の開裂が起こり，[VCp*$_2$(CN)(CNR)]錯体を与える[2b]．

【関連錯体の紹介およびトピックス】本錯体の合成法を適応することにより，[V(η^5-C$_5$H$_4$R)$_2$] (R=Me, Et, t-Bu, n-Bu, SiMe$_3$, GeMe$_3$, SnMe$_3$), [V(η^5-1,2-Me$_2$C$_5$H$_3$)$_2$], [V(η^5-1,3-Me$_2$C$_5$H$_3$)$_2$], [V(η^5-C$_9$H$_7$)$_2$]などが合成できる[9]．

【山口佳隆】

【参考文献】
1) F. H, Köhler, *Organometallic Syntheses*, R. B. King et al., (ed.) Elsevir, **1988**, *4*, 15.
2) a) J. L. Robbins et al., *J. Am. Chem. Soc.*, **1982**, *104*, 1882; b) S. Gambarotta et al., *Inorg. Chem.*, **1984**, *23*, 1739.
3) W. E. Geiger, Jr. et al., *J. Am. Chem. Soc.*, **1977**, *99*, 7089.
4) J. L. Atwood et al., *J. Cryst. Mol. Struct.*, **1981**, *11*, 183.
5) F. Calderazzo et al., *J. Am. Chem. Soc.*, **1974**, *96*, 3695.
6) C. Floriani et al., *Inorg. Chem.*, **1979**, *18*, 2282.
7) J. L. Petersen et al., *Inorg. Chem.*, **1980**, *19*, 1852.
8) R. Choukroun et al., *Eur. J. Inorg. Chem.*, **2005**, 4683.
9) K. Jonas, *Angew. Chem. Int. Ed. Engl.*, **1985**, *24*, 295.

$VC_{10}X$ (X=Cl, Br, I)

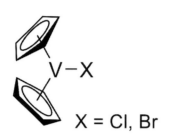

【名称】 chlorobis(η^5-cyclopentadienyl)vanadium: [Cp_2-VCl]; bromobis(η^5-cyclopentadienyl)vanadium: [Cp_2VBr]-bis(η^5-cyclopentadienyl)iodo vanadium: [Cp_2VI]

【背景】 シクロペンタジエニル配位子による安定化により, 比較的容易に合成・単離が可能なバナジウム(III)錯体で, 関連の誘導錯体の合成と反応性に関する研究に広く用いられている.

【調製法】 [Cp_2VCl]は, VCl_3とCpTlをTHF中で加熱還流し, 反応液を蒸発乾固した後にジクロロメタンに溶解させ, ろ液を濃縮することで得られる. また[Cp_2V]と[Cp_2VCl_2]との反応でも得られる. [Cp_2VBr]は[Cp_2V]をEtBrで処理することで得られる. [Cp_2V]とHCl, $PhCH_2Cl$などとの反応でも[Cp_2VCl]は得られるが収率は低い[1].

【性質・構造・機能・意義】 [Cp_2VCl]は青黒色の常磁性の結晶で, 融点203～205℃, 10^{-4} Torr, 100℃で昇華する. 錯体はTHFに可溶であるが, 炭化水素系の溶媒には不溶である. [Cp_2VBr]は深青色の常磁性の結晶で, 融点221～222℃, 0.2 Torr, 165℃で昇華する. [Cp_2-VI]は暗緑色の常磁性の結晶で, 融点214～215℃, 0.2 Torr, 165℃で昇華する.

【関連錯体の紹介およびトピックス】 [Cp_2VCl]は安定に合成・単離できることから, 同錯体を出発錯体として, 各種誘導体の合成が知られている[2]. 例えば, 同錯体をヘキサン溶液中に懸濁させ, MeLiで処理すると[Cp_2VMe]が暗緑色の常磁性結晶として得られる. この錯体はジエチルエーテルの他, 芳香族や脂肪族溶媒に可溶で(融点52℃, 10^{-3} Torr, 40～60℃で昇華, 138℃以上で分解), 水素を作用させると[Cp_2VH]が得られる. また, ジエチルエーテル中, EtMgBrとの反応により暗緑色の[Cp_2VEt]が得られる(融点27℃, 94℃以上で分解). さらに, THF/ペンタン混合溶媒中でC_3H_5MgBrやLiC≡C^{t}Buと反応させることで, [$Cp_2V(CH_2-CH=CH_2)$](黒色結晶)や[$Cp_2VC≡C^tBu$](黒色針状結晶)が得られる. バナジウム(III)錯体は一般的に熱的に不安定で, 空気や酸素にとても敏感であるが, Cp配位錯体はその配位子の安定化効果により, 比較的容易に有機金属錯体の合成へ誘導でき, 関連化学の理解が深まった.

【野村琴広】

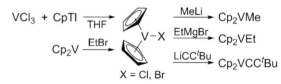

図1　Cp_2V-Xの合成と反応

【参考文献】
1) L. E. Manzer et al., *Inorg. Synth.*, **1982**, *21*, 84.
2) a) F. W. Sigert et al., *J. Organomet. Chem.*, **1968**, *15*, 131; b) H. Bouman et al., *J. Organomet. Chem.*, **1976**, *110*, 327; c) W. J. Evans et al., *J. Organomet. Chem.*, **1984**, *265*, 249; d) C. J. Curtis et al., *Organometallics*, **1985**, *4*, 1283.

VNCl₃

【名称】trichloro(*p*-tolylimido)vanadium:[V(N-*p*-MeC₆H₄)Cl₃], trichloro(2,6-dimethylphenyl)vanadium: [V(N-2,6-Me₂C₆H₃)Cl₃]

【背景】[VOCl₃]や[VO(O^{i}Pr)₃]などのオキソバナジウム(V)錯体は，有機金属試薬との反応により容易に還元されることが知られている．一方，アリールイミド配位子を有するバナジウム(III)錯体は，一般的に熱的に安定で，かつ配位子が価数の安定化に寄与するので，比較的容易に関連誘導体，特にトリアルキル錯体の合成も可能となってきた．

【調製法】[V(N-*p*-MeC₆H₄)Cl₃]は，オクタン溶媒中，VOCl₃と*p*-MeC₆H₄NCOを加熱還流した後，溶媒および未反応物を減圧留去，ついで昇華精製(110℃，10⁻⁴ Torr)またはヘキサン溶媒中で再結晶することで，高純度の紫色の針状結晶として得られる．同様の方法で，2,6-Me₂C₆H₃CNOを*p*-MeC₆H₄CNOの代わりに用い，反応終了後に再結晶することで，[V(N-2,6-Me₂C₆H₃)Cl₃]が得られる[1]．

【性質・構造・機能・意義】[V(N-*p*-MeC₆H₄)Cl₃]や[V(N-2,6-Me₂C₆H₃)Cl₃]はヘキサンに可溶な配位不飽和錯体で，熱ヘキサンに溶解させた後に冷却することで容易に再結晶・精製が可能で，THFなどとは容易に錯形成を行う．各種置換アリールイミド配位錯体は，使用するアリルイソシアニドを換えることで容易に合成可能である[1]．さらに，トリクロリド錯体とアルコールやフェノールとの反応により各種アルコキソやフェノキシ錯体へと誘導可能で，有機アルミニウム化合物との組合せで，エチレン重合などに極めて高い触媒活性を発現する[2]．また，有機金属試薬で処理することで，中心金属が還元されずにトリアルキル錯体の合成ができることから，多種の有機バナジウム(V)錯体が初めて系統的に合成可能となった[2]．

【関連錯体の紹介およびトピックス】[V(N-2,6-Me₂-C₆H₃)Cl₃]や[V(N-2,6-^{i}Pr₂C₆H₃)Cl₃]は，ペンタンやヘキサン溶媒中，LiCH₂SiMe₃やPhCH₂MgClなどの有機金属試薬との反応でトリアルキル錯体を高収率で与える．トリアルキル錯体の構造はX線構造解析により，やや歪んだ正四面体構造をとる[2a,3b]．トリアルキル錯体を各種フェノールやアルコールで処理することで，各種ジアルキル錯体の合成が可能となった．さらにこの錯体をPMe₃などの存在下で加熱すると，オレフィンメタセシス反応に触媒活性を示す，アルキリデン錯体も単離できるようになった[3]．　【野村琴広】

【参考文献】
1) a) D. D. Devore *et al.*, *J. Am. Chem. Soc.*, **1987**, *109*, 7408; b) J.-K. F. Buijink *et al.*, *Organometallics*, **1994**, *13*, 2922.
2) a) V. J. Murphy *et al.*, *Organometallics*, **1997**, *16*, 2495; b) W. Wang *et al.*, *Macromolecules*, **2005**, *38*, 5905.
3) a) K. Nomura *et al.*, *Organometallics*, **2008**, *27*, 3818; b) J. Yamada *et al.*, *Organometallics*, **2005**, *24*, 2248.

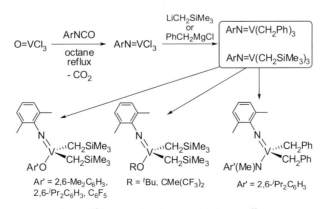

図1　トリベンジル[2]およびトリアルキルバナジウム錯体[3]の合成と反応

VN_2OS_2

生

[文献1]

【名称】 bis(methylcysteinato)oxidovanadium(IV): [VO(cysm)$_2$]

【背景】 1997年に五価バナジウム(バナデイト)はNa$^+$, K$^+$-ATPアーゼの強い阻害剤であることが発見され, バナジウムの生理学, 生化学, 生物無機化学への関心が高まった. バナデイトは動物に投与すると, 四価バナジウム(バナジル, VO^{2+})に還元され, 細胞内のタンパク質や高分子化合物と結合する. 還元されたバナジルは, 様々な配位子と結合する可能性があるが, とりわけチオレート(R-S$^-$)との結合が注目され, モデル化合物, バナジル-エタン-1,2-ジチオレート錯体の結晶構造が解明されている. 生体内では含硫アミノ酸やペプチドとの相互作用も重要である. そこで, 含硫アミノ酸システインとバナジルとの錯体, バナジル-システインメチルエステル錯体(VO(cysm)$_2$)が合成されている. 一方, 1985年頃からバナデイト化合物が糖尿病動物の高血糖値を低下させることが報告され, バナジウム化合物の医薬品への応用が期待されている. 生体内では, バナジウムはバナジル形で存在するため, 種々のバナジル錯体の薬理作用が調べられたところ, VO(cysm)$_2$錯体は, 経口投与により1型糖尿病動物の高血糖値を正常化できることが世界ではじめて見いだされた[1].

【調製法】 システインメチルエステル塩酸塩と硫酸バナジルを5:1の混合比で, 0.2 mol/Lホウ酸緩衝液(pH 10.5)中室温で5~6時間撹拌すると, 紫色の鱗辺状の結晶が析出する. これをグラスフィルターでろ取し, 精製水で数回洗浄した後, P$_2$O$_5$を入れた真空デシケータ内で乾燥して結晶を得る.

【性質・構造・機能・意義】 元素分析値より配位子:バナジルの結合比は2:1であり, 可視吸収, 赤外(IR), ラマンおよび電子スピン共鳴(ESR)スペクトルよりバナジルの周辺は五配位構造をとっていると推定される. 水溶液は紫色で530 nmおよび678 nmに典型的なバナジル(VO^{2+})に基づく吸収極大を示す. IRおよびラマンスペクトルは956 cm^{-1}および945 cm^{-1}にV=Oに基づく2本の強い吸収帯を示す. 単核のV=Oの存在は, 室温および液体窒素温度でのESRスペクトル(g_0=1.990, $g_{//}$=1.964, $g_\perp$=2.003, A_0=79.2×10^{-4} cm^{-1}, $A_{//}$=143.6 cm^{-1}, $A_\perp$=47.0×10^{-4} cm^{-1})からも支持される.

錯体の結晶構造解析から, 窒素2原子と硫黄2原子がほぼ同一平面をつくり, V=Oは面に垂直に立つ典型的な四角錐構造をしている. V=Oの結合距離は1.616 Å, V-NとV-Sの結合距離はそれぞれ2.132 Åと2.322 Åである. NとSは*trans*位にある. O$_1$-V-NとO$_1$-V-Sの結合角はそれぞれ98.06°と114.13°であり, VはNとSでつくられる面の上(out-of-plane)にあることを示している[2].

VO(cysm)$_2$錯体をストレプトゾトシン(STZ)で1型類似糖尿病としたラット(STZラット)に1日1回バナジウムとして10 mg/kg体重の割合で経口投与すると, 投与開始4日後には高血糖値が正常域に達し, 強い血糖降下作用を示す. 錯体は, 投与量に依存して血糖降下作用を示す.

【関連錯体の紹介およびトピックス】 VO(cysm)$_2$錯体と同様の方法で投与した構造の異なる錯体のうち, バナジル-マロン酸(VO(mal)$_2$)や(+)-酒石酸(VO(tar)$_2$)錯体がほぼ同様の活性を示す. VO(cysm)$_2$錯体はV(かたい酸)-S(柔らかい塩基)結合をもつのに対し, 上の2つの錯体はいずれもV(かたい酸)-O(かたい塩基)結合をもつが, ともに高い生理活性を示す. したがって, VO(cysm)$_2$錯体は, 異なった含硫黄配位子を含む錯体の開発研究に強い動機を与えた. そこで, バナジルへの配位子を変えた錯体, 例えば, バナジル-ジチオカルバメート錯体(VO(S$_4$)配位)やバナジル-オキシピリジンチオレート錯体(VO(S$_2$O$_2$))配位)などが合成されたところ, いずれも強い血糖降下作用を示すことが見いだされている[3].

【桜井 弘】

【参考文献】
1) H. Sakurai *et al*., *J. Clin. Biochem. Nutri.*, **1990**, *8*, 193.
2) H. Sakurai *et al*., *Inorg. Chim. Acta*, **1988**, *151*, 85.
3) S. Takeshita *et al*., *J. Inorg. Biochem.*, **2001**, *85*, 179.

VN$_2$O$_3$

		R	R'	液晶相
1a,2a	a:	H	C_nH_{2n+1}O	(1a) M($Pa2_1$)
				(2a) Col$_r$
1b,(2b)	b:	C_nH_{2n+1}O	H	(1b) S$_A$
1c,2c,3c	c:	H	$C_{14}H_{29}$O, $C_{14}H_{29}$O, $C_{14}H_{29}$O	(1c) Col$_{hd}$
				(2c) Col$_{ho1}$, Col$_{hd3,hd2,hd1}$
				(3c) Col$_{hd3}$, Col$_{hd2,hd1}$
1d,2d,3d	d:	$C_{14}H_{29}$O, $C_{14}H_{29}$O, $C_{14}H_{29}$O	H	(1d) Col$_{hd}$
				(2d) Col$_{rd1,hd}$
1e,2e,3e	e:	$C_{14}H_{29}$O, $C_{14}H_{29}$O, $C_{14}H_{29}$O		(1e) Col$_{ro,rd}$
				(2e) Col$_{ho,hd,rd}$
				(3e) Col$_{hd,rd}$

【名称】long alkoxy chain-substituted propylenebis(salicylideniminato)vanadate：サルペン，ジメチルサルペンVO錯体液晶．

【背景】N,N'-propylenebis(salicylideniminato)(salpn)およびpropylの2つのプロトンがメチル基に置き換わったMe$_2$salpnのVO錯体は直線的な…V=O…V=O…鎖を形成して分子集積体を形成する[1]．この錯体のベンゼン環に長鎖R基を導入することによりVO鎖をもつ液晶の生成が期待され，salen, salpn, Me$_2$salpn錯体の液晶性への影響が検討された[2-4]．これらの結果は…V=O…V=O…鎖がhead-to-tail構造をとるために強誘電体(ferroelectrics)や二次元非線形光学応答体(second-order nonlinear optical materials)の開発に重要な知見を与える．

【調製法】参考文献1)〜4)を参照されたい．

【性質・構造・機能・意義】錯体の液晶性を調べるために，偏光顕微鏡観察，示差走査熱量(DSC)測定，温度可変X線回折(XRD)測定が行われた．**1a**は$n \geq 16$で生体膜様構造をした新規な液晶M($Pa2_1$)相を形成している[2]．**2a**は$n \geq 14$で液晶になる．結晶中でVOの赤外伸縮振動がVO鎖に特徴的な863〜870 cm^{-1}に存在し，また，液晶中でもこの振動は保たれている．等方液体になるとVO鎖が切断され単量体(monomer)になり，この振動が消失して，新たに991 cm^{-1}に現れる．二次元格子定数a(38.4〜41.7Å)，b(32.4〜37.4Å)と2つのスタッキング距離h_1(3.84Å)，h_2(3.6〜3.7Å)が得られた．消滅則と1格子中に含まれる分子数$z=4$より，VO鎖で多量体(polymer)化したレクトアンギュラーカラムナー(rectangular columnar：Col$_r$)相をとるが，この液晶相は，2つの異なるスタッキングがあることより，VO鎖が直線的でコアが傾かないカラムとVO鎖が非直線的で傾いたカラムが共存する変則的なCol$_r$相をとっている[2]．**1b**は$n \geq 8$で単量体のスメクティック(smectic) A(S$_A$)相を形成するが，**2b**はVO鎖が強い(856 cm^{-1})ために液晶相を経ずに結晶から等方液体に変化する[3]．**1c〜3c**, **1d〜3d**, **1e〜3e**は，置換基の位置や大きさを変えて，キレート環(salen, salpn, Me$_2$salpn)の変化による液晶相への影響が検討されている[3,4]．salen錯体の**1c,1d,1e**はVO鎖のない単量体(992 cm^{-1})であるが，salpn錯体の**2c,2d,2e**およびMe$_2$salpn錯体の**3c,3d,3e**はVO鎖でpolymer化した液晶である．**3c,3d,3e**のVO鎖(871〜911 cm^{-1})は**2c,2d,2e**(854〜868 cm^{-1})より弱く，これは液晶中でMe$_2$salpnのメチル基と近傍分子との間の立体障害に基づいている．これらの錯体は**3d**を除いてエナンチオトロピック液晶であり，VO鎖の有無によらず，ヘキサゴナルカラムナー(hexagonal columnar：Col$_h$)相あるいはCol$_r$相を形成するが，これらの相からorder(Col$_{ho}$, Col$_{ro}$)やdisorder(Col$_{hd}$, Col$_{rd}$)した液晶相をとる．**1c,1d**を除いて，液晶相は温度の上昇とともに(例えば**2c**はCol$_{ho1}$ → Col$_{hd3}$ → Col$_{hd2}$ → Col$_{hd1}$ (95〜175℃))変化して等方液体になる．興味深いことに**2d,2e,3e**は液晶構造がCol$_{rd}$からCol$_{hd}$あるいはCol$_{hd}$からCol$_{rd}$に変化する．側鎖が一番かさ高い**2e,3e**では高温でCol$_{hd}$からCol$_{rd}$に転移している．これは液晶相を保つためにVO鎖の強いCol$_{rd}$(868〜854から854〜856 cm^{-1}(**2e**)，911から889〜904 cm^{-1}(**3e**))の方が有利であることに起因している．　　【阿部百合子】

【参考文献】
1) D. L. Hughes *et al.*, *J. Chem. Soc. Dalton Trans.*, **1994**, 2457.
2) Y. Abe *et al.*, *Inorg. Chim. Acta*, **2006**, *359*, 3934.
3) a) A. Serrette *et al.*, *J. Am. Chem. Soc.*, **1992**, *114*, 1887; b) H. Zabrodsky *et al.*, *J. Am. Chem. Soc.*, **1993**, *115*, 11656.
4) A. Serrette *et al.*, *J. Am. Chem. Soc.*, **1993**, *115*, 8879.

VN$_2$O$_4$

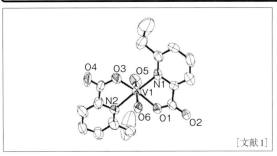

[文献1]

【名称】 bis(6-ethylpicolinato)oxidovanadium(IV): [VO(6epa)$_2$]

【背景】 1990年に経口投与により血糖降下作用を示す錯体バナジル-システインメチルエステル錯体が見いだされて以来，様々な配位様式をもつバナジル錯体が多数合成された．とりわけ，バナジル-ピコリン酸(VO(pic)$_2$)やバナジル-6-メチルピコリン酸(VO(6mpa)$_2$)錯体が強い血糖降下作用を示し，1型糖尿病動物の病態を改善することが報告された．しかし，両錯体ではX線構造解析に適する結晶が得られなかったため，詳細な分子構造はわからなかった．配位子を6-エチルピコリン酸に変えたバナジル-6-エチルピコリン酸錯体(VO(6epa)$_2$)では，構造解析にふさわしい結晶が得られた．本錯体を遺伝的な2型糖尿病マウス(KK-Ayマウス)の腹腔内に投与すると高血糖値が正常域に改善された[1]．

【調製法】 配位子6-エチルピコリン酸は，2-ブロモ-6-メチルピリジンから合成する．錯体は硫酸バナジルを6-エチルピコリン酸と水酸化リチウムを含む水溶液に加え，室温で約1時間撹拌して，緑色の沈殿を得る．X線構造解析用の結晶は，沈殿をろ取した後，濃い水溶液を調整して再結晶により得る．

【性質・構造・機能・意義】 緑色溶液の可視吸収スペクトルは 349 nm ($\varepsilon=333$ M^{-1} cm^{-1})，604 nm ($\varepsilon=14.3$ M^{-1}cm^{-1})と741 nm($\varepsilon=25.8$ M^{-1}cm^{-1})に吸収極大を示す．赤外スペクトルからV=Oの存在($\nu_{(V=O)}=996$ cm^{-1})が観測される．ESRスペクトルは，VO(pic)$_2$やVO(6mpa)$_2$のそれらに類似するが，アルキル置換体錯体の^{51}Vによる超微細結合定数はVO(pic)$_2$のそれよりも小さい値を示し，アルキル置換錯体では配位子場が強くなっていることを示している．

X線構造解析により結晶は2[VO(6epa)$_2$(H$_2$O)]4H$_2$Oが1ユニットを形成し，中心のバナジウムは2個のカルボキシル酸素，2個のピリジン窒素，1個のバナジル酸素および1分子のH$_2$Oの酸素と結合し，錯体としては歪んだ八面体構造をしている．結合距離は，V=Oに関してはV(1)-O(5) 1.596 Å，V(2)-O(11) 1.572 Å，V-OH$_2$に関しては，V(1)-O(6) 2.219 Å，V(2)-O(12) 2.283 Åであり，水分子の酸素はバナジル酸素の*trans*位に結合している．ラット遊離肝細胞によるインビトロインスリン様作用の評価(肝細胞から脂肪酸放出を50%抑制する化合物濃度をIC$_{50}$値として評価)から，VO(6epa)$_2$(IC$_{50}$=0.81 mM)は硫酸バナジル(IC$_{50}$=1.0 mM)よりも強い活性を示し，VO(6mpa)$_2$(IC$_{50}$=0.85 mM)に類似している．

VO(6epa)$_2$を遺伝的な2型糖尿病マウス(KK-Ayマウス)に1日1回，はじめの4日間は2.5 mgV/kg体重，5～13日の間は2.0 mg/kg体重の割合で腹腔内投与すると高血糖値は4日後から正常域に達し，それを持続する．同時に，KK-Ayマウスの高いインスリン値や過去約60日間の糖尿病状態の指標として臨床的に使われているヘモグロビン A$_{1C}$(糖化ヘモグロビン)値は正常に回復する．

【関連錯体の紹介およびトピックス】 バナジル-ピコリン酸やバナジル-6-メチルピコリン酸錯体では，分子構造の解析に適した結晶が得られなかったが，これらに対応する亜鉛錯体では白色の結晶が得られX線構造解析が可能である．Zn(pic)$_2$およびZn(6mpa)$_2$は，それぞれ水溶液とメタノール液から再結晶され，1ユニットはそれぞれ[Zn(pic)$_2$(H$_2$O)]2H$_2$Oと[Zn(6mpa)$_2$(H$_2$O)]H$_2$Oである．また，前者は八面体構造，後者は歪んだ三方両錐体(trigonal bipyramidal)構造をとっている．その後，[Zn(6epa)$_2$(H$_2$O)]が合成され，歪んだ三方両錐体構造をとっていることもわかった．ラット遊離肝細胞による *in vitro* インスリン様作用の評価から，硫酸亜鉛 Zn(pic)$_2$，Zn(6mpa)$_2$およびZn(6epa)$_2$のIC$_{50}$値は，それぞれ 0.81，0.64，0.39 および 0.37 mMであり，Zn(6epa)$_2$が最も高い活性を示した．Zn(6epa)$_2$をKK-Ayマウスに3 mg/kg体重の割合で1日1回腹腔内投与すると，4～5日後には高血糖値が正常域に達し，以後それを持続する[2]．　　　　　【桜井　弘】

【参考文献】
1) T. Sasagawa *et al.*, *J. Inorg. Biochem.*, **2002**, *88*, 108.
2) Y. Kojima *et al.*, *Bull. Chem. Soc. Jpn*, **2005**, *78*, 451.

VN₄O

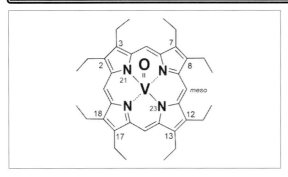

【名称】2,3,7,8,12,13,17,18-octaethylporphyrinato oxovanadium(IV): [V(IV)O(OEP)]

【背景】不対電子を1つもつ常磁性種で，生体分子のモデルや磁気相互作用の対象として古くから研究されている．VOポルフィリンは天然にも存在し，石油からも見つかり注目されている．同じく常磁性の銅(II)ポルフィリンとの比較でも研究されてきた．分子構造の対称性が高く(C_{4v})，また安定である．

【調製法】配位子H₂OEPを，ジメチルホルムアミド中にて加熱・溶解する．硫酸バナジウム(VOSO₄)を過剰量，2回に分けて加え，40時間加熱還流する[1]．アルミナカラムクロマトグラフィーののち，シリカゲルカラムクロマトグラフィーによって無機塩および未反応物の除去，精製する．再結晶または再沈殿(ジクロロメタン/エタノール)によって最終的な精製を行う．反応の進行は吸収スペクトルおよび薄層クロマトグラフィーで確認できる．最終生成物は吸収スペクトル・発光スペクトルにて原料のフリーベース体が残存していないことを確認する．アセチルアセトナート錯体を原料とする合成法もある[1b]．

【性質・構造・機能・意義】赤色の固体で，トルエン，ジクロロメタン，クロロホルムに可溶，メタノール，アセトン，エタノール，ヘキサンに不溶．トルエン中でピンク色を呈し，571 nm ($\varepsilon = 35300$ M⁻¹cm⁻¹, Q(0,0)), 534 nm ($\varepsilon = 14600$ M⁻¹cm⁻¹, Q(1,0)), 407 nm ($\varepsilon = 374000$ M⁻¹cm⁻¹, Soret(B))に吸収帯，また705 nm付近に弱いS-T吸収帯が観測される．

室温でトルエン溶液中，ポルフィリンのりん光に起因する710 nmに極大をもつ発光(寿命2.8 μs)が観測される．80 Kでは寿命は130 μsである[2]．

d^1電子配置で不対電子をd_{xy}軌道に1つもち，Cu(II)ポルフィリンと同様，不対電子がポルフィリンπ電子と相互作用する．しかし，不対電子の存在するd_{xy}軌道はポルフィリンのメソ位の方向に向いており，Cu(II)錯体の場合より，d不対電子とπ電子との相互作用は小さい[3]．電子状態は，ポルフィリンの一重項状態がVOポルフィリン全体としてsing-doublet(²S)状態になり，またポルフィリン三重項はtrip-doublet(²T)とtrip-quartet(⁴T)状態とに数十 cm⁻¹のエネルギー差で分裂している[2,3]．

V(IV)イオンの不対電子スピンによるESRスペクトルが，室温および低温で観測される．V核による超微細分裂により，大きく8本に分裂している．g値と超微細構造定数(hfs)は77 K，トルエン剛体溶媒中 $g_{//} = 1.96$, $g_{\perp} = 1.98$, $a_{//}(V) = 17$, $a_{\perp}(V) = 6.0$, $a_{//}(N) = 2.8$, $a_{\perp}(N) = 0.26$ mT[2]．さらに，低温では光励起により励起状態の時間分解ESRスペクトルが基底常磁性金属錯体としては数少ない例として，観測されている[2]．励起状態のスペクトルではhfsが基底状態の1/3になっており，励起四重項(正確にはtrip-quartet)状態に帰属された．

酸化還元電位はジクロロメタン中，TBAPを支持電解質としてOx(2) 1.31 V; Ox(1) 0.95 V vs. SCE[4a]であり，また，DMSO中でRed(1) −1.25 V; Red(2) −1.72 V vs. SCE[4b]である．

結晶構造は $P2_1/c$ で，ポルフィリン環はほぼ平面であるがN原子はドーム状に平面からやや出ている．Vはポルフィリン平均平面から0.60 Å出ており，4つのN原子の作る平面から0.54 Å出ている[5]．V-O間結合距離は1.62 Å，V-N間結合距離は2.10 Åである．

【関連錯体の紹介およびトピックス】ポルフィン環のピロールの8つのβ位の置換基が異なるエチオポルフィリン[3]や無置換のポルフィン錯体が知られている．またβ位の置換基をもたずメソ位(5,10,15,20位)にフェニル基を導入したTPP錯体は非常によく知られ，その一部を選択的に置換したものなど各種知られている．

【浅野素子・村岡貴子】

【参考文献】
1) a) A. D. Adler et al., J. Inorg. Nucl. Chem., 1970, 2443; b) C. E. Schulz et al., J. Am. Chem. Soc., 1994, 116, 7196.
2) a) Y. Kandrashkin et al., Phys. Chem. Chem. Phys., 2006, 8, 2129; b) Y. Kandrashkin et al., J. Phys. Chem. A, 2006, 110, 9607 & 9617.
3) a) M. Gouterman et al., J. Chem. Phys., 1970, 52, 3795; b) R. L. Ake, Theoret. Chim. Acta, 1969, 15, 20.
4) a) Y. O. Su et al., J. Am. Chem. Soc., 1988, 110, 4150; b) J.-H. Fuhrhop et al., J. Am. Chem. Soc., 1973, 95, 5140. 他，The Porphyrin Handbook, Academic Press, 2000, 9巻を参照．
5) F. S. Molinaro et al., Inorg. Chem., 1976, 15, 2278.

VN$_4$O

光 磁 生

[構造式]

【名称】 5,10,15,20-tetraphenylporphyrinato oxovanadium-(IV)：[V(IV)OTPP]

【背景】 オクタエチルポルフィリン(OEP)バナジル錯体同様，合成のバナジルポルフィリンとして生体分子関連や磁気相互作用の研究対象となっている．OEP錯体は天然のプロトポルフィリンと置換基が似ているが，TPP錯体は，これらとはHOMO軌道が異なる．(TPP錯体ではa_{2u}軌道がHOMOであり，OEP錯体ではa_{1u}軌道がHOMOとされる)．

【調製法】 配位子H$_2$TPP(精製については139の項参照)と硫酸バナジル[1a]から，オクタエチルポルフィリンオキソバナジウム錯体(VOOEP)と同じ方法で合成できる．またアセチルアセトナートバナジウムからの合成法も報告されている[1b]．精製はアルミナカラムクロマトグラフィーにて無機塩を除いたのち，シリカゲルカラムクロマトグラフィーにて未反応物を除去し，精製を行う．吸収スペクトルおよび発光スペクトルの測定によりフリーベース体H$_2$TPPが含まれていないことを確認し，結晶または再沈殿(トルエン/エタノール)にて精製物を得る．

【性質・構造・機能・意義】 赤橙色〜赤紫色の固体で，トルエン，ジクロロメタン，クロロホルムに可溶，メタノール，アセトン，エタノール，ヘキサンに不溶である．トルエン溶液中で橙色を呈する．吸収は585 nm ($\varepsilon = 1900$ M^{-1}cm^{-1}, Q(0,0))，547 nm ($\varepsilon = 22300$ M^{-1}cm^{-1}, Q(1,0))，423 nm ($\varepsilon = 500000$ M^{-1}cm^{-1}, Soret(B)帯)に観測される[2]．また740 nm付近にS-T吸収帯が観測される[2b]．室温でトルエン溶液中，ブロードなポルフィリン三重項に起因する発光(寿命57 ns)が観測される[2]．また77 Kの発光寿命は多成分になることが報告され

ている[2a]．

バナジルポルフィリンはd^1電子配置で不対電子をd_{xy}軌道に1つもち，オクタエチルポルフィリンオキソバナジウム錯体(VOOEP)と同様，不対電子がポルフィリンπ電子と相互作用する．この現象はCu(II)ポルフィリンでも同様であるが，Cu(II)ポルフィリンの場合は不対電子の存在する$d_{x^2-y^2}$軌道はN原子の方向を向いており，d不対電子とポルフィリンπ電子との相互作用は，VOポルフィリンの方が小さいと考えられている[3]．電子状態は，ポルフィリンの一重項状態がVOポルフィリン全体として二重項になり，ポルフィリン三重項はtrip-doublet(^{2}T)とtrip-quatet(^{4}T)とに分裂する．詳細はp.827の項目を参考にされたい[3]．

酸化還元電位はジクロロメタン中，TBAPを支持電解質としてOx(2) 1.35 V; Ox(1) 1.13 V; Red(1) −1.13 V; Red(2) −1.51 V vs. SCEである[4]．

結晶構造において，V-O間の結合距離は1.625 ÅまたV原子は4つのNで作る平面から0.53 Å出ている[5]．

また，V(IV)イオンの不対電子に基づくESRスペクトルが観測される．トルエン中77 Kの基底状態のESRスペクトルはオクタエチルポルフィリンバナジル錯体(VOOEP)のスペクトルと酷似している．

【関連錯体の紹介およびトピックス】 ポルフィリン環のピロールの8つのβ位にエチル基を導入したオクタエチルポルフィリン(OEP)がよく知られ，古くから研究例があり，結晶構造やESRスペクトルについてもいくつもの報告例がある．また無置換体も知られている．TPP錯体の4つのフェニル基に種々の置換基を導入したものや，その一部を選択的に置換したものなども各種知られている．

【浅野素子】

【参考文献】

1) a) A. D. Adler *et al.*, *J. Inorg. Nucl. Chem.*, **1970**, 2443; b) C. E. Schulz *et al.*, *J. Am. Chem. Soc.*, **1994**, *116*, 7196.
2) a) S. C. Jeoung *et al.*, *J. Phys. Chem. A*, **1998**, *102*, 315; b) Y. Harima *et al.*, *Chem. Phys. Lett.*, **1997**, *267*, 481.
3) a) M. Gouterman *et al.*, *J. Chem. Phys.*, **1970**, *52*, 3795; b) R. L. Ake, *Theoret. Chim. Acta*, **1969**, *15*, 20.
4) K. M. Kadish, *Bioinorg. Chem.*, **1977**, *7*, 107. 他, *The Porphyrin Handbook*, Academic Press, **2000**, 9巻 参照.
5) M. G. Drew *et al.*, *Inorg. Chem. Acta*, **1984**, *82*, 63.

VO₅

[文献1]

【名称】bis(allixinato)oxidovanadium(IV)：[VO(alx)₂]（allixin＝3-hydroxy-5-methoxy-6-methyl-2-pentyl-4-pyrone）

【背景】バナジル-マルトール錯体 bis(maltolato)-oxidovanadium(IV)(VO(mal)₂)が，経口投与により1型糖尿病動物の高血糖値を改善できる史上2番目の錯体として1992年に報告された．マルトールは食品添加物として古くから用いられている安全性の比較的高い化合物であり，基本骨格は3-ヒドロキシ-4-ピロンである．一方，2002年にニンニク(*Allium setinnum L.*)を暗所で2年間放置のストレスを与えると，その表面に高濃度のアリキシン結晶がphytoalxinとして分泌されることが見いだされた．アリキシンは3-ヒドロキシ-4-ピロン骨格をもっているため，関連錯体を用いた構造活性相関の研究が行われ，2006年に抗糖尿病性バナジル-アリキシン錯体 VO(alx)₂ が見いだされた．VO(alx)₂ 錯体は，1型のみならず2型糖尿病動物の高血糖値を改善し，さらに動物の肥満の抑制や高血圧を改善する作用が見いだされた[1]．VO(alx)₂ の作用機構は培養脂肪細胞を用いて詳しく調べられた．細胞内で複数の作用点をもちながら，最終的にグルコース輸送体(GLUT4)を細胞表面に移動させグルコースを細胞内に取り込ませることが明らかにされている．糖尿病状態で変化している遺伝子発現も改善させる[2]．さらに，本錯体を動物に静脈内投与し，リアルタイムの血中動態(metallokinetics)がBCM-ESR(blood circulation monitoring-ESR)法を用いて解析されている．

【調製法】配位子アリキシンは，乾燥ニンニクの表面に析出する結晶から抽出し精製した化合物を用いる．水に溶かした硫酸バナジルを水に懸濁させたアリキシン溶液に徐々に加えた後，KOH溶液でpH8.0とし，80℃で10時間攪拌する．溶液を室温まで冷却すると黒色沈殿が生じる．これをグラスフィルターで集め，精製水で数回洗浄し，真空デシケータ内で乾燥する．

【性質・構造・機能・意義】DMSOに溶かした錯体の紫外・可視吸収スペクトルは，277nm(ε＝13600M^{-1}cm^{-1})，327nm(ε＝15300M^{-1}cm^{-1})および819nm(ε＝27M^{-1}cm^{-1})に吸収極大を示す．錯体のIRスペクトルでは，配位子のO-HとC=Oに基づく伸縮振動は，それぞれ消失または低波数シフトし，これらがV=Oと結合していることを示す．V=Oに基づく伸縮振動は997cm^{-1}にあらわれる．元素分析および高分解能MSの結果から，配位子：V=Oは2：1で結合していると推定される．ESRスペクトルでは，^{51}V核(I＝7/2)の不対電子に基づく8本線からなる超微細構造分裂構造が観測され，バナジルは単核で存在することを示す．構造が類似した多くのバナジル錯体のESRスペクトルから得られるg値とA値(超々微細結合定数)を比較すると，本錯体はVO(O₄)配位構造をとっていると推定される．ラット遊離肝細胞を用いるインビトロインスリン様作用の評価から，本錯体はバナジル-3-ヒドロキシ-4-ピロン関連錯体の中で最大の活性を示す．本錯体を1型糖尿病ラット(STZ-ラット)に腹腔内注射や経口投与，また遺伝性の2型糖尿病マウス(KK-A^{y}マウス)に経口投与するとともに高い血糖降下作用が観測される．この時，動物の血漿中のレプチン濃度の低下，精巣脂肪量の減少，食物摂取量の低下および収縮期血圧(最大血圧)の低下などが観察され，本錯体は糖尿病のみならず肥満や高血圧を改善させることがわかっている．

【関連錯体の紹介およびトピックス】VO(alx)₂錯体は，リード錯体バナジル-3-ヒドロキシ-4-ピロンの構造活性相関の研究から見いだされ，最大のインスリン様作用と血糖値降下作用を示すとともに，検討された錯体の活性(1/IC₅₀)(IC₅₀：遊離肝細胞から脂肪酸放出を50％抑制する化合物の濃度)と分配係数(logP)は正の相関性を与えることが明らかとなっている．VO(alx)₂やVO(mal)₂を投与したSTZラットやKK-A^{y}マウスの組織中のバナジウムが中性子放射化分析法(NAA)で定量されている．バナジウム濃度は，骨，肝臓，腎臓，脾臓，脂肪組織，血漿，膵臓や筋肉で高くなっている．さらに，バナジルの亜鉛置換体，亜鉛-アリキシン錯体が合成され，KK-A^{y}マウスに1日1回経口投与すると高い血糖降下作用を示し，2型糖尿病を改善できると報告されている[3]．　　【桜井　弘】

【参考文献】
1) Y. Adachi *et al., J. Med. Chem.*, **2006**, *49*, 3251.
2) M. Hiromura *et al., Metallomics*, **2007**, *1*, 92.
3) Y. Adachi *et al., J. Biol. Inorg. Chem.*, **2004**, *9*, 885.

VO₅

【名称】 bis(maltolato)oxidovanadium(IV): [VO(ma)₂]
(maltol＝3-hydroxy-2-methyl-4-pyrone)

【背景】 1977年に五価バナジウム化合物, オルトバナジン酸ナトリウム(Na_3VO_4)が Na^+,K^+-APT アーゼの強い阻害剤であることが発見され, バナジウムの生化学・生物学研究の扉が開かれた. 五価バナジウム(バナデイト)化合物は, リン酸の遷移状態のモデルとしてリンタンパク質(phosphoprotein)の類似体と考えられている. バナデイトはその後, 多くのリンタンパク質の機能を阻害することが見いだされた. 1985年に, バナデイトはストレプトゾシン(STZ)で1型様糖尿病としたラット(STZラット)の高血糖値を降下させる化合物であると報告された. このとき用いられた血糖値降下をもたらす投与量は, 動物に毒性を発現させるほどに高い量であった. しかし, 四価バナジウム(バナジル, VO^{2+})はバナデイトよりも毒性が低いことや, バナデイトをラットに投与すると, 組織中で還元されてバナジル形で取り込まれていることがわかったため, バナジル化合物の血糖値降下作用に目が向けられるようになった. 1990年にバナジル-システインメチル錯体(VO(cys)₂)は, 毎日1回経口投与すれば STZ ラットの高血糖値を数日後には降下させる最初の例として報告された. 続いて, 1992年に2番目の例としてバナジル-マルトール(VO(ma)₂)錯体が見いだされた. マルトールは食品添加物として長年使われている毒性がほとんどない化合物であり, バナジルとの錯体 VO(ma)₂ は溶液中で安定である[1].

【調製法】 温水に溶かした硫酸バナジルを, 温水に溶かしたマルトールにゆっくりと加えた後, 約2時間かけて KOH 水溶液を滴加し, 溶液の pH を約8.5とする. この混合物を一晩還流し, その後室温に戻すと濃い紫～緑色の固体が得られる. これをろ取し, 冷水でよく洗い, 真空デシケータ内で乾燥して得る.

【性質・構造・機能・意義】 VO(ma)₂ は中性の錯体であり, 分子量は MS により m/e＝317(M^+)と決められる. IR スペクトルでは, $\nu_{(C=O,C=C)}$ は 1165 cm^{-1} に, $\nu_{(V=O)}$ は 995 cm^{-1} に観測される. また, 固体の磁化率は 1.76 BM となり, 1個の不対電子の存在を示す. 重水に溶かした錯体の ^{51}V NMR では −493 ppm に信号が現れる. X 線構造解析より, 結合距離(Å)と結合角(°)は次の通りである. V(1)=O(7) 1.596, V(1)-O(2) 1.971, V(1)-O(3) 1.998, V(1)-O(5) 1.958, V(1)-O(6) 2.034; O(7)-V(1)-O(3) 107.0, O(7)-V(1)-(5) 110.6, O(2)-V(1)-O(3) 82.5, O(2)-V(1)-O(6) 87.6, O(3)-V(1)-(5) 86.3. VO(ma)₂ は常磁性錯体であるが, 水に溶かすと徐々に酸化され, VO(OH)(ma)₂ や [VO₂(ma)₂]⁻ となる. 後者のカリウム塩錯体 K[VO₂(ma)₂] の結晶構造も解析されている[2].

VO(ma)₂ 錯体を STZ ラットに 0.37 mmol(117.3 mg)/kg 体重の割合4週間にわたり毎日1回経口投与すると, 動物の高血糖値は正常域に降下する. この時, 血漿中のインスリン濃度は正常域に回復しなかった. 本錯体は, インスリンにたよらずに血糖降下作用を示すインスリン様作用をもつ錯体である. また, VO(ma)₂ を STZ ラットに同じ投与量で単回経口投与すると, 6～8時間後に高血糖値が降下する. しかし, 同じ投与濃度の硫酸バナジルや配位子のみでは血糖値降下作用が観測されないため, 錯体形成することによりバナジウムの消化管からの吸収が有利にはたらくと考えられている.

【関連錯体の紹介およびトピックス】 VO(ma)₂ の中心金属イオンを他のイオンに変えたところ, コバルト(II)とモリブデン(VI)は活性があるが, 銅(II), 亜鉛(II)およびクロム(III)錯体には活性はなかった. VO(ma)₂ 誘導体としてエチルマルトール(ema)を配位子とすると活性が高くなり, VO(ma)₂ および VO(ema)₂ 錯体はともに遺伝的インスリン抵抗性糖尿病動物 Zucker diabetic fatty(ZDF)ラットにも血糖値降下作用を示す. VO(ema)₂ は, 小規模ヒト臨床試験が試みられた最初の錯体である. 第1相および第2相試験まで進み, 20 mg を28日間経口投与した7人の患者中5人に血糖値およびヘモグロビン A_{1C}(糖化ヘモグロビン)の降下が観察されている[2].

【桜井 弘】

【参考文献】
1) J. H. MacNeil *et al., J. Med. Chem.*, **1992**, *35*, 1469.
2) C. Orvig *et al., J. Am. Chem. Soc.*, **1995**, *117*, 12759.

$V_3C_{15}Cl_6$

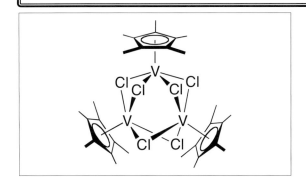

【名称】hexa-μ-chlorotris(η^5-1,2,3,4,5-pentamethyl-2,4-cyclopentadien-1-yl)tricyclovanadium: [Cp*$_3$V$_3$Cl$_6$]

【背景】Cp*V錯体合成のための原料錯体として合成された[1-4]. 本錯体が報告されるまでは, 合成収率が低い[Cp*V(CO)$_4$]やバナドセンを使う必要があった.

【調製法】[VCl$_3$(thf)$_3$][5] をCp*SnBu$_3$のトルエン/ベンゼン溶液に加え, 55℃で撹拌する. 2時間後不溶物をろ過で除き, 茶色残渣をペンタンで洗浄しBu$_3$SnClを除く. 最後に減圧下乾燥することにより標題錯体が茶色粉末として得られる. 毒性のある有機スズ反応剤の代わりにケイ素反応剤を使うと, 目的錯体は合成できず, 通常の溶媒に不溶な紫色固体を与える.

【性質・構造・機能・意義】^{1}H NMRにおいて, Cp*に帰属されるシグナルは配位性のない炭化水素溶媒中では, 常磁性シフトしてδ-7.9に観測される. 室温, 固体状態で反強磁性を示す. 3つのバナジウムは正三角形をなしており(バナジウム間の距離の平均は3.367Å)それぞれ2つの塩化物イオンで対称に架橋されている(V-Cl間の距離の平均は2.447Å; V-Cl-Vの角度の平均は86.93°). Cp*環はV$_3$面に対してほぼ垂直で, 環の中心とバナジウムの距離の平均は1.980Åである. 本錯体はCp*V錯体の合成原料として利用でき, 酸素分子と速やかに反応し, V(V)オキソ錯体[Cp*V(=O)Cl$_2$]を与えるほか, ハロゲン化すれば, V(IV)のCp*VX$_3$が高収率で得られる.

【関連錯体の紹介およびトピックス】[VBr$_3$(tht)$_3$](tht=テトラヒドロチオフェン)を用いる類似の反応から, 二核錯体[Cp*$_2$V$_2$Br$_4$]が得られる[4].

【武藤雄一郎・石井洋一】

【参考文献】
1) 鈴木寛治ほか, 有機遷移金属化合物・超分子錯体(第5版 実験化学講座 21巻), 丸善, **2004**, p. 86.
2) C. D. Abernethy *et al.*, *Organometallics*, **1997**, *16*, 1865.
3) A. Aistars *et al.*, *Organometllics*, **1997**, *16*, 1994.
4) C. Ting *et al.*, *Organometallics*, **1997**, *16*, 1816.
5) L. E. Manzer, *Inorg. Synth.*, **1982**, *21*, 135.

$V_5C_{25}O_6$

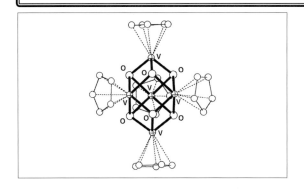

【名称】 pentakis((1,2,3,4,5-η)-2,4-cyclo-pentadien-1-yl)hexa-μ_3-oxopentavanadium(+3,+4): [$Cp_5V_5O_6$]

【背景】 シクロペンタジエニル基Cpを用いたメタロセンの酸化生成物はポリマーを形成しやすく($CpVO)_n$や($Cp_3V_2O_5)_n$などのオキソ架橋オリゴマーが生成することがFischerらのグループにより1960年代に研究されている。非常に不安定なため詳細は不明であったが，金属が三方両錐，酸素が八面体型に配置したオキソ架橋有機金属クラスターであることが見いだされた[1]。

【調製法】 Cp_2Vのトルエン溶液は－78℃で1：1の比でN_2Oを吸収する。室温で72時間撹拌し，溶液は紫色からワインレッドに変化する。溶液を乾固し120℃で昇華によりCp_2Vを取り除く。[$Cp_5V_5O_6$]は285℃で昇華した生成物をトルエン／ヘキサンより再結晶し黒色結晶として得る[1]。

【性質・構造・機能・意義】 メタロセンの酸化生成物から多様な$(CpM)_m(m_3$-O$)_n$型クラスターが生成する。そのため，昇華生成物は様々なポリマーを同時に含み，結晶を個別に分離することで単離する。黒色結晶で，空気および水に極めて不安定である。結晶状態でも痕跡量の空気により青紫色に直ちに分解する。分解生成物は安定で平均組成は$Cp_3V_2O_3$であり，より酸化された生成物に相当する。[$Cp_5V_5O_6$]のIRスペクトルは三方両錐型骨格に基づく8種類の振動のうちE′対称に基づくバンドを775 cm^{-1}に観察できる。磁気的性質はCurie-Weiss則に従い293 Kで有効磁気モーメントは0.93μ_Bしかなく金属間の相互作用を示唆している。ESRスペクトルはトルエン溶液・固体状態ではっきりとした信号を与えない。バナジウムは三方両錐に配置し，その各面を酸素がキャップした構造をもち，バナジウム原子の外側にはシクロペンタジエニル基が配位している。バナジウム酸素間の結合は一重結合に相当する。axial方向のV-O距離は1.861(5) Åであるのに対して，equatorial方向のV-O距離は長く1.992(6) Åであり，バナジウムの酸化数が小さいと距離は長くなる。つまり，axial位のバナジウムはV^{4+}でありequatorial位はV^{3+}の混合原子価錯体[$Cp_5V^{4+}{}_2V^{3+}{}_3O_6$]である。また，axial方向のV-Cp距離は1.997Åでありequatorial方向のV-Cp距離は1.973Åである傾向も原子価の違いで説明できる。分子内のCpの水素間距離は2.36ÅでありCp環は自由回転できる。金属間の距離はほぼ一定で2.738(3)〜2.762(2) Åの範囲にあり，ほぼ完全な三方両錐構造である。axialとequatorial方向の金属間距離がほぼ等しいことは特筆に値する。平均結合角V(axial)-O-V(equatorial)は91.1(7)°であり，V(equatorial)-O-V(equatorial)は86.9(3)°と鋭角になっており金属間の相互作用を示唆している。Cp_mM_n-A_o型クラスター骨格と電子数に関する相関が検討されている。クラスター骨格のCpより3個，Mより9個，Aより3個の軌道が使用され，[$Cp_5V_5O_6$]では5個のVより45個の軌道が必要となる。三方両錐構造を構築するには5個のCpと6個の酸素からの軌道の計33の軌道が必要であり，その差の12個の軌道が余計に存在する。$Cp_4M_4A_4$, $Cp_5M_5A_6$, $Cp_6M_6A_8$型においても同様に12個の軌道が過剰であり，Cp_mM_n-A_o型クラスターは金属の電子数が計24電子まで構築が可能であると考えられる。具体的には$Cp_4M_4A_4$型では遷移金属はScからCoまで，$Cp_5M_5A_6$型ではTiからFeまで，$Cp_6M_6A_8$型ではTiからMnまでのクラスターが安定に存在すると考えられる[2]。

【関連錯体の紹介およびトピックス】 バナジウムの八面体型クラスター[$Cp_6V_6O_8$]を出発物質としてV$_6$ユニットが二量化した[$Cp_{11}V_{13}O_{18}(NMe_3)_2$]および[$Cp_{14}V_{16}O_{24}$]が報告されている[3]。$Cp_2Ti(CO)_2$を水素と一酸化炭素を反応することでメタンを生成する反応系から，チタンが八面体型に配置し，その各面に酸素がキャップした構造をもつ[$Cp_6Ti_6O_8$]も報告されている[4]。

【林　宜仁】

【参考文献】
1) F. Bottomley *et al.*, *J. Am. Chem. Soc.*, **1982**, *104*, 5651.
2) F. Bottomley *et al.*, *Inorg. Chem.*, **1982**, *21*, 4170.
3) F. Bottomley *et al.*, *J. Am. Chem. Soc.*, **1985**, *107*, 7226.
4) K. G. Caulton *et al.*, *J. Am. Chem. Soc.*, **1977**, *99*, 5829.

$V_{12}NO_{32}$

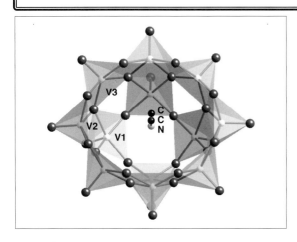

【名称】[dodeca-μ-oxoocta-μ₃-oxododeca-oxododeca-vanadate(4−)]: Dodecavanadate: $((n-C_4H_9)_4N)_4[V^{5+}{}_{12}-O_{32}(CH_3CN)]$

【背景】5配位が可能なバナジウムの特徴を生かしてゼオライトのように有機小分子を取り込むことのできる無機ホスト分子が合成された.アセトニトリルを包接するバナジウム酸化物骨格をもつ無機ホスト分子としてはじめての例である[1,2].

【調製法】デカバナデート$((n-C_4H_9)_4N)_4[H_2V_{10}O_{28}]$をアセトニトリルに溶解し1~2分還流後エーテルにより沈殿させた粗生成物を再結晶する.長時間の還流では$[V_{13}O_{34}]^{3-}$が形成する.改良合成法では,紫色の還元型$[V_{10}O_{26}]^{4-}$をアセトニトリル中で等量の過酸化水素により酸化した後,茶色溶液にエーテルを加えて生成した沈殿を回収し,アセトニトリルと酢酸エチルから再結晶することで得る[3].構造解析に適した結晶は$(C_6H_5)_4P^+$にカチオン交換することで得る.

【性質・構造・機能・意義】$[(n-C_4H_9)_4N]^+$塩はアセトニトリルやニトロメタンに溶解し茶色を呈し,空気中安定である.アセトニトリル中での^{51}V NMRは,−590(V1, 4V),−598(V2, 4V),−606(V3, 4V)ppmに特徴的な信号が3本観察される.^{17}O NMRでは1種類のμ₃-O,2種類のμ₂-O,3種類のV-O$_{terminal}$信号が観測され,溶液中での構造の保持を示唆している.^{17}O-^{51}V HETCOR 2D NMRにより帰属されている[4].

近似的にC_{4v}対称をもつバスケット型のバナジウム酸化物骨格$[V_{12}O_{32}]^{4-}$の中央にアセトニトリルが包接された構造をもつ.すべてのバナジウムはVO_5ピラミッド型構造から形成され,酸素架橋によりピラミッド構造が稜共有することで入り口部分のバナジウム八員環構造が構築され,そこに4個の四角錐が頂点共有で底を形成することで,かご状構造となる.四角錐の底面がすべてかごの内側を向いているため,かごの中心部分は求電子的である.平均V-O$_{terminal}$結合距離は1.586Å,2種類のV-μ₂-O距離は1.804および1.815Å,V-μ₃-O距離は1.933Åである.分子の対称性は,バスケットの入り口部分が楕円形にわずかにゆがんでいるため実際にはC_2対称である.底のバナジウム原子4個は平面(偏差0.04Å)を形成し,入り口部分の8個のバナジウム原子も0.17Å以内で平面を形成する.アセトニトリルのニトリル基はかごの内側を向いている.アセトニトリルの窒素原子とバナジウム原子の最短距離は3.283Åであり,酸素原子とは3.341Åであるため,分子間相互作用は弱い.陰イオンホストであるにもかかわらず負の電荷をもつゲストの包接を好むのは,nido型構造によるテンプレート効果と静電的相互作用による安定化によると考えられ,類似のcloso構造をもつ$[V_{18}O_{42}(H_2O)]^{12-}$との比較がなされている[5].$C_6D_5NO_2$溶液中での$^1H$ NMRよりアセトニトリルの解離が観察される.包接したアセトニトリルと解離したアセトニトリルのメチル基の信号はそれぞれ2:1の比で2.38および2.08 ppmに観測され解離平衡が存在する.アセトニトリル中で$E_{1/2}=-0.52$ V vs. $F_c/F_c{}^+$の可逆波が観察される.固体を真空中で加熱するとアセトニトリル分子は失われる.無機分子のかご状ホストは,分子認識,選択的な酸化反応触媒,イオン伝導体などへの応用が期待できる.

【関連錯体の紹介およびトピックス】ゲスト分子としてC_6H_5CNを取り込んだ化合物がある[6].また,異なる合成経路よりNO^-イオンを取り込んだ化合物の報告がある[7].塩化物イオンを包接した化合物はポリオキソバナデートの銅錯体より合成される.^{51}V NMRにより,アセトニトリル中,室温で塩化物イオンの解離は観察されない[8].その他の陰イオン包接も可能である[9].

【林　宜仁】

参考文献

1) V. W. Day *et al., J. Am. Chem. Soc.*, **1989**, *111*, 5959.
2) P. C. H. Mitchell, *Nature*, **1990**, *15*, 348.
3) Y. Hayashi *et al., Eur. J. Inorg. Chem.*, **2009**, 5156.
4) G. W. Wagner, *Inorg. Chem.*, **1991**, *30*, 1960.
5) M. Bénard, *Coord. Chem. Rev.*, **1998**, *178*, 1019.
6) W. G. Klemperer *et al., Mat. Chem. Phys.*, **1991**, *29*, 97.
7) A. Yagasaki *et al., J. Am. Chem. Soc.*, **2000**, *122*, 1239.
8) Y. Hayashi *et al., ACS Omega*, **2017**, *2*, 268.
9) Y. Hayashi *et al., Chem. Asian J.*, **2017**, *12*, 1909.

$V_{14}O_{42}P$

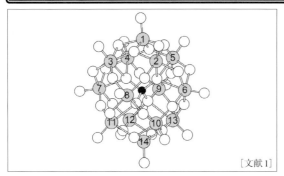

[文献1]

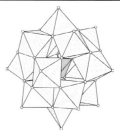

図1 $[PV_{14}O_{42}]^{9-}$ の配位多面体表示

【名称】phosphotetradecavanadate, 1.2.3,1.2.5,1.3.4,1.4.5, 10.11.14,10.13.14,11.12.14,12.13.14-octa-μ_3-oxido-2.6, 2.8,3.7,3.8,4.7,4.9,5.6,5.9,6.10,6.13,7.11,7.12,8.10,8.11,9. 12,9.13-hexadeca-μ-oxido-1,2,3,4,5,6,7,8,9,10,11,12,13, 14-tetradecaoxido-μ_{12}-(tetraoxidophosphato-$O^{2.5.6}$,$O^{3.4.7}$, $O^{8.10.11}$,$O^{9.12.13}$)-tetradecavanadate(9-): $[PV_{14}O_{42}]^{9-}$

【背景】リンをヘテロ原子とするヘテロポリバナジン酸. purpureophosphovanadate(暗赤色リンバナジン酸)として古くから存在は知られていたが,長らく$[PMo_{12}O_{40}]^{3-}$や$[PW_{12}O_{40}]^{3-}$と同様,リンとバナジウムの比が1:12の化合物であると考えられていた.1980年,単結晶X線構造解析および^{51}V NMRにより,$[PV_{14}O_{42}]^{9-}$の組成で表され,α-Keggin型構造の上下にVO^{3+}ユニットが1つずつ加わった構造をもつ化合物であることが示された[1].上下のVO^{3+}にちなみ,bi-capped-Keggin型構造と呼ばれる.

【調製法】リン酸とNaVO$_3$を1:4の比で含む水溶液のpHを,硝酸を用いて4とする.そこに塩酸グアニジンを加えるとグアニジニウム塩$(CN_3H_6)_8H[PV_{14}O_{42}]\cdot 7H_2O$が単離される.

【性質・構造・機能・意義】^{31}Pおよび^{51}V NMRと電位差滴定による研究によると,$[H_nPV_{14}O_{42}]^{(9-n)-}$($n$=3, 4, 5)はpH 1.3〜4.0の領域で存在し,$[H_5PV_{14}O_{42}]^{4-}$と$[H_4PV_{14}O_{42}]^{5-}$のpK_aは1.6および4.1である[2].

$(CN_3H_6)_8H[PV_{14}O_{42}]\cdot 7H_2O$の結晶構造解析から得られたアニオンの構造を上図に示す.中心の黒色の球がリン原子を,灰色の球がバナジウム原子を,白色の球が酸素原子を表す.1〜14の数字はIUPAC規則に基づくバナジウム原子の番号づけである.2〜13の12個のバナジウム原子とそれに結合する酸素原子はα-Keggin型構造を作る.同じ方向から見たアニオンの多面体表示を図1に示す.

5族元素のポリ酸は,6族元素のポリ酸と比較すると,金属原子の正電荷が小さいため,同じ組成をとった場合,ポリ酸全体の負電荷が極端に大きくなる.そのため,一般に5族元素のポリ酸は,6族元素のポリ酸に比べて金属/酸素組成比が大きくなる傾向がある.例えば6族元素のイソポリ酸$[Mo_7O_{24}]^{6-}$ではその比が0.29であるのに対し,5族元素のイソポリ酸$[V_{10}O_{28}]^{6-}$の金属/酸素組成比は0.36である.本化合物ではVO^{3+}が2つ加わることにより,V/O比が0.3から0.33に増加し,α-Keggin型構造$[PV_{12}O_{40}]^{15-}$では-15となる負電荷が緩和されて,-9となっている.

VO^{3+}ユニットはそれぞれ$[PV_{12}O_{40}]^{15-}$の4つの架橋酸素原子と結合し,バナジウム原子は5配位となっている.アニオンの対称性はα-Keggin型構造の$T_d(\bar{4}3m)$から低下し,$D_{2d}(\bar{4}m2)$となる.14個のバナジウム原子は,1,14の2個,2,3,4,5,10,11,12,13の8個,6,7,8,9の4個の3種類に分類され,^{51}V NMRスペクトルはそれに対応する1:4:2の強度比のシグナルを-526,-577,-593 ppmに示す.

【関連錯体の紹介およびトピックス】ヒ素をヘテロ原子とする同種のポリ酸$[AsV_{14}O_{42}]^{9-}$も報告されている[1].類似のVO^{3+}キャップ構造をもつ化合物として,4価のセレンをヘテロ原子とする三欠損α-B-Keggin型構造$[SeV_9O_{33}]^{17-}$にVO^{3+}ユニットがmonocapし,さらにpendant groupとしてSeO^{2+}が3つ付加した$[HSe_4V_{10}O_{37}]^{7-}$(図2)がある[3].

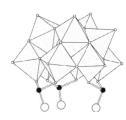

図2 $[HSe_4V_{10}O_{37}]^{7-}$

なお,バナジウムを含む鉱物Sherwoodite Ca$_{4.5}[AlV^{IV}_2V^V_{12}O_{40}]\cdot 27H_2O$も同じく1:14の組成を持つが,八面体型六配位のヘテロ原子をもつまったく異なった構造を示す[4].

【尾関智二】

参考文献

1) R. Kato *et al.*, *Inorg. Chem.*, **1982**, *21*, 240.
2) A. Selling *et al.*, *Inorg. Chem.*, **1994**, *33*, 3141.
3) T. Ozeki *et al.*, *Acta Crystallogr.*, **1987**, *C43*, 1662.
4) H. T. Evans, Jr. *et al.*, *Am. Mineral.*, **1978**, *63*, 863.

[VN$_2$O$_3$]$_n$

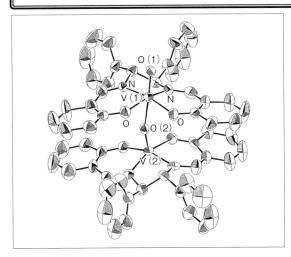

【名称】[N,N'-disalicylidene-(R,R)-1,2-diphenylethylenediaminatooxovanadium(+4)]: [VO|sal-(R,R)-stien|]-(VC$_{28}$H$_{24}$N$_2$O$_3$)

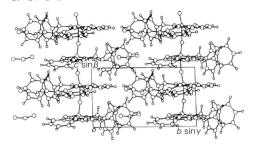

【背景】一般にsalen型といわれる4座のシッフ塩基配位子は広範な金属イオンと安定な金属錯体を形成することが知られている．光学活性なジアミンを導入したシッフ塩基化合物を配位子とする金属錯体は，不斉合成反応の触媒としても有用である．通常，オキソバナジウム(IV)錯体は，結晶および溶液中で緑色を呈するが，一方で，結晶が橙色を示す錯体[1,2]が報告されている．本シッフ塩基錯体は，一次元鎖状(ポリマー)構造(橙色)と単核(モノマー)構造(緑色)間でメカノクロミズムやベイポクロミズムを示す興味深い錯体として報告され，その両方の結晶構造が明らかにされた[3]．

【調製法】配位子H$_2$sal-(R,R)-stienは，サリチルアルデヒドと(R,R)-1,2-ジフェニルエタンジアミンをエタノール中で混合し，加熱して得られる．この配位子とビス(アセチルアセトナート)オキソバナジウム(IV)錯体VO(acac)$_2$をジクロロメタン中で反応させた後，溶液を濃縮すると緑色結晶が析出する．この結晶をアセトニトリル溶液から再結晶すると橙色結晶[VO|sal-(R,R)-stien|]·CH$_3$CNが得られる．

【性質・構造・機能・意義】橙色結晶は，結晶溶媒としてアセトニトリルを含み，920 nmを極大とする幅広な固体の反射スペクトルが観測される．この結晶をすりつぶすと緑色粉末となるが，この粉末はアセトニトリル蒸気との接触や，ごく少量のアセトニトリルの添加により再び橙色となり，クロロホルム蒸気と接触すればまた緑色となる．橙色結晶中で，[VO|sal-(R,R)-stien|]は…O(1)=V(1)…O(2)=V(2)…の繰り返しによる一次元鎖状構造をとる．オキソ配位子とバナジウムの結合距離は，V(1)=O(1) 1.625(5) Å，V(2)=O(2) 1.636(5) Å，V(1)-O(2) 2.188(5) Å，V(2)-O(1) 2.196(5) Åで，V=O伸縮振動はIRスペクトルで860 cm^{-1}に観測される．この橙色結晶をクロロホルム，ジクロロメタン，メタノール，アセトニトリルなどに溶解すると溶液は緑色を呈し，その吸収極大(d-d吸収帯)は592 nm(ジクロロメタン中)に観測される．クロロホルム溶液からは，緑色結晶[VO|sal-(R,R)-stien|]·2CHCl$_3$が，またメタノール溶液からは，緑色結晶[VO|sal-(R,R)-stien|]·CH$_3$OHを析出する．これらの結晶は，いずれも590 nmに幅広な固体の反射スペクトルが観測され，これはジクロロメタン溶液中のd-d吸収帯に対応する．また，オキソ配位子とバナジウムの結合距離V=Oは，通常の単核錯体にみられる1.57〜1.62 Åの範囲内である．V=O伸縮振動はIRスペクトルで990 cm^{-1}に観測される．緑色結晶中では，隣接する錯体間にオキソ配位子を介した相互作用は認められない．すなわち，橙色結晶中でのみ…O=V…O=V…の一次元鎖状構造は存在し，溶液中および緑色結晶中では単核構造である．

【関連錯体の紹介およびトピックス】1,3-プロパンジアミン，あるいは(R,R)-2,4-ペンタンジアミンを用いて得られた4座のシッフ塩基を配位子とする錯体[VO(salpn)][1]，[VO|3-Xsal-(R,R)-2,4-pn|] (X=EtO, MeO, H)[3,4]について一次元鎖状構造を有する橙色結晶が報告されている．また液晶性ポリマーを志向して配位子上にアルキル長鎖を導入し合成された錯体がある[5]．

【中島清彦】

【参考文献】
1) M. Mathew *et al.*, *J. Am. Chem. Soc.*, **1970**, *92*, 3197.
2) A. Pasini *et al.*, *J. Coord. Chem.*, **1974**, *3*, 319.
3) M. Kojima *et al.*, *Coord. Chem. Rev.*, **2003**, *237*, 183.
4) R. Kasahara *et al.*, *Inorg. Chem.*, **1996**, *35*, 7661.
5) A. Serrette *et al.*, *J. Am. Chem. Soc.*, **1992**, *114*, 1887.

WHC₇Si

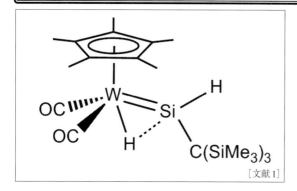

[文献1]

【名称】dicarbonylhydrido(η^5-pentamethylcyclopentadienyl)｛[tris(trimethylsilyl)methyl]silylene｝tungsten(II)：(η^5-Cp*)(CO)₂(H)W=Si(H)｛C(SiMe₃)₃｝

【背景】金属-ケイ素二重結合をもち、ケイ素上に塩基が配位していないシリレン錯体は、その炭素類縁体であるカルベン錯体の発見（1964年）に遅れること26年、Tilleyらにより1990年にはじめて報告された。最初の例は、シリル基上の置換基の脱離により合成された陽イオン性のシリレン錯体であった。その後、安定なシリレン（:SiR₂）と金属フラグメントとの反応、ヒドロシランの金属への酸化的付加に続く水素あるいはシリル基の1,2-転位などにより中性のシリレン錯体も合成されている。これまでに合成されたシリレン錯体の多くは、水やアルコールとは容易に反応するが、通常サイズの有機分子と反応するものは極めて稀であった。しかし、最近合成された金属およびケイ素上に水素を持つシリレン錯体は様々な不飽和有機分子に対し高い活性を示すことが報告された。渡邉らによって合成された本錯体は中性のこのタイプのシリレン錯体の最初の単離例である[1]。

【調製法】操作はすべて乾燥した不活性ガス雰囲気下あるいは高真空下で行う。Teflonコック付きのPyrexガラス容器に、Cp*W(CO)₃Meと少過剰のH₃SiC(SiMe₃)₃およびヘキサンを入れ、高真空ラインに接続して凍結脱気する。コックを閉じ溶液を約5℃に冷やして、中圧水銀灯（450 W）を用いて光照射（λ＞300 nm）を2時間行う。その間、約15分ごとに反応管内の凍結脱気を繰り返し、発生するCOガスを除く。溶媒留去後、得られた結晶を冷ヘキサンで洗い、(η^5-Cp*)(CO)₂(H)W=Si(H)｛C(SiMe₃)₃｝を黄色結晶として64%で得る。

【性質・構造・機能・意義】この錯体は空気・湿気に不安定である。^{29}Si{^{1}H} NMRスペクトル（C₆D₆）では、275.3 ppmにシリレンケイ素のシグナルが現れる。この非常に低磁場のシグナルはシリレン錯体に特徴的である。^{1}H NMRスペクトル（C₆D₆）では、Si-Hのシグナルは、10.39 ppmという低磁場に観測される。一方、タングステン上の水素のシグナルは−10.67 ppmという金属ヒドリドに特徴的な高磁場領域に現れる。このシグナルには、^{185}Wおよび^{29}Siによるサテライトが観測され、^{29}Siとのカップリング定数（J_{SiH}）は28.6 Hzである。この値は、SiとHとの間に結合性相互作用があると考えられる20 Hzより大きいことから、シリレン配位子とヒドリド配位子との間に配位子間相互作用があることが明らかになった。このW-H-Siの結合は、X線結晶構造解析および中性子線解析により確認された。W-HおよびSi-H距離は、それぞれ1.82(7) Åおよび1.71(6) Å（X線）と各々の標準的な単結合距離よりは少し長いが、結合があると見なせる範囲内にある。中性子線解析でもほぼ同じ結果である。W-Si間の距離は2.3703(11) Å（X線）であり、既知のW=Si二重結合距離と同程度である。この錯体は、ニトリル[2]、ケトン、アルデヒド、α,β-不飽和カルボニル化合物[3]、オキシラン[4]などと室温あるいは穏やかな加熱条件で反応し、ヒドロシリル化生成物やC=O結合が切断された生成物などを与える。

【関連錯体の紹介およびトピックス】ルテニウム類縁体[5]も合成されており、この錯体はニトリル、ケトン、イソシアナート、イソチオシアナート、オレフィン、アルキンとも反応することで、反応様式が標題錯体と大きく異なることも明らかにされている。なお、Tilleyらが合成した陽イオン性のこのタイプのシリレン錯体［Cp*(^{i}Pr₃P)(H)₂Ru=Si(H)Ph］[B(C₆F₅)₄][6]は、様々な有機基質とは反応しないがオレフィンのヒドロシリル化の触媒となる。

【橋本久子】

参考文献

1) T. Watanabe *et al.*, *Angew. Chem. Int. Ed. Engl.*, **2004**, *43*, 218.
2) T. Watanabe *et al.*, *J. Am. Chem. Soc.*, **2006**, *128*, 2176.
3) T. Watanabe *et al.*, *J. Am. Chem. Soc.*, **2007**, *129*, 11339.
4) H. Hashimoto *et al.*, *J. Organomet. Chem.*, **2007**, *692*, 36.
5) M. Ochiai *et al.*, *Angew. Chem. Int. Ed.*, **2007**, *46*, 8192.
6) P. B. Glaser *et al.*, *J. Am. Chem. Soc.*, **2003**, *125*, 13640.

WC_7Si_2

【名称】 [bis(2,4,6-trimethylphenyl)silylene]dicarbonyl(η^5-pentamethylcyclopentadienyl)(trimethylsilyl)tungsten(II): (η^5-Cp*)(CO)$_2$(Me$_3$Si)W=SiMes$_2$

【背景】 1970年，熊田らは，Si$_2$Me$_5$Hが白金触媒によりオリゴシランSi$_n$Me$_{2n+1}$H(n=1～6)に変換されることを発見し，その反応機構の重要な中間体の1つとして金属-ケイ素単結合と金属-ケイ素二重結合をもつシリル(シリレン)錯体を提案した．その3年後，尾島らはH$_2$SiPhMeがWilkinson触媒によりケイ素上の置換基が不均化したモノシランや脱水素縮合したジシランに変換されることを報告した．これらの反応もシリル(シリレン)錯体を中間体と仮定することで説明される．これらの研究が発端となり，シリル(シリレン)錯体の合成が活発に研究された．1980年代後半，分子内塩基がシリレン配位子に配位した形の錯体である塩基架橋ビス(シリレン)錯体が合成され，2002年には，ケイ素上にかさ高い置換基を2つ導入することで，そのような塩基の配位のないシリル(シリレン)錯体(η^5-Cp*)-(CO)$_2$(Me$_3$Si)W=SiMes$_2$(Mes = C$_6$H$_2$-2,4,6-Me$_3$)が上野らにより合成単離された[1]．

【調製法】 操作はすべて乾燥した窒素雰囲気下あるいは高真空下で行う．TeflonコックつきのPyrex製ガラス容器に，Cp*(CO)$_3$WMeと約1当量のHSiMe$_2$-SiMeMes$_2$およびヘキサンを入れ，真空ラインにつなぎ凍結脱気する．この溶液を約4℃に冷やし，中圧水銀灯(450 W)を用いて光(λ>300 nm)を約1時間照射する．この間，10分ごとに凍結脱気を繰り返し，発生するCOガスを排気する．溶媒を留去し，得られた固体をヘキサンで数回洗浄することで，本錯体が黄色結晶として40%の収率で得られる．

【性質・構造・機能・意義】 この錯体は空気・湿気に不安定である．ヘキサン，トルエンなど通常の有機溶媒に可溶である．^{29}Si NMR(C$_6$D$_6$)スペクトルにおいて，シリレン配位子のケイ素のシグナルは380.9 ppmという非常に低磁場に現れる．これはこのケイ素が不飽和結合を形成していることを示す．一方，シリル基のシグナルは，sp^{3}のケイ素として一般的な領域である22.1 ppmに現れる．これらのシグナルに付随して現れる^{185}Wとのカップリング定数(それぞれ$^1J_{WSi}$ = 154.9および30.5 Hz)は，前者がs性の高いsp^{2}混成のシリレンケイ素に，後者がsp^{3}混成のシリルケイ素に帰属できることを支持する．赤外吸収スペクトルでは，CO伸縮振動に帰属される吸収帯が1900および1840 cm^{-1}に現れる．この錯体はX線結晶構造解析が行われている．Wとシリレン配位子のSiとの結合距離は2.3850(12) Åであり，同じ分子内のシリル基のSiとの単結合距離2.6456(13) Åより約10%も短い．また，シリレン配位子のSi周りの結合角の和は359.9°であり，ケイ素はほぼ平面である．これらから，Wとシリレン配位子のSiとの間は二重結合であることがわかる．

【関連錯体の紹介およびトピックス】 他に関連する錯体として，安定なジアミノシリレンと配位不飽和金属フラグメントとの反応から，Pt[2]およびPd[3]のシリル(シリレン)錯体が得られている．また，タングステン錯体と同様な光反応による方法でFe[4a]およびMo[5]の類縁錯体が合成されている．鉄錯体は後にピリジン錯体を前駆体とする熱反応により高収率で合成できることが見いだされ[4b]，この改良法によりRuの類縁体[6]も合成された．単離された鉄錯体(η^5-Cp*)(CO)(Me$_3$Si)Fe=SiMes$_2$とCOやCN^{t}Buとの反応から，ヒドロシランの置換基の不均化やSi-Si結合生成が実際にシリル(シリレン)錯体上で起こることが証明されている[4]．

【橋本久子】

【参考文献】
1) K. Ueno *et al., Organometallics,* **2002,** *21,* 1326.
2) B. Gehrhus *et al., Organometallics,* **1998,** *17,* 5599.
3) A. G. Avent *et al., J. Organomet. Chem.,* **2003,** *686,* 321.
4) a) H. Tobita *et al., Angew. Chem. Int. Ed.,* **2004,** *43,* 221; b) H. Hashimoto *et al., Chem. Lett.,* **2005,** 1374.
5) M. Hirotsu *et al., Organometallics,* **2006,** *25,* 1554.
6) H. Hashimoto *et al., Organometallics,* **2009,** *28,* 3963.

WN₄Sb

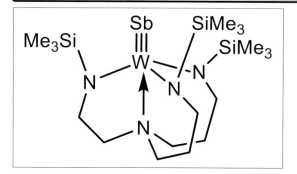

【名称】(stibylidyne[N'-(trimethylsilyl)-N,N-bis[2-[(trimethylsilyl) amino-κN] ethyl]-1, 2-ethanediaminato-κN, κN']tungsten): [N(CH₂CH₂NSiMe₃)₃W≡Sb]

【背景】遷移金属と典型元素間に三重結合をもつ錯体は、その結合自身を理解することに加え、反応性の観点から興味がもたれている。遷移金属と14族典型元素間に三重結合をもつ化合物に関しては、2010年に合成されたケイ素のものを含め、すべての14族元素についてその合成が達成されている。いずれの場合においても三重結合部位は反応性に富むため、置換基をかさ高くすることで立体保護を行い、安定化する手法が用いられている。15族典型元素が遷移金属と三重結合を形成する場合には、15族元素に置換基が存在しないこと、さらに孤立電子対を有しているために、非常に反応性が高くなる。したがって、遷移金属側の支持配位子をかさ高くする工夫が必要となる。遷移金属–Sb 間に三重結合をもつ錯体はかさ高い N(CH₂CH₂NSiMe₃)₃ を配位子とすることで合成された。スペクトル、構造解析、理論計算の結果から、その存在がはじめて明らかにされた[1]。

【調製法】操作はすべて窒素気流下で行う。(Me₃Si)₂CHSbH₂ の THF 溶液を −60℃ に冷却し、当量の ^{n}BuLi (1.6 M hexane sol.)を加える。このとき溶液が暗赤色になり、ガスが発生する。この反応混合物をゆっくり室温まで昇温し、4分の1当量の[N(CH₂CH₂NSiMe₃)₃WCl]のトルエン溶液を加えた後、80℃で20時間撹拌を行う。反応後、溶媒を減圧下で留去すると、黒色の固体が残る。これをペンタンで抽出して橙褐色溶液を得る。この溶液から5℃での分別結晶化により、褐色立方体結晶として[N(CH₂CH₂NSiMe₃)₃W≡Sb]を収率9%で得る。

【性質・構造・機能・意義】この錯体は反磁性であり、空気に対して不安定である。また炭化水素などの溶媒に易溶である。固体状態での Raman スペクトルにおいて、W≡Sb に帰属されるシグナルが 240 cm⁻¹ に観測される。W≡As の場合は、343 cm⁻¹ に、W≡P の場合は、516 cm⁻¹ にそれぞれ観測されている。溶液中の ¹H, ¹³C NMR スペクトルより、C_3 対称構造が示唆された。この錯体は X 線構造解析が行われており、固体状態においても C_3 対称を示した。この錯体のタングステン–アンチモン間の結合距離は、2.5255(17) Å であり、これまでに知られている W=Sb 二重結合の距離(2.662(1)〜2.687(1) Å)よりも明らかに短く、タングステン–アンチモン間には三重結合性があることが明らかになった。理論計算の結果から、W–Sb σ 結合におけるタングステンは、ほぼsd混成しており、そのs性は W–P (43.5%)や W–As (44.6%)の場合に比べ W–Sb (47.6%)の場合にはやや増加する傾向にある。一方、W–Sb σ 結合におけるアンチモンは、かなりのp性を示した。また2つのπ成分は、タングステンのd軌道とアンチモンのp軌道から構成されている。さらに、この錯体においてタングステンの電荷は約+0.73であるのに対して、アンチモンの電荷は約+0.11である。この結果は、タングステンとアンチモンの三重結合が、強い共有結合性であることを支持している。さらに、W≡E 結合の解離エネルギー(kJmol⁻¹)は E=P(481.9), As (429.0), Sb(333.4), Bi(293.3)と計算されており、15族元素において周期表で下に行くほど減少する傾向が見られている。1番弱い W≡Bi 結合の解離エネルギーは、W≡P 結合のものの約6割ほどしかなく、その合成が困難であることが予想される。

【関連錯体の紹介およびトピックス】類似の構造を有する錯体としては、Mo≡P, W≡P, W≡As などの遷移金属-15族典型元素の三重結合をもつ錯体が挙げられる[2-4]。これらの錯体のPやAsは、容易に他の遷移金属に配位したり、アジドや硫黄単体と反応し、対応する錯体を与える。

【中沢　浩】

【参考文献】
1) G. Balazs *et al.*, *Angew. Chem. Int. Ed.*, **2005**, *44*, 4920.
2) C. E. Laplaza *et al.*, *Angew. Chem., Int. Ed. Engl.*, **1995**, *34*, 2042.
3) N. C. Zanetti *et al.*, *Angew. Chem., Int. Ed. Engl.*, **1995**, *34*, 2044.
4) M. Scheer *et al.*, *Angew. Chem., Int. Ed. Engl.*, **1996**, *35*, 2492.

WOS₆

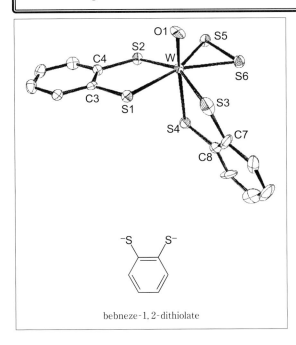

benzene-1,2-dithiolate

【名称】oxo-disulfidobis(dithiolene)-tungsten(VI)：((Et₄N)₂[WO(S₂)(benzene-1,2-dithiolene)₂])

【背景】タングステンオキシド還元酵素には2つのピラノプテリンジチオレンと結合したタングステン活性中心が存在し，硫黄を基質として水素分子による硫化水素への二電子還元反応を司るWOR4がある．本錯体は硫黄を還元的活性化して生成する酸化型活性中心の分光学的特性や反応性に関する知見を得るために合成されたモデル錯体である[1]．

【調製法】テトラヒドロフランに溶解した硫黄を五配位構造の(Et₄N)₂[W^{IV}O(benzene-1,2-dithiolate)₂]のテトラヒドロフラン溶液に1：1の化学量論比で加えると，直ちに濃赤色の溶液となる．この溶液に約2当量のPh₄PBrを含むアセトニトリルを加えると赤色結晶が沈殿する．これを集め，減圧下で乾燥する．

【性質・構造・機能・意義】オキソ基とジスルフィド基，そして2つのジチオレンが1つのタングステンに結合した単核錯体である．タングステンの形式酸化数は+VI価であり，反磁性である．中心原子は歪んだ五方両錐型の七配位構造をとり，2つのジチオレンはオキソ基とジスルフィド基に対して環境が異なっている．オキソ基のトランス位に位置するジチオレンの硫黄とタングステンとの結合(2.570(2) Å)はジスルフィド基のトランス位にあるジチオレンの硫黄とタングステンが作る結合(2.507(2) Å)よりも長い．ジスルフィド基の2つの硫黄間距離は(2.027(5) Å)であり，2価の陰イオンの結合長に相当する．共鳴ラマンスペクトルにおいて，536 cm^{-1}にS-S伸縮振動が観測され，397および442 cm^{-1}にW-S伸縮振動が観測される[1]．^{34}S同位体の硫黄を用いると，これらの伸縮振動は520, 427および385 cm^{-1}にそれぞれ観測される．本錯体を1：1の化学量論比の^{32}Sと^{34}Sから合成すると，錯体は1：2：1で^{32}S₂$^{2-}$，(^{32}S^{34}S)$^{2-}$と^{34}S₂$^{2-}$からなるジスルフィド基をもつ．可視領域にλ_{max}＝480 nm(ε＝2490 M^{-1}cm^{-1})とλ_{max}＝413 nm(ε＝2990 M^{-1}cm^{-1})の吸収帯が存在し，ジチオレンからタングステンへの電荷移動遷移に帰属されている．一気圧の水素分子下で，2当量の硫化水素を発生しながらジスルフィド錯体前駆体である五配位タングステン(IV)構造，(Et₄N)₂[W^{IV}O(benzene-1,2-dithiolate)₂]に還元される．硫黄の同位体標識実験結果や計算結果から，反応中間体として三重項である[W^V(η^1-S₂)(benzene-1,2-dithiolate)₂]が存在すると考えられている．

【関連錯体の紹介およびトピックス】ジチオレン配位子を用いて合成された末端硫黄をもつcis-[WO(S)]$^{2+}$錯体が水酸化酵素などのモデルとして合成されている[2]．

【杉本秀樹】

【参考文献】
1) H. Sugimoto et al., J. Am. Chem. Soc., **2010**, 132, 8.
2) a) H. Sugimoto et al., Inorg. Chem., **2007**, 46, 8460; b) H. Sugimoto et al., Dalton Trans., **2013**, 41, 3059.

$W_2N_2O_8$

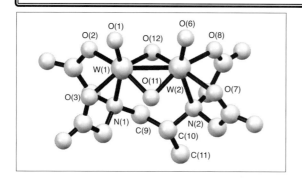

【名称】barium[bis(μ-oxide)(μ-N,N'-R-propylenediaminetetraacetato)bis(oxotungstate(5+))]: Ba[$W_2(O)_2(μ-O)_2$(μ-R-pdta)]

【背景】タングステン(V価)イオンやモリブデン(V価)イオンは水溶液中において，$M_2(O)_2(μ-O)_2$骨格単位をとる傾向がある．この構造で中心金属の他の配位座をS-システインやS-ヒスチジンなどのアミノ酸イオンが占めると，金属間結合を軸とする不斉ねじれが誘起される．このタングステン骨格とキラルな六座配位子(R-pdta＝(R)-propylenediamine-N,N,N',N'-tetraacetate(4−))とを組み合わせた錯体が設計・合成された[1]．

【調製法】配位子R-pdtaは，l-1,2-プロパンジアミン二塩酸塩とクロロ酢酸をアルカリ性条件下，20℃以下で6日間反応させ，水溶液を硫酸で酸性にし8〜10℃で約1週間静置して，白色結晶として得る[2]．金属錯体の合成はまず，オキサラトタングステン酸アンモニウム塩とR-pdtaと酢酸ナトリウム含む溶液を80℃で10分間撹拌する．その後，この水溶液を$CaCl_2·2H_2O$の水溶液に加えると，CaC_2O_4が沈殿するのでろ過して取り除く．得られる赤色水溶液をQAE-Sephadex A-25樹脂に吸着させ，0.15 mol/LのNaClO$_4$水溶液で展開して茶色の留分を集める．水溶液を濃縮し，エタノールを加えて微結晶を得る．この錯体の水溶液に$BaCl_2$を加えると単結晶が生成する．

【性質・構造・機能・意義】橙色結晶．2つのタングステンモノオキシド(WO)を2つのオキソ基とR-pdtaとで架橋した二核錯体．タングステンの形式酸化数は＋V価であり，d^1配置をとるが，タングステンどうしのの金属間結合により反磁性である．そのため，2つのタングステン間距離は2.5472(6) Åと短い．それぞれのタングステン原子は歪んだ八面体構造をとる．配位子プロピレンジアミン部のメチル基はequatorial位に配向しており，N−C−C(CH$_3$)−N部に関して擬ゴーシュ配置が固定されている．2つの歪んだ八面体どうしは，タングステン−タングステン結合軸に関してねじれており，このためM型($Δ$)の不斉が誘起されている．このことは，O(1)−W(1)−W(2)−O(2)のトーション角，2.7(5)°，O(2)−W(1)−W(2)−O(8)およびO(3)−W(1)−W(2)−O(7)それぞれのトーション角，3.9(6)および10.3(7)°，に現れている．

この錯体の水溶液のCDスペクトルにおいては，22.5×10^3 cm^{-1}，28.0×10^3 cm^{-1}，34.2×10^3 cm^{-1}にそれぞれ$Δε$＝−0.61 M^{-1}cm^{-1}，−2.93 M^{-1}cm^{-1}，＋0.57 M^{-1}cm^{-1}の吸収帯が観測される．このCDスペクトルの外観は溶媒を水からDMFに変えても保たれている．

この錯体のN−C−C−N部のゴーシュ配置はメチル基の存在のため反転できず，M型ねじれは保たれているため，メチル基を削除した錯体を用いて，ゴーシュ−ゴーシュどうしの反転が^{13}C NMRを用いて調べられている．水中，0℃では，180.5 ppmにカルボニル炭素由来のシャープなシグナル，67.0 ppmと63.3 ppmに酢酸イオン部のメチレン炭素由来のブロードなシグナル，そして56.9 ppmにエチレンジアミン部の炭素由来のシャープなシグナルが観測される．この温度では，ゴーシュ配置の反転はNMRのタイムスケールでは起こっていない．この水溶液の温度を35℃まで上げると，0℃ではブロードであった−CH$_2$COO$^-$部のメチレン由来の2本のシグナルが1本のシャープなピークに融合し，ゴーシュ構造の反転が起こり，M型ねじれとP型ねじれが相互変換する．この相互変換の速度は25℃で287 s^{-1}，活性化エンタルピーと活性化エントロピーはそれぞれ，36 kJ mol^{-1}と−53 J K^{-1} mol^{-1}と求められている．

【関連錯体の紹介およびトピックス】この錯体のモリブデン誘導体や配位子の4つのカルボン酸イオンをピリジンに置き換えたタングステン錯体も合成されている[3,4]．

【杉本秀樹】

参考文献
1) T. Ito *et al.*, *Inorg. Chem.*, **1990**, *29*, 53.
2) F. P. Dwyer *et al.*, *J. Am. Chem. Soc.*, **1959**, *81*, 2955.
3) Y. Sasaki *et al.*, *Bull. Chem. Soc. Jpn.*, **1980**, *53*, 1288.
4) Y. Sasaki *et al.*, *Bull. Chem. Soc. Jpn.*, **1995**, *68*, 456.

W_4CO_{12}

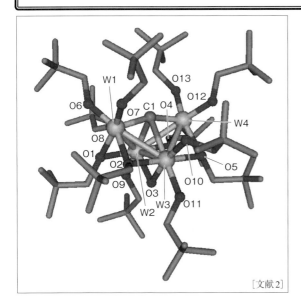

[文献2]

【名称】tetrakis[μ-(2,2-dimethyl-1-propanolato)]octakis(2,2-dimethyl-1-propanolato)-μ₄-methanetetrayl-μ-oxo-tetratungsten: $[W_4(\mu_4\text{-}C)(O)(OCH_2{}^tBu)_{12}]$

【背景】アルコキシドを用いたタングステン四核クラスター錯体に,一酸化炭素を導入し,三重結合を解離後,カーバイド錯体を形成した例である[1,2].

【調製法】窒素下 0℃ で,$W_2(O^tBu)_6$ と $^tBuCH_2OH$ をヘキサン中で混合し,2 時間撹拌後,留去して黄色粉末を得る.ヘキサンに再溶解し,−196℃ で凍結脱気後,一酸化炭素を導入し,室温で 12 時間撹拌する.−20℃ で一晩静置後,溶液を乾固し,CH_2Cl_2 による再結晶で,濃緑色ブロック結晶を得る.

【性質・構造・機能・意義】$[W_4(\mu_4\text{-}C)(O)(OCH_2{}^tBu)_{12}]$ は,空気中不安定で,炭化水素系の溶媒に溶ける.$[W_4(OCH_2{}^tBu)_{12}]$ と ^{13}CO の反応を,^{13}C NMR で追跡すると,カーバイド ^{13}C 原子が,$\delta 350$ に,$^{183}W(I=1/2, 14.5\%)$ のサテライトのピークを伴って観測される.

本錯体の結晶構造では,4 つの W は,12 の O^tBu が配位し,バタフライ型構造をもつ W_4 クラスターを形成し,中央にカーバイド原子が取り込まれた構造をとる.また,W-O=1.90〜1.95 Å でオキソ架橋している.W-W 間距離は,2.7038(10)〜2.7984(11) Å である.カーバイド原子と W は,左右の W とは,1.914(15),1.924(15) Å の距離と 161°の角度にあり,ボトムの W とは,2.298(15),2.301(14) Å の距離と 72°の角度をとる.ボトムの W との角度が若干小さいのは,この 2 つの W が,89.0°でオキソ架橋されているためである.

【植村一広】

【参考文献】
1) M. H. Chisholm *et al., J. Am. Chem. Soc.,* **1989**, *111*, 7283.
2) M. H. Chisholm *et al., J. Am. Chem. Soc.,* **1992**, *114*, 7056.

W_4CO_{14}

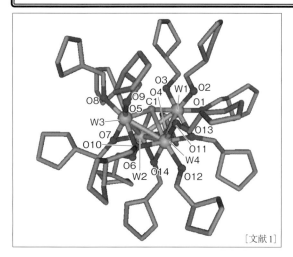

[文献1]

【名称】pentakis[μ-(cyclopentanemethanolato)]nonakis(cyclopentanemethanolato)-μ$_4$-methanetetrayl-tetratungsten:[$W_4(\mu_4$-C)(OCH$_2$C$_5$H$_9$)$_{14}$]

【背景】アセチレンや一酸化炭素の三重結合を還元的解離するためには,多核金属錯体が最適である.アルコキシドを用いたタングステン四核クラスター錯体に一酸化炭素を導入し,三重結合を解離後,カーバイド錯体を形成した例である[1,2].

【調製法】ヘキサン中で,$W_2(O^tBu)_6$と6当量以上のC$_5$H$_9$CH$_2$OHを混合すると,四核クラスターの[W_4-(OCH$_2$C$_5$H$_9$)$_{12}$]ができる[3].[W_4(OCH$_2$C$_5$H$_9$)$_{12}$]とピリジンを混合し,凍結脱気後,一酸化炭素を導入する.室温で2日間撹拌した後,乾固し,濃緑色粉末を得る.−20℃で,CH$_2$Cl$_2$で再結晶により,[$W_4(\mu_4$-C)(OCH$_2$-C$_5$H$_9$)$_{14}$]を得る.

【性質・構造・機能・意義】空気に不安定で,炭化水素系の溶媒には可溶だが,ピリジンや塩化メチレンには少量しか溶けない.[W_4(OCH$_2$C$_5$H$_9$)$_{12}$]とCOは,0℃,ヘキサンもしくはトルエン中で,ほぼ定量的に反応する.[W_4(OCH$_2$C$_5$H$_9$)$_{12}$]と^{13}COの重トルエン中での反応を,−30℃で,^{13}C NMRで追跡すると,最初にδ 350にピークが観測される.これはカーバイドとオキソ架橋の化合物[$W_4(\mu_4$-^{13}C)(O)(OCH$_2$C$_5$H$_9$)$_{14}$]に帰属される.その後,12時間かけて,反応液を常温にすると,δ 366に[$W_4(\mu_4$-^{13}C)(OCH$_2$C$_5$H$_9$)$_{14}$]のカーバイド^{13}C原子に由来するピークが^{183}W(I=1/2, 14.5%)のサテライトを伴って観測される.副生成物として,[$W_4(\eta^2,\mu_4$-CO)(CO)$_2$(OCH$_2$C$_5$H$_9$)$_{12}$]ができ,徐々にW-(CO)$_6$に分解する.

この錯体の結晶は,4つのWに,14のOCH$_2$C$_5$H$_9$が配位し,バタフライ型構造をもつW$_4$クラスターを形成し,中央にカーバイド原子を取り込んだ構造をとる.W-W間距離は,2.7794(13)〜2.8621(13) Åで,カーバイド原子とWは,左右のWとは,1.922(12),1.985(12) Åの距離と162.3(6)°の角度で,ボトムのWとは2.270(10), 2.282(11) Åの距離と75.3(3)°の角度にある.左右の一方のWは,OCH$_2$C$_5$H$_9$が5つ配位し,八面体構造をとる.溶液中でもこの構造を維持し,^{1}H NMRでは,OCH$_2$C$_5$H$_9$のCH$_2$のプロトンが2:2:2:2:2:2:1:1に分裂する.このカーバイド錯体生成の機構は,COがCr, Fe, Ru金属表面で,CとCO$_2$に不均化する,Boudouard反応と同じと考えられる.W$_4$クラスターに吸着したμ_4-COが,Wdπ軌道から電子を受け取り,COが還元的解離し,C^{4-}とO^{2-}イオンになる.

[$W_4(\mu_4$-C)(OCH$_2$C$_5$H$_9$)$_{14}$]中に見られるW$_4(\mu_4$-C)$^{14+}$は,他の金属種(M=Fe, Ru)でも,同様の骨格が報告されている.FeとRuの場合の相違点は,カーバイド原子とWの間に,C 2s軌道が強く関係している点である.これは,^{183}W-^{13}Cのカップリング定数で確認されており,左右のWとは,120〜140 Hzと大きく,ボトムのWとは,20〜30 Hzと小さい.この結果は,結晶構造で,左右のWとの結合距離が,ボトムのWに比べて短いことと一致する.すなわち,カーバイド原子は,C 2s軌道を使い,左右の2つのWと強く結合している.また,[$W_4(\mu_4$-C)(OCH$_2$C$_5$H$_9$)$_{14}$]に対してイソシアニド(^{t}BuNC, PhCH$_2$NC, 2,4,6-Me$_3$C$_6$H$_2$NC)を導入すると,三重結合が解裂し,同じカーバイド錯体の[$W_4(\mu_4$-C)(OCH$_2$C$_5$H$_9$)$_{14}$]ができる[4].一方で,アルキン(MeC≡CMe, EtC≡CEt)とニトリル(MeCN, NC(CH$_2$)$_5$CN)は反応不活性であり,基質小分子のドナー性(イソニトリル≥一酸化炭素≥ニトリル)と立体障害が,反応活性の重要な要素と考えられる.

【関連錯体の紹介およびトピックス】[W_4(OCH$_2$C$_5$H$_9$)$_{12}$]と同様の合成法により,ヘキサン中で,$W_2(O^tBu)_6$と6当量以上のRCH$_2$OH(R=^{t}Bu, cyclohexyl-(Cy), isopropyl(^{i}Pr))を混合すると,四核クラスターの[W_4(OCH$_2^t$Bu)$_{12}$], [W_4(OCH$_2$Cy)$_{12}$], [W_4(OCH$_2^i$Pr)$_{12}$]ができる[3].

【植村一広】

【参考文献】
1) M. H. Chisholm *et al.*, *J. Am. Chem. Soc.*, **1992**, *114*, 7056.
2) M. H. Chisholm *et al.*, *J. Organomet. Chem.*, **1990**, *394*, C16.
3) M. H. Chisholm *et al.*, *J. Am. Chem. Soc.*, **1988**, *110*, 3314.
4) M. H. Chisholm *et al.*, *Inorg. Chem.*, **1992**, *31*, 4081.

W_6Cl_{14}

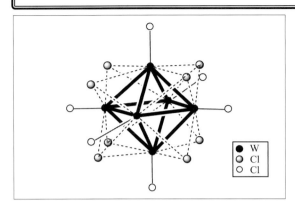

●W ◐Cl ○Cl

【名称】octa(μ_3-chloro)hexa(chloro)hexatungstate(II)ion: $[\{W_6(\mu_3\text{-}Cl)_8\}Cl_6]^{2-}$

【背景】モリブデン(II)塩化物が六核構造を基本単位にもつことは，1950年頃には知られていたが，同じ6族のタングステン(II)塩化物も同様の六核構造をもつことも，1960年代には認められていた．1981年に，$[Mo_6Cl_8]^{2-}$ が強い赤色発光を示すことが報告されると，本 $[W_6Cl_8]^{2-}$ イオンおよびその関連化合物の発光についても，詳しい研究が進められるようになった．

【調製法】W(IV)の塩化物を425℃程度の高温に保つと，高酸化状態の揮発性の塩化物とW(II)塩化物とに不均化する．W(II)塩化物(組成 WCl_2)は固体として回収される．このW(II)塩化物は，W(VI)の塩化物をAl金属で還元することによっても得られる．その際，$NaAlCl_4$ の溶融塩中で反応を行うと，より純度の高い生成物が得られる．このようにして得られる WCl_2 の組成の固体粗生成物を塩酸溶液から結晶化させると，$[W_6Cl_8]^{2+}$ が，$(H_3O)_2[(W_6Cl_8)Cl_6]\cdot nH_2O$ の形の塩として得られる[1]．また，濃塩酸溶液にMCl($M^+=Cs^+$, $(C_2H_5)_4N^+$ など)を加えると，それぞれの陽イオンの塩が固体として得られる．

【性質・構造・機能・意義】$[W_6Cl_8]^{2+}$ の塩は，いずれも明るい黄色を示す．$[W_6Cl_8]^{2+}$ の構造[2] は，正八面体型に配置した6個のW(II)が作る六核構造が基本となっている．3個のWで作る計8個の三角形の面上にはそれぞれClが配置しており，その8個のClはほぼ正立方体型に配列している(μ_3-部位)．さらに，各W(II)には，八面体構造の中心から外側に向かって，1個ずつのClが結合している(axial部位)．W-W結合距離は2.607Åと短く，W-W間には金属間結合が形成されている．各Wのもつ4個のd電子は，隣接する4個のW(II)に1個ずつ提供され，W-W間はすべて単結合で連結されていると見なすことができる．この電子状態を反映して，本イオンは反磁性である．固体，溶液ともに強い赤色の発光を示す．$(n\text{-}C_4H_9)N^+$ 塩の固体の発光については，室温で発光極大880 nm，寿命2 μs，量子収量0.02と報告されている．アセトニトリル溶液中では，発光極大は825 nmである．同型のMo(II)六核錯体(805 nm, 180 μs, 0.19)に比べると，発光極大は長波長側にあり，寿命も短く，量子収量も小さい．アセトニトリル溶液中で，一電子酸化波が観測される．$E_{1/2}$ は，1.14 V vs. SCEであるが，同型のMo六核錯体に比べると0.46 Vほど負側にあり，より酸化を受けやすい．

【関連錯体の紹介およびトピックス】d^4 電子配置の重遷移金属イオンは，正八面体型六核骨格の構造をとることが一般的である．例えば，W(II)と同族のMo(II)六核構造はよく知られており，隣の族のRe(III)やTc(III)も，μ_3-配位子がSやSeである同様の六核構造をとりやすい．Mo(II)やW(II)六核錯体と同様に，Re(III)の六核錯体も強い発光を示す．

$[(W_6Cl_8)Cl_6]^{2-}$ のClをBrやIに置換した錯イオン，$[(W_6Br_8)Br_6]^{2-}$ や $[(W_6I_8)I_6]^{2-}$ も知られている．さらに，μ_3-部位とaxial部位のハロゲン化物イオンが異なる組合せの錯体である $[(W_6Cl_8)Br_6]^{2-}$ なども知られている．これらの一連の錯体の発光挙動も詳細に調べられている．μ_3-配位子がClからBr，Iと変化するにつれ，発光極大は単波長側に移動するが，この傾向は，$[(Mo_6Cl_8)Cl_6]^{2-}$ と $[(Mo_6Br_8)Br_6]^{2-}$ に見られる傾向と逆であり，Mo錯体の場合には金属間結合の軌道が発光に主要な役割を演じているのに対して，W錯体の場合には μ_3-ハロゲン原子の役割がより重要であることを示している[3]．

$[(W_6Br_8)Br_6]^{2-}$ の一電子酸化体，$[(W_6Br_8)Br_6]^-$ が単離されており，その単結晶構造解析も報告されている．W-W距離は，酸化前の錯体に比べやや長く，W-W結合にかかわる軌道から電子が除かれることを反映している．

【佐々木陽一】

【参考文献】
1) W. C. Dorman et al., *Inorg. Chem.*, **1974**, 13, 491.
2) T. C. Zietlow et al., *Inorg. Chem.*, **1986**, 25, 2195.
3) T. C. Zietlow et al., *Inorg. Chem.*, **1986**, 25, 1351.

W_6Cl_{14}

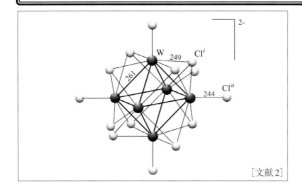

[文献2]

【名称】oxidanium octa-μ_3-chlorido-hexachlorido-*octa-hedro*-hexatungstate(Ⅱ): $(H_3O)_2[(W_6Cl_8)Cl_6]\cdot 7H_2O$

【背景】塩化モリブデン(Ⅱ)の類比で塩化タングステン(Ⅱ)が合成された．WCl_2と記され当初三量体と考えられていたが，1960年代に入りX線回折が発達し，現在の六量体の構造が確定された．固体クラスターであるためそのままでは精製や利用が難しいため，分子またはイオンの独立したクラスターに切り出す必要があるが，最も簡単な方法として塩酸で処理して得られるのが標題のクラスターである．

【調製法】WCl_6と化学量論量の金属ビスマスを中央にくびれを入れたパイレックス管に封じる．封管を立て335℃で2日間加熱する．次に封管を水平にし，試料が入った側を電気炉中に，試料がない側は少し電気炉から出した状態で325℃で3日程度かけ，もはや$BiCl_3$が析出しなくなるまで蒸留を行う．析出した$BiCl_3$が元の反応室に入らないように封管を破り，生成した黒色固体をフラスコに移す．25％塩酸で，沸点付近で抽出し熱時ろ過後放冷することにより明るい黄色の針状結晶として得る．必要に応じ25％塩酸から再結晶する[1]．

【性質・構造・機能・意義】$(H_3O)_2[(Mo_6Cl_8)Cl_6]\cdot 7H_2O$と同形である．金属の立体配置は体心立方晶のバルクW中のW原子に近いほぼ正八面体のW_6であり，各面上に内部配位子Cl^i(i=inner)が面配位した$[W_6Cl^i_8]^{4+}$が存在する．そして八面体の6個の頂点に外部配位子Cl^a(a=außer, outer)が末端配位している．W-W距離は261 pmでバルクW金属の274 pmより短く，W-Cl^iは249 pm，W-Cl^aは244 pmである[2]．$[W_6Cl^i_8]^{4+}$集団は安定で1つの原子のようにふるまう．

結晶を室温で放置すると結晶水を失い$(H_3O)_2[(W_6Cl_8)Cl_6]$になるが，クラスターは空気中室温で安定なため塩酸から再結晶するともとに戻る．7水和物は6 M塩酸上または密閉容器中で保存可能である．加熱すると塩酸に溶解する．メタノールやエタノールなどの低級アルコールには室温で可溶だが，その際Cl^aはアルコキシ基に置換している．外部配位子の置換は容易で，$(Bu_4N)_2[(W_6Cl_8)Cl_6]$の塩化メチレン溶液中$AgOSO_2CF_3$との反応で$(Bu_4N)_2[(W_6Cl_8)(OSO_2CF_3)_6]$が得られる．溶解性がよいこれを原料にして外部配位子の擬ハロゲンや$OP(C_6H_5)_3$置換体を得る[3]．オキシダニウムイオンは，アンモニウムやホスホニウムなどの陽イオンに置換できる．

不活性ガス下，室温で結晶水が脱離し，$(H_3O)_2[(W_6Cl_8)Cl_6]$になる．150～200℃ではオキシダニウムイオンのヒドロンとCl^aからHClが脱離するのに伴いアクア配位子が生成し，$[(W_6Cl_8)Cl_4(H_2O)_2]$になる．250℃ではアクア配位子が脱離すると同時にCl^aが隣接するクラスターの空いた頂点配位座に配位し，クラスター間架橋配位子Cl^{a-a}に変わり黄褐色の固体クラスター$WCl_2([(W_6Cl^i_8)Cl^a_2Cl^{a-a}_{4/2}])$になる[4]．真空下450℃で数時間加熱すると結晶化度が進行した試料となる．WCl_2は熱的には500℃程度まで安定で，それ以上の温度では金属タングステンとWCl_4(g)に不均化し，680℃では金属タングステンが残る．

内部配位子Cl^iのカルコゲンへの置換は穏和な条件で進行する．例えば，250℃の加熱によりWCl_2に変換したのち，ピリジン還流下NaSHと^tBuONaを反応させると$[W_6S_8(py)_6]$が得られる[5]．

【関連錯体の紹介およびトピックス】不活性ガスまたは水素気流下200℃以上に昇温すると，結晶では一部が，シリカゲルに担持するとほとんどすべての分子が結晶水と塩化水素を脱離しヒドロキシドをもつ$[(W_6Cl_8)Cl_3(OH)(H_2O)]$や$[(W_6Cl_8)Cl_2(OH)_2]$に変わる．このヒドロキシドは$H_0\approx 1.3$の弱いプロトン酸触媒としてはたらく．一方，アクア配位子が脱離した場所にCl^{a-a}架橋配位子が形成できない場合は配位不飽和サイトとして機能し，水素化や脱水素の触媒としてはたらき，500℃まで活性が保持されることが特徴である[6]．

【長島佐代子・千原貞次】

【参考文献】
1) V. Kolesnichenko *et al.*, *Inorg. Chem.*, **1998**, *37*, 3660.
2) M. Ströbele *et al.*, *Z. Anorg. Allg. Chem.*, **2009**, *635*, 822.
3) C. S. Weinert *et al.*, *Inorg. Chem.*, **2000**, *39*, 240.
4) S. Kamiguchi *et al.*, *J. Cluster Sci.*, **2007**, *18*, 414.
5) R. E. McCarley *et al.*, *Inorg. Chem.*, **1995**, *34*, 2678.
6) a) 上口賢ほか，触媒，**2007**, *49*, 554；b) 長島佐代子ほか，ペトロテック，**2010**, *33*, 882.

$W_{10}O_{32}$

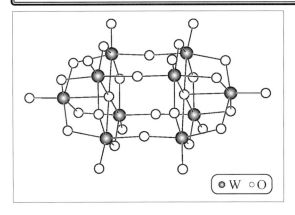

【名称】 tetrakis(tetra-*n*-butylammonium)[di-μ5-oxo-icosa-μ-oxo-decakis(oxotungstate)(4−)]: $[NBu_4]_4[W_{10}O_{32}]$

【背景】 タングステート-Yとして知られるイオン種、$[W_{10}O_{32}]^{4-}$はそのO→W LMCT帯がおよそ320 nmと低エネルギーであることが特徴である。還元電位が負に大きく可逆的であることと相まって$[W_{10}O_{32}]^{4-}$を光触媒として使用する試みが光エネルギーの化学的変換の立場からなされた。

【調製法】 $[NBu_4]Br$と$Na_2WO_4 \cdot 2H_2O$の水溶液をそれぞれ90℃に加温してHClを加えてpH 2にする。これら2つの水溶液を混合し90℃のまま1時間撹拌する。室温まで放置冷却後生じた淡黄色の沈殿物をろ別する。90℃の温水で洗浄した後風乾する。再結晶は1:1体積比のアセトニトリル/アセトン混合溶媒を用いて行う。

【性質・構造・機能・意義】 アニオンは形式的にはLindqvistタイプとして知られる$[W_6O_{19}]^{2-}$の一欠損種、$[W_5O_{18}]^{6-}$が二分子脱水縮合して生成したD_{4h}対称に近い構造である。O→W LMCT帯が低エネルギーとなるのは中心の4個のW-O-W(W-O結合距離 1.9 Å)結合角がほぼ180°であることによっている。アセトニトリル溶媒中では分子吸光係数$\varepsilon_{323}=1.4\times 10^4\,M^{-1}\,cm^{-1}$、−0.94および−1.37 V vs. Ag/AgClの2つの可逆的酸化還元電位が観測される。2つの電位はそれぞれ一電子、二電子還元に相当しこれらの値は水素イオンの水素への還元電位より大きく負にシフトしているため基質からの水素発生の光触媒として最適である。$[W_{10}O_{32}]^{4-}$の光化学は固体、溶液ともに詳しく調べられ、還元されて取り込まれた電子の分子内の非局在性が単結晶ESR分光法により調べられた。また広い波長領域からなる赤色の発光材料としても興味がもたれている。

【関連錯体の紹介およびトピックス】 類似のアニオンとして二電子および四電子還元されモリブデート錯体$[Mo_{10}O_{25}(OMe)_6(NO)]^-$、$[Mo_{10}O_{24}(OMe)_7(NO)]^{2-}$も合成された。中心のほぼ直線状のMo-O-Mo結合での還元された電子の非局在性が検討され、$[W_{10}O_{32}]^{5-}$との比較の面でも興味深い。最近、$Na_2WO_4 \cdot 2H_2O$の水溶液にトリエタノールアミンとHClを加えてpH 2にした水溶液を$Na_2S_2O_4$で還元するとK^+が中心に取り込まれたケルトリング構造の$\{(H_2O)_4K\{[H_{12}W_{36}O_{120}]\}^{11-}$が得られることが報告された。このポリタングステン酸イオンの生成にはトリエタノールアミンが重要な役割を担っているようであるが生成の詳細は不明である。

【山瀬利博】

【参考文献】
1) M. Filowitz *et al.*, *Inorg. Chem.*, **1979**, *18*, 93.
2) T. Yamase *et al.*, *J. C. S. Dalton Trans.*, **1984**, 793.
3) T. Yamase *et al.*, *J. C. S. Dalton Trans.*, **1988**, 183.
4) T. Yamase, *J. C. S. Dalton Trans.*, **1987**, 1597.
5) A. Proust *et al.*, *J. Amer. Chem. Soc.*, **1997**, *119*, 3523.
6) D.-L. Long *et al.*, *J. Amer. Chem. Soc.*, **2004**, *126*, 13880.

$W_{17}O_{61}C_6P_2S_2Si_2$

無 ク 超

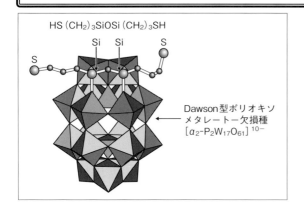

【名称】 $[(Me_2NH_2)_5H[\alpha_2-P_2W_{17}O_{61}\{O[Si(CH_2)_3-SH]_2\}]\cdot nH_2O$

【背景】分子性の金属酸化物クラスターであるポリオキソメタレート(polyoxometalate)は，可溶な金属酸化物として，酸触媒，酸化触媒，医薬，材料科学などの応用分野で注目を浴びている．

ポリオキソメタレートの固定化や不均一化は，ナノ材料科学，多機能性材料の開発，触媒のリサイクル，反応生成物からの分離を容易にすることなどから期待が持たれている．ポリオキソメタレートの代表例であるKeggin型，Dawson型の欠損種に，有機スズ，有機ホスホン酸，有機ゲルミル鎖を導入した無機-有機ハイブリッド化合物が報告されている[1]．本化合物は結晶化が困難なDawson型の有機シリル誘導体[2]で結晶解析がはじめて成功した例である[3]．

【調製法】末端にチオールを有するシランカップリング剤($HS(CH_2)_3Si(OMe)_3$)を水，アセトニトリル混合溶媒に溶解し，この溶液にDawson型ポリオキソメタレート一欠損種$K_{10}[\alpha_2-P_2W_{17}O_{61}]\cdot nH_2O$をモル比2：1になるように加える．塩酸で溶液をpH 1.8に調整し，室温で30分撹拌後濃縮する．その後Me_2NH_2Clを加え暗所で静置する．得られた粗生成物を暗所でHCl水溶液から結晶化し，目的物を得る．

【性質・構造・機能・意義】Dawson型ポリオキソメタレートα_2-一欠損種上にチオール基末端の2つの有機鎖がシロキサン結合を介して担持された無機-有機ハイブリッド化合物で，WOが1つ欠けた部位に縮合した2本の有機鎖が取り込まれるのが特徴である．

アルコキシシリル基をもつカップリング剤の縮合反応はハロゲン化シリル基の反応より遅く，酸性条件下で行われる．そのため酸性で比較的安定なポリオキソメタレート欠損種が原料として用いられた．原料の添加順などの反応条件が収率に大きく影響する．合成の条件はBu_4N^+を対カチオンとしたハイブリッドで質量分析を用いて検討された[2]．

他のポリオキソメタレートと同様，対カチオンの選択は，ハイブリッド化合物の溶解性，結晶性に大きく影響する．本化合物は対カチオンが$Me_2NH_2^+$の場合に単結晶が得られた．欠損部分にSi-O-Siで縮合した2本の有機シリル鎖が，異なる向きで固定されているため，ハイブリッド化したアニオンの対称性はC_1であった．^{13}C NMRにより2本の有機鎖中の3つの炭素原子は，固体^{13}C NMRではSi原子に最も近い炭素のシグナルの先端が割れて観測されたのに対し，溶液中の^{13}C NMRでは3本のシグナルともシングレットで現れた．溶液中，室温で有機鎖はNMRタイムスケールで運動していることが示された[3]．

この無機-有機ハイブリッドの末端チオールを利用して，ナノ粒子に共有結合でグラフトしたコアーシェル粒子の調製や[4]，金ナノ粒子などの貴金属表面への固定化が行われている．

【関連錯体の紹介およびトピックス】他の官能基をもつアルコキシシリルまたはハロゲン化シリル化合物も利用できるので，多様な官能基を導入した無機-有機ハイブリッドの合成が可能である．類似の無機-有機ハイブリッド化合物としてオルガノシリル基の末端が-Ph，-SCN，-NMe$_3$，-OCOC(CH$_3$)=CH$_2$，-OCOCH=CH$_2$なども合成，構造解析されている[5]．ポリオキソメタレート部位にKeggin型一欠損種およびγ-Keggin型二欠損種を用いて有機シリル基が導入されたハイブリッド化合物も報告されている[1]．また得られた無機-有機ハイブリッドは，末端官能基を用いて，有機部位を伸長したり，他のモノマーと共重合したり，ナノ粒子に共有または配位結合によりグラフトして，さらに大きな無機-有機-無機あるいは無機-有機-有機ハイブリッドの合成が行われている[1,4,6]．

【力石紀子・松永　諭・坂井善隆・野宮健司】

【参考文献】
1) A. Dolbecq *et al.*, *Chem. Rev.*, **2010**, *110*, 6009.
2) C. R. Mayer *et al.*, *Chem. Eur. J.*, **2004**, *21*, 5517.
3) K. Nomiya *et al.*, *Eur. J. Inorg. Chem.*, **2006**, 4834.
4) C. R. Mayer *et al.*, *Adv. Mater.*, **2005**, *17*, 2888.
5) K. Nomiya *et al.*, *Inorg. Chem. Commun.*, **2007**, *10*, 1140.
6) K. Nomiya *et al.*, *Inorg. Chim. Acta*, **2008**, *361*, 1385.

$W_{60}Ti_{16}O_{260}P_8$

無 ク 触

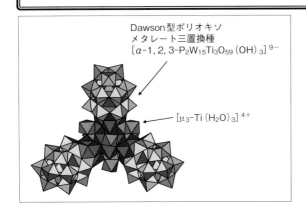

Dawson型ポリオキソメタレート三置換種 $[\alpha\text{-}1,2,3\text{-}P_2W_{15}Ti_3O_{59}(OH)_3]^{9-}$

$[\mu_3\text{-}Ti(H_2O)_3]^{4+}$

【名称】$Na_{21-x}H_x[\{P_2W_{15}Ti_3O_{59}(OH)_3\}_4\{\mu_3\text{-}Ti(H_2O)_3\}_4\text{-}X]\cdot ca.90H_2O$ ($x=16\sim19$, $X=Cl$, Br, I, NO_3)

【背景】分子性金属酸化物クラスターであるポリオキソメタレート(polyoxometalate)は可溶性の酸化物であり,均一系および不均一系の(酸,酸化,光酸化)触媒,表面化学,材料化学,医薬品などの観点より,基礎および応用の両面から広範囲な研究がなされている.ポリオキソメタレートの骨格を構成するタングステン(VI)を位置選択的に欠損させチタン(IV)へと置き換えた化合物は,半導体や光触媒として知られるチタン酸化物のモデル化合物として極めて重要である.本錯体は,この様なチタン置換ポリオキソメタレートの中でも一際大きく,ナノメートルサイズの分子サイズを有する化合物である[1,2].

【調製法】Dawson型ポリオキソメタレート三欠損種 $Na_{12}[B\text{-}P_2W_{15}O_{56}]\cdot 19H_2O$ に対して過剰の $TiCl_4$(約10当量)を水溶液中,80℃で30分間反応させ,その後,溶媒を濃縮し,室温にて一晩放置すると結晶性の白色粉末が析出する.これをろ取し,90℃の湯浴上で水に溶解させ,室温にて24時間安置することで,$Na_xH_{21-x}[\{P_2W_{15}Ti_3O_{59}(OH)_3\}_4\{\mu_3\text{-}Ti(H_2O)_3\}_4Cl]\cdot yH_2O$ ($x=16\sim19$, $y=60\sim70$)が無色結晶として得られる.

【性質・構造・機能・意義】このポリオキソメタレートは,4つの $[\alpha\text{-}1,2,3\text{-}P_2W_{15}Ti_3O_{62}]^{12-}$ ユニットが4つの $\mu_3\text{-}Ti(H_2O)_3$ 基で架橋された T_d 対称の四量体構造を有している.1分子中に金属イオン76個($W_{60}Ti_{16}$)を含み,分子量 $ca.16000$,分子サイズは直径 $ca.32$ Å の球に内接する程の大きさをもっている.この四量体の中心空間には,Cl^- イオンがカプセル化されている.$TiCl_4$ の代わりに,水溶液中で $Ti(SO_4)_2$ と BaX_2($X=Br$, I, NO_3)の反応から誘導した"TiX_4"を前駆体として用いると,同様の四量体構造でカプセル化アニオン種が Br^-, I^-, NO_3^- の化合物も合成でき[3],四量体の中心空間のカチオン性により,各種アニオンをカプセル化することが可能である.

この四量体の水溶液(無色)に過剰の過酸化水素を加えると赤色透明溶液に変化する.これは3つのペルオキソ基がチタン(IV)原子にそれぞれside-on配位したチタン(IV)三置換Dawson型ポリオキソメタレートの単量体 $[P_2W_{15}(TiO_2)_3O_{56}(OH)_3]^{9-}$ が生成したためであり,構造解析もなされている[4].このペルオキソ基配位チタン(IV)三置換ポリオキソメタレート単量体を,塩酸酸性下,Ti^{4+} イオン存在下の水溶液中で熱により分解すると,四量体が再生することが ^{31}P NMR で確認されている.

また,この四量体を硫酸酸性のグリセリン水溶液に溶解し紫外光を照射すると,H^+ の還元による水素生成が起こることが確認されている[5].この反応には共触媒が不要であり,光水素発生触媒として極めて興味深い.

【関連錯体の紹介およびトピックス】上記の四量体は,4つの $[\alpha\text{-}1,2,3\text{-}P_2W_{15}Ti_3O_{62}]^{12-}$ ユニットが $\mu_3\text{-}Ti(H_2O)_3$ 基で架橋された構造であるが,塩酸酸性水溶液中で Dawson 型三欠損種 $[B\text{-}\alpha\text{-}P_2W_{15}O_{56}]^{12-}$ と $Ti(SO_4)_2\cdot 4H_2O$ をモル比1:3で反応させると,4つの $[\alpha\text{-}1,2,3\text{-}P_2W_{15}Ti_3O_{62}]^{12-}$ ユニットが直接縮合した T_d 対称の分子 $[\{P_2W_{15}Ti_3O_{57.5}(OH)_3\}_4Cl]^{25-}$ が得られる[6,7].中心の八面体空間には Cl^- イオンがカプセル化されている.これら2種類の四量体の形成は,前駆体の Dawson 型三欠損種と Ti^{4+} の反応モル比に強く依存しており,モル比が1:3で架橋していない四量体が生成し,Ti^{4+} を増やしていくと架橋なし四量体の他に $\mu_3\text{-}Ti(H_2O)_3$ 基で架橋された四量体が生成しはじめ,1:10で架橋あり四量体のみが生成することが,反応溶液の ^{31}P NMR 測定により確認されている.

【松永 諭・力石紀子・坂井善隆・野宮健司】

【参考文献】
1) Y. Sakai *et al., Chem. Eur. J.,* **2003**, 9, 4077.
2) K. Nomiya *et al., Eur. J. Inorg. Chem.,* **2004**, 23, 4646.
3) Y. Sakai *et al., Bull. Chem. Soc. Jpn.,* **2007**, 80, 1965.
4) Y. Sakai *et al., Eur. J. Inorg. Chem.,* **2004**, 4646.
5) H. Hori *et al., Energy & Fuels,* **2005**, 19, 2209.
6) Y. Sakai *et al., Dalton Trans.,* **2003**, 3581.
7) U. Kortz *et al., Chem. Eur. J.,* **2003**, 9, 2945.

YC₂NOP₂

【名称】［(bis(2-diphenylphosphinophenyl)amido-(tetrahydrofuran)-bis(trimethylsilylmethyl)-yttrium(+3))］：
［((2-Ph₂PC₆H₄)₂N)(thf)(Me₃SiCH₂)₂Y］

【背景】3座で配位できるジホスフィンアミド配位子（PNP）を有する希土類アルキル錯体は知られていたが，重合触媒への応用はほとんど検討されていなかった．ホスフィン上の置換基を種々検討した結果，ジフェニル基を有するPNP希土類ジアルキル錯体がイソプレンの重合反応に高い活性および位置選択性を示し，はじめてイソプレンの1,4-シスリビング重合が達成された[1]．

【調製法】イットリウムトリアルキル錯体［Y(CH₂SiMe₃)₃(thf)₂］にビスホスフィノフェニルアミン配位子PNPHをTHF中で1時間反応させ，溶媒留去後，冷却したヘキサンで洗浄することにより目的物が黄色粉末として得られる[1]．

【性質・構造・機能・意義】黄色の固体でTHFやトルエンなどの有機溶媒に可溶で，ヘキサンにもある程度の溶解度を示す．不活性雰囲気下では基本的に安定であるが，長期間の保存には−30℃程度の低温で保存することが望ましい．空気中では速やかに分解する．構造は，中心のイットリウム金属周りに3座のPNP配位子が1つと2つのアルキル基およびTHFが一分子配位しており，歪んだ六配位八面体構造となっている．

この錯体に過剰のイソプレンを加えても重合反応は進行しない．この錯体に1当量の［PhMe₂NH］［B(C₆F₅)₄］を加えてカチオン性のアルキル錯体を発生させ，イソプレンモノマーと反応させると重合反応が速やかに進行し，1,4-シス選択性が99.3％で高度に立体規則性が制御されたポリイソプレンを与える．得られるポリマーの分子量分布が1.1以下であり，分子量（5〜23万）をモノマーの仕込み比によって調節可能であることからイソプレンのリビング重合の進行が明らかとなっている．本触媒は80℃と高温でも選択性や活性を失うことなくシス-1,4-ポリイソプレンを生成する．

ポリイソプレンは天然ゴムの主成分であり，その骨格は100％シス-1,4-構造に制御されている．この分子構造の高い規則性により天然ゴムは引っ張り強さや弾性，耐摩耗性などにおいて優れた特性をもつと考えられる．しかし，天然ゴムは天然品であるがゆえに，望みの分子量や分子量分布をもつポリマーを安定して入手するのは難しく，タンパク質のようなアレルギー原因物質の混入といった問題の指摘もある．一方，ポリイソプレンはイソプレンを化学的に重合させ得ることもできるが，従来の合成法ではシス-1,4-構造の割合は通常98％程度に留まっており，このことが物性の面において合成ポリイソプレンが天然ゴムに劣る原因の1つと考えられてきた．イットリウムモノアルキルカチオン種からなる触媒系を用いたイソプレンの重合は，分子構造がほぼ100％シス-1,4-構造に制御され，かつ極めて狭い分子量分布をもつシス-1,4-ポリイソプレンを合成するはじめての例である[1]．

また，本触媒系はシス-1,4-ポリブタジエンの合成にも有効であり，非常に狭い分子量分布をもつシス-1,4-ポリブタジエン（数平均分子量約11万，シス-1,4-選択性：>99％，$M_w/M_n=1.07$）が得られる．さらに本触媒系によって，ポリイソプレンとポリブタジエンユニットの双方においてほぼ完璧なシス-1,4-選択性を実現したポリイソプレン-ポリブタジエンブロック共重合体の合成も達成されている．この共重合体では高いシス-1,4-選択性に加え，非常に狭い分子量分布の実現にも成功しており，新しいエラストマーとしての利用が期待される．

【関連錯体の紹介およびトピックス】PNPイットリウムジアルキル錯体の類似錯体としてスカンジウムとルテチウム錯体が合成されている．ルテチウム錯体はイットリウム錯体と同様にTHFが配位しているが，スカンジウム錯体には配位していない．いずれの錯体もカチオン性のアルキル錯体に変換することにより，イソプレンの重合に対して活性を示すが，1,4-シス選択性（スカンジウム：96.5％，ルテチウム：97.1％）がイットリウム錯体より多少低くなっている[1]．一方，PNPルテチウムジアルキル錯体とメシチルホスフィンとの反応により，はじめての希土類ホスフィニデン錯体の合成が報告されている[2]．

【西浦正芳】

【参考文献】
1) L. Zhang *et al., Angew. Chem., Int. Ed.* **2007**, *46*, 1909.
2) J. D. Masuda *et al., J. Am. Chem. Soc.*, **2008**, *130*, 2408.

YC$_2$N$_3$O

[文献1]

【名称】(hydrogen tris(3,5-dimethylpyrazolyl)borato)bis(trimethylsilylmethyl)(tetrahydrofuran)yttrium(+3):[(HB(3,5-Me$_2$C$_3$N$_2$H)$_3$)Y(CH$_2$SiMe$_3$)$_2$(thf)]

【背景】特異な反応性を示す希土類ポリヒドリド錯体はシクロペンタジエニル系配位子を有するものに限られていたが,ピラゾリルボレートを有するジアルキル錯体の合成に成功したことにより,新たなポリヒドリド錯体の合成が可能となった[1]。

【調製法】YCl$_3$と3当量のLiCH$_2$SiMe$_3$との反応から合成されたイットリウムトリスアルキル錯体[Y(CH$_2$SiMe$_3$)$_3$(thf)$_2$]にピラゾリルボレートのタリウム塩TlTpMe$_2$(TpMe$_2$:HB(3,5-Me$_2$C$_3$N$_2$H)$_3$)を加え,酸化的に1つのアルキル基を引き抜いてイットリウムのジアルキル錯体[(TpMe$_2$)Y(CH$_2$SiMe$_3$)$_2$(thf)]が生成するとともに,タリウム金属とアルキルのカップリング体が副生する.タリウム金属と溶媒を除去後,トルエンとヘキサンの混合溶媒より再結晶し,錯体を得る.この錯体は,[Y(CH$_2$SiMe$_3$)$_3$(thf)$_2$]とHTpMe$_2$とのアルカン脱離反応によっても合成できる.

【性質・構造・機能・意義】構造は,中心のイットリウム金属周りに3座のピラゾリルボレート配位子が1つ,アルキル配位子が2つとテトラヒドロフランが1分子配位した歪んだ六配位八面体構造をとる.イットリウム錯体の^{1}H NMRは,メチレンプロトンが−0.30と−0.09 ppmに非等価に観測され,アルキル基の自由回転がある程度固定されていることを示している.

この錯体はポリヒドリド錯体の前駆体として機能し,水素と反応させるとイットリウム四核ポリヒドリド錯体[{(TpMe$_2$)Y(μ-H)$_2$}$_4$]が得られる.シクロペンタジエニル系配位子を有するイットリウムジアルキル錯体の水素化反応では,1気圧,24時間という穏和な条件で十分であるが,ピラゾリルボレート配位子を有するイットリウムジアルキル錯体はより安定な希土類アルキル結合を有しているため,水素75気圧,室温48時間という厳しい反応条件がヒドリド錯体の合成には必要である.X線により構造が明らかになり,4つのイットリウム原子がやや歪んだ四面体構造を形成している.それぞれのイットリウム原子は,3座のピラゾリルボレートで配位され,ヒドリド配位子によって架橋されている.ヒドリド配位子の架橋様式は3種類あり,コアの中心にあるμ_4-Hが1つ,μ_3-Hが1つ,μ_2-Hが6つ配位している.この錯体の^{1}H NMRではヒドリド配位子に帰属できるピークが8.22 ppmに五重線(J_{Y-H}=12.1 Hz)として観測され,4核のヒドリドクラスター骨格が溶液中でも安定に存在していることを示している.これは非シクロペンタジエニル系配位子を有する初めての希土類ポリヒドリド錯体の例である.

【関連錯体の紹介およびトピックス】類似の錯体として,ピラゾリルボレート上に置換基のないルテチウムジアルキル錯体[(Tp)Lu(CH$_2$SiMe$_3$)$_2$(thf)](Tp=HB(C$_3$N$_2$H$_3$)$_3$)が[Lu(CH$_2$SiMe$_3$)$_3$(thf)$_2$]とTlTpとの反応から合成される.この錯体を水素と反応させるとヒドリド錯体に変換され,自己集合することによって六核ルテチウムポリヒドリド錯体が収率85%で得られる.6つのルテチウム原子は三角アンチプリズム構造を形成し,コアの中心にある1つのμ_6-H,8つのμ_3-Hと3つのμ_2-H配位子によって架橋された構造となっている.ピラゾリルボレートの置換基を小さくすることで,ルテチウム金属上により大きな配位空間が作り出され,4核から6核へとより多核化したクラスターが生成した.もう1つの関連錯体を紹介する.3,5位にイソプロピル基を有するピラゾリルボレート配位子をもつイットリウムジアルキル錯体[(TpiPr$_2$)Y(CH$_2$SiMe$_3$)$_2$(thf)](TpiPr$_2$=HB(3,5-iPr$_2$C$_3$N$_2$H)$_3$)が[Y(CH$_2$SiMe$_3$)$_3$(thf)$_2$]とHTpiPr$_2$とのアルカン脱離反応から合成されている.この錯体に水素を反応させると三核構造を有するイットリウムポリヒドリド錯体が選択的に得られる[2].コアの中心にμ_3-Hが1つあり,5つのμ_2-Hが架橋した構造である.この錯体は一酸化炭素に対して非常にユニークな反応性を示し,選択的に3分子の一酸化炭素と反応し,水素化,C-O結合の切断,C-C結合生成反応が起こり,アリルアルコキシドユニットを有するヒドリドオキソ錯体が得られる[2].

【西浦正芳】

【参考文献】
1) J. Cheng *et al.*, *Angew. Chem. Int. Ed.*, **2008**, *47*, 4910.
2) J. Cheng *et al.*, *J. Am. Chem. Soc.*, **2010**, *132*, 2.

YC_2N_4

触 有

[文献2]

【名称】 [(N,N'-bis(2,6-Di-isopropylphenyl)benzamidinate-N,N')-bis(2-(dimethylamino)benzyl-C,N)-yttrium(+3)]: [(PhC(NC$_6$H$_3$iPr$_2$-2,6)$_2$)(o-CH$_2$C$_6$H$_4$NMe$_2$)$_2$Y]

【背景】 2004年までは，アミジナートジアルキル錯体合成の試みは配位子の再配列が起こるため失敗に終わっていたが，立体的にかさ高い2,6-ジイソプロピルフェニル基を窒素上に導入することにより，アミジナート配位子を有する希土類ジアルキル錯体の合成が可能となった[1]．この錯体はイソプレン重合反応における立体選択性がアルキルアルミニウムの添加によって大きく変えられるという特異な現象を示すことが明らかになった[2]．

【調製法】 イットリウムのトリスアミノベンジル錯体[Y(CH$_2$C$_6$H$_4$NMe$_2$-o)$_3$]のトルエン溶液に対してアミジン配位子をゆっくり滴下し，室温で一晩撹拌した後，反応溶液を濃縮し，ヘキサン/トルエンから再結晶を行うと黄色の結晶として得られる[2]．

【性質・構造・機能・意義】 不活性雰囲気下であれば，溶液状態でも安定であるが，空気中では速やかに分解する．^{1}Hおよび^{13}C NMRによって同定され，溶液中でも配位子の不均化は起こらず構造が保持される．中心のイットリウム金属に1つのアミジナート配位子が2つの窒素原子で配位している．2つのアミノベンジル配位子は窒素原子とベンジル炭素でそれぞれ2座で配位している．THF中で合成してもキレート配位により，THFはイットリウム金属に配位しない．

この錯体に対して過剰のイソプレンを加えても重合反応は進行しない．ところが，1当量の[Ph$_3$C][B(C$_6$F$_5$)$_4$]を加えるとイソプレンの重合反応に高い活性を示す．クロロベンゼン中室温で，触媒に対して600当量のイソプレンを反応させると，重合反応は2分で終了し，91％の選択性で3,4-ポリイソプレンが得られる．重合温度を−20℃まで下げるとほぼ完璧に立体選択的な重合反応が起こり，アイソタクチック3,4-ポリイソプレン(3,4-選択性：99.5％，mmmm：99％)が得られる．興味深いことに，この触媒系に3当量以上のトリメチルアルミニウムを加えた後，同様の反応を室温で行うとシス1,4-ポリイソプレン(シス1,4：91％)が得られ選択性が大きく異なっている[2]．重合温度を−20℃まで下げるとシス1,4選択性が98％まで向上する．この大きな立体選択性の変化の機構を明らかにするために中間体の単離も行われている．この錯体とトリメチルアルミニウムとの反応からYと2つのAlを含む複核錯体[(PhC(NC$_6$H$_3$iPr$_2$-2,6)$_2$)Y(AlMe$_4$)$_2$]が単離され，構造も明らかとなっている．この複核錯体と[Ph$_3$C][B(C$_6$F$_5$)$_4$]との反応により生成するカチオン性錯体が重合活性種であると考えられる．アルキルアルミニウム化合物の添加により多少立体選択性が変わることは知られているが，この触媒系は，アルキルアルミニウム化合物の有無により1つの触媒で立体規則性の異なるポリイソプレンを選択的に作り分けることができる特異な例である．

【関連錯体の紹介およびトピックス】 他の類似アミジナート錯体の例を示す．アミジナートジアルキル錯体[(NCN)Ln(CH$_2$SiMe$_3$)$_2$(thf)$_n$] (Ln＝Sc, Y, La, Nd, Gd, Lu；NCN＝PhC(NAr)$_2$；Ar＝2,6-ジイソプロピルフェニル；n＝1,2)も先に示した錯体と同様に希土類トリアルキル錯体に1当量のアミジン配位子を反応させ合成する[1]．LaとNdの軽希土類トリアルキル錯体は熱的に不安定で単離することができず，系中で合成してすぐに錯体合成に使われる．かさ高いアミジナート配位子を使うことにより希土類全範囲においてジアルキル錯体の合成が可能である．これらの錯体に1当量の[PhNMe$_2$H][B(C$_6$F$_5$)$_4$]を反応させるとカチオン性錯体に変換できる．ジアルキル錯体に1当量の[PhNMe$_2$H]-[B(C$_6$F$_5$)$_4$]を加え，20当量のTIBAO(イソブチルアルモキサン)の存在下，エチレンと反応させると，いずれの錯体の場合にもポリエチレンが得られる．触媒の重合活性とポリマーの分子量に対して中心金属の影響が大きく現れ，希土類の中では中程度のイオン半径を有するイットリウム錯体が最も高い活性(3006 kg(PE)/mol h bar)を示し，170万程度の高分子量のポリエチレンが得られる．

【西浦正芳】

【参考文献】
1) S. Bambirra *et al.*, *J. Am. Chem. Soc.*, **2004**, *126*, 9182.
2) L. Zhang *et al.*, *Angew. Chem., Int. Ed.*, **2008**, *47*, 2642.

YC₆NO

[文献1]

【名称】 [*N-t*-butyl-1,1-dimethyl(tetramethylcyclopentadienyl)silaneamide](tetrahydrofuran)[(trimethylsilyl)-methyl]lanthanide(III):[{Me₂Si(C₅Me₄)(NR)}Ln(CH₂-SiMe₃)(THF)*n*](Ln=Y, Yb, Lu; R=*t*Bu, Ph, 2,6-C₆H₃-Me₂; *n*=1, 2).

【背景】 幾何拘束型(constrained geometry catalyst: CGC; シクロペンタジエニル基とアミド基がシリレンで架橋されたジアニオン性配位子)の錯体はメタロセンタイプの錯体より立体的に大きくなく，モノ(シクロペンタジエニル)系の錯体に近い反応活性をもつといわれている．これまで4族遷移金属を用いた重合触媒の開発に用いられてきた．標題の錯体は3族希土類金属を用いたCGCモノアルキル錯体の例である[1]．

【調製法】 Me₂Si(C₅Me₄H)NHR のヘキサン溶液を室温下で[Ln(CH₂SiMe₃)₃(THF)₂]のヘキサン溶液に加え，しばらく撹拌する．溶液を減圧濃縮すると薄黄色粉末結晶が得られる．デカンテーション後ヘキサンで洗浄し，目的化合物が高収率で得られる．

【性質・構造・機能・意義】 比較的熱的に安定であり，イットリウム錯体の場合，50℃ 半減期10時間ほどで徐々に分解していく．様々な有機溶媒に溶ける．結晶構造ではキラルな中心金属(イットリウム)を含み，擬テトラヘドラル骨格を有している．Y-N結合は2.208(6) Åであり比較的短い．窒素周りの幾何構造はtrigonal planarで結合角の和は359.5°である．溶液中のNMRでは分子内に鏡面の存在が示唆されるが，これは配位したTHFの動的挙動(付加・脱離)によるものと思われる．

標題錯体を水素と反応させると2核のジヒドリド錯体[{Me₂Si(C₅Me₄)(PR)}LnH]₂が得られる．標題錯体，ヒドリド錯体両者ともエチレン重合の活性がある．また，ヒドリド錯体は1-ヘキセンと反応し，単挿入したアルキル錯体が得られ，この錯体はスチレンの重合活性を示す．

標題錯体を有機合成反応の触媒として用いることが可能である．例えばフェニルアセチレンなどの末端アルキンの触媒的head-to-head(*Z*)-選択的二量化反応が進行する[2]．この反応は種々の末端アルキンに適用でき，芳香環上にハロゲンを有するアルキンを用いた場合にも(*Z*)-エンインが選択的に得られる．本反応の真の触媒活性種は二核架橋アセチリド錯体であることが明らかにされている．

また，フェニルアセチレンとジ-*t*-ブチルカルボジイミドを標題錯体存在下，反応させるとプロピオールアミジンがほぼ定量的に得られる[3]．同様にして一級芳香族アミンや二級アミンのカルボジイミドへの付加反応により様々なグアニジンを合成することができる[4]．P-H結合を有するホスフィンのカルボジイミドへの付加反応ではホスファグアニジンが得られる[5]．このように標題の錯体を用いることによって，末端アルキンC-H，アミンN-H，およびホスフィンP-H結合のカルボジイミドへの触媒的付加反応が進行する．

また，標題錯体により末端アルキンとイソシアニドの触媒的(*Z*)-選択的クロスカップリング反応が進行する[6]．フェニルアセチレンとシクロヘキシルイソシアニドが触媒存在下反応し，1-アザ-1,3-エン-インが生成する．この反応においてはイットリウム錯体が高い反応性を示したが，芳香環上に電子供与性の強い置換基がある場合(MeO-基など)，ランタン錯体を用いると収率が向上する．

標題の錯体を用いたこれらの反応は，有機合成反応において重要な(*Z*)-エン-イン，プロピオールアミジン，グアニジン，ホスファグアニジンおよび(*Z*)-1-アザ-1,3-エン-インを効率よくかつ原子効率の高い方法で与えるものである．これらの反応により得られた化合物のいくつかは従来の方法では合成できず，はじめて合成することが可能となった．

【関連錯体の紹介およびトピックス】 標題の錯体に類似する錯体としてシリレン架橋シクロペンタジエニル-ホスフィド錯体[{Me₂Si(C₅Me₄)(PR)}Ln(CH₂-SiMe₃)]が合成されており，ヒドロシリル化の触媒として高い活性を示す[7]．

【島　隆則】

【参考文献】
1) K. C. Hultzsch *et al., Organometallics*, **2000**, *19*, 228.
2) M. Nishiura *et al., J. Am. Chem. Soc.*, **2003**, *125*, 1184.
3) W.-X. Zhang *et al., J. Am. Chem. Soc.*, **2005**, *127*, 16788.
4) W.-X. Zhang *et al., Chem. Eur. J.*, **2007**, *13*, 4037.
5) W.-X. Zhang *et al., Chem. Eur. J.*, **2008**, *14*, 2167.
6) W.-X. Zhang *et al., Angew. Chem. Int. Ed.*, **2008**, *47*, 9700.
7) O. Tardif *et al., Tetrahedron*, **2003**, *59*, 10525.

$Y_2C_{12}N_2O_2$

触 有

【名称】[bis((μ₂-phenylacetylenyl)(η⁵-dimethyl(anilido)-silyl(tetramethyl)cyclopentadienyl)(tetrahydrofuran)yttrium)(+3)]：[｜Y(μ-PhCC)(η⁵-｜Me₂(C₆H₅N)Si｜Me₄C₅)-(thf)｜₂]

【背景】従来の希土類アセチリド錯体は単核のメタロセンタイプが主流であった．1つのシクロペンタジエニル配位子をアミドに変えると，立体的にも電子的にも配位環境がメタロセン錯体とは大きく異なり，ユニークな反応性が期待できる．シリレン架橋シクロペンタジエニル-アミド配位子を用いると，二核構造を有するイットリウムアセチリド錯体が生成し，特異な反応性を示す[1]．

【調製法】[Y(CH₂SiMe₃)₃(thf)₂]とシクロペンタジエニル-アニリン配位子との反応によりハーフサンドイッチ型アルキル錯体を合成し，この錯体にフェニルアセチレンを加えると目的錯体が得られる．

【性質・構造・機能・意義】それぞれのY原子には，シクロペンタジエニル配位子が1つ，アニリド配位子が1つ，THFが1つあり，末端のアセチリド炭素で架橋された二核構造である．¹³C NMRで，末端のアセチリド炭素のピークが138.7 ppmにトリプレット($J_{Y,C}$ =22.5 Hz)として観測され，溶液中においてもアセチリド架橋した二核構造が保たれている．ビス(シクロペンタジエニル)希土類あるいはアクチニドアセチリド錯体が単核構造であることと対照的である．

この錯体は末端アルキンの付加反応の触媒として機能する．例えばフェニルアセチレンと1,3-ジ-t-ブチルカルボジイミドの溶液に触媒量のアセチリド錯体を加え，80℃に加熱すると付加反応が進行する．この反応は，芳香環上に電子求引性および供与性置換基を有するフェニルアセチレン類，ピリジルアセチレンやアルキルアルキンなど，種々の末端アルキンを導入でき，対応するプロピオールアミジンが高収率で得られる[1]．末端アルキンのC-H結合のカルボジイミドへの付加反応は，プロピオールアミジンを得るための直接的かつ原子効率の高い方法であるが，触媒的な付加反応は珍しく，はじめての例である．アセチリド架橋イットリウム二核錯体と1,3-ジ-t-ブチルカルボジイミドとの反応から単離されたプロピオールアミジネート錯体が触媒活性を示したことから，1つの触媒中間体であることが明らかになった．数多くのアミジネート錯体が知られているが，アミジネートを触媒的に有機化合物へと変換する方法はこれがはじめての例である．

また，このアセチリド錯体は末端アルキンとイソシアニドのクロスカップリング反応の触媒として機能する．フェニルアセチレンとシクロヘキシルイソシアニドは，この錯体を触媒として用いると室温において迅速にクロスカップリング反応が進行し，Z選択的に1-アザ-1,3-エンインを生成する[2]．フェニルアセチレン誘導体だけでなく，チオフェニル，シクロヘキシル，アルキルアルキンにも適用できる．本クロスカップリング反応においては，二核種が重要な役割を果たし，2つの金属上で協奏的に反応が進行し，(Z)-異性体が選択的に生成する．末端アルキンとイソシアニドのクロスカップリング反応は，有機合成反応において重要な1-アザ-1,3-エンイン類(RC≡C-CH=NR')を得るための原子効率の高い反応であるが，それを選択的に実現できる触媒は非常に少ない．これまで報告されている触媒は，E/Z-異性体の混合物を与えるものであった．ハーフサンドイッチ型イットリウムアセチリド錯体を触媒として用い，末端アルキンとイソシアニドの(Z)-選択的クロスカップリング反応を初めて実現した．

【関連錯体の紹介およびトピックス】類似錯体としてルテチウムアセチリド錯体[｜Me₂Si(C₅Me₄)(NC₆H₃-Me₂-2,6)Lu(μ-CC Ph)｜₂]が合成されている．この錯体を触媒として，種々の芳香族末端アルキンを80〜100℃で反応するとZ選択的にエンイン化合物が生成する．様々な末端アルキンの触媒的二量化反応が報告されているが，共役エンインが位置(head-to-headとhead-to-tail)および立体(E/Z)異性体の混合物としてほとんどの場合得られ，これは芳香族末端アルキンの(Z)-選択的二量化反応のはじめての例である[3]．

【西浦正芳】

【参考文献】
1) W. Zhang et al., Angew. Chem. Int. Ed., **2008**, 47, 9700.
2) W. Zhang et al., J. Am. Chem. Soc., **2005**, 127, 16788.
3) M. Nishiura et al., J. Am. Chem. Soc., **2003**, 125, 1184.

$Y_2C_{12}P_2$

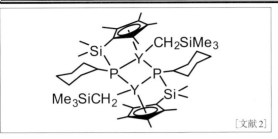
[文献2]

【名称】[bis{(μ_2-η^5-(cyclohexylphosphido)dimethylsilyl)tetramethylcyclopentadienyl}(trimethylsilylmethyl)yttrium(+3)]]: [Y$_2$(η^5-C$_5${(C$_6$H$_{11}$)P}Me$_2$Si}Me$_4$)$_2$(Me$_3$SiCH$_2$)$_2$]

【背景】シリレンで架橋されたシクロペンタジエニルアミド配位子を有する4族のアルキル錯体は,オレフィン類の共重合触媒として幅広く活用されている.一方,同様の希土類アルキル錯体に関しては顕著な重合触媒活性を示さない.アミド配位子をホスフィド配位子に変えることによって,単核の構造からホスフィドで架橋された二核アルキル錯体へと構造が大きく変わった.この錯体を触媒として用いることによりはじめてイソプレンのアイソタクチック3,4重合が達成された[1].

【調製法】[Y(CH$_2$SiMe$_3$)$_3$(thf)$_2$]とシリレンで架橋したシクロペンタジエニル-シクロヘキシルホスフィン配位子とのアルカン脱離反応によりイットリウムアルキル錯体[{Me$_2$Si(C$_5$Me$_4$)(PCy)Y(CH$_2$SiMe$_3$)}$_2$]が得られる[2].

【性質・構造・機能・意義】ホスフィドで架橋した二核構造となっており,中心に対称心がある.同様の反応でホスフィンをアミンに変えた配位子を用いた場合は単核錯体が得られており,非常に対照的である.重ベンゼン中の^{1}H NMRでは,シクロペンタジエニル配位子上の4つのメチル基,ジメチルシリレン上のメチル基や,メチレン上のプロトンがすべて非等価に観測されており,ベンゼン中では二核構造が保持されている.しかしながら,重THF中では,それぞれのピークが半分になっており分子内のホスフィド架橋が切れていることが示唆される[2].

この錯体は他の助触媒なしでエチレン重合に対して比較的高い活性(79.2 kg polymer(mol Y)$^{-1}$h^{-1})を示し,類似のアミド錯体[{Me$_2$Si(C$_5$Me$_4$)(NtBu)Y(CH$_2$SiMe$_3$)(thf)}][3]より約300倍高い[2].この錯体単独ではイソプレンと反応させても重合反応は進行しないが,2核のイットリウム錯体に対して1当量の[Ph$_3$C][B(C$_6$F$_5$)$_4$]を組み合わせたカチオン性アルキルイットリウム触媒系を用いることにより,イソプレンのアイソ特異的3,4-重合反応が極めて高い選択性で進行する.錯体とイソプレン(錯体に対し600当量)の混合溶液(クロロベンゼン溶媒)に,-20℃にて[Ph$_3$C][B(C$_6$F$_5$)$_4$](錯体に対して1当量)を加えるという方法を用いてイソプレンの重合反応を行うと,ほぼ完璧なアイソタクチック3,4-ポリイソプレン構造(3,4-選択性>99%,$mmmm$>99%)と高い分子量(M_n=5×10^5),をもつポリイソプレンを生成する.本触媒系により得られたアイソタクチック3,4-ポリイソプレンは,新規なポリマーであり,DSCやXRDによる各種の解析から,162℃の融点をもつ結晶性ポリマーである.ホスフィド架橋二核ビスアルキル錯体から調製されるモノアルキルカチオン性錯体は熱的に不安定なため単離することは困難であるが,DFT計算によりカチオン性錯体は2つの金属がリン原子の他にアルキル炭素でも架橋され,トリメチルシリル基の1つのメチル基が金属とアゴスチック相互作用をもつ二核構造であることが示唆されている[4].

これまでの多くのイソプレン重合の場合1,4-ポリイソプレンが優先して生成するが,本触媒系は立体特異的アイソタクチック3,4-重合に高い選択性と活性を示すはじめての触媒系である.

一方,この錯体にフェニルシランを反応させるとアルキル基がヒドリドに変換され,さらに自己集合することにより4核のヒドリド錯体[{Me$_2$Si(C$_5$Me$_4$)P(Cy)}$_4$Y$_4$(μ_3-H)$_2$(μ-H)$_2$]]が得られる.それぞれのリン原子は2つのイットリウム原子を架橋している.中心のイットリウムコアには2つの三重架橋ヒドリドと2つの架橋ヒドリド配位子が存在している.

【関連錯体の紹介およびトピックス】類似錯体としてシクロヘキシル基の代わりにフェニル基を有する錯体[{Me$_2$Si(C$_5$Me$_4$)P(Ph)Y(CH$_2$SiMe$_3$)(thf)}$_2$]も同様の方法で合成されている.シクロヘキシル基に比べ立体的に小さく,電子供与性が低いために1分子のTHFがそれぞれのイットリウムに配位している.この錯体はシクロヘキシル置換基を有する錯体よりも高いエチレン重合活性(183 kg polymer(mol Y)$^{-1}$h^{-1})を示す[2].

【西浦正芳】

【参考文献】
1) L. Zhang *et al.*, *J. Am. Chem. Soc.*, **2005**, *127*, 14562.
2) O. Tardif *et al.*, *Tetrahedron*, **2003**, *59*, 10525.
3) K. C. Hultzsch *et al.*, *Organometallics*, **2000**, *19*, 228.
4) Y. Luo *et al.*, *Organometallics*, **2006**, *25*, 6162.

$Y_4H_8C_{20}O$

触 有

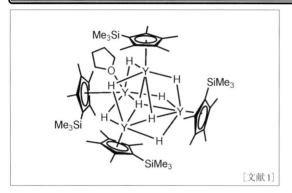

[文献1]

【名称】[(μ_4-hydrido)(μ_3-hydrido)hexakis (μ_2-hydrido) tetrakis(η^5-trimethysilyltetramethylcyclopentadienyl) tetrahydrofuran-tetra-yttrium(+3)]:[$Y_4(\mu_4$-H)(μ_3-H)(μ-H)$_6$-(thf){η^5-$C_5Me_4(Me_3Si)$}$_4$]

【背景】希土類金属ヒドリド錯体については,これまで2つのシクロペンタジエニル基を支持配位子とするいわゆるメタロセンタイプのモノヒドリド錯体を中心に研究が行われてきたが,少しかさの大きな基質に対しては反応性が低いという問題点があった.支持配位子を1つにして反応性の高いヒドリド配位子を2分子持つ錯体はより配位不飽和で高い反応性が期待できるが最近まで合成例がなかった.$C_5Me_4SiMe_3$を用いることによって希土類ジヒドリドユニットを有する四核ポリヒドリド錯体の合成がはじめて可能となった[1].

【調製法】ハーフサンドイッチ型イットリウムジアルキル錯体[Cp′Y(CH_2SiMe_3)$_2$(thf)](Cp′=$C_5Me_4SiMe_3$)と水素をトルエン溶液中で反応させることにより,イットリウムポリヒドリド錯体[{Cp′Y(μ-H)$_2$}$_4$(thf)]が得られる.

【性質・構造・機能・意義】イットリウム四核オクタヒドリド錯体は,"Cp′YH_2"ユニット4個が分子間Ln-H相互作用を介して自己集積したものと見なせる.分子内の4個のY原子はやや歪んだ正四面体を形成しており,8個のヒドリドの配位様式はμ_4-H(1個),μ_3-H(1個),μ_2-H(6個)となっている.この錯体はヘキサンやTHFなどの一般的な有機溶媒に溶ける.重ベンゼン中での^{1}H NMRでは,ヒドリドのピークが4.3 ppmに五重線(J_{Y-H}=15.3 Hz)として観測されており,溶液中でも四核構造が保持されている.

この錯体は様々な不飽和基質に対して従来のヒドリド錯体とは異なる特異な反応性を示す.この錯体とCOを反応させると,常温・常圧ですばやくエチレンを生成するとともに,対応する四核イットリウムオキソクラスター[{Cp′Y(μ-O)}$_4$]を与えた[2].この反応を低温下で追跡して詳しく調べると,反応中間体としてCOが2分子取り込まれ選択的なC-C結合生成とC-O結合切断が起きたエノラート錯体が生成した.エノラート錯体は室温でヒドリドオキソ錯体[Cp′$_4Y_4$-(μ-H)$_4$(μ-O)$_2$(thf)]とエチレンへ変化した.さらに過剰のCOと反応させるとエチレンを放出し,オキソ錯体[{Cp′Y(μ-O)}$_4$]を生成した.以上の結果から,生成したエチレンは一酸化炭素のC-O三重結合の開裂と分子間でのC=C二重結合の生成を経て得られることが明らかになった.このようなCOの水素化による炭化水素類の生成反応としてはFischer-Tropsch(FT)反応が知られているが,FT反応では通常鎖長や不飽和度の異なる複数の炭化水素が混合物として生成するのに対し,本反応ではC2不飽和炭化水素のエチレンのみが選択的に生成する.本反応は選択的FT反応実現のモデル反応として期待される.

錯体[{Cp′Y(μ-H)$_2$}$_4$(thf)]はCO_2とも速やかに反応するが,複数の生成物を与え,同定は不可能であった.しかし,[{Cp′Y(μ-H)$_2$}$_4$(thf)]と1,4-ビストリメチルシリルブタジインとの反応で得られたテトラヒドリドクラスターは4つの架橋ヒドリド配位子が2分子の二酸化炭素のすべてのC=O二重結合を完全に水素化してメチレンジオレート錯体[Cp′$_4Y_4$(μ-Me_3SiCCH)$_2$-(μ-CH_2O_2)$_2$]を与える[3].これは,従来の後周期遷移金属ヒドリド錯体とCO_2との反応において1つの二重結合のみが還元されたホルメート錯体M-OCHOが生成するのとは対照的な結果である.

【関連錯体の紹介およびトピックス】関連する錯体として中心金属が異なる希土類ポリヒドリド錯体を紹介する.イオン半径の小さなスカンジウムの場合,THFのまったく配位していない錯体[{Cp′Sc(μ-H)$_2$}$_4$]となる[4].イオン半径が中程度の金属(LuやEr)の場合,イットリウムと同様にTHFが1つ配位した錯体[{Cp′Ln(μ-H)$_2$}$_4$(thf)](Ln=Er, Lu)となる[4].一方,イオン半径の比較的大きな金属(GdやDy)の場合[4],1つのTHFの配位のみならず,シクロペンタジエニル配位子のメチル置換基と中心金属が相互作用しており,おそらく大きな中心金属の配位不飽和のためと思われる.

【西浦正芳】

【参考文献】
1) D. Cui *et al.*, *J. Am. Chem. Soc.*, **2004**, *126*, 1312.
2) T. Shima *et al.*, *J. Am. Chem. Soc.*, **2006**, *128*, 8124.
3) O. Tardif *et al.*, *J. Am. Chem. Soc.*, **2004**, *126*, 8080.
4) Z. Hou *et al.*, *Eur. J. Inorg. Chem.*, **2007**, 2535.

YbN₉

【名称】(4aR,13aR,17aR,26aR,30aR,39aR)-(1,2,3,4,4a,5, 6,12,13,13a,14,15,16,17,17a,18,19,25,26,26a,27,28,29,30, 30a,31,32,38,39,39a-triacontahydro-11,7:20,24:33,37-tri-nitrilo-7H-tribenzo[b,m,x][1,4,12,15,23,26]hexaaza-cyclotriacontine-κN^5,κN^{13},κN^{18},κN^{26},κN^{31},κN^{39},κN^{40}, κN^{41},κN^{42})ytterbium nitrate:[YbL$_{RRRRRR}$](NO₃)₃

【背景】錯体の配位子部分のツイストねじれにより生じるヘリシティーが,溶液の加熱により左巻き(速度論的生成物)から右巻き(熱力学的生成物)にほぼ完全に変換される特異な例である[1,2].

【調製法】配位子L$_{RRRRRR}$は,メタノール中2,6-ジホルミルピリジンと(1R,2R)-ジアミノシクロヘキサンの反応により生成する[3+3]環状ヘキサイミンを水素化ホウ素ナトリウムで還元することにより得られる[2].この配位子をクロロホルム/メタノール中硝酸イッテルビウム(III)と反応させることにより錯体(M)-[YbL$_{RRRRRR}$](NO₃)₃が得られる[1].また,この錯体を水/アセトニトリル中還流することで(P)-[YbL$_{RRRRRR}$](NO₃)₃が得られる[1].

【性質・構造・機能・意義】大環状配位子L$_{RRRRRR}$の9個の窒素原子がイッテルビウム(III)イオンに配位した構造となっており,配位子部分は8の字型にツイストする.このねじれのヘリシティー(右巻きP・左巻きM)と配位子L$_{RRRRRR}$のシクロヘキサンジアミン部位の不斉炭素原子の立体配置との相対関係により,(M)-[YbL$_{RRRRRR}$]³⁺と(P)-[YbL$_{RRRRRR}$]³⁺の2種のジアステレオマーが存在する.

(M)-[YbL$_{RRRRRR}$](NO₃)₃の結晶構造において,配位子L$_{RRRRRR}$の9個の窒素原子すべてがイッテルビウム(III)イオンに配位しており,その配位結合距離は2.483〜2.662 Åの範囲にある.イッテルビウム(III)イオンは9配位であり,溶媒分子や対イオンの配位は見られない.錯体(M)-[YbL$_{RRRRRR}$]³⁺は,1つのピリジン環および対面するシクロヘキサン環を通る軸を二回軸とするほぼC_2対称の構造をとっている.大環状配位子L$_{RRRRRR}$の骨格は左巻きにツイストしており,その二重らせん型構造のねじれ角は−193°である.D₂O中における(M)-[YbL$_{RRRRRR}$]の¹H NMRスペクトルでは,常磁性シフトした29本のシグナルが観測され,結晶構造と同様のC_2対称の構造が溶液中で保持されていることが確かめられる.

異性体である(P)-[YbL$_{RRRRRR}$]の結晶構造においても,同様に配位子L$_{RRRRRR}$の9個の窒素原子がイッテルビウム(III)イオンに配位している.この大環状配位子L$_{RRRRRR}$の骨格は右巻きにツイストしており,二重らせん型構造のねじれ角は約+256°である.(P)-[YbL$_{RRRRRR}$]の¹H NMRスペクトルでは,M体とは異なる化学シフトに29本のシグナルが観測され,C_2対称の構造が溶液中で保持されていることが確かめられる.

前述の製法により最初に得られるのは(M)-[YbL$_{RRRRRR}$]であるが,水溶液中においてこの左巻きらせんの(M)-[YbL$_{RRRRRR}$]は徐々に右巻きらせんの(P)-[YbL$_{RRRRRR}$]に異性化する.このような変換は,配位子L$_{RRRRRR}$と金属塩の反応で(M)-[YbL$_{RRRRRR}$]が速度論的に生成しやすく,(P)-[YbL$_{RRRRRR}$]が熱力学的に安定であるために起こり,また両異性体間の相互変換が室温で十分に遅いため明確に観測できる.ジアステレオマー間でのらせんのヘリシティーのほぼ完全な逆転を分子構造とともに明らかにした例は極めて珍しく,その機能化・応用が期待される.

【関連錯体の紹介およびトピックス】同様の錯体を他のランタニドについても合成できるが,ヘリシティー変換の効率はイオン半径に大きく依存する[2].Er^{III},Lu^{III}の場合,Yb^{III}錯体と同様のヘリシティー変換が起こるが,Tb^{III}錯体ではM/P異性体のエネルギー差はほとんどなくなり,Eu^{III}ではM体:P体の平衡比は5:1となる.Ce^{III},Pr^{III},Nd^{III}錯体ではM体が熱力学的生成物となり,ヘリシティー変換は見られない.

【秋根茂久】

【参考文献】
1) J. Gregoliński et al., Angew. Chem. Int. Ed., **2006**, 45, 6122.
2) J. Gregoliński et al., J. Am. Chem. Soc., **2008**, 130, 17761.

ZnCO

有 触

【名称】（2-propyl）（2-methyl-1-(5-pyrimidyl)-propan-1-oxo）zinc：[^{i}PrZn|OCH(^{i}Pr)(5-pyrimidyl)|]

【背景】従来の不斉触媒反応では不斉触媒と生成物は一般に構造のまったく異なる化合物である．しかし，本錯体は，生成物が自分自身を合成する不斉触媒として作用する，はじめての不斉自己触媒反応における不斉触媒と生成物を兼ねる錯体として見いだされた[1]．

【調製法】不斉源となる微量の化合物の存在下において，ジイソプロピル亜鉛とピリミジン-5-カルバルデヒドをトルエン溶媒中，0℃で反応させることにより高エナンチオ選択的に生成する．

【性質・構造・機能・意義】本錯体は各種NMR測定により溶液中での生成が確認されており，トルエン中においては二量体や四量体をはじめとするオリゴマーの混合物として存在する[2-4]．二量体では-Zn-O-Zn-O-の四員環構造をもつが，四量体についてはこの四員環構造を部分構造として含むCube型，Ladder型，Barrel型，SMS（square-macrocycle-square）型構造などがDFT計算に基づいて提案されている[3,4]．また，速度論実験およびNMR測定より，ホモキラルな二量体とヘテロキラルな二量体の安定性にはほとんど差がないことが示されている．

本錯体は不斉自己触媒反応において不斉触媒と生成物を兼ねる錯体である．低鏡像体過剰率の2-メチル-1-(5-ピリミジル)-プロパン-1-オールを触媒量存在させておき，ジイソプロピル亜鉛とピリミジン-5-カルバルデヒドとの反応を行うと，溶液中ではじめに2-メチル-1-(5-ピリミジル)-プロパン-1-オールとジイソプロピル亜鉛から本錯体が生成し，それが触媒としてはたらき，ジイソプロピル亜鉛とピリミジン-5-カルバルデヒドとの反応を高エナンチオ選択的に進行させる．生成物も触媒としてはたらき，進行に伴って生成物の鏡像体過剰率が向上する．例えば，2% ee の2-メチル-1-(5-ピリミジル)-プロパン-1-オールを触媒量（0.2当量）用いて上記の反応を行うと生成物の鏡像体過剰率は10% ee に向上し，得られた生成物を触媒に用いて同様の操作をさらに3回繰り返すと鏡像体過剰率は88% ee にまで向上する[1]．

この鏡像体過剰率の向上を伴う不斉自己触媒反応では，はじめに存在するアルキルアルコキソ亜鉛錯体の両鏡像異性体の存在比のわずかな差が増幅されるわけであるが，反応に添加する光学活性体（キラル開始剤）としてピリミジルアルカノールに代えて低鏡像体過剰率のロイシンなどα-アミノ酸をはじめ，カルボン酸とその誘導体，アミン，アルコール，ヘリセンなどのらせん状化合物，さらには重水素置換キラル化合物（水素と重水素の違いに基づく鏡像異性体）などを用いても同様の不斉自己触媒反応が進行する[5]．有機化合物以外にも水晶（SiO_2）や塩素酸ナトリウム（$NaClO_3$）などの不斉無機結晶もキラル開始剤として利用できる[5]．また，化合物以外の物理的不斉源として円偏光を用い，ラセミ体のピリミジルアルカノールをエナンチオ選択的に光分解したものをキラル開始剤として用いることによっても不斉自己触媒反応が達成されている[6]．上記のいずれの場合にも，キラル開始剤の絶対配置に対応した絶対配置をもつアルキルアルコキソ亜鉛錯体が，はじめに極めてわずかであるが，もう一方の鏡像異性体よりも優先的に生成して反応が進行する．この不斉自己触媒反応は，糖やアミノ酸などの生体関連物質におけるキラリティーの偏りの起源を解明するてがかりとなり得ることからも極めて興味深い．

【関連錯体の紹介およびトピックス】ピリミジンの2位に置換基を導入すると不斉自己触媒能が向上することが見いだされており，特に3,3-ジメチル-1-ブチニル基を導入した場合に最も良好な結果が得られている[5]．またピリミジン環を，環内に1個しか窒素原子をもたないキノリン環や5位にカルバモイル基を有するピリジン環に置き換えた場合にも，鏡像体過剰率の向上を伴う不斉自己触媒反応が進行する[5]．

【浦　康之・棚瀬知明】

【参考文献】
1) K. Soai *et al.*, *Nature*, **1995**, *378*, 767.
2) J. M. Brown *et al.*, *J. Am. Chem. Soc.*, **2010**, *132*, 15104.
3) J. Klankermayer *et al.*, *Chem. Commun.*, **2007**, 3151.
4) G. Ercolani *et al.*, *Chem. Eur. J.*, **2010**, *16*, 3147.
5) K. Soai *et al.*, *Bull. Chem. Soc. Jpn.*, **2004**, *77*, 1063.
6) K. Soai *et al.*, *J. Am. Chem. Soc.*, **2006**, *128*, 6032.

ZnC₂

【名称】bis(2-carboethoxyethyl)zinc

【背景】本錯体はホモエノラート亜鉛として優れた求核性を示すことから，有機合成上極めて有用である．特に，Me₃SiCl と HMPA がそれら反応に重要な役割を担うことが示されるなど，注目されている．

【調製法】塩化亜鉛と(1-ethoxycyclopropoxy)trimethylsilane をエーテル中 3 時間撹拌する．必要に応じて超音波照射を併用する．これにより本錯体が Me₃SiCl との混合物として得られる．減圧下で溶媒を溜去し，残渣を少量の塩化メチレンで希釈した後大量のヘキサンを加える．上澄みを移し濃縮すると本錯体が油状物質として得られる[1]．ジエチル亜鉛と ethyl-3-iodopropanoate の混合物から，サンランプの照射によって合成することも可能である[2]．

【性質・構造・機能・意義】この錯体の IR 測定を，①重クロロホルム，②重クロロホルム+HMPA，③エーテル，④エーテル+HMPA の 4 種類の溶媒中で行った．①では 1647 cm⁻¹ に強い IR の吸収が存在することから，2 つのホモエノラート配位子のカルボニル酸素が亜鉛金属に配位した四配位構造を形成していることが示唆される．一方，キレートしていないカルボニル基の吸収も 1720 cm⁻¹ に観測されるが極めて強度が小さい．しかし，①から④へと溶媒の塩基性が増すにつれ，キレートしたカルボニル基の吸収が高波数側にシフトするとともに強度が弱まり，逆にキレートしていないカルボニル基の吸収強度が強くなり，④では両者がほぼ同じ強度となった(1680 cm⁻¹ と 1738 cm⁻¹)．以上の結果は，HMPA がホモエノラートのカルボニル酸素の配位を妨げることによりカルバニオン性を向上させていることを示している[3]．

①共役付加反応[3]：本錯体は，銅触媒を用いることにより，α,β-不飽和ケトン化合物に対して収率よく共役付加を起こす．この際，Me₃SiCl と HMPA を用いることが必要である．生成物は，エノラートが Me₃SiCl で捕捉されたシリルエノールエーテル体となる．

②アリル化反応[3]：本錯体は銅触媒を用いると，ハロゲン化アリル化合物と反応し，選択的に S_N2′ 型の置換生成物を選択的に合成することができる．本反応でも HMPA の添加が重要であるが DMF を用いても収率よく進行する．本反応では Me₃SiCl が存在しなくても進行するために，分子内に α,β-不飽和ケトン部位とハロゲン化アリル部位が共存する系では，官能基選択的に置換反応だけを進行させることができる．

③アリール化およびビニル化反応[3]：本錯体は，パラジウムやニッケル触媒存在下で，ハロゲン化アリールやハロゲン化ビニル化合物と反応し，対応するエステル化合物を収率よく合成することができる．

④Homo-Reformatsky 反応[3]：本錯体は，クロロホルムなどの極性の低い溶媒を用いると，Me₃SiCl の添加によりアルデヒド化合物と反応し，Homo-Reformatsky 型生成物を合成することができる．本反応は，合成前駆体であるシクロプロパン誘導体を直接反応に用いることで，反応系内で亜鉛ホモエノラートを触媒的に発生させることが可能である．

本錯体を用いることにより，タンタルとタングステンのホモエノラート錯体を合成することができる．いずれの錯体も，ホモエノラートのカルボニル酸素が中心金属に配位した五員環キレート構造を有している[4]．

【関連錯体の紹介およびトピックス】Bis[3-(1-methylethoxy)-3-(oxo-κO)-propyl-κC]zinc[1]，Bis[3-ethoxy-1-methyl-3-(oxo-κO)-propyl-κC]zinc[2]

【浅尾直樹】

【参考文献】
1) E. Nakamura et al., *J. Am. Chem. Soc.*, **1984**, *106*, 3368.
2) A. B. Charette et al., *J. Am. Chem. Soc.*, **1998**, *120*, 5114.
3) E. Nakamura et al., *J. Am. Chem. Soc.*, **1987**, *109*, 8056.
4) H. Tsurugi et al., *Organometallics*, **2006**, *25*, 3179.

ZnC$_2$N$_2$

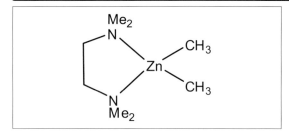

【名称】dimethyl(N^1,N^1,N^2,N^2-tetramethyl-1,2-ethanediamine-κN^1, κN^2) zinc-dimethylzinc: TMEDA complex, ZnMe$_2$(TMEDA)

【背景】本錯体はジメチル亜鉛とTMEDAから合成可能であり、他の亜鉛化合物の合成のための亜鉛ソースとしての利用などにも関心がもたれている。

【調製法】−196℃でTMEDAをジメチル亜鉛に加え、反応混合物を室温まで昇温する。得られた白色固体を昇華(55℃/10^{-2}Torr)して、本錯体を白色結晶固体として得る[1]。融点は60℃である。

【性質・構造・機能・意義】この錯体は結晶構造解析がなされている。構造は、金属中心に2つのメチル基とTMEDAが配位した歪んだ四面体構造であり、隣接する分子との相互作用は弱い。TMEDAの2つの窒素原子と亜鉛原子からなるN-Zn-Nの角度は79.8(3)°である。ZnMe$_2$では、気相中の電子線回折や回転ラマンスペクトルから直線であることが明らかにされている。本錯体ではC-Zn-C角は135.8(3)°であることからジアミンの配位により44.2(3)°歪んだことを示している。この歪みにより、亜鉛とメチル炭素との距離は少し増加して1.982(9)(av)である。窒素と亜鉛間の距離は2.269(8)(av)Åであり、van der Waals半径の和(2.90Å)より小さいが、窒素と亜鉛間には弱い相互作用しかないことを示している[2]。

本錯体とB(C$_6$F$_5$)$_3$を低温下で反応させると、双極性中間体である(TMEDA)ZnMe(μ-Me)B(C$_6$F$_5$)$_3$が生成していることがNMR観測から明らかになった。また、[MeB(C$_6$F$_5$)$_3$]$^-$と[ZnMe(TMEDA)]$^+$のシグナルも観測された[3]。

【関連錯体の紹介およびトピックス】金属ジチオレン錯体は、色素レーザーや導電性材料の分野、また非線形光学特性や発光特性などを有することから、広く材料化学の分野から注目を集めている化合物である。本錯体は、アルカンジチオールとの反応の後、脱水素反応を経て、亜鉛ジチオレン化合物の合成に利用できる[4]。関連化合物として次のようなものがある。[Et$_2$Zn-(N,N,N',N'-tetramethylenediamine)](ZnEt$_2$(TMEDA))[5,6]、Zn(CH$_3$)$_2$[(S,S)-N,N'-ethylenebis(1-phenylethylamine)]-(ZnMe$_2$・(S,S)-ebpe)[7]

【浅尾直樹】

参考文献

1) A. C. Jones *et al.*, *Inorg. Synth.*, **1997**, *31*, 15.
2) P. O'Brien *et al.*, *J. Organomet. Chem.*, **1993**, *449*, 1.
3) D. A. Walker *et al.*, *Organometallics*, **2001**, *20*, 3772.
4) R. J. Pafford *et al.*, *Inorg. Chem.*, **1999**, *38*, 3779.
5) P. C. Andrews *et al.*, *Organometallics*, **1998**, *17*, 779.
6) M. G. Gardiner *et al.*, *Chem. Commun.*, **1996**, 2491.
7) H. Mimoun *et al.*, *J. Am. Chem. Soc.*, **1999**, *121*, 6158.

ZnC₃

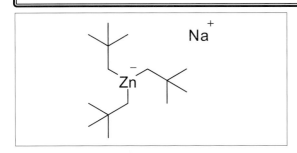

【名称】sodium trineopentylzincate(II): Sodium tris(2,2-dimethylpropyl)zincate

【背景】様々なアルキル基やアリール基を有する亜鉛アート錯体が合成され,主に求核剤として有機合成研究に活発に利用されている[1,2].

【調製法】撹拌子,バルブ,グラスフィルターを備えたH字型管中に,ナトリウム塊,ジネオペンチル亜鉛,ベンゼンを加える.混合物をヒートガンでナトリウムが溶けるまで加熱した後,2日間室温で撹拌する.混合物をろ過し,ろ液から溶媒を真空下で溜去する.残渣を熱ベンゼンに溶かした後,ヘキサンを用いて再結晶する.

【性質・構造・機能・意義】無色の結晶で,融点が146～157℃,昇華点は100℃である.ベンゼンに可溶でヘキサンには不溶である.これはベンゼンが弱い配位性溶媒としてはたらくことによると考えられる.またベンゼン中で70℃程度に加熱すると,ベンゼンがメタル化されてネオペンチル基の1つがフェニル基に置換される[1].

この錯体は結晶構造解析がなされており,亜鉛原子に対し3つのネオペンチル基が配位した平面三角形構造をとっている.その|ZnC₃|面は最小二乗平面から0.019Åしかずれていない平面性の高い構造である.結晶中では二量体に近い構造をとり対称心に近接している.また,|ZnC₃|面と|Zn₂Na₂|が形成する環平面との二面角は127.8°である[1].

【関連錯体の紹介およびトピックス】この錯体に関連した化合物に次のようなものがある. potassium trineopentylzincate(II)[1], potassium tris((trimethylsilyl)methyl)zincate(II)[1], trimethylzincate lithium[2]. 【浅尾直樹】

【参考文献】
1) A. P. Purdy *et al., Organometallics*, **1992**, *11*, 1955.
2) M. Uchiyama, *J. Pharm. Soc. Jpn.*, **2000**, *120*, 183.

ZnC$_6$

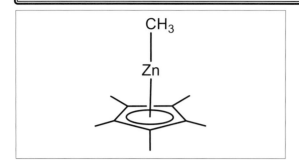

【名称】methyl [(η^5-pentamethylcyclopentadienyl) zinc: Cp*(Me)Zn

【背景】シクロペンタジエニル基を有するジンコセンやその誘導体はその構造や物性について広く研究が行われており，対応するハーフサンドイッチ型亜鉛化合物についてもその構造や物性について高い関心が寄せられている．

【調製法】デカメチルジンコセン(Cp*$_2$Zn)のペンタン溶液に，ジメチル亜鉛のトルエン溶液を加え，室温で1時間撹拌し反応させる．減圧下で溶媒を溜去することにより，錯体を白色結晶として得る．精製は昇華(0.1 mbar，40℃)により行い，錯体を無色結晶として収率50%で得る[1]．

【性質・構造・機能・意義】無色の固体であり，一般的なエーテルや炭化水素溶媒に可溶である．溶液状態，固相状態いずれにおいても酸素や水に対して高い反応性を示す．0.1 mbar，40℃の条件で昇華する．

この錯体の構造はX線結晶構造解析によって明らかにされている．ZnとCp*環の中心間，およびZnとCH$_3$間の距離はそれぞれ1.90，1.94 Åであり，Cp*環の中心-Zn-CH$_3$角は177.4°と，ほぼ直線状に配列している．Cp*環の各炭素と亜鉛の距離Zn-Cは，2.24〜2.27 Åと非常に狭い範囲内に集中している．これは，ジンコセンの環滑り型サンドイッチ構造である(η^5-Cp′)Zn(η^1-Cp′)(Cp′はシクロペンタジエニル配位子やその置換体の意)とは対照的であり，例えばZn(C$_5$^{i}Pr$_4$H)$_2$では，Zn-Cの距離は，1.99から2.51 Åの範囲に広がっている．ジメチル亜鉛のZn-CH$_3$間の距離は，気相電子線回折法で1.930(2) Å，DFT計算で1.945 Åと報告されており，本錯体のそれ(1.94 Å)とほぼ同じである．この結合距離は，ジンコセンの環滑り型サンドイッチ構造(形式的にはハーフサンドイッチ構造)のη^1-Cp′環上のZn-C間距離よりもかなり短い．(η^5-C$_5$H$_5$)ZnMeと本錯体の構造を比較した場合，(η^5-C$_5$H$_5$)ZnMeのCp環の各炭素と亜鉛の距離Zn-CおよびCp環の中心と亜鉛間の距離は，それぞれ2.28 Åと1.93 Åであり，どちらも本錯体とほぼ同じである．この結果は，Cp環上のメチル置換基は，Cp環の各炭素と亜鉛との結合の強度にあまり影響を与えていないことを示している．しかしそれでも少しだけ本錯体の方が(η^5-C$_5$H$_5$)ZnMeよりそれらの距離が短いのは，C$_5$Me$_5$環の方が，電子供与性が大きく，この結合がより強いためといえる．一方，本錯体のZn-CH$_3$間の距離が(η^5-C$_5$H$_5$)ZnMeのそれと比べて0.04 Å長いことは，C$_5$H$_5$よりもC$_5$Me$_5$のいくらか強いトランス影響が影響しているためである．重ベンゼンを溶媒とする^{1}H NMRを測定すると，δ1.96と−0.65に5：1の比率でシグナルを与える．これらはそれぞれ，シクロペンタジエニル配位子および亜鉛原子に直接結合したメチル基の水素に由来する．^{13}C NMRでは，δ9.8と−25.8にメチル基炭素のシグナルが，δ107.8にシクロペンタジエニル環炭素のシグナルが現れる[1]．

【関連錯体の紹介およびトピックス】この錯体の類縁体(η^5-Cp′)ZnRは数多く合成されている．Cp′基としては，C$_5$H$_5$やC$_5$Me$_5$の他に，C$_5$Me$_4$SiMe$_3$，C$_5$Me$_4$CMe$_3$，C$_5$Me$_4$Hなど多くの多置換シクロペンタジエニル配位子をもつ錯体が知られている．R基としては，メチル基以外に，エチル基，フェニル基，メシチル基などをもつ錯体が知られている[1-3]．例えば，(η^5-C$_5$H$_5$)ZnCH$_3$は，Zn(CH$_3$)IとNaC$_5$H$_5$から合成が可能である[4]．

【浅尾直樹】

【参考文献】
1) I. Resa et al., *Z. Anorg. Allg. Chem.*, **2007**, *633*, 1827.
2) W. Strohmeier et al., *Z. Naturforsch.*, **1960**, *15b*, 332.
3) J. T. B. H. Jastrzebski et al., *Rec. Trav. Chim. Pais-Bas.*, **1988**, *107*, 263.
4) T. Aoyagi et al., *J. Organomet. Chem.*, **1978**, *146*, C29.

ZnN_2O_2 光

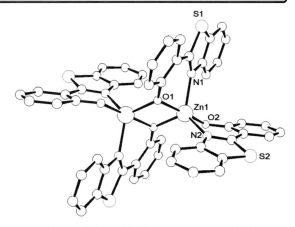

図1 単結晶X線構造解析による$[Zn_2(btz)_4]$の構造

【名称】bis[2-(2-benzothiazolyl)phenolato]-zinc(II):$[Zn(btz)_2]$

【背景】1994年に本錯体のイオウ原子が酸素に置換したビス-[2-(2-ベンゾオキサゾリル)フェノラト亜鉛(II)錯体($[Zn(box)_2]$)の白色蛍光とそのエレクトロルミネセンスが発表された[1]。その後類似構造の本錯体や、これらの誘導体が多く発表され[2]、近年では多くの関連錯体が、有機EL用の白色発光材料として研究されている化合物である。

【調製法】対応するプロトン付加配位子btzHと亜鉛塩の反応により容易に合成することができる。なお、本亜鉛錯体は、現在富士フイルム和光純薬、東京化成などから市販されている。

【性質・構造・機能・意義】わずかに黄色-黄緑色の結晶であり、空気中で安定。

単結晶X線構造解析(図1)によれば、本錯体は二量体$[Zn_2(btz)_4]$であり、btz配位子のうち2個は1個ずつの亜鉛にキレート配位し、残りの2個はフェノールのO原子が2個の亜鉛を架橋した構造となっている。この二核錯体においてそれぞれの亜鉛は五配位構造で、ゆがんだ三方両錐構造であり、O(架橋)-亜鉛-O(非架橋)の結合角は173°である。Zn-O(非架橋)距離は1.96Å、Zn-O(架橋)距離は2.06Å、Zn-N(非架橋)とZn-N(架橋)距離はそれぞれ2.10と2.18Åとなっており、架橋配位子の方が亜鉛との結合距離は長くなっている[3]。なお、btzではなくオキサゾリン部をもつ$[Zn(box)_2]$錯体は同様な構造の二量体と、単にbox配位子が2個キレート配位した単核型の錯体と両方のX線構造解析

が報告されており、btz錯体でも本来両方の構造が可能と考えられる。

Hamadaらは1996年にこの錯体や誘導体を発光層に用いるEL素子を発表した[2]。それによれば発光色は緑がかった白色であり、印加電圧8Vにおいて104 Cd/m^{2}と報告されている。下にも記すように研究報告例が多い割にはX線構造解析で構造決定された例は少なく、基本的な構造に関する情報はいまだに多くない。

報告[2]によれば上に示した二核構造は、単核構造よりも安定であり分子間に強い相互作用が見られ、これが電子輸送特性に大いに関係していると考えられている。

【関連錯体の紹介およびトピックス】上述のようにベンゾチアゾール部のみならず、ベンゾオキサゾールをもった錯体が最初に報告されたものであった。さらにベンゾトリアゾール部をもったもの、さらにフェノールではなくナフトールをもったもの、配位子に各種の置換基を有するものなどの誘導体が合成されている[4]。この錯体自身の発光材料としての研究よりは、本錯体を発光材料の1つとして用い、他の材料と組み合わせて有機EL素子を組み立てる研究が多く見られた。

【坪村太郎】

【参考文献】
1) N. Nakamura et al., *Chem. Lett.*, **1994**, *23*, 1741.
2) Y. Hamada et al., *Jpn. J. Appl. Phys.*, **1996**, *35*, L1339.
3) G. Yu et al., *J. Am. Chem. Soc.*, **2003**, *125*, 14816.
4) 例えば T. Sano et al., *J. Mater. Chem.*, **2000**, *10*, 157.

ZnN₂O₂

光 無

【名称】 bis(*N*-*R*-1-phenylethyl-3,5-dichloro salicydenaminato)zinc(II)

【背景】 二次の非線形光学効果を示す結晶材料を得るために，結晶として非中心対称性の空間群を有し，分子としてキラルなクロモフォアを有する金属錯体が設計・合成された．第二次高調波の波長領域に吸収がないと第二次高調波発生には有利といえるが，この亜鉛(II)錯体は d-d 遷移を示さず，大きな超分極率を示す点でも望ましい例といえる[1]．

【調製法】 配位子は，*R*-1-フェニルエチルアミンと 3,5-ジクロロサリチルアルデヒドをエタノール中に溶解し，2 時間反応した後，徐々に冷却して淡黄色微沈殿として得られる．次に，錯体の合成は，配位子のメタノール溶液に $NaHCO_3$ と酢酸亜鉛(II)に水和物を加え 2 時間還流反応した後，徐々に冷却すると黄色単結晶として得られる．

【性質・構造・機能・意義】 淡黄色を呈しアセトンおよびジクロロエタン溶液中でそれぞれ 386 nm ($\varepsilon = 13300\ M^{-1}cm^{-1}$)，389 nm ($\varepsilon = 13000\ M^{-1}cm^{-1}$)に，固体中(KBr ペレット) で 394 nm に，配位子の π-π^* 遷移吸収帯や Cl およびフェノレート (O) からイミノ (C=N) 方向の CT が観測される．

この錯体は結晶構造が得られており，空間群は C2 で非中心対称性であり，非対称単位は，亜鉛(II)イオンが N-Zn-N と O-Zn-O 角の二等分する二回軸上に位置する分子半分からなる．亜鉛(II)イオンに配位したフェノレート基およびアゾメチン基の Zn-O および Zn-N 結合間距離はそれぞれ 1.918(7) Å と 2.01(1) Å である．2 つの OZnN 面間の二面角は 77.07°で，Λ(*R,R*)-立体配置をとる亜鉛(II)イオン周りの配位環境は，2 つの配位子間の立体障害を最小にするコンフォメーションをとる結果として，四面体型から *cis*-平面型に向けてわずかに歪んでいる．

クロモフォアが結晶構造に組み込まれる効果を考えると，主な寄与は構造の保持である．したがって，配位子の置換基が異なっても亜鉛(II)の配位環境は分子超分極率に対して同じ寄与を与えると仮定できる．クロモフォアの分極率と配向については点群 2 を考慮すればよく，実際にこの錯体は結晶中では点群 2 となるので，x^2 テンソルの 4 つの d_{ijk} 係数がゼロでない値をもつ．

ところで，本錯体の配位子は，6.5×10^{-5} M エタノール溶液中で水酸化物イオン濃度を高めて脱プロトン化すると，吸収スペクトルでは 380 nm に，蛍光スペクトル ($\lambda_{ex} = 370$ nm) では 470 nm に強度の増大が観測される．一方，配位子溶液に添加する亜鉛(II)イオン濃度を高めると，吸収スペクトルでは 386 nm に，蛍光スペクトル ($\lambda_{ex} = 370$ nm) では 460 nm に強度の増大が観測される．Job プロットより，量子収率は配位子の 0.0024 から錯体の 0.076 までの値が見積もられる．なお，配位子に紫外光照射すると，吸収スペクトルでは 280 nm とに，蛍光スペクトルでは 400〜600 nm 付近にケト体が生成に起因する強度の増大が観測される．

本錯体ならびに配位子は，1 つの光学的入力(紫外光照射)と 2 つの化学的入力(水酸化物イオンすなわち pH と亜鉛(II)イオン濃度)による，光化学反応・脱プロトン化・錯形成の過程において観測される紫外・可視吸収スペクトルや蛍光スペクトルの変化が，単一分子システムからなる OR, 2 つの NOT, 4 つの AND を集積したデジタル論理回路のモデル系として提案されており興味深い[2]．

【関連錯体の紹介およびトピックス】 この錯体に 1.064 μm のレーザーを照射すると，強い第二次高調波発生が観測される．発生他に類似の錯体として，サリチルアルデヒド部位が無置換の錯体，3 位に NO_2-基を有する錯体，3 位に CH_3O-基を有する錯体が合成されている[1]．いずれも淡く呈色しており，400 nm より長波長での光の透過率が高い．これらの錯体の第二次高調波の強度は，3-メチル-4-ニトロピリジン-1-オキサイドと N-(4-ニトロフェニル)-(S)-プロリノールの中間であり，NO_2-錯体＜無置換錯体＜この Cl⁻ 錯体＜CH_3O^- 錯体の順に増大する．さらに置換基効果により，融点などの熱力学的安定性も系統的にシフトする．

【三浦隆智・秋津貴城】

【参考文献】

1) C. Evans *et al., J. Chem. Soc., Dalton Trans.*, **2002**, 83.
2) L. Zhao *et al., J. Phys. Chem. B*, **2006**, *110*, 24299.

ZnN$_2$O$_2$

【名称】 complex of natural DNA duplexes with Zn(II) ions: M-DNA

【背景】 DNA分子への金属イオンの結合は幅広く研究されており，リン酸骨格への結合は二重鎖を安定化し，核酸塩基への結合は不安定化をもたらすと考えられてきた．その中で，亜鉛イオンなど一部の2価遷移金属イオンがDNA二重鎖を安定化することが発見され，その錯体が"M-DNA"（Mはmetalの意）と名づけられた[1]．Zn^{II}イオンは核酸塩基間に結合すると考えられるが，詳細な構造は明らかではなく，いくつかの配位構造が提唱されている[2-5]．しかしながら，簡便に調製できることもあり，DNAの導電化の手法としてナノテクノロジー分野において注目され，DNAナノワイヤーへの応用に向け，導電性や電気特性が調べられている[2,6]．

【調製法】 pH 8以上の緩衝溶液中で，DNA鎖に対しZn^{II}イオンを加えると，速やかに各種スペクトルが変化し，M-DNAが生成する[1,2,6]．NMRスペクトルを用いた滴定実験により，1塩基対あたり1当量のZn^{II}が必要であると考えられている[1]．

【性質・構造・機能・意義】 DNAに対してZn^{II}イオンを加えていくと，NMRスペクトルにおいて，チミン(T)あるいはグアニン(G)のイミノプロトンのシグナルが次第に消失する[1]．このことから，イミノ基が関与する水素結合(T-A塩基対のN(3)-H···N(1)，あるいはC-G塩基対のN(3)···H-N(1))が解離し，塩基間にZn^{II}が結合した錯体が生じたと考えられた．電気泳動などからM-DNAはDNAの凝集体ではなく，円二色性(CD)スペクトルからB型DNAと類似の右巻きらせん構造であることが確かめられた[1]．

錯体の構造には諸説あるが，図には代表的なものを示す[2]．M-DNAの形成は配列依存性に乏しく，イノシン，6-メチルアデニン，7-デアザアデニンなどの核酸塩基を用いても同様の結果が得られる[1]．そのためZn^{II}イオンはプリンのN7位などHoogsteen型の水素結合サイトではなく，Watson-Crick型の水素結合サイトに結合すると考えられる．また，EDTAを加えると速やかに通常のB型DNAに戻ることも，DNAの解離を伴わない錯体形成を示唆している[1]．さらに，カチオン性のインターカレーターである臭化エチジウムの結合が見られないことも[1]，正電荷をもつ錯体の形成を支持する結果である．さらに近年，*ab initio*計算やDFT計算による配位構造やスタッキング形式の評価が行われているが，議論は決着しておらず[3,4]，X線結晶構造解析などによる直接的な構造決定が望まれる．

M-DNAの電気特性は，実験[2,5]および計算[3,4]から調べられており，電子移動や金属的な挙動を示すとの報告もある．このことから，DNAの電気伝導性の制御，さらにはDNA電線などナノデバイスへの応用が期待されている．

【関連錯体の紹介およびトピックス】 詳細な構造は明らかではないが，Co^{II}イオンやNi^{II}イオンによっても，同様のM-DNAが生成することが報告されている[2]．また，M-DNAの類似錯体として，1-メチルシトシン(1-MeC)の亜鉛三核錯体[Zn$_3$(OH)$_2$(1-MeC-*N3*)$_5$(1-MeC-*O2*)$_3$]$^{4+}$の結晶構造が報告されている[6]．OH配位子の架橋によるチェイン構造(Zn^{II}-OH-Zn^{II}-OH-Zn^{II})が見られ，M-DNAの配位構造を類推するうえでも興味深い．一方，DNA鎖とAg^{I}イオンの錯体では，鎖間でのC-Ag^{I}-C，G-Ag^{I}-G，G-Ag^{I}-CおよびT-Ag^{I}-T錯体の形成により，二重らせん中にAg^{I}イオンが一次元状に並んだ結晶構造が得られている[7]．

【竹澤悠典・塩谷光彦】

【参考文献】
1) J. S. Lee *et al.*, *Biochem. Cell. Biol.*, **1993**, *71*, 162.
2) P. Aich *et al.*, *J. Mol. Biol.*, **1999**, *294*, 477.
3) S. S. Alexandre *et al.*, *Phys. Rev. B*, **2006**, *73*, 205112.
4) M. Fuentes-Cabrera *et al.*, *J. Phys. Chem. B*, **2007**, *111*, 870.
5) A. Rakitin *et al.*, *Phys. Rev. Lett.*, **2001**, *86*, 3670.
6) E. C. Fusch *et al.*, *J. Am. Chem. Soc.*, **1994**, *116*, 7204.
7) J. Kondo *et al.*, *Nat. Chem.*, **2017**, *9*, 956.

ZnN₂S₂

光

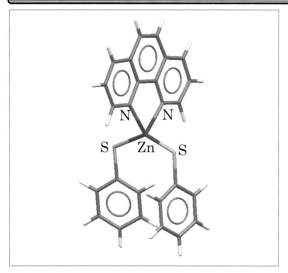

【名称】bis(benzenethiolato)phenanthroline zinc(II): [Zn(C₆H₅S)₂(phen)]

【背景】1985年にCrosbyらが本錯体の誘導体のホトルミネセンスについて興味深いデュアル発光の報告を行って以来[1]，関連の化合物について光物理的な研究が多く行われた化合物である．類似構造の化合物の光物性の報告も行われている．

【調製法】エタノール中で酢酸亜鉛・2水和物とベンゼンチオール，フェナントロリンを化学量論通りに加えることで得られる[2]．

【性質・構造・機能・意義】多くの誘導体が得られているが，一般に無色の結晶であり，少なくとも固体では空気下でも安定と考えられている．

類似の構造をもつ一連の錯体について単結晶X線構造解析が報告されている．例えば，ジイミン配位子として1,10-フェナントロリン(phen)，アリールチオラト配位子として p-トリル，p-アミノなどの置換基を含むものが報告され，さらにジイミン配位子として2,9-ジメチル-1,10-フェナントロリンを含む錯体も2種の構造解析が報告されている[3]．いずれの構造においても亜鉛周りは四面体配置である．例えば[Zn(PhS)₂(2,9-Me2-phen)]の場合はZn-SとZn-N距離はそれぞれ2.255(2)と2.086(4) Åであり，S-Zn-SとN-Zn-N結合角はそれぞれ134.5(1)と106.7(1)°である[2]．アリールチオラト配位子のアリール基は，上の図のように両方ともphen配位子と逆向きになっている場合と，1つのアリールチオラト配位子のアリール基がphen配位子とスタックしているような配向になっている場合がある．

[ZnCl₂(phen)]は，77 Kにおいてphen部分に由来する蛍光とりん光が観測されていたが，Crosbyらは，[Zn(4-MeO-C₆H₄S)₂(phen)]溶液の低温ガラス状試料においてphenに由来する長寿命の発光と，より長波長側に見られる短寿命(10 μs)の発光の2成分の発光を観測し，後者は配位子間の電荷移動に帰属された．その後同じグループによって4-Cl-C₆H₅Sなど一連の類似配位子を含む錯体結晶の発光特性の研究が行われ，結晶状態においても同様に2成分の発光が観測されることがわかった．[Zn(4-Cl-C₆H₄S)₂(phen)]の発光温度依存性の解析により，この配位子間電荷移動状態とジイミンのπ-π*遷移状態間に熱活性化状態が存在すること，その活性化エネルギーは140 cm⁻¹であることが見積もられている[4]．

【関連錯体の紹介およびトピックス】Yamらはホトクロミック性をもつphen配位子(ビス(2,5-ジメチル-3-チエニル)-1,10-フェナントロリン)とアリールチオラト配位子を含む亜鉛(II)錯体の光物性と光化学反応について報告している[5]．この錯体は313 nmと510 nmの光照射により，それぞれphen誘導体配位子内の光環化と光環解裂反応を起こす．いずれの構造でも77 Kにおいて ³LLCTに基づくりん光を発するが，閉環構造体の方がレッドシフトした発光を示している．

アリールモノチオラト配位子ではなく，ベンゼンジチオラト配位子を用いた場合は，上記のような単核錯体ではなく，ジチオラト配位子の一方のイオウ原子が別の錯体の亜鉛に配位して，二核五配位構造となった錯体も報告されている[6]．同じ論文では，[Zn₃(ArS₂)₃(phen)₂] (ArS₂=3-メチル-1,2-ベンゼンジチオラト)の組成を持つ三核錯体の構造も調べられている．

【坪村太郎】

【参考文献】
1) K. A. Truesdell *et al.*, *J. Am. Chem. Soc.*, **1985**, *107*, 1787.
2) K. J. Jordan *et al.*, *Inorg. Chem.*, **1991**, *30*, 4588.
3) 例えば J. Seebacher *et al.*, *Eur. J. Inorg. Chem.*, **2004**, 409.
4) R. G. Highland *et al.*, *J. Phys. Chem.*, **1986**, *90*, 1593.
5) T.-W. Ngan *et al.*, *Inorg. Chem.*, **2007**, *46*, 1144.
6) K. Halvorsen *et al.*, *Inorrg. Chim. Acta*, **1995**, *228*, 81.

ZnN₃O

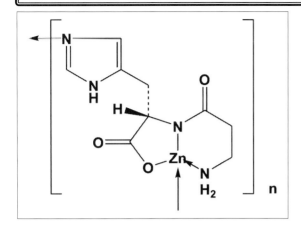

【名称】 catena-(S)-[μ-[N^α-(3-aminopropionyl)histidinato(2−)-N,N',O: N^τ]zinc(II)]; polaprezinc 製剤 (Z-103), carnosine zinc (ZnC$_9$H$_{12}$N$_4$O$_3$)

【背景】 亜鉛は必須微量元素の1つであり、免疫機能などに深くかかわり生体を防御する因子である．一方, L-カルノシン (carnosine, β-alanyl-L-histidine) は筋肉や脳に比較的多量に存在して、主として抗酸化作用により生体を防御しているジペプチド化合物である．両者とも動物の胃潰瘍モデルに対して粘膜保護作用などによる抗潰瘍効果があることが知られている．これらを結合させることにより、相乗的抗潰瘍作用が期待され、L-カルノシン亜鉛(II)錯体（ポラプレジンク）が合成された[1]．

【調製法】 メタノール中にL-カルノシンとナトリウムメチラートを加え均一な溶液とする．ここに酢酸亜鉛2水和物のメタノール溶液を加え、析出した沈殿をろ取して錯体が得られる．

【性質・構造・機能・意義】 白色または淡黄白色の結晶性粉末で、無臭である．融点 (分解) は320℃以上で、水および有機溶媒に不溶であるが、酸や塩基には解離して溶解する．組成はZnとC$_9$H$_{12}$N$_4$O$_3$ (L-カルノシン) の1:1錯体である．

錯体のIRスペクトルでは、アミドカルボニルに帰属しうる吸収が1628 cm^{-1}に観測され、配位子のL-カルノシンのそれから38 cm^{-1}低波数シフトしており、アミド窒素が脱プロトン化したアニオンとして亜鉛に配位していることがわかる．また、カルボキシレートによる吸収も1560および1388 cm^{-1}に観測され、配位子のL-カルノシンからそれぞれ22および20 cm^{-1}低波数側へシフトしており、金属への配位を示唆している．さらに、NH$_2$に帰属しうる吸収が3280 cm^{-1}に観測され、これは通常の一級アミンよりも低波数側へシフトしており、これらの配位原子の亜鉛への配位が示唆される．また、固体の^{13}C CP/MAS NMR 測定もされており、イミダゾールの3つの炭素の吸収が149.4, 135.8, 128.0 ppmに観測され、L-カルノシンのそれらとは大きく異なっている．これは亜鉛と結合することによりイミダゾール環がN3H型からN1H型に互変異性化したことを示している．さらに、固体^{15}N CP/MAS NMRでもイミダゾール環の窒素が177.1 ppmに観測され、sp^{2}窒素で亜鉛に配位していることが強く示唆された．以上より、L-カルノシンはジアニオンの四座配位子として亜鉛に結合し、最も安定な五員環および六員環キレート構造を形成していると考えられる．単分子ではすべての配位基が1つの亜鉛に結合すると錯体構造に歪みが生じ、錯体形成能が低下するのではないかと考えられるが、オリゴマーまたはポリマー構造をとり、ZnN$_4$O配位構造をとることにより、錯体が安定化すると推定される．

この亜鉛錯体は種々の動物実験を経て臨床試験でも有意な抗潰瘍作用が確認され、1994年に医薬品として上市された．本錯体は、潰瘍部位に付着し生体組織と配位子交換して亜鉛とL-カルノシンが吸収され、それぞれの作用が相乗的に発揮されるものと考えられている[2]．

【関連錯体の紹介およびトピックス】 L-カルノシン銅(II)錯体についてはX線結晶構造解析が行われており、同様の構造を有するn=2のダイマーであることが知られている[3]．L-カルノシンコバルト(III)錯体についても合成され、構造が明らかにされている[4]．さらに最近では、味覚異常、骨粗鬆症、C型肝炎、創傷、潰瘍性大腸炎、膵炎、口内炎などに対する広範な作用についても検討されている[5]．

【松倉武文】

【参考文献】
1) T. Matsukura et al., *Chem. Pharm. Bull.*, **1990**, *38*, 3140.
2) T. Matsukura et al., *Biochemistry (Moscow)*, **2000**, *65*, 817.
3) H. C. Freeman et al., *Acta Crystallogr.*, **1967**, *22*, 406.
4) T. Ama et al., *Bull. Chem. Soc. Jpn.*, **1989**, *62*, 3464.
5) M. Takei, 薬学雑誌, **2012**, *132*, 271.

ZnN₃O

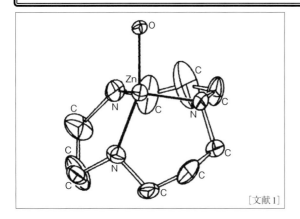

[文献1]

【名称】1,5,9-triazacyclododecane Zn(II) complex: [Zn-[12]aneN$_3$(OH)]$^+$

【背景】加水分解を起こす金属タンパク質の反応機構や，その活性中心における金属イオンの役割については，常に注目を集めている．標題の錯体は，そのひとつであるカルボニックアンヒドラーゼ(carbonic anhydrase, CA)のモデル化合物として亜鉛(II)イオンに3個の窒素が配位した構造をもつ化合物である．これはまた，CAの pK_a 〜7.5 と同程度の pK_a 値をも有している[1]．

【調製法】1,5,9-トリアザシクロドデカン([12]aneN$_3$)に過塩素酸亜鉛(II)を室温エタノール中で加え，30分後に得られた白色粉末をろ取する．水から再結晶することで，無色の結晶(Zn-[12]aneN$_3$(OH))$_3$(ClO$_4$)$_3$・HClO$_4$が得られる[1]．

【性質・構造・機能・意義】pH滴定の結果，[12]aneN$_3$と硫酸亜鉛(II)の 1:1 水溶液中で形成される Zn-[12]aneN$_3$(OH$_2$)の配位水の pK_a は，7.30±0.02(25℃，イオン強度 I=0.10(NaClO$_4$))と見積もられた．[Zn-[12]-aneN$_3$(OH)]$^+$は，[12]aneN$_3$の3個の窒素とOH$^-$の酸素の配位による歪んだ四面体型の構造をしており，結晶中では結晶の3回軸周りで三量体を形成している．Zn-[12]aneN$_3$(OH)錯体のOH$^-$は水溶液中で他のアニオンと交換することができるが，その安定度定数(log$K$, 25℃, I=0.2(NaClO$_4$))は非常に小さい：OH$^-$(6.4)≫CH$_3$COO$^-$(2.6)>SCN$^-$(2.4)>I$^-$(1.6)>Br$^-$(1.5)>F$^-$(0.8)．これはCAの活性部位とアニオンとの親和性と非常によく一致している．Zn-[12]aneN$_3$(OH)錯体はCAと同じように水和反応の触媒としてもはたらき，アセトアルデヒドの水和反応の二次の反応速度定数はアルカリ条件下で最大 200 M^{-1}s^{-1}であり，CAの約1/7である．また酢酸メチルの加水分解反応に対しても触媒活性を示すが，Cu(II)やCo(III)錯体に比べてやや活性に劣り，それはZn(II)イオンが五配位構造をとりにくいからだと考えられる．

【関連錯体の紹介およびトピックス】CAの活性中心では，Zn(II)イオンに3個のヒスチジンの窒素が配位しているが，標題錯体ではこれを環状アミンの窒素に置き換えている．この系統の錯体は多数報告されているが，CAのモデル錯体として他の系統の配位子をもつものも報告されている[2]．そのうちの1つにトリスピラゾリルボレート Tp$^{RR'}$を用いたものがあり，たとえば置換基 RR' に ^{t}Bu と Me をもつ{[Tp^{tBuMe}]Zn-(OH)}$^+$などがある[3]．また三脚型のトリスベンズイミダゾール N(CH$_2$bimH)$_3$を配位子とする錯体[N(CH$_2$bimH)$_3$Zn(OH$_2$)]$^{2+}$も報告されている[4]．前者は3個の窒素と1個の酸素が配位した歪んだ四面体型の構造をしている．また後者は三脚の中心の窒素との Zn⋯N の距離が 2.446 Å であって，ベンズイミダゾールの窒素との Zn-N 距離(2.013〜2.027 Å)よりも少し長く，歪んだ四面体型あるいは5配位の三方両錐型の構造をしているといえる．さらにこれらの錯体について，配位水の pK_a は，それぞれ 6.5 と 8.3 と見積もられている．

【宮本 量】

【参考文献】
1) E. Kimura *et al.*, *J. Am. Chem. Soc.*, **1990**, *112*, 5805.
2) G. Parkin, *Chem. Rev.*, **2004**, *104*, 699.
3) R. Alsfasser *et al.*, *Inorg. Chem.*, **1991**, *30*, 4098.
4) K. Nakata *et al.*, *J. Inorg. Biochem.*, **2002**, *89*, 255.

ZnN$_4$

【名称】5,15-bis(3′-(prop-1″-en-3‴-oxy)-propyl)-10-(1‴-methyl-1″′H-imidazol-2‴-yl)-20-phenyl-21H,23H-porphyrinato(2−)-κN^{21}, κN^{22}, κN^{23}, κN^{24}-zinc(2+): [Zn(ImPh)(allyl)$_2$P]

【背景】10位にイミダゾリル基を有する亜鉛ポルフィリンは,光合成の反応中心(スペシャルペア)モデルとして開発された.

【調製法】配位子ImPh(allyl)$_2$Pは,2,2′-(4-(allyloxy)-butane-1,1-diyl)bis(1H-pyrrole)(2 equiv.)と1-methyl-1H-imidazole-2-carbaldehyde(1 equiv.),ベンズアルデヒド(1 equiv.)をトリフルオロ酢酸存在下に縮合した後,p-クロラニルを用いて酸化することによって生じ,シリカゲルカラムクロマトグラフィーによって精製することにより単離できる.次に,錯体の合成は,室温条件下,配位子をクロロホルムに溶解し,酢酸亜鉛水和物の飽和メタノール溶液を過剰量加えて撹拌することによって得られる.反応液に水を加え,クロロホルム抽出することによって目的の亜鉛ポルフィリン錯体がほぼ純粋に得られる[1].

【性質・構造・機能・意義】クロロホルムなどの非配位性溶媒中では2分子間でイミダゾリル基と亜鉛原子間で相補的に配位結合を形成し安定な二量体を形成する.(図1. 5,15位置換基は省略)クロロホルム中での自己会合定数は10^{11}M^{-1}にもおよび,低濃度でも二量体として主に存在する.亜鉛-イミダゾリル基の結合は置換活性であるため,二量体にピリジンやメタノールなどの配位性の溶媒を添加すると配位性溶媒が配位した五配位単量体構造へと解離させることができ,配位性溶媒を留去すると二量体が再生される.

二量体を形成した後にGrubbs触媒を用いて5,15位に導入された末端オレフィンを有する側鎖のオレフィンメタセシス反応を行うと二量体間を共有結合で固定化することができる[1a].共有結合固定化された二量体は配位性溶媒中で解離することはなく,安定に取り扱うことができる.

二量体はクロロホルム溶媒中で,413, 435 nmにポルフィリンのSoret(またはB)帯が分裂して観測され,565, 619 nmにQ帯が観測される.Soret帯の分裂は2つのポルフィリン環が互いにずれて重なった構造の中で励起子相互作用しているためであり,分子モル吸光係数の小さなQ帯ではスペクトルの分裂は確認されない.二量体の^{1}H NMRスペクトルにおいては,重クロロホルム中で8と12, 4‴, 5‴プロトンがそれぞれ5.41, 2.14, 5.50 ppmに観測される.これは配位子のみの^{1}H NMRスペクトルと比較して,それぞれ約3.4, 5.5, 2.1 ppm高磁場シフトしており,対面するポルフィリン環の環電流効果によって大きく磁気遮蔽を受けていることがわかる.ジクロロメタン中での二量体の第一・第二酸化電位と第一・第二還元電位はそれぞれ0.63, 0.83, −1.55, −1.70 V(vs. Ag/AgCl)と2つのポルフィリン環が段階的に酸化(還元)されることから,一電子酸化(還元)状態が二量体全体に非局在化していることがわかる[1b].この性質は人工スペシャルペアとして有用で,光誘起電子移動によって生じた一電子酸化・還元種を安定化するはたらきがある[2].

【関連錯体の紹介およびトピックス】10-(imidazolyl)-porphyrinatozinc部位が相補的な配位二量体を構成する基本単位であることから,この単位を2個直接もしくは適当なスペーサーを介して連結すると,配位結合でつながったポルフィリン多量体の構成単位となる.20位meso-meso直接連結体や20位 1,3-butadiyne連結体では直鎖状の多量体が,20位 1,3-phenylene連結体や2,5-thienylene連結体ではリング状のポルフィリン多量体が生成する[3].

【佐竹彰治】

【参考文献】
1) a) A. Ohashi *et al.*, *Bull. Chem. Soc. Jpn.*, **2004**, *77*, 365; b) D. Kalita *et al.*, *New J. Chem.*, **2006**, *30*, 77.
2) H. Ozeki *et al.*, *Chem. Eur. J.*, **2004**, *10*, 6393.
3) a) A. Satake *et al.*, *Org. Biomol. Chem.*, **2007**, *5*, 1679; b) A. Satake, *Handbook of Porphyrin*, A. Kaibara and G. Matsumura (eds), Nova Science Publishers, 2012, Chap. 13.

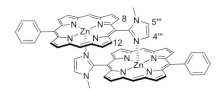

図1 二量体の構造(5,15位置換基は省略)

ZnN₄

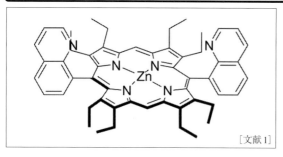

[文献1]

【名称】［*cis*-5,15-bis(8-quinolyl)-2,3,7,8,12,13,17,18-octaethylporphyrinato］zinc(II)：Zn(BQP)（BQP＝bisquinolylporphyrin）

【背景】分子認識のターゲットとして糖類の認識は，難易度の高いものであり，特に，数多く存在する異性体をいかにして認識するかは重要な課題である．ポルフィリンの剛直な骨格に2つのキノリンをルイス塩基点（水素結合アクセプター部位）として導入し，ポルフィリン中心金属にLewis酸である亜鉛イオンを配置した上記化合物は，グルコース，マンノース，ガラクトース（それぞれ有機溶媒に可溶化するためにオクチル基で修飾したもの）に対して異なる選択性を示し，その原因が分子間，分子内の協同的水素結合ネットワークによることを明らかにしている．

【調製法】配位子のポルフィリンは，ジピロメタンとキノリンアルデヒドとの縮合反応で合成している．キノリン基とポルフィリンとの結合周りの回転によるアトロプ異性によって，シスとトランスの2つの異性体が存在するが，これらは，シリカゲルクロマトによって分離している．また，このアトロプ異性を防ぐために，ピロールのβ位にはエチル基が導入され，立体障害によりキノリル基の回転が阻害されるように設計されている．亜鉛錯体は，上記配位子と酢酸亜鉛との反応によって合成されている．

【性質・構造・機能・意義】この錯体[Zn(BQP)][1]はクロロホルム，ジクロロメタン，トルエンなどの有機溶媒に可溶である．電子吸収スペクトルは次の通りである．CHCl₃（containing amylenes）中で，λ_{max}(log ε) 417 nm(5.43), 543 nm(4.23), 579 nm(3.97)；クロロホルム中15℃における，α-オクチルグルコシド，β-オクチルグルコシド，α-オクチルガラクトシド，β-オクチルガラクトシド，α-オクチルマンノシド，β-オクチルマンノシドに対する結合定数が，紫外-可視吸収スペクトルによって決定され，それぞれ，7570, 41400, 1870, 3840, 15500, 61700 M^{-1}である．すなわちこの亜鉛ポルフィリンは，β-オクチルマンノシドに選択的に結合する．また，水素結合やLewis酸-Lewis塩基のような極性相互作用に基づく分子認識は，通常極性溶媒の添加によって阻害されるが，この系では，少量のメタノールなどの添加によって錯形成が逆に促進されることが報告されている．これは，添加したアルコールが水素結合ネットワークを安定化するためと考えられている．

【関連錯体の紹介およびトピックス】類似の金属錯体として，フェノール性水酸基を亜鉛ポルフィリンに固定した分子との分子認識の比較がなされている[1]．フェノール性水酸基はLewis酸（水素結合ドナー）としてのはたらきが強く，Lewis酸の亜鉛との組合せが悪く，結合定数，および，選択性もキノリンの亜鉛ポルフィリンに比べて低い．また，Sandersらは，ステロイドでキャップした亜鉛ポルフィリンが糖類を分子認識することを報告している[2]．

【水谷　義】

【参考文献】
1) T. Mizutani *et al., J. Am. Chem. Soc.*, **1997**, *119*, 8991.
2) R. P. Bonar-Law *et al., J. Am. Chem. Soc.*, **1995**, *117*, 259.

ZnN$_4$

[文献1]

【名称】 doubly bridged chiral zinc porphyrin: Chiral porphyrin.

【背景】 不斉ポルフィリンは，ポルフィリンの剛直な骨格を利用して，分子認識基を空間的に固定することで，高い不斉選択性の発現が期待できる．一方，239の不斉ポルフィリンの例からもわかるように，置換基のレジオ選択的な導入のために，ポルフィリンの合成が多段階にわたるという問題がある．本キラルポルフィリンは，橋架反応を利用して，不斉ポルフィリンの合成経路を格段に短縮させ，しかも，高い不斉選択性を実現した．

【調製法】 $\alpha,\alpha,\alpha,\alpha$-5,10,15,20-テトラ(2-アミノフェニル)ポルフィリンを，4-ニトロフタル酸ジクロリドで二重に架橋することによってキラルポルフィリンを合成している[1]．架橋反応では，メソ体とキラル体が得られるので，これらをシリカゲルカラムクロマトグラフィーにて分離し，さらに，光学活性HPLCを用いて，キラル体を光学分割している．このような架橋反応は，剛直な骨格を導入するのに大変有用である．さらに，アミド結合で架橋するので，このアミド結合がゲスト分子に対する水素結合の認識点となっている．

【性質・構造・機能・意義】 この不斉ポルフィリンは，アミノ酸エステルと有機溶媒中で錯形成し，アミノ酸エステルのアミノ基が亜鉛に，エステル基がアミドのNHと水素結合することによってゲスト分子の配向が規制され，アミノ酸エステルの側鎖とポルフィリンの架橋鎖との立体障害が，D体とL体で異なることによって不斉認識が達成される．^{1}H NMR測定(CD_2Cl_2)による検討で，バリンメチルエステルの不斉炭素に結合した水素は，3.31から-2.90ppmへ，6.2ppm高磁場シフトし，ポルフィリンの環電流の効果で強く遮蔽されていることが示されている．$CHCl_3$中，20℃において，バリンメチルエステルに対して7.5倍，他のDとLのアミノ酸エステルに対しても3〜5倍の結合定数の比で選択的に不斉認識を達成している．また，ジクロロメタン中，20℃において，DとLのアミノ酸エステルに対して3〜10倍の比の選択性で不斉認識をしている．結合定数の温度変化から，結合のエンタルピー変化，エントロピー変化が一連のホスト–ゲスト錯体について求められ，エンタルピー変化，エントロピー変化とも負であり，有機溶媒中での極性相互作用を駆動力とする分子認識によく見られる結果となっている．$CHCl_3$中の電子吸収スペクトルは次の通りである．
$\lambda_{max}(\log\varepsilon)$ 428(5.46)，554(4.16)，589(3.51)nm．

【関連錯体の紹介およびトピックス】 このキラルポルフィリンの誘導体（フリーベース体）は，酒石酸エステルに対して強い認識を示すことが報告されている[2]．アミド基の水素結合が効果的にはたらくためであると考えられている． 　　　　　　　　　【水谷 義】

【参考文献】
1) Y. Kuroda *et al.*, *J. Am. Chem. Soc.*, **1995**, *117*, 10950.
2) Y. Kuroda *et al.*, *J. Am. Chem. Soc.*, **1994**, *116*, 10338.

ZnN$_4$

無

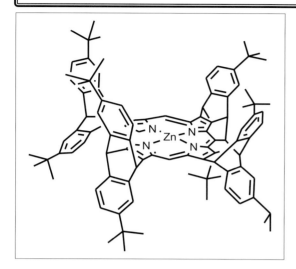

【名称】［(5S,9S,14S,18S,23S,27S,32S,36S)-2,11,20,29,44, 51,57,63-octakis(1,1-dimethylethyl)-5,9,14,18,23,27,32, 36-octahydro-5,36[1′,2′]: 9,14[1″,2″]: 18,23[1‴,2‴]: 27,32 [1⁗,2⁗]-tetrabenzeno-37H,39H-tetranaphtho[2,3-b: 2′, 3′-g: 2″,3″-l: 2‴,3‴-q]porphinato(2−)-κN^{37}, κN^{38}, κN^{39}, κN^{40}]zinc(II)

【背景】ピケットフェンスポルフィリンに代表される三次元的に構成された骨格をもつ金属ポルフィリンは，ヘムタンパク質のモデル化合物として注目された．また，キラルなポルフィリンは，不斉触媒や分子認識におけるホスト分子として注目され研究されてきた．キラルなポルフィリンの有用な性質の1つとして，ここに示す両凹面形のポルフィリン金属錯体はNMRのシフト試薬となる[1]．

【調製法】配位子となるキラルなD_4対称のポルフィリン化合物はC_2対称のキラルなピロールの四量化によって得られる[2]．D_4対称な亜鉛(II)錯体の合成は，酢酸亜鉛の飽和メタノール溶液にキラルなポルフィリン配位子を溶解し，ジクロロメタンで混合され，室温で15分間撹拌後，さらにジクロロメタンを加える．有機層を分け取り，水で洗浄後，溶媒を蒸発した後にシリカゲルカラムにて精製する．そして，アセトン/水から再結晶することで，収率96％で得られる．

【性質・構造・機能・意義】ジクロロメタン溶液中，408.5 nm(log ε＝5.49)にSoret帯，533.5 nm(log ε＝4.33)と567.5 nm(log ε＝4.05)に2つの弱い吸収を示す．円二色性(CD)スペクトルはSoret帯と可視領域の吸収に対して弱い正のピークを示す．^{1}H NMRは一般的な化学シフトの領域に6つのシグナルを示す．構造はこの錯体では決定されていないが，フラーレンとの共結晶として類似のアキラルなコバルト(II)錯体において決定され，ポルフィリン部分はほぼ平面であることが示されている．

この錯体は適用範囲の広い有効なNMRのシフト試薬である．それは，アルコール，アミン，エステル，ニトリル，カルボン酸類に適用できることが確かめられた．

【関連錯体の紹介およびトピックス】同じキラルなポルフィリン化合物を配位子とする錯体としてD_4対称なコバルト(II)とジオキソルテニウム(VI)錯体，軸配位子によりC_4対称となるロジウム(III)，ルテニウム(II)錯体も合成されている．そのうちコバルト(II)錯体とロジウム(III)錯体もシフト試薬として有用である．

【川本達也】

【参考文献】
1) B. Kräutler *et al.*, *Chem. Eur. J.*, **2001**, *7*, 2676.
2) B. Kräutler *et al.*, *Chem. Eur. J.*, **2000**, *6*, 1214.

ZnN₄

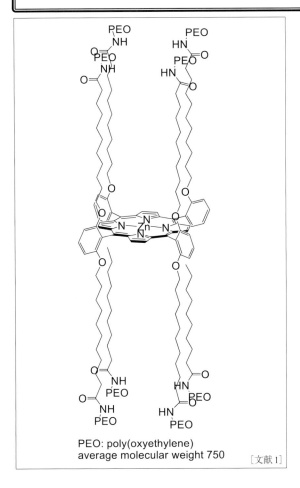

PEO: poly(oxyethylene)
average molecular weight 750

[文献1]

【名称】PEG-appended zinc porphyrin：〔Zn(PEO porphyrin)〕

【背景】水中でアルキル鎖などの疎水的な部位を認識することは重要な問題である．水溶性ポルフィリンの合成では，水溶性を付与するための官能基の選択が重要である．PEO鎖は，水溶性があるとともに，有機溶媒にも可溶なために，副生成物からの分離精製や構造確認が容易であり，また，静電的な相互作用がないので，水中でのコンフォーメーションを比較的自由にとりうるなどの利点がある．アルキル鎖を効果的に認識しうるポルフィリンとして，疎水的なアルキル鎖を介してポルフィリンにPEO鎖を結合させた，PEO亜鉛ポルフィリンが合成されている．また，このポルフィリンを用いて，アルキル鎖認識にかかわる疎水相互作用の熱力学パラメーターの測定が行われ，疎水相互作用のメカニズムに関して重要な知見を得ている．

【調製法】水溶性PEOポルフィリンは，オルト位にメトキシカルボニルアルキル基を有するベンズアルデヒドとピロールの縮合によってポルフィリンの合成をまず行い，エステル基のアルカリ加水分解によってカルボン酸に誘導し，末端にアミノ基をもつPEOと縮合剤を用いて縮合させることで配位子のポルフィリンを合成した．これを酢酸亜鉛と反応させて亜鉛ポルフィリンを得ている．

【性質・構造・機能・意義】PEO亜鉛ポルフィリンは，水，アルコール，クロロホルムなどの溶媒に可溶である．このポルフィリンは，水中でアルキルピリジンを認識する．Lewis酸である亜鉛イオンがアルキルピリジンの塩基性窒素を認識し，ポルフィリンのアルキル鎖部分がアルキルピリジンのアルキル基を認識する．アルキルピリジンのアルキル鎖が長くなると結合の自由エネルギーが直線的に増加し，1つのメチレン基を2.6 kJ/molの自由エネルギーで認識することが確認されている．また，アルキル基の認識の自由エネルギーをエンタルピー，エントロピーの寄与に分割すると，エントロピーは有利に，エンタルピーは不利にはたらいており，脱溶媒が疎水相互作用の駆動力となることが明らかとなっている[1]．

【関連錯体の紹介およびトピックス】アルキル鎖の数，導入するPEO鎖の重合度をいろいろと変えた誘導体が合成され，その疎水分子の認識能が比較検討されている[1]．また，両親媒性亜鉛ポルフィリンがリポソーム中でアルキルピリジンを認識することが報告されている[2]．

【水谷　義】

【参考文献】
1) H. Iwamoto *et al.*, *Chem. Asian J.* **2007**, *2* (10), 1267.
2) R. Murakami *et al.*, *Org. Biomol. Chem.* **2009**, 7, 1437.

ZnN₄

【名称】phthalocyaninatozinc(II): Zn(pc)

【背景】フタロシアニン化合物は，700 nm 付近に強い光吸収(Q 帯)をもつ．Zn(pc)の pc 環に臭素および塩素を導入した誘導体は，緑色の色素材料(Pigment Green 58)として知られている．亜鉛(II)フタロシアニン錯体では，蛍光が Q 帯のすぐ長波長側に現れ，項間交差で生じた励起三重項の寿命は比較的長いので，光線力学療法(PDT)や有害物質の光分解の光増感剤などへの応用が注目されている．

【調製法】フタロニトリルと亜鉛粉末とを 245℃ までゆっくり加熱し，260〜270℃ で 20 分間加熱溶融を続けたのち冷却し，生成物を磨りつぶし，エタノールで洗浄することで，Zn(pc)が光沢をもった青色粉末として得られる．精製は昇華により行う．

【性質・構造・機能・意義】Zn(pc)の単結晶は，昇華により得られ，フタロシアニンで知られる多形のうちの β 型であり，Zn–N(pc)の平均距離は 1.980(2) Å で，亜鉛(II)イオンは pc 平面内に収まり四配位構造となっている[1]．n-ヘキシルアミンから再結晶で得られた結晶は，アミン窒素が Zn–N(amine) = 2.18(2) Å で軸配位し(Zn–N(pc) = 2.06(2) Å (平均))，亜鉛(II)イオンが pc の N4 平面から 0.48 Å 軸位方向に浮かび上がった五配位構造となっている[2]．Zn(pc)の 1-クロロナフタレン中の吸収スペクトルは，672 nm に Q 帯を示す[3]．また，Zn(Pc)の pc 環は，0.68 V(vs. SCE)(1-クロロナフタレン中)で一電子酸化を受け，Cu(pc)(0.98 V(vs. SCE))より酸化されやすい[4]．

【関連錯体の紹介およびトピックス】Zn(pc)は水に不溶で，有機溶媒中で会合し光増感剤能力は著しく低下する．pc 環周辺に置換基を導入し，溶解度の向上および会合種の抑制のための様々な研究がなされている[5]．

【半田　真・池上崇久】

【参考文献】
1) W. R. Scheidt et al., J. Am. Chem. Soc., **1977**, 99, 1101.
2) T. Kobayashi et al., Bull. Chem. Soc. Jpn., **1971**, 44, 2095.
3) D. Estwood et al., J. Mol. Spectrosc., **1966**, 20, 381.
4) A. Wolberg et al., J. Am. Chem. Soc., **1970**, 92, 2982.
5) F. Dumoulin et al., Coord. Chem, Rev., **2010**, 254, 2792.

ZnN$_4$

生

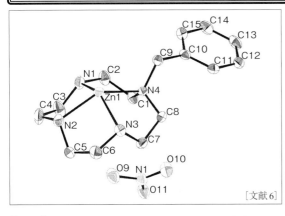

[文献6]

【名称】(1,4,7,10-tetraazacyclododecane)zinc(II)nitrate: [ZnL(NO$_3$)](N-benzyl derivative)

【背景】亜鉛は，鉄についで2番目に多い生体必須微量金属イオンであり，その多くが亜鉛酵素やジンクフィンガーなどのタンパク質に含まれている．近年，細胞内亜鉛イオン(Zn^{2+})が細胞内シグナル伝達経路内で重要な役割を果たしていることも明らかになっている．しかし，従来亜鉛酵素の活性中心に存在するZn^{2+}の存在意義や触媒機能の解明は非常に遅れていた．例えば，代表的な亜鉛酵素であるcarbonic anhydrase(CA)の活性中心におけるZn^{2+}の配位水のpK_aは約7であると推定されていたが，これがZn^{2+}の本質的なLewis酸性によるのか，他のアミノ酸の影響によるのか，などは不明であった．また，CAの代表的阻害剤であるacetazolamideの阻害機構も未解明であった．それは，Zn^{2+}がd^{10}電子配置をもつために色がなく反磁性であり，また的確なモデル化合物がなかったためである．Zn^{2+}-1,4,7,10-tetraazacyclododecane(cyclen)錯体は，亜鉛酵素中のZn^{2+}の本質的役割や亜鉛酵素阻害剤のメカニズムを解明するモデル錯体として開発された[1]．

【調製法】cyclen([12]aneN$_4$)配位子は市販されているが，bis(hydroxyethy)amine tristosylateとdiethylenetriamine tristosylateの環化反応などでも合成できる[2]．Zn^{2+}-cyclen(ZnL, L=cyclen)錯体は，エタノール中，cyclenとZn(ClO$_4$)$_2$の反応によって得られ，常温常圧温下で安定である．

【性質・構造・機能・意義】発色団をもたないZnL錯体の固体および溶液は通常無色である．結晶構造中で，中心Zn^{2+}はcyclen環内の4つの窒素原子に加えapical位に水分子が配位したdistorted tetragonal–pyramidal 五配位構造をとっていて，水溶液中でも同じ構造であると考えられる．Zn–N結合距離は約2.1〜2.2Å，Zn–O(配位水)は約2.0Åである．結晶状態でZn^{2+}のapical位に(ClO$_4$)$^-$や(NO$_3$)$^-$などが配位している場合，水溶液に溶かすとこれらのアニオンの多くは水分子に置換される．pH滴定法で決定された無置換のZnL錯体生成定数(K_s=[ZnL]/[Zn^{2+}][L], L=acid-free cyclen)は10$^{16.2}$M^{-1}，pH 7.4での見かけの錯体生成定数(K_{app}=[ZnL]/[Zn^{2+} $_{free}$]$_{total}$[L$_{free}$]$_{total}$)は10$^{10.6}$M^{-1}，Zn^{2+}の配位水のpK_aは7.8[3]．このpK_aはCAのそれに非常に近く，ZnLがCAと同様にCO$_2$+H$_2$O⇔HCO$_3^-$+H$^+$反応を触媒することなどが明らかになり，亜鉛酵素のよいモデル化合物であることが確立された．

【関連錯体の紹介およびトピックス】ZnLは中性pH水溶液中で非常に安定であり，以下のように様々な目的へ応用されている．以下に具体例を示す．①ダンシル基や8-quinolinol基を側鎖に導入したcyclen誘導体はZn^{2+}選択的な蛍光プローブであり，アポトーシスセンサーとしても働く[4]．②ZnLは水中でsulfonamideアニオンやリン酸モノエステル，核酸塩基の1つであるthymidine(T)と1:1複合体を生成する[5]．またDNA二重らせん構造をほどいて不安定化させる．③m-boronobenzyl基を導入したcyclenが金属イオンのNMRプローブとして機能する[6]．④pyridinyl基を直接導入したcyclenが，Zn^{2+}やアニオンの発光センサーである[7]．⑤フラビンを導入したZnLが核酸光損傷であるcis, syn-thymine photodimerの光回復反応を加速する[8]．⑥光学活性なアミノ酸を導入したZnL錯体が不斉アルドール反応を触媒する[9]．⑦複核ZnL錯体が他の有機分子や金属イオンと自己集積体(超分子)を生成し，人工ホスト分子，ポリリン酸化合物の発光センサー，リン酸エステル加水分解の触媒として機能する[10]．【青木 伸】

【参考文献】
1) E. Kimura, *Bull. Jpn. Soc. Coord. Chem.*, **2012**, *59*, 26.
2) D. Parker, *Macrocycle Synthesis*, Oxford University Press, **1996**.
3) E. Kimura *et al.*, *J. Am. Chem. Soc.*, **1990**, *112*, 5805.
4) a) T. Koike *et al.*, *J. Am. Chem. Soc.*, **1996**, *118*, 12696; b) S. Aoki *et al.*, *Chem. Eur. J.*, **2006**, *12*, 9066.
5) M. Shionoya *et al.*, *J. Am. Chem. Soc.*, **1993**, *115*, 6730.
6) M. Kitamura *et al.*, *Inorg. Chem.*, **2011**, *50*, 11568.
7) S. Aoki *et al.*, *J. Am. Chem. Soc.*, **2004**, *126*, 13377.
8) Y. Yamada *et al.*, *J. Biol. Inorg. Chem.*, **2006**, *11*, 1007.
9) S. Itoh *et al.*, *Int. J. Mol. Sci.*, **2014**, *15*, 2087.
10) a) S. Aoki *et al.*, *Chem. Eur. J.*, **2002**, *8*, 929; b) S. Aoki *et al.*, *J. Am. Chem. Soc.*, **2005**, *127*, 9129; c) M. Zulkefeli *et al.*, *Inorg. Chem.*, **2011**, *50*, 10113; d) Y. Hisamatsu *et al.*, *Chem. Pharm. Bull.* **2016**, *64*, 451.

ZnN$_4$

超晶

[構造図: [tetrakis(N-alkylimidazole)zinc(II)]$^{2+}$ 2(NO$_3^-$), $n=10, 12, 14, 16, 18$]

【名称】[tetrakis(N-alkylimidazole)zinc(II)]nitrate: [Zn(N-alkyl-im)$_4$](NO$_3$)$_2$

【背景】アルキルイミダゾリウム塩は室温イオン液体の代表的な化合物であり,近年急速に研究例が増加し研究範囲も広がっている.しばしばイオン液体中で金属錯体の触媒能力が著しく高まるのも,イミダゾリウムのアミンに金属が弱く配位するためと考えられている.そのアミンの配位能力を利用した金属錯体がいくつか単離されている.期待されるようにそのいくつかは,室温でイオン液体を形成する.リジッドな骨格を有する特徴に加えて,アルキル鎖を導入することにより異方性をもちやすく,何種類かのサーモトロピック液晶(smectic A)も単離されている[1].

【調製法】配位子の N-alkyl-im の合成法は,アルキル鎖の長さによって若干異なるが,N-octadecylimidazole について以下記す.等モル量の imidazole と octadecyl bromide を THF に溶解し,炭酸カリウムを加えてアルゴン気流中で40時間還流する.クロロホルムを加えて不溶の塩類を除き,クロロホルムも除去し,クロロホルム/ヘキサンの1:1混合溶媒に溶解してシリカゲルカラムに通す.溶媒を除去したあと,ヘキサンから再結晶する.金属錯体は,銀(I),銅(II),亜鉛(II),パラジウム(II)については1:2錯体,銅(II),亜鉛(II)については1:4錯体が合成されている.合成法は金属塩に2倍モル量(1:2錯体)または4倍モル量(図の1:4錯体)よりやや過剰の N-alkyl imidazole を加えることによりほぼ100%の収率で得られる.銅(II),亜鉛(II),パラジウム(II)の塩化物はアニオンが金属に配位して無電荷の金属錯体になる.

一方,銀(I)や亜鉛(II)について硝酸イオンを対イオンにもつものは,イオン液体や融点の低いイオン液晶を形成する.

【性質・構造・機能・意義】中心金属イオン,アルキル鎖,対イオンによって,サーモトロピック液晶,イオン液体,イオン液晶など多様な形態を示す.図の,亜鉛(II)の硝酸塩は,$n=10$ でイオン液体(等方性)に,$n=12$ で室温イオン液晶になる.亜鉛(II)錯体が2価のカチオンで静電的相互作用が大きいのにもかかわらず融点が低くなるのは,亜鉛(II)骨格が四面体配位でランダムなコンホメーション構造をとりやすいこととカチオンのサイズが大きくなるためである.銀(I)のビス錯体は $n=12, 14, 16, 18$ について対イオンが NO$_3^-$, BF$_4^-$, PF$_6^-$, CF$_3$SO$_3^-$ の塩が単離されており,その多くが smectic A の液晶を形成する.結晶から液晶への転移温度はアルキル鎖や対イオンに依存して,47〜75℃になる.

[Ag(C$_{16}$-im)$_2$]X に対して上の4つのアニオンの対イオン効果が調べられ,CF$_3$SO$_3^-$ 塩のみが液晶構造をとらない.ほかでは,BF$_4^-$ 塩が最も広い温度範囲で液晶状態をとり,NO$_3^-$ 塩が光や熱に対して最も安定である.BF$_4^-$ のように対称性がよくてサイズの小さな対イオンが液晶構造を安定化させるのに都合がよいと考えられる.また,[Ag(C$_{12}$-im)$_2$]NO$_3$ の結晶ではカチオンが二層パッキングの U-型構造をとる.

imidazole の代わりに benzimidazole(C$_n$-bim)配位子の錯体も銀(I)について $n=12, 14, 16, 18$ の NO$_3^-$ 塩,および $n=12, 16$ の BF$_4^-$ 塩が合成されて相挙動が調べられている.これらはリジッドな骨格をもつがいずれも液晶挙動はとらず融点が100℃以上と高い.結晶構造は,例えば C$_{16}$ の NO$_3^-$ 塩では NO$_3^-$ も銀(I)に配位した4配位であり,アルキル鎖はイス型の単層スタッキング構造をとる.

【関連錯体の紹介およびトピックス】alkyl($n=12, 14, 16$)基が imidazole または benzimidazole の2つの窒素についた N,N'-dialkyl タイプの配位子は Au(I)や Ag(I)のようなソフトな金属に対しては C2位置(2-ylidene)の炭素で配位し,carbene 型の錯体を形成する.このうち,Au(I)の C$_{16}$ 錯体は広い温度範囲で熱的に安定な二層ラメラ型の液晶となる[4].

【飯田雅康】

【参考文献】
1) I. J. B. Lin et al., J. Orgmetal. Chem., **2005**, 690, 3498.
2) C. K. Lee et al., Dalton Trans., **2003**, 4731.
3) C. K. Lee et al., Dalton Trans., **2004**, 1120.
4) K. M. Lee et al., Angew. Chem. Int. Ed. Engl., **1997**, 36, 1850.

ZnN₄ 光 生

【名称】 5, 10, 15, 20-tetraphenyl-21H, 23H-porphyrinato (2−)-κN^{21},κN^{22},κN^{23},κN^{24}-zinc(2+): [Zn(tpp)]

【背景】 クロロフィル(マグネシウム錯体)のモデル化合物として,よく研究がなされている.合成の容易さと類縁体も入手しやすいこと,化合物の安定性と扱いやすさのために多用されている.分子構造の対称性が高いので,実験のみならず,理論的な研究もよく行われている.

【調製法】 配位子H₂tpp(市販品や合成品にはジヒドロ体のクロリンが混入していることが多いので,使用直前にアルミナクロマトグラフィーで精製[1])をジクロロメタン(もしくはクロロホルム)に溶かし,酢酸亜鉛の飽和メタノール溶液を加えて,暗所・室温で撹拌することで,[Zn(tpp)]を得る.反応の進行は,溶液色の変化(定量的には吸収スペクトル変化)により確認する.薄層クロマトグラフィー・核磁気共鳴(0 ppmよりも高磁場側でのNH由来のピークの消失)・赤外分光法(3000 cm⁻¹よりも高波数側でのN-H振動帯の消失)によっても確認できる.シリカゲルクロマトグラフィーや再結晶法により精製が可能である.市販品を購入することもできる.

【性質・構造・機能・意義】 紫色の固体で,ベンゼンに溶かすと赤紫色を呈し,589 nm(ε=4200 M⁻¹cm⁻¹), 548 nm(ε=24000 M⁻¹cm⁻¹)にQ帯(前者がQ(0,0)で後者がその振動帯Q(1,0)で,α・β帯と呼ばれることもある)と 423 nm(ε=574000 M⁻¹cm⁻¹)にSoret(もしくはB)帯をもち,それぞれ基底状態(S_0)から第一(S_1)・第二励起一重項状態(S_2)への電子励起に対応する.S_1状態(E_s =200 kJ mol⁻¹)から強く蛍光発光し(トルエン中での27℃における蛍光発光量子収率は0.04で,その寿命は2.7 ns),597と643 nmに発光帯を与える.項間交差によって効率よく励起三重項状態(E_T=153 kJ mol⁻¹)となり,りん光を与え(トルエン中,27℃における発光量子収率は0.88で,その寿命は1.25 ms),一重項酸素発生能も高い.ジクロロメタン中での第一酸化・還元電位は,それぞれ0.82, −1.32 V(vs. SCE)である.光を吸収すると,S_1状態から容易に酸化されるので,光励起電子移動反応がよく検討されている.

トルエンやジクロロメタンのような配位能の低い溶媒中では,四配位型の平面錯体を形成するが,テトラヒドロフランやピリジンのような配位性溶媒中では,溶媒分子がaxial位に配位したピラミッド型の五配位錯体を形成する.ベンゼン溶液中にピリジンを添加することで,五配位錯体を作ることも可能であり,その錯形成定数 K が可視吸収スペクトルの変化から求められる(K=6~7×10³ M⁻¹).

これらの四・五配位型錯体は結晶構造が得られており,ポルフィリン環はほぼ平面で,4つのフェニル基はその平面から立っており,直交しているものが多い[2].四配位錯体では,亜鉛はポルフィリン平面内に収まっているが,五配位錯体では,axial位の配位子の方に亜鉛がずれている.

[Zn(tpp)]は化学的に比較的安定でかつ精製が容易で取り扱いやすい錯体であるが,弱酸によって容易に脱亜鉛化してH₂tppとなる.これを利用して,H₂tpp類縁体の精製や合成時の環内NH基の保護基としても利用されている.

光合成初期過程の励起エネルギーや電子移動反応の模倣系において,クロロフィルの合成モデルである[Zn(tpp)]類が,光励起エネルギー供与・受容体や光励起電子供与体として機能する.

【関連錯体の紹介およびトピックス】 4つのフェニル基に種々の置換基を導入したものや,その一部を選択的に置換したもの,さらには他のアリール基やアルキル基や水素原子(無置換)に変換したものも知られている[3].置換基の系統的な導入により,配位能・光物性や酸化還元能を制御することが可能である.また,4つのフェニル基を除去して,ピロール環の8つのβ位にエチル基を導入した,吸収帯が短波長シフトしてより酸化されやすいオクタエチルポルフィリンの亜鉛錯体[Zn(oep)]もよく知られている[4].

【民秋 均・庄司 淳】

【参考文献】
1) E. C. Johnson et al., Inorg. Synth., **1980**, 20, 143.
2) M. P. Byrn et al., J. Am. Chem. Soc., **1993**, 115, 9480.
3) M. Taniguchi et al., Chem. Rev., **2017**, 117, 344.
4) M.-H. So et al., Chem. Asian J., **2008**, 3, 1968.

ZnN₄

+ enantiomer

[文献 1]

【名称】［trans-5,15-bis(2-hydroxyphenyl)-10-(2,6-bis(methoxycarbony)phenyl)-2,3,17,18-tetraethylporphynnato］zinc(II): Chiral porphyrin

【背景】タンパク質の結合サイトにおける不斉認識のようなコンバージェントな認識基の配置による不斉認識は,ホストの設計と合成の困難さから,研究例が少ない.この不斉亜鉛ポルフィリンは,ポルフィリンのメソ位の置換基を工夫することによって,比較的単純な構成で,分子認識基をキラル認識に適するように配置したものであり,アミノ酸に対して不斉認識を達成している.

【調製法】この不斉ポルフィリンは,ポルフィリンの4つのメソ位のうち3ヶ所に2種類のアリル基を導入することで不斉を構築している.5,15-位は,2-ヒドロキシフェニル基,10位に2,6-ジメトキシカルボニルフェニル基を導入し,5,15位のフェニル基上の水酸基がトランス配置をとるように,ピロールのβ位にエチル基を入れ,アトロプ異性化によるシス体への変換を防いでいる.適切な置換基をもつジピロメタンを2種類合成し,これを2+2のカップリングでポルフィリンに誘導している.最後に亜鉛を導入し亜鉛錯体を得ている.3,4-ジエチルピロールとイソフタロニトリルから12段階の合成工程を経て不斉ポルフィリンが得られている[1].

【性質・構造・機能・意義】この不斉亜鉛ポルフィリンは,ロイシンメチルエステル,イソロイシンメチルエステル,バリンメチルエステル,フェニルアラニンメチルエステルなどをクロロホルム中で,亜鉛のLewis酸とアミノ酸エステルのアミノ基のLewis塩基との酸-塩基相互作用で捕捉し,アミノ酸側鎖の立体障害を10位のメトキシカルボニル基で,また,アミノ酸エステルのカルボニル基を5,15-位のフェノール性水酸基で認識することが,NMRなどの実験によって示されている.(+)-1は,DとLのアミノ酸エステルでは,L体を2~3倍の結合定数で認識し,不斉認識を達成している.また,セリンに関しては,逆にD-セリンメチルエステルをL-の2倍の結合定数で認識し,他のアミノ酸エステルとは逆の不斉選択が見られた.これは,セリンの側鎖の水酸基が10位のメトキシカルボニル基と水素結合で引力的に相互作用するために,不斉選択性が逆転したものと説明されている.電子吸収スペクトルは次の通りである.$(CHCl_3)\lambda max(\log\varepsilon)$ 422(5.43), 551(4.15), 579(sh, 3.39).

【関連錯体およびトピックス】ポルフィリンのメソ位とピロールβ位の両方に置換基を導入するとポルフィリンの面がひずみ,D_2対称の光学活性になる.通常はラセミ体で存在するが,キラルなゲストを添加することによってポルフィリンに一方の鏡像体が誘起され,ゲストを取り除いてもポルフィリンの光学活性が残ることが報告されている[2].

【水谷 義】

【参考文献】
1) T. Mizutani *et al.*, *J. Am. Chem. Soc.*, **1994**, *116*, 4240.
2) Y. Furusho *et al.*, *J. Am. Chem. Soc.*, **1997**, *119*, 5267.

ZnN₄O₂ 光

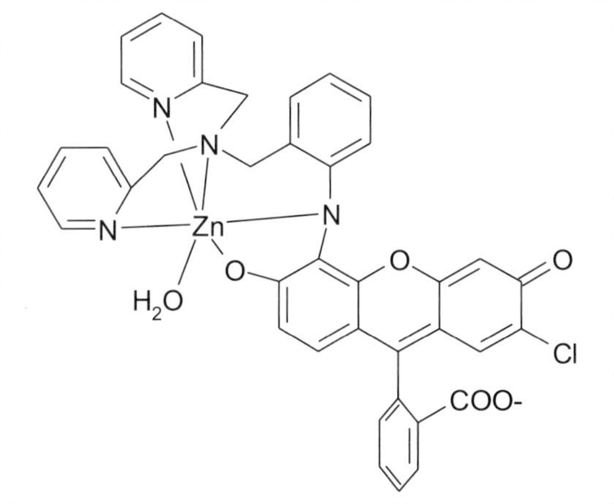

【名称】 [Zn(ZP4)(H₂O)] (ZP4＝9-(o-carboxy-phenyl)-2-chloro-5-[bis(2-pyridylmethyl)-aminomethyl]-N-methylaniline]-6-hydroxy-3-xanthanone)

【背景】 2000年にLippardらは，フルオレセインにビス(ピリジルメチル)アミノ基が2個結合した配位子ZP1を有する亜鉛イオン蛍光センサーを発表した[1]．これは光誘起電子移動に基づく蛍光センサーで高い亜鉛イオン選択性を有するものである．その後Lippardらは同様の構造の亜鉛イオンセンサーをいくつか発表したが，中でもZP4と呼ばれる配位子は高い蛍光強度，高いON-OFF比とすぐれた選択性を有する[2]．同様の構造を持つセンサーは他のグループからも発表されている．

【調製法】 ZP1と異なり，ビス(ピリジルメチル)アミノ基を1つだけ導入するために，新たにジヒドロキシベンゾフェノンを経由するフルオレセイン合成法が開発された[2]．

【性質・構造・機能・意義】 金属イオンセンサーという研究目的上，金属イオンと錯形成させた錯体の単離は研究の主眼とされていないため，X線構造解析によって構造が決定されている錯体は数少ない．ただ，ZP1の錯体([Zn₂ZP1])は構造解析がなされており，図1に示すようにそれぞれの亜鉛には，三級アミンの窒素と2個のピリジル基の窒素，そしてフェノール性水酸基のOさらに水分子が1個配位して五配位錯体となっている．

ZP4の錯体については，類似の構造モデルのX線構造解析が報告されており，それとの類推から上記に示す六配位構造が提案されている．

この配位子は，蛍光発色団であるフルオレセイン部

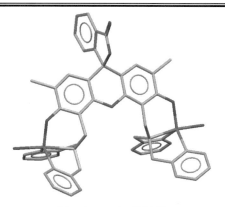

図1 [Zn₂ZP1]の構造図[2]

を有するが，亜鉛が配位しない状況では，ピリジルメチルアミノ基による光誘起電子移動が速やかに生じるために蛍光は消光されている．ピリジルメチルアミノ基部に金属が配位することによって光誘起電子移動が抑制され，蛍光を示すようになる．

このZP4の錯体の蛍光量子収率は0.4と報告されており，非常に高い．また，亜鉛存在下とそうでないときの発光強度比は約5，亜鉛錯体の解離定数は1nM以下となっている．

【関連錯体の紹介およびトピックス】 長野らは，ZP1に対してフルオレセインの異なる部位にビス(ピリジルメチル)アミノ基を結合させた蛍光センサAF-2(図2)を発表し[3]，これが同族のカドミウムイオン(II)に対してもすぐれた選択性を有し，ピリジルアミノエチル基を有する類似の錯体は細胞内でも強い蛍光を発することなどを見いだしている．

【坪村太郎】

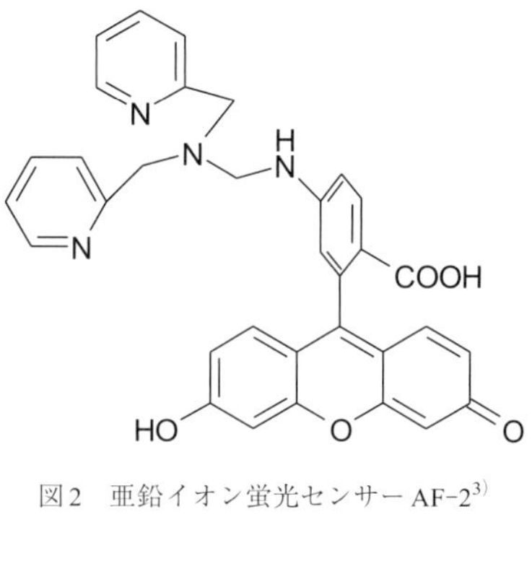

図2 亜鉛イオン蛍光センサーAF-2[3]

【参考文献】
1) G. K. Walkup *et al., J. Am. Chem. Soc.*, **2000**, *122*, 5644.
2) S. C. Burdette *et al., J. Am. Chem. Soc.*, **2003**, *125*, 1778.
3) K. Komatsu *et al., J. Am. Chem. Soc.*, **2005**, *127*, 10197.

ZnN₄Cl

[文献1,2]

【名称】 chloro[*N*-|3-(1-methyl-4,4′-bipyridinio)propyl|-5,10,15,20-tetraphenylporphyrinato]zinc(II) hexafluorophosphate: [ZnCl(mvprtpp)](PF$_6$)$_2$

【背景】 *N*-アルキルポルフィリンは生体内でのプロトポルフィリンIXへの鉄の挿入を触媒する酵素フェロケラターゼの活性を阻害することで知られており,酵素触媒反応の中間体として重要である. *N*-アルキルピロール環はポルフィリン平面より30〜40°傾いている.そのため*N*-アルキル置換基はポルフィリン面の垂直方向に位置する.そこで電子受容体として知られているメチルビオローゲン誘導体を結合させた*N*-アルキルポルフィリンは光誘起電子移動反応における電子供与体と電子受容体との配向の効果を調べるためのモデルとして利用できる.

【調製法】[1,2] 配位子mvprtppの合成法は次の通りである. *N*-(3-bromopropyl-5,10,15,20-tetraphenylporphyrin (bprtpp)の*N*,*N*-ジメチルホルムアミド溶液に1-メチル-4,4′-ビピリジニウムヘキサフルオロリン酸塩を加え,アルゴン気流下80℃で48時間加熱する.溶媒を留去後,水およびトルエンで順次洗浄後,Sephadex LH-20のカラムクロマトグラフィーでアセトニトリルを展開溶媒として精製する.

錯体の合成法は次の通りである.配位子と等量のZnCl$_2$を少量の2,6-ルチジン存在下でテトラヒドロフラン中,40℃で40分反応させる.溶媒を留去後,冷水および冷トルエンで順次洗浄後,Sephadex LH-20のカラムクロマトグラフィーでアセトニトリルを展開溶媒として精製する.ジクロロメタン/トルエンから再結晶する.

【性質・構造・機能・意義】[1,2] ジクロロメタン,アセトニトリル,メタノール,水などに溶解する.溶液は暗緑色で,437 nm ($\varepsilon = 2.0 \times 10^5 \mathrm{M^{-1} cm^{-1}}$)と448 nm ($\varepsilon = 1.6 \times 10^5 \mathrm{M^{-1} cm^{-1}}$)に分裂したSoret帯を,561 nm ($\varepsilon = 7.7 \times 10^3 \mathrm{M^{-1} cm^{-1}}$), 611 nm ($\varepsilon = 1.2 \times 10^4 \mathrm{M^{-1} cm^{-1}}$), 659 nm ($\varepsilon = 7.1 \times 10^3 \mathrm{M^{-1} cm^{-1}}$)にQ帯をもち,いずれも$\pi$-$\pi^*$遷移である.また,259 nm ($\varepsilon = 2.9 \times 10^4 \mathrm{M^{-1} cm^{-1}}$)にビオローゲン由来の$\pi$-$\pi^*$遷移がある.この錯体のMolecular Mechanics計算によればZn(II)にCl$^-$イオンが軸配位し,mvprtppの4つのピロールNが配位した四角錐構造をしているが,Znは3つのピロールN面から浮き上がっている. CD$_3$CN中の^{1}H NMRスペクトルでは,*N*-CH$_2$CH$_2$CH$_2$-プロトンは,それぞれ-4.57〜-4.63 ppm, -0.15〜-0.26 ppm, 2.36 ppmに観測される.アセトニトリル中の蛍光スペクトルの極大波長は670 nm,量子収率は0.0006であり,蛍光寿命は<14 ps (85%)と2.2 ns (15%)の2成分である.これはビオローゲンの配向に少なくとも2種類のコンホーマー(closed formとextended form)が存在していると考えられており,それぞれの寿命に対応している.ビオローゲンが結合していない対応する*N*-プロピルポルフィリン錯体([ZnCl(prtpp)])では量子収率0.011蛍光寿命1.6 ns)よりも発光が非常に弱いが,これはビオローゲンへの分子内電子移動消光および励起三重項への系間交差が起こるためである.この錯体の励起三重項の寿命は3.0 μsであり([ZnCl(prtpp)]では7.9 μs),三重項状態での分子内電子移動反応速度定数は$2.1 \times 10^5 \mathrm{s^{-1}}$(25℃)と見積もられている.

【関連錯体の紹介およびトピックス】[2] 蛍光の量子収率および寿命はNa(I)<Zn(II)<Mg(II)<Al(III)<Si(IV)の順に増加し,中心金属イオンの表面電荷密度と相関がある.この順にビオローゲンとポルフィリン面との角度が大きくなり,配向がより垂直になるため電子移動効率が低下するためと考えられる.なお,Al(III)錯体ではポルフィリン:金属が2:1のサンドイッチ型複核錯体が生成する.

【塚原敬一】

【参考文献】

1) K. Tsukahara *et al.*, *Chem. Phys. Lett.*, **1995**, *246*, 331.
2) K. Tsukahara *et al.*, *J. Phys. Chem. B.*, **1999**, *103*, 2867.

ZnN₄Cl

【名称】 chloro(*N*-methyl-2,3,7,8,12,13,17,18-octaethyl-porphyrinato)zinc(II):[ZnCl(moep)]

【背景】 *N*-アルキルポルフィリンは生体内でのプロトポルフィリン IX への鉄の挿入を触媒する酵素フェロケラターゼの活性を阻害することで知られており，酵素触媒反応の中間体として重要である．本錯体はこれらの化合物の基本的な Zn(II) モデル化合物である．

【調製法】 配位子 moep は次の方法で合成する[1]．非メチル化ポルフィリン oep と少過剰のフルオロスルホン酸メチルをクロロホルム中，室温・暗所で3日間反応させる．反応物をクロロホルムに溶解し，1M アンモニア水で中和後，水で2回洗浄する．塩基性アルミナのカラムクロマトグラフィーで展開溶媒としてクロロホルムを用いて分離・精製する．

錯体の合成は次の方法で行う[1]．配位子のジクロロメタン溶液と5倍量の塩化亜鉛(II)のアセトニトリル溶液を混合し，少量の 2,2,6,6-テトラメチルピペラジンを加えた後に室温で反応させる．アセトニトリル/ジクロロメタンから再結晶する．

【性質・構造・機能・意義】 ジクロロメタン，アセトニトリル，メタノールなどに溶解する．溶液は暗緑色で，422 nm に Soret 帯を，538 nm，585 nm，625 nm に Q 帯をもち，いずれも π-π* 遷移である[2]．

CDCl₃ 中の ¹H NMR スペクトルでは，*N*-CH₃ プロトンは -4.61 ppm の高磁場側に観測され，*meso* 位のプロトンは 10.22 ppm，10.31 ppm に観測される[3]．

【関連錯体の紹介およびトピックス】 錯体は対応する非メチル化ポルフィリン錯体よりも平面性が低いため，酸により容易に脱金属できる．また，塩基の存在下で脱メチル化しやすい．

対応する Fe(II)Cl 錯体の CDCl₃ 中の ¹H NMR スペクトルでは，*N*-CH₃ プロトンは 121 ppm の低磁場側に観測され，*meso* 位のプロトンは -8.7 ppm，6.7 ppm に観測され，*N*-CH₃ ピロール環に隣接する *meso* 位のプロトンが高磁場シフトしている[1]．また，軸配位子を Br⁻ に代えると，*N*-CH₃ プロトンは 103 ppm の高磁場へ，*meso* 位のプロトンは，-3.5 ppm，10.5 ppm と低磁場へシフトする．

この系列では *N*-エチルアセタト化した Co(II)Cl 錯体の結晶構造が報告されている[4]．*N*-アルキル化したピロール環は Co-Cl 軸の反対方向に 44° 傾いている．また，*N*-アルキル化したピロール環の2つのエチル基は *N*-アルキル基とは反対方向に位置しているのに対して，残りの6つのエチル基は *N*-アルキル基側に突き出ている．一方，配位子のみの結晶構造では6つのエチル基は全て *N*-アルキル基側に配向しているので，これらのエチル基のコンホメーションの違いは結晶中の分子間の相互作用の違いからくるものと考えられる．固体の有効磁気モーメントは 5.1 μ_B であり，非メチル化ポルフィリン錯体とは異なり高スピン型である．

【塚原敬一】

【参考文献】

1) A. L. Balch *et al., Inorg. Chem.,* **1985**, *24*, 1437.
2) F. De Matteis *et al., Biochem. J.,* **1980**, *187*, 285.
3) A. H. Jackson *et al., Ann. New York Acad. Sci.,* **1973**, *206*, 151.
4) D. E. Goldberg *et al., J. Am. Chem. Soc.,* **1976**, *98*, 913.

ZnN₄Cl

【名称】 chloro(N-methyl-2,7,12,18-tetramethyl-3,8-divinyl-13,17-bis(methoxycarbonylethyl)porphyrinato)zinc(II)：[ZnCl(mppdm)]

【背景】 N-アルキルポルフィリンは生体内でのプロトポルフィリンIXへの鉄の挿入を触媒する酵素フェロケラターゼの活性を阻害することで知られており，酵素触媒反応の中間体として重要である．本錯体はこれらの化合物の基本的なZn(II)モデル化合物である．

【調製法】 配位子mppdmは次の方法で合成する[1]．protoporphyrin IXのジメチルエステルと少過剰のフルオロスルホン酸メチルをジクロロメタン中，室温・暗所で3日間反応させる．水洗後，シリカゲルのカラムクロマトグラフィーで展開溶媒としてクロロホルム/メタノールを用いて分離・精製する．メチル置換体は異なる4種類のピロール環に基づく4種の異性体の混合物として得られる．これらの異性体はシリカゲルを用いたHPLCで分離することができる．

錯体の合成は次の方法で行う[1]．配位子のクロロホルム溶液に飽和の酢酸亜鉛(II)を加え，室温・暗所で放置後，塩化ナトリウムの飽和水溶液で3回洗浄する．無水硫酸ナトリウムで乾燥後，溶媒を留去する．

【性質・構造・機能・意義】[1] ジクロロメタン，アセトニトリル，メタノールなどに溶解する．溶液は暗緑色で，異性体間では電子吸収スペクトルに大きな差はなく，431 nmにSoret帯を，547 nm，596 nm，634 nmにQ帯をもち，いずれもπ-π^*遷移である．

CDCl₃中の¹H NMRスペクトルでは，N-CH₃プロトンは-4.49 ppmから-4.54 ppmの高磁場側に観測され，4種の異性体間で大きな差は見られないが，側鎖のCH₃基およびメチンプロトンが影響を受けるので異性体の同定が可能である．また，6位と7位のプロピオン酸メチルエステルのCH₃O-の緩和時間(T_1)が4種の異性体間で異なっている．

【関連錯体の紹介およびトピックス】 錯体は対応する非メチル化ポルフィリン錯体よりも平面性が低いため，酸により容易に脱金属できる．また，塩基の存在下で脱メチル化しやすい．

N-フェニル化した鉄(II)錯体はフェニルヒドラジンを酸素存在下でヘモグロビンやミオグロビンに作用させると容易に緑色色素として生成する．この現象は19世紀末に既に知られていたが，構造などが明らかになったのは1980年代になってからである．また，NMRスペクトルによる構造解析のため対応するN-phenylZn(II)錯体[ZnCl(phppdm)]が報告されている[2]．この錯体の共鳴ラマンスペクトルを測定するとSoret帯のレーザ光照射により次第に脱フェニル化が起こる．しかし，銅(II)錯体では光脱離が起こらないので，共鳴ラマンスペクトルによる異性体の区別が可能である．この系列の錯体の結晶構造は報告されていないが，Molecular Mechanics計算によるとN-フェニル化したピロール環はCu-Cl軸の反対方向に27°(異性体の平均)傾いている．

【塚原敬一】

【参考文献】
1) K. L. Kunze *et al.*, *J. Am. Chem. Soc.*, **1981**, *103*, 4225.
2) P. R. Ortiz de Montellano *et al.*, *J. Am. Chem. Soc.*, **1981**, *103*, 6534.

ZnN$_4$Cl

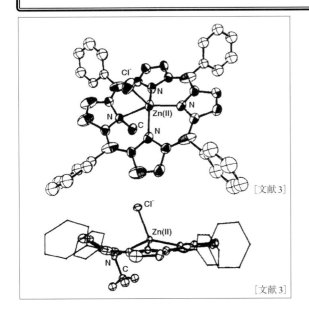

[文献3]

[文献3]

【名称】chloro(*N*-methyl-5,10,15,20-tetraphenylporphyrinato)zinc(II): [ZnCl(mtpp)]

【背景】*N*-アルキルポルフィリンは生体内でのプロトポルフィリンIXへの鉄の挿入を触媒する酵素フェロケラターゼの活性を阻害することで知られており,酵素触媒反応の中間体として重要である.また,ポルフィリンの*N*-アルキル化は1930年代より酸塩基反応における立体的歪みの効果から注目されていた.本錯体はこれらの化合物の基本的なZn(II)モデル錯体である.

【調製法】配位子mtppは次の方法で合成する[1].5,10,15,20-tetraphenylporphyrin(tpp)の希薄クロロホルム溶液に等量のフルオロスルホン酸メチルをゆっくり滴下する.その後室温で2〜3日間反応させる.反応物をクロロホルムに溶解し,1Mアンモニア水で中和後,水で2回洗浄する.塩基性アルミナのカラムクロマトグラフィーで展開溶媒としてクロロホルムを用いて分離・精製する.クロロホルム/エタノール(1:1)から再結晶する.ヨウ化メチルを用いる方法もあるが,収率は低い.

錯体の合成は次の方法で行う[2].配位子のジクロロメタン溶液と5倍量の塩化亜鉛(II)のアセトニトリル溶液を混合し,少量の2,6-ルチジンを加えた後に室温で反応させる.アセトニトリル/ジクロロメタンから再結晶する.

【性質・構造・機能・意義】ジクロロメタン,アセトニトリル,メタノールなどに溶解する.溶液は暗緑色で,443 nm ($\varepsilon = 2.77 \times 10^5 M^{-1} cm^{-1}$) と 452 nm ($\varepsilon = 2.15 \times 10^5 M^{-1} cm^{-1}$) に分裂したSoret帯を,568 nm ($\varepsilon = 8.15 \times 10^3 M^{-1} cm^{-1}$), 620 nm ($\varepsilon = 1.44 \times 10^4 M^{-1} cm^{-1}$), 667 nm ($\varepsilon = 9.62 \times 10^3 M^{-1} cm^{-1}$) にQ帯をもち,いずれも$\pi$-$\pi^*$遷移である[3].

この錯体は結晶構造からZn(II)にCl$^-$イオンが軸配位し,mtppの4つのピロールNが配位した四角錐構造をしているが,Znは3つのピロールN面から0.65 Å 浮き上がっている[3].また,*N*-メチル化したピロール環はZn-Cl軸の反対方向に39°傾いている.X線光電子スペクトルの測定によれば,398.5 eV (sp^{2}N1s) と 400.0 eV (sp^{3}N1s) に2種類のピロールNが確認されている[4].

CDCl$_3$中の^{1}H NMRスペクトルでは,*N*-CH$_3$プロトンは-3.83 ppmの高磁場側に観測される[5].アセトニトリル溶液中のサイクリック・ボルタンメトリーから,配位子に基づく2つの酸化波(1.05 V, 1.50 V vs. Ag/AgCl)が得られている[2].アセトン中の蛍光スペクトルの極大波長は666 nm,量子収率は0.011であり,対応する非メチル化ポルフィリン錯体([Zn(tpp)]では0.080)よりも発光が弱いが,これはメチル化によりポルフィリン面が歪むために励起一重項から励起三重項への系間交差が起こりやすいためと考えられている[6].N,N-ジメチルホルムアミド中でのZn(II)と配位子との錯形成反応の速度論的パラメーターは次の通りである[7]:$k = 10.4 \pm 0.8$ dm^3 mol^{-1} s^{-1} (25℃), $\Delta H^{\neq} = 59 \pm 3$ kJ mol^{-1}, $\Delta S^{\neq} = -28 \pm 11$ J K^{-1} mol^{-1}, $\Delta V^{\neq} = 7.0 \pm 0.6$ cm^3 mol^{-1}.活性化体積が正の値をとることからZn(II)の配位溶媒の解離過程が律速段階であると結論されている.

【関連錯体の紹介およびトピックス】錯体は対応する非メチル化ポルフィリン錯体よりも平面性が低いため,酸により容易に脱金属できる.また,塩基の存在下で脱メチル化しやすい.

【塚原敬一】

【参考文献】
1) D. K. Lavallee et al., *Inorg. Chem.*, **1974**, *13*, 2004.
2) D. K. Lavallee et al., *Inorg. Chem.*, **1976**, *15*, 2090.
3) D. K. Lavallee et al., *J. Am. Chem. Soc.*, **1978**, *100*, 3025.
4) D. K. Lavallee et al., *Inorg. Chem.*, **1979**, *18*, 1776.
5) A. L. Balch et al., *Inorg. Chem.*, **1985**, *24*, 1437.
6) D. K. Lavallee et al., *Appl. Spectrosc.*, **1982**, *36*, 430.
7) S. Funahashi et al., *Inorg. Chem.*, **1984**, *23*, 2249.

ZnN₄Cl

[文献2]

【名称】 chloro(*N*-phenyl-5,10,15,20-tetraphenylporphyrinato)zinc(II):[ZnCl(phtpp)]

【背景】 *N*-アルキルポルフィリンは生体内でのプロトポルフィリンIXへの鉄の挿入を触媒する酵素フェロケラターゼの活性を阻害することで知られており,酵素触媒反応の中間体として重要である.また,フェニルヒドラジンを酸素存在下でヘモグロビンやミオグロビンに作用させると,*N*-フェニルプロトヘムを生成する.本錯体はこれらの化合物の基本的なZn(II)モデル化合物である.

【調製法】 配位子phtppは次の方法で合成する[1].5,10,15,20-tetraphenylporphyrin(tpp)の鉄(III)錯体[FeCl(tpp)]の脱酸素テトラヒドロフラン溶液にアルゴン気流下でフェニルリチウムを加える.その後,2,6-*t*-ブチル-4-メチルフェノール(BHT)を加えた後,溶媒を留去後,塩基性アルミナのカラムクロマトグラフィーで展開溶媒として少量のBHTを含むテトラヒドロフラン-ヘキサン溶液を用いて分離・精製する.少量のBHTを含む5%硫酸/メタノール中で一晩処理後,中和すると配位子が得られる.

錯体の合成は次の方法で行う[2].配位子のジクロロメタン溶液と5倍量の塩化亜鉛(II)のアセトニトリル溶液を混合し,少量の2,6-ルチジンを加えた後に室温で反応させる.アセトニトリル/ジクロロメタンから再結晶する.

【性質・構造・機能・意義】 ジクロロメタン,アセトニトリル,メタノールなどに溶解する.溶液は暗緑色で,447 nmと459 nmに分裂したSoret帯を,567 nm,638 nm,680 nmにQ帯をもち,いずれもπ-π*遷移である[2].

この錯体は結晶構造からZn(II)にCl⁻イオンが軸配位し,phtppの4つのピロールNが配位した四角錐構造をしているが,Znは3つのピロールN面から0.67Å浮き上がっている.また,*N*-メチル化したピロール環はZn-Cl軸の反対方向に42°傾いている[2,3].

CDCl₃中の¹H NMRスペクトルでは,*N*-C₆H₅プロトンは2.36 ppm(*o*-),5.22 ppm(*m*-),5.76 ppm(*p*-)に観測される[2].

【関連錯体の紹介およびトピックス】 錯体は対応する非フェニル化ポルフィリン錯体よりも平面性が低いため,酸により容易に脱金属できる.また,塩基の存在下での脱フェニル化反応は対応する*N*-ベンジルポルフィリンや*N*-メチルポルフィリンよりも遅い.

対応するFe(II)Cl錯体の*N*,*N*-ジメチルホルムアミド中のサイクリック・ボルタンメトリーから,Fe(III)/Fe(II)に基づく酸化還元波が0.54 V(vs. SCE)に,配位子に基づく還元波が−0.83 Vに得られているが,後者の波は中心金属の影響を強く受けている[4].

N,*N*-ジメチルホルムアミド中でのZn(II)と対応する*N*-*o*-トリル配位子との錯形成反応の速度論的パラメーターは次の通りである[5]:$k=35\pm1$ dm³mol⁻¹s⁻¹ (25℃),$\Delta H^{\neq}=39\pm2$ kJ mol⁻¹,$\Delta S^{\neq}=-88\pm6$ J K⁻¹mol⁻¹.Zn(II)の配位溶媒の解離過程が律速段階であるが,このときポルフィリンの歪みが大きいほどZn(II)の挿入が促進されると結論されている.

【塚原敬一】

【参考文献】
1) P. R. Ortiz de Montellano *et al.*, *J. Am. Chem. Soc.*, **1982**, *104*, 3545.
2) D. Kuila *et al.*, *J. Am. Chem. Soc.*, **1984**, *106*, 448.
3) C. K. Schauer *et al.*, *J. Am. Chem. Soc.*, **1987**, *109*, 3922.
4) D. Kuila *et al.*, *Inorg. Chem.*, **1985**, *24*, 1443.
5) S. Aizawa *et al.*, *Inorg. Chem.*, **1993**, *32*, 1119.

ZnN$_5$

光 電 生

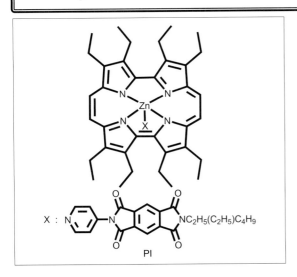

【名称】PI-2,3,6,7,12,13,16,17-octaethyl-porphycenato-zinc(II)([Zn^{II}(OEPc)PI])

【背景】天然の光合成反応中心の機能を分子レベルで再現することを目的として，環状テトラピロール骨格をもつ色素を利用した人工光合成型エネルギー変換システムの研究が多数報告されている．これらの研究において最も広く用いられている金属の1つに亜鉛(Zn)が挙げられる．中心金属であるZnには，ピリジンなどの窒素原子が溶液中で配位することから，軸配位子に電子アクセプター(またはドナー)を配位させた超分子構造での光誘起電子移動反応に注目が集まっている．ポルフィセンを配位子とした亜鉛錯体が合成され，これを電子アクセプターとしてPI配位子を導入した際の光誘起電子移動過程を評価した研究が報告されている．また，過渡吸収測定により電荷分離状態を直接的に観測することに成功している[1]．

【調製法】配位子H$_2$(OEPc)と酢酸亜鉛の飽和メタノール溶液をクロロホルムに加え，15分間加熱還流する．反応溶液を留去後，残渣をクロロホルムに溶解し，ろ過してn-ヘキサン/クロロホルムで再結晶することで紫色の針状結晶を得る．PIが配位したPI錯体は，亜鉛ポルフィセン溶液にPIを過剰量添加することで定量的(>96%)に得る．

【性質・構造・機能・意義】トルエン中での[Zn^{II}(OEPc)PI]は，Q帯に由来する601, 646 nmとSoret帯に由来する394 nmの特徴的な吸収を示す．励起状態では，[Zn^{II}(OEPc)]に起因する蛍光発光(蛍光量子収率：0.05)が5%まで劇的に減少し，その寿命も大きく減少することが観測されている．この蛍光発光の大幅な消光は，図1に示すように，[Zn^{II}(OEPc)]の励起状態からPI配位子への電子移動によるものである．

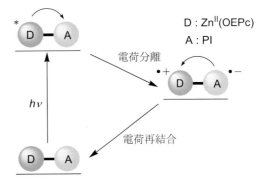

図1 [Zn^{II}(OEPc)]の励起状態からPI配位子への電子移動

電荷分離状態の直接観測は，フェムト秒パルスレーザーを用いたトルエン中での過渡吸収測定によってラジカル種の生成が確認されている．この電子移動に伴う電荷分離状態の形成は，$k_{CS} = 6.8 \times 10^9 \, s^{-1}$で進行し，電荷再結合過程は$k_{CR} = 2.8 \times 10^9 \, s^{-1}$の速度で起こる．これより，その電荷分離寿命は，480 psと報告されている．また，この電荷分離の量子収率は0.96であり，非常に効率的な光誘起電子移動である．

【関連錯体の紹介およびトピックス】上記の亜鉛ポルフィセン錯体については，電子アクセプターとして軸配位子にpy~C$_{60}$を導入した研究が行われている．この系では，光誘起電子移動によって亜鉛ポルフィセン錯体の蛍光発光が消光することが観測されている．しかしながら，PI錯体のように直接的にラジカル種の検出は，行われていない[2]．　　【久枝良雄・前田大輔】

【参考文献】
1) M. Fujitsuka et al., J. Phys. Chem., **2009**, *113*, 3330.
2) F. D'Souza et al., Inorg. Chem., **1999**, *38*, 2157.

ZnN$_6$

光

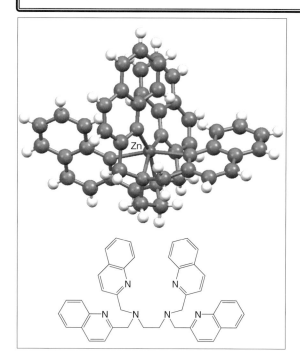

【名称】 *N,N,N',N'*-tetrakis(2-quinolinylmethyl)ethylenediamine zinc(II) complex: [Zn(TQEN)]

【背景】 細胞中での種々の現象に重要な役割を果たしているなどの理由で,生物無機化学的に亜鉛に対する蛍光性化学センサーは注目されている.本錯体では,coordination-enhanced fluorescence(CEF)や photoinduced electron-transfer(PET)の機構が期待できるキノリン環を有するTQENを配位子として使用している[1].

【調製法】 *N,N,N',N'*-tetrakis(2-quinolinylmethyl)ethylenediamine(TQEN)と過塩素酸亜鉛(II)をアセトニトリル中で混合し,室温で一晩撹拌する.溶媒を留去して,アセトニトリル/エーテルの混合溶媒から再結晶することで,[Zn(TQEN)]ClO$_4$の結晶が得られる.結晶には2.5当量のアセトニトリルを含む.

【性質・構造・機能・意義】 TQENは亜鉛(II)イオン蛍光性化学センサーとして有用な化合物であり,亜鉛(II)イオンと1:1錯体を形成して蛍光強度が著しく増加する.これは亜鉛(II)イオン(とカドミウム(II)イオン)に特異的で,他の金属イオン(Na^+, K^+, Mg^{2+}, Ca^{2+}, Cu^{2+}, Ni^{2+}, Mn^{2+}, Fe^{3+}, Co^{2+}, Ag^+)では蛍光強度に変化はみられない.

亜鉛錯体の構造はX線構造解析により明らかにされている.それによると亜鉛(II)イオン周りは,6個の窒素原子によって歪んだ六配位八面体型に取り囲まれていて,また4個のキノリン環どうしの間にはπ相互作用などがあるようには見受けられない.

亜鉛(II)イオンに対するTQENの親和性は非常に高いが,TPEN(TPEN=*N,N,N',N'*-tetrakis(2-pyridyl methyl)ethylenediamine)にはやや劣り,EGTA(EGTA=ethylene glycol-bis(2-aminomethyl)-*N,N,N',N'*-tetraacetic acid)とは同程度である.

【関連錯体の紹介およびトピックス】 TQENはキノリン環を4個もち,この窒素で亜鉛(II)イオンに結合している.これと類似の化合物として,このキノリン環にメトキシ基をもつものT(MQ)ENや,環をイソキノリンとしたもの(主鎖に結合する位置が1位のもの1-isoTQENと3位のもの3-isoTQENがある)など一連の配位子が考えられる[2,3].そしていずれの亜鉛(II)錯体も蛍光を発し,亜鉛(II)イオンを検出する蛍光性化学センサーの機能があることが報告されている.ピリジン環をもつTPEN錯体を含めて,これらの錯体はみな亜鉛(II)イオンを6個の窒素原子で取り囲んだ六配位八面体型の配位構造をとっている.なお8位で結合した8-TQENは,亜鉛よりもむしろカドミウム(II)と結合して強い蛍光を発する[5].

一方,これらの配位子の半分の構造ともいえる tris-(isoquinolylmethyl)amine(isoTQA)を配位子とする亜鉛(II)錯体も合成されており,その蛍光挙動も報告されている.そして錯体の構造については,アミン窒素の反対に水またはメタノールの酸素が配位してほぼC_3の対称性をもつN$_4$Oの5配位による三方両錐型をしていることがX線構造解析により明らかにされている[4].

【宮本 量】

【参考文献】
1) Y. Mikata *et al., Dalton Trans.*, **2005**, 545.
2) Y. Mikata *et al., Inorg. Chem.*, **2006**, 45, 9262.
3) Y. Mikata *et al., Inorg. Chem.*, **2008**, 47, 7295.
4) Y. Mikata *et al., Inorg. Chem.*, **2012**, 51, 1859.
5) Y. Mikata *et al., RSC Adv.*, **2014**, 4, 12849.

ZnN$_x$O$_y$

【名称】 6-[N-[N',N'-bis(2-pyridinylmethyl)-2-aminoethyl]amino-3',6'-dihydroxy-spiro[isobenzofuran-1(3H),9'-[9H]xanthene]-3-one: ZnAF-2

【背景】 Zn^{2+}は，生体内に鉄についで多く存在する必須微量金属であり，体重70kgのヒトの体内には約2g存在する．最近では，タンパク質に結合しないでフリーで放出されるZn^{2+}に注目が集まっている．細胞内のZn^{2+}濃度上昇は，タンパク結合性のZn^{2+}の放出，あるいはベシクルからの放出によることが示され，神経伝達への関与が報告されている．また，虚血再灌流後の選択的な細胞死が起こるとき亜鉛が集積することから，細胞死への関与が報告されている．

生体内のフリーのZn^{2+}の分布は，海馬・膵臓・精巣などに多く存在することが示された．しかし，この濃度測定はいずれも組織固定化後行われたもので，生細胞における濃度やその変化はわかっていない．この状況下，生細胞や組織内におけるZn^{2+}の濃度変化を可視化するための蛍光プローブのデザイン・合成が行われており，その1つにZnAF-2がある[1]．

【性質・構造・機能・意義】 ZnAF-2は，Zn^{2+}のホストに鎖状であるTPEN類縁体を用い，蛍光団にはFluoresceinを用いデザインされている．この原理にはphoto-induced electron transfer(PET)が用いられている．Zn^{2+}のホストには環状ポリアミン類を用い蛍光団に直接結合させ，Zn^{2+}の配位により蛍光団のHOMOエネルギーを低下させることで蛍光が変化する．pH7.5においてZnAF-2を含む溶液にZn^{2+}を加えると，蛍光強度が約51倍に増大する．励起波長492nm・蛍光波長514nmと可視光励起が可能であり細胞応用に最適である．この場合，Zn^{2+}が存在しない状態では量子収率(Φ)が0.02とほとんど蛍光が観測されない．この蛍光プローブは1波長による測定を行うため，低いバックグラウンド蛍光は生物応用に必須である．そのため他のZn^{2+}蛍光プローブでは不可能である生物応用が可能となった．錯体形成速度k_{on}は$4.0×10^6 M^{-1}s^{-1}$であり，瞬時にZn^{2+}イオンを捉えることができる．錯体形成定数はZnAF-2では2.7nMと哺乳類細胞などの低濃度のZn^{2+}を測定することに適している．また，Ca^{2+}やMg^{2+}などの生体内に高濃度で存在する金属イオンでは蛍光強度はほとんど変化せず，Zn^{2+}に選択的な蛍光強度の増大を示す．

【関連錯体の紹介およびトピックス】 最も高感度であるZnAF-2を細胞膜透過性に修飾したZnAF-2 DAを合成されている．ZnAF-2 DAはフェノール性の負電荷を保護するため，細胞膜透過性を有し細胞質内のエステラーゼによって脱アセチル化され，細胞質内に留まりやすくなる．ZnAF-2 DAと膜非透過型のZnAF-2を用いてラット脳内のZn^{2+}濃度変化を可視化することに成功している．まず，ラット脳海馬スライスを用いて無刺激時に，海馬のCA3領域および歯状回においてZn^{2+}が高濃度存在することが示された．この結果は，感度が低い他の蛍光プローブ，バックグラウンド蛍光が高い蛍光プローブあるいは染色法を用いても示すことが可能である．しかし，以下に説明する動的解析結果に基づいたZn^{2+}放出と機能の相関は，高感度かつバックグラウンド蛍光が低いZnAF-2を用いたことではじめて明らかにされたものである．まず，もともと高濃度存在する部位は歯状回からCA3へ投射している苔状繊維(mossy fiber, MF)の神経終末である．このMFに高頻度刺激を与えると，細胞外に放出されるZn^{2+}濃度は，MF末端に位置する明瞭層で直ちに上昇することが示され，この放出は時間をかけて近位の放線層にまで届くが遠位の放線層には届かない．このZn^{2+}放出が及ぶ範囲と及ばない範囲におけるNMDA受容体の活性が調べられた．その結果，Zn^{2+}が届く範囲内ではNMDA受容体に抑制性に作用することがわかった．この抑制作用はZn^{2+}が届かない範囲あるいはZn^{2+}キレーターを投与した場合は観測されない．現在までの報告ではZn^{2+}は他の神経伝達物質より遅れて神経末端から放出される唯一のシグナル伝達物質である．

近年においてもZn^{2+}のイメージングプローブ開発論文は多く報告されている[2]．しかし，生物機能まで調べるポテンシャルを有した化合物は非常に少ない．この点から，生物応用に必要な条件を満たすプローブデザインが重要である．

【菊地和也】

【参考文献】
1) T. Hirano *et al., J. Am. Chem. Soc.*, **2000**, *122*, 12399.
2) H. Zhu *et al., Acc. Chem. Res.*, **2016**, *49*, 2115.

ZnO_2S_2

【名称】bis(N-methylthioallixinato)zinc(II): $[Zn(tanm)_2]$
(N-methylthioallixin=1,6-dimethyl-3-hydroxyl-5-methoxy-2-pentyl-1,4-dihydropyridine-4-thione)

【背景】長年の研究から，糖尿病の改善・治療にバナジウム錯体が有効であることが実験動物を用いて明らかにされ，活性の高い候補錯体が見いだされた．一方，亜鉛錯体についても同様に研究が進められ，亜鉛-ヒノキチオール(β-ツヤプリシン)錯体は遺伝性の2型糖尿病動物(KK-A^{y}マウス)に投与すると，強い血糖降下作用を示すのみならず，脂質代謝すなわちメタボリックシンドロームの指標の1つである血漿中のアディポネクチン濃度を上昇させるユニークな化合物であることが見いだされた．この結果をヒントに，亜鉛錯体の中では最も高い有効性を示していた亜鉛-アリキシン錯体に関して研究が進められたが，期待したほどにはアディポネクチン濃度の上昇は見られなかった．そこで，亜鉛-アリキシンに関して構造活性相関が調べられたところ，アリキシンの酸素原子を硫黄や窒素に変換した$Zn(tanm)_2$錯体が見いだされた[1]．本錯体の作用機構が培養脂肪細胞を用いて詳しく調べられ，糖および脂質代謝に関与し，最終的にグルコース輸送体(GLUT4)を細胞膜表面に移動させてグルコースの細胞内への取り込みを促進することが明らかにされている[2]．

【調製法】配位子は，2年間暗所で保存した乾燥ニンニクから得られるアリキシン(allixin=3-hydroxy-5-methoxy-6-methyl-2-pentyl-4-pyrone=alx)を化学変換し用いる．配位子と硫酸亜鉛を含む水性懸濁液に配位子と同濃度の水酸化リチウムを加え，室温で3～7時間撹拌し，得られた沈殿をろ取後，冷精製水で数回洗い，真空デシケータ内で乾燥し錯体を得る．

【性質・構造・機能・意義】錯体の構造は，関連錯体としての亜鉛-マルトール，-アリキシン，-チオアリキシンおよび-N-メチルアリキシンの物理化学的性質と比較しながら，元素分析，IR, FAB-MS スペクトルデータから決定する．元素分析およびFAB$^+$-MS m/z; $[M+H]^+=573$ より，結合比は配位子：亜鉛=2:1であり，$Zn(S_2O_2)$配位構造をしていると推定される．pH 7.4のHEPES緩衝液/n-オクタノール系で測定した錯体の分配係数($\log P=2.04$)は，関連錯体の中で最大の値を示す．また，ラット初代遊離肝細胞を用いる本錯体のインビトロインスリン様作用も，関連錯体の中で最大の活性を与え，錯体の脂溶性の増大が活性に寄与していることを示している．本錯体の安定度定数($\log \beta=22.11$)は，$Zn(alx)_2$のそれ($\log \beta=12.59$)より高い．$^{65}ZnCl_2$, $^{65}Zn(alx)_2$および$^{65}Zn(tanm)$が合成され，これらを2型糖尿病マウス(KK-A^{y}マウス)に単回経口投与して血中動態が測定されている．3つの錯体の投与後の時間-血液中^{65}Zn濃度曲線，すなわち，AUC (area under the curve；曲線下面積)はそれぞれ763, 1084 および3671 (Bq/mL/hr)であり，$Zn(tanm)_2$を投与すると亜鉛は血液中に最も長く留まることが示される．本錯体を15 mg Zn/kg体重の割合でkk-A^{y}マウスに1日1回4週間にわたり経口投与すると，高血糖値は2週間後に正常域に低下し，2型糖尿病が改善される．この時，メタボリックシンドロームの指標の1つである血液中のアディポネクチン濃度を上昇させ，生活習慣病が改善される．亜鉛濃度は，骨，膵臓，肝臓，腎臓，筋肉，脂肪細胞，血漿の順に分布する．

【関連錯体の紹介およびトピックス】$Zn(tanm)_2$錯体は，KK-A^{y}マウスの2型糖尿病のみならずメタボリックシンドロームを改善できることがわかったが，配位子tanmは天然物由来の半合成品であるため，大量合成は大変困難である．そこで，$Zn(tanm)_2$の配位構造を維持し，より高活性な錯体の合成を目指して，新しい配位子の設計が行われた．種々の研究の結果，現在のところ，$Zn(hoqltH)_2$錯体(hoqltH=2-benzyl-3-hydroxy-1-methyl-4(1H)-quinolinethione)がインビトロインスリン様活性評価ではこれまでの最高の活性($IC_{50}=6.6\ \mu mol/L$)(IC_{50}：遊離肝細胞から脂肪酸放出を50%抑制する化合物の濃度)を示すとともにKK-A^{y}マウスの高血糖値を正常域に回復させることがわかり，さらに研究が進められている[3]．

【桜井 弘】

【参考文献】
1) Y. Adachi et al., Chem. Lett., **2005**, 34, 656.
2) A. Nakayama et al., J. Biol. Inorg. Chem., **2008**, 13, 675.
3) H. Sakurai et al., Metallomics, **2010**, 2, 670.

Zn₂C₂

【名称】 di-μ-phenyldiphenyldizinc: diphenylzinc (Ph₂Zn)₂

【背景】 本錯体のフェニル基は求核性を有しているために、有機合成化学の分野で優れたフェニル基供与体として利用され、その反応性に高い関心が集まっている。

【調製法】 エーテル中、ジフェニル水銀と亜鉛を 2 週間攪拌する。静置した後、淡褐色の上澄みをデカンテーションで亜鉛アマルガムから分離する。滴定により出発原料の水銀化合物が完全に消費されていることを確認する。溶媒を溜去すると、本錯体を無色の固体として得る。本錯体へのエーテルの配位は弱いので、溶媒を溜去して乾固すると配位エーテルも容易に除くことができる。ヘキサンやヘプタンから結晶化でき、また、昇華による精製も可能である。無水の塩化亜鉛とフェニルリチウムから合成することもできるが、生成物への塩の混入を防ぐことが困難である[1]。

【性質・構造・機能・意義】 この錯体は、無色の結晶性固体で、融点は 107℃、沸点は 280〜285℃ である。50℃/10⁻⁴ mbar から 90℃/2×10⁻⁶ mbar の高真空条件下で昇華することができる。さらに高真空下で封管し、90℃ で昇華を行うと、美しい結晶が得られる。水や酸素に対して高い反応性を示す。

この錯体は結晶構造解析がなされている。結晶単位格子には 2 組の二量体分子が存在している。亜鉛原子は、1 つの末端フェニル基と 2 つの架橋フェニル基が結合した三配位構造である。末端フェニル基の炭素と亜鉛原子との距離は、Zn(1)–C(13) が 1.941(4) Å、Zn(2)–C(1) が 1.951(5) Å である。亜鉛原子はほぼこれらのフェニル基の最小二乗平面(LS 面)に位置している(C(13–18)–Zn(1) = 0.24(1) Å、C(13–18)–Zn(2) = 0.29(1) Å、C(1–6)–Zn(1) = 0.12(2) Å、C(1–6)–Zn(2) = 0.08(2) Å)。架橋した 2 つのフェニル基は極めて非対称な配置をとっている。すなわち、Zn(1)–C(7)–Zn(2)–C(19) で作られる四員環は、Zn(1)–C(19) と Zn(2)–C(7) がそれぞれ 2.006(5) Å、2.016(3) Å と短く、Zn(1)–C(7) と Zn(2)–C(19) がそれぞれ 2.442(4) Å、2.364(5) Å と長いため、大きく歪んでいる。この点から、二量体は C(1–6)–Zn(2)–C(7–12) と C(13–18)–Zn(1)–C(19–24) という 2 つの単量体から構成されていると見なすことができる。これら単量体どうしの連結は、相手側の亜鉛原子とフェニル基のイプソ炭素の間で、フェニル基の π 軌道の配位に由来する弱い相互作用が生じることによる。また、この単量体の Ph–Zn–Ph 角である C(1)–Zn(2)–C(7) と C(13)–Zn(1)–C(19) は、それぞれ 141.5(2)° と 142.2(2)° であるため、sp^n 混成(1<n<2)となっており、単量体である R₂Zn 種における一般的な sp 混成から若干ずれていることを示している。中心の四員環は明らかに非平面構造であり、Zn(1)–Zn(2) 軸に沿って 27.8(2)° 折れている。2 つの亜鉛間の距離は 2.685(1) Å であるので、金属亜鉛中の原子間距離が 2.669(4) Å であることから、ある程度亜鉛間に結合が存在すると考えられる[1]。

本錯体(ジフェニル亜鉛)はフェニル基供与体として有機合成化学で汎用される求核剤であり、不斉合成にも多用されている。またジフェニル亜鉛を Lewis 酸触媒として利用した分子変換反応も報告されている[2–4]。

【関連錯体の紹介およびトピックス】 例えば、パラジウム触媒などを利用して、本錯体と有機ハロゲン化合物の間で根岸カップリング反応を行うと、様々な芳香環化合物を合成することができる[5,6]。 **【浅尾直樹】**

【参考文献】
1) P. R. Markies *et al.*, *Organometallics*, **1990**, *9*, 2243.
2) K. Soai *et al.*, *Chem. Rev.*, **1992**, *92*, 833.
3) L. Pu *et al.*, *Chem. Rev.*, **2001**, *101*, 757.
4) K. Yamada *et al.*, *Chem. Rev.*, **2008**, *108*, 2874.
5) J. L. Bolliger *et al.*, *Chem. Eur. J.*, **2010**, *16*, 11072.
6) R. Gerber *et al.*, *Chem. Eur. J.*, **2011**, *17*, 11893.

Zn_2C_{10} 有

【名称】bis[η^5-pentamethylcyclopentadienyl]-dizinc: decamethyldizincocene($Cp^*{}_2Zn_2$)

【背景】本錯体は亜鉛-亜鉛結合を有する極めて特異な構造を有しており,その構造や電子的物性,反応性について大変関心がもたれている.また,本錯体を原料とする様々な反応が開発され,新たな亜鉛化合物の合成に利用されている.

【調製法】デカメチルジンコセン($Cp^*{}_2Zn$),塩化亜鉛,水素化カリウムの混合物にTHFを加え,その懸濁液を室温下で50分間攪拌する.減圧下ですべての揮発成分を溜去し,残渣をペンタンに溶解し,不溶物をろ過する.減圧下でペンタンを溜去すると本錯体が白色結晶として得られた.ペンタンまたはエーテルを用いて$-20\,°C$で結晶化を行い,昇華(10^{-3} mbar,$70\sim80\,°C$)して精製する.熱的には安定であるが,酸素や水と激しく反応するので,アルゴン雰囲気下,$-20\,°C$で保存する[1,2].

【性質・構造・機能・意義】無色の結晶性固体であり,溶液状態および固体状態どちらでも,酸素や水に対して高い反応性を示す.結晶状態では空気に触れると自然発火する.アルゴン雰囲気下や真空の封管中では,室温でも長期間安定に存在するが,$-20\,°C$で保存するほうがよい.水素や一酸化炭素,二酸化炭素とは反応しない.一般的な有機溶媒であるペンタン,ベンゼン,エーテル,THFなどによく溶け,ペンタンやエーテルから容易に結晶化させることができる.アルゴン雰囲気下のキャピラリーチューブ内では,110°Cに加熱すると分解するが,10^{-3} mbarの減圧下では70°C程度で昇華することができる.錯体をトリエチルアミンやTMEDA,ピリジン,ビピリジンなどと室温下で攪拌しても反応せず,回収することができる.同様にPMe_3やPPh_3に対しても20°Cでは反応を起こさない.ヨウ素によって酸化され,デカメチルジンコセンとヨウ化亜鉛になる.また,ジメチル亜鉛やジメシチル亜鉛と反応し,対応するハーフサンドイッチ化合物(η^5-C_5Me_5)ZnRと金属亜鉛を与える[1,2].この錯体は結晶構造解析がなされている.2つのC_5Me_5配位子で亜鉛原子2個をはさんだサンドイッチ構造をとっている.C_5Me_5配位子は平面でお互いにほぼ平行であり,重なり形配座をとる.その距離は約6.40Åである.メチル基のvan der Waals半径は2.0Åであることから,2つのC_5Me_5配位子上のメチル基間の立体反発はほとんどない.それでもC_5Me_5環のメチル基は,環の平面から亜鉛原子と逆方向に3〜6°曲がっている.C_5Me_5配位子の配位は対称的であり,C_5Me_5環内の各炭素と亜鉛の距離は2.27〜2.30Åという狭い範囲に集中している.また,ZnとCp^*環の中心($Cp^*{}_{centr}$)との距離は約2.04Åである.$Cp^*{}_{centr}$-Zn-Zn-$Cp^*{}_{centr}$の配置は,$Cp^*{}_{centr}$-Zn-Znの角度が平均177.4(1)°であることから,ほぼ直線状であることがわかっており,これは他の遷移金属や典型元素のメタロセン化合物では例がない.本錯体の最も顕著な構造上の特徴はZn-Zn間の距離であり,2.305(3)Åと短い.これはPaulingの単結合金属半径の2倍(2.50Å)よりもかなり短く,Zn-Zn間の相互作用の強さを示すものである[1,2].

【関連錯体の紹介およびトピックス】本錯体をCNXyl(Xyl=2,6-dimethylphenyl)と反応させると,ハーフサンドイッチ構造のイミノアシル誘導体[[(2,6-dimethyl-phenyl)imino](pentamethylcyclopentadienyl)methyl](η^5-pentamethylcyclopentadienyl)zincと金属亜鉛が得られる.この反応は,不均化反応により$Cp^*{}_2Zn$と金属亜鉛が生じ,CNXylが$Cp^*{}_2Zn$を捕捉して進行したと考えられる.また,水との反応では,C_5Me_5H,亜鉛結晶および水酸化亜鉛が得られる.これは,水によってZn_2^{2+}ユニットがZnとZn^{2+}に不均化したことを示している.アルコールとの反応でも同様な不均化反応が進行する[1,2].関連化合物として次のようなものがある.$Zn_2(\eta^5$-$C_5Me_4Et)_2$[2)] Bis[[N,N'-(1,3-dimethyl-1,3-propanediylidene)bis[2,6-bis(1-methylethyl)benzenaminato-κN]](1−)]dizinc[3)] Bis[2,2'',6,6''-tetrakis(1-methylethyl)[1,1':3',1''-terphenyl]-2'-yl]dizinc[4)] 【浅尾直樹】

【参考文献】
1) I. Resa *et al.*, *Science*, **2004**, *305*, 1136.
2) A. Grirrane *et al.*, *J. Am. Chem. Soc.*, **2007**, *129*, 693.
3) Y. Wang *et al.*, *J. Am. Chem. Soc.*, **2005**, *127*, 11944.
4) Z. Zhu *et al.*, *Angew. Chem. Int. Ed.*, **2006**, *45*, 5807.

Zn_2N_4XY ($X=OH^-$, $Y=Cl^-$)

有 光 生

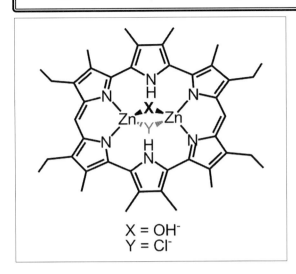

$X = OH^-$
$Y = Cl^-$

【名称】 β-alkyl-substituted[24]hexaphyrin(1.0.0.1.0.0) bis-zinc(II)complex: 慣用名 amethyrin bis-zinc(II)complex

【背景】 環拡張ポルフィリンの亜鉛錯体には，①配位子の一部であるジピリンあるいはトリピリン部位の，2つまたは3つの窒素が亜鉛(II)イオンに配位し，残りの配位サイトを酸素や塩素などのアニオンが補うものと，②テトラピロール部位の4つの窒素が亜鉛に配位することによってポルフィリンに類似した配位形式をとるものがある．ピロール部位が6つ以下の配位子では①となり[1]，7つ以上では②となる例が多い[2]．上に示したアメジリン亜鉛(II)二核錯体は①の典型例である[1a]．また，①の場合では亜鉛錯化に伴ってしばしば π 共役系が酸素化された錯体が得られ，それらの錯体において新たに挿入された酸素原子は亜鉛(II)イオンの配位サイトを埋める役割を果たしている[1c,1e]．

【調製法】 アメジリンのメタノール溶液中に，過剰のトリエチルアミン存在下，10当量の塩化亜鉛を加え室温で一晩撹拌し，これをろ過してメタノールで洗浄することにより得る(収率59%)．

【性質・構造・機能・意義】 錯体の吸収スペクトルは，CH_2Cl_2 中，$\lambda_{max}[nm]$ (ε [$10^4 M^{-1} cm^{-1}$]): 356(2.3), 412(2.2), 497(9.1), and 556(7.2)に観測される．それぞれジピリン部位の配位を受けた2つの亜鉛(II)イオンが，塩化物イオンと水酸化イオンによって架橋されることで残りの配位サイトが埋まり電気的中性状態を保っている．四隅のピロールと2つの亜鉛(II)イオンはほぼ同一平面上に位置するが，中央の対面した2つのピロールはその平面から約37°上と下に傾いており架橋アニオンと水素結合を形成している．亜鉛間距離は2.82 Åと近接しており，これは類似錯体である[24]ヘキサフィリン(1.1.0.1.1.0)(慣用名ルビリン)亜鉛(II)2核錯体の3.18 Å, Gable型の酸素化ヘキサフィリン(1.1.1.1.1.1)亜鉛(II)二核錯体の3.24 Åよりもさらに短い．このように2つの亜鉛イオンが近接した構造はいくつかの酵素でも見つかっており[3]，生物無機化学的な観点からも興味深い．

【関連錯体の紹介およびトピックス】 ヘキサフィリン(1.1.0.1.1.0)(慣用名ルビリン)の亜鉛二核錯体については 24π 共役系と 26π 共役系の両方が合成されており，それぞれ反芳香族性，芳香族性を示す[1b]．

【齊藤尚平・大須賀篤弘】

【参考文献】

1) a) J. L. Sessler *et al., Chem. Eur. J.,* **1995**, *1*, 56; b) S. Shimizu *et al., Chem. Eur. J.,* **2008**, *14*, 2668; c) S. Mori *et al., Inorg. Chem.,* **2007**, *46*, 4374; d) M. Suzuki *et al., Angew. Chem. Int. Ed.,* **2007**, *46*, 5171; e) T. Koide *et al., Inorg. Chem.,* **2009**, *48*, 4595.

2) a) S. Saito *et al., Angew. Chem. Int. Ed.,* **2007**, *46*, 5591; b) Y. Tanaka *et al., Chem. Eur. J.,* **2009**, *15*, 5674; c) Y. Kamimura *et al., Chem. Eur. J.,* **2007**, *13*, 1620.

3) a) E. Hough *et al., Nature,* **1989**, *338*, 357; b) S. K. Burley *et al., Proc. Natl. Acad. Sci. USA,* **1990**, *87*, 6878.

Zn$_2$N$_8$

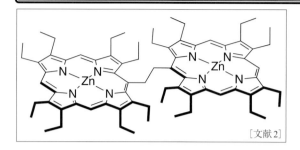

[文献2]

【名称】bis(zinc porphyrin): dimeric zinc porphyrin

【背景】ポルフィリンは,電子スペクトルの400 nm付近に現れる吸収帯(Soret帯)は,許容のπ-π*遷移であり,大きなモル吸光係数を有するとともに,ポルフィリンの集積体や多量体においては,分子間・分子内の遷移モーメント間の励起子カップリングも効率的に起こるので,これを利用した不斉センサーとしての利用が期待できる.Nakanishiらは,ステロイドなどのキラルで剛直な骨格に2つのポルフィリンを導入し,ポルフィリン間の距離が50Å離れているにもかかわらず,遷移モーメント間のカップリングによって円二色性が観測されることを報告している[1].ポルフィリンのメソ位炭素間をエチレンユニットで結合したビス亜鉛ポルフィリンは,ポルフィリンを結合しているエチレンユニットが,炭素–炭素単結合の周りのいろいろな配座が存在し,柔軟な分子であるので,それ自身は,不斉をもたないが,2つの亜鉛ポルフィリンユニットにキラルなゲストが結合することによって,配座が固定され,2つのポルフィリンが不斉にねじれた配置をとり,その結果を円二色性(CD)スペクトルによって検出するというものであり,ごく微量のサンプルでも効率よくその絶対配置を決定できるという特長がある.

【調製法】ポルフィリン二量体は,2,3,7,8,12,13,17,18-オクタエチルポルフィリンの銅錯体をPOCl$_3$/DMFと反応させ,さらに,NaBH$_4$で還元してメソ位にジメチルアミノメチル基を導入し,これをCH$_3$Iと反応させて,ポルフィリン二量体を合成し,最後に硫酸で銅をはずし,酢酸亜鉛で亜鉛錯体と変換することによって合成している[2].

【性質・構造・機能・意義】キラルなジアミン,モノアミン,アルコールなどをこのポルフィリンのクロロホルム溶液中に添加すると,2つのポルフィリンにキラルなねじれが生じ,正負のコットン効果がCDスペクトルで確認でき,この符号からゲスト分子の絶対配置を決めることができる.アミン類は,10^{-4}Mオーダーの濃度,アルコール類は,10^{-1}Mオーダーの濃度が必要であり,これは,アミンとアルコールの亜鉛ポルフィリンに対する親和性の差を反映している[3,4].

【関連錯体の紹介およびトピックス】同じポルフィリン二量体のマグネシウム錯体が,ミリモーラーオーダーのモノアルコールの絶対配置を決める試薬となることが報告されている[5].

【水谷 義】

【参考文献】
1) S. Matile *et al., J. Am. Chem. Soc.*, **1996**, *118*, 5198.
2) V. V. Borovkov *et al., Helv. Chim. Acta*, **1999**, *82*, 919.
3) V. V. Borovkov *et al., J. Am. Chem. Soc.*, **2000**, *122*, 4403.
4) V. V. Borovkov *et al., J. Am. Chem. Soc.*, **2001**, *123*, 2979.
5) J. M. Lintuluoto *et al., J. Am. Chem. Soc.*, **2002**, *124*, 13676.

Zn_2N_8

光 磁 超

【名称】doubly linked corrole dimer zinc(II) complex

【背景】金属の高原子価状態を安定化し，酸化触媒としても研究されているコロールは，通常は内側に3つのアミン部位をもつため，その脱プロトン化体は3価の配位子としてふるまう．しかしながら，2ヶ所で縮環したコロール二量体は内側にそれぞれ2つのアミンをもつ状態で安定に単離される．これは室温で安定に存在する非常に珍しいシングレットビラジカルであることが明らかになった．このビス亜鉛(II)錯体もビラジカルである[1]．

【調製法】配位子はコロール単量体をビスピナコールジボロンとイリジウム触媒で直接ホウ素化してモノホウ素化物としたのち，パラジウム触媒存在下クロロアセトンを酸化剤とするホモカップリング反応により二量体を得て，これをDDQで酸化することで縮環する[1]．いったん，$NaBH_4$で還元型にした後，シリカゲルカラムにて精製する（収率67%）．これを5当量のDDQとトルエン中で2時間撹拌し，シリカゲルを通してDDQなどを取り除いて酸化型を得る（収率83%）．次に，錯体の合成は，クロロホルム中，エタノールに溶かした過剰量の酢酸亜鉛2水和物と還流し，シリカゲルカラムによって精製する（収率54%）．

【性質・構造・機能・意義】塩化メチレン溶液中で緑褐色を呈し，λ_{max}[nm](ε[$M^{-1}cm^{-1}$])=416(120000), 828(9500), 1152(16000), and 1364(26000). 900 nmから1600 nmにかけて非常にブロードな吸収を示す．固体・溶液中ともに室温，空気中で安定に取り扱うことが可能であり，シリカゲルカラム中でも吸着することなく単離可能である．この錯体および配位子であるコロール二量体は結晶構造が得られており，通常のコロールが内側の水素原子の立体反発によって歪んでいる一方，酸化型配位子およびビス亜鉛(II)錯体は平均平面からの距離の平均が0.068 Åと非常に高い平面性を有している．

配位子はDDQによる酸化と$NaBH_4$による還元で，酸化型と還元型を交換可能である．分子の中央に平面シクロオクタテトラエン骨格を有するため，これに由来する特異な性質を示す[2]．この影響により還元型では二光子吸収断面積が1100 GMを示すのに対し酸化型は4600 GMの高い二光子吸収特性を示す．

酸化型配位子およびそのビス亜鉛(II)錯体がビラジカル性を示すことはESRおよびSQUIDで確認している．また，DFT計算によっても支持されている．ESRではg=2.0053にシグナルが観測され，また温度可変の磁化率測定ではχTの値が温度上昇に伴い上昇する傾向が見られる．これは基底一重項状態から熱励起によって三重項状態が温度上昇に伴い発生していることに由来しており，Bleaney-Bowersの式によって見積もられた交換相互作用は$J_{S-T}=-330 cm^{-1}$である．酸化型は閉殻のケクレ構造式を描くことも可能であり，閉殻構造と開殻の一重項ビラジカル構造の共鳴をとっている．このビラジカル性は理論計算によって87%と高い開殻構造の寄与があることを見積もっている．また，ビラジカル性を反映して非常に小さいHOMO-LUMOギャップをもつことを電気化学測定によって明らかにしている．DFT計算によるスピン密度計算によりコロール全体にスピンが非局在化していることがわかり，これが熱的にビラジカル状態を安定化していると考えられる．

このビラジカルに室温，塩化メチレン中でピリジンを加えるとピリジンが位置選択的に内側のベイエリアのβ位に付加して双性イオン種を与える[3]．この双性イオン種はフッ素イオンを選択的に認識して，蛍光が増強されるという興味深い性質をもつ．

この錯体はポルフィリン類縁体ではじめて一重項ビラジカル性を示した化合物であり，ポルフィリン化学における新しい物性として興味深い．

【関連錯体の紹介およびトピックス】配位子のみを還元して得られる内側に3つのアミン部位をもつ化合物は1つのコロールが3価の配位子としてふるまうため，例えばビスコバルト(III)錯体を与える．この錯体はトリフェニルホスフィンを配位した五配位型錯体として単離されている[1]．

【荒谷直樹・大須賀篤弘】

【参考文献】
1) S. Hiroto *et al.*, *J. Am. Chem. Soc.*, **2006**, *128*, 12380.
2) S. Cho *et al.*, *J. Am. Chem. Soc.*, **2009**, *131*, 6412.
3) S. Hiroto *et al.*, *Angew. Chem. Int. Ed.*, **2009**, *48*, 2388.

Zn_2N_8

溶 超

【名称】 ether-tethered face-to-face porphyrin dimer zinc (II) complex

【背景】 金属ポルフィリンを用いた分子認識は，大半が中心金属のLewis酸性を利用するが，電子豊富なポルフィリン環の性質を利用した超分子は珍しい[1]．ポルフィリン亜鉛(II)錯体を2本のメチレン鎖でつないだface-to-face型の環状ポルフィリン二量体の内部の空間を，π電子豊富な分子認識場として活用すると，フラーレン類と安定な錯体を形成する[1]．錯形成定数は中心金属に大きく依存する[1b]．

【調製法】 3-ヒドロキシフェニル基を5,15位にもつβ-オクタアルキルポルフィリンをプロパルギルブロマイドと塩基性条件下で反応し，5,15-(3'-プロパルギルオキシフェニル)ポルフィリンを得る．これをCH_2Cl_2に溶かし，塩化銅とN,N,N',N'-tetramethyl ethylenediamineを加え，室温・空気下で4時間撹拌し，二量体を44%の収率で得る．Pd/Cと水素で三重結合を還元し，89%収率で目的の二量体を得る[1a]．

【性質・構造・機能・意義】 金属ポルフィリンとフラーレン類との強い相互作用を利用した錯体構築により，他の分析手法では達成できない多くの特性が見いだされている．二量体亜鉛(II)錯体とC_{60}との錯体（K_{assoc} $=6.7\times10^5 M^{-1}$）の結晶構造からは，亜鉛イオンと近い2つの炭素との距離がそれぞれ2.918(10) Å, 2.765(9) Åであり，これは亜鉛と炭素のvan der Waals半径の和(3.09 Å)よりも小さい．亜鉛(II)-亜鉛(II)間の距離は12.35 Åで，錯化するに従い吸収スペクトルは長波長側にシフトする(410.5 → 417.5 nm)．錯形成定数は中心金属に大きく依存する．特に，ロジウム(III)の場合，C_{60}との会合定数は$K_{assoc}=2.4\times10^7 M^{-1}$, C_{70}では$K_{assoc}>10^8 M^{-1}$と非常に大きい値を示す．^{1}Hおよび^{13}C NMRを詳細に検討した結果，この相互作用はポルフィリン環からフラーレンへの電荷移動によるものであることがわかり，取り込まれたフラーレンは4,4'-bipyridineによって簡単に輪の外に追い出される．亜鉛(II)錯体のC_{60}/C_{70}の会合定数の差を利用してフラーレン混合物からC_{70}のみを選択的に抽出することや[1b]，C_{96}などさらに高次のフラーレンの抽出[2]にも成功している．ポルフィリンをつなぐアルキル鎖が短い場合にはフラーレンとの2：1錯体も観測されている[3]．さらにより発展的に，共役系の広がったポルフィリンテープ(meso位と2つのβ位で直接結合したポルフィリン多量体)を用いた協同的効果を利用した分子認識の報告もある[4]．ポルフィリンテープは，ポルフィリン間の電子的な相関が非常に強く，母核のポルフィリンとは性質が大きく異なる．複数のゲスト分子の取り込みに対する協同効果の発現に関しては，従来，ホストの空孔体積とゲストのサイズがちょうどマッチするものが選択されるという手法が大半を占めているが，この例ではホストの共役系を介したゲスト間の電子的相互作用を利用して，電子豊富なゲストと電子不足なゲストのヘテロなペアを選択的に取り込むという，選択的ゲスト認識のまったく新しいアプローチが提案された．

ロジウム(III)錯体を利用してキラルフラーレンの不斉認識[5]やダンベル型フラーレンC_{120}の取り込みと振動の解析[6]もなされている．

【関連錯体の紹介およびトピックス】 上記以外に，フリーベース，Ni(II), Cu(II), Ag(II), Ir(III)の錯体が合成されている．特にイリジウム錯体は測定限界を超える会合定数をもつ．また，フラーレンの錯化と側鎖の水素結合を組み合わせることで，チューブ状の構造が得られる[8]．

【荒谷直樹・大須賀篤弘】

【参考文献】

1) a) K. Tashiro *et al., J. Am. Chem. Soc.*, **1999**, *121*, 9477; b) J.-Y. Zheng *et al., Angew. Chem. Int. Ed.*, **2001**, *40*, 1857.
2) Y. Shoji *et al., J. Am. Chem. Soc.*, **2004**, *126*, 6570.
3) A. Ochi *et al., Angew. Chem. Int. Ed.*, **2006**, *45*, 3542.
4) H. Sato *et al., J. Am. Chem. Soc.*, **2005**, *127*, 13086.
5) a) Y. Shoji *et al., J. Am. Chem. Soc.*, **2006**, *128*, 10690; b) Y. Shoji *et al., J. Am. Chem. Soc.*, **2010**, *132*, 5928.
6) K. Tashiro *et al., J. Am. Chem. Soc.*, **2002**, *124*, 12086.
7) M. Yanagisawa *et al., J. Am. Chem. Soc.*, **2007**, *129*, 11912.
8) T. Yamaguchi *et al., J. Am. Chem. Soc.*, **2003**, *125*, 13934.

Zn$_2$N$_8$

R = O(CH$_2$)$_{10}$CO$_2$K
R' = CO$_2$K

[文献1]

【名称】octadecapotassium 1,3-phenylenebis[10,15,20-tri-[4-carboxylato-2,6-bis(10-carboxylatodecyloxy)phenyl]-porphyrinato zinc(II): Gable Porphyrin

【背景】水に可溶でかつ，疎水的な結合サイトをもつ人工レセプターは，種々の生理活性分子を認識しうることから興味がもたれている．この亜鉛ポルフィリン二量体は，2つの疎水性のポルフィリン，および，ポルフィリン環上にアルキル鎖がフォールドするように設計され，アルキル鎖末端のカルボン酸陰イオンによる静電的な場をつくることによって疎水性カチオンを認識するように設計されている．特に，DNAに対するインターカレーター類を非常に大きな結合定数で捕捉することが示された．

【調製法】ポルフィリンの二量体は，ジヨードベンゼンとポルフィリンのメソ位をホウ素化した化合物との鈴木-宮浦カップリングによって合成された．このポルフィリンと酢酸鉛との反応で亜鉛錯体を合成している．

【性質・構造・機能・意義】水溶性でかつ誘導適合が可能な大きな疎水空間をもつ人工レセプター分子として，エチジウムブロミドなどのDNAインターカレーターを10^8 M^{-1}オーダーの結合定数で認識することが示されている[1]．会合定数は，ゲストのLUMO軌道のエネルギー準位とよい相関を示し，ポルフィリンが電子供与体，ゲストが電子受容体としてはたらくような，ホスト-ゲスト間の電荷移動相互作用が認識の1つの駆動力となっていることを示している．水溶液のイオン強度を高くすると結合定数は減少し，結合定数の対数をイオン強度の平方根に対してプロットしたときの直線の傾きから，ホスト分子のアニオンとゲスト分子のカチオンに平均2〜4個の塩橋が生成していることが示されている．また，DNAに結合したフェナチジウムをDNAから奪うことが競争実験によって示されている．ホウ酸緩衝液pH 9.0，25℃で，電子吸収スペクトル：λmax (log ε): 423 (5.74), 436 (5.69), 516 (3.87), 557 (4.63), 598 nm (3.99).

【関連錯体の紹介およびトピックス】この亜鉛ポルフィリン二量体は，水中におけるオリゴペプチドの認識にも有効であることが報告されている[2]．

【水谷 義】

【参考文献】
1) a) K. Wada *et al.*, *Chem. Eur. J.*, **2003**, *9*, 2368; b) T. Mizutani *et al.*, *J. Am. Chem. Soc.*, **2001**, *123*, 6459.
2) T. Mizutani *et al.*, *Chem. Commun.*, **2002**, 1626.

$Zn_2N_8O_3$

【名称】dimeric μ-η^1: η^2-peroxycarbonato zinc(II) complex: $[Zn_2(H_2bnpa)_2\{OC(O)O_2\}](ClO_4)_2$ (H_2BNPA=bis-[(6-neopentylamino-2-pyridyl)methyl]-[(2-pyridyl)methyl]amine)

【背景】活性酸素種を有する亜鉛ヒドロペルオキソ種は,銅亜鉛含有スーパーオキソジスムターゼ(Cu, Zn-SOD)における,推定される反応中間体の1つである.二核亜鉛過炭酸錯体は,この亜鉛ヒドロペルオキソ錯体を経て生成し,構造データを得ることができた例である[1].

【調製法】$Zn(ClO_4)_2 \cdot 6H_2O$,配位子H_2BNPA,KOHを当量,CH_3OH/H_2O混合溶液中で30分撹拌し,いったん溶媒を除去し,CH_3OH中で再結晶することで$[Zn(H_2bnpa)(OH)]ClO_4$を合成する[2,3].$[Zn(H_2bnpa)(OH)]ClO_4$のCH_3CN溶液にH_2O_2を添加し,0℃でCO_2を溶解したTHF溶液を滴下し,反応溶液を静置することで無色の結晶が得られる[1].

【性質・構造・機能・意義】2つのZn^{II}イオンに配位子bnpaと過炭酸イオン$\{OC(O)OO\}$がμ-η^1: η^2で架橋配位した二核亜鉛過炭酸錯体であり,Zn^{II}の配位構造は,八面体型構造(Zn(1))と三方両錐型構造(Zn(2))である.Zn(1)に過炭酸イオンのカルボニルとペルオキソ酸素が二座配位し,Zn(1)-O(1)は2.002(4) Å,Zn(1)-O(3)は2.111(4) Å,O(2)-C(1)-O(3)は123.1(5)°であり,Zn(2)に残りのカルボキシレート酸素が配位し,Zn(2)-O(4)は1.987(4) Åである.本錯体のペルオキソ部位のO(1)-O(2)結合距離は1.474(5) Åであり,報告されている金属過炭酸錯体である$KH(O_2C(O)O) \cdot H_2O_2$(1.457(2) Å)[4],$Ph_4P[Fe(quinaldate)_2(O_2C(O)O)] \cdot 0.5(CH_3)_2NCHO$(1.455(5) Å)[5]や,金属アルキルペルオキソ錯体(1.36〜1.52 Å)やH_2O_2(1.49 Å)[6]と近い値である.

二核亜鉛過炭酸錯体は,次のスキーム(図1)に示すように,単核亜鉛ヒドロキソ錯体を出発物質として,過酸化水素と反応して単核亜鉛ヒドロペルオキソ錯体を形成し,同時にCO_2と反応して得られた単核亜鉛炭酸水素錯体と反応することで得られる.

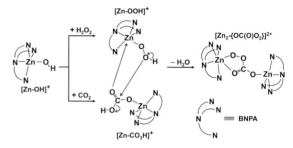

図1 二核亜鉛過炭酸錯体の推定生成機構

中間体として生成する単核亜鉛ヒドロペルオキソ錯体は,ESI MSスペクトルにより,$[Zn(H_2bnpa)(^{16}O_2-H)]^+$(m/z=557),$[Zn(H_2bnpa)(^{18}O_2H)]^+$(m/z=561),$[Zn(D_2bnpa)(^{16}O_2D)]^+$(m/z=560)が帰属される.この中間体を経て二核亜鉛過炭酸錯体を形成することから,亜鉛ヒドロペルオキソ種は炭酸イオンの炭素原子に対する求核攻撃したことが推測できることにより,求核性があることが認められている[1].

【関連錯体の紹介およびトピックス】ネオペンチルアミノ基をピリジン6位に3つ導入したTPA系配位子を用いた亜鉛ヒドロキソ錯体($[Zn(H_2tnpa)(OH)]^+$)は可逆的にCO_2と反応し,亜鉛炭酸水素錯体($[Zn(H_2tnpa)(OCO_2H)]^+$)を生成することが示されている[2].また,アミノ基を導入した配位子を用いた亜鉛ヒドロキソ錯体($[Zn(H_2tapa)(OH)]^+$)は亜鉛炭酸水素錯体を経由し,配位子のアミノ基と炭酸水素イオンが脱水縮合してカルバミン基を生成する不可逆的な反応が進行することも明らかとなっており,ビオチンへの炭酸固定の典型金属イオンが関与する反応モデルとなる[7].

【山口修平】

【参考文献】
1) A. Wada *et al.*, *Angew. Chem. Int. Ed.*, **2005**, *44*, 5698.
2) S. Yamaguchi *et al.*, *Chem. Lett.*, **2003**, *32*, 406.
3) J. C. Mareque-Rivas *et al.*, *Dalton Trans.*, **2004**, 1648.
4) A. Adam *et al.*, *Angew. Chem. Int. Ed.*, **1988**, *37*, 1387.
5) M. Suzuki *et al.*, *Angew. Chem. Int. Ed.*, **2002**, *41*, 1202.
6) O. Bain *et al.*, *Can. J. Chem.*, **1955**, *33*, 527
7) S. Yamaguchi *et al.*, *Chem. Lett.*, **2007**, *36*, 842.

Zn$_2$N$_8$Cl$_2$

[文献1,2]

【名称】 1,1′-bis[3-{chloro(5,10,15,20-tetraphenylporphyrinato)zinc(II)-yl}propyl]-4,4′-bipyridinium hexafluorophosphate:[{ZnCl(prtpp)}$_2$mv](PF$_6$)$_2$

【背景】 N-アルキルポルフィリンは生体内でのプロトポルフィリンIXへの鉄の挿入を触媒する酵素フェロケラターゼの活性を阻害することで知られており,酵素触媒反応の中間体として重要である.N-アルキル化ピロール環はポルフィリン平面より30〜40°傾いている.そのためN-アルキル置換基はポルフィリン面の垂直方向に位置する.そこで電子受容体として知られているビオローゲン誘導体を架橋させたビス(N-アルキルポルフィリン)は光誘起電子移動反応における電子供与体と電子受容体との配向の効果を調べるためのモデルとして利用できる.

【調製法】[1,2)] 配位子(prtpp)$_2$mvは次の方法で合成する.2.5倍量のN-(3-bromopropyl-5,10,15,20-tetraphenylporphyrin(bprtpp)のN,N-ジメチルホルムアミド溶液に4,4′-ビピリジンのN,N-ジメチルホルムアミド溶液をアルゴン気流下80℃でゆっくり滴下し39時間加熱する.溶媒を留去後,冷トルエンで洗浄後,Sephadex LH-20のカラムクロマトグラフィーでアセトニトリルを展開溶媒として精製する.

錯体の合成は次の方法で行う.配位子と等量のZnCl$_2$を少量の2,6-ルチジン存在下でテトラヒドロフラン中,40℃で40分反応させる.溶媒を留去後,冷水および冷トルエンで順次洗浄後,Sephadex LH-20のカラムクロマトグラフィーでアセトニトリルを展開溶媒として精製する.ジクロロメタン/トルエンから再結晶する.

【性質・構造・機能・意義】[1,2)] ジクロロメタン,アセトニトリル,メタノール,水などに溶解する.溶液は暗緑色で,436 nm($\varepsilon = 4.7 \times 10^5$ M^{-1}cm^{-1})と448 nm($\varepsilon = 3.7 \times 10^5$ M^{-1}cm^{-1})に分裂したSoret帯を,560 nm($\varepsilon = 1.8 \times 10^4$ M^{-1}cm^{-1}),611 nm($\varepsilon = 2.8 \times 10^4$ M^{-1}cm^{-1}),658 nm($\varepsilon = 1.7 \times 10^4$ M^{-1}cm^{-1})にQ帯をもち,いずれもπ-π*遷移である.また,264 nm($\varepsilon = 5.5 \times 10^4$ M^{-1}cm^{-1})にビオローゲン由来のπ-π*遷移がある.この錯体のMolecular Mechanics計算によればZn(II)にCl$^-$イオンが軸配位し,ポルフィリンの4つのピロールNが配位した四角錐構造をしているが,Znは3つのピロールN面から浮き上がっている.また,架橋ビオローゲンは対応する1:1型の単量体ポルフィリン錯体よりも垂直方向に配向している.CD$_3$CN中の^{1}H NMRスペクトルでは,N-CH$_2$CH$_2$CH$_2$-プロトンは,それぞれ−4.50〜−4.60 ppm,−0.13〜−0.18 ppm,2.38〜2.50 ppmに観測される.アセトニトリル中の蛍光スペクトルの極大波長は668 nm,量子収率は0.0024であり,蛍光寿命は〜20 ps(15%)と1.3 ns(85%)の2成分である.これは対応する1:1型錯体[ZnCl(mvprtpp)](PF$_6$)$_2$の成分比と逆転し,closed formよりもextended formが主成分となっていることを示している.

【関連錯体の紹介およびトピックス】[2)] 蛍光の量子収率および寿命はNa(I)<Zn(II)<Mg(II)<Al(III)<Si(IV)の順に増加し,中心金属イオンの表面電荷密度と相関がある.この順にビオローゲンとポルフィリン面との角度が大きくなり,配向がより垂直になるため電子移動効率が低下するためと考えられている.これらの値は対応する1:1型単量体よりもいずれも大きく,ビオローゲンが架橋されることにより剛直になり,かつ垂直方向に配向するため分子内電子移動消光反応が阻害されるためと結論されている.なお,Al(III)錯体ではポルフィリン:金属が2:1のサンドイッチ型複核錯体が生成する.

【塚原敬一】

【参考文献】
1) K. Tsukahara *et al.*, *Chem. Phys. Lett.*, **1995**, *246*, 331.
2) K. Tsukahara *et al.*, *J. Phys. Chem. B.*, **1999**, *103*, 2867.

Zn₄O₁₃

無 光

【名称】 hexakis-μ-acetato-O,O'-μ₄-oxo-tetrazinc（II）: $[Zn_4O(AcO)_6]$

【背景】 亜鉛錯体は発光性を示すものが知られているが，そのほとんどは，配位子からの発光であり，亜鉛中心が直接関連した励起状態から発光が見られる例はほとんどない．本化合物は，塩基性酢酸亜鉛として古くから知られているものであるが，室温，溶液状態で，配位子から金属中心への遷移に基づく発光を示す．

【調製法】 ①酢酸亜鉛(II)の加熱分解による方法：酢酸亜鉛(II)無水物を減圧下，250℃で加熱すると，熱分解して生成した$[Zn_4O(AcO)_6]$が，無色の結晶として昇華する[1]．②酸化亜鉛(II)と酢酸による直接反応 酸化亜鉛(II)粉末に2当量の酢酸を加え攪拌すると，ケーキ状固体となる．ここにさらに1.7当量の酢酸を加え攪拌し，得られたスラリーを30分還流する．ろ別し，酢酸，ついでエーテルで洗浄することにより，粉末として$[Zn_4O(AcO)_6]$が得られる[2]．

【性質・構造・機能・意義】 塩基性酢酸亜鉛とも呼ばれる．無色固体，融点249～250℃．中性分子であり，クロロホルム，ジクロロメタン，ベンゼンに溶解する．湿気に対して不安定．水，アミンを加えると分解する．

四核錯体であり，酸化物イオンを中心に4つの亜鉛が正四面体型構造に配列し，四面体の各辺を酢酸イオンが架橋した構造をもつ．中心の酸素は，ZnO結晶と同じく四配位，亜鉛(II)イオンは4つの酸素による四面体型四配位である．分子全体としては，T_dの対称性をもつ．結合長はZn-O(μ_4-O): 1.96 Å，Zn-O(AcO): 1.98 Å，Zn⋯Zn: 3.20 Åである．同構造の分子として$[Be_4O(AcO)_6]$がある．

この化合物は室温・ジクロロメタン中で紫外領域に発光を示す．発光極大は372 nmであり，発光寿命はおよそ10 ns，発光量子収率は0.15である．この化合物は，乾燥したエタノール溶液中で216 nmに極大（$\varepsilon = 6.2 \times 10^4 \mathrm{M^{-1}cm^{-1}}$）をもつ吸収帯を示す．これに対して，単核錯体である$[Zn(AcO)_2]$や$[Zn(OH)_4]^{2-}$は，200 nm以上に吸収極大が存在しない．このことから，この化合物のLUMOは，4つのZn^{II}の4s軌道が結合性の相互作用により安定化したa_1軌道であり，吸収・発光は，AcO⁻からこの軌道への遷移に由来するものとされている．この発光のストークスシフトが大きいことから，励起状態での構造歪みが大きいことが示唆されている[4]．

金属-金属間相互作用により安定な空軌道が形成され，その軌道への遷移が，吸収や発光として観測されるのは，他のd^{10}金属錯体でも見られる現象であるが，この化合物は，初期に観測された例の1つである．また，酸化亜鉛(II)は，発光性の無機化合物と知られて広く利用されているが，本化合物中の$\{Zn_4O_{13}\}$骨格は，その最小の分子モデルとも考えられる．

【関連錯体の紹介およびトピックス】 この化合物は塩基性酢酸亜鉛として古くより知られており，他のカルボン酸でも同構造の化合物が合成されている．また，ジカルボン酸を用いて配位高分子の合成にも利用されている[5]．$\{Zn_4(\mu_4$-O)$\}$骨格は亜鉛(II)錯体の基本的な骨格の1つであり，他の二架橋一価アニオンでも合成されている．アザインドールアニオン（AID）を配位子とした化合物$[Zn_4O(AID)_6]$は，425 nmに極大を持つ発光帯（量子収率：0.21）を示し，LEDの発光素子として利用できることが示されている[6]． 【柘植清志】

【参考文献】
1) 日本化学会編, 無機化合物の合成 3（新実験化学講座 8巻), 丸善出版, **1976**, p. 986.
2) A. C. Poshkus, *Ind. Eng. Chem. Prod. Res. Dev.*, **1983**, *22*, 381.
3) H. Koyama *et al.*, *Bull. Chem. Soc. Jpn.*, **1954**, *27*, 112.
4) H. Kunkely *et al.*, *J. Chem. Soc. Chem. Commun.*, **1990**, 1205.
5) M. Eddaoudi *et al.*, *Science*, **2002**, *295*, 469.
6) Y. Ma *et al.*, *Chem. Commun.*, **1998**, 2491.

$Zn_8N_{24}O_{16}$

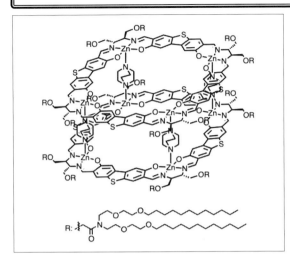

【名称】double decker cage composed of zinc(II) macrocycles and DABCOs

【背景】機能性炭素クラスターとして知られるフラーレン誘導体は，合成後のすすの中から望みの化学種を単離・精製する方法が容易ではないため，目的のフラーレンを選択的に分離できる分子レセプターの開発が切望されてきた．Kawanoらは4つのジベンゾチオフェンを4つのサレンで交互に連結した大環状化合物を報告した[1]．この大環状化合物は直径が約1 nmの内部空孔をもつ．分子内に配置した4つのサレン配位子に平面四配位型のNi(II)，Pd(II)，Cu(II)を錯形成した大環状金属錯体は平面性の高い環構造をもつため，環状部位を一次元に積み重ねたカラムナー液晶性を発現する．これに対して，サレン配位子に五配位構造を形成するZn(II)を導入した大環状Zn四核錯体は架橋配位子を用いて連結することで，孤立したナノ空間をもつかご状超分子錯体が形成する[2]．

【調製法】大環状Zn四核錯体をクロロホルム中，1,4-ジアザビシクロ[2.2.2]オクタン(DABCO)とともに撹拌することにより溶液中で定量的に得られる．有機溶媒を減圧留去することで，かご状超分子錯体が得られる．

【性質・構造・機能・意義】このかご状超分子錯体は，クロロホルムやテトラクロロエタンなどのハロゲン系溶媒に溶解するが，メタノールやTHFなどの配位性溶媒では構造を保持しない．側鎖を短いアルキル鎖に置換したモデル錯体の単結晶構造解析から，2分子の大環状亜鉛四核錯体が4分子の二座配位子DABCOによって架橋された構造であることが明らかとなった．2つの大環状亜鉛四核錯体は互いに平行に配向し，亜鉛イオンが四角錐型五配位構造をとることで，DABCOによって架橋された．このかご状超分子錯体の内部には約670 nm^{3}の巨大な空孔をもつ．

このかご状超分子錯体の内側には，ジベンゾチオフェン由来する16個の水素原子とDABCOに由来する16個の水素原子が空孔の内側方向に配向するため，これらの水素原子がフラーレンの芳香族性表面とCH-π結合により相互作用する．CH-π相互作用が構造的に有効におこるC_{70}フラーレンはC_{60}フラーレンに対して選択的に内包されることが明らかとなった[2]（図1）．

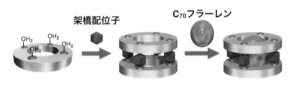

図1 大環状亜鉛四核錯体の自己組織化によって構築するかご状超分子錯体とC_{70}フラーレンとのホスト-ゲスト複合体形成

【関連錯体の紹介およびトピックス】これまでに知られているフラーレンのホスト分子として機能するかご状超分子錯体には，広いπ共役面をもつポルフィリンやアントラセンなどが構成部位として用いられており，フラーレンとのπ-π相互作用を利用する例が多かった[3-5]．しかし，本かご状超分子錯体は，ナノ空間の内側の多点のCH-π相互作用を利用して選択的にC_{70}を分子認識した点で特異な例といえる．

【河野慎一郎・田中健太郎】

【参考文献】
1) S. Kawano *et al.*, *Chem. Eur. J.*, **2016**, *22*, 15674.
2) S. Kawano *et al.*, *Angew. Chem. Int. Ed.*, **2018**, *57*, 14827.
3) W. Meng *et al.*, *Angew. Chem. Int. Ed.*, **2011**, *50*, 3479.
4) T. Nakamura *et al.*, *J. Am. Chem. Soc.*, **2013**, *135*, 18790.
5) N. Kishi *et al.*, *J. Am. Chem. Soc.*, **2013**, *135*, 12976.

Zn_8N_{40}

光 集 超

【名称】butadiyne-bridged cyclic porphyrin octamer zinc (II) complex with a pyridine-appended template monomer

【背景】末端にアセチレンを有する非環状の亜鉛(II)ポルフィリン多量体にテンプレート(鋳型)分子を配位させて，分子内(あるいは分子間)の末端アセチレンどうしでカップリング反応を起こしやすいような位置にあらかじめ組織化し，環状ポルフィリン多量体を得た例はある[1,2]．しかしながら，本例は，本質的に直線状であるアセチレン連結オリゴマーを鋳型分子によってたわませて環状オリゴマーを得るという，鋳型合成の傑作の1つである[3]．適切なテンプレート分子を用いることで，環状六量体も合成できる[4]．いずれの場合もテンプレート分子がなければ目的物は得られず，鋳型合成の威力がいかんなく発揮された好例である．

【調製法】5,15-ジアリールポルフィリンの *meso* 位を N-ブロモスクシンイミドによりビスブロモ化する．これとシリル保護したアセチレンとの反応でメゾビスエチニルポルフィリンを得たのち，脱保護，酸化的カップリングを繰り返し，直線状八量体を得る[3]．これと鋳型分子をトルエン/ジイソプロピルアミン混合溶媒中で当量混ぜ，パラジウム触媒とヨウ化銅，ヨウ素を加え，空気下，60°C，2時間撹拌することで得られる(単離収率14%)．

【性質・構造・機能・意義】合成の鍵は，適切なテンプレート分子の設計にある．環状ポルフィリン八量体のクロロホルム溶液(含1%ピリジン)中での吸収スペクトルは $\lambda_{max}[nm](\varepsilon[10^5 M^{-1} cm^{-1}])=464(4.4)$, 490(3.9), 802(1.8)．テンプレート分子との複合体はQ帯にはっきりとした振動構造が現れ，$\lambda_{max}[nm](\varepsilon[10^5 M^{-1} cm^{-1}])=441(3.1)$, 498(3.4), 757(1.1), 798(1.5), 848(3.4)に5つの吸収をもつ．多点相互作用であるために前駆体の直鎖状八量体とテンプレート分子との会合定数はクロロホルム中25°Cで $1.4 \times 10^{28} M^{-1}$ と非常に大きく，なおかつ ^1H NMRの解析から8個すべてのピリジン環が配位していることが明らかとなっており，反応点どうしが近接していることが予想される．環状八量体とテンプレート分子との会合定数は同条件で $1.3 \times 10^{37} M^{-1}$ である．環状八量体は分子内全体で π共役系がつながっており，このような例はポルフィリンでは他に杉浦ら[5]や大須賀ら[6]による例しかない．

【関連錯体の紹介およびトピックス】さらに環サイズの小さいオリゴマーとして，ヘキサ(ピリジルフェニル)ベンゼンをテンプレートとしてポルフィリン二量体を三量化し，環状六量体を得ている[4]．環状ポルフィリン六量体のクロロホルム溶液中での吸収スペクトルは $\lambda_{max}[nm](\varepsilon[10^5 M^{-1} cm^{-1}])=475(4.3)$, 788(2.3)．テンプレート分子との複合体はQ帯にはっきりとした振動構造が現れ，$\lambda_{max}[nm](\varepsilon[10^5 M^{-1} cm^{-1}])=483(4.8)$, 774(3.2), 810(4.1), 852(3.3)に吸収をもつ．テンプレート分子との会合定数はクロロホルム中25°Cで $6.6 \pm 4.2 \times 10^{38} M^{-1}$ である．　【荒谷直樹・大須賀篤弘】

【参考文献】
1) a) H. Anderson *et al., Angew. Chem. Int. Ed.*, **1990**, *29*, 1400; b) S. Anderson *et al., Acc. Chem. Res.*, **1993**, *26*, 469.
2) a) O. Mongin *et al., Tetrahedron Lett.*, **1999**, *40*, 8347; b) J. Li *et al., J. Am. Chem. Soc.*, **1999**, *121*, 8927.
3) M. Hoffmann *et al., Angew. Chem. Int. Ed.*, **2007**, *46*, 3122.
4) M. Hoffmann *et al., Angew. Chem. Int. Ed.*, **2008**, *47*, 4993.
5) A. Kato *et al., Chem. Lett.*, **2004**, *33*, 578.
6) Y. Nakamura *et al., J. Am. Chem. Soc.* **2006**, *128*, 4119.

Zn$_{12}$N$_{48}$

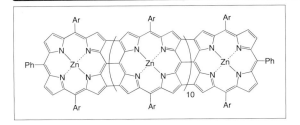

【名称】*meso–meso*, *β–β*, *β–β* triply-linked porphyrin tape 12-mer zinc(II) complex

【背景】π共役ユニットが一次元的に結合している場合には，共役鎖を長く伸ばしても結合交替が起こり（パイエルス転移），π共役が伸びない宿命にある（有効共役長効果）．ポルフィリンを多量化し有効共役長を伸ばすためには，ポルフィリン環を電子共役に効果的な共平面構造に強制してポルフィリンどうしを2つ以上の結合によりつなぎ，いわゆる縮環ポルフィリンとする必要がある．単結合でつながったメゾ-メゾ直接結合ポルフィリン多量体を縮環して共平面化するとπ共役系が大きく効果的に広がり，吸収末端は近赤外領域にまで伸びる[1])．

【調製法】メゾ-メゾ結合ポルフィリン二量体をトルエンに溶解し，5当量のDDQ/Sc(OTf)$_3$を加え1時間ほど還流する．室温に戻しTHFを少量加え，アルミナカラムで精製する．溶媒を濃縮しアセトニトリルで再沈殿して得る．長鎖アルキル基の導入により生成物の溶解性などの問題をクリアしつつ，二十四量体までの合成を成し遂げている[2])．

【性質・構造・機能・意義】完全縮環ポルフィリン多量体は，そのアレイ全体に広がる大きなπ共役構造を反映し，吸収スペクトルが異常なまでに長波長シフトし，六量体から十二量体においてはその吸収スペクトルの末端は赤外領域にまで及ぶ．KBrペレット中で赤外吸収スペクトルを測定してもこれは確認でき，十二量体では，電子遷移の吸収末端はおよそ1500 cm^{-1}（〜0.2 eV）にまで達する．共役ポルフィリンテープの二光子吸収断面積は異様に大きく，二量体で11900 GM（*λ*=1200 nm），三量体で18500 GM（*λ*=2300 nm），四量体で41200 GM（*λ*=2300 nm）にも達する極めて特異な化合物である[5])．

これら完全縮環ポルフィリン多量体はその異常なHOMO-LUMOギャップの減少により「単分子金属」としての性質の発現が期待される．事実，銅の表面に完全縮環ポルフィリン六量体を吸着させると，わずか−0.05 eVの電位で金属から電子を受け取ることがわかっている[3])．さらに，完全縮環ポルフィリン二量体のフリーベース体や亜鉛錯体は，その吸収末端に対応した励起状態から低エネルギーの蛍光を発することもわかっており[4])，IR発光材料としての可能性もある．

【関連錯体の紹介およびトピックス】ポルフィリン銅錯体や銀錯体の中心金属の価数は2価であり，金属上にスピンを1つもつことから，一連のポルフィリン二量体についてその磁気的相互作用が調べられ，非常に興味深いことにベータ位どうしで結合を持つもののみ反強磁性相互作用が観測された[6])．L字型およびT字型のメゾ-メゾ結合ポルフィリン多量体を縮環反応することによって，二次元方向に拡張した縮環ポルフィリンも合成されている[5])．また，環状のメゾ-メゾ結合ポルフィリン四量体を酸化することで，平面四量体のポルフィリンシートが合成されている[7])．分子全体の対称性（D_{4h}）のために，ポルフィリン同様にQ帯に対応する電子遷移が禁制になっており，第一励起の吸収帯は比較的モル吸光係数が小さくブロードなバンドとして観測される．この分子の中央には平面シクロオクタテトラエン（COT）があり，反芳香族性を示唆するパラトロピック環電流があることが示された．

【荒谷直樹・大須賀篤弘】

【参考文献】
1) A. Tsuda *et al.*, *Science*, **2001**, *293*, 79.
2) T. Ikeda *et al.*, *Chem. Asian J.*, **2009**, *4*, 1248.
3) A. Takagi *et al.*, *Chem. Commun.*, **2003**, 2986.
4) D. Bonifazi *et al.*, *Angew. Chem. Int. Ed.*, **2003**, *42*, 4966.
5) Y. Nakamura *et al.*, *Chem. Eur. J.*, **2008**, *14*, 8279.
6) T. Ikeue *et al.*, *Angew. Chem. Int. Ed.*, **2005**, *44*, 6899.
7) a) Y. Nakamura *et al.*, *J. Am. Chem. Soc.*, **2006**, *128*, 4119; b) Y. Nakamura *et al.*, *Chem. Asian J.*, **2007**, *2*, 860.

Zn$_{1024}$N$_{4096}$

光 超

【名称】*meso-meso* directly linked porphyrin 1024-mer zinc(II)complex

【背景】光合成系のアンテナ複合体のモデル化合物,およびフォトニックワイヤとして設計・合成されたポルフィリン多量体.ポルフィリンどうしが直接結合しており,隣り合うポルフィリンどうしが直交しているために励起子相互作用が大きい.また,厳密に単分散の合成有機化合物としては世界最長である[1]).

【調製法】5,15-ジアリールポルフィリン亜鉛錯体のクロロホルム溶液に,アセトニトリルに溶解したAgPF$_6$を1当量加える.数時間反応して水を加え反応を止めた後,分液,濃縮して,一部脱メタル化しているため酢酸亜鉛のメタノール飽和溶液を加えて加熱撹拌する.洗浄操作後,ゲル浸透法カラム(GPC)で分離する.25%程度の収率で二量化体が得られる.得られた生成物も反応点であるメゾ位が無置換であるため,さらなる多量化反応に用いることができる.二量体→四量体→八量体→十六量体→三十二量体→六十四量体→百二十八量体→二百五十六量体→五百十二量体→千二十四量体まで得る.メゾ-メゾ結合ポルフィリン千二十四量体は,まっすぐに伸ばすとその分子長は約0.8 μmに達する巨大分子である.二百量体を超すあたりから,ポルフィリンアレイの溶解性は急激に低下する.

【性質・構造・機能・意義】ポルフィリンの電子状態は,周辺置換基や中心金属によって大きく変化する.すなわち,これをうまく活用すれば,あらかじめ精密に分子設計することによって電子状態を調整することが可能である.百量体を超えるポルフィリン多量体であっても,厳密に単分散であり,純粋な状態で単離精製でき,通常の有機低分子と同じように,^{1}H NMRや飛行時間型マトリックス支援イオン化法質量分析(MALDI-TOF-MS)によって同定された.メゾ-メゾ結合ポルフィリン多量体ではポルフィリンどうしがほぼ直交した配置をとるためポルフィリン間のπ電子共役は事実上妨げられており,ポルフィリン個々は酸化電位などモノマーの性質を保持している.しかしながら,大きな遷移双極子モーメントによる励起子相互作用の結果,可視光全域にまたがる吸収帯をもつ.直鎖状のメゾ-メゾ結合ポルフィリン多量体では,416 nm付近に見られる振動子強度の強いS$_2$吸収(Soret帯)が2つに分裂することが知られている.これは,分子の長軸方向に沿った遷移双極子モーメントだけが励起子相互作用する結果長波長シフトするのに対し,分子の短軸方向に沿った遷移双極子モーメントは直交した配置のため励起子相互作用がなく,対応するSoret帯がモノマーと同じ波長に留まるためと理解できる.このJ会合様式によってできたSoret帯の分裂幅(ΔE)から,隣り合ったポルフィリン間のS$_2$励起状態における励起子結合エネルギー(ΔE_0)を見積もることができる[2]).N個のポルフィリンが等間隔に並び,隣り合うポルフィリンのみが励起子相互作用すると仮定すると,$\Delta E = 2\Delta E_0 \cos[\pi/(N+1)]$の関係式が導き出され,$2\Delta E_0$を約4250 cm^{-1}と見積もることができる.この錯体の部分構造である三量体は結晶構造が得られ,亜鉛(II)間距離はおよそ8.4 Å,ポルフィリンどうしの二面角は88.3°である.

上に示した合成経路では直線状の多量体のみが得られるが,分子内に屈曲点を導入することで,銀塩酸化によるカップリングを分子内反応に応用し,環状ポルフィリン多量体の合成にも成功している[3]).

【関連錯体の紹介およびトピックス】ポルフィリンの中心金属は,酸で処理した後,対応する金属塩との反応により容易に変換可能である.AgPF$_6$で酸化して得られる多量体は直鎖状になるが,パラジウム触媒を用いるクロスカップリング反応によっても同様の化合物が得られる.この場合,置換位置によって様々な形状をもつ多量体の合成が可能である[4]).これらを強く酸化するとテープ状ポルフィリンオリゴマーになる.

【荒谷直樹・大須賀篤弘】

【参考文献】

1) a) N. Aratani *et al.*, *Angew. Chem. Int. Ed.*, **2000**, *39*, 1458; b) N. Aratani *et al.*, *Chem. Eur. J.*, **2005**, *11*, 3389.
2) M. Kasha, *Radiat. Res.*, **1963**, *20*, 55.
3) a) Y. Nakamura *et al.*, *J. Am. Chem. Soc.*, **2005**, *127*, 236; b) X. Peng *et al.*, *J. Am. Chem. Soc.*, **2004**, *126*, 4468. c) T. Hori *et al.*, *Chem. Eur. J.*, **2006**, *12*, 1319; d) T. Hori *et al.*, *Chem. Eur. J.*, **2008**, *14*, 582.
4) Y. Nakamura *et al.*, *Chem. Eur. J.*, **2008**, *14*, 8279.

$[ZnN_4]_n$

【名称】bis(dipyrrilylphenylethynyl)benzenes: Zn^{II}-bridged polymers

【背景】「半分のポルフィリン」骨格を有するジピリン(ジピロメテン)は,-1価二座配位子として種々の金属イオンに配位する非環状型π共役系ユニットである.ジピリンは金属イオンの正電荷を補償し,かつπ共役系に起因する電子・光物性が機能性マテリアルの創製へと展開可能である点から,最近広く注目を集めている.ジピリン金属錯体を基盤とした集合体・組織構造に関しては,これまで結晶構造に報告が限定されていたが,上記の一次元配位ポリマーは,複数のジピリン部位を連結するスペーサーの選択および錯化条件の精査によって形成され,さらに高次組織化(コロイド形成)を可能にしたはじめての例である[1]).

【調製法】2個のジピリンユニットをπ共役系スペーサーで連結した分子(ジピリンダイマー)のTHF溶液(1×10^{-3} M)に,酢酸亜鉛1当量を添加することによって,Zn^{II}架橋型配位ポリマーをコロイド溶液(スペーサーがmpm, pmp, mmmの場合)または沈殿(スペーサーがpppの場合)として得る.

【性質・構造・機能・意義】一連のスペーサーからなる配位ポリマーのTHF溶液は橙色であり,希釈条件(配位子濃度:5×10^{-5} M)において配位ポリマーは483〜485 nmに吸収極大を,また510〜515 nmに発光極大を示す.走査型電子顕微鏡や原子間力顕微鏡などの表面測定によって,10^{-3} MオーダーのTHF溶液から形成される組織体の大きさや形状などの詳細が明らかとなった.スペーサー部位の構造に依存して組織体形状は大きく変化し,特にmpmおよびpmpスペーサーを有する場合,直径300〜500 nmの球状コロイド粒子が形成される.一方,屈曲型mmmスペーサーおよび直線状pppスペーサーからはそれぞれ粒径の比較的不均一な粒子および沈殿が得られる.コロイド粒子は基板上乾燥状態(固体状態)において510〜515 nmに発光を示すが,対照的にZn^{II}架橋型およびCu^{II}架橋型ポリマーが混在したコロイド粒子は発光を示さない.さらに,THF/水混合溶媒中におけるZn^{II}錯化によって,組織構造形成段階での脱水過程が関与し,半球型・ベル型・クレーター型などの多様な形状の粒子が得られる.すなわち,有機分子(ジピリンダイマー)と金属イオンから得られる配位ポリマーが適切におりたたまれることで構築される組織体は「柔らかく」,外部環境などの条件によって形状などの制御が容易であることが見いだされた.

【関連錯体の紹介およびトピックス】錯化条件によって配位ポリマー形成が阻害される場合がある.すなわち,mmm型スペーサーを有するジピリンダイマーは,ピレン共存下で金属錯化を行うことによって,配位子(ダイマー)2分子とZn^{II}, Ni^{II},またはCu^{II}二核からなる[2+2]型単分散マクロサイクルを与える[2]).Ni^{II}架橋型マクロサイクルは,酸化剤によるジピリンα位における炭素−炭素結合形成および脱メタル化によって「ビジピリン(ジピリンの直接連結ダイマー)」からなる共有結合マクロサイクルへ変換される.これを酢酸亜鉛で処理することによって,マクロサイクル2分子がZn^{II}四核で架橋された,二重らせん構造二ユニットを含む錯体を形成する.四核錯体はZn^{II}架橋二重らせんに起因して光学分割が可能であり,温度可変によるばね構造の伸縮が円二色性(CD)スペクトルによって示唆され,蛍光寿命などの光物性と構造変化の相関も観測された[3]).さらに,ジピリンを基盤としたポリゴン型金属錯体の形成および集合体(固体状態)における半導体物性の発現[4])や,ビジピリンからなる金属架橋二重らせんの共有結合架橋[5])も実現した.

【前田大光】

【参考文献】
1) H. Maeda *et al.*, *J. Am. Chem. Soc.*, **2006**, *128*, 10024.
2) H. Maeda *et al.*, *Chem. Eur. J.*, **2007**, *13*, 7900.
3) T. Hashimoto *et al.*, *Chem. Eur. J.*, **2010**, *16*, 11653.
4) H. Maeda *et al.*, *Chem. Eur. J.*, **2013**, *19*, 11676.
5) H. Maeda *et al.*, *Chem. Sci.*, **2013**, *4*, 1204.

$[ZnN_4]_n$

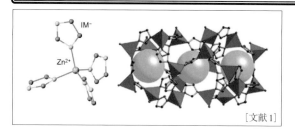

【名称】$[Zn(IM)_2]_n$(IM=imidazolate):=ZIF-4(ZIF=zeolitic imidazolate framework)

【背景】ゼオライトのトポロジーをもつ Zeolitic Imidazolate Framework(ZIFs)は熱的にも化学的にも安定であり[1], 優れた吸脱着性を示すため, 膜としての利用も期待されている[2]. また多孔性のアモルファスのような材料としても興味がもたれている[3] (図1).

【調製法】N,N-dimethylformamide(DMF), $Zn(NO_3)_2 \cdot 4H_2O$, Imidazole を加える. これをオーブンに入れ, $5℃\ min^{-1}$ で 130℃ まで昇温しその温度で 48 時間維持する. その後 $0.4℃\ min^{-1}$ で降温すると菱面体の無色の結晶が得られる. 得られたサンプルを DMF で 3 回洗浄し, その後空気中で 10 分間乾燥させることで ZIF-4 は得られる[1].

【性質・構造・機能・意義】ZIF-4 は cage 構造を形成しており[1], 比表面積は $300\ m^2\ g^{-1}$ である[4]. ZIF-4 を 300℃ で 2 時間加熱することでアモルファスの ZIF-4 が得られる. またこのアモルファスの ZIF-4 を 450℃ に加熱することでより密な構造をした ZIF-4 が得られる. さらに乾式にてボールミルを用いることでより短時間でアモルファスの ZIF-4 を得ることが可能である[3].

さらに大気圧下では ZIF-4 は斜方晶形であり $Pbca$ の空間群を有している. 格子定数, 体積は $a=15.402(7)$ Å, $b=15.459(7)$ Å, $c=18.408(8)$ Å, $V=4383(3)$ Å^3 であるが, 0.56 GPa まで加圧すると相転移を起こし, 単斜晶形で $P2_1/c$ の空間群に変化する. また格子定数, 体積は $a=17.759(9)$ Å, $b=14.457(8)$ Å, $c=14.829(9)$ Å,

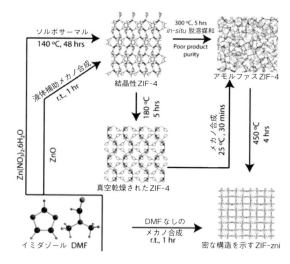

図1 加熱や機械的処理に伴う ZIF-4 の相変化[3]

$\beta=100.25°$, $V=3741(4)$ Å^3 に変化することが報告されている. 加圧によりナノ細孔の体積は変化する. 溶媒がアクセスできる体積は 0.13 GPa で 34.66% になり, 0.56 GPa では 22.8% に減少する. さらに加圧すると 2.61 と 6.43 GPa の間でアモルファスに変化するが, これは可逆である[5].

さらに特筆すべき点は, ZIF-4 は金属-有機構造体(MOF)の中では珍しい現象である融解性を示し, その融点は 863 K である. さらに液相に対して melt-quench 法を適応することでガラス相(ガラス転移点温度:565 K)を形成することが知られている[6].

【門田健太郎・北川 進】

【参考文献】
1) K. S. Park *et al., Proc. Natl. Acad. Sci. USA*, **2006**, *103*, 10186.
2) T. D. Bennet *et al., Chem. Eur. J.*, **2013**, *19*, 7049.
3) T. D. Bennet *et al., J. Am. Chem. Soc.*, **2011**, *133*, 14546.
4) J. T. Hughes *et al., J. Am. Chem. Soc.*, **2013**, *135*, 598.
5) T. D. Bennet *et al., Chem. Commun.*, **2011**, *47*, 7983.
6) T. D. Bennet *et al., J. Am. Chem. Soc.*, **2016**, *138*, 3484.

$[ZnN_4]_n$

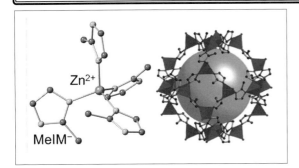

【名称】 $[Zn(MeIM)_2(DMF)(H_2O)_3]_n$(MeIM=2-methylimidazolate): =ZIF-8 (ZIF=zeolitic imidazolate framework)

【背景】 細孔を有しているゼオライトは高い安定性と多様な構造をもち,ガス分離やガス貯蔵,不均一触媒としての研究が行われており,ゼオライトのトポロジーは重要である.金属-有機構造体(MOF)を用いてゼオライトに類似した構造を実現すると有機配位子を変更することで,穴のサイズや形を設計することができる[1].

【調製法】 N,N-dimethylformamide(DMF),$Zn(NO_3)_2\cdot 4H_2O$,2-methylimidazole を加える.これをオーブンに入れ,5℃ min^{-1}で140℃まで昇温しその温度で24時間維持する.その後0.4℃ min^{-1}で降温し反応後の溶液を取り除き,クロロホルムを加える.この溶液中から無色の結晶を取り出し,DMFで3回洗浄し,その後,得られたサンプルを空気中で10分間乾燥させることでZIF-8は得られる[2].

【性質・構造・機能・意義】 ZIF-8はsod構造を形成しており,四角形と六角形の窓が開いていることが特徴である.一方で六角形の窓は直径3.4Åである.細孔サイズは直径11.6Åであり,比表面積は1630 m^2 g^{-1}である.さらにメタンや水素ガスと親和性が高い.ZIF-8の性質としては化学的な安定性が高く,沸騰したベンゼン,水,メタノール溶液中で1週間放置していてもその構造は保たれている.また塩基に対しても安定であることも知られており,100℃のNaOH溶液(0.1 mol L^{-1},8 mol L^{-1})に浸していても構造は保たれる.さらにZIF-8はメタンガスと二酸化炭素の混合ガスから二酸化炭素を分離する膜としての利用が可能であるという報告もある[3].

加えて,ZIF-8は立方晶系であり,$\bar{I}43m$の空間群を有しており,高圧(1.47 GPa)にしてもその空間群は変化しない.1.47 GPa下ではZIF-8を構成している架橋配位子がねじれ細孔にアクセスすることができる窓を広げる(図1).その際にナノ細孔と単位格子のサイズが増加する.高圧条件では41個分のメタノール分子が細孔内に存在することができ,これは室温時の構造の場合に比べて多く(大気圧下では12個のメタノール分子が細孔内に存在することができる),構造変化は可逆である[4].

【門田健太郎・北川 進】

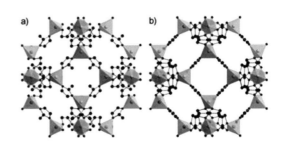

図1 a) 大気下でのZIF-8の構造[4].b) 1.47 GPa下でのZIF-8の構造[4].四面体はZnN$_4$を示し,水素は省略して描いている.

【参考文献】
1) X.-C. Huang *et al.*, *Angew. Chem. Int. Ed.*, **2006**, *45*, 1557.
2) K. S. Park *et al.*, *Proc. Natl. Acad. Sci. USA*, **2006**, *103*, 10186.
3) S. R. Venna *et al.*, *J. Am. Chem. Soc.*, **2010**, *132*, 76.
4) S. A. Moggach *et al.*, *Angew. Chem. Int. Ed.*, **2009**, *48*, 7087.

$[ZnN_5]_n$

光集超

【名称】butadiyne-bridged porphyrin oligomers zinc(II) complexes

【背景】ポルフィリンのメゾ位を直接アセチレンで連結した多量体は，π共役系が拡張するために吸収スペクトルが大きく長波長シフトすることが知られており，共役拡張ポルフィリンの分野に新展開をもたらした[1,2]．しかし，溶液中では回転自由度が大きいために，多量体中のポルフィリン環どうしは共平面化していない．亜鉛錯体の配位能を利用し，2本のポルフィリン鎖を直線状の二座配位子によって協同的なプロセスではしご状に自己集合した[3]．これは構造的に興味深いばかりでなく，集合化と同時に共平面化することで定常的に共役系が大きく広がり，二光子吸収断面積[4]や電荷移動度[5]の著しい増加につながるなど，光化学特性の大幅な機能向上も伴う．1+1が2以上になる超分子化学の好例である．

【調製法】5,15-ジアリールポルフィリンのメゾ位をNブロモスクシンイミドによりビスブロモ化する．これと片側をシリル保護したアセチレンとを薗頭反応でメゾビスシリルエチニルポルフィリンを得る．脱保護したのち，空気下で塩化メチレン溶液に塩化銅とN,N,N′,N′-tetramethylethylenediamineを加えると，酸化的カップリング反応が進行する．これを繰り返し，多量体を得る[3]．

【性質・構造・機能・意義】アセチレンを導入したポルフィリン亜鉛(II)錯体は，母核のポルフィリン亜鉛(II)錯体と比べて吸収スペクトルは顕著に変化する．モノマーの場合，ポルフィリンのアセチレン軸方向の遷移双極子モーメントがフェニル基方向よりも大きくなるため，Soret帯は分裂して長波長シフトする．また，もともとD_{4h}の対称性をもつポルフィリンは，S_1の吸収帯(Q帯)は禁制遷移のため振動子強度は小さいが，アセチレンの導入に従い対称性が低くなることでこれが許容となり，強度を増す．多量体もその傾向は持続するが，溶液中の自由回転により効果的な共役は遮られる．二座配位子で協同的に固定化することで共平面化して共役系がつながる．これに伴い光物性が大きく変化し，例えば8量体で，2光子吸収のピークトップが980 nmから1315 nmへ，2光子吸収断面積が37000 GMから49000 GMへと増加する[4]．

【関連錯体の紹介およびトピックス】メゾ位を直接アセチレンにより架橋したポルフィリンは，合成も比較的容易であることから，様々な系で採用されており，π系が平面的につながり効果的な電子共役のため非常に興味深い性質を示すことが明らかにされている．例えばPush-Pull型のポルフィリンアレイは大きな非線形光学効果を示すことなどから精力的に研究されている[6,7]．アセチレンの大きな回転自由度とピリジンの配位の動的平衡を利用することで，キラルセンサー能や溶媒効果を調べることができる[8]．

【荒谷直樹・大須賀篤弘】

【参考文献】
1) D. P. Arnold et al., J. Chem. Soc., Perkin Trans. 1, **1978**, 366.
2) V. S.-Y. Lin et al., Science, **1994**, 264, 1105.
3) H. L. Anderson et al., J. Am. Chem. Soc., **1999**, 121, 11538.
4) a) T. E. O. Screen et al., J. Am. Chem. Soc., **2002**, 124, 9712; b) M. Drobizhev et al., J. Am. Chem. Soc., **2006**, 128, 12432.
5) a) F. C. Grozema et al., J. Am. Chem. Soc., **2007**, 129, 13370; b) A. A. Kocherzhenko et al., J. Am. Chem. Soc., **2009**, 131, 5522.
6) S. M. LeCours et al., J. Am. Chem. Soc., **1996**, 118, 1497.
7) M. Drobizhev et al., J. Am. Chem. Soc., **2004**, 126, 15352.
8) A. Tsuda et al., Angew. Chem. Int. Ed., **2005**, 44, 4884.

$[ZnO_4]_n$

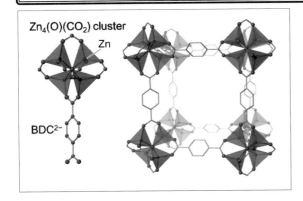

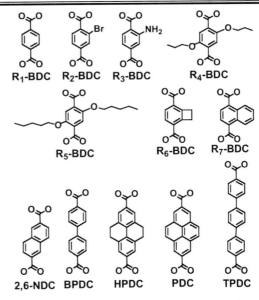

図1 IRMOFに用いられたジカルボン酸系配位子[2]

【名称】$[Zn_4O(BDC)_3]_n$(H_2BDC＝1,4-benzenedicarboxylic acid)MOF-5(MOF＝Metal-organic frameworks)

【背景】幅広く使われている多孔性材料として，無機物であるゼオライトが挙げられる．一方，より合理的な細孔構造設計の観点からは，有機物を構造に持つ有機-金属構造体・多孔性配位高分子は極めて有望な物質群である．このような背景のもと，高い比表面積と構造設計性を有するMOF-5は合成された．

【調製法】$Zn(NO_3)_2\cdot 6H_2O$とH_2BDCのN,N'-dimethylformamide(DMF)/クロロベンゼンの混合溶媒を用いたソルボサーマル法から，MOF-5の単結晶は合成される[1]．

【性質・構造・機能・意義】MOF-5の結晶構造は単結晶X線構造解析から同定されている．Zn^{2+}はZn-4Oの正四面体型配位しており，4つの四面体構造が頂点のO^{2-}を共有しながら$Zn_4(O)(CO_2)_6$クラスターを構築している．$Zn_4(O)(CO_2)_6$クラスターをBDC配位子が架橋することで，cubic構造を形成する．－194℃における窒素ガス吸着測定から，MOF-5の比表面積は2900 m^2 g^{-1}(Langumir比表面積)と見積もられている．また，MOF-5のBDC^{2-}を多彩なジカルボン酸系に置き換えて構造を構築することが可能であり，IRMOF(Isoreticulrar metal-organic frameworks)として様々な構造が報告されている[2](図1)．有機配位子を修飾することで細孔構造を設計できるだけでなく，様々な金属イオンの導入も報告されている[3]．上述の$Zn_4(O)$

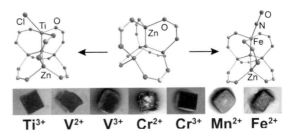

図2 MOF-5中の$Zn_4(O)(CO_2)_6$クラスターへの金属イオンの導入例[3]

$(CO_2)_6$クラスターのZn^{2+}の一部を様々な金属イオンに交換することが可能である(図2)．Cr^{2+}やFe^{2+}などの酸化還元活性な金属イオンを骨格に組み込むことで，一酸化窒素(NO)分子との相互作用も報告されている．

【門田健太郎・北川　進】

【参考文献】
1) H. Li et al., Nature, **1999**, 402, 276.
2) M. Eddaoudi et al., Science, **2002**, 295, 469.
3) C. K. Brozek et al., J. Am. Chem. Soc., **2013**, 135, 12886.

$[Zn_2N_2O_8]_n$

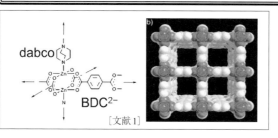
[文献1]

【名称】$[Zn_2(BDC)(dabco)]_n$(H_2BDC=1,4-benzenedicarboxylic acid, dabco=1,4-diazabicyclo[2.2.2]octane)Zn-JAST-1(JAST=jungle-gym analogue structure)

【背景】ガス貯蔵・分離，触媒としての応用の観点から，高い多孔性を示す安定な構造を有する有機-金属構造体・多孔性配位高分子が求められてきた．一方で，外部の刺激に応じて柔軟な構造変化を示す多孔性配位高分子にも興味がもたれる．Zn-JAST-1 は安定な細孔構造を形成しながら，ゲスト分子の吸脱着に伴う可逆的な構造変化を示す．

【調製法】$Zn(NO_3)_2 \cdot 6H_2O$，H_2BDC, dabco の N,N'-dimethylformamide(DMF)の懸濁液を120℃で2日間加熱することで，Zn-JAST-1 は得られる[1]．

【性質・構造・機能・意義】単結晶X線構造解析からZn-JAST-1 の結晶構造は同定されている．Zn-JAST-1 は Zn^{2+} 二核 paddle-wheel ユニットを形成しており，4つの BDC^{2-} が2つの Zn^{2+} に配位することで，二次元シート構造を構築している．paddle-wheel ユニットの axial 位の Zn^{2+} を dabco の窒素分子が架橋することで，$7.5×7.5 Å^2$ の一次元細孔を形成している．また，合成直後のサンプルには DMF 分子と水分子がゲストとして取り込まれているが，これらを加熱真空引きにより取り除いた後でも Zn-JAST-1 は単結晶性を保つ．ゲスト分子を含む Zn-JAST-1 の BDC^{2-} が歪んでいるのに対して，ゲスト分子の放出に伴い歪みが解消される．粉末X線回折測定から，この構造変化が可逆的であることが示されている．78Kにおける窒素ガス吸着測定から，Zn-JAST-1 の比表面積は $1450 m^2 g^{-1}$(Brunauer Emmer Teller 比表面積)と算出されている．

Zn-JAST-1 は一次元細孔を有することからガス吸着だけでなく，高分子合成のテンプレートとしても注目されている[2,3]．例えば，Zn-JAST-1 細孔中で異種ポリマーを順次重合することで，バルク状態では混ざり合わないとされるポリスチレンとポリメタクリル酸メチルをナノメートルレベルで混合した報告がある(図1)[3]．

【門田健太郎・北川　進】

【参考文献】
1) D. N. Danil et al., *Angew. Chem. Int. Ed.*, **2004**, *43*, 5033.
2) T. Uemura et al., *J. Am. Chem. Soc.*, **2008**, *130*, 6781.
3) T. Uemura et al., *Nat. Commun.*, **2015**, *6*, 7473.

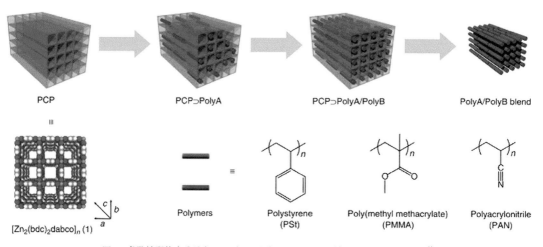

図1　多孔性配位高分子をテンプレートとして用いた異種高分子ブレンド手法[3]

ZrHC$_{10}$Cl

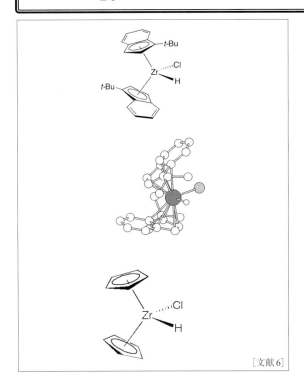

[文献6]

【名称】chlorobis(η^5-cyclopentadienyl)hydridozirconium: C$_{10}$H$_{11}$ClZr

【背景】ヒドロメタル化反応によりアルキル金属種を与える試薬の1つとして1970年代に報告された．いわゆるSchwartz試薬として知られる．生成したアルキル(またはアルケニル)ジルコニウム種が根岸カップリングの試剤として有用であり，応用例が多く報告されている．

【調製法】ジルコノセン二塩化物を水素化アルミニウムリチウムなどのヒドリド剤でモノ水素化する．しばしば副生成物としてジヒドリド体を含むので，反応後塩化メチレンと反応させることによりジヒドリド体をモノ塩素化して標題化合物へ導く．一般の有機溶媒に溶解性が低い．ジヒドリドの混合率は，アセトンと反応させて生成するモノおよびジイソプロポキシドのピーク面積から求まる．系中で発生させ，溶液をそのまま使う方法も報告された．かさ高い配位子を用いた錯体でのみ分子構造が決定されている．図(上)の錯体の例はビス(tert-ブチルインデニル)錯体であり，Zr–H結合距離は1.85Å, Zr–Clは2.42Åである．溶液中ではアセトンと反応させモノイソプロポキシドとして観察されることが多い．(C$_5$H$_5$)$_2$ZrCl(O-i-Pr). ^{1}H NMR(C$_6$D$_6$): δ 0.9(d, 6H), 4.0(sept, 1H), 5.92(s, 10H).

【性質・構造・機能・意義】Schwartz試薬として知られ，アルケン，アルキンに速やかに付加する(ヒドロジルコネーション)．内部アルケンとの反応ではZr–Hがアルケンへ付加したのち，続く異性化が速やかに進行し末端アルキルジルコニウム種を与える．またアルキンへの付加においてはアルケニルジルコニウム種を与える．こうしてできる有機ジルコニウム化合物は，多くの場合単離せずに次の反応に用いられる．ハロゲン単体やハロゲノコハク酸イミドとの反応では有機ハロゲン化物を与える．銀塩の存在下ではカチオン種を生成し，カルボニル化合物へ付加する．アルケニルジルコニウム種はパラジウムやニッケルへトランスメタル化するのでクロスカップリング反応の基質として用いることができる．有機亜鉛や銅塩へのトランスメタル化も起こり，それらの金属特有の反応を起こす．また，COの挿入によってアシルジルコニウム化合物となる．

【鈴木教之】

【参考文献】
1) 日本化学会編，有機金属化合物・超分子錯体(第5版実験化学講座 21巻)，丸善，**2003**, p.63.
2) D. W. Hart et al., J. Am. Chem. Soc., **1974**, 96, 8115.
3) S. L. Buchwald et al., Org. Synth., **1998**, IX, 162.
4) S. L. Buchwald et al., Tetrahedron Lett., **1987**, 28, 3895.
5) P. Wipf Top. Organomet. Chem., **2005**, 8, 1.
6) J. A. Pool et al., Organometallics, **2002**, 21. 1271.

ZrC₃NI₂

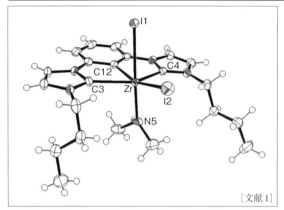

[文献1]

【名称】2-(1,3-bis(N-buthyl-imidazol-2-ylidene)phenylene)(dimethylamido)bis(iodo)zirconium: [$C_{22}H_{31}I_2N_5Zr$]

【背景】近年, 安定なカルベンが単離され, N-ヘテロサイクリックカルベン(NHC)配位子が, 触媒化学の分野において至るところで利用されてきている. 単一のカルベン配位子は, 強い σ-供与性であり, ホスフィン配位子よりも解離しにくいため, より安定な触媒が合成できる. 一方で, ピンサー型配位子も有機金属錯体の合成および有機合成反応において主要な研究分野となってきている. 現在, 様々な研究グループが異なるNHC配位子を有するピンサー型錯体を開発し, アルケンの重合反応, 水素化反応, 溝呂木-Heck 反応, 鈴木-宮浦カップリング反応, 薗頭-萩原カップリング反応など有用な有機合成反応に対して触媒活性を示すことが報告されている. フェニレン基で架橋された2つのNHCを有するピンサー型配位子を持った後周期遷移金属錯体は, 不活性な二級アミノアルケンに対して, 分子内ヒドロアミノ化反応を促進することが報告されている[1].

【調製法】配位子のイミダゾリウム塩は, 1,3-ビス(イミダゾール)ベンゼンと1-ヨードブタンをトルエン中, 150℃で8時間加熱することにより合成できる. さらに, ヨウ化1,3-ビス(1-ブチルイミダゾール-3-イル)ジベンゼンと Zr(NMe₂)₄ をトルエン中, 160℃の油浴で15時間反応させた後, 反応混合物を室温まで放冷すると沈殿物が得られる. その沈殿物を回収し, 乾燥することで標記錯体がレモン色の結晶として得られる. 標記錯体は, ジクロロメタンのような低沸点溶媒中, 室温で10分反応させることで合成できることが報告されている. しかし, この場合, 過剰量の Zr(NMe₂)₄ が必要である. さらに, ジルコニウム上に異なる配位子を持つ錯体の混合物となり, 目的の錯体のみを単離することは困難である. そこで, トルエンのような高沸点溶媒中で長時間反応を行うことで, 目的の標記錯体を高収率, 高純度で得ることが可能となった.

【性質・構造・機能・意義】この錯体はX線結晶構造解析の結果, ジルコニウムは六配位であり, 歪んだ八面体型構造をとっていることが明らかとなった. 三座配位子であるビスカルベン配位子は, equatorial 面でジルコニウムを挟みこむように配位している. さらに, 1つのヨウ素原子が同じ equatorial 位を, もう1つのヨウ素原子は, ジメチルアミド基とともに, apical 位を占めている. Zr–C(carbene)の結合距離は, それぞれ 2.367(3) Å と 2.362(3) Å である. これは以前報告されているピンサー型NHC配位子を有するジルコニウム錯体と同等であり, キレートされていないNHC–Zr結合距離よりも短い(2.43〜2.46 Å). Zr–C12(aryl)の結合距離は, 2.310(3) Å である. また, NMe₂ 基に対してトランス位にある, apical 位の I–Zr 結合距離は, 3.0038(4) Å であり, アリール基に対してトランス位にある, equatorial の I–Zr 結合距離は 2.8431(4) Å であることから, アリール基と比較して, アミド基の強いトランス影響が示唆される. 標記錯体は, 不活性なアルケニルアミンの分子内ヒドロアミノ化反応において良好な触媒活性を示し, ピロリジンあるいはピペリジン誘導体を合成できる.

【関連錯体の紹介およびトピックス】フェニレン架橋のピンサー型NHC配位子を有する後周期遷移金属錯体についても報告されている[2]. これらの錯体は, 標記錯体と同様に, 対応するビスイミダゾリウム塩に対して Zr(NMe₂)₄ を反応させることにより, 配位子内にある3か所のC–H結合を活性化して錯体を形成した後, さらに, [MCl(COD)]₂ (M＝ロジウム, イリジウム)を加えてトランスメタル化させることでピンサー型配位子を有する二核錯体を合成している. この錯体を用いて二級アミンに対して分子内ヒドロアミノ化を行ったところ, ロジウム, イリジウム錯体いずれにおいても良好な触媒活性を示した. また, これらの錯体は, 空気や水の存在下においても比較的安定であることが報告されている.

【西原康師】

【参考文献】
1) J. Cho *et al.*, *Chem. Commun.*, **2008**, 5001.
2) E. B. Bauer *et al.*, *Org. Lett.*, **2008**, *10*, 1175.

$ZrC_{10}Cl_2$

触 有

[文献1]

【名称】bis(1-neomenthylindenyl) zirconium dichloride: [(NMI)$_2$ZrCl$_2$]

【背景】4族遷移金属を中心金属としてもつメタロセン触媒とアルミニウム化合物を助触媒に用いるα-オレフィンの配位重合は，高い反応速度で進行し，高い立体規則性で対応するポリマーを与えることが知られている．メタロセン触媒を用いる重合反応において高い立体規則性が用いるメタロセン錯体の骨格に起因することを明らかにするために標記の錯体が設計・合成された[1]．

【調製法】まず，配位子であるNMIの合成は以下の方法で行う．メントールをピリジンに溶解し，これに塩化p-トルエンスルホニルを10～15℃で加え室温で3時間撹拌させた後，塩酸を加え，ろ過，水による洗浄，乾燥を順次行い，メンチルトシル酸エステルを得る．次に，得られたメンチルトシル酸エステルをTHF中に溶解し，これにインデンにn-ブチルリチウムを添加して調製したインデニルリチウムを0℃で加えた後，室温で1時間，さらに72時間還流させる．その後，水を加えて反応を停止し，エーテルで抽出，水で洗浄，硫酸ナトリウムで乾燥させ，蒸留精製により，3-ネオメンチルインデンを得る．続いて，得られた3-ネオメンチルインデンをエーテル中に溶解し，これにメチルリチウムを加え室温で2時間反応させた後，溶媒を除去し，ペンタンで洗浄し，配位子1-ネオメンチルインデニルリチウムを得る．次に，標記錯体の合成は，四塩化ジルコニウム-THF付加体をトルエンに溶解し，こ

れに先に調製した1-ネオメンチルインデニルリチウムを−78℃で加えて室温で12時間撹拌する．その後，溶媒を除去し，残渣をペンタンで洗浄する．この段階では標記錯体のジアステレオマーを合わせ3種類の混合物として得られるが，ジクロロメタンを加えて塩化リチウムを沈殿させた後，ろ過を行うことで，標記錯体を選択的に得る．

【性質・構造・機能・意義】この錯体は，配位子のキラリティーにより，(−)錯体と(+)錯体が合成されている．(−)錯体，(+)錯体ともに黄色を呈し，単斜晶系であるが，(+)錯体は結晶と溶液の際で異なる構造をとる．また，X線結晶構造解析も行われており，(−)錯体，(+)錯体ともに，2つの塩素配位子と2つのインデニル配位子による擬四面体型構造をとっている．(−)錯体では，ジルコニウムと配位した2つの塩素によるCl-Zr-Cl*の結合角は91.6°，2つのインデニル配位子によるD-Zr-D*の結合角は，129.6°である(D, D*は，Zrとη^5の五員環とを結ぶ重心を示す)．また，ジルコニウムに配位した5つのインデニル配位子上の炭素間距離Zr-Cの結合距離は等距離ではない．橋頭位の炭素であるZr-C(4)，Zr-C(9)は，その他のZr-Cの結合距離に比べて長い．また，C(1)は，かさ高いネオメンチル基を有しているため結合距離が長い．

標記錯体の合成反応への利用法として，オレフィンの不斉カルボアルミ化反応(ZACA反応)がある．これまでに報告されているメチルアルミ化の不斉収率は極めて低かったが，数々のキラルジルコニウム錯体の中で，標記の錯体は最も良好な不斉収率を実現し，広範囲に応用可能である．さらに，工業化も含めた実用性の高い反応が開発されている[2]．

【関連錯体の紹介およびトピックス】他に類似の錯体として，標記錯体と触媒の酸化白金酸をジクロロメタンに溶解し，水素雰囲気下，室温で3.5時間反応させることにより，標記錯体を水添した錯体が合成されている[1]．この錯体も配位子のキラリティーにより(−)錯体と(+)錯体が合成されている．(−)錯体は白色を呈し，(+)錯体は無色を呈する．この錯体は，標記の錯体に比べ，プロピレンの重合において，より高いイソタクチック選択性を示す．

【西原康師】

【参考文献】
1) G. Erker et al., J. Am. Chem. Soc., **1993**, 115, 4590.
2) E. Negishi et al., Proc. Natl. Acad. Sci. U S A, **2004**, 101, 5782.

ZrC$_{10}$Cl$_2$

【触】【有】

【名称】dichlorobis(η^5-cyclopentadienyl)zirconium, (Cp$_2$ZrCl$_2$)

【背景】前周期遷移金属メタロセンの1つとして，1954年Wilkinsonらによりはじめて合成された．X線結晶構造解析から，歪んだ正四面体構造の各頂点を2つのη^5-シクロペンタジエニル配位子と塩素アニオンが占める構造であることが明らかになった．重合触媒として広く利用されているだけでなく，様々な有機ジルコノセン化合物の前駆体として有機合成反応に利用されている．

【調製法】塩化ジルコニウム(IV)とビス(ペンタジエニル)マグネシウムを固体のまま混合した後，THFを加え，2時間加熱還流する[1]．溶媒を留去した後，残渣を昇華精製すると無色の結晶が得られる．

【性質・構造・機能・意義】融点247～249℃の白色針状結晶で，空気中の水分や酸素により徐々に分解する．熱的には安定で，150～180℃(29 kPa)で昇華する．クロロホルムなどのハロゲン化炭化水素，トルエンなどの芳香族炭化水素，アルコール類に可溶である．一方，脂肪族炭化水素にはわずかに溶解する．

二塩化ジルコノセン(Cp$_2$ZrCl$_2$)とアルキルアルミニウムの組合せは，アルケンの均一系重合触媒として広く用いられており，その活性は4族遷移金属メタロセンの中で最も高い．共触媒として様々なアルキルアルミニウムが用いられているが，メチルアルミノキサン(MAO)が高効率な活性化剤（共触媒）として工業的にも利用されている[2]．

Cp$_2$ZrCl$_2$を水素化リチウムアルミニウムで還元するとSchwartz試薬（ジルコノセンクロリドヒドリド：Cp$_2$-ZrHCl）が得られる[3]．Schwartz試薬にアルケンやアルキンを反応させるとヒドロジルコニウム化が進行し，アルキルおよびアルケニルジルコノセンが生成する[4]．これらは，様々な求電子試薬と反応し，アルキル化およびアルケニル化生成物を与える．アルケニルジルコノセンは0価のパラジウムあるいはニッケル触媒存在下，ハロゲン化アリール，アルケニル，およびアルキニルと反応し，クロスカップリング体を生成する[5]．

Cp$_2$ZrCl$_2$はアルケンやアルキンのヒドロおよびカルボメタレーションなど多くの反応の触媒として利用されるだけでなく，低原子価ジルコニウム化合物の有用な前駆体でもある[6]．Cp$_2$ZrCl$_2$に2当量の臭化エチルマグネシウムを作用させるとジルコノセン(II)-エチレン錯体が得られる．一方，Grignard試薬の代わりにブチルリチウムを用いるとジルコノセン(II)-1-ブテン錯体（根岸試薬）が調製できる[7]．これら2価ジルコノセンとアリルアルコール誘導体を反応させるとアリルジルコノセンが調製でき，アルデヒドやイミン類へのアンチ選択的付加反応に用いられる[8]．

Cp$_2$ZrCl$_2$から調製される二価ジルコノセンはアルキンやアルケンなど多重結合化合物と反応し，ジルコナサイクルを与える[6,9]．ジルコナサイクルの炭素-金属結合は，プロトン，ハロゲン，1価の銅塩存在下で有機ハロゲン化物，一酸化炭素などの求電子剤と反応し，多様な有機化合物へと変換できる．エンインとの反応では分子内環化が進行し，二環性ジルコナシクロペンテンが生成する．続く求電子剤との反応でエキソメチレン構造をもつ環状化合物や二環性環状エノンが得られる．また，アルキンの環化三量化による多置換ベンゼンの合成も可能である．無極性多重結合のみならず，ニトリルやカルボニル化合物など極性多重結合とも反応し，オキサあるいはアザジルコナサイクルが生成し，アルコールやケトンまた多置換ピリジンの合成に利用されている．

【坪内　彰】

【参考文献】
1) A. F. Reid et al., Aust. J. Chem., **1966**, 19, 309.
2) W. Kaminsky et al., Angew. Chem. Int. Ed. Engl., **1905**, 24, 507.
3) S. L. Buchwald et al., Tetrahedron Lett., **1987**, 28, 3895.
4) J. Schwartz et al., Angew. Chem. Int. Ed. Engl., **1976**, 15, 333.
5) E. Negishi, J. Am. Chem. Soc., **1987**, 109, 2393.
6) E. Negishi, Titanium and Zirconium in Organic Synthesis, I. Marek (ed), Wiley-VCH, **2002**, Chap. 1.
7) E. Negishi et al., Tetrahedron Lett., **1986**, 27, 2829.
8) H. Ito, Yakugaku Zasshi, **2003**, 123, 933.
9) T. Takahashi, Titanium and Zirconium in Organic Synthesis, I. Marek (ed), Wiley-VCH, **2002**, Chap. 2.

ZrC$_{10}$Cl$_2$

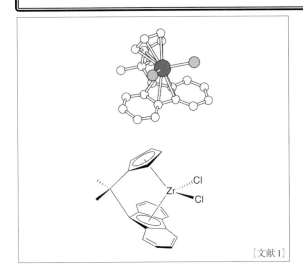

[文献1]

【名称】 dichloroisopropylidene(η^5-cyclopentadienyl)(fluorenyl)zirconium: C$_{21}$H$_{18}$Cl$_2$Zr

【背景】 均一系 Ziegler-Natta 触媒の系で, α-オレフィンの立体規則性重合を実現するためには, 配位立体環境を配位子で制御する必要がある. 本錯体は, C_s 対称の形をとる分子であり, シンジオタクチックポリプロピレンを実現することに成功した.

【調製法】 配位子は, フルオレンのアルカリ金属塩と 6,6-ジメチルフルベンとの反応で合成される. 得られた架橋配位子をジリチオ化し, 四塩化ジルコニウムとペンタン中で反応させる. 塩化メチレンから再結晶すると橙色の結晶が得られる. ^{1}H NMR(CDCl$_3$): δ 2.4(s, 6H), 5.8~6.3(m, 4H, Cp), 7.2~7.6(m, 4H), 7.8~8.1(m, 4H, flu).

【性質・構造・機能・意義】 ジルコニウム錯体とハフニウム錯体はほぼ同じ構造を有する. シクロペンタジエニル配位部とフルオレニル配位部とが短いメチレン鎖で結ばれているため通常のジルコノセン二塩化物よりバイトアングルが小さく |Cp(centroid)-Zr-Fluorenyl (centroid)=120°, Cp$_2$Zr 錯体で約 130°|, 配位場が大きく空いている. またフルオレニル基中央五員環の架橋部に近い炭素原子における Zr-C 距離は 2.4~2.5Å であるのに対し, 架橋部から遠い炭素の Zr-C 距離は, 2.65Å と長い. これらの構造からフルオレニル基が反応中に η^3 配位をとりうるとの指摘もある.

助触媒としてメチルアルミノキサン(MAO), アルキルアルミニウムとホウ素化合物などを用いることにより高活性なオレフィンの重合触媒となる. C_s 対称の分子構造が特徴であり, 高シンジオタクチックポリプロピレンを合成できる. スチレンのシンジオ選択的重合が成長末端規制であるのに対し, 本錯体によるポリオレフィンのシンジオ選択性は C_s 対称な錯体による触媒規制によっている. プロピレンなどの α-オレフィンが配位・挿入する際, re 面と si 面の選択性が交互に成長ポリマー鎖へ挿入するためシンジオ選択性が発現する. 触媒活性や, 立体規則性を制御するために架橋部位やシクロペンタジエニル基, フルオレニル基上に様々な置換基を導入した数多くの報告例がある.

【鈴木教之】

【参考文献】
1) J. A. Ewen *et al., J. Am. Chem. Soc.,* **1988**, *110*, 6255.

$ZrC_{10}Cl_2$

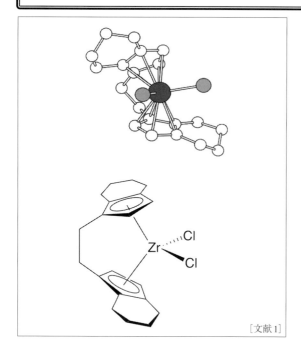

[文献1]

【名称】*rac*-dichloro[1,2-ethanediylbis(η^5-tetrahydroindenyl)]zirconium:(EBTHI)ZrCl$_2$, $C_{20}H_{24}Cl_2Zr$

【背景】助触媒としてメチルアルミノキサン(MAO)，アルキルアルミニウムとホウ素化合物などを用いることにより高活性なオレフィンの重合触媒となる．いわゆる架橋型メタロセン錯体の先駆けであり，均一系Ziegler-Natta触媒として高アイソタクチックポリプロピレンの合成に成功した．

【調製法】通常，配位子からの直接合成ではなくエチリデン架橋ビスインデニル錯体{*rac*-ジクロロ[1,2-エタンジイルビス(η^5-インデニル)]ジルコニウム}を合成したのち，水素化して合成する．エチリデン架橋ビスインデニル配位子を用いて錯体を合成すると，ラセミ型とメソ型の立体異性体が生じるが，この場合は望むラセミ型錯体が優先的に生じるので再結晶により容易に精製できる．得られたラセミ型架橋ビスインデニル錯体をオートクレーブ中，酸化白金を触媒として原料錯体の塩化メチレン溶液に水素圧（約70気圧）をかけて加熱する．トルエンから再結晶すると空気に安定な無色の結晶が得られる．本錯体の光学異性体を得るためにはアセチルマンデル酸やビナフトールなどを用いて光学分割する．標題錯体はオレフィンの立体規則的重合触媒として用いられ市販されている．

【性質・構造・機能・意義】CDCl$_3$中の^{1}H NMRスペクトルはδ 1.44～1.65(m, 2H), 1.80～2.00(m, 2H), 2.38～2.65(m, 8H), 2.96(t, 2H), 3.02(t, 2H), 3.12(s, 4H), 5.61(d, J=2.3 Hz, 2H), 6.32(d, J=2.3 Hz, 4H)にシグナルを与える．

C_2対称性を有する分子構造が特徴であり，α-オレフィンが配位・挿入する際re面かsi面のいずれかのみを金属に向けて接近する．このため置換基の向きがそろったアイソタクチックポリオレフィンが生成する．触媒錯体にキラリティーがあるが，重合触媒として用いる場合はホモキラルである必要はなくラセミ体を触媒前駆体として供する．

インデニル上に様々な置換基を導入したり，架橋部位をシリレン基に変えるなどして数多くの類縁体が合成されその重合触媒活性と立体選択性が検討されている．Cp*TiCl$_3$によるスチレンのシンジオ選択的重合が末端規制であるのに対し，本錯体によるポリオレフィンのアイソ選択性はラセミ型の錯体による触媒規制によっている．

光学活性体は，ジルコニウムイミド錯体へのエナンチオ選択的なアルキンの挿入によりアリルアミンの不斉合成にも応用される他，エナンチオ選択的なDiels-Alder反応，Grigrand試薬との反応を用いたアリルエーテル類の速度論的光学分割などにも用いられる．同様のチタン錯体も多くの光学選択的合成反応へ応用されている．アリル金属種のアルコールへの付加，三置換オレフィンの水素化，イミン，エナミン，ケトンの還元など報告例が多い．

【鈴木教之】

【参考文献】
1) F. R. W. P. Wild *et al.*, *J. Organomet. Chem.*, **1985**, *288*, 63.
2) R. B. Grossman *et al.*, *J. Am. Chem. Soc.*, **1991**, *113*, 2321.
3) A. H. Hoveyda *et al.*, *Angew. Chem., Intl. Ed. Engl.*, **1996**, *35*, 1262.

ZrC$_{10}$Bi$_2$

R = C$_6$H$_3$-2,6-Mes$_2$

【名称】 ([bis(2,2″,4,4″,6,6″-hexamethyl[1,1′:3′,1″-terphenyl]-2′-yl)dibismuthene-κ*Bi*,κ*Bi*′]bis(η^5-cyclopentadienyl)zirconium: [Cp$_2$Zr(Bi(C$_6$H$_3$-2,6-Mes$_2$)$_2$)]

【背景】シクロペンタジエニル環(Cp)を有するジルコニウム化合物は，一般的にジルコノセンと呼ばれ，均一系 Ziegler-Natta 触媒の重要な構成要素としてのみならず，窒素分子がジルコニウムに対して，side-on で配位するため，窒素固定の観点からも注目を集めている．窒素以外の 15 族典型元素間に多重結合をもつ化合物，例えば，P=P 二重結合がジルコニウムに配位した錯体は，すでに合成されているが，その他の元素においては，まだ達成されていないのが現状である．ジルコノセン錯体において，ジルコニウム-典型元素の結合を有する錯体の合成例はまれであり，その構造および反応性に興味がもたれている．ジルコノセン錯体と Bi=Bi 間に二重結合をもつ化合物との反応を行い得られた錯体のスペクトル，構造解析，理論計算の結果から，三員環メタラサイクルを形成していることが明らかとなった[1]．

【調製法】操作はすべてアルゴン気流下で行う．RBiCl$_2$(R=C$_6$H$_3$-2,6-Mes$_2$)のトルエン/ジエチルエーテル(1:1)溶液に当量の Cp$_2$ZrCl$_2$ および細かく切ったナトリウム(約 8 当量)を加え，室温で 2 日間以上，撹拌する．その間に溶液の色は，徐々に赤褐色に変化する．その溶液をろ過し，溶媒を減圧下で留去すると，黒色の固体が残る．これをトルエンで抽出し，濃縮後，室温で数日間放置することで，暗赤褐色の結晶 [Cp$_2$Zr(Bi(C$_6$H$_3$-2,6-Mes$_2$)$_2$)] を収率 36% で得る．

【性質・構造・機能・意義】この錯体は反磁性であり，空気や湿気に対して不安定である．またベンゼンに可溶である．この錯体は結晶構造解析により，その構造が明らかにされている．これまでに知られている Bi=Bi 化合物の二重結合間の距離は，2.8206(8), 2.8327(14) Å であり，タングステンジビスマセン錯体 (CO)$_5$W(BiR)$_2$(R=CH$_2$SiMe$_3$)では，2.8769(5) Å であった．本 Zr 錯体における Bi-Bi 間の結合距離は，3.1442(7) Å であり，Bi-Bi 単結合をもつ化合物である Ph$_2$Bi-BiPh$_2$ の結合距離，2.990(2) Å よりもかなり長くなっている．これは，Bi 上にある 2 つのかさ高い *m*-terphenyl 基同士の立体反発の影響であると考えられる．また，本錯体は，Zr-Bi 結合を有する初めての有機金属錯体であり，その結合距離はそれぞれ，2.9903(19), 3.0044(11) Å であった．これはジルコニウムとビスマスの共有結合半径の和(3.190 Å)よりも短い．以上の結果より，本錯体は，Bi=Bi 二重結合が Zr 中心に対して，π配位しているというよりは，むしろ 2 つの Bi どうしが弱く結合し，三員環メタラサイクル構造を形成していると考えた方がより理解しやすい．その一方で，タングステンジビスマセン錯体 (CO)$_5$W(BiR)$_2$ はπ錯体だと考えられる．これらの違いは以下に示す 2 点の影響が大きいと考えられる[2]．Cp$_2$Zr 部分が 14 電子であるのに対して，W(CO)$_5$ 部分は 16 電子である[3]．Zr 錯体では，電子豊富な Cp 環から金属中心に電子が供与されているのに対して，W 錯体では，CO 配位子へのπ逆供与により，金属中心の電子密度が低下しているため，ジビスマセン部位のπ*軌道への逆供与が無視できるほど小さくなっている．

【関連錯体の紹介およびトピックス】類似の構造を有する錯体としては，ジルコニウムに P=P 二重結合がπ配位したジホスフェン錯体が知られている[2,3]．Sb=Sb 化合物に関しては，W(CO)$_5$ との結合では，その二重結合性は保たれているが，Cp$_2$Ti との結合ではメタラサイクルを形成するという，Bi の場合と同様の傾向を示した[4]．また，Cp$_2$ZrCl$_2$ との反応で RBiCl$_2$ の代わりに RGaCl$_2$ を用いた場合には，Ga どうしに結合をもたないビスガリル錯体 Cp$_2$Zr(GaR)$_2$ が得られる[5]．

【中沢 浩】

【参考文献】
1) Y. Wang *et al.*, *J. Am. Chem. Soc.*, **2005**, *127*, 7672.
2) Z. Hou *et al.*, *Organometallics*, **1993**, *12*, 3158.
3) S. Kurz *et al.*, *J. Organomet. Chem.*, **1993**, *462*, 203.
4) H. J. Breunig *et al.*, *Organometallics*, **2007**, *26*, 5364.
5) X.-J. Yang *et al.*, *Organometallics*, **2004**, *23*, 5119.

ZrC$_{12}$

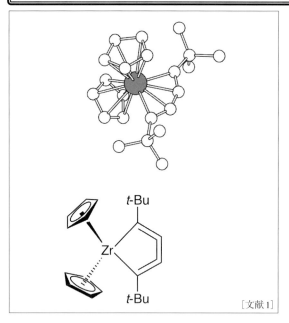

[文献1]

【名称】1,1-bis(η^5-cyclopentadienyl)-2,5-bis(*tert*-butyl)-1-zirconacyclopenta-2,3,4-triene: C$_{22}$H$_{28}$Zr

【背景】安定に単離できる五員環の[3]クムレン化合物として初めて合成が報告された．本来であれば直線上にあるべき[3]クムレン中の4つの炭素原子が大きく折れ曲がって環を形成している．この大きな歪みにもかかわらず分子自体は極めて安定で，結晶構造解析により分子構造が明らかにされた．

【調製法】ビス(η^5-シクロペンタジエニル)ジルコニウム(η^2-ビストリメチルシリルアセチレン)(ピリジン)錯体（項目220）をヘキサン中に溶解し，ビス(*tert*-ブチル)-1,3-ブタジインのヘキサン溶液を1当量加える．溶液の色が濃赤色から緑色へ変化する．24時間攪拌後低沸点物を減圧除去し，ヘキサンから再結晶する．明緑色針状結晶．mp 190～192℃ (分解)．

置換基によっては容易にモノアルキニル錯体が二量化した形の二核錯体を与える．^{1}H NMR(C$_6$D$_6$): δ 1.52 (s, 18H), 5.23 (s, 10H). ^{13}C NMR: δ 33.2(CH$_3$), 37.4(q), 103.7(Cp), 105.5(*C*=C*t*Bu). 186.4(C=*Ct*Bu).

【性質・構造・機能・意義】クムレン部位は，147～150°に曲がっており，炭素-炭素結合間の距離は中央が1.31 Å，両端が1.28～1.29 Åと，二重結合ではあるがやや出発ジインの面影を残している．環状クムレン錯体は容易に中央の炭素-炭素単結合が切断されて酸化的付加をおこし，ビスアルキニル錯体を与える．ビスアルキニル錯体はしばしば不均化して上述の二核錯体となる．環状クムレン錯体の安定性はシクロペンタジエニル環上の置換基とジイン末端の置換基に大きく依存し，特定の置換基の組合せでなければ環状クムレンとして単離できない．チタンでも類似の錯体が知られているが，5族のバナジウムと共役ジインの反応では1つの三重結合がη^2-配位した錯体しか単離されていない．

【関連錯体の紹介およびトピックス】シクロペンタジエニル配位子をもつジルコニウム錯体では，1,4-ビス(トリメチルシリル)-1,3-ブタジインとの反応においては二核錯体を与える他に，ジインがジルコニウム上で二量化し，七員環のクムレン錯体が生成する．ペンタメチルシクロペンタジエニル配位子を有する錯体では，ジインの置換基がメチル基やフェニル基でも五員環のクムレンが安定に単離できる．また，ジインを置換基としてもつ芳香環との反応で3核の環状クムレン錯体を合成する報告もされている．五員環クムレンの金属-炭素結合には二酸化炭素が挿入し酸素と金属を含む九員環のクムレンが生成し分子構造が確認されている．

【鈴木教之】

【参考文献】
1) U. Rosenthal *et al.*, *Angew. Chem., Int. Ed. Engl.*, **1994**, *33*, 1605.
2) U. Rosenthal *et al.*, *Acc. Chem. Res.*, **2000**, *33*, 119.

ZrC₁₂

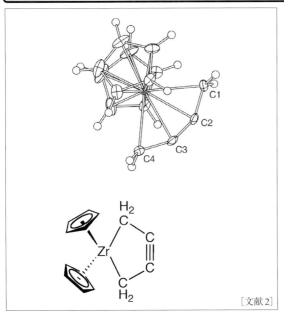

[文献2]

【名称】1,1-bis(η⁵-cyclopentadienyl)-1-zircona-cyclopent-3-yne: $C_{14}H_{14}Zr$

【背景】項223で述べた環状クムレン錯体と同じく、本来であれば直線構造をとるべきアルキンの四炭素を含む五員環アルキンとして報告された。この錯体を含め類縁体も室温で安定であり、分子構造がX線構造解析により決定されている。

【調製法】ジクロロビス(η⁵-シクロペンタジエニル)ジルコニウムと1,4-ジクロロ-2-ブチンをTHF中に溶解し、マグネシウム粉末の存在下、溶液を超音波浴中50℃で1時間撹拌すると生成する。ヘキサンから再結晶すると白色の微結晶が得られる。2,5-位に置換基を持つ類縁体がいくつか知られるが、それらは根岸試薬などから生成する二価ジルコノセンと単離された1,4-二置換[3]クムレンとから合成される。Rosenthalらが報告した環状クムレン錯体と同様、大きく歪んだ三重結合部位をもちながら金属を含む五員環構造が極めて安定に単離できる。¹H NMR(C_6D_6): δ 2.73 (s, 4H), 4.99 (s, 10H). ¹³C NMR(C_6D_6): δ 38.64, 102.45 ($C\equiv C$), 103.10. IR(KBr): 2018 cm⁻¹ (weak, $\nu C\equiv C$).

【性質・構造・機能・意義】金属を含む環状アルキン構造は大きく歪んだ五角形をとり、五員環の金属と炭素原子は同一平面上にある。三重結合のsp炭素においては151°に曲がっており、炭素-炭素結合の長さは三重結合で1.23 Å、単結合で1.41 Å程度である。金属から炭素への距離は、C1, C4で2.42 Å, C2, C3で2.32 Åと、三重結合から金属への距離が近いことから、三重結合のπ-電子が金属へ供与されているか否かが議論されている。三重結合部位は別の遷移金属へπ-配位して複核錯体を与える。

結晶、溶液中とも室温で安定であり、結晶で不活性雰囲気下であれば数年でも保存できる。水には不安定で加水分解を受けて分解し、アルキンやアレンを与える。通常アルキルジルコニウム錯体で知られるアルデヒドやケトンへの求核付加は起こりにくい。2分子のイソニトリルと反応し挿入生成物を与える。見かけ上Zr-C2, Zr-C3間にイソニトリルが挿入した生成物を与えることから、五員環アルキン構造とη²-ブタトリエン構造を溶液中でとることが示唆されているが、ホスフィンなどの中性配位子が存在しても通常はη^2-錯体を与えることはない。同様の錯体がチタン、ハフニウムでも得られるが、他の族では類似の例はまだない。

【鈴木教之】

【参考文献】
1) N. Suzuki *et al.*, *Science*, **2002**, *295*, 660.
2) N. Suzuki *et al.*, *J. Am. Chem. Soc.*, **2004**, *126*, 60.
3) N. Suzuki *et al.*, *Coord. Chem. Rev.*, **2010**, *254*, 1307.
4) V. V. Burlakov *et al.*, *Chem. Commun.*, **2004**, 2074.

ZrC₁₂

[C₅(CH₃)₅]₂Zr(n-C₄H₉)₂

[文献5]

【名称】 di-*n*-butylbis(η⁵-cyclopentadienyl)zirconium：Cp₂Zr(*n*-Bu)₂, $C_{18}H_{28}Zr$

【背景】 二価ジルコノセン"Cp₂Zr"の等価体として用いられ，根岸試薬（Negishi reagent）として知られる．室温付近で速やかに分解して1-ブテンとブタンを発生し，同時に還元された二価ジルコノセンが生成する．通常二価ジルコノセンは極めて不安定であるが系中で1-ブテンが配位することにより分解をやや抑えると考えられている．

【調製法】 ジクロロビス(η⁵-シクロペンタジエニル)ジルコニウムをTHF中に溶解し，ドライアイス-メタノール浴温度で*n*-ブチルリチウムを加える．低温のまま1時間撹拌するとジブチル化されたジルコニウム種が生成する．低温でNMRなどを用いて確認することができる．そのまま室温まで温度を上げると分解し，1-ブテンが配位したジルコニウム錯体が系中で発生する．1-ブテン錯体は不安定で速やかに分解して複雑な混合物となるが，トリメチルホスフィンのような支持配位子があると安定な1-ブテン錯体のホスフィン付加物を与える．アルキン，アルケン，ジエンなど反応する基質が系中に存在すると様々な反応に用いることができる．

【性質・構造・機能・意義】 二価ジルコノセンCp₂Zrの等価体として用いられる．当量のアルキンと中性の支持配位子の存在下で反応すると系中で生成した1-ブテンとアルキンの配位子交換が起こり支持配位子で安定化されたアルキン錯体を与える．二当量のアルキンは二価ジルコニウム金属上でカップリングし五員環メタラサイクルを与える．非共役ジエンやエンインの環化反応では金属を含むビシクロ環となる．還元種のジルコニウムに対して有機ハロゲン化物やアリルエーテル類が酸化的付加する例も知られており，これらの反応で生じるジルコニウム化合物はその後の炭素-炭素形成反応に利用される．

ジブチルジルコニウム化学種の分解温度はシクロペンタジエニル配位子の立体的要因に依存し，C₅H₅の場合には室温1時間でほぼ分解する一方，メチル基を1つ有するシクロペンタジエニル環になるだけで分解に加熱を要するようになる．ビス(ペンタメチルシクロペンタジエニル)ジルコニウムの場合には室温で安定なジブチル体を与える．図(上)にはこの錯体の構造を示した．ハフニウム類縁錯体もまた室温で安定である．加熱することによりジルコニウムの場合と同様の反応に用いた例が報告されている[6]．チタンの類縁錯体の場合には，ジブチル錯体の発生後，分解温度の制御が反応に用いるうえで重要である．-10〜-30℃で分解し次の反応に供するのが高収率を得るために必要であることが報告された[4]．

【鈴木教之】

【参考文献】
1) 日本化学会編，有機金属化合物・超分子錯体（第5版実験化学講座 21巻），丸善，**2003**, p.70.
2) E.-i. Negishi *et al., Tetrahedron Lett.*, **1986**, *27*, 2829.
3) P. Binger *et al., Chem. Ber.*, **1989**, *122*, 1035.
4) K. Sato *et al., J. Organomet. Chem.*, **2001**, *633*, 18.
5) R. D. Ernst *et al., Z. Kristallogr. New Cryst. Struct.*, **2004**, *219*, 398.
6) V. V. Burlakov *et al., Organometallics*, **2009**, *28*, 2864.

$ZrC_{12}X$ (X=N, O)

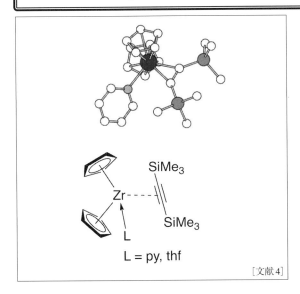

[文献4]

【名称】bis(η⁵-cyclopentadienyl)zirconium [η²-bis(trimethylsilyl)acetylene](pyridine): $C_{23}H_{33}NSiZr$

【背景】項221に述べる根岸試薬（ジルコノセンジブチル）に代わる低原子価（2価）ジルコノセン錯体原料として，報告された．ビス(トリメチルシリル)アセチレンが他の配位子と交換することにより穏和な条件で多様な錯体へ変換可能である．

【調製法】ジクロロビス(η⁵-シクロペンタジエニル)ジルコニウムとビス(トリメチルシリル)アセチレンをTHF中に溶解し，金属マグネシウムを加えて攪拌する．ペンタンを加えて抽出したのち溶媒を留去するとTHF付加物が橙色の固体として得られる．これにピリジンを加えるとTHFと配位子交換しピリジン錯体を与える．ピリジン錯体の方が溶液中で安定であり，直接合成する以下の別法も報告されている．ジルコノセン二塩化物とアルキンをTHFに溶解し，低温でn-ブチルリチウムを加える（根岸試薬の生成）．室温で攪拌した後，等量のピリジンを加えて溶媒をペンタンに変える．ろ過，濃縮後－80℃に冷却すると紫色の結晶が得られる．

ピリジン錯体．¹H NMR(benzene-d_6): δ 0.32 (br s, 18 H), 5.46 (s, 10 H), 6.40 (m, 2 H), 6.79 (m, 1 H), 8.85 (m, 2 H). ¹³C NMR(benzene-d_6): δ 2.86, 106.71, 123.43 (pyridine), 136.85 (pyridine), 154.41 (pyridine).

【性質・構造・機能・意義】リン配位子をもたないジルコノセンのη^2-アルキン錯体で，比較的安定な二価ジルコノセン化学種として種々のジルコニウム錯体の出発原料に用いられる．金属からアルキン炭素までの距離は2.22〜2.24ÅでZr-アルキン錯体のホスフィン付加体と変わらない．根岸試薬ではジルコノセンジブチルから1-ブテン錯体を生じて配位子交換を起こすが，ブテンが反応に関与し，望まない副生成物を与える場合がある．本錯体のかさ高いアルキン配位子はその嵩高さのために反応に関することがなく金属から遊離する．アルキンは炭化水素系の有機溶媒による洗浄によって系から除かれる．同様のチタン錯体では，ピリジンやテトラヒドロフランのような中性配位子がなくても単離できる．
〔鈴木教之〕

参考文献

1) 日本化学会編，有機金属化合物・超分子錯体（第5版実験化学講座 21巻），丸善，**2003**, p.70.
2) U. Rosenthal *et al., Angew. Chem. Int. Ed. Engl.*, **1993**, *32*, 1193.
3) J. R. Nitschke *et al., J. Am. Chem. Soc.*, **2000**, *122*, 10345.
4) U. Rosenthal *et al., Z. Anorg. Allg. Chem.*, **1995**, *621*, 77.

ZrC₁₄

【名称】 bis(η⁵-cyclopentadienyl)(buta-1,3-diene)zirconium: $C_{14}H_{16}Zr$

【背景】 通常4価をとるジルコニウム錯体において安定な二価錯体等価体を単離した先駆的な例である．ブタジエンの配位が *s-cis* と *s-trans* となる2種がある．

【調製法】 ブタジエンと金属マグネシウムから調製される 2-ブテン-1,4-ジイルマグネシウムを用いて，ジクロロビス(η⁵-シクロペンタジエニル)ジルコニウムと反応させる．テトラヒドロフラン中での反応では当初，当該錯体の塩化マグネシウムの付加物が得られるが，これは不安定である．ヘキサン溶液に変えるとマグネシウム塩が沈殿し，ジルコニウム単核の錯体が濃赤色結晶として得られる．

別の合成方法として，ジフェニルジルコノセンのトルエン溶液を小過剰の共役ジエンの存在下で−30℃で光照射しても生成する．単純な1,3-ブタジエンの他，イソプレン，2,3-ジメチルブタジエン，1,4-ジフェニルブタジエンなど多くの共役ジエンから類縁体が合成される．無置換ブタジエンや *trans,trans*-2,4-ヘキサジエンでは *s-cis* 錯体と *s-trans* 錯体の混合物となる．¹H NMR（ブタジエン配位子部分，toluene-d_8，−53℃），*s-cis*：δ −0.70 (br t, 2H), 3.15 (br t, 2H), 4.85 (m, 2H). *s-trans*：δ 1.2 (m, 2H), 2.9 (m, 2H), 3.2 (m, 2H). ¹³C NMR（ブタジエン配位子部分，benzene-d_6），*s-cis* 錯体：δ 49.0 (t, J_{CH}=144 Hz), 112.0 (d, J_{CH}=156 Hz). *s-trans* 錯体：δ 59.0 (dd, J_{CH}=149, 159 Hz), 96.0 (d, J_{CH}=152 Hz).

【性質・構造・機能・意義】 *s-cis* 錯体の場合ジルコニウム金属と共役ジエン部分が1-メタラシクロペンタ-3-エン構造の五員環を形成し，σ^2, π-配位様式をとる．ジエン部分は折れ曲がり，中央二重結合は金属に配位していることがわかる．金属と末端炭素C1,C4との距離が2.30Åに対し，内部炭素C2,C3との距離2.60Åであり二重結合からの配位は比較的弱い．これはC1-C2の距離が1.45Å，C2-C3が1.40Åであることとも対応している．*s-trans* 錯体においては金属と末端炭素C1,C4との距離が2.50Åに対し，内部炭素C2,C3との距離は2.38ÅでありC1-C2結合長が1.37〜1.39Å，C2-C3が1.49Åと，メタラサイクルでなくジエンの構造を保ってπ-配位している．

分子状酸素と反応すると配位子のブタジエンがはがれて回収される．加水分解をうけると1-ブテンと2-ブテンの混合物を与え，その比率は置換基に依存する．無置換のブタジエンでは主に1-ブテンを与えるが，これは1つめのプロトンとの反応がアリル置換基のγ-位で起こったことを意味する．一方ニトリル，ケトン，カルボン酸エステルなどへは求核的に付加反応を起こすが，これらは選択的にα-炭素上で進行する．生成する複素七員環は，加水分解によりアルコール，ケトンを与える．アルケン，アルキンとも反応し金属上でブタジエンと炭素-炭素結合を形成する．これらの生成物もカルボニル化合物と反応するので，三成分連結反応へ応用が可能である．一酸化炭素の金属-炭素結合への挿入も起こり，種々の生成物を与える．

【鈴木教之】

【参考文献】
1) 日本化学会編，有機金属化合物・超分子錯体（第5版実験化学講座 21巻），丸善，**2003**，p.69.
2) G. Erker *et al.*, *J. Am. Chem. Soc.*, **1980**, *102*, 6344.
3) H. Yasuda *et al.*, *Chem. Lett.*, **1981**, *519*.
4) Y. Kai *et al.*, *Chem. Commun.*, **1982**, *191*.

ZrN₄O₄

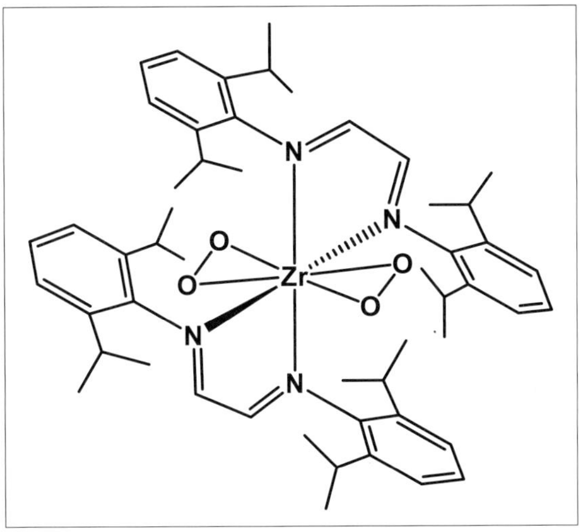

【名称】 bis(glyoxal-bis(2,6-diisopropylphenyl)imine)bis-(η²-peroxo)zirconium(IV): [Zr{(i-Pr)₂PhNCHCHNPh-(i-Pr)₂}(η²-O₂)₂]

【背景】 これまで，低酸化数の前周期遷移金属イオンと酸素分子との反応によりペルオキソ錯体が生成した例はほとんどない．これは安定な前周期遷移金属イオンのオキソ錯体が生成してしまうためである．本錯体は，2つのかさ高いジイミン二座配位子を用いることにより合成された，ビスペルオキソジルコニウム(IV)錯体のはじめての例である[1]．

【調製法】 グリオキサールビス(2,6-ジイソプロピルフェニル)イミン(**1**)をマグネシウムで還元し，ジアミド配位子を生成したのち，ZrCl₄(THF)₂と反応させることにより，ビス(ジアミド)ジルコニウム(IV)錯体(**2**)を得る．これを無水条件下で酸素と反応させることによりペルオキソイオンを2分子配位したη²-ビスペルオキソビス(ジイミン)ジルコニウム(IV)錯体(**3**)が得られる(図1)．

【性質・構造・機能・意義】 前駆体錯体**2**は結晶中で四配位四面体構造をとる．Zr–N平均結合距離は2.068 Åと，アミド配位を示唆している．また，配位子内のsp²炭素とジルコニウム(IV)中心との距離は2.513 Åとvan der Waals相互作用より短く，炭素-炭素二重結合のπ軌道からジルコニウム(IV)への電子供与が示唆される．結晶中で，ビスペルオキソ錯体**3**は六配位八面体構造をとり，ジルコニウム(IV)と2つのペルオキソ配位子の中心はほぼ直線上(179.55°)にある($Zr-O_{av}$ = 2.034 Å, $Zr-N_{av}$ = 2.44 Å)．ペルオキソ配位子は，縮重するπ^*軌道をd軌道に供与して結合していると考えられるため，d軌道への競争的配位を避けるように，2つのペルオキソ配位子は同一平面上にはなく，78°ねじれている．溶液中における錯体**2**および**3**の構造も，¹Hおよび¹³C NMRより結晶構造と同様であることが示されている．

錯体**2**と酸素との反応は，2つのアミド配位子から4電子が2つの酸素分子に移動してη²-ビスペルオキソ構造を形成する珍しい例である．また，錯体**3**を脱酸素条件に放置すると，酸素が脱離して錯体**2**を再生する．

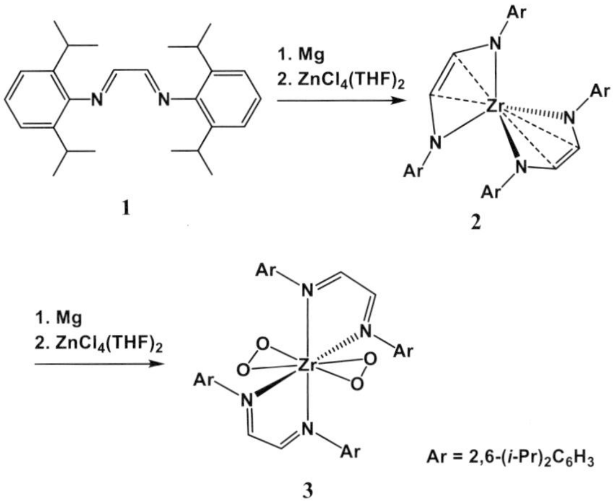

図1 **3**の合成スキーム

【関連錯体の紹介およびトピックス】 ペルオキソ配位子をもつ前周期遷移金属錯体としては，窒素分子で架橋したTi(II)二核錯体((TiL_2)₂(μ-N_2), L=PhC-($NSiMe_3$)₂)と酸素との反応で生成するモノペルオキソTi(IV)錯体([$TiL_2(\mu$-O_2)Py])が知られている[2]．

【會澤宣一】

【参考文献】
1) M. M. Abu-Omar *et al., J. Am. Chem. Soc.*, **2007**, *129*, 12400.
2) J. Arnold *et al., Organometallics.*, **1998**, *17*, 1355.

ZrN₄S₂

無 触

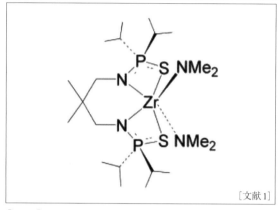

[文献1]

【名称】N,N′-bis((P,P-diisopropylthio-phosphinyl)-2,2-dimethyl-1,3-propanediamine)(bis(N-methylmethanaminato))zirconium

【背景】アルケンの分子内ヒドロアミノ化反応は，含窒素ヘテロサイクルの合成において有力な手法である．近年，Marksらは，分子内ヒドロアミノ化反応に対して活性な3族のメタロセン触媒や非メタロセン触媒を開発している．例えば，アルケンの分子内ヒドロアミノ化反応において，有力な触媒として，bis(thiophosphinic amidate)"NPS"配位子でキレートされた，3族金属やランタノイド(特に，イットリウム，ネオジム)の錯体が報告されている．しかしながら，4族の遷移金属錯体により触媒されるアルキンやアレンの分子内および分子間ヒドロアミノ化反応は，比較的報告例が多い一方で，アルケンの分子内ヒドロアミノ化反応の報告例は少なく，さらに，これまではカチオン性錯体に限定されていた．標記の錯体は，一級アミンを含むアルケンの分子内ヒドロアミノ化反応において，優れた活性を示す中性のジルコニウム錯体である[1]．

【調製法】"NPS"の配位子は，2,2-ジメチルプロパン-1,3-ジアミンとN,N-ジイソプロピルエチルアミンのジクロロメタン溶液に対して，クロロジイソプロピルホスフィンのジクロロメタン溶液を0℃で滴下する．その反応混合物を室温まで昇温し，終夜撹拌する．その後，硫黄を反応混合物に加える．その反応混合物を室温で2時間撹拌した後，濃縮する．残渣をシリカゲルカラムクロマトグラフィー(ヘキサン/酢酸エチル=8/2)で精製し，メチルシクロヘキサンで再結晶を行うと，白色固体(mp=143～144℃)として目的の化合物が収率68%で得られる．一方，標記の"NPS"Zr(NMe₂)₂錯体は，アルゴン雰囲気下のグローブボックス中，重ベンゼン，または重トルエン中，Zr(NMe₂)₄とN,N′-bis(P,P-diisopropylthiophosphinyl)-2,2-dimethyl-1,3-propanediamineを続けてNMRチューブの中に導入し，25℃で10分間撹拌する．反応混合物の^{1}H NMRスペクトルを測定し，Zr(NMe₂)₄のシグナルの消失およびMe₂NHの生成を確認することにより，反応の完結を判断する．

【性質・構造・機能・意義】NMe₂の共鳴は，3.11 ppmに鋭い単一のシグナルを示し，架橋しているメチレン基は，2重線(2.69 ppm, J=10 Hz)を示す．リン原子に隣接したメチン基のシグナルは，2.00 ppmを中心とした七重線を示し(J=7 Hz)，ジアステレオトピックなイソプロピル基内のメチル基のシグナルは，1.16 ppmと1.10 ppm(J=7 Hz)に2組のダブレットとして観測される．^{31}P{^{1}H} NMRスペクトルを測定すると，標記錯体のシグナルが75.10 ppmに単一のシグナルとして現れる．熱に対する安定性を調べるために，錯体を150℃で19時間加熱したところ，NMRスペクトルにおける変化は観測されなかったことから，本錯体は，熱的安定性を有していることが明らかになった．

標記のジルコニウム錯体は，一級アミンを含むアルケンの分子内ヒドロアミノ化反応において優れた触媒となることが示された．標記錯体の触媒活性は，対応する"NPS"キレート配位子を有するイットリウム(III)錯体よりも低いが，本反応は，4族遷移金属を含む中性錯体によって触媒されるアルケンの分子内ヒドロアミノ化のはじめての例である．

この"NPS"キレート配位子を有するZr(NMe₂)錯体によるアミノアルケンの分子内ヒドロアミノ化反応の典型的な手法は，以下の通りである．まず，NMRチューブ内で標記錯体を調製した後，適切なアミノアルケンとp-キシレンを加え，その反応溶液を120℃または150℃の油浴で加熱することによって，ヒドロアミノ化が達成される．

【関連錯体の紹介およびトピックス】イットリウム，ネオジム，ジスプロシウムのような3族金属やランタノイド系金属を用いて，NPS配位子を有する錯体がアルケンの分子内ヒドロアミノ化反応において効率的な触媒となることが報告されている．これらの錯体は，重ベンゼン中，120℃で様々なNPS配位子と対応するLn[N(TMS)₂]₃を反応させることにより合成することができる[2]．

【西原康師】

【参考文献】

1) H. Kim *et al.*, *Chem. Commun.*, **2005**, 5205.
2) Y. K. Kim *et al.*, *J. Am. Chem. Soc.*, **2003**, *125*, 9560.

$Zr_3W_{31}O_{131}$

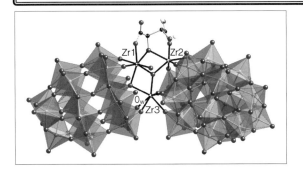

【名称】aquahexapentaconta-μ-oxo hentriacontaoxobis[μ_9-[phosphato(3−)-κO: κO: κO: $\kappa O'$: $\kappa O'$: $\kappa O''$: $\kappa O'''$: $\kappa O'''$]]hentriacontatungstate(VI)][μ-[(2R,3R)-2-(hydroxy-κO: κO)-3-(hydroxy-κO)butanedioato(3−)-κO^1: κO^4]]dodeca-μ-oxo-μ_3-oxo[μ_7-[phosphato(3−)-κO: κO: $\kappa O'$: $\kappa O'$: $\kappa O''$: $\kappa O''$: $\kappa O'''$]][μ_9-[phosphato(3−)-κO: κO: $\kappa O'$: κ': $\kappa O''$: $\kappa O''$: $\kappa O'''$: $\kappa O'''$]]trizirconate(IV)(15−): [(CH$_3$)$_2$NH$_2$]$_{15}$ [α-P$_2$W$_{15}$O$_{55}$(H$_2$O)]Zr$_3$(μ_3-O)(H$_2$O)-(L-tarH)[α-P$_2$W$_{16}$O$_{59}$]・18H$_2$O

【背景】欠損型ポリオキソメタレートは，欠損部位の酸素が金属に配位することで無機配位子としてはたらき錯体を形成する．酒石酸が配位したジルコニウム三核錯体に三欠損ドーソン型構造が配位することで酒石酸の不斉点が大きな不斉場へと拡張され，キラルなナノ分子が形成された．

【調製法】ZrO(NO$_3$)$_2$・6H$_2$O を水に溶解し，L-酒石酸を加えスラリーを生成し，激しく撹拌しながら Na$_{12}$-[α-P$_2$W$_{15}$O$_{56}$]・18H$_2$O を一気に加え，30 分後にジメチルアミン塩酸塩を加え透明溶液を得る．70℃で 15 分加熱し放置すると 50％の収率で針状結晶を得る[1]．

【性質・構造・機能・意義】ポリオキソメタレート骨格はその骨格自体が光学活性となる可能性があり，Pfeiffer 効果と呼ばれるラセミポリ酸[2]のCDスペクトルの観察がなされてきた．しかし，一般には水溶液中でポリ酸はラセミ化する傾向にある．ドーソン型構造は 18 個のタングステン MO$_6$ 八面体が頂点共有および稜共有によりつながった骨格をもち，中心には PO$_4^{3-}$ 四面体が 2 個取り込まれている．そのドーソン構造から WO$_6$ 八面体が三欠損したドーソン錯体は無機配位子となる．酒石酸存在下ジルコニウム錯体を形成すると酒石酸の不斉点をはさんでジルコニウム三核錯体の両側にドーソン骨格が配位した不斉ジルコニウム錯体イオンが形成される．水溶性で 196 と 280 nm に吸収を持ちラセミ化に対して安定である．欠損型ドーソン骨格の ^{31}P NMR は，欠損部位と欠損していない側のリン原子の化学的環境が異なるため 2 本の信号を与える．この錯体では左右のドーソンの化学的環境が異なる不斉構造から予想される 4 本の信号を −6.29，−6.62，−12.88，−13.83 ppm に与え，水溶液中で数週間安定である．ジアステレオマーに対応するピークは観察されない．空間群 $P2_12_12_1$ で結晶化し，その構造の中央には，μ_3-O をもつジルコニウムの三核錯体があり，Zr1 と Zr2 には酒石酸が μ_2-O 架橋により配位している．酒石酸の水酸基の一方はプロトン化していることが valence sum より見積もられた．三核構造（図）の左側には三欠損ドーソン構造を横切る形で Zr1 および Zr3 が担持されており，欠損部の 7 個の酸素のうち向かい合う 2 個の酸素はジルコニウムに配位せず，それぞれ末端オキソと水に帰属されている．図の右側のドーソン骨格には三欠損構造にもう 1 つの W=O が加わることで二欠損型となっている．その欠損部位に Zr2 と Zr3 が位置している．そのため，ジルコニウム三核平面に対して 2 個のドーソン骨格の配置は，ねじれた形となっている．ドーソン骨格をプロペラの羽にたとえると Zr3 を中心としたプロペラ構造と見なすこともできる．水溶液の CD スペクトルは Wells-Dawson 構造に特徴的な酸素タングステンの CT バンドに相当する 241(θ=25.1, $\Delta\varepsilon$=35.3), 270(θ=−4.8, $\Delta\varepsilon$=−6.7), 285(θ=4.9, $\Delta\varepsilon$=6.9), 309 nm (θ=−8.6, $\Delta\varepsilon$=−12.0) に吸収を示す．時間経過による CD スペクトルに変化は見られない．D 酒石酸を用いた錯体では鏡面対称の CD スペクトルを与えるためエナンチオマーであることがわかる．

ジルコニウム三核錯体の小さな酒石酸による不斉点が，三欠損ドーソンの捻れた配位により，大きな不斉反応場へと拡張され興味深い．今後，酸化物骨格を有するこのような化合物の不斉構造を制御することで選択的酸化触媒への応用が期待される．

【関連錯体の紹介およびトピックス】リンゴ酸を用いて類似錯体が合成され meso 体への変換が観測されている[3]．キラルな有機配位子を導入したポリ酸や骨格自身がキラルなポリ酸が数多く報告されている[4]．

【林 宜仁】

【参考文献】
1) C. Hill *et al.*, *Angew Chem. Int. Ed.*, **2005**, *44*, 3540.
2) P. Pfeiffer *et al.*, *Ber. Dtsch. Chem. Ges.*, A **1931**, *64*, 2667.
3) C. Hill *et al.*, *Chem. Commun.*, **2005**, 5044.
4) B. Hasenknopf *et al.*, *Eur. J. Inorg. Chem.*, **2008**, 5001.

$Zr_6H_4P_4Cl_{4}$

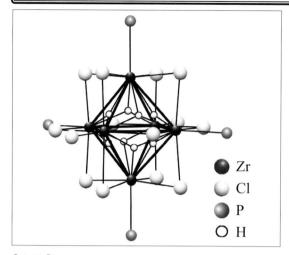

【名称】 [dodeca-μ-chlorodichlorotetra-μ_3-hydrotetrakis(trimethylphosphine)hexazirconium(+3)]: [$(Zr_6Cl_{12})Cl_2(PMe_3)_4H_4$]

【背景】 クラスターの化学では意図した核数や骨格構造をもつ化合物の合成が難しく，系統的な合成法の開発が重要な研究課題の1つとなっている．1980年代前半までに合成された正八面体金属骨格をもつジルコニウムのハライドクラスターはもっぱら骨格間がハロゲン架橋でつながれた非分子性(固体)クラスターで，分子性クラスターはほとんど知られなかったが，1988年以降ハロゲン化ジルコニウムとスズ化合物との反応により分子性クラスターが数多く報告され，標題錯体はその代表例である[1]．

【調製法】 すべての操作を不活性雰囲気下で行う必要がある．$ZrCl_4$と$HSnBu_3$をベンゼンに懸濁させ室温で30時間攪拌する．上澄み液をデカンテーションにより除き残渣をベンゼンで洗うと褐色の固体が得られる．これに再びベンゼンを加え，トリメチルホスフィンをゆっくり加える．溶媒を留去後，残渣をジクロロメタンで抽出し抽出液にヘキサンを載せると1週間で目的物が暗赤褐色の結晶として得られる．

【性質・構造・機能・意義】 非分子性ジルコニウムクラスターの合成では原料を金属試験管に封入し750〜1000℃の高温で反応させる．一方，標題の分子性クラスターはガラス容器中室温下という温和な反応条件で合成ができる．ただし，この合成では五核クラスター[$(Zr_5Cl_{12})(PMe_3)_5H_4$]なども同時に生成するため収率は低い．

構造は単結晶X線解析により決定されており，6個のジルコニウムはほぼ完全な正八面体を形成し，12本のZr-Zr結合に塩素が1個ずつ稜配位している．さらに互いにトランス位にある2個のジルコニウムに塩素が1個ずつ末端配位し，残りの4個のジルコニウムにはトリメチルホスフィンが1個ずつ配位している．Zr-Zr結合長およびZr-Cl(稜配位)結合長は平均で各々3.33Åおよび2.56Åである．また，水素配位子がZr_6八面体の8つの面配位の各位置に50%前後の確率で存在しており，Zr-H結合長は平均で2.0Åである．これらの水素配位子は^{1}H NMR(CD_3CN中)において$\delta=-5.18$ ppmにシグナルを与える．水素が八面体骨格に配位した分子性クラスターとして$H_6Cu_6(PPh_3)_6$[2]，$H_2Ru_6(CO)_{18}$[3], [$Cr_6Se_8(H)(PEt_3)_6$][4] などが知られるが，本クラスターはその先駆的存在である．$HSnBu_3$の代わりに$DSnBu_3$を用いて本クラスターを合成すると重水素化された[$(Zr_6Cl_{12})Cl_2(PMe_3)_4D_4$]が得られ，水素配位子は合成原料のスズ化合物に由来すると考えられている．

【関連錯体の紹介およびトピックス】 トリメチルホスフィンの代わりに他のホスフィン(PEt_3, PPr_3, PMe_2Ph, PEt_2Ph)が配位した塩化物クラスターも同様の製法で得られる．Zr-Zr結合やZr-Cl(稜配位)結合は標題のトリメチルホスフィン錯体とほぼ同じである．臭化物クラスターについてもトリメチルホスフィンが配位した錯体が同様の製法により得られる[1,5]．一方，ジルコニウムと同族のチタンでは同様の合成法を用いても複核錯体のみが生成しクラスターは得られず，ハフニウムでは合成を試みた報告そのものがない．

また，標題錯体や上記関連錯体から種々の誘導体が得られる．塩化物クラスターを[NEt_4]Clや[NBu_4]Cl, [PPh_4]Clのような有機カチオンの塩化物と反応させると，アニオン性錯体[$(Zr_6Cl_{12})Cl_2H_4$]$^{4-}$が得られる[6]．また，PMe_2Phが配位した塩化物クラスターをPMe_2Ph存在下ナトリウムアマルガムと反応させると[$(Zr_6Cl_{12})(PMe_2Ph)_6H_2$]が得られ，$PEt_3$が配位した塩化物クラスターについて同様の反応を行うと[$(Zr_6Cl_{12})(PEt_3)_3H_3$]が得られる．これらの錯体では標題錯体と比べ配位ホスフィンの数が異なっている．

【上口 賢】

【参考文献】
1) L. Chen *et al.*, *Inorg. Chem.*, **1996**, *35*, 2988.
2) M. R. Churchill *et al.*, *Inorg. Chem.*, **1972**, *11*, 1818.
3) M. R. Churchill *et al.*, *J. Am. Chem. Soc.*, **1971**, *93*, 5670.
4) S. Kamiguchi *et al.*, *Inorg. Chem.*, **1998**, *37*, 6852.
5) L. Chen *et al.*, *J. Cluster. Sci.*, **1998**, *9*, 63.
6) L. Chen *et al.*, *Inorg. Chim. Acta*, **1996**, *252*, 239.

$[Zr_6O_{32}]_n$

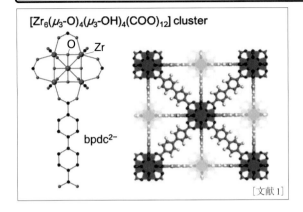

[文献1]

【名称】$[Zr_6(\mu_3\text{-O})_4(\mu_3\text{-OH})_4(\text{bpdc})_6]_n$(bpdc=biphenyl-4,4′-dicarboxylate)UiO-67

【背景】多孔性金属錯体（PCP/MOF）は高度な設計性を有することにより，既存の多孔質材料を凌駕する優れた機能をもつPCP/MOFが開発されてきたが，唯一の欠点は安定性に欠けることであった．UiO-67は酸素親和性の高い第4族元素であるジルコニウムとカルボン酸との配位結合により形成され，高い安定性・多孔性・反応性・修飾性をあわせもつPCP/MOFである[1,2]．

【調製法】塩化ジルコニウム$ZrCl_4$と有機配位子H_2bpdcをDMF中で混合し，耐圧容器に密閉して120℃に加熱することによりUiO-67(UiO=Universitetet i Oslo，開発された地に因む)が形成される[1]．酢酸や安息香酸などのモノカルボン酸の共存下で合成することにより，結晶性・多孔性を制御できることが知られている[3]．

【性質・構造・機能・意義】UiO-67は分解温度T_{decomp}=540℃と有機配位子からなる材料として極めて高い安定性を示す[1]．Zrは正八面体型の六核クラスターを形成しており，面の重心にはオキソ配位子とヒドロキソ配位子が交互に冠され，各辺をカルボキシラト配位子が架橋することで$[Zr_6(\mu_3\text{-O})_4(\mu_3\text{-OH})_4(\text{COO})_{12}]$クラスターをなす．Zrは正方ねじれ柱型(SAPR-8)の八配位構造である．各クラスターはbpdc配位子の2つのベンゼン環により架橋され，正八面体(内接球の直径12.8 Å)[4]と正四面体(同7.1 Å)[4]の空間を交互にもつ多孔性骨格を構築する(BET比表面積3000 $m^2\,g^{-1}$)[3]．Zrクラスターは250〜300℃で脱水し，$[Zr_6(\mu_3\text{-O})_6(\text{COO})_{12}]$クラスターへと変化する．この変化は可逆である[1]．UiO-67は高い安定性と多孔性を示すことから，水素[5]，二酸化炭素[6]，メタン[6]などのガス吸蔵機能や，Lewis酸触媒としての応用[7]が検討されている．また，UiO-67は安定でありながらもbpdc配位子は置換活性を示し，固体状態で配位子交換反応を行うことができ，種々の官能基をもつ配位子の導入が可能である[8]．配位子に置換基を修飾することで機能を改良できることが報告されている[6,7]．特に，ベンゼン環をピリジン環に置き換えたbpydc(2,2′-bipyridine-5,5′-dicarboxylate)誘導体は，ビピリジン部位を金属との錯形成に利用できることから様々な金属錯体の導入とその応用が活発に検討されている[9]．

【関連錯体の紹介およびトピックス】ベンゼン環数の異なる有機配位子を用いることで，テレフタル酸からUiO-66，テルフェニルジカルボン酸からUiO-68といった同型で細孔サイズが異なる類縁体が合成できる[1]．UiO-66においては配位子だけでなくZrクラスターも置換活性を示すことが知られ，金属交換反応によるTiやHfの導入が報告されている[10]．さらに長い有機配位子を用いることで，相互貫入構造のPIZOF (porous interpenetrated zirconium-organic framework) が合成されている[11]．

【門田健太郎・北川　進】

参考文献

1) J. H. Cavka *et al.*, *J. Am. Chem. Soc.*, **2008**, *130*, 13850.
2) M. Kim *et al.*, *CrystEngComm*, **2012**, *14*, 4096.
3) A. Schaate *et al.*, *Chem. Eur. J.*, **2011**, *17*, 6643.
4) G. Nickerl *et al.*, *Inorg. Chem. Front.*, **2014**, *1*, 325.
5) S. Chavan *et al.*, *Phys. Chem. Chem. Phys.*, **2012**, *14*, 1614.
6) N. Ko *et al.*, *Dalton Trans.*, **2015**, *44*, 2047.
7) M. J. Katz *et al.*, *ACS Catal.*, **2015**, *5*, 4637.
8) H. Fei *et al.*, *Chem. Commun.*, **2014**, *50*, 4810.
9) T. N. Tu *et al.*, *Coord. Chem. Rev.*, **2018**, *364*, 33.
10) M. Kim *et al.*, *J. Am. Chem. Soc.*, **2012**, *134*, 18082.
11) A. Schaate *et al.*, *Chem. Eur. J.*, **2011**, *17*, 9320.

索引［日本語］

あ 行

アイソタクチック　108, 796, 850, 912
アイソタクチック3重合　853
亜鉛(II)フタロシアニン錯体　872
亜鉛(II)ポルフィリン多量体　898
亜鉛-亜鉛結合　888
亜鉛アート錯体　859
亜鉛過炭酸錯体　894
亜鉛酵素モデル　873
亜鉛ヒドロペルオキソ　894
亜鉛ポルフィセン錯体　883
亜鉛ポルフィリン　867, 893
青色色素　157
青色発光　403, 644
アクチニル錯体　808
アクチノイド　417-419, 814
アゴスティック相互作用　65, 453, 790
亜酸化窒素還元酵素　209, 210, 217, 230
アジド　257, 282, 300, 473, 817
亜硝酸イオン　151, 212
アシルアミノ酸錯体　431
アシル錯体　453, 583
アスピリン　222
アセタール化反応　769
アセチリド錯体　8, 226
アセチルアセトナート(acac)　268, 327, 576, 634, 665, 672, 732
アセチルアセトナート-オレフィン錯体　672
アセチルアセトナート錯体　672
アセチルアセトナート配位子　684
アセチルアセトン　108
アセチルサリチル酸　222
アセトニトリル配位子　708, 740
アセナフチレン　743
アディポネクチン　886
アニオン性クラスター錯体　665
アニオン性錯体　268, 484, 525, 582, 771, 777, 922
アニオンの発光センサー　428, 873
アニオンラジカル塩　559, 563, 599, 602
アノマー　145, 148, 408, 610, 632
アミジナートジアルキル錯体　850
アミノクマリン誘導体　526
アミノ酸　47, 63, 64, 125, 129, 146, 147, 150, 164, 190, 219, 265, 268, 584, 604
アミノ酸錯体　536
アミノ酸配列　335, 371
アミノ糖　550, 632
6^3網目構造　10
網目状構造　377
アミン配位子　2, 512, 649

アミン基　352
アメジリン　807, 889
β-アラニン　63, 64
アラン　389
アリキシン　829, 886
アリールイミド配位錯体　823
アリル化　566, 642, 799, 857
アリールニッケル錯体(II)　528
アリル配位子　566
(η^3-アリル)ルテニウム(IV)錯体　712, 713
アルカリ金属メタロセン　420
アルキニル錯体　35, 506, 589, 622, 914
アルキニルパラジウム錯体　588, 589
アルキリジン錯体　790
アルキリジンチタン錯体　790
アルキリデン錯体　481, 661, 775, 778, 823
アルキリデン配位子　774
アルキルアルコキソ亜鉛錯体　856
アルキルイミダゾール錯体　874
アルキルエチレンジアミン錯体　7
アルキル錯体　49, 50, 55, 71, 72, 79, 84, 342, 454, 484, 657, 756-758, 764, 769, 818, 823, 848-853
アルキルジアゼニド錯体　489
アルキル遷移金属錯体　529
アルキルパラジウム(II)錯体　583, 588
アルキルペルオキソ配位子　78, 284, 304, 540
N-アルキルポルフィリン　44, 77, 305, 461, 878-882, 895
アルキン錯体　620, 622, 772, 916, 917
アルケン　12, 908
　　――の異性化反応触媒　401
　　――の水素化反応　407, 669, 671, 680
アルケン錯体　411, 456
アルコキソ　684
アルコキソ架橋二核銅(II)錯体　179, 183, 186, 189, 190
アルコキソ架橋二核鉄(III)錯体　349
アルコール脱水素シリル化　31
アルドース　549
　　――のC2エピメリ化　568
アルドール型カップリング反応　697
アルドール反応　182, 801
アルブミン　176, 429
アルミニウムポルフィリン　766
アレーン　19, 432, 433, 672
アレーン錯体　278, 447, 456
アレーン配位子　743
アレーンルテニウム錯体　735
アロイル錯体　453, 454

アロステリズム　379
アロステリック　46
アンテナ配位子　432

硫黄架橋錯体　33, 82, 108, 613
硫黄架橋多核錯体　68, 69, 81, 565, 663, 676, 687
硫黄配位スルフェナト錯体　66, 83
イオン液体　7, 352, 431, 812, 874
イオン交換カラム　33, 59, 107, 108, 675, 734
イオン性-イオン性転移　344
イオン性液晶　7, 874
イオンセンサー　1, 39, 264, 782, 877
イオン選択性電極　268
イオンチャネル構造　558
イオン伝導性　558, 812
イオン伝導体　833
鋳型反応　574, 898
異種金属三核錯体　502
異種金属ヒドリド錯体　771
異性化　5, 60, 66, 80, 82, 83, 85, 103, 107, 302, 342, 396, 406, 481, 506, 517, 524, 565, 568, 611, 642, 669, 670, 671, 674, 675, 680, 697, 700, 715, 778, 781, 855
異性体　417
イソカルボニル錯体　334
イソシアニド　38, 62
イソタクチック選択性　909
イソニトリル　38, 209, 532, 590, 818, 915
イソプロピオキシド　667
イソポリブルー　501
位置異性体　174, 664
一原子酸素化反応　353
一軸性歪効果　337
一次元d電子系金属錯体　656
一次元dバンド　695
一次元Heisenberg反強磁性鎖モデル　170, 558, 579
一次元Rh(I)-セミキノナト錯体　693
一次元カラム状構造　38, 644
一次元金属　32, 579, 625, 637, 653-655, 693
一次元混合原子価Rh(I,II)-セミキノナト／カテコラト錯体　695
一次元混合原子価ロジウム(I,II)錯体　694
一次元細孔　119, 244, 245, 251, 906
一次元鎖構造　15, 18, 98, 221, 235, 242, 249, 258, 337, 448, 473, 478, 579, 653-655, 694, 835
一次元鎖錯体　246, 652, 751
一次元遷移金属錯体　98

索引［日本語］　925

一次元伝導体　443, 643, 647
一次元分子性伝導体　625
一次元ポリマー錯体　748, 754
一次元無限鎖構造　26
一次元らせん構造　10, 33
一次元らせんポリマー　144
一次元ロジウム鎖状化合物　414
一次相転移　322, 383, 653
一重項酸素　595, 640, 706
一重項酸素発生量子収率　595
一重項励起状態　724
一重らせん型構造　283, 534
一段階二電子酸化還元反応　502
一電子還元剤　303, 407, 763, 764
一酸化炭素の還元反応　369, 778, 816
イットリウムアセチリド錯体　852
移動挿入　453, 454
イミダゾール架橋ヘテロ二核錯体　466
イミダゾレート　175, 207, 219, 382
イミノフェノール類　796
イミノホスホラン配位子　65, 282, 355
イミン-エナミン型　130
イメージング　42, 527, 660, 782, 785, 787
イメージングプローブ　885
イリジウムブルー　414
除イオン交換樹脂　63, 66
除イオン性錯体　388
インターカレーション　20, 138, 429, 634
インターカレーター　139, 429, 634, 679, 893
インターカレート　633, 634
インターバレンス電子輸送　193
インターロック　231
インドール-π-カチオンラジカル種　584

ウラニル(V)錯体　805, 806, 808
ウラニル(VI)錯体　806
ウラニルイオン　806, 807
ウラン(IV)錯体　813, 815, 816
ウランアジド(U-N$_3$)結合　817
ウラン錯体　807, 816, 817
ウランニトリド(U-N)結合　817
ウランニトリド化合物　817
ウレアーゼ　570
ウレタン合成　769

エキシマー　27, 402
液晶サーモクロミズム　441
液晶性ガラス　431
液晶相　86, 170, 232, 439-441, 443, 577, 729, 825
液晶相転移　86, 315
液晶転移　315, 376
エキサイプレックス　27, 153
エジプシャンブルー　42
エステル化反応　769
エステル交換反応　769
エタノリシス反応　570
エチレン錯体　280, 624, 638, 642, 661, 672, 780
エチレンジアミン四酢酸イオン(edta^{4-})　59, 285
エチレン重合　424, 425, 528, 756, 796, 823, 853
エテン　12, 18, 103, 255, 623
エトキシド　523, 529, 667
エナンチオ選択性　54, 70, 108, 138, 139, 457, 481, 666, 726, 728, 798, 799
エナンチオトロピック　170, 443
エナンチオトロピック液晶　825
エナンチオマー　108, 411, 609
エナンチオ面選択性　673, 710
エネルギーアンテナ　786
エネルギー移動　263, 271, 386, 403, 430, 442, 526, 527
エポキシ化反応　457, 701, 755
エリトロクロム塩　115
エレクトロクロミックデバイス　448
エレクトロルミネセンス　258, 403, 406, 861
塩化タングステン(II)　844
塩化ルテニウム　754
塩基性エリトロクロム塩　115
塩基性酢酸亜鉛　896
塩基性ロドクロム塩　115
エンジイン　165, 343, 455
エンテロバクチン　329
円二色性(CD)スペクトル　51, 59, 60, 63, 74, 85, 107, 131, 144, 283, 331, 333, 335, 397, 508, 534, 548, 550, 552, 609, 634, 651, 666, 723, 725, 783, 863, 890, 901
円二色性発光　429
円盤状分子　441
円偏光二色性　442, 512, 609
円偏光ルミネセンス　266

オキサラト架橋　199
オキサラト配位子　110, 199, 330, 628, 637, 840
オキシダニウムイオン　514, 844
オキソ架橋　55, 92, 115, 118, 173, 182, 216, 236, 290, 345, 348, 351, 507, 832, 841, 842
オキソ架橋二核鉄錯体　290, 345, 348
オキソ架橋有機金属クラスター　832
オキソ錯体　78, 163, 166, 173, 175, 192, 205, 216, 233, 304, 312-314, 324, 325, 347, 352-354, 356, 359, 361, 492, 497, 535, 540, 569, 572, 755, 795, 800, 831, 849, 854, 894, 919
μ-オキソ錯体　356
μ-オキソダイマー　358
μ-オキソ二鉄錯体　350
μ-オキソ二量体　386
オキソモリブデン　490, 494, 496, 499
オクタエチルポルフィリン(OEP)　386, 450

オクタエチルポルフィリン(OEP)バナジル錯体　828
オクタノイルセリン酸　431
オクタフィリン　213, 605, 609
α-オクタモリブデート　517
オスミウム(II)ポルフィリン錯体　580
オスミウム三核錯体　581
重い電子系　11
オリゴマー化反応　615
オルガノゲル　98
オレフィン類の異性化　642, 674
オレフィンエポキシ化　487
オレフィン錯体　280, 531, 608, 624, 638, 672, 685, 821
オレフィン重合触媒　819
オレフィンメタセシス反応　658, 707, 711
オンサイトクーロン反発　559, 579, 656
温度ヒステリシス　58, 86, 100, 102, 337, 376, 383, 384, 477

か 行

会合機構　497
階段状一次元鎖錯体　246
階段状キュバン型錯体　242
外部刺激　33, 60, 101, 103, 231, 255, 321, 333, 344, 384, 415
外部刺激応答　231, 720
外部刺激応答型ランタノイド錯体　264
解離機構　104
カウンターアニオン　147, 394, 674
化学的酸化　4, 470
化学発光　724
化学光量計　330
可逆的環化/開環反応　18
可逆的酸素-酸素結合　284
可逆的配位　308
架橋アルキン錯体　506
架橋カルコゲニド配位子　646
架橋カルボニル基　96, 341, 342
架橋セレニド錯体　646, 687
架橋窒素錯体　489
架橋ニトリド錯体　509
架橋パーオキソ錯体　205, 345
架橋ビオローゲン　895
架橋複核白金(II,II)錯体　647, 653-656
架橋ホスフィド錯体　509
核異性体転移　788
核酸塩基　1, 133, 139, 168, 252, 343, 398, 430, 542, 551, 592, 633, 649, 678, 719, 726, 863, 873
核磁気共鳴　390, 391
拡張π共役系　547, 639, 807, 904
角度依存性磁気抵抗振動　557, 559
かご型錯体　574
かご状超分子錯体　897
かご状ホスト　833
価数互変異性　344
ガス吸着　126, 127, 257, 259, 618, 905

［1＋2＋2］環化反応　794
［2＋2＋1］型環化反応　89
［2＋2＋2］環化反応　562
［4＋4＋2］環化反応　561
カタラーゼ様活性　458, 467
過炭酸イオン　216, 894
過炭酸イオン鉄錯体　284
カチオン性キラルロジウム錯体　685
カチオン性金錯体　24, 29, 30
カチオン性スピロピラン　124
カチオンラジカル塩　23, 563
活性化エンタルピー　840, 869
活性化エントロピー　497, 840, 869
活性酸素種　141, 142, 162, 163, 176, 212, 219, 300, 303, 595, 894
カップリング　616
カテコラート　630, 695
カテコール型シデロフォア　329
カテコールジオキシゲナーゼ　297
カテコレート（Cat^{2-}）　695
カテナン　231, 707
ガドリニウム　390-393, 592
カーバイド　841, 842
カーボンナノチューブ　393
可溶性メタンモノオキシゲナーゼ　359
ガラクトースオキシダーゼ（GO）　134, 143
ガラス相　630, 902
カラム構造　100, 157, 170, 241, 250, 438, 439, 441, 479, 543, 544, 558, 644
カラムナー液晶　160, 232, 577, 578, 897
カラムナー相　753
ガラン　389
ガラン σ 錯体　389
カリックス［3］ジピリン　229
カリックス［n］アレーン　432, 433, 786
ガリル錯体　388
ガリレン錯体　338, 367
カルコゲニド化合物　39, 261, 412, 646
カルコゲニドクラスター　732
カルステッド　645
カルステッド触媒　645
カルベン錯体　87, 280, 455, 661, 707, 711, 774, 836
カルボキシラト架橋　197, 464, 469, 471, 656
カルボキシラト錯体　688
カルボキシラト二重架橋　471
カルボキシラト三重架橋　195
カルボキシラト四重架橋　197, 567, 738
カルボスタニル化反応　606
カルボニックアンヒドラーゼ　866
カルボニル化　280, 600, 642, 741
カルボニルクラスター錯体　691
カルボニル錯体　79, 410, 446, 453-456, 580, 701, 777, 818, 820
カルボニル配位子　48, 49, 79, 93, 96, 272, 338, 341, 367, 370, 388, 453-455, 502, 505, 520, 581

カルボラン　17, 789
カルボン酸架橋二核錯体　751
感圧塗料　635, 724
環化異性化反応　603, 674, 708
環拡張ポルフィリン　36, 213, 229, 356, 410, 605, 609, 807, 889
環化三量化反応　53
［2＋2］環化縮合反応　12
環化縮合反応　12
環化多量化反応　562
環化二量化　530
環化反応　664, 683
環化付加反応　506, 615, 674, 683, 801
［2＋2］型環化付加反応　711, 790
［2＋4］環化付加物　739
［3＋2］環化付加反応　688
［3＋4］環化付加反応　688
還元的酸素-酸素結合開裂　284
還元的消光　200, 724
還元的脱離　504, 529, 590, 596, 600, 603, 778, 794
還元糖　548, 610
環状 15 族元素配位子　486
環状三核錯体　227, 232, 690
環状テトラアザ配位子　5
環状配位化合物　16
環状八量体　898
環状パラジウム（II）四核錯体　613
環状ヒドロキサム酸　387
環状ポルフィリン二量体　766
環状ポルフィリン八量体　898
環状四核構造　368
環状四硫化物　692
環状レニウム（I）多核錯体　668
完全縮環ポルフィリン多量体　899
含硫アミノ酸　613, 663, 824

幾何異性体　33, 135, 271, 406, 631, 676
幾何拘束型触媒（constrained geometry complexes）　791, 851
ギ酸錯体　704
キサンチン-キサンチンオキシダーゼ-NTB 法　459, 462
犠牲還元剤　734
犠牲酸化剤　510
犠牲試薬　724, 803
気相不均一系触媒　781
気体吸蔵特性　752
キチン　550
基底三重項　87, 341
軌道相補の効果　183
軌道反相補の効果　183
希土類　430, 433, 435
希土類アセチリド錯体　852
希土類アルキル結合　849
希土類アルキル錯体　756, 849
希土類イミド錯体　436
希土類カルコゲニド　261
希土類カルコゲニドクラスター　434

希土類金属サンドイッチ錯体　160
希土類金属ヒドリド錯体　854
希土類ジアルキル錯体　757, 848, 850
希土類ヒドリド化合物　424, 757
希土類ポリヒドリド錯体　849
希土類メタロセンアルキル　425
キノプロテイン　146
キノリン環　144, 289, 426, 428
逆供与　100, 661, 706
逆原子価互変異性　56
逆電子移動　724
逆ミセル　7, 374
擬 Jahn-Teller 効果　153
求核剤　24, 532, 600, 603, 606, 659, 859, 887
求核反応　24, 532, 600, 603, 606, 659, 664, 859, 887
吸収発光特性　724
吸着特性　244, 245, 251, 258, 259, 754
求電子芳香族置換反応　93
キュバン型混合金属クラスター　413
キュバン型構造　118, 369, 370, 413
キュバン型錯体　234, 242, 786
キュバン型四核イミド錯体　435
キュバン型四核錯体　189, 246
キュバン構造　118, 370, 435
キュービック（Cub）相　160
強磁性金属伝導　122
強磁性相互作用　95, 113, 172, 173, 178, 185, 191, 193, 195, 196, 199, 208, 220, 221, 223, 228, 237, 255, 256, 291, 467, 469, 473, 693
強磁性体　111, 122-124, 383, 384, 477, 749
強磁性長距離秩序　477, 749
強磁性的カップリング　252
強磁性転移　95, 103, 123, 124, 383, 384, 477, 749
共重合触媒　853
共重合触媒反応　530
共重合反応　756, 757
鏡像異性体　726
鏡像体　265, 798
協同効果　294, 295, 477, 568
協同的水素結合ネットワーク　868
強発光性錯体　617
［2＋2］共付加環化反応　713
共鳴ラマンスペクトル　141, 149, 156, 161-163, 173, 175, 188, 192, 202, 205, 206, 210, 216, 217, 233, 470, 513, 593, 655, 880
共役拡張ポルフィリン　36, 904
共役付加反応　857
強誘電性　260
強誘電性金属錯体　260
強誘電性酸化物　260
強誘電体　558
キラリティー　51, 94, 609
キラル　33, 80, 201, 265, 666, 675, 729,

キラル salen 錯体　283
キラル強磁性体　123
キラル金属錯体　60, 512
キラル錯体触媒　108
キラル識別剤　725
キラル磁性体　125, 385, 121
キラルシッフ塩基錯体　182
キラルジルコニウム錯体　909
キラルスイッチ　283
キラル単核錯体　82, 182
キラル配位子　182, 724
キラル反転　60, 69, 676
キラル複核錯体　182
キラル分子磁性体　476
キレート効果　128, 332, 677
キレート剤　154, 328, 676
キロプティカル特性　442
銀(0)ナノ粒子　7
均一系触媒　142, 401, 411, 524, 661, 680
金カチオン錯体　30
金カチオン/光学活性有機アニオン複合触媒　24
金-金相互作用　28, 35, 38
近赤外バイオメディカル発光体　42
近赤外発光　426, 526, 640
近赤外発光プローブ　526
金属 β-ジケトン化合物　576
金属アルコキシド　523
金属-アレーン錯体　436
金属カルベン種　661
金属カルボニル錯体　334, 369, 370, 444, 446, 532, 624, 777, 780
金属間結合　412, 487, 502, 507, 515, 687, 740, 840, 843
金属間相互作用　608, 619, 644, 746
金属挙動　653, 654
金属-金属間相互作用　4, 27, 37, 39, 239, 612, 693
金属-金属鎖構造　32
金属-金属結合　32, 341, 414, 505, 525, 656, 688, 751
金属-ケイ素単結合　837
金属-ケイ素二重結合　711, 836, 837
金属錯体型塩基対　1, 133, 168, 169, 225, 252, 398, 542, 592
金属錯体型人工塩基対　1, 252, 592
金属錯体伝導体　643
金属-ジエン錯体　444
金属磁性　86
金属ジチオレン錯体　502, 563
金属状態　247, 248, 555, 558, 559, 563, 637, 654-656
金属-絶縁体転移　247, 556, 564, 643
金属層状複水酸化物（layered double hydroxide：LDH）　103
金属-炭素多重結合　446
金属置換反応　565, 613
金属超分子　33, 377

870
金属伝導　11, 23, 122, 156, 579, 654, 655, 694, 695, 770
金属内包フラーレン　393, 892
金属-配位子間電荷移動　693, 695
金属-配位子間電荷移動吸収（MLCT）　639
金属-半導体転移　276, 654, 655
金属ポルフィリン錯体　43, 457, 546, 702, 765, 767
金属周りの絶対配置　76, 565
金属メチル錯体　24
金属-有機構造体（MOF）　257, 902, 903
金ホスフィン錯体　30

グアニジン　789, 851
空孔　12, 101, 662
熊田-玉尾-Corriu 反応　603
[3]クムレン　914, 915
クムレン化合物　914
グリオキシマート　441
グリオキシラート-エン反応　799
N-グリコシド　75, 76, 91, 548-550, 568, 610
グリシルグリシン　207
クリプタンド　167
グリーンソルベント　812
グルコース　91, 131, 148, 396, 548-550, 610, 632, 829, 868, 886
グループバインダー　726
グレッツェルセル　724
クロスカップリング　70, 278, 528, 553, 561, 562, 596, 603, 642, 851, 852, 900, 907, 910
クロソ型構造　96
クロミック現象　14
クロム(III)ポルフィリン錯体　104
クロム酸イオン　113
クロモフォア　862
クロライド錯体　704
クロロ二重架橋構造　191
クロロフィル　450, 875
クーロン引力　338

蛍光　666, 726, 755, 761, 862
蛍光寿命　386, 526, 755, 878, 895
蛍光スイッチング　526
蛍光性化学センサー　399, 884
蛍光プローブ　41, 526, 761, 885
ケイ素(IV)化合物　272, 761, 762, 791, 831
ケイ素フタロシアニン　761
ゲスト分子　20, 381, 833, 869, 890, 906
欠損型ポリオキソメタレート　921
血糖値降下作用　824, 826, 829, 830, 886
β-ケトエステル　411, 452, 489, 664, 727, 728
α-ケト酸　292, 314
α-ケト酸鉄(II)錯体　292
α-ケト酸要求酸化酵素　292
ケトース　548, 549

ケルトリング構造　845
ゲルマニウム(II)ヒドリド種　177
ゲルミリン錯体　485
ゲルミレン　485, 615, 765
原子価間電荷移動吸収帯　737
原子価間電荷移動遷移（intervalence charge-transfer：IVCT）　340, 655, 695
原子価互変異性　56-58, 97, 344, 460, 693, 695
原子価秩序状態　579, 653-655
原子価転移　57, 344

五員環アルキン　915
五員環キレート　145, 150, 548, 722, 857
五員環クムレン　914
コインメタル　447
抗潰瘍効果　865
光化学固体反応　11
光化学的 CO_2 還元反応　704
光化学的 P450 モデル反応　755
光化学特性　402, 491, 704
光化学反応　330, 395, 477, 546, 601, 623, 730, 862, 864
光学活性陰イオン　63
光学活性錯体　51, 92, 107, 108, 507, 512, 621
光学活性ジアミン配位子　718, 728
光学活性ジエン配位子　684
光学活性ジホスフィン配位子　673
光学活性二座ホスフィン配位子　672, 674, 684
光学活性メントール　673
光学活性ルテニウム(II)錯体　723
光学分割　51, 59, 63, 64, 66, 68, 74, 80, 81, 85, 88, 92, 107, 108, 419, 552, 565, 591, 609, 613, 675, 676, 721, 724, 725, 762
抗がん剤　627, 628, 631, 649, 651, 794
抗がん作用　627, 628, 631, 735
抗がん性白金錯体　632
抗関節炎薬　33
高感度比色定量　73
高原子価オキソマンガン　470
高原子価鉄オキソ種　166, 290, 361
高原子価二核金属オキソ錯体　572
光合成　372, 450, 474, 867, 875, 883, 900
光合成系 II　166, 470
光合成系アンテナ複合体モデル　900
光合成酸素発生中心　475
光合成反応中心モデル　867
交互電荷分極状態　579, 653-655
交差カップリング反応　600, 606
硬質磁石　99, 749
高磁場・高周波数電子常磁性共鳴　479
後周期遷移金属錯体　444, 690, 908
光線力学的治療用光増感剤　761
光線力学的療法（PDT）　157, 392
構造異性体　5, 419, 545, 662
構造スイッチング　133

酵素配位スルフェナト錯体　83
光電子移動反応　724
光電子供与体　386
光電子分光　83, 256, 559, 669, 671, 680, 685, 739
高配位数　265
光反応生成物　83
光物性　37, 39, 95, 213, 417-419, 668, 704, 706, 724, 725, 864, 901, 904
高分子錯体　326
五価バナジウム　824
五価バナジウム化合物　830
5族金属カルボニル錯体　777
5族ニオブ錯体　521, 773
コットン効果　60, 76, 91, 123, 144, 225, 534, 609, 890
　負の——　75, 145, 148, 333
五配位中間体　104, 704
コバラミン　50, 84
コバルト-炭素結合　50, 55, 71, 72, 78, 79, 84
コバルト-窒素錯体　65
コバルトポルフィセン錯体　78
コバロキシム　79, 84
コヒーレンス長　556
コリノイド　71
コリン環　50, 71, 79, 84
コロネン　9
混合金属クラスター　412, 413, 646, 747
混合金属錯体　412, 507, 581, 731, 740
混合金属配位高分子　26
混合原子価　109, 167, 181, 193, 210, 212, 228-230, 240, 247, 248, 256, 325, 340, 346, 351, 361, 382, 384, 447, 467, 469, 478, 502, 519, 536, 558, 579, 594, 644, 650, 652-656, 667, 690, 693-695, 737-739, 747, 748, 749, 751, 753, 832
混合原子価錯体　167, 193, 210, 229, 240, 325, 340, 346, 351, 361, 382, 384, 469, 536, 650, 652, 694, 737, 739, 774
混合原子価三核錯体　228, 230
混合原子価複核ニッケル(II,III)錯体　579
混合原子価複核白金(II,III)錯体　653, 654
混合配位子錯体　663, 725, 736, 809-811
近藤効果　560
コンバージェント法　326

さ 行

サイクリックボルタモグラム　134, 143, 175, 176, 281, 326, 331, 340, 358, 361, 462, 469, 475, 492, 499, 630, 725, 736, 739, 805, 806
サイクリックボルタンメトリー　73, 146, 325, 351, 352, 358, 360, 372, 438, 469, 502, 505, 545, 547, 662, 687, 692, 704, 746, 755, 760, 767
サイクレン型配位子　804

サイクレン骨格　782
細孔構造　119, 127, 244, 245, 259, 804
再処理　806, 809-812, 815
サイズ依存性挙動　374
最低三重項励起状態　724
錯形成反応　44, 55, 77, 264, 271, 305, 461, 881, 882
錯体触媒　24, 108, 148, 182, 296, 317, 357, 372, 453, 457, 704, 707
錯体配位子　33, 54, 69, 81, 82, 646
錯体ヘリシティー　60, 429
鎖状構造　4, 12, 18, 19, 99, 156, 221, 227, 235, 276, 376, 447, 467, 693
鎖状共二量化反応　709
サフィリン　410
サブポルフィリン　213
サマリウム四核錯体　764
サマロセン錯体　764
サーモクロミズム　234, 379, 441, 538, 541, 630, 650
サーモトロピック液晶　7, 431, 874
サーモトロピック液晶相　577
サルファイトオキシダーゼ　498
サルペン　825
サレン配位子　458, 577, 798, 897
三安定性分子　368
三員環メタラサイクル　913
三塩化ロジウム　445, 669, 671, 672, 680, 685, 688, 691
酸塩基反応部位　264
酸化型ヘモシアニン　149, 205
酸化還元剤　725
酸化還元触媒　687, 704
酸化還元電位　73, 129, 137, 140, 154, 155, 159, 167, 174, 179, 181, 200, 287, 291, 301, 328, 331, 335, 340, 366, 371, 438, 442, 448, 495, 496, 510, 515, 580, 633, 647, 676, 690, 701, 703, 704, 722
酸化還元特性　460, 690, 704, 724, 803
酸化還元力　647
三角格子　597-599
三核銅錯体　210, 227, 228, 230
酸化剤　4, 52, 59, 92, 109, 134, 142, 143, 166, 233, 288, 291, 296, 300, 302, 313, 323, 325, 333, 357, 359, 361, 445, 457, 460, 470, 491, 507, 510, 519, 529, 539, 540, 569, 603, 636, 658, 702
酸化触媒　198, 361, 409, 491, 518, 535, 698, 701, 724, 733, 755, 846, 891, 921
酸化触媒活性　361, 733, 755
酸化的環化　531, 713
酸化的酸素-酸素結合生成　284
酸化的消光　35, 724
酸化的付加　25, 79, 388, 404, 411, 414, 451, 504, 532, 561, 581, 586, 596, 600, 601, 603, 612, 616, 618, 623, 626, 641, 642, 700, 712, 713, 836, 914, 916
酸化電位　314, 395, 448, 450, 547, 724, 755, 807, 867, 900

三脚状三座ホスフィン　677, 681
三元錯体　3, 132, 146, 164, 427, 428
三元ランタノイド錯体　427
三座 facial 型　772
三座シッフ塩基配位子　182
三次元構造　10, 12, 102, 119, 121, 125, 221, 254, 260, 375, 379, 381, 637, 752, 803
三次元性　247
三次元多孔性構造　251
三次元ネットワーク　10, 101, 125, 339, 749
三重結合　30, 338, 355, 435, 482, 485, 505, 509, 513, 620, 682, 764, 790, 838, 841, 842, 854, 892, 914, 915
三重項カルベン　87
三重項励起状態　6, 27, 153, 659, 724
三重鎖三核らせん型錯体　271
三重鎖らせん構造　270, 271
三重らせん構造　68, 69, 125, 270
酸素運搬体　192, 205, 324, 347
酸素運搬タンパク質　188, 202, 206, 216, 351, 354
酸素架橋複核コバルト(III)配糖錯体　91
酸素架橋ロジウム(I)二核錯体　684
酸素活性化　141, 149, 233, 292, 307, 353, 357, 359
酸素原子移動反応　495, 497, 499
酸素原子引き抜き反応　497, 500
酸素錯体　149, 162, 203, 205, 233, 306, 352, 535, 540, 601, 641
酸素-酸素結合　188, 206, 284, 290, 304, 314, 314, 470
酸素消光能　724
酸素親和性　308, 314, 347, 491, 707, 923
酸素担体モデル錯体　92
酸素ドナー配位子　813
酸素発生　166, 372, 460, 468, 470, 475, 595, 706, 875
酸素発生反応　372, 468, 470, 475, 595, 706, 875
酸素発生中心(OEC)　166, 470, 475
酸素付加体　173, 203, 308, 623
酸素分子の可逆的結合　202
酸素分子活性化　535
三段重ねサンドイッチ　505
三中心二電子結合　389, 449, 451
サンドイッチ化合物　17, 714, 765, 888
サンドイッチ型アレーン錯体　278
サンドイッチ型構造　9, 17, 40, 54, 277, 342, 420, 436, 437, 455, 456, 590, 714, 780, 794, 860, 888
サンドイッチ型錯体　437, 455, 488, 543, 764
サンドイッチ型単核錯体　445, 745
サンドイッチ分子　714
散漫散乱　564, 625, 654

ジアステレオ異性　69, 82

ジアステレオ異性塩　51, 80, 88, 107, 108, 552, 762
ジアステレオ異性体　68, 82, 107, 676
ジアステレオ塩　59, 64, 67, 74, 85
ジアステレオ選択　201, 408, 794, 801
ジアステレオマー　63, 67, 80, 283, 442, 565, 591, 628, 675, 721, 783, 855, 909, 921
ジアステレオ立体選択性　67
ジアスレテオマー配位子　182
ジアセチル酒石酸塩　591
ジアゾアルカン錯体　489
ジアゾ化合物　87, 688
シアニド配位子　375, 380
シアノコバラミン　50, 71
シアノ錯体　339
ジアミドウラン(II)アレーン錯体　278
ジアミンジチオール(DADT)化合物　787
ジアルキルカーボネート　768
ジアルキルシリレン錯体　711
シアン化物　27, 45, 368, 456
ジイミン　136, 164, 452, 617, 629, 668, 678, 679, 734, 864, 919
α-ジイミン配位子　362
シェブレル型クラスター　746
シェブレル相　515
ジエンの低重合・重合　533
ジエン錯体　54, 407, 444, 456, 505, 657, 674, 685, 712, 735, 779
ジオキソタイプ　805, 806
ジオキソモリブデン(VI)　494, 495, 499
ジオキソレン誘導体　695
ジオナト配位子　729
ジオール塩　114
紫外線障害抑制作用　222
四角形網目格子状　380
四角形歪み　6
ジカルボキシレート　627, 628
磁気円二色性　121, 228
磁気空間群　121
磁気交換相互作用　187, 190, 193, 575
色素材料　157, 872
色素増感型太陽電池　724
磁気抵抗　122, 274, 556, 557, 559
磁気的超交換相互作用　185
磁気的交換相互作用　193, 353, 464
磁気的双安定性　100
磁気的相互作用　110, 113, 117, 160, 172, 178, 183, 185, 186, 199, 207, 223, 235, 237, 464, 465, 467, 468, 472-474, 479, 568, 575, 579, 690, 744, 761, 899
磁気不斉二色性　123, 125, 476
磁気量子振動　557
ジグザグ一次元鎖　246, 253, 254
ジグザグ一次元鎖錯体　246
軸配位型フタロシアニン　274
軸配位子　94, 104, 146, 192, 274, 298, 302, 304, 364, 386, 395, 458, 491, 539, 546, 567, 580, 682, 701-703, 706, 738, 748, 755, 759, 761, 766, 767, 870, 879, 883
軸不斉　675, 718, 728
シクロ[n]ピロール　807
1,5-シクロオクタジエン(cod)　131, 407, 409, 411, 444, 531, 533, 626, 645, 674, 684, 685, 713, 715, 735
シクロオクテン　290, 672, 685
シクロデキストリン　20, 131, 306, 725
1,5,9-シクロドデカトリエン　531
シクロパラデーション　584, 585
シクロファン　16, 20, 232, 254, 447
シクロブタジエン(C4Ph4)環　54
1,1-シクロブタンジカルボキシレート　627
シクロプロパン化反応　55, 70, 457, 658, 705, 708
シクロペンタジエニドアニオン　420
シクロペンタジエニル環　341, 521, 714, 791, 817, 860, 913, 914, 916
シクロペンタジエニルコバルト　90
シクロペンタジエニル鉄アレーン錯体　278
シクロペンタジエニル配位子　53, 272, 369, 370, 394, 424, 425, 445, 455, 487, 520, 521, 582, 711, 757, 760, 763-765, 772, 777, 794, 796, 819, 822, 852-854, 860, 910, 914, 916
シクロペンタジエニルバナジウム(I)アレーン錯体　278
シクロペンタジエニル基　118, 369, 455, 714, 791, 792, 832, 851, 854, 860, 911
シクロペンタジエン　17, 53, 54, 138, 139, 342, 445, 455, 487, 505
シクロメタレーション　623
シクロメタレート　402
シクロメタレート型錯体　406, 617
β-ジケトイミナートクロム(I)アレーン錯体　278
β-ジケトナト型配位子　232
β-ジケトン　327, 576
自己集合構造　633
自己集積錯体　377
自己集積的　536
自己組織化　232, 271, 277, 321, 897
η^2-ジシレン錯体　638
ジスタノキサン　768, 769
システイン　67, 69, 137, 143, 144, 240, 301, 302-304, 336, 366, 371, 400, 496, 498, 613, 663, 676, 830, 840
システインメチルエステル　824, 826
シスプラチン　147, 627, 632, 649, 651, 652
ジスルフィド架橋基　209, 217, 573
ジスルフィド配位子　740
ジスルフィド基　209, 217, 573, 839
ジスルフィナト錯体　629
自然分晶　68, 81, 397, 417
ジチオオキサラト　110
ジチオレン錯体　502, 554, 563, 629, 858
ジチオレン配位子　23, 281, 494, 495, 498-500, 643, 839
シッフ塩基　55, 191, 318, 356, 382, 392, 457, 463, 473, 584, 585, 807, 835
シッフ塩基錯体　92, 182, 835
シッフ塩基化合物　176, 835
シッフ塩基三座配位子　472
シッフ塩基配位子　176, 180, 182, 468, 473, 835
シデロフォア　328, 329, 331, 332, 387
シトクロムcオキシダーゼ(CcO)　137, 173
シトクロム P450　291, 301, 302, 304, 307, 312
自発磁化　102, 415
磁場誘起第二高調波　123
ジヒドリド-不飽和機構　673
ジピリン　229, 410, 889, 901
ジピロメテン　901
ジフェニル亜鉛　887
8-ジフェニルホスフィノキノリン　289, 537
ジフェニルホスフィン　287, 537, 730
ジフェニルホスフィン酸　198, 475, 571
ジブチルスズオキシド　768, 769
ジブチルスズジクロリド　769
ジブチルスズジメトキシド　768
シフト試薬　265, 268, 870
ジベンジリデンアセトン　601, 607
ジホウ素化　642
ジホスフィン　6, 35, 128, 136, 273, 411, 508, 512, 640, 673, 718, 848
ジホスフィンアミド配位子(PNP)　848
ジホスフィン配位子　512, 673, 718
シマントレン　455
ジメシチル鉄(II)TMEDA錯体　273
ジメチル亜鉛　484, 858, 860, 888
N,N'-ジメチルエチレンジアミン　568
ジメチルグリオキシム　84, 117, 541
ジメチルサルペン　825
ジメチルスルフィド還元酵素　497, 500
ジメチルホルムアミド　61, 62, 77, 145, 149, 433, 461, 475, 495, 584, 646, 665, 672, 688, 718, 827, 878, 881, 882, 895
重原子効果　130, 161, 192, 386, 493, 593, 595, 636
重合触媒　528, 530, 757, 763, 779, 791, 792, 794, 796, 819, 848, 851, 853, 910-912
重合反応　108, 244, 424, 425, 589, 672, 674, 700, 756-758, 764, 792, 819, 848, 850, 853, 908, 909
シュウ酸架橋複核金属錯体　122, 124
13族元素　334, 338, 386
シュウ酸配位子　101, 123
修飾フラーレン　19
集積化　11, 12, 68, 81, 82, 168, 225, 252,

380, 426, 541, 565, 592, 651, 676
集積化合物　16, 243
集積型ハロゲン化銅(I)錯体　10
集積構造　131, 295, 364, 617, 650
十二核錯体　39
18電子錯体　444, 446, 670
18電子則　65, 338, 367, 446, 600, 601, 714
14電子アリールマンガン(I)アレーン錯体　278
16電子錯体　444, 600, 670, 713
主エナンチオマー　673, 710, 727
d-酒石酸アンチモンカリウム　74, 85
d-酒石酸イオン(d-tart^{2-})　63, 64, 66, 74, 85
準位交差　597
消光反応　37, 895
硝酸ウラニル・6水和物　805, 806, 809-811
常磁性シフト　268, 270, 273, 291, 341, 418, 460, 540, 720, 831, 855
常磁性体　95, 123, 271, 339
使用済み核燃料　809-812, 815
小分子の取り込み　432
触媒回転数　142, 372, 424, 585
触媒的酸化反応　78, 161, 163, 166, 192, 236, 291, 510
触媒的縮合反応　709
触媒的水素化反応　718
触媒的窒素固定反応　286, 503, 511
触媒的付加反応　851
触媒的不斉反応　685
η^2-シラン錯体　451
σ-シラン錯体　451
シリコ十二タングステン酸イオン　802
シリリン　96
シリル錯体　272, 279
シリルホルミル化反応　683
シリルケイ素　341, 711, 836, 837
シリレン錯体　615, 711, 836
シリレン配位子　341, 711, 836, 837
シリレン白金錯体　615
ジルコニウム錯体　758, 908, 909, 911, 914-918, 920, 921
ジルコノセン　910, 913
人工DNA　551
人工DNAオリゴマー　225, 252
人工DNA二重らせん　225, 252
人工核酸塩基対　168
人工金属錯体型塩基対　252
人工光合成　450, 724, 883
人工シデロフォア　331, 332
人工シデロフォアモデル錯体　328
人工受容体　387
人工制限酵素　679
人工ヌクレオシド　133, 225, 592
人工レセプター　893
ジンコセン　860, 888
シンジオタクチックポリスチレン　757, 792

シンジオタクチックポリプロピレン　796, 911
真性半導体　256
振動エントロピー　463
振動円二色性(VCD)　266

水素移動型還元　445, 735
水素移動型不斉還元触媒　710
水素移動型不斉還元反応　401, 710
水素移動反応　24, 401, 404, 445, 670, 712
水素化触媒　407, 424, 425, 699, 718, 728, 747
水素化脱硫反応　412, 581, 746
水素活性化酵素　336
水素化反応　49, 280, 286, 401, 407, 411, 425, 593, 601, 603, 612, 657, 672, 674, 697, 699, 700, 718, 727, 757, 778, 849, 908
水素原子引き抜き反応　188, 206, 311, 313
水素発生　84, 619, 698, 724, 845, 847
　光化学的な――　696
α水素引き抜き反応　773, 778
スイッチング　36, 60, 133, 144, 250, 315, 362, 365, 368, 381, 442, 478, 526, 551, 594
水溶性ポルフィリン　871
水和反応　25, 52, 139, 866
スカンジウムポルフィリン　759
スクアラト架橋　208
スクエアアンチプリズム型　786
鈴木-宮浦クロスカップリング反応　553, 596, 603, 801, 893, 908
スズポルフィリン　766
スタニレン　615
スタンノセン(Cp*$_2$Sn)　437, 765
ストークスシフト　27, 34, 37, 234, 655, 896
ストップトフロー速度論　130
スーパーオキソ還元酵素(SOR)　303, 304
スーパーオキソジスムターゼ(SOD)　207, 219, 222, 300, 303, 310, 459, 462, 539
スーパーオキソ錯体　149, 162, 535
(-)-スパルテイン　192
スピン一重項対　598
スピン液体　597, 599
スピンギャップ　598
スピンクロスオーバー錯体　58, 86, 101, 122, 220, 294, 295, 315, 316, 318, 320, 322, 344, 365, 376, 379, 380, 382, 383, 463, 477
スピンクロスオーバー転移(SCO)　101, 337, 376, 377, 379, 380, 382, 415, 463
スピンコンバージョン　321
スピン-スピン磁気的相互作用　207
スピン縦緩和時間(T1)　390
スピン転型　295

スピンパイエルス　579, 594, 598
スピンパイエルス転移　579, 653
スピンフラストレーション　22, 229, 257, 690
スピン平衡　293, 295, 298, 316, 320
スピン横緩和時間(T2)　390
スペーサー　270, 335, 377, 387, 442, 496, 682, 867, 901
スマートウインドウ　448
スメクティック(smectic)A(SA)液晶相　440
スメクティック(smectic)A(SA)相　438, 825
スメクティック(smectic)E(SE)液晶相　440
スメクティック(smectic)E(SE)相　438
スルフィド　39, 81, 144, 230, 291, 490, 494, 497, 540, 646, 658, 713, 740, 839
スルフィドクラスター　434
スルフェナト基　66, 83

正常ミセル　7
生体内発光プローブ　724
静電相互作用　332, 637
正方ねじれプリズム型　417-419
生理活性有機ゲルマニウム　396
石英型光ファイバー　527
赤色発光　262-264, 267-270, 405, 416, 428, 515, 635, 639, 647, 843
積層構造　9, 11, 17, 58, 97, 242, 249, 253, 337
セシウム塩　27, 665
絶縁化　247, 276, 643
絶対配置　51, 68, 69, 75, 76, 80, 88, 145, 148, 265, 268, 328, 329, 331, 397, 548-550, 552
セミキノネート(SQ$^-$)　693, 695
セルロースの可溶化　549, 610
セレニド　211, 261, 646, 687
セレン化合物　211
セレン化物　412, 692, 739
遷移金属-アルキルペルオキソ錯体　540
遷移金属クラスター　93, 378, 413, 740
遷移金属錯体伝導体　643
遷移金属-典型元素三重結合　485
遷移金属硫化物クラスター　581, 746
センサー分子　1, 399, 724
選択的水酸化反応　317
選択的二量化反応　851, 852

双安定性　56, 100, 192, 316, 379, 463
双安定性分子　368
増感現象　418, 419
増感剤　43, 157, 200, 270, 395, 595, 629, 668, 702, 704, 706, 721, 725, 734, 761, 872
相互貫入　12, 158, 249, 377, 379, 381, 923
層状ペロブスカイト構造　770
相転移　11, 56, 86, 100, 102, 121, 156,

索引[日本語]　931

294, 315, 322, 365, 376, 377, 383, 384, 415, 439, 440, 477, 557, 578, 598, 625, 630, 653, 753, 770, 811, 902
挿入反応　44, 49, 78, 279, 424, 453, 454, 583, 664, 686, 688, 704, 791, 818
側鎖基　129, 219, 584, 585, 604
疎水相互作用　306, 871
疎水的環境　204, 371
薗頭-萩原カップリング反応　908
薗頭反応　601, 603, 904
ゾルゲルガラス　270
ソルバトクロミズム　538, 541, 629, 630
ソルボルミネセンス　38

た 行

大環状 Ni 四核錯体　577, 578
大環状金属化合物　156
大環状金属錯体　232, 577, 578, 897
大環状配位子　5, 156, 432, 433, 538, 547, 855
対称ビアリール　531
タイプ 2Cu イオン　146
タイプ 2Cu モデル錯体　151, 212
ダイヤモンド型構造　95, 158, 249
太陽エネルギー変換　106
多核金属錯体　33, 39, 180, 198, 239, 504, 512, 648, 842
多核金属硫化物クラスター　412
多核銅-硫黄活性中心　230
多核銅錯体　130
タクティシティー　758
多孔質材料　923
多孔性金属錯体　244, 245, 251, 923
多孔性固体触媒　126
多孔性材料　126, 259, 905
多孔性三次元構造体　119
多孔性配位高分子（PCP）　95, 119, 126, 127, 257, 803, 905, 906
多座配位子　3, 69, 166, 200, 264, 270, 428, 677, 710, 735, 805, 806
多孔性物質　244, 245
多重安定性　316, 322, 368
多重結合　30, 177, 338, 367, 446, 485, 504, 512, 531, 794, 795, 817, 910, 913
多層構造　17
脱カルボニル化反応　280, 404, 600, 668, 671, 680, 795
脱水素触媒　516
脱水素反応　480, 657, 858
縦緩和（T1 緩和）　390, 391
ターピリジン　133, 551, 617
ダブルキュバン型　472, 479
ダブルキュバン骨格　261
ダブルデッカーポルフィリン　46
ダブルヒドロホスホニル化反応　797
単一光子放射型コンピュータ断層撮影法　660
単一成分分子性金属　555
単核アルキルペルオキシド銅(II)錯体　141
単核スーパーオキシド錯体　162
単核銅(II)錯体　166, 172, 175, 218
単核銅(II)-O$_2^-$（スーパーオキソ）錯体　216
単核銅(II)-スーペルオキソ種　149
単鎖磁石　99, 476
タングスステート　845
タングステンオキシド還元酵素　839
タングステン四核クラスター錯体　841, 842
単結晶-単結晶転移　385
単欠損 Dawson 型　47
単欠損 Keggin 型シリコタングステート　732
単欠損 Keggin 型ポリオキソメタレート　47
単欠損ポリオキソメタレート　47
炭酸ジメチル（DMC）　768
炭酸固定　894
炭素-水素結合活性化　452, 664
炭素-炭素結合切断　342, 452, 664
炭素-炭素結合反応　686
タンタルアルキル錯体　775
タンタルハライドクラスター錯体　781
単分子金属　899
単分子磁石　87, 224, 229, 378, 472, 474, 478

遅延蛍光　136, 153, 200
チオエーテル硫黄　148, 179, 189
チオシアナト架橋　235
チオラト錯体　68, 83, 565, 629
チオラート配位鉄ポルフィリン　302
置換活性　49, 52, 59, 60, 68, 69, 104, 144, 265, 266, 280, 323, 326, 426, 454, 455, 471, 590, 631, 689, 761, 783, 867, 923
置換基効果　250, 287, 724, 862
置換反応　28, 29, 54, 93, 104, 129, 275, 288, 369, 411, 424, 437, 444, 451, 455, 488, 507, 520, 565, 576, 582, 585, 613, 623, 677, 686, 705, 708, 721, 730, 735, 736, 746, 754, 769, 820, 857
Ziegler-Natta 触媒　324, 791, 794, 796, 911-913
チタン(IV)錯体　795, 802
チタン置換ポリオキソメタレート　847
チタン二核錯体　798, 799
チタン四核クラスター　801
秩序-無秩序転移　260, 655, 717
窒素架橋型二核錯体　503, 511
窒素固定　286, 373, 489, 493, 503, 511, 818, 913
窒素配位子　29, 49, 286, 296, 297, 310, 503, 511, 581, 584, 604, 766
窒素分子活性化　65, 774
チャイニーズ（ハーン）パープル　42
チャイニーズ（ハーン）ブルー　42
チャネル構造　10, 12, 95, 158, 254, 558

中間スピン鉄(III)錯体　362
中性-イオン性転移　100, 344
長距離秩序相　322
調光ガラス　448
超交換相互作用　115, 120, 185, 464
超格子反射　579
長鎖アルキル鎖　315, 318
超酸化物イオン　175, 176, 219, 310, 459, 539
長寿命発光　619, 622, 639, 782
超常磁性　99, 476, 786
超伝導　337, 557, 598, 602
超伝導性　276
超伝導体　253, 276, 554, 556, 564, 643, 717, 770
超微細構造　133, 159, 181, 719, 827, 829
超分子構造　81, 82, 377, 510, 676, 883
超分子バンドギャップ工学　650
超分子光触媒　734
直接水素化　445
直線型二配位構造　25
直線鎖状ポリマー構造　19
直線状架橋ニトリド二核錯体　509
直線二配位　1, 26, 34, 37, 39, 398
チロシナーゼ（TYR）　192, 203, 205, 236
チロシン　129, 134, 146, 147, 150, 164, 192, 288, 292, 346
チロシン水酸化酵素　288

辻-Trost 反応　600, 606

低極性溶媒　321, 335, 371
低原子価ニッケル種　535
低次元電荷輸送特性　241
ディスコティック液晶　160, 170, 315, 441, 443, 577
ディスコティックラメラ D_{L2}（Col$_L$）相　443
デカサイクレン　17
テキサフィリン　392
デクスター型エネルギー移動　263
デジタル論理回路　862
デソキソモリブデン(IV)錯体　494
鉄(III)カテコラト錯体　297
鉄(III)ヒドロペルオキソ錯体　314
鉄(II)スピンクロスオーバー錯体　220, 294, 318, 320, 322, 365
鉄(II)二核構造　351
鉄(II)二核錯体　363, 364
鉄(IV)オキソ種　173, 312-314, 347
鉄(V)オキソ種　290
鉄-硫黄クラスター化合物　373
鉄硫黄タンパク質　335
鉄五核錯体　372
鉄混合原子価　384
鉄三価アルキルペルオキソ錯体　304
鉄三価ヒドロペルオキソ　304
クロスカップリング反応　70, 273, 528, 553, 596, 642, 851, 852

鉄二核錯体　342, 360, 361, 370
鉄複核錯体　340, 352, 736
鉄-ポルフィリン錯体　306, 308
鉄輸送機構　331, 332
鉄四価オキソポルフィリンπ-カチオンラジカル錯体　291
鉄四価中間スピン　291
テトラアザトリフェニレン　429
テトラカルボニルニッケル　530
テトラクロロ白金酸カリウム　642
テトラゴナルカラムナー(Co$_{tet}$)相　160
テトラチアフルバレン-テトラシアノキノジメタン(TTFTCNQ)　594
テトラピロール　50, 55, 71, 78, 79, 84, 545, 883, 889
テトラフェニルポルフィリン(TPP)　72, 104, 155, 546, 662, 702, 766
テトラフェニルポルフィン銅錯体(CuTPP)　155
1,1,3,3-テトラブチル-1,3-ジアルコキシジスタノキサン　768
テトラフルオロエチレン錯体　672
テトラフルオロホウ酸銀　11, 674
デフェリフェリクロム　328
デュアル発光　622, 864
デルテート錯体　816
デルテートジアニオン　816
テレフタル酸錯体　752
電位差滴定法　150
転移反応　491, 683
電解結晶化　694
電解結晶化法　4
電荷移動型相互作用　147, 761
電荷移動吸収帯　23, 66, 129, 134, 137, 143, 186, 187, 189, 190, 205, 292, 304, 330, 467, 560, 573, 651, 737
電荷移動錯体　13, 100, 171, 253, 344, 519, 594, 749
電荷移動遷移　91, 94, 151, 171, 184, 188, 200, 204, 206, 212, 216, 340, 500, 560, 644, 655, 656, 695, 698, 805, 806, 839
電荷移動相互作用　326, 682, 893
電荷移動相転移　383, 384
電荷移動度　100, 276, 904
電荷移動励起状態　184, 629
電荷秩序　247
電荷の不均化　274
電荷分極状態　579, 653-655, 749
電荷分離　248, 595, 597, 650, 717, 883
電荷密度波　248, 564, 637, 650, 654-656
電荷密度波状態　650, 654, 655
電気化学測定　174, 346, 372, 448, 510, 688, 719, 722, 737, 807, 821, 891
電気化学的還元触媒　704
電気化学的酸化反応　79, 181, 593, 744
電気抵抗　23, 556, 557, 560, 563, 564, 625, 636
電気伝導性　13, 241, 250, 256, 295, 479, 558, 594, 625, 749, 863

電気伝導率　579, 653, 655, 656, 693-695
典型元素サンドイッチ化合物　765
電子-イオン混合伝導体　558
電子スピン共鳴　131, 137, 141, 292, 475, 491, 539, 751, 824
電子スプレー質量分析　161, 233, 309, 323
電子伝達　129, 137, 141, 149, 335, 366, 371, 373, 558, 584, 604, 749
電子伝導性　558
電子不足金属錯体　793
電子-プロトン相互作用　594
電子ペーパー　448
電子密度　83, 89, 171, 175, 272, 275, 339, 358, 446, 603, 705, 711, 719, 720, 913
デンドリマー　54, 306, 326, 370, 376, 390, 426
糖
　——の異性化　396
　マンノース型の——　75, 91, 548, 568
銅, 亜鉛スーパーオキシドジスムターゼ(Cu,Zn-SOD)　175, 176, 219, 894
銅/酸素錯体　233
銅(II)-dmit錯体　171
銅-アスピリン錯体　222
銅-硫黄錯体　217, 230
同位体標識試薬　497
透過型電子顕微鏡　98, 393, 650
糖含有配位子　145
銅-カルコゲン化合物　209
銅含有亜硝酸還元酵素　151, 212
銅含有アミン酸化酵素　146
銅錯体-DNA複合体　139
糖質　75, 76, 91, 148, 396, 548, 549, 550, 568, 610, 642
銅-スーパーオキソ錯体　162
動的Jahn-Teller効果　463
動的挙動　96, 367, 383, 480, 506, 588, 657, 747, 778, 851
動的スイッチング　60
動的な原子価揺動　579, 653, 654, 655
等電子構造　369, 456, 482, 483, 582, 779
等電子等構造　480
導電性金属錯体　558
導電性結晶　543
導電性配位高分子　256
糖尿病　824, 826, 829, 830, 886
銅ヒドリド化合物　238
銅ヒドロペルオキソ　142, 163
糖分子　75, 91, 145, 148, 660
銅ポルフィリン　155
糖類の認識　868
糖連結抗がん性貴金属錯体　632
吐酒石　85, 88, 552
吐酒石イオン([Sb$_2$(d-tart)$_2$]$^{2-}$)　63, 64
トパキノン　142
ドーパミンβ-ヒドロキシラーゼ　142, 163

ドーパミンβ-モノオキシゲナーゼ　141, 149, 161
トポロジー　231, 605, 902, 903
1,2-トランス-(4-ピリジル)エテン　12
トランスアミノ化反応　789
トランス影響　82, 287, 289, 495, 498, 499, 537, 586, 588, 681, 699, 730
トランス型架橋ペルオキシド錯体　205
トランスファー積分　656
トランス付加　280, 404, 603
トリアザシクロノナン　351, 360, 469
トリアジン　154
1,2,4-トリアゾール　98, 321, 376, 382
トリアゾール架橋　376
トリアルキルホスフィン　29, 528, 596, 794
トリオール塩　114
トリシアノメタニド　221
トリス(2-ピリジルメチル)アミン(tpa)　360
トリスアミノ酸Co(III)錯体　63, 64
トリスオキサゾリン配位子　758
トリスカテコラト鉄(III)錯体　329
トリスヒドロキソ架橋二核錯体　114
トリスピラゾリルボラト(Tp)　616, 772
トリスヘテロレプティック錯体　704
トリヒドロキシフェニルアラニン　146
トリフェニルホスフィン配位子　646, 689, 746
トリプトファン　129, 147, 150, 164, 584, 604
トリフルオロ酢酸イオン　19
トリプルデッカー構造　9
トリプルデッカー錯体　277
1,4,7-トリメチル-1,4,7-トリアザシクロノナン(Me$_3$TACN)　351
トリメチルアミン-N-オキシド還元酵素　495, 500
トリメチルシリルメチル配位子　756
トリメチルホスファイト錯体　513

な 行

七員環キレート　107, 728
七配位構造　76, 354, 522, 839
七配位五方両錐型　805, 806
七配位錯体　285, 484, 773
ナノ空間　39, 231, 232, 577, 578, 897
ナノ細孔性　95
ナノサイズ磁石　479
ナノチューブ　15, 393, 501
ナノファイバー　98, 321, 650
ナノボール　501
ナノ粒子　7, 326, 374, 430, 846
ナノワイヤー　863
ナフタレン配位子　716
軟磁性体　122
軟質磁石　99, 121, 123

ニオブ　520, 522, 524, 525, 774, 777

ニオブクラスター　525
ニオブハライドクラスター錯体　524
ニオブポルフィリン錯体　522
二核Cu(II)錯体　181, 194, 195
二核Mn(II)錯体　467, 469, 471
二核Ni錯体　567
二核Ru錯体　738
二核-アシルペルオキシド銅(II)錯体　141
二核化配位子　175, 176, 183, 190, 194, 346, 347, 353, 465, 467
二核化マクロ環配位子　174
二核錯体　2, 34, 115, 131, 172, 173, 198, 364, 412, 607, 674
二核ジセレニド錯体　211
二核高原子価金属-架橋ジオキソ錯体　569
二核鉄(III)錯体　284, 325, 345, 348, 349, 353, 354, 357, 359, 464
二核鉄(III)ペルオキソ錯体　324, 347, 349, 353
二核銅　179, 186, 188, 192, 202, 206, 216, 222, 233
二核銅(III)ビス(μ-オキソ)錯体　192
二核銅(II)-μ-η^2:η^2-ペルオキソ　192
二核銅(II)錯体　114, 172, 175, 176, 180, 185-194, 196-199, 202, 204, 208, 209, 214-220, 237
二核銅(II)ペルオキソ錯体　192, 216
二核銅錯体　175, 179, 181, 183, 187, 202, 203, 210, 211, 218, 284
二核ニッケル(II)錯体　208, 571, 573
二核パラジウム錯体　608, 610, 611
二核非ヘム鉄(III)ペルオキソ種　324
二核マンガン錯体　467, 468
二核モリブデン錯体　486, 504, 512
二核ルテニウム(II,III)錯体　750, 754
二核ロジウム(III,III)錯体　750
二価ジルコノセン　910, 915-917
2級アルコール　710
二座ホスフィン　31, 672, 674, 677, 684, 709
二座ホスフィン錯体　672, 674
二酸化炭素　73, 216, 245, 251, 490, 503, 511, 622, 623, 641, 668, 684, 687, 698, 704, 710, 768, 854, 888, 903, 914, 923
二酸化炭素還元触媒　704
二酸化炭素還元光触媒系　668
二酸化炭素固定　768
二酸化炭素付加錯体　704
二酸化炭素分離特性　251
二軸性ネマチック(Nb)相　170
二次元金属状態　559
二次元シート構造　14, 18, 242, 243, 246, 253, 294, 663, 906
二次元ナノシート　42
二次元平面構造　249
二次元ポリマー錯体　748
二次元レイヤーネットワーク　380

二次不斉転換現象　67
二重架橋　92, 191, 195, 197, 198, 215, 220, 471, 473, 571, 646, 736, 746
二重交換相互作用　109, 325
二重鎖不飽和らせん構造　611
二重鎖融解実験　1
二重層　438, 439
二十四員環　10
二十四員環骨格　817
二重らせん構造　138, 139, 201, 218, 398, 611, 855, 873, 901
二重らせん錯体　201
二段階スピン転移　322, 365
二窒素錯体　773, 776
二窒素配位子　49, 286, 503, 511
ニッケル-dmit錯体　560
ニッケル(0)錯体　530, 533, 561, 562
ニッケル(0)カルボニル錯体　532
ニッケル(II)錯体　528, 529, 534, 537, 538, 540, 547, 549, 550, 552, 568, 573
ニッケル(II)-ビホスフィン錯体　553
ニッケル(II)ポルフィリン錯体　545, 546
ニッケル-ビニル炭素間結合　531
二電子還元反応　839
μ-ニトリド架橋　361
ニトリド配位子　482, 509
ニトリル　52, 53, 61, 62, 435, 455, 481, 593, 657, 713, 790, 836, 842, 870, 910, 918
ニトリルヒドラターゼ(NHase)　52, 61, 62
ニトロゲナーゼ　286, 373, 413, 493, 494
ニトロシル錯体　61, 276, 455, 456
尿素　108, 458, 570, 593, 625
二量化　47, 49, 100, 218, 233, 276, 291, 308, 316, 337, 354, 446, 487, 494, 506, 513, 521, 559, 562, 597, 602, 661, 674, 694, 695, 717, 805, 832, 914
二量化反応　12, 425, 686, 709, 716, 764, 851, 852
二量体構造　386, 397, 440, 733, 769, 802
ニンニク　829, 886

ヌクレオチド　50, 79, 84, 430, 551

根岸カップリング　562, 887, 907
根岸試薬　910, 915-917
熱異性化反応　730
熱的ヒステリシス　56
ネットワーク構造　12, 19, 158, 249
ネマスチック液晶　729
ネマスチック相　170, 729
粘膜保護作用　865

脳イメージング剤　787
脳血流量測定　787
ノルボルナジエン　128, 131, 531, 672, 674, 713, 715

ノルボルナジエン錯体　674, 685

は 行

π-d軌道の混成　11
π-d相互作用　274
π-d複合電子状態　594
π-アクセプター性　443
π-アリルパラジウム　131, 600, 603, 606
π軌道伝導体　643
π逆供与　275, 355, 367, 369, 451, 483, 485, 502, 533, 638, 661, 706, 711, 772, 913
π錯体　78, 394, 531, 638, 760, 765, 913
πスタック　250, 294, 295
π-π*遷移　8, 44, 50, 71, 77, 94, 134, 142, 143, 146, 150, 156, 165, 233, 266, 267, 269, 283, 305, 326, 461, 491, 542, 619, 636, 659, 666, 705, 706, 723, 744, 785, 864, 878-882, 890, 895
π-π相互作用　4, 9, 12, 16, 17, 20, 119, 158, 193, 242, 243, 245, 249, 274, 283, 294, 295, 322, 690, 897
配位高分子　14, 20, 158, 184, 241, 243, 250, 256, 258, 260, 295, 374, 375, 377, 379, 385, 577, 578, 644, 896
配位子交換反応　496, 532, 626, 664, 674, 688, 736, 787, 923
配位子場の弱い配位子　772
配位子置換　105, 106, 488, 524, 742
配位説　88
配位ネットワーク　430
配位不斉硫黄　66
　――の反転　66
配位不飽和　278, 338, 351, 355, 372, 524, 532, 603, 616, 670, 707, 710, 764, 773, 805, 854
配位不飽和錯体　104, 603, 688, 821, 823
配位不飽和種　370, 601, 623, 641, 680, 700
配位不飽和有機鉄錯体　278
配位ベンゼン　488
パイエルス絶縁化転移　625, 637
パイエルス絶縁相構造　637
パイエルス転移　579, 643, 653, 899
バイオイメージング　41
バイオセンシング　266
配座ジアステレオ異性体　107
配糖Re(I)錯体　660
配糖多核錯体　91
ハイブリッド配位子　287, 537
白色蛍光　861
白色発光材料　861
橋複核白金(II,II)錯体　655
バタフライ型構造　841, 842
8の字型構造　213, 229, 605, 609
八配位六方両錐型　809-811
白金錯体　23, 131, 528, 579, 608, 626-633, 637, 640-643, 645, 649
白金(0)錯体　612, 620, 642, 645

白金(II)錯体　51, 584, 612, 626, 631, 649
白金ジイミンジチオラト錯体　629
白金触媒　645, 724, 837
白金抗がん剤　627, 628, 631, 649
白金複核錯体　647
白金ブルー　414, 652
パックマン型　356
発光応答　3, 783
発光挙動　6, 39, 128, 271, 614, 644, 701, 703, 786, 843
発光サーモクロミズム　234
発光現象　37, 39, 629, 804
発光寿命　6, 35, 37, 39, 105, 106, 136, 184, 239, 261, 263, 270, 432, 438, 526, 527, 601, 619, 640, 641, 647, 648, 659, 724, 725, 782, 784, 785, 804, 828, 896
発光スイッチ　526
発光性　34, 37, 184, 261, 386, 431, 515, 614, 617, 619, 647, 659, 724, 785, 896
発光性金属錯体　724
発光性錯体　153, 648
発光性ランタノイド化合物　784
発光性ランタノイド錯体　269, 782, 785
発光センサー　264, 268, 426, 428, 873
発光増感　428, 783
発光体　266, 271
発光特性　39, 42, 153, 227, 234, 269, 406, 417-419, 432, 433, 527, 619, 640, 724, 783-786, 858, 864
発光プローブ　268, 429
発光量子効率　35, 267, 527, 530, 601, 612, 640, 641, 648, 786
発光量子収率　37, 153, 184, 234, 263, 267, 269, 402, 405, 406, 417, 418, 432, 450, 527, 617, 635, 639, 668, 724, 734, 782, 784, 785, 875, 896
バナジウム(III)-アルキル錯体　818
バナジウムカルボニル錯体　820
バナジル-アリキシン錯体　829
バナジル-システインメチルエステル錯体　824, 826
バナジル-マルトール錯体　829, 830
バナデイト　824, 830
ハニカム層状構造　123, 383
ハニカム二次元層状構造　122
ハーフサンドイッチ型　437, 445, 455, 456, 735, 756, 757
ハーフサンドイッチ型亜鉛化合物　860
ハーフサンドイッチ型錯体　53, 437, 455, 520
ハーフサンドイッチ型ロジウム錯体　445
ハプト数　447
ハーフメタロセン構造　776
ハライドクラスター　513, 516, 844, 922
ハライドクラスター錯体　524, 781
パラジウム(0)-オレフィン錯体　608
パラジウム(II)三核錯体　613
パラジウムポルフィセン錯体　595

[2,2]パラシクロファン　16, 20, 254, 447
[3,3]パラシクロファン　254, 447
パルスラジオリシス　310
ハロゲン架橋多核錯体　90
ハロゲン化　31
ハロゲン化銅(I)錯体　10, 246, 253
ハロゲン化銅(I)配位高分子錯体　242
ハロゲン化有機マグネシウム化合物　449
ハロゲン結合　559, 771
反強磁性相互作用　22, 94, 95, 99, 109, 113-118, 125, 134, 172-174, 179, 180, 182, 183, 186, 189-191, 193, 195, 197-199, 203, 207, 208, 214, 215, 220, 221, 229, 235, 255, 256, 258, 282, 325, 337, 346, 350, 360, 362, 365, 378, 385, 464, 465, 468, 469, 471-473, 476, 478, 559, 567, 569, 571, 655, 753, 899
反強磁性長距離秩序　385, 602
反強磁性転移　23, 95
半金属　563
反射スペクトル　196, 197, 556, 835
半導体　13, 27, 171, 241, 250, 261, 541, 544, 554, 557, 558, 563, 579, 625, 652, 654, 656, 694, 695, 717, 770, 847
バンド計算　23, 241, 276, 556, 557, 559, 564
バンド構造　11, 241, 276, 558, 559, 563, 693, 717
バンドフィリング制御　594, 695
反応中間体　24, 132, 142, 146, 163, 175, 212, 273, 286, 288, 303, 304, 309, 324, 325, 347, 354, 509, 511, 540, 584, 585, 588, 699, 704, 797, 839, 854, 894
反芳香族性　36, 605, 807, 889, 899

ピアノイス型　53, 65, 272, 455, 456, 485, 487, 520, 792, 800
ピアノイス型分子　437
ビオチン　894
ビオローゲン　878, 895
光異性化　124, 128, 255, 383
光異性化分子　103, 124, 255, 383, 384, 478
光還元反応　330, 491
光キロプティカルスイッチング　442
光駆動分子スイッチデバイス　442
光交換反応　708
光酸化　27, 28, 733, 847
光酸化還元特性　803
光酸化反応　27, 28
光酸素発生反応　475
光磁性　103, 255, 375, 384
光磁性伝導体　560
光触媒　157, 629, 734, 803, 845, 847
光触媒機能　734
光触媒的ヒドリド還元反応　698
光触媒反応　200, 647, 734
光水素発生触媒　847

光スイッチング機能　478
光増感エネルギー移動　263
光増感効果　128
光増感剤　43, 128, 157, 200, 264, 270, 395, 418, 595, 629, 668, 702, 704, 706, 721, 722, 724, 725, 734, 761, 872
光増感触媒　701
光脱カルボニル反応　701, 703
光脱離反応　706
光配位子脱離反応　724
光誘起　57, 102, 165
光誘起磁化現象　339
光誘起磁極反転　120
光誘起磁性　120, 378
光誘起スピン転移(LIESST)　294, 316, 318, 319, 322, 337, 355, 382, 383, 415
光誘起相転移　102, 294, 365, 477
光誘起電子移動　442, 510, 755, 867, 877, 883
光誘起電子移動反応　595, 878, 883, 895
光ラセミ化　724
光励起状態の構造　647
光励起電子移動反応　875
光連結異性化　83
非環状型π共役系ユニット　901
非環状ポリエーテル　3
非協奏的な電子移動反応　152
非共有結合性相互作用　147, 332, 719, 722
ピケットフェンスポルフィリン　306, 308, 870
菱形構造　10, 242, 253
菱形二核錯体　242, 246
比色検出　574
ビス(μ-オキソ)二核銅(III)錯体　203
ビスアミノアシダト遷移金属錯体　536
ビス(イミン)型　130
ビスオキサゾリン(box)　132
ヒステリシス　22, 87, 95, 121, 260, 294, 295, 316, 319, 337, 380, 474, 594
ビス亜鉛(II)錯体　891
ビスペルオキソジルコニウム(IV)錯体　919
微生物センサー　332
非線形光学効果　122, 124, 519, 862, 904
非線形交流磁化率　121
非対称型金属錯体　23
非対称二座配位子　135
ビタミンB_{12}　50, 55, 71, 79, 84
ビタミンB_{12}モデル錯体　79, 84
非断熱性　152
ヒドラジド型錯体　489
ヒドロキシム酸骨格　328
ヒドリド　48, 84, 90, 272, 445, 456, 661, 670, 697-699, 718, 727, 747, 772, 774, 853, 854
ヒドリドアミド錯体　699
ヒドリド錯体　48, 279, 280, 336, 401, 407, 424, 425, 454, 487, 698, 699, 704,

ヒドリド(シリル)錯体 849, 851, 854
ヒドリド(シリル)錯体 451
ヒドリド配位子 48, 49, 238, 272, 424, 451, 454, 616, 657, 669, 670, 698, 718, 747, 771, 836, 849, 854
ヒドリド(ホスフィン)ロジウム錯体 670
ヒドリドルテニウム(II)錯体 697
ヒドロキサム酸 328, 331-333, 387
ヒドロキシキノリン配位子 527
ヒドロキソ架橋銅錯体 186, 187
ヒドロキソ架橋二核クロム錯体 114
ヒドロキソ架橋二核銅(II)錯体 114, 179, 185, 187, 214
ヒドロキソ架橋四核錯体 114
ヒドロキシピリドン型ヌクレオシド 168, 225, 252
ヒドロキシ基 73, 132, 354, 431, 472, 727
ヒドロキシメチレン錯体 704
ヒドロキソ錯体 350, 353, 540, 569, 616, 684, 894
ヒドロキソ配位子 524, 684, 781, 923
Ni-Fe ヒドロゲナーゼ 336
ヒドロシラン 238, 341, 451-453, 600, 615, 645, 836, 837
ヒドロシリル化 279, 404, 445, 451, 453, 606, 642, 645, 670, 671, 680, 691, 697, 711, 743, 836, 851
ヒドロジルコネーション 907
ヒドロトリス(1-ピラゾリル)ホウ酸 350, 469
ヒドロトリス(ピラゾリル)ボレート配位子 137, 288
ヒドロペルオキソ 142, 161, 162, 311
ヒドロペルオキソ錯体 141, 161, 163, 175, 894
ヒドロホウ素化反応 672, 674
ヒドロボリル化反応 404
ヒドロホルミル化 48, 89, 483, 669-672, 680, 683, 686, 691
ヒドロメタル化 404, 697, 907
ビナフチル基 182
ビニル化反応 857
ピバルアミド基 161, 163, 300, 308, 352
2,2′-ビピリジン 1,1′-ジオキシド 107
2,2′-ビピリジン(bpy) 4, 23, 107, 138, 146, 147, 185, 214, 215, 221, 333, 360, 368, 468, 471, 475, 533, 538, 552, 583, 586, 588, 704, 724
非輻射失活速度 153
被覆包接 430
非分子性クラスターの切り出し反応 665
非ヘム単核鉄酵素 299, 311
非ヘム鉄タンパク質モデル 346
非ヘム二核鉄(III)ペルオキソ種 347
ピーポッド 393
ピラジカル 343, 476, 891
ピラジノン型環状ヒドロキサム酸 387

ピラジン 97, 258, 380, 737, 744, 749, 754
ピラゾラト架橋 215, 414, 648
ピラゾリルボレート 459, 849
ピラゾレート 227, 316
ピラノース 610, 632
ピリジン型ヌクレオシド 133, 225
2-ピリジンチオール 720
ピレン 20, 901
ピロール 77, 213, 286, 305, 410, 450, 461, 604, 609, 702, 807, 875, 881, 882, 889, 895
ピンサー型錯体 908
ピンサー配位子 275, 286, 503, 511, 618

ファスナー効果 441
フェナジン 242, 678
フェナントレンキノンジイミン 679
1,10-フェナントロリン(phen) 20, 57, 147, 164, 185, 214, 215, 360, 429, 460, 721, 724, 864
フェナントロリン配位子 200, 262, 726
フェニルアセチレン配位子 619
フェニルアラニン誘導体 673
σ-フェニル錯体 436
フェニルシリル基 272
フェニル基供与体 887
フェノキソ錯体 684, 818
フェノキシ基 160, 472, 767
フェノキシラジカル 134, 143, 584
フェノキソ架橋二核銅(II)錯体 180
μ-フェノキソ二核クロム(III)錯体 116
フェノール 109, 116, 134, 143, 164, 358, 433, 440, 766, 796, 823, 861
フェリクロム類 328
フェリクロムレセプター 328
フェリチン 326, 349, 353, 736
フェルミ面 23, 156, 248, 276, 555-557, 559
フェレドキシン 366, 371
フェロジン 154
フェロセン 17, 131, 154, 167, 228, 277, 287, 325, 342, 370, 436, 437, 444, 475, 502, 505, 582, 624, 690, 714, 730, 760, 772, 793, 794
フォトクロミック 478
フォトクロミックアニオン 276, 717
フォトクロミック化合物 18
フォトクロミック現象 18, 478
フォトクロミック分子 124, 478
フォトクロミック分子誘導体 276, 717
フォトニックワイヤ 900
フォトメカニカル 97, 693
付加環化反応 452, 664
[2+2]付加環化反応 452, 713
付加反応触媒 852
不完全キュバン 472
不完全ダブルキュバン型四核錯体 472
不均一系触媒 96, 118, 524, 661, 781
不均一系ロジウム触媒 691

不均化 28, 48, 79, 90, 100, 143, 175, 176, 207, 274, 303, 310, 458, 459, 462, 515, 516, 539, 837, 842-844, 850, 888, 914
不均化反応 4, 5, 25, 134, 143, 175, 219, 310, 388, 413, 471, 757, 768, 805, 806, 808, 888
複核 Ni モデル錯体 570
N-複素環式配位子 29
複素環補酵素 719, 722
含金属医薬品 631
不斉 1,4-付加反応 672, 684
不斉 cis-ジヒドロキシ化反応 296, 317
不斉 Diels-Alder 反応 138, 139, 799
不斉亜鉛ポルフィリン 876
不斉アリル位置換反応 411
不斉アリル化反応 606, 799
不斉エポキシ化反応 296, 457
不斉エン反応 799
不斉オレフィンメタセシス反応 707
不斉カルボアルミ化反応(ZACA 反応) 909
不斉合成 55, 70, 108, 148, 419, 640, 673, 699, 725, 887
不斉合成反応 835
不斉構造 76, 92, 417, 419, 921
不斉酸素原子 145, 148
不斉自己触媒反応 856
不斉触媒 76, 132, 138, 139, 672, 674, 684, 699, 710, 856, 870
不斉水素移動型還元反応 735
不斉水素化 411, 673, 699, 718, 727, 728
不斉窒素原子 80
不斉認識 131, 869, 876, 892
不斉付加反応 684, 798
不斉プロパルギル化反応 799
不斉ポルフィリン 869, 876
不斉メタリル化反応 799
不斉誘起 296, 609, 799
ブタジエン 444, 530, 531, 561, 712, 764, 818, 918
ブタジエン錯体 54, 444, 712
フタロシアニン 157, 160, 231, 274, 361, 543, 544
フタロシアニン化合物 156, 157, 543, 872
フタロシアニン環 157, 274
フタロシアニン錯体 160, 395, 593, 636
フタロシアニン配位子 274, 543, 593, 755
フタロシアニン誘導体 156
プテリン 150, 288, 719
プテリン要求性水酸化酵素 288
負のコットン効果 75, 145, 148, 333
負の磁気抵抗 122, 274, 559
部分酸化 156, 171, 253, 254, 274, 276, 344, 543, 544, 625, 637, 652, 656, 694, 695, 717
部分酸化型一次元白金錯体伝導体 637, 643

部分酸化型一次元複核白金錯体 656
部分酸化型錯塩 643
不飽和化合物への付加反応 672
プラストシアニン 147, 164
フラストレーション 247, 597-599
プラセオジム錯体 427
フラノース 610
フラノース構造 568
フラビン 633, 722, 873
フラーレン 19, 277, 393, 624, 682, 741, 742, 870, 892, 897
フルオラスジスタノキサン 769
フルオラス層 769
フルオレン 20, 442, 911
フルオロアルキル錯体 769
プルシアンブルー(PB) 374, 375, 378
プルシアンブルーナノ粒子 374, 375
プルシアンブルー類縁体 260, 339
プルシアンブルー類似体 57, 102, 120, 415, 477
ブルー銅タンパク質 137, 217
ブレオマイシン(BLM) 307, 309
ブレオマイシン-鉄(II)錯体 307
ブロック共重合 757
ブロック共重合体 763, 796, 848
プロトン共役電子移動 360, 719
プロトン酸触媒 516, 844
プロペラらせん 144
分割剤 59, 64, 67, 68, 74, 80, 85, 92, 107
分光電気化学 69, 358, 805
分子内環化オリゴメリ化反応 455
分子間化合物 66
分子識別能 75
分子磁石 22
分子磁性体 95, 124, 172, 185, 385, 415, 476
分子状水素錯体 657
分子ガラス 431
分子性強磁性体 111, 123
分子性金属化合物 555
分子性クラスター 665, 922
分子性クラスター錯体 665
分子性高温磁性金属 555
分子性酸化物 21
分子性磁性体 99, 476
分子性多金属カルコゲニド錯体 261
分子性伝導体 555, 557, 564, 594, 643
分子性導体 23, 248, 276, 295, 337, 479, 558, 563, 594, 597
分子内水素結合 69, 145, 163, 301, 302, 332, 534
分子内水素結合ネットワーク 331
分子内ヒドロアミノ化反応 908, 920
分子認識 46, 75, 76, 131, 147, 164, 231, 329, 379, 380, 387, 408, 426, 619, 682, 766, 783, 833, 868-870, 876, 892, 897
分子認識受容体 387
分子メモリー 364, 368, 720
分別結晶法 68, 81, 107, 108, 788

分離積層型構造 276, 717
分裂反応 213
平均原子価状態 414, 579, 654, 655
平均自乗変位 654
平衡反応 306, 585, 704, 769
ベイポクロミズム 835
ヘキサクロロ白金酸 642, 645
ヘキサゴナルカラムナー(Col$_h$)液晶相 160, 441, 825
ヘキサデッカーCo錯体 17
ヘキサハプト配位 742
ヘキサフィリン 36, 213, 605, 889
ヘテロ環アゾ化合物 73
ヘテロ原子 411, 417-419, 531, 711, 728, 769, 774, 789, 834
N-ヘテロサイクリックカルベン(NHC) 177, 503, 587, 645, 707, 908
ヘテロ三核錯体 34
ヘテロスピン系 87, 99
ヘテロ多核錯体 117, 271
ヘテロ二核錯体 112, 174, 466
ヘテロポリオキソメタレート(POM) 510
ヘテロポリブルー 501, 519
ヘテロリティク 173
ヘテロレプティック 565, 765
ヘテロレプティック型Cu(I)フェナントロリン錯体 200
ペニシラミン 33, 69, 240, 613, 663
ヘプタフィリン 213
ペプチジルグリシン α-アミド化モノオキシゲナーゼ 141, 149
ペプチジルグリシン α-ヒドロキシラーゼ 161
ペプチド 164, 335, 371, 400, 496, 679, 789, 824
ペプチド配位子 366, 400, 496
ヘムエリスリン 324, 347, 351, 354, 360
ヘム錯体 291, 302, 304, 308
ヘモグロビン 306, 308, 446, 826, 830, 880, 882
ヘモシアニン(Hc) 179, 183, 188, 190, 192, 202, 203, 205, 206, 236
ヘリシティー 283, 429, 442, 534, 855
ヘリシティー反転 60
ヘリシティー変換 855
ヘリシティー誘導能 534
$α$-ヘリックス 301
ヘリックス構造 397
ペルオキソCu(II)錯体 205
ペルオキソ錯体 203
ペルオキソ銅(II)錯体 149
$μ$-$η^2$:$η^2$-ペルオキソ二核銅(II)錯体 203
ペルオキソ 173, 204, 206, 216, 347
ペルオキソ架橋 55, 236
ペルオキソ錯体 173, 192, 233, 324, 347, 352, 354, 359, 919

ペルオキソ中間体 173, 288, 290, 324
ペルオキソ二核鉄(III)錯体 353, 354, 359
ペルオキソ二核銅(II)錯体 209, 217
ペルオキソ二硫酸カリウム 4
ペルオキソ付加体 349
ペロブスカイト型 255
ペロブスカイト型金属ハライド 255
ペロブスカイト構造 770
ベンジリデン配位子 93, 707, 779
ベンゼンジチオラート 494, 630
ベンゼンビラジカル 165, 343
ベンゾイン 499
ベンゾキノン(BQ) 11, 695
ペンタカルボニルメチルマンガン(I)錯体 453
ペンタフィリン 410, 807
ペンタホスホリル(P$_5$)配位子 277
ペンタメチルシクロペンタジエニル配位子(C$_5$Me$_5$) 425, 521, 711, 740, 764, 914
2,4-ペンタンジオン 402, 672, 712
遍歴π電子 156, 559
遍歴電子磁性 247
補因子 143, 292, 314
芳香環架橋 193
芳香環スタッキング 147, 164, 633
芳香族アミノ酸水酸化酵素 150
芳香族性 36, 53, 277, 437, 605, 664, 714, 889, 897
放射性元素 660, 807
放射性同位元素 788
放射性薬剤 660
棒状型錯体 438
包接 20, 21, 131, 387, 430, 432, 666, 833
包接化合物 131
包接現象 131
選択的包接能 387
ボウル型 229
ボウル型配位 30
補酵素 50, 55, 72, 78, 84, 137, 146, 150, 545, 604, 719
保磁力 87, 99, 102, 120-124, 384, 415, 477, 479
ホスト-ゲスト相互作用 257
ホスファイト 453, 483, 513, 561, 671, 691, 739
ホスファジド 282
ホスフィナト 198, 571
ホスフィン配位子 30, 31, 37, 48, 136, 280, 401, 489, 512, 528, 561, 562, 589, 590, 596, 601, 603, 620, 641, 646, 668, 672-674, 681, 684, 689, 707, 709, 718, 730, 746, 797, 820, 853, 908
ホスフェニウム錯体 483
ポダンド 3
ホトルミネセンス 27, 28, 530, 601, 608, 622, 640, 641, 648, 864

索引[日本語] 937

ホメオトロピック配向　160
ホモエノラート亜鉛　857
ホモレプチックウラン(IV)錯体　813
ホモレプチック錯体　813
ボラプレジンク　865
ボラン　389, 480
ポリオキソアニオン　397, 409, 802
ポリオキソメタレート　47, 397, 409, 510, 517, 518, 732, 733, 846, 847, 921
ポリオキソメタレート化合物　732
ポリオキソメタレート骨格　921
ポリスルフィド　740
ポリタングステン酸イオン　417-419, 845
ポリヒドリド錯体　435, 657, 849, 854
ポリピリジン錯体　152, 619, 721
ポリピリジン配位子　218
ポリピリジンルテニウム(II)錯体　721
ポリマー錯体　704, 748, 754
ポリ硫化物イオン　692
ボール型モリブデン-バナジウムポリオキソメタレート　518
ポルフィセン　78, 358, 491, 545, 547, 595, 662, 705, 883
ポルフィラジン環　465
ポルフィリン亜鉛(II)錯体　892, 904
ポルフィリン環　43, 46, 70, 144, 155, 159, 291, 302, 386, 395, 450, 492, 544, 701, 702, 759, 827, 828, 867, 875, 892, 893, 899, 904
ポルフィリン金属錯体　229, 766, 870
ポルフィリン系　544
ポルフィリン多量体　867, 892, 898-900
ポルフィリン二量体　361, 470, 682, 766, 890, 892, 893, 898, 899
ホルマト錯体　49
ホルミル錯体　453, 704

ま 行

マイクロエマルション　7
マイクロ波　156, 405
前周期-後周期混合金属錯体　731
前周期遷移金属メタロセン　794, 910
膜輸送　268
マクロ環二核化配位子　467
末端カルビド配位子　482
末端カルボニル基　342
マルチデッカー錯体　17
マルチ銅酸化酵素　228
マルトース(Mal)　91
マルトール　592, 829, 830, 886
マンガン(III)サレン錯体　457, 458
マンガンカタラーゼ　467, 469
マンガン・カルシウムクラスター　474
マンガン-カルボニル錯体　452
マンガンポルフィリン二量体　470
マンノース型の糖　75, 91, 548, 568

ミオグロビン　308, 880, 882

水の還元　724
水の酸化触媒反応　724
水硫化物　412, 413
溝呂木-Heck反応　600, 908
密度汎関数法(DFT)　130, 504, 816
ミトコンドリア　173, 310
ミュオンスピン緩和　383

無機ホスト分子　833
無機ルミノフォア　418
無限階段状錯体　242
無限状のらせん構造　523
無輻射失活　406, 417-419, 546, 782
無輻射準位　724

メカノクロミズム　835
メスバウアースペクトル　86, 120, 290, 293, 294, 298, 307, 313, 320, 324, 325, 339, 344, 346, 347, 350, 353, 357, 359, 362, 363, 365, 368, 372, 377-384, 737
メタ磁性　95, 255, 385, 476
メタセシス触媒　481, 658, 775, 778
メタセシス反応　39, 238, 408, 481, 658, 661, 707, 711, 780, 790, 823, 867
メタボリックシンドローム　886
メタラシクロプロパン錯体　821
メタラジチオレン環　690
メタラジチオレン錯体　629
メタラボラン　369
メタロキサン中心　769
メタロシクロファン　16
メタロセン型　435, 521, 791, 796
メタロセン希土類錯体　763
メタロセン錯体　425, 758, 764, 821, 852, 909, 912
メタロセントリヒドリド錯体　771
メタロ超分子ポリマー　448
メタンモノオキシゲナーゼ(MMO)　324, 325, 347-349, 353, 359
メチリデン配位子　93, 780
メチルシクロペンタジエニル基　369, 455
メチル配位子　454, 616, 626, 756, 780
メチルビオロゲン　35, 336, 560
メチレン架橋二核Rh(IV)錯体　686
メトキシド　145, 283, 294, 309, 336, 453, 463, 667, 768
メビウス芳香族性　605
メラニン色素　192
面冠三方柱構造　285

モノアルキルパラジウム(II)錯体　583
モノオキソモリブデン　494, 496, 499
モノトロピック　170
モノニトロシル遷移金属錯体　276, 717
モノヒドリド機構・加水素分解経路　727
モリブデン活性中心　497, 500
モリブデン含有酵素　494

モリブデンクラスター　514
モリブデン酵素モデル錯体　495
モリブデン錯体　413, 481, 486, 487, 491, 493, 497, 499, 509, 512, 740
モリブデン酸イオン　113, 501, 517
モリブデンブルー　519

や 行

薬理活性配糖錯体　550

有機EL　136, 157, 160, 227, 262, 266, 527, 861
有機希土類錯体化学　764
有機-金属構造体　119, 126, 127, 803, 905, 906
有機金属錯体ポリマー　447
有機金属酸化物クラスター　118
有機金属マンガン錯体　453-456
有機ゲルマニウム　396
有機ジルコノセン化合物　910
有機スイッチ　58
誘起適合　76
有機白金錯体　642
有機バナジウム(III)錯体　818
有機バナジウム(V)錯体　823
有機パラジウム(II)錯体　583, 586
有機パラジウム錯体　588, 590
有機ハロゲン化物　71, 449, 529, 532, 561, 562, 566, 600, 641, 907, 910, 916
有機ホウ素化合物　672, 684
有機-無機複合系　383, 384, 717
有機ラジカル　14, 50, 71, 87, 99, 250, 276, 476, 584, 717
有機リチウム化合物　421-423

陽イオン交換樹脂　51, 63, 64, 725
ヨウ化メチル　24, 25, 50, 77, 280, 305, 342, 454, 461, 545, 618, 675, 680, 881
葉酸　150, 719
横緩和(T2緩和)　390, 391
四員環キレート　128, 722
四核ハライドクラスター錯体　513
四核ポリヒドリド錯体　849, 854
四核マンガンオキソクラスター　475
四脚ピアノイス型　272, 487, 520
四座キレート配位子　496
四座シッフ塩基　55, 180
四重結合　508, 512, 513
四中心二電子結合　422
四鉄骨格　369, 370

ら 行

ラクトン化反応　769
ラジカル機構　25, 489
ラジカル配位子　58, 99, 362, 476
ラセミ化　74, 80, 88, 107, 145, 552, 565, 609, 675, 699, 724, 726, 762, 783, 921
ラセミ体　68, 74, 80, 85, 92, 94, 116, 121, 123, 139, 144, 182, 218, 283, 328, 397,

431, 552, 565, 591, 675, 721, 724, 762, 856, 876, 912
ラセミ単核錯体　182
ラセミ配位子　182
らせん型構造　270, 271
らせんキラリティー　218
らせん磁気構造　121
らせん状鉄錯体　333
らせん反転　60, 144
ラダー型二量体構造　769
ラベル化剤　708
ラメラ構造　170, 438, 439, 577
ラメラー相　753
ラメロ-カラムナー（lamello-columnar）（Col$_L$）液晶相　438
ランタノイド　47, 132, 261, 268, 392, 417-419, 426-428, 536, 575, 758, 782, 813, 920
ランタノイド錯体　264, 268, 269, 271, 426, 427, 429, 526, 782-786, 804
ランタノイド二核錯体　432, 433
ランタノイド発光　429, 782
ランタン型構造　688
ランタン型錯体　748
ランタン型二核ユニット　752
ランタン型ルテニウム(II,III)二核錯体　748, 752
ランタン型ルテニウム錯体　751

リエントラント転移　248
リオトロピック液晶　7
リチウムカルビド錯体　482
立体規則性　757, 758, 792, 796, 848, 850, 909, 911
立体規則的重合触媒　912
立体選択的光電子移動反応　724
立体特異的重合反応　756, 757
リビングラジカル重合用触媒　709

リポキシゲナーゼ　299, 311
硫化物多核錯体　581
硫化物配位子　412, 413, 581, 687, 739, 746
緑色発光　262, 402, 405, 433, 647, 782
量子コンピュータ　478
量子収率　6, 27, 104, 136, 153, 200, 330, 403, 405, 406, 417-419, 438, 477, 491, 522, 659, 668, 698, 708, 734, 761, 781, 782, 862, 878, 881, 883, 885, 895, 896
量子収量　386, 515, 843
量子スピン液体　599
量子トンネリング　474, 479
両親媒性　458, 650, 687, 725, 871
リングポリ酸　416
りん光　34, 37, 38, 105, 136, 157, 159, 184, 263, 386, 402-406, 432, 433, 522, 546, 593, 614, 619, 622, 635, 636, 659, 668, 701-703, 706, 724, 725, 734, 761, 784, 786, 827, 864, 875
リン酸トリブチル（TBP）　809-811, 815
臨床核医学検査　660

ルテナシクロペンタン錯体　712
ルテニウム錯体　372, 412, 442, 581, 715, 724, 728, 729, 735, 736, 740, 741, 749, 751
ルテニウム-BINAP錯体　728
ルテニウム(II,III)混合原子価二核錯体　753
ルテニウム三量体クラスター　744
ルテニウムポルフィリン錯体　705
ルテニウム類縁体　370, 836
ルテノセン　714
ルビリン　889
ルブレドキシン　335
ルミネセンス　27, 601, 612, 622, 641, 648

励起一重項　43, 157, 263, 546, 593, 595, 636, 759, 881
励起三重項　37, 263, 270, 386, 433, 595, 635, 696, 702, 706, 761, 872, 875, 878, 881
励起子カップリング　723, 890
励起子相互作用　386, 761, 867, 900
励起寿命　43, 200, 261, 629, 668, 734
励起状態　6, 27, 35, 43, 57, 104-106, 128, 136, 153, 171, 200, 226, 237, 261, 294, 418, 546, 612, 666, 705, 724, 755, 776, 827, 883, 896, 899, 900
励起子理論　552, 762
励起三重項寿命　702
励起四重項状態　827
レクトアンギュラーカラムナー相　825
レシオメトリー　782
レドックススイッチ　333
レドックス光増感剤　200, 734
レニウム(I)ポルフィセン錯体　662
連結異性化　66, 83, 85

六員環アルキン　620
六核構造　414, 515, 843
六核錯体　96, 219, 230, 360, 385, 414, 515, 565, 581, 746, 843
6電子反応場　716
六配位トリスキレート型錯体　729
ロジウムオレフィン錯体　685
ロジウムブルー　414
ロタキサン　231, 707
ロダジチオレンユニット　502, 690
ローダミン6G　399
ロドクロム塩　114
ロドソクロム塩　114

索引［アルファベット］

A

acac（アセチルアセトナート） 268, 327, 576, 672
^{109}Ag NMR 15
Ag⋯Ag 相互作用 12, 19
Ag_2Br_2 菱形骨格 15
Ag_3S_3 六員環骨格 15
Ag_4S_4 八員環骨格 15
$AgBF_4$ 溶液 12
$AgCF_3COO$ 19
Ag(II)錯体 4, 5
Ag(I)イオン 12, 19
Ag(I)錯体 447
Ag(I)配位高分子 12, 19
AKR1C2 526
anti-clinal 135
arene 配位子 436
Au-Au 相互作用 27
Au(I)⋯Au(I)相互作用 26, 37
$[Au\ I_3(CH_3NCOCH_3)_3]$ 38
Au(I)-Au(I)結合 32
Au(III)錯体 26
Au(II)錯体 26
Au(I)錯体 26, 29, 32
axial 酸素 811
Aza-Diels-Alder 反応 801

B

BDTA 100
BEDT-TTF 717
Berry 擬回転 778
BH_4^- 128, 480
Bi=Bi 二重結合 913
bicapped trigonal prism 構造 433
bicapped-Keggin 型構造 834
BINAP 718, 728
binap 配位子 639, 684
BINAP ルテニウム(II)錯体 727
BINOL 801
bis(allixinato)oxidovanadium(IV) 829
bis(maltolato)oxidovanadium(IV) 830
bis(methylcysteinato)oxidovanadium-(IV) 824
bis(N-methylthioallixinato)zinc(II) 877
bis(μ-oxide)dicopper(III)complex 203
bis(μ-oxo)Cu(III)錯体 206
bis(μ-superoxo)Ni(II)錯体 572
Bleaney-Bowers 式 191, 193, 198, 208, 215, 233
BLM（ブレオマイシン） 307, 309
box（ビスオキサゾリン） 132
bpb 377
bpy 4, 704, 724
BQ（ベンゾキノン） 11, 695
BTDA-TCNQ 配位子 749
α-B タイプ 416

C

C_3 不斉 76
C_5Me_5 425
$(C_5Me_5)VBr_3$ 819
$(C_5Me_5)VCl_3$ 819
$(C_5Me_5)VI_3$ 819
C_{60} 621, 742
C_{60} 複合体 19
C_6F_5 26
Ca^{2+} 感受性蛍光プローブ 41
Cadmium(II) 43
cage 構造 902
Cannizzaro 型不均化 445
carbonic anhydrase 873
Cat^{2-}（カテコレート） 695
CcO（シトクロム c オキシダーゼ） 137, 173
^{113}Cd NMR 45
$[Cd(nbtpps)]^{4-}$ 44
CDW 556, 564
CD スペクトル 729
Cd ポルフィリン 43
CGC モノアルキル錯体 851
CH-π 相互作用 20, 132, 897
C-H 結合活性化 452, 480, 616
$\Delta-(+)_{589}$-cis-$[Co(NO_2)_2(en)_2]X$ 85
$\Delta-(+)_{589}$-cis-$[Co(NO_2)_2(en)_2]Cl$ 59
cis-$[Co(NO_2)_2(en)_2]^+$ 59
cis-dbe 18
cisoid 型 7
cisplatin 631
cis-$μ^4$-peroxo 構造 236
cis-ジヒドロキシ化 296, 323
clinal 構造 289
$[Co(edta)]^-$ 85
CO_2 還元触媒 704, 734
CO_2 還元光触媒 803
CO_2 挿入反応 704
$η^1$-CO_2 付加錯体 704
Co_3C 骨格 93
$[CoCl_2(en)_2]Cl$ 74
$[CoCl(mtpp)]$ 77
$[Co(CO_3)_3]^{3-}$ 63
$[Co(CO_3)(en)_2]^+$ 85
Co-Co 結合 94
CODH 490
cod(1, 5-シクロオクタジエン) 2, 531, 685, 713, 715, 716
$[Co(edta)]^-$ 59
Colho 相 441
ColL 440
compound I 291
$[Co(NH_3)_6]Cl_3$ 64
$[Co(NO_2)(en)_2]^+$ 85
constrainedgeometry complexes（幾何拘束型触媒） 791
coordination-enhanced fluorescence（CEF） 884
$\Lambda-(+)_{589}$-$[Co(ox)(en)_2]I$ 74
$[Co(ox)_2(en)]^-$ 85
$\Delta-(+)_{589}$-$[Co(ox)(en)_2]Br・H_2O$ 74
$[Co(ox)(en)_2]Cl$ 74
Coremodified 410
cot 715
$[Co(β-ala)_3]$ 64
CO 錯体 706
CO の環化三量体 816
Cp^*_2Sn（スタンノセン） 437, 765
$Cp^*Ge^+・BF_4^-$ 394
$Cp^*Pb^+・B(C_6F_5)_4^-$ 394
Cp^*Ru ユニット 745
$Cp^*Sn^+・B(C_6F_5)_4^-$ 394
$Cp_2VC≡CtBu$ 822
$Cp_2V(CH_2CH=CH_2)$ 822
Cp_2VCl 822
$Cp_3Pb^-・Na^+(PMDETA)$ 582
CPL-p1 245
$CpVCl_3$ 819
Creutz-Taube イオン 749
Creutz-Taube 錯体 340, 737
$Cs[Eu((+)-hfbc)_4]・CH_3CN$ 266
Cu,Zn-SOD（銅, 亜鉛スーパーオキシドジスムターゼ） 175, 176, 219, 894
Cu_2O_2 コア 206
$[Cu_2(μ-X)_2(PPh_3)_2(py)_2]$ 184
$|Cu_2(μ-X)_2|$ 菱形骨格 184
CuGd 錯体 178, 237
Cu(II)Cu(II)Cu(III)コア 230
Cu(II)-Cu(II)間相互作用 207
チオラート錯体 137
Cu(I)錯体 447
Cu-peroxo 付加体 236
Cu-S 伸縮振動 217, 230
Cu-S 逆対称伸縮振動 217
CV（サイクリックボルタンメトリー） 73, 146, 325, 351, 352, 358, 360, 372, 438, 469, 502, 505, 545, 547, 662, 687, 692, 704, 746, 755, 760, 767
cyclam(1, 4, 8, 11-tetraazacyclotetradecane) 5
cyclam 誘導体 5

D

2D⊕1D次元性の液晶相　441
d→s遷移　239
D$_2$A型電荷移動錯体　749
3d-4f ground configuration(GC)　237
3d-4f錯体　178, 223
3d-4f-3d錯体　575
DABCO(1,4-diazabicyclo[2.2.2]octane)　258
DADT化合物　787
Dawson型ポリオキソメタレート　733, 846, 847
dba　607
DCNQI　247, 248
3d-d　724
DDQ　891
decamethylvanadocene錯体　821
deferriferrichrome(DFC)　331, 332
DEIFIA免疫測定法　270
Dewar-Chatt-Duncanson(DCD)モデル　638
d-f元素系錯体　224
DFT(密度汎関数法)　130, 504, 816
β-diketonate錯体　2
β-diketone系　170
2,6-dimethylpyridine　29
discotic lamellar液晶相　170
D$_L$相　441
D$_{L,rec}$(P2$_1$1)　441
D$_{L,rec}$(P2$_1$2$_1$)相　441
DL-ラセミ体　431
DMAP錯体　273
DMC(炭酸ジメチル)　768
dmit　597-599, 602, 643
DMSO還元酵素　495
DNA　634
　——との相互作用　724
DNA切断　165, 307, 343, 678, 679, 689, 725
DNAナノテクノロジー　169, 398
DNAナノワイヤー　863
DNA二重鎖　1, 679, 689
DNA認識　723
DO3A　804
DOTA　391, 804
dpma　34
d-p相互作用　441
d-tart^{2-}(d-酒石酸イオン)　63, 64, 66, 74, 85
DTPA(diethylenetriamine pentaacetic acid)　390
Dzyaloshinsky-Moriya相互作用　22
dπ-pπ　749
d-π相互作用　129, 140
d軌道伝導体　643
D-グルコース　91, 660
2Dシート構造　20
D-フラクトース(D-Fru)　549

D-ペニシラミン　613, 663
D-マンノース　568

E

edda錯体　345
edta$_4^-$(エチレンジアミン四酢酸イオン)　59, 285, 424
EDT-TTF　556
EDT-TTF[Ni(dmit)$_2$]　556
EGTA (ethylene glycol bis (β-aminoethyl ether)-N,N,N',N'-tetraacetic acid)　41
EL素子　262, 403, 635
EL特性　269, 784
end-on型　209, 217, 308
endo選択性　801
equatorial　808
equatorial面　814
ESI-MS　175
ESRスペクトル　134, 143, 175, 176, 470, 722
ET　526
Et$_2$Me$_2$N[Ni(dmit)$_2$]$_2$　557
EXAFS解析　148
Extradiol型酵素　297

F

FAB質量分析　270
FC-72　769
2Fe2Sフェレドキシン　366
Fe-Al結合　334
[FeCl(mtpp)]　305
Fe-Co系プルシアンブルー類縁体　339
[Fe(edta)(H$_2$O)]$^{2-}$　285
Fe-Fe結合　341, 342
Fe(II)-CN-Fe(III)　375
Fe(III)-OOH　309, 323
Fe(III)-OO^{t}Bu　288
Fe(IV)=O　288
Fe^{IV}=O　313
FeMo-cofactor　373
|Fe-O-Fe|二核構造　360
ferrichrome　331, 332
Fe-Si結合　279
Fe-SOD　300, 310
Fe^V=Oコア　290
f-f遷移　805
f-f発光　270, 786
Fischer-Tropsch反応　369, 661
Fischer型　485, 661, 711
Fluo-3　41
Fluorescein　885
fod　268
Fp　280
Friedel-Crafts型　93
fura-2　41

G

GaCl$_4^-$　447
Ga-Fe結合　338

Gd(DOTA)　391
Gd-DTPA　390
GHPモデル　115
Gintzburg-Landau　556
GO(ガラクトースオキシダーゼ)　134, 143
Grignard試薬　449
g値　722

H

H$_2$O$_2$　81
Hacac-azain　784
half-filling Mott絶縁体　594
Hc(ヘモシアニン)　179, 183, 188, 190, 192, 202, 203, 205, 206, 236
Heck反応　603
Heisenberg antiferromagnetism　170
HemoCD　306
heterobimetallic架橋ペルオキソ錯体　535
1,1,1,5,5,5-hexafluoropentane-2,4-dione(Hhfac)　2
hexagonal columnar(Colh)相　170
1,1,4,7,10,10-hexamethyltriethylenetetra-amine　2
Hilbert空間　22
2-His-1-carboxylate facial triad　313
HKUST　259
hmtacn　110, 112
^{1}H NMRシフト試薬　265
Hofmann型　379, 380
Homo-Reformatsky反応　857
HPTB　349
HPTP鉄錯体　349
Hücke則　36, 605
Hydrotris(3,4,5-trimethyl-1-pyrazolyl)borato　569
Hydrotris(3,5-diisopropyl-1-pyrazolyl)borato　540

I

ICDスペクトル　729
ida錯体　345
induced fitモデル　75
intervalence charge-transfer：IVCT(原子価間電荷移動遷移)　340, 655, 695
Intradiol型酵素　297
invariant　371
Ir(0)ナノクラスター　409
[Ir$_2$AuCl$_2$(CO)$_2$(μ-dpma)$_2$]$^+$　34
Ir-Ir結合　414
^{29}Iメスバウアースペクトル　655

J

Jahn-Teller効果　148, 167, 233, 236, 255, 477
JAST　906
Judd-Ofelt解析　267

K

K[Co(CO$_3$)$_2$(en)]　74
Keggin 型　510, 519
　α——　21, 834, 416
　δ——　21
　ε——　21
K[Δ-[Co(edta)]]·2H$_2$O　59

L

lamello-columnar：Col$_L$（ラメロ-カラムナー）液晶相　438
layered double hydroxide：LDH（金属層状複水酸化物）　103
Δ-lel$_3$-[Co{(+)-chxn}$_3$]$^{3+}$　64
Lewis 酸　664
Lewis 酸触媒　887
Lewis 酸性度　52
LIESST（光誘起スピン転移）　294, 316, 318, 319, 322, 337, 365, 382, 383, 415
Lifschitz 塩　538
Lindsey 法　43
LMCT（ligand to metal charge transfer）　28, 239, 271, 776
^{3}LMMCT(S→Au⋯Au)発光　39
Ln-E-M 結合　261
Ln 含有ポリタングステン酸イオン　418
L-カルノシン　865
L-カルノシン亜鉛(II)錯体　865

M

Magnus 緑塩　651
Mal（マルトース）　91
MCD　28
MChD　123
M(dmit)$_2$(Ni, Pd, Pt)　556, 564
M-DNA　863
Me$_3$TACN(1,4,7-トリメチル-1,4,7-トリアザシクロノナン)　351
Meerwein-Ponndorf-Verley(MPV)還元反応　710
Metallomesogen　318
M[GaX$_4$](M=Cu, Ag；X=Cl, Br)　447
MIL-100　127
MIL-101　126
MIL-125　803
MLCT（metal-to-ligand chrage transfer）　105, 352, 438, 608, 659, 704, 724-726
^{3}MLCT　402, 405, 406, 640, 724
MMLCT(metal-metal to ligand charge transfer)バンド　438
^{3}MMLCT　37
MMO（メタンモノオキシゲナーゼ）　324, 325, 347-349, 353, 359
Mn 四核錯体　479
[Mn$_4$]構造　474
[Mn$_4$]ユニット　478
[MnCl(mtpp)]　461
Mn^{III}-Fe^{III}ヘテロ二核錯体　464
Mn-SOD モデル錯体　310, 459, 462
mnt 配位子　643
MOF-5　905
MOF(metal-organic framework)　257, 260, 381, 902, 903, 905
Mo-Ge 距離　485
Mo-Mo 結合　504, 506, 508, 514
Mo-Mo 単結合　505, 515
Mo-Mo 四重結合　508
mono face capped octahedra　75
monocapped square antiprism 配位構造　47
monomeric end-on superoxide copper(II) complex　162
Mo-Sb 結合　486
Mössbauer スペクトル　173
Mott 絶縁体　23, 559, 602, 717
Mott-Hubbard ギャップ　579
Mott-Hubbard 半導体　579
Mo 窒素錯体　489
Mo ブルー　501
M(Pa$_1$)液晶相　438, 440, 825
MRI　390, 391, 430
　——造影剤　264, 390-392, 430
^{99m}Tc-ECD　787
M 型ねじれ　840

N

N$_2$ 配位子　489
1,8-naphthyridine　29
Na[Δ-[Co(ox)$_2$(en)]]·3.5H$_2$O　85
Nb-Nb 結合　525
Negishi reagent　916
NH⋯S 水素結合　301, 302, 335, 400, 495
NHase（ニトリルヒドラターゼ）　52, 61, 62
NHC(N-ヘテロサイクリックカルベン)　177, 503, 587, 645, 707, 908
NHC 配位子　30, 645
Nicholas 反応　89
[Ni(dmgH)$_2$]　541
Ni(dmit)$_2$　337, 556, 557, 564
Ni(II)配糖錯体　548
Ni(II)-スーペルオキソ錯体　535
Ni-Ni 結合　579
[Ni(pro)$_2$(H$_2$O)$_2$]　536
NIR イメージング剤　526
Ni-SOD モデル錯体　539
NMR　418, 419, 564, 604
NMR 現象　390
NMR シフト試薬　268
N-N 結合活性化　773
N-N 伸縮振動　489
NO-鉄錯体　281
nta 錯体　345

O

O→W LMCT 帯　845
Δ-ob$_3$-[Co{(+)-chxn}$_3$]$^{3+}$　64
OEC(酸素発生中心)　166, 470, 475
OEP　155, 759
OLED 素子　402
μ-1,1-OOH 二核銅(II)錯体　204
O-O 結合　192, 202, 302, 309, 353
O-O 伸縮振動　163, 202, 204, 206, 288, 309, 354, 572
oxaliplatin　628
μ-oxo 二核鉄(IV)錯体　357
O-アルキル化　755

P

P450 型酸化反応　702
pac 錯体　345
PAC 配位子　181
paddle-wheel 構造　257, 259, 906
Pauli 常磁性　156, 247, 558, 656
Pauson-Khand 反応　53, 89
PB(プルシアンブルー)　374, 375, 378
PCP(多孔性配位高分子)　95, 119, 126, 127, 257, 803, 905, 906
[Pd$_3$(AcO)$_6$]　614
PdCl$_2$L$_2$構造　603
[Pd(dmgH)$_2$]　541
[Pd(dmit)$_2$]　564
Pd-Ti-Pd 三核錯体　797
PDT(光線力学的療法)　157, 392
PEO 亜鉛ポルフィリン　871
μ-$η^2$:$η^2$-peroxidedicopper(II) complex　203
peroxo-Cu$_4$ 錯体　233
μ-$η^2$:$η^2$-peroxoCu(II)$_2$錯体　206
μ-$η^2$:$η^2$-peroxo 二核銅(II)錯体　202
N,N,N′,N″,N″-penta-methyldiethylenetriamie　2
PET　660
Petasis 試薬　794
($η^5$-Ph$_5$C$_5$)$_2$Sn　765
photo-induced electron transfer(PET)　884, 885
Phthalocyanine　361
pH 応答　264
pillared layer 型構造　244
pincer 型錯体　618
PNP 型ピンサー配位子　511
PNP(ジホスフィンアミド配位子)　848
POM(ヘテロポリオキソメタレート)　510
[Pt(dmgH)$_2$]　541
Pt(II)-ポリピリジン錯体　619
Pt(OEP)　635
Pt-Pt 結合　651-656
Pt-P 距離　622
PUREX 法　809, 810, 811, 815
2-(2-pyridyl)-benzimidazole　29
pyrrolidine-2-one 誘導体　810
pπ-d 系分子性導体　248
P 型ねじれ　840
P-クラスター　373

索引[アルファベット]　943

Q

quantum mechanical exchange coupling 現象　771
Q帯　43, 157, 395

R

Re$_4$ クラスター　667
rectangular columnar：Colr（レクトアンギュラーカラムナー）相　825
Rh(II)二核錯体　689
Rh-Mo-Rh 金属間結合　502
Rh-Rh 結合　414, 693, 694, 695
Rieske ジオキシゲナーゼ様反応　323
Rietveld 法　379
Robson 型配位子　194
Ru=Ga 結合　388
Ru$_2$(II,III)混合原子価状態　751
Ru(II)ポルフィリン錯体　703
Ru-Ru 結合　738, 740, 742
Ru-Si 二重結合　711

S

$S = 1/2$ 一次元 Heisenberg 反強磁性鎖　579
S_2 発光　386
S_4-ruffled core　546
salen　438, 440, 465, 534, 577, 835
Sb=O　755
[Sb$_2$(d-tart)$_2$]$^{2-}$（吐酒石イオン）　63, 64
Sb-Sb 結合　486
SC$_4$H$_8$　26, 32
Schrock 型　485, 711, 774
Schwartz 試薬　907
Schweizer 試薬　549
scopionate 配位子　772
SCO（スピンクロスオーバー転移）　337, 376
SCS ピンサー配位子　275
SDW　556
Se-Se 結合　211
Shannon のイオン半径　285
side-on 型　209, 573, 773
[Sm{Ni(pro)$_2$}$_6$]$^{3+}$　536
Sn(IV)ポルフィリン　767
SNS ピンサー配位子　275
SOD（スーパーオキシドジスムターゼ）　207, 219, 222, 300, 303, 310, 459, 462, 539
SOD 活性　175, 222, 458
SOD 活性中心モデル　466
Soret 帯　43, 291, 395, 470, 759, 890
SOR（スーパーオキソ還元酵素）　303, 304
spanning overlap　557, 559
SPECT　660

SQ$^-$（セミキノネート）　693, 695
S-S 結合　210
S-S 伸縮振動　217, 573
Stokes シフト　6, 136
Stryker 試薬　238
syn-clinal　135
S-グリコシド　148

T

T1 緩和(縦緩和)　390, 391
T1 短縮効果　390
T2 緩和(横緩和)　390, 391
TACN　351
TANC (5,6,11,12-tetraazanaphthacene)　241
tanm　886
Ta-Ta 結合　781
TBP（リン酸トリブチル）　809-811, 815
tcm 架橋　221
TCNQ（tetracyanoquinodimethane）　250, 259, 345
Tebbe 試薬　794
[tetra(aspirinato)dicopper(II)]didimethyl sulfoxide　222
1,4,8,11-tetraazacyclotetradecane（cyclam）　5
tetrabenzoporphyrinato　544
Tl-Pt 結合　644
TMC　313, 314
TMEDA　273, 858
TMT-TTF（tetrakis(methylthio)tetrathiafulvalene）　253
tpa（トリス(2-ピリジルメチル)アミン））　360
tpa 錯体　360
tpen 配位子　310
TPP（テトラフェニルポルフィリン）　72, 104, 155, 546, 662, 702, 766
Transition metal-based chiroptical switches　75
trans-μ^4-peroxo 構造　236
trans 影響　74, 85
N,N,N'-trimethylethylenediamine　2
Tröger 塩基　723
TTF　564
TTF[Ni(dmit)2]2　564
TTFTCNQ（テトラチアフルバレン-テトラシアノキノジメタン）　594

U

u-facial　287

V

V$_3$ 三角スピン　22
valence tautomerism　362
van der Waals 力　441
Variable Range Hopping（VRH）モデル　241

Vaska 錯体　404, 669, 671
VCD(振動円二色性)　266
[V(CO)$_6$]　820
V(N-2, 6-Me$_2$C$_6$H$_3$)Cl$_3$　823
V(N-p-MeC$_6$H$_4$)Cl$_3$　823
VO 鎖　825
VO 錯体　438, 825
VO ポルフィリン　827
V(V)オキソ錯体　831
V字形錯体　438

W

W=Ge 結合　177
W=Sb 二重結合　838
W=Si 二重結合　836
W≡Bi 結合　838
W≡Ge 結合　177
W≡P 結合　838
W≡Sb 三重結合　838
Werner　88
W-H-Si の結合　836
Wilkinson 錯体　407, 680
Wilson 病　240
W-W 結合　840, 843
W 型サンドイッチ構造　9
XLCT（halide-to-ligand charge transfer）　234
XPS　655, 695

Y

Y型ゼオライト　142

Z

ZACA 反応(不斉カルボアルミ化反応)　909
Zeise 塩　624
Zeolitic Imidazolate Framework（ZIFs）　902
Ziegler-Natta 触媒　791, 794, 796, 913
ZIF-8　903
ZIFs(Zeolitic Imidazolate Framework)　902
[Zn$_4$O$_{13}$]骨格　888
Zn$_4$O(AcO)$_6$　896
[ZnCl(moep)]　879
[ZnCl(mppdm)]　880
[ZnCl(mtpp)]　881
[ZnCl(mvprtpp)](PF$_6$)$_2$　878
[ZnCl(phtpp)]　882
[{ZnCl(prtpp)}$_2$mv](PF$_6$)$_2$　895
Zn(hoqltH)$_2$ 錯体　886
Zn(tanm)$_2$ 錯体　886
Zr-H 結合　922
Zr-Ru 結合　731
Zr-Zr 結合　922

錯体化合物事典　　　　　　　　定価はカバーに表示

2019年9月10日　初版第1刷

編　集　錯体化学会
発行者　朝　倉　誠　造
発行所　株式会社　朝倉書店

東京都新宿区新小川町6-29
郵便番号　162-8707
電　話　03(3260)0141
FAX　03(3260)0180
http://www.asakura.co.jp

〈検印省略〉

Ⓒ 2019〈無断複写・転載を禁ず〉　　　　　　真興社・牧製本

ISBN 978-4-254-14105-4　C 3543　　　　Printed in Japan

JCOPY　〈出版者著作権管理機構　委託出版物〉

本書の無断複写は著作権法上での例外を除き禁じられています．複写される場合は，そのつど事前に，出版者著作権管理機構（電話 03-5244-5088, FAX 03-5244-5089, e-mail: info@jcopy.or.jp）の許諾を得てください．

前阪大 山口　兆著 朝倉化学大系 1 **物性量子化学** 14631-8 C3343　　A 5 判 384頁 本体7600円	具体的な物性と関連づけて強相関電子系の量子化学を解説。〔内容〕物性量子化学基礎理論／物性・機能発現への展開(分子デバイス構築基礎論)／生体分子磁性と生体機能発現への展開(遷移金属酵素系：光合成の理論的取り扱い)
前阪大 戸部義人・東工大 豊田真司著 朝倉化学大系 4 **構造有機化学** 14634-9 C3343　　A 5 判 296頁 本体5700円	有機化合物を対象に，その物理的，化学的および分光学的性質と密接に関係する，分子構造について解説した上級向け教科書。〔内容〕有機構造の基礎：結合とひずみ／立体構造／非局在結合／反応性中間体／特殊な構造
前名大 山内　脩・前阪大 鈴木晋一郎・ 金沢大 櫻井　武著 朝倉化学大系12 **生物無機化学** 14642-4 C3343　　A 5 判 416頁 本体8500円	生命現象に関わる金属，錯体などの役割を解説。最新の研究成果まで学べる上級向け教科書。〔内容〕生体構成物質と金属イオン／金属タンパク質の構造と機能／ライフサイエンスとしての生物無機化学／生物無機化学の展開と応用
前阪大 北川　勲・前名大 磯部　稔著 朝倉化学大系13 **天然物化学・生物有機化学 I** ―天然物化学― 14643-1 C3343　　A 5 判 376頁 本体6500円	"北川版"の決定稿。〔内容〕天然化学物質の生合成(一次代謝と二次代謝／組織・細胞培養)／天然化学物質(天然薬物／天然作用物質／情報伝達物質／海洋天然物質／発がんと抗腫瘍／自然毒)／化学変換(アルカロイド／テルペノイド／配糖体)
前阪大 北川　勲・前名大 磯部　稔著 朝倉化学大系14 **天然物化学・生物有機化学 II** ―全合成・生物有機化学― 14644-8 C3343　　A 5 判 292頁 本体5400円	深化した今世紀の学の姿。〔内容〕天然物質の全合成(パーノレピン／メイタンシン／オカダ酸／トートマイシン／フグ毒テトロドトキシン)／生物有機化学(視物質／生物発光／タンパク質脱リン酸酵素／昆虫休眠／特殊な機能をもつ化合物)
東北大 山下正廣・東工大 榎　敏明著 朝倉化学大系15 **伝導性金属錯体の化学** 14645-5 C3343　　A 5 判 208頁 本体4300円	前半で伝導と磁性の基礎について紹介し，後半で伝導性金属錯体に絞って研究の歴史にそってホットなところまで述べた教科書。〔内容〕配位化合物結晶の電子・磁気物性の基礎／伝導性金属錯体(d-電子系錯体から，σ-d複合電子系錯体まで)
京大 小澤文幸・前名大 西山久雄著 朝倉化学大系 16 **有機遷移金属化学** 14646-2 C3343　　A 5 判 276頁 本体5700円	有機金属錯体の基礎から，合成・触媒反応など応用まで解説した上級向け教科書。〔内容〕有機遷移金属錯体の構造／有機遷移金属錯体の結合／有機遷移金属錯体の反応／遷移金属錯体を用いる有機合成反応／不斉遷移金属触媒反応
前早大 松本和子著 朝倉化学大系18 **希土類元素の化学** 14648-6 C3343　　A 5 判 336頁 本体6200円	渾身の書下し。〔内容〕性質／存在度と資源／抽出と分離／分析法／配位化学／イオンの電子状態／イオンの電子スペクトル／化合物のルミネセンス／化合物の磁性／希土類錯体のNMR／センサー機能をもつ希土類錯体／生命科学と希土類元素
前北大 松永義夫編著 **化学英語［精選］文例辞典** 14100-9 C3543　　A 5 判 776頁 本体14000円	化学系の英語論文の執筆・理解に役立つ良質な文例を，学会で英文校閲を務めてきた編集者が精選。化学諸領域の主要ジャーナルや定番教科書などを参考に「よい例文」を収集・作成した。文例は主要語ごと(ABC順)に掲載。各用語には論文執筆に際して注意すべき事項や英語の知識を加えた他，言葉の選択に便利な同義語・類義語情報も付した。巻末には和英対照索引を付し検索に配慮。本文データのPC上での検索も可能とした(弊社サイトから本文見本がダウンロード可)。
日本光生物学協会 光と生命の事典 編集委員会編 **光と生命の事典** 17161-7 C3545　　A 5 判 436頁 本体11000円	生命を維持していくために，光はエネルギー源，情報源として必要不可欠である。本書は，光と生命に関連する事項や現象を化学，生物学，医学など様々な分野から捉え，約200項目のキーワードを見開き2頁で読み切り解説。正しい基礎知識だけでなく，応用・実用的な面からも項目を取り上げることにより，光と生命の関係の重要性や面白さを伝える。〔内容〕基礎／光のエネルギー利用／光の情報利用(光環境応答，視覚)／光と障害／光による生命現象の計測／光による診断・治療

上記価格（税別）は 2019 年 8 月現在